# Techniques de la mécanique

3ème édition française

Éditeur de matériel pédagogique :
VERLAG EUROPA-LEHRMITTEL · Nourney, Vollmer GmbH & Co. KG
Düsselberger Straße 23 · 42781 Haan-Gruiten, Allemagne

**N° de la maison d'édition : 11664**

Titre original : Fachkunde Metall (58ème édition 2017, 4ème quota d'impression)

**Auteurs :**

| | | |
|---|---|---|
| Dillinger, Josef | Directeur hors classe | Munich, Allemagne |
| Escherich, Walter | Directeur hors classe | Munich, Allemagne |
| Ignatowitz, Dr Eckhard | Docteur ingénieur | Waldbronn, Allemagne |
| Oesterle, Stefan | Ingénieur diplômé | Amtzell, Allemagne |
| Reißler, Ludwig | Directeur hors classe | Munich, Allemagne |
| Stephan, Andreas | Ingénieur diplômé | Kressbronn, Allemagne |
| Vetter, Reinhard | Professeur principal | Ottobeuren, Allemagne |
| Wieneke, Falko | Ingénieur diplômé | Essen, Allemagne |

Les auteurs sont des ingénieurs et des enseignants spécialisés dans la formation technique.

**Techniques de la mécanique**

**Relecture :**
Caquereau Jacques, EPT, Sion, Suisse
Carrera Miguel, EPT, Sion, Suisse
Frédéric Grand, EPT, Sion, Suisse
Gosteli Pascal, ceff, Moutier, Suisse
Jeanrichard Claude-Alain, ETML, Lausanne, Suisse
Kohler Marc-André, CEJEF, Porrentruy, Suisse
Kottelat Jean-Claude, Courroux, Suisse
Vallaro Giovanni, EPT, Sion, Suisse
Voumard Claude-Michel, ceff, Moutier, Suisse
Enseignants division mécanique EPSIC, Lausanne, Suisse
Enseignants ceff INDUSTRIE, St. Imier, Suisse

**Responsable de projet :**
Oliver Schmid, Swissmem Formation professionnelle, Winterthur, Suisse

| | |
|---|---|
| **Images :** | Les auteurs |
| **Photos :** | Prêts des entreprises (répertoriées page 680) |
| **Traitement d'image :** | Bureau de dessin de la maison d'édition Europa-Lehrmittel, Ostfildern, Allemagne |
| **Traduction anglaise :** | OStRin Christina Murphy, Wolfratshausen, Allemagne |

3ème édition française 2020
Impression  6 5 4 3 2 1
Toutes les impressions de la même édition peuvent être utilisées parallèlement pour l'enseignement car elles sont identiques, mises à part la possible correction de fautes typographiques et de petites modifications, par ex. en raison de l'édition de nouvelles normes.

ISBN 978-3-7585-1088-5

Tous droits réservés. L'ouvrage est protégé par des droits d'auteur. Toute utilisation au-delà des cas réglés par la loi doit faire l'objet d'une autorisation écrite de la maison d'édition.

Maquette de la couverture : Sauter Feinmechanik GmbH, 72555 Metzingen, Allemagne ; TESA/Brown & Sharpe, Renens, Suisse

© 2020 by Verlag Europa-Lehrmittel, Nourney, Vollmer GmbH & Co. KG, 42781 Haan-Gruiten, Allemagne
http://www.europa-lehrmittel.de

Traduction et composition : A.C.T. Fachübersetzungen GmbH, 41066 Mönchengladbach, Allemagne
Impression : Himmer GmbH, 86167 Augsburg, Allemagne

## Préface

L'ouvrage *Techniques de la mécanique* sert à la formation de base et continue aux métiers des constructions mécaniques.

### Groupes-cibles
- Mécaniciens industriels
- Mécaniciens de précision
- Mécaniciens de production
- Mécaniciens sur machines-outils
- Concepteurs techniques de produit
- Contremaîtres et techniciens
- Praticiens dans l'industrie transformatrice des métaux et dans l'artisanat
- Élèves d'écoles techniques
- Stagiaires et étudiants dans la discipline Constructions mécaniques

### Table des matières
Le contenu de ce livre est divisé en dix principaux chapitres. Il est harmonisé avec les plans éducatifs et règlements de formation des groupes professionnels susmentionnés ainsi qu'avec les programmes d'études définis par la Conférence des ministres de l'éducation (KMK), et il tient compte des évolutions les plus récentes dans le domaine technique.

Le **répertoire des termes techniques** contient des termes techniques également en langue **anglaise**.

### Enseignement par domaines d'apprentissage
Les programmes d'étude cadres orientés sur le domaine d'apprentissage requièrent des formes d'enseignement orientées sur l'action, formes via lesquelles l'apprenant peut convertir en pratique, dans l'entreprise, les connaissances acquises. L'acquisition de cette aptitude est proposée dans treize domaines d'apprentissage, via respectivement un projet directeur assorti d'une préconisation de transposition.

## Préface de la 58ème édition

La présente édition, actualisée, s'enrichit des nouveaux contenus suivants :
- Moyens de contrôle des longueurs :
  Instruments de mesure des coordonnées,
  Spécifications géométriques du produit (GPS)
- Techniques de fabrication :
  Outils de tournage,
  Ébavurage de pièces,
  Fusion sélective
- Automatisation de la fabrication :
  Industrie 4.0
- Technique d'automatisation :
  Tous schémas des circuits conformes à la norme de référence DIN EN 81346-2
- Projets techniques :
  Élaboration de dossiers et documentations techniques, notices d'instructions, communication technique, solutions de bureau dans la documentation

Les auteurs et la maison d'édition remercient tous les utilisateurs de l'ouvrage « Connaissance des métaux » pour leurs remarques critiques et préconisations d'amélioration qu'ils voudront bien adresser à lektorat@europa-lehrmittel.de .

Printemps 2017                                       Les auteurs

---

1 Métrologie
2 Management de la qualité

12 … 92

3 Technique de fabrication

93 … 273

4 Automatisation de la fabrication

274 … 330

5 Technique des matériaux

331 … 411

6 Génie mécanique
7 Électrotechnique
8 Montage, mise en service, entretien

412 … 545

9 Technique de commande
10 Projets techniques

546 … 652

# Sommaire

## 1 Métrologie

| | | |
|---|---|---|
| 1.1 | Grandeurs et unités | 13 |
| 1.2 | Bases de la métrologie | 15 |
| 1.2.1 | Notions de base | 15 |
| 1.2.2 | Erreurs de mesure | 18 |
| 1.2.3 | Capabilité des moyens de contrôle et surveillance des moyens de contrôle. | 21 |
| 1.3 | Moyens de contrôle des longueurs | 23 |
| 1.3.1 | Règles, jauges, calibres et étalons | 23 |
| 1.3.2 | Instruments de mesure mécaniques et électroniques | 26 |
| 1.3.3 | Instruments de mesure pneumatiques | 34 |
| 1.3.4 | Instruments de mesure électroniques | 36 |
| 1.3.5 | Instruments de mesure optoélectroniques | 37 |
| 1.3.6 | Instruments de mesure des coordonnées | 39 |
| 1.4 | Contrôle des états de surfaces | 43 |
| 1.4.1 | Profil des surfaces | 43 |
| 1.4.2 | Paramètres d'état de surface | 44 |
| 1.4.3 | Procédés de contrôle des surfaces | 45 |
| 1.5 | Tolérances et ajustements | 47 |
| 1.5.1 | Tolérances | 47 |
| 1.5.2 | Ajustements | 51 |
| 1.6 | Spécifications géométriques du produit (GPS) | 55 |
| 1.7 | Contrôle de la forme et de la position | 58 |
| 1.7.1 | Tolérances de forme et de position | 58 |
| 1.7.2 | Contrôle des surfaces planes et inclinées | 60 |
| 1.7.3 | Contrôle de la circularité, de la coaxialité et du battement | 63 |
| 1.7.4 | Contrôle des filetages | 68 |
| 1.7.5 | Contrôle de la conicité | 70 |
| 1.8 | Practise your English | 71 |

## 2 Management de la qualité

| | | |
|---|---|---|
| 2.1 | Domaines de travail du MQ | 72 |
| 2.2 | La série de normes EN ISO 9000 | 73 |
| 2.3 | Exigences de qualité | 73 |
| 2.4 | Caractéristiques de qualité et défauts | 74 |
| 2.5 | Outils du management de la qualité | 75 |
| 2.6 | Maîtrise de la qualité | 78 |
| 2.7 | Assurance de la qualité | 79 |
| 2.8 | Capabilité des procédés | 83 |
| 2.9 | Performance des procédés | 86 |
| 2.10 | Maîtrise statistique des procédés au moyen de cartes de contrôle de la qualité | 87 |
| 2.11 | Audit et certification | 90 |
| 2.12 | Processus d'amélioration continu : les collaborateurs optimisent les procédés | 91 |
| 2.13 | Practise your English | 92 |

## 3 Technique de fabrication

| | | |
|---|---|---|
| 3.1 | Sécurité au travail | 94 |
| 3.2 | Différents procédés de fabrication | 96 |
| 3.3 | Moulage | 98 |
| 3.3.1 | Moules et modèles | 98 |
| 3.3.2 | Moulage en moules perdus | 99 |
| 3.3.3 | Moulage en moules permanents | 102 |
| 3.3.4 | Matériaux de moulage | 103 |
| 3.3.5 | Défauts de coulée | 103 |
| 3.4 | Mise en forme des matières plastiques | 104 |
| 3.4.1 | Extrusion | 104 |
| 3.4.2 | Moulage par injection | 105 |
| 3.4.3 | Moulage par compression | 108 |
| 3.4.4 | Formage des matières en mousse | 108 |
| 3.4.5 | Mise en forme des produits semi-finis et finis à partir de matières plastiques | 109 |
| 3.5 | Formage | 111 |
| 3.5.1 | Comportement des matériaux lors du formage | 111 |
| 3.5.2 | Procédés de formage | 111 |
| 3.5.3 | Déformation plastique par flexion | 112 |
| 3.5.4 | Déformation plastique par traction et compression | 115 |
| 3.5.5 | Déformation plastique par compression | 119 |
| 3.5.6 | Presses | 121 |
| 3.6 | Coupe | 122 |
| 3.6.1 | Cisaillage | 122 |
| 3.6.2 | Découpage sans contact | 127 |
| 3.7 | Fabrication par enlèvement de copeaux, guidée à la main | 131 |
| 3.7.1 | Bases | 131 |
| 3.7.2 | Fabrication avec des outils à main | 132 |
| 3.8 | Fabrication avec des machines-outils | 136 |
| 3.8.1 | Matériaux de coupe | 136 |
| 3.8.2 | Lubrifiants réfrigérants | 140 |
| 3.8.3 | Sciage | 143 |
| 3.8.4 | Perçage, taraudage, fraisage, alésage | 144 |
| 3.8.5 | Fraisage et chanfreinage de trous | 153 |
| 3.8.6 | Alésage | 154 |
| 3.8.7 | Tournage | 156 |
| 3.8.8 | Fraisage | 180 |
| 3.8.9 | Ébavurage de pièces | 197 |
| 3.8.10 | Rectification | 200 |
| 3.8.11 | Brochage | 212 |
| 3.8.12 | Superfinition | 214 |
| 3.8.13 | Enlèvement par électro-érosion | 220 |
| 3.8.14 | Dispositifs et éléments de serrage sur des machines-outils | 224 |
| 3.8.15 | Exemple de fabrication d'une bride de serrage | 231 |
| 3.9 | Liaison | 235 |
| 3.9.1 | Procédé de liaison | 235 |
| 3.9.2 | Assemblage par sertissage et par enclenchement | 238 |
| 3.9.3 | Collage | 240 |
| 3.9.4 | Brasage | 242 |
| 3.9.5 | Soudage | 248 |
| 3.10 | Procédés de fabrication additifs | 261 |
| 3.10.1 | Prototypage rapide | 262 |
| 3.10.2 | Outillage rapide | 264 |
| 3.11 | Enduction | 266 |
| 3.12 | Atelier de fabrication et protection de l'environnement | 270 |
| 3.13 | Practise your English | 273 |

## 4 Automatisation de la fabrication

| | | |
|---|---|---|
| 4.1 | Commandes CNC pour machines-outils...... | 275 |
| 4.1.1 | Caractéristiques des machines à commande CNC. | 275 |
| 4.1.2 | Coordonnées, points d'origine et points de références.................. | 279 |
| 4.1.3 | Types de commande, correcteurs d'outils..... | 281 |
| 4.1.4 | Création des programmes CNC selon ISO..... | 284 |
| 4.1.5 | Cycles et sous-programmes ............... | 289 |
| 4.1.6 | Programmation de tours CNC............... | 290 |
| 4.1.7 | Programmation de fraiseuses CNC .......... | 298 |
| 4.1.8 | Processus de programmation.............. | 304 |
| 4.1.9 | Usinage à 5 axes selon PAL................ | 306 |
| 4.2 | Technique de manutention dans l'automatisation ................. | 310 |
| 4.2.1 | Technique des systèmes de manutention ..... | 310 |
| 4.2.2 | Classification des systèmes de manutention... | 311 |
| 4.2.3 | Cinématique et types de construction de robots industriels ........... | 311 |
| 4.2.4 | Unités fonctionnelles de robots industriels .... | 313 |
| 4.2.5 | Programmation des robots industriels......... | 313 |
| 4.2.6 | Systèmes de coordonnées................. | 314 |
| 4.2.7 | Types de mouvements des robots industriels.. | 315 |
| 4.2.8 | Communication des robots industriels et des périphéries................ | 316 |
| 4.2.9 | Sécurité dans l'utilisation de systèmes de manutention .............. | 317 |
| 4.3 | Machines-outils CNC automatisées ......... | 318 |
| 4.3.1 | Automatisation d'un centre d'usinage CNC.... | 318 |
| 4.3.2 | Automatisation d'un tour CNC .............. | 320 |
| 4.4 | Systèmes de transport dans des installations de fabrication automatisées. | 322 |
| 4.5 | Dispositifs de surveillance dans les machines-outils................... | 323 |
| 4.6 | Niveaux d'automatisation des installations de fabrication ............. | 324 |
| 4.7 | Exemple d'un système de fabrication automatisé pour arbres de transmission ..... | 325 |
| 4.8 | Industrie 4.0...................... | 326 |
| 4.9 | Exigences technico-commerciales et objectifs de la fabrication................ | 328 |
| 4.10 | Flexibilité et productivité d'installations de fabrication ................ | 328 |
| 4.11 | Practise your English...................... | 330 |

## 5 Technique des matériaux

| | | |
|---|---|---|
| 5.1 | Aperçu des matériaux et des matières auxiliaires.................... | 332 |
| 5.2 | Choix et propriétés des matériaux .......... | 334 |
| 5.3 | Structure interne des métaux .............. | 340 |
| 5.3.1 | Structure interne et propriétés des métaux.... | 340 |
| 5.3.2 | Types de mailles dans les métaux ........... | 341 |
| 5.3.3 | Défaut structurel dans le cristal............. | 342 |
| 5.3.4 | Formation de la structure du métal........... | 342 |
| 5.3.5 | Types de structure et propriétés du matériau .. | 343 |
| 5.3.6 | Structure des métaux purs et structure des alliages ................ | 344 |
| 5.4 | Aciers et matériaux en fonte de fer.......... | 345 |
| 5.4.1 | Production de la fonte de première fusion..... | 345 |
| 5.4.2 | Production de l'acier...................... | 346 |
| 5.4.3 | Système de désignation des aciers.......... | 349 |
| 5.4.4 | Classification des aciers selon leur composition et leurs classes de qualité ... | 352 |
| 5.4.5 | Les nuances d'acier et leur utilisation......... | 353 |
| 5.4.6 | Formes commerciales des aciers ............ | 355 |
| 5.4.7 | Eléments d'alliage et résiduels des aciers et des matériaux en fonte de fer ....... | 356 |
| 5.4.8 | Production des matériaux en fonte de fer ..... | 357 |
| 5.4.9 | Le système de désignation des matériaux en fonte de fer ................ | 358 |
| 5.4.10 | Types de matériaux en fonte de fer ......... | 359 |
| 5.4.11 | Comparaison entre la teneur en carbone des aciers et celle des métaux ferreux de fonderie ............. | 361 |
| 5.5 | Métaux non ferreux ....................... | 362 |
| 5.5.1 | Métaux légers ........................... | 362 |
| 5.5.2 | Métaux lourds ........................... | 364 |
| 5.6 | Matériaux frittés.......................... | 367 |
| 5.7 | Matériaux en céramique ................... | 369 |
| 5.8 | Traitements thermiques des aciers.......... | 371 |
| 5.8.1 | Types de structures des matériaux ferreux ... | 371 |
| 5.8.2 | Diagramme de phases fer-carbone.......... | 372 |
| 5.8.3 | Structure en cas d'augmentation de la température ....................... | 373 |
| 5.8.4 | Le recuit ................................. | 374 |
| 5.8.5 | Trempe.................................. | 375 |
| 5.8.6 | Amélioration ............................. | 379 |
| 5.8.7 | Durcissement de surface .................. | 380 |
| 5.8.8 | Exemple de fabrication : traitement thermique d'une griffe de serrage .. | 383 |
| 5.9 | Matières plastiques ....................... | 384 |
| 5.9.1 | Propriétés et utilisation.................... | 384 |
| 5.9.2 | Composition chimique et fabrication ......... | 385 |
| 5.9.3 | Classification technologique et structure interne ....................... | 386 |
| 5.9.4 | Thermoplastes........................... | 387 |
| 5.9.5 | Duroplastes ............................. | 389 |
| 5.9.6 | Elastomères ............................. | 390 |
| 5.9.7 | Valeurs caractéristiques des matières plastiques .................. | 390 |
| 5.10 | Matériaux composites..................... | 392 |
| 5.11 | Essais des matériaux...................... | 397 |
| 5.11.1 | Essai des propriétés technologiques ........ | 397 |
| 5.11.2 | Contrôle des propriétés mécaniques ........ | 398 |
| 5.11.3 | Essai de résilience........................ | 400 |
| 5.11.4 | Essais de dureté ......................... | 401 |
| 5.11.5 | Essai de fatigue.......................... | 405 |
| 5.11.6 | Essai de charge de fonctionnement ......... | 406 |
| 5.11.7 | Essais non destructifs..................... | 406 |
| 5.11.8 | Contrôles métallographiques ............... | 407 |
| 5.11.9 | Contrôle des caractéristiques des matières plastiques .................. | 408 |
| 5.12 | Problèmes environnementaux causés par les matériaux et les matières auxiliaires .. | 409 |
| 5.13 | Practise your English...................... | 411 |

## 6 Génie mécanique

| | | |
|---|---|---|
| 6.1 | Classification des machines | 413 |
| 6.2 | Unités fonctionnelles des machines et appareils | 421 |
| 6.2.1 | Structure interne des machines | 421 |
| 6.2.2 | Unités fonctionnelles d'une machine-outil CNC | 423 |
| 6.2.3 | Unités fonctionnelles d'une climatisation | 425 |
| 6.2.4 | Dispositifs de sécurité sur des machines | 426 |
| 6.3 | Unités fonctionnelles pour la liaison | 428 |
| 6.3.1 | Filetage | 428 |
| 6.3.2 | Assemblages par vis | 430 |
| 6.3.3 | Assemblages par goupilles | 438 |
| 6.3.4 | Assemblages par rivets | 440 |
| 6.3.5 | Liaisons arbre – moyeu | 442 |
| 6.4 | Unités fonctionnelles pour l'appui et le soutien | 446 |
| 6.4.1 | Frottement et lubrifiants | 446 |
| 6.4.2 | Paliers | 449 |
| 6.4.3 | Guidages | 458 |
| 6.4.4 | Joints d'étanchéité | 461 |
| 6.4.5 | Ressorts | 463 |
| 6.5 | Unités fonctionnelles pour la transmission d'énergie | 465 |
| 6.5.1 | Arbres et axes | 465 |
| 6.5.2 | Accouplements | 467 |
| 6.5.3 | Entraînements par courroie | 472 |
| 6.5.4 | Entraînements par chaîne | 474 |
| 6.5.5 | Entraînements par roues dentées | 476 |
| 6.6 | Unités d'entraînement | 479 |
| 6.6.1 | Moteurs électriques | 479 |
| 6.6.2 | Transmission | 486 |
| 6.6.3 | Entraînements pour des mouvements rectilignes (entraînements linéaires) | 492 |
| 6.7 | Practise your English | 494 |

## 7 Electrotechnique

| | | |
|---|---|---|
| 7.1 | Le circuit de courant électrique | 495 |
| 7.2 | Circuit de résistance | 498 |
| 7.3 | Types de courant | 500 |
| 7.4 | Puissance et énergie électrique | 501 |
| 7.5 | Dispositifs de protection contre les surintensités | 502 |
| 7.6 | Défaillances sur les installations électriques | 503 |
| 7.7 | Mesures de protection sur les machines électriques | 504 |
| 7.8 | Consignes relatives au maniement des appareils électriques | 506 |
| 7.9 | Practise your English | 507 |

## 8 Montage, mise en service, entretien

| | | |
|---|---|---|
| 8.1 | Technique de montage | 508 |
| 8.1.1 | Planification du montage | 508 |
| 8.1.2 | Formes d'organisation du montage | 509 |
| 8.1.3 | Automatisation du montage | 509 |
| 8.1.4 | Exemples de montage | 510 |
| 8.2 | Mise en service | 516 |
| 8.2.1 | Implantation de machines ou d'installations | 517 |
| 8.2.2 | Mise en service de machines ou d'installations | 518 |
| 8.2.3 | Réception de machines ou d'installations | 520 |
| 8.3 | Entretien | 521 |
| 8.3.1 | Domaines d'activité et définitions | 521 |
| 8.3.2 | Termes de la maintenance | 522 |
| 8.3.3 | Objectifs de la maintenance | 523 |
| 8.3.4 | Concepts de maintenance | 523 |
| 8.3.5 | Entretien | 526 |
| 8.3.6 | Inspection | 529 |
| 8.3.7 | Remise en état | 531 |
| 8.3.8 | Améliorations | 533 |
| 8.3.9 | Détection de défauts et de sources d'erreurs | 534 |
| 8.4 | Corrosion et protection contre la corrosion | 535 |
| 8.4.1 | Causes de corrosion | 535 |
| 8.4.2 | Types de corrosion et leur aspect | 537 |
| 8.4.3 | Mesures de protection anticorrosion | 538 |
| 8.5 | Analyse de la sécurité et évitement des dommages | 541 |
| 8.6 | Sollicitation et solidité des éléments de construction | 543 |
| 8.7 | Practise your English | 545 |

## Sommaire

### 9 Technique de commande

| | | |
|---|---|---|
| **9.1** | **Pilotage et régulation** ................... 547 |
| 9.1.1 | Bases de la technique de commande ........ 547 |
| 9.1.2 | Bases de la technique de régulation ......... 549 |
| **9.2** | **Principes et éléments de base des commandes.** 553 |
| 9.2.1 | Mode de fonctionnement des commandes .... 553 |
| 9.2.2 | Eléments des commandes .................. 554 |
| **9.3** | **Commandes pneumatiques** ............... 559 |
| 9.3.1 | Sous-ensembles des installations pneumatiques .......................... 559 |
| 9.3.2 | Composants pneumatiques ................ 560 |
| 9.3.3 | Schémas des commandes pneumatiques ..... 569 |
| 9.3.4 | Projet de schéma de connexion systématique . 570 |
| 9.3.5 | Exemples de commandes pneumatiques ..... 574 |
| 9.3.6 | Technologie du vide ..................... 577 |
| **9.4** | **Commandes électropneumatiques** ........ 579 |
| 9.4.1 | Composants des commandes à contact électrique ...................... 579 |
| 9.4.2 | Capteurs et éléments de signalisation ....... 582 |
| 9.4.3 | Câblage avec des borniers ................ 587 |
| 9.4.4 | Exemples de commandes électropneumatiques ..................... 588 |
| 9.4.5 | Îlots de vannes .......................... 593 |
| **9.5** | **Commandes hydrauliques** ............... 594 |
| 9.5.1 | Alimentation électrique et conditionnement du fluide ................. 595 |
| 9.5.2 | Eléments de travail et accumulateurs hydrauliques ............... 597 |
| 9.5.3 | Vannes hydrauliques .................... 601 |
| 9.5.4 | Systèmes hydrauliques proportionnels ...... 605 |
| 9.5.5 | Conduites hydrauliques et accessoires ...... 607 |
| 9.5.6 | Exemples de circuits hydrauliques .......... 609 |
| **9.6** | **Automates Programmables Industriels (API)** . 612 |
| 9.6.1 | Micro-API (module logique) ............... 612 |
| 9.6.2 | Automates programmables ndustriels modulaires (API modulaire) ....... 615 |
| **9.7** | **Practise your English** .................... 624 |

### 10 Projets techniques

| | | |
|---|---|---|
| **10.1** | **Fondements du travail de projet** ........... 625 |
| 10.1.1 | Organisation du travail en ligne et en projet ... 625 |
| 10.1.2 | Le concept du projet .................... 625 |
| 10.1.3 | Types de projets techniques .............. 626 |
| **10.2** | **Travail de projet en tant qu'action complète et résolution planifiée de problèmes** ........................ 626 |
| **10.3** | **Elaborer les projets par phases, à l'exemple de projet du dispositif de levage** .......... 627 |
| 10.3.1 | La phase d'initialisation .................. 627 |
| 10.3.2 | La phase de définition ................... 628 |
| 10.3.3 | La phase de planification avec développement du concept ........................... 631 |
| 10.3.4 | La phase de mise en œuvre avec réalisation du projet ............................. 636 |
| 10.3.5 | L'achèvement du projet .................. 638 |
| **10.4** | **Modèles méthodologiques modifiés dans le travail de projet** .......... 639 |
| **10.5** | **Documentation et documents techniques** .... 640 |
| 10.5.1 | Élaboration de dossiers et documentations techniques ................ 640 |
| 10.5.2 | Instructions ........................... 640 |
| 10.5.3 | Communication technique ................ 641 |
| 10.5.4 | Solutions Office dans la documentation ...... 647 |
| **10.6** | **Practise your English** .................... 652 |

### Champ d'apprentissage

| | |
|---|---|
| Champ d'apprentissage: | Fabrication de composants avec des outils à main ............................... 654 |
| Champ d'apprentissage: | Fabrication de composants avec des machines ................................. 656 |
| Champ d'apprentissage: | Fabrication de sous-groupes simples ................................... 658 |
| Champ d'apprentissage: | Entretien des systèmes techniques .................................. 660 |
| Champ d'apprentissage: | Fabrication de pièces distinctes avec des machines-outils ............... 662 |
| Champ d'apprentissage: | Installation et mise en service des systèmes de technique de régulation ............. 664 |
| Champ d'apprentissage: | Montage des systèmes techniques ................................. 666 |
| Champ d'apprentissage: | Programmation et fabrication sur les machines-outils à commande numérique ......... 668 |
| Champ d'apprentissage: | Remise en état des systèmes techniques ................................. 670 |
| Champ d'apprentissage: | Fabrication et mise en service des systèmes techniques partiels .............. 672 |
| Champ d'apprentissage: | Suivi de la qualité des produits et processus ................................... 674 |
| Champ d'apprentissage: | Entretien des systèmes techniques .................................. 676 |
| Champ d'apprentissage: | Assurance de la capacité de fonctionnement des systèmes automatisés ............ 678 |

**Répertoire des entreprises et crédit photos** ........................................................ 680

**Index avec traduction en anglais** ................................................................ 683

## Boussole de champ d'apprentissage

Avec la boussole de champ d'apprentissage, on apporte une aide à l'utilisateur en écoles professionnelles dans le domaine de la technologie des métaux qui permet de servir de support thématique au cours.

Les contenus du cours professionnel Métal sont structurés de façon logique afin de permettre aux enseignants et aux élèves un niveau élevé de liberté didactique et méthodologique. La structure choisie dans l'ouvrage doit conduire les élèves à élaborer de façon indépendante les différents contenus disciplinaires requis dans les champs d'apprentissage.

Le choix des chapitres qui suit pour les champs d'apprentissage issus des différents plans d'études cadres montre l'affectation des chapitres et les contenus du manuel spécialisé concernant les différents champs d'apprentissage. Il sert de suggestion et de référence afin de pouvoir effectuer un enseignement ciblé par champ d'apprentissage. Informations sur l'enseignement orienté sur le domaine d'apprentissage : voir p. 653

| Champ d'apprentissage | Informations factuelles dans le livre (exemples) | |
|---|---|---|
| **Fabrication de composants avec des outils à main** | Projet : Porte-clés . . . . . . . . . . . . . . . . . . . . . . . . . . . . . . . 654 | |
| Préparation et fabrication des composants professionnels avec des outils à main. | 3.7.2 | Fabrication avec des outils à main |
| Création et modification des dessins pour sous-groupes simples. | 1.2 | Bases de la métrologie |
| | 1.2.1 | Notions de base |
| | 1.2.2 | Erreurs de mesure |
| | 1.2.3 | Capabilité des moyens de mesure |
| | 1.3 | Moyens de contrôle des longueurs |
| | 1.5 | Tolérances et ajustements |
| Planification des étapes de travail avec des outils et des matériaux et mise en œuvre des calculs. | 2.7.1 | Planification des contrôles |
| | 3.2 | Différents procédés de fabrication |
| Sélection, application des moyens de contrôle appropriés et contrôle des résultats. | 3.5.1 | Comportement des matériaux lors du formage |
| | 3.5.2 | Procédés de formage |
| Détermination approximative des coûts de fabrication. | 3.5.3 | Déformation plastique par flexion |
| | 3.6 | Coupe |
| | 3.6.1 | Cisaillage |
| | 5.1 | Aperçu des matériaux et des matières auxiliaires |
| | 5.2 | Choix et propriétés des matériaux |
| | 5.4 | Aciers et matériaux en fonte de fer |
| | 5.5 | Métaux non ferreux |
| | 5.9 | Matières plastiques |
| | 5.10 | Matériaux composites |
| Documentation et présentation des résultats de travail. | 10.5 | Documentation des documents techniques |
| Respect des dispositions en matière de sécurité au travail et de protection de l'environnement. | 3.1 | Sécurité au travail |
| | 3.12 | Atelier de fabrication et protection de l'environnement |
| | 5.12 | Problèmes environnementaux causés par les matériaux et les matières auxiliaires |
| **Fabrication de composants avec des machines** | Projet : Dispositif de serrage pour pièces rondes . . . . 656 | |
| Evaluation des dessins et des listes de pièces. | 6.6 | Unités d'entraînement |
| Choix des matériaux selon les propriétés spécifiques. | 6.5 | Unités fonctionnelles pour la transmission d'énergie |
| Planification du déroulement de la fabrication avec des calculs. | 1.4 | Contrôle des états de surface |
| | 1.5 | Tolérances et ajustements |
| | 3.8 | Fabrication avec des machines-outils |
| | 3.9 | Liaison |
| | 5.4 | Aciers et matériaux en fonte de fer |
| | 6.6 | Unités d'entraînement |
| | 6.5 | Unités fonctionnelles pour la transmission d'énergie |
| Conception et fonctionnement des machines. | 6.1 | Classification des machines |
| Utilisation des outils. | 6.2 | Unités fonctionnelles des machines et appareils |
| | 3.8.1 | Matériaux de coupe |
| Choix et utilisation des moyens de contrôle. | 1.2 | Bases de la métrologie |
| | 1.2.1 | Notions de base |

| Champ d'apprentissage | Informations factuelles dans le livre (exemples) |
|---|---|
| | 1.2.2 Erreurs de mesure<br>1.2.3 Capabilité des moyens de mesure<br>1.3 Moyens de contrôle des longueurs<br>2 Management de la qualité<br>2.3 Exigences de qualité<br>2.4 Caractéristiques de qualité et défauts<br>2.7.1 Planification des contrôles |
| Documentation et présentation des résultats de travail. | 10.5 Documentation des documents techniques |
| Respect des dispositions en matière de sécurité au travail et de protection de l'environnement. | 3.1 Sécurité au travail<br>3.12 Atelier de fabrication et protection de l'environnement<br>5.12 Problèmes environnementaux causés par les matériaux et les matières auxiliaires |

| **Fabrication de sous-groupes simples** | **Projet : Support de perçage pour perceuse à main . . . 658** |
|---|---|
| Lecture et compréhension de dessins de groupes et de schémas de connexion.<br>Planification de commandes simples.<br>Montage de sous-groupes.<br>Marquage de pièces conformes à la norme. | 6.1 Classification des machines<br>6.4 Unités fonctionnelles pour l'appui et le soutien<br>6.6 Unités d'entraînement<br>6.5 Unités fonctionnelles pour la transmission d'énergie<br>9.3.3 Schémas des commandes pneumatiques<br>9.3.4 Projet de schéma de connexion systématique<br>9.3.5 Exemples de commandes pneumatiques |
| Distinction du procédé d'assemblage.<br>Choix des outils et des pièces normalisées. | 3.9 Liaison<br>5.4 Aciers et matériaux en fonte de fer |
| Documentation et présentation des résultats de travail. | 2 Management de la qualité<br>2.1 Domaines de travail du MQ<br>2.2 La série de normes EN ISO 9000<br>2.3 Exigences de qualité<br>2.4 Caractéristiques de qualité et défauts<br>10.1.1 Organisation du travail en ligne et en projet<br>10.5.3 Communication technique<br>10.5.4 Solutions Office dans la documentation |
| Respect des dispositions en matière de sécurité au travail et de protection de l'environnement. | 3.1 Sécurité au travail<br>3.12 Atelier de fabrication et protection de l'environnement<br>5.12 Problèmes environnementaux causés par les matériaux et les matières auxiliaires |

| **Entretien des systèmes techniques** | **Projet : Entretien d'une perceuse à colonne . . . . . . . . 660** |
|---|---|
| Évaluation des mesures de maintenance | 1 Métrologie<br>1.1 Grandeurs et unités<br>8.3 Entretien<br>8.4 Corrosion et protection contre la corrosion<br>8.5 Analyse de la sécurité et évitement des dommages<br>8.6 Sollicitation et solidité des éléments de construction |
| Planification des travaux d'entretien, détermination des outils et des matières auxiliaires. | 5.1.3 Matières auxiliaires et énergie<br>6.6 Unités d'entraînement<br>6.5 Unités fonctionnelles pour la transmission d'énergie<br>6.4.1 Lubrifiants<br>8.3.6 Inspection |
| Documentation et présentation des résultats de travail. | 10.5 Documentation des documents techniques |
| Respect des dispositions en matière de sécurité au travail et de protection de l'environnement. | 3.1 Sécurité au travail<br>3.12 Atelier de fabrication et protection de l'environnement<br>5.12 Problèmes environnementaux causés par les matériaux et les matières auxiliaires |

| Champ d'apprentissage | Informations factuelles dans le livre (exemples) |
|---|---|
| **Fabrication de pièces distinctes avec des machines-outils** | **Projet : Elément de serrage hydraulique** .......... 662 |
| Fabrication de pièces à partir de différents matériaux sur des machines-outils. | 3.8 Fabrication avec des machines-outils<br>5.4.3 Système de désignation des aciers<br>2.4 Caractéristiques de qualité et défauts<br>2.7.1 Planification des contrôles |
| Sélection des procédés de fabrication appropriés et choix du moyen de serrage pour outils et pièces. | 1.2 Bases de la métrologie<br>1.3 Moyens de contrôle des longueurs<br>1.4 Contrôle des états de surface<br>1.5 Tolérances et ajustements<br>1.7 Contrôle de la forme et de la position |
| Recuit, trempe, trempe et revenu. | 5.4 Aciers et matériaux en fonte de fer<br>2.4 Caractéristiques de qualité et défauts |
| Développement des plans de contrôle avec les moyens de management de la qualité. | 2.7.1 Planification des contrôles<br>5.8 Traitement thermique des aciers |
| **Installation et mise en service des systèmes de technique de régulation** | **Projet : Séparation des différentes billes en métal** ................................. 664 |
| Installation et mise en service des systèmes de technique de régulation.<br>Détermination des composants et des séquences fonctionnelles dans différentes techniques d'appareils à partir de commandes.<br>Conception et mise en service des différentes commandes. | 6.1 Classification des machines<br>10.3 Elaborer des projets par phases, en prenant un dispositif élévateur comme exemple<br>6.6 Unités d'entraînement<br>9.2 Principes et éléments de base de commande<br>9.3 Commandes pneumatiques<br>9.4 Commandes électropneumatiques<br>9.5 Commandes hydrauliques |
| **Montage des systèmes techniques** | **Projet : Engrenages coniques** ..................... 666 |
| Montage des systèmes techniques partiels et création des plans de montage.<br>Montage des sous-groupes.<br>Réalisation d'un contrôle fonctionnel et création d'un procès-verbal d'essai.<br>Grandeurs caractéristiques de résistance. | 1.5 Tolérances et ajustements<br>1.7 Contrôle de la forme et de la position<br>3.9 Liaison<br>6.4 Unités fonctionnelles pour l'appui et le soutien<br>5.11 Essais des matériaux |
| Documentation et présentation des résultats de travail. | 10.5 Documentation des documents techniques |
| **Programmation et fabrication sur les machines-outils à commande numérique** | **Projet : Arbre de transmission et les chapeaux de palier** ................................. 668 |
| Fabrication de composants sur des machines-outils à commande numérique.<br>Création de plans de travail et d'outil. | 4.1 Commandes CNC pour machines-outils<br>4.1.2 Coordonnées, points d'origine et points de référence<br>4.1.3 Types de commande, correcteurs d'outils<br>4.1.4 Création des programmes CNC selon ISO<br>4.1.5 Cycles et sous-programmes<br>4.1.6 Programmation de tours CNC<br>4.1.7 Programmation de fraiseuses CNC<br>4.6 Niveaux d'automatisation des installations de fabrication<br>2.3 Exigences de qualité<br>2.4 Caractéristiques de qualité et défauts |
| Mise en place de la machine-outils.<br>Développement des programmes CNC. | 4.1.2 Coordonnées, points d'origine et points de référence<br>4.1.3 Types de commande, correcteurs d'outils<br>4.1.4 Création des programmes CNC selon ISO<br>4.1.5 Cycles et sous-programmes<br>4.1.6 Programmation de tours CNC<br>4.1.7 Programmation de fraiseuses CNC |
| Développement des plans de contrôle avec les moyens de management de la qualité. | 2.7.1 Planification des contrôles<br>1.2 Bases de la métrologie<br>1.4 Contrôle des états de surface<br>1.5 Tolérances et ajustements<br>1.7 Contrôle de la forme et de la position |

# Champ d'apprentissage

| Champ d'apprentissage | Informations factuelles dans le livre (exemples) |
|---|---|
| **Remise en état des systèmes techniques** | Projet : Broche à moteur d'une fraiseuse CNC ...... 670 |
| Planification des mesures de remise en état. | 8.5 Analyse de la sécurité et évitement des dommages<br>8.6 Sollicitation et solidité des éléments de construction<br>3.9 Liaison |
| Démontage des systèmes partiels.<br>Analyse et documentation des erreurs. | 5.8 Traitement thermique des aciers<br>5.11 Essais des matériaux<br>6.4.1 Frottement et lubrifiants<br>8.3.7 Remise en état<br>8.3.8 Améliorations<br>10.5 Documentation des documents techniques |
| Remplacement et montage des composants défectueux. | |
| **Fabrication et mise en service des systèmes techniques partiels** | Projet : Entraînement d'avance d'une fraiseuse CNC ......................... 672 |
| Description des relations fonctionnelles des composants et des sous-groupes.<br>Choix des procédés de fabrication et des accessoires de montage appropriés.<br>Assemblage et mise en service des systèmes partiels aux systèmes globaux.<br>Contrôle de la cession. | 3.8.11 Brochage<br>3.8.12 Superfinition<br>3.9 Liaison<br>8.2 Mise en service<br>10.5 Documentation des documents techniques |
| **Suivi de la qualité des produits et processus** | Projet : Niveau bulles d'air ....................... 674 |
| Réalisation des études de capabilité des machines et des processus.<br>Enregistrement des données de processus et évaluation des grandeurs caractéristiques.<br>Distinction entre les facteurs systématiques et aléatoires.<br>Suivi du processus de production dans la production de masse et en série avec les méthodes de l'assurance de la qualité, documentation du déroulement et déduction des mesures correctives. | 2.5 Outils du management de la qualité<br>2.6 Maîtrise de la qualité<br>2.7 Assurance de la qualité<br>2.8 Capabilité des procédés<br>2.9 Performance des procédés<br>2.10 Maîtrise statistique des procédés au moyen de cartes de contrôle de la qualité<br>2.12 Processus d'amélioration continu<br>10.5 Documentation des documents techniques |
| **Entretien des systèmes techniques** | Projet : Installation de remplissage ............... 676 |
| Entretien des systèmes techniques.<br>Recherche des causes d'erreurs.<br>Réalisation d'une analyse des points faibles et choix des procédés de contrôle et des moyens de contrôle.<br><br>Remise des systèmes techniques. | 2.12 Processus d'amélioration continu<br>2.5 Outils du management de la qualité<br>8.3 Entretien<br>8.5 Analyse de la sécurité et évitement des dommages<br>8.6 Sollicitation et solidité des éléments de construction<br>8.2.3 Réception de machines ou d'installations<br>10.3.3.1 Planifier l'organisation du projet<br>10.3.5 L'achèvement du projet |
| **Assurance de la capacité de fonctionnement des systèmes automatisés** | Projet : Automatisation d'un poste de travail manuel .............................. 678 |
| Analyse des systèmes automatisés et sécurisation de la capacité de fonctionnement.<br>Elimination des pannes, élaboration de stratégies pour l'isolation des pannes et optimisation des processus.<br>Respect de la protection de travail lors du maniement des systèmes de fabrication et de manutention. | 2.12 Processus d'amélioration continu<br>9.6 Automates Programmables Industriels (API)<br>10.3.2 Phase de définition<br>10.3.3.1 Planifier l'organisation du projet<br>10.3.5 L'achèvement du projet |

# 1 Métrologie

| | | |
|---|---|---|
| 1.1 | Grandeurs et unités | 13 |
| 1.2 | Bases de la métrologie | 15 |
| | Notions de base | 15 |
| | Erreurs de mesure | 18 |
| | Capabilité des moyens de contrôle, surveillance des moyens de contrôle | 21 |
| 1.3 | Moyens de contrôle des longueurs | 23 |
| | Cales étalons et formes étalons | 23 |
| | Instruments de mesure mécaniques et électroniques | 26 |
| | Instruments de mesure pneumatiques, électroniques | 34 |
| | Instruments de mesure optoélectroniques | 37 |
| | Instruments de mesure des coordonnées | 39 |
| | Machine de mesure tridimensionnelle (MMT) | 40 |
| 1.4 | Contrôle des états de surfaces | 43 |
| | Profil des surfaces | 43 |
| | Paramètres; procédés de contrôle des surfaces | 44 |
| 1.5 | Tolérances et ajustements | 47 |
| | Tolérances | 47 |
| | Ajustements | 51 |
| 1.6 | Spécifications géométriques du produit (GPS) | 55 |
| 1.7 | Contrôle de la forme et de la position | 58 |
| | Tolérances de forme et de position | 58 |
| | Contrôle des surfaces planes et inclinées | 60 |
| | Contrôle de la circularité, de la coaxialité et du battement | 63 |
| | Contrôle des filetages; contrôle de la conicité | 68 |
| 1.8 | Practise your English | 71 |

# 2 Management de la qualité

| | | |
|---|---|---|
| 2.1 | Domaines de travail du MQ | 72 |
| 2.2 | La série de normes EN ISO 9000 | 73 |
| 2.3 | Exigences de qualité | 73 |
| 2.4 | Caractéristiques de qualité et défauts | 74 |
| 2.5 | Outils du management de la qualité | 75 |
| 2.6 | Maîtrise de la qualité | 78 |
| 2.7 | Assurance de la qualité | 79 |
| 2.8 | Capabilité des procédés | 83 |
| 2.9 | Performance des procédés | 86 |
| 2.10 | Maîtrise statistique des procédés au moyen de cartes de contrôle de la qualité | 87 |
| 2.11 | Audit et certification | 90 |
| 2.12 | Processus d'amélioration continu: les collaborateurs optimisent les procédés | 91 |
| 2.13 | Practise your English | 92 |

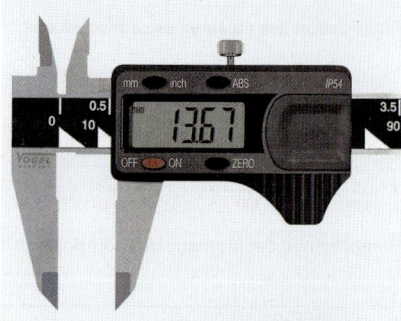

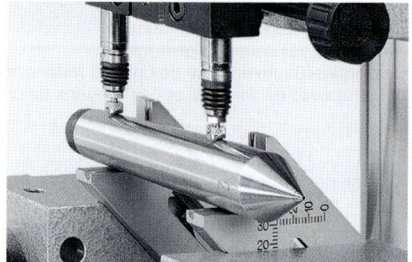

# 1 Métrologie

## 1.1 Grandeurs et unités

Les grandeurs décrivent des caractéristiques, par ex. la longueur, le temps, la température ou l'intensité du courant **(fig. 1)**.

Les grandeurs et unités de base sont définies dans le système international d'unités **SI** (System International) **(tableau 1)**.

Pour éviter les nombres très grands ou très petits, on fait précéder le nom des unités par des multiples de dix ou de sous-multiples de dix, par ex. millimètre **(tableau 2)**.

### ■ Longueur

> L'unité de base de la longueur est le mètre. Un mètre est la longueur de la distance que la lumière parcourt dans l'espace vide d'air dans un 299 792 458$^e$ de seconde.

Quelques préfixes combinés avec l'unité « mètre » utilisés couramment permettent d'indiquer d'une manière pratique les grandes distances ou les petites longueurs **(tableau 3)**.

Parallèlement au système métrique, le système anglo-saxon de mesure de la longueur en pouces (inch) est encore utilisé dans quelques pays.

Conversion : 1 pouce (in) = 25,4 mm

### ■ Angles

Les unités de mesure de l'angle désignent les angles au centre qui se rapportent au cercle entier.

Un **degré (1°)** est la fraction 1/360 de l'angle plein **(fig. 2)**. La subdivision de 1° peut être effectuée en minutes ('), secondes (") ou en sous-multiples de dix.

Le **radian (rad)** est l'angle qui, sur un cercle dont le rayon est de 1 m, intercepte un arc de 1 m de longueur **(fig 2)**. Un radian correspond à un angle de 57,295 779 51°.

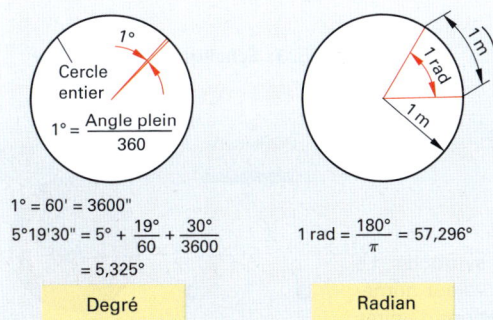

$1° = 60' = 3600"$
$5°19'30" = 5° + \dfrac{19°}{60} + \dfrac{30°}{3600}$
$\quad\quad\quad = 5,325°$

Degré

$1\text{ rad} = \dfrac{180°}{\pi} = 57,296°$

Radian

Fig. 2 : Unités angulaires

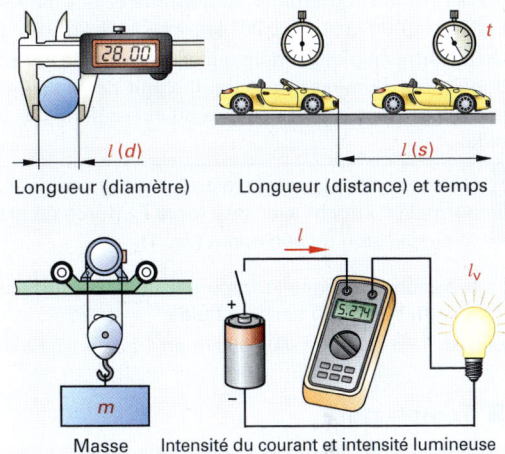

Fig. 1 : Grandeurs de base

**Tableau 1 : Système international d'unités**

| Grandeurs de base et symboles | Unités de base | |
|---|---|---|
| | Nom | Abréviation |
| Longueur $l$ | mètre | m |
| Masse $m$ | kilogramme | kg |
| Temps $t$ | seconde | s |
| Température thermodynamique $T$ | kelvin | K |
| Intensité du courant $I$ | ampère | A |
| Intensité lumineuse $I_v$ | candela | cd |

**Tableau 2 : Préfixes permettant de désigner les multiples et sous-multiples de dix des unités**

| Préfixe | | Facteur | | |
|---|---|---|---|---|
| M | méga | multiplié par un million | $10^6$ | = 1 000 000 |
| k | kilo | multiplié par mille | $10^3$ | = 1000 |
| h | hecto | multiplié par cent | $10^2$ | = 100 |
| da | déca | multiplié par dix | $10^1$ | = 10 |
| d | déci | divisé par dix | $10^{-1}$ | = 0,1 |
| c | centi | divisé par cent | $10^{-2}$ | = 0,01 |
| m | milli | divisé par mille | $10^{-3}$ | = 0,001 |
| µ | micro | divisé par un million | $10^{-6}$ | = 0,000 001 |

**Tableau 3 : Unités de longueur courantes**

| Système métrique | |
|---|---|
| 1 kilomètre (km) | = 1000 m |
| 1 décimètre (dm) | = 0,1 m |
| 1 centimètre (cm) | = 0,01 m |
| 1 millimètre (mm) | = 0,001 m |
| 1 micromètre (µm) | = 0,000 001 m = 0,001 mm |
| 1 nanomètre (nm) | = 0,000 000 001 m = 0,001 µm |

## ■ Masse, force et pression

La **masse** $m$ d'un corps est dépendante de sa quantité de matière. Elle est indépendante du lieu où le corps se trouve. L'unité de base de la masse est le kilogramme. Le gramme et la tonne sont également des unités courantes : 1 g = 0,001 kg, 1 t = 1000 kg.

Un cylindre en platine iridié qui est conservé à Paris est l'étalon international pour la masse de 1 kg. Il s'agit de la seule unité de base qui, jusqu'à présent, n'a pas encore pu être définie par une constante naturelle.

> Un corps dont la masse est d'un kilogramme agit sur la terre (lieu normalisé Zurich) avec une **force** $F_G$ (force de gravité) de 9,81 N sur sa suspension ou son appui **(fig. 1)**.

La **pression** $p$ désigne la force par unité de surface **(fig. 2)** en pascals (Pa) ou en bars (bar) dans un fluide.
Unités : 1 Pa = 1 N/m² = 0,00001 bar; 1 bar = $10^5$ Pa = 10 N/cm²

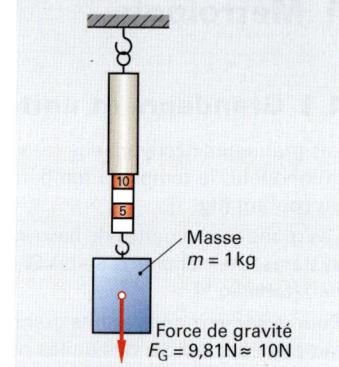

Fig. 1 : Masse et force

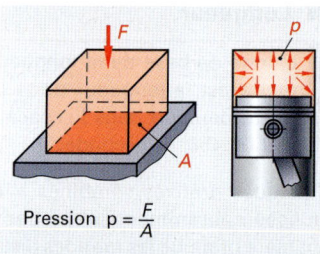

Fig. 2 : Pression

## ■ Température

La température décrit l'état thermique de corps, de liquides ou de gaz. Le **kelvin (K)** est la fraction 1/273,15 de la différence de température entre le point zéro absolu et le point de fusion de la glace **(fig. 3)**. L'unité la plus courante de température est le **degré Celsius (°C)**. Le point de fusion de la glace correspond à 0 °C, le point d'ébullition de l'eau est de 100 °C.
Conversion : 0 °C = 273,15 K; 0 K = −273,15 °C

## ■ Temps, fréquence et fréquence de rotation

L'unité de base définie pour le **temps** $t$ est la seconde (s).
Unités : 1 s = 1000 ms; 1 h = 60 min = 3600 s

La **durée de la période $T$**, appelée aussi « durée d'oscillation », est le temps en secondes pendant lequel un processus est répété régulièrement, par ex. l'oscillation complète d'un pendule ou la rotation d'une meule **(fig. 4)**.

La **fréquence** $f$ est la valeur inverse de la durée de la période $T$ ($f = 1/T$). Elle indique le nombre de processus ayant lieu par seconde. Elle est indiquée en 1/s ou en hertz (Hz).
Unités : 1/s = 1 Hz; $10^3$ Hz = 1 kHz; $10^6$ Hz = 1 MHz

La **fréquence de rotation $n$ (régime)** est le nombre de tours effectuées par seconde ou par minute.

**Exemple :** Une meule d'un diamètre de 200 mm exécute 6000 tours en 2 min. Quelle est sa fréquence de rotation ?
**Solution :** Fréquence de rotation $n = \dfrac{6000}{2 \text{ min}} = \textbf{3000/min}$

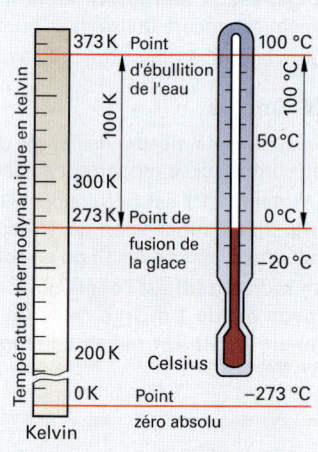

Fig. 3 : Échelles de température

## ■ Formules

Les formules établissent des rapports entre les grandeurs.
Exemple : La pression $p$ est la force $F$ par surface $A$.

$$p = \frac{F}{A}; \quad p = \frac{100 \text{ N}}{1 \text{ cm}^2} = 100 \frac{\text{N}}{\text{cm}^2} = \textbf{10 bar}$$

Dans le formules les grandeurs sont exprimées par des symboles. La valeur de la grandeur est indiquée comme produit de la valeur numérique et de l'unité, par. ex. $F$ = 100 N ou $A$ = 1 cm². Les équations d'unités indiquent le rapport entre les unités, par. ex. 1 bar = $10^5$ Pa.

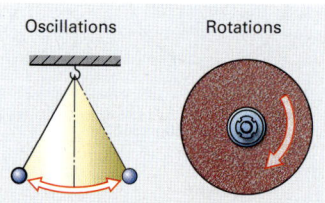

Fig. 4 : Processus périodiques

# 1.2 Bases de la métrologie

## 1.2.1 Notions de base

Lors du contrôle, des caractéristiques existantes des produits telles que les dimensions, la forme ou l'état de surface sont comparés avec les propriétés exigées.

> Le contrôle d'un objet permet de constater s'il présente les caractéristiques exigées, par ex. les dimensions, la forme ou l'état de surface.

### ■ Types de contrôle

**Le contrôle subjectif** est effectué via la perception sensorielle du contrôleur sans appareils auxiliaires **(fig. 1)**. Il constate par ex. si l'ébavurage et la rugosité de la pièce sont admissibles (contrôle visuel et tactile).

**Le contrôle objectif** est effectué avec des équipements de mesure, c'est-à-dire avec des instruments de mesure et des moyens auxiliaires **(fig. 1 et 2)**.

> **Mesurer** consiste à vérifier une longueur ou un angle au moyen d'un instrument de mesure. Le résultat est une valeur de mesure.
>
> **Jauger** signifie « comparer un objet à une jauge ». Cela ne permet pas d'obtenir une valeur numérique, mais seulement de constater si l'objet contrôlé est bon ou doit être mis au rebut.

### ■ Équipements de mesure

Les équipements de mesure comprennent les **instruments de mesure** et les **moyens auxiliaires** respectifs (équipements nécessaires en plus).

Tous les instruments de mesure à affichage et les jauges sont basés sur une **mesure matérialisée**. Elle représente la grandeur de mesure, par ex. par la distance entre des traits (règle), la distance fixe entre des surfaces (cale étalon, jauge) ou l'orientation de surfaces (cale étalon angulaire).

Les **instruments de mesure à affichage** ont des marques mobiles (aiguilles, graduation vernier), des échelles mobiles ou des compteurs. La valeur de mesure peut être lue directement.

Les **jauges** matérialisent soit la dimension, soit la dimension **et** la forme de l'objet à contrôler.

Les **moyens auxiliaires** sont par ex. les colonnes de mesure et les prismes, mais aussi les amplificateurs et convertisseurs de signaux de mesure.

### ■ Notions techniques de mesure

Afin d'éviter les malentendus lors de la description des opérations de mesure ou des processus d'analyse, il est indispensable d'utiliser des notions de base sans équivoque **(tableau, p. suivante)**.

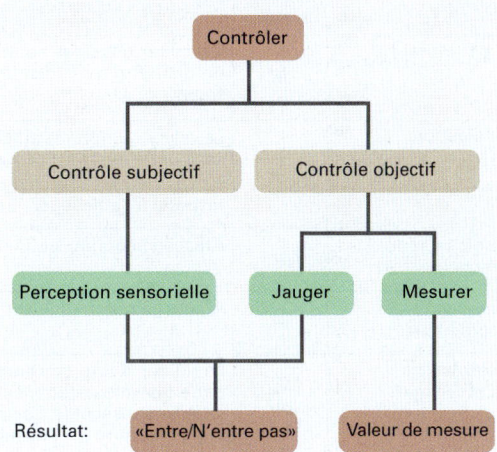

Fig. 1 : Types de contrôle et résultat du contrôle

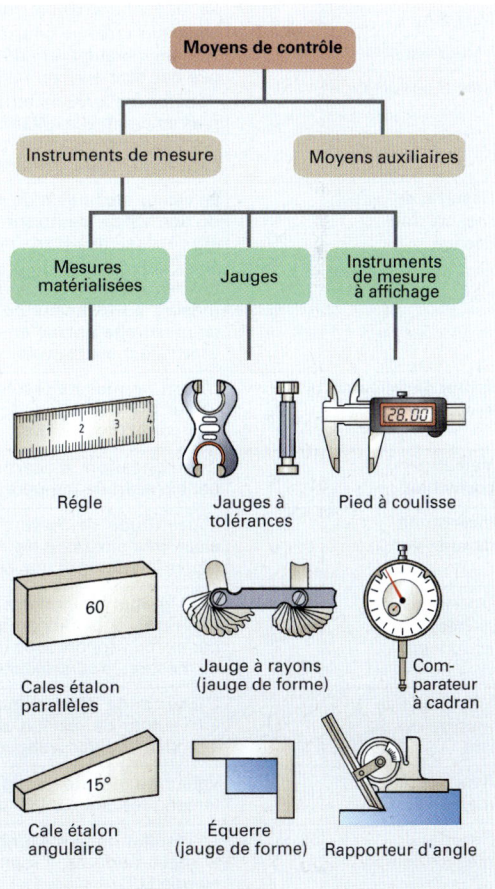

Fig. 2 : Équipements de mesure

## Tableau 1 : Notions techniques de mesure

| Terme | Abréviation | Définition, explication | Exemple, formules |
|---|---|---|---|
| Le mesurande | $M$ | Grandeur physique soumise à une mesure, par ex. un diamètre ou la distance entre les axes des alésages. | |
| Indication | - | La valeur numérique affichée de la valeur de mesure sans unité (en fonction de l'étendue de la mesure). En cas de mesures matérialisées, l'inscription correspond à l'affichage. | |
| Indication de l'échelle | - | Affichage continu sur une échelle avec repères | |
| Indication numérique | - | Affichage numérique sur une échelle à chiffres | Échelle de mesure $D_{af}$ = 0,01mm |
| Résolution d'affichage* | $D_{af}$ ou ⇥⇤ | La valeur d'une division est égale à la différence entre les valeurs de mesure correspondant à deux repères consécutifs. La division $D_{af}$ est indiqué dans l'unité figurant sur l'échelle. | |
| Résolution d'affichage numérique | $D_{num}$ | Correspond au pas d'une échelle numérique. | Affichage numérique $D_{num}$ = 0,01mm |
| Valeur mesurée | $x_a$ $x_1, x_2 ...$ | La valeur mesurée est affichée par un instrument, elle est composée de la valeur vraie et des écarts de mesure aléatoires et systématiques. | |
| Moyenne | $\bar{x}$ | La moyenne $\bar{x}$ résulte en général de cinq mesures répétitives. | |
| Valeur vraie | $x_w$ | La valeur vraie ne pourrait être obtenue que par un mesurage idéal. La valeur vraie $x_w$ est une « évaluation » déterminée à l'issue de nombreux mesurages répétitivs et corrigée des écarts systématiques connus. | |
| Valeur correcte | $x_r$ | Pour les mesures matérialisées, la valeur correcte $x_r$ est déterminée par étalonnage. Le plus souvent, elle diffère d'une manière négligeable de la valeur vraie. Lors d'un mesurage par comparaison, par ex. avec une cale étalon, sa mesure peut être considérée comme la valeur correcte. | |
| Résultat de mesure non corrigé | $x_a$ $x_1, x_2 ...$ $\bar{x}$ | La valeur mesurée d'un mesurande, par ex. une valeur de mesure unique non corrigée ou une valeur de mesure déterminée par des mesurages répétitifs qui n'a pas encore été corrigée des écarts systématiques $A_s$. Dans la technique de production, des mesurages uniques sont majoritairement effectués en raison d'écarts dont on a eu connaissance à l'occasion d'anciennes séries de mesure ou examens de capabilité. Le résultat de la mesure reste peu fiable en cas de mesurage unique en raison des écarts de mesure aléatoires ainsi qu'en raison des écarts de mesure systématiques inconnus. | |
| Erreur de mesure systématique | $A_s$ | L'écart de mesure résulte de la comparaison de la valeur mesurée $x_a$ ou de la moyenne $\bar{x}_a$ avec la valeur correcte $x_r$ (p. 15). | $A_s = x_a - x_r$  ($A_s = \bar{x}_a - x_r$) |
| Valeur de correction | $K$ | Compensation d'écarts systématiques connus, par ex. écart de température | $K = -A_s$  ($K = K_1 + K_2 ... + K_n$) |
| Incertitude de mesure* | $u$ | L'incertitude de mesure comporte tous les écarts aléatoires ainsi que les écarts de mesure systématiques inconnus et non corrigés. | |
| Incertitude standard combinée | $u_c$ | Effet global de nombreux éléments d'incertitude inhérents à la dispersion de valeurs mesurées, par ex. en rapport avec la température, le dispositif de mesure, le contrôleur et le procédé de mesurage. | $u_c = \sqrt{u^2_{x1} + u^2_{x2} + ... u^2_{xn}}$ |
| Incertitude de mesure élargie | $U$ | L'incertitude élargie indique la plage $y - U$ à $y + U$ autour du résultat de mesure dans laquelle on attend la « valeur vraie » d'une grandeur de mesure. | $U = 2 \cdot u_c$ (facteur 2 pour un niveau de confiance de 95%) |
| Résultat de mesure corrigé | $y$ | Valeur de mesure, corrigée d'écarts de mesure systématiques connus ($K$ – correction) | $y = x + K$  ($y = \bar{x} + K$) |
| Résultat de mesure complet | $Y$ | Le résultat de la mesure $Y$ est la valeur vraie pour le mesurande $M$. Il inclut l'incertitude de mesure élargie $U$. | $Y = y \pm U$  ($Y = \bar{x} + K \pm U$) |

\* Caractéristiques d'instruments de mesure qui sont indiquées dans les catalogues.

# Bases de la métrologie

**Tableau 1 : Notions techniques de mesure**

| Terme | Abréviation | Définition, explication | Exemple, formules |
|---|---|---|---|
| **Fidélité (répétabilité)*** | $f_w$ | La précision de répétition d'un instrument de mesure est sa capacité à atteindre des affichages proches les uns des autres pour, le plus souvent, 5 mesurages du même mesurande dans le même sens de mesure et dans les mêmes conditions de mesure. Plus la dispersion est petite, plus le procédé de mesure fonctionne avec précision. | Cale étalon ou pièce à usiner |
| Fidélité* (répétabilité) Limite | $r$ | La limite de répétition est la différence pour deux valeurs de mesurages uniques alors que la probabilité est de 95 %. | |
| **Hystérésis de mesure*** | $f_u$ | L'hystérésis de mesure d'un instrument de mesure est la différence d'affichage pour le même mesurande si la mesure est faite une fois alors que l'affichage croît (lorsque la tige de mesure rentre) et une fois alors que l'affichage décroît (lorsque la tige de mesure sort). L'hystérésis de mesure peut être déterminée par différentes mesures pour des valeurs quelconques sur l'étendue de la mesure, ou être consultée dans le diagramme du champ d'erreur. | Affichage montant / Affichage descendant. Tige de mesure rentrante / Tige de mesure sortante |
| **Champ d'erreur d'indication*** | $f_e$ | Le champ d'erreur d'indication $f_e$ est la différence entre le plus grand et le plus petit écart de mesure sur toute l'étendue de la mesure. Pour les comparateurs à cadran, il est déterminé alors que la tige de mesure rentre. | |
| Champ d'erreur d'indication total | $f_{ges}$ | Le champ de déviation globale $f_{total}$ de comparateurs à cadran est déterminé par des mesures sur toute l'étendue de la mesure alors que la tige de mesure rentre ou sort. | Limite d'erreur supérieure $G_o$ ; Hystérésis de mesure $f_u$ ; Champ d'erreur d'indication $f_e$ ; Champ de mesure partiel $f_t$ ; Écart de mesure max. ; Champ d'erreur d'indication $f_{total}$ ; Limite d'erreur inférieure $G_u$ ; Valeur correcte $x_r$ (longueur des cales étalon) ; — Tige de mesure sortante ; — Tige de mesure rentrante |
| **Erreurs maximales tolérées*** | $G$ | Les limites d'erreur sont les montants d'écart tolérés ou indiqués par le fabricant pour les écarts de mesure d'un instrument de mesure. Si ces montants sont dépassés, les écarts sont des erreurs. Si les écarts limite supérieur et inférieur sont égaux, la valeur indiquée pour chacun des deux écarts de limite est valable, par ex. $G_o = G_u = 20$ µm | |
| **Étendue de mesure*** | Meb | L'étendue de mesure est la plage de valeurs mesurées dans laquelle les limites d'erreur de l'instrument de mesure ne sont pas dépassées. | Course libre ; Étendue d'indication ; Champ de mesure ; Butée inférieure ; Course de mesure |
| **Champ de mesure** | Mes | Le champ de mesure est la différence entre la valeur finale et la valeur initiale de l'étendue de la mesure. | |
| **Étendue d'indication** | Az | L'étendue d'indication est comprise entre la plus grande et la plus petite valeur d'un instrument de mesure. | |

* Caractéristiques d'instruments de mesure qui sont indiquées dans les catalogues.

## 1.2.2 Erreurs de mesure

### ■ Causes des erreurs de mesure
(tableau 1, p. suivante)

L'**écart à la température de référence** de 20 °C cause toujours des erreurs de mesure lorsque les pièces, les instruments de mesure et les jauges utilisés pour effectuer le contrôle n'ont pas été fabriqués avec le même matériau et ont des températures différentes **(fig. 1)**.

En cas d'augmentation de la température de 4 °C d'une cale étalon en acier de 100 mm de longueur, par ex. en raison de la chaleur de la main, on peut observer une modification de la longueur de 4,6 µm.

> À la **température de référence de 20 °C,** les pièces, instruments de mesure et jauges doivent être dans les tolérances prescrites.

**La déformation dues à la force de mesure** apparaissent sur des pièces, instruments de mesure et supports de comparateur flexibles.
La déformation élastique d'un support de comparateur reste sans effet sur la valeur de mesure quand, pendant la mesure, la force de mesure est la même que lors de la mise à zéro avec des cales étalon **(fig. 2)**.

> Pour réduire les erreurs de mesure, il faut que l'affichage d'un instrument de mesure soit réglé dans les conditions dans lesquelles les pièces sont mesurées.

**Les erreurs de mesure dus à la parallaxe** apparaissent lorsque la lecture est effectuée sous un angle oblique **(fig. 3)**.

### ■ Types d'erreurs

**Les erreurs de mesure systématiques** sont causés par des déviations constantes : la température, la force de mesure, le rayon du palpeur de mesure ou des échelles imprécises.
**Les erreurs de mesure aléatoires** ne peuvent pas être déterminés ni en valeur ni en signe. Les causes peuvent être par ex. des fluctuations inconnues de la force de mesure et de la température.

> **Les erreurs de mesure systématiques** faussent la valeur de mesure. Si la grandeur et le signe (+ ou –) des écarts sont connus, ils peuvent être compensés.
> **Les erreurs de mesure aléatoires** rendent la valeur de mesure incertaine. Les écarts aléatoires inconnus ne peuvent pas être compensés.

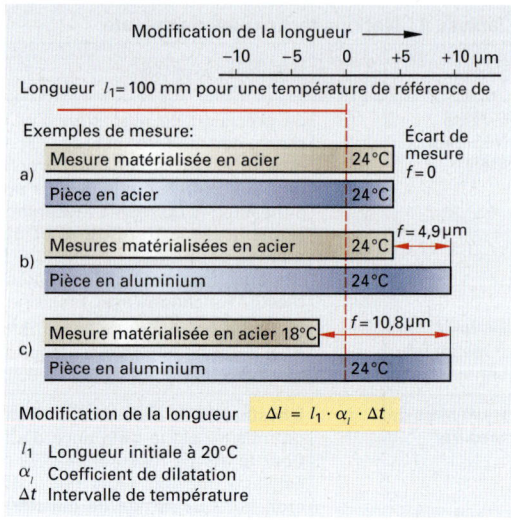

$$\Delta l = l_1 \cdot \alpha_l \cdot \Delta t$$

$l_1$ Longueur initiale à 20°C
$\alpha_l$ Coefficient de dilatation
$\Delta t$ Intervalle de température

Fig. 1 : Écarts de mesure résultant de la température

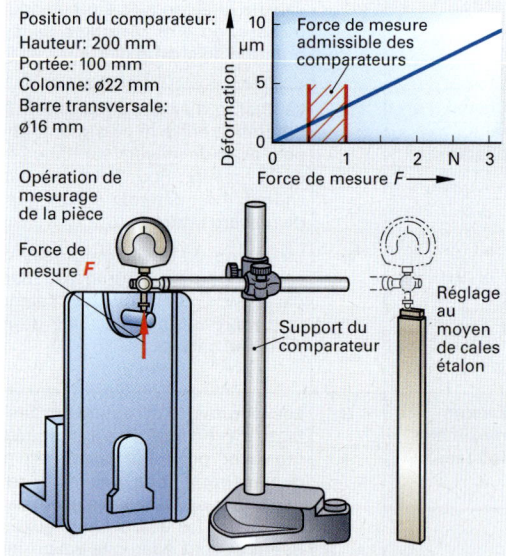

Fig. 2 : Erreurs de mesure consécutifs à une déformation élastique sur le support du comparateur, résultant de la force de mesure

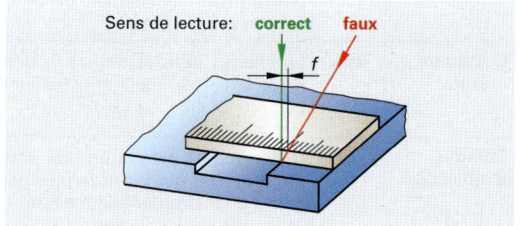

Fig. 3 : Erreurs de parallaxe

# Bases de la métrologie

## Tableau 1 : Causes et types d'erreurs de mesure

| Erreurs de mesure systématiques | Erreurs de mesure aléatoires |
|---|---|
| 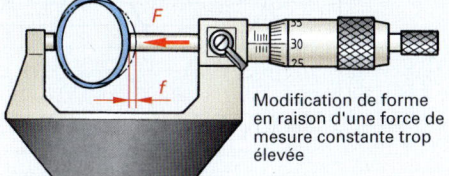 Valeur de mesure trop grande en raison d'une température trop élevée de la pièce (Écart par rapport à la température de référence) | 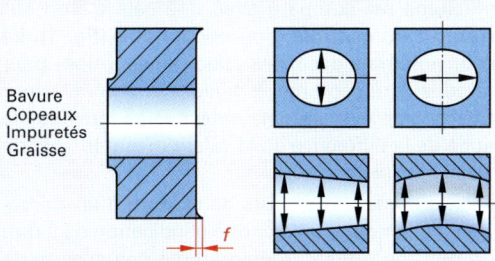 Incertitudes causées par des surfaces souillées et des variations des forme (Bavure, Copeaux, Impuretés, Graisse) |
| 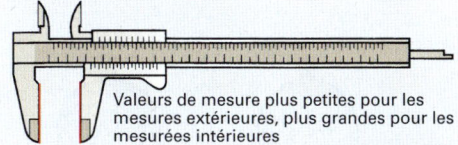 Valeur de mesure trop petite sous l'influence de la force de mesure (Modification de forme en raison d'une force de mesure constante trop élevée) | 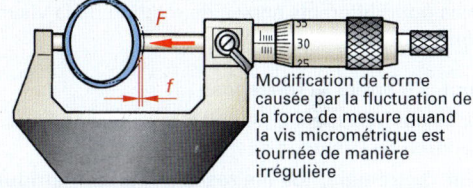 Dispersion des valeurs de mesure causée par la fluctuation de la force de mesure (Modification de forme causée par la fluctuation de la force de mesure quand la vis micrométrique est tournée de manière irrégulière) |
| 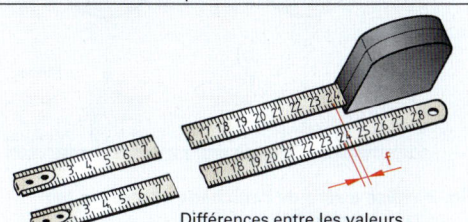 Erreurs de mesure causés par l'usure des surfaces de mesure (Valeurs de mesure plus petites pour les mesures extérieures, plus grandes pour les mesurées intérieures) | 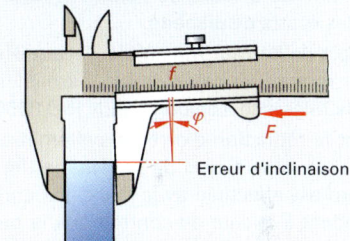 « Erreur d'inclinaison » dépendant de la force de mesure et du jeu dans le coulisseau |
| 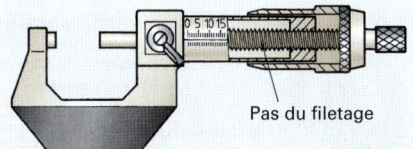 Différences entre les valeurs mesurées sur les règles de mesure | 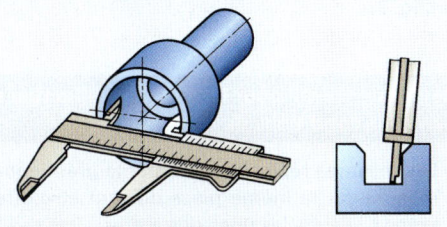 Positionnement incertain du pied à coulisse lors de mesures intérieures |
| 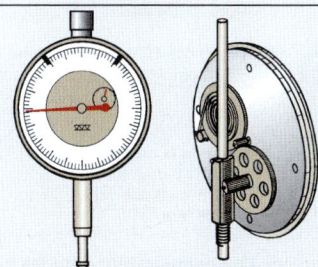 Influence des fluctuations de pas sur les valeurs de mesure (Pas du filetage) | 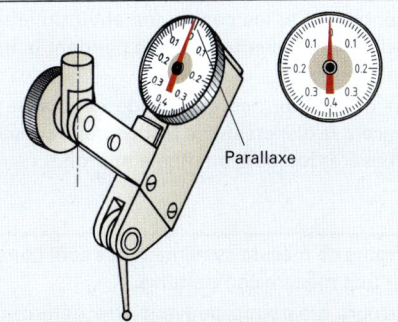 Erreur de lecture par angle de vue oblique (parallaxe) (Parallaxe) |
| Transmission irrégulière du mouvement de la tige de mesure (De petits écarts de transmission, il résulte que l'affichage présente des écarts mesurables en fonction de la position de la tige de mesure) | |

**Les erreurs systématiques** peuvent être constatés par un **mesurage comparatif** avec des instruments de mesure ou des cales étalon précis.

L'affichage est comparé avec une cale étalon sur l'exemple du contrôle d'un micromètre (**fig. 1**). La valeur nominale des cales étalon (inscription) peut être considérée comme la valeur correcte. **L'erreur** systématique $A_s$ d'une valeur de mesure individuelle résulte de la différence de la valeur mesurée $x_a$ et de la valeur correcte $x_r$.

Si l'on contrôle les erreurs de mesure d'un micromètre d'extérieur sur l'étendue d'indication de 0 mm à 25 mm, on obtient le diagramme des erreurs de mesure (**fig. 1**). Pour les micromètres, la mesure comparative est effectuée avec des cales étalons définies pour différents angles de rotation de la vis micrométrique.

### Limites d'erreur et tolérances

- L'erreur maximale $G$ ne doit être dépassée à aucun endroit de l'étendue de mesure.
- En métrologie, les limites d'erreur symétriques sont le cas normal. Les erreurs maximales tolérées contiennent les erreurs de l'élément de mesure, par ex. les écarts de planéité.
- Le respect de l'erreur maximale $G$ peut être contrôlé au moyen de cales étalon parallèles de la classe de tolérance 1 selon DIN EN ISO 3650.

On obtient la réduction d'erreurs systématiques de mesure par la **mise à zéro de l'affichage (fig. 2)**. La mise à zéro est effectuée avec des cales étalon qui correspondent à la cote de contrôle sur la pièce. La dispersion aléatoire peut être déterminée par des **mesures effectuées dans des conditions de répétabilité (fig. 3)** :

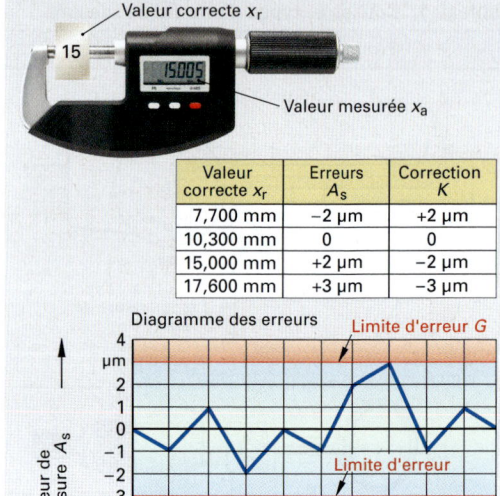

| Valeur correcte $x_r$ | Erreurs $A_s$ | Correction $K$ |
|---|---|---|
| 7,700 mm | −2 µm | +2 µm |
| 10,300 mm | 0 | 0 |
| 15,000 mm | +2 µm | −2 µm |
| 17,600 mm | +3 µm | −3 µm |

**Fig. 1 :** Erreurs systématiques d'un micromètre d'extérieur

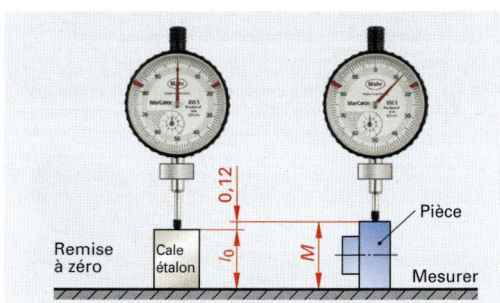

**Fig. 2 :** Mise à zéro de l'affichage et mesure par comparaison

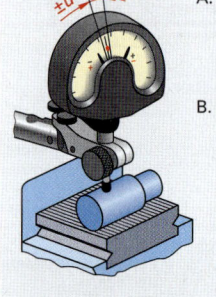

A. Remise à zéro du comparateur sur le diamètre de la pièce décolletée avec cote nominale de 30,0 mm au moyen d'une cale étalon.

B. **Mesure répétée** 10 fois
Étendue des mesures affichées
$R = x_{a\,max} - x_{a\,min}$
$= 6\,µm - 2\,µm = 4\,µm$

Moyenne des 10 valeurs affichées
$x_a = \dfrac{+40\,µm}{10} = +4\,µm$

| Valeurs affichés en µm | | | |
|---|---|---|---|
| +3 | +4 | +5 | +4 |
| +5 | +4 | +6 | +3 |
| +4 | +2 | | |

C. **Résultat de la mesure**
Moyenne du diamètre
$x = 30,0\,mm + 0,004\,mm$
$x = 30,004\,mm$

**Fig. 3 :** Erreurs aléatoires d'un comparateur pour les mesures effectuées dans des conditions de répétabilité

---

### Règles de travail pour les mesures effectuées dans des conditions de répétabilité

- Les mesures répétées de la même grandeur de mesure sur la même pièce doivent être effectuées à la suite les unes des autres.
- Le dispositif de mesure, le procédé de mesure, le contrôleur et les conditions environnementales doivent rester les mêmes pendant la nouvelle mesure.
- Pour éviter que des erreurs de circularité influencent la dispersion de la mesure, il convient de mesurer toujours au même endroit.

---

Les erreurs de mesure systématiques sont constatés par une mesure comparative.

Les erreurs aléatoires peuvent être déterminés par des mesures répétitives.

# Bases de la métrologie

## 1.2.3 Capabilité des moyens de contrôle et surveillance des moyens de contrôle

### ■ Capabilité des moyens de mesure

La sélection de moyens de mesure dépend des conditions de mesure au lieu d'utilisation et de la tolérance donnée par les spécifications du contrôle, par ex. la longueur, le diamètre ou la circularité. Le nombre de contrôleurs est également important étant donné que, par ex., l'incertitude de mesure générale augmente en cas de travail en équipe avec des contrôleurs différents pour les mêmes pièces.

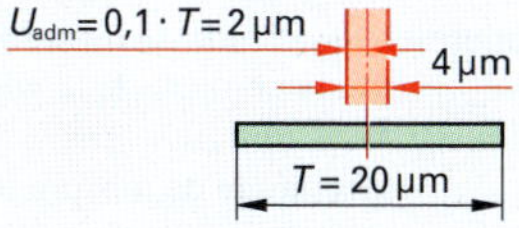

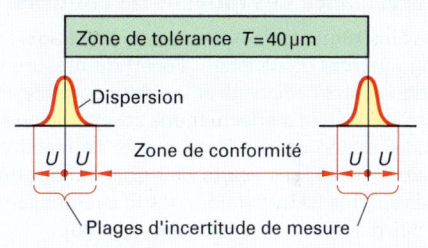

Fig. 1 : Incertitude de mesure admissible

> Les moyens de mesure sont considérés comme fiables (correspondant aux exigences de capabilité) si l'incertitude de mesure est au maximum égale à 10 % de la tolérance de mesure ou de forme.

### ■ Incertitude de mesure $U_{adm} = 1/10 \cdot T$ (fig. 1)

Les procédés de mesure avec une incertitude considérablement inférieure à $1/10 \cdot T$ sont certes appropriés, mais trop onéreux. D'une incertitude de mesure plus importante, il résulterait que trop de pièces ne sont plus reconnues sans équivoque comme « entre » ou « n'entre pas », étant donné que le nombre de valeurs de mesure situées sur l'étendue de l'incertitude de mesure $U$ serait plus grand (fig. 2). La zone de conformité est d'autant plus grande que l'incertitude de mesure $U$ est petite.

> Si les valeurs de mesure se trouvent dans la zone de conformité, la validité de la mesure avec la tolérance est garantie.

**Exemple** des conséquences d'une incertitude de mesure trop importante $U = 0,2 \cdot T$ (fig. 2) : bien que la valeur de mesure correcte 15,005 mm se trouve hors de la tolérance, la valeur de mesure 15,012 mm est affichée en raison d'un écart de mesure de + 7 µm, mesure qui semble se trouver dans les limites de la tolérance. Dans ces conditions, une pièce devant être mise au rebut n'est pas reconnue. Inversement, une mesure dans les limites de la tolérance peut entraîner l'affichage d'une valeur mesurée située hors des limites de tolérance en raison d'un écart de mesure. Dans ce cas, une bonne pièce serait mise au rebut de manière erronée.

L'**évaluation de la capabilité des moyens de mesure** est possible de manière approximative si l'incertitude de mesure prévisionnelle est connue (tableau 1).
Dans les conditions de l'atelier, l'incertitude de mesure correspond, pour des instruments mécaniques de mesure manuelle neufs ou presque neufs, à environ une division (1 $D_{af}$) et, pour des appareils électroniques, à trois échelons environ (3 $D_{num}$).

> Les instruments de mesure pour la fabrication sont sélectionnés de manière à rendre l'incertitude de mesure $U$ négligeable par rapport à la tolérance de la pièce. Cela permet d'obtenir une valeur de mesure affichée ayant valeur de résultat de la mesure.

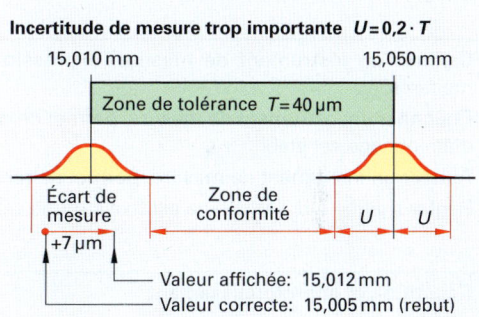

Fig. 2 : Incertitude de mesure par rapport à la tolérance

Tableau 1 : Incertitude de mesure

| Instrument de mesure | | Incertitude de mesure prévisionnelle | Erreur maximale tolérée G des nouveaux instruments de mesure |
|---|---|---|---|
| 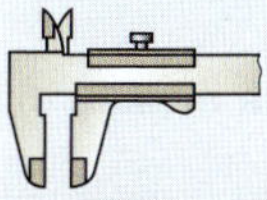 | $D_{af}$ = 0,05 mm Étendue de la mesure: 0 ... 150 mm | $U \geq 50$ µm | 50 µm |
| 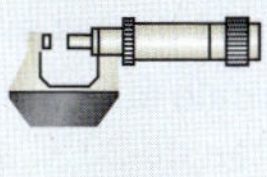 | $D_{af}$ = 0,01 mm Étendue de la mesure: 50 ... 75 mm | $U \approx 10$ µm | 5 µm |
| 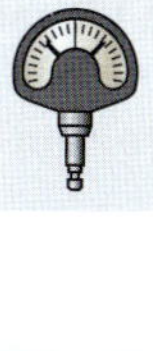 | $D_{af}$ = 1 µm Étendue de la mesure: ± 50 µm | $U \approx 1$ µm | 1 µm |

## Capabilité des moyens de mesure pour une tolérance donnée

**Exemple :** Un diamètre dont les dimensions limites sont de 20,40 mm et 20,45 mm doit être mesuré avec un micromètre ($D_{af}$ = 0,01 mm). Il s'agit d'évaluer la capabilité des moyens de mesure (aptitude) du micromètre en fonction de l'incertitude de mesure attendue et de la tolérance donnée.

**Solution :** L'incertitude de mesure correspond approximativement à 1 pas de graduation (0,01 mm). En raison de cette incertitude de mesure, la valeur de mesure correcte peut être comprise entre 20,44 mm et 20,46 mm pour l'affichage 20,45 mm.

Incertitude de mesure attendue du micromètre :  $U$ = 0,01 mm

Incertitude de mesure admissible :  $U_{adm}$ = 0,1 · $T$ = 0,1 · 0,05 mm = **0,005 mm**

Le micromètre d'extérieur n'est pas adapté pour la tolérance donnée car l'incertitude de mesure prévisionnelle est trop grande. Des comparateurs à cadran ou des palpeurs électroniques peuvent être recommandés car ces instruments de mesure présentent un degré de précision supérieur, la dispersion de leurs valeurs de mesure étant moindre.

## Surveillance des moyens de contrôle

Sur des instruments de mesure avec affichage, l'étalonnage permet de constater l'écart de mesure systématique entre l'affichage et la valeur correcte. Pour ce faire, il convient d'effectuer une comparaison avec des cales étalon ou des instruments de mesure de précision élevée. Les écarts déterminés sont documentés sur une fiche d'étalonnage et éventuellement dans des diagrammes d'écart **(fig. 1, p. 20)**.

L'etalonnage est confirmé par un autocollant de contrôle spécial qui indique la date du contrôle suivant **(fig. 1)**.

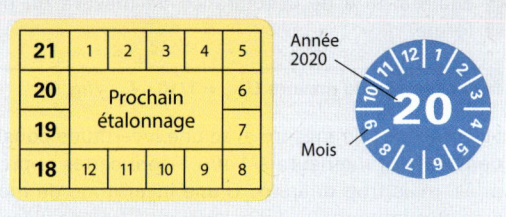

**Fig. 1 :** Autocollant pour les instruments de mesure étalonnés

▎**Calibrer** un instrument de mesure, expression réservée aux Bureaux de vérification des poids et mesures.
▎**Étalonner** un instrument de mesure, permet de définir l'écart par rapport à la valeur correcte. Un certificat d'étalonnage est établi.
▎**Ajuster** un instrument de mesure, permet de réduire au minimum les écarts de mesure.
▎**Régler** signifie que l'affichage est fixé sur une certaine valeur, par ex. mise à zéro.

### Répétition et approfondissement

1. Quel est l'effet d'erreurs de mesure systématiques et aléatoires sur le résultat de la mesure ?
2. Comment peut-on déterminer les erreurs de mesure systématiques d'un micromètre ?
3. Pourquoi la mesure de pièces à paroi mince pose-t-elle des problèmes ?
4. Pourquoi les erreurs de mesure peuvent-ils résulter du fait que la température de référence n'est pas respectée sur des instruments de mesure et des pièces ?
5. À quoi peut-on probablement attribuer les erreurs systématiques sur des micromètres ?
6. Lorsqu'une mesure est effectuée en atelier, pourquoi la valeur de mesure affichée est-elle considérée comme résultat de mesure, tandis que la valeur affichée est souvent corrigée dans un laboratoire de mesure ?
7. Quels sont les avantages de la mesure différentielle et de la mise à zéro sur les comparateurs à cadran ?
8. Pourquoi est-il particulièrement problématique du point de vue de la métrologie de s'écarter de la température de référence sur des pièces en aluminium ?
9. De combien la longueur d'une cale étalon parallèle ($l$ = 100 mm, $a$ = 0,000 016 1/°C) est-elle modifiée si sa température est augmentée de 20 °C à 25 °C par la chaleur de la main ?
10. Quel pourcentage maximal de la tolérance de la pièce les écarts de mesure peuvent-ils atteindre pour pouvoir être considérés comme négligeables lors du contrôle ?
11. À quelle incertitude de mesure faut-il s'attendre sur un comparateur à écran mécanique ($D_{af}$ = 0,01 mm) ?

## 1.3 Moyens de contrôle des longueurs

### 1.3.1 Règles, jauges, calibres et étalons

■ **Règles de mesure**

Les **règles graduées** matérialisent la cote de longueur par l'intervalle entre les divisions. La précision de la graduation s'exprime dans les limites d'erreur des échelles de mesure **(tableau 1)**. Des erreurs de mesure apparaissent lorsque la limite d'erreur supérieure $G_o$ d'une échelle de mesure est dépassée vers le haut ou lorsque la limite d'erreur inférieure $G_u$ est dépassée vers le bas.

Les **règles de mesure pour les capteurs de position**, par ex. en verre ou en acier, fonctionnent selon le principe de détection photoélectronique. Les cellules photosensibles génèrent un signal de tension en fonction des champs clairs/foncés détectés.

Dans le cas de systèmes de mesure incrémentale, la course des machines-outils et des machines de mesure est mesurée en additionnant les impulsions lumineuses. Un réseau de traits d'une extrême précision sert de mesure matérialisée. Les systèmes de mesure absolus permettent d'afficher la position actuelle de la tête de mesure grâce à leur codage.

Tableau 1 : Limites d'erreur d'échelles de mesure de 500 mm de long

| Types | | Ecarts limite $G_o = G_u$ |
|---|---|---|
| Étalon de comparaison | | 7,5 µm |
| Règle de travail | | 30 µm |
| Règle flexible | | 75 µm |
| Ruban métrique | | 100 µm |
| Mètre pliant | | 1 mm |
| Système de mesure incrémental | | 0,5…20 µm |
| Système de mesure absolu | | |

■ **Jauges**

Les jauges matérialisent des cotes ou des formes qui se rapportent en général à des cotes limite **(fig. 1)**.

Les **jauges de mesure** font partie du jeu de jauges dans lequel la dimension augmente d'une jauge à l'autre, par ex. cales étalons parallèles (page 25) ou les jauges tampons.

Les **jauges de forme** permettent de contrôler les angles, les rayons et les filetages selon le procédé du rai de lumière.

Les **calibres mâchoires** (page 24) matérialisent les cotes maximales et minimales admissibles. Certains calibres mâchoires matérialisent également la forme en plus des cotes limite, par ex. afin de pouvoir contrôler la forme cylindrique d'un perçage ou le profil de filetages.

Les **règles** sont utilisées pour contrôler la rectitude et la planéité **(fig. 2)**. Les règles de précision ont des arêtes de contrôle rodées d'une rectitude élevée qui permettent de détecter à l'œil nu différents rais de lumière de petite taille.

> Si des pièces sont contrôlées à contre-jour avec des règles de précision, on peut détecter des écarts à partir de 2 µm sur le rai de lumière entre l'arête de contrôle et la pièce.

Les **jauges d'angle fixes** sont des jauges de forme et représentent le plus souvent un angle de 90°. Les équerres à filament, jusqu'à une longueur de branche de 100 x 70 mm avec le degré de précision 00, ont une erreur maximale tolérée de seulement 3 µm pour l'écart de perpendicularité **(fig. 3)**. Pour le degré de précision 0, la valeur limite est de 7 µm. Les équerres à filament permettent de contrôler la perpendicularité et la planéité ou d'aligner des surfaces cylindriques ou planes.

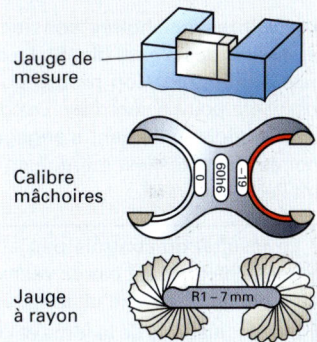

Fig. 1 : Types de jauges

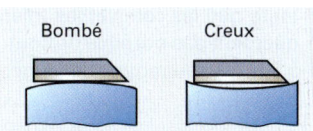

Fig. 2 : Contrôle de la rectitude avec une règle à filament

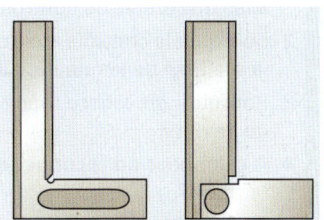

Fig. 3 : Équerre 90°C

## ■ Calibres à limite

Les cotes limite de pièces tolérancées peuvent être contrôlées avec des jauges tampon pour les alésages ou avec des jauges bague sur les arbres **(fig. 1, fig. 2** et **fig. 3)**.

**Principe de Taylor:** La jauge «entre» doit être conçue de telle manière que la cote et la forme d'une pièce soient contrôlées lors de l'assemblage avec la jauge **(fig. 1)**. Avec la jauge «n'entre pas», seules certaines cotes doivent être contrôlées, par ex. le diamètre.

> Les jauges «entre» matérialisent la cote **et** la forme.
> Les jauges «n'entre pas» sont des jauges uniquement.
> - **Les jauges «entre»** matérialisent la cote maximale sur des arbres et la cote minimale sur les alésages.
> - **Les jauges «n'entre pas»** matérialisent la cote minimale sur des arbres ou la cote maximale sur des alésages. Une pièce qui peut être assemblée avec une jauge «n'entre pas» doit donc être mise au rebut.

**On utilise les jauges tampon** pour contrôler les alésages et les rainures **(fig. 4)**. Le côté «entre» doit glisser dans l'alésage par son poids propre, le côté «n'entre pas» doit seulement s'engager. Des parties en métal dur sont souvent placées le long du côté «entre» dans le but de réduire l'usure. Le côté «n'entre pas» dispose d'un cylindre de contrôle court, est marqué en rouge et porte une inscription signalant l'écart supérieur.

**Les calibres mâchoires** conviennent pour contrôler le diamètre et l'épaisseur des pièces **(fig. 5)**. Le côté «entre» matérialise la cote maximale admissible. Son propre poids doit lui permettre de glisser au-dessus du point à contrôler. Le côté «n'entre pas» est réduit de la tolérance et doit seulement s'engager. Le côté «n'entre pas» a des mâchoires biseautées, est marqué en rouge et porte une inscription signalant l'écart inférieur.

> Le résultat du contrôle par jauge est **entre** ou **n'entre pas**. Le jaugeage ne donnant pas de valeurs de mesure, les résultats du contrôle ne peuvent pas être utilisés pour la maîtrise de la qualité.
> Les fluctuations de la force et l'usure de la jauge influencent considérablement les résultats du contrôle.
> Pendant le jaugeage, l'incertitude de mesure est d'autant plus importante que les cotes et les tolérances sont petites. Il n'est donc pratiquement pas possible de contrôler les degrés de tolérance inférieurs à 6 (< IT6) au moyen de jauges.

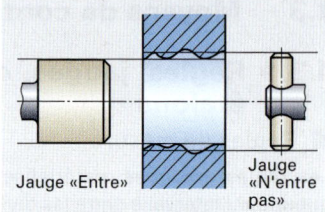
Fig. 1: Calibre limite selon Taylor

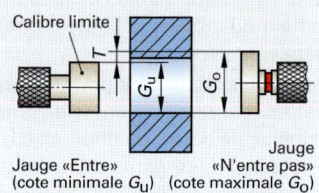
Fig. 2: Jauge tampon

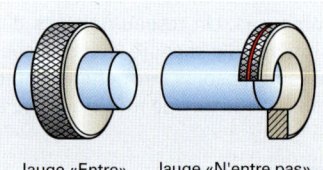
Fig. 3: Jauges bague

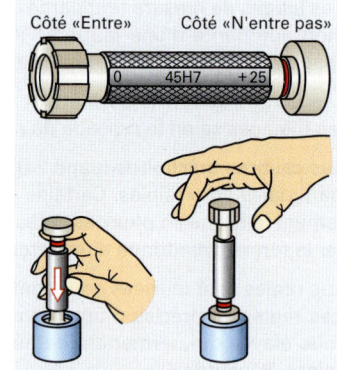
Fig. 4: Jauge tampon

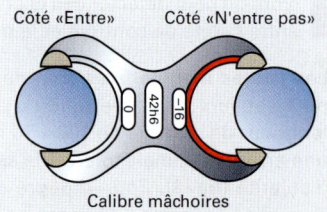
Fig. 5: Calibre mâchoires

### Répétition et approfondissement

1. Pourquoi les règles de précision et les équerres à filament ont-elles des arêtes de contrôle rodées?
2. Pourquoi le contrôle avec des jauges n'est-il pas approprié pour la maîtrise de la qualité, par ex. pendant le tournage?
3. Pourquoi un calibre mâchoire ne correspond-il pas au principe de Taylor?
4. À quoi peut-on reconnaître le côté «n'entre pas» d'une jauge tampon?
5. Pourquoi le côté «entre» d'un calibre mâchoires s'use-t-il plus rapidement que le côté «n'entre pas»?

## Cales étalon parallèles

Les cales étalons parallèles sont les mesures matérialisées les plus exactes et les plus importantes permettant de contrôler la longueur. La précision de la mesure des cales étalon est fonction de la classe d'étalonnage et de la longueur nominale (**tableau 1** et **fig. 1**). La tolérance de variation de longueur $t_v$ limite les écarts de planéité et de parallélisme tandis que l'écart limite de longueur $t_e$ décrit l'écart de longueur en tout point par rapport à la longueur nominale.

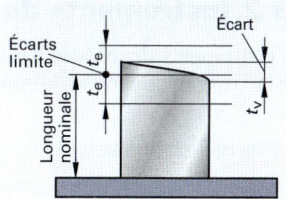

Fig. 1 : Écarts d'une cale étalon

**Tableau 1 :** Les cales étalon parallèles (valeurs en µm pour les longueurs nominales 10 … 25 mm)

| Classe d'étalonnage | Tolérance de variation de longueur $t_v$ | Écart limite de longueur $t_e$ | Utilisation |
|---|---|---|---|
| K | 0,05 | + 0,3 | Étalons de référence pour étalonner des cales étalon et pour régler des instruments de mesure et des jauges précis |
| 0 | 0,1 | + 0,14 | Réglage et étalonnage de jauges et instruments de mesure dans des locaux climatisés |
| 1 | 0,16 | + 0,3 | Étalons de travail les plus utilisés pour effectuer des contrôles dans des locaux mesure et dans la production |
| 2 | 0,3 | + 0,6 | Étalons de travail pour régler et contrôler des outils, des machines et des dispositifs |

Les cales étalons de la **classe d'étalonnage K** présentent les plus petits écarts de planéité et de parallélisme, ce qui est d'une grande importance pour obtenir des mesures et combinaisons exactes de cales étalon (**fig. 3**). Les écarts limite relativement grands de la longueur sont compensés par la valeur de correction connue K (p. 16). Il est possible d'accoler les cales étalon des **classes de tolérance K** et **0** sans pression (**fig. 2**).

Lors de la composition d'une combinaison de cales étalon, on commence par la plus petite cale étalon (**tableau 2** et fig. 3).

Sur les **cales étalons en acier** accolées, on observe, après un certain temps, une tendance à se souder à froid. Il est donc recommandé de les séparer après utilisation.

Par comparaison avec les cales étalon en acier, les **cales étalon en métal dur** sont 10 fois plus résistantes à l'usure. La dilatation thermique réduite de 50 % pouvant entraîner des écarts de mesure sur les pièces en acier est un désavantage.

Les **cales étalons en céramique** présentent une dilatation thermique comparable à celle de l'acier. Elles sont extrêmement résistantes à l'usure, aux rayures et à la corrosion.

Les instruments de mesure et les jauges sont contrôlés au moyen de cales étalon et de jauges cylindriques (**fig. 4**). Les cales étalons parallèles sont le plus souvent composées de 46 pièces, réparties dans 5 séries de jeux de longueurs (**tableau 3**).

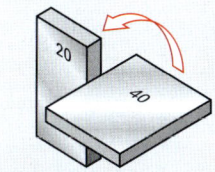

Fig. 2 : Accolement de cales étalons

Fig. 3 : Combinaison de cales étalon

Fig. 4 : Contrôle d'un calibre mâchoires avec des cales étalons et une jauge cylindrique

**Tableau 2 :** Combinaison de cales étalon

| | |
|---|---|
| 1. Cale étalon | 1,003 mm |
| 2. Cale étalon | 9,000 mm |
| 3. Cale étalon | 50,000 mm |
| Combinaison de cales étalon : | 60,003 mm |

**Tableau 3 :** Jeu de cales étalon

| Série | longueurs nominales mm | Échelonnement mm |
|---|---|---|
| 1 | 1,001 … 1,009 | 0,001 |
| 2 | 1,01 … 1,09 | 0,01 |
| 3 | 1,1 … 1,9 | 0,1 |
| 4 | 1 … 9 | 1 |
| 5 | 10 … 100 | 10 |

### Règles de travail pour l'utilisation de cales étalons

- Avant l'utilisation, il convient d'essuyer les cales étalons avec un chiffon non pelucheux (chiffon de lin).
- En raison de la déviation globale, les combinaisons de cales étalon doivent, être constituées d'un nombre de cales étalon le plus petit possible.
- Les cales étalon en acier ne doivent pas rester collées les unes aux autres plus de 8 heures, sinon, elles se soudent à froid.
- Après l'utilisation, les cales étalon en acier ou en métal dur doivent être nettoyées et graissées avec de la vaseline chimiquement neutre.

# 1.3.2 Instruments de mesure mécaniques et électroniques

Les instruments de mesure à main, tels que les pieds à coulisse, les comparateurs à cadran, sont utilisés en version mécanique moins onéreuse ou avec le système de mesure électronique.

## ■ Pieds à coulisse

En raison de sa facilité de manipulation, le pied à coulisse est l'instrument de mesure le plus utilisé en métallurgie pour effectuer des mesures de cotes extérieures, intérieures et de profondeur **(fig. 1)**.

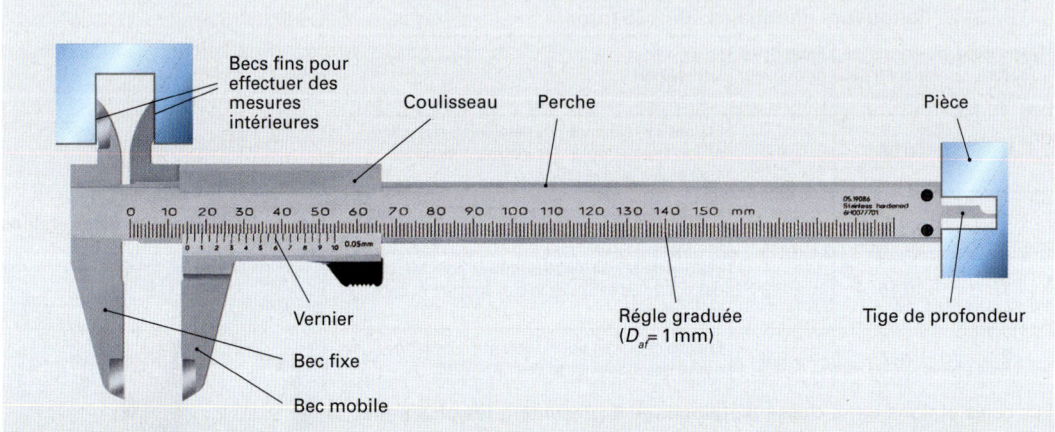

Fig. 1 : Pied à coulisse de poche avec vernier au vingtième de millimètre

Le **pied à coulisse de poche** est composé d'une règle à division millimétrique et d'un bec mobile (coulisseau) comportant le vernier (fig. 1). La possibilité de lecture du vernier résulte de la différence entre la division principale sur la perche et les divisions du vernier.

Sur le **vernier au vingtième de millimètre,** 19 mm sont partagés en 20 divisions **(fig. 2)**. En résulte la **valeur du vernier = 0,05 mm,** la plus petite modification de la valeur mesurée qui puisse être affichée.

Sur le **vernier au 1/50,** la limite de la capacité de résolution de l'œil est atteinte (fig. 2). Ce fait et la valeur du vernier 0,02 mm (1/50 mm) induisent souvent des erreurs de lecture.

Les verniers en pouces (1 in = 25,4 mm) existent avec une **valeur de vernier de 1/128 in** ou **0,001 in** (fig. 3).

Pour lire la mesure, on considère le trait zéro du vernier comme une virgule (fig. 2). À gauche du trait du zéro, on lit sur l'échelle graduée les millimètres entiers et on choisit ensuite, à droite du trait du zéro, la marque graduée du vernier qui coïncide le mieux avec une marque de la règle graduée.

Le nombre d'espaces entre les marques de graduation indique alors, en fonction du vernier, les vingtièmes ou les cinquantièmes de millimètre.

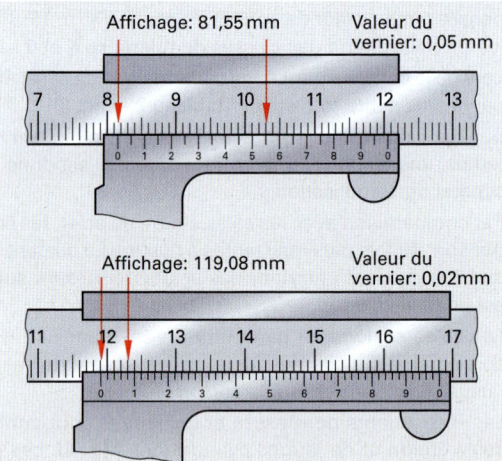

Fig. 2 : Lecture de verniers au 1/20e et au 1/50e

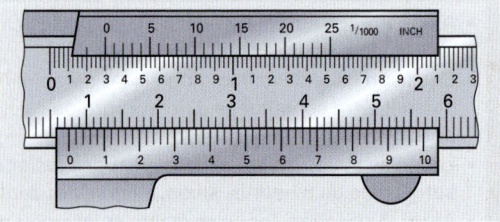

Fig. 3 : Vernier au 1/1000 de pouce et au 1/50e

# Moyens de contrôle des longueurs

**Les pieds à coulisse avec cadran** traduisent le mouvement du coulisseau par un mouvement de l'aiguille (10:1 à 50:1). Par rapport au vernier, cela permet d'atteindre un affichage pouvant être lu plus rapidement et avec une sécurité accrue **(fig. 1)**. L'affichage grossier de la position du coulisseau s'effectue sur la règle, l'affichage fin sur le cadran avec des divisions de 0,1 mm, 0,05 mm ou 0,02 mm.

## ■ Mesures avec le pied à coulisse de poche (fig. 2)

Pour la **mesure extérieure,** la pièce doit être légèrement pincée entre les becs. La partie effilée des becs ne doit être utilisée que pour mesurer des rainures et des saignées.

Pour les **mesures intérieures,** on pose d'abord le bec fixe, puis le bec mobile dans l'alésage. Étant donné que les becs sont croisés, la valeur de mesure est affichée directement tandis que, sur le pied à coulisse d'atelier, l'épaisseur des becs étagés doit encore être additionnée.

Les **mesures d'écarts** peuvent être effectuées avec les faces avant des becs ou avec la tige de profondeur. Dans les deux cas, le pied à coulisse réglé approximativement à la mesure doit être posé à la verticale et le mouvement du coulisseau doit être effectué délicatement.

Le côté étagé de la tige de profondeur doit être en contact avec la pièce afin d'éviter des écarts causés par des rayons de transition ou des bavures.

Les **mesures de profondeur** sont effectuées au moyen de la tige de profondeur. Dans le cas de perçages étagés et pour éviter une position oblique, il est recommandé d'utiliser une base de mesure de profondeur.

Les erreurs maximales tolérées sont valables pour les mesures avec des pieds à coulisse sans changement de direction de la force de mesure, par ex. pour des mesures uniquement extérieures. Si, sur la même pièce, des mesures extérieures **et** des mesures intérieures ou des mesures de profondeur doivent être effectuées, les écarts de mesure augmentent.

### Règles de travail pour effectuer des mesures avec des pieds à coulisse

- Les surfaces de mesure et de contrôle doivent être propres et exemptes d'aspérités.
- Si la lecture est difficile au point de mesurage, il convient, sur les pieds à coulisse mécaniques, de bloquer le coulisseau et de retirer prudemment le pied à coulisse.
- Les écarts de mesure résultant d'influences thermiques, d'une force de mesurage trop élevée (erreur d'inclinaison) et d'un positionnement oblique de l'instrument de mesure doivent être évités.

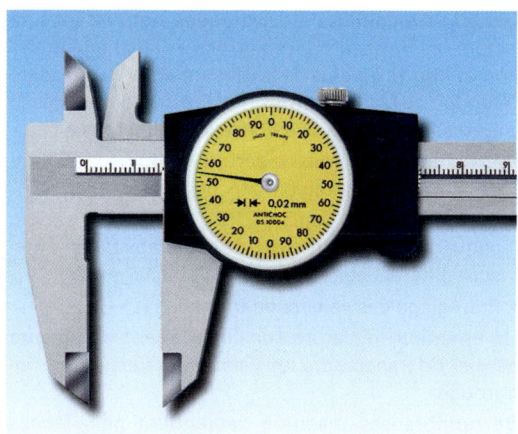

Fig. 1: Pied à coulisse avec cadran

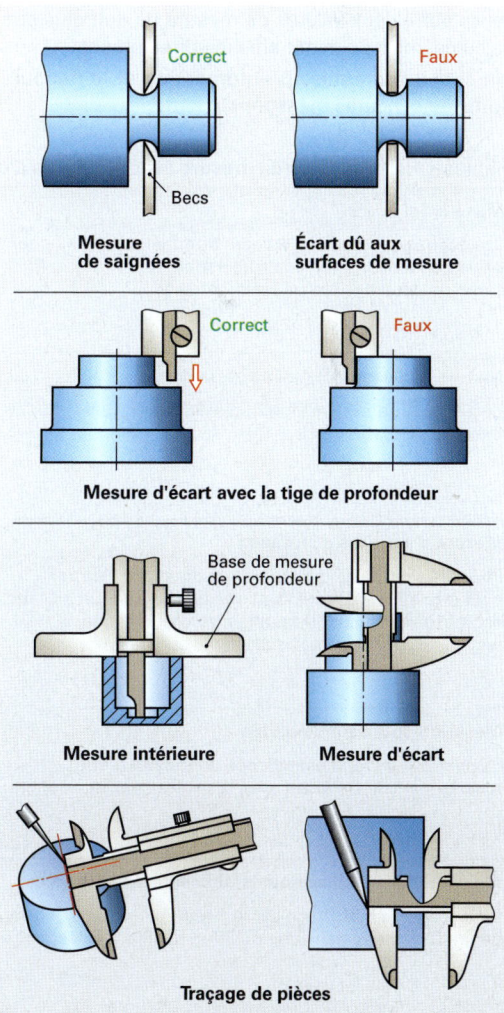

Fig. 2: Manipulation de pieds à coulisse

**Les pieds à coulisse électroniques** permettent une lecture rapide et sans erreur grâce à l'affichage grand format **(fig. 1)**. En plus de la mesure absolue sur toute l'étendue de la mesure, des mesures différentielles et d'autres fonctions peuvent être sélectionnées:

- Marche/Arrêt et mise à zéro à n'importe quel endroit, c'est-à-dire régler l'affichage sur 0,00 (C/ON)
- Sélectionner la fonction (M = MODE), par ex. conversion mm/in (pouce), mesure absolue ou mesure différentielle, blocage de l'affichage etc.
- Préréglage des valeurs de tolérance (⊙→)

Un émetteur miniature sur l'instrument de mesure permet de transmettre les valeurs de mesure par infrarouge.

De nombreuses mesures deviennent plus faciles grâce à la fonction «Mesure différentielle» et en réglant l'affichage sur zéro à un endroit quelconque **(tableau 1)**: La différence de la grandeur de mesure par rapport à une valeur réglée connue ou la différence entre deux valeurs de mesure ne doit plus être calculée, mais peut être affichée directement.

Un circuit économiseur automatique et la coupure après deux heures ménagent la batterie.

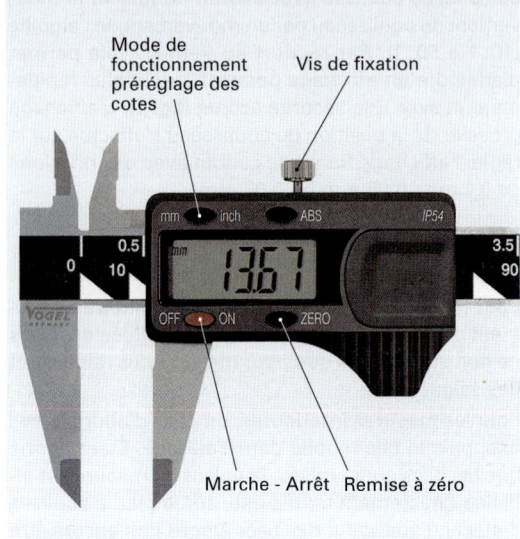

**Fig. 1: Pied à coulisse électronique**

| Tableau 1: Possibilités de mesure avec des pieds à coulisse électroniques | |
|---|---|
| **Mesure des écarts**<br>Les écarts par rapport aux cotes nominales sont affichés par comparaison avec une cale étalon de référence, le signe précédent le chiffre étant correct. | Mise à zéro: 0.00 / -0.17 |
| **Mesure d'ajustement** (jeu ou serrage)<br>Le jeu ou le serrage est indiqué directement par mesure comparative. | Mise à zéro: 0.00 / 0.03 |
| **Mesure d'entraxes d'alésages**<br>Pour les alésages ayant un même diamètre, l'entraxe peut être affiché directement si, tout d'abord, un alésage est mesuré, l'affichage est mis à zéro et, ensuite, la distance la plus grande entre alésages est mesurée. | Mise à zéro: 0.00 / 28.14 |
| **Mesurer l'épaisseur de parois**<br>L'épaisseur du fond est affichée au moyen d'une mesure par comparaison avec la profondeur de perçage. | Mise à zéro: 0.00 / 4.05 |
| **Mesurer à des emplacements difficilement accessibles**<br>Le blocage de l'affichage sur la position des becs permet de lire l'affichage dans une position facilitant la lecture. | Blocage de l'affichage: 23.74 |

# Micromètres

La partie la plus importante du micromètre d'extérieur mécanique est la vis micrométrique rectifiée **(fig. 1)**. Elle matérialise la mesure 0,5 mm par le pas du filetage. Si le tambour est tourné d'un des 50 divisions d'échelle, la vis micrométrique se déplace de 0,5 mm : 50 = 0,01 mm. Les centièmes de millimètre sont lus sur le tambour de mesure **(fig. 2)**.

> Le plus souvent, la division sur les micromètres d'extérieur mécaniques est de 0,01 mm.

Si la vis micrométrique améliore l'affichage, par contre elle augmente aussi nettement la force de mesure. C'est pourquoi un limiteur de couple à friction limite la force de mesure entre 5 N et 10 N, à condition qu'on l'utilise pour tourner lentement la vis micrométrique.
Les étendues de mesure courantes sont :
0 … 25 mm (sur les micromètres d'extérieur électroniques 0 … 30 mm), 25 … 50 mm, 50 … 75 mm à 275 … 300 mm.

## ■ Micromètres d'extérieur électroniques (fig. 3)

Le système de mesure électronique permet :
- un échelon $D_{num}$ = 0,001 mm
- la mise à zéro à un emplacement quelconque (ZERO) pour effectuer une mesure différentielle
- de sélectionner des fonctions (M = MODE), par ex. la conversion mm/in (pouces), la mesure absolue (ABS) ou la mesure différentielle, le blocage de l'affichage
- le préréglage des tolérances
- la transmission par infrarouge (et/ou transmission radio) des valeurs mesurées à un ordinateur par simple pression sur un bouton

### Influences agissant sur les écarts de mesure

- Les écarts de pas de la vis micrométrique ainsi que les écarts de parallélisme et de planéité des faces de mesurage **(fig. 4)**
- Déformation de l'étrier sous la force de mesurage
- Non respect de la température de référence
- Rotation trop rapide de la vis micrométrique

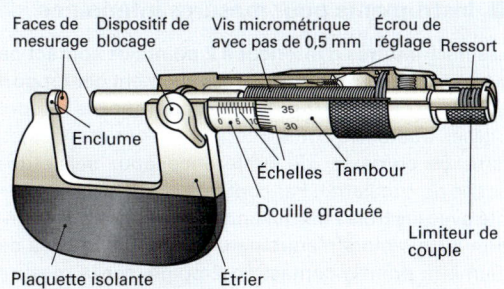

Fig. 1 : Vue en coupe du micromètre d'extérieur

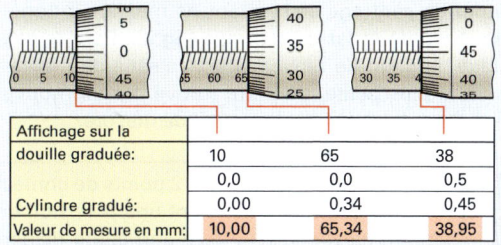

| Affichage sur la douille graduée : | 10 | 65 | 38 |
|---|---|---|---|
| | 0,0 | 0,0 | 0,5 |
| Cylindre gradué : | 0,00 | 0,34 | 0,45 |
| Valeur de mesure en mm : | 10,00 | 65,34 | 38,95 |

Fig. 2 : Exemples de lecture

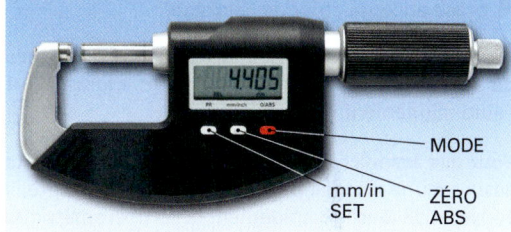

Fig. 3 : Micromètre d'extérieur électronique

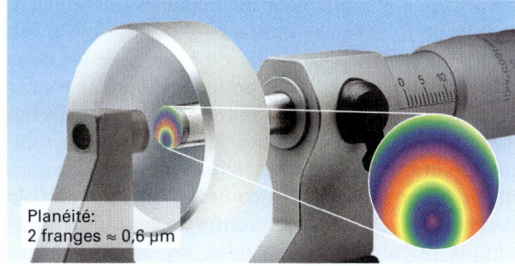

Fig. 4 : Contrôle du parallélisme et de la planéité des faces de mesurage avec un verre d'interférence plans-parallèles

### Répétition et approfondissement

1. Avec quelles cales étalon parallèles est-il possible de composer la mesure 97,634 mm ?
2. Quelles sont les différences entre les cales étalon parallèles de la classe de tolérance « K » et « 0 » ?
3. Pourquoi les cales étalon en acier ne doivent-elles pas rester collées les unes contre les autres pendant des jours entiers ?
4. Quel est l'avantage de la mise à zéro de l'affichage sur des pieds à coulisse électroniques ?
5. Pourquoi ne doit-on pas tourner trop rapidement la vis micrométrique d'un micromètre ?

## ■ Instruments pour mesures intérieures

**Les micromètres d'intérieur à 2 points de contact** ne peuvent pas se centrer automatiquement par rapport à l'axe de l'alésage **(fig. 1)**. C'est pourquoi ils ne sont utilisés que si les cotes intérieures sont grandes et, dans ce contexte, de préférence pour saisir des écarts de circularité. Par contre, les écarts de circularité avec les trois arcs qui apparaissent dans un mandrin à trois mors n'entraînent pas de différences de diamètre pour le contact en 2 points car la mesure concerne toujours un seul diamètre intérieur.

**Les vérificateurs d'alésages à 2 points de contact** et **étrier de centrage** se centrent de manière automatique via un étrier de centrage **(fig. 2)**. Pour le centrage, le point de renversement, c'est-à-dire la mesure la plus petite, doit être trouvé par un mouvement pendulaire de l'instrument de mesure.

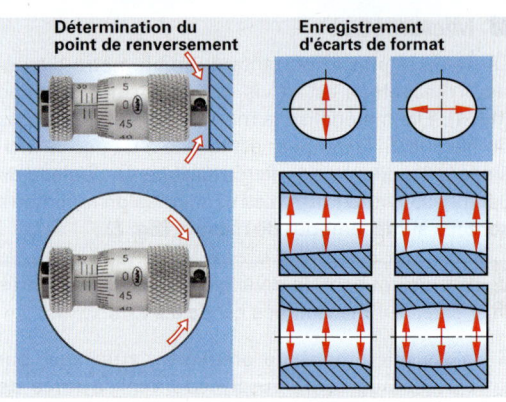

Fig. 1 : Micromètre d'intérieur (2 points de contact)

> Les vérificateurs d'alésages à 2 points de contact et étrier de centrage atteignent une précision de répétition élevée, c'est-à-dire une petite dispersion de la mesure.
>
> Les écarts de circularité sont également affichés grâce au large étrier de centrage.

**Les instruments pour mesures intérieures à 3 lignes de contact** ont l'avantage de l'auto-centrage et l'auto-alignement.

**Pour que les micromètres d'intérieur autocentrants** assurent une disposition sûre de la tige de mesure, il convient de tourner rapidement la vis micrométrique trois fois via le limiteur de couple **(fig. 3)**. **Les instruments pour mesures intérieures actionnés par levier** qu'on appelle «pistolets de mesure» ou «instruments pour mesures intérieures rapides» **(fig. 4)**, n'ont pas besoin de limiteur de couple car les tiges de mesure sont toujours appuyées avec la même force de mesure contre la paroi de l'alésage. En raison de la fiabilité des valeurs de mesure et de la rapidité de la mesure, ces instruments de mesure sont idéaux pour exécuter des contrôles en série dans la production. Des comparateurs à cadrans mécaniques ou électroniques avec un échelon 1 µm conviennent pour l'affichage.

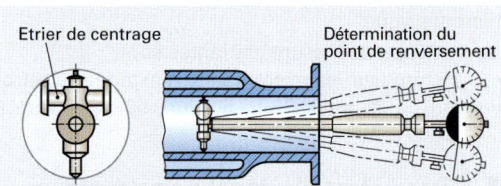

Fig. 2 : Verificateur d'alésage à 2 point de contact et étrier de centrage

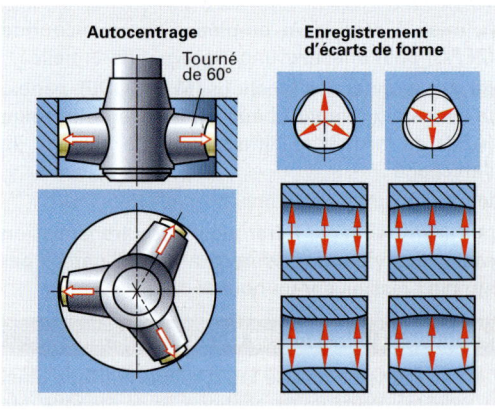

Fig. 3 : Micromètre d'intérieur autocentrant avec 3 lignes de contact

> Le contact sur 3 lignes permet d'atteindre un autocentrage et un autoalignement optimaux dans l'alésage.
>
> Les écarts de circularité ou de cylindricité induisent des différences de diamètre.

Pour les mesures différentielles, l'instrument pour mesures intérieures est réglé à la cote nominale de l'alésage avec une bague étalon et le diamètre mesuré est comparé à celle-ci.

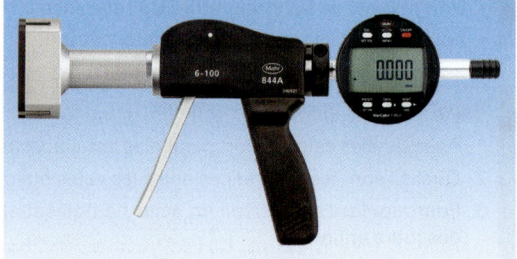

Fig. 4 : Instrument autocentrant pour mesures intérieures rapides à 3 lignes de contact

## ■ Comparateurs à cadran

**Les comparateurs mécaniques à cadran comportent un mécanisme amplificateur** incluant une crémaillère et des roues dentées **(fig. 1)**. Sur les comparateurs à cadran (avec $D_{af}$ = 0,01 mm), les étendues de mesure courantes sont de 1 mm, 5 mm et 10 mm.

Les **comparateurs de précision** ont un mécanisme semblable aux comparateurs haute précision. Les écarts de mesure moins importants et la petite étendue de mesure de 1 mm permettent d'utiliser une valeur de division $D_{af}$ = 1 µm. Il est possible de tourner librement le cadran pour la mise à zéro.

Par rapport aux versions mécaniques, **les comparateurs électroniques (fig. 2)** ont de nombreuses **fonctions (MODE)** supplémentaires :

- Sélection de l'échelon ($D_{num}$ = 0,001 mm ou 0,01 mm) et du champ de mesure ainsi que commutation entre mm et pouces (in)
- Sélection entre mesure absolue (ABS) et mesure différentielle (DIFF) et/ou mise à zéro de l'affichage à un emplacement quelconque de l'étendue de la mesure (RESET ou ZERO)
- Présélection (PRESET) des valeurs de tolérance et du sens de comptage (+ signifie « affichage montant » alors que la tige de mesure rentre)
- Fonctions mémoire; valeur de mesure actuelle, valeur maximale, valeur minimale, valeur maximale moins valeur minimale, par ex. pour les contrôles du battement circulaire
- Sortie pour le traitement des données de mesure
- Affichage graphique de la tolérance

Certains comparateurs électroniques ont également, outre la saisie de limites de tolérance, des index mobiles (fig. 2). La classe de la valeur de mesure est indiquée au moyen de diodes électroluminescentes, le vert pour « Passe », le jaune pour « Retouche » et le rouge pour » Rebut ». Le plus souvent rotation sur 270° de l'affichage et des touches de fonction.

Lors de la mesure du battement axial et radial et de la planéité, la valeur de mesure oscille entre la valeur maximale et la valeur minimale **(fig. 3)**. **L'hystérésis de mesure $f_u$ résulte du renversement du mouvement de la tige de mesure,** étant donné que la même grandeur de mesure produit un affichage plus élevé lorsque la tige de mesure sort que lorsque la tige de mesure rentre. Sur les comparateurs mécaniques à cadran, la cause est le frottement de la tige de mesure qui augmente la force de mesure lorsque la tige de mesure rentre, et la réduit lorsqu'elle sort.

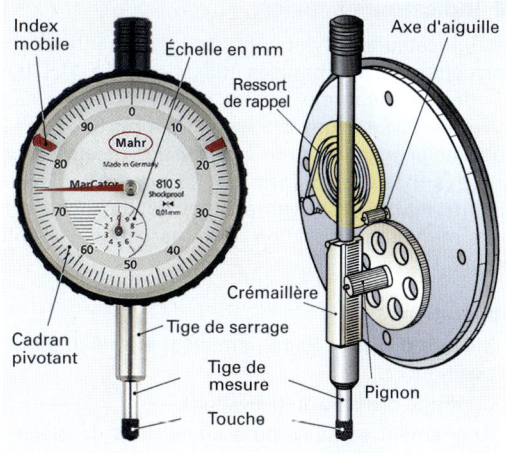

Fig. 1 : Comparateur à cadran mécanique

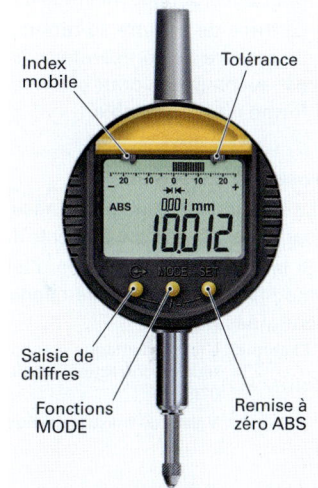

Fig. 2 : Comparateur électronique

Fig. 3 : Contrôle du battement circulaire radial

---

**Règles de travail pour effectuer des mesures avec des comparateurs**

- Pour les mesures de battement et de planéité, il convient d'utiliser des instruments de mesure avec une hystérésis de mesure aussi petite que possible. Les comparateurs électroniques ($f_u$ = 2 µm), les comparateurs de précision ($f_u$ = 1 µm) et les comparateurs haute précision ($f_u$ = 0,5 µm) se prêtent bien à ce genre de mesures.
- L'hystérésis de mesure peut être évitée si par ex. les mesures ne sont effectuées que lorsque la tige de mesure est sortante. C'est pourquoi, pour de telles mesures, des comparateurs mécaniques à cadran et des indicateurs à levier ($f_u$ = 3 µm) sont aussi appropriés.
- Les tiges de mesure ne doivent être ni huilées, ni graissées.

## ■ Indicateurs à levier

Les indicateurs à levier sont des instruments de mesure comparative permettant de nombreuses utilisations **(fig. 1)**. L'hystérésis de mesure est de 3 μm comme sur les comparateurs à cadran. Malgré cette hystérésis de mesure relativement importante, les indicateurs à levier sont indispensables pour réaliser des mesures sur les marbres ainsi que des mesures de forme et de position. L'inversion automatique à l'interieur du mouvement permet la mesure bidirectionelle. De cette manière, la direction de la marche de l'aiguille reste toujours la même.

### Applications
- Mesure d'écarts: Battement axial et radial, planéité, parallélisme et position
- Centrage d'arbres ou d'alésages
- Alignement parallèle ou à angle droit de pièces ou de moyens de mesure auxiliaires.

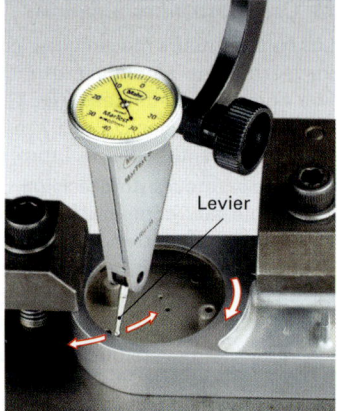

Fig. 1: **Centrage d'un alésage au moyen d'un indicateur à levier**

> Grâce au levier pivotant, les indicateurs à levier conviennent bien pour effectuer des mesures sur des points difficilement accessibles.
> 
> La force de mesure se monte seulement à environ 1/10 de la force de mesure de comparateurs à cadran. Cette faible force de mesure est avantageuse pour effectuer des mesures sur des pièces dont la forme n'est pas stable.

### Conseils d'utilisation
- La valeur de mesure est admise sans correction lorsque le palpeur est parallèle à la surface de contrôle **(fig. 2)**.
- Si la position n'est pas parallèle, la longueur effective du levier est modifiée. En fonction de l'angle $\alpha$, les valeurs affichées doivent être corrigées (fig. 2).
    - **Exemple**: L'angle d'attaque $\alpha$ estimé du palpeur est de 30°, si bien que le facteur de correction est de 0,87. La valeur de mesure affichée est de 0,35 mm.
        - **Valeur de mesure corrigée** = 0,35 mm · 0,87 = **0,3 mm**

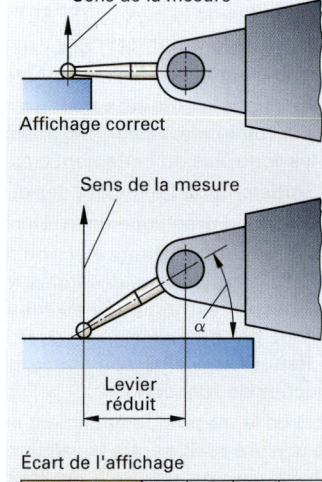

Écart de l'affichage

| Angle $\alpha$ | 15° | 30° | 45° | 60° |
|---|---|---|---|---|
| Facteur de corr. | 0,96 | 0,87 | 0,7 | 0,5 |

Fig. 2: **Influence de l'angle d'attaque sur la valeur de mesure**

## ■ Mesure par comparasion

En raison de leur petite étendue de mesure, les comparateurs à cadran, les indicateurs à levier et les comparateurs haute précision sont utilisés le plus souvent pour effectuer des mesures comparatives **(fig. 3)**.

> Les mesures comparatives reposent sur la comparaison du mesurande avec sa dimension nominale préréglée.
>
> Du fait du petit champ de mesure rencontré lors des mesures par comparaison, les écarts de mesure systématiques sont également faibles.

Pour effectuer une mesure par comparaison, les instruments de mesure doivent être réglés au moyen de cales étalon ou d'autres étalons à la cote nominale du mesurande. Après la mise à zéro de l'affichage, les différences de mesure par rapport à la cote nominale peuvent être lues directement pendant la mesure. La mise à zéro peut être effectuée via un dispositif d'ajustage du support de mesure, sur les comparateurs électroniques et les comparateurs haute précision en appuyant sur un bouton et sur les comparateurs à cadran en tournant le cadran.

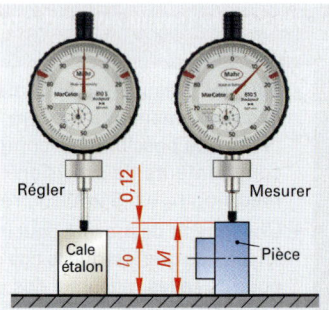

Fig. 3: **Mesure par comparasion**

# Moyens de contrôle des longueurs

## ■ Comparateurs haute précision

Les comparateurs haute précision conviennent pour les tâches de mesure pour lesquelles la précision des comparateurs à cadran n'est plus suffisante. Le plus souvent, ils ont une valeur de division de 1 μm.

Pour ce qui est du mécanisme, leur comportement est meilleur que celui des comparateurs à cadran, principalement grâce à des secteurs de roue à denture de précision (servant de levier de transmission) et à un guidage à billes sur la tige de mesure (**fig. 1**). Ainsi, une petite hystérésis de mesure est possible, au détriment de la course. L'étendue d'indication est le plus souvent de 50 μm ou de 100 μm.

Les **comparateurs électroniques haute précision** (**fig. 2**) ont les mêmes fonctions de mesure (MODE) que les comparateurs électroniques (fig. 2, p. 31).

Les différences par rapport aux comparateurs électroniques sont les suivantes:

- un système de mesure inductif plus précis permettant des échelons de 1 μm, 0,5 μm ou 0,2 μm
- un faible champ d'erreur d'indication $f_e$ = 0,6 μm (0,3 μm) et une petite hystérésis de mesure correspondante $f_u$ < 0,5 μm.

Sur les comparateurs électroniques, les données de mesure peuvent être transmises à un ordinateur par câble ou par un petit émetteur radio ou à infrarouge monté sur l'instrument de mesure.

> Les comparateurs haute précision sont les instruments de mesure portables mécaniques et électroniques les plus précis. Leur hystérésis de mesure maximale est de 0,5 μm. C'est pourquoi ils conviennent particulièrement bien pour mesurer le battement circulaire, la rectitude et la planéité.

### Répétition et approfondissement

1. Pourquoi est-il possible d'obtenir des mesures plus précises avec des micromètres d'intérieur à 3 lignes de contact qu'avec des micromètres d'intérieur à 2 points de contact?
2. Pourquoi ne faut-il mesurer que dans un sens du mouvement de la tige de mesure avec des comparateurs à cadran?
3. Pourquoi les indicateurs à levier sont-ils bien appropriés pour effectuer des centrages et pour contrôler la concentricité des alésages?
4. Pourquoi les comparateurs haute précision sont-ils plus avantageux que des comparateurs à cadran pour effectuer des contrôles de circularité et de battement?
5. Un comparateur à cadran électronique (**fig. 3**) indique, lors du contrôle de la coaxialité, la valeur maximale + 12 μm et la valeur minimale − 2 μm. À combien se monte l'écart de coaxialité ($f_L = M_{wmax} − M_{wmin}$)?

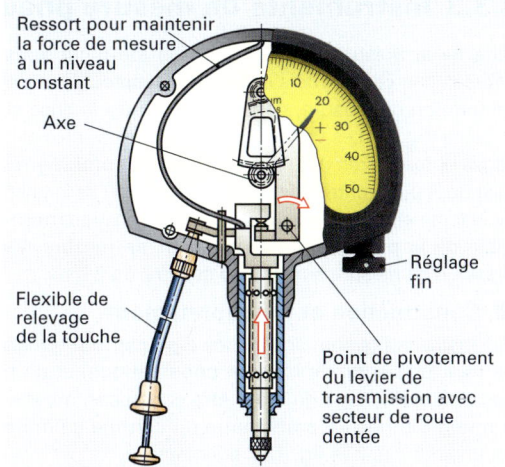

Fig. 1: Comparateur haute précision

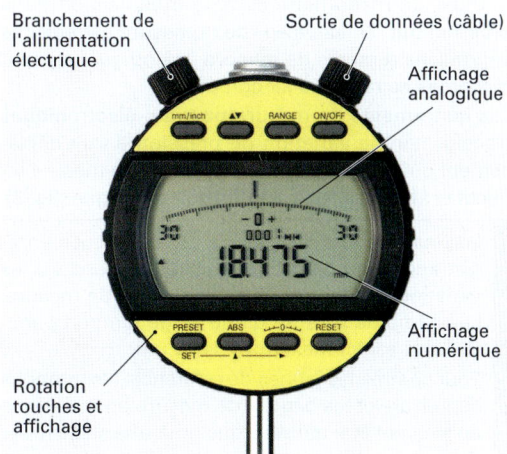

Fig. 2: Comparateur haute précision

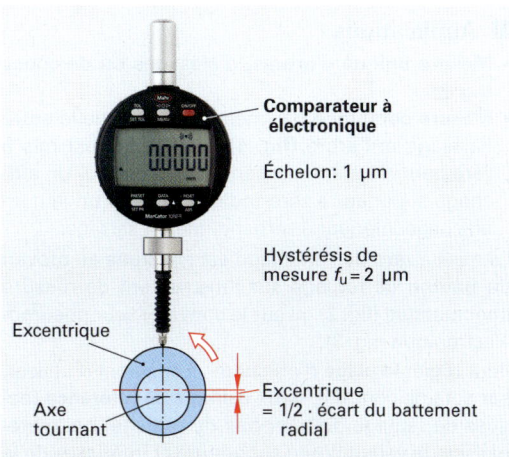

Fig. 3: Contrôle du battement circulaire radial

### 1.3.3 Instruments de mesure pneumatiques

Lors de la mesure pneumatique de longueur sans contact, l'air comprimé s'échappe du capteur, par ex. un tampon de mesure, dans la fente entre la buse et la pièce (**fig. 1**). Les variations de mesures sur les alésages et les arbres par rapport à la cote nominale réglée de la pièce entraînent une modification de la taille de la fente et, par conséquent, une modification mesurable de la pression sur l'indicateur de mesure. La pression de mesure sur la buse est de 2 ou 3 bars.

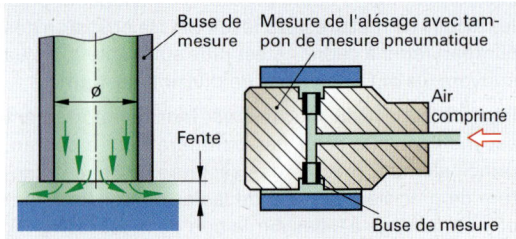

Fig. 1 : Tampon de mesure pneumatique

■ **Construction et fonctionnement**

Les instruments sont composés d'un **capteur** (jauge tampon ou bague de mesure pneumatique) et d'un appareil d'affichage qui peut être conçu comme instrument de mesure à affichage ou comme colonne lumineuse (fig. 2 et fig. 1, p. suivante).

Les **instruments de mesure pneumatiques** fonctionnent selon le **procédé de mesure de la pression** par lequel une variation dimensionnelle est enregistrée par un manomètre comme modification de la pression (**fig. 2**). La valeur de la mesure est affichée sur des instruments de mesure analogique qui sont raccordés au réseau d'air comprimé.

Les **instruments de mesure pneumo-électroniques** transforment la variation de pression en un déplacement qui est mesuré par un capteur de mesure inductif et affiché après amplification électrique (**fig. 3**).

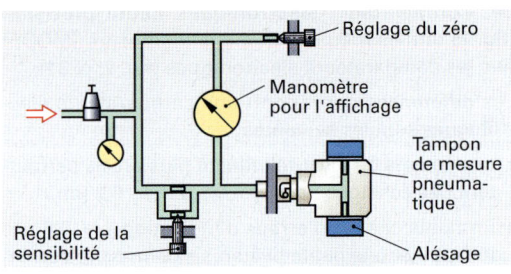

Fig. 2 : Instrument de mesure pneumatique

> Les instruments de mesure pneumatiques enregistrent les modifications des dimensions via les variations de la pression sur la buse de mesure. Le champ de mesure d'une jauge tampon pneumatique est au maximum de 76 µm.
>
> Tout comme les jauges de référence, les tampons de mesure et les bagues de mesure pneumatique ne peuvent être utilisées que pour une seule tâche de mesure. C'est pourquoi les instruments de mesure pneumatiques conviennent uniquement pour la production en série.

■ **Applications**
- **Mesure unique** d'arbres, d'alésages ou de cônes (fig. 3).
- **Mesure combinée** par mesure différentielle entre l'alésage et l'arbre (**fig. 4**). L'affichage est mis à zéro pour réaliser un assemblage sans jeu. Un affichage supérieur à zéro indique ensuite un jeu, un affichage inférieur à zéro indique un serrage.

La mise à zéro de l'affichage est effectuée au moyen du bouton de réglage sur l'instrument de mesure pneumatique (fig. 2) ou sur le convertisseur pneumo-électronique (fig. 3).

Pour régler la plage d'affichage, il convient d'utiliser, par cote de contrôle, deux **calibres de référence** (bagues de réglage ou tampons de réglage) qui matérialisent la valeur limite supérieure et inférieure de la cote de contrôle.

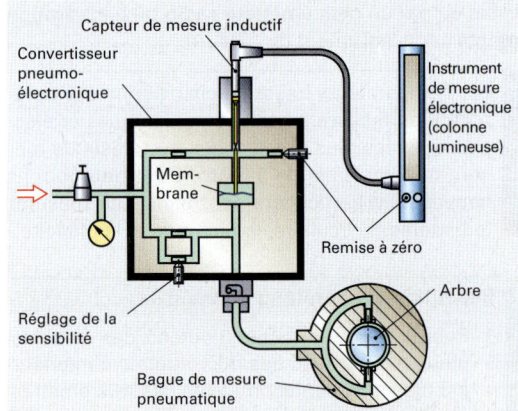

Fig. 3 : Instrument de mesure pneumo-électronique

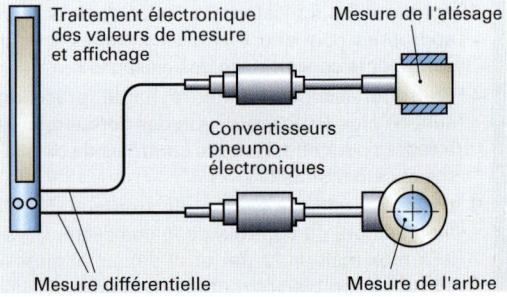

Fig. 4 : Mesure combinée de l'alésage et de l'arbre

# Moyens de contrôle des longueurs

Les instruments de mesure à colonnes lumineuses permettent de consulter et d'évaluer les valeurs de mesure d'un seul coup d'œil (**fig. 1**). Des barres lumineuses vertes, jaunes ou rouges indiquent « Passe », « Retouche » ou « Rebut ». En cas de dépassement des limites de surveillance et de tolérance programmées, le vert passe au jaune ou au rouge. Quatre colonnes lumineuses au maximum peuvent être reliées pour former un ensemble.

Les appareils de mesure avec règle de mesure et affichage numérique permettent de réaliser des mesures différentielles lors de l'assemblage d'arbres et d'alésages ou de determiner leurs tolérances d'ajustement.

## ■ Enregistreurs de valeurs de mesure pneumatiques

Les enregistreurs de valeurs de mesure sont principalement utilisés pour mesurer des alésages et des arbres (**fig. 2**). Les tampons et les bagues de mesure ont le plus souvent deux buses de mesure décalées de 180°, ce qui permet d'obtenir une mesure en deux points. Des écarts de circularité et de cylindricité pouvant être constatés par des mesures à divers emplacements sont susceptibles d'apparaître, surtout dans les alésages (**fig. 3**). L'écart de circularité sur une « orbiforme à trois arcs » ne peut pas être constaté par une mesure en deux points, tandis qu'un écart ovale de circularité correspond à la moitié de la différence $d_{max} - d_{min}$.

## ■ Influence sur les valeurs de mesure
- La rugosité sur le point de mesurage a une influence sur la valeur de mesure. Pour des écarts de rugosité $Rz < 5$ µm, les valeurs mesurées avec des instruments pneumatiques sont comparables à celles des comparateurs haute precision. Pour les profondeurs de rugosité $Rz > 5$ µm, seuls les tampons de vérification à contact sphérique donnent des résultats comparables (fig. 2).
- Bien que la mesure soit effectuée sans contact, les forces de mesure qui agissent sont faibles en raison de l'air comprimé. Elles peuvent par ex. provoquer des déformations élastiques sur des pièces dont la paroi est très mince.
- La surface de la pièce mesurée doit couvrir au moins celle de la buse de mesure.

## ■ Avantages de la mesure pneumatique de longueur
- Le plus souvent, la force de mesure exercée par l'air comprimé est négligeable.
- Mesure sûre et rapide avec une précision de répétition élevée, même pour des contrôleurs non expérimentés, étant donné que les jauges tampons et bagues de mesure s'alignent automatiquement sur l'alésage ou sur l'arbre.
- L'air comprimé élimine les réfrigérants, l'huile ou la pâte à roder aux points de mesurage. La pièce peut donc être mesurée pendant que la machine fonctionne.

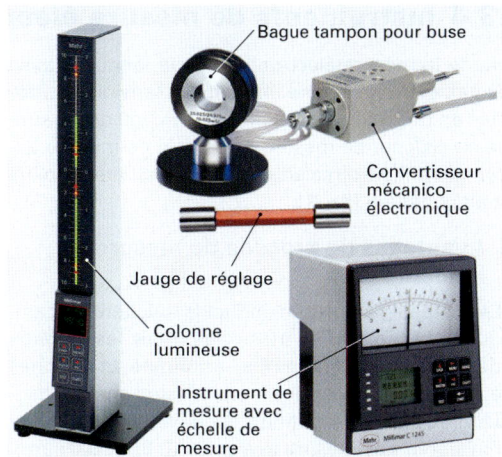

Fig. 1 : **Dispositif de mesure pneumoélectronique**

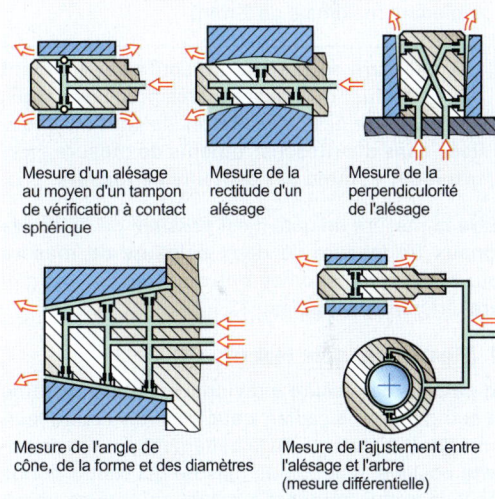

Fig. 2 : **Utilisations des jauges de mesure**

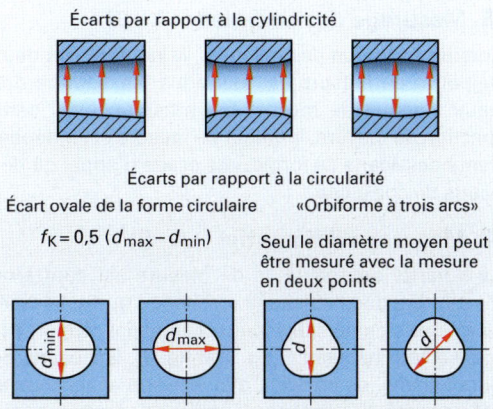

Fig. 3 : **Mesure d'écarts de formes et de dimensions**

## 1.3.4 Instruments de mesure électroniques

Lors de la mesure électronique de la longueur avec des palpeurs de mesure inductifs, la tension est modifiée en raison du déplacement de la tige de mesure dans le palpeur de mesure. Un signal de mesure qui peut être affiché directement après avoir été amplifié est alors généré (**fig. 1**).

### ■ Avantages du procédé de mesure inductif

- Les palpeurs de mesure inductifs touchent mécaniquement le point de mesurage, mais les signaux de mesure sont générés, amplifiés et affichés électroniquement sans transmission mécanique. La précision de répétition est ainsi très grande et l'hystérésis de mesure très petite (0,01 … 0,05 μm).
- L'échelon le plus fin est de 0,01 μm. Les écarts limite maximaux sont de 1,9 μm (pour les palpeurs de mesure en version normale avec une étendue de mesure maximale de 2 mm).

> Les palpeurs de mesure inductifs conviennent pour effectuer des mesures très précises par ex. pour calibrer des cales étalon. Ils sont aussi utilisés dans d'autres instruments de mesure électroniques comme des capteurs de mesure.

Outre la mesure unique, il est possible de relier des signaux de mesure de deux palpeurs de mesure pour obtenir une addition des mesures ou une mesure différentielle (**tableau 1**).

### ■ Mesurage isolé (+A ou –A)

Un palpeur de mesure individuel est utilisé comme un comparateur à cadran pour mesurer l'épaisseur, contrôler la circularité ou le battement. En cas de **polarité** positive, une tige de mesure qui rentre donne une valeur plus grande. En cas de polarité négative, une valeur de mesure plus grande est affichée si l'alésage est aussi plus grand.

### ■ Mesurage des sommes (+A +B)

Lors de l'addition des mesures, la polarité des deux palpeurs de mesure est identique. La somme des deux signaux de mesure est affichée. Avec cette fonction de mesure, la valeur de mesure est indépendante des écarts de forme, des écarts d'appui ou des écarts de coaxialité.

### ■ Mesurage différentiel (+A –B)

La polarité des palpeurs de mesure est contraire, c'est-à-dire que l'affichage ne change que si la différence des signaux du palpeur change par rapport à la mise à zéro (tableau 1, fig. 1 et **fig. 2**). Les écarts de parallélisme, de conicité, d'inclinaison et de coaxialité sont affichés indépendamment des autres cotes de la pièce ou de sa position.

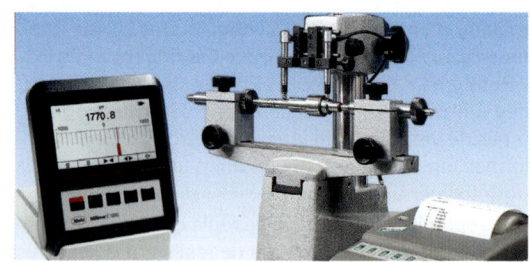

Fig. 1 : Écart de battement entre deux cylindres (mesure différentielle)

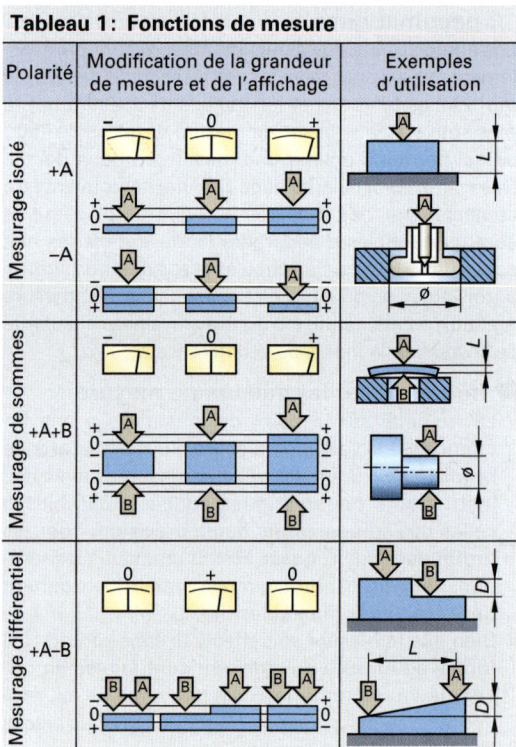

Tableau 1 : Fonctions de mesure

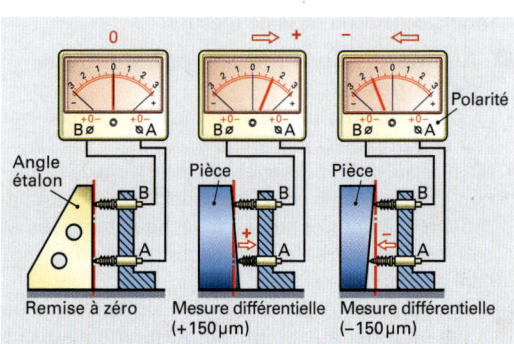

Fig. 2 : Mesurage différentiel de la perpendicularité

## 1.3.5 Instruments de mesure optoélectroniques

Une mesure optoélectronique de la longueur permet de palper l'objet à contrôler au moyen de rayons de lumière sans le toucher. Dans le récepteur, le plus souvent un capteur CCD (photodiode), le signal de mesure optique est saisi et traité électroniquement.

Les capteurs CCD (en anglais : Charge Coupled Device) sont composés d'un grand nombre d'éléments photosensibles (pixels) qui sont agencés en lignes sur le capteur linéaire et en lignes et colonnes (capteur matriciel) sur la caméra CCD.

■ Les **appareils de mesure des arbres** optoélectroniques répertorient le profil de pièces circulaires par projection d'ombre **(fig. 1)**. Les rayons de lumière parallèles génèrent sur le récepteur (capteur linéaire CCD) un profil d'ombre dont les cotes correspondent à la pièce **(fig. 2)**. Pour saisir le contour intégral de l'arbre, on exécute un mouvement longitudinal en face de l'arbre et, en présence d'arbres longs, la mesure est réalisée avec plusieurs capteurs linéaires (fig. 2). Si le mouvement longitudinal est combiné avec un mouvement rotatif de la pièce, des écarts de rectitude et de coaxialité peuvent également être mesurés avec une densité de points élevée.

Les diamètres ou les longueurs peuvent être mesurés en quelques secondes. Dans le cadre de la mesure de diamètres, des erreurs maximales de 2 μm peuvent être atteintes. Pour les mesures de longueur, par ex. de largeurs de gorges ou de chanfreins, les erreurs maximales sont d'environ 6 μm, étant donné que les cotes de longueur sont également influencées par le mouvement du chariot de mesure et par la propreté des assises des pièces. Les mesures comparatives avec des étalons cylindriques étagés permettent de régler les instruments de mesure (fig. 2).

■ Les **scanners laser** explorent en continu l'étendue de la mesure pour trouver des objets à mesurer **(fig. 3)**. En tournant le miroir polygonal (avec 8... 6 surfaces réfléchissantes), le faisceau laser orienté parallèlement est déplacé sur l'étendue de la mesure par chaque surface réfléchissante. Tant que le faisceau passe sur la pièce, une chute de tension est observée sur le capteur linéaire CCD. C'est pourquoi la durée de l'interruption de lumière est une indication de mesure pour les diamètres ou les longueurs d'un arbre. Lors de la mesure de diamètres, des erreurs maximales de 2 μm peuvent être atteintes, et pour les cotes de longueur, elles peuvent atteindre 10 μm.

Avec 25 à 40 balayages par seconde, les scanners laser peuvent mesurer également des fils ou des fibres en défilement car les mesures sont indépendantes de la position de l'objet à mesurer sur l'étendue de la mesure.

> Les scanners laser sont utilisés pour surveiller les diamètres, les épaisseurs de films et les largeurs de rubans en métal ou en matière synthétique sur des chaînes de fabrication **(fig. 4)**.

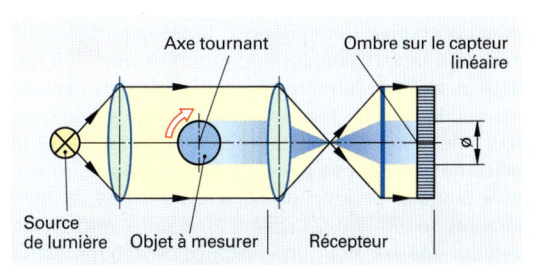

Fig. 1 : Principe de mesure pour les diamètres avec un appareil de mesure des arbres

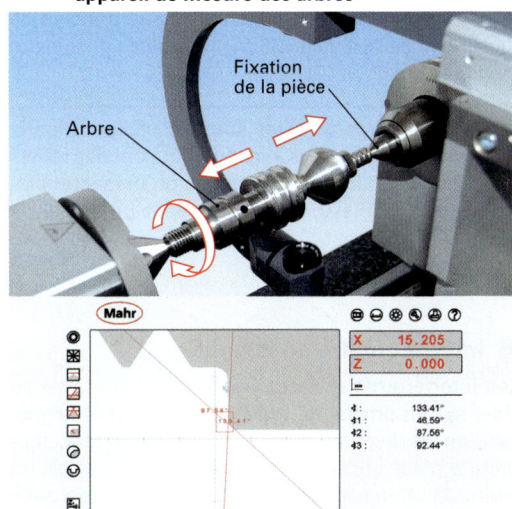

Fig. 2 : Mesure d'un arbre (longueurs et diamètres)

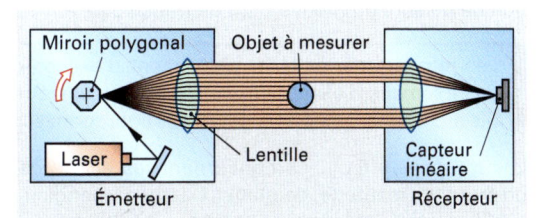

Fig. 3 : Scanner laser (principe de mesure)

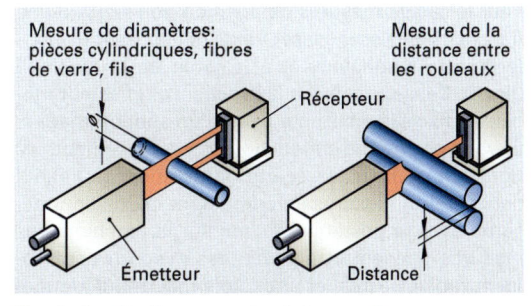

Fig. 4 : Applications pour les balayeurs laser

■ Les **télémètres au laser** sont utilisés sur une étendue de 30 mm à 1 m **(fig. 1** et **fig. 2)**. Le principe de mesure est une triangulation: le faisceau laser est orienté à la verticale sur l'objet à mesurer où il génère un point de lumière diffuse. Ce point de lumière est généré par un faisceau laser reflété sur le capteur linéaire CCD du récepteur. Les contours de la pièce ne doivent pas gêner le faisceau de réflexion, ni le bloquer. En fonction de la distance de la cible, le point de lumière est reflété à un autre endroit du capteur linéaire. Pour une distance de 100 mm de la cible, il faut compter avec une incertitude de mesure de 0,2 mm. Les capteurs de distance de machines de mesure fonctionnent selon le même principe de mesure, mais ils disposent de possibilités de mesure étendues (fig. 2, p. 42).

> Les télémètres au laser sont utilisés principalement pour des objets à mesurer qui ont des reflets diffus. Les surfaces miroitantes ou présentant un niveau de réflexion faible donnent un signal de mesure trop petit.

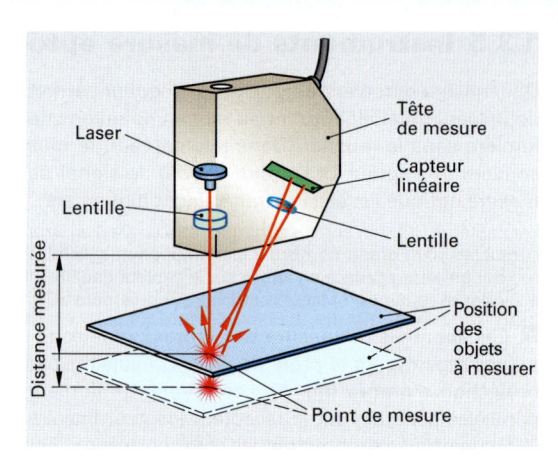

**Fig. 1: Mesure de la distance au laser**

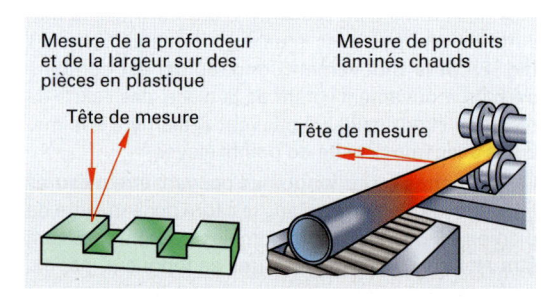

**Fig. 2: Applications de la mesure de la distance au laser**

### ■ Interféromètre au laser (fig. 3)

Les interféromètres laser fractionnent un faisceau laser sur un prisme de renvoi (miroir semi-transparent) en un rayon de mesure qui va sur le réflecteur mobile placé sur la table de la machine, et en un rayon de référence dans le réflecteur fixe. Les deux faisceaux reflétés se superposent (interfèrent) sur un prisme de renvoi. Si la table de la machine et le réflecteur sont déplacés sur une autre position, la fréquence du passage du clair au foncé est une indication de mesure du mouvement de translation.

> Les interféromètres laser permettent d'exécuter des examens d'exactitude sur des machines outils ou des machines de mesure des coordonnées.

Les mesures effectuées concernent les écarts de position, de rectitude, de planéité et de perpendicularité, par ex. entre la broche et la table de la machine.

Pour le cas de mesures de position de l'axe X d'une fraiseuse, le faisceau laser va de la tête laser à l'interféromètre parallèlement à la table de la machine **(fig. 4)**. Celui-ci est fixé à la broche. Le réflecteur mobile est fixé à la table au moyen d'un support magnétique et positionné en fonction des déplacements de la machine. Tous les écarts de position de l'axe X peuvent être mesurés en comparant la position mesurée avec la position affichée sur la machine. Les mesures peuvent être exécutées avec un déplacement rapide (1 m/s) et une faible incertitude de mesure (1,1 µm/m).

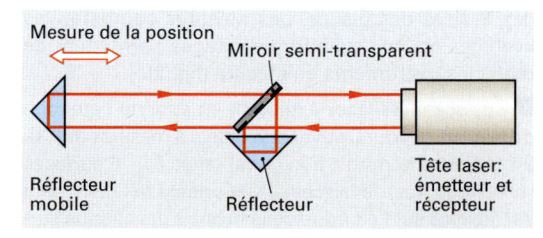

**Fig. 3: Principe de mesure de l'interféromètre laser**

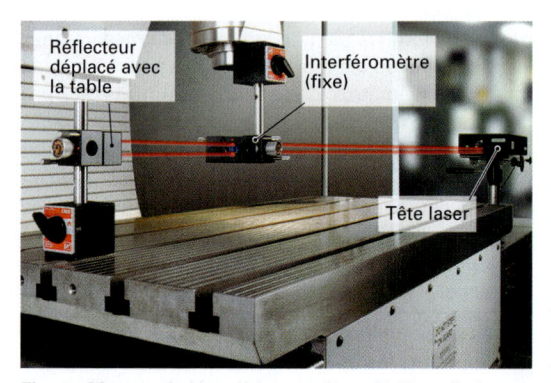

**Fig. 4: Mesure de la position sur l'axe X d'une fraiseuse au moyen d'un interféromètre laser**

# Moyens de contrôle des longueurs

## 1.3.6 Instruments de mesure des coordonnées

### ■ Fondements de la métrologie tridimensionnelle

La métrologie tridimensionnelle consiste à saisir des points, sur la surface d'une pièce, sous la forme de coordonnées spatiales. Des ordinateurs performants peuvent à partir de là calculer et analyser les éléments géométriques **(fig. 1)**.

La détermination des valeurs des coordonnées exige que le système à tête de mesure (capteur) et l'objet mesuré puissent être déplacés l'un en direction de l'autre jusque sur une position exactement définie.

> La métrologie tridimensionnelle est un volet de la métrologie à la fabrication. Directement montée sur des machines-outils, intégrée dans des lignes de fabrication ou des salles de mesure climatisées, elle accomplit des tâches de mesure hautement précises.

### ■ Organes de mesure pour machines-outils

Malgré le milieu – compliquant les mesures – à l'intérieur d'une machine-outil, de plus en plus d'organes de mesure sont mis en œuvre directement dans les machines CNC.

Les tâches métrologiques typiques en compartiment d'usinage de la machine-outil sont la saisie de la position du composant et de son orientation spatiale avant le début de l'usinage, les mesures de contrôle entre les différentes étapes de travail, le contrôle des composants finis, le réglage des outils et la surveillance de ces derniers **(fig. 2)**.

> **Avantage de la métrologie tridimensionnelle dans les machines-outils**
> - Réduction des temps de calage vu que l'alignement – dévoreur de temps – des composants est remplacé par un palpage et une adaptation correspondante du programme CNC à l'orientation spatiale ainsi déterminée du composant.
> - Réduction des temps secondaires tels que la mesure de l'outil, les temps de transport, temps d'immobilité, temps d'intervention, temps de contrôle,
> - Fonctionnement possible sans présence humaine,
> - Productivité et qualité de fabrication accrues.

### ■ Équipements de mesure en environnement de production et sur des lignes de fabrication

Intégrées dans la ligne de fabrication comme modules en ligne ou comme cellules de mesure indépendantes, les machines de mesure tridimensionnelles (MMT) se chargent – outre de différentes tâches de manutention, tri, classement et marquage – de 100 % des activités de métrologie sous forme de mesure automatisée sans mobilisation supplémentaire de personnel **(fig. 3)**. Les interfaces de correction avec la machine d'usinage permettent de rétrosignaler la qualité de fabrication à la machine d'usinage et d'obtenir ainsi une assurance de la qualité et une très haute productivité en accompagnement de la production.

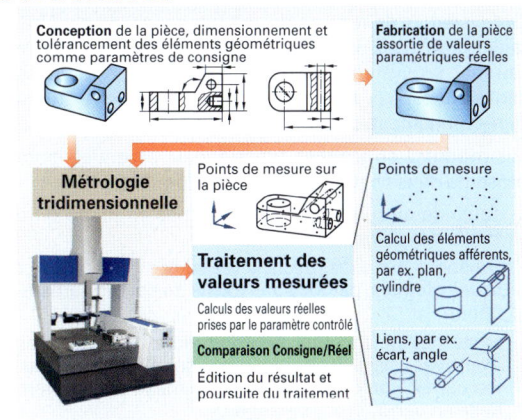

Figure 1 : Principe fondamental de la métrologie tridimensionnelle

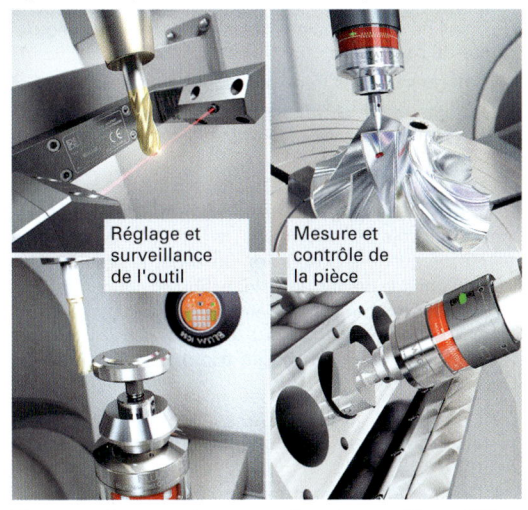

Figure 2 : Organes de mesure dans les machines CNC

Figure 3 : Cellule de mesure et d'automatisation

## Machine de mesure tridimensionnelle (MMT)

Les systèmes de mesure des coordonnées les plus fréquents sont ceux dans lesquels trois chariots de mesure forment un système perpendiculaire de coordonnées cartésiennes. À ce titre, on fait la distinction entre quatre **types fondamentaux (fig. 1)**.

Les **modules et groupes fonctionnels** essentiels sont présents dans chaque type de base **(fig. 2)**.

- Table de mesure la plupart du temps en pierre dure stable à la chaleur.
- Guidages des axes précis, à résistance mécanique et usure réduites, par ex. sous forme de paliers aérostatiques.
- Systèmes de mesure des longueurs pour tous les axes avec saisie électronique des données et cale étalon par ex. sous forme de règle de mesure incrémentielle en verre.
- Entraînements axiaux, électriques la plupart du temps, qui réalisent les mouvements axiaux avec le moins de vibrations possibles dans un circuit régulateur de position.
- Systèmes de mesure et palpage (pages suivantes).
- Ordinateurs de commande et d'analyse pour piloter le déroulement des mesures et les mouvements de translation.

Les tâches métrologiques typiques, proches de la fabrication, sur machines de mesure tridimensionnelle (MMT) sont le contrôle des spécimens, la réception des premières pièces avant la production en série, le contrôle par échantillonnage depuis une production en cours ainsi que la surveillance et la calibration des moyens de contrôle.

**Avantage de la métrologie tridimensionnelle avec la MMT :**

- Conditions environnantes avantageuses quant aux souillures, vibrations, fluctuations de température, etc.
- Des tâches de mesure complexes et dévoreuses de temps peuvent se dérouler parallèlement à la production

## Saisie et traitement des valeurs de mesure

Le logiciel des appareils de métrologie tridimensionnelle transforme les valeurs des coordonnées saisies dans le **système de coordonnées d'appareil** en valeurs des coordonnées du **système de coordonnées de la pièce**. Le **système de coordonnées de commande** défini par l'orientation spatiale du composant sert uniquement à piloter les éléments palpeurs sans risquer de collision **(fig. 2)**.

Ce n'est que dans le système de coordonnées de la pièce que peut avoir lieu l'analyse des critères contenus dans le dessin technique ou les données CAO du composant. Pour cette comparaison entre valeurs réelles/de consigne, les différents points de palpage doivent transformés, moyennant un calcul de compensation, en **éléments de forme standard** ayant qualité d'éléments géométriques. Ils décrivent la surface de la pièce sous une forme idéalisée **(fig. 3)**. L'angle et l'écart par exemple sont déterminés à titre de liens entre les éléments. Outre les éléments standards, des géométries superficielles spéciales telles que les filets, dentures et surfaces librement formées peuvent être saisies et calculées.

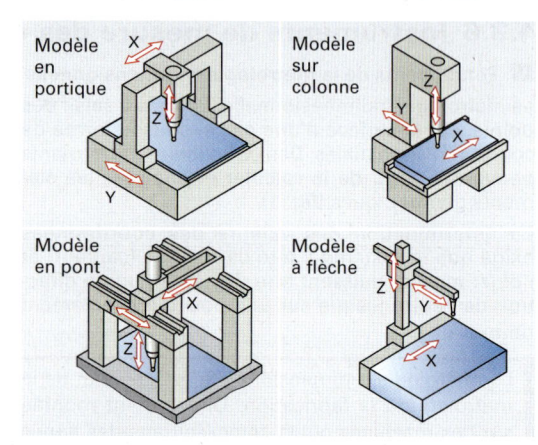

Figure 1 : Modèles de base des MMT

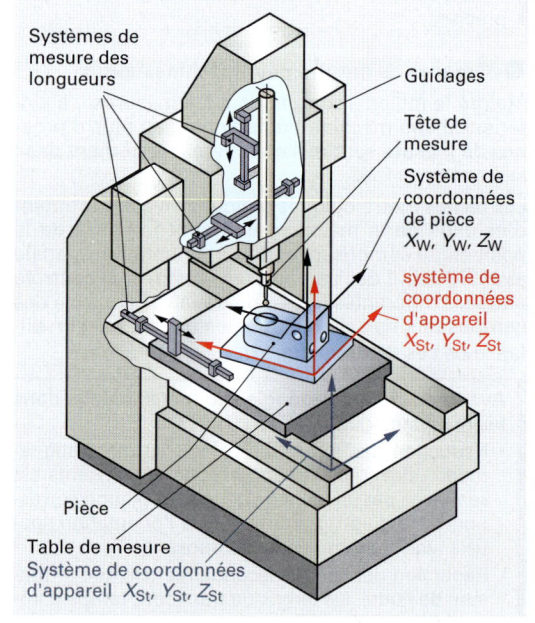

Figure 2 : Principe de base de l'instrument de métrologie multidimensionnelle

| Élément de forme standard | Nombre minimum de points | Points de palpage et élément compensateur |
|---|---|---|
| Point | 1 | |
| Ligne | 2 | |
| Plan/Surface | 3 | |
| Cercle | 3 | |
| Bille | 4 | |
| Cylindre | 5 | |
| Cône | 6 | |
| Tore | 7 | |

Figure 3 : Éléments de forme standard (choix)

Moyens de contrôle des longueurs

## ■ Têtes de mesure avec palpeur à contact (fig. 1)

**Lorsque le contact avec les pièces est établi, les systèmes de palpeurs à déclenchement** reprennent les valeurs de mesure dans les sens de palp. X, Y et Z. La petite force de mesure (< 0,01 N) est avantageuse pour les pièces en matière synthétique.

**Les systèmes à palpeurs dynamiques** sont de petites machines de mesure 3D car les capteurs de déplacement inductifs mesurent, lors d'un déplacement du palpeur, de manière continue les courses de mesure à saisir sur trois axes. Ces courses de mesure sont additionnées aux longueurs de l'axe X, Y et Z mesurées par l'appareil de mesure des coordonnées.

> Les systèmes à palpeurs dynamiques peuvent palper l'objet à mesurer de manière continue sur de nombreux points de mesure. Cela permet de scanner des surfaces de forme indifférente.

**Balayer** ou scanner signifie en anglais « scruter quelque chose ». En technique de mesure par coordonnées, ce terme correspond au palp. par contact ou au palp. optique d'objets devant être mesurés, le maillage des points étant étroit. La commande des axes de mesure doit être très rapide étant donné que 200 points de mesure peuvent être répertoriés par seconde sur les systèmes à palpeurs dynamiques. La force de palp. peut être réglée sans paliers de 0,05 N à 1 N. Pendant le balayage, la précision de contrôles de forme augmente avec la densité des points.

## ■ Tête de mesure optique avec caméra CCD (fig. 2)

La tête de mesure optique est composée d'une caméra haute résolution CCD avec éléments photosensibles qui sont agencés en lignes et en colonnes (sonde matricielle). L'image saisie par la méthode optique est enregistrée dans la mémoire d'images sous forme de points d'image numérisés (pixels). Cela signifie qu'une valeur de gris (clair ou foncé) est affectée à chaque point d'image. C'est pourquoi, lors du traitement de l'image, on reconnaît les contours de la pièce aux transitions clair/foncé comme elles apparaissent sur les arêtes, les perçages, les rainures ou sur les plaques support de circuits intégrés (IC) **(fig. 3)**. La meilleure méthode pour mesurer le diamètre et la distance des trous de perçage est la transparence, tandis que, par lumière incidente, les résultats des mesures des rainures sont meilleurs.

> Dans le même laps de temps, les palpeurs optiques répertorient 20 fois plus de points que les palpeurs à contact (tactiles).
>
> L'éclairage diascopique est aussi utilisés sur des projecteurs de profil et les microscopes de mesure.

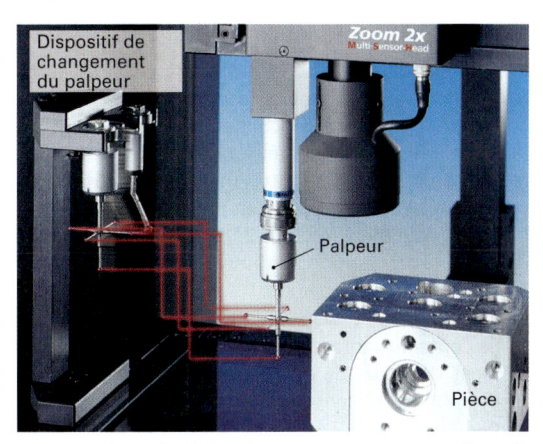

Fig. 1 : Palpeur à déclenchement par contact et dispositif de changement de palpeur

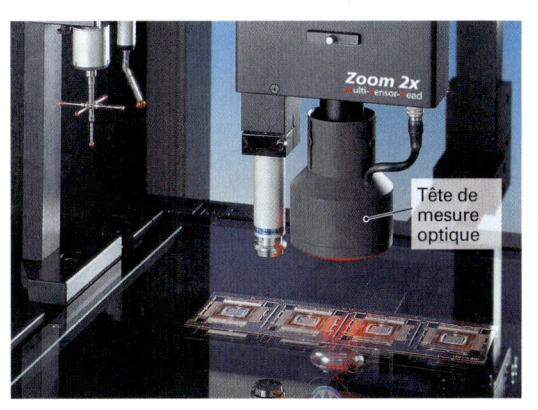

Fig. 2 : Enregistrement de l'image de plaques de circuits au moyen de la tête de mesure optique

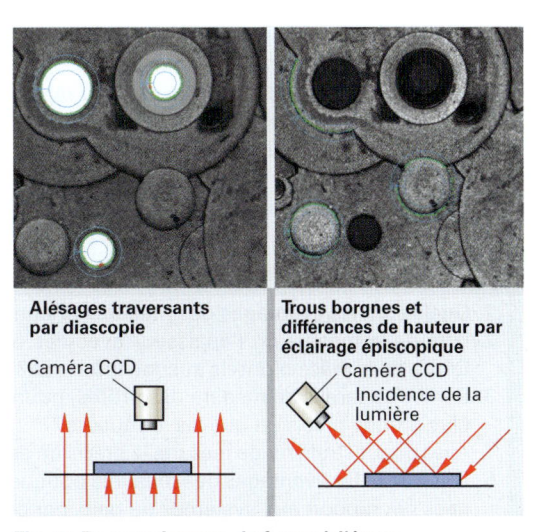

Fig. 3 : Reconnaissance de forme à l'écran

## ■ Capteur autofocus laser (fig. 1)

Les capteurs autofocus concentrent (focalisent) automatiquement les faisceaux laser sur un point de la surface. La lentille de focalisation est orientée de telle manière que le diamètre du point lumineux atteigne son minimum sur l'objet à mesurer. Si, par ex., la planéité de plaques pour les circuits intégrés doit être mesurée (fig. 2, p. précédente), l'écart de planéité correspond au mouvement de correction de la lentille de focalisation.

> Le capteur autofocus permet de mesurer des surfaces de verre, de céramique ou de métal lisses (miroitantes), planes ou légèrement bombées.
>
> Pendant le balayage laser, 500 points sont répertoriés au maximum par seconde.

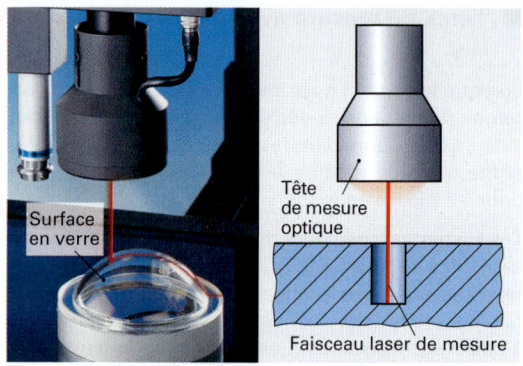

**Fig. 1 :** Mesure d'écarts de forme et de profondeur de perçage avec le capteur autofocus (intégré dans la tête de mesure optique)

## ■ Capteur de distance à laser (fig. 2)

Le principe de mesure correspond à celui des télémètres au laser (fig. 1, p. 38). Le faisceau laser est projeté perpendiculairement à la surface de l'objet. De tous les faisceaux qui sont réfléchis par dispersion sur la surface, seul le faisceau réfléchi en dessous de 20° tombe sur le capteur linéaire CCD. Un point lumineux dont la position dépend de la distance de la cible est généré sur celui-ci.

> Les capteurs de distance laser conviennent pour les matériaux à réflexion diffuse comme la mousse rigide, la pâte à modeler ou les tissus. C'est pourquoi ils sont utilisés pour effectuer des mesures sur des maquettes, des pièces en matière synthétique ou des profilés en caoutchouc (fig. 3).

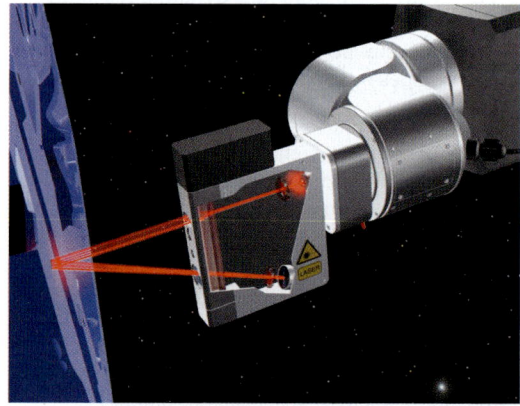

**Fig. 2 :** Balayage du modèle d'une porte de voiture avec le capteur de distance sur 10 lignes de mesure simultanément

Pour respecter une limite d'erreur inférieure à 15 µm, les capteurs de distance sont orientés automatiquement de manière à ce qu'ils se trouvent toujours à la position de mesure correcte par rapport à la surface de la pièce. Les capteurs de distance avec un prisme rotatif dans la trajectoire du faisceau peuvent répertorier simultanément jusqu'à dix lignes de mesure parallèles par trajet à une distance de 1 … 10 mm (fig. 2). Cela permet de mesurer jusqu'à 400 points de mesure par seconde.

**Fig. 3 :** Alignement du capteur de distance et balayage d'un modèle de forme quelconque

---

### Répétition et approfondissement

1. Quels sont les avantages des mesures pneumatiques ?
2. Lors de la mesure de l'épaisseur avec des palpeurs de mesure inductifs, pourquoi les écarts de forme de la pièce n'ont-ils aucune influence ?
3. Sur les appareils de mesure des arbres, pourquoi les diamètres peuvent-ils être mesurés avec une plus grande précision que les longueurs ?
4. Avec quel instrument de mesure, la précision de la position de machines outils peut-elle être contrôlée ?
5. Quels sont les avantages des mesures optiques de formes sur les appareils de mesure des coordonnées par rapport aux systèmes de palp. par contact (tactiles) ?
6. Quels sont les avantages du balayage par rapport à la mesure de points individuels ?

## 1.4 Contrôle des états de surface

**La surface réelle** présente des écarts liés à l'usinage par rapport à la qualité de la surface définie sur le dessin **(tableau 1)**.

**Le profil palpé** (profil primaire) montre la surface balayée par un palpeur à pointe en diamant avec tous les écarts **(fig. 1)**. La ligne moyenne pour le profil respectif est calculée par l'ordinateur de telle manière que les surfaces supérieure et inférieure du profil soient égales **(fig. 3)**.

> Le profil primaire palpé est la base de départ pour le profil d'ondulation et de rugosité ainsi que pour les paramètres de rugosité.
>
> La mesure est exécutée sur l'étendue de la surface sur laquelle la rugosité ou l'ondulation la plus élevée est attendue. Il est inutile d'effectuer la mesure sur des surfaces présentant des défauts causés par des rayures ou des marques de pression.

### 1.4.1 Profil des surfaces

**Les palpeurs de rugosité de surface** transforment les mouvements de palp. de la pointe de diamant en signaux électriques. Ils relèvent le profil et calculent les paramètres profondeur du profil $Pt$, profondeur d'ondulation $Wt$ et de rugosité $Rt$ **(fig. 2)**.

Dans des diagrammes de profils, les écarts sont représentés agrandis verticalement (fig. 3). Les flancs apparaissent ainsi plus abrupts qu'ils ne le sont vraiment.

> L'agrandissement vertical des diagrammes doit être choisi de telle manière que le profil prenne environ la moitié de la largeur du protocole de mesure.

On obtient le profil de rugosité **(profil R)** et le profil d'ondulation **(profil W)** par filtrage du profil primaire **(profil P)**.

> **Les filtres de profil** séparent les parts de rugosité à ondes courtes du profil palpé des parts de rugosité à ondes longues.
>
> Les paramètres des surfaces sont déterminés principalement dans le profil de rugosité (profil R).

Le **profil de rugosité (profil R)** résulte du profil palpé par filtrage passe-haut, les profils d'ondulation étant bloqués (fig. 2 et fig. 3). Le **profil d'ondulation (profil W)** résulte du filtrage passe-bas, les parts de rugosité étant filtrées.

**Tableau 1: Écart de forme de surfaces**

| Écart de forme | | Exemples | Cause |
|---|---|---|---|
| 1er ordre | | Défaut de planéité Défaut de circularité | Déformation Défaut de guidage |
| 2e ordre | | Arbres | Ondulation |
| 3e ordre | Rugosité | Stries | Avance |
| 4e ordre | | Rayures Écailles | Formation de copeaux |

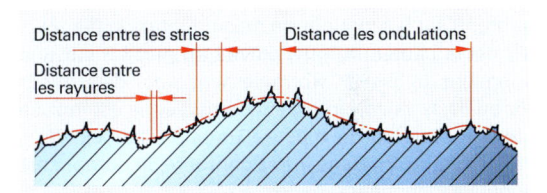

Fig. 1: Profil primaire balayé (profil P)

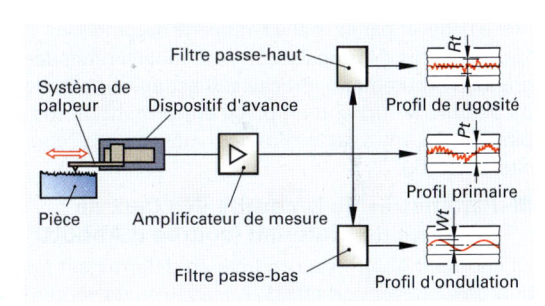

Fig. 2: Principe d'un palpeur de rugosité de surface

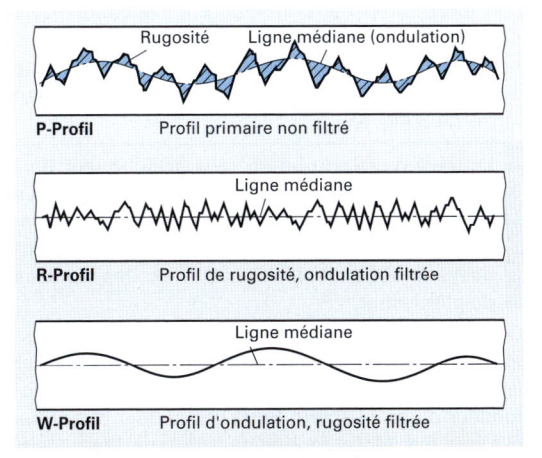

Fig. 3: Diagrammes de profils de surfaces

## 1.4.2 Paramètres d'état de surface

Les trois profils des surfaces permettent de déduire des paramètres, nommés par **P, W** et **R,** par ex. la profondeur de profil $Pt$ du profil primaire, la profondeur d'ondulation $Wt$ du profil d'ondulation et $Rz$ du profil de rugosité. De nombreux paramètres de rugosité sont définis dans la norme DIN EN ISO 4287.

### ■ Paramètres de rugosité conventionnels

**Ra** est la moyenne arithmétique des sommes de toutes les ordonnées $z$ du profil R à l'intérieur d'une longueur de base $lr$. Ra correspond ainsi à la hauteur d'un rectangle qui a la même aire que la surface comprise entre la ligne du profil et la ligne moyenne **(fig. 1)**.

**Rt** est la hauteur totale du profil R, c'est-à-dire la distance entre la pointe la plus élevée et le creux le plus profond sur la longueur de mesure totale $ln$ **(fig. 2)**.

**Rz** est la hauteur la plus élevée du profil R sur une longueur de base $lr$. Normalement, pour déterminer $Rz$ ou $Rz$, la valeur arithmétique moyenne est formée de cinq valeurs de mesure uniques, par ex. $Rz = 1/5 \cdot \sum Rz_i$ (fig. 2). Dans le cas contraire, le nombre est ajouté à l'identifiant, par ex. $Rz_3$.

**Rmax** est la rugosité isolée la plus importante à l'intérieur des cinq longueurs de base $lr$ (fig. 2). Elle a été remplacée selon ISO par $Rt$ ou $Rz_{1max}$, mais on continue à l'utiliser par ex. dans l'industrie automobile.

Les grandeurs de rugosité conventionnelles sont des grandeurs purement verticales. Il est aussi possible de déduire la forme d'un profil en formant un rapport, par ex. entre **Rp** (profondeur moyenne de rugosité) et **Rz** **(fig. 3)**.

### ■ Paramètres de la courbe des taux de portance du matériau (courbe d'Abbott)

La courbe d'Abott[1] est produite en déterminant les taux de longueur portante du matériau en un nombre aussi important que possible de plans de coupe du profil R. On additionne, sur chaque ligne de coupe, les tronçons que le profil coupe, et on établit un rapport entre ceux-ci et la longueur d'évaluation. Cela donne le taux de longueur portante en pourcentage, par ex. **Rmr** ≈ 25 % à la hauteur de coupe c1. Une évaluation n'est possible qu'avec la courbe Abbott en forme de S **(fig. 4)**.

> Le tracé de la courbe du taux de longueur portante du matériau donne des indications rapides sur la structure du profil d'une surface. Les paramètres servent à évaluer les surfaces fonctionnelles fortement sollicitées, par ex. des surfaces de glissement.

On divise la courbe de taux de longueur portante du matériau en trois zones de profil qui sont définies par les paramètres hauteur des pics éliminés **Rpk**, profondeur du profil écrêté **Rk** et profondeur des creux éliminés **Rvk**. **Mr1** et **Mr2** indiquent le taux de longueur portante aux limites de la zone centrale **(fig. 5)**.

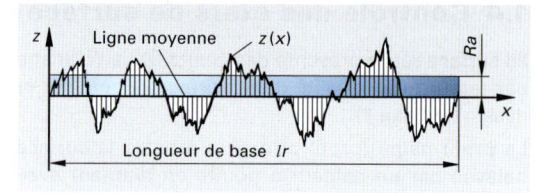

**Fig. 1 :** Rugosité moyenne arithmétique $Ra$

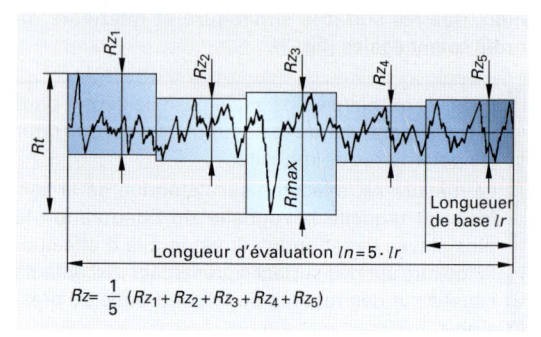

$$Rz = \frac{1}{5}(Rz_1 + Rz_2 + Rz_3 + Rz_4 + Rz_5)$$

**Fig. 2 :** Profondeur de rugosité $Rt$, profondeur de rugosité maximale $Rmax$

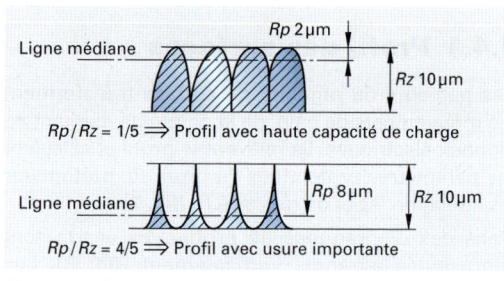

$Rp/Rz = 1/5 \Rightarrow$ Profil avec haute capacité de charge

$Rp/Rz = 4/5 \Rightarrow$ Profil avec usure importante

**Fig. 3 :** Profil arrondi et pointu avec $Rmax$ et $Rz$ identiques (10 µm) ainsi que $Ra$ (2 µm)

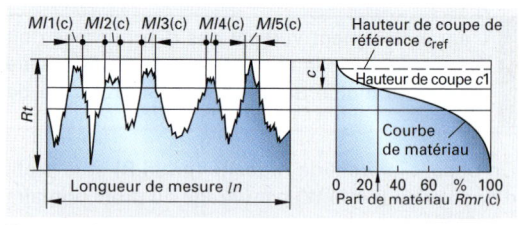

**Fig. 4 :** Déduction de la courbe de taux de longueur portante

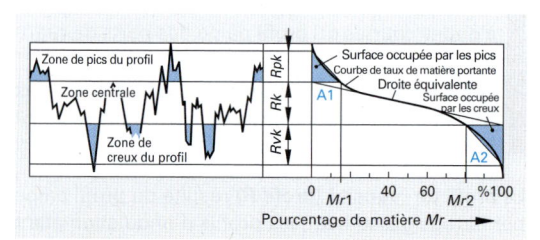

**Fig. 5 :** Étendues des profils et taux de matière portante

[1] D'après l'Américain Abbott

# Contrôle des états de surface

## 1.4.3 Procédés de contrôle des surfaces

### ■ Types de procédés de contrôle

**Les échantillons de référence de la surface** sont utilisés pour établir des comparaisons tactiles ou visuelles de surfaces. Pour que la surface des pièces puisse être comparée à celle de l'échantillon de référence, il faut que les pièces soient fabriquées avec le même matériau selon le même procédé de fabrication, par ex. le chariotage **(fig. 1)**.

La comparaison tactile est effectuée avec l'ongle ou une pièce de cuivre (telle une pièce de monnaie). La comparaison visuelle est favorisée par un angle optimal d'incidence de la lumière et l'utilisation d'une loupe.

**Les appareils de mesure d'état de surface** qui fonctionnent selon la méthode du profil répertorient les écarts de la surface au moyen d'un palpeur à pointe en diamant **(fig. 2)**. La forme idéale du palpeur à pointe est un cône (60° ou 90°) avec pointe arrondie. Pour des profondeurs de rugosité $Rz > 3$ µm, on choisit un rayon de pointe $r_{sp} = 5$ µm, pour $Rz > 50$ µm $r_{sp} = 10$ µm). Pour les profondeurs de rugosité $Rz < 3$ µm, il est recommandé d'avoir un rayon de pointe de 2 µm car les petits rayons de pointe peuvent mieux palper les petits creux dans les profils.

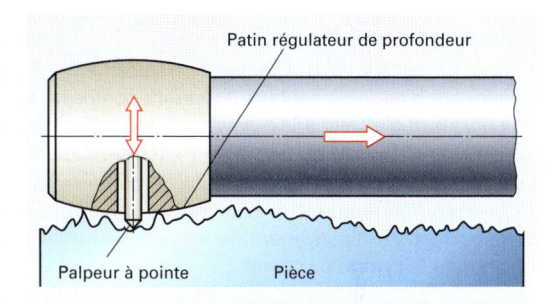

Le **système de palp. à patin** convient seulement pour mesurer la rugosité avec des instruments mobiles (fig. 2 et **fig. 3**). Sur ce système de palpage, le palpeur à pointe répertorie le profil de rugosité relativement à la trajectoire du patin régulateur de profondeur. L'ondulation est en grande partie « filtrée » mécaniquement par le rayon du patin de 25 mm.

Sur le **système de palp. avec plan de référence,** appelé également « système à palpeur libre », la glissière de haute précision dans l'unité d'avance forme le plan de référence **(fig. 4)**. Le plan de référence est aligné aussi parallèlement que possible avec la surface de la pièce grâce au réglage de l'inclinaison. Si le profil D non filtré **(fig. 1, p. suivante)** présente une inclinaison trop forte, l'alignement du plan de référence doit être corrigé. Le mouvement du palpeur à pointe par rapport au plan de référence est mesuré. Cela permet de mesurer tous les paramètres.

- Le rayon de la pointe de palp. restreint la capacité à palper des stries.
- Les palpeurs à patin ne détectent que la rugosité.
- Le système de palp. avec plan de référence est apte à mesurer la rugosité, l'ondulation et les proportions de l'écart de forme.
- La comparaison de résultats de mesure fournis par différents instruments de mesure n'est possible que si on peut également faire des indications relatives au procédé de mesure, par ex. système de palpage, rayon du palpeur à pointe et filtre du profil.

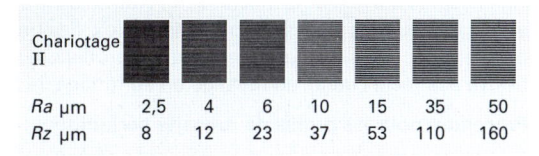

| Chariotage II | | | | | | |
|---|---|---|---|---|---|---|
| $Ra$ µm | 2,5 | 4 | 6 | 10 | 15 | 35 | 50 |
| $Rz$ µm | 8 | 12 | 23 | 37 | 53 | 110 | 160 |

Fig. 1 : Échantillon de référence de la surface (rugotest)

Fig. 2 : Système de palp. à patin

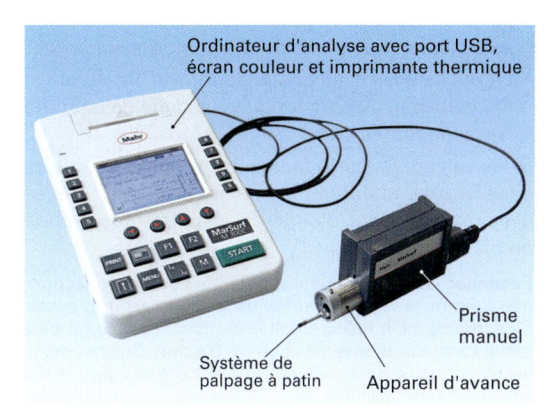

Fig. 3 : Instrument de mesure mobile avec système de palp. à patin

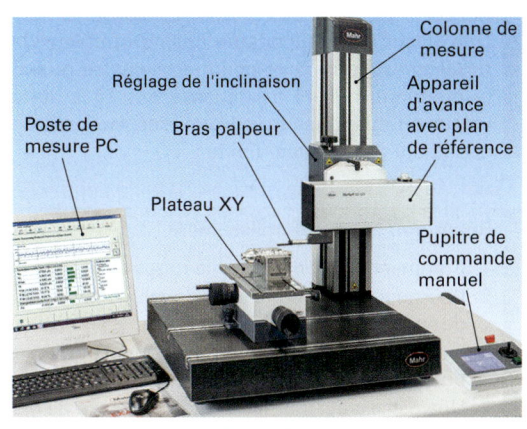

Fig. 4 : Unité d'avance avec système de palp. avec plan de référence (au choix aussi avec système de palp. à patin)

## ■ Mesure des paramètres de rugosité

Les mesures doivent être effectuées à l'endroit de la surface auquel les plus mauvaises valeurs de mesure sont attendues. Sur des profils périodiques, par ex. des profils tournés, le sens de balayage doit être choisi perpendiculairement au sens des stries. Sur les profils apériodiques avec sens des stries changeant, comme on en trouve à la rectification, au fraisage ou au rodage, le sens de balayage est sans importance.

**Procédure pour les profils de rugosité périodiques :**
- La largeur moyenne des stries $RSm$ est estimée par comparaison tactile et visuelle ou déterminée par une mesure d'essai. Si l'avance par tour est connue, elle correspond à $RSm$.
- En se basant sur $RSm$, il convient de sélectionner la longueur d'onde de coupure $\lambda_c$ (cutoff) conforme à la norme et d'effectuer la mesure, par ex. celle de la profondeur de rugosité moyenne $Rz$, **(tableau 1)**.

La sélection de la longueur d'onde de coupure affecte automatiquement le tronçon de mesure de base correct sur l'instrument de mesure. On utilise également le symbole Lc pour $\lambda_c$.

**Procédure pour un profil apériodique :**
- La valeur inconnue de $Ra$ ou $Rz$ est estimée par comparaison tactile et visuelle ou en effectuant une mesure d'essai avec profondeur de rugosité supposée.
- En utilisant les évaluations pour $Ra$ et $Rz$, on effectue la mesure avec la longueur d'onde de coupure correspondante.

Si les valeurs $Ra$ ou $Rz$ mesurées ne sont pas situées dans la zone attendue, la mesure doit être répétée avec une longueur d'onde de coupure plus grande ou plus petite (tableau 1).

**Exemple :** Avec la longueur d'onde de coupure sélectionnée 2,5 mm, la valeur mesurée $Ra$ = 1,5 μm est trop petite. C'est pourquoi la mesure doit être répétée avec une plus petite longueur d'onde de coupure 0,8 mm. Si, ensuite, la valeur mesurée $Ra$ est située entre 0,1 μm et 2 μm, la valeur de mesure est correcte.

Des surfaces plates doivent être mesurées avec un système de balayage des surfaces de référence et avec une longueur d'onde de coupure de 0,8 mm **(fig. 1)**.

> Une valeur limite supérieure de la profondeur de rugosité est considérée comme respectée quand la première mesure ne dépasse pas 70% de la valeur ou quand les trois premières mesures ne dépassent pas la valeur limite.

**Tableau 1 : Choix de la longueur d'onde de coupure**

| Profils périodiques | Profils apériodiques | | Longueur d'onde de coupure Cut-off | Longueur de mesure de base/total |
|---|---|---|---|---|
| Largeur des stries $R_{sm}$ mm | $R_z$ μm | $R_a$ μm | $\lambda_c$ mm | $l_r / l_n$ mm |
| >0,013...0,04 | jusqu'à 0,1 | jusqu'à 0,02 | 0,08 | 0,08/0,4 |
| >0,04...0,13 | >0,1...0,5 | >0,02...0,1 | 0,25 | 0,25/1,25 |
| >0,13...0,4 | >0,5...10 | >0,1...2 | 0,8 | 0,8/4,0 |
| >0,4...1,3 | >10...50 | >2...10 | 2,5 | 2,5/12,5 |
| >1,3...4 | >50...200 | >10...80 | 8 | 8/40 |

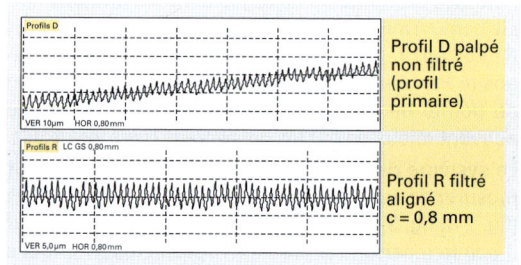

**Fig. 1 :** Diagrammes de profils (système de palp. avec plan de référence)

Profil D palpé non filtré (profil primaire)
Profil R filtré aligné c = 0,8 mm

**Tableau 2 : Profil des surfaces**

| Rmax μm | Rz μm | Forme du profil | Courbe de longueur portante Courbe d'Abbott |
|---|---|---|---|
| 1 | 1 | | |
| 1 | 1 | | |
| 1 | 0,4 | | |
| 1 | 1 | | |

### Répétition et approfondissement

1. Comment peut-on estimer la rugosité par une comparaison tactile ou visuelle ?
2. Pourquoi un palpeur à pointe avec un rayon de pointe de 2 μm est-il recommandé pour des profondeurs de rugosité $Rz < 3$ μm ?
3. Quelles sont les propriétés fonctionnelles d'un cylindre moteur qui peuvent être évaluées en se basant sur une courbe de longueur portante ?
4. Une pièce a été tournée avec une avance de 0,2 mm. Avec quelle longueur d'onde de coupure $\lambda_c$ et avec quelle longueur d'évaluation totale $ln$ la surface doit-elle être contrôlée ?
5. À quoi est due la position légèrement inclinée du profil D non filtré sur la fig. 1 ?
6. Lequel des profils possède les meilleures propriétés pour un palier lisse **(tableau 2)** ?

## 1.5 Tolérances et ajustements

Les composants des machines doivent pouvoir être montés ou remplacés indépendamment du fabricant et sans travaux de retouche (**fig. 1**). C'est pourquoi leurs dimensions ne doivent s'écarter que dans certaines limites des cotes requises. Les écarts admissibles sont définis par des tolérances.

> Les **tolérances dimensionnelles** doivent garantir le fonctionnement ainsi que le montage des produits. Cependant, pour des raisons de prix, les tolérances choisies ne doivent pas être meilleures que ce qui est nécessaire.

### 1.5.1 Tolérances

On distingue les tolérances dimensionnelles et les tolérances de forme et de position. Les tolérances dimensionnelles se rapportent à des cotes linéaires et angulaires, alors que les tolérances de forme et de position concernent la forme, par ex. la planéité, ou la position, par ex. la localisation.

■ **Notions de base relatives aux tolérances dimensionnelles**

Pour les alésages (cotes intérieures) et les arbres (cotes extérieures), des notions uniformes, standardisées sont utilisées pour les grandeurs déterminantes (**fig. 2**). Cependant, les abréviations ne sont que partiellement standardisées.

La **dimension nominale** $N$ est la cote désignée sur le plan. Sur des représentations graphiques, la cote nominale correspond à la **ligne zéro**.

La taille de la tolérance est définie par l'**écart supérieur** $ES$ ou $es$ et l'**écart inférieur** $EI$ ou $ei$ (**fig. 3**). Les majuscules sont utilisées pour les alésages, les minuscules pour les arbres. En cas de représentation graphique des tolérances, le domaine entre l'écart supérieur et l'écart inférieur est également désigné comme **zone de tolérance**.

> **Tolérance de l'alésage**     $T_B = ES - EI$
> **Tolérance de l'arbre**     $T_W = es - ei$

Les **dimensions limite** sont aussi définies par l'écart supérieur et l'écart inférieur. Les dimensions limite sont la **dimension maximale** ($G_o$) et la **dimension minimale** ($G_u$).

| Cote maximale | Alésage | $G_{oB} = N + ES$ |
| --- | --- | --- |
| | Arbre | $G_{oW} = N + es$ |
| Cote minimale | Alésage | $G_{uB} = N + EI$ |
| | Arbre | $G_{uW} = N + ei$ |

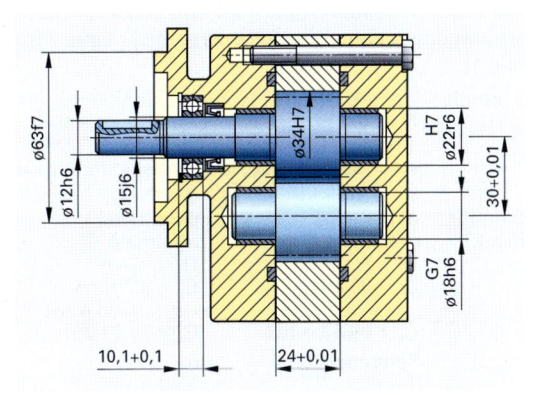

**Fig. 1:** Tolérances et ajustements sur une pompe à engrenage (extrait)

| | |
| --- | --- |
| $N$   Dimension nominale | $ES$   Écart supérieur (alésage) |
| $G_o$   Dimension maximale | $EI$   Écart inférieur (alésage) |
| $G_u$   Dimension minimale | $es$   Écart supérieur (arbre) |
| $T$   Tolérance | $ei$   Écart inférieur (arbre) |

($ES$ = **é**cart **s**upérieur, $EI$ = **é**cart **i**nférieur)

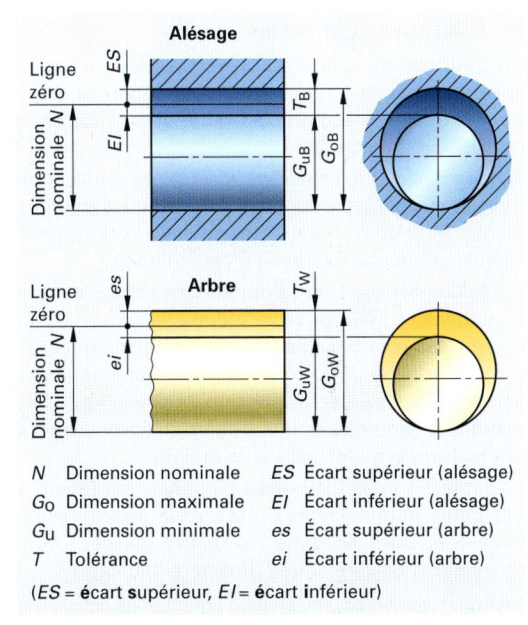

**Fig. 2:** Termes et abréviations pour les tolérances dimensionnelles

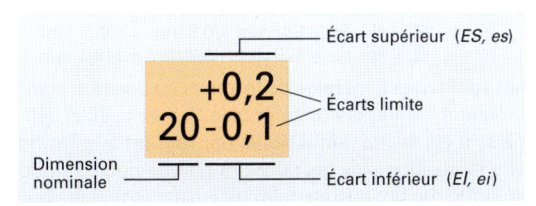

**Fig. 3:** Dimensions nominales et écarts

La différence entre la dimension maximale et la dimension minimale donne à nouveau la tolérance:

> **Tolérance (alésage ou arbre)**     $T = G_o - G_u$

## Position des zones de tolérance

Les zones de tolérance peuvent être situées au-dessus, en dessous ou des deux côtés de la ligne zéro (fig. 1).

**Exemple:** Un arbre avec la dimension nominale $N = 80$ mm a les écarts limite $es = -30$ μm et $ei = -60$ μm. Il faut calculer la dimension maximale $G_o$, la dimension minimale $G_u$ et la tolérance $T$.

**Solution:** (fig. 2)

**dimension maximale $G_o$:**
$G_o = N + es$
$G_o = 80$ mm $+ (-0,03$ mm$)$
**$G_o = 79,97$ mm**

**dimension minimale $G_u$:**
$G_u = N + ei$
$G_u = 80$ mm $+ (-0,06$ mm$)$
**$G_u = 79,94$ mm**

**Tolérance $T$:**
$T = G_o - G_u$
$T = 79,97$ mm $- 79,94$ mm
**$T = 0,03$ mm**

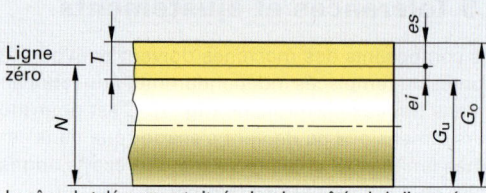

ou
$T = es - ei$
$T = -0,03$ mm $- (-0,06$ mm$)$
**$T = 0,03$ mm**

Le zône de tolérance est située des deux côtés de la ligne zéro. La dimension maximale est au-dessus la dimension minimale est au-dessous de la dimension nominale.

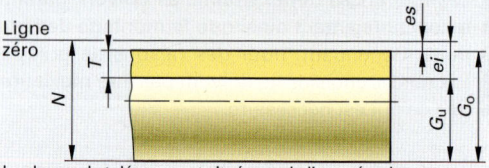

Le champ de tolérance est situé sous la ligne zéro. Les dimensions maximale et minimale sont inférieures à la dimension nominale.

**Fig. 1 : Position des zones de tolérance (sélection)**

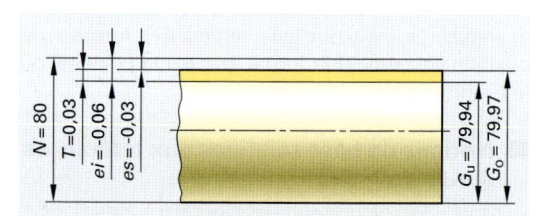

## Tolérances générales

On distingue les tolérances générales pour les cotes linéaires **(tableau 1)**, pour rayons et hauteur de chanfreins ainsi que les tolérances générales de forme et de position **(tableau 2)**.

Si, sur un plan, on trouve une référence à l'utilisation de tolérances générales, elles sont valables pour les longueurs et/ou pour les formes et les positions pour lesquelles aucune tolérance n'est indiquée.

Les **tolérances générales pour les cotes linéaires** sont donc valables pour les cotes indiquées sur un dessin et pour lesquelles aucune tolérance n'est indiquée, si, sur le dessin, on trouve une référence aux tolérances générales, par ex. par l'indication « ISO 2768-m ». Les tolérances générales pour les cotes de longueur sont des tolérances au format « plus moins ».

La dimension des tolérances générales est fonction des cotes nominales et de la classe de tolérance. Elles sont divisées dans les quatre classes : fine, moyenne, grossière et très grossière (tableau 1).

**Exemple:** Sur un dessin, on peut lire pour les cotes sans indication de la tolérance : ISO 2768-m. Quelles cotes limite sont admissibles pour la cote nominale $N = 120$ mm?

**Solution:** Selon le tableau 1: $ES = +0,3$ mm, $EI = -0,3$ mm
$G_o = N + ES = 120$ mm $+ 0,3$ mm **$= 120,3$ mm**
$G_u = N + EI = 120$ mm $- 0,3$ mm **$= 119,7$ mm**

Les **tolérances générales de forme et de position** comprennent les classes de tolérance H, K et L. Elles définissent les écarts admissibles par rapport à la forme et à la position exactes du point de vue géométrique si, sur le dessin, aucune tolérance n'est indiquée pour ces valeurs. Mais il convient d'attirer l'attention sur l'utilisation des tolérances générales par une inscription sur le dessin, par ex. ISO 2768-K. Si les tolérances générales pour les cotes linéaires sont simultanément applicables, il est possible de réunir les deux inscriptions, par ex. sous la forme ISO 2768-mK.

**Fig. 2 : Cotes limite et tolérance**

**Tableau 1 : Tolérances pour cotes linéaires**

| Classe de tolérance | Écarts limite en mm | | | | | |
|---|---|---|---|---|---|---|
| | dimensions nominales en mm | | | | | |
| | 0,5 jusqu'à 3 | sup. à 3 jusqu'à 6 | sup. à 6 jusqu'à 30 | sup. à 30 jusqu'à 120 | sup. à 120 jusqu'à 400 | sup. à 400 jusqu'à 1000 |
| f   fine | ± 0,05 | ± 0,05 | ± 0,1 | ± 0,15 | ± 0,2 | ± 0,3 |
| m   moyenne | ± 0,1 | ± 0,1 | ± 0,2 | ± 0,3 | ± 0,5 | ± 0,8 |
| c   grossière | ± 0,2 | ± 0,3 | ± 0,5 | ± 0,8 | ± 1,2 | ± 2 |
| v   très grossière | – | ± 0,5 | ± 1 | ± 1,5 | ± 2,5 | ± 4 |

**Tableau 2 : Tolérances générales de forme**

| Classe de tolérance | Tolérances en mm pour la rectitude et la planéité | | | | | |
|---|---|---|---|---|---|---|
| | longueurs nominales en mm | | | | | |
| | jusqu'à 10 | sup. à 10 jusqu'à 30 | sup. à 30 jusqu'à 100 | sup. à 100 jusqu'à 300 | sup. à 300 jusqu'à 1000 | sup. à 1000 jusqu'à 3000 |
| H | 0,02 | 0,05 | 0,1 | 0,2 | 0,3 | 0,4 |
| K | 0,05 | 0,1 | 0,2 | 0,4 | 0,6 | 0,8 |
| L | 0,1 | 0,2 | 0,4 | 0,8 | 1,2 | 1,6 |

# Tolérances et ajustements

## ■ Tolérances choisies librement

Les tolérances peuvent aussi être indiquées par des écarts choisis librement **(fig. 1,** cote 1,6 et 63) quand c'est nécessaire en raison du fonctionnement des composants. À la différence des tolérances générales et des tolérances ISO, les écarts peuvent être lus directement sur le dessin. Souvent, les trois méthodes d'indication des tolérances sont utilisées conjointement sur un dessin.

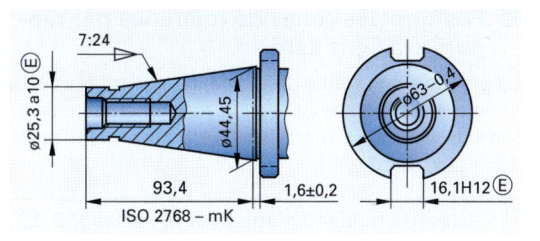

**Fig. 1 : Possibilités pour indiquer la tolérance**

## ■ Tolérances ISO

Pour les tolérances ISO utilisées au niveau international, la taille de la tolérance et sa position par rapport à la ligne zéro sont indiquées sous forme codée par la classe de tolérance, par ex. H7. La lettre indique l'**écart fondamental**, le nombre le **degré de tolérance**.

> L'**écart fondamental** définit la position de la tolérance par rapport à la ligne zéro. Le **degré de tolérance** indique la taille de la tolérance.

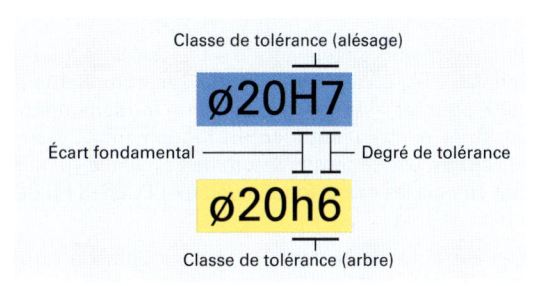

**Fig. 2 : Désignation de la classe de tolérance**

### Taille de la tolérance (fig. 3 et 4)

La taille de la tolérance dépend du degré de tolérance et de la cote nominale.

> La tolérance est d'autant plus grande que la cote nominale et le degré de tolérance sont grands.

**Exemple :** Influence de la    50H8  →  T = 39 μm
cote nominale    100H8  →  T = 54 μm

Influence du    100H7  →  T = 35 μm
degré de tolérance 100H8  →  T = 54 μm

20 degrés de tolérance de 01, 0, 1 à 18 **(tableau 1)** et 21 paliers de cotes nominales entre 1 mm et 3150 mm ont été définis.

> La taille de la tolérance est la même quand le degré de tolérance et la cote nominale sont identiques.

On appelle ces tolérances uniformes «tolérances fondamentales». On peut les consulter dans des tables.

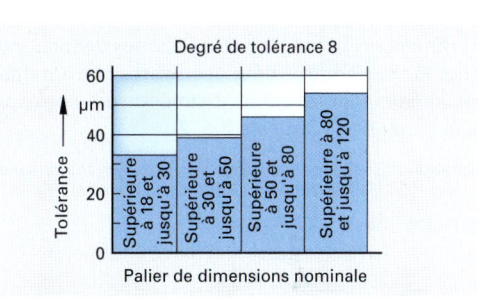

**Exemple :** 50H7 = 50 +0,025 / 0 → T = 0,025 mm
50G7 = 50 +0,034 / +0,009 → T = 0,025 mm
10h9 = 10 0 / –0,036 → T = 0,036 mm
10d9 = 10 –0,040 / –0,076 → T = 0,036 mm

**Fig. 3 : Relation entre la tolérance et la dimension nominale**

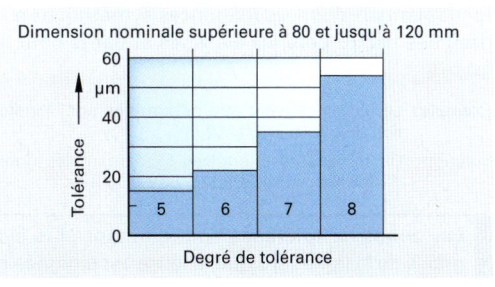

**Fig. 4 : Relation entre la tolérance et le degré de tolérance**

**Tableau 1 : Degrés de tolérance ISO**

| Degré de tolérance ISO | 01 | 0 | 1 | 2 | 3 | 4 | 5 | 6 | 7 | 8 | 9 | 10 | 11 | 12 | 13 | 14 | 15 | 16 | 17 | 18 |
|---|---|---|---|---|---|---|---|---|---|---|---|---|---|---|---|---|---|---|---|---|
| Domaines d'application | Moyens de contrôle, jauges de travail ||||||| Machines-outils, construction de machines et de véhicules |||||||| Produits semi-ouvrés, pièces en fonte, biens de consommation |||||||
| Procédés de fabrication | Finitions : rodage, honage ||||||| Alésage, tournage, fraisage, rectification, laminage |||||||| Laminage, forgeage, sertissage |||||||

## Position des zones de tolérance par rapport à la ligne zéro

La position des zones de tolérance par rapport à la ligne zéro est définie par l'écart fondamental. L'écart fondamental est l'écart étant le plus proche de la ligne zéro (**fig. 1**).

> Les **écarts fondamentaux pour les alésages** (*ES*, *EI*) sont désignés par les majuscules de A à Z, les **écarts fondamentaux pour les arbres** (*es*, *ei*) par les minuscules de a à z.

Pour les degrés de tolérance 6 à 11, les écarts fondamentaux ZA, ZB et ZC s'ajoutent à l'écart fondamental Z pour les alésages, et les écarts fondamentaux za, zb et zc s'ajoutent à l'écart fondamental z pour les arbres. Les dimensions nominales jusqu'à 10 mm ont en plus les écarts fondamentaux CD, EF et FG et/ou cd, ef et fg.

Les écarts fondamentaux H et h sont égaux à zéro. C'est pourquoi les zones de tolérance correspondantes commencent sur la ligne zéro (**fig. 2** et **fig. 3**).

Pour les **alésages,** la dimension minimale est égale à la dimension nominale pour les zones de tolérance H (fig. 2). Par contre, pour les **arbres,** la dimension maximale pour les zones de tolérance h correspond à la dimension nominale (fig. 2).

**Exemple :** Quelle est la position des zones de tolérance de 25H7 et 25h9 par rapport à la ligne zéro ?

**Solution :** 25H7 = 25 +0,021 / 0
La zone de tolérance se situe sur la ligne zéro.
25h9 = 25 0 / −0,052
La zone de tolérance se situe sous la ligne zéro.

Si l'écart supérieur et l'écart inférieur sont égaux, la tolérance est symétrique à la ligne zéro. Les écarts fondamentaux pour ces tolérances symétriques sont désignés par JS pour les alésages et par js pour les arbres.

**Exemple :** Les écarts doivent être déterminés pour l'indication de tolérance 80js12.

**Solution :** Un tableau de tolérances fondamentales donne $T = 0{,}3$ mm. Ainsi, 80js12 = 80 ± 0,15 mm.

> Les **zones de tolérance** sont d'autant plus éloignées de la ligne zéro que la lettre est éloignée de H ou de h dans l'alphabet.

Les majuscules I, L, O, Q et W ainsi que les minuscules correspondantes ne sont pas utilisées afin d'éviter les confusions.

**Exemple :** Quelle est la position des zones de tolérance de 25k6 et 25r6 par rapport à la ligne zéro ?

**Solution :** 25k6 = 25 +0,015 / +0,002
La zone de tolérance est juste au-dessus de la ligne zéro.
25r6 = 25 +0,041 / +0,028
La zone de tolérance est bien au-dessus de la ligne zéro.

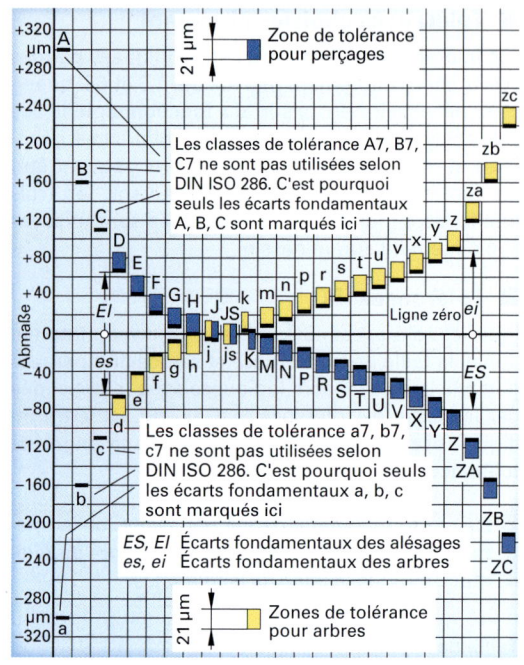

**Fig. 1 :** Position des zones de tolérance par rapport à la ligne zéro, Exemple : Dimension nominale 25, degré de tolérance 7

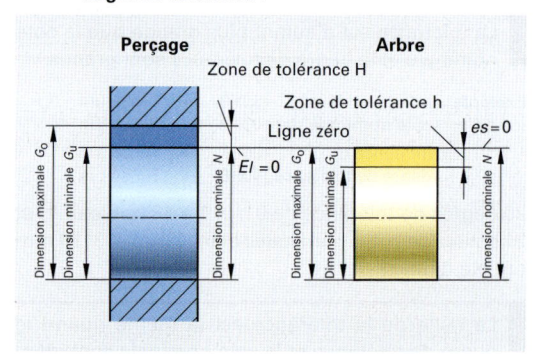

**Fig. 2 :** Position des zones de tolérance H et h

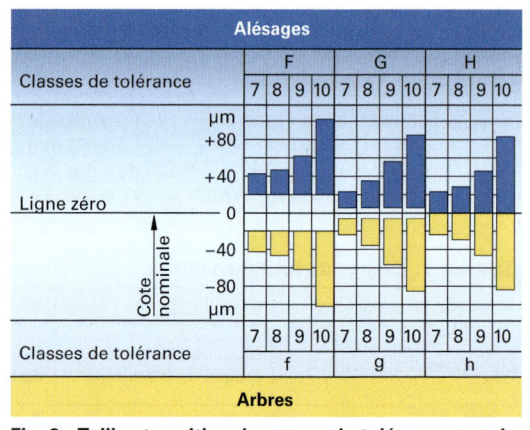

**Fig. 3 :** Taille et position des zones de tolérance pour la cote nominale 25

# Tolérances et ajustements

## 1.5.2 Ajustements

Lorsque deux composants sont assemblés, leurs cotes doivent s'apparier à l'endroit où ils se rencontrent. Sur les ajustements, on appelle toujours la partie intérieure « arbre » et la partie extérieure « alésage ».

> Les ajustements sont déterminés par la différence entre la dimension de l'alésage et la dimension de l'arbre.

### ■ Types d'ajustements

Le choix des classes de tolérance pour l'alésage et l'arbre détermine la présence de jeu ou de serrage lors de l'assemblage.

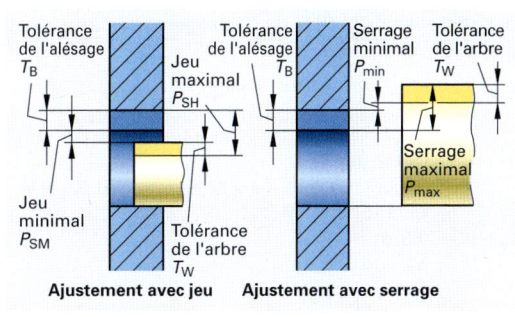

**Fig. 1 :** Ajustement avec jeu et ajustement avec serrage

> Sur les **ajustements avec jeu,** on trouve toujours du jeu (« du vide »), tandis que sur les **ajustements avec serrage,** on trouve toujours un serrage. On parle d'**ajustements incertains** si un jeu ou un serrage peut apparaître avec les classes de tolérances sélectionnées.

**Ajustements avec jeu.** La dimension minimale de l'alésage est toujours plus grande (dans des cas limite de la même dimension) que la dimension maximale de l'arbre (**fig. 1, 2** et **4**).

Le **jeu maximal** $P_{SH}$ est la différence entre la dimension maximale de l'alésage $G_{oB}$ et la dimension minimale de l'arbre $G_{uW}$.

■ Jeu maximal $\qquad P_{SH} = G_{oB} - G_{uW}$

Le **jeu minimal** $P_{SM}$ est la différence entre la dimension minimale de l'alésage $G_{uB}$ et la dimension maximale de l'arbre $G_{oW}$.

■ Jeu minimal $\qquad P_{SM} = G_{uB} - G_{oW}$

**Exemple :** Quels sont le jeu maximal et le jeu minimal de l'ajustement de l'**fig. 2** ?
Solution : $P_{SH} = G_{oB} - G_{uW} = 40{,}02$ mm $- 39{,}98$ mm $= $ **+ 0,04 mm**
$P_{SM} = G_{uB} - G_{oW} = 40{,}00$ mm $- 39{,}99$ mm $= $ **+ 0,01 mm**

**Ajustements avec serrage :** La dimension maximale de l'alésage est toujours plus petite (dans des cas limite de la même dimension) que la dimension minimale de l'arbre (**fig. 1, 3** et **4**).

Le **serrage maximal** $P_{max}$ est la différence entre la dimension minimale de l'alésage $G_{uB}$ et la dimension maximale de l'arbre $G_{oW}$.

■ Serrage maximal $\qquad P_{max} = G_{uB} - G_{oW}$

Le **serrage minimal** $P_{min}$ est la différence entre la dimension maximale de l'alésage $G_{oB}$ et la dimension minimale de l'arbre $G_{uW}$.

■ Serrage minimal $\qquad P_{min} = G_{oB} - G_{uW}$

**Exemple :** Quels sont le serrage maximal et le serrage minimal de l'ajustement sur l'**fig. 3** ?
Solution : $P_{max} = G_{uB} - G_{oW} = 39{,}98$ mm $- 40{,}02$ mm
$\qquad \qquad = - 0{,}04$ mm
$P_{min} = G_{oB} - G_{uW} = 40{,}00$ mm $- 40{,}01$ mm
$\qquad \qquad = - 0{,}01$ mm

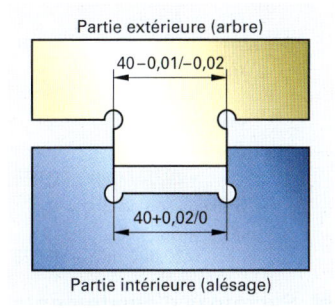

**Fig. 2 :** Ajustement avec jeu

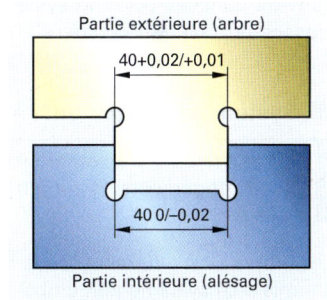

**Fig. 3 :** Ajustement avec serrage

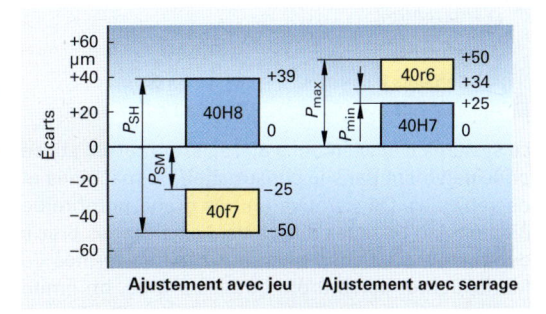

**Fig. 4 :** Position des zones de tolérance pour les ajustements avec jeu et les ajustements avec serrage

**Ajustements incertains.** En cas d'ajustement incertain, soit un jeu, soit un serrage apparaît en fonction des dimensions réelles de l'alésage et de l'arbre lors de l'assemblage **(fig. 1)**.

**Exemple**: Pour l'ajustement Ø 20 H7/n6, la dimension maximale $G_o$ et la dimension minimale $G_u$ doivent être déterminées pour l'alésage et pour l'arbre **(fig. 2)**.

Déterminez également le jeu maximal $P_{SH}$ et le serrage maximal $P_{max}$.

**Solution**: **(fig. 3)**

Alésage:

$G_{oB}$ = N + ES
= 20 mm + 0,021 mm = **20,021 mm**

$G_{uB}$ = N + EI
= 20 mm + 0 mm = **20,000 mm**

Arbre:

$G_{oW}$ = N + es
= 20 mm + 0,028 mm = **20,028 mm**

$G_{uW}$ = N + ei
= 20 mm + 0,015 mm = **20,015 mm**

Jeu maximal:

$P_{SH}$ = $G_{oB}$ − $G_{uW}$
= 20,021 mm − 20,015 mm = **0,006 mm**

Serrage maximal:

$P_{max}$ = $G_{uB}$ − $G_{oW}$
= 20,000 mm − 20,028 mm = **− 0,028 mm**

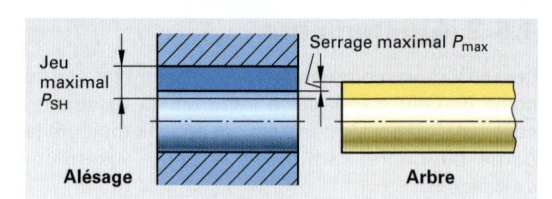

Fig. 1: Ajustement incertain

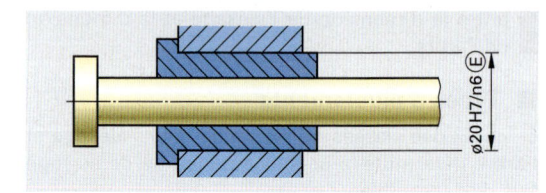

Fig. 2: Exemple d'ajustement incertain

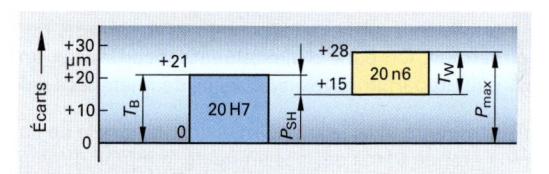

Fig. 3: Ajustement 20 H7/n6

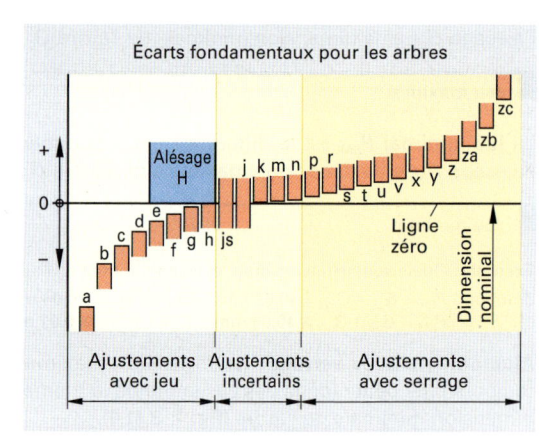

## ■ Systèmes d'ajustements

Pour maintenir les coûts de fabrication et de contrôle à un niveau bas, les cotes tolérancées sont le plus souvent conçues selon le système d'ajustement à alésage normal ou le système d'ajustement à arbre normal.

## ■ Système d'ajustements à alésage normal

> Sur le **système d'ajustement à alésage normal**, l'écart fondamental H est attribué aux cotes des alésages.

Les arbres avec différents écarts fondamentaux sont soumis à ce système afin d'obtenir le type d'ajustement requis **(fig. 4** et **fig. 5)**.

| Zones correspondant aux différents types d'ajustement | |
|---|---|
| Ajustements avec jeu: | H / a … h |
| Ajustements incertains: | H / j … n ou p |
| Ajustements avec serrage: | H / n ou p … z |

Le système d'ajustement à alésage normal est utilisé principalement dans la construction de machines et de véhicules. On y trouve un très grand nombre de diamètres d'alésages différents. Les alésages précis demandant beaucoup plus de travail en termes de fabrication et de contrôle que les arbres, on limite les écarts fondamentaux possibles A … Z à l'écart fondamental H.

Fig. 4: Système d'ajustements alésage normal

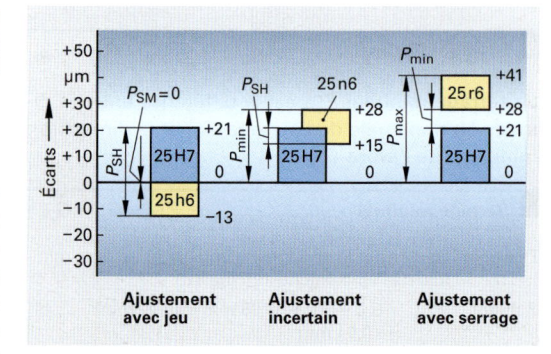

Fig. 5: Position des zones de tolérance sur le système d'ajustements à alésage normal

Tolérances et ajustements

**Autres exemples pour le calcul des ajustements dans le système à alésage normal**
Pour les ajustements des jeux, transitions et avec serrage à la figure 5 (page précédente), il faut calculer le jeu maximal et minimal ainsi que la dimension maximale et minimale.

| Solution: | Ajustement avec jeu 25 H7/h6: | Jeu maximal | $P_{SH} = G_{oB} - G_{uW}$ | = 25,021 mm – 24,987 mm = | **0,034 mm** |
|---|---|---|---|---|---|
| | | Jeu minimal | $P_{SM} = G_{uB} - G_{oW}$ | = 25,000 mm – 25,000 mm = | **0 mm** |
| | Ajustement incertain 25 H7/n6: | Jeu maximal | $P_{SH} = G_{oB} - G_{uW}$ | = 25,021 mm – 25,015 mm = | **0,006 mm** |
| | | Serrage maximal | $P_{max} = G_{uB} - G_{oW}$ | = 25,000 mm – 25,028 mm = | **– 0,028 mm** |
| | Ajustement avec serrage 25 H7/r6: | Serrage maximal | $P_{max} = G_{uB} - G_{oW}$ | = 25,000 mm – 25,041 mm = | **– 0,041 mm** |
| | | Serrage minimal | $P_{min} = G_{oB} - G_{uW}$ | = 25,021 mm – 25,028 mm = | **– 0,007 mm** |

## ■ Système d'ajustements à arbre normal

Sur le **système d'ajustements à arbre normal**, l'**écart fondamental h** est attribué aux cotes des arbres.

Des alésages avec différents écarts fondamentaux sont attribués à ce système afin d'obtenir le type d'ajustement requis **(fig. 1)**.

**Zones correspondant aux différents types d'ajustement**

Ajustements avec jeu :          H / A ... H
Ajustements incertains :        H / J ... N ou P
Ajustements avec serrage :      H / N ou P ... Z

Le système d'ajustements à arbre normal est mis en œuvre principalement quand de longs arbres d'un diamètre systématiquement égal sont utilisés. C'est en partie le cas sur des appareils de levage, des machines de l'industrie textile et des machines agricoles.

Exemple : Sur un entraînement, la poulie est montée à la presse sur l'arbre. L'arbre lui-même passe par deux paliers lisses, et, au milieu, il supporte une roue dentée **(fig. 2)**.
a) Déterminez les écarts des 4 classes de tolérance en vous servant des tableaux de tolérance ISO.
b) Représentez les trois ajustements avec les zones de tolérance sur un graphique.
c) Calculez les jeux minimaux et maximaux ainsi que les serrages minimaux et maximaux, et reportez-les dans la représentation graphique.
Solution : Représentation graphique **fig. 3**.

## ■ Systèmes d'ajustements combinés

Outre leurs propres produits, toutes les entreprises utilisent des composants et des pièces standard issus d'autres fabricants. Ces pièces ont des classes de tolérance tout à fait hétéroclites. C'est pourquoi il n'est pas possible de respecter systématiquement les systèmes d'ajustements à alésage normal et à arbre normal.

**Exemple :** Une entreprise qui fabrique selon le système à alésage normal utilise des clavettes de la classe de tolérance h6. L'ajustement incertain requis demande alors la classe de tolérance P9 au niveau de la rainure de clavette. Cependant, l'ajustement h6/P9 fait partie du système à arbre normal.

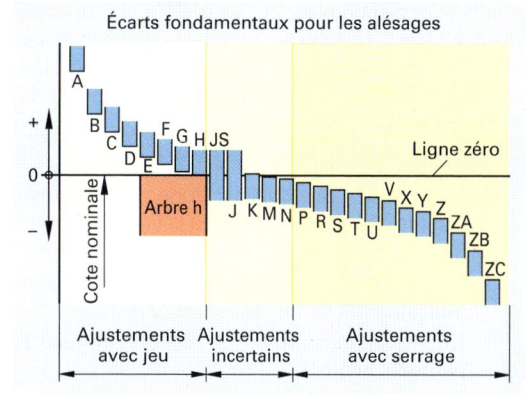

Fig. 1 : Système d'ajustements arbre normal

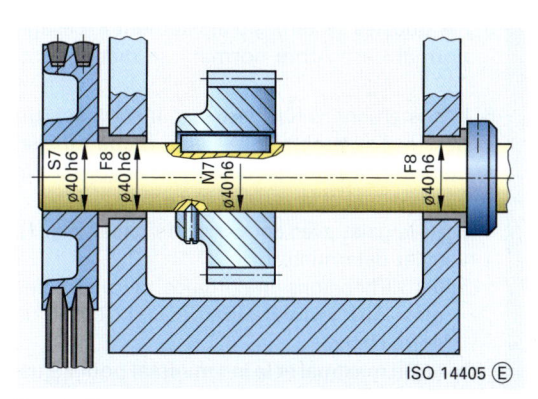

Fig. 2 : Ajustements dans le système à arbre normal

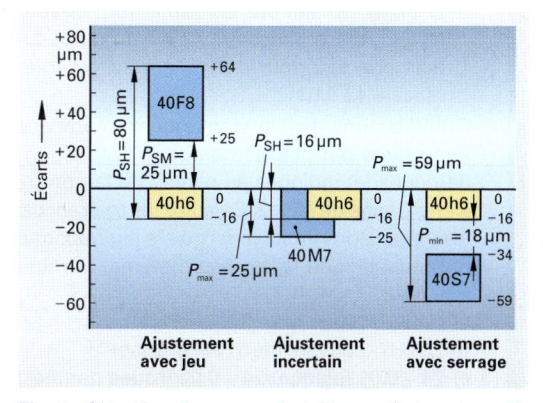

Fig. 3 : Situation des zones de tolérance (arbre normal)

## ■ Choix des ajustements

Chaque classe de tolérance pour arbres pourrait être combinée avec chaque classe de tolérance pour alésages. Sur les nombreux diamètres nominaux existants, cela permettrait d'obtenir de très nombreuses possibilités pour lesquelles des outils, des instruments de mesure et des jauges devraient être tenus à disposition. Cette diversité n'est ni nécessaire, ni défendable du point de vue économique. Deux **séries préférentielles standardisées** pour les ajustements sont disponibles. Ici, la série 1 doit être préférée à la série 2. Le **tableau 1** ne tient compte que des ajustements de la série 1. D'autres ajustements recommandés peuvent être consultés dans des tabelles.

### Tableau 1: Sélection des ajustements (exemples)

| Choix | Propriétés |
|---|---|
| Ajustements avec jeu | |
| H8/f7 | Petit jeu. Les pièces peuvent être déplacées facilement. |
| H8/h9 | Pratiquement aucun jeu. Les pièces peuvent encore être déplacées à la main. |
| H7/h6 | Jeu très réduit. Les pièces ne peuvent plus être déplacées à la main. |
| Ajustements incertains | |
| H7/n6 | Plutôt serrage que jeu. Un petit effort est nécessaire pour assembler les pièces. |
| Ajustements avec serrage | |
| H7/r6 | Serrage faible. Une force modérée doit être appliquée pour assembler les pièces. |
| H7/u8 | Serrage important. Assemblage seulement possible par dilatation ou rétraction. |

### Répétition et approfondissement

1. Comment la position des zones de tolérance est-elle définie par rapport à la ligne zéro dans les tolérances ISO?
2. Sur un dessin, on trouve pour les cotes sans indication de la tolérance: ISO 2768-f.
   Quelles dimensions limite la cote nominale 25 peut-elle avoir?
3. De quoi dépend la taille d'une tolérance?
4. Quels systèmes d'ajustements distingue-t-on?
5. Par quoi les systèmes d'ajustement «Alésage normal» et «Arbre normal» se distinguent-ils?
6. L'ajustement Ø40H7/m6 est inscrit sur un dessin d'assemblage. À l'aide d'une tabelle, établissez un tableau des écarts et calculez le jeu maximal et le serrage maximal.
7. Pour le galet avec couvercle de palier **(fig. 1)**, veuillez déterminer
   a) les dimensions maximales et minimales ainsi que la tolérance pour six cotes de votre choix,
   b) le jeu maximal et le jeu minimal pour l'ajustement du couvercle dans le galet,
   c) le jeu maximal et le serrage maximal entre la bague extérieure du roulement devant être monté et l'alésage 42M7 du galet. Le diamètre extérieur du roulement est tolérancé à 42-0,011.
8. Quelques-uns des ajustements et tolérances importants pour l'assemblage et le fonctionnement sont indiqués au niveau de la pompe à engrenage de l'**fig. 2**. Calculez les tolérances, les dimensions limite ainsi que le jeu maximal et minimal et/ou le serrage maximal et minimal pour
   a) Ø18G7 (palier lisse)/h6 (arbre)
   b) Ø22H7 (couvercle)/r6 (palier lisse)
   c) 24 + 0,01 (plaque)/24 − 0,01 (roues dentées)
   d) Ø12h6 (arbre)/Ø12H7 (poulie)

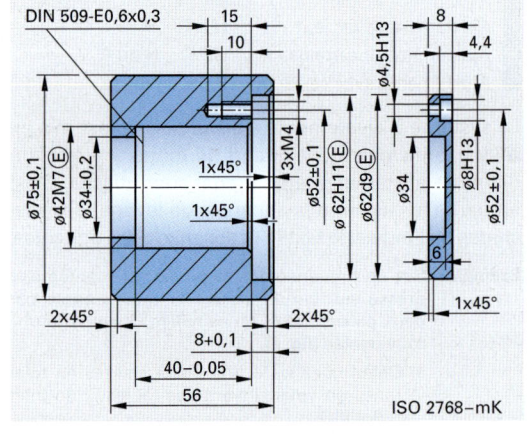

Fig. 1: Galet avec couvercle de palier

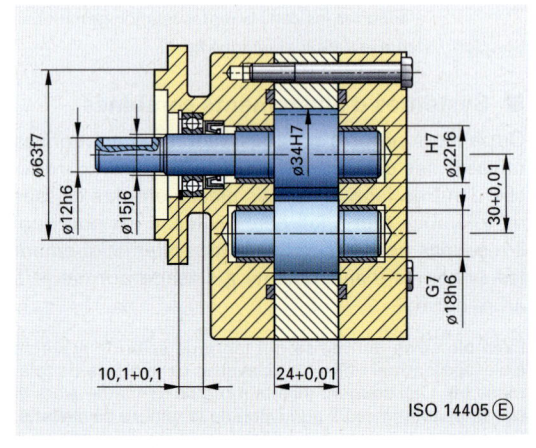

Fig. 2: Pompe à engrenage

# 1.6 Spécification géométrique du produit (GPS)

### ■ Tolérancement géométrique

Les spécifications des pièces doivent avoir été fixées avec le plus de clarté possible pour garantir l'interchangeabilité, la capacité de fonctionnement et de montage des composants. La **Spécification Géométrique du produit (GPS)** permet aux domaines Développement, Conception, Planning de la production, Fabrication et Assurance de la qualité de mieux se comprendre. Le moyen de communication essentiel à cette fin est le dessin technique **(figure 1 et figure 2)**.

> Les normes GPS sont importantes dans les domaines Conception, Fabrication, Métrologie à la fabrication et Management de la qualité.

La GPS permet de fixer, dans les dessins techniques au moyen de différentes normes, les dimensions et la forme des éléments de géométrie d'une pièce pour qu'elle offre la précision de fabrication exigée.

> **Spécifier** signifie fixer avec clarté des divergences admissibles en se servant de tolérances et de normes, ainsi que de règlements applicables à des méthodes de mesure et procédés d'analyse.

### ■ Système normatif GPS

Les normes GPS forment un système normatif hiérarchisé et cohérent. Si une norme GPS est mentionnée dans un dessin technique, toutes les normes GPS s'appliquent à ce dessin. Si par exemple la mention « ISO 2768-mK » figure dans la cartouche ou à côté, le principe d'indépendance comme principe de tolérancement devient automatiquement applicable selon ISO 8015 même en l'absence de mention expresse en ce sens.

Hiérarchie des normes avec exemples **(tableau 1)**
- La norme DIN EN ISO 14638 explique en tant que « norme fondamentale » le **concept** de spécification géométrique du produit.
- La norme DIN EN ISO 8015 constitue la « norme » GPS « fondamentale » pour les mentions portées dans le dessin ; elle contient des concepts, **principes** et règles.
- La norme DIN EN ISO 14405-1 est déterminante en tant que norme GPS « générale » s'appliquant aux dessins techniques. Elle examine en détail les mentions, à porter dans le plan, des **dimensions de longueur** linéaires telles que par ex. les diamètres.
- L'**utilisation** et la mention des **tolérances de forme et de position** sont régies par la norme DIN EN ISO 1101 (norme GPS « générale »).
- La **mention dans le plan** de la **nature de la surface** a lieu conformément à DIN EN ISO 1302.
- En tant que norme « complémentaire », ISO 2768 fixe les **tolérances générales** applicables à l'usinage par enlèvement de copeaux.

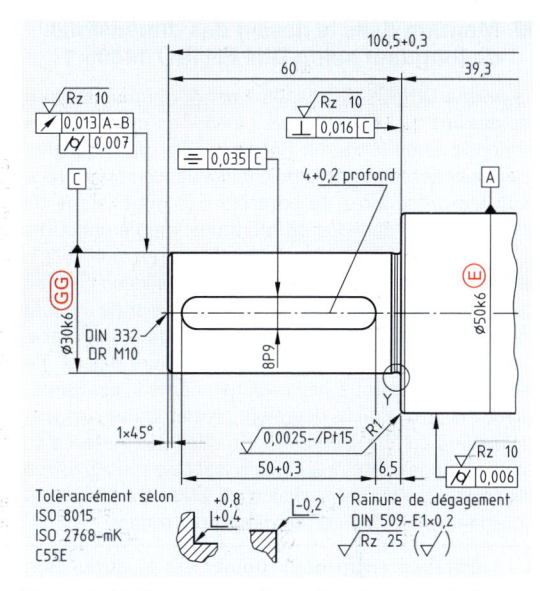

**Figure 1 : Tolérancement d'un arbre de transmission**

**Les mentions portées dans le dessin (figure 1) permettent d'en déduire ceci :**
- Les normes GPS s'appliquent obligatoirement à ce dessin.
- Les tolérances dimensionnelles, de forme et de position valent indépendamment les unes des autres.
- **Exception:** À la dimension ø50 k6 s'applique le « principe de l'enveloppe » (Ⓔ = enveloppe), signifiant que les divergences dimensionnelles et de forme doivent, ici, se situer à l'intérieur de la tolérance dimensionnelle. Le contrôle d'exactitude de la dimension et de la forme doit avoir lieu simultanément, par ex. avec une bague étalon.
- La dimension ø30 k6 doit être calculée comme diamètre moyen de cylindre (GG) selon Gauss. À cette fin, il aut utiliser un testeur de forme ou une MMT (page 65).

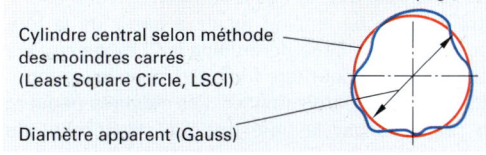

**Figure 2 : Explications du dessin technique (fig. 1)**

| Tableau 1 : Les principales normes de définition de la géométrie d'une pièce ||
|---|---|
| Norme GPS fondamentale : ||
| DIN EN ISO 8015 | Concepts, règles, principes, par ex. « Principe d'indépendance » |
| Normes GPS générales : ||
| DIN EN ISO 14405 | Tolérancement des dimensions de longueur |
| DIN EN ISO 1101 | Tolérances de forme et de position |
| DIN EN ISO 1302 | Nature de la surface |
| Norme GPS complémentaire : ||
| ISO 2768 | Tolérances générales |

## ■ Mention dans le dessin des dimensions de longueur selon DIN EN ISO 14405-1

La norme DIN EN ISO 14405-1 est déterminante pour les dessins techniques et se penche en détail sur les dimensions de longueur linéaires. Elle offre actuellement aux dessinateurs la possibilité de fixer avec précision les procédures de contrôle des dimensions de longueur. En l'absence de mentions supplémentaires après une tolérance dimensionnelle, par ex. Ø 40 0/-0,1, la distance entre deux points continue de valoir comme cas normal. Cela signifie que chaque valeur de mesure individuelle doit se situer à l'intérieur de la tolérance. La métrologie avec des micromètres livre par ex. de telles distances entre deux points, même si conformément à la définition ils devraient présenter des surfaces de mesure en forme de billes. En effet, des surfaces de mesure planes sont présentes à vrai dire sous la forme de surfaces sur des surfaces de pièce parallèles, et sous la forme de lignes sur des pièces rondes.

> La **distance entre deux points** est la dimension standard. En l'absence de mentions supplémentaires après une tolérance dimensionnelle, il n'y a pas lieu d'indiquer le symbole de modification (LP).

Les deux exemples de tolérancement de la **figure 1** montrent quelles possibilités la norme offre aux dessinateurs pour veiller à plus de clarté à la fabrication et dans la technique de mesure. Les dimensionnements contiennent, outre les informations relatives aux dimensions limites admissibles du diamètre toléré (39,9 et 40,0 mm dans les exemples), des mentions complémentaires employant des symboles de modification des dimensions de longueur (**tableau 1**). Ces mentions fixent par ex. les procédés de mesure à utiliser (LP) et/ou (CC) et les analyses statistiques (SD) et/ou (SA) des valeurs de mesure saisies.

Dans **l'exemple 2** de la figure 1, il faut calculer le diamètre comme dimension locale à partir de la longueur de la ligne circonférentielle (CC) d'une surface de section. Cela peut être judicieux avec les composants flexibles à parois minces. Les mesures peuvent être réalisées par la voie optique (traitement de l'image). Le résultat de mesure à calculer est la valeur moyenne arithmétique (SA) de plusieurs valeurs mesurées. La lettre « S » signifie « statistique » et « A » signifie « moyenne », donc valeur moyenne. Le modificateur (F) représente les pièces de forme non stable. Les mentions supplémentaires « ACS » ou « SCS » permettraient aussi de définir en plus les surfaces de section à choisir pour les mesures.

> La norme fait la distinction entre des dimensions **locales** et **globales**.

Les dimensions locales dépendent du lieu de mesure choisi sur la surface à contrôler. Dans le cas des dimensions globales, il résulte uniquement une valeur de mesure par surface contrôlée, par ex. le diamètre d'enveloppante, le diamètre circonscrit ou diamètre apparent (Gauss) d'une surface enveloppante cylindrique.

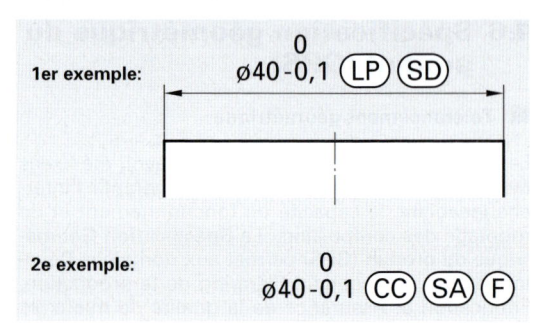

1er exemple: Ø40 -0,1 / 0 (LP) (SD)

2e exemple: Ø40 -0,1 / 0 (CC) (SA) (F)

**Figure 1: Exemples de tolérancement selon norme GPS**

**Tableau 1: Symboles de modification des dimensions de longueur selon DIN EN ISO 14405-1**

| | |
|---|---|
| **Dimensions locales** | |
| (LP) | Distance entre deux points (local, point) |
| (LS) | Dimension sur bille (local, sphere) |
| (CC) | Diamètre calculé à partir de la circonférence (circle, circumference) |
| (CA) | Diamètre de cercle calculé à partir de la surface (circle, aire) |
| **Dimensions globales** | |
| (GN) | Dimension enveloppante (global, Minimum) |
| (GG) | Dimension de Gauss (méthode des moindres carrés) |
| (GX) | Dimension de cercle circonscrit (global, Maximum) |
| (CV) | Diamètre de volume (cylinder, volume) |
| **Dimensions de classement (valeurs statistiques)** | |
| (SX) | Plus grande dimension (statistical, Maximum) |
| (SN) | Plus petite dimension (statistical, Minimum) |
| (SR) | Étendue (statistical, range) |
| (SA) | Moyenne arithmétique (statistical, average) |
| (SM) | Médiane, valeur centrale |
| (SD) | Moyenne de l'étendue (statistical, deviation) |
| **Symboles généraux des dimensions** | |
| (E) | Condition de l'enveloppe (envelope) |
| ACS | Surface de section quelconque (toute section) |
| SCS | Surface de section définie (section définie) |
| CT | Tolérance conjointe (tolérance commune) |
| S | Plusieurs éléments de géométrie tolérancés |
| (F) | État libre, pièces de forme instable |
| /Longueur | Restriction du tolérancement |

# Spécification géométrique du produit (GPS)

## ■ Mention portée dans le plan et contrôle des tolérances dimensionnelles, de forme et de position

Au moment de porter des tolérances dimensionnelles, de forme et de position dans des dessins techniques, il faut respecter deux **principes de tolérancement fondamentaux** : la condition d'indépendance et la condition de l'enveloppe.

- **Condition de l'enveloppe** (ISO 8015)

La condition de l'indépendance signifie que les exigences, portées dans le dessin, en matière de tolérances dimensionnelles, de forme et de position, doivent être respectées chacune indépendamment de l'autre (**fig. 1**).

Une tolérance dimensionnelle ne limite que les dimensions locales, pas les divergences de forme et d'orientation spatiale. Les tolérances dimensionnelles, de forme et de position doivent être contrôlées chacune séparément. La norme fondamentale GPS ISO 8015 ne doit pas être explicitement mentionnée dans le dessin technique ; la mention de « Tolérancement ISO 8015 » dans la cartouche est admise.

> L'utilisation du principe d'indépendance dans les dessins techniques est standard à l'échelle internationale. Une divergence par rapport à elle sous la forme du principe de l'enveloppe ne convient que pour les éléments de géométrie présentant des surfaces d'ajustage cylindriques et sphériques ainsi qu'à plans parallèles pour garantir de manière sûre la capacité d'ajustage.

- **Condition de l'enveloppe** (ISO 14405-1)

Si à un élément géométrique doit être appliquée la condition de l'enveloppe, le symbole (E) est mentionné après la tolérance dimensionnelle afférente (**fig. 2**) ou le tolérancement a lieu à l'aide des symboles de modification (GN) ou (GX) et (LP). Avec les arbres, il faut ensuite définir la dimension limite supérieure comme dimension de l'enveloppe (GN) et son homologue inférieure comme distance entre deux points (LP), et les contrôler comme telles. Avec les alésages, la dimension limite inférieure est définie par (GX) comme dimension de cercle circonscrit et son homologue supérieure par (LP) en tant que distance entre deux points, et elles sont contrôlées comme telles.

Le respect de la condition de l'enveloppe exige qu'un élément de géométrie à dimensions tolérancées ne doive pas perforer l'enveloppe géométrique idéale au niveau de la dimension limite maximale du matériau. Ici, la dimension et la forme sont en relation réciproque. Si la mention ISO 14405 (E) figure dans la cartouche, la condition de l'enveloppe vaut pour l'ensemble du dessin.

> La dimension limite maximale du matériau (**M**aximum **M**aterial **S**ize – MMS) d'un arbre est la dimension maximale, et celle d'un alésage est la dimension minimale du diamètre tolérancé.

Le contrôle (**fig. 3**) a lieu par jaugeage de conformité selon le principe de Taylor (voir page 24) ou par jaugeage simulé sur l'instrument de mesure des coordonnées. Les jauges de conformité simultanément matérialisent et contrôlent la dimension et la forme. Le contrôle des pièces à rebuter a lieu par mesure de la distance entre deux points.

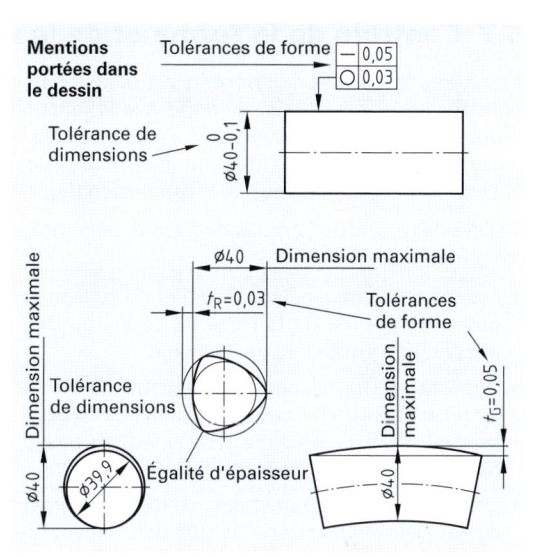

Figure 1 : Divergences admissibles pour les tolérances dimensionnelles et de forme selon la condition d'indépendance, en prenant un arbre comme exemple

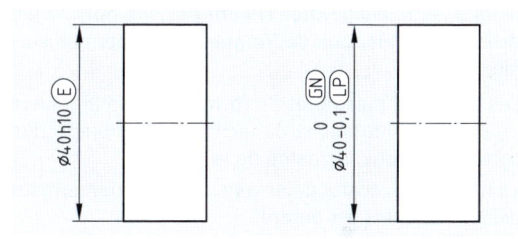

Figure 2 : Tolérancement de la condition de l'enveloppe à l'aide du symbole Ⓔ ou selon norme GPS

Figure 3 : Contrôle d'un arbre et d'un alésage selon la condition de l'enveloppe par des jauges limites et une mesure de distance entre deux points

## 1.7 Contrôle de la forme et de la position

La « forme idéale » de composants est définie par le constructeur sur le dessin, de sorte que la fonction requise puisse être obtenue. La « forme réelle » de la pièce diverge de la forme idéale indiquée sur le dessin en raison des influences de la fabrication (**fig. 1**).

Causes des écarts de forme et de positionnement sur les pièces:

- Les écarts des dimensions résultent du réglage des outils, de l'usure, de la force de coupe ou de la température émise lors de l'usinage.
- Des écarts de forme, par ex. relativement à la circularité ou à la planéité, peuvent résulter de forces de serrage, d'efforts de coupe et de vibrations ou bien de tensions dans la pièce.
- Des écarts de positionnement, par ex. relativement au parallélisme d'axes ou de surfaces, peuvent résulter de tensions au moment du serrage, de forces de serrage ou d'écarts de position de la machine.

Les écarts de mesures, formes circulaires et axes relatifs à l'embiellage (**fig. 1**) sont décisifs pour le jeu des paliers et le taux de longueur portante des surfaces d'appui.

Les écarts de mesure et de forme ont une influence plus importante sur la capacité d'assemblage des composants que la qualité de la surface.

La totalité des écarts détermine si le fonctionnement des composants est garanti.

### 1.7.1 Tolérances de forme et de position

■ **Grandeur des tolérances de forme et de position**

En vertu du système GPS ISO, les tolérances dimensionnelles, de forme et de position valent standard indépendamment les unes des autres (conditions d'indépendance). Chaque tolérance doit être individuellement respectée et contrôlée (**fig. 2**).

Si avec certains éléments de forme (les surfaces cylindriques par ex.) la tolérance dimensionnelle est marquée d'un E, la condition de l'enveloppe s'applique néanmoins. Pour ces éléments de forme, il faut ensuite que la divergence de forme se situe à l'intérieur de la tolérance.

Si pendant la mesure les mentions « Éléments de référence » et « Élément tolérancé » (**fig. 3**) ne sont pas prises en compte, la mesure n'est pas admissible par exemple lorsqu'un arbre est serré sur un instrument de mesure de forme contre le cylindre tolérancé, et que la divergence de concentricité est mesurée au niveau du téton.

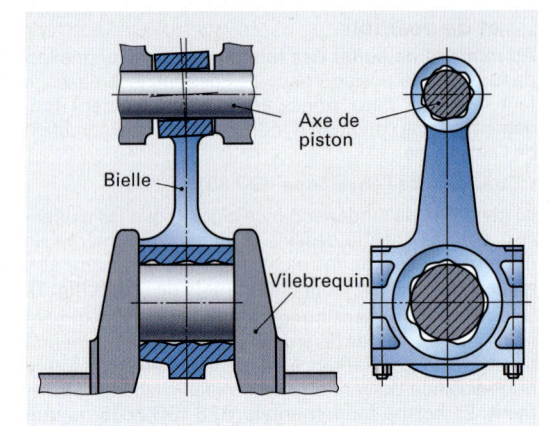

Fig. 1: Écarts de forme et de positionnement sur un embiellage (représentation agrandie)

| Tolérances dimensionnelles et de formes | Tolérance | Écart de circularité admissible |
|---|---|---|
| ø32 h6 $\bigcirc$ 0,005 | $T = 16\,\mu m$ | $f_K \leq 5\,\mu m$ <br> $f_K$ vaut indépendamment de $T$ |
| ø32 h6 Ⓔ $\bigcirc$ 0,005 | $T = 16\,\mu m$ | $f_K \leq 5\,\mu m$ <br> $f_K$ est limité par la tolérance dimensionnelle $T$ |

Fig. 2: Tolérance de mesure et de circularité

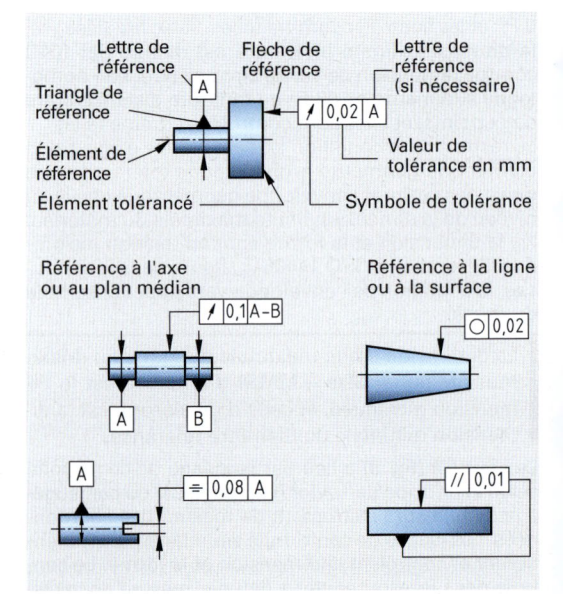

Fig. 3: Indications relatives à la tolérance sur les plans

# Contrôle de la forme et de la position

## ■ Types de tolérance

En fonction du type de tolérance, on distingue les tolérances de position par les groupes tolérances d'orientation, de lieu et de continuité, les tolérances de forme et les tolérances de profil (**tableau 1**).

Comme **abréviation,** on utilise de manière générale la lettre $t$ pour les tolérances, alors que pour les écarts correspondants, la lettre $f$ est utilisée (tableau 1). Les 14 tolérances individuelles qui existent en tout et leurs écarts sont marqués par des indices, par ex. $t_K$ et $f_K$ pour la circularité.

■ Toutes les **tolérances de position** sont des tolérances associées, car la position de l'élément toléré se rapporte toujours à un élément associé ou un axe associé.

**Les tolérances d'orientation** sont décisives pour la fonctionnalité des machines, par ex. pour le **parallélisme** de glissières ou la **perpendicularité** de la broche d'une fraiseuse par rapport à la table de la machine. La tolérance d'**inclinaison** est apparentée à la tolérance angulaire. Un alésage toléré comme dans le tableau 1, devant avoir une pente de moins de 60° par rapport à la surface de référence A, doit se situer entre deux plans parallèles à la distance de 0,1 mm.

**Les tolérances de lieu** limitent par ex. l'écart d'un perçage par rapport à la **localisation correcte**. En raison de la zone de tolérance circulaire pour la localisation et de la zone de tolérance cylindrique pour la **coaxialité,** on place le symbole diamètre devant la valeur de la tolérance. Une **tolérance de coaxialité** limite le décentrage de l'axe d'un cylindre toléré par rapport à l'axe d'un cylindre de référence. **Des** exemples typiques de **symétrie** sont la position de rainures et de perçages qui sont symétriques à un plan médian.

Toutes les **tolérances de continuité** se réfèrent à un axe. Lors de la mesure, la pièce tourne autour de cet axe pendant que le battement circulaire radial ou axial est mesuré.

■ Les **tolérances de forme** limitent la forme de différents éléments d'un corps, par ex. d'un cylindre ou d'une surface plane (tableau 1).

**Les tolérances de formes planes** doivent limiter les écarts d'arêtes droites, de génératrices de cylindres ou de surfaces planes.

**Les tolérances de formes circulaires** se rapportent à des cylindres et des cônes avec des zones de tolérance annulaires.

■ Les **tolérances de profils** limitent la forme de surfaces ou de profils linéaires, par ex. le profil d'une aile d'avion. La tolérance du profil de surface permet de limiter les écarts de forme d'une aile complète ou d'un toit de voiture.

Tableau 1: Types de tolérance

| Type | Groupe | Symbole | Désignation | Indication sur le plan | Abréviation Tolérance | Abréviation Écart |
|---|---|---|---|---|---|---|
| Tolérances de position | Tolérance d'orientation | // | Parallélisme | // 0,01 | $t_P$ | $f_P$ |
| | | ⊥ | Perpendicularité | ⊥ 0,05 A | $t_R$ | $f_R$ |
| | | ∠ | Inclinaison | ∠ 0,1 A / 60° | $t_N$ | $f_N$ |
| | Tolérance de lieu | ⊕ | Localisation | ⊕ ⌀0,05 / 50 / 100 | $t_{PS}$ | $f_{PS}$ |
| | | ◎ | Coaxialité | ◎ ⌀0,03 A | $t_{KO}$ | $f_{KO}$ |
| | | = | Symétrie | = 0,08 A | $t_S$ | $f_S$ |
| | Tolérances de continuité | ↗ | Battement circulaire radial ou axial | ↗ 0,1 A-B | $t_L$ | $f_L$ |
| | | ↗↗ | Battement total | ↗↗ 0,1 A-B | $t_{LG}$ | $f_{LG}$ |
| Tolérances de forme | Tolérance de formes planes | — | Rectitude | — ⌀0,03 | $t_G$ | $f_G$ |
| | | ▱ | Planéité | ▱ 0,05 | $t_E$ | $f_E$ |
| | Tolérances de formes circulaires | ○ | Circularité | ○ 0,02 | $t_K$ | $f_K$ |
| | | ⌭ | Cylindricité | ⌭ 0,05 | $t_Z$ | $f_Z$ |
| Tolérances de profil | Tolérances de profils | ⌒ | Forme du profil d'une ligne quelconque | ⌒ 0,08 | $t_{LP}$ | $f_{LP}$ |
| | | ⌓ | Forme du profil d'une surface quelconque | ⌓ 0,2 | $t_{FP}$ | $f_{FP}$ |

## 1.7.2 Contrôle de surfaces planes et inclinées

Sur les dessins, la tolérance devant être contrôlée est définie par le type de tolérance ainsi que par la position et la taille de la zone de tolérance **(tableau 1)**.

**Tableau 1: Tolérances sur les lignes, les surfaces planes et les angles**

| Symbole et propriété tolérée | | Zone de tolérance | Exemples d'application | |
|---|---|---|---|---|
| | | | sur indication le dessin | Explication |
| **Tolérances de formes planes** | — | Rectitude | | | L'axe de la partie cylindrique de l'axe doit se situer dans un cylindre dont le diamètre $t_G$ = 0,03 mm. |
| | ⌷ | Planéité | | | La surface tolérancée doit se situer entre deux plans parallèles à la distance $t_E$ = 0,05 mm. |
| **Tolérances d'orientation** | ∥ | Parallélisme | | | La surface tolérancée doit se situer entre deux plans parallèles au plan de référence à la distance $t_p$ = 0,01 mm. |
| | ⊥ | Perpendicularité | | | L'axe tolérancé doit se situer entre deux plans parallèles perpendiculaire au plan de référence A et à la ligne de cote à la distance $t_R$ = 0,05 mm. |
| | ∠ | Inclinaison | | | L'axe du perçage doit se trouver entre deux plans parallèles et inclinés par rapport au plan de référence A à un angle de 60° et à la distance $t_N$ = 0,1 mm. |

■ **Mesure d'écarts de forme selon la condition minimale**

> Les plans ou les lignes doivent limiter la pièce tolérancée de manière à ce que leur distance soit la plus faible possible. Cette distance est l'écart de forme **(fig. 1** et **fig. 2)**.

La **rectitude** est limitée par deux lignes droites parallèles. La condition minimale est remplie quand la plus petite distance entre les deux droites est atteinte.

Lors de la **mesure de parallélisme,** la surface la plus plane de la pièce à contrôler est choisie comme plan de référence. Étant donné que cette surface, elle aussi, présente des écarts, elle doit être alignée sur la table de mesure, par ex. au moyen de cylindres, en fonction de la condition minimale. L'écart de parallélisme $f_P$ est mesuré comme distance entre deux plans parallèles qui incluent la surface tolérancée.

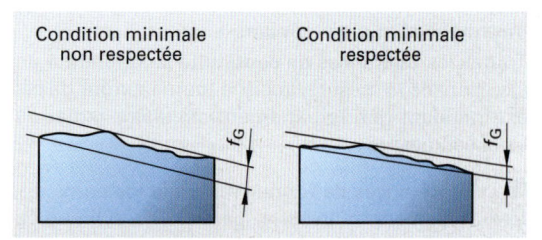

**Fig. 1: Mesure de la rectitude**

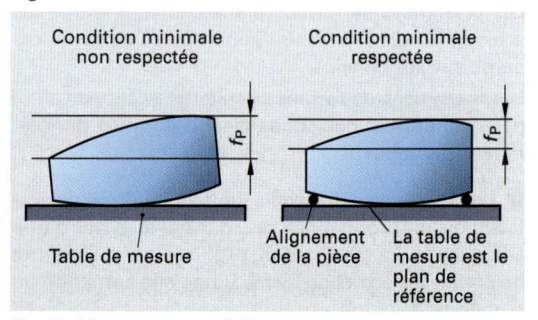

**Fig. 2: Mesure du parallélisme**

# Contrôle de la forme et de la position

## ■ Contrôle de la rectitude et de la planéité

Pour contrôler la rectitude et la planéité, on utilise en atelier des **règles à filament (fig. 1)**. On reconnaît les défauts de planéité à partir de 2 µm au rai de lumière. Même dans le cadre de mesures répétitives, la règle à filament ne permet de contrôler la planéité que de manière approximative car cette dernière ne peut être contrôlée que dans une zone de surface à la fois. Le contrôle de la rectitude de cylindres doit être effectué au moins deux fois au moyen de la règle à filament en la décalant de 90° sur la circonférence.

Pour effectuer une **comparaison de la planéité** en utilisant un marbre comme étalon de planéité, la face de la pièce à contrôler est posée sur la table de mesure et on cherche le plus grand écart de planéité au moyen d'un palpeur de mesure **(fig. 2)**.

La planéité de faces de mesurage sur des cales étalon ou des micromètres peut être contrôlée au moyen d'un **verre d'interférence** ou plans-parallèles **(fig. 3)**. La méthode de contrôle repose sur le chevauchement (interférence) d'ondes lumineuses. Les écarts de planéité deviennent visibles et mesurables en raison de la courbure et du nombre de franges d'interférence. D'une frange d'interférence à l'autre, la distance de la face de mesurage par rapport au verre d'interférence a changé d'environ 0,3 µm.

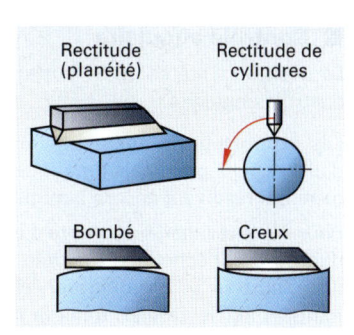

**Fig. 1 : Contrôle de la rectitude et de la planéité**

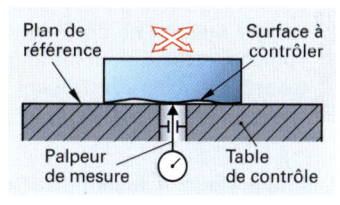

**Fig. 2 : Contrôle de la planéité**

## ■ Mesure du parallélisme

Le parallélisme peut être contrôlé sur un marbre avec un comparateur haute précision **(fig. 4)**. La pièce est orientée avec la surface présentant la meilleure planéité sur le marbre qui sert de surface de référence. Pour trouver le plus grand écart de la surface tolérancée, les points de mesure sont répartis régulièrement sur la surface. L'écart de parallélisme est la différence entre la plus grande et la plus petite valeur de mesure.

> Le contrôle de la rectitude, de la planéité et du parallélisme avec de nombreux points de mesure est très fastidieux. C'est pourquoi il est judicieux de se limiter à quelques points de mesure répartis de manière régulière sur l'objet de la mesure.
>
> Le plus grand écart mesuré doit être comparé avec la valeur de tolérance indiquée sur le dessin.

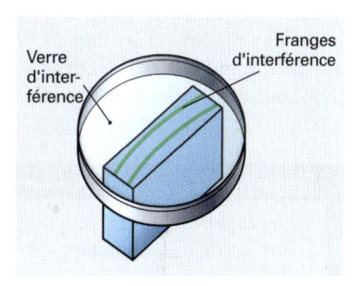

**Fig. 3 : Contrôle de la planéité**

## ■ Contrôle de l'orientation et de l'inclinaison

**Les niveaux à bulle d'air** contiennent une fiole torique remplie d'un liquide, ils sont utilisés pour contrôler ou aligner des surfaces planes et cylindriques en position horizontale **(fig. 5)**. Ils sont indispensables lors de la mise en place de machines. Le plus petit écart angulaire pouvant être affiché est de 0,01 mm/m.

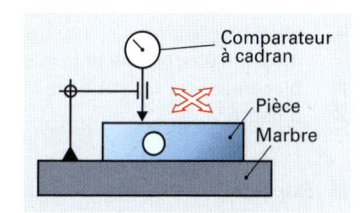

**Fig. 4 : Contrôle du parallélisme**

**Les clinomètres** conviennent particulièrement bien pour effectuer des mesures précises de petites inclinaisons. Il existe le modèles horizontaux avec une face de mesurage et des modèle équerre avec une face de mesurage horizontale et une verticale **(fig. 5)**. Ces instruments de mesure de l'inclinaison permettent de mesurer les écarts de planéité sur des marbres de contrôle et des machines ainsi que les écarts de parallélisme et de perpendicularité. La plus petite inclinaison pouvant être mesurée est de 0,001 mm/m, et la plus grande étendue de mesure est de ± 5 mm/m.

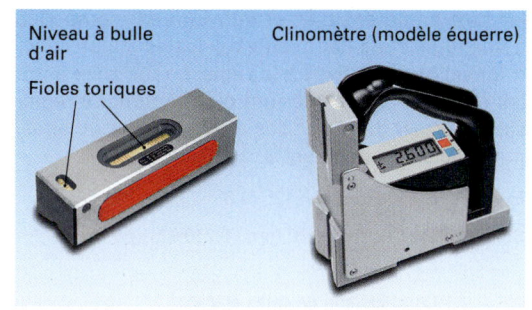

**Fig. 5 : Niveau à bulle d'air et clinomètre**

## ■ Contrôle angulaire

La position d'arêtes ou de surfaces est vérifiée par contrôle angulaire.

Les **rapporteurs d'angle universels** sont équipés d'une échelle principale de quatre fois 90° et de verniers qui résolvent encore 5 minutes d'angle **(fig. 1)**.

Pour lire le résultat, on compte d'abord le nombre de degrés sur l'échelle principale en partant de 0° jusqu'au trait zéro du vernier, et on lit ensuite les minutes sur le vernier, dans la même direction de lecture, **(fig. 2)**.

> Sur le rapporteur d'angle universel avec vernier, l'angle mesuré ne correspond pas toujours à l'affichage, mais, pour les angles obtus, le résultat est obtenu en soustrayant 180° à l'angle affiché.

Les **rapporteurs d'angle universels à affichage numérique** permettent une lecture nettement plus facile et plus précise que les rapporteurs d'angle avec vernier **(fig. 3)**. Ils peuvent afficher au choix les degrés, les minutes ou les degrés décimaux. L'échelon est de 1 minute ou 0,01°. Lors de mesures comparatives, des écarts peuvent être affichés par mise à zéro à n'importe quelle position angulaire.

> **Règles de travail pour le contrôle angulaire**
> - Les règles doivent être à angle droit par rapport aux surfaces à contrôler.
> - Entre les faces de mesurage et de contrôle, aucun rai de lumière ne doit plus être détecté.
> - Si le contrôle angulaire doit être effectué en plusieurs endroits, l'appareil de contrôle doit toujours être enlevé et remis en place car le déplacement sur les surfaces à contrôler est cause d'usure.

## ■ Rapporteurs d'angle réglables

La **règle sinus** est un instrument de mesure d'angle réglable **(fig. 4)**. Elle permet de régler ou de contrôler tout angle entre 0° et 60°. Elle est composée d'une règle et de deux rouleaux (cales étalon cylindriques) qui sont fixés à la règle. La distance entre les rouleaux est de 100 mm ou 200 mm. La règle-sinus permet de régler des différences angulaires, même si elles atteignent 3" à 10".

**Exemple:** $L = 100$ mm, $\alpha = 12°\,10'3''$

Solution: $E = L \cdot \sin \alpha = 100$ mm $\cdot$ 0,210 77
$E = 21{,}077$ mm

Combinaison de cales étalon:
1,007 mm + 1,07 mm + 9 mm + 10 mm

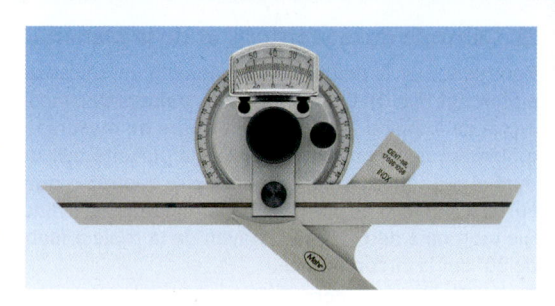

Fig. 1: Rapporteur d'angle universel

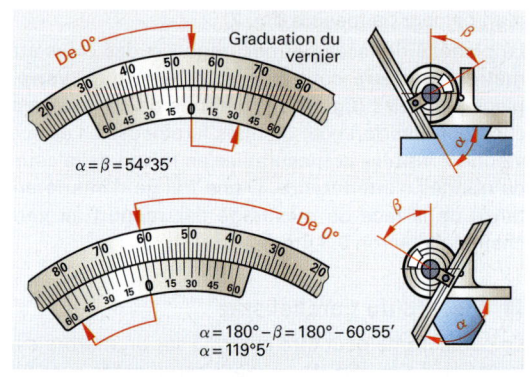

$\alpha = \beta = 54°35'$

$\alpha = 180° - \beta = 180° - 60°55'$
$\alpha = 119°5'$

Fig. 2: Affichages angulaires

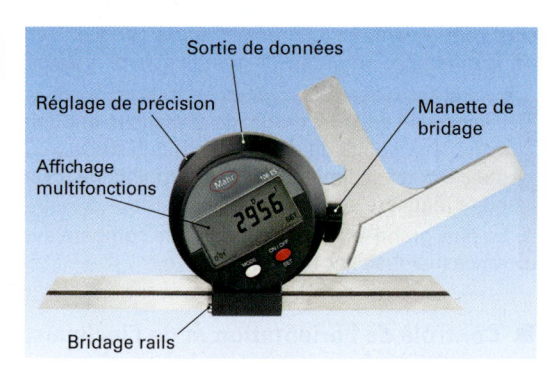

Fig. 3: Rapporteur d'angle universel à affichage numérique

$E = L \cdot \sin \alpha$

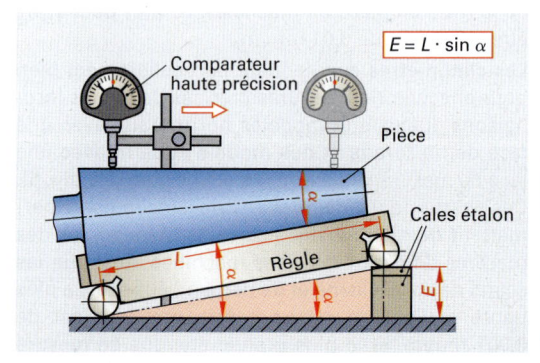

Fig. 4: Règle-sinus

## 1.7.3 Contrôle de la circularité, de la coaxialité et du battement

En raison du grand nombre d'arbres de transmission, de roulements et de paliers, une multitude de formes circulaires doivent être contrôlées dans la production. C'est pourquoi la capacité à utiliser un procédé de contrôle fonctionnel dépendant de la tolérance est particulièrement importante sur ces composants (**tableau 1**).

Les **écarts de circularité** peuvent résulter de vibrations de la machine ou de meules présentant un faux-rond. Les orbiformes équilatérales résultent des forces de serrage dans le mandrin à trois mors (**fig. 1**).

On peut se représenter les **écarts de cylindricité** comme chevauchement d'écarts de circularité, de rectitude et de parallélisme.

**Les écarts de coaxialité et de battemenr radial** sont des écarts qui se rapportent à un axe de référence. L'arbre tourne autour de cet axe quand l'élément tolérancé est mesuré.

**Tableau 1: Tolérances de formes circulaires, de position et de battement**

| | Symbole et propriétés tolérées | | Zone de tolérance | Exemples d'application | |
|---|---|---|---|---|---|
| | | | | Indication du dessin | Explication |
| Tolérance de formes circulaires | ○ | Circularité (forme circulaire) | | ○ 0,02 | La circonférence de chaque section droite doit être contenue dans une couronne circulaire dont la largeur est $t_K = 0{,}02$ mm. |
| | ⌭ | Cylindricité (forme cylindrique) | | ⌭ 0,05 | La surface tolérancée doit se situer entre deux cylindres coaxiaux dont la distance radiale est de $t_Z = 0{,}05$ mm. |
| Tolérance lieu | ◎ | Coaxialité (concentricité) | | ◎ ⌀0,03 A | L'axe du cylindre tolérancée doit se situer dans un cylindre d'un diamètre $t_{KO} = 0{,}03$ mm dont l'axe est aligné sur l'axe de l'élément de référence. |
| Tolérance de continuité | ↗ | Battement circulaire radial | | ↗ 0,1 A-B | Pendant la rotation autour de l'axe de référence AB, la battement radial ne doit pas dépasser $t_L = 0{,}1$ mm dans chaque plan de mesurage perpendiculaire. |

### ■ Contrôle de circularité

**Les mesures sur deux points,** par ex. avec des micromètres ou des comparateurs à cadran perpendiculaires à la face de mesurage, enregistrent les écarts de circularité uniquement comme différences de diamètre. Étant donné que, pour des mesures sur deux points d'orbiformes équilatérales, l'indication reste toujours la même, les écarts de circularité ne peuvent être mesurés dans le vé que par mesure sur trois points avec deux points d'appui (fig. 1). Les écarts de circularité peuvent être mesurés avec encore plus de précision sur des instruments de mesure de forme (**fig. 1, p. 65**).

Avec des écarts de forme ovale (nombre d'arcs $n = 2$) et une table de mesure plane (angle $\alpha = 180°$), la différence d'affichage entre le grand et le petit diamètre est deux fois plus grande que l'écart de circularité (**tableau 1, p. suivante**). L'écart de circularité $f_K$ est donc égal à la différence entre le plus grand et le plus petit affichage, divisée par la valeur corrective $k$.

| Écart de circularité | $f_K = \dfrac{A_{max} - A_{min}}{k}$ |
|---|---|

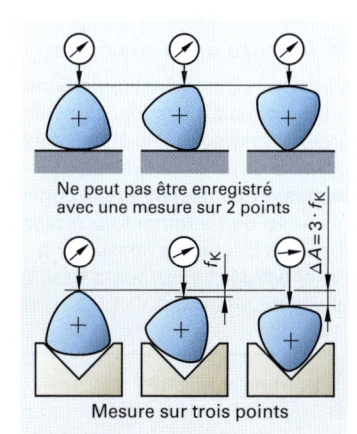

**Fig. 1:** Enregistrement de l'écart de circularité d'orbiformes équilatérales

Les **mesures sur trois points** au moyen de vés et d'un enregistreur de valeurs de mesure, par ex. un comparateur, engendrent une modification de l'affichage $\Delta A$ qui dépend de l'angle du vé $\alpha$ et du nombre d'arcs $n$ de l'orbiforme **(tableau 1)**. Le nombre d'arcs d'une orbiforme équilatérale peut être déterminé en comptant les valeurs maximales ou minimales pendant une rotation de la pièce dans le prisme.

**Exemples :** Sur un ovale qui est mesuré dans un vé à 90°, la modification de l'affichage correspond à l'écart de circularité pour une valeur corrective $k = 1$.

Si une orbiforme à 3 ou 5 arcs est mesurée dans un vé de 90°, la modification de l'affichage est le double de l'écart de circularité. La valeur corrective $k = 2$ lui correspond.

Étant donné qu'il n'existe pas d'orbiformes parfaites, les écarts sur les mesures à deux et trois points sont plus importants que lors d'une mesure de circularité dans un instrument de mesure de forme.

**Tableau 1 : Valeurs correctives $k$ pour mesurer la circularité**

| Angle du vé $\alpha$ | $k$ pour nombre d'arcs $n$ | | | Remarques |
|---|---|---|---|---|
| | 2 | 3 | 5 | |
| 60° | – | 3 | – | Orbiforme ovale et à 5 arcs non détectable |
| 90° | 1 | 2 | 2 | Orbiforme à 3 et 5 arcs bien détectable |
| 108° | 1,4 | 1,4 | 2,2 | Même valeur corrective $k$ pour nombre d'arcs $n = 2$ et 3 |
| 120° | 1,6 | 1 | 2 | – |
| 180° | 2 | – | – | Mesure sur deux points |

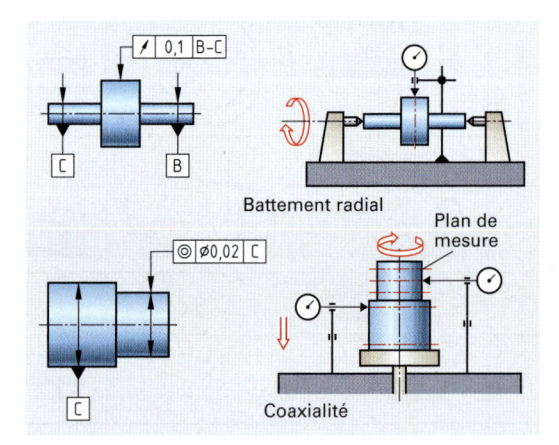

### ■ Mesure du battement radial

Une mesure simple du battement est possible en fixant la pièce entre des pointes **(fig. 1)**. De manière plus fonctionnelle, on contrôle par ex. un arbre de transmission en plaçant dans des vés ses tourillons d'extrémité. Les écarts de battement résultent du décentrage (défaut de coaxialité) ou d'écarts de circularité **(fig. 2)**.

Le battement $f_L$ est la différence entre le plus grand affichage $A_{max}$ et le plus petit affichage $A_{min}$ pendant une rotation complète.

| **Battement radial** | $f_L = A_{max} - A_{min}$ |
|---|---|

### ■ Mesure de la coaxialité

Des écarts de coaxialité peuvent apparaître sur les arbres ou sur alésages. La pièce décolletée est alignée par rapport à l'axe de la table rotative avec son cylindre de référence (C sur l'fig. 1). Pour reconnaître le plus grand décentrage, il convient d'effectuer des mesures du battement au moins sur trois plans de mesure. L'écart de coaxialité $f_{KO}$ (le décentrage de l'axe) est déterminé sur la base du plus grand et du plus petit affichage.

| **Écart de coaxialité** | $f_{KO} = \dfrac{A_{max} - A_{min}}{2}$ |
|---|---|

En raison de la forme cylindrique de la zone de tolérance, le plus grand décentrage admissible correspond à la moitié de la tolérance de coaxialité $t_{KO}$.

**Fig. 1 :** Tolérance et contrôle du battement radial et de la coaxialité

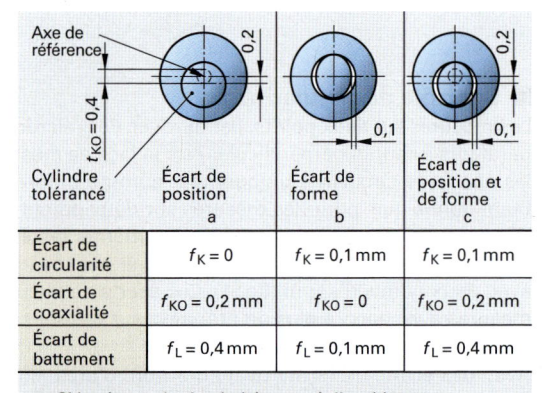

| | Écart de position a | Écart de forme b | Écart de position et de forme c |
|---|---|---|---|
| Écart de circularité | $f_K = 0$ | $f_K = 0,1$ mm | $f_K = 0,1$ mm |
| Écart de coaxialité | $f_{KO} = 0,2$ mm | $f_{KO} = 0$ | $f_{KO} = 0,2$ mm |
| Écart de battement | $f_L = 0,4$ mm | $f_L = 0,1$ mm | $f_L = 0,4$ mm |

a : Si les écarts de circularité sont négligeables, l'écart de battement $f_L$ est le double du décentrage, c'est-à-dire le double de l'écart de coaxialité $f_{KO}$.

c : Un écart de circularité s'ajoutera toujours à un écart de coaxialité. Le plus souvent, l'écart de battement ne sera pas plus grand pour autant.

**Fig. 2 :** Interactions entre le battement radial, la circularité et la coaxialité

# Contrôle de la forme et de la position

## ■ Contrôle de la forme sur des instruments de mesure de forme

Le système de palpeur inductif, et, surtout, la haute précision de l'axe de mesure de la circularité (axe du plateau rotatif) permettent de déterminer les caractéristiques de forme et de position avec une incertitude de mesure inférieure à 0,1 µm (**fig. 1** et **tableau 1**).

- Les caractéristiques de forme mesurées sont par ex. la circularité, la cylindricité, la planéité et la conicité.
- Les caractéristiques de position mesurées sont par ex. le battement, la coaxialité et la perpendicularité.

La pièce est fixée dans le mandrin de serrage pour effectuer la mesure. L'**alignement** d'un cylindre toléré ou d'un axe de référence (aligné sur l'axe de mesure de la circularité) est effectué via un plateau de centrage et de nivellement, soit électriquement, soit manuellement au moyen de vis de réglage (fig. 1). La première opération est la mise à niveau, suivie du centrage. L'exactitude de mesure est considérablement améliorée si les cylindres tolérés ou les axes de référence sont alignés méticuleusement au µm près avant d'effectuer la mesure.

## ■ Mesure de circularité

Pendant le mouvement circulaire, le palpeur de mesure enregistre jusqu'à 3 600 points de mesure. En même temps, le profil de circularité est créé sur l'écran.

**Processus d'analyse :** Pour déterminer les écarts de circularité, on peut choisir différents processus d'analyse (fig. 2). Le processus d'analyse standard est la méthode du cercle des moindres carrés **LSCI** (LSCI = Least Square Circle). Le cercle de référence se situe au milieu de la surface des pics et des creux. L'influence de points extrêmes du profil est donc faible. Le processus LSCI évalue le profil de circularité rapidement et de manière fiable.

> L'écart de circularité $f_K$ est la distance de deux cercles concentriques qui incluent le profil (tableau 1 et fig. 2).
>
> L'ordinateur d'analyse peut calculer la cylindricité et la coaxialité en se basant sur plusieurs profils (tableau 1).

Tous les processus d'analyse pouvant être exécutés par l'ordinateur **LSCI**, **MICI**, **MCCI** et **MZCI** partent du même profil de circularité (fig. 2). Tandis que, dans le processus LSCI, l'ordinateur forme le cercle circonscrit et le cercle inscrit concentriquement par rapport au cercle de référence, un cercle concentrique est formé par rapport au cercle inscrit dans le processus MICI, et un cercle concentrique par rapport au cercle circonscrit est formé dans le processus MCCI. En fonction du processus d'analyse, les écarts de circularité et la position des milieux des profils se mesurent à quelques µm près.

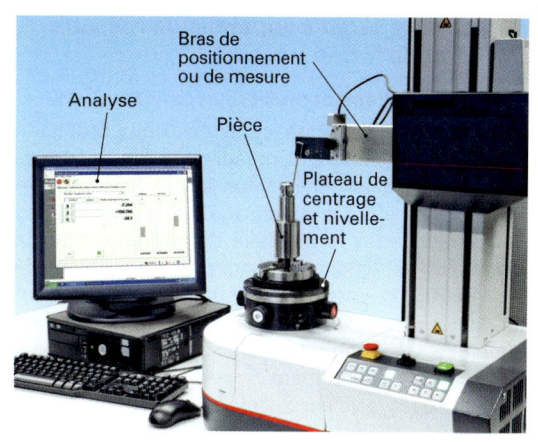

Fig. 1 : Appareil de mesure d'écart de forme

Tableau 1 : Mesure de caractéristiques de forme et de position

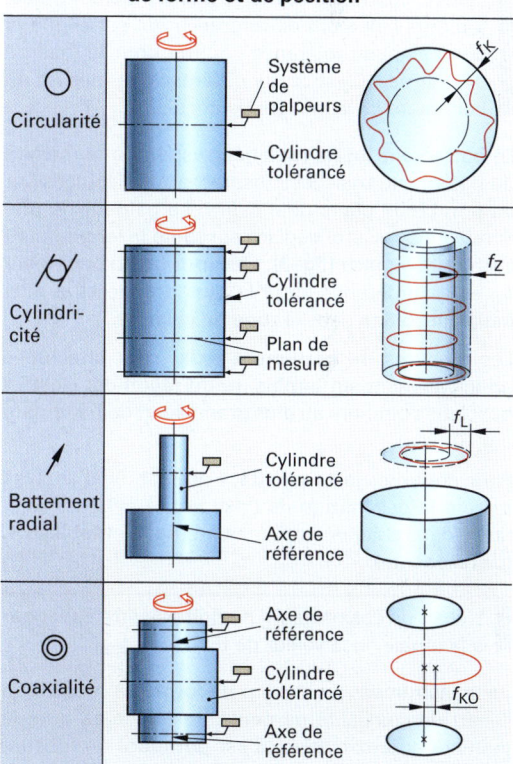

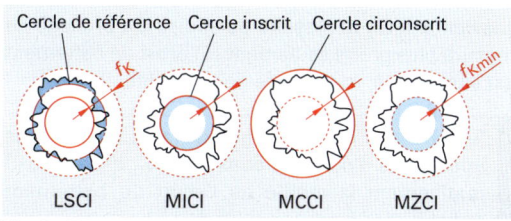

Fig. 2 : Processus d'analyse du contrôle de la circularité

## Contrôle sur des appareils de mesure d'état de forme

### Mesure du battement radial

Sur le cylindre de référence aligné, deux profils de circularité ou plus sont mesurés et les points de centres sont déterminés selon le processus d'analyse LSCI. Une droite de regression passant par ces points de centres forme l'axe de référence pour la mesure du battement radial sur le cylindre tolérancé (**fig. 1** et **fig. 2**). Lors de la mesure, la pièce est tournée autour de l'axe de référence. Si la mesure est effectuée sur différents plans de mesure, le plus grand écart de battement $f_L = A_{max} - A_{min}$ doit être comparé avec la valeur de tolérance $t_L$.

> Le palpeur de mesure doit être perpendiculaire à la surface autant que possible pour les mesures de battement et de planéité.
>
> Lors du contrôle d'écarts de positionnement, c'est toujours l'élément de référence qui est aligné et non l'élément tolérancé comme pour la mesure des formes. C'est ce qui différencie la mesure du battement de la mesure de circularité.

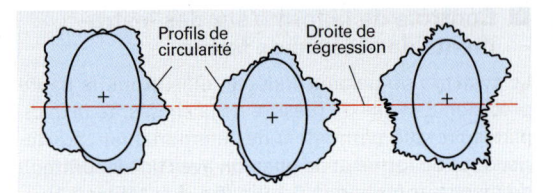

**Fig. 1 :** Droite de régression passant par trois points de centres

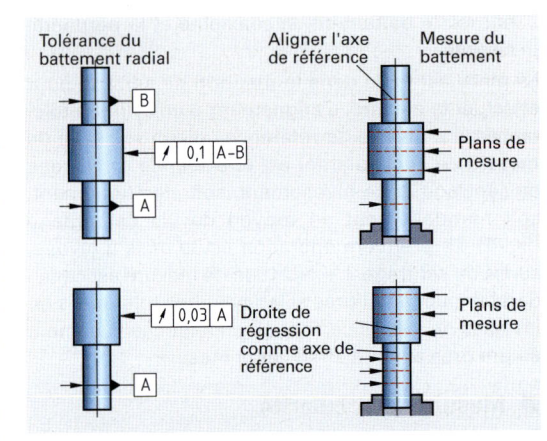

**Fig. 2 :** Mesure du battement radial

Le **battement totale radial** correspond à la mesure du battement, mais les mesures sont effectuées sur de nombreux plans de mesure. Le palpeur de mesure peut aussi être déplacé sur toute la longueur du cylindre tolérancé (**fig. 3**). L'écart total de battement $f_{LG}$ est la différence entre la plus grande et la plus petite indication dans la zone du cylindre.

Les **mesures de battement axial** sont effectuées principalement sur le plus grand rayon car c'est ici qu'il faut s'attendre au plus grand écart de battement (fig. 3).

Pour contrôler la **coaxialité**, l'ordinateur d'analyse calcule le décentrage de l'axe sur le cylindre tolérancé dans chaque profil mesuré (**fig. 4** et **tableau 1, p. précédente**).

> L'écart de coaxialité $f_{KO}$ ne doit pas être supérieur à la moitié de la valeur de tolérance $t_{KO}$.

Sans instrument de mesure de forme, la mesure de l'écart de coaxialité ne peut être effectuée que de manière approximative. C'est pourquoi on mesure souvent l'écart de battement radial, plus facile à mesurer, et on compare le résultat avec la tolérance de coaxialité. Il est nécessaire de choisir un procédé de mesure plus précis seulement si l'écart de battement est supérieur à la tolérance de coaxialité.

> Si les écarts de circularité existants ne sont pas importants, l'écart de coaxialité $f_{KO}$ est approximativement la moitié de l'écart du battement radial $f_L$.

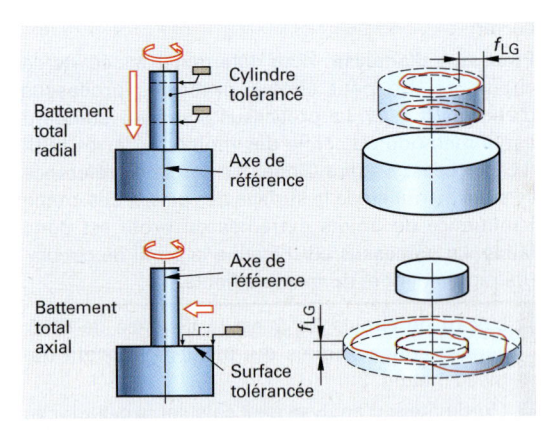

**Fig. 3 :** Battement total radial et axial

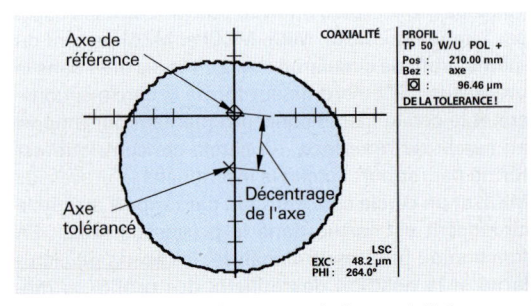

**Fig. 4 :** Procès-verbal de mesure de la coaxialité

Contrôle de la forme et de la position

## Mesure de cylindricité sur des appareils de mesure de forme

Le tolérancement et le contrôle de la forme cylindrique sont la plupart du temps nécessaires sur les arbres et axes afin d'en assurer la fonction. La divergence par rapport à la forme cylindrique comprend des divergences de concentricité dans les sections ainsi que des divergences de rectitude et de parallélisme des génératrices.

La mesure au moyen d'un instrument de mesure de forme a lieu par palpage dans plusieurs coupes radiales ou axiales ou le long d'une ligne hélicoïdale. La mesure de l'hélice est la plus rapide **(fig. 1)**.

Pour des profils de concentricité déjà enregistrés et stockés, le logiciel peut également former deux cylindres enveloppants coaxiaux et calculer la dérive de cylindricité.

La différence entre les rayons des deux cylindres enveloppants est la divergence de cylindricité $f_Z$.

Sans un instrument de mesure de forme ou une machine de mesure, les divergences par rapport à la forme cylindrique ne sont pas mesurables de façon suffisamment précise. Pour cette raison et à titre de substitution, on mesure souvent dans la pratique les composants rapidement mesurables.

Si, au lieu de la cylindricité, on mesure la circularité et le parallélisme au moyen de comparateurs, on obtient le plus souvent un résultat de contrôle atteignant un niveau de précision satisfaisant.

Les fastidieux contrôles de cylindricité et de coaxialité sont remplacés, dans un premier temps, par le contrôle de leurs composantes **(tableau 1)**. Ce n'est qu'en cas de constatation d'un « dépassement de la tolérance » que le procédé de mesure plus précis doit être choisi.

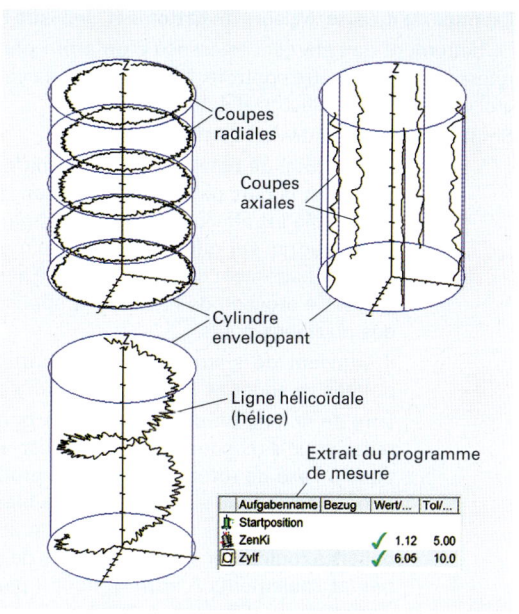

**Fig. 1 : Contrôle de la forme cylindrique avec le testeur de forme**

**Tableau 1 : Tolérances de forme et de position**

| Tolérances composées | Symbole | Composantes pouvant être contrôlées à la place |
|---|---|---|
| Planéité | ⌓ | — |
| Parallélisme | // | —, ⌓ |
| Cylindricité | ⌭ | —, ○, // |
| Coaxialité | ◎ | ⌰, ⌱ |
| Battement total radial | ⌱ | —, ○, ⌰ |
| Battement total axial | ⌱ | ⊥, ⌰, ⌓ |

## Exemples de mesure

**Contrôle d'une surface plane (fig. 2) :** Quelle tolérance remplace la tolérance de planéité et de battement axial et simplifie la mesure ?
Solution : Le battement axial et la planéité de la surface plane peuvent être vérifiés très simplement au moyen du battement total.

**Contrôle de coaxialité (fig. 3) :** La coaxialité de pièces décolletées ayant été desserrées pour permettre l'usinage du deuxième côté doit être contrôlée. Un procédé de contrôle simple doit être choisi.
Solution 1 : Fixation du grand diamètre dans des vés.
Le cylindre tolérancé est palpé au moyen d'un comparateur. Au lieu d'une mesure de coaxialité, on réalise une mesure de battement plus simple, qui présente un niveau de précision suffisant. L'écart de coaxialité correspond à la moitié de l'écart du battement radial.
Solution 2 : Fixation entre pointes (si possible)
Mesure de la coaxialité avec des palpeurs inductifs sur le cylindre de référence et le cylindre tolérancé. Combinaison des palpeurs lors de la mesure différentielle : +A −B (tableau 1).

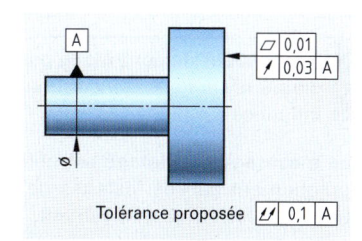

**Fig. 2 : Tolérance d'une surface plane**

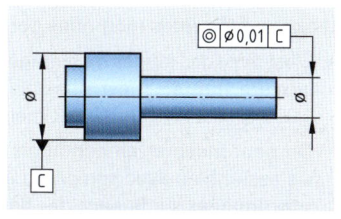

**Fig. 3 : Pièce décolletée**

## Exemple de mesure : Mesure du battement circulaire radial (fig. 1 et fig. 2)

Le battement de l'élément tolérancé d'un arbre par rapport à l'axe de référence A-B doit être contrôlé. Les procédés de contrôle possibles en atelier doivent être décrits et évalués.

Solution A : Fixation de l'arbre entre pointes.

L'écart total de battement $f_L$ est la différence entre la plus grande et la plus petite indication pendant une rotation. Si le contrôle est effectué avec des comparateurs haute précision à cadran sur différents plans de mesure, le plus grand écart de battement doit être comparé avec la valeur de tolérance. Ce procédé de mesure est applicable également sur des machines-outils.

Il convient de s'attendre à des écarts de mesure si les pointes ne sont pas alignées l'une sur l'autre.

Lors de la fixation d'un arbre entre pointes, l'axe de référence pour la mesure du battement est le plus souvent identique à l'axe de rotation pendant la production. C'est pourquoi il convient de s'attendre à un faible écart de battement avec ce procédé de mesure. Pour un arbre monté sur des paliers à roulement, par contre, l'axe de référence est formé par les roulements A et B, ce dont il peut résulter un écart de battement différent.

Solution B : Fixation de l'arbre dans des vés à lames avec butée pour empêcher un glissement axial.

Étant donné qu'avec ce procédé de contrôle, le mouvement de rotation est déterminé, comme sur un arbre de transmission à roulement, par la forme cylindrique des éléments de référence A et B, ce contrôle est plus fonctionnel que la mesure entre pointes.

Les écarts de mesure peuvent résulter d'écarts de circularité sur les éléments de référence A et B en fonction de l'angle du vé (**tableau 1, p. 64**).

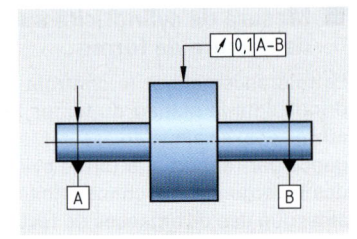

**Fig. 1 :** Tolérance du battement radial

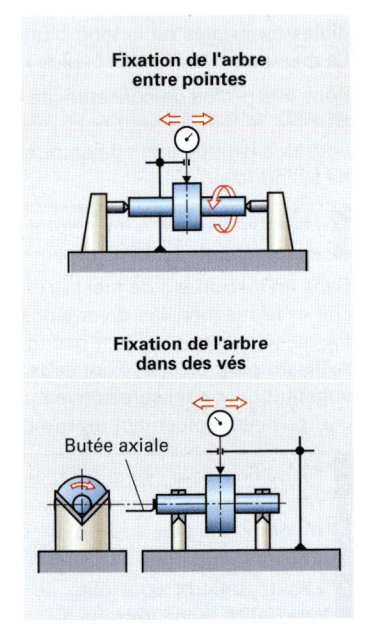

**Fig. 2 :** Procédé de mesure du battement radial

## 1.7.4 Contrôle des filetages

Pour la qualité d'un filetage, le diamètre sur flanc, l'angle du filet et le pas de filetage sont décisifs (**fig. 3**).

> La grandeur de contrôle la plus importante pour les filetages est le diamètre sur flanc étant donné que tous les paramètres exercent une influence sur lui.

Le **mesurage du filetage** est utilisée, pour des raisons économiques, uniquement sur les filetages de précision tels que les vis micrométriques et les vis de mouvement.

Le **diamètre extérieur** de la vis est mesuré au moyen du micromètre pour la mesure de filetages et le **diamètre intérieur** de l'écrou au moyen du micromètre pour filetages intérieurs.

Il existe différentes méthodes pour **contrôler le pas de filetages**.

- C'est avec des **jauges de filetages** qu'on contrôle la présence de rais de lumière (**fig. 4**). Il est possible de contrôler des pas de filetage de 0,25 mm à 6 mm sur le filet métrique avec angle de filet de 60°.
- On peut mesurer en condition réelle de fonctionnement le pas d'un vis assemblée avec son écrou au moyen d'un appareil de **mesure de coordonnées**, l'influence des flancs de filet étant ainsi également prise en compte.

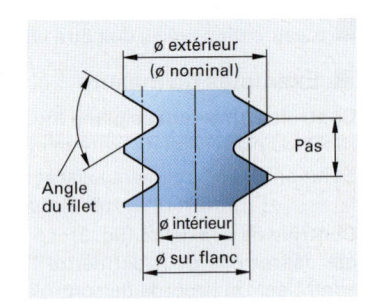

**Fig. 3 :** Paramètres d'un filet

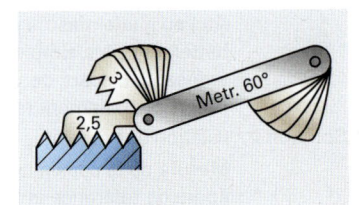

**Fig. 4 :** Jauges de filetages

# Contrôle de la forme et de la position

La manière la plus simple de mesurer le diamètre sur flanc est d'utiliser des micromètres spéciaux pour les filetages muni de touches interchangeables à **cône et prisme (fig. 1)**.

Avec la **méthode des trois fils,** qui est plus précise, on peut lire le diamètre sur flanc correspondant à la dimension de contrôle dans des tableaux **(fig. 2)**.

> **Règles de travail pour la mesure de filetages avec des piges**
> - Le pas de filetage et l'angle du filet doivent être pris en compte pour choisir les touches et les piges.
> - Les touches et les piges doivent pouvoir tourner facilement pour pouvoir se régler dans la direction du pas de filetage.
> - Après le remplacement des touches de mesure (cône et prisme), le micromètre pour filetage doit être réglé une nouvelle fois au moyen d'une jauge.

Le **contrôle optique des filetages** repose sur le mesurage optique de l'image agrandie de l'ombre du filetage sur le projecteur de profils **(fig. 3)**. Ce procédé de mesure permet de mesurer avec précision tous les écarts de dimension et de déviation angulaire du filetage. L'incertitude de mesure est de 2 µm pour une longueur de 100 mm si la netteté des arêtes de l'ombre est bien réglée.

Les **jauges de filetage** contrôlent uniquement la possibilité de visser des filetages sans mesurer effectivement leurs dimensions **(fig. 4)**.

Sur les **jauges pour filetages intérieurs,** on distingue les tampons « entre » et « n'entre pas », ainsi que pour les jauges tampon **(fig. 5)**.

Les jauges bague pour filetage ou les calibres mâchoires pour filetage peuvent être utilisés comme **jauges pour filetages extérieurs (fig. 6** et **fig. 7)**.

Sur des **calibres mâchoires pour filetages extérieurs,** on utilise des paires de rouleaux afin de réduire l'usure du côté « entre ». Les « rouleaux entre » disposent du profil complet du filetage, les « rouleaux n'entre pas » situés derrière n'ont qu'un filet pour contrôler le diamètre sur flanc.

Les filetages à droite ou à gauche peuvent être contrôlés de la même manière avec des rouleaux sans pas de filetage. Un autre avantage réside dans la possibilité de régler les rouleaux pour la classe de tolérance requise via un excentrique.

> Les jauges « n'entre pas » pour filetages contrôlent seulement le diamètre sur flanc et doivent au plus pouvoir s'engager.
> Les jauges « n'entre pas » ont seulement quelques filets et sont marquées en rouge.

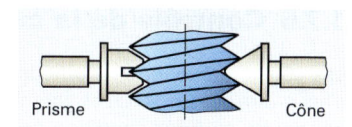

Fig. 1 : Touches : cône et prisme

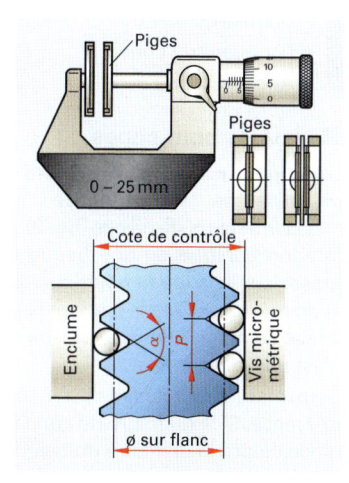

Fig. 2 : Méthode de trois fils

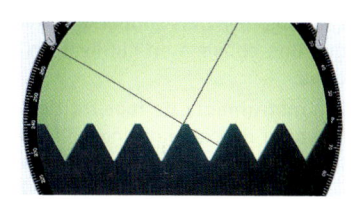

Fig. 3 : Mesure optique des filets

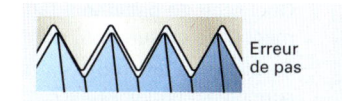

Fig. 4 : Défaut de pas de filetage

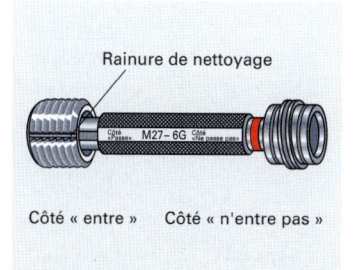

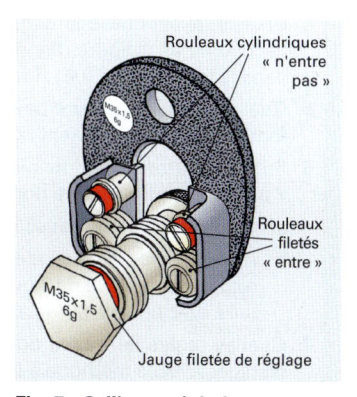

Fig. 5 : Jauge tampon pour filetages

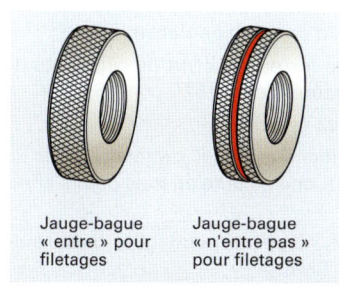

Fig. 6 : Jauges bague pour filetages

Fig. 7 : Calibres mâchoires pour filetages

## 1.7.5 Contrôle de la conicité

Les cônes intérieurs et extérieurs emmanchés doivent être porteurs, c'est-à-dire que les surfaces latérales des deux cônes doivent se toucher en tout point. Cette condition permet de déduire la plupart des **grandeurs à contrôler (fig. 1)**.

- Diamètres $D$ et $d$
- Longueur du cône $L$
- Angle du cône $\alpha$
- Rapport du cône (conicité) $C = 1 : x$
- Écart de forme et rugosité de la surface

Fig. 1 : Cotes du cône

### ■ Jauges pour cônes

Les **bagues coniques** permettent de contrôler par ex. les cônes d'outils de fraiseuses, tandis qu'avec des **tampons coniques,** on contrôle les cônes intérieurs de pièces **(fig. 2)**. Avant d'effectuer un contrôle avec un tampon conique ou une bague conique, on fait un fin trait de craie grasse sur la jauge tampon ou sur le cône de la pièce dans le sens axial et on tourne ensuite la pièce et la jauge en sens inverse. Le trait doit être effacé de manière régulière. Aux endroits où ce n'est pas le cas, le cône n'est pas porteur.

Deux marques circulaires sur le tampon conique servent de diamètre de référence. Si le diamètre du cône intérieur est dans les limites de la tolérance, le grand diamètre doit se trouver entre les marques circulaires.

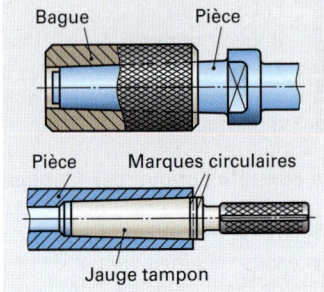

Fig. 2 : Tampon conique et douille conique

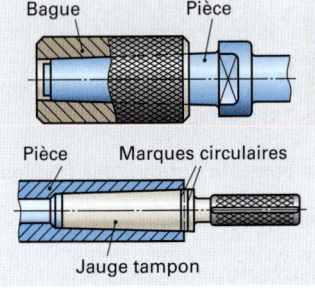

### ■ Mesure des cônes

La manière la plus simple de mesurer des écarts de mesure et de forme du cône consiste en l'utilisation d'**instruments de mesure pneumatiques.**

Les **instruments de mesure de la conicité** sont équipés de comparateurs ou de palpeurs inductifs et mesurent soit l'angle du cône, soit deux diamètres de contrôle à une distance définie **(fig. 3)**.

Fig. 3 : Mesure du cône

Mesuré : ø29,98  ø30,00  ø29,99

Tolérance 0,01

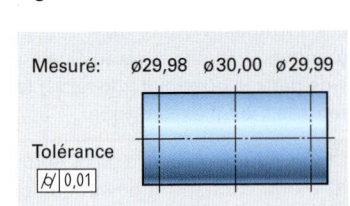

Fig. 4 : Cylindre

### Répétition et approfondissement

1. Quel écart de battement faut-il comparer à la tolérance si le battement a été mesurée sur différents plans de mesure ?
2. Quelle est la différence entre une mesure de circularité et une mesure de battement radial ?
3. Pourquoi est-il important d'aligner méticuleusement l'axe de référence avant d'effectuer une mesure de battement ?
4. Un écart ayant une légère forme de tonneau apparaît lors de la rectification d'un cylindre **(fig. 4)**. La forme cylindrique est-elle encore dans la tolérance de 0,01 mm en fonction des diamètres mesurés ?
5. Quel procédé de mesure peut-on utiliser pour mesurer de manière fonctionnelle le battement radial d'un arbre de transmission ?
6. Sur un instrument de mesure de forme, un écart de circularité de 7 μm est mesuré sur une douille tournée **(fig. 5)**.
    a) Quelle peut être la cause de cet écart ?
    b) À quelle modification de l'affichage faut-il s'attendre pour un écart de circularité de 7 μm sur une mesure en trois points effectuée avec un vé à 90° (p. 64) ?
7. Quelles règles de travail doit-on respecter pendant la mesure de filetages avec la méthode à trois fils ?
8. Comment peut-on vérifier la conformité du cône d'une pièce au moyen du tampon conique ?

Circularité $f_K = 7$ μm

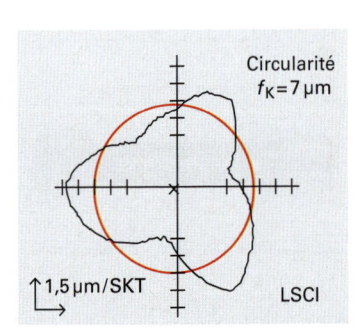

↑ 1,5 μm/SKT    LSCI

Fig. 5 : Circularité d'une douille

# 1.8 Practise your English

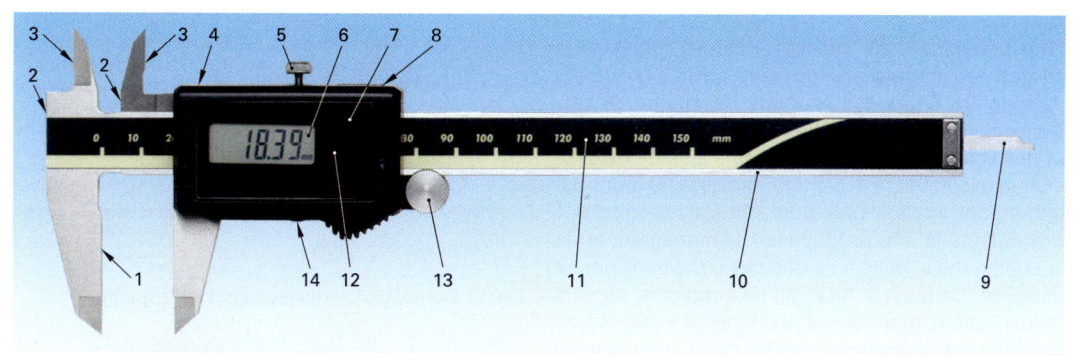

Figure 1: Solar-Vernier Caliper

## Manual

### ■ Names and function of the parts

1 external measuring jaws
2 step measuring jaws
3 internal measuring jaws
4 slide
5 lock
6 LCD-display
7 cover of the solar cell
8 data output
9 depth gauge
10 main scale
11 surface of scale
12 solar cell
13 pull roller
14 ORIGIN-button

### ■ Commissioning and operation

#### Preparation
First, wipe off the rust protection oil with a soft cloth before using the caliper. The caliper is powered by solar cells. It requires a minimum light level of 60 lux, for switchover more than 300 lux (normal room- or workplace lighting) may be needed for operation.

#### Adjusting the zero point
- Before setting the zero point, an arbitrary value or "E" appears in the LCD display.
- First, set the zero point at an illuminance of over 300 lux. Hold down the ORIGIN button for more than one second until "0:00" appears with the measuring faces in the closed position: The zero point is set.

#### Note
- Avoid direct sunlight and pressure on the solar cell.
- The surface of the measurement areas and the scale must not be scratched.
- The pull roller is only for fine adjustment and should not have excess pressure applied.

| Meaning and remedy of error messages | | | |
|---|---|---|---|
| Err C or E | and flickering of the display on the last digit indicates contamination of the surface of the scale | → | clean the surface of the scale |
| Err T | means insufficient illuminance during a switchover | → | increase the illuminance to more than 300 lux |

#### Specifications
- Range: up to 150 mm
- Measurement accuracy: ±0,02 mm
- Power supply: Solar cells
- Scale interval: 0.01 mm
- Operating temperature: 0–40 °C
- Maximum speed: unlimited
- Repeatability: 0.01 mm
- Data interface: Digimatic

# 2 Management de la qualité

Pour pouvoir exister sur le marché et connaître le succès, les entreprises doivent offrir aux clients de manière fiable des produits de qualité, le respect des délais de livraison ainsi que des services et des conseils de qualité. Outre la qualité du produit, la qualité de l'enchaînement des opérations est importante, par exemple pour réduire les coûts liés aux défauts et à la production. Le management de la qualité (MQ) veille à ce que ces conditions soient remplies. De plus, le MQ fixe des objectifs, planifie l'organisation, met des outils de travail à disposition et définit des responsabilités **(fig. 1)**. Si un organe de contrôle indépendant atteste qu'un MQ satisfait aux exigences des normes internationales harmonisées, on appelle ce MQ « système de management de la qualité certifiée » (p. suivante). Ce certificat renforce la confiance des clients et des collaborateurs dans la capacité de l'entreprise à fournir de la qualité.

> Le management de la qualité regroupe toutes les activités qui définissent les objectifs de qualité et les responsabilités, permettant ainsi d'atteindre les exigences fixées.

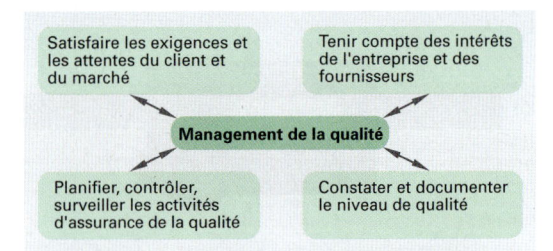

**Fig. 1 : Domaines du management de la qualité**

## 2.1 Domaines de travail du MQ

- La **planification de la qualité** comprend toutes les tâches de planification avant le début de la fabrication. Les objectifs et exigences se rapportant à la qualité doivent être définis, les processus nécessaires doivent être planifiés. Les ressources matérielles et financières nécessaires permettant d'atteindre ces objectifs doivent être mises à disposition **(fig. 2)**.
- La **maîtrise de la qualité** accompagne le processus de fabrication. Il comprend des activités de contrôle de tous les processus de fabrication ainsi que celles qui permettent d'éliminer les sources de défauts.
- L'**assurance de la qualité** doit donner confiance et apporter la preuve que les exigences de qualité définies sont satisfaites dans l'ensemble du processus de conception et de fabrication du produit.
- L'**amélioration de la qualité** comporte toutes les activités dont l'objectif est d'améliorer et d'augmenter en permanence la satisfaction des clients.

Le cercle de qualité **(fig. 3)** illustre l'interaction des différentes activités permettant d'obtenir la qualité du produit requise.

> Chaque collaborateur est responsable de la réalisation des objectifs de qualité dans son domaine de travail.

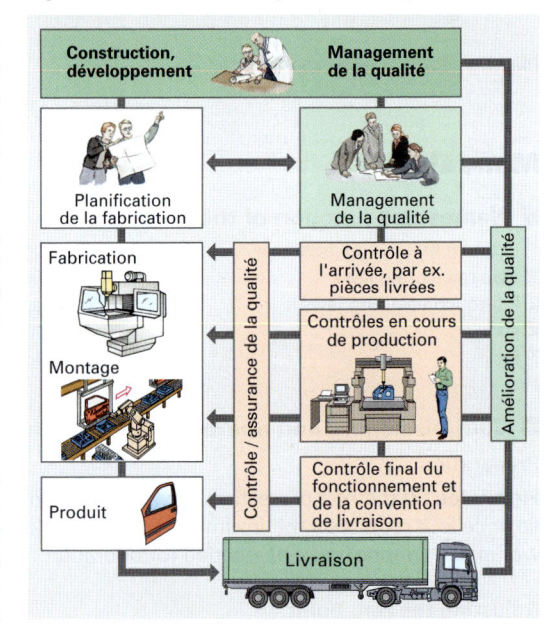

**Fig. 2 : Planification, contrôle et assurance du processus de fabrication d'un produit**

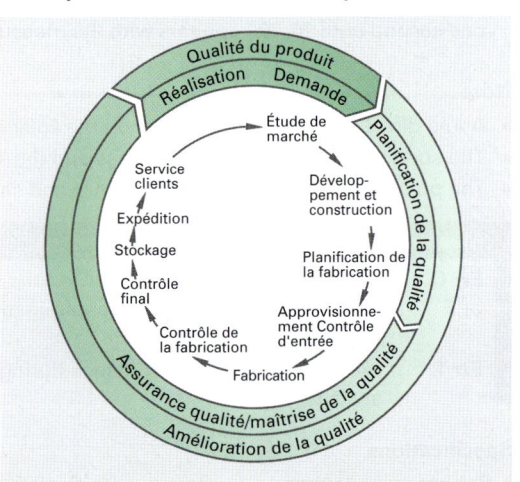

**Fig. 3 : Cercle de qualité avec des activités interdépendantes permettant d'atteindre la qualité du produit**

## 2.2 La série de normes EN ISO 9000

Les normes de la famille ISO 9000 ont été développées pour soutenir les entreprises lors de la mise en place, du maintien et de l'amélioration constante des SMQ (systèmes de management de la qualité). De plus, les normes permettent d'obtenir une certification des SMQ auprès d'une institution d'assurance de la qualité, cette certification ayant une validité générale (**fig. 1**).

La **norme DIN EN ISO 9000** décrit les concepts fondamentaux et principes essentiels du management de la qualité. Elle fixe la terminologie qui leur est applicable (**fig. 2**).

De vastes exigences envers les SMQ sont définies dans la **norme EN ISO 9001**. La norme EN ISO 9001 est donc la norme permettant d'établir la preuve de la qualité d'un système de MQ.

> Les exigences de la norme EN ISO 9001 peuvent être utilisées pour les applications internes des entreprises, lors de l'établissement de contrats et pour la certification.

La **norme EN ISO 9004** représente un guide permettant d'observer l'efficacité, la rentabilité et le rendement total d'un système de MQ, et donne des recommandations pour améliorer l'organisation et la satisfaction des clients.

**ISO 19011** sert d'instruction pour les audits (p. 90) de systèmes de management de la qualité et de l'environnement, et fait partie de la famille de normes ISO 9000.

## 2.3 Exigences de qualité

La qualité d'un produit doit correspondre aux exigences du client. Les attentes non exprimées, par ex. en termes de design d'une machine, en font également partie.

> La qualité est l'ensemble des caractéristiques d'un produit relatif aux différentes exigences de qualité qui sont définies ou peuvent être prérequises.

**Exigences fixées par le client ou prérequises :**

- Fiabilité, capacité de fonctionnement et d'entretien
- Respect des lois et prescriptions visant à protéger la sécurité, la santé et l'environnement
- Conseil, suivi et service après-vente
- Délais de livraison brefs et livraison ponctuelle

**Fig. 1 :** Normes relatives au management de la qualité (famille ISO 9000)

- **ISO 9000** Notions et définitions
- **ISO 9001** Exigences envers un système de MQ
- **ISO 9004** Document d'orientation sur les systèmes de MQ
- **ISO 19011** Conseils sur l'audit

| Principes du management de la qualité |
|---|
| **Orientation client** |
| Les nécessités, exigences et attentes du client doivent être comprises, remplies et de préférence surpassées. |
| **Direction** |
| Les cadres créent et garantissent un environnement d'entreprise permettant et facilitant l'atteinte des objectifs qualité. |
| **Engagement des personnes** |
| Les personnes engagées, capables et habilitées jouent un rôle essentiel dans l'amélioration de l'organisation et de sa capacité de performance. |
| **Démarche orientée sur les processus** |
| Les résultats sont obtenus de manière plus efficace si toutes les activités et moyens afférents sont compris, guidés et pilotés comme des processus interdépendants. Une gestion des processus efficace, qui les optimise, qui investit des efforts particuliers dans des processus clés et réduit les barrières couvrant plusieurs processus, améliore durablement l'organisation. |
| **Amélioration permanente** |
| L'amélioration permanente de la performance globale de l'entreprise doit valoir comme objectif permanent. |
| **Élaboration objective de la décision** |
| Des décisions efficaces doivent reposer sur l'analyse objective de données et informations. |
| **Gestion des relations** |
| De bonnes relations avec toutes les personnes intéressées dont par ex. les clients, entreprises sous-traitantes, entreprises partenaires, pouvoirs publics, etc., promeuvent la réussite durable de l'organisation. |

**Fig. 2 :** Principes du management de la qualité

## 2.4 Caractéristiques de qualité et défauts

### ■ Types de caractéristiques de qualité (tableau 1)

**Les caractéristiques quantitatives (variables)** sont des caractéristiques pouvant être mesurées ou comptées. Les valeurs de mesure des caractéristiques mesurables peuvent prendre n'importe quelle valeur numérique. La caractéristique essentielle constatée d'une caractéristique chiffrée s'appelle « valeur de comptage ».

**Les caractéristiques qualitatives** concernant une propriété sont appelées «caractéristiques par attribut». On peut citer en exemple les décisions «OK» (en ordre) ou «pas OK» (pas en ordre) prises à la fin des contrôles ainsi que les tables de défauts (p. suivante). Les caractéristiques essentielles classées par ordre sont aussi souvent appelées «notes», par ex. très bien, bien ou mauvais. Par ex., les cales étalons des classes de tolérance 2, 1, 0 et K sont également classées par ordre.

**Des défauts** apparaissent si une ou plusieurs exigences de qualité ne sont pas satisfaites. Il peut s'agir de valeurs de mesures qui se trouvent hors de la tolérance ou également de dysfonctionnements.

Selon la **règle de multiplication par dix,** les coûts consécutifs à des défauts non détectés sont multipliés par dix d'une étape à l'autre (**fig. 1**). Tandis que l'élimination de défauts ne coûte encore que quelques centimes/cent ou quelques francs/euro pendant la conception, les coûts sont multipliés par mille lorsque les défauts ne sont détectés que lors du contrôle final ou chez le client. Les campagnes de rappel des constructeurs d'automobiles suite à des défauts de sécurité en sont des exemples graves.

La **stratégie zéro défaut** doit permettre d'éviter des défauts à chaque étape de la fabrication afin d'obtenir des pièces exemptes de défauts à la fin de la chaîne de fabrication. Si chacun des 100 collaborateurs d'une chaîne de fabrication n'arrive à remplir cette condition qu'à 99%, le pourcentage de pièces finies exemptes de défauts ne sera plus que de 37% (**fig. 2**). Les retouches, le rebut et les réclamations ultérieures étant onéreux, chaque collaborateur devrait prendre au sérieux la requête : **« Faites votre travail comme il doit être fait, et ce dès le départ. »**

> La qualité du produit est la conséquence de la qualité du travail. Éviter les défauts est plus économique que de les éliminer.

**Tableau 1: Types de caractéristiques de qualité**

| Caractéristiques quantitatives | | Caractéristiques qualitatives | |
|---|---|---|---|
| Caractéristiques pouvant être mesurées | Caractéristiques pouvant être comptées | Caractéristiques par attribut | Caractéristiques - par ordre |
| par ex. longueur, diamètre, planéité, rugosité | par ex. vitesse, nombre de pièces fabriquées par heure | par ex. défauts par unité de contrôle, fonctionnement « OK » ou « pas OK » | par ex. peinture de la qualité 1, 2 ou 3 |

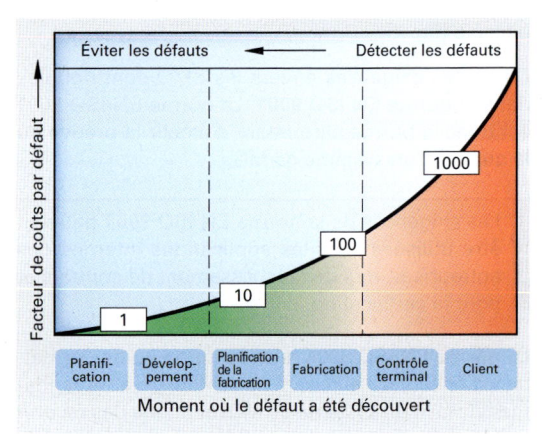

**Fig. 1 : Règle de multiplication par dix des frais engendrés par les défauts**

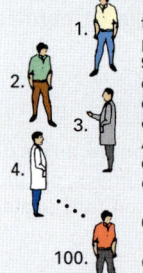

$0{,}99 \cdot 0{,}99 \cdot 0{,}99 \cdot \ldots \cdot 0{,}99 = 0{,}99^{100} \approx \mathbf{0{,}37}$

Ce résultat signifie que les exigences de qualité ne sont pas satisfaites à 63%.

**Fig. 2 : Augmentation de nombre de défauts sur les pièces défectueuses le long de la chaîne de production**

Répartition des **types de défauts sur les produits finis** en fonction de leur importance pour la sécurité et leur utilisabilité.

| Défaut critique | Défaut dont il convient de penser qu'il provoque des situations dangereuses ou susceptibles de réduire la sécurité pour les personnes, ou pour lequel il faut s'attendre à des frais subséquents importants en cas de sinistre, par ex. un frein défectueux ou de la corrosion sur le système de direction d'un véhicule. |
|---|---|
| Défaut majeur | Un défaut qui entraînera probablement une panne (accident) ou réduit considérablement l'utilisabilité dans le cadre prévu, par ex. un essuie-glace défectueux. |
| Défaut mineur | Un défaut qui, probablement, ne réduira pas considérablement l'utilisabilité dans le cadre prévu, par ex. des défauts dans la peinture ou un lève-glace difficile à manipuler. |

# 2.5 Outils du management de la qualité

Afin de satisfaire aux exigences de qualité, de pouvoir introduire des améliorations de la qualité et les surveiller, il ne suffit pas de trouver des solutions aux problèmes et d'éliminer les défauts. Les causes des problèmes et des défauts doivent être reconnues et éliminées.

> Dans le domaine du management de la qualité, on utilise différentes méthodes graphiques d'analyse et de documentation qui sont appelées « **outils de qualité** » (en anglais : **tools**).

Les méthodes graphiques conviennent particulièrement parce qu'elles sont faciles à utiliser pour les collaborateurs. En même temps, cela permet d'intégrer les différents collaborateurs dans le processus d'amélioration.

■ Les **ordinogrammes** représentent graphiquement le déroulement d'un processus industriel avec ses activités et/ou étapes de travail liées **(fig. 1)**. Depuis le point de départ, chaque étape est représentée comme rectangle et chaque intersection comme losange. Les flèches de raccordement symbolisent le déroulement possible du processus. Les ordinogrammes peuvent représenter le déroulement de processus complexes de manière plus compréhensible que ne le ferait une description textuelle. Les étapes et les possibilités d'action peuvent être contrôlées facilement quant à leur exhaustivité et la présence éventuelle d'erreurs de raisonnement.

■ La **table de défauts** est une méthode simple pour saisir les défauts en fonction de leur type et de leur nombre **(fig. 2)**. Les types de défauts auxquels il faut s'attendre sont énumérés dans un tableau. Les défauts constatés sont consignés dans un protocole, par exemple sous forme de bâtons. Il est judicieux de prévoir une ligne supplémentaire pour y noter de nouveaux types de défauts qui n'avaient pas été prévus. Pour répertorier clairement des données et établir des statistiques, les tables de défauts ne conviennent que pour un nombre limité de types de défauts. Elles servent le plus souvent de base pour une analyse de Pareto.

■ L'**analyse de Pareto**, connue aussi sous le nom de **méthode ABC**, classifie les défauts ou les causes de défaut en fonction de leur fréquence **(fig. 3)**. L'analyse de Pareto montre que, le plus souvent, parmi un grand nombre de défauts, seuls quelques-uns se dégagent comme particulièrement fréquents. Cela signifie qu'une forte amélioration peut être atteinte par l'élimination d'un très petit nombre de problèmes ou défauts importants. Le diagramme aide donc à choisir les problèmes ou les causes de défauts pour lesquels il est nécessaire de trouver des solutions de manière prioritaire et les améliorations qu'on peut attendre d'une certaine solution.

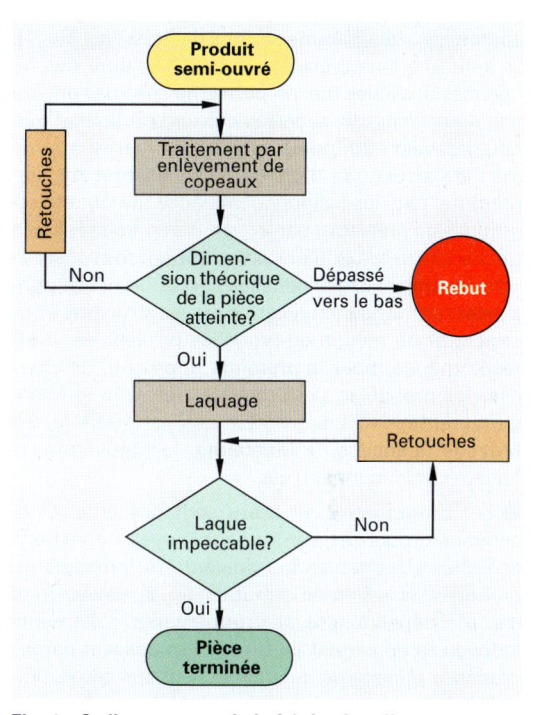

Fig. 1 : Ordinogramme de la fabrication d'un composant

| Type de défaut | Oct. | Nov. | Déc. | Σ |
|---|---|---|---|---|
| Pièce coincée | ||||  ||| | |||| || | ||| | 18 |
| Erreur de transmission | |||| |||| | | |||| |||| || | |||| |||| |||| | 38 |
| Erreur de commande | ||| | |||| | || | 9 |
| Erreur de programme | | | || | ||| | 6 |
| Pièce mal fixée | |||| |||| ||| | |||| |||| |||| || | |||| |||| || | 45 |
| Usure des galets | ||| | |||| | || | 9 |
| Câble électr. arraché | | | | | 1 |
| Total : | 42 | 43 | 41 | 126 |

Fig. 2 : Table de défauts d'un dispositif d'alimentation en composants

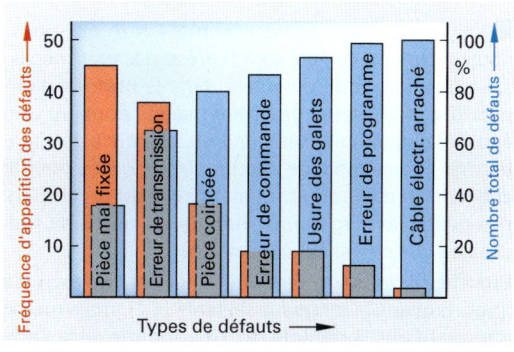

Fig. 3 : Analyse de Pareto du nombre de défauts sur un dispositif d'alimentation en composants

■ Les **diagrammes de causes et effets** sont aussi appelés **« diagrammes Ishikawa »** ou, en raison de leur apparence, **« diagrammes arêtes de poisson » (fig. 1)**. Ils sont une aide précieuse pour déterminer des influences possibles qui, en partie, ne sont pas encore reconnues (causes) exercées sur une problématique (effet) devant être traitée, et pour les représenter de manière structurée. Lors de la réalisation du diagramme, tous les facteurs d'influence qui ont été regroupés au préalable, par ex par un remue-méninges (recherche d'idées dans un groupe), sont inscrits comme branches individuelles sur les branches principales (termes génériques), ce qui les structure. Pour structurer au moyen de branches principales, il est recommandé, pour la première approche, de chercher les grandeurs perturbatrices tels que la Main-d'œuvre, la Machine, les Matières, la Méthode, les Moyens financiers, le Marketing, la Motivation, le Milieu (environnement) etc.

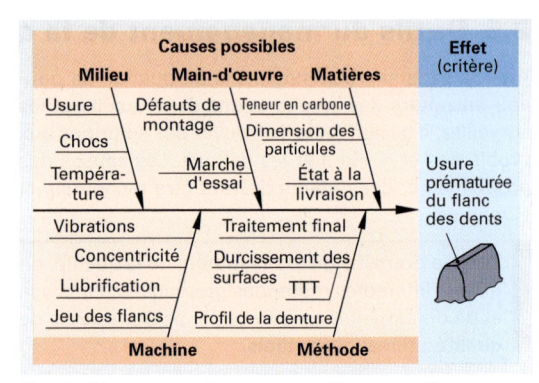

**Fig. 1 :** Diagramme de causes et effets pour l'usure prématurée du flanc des dents (incomplet)

■ Les **diagrammes en arbre** sont des vues d'ensembles ordonnées sur tous les moyens, fonctions et tâches importantes qui doivent être présents ou maîtrisés les uns après les autres **(fig. 2)**. Ils montrent les interdépendances et groupements d'éléments individuels en partant du tronc et en passant par les branches principales qui débouchent sur des ramifications de plus en plus petites. Les diagrammes en arbre sont utilisés pour effectuer des analyses d'activités et de fonctionnements qui ont un rapport de dépendance ou ne sont autorisées que dans un ordre déterminé. En tant qu'analyse sous forme d'arbre de défaillances, le diagramme aide à examiner les problèmes de manière systématique par étapes successives pour trouver les causes ou solutions possibles.

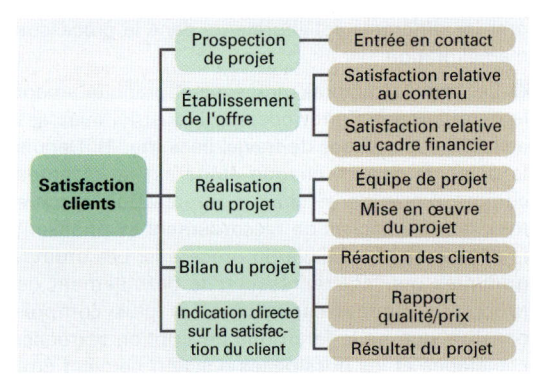

**Fig. 2 :** Diagramme en arbre représentant la satisfaction des clients

■ Dans les **diagrammes de corrélation (diagrammes de dispersion)**, on inscrit des paires de valeurs (X,Y) **(fig. 3)**. Les diagrammes montrent si une relation présumée (corrélation) existe entre les deux valeurs inscrites sur les axes et quelle force (unicité) elle présente. Plus les points saisis sont proches d'une droite, plus la relation entre les grandeurs est forte et unique. Selon la direction de la pente des droites, on distingue entre corrélation positive et négative.

**Corrélation positive**
Exemple:
X = Nombre de réclamations
Y = Surcoûts pour les retouches

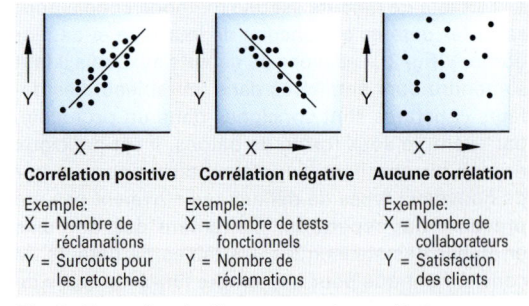

**Corrélation négative**
Exemple:
X = Nombre de tests fonctionnels
Y = Nombre de réclamations

**Aucune corrélation**
Exemple:
X = Nombre de collaborateurs
Y = Satisfaction des clients

**Fig. 3 :** Exemples de diagrammes de corrélation

■ Les interactions et les rapports entre au moins deux groupes de sujets sont représentés et, si nécessaire, évalués et/ou pondérés dans le **matrice d'impact (fig. 4)**. Chaque groupe de sujets contient une énumération de caractéristiques. L'exigence du client permet par exemple de déduire des priorités pour la conception du produit. Étant donné qu'il compare des paires, le diagramme matrice est une aide précieuse pour arriver à une décision.

Sur l'fig. 4, le prix (première ligne) est par ex. plus important que la longueur saillante (= 2), mais moins important que la sécurité (= 0). La somme de la ligne permet de voir que la sécurité est le critère le plus important pour l'achat de la potence murale.

| Critères | Prix | Longueur de la partie saillante | Sécurité | Puissance du moteur | Capacité de levage maxi. | Traitement | Couleur | Total |
|---|---|---|---|---|---|---|---|---|
| Prix | ■ | 2 | 0 | 2 | 0 | 2 | 2 | 8 |
| Longueur de la partie en saillante | 0 | ■ | 0 | 2 | 0 | 2 | 2 | 6 |
| Sécurité | 2 | 2 | ■ | 2 | 2 | 2 | 2 | 12 |
| Puissance du moteur | 0 | 0 | 0 | ■ | 0 | 0 | 2 | 2 |
| Capacité de levage maxi. | 2 | 2 | 0 | 2 | ■ | 2 | 2 | 10 |
| Traitement | 0 | 0 | 0 | 2 | 0 | ■ | 2 | 4 |
| Couleur | 0 | 0 | 0 | 0 | 0 | 0 | ■ | 0 |

2 = plus important que…; 0 = moins important que…
→ Critères principaux

**Fig. 4 :** Matrice dimpact permettant de décider de l'achat d'une potence murale

# Outils du management de la qualité

■ Les **diagrammes d'évolution** constituent une méthode simple pour représenter et évaluer des évolutions et des tendances relatives à une grandeur à étudier pendant une période déterminée (**fig. 1**). En raison des données déjà saisies et inscrites, il est aussi possible d'établir des prévisions pour l'évolution future de la grandeur. Elles sont utilisées aussi bien comme cartes de contrôle de la qualité (p. 87) pour surveiller différentes caractéristiques essentielles dans la production, que pour représenter des évolutions commerciales à long terme, par ex. le chiffre d'affaires, le bénéfice ou les coûts d'une entreprise.

■ L'**histogramme** est un diagramme à barres dans lequel la hauteur des barres est proportionnelle à la fréquence des valeurs individuelles inscrites (**fig. 3**). Il sert à reconnaître et à représenter la répartition de valeurs individuelles déjà saisies. Si, pour des raisons de clarté et en raison du nombre de barres, plusieurs valeurs de mesure possibles sont représentées regroupées en classes, le nombre de classes, les limites et la largeur des classes doivent être définis au préalable. En guise de préparation, il est recommandé d'établir une **liste de pointage** sous forme de tableau de fréquence (**fig. 2**). La représentation sous forme d'histogramme est utilisée principalement dans l'analyse statistique.

Si l'on relie les milieux des hauteurs des barres dans un histogramme, on obtient une courbe de distribution des fréquences qui caractérise la répartition des différentes valeurs (**fig. 4**).

### Répétition et approfondissement

1. Pourquoi le management de la qualité est-elle très importante pour une entreprise ?
2. En quels domaines peut-on subdiviser la gestion de la qualité d'une entreprise ?
3. Pourquoi les normes EN ISO 9000 et EN ISO 9001 font-elles parties des normes les plus importantes dans le domaine du management de la qualité ?
4. Décrivez au moins trois exemples de diagrammes d'évolution que vous avez rencontrés dans votre environnement professionnel ou privé.
5. Quel est le résultat du contrôle d'une caractéristique quantitative et celui du contrôle d'une caractéristique qualitative ?
6. Formulez la « stratégie zéro défaut » avec vos propres mots.
7. Quelle est la différence entre un défaut critique et un défaut mineur ?
8. Quelle est la différence entre une table de défauts et une liste de pointage ?
9. Quel est le résultat livré par une analyse de Pareto ?

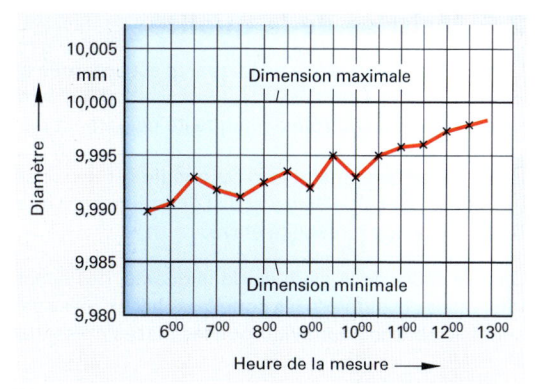

**Fig. 1:** Diagramme d'évolution de la fabrication d'un écrou

| N° de la classe | Valeur de mesure $d$ en mm $\geq$ ... $<$ | Fréquence | Σ |
|---|---|---|---|
| 1 | 8,00 – 8,02 | I | 1 |
| 2 | 8,02 – 8,04 | IIII IIII | 9 |
| 3 | 8,04 – 8,06 | IIII IIII IIII I | 16 |
| 4 | 8,06 – 8,08 | IIII IIII IIII IIII IIII II | 27 |
| 5 | 8,08 – 8,10 | IIII IIII IIII IIII IIII IIII I | 31 |
| 6 | 8,10 – 8,12 | IIII IIII IIII IIII III | 23 |
| 7 | 8,12 – 8,14 | IIII IIII II | 12 |
| 8 | 8,14 – 8,16 | III | 3 |
| 9 | 8,16 – 8,18 | II | 2 |
| 10 | 8,18 – 8,20 |  | 0 |

**Fig. 2:** Liste de pointage relative à la fabrication d'un écrou

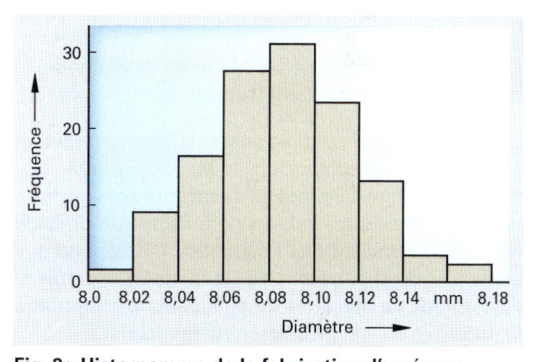

**Fig. 3:** Histogramme de la fabrication d'un écrou

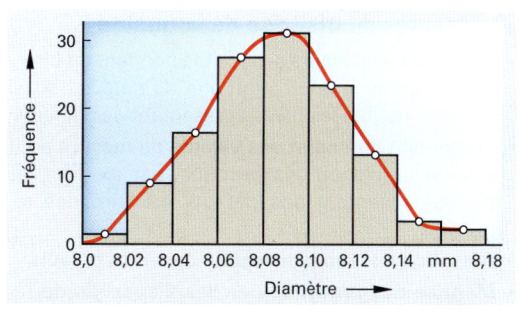

**Fig. 4:** Courbe de distribution de la fabrication d'un écrou

## 2.6 Maîtrise de la qualité

La priorité de la maîtrise de la qualité est accordée à des mesures permettant d'atteindre la sécurité des procédés industriels dans tous les domaines afin d'éviter que les pièces produites ne présentent des défauts. À lui seul, un bon contrôle de la qualité ne garantit pas encore que les produits soient exempts de défauts.

> L'objectif de la maîtrise de la qualité est de satisfaire à des exigences de qualité par des activités de prévention, de surveillance et de correction, ainsi que par l'élimination des causes des défauts afin d'atteindre un niveau de rentabilité élevé.

Dans le cadre de la maîtrise de la qualité, des échantillons sont prélevés en cours de production à certains intervalles et soumis à des contrôles **(fig. 1)**. Si les valeurs de mesure dévient des valeurs exigées, des actions sont entreprises pour éviter que les pièces présentent des défauts.

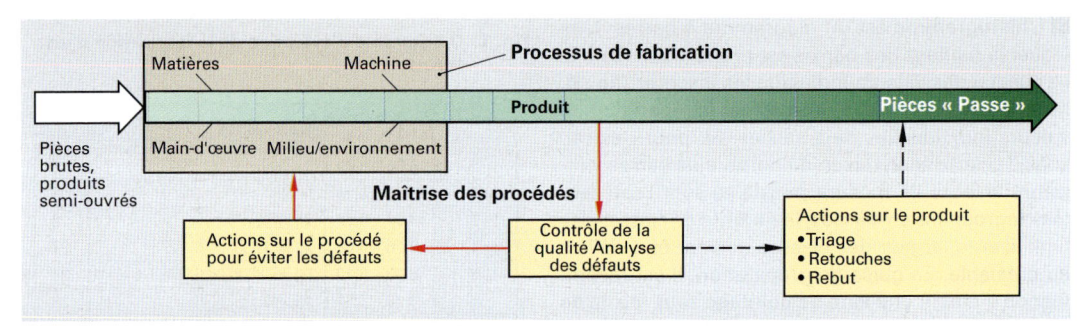

**Fig. 1 : Maîtrise de la qualité pour éviter les défauts**

L'objectif de la maîtrise de la qualité lors de la surveillance des procédés de fabrication est de maintenir la dispersion des caractéristiques essentielles dans certaines limites. Les raisons principales de la dispersion sont les « influences 5M » : la Main-d'œuvre, la Machine, les Matières, la Méthode, le Milieu (environnement) **(tableau 1)**.

Ces influences sont parfois aussi élargies, en ajoutant par ex. les Moyens financiers, le Marketing, la Motivation et la Mesure. Le procédé de mesure sélectionné a une influence sur les valeurs de mesure. Un procédé de mesure convient (est « capable », correspond aux exigences de capabilité) pour la tâche de contrôle si l'incertitude de mesure est négligeable par rapport à la tolérance ou à la dispersion de fabrication.

**Tableau 1 : Influences 5M sur la dispersion des caractéristiques essentielles**

| | |
|---|---|
| Main d'œuvre | Qualification, motivation, niveau de charge, conscience des responsabilités |
| Machine | Rigidité, stabilité à l'usinage, exactitude du positionnement, uniformité du mouvement, déformation due à l'échauffement, système d'outillage et de serrage |
| Matières | Dimensions, solidité, dureté, tensions, par ex. par traitement thermique ou usinage |
| Méthode | Procédés de fabrication, enchaînement du travail, conditions de coupe, procédés de contrôle |
| Milieu | Température, vibrations du sol |

### ■ Mesures de maîtrise de la qualité

- **Contrôle de la qualité** si possible pendant ou directement après la fabrication afin de détecter aussi tôt que possible les pièces présentant des défauts
- **Traitement immédiat des valeurs de mesure** pour assurer la gestion des produits, par ex. trier les pièces présentant des défauts ou faire des retouches
- **Détection des tendances** pour éviter les défauts
- **Maîtrise des procédés** par des dispositifs de réglage dans la machine afin d'obtenir des dimensions toujours identiques **(fig. 2)**.

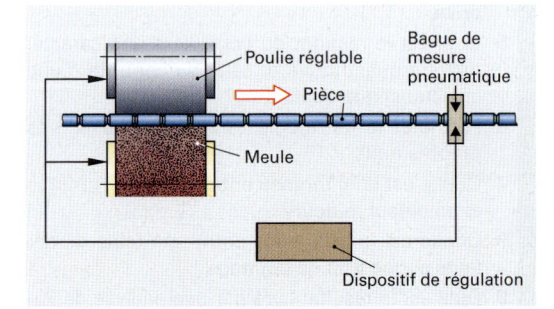

**Fig. 2 : Maîtrise des procédés pendant la rectification**

# Assurance de la qualité

## 2.7 Assurance de la qualité

Le but principal de l'assurance de la qualité est d'apporter la preuve que les exigences de qualité sont satisfaites dans la production. Autant chez le client que dans la propre exploitation, l'assurance de la qualité crée ainsi la confiance dans la capacité de l'entreprise à fournir de la qualité. Dans le domaine du contrôle de la qualité, l'assurance de la qualité et la maîtrise de la qualité se recoupent.

### 2.7.1 Planification des contrôles

La **planification des contrôles** définit les caractéristiques de qualité devant être contrôlées. Pour chaque contrôle devant être effectué, une procédure décrit la méthode à utiliser pour contrôler les caractéristiques et la manière dont les résultats du contrôle devront être documentés.

■ Les **plans de contrôle** peuvent être composés de différentes instructions qui décrivent l'ordre à respecter pour effectuer les contrôles, depuis le contrôle initial à l'arrivée des marchandises jusqu'au contrôle final en passant par les contrôles réalisés en cours de production **(tableau 1)**.

**Tableau 1 : Plan de contrôle**

N° d'identification : 18012  N° du plan : 241074

Désignation : **Douille pour palier lisse**  N° du plan de contrôle : 81

| N° d'ordre | Caractéristique à contrôler | Moyens de contrôle | Volume du contrôle | Méthode de contrôle[1] | Moment du contrôle | Documentation du contrôle |
|---|---|---|---|---|---|---|
| 1 | Longueur $l_1$<br>20 h11 = 20 0/–0,13 mm | Pied à coulisse | n = 1 | 1/V | chaque heure | Procès-verbal de contrôle |
| 2 | Diamètre intérieur $d_1$<br>20 E6 = 20 +0,053/+0,040 mm | Instrument pour mesures intérieures | n = 5 | 1/V | toutes les 15 min | Carte de contrôle |
| 3 | Diamètre extérieur $d_2$<br>26 s6 = 26 +0,048/+0,035 mm | Comparateurs | n = 5 | 1/V | toutes les 15 min | Carte de contrôle |
| 4 | Coaxialité $t_{CO}$ = 0,033 mm | Instrument de mesure de la forme | n = 1 | 3/V | chaque heure | Procès-verbal de contrôle |

[1] Méthodes de contrôle : 1 = contrôle par le collaborateur  V = variable (quantitatif, déterminer par une mesure)
2 = contrôle par le service d'AQ  A = attributif (qualitatif, déterminer les propriétés)
3 = contrôle par un laboratoire de mesure  n = nombre d'échantillons

■ **Lieu et moment du contrôle**

Le **contrôle à l'arrivée des marchandises** sert à garantir la qualité exigée des produits livrés. Les produits ne doivent pas être utilisés avant d'avoir été validés. Les contrôles concernent autant l'identité et la quantité que la qualité et sont réalisés conformément aux plans de contrôle.

Des **contrôles intermédiaires** sont effectués en cours de production et de montage. Si des contrôles intermédiaires sont nécessaires après certaines étapes de la fabrication, ils sont prescrits dans le plan de travail. Les compétences des collaborateurs sont définies par écrit si le contrôle doit être effectué par ceux-ci. Des rapports de contrôle sont rédigés pour consigner les défauts constatés et les mesures introduites dans le but de maîtriser la qualité.

Lors du **contrôle final,** les valeurs fonctionnelles et les dimensions de raccordement importantes sont contrôlées. Un contrôle final approprié doit garantir que les produits à livrer au client soient exempts de défauts.

■ Les pièces présentant des défauts doivent être interdites à la livraison ou être retouchées.

### 2.7.2 Probabilité

En présence d'un nombre très important d'influences aléatoires, il convient de s'attendre, selon les règles de la probabilité, à ce que certains évènements se produisent. La probabilité $P$ (en anglais : probability) est calculée en divisant le nombre d'essais réussis $g$ par le nombre d'essais possibles $m$. La probabilité est indiquée sous forme de fraction, de nombre décimal entre 0 et 1, ou de pourcentage.

$$P = \frac{g}{m} \cdot 100\%$$

## 2.7.3 Distribution normale des caractéristiques essentielles

Selon les règles de la probabilité, les influences aléatoires exercées sur la valeur d'une caractéristique essentielle entraînent une distribution symétrique des valeurs autour d'une moyenne. La chute des billes sur la planche de Galton est un exemple représentatif de l'action d'influences aléatoires **(fig. 1)**. Dans chaque rangée de clous, les billes peuvent être déviées par un clou soit vers la droite, soit vers la gauche. De cette déviation aléatoire résulte une plus grande accumulation de billes au milieu, sous l'entonnoir. En présence d'un grand nombre de rangées de clous, la répartition des fréquences prend la forme d'une **courbe de Gauss (courbe dite en cloche)**, qui est typique en cas de distribution gaussienne. Les déviations aléatoires sur les clous de la planche de Galton correspondent aux influences aléatoires qu'on rencontre dans les processus de fabrication et dans la nature. La taille physique d'une population, par ex., correspond tout autant à une distribution gaussienne que la dispersion de dimensions de pièces dans la production. Même si le nombre d'échantillons est limité à 25 pièces, c'est encore à peu près une distribution gaussienne des valeurs de mesure qui apparaît.

> Une distribution gaussienne de caractéristiques essentielles apparaît quand de nombreuses influences aléatoires agissent. La représentation graphique de la distribution gaussienne est une courbe de fréquence en forme de cloche.

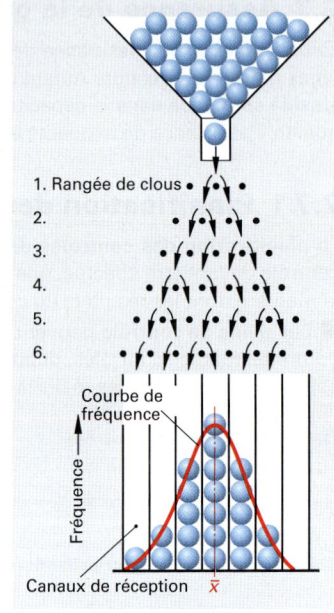

**Fig. 1 : Distribution de billes sur la planche de Galton**

### ■ Répartition des fréquences en cas de distribution gaussienne

Si les caractéristiques essentielles sont réparties normalement, une courbe de Gauss (courbe dite en cloche) pouvant être décrite par la moyenne $\mu$ et l'écart type $\sigma$ est générée lors de la représentation de la répartition des fréquences **(fig. 2)**.

La surface sous la courbe en cloche est une indication de mesure pour l'ensemble de toutes les caractéristiques essentielles. Les sous-ensembles résultent des zones des écarts standard (fig. 2) :
Entre $\mu + 1\sigma$ et $\mu - 1\sigma$ il y a 68,27 %
Entre $\mu + 2\sigma$ et $\mu - 2\sigma$ il y a 95,45 %
Entre $\mu + 3\sigma$ et $\mu - 3\sigma$ il y a 99,73 %

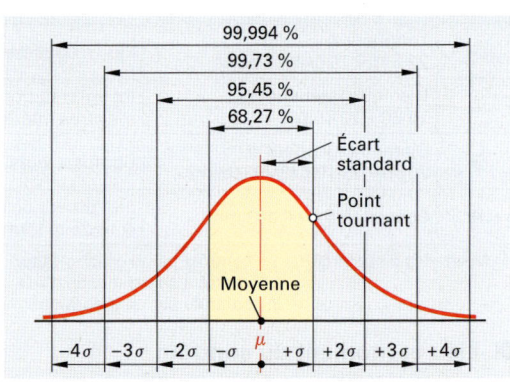

**Fig. 2 : Fréquences dans la distribution gaussienne**

## 2.7.4 Distribution hétérogène des caractéristiques essentielles

**Les influences systématiques sur les caractéristiques** empêchent une distribution gaussienne. Des distributions hétérogènes ne permettent pas d'effectuer une évaluation statistique **(fig. 3)**.
Les distributions hétérogènes peuvent par ex. résulter :
- du mélange des pièces de différentes machines ou séries
- du changement de matériau en cours de série
- d'une forte usure des outils et d'un échauffement de la machine

En présence d'une distribution hétérogène, le modèle mathématique de distribution gaussienne ne doit pas être utilisé pour décrire la distribution, étant donné que ses lois ne s'appliquent pas.

> Avant qu'un processus puisse être surveillé du point de vue statistique, il convient de vérifier au préalable et de prouver qu'on est en présence d'une distribution gaussienne.

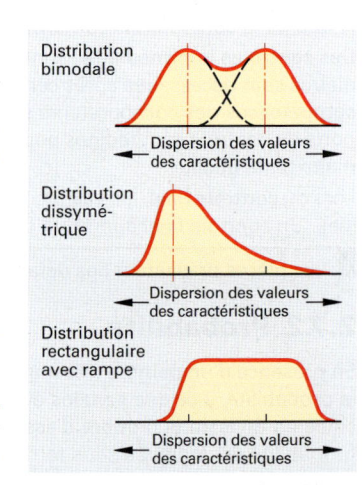

**Fig. 3 : Distributions hétérogènes**

# Assurance de la qualité

## 2.7.5 Caractéristiques de la distribution gaussienne d'échantillons

La **moyenne** $\bar{x}$[1] correspond à la fréquence maximale. Elle est au milieu de la courbe et est une indication de mesure pour la position de la distribution **(fig. 1)**. La moyenne est calculée en se basant sur la somme de toutes les valeurs individuelles $x$ et du nombre d'échantillons $n$.

| Moyenne | $\bar{x} = \dfrac{x_1 + x_2 + x_3 + \ldots + x_n}{n}$ |
|---|---|

La **médiane** $\tilde{x}$[2] est la valeur centrale séparant en 2 parties égales les valeurs individuelles classées par ordre croissant. Si le nombre d'échantillons est un chiffre pair, on en forme la moyenne arithmétique résultant des deux valeurs centrales.

La moyenne $\bar{x}$ et la médiane $\tilde{x}$ sont des mesures indiquant la position de la répartition des fréquences et donc la position du processus sur l'échelle de qualité.

L'**étendue $R$** (Range) correspond à la différence entre la plus grande et la plus petite valeur individuelle d'un échantillon. Elle est une caractéristique simple de la dispersion des valeurs individuelles.

| Étendue | $R = x_{max} - x_{min}$ |
|---|---|

Fig. 1 : **Caractéristiques de la distribution gaussienne**

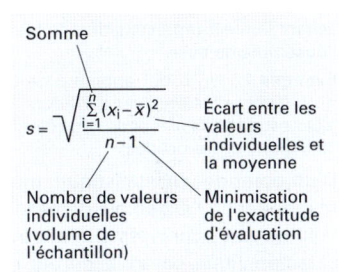

Fig. 2 : **Écart type d'un échantillon (statistique analytique)**

$$s = \sqrt{\dfrac{\sum_{i=1}^{n}(x_i - \bar{x})^2}{n-1}}$$

- Somme
- Écart entre les valeurs individuelles et la moyenne
- Nombre de valeurs individuelles (volume de l'échantillon)
- Minimisation de l'exactitude d'évaluation

L'**écart type $s$** est la distance entre la moyenne et le point d'inflexion de la courbe de fréquence (fig. 1). On le calcule en se basant sur les écarts des valeurs individuelles par rapport à la moyenne $(x_i - \bar{x})$ selon une formule **(fig. 2)**. Le contrôle par échantillonnage établit une évaluation relative à un ensemble de base en partant de quelques valeurs issues de l'échantillonnage. Une telle évaluation est entachée d'une imprécision d'évaluation. L'imprécision de l'évaluation est d'autant plus petite que le nombre d'échantillons est grand. Afin de minimiser cette imprécision, le chiffre un est soustrait du nombre d'échantillons $n$ dans le dénominateur.

L'étendue $R$ et l'écart type $s$ sont des mesures de la largeur de la courbe de fréquence et donc de la dispersion des valeurs individuelles et de la dispersion du processus.

**Exemple :** Les valeurs des échantillons du diamètre d'un arbre en mm, classées selon leur taille :
$d_1 = 80{,}31$ ; $d_2 = 80{,}42$ ; $d_3 = 80{,}44$ ; $d_4 = 80{,}46$ ; $d_5 = 80{,}52$ ;
**Analyse :** Moyenne $\bar{x} = (80{,}31+80{,}42+80{,}44+80{,}46+80{,}52) : 5 = \mathbf{80{,}43\ mm}$ ; médiane $\tilde{x} = \mathbf{80{,}44\ mm}$
Étendue $R = 80{,}52 - 80{,}31 = \mathbf{0{,}21\ mm}$ ; écart type $s = \mathbf{0{,}077\ mm}$

### ■ Caractéristiques de la distribution gaussienne dans le lot soumis au contrôle

Pendant la procédure d'échantillonnage, les caractéristiques de l'ensemble de base (lot soumis au contrôle) sont estimées par une statistique analytique sur la base des caractéristiques de l'échantillon. D'autres abréviations sont utilisées afin de pouvoir faire une distinction claire entre les paramètres estimés se référant à l'ensemble de base et les caractéristiques des échantillons. En marquant ces évaluations par un ^ (accent circonflexe), on les délimite aussi nettement par rapport aux valeurs de procédés pouvant être calculées lors d'un contrôle 100 % (statistique descriptive) **(tableau 1)**.

**Tableau 1 : Caractéristiques et abréviations dans le contrôle de la qualité**

| Contrôle par échantillonnage (statistique analytique) | | Contrôle 100 % (statistique descriptive) |
|---|---|---|
| Échantillon | Ensemble de base | |
| Nombre de valeurs de mesure $n$ | Nombre de valeurs de mesure[3] $m \cdot n$ | Nombre de valeurs de mesure $N$ |
| Moyenne arithmétique $\bar{x}$ | Moyenne estimée du procédé $\hat{\mu}$ | Moyenne du procédé $\mu$ |
| Écart type $s$ | Écart type estimé du procédé $\hat{\sigma}$ (calculatrice $\sigma_{n-1}$) | Écart type du procédé $\sigma$ (calculatrice $\sigma_n$) |

[1] prononcer x barre  [2] prononcer x-tilde  [3] m = nombre d'échantillons

## 2.7.6 Contrôle de la qualité selon la procédure d'échantillonnage

Tandis que, dans le cadre d'un **contrôle 100 %,** toutes les unités d'une livraison ou d'un lot sont contrôlées, on se satisfait, dans le cadre d'un **contrôle par échantillonnage,** d'un ou plusieurs sous-ensembles. Par rapport à l'échantillonnage, les contrôles 100 % offrent certes une sécurité accrue, mais ils sont onéreux. C'est pourquoi ils ne sont utilisés que sur des pièces critiques.

En raison de son prix abordable, le contrôle par échantillonnage a une importance particulière dans la production en série ainsi que pour définir des indices de capabilité des machines et des procédés. Les sous-ensembles analysés (échantillons) permettent de généraliser sur l'ensemble du volume (ensemble de base).

**Exemple 1 :** Un fournisseur fabrique des boulons devant présenter une certaine dureté. Sur un lot livré de $N$ = 2400 pièces, un échantillon de $n$ = 80 pièces est prélevé. La caractéristique « dureté » est contrôlée sur cet échantillon. Si deux pièces « non-conforme » sont trouvées dans cet échantillon, il faut s'attendre à environ 60 pièces défectueuses pour l'ensemble de base, donc le lot entier. Cependant, cette affirmation n'est valable que s'il s'agit d'un échantillon représentatif. Un échantillon est représentatif si le taux de présence des valeurs de la caractéristique à contrôler est le même que dans l'ensemble de base.

**Exemple 2 :** Un robot applique de la peinture sur des pièces de voitures. Des échantillons de pièces peintes avec $n$ = 5 pièces sont prélevés par heure, et l'épaisseur de la couche de peinture est mesurée sur chacune d'entre elles. L'objectif est de surveiller et de contrôler le procédé de manière à ce qu'aucune pièce ne doive être mise au rebut (→ maîtrise statistique des procédés).

D'un point de vue statistique, une quantité livrée, un lot de fabrication ou un lot soumis à un contrôle correspondent à l'ensemble de base avec un nombre d'unités $N$. Un certain nombre d'échantillons $(m)$ avec le volume de valeurs $n$ est prélevé sur cet ensemble de base. On enregistre les valeurs de mesure d'une certaine caractéristique, par ex. la dureté, d'abord dans des listes initiales, puis on les analyse sous forme de tableaux, de calculs et de graphiques. Pour chaque échantillon, les valeurs de position telles que $\bar{x}$ ou $\tilde{x}$ et les valeurs de dispersion telles que $s$ ou $R$ sont déterminées. Si plusieurs échantillonnages sont effectués, les caractéristiques individuelles peuvent être regroupées par formation d'une moyenne, par ex. $\bar{\bar{x}}$[1] ou $\bar{s}$. Si les résultats de l'échantillonnage sont représentatifs ($m \geq 25$), elles correspondent à la moyenne du procédé $\hat{\mu}$ et à l'écart type du procédé $\hat{\sigma}$ lors de la maîtrise statistique des procédés (MSP). Dans le cadre du procédé d'échantillonnage, les caractéristiques de l'échantillonnage servent donc avec une certaine probabilité à déterminer les paramètres inconnus de l'ensemble de base **(fig. 1)**.

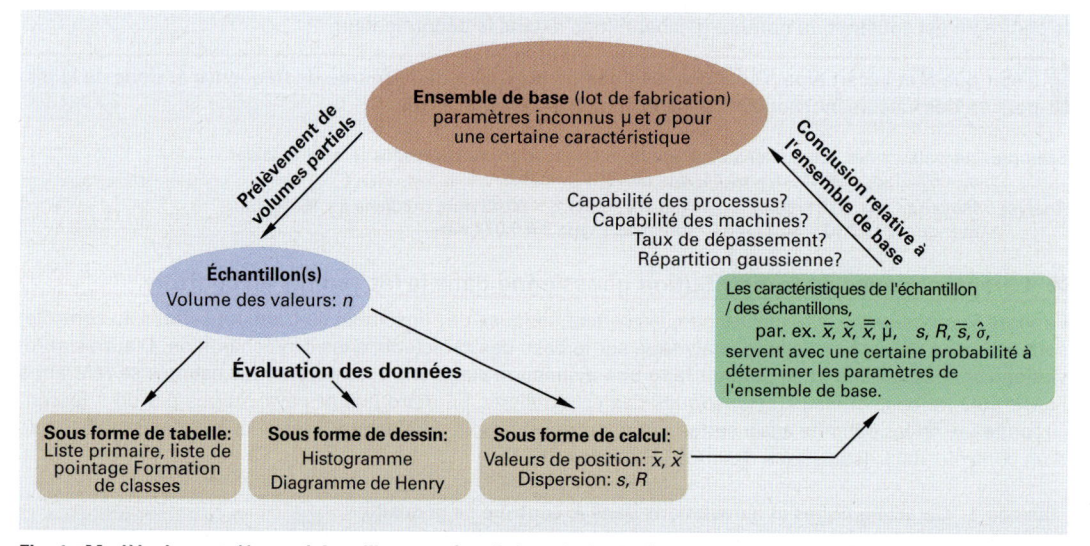

**Fig. 1 :** Modèle de contrôle par échantillonnage (statistique inductive)

Lors du **contrôle dynamique par échantillonnage,** le volume du contrôle ou la fréquence des contrôles est adapté aux résultats de la mesure. Si des pièces fabriquées sont refusées suite à un contrôle intermédiaire, toutes les pièces qui ont été fabriquées depuis le dernier échantillonnage doivent donc être triées à cent pour cent.

[1] prononcer : x double barre

## 2.8 Capabilité des procédés

Par « capabilité des procédés », on entend la capacité d'une machine à fabriquer des pièces exemptes de défauts tant que les conditions restent inchangées. La capabilité des procédés est la condition indispensable pour la performance des procédés, pour la maîtrise statistique des procédés et pour l'utilisation de cartes de contrôle de la qualité.

L'**examen de la capabilité des procédés** (ECP) est un examen à court terme relatif à la précision de travail d'une machine. Les influences extérieures exercées sur la machine doivent rester aussi faibles et constantes que possible pendant l'ECP. L'ECP est utilisé avant l'introduction de cartes de contrôle de la qualité, avant l'utilisation ou la modification de machines et de moyens de production, lors de la réception de machines, du remplacement d'outils et de dispositifs ainsi qu'après les travaux d'entretien et les réparations.

> L'ECP est un contrôle à court terme concernant la précision de travail d'une machine.

Un échantillon d'au moins 50 pièces qui ont été fabriquées les unes directement à la suite des autres et sans réglage de la machine est nécessaire pour effectuer l'ECP. Les valeurs de mesure de la caractéristique de qualité à contrôler sont enregistrées et analysées. L'analyse est faite sous forme de calculs ou de graphiques au moyen d'un diagramme de Henry (p. 85). Si les valeurs présentent une distribution gaussienne, il est possible de définir $\bar{x}$ et $s$ et de calculer les caractéristiques $C_p$ et $C_{pk}$ relatives à la capabilité des procédés.

**Deux exigences** doivent être satisfaites pour prouver la capabilité des procédés :

1. La dispersion de fabrication $6 \cdot s$ de la machine ne doit utiliser la tolérance qu'à 60 % = 3/5. Cela signifie que la tolérance doit être au moins de $10 \cdot s$ et/ou que l'**indice de capabilité des procédés** $C_p$ doit être supérieur ou égal à 5/3 = 1,67. La valeur de $C_p$ montre si la dispersion de fabrication est assez petite pour que la tolérance soit respectée **(fig. 1)**.

2. La **capabilité réelle des procédés** $C_{pk}$ tient compte de la position de la dispersion dans la zone de tolérance. La moyenne de la production doit être éloignée de toute limite de tolérance d'au moins $3 \cdot s$ (recommandation DGQ[2)] et VDA[3)]). De cela résulte pour $C_{pk}$ une valeur minimale de 1,67. La valeur de $C_{pk}$ montre si la machine est centrée de manière à ce que les pièces fabriquées soient réellement dans les limites de tolérance **(fig. 2)**.

Si les deux exigences sont remplies, la machine est « capable » (correspond aux exigences de capabilité).

[1)] DGQ = Deutsche Gesellschaft für Qualität, société allemande de qualité
[2)] VDA = Verband der Automobilindustrie, association allemande de l'industrie automobile

$$C_p = \frac{T}{6 \cdot s}$$

**Exigence :** $C_p \geq 1,67$

En cas de répartition gaussienne, 99,73 % de toutes les caractéristiques essentielles sont sur la plage de $\mu \pm 3 \cdot \sigma$ de l'ensemble de base.
Pour l'échantillon avec répartition gaussienne, la plage est donc de $\bar{x} \pm 3 \cdot s$.
Étant donné que pratiquement toutes les caractéristiques essentielles d'une fabrication concrète se trouvent dans cette plage, on l'appelle dispersion de **fabrication**.

$$6 \cdot s \leq 0,6 \cdot T \Rightarrow T \geq 10 \cdot s$$

$$C_p = \frac{T}{6 \cdot s} = \frac{10 \cdot s}{6 \cdot s} = 1,67$$

**Fig. 1 :** Indice de capabilité machine $C_p$

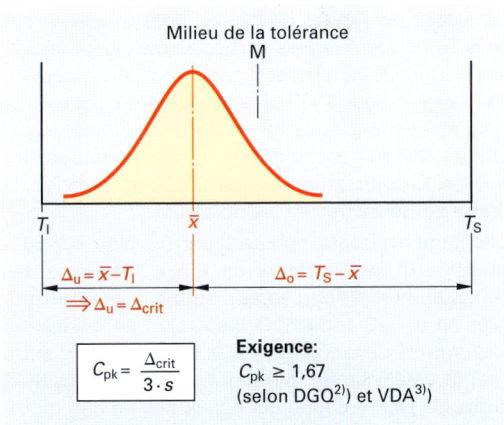

$$C_{pk} = \frac{\Delta_{crit}}{3 \cdot s}$$

**Exigence :** $C_{pk} \geq 1,67$
(selon DGQ[2)] et VDA[3)])

$\Delta_{crit}$ est la distance la plus petite entre $\bar{x}$ et une limite de tolérance, dans le présent graphique $\Delta_u$.
$\Delta_{crit}$ peut aussi être relevé dans le diagramme de Henry (page 85).

Les exigences $C_p \geq 1,67$ et $C_{pk} \geq 1,67$ sont fonction du client. Elles varient en fonction de la fabrication et sont fixées par le client.
De plus, il en découle toujours : $C_{pk} \leq C_p$

**Fig. 2 :** Indice de capabilité réelle des procédés $C_{pk}$

## ■ Exemple d'examen de capabilité des procédes (ECP)

Un robot est utilisé pour peindre les jantes de roues **(fig. 1)**. L'épaisseur de la couche de peinture doit être de 100 µm ± 20 µm.

Sur les 56 premières pièces que le robot a peintes, les épaisseurs de peinture ont été mesurées en µm et les résultats de la mesure ont été inscrits dans une liste initiale **(tableau 1)**. Ensuite, le nombre de classes $k$ et, au moyen de l'étendue $R$, l'intervalle de la classe $w$ sont calculés **(fig. 2)**, afin de pouvoir rassembler les valeurs de mesure dans une liste de pointage et dans des classes **(tableau 2)**. Puis, les fréquences $n_j$ sont comptées, les fréquences relatives $h_j$ sont calculées en % et les fréquences cumulatives $F_j$ sont formées en % par addition successive de $h_j$.

Suit l'analyse graphique de l'échantillon au moyen du Diagramme de Henry **(fig. 1, p. suivante)**.

### Diagramme de Henry (DH)

Le graphique DH sert à tester la distribution gaussienne de l'échantillon et à définir ensuite sous forme de graphique les valeurs $\bar{x}$, $s$ et $\Delta_{crit}$ pour calculer la capabilité des procédes. De plus, il permet de tirer des enseignements relatifs aux fractions de dépassement dans l'ensemble de base.

Sur le graphique DH, des échelles en pourcentage représentent les fréquences cumulatives $F_j$ ou (100-$F_j$) sont utilisées comme ordonnées logarithmiques[1]. Avec son échelle linéaire, la variable $u$ permet de lire facilement l'écart type $s$ ou un multiple de celui-ci sur l'abscisse.

On inscrit les limites de classe et de tolérance sur l'abscisse[2]. Deux lignes verticales marquent les valeurs limite $T_l$ (80 µm) et $T_S$ (120 µm). À l'exception de la valeur pour 100 %, les fréquences cumulatives $F_j$ sont reportées sous forme de points dans le graphique DH au-dessus des limites supérieures des classes. Ensuite, on tire une droite d'interpolation, la **droite de Henry,** reliant les points.

Une ligne horizontale passant par $u = 0$ ou $F_j = 50\%$ coupe la droite de Henry en $\bar{x}$. Sur l'abscisse, les points d'intersection de deux autres lignes horizontales en $u = \pm 3$ donnent la dispersion de fabrication $6 \cdot s$ comme distance. $\Delta_{crit}$ est la petite distance entre $\bar{x}$ et la valeur limite inférieure ou supérieure. Si la droite de Henry coupe les lignes des limites de tolérance (dans le cas présent seulement en $T_S$), les fractions de dépassement $\hat{p}_i$ et $\hat{p}_s$ peuvent être considérées comme des estimations pour les fractions de rebut dans l'ensemble de base.

Avec les résultats du graphique DH, il est enfin possible de calculer les indices de capabilité des procédes $C_p$ et $C_{pk}$ **(fig. 3)**.

[1] Ordonnée = axe vertical
[2] Abscisse = axe horizontal

**Fig. 1 : Chaîne de peinture robotisée**

**Tableau 1 : Liste initiale des épaisseurs des couches en µm**

| 107 | 106 | 109 | 103 | 101 | 113 | 104 | 107 |
|---|---|---|---|---|---|---|---|
| 107 | 110 | 110 | **116** | 107 | 112 | 101 | 107 |
| 113 | 105 | 106 | 107 | 110 | 104 | 109 | 110 |
| 112 | 106 | 107 | 106 | 111 | 106 | 107 | 101 |
| 104 | 105 | 108 | 104 | 102 | 106 | 104 | 100 |
| 110 | 109 | 112 | 109 | 109 | 107 | 103 | 104 |
| 107 | 105 | **97** | 102 | 106 | 107 | 109 | 112 |

$$k \approx \sqrt{n} = \sqrt{56} = 7{,}48 \implies k = 7$$

$$R = x_{max} - x_{min} = 116\,\mu m - 97\,\mu m = 19\,\mu m$$

$$w \approx \frac{R}{k} = \frac{19\,\mu m}{7} = 2{,}7\,\mu m \implies w = 3\,\mu m$$

**Fig. 2 : Calcul de l'intervalle de la classe $w$**

**Tableau 2 : Liste de pointage**

| Cl. N° | Valeur de mesure ≥ | Valeur de mesure < | Liste de pointage | $n_j$ | $h_j$ en % | $F_j$ en % |
|---|---|---|---|---|---|---|
| 1 | 96 | 99 | I | 1 | 1,8 | 1,8 |
| 2 | 99 | 102 | IIII | 4 | 7,1 | 8,9 |
| 3 | 102 | 105 | IIII IIII | 10 | 17,9 | 26,8 |
| 4 | 105 | 108 | IIII IIII IIII IIII I | 21 | 37,5 | 64,3 |
| 5 | 108 | 111 | IIII IIII II | 12 | 21,4 | 85,7 |
| 6 | 111 | 114 | IIII II | 7 | 12,5 | 98,2 |
| 7 | 114 | 117 | I | 1 | 1,8 | 100,0 |
| | | | Somme: | 56 | 100,0 | |

$$C_p = \frac{T}{6 \cdot s} = \frac{40\,\mu m}{22\,\mu m} = 1{,}82 > 1{,}67!$$

**Résultat:**
Le robot de peinture est capable de respecter la tolérance.

$$\Delta_o = T_S - \bar{x} = (120 - 107)\,\mu m = 13\,\mu m$$

$$\Delta_u = \bar{x} - T_l = (107 - 80)\,\mu m = 27\,\mu m$$

$$C_{pk} = \frac{\Delta_{crit}}{3 \cdot s} = \frac{13\,\mu m}{11\,\mu m} = 1{,}18 < 1{,}67!$$

**Résultat:**
La chaîne de peinture robotisée n'est pas « capable ». Il convient de l'ajuster par ex. en réduisant un peu l'alimentation en peinture.

**Fig. 3 : Calcul de la capabilité des procédes**

# Capabilité des procédés

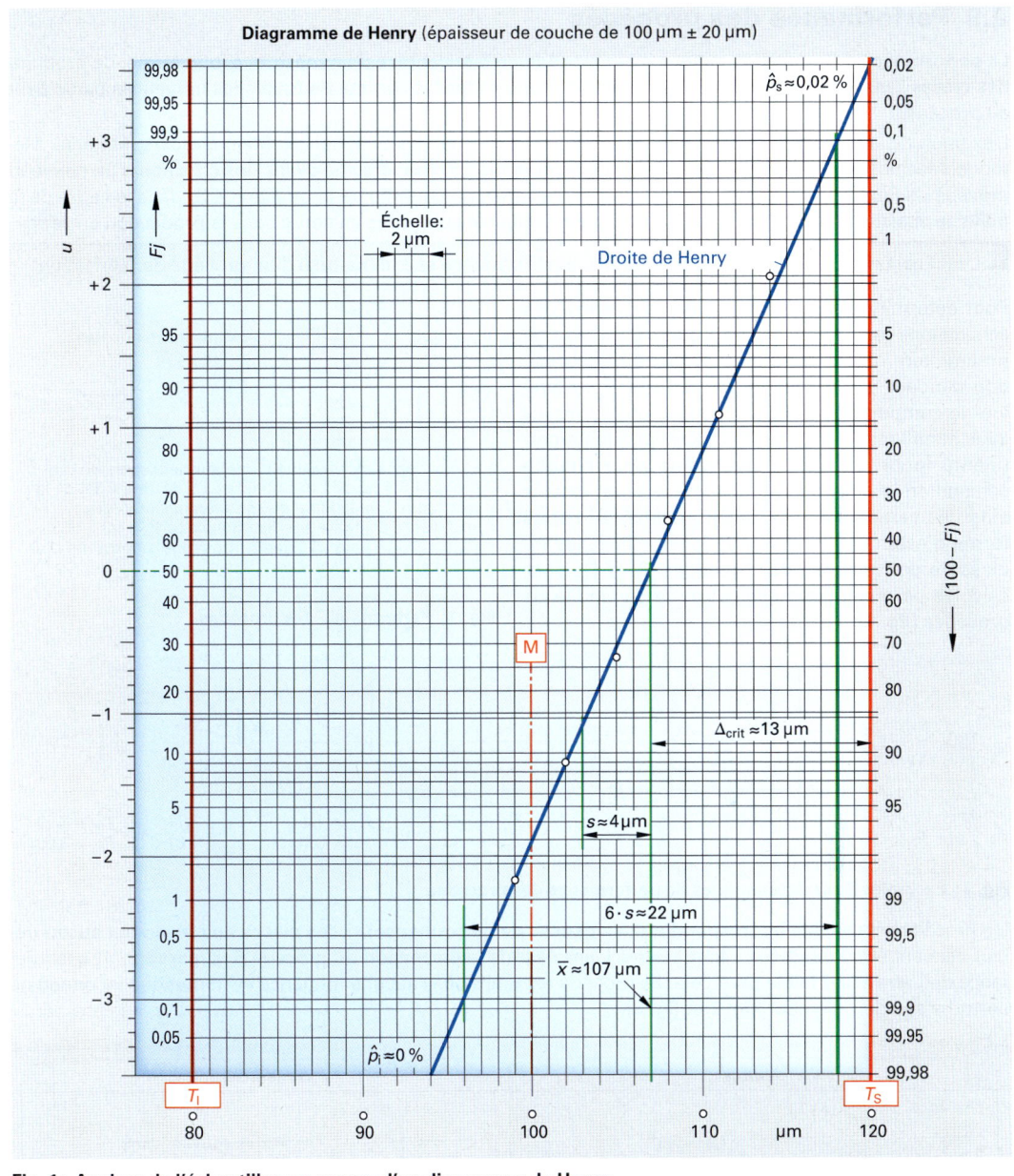

**Diagramme de Henry** (épaisseur de couche de 100 µm ± 20 µm)

**Fig. 1:** Analyse de l'échantillon au moyen d'un diagramme de Henry

**Fig. 1** permet de déduire ce qui suit:
- Les valeurs de mesure présentent une distribution gaussienne car les points représentant les fréquences cumulatives se trouvent le long d'une droite, ce qui est clairement reconnaissable.
- Moyenne arithmétique et écart type: $\bar{x} \approx 107$ µm: $6 \cdot s \approx 22$ µm $\rightarrow s \approx 3,7$ µm
- Le parcours de la droite est relativement abrupt, cela veut dire que la distribution présente une dispersion relativement faible.
- La fraction de dépassement supérieure $\hat{p}_s$ est de $\approx 0,02\%$, alors que la fraction inférieure est pratiquement de 0 % (aucun point d'intersection de la droite de probabilité avec la ligne $T_i$ sur la fiche d'analyse).
- La moyenne $\bar{x}$ est nettement à droite du milieu de la tolérance $M$, sa distance par rapport à la valeur limite supérieure $T_S$ est de 13 µm et représente ainsi « l'écart critique » $\Delta_{crit}$.

## 2.9 Performance des procédés

La **performance des procédés** indique si un procédé de fabrication est en mesure, à long terme, de produire des pièces sans défauts en cours de production, donc en tenant compte de toutes les influences participant au procédé.

L'examen de la performance des procédés (EPP) tient compte des 5 influences **M**ain-d'œuvre, **M**atériel, **M**éthode, **M**achine et **M**ilieu sur le procédé de fabrication. Un EPP est effectué avant l'introduction d'un nouveau procédé de fabrication, avant la mise en œuvre de cartes de contrôle de la qualité (CCQ) dans le cadre de la maîtrise statistique des procédés (MSP), ou pour évaluer les procédés en cours dans la production en série.

■ L'EPP est un examen à long terme relatif à la performance et à la maîtrise d'un procédé de fabrication.

Pour déterminer la performance des procédés, des échantillons sont prélevés dans le cadre d'un examen préliminaire ou au cours d'un procédé de fabrication pendant une assez longue période. Pour évaluer le comportement du procédé, il faut au moins 25 échantillons de la caractéristique de qualité pertinente (pour $n = 5$). On détermine pour chaque échantillon les caractéristiques $\bar{x}$ et $s$, et on calcule ainsi les caractéristiques du procédé $\hat{u}$ et $\hat{\sigma}$ sous forme d'estimations pour $u$ et $\sigma$. Pour finir, les indices de performance des procédés $P_p$ et $P_{pk}$ sont calculés par analogie au calcul de la capabilité ds procédés **(fig. 1)**.

$$P_p = \frac{T}{6 \cdot \hat{\sigma}}$$

$$P_{pk} = \frac{\Delta_{crit}}{3 \cdot \hat{\sigma}}$$

Exigences minimales
$P_p \geq 1{,}33$
$P_{pk} \geq 1{,}33$

L'expérience montre que l'ampleur de dispersion du procédé $6 \cdot \hat{\sigma}$ ne doit pas utiliser plus de 75 % ≅ 3/4 de la tolérance. Cela signifie que la tolérance doit être supérieure ou égale à $8 \cdot \hat{\sigma}$ et donc que $P_p \geq 4/3 = 1{,}33$. $P_{pk} \geq 1{,}33 = 4/3$ signifie que la moyenne du procédé doit être à $4 \cdot \hat{\sigma}$ de chaque valeur limite.

**Fig. 1 : Performance des procédés**

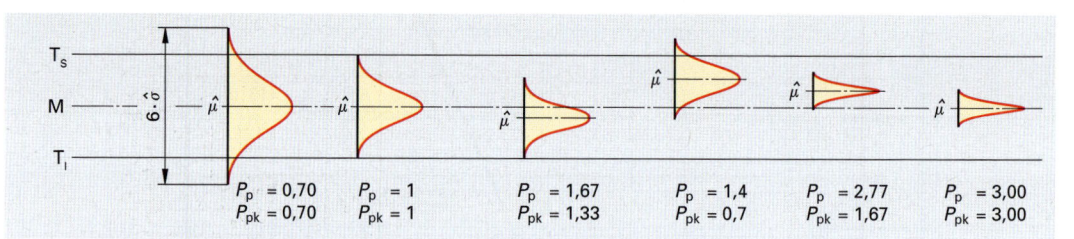

| | | | | | | |
|---|---|---|---|---|---|---|
| | $P_p = 0{,}70$ | $P_p = 1$ | $P_p = 1{,}67$ | $P_p = 1{,}4$ | $P_p = 2{,}77$ | $P_p = 3{,}00$ |
| | $P_{pk} = 0{,}70$ | $P_{pk} = 1$ | $P_{pk} = 1{,}33$ | $P_{pk} = 0{,}7$ | $P_{pk} = 1{,}67$ | $P_{pk} = 3{,}00$ |

**Fig. 2 : Exemples de caractéristiques de performance des procédés**

Un procédé est **capable (correspond aux exigences de performance)** si des pièces ne présentant aucun défaut peuvent être fabriquées à long terme. L'ampleur de la dispersion du procédé $6 \cdot \hat{\sigma}$ par rapport à la tolérance doit être assez faible pour cela. Le procédé est **maîtrisé** si aucune influence systématique inconnue ne perturbe son déroulement **(fig. 2 et fig. 3)**.

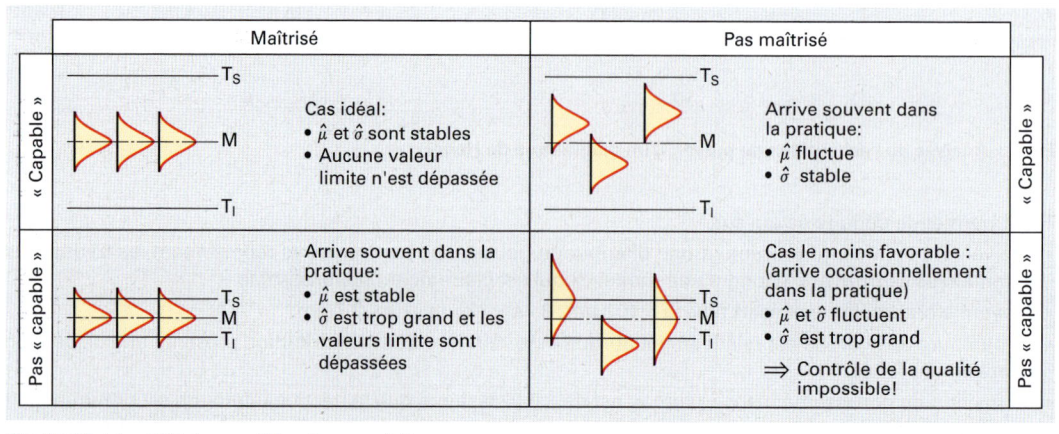

| | Maîtrisé | | Pas maîtrisé | |
|---|---|---|---|---|
| « Capable » | | Cas idéal :<br>• $\hat{\mu}$ et $\hat{\sigma}$ sont stables<br>• Aucune valeur limite n'est dépassée | | Arrive souvent dans la pratique :<br>• $\hat{\mu}$ fluctue<br>• $\hat{\sigma}$ stable |
| Pas « capable » | | Arrive souvent dans la pratique :<br>• $\hat{\mu}$ est stable<br>• $\hat{\sigma}$ est trop grand et les valeurs limite sont dépassées | | Cas le moins favorable :<br>(arrive occasionnellement dans la pratique)<br>• $\hat{\mu}$ et $\hat{\sigma}$ fluctuent<br>• $\hat{\sigma}$ est trop grand<br>⇒ Contrôle de la qualité impossible ! |

**Fig. 3 : Matrice d'états possibles des procédés**

## 2.10 Maîtrise statistique des procédés au moyen de cartes de contrôle de la qualité

### ■ Maîtrise statistique des procédés, MSP (Statistical Process Control, SPC)

> Dans le cadre de la maîtrise statistique des procédés, un procédé de fabrication est observé et contrôlé en permanence au moyen de cartes de contrôle de la qualité. L'objectif est de détecter aussi tôt que possible les écarts systématiques afin de pouvoir intervenir à temps dans le procédé et d'éviter le rebut.

La maîtrise statistique des procédés est mise principalement en œuvre lors de la production de volumes importants de pièces. L'objectif visé est une production dans le cadre de procédés «capables» (correspondant aux exigences de capabilité) et maîtrisés. Un procédé de fabrication qui a été optimisé avant le lancement de la série (→ examen de la capabilité des procédés) est surveillé en permanence par prélèvement d'échantillons. Dans ce but, des échantillons composés le plus souvent de cinq pièces fabriquées à la suite sont prélevés à intervalles réguliers pendant le cours de la production et contrôlés. Plus le nombre d'influences perturbatrices auxquelles il faut s'attendre pendant le procédé de fabrication est important et plus la durée de production de chaque pièce est courte, plus souvent cette opération devra être répétée. En cas de dysfonctionnement, il convient d'intervenir tôt pour garantir la production zéro défaut et/ou une poursuite rapide de la production optimale tout en maintenant les prix de contrôle à un niveau bas.

L'analyse des **caractéristiques MSP** permet de détecter les écarts systématiques et/ou les dysfonctionnements au cours du processus de fabrication. Ce sont souvent des dimensions fonctionnelles importantes qui sont définies par le client et qui, en outre, peuvent être soumises à l'obligation de documentation sur des pièces importantes pour la sécurité.

### ■ Structure des cartes de contrôle de la qualité (CCQ)

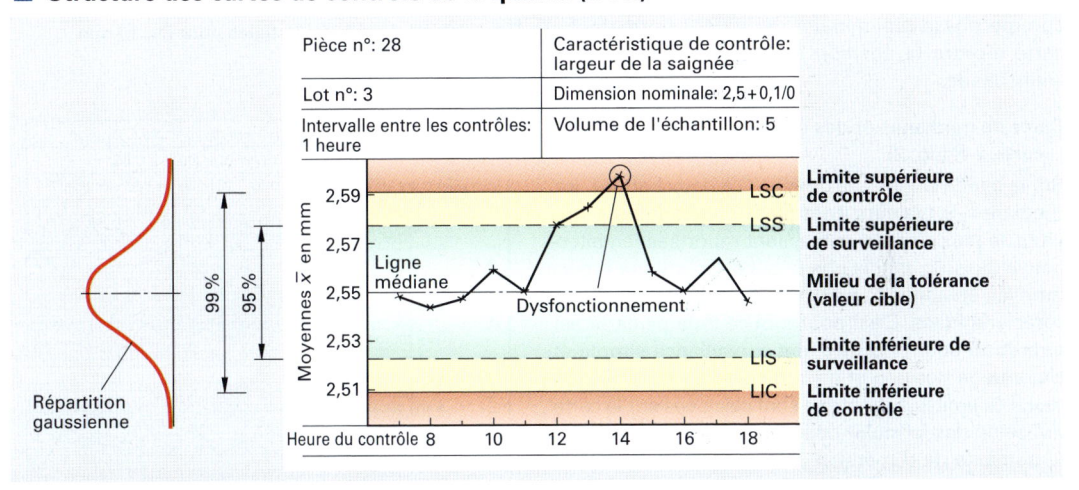

**Fig. 1:** Carte de contrôle de la qualité pour les moyennes (carte $\bar{x}$) et répartition des moyennes

L'exemple de la carte des moyennes **(fig. 1, au milieu)** montre la structure typique d'une CCQ. Les données temporelles du contrôle ou les numéros des échantillons sont indiqués sur les abscisses, tandis qu'une échelle forme l'ordonnée pour la caractéristique de qualité. En fonction du type, les valeurs de mesure uniques ou les caractéristiques des échantillons comme, dans ce cas, $\bar{x}$ sont notées dans la CCQ sous forme de points qui sont alors reliés.

Une ligne à traits mixtes forme la **ligne médiane** *(M)* et représente le milieu de la tolérance ou la valeur cible. Les **limites de surveillance** *(LSS, LIS)* et, éventuellement, les **valeurs limite** *($T_S$, $T_I$)* sont dessinées sous forme de lignes en tirets. Les limites de surveillance englobent 95% des caractéristiques essentielles.

De larges lignes pleines marquent les **limites de contôle** *(LSC, LIC)*. Elles incluent la zone des valeurs admissibles. Par leur mise en relief, l'attention est attirée sur le fait qu'une correction du procédé est nécessaire dès qu'elles sont dépassées, donc avant la production de rebut. Le plus souvent, elles sont sélectionnées de manière à ce que 99% de toutes les caractéristiques essentielles se trouvent dans cette zone tant que la production se déroule sans dysfonctionnements. En cas de dépassement, toutes les pièces produites depuis le dernier échantillonnage doivent être soumises à un contrôle à 100% afin d'exclure que des pièces défectueuses aient été produites après le prélèvement du dernier échantillon. La production est stoppée et corrigée.

■ Une CCQ permet d'observer l'évolution des caractéristiques et l'apparition de dysfonctionnements.

## Types de cartes de contrôle de la qualité

Il existe une multitude de cartes de contrôle de la qualité (en abrégé CCQ). On distingue d'abord les CCQ destinées à recevoir les caractéristiques essentielles pouvant être comptées (discrètes), par ex. les tables de défauts (p. 75) et les CCQ pour les caractéristiques de contrôle mesurables (continues). On les divise en CCQ de tendances et de procédés et/ou Shewart (du nom de l'inventeur). Pour les CCQ de tendances, les limites de contrôle et de surveillance sont définies en fonction des valeurs limite de tolérance, et pour les cartes de contrôle des procédés par les caractéristiques du procédé $\hat{\mu}$ et $\hat{\sigma}$, donc par les estimations pour l'ensemble de base (orientation sur le procédé). De plus en plus, on renonce à indiquer les limites de surveillance. Pour garder parallèlement à l'esprit la position et la dispersion d'un procédé, on utilise des CCQ à deux bandes. La position est surveillée sur la bande supérieure, la dispersion sur la bande inférieure. Si l'on dirige la CCQ manuellement, on combine les paramètres $\tilde{x}$ ou $\bar{x}$ avec $R$. La carte $\bar{x}$-$s$ est principalement utilisée pour maîtriser les procédés par ordinateur.

### Carte de valeurs initiales (fig. 1).

Des échantillons sont numérotés. Cinq valeurs de mesure sont effectuées sur chacun d'entre eux. Un nombre d'occurrences est attribué aux mêmes valeurs La carte est créée de manière à ce que les limites d'intervention englobent 75% des tolérances car une fabrication économique n'est possible que si la dispersion de fabrication se limite au maximum à 75% de la tolérance. La carte de valeurs initiales est utilisée quand seules quelques valeurs existent ou comme phase préliminaire de la CCQ normale. La carte montre la position et la dispersion sur une seule bande.

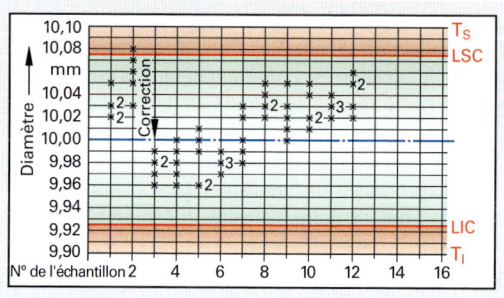

Fig. 1 : Carte de valeurs initiales pour $D$ = 10 mm ± 0,1 mm

### Carte de médianes et des étendues carte $\tilde{x}$-$R$ (fig. 2)

Sur la bande supérieure de la CCQ à deux bandes, les médianes $\tilde{x}$ (valeurs centrales) d'échantillons impairs, le plus souvent petits, sont reportées (en alternative aussi $\bar{x}$), tandis que la bande inférieure répertorie les étendues $R$. Il est très simple de définir ces caractéristiques. C'est pourquoi ce type de carte est approprié pour effectuer une surveillance simple et claire de la position et de la dispersion sans ordinateur. Les limites de contrôle sont calculées sur la carte $\tilde{x}$-$R$ selon des formules définies. Le calcul se base sur le domaine de dispersion aléatoire des paramètres. La carte est utilisée lors de l'introduction des CCQ ou en cas d'environnements de travail difficiles.

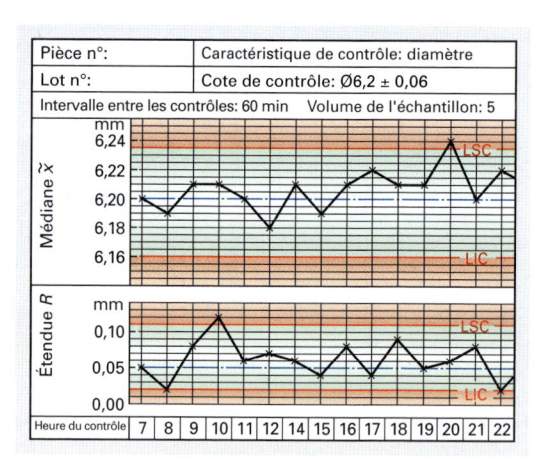

Fig. 2 : Carte des médianes et des étendues (carte $\tilde{x}$-$R$)

### Carte des moyennes et des écarts types carte $\bar{x}$-$s$ (fig. 3)

Les moyennes arithmétiques $\bar{x}$ des différents échantillons sont inscrites sur la bande supérieure de la CCQ à deux bandes et, sur la bande inférieure, ce sont leurs écarts types $s$. Si les paramètres du procédé ne sont pas encore connus, $\hat{\mu}$ et $\hat{\sigma}$ sont calculés comme estimations résultant des caractéristiques existantes de l'échantillonnage par formation de la moyenne en utilisant des constantes supplémentaires empruntées à des tables. Les limites de contrôle sont calculées selon des formules définies. La carte $\bar{x}$-$s$ est appropriée pour effectuer une surveillance sensible de la position et de la dispersion sur ordinateur.

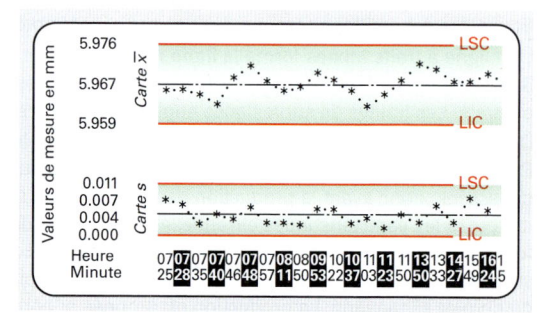

Fig. 3 : Carte des moyennes et des écarts-types (carte $\bar{x}$-$s$)

# Maîtrise statistique des procédés au moyen de cartes de contrôle de la qualité

## ■ Règles d'évaluation de procédés de fabrication (fig. 1)

① Si les caractéristiques de position et de dispersion d'un procédé de fabrication sont **dans les limites de surveillance,** on peut partir du principe que le procédé est maîtrisé.

② Si au moins une caractéristique se trouve **entre les limites de surveillance et de contrôle,** il existe un danger de modification systématique. Les intervalles entre les contrôles doivent être réduits.

③ Si au moins une caractéristique est **en dehors des limites de contrôle,** la production doit être arrêtée. Il faut alors mettre les pièces défectueuses à part et éliminer les causes. (Avec une dispersion aléatoire située dans un intervalle de 99% et basée sur 100 mesures, la probabilité d'erreur de 1% ne nécessite par d'intervention.)

④ Si, sur une **carte s ou R,** la **LIC** est **dépassée** vers le bas, une réduction systématique de la dispersion est donnée, ce qui induit une amélioration du procédé.

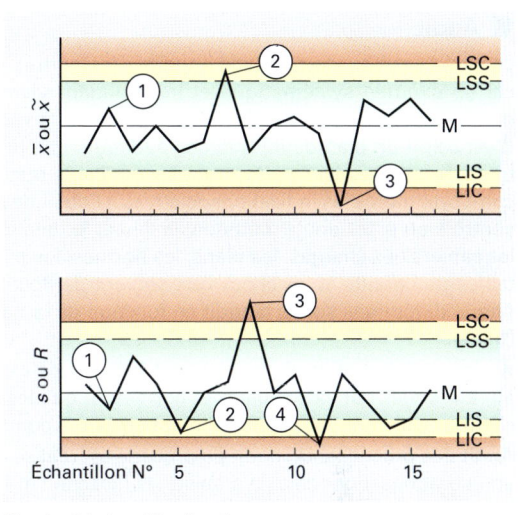

Fig. 1 : Règles d'évaluation

On peut trouver des déroulements spéciaux dans le procédé de fabrication **(fig. 2).**

| Dysfonctionnement dans le déroulement du procédé | Observation | Mesures |
|---|---|---|
| (courbe ascendante, $\bar{x}$, LSC/LIC) | « Trend »<br>7 moyennes ou valeurs R augmentent ou diminuent l'une après l'autre | Interrompre le processus de fabrication<br>Chercher la cause, par ex.<br>• Comportement thermique de la machine<br>• Usure des outils |
| (courbe, $\bar{x}$, LSC/LIC) | « Run »<br>7 valeurs à la suite sont au-dessus ou en dessous de la ligne médiane | Interrompre le processus de fabrication<br>Chercher la cause, par ex.<br>• Usure des outils<br>• Changer la matière, le moyen de contrôle ou le réfrigérant-lubrifiant |
| a) (courbe large, $\bar{x}$, LSC/LIC)<br>b) (courbe étroite, $\bar{x}$, LSC/LIC) | « Middle Third »<br>2/3 des valeurs de mesure ne sont plus dans le tiers moyen entre les limites d'intervention.<br>a) Les valeurs sont trop proches des limites d'intervention<br>b) Les valeurs sont trop proches de la ligne médiane | Chercher la cause, par ex.<br>• Matière issue d'un autre lot<br>• Dispersion des valeurs de mesure<br>• Changement de l'opérateur de l'installation<br>• Mélange de pièces qui ont été fabriquées sur différentes machines<br>• Vérifier la capacité du moyen de contrôle, la procédure de mesure et la qualification de l'opérateur de l'installation en matière de technique de mesure |

Fig. 2 : Processus à déroulement spécial

---

### Répétition et approfondissement

1. Quels sont les avantages d'un contrôle par échantillonnage par rapport à un contrôle 100%?
2. Quel est l'objectif visé par la maîtrise statistique des procédés (MSP)?
3. Lorsque les indices de capabilité des procédés $P_p$ et $P_{pk}$ sont égaux, qu'est-ce que cela veut dire?
4. Quelles mesures convient-il de prendre quand, en cours de procédé, une moyenne dépasse la limite de contrôle?
5. Quelle est la carte de contrôle appropriée pour réaliser une évaluation manuelle? Veuillez motiver votre choix.

## 2.11 Audit et certification

### ■ Audit

Le terme « audit » vient du latin « audire » (entendre). Un **audit de qualité** est un examen systématique et indépendant visant à découvrir des points faibles, à suggérer des améliorations et à vérifier leur efficacité. C'est selon un plan défini que des auditeurs indépendants ayant suivi une formation spéciale effectuent les audits de qualité. Le plan d'audit comporte toutes les indications relatives à l'objet devant être soumis au contrôle en précisant la méthode, le lieu et la date du contrôle. Par ex., les cahiers des charges, les plans, les normes, les plans de contrôle, les tables de défauts et les check-lists servent de documentation. On distingue différentes sortes d'audit en fonction de la nature de l'objet de l'audit et de la personne qui le réalise (fig. 1).

Fig. 1 : Cartes d'audit

**Audit produit.** Les produits sont contrôlés pour s'assurer que les caractéristiques de qualité sont conformes au référentiel, par ex. les plans et normes, et que les exigences de qualité sont satisfaites du point de vue du client ou du commettant, notamment en ce qui concerne le fonctionnement et la sécurité.

**Audit des procédés.** Un audit du procédé est réalisé dans le but de pointer les possibilités de lui apporter des améliorations. Pour cela, la stabilité, l'efficacité[1] et l'efficience[2] du procédé ainsi que la conformité avec les exigences légales, les normes et les documentations concernant le procédé sont contrôlées.

**Audit système.** L'ensemble du système de MQ d'une entreprise est évalué en termes de rendement et de capacité de fonctionnement. Il s'agit également de déterminer ses points faibles, des mesures correctives et des mesures d'amélioration.

**Audits internes et externes.** L'**audit interne** sert d'outil de gestion permettant d'évaluer ses propres prestations. Lors d'un **audit externe,** on distingue entre les audits de fournisseurs et les audits de certification. Les **audits de fournisseurs** permettent aux entreprises d'évaluer leurs fournisseurs, le plus souvent sous la forme d'audits des procédés. Lors d'**audit de certification,** la capabilité d'une entreprise et de son système de gestion est soumise à une expertise.

### ■ Certification

Le terme de « certification » désigne une procédure au terme de laquelle une société de certification accréditée[3] indépendante reconnaît le système de MQ d'une entreprise (fig. 2). La certification est fondamentalement une démarche facultative. Néanmoins, une forte pression est exercée aujourd'hui sur les entreprises dans ce sens. Les fabricants d'automobiles allemands, par ex., ne peuvent faire immatriculer leurs véhicules que s'ils ont apporté à l'Office fédéral allemand des véhicules à moteur la preuve de leur capabilité en présentant un certificat correspondant. De nombreux clients finaux ne passent plus leurs commandes qu'à des entreprises certifiées. Les fournisseurs sans système de MQ certifié (fig. 1, p. 73) n'ont pratiquement aucune chance d'être intégrés dans la base de données de fournisseurs de grandes entreprises.

La certification est effectuée selon le référentiel de normes standardisées au niveau international, par ex. selon la série de normes ISO 9000 ou conformément à la norme ISO/TS 16949 (industrie automobile). Elle est réalisée par des organismes de contrôle indépendants comme par ex. la DQS (Deutsche Gesellschaft zur Zertifizierung von Managementsystemen, société allemande de certification de systèmes de gestion), le TÜV (Technischer Überwachungsverein, service des mines allemand) ou la DEKRA (Deutscher Kraftfahrzeug-Überwachungsverein e. V., association allemande de contrôle des véhicules automobiles). Un certificat accordé est normalement valable trois ans. Les contrôles concernent

- la documentation relative au système de gestion de la qualité (manuel, instructions relatives aux procédés, au travail et aux contrôles),
- la mise en œuvre des processus documentés dans la pratique
- l'efficacité et l'efficience des procédés.

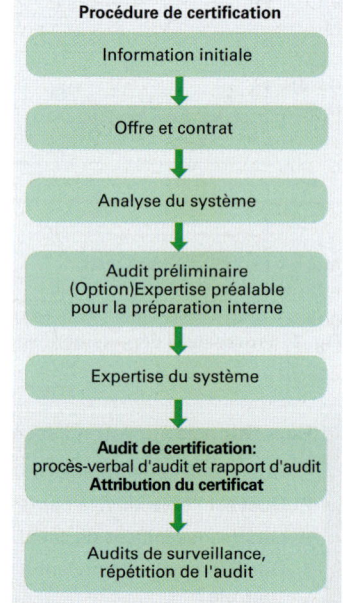

Fig. 2 : Schéma de déroulement d'une certification

[1] Efficacité = rendement   [2] Efficience = rentabilité   [3] Accrédité = reconnu

## 2.12 Processus d'amélioration continu : les collaborateurs optimisent les procédés

Les entreprises s'efforcent de faire évoluer leurs produits en innovant et en apportant des améliorations constantes afin d'être concurrentiels.

Le mot **innovation** (en latin : innovatio : renouvellement) correspond à un progrès brusque, obtenu grâce à une invention, un nouveau procédé de fabrication ou un investissement important dans des machines ou installations neuves.

**PAC** est l'abréviation de **« procédé d'amélioration continu »**, en anglais « Continuous Improvement Process (CIP) ». Les Japonais, qui ont développé cette méthode d'amélioration de la qualité et qui l'emploient depuis avec un succès notable, ont créé pour la désigner le terme de **KAIZEN**[1] **(fig. 1)**.

> L'objectif du PAC et du KAIZEN est l'amélioration continue de la qualité ainsi que la réduction des coûts.

C'est pourquoi l'objectif du PAC et du KAIZEN est l'amélioration du produit, du procédé et de l'organisation par petites étapes résultant d'efforts permanents. Le processus est centré sur les collaborateurs et l'optimisation des détails du procédé. Selon la philosophie KAIZEN, l'optimisation des procédés commence pendant la production. Seules les personnes qui travaillent chaque jour dans la production peuvent reconnaître les points faibles de manière effective et savent en conséquence où apporter des améliorations. Les problèmes qui surviennent sont résolus sur place par tous les collaborateurs participant au procédé. Il s'agit de l'amélioration constante de procédés de travail, d'enchaînements et de méthodes, d'un meilleur flux en termes d'informations et de pièces, et d'une qualité améliorée des produits et services **(tableau 1)**.

Le PAC et le KAIZEN supposent que les collaborateurs fassent preuve d'acceptation et de motivation, aient été formés pour avoir un comportement permettant de trouver des solutions aux problèmes, reçoivent des informations régulières et que l'équipe travaille en intense coopération. Les membres d'une équipe comprenant au maximum dix collaborateurs doivent venir de différents départements de l'entreprise. Les règles fondamentales de la pratique du PAC sont énumérées au **tableau 2**.

Un autre objectif du PAC et du KAIZEN réside dans l'élimination du gaspillage. Ce qui n'est pas utile pour augmenter la valeur du produit, comme par ex. les retouches ou les temps d'attente, est un gaspillage des ressources **(tableau 3)**.

[1] Prononciation : [kaj-zen]

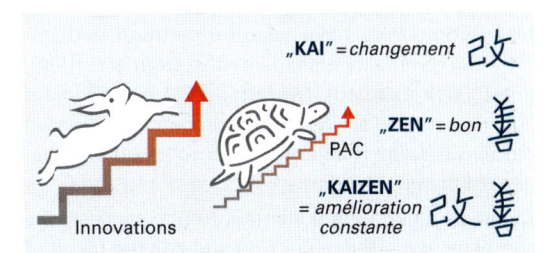

**Fig. 1 : Des progrès par de grands sauts et de petits pas**

„KAI" = changement
„ZEN" = bon
„KAIZEN" = amélioration constante

**Tableau 1 : Comparaison de l'innovation et de l'amélioration continue**

| Innovation | PAC (KAIZEN) |
|---|---|
| Modifications considérables par : | Améliorations continuelles par : |
| • les grands sauts | • de petits pas |
| • les investissements importants | • les primes accordées aux collaborateurs |
| • les idées individuelles | • le travail en groupe |
| • la réflexion centrée sur l'objectif et/ou les résultats | • la réflexion orientée sur les procédés |
| • l'orientation sur la technologie | • l'orientation des collaborateurs |
| • un nombre limité de spécialistes | • l'intégration de tous les collaborateurs |

**Tableau 2 : Règles fondamentales de la pratique PAC**

- Mettez de côté les points de vue conventionnels.
- Remettez les méthodes actuelles en question.
- Réfléchissez à la manière de faire les choses et non aux raisons pour lesquelles il n'est pas possible de les réaliser.
- Mieux vaut une solution immédiate à 50 % que de ne jamais obtenir une solution à 100 %. (« just do it »)
- Corrigez les erreurs immédiatement.
- Recherchez toujours des solutions économiques !
- Ne craignez pas les obstacles. Le bon sens ne se révèle qu'en surmontant les obstacles.
- Demandez 5 fois « Pourquoi ? », recherchez la véritable cause.
- Une équipe résout un problème mieux qu'un spécialiste isolé.
- Le PAC est un procédé sans fin.

**Tableau 3 : Types de gaspillage dans la production**

- Surproduction
- Attente
- Transports inutiles
- Procédés de fabrication présentant des défauts
- Stocks inutiles
- Défauts de qualité et réparations
- Déplacements inutiles

## 2.13 Practise your English

### ■ Quality management

Many companies have become certified and implemented a quality management system accord-ing to ISO 9000 standards. Modern quality management encompasses all activities in a company. It is carried out successfully if all employees follow the guidelines of the ISO standards.

Quality is an important element for the success of a company. It plays a major role and it is the result of systematic planning and management of products and processes. Its importance is highlighted by the provision of awards and prizes **(Figure 1)**.

Figure 1: Samples for logos by accredited certification companies and special awards

### ■ Quality tools

Quality tools are graphical aids for representing quality-related analysis and/or findings **(Figure 2)**.
- The **defect chart** detects and lists errors in a production process.
- The **histogram** shows the frequency of quality relevant data into classes.
- The **quality control chart** is a graphical aid for for continuous process monitoring.
- The **Pareto chart** displays causes of problems in order of importance.
- The **cause-and-effect diagram** ("fishbone chart") is used to find the causes of problems.
- The **scatter diagram** determines a relationship between two features.

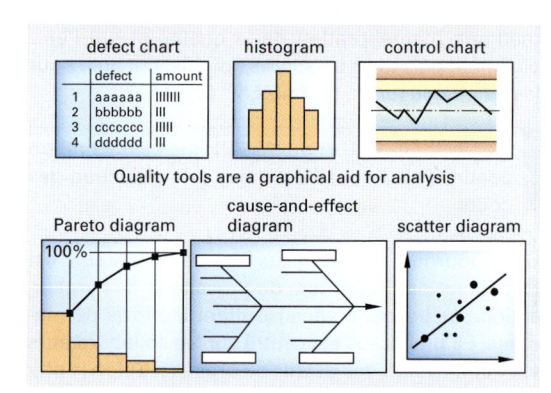

Figure 2: Quality tools

### ■ Distribution of measured values

If the sample size is increased and the class intervals are reduced, the staircase shape of the histogram of normally distributed values turns into a normal distribution bell curve **(Figure 3)**. The measured values of many industrial processes are normally distributed, e.g. length measurements. The normal distribution is a continuous, symmetric and bell-shaped curve. The characteristics of a sample are the arithmetic mean and the standard deviation $s$. $\bar{x}$ provides information of the location of the distribution with respect to the limits, $s$ describes the scattering of the measured values around the mean.

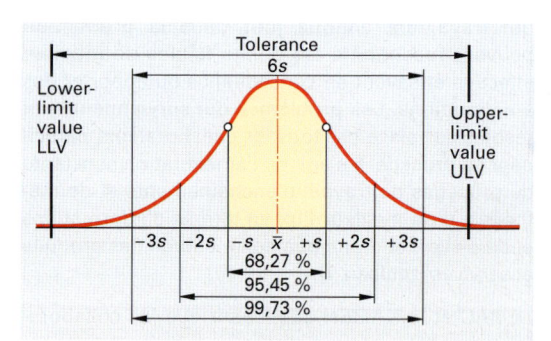

Figure 3: Normal distribution of values

### ■ Statistical process control (SPC)

Statistical evaluation methods such as sampling inspection, capability studies and the use of quality control charts are part of the statistical process control, and thus of the quality assurance **(Figure 4)**. Quality control charts (QCC) are used to monitor key products or process characteristics in mass production.

| Item | Machine capability | Process capability |
|---|---|---|
| Item | machine | production process |
| Volume | 1 sampling testing, $n \geq 50$ | permanent testing of samles, $n \geq 5$ |
| Aim | evaluation of machine | evaluation of process |
| Application | e. g. new acquisition | current manufacturing process |
| Values | $C_p$, $C_{pk}$ | $P_p$, $P_{pk}$ |

Figure 4: Capability study and quality control chart

# 3 Technique de fabrication

| | | |
|---|---|---|
| **3.1** | **Sécurité au travail**........................ | 94 |
| | Symboles de sécurité..................... | 94 |
| | Causes d'accidents ....................... | 95 |
| | Mesures de sécurité ...................... | 95 |
| **3.2** | **Différents procédés de fabrication** ......... | 96 |
| | Principaux groupes de procédés de fabrication. | 96 |
| | Les différents procédés de fabrication ...... | 96 |
| **3.3** | **Moulage** ............................... | 98 |
| | Moules et modèles ........................ | 98 |
| | Moulage en moules perdus et moules permanents | 99 |
| **3.4** | **Mise en forme des matières plastiques** ..... | 104 |
| | Moulage par injection..................... | 105 |
| | Formage des matières en mousse ......... | 108 |
| **3.5** | **Formage** ............................... | 111 |
| | Comportement des matériaux lors du formage . | 111 |
| | Aperçu des procédés de formage .......... | 111 |
| | Déformation plastique par flexion, traction et compression ........................... | 112 |
| **3.6** | **Coupe** ................................. | 122 |
| | Cisaillage ................................ | 122 |
| | Découpage sans contact................... | 127 |
| **3.7** | **Fabrication par enlèvement de copeaux, guidée à la main** ........................ | 131 |
| | Bases .................................... | 131 |
| | Fabrication avec des outils à main ......... | 132 |
| **3.8** | **Fabrication avec des machines-outils**....... | 136 |
| | Matériaux de coupe; lubrifiants réfrigérants . | 136 |
| | Sciage, perçage, taraudage, fraisage, alésage | 143 |
| | Tournage, fraisage, Rectification, Brochage. . | 156 |
| | Superfinition, Enlèvement par électro-érosion | 214 |
| | Dispositifs, éléments de serrage, exemple de fabrication........................... | 224 |
| **3.9** | **Liaison** ................................ | 235 |
| | Aperçu ................................... | 235 |
| | Assemblage par sertissage et par enclenchement | 238 |
| | Collage, brasage, soudage................. | 240 |
| **3.10** | **Procédés de fabrication additifs** ........... | 261 |
| | Rapid Prototyping........................ | 262 |
| | Fusion sélective.......................... | 264 |
| **3.11** | **Enduction**.............................. | 266 |
| | Enduction avec des peintures et des matières plastiques....................... | 266 |
| | Enduction de métaux .................... | 268 |
| | Enductions avec des caractéristiques particulières. | 269 |
| **3.12** | **Atelier de fabrication et protection de l'environnement** ........................ | 270 |
| | Elimination des copeaux et des poussières .. | 270 |
| | Nettoyage des pièces ..................... | 271 |
| | Nettoyage de l'air évacué ................ | 271 |
| | Nettoyage des eaux usées des entreprises de transformation des métaux ................ | 272 |
| **3.13** | **Practise your English** .................... | 273 |

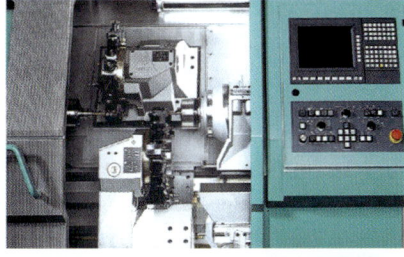

# 3 Technique de fabrication

## 3.1 Sécurité au travail

Pour la sécurité au travail et donc par conséquent pour la prévention des accidents, il existe pour chaque branche professionnelle des prescriptions pour la prévention des accidents (Ordonnance sur la prévention des accidents, OPA). Elles sont publiées par les associations pour la prévention des accidents du travail et doivent être affichées dans chaque entreprise **(fig. 1)**.

Tous les membres du personnel doivent les respecter rigoureusement. Chacun peut apprendre à se comporter correctement pour éviter les accidents. Le non-respect de la sécurité peut causer des maladies, des blessures corporelles et des dégâts matériels. On considère qu'une personne a un comportement contraire à la sécurité lorsqu'elle se met elle-même en danger ou met en danger ses collègues ainsi que les installations et aménagements de l'entreprise, en ne respectant pas les directives et les symboles de sécurité.

Fig. 1 : Label des caisses de prévoyance professionnelles contre les accidents

> Avec la prévention des accidents sur le lieu de travail, les personnes et les installations doivent être protégés contre tous dommages.

### 3.1.1 Symboles de sécurité

On utilise différents types de marquage pour marquer une zone de travail.

■ **Panneaux d'obligation**

Les panneaux d'obligation circulaires de couleur bleue et blanche indiquent les mesures de sécurité définies **(fig. 2)**. Ils prescrivent de manière impérative certains types de comportements. Ainsi par ex. il faut porter des lunettes de protection lorsque l'on travaille sur un touret à meuler.

■ **Panneaux d'interdiction**

Ces panneaux sont également ronds et indiquent l'action interdite à l'aide d'une image noire sur fond blanc **(fig. 3)**. On les reconnaît à leur bordure rouge et aux diagonales rouges.

Les liquides inflammables et les gaz, ainsi que les particules de poussière fine, peuvent provoquer des mélanges explosifs au contact avec l'air. Les locaux dans lesquels ce type de substances, comme par ex. l'essence, l'acétylène ou la poussière de bois, sont entreposés ou utilisés, sont considérés comme exposés à un risque d'explosion. Dans ces locaux, il faudra apposer un panneau d'interdiction de flamme nue et défense de fumer.

■ **Panneaux d'avertissement**

Les panneaux d'avertissement triangulaires avec la pointe vers le haut sont réalisés en couleur jaune et noire **(fig. 1, p. suivante)**. Dans les endroits où sont entreposées par ex. des substances toxiques ou corrosives, le panneau d'avertissement correspondant indique que ces substances doivent être manipulées avec la plus grande prudence et les mesures de sécurités appropriées.

■ **Panneaux de secours**

Les panneaux de secours sont carrés ou rectangulaires et de couleur verte et blanche **(fig. 2, p. suivante)**. Ils orientent par ex. vers les issues de secours ou ils indiquent les endroits où se trouvent des mallettes de secours ou des civières pour les premiers secours.

> Pour accroître la sécurité sur le lieu de travail, des panneaux d'obligation, d'interdiction, d'avertissement et de secours sont apposés dans l'entreprise.

Fig. 2 : Panneaux d'obligation

Fig. 3 : Panneaux d'interdiction

## 3.1.2 Causes d'accidents

Les accidents sont causés par des défaillances humaines, telles que l'ignorance du danger et la négligence, et par des défaillances techniques.
**La défaillance humaine** ne peut pas être totalement exclue, même avec une formation approfondie et une précaution extrême. Cependant, les conséquences doivent être atténuées au maximum par des dispositifs de sécurité appropriés, comme par ex. par des barrières.
**Les défaillances techniques** peuvent se produire par ex. suite à une fatigue des matériaux ou à une surcharge imprévisible. Mais même en cas de défaillance, par ex. lorsque la pression de serrage du dispositif de serrage d'une machine diminue, la machine ne doit plus être utilisée et doit être immédiatement arrêtée de manière automatique.

## 3.1.3 Mesures de sécurité

Les accidents doivent être évités grâce à des mesures de sécurité préventives. L'élimination des risques d'accidents, la protection et le marquage des endroits dangereux, ainsi que la prévention du danger font partie de ces mesures :

■ **Les dangers doivent être éliminés.**
Toute défaillance sur une machine, un outil ou une installation doit être immédiatement signalée au personnel compétent.
Les voies de circulation et les issues de secours doivent être toujours dégagées.
Les outils coupants et pointus ne doivent pas être portés dans les vêtements.
Les bijoux, montres et bagues doivent être retirés avant le travail.

■ **Les endroits dangereux doivent être protégés et marqués.**
Les dispositifs de protection, les panneaux indicateurs et les dispositifs de sécurité ne doivent pas être enlevés.
Les entraînements à engrenages, à courroies et à chaînes et les composants s'engrenant les uns dans les autres doivent être recouverts.
Les récipients de substances inflammables, explosives, corrosives ou toxiques doivent être marqués et entreposés dans un endroit sûr.

■ **Toute mise en danger doit être évitée.**
Une tenue de protection adéquate doit être portée pour se protéger de la projection d'étincelles, de la chaleur, du bruit et des rayonnements.
Les dangers pour le visage et les yeux peuvent être évités par des lunettes de protection, des écrans, des capots de protection et des écrans protecteurs.
Des mesures de protection particulières (p. 504) doivent être prises pour les installations et le matériel électriques.

> Pour la sécurité des machines, des installations et des processus de fabrication, mais surtout pour préserver la vie et la santé des employés, la participation et la coopération de chacun sont requises.

**Répétition et approfondissement**

1. Comment classifier les différents panneaux de sécurité ?
2. Par quels moyens peut-on éviter les dangers menaçant le visage et les yeux ?
3. Quelles sont les causes des accidents ?
4. Quelles mesures de protection doivent être prises dans le cadre des installations électriques ?

**Fig. 1 : Panneaux d'avertissement**

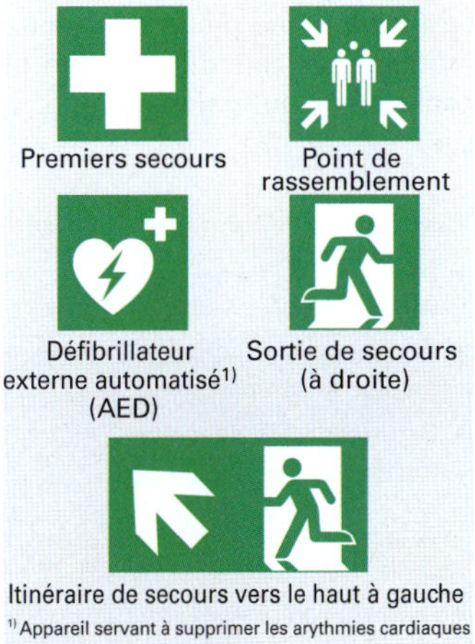

- Danger général
- Engins de manutention
- Matières inflammables ou haute température
- Matières explosives risque d'explosion
- Rayonnement laser
- Matières toxiques
- Matières radioactives radiations ionisantes
- Danger électrique

**Fig. 2 : Panneaux de secours**

- Premiers secours
- Point de rassemblement
- Défibrillateur externe automatisé[1] (AED)
- Sortie de secours (à droite)
- Itinéraire de secours vers le haut à gauche

[1] Appareil servant à supprimer les arythmies cardiaques

## 3.2 Différents procédés de fabrication

Les procédés de fabrication industriels et artisanaux peuvent être classés selon la forme de la pièce qui doit être créée, modifiée ou conservée durant ce procédé. Si l'on prend également en compte le fait que la consistance du matériau ne se manifeste que lors de la fabrication ou bien qu'elle est conservée, réduite ou agrandie, on obtient les six principaux groupes des procédés de fabrication **(fig. 1)**.

| Par le procédé la **forme des pièces** est | | | | | |
|---|---|---|---|---|---|
| créée | modifiée | | | maintenue | |
| Moulage (groupe principal 1) | Formage (groupe principal 2) | Usinage (groupe principal 3) | Liaison (groupe principal 4) | Revêtement de surface (groupe principal 5) | Modification des propriétés du matériau (groupe principal 6) |
| Par le procédé la **cohérence du matériau** est | | | | | |
| créée | maintenue | réduite | accrue | | maintenue, réduite ou accrue |

**Fig. 1 : Principaux groupes des procédés de fabrication**

### Principaux groupes des procédés de fabrication

■ **Moulage**

La pièce est créée à partir d'un matériau sans forme **(fig. 2)**. Le procédé de fabrication confère à l'objet une forme définie à l'état solide.

| Etat de départ | Procédés (exemples) |
|---|---|
| • liquide | moulage |
| • plastique, pâteux | extrusion |
| • granuleux, pulvérulent | frittage |
| • ionisé | galvanoplastie |

■ **Formage**

La forme d'une pièce solide ou d'une ébauche est modifiée par une déformation plastique **(fig. 3)**. La consistance du matériau varie peu dans ce processus.

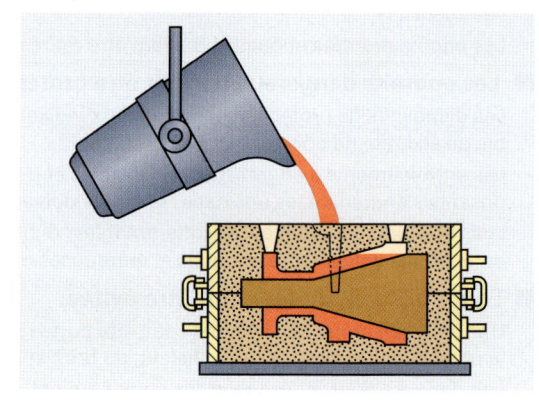

**Fig. 2 : Moulage (coulée dans un moule)**

| Contraintes de formage | Procédés (exemples) |
|---|---|
| • Déformation plastique par compression | Laminer, matricer |
| • Déformation plastique par traction et compression | Emboutir |
| • Déformation plastique par traction | Allonger, élargir |
| • Déformation plastique par flexion | Plier à la presse, cintrer à la presse |
| • Déformation par poussée | Enrouler un ressort de compression |

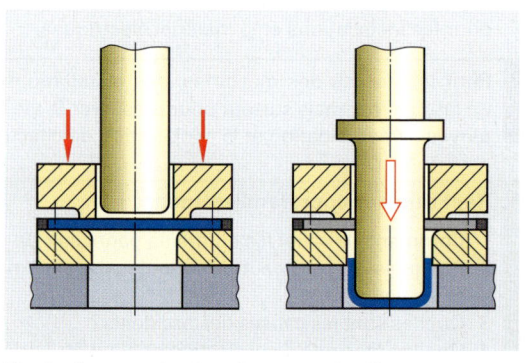

**Fig. 3 : Formage (emboutissage profond)**

# Différents procédés de fabrication

## ■ Usinage

Des pièces sont fabriquées en usinant de la matière ou des pièces brutes **(fig. 1)**. L'extraction de la matière pour donner une nouvelle forme à la pièce se fait de manière irréversible.

| Opération | Procédés (exemples) |
|---|---|
| • séparation<br>• enlèvement de copeaux<br>• érosion de la matière<br>• démontage | Cisaillage, découpe au jet d'eau<br>Fraisage, meulage<br>Electro-érosion<br>Meulage de rivets |

## ■ Liaison

La liaison permet de relier ensemble deux ou plusieurs pièces, de manière amovible ou inamovible **(fig. 2)**.

| Opération | Procédés (exemples) |
|---|---|
| • assemblage<br>• emmanchement<br>• soudage<br>• brasage<br>• collage | Vissage<br>Montage sur palier à roulement<br>Soudage MIG, TIG<br>Brasage fort, brasage tendre<br>Collage avec une colle à deux composants |

## ■ Revêtement de surface

Lors d'un revêtement de surface métallique ou non-métallique, une substance informe est appliquée en couche mince sur la pièce **(fig. 3)**.

| Etat de la substance | Procédés (exemples) |
|---|---|
| • gazeuse, à l'état de vapeur<br>• liquide, pâteux<br>• ionisé<br>• solide, granuleux | Métallisation sous vide<br>Peinture<br>Galvanisation<br>Pulvérisation thermique, placage |

## ■ Modification des propriétés du matériau

Les propriétés d'un matériau sont changées par la modification de la structure des atomes, par l'inclusion ou l'exclusion d'éléments chimiques **(fig. 4)**.

| Type de modification | Procédés (exemples) |
|---|---|
| • structure modifiée<br>• exclusion<br>• inclusion | Tremper, faire revenir<br>Décarburer<br>Cémenter, nitrurer |

Fig. 1 : Usinage par fraisage

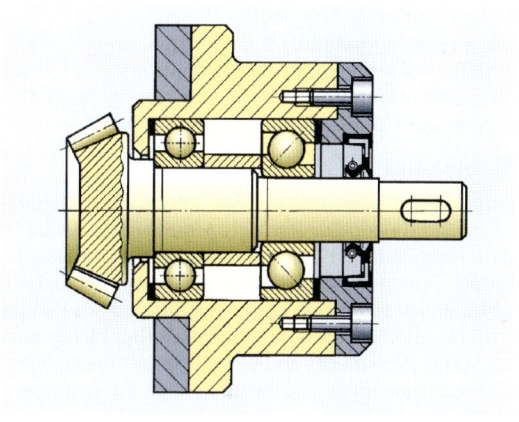

Fig. 2 : Liaison (montage par vis)

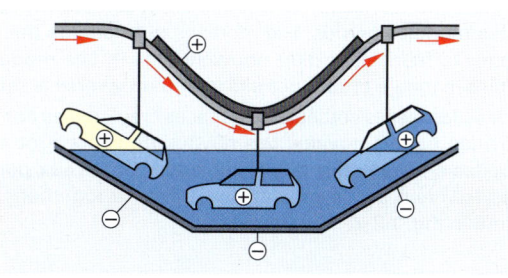

Fig. 3 : Dépôt de peinture par électrophorèse

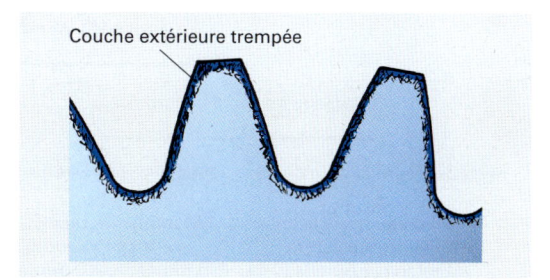

Fig. 4 : Modification des propriétés du matériau (cémenté-trempé)

### Répétition et approfondissement

1. Quels sont les principaux groupes des procédés de fabrication ?
2. Décrivez les procédés spécifiques à l'un des groupes.

## 3.3 Moulage

Les pièces sont coulées lorsque leur fabrication par d'autres procédés n'est pas rentable ou pas possible, ou lorsque des propriétés particulières du matériau de moulage, comme par ex. de bonnes qualités de glissement, doivent être exploitées **(fig. 1)**.

### 3.3.1 Moules et modèles

#### ■ Moules

Pour la fabrication de pièces coulées, on utilise des moules perdus ou des moules permanents **(tableau 2)**.

**Les moules perdus** sont détruits lors du démoulage des pièces coulées. Ils sont principalement réalisés en sable silicieux avec liant.

**Les moules permanents** sont principalement utilisés lorsque les pièces moulées doivent être fabriquées en grandes quantités en métaux non-ferreux. Les moules sont fabriqués en acier pour moules.

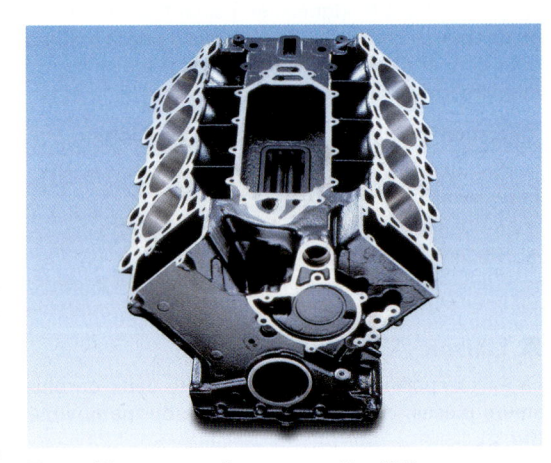

Fig. 1 : Bloc moteur d'un moteur diesel V8

#### ■ Modèles

Pour la fabrication des moules perdus, **des modèles** sont nécessaires. Le dessin de la pièce **(fig. 1.1, p. suivante)** sert de base à la fabrication d'un modèle **(fig. 1.2, p. suivante)**. Etant donné que les pièces coulées rétrécissent en refroidissant (« se contractent »), les dimensions du modèle doivent être supérieures aux dimensions des pièces coulées finies, d'une valeur égale à la cote de retrait **(fig. 2)**. Par ailleurs, sur le modèle, les surfaces de pièces coulées qui seront retouchées par enlèvement de copeaux doivent avoir une surépaisseur d'usinage.

Les dimensions de retrait dépendent du matériau de moulage et atteignent jusqu'à 2 % des dimensions du modèle **(tableau 1)**.

Lors de la fabrication du moule, on utilise **des modèles permanents** et **des modèles perdus**. Les modèles permanents peuvent être réutilisés pour la fabrication d'un nouveau moule. Les modèles perdus restent dans le moule et sont détruits lorsqu'on y verse le métal liquide (p. 101).

Dans les pièces coulées, les espaces creux ou les contre-dépouilles sont évidés par les **noyaux**. Les noyaux de sable sont fabriqués dans des boîtes à noyaux **(fig. 1.3, p. suivante)**. Grâce **aux portées de noyau** qui se trouvent sur le moule, on obtient le logement de noyau dans le moule **(fig. 1.2 et 1.7, p. suivante)**.

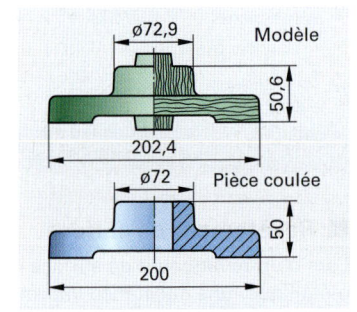

Fig. 2 : Dessin du modèle pour la pièce réalisée en aluminium

Tableau 1 : Cotes de retrait

| Matériau de coulée | Cote de retrait en % |
|---|---|
| Fonte (EN-GJL) | 1,0 |
| Acier moulé | 2,0 |
| Alliages d'Al et de Mg | 1,2 |

Tableau 2 : Aperçu des procédés de moulage et de coulée

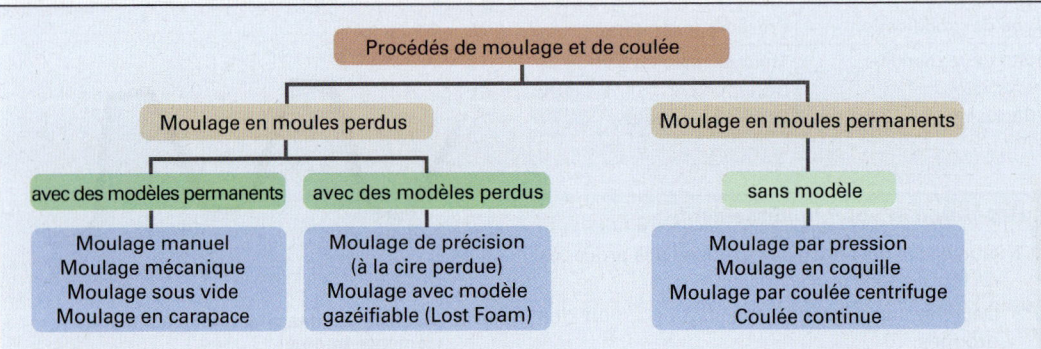

| Procédés de moulage et de coulée | |
|---|---|
| **Moulage en moules perdus** | **Moulage en moules permanents** |
| avec des modèles permanents / avec des modèles perdus | sans modèle |
| Moulage manuel / Moulage mécanique / Moulage sous vide / Moulage en carapace (avec des modèles permanents) — Moulage de précision (à la cire perdue) / Moulage avec modèle gazéifiable (Lost Foam) (avec des modèles perdus) | Moulage par pression / Moulage en coquille / Moulage par coulée centrifuge / Coulée continue |

## 3.3.2 Moulage en moules perdus

### 3.3.2.1 Procédé de moulage avec des modèles permanents

Le moulage manuel et le moulage mécanique, le moulage sous vide et le moulage en carapace font partie des procédés de moulage avec des modèles permanents.

■ **Moulage manuel et moulage mécanique**

Pour la fabrication des moules on utilise des châssis de moulage en deux ou plusieurs parties (**fig. 1**). Pour les grosses pièces de fonderie et pour les pièces coulées en petites quantités, les moules sont fabriqués **manuellement**.

Lors de l'élaboration d'un moule en deux parties, une moitié du modèle est placée dans le **châssis inférieur**. Le sable de moulage est versé dans le cadre et tassé à la main (**fig. 1.5**). Le châssis inférieur est retourné puis le châssis supérieur posé sur ce dernier et positionné par des goupilles. Une fois la seconde moitié du modèle mise en place, le cadre supérieur est rempli à son tour de sable (**fig. 1.6**). Les châssis inférieur et supérieur sont ensuite séparés, ce qui permet le creusage des **évents** et du **canal de coulée**. Les deux parties du modèle sont ensuite retirées et le **noyau** est inséré dans le moule. Ce dernier est refermé et verrouillé, voire lesté, pour supporter la poussée verticale exercée par le métal liquide (**fig. 1.7**).

Lors de la **coulée** du métal, l'air s'échappe par les évents. Ceux-ci font aussi office de **masselottes** permettant de compenser le retrait du métal lors de son refroidissement et d'éviter les retassures (petites cavités) dans la pièce coulée.

**Exemples d'utilisation** : Moulage de roues de turbines pour centrales hydro-électriques, tables de machines, palettes pour centres d'usinage.

Lors **du moulage mécanique**, les phases de la fabrication des moules sont les mêmes que pour le moulage manuel, mais ici, les machines réalisent le pressage du sable et l'empreinte du modèle. Dans les installations entièrement automatisées, ces opérations sont suivies de la coulée du métal puis, après solidification, du démoulage. Les temps de fabrication sont ainsi raccourcis. Le moulage mécanique convient aux moyennes et grandes séries.

> Le moulage mécanique permet d'augmenter la précision des pièces et d'améliorer l'état de surface de celles-ci.

**Exemple d'application** : Moulage des vilebrequins des moteurs de voitures.

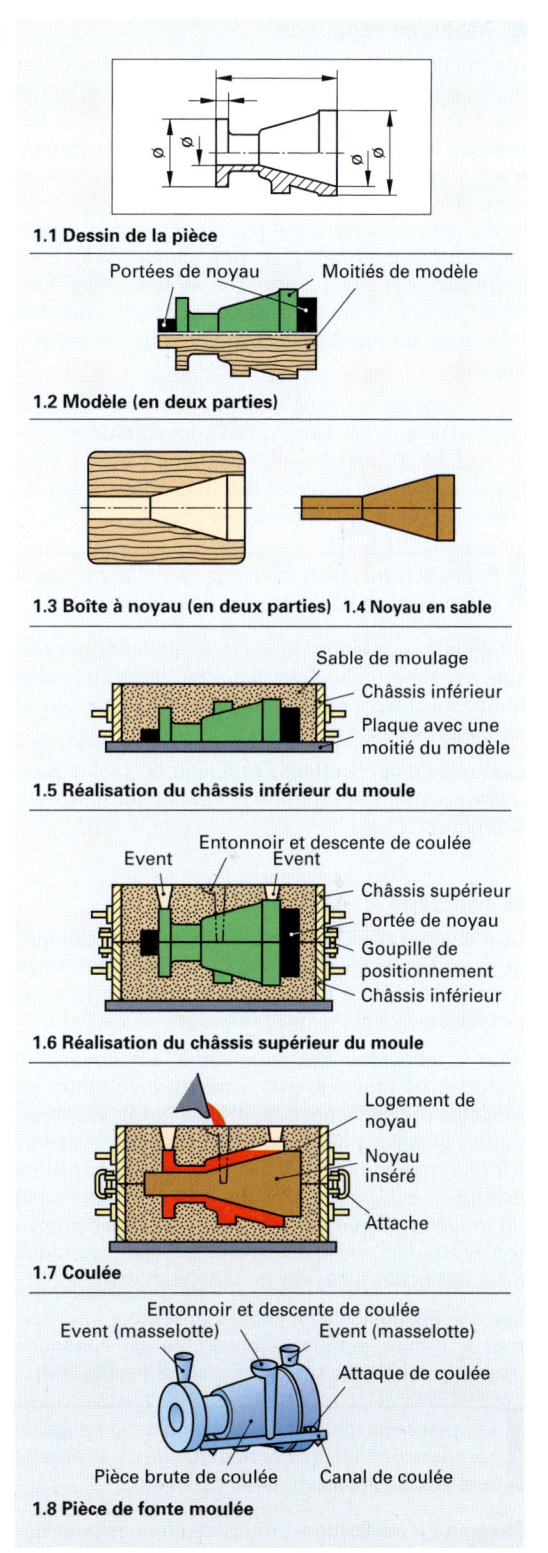

1.1 Dessin de la pièce
1.2 Modèle (en deux parties)
1.3 Boîte à noyau (en deux parties)   1.4 Noyau en sable
1.5 Réalisation du châssis inférieur du moule
1.6 Réalisation du châssis supérieur du moule
1.7 Coulée
1.8 Pièce de fonte moulée

Fig. 1 : Fabrication d'une pièce de fonderie avec un modèle permanent

## ■ Moulage sous vide

Les moitiés du modèle ont des petits trous qui sont reliés à la chambre inférieure d'aspiration (vide) **(fig. 1.1)**. Un film en matière thermoplastique est déposé sur la moitié du modèle et chauffé par rayonnement. L'aspiration par la chambre inférieure plaque ensuite le film sur le modèle **(fig. 1.1)**. Le châssis est rempli par du sable tassé par vibration puis recouvert d'un second film plastique. Le vide d'air créé entre les deux films comprime le sable. **(fig. 1.2)**. Après avoir supprimé la dépression dans la chambre inférieure, on retire celle-ci et la moitié du modèle **(fig. 1.3)**.

On procède de la même manière pour l'autre moitié du modèle puis les deux parties sont verrouillées ensemble. La dépression entre les films plastiques est maintenue durant la coulée **(fig. 1.4)**. Pendant ce processus, les films intérieurs se vaporisent.

> Pendant le moulage sous vide, la cavité du moule est maintenue dégagée par la dépression.

Après la solidification de la pièce coulée, la dépression est supprimée. Sous cet effet, la pièce coulée tombe du châssis de moulage **(fig. 1.5)**. Le sable de moulage peut être réutilisé.

**Exemples d'applications**: moulage de tables pour machines-outils et supports latéraux pour machines à imprimer.

## ■ Moulage en carapace

Ce moulage utilise une sorte de coquille de quelques millimètres d'épaisseur, la carapace, constituée d'un mélange de résine phénolique et de sable siliceux. Les noyaux sont faits de manière identique.

Pour la fabrication des coquilles et des noyaux, le matériau de moulage est versé sur les moitiés de modèles préalablement chauffées. Par la solidification de la résine phénolique, une couche épaisse de 8 à 12 mm se forme en 20 à 40 secondes et constitue la demi-coquille du moule **(fig. 2.1)**. Une fois retirée du modèle, chaque demi-coquille est durcie à environ 550 °C. Les noyaux sont faits de façon identique dans des boîtes à noyaux en deux parties.

Les demi-coquilles sont collées ensemble pour former le moule complet. L'ensemble est consolidé dans une couche de sable avant la coulée **(fig. 2.2)**.

> Les pièces de fonderie fabriquées par moulage en carapace ont une très bonne qualité de surface et une grande précision dimensionnelle.

**Exemples d'applications**: roues de turbines pour turbocompresseur à gaz d'échappement et culasses de moteurs de voitures.

**1.1** Pose du film plastique sur une moitié du modèle

**1.2** Châssis de moulage avec le deuxième film plastique

**1.3** Retrait du modèle

**1.4** Assemblage des moitiés de châssis et coulée

**1.5** Arrêt de la dépression et démoulage de la pièce coulée

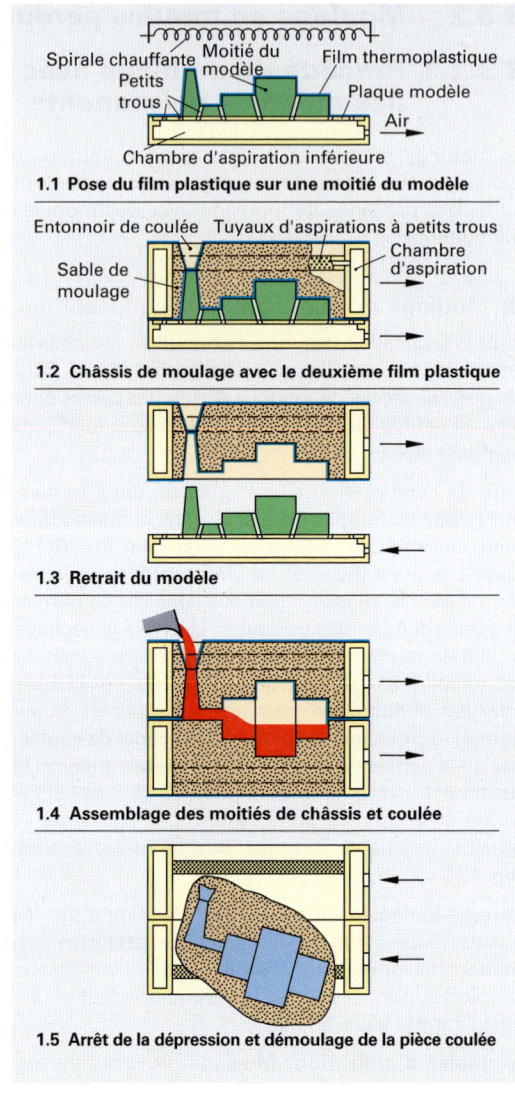

**Fig. 1**: Moulage sous vide

**2.1** Fabrication d'une demi-coquille

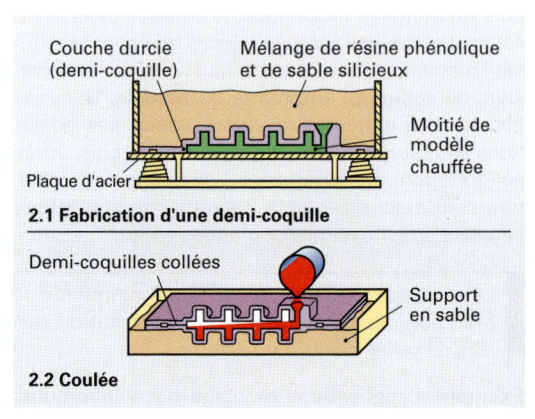

**2.2** Coulée

**Fig. 2**: Moulage en carapace

## 3.3.2.2 Procédé de moulage avec des modèles perdus

Le moulage de précision à la cire perdue et la technique à mousse perdue (Lost Foam) font partie de ce procédé.

### ■ Moulage de précision ou à la cire perdue

Dans le moulage de précision, le modèle est fabriqué en un matériau à bas point de fusion, comme par ex. la cire ou une matière synthétique (**fig. 1.1**). Plusieurs modèles sont reliés à une colonne centrale évasée vers le haut pour former une grappe de modèles (**fig. 1.2**). Celle-ci est ensuite plongée dans une masse liquide épaisse à base de céramique puis elle est retirée et saupoudrée de poudre céramique. Cette opération est renouvelée plusieurs fois (**fig. 1.3 à 1.5**). La coquille, réalisée avec cette céramique fine et résistante aux températures élevées, sera ensuite séchée.

Le moule terminé est retourné et vidé de ses modèles en cire par fusion de celle-ci, puis est chauffé à environ 1000 °C pour lui conférer la solidité nécessaire au coulage (**fig. 1.6**). Les résidus de cire sont brûlés dans cette cuisson.

La coulée est faite immédiatement alors que le moule est encore chaud (**fig. 1.7**).

> Les moules supportant de hautes températures permettent de fabriquer des pièces en acier allié, de formes complexes, ayant de grandes surfaces, des parois très fines et de petites sections transversales. Les pièces coulées ont une qualité de surface élevée et une grande précision dimensionnelle.

Après solidification, l'enveloppe céramique est brisée et les pièces moulées sont séparées du système de coulée par tronçonnage (**fig. 1.8**).

**Exemples d'applications**: moulage d'aubes de turbines à gaz et de rotors de turbines pour les turbocompresseurs.

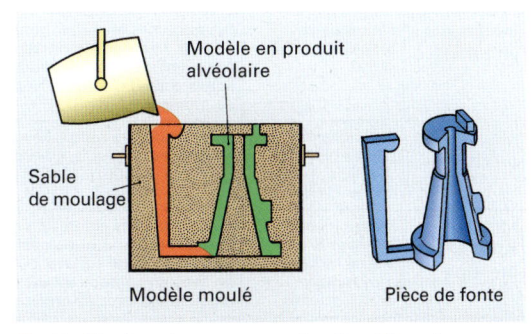

### ■ Moulage à mousse perdue (Lost Foam)

Dans le moulage à mousse perdue, le modèle est fabriqué par ex. en polystyrène expansé puis posé dans un châssis et recouvert de sable de moulage (**fig. 2**). Le modèle reste dans le sable et se consume ou se gazéifie sous l'effet de la chaleur lors de la coulée du métal.

Les temps de fabrication et les coûts des modèles en mousse sont inférieurs à ceux des modèles en bois.

> Le Moulage à mousse perdue est particulièrement approprié pour la fabrication de pièces individuelles et de prototypes.

**Exemples d'applications**: tables pour machines-outils et de contre-plateaux pour grands tours verticaux.

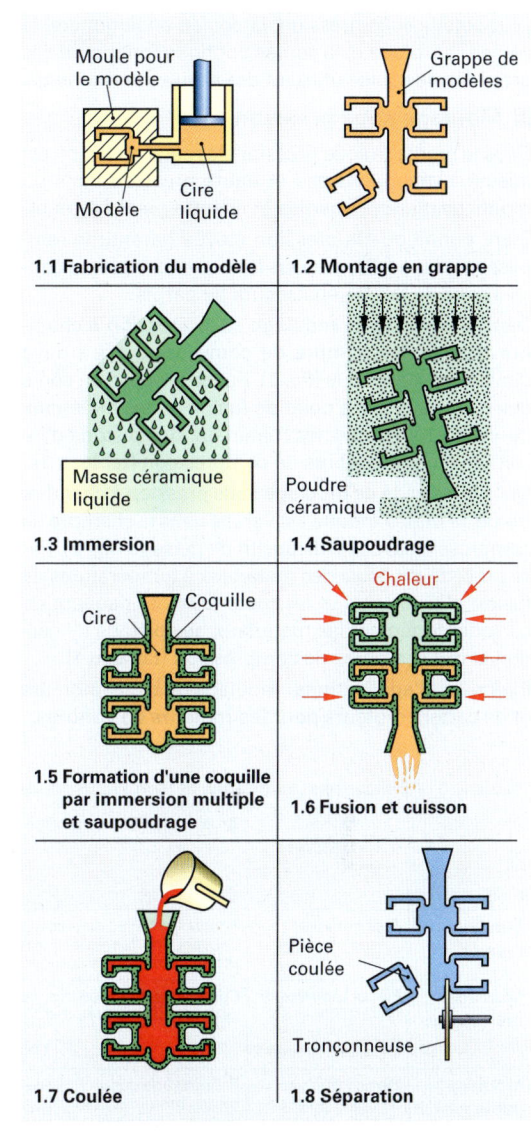

Fig. 1: Moulage de précision ou à la cire perdue

Fig. 2: Moulage à mousse perdue (Lost Foam)

## 3.3.3 Moulage en moules permanents

Le moulage sous pression, la coulée en lingotière, la coulée centrifuge et la coulée continue font partie des procédés de coulée utilisant des moules permanents.

### ■ Moulage sous pression

Dans le moulage sous pression, le métal en fusion est injecté à grande vitesse et haute pression dans un moule en plusieurs parties et chauffé préalablement.

Etant donné que la pression élevée garantit le remplissage du moule, on peut fabriquer des pièces coulées avec de faibles épaisseurs de parois.

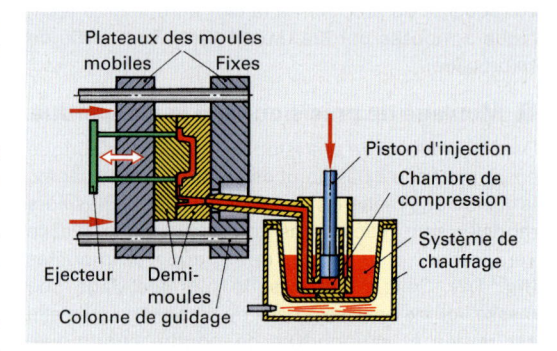

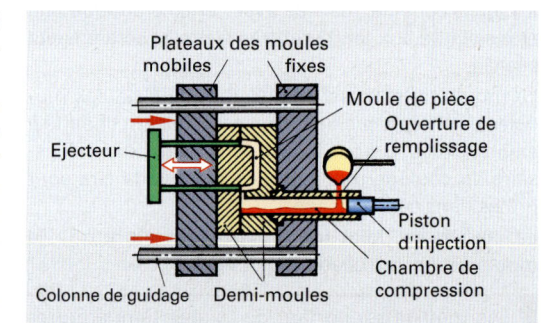

Dans **le procédé de moulage sous pression à chambre chaude,** la chambre de compression se trouve dans la masse fondue (**fig. 1**). Par ce procédé on coule des matériaux à bas point de fusion et des matériaux qui ne corrodent pas les matériaux des pistons d'injection et des chambres de compression (**tableau 1**).

Dans **le procédé de moulage sous pression à chambre froide,** la masse fondue est versée dans la chambre de compression avec un dispositif de puisage (**fig. 2**). Par ce procédé, on coule des matériaux à températures de fusion plus élevées et les matériaux qui risquent de corroder fortement les matériaux des pistons d'injection et des chambres de compression (**tableau 1**).

**Exemples d'applications:** moulage de blocs-moteurs et de carters-moteurs pour les moteurs de voitures.

Fig. 1: Moulage sous pression à chambre chaude

Fig. 2: Moulage sous pression à chambre froide

Tableau 1: Applications, avantages et inconvénients des principaux procédés de moulage et de coulage

| Procédés | Domaines d'applications | Avantages et inconvénients | Matériaux de coulée appropriés | Précision relative des cotes accessible[1] en mm/mm | Rugosité accessible en µm |
|---|---|---|---|---|---|
| Moulage manuel | Très grandes pièces moulées | Toutes les tailles de pièces moulées peuvent être fabriquées; coûteux, faible précision des cotes et moyenne à médiocre | EN-GJL, EN-GJS, GS, GT, EN AC, G-Cu | 0,00…0,10 | 40…320 |
| Moulage mécanique | Pièces moulées de petite taille et de taille moyenne; séries moyennes | Conformes aux mesures, bonne qualité de surface; taille limitée des pièces moulées | EN-GJL, EN-GJS, GS, GT, EN AC | 0,00…0,06 | 20…160 |
| Moulage par le vide | Pièces moulées de petite taille et de taille moyenne; moulage de pièces individuelles et séries | Fabrication économique de grandes pièces moulées, conformes aux mesures, avec une bonne qualité de surface; coûts d'investissement élevés | EN-GJL, EN-GJS, GS, EN AC, G-Cu | 0,00…0,08 | 40…160 |
| Moulage en carapace | Petites pièces moulées; grandes séries | Précision des mesures, bonne qualité de surface, faible consommation de matériau à mouler; dispositif de modèles métalliques coûteux; coûts élevés du matériau de moulage | GS, EN AC | 0,00…0,06 | 20…160 |
| Moulage de précision | Exclusivement des petites pièces moulées; grandes séries | Pièces moulées complexes avec de faibles épaisseurs de parois, aux cotes précises, avec une grande qualité de surface | GS, EN AC | 0,00…0,04 | 10…80 |
| Moulage sous pression | Petites pièces moulées à pièces moulées moyennes; grandes séries | Pièces moulées complexes avec de faibles épaisseurs de paroi, aux cotes précises, haute qualité de surface; structure à grain fin avec une grande robustesse; rentable uniquement avec de grandes séries | Procédé à chambre chaude: G-Zn, G-Pb, G-Sn, G-Mg Procédé à chambre froide: G-Cu, EN AC | 0,00…0,04 | 10…40 |

[1] On désigne par précision relative des cotes la relation entre la plus grande dimension et la dimension nominale.

Moulage

## 3.3.4 Matériaux de moulage

Outre les exigences demandées par les pièces coulées ou injectées, comme par ex. la solidité et la capacité d'amortissement, les matériaux de moulage doivent présenter d'autres caractéristiques. Ainsi, on doit pouvoir les utiliser de manière économique et les façonner facilement.

## 3.3.5 Défauts de coulée

Lors du moulage, du coulage et de la solidification, des défauts peuvent se produire.

### ■ Défauts lors du moulage

**Dartres.** Les dartres sont des bosses rugueuses, des excroissances sur la surface de la pièce coulée. Elles se produisent lorsque par ex. l'humidité résiduelle du matériau à mouler s'évapore. La condensation de cette humidité dans les couches de sables placées derrière provoque un ramollissement des parois latérales du moule. De ce fait, des petits morceaux es parois latérales peuvent se détacher (**fig. 1.1**). Ces morceaux détachés créent ailleurs des inclusions de sable dans la pièce moulée.

**Coulée décalée.** Une coulée décalée se produit lorsque les cavités formées dans les châssis supérieur et inférieur ne sont pas alignées, par ex. à cause d'un mauvais positionnement des moitiés de châssis de moulage (**fig. 1.2**).

### ■ Défauts lors du moulage et de la solidification

**Inclusions de scories.** Les inclusions de scories produisent des empreintes plates et lisses sur la surface de la pièce moulée. Elles sont causées par un décrassage insuffisant de la coulée et par un système de coulée non approprié.

**Soufflures de gaz (piqûre de gaz).** Les soufflures de gaz se produisent lorsque que les gaz inclus dans le métal en solidification ne peuvent plus s'en échapper. Les piqûres de gaz peuvent être évitées dans une large mesure en respectant la bonne température de coulage.

**Retassures.** Les retassures sont des cavités dues au retrait qui se produisent lors du refroidissement et de la solidification, quand aucun métal liquide ne peut plus couler de la masselotte en raison de la solidification du matériau placé entre les deux (**fig. 1.3**).

**Ségrégations.** Les ségrégations sont des zones non homogènes au sein d'une coulée. Elles se produisent par ex. en cas de densités très différentes des éléments d'alliage. Les ségrégations créent des changements de caractéristiques du matériau à l'intérieur de la pièce coulée.

**Contraintes de coulée.** Les différentes épaisseurs de paroi et les jonctions à arrêtes vives, ainsi que les structures empêchant le retrait, provoquent des contraintes sur la pièce coulée. Elles se manifestent à l'extérieur par le gauchissement de la pièce coulée, souvent aussi par la formation d'une fissure (**fig. 1.4**).

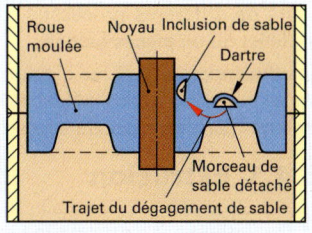

**1.1 Dartres**

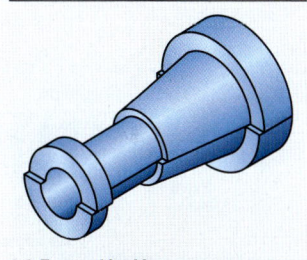

**1.2 Fonte décalée**

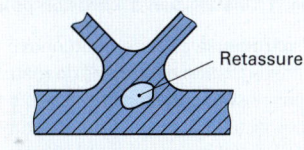

**1.3 Retassure**

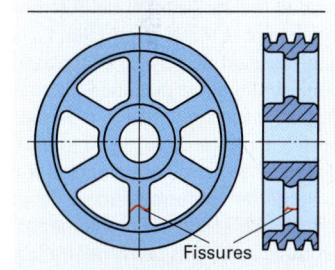

**1.4 Formation de fissures par les tensions dues au retrait**

**Fig. 1 : Défauts de coulée**

---

### Répétition et approfondissement

1. Pour quelles raisons fabrique-t-on des pièces par moulage ?
2. Pour quelle raison les cotes des modèles sont-elles plus grandes que celles de la pièce moulée à fabriquer ?
3. A quelle fin a-t-on besoin de noyaux pour le moulage ?
4. Par quoi les pièces moulées mécaniquement se différencient-elles des pièces moulées manuellement ?
5. Comment fabrique-t-on des moules pour le moulage à vide ?
6. Quel procédé de moulage convient le mieux pour la fabrication de grandes quantités de pièces à parois minces en métaux non ferreux ?
7. Comment fabrique-t-on des moules pour le moulage de précision ?
8. Quels défauts peuvent se manifester lors du moulage, du coulage et de la solidification de pièces moulées ?

## 3.4 Mise en forme des matières plastiques

Les matières plastiques, thermoplastiques et élastomères, sont livrées par le fabricant de matières plastiques sous la forme de granulés moyennement fins (grains de la taille d'un petit-pois) ou de bandes et les duroplastes sont livrés sous forme de poudre, de liquide, ou de pâte. Ces matériaux de base sont transformés au cours de différents processus par le transformateur de plastiques en **produits semi-finis** (tuyaux, barres, profilés) ou en **pièces usinées**.

Les thermoplastes et les élastomères thermoplastiques sont transformés par extrusion et par injection en matière thermo-durcissable. Les duroplastes et les élastomères non thermoplastiques sont formés par moulage par compression, ou également par injection en matière thermo-durcissable.

### 3.4.1 Extrusion

On entend par extrusion la fabrication continue d'un boyau de matière plastique sans fin avec une boudineuse à vis, l'extrudeuse (**fig. 1**).

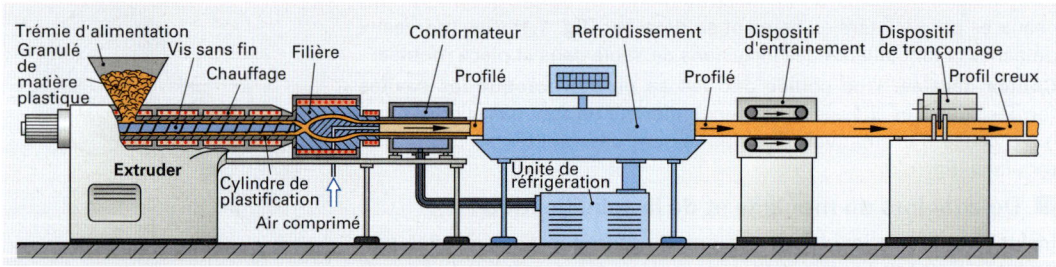

Fig. 1: Installation d'extrusion pour la fabrication de profils creux

L'**extrudeuse** est une boudineuse à vis chauffée travaillant en continu avec une filière placée à son extrémité. La transformation du granulé de matière plastique en une masse façonnable a lieu dans l'extrudeuse. Le cœur de l'extrudeuse est une vis sans fin en trois zones (**fig. 2**). Le granulé est introduit dans la zone d'insertion de la vis, puis il est compacté et le réchauffement commence. Dans la zone de compression, la température augmente, il est compacté, débarrassé des gaz et malaxé. Dans la zone de dosage, il est à nouveau malaxé et homogénéisé. L'échauffement produit le dépassement de la température de transition vitreuse et la matière ramollit. La vis tournante produit une pression de service et comprime la masse de matière synthétique plastifiée de manière continue vers l'avant, à travers la filière, d'où elle sort sous forme de profilé. L'orifice de sortie de la buse détermine le profil du boyau sortant. Il est conduit à travers un circuit d'étalonnage (le conformateur) et de refroidissement dans lequel il se solidifie. En changeant la filière, différents produits semi-finis peuvent être fabriqués. Les produits d'extrusion typiques sont des profilés, des tubes, des barres, des plaques et des rubans.

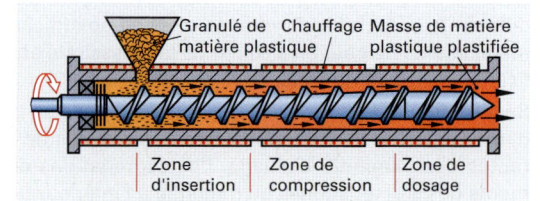

Fig. 2: Vis sans fin en trois zones dans cylindre de plastification

Les bandes plastiques et films épais (0,5 à 3 mm) sont fabriqués par laminage, c.-à-d. par **laminage** à chaud d'une bande plate extrudée. Les feuilles de plastique fines (10 μm à 30 μm) sont fabriquées selon deux processus.

Dans l'**extrusion de film**, une mince bande de plastique est produite par une buse d'extrusion à fente large ; la bande est laminée pour l'étaler en largeur et après le refroidissement elle est étirée à froid pour atteindre son épaisseur finale.

Avec l'**extrusion-gonflage**, on extrude un tube et à la sortie de la filière, avant refroidissement, on le gonfle avec de l'air comprimé pour diminuer l'épaisseur de la paroi. (**fig. 3**).

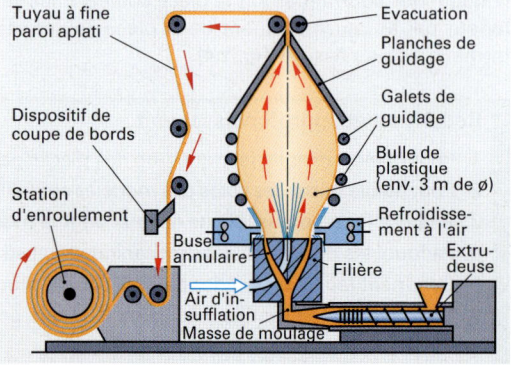

Fig 3: Fabrication de feuilles plastiques par extrusion-gonflage

# Mise en forme des matières plastiques

## ■ Extrusion-soufflage

Les corps creux tels que réservoirs, fûts et bidons, sont fabriqués en plusieurs phases par extrusion-soufflage **(fig. 1)**.

Un morceau de tube en matière plastique, encore chaud et donc déformable, sortant d'une extrudeuse, est introduit dans un moule ①. Après la fermeture du moule creux, l'air comprimé gonfle le morceau de tube qui se fige contre les parois du moule ②. Ensuite l'outil de moulage creux s'ouvre et éjecte le composant fini ③. Puis l'outil se ferme et un nouveau cycle de fabrication commence.

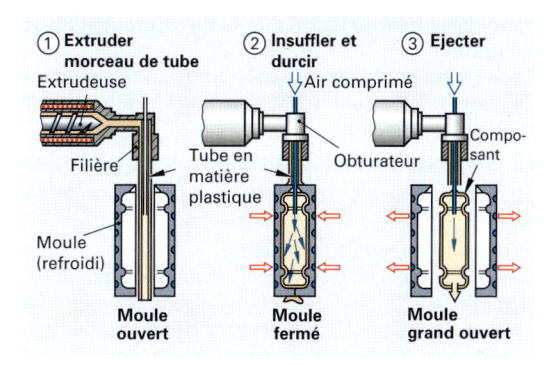

Fig. 1 : Extrusion-soufflage de corps creux

## 3.4.2 Moulage par injection

Avec le moulage par injection des thermoplastiques, des formes complexes sont fabriquées dans des moules par un processus de fabrication à plusieurs cycles.

## ■ Presse d'injection

La presse d'injection comporte une unité préplastificatrice et une unité d'injection sur un banc de machine commun ainsi qu'un moule en deux parties avec une unité d'ouverture et une unité de fermeture **(fig. 2)**.

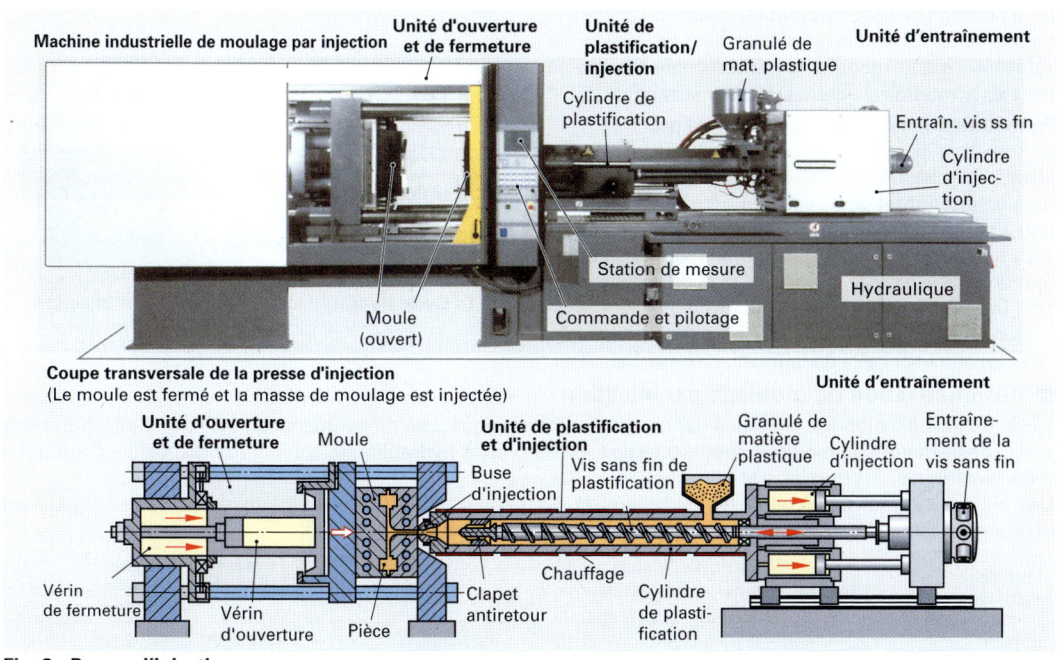

Fig. 2 : Presse d'injection

L'**unité de plastification** se compose d'un cylindre de plastification à vis sans fin et des cylindres de pulvérisation. La vis sans fin est construite de manière similaire à celle d'une extrudeuse. Elle comporte en plus un clapet antiretour de flux ; le cylindre de plastification possède une buse d'injection obturable.

L'**unité d'ouverture et de fermeture** présente un vérin de fermeture et un vérin d'ouverture. Le vérin de fermeture ferme le moule en deux parties et le maintient fermé, pendant la phase d'injection, en l'empêchant de s'ouvrir sous l'effet de la pression d'injection. Le vérin d'ouverture ouvre les moitiés du moule après le

refroidissement de sorte que la pièce moulée puisse être éjectée du moule par un éjecteur ou par de l'air comprimé.
La vis sans fin de plastification fonctionne en permanence. Elle refoule, pétrit, échauffe et plastifie la pâte à mouler en la portant à la température et à la viscosité correctes de sorte à tenir prête une masse coulante à mouler par injection.

## ■ Cycle de travail lors du moulage par injection

Le moulage par injection s'effectue en plusieurs étapes **(fig. 1)**.

### Fermeture du moule et injection
Une fois que le moule est fermé, le cylindre de plastification/injection se déplace, la buse d'injection rentre en contact avec le moule, c'est la phase d'accostage. Le piston du cylindre d'injection pousse la vis vers l'avant, celle-ci agit comme un piston et injecte la matière plastique dans le moule à travers le canal d'alimentation ①. La pression est maintenue pour remplir le moule au fur et à mesure que la pièce moulée se rétracte à cause du refroidissement. La pression d'injection maximale s'élève à env. 2000 bars. L'air se trouvant dans l'empreinte s'échappe entre les surfaces de séparation du moule.

### Refroidir et éjecter la pièce moulée
Dans le moulage par injection de thermoplastiques, les deux moitiés du moule sont refroidies. La masse injectée se solidifie à partir des parois et adopte sa forme définitive. Lorsque la carotte est solidifié, le maintien de la pression devient inutile et le cylindre de plastification est retiré. Quand le refroidissement de la pièce est suffisant, l'outil s'ouvre et la pièce moulée est éjectée par l'air comprimé ou des éjecteurs mécaniques ②.

### Fermeture du moule, dosage et accostage
La fermeture du moule a lieu. La vis sans fin en rotation plastifie entre-temps la pâte à mouler dans le cylindre de plastification et génère la pression d'injection nécessaire. Cette pression fait reculer la vis sans fin et accumule (dose) dans la préchambre de la vis la portion de pâte à mouler qui durant la course d'injection sera injectée dans le moule. Une fois la pression d'injection atteinte, l'unité d'injection s'approche du moule ③ et un nouveau cycle de fabrication commence ①.

**Fig. 1 : Cycle de travail lors du moulage par injection**

## ■ Automatisation du moulage par injection

La vis de plastification est entraînée par un moteur hydraulique. Les mouvements du cylindre d'injection et de l'unité de fermeture du moule sont effectués soit par des vérins hydrauliques, soit par des dispositifs d'entraînement électriques.
Une unité d'automatisation pilote les opérations de l'unité de plastification et de l'unité de fermeture réglées les unes sur les autres **(fig. 2)** et la presse d'injection travaille de manière autonome.

| | Vis sans fin de plastification | | | Cylindre d'injection | Injecter | Compenser le retrait | Cylindre d'injection en arrière | |
|---|---|---|---|---|---|---|---|---|
| Unité de plastification | Acheminer | Homogénéiser | Plastifier | Doser | | | | |
| Unité de fermeture | Refroidir l'outil | Ouvrir l'outil | Éjecter la pièce moulée | Fermer l'outil | | Refroidir l'outil | | |

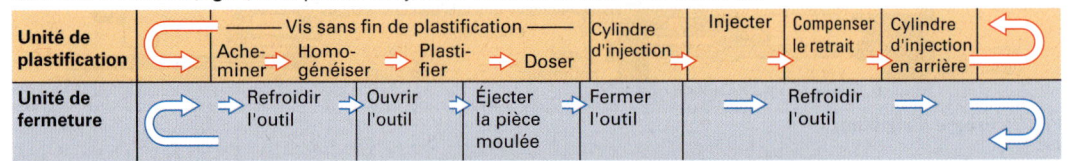

**Fig. 2 : Phases de travail synchrones dans l'unité de plastification et l'unité de fermeture**

### Avantages du moulage par injection :

- Le moulage a lieu en une opération, la matière première devenant directement pièce finie.
- Les pièces moulées par injection ne requièrent aucune ou peu de retouches.
- Le procédé est intégralement automatisable et confère une haute reproductibilité aux pièces moulées.

# Mise en forme des matières plastiques

## ■ Paramètres du processus lors du moulage par injection

On n'obtient des pièces moulées exemptes de défauts que si les valeurs de réglage ont été adaptées de manière optimale aux catégories de matière plastique, à la presse d'injection, au moule et à la taille de la pièce moulée par injection. Les paramètres de processus sont mesurés à de nombreux endroits de la presse d'injection et réglés sur les valeurs nécessaires (**fig. 2**, page 105).
Les paramètres de processus les plus importants sont la température de fusion et la température du moule, ainsi que la pression d'injection.

**Température de fusion** La fluidité de la masse moulée est réglée au moyen de la température de fusion. Elle se situe selon le type de matière plastique entre 200°C et 250°C, par ex. pour le polyuréthane thermoplastique, et entre 260°C et 300°C pour les polyamides et les polycarbonates. Une température de fusion trop basse provoque un remplissage incomplet du moule. Une température de fusion trop élevée provoque une détérioration de la matière plastique.

**Température du moule** Elle détermine le comportement de refroidissement de la masse moulable et la solidification à l'intérieur de la pièce moulée. Une faible température de refroidissement provoque une orientation plus nette des macromolécules dans la pièce moulée (**fig. 1**). Ceci a des conséquences sur ses propriétés mécaniques. La température de l'outil se situe normalement entre 80°C et 120°C. A ces températures, la pièce moulée est flexible (pliable) lors de l'éjection, mais conserve toujours la même forme.

**Pression d'injection et maintien en pression** La pression d'injection doit être réglée de manière à obtenir, avec le diamètre de la buse d'injection existante et avec la viscosité de la matière, une vitesse d'injection ayant pour résultat une coulée régulière de la matière dans l'outil. Elle entraîne un remplissage complet et sans bavure de l'empreinte. Pour cela, la pression dans le moule doit d'abord monter lentement dans la phase d'injection, puis s'élever rapidement dans la phase de compression (**fig. 2**). Le maintien en pression sert à compenser le retrait pendant le refroidissement, et il est maintenu jusqu'à ce que la carotte soit solidifiée.

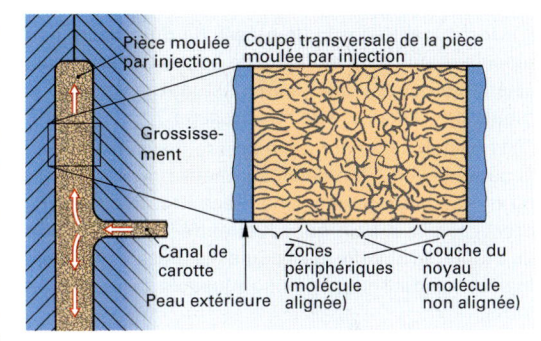

Fig. 1 : Structure dans une pièce moulée par injection

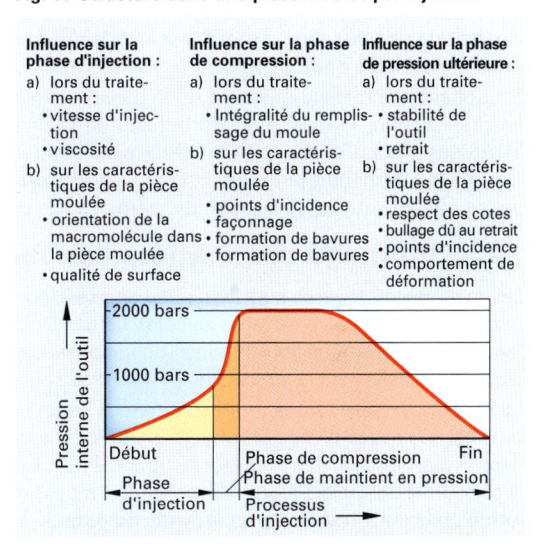

Fig. 2 : Pression interne de l'outil et grandeurs d'influence lors du processus de moulage par injection

## ■ Moulage par injection des duroplastes et des élastomères

Les duroplastes et les élastomères ne se ramollissent pas avec la chaleur à cause de leurs molécules réticulées. Tous les paramètres du processus d'injection doivent être adaptés pour l'injection de ces plastiques. La température dans le cylindre préplastificateur s'élève entre 80°C et 120°C, car aucune réticulation ne doit encore se dérouler à cet endroit. La température du moule se situe par contre entre 160°C et 200°C, de telle sorte que la réticulation et la solidification aient lieu dans le moule. Les duroplastes peuvent également être moulées par injection.
Lors du moulage par injection d'élastomère et de mousses à peau intégrée élastiques (p. 109) on utilise une machine dotée d'un système de préplastification à vis sans fin et d'une injection séparée par piston (**fig. 3**).

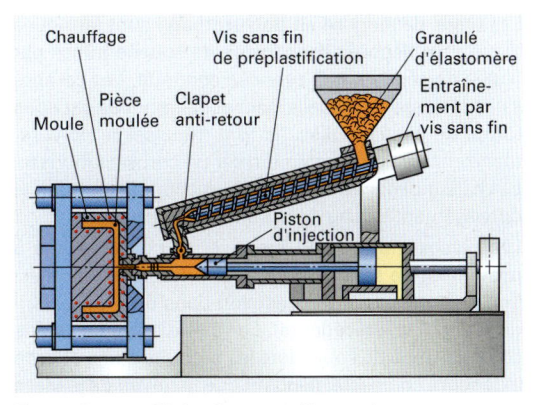

Fig. 3 : Presse d'injection pour élastomères

## 3.4.3 Moulage par compression

Le moulage par compression sert à la fabrication de pièces moulées en duroplastes qui sont renforcées par des matières de remplissage, ainsi que par des élastomères aptes au durcissement. Il s'effectue avec des presses entièrement automatiques dans le cadre d'un cycle de fabrication en quatre étapes (**fig. 1**).

① Une quantité dosée de masse de duroplaste non réticulé et préchauffé à laquelle sont ajoutés des accélérateurs et des catalyseurs, est introduite dans le moule par la coulisse de remplissage.

② Le piston supérieur de la presse descend et force la pâte plastique moulable à pénétrer dans la cavité du moule pour devenir une pièce moulée. Dans ce processus, la masse qui est chauffée par les parois du moule, se liquéfie et s'écoule. La pièce moulée est maintenue dans cette position jusqu'à ce qu'elle ait durci.

③ et ④ La pièce moulée terminée est chassée du moule, par l'éjecteur et repoussée sur le côté par la coulisse de remplissage. Le moule est ainsi rempli de matière moulable pour le cycle de travail suivant.

On obtient une meilleure qualité de la pièce moulée en préchauffant la masse de duroplaste dans une extrudeuse. Etant donné qu'il faut aux pièces moulées quelques minutes pour durcir, jusqu'à huit presses à mouler sont disposées en cercle autour d'une extrudeuse rotative, qui les alimente l'une après l'autre en matière moulable préparée.

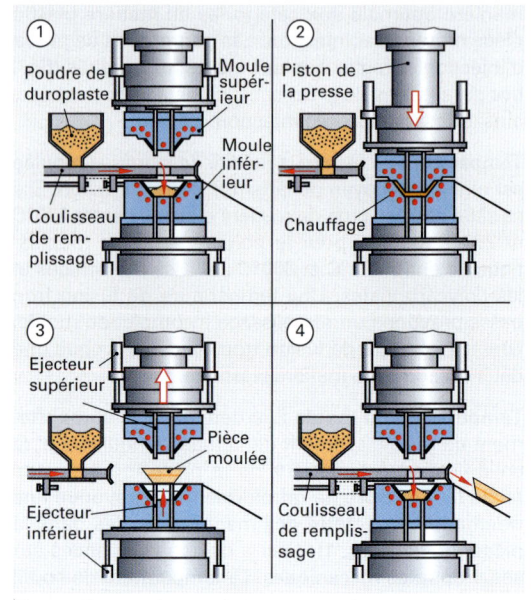

**Fig. 1 : Phases de travail lors du moulage par compression**

## 3.4.4 Formage des matières en mousse

Les matières en mousse sont obtenues en associant une matière plastique à l'état liquide et un dégagement gazeux qui permet la création d'alvéoles de gaz en surpression, puis en faisant durcir. Les bulles de gaz sont formées par décomposition chimique ou vaporisation d'un produit moussant. Les deux matières en mousse les plus importantes sont la mousse de polystyrène et la mousse de polyuréthane.

**La mousse de polystyrène** (nom commercial Sagex) est fabriquée en deux étapes. On commence par chauffer du polystyrène à grain fin qui contient un produit moussant. Dans ce processus, le produit moussant se vaporise dans le plastique et il fait mousser les granulés de matière plastique d'une taille de 1 mm, ce qui les fait devenir gros comme des pois. Ce granulé de produit moussant fait l'objet d'un stockage intermédiaire. Pour la mise en forme on chauffe brièvement une partie du granulé à la vapeur d'eau. Pour lui conférer sa forme, une dose de granulés de matériau mousse est brièvement échauffée avec de la vapeur d'eau. On en remplit immédiatement un outil de moulage réfrigéré (fig. 1) et y est légèrement compactée. Les particules de granulé adhèrent ensemble, et elles se solidifient pour donner le composant en mousse.

**Les blocs de mousse en polyuréthane** sont fabriqués en continu (**fig. 2**). Les composants liquides du polyuréthane sont déposés sous forme de couche mince par une tête mélangeuse munie d'une buse fendue sur une feuille de séparation à avancée continue. Les composants réagissent mutuellement et libèrent des gaz sous forme de petites bulles. Ils font mousser le polyuréthane encore liquide pour former un corps en mousse. La chaleur dégagée par la réaction chimique produit le durcissement le long de la bande transporteuse.

Les pièces moulées en **mousse en polyuréthane à peau intégrée** sont fabriquées par moulage par injection des composants et réaction dans un moule réfrigéré (**fig. 3, p. précédente**). Le refroidissement rapide contre la paroi de l'outil dote les produits d'une couche extérieure compacte, pendant que le noyau de la pièce moulée est moussé (**fig. 5**, page suivante).

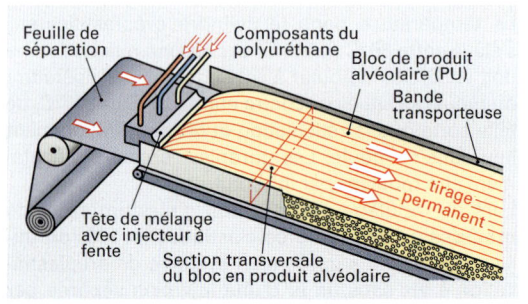

**Fig. 2 : Mousses de blocs de polyuréthane**

## 3.4.5 Mise en forme des produits semi-finis et finis à partir de matières plastiques

### ■ Mise en forme à chaud de thermoplastes semi-finis
Les processus de mise en forme à température modérée servent à fabriquer des composants de grand format en matières thermoplastiques. Les produits semi-finis sont des plaques, des feuilles rigides, des barres et des tuyaux. Ils sont réchauffés aux endroits à façonner et ensuite pliés, coupés selon les dispositifs de formage, ou bien déformés dans des outils.
Dans **le thermoformage sous vide** par ex. une plaque réchauffée de manière uniforme est aspirée par le vide dans l'empreinte du moule et solidifiée à sa forme finale par la paroi refroidie de l'outil. **(fig. 1)**. Les composants plus grands avec des parois épaisses, comme par ex. les coques de bateau ou les bassins de jardin sont en outre comprimés dans le moule avec un piston et de l'air comprimé.

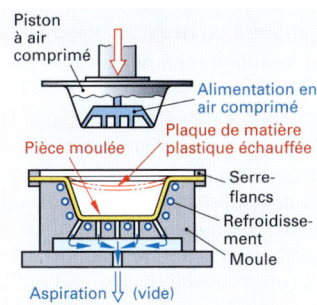

Fig. 1 : Thermoformage sous vide d'une baignoire

### ■ Travaux de séparation et par enlèvement de copeaux
Les plaques de matière plastique fines peuvent être coupées et perforées. On sépare les plus gros morceaux en les sciant. Les composants en matière plastique peuvent être retravaillés à la main par limage et grattage. Pour les **travaux par enlèvement de copeaux à la machine** seules les matières plastiques dures conviennent. Elles peuvent être percées, tournées, sciées et fraisées. Lors de l'usinage des matières plastiques, il faut tenir compte du fait que celles-ci ont une conductibilité thermique beaucoup plus faible que les métaux. C'est pourquoi la chaleur dégagée lors de l'usinage est difficilement évacuée. Il convient d'employer les outils et les valeurs de référence appropriés (voir formulaire et tables).

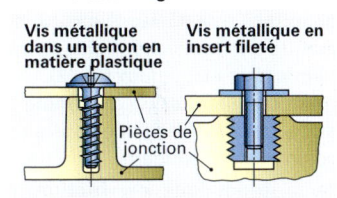

Fig. 2 : Assemblages par vis

### ■ Assemblage de composants
Les thermoplastes peuvent être reliés ensemble par des vis, des assemblages à encliquetage, ainsi que par scellement, collage ou soudage. Sur les duroplastes, tous les procédés sont envisageables, à part le soudage.
**Assemblage par vis.** Les assemblages par vis usuels comprennent une vis métallique qui forme elle-même son propre filet dans l'avant-trou d'une pièce en matière plastique **(fig. 2)**. Des raccords vissés plus sollicités comportent un insert fileté métallique dans le composant en plastique.
**Assemblages par encliquetage.** Ils sont utilisés par ex. pour fixer des éléments de boîtiers, des cache-moyeu, des systèmes d'enfichage, des jeux de roues dentées et des axes **(fig. 3)**. Selon la configuration du crochet ou du rebord d'encliquetage ces assemblages sont fixes ou démontables (page 239).

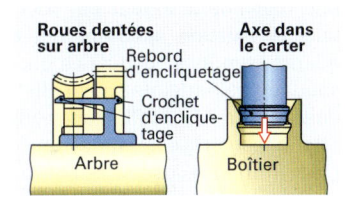

Fig. 3 : Assemblages par encliquetage

**Scellement par coulage.** Les inserts métalliques bien ajustées dans des boîtiers en matière plastique sur des petits appareils, par ex. les bagues de coussinet ou les axes sont scellées **(fig. 4)**. Les inserts métalliques sont placés dans le moule avant le moulage par injection. La matière plastique injectée coule autour de la pièce à insérer et l'enveloppe de manière inamovible.

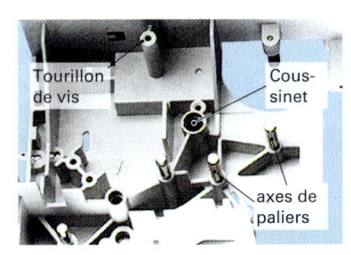

Fig. 4 : Châssis d'appareil avec axes et paliers moulés

### ■ Collage
Bon nombre de matières plastiques peuvent être solidement fixées par collage. Les points de collage doivent être prétraités, la colle appropriée doit être utilisée, et les pièces à coller doivent avoir des formes aptes au collage.
**Les matières plastiques solubles en surface,** telles que le PVC, le verre acrylique, le polystyrène et les polycarbonates, sont dissoutes en surface au moyen d'une colle comportant un solvant, puis comprimées ensemble. Le bourrelet de colle acquiert la rigidité du matériau de base.
**Les matériaux dont la surface n'est pas soluble,** tels que le polyuréthane et les duroplastes, peuvent être collés au moyen de colles à réaction **(fig. 5)**.
Le polyéthylène (PE), le polypropylène (PP), le tétrafluoroéthylène (PTFE) et les silicones sont difficilement collables.

Fig. 5 : Garniture intérieure de pavillon de voiture collée en mousse intégrée de PUR

## Soudage des matières plastiques

Seuls les matériaux thermoplastiques peuvent être soudés. Il existe plusieurs procédés.

Le **soudage** manuel **au gaz** a lieu avec un flux d'air très chaud initialement généré dans une turbine puis échauffé électriquement dans l'appareil de soudage (**fig. 1**). Le flux d'air chaud qui sort de l'appareil à souder chauffe les surfaces de jonction et la baguette d'apport jusqu'à ce qu'elles atteignent l'état visqueux, de manière à faire fusionner les matières ensemble. La baguette d'apport est amené à la main ou par un dispositif d'alimentation.

Les cordons de soudure plastiques épais sont réalisés avec une **extrudeuse de soudage manuelle**.

Avec le **soudage au miroir,** les pièces à joindre sont chauffées aux surfaces des joints par compression sur un élément chauffant, jusqu'à ce qu'elles atteignent un état pâteux (**fig. 2**). On retire ensuite l'élément chauffant et on comprime immédiatement les surfaces chauffées l'une contre l'autre, de manière à ce qu'elles se soudent.

Avec le **soudage par friction**, on peut relier des pièces rondes telles que des barres et des tubes (**fig. 3**). Pour ce faire, on serre les deux pièces dans une machine à souder par friction. Une pièce est mise en rotation, et comprimée contre l'autre pièce qui est immobile, jusqu'à ce que la température de soudage soit atteinte sous l'effet de la chaleur produite par la friction. Ensuite, on arrête la pièce en rotation, et on la comprime immédiatement contre la pièce immobile, jusqu'à ce que le joint de soudure se soit solidifié.

Le **soudage par ultrasons** convient pour unir les pièces à parois minces, par ex. les revêtements intérieurs des véhicules automobiles et les feuilles. L'équipement de soudage se compose d'un générateur à haute fréquence et de la presse à souder (**fig. 4**). La tête génératrice produit des ondes sonores inaudibles, riches en énergie qui sont transmises aux pièces à souder par une sonotrode. Les ondes échauffent la zone à souder jusqu'à ce que celle-ci acquière un état pâteux, de telle sorte que les pièces se soudent sous l'application d'une force de compression.

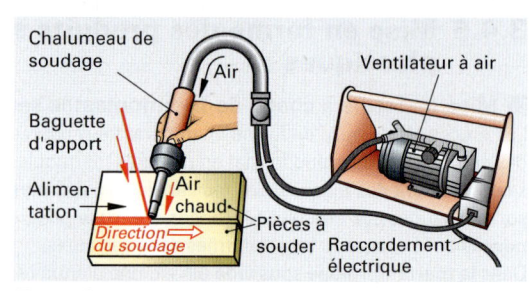

**Fig. 1 :** Soudage à l'air chaud à la main

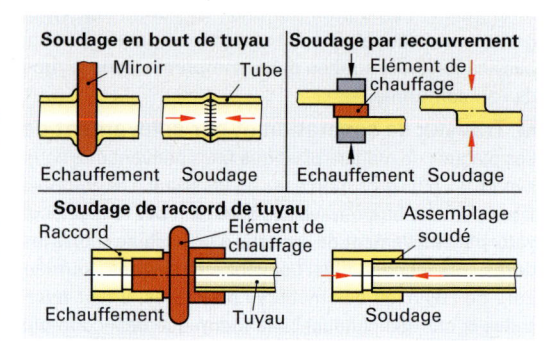

**Fig. 2 :** Procédé de soudage au miroir et par élément chauffant

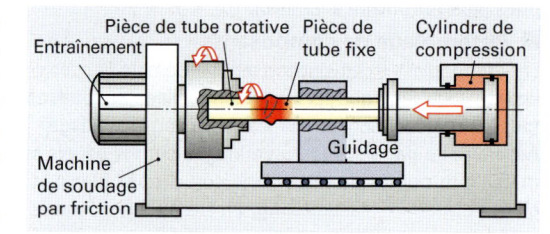

**Fig. 3 :** Soudage par friction

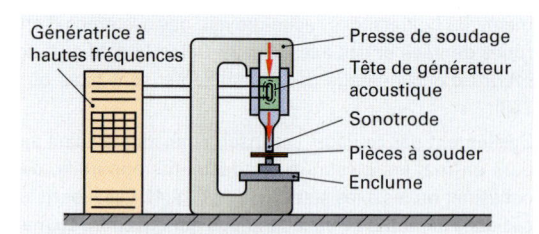

**Fig. 4 :** Soudage par ultrasons

### Répétition et approfondissement

1. Quelles méthodes de formage existe-t-il pour les thermoplastiques, pour les duroplastes et pour les élastomères ?
2. Quelles pièces sont fabriquées par extrusion ?
3. Quels sous-ensembles comporte une unité de plastification et d'injection ?
4. Décrivez le cycle de travail d'une presse d'injection.
5. Quels sont les principaux paramètres du processus lors du moulage par injection ?
6. Quels procédés sont disponibles pour la fabrication de composants en mousse ?
7. Quelles matières plastiques sont difficilement collables ?
8. Deux tubes en PE doivent être soudés pour former un long tube. Quels procédés de soudage sont appropriés ?

## 3.5 Formage

Dans tous les procédés de formage, les pièces sont fabriquées par une déformation plastique (p. 336) d'une pièce initiale. De nombreuses pièces de forme peuvent être fabriqués à moindre coût par le formage plutôt que par d'autres procédés de fabrication (**fig. 1**). Par ailleurs, la plupart du temps, les propriétés mécaniques – comme par ex. la résistance – sont améliorées par rapport à l'état initial.

**Les avantages du formage sont les suivants :**
- Structure fibreuse non interrompue
- résistance améliorée
- Supprimer même des formes délicates peuvent être réalisées
- excellente précision des cotes et des formes
- peu de perte de matériau
- un coût très abordable en cas de grandes quantités

### 3.5.1 Comportement des matériaux lors du formage

■ **Propriétés nécessaires des matériaux**

Seuls les matériaux suffisamment tenaces sont façonnables. Le diagramme tension-allongement indique l'adéquation du matériau (**fig. 2**). Le formage s'effectue dans la zone plastique entre la limite d'étirement $R_e$ ou la limite d'extension $R_{p0,2}$ et la résistance à la traction $R_m$. Les matériaux ayant un grand allongement plastique se laissent bien façonner et ne reviennent guère élastiquement à leur état initial. Les aciers non alliés et les alliages d'aluminium conviennent donc particulièrement bien pour le formage. Mais la capacité de ce façonnage dépend aussi de la température.

■ **Formage à froid et à chaud**

**Le formage à froid** s'effectue à la température ambiante. Le matériau se durcit par écrouissage. Ce durcissement à froid doit être éliminé par un recuit intermédiaire afin de supprimer la tendance à la fragilité et de prévenir la formation de fissures.

**Le formage à chaud** s'effectue au-dessus température de recristallisation (p. 119). Les matériaux sont plus faciles à façonner avec des forces de déformation plus faibles que le formage à froid. La tendance à la formation de fissures et à la fragilité est également diminué.

### 3.5.2 Procédés de formage

Les procédés de formage peuvent être subdivisés en quatre groupes principaux : le formage par flexion, le formage par traction-compression, le formage sous pression, et le formage par traction, selon le type et la direction des forces et selon les outils utilisés (**fig. 3**).

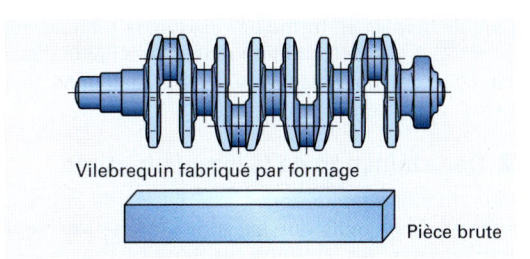

Vilebrequin fabriqué par formage

Pièce brute

Fig. 1 : Déformation plastique lors du formage

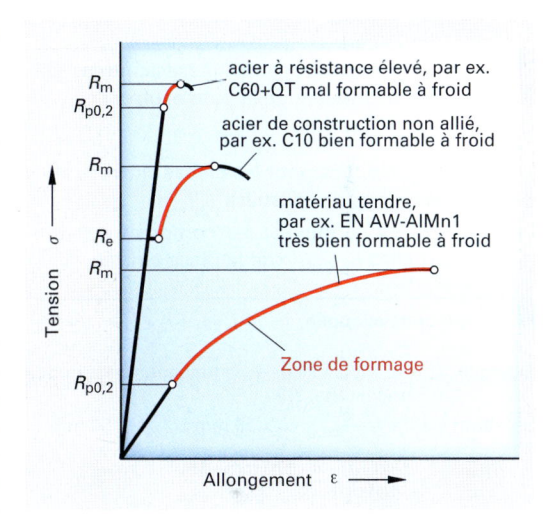

Fig. 2 : Zones de formage dans le schéma de tension-allongement

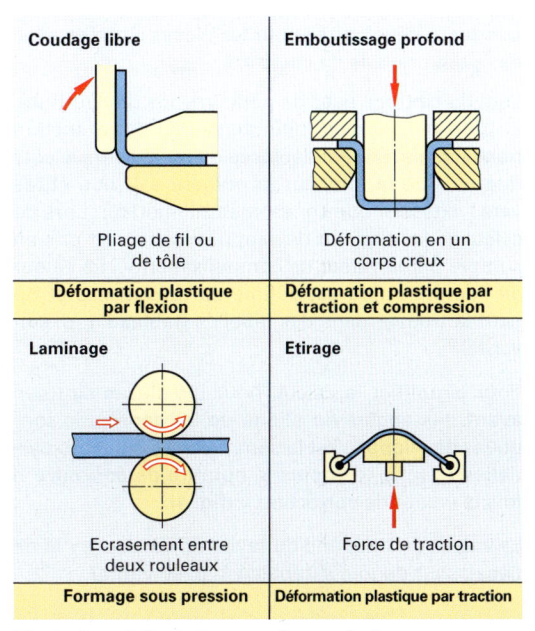

Fig. 3 : Procédés de formage (exemples)

## 3.5.3 Déformation plastique par flexion

Lors de la mise en forme par flexion, la matière est soumise à une déformation plastique à l'aide d'outils de pliage ou de cintrage. On plie des tôles, des tubes, des profilés et des fils **(fig. 1)**.

### ■ Détermination de la longueur étirée

Lors du cintrage, les zones extérieures de la pièce sont étirées, tandis que les zones intérieures sont comprimées **(fig. 2)**. Entre les deux se trouve une zone de matière où la longueur ne change pas lors du cintrage. Cette zone est appelée **fibre neutre**.

> La longueur développée des pièces cintrées correspond à la longueur de la fibre neutre.

**Longueur développée pour les pièces cintrées avec des grands rayons de courbure**

La longueur développée $L$ se compose des longueurs partielles $l_1$, $l_2$, $l_3$ ... de la pièce cintrée.

> **Longueur développée**  $L = l_1 + l_2 + l_3 + ... + l_n$

**Exemple**: Quelle est la valeur de la longueur développée du crochet **(fig. 3)**?

Solution: $L = l_1 + l_2 + l_3$   $l_1 = 30$ mm   $l_3 = 50$ mm

$$l_2 = \frac{\pi \cdot d \cdot \alpha}{360°} = \frac{\pi \cdot 114 \text{ mm} \cdot 150°}{360°} = 149 \text{ mm}$$

$L = 30$ mm $+ 149$ mm $+ 50$ mm $= \mathbf{229}$ **mm**

**Longueur développée pour les pièces cintrées avec des petits rayons de courbure**

Lors du cintrage avec de petits rayons de courbure, la fibre neutre n'est plus au milieu de la section transversale. Elle est déplacée du milieu vers le côté intérieur de la tôle, car la matière est plus étirée vers l'extérieur que comprimée à l'intérieur. Lors du calcul de la longueur développée, ce fait est pris en compte par la valeur de compensation $v$. La valeur de compensation est définie par des essais et on peut la trouver dans des tabelles **(tableau 1, p. suivante)**.

Pour simplifier le calcul, pour les pièces cintrées ayant des angles de pliage de 90 degrés, la longueur développée est la somme des longueurs partielles $l_1$, $l_2$, $l_3$, ... moins le nombre de courbure $n$ fois la valeur de correction $v$ **(fig. 4)**.

La valeur de $v$ dépend du rayon de courbure $r$ et de l'épaisseur de tôle $s$ (tableau 1, p. suivante).

> **Longueur dévéloppé**   $L = l_1 + l_2 + l_3 + ... + l_n - n \cdot v$

Fig. 1: Pièce fabriquée à partir de tôle coudées

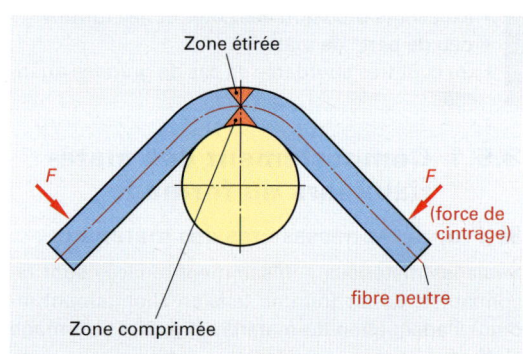

Fig. 2: Fibre neutre lors du cintrage

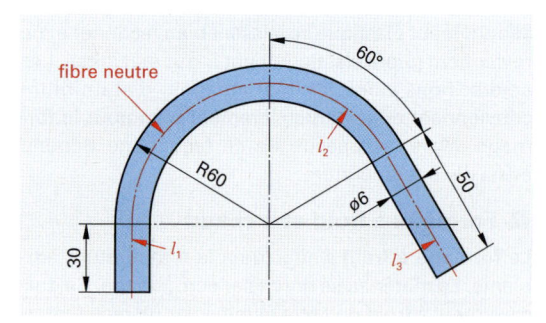

Fig. 3: Calcul de la longueur développée avec de grands rayons de courbure

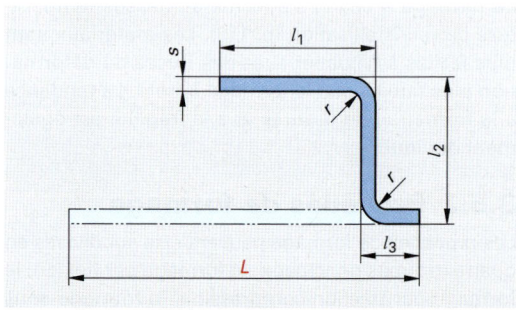

Fig. 4: Calcul de la longueur développée avec de petits rayons de courbure

# Formage

**Exemple:** On doit plier un support à partir d'un ruban en tôle de $s = 1$ mm d'épaisseur (**fig. 1**).

Quelle est la longueur développée pour cette pièce cintrée?

**Solution:** On trouvera dans le **tableau 1** les valeurs de compensation pour les pliages de 90 degrés:

$r = 1$ mm $\Rightarrow v_1 = 1,9$ mm
$r = 1,6$ mm $\Rightarrow v_2 = 2,1$ mm
$L = l_1 + l_2 + l_3 - n \cdot v_1 - n \cdot v_2$
$= (40 + 60 + 30 - 1 \cdot 1,9 - 1 \cdot 2,1)$ mm
$= \mathbf{126}$ **mm**

## ■ Rayon de courbure

### Rayon minimal de courbure lors du pliage

On appelle rayon de courbure le rayon placé sur le côté intérieur de la pièce cintrée après le pliage. Pour éviter les fissures et les modifications de section dans la zone de pliage, un rayon minimal de courbure doit être respecté. Le rayon de courbure dépend du matériau et de l'épaisseur de la tôle (**tableau 2**).

- Lors du pliage, le rayon de courbure choisi ne doit pas être trop petit.
- Les tôles doivent être pliées le plus perpendiculairement possible par rapport au sens du laminage.

### Etablissement du rayon du poinçon de pliage $r_1$ et de l'angle de pliage $\alpha_1$ à régler sur la machine.

Après le processus de pliage, les pièces reviennent légèrement à leur état initial par un effet élastique. C'est pourquoi ces pièces doivent être pliées avec une certaine compensation, et le rayon du poinçon doit être légèrement plus petit que celui de la pièce finie. (**fig. 2**).

Le rayon du poinçon $r_1$ dépend du rayon $r_2$ de la pièce, de l'épaisseur $s$ de la tôle et du facteur de retour élastique $k_R$ (**tableau 1, p. suivante**).

■ **Rayon du poinçon**     $r_1 = k_R \cdot (r_2 + 0,5 \cdot s) - 0,5 \cdot s$

Le facteur de retour élastique $k_R$ a été déterminé par des essais. Il dépend du matériau et du rapport entre le rayon de courbure $r_2$ et l'épaisseur $s$ de la tôle. L'angle de pliage avec compensation $\alpha_1$ est également calculé par le facteur de retour élastique $k_R$.

■ **Angle de pliage avec compensation**     $\alpha_1 = \dfrac{\alpha_2}{k_R}$

Lors du pliage, la pièce doit davantage être pliée pour compenser l'élasticité du métal et obtenir le bon angle après l'opération de pliage.

**Tableau 1: Valeurs de compensation $v$ pour l'angle de cintrage $\alpha = 90°$**

| Rayon de courbure $r$ en mm | Valeur de compensation de cintrage $v$ pour chaque pli en mm pour une épaisseur de tôle s en mm | | | | | | |
|---|---|---|---|---|---|---|---|
|  | 0,4 | 0,6 | 0,8 | 1 | 1,5 | 2 | 2,5 |
| 1    | 1,0 | 1,3 | 1,7 | 1,9 | –   | –    | –    |
| 1,6  | 1,3 | 1,6 | 1,8 | 2,1 | 2,9 | –    | –    |
| 2,5  | 1,6 | 2,0 | 2,2 | 2,4 | 3,2 | 4,0  | 4,8  |
| 4    | –   | 2,5 | 2,8 | 3,0 | 3,7 | 4,5  | 5,2  |
| 6    | –   | –   | 3,4 | 3,8 | 4,5 | 5,2  | 5,9  |
| 10   | –   | –   | –   | 5,5 | 6,1 | 6,7  | 7,4  |
| 16   | –   | –   | –   | 8,1 | 8,7 | 9,3  | 9,9  |
| 20   | –   | –   | –   | 9,8 | 10,4| 11,0 | 11,6 |

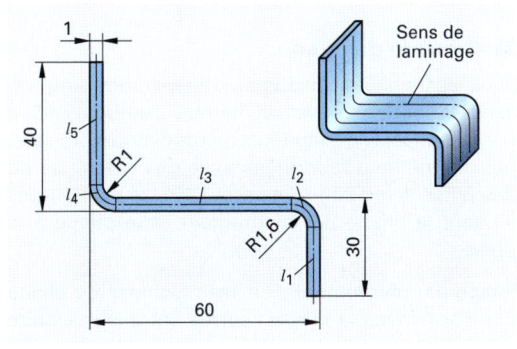

**Fig. 1: Support**

**Tableau 2: Rayons minimaux de cintrage**

| Matériau | Tôle | Tuyau |
|---|---|---|
| Acier | 1 × épaisseur de tôle | 1,5 × ∅ du tube |
| Cuivre | 1,5 × épaisseur de tôle | 1,5 × ∅ du tube |
| Aluminium | 2 × épaisseur de tôle | 2,5 × ∅ du tube |
| Alliage de Cu-Zn | 2,5 × épaisseur de tôle | 2 × ∅ du tube |

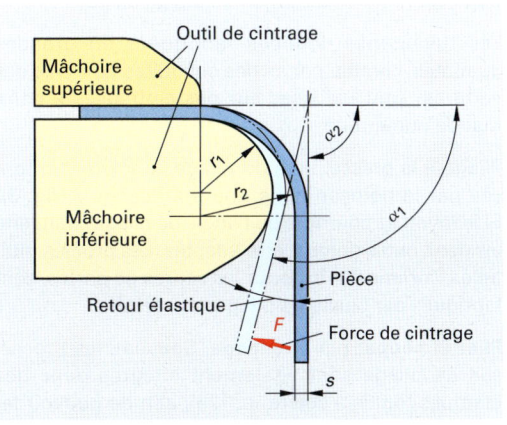

**Fig. 2: Rayon du poinçon et angle de pliage avec compensation**

**Exemple:** Une tôle en AlCuMg1 d'une épaisseur $s$ = 1,5 mm est cintrée de $\alpha_2$ = 60 degrés. Le rayon de courbure est $r_2$ = 3 mm.

Les éléments suivants doivent être calculés :
a) le rapport $r_2 : s$,
b) le facteur d'élasticité résiduelle $k_R$,
c) l'angle $\alpha_1$ du pliage,
d) le rayon $r_1$ du poinçon

Solution: a) $r_2 : s$ = 3 mm : 1,5 mm = **2**
b) $k_R$ = **0,98** (selon tableau 1)
c) $\alpha_1 = \dfrac{\alpha_2}{k_R} = \dfrac{60°}{0,98}$ = **61,2°**
d) $r_1 = k_R \cdot (r_2 + 0,5 \cdot s) - 0,5 \cdot s$
$r_1$ = 0,98 · (3 mm + 0,5 · 1,5 mm) – 0,5 · 1,5 mm
$r_1$ = **2,93 mm**

**Tableau 1 : Facteurs de retour élastique $k_R$**

| Matériaux des pièces cintrées | Rapport $r_2 : s$ | | | | | | | |
|---|---|---|---|---|---|---|---|---|
| | 1 | 1,6 | 2,5 | 4 | 6,3 | 10 | 16 | 25 |
| | Facteurs de retour élastique $k_R$ | | | | | | | |
| DC04 | 0,99 | 0,99 | 0,99 | 0,98 | 0,97 | 0,97 | 0,96 | 0,94 |
| X12CrNi18-8 | 0,99 | 0,98 | 0,97 | 0,95 | 0,93 | 0,89 | 0,84 | 0,76 |
| CuZn33F29 | 0,97 | 0,97 | 0,96 | 0,95 | 0,94 | 0,93 | 0,89 | 0,86 |
| EN AW-AlCu4Mg1 | 0,98 | 0,98 | 0,98 | 0,98 | 0,97 | 0,97 | 0,96 | 0,95 |

■ **Procédé de pliage**

Pour les travaux de pliage ou de réparation simples, les tôles sont pliées avec un marteau à embouts nylon contre une cale de pliage. Les pièces cintrées précises, par contre, sont fabriquées avec des machines ou des outils de cintrage. Les procédés les plus utilisés ici sont le pliage par pivotement et le pliage à la presse.

**Pliage par pivotement.** Sur les machines de pliage par pivotement, la tôle est serrée entre la mâchoire supérieure et la mâchoire inférieure **(fig. 1)**. Le tablier de pliage rotatif plie la pièce de tôle libre autour de l'appui intérieur.

**Les tubes** pour les conduites hydrauliques ou les conduites de réfrigérants lubrifiants sont pliés sur des cintreuses de profilés **(fig. 2)**. Les roulettes d'appui et de pliage possèdent une gorge correspondant à la moitié du diamètre extérieur du tube. Ainsi, le tube est soutenu pendant le pliage et les déformations de la section transversale et l'écrasement du tube sont évités. Le rayon intérieur du galet de cintrage est fonction du rayon de pliage exigé.

Les tuyauteries coudées fabriquées en grandes quantités, comme par ex. les conduites de freins des voitures, sont réalisées sur des cintreuses à commande numérique.

**Pliage à la presse.** Lors du pliage, la tôle est enfoncée par le poinçon dans une matrice en V **(fig. 3)**. Si le rayon de courbure ou l'angle de pliage changent, les deux outils doivent être adaptés. Les profilés multiples, comme par ex. pour les cadres de portes, sont fabriqués par plusieurs pliages successifs.

**Plier et couper** par étampage. Souvent, les processus de pliage sont également intégrés dans des étampes (outils à suivre, p. 126), afin de pouvoir fabriquer des pièces en les coupant et en les façonnant en une seule et même opération.

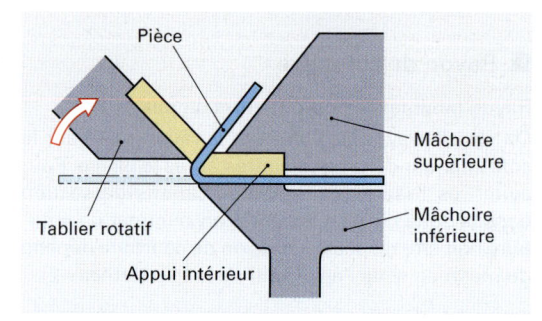

**Fig. 1 : Pliage par pivotement**

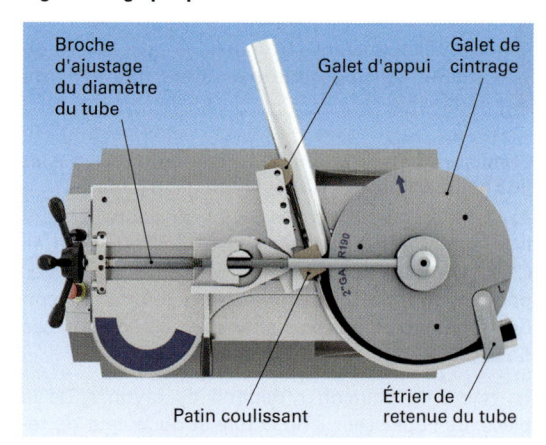

**Fig. 2 : Dispositif de cintrage des tubes**

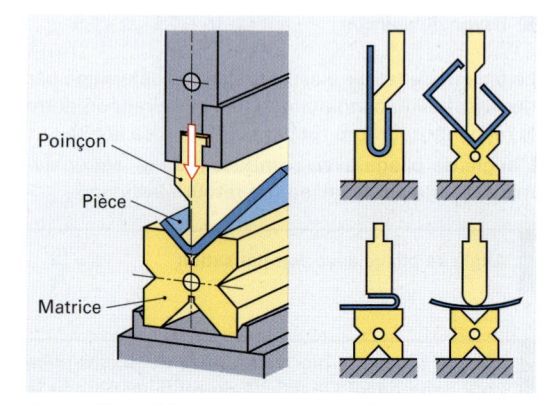

**Fig. 3 : Pliage à la presse avec exemples**

# Formage

## 3.5.4 Déformation plastique par traction et compression

En déformation plastique par traction et compression, la pièce découpée est façonnée en une pièce finie par les principaux processus que sont : l'emboutissage, l'étirage, la déformation par pression.

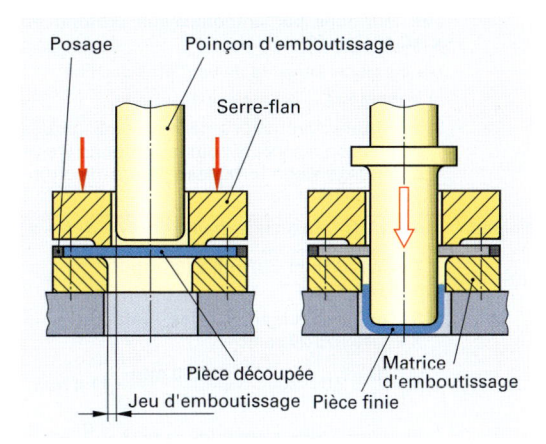

### 3.5.4.1 Emboutissage profond

Lors de l'emboutissage profond, une pièce de tôle découpée est façonnée en une ou plusieurs phases pour devenir un corps creux. Dans ce processus, l'épaisseur de la tôle change peu.

■ **Processus d'emboutissage**
La pièce découpée est plaquée sur la matrice d'emboutissage par le serre-flan (**fig. 1**). Ensuite, le poinçon d'emboutissage enfonce la tôle dans la matrice. La partie tubulaire $A_2$ de la pièce finie est réalisée à partir d'un anneau de largeur $b$ situé à l'extérieur de la pièce découpée (**fig. 2**). La surface excédentaire de l'anneau, par rapport au pliage au diamètre fini de la pièce, viendra par fluage allonger la hauteur de la pièce qui passera de la largeur $b$ à une hauteur $h$.

■ **Grandeurs d'influence**
**Force du serre-flan** Le serre-flan empêche la formation de plis sur la partie tubulaire de la pièce emboutie. Attention, la force de serrage doit aussi être ajustée de manière que le fond de la pièce emboutie ne se déchire pas lors de l'emboutissage.

**Jeu d'emboutissage.** Le jeu d'emboutissage w correct est un peu plus grand que l'épaisseur de la tôle, afin que le matériau puisse fluer librement. Néanmoins, il ne doit pas être trop grand pour éviter la formation de plis. La taille du jeu d'emboutissage dépend du matériau et de l'épaisseur de la tôle $s$ (**tableau 1**).

**Rayon de la matrice.** Un grand rayon au bord supérieur du trou de la matrice réduit la force d'emboutissage et le risque de déchirure mais aggrave le risque de formation de plis, la tôle n'étant plus serrée à la fin de l'opération.

**Rapport d'emboutissage.** Le rapport d'emboutissage $\beta$ exprime le changement de forme d'une tôle pendant l'emboutissage. C'est le rapport du diamètre de la pièce découpée $D$ sur le diamètre du poinçon $d_1$. Pour les emboutissages ultérieurs, c'est le rapport du diamètre de départ sur le diamètre réalisé pendant l'opération.

| Le rapport d'emboutissage admissible dépend : |
|---|
| • de la résistance du matériau |
| • de l'épaisseur de la tôle |
| • du rayon du poinçon et du bord arrondi de la matrice |
| • de la force du serre-flanc |
| • du lubrifiant utilisé |

**Etapes d'emboutissage.** Si le rapport entre la hauteur et le diamètre est trop important pour les pièces à emboutir, l'emboutissage se fait en plusieurs étapes (**fig. 3** et **tableau 1, p. suivante**).

**Fig. 1 : Emboutissage profond**

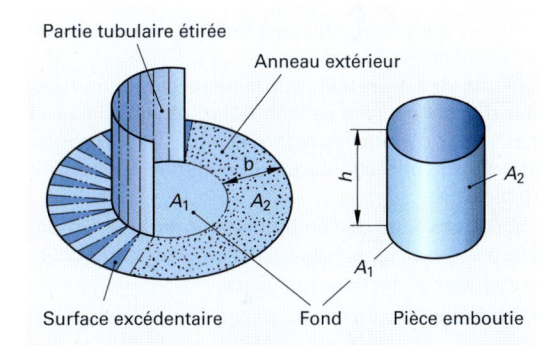

**Fig. 2 : Répartition de la matière lors de l'emboutissage profond**

**Tableau 1 : Jeu d'emboutissage $w$ lors de l'emboutissage profond**

| Matériaux | Jeu d'emboutissage |
|---|---|
| Tôles d'acier | $w = s + 0{,}07 \cdot \sqrt{10 \cdot s}$ |
| Alliages de CuZn | $w = s + 0{,}04 \cdot \sqrt{10 \cdot s}$ |
| Alliages d'Al | $w = s + 0{,}02 \cdot \sqrt{10 \cdot s}$ |

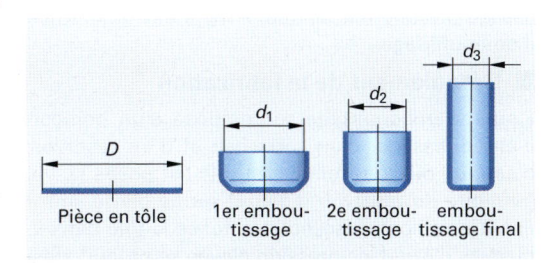

**Rapport d'emboutissage** $\quad \beta_1 = \dfrac{D}{d_1} \quad \beta_2 = \dfrac{d_1}{d_2} \quad \beta_3 = \dfrac{d_2}{d_3}$

**Fig. 3 : Etapes de l'emboutissage**

**Exemple:** Une coupelle cylindrique sans bordure de diamètre $d = 60$ mm et de hauteur $h = 70$ mm doit être fabriquée par emboutissage profond en X15CrNiSi25-20.

Les éléments suivants doivent être calculés:
a) le diamètre $D$ de la pièce découpée,
b) le nombre d'emboutissage avec les diamètres de poinçon respectifs pour les rapports d'emboutissage selon **le tableau 1** sans recuit intermédiaire.

Solution: a) Calcul de $D$ selon la formule: $D = \sqrt{4 \cdot d \cdot h + d^2}$

$$D = \sqrt{4 \cdot 60 \text{ mm} \cdot 70 \text{ mm} + (60 \text{ mm})^2}$$
$$= \mathbf{142{,}8 \text{ mm}}$$

b) Selon le tableau 1, les valeurs pour X15CrNiSi25-20 sont:

$\beta_1 = \dfrac{D}{d_1} = 2{,}0 \qquad d_1 = \dfrac{D}{\beta_1} = \dfrac{142{,}8 \text{ mm}}{2{,}0} = \mathbf{71{,}4 \text{ mm}}$

Pour le deuxième emboutissage $\beta_1 = \dfrac{d_1}{d_2} = 1{,}2$

$d_2 = \dfrac{d_1}{\beta_2} = \dfrac{71{,}4 \text{ mm}}{1{,}2} = \mathbf{59{,}5 \text{ mm}}$

Ainsi, la coupelle peut être emboutie en 2 opérations.

**Défauts de fabrication.** Sur la pièce emboutie finie, des défauts peuvent se manifester, occasionnés soit par l'outil d'emboutissage profond, par le processus d'emboutissage ou par le matériau à emboutir **(tableau 2)**.

**Lubrifiants.** Lors de l'emboutissage profond, on utilise des huiles et des graisses d'emboutissage pour
- atténuer les frictions et l'usure,
- améliorer la surface des pièces à emboutir
- mieux exploiter la capacité de formage des matériaux.

Les produits lubrifiants doivent bien adhérer sur la tôle, afin qu'une pellicule lubrifiante puisse subsister même avec des pressions superficielles élevées pendant l'emboutissage profond.

## 3.5.4.2 Emboutissage profond hydro-mécanique

Lors de l'emboutissage profond hydromécanique, la tôle à façonner acquiert sa forme grâce à la forme du poinçon d'emboutissage. Pendant le processus d'emla tôle épouse la forme du poinçon grâce à la pression du fluide **(fig. 1)**. Contrairement à l'emboutissage profond mécanique, il n'y a pas de matrice d'emboutissage.

### ■ Déroulement de la fabrication

L'outil d'emboutissage se compose d'un poinçon d'emboutissage, d'un serre-flan et d'un réservoir d'eau. La pièce découpée en tôle est posée sur la garniture du réservoir d'eau et serrée par le serre-flan. Le poinçon descend et enfonce la tôle dans le matelas d'eau. Une pression élevée se produit ainsi dans l'eau.

**Tableau 1: Rapports d'emboutissage $\beta$**

| Matériau d'emboutissage | Rapport d'emboutissage pouvant être obtenu | | |
|---|---|---|---|
| | 1er emboutissage | Emboutissages ultérieur | |
| | | sans | avec |
| | | recuit intermédiaire | |
| | $\beta_1$ | $\beta_2$ | $\beta_2$ |
| FeP01A (USt 1203) | 1,8 | 1,2 | 1,6 |
| RRSt 1404, RRSt 1405 | 2,0 | 1,3 | 1,7 |
| X15CrNiSi25-20 | 2,0 | 1,2 | 1,8 |
| CuZn 28 w | 2,1 | 1,3 | 1,8 |
| CuZn 37 w | 2,0 | 1,3 | 1,7 |
| Cu 95,5 w | 1,9 | 1,4 | 1,8 |
| EN AW-Al 99,5 | 1,95 | 1,4 | 1,8 |
| EN AW-AlMg1 (C) | 2,05 | 1,4 | 1,9 |

**Tableau 2: Défauts d'emboutissage profond**

| Défauts | Causes possibles |
|---|---|
| Fissure sur le fond | Défaut de matière, jeu d'emboutissage trop petit, force du serre-flanc trop faible |
| Plis | Force du serre-flanc trop faible |
| Rayures en surface | Usure sur la matrice d'emboutissage, lubrification insuffisante, jeu d'emboutissage trop faible |

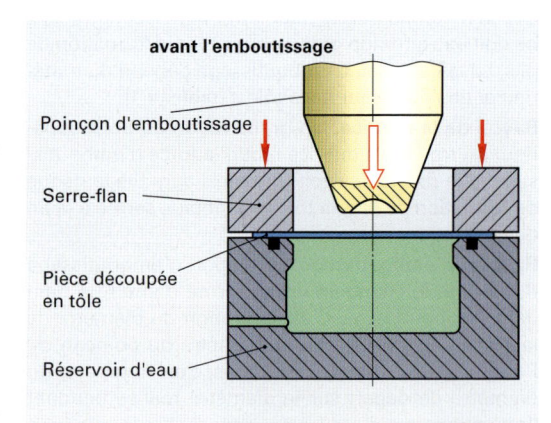

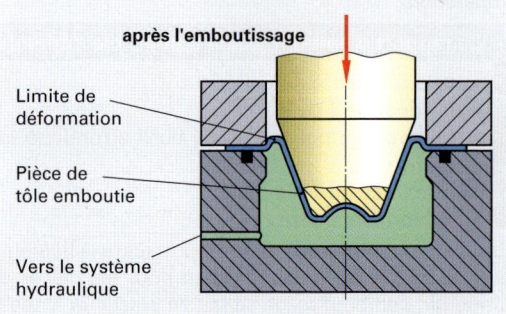

**Fig. 1: Emboutissage profond hydromécanique**

# Formage

La pression est limitée par une soupape de décharge réglée selon les besoins du formage. Le réglage peut se faire pendant le processus d'emboutissage. Avec ce processus, à la différence de l'emboutissage traditionnel, les pièces en tôle de forme conique ou parabolique peuvent également être fabriquées en une seule phase.

### Avantages de l'emboutissage profond hydromécanique par rapport à l'emboutissage profond traditionnel

- Le rapport d'emboutissage pouvant être obtenu est plus grand qu'en cas d'emboutissage profond traditionnel, en raison du changement de structure dans la zone limite de déformation.
- La modification de l'épaisseur de la tôle sur les rayons du fond est très faible. De ce fait, on peut également emboutir des pièces avec de très petits rayons.
- La surface extérieure des pièces embouties est meilleure, car aucune matrice n'est nécessaire. De ce fait, lors du formage, on évite le frottement de la tôle sur le bord arrondi de la matrice d'emboutissage.
- Les coûts de fabrication sont plus faibles en raison
  - des coûts d'outillage moins élevés
  - du nombre plus réduit d'étapes d'emboutissage

L'emboutissage profond hydromécanique convient surtout pour les pièces de tôle ayant une forme conique ou parabolique délicate (**fig. 1**).

### ■ Autres procédés de moulage hydraulique

Dans **les procédés de moulage hydraulique**, la pièce en tôle est séparée du liquide par une membrane. Dans **l'emboutissage hydromécanique actif**, la tôle est préétirée dans la direction opposée avant l'emboutissage lui-même. De ce fait, elle est écrouie. Ce procédé est utilisé pour la fabrication de pièces de carrosserie de grande surface.

Boîtier — Toit de voiture

Fig. 1 : Pièces à emboutissage profond hydromécanique

## 3.5.4.3 Étirage

Des fils, des profilés plats ou ronds, des tubes ou des formes diverses passent au travers d'une filière de forme qui contracte la matière (**fig. 2**). On obtient ainsi des produits finis aux formes précises et avec une faible rugosité, par ex. des tubes en acier de précision pour les conduits hydrauliques. L'étirage peut se faire à chaud ou à froid.

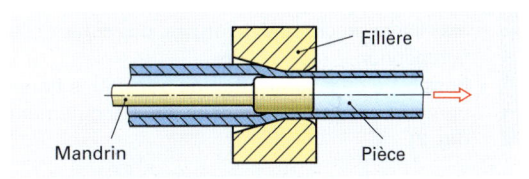

Fig. 2 : Etirage d'un tube

## 3.5.4.4 Repoussage

Dans l'opération de repoussage, une tôle circulaire est déformée par une molette qui vient l'appuyer contre un mandrin de forme (**fig. 3**). Ainsi, des tôles en acier jusqu'à env. 20 mm d'épaisseur peuvent par ex. être façonnées en jantes ou en fonds de chaudière.

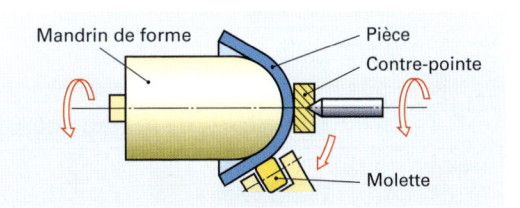

Fig. 3 : Opération de repoussage

### Répétition et approfondissement

1. Comment détermine-t-on la longueur développée des pièces pliées ?
2. Pourquoi ne faut-il pas choisir un rayon de pliage trop petit ?
3. De quoi dépend l'angle de pliage avec compensation lors du cintrage ?
4. De quels éléments les outils d'emboutissage profond sont-ils constitués ?
5. Quels défauts peuvent se produire sur les pièces embouties ?
6. Qu'entend-on par le rapport d'emboutissage maximal d'une tôle ?
7. De quoi dépend ce rapport d'emboutissage maximal ?
8. Quels avantages présente l'emboutissage hydromécanique profond par rapport à l'emboutissage profond traditionnel ?

## 3.5.4.5 Formage intérieur à haute pression

Lors de la déformation intérieure à haute pression, des tubes sont façonnés en les étirant avec des liquides sous pression dans la partie creuse.

**Cycle de fabrication**

Les éléments de tubes rectilignes ou préformés sont placés dans l'outil en deux parties ouvert **(fig. 1)**. Ensuite cet outil est fermé par une presse hydraulique et maintenu fermé pendant le façonnage. Une fois que les poinçons ferment les extrémités du tube, un liquide sous pression est injecté dans le tube. Sous l'effet de la pression pouvant aller jusqu'à 4000 bars, le tube s'élargit aux endroits où il ne touche pas la paroi de l'outil. En même temps, les extrémités des tubes sont resserrées. Le processus de façonnage se poursuit jusqu'à ce que la matière du tube ait épousé la forme intérieure de l'outil.

**Avantages des composants fabriqués selon le formage intérieur à haute pression**

- Fabrication d'un seul tenant de pièces façonnées avec difficulté, alors qu'elles sont habituellement fabriquées en plusieurs pièces **(tableau 1)**
- Réduction du poids et du volume de montage
- une grande rigidité et une grande résistance à la fatigue
- une solidité plus grande grâce à l'écrouissage
- excellente précision des formes, des cotes et de la répétition
- Possibilité de la fabrication de transitions transversales respectant le sens de l'écoulement **(fig. 2)**

**Tableau 1 :** Avantages du procédé de formage intérieur à haute pression selon l'exemple du collecteur de gaz d'échappement

| | Fabrication traditionnelle | Fabrication par HP |
|---|---|---|
| Nombre des pièces individuelles | 100% | 50% |
| Accroissement de la durée de vie | 100% | 250% |
| Coûts de fabrication | 100% | 85% |
| Temps de développement | 100% | 38% |
| Poids | 100% | 85% |

**Inconvénients :**
- temps de fabrication relativement longs
- frais d'installation élevés
- convient uniquement pour les fabrications en série

**Exemples d'utilisation dans la construction auto-mobile :** collecteurs des gaz d'échappement, arceaux de sécurité, montants de toit, supports de roues **(fig. 3)**

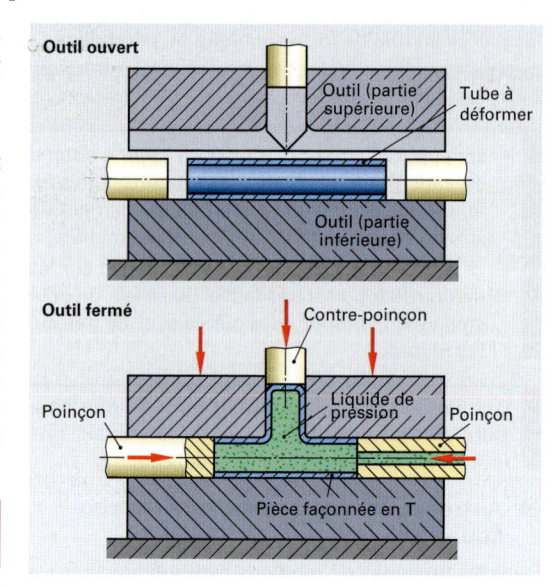

Fig. 1 : Principe du formage intérieur à haute pression avec l'exemple d'une pièce en T

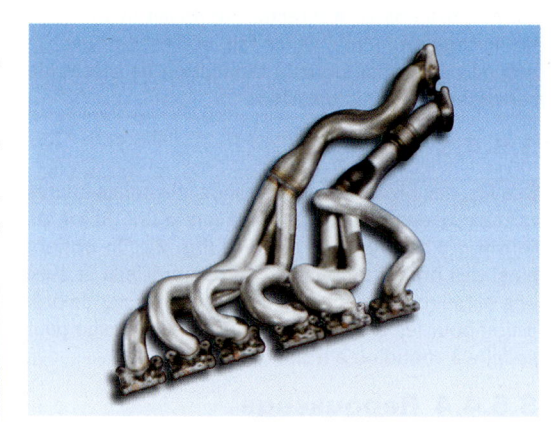

Fig. 2 : Collecteur de gaz d'échappement

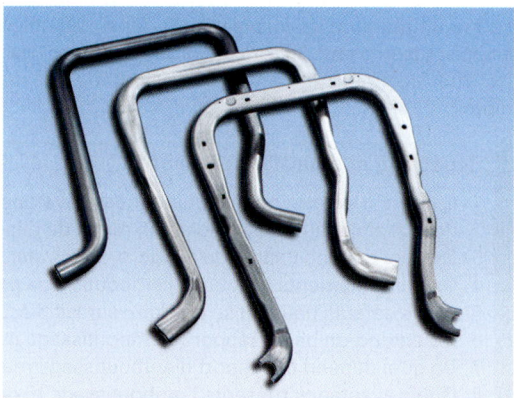

Fig. 3 : Support de roue avant de voiture (étapes de fabrication)

Formage

## 3.5.5 Déformation plastique par compression

Dans la déformation plastique par compression la pièce est façonnée par des contraintes de compression **(fig. 1)**. Dans ce type de mise en oeuvre on distingue les processus de fabrication suivants :
le forgeage libre, le matriçage (estampage), le refoulement, l'extrusion et le filage à la presse.

### 3.5.5.1 Formage libre et matriçage

Lors du forgeage, les pièces sont façonnées par frappe ou par compression à chaud. En amenant le matériau à la température de forgeage, l'aptitude au moulage augmente et la dépense en énergie diminue lors du façonnage.

■ **Température de forgeage**

La température de forgeage dépend du matériau et doit être trouvée dans des tabelles. Elle s'élève par ex. pour l'acier de construction non allié à env. 1000 °C **(fig. 2)**. On ne doit pas forger en dessous de la température minimale de forgeage afin qu'aucune fissure ne se forme sur la pièce. Si la température de forgeage est trop élevée, l'acier brûle.

■ **Aptitude de forgeage des matériaux**

Les principaux métaux forgeables sont les aciers et les alliages d'aluminium de corroyage et de cuivre. En ce qui concerne les aciers, l'aptitude au forgeage diminue au fur et à mesure que la teneur en carbone augmente. Par ailleurs, la plage de température dans laquelle on peut forger est plus grande pour les aciers avec une faible teneur en C.

> Lors du forgeage, il convient de respecter les indications du fournisseur de matière sur les durées de préchauffage et les températures de forgeage.

■ **Forgeage libre**

Lors du forgeable libre, la forme finale est obtenue à partir de la pièce brute par des frappes ciblées. Dans ce processus le matériau peut couler librement entre les outils. On fabrique en forgeage libre des pièces individuelles et des ébauches d'outils ou de pièces en aciers spéciaux.

■ **Matriçage**

Dans le matriçage, la pièce à forger est frappée dans une matrice en deux parties à partir d'une pièce brute **(fig. 3)**. Les matrices sont des moules en acier à outils résistant au fluage à température élevée. Ils sont soumis à des contraintes d'usure élevée et doivent être remplacés au bout de 10 000 à 100 000 pièces.

> **Avantages du matriçage à chaud sont les suivants :**
> - moins de perte de matériau
> - haute précision de répétition
> - fibrage favorable
> - possibilité de réaliser des formes complexes

**Exemples d'utilisation :** arbres-manivelle, arbres à cames, bielles motrices, clé à fourches.

Fig. 1 : Fusée d'essieu forgée

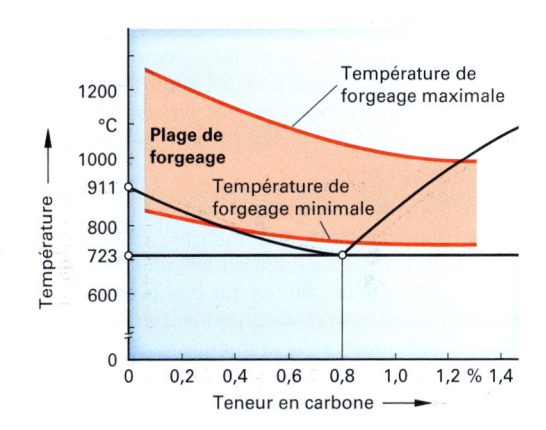

Fig. 2 : Plage de forgeage des aciers non alliés

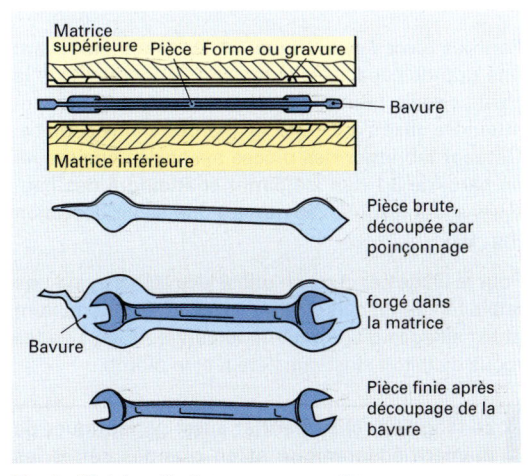

Fig. 3 : Matrice d'estampage avec pièce

## 3.5.5.2 Formage par refoulement

Dans le formage par refoulement, on distingue le procédé avec un mouvement tournant de l'outil de façonnage, par ex. le moletage et les tarauds refouleurs (p. 152), et le procédé avec un mouvement rectiligne tel que le marquage d'empreintes **(fig. 1)**. La réalisation des six pans creux ou des empreintes cruciformes dans les têtes de vis peut être effectuée à froid ou à chaud.

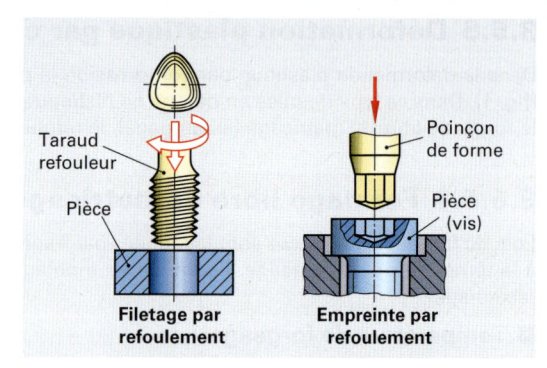

**Fig. 1 : Procédés de formage par refoulement**

## 3.5.5.3 Filage à la presse

Les principaux procédés du filage sont l'extrusion et le filage par choc.

### ■ L'extrusion

Lors de l'extrusion, le poinçon comprime le matériau à travers une filière profilée en une longue barre avec une section pleine ou creuse **(fig. 2)**. Cette opération est réservée aux matériaux non ferreux.

> Lors de l'extrusion, le matériau comprimé sort sous forme de longs profilés semi-finis qui ne peuvent pas être fabriqués par laminage.

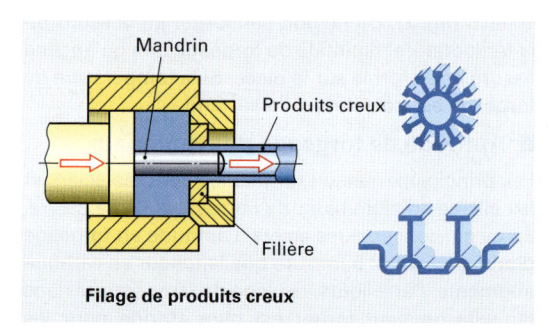

**Fig. 2 : Extrusion**

### ■ Filage par choc

Lors du filage par choc, les pions sont comprimés par un poinçon dans une matrice. Le matériau s'écoule alors par le jeu entre le poinçon et la matrice **(fig. 3)**. Les embouts filetés sur des tubes ou des pièces similaires sont réalisés pendant le filage selon la forme du poinçon et de la matrice.

> Selon la direction d'écoulement du matériau, on fait la distinction entre le formage par fluage arrière-avant, et le formage par fluage avant-arrière.

Pour les pièces cylindriques et les matériaux ayant une grande capacité d'extension, la longueur de la partie creuse fabriquée par le filage par choc peut atteindre jusqu'à 6 fois le diamètre de la pièce. On peut fabriquer des pièces ayant des épaisseurs de paroi de 0,1 mm à 1,5 mm et atteindre des hauteurs allant jusqu'à 250 mm en une seule opération **(fig. 4)**.

Pour le filage par choc on utilise des aciers ayant une faible teneur en carbone, par ex. le C10, l'aluminium et les alliages d'aluminium, le cuivre et les alliages mous de laiton ainsi que l'étain et le plomb.

> Le filage par choc permet aussi de fabriquer de manière économique et en grandes séries les corps pleins et creux de formes difficiles.

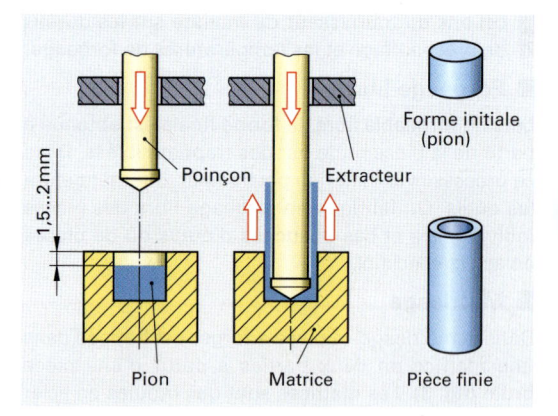

**Fig. 3 : Filage par choc arrière-avant**

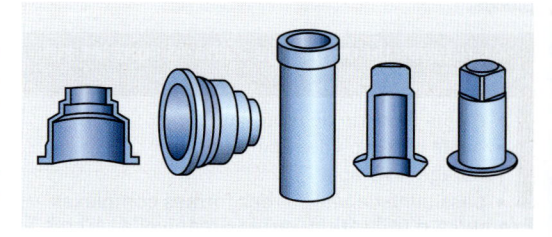

**Fig. 4 : Pièces filées par choc**

# Formage

## 3.5.6 Presses

Les machines appropriées pour les différents procédés de mise en forme se distinguent par leur type d'entraînement, les forces et les courses accessibles ainsi que par la vitesse ou le cycle de l'outil de mise en forme (**tableau 1**). Pour certains procédés supprimer de refaçonnage comme par ex. pour extruder, cintrer des fils ou emboutir des tôles, on utilise des machines spéciales, mécaniques ou hydrauliques. Les machines les plus courantes de mise en forme sont les presses.

**Tableau 1 : Classification, paramètres, propriétés et domaines d'utilisation des presses**

| Type d'entraînement | Paramètres, propriétés | Domaines d'utilisation |
|---|---|---|
| **Presses mécaniques**<br>Excentrique<br>Arbre d'entraînement<br>Guidage<br>Coulisseau<br>Table de presse | • Force variable selon la position du coulisseau<br>• Puissance stockée dans un volant d'inertie<br>• Course réglable avec précision<br>• Valeurs de course élevées possibles<br>• Vitesses élevées<br>• Types de construction : Presses excentriques, presses à vis, presses à genouillère | Matriçage<br>Emboutissage profond<br>Couper<br>Gaufrage<br>Formage par fluage<br>Cintrage, pliage |
| **Presses hydrauliques**<br>Entraînement hydraulique<br>Coulisseau<br>Guidage<br>Table de presse | • Course, force et vitesse réglables<br>• Force constante sur toute la course<br>• Le mouvement de course peut être interrompu à tout moment<br>• Adaptation rapide aux conditions difficiles d'emboutissage<br>• Protection sûre contre les surcharges<br>• Branchement d'appareils d'automatisation possible<br>• Déroulement par commande CNC facilement modifiable<br>• Types de construction : presses à effets simples ou multiples | Emboutissage profond<br>Formage par fluage<br>Gaufrage<br>Extrusion |
| **Marteau pilon**<br>Entraînement supplémentaire hydraulique ou mécanique<br>Mouton<br>Enclume | • Vitesse de façonnage élevée<br>• Poids et hauteur de chute du « mouton » déterminent l'énergie<br>• Souvent, entraînement supplémentaire par huile sous pression ou air comprimé<br>• La course s'arrête après épuisement de l'énergie.<br>• Le processus de façonnage est souvent divisé en plusieurs opérations.<br>• Types de construction : marteau-pilon, marteau-pilon à double effet, marteau à contre-coups | Matriçage<br>Forgeage libre |

---

### Répétition et approfondissement

1. De quoi dépend la température de forgeage ?
2. Quels sont les avantages du matriçage à chaud ?
3. Mentionnez quelques pièces typiques qui sont fabriquées par matriçage à chaud.
4. Par quoi se différencient les filetages qui ont été fabriqués par refoulement par rapport aux filetages usinés par enlèvement de copeaux ?
5. Quelles sont les caractéristiques que doivent avoir les matériaux pour être aptes au filage ?

## 3.6 Coupe

Les tôles et les profilés peuvent découper par cisaillage ou par découpe sans contact.

### 3.6.1 Cisaillage

Le cisaillage est principalement utilisé pour le travail de la tôle **(fig. 1)**. Dans ce processus, on fait la distinction entre la coupe par cisaille et la coupe par poinçonnage.

#### 3.6.1.1 La coupe avec des cisailles

Les cisailles à main et les cisailles mécaniques sont utilisées avant tout pour découper des morceaux de tôles. Les deux lames pénètrent d'abord dans la tôle avant de couper. Puis la section restante est entièrement tranchée **(fig. 2)**.

■ **Cisailles à main**

Avec les cisailles à main on peut uniquement couper des tôles fines en raison de la force de cisaillement limitée. Par ailleurs la précision de forme des bordures coupées est faible. C'est la raison pour laquelle elles sont uniquement utilisées pour des fabrications individuelles et des réparations.

Des cisailles à main différentes sont utilisées suivant la forme à couper. Les coupes droites sont réalisées avec des cisailles passe-tôles et les formes rondes sont coupées avec des cisailles à chantourner droit ou gauche.

■ **Cisailles mécaniques**

**Les grignoteuses** servent à découper toutes sortes de formes dans les tôles. Le matériau est séparé avec un poinçon effectuant des courses rapidement les unes après les autres **(fig. 3)**. Les outils à grignoter sont utilisés sur les machines à commande numérique pour les formes qui ne peuvent pas être poinçonnées avec les outils standards du magasin d'outils. La feuille de tôle est passée sous l'outil de manière à ce que la forme souhaitée apparaisse.

Avec **les cisailles-guillotine** des bandes sont découpées des feuilles de tôle. Afin que ces bandes soient sans bavure et que la coupe soit propre et d'équerre, les deux couteaux doivent être affûtés avec précision. Avant la découpe, la feuille de tôle est maintenue par un serre-tôle afin que la tôle ne se lève pas pendant la découpe. Lors de la coupe, la lame supérieure se déplace selon le type de construction verticalement ou obliquement par rapport à la lame inférieure **(fig. 4)**.

L'entraînement tablier porte-lame et du serre-flan est soit hydraulique par l'intermédiaire de cylindres ou mécanique par ex. par un mécanisme à bielle et vilebrequin. Pour les tôles minces on utilise aussi des cisailles-guillotine actionnées à la main.

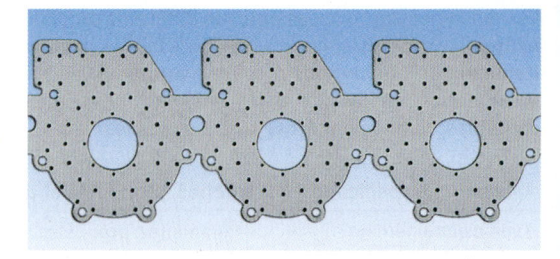

Fig. 1 : Ruban de tôle avec pièces partiellement découpées

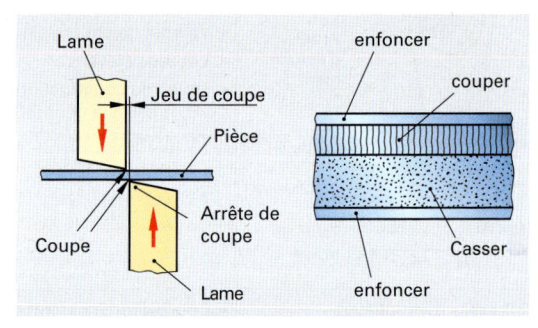

Fig. 2 : Processus de cisaillage

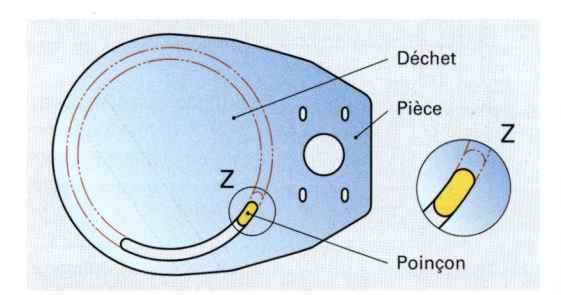

Fig. 3 : Découpe par grignotage

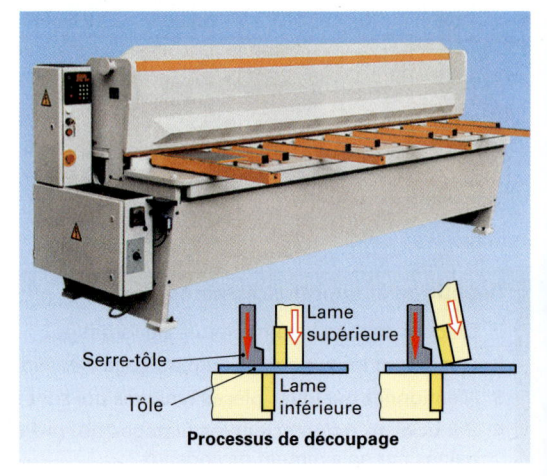

Fig. 4 : Cisaille-guillotine

## 3.6.1.2 Couper avec des outils de poinçonnage

De nombreuses pièces en tôle sont fabriquées en grandes quantités avec des outils de poinçonnage et sont ensuite reprises pour du formage ou de l'usinage. L'outil complet monté sur la presse porte le nom d'étampe.

### ■ Force de coupe

La force de coupe $F$ nécessaire pour la découpe dépend de la surface de cisaillement $S$ et de la résistance maximale au cisaillement $\tau_r$ **(fig. 1)**. La surface de cisaillement $S$ est le produit de la longueur $l$ de ligne de coupe par l'épaisseur de la tôle $s$.

| Surface de coupe | $S = l \cdot s$ |
|---|---|

La résistance maximale au cisaillement $\tau_r$ est calculée à partir de la résistance maximale à la traction $R_m$.

| Résistance maximale au cisaillement | $\tau_r = 0{,}8 \cdot R_m$ |
|---|---|

On obtient ainsi pour la force de coupe $F$ :

| Force de coupe | $F = S \cdot \tau_r$ |
|---|---|

**Exemple :** Une plaque ayant un diamètre $d = 20$ mm est découpée à partir d'une tôle S275J2 ayant une épaisseur $s = 5$ mm (fig. 1). Les éléments suivants doivent être calculés :
  a) la longueur de la ligne de coupe,
  b) la surface de cisaillement,
  c) la résistance maximale au cisaillement,
  d) la force de coupe.

**Solution :** a) $l = \pi \cdot d = \pi \cdot 20$ mm $=$ **62,8 mm**
  b) $S = l \cdot s = 62{,}8$ mm $\cdot 5$ mm $=$ **314 mm²**
  c) A partir des fiches de normes : $R_m = 410\ldots560$ N/mm²
     $\tau_r = 0{,}8 \cdot 560$ N/mm² $=$ **448 N/mm²**
  d) $F = S \cdot \tau_r = 314$ mm² $\cdot 448$ N/mm² $= 140\,672$ N $\approx$ **141 kN**

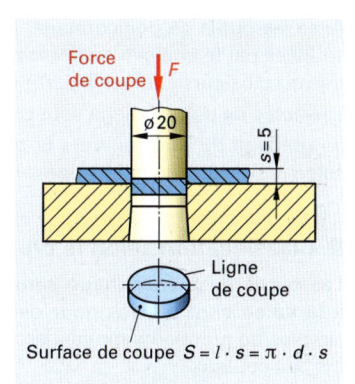

**Fig. 1 :** Calcul de la force de cisaillement

### ■ Besoin en tôle

Le découpage suivit des pièces nécessite un espace $e$ entre chaque pièces et une distance $a$ du bord de la bande **(fig. 2)**. Ainsi la largeur de la bande $B = d + 2a$ et le pas d'avance de la bande $V = d + e$. Le besoin (surface) $A_o$ en tôle par pièce est donc de $A_o = V \cdot B$

| Besoin de tôle par pièce | $A_o = V \cdot B$ |
|---|---|

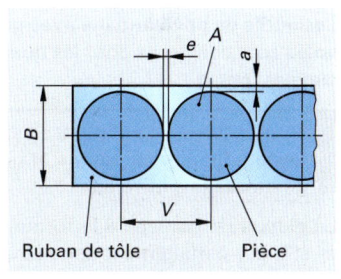

**Fig. 2 :** Besoin en tôle

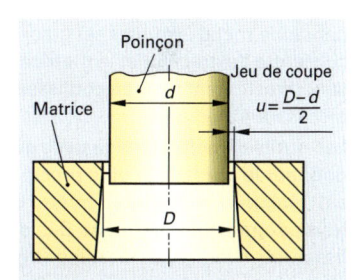

### ■ Jeu de coupe

**Jeu de coupe.** Un jeu de coupe doit exister entre le poinçon et la matrice **(fig. 3)**. La taille du jeu de coupe dépend de l'épaisseur de la tôle, de la résistance au cisaillement de la tôle, de la durée de vie de l'outil exigée et de la qualité de la surface de cisaillement. En règle générale le jeu de coupe avec un découpage de précision atteint 0,5 %, et jusqu'à 5 % de l'épaisseur de la tôle. On reconnaît à la surface de cisaillement si la taille correcte de jeu de coupe a été respectée. Si elle est rugueuse et cassante et si une bavure importante est visible, le jeu de coupe est trop grand. On peut trouver sur des tabelles les bonnes tailles de jeux de coupe **(tableau 1)**.

**Fig. 3 :** Jeu de coupe

**Tableau 1 :** Taille du jeu de coupe

| Epaisseur de la tôle $s$ en mm | Jeu de coupe $u$ en mm pour la résistance au cisaillement $\tau_r$ en N/mm² | |
|---|---|---|
| | 250...400 | 400...600 |
| 0,4...0,6 | 0,015 | 0,02 |
| 0,7...0,8 | 0,02 | 0,03 |
| 0,9...1,0 | 0,03 | 0,04 |
| 1,5...2,0 | 0,04...0,05 | 0,05...0,07 |
| 2,5...3,0 | 0,06...0,07 | 0,09...0,10 |
| 3,5...4,0 | 0,08...0,09 | 0,11...0,13 |

## 3.6.1.3 Outils de poinçonnage

Avec les outils de poinçonnage, les pièces sont découpées par le poinçon ou par la plaque de coupe en une ou plusieurs courses à partir d'un ruban de tôle. Les outils de poinçonnage sont classés selon le type de guidage du poinçon vers la plaque de coupe et selon le procédé de fabrication.

### ■ Classification selon le type de guidage

**Les outils de poinçonnage sans guidage montés à la volée** sont utilisés pour découper des pièces simples de grandeurs moyennes **(fig. 1)**. Le système est peu coûteux.

> Le poinçon n'est pas guidé dans l'outil en face de la plaquette de coupe, mais par le poussoir de la presse.

**Les outils de poinçonnage avec guidage montés à la volée** sont construits pour les quantités moyennes et élevées **(fig. 2)**.

> Le poinçon est guidé par la plaque d'extraction reliée à la matrice par vis et goupille. C'est aussi un montage à la volée.

La plaque de guidage a la forme exacte du poinçon et elle est parfaitement centrée sur la matrice. Elle fait office d'extracteur. Le poinçon est fixé sur une assise stable, elle-même fixée avec un large appui au coulisseau par l'intermédiaire du nez de fixation. La bande de métal à couper est guidée dans l'outil et circule entre l'extracteur et la matrice. Les gros poinçons sont directement fixés au coulisseau de la presse sans pièces intermédiaires.

**Les outils de poinçonnage avec guidage par colonne** donnent le guidage le plus précis **(fig. 3)**. Le guidage est réalisé par deux ou quatre colonnes en acier trempé qui coulissent dans des douilles de guidage lisses ou avec cages à billes **(fig. 4)**. Les colonnes sont chassées dans la partie inférieure du bloc à colonnes. Ces blocs sont normalisés et on peut les obtenir dans les commerces spécialisés.

Les guidages lisses conviennent pour un petit nombre de frappe par minute et des pressions latérales élevées. Les guidages à rouleaux vont pour de hautes fréquences et des courses courtes.

> Les guidages à rouleaux sont sans jeu, nécessitent peu d'entretien, sont libres et occasionnent peu d'échauffement.

### Butées

L'avance de la bande s'effectue à chaque cycle. La bande est arrêtée par des butoirs, des doigts coniques de positionnement, des pinces diagonales ou des appareils d'avance spéciaux.

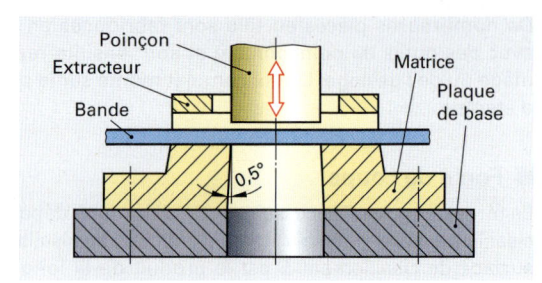

Fig. 1 : Outil de poinçonnage sans guidage monté à la volée

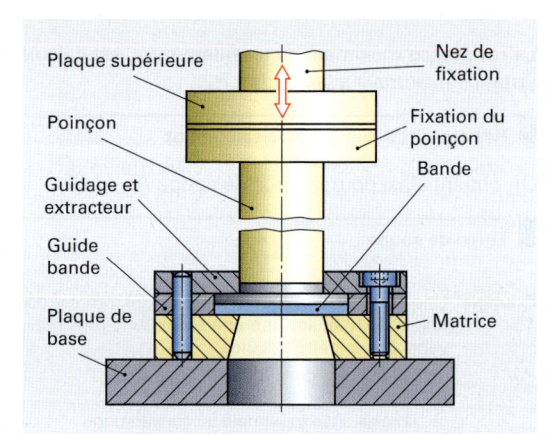

Fig. 2 : Outil de poinçonnage avec guidage monté à la volée

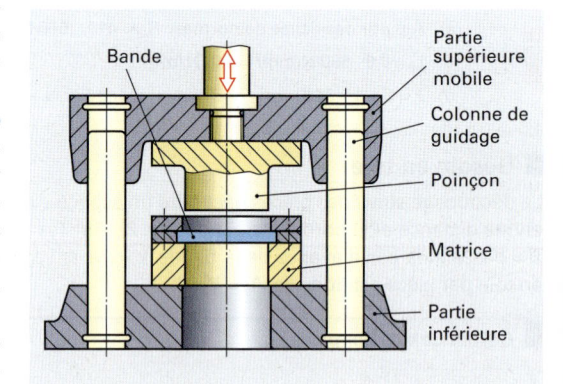

Fig. 3 : Outil de poinçonnage avec colonnes de guidage

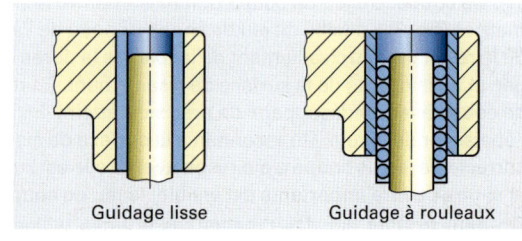

Fig. 4 : Colonnes de guidage

## ■ Classification selon le procédé de fabrication

En étampage, les procédés et donc les outils se différencient selon :

- le nombre de cycles par pièce
  ⇒ Etampes à passage unique et étampes progressives,
- la fabrication simultanée des formes extérieures et intérieures ⇒ étampes automatiques,
- la qualité particulière des surfaces de cisaillement ⇒ étampes de découpage fin,
- de la coupe et du façonnage en un outil ⇒ étampes à suivre.

**Les étampes à un seul passage** sont de conception simple et peu coûteuses (**fig. 1**). La pièce est découpée par le poinçon et sort de la matrice par le bas. La bande est arrachée du poinçon par l'extracteur lors de la remontée du poinçon. La tôle est enlevée de la plaque de guidage et peut à présent être poussée plus loin jusqu'à la goupille d'arrêt.

**Les étampes à suivre fabriquent** la pièce en plusieurs étapes successives (**fig. 2**). L'outil est constitué de plusieurs poinçons, chacun réalisant sa propre découpe.

Ainsi, par ex. la pièce dans la fig. 2 est d'abord percée avec le poinçon rond, puis, après avance très précise de la bande, découpée par le second poinçon avec la forme extérieure. Les poinçons travaillant en même temps, les efforts de coupe sont cumulés.

> Avec les étampes progressives, les pièces sont fabriquées en plusieurs étapes sur un seul outil.

**Les étampes automatiques** permettent de découper la forme intérieure et la forme extérieure d'une pièce en un seul passage (**fig. 3**).

Ainsi, les écarts de position entre la forme intérieure et la forme extérieure dus à une avance imprécise ou à un jeu de la bande dans le guide sont exclus.

Dans la bas de l'étampe, la matrice travail comme telle pour le poinçon intérieur, mais en tant que poinçon pour découper l'extérieur de la pièce. Dans la partie supérieure, on trouve le poinçon intérieur et la matrice pour la forme extérieure.

Après découpage, la chute intérieure sort par le bas et la pièce découpée est réintroduite dans la bande par l'éjecteur pour être évacuée plus tard après avancement de la bande.

> Les étampes automatiques sont utilisées pour les pièces nécessitant une tolérance serrée dans la concentricité des formes intérieure-extérieure et qui doivent être fabriquées en grandes séries.

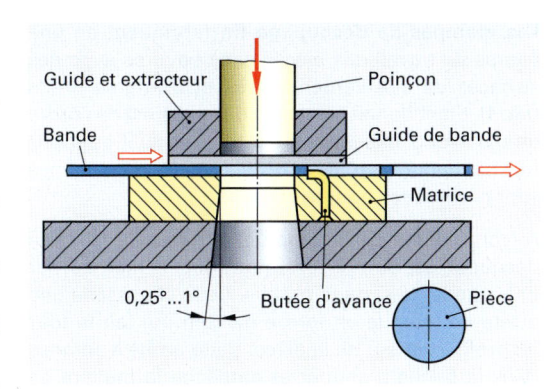

**Fig. 1 : Etampe à passage unique**

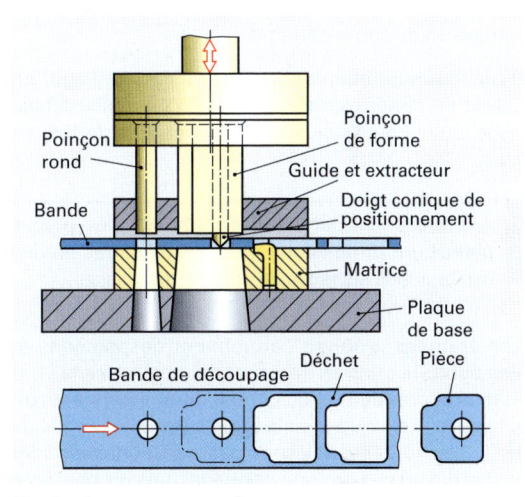

**Fig. 2 : Etampe progressive**

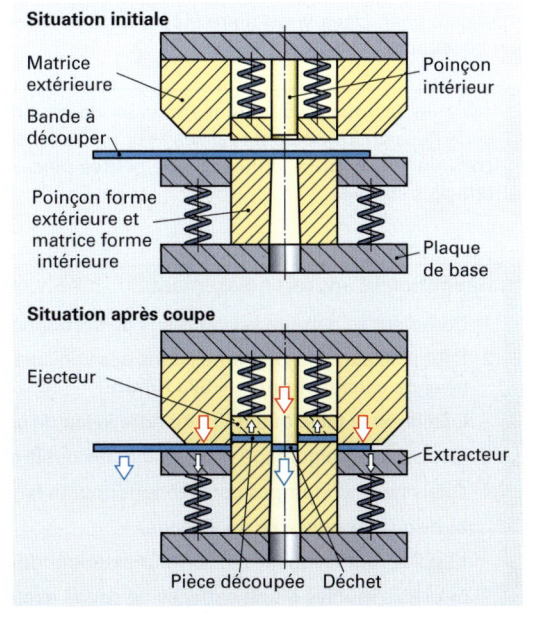

**Fig. 3 : Etampe automatique**

**Les étampes de découpage fin** fabriquent en une course de travail des pièces sans bavures avec des surfaces de cisaillement lisses et à angles droits **(fig. 1)**. Etant donné que le jeu de coupe est de l'ordre de 0,5 % de l'épaisseur de la tôle, et qu'il est donc très petit pour les tôles minces, des blocs à colonnes sont nécessaires pour le guidage.

Avant le début de la coupe elle-même, la bande à découper est serrée fortement sur la matrice par une plaque de serrage mobile. Celle-ci possède une arrête de retenue en forme de coin qui fait le tour du profil extérieur de la pièce. Cette arrête s'enfonce dans la bande à couper et empêche la matière de fluer lors de la coupe. La force de coupe nécessaire est environ deux fois plus importante que pour un poinçonnage conventionnel.

Pour répondre aux contraintes de cet outillage, on utilise de préférence des presses à genouillère bas-haut, où le coulisseau est en bas et la table fixe en haut.

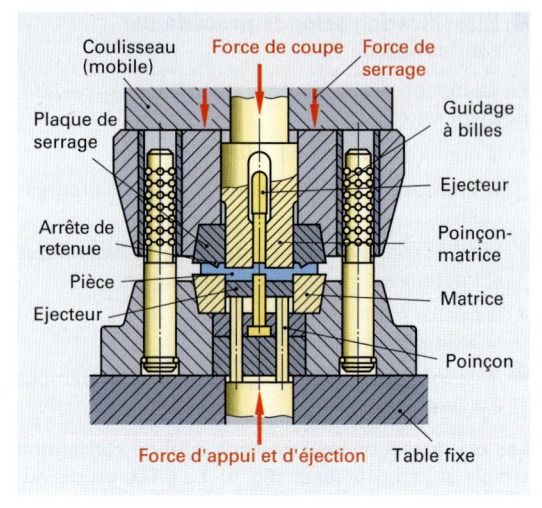

Fig. 1 : Etampe de découpage fin

> Avec le découpage fin, on obtient des pièces planes, de dimensions précises avec des angles droits et des surfaces de cisaillement lisses.

**Les étampes à suivre** contiennent des poinçons et des outils de mise en forme. La fabrication se fait par étapes successives avec par ex. du poinçonnage, du pliage, et la découpe finale **(fig. 2)**. Dans l'exemple de la fig. 2 les côtés de la pièce en cours de fabrication sont d'abord dégagés par poinçonnage, puis les bordures longitudinales des côtés d'angle à cintrer sont coupées et pré-cintrées et enfin terminées dans la matrice à plier. Dans la dernière étape, la pièce finie est découpée.

> Avec les étampes à suivre, les travaux de coupe et de mise en forme sont réalisés avec un outil. Ils conviennent pour la fabrication de petites pièces difficiles en tôle.

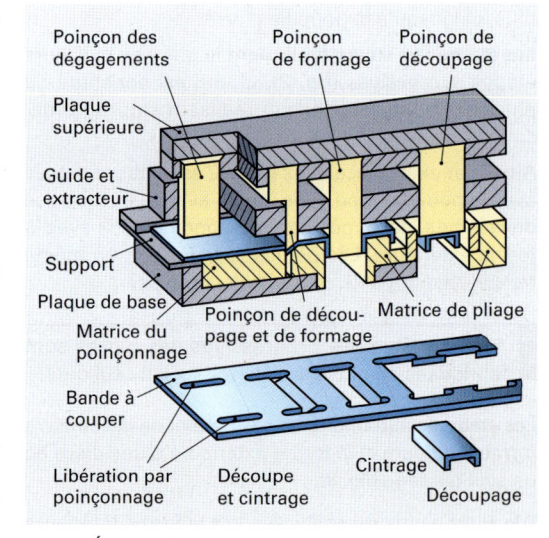

Fig. 2 : Étampe à suivre

---

### Répétition et approfondissement

1. Comment se déroule le processus de sectionnement lors de la coupe par cisaillage ?
2. Pour la fixation des dynamos dans des véhicules, on découpe des pièces de tôle de 1 mm d'épaisseur en acier de construction ($R_m$ = 520 N/mm$^2$).
   Quelle est la taille que doit atteindre le jeu de coupe de l'outil ?
3. Quels types de guidage différentient les outils de poinçonnage ?
4. Quels types d'étampes conviennent pour la fabrication de
   a) disques ronds avec un alésage,
   b) pièces sur lesquelles le contour extérieur doit être positionné avec précision par rapport à l'alésage,
   c) pièces munies d'une surfaces de coupe exempte de bavures,
   d) pièces comportant des zones cintrées ?

# Coupe

## 3.6.2 Découpage sans contact

Le découpage sans contact se fait à l'aide de gaz, d'électricité ou d'eau. On fait la distinction entre la découpe thermique et la découpe au jet d'eau. Le processus approprié dépend de la matière à couper, de l'épaisseur de la matière, et de la qualité souhaitée pour les arêtes de coupe.

### 3.6.2.1 Découpe thermique

La matière est chauffée puis séparée par un jet de gaz. Les processus les plus importants sont : l'oxycoupage, le découpage par jet de plasma, et le découpage au rayon laser.

■ **Découpage oxyacétylénique (tableau 1)**

Les aciers non alliés et les aciers faiblement alliés brûlent dans l'oxygène pur lorsque leur température d'inflammation est dépassée. Celle-ci s'élève à environ 1200°C et elle est située en dessous de la température de fusion.

L'oxycoupage utilise cette propriété. Le point d'attaque sur la pièce est réchauffé avec une flamme oxyacétylénique juste avant la température d'inflammation et ensuite un jet d'oxygène pur est insufflé. Ainsi, l'acier brûle au point d'attaque incandescent. L'oxyde de fer qui en résulte est soufflé avec l'acier fondu par la pression du jet d'oxygène hors du joint de coupe. Le joint de coupe est créé par l'avance du chalumeau oxyacétylénique (**fig. 1**).

> Avec une vitesse de coupe appropriée, le joint de coupe est régulier et les faces de coupe sont propre, parallèles et perpendiculaires (**fig. 2**).

Lorsque les faces de coupe sont obliques, la vitesse est trop élevée. Si une barbe de résidus se forme au bord inférieur, la vitesse de coupe est trop faible (fig. 2).
On utilise avant tout l'acétylène comme gaz de combustion, parfois le propane.
La qualité de surface du joint de coupe correspond à peu près à celle de la surface d'un le sciage ou d'un rabotage. Elle dépend de
- la distance du jet par rapport à la bordure de coupe supérieure,
- la taille de la tête de coupe,
- la pression d'oxygène,
- la vitesse d'avance.

**Les paquets de tôles** peuvent être coupés au chalumeau seulement si on peut commencer la coupe au bord et si les tôles peuvent être serrées les unes contre les autres.

L'oxycoupage est aussi utilisable **sous l'eau**.

Les matériaux minéraux, comme par ex. **le béton**, peuvent être « perforés » jusqu'à une épaisseur de 4 m par une lance en acier brûlant avec de l'oxygène enrichi de poudre de fer qui liquéfie le béton à près de 3500°.

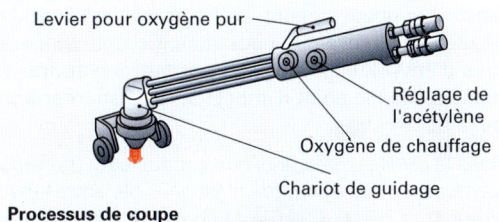

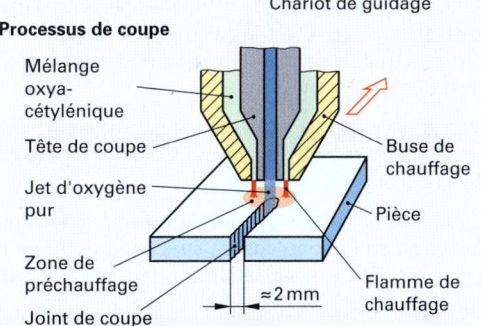

**Tableau 1 : Découpage oxyacétylénique**

| Application | Aciers non alliés et faiblement alliés |
|---|---|
| Epaisseur du matériau | De 5 mm à 1 000 mm |
| Vitesse de coupe | 800 mm/min à 5 mm d'épaisseur 400 mm/min à 80 mm d'épaisseur |
| Avantages | Utilisation de chalumeaux à commande manuelle et de machines à commande numérique possible |
| Inconvénients | Ne convient pas pour les tôles fines, les aciers alliés et les métaux non ferreux |

**Fig. 1 : Découpage oxyacétylénique**

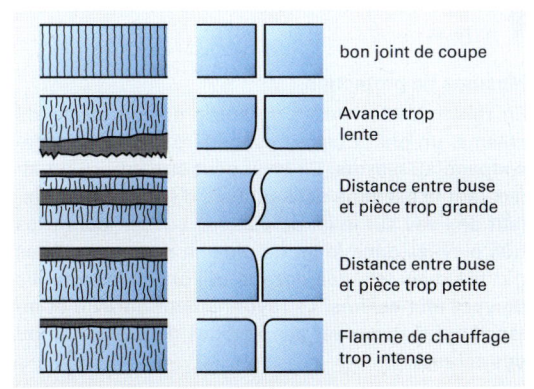

**Fig. 2 : Erreur lors de l'oxycoupage**
- bon joint de coupe
- Avance trop lente
- Distance entre buse et pièce trop grande
- Distance entre buse et pièce trop petite
- Flamme de chauffage trop intense

## ■ Découpage au jet de plasma

Le découpage au jet de plasma convient particulièrement à la séparation d'aciers alliés et de métaux non ferreux **(tableau 1)**. Ces métaux nécessitent des températures plus élevées que l'oxycoupage pour arriver à la fusion des métaux et surtout des oxydes qui s'en dégagent.

### Processus de découpage

La matière est séparée par un jet de plasma qui frappe le métal à très haute température et à très grande vitesse. On appelle plasma un gaz porteur d'une charge électrique à très haute température.

Au préalable, un arc électrique pilote est allumé entre une électrode en tungstène et la tête de coupe **(fig. 1)**. Le gaz de coupe arrive et traverse l'arc électrique où il est transformé à l'état de plasma à des températures élevées. Une tension appliquée entre l'électrode et la pièce accélère la vitesse du jet vers la pièce. Dès que le jet de plasma entre en contact avec la pièce, l'arc électrique relie le point d'impact et l'arc électrique pilote s'éteint. Le jet de plasma contient beaucoup d'énergie et peut atteindre une température d'env. 30 000 °C ce qui permet d'évaporer la matière sous le point d'impact et de la souffler hors du joint de coupe.

Dans le cas des matériaux non conducteurs (non-métaux), aucun arc électrique n'est possible entre l'électrode et la pièce. C'est la raison pour laquelle une autre électrode doit être utilisée pour fermer le circuit électrique.

Avec la découpe au jet de plasma on atteint des vitesse de découpe élevées, ce qui réduit les problèmes liés à la dilatation.

Le joint de coupe avec le jet de plasma est un peu plus large en haut qu'en bas car l'énergie du jet de plasma diminue avec la profondeur de découpe **(fig. 2)**.

> Le découpage au jet de plasma est surtout utilisé pour la découpe d'aciers alliés et de métaux non-ferreux.

### Mesures de protection

En raison de la vitesse de sortie élevée du jet de plasma, un bruit très fort est généré lors lors du découpage au plasma. Ce bruit peut être amorti en effectuant la découpe dans un bain d'eau ou en projetant de l'eau sur le jet de plasma. Les températures très élevées dans le jet de plasma provoquent des gaz toxiques tels que l'ozone et l'oxyde d'azote. Ils doivent être aspirés. Le rayonnement ultraviolet intensif est masqué par des lunettes de protection ou des écrans.

**Tableau 1 : Découpage au jet de plasma**

| Application | Aciers alliés, métaux non ferreux et non-métaux |
|---|---|
| Epaisseur du matériau | De 1 mm à 150 mm |
| Vitesse de coupe | Jusqu'à 6 m/min en cas de coupe cisaillée jusqu'à 4 m/min en cas de coupe de qualité |
| Gaz de coupe | Argon, azote, mélanges des deux, hélium, air comprimé |
| Avantages | Découpage de tous les métaux à haute vitesse de coupe et avec une bonne qualité de coupe possible |
| Inconvénients | Nécessité de dispositifs de protection contre le bruit, la poussière et la fumée; machines coûteuses |

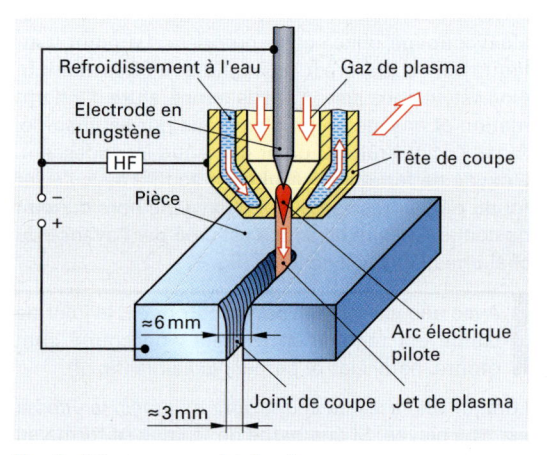

**Fig. 1 : Découpage au jet de plasma**

| Epaisseur de tôle mm | Procédé de découpage | | |
|---|---|---|---|
| | Oxycoupage | Découpage au jet de plasma | Découpage au rayon laser |
| 1 | | | |
| 2 | | | |
| 3 | | | |
| 5 | | | |
| 8 | | | |

**Fig. 2 : Comparaison des joints de coupe entre l'oxycoupage, le plasma et le laser**

## ■ Découpage au laser (tableau 1)

Ce type de coupe utilise un rayon laser pour séparer la matière **(fig. 1)**. Les rayons laser sont des rayons de lumière en faisceaux à haute énergie. Ils sont produits à l'aide de gaz (laser à gaz) ou de cristaux (laser à solide) et sont concentrés à travers un système de lentilles, sur une très petite surface du matériau. Il en résulte une grande concentration d'énergie. La matière fond ou s'évapore et est soufflée hors du joint de coupe par un jet de gaz. On distingue deux modes d'action, la fusion au laser et l'oxycoupage au laser.

### Processus de coupe

Avec **le découpage par fusion au laser** la matière fondue par le rayon laser est soufflée par un gaz inerte, généralement de l'azote ou de l'argon, au travers du joint de coupe créé (fig. 1). Ce processus convient en particulier aux métaux dont le point de fusion est supérieur au point d'inflammation, donc pour les aciers inoxydables et les alliages d'aluminium, pour les matériaux semi-conducteurs, les matières plastiques, les autres substances inflammables et pour les matériaux en céramique.

En **oxycoupage au laser**, le rayon laser chauffe la matière à la température d'allumage. Le jet d'oxygène amené en même temps brûle la matière et la souffle hors du joint de coupe. Avec **les lasers guidés par jet d'eau** on peut réduire l'influence thermique sur les bords de coupe, ce qui permet de couper des matériaux du domaine des semi-conducteurs (tranches de silicium). Par ailleurs, une distance beaucoup plus grande est possible entre la tête de coupe et la pièce par rapport au système sans jet d'eau, aussi les coupes tridimensionnelles peuvent être mieux réalisées.

L'avantage particulier du découpage au laser est une coupe nette **(fig. 2)**. Ainsi, dans la plupart des cas, une reprise du façonnage n'est pas nécessaire sur les pièces découpées.

Avec le découpage au rayon laser, on peut réaliser de très petits perçages et de très petits rayons.

### Mesures de protection

De la fumée et des gaz irritants sont également dégagés lors du découpage au rayon laser. Ils doivent être aspirés.

### Autres possibilités d'utilisation (sélection)

Les rayons laser sont également utilisés pour le **gravage et le marquage** de pièces métalliques et non métalliques, pour le durcissement de surfaces, dans la **technique de soudage** (p. 258) et dans la **technique de mesure** (p. 42).

**Tableau 1 : Découpage au laser**

| | |
|---|---|
| Application | Tous les aciers, alliages d'Al, matières plastiques, céramiques |
| Epaisseur du matériau (exemples) | 12 mm pour l'acier 1 mm pour l'aluminium |
| Vitesse de coupe | 1,1 m/min avec l'acier 22 m/min avec l'aluminium |
| Gaz de coupe | Azote, argon, oxygène |
| Avantages | Découpage de beaucoup de matériaux possible; très bonne qualité de coupe; grandes vitesses de coupe |
| Inconvénients | Nécessité de dispositifs de protection, machines coûteuses |

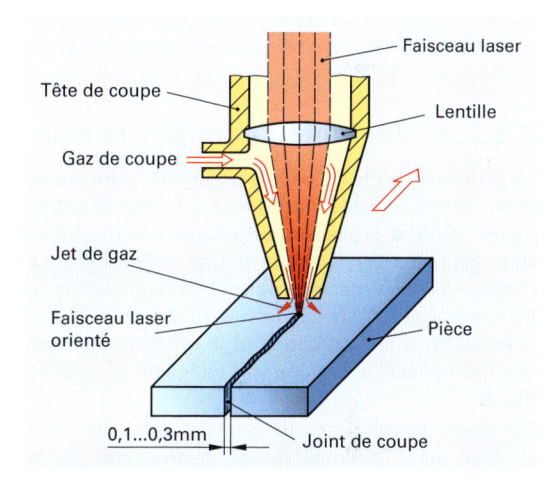

**Fig. 1 : Découpage par fusion au laser**

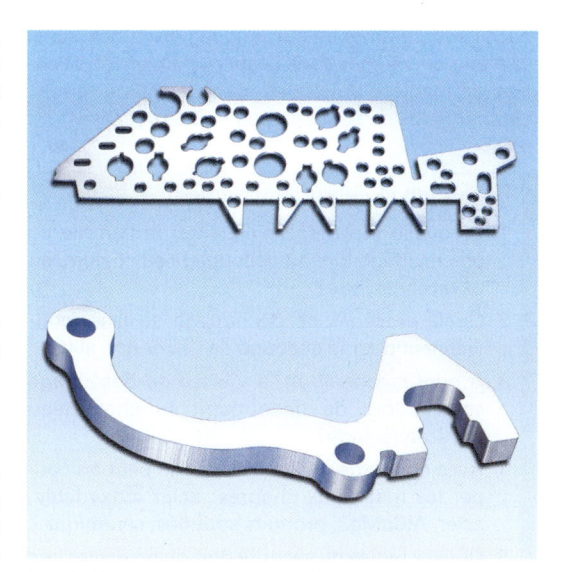

**Fig. 2 : Pièces coupées par un faisceau laser**

## 3.6.2.2 Découpage au jet d'eau

Le découpage au jet d'eau (**tableau 1**) fonctionne avec un mince jet d'eau auquel on ajoute la plupart du temps un abrasif, par ex. du sable silicieux, afin de renforcer l'effet d'érosion.

**Processus de coupe**

Par une pompe, on amène de l'eau à la tête de coupe à la pression d'environ 4000 bars. Si nécessaire un abrasif est ajouté au passage de la buse de sortie. Le jet d'eau de 0,1 mm à 0,5 mm de diamètre sépare la matière par érosion. La vitesse de coupe dépend de la dureté et de la résistance du matériau et de la qualité de coupe exigée. Pour une coupe de précision réalisée à environ 25 % de la vitesse de coupe possible, on obtient des arêtes de coupe vives et sans bavures.

Dans la coupe au jet d'eau, un bruit important est généré. Il peut être notablement réduit en effectuant la découpe sous l'eau.

## 3.6.2.3 Machines à couper la tôle

Tous les processus de coupe au jet sont essentiellement réalisés sur des machines à commande numérique. Selon le processus de coupe, ces machines sont équipées de têtes de coupe différentes. La commande de la machine permet de régler les paramètres essentiels tels que la vitesse d'avance, la distance entre la tête de coupe et la pièce, la pression des gaz utilisés, la tension et l'intensité de courant (**fig. 1**).

**Les plans d'emboîtement** réalisés sur ordinateur classent les différentes pièces de manière que la feuille de tôle soit exploitée de façon optimale (**fig. 2**).

La découpe de tubes et particulièrement la découpe des raccordements (noeuds) sont réalisés sur des machines à commande numérique pour tubes. Ainsi les arêtes curvilignes dans l'espace peuvent être coupées de manière précise et, dans le même temps, des chanfreins de soudage peuvent être réalisés.

**Tableau 1: Découpage au jet d'eau**

| | |
|---|---|
| Application | Métaux ferreux et non ferreux, matières plastiques, tissus, matériaux composites, matériaux stratifiés, céramiques |
| Epaisseur du matériau (exemples) | De 1 mm à 100 mm |
| Vitesse de coupe | 0,4 m/min pour l'acier<br>0,8 m/min pour l'aluminium |
| Gaz de coupe | Eau et eau avec abrasifs |
| Avantages | Possibilité de découper tous les matériaux; aucune influence de la chaleur et donc aucune dilatation |
| Inconvénients | Utilisation uniquement lorsque les procédés de découpage thermique ne sont pas appropriés |

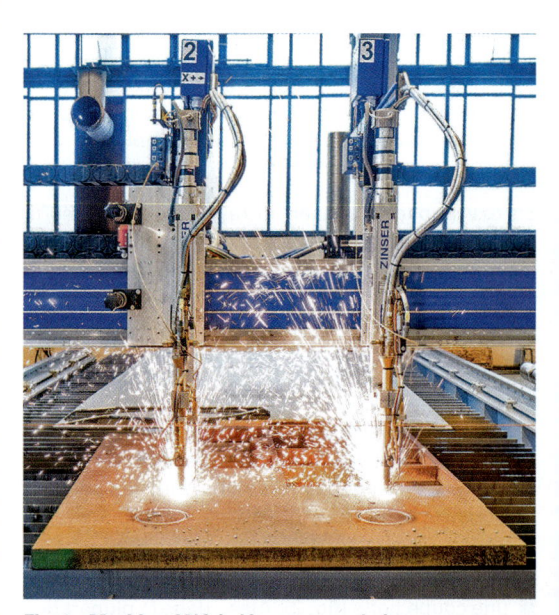

Fig. 1: Machine CNC à découper au chalumeau

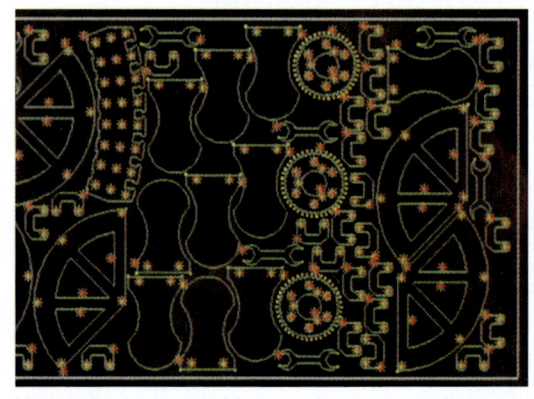

Fig. 2: Plan d'emboîtement de pièces pour découpe au jet

### Répétition et approfondissement

1. De quelle tâche doit s'acquitter la flamme de préchauffage lors du découpage au chalumeau oxyacétylénique?
2. Quels procédés de découpage au laser conviennent pour la découpe de l'acier non allié?
3. A quoi reconnaît-on la vitesse de découpage correct lors du découpage au chalumeau oxyacétylénique?
4. Avec quel procédé de découpage peut-on couper les matériaux ci-après: acier inoxydable, acier, AlCuMg3, produits stratifiés, céramique?
5. Quelles règles de sécurité doit-on respecter lors du découpage au jet de plasma?

## 3.7 Fabrication par enlèvement de copeaux, guidée à la main

### 3.7.1 Bases

Pour tous les processus de fabrication par enlèvement, voici ce qui est particulièrement important :
- la forme du tranchant de l'outil et la formation du copeau qui s'en suit
- les forces et températures en jeu
- la résistance à l'usure des matières de coupe

La forme de base de tous les tranchants d'outils est un **coin (fig. 1)**. Les frottements et les températures intervenant lors de l'enlèvement des copeaux occasionnent de l'usure au taillant. Le tranchant d'outil doit donc être dur et résistant à l'usure jusqu'à de hautes températures.

■ **Surfaces et angles du taillant**

Le taillant pénétrant dans la la pièce est compris entre la face de coupe et la face de dépouille **(fig. 2)**. L'angle entre ces deux surfaces est appelé **angle de taillant $\beta$**. Sa taille et sa forme sont déterminées par la matière usinée et le type d'usinage **(tableau 1)**.

Plus l'angle de taillant est petit, plus le tranchant d'outil pénètre facilement dans la matière. Mais pour que le tranchant ne se casse pas lors du travail avec des matières très tenaces, l'angle de taillant doit être suffisamment grand.

**L'angle de coupe** $\gamma$ est l'angle situé entre la face de coupe et un plan perpendiculaire à la surface d'usinage. L'angle de coupe influence de manière capitale la formation du copeau. Plus le matériau est mou et plus l'angle est choisi grand. Un grand angle de coupe positif entraîne la formation de copeaux longs.

En présence d'un petit angle de coupe positif, il est possible d'accroître l'angle de taillant. Pendant l'usinage de matériaux durs et cassants, le taillant est alors plus stable. Avec les plaquettes amovibles à angle de taillant de 90°, il se forme un angle de coupe négatif. Ces plaquettes peuvent être utilisées des deux côtés. Cela permet une production économique. Avec les « aciers normaux », un angle de coupe négatif entraîne une cassure rapide du copeau. Du fait du grand taillant, ces plaquettes conviennent bien pour une coupe ininterrompue.

**L'angle de dépouille** $\alpha$ se situe entre la face de dépouille et la surface usinée. Il est nécessaire pour réduire le frottement entre l'outil et la pièce. Il faudra le choisir suffisamment grand pour que l'outil puisse pénétrer dans la matière sans interférence. L'angle de dépouille, l'angle de taillant et l'angle de coupe totalisés donnent toujours 90°.

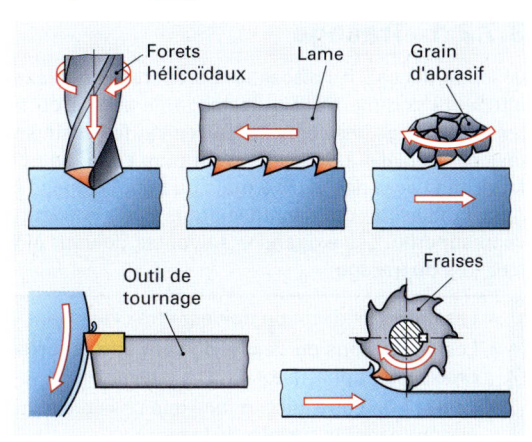

Fig. 1 : Forme en coin du tranchant de l'outil

$+\gamma$ Angle de coupe orthogonal positif
$-\gamma$ Angle de coupe orthogonal négatif
$\alpha$ Angle de dépouille
$\beta$ Angle de taillant

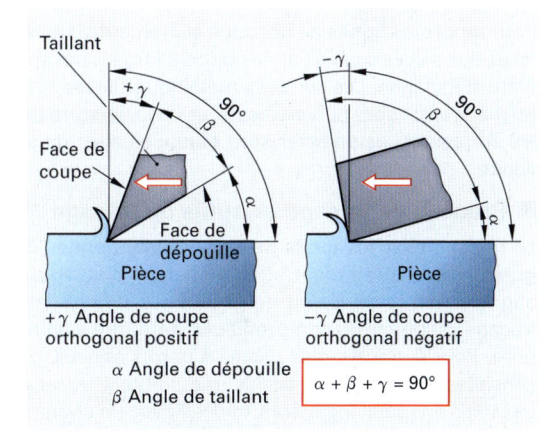

$$\alpha + \beta + \gamma = 90°$$

Fig. 2 : Surfaces et angles formant le taillant

Tableau 1 : Taille des angles d'un outil de coupe

| Angle de taillant $\beta$ | | Angle de coupe $\gamma$ | | | Angle de dépouille $\alpha$ | |
|---|---|---|---|---|---|---|
| grand | petit | positif petit | positif grand | négatif | petit | grand |
| Matières dures avec une résistance mécanique plus grande, par ex. aciers de traitement | Matières tendres, par ex. alliages d'aluminium | Matériaux avec une grande résistance mécanique, matériaux durs, cassants | Matières tendres, travaux de finition | Aciers « normaux », pour coupe interrompue, fabrication économique | Matériaux durs à copeaux courts, par ex. aciers fortement alliés | Matériaux tendres, aptes à la déformation plastique, par ex. matières plastiques |

## 3.7.2 Fabrication avec des outils à main

### 3.7.2.1 Traçage

Grâce au traçage, les pièces sont préparées pour la fabrication ultérieure comme par ex. l'alésage, le sciage ou le limage. Lors du traçage, les cotes indiquées sur le dessin sont reportées sur la pièce. Le traçage n'est plus appliqué que pour la fabrication avec des outils à main ou pour l'usinage à la pièce. Avec l'utilisation de machines-outils CNC, le traçage est devenu superflu. Les exigences suivantes doivent être respectées lors du traçage :

- Les lignes de découpe doivent être clairement visibles.
- Les dimensions du dessin doivent être reportées le plus précisément possible.
- Le tracé doit être aussi mince que possible et ne doit pas endommager la surface de la pièce.

■ **Préparatifs pour le traçage**

Pour rendre les lignes de découpe clairement visibles, les surfaces des pièces coulées et des blocs à forger sont enduites de blanc d'Espagne. Les surfaces métalliques lisses et les pièces en métal léger sont pulvérisées avec de la peinture de traçage, les surfaces nues en acier sont plaquées avec du sulfate de cuivre.

■ **Procédé de traçage et outils de traçage**

Le traçage avec les outils de traçage mentionnés dans la **figure 1** est fréquemment effectué sur un plateau de traçage aligné en fonte de fer ou de granite. La pointe de l'outil de traçage est durcie ou comprend une garniture à pointe de carbure. Pour le traçage des pièces à parois minces, durcies ou sensibles à l'entaille, on utilise une pointe à tracer en laiton. Les tôles en métal léger sont tracées avec un crayon.

Pour tracer des cerces et pour enlever des tronçons, on utilise des compas à pointe sèche ou des compas à verge. Les points centraux du cercle sont amorcés au pointeau avec le pointeau automatique afin que le compas ne glisse pas. Pour marquer au pointeau les points centraux du trou percé au foret, le pointeau est enfoncé avec plus de force pour faciliter le perçage.

Les lignes de fissure, notamment sur les courbures, sont davantage mises en relief grâce aux points du pointeau de contrôle. Après l'usinage, les coups de pointeau doivent être encore visibles sur la moitié.

Les lignes de fissure, quelles que soient leurs hauteurs, peuvent être tracées parallèles au plateau de traçage avec le traceur de hauteur ou le trusquin **(fig. 2)**. Les traçages de hauteurs sont effectués avec une échelle avec repères ou un affichage numérique.

Les traceurs de hauteur numériques (fig. 1) fonctionnent de façon opto-électronique (→ p. 37) conformément au procédé de mesure incrémentale.

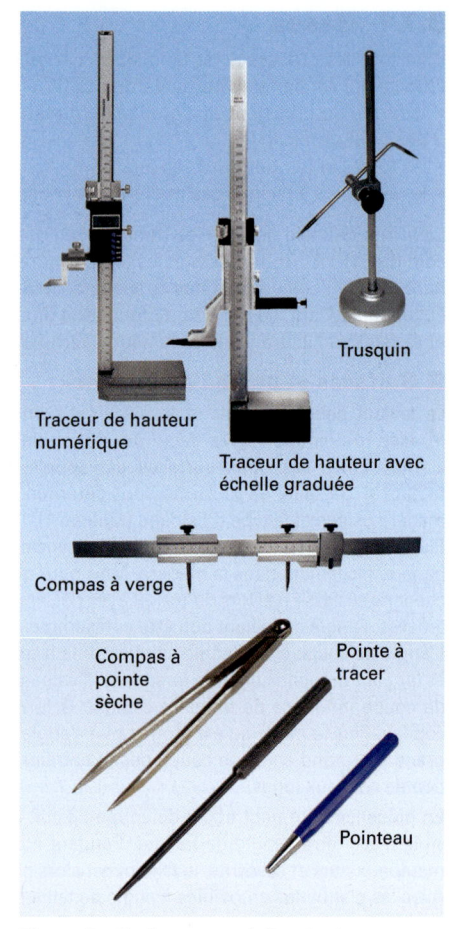

Fig. 1 : Outils de traçage (sélection)

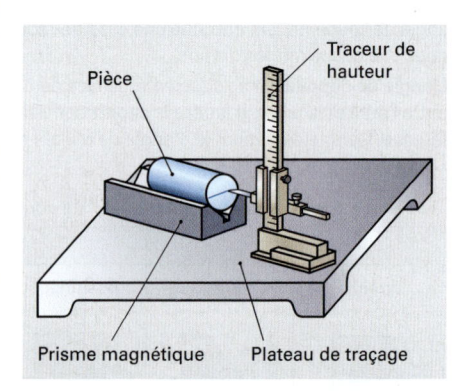

Fig. 2 : Traçage sur le plateau de traçage

Une règle en verre graduée montée dans la colonne verticale sert de mesure matérialisée. Une tête de lecture lit la graduation de l'échelle de mesure. Le trusquin numérique peut à tout moment être mis à zéro en appuyant sur les touches. Si nécessaire, les dimensions peuvent être ajoutées ou soustraites à l'aide des touches.

## 3.7.2.2 Sciage manuel

Le sciage manuel est un procédé de fabrication par enlèvement de copeaux avec un mouvement de coupe linéaire. Il est utilisé pour la découpe des pièces plus petites, des barres ou des tubes, des tuyaux ou pour découper des rainures et des fentes. Le mouvement de coupe est ainsi réalisé par l'outil tenu à la main.

La lame de scie est un outil bien tranchant avec des dents disposées les unes derrière les autres. Les dents en forme de coin sont durcies et ont une largeur de coupe réduite. Les goujures (dents manquantes) recueillent les copeaux et les font sortir du joint de coupe **(fig. 1)**.

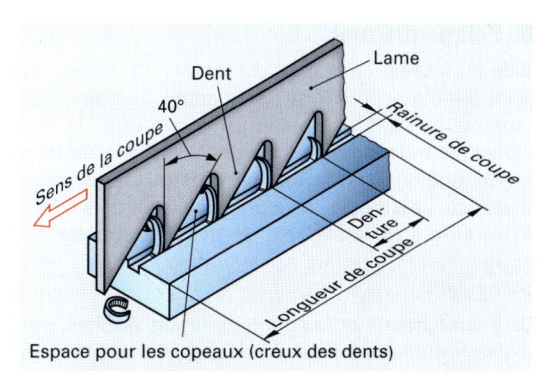

**Fig. 1 : Fonctionnement de la lame de scie**

> Les dents de la lame de scie doivent toujours pointer dans la direction de la coupe.

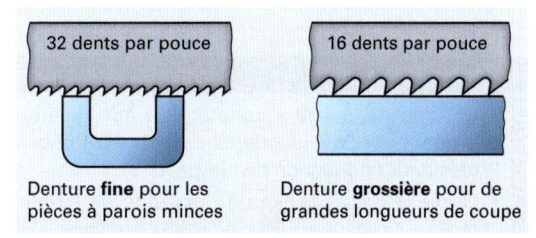

### ■ Pas de denture de la lame de scie

La distance d'une pointe de dent à l'autre est appelée pas de denture. La grandeur de ce pas est exprimée par le nombre de dents par pouce linéaire (1 pouce = 25,4 mm). Pour que la lame de scie ne reste pas accrochée, il faut toujours que plusieurs dents soient en prise. Pour les pièces à parois minces et les profils creux (tubes), il faut donc utiliser des lames de scie à denture fine **(fig. 2)**.

Pour une grande longueur de sciage, on utilisera de préférence une lame de scie à denture grossière

La denture doit aussi être adaptée à la résistance mécanique du matériau scié **(tableau 1)**. Les matériaux très résistants nécessitent une denture fine pour que davantage de dents soient en prise dans la matière. Les matériaux moins résistants nécessitent davantage de place pour les copeaux et donc une denture grossière. Pour la sélection des lames de scies, il faut tenir compte du fait que :

- Les lames de scie avec denture grossière sont utilisées pour le sciage de matériaux tendres et pour un grands pas de dents.
- Les lames de scie avec une denture fine sont utilisées pour le sciage de matériaux de plus grande dureté et sur des pièces à parois minces.

**Fig. 2 : Pas de denture de la lame de scie**

**Tableau 1 : Denture pour le sciage de différents matériaux**

| Denture | | Matériaux |
|---|---|---|
| | 16 dents par pouce ≙ grossière | Aluminium, cuivre, matières plastiques |
| | 22 dents par pouce ≙ moyenne | aciers de construction non alliés, alliage de CuZn |
| | 32 dents par pouce ≙ fine | aciers alliés, fonte de fer |

### ■ Dégagement de la lame de coupe

Si la lame de scie lisse rentre profondément dans le matériau, le frottement augmente sur les côtés. Pour que la lame de scie ne surchauffe pas et ne se coince

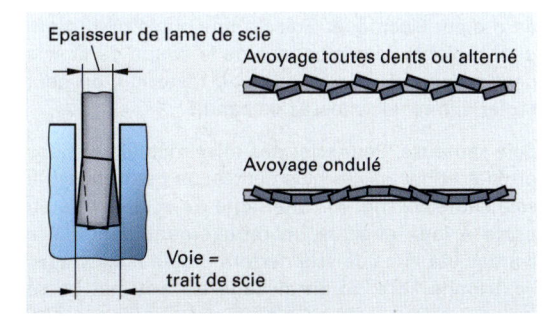

**Figure 3 : Dégagement de la lame de coupe**

pas dans la rainure de coupe, elle doit se dégager latéralement. Par conséquent, la lame de scie est avoyée ou gondolée **(fig. 3)**. Avec l'avoyage toutes dents ou alterné, les dents sont pliées alternativement à droite et à gauche, ce qui évite de coincer la lame de scie. Les lames de scies ondulées sont notamment utilisées dans le cas d'une denture fine.

> Le dégagement de la lame de scie est obtenu grâce à l'avoyage toutes dents ou alterné ou grâce à l'avoyage ondulé.

## ■ Sciage manuel

**Scie à métaux.** La plupart du temps, on utilise des scies à métaux pour le sciage manuel. La scie à métaux coupe dans la direction d'impact **(fig. 1)**. Par conséquent, la lame de scie doit être fixée de telle façon que les dents pointent dans la direction d'avance. La lame de scie a une épaisseur de 0,6 mm à 1 mm et a généralement un avoyage ondulé. Le sciage peut être facilité par le limage avec une lime triangulaire.

**Scie fendante.** Pour la coupe de fentes étroites, par exemple sur les têtes de vis ou les gonjons filetés, on peut utiliser la scie fendante **(fig. 2)**. Avec cette scie, la lame de scie est tendue d'un seul côté et est particulièrement adaptée pour la coupe de zones difficiles d'accès.

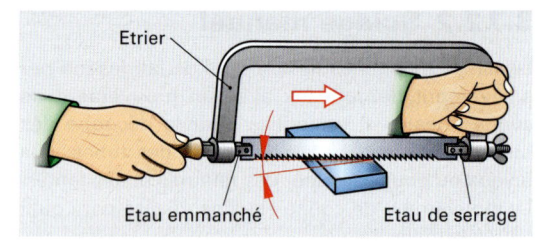

**Fig. 1 : Utilisation de la scie à métaux**

**Fig. 2 : Scie fendante**

### Règles de travail
- La lame de la scie à métaux doit être insérée droite et tendue. Les dents doivent être orientées dans la direction de l'impact.
- La pièce doit être fixée à proximité de l'interface.
- Lors du sciage, toute la longueur de la lame de scie doit être utilisée.

## ■ Sciage manuel assisté par machine

L'utilisation de la scie à main décrit ci-dessus nécessite une intervention de travail élevée pour l'utilisateur lors du sciage. Pour faciliter le travail de sciage effectué manuellement, il est donc possible d'utiliser des scies à main assistées par machine.

**Scie à ruban portative.** Le sciage de tubes et de profilés, notamment sur les chantiers de construction, peut être effectué à l'aide de la scie à ruban portative **(fig. 3)**. La lame de scie à ruban est entraînée par un moteur électrique. Grâce à une butée de profondeur réglable, la profondeur de la coupe de la scie peut être limitée. En fonction du matériau, on peut régler différentes vitesses de bande.

**Fig. 3 : Scie à ruban portative**

**Scie sauteuse.** Pour scier des tôles métalliques, des profilés et des pièces plus petites, on peut utiliser la scie sauteuse **(fig. 4)**. Une lame de scie étroite en porte à faux effectue un mouvement pendulaire continu. La lame de scie perfore la tôle à scier avec l'extrémité libre. Si un alésage de trou est percé avant le sciage, cela peut aussi provoquer des perçages au centre de la tôle. En raison de la faible largeur de la lame de scie, il est possible que même des découpes courbes puissent être sciées.

**Fig. 4 : Scie sauteuse**

**Scie circulaire portable.** Si des coupes droites sont nécessaires sur les tôles, les tubes ou les profilés, l'utilisation d'une scie circulaire portable est adaptée **(fig. 5)**. La lame de scie HSS ou à pointe de carbure effectue un mouvement de coupe circulaire.

**Fig. 5 : Scie circulaire portable pour le traitement des métaux**

# Fabrication par enlèvement de copeaux, guidée à la main

## 3.7.2.3 Limes

Les limes sont des outils à arrêtes de coupe multiples destinés à enlever de faibles quantités de matière **(fig. 1)**. Lors de la fabrication des limes, les dents sont taillées ou fraisées et ensuite durcies. Les dents de limes taillées ont un angle de coupe orthogonal négatif, les dents de limes fraisées possèdent un angle de coupe othogonal positif avec généralement une grande denture **(fig. 2)**. Les dents disposées de façon linéaire portent le nom de taille. Selon le type de taille, une distinction est faite entre la taille simple, la double taille et la taille mordante. Les limes sont classées en fonction de leur longueur, de leur taille et notamment en fonction de leur forme en coupe transversale **(fig. 3 )**.

**Limes taillées.** La **taille simple** sur limes taillées est utilisée dans les matériaux tendres. La **double taille** est obtenue en taillant la lame de la lime deux fois. La double taille évite la formation de stries sur la pièce. Avec la double taille, les limes taillées conviennent pour l'usinage de l'acier, de la fonte de fer, du laiton ou des matières plastiques. La **taille mordante** a des dents taillées en forme de points qui se trouvent éloignées les unes des autres **(fig. 4)**. La taille que l'on nomme mordante convient pour le bois, le cuir, les matières plastiques et la pierre. Selon le **nombre de taille** (nombre de tailles par centimètre) les limes taillées sont désignées par le numéro de taille 0 à 8. Les différents pas de taille permettent d'obtenir des limes pour l'usinage grossier à la superfinition. Mais les limes très fines peuvent aussi aller jusqu'au numéro 10. Avec l'augmentation du numéro de la taille et une longueur constante, le nombre de taille est plus grand. Avec un même numéro de taille, mais une lime plus longue, le numéro de taille diminue étant donné que le nombre de tailles est toujours le même, quelle que soit la longueur de lime. Pour les limes ayant un nombre de taille compris entre 0 et 4, on parle de **limes d'atelier à deux tailles**. Les limes ayant un nombre de taille plus élevé sont appelées **lime de précision**.

**Limes fraisées.** Avec leurs dents incurvées ou obliques, les limes fraisées sont toujours à simple taille (fig. 4). Elles sont principalement utilisées pour l'usinage de matériaux tendre. Pour les dents fraisées, on distingue les dentelures 1, 2 et 3 pour grossières, moyennes et fines.

**Mouvement de la lime.** Avec les limes, il faut veiller à la bonne répartition de la force et au sens du mouvement. Le mouvement se fait en direction de l'axe de la lime, la lime et la demi largeur de la lime se déplaçant vers la droite ou la gauche. N'exercer de pression sur la lime que dans le sens de la coupe.

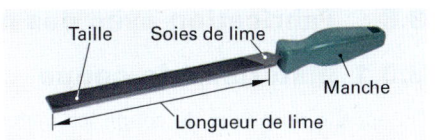

**Fig. 1 : Lime plate**

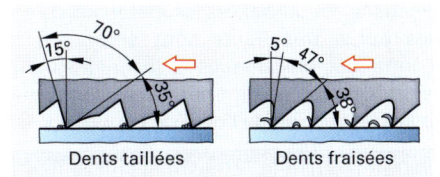

**Fig. 2 : Dents taillées et fraisées**

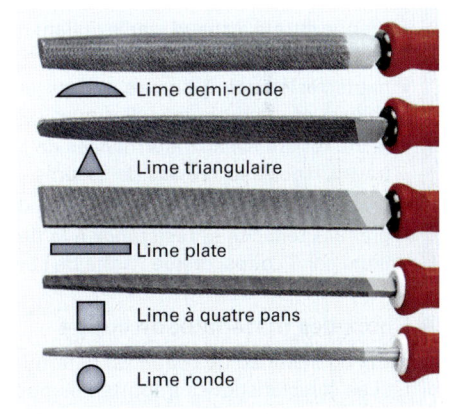

**Fig. 3 : Formes de coupes transversales des limes**

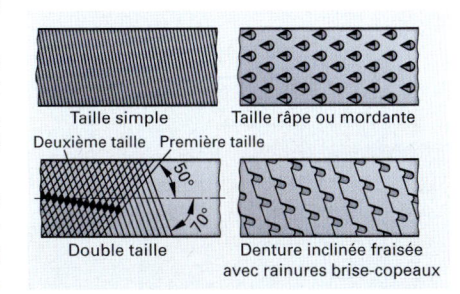

**Fig. 4 : Types de tailles**

---

### Répétition et approfondissement

1. Quel angle influence principalement la formation de copeaux ?
2. Quelles sont les exigences à respecter lors du traçage ?
3. D'après quel principe fonctionne le traceur de hauteur numérique ?
4. Dans quel sens la lame de scie doit-elle être fixée ?
5. Par quoi obtient-on le dégagement des lames de scies ?
6. Quelles sont les règles de travail à respecter lors du sciage ?
7. Pour quels travaux de sciage la scie sauteuse est-elle adaptée ? 8 Pourquoi les limes sont-elles taillées en double taille ?
9. Quelles différences existent entre les limes taillées et les limes fraisées ?

## 3.8 Fabrication avec des machines-outils

### 3.8.1 Matériaux de coupe

On appelle matériaux de coupe les matériaux qui constituent le taillant.

■ **Exigences pour les matériaux de coupe**

Pendant leur utilisation, les matériaux de coupe pour les outils tranchants sont soumis à de fortes contraintes mécaniques et techniques qui peuvent entraîner une usure importante par frottement ou bien une rupture de l'outil de coupe **(fig. 1)**.

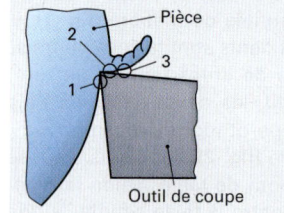

1 Frottement, enlèvement mécanique
2 Contrainte de pression, frottement
3 Haute température, diffusion et oxydation

Fig. 1 : Sollicitations des outils de coupe

| Caractéristiques indispensables aux matériaux de coupe |
|---|
| Pour que les taillants aient la plus grande durabilité possible, ils doivent présenter les caractéristiques suivantes :<br>• grande **dureté à chaud,** car le taillant de l'outil doit être encore suffisamment dur à hautes températures pour pénétrer dans le matériau<br>• haute **résistance à l'usure,** ce qui entraîne une résistance à l'abrasion mécanique, aux influences chimiques et physiques telles que l'oxydation et la diffusion<br>• haute **résistance aux alternances de chaleur,** afin qu'en cas de fortes fluctuations des températures de travail, il ne se forme pas de fissures<br>• grande **résistance à la pression,** afin d'éviter les déformations et l'émiettement des arêtes de coupe<br>• grandes **ténacité** et **résistance à la flexion,** afin que le tranchant de coupe supporte aussi les sollicitations par à-coups, et que l'arête de coupe ne se casse pas. |

■ **Choix des matériaux de coupe**

Le choix du matériau de coupe est déterminé par le processus de fabrication, la matière à usiner et la rentabilité. Les caractéristiques importantes pour le choix du matériau de coupe approprié sont sa résistance à l'usure et sa dureté **(fig. 2)**. Les matériaux de coupe HM (métal dur) et HSS (acier rapide) obtiennent une résistance à l'usure nettement améliorée grâce à des revêtements (p. 139).

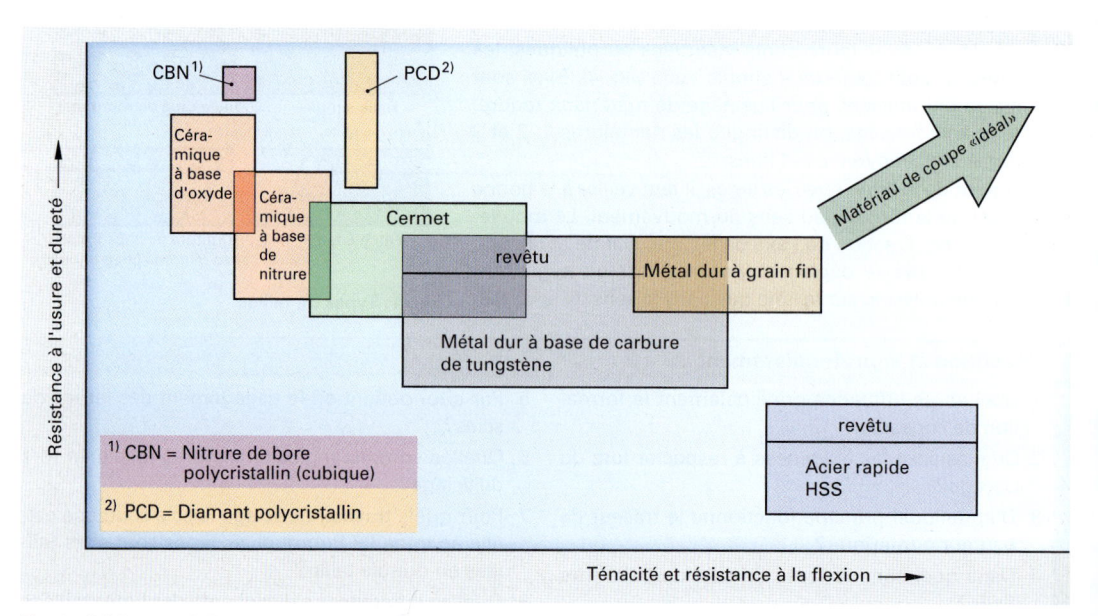

Fig. 2 : Résistance à l'usure et ténacité des matériaux de coupe

[1] CBN = Nitrure de bore polycristallin (cubique)
[2] PCD = Diamant polycristallin

# Fabrication avec des machines-outils

En raison de leurs différences de résistance à l'usure, de dureté et de coûts, les matériaux de coupe ont plusieurs domaines d'utilisation.

## ■ Acier rapide (HSS)

L'acier rapide est un acier à outils fortement allié qui contient comme éléments d'alliage principaux du tungstène, du molybdène, du vanadium et du cobalt. Exemple : le HSS 2-9-1-8 contient 2 % W, 9 % Mo, 1 % V et 8 % Co. Parmi tous les matériaux de coupe, l'acier rapide est celui qui a la plus grande résistance mais aussi la plus faible dureté. L'acier HSS est employé lorsque l'arête de coupe doit être très affûtée et lorsque la température de coupe n'est pas trop élevée **(fig. 1)**. Avec un revêtement, la résistance à l'usure et donc la vitesse de coupe possible sont augmentés.

## ■ Métal dur

**Structure.** Le métal dur est un matériau composite qui est fabriqué à partir de substances pulvérulentes par le procédé de frittage (p. 367). Dans ce procédé, des carbures de tungstène durs sont combinés avec un liant plus mou, le cobalt. Des parts de carbures de titane et de carbures de tantale servent à améliorer la résistance à l'usure à températures élevées. La part de carbure de métal dans la composition du métal dur est comprise la plupart du temps entre 80 % et 95 %. En raison de leur composition, de leur calibre et de leur revêtement différents, les métaux durs peuvent être utilisés pour usiner pratiquement toutes les matières **(fig. 1)**.

**Caractéristiques.** Une grande proportion de carbures métalliques durs augmente la résistance à l'usure du métal dur. Une plus grande proportion du métal liant, le cobalt, produit une plus grande résistance. Le calibre du carbure métallique qui peut aller jusqu'à 10 μm, a également une influence sur la dureté et la résistance du métal dur.

**Les métaux durs à grain fin** (calibre inférieur à 2,5 μm) ont une résistance aux arêtes et une résistance à l'usure élevées et servent à l'usinage de matériaux trempés.

**Revêtements.** Revêtus de différentes substances dures (p. 139), les métaux durs deviennent plus résistants à l'usure tout en conservant la résistance du matériau de base. Sur la base de cette avantage, les métaux durs non revêtus sont de plus en plus réservés aux métaux non ferreux.

**Classification.** Les métaux durs sont classés dans les groupes principaux P, M et K **(tableau 2)**. Le choix du groupe principal est déterminé par la matière à usiner. Les nombres qui suivent les lettres P, M ou K précisent la dureté ou la ténacité du matériau de coupe afin de trouver l'outil adéquat, par ex. pour l'ébauche ou la finition.

**Tableau 1 : Caractéristiques et domaines d'application de l'acier rapide (HSS)**

| Propriétés | Domaines d'utilisation |
|---|---|
| • Grande ténacité<br>• Haute résistance à l'usure<br>• Simple à fabriquer<br>• Dureté inférieure à 70 HRC<br>• Résistance à la température jusqu'à 600 °C | Forets hélicoïdaux, fraises, outils de brochage, tarauds et filières, fraises pour moules, outils pour la transformation des matières plastiques, utilisation en cas de fortes fluctuations de la puissance de coupe |

### Outils en carbure de tungstène

| Propriétés | Domaines d'utilisation |
|---|---|
| • Grande dureté à chaud (jusqu'à 1000 °C)<br>• Haute résistance à l'usure<br>• Grande résistance à la pression<br>• Amortisseur de vibrations | Plaquettes amovibles pour les outils de fraisage et de tournage, forets à plaquettes, outils et porte-outils antivibratoires en carbure de tungstène massif, utilisables sur pratiquement n'importe quels matériaux |

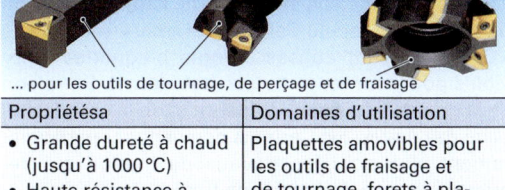

**Fig. 1 : Caractéristiques et domaines d'application des outils en carbure métallique**

**Tabelle 2 : Einteilung der Hartmetalle**

| Lettre d'identification<br>Couleur d'identification | Groupe d'application | Pièce – matériau | Propriétés du matériau coupant (croissantes dans le sens de la flèche) | |
|---|---|---|---|---|
| **P** bleu | P01<br>P10<br>...<br>P50 | tous les types d'acier et d'acier coulé, sauf l'acier inoxydable | Résistance à l'usure | Ténacité |
| **M** jaune | M01<br>M10<br>...<br>M40 | acier inoxydable (austénitique et ferritique), acier coulé | Résistance à l'usure | Ténacité |
| **K** rouge | K01<br>K10<br>...<br>K40 | Fonte de fer avec graphite lamellaire et graphite sphéroïdal, fonte malléable | Résistance à l'usure | Ténacité |
| **N** vert | N01<br>N10<br>...<br>N30 | Métaux non ferreux (alliages d'aluminium et au cuivre) matériaux composites | Résistance à l'usure | Ténacité |
| **S** marron | S01<br>S10<br>...<br>S30 | alliages spéciaux hautement réfractaires, titane et alliages de titane | Résistance à l'usure | Ténacité |
| **H** gris | H01<br>H10<br>...<br>H30 | acier trempé, matériaux trempés à base de fonte de fer | Résistance à l'usure | Ténacité |

Plus le nombre qui suit P, M ou K est petit, par ex. P01, plus la résistance à l'usure du métal dur est grande. Ces catégories sont surtout utilisées pour la finition avec une grande vitesse de coupe. Les qualités de métal dur avec un grand nombre, par ex. 40 ou 50 ont une plus grande ténacité et sont donc mieux adaptées à l'ébauche et l'usinage difficile.

> Le choix de la catégorie de métal dur est déterminé par la matière à usiner, les critères d'usinage (ébauche ou finition) et les recommandation du fabricant d'outil.

### ■ Cermet

Le métal dur à base de carbure de titane au lieu de carbure de tungstène avec comme liant du nickel ou du cobalt, est appelé Cermet (**cer**amic – **mét**al). Les « Cermets » sont utilisés comme plaquettes amovibles pour tourner et fraiser **(tableau 1)**. En raison de la grande résistance à l'usure et de la grande stabilité des arêtes, les Cermets conviennent particulièrement bien pour les travaux de finition qui demandent une arrête de coupe très vive.

### ■ Plaquette en céramique

Les matières de coupe en céramique ont une très grande dureté à chaud et ne réagissent pas avec la matière usinée **(fig. 1)**.

Les plaquettes amovibles en **céramique oxydée** se composent d'oxyde d'aluminium ($Al_2O_3$) et sont sensibles aux grandes fluctuations de température. C'est la raison pour laquelle l'usinage s'effectue la plupart du temps sans lubrification de refroidissement. La céramique oxydée est principalement utilisée pour l'usinage de la fonte.

**La céramique mixte** ($Al_2O_3$ avec TiC) est plus dure que la céramique pure et possède une meilleure capacité à résister aux changements de température.

**Le nitrure de silicium** ($Si_3N_4$) est une céramique à base de nitrure avec une grande dureté et une grande stabilité d'arête. Avec un forêt hélicoïdal en nitrure de silicium, on peut effectuer des perçages dans la fonte grise avec une grande vitesse de coupe.

### ■ Nitrure de bore cubique (CBN)

Le nitrure de bore cubique est après le diamant le matériau de coupe le plus dure. Il a la plus grande résistance thermique. Le CBN est principalement utilisé pour le travail de finition de matériaux durs (dureté supérieure à 48 HRC), pour lesquels la qualité de surface à obtenir est très élevée **(fig. 2)**. Dans bien des cas, on peut se passer ainsi du rectifiage. Avec l'agglomération par frittage d'une couche CBN d'environ 0,7 mm d'épaisseur sur une base de métal dur, on obtient des plaquettes amovibles ayant la résistance à l'usure du nitrure de bore et la dureté du métal dur.

**Tableau 1: Caractéristiques et domaines d'utilisation des cermets**

| Propriétés | Domaines d'utilisation |
|---|---|
| • Haute résistance à l'usure<br>• Grande dureté à chaud<br>• Grande stabilité de l'arête de coupe<br>• Grande résistance chimique | Plaquettes de coupe amovibles pour l'usinage par tournage et fraisage, principalement pour l'usinage de finition à haute vitesse de coupe |

**Plaquettes amovibles en céramique**

Céramiques à base d'oxyde — Céramiques mixtes

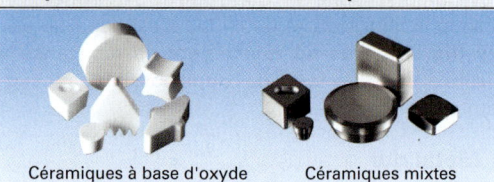

Exemple d'usinage

| Propriétés | Domaines d'utilisation |
|---|---|
| • Grande dureté<br>• Dureté à chaud jusqu'à 1200 °C<br>• Haute résistance à l'usure<br>• Grande résistance à la pression<br>• Grande résistance chimique | Usinage de la fonte de fer et d'alliages résistants à la chaleur, tournage de haute précision d'acier trempé, enlèvement de copeaux à haute vitesse de coupe |

**Fig. 1 : Caractéristiques et domaines d'application des plaquettes amovibles en céramique**

**Plaquette de coupe en CBN**

Plaquettes amovibles HM avec couche de CBN frittée

| Propriétés | Domaines d'utilisation |
|---|---|
| • Très grande dureté<br>• Dureté à chaud jusqu'à 2000 °C<br>• haute résistance à l'usure<br>• grande résistance chimique | Tournage de matières dur (>48HRC), finition d'acier trempé avec une excellente qualité de surface et des tolérances étroites |

**Fig. 2 : Caractéristiques et domaines d'application du nitrure de bore cubique (CBN)**

# Fabrication avec des machines-outils

## ■ Diamant polycristallin (PCD)

Le diamant polycristallin est presque aussi dur que le diamant naturel monocristallin (**fig. 1**). Il est fabriqué en carbone sous une forte pression et à une température élevée. La résistance à l'usure est très élevée. Des durabilités importantes peuvent ainsi être atteintes. En raison de la fragilité du PCD, des conditions de coupe stables doivent régner. La vitesse de coupe et l'avance ne doivent pas être trop grandes en raison de la sensibilité à la température.

## ■ Revêtement des outils de coupe

La résistance à l'usure des outils de coupe est augmentée par le revêtement. Grâce à une résistance plus élevée aux températures, on obtient des vitesses de coupe et des avances plus grandes, donc une fabrication plus rentable. Les principales substances de revêtement sont le nitrure de titane (TiN), le carbure de titane (TiC), le carbonitrure de titane (TiCN), l'oxyde d'aluminium ($Al_2O_3$) et le diamant (**fig. 2**). Le revêtement est effectué en une ou plusieurs couches avec une épaisseur de couche de 2 à 15 µm (**fig. 3**). **Le nitrure de titane** convient particulièrement bien pour une couche extérieure en raison de son faible coefficient de frottement. **L'oxyde d'aluminium** forme une couche très dure et sert en plus à bloquer la chaleur et à empêcher des réactions chimiques entre les copeaux et le métal de base. **Le carbonitrure de titane** convient particulièrement pour le revêtement de base en raison de ses excellentes propriétés d'adhérence. Les outils revêtus sont les outils en acier rapide, en métal dur et les Cermets.

> Le revêtement des matériaux de coupe sert à:
> - accroître la résistance à l'usure
> - prévenir l'oxydation et la diffusion
> - bloquer la chaleur allant vers le matériau de base HSS ou HM
> - prévenir la formation d'arêtes rapportées

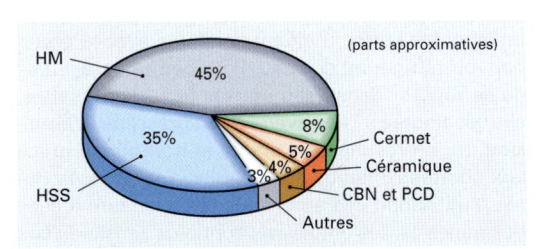

## ■ Parts des matériaux de coupe utilisés

Les métaux durs revêtus ou pas sont les matériaux de coupe les plus importants en raison de leurs caractéristiques multiples. On le voit particulièrement bien par le graphique des différents matériaux de coupe (**fig. 4**).

**Plaquettes amovibles en diamant polycristallin (PCD)**

Couche de PCD, frittée sur un support en HM, elle-même brasée sur une plaquette en HM

| Propriétésa | Domaines d'utilisation |
|---|---|
| • Le matériau de coupe le plus dur<br>• haute résistance à l'usure<br>• Résistance à la température jusqu'à 600 °C<br>• Réaction chimique avec les métaux ferreux | Enlèvement de copeaux sur des matériaux non ferreux et sur des alliages d'aluminium contenant du silicium. Ces matières provoquent sur les autres matériaux de coupe une usure excessive |

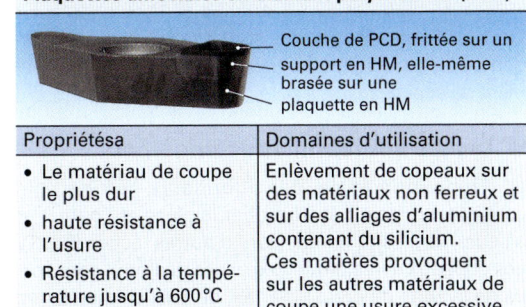

Fig. 1: Caractéristiques et domaines d'application du diamant polycristallin (PCD)

Fraise cylindrique deux tailles HSS — Taraud HSS — Fraise cylindrique deux tailles en métal dur — Taraud en métal dur

Revêtement nitrure de titane (TiN) — Revêtement carbonitrure de titane (TiCN)

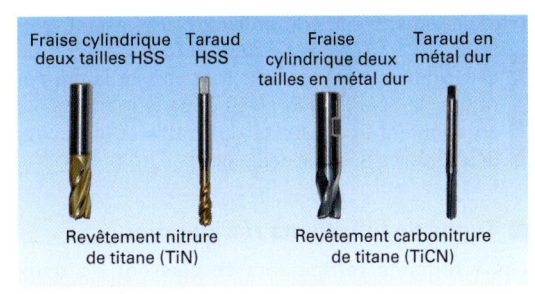

Fig. 2: Outils avec différents revêtements

Revêtement en nitrure de titane
Couche d' $Al_2O_3$
Couche de carbonitrure de titane
2...15 µm
Structure du métal dur (photo fortement agrandie de la texture prise avec un microscope électronique à balayage)

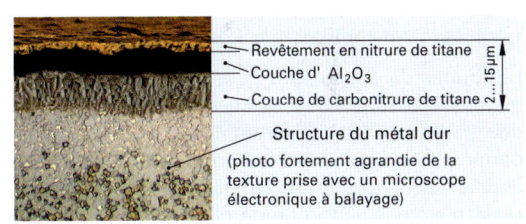

Fig. 3: Revêtement en plusieurs couche du métal dur

HM 45%, HSS 35%, Cermet 8%, Céramique 5%, CBN et PCD 4%, Autres 3% (parts approximatives)

Fig. 4: Parts des matériaux de coupe

---

### Répétition et approfondissement

1. Pourquoi la vitesse de coupe est-elle moins élevée avec l'acier rapide (HSS) qu'avec le métal dur (HM)?
2. Par quoi se différencient les variétés HM P20 et K20, ainsi que les variétés P01 et P50?
3. Quels sont les avantages des céramiques mixtes par rapport aux céramiques à oxyde?
4. Dans quels cas est-il avantageux d'utiliser le diamant comme matériau de coupe?

## 3.8.2 Lubrifiants réfrigérants

Les lubrifiants réfrigérants sont des auxiliaires indispensables à la plupart des travaux d'usinage par enlèvement de copeaux.

### ■ Tâches des lubrifiants réfrigérants

La tâche principale des lubrifiants réfrigérants consiste à refroidir et à lubrifier la pièce et l'outil. Par ailleurs, ils s'acquittent encore d'autres tâches (**fig. 1**). Les copeaux et les particules usées de l'outil sont sortis de la zone de coupe, par ex. de l'hélice d'un foret, et sont évacués de la zone de travail de la machine (**fig. 2**). Les surfaces usinées sont nettoyées par le jet de lubrifiant et bénéficient d'une protection contre la corrosion à court terme. Dans le domaine de la rectification, l'absorption des poussières volatiles et le refroidissement sont primordiaux.

> Les lubrifiants réfrigérants font baisser la température de l'outil, de la pièce et de la machine. Ils augmentent la durabilité des outils et la qualité des surfaces usinées des pièces.

### ■ Types de lubrifiants réfrigérants

Les lubrifiants réfrigérants se classent en deux groupes principaux:

- les huiles de coupe
- les lubrifiants réfrigérants à base d'eau

Les **huiles de coupe** sont généralement des huiles minérales auxquelles on ajoute des additifs. Elles ont une haute capacité de lubrification et offrent une bonne protection contre la corrosion. En raison de leur faible conductivité thermique, leur action réfrigérante n'est pas aussi grande qu'avec les lubrifiants réfrigérants à base d'eau (**fig. 3**).

En utilisant **les lubrifiants réfrigérants à base d'eau**, on combine l'effet lubrifiant de l'huile avec le grand pouvoir réfrigérant de l'eau. Pour permettre à l'huile de se répartir dans l'eau en très fines gouttelettes, elle est ajoutée à l'eau avec un fort brassage. **L'émulsion** qui en résulte sera stable et homogène grâce aux additifs contenus dans l'huile. Toutefois, la durée d'utilisation des émulsions est inférieure à celle des huiles car les émulsions sont plus sensibles aux attaques bactériennes.

**Les lubrifiants réfrigérants synthétiques** sont composés de solvants qui sont émulsifiés ou dissous dans l'eau. Il en résulte des lubrifiants réfrigérants transparents qui permettent d'observer le processus de fabrication. Dans d'autres cas, par ex. pour les matières plastiques, on utilise du gaz et surtout de **l'air comprimé** pour refroidir et chasser les copeaux.

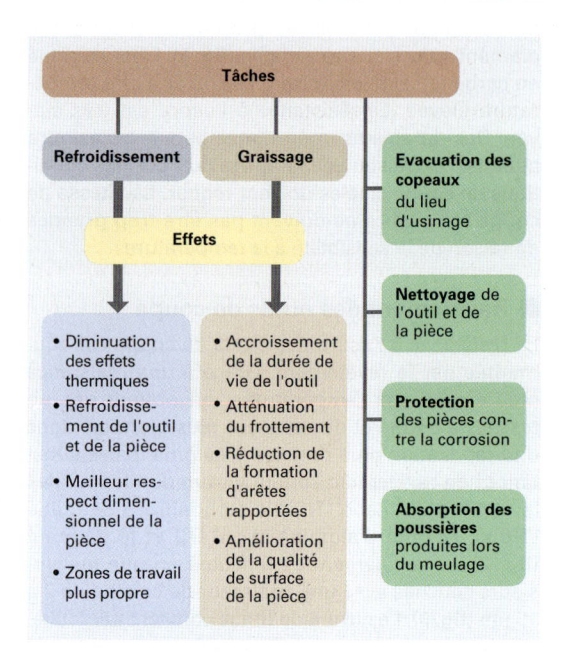

Fig. 1 : Tâches et effets des lubrifiants réfrigérants

Fig. 2 : Lubrification-réfrigération avec émulsion

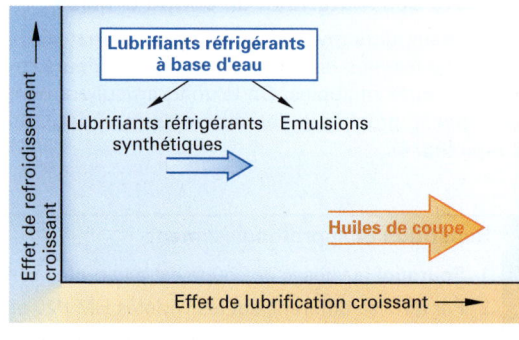

Fig. 3 : Effet de lubrification et de refroidissement des lubrifiants réfrigérants

# Fabrication avec des machines-outils

## ■ Choix des lubrifiants réfrigérants

Le choix du lubrifiant réfrigérant est déterminé par le processus de fabrication, la matière de la pièce, le matériau de coupe et les données de coupe (**tableau 1**).

## ■ Effet des additifs sur les réfrigérants lubrifiants

Avec des substances complémentaires appelés **additifs**, on peut exercer une influence sur les propriétés des lubrifiants réfrigérants (**tableau 2**). Les huiles miscibles dans l'eau contiennent toujours des additifs. **Des émulsifiants** sont nécessaires pour que l'huile puisse se répartir en très fines gouttelettes en suspension. Afin que l'eau ne provoque pas d'effet de corrosion, le lubrifiant réfrigérant doit contenir **un produit anticorrosif**. Les lubrifiants réfrigérants, surtout à des températures élevées et avec un fort encrassement, peuvent être attaqués par des bactéries et des champignons. Pour l'éviter, on ajoute **des agents conservateurs**.

**Les additifs haute pression** (additifs EP, en anglais « extreme pressure » = pression extrême) sont contenus dans les huiles de coupe lorsque de grandes forces de coupe sont exercées pendant l'usinage (**fig. 1**). Ces additifs – principalement le soufre et le phosphore – constituent une couche réactive antifriction sur la pièce. Cette couche empêche le soudage des métaux en cas de hautes températures d'usinage et de fortes pressions. On peut également ajouter aux lubrifiants réfrigérants d'autres additifs, comme par ex. des antimoussants.

## ■ Manipulation des lubrifiants réfrigérants

Dans la manipulation des lubrifiants réfrigérants, il convient de respecter les mesures de protection, afin d'éviter tout risque pour la santé et toute pollution de l'environnement. Les additifs des lubrifiants réfrigérants peuvent être particulièrement nocifs pour la santé. Une carrosserie fermée de la machine et l'aspiration des vapeurs de lubrifiants réfrigérants empêchent l'inhalation ou l'ingestion de substances dangereuses par l'ouvrier.

La concentration de l'émulsion doit être surveillée régulièrement pour garantir l'efficacité du lubrifiant réfrigérant. Les biocides contenus dans les émulsions peuvent provoquer des allergies, et l'eau et l'huile dégraissent la peau. Un contact prolongé de la peau avec des lubrifiants réfrigérants doit par conséquent être évité. En guise de mesure préventive, il faut enduire les mains d'un onguent de protection de la peau.

Les lubrifiants réfrigérants sont des déchets spéciaux qui doivent uniquement être éliminés par une société spécialisée agréée. Un suivi de maintenance doit être établi pour ces produits, jusqu'à leur élimination.

**Tableau 1 : Sélection du lubrifiant réfrigérant**

| Type | Application |
|---|---|
| **Emulsion** L'effet de refroidissement est prédominant par rapport à l'effet de lubrification | • les hautes températures de travail • le tournage, fraisage, forage • les matériaux faciles à usiner |
| **Huile de coupe** L'effet de lubrification est prédominant par rapport à l'effet de refroidissement | • les faibles vitesses de coupe • les qualités de surface élevées • les matériaux difficilement usinables |

**Tableau 2 : Influence des additifs sur les lubrifiants réfrigérants**

| Additif | Incidence |
|---|---|
| Emulsifiant | Empêche la séparation de l'huile et de l'eau |
| Anticorrosif | Empêche la corrosion des pièces, outils et machines |
| Agent de conservation (biocide) | Empêche la prolifération de bactéries et de moisissures, détruit les germes |
| Additifs à haute pression | Empêche les arrêtes rapportées pression (soudures froides) |

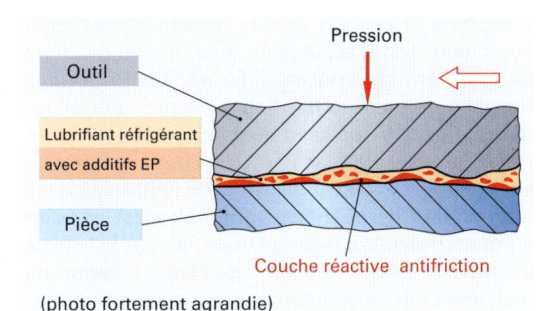

(photo fortement agrandie)

**Fig. 1 :** Effet des additifs EP (extreme pressure)

---

### Mesures de protection requises pour la manipulation des lubrifiants réfrigérants

- Utiliser des systèmes d'aspiration des vapeurs d'huile sur des machines fermées
- Surveiller régulièrement la concentration de l'émulsion utilisée
- Eviter un contact prolongé de la peau avec ces produits
- Utiliser des crèmes de protection pour la peau
- Si possible, porter des gants, des lunettes
- Remplacer les tenues de travail souillées avec des lubrifiants réfrigérants
- Éviter un contact prolongé des muqueuses avec les lubrifiants réfrigérants
- Eliminer les lubrifiants réfrigérants de manière appropriée

## ■ Usinage à sec

Dans les coûts totaux de fabrication, les coûts d'utilisation de substances lubrifiantes (y compris l'entretien et l'élimination) sont parfois plus élevés que le coût des outils **(fig. 1)**. L'utilisation non conforme des lubrifiants réfrigérants peut provoquer des problèmes de santé et des pollutions de l'environnement. C'est pourquoi on essaie de renoncer à l'usage de lubrifiants réfrigérants. En l'absence de refroidissement, le matériau de coupe doit avoir une grande dureté et résistance à chaud pour cet usinage à sec. Les revêtements réduisent la contrainte thermique et le frottement du matériau de coupe. Les copeaux ne doivent pas s'accumuler dans l'espace de travail, afin que la précision de fabrication ne soit pas affectée par la chaleur de la machine. Pour les processus de fabrication pour lesquels de grandes forces de torsion et de frottement se produisent, comme par ex. pour le taraudage, l'usinage à sec n'est pas approprié.

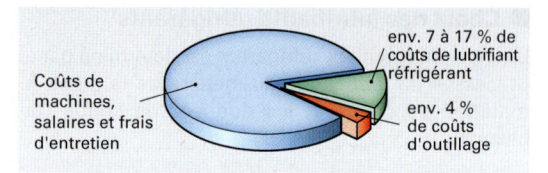

**Fig. 1 : Parts des coûts des lubrifiants réfrigérants sur les coûts totaux de fabrication**

**Fig. 2 : Lubrification par pulvérisation lors d'un fraisage avec une tête de coupe**

## ■ Lubrification par pulvérisation

On entend pas lubrification par pulvérisation l'acheminement de très faibles quantités d'un lubrifiant vers un point d'usinage. Dans un appareil de dosage, un mélange huile/ air est réalisé par l'air comprimé et conduit vers le tranchant de l'outil. Lorsque le système est bien réglé, moins de 20 ml de lubrifiant sont nécessaires par heure pour la formation d'un film lubrifiant suffisant entre l'outil et la pièce. Avec ces faibles quantités de lubrifiants, la pièce, la machine et les copeaux restent secs **(fig. 2)**. Le facteur décisif pour l'efficacité de la lubrification de quantités minimales est le point d'impact précis du mélange huile / air sur la face de coupe et la face de dépouille de l'outil. L'apport du mélange pour l'alimentation interne se fait par des canaux dans l'outil **(fig. 3)**, et pour l'alimentation externe par des tuyaux articulés et des pulvérisateurs **(fig. 4)**.

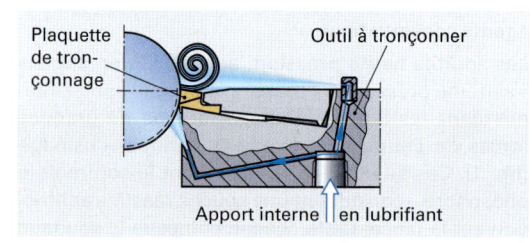

**Fig. 3 : Alimentation interne en lubrifiant**

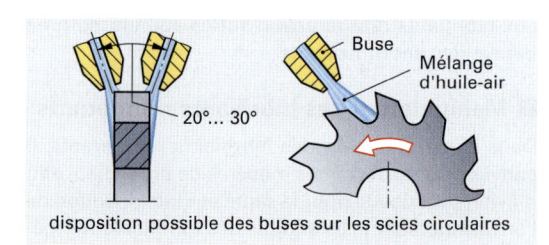

**Fig. 4 : Alimentation externe de lubrifiant**

### Avantages de la lubrification par pulvérisation par rapport à l'usinage sous arrosage

- En général une durabilité plus grande des outils
- Des pièces sèches et des copeaux propres qui n'ont pas besoin d'être essorés
- Les lubrifiants ne contiennent pas d'additifs et sont biodégradables
- Aucun coût d'entretien et d'élimination du lubrifiant réfrigérant à prévoir
- Moins de consommation de lubrifiant
- Un environnement de travail propre, pas de risque pour la santé des opérateurs, faible pollution de l'environnement.

### Répétition et approfondissement

1. Pour quelle raison les émulsions contiennent-elles des additifs ?
2. Quels sont les problèmes de santé qui peuvent se manifester en cas de manipulation non appropriée de lubrifiants réfrigérants ?
3. Quelles exigences impose-t-on au matériau de coupe dans l'usinage à sec ?

## 3.8.3 Sciage

Dans la fabrication des pièces, la variation des quantités et des dimensions nécessite une grande flexibilité dans le débitage de la matière première. Le sciage prend de plus en plus de place dans cette première étape de fabrication. Pour cette opération, on utilise des scies à mouvements alternatifs, des scies à ruban ou des scies circulaires.

### Scies à mouvements alternatifs

Pour scier des produits semi-finis jusqu'à un diamètre de 500 mm, on utilise souvent des scies à mouvements alternatifs en raison de leurs faibles coûts d'acquisition et d'outillage **(fig. 1)**. La lame de la scie à mouvements alternatifs est généralement en acier rapide (HSS). Lors de la course de retour, elle est relevée de quelques mm pour éviter le frottement.

Dents de la lame dirigées contre le mors fixe de l'étau

**Fig. 1 : Scie à mouvements alternatifs**

### Scies à ruban

Les scies à ruban conviennent à la fois pour les petites et pour les très grandes longueurs de coupe **(fig. 2)**. La lame de scie à ruban est continue et a une épaisseur de 0,65 à 1,3 mm. De ce fait, le trait de scie est étroit et la perte de matériau faible. La rigidité de la lame de scie à ruban résulte essentiellement de sa largeur (13 à 54 mm). En cas de grandes longueurs de coupe, il faut donc utiliser un ruban large.

La forme des dents de la lame de scie à ruban est fonction de la matière à scier et de son profil (plein, creux) **(fig. 3)**. Des aciers non alliés et faiblement alliés peuvent être sciés avec des des lames en acier à outils avec le taillant des dents trempés. Sur les lames de scie bimétalliques, les dents sont en acier apide (HSS) rapportée par soudage sur la bande support en acier à ressort. Les rubans munis de dents en métal dur rapportées (HM) sont utilisés pour le sciage d'aciers (jusqu'à une dureté de 60 HRC) et de matières plastiques renforcées par des fibres.

**Fig. 2 : Scie à ruban**

| Forme des dents | Application |
|---|---|
| Denture normale, angle de coupe 0° | Pour les aciers à haute teneur en carbone, pour les profilés à parois minces |
| Denture normale, angle de coupe de 5° à 10° | Pour les aciers avec une teneur en C < 0,8 %, métaux non ferreux, pour les grandes longueurs de coupe |
| Denture skip ou perroquet, angle de coupe 0° | Pour les matériaux fragiles, par ex. certains alliages de Cu, pour les grandes longueurs de coupe |
| Denture, crochet, angle de coupe positif, dents rapportées | Pour une grande capacité de coupe, pour les scies à ruban bimétal HSS ou HM |

**Fig. 3 : Formes des dents des lames de scies à ruban**

### Scies circulaires

Les scies circulaires conviennent pour le sciage de produits semi-finis jusqu'à un diamètre d'environ 140 mm, car la plage de travail d'une lame de scie circulaire correspond à peu près au tiers de son diamètre. Les faces sciées par une scie circulaire (HS ou HM) présentent un bon état de surface. L'avance de la scie peut être adaptée à la section du matériau par un réglage d'avance à commande numérique avec une force de coupe constante **(fig. 4)**.

Volume de sciage par tour constant

$f$ = Avance de la lame de scie par tour

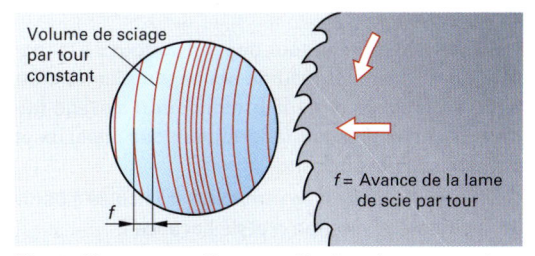

**Fig. 4 : Mouvement d'avance piloté par la commande numérique**

### Répétition et approfondissement

1. Sur quoi se base-t-on pour choisir une denture de lame de scie ?
2. Pour quel type de travail les différentes scies mécaniques conviennent-elles ?

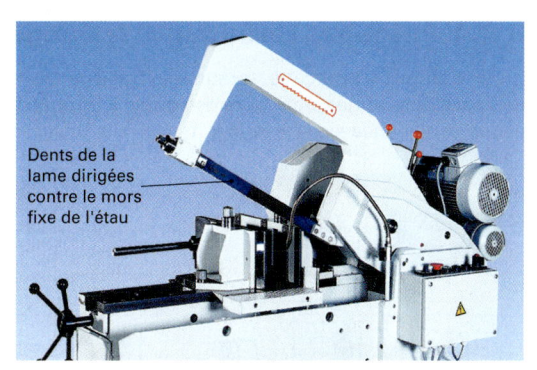

## 3.8.4 Perçage, taraudage, fraisage, alésage

Les opérations de perçage, taraudage, fraisage et alésage sont des procédés de fabrication par enlèvement de copeaux avec généralement des outils à arêtes de coupe multiples qui travaillent dans des conditions de coupe et d'avance similaires **(fig. 1)**.

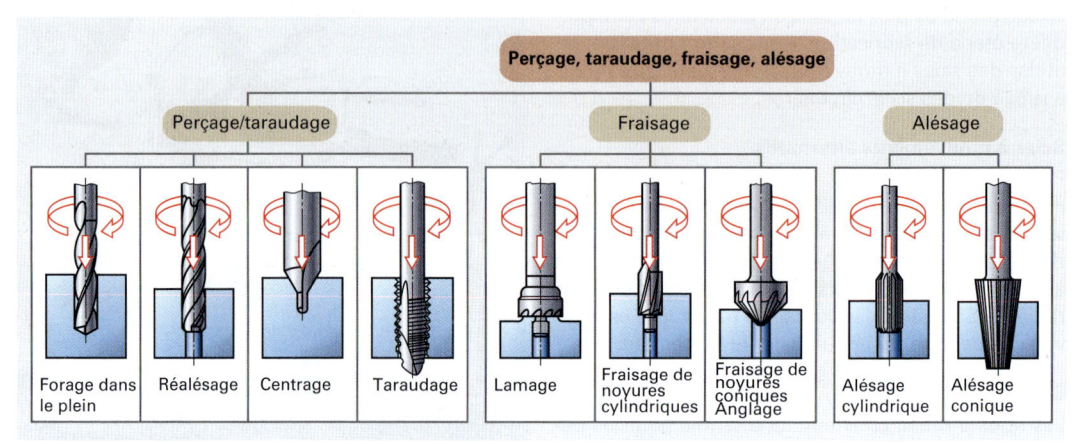

Fig. 1 : Procédés de fabrication pour l'usinage des trous

### 3.8.4.1 Perçage

■ **Processus de perçage et conditions de coupe**

Lors du perçage, l'outil effectue généralement un mouvement de coupe circulaire combiné avec un mouvement linéaire dans le sens de l'axe de rotation de l'outil **(fig. 2)**. La force d'avance fait pénétrer les tranchants de l'outil dans la matière et le mouvement de coupe circulaire génère la force de coupe.

La vitesse de coupe vc dépend du matériau de coupe, du procédé de perçage, de la matière usinée et de la qualité de travail requise **(tableau 1)**. C'est elle qui influe le plus sur la durabilité. En raison de la multitude de types de forets, de matériaux de coupe et de revêtements, il faut tenir compte des valeurs indicatives du fabricant de l'outil.

La **fréquence de rotation** $n$ peut être relevée sur des diagrammes de vitesse ou calculée à partir de la vitesse de coupe $v_c$ et du diamètre du foret $d$.

| Fréquence de rotation | $n = \dfrac{v_c}{\pi \cdot d}$ |
|---|---|

L'**avance** $f$ en mm par tour dépend surtout de la matière usinée, du matériau de coupe, du diamètre du foret, du procédé et de la profondeur d'alésage (tableau 1). Elle influe sur la formation des copeaux et sur le besoin de puissance.

La **vitesse d'avance** $v_f$ en mm/min est calculée à partir de la vitesse de rotation $n$ et de l'avance $f$.

| Vitesse d'avance | $v_f = n \cdot f$ |
|---|---|

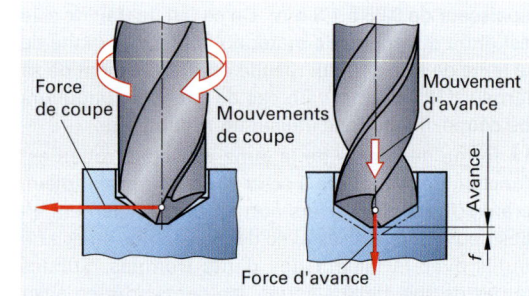

Fig. 2 : Forces intervenant sur l'outil

Tableau 1 : Valeurs de coupe indicatives pour les forets en acier rapide HSS, pour des profondeurs de forage allant jusqu'à 5 × le diamètre du foret

| Matière usinée | $v_c$ en m/min[1] | $f$ en mm/tour pour le diamètre de forage | | | Refroidissement[2] |
|---|---|---|---|---|---|
| | | >3...6 | >6...12 | >12...25 | |
| Acier $R_m \leq 800$ N/mm² | 40 | 0,10 | 0,15 | 0,28 | E, S |
| Acier $R_m = > 800$ N/mm² | 20 | 0,08 | 0,10 | 0,15 | E, S |
| Aciers inoxydables $R_m \geq 800$ N/mm² | 12 | 0,06 | 0,08 | 0,12 | E, S |
| Fonte de fer, fonte malléable ≤ 250 HB | 20 | 0,20 | 0,30 | 0,40 | E, M, T |
| Alliage d'aluminium $R_m \leq 350$ N/mm² | 45 | 0,20 | 0,30 | 0,40 | E, M, S |
| Thermoplastiques | 50 | 0,15 | 0,30 | 0,40 | T |

[1] Les valeurs de référence sont accrues en cas de conditions plus favorables, et réduites en cas de conditions défavorables.
[2] E = émulsion (10 – 12 %), S = huile de coupe, M = lubrification par pulvérisation, T = sec, air comprimé

# Fabrication avec des machines-outils

Pour effectuer des perçages d'une qualité professionnelle, il faut respecter les conditions de coupe telles que vitesse de coupe, avance, lubrification, serrage. Les aspects économiques et environnementaux sont aussi à prendre en compte.

> La vitesse de coupe choisie et le diamètre de perçage permettent d'obtenir la fréquence de rotation, et celle-ci avec l'avance fournissent la vitesse d'avance.

**Exemple :** On doit percer un trou de diamètre d = 10 mm dans une pièce de 30 mm d'épaisseur réalisée dans un acier d'amélioration 34Cr4.

a) Quelle vitesse de coupe $v_c$ et quelle avance $f$ faut-il choisir pour un foret hélicoïdal HSS ?

b) Quelle fréquence de rotation et d'avance obtient-on ?

Solution d'après le **tableau 1, p. précédente**

a) $v_c$ = 20 m/min, $f$ = 0,10 mm

b) $n = \dfrac{v_c}{d \cdot \pi} = \dfrac{20 \text{ m/min}}{0,01 \text{ m} \cdot \pi}$ = **637/min**

$v_f = f \cdot n$ = 0,10 mm · 637/min = **63,7 mm/min**

Dans les conditions de perçage normales, il faudra adopter en priorité les valeurs proposées par le fabricant de l'outillage. Si les conditions divergent, il faut corriger les valeurs de coupe (tableau 1, p. précédente).

## ■ Foret hélicoïdal

Le foret hélicoïdal est l'outil le plus utilisé pour le forage de diamètres allant jusqu'à 23 mm avec une profondeur maxi de 5 × le diamètre. Ce foret a la partie coupante vers l'avant **(fig. 1)** et l'attache (queue) cylindrique ou conique vers l'arrière.

### Géométrie de coupe

La forme de base du tranchant est le coin. Deux **lèvres** torsadées placées en face l'une de l'autre définissent le corps de l'outil. La partie centrale entre les deux lèvres est **l'âme** du foret. L'arête extérieure présente une bande étroite, **le listel**, qui assure le guidage dans le trou percé. La diminution du diamètre vers l'arrière de quelques centièmes de mm diminue les frottements. Les **goujures** entre les lèvres assurent l'évacuation des copeaux.

**L'angle de coupe** varie le long de l'arête de coupe, entre l'extérieur et l'intérieur du foret. Cet angle diminue jusqu'à devenir négatif le long de l'arête transversale. A l'extérieur du foret, **l'angle de coupe $\gamma_f$** correspond à l'hélice du foret hélicoïdal. Cet angle dépend de la matière usinée et il permet de classer les forets en trois classes différentes : les types **N, H et W (tableau 2)**. Les forets hélicoïdaux portent aussi le nom de **mèches hélicoïdales**.

**Tableau 1 : Conditions de perçage**

**Conditions de perçage normales**

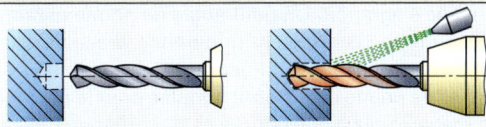

Surface droite — Refroidissement suffisant

Les valeurs indicatives doivent être adoptées.

**Conditions de perçage adaptées**

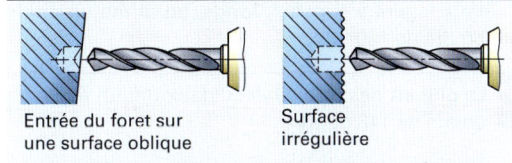

Entrée du foret sur une surface oblique — Surface irrégulière

Si la surface de pénétration est inclinée entre 0° et 20°, l'avance de l'outil doit être réduite jusqu'à ce que le foret coupe sur tout son diamètre. Autre solution : la surface doit être préalablement fraisée perpendiculairement à l'axe de l'outil.

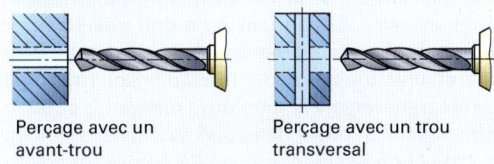

Perçage avec un avant-trou — Perçage avec un trou transversal

L'avance et la vitesse de coupe doivent être réduites.

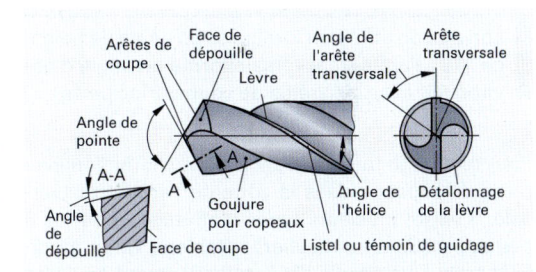

**Fig. 1 :** Définitions et géométrie de l'avant d'un foret

**Tableau 2 : Types de forets hélicoïdaux**

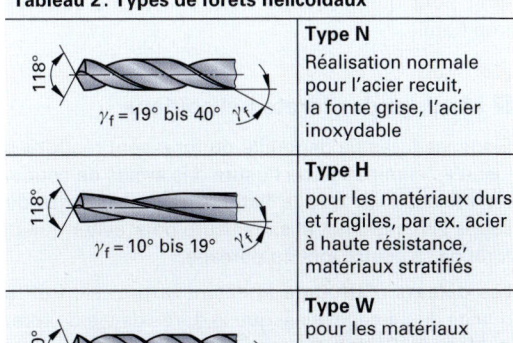

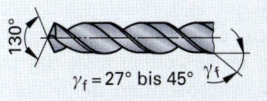

| | |
|---|---|
| 118° ; $\gamma_f$ = 19° bis 40° | **Type N** Réalisation normale pour l'acier recuit, la fonte grise, l'acier inoxydable |
| 118° ; $\gamma_f$ = 10° bis 19° | **Type H** pour les matériaux durs et fragiles, par ex. acier à haute résistance, matériaux stratifiés |
| 130° ; $\gamma_f$ = 27° bis 45° | **Type W** pour les matériaux tendres et tenaces, par ex. les alliages d'aluminium, de cuivre et de zinc |

L'angle entre les arêtes de coupe est désigné par **angle de pointe**. Un grand angle de pointe rend le centrage du foret imprécis, si bien que le diamètre de perçage s'agrandit. Un petit angle de pointe garantit certes un bon centrage et une bonne évacuation de la chaleur, mais accroît l'usure des tranchants. Des angles de pointe de 90° sont adoptés pour le perçage de matières plastiques dures ce qui provoque généralement une forte usure. Des angles de pointe de 130° permettent une meilleure évacuation des copeaux sur des matériaux tendres et tenaces. Pour les métaux légers à copeaux longs, on affûte un angle de pointe de 140°.

> La plupart des forets hélicoïdaux ont un angle de pointe de 118 degrés.

L'affûtage à la meule des deux faces situées à l'arrière des arêtes de coupe permet de créer **l'angle et les faces de dépouille**. L'angle doit être suffisant pour que l'arrière de la face ne talonne pas en cas de fortes avances. Cependant il ne doit pas être trop grand, car il en résulterait un affaiblissement du taillant et une plus grande tendance au broutage. **L'arête transversale** augmente la résistance à l'avancement car son angle de coupe est fortement négatif, d'où la nécessité d'amincir l'âme des grands forets.

> Lorsque on affûte un foret avec un angle de pointe de 118°, l'arête transversale forme un angle d'environ 55° avec les arêtes de coupe principales.

Pour réduire la force d'avance et améliorer l'enlèvement de copeaux dans la zone de l'arête transversale, il existe plusieurs types d'affûtage, associés à des applications particulières **(tableau 1)**. La modification la plus simple **est l'amincissement** de l'âme du foret. La longueur restante de **l'arête transversale** doit atteindre au moins 1/10e du diamètre du foret pour que la pointe de la mèche ne soit pas trop fragile.

### ■ Meulage des forets hélicoïdaux

Seule les faces de dépouille du foret sont réaffûtées jusqu'à l'élimination de l'usure des arêtes de coupe, en veillant à ce que le listel proche de l'arête de coupe soit aussi net et sans usure pour éviter que le foret ne se coince lors du perçage.

**Les défauts d'affûtage** affectent la précision et la qualité du perçage, ainsi que la durée de vie du foret **(tableau 2)**. Pour éviter ces défauts, il faut soigneusement réaffûter les forets et les vérifier avec des **jauges d'affûtage** ou des microscopes de mesures **(fig. 1)**.

**Tableau 1 : Types d'affûtage des forets hélicoïdaux**

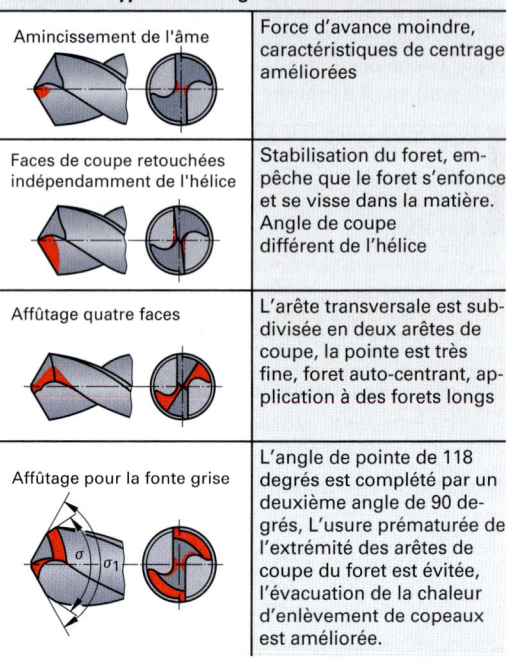

| | |
|---|---|
| Amincissement de l'âme | Force d'avance moindre, caractéristiques de centrage améliorées |
| Faces de coupe retouchées indépendamment de l'hélice | Stabilisation du foret, empêche que le foret s'enfonce et se visse dans la matière. Angle de coupe différent de l'hélice |
| Affûtage quatre faces | L'arête transversale est subdivisée en deux arêtes de coupe, la pointe est très fine, foret auto-centrant, application à des forets longs |
| Affûtage pour la fonte grise | L'angle de pointe de 118 degrés est complété par un deuxième angle de 90 degrés, L'usure prématurée de l'extrémité des arêtes de coupe du foret est évitée, l'évacuation de la chaleur d'enlèvement de copeaux est améliorée. |

**Tableau 2 : Défauts d'affûtage des forets hélicoïdaux**

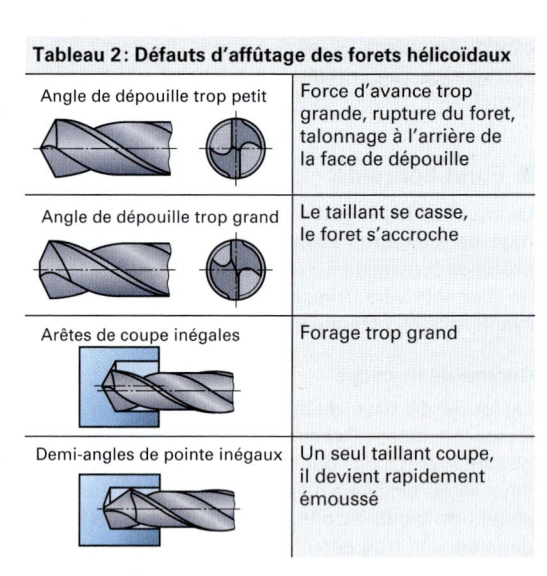

| | |
|---|---|
| Angle de dépouille trop petit | Force d'avance trop grande, rupture du foret, talonnage à l'arrière de la face de dépouille |
| Angle de dépouille trop grand | Le taillant se casse, le foret s'accroche |
| Arêtes de coupe inégales | Forage trop grand |
| Demi-angles de pointe inégaux | Un seul taillant coupe, il devient rapidement émoussé |

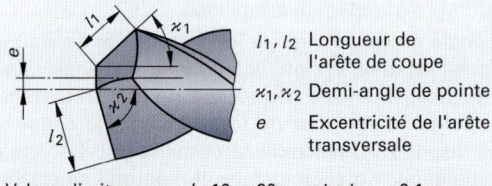

$l_1, l_2$ Longueur de l'arête de coupe
$\varkappa_1, \varkappa_2$ Demi-angle de pointe
$e$ Excentricité de l'arête transversale

Valeurs limites pour $d = 10 \ldots 20\,mm$: $l_1 - l_2 < \pm 0{,}1\,mm$
$\varkappa_1 - \varkappa_2 < \pm 0{,}33°$

**Fig. 1 :** Grandeurs de contrôle pour les forets hélicoïdaux

# Fabrication avec des machines-outils

## ■ Matériaux des forets hélicoïdaux

Les forets hélicoïdaux sont généralement fabriqués en acier rapide (HSS) et en métal dur (HM).

**L'acier rapide (HSS)** a une grande ténacité et convient particulièrement bien pour les forets hélicoïdaux. Si l'acier rapide contient du cobalt (HSS-E), sa résistance à l'usure de même que sa résistance à la chaleur sont améliorées. Les forets en acier rapide peuvent être munis d'un **revêtement** améliorant leurs performances, généralement du nitrure de titane (TiN). Cette couche est très dure, résistante à l'usure et aux hautes températures.

> **Avantages des forets hélicoïdaux en acier rapide (HSS) :**
> - utilisables avec tous les matériaux, à l'exception des matières plastiques renforcées par des fibres qui ont comme effet d'accroître l'usure (par ex. les polymères renforcés de fibres de verre ou de carbone)
> - bonne qualité de surface grâce à la présence du listel de guidage qui racle et élimine les copeaux collés sur la surface du perçage
> - longue durée des outils avec une vitesse de coupe adaptée tout en permettant une forte avance

Les forets à plaquettes amovibles ou à plaquettes brasées sont constitués d'une part d'un corps en acier à haute résistance qui a des propriétés de ténacité et d'autre part des outils de coupe en métal dur (plaquettes) qui est résistant à l'usure et à la chaleur **(fig. 1)**.

Les forets munis de **plaquettes amovibles** conviennent pour des profondeurs de perçage allant au delà de 5 × D à des vitesses de coupe élevées mais des avances faibles à moyennes, également dans des matériaux difficiles à usiner.

De même que les forets en acier rapide revêtu, **les forets en carbure monobloc revêtu** peuvent être réaffûtés en perdant toutefois le revêtement sur les surfaces retouchées.

> **Les avantages des forets en carbure :**
> - en raison de leur grande rigidité, il est possible de percer sans centrage ou sans guide de perçage (canon), même sur des surfaces obliques de moins de 8° d'inclinaison
> - jusqu'à IT 8, on peut directement forer dans le plein
> - durées de vie intéressantes à des vitesses de coupe élevées
> - convient particulièrement pour les matériaux durs provoquant une grande usure

## ■ Usure de l'outil de fraisage

L'usure des forets est provoqué par des sollicitations à la fois mécaniques et thermiques. Les principales causes d'usure sont le frottement, l'échauffement, l'écaillage des arêtes et les soudures froides de la matière usinée sur l'outil **(tableau 1)**.

Fig. 1 : Forets à plaquettes amovibles, à plaquettes brasées ou en carbure monobloc

Tableau 1 : Formes et causes d'usure sur les foret en carbure

| Formes d'usure | Causes |
|---|---|
| Formation d'arêtes rapportées | Vitesse de coupe trop faible, pas de revêtement, pourcentage d'huile trop faible dans les lubrifiants réfrigérants |
| Ecaillage de l'arête de coupe | Coupe interrompue, lubrification réfrigération défaillante, lubrifiant inadapté, réduire l'avance, augmenter la vitesse |
| Usure des arêtes de coupe | Vitesse de coupe trop grande, avance trop faible, matériau de coupe pas suffisamment résistant à l'usure, arrosage défectueux |
| Usure frontale excessive | Arrosage insuffisant, vitesse de coupe trop grande, pièce trop dure |
| Ecaillage de l'arête transversale | Vitesse de coupe trop faible, avance trop forte, arête transversale trop petite |

## ■ Choix d'outil et problèmes de perçage

Le choix du foret dépend de la qualité requise pour le perçage, de la rentabilité de l'opération et des conditions d'usinage (**tableau 1**).

### Procédure à suivre pour le choix de l'outil :

- Choix du type de foret en fonction du diamètre, de la profondeur de perçage et des conditions de travail
- Vérifiez si le type de foret choisi permet de respecter la tolérance du trou, la qualité de surface exigée et si l'usinage de ce type de matière est possible.
- Sur les forets HM, choix du type du matériau de coupe selon la matière à usiner, et pour les plaquettes amovibles, choisir également la forme des plaquettes.
- Choix du type de queue du foret en fonction du moyen de fixation sur la machine, par ex. cône Morse

### Choix des valeurs de coupe

La vitesse de coupe et l'avance sont fixées en fonction de la matière de la pièce et du type de foret (**tableau 1, p. 144**). Sur les pièces en acier fortement allié, on choisit parfois des valeurs plus élevées pour la vitesse de coupe afin de limiter au maximum la formation d'arêtes rapportées. Avec des profondeurs de perçage de plus de 5 × D, l'avance est réduite d'environ 25 %.

En tout cas, il faut respecter le lubrifiant réfrigérant et le procédé de refroidissement recommandés par le constructeur.

La forme des copeaux et leur évacuation doivent être contrôlées lors du processus de perçage et les valeurs de coupe doivent être corrigées au besoin (**tableau 2**).

Des mesures doivent être prises en cas de **problèmes de perçage (tableau 3)** lorsque les objectifs de qualité ne sont pas atteints et lorsque la rentabilité et la sécurité de fabrication ne sont pas assurées.

**Tableau 1 : Choix des forets (extrait)**

••• = très bon
•• = bon
• = possible

| | Foret HSS | Foret HM brasé | Foret entièrement en métal dur | Plaquettes amovibles en métal dur |
|---|---|---|---|---|
| Diamètre du foret | 2,5…12 | 9,5…30 | 3…20 | 12…60 |
| Profondeur de forage | 2…6 × D | 3…5 × D | 2…5 × D | 2…4 × D |
| Matériau : | | | | |
| Acier | ••• | ••• | ••• | ••• |
| Acier, trempé | • | ••• | •• | ••• |
| Acier, inoxydable | •• | •• | • | ••• |
| Fonte grise | ••• | ••• | ••• | ••• |
| Alliage d'aluminium | •• | •• | ••• | ••• |
| Qualité de surface Ra | 3 µm | 1…2 µm | 1…2 µm | 1…5 µm |
| Tolérance de forage | IT 10 | IT 8-10 | IT 8-10 | +0,4/–0,1 |
| Perçage général | ••• | ••• | ••• | ••• |
| Surface inclinée | •• | | • | ••• |
| Forage transversal | •• | | | ••• |
| Immersion | | | | ••• |
| Forage de plaques empilées | •• | •• | •• | • |

**Tableau 2 : Optimisation de la forme du copeau**

| Forme de copeaux trop étroite | Forme de copeaux optimale | Forme de copeaux trop longue |
|---|---|---|
| $v_c$ doit être accrue dans le cadre des valeurs admissibles, si ce n'est pas concluant, il faut réduire f | – | $v_c$ doit être réduite dans le cadre des valeurs admissibles, si ce n'est pas concluant, il faut augmenter f |

**Tableau 3 : Mesures à prendre en cas de problèmes de perçage**

| | Problèmes d'usure | | | Problèmes généraux | | | | | |
|---|---|---|---|---|---|---|---|---|---|
| Mesures de secours | Forte usure de l'arête centrale | Forte usure des listels | Usure latérale excessive | Pointe du foret écaillée, rupture du foret | Forage d'un diamètre trop grand | Bourrage de copeaux dans la rainure à copeaux | Vibration, broutage | Défaut de géométrie du trou | Faible durée de vie |
| Augmenter la vitesse de coupe | | | | | • | • | | | |
| Réduire la vitesse de coupe | | | • | | | | | | |
| Réduire l'avance | | | | • | | • | • | • | |
| Vérifier le choix du matériau de coupe | • | • | • | • | | | | | • |
| Accroître la stabilité de l'outil et de la pièce | | • | • | • | • | | • | • | • |
| Augmenter l'arrosage, nettoyer le filtre | • | | | | | • | | | • |

# Fabrication avec des machines-outils

## ■ Autres procédés de perçage et outils de forage

### Perçage de forme

**Les forets à centrer** créent des perçages de positionnement pour le tournage et le meulage entre des pointes (**fig. 1**).

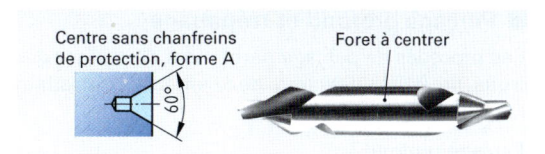

**Fig. 1 : Forage de centrage avec foret à centrer**

Pour faire un centrage avant un perçage dans le plein, on utilise des **forets à pointer ou centreurs NC** (**fig. 2**). Ils sont fabriqués avec un angle de pointe de 90 ou 120 degrés et peuvent créer en même temps que le centrage le chanfreinage du trou foré.

**Fig. 2 : Foret à pointer ou centreur NC**

### Outils combinés

**Les outils combinés** modernes permettent d'usiner en une fois, avec un minimum d'outils, des forages et des alésages trous étagés précis, par ex. dans des carters de pompes. Parmi les outils disponibles, il faut citer les **outils étagés (fig. 3)** et **les outils modulaires**, qui sont constitués d'un porte-outil de base sur lequel vient s'emboîter l'un ou l'autre des outils à plaquettes nécessaires à l'usinage. Certaines opérations de finition peuvent être évitées par ce système.

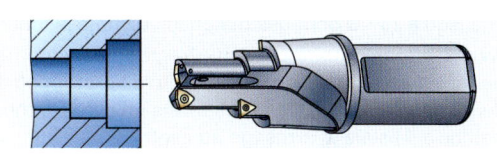

**Fig. 3 : Foret étagé à plaquettes**

**Les systèmes modulaires (fig. 4)** sont généralement utilisés sur des centres d'usinage. Le porte-outil de base constitue l'interface entre l'outil de perçage et la machine. Pour que le couple de forage et la force d'avance soient transmis sans problèmes, il faut éviter tout glissement et tout décalage longitudinal du dispositif de serrage. Le faux-rond et le manque de rigidité sont souvent à l'origine de problèmes de perçage (p. précédente).

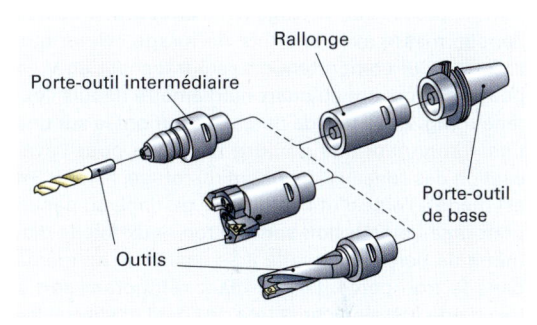

**Fig. 4 : Système modulaire de perçage**

### Réalésage

Le réalésage correspond à l'agrandissement d'un trou préforé, étampé ou réalisé par coulage. Il permet également l'alignement de deux trous superposés présentant un défaut d'alignement.

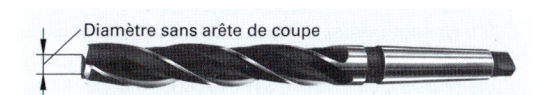

**Fig. 5 : Foret aléseur à trois lèvres**

**Les forets aléseurs á trois lèvres** sont des outils hélicoïdaux rigides (**fig. 5**). L'avant-trou doit avoir au minimum 0,7 fois le diamètre du foret aléseur. La vitesse de coupe et l'avance correspondent aux forets en acier rapide (HSS).

**Les outils de réalésage** avec plaquettes en métal dur sont utilisés pour agrandir les grands diamètres (**fig. 6**). **Les têtes d'alésage de finition (fig. 7)** permettent à l'aide d'une vis et d'un vernier, le réglage du diamètre d'alésage dans la précision du μm.

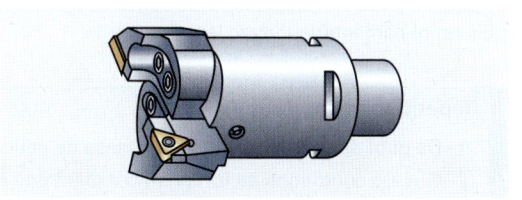

**Fig. 6 : Tête à aléser à deux tranchants**

> Le réalésage sert au finissage et à l'usinage de précision des alésages préforés. Les outils de réalésage améliorent la précision des dimensions, des formes et de la position, ainsi que la qualité de surface des alésages.

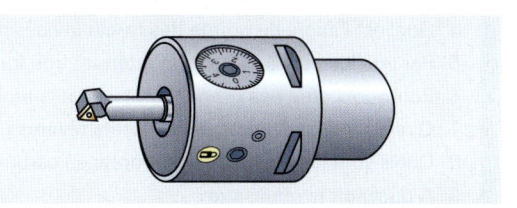

**Fig. 7 : Tête d'alésage de finition à réglage fin**

## ■ Perçage profond et trépanage

Ces procédés de perçage permettent de réaliser des trous de 0,8 à 1500 mm de diamètre D et allant jusqu'à 3 × D en profondeur.

**Fig. 1 : Foret hélicoïdal extra long**

### Perçage profond

**Les forets hélicoïdaux extra long (fig. 1)** en HSS conviennent particulièrement pour les forages profonds, horizontaux, verticaux ou obliques jusqu'à un diamètre de 30 mm. Grâce à leur âme renforcée et aux larges goujures pour l'évacuation des copeaux ils gardent une grande stabilité tout au long du perçage. Celui-ci peut atteindre jusqu'à 15 fois le diamètre (15 × D) de perçage dans l'acier sans débourrage et aller jusqu'à 25 × D pour des matériaux comme la fonte. Avec les matériaux à copeaux fragmentés, comme par ex. la fonte grise, on utilise pour les profondeurs de perçage jusqu'à 10 × D des forets en carbure monobloc à 4 listels et arrosage au centre.

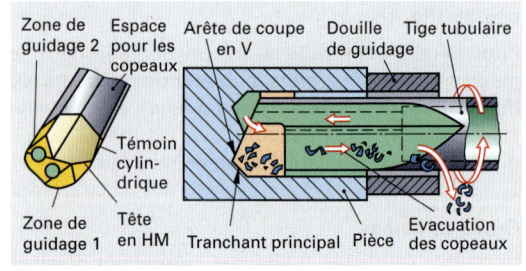

**Fig. 2 : Foret 3/4**

### Foret 3/4

Dans le procédé de perçage avec **foret 3/4**, on perce dans la masse avec une tête de forage cylindrique en métal dur comportant un seul tranchant en V, la pointe se trouvant au quart du diamètre depuis l'extérieur **(fig. 2)**. La tête de perçage est montée sur une tige comportant une goujure rectiligne pour l'évacuation des copeaux. Au début du forage, le foret 3/4 est guidé à l'aide d'une douille de guidage ou par un préforage de précision sur environ deux fois le diamètre de perçage. Ensuite il se centre de lui-même dans le trou percé. Le lubrifiant réfrigérant sort à très haute pression par la tête de l'outil et évacue les copeaux hors de l'alésage par la goujure de la tige.

Dans le **procédé d'alésage BTA**, des alésages de 6 à 1500 mm sont percés dans la masse. Le lubrifiant réfrigérant arrive par l'extérieur en longeant la queue tubulaire puis il est évacué avec les copeaux par l'intérieur du tube **(fig. 3)**.

Dans le **système à deux tubes**, le lubrifiant réfrigérant est amené entre les tubes disposés concentriquement puis retiré par l'intérieur avec les copeaux.

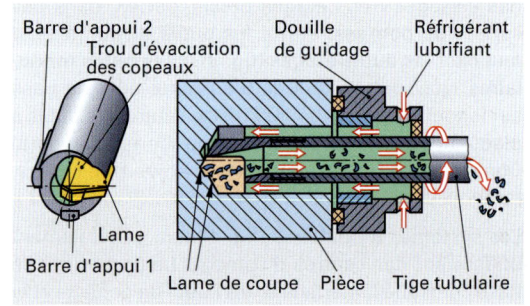

**Fig. 3 : Tête de forage BTA**

### Les avantages de la technique de forage profond :

- hautes qualités de surface (jusqu'à IT 8 et $Rz = 2$ μm)
- volume élevé d'enlèvement de copeaux par rapport au temps
- lubrification réfrigération sur le point d'action
- faible trajet de forage en cas de profondeurs de forage allant jusqu'à 100 × D
- faible formation de bavures en cas de forage transversaux

---

### Répétition et approfondissement

1. De quoi dépend le choix de la vitesse de coupe lors du forage ?
2. Quelles conditions de forage nécessitent une modification de la vitesse de coupe ou de l'avance lors du forage ?
3. A quelles profondeurs de forage le foret hélicoïdal est-il l'outil le plus utilisé ?
4. Quel est l'angle de pointe des forets utilisés pour l'acier ?
5. Par quelles mesures peut-on atténuer une forte usure de l'arête de coupe principale ?
6. Pourquoi l'âme des grands forets est-elle amincie ?
7. Quels sont les avantages des forets revêtus ?
8. Quels sont les avantages des forets en carbure monobloc ?
9. A quoi sert le réalésage ?
10. Quels sont les avantages des procédés de forage profond ?

# 3.8.4.2 Taraudage

Le filetage intérieur peut être réalisé manuellement ou sur machine, à l'aide d'un taraud **(fig. 1)**.

■ **Procédé par enlèvement de copeaux**

Avant de réaliser le filet intérieur, il faut percer un avant-trou dont le diamètre est en rapport avec le pas.

| Diamètre de l'avant-trou | $d_B = d - P$ |
|---|---|

Le diamètre de perçage en vue d'un taraudage ne doit pas être inférieur au diamètre nominale $d$ moins le pas du filet $P$ afin d'éviter la rupture du taraud.

Le taraud effectue le mouvement de coupe et d'avance en même temps. L'avance est déterminée par le pas de filetage.

La taille du filet se fait avec l'entrée conique du taraud **(fig. 2)**. Selon l'angle d'entrée, le filet est entièrement formé sur 2 à 8 tours du taraud. Les filets arrières du taraud assurent le maintient et le guidage dans le pas de vis qui vient d'être réalisé.

L'usinage de matériaux tenaces refoule un peu de matière vers le centre, ce qui a pour effet de diminuer légèrement le diamètre de l'avant-trou.

Un **chanfreinage** des avant-trous, de la valeur du pas, permet une meilleure attaque du taraud et évite le refoulement des premiers filets vers la surface de la pièce. Le taraudage d'un **trou borgne** nécessite un avant-trou plus long que la longueur utile du filetage d'environ 6 fois le pas car le filet ne peut pas être taillé jusqu'au fond du trou et la pointe du taraud doit aller plus en avant que la longueur utile désirée.

Pour obtenir une bonne qualité de surface, il faut utiliser pour chaque matériau le **lubrifiant réfrigérant approprié** (par ex. l'huile de coupe pour l'acier, l'émulsion pour la fonte grise, l'air comprimé pour les alliages de Mg et les matières plastiques).

■ **Taraudage manuel**

Le taraud doit être introduit avec précision et parfaitement dans l'axe de l'avant-trou. Sur les matériaux à copeaux longs et pour les grands pas, les copeaux se cassent par de brefs retours en arrière du taraud **(fig. 3)**. La rupture du copeau permet au lubrifiant de mieux atteindre le tranchant du taraud.

■ **Taraudage mécanique**

Le taraudage mécanique s'effectue avec des tarauds fixés de manière rigide ou à l'aide d'un appareil à tarauder ou d'un mandrin à compensation longitudinale **(fig. 4)**.

Pour les **tarauds à serrage rigide**, la rotation de la broche et le mouvement d'avance axiale doivent être **synchronisés**. On obtient ainsi une haute qualité et une grande régularité des filets.

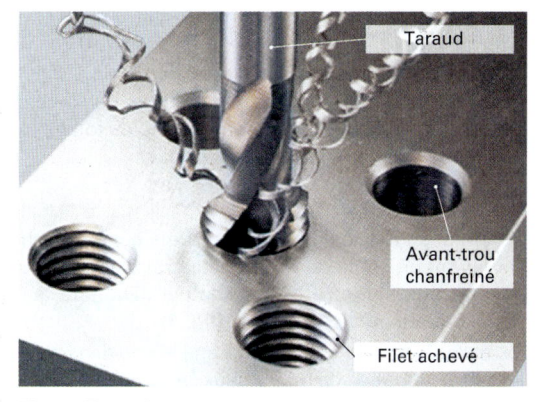

Fig. 1 : Taraudage

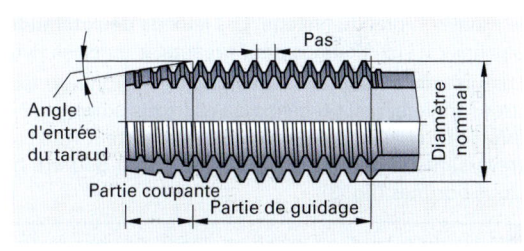

Fig. 2 : Géométrie et dimensions du taraud

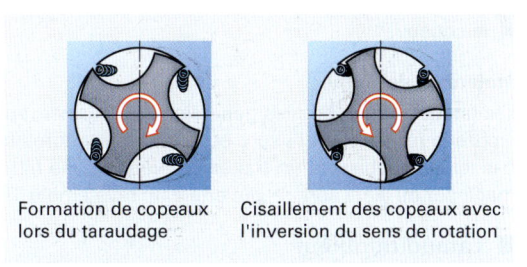

Fig. 3 : Formation et bris des copeaux

Fig. 4 : Porte-outils de taraudage

L'**appareil à fileter** travaille à vitesse de rotation constante pendant l'ensemble du cycle de coupe. Un mécanisme inverseur à engrenage ou l'inversion du sens de rotation du moteur électrique permettent de ressortir le taraud. Lorsque le taraudage s'effectue avec un **mandrin à compensation longitudinale**, une pré-tension dans le mandrin permet d'engager le taraud dans la matière. Lors de l'inversion, le système de compensation intervient en supprimant les forces longitudinales sur le taraud ce qui garanti la précision du filet.

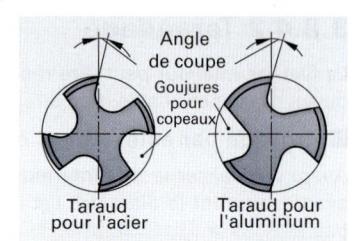

Fig. 1 : Coupe transversale d'un taraud

## ■ Types de tarauds

Les tarauds pour les matières tendre à copeaux longs (métaux légers, cuivre) ont un angle de coupe plus grand et des goujures d'évacuation des copeaux plus profondes comparativement aux tarauds pour les métaux ferreux ou le laiton dur **(fig. 1)**.

**Les tarauds à main** sont fournis en jeux de deux ou trois tarauds **(fig. 2)**. Le jeu est composé de un ou deux **tarauds ébaucheurs** à entrée longue et marqués de un ou deux traits et d'un **taraud finisseur** à entrée courte, avec trois traits ou sans trait de marquage. Seul ce dernier taraud donne le profil complet du filetage. Les **jeux de deux tarauds** sont réservés aux pas fins ou aux filetages pour tuyauterie dans les petits diamètres.

**Les tarauds machine** ont des goujures droite ou légèrement en hélice (trous traversants) ou hélicoïdales (trous borgnes). La face de coupe est affûtée de telle façon que les copeaux partent vers l'avant pour les trous traversants et partent vers l'arrière par la goujure hélicoïdale pour les trous borgnes **(fig. 3)**.

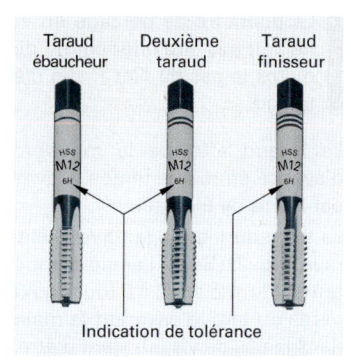

Fig. 2 : Jeu de trois tarauds à main

> Lors du taraudage machine, les filets sont réalisés en un seul passage, sans briser le copeau, même pour les trous borgnes. En cas d'utilisation d'un taraud machine à la main, ne pas non-plus briser le copeau.

**Matériaux de coupe**

Les tarauds sont fabriqués généralement en acier rapide (HSS). Pour accroître la résistance à l'usure et éviter les soudures froides, les surfaces des tarauds subissent un traitement vapeur, une nitruration ou un chromage dur ou alors sont recouverte d'un revêtement TiN, TiAlCN, TiCN.

## ■ Taraud refouleur

Le **filetage par refoulement** est un procédé d'usinage sans copeaux pour réaliser des filetages intérieurs ou extérieurs aptes à supporter de fortes sollicitations et approprié pour les matériaux à faible résistance à la traction. Dans ce cas, la disposition des fibres n'est pas interrompue. Le **taraud refouleur** a une section polygonale et ne comporte pas de goujures pour évacuer les copeaux **(fig. 4)**. Lors de l'usinage, la matière est pressée et s'écoule vers le fond des dents de l'outil pour donner le profil complet du filet. La matière n'étant pas enlevée, l'avant-trou est foré un peu plus grand, soit environ le diamètre nominal moins la moitié du pas. Les matériaux ainsi usinés doivent avoir une bonne malléabilité.

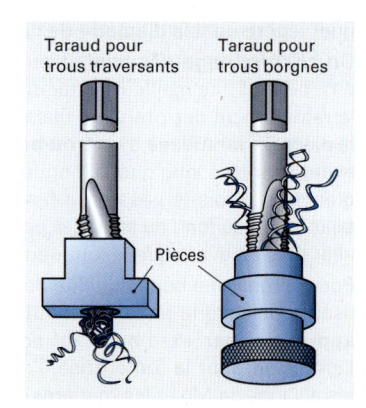

Fig. 3 : Tarauds machine

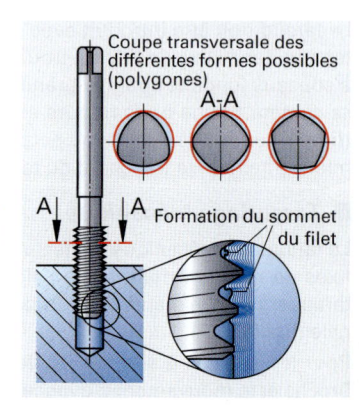

Fig. 4 : Taraud refouleur

---

**Répétition et approfondissement**

1. Pourquoi les avant-trous de taraudage sont-ils chanfreinés ?
2. Qu'entend-on par coupe lors du taraudage ?
3. Quand utilise-t-on des tarauds machines ?
4. A quoi faut-il être attentif lorsqu'on effectue un taraudage dans des trous borgnes ?
5. Quand utilise-t-on le jeu de 2 tarauds ?

# Fabrication avec des machines-outils

## 3.8.5 Fraisage et chanfreinage de trous

Le fraisage vertical est un procédé de perçage destiné à générer des surfaces profilées ou coniques dans des alésages existants. On fait la distinction suivante :

**Lamage**     par ex. usinage de la surface d'appui d'une rondelle de vis sur une pièce de fonderie
**Noyure ou chambrage**     par ex. creusage conique ou cylindrique pour noyer une tête de vis
**Chanfreinage**     par ex. élimination des bavures dues au perçage

### ■ Fraises coniques

Par rapport aux forets, **les fraises coniques (fig. 1)** ont un angle de dépouille plus petit et une face de dépouille plus grande. De ce fait, la fraise conique « s'appuie » sur la surface de dépouille ce qui évite les traces de broutage.

> Pour le chanfreinage, il faut choisir une vitesse de coupe égale ou inférieure à celle choisie pour le perçage. L'avance peut être réduite de 50 % au maximum.

### ■ Outils pour lamer et fraises à pivot

**Les outils de lamage** sont utilisés pour créer des surfaces circulaires, planes et peu profonde sur les pièces de fonderie **(fig. 1, p. 144)**.

**Fraises à chanfreiner (fig. 1)** ou coniques servent à usiner des fraisures pour noyer les têtes de vis ou de rivets. Comme pour les fraises coniques sans pivots, les angles de pointe des fraises coniques sont normalisés à 60°, 75°, 90° et 120° selon l'usage.

Le guide ou pivot est destiné à centrer le fraisage sur le trou. Ce pivot peut être fixe (normalisé) ou il peut être amovible ce qui permet de l'adapter au trou foré **(fig. 2)**.

Avec des **outils à gradins**, plusieurs fraisages ou chanfreinages peuvent être réalisés à des diamètres et des hauteurs différentes en une seule opération.

Parfois sur des pièces creuses de fonderie, il faut effectuer des chanfreinages, lamages ou fraisures dans la partie intérieure du corps creux (borgne). Cette opération peut être réalisée avec des outils spéciaux inverses fixes ou rétractables. L'interpolation circulaire permet d'utiliser des **fraises à lamer en tirant (fig. 1, p. 199)** en forme d'équerre.

Les fraises à chanfreiner, à pivot ou de lamage sont fabriquées en acier rapide (HSS), en métal dur (HM) monobloc ou avec des plaquettes amovibles.

### ■ Mesures à prendre en cas de problèmes de chanfreinage

Lorsque le niveau de qualité n'est pas obtenu lors d'un chanfreinage, on peut intervenir sur les conditions de coupe **(tableau 1)**. Si par ex. le chanfrein n'est pas rond, l'outil n'est pas tenu de manière rigide ou bien il est est mal affûté. Si il y a un défaut de coaxialité entre le trou et le chambrage, le tenon de guidage de la fraise à pivot est trop petit, ou le trou est trop grand par rapport au pivot fixe.

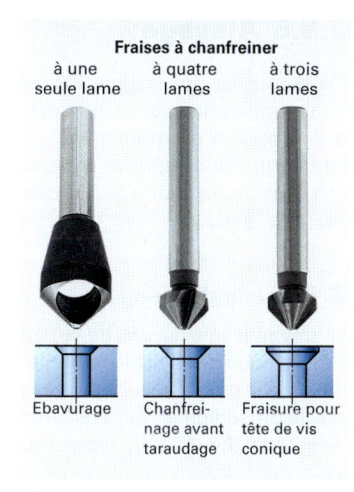

**Fraises à chanfreiner** : à une seule lame, à quatre lames, à trois lames. Ebavurage, Chanfreinage avant taraudage, Fraisure pour tête de vis conique.

**Fig. 1 :** Fraises à chanfreiner

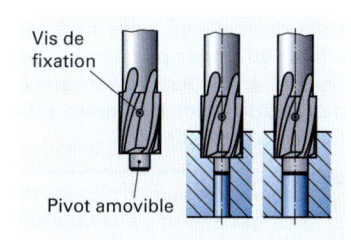

**Fig. 2 :** Fraises à pivot amovible

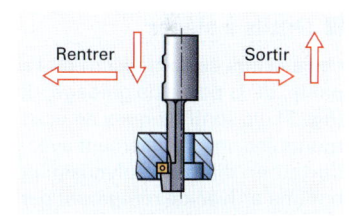

**Fig. 3 :** Fraise à lamer en tirant à plaquette amovible

**Tableau 1 : Mesures à prendre en cas de problèmes de chanfreinage**

| Problèmes | $v_c$ | $f$ |
|---|---|---|
| Surface de mauvaise qualité | ⇑ | ⇓ |
| Faux-rond de l'alésage | | ⇓ |
| Ecaillage des arêtes de coupe | | ⇓ |
| Formation d'arêtes rapportées | ⇑ | |
| Forte usure de du tranchant principal | ⇓ | |
| Vibration | ⇓ | ⇑ |

---

**Répétition et approfondissement**

1. Quels avantages offrent les fraises à pivot de guidage interchangeable ?
2. A quels genres d'opérations sont destinées les fraises coniques ?

## 3.8.6 Alésage

L'alésage est un usinage où les copeaux sont de faible épaisseur, qui sert à réaliser des trous avec une précision allant jusqu'à IT 5 et présentant une bonne qualité de surface et de circularité. On utilise des alésoirs cylindriques et des alésoirs coniques (**fig. 1, p. 144**).

### ■ Procédé d'usinage

Le travail d'enlèvement de copeaux est fait par l'entrée conique de l'alésoir, la partie cylindrique qui suit ne fait que guider celui-ci pour permettre d'obtenir la précision voulue en dimension, circularité et qualité de surface (**fig. 1**). La surépaisseur laissée pour l'alésage est fonction du diamètre du trou : 0,2 mm à 0,6 mm pour les alésoirs à rainures droites et en hélice, et jusqu'à 0,8 mm pour les alésoirs taille gammon pour matières à copeaux longs (**fig. 2**). La vitesse de coupe est à peu près égale à la moitié de la vitesse employée pour le perçage. L'avance par tour de 0,05 à 1,00 mm est fonction du matériau de la pièce et de l'outil, du diamètre du trou, et de la qualité de surface exigée.

> Les surépaisseurs d'alésage doivent être choisies pour garantir une épaisseur d'enlèvement de copeaux minimale, mais sans contrainte excessive due à un enlèvement de copeaux trop important.

### ■ Outils à aléser

Les alésoirs se composent de l'entrée conique coupante, de la partie de guidage, du col et de la queue (**fig. 3**). Ils sont fabriqués en acier rapide, en carbure monobloc, mais également avec des lames en métal dur ou en diamant polycristallin. Certains modèles ont une arrivée de réfrigérant par l'intérieur.

En principe, les alésoirs ont un nombre de dents pair, pour faciliter la mesure du diamètre. Le pas irrégulier mais symétrique par rapport au centre, permet d'éviter les vibrations, les traces de broutage et les défauts de circularité (**fig. 4**).

Les lèvres de l'alésoir se terminent à l'extérieur par un témoin rectifié cylindrique (fig. 4). Plus large est le témoin, meilleure est la forme géométrique ; par contre, la qualité de la surface diminue.

Les alésoirs sont taillés avec une denture droite ou avec une hélice à gauche de 7° ou 15° et même de 45° pour les tailles gammon (**tableau 1**).

On distingue dans les outils d'alésage :
- les alésoirs à diamètre fixe
- les alésoirs expansibles ou à diamètre réglable
- les alésoirs réglables, à lame unique et plots de guidage

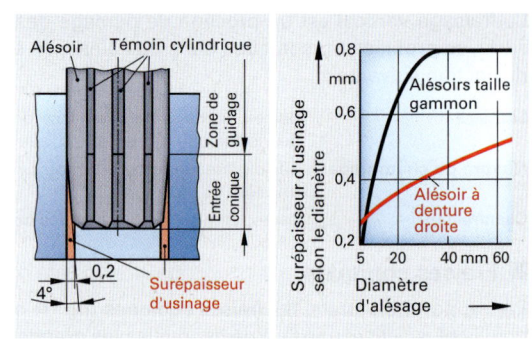

**Fig. 1 :** Entrée conique d'un alésoir

**Fig. 2 :** Surépaisseur d'usinage selon le diamètre

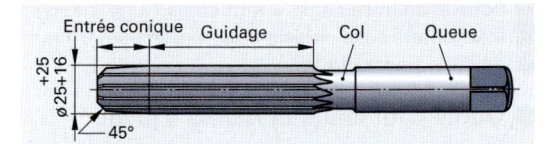

**Fig. 3 :** Alésoir à main 25 H8 avec carré d'entraînement
(La normalisation des alésoirs diffère selon les fabricants.)

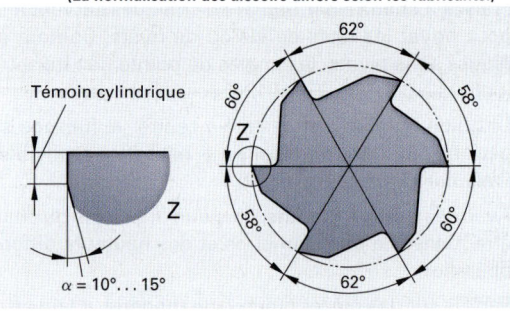

**Fig. 4 :** Pas de denture irrégulier d'un alésoir

**Tableau 1 : Utilisation des alésoirs**

| | |
|---|---|
| à rainure droite 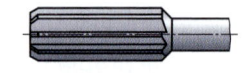 | Alésages ininterrompus ; matériaux durs et fragiles, par ex. aciers de plus de 700 N/mm², fonte de fer, laitons ; trous borgnes alésés jusqu'au fond. |
|  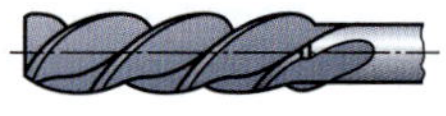 hélice à gauche $\cong$ 7° | Alésages traversants ; alésages interrompus, par ex. rainures, canaux, alésages transversaux. Les alésoirs à hélice à gauche sont des outils qui coupent à droite. vec une hélice à droite, l'alésoir aurait tendance à se visser dans la matière. Une faible hélice à gauche permet au réfrigérant de parvenir plus facilement vers l'entrée conique. |
| Alésoir taille gammon hélice à gauche $\cong$ 45° | |

# Fabrication avec des machines-outils

■ **Les alésoirs à diamètre fixe** sont réalisés sous forme de tarauds à main ou mécaniques.

Pour améliorer le guidage, **les alésoirs à main** ont une une entrée conique plus longue, d'env. $1/4$ de la longueur de sa taille, elle-même rallongée **(fig. 3, p. précédente)**.

**Les alésoirs machine** ont une entrée et une taille plus courtes, car c'est la broche de la machine qui assure le guidage **(fig. 1)**. Les alésoirs machine permettent également d'aléser des trous borgnes. Pour les diamètres plus importants, les alésoirs machines sont réalisés en deux parties, le porte-outil et la tête d'alésoir interchangeable **(fig. 2)**.

Pour l'usinage de grande série, on peut utiliser des **têtes d'alésoir jetables,** également avec arrosage interne. En cas d'usure, on se borne à remplacer la tête d'alésage usée.

En cas de grandes longueurs d'alésage ou de trous à aléser placés en enfilade (par ex. élément de fourche) les alésoirs machine à pas hautement différentiel, garantissent un alésage sans vibration. Ils sont généralement fabriqués en métal dur **(fig. 3)**. L'essentiel de la surépaisseur est enlevée par l'entrée de l'alésoir alors que la zone de finition garanti l'alignement des trous et la dimensions souhaitée.

■ **Les alésoirs expansibles** ont un trou à l'intérieur de la taille. Celle-ci est fendue dans sa longueur **(fig. 4)**. Le réglage de l'alésoir se fait en vissant un coin qui gonfle la taille et compense ainsi l'usure. Les bagues expansibles peuvent être agrandies jusqu'à 5%, toutefois l'élargissement de ces bagues est irréversible.

■ **Des alésoirs** à plaquette amovible **à un ou deux tranchants** présentent une ou deux arête(s) et nervure(s) de guidage sur leur périphérie **(fig. 5)**. Les nervures de guidage servent à guider l'outil pendant l'alésage. Aussi bien la plaquette amovible que les nervures de guidage sont en métal dur.

**Les alésoirs coniques** enlèvent les copeaux sur toute la longueur de la taille. On les utilise pour aléser le profil de trous destinés à recevoir des goupilles coniques.

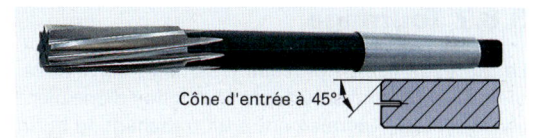

**Fig. 1 : Alésoir machine**

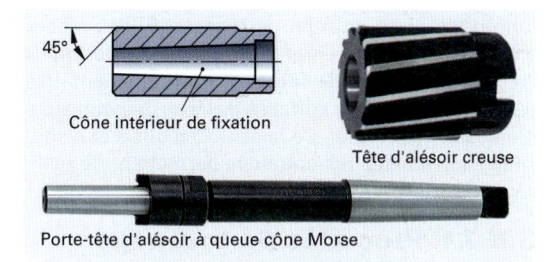

**Fig. 2 : Alésoir à tête interchangeable, à queue cône Morse**

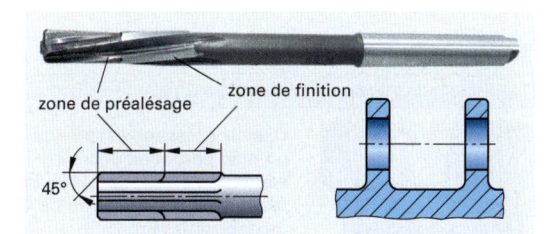

**Fig. 3 : Alésoir machine à pas hautement différentiel**

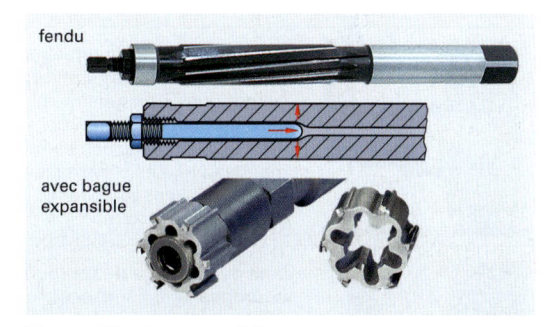

**Fig. 4 : Alésoirs expansibles**

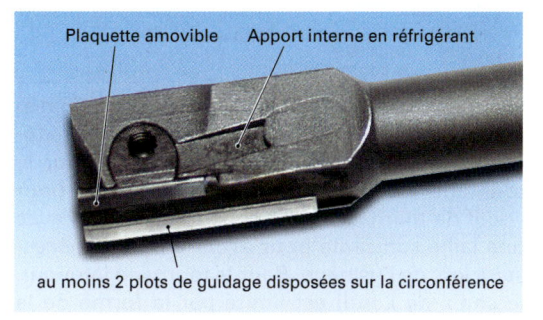

**Fig. 5 : Alésoir à une lame et arrosage intégré**

---

### Répétition et approfondissement

1 Quelles sont les différences entre la vitesse de coupe et l'avance en alésage et en perçage ?
2 Quelles sont les différences entre un alésoir à main et un alésoir de machine ?
3 Quels avantages offrent les alésoirs à hélice à gauche ?
4 Pourquoi utilise-t-on des alésoirs à nombre de dents pair et pas inégal ?

## 3.8.7 Tournage

Le tournage est un procédé d'usinage par enlèvement de copeaux, les surfaces en rotation d'une pièce avec un outil généralement à un tranchant, le burin de tour. Pendant le tournage, c'est la pièce **(fig. 1)** qui exécute le mouvement de rotation (mouvement de coupe). L'outil est déplacé par un chariot dédié le long de la pièce en train de tourner. Si des pièces tournées sont entièrement fabriquées sur le tour à l'aide de procédés de fabrication supplémentaires (par ex. le fraisage de surfaces de clés), on parle alors d'un usinage complet. Ce faisant, des outils et dispositifs supplémentaires entraînés permettent de réaliser des surfaces, gorges et alésages transversaux.

Fig. 1 : Pièce tournée

### 3.8.7.1 Procédés de tournage

Selon le type de surface produite, on distingue les procédés de tournage suivants : tournage cylindrique, surfaçage, filetage, tronçonnage, profilage et copiage **(tableau 1)**. On distingue aussi les mouvements de l'outil par rapport à l'axe de rotation : mouvements longitudinal et transversal.

**Tableau 1 : Procédés de tournage**

| Exemple/Indication | Identifiant/Procédé individuel | Exemple/Indication | Identifiant/Procédé individuel |
|---|---|---|---|
| Dressage | Dans le dressage est généré un plan perpendiculaire à l'axe de la pièce. On utilise un outil de surfaçage ou un outil de dégrossissage. | Filetage | Lors du filetage, l'outil taillant les filets au tour génère des contours hélicoïdaux. L'avance de l'outil de tournage correspond au pas du filet. |
| Tournage longitudinal | Dans le tournage longitudinal (dégrossissage), des surfaces cylindriques sont générées avec un outil de dégrossissage au tour. Avec une commande CNC, des chanfreins et rayons peuvent également être réalisés au tour. | Tronçonnage | Pendant le tournage en plongée, l'outil à saigner génère une gorge transversale ou longitudinale à l'axe de rotation. Pendant tronçonnage, l'outil de tournage se déplace jusqu'au centre du mouvement de tournage, ce qui sectionne la pièce. |
| Tournage de contours | Lors du tournage de contours (tournage de finition) sont générées les surfaces de finition de la pièce. L'outil se déplace de la surface plane vers le diamètre final le long de la pièce. | Tournage de profils | Dans le tournage de profils, l'outil de tournage reproduit sa géométrie sur la pièce. Le tournage longitudinal et transversal de profils est principalement réalisé sur des tours conventionnels. |

En fonction de l'endroit usiné sur la pièce, on distingue deux types de tournage, **le tournage extérieur** et **le tournage intérieur (fig. 2)**. Pour le tournage extérieur, il y a assez de place pour l'outil de tournage ; celui-ci peut être choisi avec une taille suffisante pour avoir la rigidité nécessaire lors de l'usinage. Pour le tournage intérieur, le choix de l'outil est limité par la forme de la pièce.

Fig. 2 : Types de tournage selon l'endroit usiné

# Fabrication avec des machines-outils

## 3.8.7.2 Paramètres de coupe

Pendant le tournage, l'enlèvement des copeaux est opéré par le mouvement de coupe et celui d'avance (**fig. 1**).

Le quantum de **vitesse de coupe $v_c$** est fonction essentiellement de la résistance du matériau, de la résistance à l'usure du matériau de coupe et de sa résistance à la chaleur, ainsi que de la surface à obtenir sur la pièce. Lors du dégrossissage, la vitesse de coupe est réglée plus basse, et plus élevée lors du tournage de finition.

L'**avance f** représente la course de l'outil pendant que la pièce fait un tour complet. Pendant le dégrossissage on travaille avec un forte avance, mais avec un avance réduite pendant le tournage de finition.

Le mouvement d'approche sert à régler la **profondeur de coupe $a_p$**. Pendant le dégrossissage on choisit une plus grande profondeur de coupe, et une généralement plus faible pendant le tournage de finition.

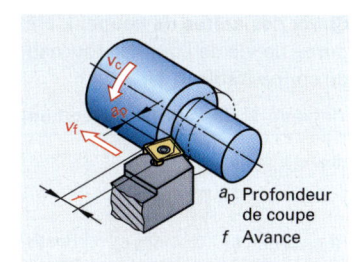

**Fig. 1 : Paramètres de coupe**

## 3.8.7.3 Géométrie de coupe de l'outil de tournage

Le taillant est la matière de l'outil de coupe comprise entre la face de coupe et la face de dépouille (**fig. 2**). L'arête de coupe formée par ces deux surfaces constitue **le tranchant principal**. Ce dernier va dans le sens de l'avance et effectue l'essentiel de la tâche de coupe. En contournant la pointe de l'outil, on trouve **l'arête de coupe secondaire**.

L'arête principale et l'arête auxiliaire forment **l'angle de pointe $\varepsilon$** (**fig. 3**). Celui-ci devra être le plus grand possible pour mieux évacuer la chaleur et rendre l'outil de tournage plus résistant. Pour éviter que le matériau ne s'ébrèche pendant la coupe, la pointe du burin est arrondie avec un rayon de 0,4 à 1,6 mm. La grandeur de ce **rayon de pointe $r_\varepsilon$** et celle de l'avance f déterminent la profondeur de rugosité théorique $R_{th}$ de la surface usinée de la pièce. Elle correspond approximativement à la profondeur des rugosités $Rz$ (**fig. 4**).

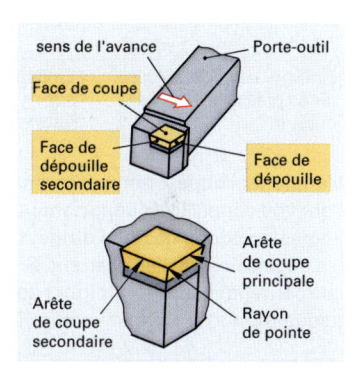

**Fig. 2 : Faces et arêtes de l'outil de coupe de tournage**

| Rugosité de surface théorique | $R_{th} \approx Rz = \dfrac{f^2}{8 \cdot r_\varepsilon}$ |
|---|---|

**Exemple** A quelle rugosité de surface faut-il s'attendre avec un rayon d'angle $r_\varepsilon = 0,4$ mm et une avance $f = 0,1$ mm ?

Solution : $R_{th} \approx Rz \dfrac{f^2}{8 \cdot r_\varepsilon} = \dfrac{0,1^2}{8 \cdot 0,4}$ mm = 0,0031 mm = **3,1 μm**

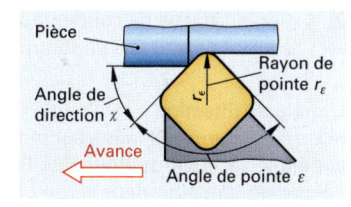

**Fig. 3 : Angle et rayon de pointe**

> Plus le rayon de pointe d'une plaquette amovible est grand, plus la pointe sera résistante à l'usure et aux chocs.

Lors du dégrossissage il faut, en raison de la plus forte contrainte appliquée aux tranchants, travailler avec de plus grands angles de pointe et rayons de pointe que lors du planage. Les grands rayons de pointe permettent, à avance égale, de meilleures qualités superficielles que les petits rayons de pointe. Malgré tout ce sont la plupart du temps de faibles rayons de pointe qui sont mis en œuvre lors du planage, vu qu'en règle générale le tournage a lieu aussi avec une avance réduite. Lors de la mise en œuvre de grands rayons de pointe, la force de refoulement augmente pour l'outil et la pièce du fait de la force passive $F_p$ plus importante (**fig. 5**). Cela peut engendrer des vibrations et une détérioration de la qualité superficielle. Lors du tournage de contours sur tours CNC, la taille de l'angle de pointe $\varepsilon$ est limitée par les creux à tourner (par ex. les rainures de dégagement) sur la pièce.

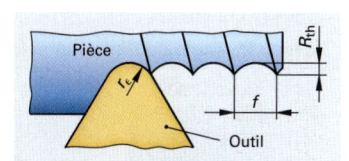

**Fig. 4 : Rayon de pointe et rugosité**

> Pour l'ébauche, on travaille avec un grand angle de pointe d'outil et un grand rayon de pointe ; pour la finition, on travaille avec une avance réduite et un petit rayon de pointe à une vitesse de coupe plus élevée.

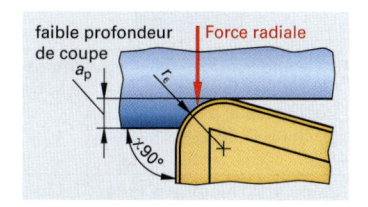

**Fig. 5 : Relation rayon – force radiale**

**Choix des arêtes de coupe.** L'arête entre la face de coupe et la face de dépouille influe sensiblement sur la durée de vie de l'outil de tournage. Pour les diverses utilisations, il faut donc adapter la géométrie de l'arête de coupe **(tableau 1)**.

### Tableau 1 : Caractéristiques et application des différents types d'arêtes de coupe

| à angle vif | avec rayon | avec chanfrein | avec chanfrein et rayon |
|---|---|---|---|
| Réalisation F | Réalisation E | Réalisation T | Réalisation S |
| Plus faible force de coupe ; risque de rupture | Protection de l'arête de coupe ; ce type d'arête est généralement celui des plaquettes revêtues. | Donne une plus grande stabilité à l'arête de coupe, la force de coupe devient plus grande | La plus grande sécurité d'usinage, mais augmentation de la force de coupe, de la température et de la tendance au broutage |
| Finition, usinage de matières plastiques, de l'aluminium | Enlèvement de copeaux sur l'acier, en cas de coupe interrompue | Usinage d'acier trempé et de fonte coulée en coquille | Pour les coupes difficiles |

**L'angle de coupe** $\lambda$ donne l'inclinaison du plan d'impact de la pièce sur l'outil de coupe. Il est important pour l'évacuation du copeau **(fig. 1)**. Les angles de coupe négatifs dirigent le copeau vers la surface de la pièce, les angles positifs l'en écartent. Si la coupe est interrompue, un angle de coupe négatif tend à éloigner le burin de la pièce. L'arête de coupe risque moins de s'ébrécher avec l'angle négatif.

- En cas de coupe interrompue et de travail d'ébauche difficile, il faut prévoir un angle de coupe négatif (–4° à –8°).
- Pour la finition et les travaux de tournage intérieur, il faut privilégier les angles de coupe neutres ou positifs, afin que la surface de la pièce ne soit pas endommagée par des copeaux.

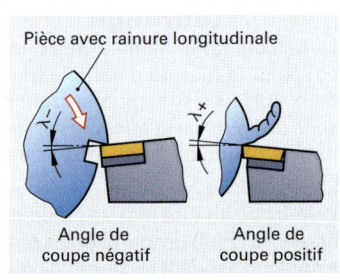

**Fig. 1 : Angle de coupe**

**L'angle de direction** $\varkappa$ est l'angle qui se trouve entre l'arête principale et la surface tournée. Il influe sur la formation des copeaux, la rupture des copeaux, la force de coupe et la tendance au broutage. La taille de l'angle de direction dépend de l'outil de tournage et du contour de la pièce **(fig. 2)**. Le choix de l'angle de direction approprié dépend du type d'usinage **(tableau 2)**.

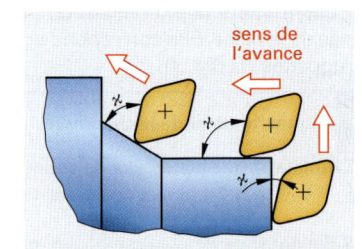

**Fig. 2 : Angle de direction lors du tournage du contour**

### Tableau 2 : Angle de direction selon le type d'usinage

| $\varkappa = 0°...30°$ | $\varkappa = 45...75°$ | $\varkappa = 90°$ | $\varkappa > 90°$ |
|---|---|---|---|
| De grandes forces radiales nécessitent une grande stabilité de la pièce, de la machine et de la fixation | Moins de risques de rupture à la pointe de l'outil | Pas ou peu de forces radiales, donc moins de flexion de la pièce tournée et moins de tendance au broutage | La pointe de l'outil en avant fait courir un risque de rupture |
| Usinage de matériaux durs, finition sur le tour avec une grande avance | Usinage d'ébauche | Usinage de finition, tournage intérieur | Copiage et tournage de saignées |

# Fabrication avec des machines-outils

## 3.8.7.4 Outils de tournage

Les outils de tournage se composent la plupart du temps d'un **support** sur lequel est bridée ou vissée une **plaquette amovible** (**fig. 1**). Les outils de tournage à plaquettes brasées dessus ne sont plus utilisés que dans des cas spéciaux.

Pour obtenir la plus forte rigidité possible donc aussi une haute stabilité de l'arête des tranchants, il faut choisir le plus grand support possible. Le choix du support a pour effet de fixer la forme possible et la dimension de la plaquette amovible (cf. chapitre 3.8.7.7).

**Figure 1 : Plaquettes amovible**

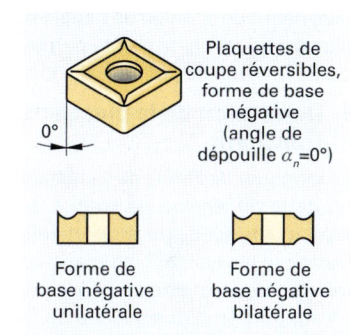

### ■ Forme de base de la plaquette de coupe

Les plaquettes amovible sont proposées dotées d'une géométrie de base négative ou positive. Les plaquettes de coupe ayant une forme de base négative (**fig. 2**) présentent un angle de dépouille normal $\alpha_n = 0°$, donc un angle de taillant $\beta = 90°$. Du fait de cet angle de taillant, la plaque de coupe réversible peut être utilisée du côté supérieur et inférieur.

Si les arêtes de coupe de la plaque ne comportent des brise-copeaux que sur un côté (cf. page 163), il s'agira d'une forme de base négative unilatérale. Ces plaquettes sont généralement utilisées pour des profondeurs de coupe et des avances plus élevées.

Si les arêtes de coupe de la plaquette amovible sont dotées de brise-copeaux aussi bien sur le dessus que le dessous, il y a présence d'une forme de base négative des deux côtés. La possibilité de retourner la plaque rend une fabrication économique possible.

Les plaquettes amovible ayant une forme de base positive (**fig. 3**) présentent un angle de dépouille normal $\alpha_n$ compris entre 3° et 30°. Plus l'angle de dépouille normal est grand et plus l'angle de taillant du tranchant est faible. Les matériaux difficiles à usiner par enlèvement de copeaux, comme par ex. les aciers inoxydables, se laissent mieux usiner avec un angle de taillant plus faible car ici les forces de coupe sont moins élevées.

**Figure 2 : Forme de base négative**

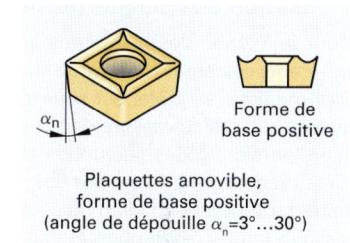

**Figure 3 : Forme de base positive**

### ■ Géométrie de la plaquette de coupe

Les plaquettes amovible se distinguent le plus nettement par leur géométrie (**fig. 4**). Outre la forme ronde, différentes formes d'angles sont disponibles. Pour le tournage, on utilise souvent une plaquette losange.

Les plaquettes amovible d'un angle de pointe d'outil $\varepsilon = 80°$ (géométries C et W de plaquettes) sont utilisées principalement pour le tournage longitudinal (dégrossissage) ou le surfaçage. Le grand angle de pointe d'outil donne un outil stable et permet d'absorber des forces de coupe plus importantes.

Pour tourner les contours de la pièce moulée (tournage de finition), on utilise des plaquettes amovibles présentant un angle de pointe d'outil de 55° (plaquettes de géométrie D) ou de 35° (plaquettes de géométrie V). Plus l'angle de pointe d'outil est aigu et mieux l'outil convient pour tourner les contours tombants (par ex. les rainures de dégagement) sur la pièce. Mais du fait de l'angle de pointe d'outil aigu, la plaque perd également de sa stabilité. Pour cette raison et suivant le contour de la pièce, l'angle de pointe d'outil devrait être choisi aussi grand que possible.

Les plaquettes de coupe rondes (plaquettes de géométrie R) offrent une très grande stabilité et conviennent particulièrement bien pour tourner les matériaux durs.

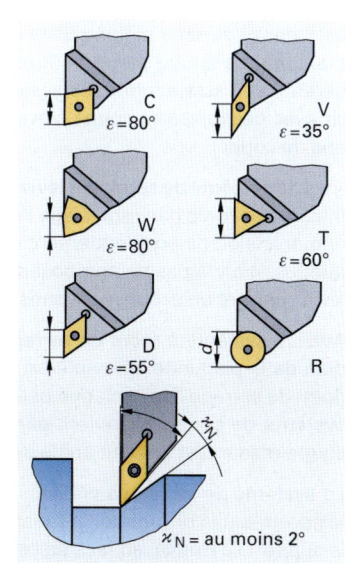

**Fig. 4 : Géométrie de la plaquette amovible**

## ▌ Rayon de pointe de la plaquette de coupe

Pour fixer le rayon de pointe $r_\varepsilon$ de la plaquette amovible, il faut faire la distinction entre le tournage d'ébauche et le tournage de finition de la pièce. Principe général : un grand rayon de pointe accroît la stabilité de la plaquette de coupe. Pour cette raison, le rayon de pointe est généralement $r_\varepsilon$ = 0,8 à 1,6 mm lors du dégrossissage.

Dans le tournage CNC de contours (tournage de finition), la pointe du tranchant de l'outil de tournage se déplace le long du contour. Afin que cette opération réussisse, il faut que le **rayon de pointe de l'outil** $r_\varepsilon$ soit plus petit que le **rayon de l'angle intérieur** $r_W$ de la pièce (**fig. 1**). Vu qu'un plus grand rayon de pointe permet d'obtenir une faible rugosité superficielle, le rayon de pointe $r_\varepsilon$ ne doit différer que peu du rayon de pièce $r_W$.

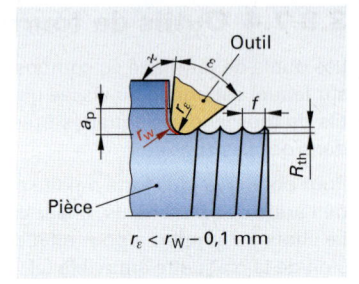

**Figure 1 : Pointe du tranchant et régusité**

## ▌ Dimension de la plaquette de coupe et direction de tranchant

La longueur de l'arête de tranchant doit représenter au maximum la moitié de la dimension de plaque. La position du tranchant principal par rapport à la queue du support définit la direction de tranchant (**fig. 2**). On distingue la version R (coupant à droite), L (coupant à gauche) et N (neutre). Si une plaquette amovible peut être mise en œuvre aussi bien dans un support droit que gauche ou neutre pour tourner (cf. page suivante), aucune direction de tranchant n'est indiquée dans la désignation de la plaquette.

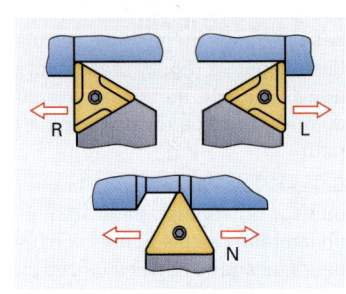

**Figure 2 : Direction de tranchant**

## ▌ Fixation des plaquettes de coupe sur le support

Pour la fixation des plaquettes amovibles dans le support de serrage, différents systèmes de serrage sont mis en œuvre (**fig. 3**). Une garniture intermédiaire en métal dur sous la plaquette amovible sert à protéger le support en cas de cassure de plaquette. Avec le **système à doigt de serrage** (version C), les plaquettes amovible peuvent être fixées sans alésage médian. Le bridage par doigt de serrage sans fixation supplémentaire par l'alésage médian ne convient que pour les travaux de dégrossissage lourds car la plaquette amovible risque d'être arrachée de son siège.

Pour le **système de brides de serrage** (version D), la bride engrène par le haut dans l'alésage médian de la plaquette amovible. La bride retient la plaquette de coupe par le haut et la tire en direction du support. Cela garantit son assise ferme. Ce système de serrage convient pour dégrossir avec des forces de coupe élevées, et pour le tournage avec interruptions de coupe.

Avec le **système de serrage à levier** (version P), la plaquette amovible est plaquée de force dans son siège au moment du serrage. Cela lui confère une précision de positionnement élevée. En cas de changement de plaquettes, il n'y a pas de composants détachés. Le système de serrage à levier permet un écoulement sans obstacle des copeaux.

Avec le **système à mors de serrage conique** (version M), l'alésage médian de la plaquette amovible est posé sur une goupille du support. Le doigt de serrage fixe la plaque par le haut et la cale contre la goupille. Ce système de serrage convient particulièrement pour les plaquettes de coupe présentant un petit angle de pointe d'outil.

Le **système de serrage à vis** (version S) convient particulièrement avec les porte-outils offrant peu de place de serrage. L'alésage taraudé dans le support se trouve, en face de l'alésage fraisé dans la plaquette amovible, un peu plus près contre la surface d'applique du siège de plaque. De la sorte, la plaquette est enfoncée dans son siège lors du serrage.

$r_\varepsilon < r_W - 0{,}1$ mm

C — Système de doigt de serrage
D — Système de brides de serrage
P — Système de serrage à levier
M — Système à mors de serrage conique
S — Système de serrage à vis

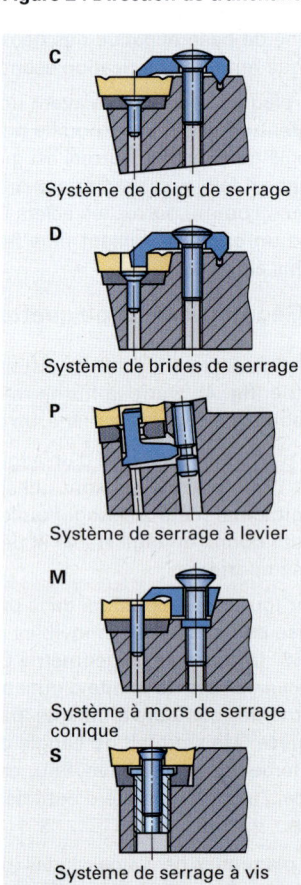

**Figure 3 : Systèmes de serrage**

# Fabrication avec des machines-outils

## ■ Désignation des plaquettes amovibles

Pour définir clairement les plaquettes amovible, un système normé de désignations est utilisé (**fig. 1**). Les identifiants 8 et 9 ne sont utilisés qu'en cas de besoin. L'identifiant 10 contient des indications au choix du fabricant. Souvent cet identifiant sert à indiquer le type de matériau de coupe.

Exemple de désignation :
**Plaquette de coupe DIN 4968 –**

| C | N | M | G | 12 | 04 | 08 | E | N | – P20 |
|---|---|---|---|----|----|----|----|----|-------|
| 1 | 2 | 3 | 4 | 5  | 6  | 7  | 8  | 9  | 10    |

Explication (signification des identifiants [extrait]) :

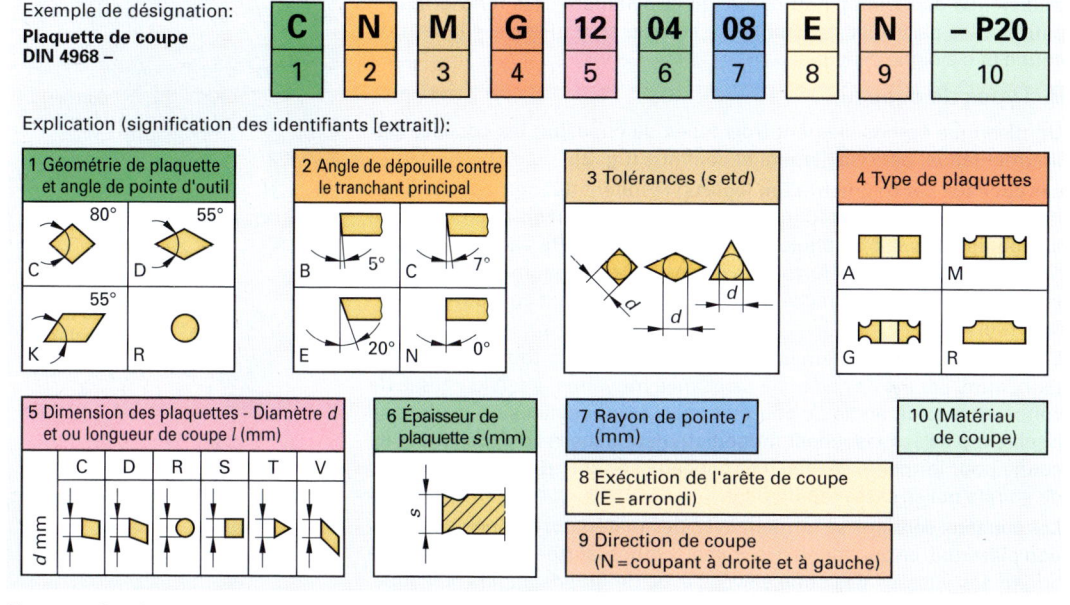

1. Géométrie de plaquette et angle de pointe d'outil (80° C, 55° D, 55° K, R)
2. Angle de dépouille contre le tranchant principal (B 5°, C 7°, E 20°, N 0°)
3. Tolérances ($s$ et $d$)
4. Type de plaquettes (A, M, G, R)
5. Dimension des plaquettes - Diamètre $d$ et ou longueur de coupe $l$ (mm) (C, D, R, S, T, V)
6. Épaisseur de plaquette $s$ (mm)
7. Rayon de pointe $r$ (mm)
8. Exécution de l'arête de coupe (E = arrondi)
9. Direction de coupe (N = coupant à droite et à gauche)
10. (Matériau de coupe)

**Figure 1 : Système de désignation des plaquettes amovible**

## ■ Désignation du support de serrage

Suivant le logement d'outil du tour, un support de serrage de la plaquette amovible est utilisé équipé d'une queue polygonale (ISO 26623) ou d'une queue carrée (DIN 4984). La désignation du support de serrage (**fig. 2**) s'oriente aussi bien sur la fixation de plaquette (cf. page précédente) que sur la plaquette amovible à mettre en œuvre. Pour cette raison, les identifiants 1, 2 et 5 de la plaquette de coupe de la fig. 1 se retrouvent dans la désignation du support de serrage.

Exemple de désignation :
**Support de serrage à queue carrée DIN 4968 –**

| P | C | L | N | L | 32 | 25 | M | 12 |
|---|---|---|---|---|----|----|----|----|
| 1 | 2 | 3 | 4 | 5 | 6  | 7  | 8  | 9  |

Explication (signification des identifiants [extrait]) :

1. Fixation de plaque (Système de serrage P à levier, Systèmes de S serrage à vis)
2. Géométrie de plaquette — Identifiant 1 de la plaquette de coupe (de la fig. 1) : $\varepsilon = 80°$
3. Angle d'incidence et forme du support (95° à épaulement L, 107,5° à épaulement H, 45° droit D)
4. Angle de dépouille normal de la plaquette — Identifiant 2 de la plaquette de coupe (de la fig. 1) : N $\alpha_n = 0°$
5. Exécution du support (Support gauche L, Support droit R, Support neutre N)
6. 32 Hauteur de pointe de tranchant $h_1$ = 32 mm
7. 25 Largeur de queue $b$ = 25 mm
8. M Longueur de support $l_1$ = 150 mm
9. 12 Dimension de la plaquette de coupe — Identifiant 5 de la plaquette de coupe (de la fig. 1) : Longueur de coupe $l$ = 12 mm

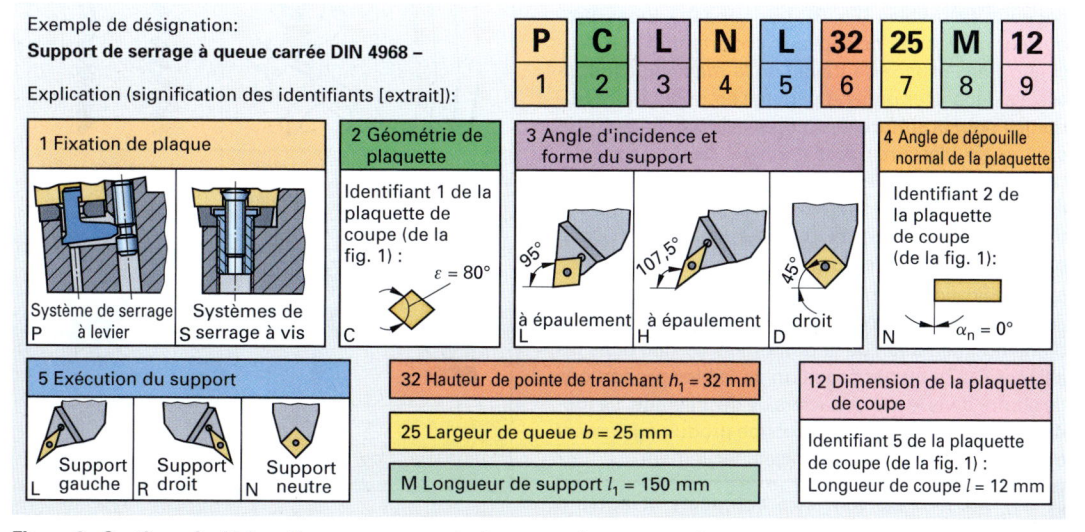

**Figure 2 : Système de désignations pour supports de serrage à queue carrée**

## 3.8.7.5 Formation des copeaux lors du tournage

Lors de la formation des copeaux, le matériau usiné commence par être fortement refoulé après la pénétration du taillant **(fig. 1)**. Lorsque la limite d'allongement a été dépassée, il se produit une déformation plastique du matériau, qui aboutit pour finir au cisaillement de particules de matière. La haute température due au cisaillement et la forte pression soudent les particules ensemble. Le copeau créé glisse sur la face de coupe et s'éloigne de la pièce.

### ■ Types de copeaux

On distingue essentiellement trois types de copeaux: les copeaux par fragmentation, par cisaillement et continus **(fig. 2)**.

**Les copeaux par fragmentation (courts)** résultent du tournage de matériaux fragiles, par ex. la fonte de fer, les alliages cuivre-zinc et la fonte en coquille. Les faibles angles de coupe et une petite vitesse de coupe favorisent également la formation de ces copeaux fragmentés. Les particules de métal sont arrachées de la pièce et laissent souvent une surface rugueuse.

**Les copeaux par cisaillement** se forment lorsqu'on tourne des matériaux durs, par ex. de l'acier de résistance moyenne, à faible vitesse de coupe et avec un angle de coupe moyen. Les particules de matière se cisaillent puis se ressoudent immédiatement dans la zone de l'arête de coupe pour former le copeau. Les copeaux sortent en général en forme de spirale qui se casse rapidement.

**Les copeaux continus** se forment avec des matériaux à bonne déformation plastique, ce qui donne des copeaux longs, surtout lorsqu'on sélectionne des vitesses de coupe élevées avec de grands angles de coupe. Etant donné que l'opération d'enlèvement des copeaux se déroule de façon uniforme et sans grandes variations de l'effort de coupe, la qualité de surface ainsi obtenue est généralement élevée.

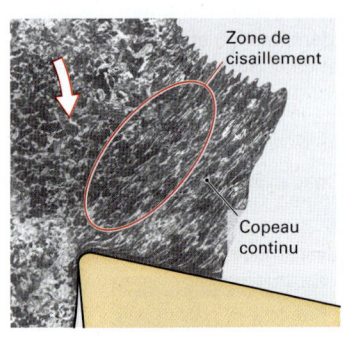

Fig. 1: Formation du copeaux

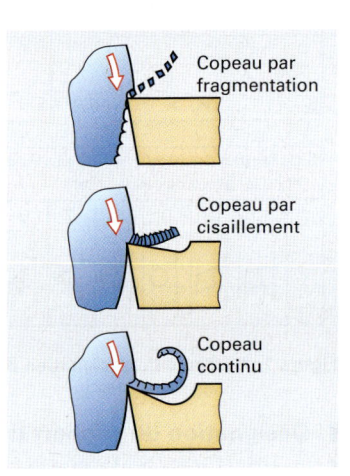

Fig. 2: Types de copeaux

> Pour obtenir une bonne surface, il faut essayer de créer des copeaux continus lors du tournage.

### ■ Formes de copeaux

En choisissant des conditions d'enlèvement de copeaux appropriées, on peut produire des formes de copeaux favorables **(fig. 3)**. Les copeaux longs produisent un volume de copeaux important et leur évacuation de l'espace de travail de la machine est difficile. Ils gênent les outils et peuvent entraîner des dommages pour la surface des pièces usinées. En outre, le danger de blessures occasionnées par les copeaux coupants est plus élevé. Les copeaux trop petits risquent d'obturer les filtres du système de lubrification-réfrigération. Lors du tournage, il faut donc viser à obtenir des copeaux en virgules ou en spirales courtes.

La modification des matières par un alliage spécifique améliore la formation des copeaux, par ex. sous l'effet d'une augmentation de la proportion de zinc dans les alliages Cu-Zn ou par l'addition de faibles proportions de soufre dans le cas des aciers de décolletage. La modification de la géométrie de coupe produit également des copeaux courts qui se cassent facilement.

| Copeaux longs | Copeaux emmêlés | Copeaux en spirales longues |
|---|---|---|
| **défavorable** | | |

| Copeaux en spirales cylindriques courtes | Copeaux en spirales coniques courtes | Copeaux en virgules | Copeaux fragmentés |
|---|---|---|---|
| **favorable** | | | |

> Les copeaux doivent être compacts et aptes à rouler.

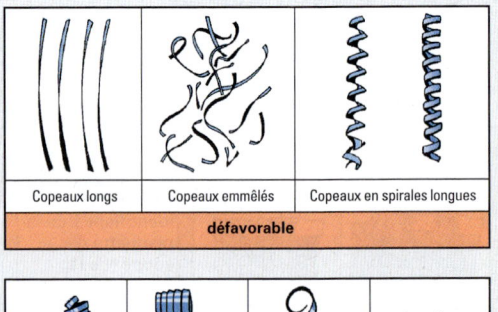

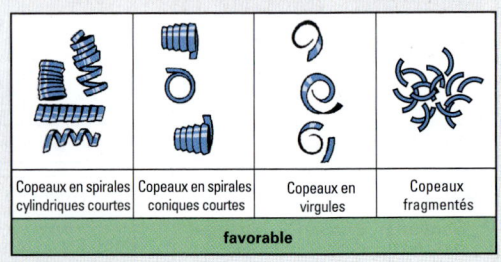

Fig. 3: Formes de copeaux

Fabrication avec des machines-outils

## ■ Forme des brise-copeaux et diagramme des avances

Les brise-copeaux doivent produire des formes de copeaux favorables (**fig. 1**). Les diagrammes des avances indiquent le domaine d'utilisation des plaquettes en métal dur avec brise-copeau incorporé pour obtenir la forme de copeaux optimale (**fig. 2**).

Les plaquettes de finition créent des copeaux favorables, même avec une faible profondeur de coupe et une petite avance. Avec les plaquettes d'ébauche, des profondeurs de coupe et des avances plus importantes sont indispensables pour obtenir des formes de copeaux avantageuses.

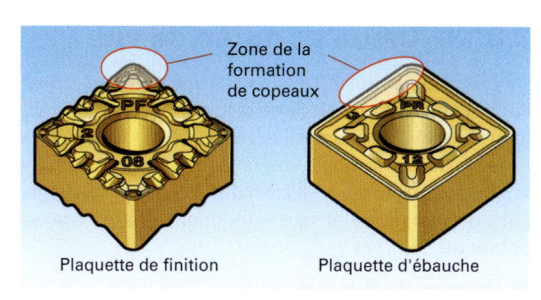

Fig. 1 : Plaquettes avec brise-copeaux incorporé

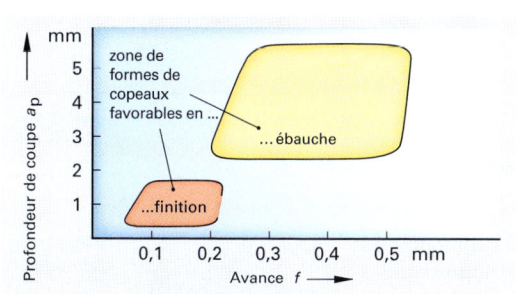

Fig. 2 : Diagramme des avances

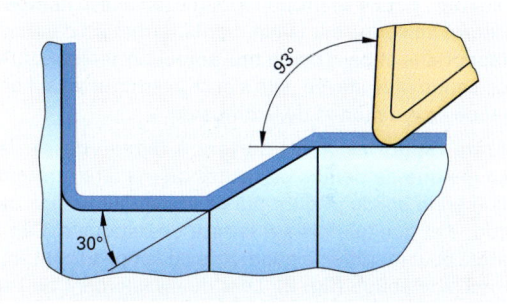

Fig. 3 : Angle d'incidence pendant le tournage des contours

### Possibilités d'usinage avec copeaux courts :

- Utilisation de plaquettes amovibles avec des brise-copeaux par lesquels on obtient une géométrie et une rupture favorables des copeaux
- Choix du brise-copeaux approprié pour les avances et profondeurs de coupe prévues
- Utilisation de matériaux dit de décolletage
- Augmentation de l'avance lorsque c'est possible

### Répétition et approfondissement

1. Par quelles faces le taillant de l'outil de tournage est-il limité ?
2. Calculez la rugosité de surface théorique d'un tournage lorsque le rayon de pointe atteint 0,4 mm et l'avance 0,15 mm/tour.
3. Comment l'angle de direction de l'outil de tournage peut-il être modifié lorsque des vibrations se produisent ?
4. Pourquoi utilise-t-on généralement des petits rayons de pointe pour la finition ?
5. Dans quelle condition la plaquette amovible peut aussi avoir un grand rayon de pointe lors de l'usinage de finition ?
6. Quel type d'arête de coupe choisir pour la plaquette servant au tournage d'une pièce avec coupe interrompue ?
7. Quel avantage apporte un angle de coupe négatif sur l'outil de coupe ?
8. Lors de l'usinage de finition d'un alésage, pourquoi faudrait-il prévoir un angle de coupe positif de l'outil de coupe ?
9. Déterminez respectivement le plus petit et le plus grand angle d'incidence lors du tournage des contours de la gorge (**fig. 3**).
10. Avec quel angle de direction la force radiale est-elle la plus faible ?
11. Qu'est-ce qui peut contribuer à modifier la forme des copeaux ?
12. Pourquoi les copeaux longs sont-ils indésirables lors du tournage ?
13. De quelles possibilités dispose-t-on pour créer des copeaux courts en virgule ou en spirale ?

## 3.8.7.6 Usure et durée de vie

On désigne par durée de vie le temps pendant lequel l'outil conserve son tranchant jusqu'à ce qu'il ait atteint le seuil d'usure admissible. Lors de la finition, la fin de la durée de vie se voit, à la mauvaise qualité de la surface et aux variations des cotes de la pièce. Lors de l'ébauche, il faut surveiller les arêtes et la pointe de l'outil.

### ■ Causes de l'usure

L'usure est causée par les effets simultanés des sollicitations mécaniques et thermiques subies par le taillant **(fig. 1)**. Elle se produit lorsque la vitesse (température) de coupe est faible, par la formation d'arêtes rapportées et par l'usure mécanique. A température de coupe plus élevée, elle s'accroît surtout sous l'effet de l'oxydation et de la diffusion.

**Arête rapportée.** C'est surtout à faible vitesse de coupe que de petites particules de matière forment une arête solide et dure qui se soude sur la face de coupe et quelquefois sur la face de dépouille. Cette arête peut modifier la géométrie de coupe et contribuer à augmenter les forces de coupe **(fig. 2)**. Lors du cisaillement de l'arête rapportée, des parties aussi de l'arête de coupe risquent de s'ébrécher, ce qui accroît l'usure.

Lorsque l'arête rapportée est arrachée, l'arête de coupe risque de s'écailler et par là accélérer l'usure.
La formation d'arêtes rapportées peut être réduite par :

- augmentation de la vitesse de coupe
- utilisation pour la coupe de matières revêtues
- faces de coupe et de dépouille polies
- utilisation abondante de lubrifiants-réfrigérants.

**Abrasion** Sous l'effet du glissement du copeaux sur la face de coupe et au frottement de la pièce sur la face de dépouille, il se produit une abrasion mécanique de ces surfaces. Le volume de matière ôté par l'abrasion varie peu avec l'augmentation de la température.

**Oxydation** Aux températures élevées, des parties de la matière de coupes s'oxydent, ce qui crée des entailles et des brisures, principalement aux abords de l'arête de coupe de l'outil.

**Diffusion.** A cause de la présence d'une similitude chimique entre la matière de coupe et la matière de la pièce, par ex. pour le métal dur, l'acier rapide ou l'acier, il se produit un échange d'atomes aux températures élevées. De ce fait, des éléments de la surface sont enlevés..

En revêtant l'outil (p. 139), on peut réduire la formation d'arêtes rapportées, l'abrasion mécanique, l'oxydation et la diffusion **(fig. 3)**. La couche déposée en phase vapeur (PVD ou CVD) confère au matériau de base dur et tenace une dureté de surface élevée, et une grande résistance à l'usure.

### ■ Types d'usure

Sur les outils de tournage, l'usure provoque différents effets **(fig. 4)**.
**L'usure en dépouille (fig. 1**, page suivante) est caractérisée par la largeur des marques d'usure $V_B$. Elle influe sur la précision des cotes et sur la qualité de surface de la pièce usinée, augmente la température de l'outil et demande une plus grande force de coupe.

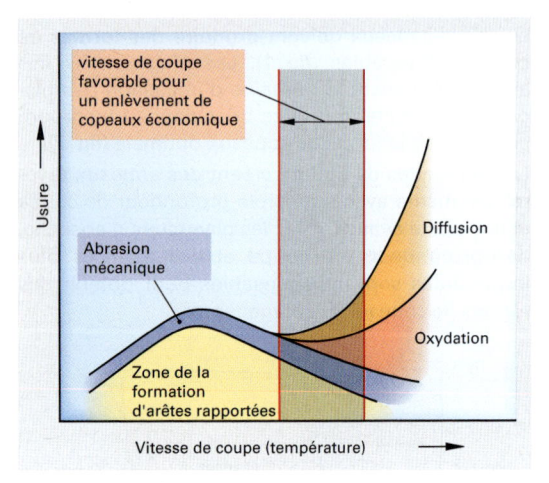

Fig. 1 : Zones d'usure

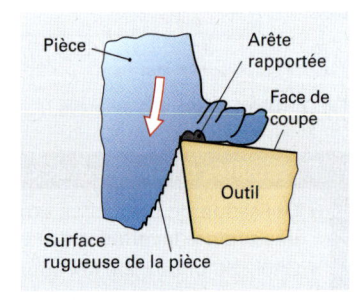

Fig. 2 : Formation d'arêtes rapportées

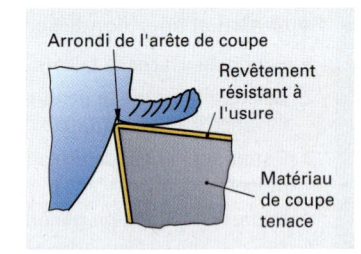

Fig. 3 : Outil revêtu

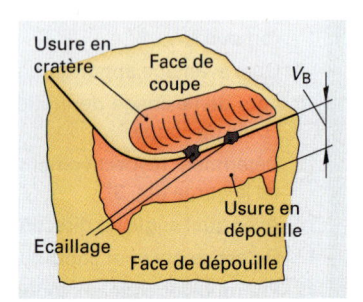

Fig. 4 : Types d'usure

**L'usure en cratère** est causée par la diffusion et par l'abrasion mécanique. La face de coupe est creusée en forme de cuvette. Cela provoque un affaiblissement de l'arête de coupe qui risque de s'ébrécher. Le cratère provoque une plus forte déformation des copeaux et donc nécessite une plus grande force de coupe.

**L'usure des arêtes** et les parties de l'arête de coupe qui s'écaille peuvent être provoquées par des coupes interrompues. Elles influent sur la qualité de surface de la pièce, ainsi que sur la force de coupe. Elles peuvent entraîner la rupture de l'arête de coupe.

**Une rupture de l'arête de coupe** peut également se produire lorsque la matière de coupe est trop fragile, et qu'elle ne répond pas aux exigences de l'usinage. Si la plaquette de coupe n'est pas remplacée en temps opportun malgré des symptômes de forte usure, la plaquette entière peut se briser et entraîner des dégâts conséquents.

Pour évaluer et optimiser le processus d'enlèvement des copeaux, l'usure de l'outil devra être examinée à la loupe ou au microscope **(fig. 1)**. Il est normal que l'usure progresse de façon uniforme; par contre, la rupture des plaquettes suite à la trop forte usure de celle-ci doit être soigneusement évitée.

Si l'outil de tournage présente des symptômes d'une usure excessive, des mesures devront être prises pour y remédier **(tableau 1)**.

Fig. 1: Types d'usure (échelle env. 50:1)

### Tableau 1: Mesures à prendre en cas de problèmes d'usure

| Usure trop forte en dépouille | Forte usure en cratère | Ecaillage des arêtes | Rupture de l'arête de coupe | Mesures permettant d'y remédier (Pour évaluer si l'usure excessive a été réduite, il ne faut prendre à chaque fois qu'une seule de ces mesures.) |
|---|---|---|---|---|
|  |  | • |  | Accroître la vitesse de coupe |
| • | • |  |  | Réduire la vitesse de coupe |
| • |  | • |  | Accroître l'avance |
|  |  |  | • | Réduire l'avance |
|  |  |  | • | Réduire la profondeur de coupe |
| • | • |  |  | Choisir un matériau de coupe plus résistant à l'usure |
|  |  | • | • | Choisir un matériau de coupe plus tenace |
| • | • |  |  | Choisir un matériau de coupe revêtu |
|  | • | • |  | Accroître l'angle de coupe |
|  |  |  | • | Accroître l'angle de pointe de l'outil et le rayon de pointe |
| • | • |  |  | Renforcer la lubrification-réfrigération |

## 3.8.7.7 Planification de la fabrication pendant le tournage

En prenant un boulon à fileter (**fig. 1**) comme exemple, voici une description de la planification de l'usinage de la pièce sur tour CNC (cf. page 179). Le boulon doit être fileté par tournage à partir d'un matériau en barre de Ø 42 laminé à chaud. On dispose, comme matériau constitutif de la barre ronde, d'acier de décolletage 11SMnPb30.

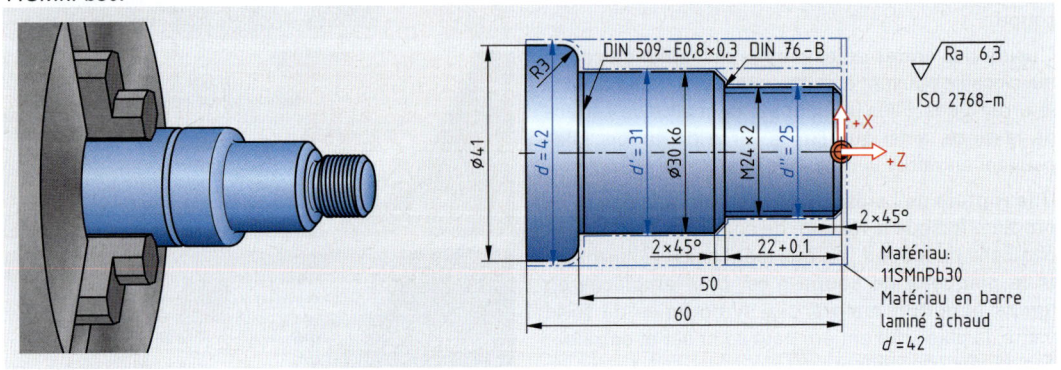

**Figure 1 :** Dessin de fabrication pour le filetage du boulon au tour

Comme base de planification de la fabrication, un plan de travail (**tableau 1**) pour le tournage CNC du boulon est élaboré. Dans le plan de travail, les opérations de travail sont indiquées les unes après les autres. Suivant l'opération de travail, des moyens de serrage, de contrôle, des outils et paramètres de coupe sont mentionnés.

**Tableau 1 : Plan de travail pour le tournage CNC du boulon fileté**

| | N° | Opération de travail | Outil, moyen de contrôle | Paramètres de coupe | |
|---|---|---|---|---|---|
| | 10 | Vérifier le demi-produit et serrer un mandrin à 3 mors | Pied à coulisse Règle en acier | – | |
| | 20 | Fixer le point d'origine de la pièce | – | – | |
| | 30 | Surfacer transversalement la pièce à la longueur nominale en deux coupes | Outil de surfaçage T1 | $v_c$ = 250 m/min $f$ = 0,2 mm $a_p$ = 1 mm | $i$ = 1 |
| | 40 | En plusieurs coupes, prétourner des appendices de pièce par tournage longitudinal avec métré (dégrossir) | Outil de dégrossissage au tour T2 | $v_c$ = 200 m/min $f$ = 0,45 mm $a_p$ = 3 mm | $i_1$ = 2 $i_2$ = 1 |
| | 50 | Tourner le contour de la pièce en une coupe (tournage de finition) | Outil de tournage de finition T3 | $v_c$ = 300 m/min $f$ = 0,1 mm $a_p$ = 0,5 mm | $i$ = 1 |
| | 60 | Tourner un filet fin M24x2 en plusieurs coupes | Outil de filetage au tour T4 | $v_c$ = 150 m/min $f$ = 2 mm | $i$ = 12 |
| | 70 | Soumettre la pièce à un tournage de tronçonnage (il reste une pastille retenant la pièce) | Outil de tournage plongeant T5 | $v_c$ = 155 m/min $f$ = 0,05 mm | $i$ = 1 |
| | 80 | Détacher la pièce de la pastille et la contrôler | Pied à coulisse, pied à coulisse de mesure de profondeur, calibre à mâchoires, micromètre, jauge de filetage | | |

# Fabrication avec des machines-outils

Dans le plan de travail **(tableau 1, page précédente)** est indiqué comment et avec quoi la pièce est produite. Le plan de travail se présente sous forme d'un résumé tabellaire des indications fondamentales. Toutes les indications nécessaires à la planification de la fabrication sont réalisées pas-à-pas.

### Étape 1 : Détermination du matériau de départ

Le matériau de départ pour la fabrication du boulon à fileter **(fig. 1)** est une barre ronde laminée à chaud selon DIN EN 10060 de 42 de diamètre nominal. Vu qu'il est prévu que l'usinage au tour se termine par un tournage de tronçonnage (cf. l'opération de travail n° 70 dans le plan de travail), les boulons à fileter peuvent être fabriqués dans la barre ronde, sans sciage préalable du matériau de départ à la longueur de la pièce brute.

La barre ronde est en acier de décolletage DIN EN 10087. Vu sa faible teneur en carbone (0,11 %), ce matériau présente une grande ténacité qui, sans la part de soufre, conduirait à la formation de copeaux longs (cf. page 162). La part de soufre de 0,3 % fragilise les copeaux, ce qui conduit à la formation de copeaux hélicoïdaux courts. Ces copeaux courts peuvent chuter sans obstacle sur le tour CNC à banc incliné (cf. page 177) et sont évacués du compartiment machine par le convoyeur de copeaux.

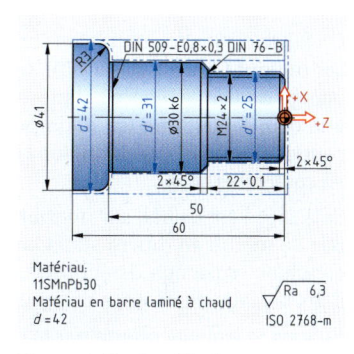

**Figure 1: Boulon fileté**

### Étape 2 : Détermination du matériau de coupe

Pour le tournage CNC des pièces sont principalement utilisés des outils en **métal dur**. Suivant le matériau de départ, un groupe précis de matériaux de coupe est mis en œuvre **(fig. 2)**. En particulier avec des matériaux très durs, des matériaux de coupe perfectionnés, dont p. ex. Cermets, la plaquette en céramique ou le nitrure de bore sont utilisés (cf. page 138).

Dans le groupe de matériaux de coupe, la ténacité du matériau coupant est prise en compte. Plus le nombre est élevé et plus le matériau de coupe est tenace dans son groupe. Le choix du nombre dans un groupe de matériaux de coupe dépend principalement du **type d'attaque du tranchant (fig. 3)**.

Si une coupe lisse uniforme a lieu sur une surface préparée, il est possible de mettre en œuvre un matériau de coupe présentant une ténacité moindre et une haute résistance à l'usure (p. ex. P10). Avec les profondeurs de coupe changeantes, les interruptions de coupe ou lors du tournage d'une surface laminée à chaud ou en présence d'une croûte de fonderie ou de forge, il faudrait utiliser un matériau de coupe d'une haute ténacité, mais présentant donc aussi une moindre résistance à l'usure (p. ex. P20 ou P30).

Pour l'exemple de fabrication « boulon à fileter » en acier de décolletage à surface laminée à chaud, on choisit le groupe de matériau de coupe P20.

| | |
|---|---|
| **P** P10...30 | Acier |
| **M** M10...30 | Acier inoxydable |
| **K** K01...30 | Fonte de fer |
| **N** N10...20 | Métaux non ferreux et matières plastiques |
| **S** S01...20 | Alliages spéciaux résistants à la chaleur, et titane |
| **H** H01...15 | Matériaux durs |

**Figure 2: Groupes de matériaux de coupe en métal dur**

### Étape 3 : Détermination de la plaquette de coupe avec support

Suivant le procédé d'usinage on choisit pour plaquette amovible sa forme de base et sa version d'arête de coupe ainsi que la géométrie de plaque nécessaire. En tenant compte des angles intérieurs à tourner sur la pièce, et de la stabilité des plaques, on fixe le rayon de pointe de la plaquette amovible. Une fois que l'on a défini le support de serrage de la plaquette amovible, il est possible de définir tous les paramètres pour le plaquette de coupe réversible et le support (cf. le chapitre 3.8.7.4).

Coupe lisse uniforme

Coupe interrompue

Profondeur de coupe changeante

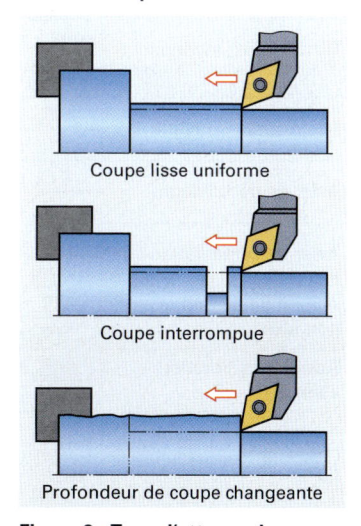

**Figure 3 : Type d'attaque du tranchant**

## Étape 4 : Fixation des conditions d'usinage

Suivant la condition d'usinage, les paramètres de coupe à choisir à l'étape 5 peuvent varier considérablement. D'où la nécessité de fixer, en phase préparatoire, les conditions d'usinage à trouver pour accomplir la tâche de fabrication.

On fait la distinction entre des conditions d'usinage défavorables, normales et favorables. Si l'usinage a lieu sur un tour CNC (cf. page 179), une mise en œuvre efficace du liquide d'arrosage peut avoir lieu par le capotage de la machine. Si la pièce se trouve dans bon état de serrage et si l'outil de tournage peut réaliser une coupe uniforme (cf. page précédente), on parle d'une condition d'usinage normale. Les vitesses de coupe affectées à des conditions d'usinage normales sont représentées au **tableau 1** sous forme de valeurs en caractères gras.

Si la pièce est usinée sur un tour conventionnel (cf. page 178), l'absence de capotage machine ne permet pas de mettre en œuvre suffisamment de liquide d'arrosage. Pour cette raison, on part dans ce cas d'une condition d'usinage défavorable. Pour la vitesse de coupe, on choisit respectivement la valeur inférieure dans la plage de vitesses de coupe.

Suivant la stabilité offerte par la machine-outil, la géométrie de la pièce et son serrage, ainsi que suivant le type d'attaque du tranchant, les conditions d'usinage peuvent s'améliorer ou se détériorer. En présence de très bonnes conditions d'usinage, on choisit la valeur supérieure dans la plage de vitesses de coupe.

## Étape 5: Sélection des paramètres de coupe pendant le tournage

Les données de coupe fixées pour le tournage sont la vitesse de coupe $v_c$, l'avance $f$ et la profondeur de coupe $a_p$. La sélection correcte des données de coupe appropriées permet de parvenir à ceci :

- Durée de vie optimale de l'outil
- Formation favorable des copeaux
- La qualité superficielle exigée
- Grand volume de coupe
- Force de coupe la plus faible possible

### ▌ Vitesse de coupe et fréquence de rotation

La sélection de la vitesse de coupe $v_c$ dépend essentiellement des conditions d'usinage (cf. l'étape 4), de l'usinabilité du matériau, du matériau de coupe mis en œuvre et du procédé de tournage. Des valeurs indicatives pour la vitesse de coupe figurent dans des tableaux (tableau 1) ou dans les catalogues de matériaux coupants publiés par les fabricants. Si par ex. le boulon (page 166) doit être fileté à partir d'acier de décolletage 11SMnPb30 d'une résistance moyenne à la traction de 470 N/mm², avec une plaquette en métal dur HC-P20 à revêtement, il en résulte selon le tableau 1, dans des conditions normales d'usinage, une vitesse de coupe de 200 m/min.

**Tableau 1 : Valeurs indicatives pour le tournage avec des outils en métal dur (HM) à revêtement**

| Groupe de matériaux | Matériau des pièces Résistance moyenne à la traction $R_m$ en N/mm² et dureté HB | Dressage | Tournage longitudinal Dégrossissage | Tournage longitudinal Tournage de finition |
|---|---|---|---|---|
| | | Vitesse de coupe $v_c$[1] en m/min | | |
| Acier de construction | $R_m \leq 500$ | 210 – **280** – 350 | 150 – **230** – 300 | 280 – **340** – 400 |
| | $R_m > 500$ | 160 – **230** – 300 | 100 – **170** – 240 | 220 – **290** – 350 |
| Acier de décolletage | $R_m \leq 570$ | 180 – **250** – 320 | 130 – **200** – 270 | 240 – **300** – 360 |
| | $R_m > 570$ | 130 – **200** – 270 | 100 – **160** – 220 | 200 – **250** – 360 |
| Acier de cémentation | $R_m \leq 570$ | 200 – **270** – 320 | 150 – **210** – 260 | 250 – **320** – 300 |
| | $R_m > 570$ | 160 – **220** – 270 | 110 – **160** – 210 | 200 – **270** – 340 |
| Acier d'amélioration, non allié | $R_m \leq 650$ | 180 – **250** – 320 | 120 – **190** – 240 | 220 – **300** – 380 |
| | $R_m > 650$ | 110 – **200** – 280 | 110 – **150** – 200 | 190 – **250** – 310 |
| Acier d'amélioration, allié | $R_m \leq 750$ | 100 – **160** – 220 | 90 – **130** – 180 | 125 – **185** – 245 |
| | $R_m > 750$ | 80 – **130** – 180 | 70 – **110** – 160 | 100 – **150** – 200 |
| Acier inoxydable  austénitique | $R_m \leq 680$ | 140 – **170** – 200 | 90 – **110** – 130 | 200 – **230** – 260 |
| | $R_m > 680$ | 100 – **120** – 140 | 70 – **90** – 110 | 130 – **150** – 170 |
| Acier inoxydable  ferritique | $R_m \leq 700$ | 180 – **215** – 240 | 160 – **180** – 200 | 230 – **250** – 270 |

[1] Conditions d'usinage : valeur imprimée en gras = conditions normales, valeur $v_c$ faible = conditions défavorables, valeur $v_c$ élevée = conditions favorables

# Fabrication avec des machines-outils

Sur les tours conventionnels à échelonnement de vitesse, il faut déterminer la fréquence de rotation n en fonction de la vitesse de coupe $v_c$ choisie et du diamètre de tournage. La fréquence de rotation à régler peut être lue à partir du diagramme (**fig. 2**) ou calculée à partir de la vitesse de coupe $v_c$ et du diamètre d de la pièce.

| Fréquence de rotation | $n = \dfrac{v_c}{\pi \cdot d}$ |
|---|---|

**Exemple :** Le boulon fileté (**fig. 1**) en acier de décolletage 11SMnPb30 d'un diamètre $d = 42$ mm doit être ébauché avec une avance $f = 0,4$ mm. Comme matériau de coupe, une plaquette amovible HC-P20 en métal dur est mise en œuvre. Quelle fréquence de rotation n faudra-t-il régler sur un tour conventionnel à échelonnement de vitesses selon la figure 1?

**Solution :** Du fait de l'emploi d'un tour conventionnel sans liquide d'arrosage, les conditions d'usinage sont défavorables. Pour cette raison et sur la base du **tableau 1 (page précédente)**, on choisit la vitesse de coupe inférieure $v_c = 130$ m/min. À partir du diagramme de fréquences de rotation (fig. 2), on obtient une fréquence de rotation à régler $n = 1000$ 1/min.

Calcul de la fréquence de rotation :
$$n = \frac{v_c}{\pi \cdot d} = \frac{130 \text{ m/min}}{\pi \cdot 0,042 \text{ m}} = \mathbf{985\ 1/min}$$

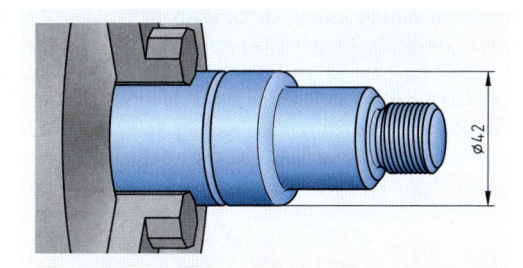

**Figure 1 : Boulon fileté**

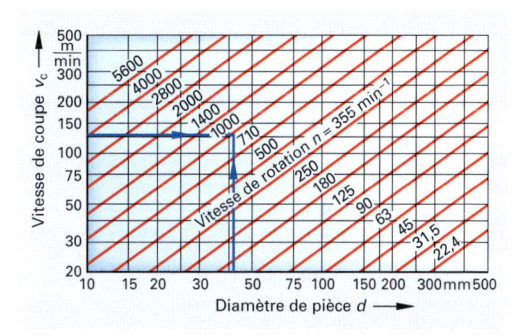

**Figure 2 : Diagramme des fréquences de rotation**

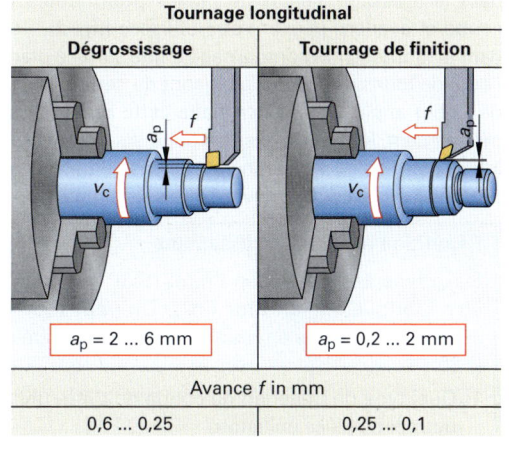

## ▌ Avance et profondeur de coupe

Les quantums d'avance f et de profondeur de coupe $a_p$ dépendent essentiellement du procédé de tournage à exécuter (**fig. 3**). **Pour le dégrossissage**, on tourne avec la plus forte avance f et la plus grande profondeur $a_p$ possibles. Ce qui importe ici, c'est l'enlèvement d'une quantité maximale de matériau. Durant le dégrossissage, l'avance et la profondeur de coupe sont limitées par la puissance d'entraînement du tour (cf. page suivante), par la dimension de la plaquette amovible (cf. page 159) et les conditions d'usinage en présence. Pour empêcher un ébréchure de la pointe du tranchant, il ne faudrait pas dépasser un avance maximale.

| $f_{\text{max Dégrossissage}} \approx 0,5 \cdot$ **Rayon de pointe** $r_\varepsilon$ |
|---|

Lors du **tournage par contournage (finition)**, on tourne d'une manière générale avec une avance et une profondeur de coupe réduites. Pendant le planage, l'avance est fonction de la rugosité superficielle exigée. Suivant le rayon de pointe $r_\varepsilon$ de l'outil (cf. page 160) et la profondeur spécifiée des rugosités Rz, il est possible de fixer l'avance maximale à partir du **tableau 1**. Si l'on accroît le rayon de pointe, il est possible d'obtenir une rugosité constante même avec une avance plus importante (cf. page 157). Pour le tournage par contournage, la profondeur de coupe est maintenue la plus faible possible car les forces de coupe plus faibles permettent d'obtenir une meilleure tolérance dimensionnelle et de forme.

**Figure 3 : Avance et profondeur de coupe**

Tournage longitudinal

| Dégrossissage | Tournage de finition |
|---|---|
| $a_p = 2 ... 6$ mm | $a_p = 0,2 ... 2$ mm |
| Avance f in mm | |
| 0,6 ... 0,25 | 0,25 ... 0,1 |

**Tableau 1 : Profondeur des rugosités atteignable en fonction du rayon de pointe et de l'avance**

| Profondeur des rugosités Rz in µm | Rayon de pointe $r_\varepsilon$ in mm | | | |
|---|---|---|---|---|
| | 0,2 | 0,4 | 0,8 | 1,2 |
| | Avance f in mm | | | |
| 1,6 | 0,05 | 0,07 | 0,10 | 0,12 |
| 4 | 0,08 | 0,11 | 0,16 | 0,20 |
| 6,3 | 0,10 | 0,14 | 0,20 | 0,25 |
| 10 | 0,13 | 0,18 | 0,25 | 0,31 |
| 16 | 0,16 | 0,23 | 0,32 | 0,39 |

Pour obtenir des formes de copeaux favorables, il faudrait que le rapport entre la profondeur de coupe $a_p$ et l'avance $f$ soit compris entre 4 : 1 et 10 : 1. Suivant le procédé de tournage, différentes zones de travail sont spécifiés pour les plaquettes de coupe (**fig. 1**). Si l'on réduit la profondeur de coupe dans une zone de travail, la forme du copeau peut se détériorer car les copeaux cassent moins. Si l'on accroît l'avance, le copeau peut se couder plus fortement et casse ainsi plus facilement. La section de coupe forme la surface de coupe du copeau dont la dimension résulte de la profondeur de coupe et de l'avance.

| Section de coupe | $A = a_p \cdot f$ |
|---|---|

Pendant le dégrossissage de pièces, le volume des copeaux enlevés constitue une grandeur comparative importante. Le volume d'enlèvement de copeaux $Q$ par unité de temps renseigne sur le volume des copeaux en cm³/min.

| Volume des copeaux par unité de temps | $Q = A \cdot v_c$ |
|---|---|

Plus l'outil de tournage se rapproche du centre pendant **le dressage** et plus les conditions de coupe se détériorent vu que les vitesses de coupe vont en diminuant en direction du centre. Pour cette raison, pendant le dressage, seules de faibles profondeurs de coupe et avances peuvent être utilisées (**fig. 2**). Pendant le tournage par contournage d'une surface plane, l'outil de tournage va en s'éloignant du centre. Du fait de faible angle d'incidence dans cette direction du mouvement, les conditions de coupe sont défavorables au point qu'en règle générale seules de très faibles profondeurs de coupe peuvent être sélectionnées.

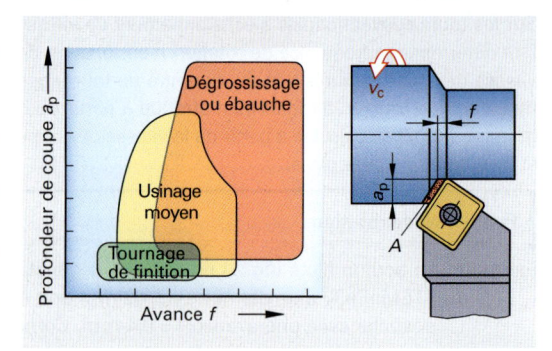

**Figure 1: Domaines de travail des plaquettes de coupe**

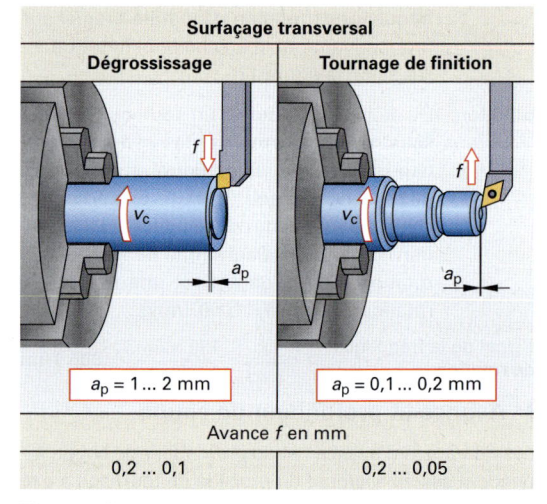

**Figure 2: Dressage**

### Répétition et approfondissement

L'axe réceptacle en laiton CuZn21Si3P (**fig. 3**) doit être fabriqué sur un tour CNC. On veut tourner 30 axes réceptacles à partir du matériau en tige de Ø 80.

1. Quel type de matériau de coupe doit être utilisé pour cette pièce en laiton?
2. La plaquette de coupe doit être conçue pour permettre une production économique. Quelle forme de base devrait être choisie?
3. Quel doit être le rayon de pointe maximal lors du planage?
4. Quelle géométrie de plaquette peut être mise en œuvre pour le dégrossissage et le planage?
5. Indiquez la désignation de la plaquette amovible et du support de serrage avec système de serrage à levier pour le dégrossissage et le tournage par contournage. Reprenez les dimensions inconnues des fig. 1 et 2, page 161.
6. Établissez un plan de travail indiquant les opérations de travail, les outils, les moyens de contrôle et les paramètres de coupe.

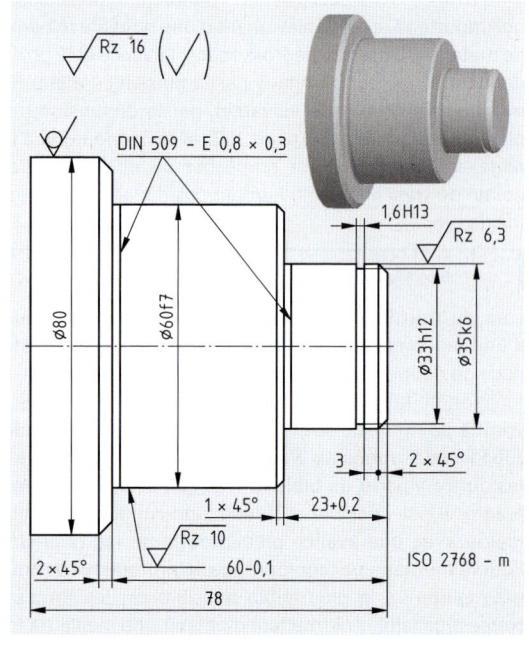

**Figure 3: Axe réceptacle**

# Fabrication avec des machines-outils

## 3.8.7.8 Filetage/taraudage

Le filet peut être réalisé sur tour par enlèvement de copeaux, ou par roulage **(fig. 1)**. Pendant l'usinage par enlèvement de copeaux, le filet est réalisé avec des outils de tournage ou avec des tarauds. Le filetage par roulage fait appel à des rouleaux de filetage ou à des molettes à rouler les filets.

Le **filetage au tour (fig. 1 et 2)** avec outils équipés de plaquettes de coupe réversibles est le plus couramment utilisé. Les tranchants de la plaquette présentent le même angle de flanc que le filet (par ex. filet métrique : angle de flanc = 60°). L'outil de tournage des filets est déplacé le long de la pièce dans le cadre de plusieurs coupes, jusqu'à que la profondeur de filet correspondante soit atteinte. Le nombre de coupes **(fig. 3)** dépend du pas du profil de filetage. Pour obtenir une haute qualité superficielle et des tolérances dimensionnelles serrées, il est possible d'ajouter encore 2 à 4 passages à vide sans amenée de l'outil. Le quantum d'avance $f$ correspond au pas $P$ du filet.

Lors du tournage sur tours conventionnels, l'outil se trouve devant la pièce-entre l'utilisateur et la pièce. L'avance est réalisée via la vis-mère et l'écrou embrayable (cf. page 178).

Sur un tour CNC, l'outil de tournage se trouve en règle générale derrière la pièce. La commande calcule l'avance à l'aide de la fréquence de rotation et du pas du filet. Pour cette raison, la plupart des commandes requièrent de programmer une fréquence de rotation constante pour le filetage au tour. Les vitesses de coupe pour déterminer les fréquences de rotation figurent dans les catalogues des fabricants des matériaux de coupe ou dans le manuel de tableaux. Suivant la direction de rotation de la pièce, il est possible de tourner un pas à droite ou à gauche (fig. 2). L'outil de tournage derrière le centre de tournage doit être retourné « tête en bas » pour un pas de filet à droite lorsque l'outil se déplace en direction du mandrin de serrage.

Lors du filetage par roulage en plongée **(fig. 4)**, deux molettes à rouler les filets sont poussées latéralement contre la pièce et forment ainsi son filet. Le filetage continu par roulage (fig. 1) est utilisé lorsque la longueur de la pièce dépasse la largeur de l'outil à rouler les filets. Ce faisant, la pièce se déplace entre deux ou trois molettes longitudinalement par rapport à l'axe de rotation.

Le filetage par roulage a pour effet de ne pas interrompre le tracé des fibres contre les flancs de filets. Le formage à froid provoque en outre un durcissement du profil de filetage. Pour cette raison, le filetage par roulage donne des solidités plus élevées que le filetage au tour ou le filetage à la filière. Les frais d'outillage plus élevés et les temps de préparation plus longs sont un inconvénient.

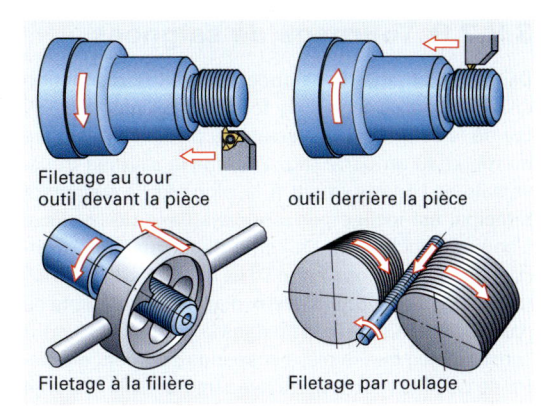

Figure 1 : Fabrication du filetage par enlèvement de copeaux ou par roulage

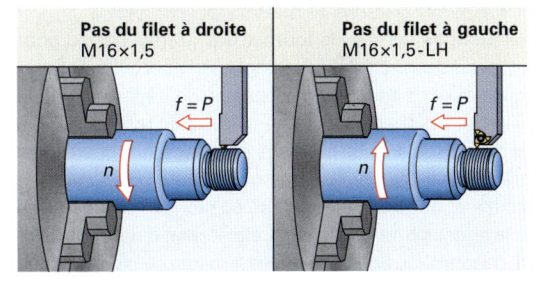

Figure 2 : Filetage au tour avec outil derrière la pièce

| Pas $P$ en mm | Nombre de coupes | Pas $P$ en mm | Nombre de coupes | Type d'amenée |
|---|---|---|---|---|
| 0,25 ≤ 0,75 | 5 | 1,50 ≤ 1,75 | 9 | radiale |
| 0,75 ≤ 1,00 | 6 | 1,75 ≤ 2,00 | 10 | |
| 1,00 ≤ 1,50 | 7 | 2,00 ≤ 2,50 | 11 | unilatérale |

Figure 3 : Nombre de coupes pendant le filetage au tour

Figure 4 : Rouleaux de filetage en plongée avec molettes à rouler les filets

## 3.8.7.9 Tournage de saignées

Dans le tournage de saignées, on fait la distinction entre le tronçonnage et le tournage en plongée. Du fait de la **saignée transversale**, la pièce est détachée du matériau en barre **(fig. 1)**. Dans la saignée transversale et contrairement à la plongée, le tranchant principal est incliné par rapport à l'axe de la pièce. L'angle d'incidence $\kappa$ de l'outil de tournage de tronçonnage est compris entre 0° et 25°. Si l'angle d'incidence est supérieur à 0°, deux diamètres différents de pastille apparaissent à la fin dans la gorge. Cela a pour conséquence que la pièce suspendue au petit diamètre de pastille ne casse qu'avec une pastille restante réduite. L'emploi d'un tour CNC à contre-broche entraînée synchrone avec la broche de travail (cf. page 179), le tronçonnage peut avoir lieu sans pastille.

La **plongée** permet de tourner des gorges par ex. pour recevoir des circlips ou des bagues d'étanchéité. Suivant que l'outil de tournage en plongée se déplace parallèlement ou perpendiculairement à l'axe de rotation, on fait la distinction entre le tournage en plongée longitudinal et transversal **(fig. 2)**. En règle générale la profondeur de coupe $a_p$ de l'outil de tournage en plongée est inférieure à la largeur $b$ de la saignée. Cela permet d'utiliser un outil de tournage pour différentes largeurs de plongée et de respecter la tolérance dimensionnelle en plongeant plusieurs fois jusqu'à obtenir la largeur $b$ requise.

## 3.8.7.10 Tournage intérieur

Le tournage intérieur confère aux alésages ou tubes préfabriqués la tolérance dimensionnelle et la qualité superficielle indiquées. Comme pour le tournage extérieur, le tournage intérieur permet d'effectuer un dégrossissage et un tournage de finition. En particulier avec les petits diamètres ou les alésages longs, la barre d'alésage de l'outil de tournage intérieur peut dévier et des vibrations peuvent se produire. La force de coupe $F_c$ entraîne une flexion, la force passive $F_p$ entraîne une déviation de la barre d'alésage par rapport au centre de tournage **(fig. 3)**. Pour minimiser le plus possible le risque de vibrations et de flexion, les barres d'alésage ne peuvent dépasser du porte-outil que l'équivalent d'au maximum quatre fois leur propre diamètre **(fig. 4)**. Les barres d'alésage à queue amortie en vibrations permettent une septuple longueur de porte-à-faux. Pour maximiser la stabilité le plus possible, il faut que la longueur de serrage représente au moins trois fois la longueur de la barre d'alésage.

### Sélection d'outils pour le tournage intérieur

- Choisir un grand angle d'incidence ($\kappa > 90°$) afin que la force passive reste faible.
- Pour le tournage de finition, utiliser des plaquettes amovibles à angle de coupe positif.
- Utiliser le plus grand diamètre possible de queue.

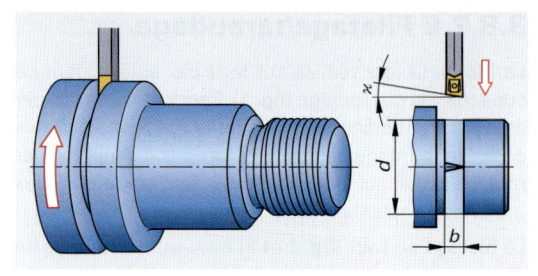

Figure 1 : Tronçonnage du boulon fileté

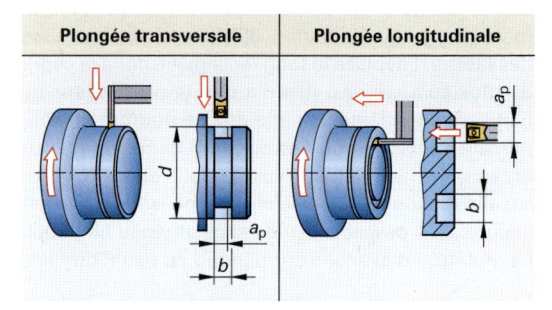

Figure 2 : Tournage en plongée

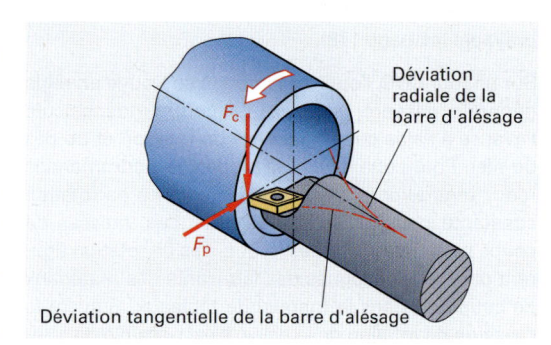

Figure 3 : Déviation de la barre d'alésage

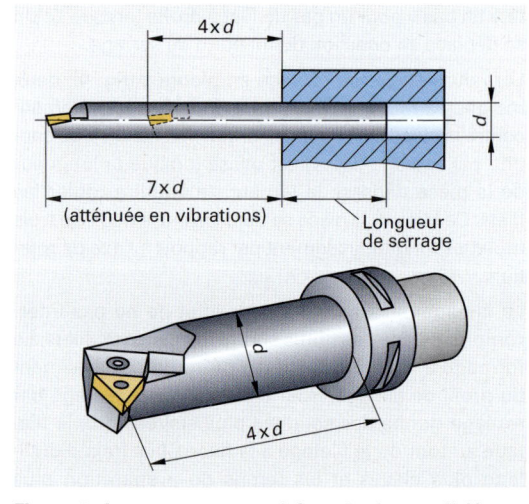

Figure 4 : Longueur en porte-à-faux des barres d'alésage

## 3.8.7.11 Tournage de métaux durs

Dans le tournage de métaux durs, l'usinage de finition des pièces trempées a lieu par tournage **(fig. 1)**. Comme matériau courant, on utilise des plaquettes de coupe en céramique oxydée ou du nitrure de bore cubique (CBN) polycristallin. La plaquette en céramique convient très bien à l'acier trempé jusqu'à 64 HRC de dureté. Le nitrure de bore cubique (CBN) permet d'usiner des matériaux d'une dureté atteignant 70 HRC. Dans le domaine des duretés de matériau réduites, inférieures à 50 HRC, le CBN présente une usure accrue.

### ■ Avantages du tournage des métaux durs

Le tournage des métaux durs permet de remplacer en partie la rectification. L'investissement en machines et les frais d'outils de tournage sont moins élevés comparé à la rectification, le retraitement et l'élimination des liquides d'arrosage devient plus avantageux ou disparaît même entièrement si l'usinage a lieu à sec. Avec des outils standards, le tournage des métaux durs permet de produire des contours intérieurs et extérieurs présentant une précision dimensionnelle et une qualité superficielle élevées.

### ■ Opération d'usinage par enlèvement de copeaux et paramètres de coupe

Comparé au tournage des aciers non trempés, le tournage de métaux durs engendre des forces d'enlèvement de copeaux élevées. Cela exige des machines plus robustes et un serrage sûr de l'outil comme de la pièce. Le tournage de métaux durs des pièces longues de petits diamètres crée des difficultés en raison des forces radiales de déviation élevées. La majeure partie de la chaleur d'enlèvement est évacuée avec les copeaux rougeoyants dont la température peut dépasser 1000 °C. La pièce s'échauffe peu ; la structure de trempe demeure quasiment intacte.

Plus le matériau est dur et plus la vitesse de coupe devrait être réduite. Les valeurs habituelles sont comprises entre 70…220 m/min **(tableau 1)**. Avec des avances $f = 0{,}05…0{,}1$ mm, des profondeurs de rugosités $Rz$ entre 1,5…4 µm peuvent être respectées **(fig. 2)**. Dans la plage des petites profondeurs de coupe $a_p = 0{,}1…0{,}5$ mm avec des rayons de pointe important, la force passive est très élevée et peut dépasser la force de coupe **(fig. 3)**.

Figure 1 : Tournage extérieur de métaux durs

| Tournage extérieur de métaux durs ||
|---|---|
| Dégrossissage | Tournage de finition |
| $a_p = 0{,}3 … 0{,}7$ mm | $a_p = 0{,}1 … 0{,}3$ mm |
| Avance $f$ en mm ||
| 0,15 … 0,2 | 0,05 … 0,1 |

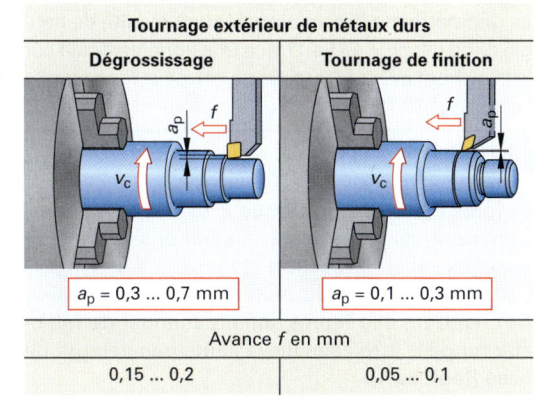

Figure 2 : Avance et profondeurs de coupe

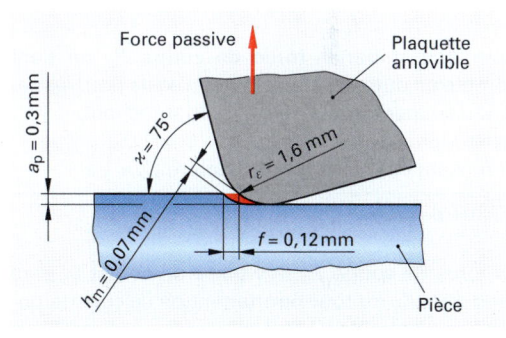

Figure 3: Force passive et rayon de pointe

### Tableau 1: Vitesse de coupe lors du tournage de métaux durs avec plaquette en céramique et CBN

| Matériau des pièces | | Dressage | Tournage longitudinal ||
|---|---|---|---|---|
| | | | Dégrossissage | Tournage de finition |
| Groupe de matériaux | Dureté HRC | Vitesse de coupe $v_c$[1) en m/min |||
| Acier durci, trempé et revenu | ≤ 50 HRC | 135 – **175** – 215 | 110 – **145** – 185 | 165 – **205** – 220 |
| | ≤ 55 HRC | 115 – **140** – 190 | 95 – **110** – 155 | 140 – **175** – 210 |
| | ≤ 60 HRC | 100 – **120** – 165 | 80 – **95** – 135 | 120 – **145** – 180 |
| | ≤ 65 HRC | 85 – **100** – 140 | 70 – **80** – 120 | 105 – **120** – 160 |
| Fonte de fer durcie | ≤ 55 HRC | 135 – **150** – 170 | 100 – **110** – 120 | 170 – **190** – 220 |

[1)] Conditions d'usinage: valeur en caractères gras = conditions normales, petit $v_c$ = conditions défavorables, grand $v_c$ = conditions favorables (cf. page 168)

## 3.8.7.12 Forces et puissances pendant le tournage

La **force de coupe** $F_c$ agit tangentiellement sur la circonférence de la pièce. Combinée à la **force d'avance** $F_f$ elles forment ensemble la force active $F_a$. La **force passive** $F_p$ tend à éloigner l'outil de la pièce. La force active et la force passive donnent ensemble l'ampleur et la direction de la **force d'enlèvement de copeaux** $F$ (**fig. 1**).

La section de coupe **A** donne la surface de coupe du copeau (**fig. 2**). Elle résulte des quantums d'avance $f$ et de la profondeur de coupe $a_p$.

| Section de coupe | $A = a_p \cdot f = b \cdot h$ |
|---|---|

La géométrie de la section de coupe résulte de l'angle d'incidence $\kappa$. Si l'on trace une ligne verticale sur le tranchant ayant la largeur de coupe $b$, il en résulte l'épaisseur de coupe $h$.

| Épaisseur de coupe | $h = f \cdot \sin \kappa$ |
|---|---|

La **force de coupe spécifique** $k_c$ est la force nécessaire pour usiner un matériau, par enlèvement de copeaux, avec la section de coupe $A = 1$ mm². Cette force dépend du matériau et de l'épaisseur de coupe $h$ ; elle figure dans le manuel de tableaux ou peut être calculée à l'aide des valeurs de base (**tableau 1**).

| Force de coupe spécifique | $k_c = \dfrac{k_{c1.1}}{h^{m_c}}$ |
|---|---|

Pour déterminer la **force de coupe $F_c$**, on tient compte en outre des facteurs correctifs pour le matériau coupant $C_1$ et l'usure $C_2$ du tranchant.
Acier rapide $C_1 = 1,2$; métal dur $C_1 = 1,0$.
Tranchant émoussé $C_2 = 1,3$, affûté $C_2 = 1,0$.

| Force de coupe | $F_c = A \cdot k_c \cdot C_1 \cdot C_2$ |
|---|---|

La force de coupe $F_c$, la vitesse de coupe $v_c$ et le rendement $\eta$ du tour permettent de calculer la puissance d'entraînement $P_1$ nécessaire à la machine.

| Puissance d'entraînement | $P_1 = \dfrac{F_c \cdot v_c}{\eta}$ |
|---|---|

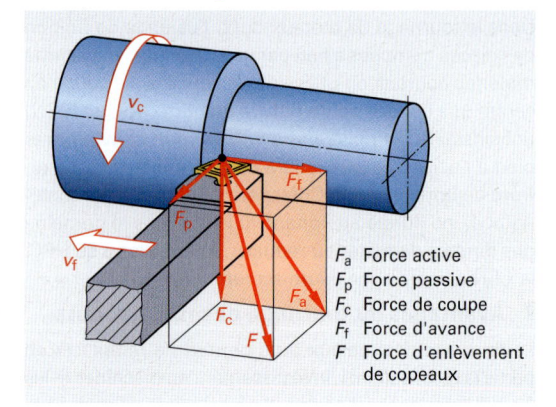

**Figure 1: Forces pendant le tournage**

$F_a$ Force active
$F_p$ Force passive
$F_c$ Force de coupe
$F_f$ Force d'avance
$F$ Force d'enlèvement de copeaux

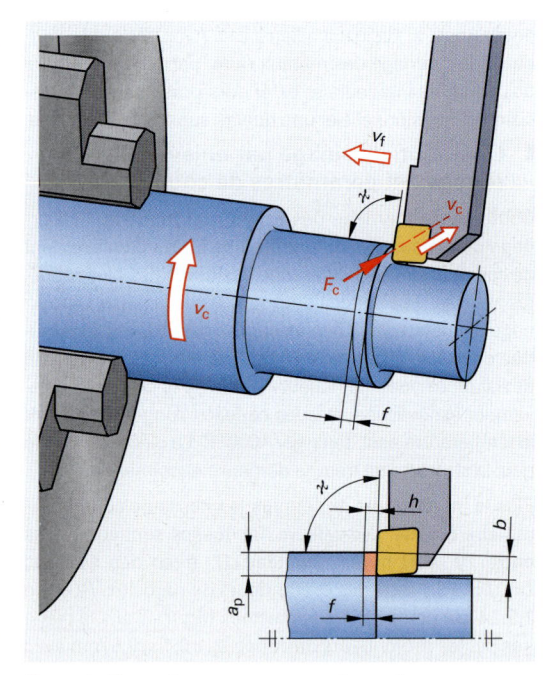

**Figure 2: Force de coupe et paramètres de coupe**

**Tableau 1 : Valeurs indicatives pour la force de coupe $k_c$ pendant le tournage**

| Matériaux | Valeurs de base | | Force de coupe spécif. $k_c$ en N/mm² pour l'épaisseur de serrage $h$ en mm | | |
|---|---|---|---|---|---|
| | $k_{c1.1}$ | $m_c$ | 0,3 | 0,4 | 0,4 |
| E295 | 1990 | 0,26 | 2721 | 2525 | 2383 |
| 11SMnPb30 | 1200 | 0,18 | 1490 | 1415 | 1359 |
| 16MnCr5 | 2100 | 0,26 | 2872 | 2665 | 2515 |
| 42CrMo4 | 2500 | 0,26 | 3419 | 3173 | 2994 |

### Répétition et approfondissement

Le boulon fileté en acier de décolletage 11SMnPb30 doit être prétourné sur un tour CNC présentant un rendement $\eta = 82$ %. L'angle d'incidence $\kappa$ de l'outil de dégrossissage au tour est de t 95°. Utilisez les paramètres de coupe provenant du plan de travail page 166.

À combien s'élève la puissance motrice $P_1$ nécessaire ?

# Fabrication avec des machines-outils

## 3.8.7.13 Systèmes de serrage pour outil et pièce

### ■ Serrage des outils de tournage

L'outil de tournage doit être fixé sans porte-à-faux et le plus solidement possible, afin d'empêcher les vibrations. L'arête de coupe doit être à hauteur de pointe. Les écarts causent la modification des angles de coupe et de dépouille **(fig. 1)**. Un réglage au dessus de l'axe diminue l'angle de dépouille et l'outil talonne. Un réglage en dessous de l'axe crée un téton lors du dressage ou du tronçonnage. Pour réduire le temps de mise en train, on monte les outils sur un porte-outil en dehors de la machine et on ajuste leur position exacte en hauteur et profondeur sur un banc de réglage et de contrôle.

**Fig. 1 : Erreurs de réglage de la hauteur de pointe**

### ■ Serrage de la pièce

La pièce doit être serrée de manière sûre, avec le moins possible d'erreurs de concentricité et de battement, et avec une faible déformation de la pièce. Des **mandrins** permettent de serrer les pièces par l'extérieur ou par l'intérieur. Avec le mandrin à trois mors, on sert les pièces cylindriques, à 3 ou 6 pans réguliers **(fig. 2)**. Avec les mandrins à serrage manuel le déplacement des mors s'effectue au moyen d'une spirale plane ou d'une crémaillère **(fig. 3)**. Les mors de serrage ne doivent pas trop sortir hors du mandrin car sinon leur guidage est insuffisant et la force de serrage trop faible. Il y a en ce cas un danger d'accident.

> Les mâchoires de serrage en saillie accroissent le danger d'accidents.

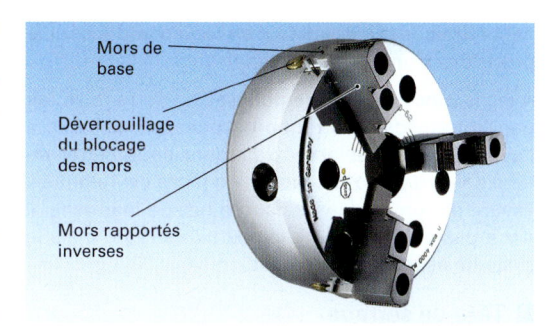

**Fig. 2 : Mandrin à trois mors**

Avec les **mandrins à serrage intérieur** la force de serrage est produite par des moyens pneumatiques ou hydrauliques. A fréquence de rotation élevées, la force de serrage des mors réduite par la force centrifuge. Les mandrins pour fréquences de rotation élevées ont un système de masselottes de compensation qui contrecarrent l'effet centrifuge **(fig. 4)**. Le mouvement vers l'extérieur de la masselotte maintient, via le levier de renvoi, une force de serrage constante à tous les régimes de rotation, jusqu'à la fréquence de rotation maximum.

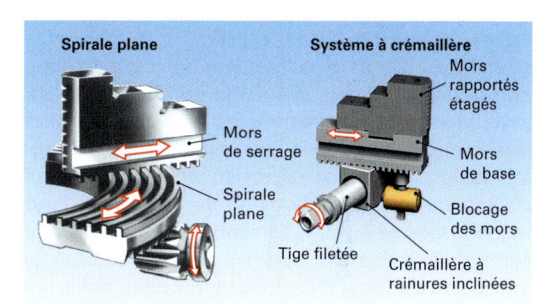

**Fig. 3 : Mouvements des mors de serrage**

**Force de serrage.** Des forces de serrage trop importantes appuient les mors contre la pièce jusqu'à marquer et endommager celle-ci. Un tel serrage peut également déformer la pièce **(fig. 5)**, particulièrement celles à parois minces. Les trous ainsi alésés sont ovalisés après le desserrage si la déformation du serrage est restée dans le domaine élastique.

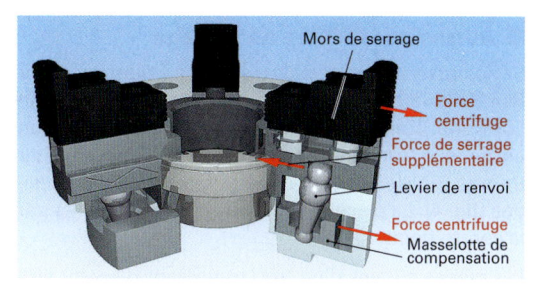

**Fig. 4 : Mandrin de serrage de puissance avec compensation de la force centrifuge**

> La force de serrage doit être adaptée à la grandeur de la force d'enlèvement de copeaux et à la stabilité de la pièce.

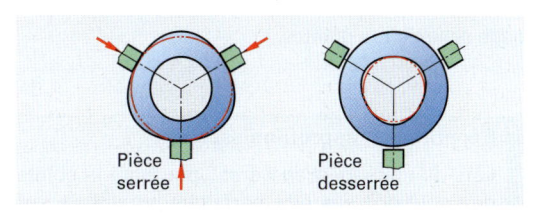

**Fig. 5 : Défaut de forme résultant du serrage**

## ■ Pinces de serrage

Les pinces de serrage enveloppent et serrent toute la périphérie de la pièce, ce qui garanti une bonne concentricité et un serrage qui ne laisse pas de marques sur la pièce. Les pinces conviennent bien pour les fréquences de rotations élevées.

Avec la **pince de serrage tirée**, le serrage s'effectue par un tube de traction (**fig. 1**) qui tire la pince fendue vers l'arrière, dans le nez conique de la broche. Ce déplacement vers l'arrière entraîne également un petit retrait de la pièce. Il faut en tenir compte pour la précision des cotes longitudinales.

Avec la **pince de serrage poussée**, le serrage se fait par l'intermédiaire du tube de poussée, conique à l'avant, qui se déplace axialement sous l'effet du tube de serrage arrière (**fig. 2**). La pince est retenue à l'avant par un écrou vissé sur le nez de la broche. Il n'y a pas de retrait de la pièce au serrage, mais le système est plus encombrant.

## ■ Tête de serrage

Avec la **tête de serrage**, les divers segments de serrage sont reliés entre eux de manière élastique par du caoutchouc (**fig. 3**). Lors du serrage, les segments s'appliquent sur toute la longueur du corps du mandrin. Ainsi, le serrage s'effectue uniformément sur toute la longueur des segments de serrage. L'effet élastique du caoutchouc écarte à nouveau les segments lors du desserrage. Une tête de serrage couvre une plus grande plage de diamètres. Pour retirer la tête de serrage, l'arrière des segments sont comprimés ensembles pour les dégager du tube de traction au moyen d'une pince munie de goupille entrant dans les trous de la face de la pince. La nouvelle pince se met en place de la même manière.

## ■ Autres possibilités de serrage

Si des pièces tournées doivent être finies sur toute leur longueur, c'est **entre des pointes** que se fait l'usinage. L'entraînement de la pièce se fait par un entraîneur frontal qui possèdes des dents en acier trempé qui s'enfoncent dans la face de la pièce usinée (**fig. 4**). La pièce est poussée contre les dents par la contre-pointe.

Les pièces munies d'un trou traversant peuvent être chassées sur un **mandrin lisse de tournage**. Ce mandrin consiste en une barre ronde légèrement conique ($C = 1:2000$) avec un centre de chaque côté. Le tournage se fait entre pointes.

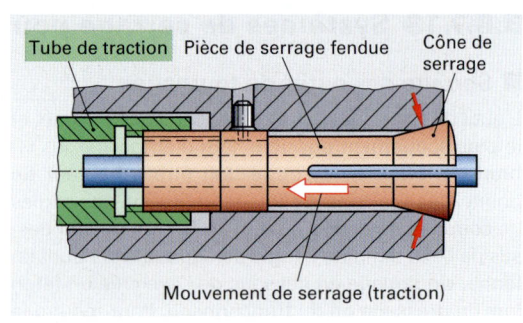

Fig. 1 : Système de serrage par traction

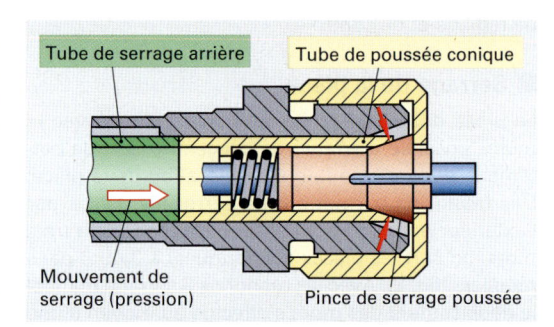

Fig. 2 : Système de serrage par poussée

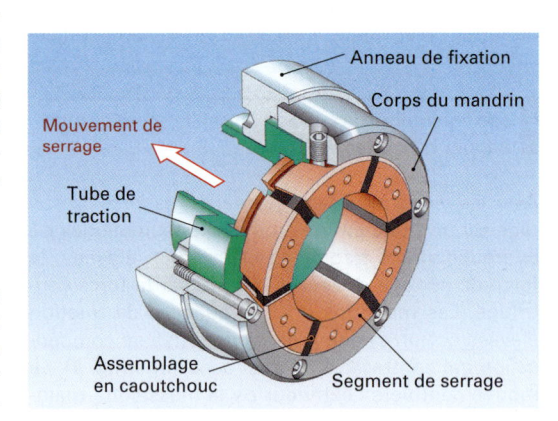

Fig. 3 : Tête de serrage

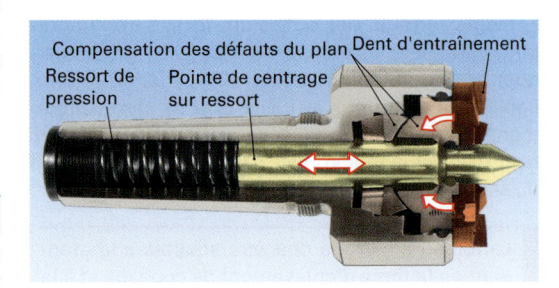

Fig. 4 : Entraîneur frontal

---

**Répétition et approfondissement**

Lors du tournage transversal, pourquoi la pointe de l'outil doit-elle être parfaitement alignée sur l'axe du tour ?

Fabrication avec des machines-outils

## 3.8.7.14 Tours

En général, les tours sont classés d'après le type de banc de la machine, la position de la broche ou le nombre de broches (**fig. 1**). Les grandeurs caractéristiques importantes sont le passage de barre, le diamètre de tournage maximum, la longueur de tournage entre pointes, la puissance de broche et la fréquence de rotation maximum de la broche, ainsi que le nombre de stations d'outils avec les emplacements disponibles pour les outils tournants.

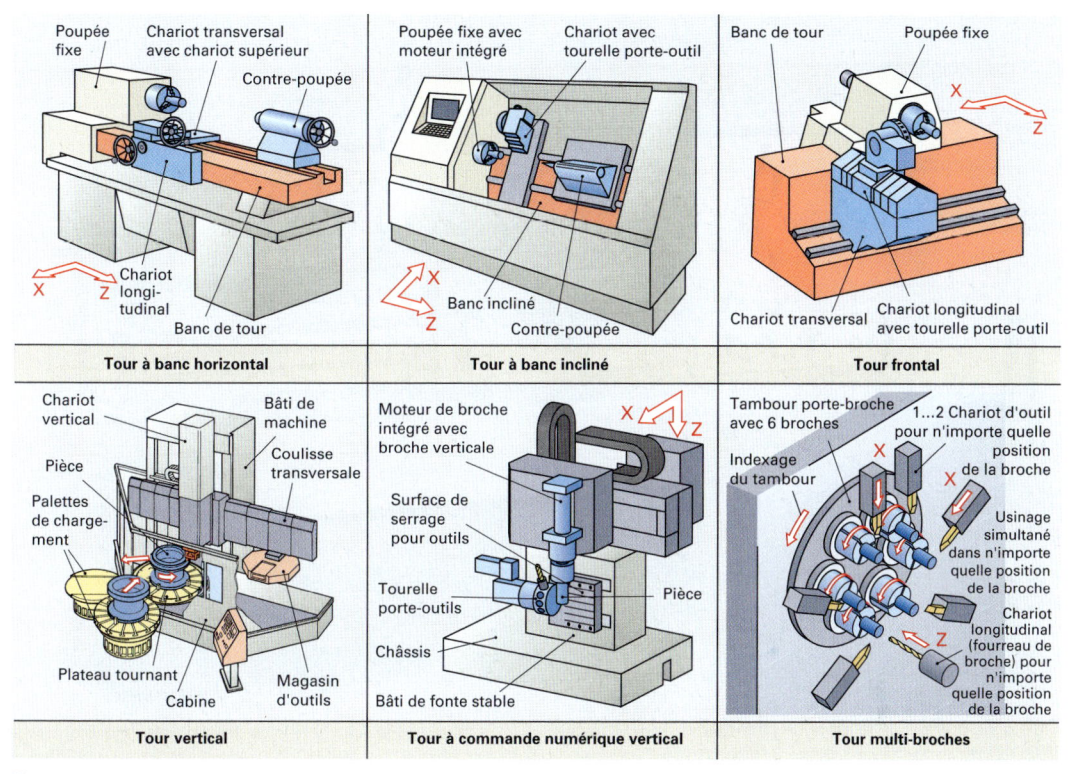

Fig. 1 : Types de tours

### ■ Eléments principaux du tour

Les tours sont fréquemment construits de façon modulaire, ce qui veut dire que la machine-outil est livrée en fonction des besoins de l'utilisateur avec les unités à monter requises, par ex. la contrepointe ou la contrebroche. Le banc qui porte la poupée fixe est monté sur le bâti inférieur (**fig. 2**).

Le chariot avec la tourelle porte-outils, est généralement guidé par des glissières à rouleaux. Celles-ci sont vissées sur le banc de la machine. Le banc du tour doit être particulièrement résistant à la torsion et apte à amortir les vibrations, afin que la qualité de surface de la pièce tournée et la durée de vie de l'outil ne soient pas réduites par les vibrations. Le bâti de la machine est généralement réalisé en fonte d'acier, avec des espaces creux remplis de granit lié par de la résine polyester (béton polymère), ou réalisé en fonte minérale massive (béton de résine synthétique).

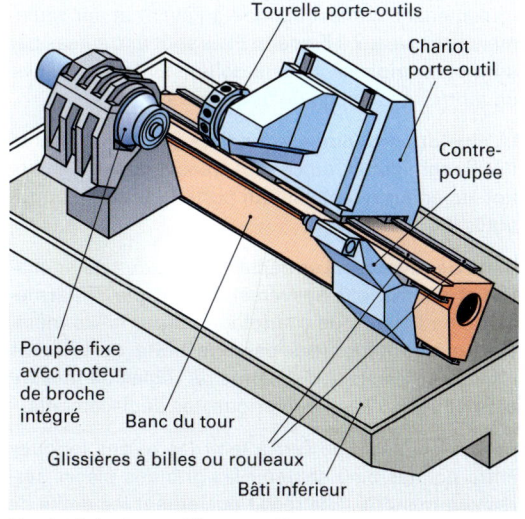

Fig. 2 : Principaux éléments d'un tour

## Fabrication avec des machines-outils

### ■ Tours conventionnels

Les tours conventionnels sont utilisés pour fabriquer des pièces à l'unité ou ou petites séries, de même que pour construire des outils ou des accessoires **(fig. 1)**.

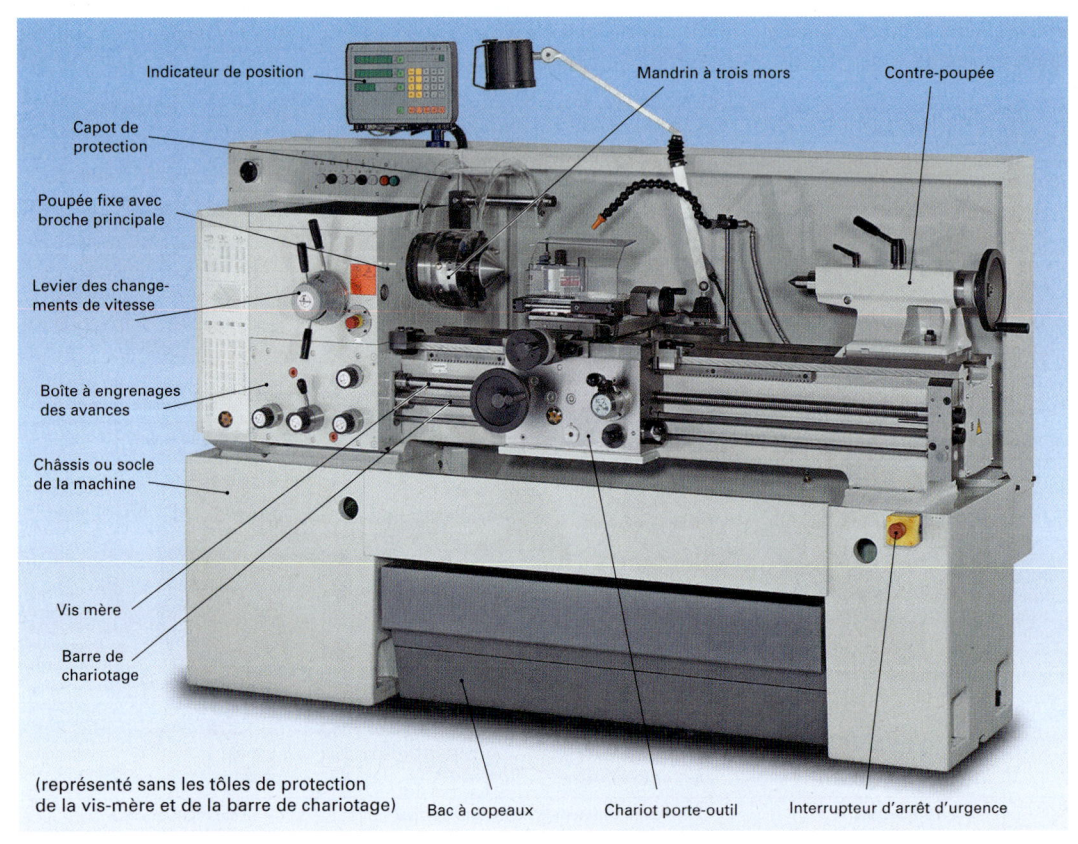

Légendes de la fig. 1 :
- Indicateur de position
- Capot de protection
- Poupée fixe avec broche principale
- Levier des changements de vitesse
- Boîte à engrenages des avances
- Châssis ou socle de la machine
- Vis mère
- Barre de chariotage
- (représenté sans les tôles de protection de la vis-mère et de la barre de chariotage)
- Mandrin à trois mors
- Contre-poupée
- Bac à copeaux
- Chariot porte-outil
- Interrupteur d'arrêt d'urgence

**Fig. 1 : Tour conventionnel**

**Broche principale.** Les broches sont montées sur roulements à contact oblique à l'avant et sur roulements à rouleaux à l'arrière. Elles sont entraînées par un moteur triphasé via une boîte de vitesses ou par un moteur à variation de fréquences.

Le **chariot porte-outils**. est composé du tablier-chariot (longitudinal), du chariot transversal et du chariot supérieur orientable qui porte la tourelle porte-outils **(fig. 2)**.

**Boîte des avances.** Les déplacements du tablier-chariot et du chariot transversal se font par l'intermédiaire de la barre de chariotage ou par la vis mère, elles-mêmes entraînées par une boîte de vitesses réglée par leviers. Un système de règles de mesure permet un affichage numérique des déplacements.

**Contre-poupée.** Elle sert à tenir les pièces longues entre pointes ou à soutenir les grandes pièces serrées en mandrin. Elle reçoit également les outils de perçage.

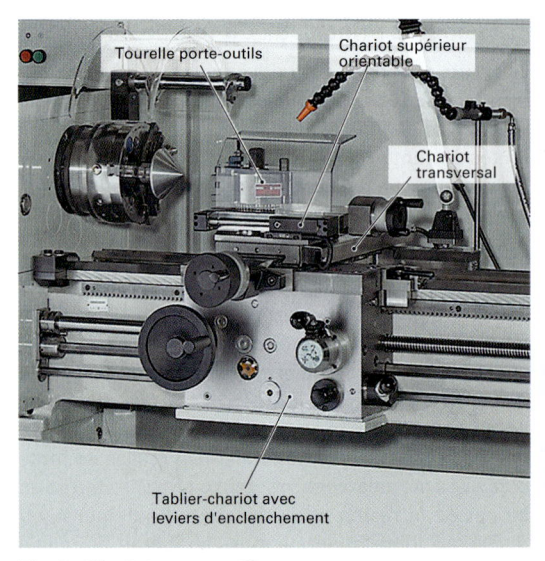

Légendes de la fig. 2 :
- Tourelle porte-outils
- Chariot supérieur orientable
- Chariot transversal
- Tablier-chariot avec leviers d'enclenchement

**Fig. 2 : Chariot porte-outil**

Fabrication avec des machines-outils

## ■ Tours à commande numérique

En fabrication, on utilise en général des tours pilotés par une commande numérique. Une machine de base simple avec une broche possède comme porte-outils une tourelle indexable, mobile dans les axes X et Z. Diverses options, comme par ex. une deuxième broche ou contre-broche, une deuxième tourelle, des outils tournants permettent l'usinage complet des pièces **(fig. 1)**.

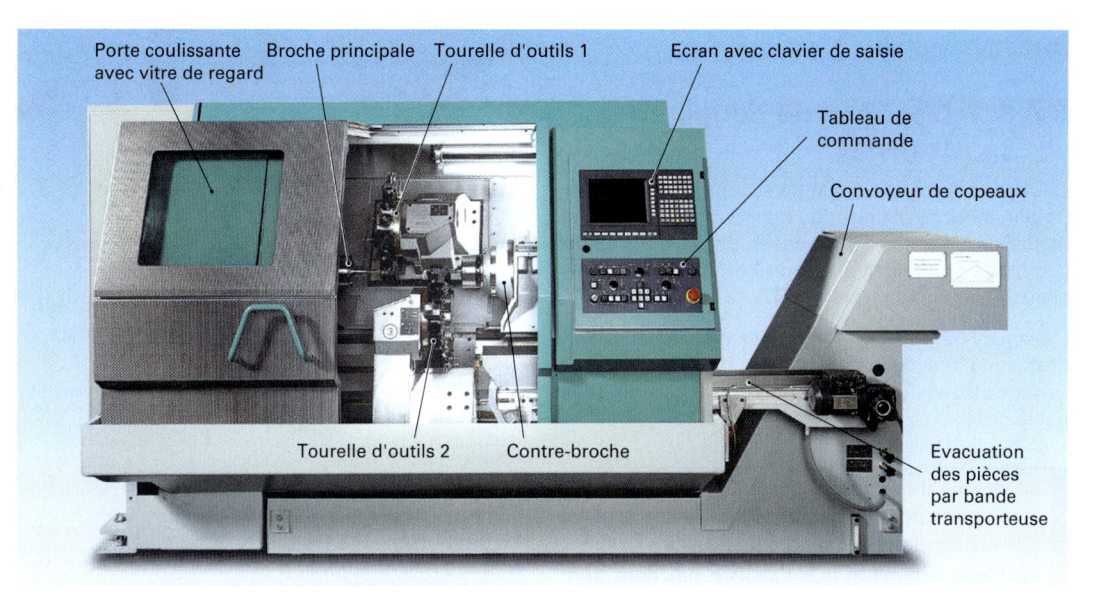

**Fig. 1 :** Machine de tournage à commande numérique

## ■ Options supplémentaires pour tours à commande numérique

Avec une contre-broche à entraînement synchrone avec celui de la broche principale, on peut serrer la pièce sur le bout préalablement tourné. Ainsi, il ne subsiste aucun téton lors du tronçonnage **(fig. 2)**. La pièce usinée reprise dans la contre-broche peut ensuite être entièrement usinée au revers par les outils d'une deuxième tourelle revolver. En même temps, on peut utiliser la première tourelle revolver pour usiner la pièce suivante sur la broche principale. Un dispositif qui gère les mouvements et l'arrêt de la broche (axe C) et un axe Y additionnel permettent d'exécuter des opérations de fraisage et de réaliser des perçages transversaux excentrés au moyen d'outils tournants **(fig. 3)**. Les machines dotées de cet axe C, pour lesquelles la broche de travail peut tourner par incréments de 1/1000°, permettent d'autres possibilités d'usinage, par ex. le marquage ou le fraisage de contours dans les trois directions axiales.

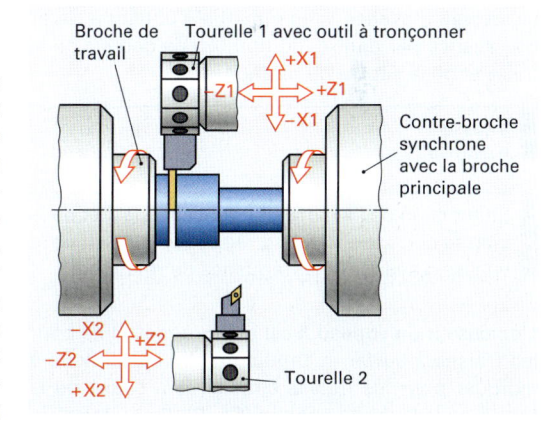

**Fig. 2 :** Tronçonnage sans téton

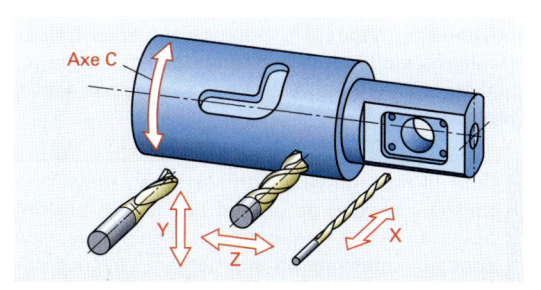

**Fig. 3 :** Possibilités d'usinage avec des outils tournants

---

### Répétition et approfondissement

1. Selon quelles caractéristiques peut-on classer les tours ?
2. De quelles installations un tour CNC doit-il être équipé pour effectuer un forage excentré ?

## 3.8.8 Fraisage

Lors du fraisage, on réalise des surfaces planes ou de forme **(fig. 1)**. A chaque tour de la fraise, la dent (l'arête de coupe) entre puis ressort de la matière et peut alors se refroidir. Du fait de **l'interruption de coupe**, la force de coupe et la température varient au niveau du tranchant.

### 3.8.8.1 Données de coupe en fraisage

La **vitesse de coupe** $v_c$ est sélectionnée en fonction de la matière de coupe et du matériau à usiner. Il faut respecter les valeurs proposées par le fournisseur des outils en prêtant attention au type de fraisage, ébauche ou finition **(tableau 1)**.

L'**avance** $f$ par tour de la fraise et l'**avance par dent** $f_z$ de chaque dent de la fraise déterminent la qualité de surface qu'on peut obtenir et la contrainte supportée par la dent.

> La **vitesse de coupe** $v_c$ devra être choisie aussi grande que possible, pour permettre une production économique des pièces fraisées.
> Au fur et à mesure que l'**avance par dent augmente**, l'**épaisseur du copeau**, la force de coupe et l'usure de l'outil augmentent.

La **vitesse d'avance** $v_f$ en mm/min s'obtient à partir de l'avance par dent $f_z$, du nombre de dents $z$ de la fraise et de la vitesse de rotation $n$.

> **Vitesse d'avance**
> $v_f = f \cdot n$
> $v_f = f_z \cdot z \cdot n$

> En fonction de l'avance par dent choisie $f_z$ et de la vitesse de coupe $v_c$, il faut régler sur la machine la vitesse d'avance et la fréquence de rotation.

L'**épaisseur du copeau** $h$ est une grandeur fixe pour les fraises à surfacer, tandis qu'elle est difficile à indiquer pour les fraises circulaires à cause de la forme de virgule du copeau **(fig. 2)**. Il est donc approprié d'utiliser l'**épaisseur moyenne du copeau** $h_m$ pour évaluer la contrainte des dents. L'épaisseur moyenne du copeau $h_m$ obtenue pour les fraises circulaires, dépend de la profondeur de coupe $a_e$, du diamètre de la fraise $d$ et de l'avance par dent $f_z$ **(tableau 2)**.

> Pour le fraisage circulaire réalisé au moyen de fraises à disque, on obtient aux faibles profondeurs de coupe une épaisseur d'enlèvement de copeaux suffisante en augmentant l'avance par dent (tableau 2).

**Fig. 1 : Fraisage de forme intérieur**

**Tableau 1 : Données de référence pour $v_c$ en m/min et $f_z$ en mm pour les fraises en métal dur**

|  | Surfaçage | | Contournage | |
|---|---|---|---|---|
|  | Ébauche | Finition | Ébauche | Finition |
| $v_c$ en m/min | | | | |
| $f_z$ en mm | | | | |
| Acier non allié | 100–250 | 200–400 | 100–300 | 250–450 |
| $R_m < 800$ N/mm² | 0,1–0,4 | 0,1–0,2 | 0,15–0,3 | 0,1–0,2 |
| Acier allié | 100–200 | 150–250 | 100–250 | 200–350 |
| $R_m > 800$ N/mm² | 0,15–0,25 | 0,1–0,2 | 0,1–0,25 | 0,1–0,2 |
| Fonte de fer | 100–150 | 150–300 | 100–200 | 150–300 |
|  | 0,15–0,3 | 0,1–0,2 | 0,15–0,25 | 0,1–0,15 |

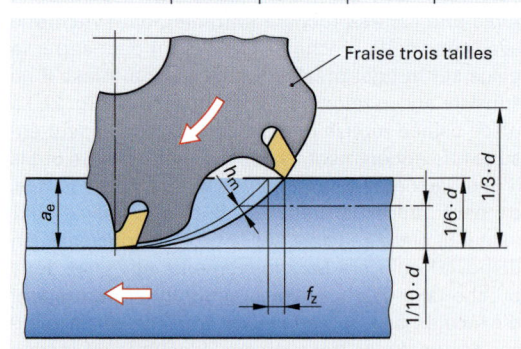

**Fig. 2 : Dimensions du copeau fait par une fraise trois tailles**

**Tableau 2 : Accroissement de l'avance recommandée par dent $f_z$ lors du fraisage de rainures en fonction de la profondeur de coupe $a_e$**

| $a_e =$ | $1/3 \cdot d$ | $1/6 \cdot d$ | $1/8 \cdot d$ | $1/10 \cdot d$ | $1/20 \cdot d$ |
|---|---|---|---|---|---|
| Avance | Avance recommandée $f_z$ | Accroissement de l'avance $f_z$ | | | |
|  |  | 15 % | 30 % | 45 % | 100 % |
| $f_z$ en mm | par ex. 0,25 | 0,29 | 0,32 | 0,36 | 0,5 |
| $h_m$ en mm | 0,22 | 0,26 | 0,28 | 0,32 | 0,45 |

# Fabrication avec des machines-outils

La **largeur de coupe** $a_e$, également dénommée **largeur de fraisage** ou **largeur de coupe**, indique la largeur du contact des fraises avec la pièce **(fig. 1** et **fig. 3)**.

La **profondeur de coupe radiale** $a_e$ désigne pour les fraises travaillant tangentiellement (en périphérie), la profondeur de coupe mesurée perpendiculairement à l'axe de la fraise **(fig. 2)**.

La **profondeur de coupe axiale** $a_p$ désigne la profondeur d'enlèvement de matière mesurée parallèlement à l'axe de la fraise (fig. 1, 2 et 3).

Le **taux d'enlèvement de copeaux** $Q$ en cm³/min indique le volume de matière enlevée (fraisée) par minute. Il sert à évaluer la rentabilité d'un procédé de fabrication.

| Taux d'enlèvement de copeaux | $Q = a_p \cdot a_e \cdot v_f$ |
|---|---|

L'angle de contact $\varphi_s$ est l'angle qui se situe entre l'entrée de la fraise et la sortie de la fraise **(fig. 4)**. Il détermine le nombre de dents qui sont simultanément en prise dans la matière.

| Angle de contact lors du fraisage frontal symétrique | $\sin \dfrac{\varphi_s}{2} = \dfrac{a_e}{d}$ |
|---|---|
| Nombre de dents en prise | $z_e = \dfrac{\varphi_s \cdot z}{360°}$ |

Plus il y a de dents en contact simultané, plus la coupe se déroule sans heurts.

**Exemple :** Une pièce en 16 MnCr5 doit être surfacée par fraisage **(fig. 3)**. Pour cela, on choisit une fraise à surfacer d'un diamètre $d = 80$ mm, garnie de six plaquettes de coupe en métal dur.

La largeur fraisée est de 60 mm et la profondeur de coupe choisie de 4 mm.

Données de coupe du fraisage :
$v_c = 120$ m/min, $f_z = 0,2$ mm,
$a_e = 60$ mm, $a_p = 4$ mm.

Quelles sont les valeurs de $n$, $v_f$ et $Q$ ?

Solution : $n = \dfrac{v_c}{\pi \cdot d} = \dfrac{120 \text{ m/min}}{\pi \cdot 0,08 \text{ m}} =$ **477/min⁻¹**

$v_f = f_z \cdot z \cdot n = 0,2 \text{ mm} \cdot 6 \cdot 477/\text{min}^{-1}$
= **572 mm/min**

$Q = a_p \cdot a_e \cdot v_f$
$= 4 \text{ mm} \cdot 60 \text{ mm} \cdot 572 \text{ mm/min}$
= **137 cm³/min**

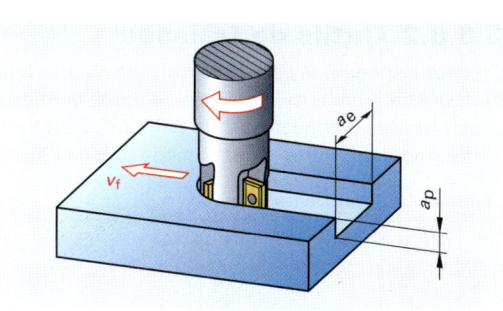

**Fig. 1 :** Profondeur de coupe axiale $a_p$ et largeur de fraisage radiale $a_e$ lors du fraisage en bout

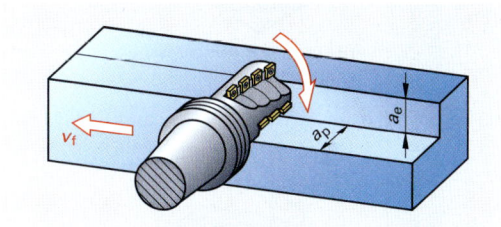

**Fig. 2 :** Profondeur de coupe axiale $a_p$ et largeur de fraisage radiale $a_e$ lors du fraisage périphérique

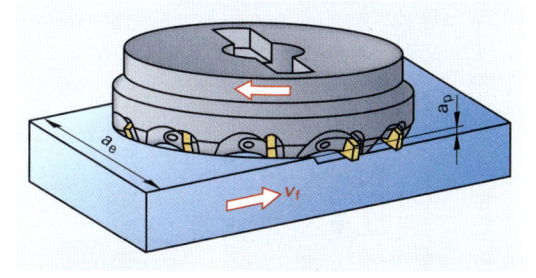

**Fig. 3 :** Profondeur de coupe axiale $a_p$ et largeur de fraisage radiale $a_e$ lors du fraisage en bout ou surfaçage

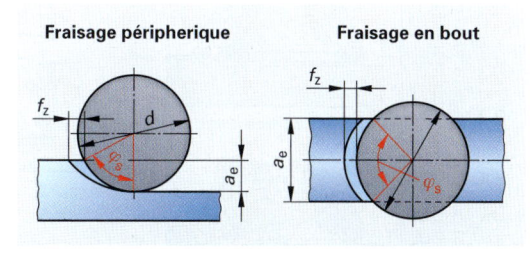

**Fig. 4 :** Angle de de contact $\varphi_s$

## Répétition et approfondissement

1. Quels effets découlent d'une coupe interrompue lors du fraisage ?
2. Pourquoi devrait-on choisir la vitesse de coupe la plus rapide possible ?
3. Lors du fraisage de rainures avec une fraise 3 tailles, pourquoi convient-il d'accroître avec de petites profondeurs de coupe $a_e$ l'avance $f_z$ ?
4. Avec une fraise en bout à surfacer ($d = 100$ mm) comportant six dents en métal dur revêtu, on souhaite fraiser une pièce de 80 mm de large en fraisage de la finition ($v_c = 300$ m/min, $f_z = 0,1$ mm). Quelles sont les valeurs $n$, $v_f$ et $Q$ lorsque $a_p = 3$ mm ?

## 3.8.8.2 Outils de fraisage

On peut distinguer les outils de fraisage d'après leur type d'entraînement (fraises avec alésage pour tasseau ou fraises à queues cylindriques), d'après la matière de coupe et la forme des dents ou des plaquettes de coupe (fraises d'ébauche ou de finition) ou en fonction de l'usinage réalisé avec la fraise, par ex. fraises à surfacer, pour rainures, pour copiage **(tableau 1)**.

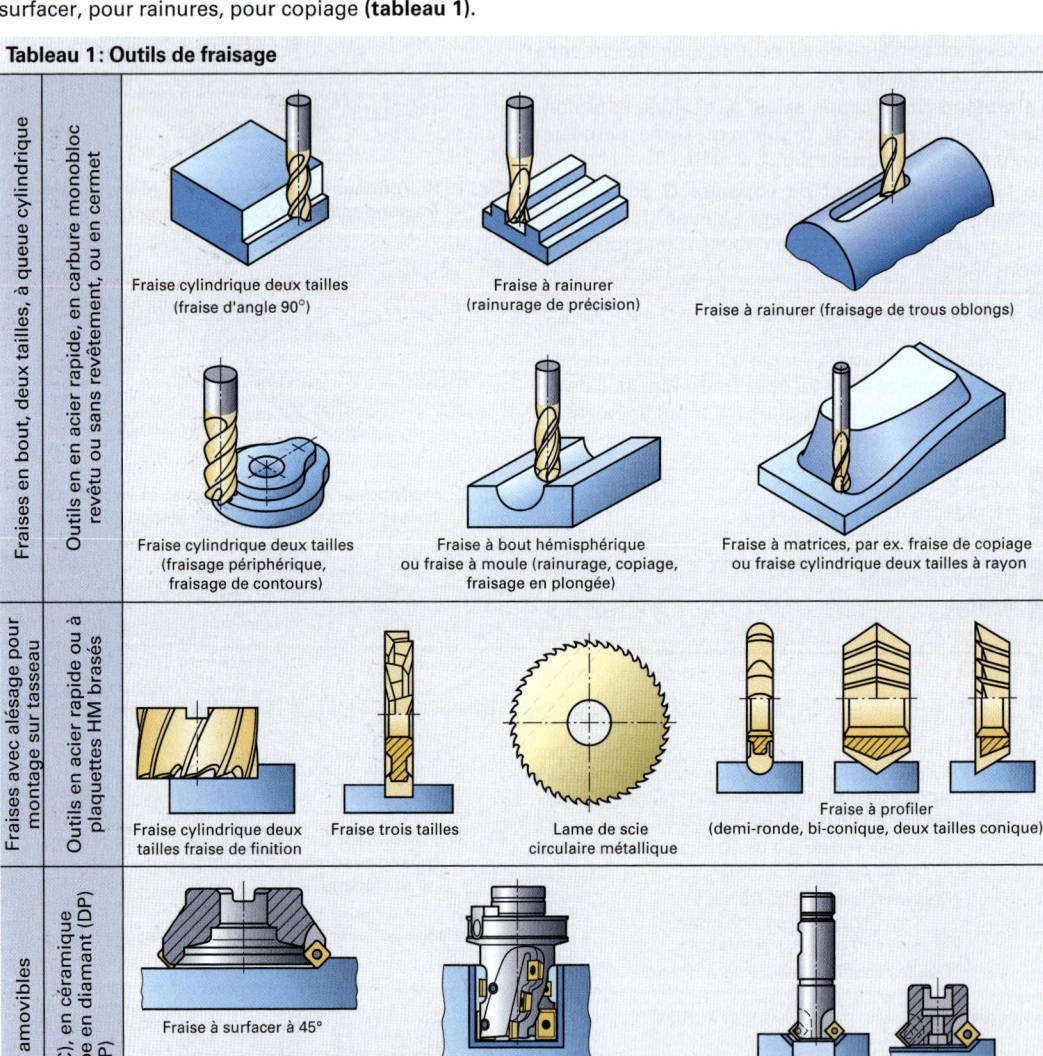

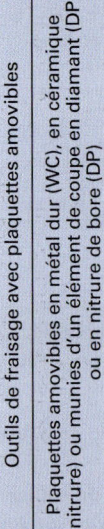

### Tableau 1: Outils de fraisage

| Catégorie | Sous-catégorie | Illustrations et désignations |
|---|---|---|
| Fraises en bout, deux tailles, à queue cylindrique | Outils en en acier rapide, en carbure monobloc revêtu ou sans revêtement, ou en cermet | Fraise cylindrique deux tailles (fraise d'angle 90°) — Fraise à rainurer (rainurage de précision) — Fraise à rainurer (fraisage de trous oblongs) — Fraise cylindrique deux tailles (fraisage périphérique, fraisage de contours) — Fraise à bout hémisphérique ou fraise à moule (rainurage, copiage, fraisage en plongée) — Fraise à matrices, par ex. fraise de copiage ou fraise cylindrique deux tailles à rayon |
| Fraises avec alésage pour montage sur tasseau | Outils en acier rapide ou à plaquettes HM brasés | Fraise cylindrique deux tailles fraise de finition — Fraise trois tailles — Lame de scie circulaire métallique — Fraise à profiler (demi-ronde, bi-conique, deux tailles conique) |
| Outils de fraisage avec plaquettes amovibles | Plaquettes amovibles en métal dur (WC), en céramique (nitrure) ou munies d'un élément de coupe en diamant (DP) ou en nitrure de bore (DP) | Fraise à surfacer à 45° — Fraise à surfacer à 90° — Fraise cylindrique deux tailles (fraisage d'épaulement à 90°, fraise à rainurer) — Fraise à surfacer et angler (chanfreiner, fraiser des rainures de profilé) — Fraise à copier et surfacer (fabrication de moule, fraisage en plongée) — Fraise à copier et surfacer, queue cylindrique (fabrication de moule, fraisage en plongée) — Fraise trois tailles (Fraisage de rainures, usinage, réalisation de fentes) — Fraise scie |

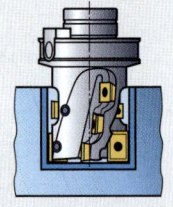

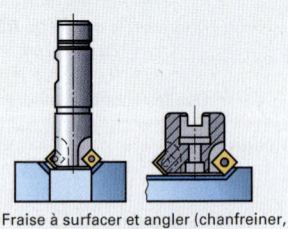

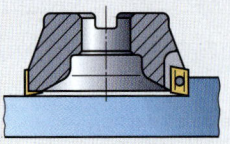

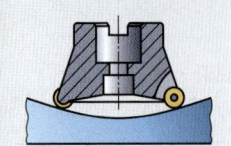

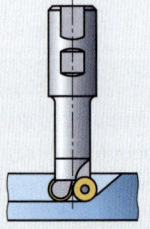

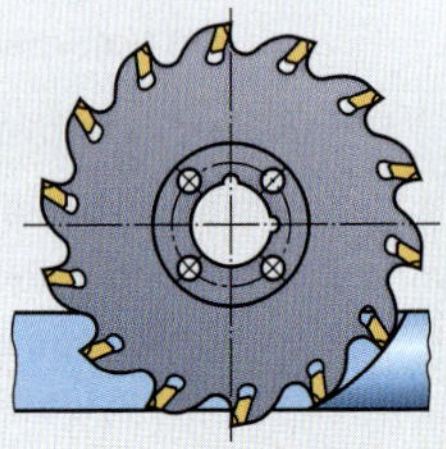

# Fabrication avec des machines-outils

Les **types de fraises hélicoïdales N, H** et **W** distinguent les fraises en fonction de la dureté des métaux dans lesquels elles seront employées (**tableau 1**).

**Les fraises ébauches HSS** produisent des copeaux courts et épais qui génèrent une force de coupe relativement faible et qui s'évacuent bien (**fig. 1**). La denture détalonnée à profil arrondi convient pour le fraisage ébauche. La denture de semi-finition à profil plat produit des copeaux de plus petite taille. Les fraises de finition ont des arêtes de coupe continues. Elles font de larges copeaux mais donnent la meilleure qualité de surface.

On peut classer les fraises selon **l'aspect des arêtes de coupe** : à denture droite, alternée et hélicoïdale (**fig. 2**). L'hélice de l'arête de coupe entraîne des forces axiales dont le sens est en rapport avec celui de l'hélice. Ces forces s'annulent pour la denture alternée. L'hélice est généralement à droite pour que les copeaux s'évacuent plus facilement.

> Une forte hélice permet à plusieurs dents d'être simultanément dans la matière ou d'y pénétrer sans à-coup. Cela a pour effet d'améliorer l'état de surface et de diminuer les vibrations.

## ■ Matériaux de coupe des outils de fraisage

Les fraises en bout et les scies circulaires **en acier rapide** (HSS) ont une meilleure ténacité que les fraises en métal dur mais la dureté de leurs dents est plus faible de même que leur résistance à la température.

Les fraises en bout en **carbure monobloc** (VHM ou HM) ou en **cermet** (carbure de titane + nitrure de titane) ont une durée de vie et une rigidité plus grandes que les fraises en acier rapide. Elles conviennent également pour le fraisage à vitesse élevée UGV ou HSC (p. 192) et pour l'usinage de métaux durs (trempés).

Les fraises à plaquettes ont généralement des **plaquettes de coupe en métal dur** revêtu. Elles peuvent être utilisées pour pratiquement tous les types de fraisage, y compris l'usinage UGV (HSC), celui des métaux durs, ceci avec ou sans arrosage.

Avec des plaquettes de coupe en **céramique nitrurée** et en **céramique oxydée**, on peut fraiser des pièces trempées et de la fonte grise.

Les plaquettes de coupe à insert en **Diamant Polycristallin** (DP) permettent, lors du traitement des métaux légers, du cuivre et des thermoplastiques, des vitesses de coupe élevées et des qualités de surface élevées (**fig. 3**).

Les plaquettes de coupe avec insert en **nitrure de bore** cubique (abréviation : BN ou CBN) conviennent au fraisage des métaux trempés et à la rectification de la fonte grise à des vitesses de coupe élevées.

**Tableau 1 : Applications selon le type de fraise**

| Type (fraises hélicoïdales) | Champs d'application | Aspect de l'hélice |
|---|---|---|
| N | Acier et fonte de fer avec une résistance mécanique normale | |
| H | Matériaux durs, tenaces ou à copeaux cassants | |
| W | Matériaux doux, métaux non-ferreux | |

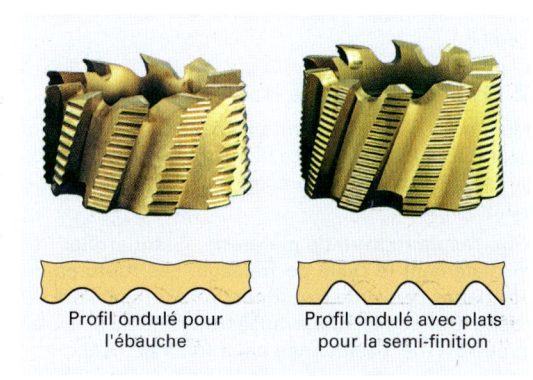

Profil ondulé pour l'ébauche — Profil ondulé avec plats pour la semi-finition

**Fig. 1 :** Fraises HSS, ébauche et semi-finition

Denture droite — Denture alternée — Denture hélicoïdale (hélice à droite)

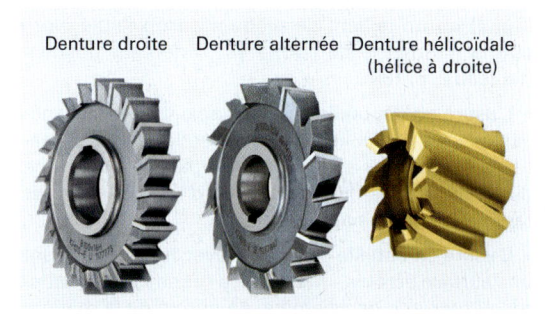

**Fig. 2 :** Aspect des arêtes de coupe

Plaquettes de coupe avec insert DP

Plaquette de finition large

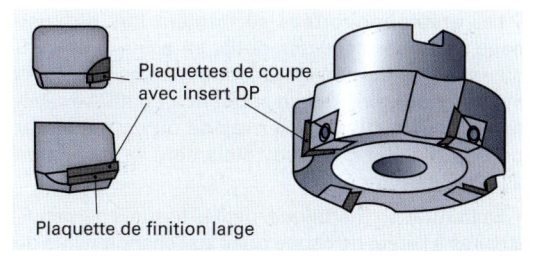

**Fig. 3 :** Fraise à plaquettes avec insert DP pour l'usinage de l'aluminium

## ■ Usure des outils de fraisage

Les fraises fonctionnent toujours avec une coupe interrompue. Après la formation du copeau et l'échauffement qui s'en est dégagé, la dent se refroidi puis reforme un nouveau copeau. Les variations de température sont importantes pour chaque dent.

Chaque attaque des plaquettes de coupe donne naissance à des contraintes sous forme de chocs (fig. 1). Si l'axe de la fraise est extérieur à la pièce, le choc des arêtes de coupe peut provoquer des ruptures d'arête lorsqu'elles pénètrent dans la pièce. Si l'axe de la fraise est à l'intérieur de la pièce, la zone de formation du copeau absorbe les chocs.

La tension de fraisage disparaît parfois brusquement lorsque la dent sort de la matière. C'est un risque de rupture des arêtes de coupe des matériaux de coupe fragiles.

**favorable,** car la zone de formation du copeau absorbe le choc

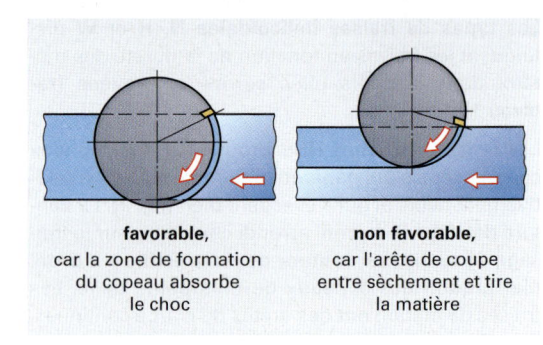

**non favorable,** car l'arête de coupe entre sèchement et tire la matière

Fig. 1 : Position de la fraise et contact de la dent

## ■ Problèmes d'usure (tableau 1)

Alors que l'usure augmente, la qualité de surface se dégrade, et lorsque la face de dépouille s'use, la cote de la pièce devient imprécise, car l'arête de coupe est déportée.

- En cas de **rupture de plaquette**, il faut arrêter immédiatement le cycle de fraisage. Les ruptures de plaquettes peuvent se produire avec une matière de coupe trop fragile, une avance trop forte ou si la plaquette est mal positionnée dans son logement.

- **Les arêtes peuvent s'écailler** avec des arêtes de coupe très usées, donc fragiles. Les causes peuvent être des forces de coupe trop élevées, des variations de température, une position de la fraise défavorable (fig. 1) ou un taillant de plaquette trop faible alors que la géométrie de coupe est fortement positive **(tableau 2, p. 188)**.

- **L'usure en dépouille** est inévitable. L'abrasion mécanique est particulièrement élevée lorsque des matières semblables se rencontrent, par ex. lorsqu'une pièce en acier est fraisée à l'aide d'un outil en acier rapide HSS non revêtu.

- **L'usure en entaille** se produit avec les pièces ayant une surface écrouie, une surface rugueuse de fonderie ou couverte de calamine. La dureté de la matière usinée peut aussi être la cause de ces entailles. Cette usure peut amener à la rupture des arêtes de coupe.

- **Les arêtes rapportées** se forment lors de l'usinage de l'acier avec des outils en acier rapide HS ou en métal dur non revêtus, du fait des particules du matériau usiné qui se soudent à l'outil. Le revêtement des outils en acier rapide ou en métal dur permet d'éviter presque totalement la formation d'arêtes rapportées.

- **La fissuration thermique,** petites fissures perpendiculaires à l'arête de coupe dues aux changements de température fréquents qui fatiguent le matériau de coupe en le dilatant et le contractant.

Tableau 1 : Usure de l'outil

| Problèmes d'usure | | Causes |
|---|---|---|
| Rupture de plaquettes | | matériau de coupe trop fragile, brise-copeaux non approprié, conditions de coupe défavorables |
| Ecaillage des arêtes<br>Effritement sur la dépouille | | matériau de coupe trop fragile, angle de coupe trop grand, formation d'arêtes rapportées |
| Usure en dépouille<br>Marque d'usure | | vitesse de coupe trop élevée, avance trop faible, faible résistance à l'usure |
| Usure en entaille<br>Entaille<br>Usure de la dépouille | | surface dure, écrouie, de pièce de fonderie, couverte de calamine |
| Formation d'arêtes rapportées<br>Matière soudée | | géométrie négative du tranchant, faible vitesse de coupe, faible avance |
| Fissuration thermique<br>Fissure | | sollicitation par alternances de chaleur par une coupe interrompue, lubrification-réfrigération inappropriée |

## 3.8.8.3 Mandrins porte-fraises

Les mandrins porte-fraises constituent l'interface entre l'outil et la machine. Ils influent sur la précision des cotes et de la forme des pièces fraisées.

**Exigences relatives** à la fixation de la fraise :
- précision en plan et sur la circonférence des fraises
- précision de répétition lors du changement d'outil
- rigidité à l'égard des forces axiales, radiales et de torsion
- adaptation aux vitesses de rotation élevées

■ **Les cônes de forte conicité** (ISO 7/24) s'introduisent aisément grâce à leur angle de conicité élevé, et ils se desserrent à nouveau moyennant une force peu importante. Leurs inconvénients essentiels sont leur faible rigidité et le caractère incertain de la position axiale de la fraise **(fig. 1)**. La vaste diffusion de ce cône est imputable au grand nombre de fraiseuses construites avec ce type d'attache.

■ **Les interfaces à cône creux-face** (HSK) satisfont mieux que les autres cônes les exigences imposées à un bon système de serrage **(fig. 2)**. La position plane et le cône se serrage permettent lors du changement d'outil une haute précision de répétition de la position de l'outil.

■ **Les mandrins porte-fraises combinés** conviennent pour les fraises dotées d'une rainure longitudinale ou transversale **(fig. 3)**.

■ **Les mandrins porte-fraises longs** entraînent les fraises par clavettes longitudinales **(fig. 4)**. Les fraises sont positionnées à l'aide de bagues d'écartement le plus près possible du nez de broche. Pour éviter la flexion, le mandrin est tenu à son extrémité par une lunette.

Les porte-outils nécessitant d'une part une grande force de serrage et d'autre part un équilibrage pour de hautes fréquences de rotation sont :

■ **Les mandrins à serrage par frettage** sont préalablement chauffés, puis refroidis sur la queue lisse de la fraise ce qui pince celle-ci très fortement.

■ **Les mandrins expansibles mécanique** possèdent au niveau du serrage une double paroi. Entre ces parois se trouve une matière compressible qui appuie sur la paroi intérieure, et par là sur la queue de la fraise lorsque cette matière est sous pression.

■ **Les mandrins expansibles hydrauliques** possèdent également une double paroi remplie d'huile qui est mise sous pression par une vis étanche. La tenue de l'outil est excellente et ce système permet une fréquence de rotation élevée (40 000 min$^{-1}$).

■ **Les mandrins à serrage en pinces biconiques** **(fig. 5)** sont très répandus car moins coûteux. La précision et la force de serrage sont moindres que les porte-outils décrits ci-dessus.

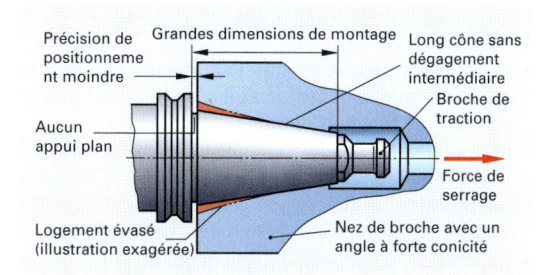

Fig. 1 : Faiblesses des attachements à forte conicité

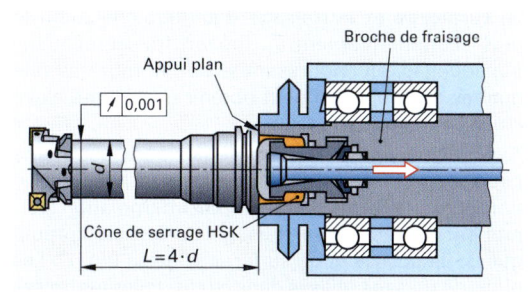

Fig. 2 : Interface à cône creux-face (HSK)

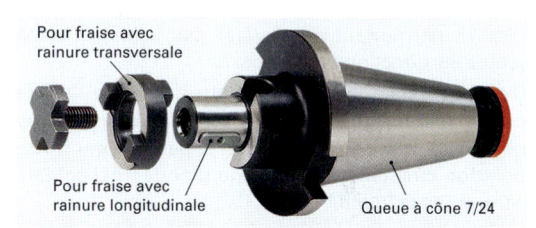

Fig. 3 : Mandrin porte-fraises combiné pour fraises à rainure longitudinale ou transversale

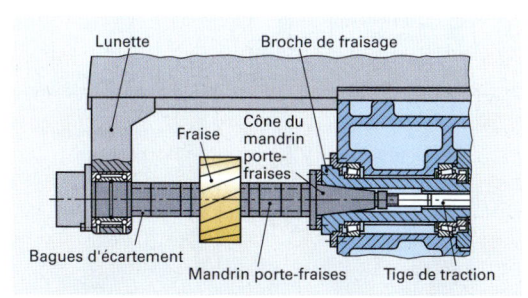

Fig. 4 : Mandrin porte-fraises long, avec lunette, pour fraise unique ou train de fraises

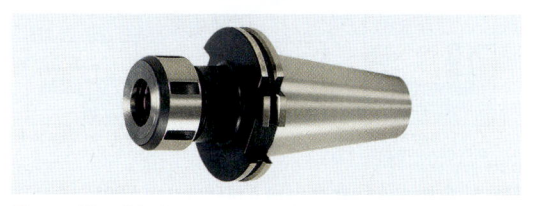

Fig. 5 : Mandrin à serrage en pinces biconiques

## 3.8.8.4 Procédés de fraisage

Le classement des procédés de fraisage peut se faire :
- en fonction de la forme de la surface à fraiser, par ex. le surfaçage et le fraisage d'angle, ainsi que le fraisage de forme **(tableau 1)**.
- en fonction du sens de l'avance, par ex. le fraisage fraisage en avallant **(fig. 1, p. suivante)**, le fraisage en plongée avec avance axiale et l'usinage de poches par plongée en hélice **(fig. 1** et **fig. 2)**
- en fonction de la position des dents de la fraise qui effectuent l'enlèvement de copeaux principal, par ex. le fraisage circulaire et le surfaçage (tableau 1).

Le **surfaçage et le fraisage d'angle** s'effectuent le plus économiquement au moyen fraises ébauche à plaquettes, en choisissant le bon nombre de plaquettes de coupe, on peut obtenir un volume élevé d'enlèvement de copeaux.

Avec le **fraisage de formes** (également dénommé copiage, profilage ou alésage à la fraise) des opérations d'usinage par perçage par interpolation permettent de réaliser le fraisage de formes compliquées; de poches et de surfaces voûtées (fig. 2). Les outils de fraisage utilisés dans ce cas, telles les fraises en bout à plaquettes à 90°, les fraises à plaquettes rondes et les fraises aptes au tréflage et au perçage (fig. 1), permettent de réaliser des usinages dans toutes les directions d'avance.

L'avance axiale avec profondeur de coupe limitée permet le **fraisage en plongée, le tréflage, la plongée oblique, le fraisage de poche** et **le perçage par interpolation circulaire,** qui est une plongée hélicoïdale sans perçage initial.

**Tableau 1 : Procédés de fraisage**

| Fraise cylindrique | Fraise en bout, fraise deux tailles |
|---|---|
| Surfaçage plan | Surfaçage et dressage |

Surfaçage avec fraise à plaquettes

Fraisage frontal — Arête secondaire — Arête principale

Fraise à bout hémisphérique ou fraise à rayon

Fraisage de formes, copiage, fraisage de matrices ou de moules

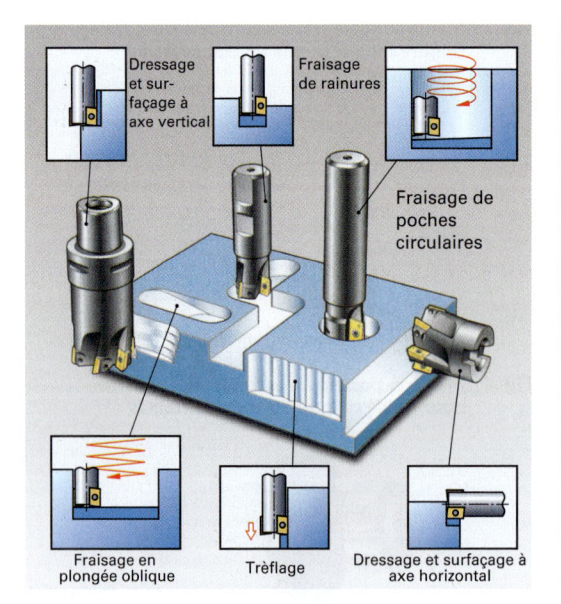

Dressage et surfaçage à axe vertical — Fraisage de rainures — Fraisage de poches circulaires

Fraisage en plongée oblique — Tréflage — Dressage et surfaçage à axe horizontal

**Fig. 1 :** Fraisage avec fraises à plaquettes à 90°

Fraisage de rainures — Fraisage de poches circulaires — Fraisage en plongée oblique

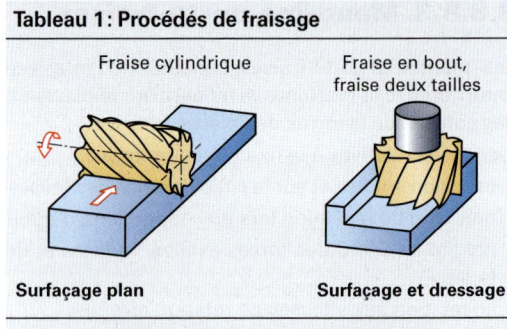

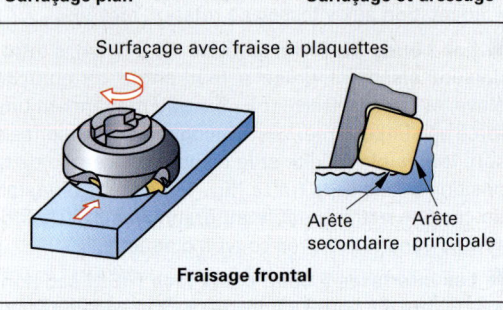

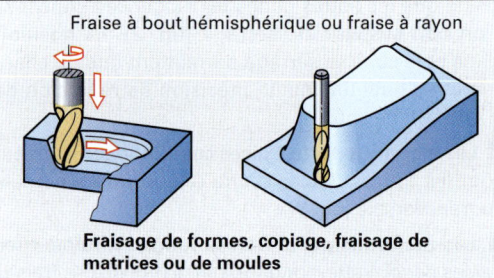

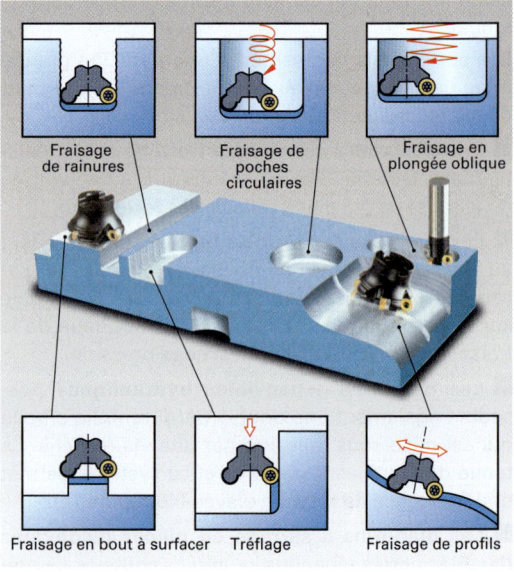

Fraisage en bout à surfacer — Tréflage — Fraisage de profils

**Fig. 2 :** Fraisage avec fraises à copier à plaquettes rondes

# Fabrication avec des machines-outils

## ■ Fraisage en opposition et fraisage en avalant

En fonction du sens du déplacement de la pièce par rapport à la fraise, on fait la distinction entre le fraisage en opposition et fraisage en avalant.

Dans **le fraisage en opposition**, le mouvement de rotation de la fraise se fait contre le sens de l'avance de la pièce **(fig. 1)**. Avant que les copeaux ne se forment, il se crée au début du travail de la dent un grand frottement sur la pièce et sur l'outil. Lorsque la dent forme les copeaux, la fraise est attirée vers la pièce. En raison des forces d'enlèvement des copeaux, les pièces flexibles peuvent être soulevées de la table de la machine.

Le **fraisage en opposition** n'est avantageux que lorsque les pièces comportent sur les parois des zones dures et qui provoquent de l'usure, par ex. les pièces en fonte, et lorsque l'entraînement de la table n'est pas exempt de jeu.

En **fraisage en avalant**, la dent pénètre de façon nette dans la matière (fig. 1). Le choc se donne autant sur la pièce que sur la dent. Une épaisseur d'enlèvement des copeaux décroissante réduit la force de coupe, ce qui permet d'obtenir une meilleure qualité de surface par rapport au fraisage en opposition.

Les avantages du fraisage en avalant peuvent être pleinement exploitées lorsqu'une dent reste toujours en contact et que l'avance de la table fonctionne sans jeu.

Avec le **surfaçage** où fraise à surfacer est placée en position symétrique par rapport à la pièce, les effets du fraisage en opposition et du fraisage en avalant s'annulent réciproquement **(fig. 2)**.

La différence **d'orientation des forces** fait que la fraise est attirée vers la pièce en fraisage en opposition, et qu'elle est poussée en fraisage en avalant **(fig. 3)**.

Les forces de poussées sont d'autant plus grandes que les parois de la pièce sont minces et que les fraises en bout, par ex. sont plus flexibles **(fig. 4)**.

Les modifications élastiques de forme qui se produisent sur les fraises en bout et sur les parois minces de la pièce reprennent leur place lorsque la fraise sort du contact. La superposition des modifications de forme sur la pièce et sur la fraise produit sur la pièce des défauts d'angle, de planéité et de parallélisme.

En **contournage**, les forces de coupe aboutissent à des modifications élastiques de la forme des fraises en bout et des pièces usinées à parois minces. Cela peut créer des erreurs de cotes et de forme.

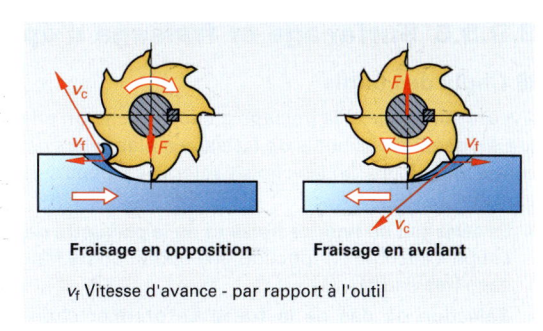

**Fig. 1 : Sens du fraisage**
$v_f$ Vitesse d'avance - par rapport à l'outil

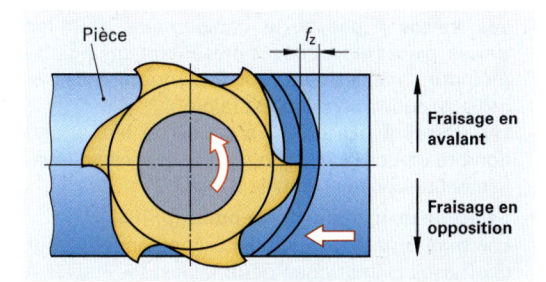

**Fig. 2 : Fraisage en opposition et en avalant partagé en surfaçage avec fraise et pièce sur un même axe**

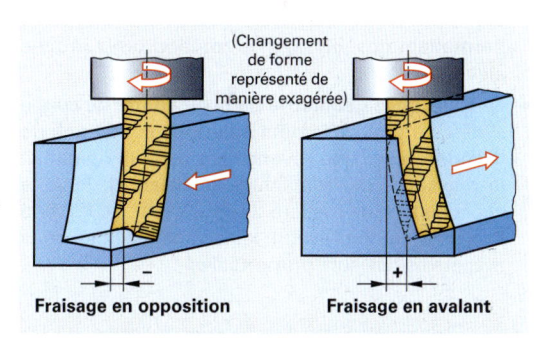

**Fig. 3 : Déformation d'une fraise en bout et en conséquence de la pièce suite au sens du fraisage en avalant ou en opposition**

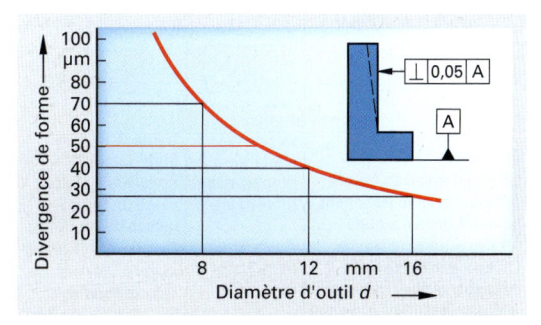

**Fig. 4 : Erreur de perpendicularité pouvant survenir sur la pièce lors d'un fraisage en avalant avec une fraise en bout**

# 3.8.8.5 Surfaçage et fraisage d'épaulement

## ■ Choix des outils

Avec le surfaçage et le fraisage d'épaulement, on utilise en général des outils de fraisage à plaquettes de coupe amovibles. On les choisit selon les étapes suivantes :

- La **sélection du type de fraise et de la plaquette de coupe s'effectue** en fonction de l'opération de fraisage **(tableau 1)**.
- **Sélection du pas de la fraise** Le premier choix devrait être une **fraise de pas** moyen **(tableau 3)**. Un autre choix peut être fait quand les conditions d'usinage sont particulières.
  **Les fraises à pas large** conviennent pour les fraises, pièces et fraiseuses présentant une rigidité moindre, car si les dents sont peu nombreuses, la force de coupe produite est faible.
  **Les fraises à pas étroit**, à cause de leur grand nombre de dents, ont une grande capacité d'enlèvement de copeaux dans le temps.
- **Sélection du mandrin porte-outils** (p. 185)
  Les mandrins à forte conicité conviennent pour les fraises cylindriques deux tailles, les fraises à tronçonner et les fraises à surfacer (fraises à plaquettes). Les porte-outils à cône creux-face HSK présupposent une machine à broche de fraisage correspondante. Les porte-outils HSK équilibrés permettent des vitesses de rotation de la broche élevées.
- Le **choix de la géométrie de la plaquette de coupe** s'effectue principalement selon les conditions de la coupe, telles que l'avance par dent, la rigidité et la puissance de la machine **(tableau 2)**. Pour le choix du type de matière de coupe (par ex. P, M ou K, revêtu ou non revêtu), les caractéristiques de la matière usinée sont primordiales.

**Tableau 1 : Choix du type de fraise et de plaquette de coupe**

| Type de fraise | Plaquette de coupe | Type d'usinage |
|---|---|---|
| Fraise à surfacer 45° | | |
| Fraise à surfacer 90° | | |
| Fraise à surfacer 90° angle de fraisage oblique limité | | |
| Fraise à surfacer et copier | | |
| Fraise cylindrique deux tailles, angle de fraisage oblique limité | | |

**Tableau 2 : Choix de la géométrie de la plaquette de coupe**

| Principaux types en fonction des conditions de coupe | | |
|---|---|---|
| aisée (L) | moyenne (M) | difficile (H) |
| Coupes aisées (usinage lisse) Le grand angle de coupe orthogonal et le tranchant coupant produisent de faibles efforts de coupe. Un bon enlèvement de copeaux sur des matériaux à copeaux continus (alliage d'Al) et des machines à faible puissance de broche. Des petites avances | Le premier choix pour la plupart des matériaux Avance par dent jusqu'à 0,25 mm | Usinage difficile : Matériaux résistants à la chaleur, pièce de forge, pièces de fonderie De grandes avances jusqu'à 0,4 mm. Très grande stabilité de l'arête de coupe |

**Tableau 3 : Choix de la répartition des dents**

| Stabilité de l'usinage (machine, outil, pièce) | | |
|---|---|---|
| faible (L) | moyenne (M) | haute (H) |
| Un pas large | Un pas moyen | Un pas étroit |
| Lorsque de faibles forces sont nécessaires, par ex. sur des petites machines à rigidité et à puissance de broche limitées. En cas de grande saillie de l'outil | Sur les machines à fraiser et les centres d'usinage courants Le premier choix en cas d'usinage par fraisage mixte | Sur des machines rigides avec une grande puissance de broche pour une productivité optimale. Matériaux à copeaux courts et cassants |

# Fabrication avec des machines-outils

## ■ Sélection des fraises à surfacer et des fraises d'épaulement (tableau 1)

- **Les fraise à surfacer** à angle de direction de 45° ont un angle de coupe relativement important et conviennent bien pour le fraisage sur des machines dont l'entraînement n'est pas puissant. Pratiquement tous les matériaux (hormis le titane) peuvent être usinés à l'aide de ces fraises. Les fraises à surfacer à angle de direction de 70° ou 75° ont un angle de coupe encore positif mais plus petit.
- **Les fraises à surfacer 90°**, en raison de cet angle de direction de 90°, ont des forces axiales plus faibles sur la broche que les fraises a surfacer à angle de direction de 45°. Lors de l'usinage d'une pièce présentant une certaine souplesse (manque de rigidité), les forces axiales moindres dues à l'angle de direction de 90° permettent d'assurer la planéité et évite l'écaillement des arrêtes de coupe. Toutefois les vibrations d'une broche moins chargée ne sont pas exclues.
- **Les fraises à grand pas** pas ne mettent que peu de dents en contact. Pour l'ébauche, l'espace entre les dents engendre un grands dégagements pour les copeaux et, lors de la finition, avec une petite profondeur de coupe, des forces de coupe très faibles. Lorsque l'outil a un grand porte-à-faux la déviation de la fraise est limitée (tableau 1).
- **Les fraises à grand pas** mettent plus de dents en contact, ce qui permet un fonctionnement avec moins de heurts. On peut ainsi éviter que les arêtes ne s'ébrèchent sur les pièces en fonte. Règle générale: lorsque la largeur fraisée ou la largeur de la passe est inférieure à 60 % du diamètre de la fraise, les petits pas permettent d'éviter les vibrations (tableau 1).

> Lors d'un surfaçage, on sélectionne en général un angle de direction de 45° et un pas large ou moyen.

## ■ Sélection du diamètre de la fraise

En surfaçage, le diamètre de la fraise devra être égal à 1,2 à 1,5 fois la largeur de coupe, afin de protéger les fraises d'une rupture des plaquettes due au changement brusque des efforts de coupe, lorsqu'elles pénètrent dans la pièce et lorsqu'elles en ressortent **(fig. 1)**.

Avec de grandes largeurs de coupe, il faut veiller à ce que la puissance de broche de la fraiseuse soit suffisante pour les opérations de fraisage.

## ■ Choix de la position de la fraise à surfacer

Si la fraise est en position centrale, un changement du sens de la force d'enlèvement des copeaux peut déclencher des vibrations (broutage) **(fig. 2)**. Les causes en sont par ex. le manque de rigidité de l'outil ou de la machine. Si la tête de fraisage est en position excentrée, on évite les vibrations, car dans cette position l'effort de coupe se donne uniquement d'un côté de la fraise.

**Tableau 1: Choix des fraises à surfacer en fonction de l'angle de direction et du pas de denture**

| Influences de l'usinage sur le choix de la fraise | Fraisage plan 45° Division gros pas | Fraisage plan 45° Division petit pas | Fraisage d'angle 90° Division gros pas | Fraisage d'angle 90° Division petit pas |
|---|:---:|:---:|:---:|:---:|
| Pièce rigide machine stable | ● | | | |
| Pièce peu rigide | | | ● | |
| Pièces à parois minces | | | ● | |
| Sufaçage et dressage (épaulement) | | | | ● |
| Tendance à l'écaillage des bords (fonte) | | | ● | |
| Grande saillie de l'outil | ● | | | |
| Tendance aux vibrations | | | ● | |
| Meilleure rugosité de surface possible | ● | | ● | |

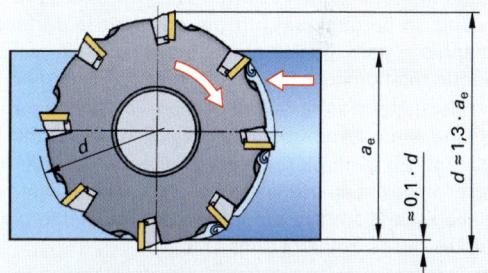

**Fig. 1: Diamètre et position de la fraise**

$a_e \approx 0,1 \cdot d$  
$d \approx 1,3 \cdot a_e$

Vibrations de la fraise par une direction alternée de la force

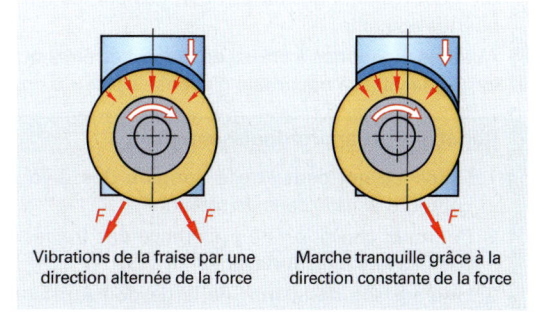

Marche tranquille grâce à la direction constante de la force

**Fig. 2: Influence de la position de la fraise par rapport à la pièce**

## Sélection des données de coupe pour le fraisage

Les fabricants de plaquettes de coupe amovibles recommandent généralement pour le champ d'application d'une plaquette de coupe déterminée, des « valeurs de départ » pour les valeurs telles que la profondeur de passe $a_p$ l'avance par dent $f_z$ et la vitesse de coupe $v_c$ (fig. 1).

L'avance maximale ne devra pas être dépassée à cause du danger de rupture des plaquettes, et la vitesse de coupe maximale doit également être respectée à cause de l'usure admissible et de la durée de vie.

Les valeurs de départ recommandées dans le diagramme $v_c$-$f_z$ (fig. 1) ont pour objectif de réaliser un grand volume d'enlèvement de copeaux avec une avance élevée par dent $f_z$ et une vitesse de coupe moyenne $v_c$.

## Plaquettes de coupe amovibles pour fraisage de finition

Pour le fraisage d'ébauche, on utilise des plaquettes avec rayon de pointe normal et pour la finition des rayons de pointe avec arête de finition étroite ou large (fig. 2 et fig. 3).

Les plaquettes de coupe amovibles avec arêtes de finition étroites (par ex. Wiper – WSP) ont, par rapport aux plaquettes à arêtes de finition larges, quatre arêtes de coupe qui sont indexables lorsque la qualité de surface baisse. La plaquette avec arête de finition se tient en position axiale à 0,1 à 0,15 mm en avant des autres plaquettes de la fraise. En général, une telle plaquette suffit dans le porte-outils, en effet l'arête de finition de quelques mm ne doit finir la surface qu'après le passage des plaquettes ébauches, ceci à chaque rotation de la fraise.

Les plaquettes à arête de finition large ($b = 8 … 10$ mm) on une arête avec un grand rayon de 100 mm à 900 mm. En général, la plaquette à arête de finition large fait saillie en position axiale de 0,05 à 0,08 mm, et elle lisse la surface pré-usinée par les autres plaquettes qui se trouvent dans la fraise.

> L'arête de finition doit être plus longue que l'avance par dent de la fraise si l'on veut obtenir un recouvrement des stries obtenues par les plaquettes ébauche.

Avec les plaquettes à arêtes de finition étroites ou larges, la vitesse maximale d'avance est $v_f = b \cdot n$.

**Fig. 1 :** Domaine d'application d'une plaquette amovible

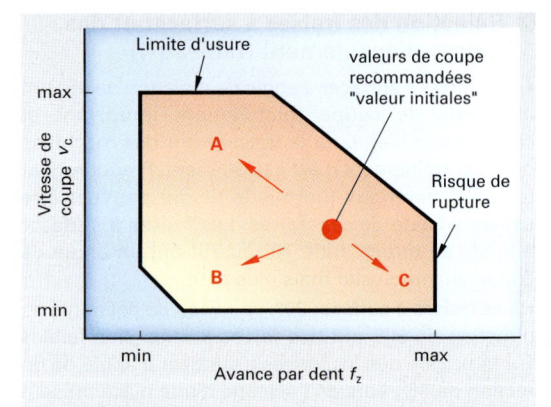

La modification des valeurs de coupe par rapport aux "valeurs initiales" recommandées en direction A, B ou C provoque :

**A –** une amélioration de la qualité de surface par l'accroissement de la vitesse de coupe et la réduction de l'avance

**B –** une augmentation du temps d'utilisation et de la sécurité de fraisage en cas de pièces fragiles, de mauvais état de la machine ou de pièces de formes problématiques

**C –** une atténuation des vibrations par l'accroissement de l'avance

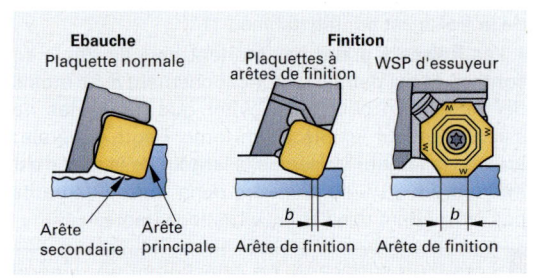

**Fig. 2 :** Fraisage ébauche et fraisage de finition avec des plaquettes amovibles

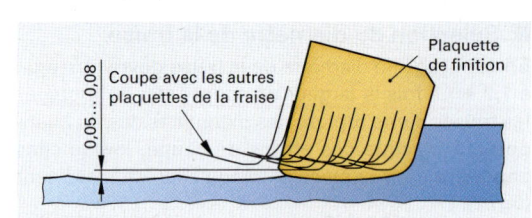

**Fig. 3 :** Surface après le fraisage avec une fraise ayant une plaquette à arête de finition large

## Répétition et approfondissement

1. Qu'est-ce qui peut être à l'origine des divergences de formes sur des pièces lors du fraisage de contours dans le sens de rotation ?
2. Pourquoi choisit-on de préférence des fraises avec un angle de direction de 45 degrés et avec grand pas pas lors d'un surfaçage ?
3. Une surface de 80 mm de large doit être surfacée. Quel diamètre minimum les fraises à surfacer devraient-elles avoir ?
4. Pourquoi la position excentrée de la fraise par rapport à la pièce est-elle avantageuse pour le surfaçage ?

# 3.8.8.6 Mesures d'optimisation et résolution des problèmes

### Réduction des problèmes dus à l'usure lors du fraisage par usinage à sec

L'utilisation de lubrifiants réfrigérants aboutit lors du fraisage à des changements de température accrus sur les arêtes de coupe avec pour conséquence des fissures thermiques **(tableau 1, p. 184)**. Avec l'usinage à sec, les changements de température sur les arêtes de coupe sont plus faibles, mais les températures d'enlèvement de copeaux sont sensiblement plus élevées. Pour cette raison, il faut choisir une matière de coupe qui a une haute résistance à la température. Les couches de matière dure résistantes à la température forment un bouclier thermique protégeant la matière de coupe qui se trouve au-dessous. Les problèmes d'usure les plus fréquents lors de l'usinage à sec sont l'usure en cratères sur la face de coupe, l'arrondissement des arêtes de coupe et l'usure en dépouille. Avec certains alliages d'aluminium et certains aciers alliés, on peut empêcher efficacement la formation d'une arête rapportée en utilisant la lubrification par pulvérisation de 8 à 20 ml d'huile par heure. Les matériaux en fonte peuvent être usinés à sec en raison du graphite qui y est incorporé.

### ■ Mesures à prendre en cas de problèmes de fraisage (tableau 1)

Des mesures correctives sont nécessaires, lorsque par ex. la qualité de surface, la rentabilité ou la sécurité de fabrication doivent être améliorées. Pour résoudre les problèmes, on essaie de modifier ou d'éliminer les sources de difficultés connues.

**Exemple :** Une usure importante de la face de dépouille abrège la durée de vie et constitue la cause principale de la mauvaise qualité de surface. En augmentant l'avance $f_z$, on peut réduire probablement l'usure de la face de dépouille et, par là, améliorer également la qualité de la surface.

**Tableau 1 : Mesures à prendre en cas de problèmes de fraisage**

| Problèmes d'usure | | | | | | Problèmes généraux | | | | Mesures correctives | |
|---|---|---|---|---|---|---|---|---|---|---|---|
| Rupture de plaquettes | Ecaillage des arêtes | Usure trop forte en dépouille | Forte usure en cratère | Arête rapportée | Fissures thermiques | Secousses, vibrations | Mauvaise qualité de surface | Rupture des arêtes de la pièce | Surcharge de la machine | | |
| | • | | | • | | • | • | | | Accroître la vitesse de coupe $v_c$ | Valeurs de coupe |
| | | • | | • | | | | | • | Réduire la vitesse de coupe $v_c$ | |
| | | • | | • | | | | | | Accroître l'avance par dent $f_z$ | |
| • | • | | | | | | • | • | • | Réduire l'avance par dent $f_z$ | |
| | | | | | | | | • | • | Réduire la profondeur de coupe | |
| • | | | | • | | | | | | Choisir une plaquette de coupe plus robuste | Plaquette de coupe |
| | | • | • | | | | • | | | Choisir des variétés plus résistantes à l'usure ou revêtues | |
| • | | • | • | | | | • | • | | Choisir un angle de coupe plus positif | |
| • | | | | | • | | | | | Choisir une plus grande stabilité des arêtes de coupe | |
| | | | | | | • | | • | | Choisir un angle de direction plus petit | Conditions de coupe |
| | | | | | | • | • | | | Vérifier les arêtes de coupe | |
| • | | | | | | • | | • | | Modifier la position de la fraise par rapport à la pièce | |
| • | • | | | | | • | • | | | Améliorer le serrage de l'outil et de la pièce | |
| | | • | | | • | | | | | Ne pas utiliser de lubrifiant réfrigérant | |

## 3.8.8.7 Fraises à grande vitesse (UGV ou HSC)

**Caractéristiques de travail typiques :** par rapport aux procédés de fraisage usuels (classiques), l'Usinage à Grande Vitesse (en anglais High Speed Cutting HSC) se distingue par des vitesses de coupe sensiblement plus élevées pour tous les matériaux **(fig. 1)**. Dans la plage UGV ou HSC, les vitesses de coupe sont de cinq à dix fois plus élevées qu'avec les fraises habituelles. Une autre caractéristique est l'augmentation de la vitesse d'avance avec une faible avance par dent, et la faible profondeur de coupe radiale $a_e$ de la fraise en bout. La profondeur de coupe axiale $a_p$ est généralement dans la plage de 0,1 % à 5 % du diamètre de la fraise.

De nombreuses caractéristiques de performances, telles que la haute qualité de surface et l'important volume d'enlèvement de copeaux, ne peuvent être obtenues qu'avec des fraises HSC à rotation rapide **(fig. 2** et **tableau 1)**. La vitesse de coupe élevée permet d'évacuer plus de 90 % de la chaleur dégagée à l'enlèvement des copeaux en même temps que ceux-ci. Les pièces de précision sensibles à la chaleur subissent une élévation de chaleur moindre et peu de tensions qui modifieraient la géométrie des parois. Grâce à cela, la **précision des cotes** est améliorée. Aucun lubrifiant-réfrigérant n'est nécessaire.

> Des vitesses d'avance et de coupe élevées sont typiques des fraises à grande vitesse. Mais on ne peut obtenir des temps et fraisage et des temps auxiliaires courts que si la fraiseuse HSC peut accélérer vigoureusement sur tous les axes.

■ **Domaines d'utilisation** du fraisage UGV ou HSC :
- Construction des outils et des formes, en fonction de l'usinage complet avec son traitement thermique sur une seule machine (ce qui supprime les étapes de travail telles que l'érosion, la finition et le rectifiage).
- Fabrication d'électrodes en graphite et en métal pour l'usinage par érosion.
- Fabrication de composants de précision et de composants à paroi mince en acier, en fonte ou en métal léger, par ex. pour la construction de moteurs, l'astronautique et l'industrie optique **(tableau 1** et **fig. 3)**.

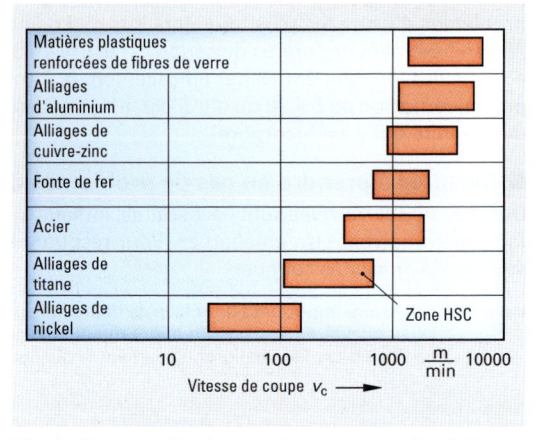

Fig. 1 : Gammes de vitesses de coupe pour les fraises à grande vitesse (HSC)

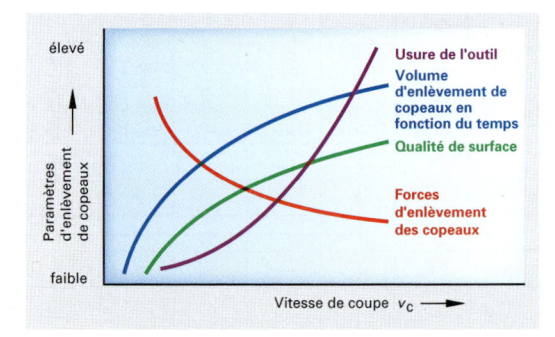

Fig. 2 : Caractéristiques de puissance en fonction de la vitesse de coupe

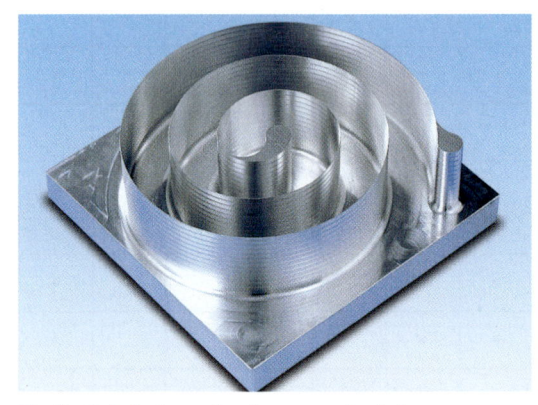

Fig. 3 : Spirale à parois minces en aluminium

**Tableau 1 : Domaines d'application de l'usinage à grande vitesse**

| Avantages | Domaines d'application |
|---|---|
| Usinage à grand volume de copeaux | Usinage de moule, fabrication de pièces nécessitant un grand enlèvement de copeaux en aluminium et graphite |
| Haute qualité de surface | Pièces de mécanique de précision, en optiques, moules d'injection, matrice de forge |
| Faibles forces d'enlèvement de copeaux | Usinage de pièces à parois minces |
| Grande précision des cotes et des formes | Pièces de précision |
| Dissipation de la chaleur par les copeaux | Usinage de pièces sensibles à la chaleur (magnésium) |

# Fabrication avec des machines-outils

## ■ Fraisage à grande vitesse comme alternative à l'érosion

Les possibilités **d'usinage dans les matériaux trempés** compris entre 46 et 63 HRC, le fraisage HSC a remplacé dans de nombreux cas l'usinage par érosion **(fig. 1)**. Les matrices d'estampage ou les outils d'emboutissage peuvent être presque entièrement usinés par UGV ou HSC. On peut se dispenser de procéder ensuite à un rectifiage. Cela réduit les temps d'usinage et améliore la qualité.

Souvent, les outils et les moules sont eux aussi ébauchés à la fraise de façon classique, puis finis sur une fraiseuse HSC.

## ■ Fraiseuse à grande vitesse (fig. 3)

Les fraiseuses HSC et les fraiseuses universelles peuvent disposer d'une broche à haute fréquence, du même programme à commande numérique pour le fraisage, avec les mêmes avances et les mêmes fréquences de rotation, tout en se distinguant par le temps de fraisage et la qualité de surface **(fig. 2)**. On obtient avec la fraiseuse HSC un temps de fraisage plus court en accélérant de quatre fois tous les axes des avances. Une rigidité plus élevée et des caractéristiques optimales d'amortissement améliorent la qualité de surface. La précision des cotes et des formes réalisée est de ±8 µm.

La **broche à haute fréquence de rotation (fig. 4)** a une grande concentricité et atteint des fréquences de rotation comprises entre 100 $min^{-1}$ et 42 000 $min^{-1}$.

La **vitesse des avances** est programmable de 0 ... 20 000 mm/min dans les axes X, Y et Z, ce qui permet d'obtenir la géométrie exacte de la pièce, même avec des changements de sens rapides liés à une commande très rapide. La vitesse de marche rapide de tous les axes peut atteindre 40 m/min.

Exigences imposées aux **outils HSC**:

- Résistance à l'usure aux vitesses de coupe élevées. On utilise des fraises à queue cylindrique en carbure monobloc revêtu, des fraises en diamant polycristallin (DP) ou des fraises en nitrure de bore (BN ou CBN).
- Porte-outils et outils équilibrés et pas d'erreur de concentricité et de planéité.
- Amortissement rapide des vibrations engendrées par l'usinage.

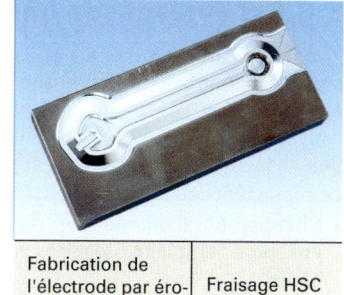

| Fabrication de l'électrode par érosion et polissage | Fraisage HSC |
|---|---|
| 17 heures | 88 min |

Fig. 1 : Matrice pour forger une clé à fourche (usinage de matériaux trempés)

| Caractéristique | Fraisage habituel | Fraisage HSC |
|---|---|---|
| Temps de fraisage | 84 min | 39 min |
| Profondeur de rugosité | $Ra = 0,6$ µm | $Ra = 0,4$ µm |

Fig. 2 : Moule d'injection (commutateur rotatif)

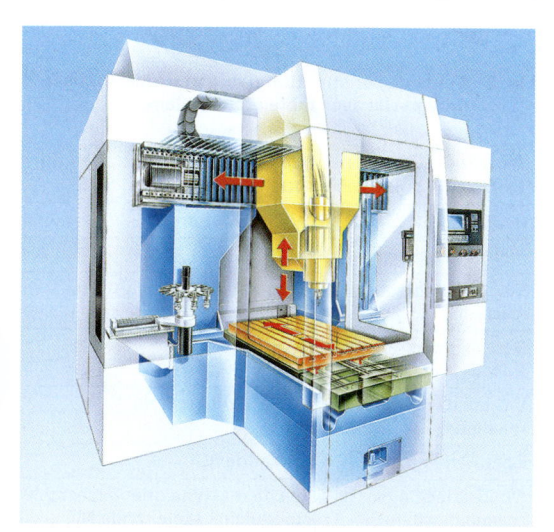

Fig. 3 : Centre d'usinage HSC

Broche à hautes fréquences jusqu'à 42 000 $min^{-1}$

Fig. 4 : Fraisage HSC dans la construction de moules

## 3.8.8.8 Fraiseuses universelles

Pour la construction d'outils et de formes, la réalisation d'échantillons (prototypes) ou de petites séries, ainsi que pour la formation, il faut disposer de fraiseuses qui se prêtent à une utilisation universelle **(fig. 1)**.

Les caractéristiques des **fraiseuses universelles** sont:
- Changement d'équipement rapide et simple pour l'usinage complexe de pièces isolées ou de petites séries.
- Une **tête de fraisage pivotante,** réglable entre 0° (à la verticale) et 90° (à l'horizontale), de telle sorte que la fraise puisse adopter la position optimale par rapport à la pièce (fig. 1 et **fig. 1 p. suivante**). Cela permet d'usiner jusqu'à 5 faces.
- Différents types de **tables de fraiseuses** par ex. la table en console ou suspendue sous forme d'une équerre rigide pour pièces lourdes ou la table suspendue et orientable dans deux axes et en rotation (fig. 1 et fig. 1, p. suivante). Les plateaux circulaires à commande numérique et la motorisation des axes de rotation de la table avec une commande numérique étendent les possibilités d'usinage **(fig. 2, p. suivante)**.
- L'utilisation d'un **fourreau de broche** extensible est surtout avantageuse si le perçage s'effectue avec la broche en position oblique (fig. 1).

### ■ Commande et programmation

- **Les fraiseuses à commande manuelle** où le déplacement sur les trois axes est provoqué par des volants, s'utilise en formation et dans les ateliers de réparation. Pour les fraiseuses à commande numérique destinées à la formation, on peut également effectuer un fraisage manuel au moyen de volants électroniques qui commandent les axes X, Y et Z (fig. 1).
- **Les fraiseuses à commande numérique** fonctionnent avec une **commande continue** pour trois axes ou davantage **(fig.** 1 et **2)**. Un axe supplémentaire est constitué par ex. par l'axe de rotation du plateau circulaire à commande numérique. On peut ainsi fraiser des rainures hélicoïdales, des filets et des dentures en spirale. Les déplacements, par ex. pour les cercles et les pentes, peuvent s'effectuer sur plusieurs axes en même temps avec les commandes continues. En liaison avec un changeur d'outils, le cycle du programme peut être entièrement automatisé **(fig. 3, p. suivante)**.

Des systèmes de programmations documentés en atelier (papier ou FAO) permettent une programmation rapide avec soutien graphique pour les usinages complexes. En complément viennent s'ajouter la gestion des outils avec surveillance de la durée de vie et la simulation graphique en temps réel de l'usinage des pièces.

**Des caractéristiques techniques** concernant le domaine de travail, les entraînements et les options sont fournies par le fabricant dans **le guide technique de la machine (tableau 1)**.

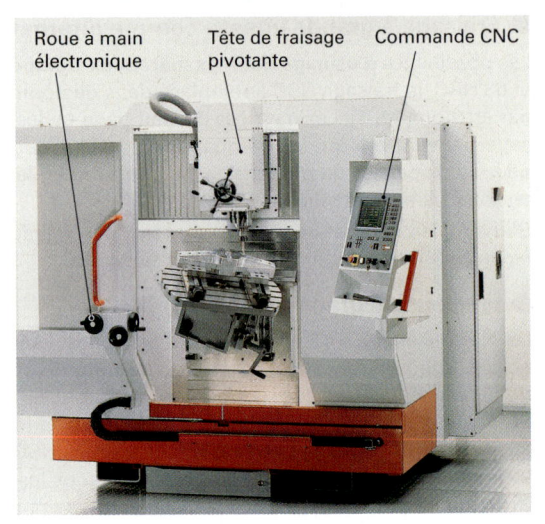

Fig. 1: Machine à fraiser universelle avec table orientable sur trois axes

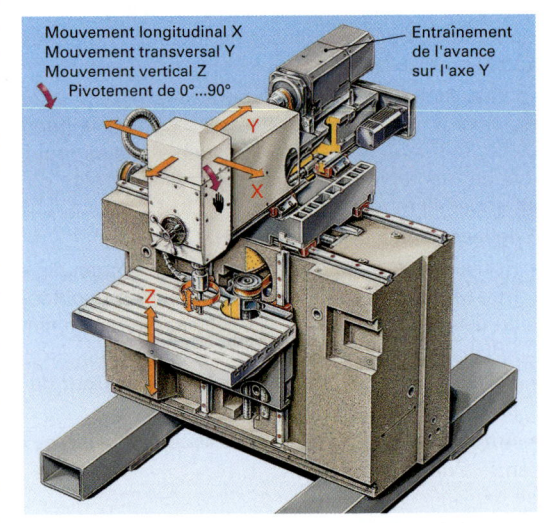

Fig. 2: Mode de construction d'une machine à fraiser universelle avec table rectangulaire fixe

Tableau 1: Caractéristiques techniques extraites du guide technique de la machine

| | |
|---|---|
| Déplacement X, Y, Z | 630, 500, 500 mm |
| Puissance de broche | 11 kW |
| Plage de vitesses de rotation | 20…7000/min |
| Déplacement rapide X, Y, Z | 15 m/min |
| Vitesse de travail maximum | Jusqu'à 1500 mm/min |
| Commande | Commande 3D |
| Options (selon demande du client) | Table de machine orientable, table rectangulaire, table ronde NC, changeur d'outils |

# Fabrication avec des machines-outils

La **table de machine universelle** peut être utilisée sous forme de plateau pivotant et basculant dans deux sens **(fig. 1)**. La pièce serrée peut ainsi être présentée sous le bon angle face à la fraise utilisée.

Un **plateau circulaire à commande numérique** peut être actionné comme 4e axe par commande numérique. En relation avec une tête de fraisage pivotante, on peut usiner les 5 faces d'une pièce sans la desserrer **(fig. 2)**. On peut également réaliser des usinages à forme en spirales, des surfaces courbes, ou des dentures hélicoïdales. Les mouvements de rotation peuvent être à commande manuelle ou numérique.

**Les changeurs d'outils (fig. 3)** pour les cycles de programmes automatiques changent les outils conformément à la séquence de travail, en les prélevant dans le magasin pour les placer dans la broche de la machine. Dans ce processus, un temps de changement d'outils bref (« temps de copeaux à copeaux ») est très apprécié. Les changeurs d'outils sont généralement utilisés pour la fabrication automatique en séries.

> Le temps dit « de copeaux à copeaux » indique le nombre de secondes qu'il faut à la machine pour pouvoir reprendre l'enlèvement des copeaux avec l'outil monté lors du changement.

## ■ Fraiseuses à portique et à banc (fig. 4)

Les fraiseuses à portique sont utilisées pour l'usinage des pièces de taille et de poids importants. Le poids de la pièce et les forces d'enlèvement de copeaux sont absorbées par le bâti rigide de la machine, ce qui rend pratiquement impossibles les écarts de position de la table posée sur le bâti (banc). En l'absence de plateau à hauteur réglable, la poupée porte-broche horizontale, située sur les montants se déplace verticalement et la poupée verticale se déplace horizontalement sur une coulisse transversale qui, elle-même à un mouvement vertical.

La table des **fraiseuse à banc** est à coulisses croisées reposant sur le bâti (banc) de la machine. La broche est sur une poupée à mouvement vertical.

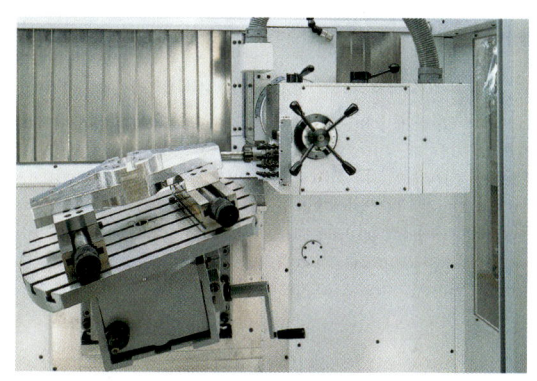

**Fig. 1 :** Table de machine universelle et tête de fraisage en position horizontale (pivotée de 90 degrés)

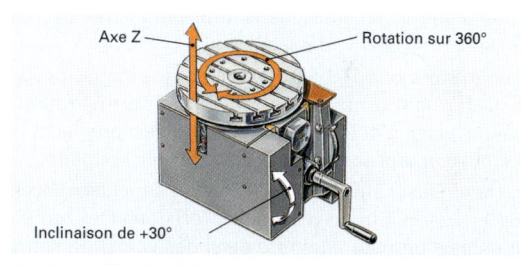

**Fig. 2 :** Table circulaire NC, pouvant être inclinée manuellement

**Fig. 3 :** Changeur d'outils

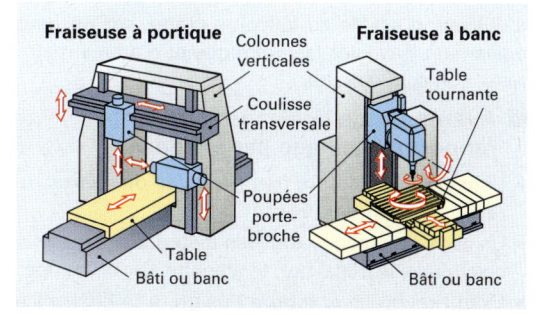

**Fig. 4 :** Fraiseuses à portique et à banc

### Répétition et approfondissement

1. Quelles caractéristiques du matériau de coupe sont indispensables pour l'usinage à sec ?
2. Quels avantages présente le fraisage à grandes vitesses par rapport au fraisage traditionnel ?
3. En fraisage à grandes vitesses (HSC), comment faut-il choisir la vitesse de coupe, l'avance et la profondeur de passe ?
4. Pourquoi utilise-t-on essentiellement des machines de fraisage universelles en construction d'outillages ?

## 3.8.8.9 Usinage au laser

### ■ Usinage au laser sur fraiseuse

Tandis que le fraisage permet d'obtenir un volume important d'enlèvement de copeaux, l'usinage au laser convient davantage pour la fabrication ou la retouche de contours délicats. L'atout de la combinaison de la fraise et du laser consiste en ce qu'en un seul serrage on commence par fraiser et ensuite, au moyen du laser, on peut effectuer l'usinage de finition (**fig. 1**).

### ■ Usinage au laser (fig. 2)

Les trois axes de la machine amènent la pièce dans la bonne position par rapport à la tête de laser fixe. L'optique du laser, avec son miroir déflecteur, permet d'usiner la pièce dans une plage par ex. de 70 × 70 mm sans la déplacer.

Les miroirs orientables (déflecteurs) à haute précision forment trois axes optiques. Ils permettent au rayon laser d'enlever le matériel avec précision à l'emplacement souhaité, et sous l'angle souhaité.

Le rayon laser enlève le matériau par couches minces de 1 ... 5 µm. Sur les pièces de précision et les pièces moulées, on peut atteindre ainsi des écarts de cotes et de forme de ±5 µm. Plus mince est la couche, meilleure est la qualité de surface ($Ra$ > 1 µm). Le laser vaporise la majeure partie du matériau. On obtient ainsi un enlèvement de matière de 1 ... 25 $\frac{mm^3}{min}$. La cabine intégrale de la machine rend superflue toute mesure de protection supplémentaire.

### ■ Domaines d'application :

- Formes pour le moulage par injection, pour le moulage de précision, et usinage à contours fins (filigranes) (**fig. 3**).
- Composants microtechniques et électroniques, par ex. interrupteurs, capteurs et connexions à fiche.
- Fabrication de bijoux et de couverts de table.
- Construction de modèles de fonctions ou d'échantillons avant l'usinage en séries

Comme avec l'usinage par érosion, on n'enlève que peu de matière avec l'usinage au laser. Son domaine d'utilisation est de ce fait plus grand, car on peut également travailler la céramique et d'autres matériaux non conducteurs.

### ■ Avantages de l'usinage au laser par rapport à l'usinage par érosion :

- Usinage de contours fins avec des diamètres de rayons à partir de 0,04 mm
- Usinage de presque tous les matériaux, par ex. la céramique, le métal dur, le graphite, l'acier trempé.
- L'outil rayon laser ignore l'usure, à la différence des électrodes utilisées pour l'érosion.

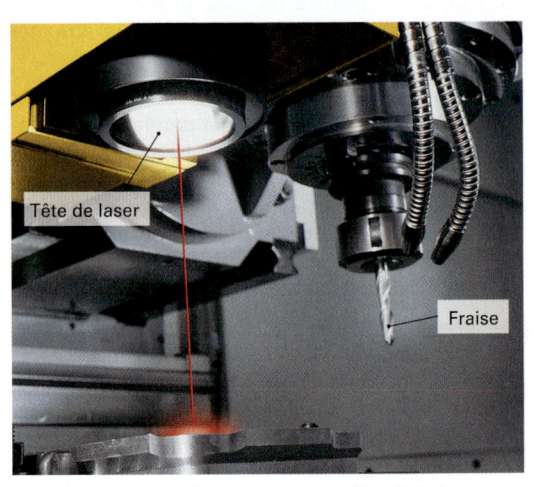

Fig. 1 : Usinage au laser sur une machine à fraiser

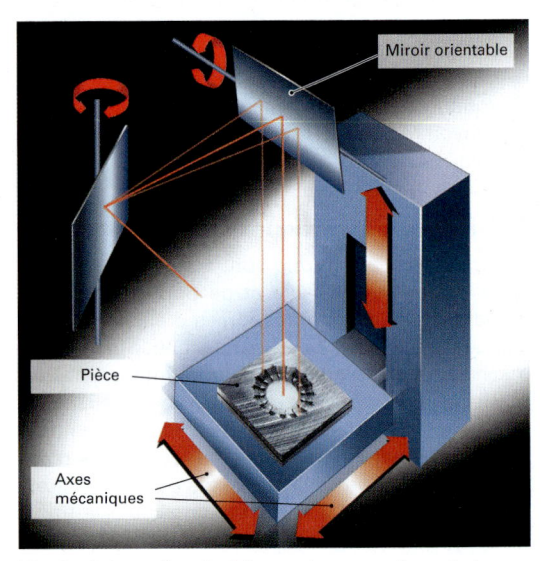

Fig. 2 : Orientation du faisceau laser par des miroirs

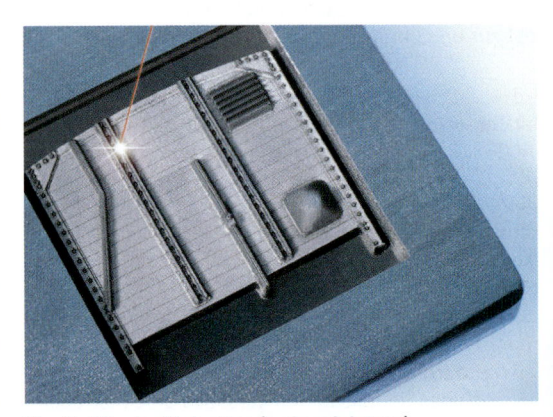

Fig. 3 : Moule d'injection (train miniature)

## 3.8.9 Ébavurage de pièces

Lors de la production de composants par enlèvement de copeaux, la formation de bavures est souvent difficile à éviter. Des solutions conceptuelles dont la réalisation de chanfreins et arrondis permettent de minimiser la formation de bavures. En particulier celles apparues contre les arêtes intérieures des pièces, comme par ex. avec les intersections d'alésages (**fig. 1**), sont inévitables et en outre difficiles à retirer.

> Or l'ébavurage des composants est indispensable autant pour leur bon fonctionnement que pour protéger des blessures.

La suppression des bavures a lieu à la main ou à la machine avec différentes méthodes et procédés.

Fig. 1: Pièces avec intersections d'alésages

### ▌ Méthodes et procédés (sélection)

L'**ébavurage à la main** permet de retirer les bavures sur les alésages et les arêtes à l'aide de différents outils d'ébavurage (**fig. 2**). Le procédé est laborieux en présence de formes complexes, il mobilise du personnel, le processus n'est pas sûr, mais en revanche d'un emploi polyvalent et incontournable.

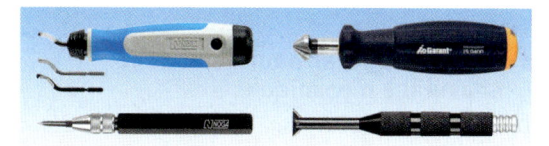

Fig. 2: Outils d'ébavurage manuel typiques

Lors de l'ébavurage par **tribofinition**, les pièces et les corps abrasifs appelés « chips » sont mis en mouvements les uns par rapport aux autres. Cela provoque une abrasion de matière principalement au niveau des arêtes des pièces. On verse les pièces à usiner avec les corps abrasifs sous forme de matériaux en vrac (**fig. 3**) dans un récipient. On leur ajoute également des additifs chimiques en solution aqueuse (Compound = mélange) par ex. pour améliorer le rendement d'abrasion. Les agents abrasifs liés à de la céramique ou de la résine polyester existent sous forme de chips aux formes, tailles et qualités les plus diverses. Suivant la génération du mouvement relatif entre les pièces et les corps abrasifs, on distingue plusieurs variantes de procédé, par ex. l'abrasion par vibration, force centrifuge, à passage continu, le tonnelage, l'abrasion par barbotage et remorquage.

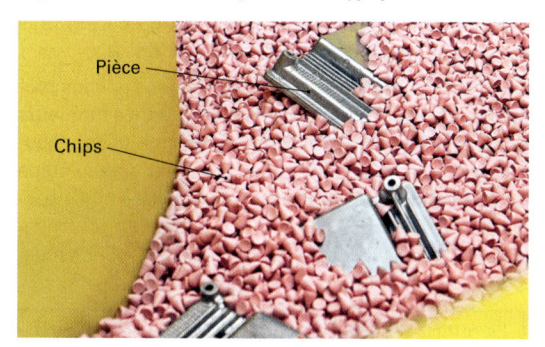

Fig.3: Pièces et chips sous forme de produits en vrac

Dans l'**ébavurage thermique (TEM)** et l'ébavurage par explosion, on remplit la chambre d'ébavurage avec un mélange d'oxygène et de gaz combustible (**fig. 4**). Après l'ignition, la température peut atteindre 3000 °C. Les bavures se consument ainsi en un temps très court, sachant que les pièces elles-mêmes voient leur température n'augmenter que de manière négligeable (100 – 160 °C). Une abrasion de matière à la surface des pièces n'a pas lieu. L'ébavurage thermique pour éliminer les bavures internes et externes convient aux composants réalisés dans presque tous les matériaux métalliques et thermoplastes. Il ne reste pas de copeaux.

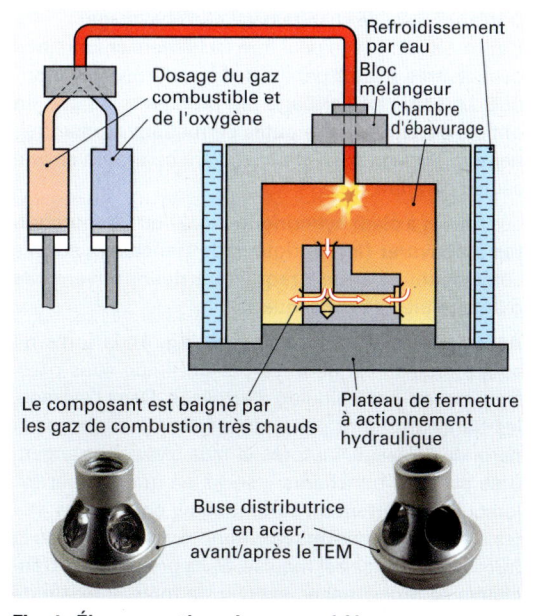

Fig. 4: Ébavurage thermique, procédés

L'**ébavurage électrochimique (ECM)**, avec électrodes de moule officiant de cathodes, permettent de conférer un arrondi, par dissolution anodique de matière (électrolyse), aux arêtes de pièces complexes et difficilement accessibles fabriquées en série.

Dans l'**ébavurage à la brosse**, des robots et commandes API équipés de systèmes de brosses motorisés sont mis en œuvre pour traiter les géométries de pièce plus simples.

L'**ébavurage au jet d'eau haute pression (HPW)**, à des pressions dépassant les 2000 bars, permet de débarrasser aussi les composants plus complexes, en particulier ceux en métal léger, de leurs bavures et au passage de les nettoyer.

## ▌ Chanfreinage, arrondissement et ébavurage mécaniques

Différents outils d'ébavurage simples dont par ex. des tiges de fraisage en métal dur sont mis en œuvre dans des broches haute vitesse à entraînement électrique ou pneumatique, et guidés à la main ou par un bras robotisé le long des arêtes à ébavurer (**fig. 1**).

Les pièces fabriquées par enlèvement de copeaux présentent souvent des contours avec alésages intérieurs et se croisant. Sur les pièces de grande taille, l'ébavurage est le plus judicieux directement après l'étape de fabrication, sans desserrer la pièce. Des outils spéciaux permettent de chanfreiner, d'arrondir ou d'ébavurer les arêtes et alésages par pilotage CNC. Ensuite, c'est une pièce finie qui sort du centre d'usinage.

> Le principal domaine d'application des outils spéciaux de chanfreinage et d'ébavurage réside dans l'ébavurage des profils circulaires dont les alésages.

**Outils spéciaux de chanfreinage et d'ébavurage**

L'entrée de l'alésage peut être facilement chanfreinée ou ébavurée à l'aide par ex. de fraises à pivot cylindrique. La sortie de l'alésage fait problème. À cette fin ont été développés des outils permettant de chanfreiner et/ou ébavurer en marche avant ou arrière en une seule opération.

Les **fraises à pivot cylindrique (fig. 2)** ou les **fourchettes à ébavurer (fig. 3)** dotées de tranchants sur les côtés avant et arrière requièrent des mouvements d'outil pilotés en conséquence.

Avec l'**outil d'ébavurage spécial (fig. 4)**, la force de coupe requise est générée par un fluide sous pression, par ex. par le liquide d'arrosage. Dans l'alésage, les tranchants sont « maintenus escamotés » par la paroi de l'alésage. La force la plus élevée est engendrée avec les tranchants « sortis en grand » par ex. lorsqu'ils pénètrent ou sortent ou au contact des arêtes d'alésages transversaux, donc exactement là où la force d'ébavurage est requise. Sans pression, les tranchants se replient sans exercer de force. Il existe de tels outils avec différentes géométries de coupe.

Fig. 1 : Ébavurage mécanique robotisé

Tranchants à 90° sur les côtés avant et arrière — Chanfreinage/ébavurage de l'entrée et de la sortie de l'alésage — Mouvement circulaire

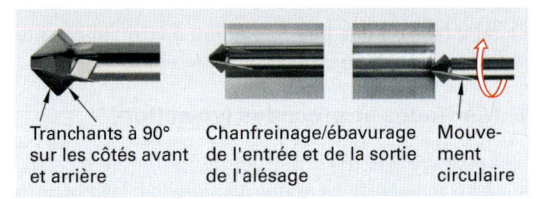

Fig. 2 : Fraise à pivot cylindrique pour l'ébavurage en avant et en arrière

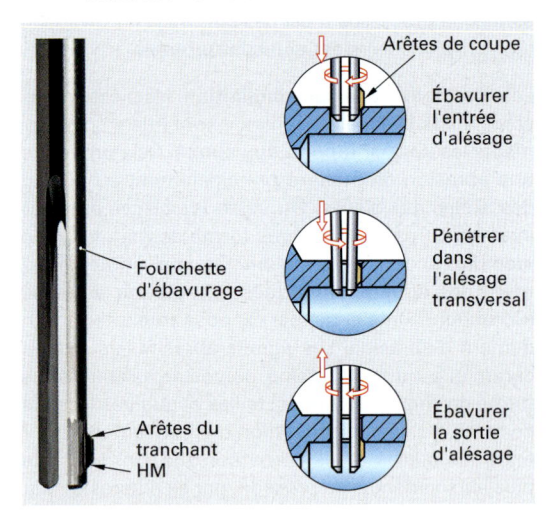

Fourchette d'ébavurage — Arêtes de coupe — Ébavurer l'entrée d'alésage — Pénétrer dans l'alésage transversal — Ébavurer la sortie d'alésage — Arêtes du tranchant HM

Fig. 3 : Fourchette d'ébavurage

Tranchants d'outil — Ébavurage des alésages transversaux et des fentes en une seule opération — Ébavurage en marche arrière

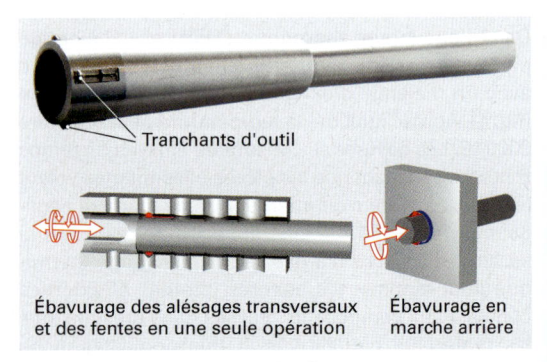

Fig. 4 : Outil d'ébavurage spécial

# Fabrication avec des machines-outils

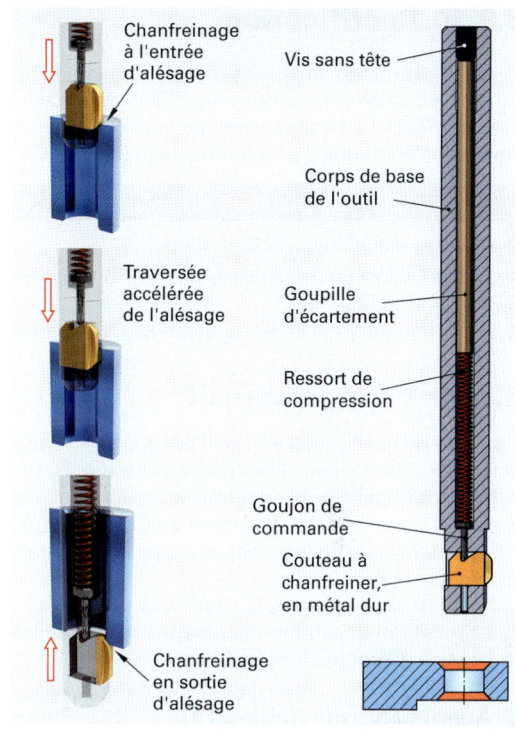

## Outil de chanfreinage et d'ébavurage pour arêtes d'alésage planes

Cet outil (**fig. 1**) est utilisé pour ébavurer ou pour chanfreiner en marche avant ou arrière les arêtes d'alésage en une seule opération. Avec la broche en rotation et sans modifier le sens de rotation, la pièce peut être travaillée un peu comme s'il s'agissait d'un outil de forage.

## Principe de fonctionnement:

Le couteau à chanfreiner est maintenu mobile, dans le corps de base de l'outil, par un goujon de commande sous précontrainte ressort. Ce couteau spécialement affûté, coupant en avant et à-reculons ou uniquement à-reculons, génère le chanfrein voulu pendant l'avance de travail. La dimension et l'angle du chanfrein sont définis géométriquement par le couteau lui-même. Une fois le chanfrein terminé, le couteau s'escamote automatiquement radialement dans le corps de base. De configuration spéciale, une partie glissante rectifiée bombée sur le couteau à chanfreiner empêche, pendant la traversée de l'alésage en marche accélérée, d'abîmer aussi une surface d'alésage abrasée. En sortie de l'alésage, le couteau est ramené en position de départ via le goujon de commande amorti. Sans que la broche s'arrête ou sans modification du sens de rotation, l'outil taille le chanfrein tandis qu'il exécute le mouvement de recul.

## Outil d'ébavurage pour arêtes d'alésage planes et non planes

L'outil d'ébavurage (**fig. 2**) convient pour ébavurer en marches avant et arrière les arêtes d'alésage planes et non planes. Ces arêtes sont ébavurées en une seule opération, approximativement en forme de rayon, sans retourner la pièce ni stopper la broche. L'outil convient à une mise en œuvre manuelle et automatisée.

## Principe de fonctionnement et mode d'action:

Le couteau en métal dur est en appui amorti dans le corps de base de l'outil, et tourne autour d'un pivot. La rigidité du ressort permet d'adapter la force de coupe au matériau. Lors de la pénétration dans l'alésage, le couteau pivote en position dans le corps de base de l'outil. Côté frontal, le tranchant présente une surface sphérique pour éviter d'abîmer la surface de l'alésage. Du fait que le couteau est en appui amorti dans le corps de base de l'outil, son tranchant peut suivre également les arêtes non planes de l'alésage. Il en résulte un ébavurage uniforme, en forme de rayon, de l'arête d'alésage.

L'outil est d'abord déplacé en marche accélérée jusque devant l'arête d'alésage supérieure. Cette dernière est ensuite ébavurée pendant l'avance de travail. Ensuite l'outil traverse l'alésage en marche accélérée et sans que la broche stoppe. Après l'inversion de sens, l'ébavurage de l'arête d'alésage inférieure a lieu durant l'avance de travail, puis a lieu la course de recul en accéléré.

**Figure 1 : Outil de chanfreinage et d'ébavurage pour arêtes d'alésage planes**

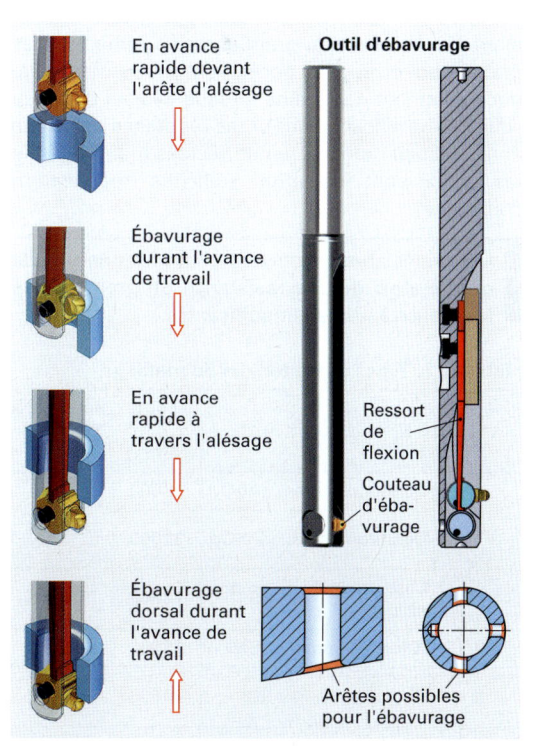

**Fig. 2: Outil à ébavurer, pour arêtes d'alésage planes, obliques ou coudées**

## 3.8.10 Rectification

La rectification est un procédé de fabrication qui s'utilise pour les pièces dont les cotes sont assorties de tolérances étroites et qui ne peuvent pas être fabriquées par tournage ou par fraisage **(fig. 1)**.

> **Les avantages du meulage sont:**
> - Bonne usinabilité des matériaux durs
> - Degré élevé de précision des dimensions et des formes (IT 5 ... 6)
> - Pas d'ondulation et de rugosité ($Rz$ = 1 ... 3 µm)

### 3.8.10.1 Corps abrasif

Les outils de rectification tournants se composent des grains abrasifs, du liant et des pores inclus **(fig. 2)**. Les différences de position et de forme des grains font que la plupart des angles d'enlèvement de copeaux négatifs et l'épaisseur d'enlèvement des copeaux par grain sont indéterminés.

> La rectification est une coupe effectuée avec des lames à géométrie indéterminée.

■ **Agents abrasifs (tableau 1)**

La plupart des meules contiennent des grains abrasifs en corindon (blanc, rose) ou en carbure de silicium (vert, noir). La résistance des grains décroît alors que la dureté du grain abrasif augmente. Les grains durs et fragiles permettent un auto-affûtage par éclatement des grains lorsque ceux-ci sont peu sollicités (rectification fine). Une résistance suffisante empêche une rupture prématurée des grains lorsque les grains sont fortement sollicités (rectification d'ébauche).

> Les grains abrasifs doivent posséder une grande dureté ainsi qu'une résistance de grain et une résistance à la chaleur suffisantes.

Fig. 1: Exemples de meulage

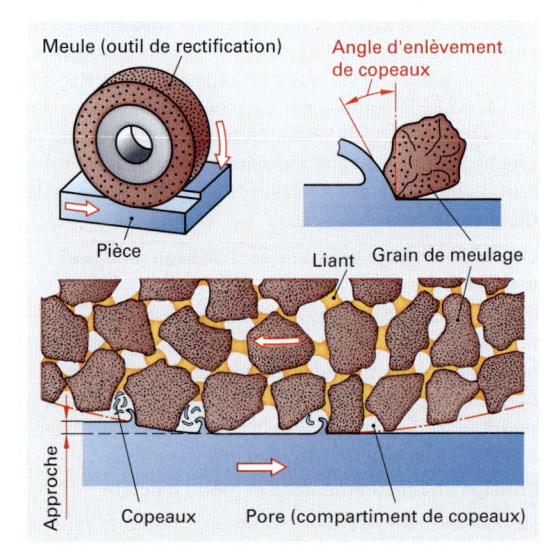

Fig. 2: Formation de copeaux sur des outils de meulage

**Tableau 1: Types de matériaux de meulage**

| Symbole | Matériau de meulage | | Dureté Knoop* N/mm² | Résistant à la chaleur jusqu'à | Domaines d'application |
|---|---|---|---|---|---|
| A | Corindon normal | (Al₂O₃) | 18 000 | 2000 °C | Acier non allié, non trempé, fonte de fer, fonte malléable |
| | Corindon noble | (Al₂O₃) | 21 000 | | Acier fortement et faiblement allié, acier trempé, acier de cémentation, acier à outils, titane |
| C | Carbure de silicium | (SiC) | 24 800 | 1370 °C | Matériaux durs: métal dur, fonte, HSS, céramique, verre; matériaux tendres: cuivre, aluminium, matières plastiques |
| CBN | Nitrure de bore | (BN) | 60 000 | 1200 °C | Aciers rapides, acier pour travail à froid et à chaud |
| D | Diamant | (C) | 70 000 | 800 °C | Métal dur, fonte, verre, céramique, pierre, métaux non ferreux, pas pour l'acier, taillage de meules |

\* D'après Knoop, la profondeur de pénétration avec une pyramide de diamant est mesurée avec des angles d'ouverture de 172,5 et 130 degrés.

# Fabrication avec des machines-outils

## ■ Usure du grain abrasif (fig. 1)

En cas de grande puissance de coupe, la rupture et la cassure des grains de la liaison sont déterminantes. Si la force de coupe est peu importante, il faut attendre que l'usure de frottement augmente sur le tranchant de coupe pour que la sollicitation de la granulation soit suffisante pour que des petites particules se détachent des grains.

> De nouveaux tranchants se forment par la fragmentation et le détachement des grains. Ainsi, les corps abrasifs s'aiguisent d'eux-même.

## ■ Types de grain (fig. 2)

Les grains pointus conviennent particulièrement pour les matériaux produisant des copeaux longs. Les grains en forme de blocs sont plus résistants à l'usure sur des matériaux fragiles. Les grains monocristallins (cristaux monograins) sont très robustes. C'est pourquoi ils conviennent bien pour le meulage du verre et de la céramique. Les grains polycristallins créent lors de la rectification un grand nombre de petites particules de coupe résultant de la microfragmentation, avant de se casser totalement. De ce fait, les grains sont mieux utilisés pour la rectification de métaux durs.

## ■ Granulation (tableau 1)

Le numéro de granulation correspond au numéro de maille du tamis sur 1 pouce de longueur, qui traverse encore tout juste le grain spécifié, tandis qu'il reste encore retenu par le tamis de la taille légèrement inférieure. Les granulations très fines sont séparées par le procédé par voie humide. Les granulations du diamant et du nitrure de bore sont indiquées en µm, tout comme la largeur des mailles du tamis. La granulation portant la désignation D150 (grain de diamant) ou B150 (grain CBN) a une grosseur de grain comprise entre 125 µm et 150 µm.

> La granulation doit être d'autant plus fine que la profondeur de rugosité exigée est faible, et que les arêtes des profilés de rectification doivent être vives.

## ■ Liants entre les grains de rectification (tableau 2)

Le liant a pour but de maintenir en place les différents grains jusqu'à ce qu'ils soient émoussés.

> Les meules à liant céramique ont des espaces poreux et peuvent être aisément dressées. Les liants en résine synthétique maintiennent plus vigoureusement le grain, ce qui crée des forces de rectification plus importantes. Les pointes de grain dégagées provoquent néanmoins une surface polie plus fraîche.

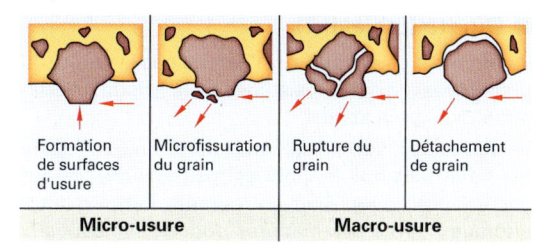

**Fig. 1 : Formes d'usure**
(Micro-usure : Formation de surfaces d'usure, Microfissuration du grain ; Macro-usure : Rupture du grain, Détachement de grain)

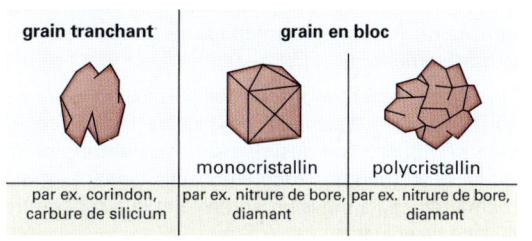

**Fig. 2 : Types de granulation**
- grain tranchant : par ex. corindon, carbure de silicium
- grain en bloc monocristallin : par ex. nitrure de bore, diamant
- grain en bloc polycristallin : par ex. nitrure de bore, diamant

**Tableau 1 : Utilisation des granulations**

| | Meulage de dégrossissage | Prémeulage | Meulage de finition | Meulage ultra-fin |
|---|---|---|---|---|
| Acier à outils, trempé | | | | Pierrage |
| Acier à outils, non trempé | | | | Rodage par poudre abrasive |
| GS, GTW, GTS, GG | | | | |
| Acier de construction | | | | Polissage |
| Profondeur de rugosité Ra en µm | 10...5 | 5...2,5 | 2,5...1,0 | 1,0...0,4 |
| Granulation | 4...24 | 30...60 | 70...220 | 230...1200 |
| Grosseur de grain en mm | 8...1 | 1...0,3 | 0,3...0,08 | 0,08...0,003 |
| Désignation | grossier | moyen | fin | très fin |
| | Macrogranulation | | | Microgranulation |

**Tableau 2 : Agglomérants des meules**

| Numéro | Type de liant | Domaines d'utilisation |
|---|---|---|
| V | Liant céramique | Meulage de dégrossissage et de en rectification. Liaison d'aciers avec du corindon et du carbure de silicium |
| B, BF | Liant renforcé par fibres | Meulage de dégrossissage et de rectification; Meulage à haute pression avec; Corindon au zirconium, rectification de profils |
| M | Meulage de liaison | Meulage au diamant et au nitrure de bore de profilés métalliques et d'outils |
| G | Liant galvanique | Meulage au diamant et au nitrure de bore (rectification à arrosage) |
| R, RF | Meulage manuel Liant du caoutchouc | Meulage intérieur de HM, HSS Tronçonnage à la meule renforcé par fibres, Meules de réglage |

## ■ Dureté (tableau 1)

Par dureté d'une meule, on n'entend pas la dureté du grain abrasif, mais la résistance de la liaison à l'éclatement du grain abrasif.

Lorsqu'on rectifie des matériaux durs, lorsque l'usure est forte mais que le grain est peu sollicité, seules des meules douces peuvent garantir l'effet d'auto-affûtage ». Avec des matières douces, les copeaux épais exigent une force supérieure de maintien des grains, donc des meules plus dures. Les meules trop douces ne sont guère rentables, car la meule s'use excessivement.

Les grains cassent avant que les surfaces d'usure se soient formées. La meule perd de ce fait sa forme (son profil), elle se « désintègre ». Par contre, une meule trop dure immobilise le grain trop longtemps, elle devient « grasse » et luisante. En même temps, la pression abrasive et la température augmentent dans la zone de contact.

La **dureté active** d'une meule au cours du processus de rectification ne dépend pas uniquement du degré de dureté, mais également de la granulation, du volume des pores, et de l'épaisseur des copeaux formés **(fig. 1)**.

**Tableau 1 : Dureté des meules**

| Degré de dureté | Désignation | Domaines d'utilisation |
|---|---|---|
| A, B, C, D E, F, G | particulièrement tendre très tendre de matériaux durs | Rectification profonde et rectification latérale |
| H, I, J, K L, M, N, O | tendre moyen | Matériau traditionnel Meulage métallique |
| P, Q, R, S T, U, V, W X, Y, Z | dur très dur particulièrement dur | Extérieur – Rectification d'une surface cylindrique, matériaux tendres |

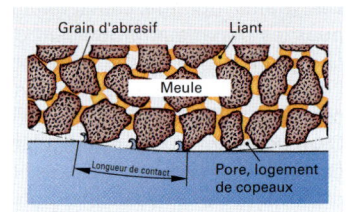

Fig. 1 : Texture et longueur de contact de la meule

### Consignes de travail

Pour les matériaux durs, on utilise des meules tendres, et pour des matériaux tendres, on utilise des meules dures.

En cas de granulation fine et de copeaux fins, en raison de la dureté active plus grande, il convient d'utiliser des meules plus tendres, car la granulation s'y effrite plus facilement.

## ■ Structure

Par structure, on désigne le rapport entre les grains abrasifs, le liant et l'espace poreux dans le corps abrasif **(fig. 2)**. Les pores forment des chambres d'enlèvement des copeaux et favorisent le refroidissement lors de la rectification. Si les pores sont trop petits, la pression et la chaleur augmentent lors de la rectification.

Plus grand est le nombre de la structure, plus la meule est poreuse. La texture doit être d'autant plus ouverte que la quantité de copeaux à recevoir dans les pores à l'intérieur de la zone de contact est plus importante.

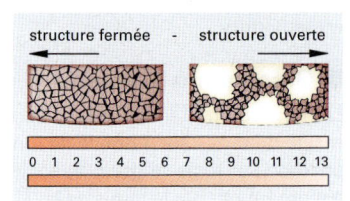

Fig. 2 : Chiffre caractéristique de la structure

**Tableau 2 : Meule**

| Form – n° | Groupe |
|---|---|
| 1 | Meule plate |
| 6 | Meule boisseau cylindrique |
| 12 | Meule boisseau conique |
| 52 | Meule sur tige forme cylindrique |

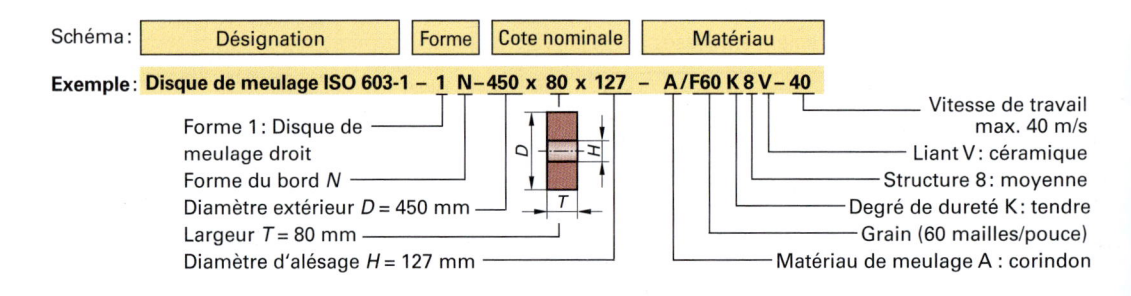

**La désignation des meules** s'effectue dans l'ordre séquentiel du schéma qui apparaît ici. Des lettres majuscules peuvent être jointes aux chiffres qui expriment la forme **(tableau 2)**.

Schéma : | Désignation | Forme | Cote nominale | Matériau |

Exemple : **Disque de meulage ISO 603-1 – 1 N–450 x 80 x 127 – A/F60 K 8 V – 40**

- Forme 1 : Disque de meulage droit
- Forme du bord N
- Diamètre extérieur D = 450 mm
- Largeur T = 80 mm
- Diamètre d'alésage H = 127 mm
- Matériau de meulage A : corindon
- Grain (60 mailles/pouce)
- Degré de dureté K : tendre
- Structure 8 : moyenne
- Liant V : céramique
- Vitesse de travail max. 40 m/s

Fabrication avec des machines-outils

## ■ Equilibrage des meules

Des forces centrifuges résultent du balourd de la meule causée par une répartition non uniforme des grains et des liants. Sur des meules grandes et larges, et surtout en cas de vitesses périphériques élevées, l'équilibrage est particulièrement important.

Pour l'équilibrage statique, la meule est posée sur une balance d'équilibrage ou sur un support de déroulement **(fig. 1)**. Les poids d'équilibrage sont poussés dans la rainure annulaire jusqu'à ce que la meule reste immobile dans n'importe quelle position.

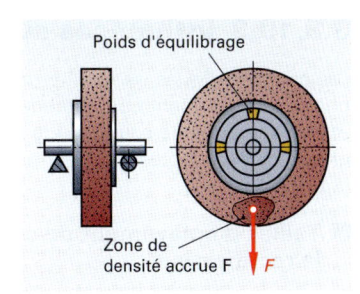

Fig. 1 : Equilibrage statique

## ■ Dressage (fig. 2)

Le dressage des meules a deux objectifs :
- **Profilage** pour obtenir des profilés, des rayons et des dimensions respectant les tolérances. Sur les meules qui viennent d'être serrées, la rotation en rond et en plan doit être améliorée.
- **Affûtage,** afin d'accroître l'espace pour les copeaux par l'enlèvement du liant et pour améliorer l'intervention des grains abrasifs.

Les meules en corindon et en carbure de silicium sont déjà suffisamment affûtées après le profilage avec des outils de dressage en diamant ou en acier **(fig. 3)**. Les meules en diamant ou CBN sont profilées avec des meules de dressage en carbure de silicium ou des rouleaux de dressage en diamant. Lors de l'affûtage, la liaison est évacuée par des pierres d'affûtage en corindon jusqu'à ce que le porte-à-faux de grain optimal d'environ un tiers de la grosseur de grain soit atteint.

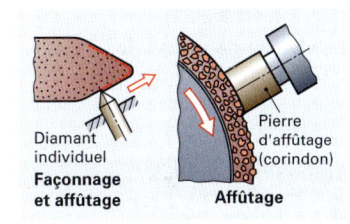

Fig. 2 : Taillage

## 3.8.10.2 Sécurité pendant la rectification

Les meules qui ont une liaison céramique sont exposées à la rupture. Si des fissures capillaires se produisent, ou en cas de serrage non approprié, la meule risque de se fendre, et à la vitesse périphérique de la meule de 80 m/s (soit 288 km/h), les fragments qui s'en détachent peuvent faire courir un risque mortel. La rectification est un procédé de fabrication sans danger, mais les règles de sécurité doivent être respectées.

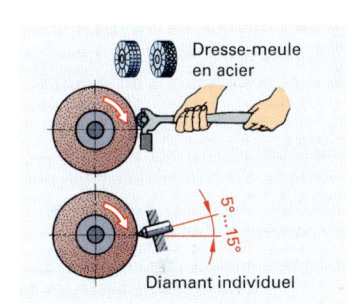

Fig. 3 : Outils de taillage

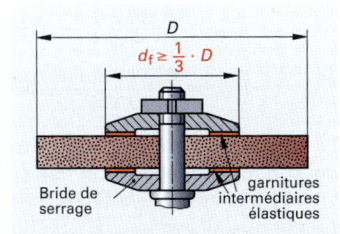

Fig. 4 : Serrage de meules

### Règles de sécurité

- Un **essai sonore** doit être effectué avant chaque fixation d'une meule céramique. Les petites meules sont maintenues en place dans l'alésage central avec le doigt ou un mandrin, et on tapote légèrement dessus à plusieurs endroits avec un objet non métallique. Les meules sans fissures émettent un son clair.
- Il faut qu'on puisse pousser les meules sans violence sur la broche.
- Le diamètre minimal de la **bride de serrage** sur les meules plates atteint 1/3 × D, sur les meules coniques 1/2 × D **(fig. 4)**.
- Il faut uniquement utiliser des brides de serrage de la même taille, de la même forme et dégagées, avec des positions intermédiaires élastiques, afin de garantir une rotation bien plane.
- Après le serrage, les meules d'un D > 80 mm doivent être soumises à un **essai de marche** d'au moins 5 minutes à vide et à la vitesse maximale admissible, dans une zone de danger protégée.
- Le support de la pièce ou le capot de protection doivent uniquement être ajustés pendant que la meuleuse est à l'arrêt **(fig. 5)**.
- Pendant le meulage, il convient de porter des **lunettes de protection**.

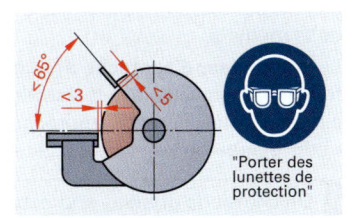

Fig. 5 : Sécurité sur le touret à meuler

## 3.8.10.3 Influences sur le résultat de la rectification

Les caractéristiques de qualité des pièces rectifiées peuvent uniquement être obtenues lorsque la meule et les conditions de coupe sur la meuleuse sont soigneusement adaptées à l'élément de rectification **(fig. 1)**.

### ■ Tailles d'enlèvement de copeaux lors de la rectification

Chaque procédé de rectification est caractérisé par des mouvements et des tailles d'enlèvement de copeaux typiques (grandeurs de réglage de la machine) **(fig. 2** et **tableau 1)**.

La **vitesse de travail de la meule** $v_c$ correspond à la vitesse circonférentielle. Sur l'étiquette, à côté de la vitesse de travail maximale, on indique également la vitesse admissible.

> **Règles de sécurité**
>
> La vitesse de travail maximale indiquée dans l'identification de la meule ne doit être dépassée en aucun cas.
>
> Les meules et les machines conçues pour des vitesses de travail accrues doivent être conformes aux prescriptions de sécurité.

La vitesse de travail maximale habituelle en cas de rectification sur des pièces fixes atteint 35 m/s. Des vitesses de travail accrues peuvent aller jusqu'à 160 m/s. Ces meules sont identifiées par des bandes de couleur **(tableau 2)**.

**Exemple:** quelles fréquences de rotation faut-il régler pour qu'une meule de $D_{max}$ = 450 mm puisse encore tourner avec $D_{min}$ = 250 mm à $v_c$ = 35 m/s ?

Solution: $n = \dfrac{v_c}{\pi \cdot D}$

$n_{min} = \dfrac{35 \cdot 60 \text{ m/min}}{\pi \cdot 0{,}45 \text{ m}} = $ **1486/min**

$n_{max} = \dfrac{35 \cdot 60 \text{ m/min}}{\pi \cdot 0{,}25 \text{ m}} = $ **2675/min**

La **vitesse d'avance** $v_f$ (vitesse de la pièce) correspond dans la rectification des surfaces planes à la vitesse d'avance de la table, et dans la rectification cylindrique à la vitesse périphérique de la pièce.

L'**avance transversale f** en mm par course, ou bien en rectification cylindrique l'**avance longitudinale f** en mm par rotation de la pièce, dépend de la largeur de la meule $b_s$.

La **profondeur d'approche a** ($a_e$) est l'intervention de travail perpendiculaire à la direction de l'avance principale. La finition sans approche est désignée par « étincelage » ou par « arrêt d'étincelage ».

> On choisit de grandes approches pour la rectification préalable, les petites approches pour la finition à la meule.

### Influences du meulage

| Pièce | Meule | Conditions de coupe |
|---|---|---|
| Forme | Granulation | Procédure de meulage |
| Matériau | Dureté | Tailles d'enlèvement de copeaux |
| Forme | Refroidissement | |

⇩

### Effets exercés dans le processus de meulage

| | |
|---|---|
| Formation de copeaux | Forces de meulage |
| Usure des grains | Chaleur de meulage |

⇩

### Evaluation des résultats du meulage

| Qualité du travail | Économique |
|---|---|
| Qualité du travail | Économique |
| Précision des cotes | Temps d'usinage |
| Précision des formes | Enlèvement de matériau |
| Qualité de surface | Enlèvement par la meule |
| Etat de la structure dans la zone marginale | Coûts de taillage |

Fig. 1: Influence et résultats du meulage

Rectification plane périphérique — Rectification longitudinale-cylindrique

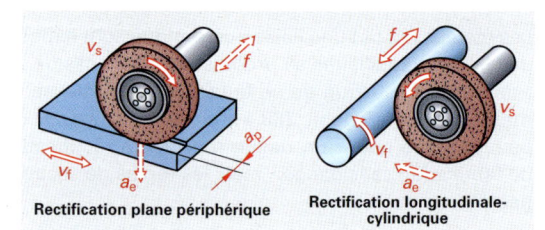

Fig. 2: Tailles d'enlèvement de copeaux lors du meulage

**Tableau 1:** Grandeurs d'enlèvement de copeaux en fonction du processus de meulage

| Grandeurs d'enlèvement de copeaux | Meulage traditionnel | Meulage à haute vitesse | Meulage profond |
|---|---|---|---|
| $V_c$ en m/s | 20…25 | 80…280 | 10…35 |
| $v_c$ en m/min | 4…40 | 1…4 | 0,003…0,3 |
| $q = v : v_f$ | 20…120 | 500…7000 | 500…200 000 |
| $a$ en mm | 0,002…0,1 | 0,01…20 | 0,5…20 |

**Tableau 2:** Vitesses de travail accrues admissibles

| Bandes de couleur | bleu | jaune | rouge | vert |
|---|---|---|---|---|
| $v_{adm}$ en m/s | 50 | 63 | 80 | 100 |

# Fabrication avec des machines-outils

Le **rapport de vitesse** $q$ est la mesure de l'épaisseur de l'enlèvement de copeaux et donc aussi de la sollicitation du grain.

Des copeaux fins sont produits à des rapports de vitesse élevés, ainsi qu'avec de grandes longueurs de contact, par ex. en rectification profonde, en rectification latérale et en rectification intérieure **(fig. 1)**.

Le rapport de vitesse $q$ est choisi selon le procédé de rectification et le matériau à traiter (**tableau 1 p. précédente** et **tableau 1**).

$$q = \frac{v_c}{v_f} \quad \frac{m/s}{m/s}$$

**Exemple :** Un arbre en acier est rectifié à une vitesse de travail de 35 m/s ($q = 125$). Quelle est la vitesse périphérique $v_f$ de l'arbre qui en résulte ?

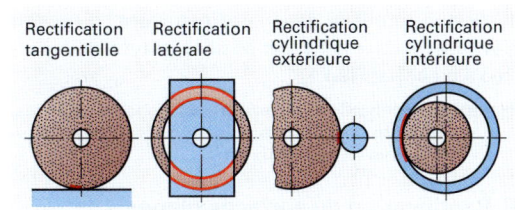

Solution : $v_f = \dfrac{v_c}{q} = \dfrac{35\,\frac{m}{s}}{125} = 0{,}28\,\dfrac{m}{s} = \mathbf{16{,}8\,\dfrac{m}{min}}$

**Fig. 1 :** Longueur de contact en fonction du processus de meulage

Un accroissement de la vitesse d'avance pendant que la vitesse de travail reste constante accroît l'usure de la meule et la profondeur de rugosité, et fait baisser la température de la zone des parois.

## ■ Chaleur de rectification et lubrification-réfrigération

Pendant la rectification, une forte chaleur est dégagée par le frottement des grains lors de la formation de copeaux. Dans la zone des parois de la pièce, il peut en résulter des températures dépassant 1000 °C. La chaleur de rectification provoque des dégâts tels que des divergences dimensionnelles, des tensions et la formation de fissures par suite des alternances de température dans la zone de rectification **(fig. 2)**. Les taches de brûlure révèlent que la texture du matériau a été endommagée par la surchauffe dans la zone des parois de la pièce. Par suite des hautes températures de rectification, on peut aussi voir apparaître une couche de peau adoucie par décarburation, et ensuite, le refroidissement brusque provoqué par le réfrigérant entraîne un nouveau durcissement de la surface **(fig. 3, p. 214)**.

**De faibles températures dans la zone marginale** peuvent être obtenues par :
- des approches courtes et des petites longueurs de contact
- un faible rapport de vitesse $q$
- un corps abrasif avec une grande adhérence, une faible force de maintien du contact et un grain fragile
- une lubrification réfrigération intensive

**Tableau 1 :** Rapport de vitesse $q$ (meulage traditionnel)

| Matériau | Rectification sur une surface plane | | Rectification d'une surface cylindrique | |
|---|---|---|---|---|
| | Rectification tangentielle | Rectification latérale | extérieur | intérieur |
| Acier | 80 | 65 | 130 | 80 |
| Fonte de fer | 70 | 60 | 110 | 65 |
| Cu, alliage de Cu | 55 | 40 | 90 | 50 |
| Métal léger | 45 | 35 | 45 | 30 |

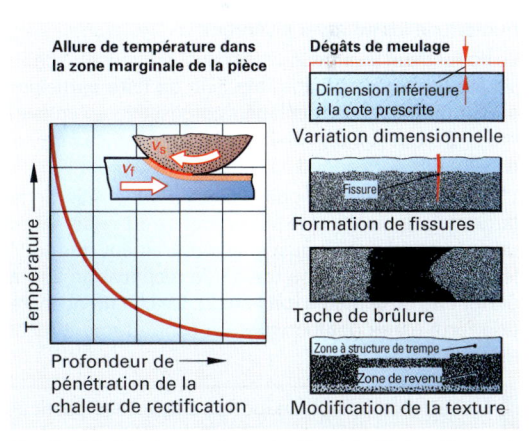

**Fig. 2 :** Dégâts de meulage résultant de l'échauffement de la zone marginale

La **lubrification-réfrigération** permet d'obtenir une réduction de la chaleur de frottement, le nettoyage des compartiments de copeaux et le refroidissement de la pièce. Le lubrifiant réfrigérant le plus efficace est l'huile d'abrasion, car elle réduit la chaleur de frottement davantage que l'émulsion d'huile d'abrasion. Lorsqu'on utilise des émulsions d'huile d'abrasion, la zone des parois devient plus chaude et elle est donc refroidie plus brutalement, si bien qu'il en résulte souvent des criques de rectification.

A une vitesse plus élevée de la meule, le lubrifiant réfrigérant doit être appliqué à haute pression. Plus la vitesse d'avance est faible et plus la chaleur dégagée est intense, plus grand doit être le débit de lubrifiant réfrigérant.

## 3.8.10.4 Procédés de meulage

### ■ Désignation des procédés de rectification

La désignation contient les caractéristiques d'identification du procédé dans l'ordre suivant: dispositif d'avance, surface active, et position et type de la surface à créer **(tableau 1)**.

**Exemples:** rectification de surfaces planes longitudinales, périphériques, rectification de profils extérieurs transversaux

### ■ Rectification de surfaces planes

**Rectification de surfaces planes latérales**

Lors de la rectification de surfaces planes latérales, les pores sont rarement suffisamment grands pour recueillir les copeaux dans la grande zone de contact **(fig. 1** et **fig. 1, p. précédente)**. Les conséquences en sont: une forte pression de rectification, une grande puissance absorbée et une faible qualité de meulage. Pour réduire la longueur de contact, ont peut faire pivoter la broche porte-meule de 0,5 à 3 degrés par rapport à la verticale (fig. 1).

**Rectification plane périphérique**

En rectification plane périphérique, le travail d'enlèvement de copeaux est effectué par les grains placés sur la périphérie. La longueur de contact est faible, si bien que les compartiments de copeaux de la meule sont rarement entièrement remplis, et la force centrifuge et la pression du lubrifiant-réfrigérant permettent de les nettoyer aisément.

Le diamètre et la largeur de la meule doivent être choisis aussi grands que possible, afin de faire participer autant de grains de meulage que possible à l'enlèvement de copeaux **(fig. 2)**. Dans le cas idéal, la largeur de la meule correspond à la largeur de la pièce.

L'avance transversale doit atteindre 1/2 à 4/5e de la largeur de la meule. Une petite avance en liaison avec une grande avance transversale entraînent que tous les grains participent au travail de rectification sur la périphérie de la meule **(tableau 2)**. De ce fait, on évite une forte usure des bords et un échauffement local important.

> La rectification plane périphérique est particulièrement rentable lorsqu'on travaille avec des meules les plus grandes et les plus larges possibles et avec une grande avance transversale.

**Tableau 1: Classement des procédés de rectification**

| Caractéristiques | | Procédé de rectification | |
|---|---|---|---|
| Direction de l'avance | | Rectification longitudinale | Rectification transversale |
| Surface de travail de la meule | | Rectification tangentielle | Rectification latérale |
| Surface à créer | Position | Meulage extérieur, meulage intérieur | |
| | Type | Rectification d'une surface plane, d'une surface cylindrique | |
| | | Rectification de profils | Meulage de formes |
| Vitesse de coupe | | Rectification traditionnelle Rectification à haute vitesse | |
| Avance | | Rectification pendulaire, rectification profonde | |
| Rugosité | | Rectification d'ébauche, de finition, ultra-fine | |

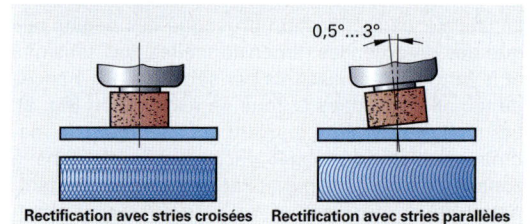

Fig. 1: Image de l'échantillon poli suite à la rectification sur une surface latérale plane

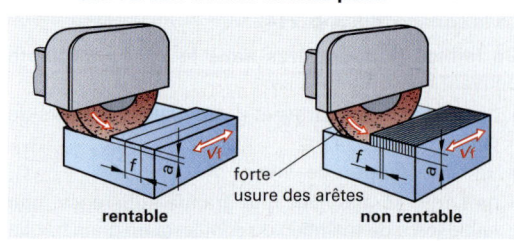

Rectification avec stries croisées — Rectification avec stries parallèles

Fig. 2: Influence de l'avance transversale et de l'approche en rectification sur une surface plane

rentable — non rentable

**Tableau 2: Valeurs indicatives pour la rectification de l'acier et de la fonte au corindon ou au carbure de silicium**

| Procédés de rectification | Relevé en mm | Grain | Amenée en mm | Rz en μm | $v_c$ m/s | $v_f$ m/min |
|---|---|---|---|---|---|---|
| Prérectification | 0,5…0,2 | 14…36 | 0,1…0,02 | 25…6,3 | 20…35 | 20…30 |
| Rectification de finition | 0,2…0,02 | 46…60 | 0,02…0,005 | 6,3…2,5 | | |
| Rectification de précision | 0,02…0,01 | 80…220 | 0,005…0,003 | 2,5…1 | | |
| Rectification haute précision | 0,01…0,005 | 800…1200 | 0,003…0,001 | 1…0,4 | | |

# Fabrication avec des machines-outils

## ■ Rectification pendulaire et rectification profonde

En **rectification pendulaire,** on procède avec une approche courte et une vitesse élevée de la table avec plusieurs mouvements de va-et-vient pour rectifier à la pleine profondeur **(tableau 1)**. C'est pourquoi il faut passer à chaque fois par-dessus le bord de la pièce, ce qui provoque à une forte usure des bords, surtout sur les pointes des profils. Les trajets de dépassement et l'usure des meules sont particulièrement défavorables lors de la rectification des profils de pièces courtes.

En **rectification profonde** (rectification dans la masse), on choisit une approche longue et – en raison de la grande longueur de contact – une faible vitesse d'avance. Il en résulte des petits copeaux fins, une faible usure des grains et donc une grande longévité des profils. Cela réduit considérablement les coûts de dressage. La chaleur de rectification accrue doit être évacuée par une quantité de réfrigérant plus grande. En raison des copeaux longs et minces, des meules tendres et hautement poreuses sont indispensables. Pour sélectionner un procédé de meulage, on constate :

> La rectification pendulaire est avantageuse pour la rectification de surfaces planes avec des profondeurs de coupe de moins de 1 mm, tandis que la rectification profonde est favorable pour la rectification de profils.

## ■ Machines de rectification de surfaces planes et de profils (fig. 1)

Sur toutes les machines à rectifier, la broche porte-meule doit avoir une grande rigidité et une bonne précision de rotation, car elle détermine la qualité de rectification en matière d'ondulation, de profondeur de rugosité et de respect des dimensions.

**Les machines à rectifier CNC** disposent d'arbres pouvant être guidés (fig. 1). Le mouvement longitudinal sur l'axe X est généralement effectué grâce à un dispositif hydraulique. Le mouvement transversal de la table à mouvements croisés (support) et le mouvement vertical sont gérés par des servomoteurs.

Les commandes paraxiales de mouvements CNC permettent la rectification de rainures, la rectification de profils en plongée, ainsi que le dressage avec compensation automatique des dimensions **(fig. 2)**.

Les commandes paraxiales de mouvements CNC à quatre axes ou davantage pouvant être commandés simultanément élargissent les possibilités de la rectification (fig. 2) :

- Portions de trajectoire coudées dans le sens longitudinal de la table
- Rectification de formes des profils à commande paraxiale de mouvements
- Dressage à commande paraxiale de mouvements (profilage) de meules avec des machines à dresser au diamant.

> Les commandes CNC automatisent les processus de rectification et de dressage

**Tableau 1 : Comparaison entre rectification pendulaire et rectification profonde (rectification dans la masse)**

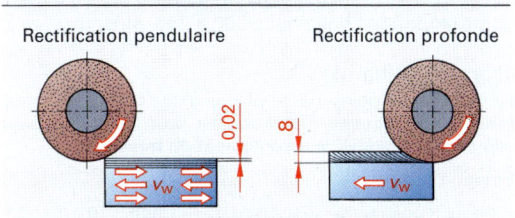

Profondeur de profil en acier : 8 mm

| Comparaison d'un travail de rectification | | |
|---|---|---|
| Caractéristiques | Rectification pendulaire | Rectification profonde |
| Excès de rectification | 400 | 1 |
| Avance | 0,02 mm | 8 mm |
| Vitesse de l'avance | 250 mm/s | 1 mm/s |
| Forme des copeaux | épais, courts | fins, longs |
| Usure des bords | plus grand | plus petit |
| Divergence du profil | plus grand | plus petit |

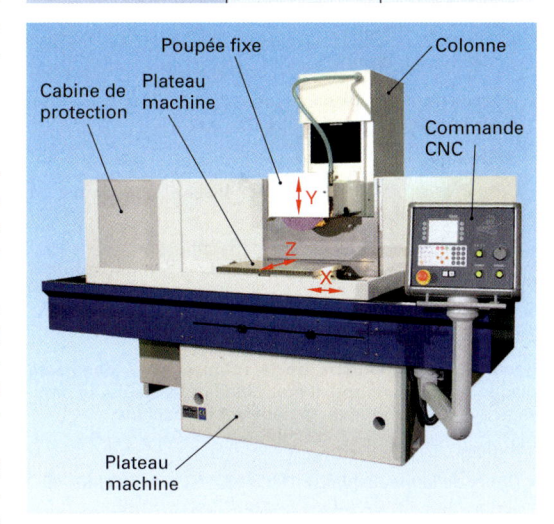

**Fig. 1 : Machine de rectification des surfaces planes et des profils**

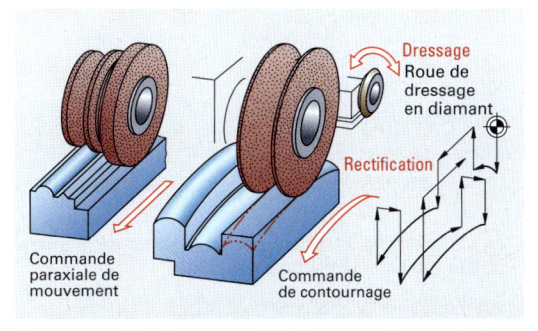

**Fig. 2 : Rectification de profils à commande numérique**

## ■ Planification du travail pour la rectification de surfaces planes et de rainures

On adopte comme base de conception les valeurs indicatives et les recommandations des pages 200 à 206, ainsi que les livres de tableaux.

### 1er exemple (fig. 1)

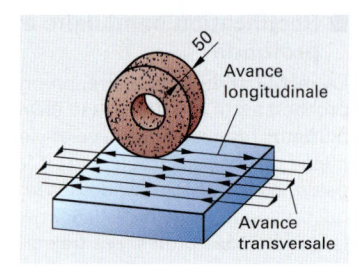

La rectification des surfaces planes d'une plaque en fonte de fer avec une profondeur de rugosité $Rz = 4$ µm. La profondeur de passe atteint 0,5 mm. Il convient de planifier le **déroulement du travail**.

Solution :

- Choix d'une meule : 350 × 50 × 127 – C/F36J-10V-35
- Bridage et équilibrage de la meule
- Dressage avec un seul diamant
- Choix du réfrigérant-lubrifiant :

  huile de rectification ou émulsion avec 2 à 5 % de part de concentré

  Le rapport de mélange du concentré et de l'eau est de 2 % : 1 : 50 et à 5 % : 1 : 20

- Serrage de la pièce sur une plaque de serrage magnétique
- Rectification de surfaces planes avec les valeurs sélectionnées :

  Vitesse de coupe $\quad v_c = 30$ m/s

  Vitesse d'avance $\quad v_f = 30$ m/min

  Rapport de vitesse (valeur indicative $q = 70$)

  $q = \dfrac{v_s}{v_f} = \dfrac{30 \cdot 60 \text{ m/min}}{30 \text{ m/min}} = 60$ (admissible)

  Avance transversale par course : $f = 0,5 \cdot 50$ mm = 25 mm
  (valeur indicative : $f = 0,5 \ldots 0,66 \cdot b_s$)

  Approche : $a = 0,05$ mm

- Desserrer la pièce, et la démagnétiser si une plaque de serrage magnétique permanent a été utilisée
- Contrôle visuel de la surface de rectification quant aux tâches de brûlure ou de traces de broutage, et contrôle de la profondeur de rugosité $Rz$

**Fig. 1 : Rectification des surfaces planes**

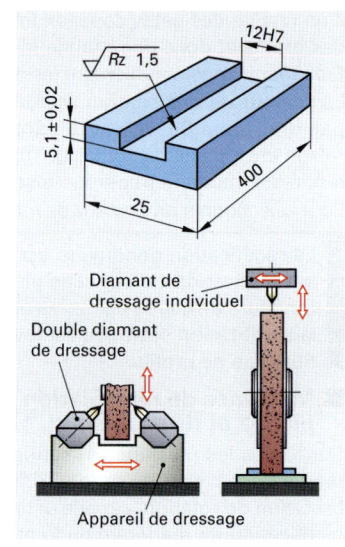

**Fig. 2 : Meulage d'une rainure**

### 2ème exemple (fig.2)

Rectification pendulaire de la rainure 12H7 dans une plaque en acier trempé. Il faut planifier la meule, le dressage et les grandeurs de réglage sur la machine.

Solution :

- Choix de la meule plate : 150 × 13 × 32 – A/F46H-9V-40
- Dressage avec un diamant individuel et un double diamant pour la « taille en gradins » de la largeur de la meule au milieu de la tolérance 12,012 mm (12 H7 = 12 + 0,025)
- Grandeurs de réglage choisies **(fig. 3)**

  Course d'avance = 400 mm + 2 · 16 mm = 432 mm

  Vitesse de coupe $v_c$ $\qquad = 30$ m/s

  Rapport de vitesse $q$ $\qquad = 80$

  Vitesse d'avance

  $q = \dfrac{v_c}{q} = \dfrac{30 \cdot 60 \text{ m/min}}{80} = 22,5$ m/min

  La vitesse d'avance à l'entrée et à la sortie de la meule atteint seulement environ 3,3 m/min.

  Approche : Dégrossissage à la meule $a_1 = 0,1$ mm

  Meulage de finition $a_2 = 0,005$ mm

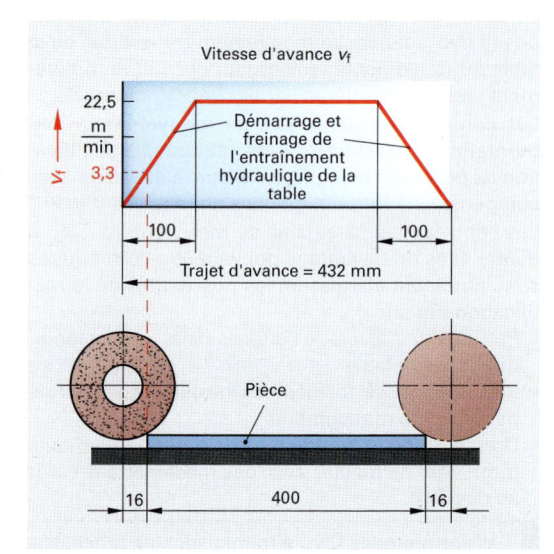

**Fig. 3 : Vitesse d'avance sur le trajet d'avance**

# Fabrication avec des machines-outils

## ■ Rectification cylindrique

### Rectification cylindrique extérieure

Une caractéristique typique de la rectification cylindrique extérieure est constituée par les longueurs de contact très courtes entre la pièce et la meule. Cela signifie que la rectification dégage très peu de chaleur et que les espaces poreux de la meule reçoivent facilement les copeaux.

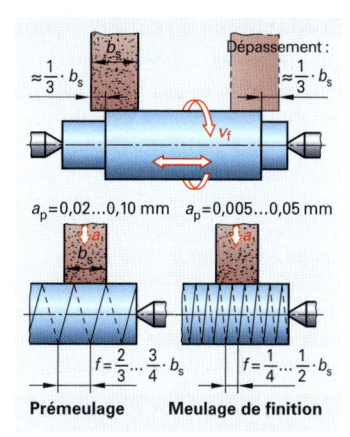

Lors de la **rectification longitudinale** on fait défiler la pièce le long de la meule au moyen de l'avance longitudinale du chariot qui porte la pièce (**fig. 1**). Avec des pièces usinées qui sont cylindriques de part en part, la meule doit aller un peu plus loin que l'extrémité d'une course, faute de quoi la pièce a un diamètre un peu plus grand à son extrémité.

> Des pièces longues exposées à la force de meulage doivent être soutenues par des lunettes.
> Pour le dégrossissage à la meule, l'avance en long devra être de 2/3 ... 3/4 de la largeur de la meule, et de 1/4 ... 1/2 pour la finition.

Pour la **rectification en plongée** (rectification cylindrique transversale), la meule avance progressivement pour atteindre la cote de finition sur la pièce (**fig. 2**). La meule est un peu plus large que la pièce, de manière à rendre superflue l'avance longitudinale. Les pièces d'une certaine longueur sont d'abord usinées « en plongée » par sections pour leur conférer la cote de finition, afin qu'on puisse les lisser ensuite en 1 à 2 courses longitudinales sans avance. Pour la rectification par plongée oblique, on incline la meule d'environ 30°, pour permettre la rectification plane des surfaces à épaulement élevé.

> Le volume d'enlèvement de copeaux élevé que permet la rectification en plongée la rend très économique.

### Rectification cylindrique intérieure (fig. 3)

Contrairement à la rectification cylindrique extérieure, on obtient pour les perçages des surfaces de contact plus grandes entre la meule et la pièce. Il en résulte des copeaux minces et longs qui compriment entièrement les pores. La diamètre des meules est limité par le perçage, et leurs dimensions changent donc rapidement lors de la rectification. La pièce et la broche de rectification ne doivent pas être exposées à des forces de rectification importantes. La largeur de la meule et l'avance doivent être choisies en conséquence avec de faibles valeurs.

> Le diamètre de la meule doit être de 6/10 à 8/10 du diamètre du perçage.
> Il est avantageux d'avoir des meules d'aussi grandes dimensions que possible avec des pores ouverts, un grain grossier et une dureté assez faible.

### Rectification sans centres (fig. 4)

Avec la **rectification en enfilade sans pointes**, on fait passer la pièce entre le support, la meule et la meule de réglage et on effectue la rectification en une seule passe. La meule exécute le travail d'enlèvement des copeaux tandis que la meule de réglage, plus lente et liée par caoutchouc, fait avancer la pièce de 2° à 15 ° sous l'effet de son inclinaison. La pièce tourne à peu près à la fréquence de rotation périphérique de la meule de réglage. Ce procédé convient bien pour les pièces cylindriques sans épaulement, par ex. les goupilles cylindriques.

Fig. 1 : Rectification longitudinale

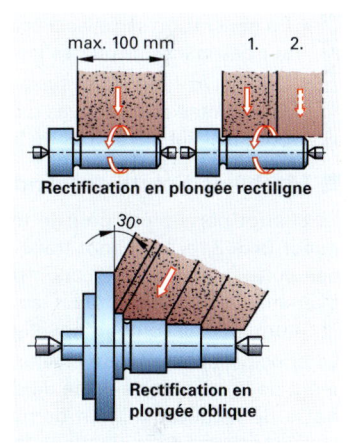

Fig. 2 : Rectification en plongée

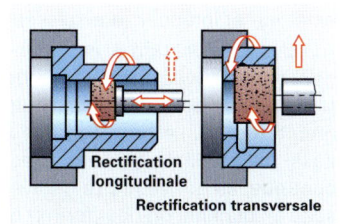

Fig. 3 : Rectification de surfaces cylindriques intérieures

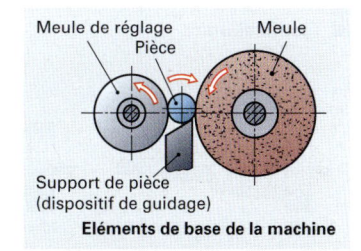

Fig. 4 : Rectification sans centres

## ■ Machines à rectifier cylindriques

On différencie – selon qu'il faut uniquement rectifier les alésages ou les surfaces extérieures – entre les **machines à rectifier cylindriques intérieures** et les **machines à rectifier cylindriques extérieures (fig. 1)**. Les machines à rectifier cylindriques extérieures qui sont également équipées d'un dispositif de rectification de l'intérieur sont qualifiées de **machines universelles à rectifier cylindriques**.

Les machines à rectifier cylindriques intérieures et extérieures conviennent pour la rectification longitudinale ou transversale, qu'on subdivise en rectification en plongée droite et oblique (**fig. 4** et **p. précédente**).

> **Règles de travail**
>
> Le serrage des pièces qui tournent est fonction de la flexion provoquée par les forces de rectification :
> - En général, on serre les pièces courtes « au vol » sur des mandrins ou des pinces de serrage.
> - Les pièces longues et fines sont serrées entre des pointes et soutenues par des lunettes fixes pour résister aux forces de flexion.

## ■ Machines à rectifier cylindriques CNC

Le chariot porte-pièce pour le mouvement en longueur (axe Z) et le chariot transversal avec la poupée porte-fraise de rectification pour le mouvement d'amenée (axe X) constituent les axes principaux de la commande de contournage (**fig. 2**).

Le principal axe auxiliaire est l'axe B pour le pivotement de la table porte-pièce ou de la poupée porte-fraise de rectification, afin de pouvoir rectifier des cônes. Les axes de pivotement de l'unité de rectification avec plusieurs poupées peuvent aussi être programmés par l'axe B (**fig. 3**). Cela permet le meulage extérieur et intérieur sans desserrer.

Avec la rectification à commande numérique, on peut rectifier avec une commande continue diverses formes de pièces en utilisant une seule forme de meule (**fig. 4**). Le profilage des meules devient lui aussi très flexible grâce au dressage à commande continue, ce qui veut dire qu'avec un outil de dressage en diamant on peut former divers profils sur les meules (**fig. 5**).

> Les commandes numériques permettent d'optimiser, automatiser et surveiller les processus de rectification.

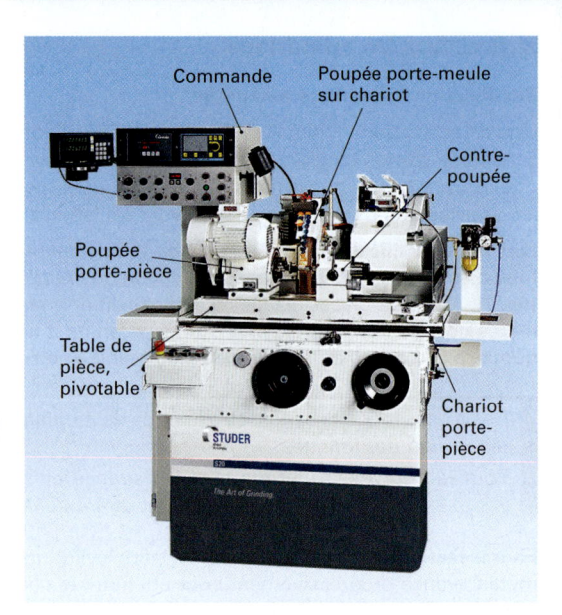

**Fig. 1 :** Rectification de surfaces cylindriques extérieures

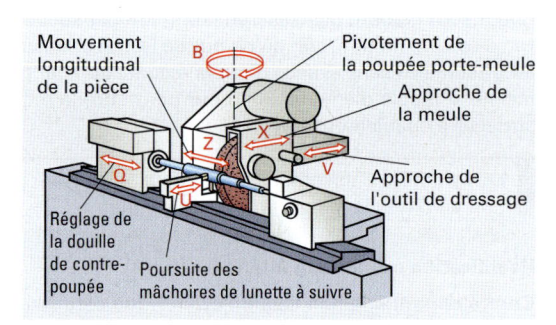

**Fig. 2 :** Mouvements de déplacement sur une machine de rectification de surfaces cylindriques CNC

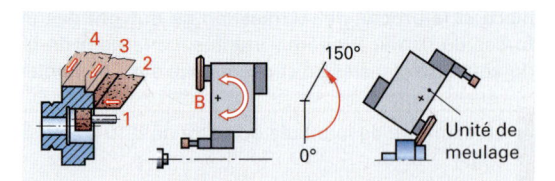

**Fig. 3 :** Unité de rectification à double broche CNC

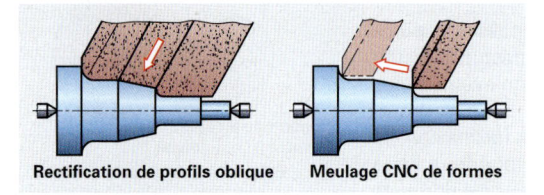

**Fig. 4 :** Rectification de profils

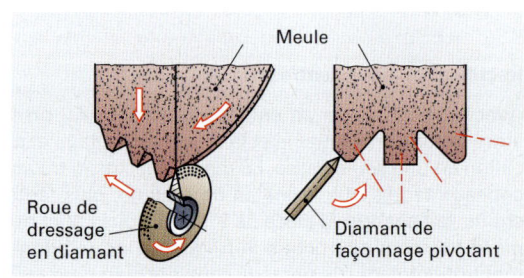

**Fig. 5 :** Profilage à commande continue de contournage

# Fabrication avec des machines-outils

## ■ Planification des travaux de rectification cylindrique

**1er exemple (fig. 1) :**
Rectification en plongée oblique d'un épaulement de broche : il convient de planifier le déroulement du travail.

Solution :
- Serrage de la pièce dans le mandrin à trois mors
- Dressage de la meule biseautée
- Positionnement de la pièce par rapport à la meule
- Dégrossissage à la meule du diamètre (surépaisseur) : 0,3 mm)
- Surfaçage à la meule de l'épaulement (surépaisseur) : 0,1 mm)
- Retour de l'épaulement plan
- Finition du diamètre à la meule

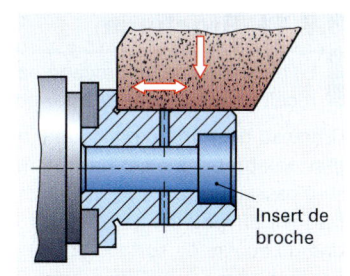

**Fig. 1 : Rectification en plongée**

**2ème exemple (fig. 2) :**
Alésage à la meule sur les bagues de roulement à bille en acier chromé trempé. Il convient de sélectionner une meule (vitesse de coupe : 25 m/s) ainsi que les grandeurs de réglage sur la machine.

Solution :
- Sélection de la meule : 37 × 16 × 10 – A/F100K-6V-60

  Grandeurs de réglage sélectionnées :
- Rapport de vitesse $q = 80$ **(tableau 1, p. 205)**
- Vitesse d'avance $v_f = \dfrac{v_c}{q} = \dfrac{25 \cdot 60 \text{ m/min}}{80} = 18{,}75 \text{ m/min}$
- Fréquence de rotation de la pièce $n_w = \dfrac{v_f}{\pi \cdot d} = \dfrac{18{,}75 \text{ m/min}}{\pi \cdot 0{,}04 \text{ m}} = 149/\text{min}$

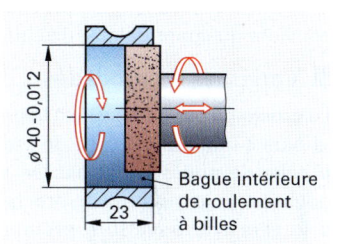

**Fig. 2 : Rectification d'alésage**

**3ème exemple (fig. 3) :**
Rectification longitudinale d'un arbre en acier avec surépaisseur de rectification $z = 0{,}5$ mm. Il convient de planifier la fréquence de rotation de la pièce $n_w$ et la vitesse du plateau $v_T$.

Solution :
- Vitesse du plateau $v_T = 1/3 \cdot b \cdot n_w$
  ($1/3 \cdot b$ = avance longitudinale sélectionnée par rotation)
  La largeur du disque de meule sélectionné est $b = 80$ mm.
- Vitesse d'avance de la pièce $v_f = 10$ m/min (sélectionnée)
- Fréquence de rotation de la pièce $n_w = \dfrac{v_f}{\pi \cdot d} = \dfrac{10 \text{ m/min}}{\pi \cdot 0{,}095 \text{ m}} = 33{,}5/\text{min}$
- Vitesse du plateau $v_T = \dfrac{1}{3} \cdot b_s \cdot n_w = \dfrac{1}{3} \cdot 80 \text{ mm} \cdot 33{,}5 \dfrac{1}{\text{min}}$

  $v_T = 893$ mm/min

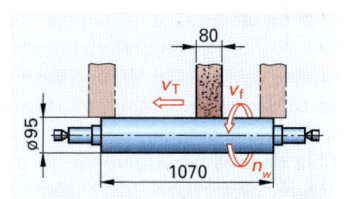

**Fig. 3 : Rectification longitudinale**

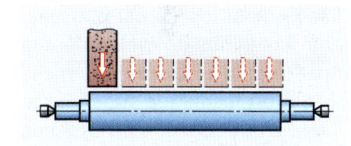

**Fig. 4 : Rectification en plongée**

### Répétition et approfondissement

1. Quelle profondeur de rugosité approximative peut-on atteindre avec du grain 60 ?
2. Quelle est la tâche du liant d'une meule à disque ?
3. Quelles sont les avantages du liant en céramique pour la rectification des profils ?
4. Qu'entend-on par dureté d'une meule à disque ?
5. Pourquoi l'usure dépend-elle également de la dureté du disque de la meule ?
6. Pourquoi emploie-t-on des meules à disque douces pour les matériaux durs, et des meules à disque dures pour les matériaux doux ?
7. Pourquoi les meules à disque sont-elles recommandées pour la rectification des perçages et pour la rectification profonde ?
8. Pourquoi faut-il dresser les meules à disque ?
9. Quelles prescriptions de protection contre les accidents faut-il respecter lors du contrôle et du serrage des meules à disque ?
10. Quels sont les effets sur la pièce d'une chaleur de meulage élevée ?
11. Quel est l'avantage de la rectification en plongée **(fig. 4)** par rapport à la rectification longitudinale (fig. 3) ?

## 3.8.11 Brochage

> Le brochage est un procédé par enlèvement de copeaux avec outils à plusieurs tranchants. Ainsi, la pièce reçoit un contour particulier qui est prédéfini dans l'outil de brochage.

Grâce au décalage de la coupe, on peut obtenir une grande approche avec une petite épaisseur, en un seul passage (**fig. 1**). Cela permet notamment de fabriquer en peu de temps des profilés avec une grande qualité de surface et une précision de forme particulièrement difficiles à fabriquer. Etant donné que l'outil de brochage ne doit être utilisé que pour une forme particulière, ce procédé de fabrication ne convient que pour de grandes quantités.

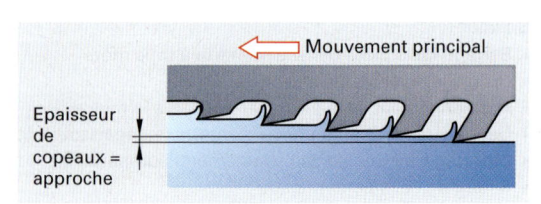

Fig. 1 : Géométrie de coupe d'un outil de brochage

### ■ Variantes de procédés

Le **brochage par poussée** est le procédé de brochage le plus simple d'un point de vue technique. Ici, la **broche de poussée** est passée sur la pièce par le poussoir de la machine de brochage ou est poussée à travers une ouverture préfabriquée de la pièce (**fig. 2**). Il est particulièrement adapté pour la petite et moyenne fabrication en série.

L'inconvénient est la contrainte de flexion de la broche de poussée relativement mince qui fixe les limites de capacité. En outre, seules les pièces plus courtes que la hauteur de levage maximale de la machine de brochage peuvent être usinées.

Cela ne joue pratiquement aucun rôle dans le **brochage par traction**. Etant donné que l'outil de brochage a une résistance plus élevée par traction, on peut définir des vitesses de coupe plus importantes qu'avec le brochage par poussée. Cela permet d'obtenir des temps de cycle inférieurs et un investissement dans la production de masse est rentable malgré l'effort technique supérieur avec l'outil et la machine. L'outil destiné au brochage par traction des contours intérieurs de la pièce est **l'outil de brochage** (**fig. 3**).

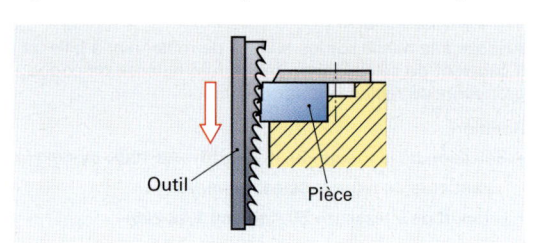

Fig. 2 : Broche de poussée

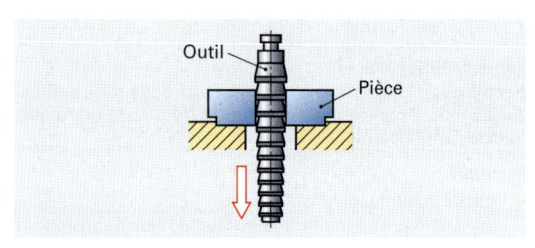

Fig. 3 : Outil de brochage

Un procédé spécifique pour le brochage par traction des contours extérieurs est le **brochage à la chaîne**. Ici, la pièce des supports de pièces qui sont fixés à une chaîne, est intégrée et tirée au delà de la **plaque de brochage fixe** (**fig. 4**). Le **brochage hélicoïdal** est un procédé d'enlèvement de copeaux semblable au taraudage. La pièce est montée en rotation et tournée par des profils de dents de l'outil de brochage disposés en hélice d'une façon telle que le pas le préconise. De même, il trouve à s'appliquer dans la fabrication des surfaces extérieures filetées.

Avec le **brochage de forme**, l'outil effectue un mouvement de coupe circulaire contrôlée. Ainsi, cela permet de former les surfaces de moulage. Si en plus, la pièce est mise en rotation autour de son axe, le procédé porte le nom de **brochage par rotation**. Grâce à l'emplacement des profilés et des surfaces, on distingue le **brochage intérieur et extérieur** (**fig. 5**).

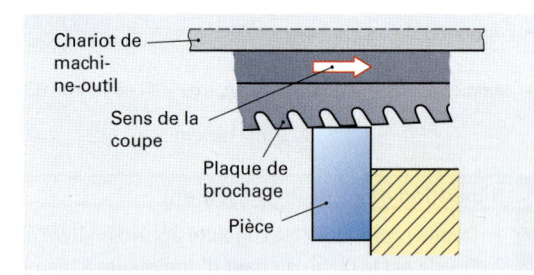

Fig. 4 : Plaque de brochage pour le brochage à plat

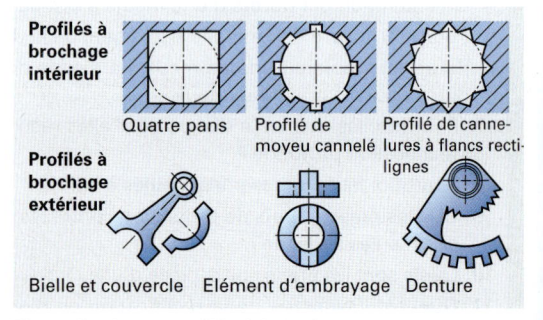

Fig. 5 : Quelques profilés fabriqués par brochage

# Fabrication avec des machines-outils

## ■ Machine de brochage

Sur la machine de brochage, l'outil à arrêtes de coupe multiples est avancé par poussée ou par traction sur la surface de l'outil à usiner. La surface est ainsi réalisée en une seule opération.

Le mouvement de coupe est, en fonction du procédé, le plus souvent effectué par l'outil, parfois également par la pièce. La rugosité de surface peut être influencée par la vitesse de coupe. L'approche est prédéterminée par l'outil de brochage.

Les valeurs de travail pour l'usinage dépendent du matériau de la pièce et de la coupe de l'outil. Elles sont calculées à partir de tableaux à valeur indicative. Selon la tâche, on distingue les machines de brochage intérieur et extérieur. En outre, elles existent en formes de construction horizontales et verticales.

**Les machines de brochage horizontal** nécessitent beaucoup d'espace étant donné qu'elles sont utilisées pour usiner des pièces particulièrement longues (**fig. 1**). En découpant l'outil de brochage dont les éléments sont activés les uns après les autres par commande numérique, la longueur de la machine peut être nettement inférieure à celle de l'outil dans son ensemble.

Fig. 1 : Machine horizontale de brochage extérieur

Fig. 2 : Machine verticale de brochage intérieur

**Les machines de brochage horizontales** sont souvent dans une fosse, en raison de leur hauteur, ou disposent d'un pupitre de commande surélevé (**fig. 2**).

Cela n'est plus nécessaire avec les **machines à table élévatrice**. Ici, la pièce effectue la course de travail. Les machines de brochage sont à commande hydraulique et peuvent être à commande numérique.

## ■ Serrage de la pièce avec le brochage intérieur

Une fois la pièce fixée au plateau de serrage, l'outil accroché à la fixation arrière est introduit dans l'alésage de l'outil et verrouillé dans le porte-outil de brochage.

## ■ Outils de brochage

Les outils de brochage sont généralement faits d'acier rapide, mais ils peuvent également être équipés d'autres types de coupe. Afin qu'ils puissent être rectifiées sans perdre la dimension finale, des dents de réserve se trouvent à l'extrémité de chaque outil de brochage (**fig. 3**).

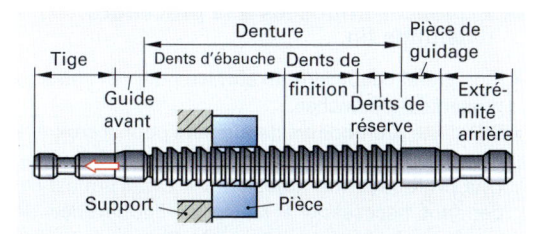

Fig. 3 : Conception de base d'un outil de brochage

### Répétition et approfondissement

1. Pourquoi le brochage n'est-il rationnel que pour la fabrication en moyenne et grande série ?
2. Pourquoi parle-t-on d'une broche de poussée, d'un outil de brochage ou d'une plaque de brochage ?
3. Quel est le rapport entre la structure et le fonctionnement d'un outil de brochage ?
4. Comment une machine horizontale de brochage extérieur peut-elle être avoir une structure plus courte que celle de l'outil ?
5. A quoi servent les dents de réserve sur l'outil de brochage ?

## 3.8.12 Superfinition

Un exemple d'application typique de l'usinage fin est constitué par la voie des pistons dans les moteurs à allumage par étincelles et les moteurs diesel (**fig. 1**). Les alésages des cylindres dans un bloc moteur doivent être usinés de manière à obtenir de bonnes caractéristiques de glissement entre la voie du piston et le segment du piston.

Les surfaces pierrées en palier donnent un bon comportement de glissement en raison de la faible rugosité des surfaces en palier convexes (p. 43). Avec un faible enlèvement de matière, on obtient déjà un coefficient de surface élevé. Les ondulations plus profondes dans la surface ont pour tâche de recevoir l'huile de lubrification. Cela améliore le comportement au rodage des moteurs ou des réducteurs.

### ■ Exigences imposées aux moteurs (tableau 1)

- Capacité de charge élevée de la surface cylindrique
- Durée de rodage brève pour les moteurs neufs
- Faible usure des surfaces glissantes grâce à une aptitude élevée à la lubrification et à un coefficient de surface élevé (**fig. 2**)
- Faible consommation de carburant et d'huile
- Bonne résistance au grippage des pistons dans les cylindres, même lors d'utilisation extrême.

Cette résistance au grippage est influencée par la dureté du matériau et par les tensions ou modifications de texture qui se produisent dans la zone des parois lors de l'usinage. Les pièces rectifiées doivent donc subir en outre un usinage fin, afin d'éliminer les zones des parois qui ont été endommagées par la chaleur et la pression de rectification (**fig. 3**).

### ■ Exigences imposées à la procédure d'usinage fin

- Plus grand **coefficient de surface** pour les surfaces glissantes et étanches.
- De faibles **profondeurs de rugosité** pour accroître la proportion de matériau et la résistance à l'usure. Une profondeur de rugosité $Rz = 1 \ldots 3$ µm est cependant nécessaire à cause de l'adhérence de l'huile sur les surfaces lisses (fig. 2).
- Haute **précision des cotes, de la forme et de la position**. On peut atteindre le degré de tolérance 4 ou au-dessus.
- **Pas de dommages à la zone des parois de la pièce** sous l'effet de la pression ou de la chaleur dégagées à l'usinage.

> Par honing, on obtient des surfaces d'étanchéité et des surfaces de glissement à très faibles tensions causées par la pression. Ces surfaces accroissent la capacité de charge et la résistance dans la durée des pièces fonctionnelles.
> Sur les pièces rodées par poudre, on ne décèle pas d'influences de la chaleur ou de la pression dans la zone des parois.

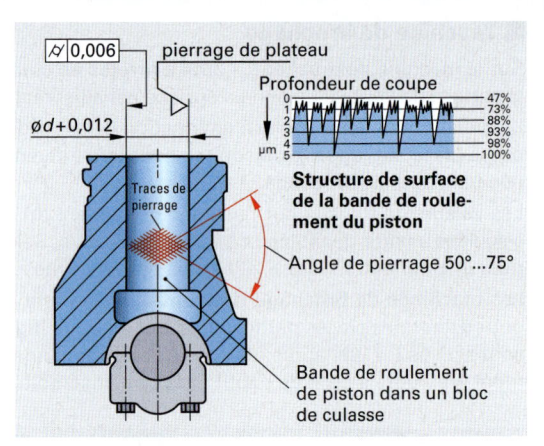

**Fig. 1**: Superfinition d'un chemin de déplacement de piston

**Tableau 1**: Exigences de qualité imposées pour les moteurs

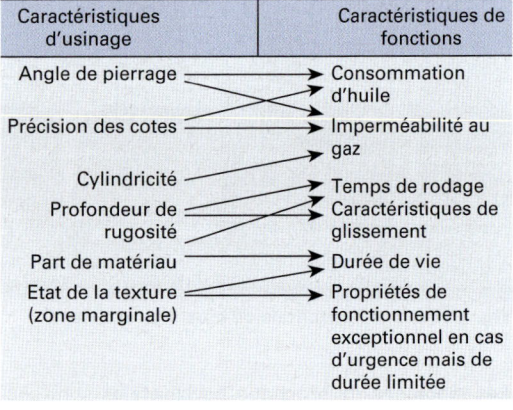

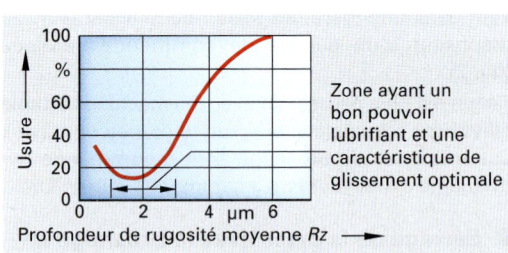

| Caractéristiques d'usinage | Caractéristiques de fonctions |
|---|---|
| Angle de pierrage | Consommation d'huile |
| Précision des cotes | Imperméabilité au gaz |
| Cylindricité | Temps de rodage |
| Profondeur de rugosité | Caractéristiques de glissement |
| Part de matériau | Durée de vie |
| Etat de la texture (zone marginale) | Propriétés de fonctionnement exceptionnel en cas d'urgence mais de durée limitée |

**Fig. 2**: Influence de la profondeur de rugosité sur l'usure de surfaces de roulement

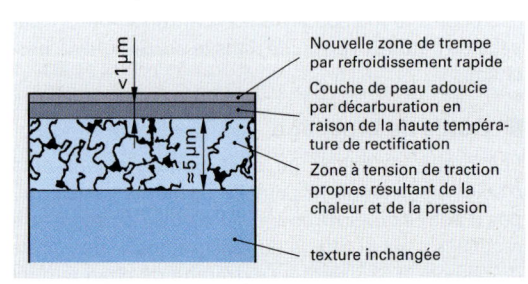

**Fig. 3**: Zone marginale endommagée par la rectification

# Fabrication avec des machines-outils

## 3.8.12.1 Honing

Les perçages des cylindres et des bielles des moteurs, ainsi que les carters de direction des vannes hydrauliques nécessitent des surfaces lisses de lubrification peu sujettes à l'usure (**fig. 1**). On y parvient de la manière la plus sûre par honing, car les surfaces pierrées, avec leurs stries d'usinage croisées, présentent une **capacité de rétention d'huile** remarquable.

> Le signe caractéristique du honing est la superposition des mouvements rotatif et axial lors de l'enlèvement de matière, ainsi que le très faible échauffement de la zone des parois de la pièce.

Le honing est en enlèvement de copeaux par un grain lié et avec contact permanent avec la pierre. Les procédés de honing sont classés en honing à course longue et honing à faible course, d'après la longueur de la course.

### ■ Honing à course longue

En honing à course longue, l'outil, la tête de honing, exécute le mouvement de rotation et le déplacement le long de la course, de telle sorte que les stries d'usinage produites se croisent à un angle prédéterminé (**fig. 2**). La vitesse en périphérie $v_t$ et la vitesse axiale $v_a$ donnent ensemble la vitesse de coupe $v_c$.

La **tête de honing** peut accepter de 3 à 12 pierres abrasives mobiles dans le sens radial, en fonction de la taille du trou percé. L'avance des **pierres abrasives** s'effectue par adhérence de formes par l'intermédiaire de cônes extensibles. Les têtes de honing à douilles de mesure pneumatiques interrompent automatiquement l'avance lorsque la cote de consigne du perçage est atteinte.

**Correction de forme.** Le grand chevauchement permis par des pierres abrasives à pierre relativement longues et par leur mode d'avance par adhérence de formes permettent de corriger les erreurs de forme cylindrique des perçages. Lorsqu'on usine des perçages de part en part, la position et la longueur de la course doivent être réglées de telle sorte que le tiers de la longueur des pierres environ fasse saillie hors du perçage (**fig. 3**). En cas d'écart du perçage pré-usiné par rapport à la forme du cylindre, le chevauchement est agrandi du côté étroit, et il est réduit du côté large (**fig. 4**).

Lorsque les trous borgnes sont dépourvus de chevauchement, on peut prépierrer le fond des trous avec des têtes de fraisage de petite taille et de faibles courses.

**Procédé de honing.** On applique aux pierres à honing une pression de 10 N/cm² à 100 N/cm² pour les appliquer contre la pièce. La faible pression et la faible vitesse de coupe (moins de 30 m/min), même lors du dégrossissage, permettent de ne pas laisser les températures dépasser 100°C dans la zone des parois.

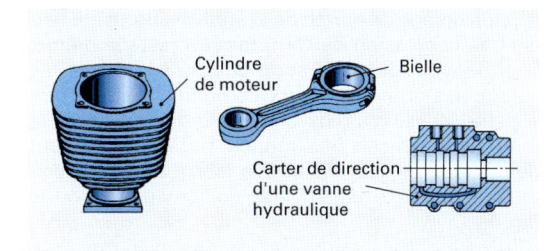

**Fig. 1:** Exemples typiques de honing à course longue

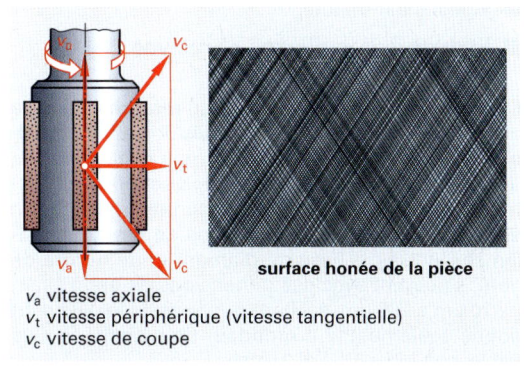

$v_a$ vitesse axiale
$v_t$ vitesse périphérique (vitesse tangentielle)
$v_c$ vitesse de coupe

**Fig. 2:** Mouvements et surfaces liés au honing à course longue

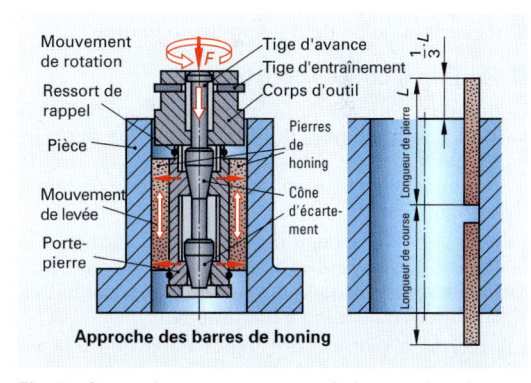

**Fig. 3:** Approche et mouvement de levage des têtes de honing

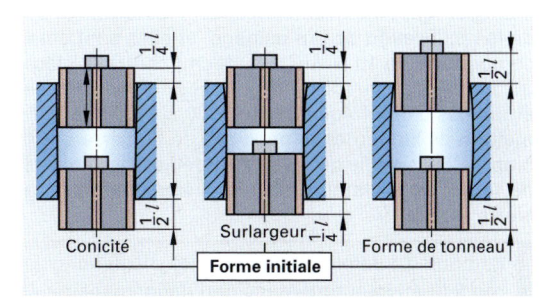

**Fig. 4:** Influence du dépassement de la barre de honing sur la forme de l'alésage

Au début du procédé de honing, on enlève rapidement les pointes de rugosité et les pleins. Alors que le pourcentage de portée de la surface augmente tandis que la pression de compression reste la même, la profondeur de pénétration des grains décroît. La charge des grains de pierre de honing finit par être si petite qu'elle n'a plus la capacité de fractionner la matière. Il s'ensuit une réduction de l'enlèvement de matière, de la friction de la pierre à honing, une moindre rugosité et une durée de honing plus courte (fig. 1).

> L'accroissement de la durée de honing atténue les changements de cote et de profondeur de rugosité par minute.

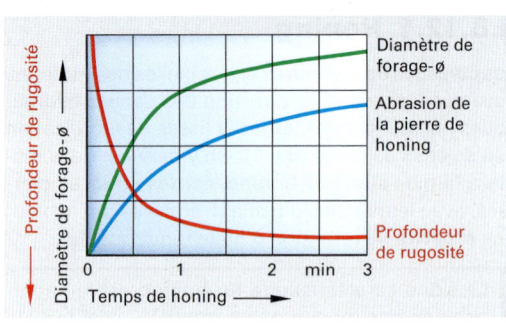

**Fig. 1 : Influence du temps de honing sur l'évacuation de matériau, l'usure de honing et la profondeur de rugosité**

### ■ Structure des pierres abrasives de honing

La structure des pierres de honing ressemble à celle des disques de meules. Ces pierres doivent fonctionner en auto-affûtage même avec une faible pression de compression, car les grains doivent pouvoir fractionner et faire éclater le matériau même si le grain est faiblement sollicité. Les types de grain généralement utilisés, à base de diamant et de nitrure de bore, s'utilisent avec des dimensions de grain allant de 20 μm à 200 μm, sachant que le grain le plus petit donne également la profondeur de rugosité la plus faible, soit ($Rz$ = 0,1 ... 10 μm).

> Les dimensions du grain, la pression de compression et la vitesse de coupe influent sur la qualité de surface qu'on peut atteindre au honing.

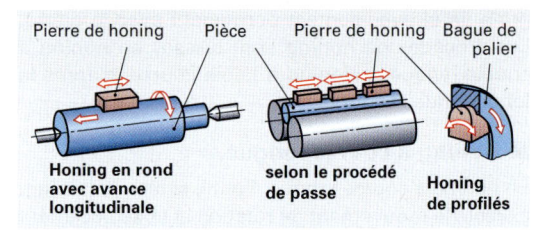

**Fig. 2 : Procédé du honing à course courte**

### ■ Honing à course courte

Le honing à course courte (procédé « Superfinish ») permet principalement la rectification fine des surfaces cylindriques extérieures par ex. les points d'appui des vilebrequins ou les voies des paliers à roulement (fig. 2).

L'élimination de la peau molle qui s'est formée à la rectification et des stries d'usinage permet d'améliorer la résistance dans la durée des composants très sollicités lors du honing à faible course.

Les pierres à pierrer sont fixées dans une tête vibrante à entraînement électromécanique ou pneumatique. Elles vibrent ainsi dans le sens longitudinal sur la pièce avec une déviation transversale de 1mm à 6mm par rapport aux stries résultant du tournage ou de la rectification de pré-usinage, et elles sont ainsi comprimées de 10 N/cm$^2$ à 40 N/cm$^2$ contre la pièce qui tourne sur elle-même (fig. 3). Les courses brèves et rapides d'une fréquence de 2300 à 3000/min permettent de limiter les dimensions de la pierre à honing, ce qui signifie qu'on ne peut réduire les erreurs de forme qu'à l'intérieur du chevauchement de la pierre à pierrer.

> Le honing à faible portée permet d'améliorer la rondeur en supprimant les ondulations, même si les divergences de forme du cylindre ne peuvent guère être corrigées (fig. 4).

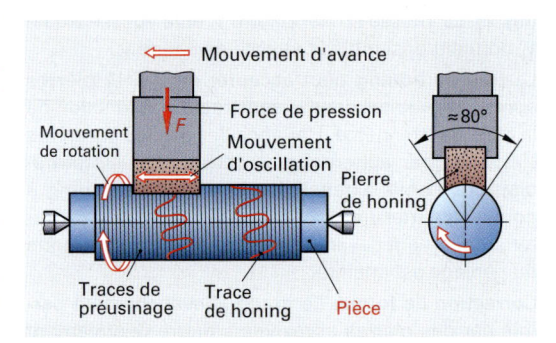

**Fig. 3 : Mouvements lors du honing à course courte**

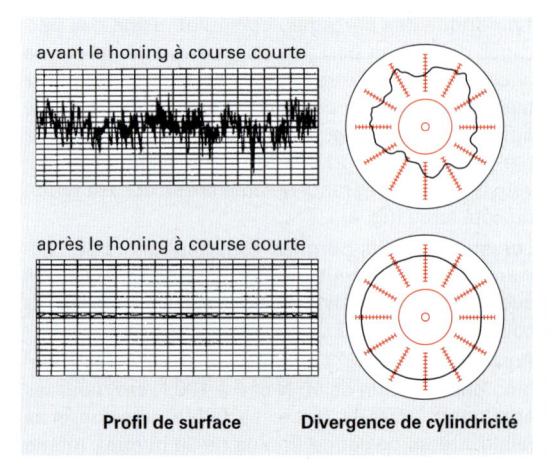

**Fig. 4 : Surface et forme circulaire lors du honing à course courte**

# Fabrication avec des machines-outils

## 3.8.12.2 Rodage par poudre abrasive

Lors du rodage par poudre abrasive, d'innombrables grains détachés roulent entre la pièce et la meule à roder (**fig. 1**). Le roulement et le malaxage enlèvent du matériau et créent des traces d'usinage sans orientation, contrairement au honing.

### ■ Influences sur le procédé de rodage par poudre

- Les grains grossiers enlèvent beaucoup de matière, les grains de petite taille ne produisent pas de profondeur de rugosité.
- Une hausse de la pression de compression accroît l'enlèvement de matériau (**fig. 2**). On commence donc par travailler sous une pression élevée, et on termine l'usinage par rodage sous une faible pression.
- La vitesse de rodage influe peu sur l'enlèvement de matériau et sur la qualité de surface.

**Les mélanges de poudre de rodage** se composent de grains à roder et d'eau ou d'huile de rodage (fig. 1). Afin que seules les pointes des grains sortent du film d'eau ou d'huile, on utilise des huiles de rodage spéciales lorsque les grains sont de grande taille.

Les **corps de rodage** (poudres de rodage) doivent enlever autant de matériau que possible, avec une rugosité uniforme. Il est important que les différences de granulation soient faibles, car des grains isolés de plus grande taille causent des rayures. La plupart des numéros de grain 400, 500 et 600 comportent des grains de dimensions moyennes de 9,3 µm, 12,8 µm et 17,3 µm. Les poudres de rodage fréquemment utilisées jusqu'à maintenant en carbure de silicium, en corindon et en carbure de bore sont progressivement remplacées par des grains en diamant.

### ■ Machine à roder à meule à disque unique (fig. 3 et fig. 4)

Les caractéristiques de la machine à roder à meule à disque unique sont la meule à roder tournante et les bagues de dressage.

Les **meules de rodage** (meules de travail) sont généralement en fonte de fer à grains fins. Les meules à roder mi-dures se dressent bien et favorisent le roulement des grains. Cela confère aux pièces rodées leur surface mate caractéristique.

Pour le polissage par rodage, on utilise par ex. des meules à roder en cuivre, en acier ou en aluminium. Avec un grain fin, on obtient sur ces meules à roder « douces » des surfaces réfléchissantes.

**Les tâches des bagues de dressage** sont :
- La réception et le guidage des pièces sur les portions de trajectoire qui doivent réaliser un enlèvement uniforme par la meule à disque.
- Le dressage de la meule à roder, du fait que les bagues de dressage sont entraînées pour tourner dans le même sens de rotation sur le grand diamètre de la meule de rodage.
- Répartition du mélange de poudre de rodage et évacuation du matériau enlevé par des rainures en direction du bord de la meule à dresser.

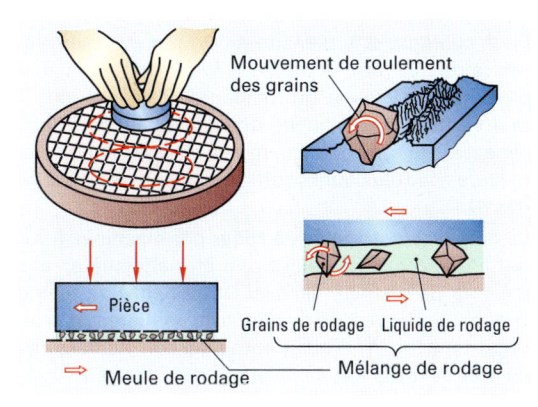

**Fig. 1** : Procédé de rodage

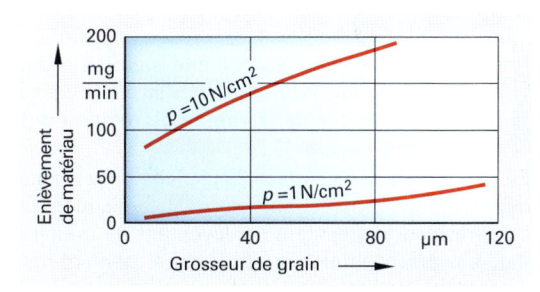

**Fig. 2** : Dépendance de l'enlèvement de matériau à l'égard de la taille de grain et la pression de compression

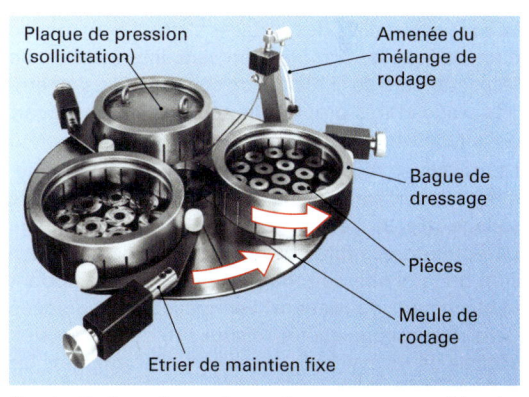

**Fig. 3** : Rodage des surfaces planes sur une machine à roder par poudre abrasive et à une seule meule

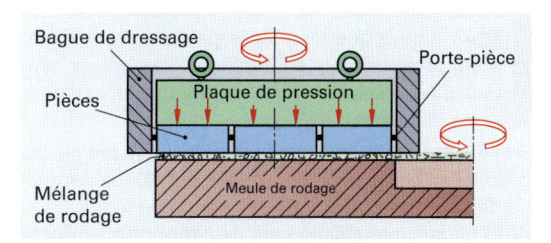

**Fig. 4** : Rodage avec une plaque d'appui

## Fabrication avec des machines-outils

### ■ Vérification de la planéité de la meule de rodage

Pour atteindre une planéité de 0,1 µm avec un diamètre de 100 mm, la meule à roder doit avoir une planéité équivalente ou meilleure. Pour assurer, il faut vérifier cette planéité deux fois par jour. Pour cet essai, on applique des règles de précision ou de mesure avec plusieurs boutons-poussoirs de mesure **(fig. 1)**.

Le **dressage des meules à roder** par machines à roder à une ou deux meules doit être effectué en cas d'écarts de planéité illicites. On obtient une forme convexe lorsque l'enlèvement de matière est trop important (fig. 1). Pour y remédier, on déplace les bagues de dressage vers l'intérieur en pas de 2,5 mm pour atteindre la planéité requise. Si la meule à roder est concave, on déplace les bagues de dressage vers l'extérieur.

> La forme que revêt l'écart d'une meule à roder dépend de la forme et du matériau de la pièce à usiner, ainsi que de la vitesse de rotation des bagues de dressage.

En cas de **rodage de surface,** la planéité de la meule de rodage se transmet aux pièces. Les plaques de compression augmentent l'enlèvement de matière **(fig. 4, p. précédente).** Les pièces qui présentent des défauts de planéité sont comprimées contre la meule à roder au moyen d'éléments intercalaires élastiques. Les petites pièces sont insérées dans les évidements du porte-outils.

Le **rodage parallèle des surfaces** s'effectue au moyen d'une plaque de compression sans intercalaires. La face intérieure de la plaque de compression doit être très plane et très propre. On peut atteindre un écart de parallélisme de 0,2 µm.

La **machine à roder à deux disques** usine simultanément les surfaces des pièces entre deux meules de rodage **(fig. 2)**. Le mélange de poudres de rodage introduit en quantité dosée et la force de compression de la meule de rodage supérieure provoquent l'enlèvement de matière. Les pièces sont guidées dans des disques dentés (disques rotors). On vise à obtenir un enlèvement de matière uniforme par les meules de rodage grâce à l'inversion du sens de marche des meules de rodage, et au chevauchement de la pièce au-dessus de la zone des parois.

> Etant donné que les pièces peuvent éventuellement provoquer un effet de basculement, la hauteur des pièces devra être inférieure aux dimensions de la surface d'appui.

Des exemples d'application typiques sont, par ex. les pièces des pompes à engrenages **(fig. 3)**. Le parallélisme en plan et la largeur des engrenages ainsi que de la plaque intercalaire sont très importants pour la fonction de la pompe.

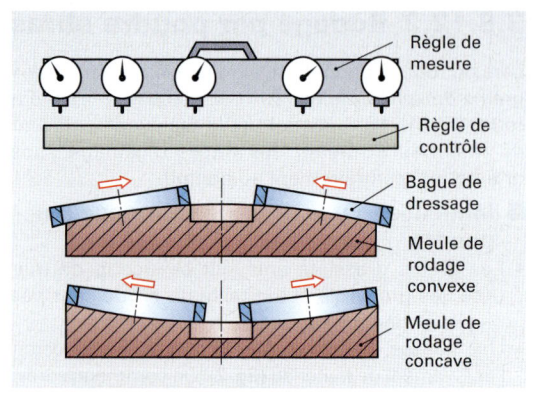

Fig. 1 : Ajustement des bagues de dressage en cas de divergences de planéité

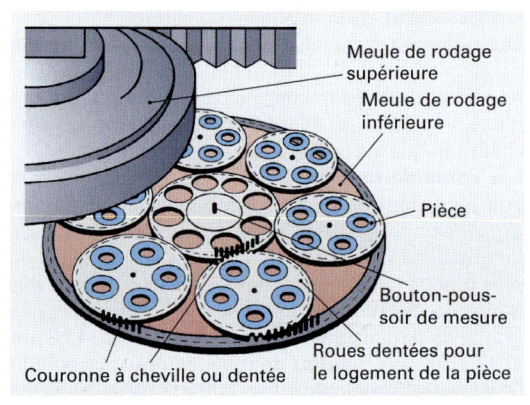

Fig. 2 : Machine à roder par poudre abrasive à deux meules

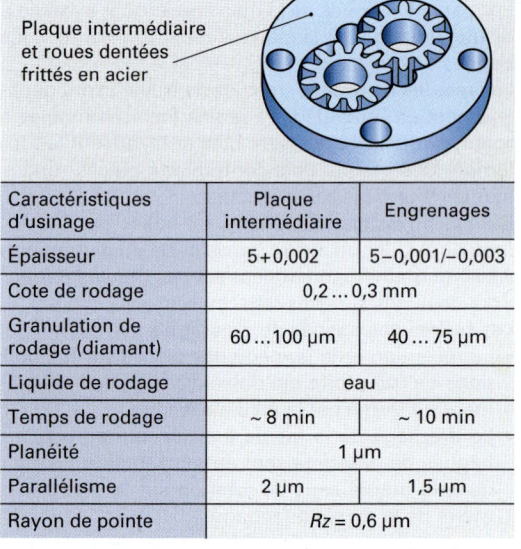

| Caractéristiques d'usinage | Plaque intermédiaire | Engrenages |
|---|---|---|
| Épaisseur | 5+0,002 | 5−0,001/−0,003 |
| Cote de rodage | 0,2...0,3 mm | |
| Granulation de rodage (diamant) | 60...100 µm | 40...75 µm |
| Liquide de rodage | eau | |
| Temps de rodage | ~ 8 min | ~ 10 min |
| Planéité | 1 µm | |
| Parallélisme | 2 µm | 1,5 µm |
| Rayon de pointe | $R_z$ = 0,6 µm | |

Fig. 3 : Rodage des surfaces planes et parallèles de pièces d'une pompe à engrenages

# Fabrication avec des machines-outils

Avec le **rodage à plat**, également dénommé **dressage**, on utilise au lieu des meules à roder des meules de travail sur lesquelles sont collées des plaques en nitrure cubique de bore ou en diamant rondes (pastilles) **(fig. 1)**. On obtient ainsi des meules de travail à disque à grands interstices permettant le rinçage à l'huile de rodage ou à l'eau.
Par rapport au rodage par poudre abrasive, on peut enlever beaucoup plus de matériau. Pour une surépaisseur de métal de 0,6 … 0,8 mm, on peut atteindre en une minute une cote avec un écart de ± 2 µm.
En rodage de surface, le parallélisme réalisable est de l'ordre de 0,5 … 2 µm et en rodage par poudre abrasive de 0,2 … 1 µm.

> Le rodage à plat (dressage) constitue une alternative économique au rodage par poudre abrasive. Par rapport à la rectification, l'enlèvement de matière s'effectue à faible vitesse de coupe et à pression réduite sur une surface de contact importante.

Le **rodage cylindrique extérieur** s'effectue également sur une machine à roder à deux disques. La position oblique des pièces dans le disque rotor aboutit à un mouvement de roulement et de glissement entre les meules à roder **(fig. 2)**. Pour maintenir la planéité des meules à roder, les pièces chevauchent les meules à roder sur toute leur surface à chaque rotation de l'excentrique.
Le contact linéaire de la pièce aboutit par ex. avec les pointeaux, les cylindres d'essai ou les pistons de commande hydrauliques à une amélioration de la rectilinéarité, de la cylindricité et de la précision des cotes **(fig. 3)**.
L'application **du procédé de rodage par poudre abrasive** doit toujours être recommandée lorsque des pièces d'une grande précision à surfaces planes ou parallèles doivent être usinées **(fig. 4)**. Tous les matériaux se prêtent au rodage par poudre, par ex. l'acier, le métal dur, l'aluminium, la céramique et les matières plastiques. L'influence des matériaux ne se remarque que pour la puissance d'enlèvement des matériaux et la qualité de surface.

Fig. 1 : Rodage à plat avec des « pastilles »

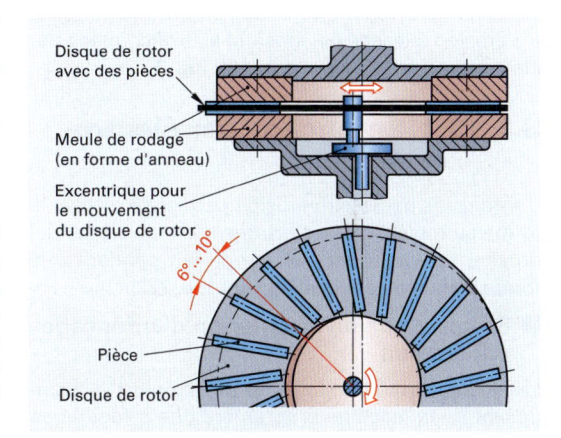

Fig. 2 : Rodage cylindrique sur une machine à roder par poudre abrasive à deux meules

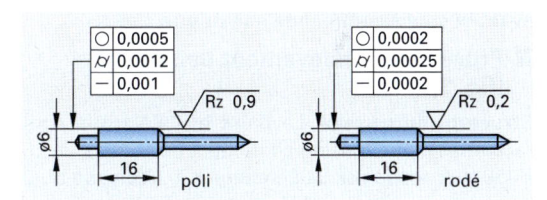

Fig. 3 : Pointeau préusiné et rodé

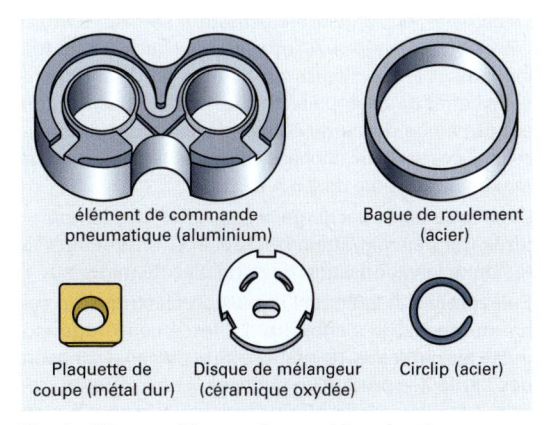

Fig. 4 : Pièces rodées sur des machines à roder par poudre abrasive à une seule et à deux meules

## Répétition et approfondissement

1. Quelles caractéristiques d'un moteur sont influencées par la précision dimensionnelle et la profondeur de rugosité de la voie de déplacement du piston ?
2. Quelles exigences impose-t-on au processus de superfinition ?
3. Comment apparaissent les traits d'outil croisés lors du honing ?
4. Comment peut-on corriger une divergence cylindrique en barillet lors du honing à longue course ?
5. Quel est l'effet d'une vigoureuse force de compression sur le procédé de rodage ?
6. Pourquoi faut-il obtenir en rodage une évacuation uniforme de matériau du disque de rodage ?

## 3.8.13 Enlèvement par électro-érosion

L'enlèvement par électro-érosion (érosion) permet d'usiner tous les matériaux électroconducteurs quelle que soit leur dureté. Ce procédé convient donc particulièrement pour la fabrication individuelle de formes creuses, alésages et ouvertures difficiles à réaliser, dans les aciers trempés et les métaux durs.

> L'enlèvement par électro-érosion permet d'usiner tous les matériaux métalliques.

On établit une différence entre l'enfonçage par électro-érosion (alésage par érosion) et le découpage par électro-érosion (étincelage par fil) **(fig. 1)**.

### 3.8.13.1 Enfonçage par électro-érosion

L'enfonçage par électro-érosion permet de réaliser la forme au moyen d'une électrode dans les pièces qui doivent être usinées. L'électrode fait pendant à la forme planifiée pour la pièce **(fig. 1, p. 222)**.

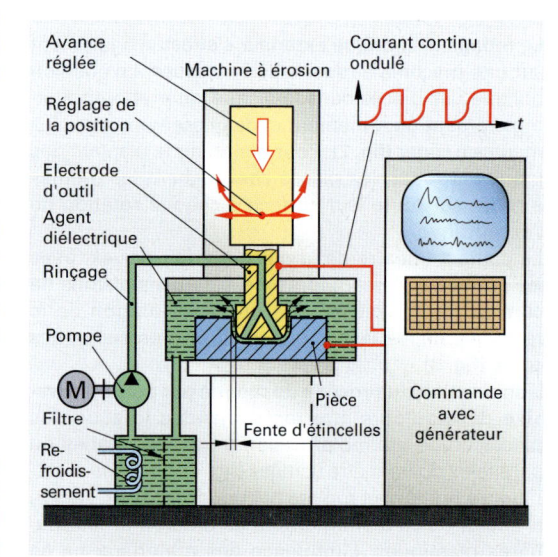

■ **Structure d'une installation d'enfonçage par érosion**

Les installations d'enfonçage par érosion se composent de la machine proprement dite à régulation des avances et de la position, d'un générateur servant à produire le courant de décharge, et d'une pompe, d'un filtre et d'un dispositif de rinçage pour l'agent diélectrique **(fig. 2)**. Les mouvements des avances sont à commande numérique.

■ **Procédure d'enlèvement de matière (fig. 3)**

**Structure du serrage.** La pièce et l'électrode sont raccordés à une tension continue à pulsations de 20 à 150 V produite par un générateur. L'électrode-outil est approchée de la pièce jusqu'à ce qu'elle se trouve à faible distance de celle-ci, qui constitue le GAP.

**Procédure de décharge.** Un liquide qui ne conduit par l'électricité, dit «agent diélectrique» se trouve entre l'électrode et la pièce. A l'emplacement étroit du GAP, les ions et les particules de matière se rassemblent sous l'effet du champ électrique. Cette concentration aboutit à une décharge électrique sous forme d'étincelle. Le courant de décharge s'élève jusqu'à la valeur maximale réglable de 0,5 A à 80 A.

Dans le canal de décharge, il se produit des températures qui peuvent atteindre 12 000 °C, et amènent la fusion et la vaporisation de particules de matériau.

**Enlèvement.** A la fin de l'impulsion électrique, le canal de décharge s'effondre. La force centrifuge expulse les particules de matière hors du canal. Chacun des particules produit un petit creux en forme de cratère. La forme de la pièce érodée est le résultat de nombreux creux de ce type. Il se produit également un enlèvement de matériau sur l'électrode (usure).

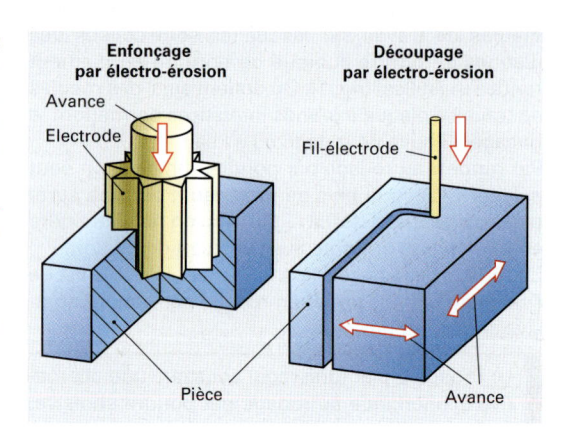

Fig. 1 : Procédé par électro-érosion

Fig. 2 : Structure d'une installation d'enfonçage par électro-érosion

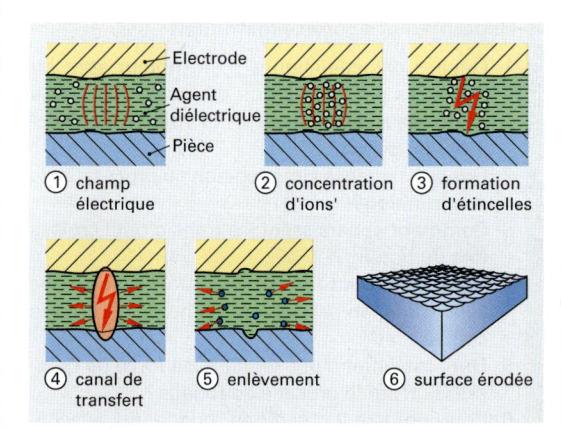

Fig. 3 : Processus d'enlèvement de matière

Fabrication avec des machines-outils

## ■ Grandeurs électriques caractéristiques

Le générateur produit une séquence d'impulsions et de pauses entre impulsions. Les valeurs de la tension $U$, de l'intensité $I$, de la durée des impulsions $t_i$ et de la pause entre impulsions $t_0$ sont réglables, et c'est généralement un programme qui les commande. Chacun de ces diverses impulsions se compose de la durée de formation du canal de décharge sous l'effet de la tension d'allumage, et de la durée de la décharge proprement dite **(fig. 1)**. Plus fort est le réglage de l'intensité, plus longue est le durée des impulsions par rapport à la pause qui sépare les impulsions, et plus grande est la quantité de matériau enlevé, et plus faible sont la précision de la forme et la qualité de surface **(fig. 2)**.

> Des intensités plus élevées et les impulsions plus longues augmentent le volume d'enlèvement de matériau, mais réduisent la qualité de surface et la précision de la forme.

Précision de la forme et des cotes, qualité de surface, volume d'enlèvement de matériau et usure de l'électrode sont essentiellement déterminés par la commande du générateur pendant le cycle d'enlèvement de matériau **(fig. 3)**. Après la finition par érosion **(fig. 4)**, les changements de texture dans la couche de paroi de la pièce doivent être suffisamment faibles ... pour que la fonction et la résistance à l'usure de la pièce ne soient pas compromises.

## ■ GAP

Le GAP est l'espace intermédiaire qui s'étend sur tous les côtés entre l'électrode-outil et la pièce. Plus petit est le GAP, plus grande est la précision de représentation. En fonction de la puissance d'enlèvement du matériau et de la qualité de surface, le GAP est compris entre 0,03 mm et 0,1 mm.

## ■ Agent diélectrique

Comme agent diélectrique, on utilise des huiles minérales ou des hydrocarbures synthétiques, pour la coupe par électro-érosion, on utilise également de l'eau déminéralisée (désionisée); l'enlèvement de matériau, les produits de décomposition et la chaleur dégagée doivent être évacués par l'agent diélectrique. Il est donc indispensable de procéder à un rinçage poussé, à un filtrage, ainsi qu'au renouvellement régulier de l'agent diélectrique. En raison des vapeurs qui se dégagent et des produits de désagrégation obtenus, il est indispensable de les éliminer par aspiration, et de respecter strictement les dispositions qui régissent le travail et la protection contre les incendies.

## ■ Puissance d'enlèvement de matière

L'enlèvement de matière réalisable par minute avec l'enfonçage par érosion dépend essentiellement des facteurs suivants:
- matériau constitutif de l'électrode et de la pièce,
- surface de la section de l'électrode,
- procédé employé pour l'ébauche ou la finition par érosion.

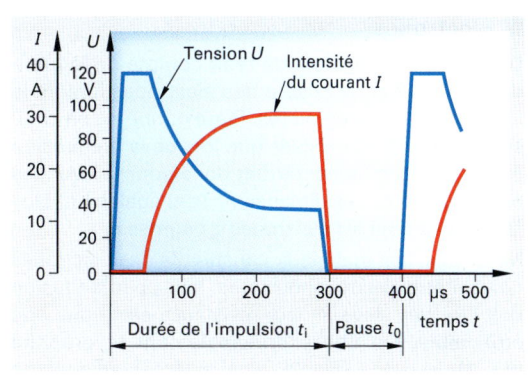

**Fig. 1 : Déroulement chronologique de la décharge**

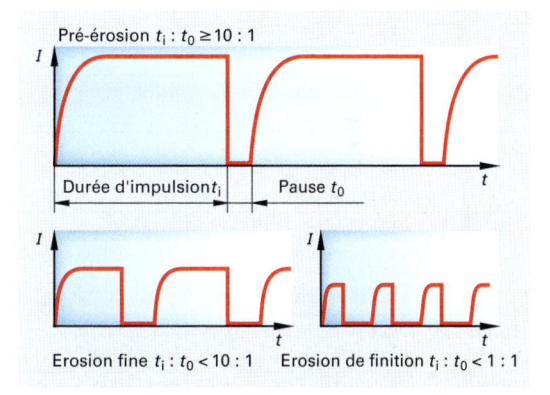

**Fig. 2 : Valeurs de réglage pour l'enlèvement de matériau par électro-érosion**

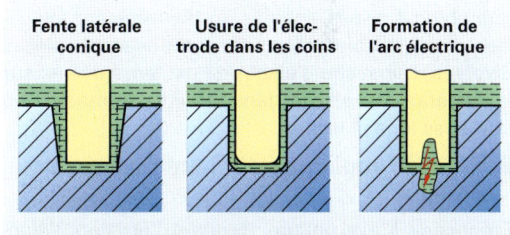

Causes possibles des divergences de forme :
- courant pulsé à intensité élevée
- brèves pauses d'impulsions
- longue durée d'impulsions
- rinçage insuffisant

**Fig. 3 : Divergences de forme en enfonçage par électro-érosion**

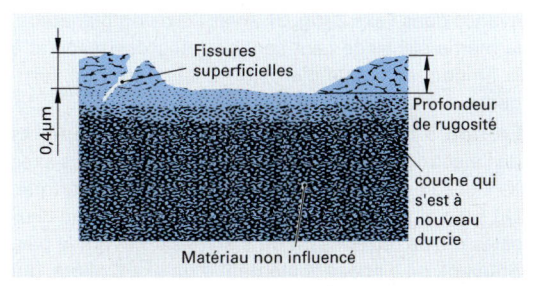

**Fig. 4 : Modifications de la texture sur la surface érodée de la pièce**

## ■ Electrodes

**Dimensions.** Il convient de tenir compte de la grandeur du GAP et de l'usure des électrodes lors de la fabrication de ces dernières. Etant donné qu'on choisit des valeurs plus faibles que lors de la pré-érosion pour l'intensité du courant et donc pour le GAP, les écarts en moins des dimensions sont également plus faibles que pour les électrodes à dégrossir.

**Matériaux.** Les matériaux constitutifs des électrodes doivent être électroconducteurs, leur point de fusion doit être très élevé, et leur résistance électrique doit être faible. On utilise principalement le graphite **(fig. 1)**, le cuivre **(fig. 2)**, ainsi que des alliages de tungstène et de cuivre et de cuivre et de zinc **(tableau 1)**.

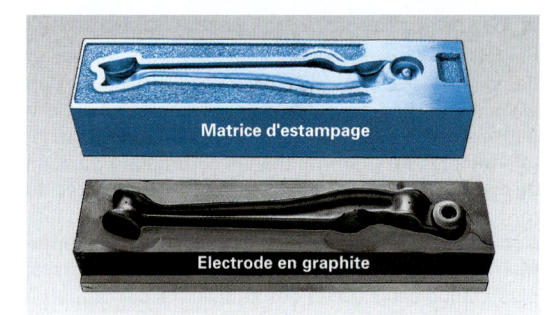

**Fig. 1 : Electrode en graphite avec une matrice d'estampage érodée**

### Tableau 1: Matériaux des électrodes

| Matériau de l'électrode | Caractéristiques des électrodes | Application |
|---|---|---|
| Graphite | par fraisage HSC facile à usiner faible usure | Acier et acier inoxydable |
| Cuivre | par fraisage HSC excellent débit d'érosion usure moyenne | Acier et acier inoxydable |
| Tungstène Cuivre | faible usure sur du métal dur | Acier à outils Métal dur |
| Fil de laiton | négligeable usure sur le fil métallique | Étincelage par fil |

**Fabrication.** Les électrodes sont soit de fabrication monobloc, fraisées, coulées ou réalisées par étincelage par fil, ou bien elles sont composées de pièces diverses. L'ébauche d'électrode est alors usinée sur le système de serrage dans laquelle la machine à éroder se loge plus tard.

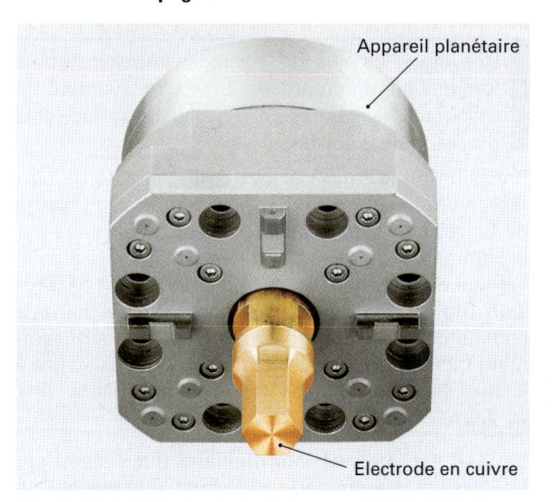

**Fig. 2 : Electrode de cuivre dans un appareil d'érosion planétaire**

## ■ Procédé appliqué pour l'enfonçage par érosion

**Enfonçage à axe unique.** Pendant l'érosion, l'électrode se déplace uniquement dans le sens de l'avance **(fig. 1, p. 220)**.

**Erosion planétaire.** Lors de l'usinage, l'électrode est déviée sur l'axe X et sur l'axe Y par l'appareil planétaire. Ce mouvement peut se produire avec ou sans avance dans l'axe Z **(fig. 3)**. Avec l'érosion planétaire, la même électrode peut servir au dégrossissage et à la finition, et la cote d'érosion finale peut être corrigée.

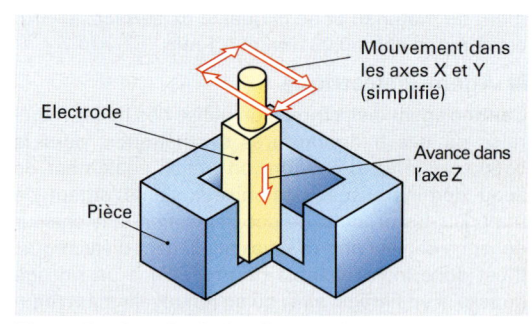

**Fig. 3 : Erosion planétaire d'un carré creux**

**Erosion à commande continue.** Les déplacements de l'électrode ou du plateau de serrage dans les axes X, Y et Z sont prescrits par la commande numérique. On peut ainsi, par ex., éroder des sections transversales qui se rétrécissent ou s'élargissent vers le bas. Souvent, on dispose également d'un axe C piloté, qui permet par ex. l'érosion de rainures hélicoïdales **(fig. 4)**.

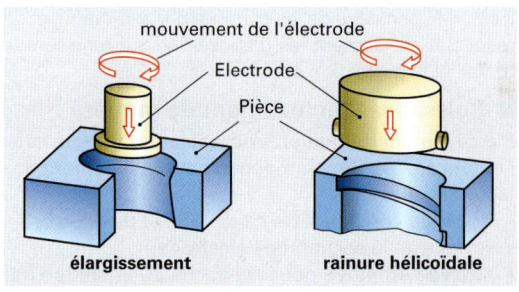

**Fig. 4 : Erosion à commande continue de contournage**

# Fabrication avec des machines-outils

## 3.8.13.2 Découpage par électro-érosion (étincelage par fil)

En étincelage par fil, un fil de laiton descendant sert d'électrode d'outil. L'enlèvement sur la pièce se fait par des décharges électriques entre le fil et la pièce, comme dans l'enfonçage par électro-érosion. Des machines spéciales sont nécessaires pour l'étincelage par fil **(fig. 1)**.

### ■ Processus de coupe

Le fil de 0,1 à 0,3 mm d'épaisseur est enroulé sur une bobine où il est vigoureusement tendu par des rouleaux d'entraînement qui le font passer à travers la pièce avant d'être mis au rebut. Les guidages du fil sur et sous la pièce soutiennent le fil, atténuent les oscillations et garantissent une coupe bien droite.

Les pièces sont coupées dans un diélectrique, en général de l'eau dessalée.

Le processus d'érosion commence dans un alésage de trou initial qui a été créé auparavant par alésage ou enfonçage par électro-érosion. Le fil doit être enfilé par cet alésage.

Par la commande numérique des mouvements de la table et la position inclinée du fil par la déviation des guidages de fil, on peut créer toutes sortes de formes intérieures et extérieures **(fig. 2)**. On peut ainsi créer avec le même programme NC par ex. la plaquette de coupe, la plaquette de guidage et le poinçon de découpage d'un outil de coupe avec guidage de plaques (p. 124).

### ■ Serrage des pièces

Pour fixer les pièces, on utilise des dispositifs et des systèmes de montage spéciaux. Ils sont construits de telle façon que le processus d'érosion puisse se dérouler sans obstacles sur l'ensemble de la zone de travail (fig. 1).

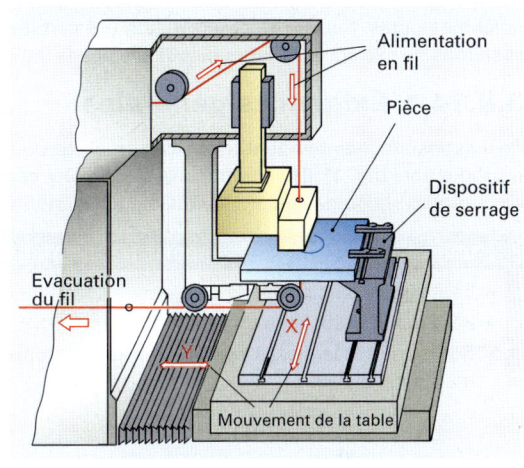

**Fig. 1 : Machine d'étincelage par fil**

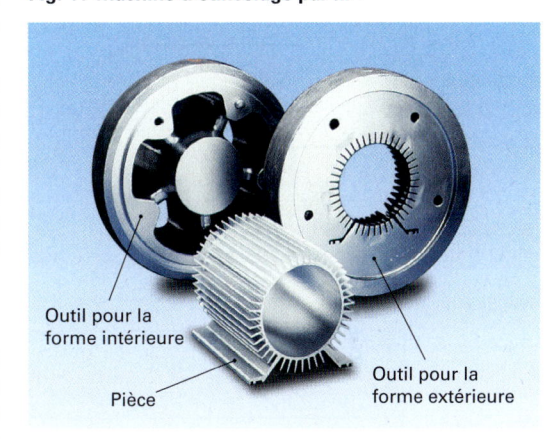

**Fig. 2 : Outil de presse à filer, fabriqué par étincelage par fil**

### Avantages et inconvénients du chanfreinage au foret à fraiser par électro-érosion

**Avantages**
- Chanfreinage au foret à fraiser et filetages pouvant être fabriqués en acier trempé et en métal dur.
- Possibilité d'une fabrication de formes intérieures même très complexes, avec de très petits rayons de coin et une grande précision des dimensions et des formes.
- Qualité de surface uniforme, mais pas très élevée, obtenue par cette fabrication.

**Inconvénients :**
- Faible débit d'érosion en cas d'érosion de finition
- Divergence des dimensions et des formes résultant de l'usure des électrodes
- Coûts de machine élevés
- Modifications de la texture dans la couche marginale résultant de hautes températures pendant l'érosion

### Répétition et approfondissement

1. Quels matériaux peuvent être usinés par enlèvement par électro-érosion ?
2. Quels avantages présente l'enfonçage par électro-érosion par rapport au fraisage ?
3. De quoi dépendent la précision des formes et des dimensions en cas d'enfonçage par électro-érosion ?
4. Quels matériaux sont utilisés pour les électrodes pour l'enfonçage par électro-érosion et l'étincelage par fil ?
5. En quoi l'enfonçage par électro-érosion se différencie-t-il de et l'étincelage par fil ?

## 3.8.14 Dispositifs et éléments de serrage sur des machines-outils

Pour la fabrication de pièces métalliques, on utilise principalement des procédés de façonnage avec des machines-outils. Ceux-ci se caractérisent par certains mouvements, grandeurs d'enlèvement de copeaux et systèmes de serrage, par leurs dispositifs et par leurs multiples éléments d'enlèvement de copeaux.

### 3.8.14.1 Exigences générales

Ces dispositifs maintiennent les pièces en place pour l'usinage sur une certaine position sans équivoque et reproductible **(fig. 1)**. Ils servent aussi à contrôler ces pièces après la fabrication, ou à déterminer la position de composants ou de sous-ensembles pour le montage.

| L'utilisation de dispositifs apporte les avantages suivants : | |
|---|---|
| • Fabrication plus rapide<br>• Plus grande précision de répétition<br>• Bon nombre de pièces ne peuvent pas être usinées sans dispositif | • Moins de temps morts pour l'ajustement et le serrage<br>• Suppression des travaux secondaires tels que le trusquinage et le grenaillage |

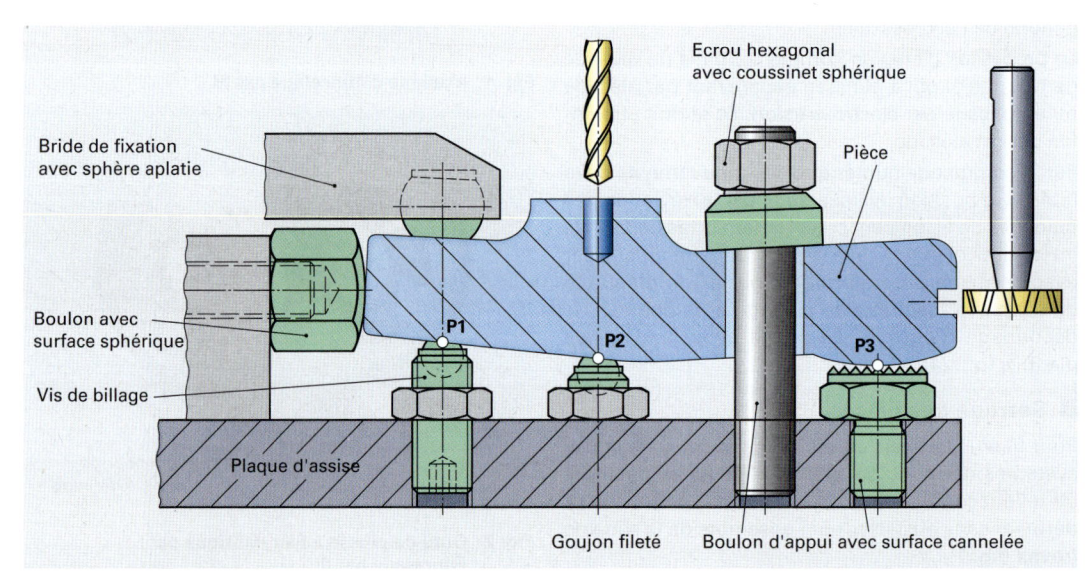

**Fig. 1 : Dispositif de serrage**

**Fixation en trois points**

Les pièces brutes (fig. 1) sont placés sur trois points non alignés pour la fixation **(fig. 2)**. Ces points d'appui doivent être à la plus grande distance possible les uns des autres. Cette fixation en trois points positionne la pièce en toute sécurité sur chacun de ces points. Sur le plan latéral, la pièce est positionnée par ex. par des installations à surface sphérique (fig. 1).

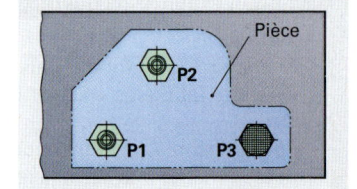

**Fig. 2 : Appui sur trois points**

| Exigences imposées aux dispositifs de serrage de machines-outils : | |
|---|---|
| • Serrage en toute sécurité des pièces<br>• Déformation la plus faible possible des pièces lors du serrage<br>• Haute précision de répétition de la fixation<br>• Remplacement aisé des éléments de serrage | • Polyvalence et réutilisabilité des éléments de serrage<br>• Maniement simple, rapide et sûr<br>• Coûts de montage les plus faibles possibles |

Des éléments de fixation appliquent les forces de serrage mécaniquement, hydrauliquement, pneumatiquement ou magnétiquement.

Fabrication avec des machines-outils

## 3.8.14.2 Eléments de serrage mécaniques

Les forces de serrage des éléments de serrage mécaniques sont appliquées par des vis, des genouillères, des courbes de serrage ou des excentriques tendeurs.

| Avantages : | Inconvénients : |
|---|---|
| • Grandes forces de serrage | • Serrage qui prend beaucoup de temps |
| • Blocage automatique des éléments de serrage | • Forces de serrage, risque de gauchissement |

### ■ Vis de serrage, brides de serrage et supports de serrage

Les pièces sont souvent tendues sur la table de la machine par des vis à rainure en T, des écrous de serrage, des brides de serrage et des supports de serrage (fig. 1).

La bride de serrage exerce l'effet de levier unilatéral (fig. 1). Plus la vis de serrage est proche de la pièce, plus sa force de serrage est grande. La bride de serrage doit donc être posée de telle façon que la distance $a$ soit la plus faible possible.

**Exemple :** Quelle est la force de serrage $F_S$ pour $F = 4,6$ kN, $l_1 = 60$ mm et $l_2 = 95$ mm (fig. 1) ?

Solution : $F_S = \dfrac{F \cdot l_1}{l_2} = \dfrac{4,6 \text{ kN} \cdot 60 \text{ mm}}{95 \text{ mm}} = \mathbf{2,9 \text{ kN}}$

Sur les brides de serrage, la vis de serrage doit être posée le plus près possible de la pièce.

En raison de la forte sollicitation des écrous de serrage, ceux-ci ont une hauteur d'environ 1,5 × le diamètre du filet (fig. 2). Il faudra poser une rondelle trempée entre la bride de serrage et l'écrou de serrage. Les positions de biais entre la bride de serrage et la pièce sont compensées par une rondelle à portée sphérique et une rondelle à rotule concave. Un réglage en hauteur en continu peut être effectué avec des vérins à vis (fig. 2).

Des éléments de dressage et d'appui sont utilisés pour dresser ou soutenir les pièces (fig. 3). Les pièces lourdes peuvent être ajustées par des clavettes de dressage sur leur position par rapport à l'outil. Sous les pièces à parois minces, on installe des éléments d'appui qui les empêchent de fléchir pendant l'usinage.

### ■ Tendeurs plats

Les tendeurs plats ou profonds permettent de serrer des pièces plates de telle sorte que l'outil ne soit pas gêné dans l'usinage (fig. 4). Lors du serrage, la pièce est poussée contre l'installation et en même temps sur la table de la machine par la position de biais de la vis de serrage.

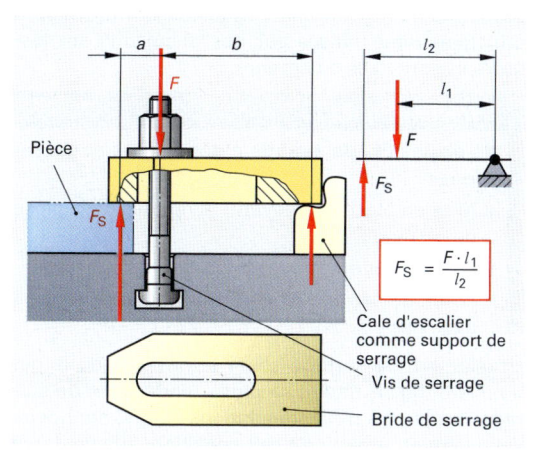

Fig. 1 : Bride de serrage

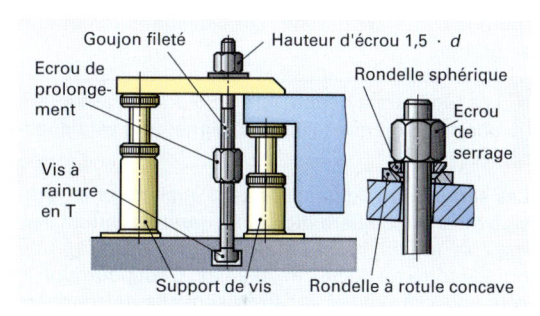

$F_S = \dfrac{F \cdot l_1}{l_2}$

Fig. 2 : Blocs de serrage réglables

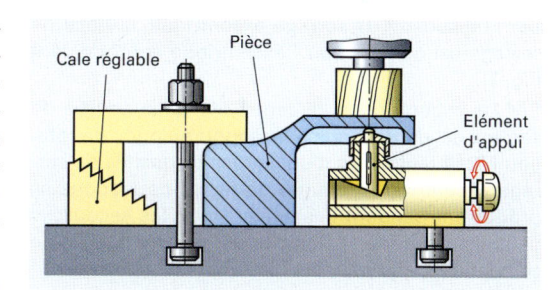

Fig. 3 : Eléments d'appui et d'alignement

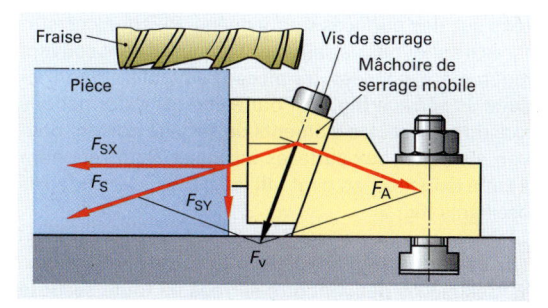

Fig. 4 : Tendeur plat

## ■ Tendeur à genouillère et excentrique

Les tendeurs à genouillère et les excentriques sont principalement utilisés sur des dispositifs sur lesquels ils sont fixés à demeure.

> **Caractéristiques**
>
> **de dispositifs de serrage à genouillère et excentriques:**
> - Mise en place et enlèvement rapides de la pièce de serrage
> - Blocage automatique de l'élément de serrage
> - Force de serrage moindre que pour le serrage avec des vis

Un élément de serrage selon le principe de la genouillère **(fig. 1)** atteint sa plus grande force de serrage lorsque les trois articulations A, B, C sont dans l'alignement. A partir de cette position, aucune force contraire ne peut ramener le levier coudé en arrière. S'il dépasse cette position de tension, un serrage en toute sécurité est garanti. Un blocage automatique se produit.

> Les tendeurs à genouillère se bloquent automatiquement lorsque la ligne d'alignement est dépassée.

**Les serrages rapides** appliquent également le principe de la genouillère **(fig. 2)**. Ils garantissent un serrage et un positionnement rapides sans qu'une grande force ne doive être exercée. C'est pourquoi ils sont souvent utilisés sur les dispositifs de soudage, d'alésage et de contrôle qui ne nécessitent pas de très grandes forces de serrage.

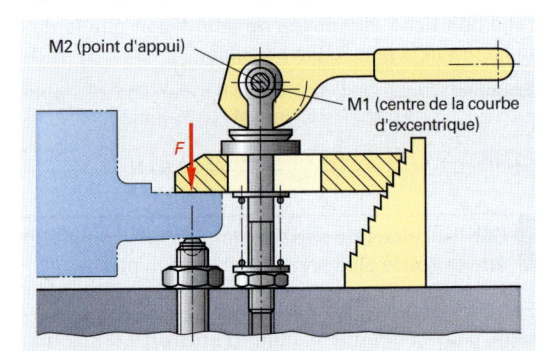

Sur le **dispositif de serrage excentrique**, la force de serrage est générée par l'excentrique autobloquant **(fig. 3)**.

Sur les excentriques, le centre M1 de la courbe de serrage est excentrique par rapport au point de rotation M2. Il faut éviter d'utiliser les dispositifs de serrage excentriques lorsque de fortes oscillations se produisent pendant l'usinage. Sinon les secousses peut les amener à se détacher. C'est pourquoi ils ne conviennent que pour les dispositifs de fraisage.

## ■ Supports oscillants

Les pièces, par ex. en fonte, doivent souvent être serrées sur des surfaces non usinées. Puisque ces surfaces ne sont pas parfaitement planes et sont souvent légèrement inclinées, les pièces peuvent se déformer suite au serrage **(fig. 4)**. Pour éviter les déformations lors du serrage, les éléments de serrage doivent pouvoir s'adapter aux surfaces inclinées. Pour répondre à cette exigence, on peut utiliser par ex. des supports oscillants **(fig. 5)**.

> Ces supports d'adaptent à la forme de la pièce. Ces pièces peuvent être serrées en toute sécurité sans que leur surface ne soit endommagée.

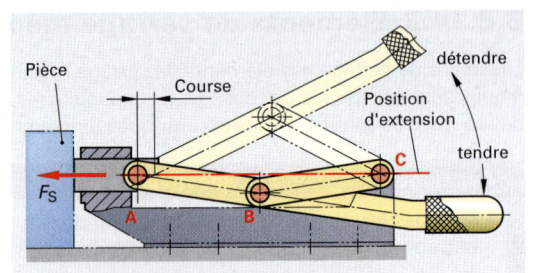

Fig. 1 : Dispositif de serrage à genouillère

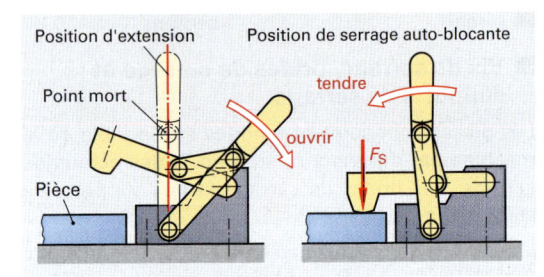

Fig. 2 : Dispositif de serrage rapide

Fig. 3 : Dispositif de serrage excentrique

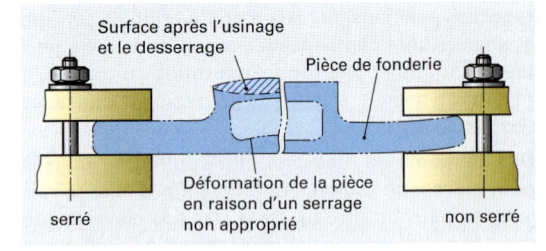

Fig. 4 : Serrage sans supports oscillants

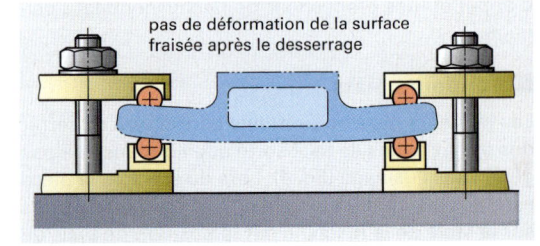

Fig. 5 : Supports oscillants

Fabrication avec des machines-outils

## ■ Etaux de machines

Les étaux de machines servent à serrer des pièces petites à moyennes avec une forme appropriée en fabrication individuelle ou en petites séries **(fig. 1)**. Le mouvement de serrage peut être mécanique ou hydraulique. Dans l'activation mécanique par une manivelle, la force de serrage est renforcée mécaniquement ou hydrauliquement par des broches à haute pression, comme on les appelle **(fig. 2)**.

Sur les **étaux de machine à haute pression**, on travaille avec une précontrainte pour compenser l'élasticité des éléments de serrage ou de la pièce, et éviter ainsi toute perte éventuelle de force de serrage. C'est pourquoi la manivelle de la **broche mécanico-hydraulique à haute pression** (fig. 2) s'encliquette une fois que la force de précontrainte a été atteinte. Le piston n'est entraîné que par la douille de poignée dans le compartiment d'huile, et la surpression qui en résulte crée la force de serrage correspondante.

L'activation peut aussi être hydro-hydraulique en liaison avec le système hydraulique de la machine. La commande s'effectue alors par un commutateur manuel, une pédale de commande ou une impulsion électrique de la commande de la machine.

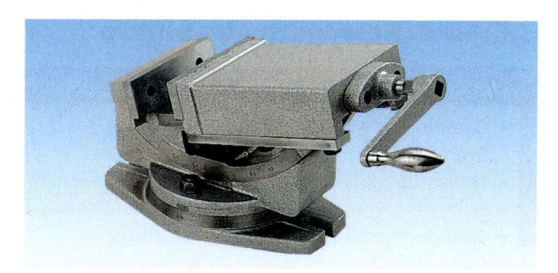

Fig. 1 : Etau de machine

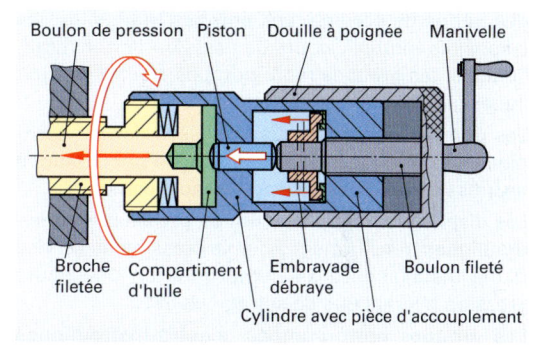

Fig. 2 : Broche à haute pression

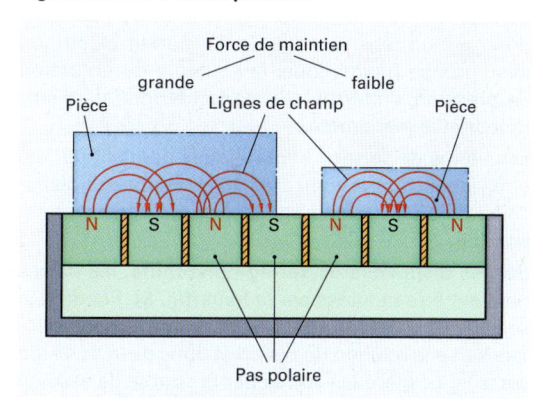

## 3.8.14.3 Serrage magnétique

Des plaques de serrage magnétiques permettent uniquement de serrer des matériaux ferromagnétiques (magnétisables). Les lignes de champs magnétiques passent par les pièces à serrer et les maintiennent dans le champ magnétique **(fig. 3)**. **Les plaques de serrage à aimant électrique permanent** ne nécessitent qu'une brève impulsion électrique pour la commutation du serrage au desserrage ou inversement. Pour produire la force de serrage, on magnétise par ex. les noyaux d'aimants permanents par le champ magnétique de bobines électriques. Pendant l'usinage, la pièce est maintenue en place par des aimants permanents. La plaque est sans courant et ne s'échauffe pas. Il en résulte une haute précision d'usinage.

Pour un serrage sans trop de déformations de pièces inégales et coudées, on utilise des plaques de serrage magnétiques avec des pôles magnétiques mobiles **(fig. 4)**.

> Le serrage magnétique permet de serrer ces pièces rapidement, en toute sécurité et avec le moins de torsion possible. Un usinage sur cinq côtés est possible sans que les éléments de serrage n'y fassent obstacle.

Les pièces magnétisées doivent être démagnétisées après le serrage.

Fig. 3 : Serrage magnétique

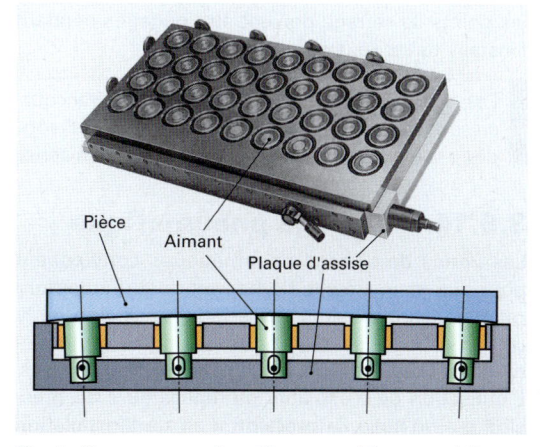

Fig. 4 : Serrage avec des pôles magnétiques mobiles

## 3.8.14.4 Serrage hydraulique

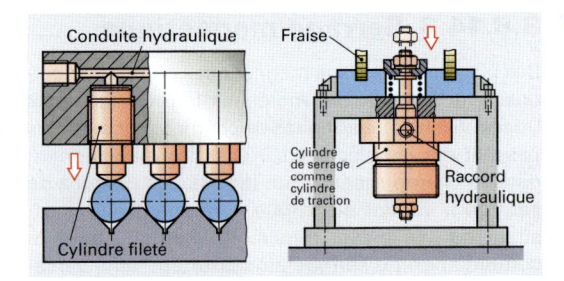

> **Les systèmes de serrage hydrauliques présentent les avantages suivants :**
>
> - Grande force de serrage avec un faible encombrement
> - Utilisation polyvalente
> - Accroissement rapide de la pression de serrage
> - Grande rigidité du dispositif de serrage
> - Réglage et modification de la force de serrage par la commande de la machine (ébauche et finition)
> - Des forces de serrage égales sur tous les points de serrage atténuent le divergence de forme sur la pièce

Les systèmes de serrage hydrauliques comprennent des générateurs de pression, des vannes-pilotes et des vérins de serrage. Les pompes manuelles, les dispositifs multiplicateurs de pression aéro-hydrauliques et les groupes moto-pompes électro-hydrauliques génèrent une pression.

**Les pompes manuelles** sont utilisées dans la technique de montage, en cas de pression pneumatique insuffisante ou d'absence de réseau électrique.

**Les dispositifs multiplicateurs de pression aéro-hydrauliques** transforment la faible pression de service d'une installation à air comprimée en une haute pression hydraulique de serrage (p. 611).

Les **groupes moto-pompes électro-hydrauliques** sont les dispositifs de serrage hydrauliques les plus utilisés sur les machines-outils **(fig. 1)**. Ils comprennent un réservoir d'huile, le moteur électrique avec pompe hydraulique, la soupape de limitation de pression, l'interrupteur manométrique, le distributeur et le manomètre.

**Les vérins de serrage hydrauliques** peuvent par ex. être vissés comme vérin à vis unique dans des dispositifs, ou bien vissés ou placé comme vérin de traction **(fig. 2)**.

Sur les **dispositifs de serrage pivotants**, les pièces peuvent être montées par le haut **(fig. 3)**. Pendant le serrage et le desserrage, une partie de la course totale sert à la rotation du piston et donc de la bride de serrage. Le pièce est serrée par la course de serrage qui suit.

Les dispositifs de serrage pivotants sont utilisés là où les points de serrage doivent être dégagés pendant l'installation et l'extraction des pièces.

> Les dispositifs de serrage hydrauliques raccourcissent sensiblement les temps morts et sont donc souvent utilisés dans la fabrication en série.

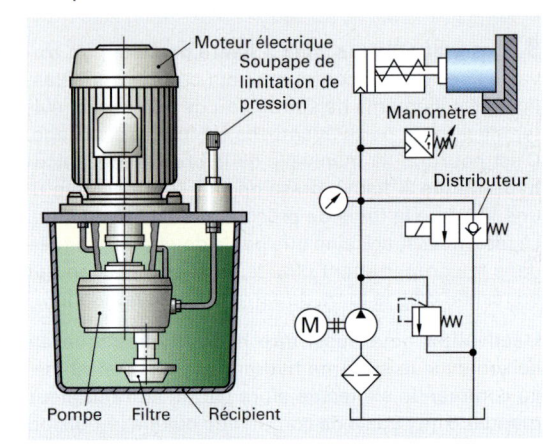

**Fig. 1 : Groupe moto-pompe électrohydraulique**

**Fig. 2 : Vérin de serrage hydraulique**

## 3.8.14.5 Serrage pneumatique

Les vérins de serrage pneumatiques conviennent pour des mouvements de fermeture et d'ouverture rapides des dispositifs de serrage. En raison de la compressibilité de l'air, on les combine généralement avec des tendeurs à genouillère autobloquants. L'utilisation de dispositifs multiplicateurs de pression d'air/d'huile, la pression d'air de l'installation pneumatique, par ex. 6 bars, peut être transformée

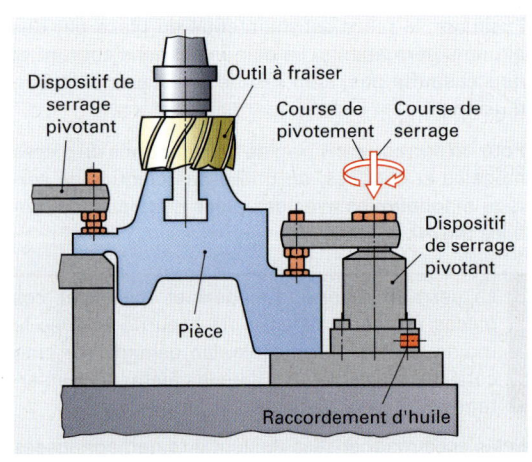

**Fig. 3 : Dispositif de serrage pivotant**

Fabrication avec des machines-outils

en une pression d'huile de 500 bars maxi. En combinaison avec des vérins de serrage hydrauliques, on obtient ainsi de grandes forces de serrage avec une vitesse de travail rapide. Les dispositifs multiplicateurs de pression conviennent pour le serrage de pièces, les opérations d'estampage et de matriçage, et pour les dispositifs de montage. L'alimentation en air comprimé permet leur utilisation dans des environnements explosifs.

## 3.8.14.6 Systèmes de dispositifs modulaires

Les systèmes de dispositifs modulaires (avec des éléments mobiles) comprennent des éléments qui peuvent être assemblés et ajustés les uns aux autres. Ces composants – par ex. plaque d'assise, coude, éléments de montage, de positionnement, d'appui, de serrage et d'assemblage – sont assemblés par des assemblages amovibles pour constituer un dispositif complet (**fig. 1**). Ils conviennent particulièrement pour la fabrication flexible.

Après usage, le dispositif est démonté. Pour pouvoir le réutiliser de la même façon ultérieurement, on établit avant le démontage une documentation sur le dispositif avec les documents suivants :
- photo du dispositif sur laquelle ses principales dimensions sont marquées.
- dessin de la pièce correspondante
- liste de toutes les pièces utilisées

> Les systèmes de dispositifs modulaires peuvent être adaptés aisément et rapidement à des formes de pièces modifiées. De ce fait, ils sont utilisables de manière très flexible et conviennent ainsi pour la fabrication de petites à moyennes séries sur des machines NC et des centres d'usinage.

### ■ Formes de construction

Dans les systèmes de dispositifs modulaires, on distingue entre **les systèmes à rainures** et **les systèmes à alésage**.

Sur le **système à rainures**, la plaque d'assise et les différents éléments de montage ont des rainures en T (**fig. 2**). Les éléments sont reliés ensemble par des coulisseaux intégrés. Il en résulte un assemblage par adhérence de formes dans deux directions, transversalement et verticalement par rapport au sens longitudinal de la rainure. Lors de l'assemblage du dispositif, les éléments de montage peuvent être décalés à loisir dans le sens longitudinal de la rainure. Cela permet une bonne adaptation à la géométrie de la pièce et un réglage en continu. La fabrication de ces composants est néanmoins plus coûteuse qu'avec le système d'alésage.

Sur le **système d'alésage**, les différents éléments sont reliés ensemble par des goujons d'assemblage et des vis (**fig. 3**). Les alésages d'ajustement de la plaque

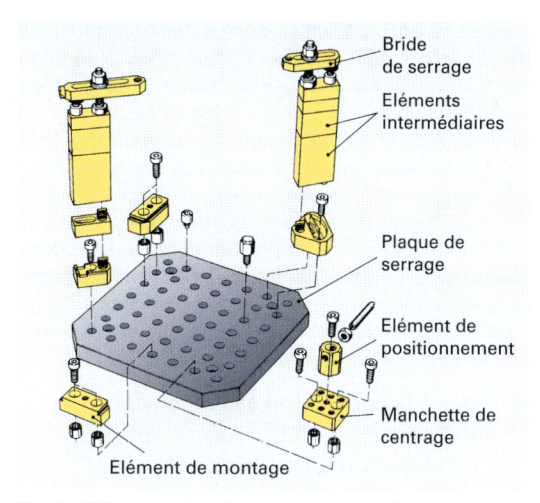

Fig. 1 : **Eléments de la boîte de construction du montage**

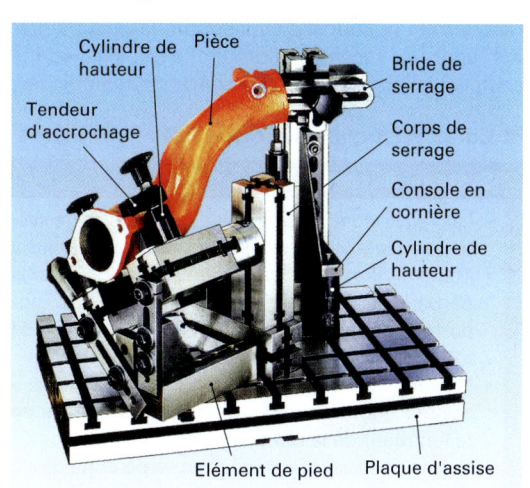

Fig. 2 : **Système de rainures**

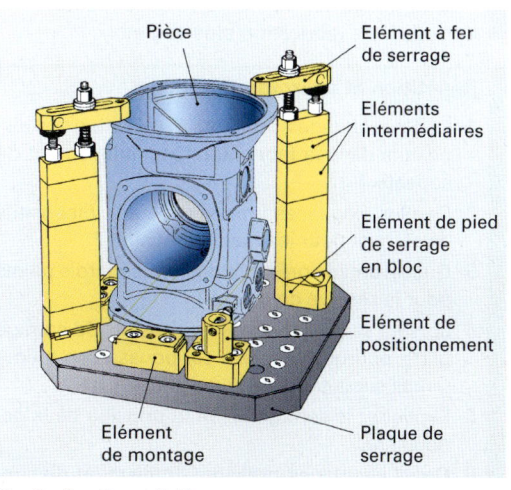

Fig. 3 : **Système d'alésage**

d'assise se trouvent soit au-dessus des trous taraudés (**fig. 1**) ou à côté d'eux (**fig. 2**). Sur le système de la fig. 1, davantage d'alésages de fixation et d'ajustage sont disponibles, car chaque alésage peut servir au positionnement **et** au serrage. Sur le système de la fig. 2, le tramage est plus grossier. Les systèmes d'alésage disposent d'une transmission de force par adhérence de formes dans toutes les directions. Ils ont une très bonne répétitivité du positionnement. Les possibilités de fixation sont liées aux dimensions de trame, si bien que le positionnement ne peut pas se faire avec la seule plaque d'assise. La trame peut être coupée en deux par des composants rapportés.

**Fig. 1 :** Forage d'ajustage dans l'alésage fileté

### ■ Aides à la conception assistées par ordinateur

Pour la conception de systèmes de dispositifs modulaires avec des installations de CAO, des bibliothèques de pièces de CAO sont proposées avec des informations sur les pièces de système disponibles. Cela facilite la nouvelle conception, la documentation pour une reconstruction ultérieure, ainsi que la création de modèles pour des conceptions similaires.

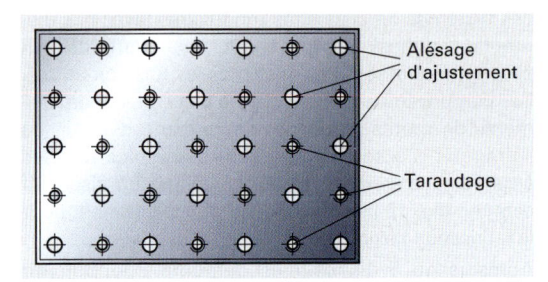

**Fig. 2 :** Forage d'ajustage à côté de l'alésage fileté

### ■ Caractéristiques des dispositifs modulaires

| Système de rainures | Système d'alésage |
|---|---|
| • La plaque d'assise est plus épaisse que sur le système de forage, car elle est affaiblie par la rainure<br>• Transmission de force par adhérence de formes perpendiculairement et verticalement par rapport à la direction de la rainure, par adhérence de forces dans le sens de la longueur de la rainure<br>• Les éléments de construction peuvent être positionnés comme on le souhaite dans le sens de la longueur de la rainure<br>• Bonne adaptation à la géométrie de la pièce<br>• Grande diversité des éléments de construction<br>• Dans le sens de la longueur de la rainure, risque de décalage des éléments de construction<br>• Procédé de fabrication plus coûteux | • Plaque d'assise plus stable que sur le système à rainure<br>• Transmission de la force par adhérence de formes dans toutes les directions<br>• Position de la pièce liée à la dimension modulaire<br>• Insertion au choix d'éléments de construction sans montage partiel, car les alésages sont accessibles par le haut<br>• Haute précision de répétition lors du positionnement des pièces<br>• Positionnement de la pièce impossible avec la seule plaque d'assise<br>• Fabrication plus simple |

### Répétition et approfondissement

1. Quels avantages présente l'utilisation de dispositifs dans la fabrication par enlèvement de copeaux ?
2. Quelles exigences impose-t-on aux dispositifs de serrage pour les machines-outils ?
3. Quel avantage présente un appui en trois points pour le serrage de pièces ?
4. Lors du serrage avec des dispositifs de serrage plats, pourquoi la pièce est poussée en même temps sur la table de la machine ?
5. Expliquez le serrage selon le principe de la genouillère.
6. Quels avantages présente l'utilisation de supports oscillants ?
7. Quels sont les avantages du serrage magnétique ?
8. Pourquoi le serrage avec des plaques de serrage à aimant électrique permanent garantit-il une précision d'usinage particulièrement grande ?
9. Quels sont les avantages que présentent les systèmes de serrage hydrauliques ?
10. Pourquoi le serrage hydraulique est-il utile en particulier dans la fabrication en série ?
11. Dans quels cas utilise-t-on des cylindres pivotants pour le serrage ?
12. Pour quelles utilisations les dispositifs en boîte de construction conviennent-ils particulièrement ?

# Fabrication avec des machines-outils

## 3.8.15 Exemple de fabrication d'une bride de serrage

Des pièces sont serrées sur des dispositifs ou directement sur la table de la machine avec des éléments de serrage hydrauliques (**fig. 1** et **fig. 2**). La bride de serrage (1) agit comme un levier bilatéral et transmet ainsi la force de compression du vérin (12) sur la vis de serrage (10) qui appuie sur la pièce. La force de serrage peut être réglée par la pression exercée sur le vérin hydraulique. Si le piston avec la vis de serrage (2) revient en arrière, la bride de serrage peut être ramenée en arrière à la main. La pièce est maintenant dégagée et peut être prélevée sur le dispositif. La griffe de serrage peut être placée légèrement de biais sur des pièces d'épaisseurs différentes. Cette position de biais de la bride de serrage par rapport au boulon à tête hexagonale (5) est compensée par la rondelle à portée sphérique (7) et la rondelle à rotule concave (8).

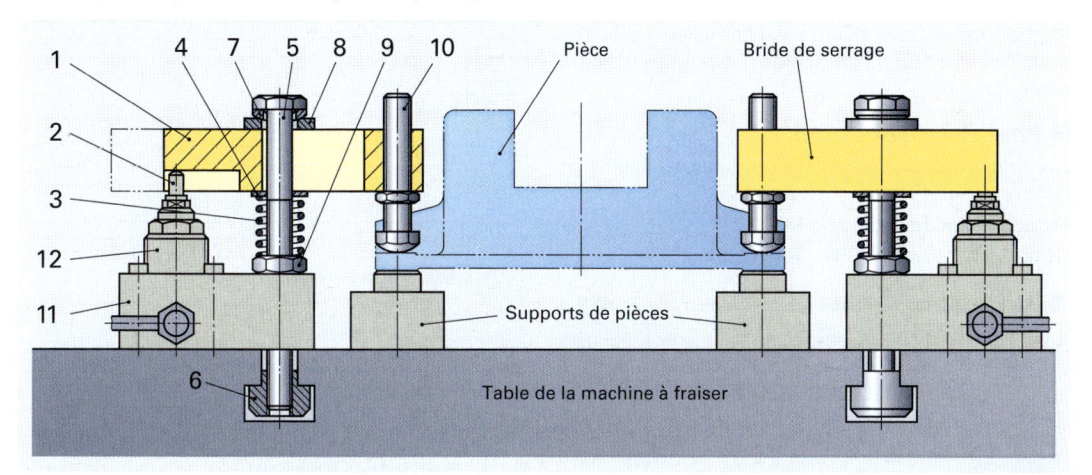

**Fig. 1 : Eléments de serrage hydrauliques**

La fabrication des brides de serrage pour les éléments de serrage hydrauliques doit être planifiée par la suite. Dans le procédé de fabrication par enlèvement de copeaux, il faut alors définir les valeurs de coupe.

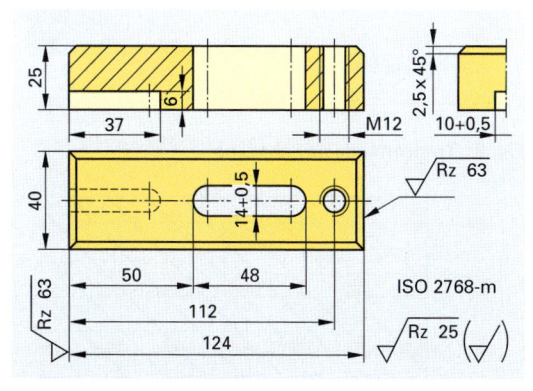

**Fig. 2 : Bride de serrage**

| Pos. | Quantité | Désignation | Désignation abrégée d'une norme ou d'un matériau |
|---|---|---|---|
| 1 | 1 | Bride de serrage | C45E |
| 2 | 1 | Vis de serrage | 16MnCr5 |
| 3 | 1 | Ressort de compression | DIN 2098 – 1,6 × 15 × 70 |
| 4 | 1 | Rondelle | ISO 7090 – 13 – 200HV |
| 5 | 1 | Vis à 6 pans | ISO 4014 – M12 × 130-8.8 |
| 6 | 1 | Écrou | DIN 508 – M12 × 25 |
| 7 | 1 | Rondelle sphérique | DIN 6319 – C13 |
| 8 | 1 | Rondelle à rotule concave | DIN 6319 – D13 |
| 9 | 1 | Ecrou hexagonal | ISO 6768 – M12 |
| 10 | 1 | Vis de serrage | 16MnCr5 |
| 11 | 1 | Corps de base | S235JR (St 37-2) |
| 12 | 1 | Vérin hydraulique à vis | ⌀ × 16 × 12 |

**Fig. 3 : Liste de pièces d'un élément de serrage hydraulique**

### ■ Choix du matériau approprié

La bride de serrage (1) est sollicitée par flexion en tant que levier, et par compression superficielle sur les surfaces de contact avec la vis de compression (2) et la rondelle à rotule concave (8). C'est pourquoi on a choisi l'acier C45E apte au traitement de trempe et revenu, car après l'usinage avec enlèvement de copeaux, il est trempé pour atteindre la grande résistance à la traction de 900 N/mm$^2$, et sa couche marginale peut également être trempée.

## Plan de travail

Le déroulement de la fabrication est défini dans un plan de travail (**fig. 1**). Dans ce plan, on mentionne à côté des différentes phases du travail d'autres indications telles que le n° de commande, le nombre de pièces à fabriquer (taille du lot), les machines, outils et dispositifs prévus, ainsi que les temps prévus. Le plan de travail suit toute la fabrication correspondant à la commande. Chaque phase de travail est cochée par l'exécutant, qui marque aussi les temps de travail requis. L'entreprise obtient ainsi des valeurs précises pour l'occupation des machines et pour le calcul a posteriori.

## Phases de fabrication

Les brides de serrage sont fabriquées en acier plat laminé à chaud 45 mm × 30 mm.

**Tronçonnage de l'ébauche (fig. 2)**
**Outil**: Lame de scie HSS ⌀ 200 × 2,5

**Tableau 1: Valeurs de coupe pour les lames de scie HSS**

| Type de l'usinage jusqu'à | | Acier avec la résistance à la traction $R_m$ | | | Fer de fonte max. 180 HB |
|---|---|---|---|---|---|
| | | max. 600 N/mm² | max. 800 N/mm² | max. 1000 N/mm² | |
| Profondeur de coupe jusqu'à 30 mm | $v_c$ | 35…40 | 25…30 | 15…20 | 20…30 |
| | $v_f$ | 25…30 | 20…25 | 12…15 | 30…35 |

L'acier C45E pouvant être trempé à la flamme tel qu'il est livré a une résistance à la traction de 650 à 800 N/mm². Le **tableau 1** fournit ainsi les valeurs de coupe suivantes:

$$v_c = 25 \frac{m}{min}; \qquad v_f = 20 \frac{mm}{min}$$

La fréquence de rotation peut être calculée ou relevée dans un diagramme de vitesses (**fig. 3**):

$$n = \frac{v_c}{\pi \cdot d} = \frac{25 \text{ m/min}}{\pi \cdot 0{,}2 \text{ m}} = \mathbf{40 \frac{1}{min}}$$

Le bout de la tige est d'abord scié de manière rectiligne, puis la butée de la scie circulaire est réglée sur la longueur de la griffe de serrage. Une fois que la vitesse d'avance et la fréquence de rotation ont été déterminées et réglées, la première pièce de 124 mm de long est sciée avec le lubrifiant réfrigérant activé. Les côtés frontaux ne sont plus usinés. Une fois que la longueur est réglée est correcte, les autres pièces peuvent également être sciées. Si une scie avec une avance automatique de tige est disponible, vous pouvez régler le nombre d'unités que vous souhaitez fabriquer.

Toutes les vitesses déterminées peuvent être directement réglées sur des machines à entraînement continu. Si les machines ont des vitesses échelonnées, on choisit pour les outils HSS une vitesse un peu moins élevée pour en garantir la durabilité.

| Plan des travail N° de la commande: 140782.2 | | Opérateur: … Date: 25.07.2020 |
|---|---|---|
| Désignation: bride de serrage Matériau: C45E Dimensions: 45 × 30 × 124 | | Taille du lot: 10 Poids par pièce: 0,97 kg Dates: 12.08.2020 |
| Phase du travail | Phase du travail | Matériau |
| 10 | Sciage (L = 124) | Lame de scie HSS × 200 × 2,5 |
| 20 | Fraisage extérieur 40 × 25 | Fraise cylindrique et en bout HSS ⌀ 63 |
| 30 | Fraisage à 45 degrés | Fraise d'angle HSS 90 dégres |
| 40 | Fraisage, rainure 10 × 32 | Fraise à rainurer ⌀ 10 |
| 50 | Fraisage, trou oblong 14 × 35 | Fraise à rainurer ⌀ 14 |
| 60 | Perçage ⌀ 10,2; Chanfreiner au foret à fraiser | Foret hélicoïdal ⌀ 10,2; Outil à chanfreiner 90 degrés |
| 70 | Taraudage M12 | Taraud M12 |
| 80 | Ebavurage | Lime plate |
| 90 | Améliorer par trempe et revenu ($R_m$ = 900 N/mm²) | |
| 100 | Rainure, tremper la couche superficielle | |
| 110 | Phosphatage | |

**Fig. 1: Plan de travail (extrait)**

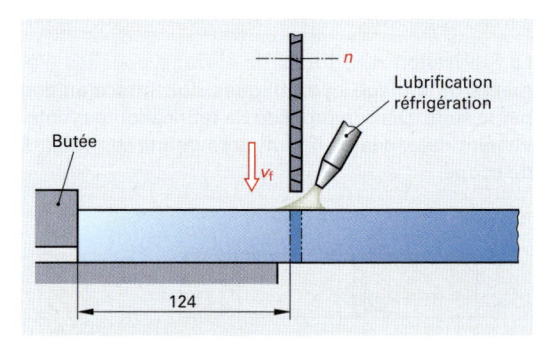

**Fig. 2: Tronçonnage de l'ébauche**

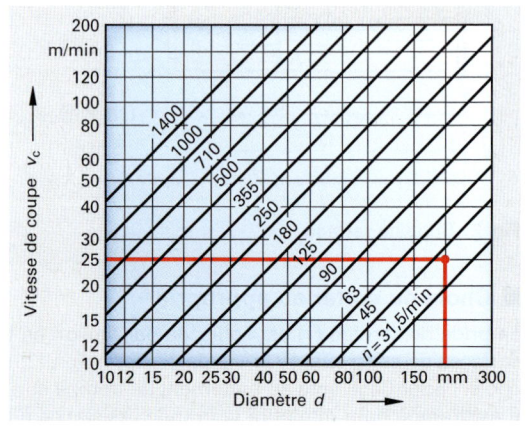

**Fig. 3: Diagramme de vitesse**

# Fabrication avec des machines-outils

**Fraisage des surfaces extérieures (fig. 1)**
**Outil:** Fraise cylindrique et en bout ⌀ 63 mm, 8 dents, HSS

Les ébauches sont fixées individuellement dans l'étau de la machine sur la table d'une machine à fraiser. Elles sont posées sur deux supports parallèles et sont fraisées avec une fraise cylindrique et en bout ou avec une tête de fraisage. Sur les fraises HSS, il faudra systématiquement travailler avec une lubrification réfrigération. Si les cotes prescrites et la qualité des surfaces correspondent aux valeurs exigées, les pièces suivantes peuvent être usinées avec le même réglage.

A la profondeur de rugosité exigée $Rz \leq 25$ µm, on peut fraiser avec une avance par dent de $f_z = 0,1$ mm.

**Valeurs choisies (tableau 1) pour C45E** ($R_m \approx 800$ N/mm²):

$v_c = 25$ m/min;   $f_z = 0,1$ mm

$n = \dfrac{v_c}{\pi \cdot d} = \dfrac{25 \text{ m/min}}{\pi \cdot 0,063 \text{ m}} = 126/\text{min}$

On choisit: **n = 125/min**

$v_f = z \cdot f_z \cdot n = 8 \cdot 0,1 \text{ mm} \cdot 125/\text{min} =$ **100 mm/min**

**Fraisage de la rainure et du trou oblong (fig. 2)**
**Outil:** fraise à rainurer ⌀ 10 ou ⌀ 14 mm, 2 dents, HSS

La rainure 10 × 37 et le trou oblong 14 × 48 peuvent être fraisés avec des fraises à rainurer sans approche latérale, car les largeurs des rainures ont une grande tolérance. La première pièce est alignée par le bouton-poussoir de bords sur le milieu de la broche de fraisage. Une fois qu'on a touché avec la fraise l'extrémité de la bride de serrage, on se positionne sur la longueur de la rainure ou du trou oblong selon Skale, puis on applique les butées. On utilise comme fraises des fraises à rainurer avec une arête transversale allant jusqu'au centre, afin de pouvoir ramener la pièce en arrière. Les pièces fixées par l'étau de la machine doivent être dégagées lors du fraisage dans la zone du trou oblong, afin que la fraise puisse sortir de la pièce après la dernière coupe.

**Valeurs choisies (tableau 2):** $v_c = 25$ m/min

$f_z = 0,15$ mm;    $n = \dfrac{v_c}{\pi \cdot d} = \dfrac{25 \text{ m/min}}{\pi \cdot 0,01 \text{ m}} = 796/\text{min}$

(à ⌀ 14: **n = 568/min**)

$v_f = z \cdot f_z \cdot n = 2 \cdot 0,15 \text{ mm} \cdot 796/\text{min} =$ **239 mm/min**
(170 mm/min)

Les biseaux périphériques de 45 degrés sont fraisés avec une fraise cylindrique deux tailles dont les tranchants forment un cône de 90 degrés. L'avant-trou pour le filetage M12 est percé avec un foret hélicoïdal ⌀ 10,2 mm sur la même fixation.

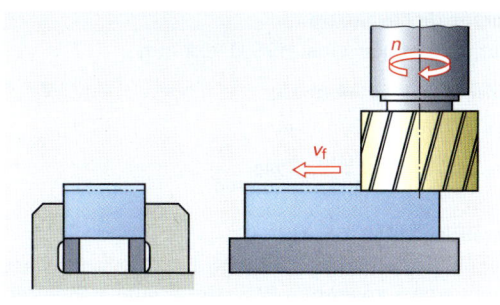

Fig. 1: Fraisage des surfaces extérieures

**Tableau 1: Valeurs de coupe pour les fraises cylindriques et en bout $v_c$ en m/min, $f_z$ en mm**

| Type de l'usinage | | Acier avec une résistance à la traction | | | Fonte de fer jusqu'à 180 HB |
|---|---|---|---|---|---|
| | | jusqu'à 600 N/mm² | max. 800 N/mm² | max. 1000 N/mm² | |
| Fraise en acier à coupe rapide | | | | | |
| Ebauche | $v_c$ | 30…40 | 25…30 | 15…20 | 20…25 |
| | $f_z$ | 0,1…0,2 | 0,1…0,2 | 0,1…0,15 | 0,15…0,3 |
| Finition | $v_c$ | 30…40 | 25…30 | 15…20 | 20…25 |
| | $f_z$ | 0,05…0,1 | 0,05…0,1 | 0,05…0,1 | 0,1…0,2 |
| Fraise avec des tranchants en métal dur | | | | | |
| Ebauche | $v_c$ | 80…150 | 80…150 | 60…120 | 70…120 |
| | $f_z$ | 0,1…0,3 | 0,1…0,3 | 0,1…0,3 | 0,1…0,3 |
| Finition | $v_c$ | 100…300 | 100…300 | 80…150 | 100…160 |
| | $f_z$ | 0,1…0,2 | 0,1…0,2 | 0,06…0,15 | 0,1…0,2 |

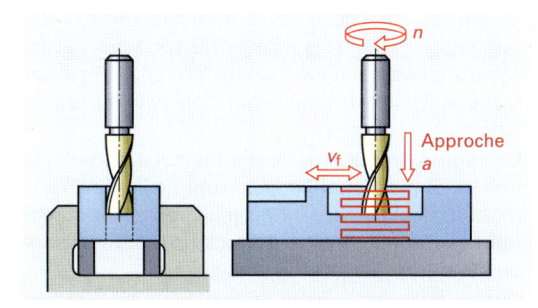

Fig. 2: Fraisage de la rainure et du trou oblong

**Tableau 2: Valeurs de coupe pour les fraises cylindriques deux tailles**

| Type de l'usinage | | Acier avec une résistance à la traction | | | Fonte de fer jusqu'à 180 HB |
|---|---|---|---|---|---|
| | | jusqu'à 600 N/mm² | max. 800 N/mm² | max. 1000 N/mm² | |
| Fraise en acier à coupe rapide | | | | | |
| Ebauche | $v_c$ | 30…40 | 25…30 | 15…20 | 20…25 |
| | $f_z$ | 0,1…0,2 | 0,1…0,15 | 0,05…0,1 | 0,15…0,3 |
| Finition | $v_c$ | 30…40 | 25…30 | 15…20 | 20…25 |
| | $f_z$ | 0,04…0,1 | 0,04…0,1 | 0,02…0,1 | 0,07…0,2 |

## Forage de l'avant-trou
**Outil : Foret hélicoïdal HSS Ø 10,2 mm**

**Valeurs choisies (tableau 1) :**

$v_c = 25$ m/min;   $f = 0{,}18$ mm

$$n = \frac{v_c}{\pi \cdot d} = \frac{25 \text{ m/min}}{\pi \cdot 0{,}0102 \text{ m}} = 780\,\frac{1}{\text{min}}$$

## Taraudage M12 (fig. 1)
Avant le taraudage, l'alésage de l'avant-trou est chanfreiné à environ ∅ 12,5 par un outil à chanfreiner.

Le filet est taillé avec la machine à forer. L'huile de coup atténue le frottement et accroît ainsi la qualité de surface du filetage et la durabilité du taraud.

**Valeurs choisies (tableau 2) :** $v_c = 10$ m/min

$$n = \frac{v_c}{\pi \cdot d} = \frac{10 \text{ m/min}}{\pi \cdot 0{,}012 \text{ m}} = 265\,\frac{1}{\text{min}}$$

## Phases finales de la fabrication
Après l'usinage avec enlèvement de copeaux, la pièce est ébavurée. Ensuite on vérifie les dimensions, la forme et les surfaces. Puis toute la pièce est trempée et revenue et sa rainure de 10 mm de large est trempée. Après la trempe et le revenu, un phosphatage confère à la surface une protection anti-corrosion et un aspect plus esthétique.

### ■ Mesures envisageables pour économiser sur les coûts de fabrication

**Tableau 1 : Valeurs de coupe pour les forets hélicoïdaux**

| Matériau | Résistance à la traction $R_m$ en N/mm² | Vitesse de coupe $v_c$ en m/min | Avance $f$ en mm par rotation au diamètre de foret $d$ en mm | | | | |
|---|---|---|---|---|---|---|---|
| | | | 4 | 6,3 | 10 | 16 | 25 |
| Aciers | jusqu'à 600 | 30…35 | 0,08 | 0,12 | 0,18 | 0,25 | 0,32 |
| | plus de 700 jusqu'à 1000 | 20…25 | | | | | |

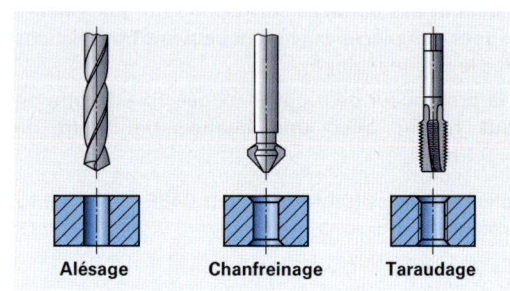

**Fig. 1 : Taraudage M12** (Alésage, Chanfreinage, Taraudage)

**Tableau 2 : Valeurs de coupe pour les tarauds HSS**

| Matériau | Résistance à la traction $R_m$ en N/mm² | Vitesse de coupe $v_c$ en m/min | Matériau type selon DIN 1836 |
|---|---|---|---|
| Aciers non alliés | jusqu'à 700 | 16 | N |
| | plus de 700 | 10 | H (N) |
| Aciers alliés | jusqu'à 1000 | | |

**Matériau :** Sur l'acier carré étiré brillant 40 × 25, l'usinage des surfaces extérieures n'est pas nécessaire ; sur l'acier laminé à chaud 40 × 25, la rectification plane permet simplement d'enlever la peau de laminage.

**Usinage à commande numérique :** La rainure, le trou oblong et l'alésage fileté sont réalisés par serrage sur une machine à fraiser à commande numérique. Le changement automatique d'outil permet de raccourcir le temps de fabrication.

**Outils :** Avec des métaux en métal dur, les vitesses de coupe peuvent être accrues pour le fraisage, et ainsi les temps d'usinage peuvent être raccourcis.

**Temps de préparation et temps accessoires :** Les temps requis par le changement des outils peuvent être réduits si plusieurs brides de serrage sont traitées sur un dispositif de serrage.

**Une profondeur de fabrication plus faible** pour des commandes de tiers : Certains procédés de fabrication nécessitent des machines et des installations spéciales, par ex. pour le traitement thermique, ou bien des installations qui sont soumis à de rigoureuses contraintes environnementales, par ex. des installations de phosphatage. Ces installations ne sont rentables qu'en cas de bonne capacité de charge. Les commandes de ce type sont par conséquent transférées à d'autres sociétés.

### Répétition et approfondissement

1. Pourquoi la vis de serrage est-elle fabriquée en acier 16MnCr5 ?
2. Quelles indications sont contenues dans un plan de travail ?
3. Etablissez le plan de travail pour la fabrication de la vis de serrage.
4. De quelles connaissances doit disposer un ouvrier qualifié dans la planification de la fabrication ?
5. Pourquoi les éléments de serrage hydrauliques sont-ils munis d'un raccord rapide ? Comparez à ce propos le représentation au chapitre « Commandes hydrauliques ».
6. De quoi dépendent la vitesse à régler et l'avance $f_z$ lors du fraisage ? Etayez votre opinion à l'aide du livre des tableaux.

## 3.9 Liaison

Les machines, dispositifs et appareils comprennent différentes pièces individuelles (**fig. 1**). Lors de la fabrication ou du montage, ces différentes pièces sont assemblées de telle manière qu'elles puissent s'acquitter de la fonction exigée. On désigne par liaison l'assemblage de ces différentes pièces en unités fonctionnelles.

Les pièces assemblées peuvent transmettre des forces ou des couples de rotation. Ainsi, sur l'arbre de scie circulaire (fig. 1), le couple de serrage est transmis par l'arbre (pos. 1) par la clavette d'ajustage (pos. 2) vers l'installation (pos. 3). Les forces qui s'appliquent sur le roulement à rotule sur billes (pos. 9) sont exercées directement par l'alésage du carter, ou indirectement par le couvercle (pos. 10) et les vis à tête hexagonale (pos. 11) sur le logement du palier (pos. 7).

> On désigne par liaison l'assemblage le raccordement de pièces individuelles. Cette liaison permet d'établir ou de renforcer la cohésion entre les différentes pièces au point de liaison.

### 3.9.1 Procédé de liaison

Sur la base du mode d'action, on distingue entre la liaison par adhérence de formes, la liaison par adhérence de forces, la liaison précontrainte par adhérence de formes et la liaison par adhérence de matières (**tableau 1, p. 237**).

■ **Liaison par adhérence de formes**

Dans la liaison par adhérence de formes, les pièces sont reliées ensemble par des formes qui s'insèrent les unes dans les autres. Par ex. la clavette d'ajustage (pos. 2) transmet le couple de rotation de l'arbre (pos. 1) sur l'installation du moyeu (pos. 3 – fig. 1 et **fig. 2**).

> Les assemblages par adhérence de formes sont établies avec
> - des clavettes d'ajustage
> - des arbres cannelés
> - des vis d'ajustage
> - des broches
> - des boulons
> - des rivets

■ **Liaison par adhérence de forces**

Dans la liaison par adhérence de forces, les forces et les couples de rotation sont transmis par des forces de frottement qui résultent de la compression de composants les uns contre les autres (**fig. 3**).

Sur l'arbre de scie circulaire (fig. 1), par ex. lors du serrage de l'écrou hexagonal (pos. 6), la lame de scie est fixée entre l'installation (pos. 3) et le disque de serrage (pos. 4). Les forces de frottement sur les points de contact de la lame de scie entraînent cette lame.

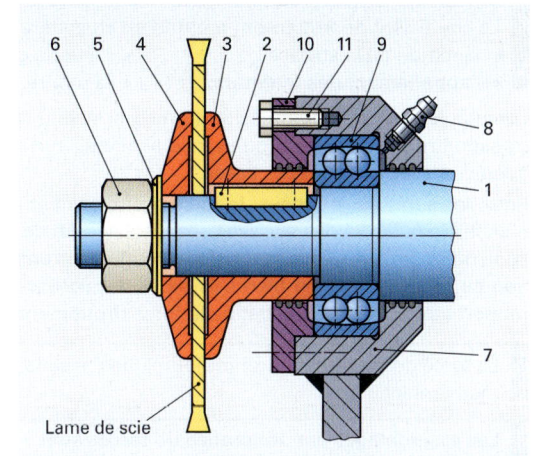

**Fig. 1 : Arbre de scie circulaire avec logement**

| Pos. n° | Quantité Unité | Désignation | Matériau/Désignation abrégée d'une norme | Remarque |
|---|---|---|---|---|
| 1 | 1 | Arbre | E295 | Rd 45 |
| 2 | 1 | Clavette parallèle | DIN 6885-A-8×7×30 | |
| 3 | 1 | Pièces jointes | S275JR | |
| 4 | 1 | Disque de serrage | S275JR | |
| 5 | 1 | Disque | ISO 7090-20-300 HV | |
| 6 | 1 | Ecrou hexagonal | ISO 8673-M20×1,5-8-LH | |
| 7 | 1 | Logement du palier | S275J2G3 | |
| 8 | 1 | Graisseur | DIN 71412-AM6 | |
| 9 | 1 | Roulement à rotule sur billes | DIN 630-2206 TV | |
| 10 | 1 | Couvercle | S275JR | Rd 90 × 15 |
| 11 | 6 | Vis à 6 pans | ISO 4017-M6 × 16-8.8 | |

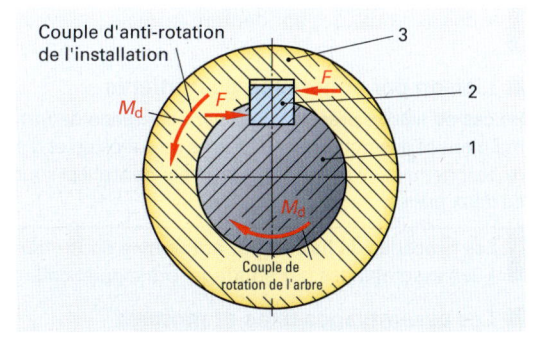

**Fig. 2 : Transmission du couple de rotation par crabotage**

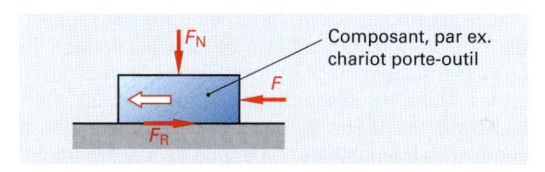

**Fig. 3 : Force de friction $F_R$**

Le coefficient de frottement $\mu$ prend en considération
- la nature de la surface
- l'état de graissage
- l'appariement des matériaux
- la nature de la friction

Lorsque la force de compression (force normale) est la même, on peut transmettre davantage de puissance avec des surfaces d'éléments rugueux qu'avec des surfaces lisses.

Entre les surfaces graissées, la force de frottement qui est générée est plus faible qu'entre des surfaces sèches. La force de frottement dépend également de ce que les composants bougent les uns sur les autres (friction au mouvement), ou bien s'ils ne se décalent pas aussi les uns par rapport aux autres sous l'effet de la force (frottement par adhérence).

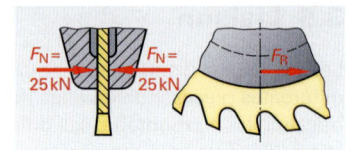

**Fig. 1 : Lame de scie**

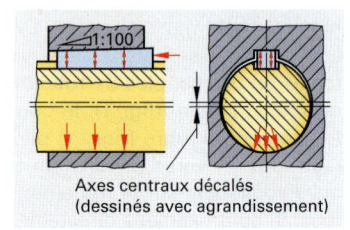

**Fig. 2 : Clavetage**

La force de frottement agit toujours dans le sens inverse du sens du mouvement.

**Les assemblages par adhérence de forces sont**
- les assemblages par vis
- des raccords coniques
- les jonctions par serrage
- les embrayages à friction monodisque

Par exemple : Les disques tendeurs sont comprimés contre la lame de scie par le serrage de l'écrou hexagonal à une force de 25 kN **(fig. 1)**. Avec 2 surfaces de frottement et $\mu = 0{,}1$, quelle est l'importance de la force de frottement qui en résulte $F_R$ ?

Solution : $F_R = \mu \cdot F_N \cdot 2 = 0{,}1 \cdot 25\,000\,\text{N} \cdot 2 = \textbf{5000 N}$

## ■ Liaison précontrainte par adhérence de formes

En cas de liaison précontrainte par adhérence de formes, la transmission du couple de rotation s'effectue d'abord par adhérence de forces. Des clavettes enfoncées de force **(fig. 2)** tendent l'arbre et le moyen néanmoins, la clavette ne repose pas latéralement dans la rainure de moyeu. Lorsque la force de frottement est dépassée, le couple de rotation est principalement transmis par adhérence de forces, car maintenant les surfaces latérales de la rainure d'arbre et de la rainure de moyeu reposent contre la clavette.

**Les assemblages précontraints par adhérence de formes sont**
- des assemblages à clavettes
- des assemblages par denture frontale
- des raccords coniques avec des rondelles élastiques bombées

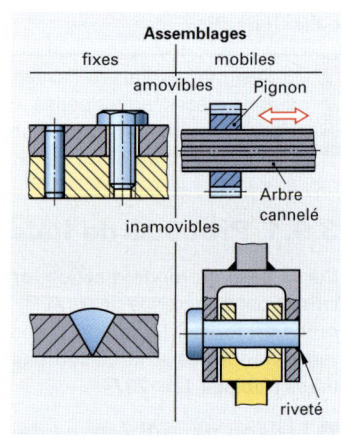

**Fig. 3 : Assemblages fixes et mobiles**

## ■ Liaison par adhérence de matières

En cas de liaison précontrainte par adhérence de formes, les pièces sont maintenues ensemble par des forces de cohésion et d'adhérence. Ainsi, par ex. le logement de palier **(fig. 1, p. précédente)** est soudé ensemble à partir de deux pièces.

**Les procédés de liaison par adhérence de matières sont**
- les assemblages par soudage, brasage et collage

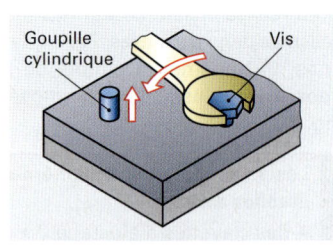

**Fig. 4 : Assemblages amovibles**

## ■ Les assemblages fixes et mobiles

Ces liaisons établissent des liaisons fixes ou mobiles **(fig. 3)**. Dans les assemblages **fixes**, les pièces occupent toujours la même position l'une par rapport à l'autre. Dans les assemblages **mobiles**, la position des pièces assemblées peut varier les unes par rapport aux autres, par ex. dans un pignon pouvant être déplacé axialement sur un arbre cannelé. Les assemblages fixes et mobiles peuvent être amovibles ou inamovibles. Dans les assemblages **amovibles**, les pièces assemblées ensemble peuvent être démontées sans destruction **(fig. 4)**. Dans les assemblages **inamovibles**, les points de raccordement ou les composants eux-mêmes doivent être détruits pour être démontés **(fig. 5)**.

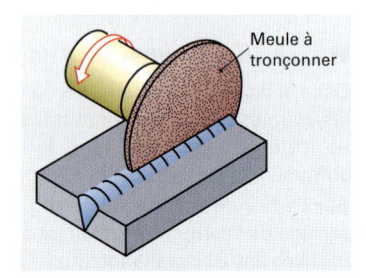

**Fig. 5 : Séparation d'assemblages inamovibles**

# Liaison

## Tableau 1 : Aperçu de procédés de liaisons importantes

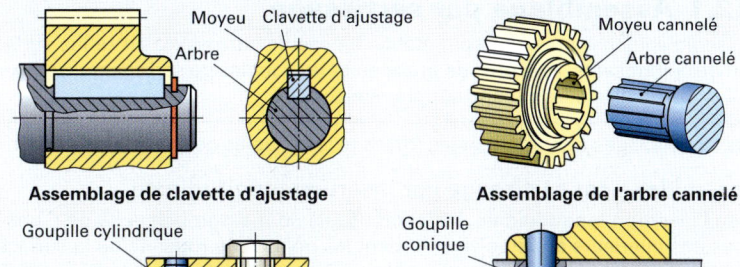

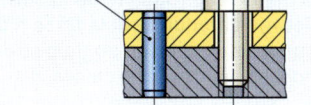

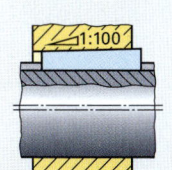

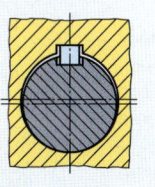

| Type de liaison | Exemples |
|---|---|
| Liaison par adhérence de formes par des formes qui s'insèrent les unes dans les autres | **Assemblage de clavette d'ajustage** (Moyeu, Clavette d'ajustage, Arbre) — **Assemblage de l'arbre cannelé** 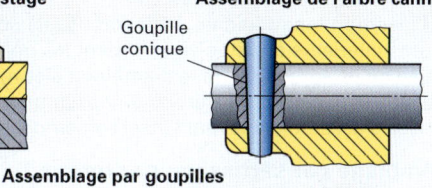 (Moyeu cannelé, Arbre cannelé)<br>**Assemblage par goupilles** 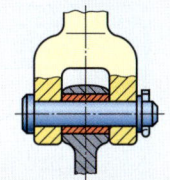 (Goupille cylindrique, Goupille conique)<br>**Assemblage boulonné** 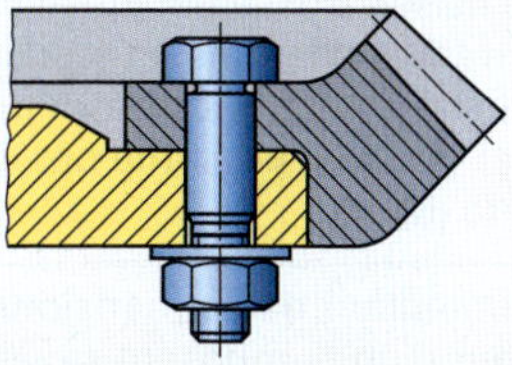 — **Assemblage par boulon ajusté** |
| Liaison par adhérence de forces par les forces de frottement | 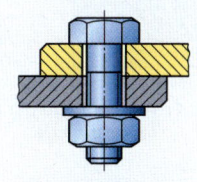 **Assemblage vissé** 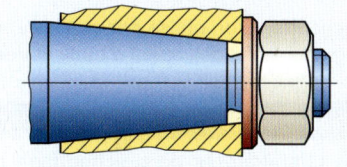 — **Assemblage par tourillon conique** 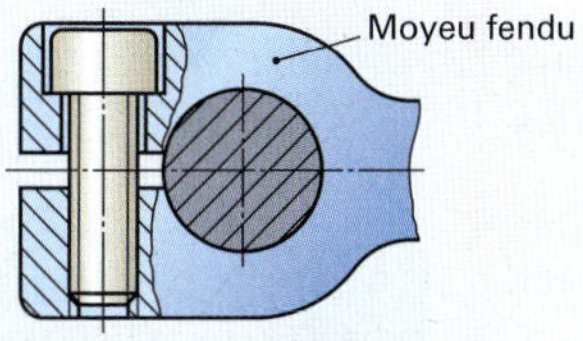<br>**Assemblage par serrage** 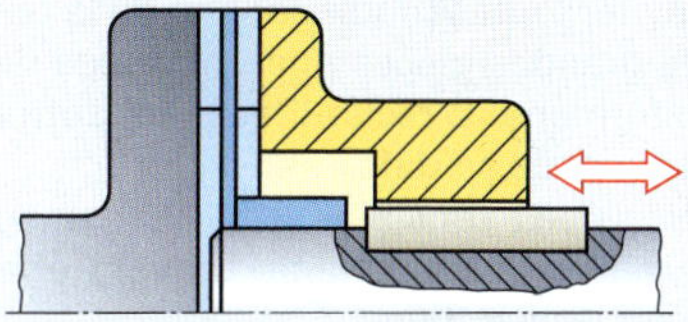 (Moyeu fendu) — **Embrayage à friction monodisque** |
| Liaison précontrainte par adhérence de formes par la force et par ajustement | **Assemblage à clavette** 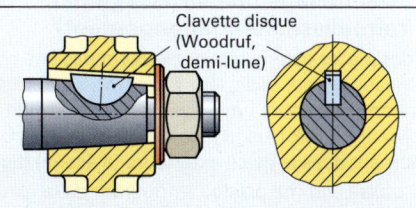 (1:100) — **Assemblage conique avec clavette disque** (Clavette disque (Woodruf, demi-lune)) |
| Liaison par adhérence de forces du matériau par des forces de cohésion et d'adhérence | 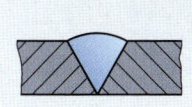 **Assemblage soudé** 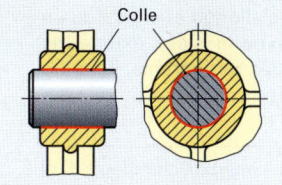 — **Assemblage collé** 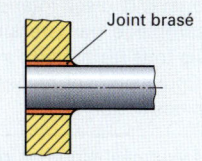 (Colle) — **Assemblage brasé** (Joint brasé) |

## 3.9.2 Assemblage par sertissage et par encliquetage
### 3.9.2.1 Assemblage par sertissage
Les assemblages par pression sont établis en cas de surmesure entre les surfaces d'ajustement lors de la liaison de composants. Les fores de pression et les couples de serrage qui se manifestent peuvent être transmis sans éléments d'assemblage supplémentaires.

■ Ces assemblages transmettent les forces et les couples de rotation par adhérence de forces.

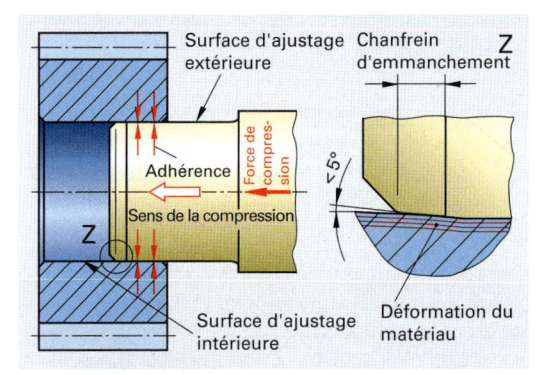

#### ■ Assemblage par sertissage par insertion longitudinale
Lors de l'insertion longitudinale, les composants sont assemblés à l'aide d'une presse (**fig. 1**). Puisque les composants intérieurs à arêtes vives raclent les pointes de rugosité de la surface d'alésage pendant l'insertion, si bien qu'ils agrandiraient le diamètre d'alésage et réduiraient la force d'adhérence, le composant intérieur est muni d'un biseau d'insertion de 2 à 5 mm de long, avec un angle de 5 degrés au maximum. L'huilage des surfaces d'assemblage avant l'insertion empêche le gripp. des pièces.

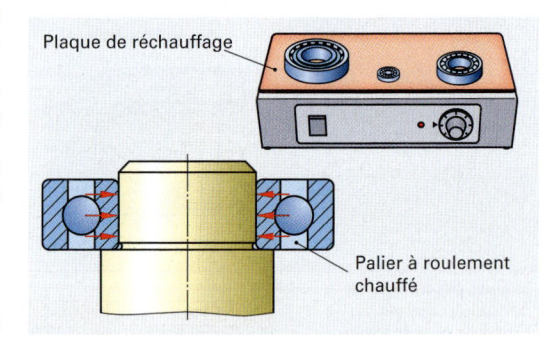

#### ■ Assemblage par sertissage par retrait
Avant la liaison d'assemblage par sertissage, la pièce extérieure est chauffée et poussée par-dessus la pièce intérieure. Lors du refroidissement, l'assemblage par pression se forme par le retrait de la pièce extérieure (**fig. 2**).

La diminution des dimensions lors du refroidissement d'un composant préalablememt chauffé munie de surfaces d'ajustage intérieures est désignée par « retrait ».

Pour le chauffage, on utilise par ex. des appareils de chauffage inductifs, des bains d'huile et des brûleurs à gaz.

**Consignes de travail**
- Les températures de préchauffage prescrites doivent être scrupuleusement respectées, afin d'éviter toutes modifications de la texture.
- Les grandes pièces encombrantes doivent être uniformément réchauffées, car autrement elles risquent de se déformer.
- Les pièces sensibles à la chaleur, par ex. les garnitures d'étanchéité, doivent être enlevées avant le chauffage.

#### ■ Assemblage par sertissage par refroidissement (allongement)
Si des pièces extérieures ne peuvent pas être chauffées en raison de leur taille, leur forme, ou à cause de modifications de texture envisageables, on refroidit la pièce intérieure (arbre) jusqu'à ce qu'elle puisse être insérée aisément dans la pièce extérieure (alésage) (**fig. 3**).

On utilise comme produit réfrigérant de la glace sèche (dioxyde de carbone solide, jusqu'à –79 °C) et de l'azote liquide (jusqu'à –190 °C). Lors du réchauffage ultérieur, la pièce intérieure s'allonge et constitue un assemblage par pression avec la pièce extérieure. Dans tous les travaux avec des réfrigérants, il faudra scrupuleusement respecter les consignes de prévention des accidents.

L'augmentation des dimensions par chauffage d'un composant préalablement refroidi munie de surfaces d'ajustage extérieures est désignée par « allongement ».

Fig. 1 : Assemblage par sertissage par insertion-longitudinale

Fig. 2 : Assemblage par sertissage par retrait

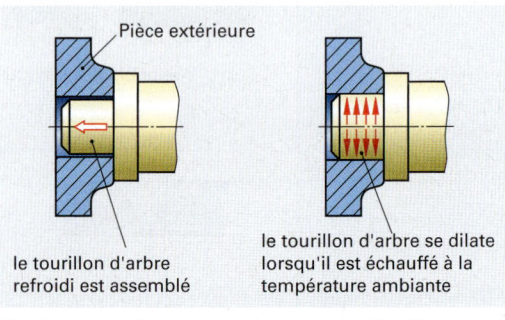

Fig. 3 : Assemblage par sertissage par refroidissement

# Liaison

## ■ Assemblage par sertissage par un procédé hydraulique

Dans le processus hydraulique, on fait pénétrer de force l'huile machine entre les surfaces d'ajustage par une rainure annulaire creusée dans l'arbre ou l'alésage (fig. 1). Les composants se déforment alors de manière élastique et peuvent être glissés l'un contre l'autre sans exercer de force significative.
Les composants à surfaces d'ajustage coniques peuvent être assemblés et séparés grâce à ce procédé. Les pièces cylindriques sont généralement assemblées par retrait. Le démontage peut être effectué par un procédé hydraulique aussi longtemps que par ex. la rainure annulaire de l'arbre est recouverte par le moyeu (fig. 1). Ensuite le moyeu peut être entièrement démonté avec l'exercice d'une force relativement faible, car il y a encore de l'huile entre les surfaces d'ajustage.
Le procédé hydraulique est principalement utilisé pour le montage et le démontage de grands paliers à roulement (p. 455).

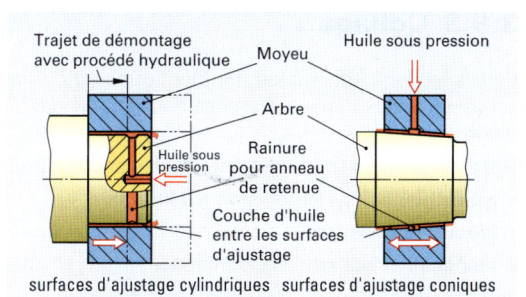

**Fig. 1 :** Assemblage par sertissage réalisé de manière hydraulique

## 3.9.2.2 Assemblages par enclenchement

Sur les assemblages à encliquetage, on tire parti de l'élasticité des matériaux – principalement des matières plastiques ou de l'acier à ressorts – pour l'assemblage de deux composants.
Une sphère, un bourrelet frontal ou un crochet s'insèrent dans la contre-dépouille de l'autre pièce et constituent un assemblage par adhérence de formes (fig. 2). Au moins une partie de l'assemblage doit être en un matériau élastique qui se laisse déformer autour de la hauteur du bourrelet lors de la liaison ou du démontage.
On différencie entre les assemblages à encliquetage inamovibles et amovibles (fig. 3). Les assemblages inamovibles ont sur leur côté intérieur une surface plane qui empêche une séparation entre les pièces. Sur les assemblages amovibles, les bourrelets ont des biseaux dans les deux sens du mouvement.

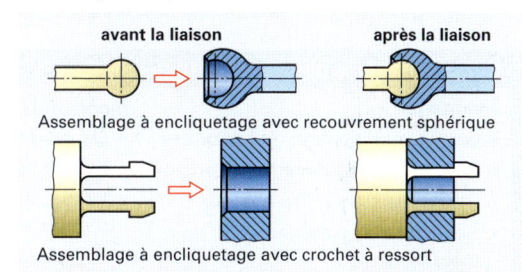

**Fig. 2 :** Formes de construction des assemblages à encliquetage

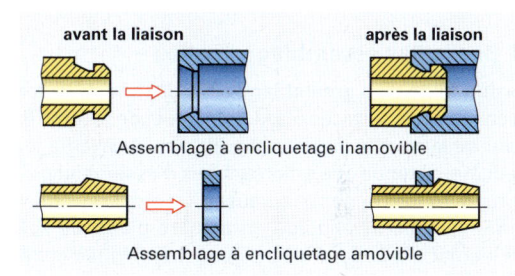

**Fig. 3 :** Types d'assemblages à encliquetage

> Sur les assemblages à encliquetage, une pièce d'assemblage se déforme élastiquement et s'accroche ensuite de manière amovible ou inamovible.

Les assemblages à enclenchement avec des éléments de fixation supplémentaires permet d'assembler par ex. des enjoliveurs en matière plastique pour les pièces de carrosserie de voitures.
Les éléments de fixation typiques pour les assemblages à encliquetage sont les pinces et les clips, qui ne nécessitent que de faibles forces d'assemblage et qui permettent d'égaliser les divergences de fabrication dans les alésages (fig. 4).

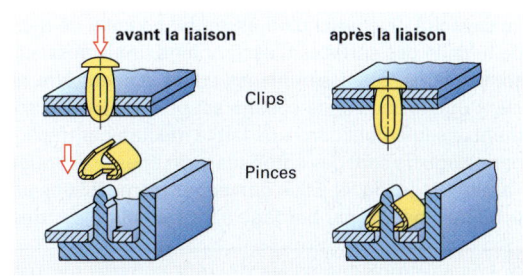

**Fig. 4 :** Assemblages à encliquetage avec des éléments de fixation

### Répétition et approfondissement

1. Quelles consignes de travail doivent être respectées en cas de chauffage de pièces pour un assemblage par sertissage ?
2. Dans quels cas utilise-t-on des assemblages par sertissage par refroidissement ?
3. Comment établit-on un assemblage par sertissage conique à l'aide du procédé hydraulique ?
4. Qu'est-ce qui différencie les assemblages à encliquetage amovibles des assemblages inamovibles ?

## 3.9.3 Collage

Pour le collage, des matériaux identiques ou différents sont reliés ensemble par liaison par adhérence de matières par une couche intermédiaire qui durcit.

Les assemblages collés servent essentiellement pour
- **assemblage** des éléments de construction
- **bloquer** des vis
- **étanchéifier** des surfaces de liaison

Ils sont utilisés en construction aéronautique et automobile pour les superstructures et les capots, pour fixer les garnitures de freins, dans la construction de machines pour la fixation de douilles et de paliers, pour le blocage de vis et pour rendre des boîtiers étanches **(fig. 1)**.

| Caractéristiques des assemblages collés | |
|---|---|
| **Avantages** | **Inconvénients** |
| • pas de modification de la texture | • De grandes surfaces de liaison nécessaires |
| • Répartition régulière de la tension | |
| • Faible résistance à la chaleur | • Faible résistance limite d'endurance |
| • Beaucoup de combinaisons de matériaux | |
| • Assemblages étanches | • Parfois un durcissement long et compliqué |
| • Peu de travail d'ajustage nécessaire | |

### ■ Bases des assemblages collés

**La durabilité d'un assemblage collé** dépend de la **force d'adhérence** de la colle sur les surfaces d'assemblage et de la **force de cohésion** à l'intérieur de la couche de colle **(fig. 2)**. Une excellente force d'adhérence ne peut être obtenue que si les surfaces d'assemblage sont propres, sèches et rendues légèrement rugueuses. Le processus de durcissement transforme la colle très liquide en matière plastique solide. Pour exploiter pleinement la solidité des pièces métalliques collées, la longueur de chevauchement doit être 5 à 20 fois plus grande que l'épaisseur de la tôle **(fig. 3)**.

**La capacité de charge d'un assemblage collé** ne dépend pas seulement de la taille des surfaces d'assemblage, mais aussi et surtout du type de sollicitations. Les assemblages collés doivent être réalisés de telle manière que la couche de collage est principalement sollicitée par décollement et seulement dans une faible mesure par traction. Les sollicitations par pelage ne sont pas autorisées, car elles provoquent l'arrachement de l'assemblage **(fig. 4)**. Elles doivent être empêchées par des mesures particulières, par ex. par bordage à vive arête ou par rivetage.

> Les assemblages collés doivent couvrir une grande surface et ne doivent pas être sollicitées par pelage.

### ■ Types de colles

**Les colles à fusion** se durcissent physiquement par refroidissement.
**Les colles humides** durcissent par évaporation d'un solvant.
**Les colles de réaction** sont les colles les plus utilisés sur les métaux **(tableau 1, p. suivante)**. Elles durcissement suite à une réaction chimique. Elles sont classées selon leur température de traitement en colles à chaud et à froid, selon leur composition en colles à un seul et à deux composants.

Fig. 1: Assemblages collés

Fig. 2: Forces qui s'exercent en cas d'assemblages collés

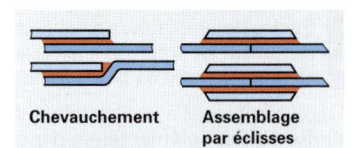

Fig. 3: Réalisation d'assemblages collés

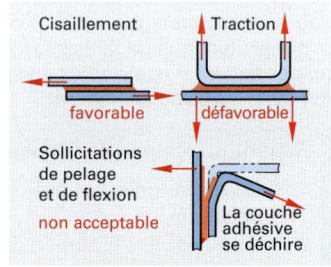

Fig. 4: Sollicitation des assemblages collés

# Liaison

**Tableau 1 : Colles de réaction**

| | Colle | Composants | Durcissement °C | Durcissement Durée | Résistance au cisaillement N/mm² | Domaine d'utilisation °C | Propriétés particulières |
|---|---|---|---|---|---|---|---|
| Colles à froid | Résine époxyde | 2 | 20 | 48 h | jusqu'à 32 | –60…+80 | Haute résistance et bonne élasticité, en cas d'échauffement, durcissement plus rapide |
| | Acrylate | 2 | 20 | 10 min | 8…20 | jusqu'à +100 | Colle et durcisseur sont appliqués en même temps, le durcissement commence par la liaison |
| | Poly-uréthanne | 2 | 20 | jusqu'à 80 s | 7…15 | –200…+30 | Le temps de durcissement peut être accéléré jusqu'à 0,5 h, Le durcissement est également possible par arrivée d'air |
| | Cyano-acrylate | 1 | 20 | 3…180 s | jusqu'à 25 | –40…+120 | Durcissement très rapide (« colle rapide »); couche de colle 0,2 mm; convient également pour les élastomères |
| | Anaéro-bique | 1 | 20 | 6…24 h | jusqu'à 40 | –60…+200 | Durcissement avec exclusion d'air; principalement pour la fixation de douilles et comme frein de vis |
| Colles à chaud | Résine époxyde | 2 | 120 | 15 min | jusqu'à 40 | –60…+80 | Grande dureté et déformabilité; également pour le remplissage de grands espaces intermédiaires |
| | Résine phéno-lique | 1 | 180 | 120 min | jusqu'à 40 | –60…+200 | Grande résistance, excellente résistance à la chaleur, faible déformabilité; une pression est nécessaire pendant le durcissement |
| | Résine polyamide | 1 | 400 | – | 25 | –60…+200 | Durcissement en plusieurs étapes avec exclusion d'air et pression; résiste pendant une brève durée jusqu'à 500 °C |

## ■ Traitement préalable des surfaces

Le **traitement mécanique préalable** s'effectue par un sablage fin ou par meulage avec des toiles d'émeri. Le **dégraissage** est nécessaire après le traitement préalable mécanique ou après le traitement préalable chimique. Il s'effectue par dégraissage à la vapeur ou par immersion, ou par frottement avec un chiffon propre imbibé d'un solvant. A la place du traitement mécanique préalable, on peut procéder à un **traitement chimique préalable** par décapage. C'est le type de traitement préalable le plus efficace, car la surface est à la fois nettoyée et rendue rugueuse. Après le décap. ou le dégraissage, la pièce doit être soigneusement séchée.

> Les surfaces de collage doivent être sèches, propres, exemptes de graisse, et rendues légèrement rugueuses.

## ■ Traitement à la colle

Les colles à deux composants doivent être mélangées dans la quantité requise et dans le rapport de mélange correct juste avant leur application. Leur temps d'application (durée d'utilisation) est limitée. En fonction de la forme de livraison, la colle est appliquée au pistolet, avec un pinceau ou une spatule, ou appliquée en couche fine et uniforme par la pose d'une feuille collante.

## ■ Durcissement

Bon nombre de colles qui sont visqueuses comme du miel pendant leur application deviennent très fluides au début du durcissement. C'est pourquoi les pièces d'assemblage doivent être bloquées pour éviter tout décalage; certaines colles doivent même être comprimées. La durée et la température du durcissement dépendent du type de colle et sont indiquées dans les prescriptions du fabricant.

### Consignes de travail pour l'établissement d'un assemblage collé

- Les surfaces de liaison doivent être propres, exemptes de graisse, et rendues suffisamment rugueuses.
- L'application de colle doit se faire aussitôt après le traitement préalable de la surface.
- L'épaisseur de la couche de colle doit atteindre 0,1 mm à 0,3 mm.
- Pendant le durcissement, il faut bloquer les pièces pour éviter qu'elles ne glissent.
- A l'état non durci, les colles ne doivent pas entrer en contact avec la peau.
- Les locaux de travail doivent être bien ventilés, car des vapeurs nocives peuvent s'y dégager.

### Répétition et approfondissement

1. Pourquoi de grands surfaces de joint sont-ils nécessaires pour le collage ?
2. A quel traitement préalable faut-il soumettre les surfaces à encoller ?

## 3.9.4 Brasage

Le brasage est liaison par adhérence de matières et un revêtement de matériaux à l'aide d'un métal d'apport fondu, le **métal d'apport**. La température de fusion de ce métal est inférieure à la température de fusion des matériaux de base à relier ensemble. Les matériaux de base sont mouillés par le métal d'apport sans être fondus. Le brasage s'effectue souvent avec utilisation de flux décapant, de gaz de protection ou sous vide.

Le brasage crée des assemblages par adhérence de matières qui sont inamovibles et qui sont fermes, étanches et conducteurs pour la chaleur et le courant électrique **(fig. 1)**. Les matériaux de base à assembler peuvent avoir des caractéristiques et des compositions très différentes si le métal d'apport se combine avec les deux matériaux. Ainsi, on peut braser entre autres des plaquettes amovibles en métal dur sur des outils de tournage en acier de construction.

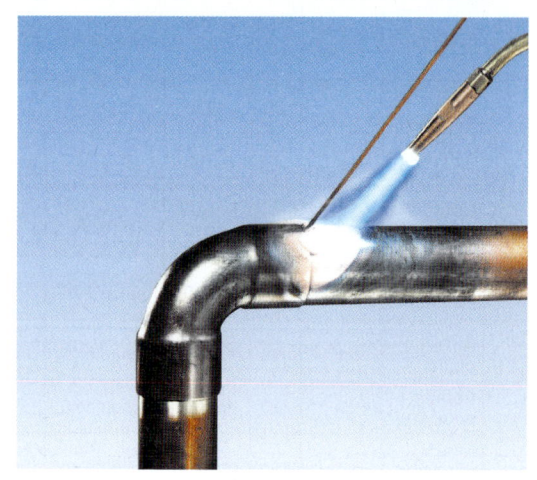

Fig. 1 : Brasage d'un tube de cuivre

> Le brasage permet d'assembler de manière solide, étanche et conductrice des matériaux métalliques identiques ou différents.

### 3.9.4.1 Bases du brasage

■ **Processus de mouillage**

La condition préalable à un assemblage par brasage est que le métal d'apport liquide mouille le matériau de base. Il en résulte une dispersion rapide du métal d'apport liquide à la surface de la pièce **(fig. 2)**. Le métal d'apport pénètre dans la texture du matériau de base, en dissout une partie et constitue un alliage **(fig. 3)**. On désigne ce processus de pénétration mutuelle par **« diffusion »**.

> **Une bonne diffusion n'est obtenue que si**
> - le matériau de base peut constituer un alliage avec la soudure,
> - le point de soudage est métalliquement pur,
> - les pièces et la brasure sont suffisamment chauffées.

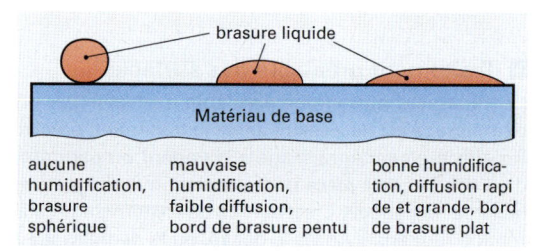

Fig. 2 : Formes d'humidification lors du brasage

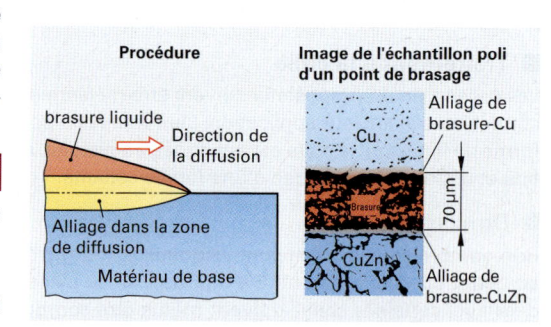

Fig. 3 : Formation de l'alliage après la diffusion

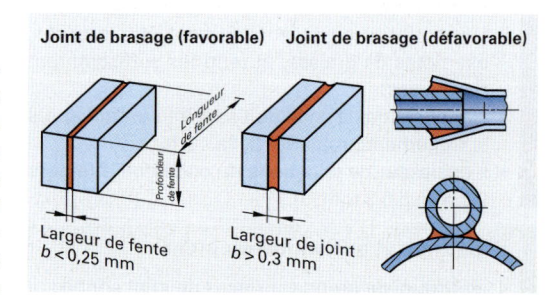

■ **Fente de brasage et joint de soudobrasage**

La distance entre les deux surfaces d'assemblage exerce une influence particulière sur le processus de brasage. On désigne un intervalle inférieur à 0,25 mm par **fente de brasage**. Si l'intervalle est plus grand, on le désigne par **joint de soudobrasage** **(fig. 4)**. L'adhérence entre la pièce et le métal d'apport est plus grande que la cohésion dans le métal d'apport grâce aux deux surfaces de la fente de brasage placées tout près l'une de l'autre. Cet **effet capillaire** entraîne le métal d'apport dans la fente de brasage.

Fig. 4 : Fente de brasage et joint de soudobrasage

Liaison

L'effet capillaire est d'autant plus grand que la fente de brasage est plus étroite. Lorsque la largeur de la fente de brasage est correctement dimensionnée, on obtient une pression de brasage qui tire le métal dans la fente de brasage en résistant à la gravité **(fig. 1)**.

Si le joint de brasage mesure plus de 0,3 à 0,5 mm de large, le métal d'apport n'est pas suffisamment attiré dans le joint de brasage **(fig. 2)**. Même une fente de brasage trop étroite n'est pas assez remplie et n'absorbe pas assez de flux pour enlever la peau oxydée **(p. 246)**.

> La fente de brasage doit mesurer 0,05 à 0,2 mm de large.

Des profondeurs de fente de brasage de plus de 15 mm doivent être évitées, car elles ne sont généralement pas suffisamment remplies. Si la fente de brasage a la bonne taille et que le métal d'apport adéquat a été choisi, les assemblages par brasage résistent tout autant aux sollicitations que les matériaux de base.

## ■ Températures de brasage

Les métaux purs et les alliages de deux matériaux à composition eutectique ont un point de fusion fixe. Le **point de fusion** de l'alliage eutectique est plus bas que les différents points de fusion des métaux de base purs. Ainsi, par ex. l'étain pur fond à 232 °C, le plomb pur à 327 °C, un alliage de 63 % d'étain et de 37 % de plomb fond par contre à 183 °C **(fig. 3)**.

Les alliages qui n'ont pas de composition eutectique n'ont pas de point de fusion fixe, mais une **plage de fusion**.

> Les alliages eutectiques ont un point de fusion fixe, les autres alliages ont une plage de fusion.

Si on chauffe un alliage de 30 % d'étain et de 70 % de plomb, seuls des cristaux isolés fondent à 183 °C. A mesure que la chaleur augmente, de plus en plus de cristaux sont fondus. C'est seulement lorsqu'on atteint la ligne a-b sur la représentation graphique que l'alliage est entièrement fondu. Dans la plage de fusion entre 183 °C et 260 °C, par contre, on obtient un mélange pâteux de masse fondue et de cristaux **(fig. 3)**.

Lors du durcissement, le métal d'apport liquide devient à nouveau pâteux avant de se solidifier. Les secousses pendant le durcissement réduisent la cohésion du métal d'apport et atténuent ainsi considérablement la solidité d'assemblage par brasage.

> Le métal d'apport doit se solidifier sans secousses (risque de soudures froides).

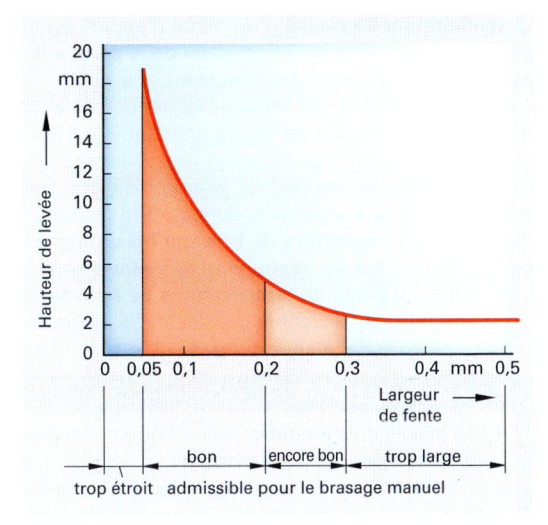

**Fig. 1:** Hauteur de remontée de la soudure en fonction de la largeur de la fente de soudure

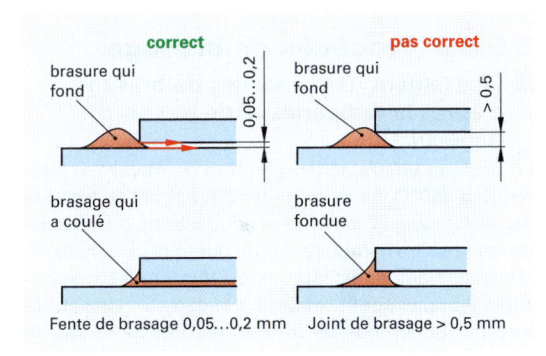

**Fig. 2:** Effet capillaire lors du brasage

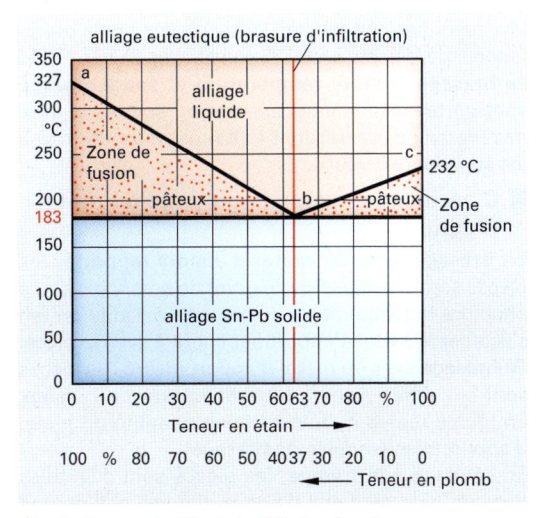

**Fig. 3:** Image de l'état de l'étain-plomb

La **température de travail** d'un métal d'apport est la plus faible température superficielle de la pièce à laquelle le métal d'apport **mouille, coule et s'allie**.
A des températures inférieures à la température de travail, aucun assemblage ne s'établit entre le métal d'apport et le matériau de base (« point de brasage froid »). Le métal d'apport et le point de brasage doivent atteindre au moins la température de travail **(fig. 1)**. Si la **température de brasage maximale** est dépassée, la pièce se calamine et le métal d'apport se fragilise. La **plage de températures de travail** est la plage dans laquelle le flux permet le mouillage de la pièce par le métal d'apport (fig. 1).

### Consignes de travail

- Les pièces et la soudure doivent être chauffées suffisamment et uniformément.
- La température de travail et la température de brasage maximale limitent la gamme de températures de brasage.
- La gamme de températures efficace du flux doit être supérieur à la gamme de températures de brasage.

## 3.9.4.2 Procédés de brasage

■ **Classement des procédés de brasage d'après la température de travail (tableau 1)**

En **brasage tendre**, la température de travail est **inférieure à 450°C**. Le brasage tendre est utilisé lorsque des assemblages étanches et conducteurs sont nécessaires et qu'on n'impose pas de grandes exigences de résistance aux sollicitations, ou lorsque les composants à braser sont sensibles à la chaleur. Une structure par adhérence de formes permet de rendre le point de brasage tendre plus résistant aux sollicitations **(fig. 2)**.

En **brasage fort**, la température de travail est **supérieure à 450°C**. Les assemblages par brasage fort peuvent être effectuées par joint raboté; un accroissement de la profondeur de la pente accroît la solidité (fig. 2).

**Le brasage à haute température** et soudobrasage sont un brasage sous gaz inerte ou sous vide avec des métaux d'apport dont la température de travail est **supérieure à 900°C**.

■ **Classification selon le guidage du métal d'apport**

En **brasage avec du métal d'apport rapporté**, les pièces sont chauffées sur le point de brasage jusqu'à atteindre la température de brasage. Ensuite on fait s'écouler le métal d'apport par contact avec la pièce.
En **brasage avec du métal d'apport inséré**, les pièces sont chauffées jusqu'à la température de brasage en même temps qu'une certaine quantité de métal d'apport (pièce moulée de brasage).
En **soudage à la trempe**, les pièces sont chauffées dans un bain de métal d'apport liquide, si bien que ce métal remplit la fente de brasage.

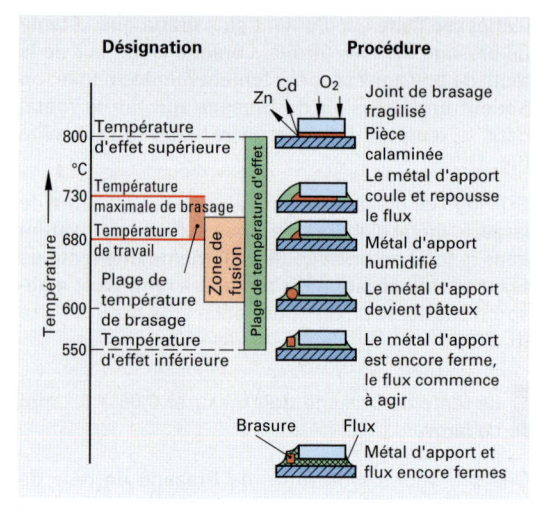

**Fig. 1 : Températures de brasage importantes pour la soudure L-Ag30Cd et le flux FH10**

**Tableau 1 : Procédé de brasage et température de travail**

| Brasage tendre | Brasage dur | Brasage à haute température et soudobrasage |
|---|---|---|
| sous 450°C avec flux | au-dessus de 450°C avec flux, sous gaz inerte ou sous vide | au-dessus de 900°C sous gaz inerte ou sous vide |

| Type de point de soudure | Profondeur de la fente de soudure faible | Profondeur de la fente de soudure accru | Elévation supplémentaire de la résistance |
|---|---|---|---|
| Rainure de tôle rectiligne | | | |
| Rainure de tôle en forme de T | | | Point de soudage |
| Partie ronde avec partie plate | | | Crantage enfoncé |
| Raccord à tubes | | | bordé à vive arête élargi |
| Aptitude au brasage tendre | non approprié | bien approprié | très bien approprié |
| Aptitude au brasage fort | possible | très bien approprié | Coût inutile |

**Fig. 2 : Procédure de brasage et forme du point de brasage**

Liaison

### Apport d'énergie lors du brasage

Pour les **porteurs d'énergie conçus pour le chauffage,** on différencie entre
- brasage au gaz (brasage à la flamme, brasage au four)
- brasage par des corps solides (soudage au fer à braser, brasage par blocs),
- brasage par des liquides (brasage au bain de soudure, soudage par immersion),
- brasage par rayonnement (brasage par rayons laser),
- brasage par le courant électrique (brasage par résistances, brasage par induction).

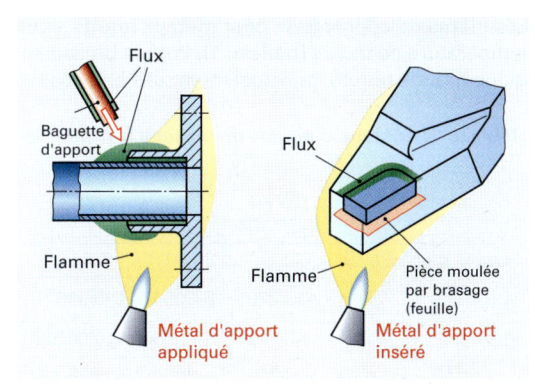

Fig. 1 : Soudage à la flamme

En **brasage à la flamme**, les pièces à assembler sont chauffées avec une flamme de gaz. Le métal d'apport n'est appliqué qu'une fois que le point de brasage a atteint la température de travail. Si des pièces de moulage par brasage sont insérées, la chaleur fournie doit être transmise de la pièce au métal d'apport, sinon le métal d'apport risque de surchauffer **(fig. 1)**.

En **brasage par fer à souder**, les pièces sont chauffées sur le point de brasage par un fer à souder **(fig. 2)**. Le soudage au fer convient uniquement pour le brasage tendre. Le fer à souder est chauffé électriquement ou avec du gaz. Les fers à souder à réglage de température sont particulièrement avantageux en cas de longues interruptions du travail ou pour le brasage d'éléments de construction sensibles à la chaleur.

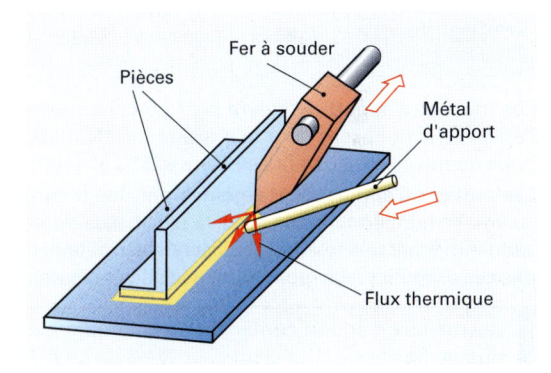

Fig. 2 : Soudage au fer à braser

La pointe du fer à souder est en cuivre ou en un alliage de cuivre. La pointe chauffée du fer à souder doit être nettoyée avant le début du travail de brasage, et étamée par le métal d'apport.

## 3.9.4.3 Métaux d'apport

On utilise comme métaux d'apport des alliages, rarement des métaux purs dont le point de fusion est inférieur à celui des métaux à combiner. Ces métaux d'apport sont subdivisés en métaux tendres, durs et à haute température, et en métaux d'apport pour des matériaux en aluminium. Ils sont fournis en blocs, bandes, feuilles, tiges, fils, pièces moulées de métal d'apport, ou sous forme de poudres ou de pâtes **(fig. 3)**.
Les **métaux d'apport tendre pour les métaux lourds** sont classés en groupes **(tableau 1)**.

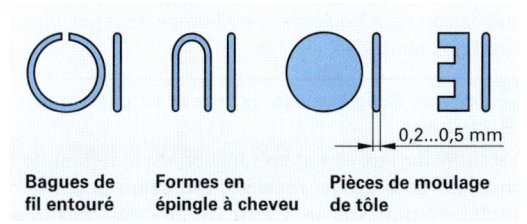

Bagues de fil entouré — Formes en épingle à cheveu — Pièces de moulage de tôle 0,2...0,5 mm

Fig. 3 : Pièce moulée de brasage

### Tableau 1: Métaux d'apport tendres pour métaux lourds (exemples)

| Groupe | N° d'alliage | Sigle d'alliage | Température de fusion | Conseils d'utilisation |
|---|---|---|---|---|
| Étain-plomb | 101 | S-Sn63Pb37 | 183 °C | Mécanique de précision, électronique, électronique |
| Plomb-étain | 103 | S-Pb50Sn50 | 183…215 °C | Industrie électrique, étamage |
| | 110 | S-Pb98Sn2 | 320…325 °C | Construction de radiateurs |
| Étain-plomb-cuivre | 124 | S-Sn97Cu3 | 230…250 °C | Construction d'appareils électrique, mécanique de précision |
| | 126 | S-Sn50Pb49Cu1 | 183…215 °C | |
| Étain-plomb-argent | 128 | S-Sn96Ag4 | 221 °C | Installation de tuyauteries en cuivre, acier surfin |
| | 134 | S-Pb93Sn5Ag2 | 304…365 °C | Pour températures de service élevées |

**Les métaux d'apport forts pour métaux lourds** sont classés d'après leur composition, leur utilisation et leur température de travail **(tableau 1)**. Pour le brasage à haute température, on utilise des métaux d'apport forts d'une grande pureté, principalement des alliages de nickel-chrome ou d'argent-or-palladium.

Tableau 1 : Métaux d'apport de brasage fort pour les métaux lourds (exemples)

| Groupe | Abréviation | | Température de fusion | Conseils d'utilisation |
|---|---|---|---|---|
| | DIN EN ISO 17672 | DIN EN ISO 3677 | | |
| Métaux d'apport, au cuivre, pour brasage fort | CU 141 | B-Cu100(P)-1085 | 1085 °C | Aciers, plaquettes de coupe en métal dur |
| | CU 670 | B-Cu60Zn 890/900 | 890…900 °C | Acier, Cu, Ni et leurs alliages |
| Métaux d'apport de brasage fort contenant de l'argent | Ag 212 | B-Cu55ZnAg-800/830 | 800…830 °C | Acier, Cu, Ni et leurs alliages |
| | Ag 244 | B-Ag44CuZn-680/740 | 680…740 °C | |
| | Ag 330 | B-Ag30CuCdZn-600/690 | 600…690 °C | |
| Contenant du phosphore | CuP 279 | B-Cu92PAg-645/825 | 645…825 °C | Cuivre et alliages sans nickel, métaux d'apport de brasage fort, **pas** pour l'acier ou des matériaux en nickel |

**Les métaux d'apport de cuivre** sont en cuivre exempt d'oxygène ou en alliages du cuivre avec le zinc et l'étain. Ils sont utilisés pour le brasage fort de matériaux à base de fer, de cuivre et de nickel. Les températures de travail sont comprises entre 825 °C et 1100 °C.

**Les métaux d'apport forts argentés** ont des températures de travail moins élevées que ceux qui sont en cuivre. La température de travail la plus basse peut être atteinte avec des métaux d'apport au cadmium. Le cadmium étant très toxique, l'utilisation de métaux d'apport contenant du cadmium n'est autorisée que dans des cas exceptionnels motivés, et avec des mesures de sécurité adéquates.

> Les métaux d'apport contenant du cadmium peuvent dégager des vapeurs toxiques, surtout en cas de surchauffe.

### 3.9.4.4 Flux (décapant)

Les métaux chauffés se combinent rapidement avec l'oxygène et constituent une couche d'oxyde. Celle-ci empêche le mouillage par le métal d'apport **(fig. 1)**. Pour détacher la couche d'oxyde et empêcher toute oxydation supplémentaire, on utilise du flux pour le brasage. Une oxydation peut également être empêchée par un brasage sous un gaz inerte ou sous vide.

> Les flux dissolvent les oxydes et empêchent une oxydation supplémentaire.

Le choix du flux se fait en fonction du matériau de base à braser et du procédé de brasage, mais surtout selon la température de travail du métal d'apport utilisé. L'effet du flux doit s'exercer en-dessous de la température de travail et se poursuivre au-delà de la température de brasage maximale. Les flux sont par conséquent classés d'après leur **plage de températures d'utilisation**.

Pour braser en toute sécurité toute la surface d'assemblage, les flux liquides ou pâteux sont généralement appliqués juste avant l'assemblage des pièces dans la zone de brasage. Après le brasage, les résidus de flux doivent enlevés du point de brasage, car autrement une corrosion peut se manifester.

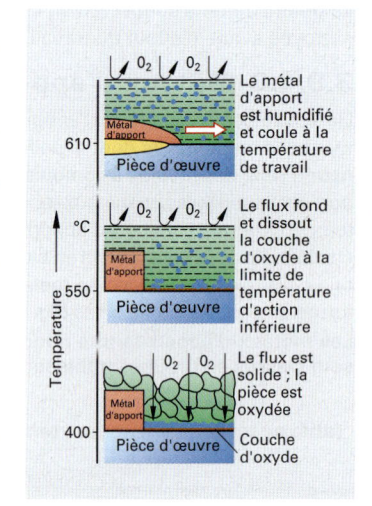

Fig. 1 : Mode d'action du flux FH10

---

**Consignes de travail**

- Nettoyer minutieusement le point de brasage avant le brasage et l'enduire de flux.
- Après le brasage, il faudra enlever tous les résidus de flux du point de brasage.
- Le flux ne doit pas entrer en contact avec la peau.
- Le poste de travail doit être suffisamment ventilé.

L'identification du flux s'effectue selon la norme internationale, par des chiffres pour le type de flux, la base du flux et l'activateur du flux, ainsi que les lettres de code A pour liquide, B pour solide et C pour pâteux **(tableau 1)**. L'identification actuelle comprend les lettres F pour le flux, S pour le métal lourd, L pour le métal léger et H pour le brasage fort **(tableau 2)**.

**Tableau 1 : Flux pour le brasage tendre DIN EN ISO 9454-1 (exemples)**

| Type | Résidus | Composition, conseils d'utilisation |
|---|---|---|
| 3224 | très corrosif | Solution acide de chlorure de zinc et d'ammonium (liquide de décapage), pour des surfaces très oxydées. Les résidus doivent être enlevés par lavage. |
| 2123 | légèrement corrosif | Mélange pâteux en chlorure de zinc et d'ammonium avec des huiles ou des graisses organiques (graisse décapante), principalement pour les alliages de cuivre. Les résidus doivent être enlevés avec des solvants. |
| 2124 | non corrosif | Résines naturelles ou synthétiques (colophane), principalement pour l'électronique. Les résidus n'ont pas besoin d'être enlevés. |

**Tableau 2 : Flux pour le brasage fort DIN EN 1045 (exemples)**

| Type | Température efficace | Composition, conseils d'utilisation |
|---|---|---|
| FH11 | 550 °C … 800 °C | Flux contenant du fluor et du bore pour les métaux d'apport à des températures de travail de 600 °C à 750 °C. Résidus fortement corrosifs. |
| FH21 | 750 °C … 1100 °C | Flux contenant du fluor (borax) pour les métaux d'apport à des températures de travail de plus de 800 °C. Résidu hydrophile et corrosif. |

## 3.9.4.5 Exemple d'un travail de brasage

Un tube d'acier à parois étroites, étiré blanc, pour une conduite de gaz à haute pression, doit être relié à une douille sphérique en alliage de cuivre G-CuZn15 (laiton) **(fig. 1)**.

**Procédés de brasage.** Pour des raisons de sécurité et en raison de la forte sollicitation mécanique des extrémités de la conduite, un brasage fort est indispensable.

**Métal d'apport et flux.** Pour obtenir un tube d'acier bien solide, le métal d'apport doit avoir une faible température de travail. On choisit de l'AG106. Le flux correspondant est le F-SH1 sous forme pâteuse.

**Procédé de travail.** A partir du fil d'apport de 1,5 mm de diamètre, on recourbe un anneau (fig. 1), on y applique le flux et on le pose dans la douille. Le tube d'acier est également revêtu de flux et poussé en place. Par la différence de diamètre de 0,2 mm entre le tube et la douille, on obtient une fente de brasage de 0,1 mm.

Pour le brasage, on pose la pièce d'assemblage à la verticale et on la chauffe à la flamme si bien que le tube et la douille atteignent si possible en même temps la température de travail de 710 °C. Dès que le métal d'apport fond, la douille glisse vers le bas et la fente de brasage est remplie de métal d'apport par suite de l'effet capillaire. Pendant le durcissement du métal d'apport, il faut obligatoirement éviter les secousses, car autrement la solidité de l'assemblage n'est pas garantie.

Après le refroidissement, les oxydes et les résidus de flux sont évacués par décap. dans une solution de 10 % d'acide sulfurique chaude. Ensuite on rince plusieurs fois le tube dans l'eau froide, on le sèche et on l'huile légèrement pour le protéger contre la corrosion.

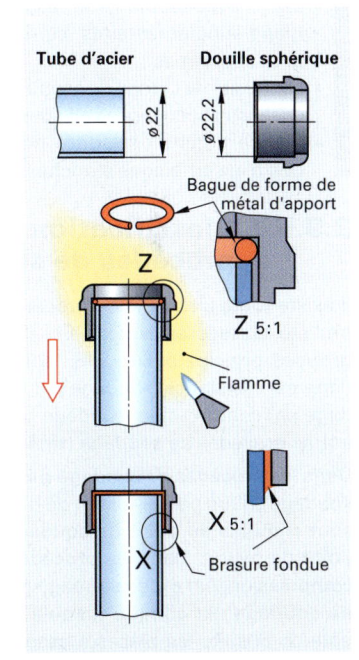

**Fig. 1 : Exemples de brasage**

---

### Répétition et approfondissement

1. Qu'entend-on par brasage ?
2. Quelles exigences peut-on imposer à un joint brasé ?
3. Qu'entend-on par la température de travail d'un métal d'apport ?
4. En quoi le brasage tendre se différencie-t-il du brasage fort ?
5. Quels sont les tâches que les flux doivent accomplir ?
6. Pourquoi faut-il généralement enlever les résidus de flux ?

## 3.9.5 Soudage

Souder est l'assemblage par adhérence de matières de deux métaux **(fig. 1)**. Le matériau est alors appliqué à l'état liquide ou plastique sur le point de jonction, par la chaleur ou par frottement. Dans la plupart des procédés de soudage, il faut ajouter un métal d'apport pour combler les joints.

On choisit le soudage en raison de ses propriétés particulières dans beaucoup de domaines de la technique, par ex. dans la construction d'installations, de structures en acier ou en métal léger, dans la construction de ponts, sur les véhicules, les bâtis de machines et les réservoirs, mais aussi pour des pièces en matière plastique (soudage de matières plastiques, p. 110).

> Les assemblages par soudage sont des assemblages par adhérence de matières et des assemblages inamovibles.

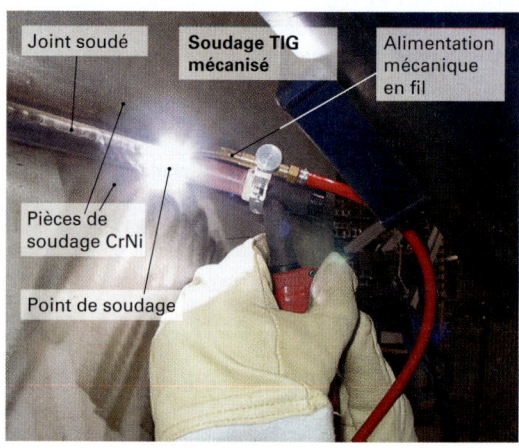

Fig. 1 : Soudure d'un cordon de soudure

### Avantages et inconvénients du soudage

**Avantages**
- Le soudage offre de multiples possibilités de formes et d'agencements.
- Les chevauchements et les éléments d'assemblage supplémentaires, comme par ex. les vis, sont supprimés.
- La solidité du cordon de soudure est généralement égale ou supérieure à celle des éléments soudés.
- Les cordons de soudure permettent d'établir des d'assemblages étanches et non amovibles.

**Inconvénients**
- Les modifications de la structure dans la zone de soudure peuvent réduire la solidité des éléments.
- Le retrait et l'affaissement des composants soudés doivent être pris en considération.
- Tous les matériaux ne conviennent pas pour le soudage.
- Différents matériaux ne peuvent pas être soudés ensemble, ou ne peuvent l'être que dans certains cas.

### 3.9.5.1 Classification des procédés de soudage

Il existe toute une série de procédés de soudage. Ils ont été classés selon DIN EN ISO 4063 dans les groupes principaux suivants : soudage à l'arc, soudage par résistance, soudage par fusion de gaz, soudage par compression, soudage par rayonnement et autres procédés de soudage **(tableau 1)**.

Dans les **procédés de soudage par fusion**, par ex. en soudage à l'arc ou par fusion de gaz, les composants sont chauffés au point de soudage au-delà de leur point de fusion. Dans les **procédés de soudage par compression**, par ex. en soudage par friction, le point de soudage est chauffé jusqu'à ce qu'il devienne pâteux. Ensuite les pièces à assembler sont reliées ensemble en étant comprimées ensemble.

Les **procédés de soudage** peuvent également être subdivisés selon
- les **matériaux à souder,** par ex. en soudage de métaux et de matières premières,
- l'**objet du soudage,** par ex. dans le soudage d'assemblage et d'application,
- la **forme de fabrication,** par ex. en soudage manuel et automatique.

Tableau 1 : Classement des procédés de soudage selon DIN EN ISO 4063 (choix)

| | Chiffre caractéristique |
|---|---|
| **Soudage à l'arc** | 1 |
| • Soudage à l'arc sous flux | 111 |
| • Soudage à l'arc sous flux | 12 |
| • Soudage au gaz inerte de tungstène | 14 |
| • Soudage au plasma | 15 |
| **Soudage par résistance** | 2 |
| • Soudage par points | 21 |
| • Soudage à la molette | 22 |
| • Soudage par bossages | 23 |
| **Soudage oxyacétylénique** | 3 |
| • Soudage autogène | 311 |
| **Soudage par compression** | 4 |
| • Soudage aux ultrasons | 41 |
| • Soudage par friction | 42 |
| **Soudage par rayonnement** | 5 |
| • Soudage par bombardement électronique | 51 |
| • Soudage au rayon laser | 52 |
| **Autres procédés de soudage** | 7 |
| • Soudage à l'arc avec percussion | 78 |

## 3.9.5.2 Agencement du point de soudage

Dans une construction de soudage, on définit les joints soudés, le type de joints, la position et la séquence de soudage dans des plans de soudage. Pour les pièces affectant la sécurité, il faut garantir une pénétration de la soudure par toute la section. L'**aptitude d'une pièce au soudage** dépend de la soudabilité du matériau, de la sécurité de soudage de la construction et des possibilités de soudage dans la fabrication.

### ■ Joints soudés et formes de cordons de soudure

On désigne par joints de soudure la disposition des pièces à souder les unes par rapport aux autres (**fig. 1**). La **forme du cordon de soudure dépend** du joint de soudure, de l'épaisseur des pièces à assembler et du procédé de soudage adopté. Les principales formes de cordons de soudure sont les cordons à rebord, en I, en V, d'angle, en X et en U (**fig. 2**). Elles sont indiquées par des symboles sur les dessins de soudage. Pour certaines formes de cordons, les bords de joint des composants peuvent être biseautés avant le soudage selon le joint de soudure exigé. Les chanfreins sont créés par fraisage ou par coupe par rayonnement (p. 127).

### ■ Désignation des joints soudés

L'épaisseur des joints est une grandeur caractéristique importante pour les joints soudés. Sur les joints en V et les soudures d'angle, elle correspond à la hauteur du joint (fig. 2). Les joints plus grands sont soudés en plusieurs couches (**fig. 3**). Après la passe de fond, il faut créer les couches de remplissage et de recouvrement. Si une surface lisse est exigée, le surhaussement dans la zone des couches de recouvrement et celui du fond doivent être enlevés par rectification. Il faut veiller ici à un transfert sans entailles vers le matériau de base.

### ■ Positions de soudage

Les positions de soudage (**fig. 4**) sont normalisées dans DIN EN ISO 6947. La solution la plus simple consiste à souder les joints soudés en position à plat. Les dispositifs de soudage par lesquels les pièces à relier ensemble sont serrées et les joints soudés peuvent être pivotés en position de cuve facilitent considérablement le soudage. Sur le grands composants, sur les chantiers ou les pipelines par contre, il faut souvent souder sous **contrainte**, par ex. en position au plafond ou transversalement. Pour ce faire, on utilise des électrodes adaptées. De tels travaux imposent de fortes exigences aux compétences des soudeurs.

> De nombreuses tâches de soudage doivent être uniquement confiés à des soudeurs qualifiés. Les examens de soudage sont normalisés et doivent être régulièrement répétés.

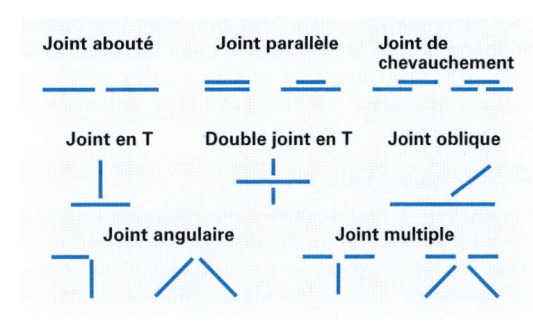

Fig. 1: Types de joints lors du soudage et du brasage

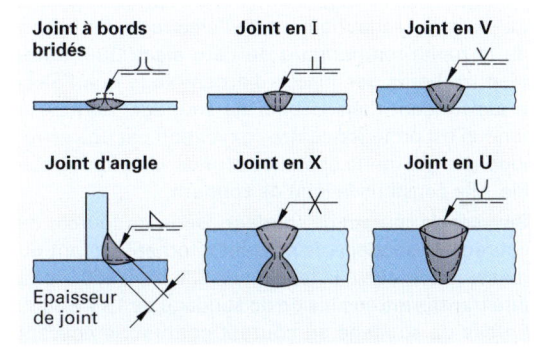

Fig. 2: Formes de cordons de soudure

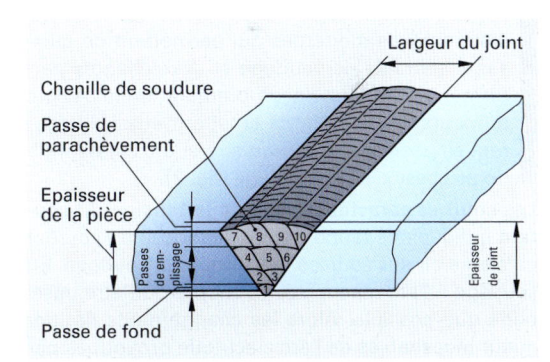

Fig. 3: Désignations des cordons de soudure selon l'exemple d'un cordon épais en V

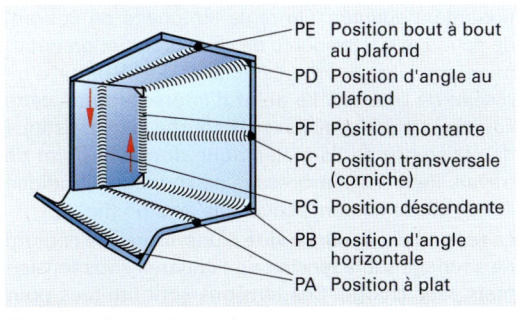

PE Position bout à bout au plafond
PD Position d'angle au plafond
PF Position montante
PC Position transversale (corniche)
PG Position déscendante
PB Position d'angle horizontale
PA Position à plat

Fig. 4: Positions de soudage

### 3.9.5.3 Soudage à l'arc

Le soudage à l'arc inclut des procédés tels que le soudage de soudage à l'arc manuel, au gaz inerte actif (p. 241), au plasma et à l'arc sous flux solide. La source de chaleur est l'arc électrique entre l'électrode et la pièce.

■ **Soudage à l'arc manuel**

En soudage à l'arc manuel, l'arc électrique ferme le circuit électrique entre l'électrode à baguette et la pièce (**fig. 1**). La polarité dépend du type d'enveloppe de l'électrode utilisée. En règle générale, on soude avec du courant continu et on raccorde l'électrode à baguette au pôle négatif. Il en résulte un bon amorçage, une pénétration étroite et profonde, ainsi qu'un faible échauffement de l'électrode. En raison de la haute température de l'arc électrique, aussi bien les bords des pièces d'assemblage que l'électrode fondent dans le bain de soudage. La masse fondue est protégée contre l'oxydation par une enveloppe de gaz inerte et par les scories. Une fois refroidie, elle constitue le joint de soudure.

**Sources de courant de soudage.** Dans les sources de courant de soudage, le courant alternatif venant du réseau électrique à la tension de 230 V ou 400 V doit être transformé en tension de soudage de 15 V à 30 V. En cas de soudage au courant continu, le courant alternatif est transformé en courant continu.

> Les **inverseurs** sont des appareils de soudage électroniques modernes qui permettent de puissants courants de soudage et d'excellentes performances avec un encombrement limité. A côté du courant alternatif, ils émettent aussi du courant sinusoïdal et rectangulaire et offrent de multiples possibilités de réglage (**fig. 2**).

**Les courbes caractéristiques de la tension du courant** indiquent le rapport entre l'intensité du courant et la tension des sources de courant de soudage. En soudage à l'arc manuel, cette courbe doit être aussi raide que possible. Alors les changements de longueur indésirables de l'arc électrique provoqués par le soudeur ne provoquent que des fluctuations minimes ou nulles de l'intensité du courant de soudage (courant constant), tandis que la tension est automatiquement adaptée. On règle l'intensité du courant de soudage sur la source de ce courant, et on détermine ainsi une courbe caractéristique à partir d'un réseau de courbes. Le point d'intersection de cette courbe caractéristique avec la courbe caractéristique de résistance de l'arc électrique donne le point de travail. Pendant le processus de soudage, il indique l'intensité de courant active et la tension (**fig. 3**).

**La tension de marche à vide** d'une source de courant de soudage est la tension de l'appareil sous tension mais sans charge. Ces tensions sont limitées pour des raisons de sécurité (**tableau 1**).

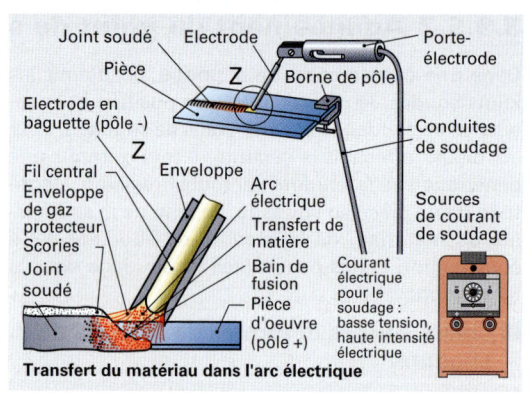

Fig. 1: Installations de soudage manuel à l'arc

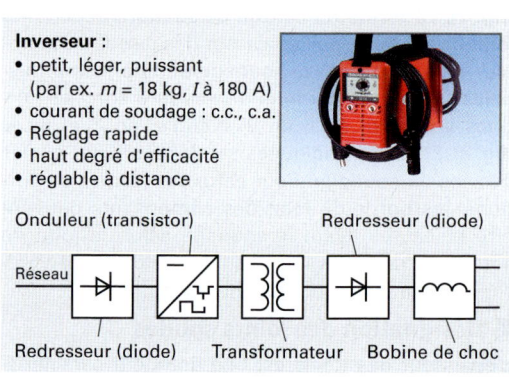

Fig. 2: Source électronique de courant de soudage avec technologie de l'inverseur, synoptique modulaire

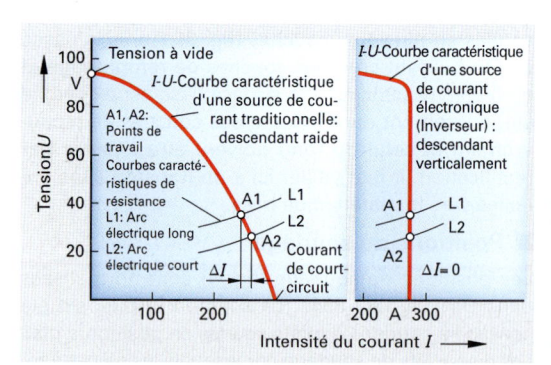

Fig. 3: Courbe caractéristique de courant/tension des sources de courant de soudage traditionnelles et électroniques

**Tableau 1: Tensions de marche à vide**

| Conditions d'exploitation | Type de courant | |
|---|---|---|
| | Courant continu | Courant alternatif |
| Fonctionnement normal | < 113 V | < 80 V |
| dans des citernes et des locaux étroits | < 100 V | < 42 V |
| nouveaux appareils combinés | < 113 V | < 48 V |

# Liaison

**Electrodes enrobées.** Elles comprennent **l'âme métallique et l'enrobage (fig. 1)**. En fondant, elles créent une enveloppe de protection qui stabilise l'arc électrique et qui protège la transition du matériau et le bain de fusion contre l'air ambiant **(fig. 2)**. L'enveloppe fondue flotte en tant que scories sur le joint soudé. Elle empêche un calaminage et un refroidissement trop rapide du bain de soudage. On atténue ainsi les contraintes de retrait et un durcissement de la zone du joint soudé. L'enveloppe contient généralement des éléments d'alliage qui améliorent la solidité et la ténacité du joint soudé.

**Caractéristiques.** Les propriétés d'une électrode enrobée sont indiquées par son abréviation normalisée **(fig. 3)**. Il existe quatre types d'enrobages de base **R, B, C, A (tableau 1)**, les types mixtes **RA, RB, RC, RR**, ainsi que différentes épaisseurs d'enveloppe. Chaque type d'électrode a des propriétés de soudage spécifiques pour des tâches de soudage typiques.

**Arc électrique.** L'arc électrique est allumé par un bref contact de la pièce avec l'électrode enrobée. En éloignant l'électrode de quelques millimètres, l'arc acquiert la bonne longueur pour le soudage. L'énergie cinétique des électrons accroît la température lorsqu'ils frappent l'anode (pôle positif). Au pôle positif, on obtient une température d'environ 3600 °C, et au pôle positif, qui est généralement placé sur la pièce, environ 4200 °C.

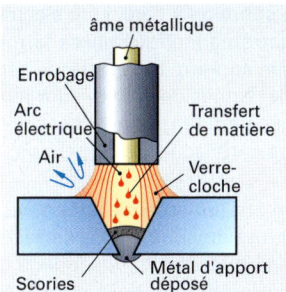

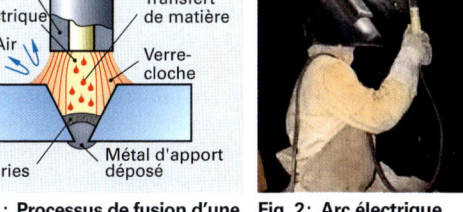

Fig. 1: Processus de fusion d'une électrode en baguette

Fig. 2: Arc électrique, soudage manuel

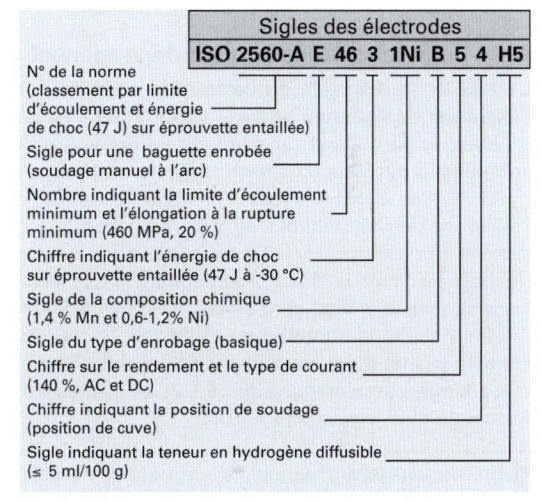

Fig. 3: Désignation des électrodes (exemple)

**Sigles des électrodes**
ISO 2560-A E 46 3 1Ni B 5 4 H5

- N° de la norme (classement par limite d'écoulement et énergie de choc (47 J) sur éprouvette entaillée)
- Sigle pour une baguette enrobée (soudage manuel à l'arc)
- Nombre indiquant la limite d'écoulement minimum et l'élongation à la rupture minimum (460 MPa, 20 %)
- Chiffre indiquant l'énergie de choc sur éprouvette entaillée (47 J à -30 °C)
- Sigle de la composition chimique (1,4 % Mn et 0,6-1,2 % Ni)
- Sigle du type d'enrobage (basique)
- Chiffre sur le rendement et le type de courant (140 %, AC et DC)
- Chiffre indiquant la position de soudage (position de cuve)
- Sigle indiquant la teneur en hydrogène diffusible ($\leq$ 5 ml/100 g)

**Tableau 1: Types d'enveloppes de base pour les électrodes en baguettes**

| | Rutile | Basique | Cellulose | Acide |
|---|---|---|---|---|
| Jonction de gouttes | À gouttes fines<br>Transfert de matière<br>R | À grandes gouttes<br>Transfert de matière<br>B | À gouttes fines<br>Transfert de matière<br>C | À gouttes très fines<br>Transfert de matière<br>A |
| Composition | Rutile $TiO_2$ 45 %<br>Quartz $SiO_2$ 20 %<br>Fe-Mn 15 %<br>Magnétite $Fe_3O_4$ 10 %<br>Spath d'Islande $CaCO_3$ 10 %<br>Silicate de sodium | Spath de flux $CaF_2$ 45 %<br>Spath d'Islande $CaCO_3$ 40 %<br>Quartz $SiO_2$ 10 %<br>Fe-Mn 5 %<br>Silicate de sodium | Cellulose 40 %<br>Quartz $SiO_2$ 25 %<br>Rutile $TiO_2$ 20 %<br>Fe-Mn 15 %<br>Silicate de sodium | Magnétite $Fe_3O_4$ 50 %<br>Quartz $SiO_2$ 20 %<br>Fe-Mn 20 %<br>Spath d'Islande $CaCO_3$ 10 %<br>Silicate de sodium |
| Avantages | • facile à souder<br>• haute qualité mécanique<br>• AC et DC possibles | • léger rehaussement du joint<br>• toutes les positions, spécialement tombant<br>• généralement DC + | • pénétration profonde<br>• joint lisse et plat<br>• bonne qualité mécanique | • pénétration profonde<br>• joint plat et esthétique<br>• qualité mécanique moyenne |
| Nachteile | • pas toutes les positions possibles<br>• faible qualité<br>Valeur de qualité comme électrodes basiques<br>• mauvaise jonction entre les fentes | • un peu plus difficile à souder<br>• doit être séché à nouveau | • très difficile à souder<br>• ne convient pas pour toutes les machines à souder<br>• grand dégagement de fumée | • Ne convient pas toujours pour les contraintes uniques<br>• Tendance à la formation de fissures |

**Souffle magnétique.** En soudage à l'arc, l'arc électrique est dévié sous l'influence du champ électromagnétique qui se forme autour de chaque conducteur traversé par le courant. Si l'électrode est par ex. posée verticalement sur la pièce, les lignes de champ sont regroupées ensemble dans la courbure orientée vers le raccordement polaire, et dispersées sur le côté opposé. Dans cette zone de dispersion, l'arc électrique est dévié **(fig. 1)**.

Le souffle magnétique se produit essentiellement en cas de soudage au courant continu, surtout lors du soudage de l'acier. Elle peut être tellement intense qu'elle rend impossible tout soudage. Une atténuation de l'action soufflante peut être obtenue par un déplacement de la borne polaire sur la pièce, le changement de direction de soudage, l'utilisation d'électrodes munies d'un enrobage épais, l'inclinaison de l'électrode contre la direction du soufflage, et par le soudage à courant alternatif.

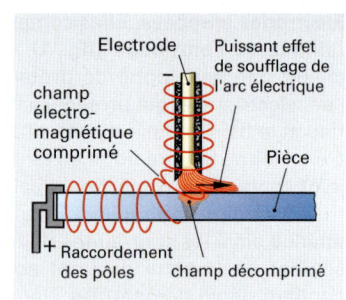

Fig. 1 : Influence de l'effet de soufflage sur l'arc

### ■ Technique de travail en soudage manuel à l'arc

Le type et le diamètre de l'électrode enrobée sont déterminés par l'épaisseur du matériau de base et du type de soudage (d'assemblage ou d'application). Lors du soudage, la **fusion de l'électrode** doit être compensée par un appoint continu de matériau, si bien que la longueur de l'arc électrique reste constante. Le guidage correspondant de l'électrode permet d'influer de telle manière sur la direction et la pression de l'arc électrique que le bain de fusion qui coule par la suite ne s'écoule pas dans la direction du soudage. Les inclusions de scories et les manques de fusion sont évités. Si la pièce restante d'une électrode qui fond atteint la température de fusion, le courant de soudage réglé est trop grand. Si ce courant est trop faible, l'arc électrique peut être mal allumée et maintenue allumée, et les scories liquides empêchent la formation d'un joint soudé normal.

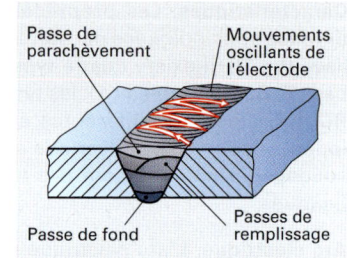

Fig. 2 : Positions de soudage

> En soudage à l'arc manuel, la longueur de l'arc électrique doit correspondre à peu près au diamètre de l'âme de l'électrode.

Les grands **joints soudés** sont soudés en plusieurs couches **(fig. 2)**. Les scories de la couche soudée auparavant doivent être entièrement enlevées. La couche de recouvrement doit être soudée avec des mouvements pendulaires. **Les joints montants** sont soudés par des mouvements spéciaux de l'électrode **(fig. 3)**.

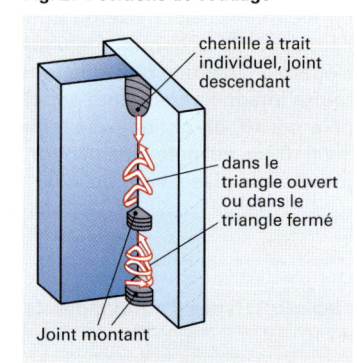

Fig. 3 : Guidage de l'électrode en baguette sur un cordon montant

### Consignes de travail pour le soudage manuel à l'arc

- Le soudage doit être effectué en portant une tenue de travail et des chaussures de sécurité appropriés : Chaussures de sécurité, vêtements de cuir avec protection de la nuque, blindage de protection avec protection latérale.
- Il est interdit de souder en ayant les bras nus et le torse nu. Le rayonnement de l'arc électrique risque de provoquer des lésions des yeux et de la peau, et les projections de métal d'apport déposé peuvent provoquer des brûlures.
- En soudage manuel à l'arc, la zone de travail doit être protégée de telle façon que les autres personnes ne risquent pas d'être blessées par le rayonnement (éblouissement des yeux).
- Les scories sur le cordon doivent uniquement être enlevées après le refroidissement, afin que la zone de la soudure puisse refroidir lentement. L'écran de protection doit également être utilisé pour effectuer ce travail.

### Répétition et approfondissement

1. Quelles sources de courant se prêtent le mieux pour le soudage à l'arc ?
2. Quels critères doivent être pris en considération pour le choix d'une électrode ?
3. De quelle tâche doit s'acquitter l'enveloppe de l'électrode pendant le soudage ?
4. Comment peut-on atténuer l'effet de soufflage pendant le soudage ?

# Liaison

## 3.9.5.4 Soudage à l'arc sous protection gazeuse

Les principaux procédés de soudage à gaz inerte sont les soudages MIG et MAG, le soudage TIG et le soudage à l'arc de plasma. Dans tous les procédés de soudage au gaz, l'arc électrique et le bain de fusion sont protégés contre l'atmosphère par un gaz inerte actif et activé. De ce fait, on peut utiliser des électrodes à fil plein (généralement ⌀ 0,8 mm à 2 mm) comme matériau d'apport. On subdivise les procédés de soudage à électrode métallique pouvant fondre et les procédés en électrode de tungstène ne pouvant pas fondre **(tableau 1)**. Le gaz inerte utilisé dépend du matériau et du procédé de soudage. On utilise comme gaz de protection des gaz inertes (à faible réaction, Ar, He), des gaz réducteurs ($H_2$), des gaz oxydants ($CO_2$) et des gaz de mélange **(tableau 2)**. Les gaz inertes sont surtout utilisés pour le soudage de métaux non ferreux et d'aciers Cr-Ni résistants à la corrosion, et les gaz actifs principalement pour les aciers activés. Les gaz actifs sont des gaz à réaction intense comme par ex. le $CO_2$ et les gaz de mélange, par ex. le gaz actif le plus utilisé, le « Corgon 18 » (argon + 18 % de $CO_2$).

### Soudage de métal à l'arc sous protection gazeuse (MIG, MAG)

En soudage MIG/MAG (selon ISO 857-1, soudage à l'arc de métaux avec protection gazeuse), un arc électrique à courant continu jaillit entre le fil-électrode à polarité positive et la pièce **(fig. 1)**. Le fil qui fond est amené par une bobine par le biais d'un appareil d'avance vers la torche à travers le faisceau. L'avance du fil dépend de la vitesse de fusion. Le courant de soudage est transmis au fil-électrode par la torche juste avant l'arc électrique par le biais de contact. La densité du courant sur l'extrémité courte libre du fil est élevée en raison de la faible section transversale du fil. On obtient ainsi une grande capacité de fusion et une pénétration profonde. Des fils massifs ou de remplissage servent de matériau d'apport. Le remplissage minéral des fils fourrés constitue une scorie sur le joint soudé afin de fournir une protection contre l'oxydation et le durcissement.

**Réglages.** Avant le soudage, on règle la tension de soudage et l'avance du fil. Elles dépendent du matériau, du gaz, de l'épaisseur de la pièce et du diamètre du fil. Sur les appareils de soudage modernes, on peut régler différents paramètres tels que le courant de base et le courant fort ou la fréquence d'impulsion, et utiliser des programmes de soudage spéciaux qui sont adaptés au matériau et à l'épaisseur du matériel. Les procédés de soudage MIG/MAG conviennent très bien pour le soudage automatisé.

**Tableau 1 : Procédé de soudage au gaz inerte**

| Attribution | | Abréviation |
|---|---|---|
| Soudage métallique au gaz inerte avec une électrode fusible | Soudage à l'arc avec fil-électrode en atmosphère active | MAG |
| | Soudage à l'arc avec fil-électrode en atmosphère inerte | MIG |
| Soudage à l'arc en atmosphère gazeuse avec électrode de tungstène avec une électrode non fusible | Soudage à l'arc avec fil-électrode au tungstène | TIG |
| | Soudage à l'arc au tungstène-plasma | TP |

**Tableau 2 : Types et application des gaz inertes**

| Abréviation | Catégorie de gaz | Composition | Application |
|---|---|---|---|
| R | Gaz inertes réducteurs | $Ar + H_2$ | TIG, TP |
| I | Gaz inertes et gaz mixtes | Ar, He, $Ar + He$ | MIG, TIG, TP |
| M1 | Gaz mixtes, faiblement oxydants | $Ar + O_2$, $Ar + CO_2$ | MAG |
| M2 | | $Ar + CO_2$, $Ar + O_2$ | MAG |
| M3 | fortement oxydants | $Ar + CO_2 + O_2$ | MAG |
| C | | $CO_2 + O_2$ | MAG |

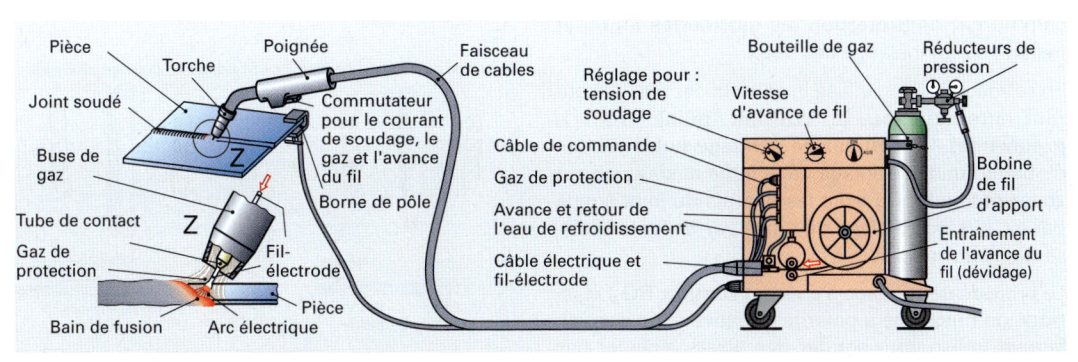

**Fig. 1 : Installation pour le soudage à l'arc MIG et MAG**

**Transfert de matière.** Le matériau fondu sur l'électrode est transféré sous forme de gouttes vers la pièce et y fond pour devenir le joint soudé. Le type d'arc électrique détermine le transfert des gouttes, et selon la distance entre les électrodes et la taille des gouttes, de brefs courts-circuits peuvent aussi se produire entre l'électrode et la pièce (**tableau 1**). Le courant continu peut provoquer des arcs avec fusion en pluie, des arcs longs ou courts. Avec le courant d'impulsions (p. suivante), un transfert de matériau sans court-circuit est obtenu avec de faibles projections. Le soudage à l'arc pulsé est adopté pour toutes les épaisseurs de matériaux, les aciers alliés, les métaux légers, les tôles fines, et pour le soudage sous contrainte. L'utilisation de courant pulsé en comparaison avec le soudage au courant continu apporte nettement moins de chaleur au composant, ce qui crée moins de tensions de gauchissement et de retrait.

**Tableau 1 : Types d'arc électrique**

| Article/abréviation | Transfert de matériau | Domaines d'application |
|---|---|---|
| Arc avec fusion (s) | à gouttes fines exempt de courts-circuits | Haute capacité de fusion avec des positions de remplissage horizontales : pour des tôles moyennes et grossières |
| Arc long (l) | à grandes gouttes, non exempt de courts-circuits | |
| Arc court (k) | à gouttes fines, en court-circuit | Pour des positions de contrainte, tôles minces |
| Arc pulsé (p) | réglable, résistant aux courts-circuits | pour les aciers Cr-NI et alliages d'Al |

**Procédés de soudage.** En **soudage MIG**, (Soudage à l'arc en atmosphère inerte avec fil électrode fusible), on utilise comme gaz de protection inerte (peu réactif) l'argon ou l'hélium. Ces gaz de protection sont nécessaires pour le soudage de métaux non ferreux, des alliages d'Al et des aciers fortement alliés.

En **soudage MAG**, (Soudage à l'arc en atmosphère active avec fil électrode fusible), on utilise des gaz de protection actifs (réactifs). Ceux-ci comprennent le $CO_2$ (désignation du procédé : **MAGC**) et des gaz mixtes d'argon avec du $CO_2$ et de l'$O_2$ (**MAGM**). Ces gaz de protection influent sur le transfert de matériau dans l'arc électrique, sur la profondeur de pénétration, la forme de la soudure et la formation de projections. Les inconvénients des gaz actifs sont l'élimination d'éléments d'alliage et donc une moindre solidité du joint soudé. On peut y remédier en choisissant judicieusement les matériaux d'adjonction utilisés. Les procédés de soudage MAG servent à souder des aciers non alliés et alliés avec une haute capacité de fusion.

## Soudage à l'arc sous protection gazeuse de tungstène

Cela comprend le soudage au **t**ungstène **i**nerte **g**az (soudage **TIG**) et le soudage au jet de **p**lasma au **t**ungstène (soudage **TP**). Ces deux procédés font appel à une électrode en tungstène qui ne fond pas. La baguette d'apport pour le métal d'apport est généralement fournie à la main à l'arc électrique et y fond. L'installation de soudage comprend une source de courant qui peut être commutée sur le soudage à courant continu ou alternatif, et une torche est reliée à la source de courant par un faisceau de cables. Ce faisceau inclut la conduite de courant de soudage et la conduite de commande, les flexibles de gaz inerte, et sur les grandes torches, l'alimentation et l'évacuation de l'eau de refroidissement (**fig. 1**). On utilise comme gaz de protection les gaz inertes argon et hélium, ou un mélange des deux.

En soudage TIG, on utilise le courant continu, le courant alternatif ou le courant pulsé (**fig. 1, p. suivante**). Un **courant de soudage pulsé** permet d'obtenir un bon pontage de la fente et soudage sûr sous contrainte. On évite les défauts de joint soudé par ex. lors du soudage de tubes par de lents abaissements du courant.

Le **procédé de soudage à courant continu TIG** à électrode de tungstène à polarité négative est essentiellement utilisé pour souder des aciers alliés et des métaux non ferreux et leurs alliages.

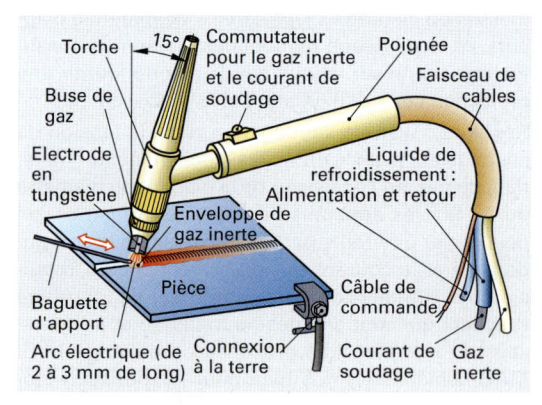

**Fig. 1 : Torche TIG**

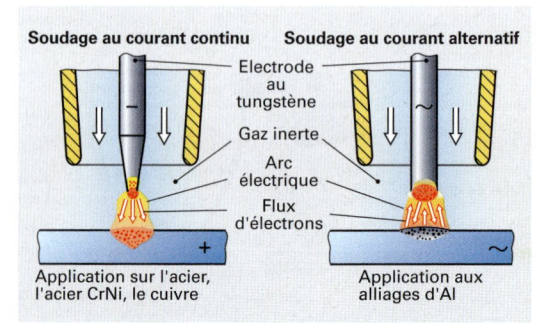

**Fig. 2 : Arc électrique en soudage à l'arc TIG**

Si l'électrode au tungstène est bien affûtée, l'arc électrique brûle de manière stable et peut être mieux guidé pendant le soudage. La zone de fusion (la « pénétration ») est étroite et profonde **(fig. 2, p. précédente).**

Le **soudage à courant alternatif TIG** est généralement utilisé pour souder des matériaux en aluminium et d'autres métaux légers. Sur la demi-onde positive du courant alternatif, les électrons se déplacent de la pièce vers l'électrode en tungstène et arrachent ainsi la couche d'oxyde sur le bain de fusion du métal léger. Sur la demi-onde négative, les électrons se déplacent vers la pièce et dégagent la chaleur qui fait fondre le métal. Le procédé de soudage TIG est spécialement utilisé pour des assemblages de soudage de haute qualité sur des composants fins et des tôles en acier hautement allié et en alliages d'Al **(fig. 2).**

**Technique de travail du soudage TIG**
En soudage TIG, la torche est positionnée avec une inclinaison d'environ 15 degrés par rapport au sens du soudage, à une distance de 2 à 3 mm (longueur de l'arc électrique) au-dessus du point de soudage **(fig. 1, p. précédente)** Le métal d'apport (baguette d'apport) est amené en place à la main, par le côté, goutte par goutte. En réduisant le courant de soudage à l'extrémité du joint, on évite les cratères d'extrémité et les fissures. Une fois que le courant de soudage est coupé, pour éviter le calaminage du joint soudé, la buse doit encore être maintenue au-dessus du point de soudage jusqu'à ce que le bain de fusion se soit refroidi sous le gaz inerte qui continue de s'écouler.

**Soudage au jet de plasma (TP)**
Le soudage TP est effectué avec une installation TIG dotée d'une buse de soudage au plasma spéciale

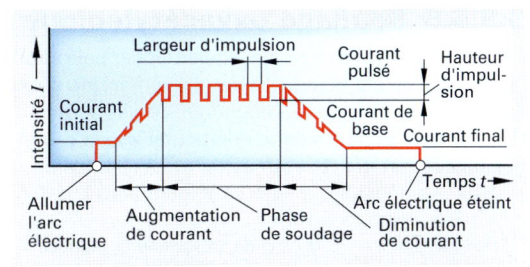

**Fig. 1 : Circuit du courant en soudage à l'arc TIG avec courant continu pulsé**

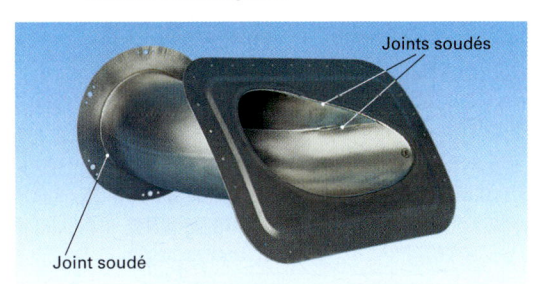

**Fig. 2 : Composant soudé par TIG**

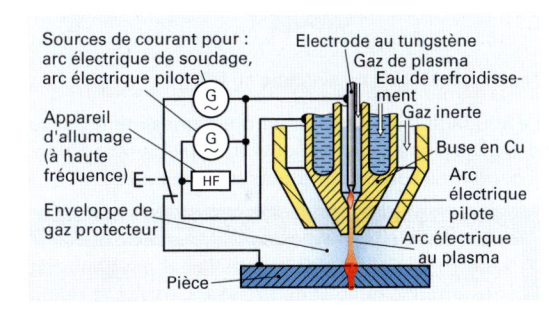

**Fig. 3 : Soudage au jet de plasma**

(fig. 3). Un jet de plasma sert de source de chaleur (p. 128). Il est généré sur la pointe du chalumeau par le chauffage du flux de gaz à l'aide de l'arc électrique jusqu'à l'état de plasma du gaz. Le jet de plasma du gaz est restreint par une buse de cuivre refroidie à l'eau, et frappe le point de soudage en tant que jet de plasma fortement focalisé et avec une grande densité d'énergie. Une enveloppe de gaz inerte supplémentaire stabilise l'arc électrique du plasma et protège le bain de fusion contre l'air ambiant. Des tôles épaisses peuvent être reliées ensemble avec un joint soudé très étroit grâce à un jet de plasma très fin et déployant une grande énergie. En raison du joint soudé très étroit, le soudage TP est également utilisé dans la technique de micro-soudage. Le soudage selon le procédé microplasma est appliqué en cas d'épaisseurs de tôle ou d'application d'environ 1 mm au maximum.

---

**Consignes de travail pour le soudage au gaz inerte**

- En soudage au gaz inerte, le point de soudage doit être protégé contre les courants d'air, afin que l'enveloppe de gaz inerte n'en soit pas affectée.
- Etant donné qu'en soudage au gaz inerte, des gaz toxiques sont générés, il faut travailler avec une aspiration.

---

**Répétition et approfondissement**

1. Quels avantages présente le soudage au gaz inerte par rapport au soudage à l'arc ?
2. A quel moment soude-t-on avec du courant alternatif avec le soudage TIG, et à quel moment soude-t-on avec du courant continu ?
3. En quoi le soudage TIG se différencie-t-il du soudage MIG et MAG ?
4. Pour quelles applications le soudage à l'arc de plasma convient-il ?

## 3.9.5.5 Soudage oxyacétylénique

En soudage oxyacétylénique, également appelé soudage autogène, les pièces d'assemblage sont fondues sur le point de soudage sous l'effet d'une flamme d'oxygène et de gaz combustible. On utilise principalement l'acétylène comme gaz combustible. Ce gaz permet d'atteindre une température de flamme d'environ 3200 °C. Ces gaz sont prélevés dans des bouteilles de gaz et acheminés vers le chalumeau oxyacétylénique par des flexibles de gaz (**fig. 1**). Pour éviter toutes confusions dans la manipulation de gaz inflammables et non inflammables, les bouteilles de gaz sont identifiées par des couleurs et ont des raccords différents (**tableau 1**).

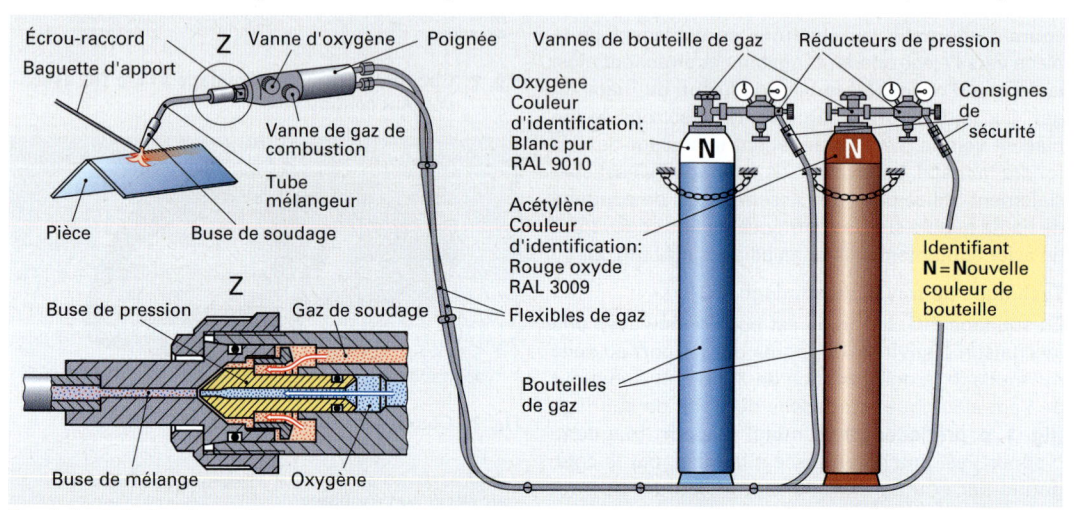

**Fig. 1: Installation de soudage au gaz**

Le soudage oxyacétylénique n'est quasiment utilisé désormais que pour les petits travaux de réparation. Il permet de souder sur toutes les positions.

### Conseils à propos de l'utilisation des bouteilles de gaz

- La robinetterie des bouteilles d'oxygène est exempte d'huile et de graisse. L'oxygène réagit avec ces substances en explosant.
- Les bouteilles d'acétylène doivent être bloquées pour éviter qu'elles ne se renversent, et protégées contre les chocs, l'échauffement et le gel. Autrement l'acétylène peut se décomposer et enflammer ainsi la bouteille.
- Les bouteilles de gaz doivent uniquement être transportées avec un réducteur de pression dévissé et un capuchon de transport vissé en place.

**Robinetterie d'une bouteille de gaz**

Les bouteilles de gaz ont une valve, un réducteur de pression avec vis de réglage et un robinet à soupape d'arrêt. Elles ont aussi un dispositif de sécurité qui bloque l'alimentation en gaz en cas de retour de flamme.

**Réducteurs de pression.** Pour le soudage, la haute pression de gaz dans les bouteilles doit être réduite par le réducteur de pression à la pression de travail nécessaire (**fig. 2**). La pression dans la bouteille de gaz est affiché par le manomètre de contenu, et la pression de travail réglable par le manomètre de travail. La pression de travail pour l'oxygène atteint 2,5 à 5 bars pour l'acétylène 0,25 à 0,5 bar.

**Tableau 1 : Raccordements des bouteilles de gaz comprimé et couleur des ogives des bouteilles[1]**

| | Type de gaz | Couleur d'identification | Raccordements |
|---|---|---|---|
| * | Oxygène | blanc pur | R3/4 |
| inflammable | Acétylène | rouge oxyde | Etrier de serrage |
| inflammable | Hydrogène | rouge feu | W21,80x1/14 |
| non inflammable | Azote | noir | W24,32x1/14 |
| non inflammable | Dioxyde de carbone | gris poussière | W21,80x1/14 |
| non inflammable | Argon | vert émeraude | W21,80x1/14 |
| non inflammable | Hélium | brun olive | W21,80x1/14 |
| non inflammable | Air comprimé | vert jaune | R5/8 |

[1] La couleur d'identification du corps de bouteille cylindrique n'est pas normalisée.
\* Propagateur de la flamme

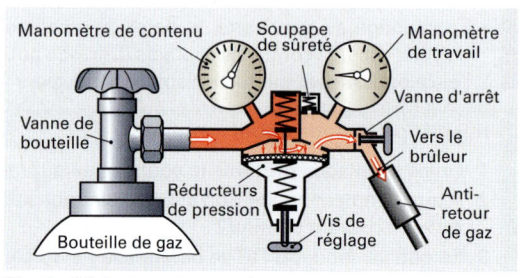

**Fig. 2: Réducteur de pression**

# Liaison

**La flamme d'acétylène-oxygène** est réglée par les vannes du chalumeau oxyacétylénique **(fig. 1, p. précédente)**.

En réglage **normal** de la flamme, l'acétylène et l'oxygène sont mélangés dans un rapport de mélange de 1:1. La combustion du mélange au 1er stade de la combustion est incomplète, car il faut 2,5 fois le volume d'oxygène pour la combustion totale du gaz d'acétylène. Les gaz qui en résultent, le monoxyde de gaz et l'hydrogène, constituent dans la flamme une zone réductrice. Dans cette zone de la flamme, à 2 à 4 mm devant le cône de la flamme, on atteint la température maximale d'environ 3200 °C. L'oxygène qui manque encore pour la combustion totale est aspiré durant la 2e phase de combustion dans l'air ambiant **(fig. 1)**.

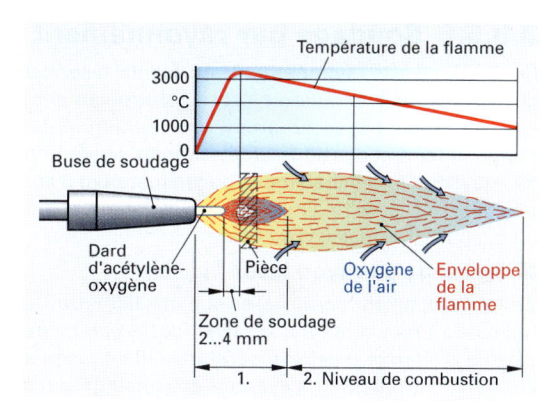

Fig. 1 : Flamme d'acétylène-oxygène

## ■ Technique de travail en soudage au gaz

Avec la même position du chalumeau et de la baguette, on peut souder « vers la gauche » **(fig. 2)** et « vers la droite » **(fig. 3)**.

**Soudage vers la gauche** La flamme est orientée dans la direction du soudage (fig. 2). Ainsi, le bain de fusion est hors de la zone de température la plus élevée et peut conserver un faible volume. Ceci est avantageux pour le soudage de tôles fines. En outre, en raison de la direction de la flamme, le préchauffage du joint de soudure atteint une température de soudage plus élevée qui atténue la déformation. La baguette de soudure est fondue dans le bain de fusion sous le cône de la flamme, goutte à goutte.

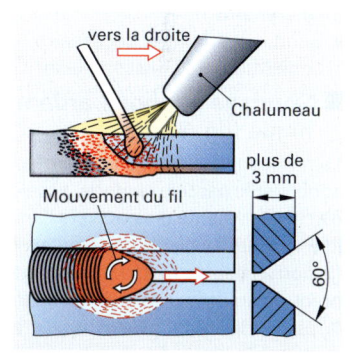

**Soudage vers la droite.** La flamme est orientée vers le joint déjà soudé (fig. 3). On obtient ainsi un refroidissement lent et donc une amélioration de l'assemblage établi par la soudure. Pendant le soudage, le chalumeau est maintenu tranquillement et avec le cône de la flamme au-dessus du bain de fusion. Cette concentration de chaleur permet de souder des tôles épaisses. La baguette de soudure est fondue dans le bain de fusion sous le cône de la flamme, aussi goutte à goutte.

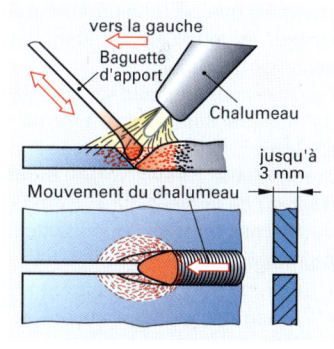

Fig. 2 : Soudage vers la gauche

> Le soudage vers la gauche est utilisé sur des tôles ayant jusqu'à 3 mm d'épaisseur. Celles qui ont plus de 3 mm d'épaisseur sont soudées vers la droite.

Les **baguettes d'apport** utilisées sont fondues en soudage au gaz en tant que matériau d'apport pour remplir le joint soudé. Elles sont classées dans les catégories O I (pour les aciers de construction non alliés) à O V (pour les aciers alliés) pour le soudage d'assemblage d'aciers. Leurs propriétés sont indiquées dans des livres de tableaux.

Fig. 3 : Soudage vers la droite

### Consignes de travail pour le soudage au gaz

- Pour la protection des yeux contre l'éblouissement et les projections de soudage, il faut porter une lunette de protection munie de verres fumés.
- En cas de soudage dans des petits locaux, il faut veiller à une alimentation en air frais. L'oxygène de la bouteille de gaz ne doit pas être utilisé à cette fin (risque d'incendie).

### Répétition et approfondissement

1. Quelles sont les pressions réglées sur les manomètres de travail pour le soudage au gaz ?
2. Dans quelles applications soude-t-on vers la gauche ou vers la droite ?
3. Quelles règles faut-il respecter lorsqu'on manipule des bouteilles de gaz ?

## 3.9.5.6 Soudage par rayonnement

En soudage par rayonnement, un jet de laser ou d'électrons riche en énergie est transformé en chaleur en frappant le matériau ou en y pénétrant. Le matériau fond et constitue un étroit joint soudé une fois qu'il durcit. Généralement, aucun matériau d'apport n'est nécessaire. On soude dans l'atmosphère libre, sous vide ou sous gaz inerte.

### ■ Soudage au rayon laser (fig. 1)

La focalisation du rayon laser sur un diamètre de moins de 1 mm confère à la tache focale une haute densité d'énergie à des températures allant jusqu'à 20 000 °C. Le matériau s'évapore et constitue dans la direction du faisceau un capillaire de vapeur dans lequel se forme un plasma. C'est pourquoi le matériau fond aussi en profondeur. Il en résulte des joints soudés d'une profondeur atteignant parfois 10 fois la largeur du joint (par ex. jusqu'à 20 mm dans l'acier de construction).

Le processus de soudage se déroule généralement de manière stationnaire, avec un degré élevé de mécanisation. Une installation de soudage au laser comprend le laser, le système de mouvement du faisceau laser ou de la pièce, un système optique de guidage du faisceau laser, et l'optique de focalisation.

**Avantages**:
- Convient pour pratiquement tous les matériaux
- Vitesse de soudage élevée et haute qualité des joints
- Joints soudés étroits et profonds (**fig. 2**)

**Inconvénient**:
- Blindage soigneux nécessaire en raison du danger constitué par le faisceau laser

### ■ Soudage par bombardement électronique (fig. 3)

Le faisceau électronique est créé par les électrons qui sont libérés par une cathode, accélérés dans un champ électrique à haute tension vers l'anode, et ensuite focalisés par un système de lentilles. Un système de déflexion à champs électriques oriente le faisceau vers le point de soudage. Lors du contact des électrons avec la pièce, ils transforment une grande partie de leur énergie cinétique en chaleur, si bien que le matériau fond et s'évapore. Il se produit un canal de gaz avec la masse fondue rotative. Cela permet de souder bout à bout des pièces en acier de jusqu'à 200 mm d'épaisseur en une seule opération. Le joint soudé est étroit et a des flancs légèrement coniques (**fig. 4**).

**Avantages**:
- Convient pour pratiquement tous les métaux, alliages et composés mixtes
- Haute capacité de soudage et pratiquement aucun gauchissement

**Inconvénient**:
- Blindage soigneux nécessaire en raison du danger constitué par le faisceau laser

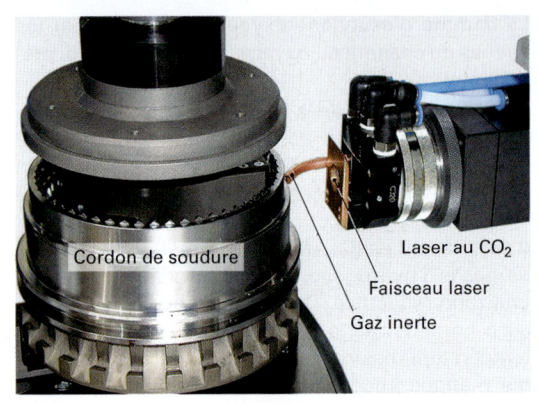

**Fig. 1**: Station de soudage de composants de commutation par faisceau laser

**Fig. 2**: Pignon soudé au laser

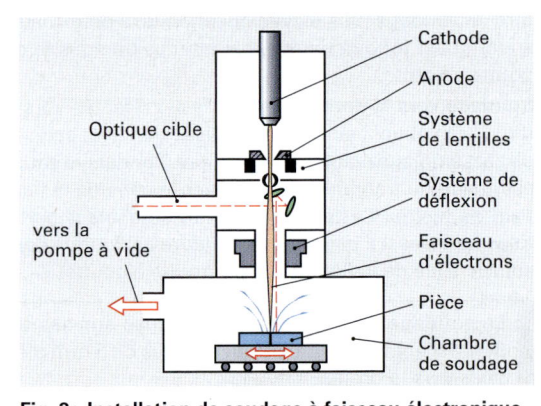

**Fig. 3**: Installation de soudage à faisceau électronique

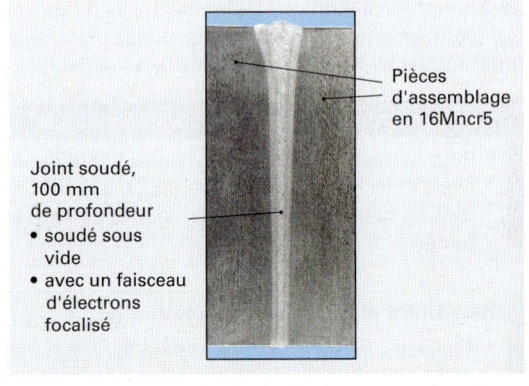

**Fig. 4**: Soudage profond dans l'acier par soudage à faisceau électronique

## 3.9.5.7 Soudage par compression

Dans le procédé de soudage par compression, les pièces à souder sont chauffés à la température de soudage dans la zone de soudage, et ensuite assemblées par compression.

### ■ Soudage électrique par résistance et compression

En soudage par résistance et compression, on utilise la chaleur qui est dégagée par le courant électrique lorsqu'il traverse la zone de contact des pièces soudées. On différencie entre le soudage par points, à bossages et à la molette.

En **soudage par points (RP[1])** les tôles placées l'une au-dessus de l'autre sont reliées ensemble par des points de soudage individuels. Ces tôles superposées son ponctuellement ensemble par deux électrodes de cuivre refroidies par eau. Un courant à intensité élevée passe brièvement d'une électrode à l'autre en traversant les tôles. Grâce à la haute résistance électrique au point de contact des tôles poussées les unes contre les autres, on obtient la température de soudage nécessaire. Il se forme un point de soudage lenticulaire **(fig. 1)**.

En **soudage à bossages (B1))**, deux pièces sont soudées ensemble, l'une d'entre elles comportant un bossage de soudage **(fig. 2)**. Deux électrodes de cuivre compriment les pièces l'une sur l'autre. Au passage du courant, les bossages de la pièce sont soudés ponctuellement avec le composant qui sont en contact avec eux.

En **soudage à la molette (RR[1])**, deux tôles à souder passent par deux électrodes à molettes en cuivre et sont poussées l'une contre l'autre **(fig. 3)**. Les impulsions électriques créent les points de soudage. A une haute fréquence d'impulsions, ces points se chevauchent et créent un joint de soudage étanche et compact. Dans le procédé de soudage à résistance et compression, l'intensité du courant, le temps et la pression de compression, ainsi que les dimensions des points de soudage, doivent être adaptés les uns aux autres.

### ■ Soudage par friction (FR[1])

En soudage par friction, la chaleur générée par la friction est utilisée pour le soudage. Pour ce faire, une machine de soudage par friction met en rotation l'une des pièces à relier ensemble, puis la pousse contre la pièce fixe **(fig. 4)**.

Les surfaces en contact chauffent vite par suite des frottements. Dès que le matériau y est devenu plastique, le pièce en rotation est arrêtée. Les deux pièces sont poussées l'une contre l'autre et soudées par une force de refoulement supplémentaire. Il en résulte un petit bourrelet.

**Domaine d'utilisation**: pièces à à symétrie de révolution, par ex. arbres de transmission.

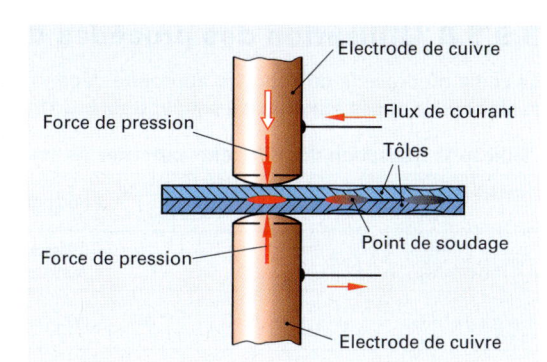

**Fig. 1 : Soudage par points**

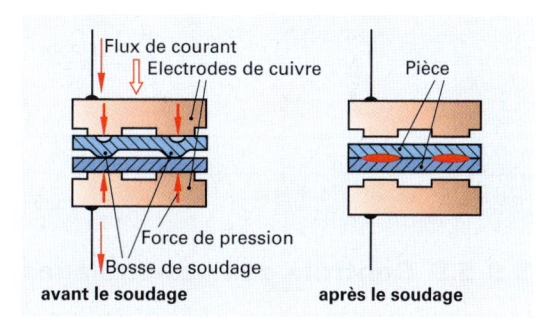

**Fig. 2 : Soudage par bossages**

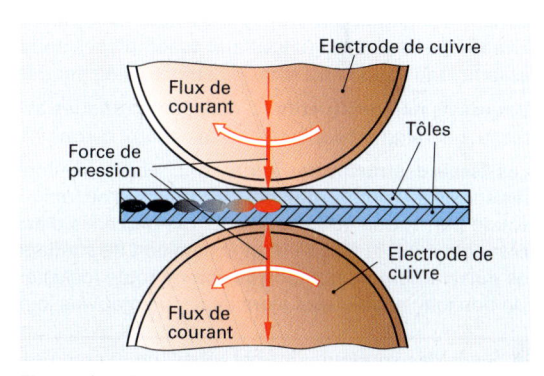

**Fig. 3 : Soudage à la molette**

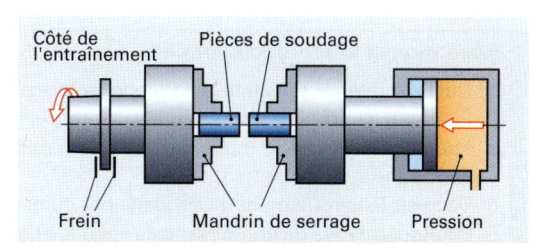

**Fig. 4 : Soudage par friction (schématique)**

[1]) Abréviation selon DIN EN ISO 857

## 3.9.5.8 Utilisation des procédés de soudage

Le choix du procédé de soudage approprié dépend essentiellement du domaine d'application des composants soudés et des matériaux à souder **(tableau 1)**.

**Tableau 1: Utilisation des différents procédés de soudage**

| Procédés, Abréviation, DIN ISO 857, | Chiffre caractéristique DIN EN 24063 | | Principaux domaines d'application | Matériaux soudables |
|---|---|---|---|---|
| Soudage manuel à l'arc | E | 111 | Construction mécanique générale, construction métallique | Tous les aciers soudables |
| Soudage MIG | MIG | 131 | Composants de toutes les épaisseurs | Al et autres métaux non ferreux |
| Soudage MAG | MAG | 135 | Construction mécanique générale; haute capacité de fusion | Tous les aciers soudables |
| Soudage TIG | TIG | 141 | Tôles fines; aéronautique et espace Construction d'appareils et de tuyauteries | Tous les aciers soudables |
| Soudage au jet de plasma | TP | 15 | Sections épaisses; rainures de soudage étroites | Aciers, métaux légers |
| Soudage oxyacétylénique | G | 311 | Tuyauteries; installations; réparations | Aciers non alliés |
| Soudage au laser | LA | 751 | Pièces de précision | Aciers, métaux légers |
| Soudage par points | RP | 21 | Tôles, construction de carrosseries | Tous les métaux |
| Soudage par friction | FR | 42 | Composants à symétrie de révolution | Métaux, matières plastiques |

## 3.9.5.9 Contrôle des assemblages soudés

La qualité d'un assemblage soudé ne dépend pas seulement des appareils et matériaux utilisés, mais aussi et surtout de la compétence technique et de la fiabilité du soudeur. En construction mécanique, construction de tuyauteries, construction de machines, dans le nucléaire, dans la technique des transports, dans l'aéronautique et l'espace, on impose de hautes exigences aux assemblages soudés. La qualité d'un assemblage soudé doit souvent être attestée par des essais spéciaux.

**Les essais non destructifs** (p. 406) sont pratiqués avec des procédés de ressuage, magnétosopie ultra-sons et aux rayons X.

**Les essais destructifs des joints** sont nécessaires lorsque des valeurs de résistance mécanique doivent être attestées ou lorsque la section du joint soudé **(fig. 1)** doit être expertisée. Les procédés d'essai destructifs comprennent aussi la flexion d'un échantillon de soudage à 180 degrés, afin de détecter tout manque de liaison ou toute inclusion de scories **(fig. 2)**. Un bon joint soudé reste alors intact, un mauvais joint soudé se casse.

> Seuls des soudeurs qui ont réussi un examen peuvent réaliser des pièces soudés nécessitant une réception, par ex. les réservoirs sous pression.

Fig. 1: Coupe à travers une soudure d'angle

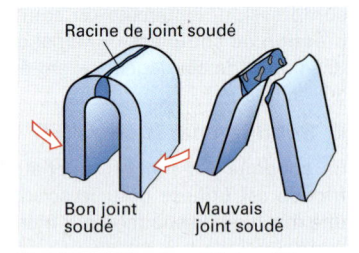

Fig. 2: Vérification d'échantillons de soudage par pliage

### Répétition et approfondissement

1. Quels avantages présente le soudage au faisceau laser par rapport au soudage à l'arc?
2. Pourquoi de grandes vitesses d'avance sont-elles possibles lors du soudage au faisceau laser?
3. Pourquoi un blindage minutieux est-il nécessaire aussi bien pour le soudage au laser que pour le soudage à faisceau électronique?
4. Décrivez le déroulement du soudage par points.
5. Pour quels types de composants le soudage par friction convient-il?
6. Quel défaut d'un cordon de soudure peut être déterminé à l'aide de l'échantillon de flexion de la fig. 2?

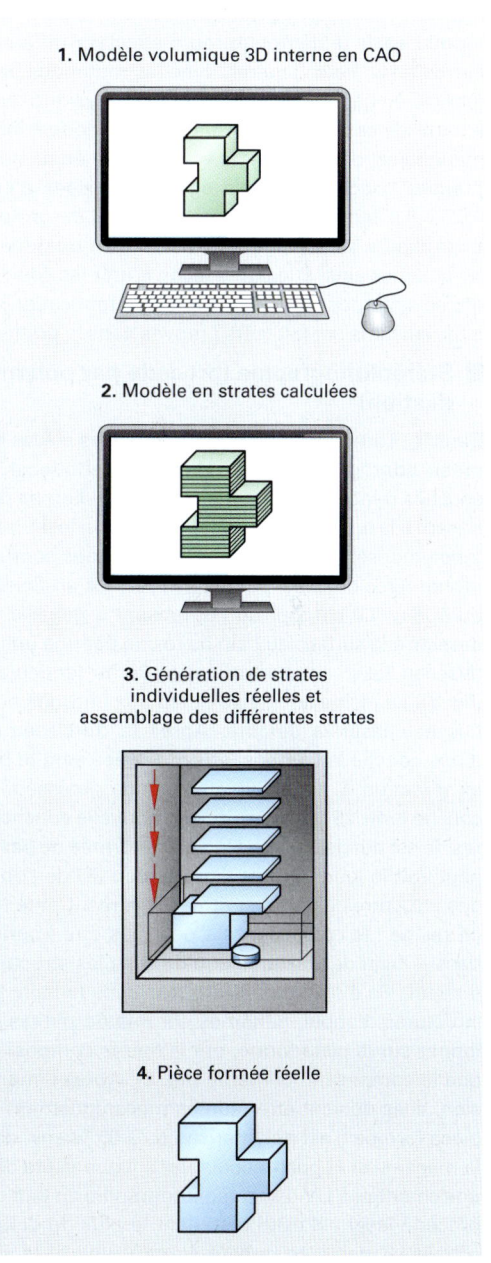

## 3.10 Procédés de fabrication additifs

D'une manière générale, les procédés de fabrication sont classables en:

**Les procédés de fabrication soustractifs** qui génèrent la géométrie souhaité par abrasion de certaines zones, par ex. par fraisage, tournage ou perçage.

**Les procédés de fabrication par formage** qui modifient la forme d'un composant, à volume constant, par ex. par matriçage ou emboutissage.

**Les procédés de fabrication additifs** qui modifient la forme d'un composant, à volume constant, par ex. par matriçage à chaud ou emboutissage profond.

Par procédés de fabrication additifs (en anglais : Rapid Technology), on entend des procédés de fabrication capables de générer vite et directement, couche par couche à partir d'un matériau choisi, les modèles volumiques CAO (conception 3D) à partir des données CAO. Ce faisant un modèle stratifié (fichier STL) est généré par ordinateur, avant la fabrication, à partir du modèle volumique CAO. La fabrication a ensuite lieu pilotée par CNC, la plupart du temps avec des procédés de formage primaire qui créent la pièce couche par couche ou point par point (**fig. 1**). La géométrie et les propriétés du matériau sont générées pendant le processus de fabrication, un peu comme lors du moulage ou du soudage de rechargement.

Les procédés de fabrication additifs permettent de réaliser à des prix unitaires raisonnables et avec forte individualisation du produit, des composants en petit nombre extrêmement compliqués et présentant une grande finesse de détails. Jusqu'à présent, la fabrication générative est limitée au prototypage (fabrication de modèle, construction de maquette), aux petits composants filigranes (technologie des microsystèmes, composantes d'automatisation légères), aux composants de haute qualité et d'une géométrie complexe (construction d'outils et de moules, matrices de forgeage), aux composants à structures creuses (construction légères, technologies médicales) et les surfaces de forme libre à transitions fluides (techniques aérospatiales, construction automobile).

Un autre point fort des procédés de fabrication de prototypes additifs réside dans la production avec des matériaux difficiles à travailler dont la céramique ou les aciers destinés à des applications spéciales.

Il faut choisir la technologie de fabrication en fonction de l'application prévue du composant. Dans la finition des pièces et la fabrication en série individualisée (composants comparables, de géométries similaires), on fait appel à des systèmes laser. Ici, un laser fond une poudre exactement aux endroits qui donneront ensuite la géométrie recherchée, et il associe la couche fondue avec la couche sous-jacente. Les systèmes d'impression 3D s'utilisent surtout dans la technologie des microsystèmes et les biotechnologies.

**1.** Modèle volumique 3D interne en CAO

**2.** Modèle en strates calculées

**3.** Génération de strates individuelles réelles et assemblage des différentes strates

**4.** Pièce formée réelle

**Fig. 1 : Principe des procédés de fabrication additifs**

Les procédés de fabrication génératifs sont subdivisés en fonction de l'application (**tableau 1**).

## 3.10.1 Prototypage rapide

Un modèle volumique 3D complet, réalisé en CAO, est la condition préalable à la fabrication générative. Ce modèle géométrique permet au concepteur d'examiner toutes les propriétés du composant : de le tourner, de l'inverser, le colorer et de le manipuler de différentes autres façons. Il ne permet pas de soumettre le composant à des sollicitations réelles, de le monter et de le démonter, ou d'effectuer différents autres tests. Pour générer, avec les méthodes de la fabrication générative, une maquette physique réelle à partir de ce modèle informatique, le modèle informatique est découpé par la voie digitale en de nombreuses couches de taille égales, épaisses d'env. 0,02 à 0,1 mm. Les différents procédés de prototypage rapide se distinguent par la façon de générer les couches ainsi que par la façon d'unir les couches qui se superposent. Les procédés de fabrication additifs suivants ont fait leurs preuves dans la pratique.

### ■ Stéréolithographie (procédé par polymérisation)

Dans le procédé stéréolithographique, les pièces formées sont générées par durcissement local de couches minces d'une matière plastique liquide durcissant à la lumière sous l'effet d'un rayon laser (photopolymérisation). Ces matières plastiques sont des monomères de base, par ex. des résines artificielles ou époxy. Le contour du composant à générer est dessiné à la surface du bain de résine par une unité à faisceau laser avec miroir et système lenticulaire (**fig. 1**). La résine liquide se durcit aux endroits où le faisceau laser la percute. Après le durcissement d'une couche le composant est déplacé vers le bas, en direction Z, de l'équivalent d'une épaisseur de couche (env. 25 μm). Ensuite une nouvelle couche de résine est durcie à cœur. Une pièce formée de bas en haut voit le jour. Lors de l'impression 3D de l'objet, des structures d'appui sont nécessaires. Conteneur de résine : le composant ne peut pas être imprimé dans le bain de plastique liquide sans les structures d'appui, il s'éloignerait en flottant dans le bain. Les structures d'appui, générées comme de petites colonnes sur la plate-forme, ont la même composition que le composant lui-même (**fig. 2**). Après l'impression, elles doivent être retirées mécaniquement. La pièce formée n'est polymérisée qu'à 95 % env. dans la machine et la post-réticulation a lieu ensuite dans une chambre à UV. La stéréolithographie en tant que procédé laser est celui restituant le plus de détails, offrant la meilleure qualité superficielle et la plus grande précision.

**Tableau 1 : Domaines d'application des procédés de fabrication additifs**

| Procédés de fabrication additifs | Application |
|---|---|
| Fabrication de prototypes (prototypage rapide) | Fabrication de **modèles conceptuels et de prototypes de fonctions** dans la construction de prototypes et d'outils. Fabrication de produits finis durant la production de présérie (< 1000 unités), par ex. dans les technologies médicales ou la construction automobile |
| Fabrication d'outils (outillage rapide) | Réparation d'outils de moulage par injection et d'outils de formage, fabrication en très petites série d'outils de présérie en aluminium |
| Fabrication du produit fini (fabrication rapide) | Production de pièces de série d'une géométrie complexe. Fabrication de composants de série présentant des propriétés fonctionnelles particulières, par ex. outils de moulage par injection ou implants médicaux |

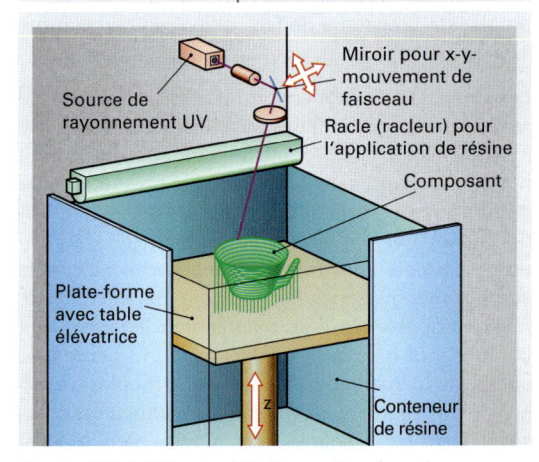

Fig. 1 : Stéréolithographie d'une pièce formée

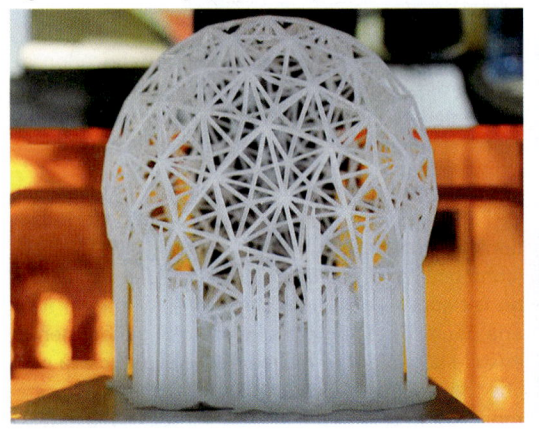

Fig. 2 : Structure filigrane du composant, avec appuis

# Procédés de fabrication additifs

## ■ Procédés d'extrusion

Dans le procédé d'extrusion, les modèles sont générés en faisant fondre des matériaux thermoplastiques (généralement des matières plastiques) et ensuite en les extrudant. Ce procédé est également appelé « Fused Layer Modeling » (FLM). Il consiste à faire fondre un matériau thermoplastique, disponible sous forme de fil, dans une buse chauffée et à l'appliquer par celle-ci, sous forme de boudin encore à l'état pâteux, sur la couche précédemment fabriquée. La génération de la couche a lieu par fusion avec le modèle déjà semi-fini. Pendant la construction, les composants nécessitent d'être soutenus. Du fait de l'emploi de matériaux teintés, des composants multicolores peuvent être générés. Outre des matériaux spéciaux de prototypage rapide, des matières plastiques telles que l'ABS, qui présentent des propriétés presque identiques aux produits de série, peuvent elles aussi être transformées (**fig. 1**).

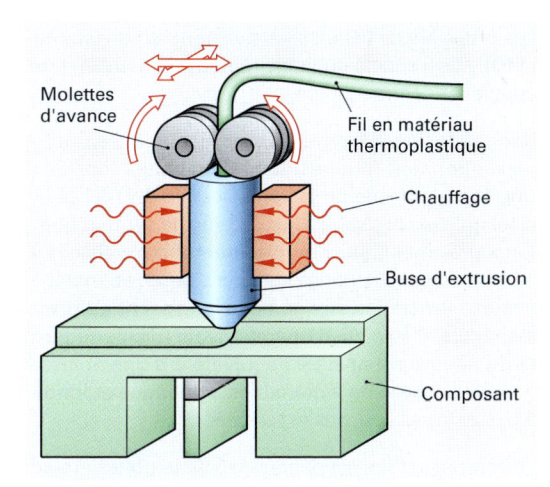

Fig. 1 : Procédés d'extrusion

| Avantages du procédé d'extrusion | Inconvénients du procédé d'extrusion |
|---|---|
| • Grandes quantités produites en un temps relativement court<br>• Le matériau extrudé ressemble beaucoup aux matériaux de série<br>• Implémentation technique relativement facile<br>• Utilisation de l'intégralité du matériau<br>• Aucun solvant nécessaire<br>• Utilisation de matériaux différents à l'intérieur d'un même processus de construction<br>• Le procédé d'extrusion peut aussi être employé dans un environnement de bureau | • Les structures de taille inférieure à la largeur d'extrusion ne sont pas réalisables<br>• Les fentes fines ou les nervures fines ne sont pas représentables<br>• Le début de l'extrusion inclut toujours un segment initial, des retouches peuvent être le cas échéant nécessaires<br>• Formation de filaments par les matières plastiques ou apparition possible d'eau condensée<br>• Mécanisme nécessaire pour nettoyer les buses obstruées |

## ■ Impression 3D

Le procédé d'impression 3D est un procédé à poudre et liant. À l'aide d'une tête d'impression, du liant liquide est injecté dans un lit de poudre, ce qui a pour effet de durcir la couche en travail du modèle en respectant le contour souhaité (**fig. 2**). Le choix de la combinaison poudre-liant permet de travailler un grand nombre de matériaux dont par ex. les matières plastiques, les céramiques ou les métaux. Après la construction, les modèles doivent subir un post-traitement par infiltration. Avec les matières plastiques, cela a lieu la plupart du temps avec de la résine époxy, avec du bronze on utilisera de la poudre d'acier inoxydable. L'impression 3D avec les matières plastiques se déroule à froid ; les matériaux céramiques et les métaux sont cuits et/ou frittés à des températures pouvant atteindre 1200 °C. Les modèles présentent une qualité superficielle médiocre et doivent être retouchés ; toutefois, ils sont très bon marché.

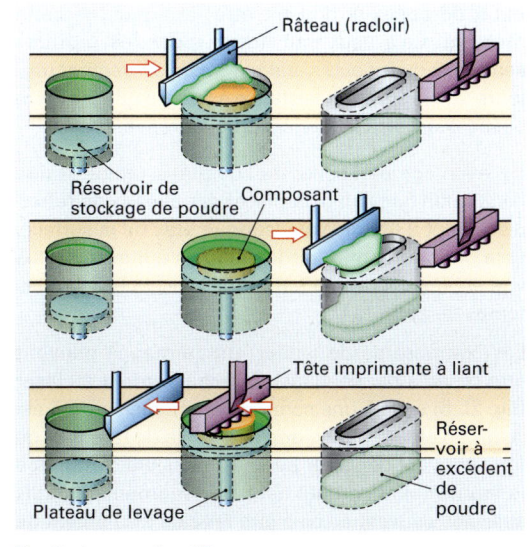

Fig. 2 : Impression 3D

## 3.10.2 Fusion sélective

Les procédés de fusion sélective sont subdivisés en soudage de recharge au laser (Laser Metal Deposition – LMD), aussi appelé outillage rapide, et en fusion laser sur lit de poudre (Laser Metal Fusion – LMF) également appelé fabrication rapide.

Dans la fusion sélective, des particules mesurant entre 10 µm (poudre métallique) et 100 µm (poudre de plastique) sont fondues dans des limites locales dans un lit de poudre sous l'action d'un faisceau laser **(fig. 1)**. Le procédé de fusion sélective est réalisé avec de la poudre de plastique, de métal et de céramique ainsi qu'avec des sables liés à la résine synthétique. Il est fondamentalement possible de avec tous les matériaux présentant un comportement thermoplastique. Le matériau à transformer est appliqué sous forme de poudre en couche mince sur une plaque. Le matériau en poudre est entièrement fondu localement. Après la fusion, le matériau se fige en refroidissant et forme ainsi une couche de matériau dure. Considéré au plan technique, il s'agit là d'opérations de microsoudure tridimensionnelle. Après la génération d'une couche, le lit de poudre est abaissé l'équivalent d'une épaisseur de couche et à partir d'un réservoir de stockage une nouvelle couche de matériau est appliquée et fondue. Ce cycle est répété jusqu'à ce que la pièce soit formée à partir de ses couches assemblées.

Le composant fini est débarrassé de la poussière adhérant légèrement dessus puis retouché. La poudre non utilisée est filtrée, nettoyée puis réintroduite dans le processus de fabrication. Cela permet de produire de manière compatible avec l'environnement et, surtout, en cas d'utilisation d'alliages Cr-Co-Mo hautes performance, de produire à un coût avantageux.

Comparé au procédé à cire perdue (page 101), il en résulte une économie de temps assortie de dérives de fabrication moindres, principalement dans la fabrication de masse individualisée de lots de taille réduite.

### ■ Outillage rapide

L'outillage rapide désigne la production générative d'outils et d'inserts pour outils. Cela vaut pour les composants d'outils de moulage par injection ou d'outils de moulage par le vide impossibles à fabriquer par enlèvement de copeaux, ou alors pas de la qualité requise. Principe général applicable : tous les éléments d'outil pouvant être fabriqués par enlèvement de copeaux doivent être fabriqués de cette manière. Cela vaut tout autant pour les produits semi-finis ou les outils étalons car ils présentent toujours une plus forte résistance à l'usure que les composants issus de la fabrication générative.

Un avantage particulier de l'outillage rapide réside dans le fait que l'on peut placer des canaux de refroidissement d'un tracé quelconque près de la surface. Cela permet de refroidir les moules à injection plus vite et plus uniformément tout en raccourcissant les temps de cycle.

Les composants de valeur endommagés peuvent être réparés par soudage de rechargement au laser **(fig. 2)**. Si suite à une commande un ancien outil est remis en état de servir, une économie de temps et de frais pouvant dépasser 80 % est possible comparé à la fabrication d'un outil neuf. Les segments d'outils sollicités peuvent en plus être revêtus localement de matériaux résistants à l'usure.

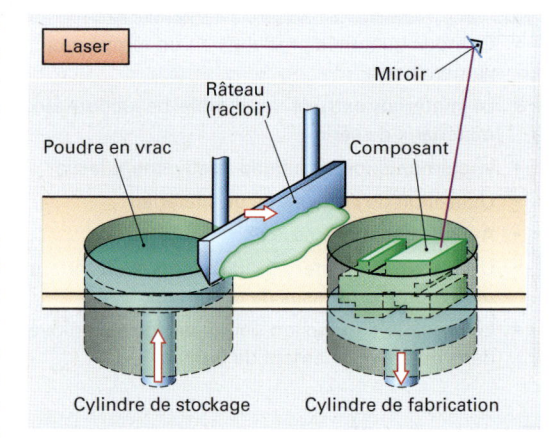

**Fig. 1 : Fusion sélective au laser**

**Fig. 2 : Réparation d'outil par fusion sélective**

## ■ Fabrication rapide

La production rapide désigne la fabrication générative de produits finis devant répondre à des exigences particulières. Le domaine d'application se caractérise par de petites quantités assorties d'une forte individualisation produit tout en permettant des coûts unitaires malgré tout raisonnables.

Ce procédé s'utilise dans la construction légère et dans l'imitation de structures bioniques prenant la nature comme modèle, par ex. dans l'aérospatiale (**fig. 1**), la construction automobile et les technologies médicales (**fig. 2**). En outre les inserts pour outils de moulage et matrices de forgeage sont fabriqués avec le procédé de fabrication rapide.

Ce faisant, une vaste gamme de matériaux pulvérulents entre en jeu, dont par ex. des aciers, alliages de base au Ni, Ti, Co, Al ou Cu, ainsi que de céramiques techniques à base d'$Al_2O_3$, de SiC et de $ZrO_2$, ainsi que de carbure de tungstène ou de carbure de titane intégré dans des matrices métalliques.

Les produits finis issus de la fabrication rapide présentent une bonne précision dimensionnelle avec des dérives inférieures à 0,1 mm.

Fig. 1 : Processus de fusion additif d'une roue de turbine

Fig. 2 : Implant cotyloïdien en TiAl6V4

| Avantages de la fusion sélective | Inconvénients de la fusion sélective |
|---|---|
| • Structure presque 100 % étanche<br>• Les composants ont les caractéristiques du produit de série<br>• Les composants résistent à de fortes sollicitations thermiques et mécaniques<br>• Grande diversité de matériaux (métaux, matières plastiques, céramique)<br>• Pratiquement pas de structures de soutien nécessaires<br>• Le matériau excédentaire est réutilisable après nettoyage | • Préchauffage de la chambre de construction nécessaire<br>• Retards causés par le refroidissement de la chambre de construction<br>• Dilatation thermique inégale du composant pendant le processus de fusion au laser<br>• Installations de production coûteuses |

Une technique nouvelle pour composants en plastique dans le prototypage combine le procédé d'impression 3D et la fusion sélective. Ce faisant, des têtes d'impression différentes lient au moyen de très fines gouttelettes la poudre appliquée et disposent de conductivités thermiques différentes. Le liquide thermoconducteur lie ce faisant l'objet proprement dit tandis que l'autre liquide officie d'isolateur thermique et est appliqué sur les bords de l'objet. Une source de chaleur infrarouge agissant sur une grande surface, située au-dessus du lit d'impression, fait fusionner au cours d'une étape suivante la couche appliquée avec celle située en dessous. La mise en œuvre du deuxième liquide inhibiteur de chaleur veille à l'obtention de bords nets et d'une bonne qualité superficielle. Ce procédé raccourcit considérablement le temps de production vu que la source de chaleur agit sur une surface et non pas ponctuellement comme le laser.

### Répétition et approfondissement

1. Nommez et décrivez les procédés de prototypage rapide.
2. Décrivez le processus de fusion sélective.
3. En quoi l'outillage rapide se distingue-t-il de la fabrication rapide?

## 3.11 Enduction

Bon nombre de produits techniques acquièrent après leur fabrication un traitement de surface ou une enduction adapté à leur objet d'utilisation. De ce fait, certaines caractéristiques sont améliorées, comme par ex. la capacité de glissement, ou bien on accroît l'attractivité et la durée de vie des produits.

**Les traitements de surface** servent à assurer une brève protection contre la corrosion ou préparent à une enduction. Dans **l'enduction** suivante, une couche de peinture, de matière plastique, de métal, d'émail ou de céramique généralement fine et qui adhère bien est appliquée sur le composant.

Dans les procédés de traitement préalable et d'enduction, ainsi que dans le choix des matériaux d'enduction, il faut tenir compte de la compatibilité avec l'environnement et de la protection de la santé.

### 3.11.1 Enduction avec des peintures et des matières plastiques

Les enductions de peinture et de matières plastiques servent non seulement à l'amélioration de l'esthétique, mais aussi à la protection contre la corrosion. Dans certains cas, elles doivent aussi améliorer la capacité de glissement ou la sécurité anti-dérap. ou l'isolation électrique.

Une enduction efficace et durable de peinture et de matières plastiques nécessite un traitement préalable approprié des surfaces d'enduction et une réalisation compétente de l'enduction. Elle se compose des étapes ci-après.

- **Nettoyage des composants** pour les débarrasser de la saleté, l'huile, la graisse et l'eau qui y adhèrent, par un processus de lavage et de séchage.
- **Création d'une couche passivante** pour l'enduction par phosphatation de matériaux en acier, ou par chromatation de matériaux en aluminium.
- **Enduction** des composants avec une ou plusieurs couches de peinture ou une couche de matière plastique.

#### ■ Phosphatation et chromatation

En **phosphatation,** le composant en acier, par exemple une carrosserie de voiture, est immergé soit dans un compartiment contenant, soit dans un bain de phosphate de zinc **(fig. 1)**. Il se forme ainsi à la surface de l'acier une couche de phosphate de fer imperméable d'environ 20 µm d'épaisseur solidement reliée au matériau de base. Elle sert de couche passivante pour une enduction de peinture et empêche la formation de rouille sous la couche de peinture. La couche de phosphate peut servir de brève protection contre la corrosion **(fig. 3, p. 539)** et de couche de glissement sur des tôles de formage.

La **chromatation** confère aux composants en matériau d'aluminium une couche passivante et une protection contre la corrosion sous-jacente sous la couche de peinture. Le couche de chromate est créée comme dans la phosphatation par immersion ou pulvérisation des composants.

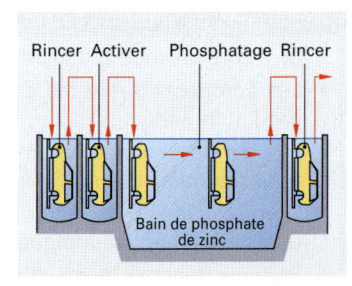

Fig. 1 : **Phosphatage de carrosseries de voitures par immersion**

#### ■ Peinture et enduction de matières plastiques

La **peinture** se fait par les différents procédés d'atomisation, pulvérisation ou immersion **(fig. 2)**.

La peinture d'enduction est principalement constituée par un liant liquide, comme par ex. des résines alkydes, acryliques, de polyuréthanne ou d'époxyde, ainsi que par des pigments pulvérulents pour la protection contre la corrosion et la coloration. On règle la consistance appropriée avec un solvant ou de l'eau. Après l'application, le solvant s'évapore et la couche de peinture durcit. Il convient de préférer les peintures à faible teneur en solvants ou à base d'eau.

Les matières plastiques utilisées pour **l'enduction** sont – selon le procédé d'enduction adopté – des duroplastes tels que la résine de polyester, de polyuréthanne et époxyde, ou des thermoplastes tels que le PVC ou les polyamides. Pour appliquer l'enduction, on utilise des procédés de pulvérisation et d'atomisation **(voir p. suivante)**.

Fig. 2 : **Peinture au pistolet d'une carrosserie de voiture**

# Enduction

| Procédés de peinture et de revêtement plastique | | Avantages⊕/ inconvénients⊖ | Application |
|---|---|---|---|
| **Application au pinceau** Application de la peinture au pinceau, par des coups de pinceau alternativement horizontaux et verticaux. | | Un procédé simple, avec un faible coût d'outillage⊕ Bonne pénétration de la peinture dans les inégalités et les fissures⊕ Dévoreurs de temps⊖ | Petites réparations. Peinture de base de composant en acier et de bâtis de machines en fabrication à l'unité. |
| **Peinture au pistolet** (pulvérisation à air comprimé) L'air comprimé de 2 à 6 bars pulvérise le matériau d'enduction (peinture) et le projette sur le composant. | Elément du bâtiment Brouillard de peinture | Convient uniquement pour les composants plates et sans articulations. ⊕ Grandes pertes de peinture ('overspray')⊖ Enduction sur un seul côté⊖ | Enduction standard de composants de grande surface, en fabrication à l'unité ou en petites séries. |
| **Pulvérisation à haute pression** (Pulvérisation 'airless') La peinture est chargée dans le pistolet sous une pression d'environ 250 bars et la vaporise en un brouillard fin lorsqu'elle sort du pulvérisateur. | pas de revêtement Revêtement Pistolet pulvérisateur | Pulvérisation en un brouillard fin, même avec des peintures visqueuses⊕ Ne convient pas pour les composants articulés. Aucune enduction sur tous les côtés⊖ | Grands composants couvrant une grande surface : coques de bateaux, réservoirs, structures d'acier, revêtements de machines. |
| **Peinture électrostatique** (Peinture au pistolet électrique) La peinture est pulvérisée en brouillard fin par une tête de pulvérisation, et ses gouttelettes sont chargées électrostatiquement par une haute tension appliquée. Celles-ci se déplacent le long des lignes de champ électrique vers le composant mis à la terre sur laquelle elles adhèrent. | Brouillard de peinture (chargé négativement) Pistolet pulvérisateur Composant mis à la terre | Enduction uniforme et sur tous les côtés sur des composants comportant des éléments fins⊕ Faibles pertes de peinture ('overspray') ⊕ Ecologique si l'on utilise des peintures sans solvants⊕ | Enduction de composants articulés dans la cabine de peinture : Carrosseries de voitures. Carters de machine en fabrication en petites et moyennes séries. Cadres de vélo. |
| **Peinture par électro-immersion** (Peinture à immersion par électrophorèse) Le composant mis à la terre est immergé dans un bain de peinture soumis à une certaine tension. Les particules de peinture se chargent, migrent sous l'action des forces électriques vers le composant, et y adhèrent. | Carrosseries bain de revêtement chargé | Application uniforme et pénétrant profondément dans les inégalités, même aux endroits difficilement accessibles et dans les espaces creu⊕ | Enduction de protection anti-corrosion pour les carrosseries de voitures et d'autres composants à plusieurs articulations (couche passivante anti-corrosion). |
| **Enduction électrostatique par poudre** (thermopoudrage) Les particules sont pulvérisées en un fin nuage par les têtes de pulvérisation installées dans des cabines. Elles sont chargées électrostatiquement par la haute tension appliquée et se déplacent le long des lignes de champ électriques vers le composant mis à la terre. Le couche de poudre fond et durcit dans une étuve à émailler (200°C). | Composant mis à la terre Tête de pulvérisation Nuage de poudre de matière plastique | Enduction exempte de solvants avec des résines duroplastiques⊕ Récupération de la poudre de peinture ‹overspray›⊕ Ecologique⊕ Enduction sur tous les côtés et bonne adhérence sur le composant⊕ | Enduction de composants plats et à articulations en petites et grandes séries. |
| **Pulvérisation de matière plastique** Avec une flamme d'acétylène-oxygène, la poudre de matière plastique est chauffée dans un pistolet de pulvérisation et le courant chaud des gaz de combustion la projette sur le composant. | Alimentation en poudre et en gaz de combustion Composant en rotation Revêtement | Enduction exempte de solvants avec des résines thermoplastiques⊕ Pour des enductions épaisses sur de petites surfaces⊕ Pas d'enduction sur tous les côtés⊖ | Enduction de rouleaux-guides et de cylindres de guidage, rouleaux de transport. Revêtements de sol anti-dérapants. |

Pour l'enduction de produits industriels de masse à grandes exigences de protection contre la corrosion, par ex. les carrosseries de voitures, on applique plusieurs procédés d'enduction dans une installation de peinture en continu, ce qui inclut par ex. les phases suivantes : Nettoyage → Phosphatage → Peinture par électro-immersion → Pulvérisation de PVC sur le dessous de caisse → Double peinture par électro-pulvérisation → Séchage.

Les enductions simples, par ex. de revêtements de machines, sont appliquées de préférence par revêtement électrostatique de poudre ou pulvérisation de matière plastique sur des tôles phosphatées.

## 3.11.2 Enduction de métaux

Les revêtements de métal ont pour but essentiel de protéger contre la corrosion et d'accroître la résistance à l'usure des surfaces du composant. Parfois ils servent aussi à l'entretien et à la rénovation des surfaces usées, et à l'amélioration de l'aspect et du blindage des champs électromagnétiques.

On utilise les métaux de revêtements suivants :

- en tant que protection anticorrosion : zinc, nickel, chrome, molybdène, alliages de chrome-nickel-fer.
- en tant que protection contre l'usure : nickel dur, chrome dur, et couches de nickel avec des particules de lubrification et de matériau dur intégrées.

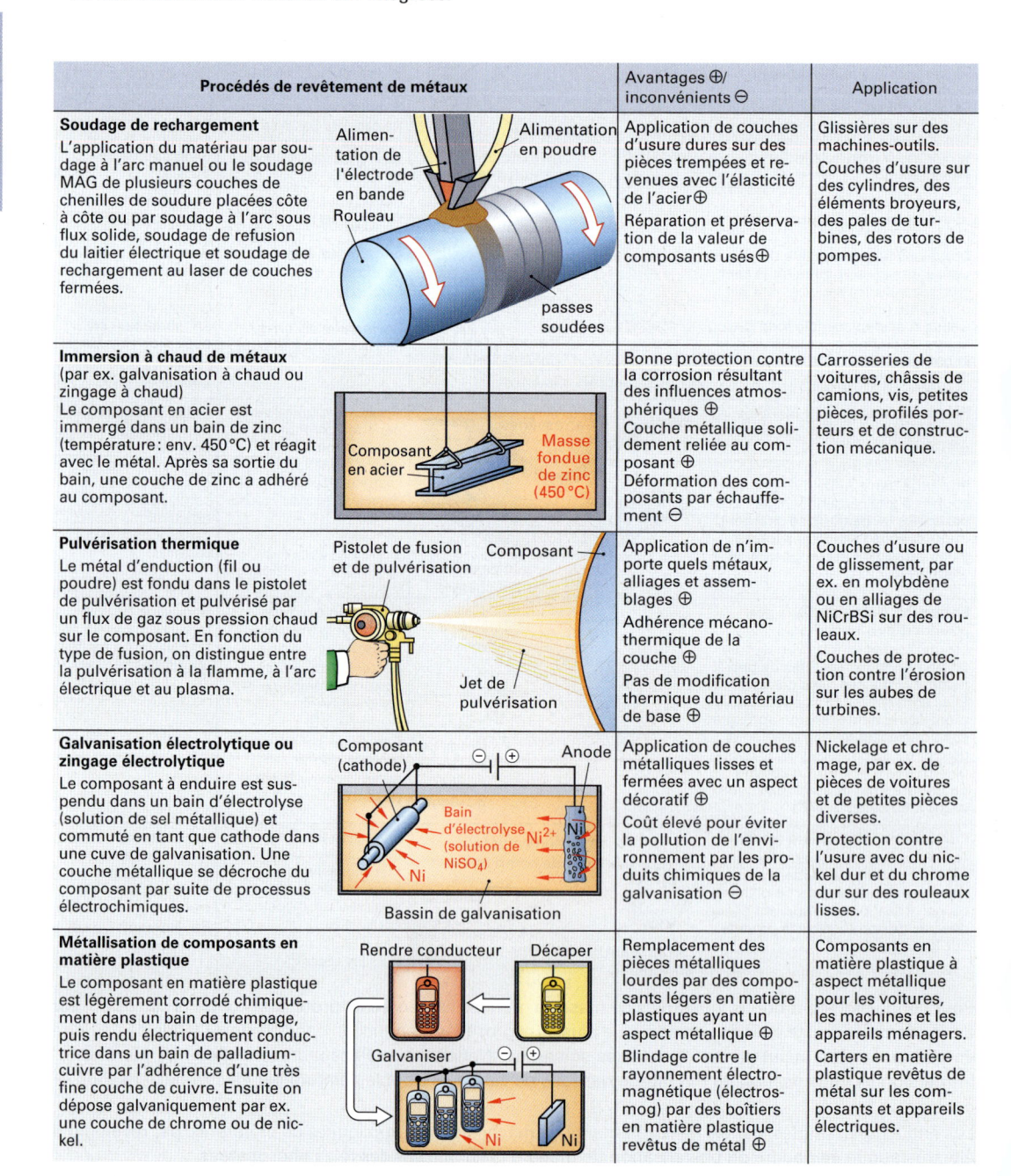

| Procédés de revêtement de métaux | Avantages ⊕/ inconvénients ⊖ | Application |
|---|---|---|
| **Soudage de rechargement** L'application du matériau par soudage à l'arc manuel ou le soudage MAG de plusieurs couches de chenilles de soudure placées côte à côte ou par soudage à l'arc sous flux solide, soudage de refusion du laitier électrique et soudage de rechargement au laser de couches fermées. | Application de couches d'usure dures sur des pièces trempées et revenues avec l'élasticité de l'acier ⊕ Réparation et préservation de la valeur de composants usés ⊕ | Glissières sur des machines-outils. Couches d'usure sur des cylindres, des éléments broyeurs, des pales de turbines, des rotors de pompes. |
| **Immersion à chaud de métaux** (par ex. galvanisation à chaud ou zingage à chaud) Le composant en acier est immergé dans un bain de zinc (température : env. 450 °C) et réagit avec le métal. Après sa sortie du bain, une couche de zinc a adhéré au composant. | Bonne protection contre la corrosion résultant des influences atmosphériques ⊕ Couche métallique solidement reliée au composant ⊕ Déformation des composants par échauffement ⊖ | Carrosseries de voitures, châssis de camions, vis, petites pièces, profilés porteurs et de construction mécanique. |
| **Pulvérisation thermique** Le métal d'enduction (fil ou poudre) est fondu dans le pistolet de pulvérisation et pulvérisé par un flux de gaz sous pression chaud sur le composant. En fonction du type de fusion, on distingue entre la pulvérisation à la flamme, à l'arc électrique et au plasma. | Application de n'importe quels métaux, alliages et assemblages ⊕ Adhérence mécano-thermique de la couche ⊕ Pas de modification thermique du matériau de base ⊕ | Couches d'usure ou de glissement, par ex. en molybdène ou en alliages de NiCrBSi sur des rouleaux. Couches de protection contre l'érosion sur les aubes de turbines. |
| **Galvanisation électrolytique ou zingage électrolytique** Le composant à enduire est suspendu dans un bain d'électrolyse (solution de sel métallique) et commuté en tant que cathode dans une cuve de galvanisation. Une couche métallique se décroche du composant par suite de processus électrochimiques. | Application de couches métalliques lisses et fermées avec un aspect décoratif ⊕ Coût élevé pour éviter la pollution de l'environnement par les produits chimiques de la galvanisation ⊖ | Nickelage et chromage, par ex. de pièces de voitures et de petites pièces diverses. Protection contre l'usure avec du nickel dur et du chrome dur sur des rouleaux lisses. |
| **Métallisation de composants en matière plastique** Le composant en matière plastique est légèrement corrodé chimiquement dans un bain de trempage, puis rendu électriquement conductrice dans un bain de palladium-cuivre par l'adhérence d'une très fine couche de cuivre. Ensuite on dépose galvaniquement par ex. une couche de chrome ou de nickel. | Remplacement des pièces métalliques lourdes par des composants légers en matière plastiques ayant un aspect métallique ⊕ Blindage contre le rayonnement électromagnétique (électrosmog) par des boîtiers en matière plastique revêtus de métal ⊕ | Composants en matière plastique à aspect métallique pour les voitures, les machines et les appareils ménagers. Carters en matière plastique revêtus de métal sur les composants et appareils électriques. |

# 3.11.3 Enductions avec des caractéristiques particulières

Ces enductions créent en plus de leur effet anti-corrosion et de protection contre l'usure des propriétés très spécifiques, comme par ex. une grande capacité de glissement, une dureté extrême, la résistance à la température. On utilise des enductions en émail, céramique et matériaux durs, des couches de composite en métaux avec des particules intégrées, ainsi que des couches d'oxyde créées sur le composant.

| Procédés de revêtement conférant des propriétés particulières | Avantages⊕/ inconvénients⊖ | Application |
|---|---|---|
| **Emaillage** Une couche amovible en poudre fine d'émail est appliquée par immersion dans une suspension de poudre d'émail sur le composant en acier. Après le séchage, la couche de poudre est cuite dans un four de cuisson à environ 1000 °C pour créer la couche d'émail. | 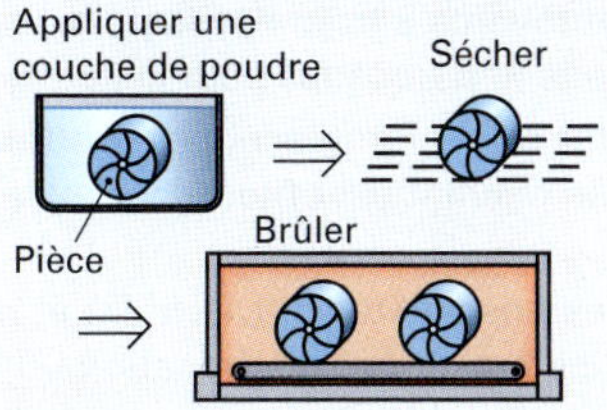 Enduction chimiquement très résistante, facile à nettoyer et résistante à la chaleur⊕ Sensible aux sollicitations résultant de chocs⊕ Coûteux⊖ | Revêtement intérieur de corps de pompes, de tuyauteries et d'appareils en acier dans les industries chimique et alimentaire. Chaudières, rotors de pompes. |
| **Pulvérisation de plasma et pulvérisation de flammes à haute vitesse** Dans un pistolet de pulvérisation de gaz de plasma ou à haute vitesse, la poudre métallique ou de céramique est fondue et projetée à haute vitesse sur la pièce préchauffée. Elle y crée une couche qui adhère solidement. | 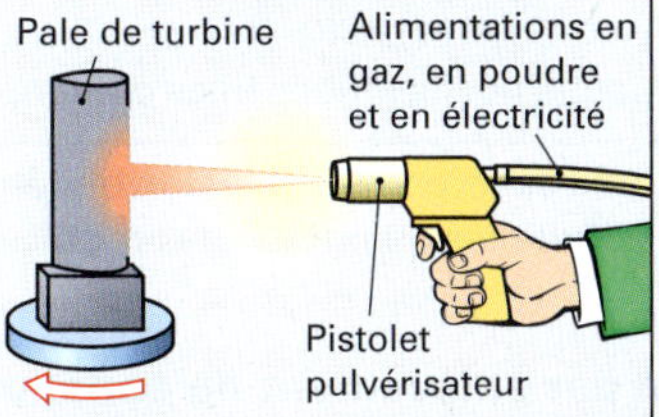 Application de couches monocomposants à degré élevé de fusion et de couches constituées par des composites⊕ Possibilité d'une application ultérieure et multiple après une usure⊕ | Revêtement d'aubes de turbines, plaques d'usure, lames de couteaux, rouleaux de gaufrage. Couches en NiCr80-20 avec des particules de tungstène, et céramique. |
| **Séparation galvanique de couches d'usure et de glissement** Dans un bain d'électrolyse (solution de sel métallique) avec des particules finement réparties (en suspension) des composants à intégrer, on sépare en même temps une couche galvanique et les particules sont intégrée dans la couche. | 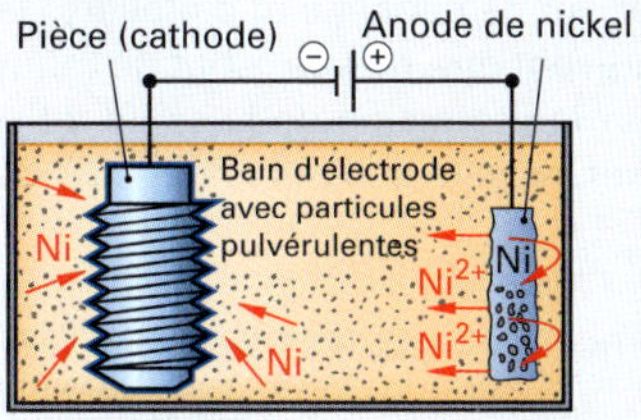 Création d'un revêtement galvanique avec de remarquables propriétés d'usure et de glissement⊕ Élimination complexe du liquide de galvanisation⊖ | Revêtements d'éléments de coffrage, de poussoirs de soupapes, de moules de moulage par injection, vis d'extrudeuses par ex. avec des couches de nickel contenant du PTFE et du SiC. |
| **Enduction CVD** (en anglais : Chemical Vapor Deposition) Une combinaison gazeuse de métaux est introduite dans du gaz inerte sur les outils à revêtir qui ont une température de 1000 °C. A la surface chaude, la combinaison métallique se décompose et se sépare de l'outil en tant que couche dure. | Possibilité de revêtement avec des oxydes, des carbures métalliques et des nitrures métalliques⊕ Même des formes spéciales individuelles sont possibles⊕ Élimination complexe des gaz générés⊖ | Revêtement d'outils et de plaquettes amovibles, de rouleaux de guidage, de guidages de fils etc. avec des couches de matériau dur en $Al_2O_3$, TiC, TiN, TiAlN et AlCrN. |
| **Anodisation de composants en Al** Le composant en aluminium est commuté en tant qu'anode dans une cuve d'électrolyse à l'acide sulfurique. Sur le composant d'Al, l'oxyde atomique (O*) se dépose pour créer sur la surface avec l'Al une couche dense d'$Al_2O_3$. | 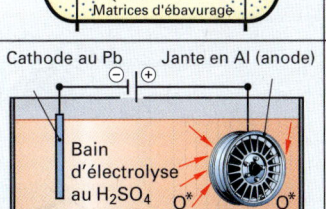 Couche d'$Al_2O_3$ translucide, solidement reliée au composant, avec une bonne résistance à la corrosion⊕ Obtention d'un aspect métallique décoratif⊕ Élimination complexe des produits chimiques⊖ | Protection contre la corrosion et embellissement de composants en Al : composants de voitures, par ex. jantes, carters de protection d'engrenages et composants de petites machines. |

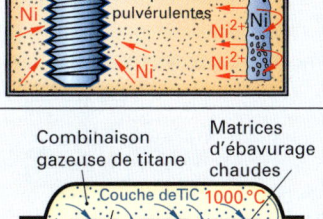

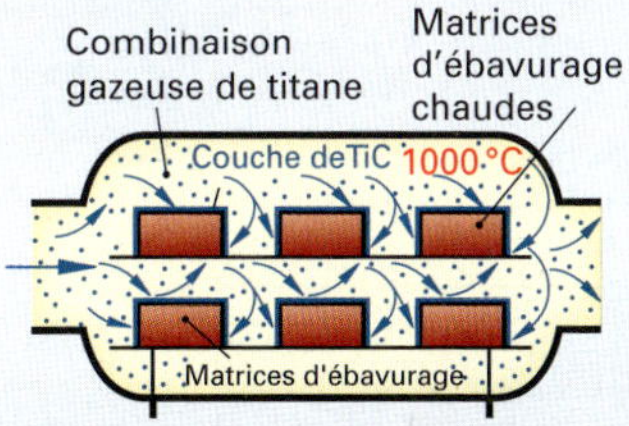

## Répétition et approfondissement

1. Avec quel procédé un composant en acier acquiert-il une couche passivante à phosphate pour le revêtement ?
2. Quels avantages présente le revêtement électrostatique par poudre par rapport à la pulvérisation ?
3. Dans quel but applique-t-on le soudage par métal d'apport ?
4. Quels revêtements métalliques préfère-t-on appliquer par galvanisation ?
5. Quelles couches réalise-t-on par projection au plasma ?
6. Quels composants sont revêtus par CVD ?

## 3.12 Atelier de fabrication et protection de l'environnement

Les procédés de fabrication doivent être choisis, et les installations de fabrication doivent être exploités, de telle façon que
- aucun gaz toxique mettant en danger la santé du personnel n'est dégagé
- aucune substance toxique n'est évacuée vers l'environnement en risquant de le polluer ou de l'endommager

Chaque fois que c'est possible, il faut éviter totalement ces substances toxiques. On peut citer comme exemples l'interdiction de l'amiante, le renoncement au plomb et au cadmium en brasage tendre et pour la protection contre la corrosion, et le remplacement de nettoyants à froid nocifs pour la santé (hydrocarbures chlorés CFC tels que Per et Tri) par des produits de nettoyage non toxiques pour le nettoyage de pièces souillées par l'huile.

Là où il est techniquement impossible d'éviter ou de remplacer ces produits nocifs, il faudra réduire dans la mesure du possible les quantités utilisées. Ce résultat est obtenu par ex. en utilisant des peintures à faibles teneur en solvants.

C'est seulement lorsqu'on a épuisé toutes les possibilités d'évitement et de diminution qu'on pourra poursuivre dans des cas rigoureusement limités les procédés de fabrication utilisant ces produits nocifs. Ces installations doivent être exploitées en circuit fermé, si bien qu'aucun produit nocif ne risque de s'en échapper.

Les résidus de substances inévitables doivent être recueillis et si possibles utilisés plusieurs fois après leur retraitement (recyclage). Les résidus de produits nocifs inutilisables doivent être adéquatement mis au rebut.

> Pour la protection de l'environnement, une série de mesures doivent être prises quand on manipule des produits nocifs : Les **éviter** si possible – **réduire** les quantités – les **réutiliser** plusieurs fois – **mettre les résidus au rebut** de manière adéquate.

### ■ Mise au rebut dans la fabrication par enlèvement de copeaux

L'exploitation de machines-outils à enlèvement de copeaux et d'ateliers de fabrication produit des produits nocifs et des déchets inévitables. Ceux-ci doivent être mis au rebut de manière adéquate selon les directives de la loi sur le traitement des déchets. Pour la protection de la santé du personnel et la préservation d'un environnement intact, il ne faut pas dépasser les valeurs limites de teneurs en substances nocives dans l'air ambiant et les eaux usées de l'entreprise.

Mise au rebut après une fabrication avec enlèvement de copeaux **(fig. 1)** :
- Le brouillard d'huile ou d'émulsions des lubrifiants-réfrigérants doit être aspiré et séparé. Cela s'effectue par l'encapsulage des machines et par la séparation du brouillard d'huile dans des filtres.
- Les copeaux métalliques doivent être évacués et déshuilés.
- Le lubrifiant-réfrigérant usé est grossièrement nettoyé de l'abrasion de métal, des petits copeaux et de la saleté par des séparateurs magnétiques et des filtres.
- Le lubrifiant-réfrigérant usé est recyclé. Les boues de lubrifiant-réfrigérant sont incinérées ou déposées dans des décharges spéciales.

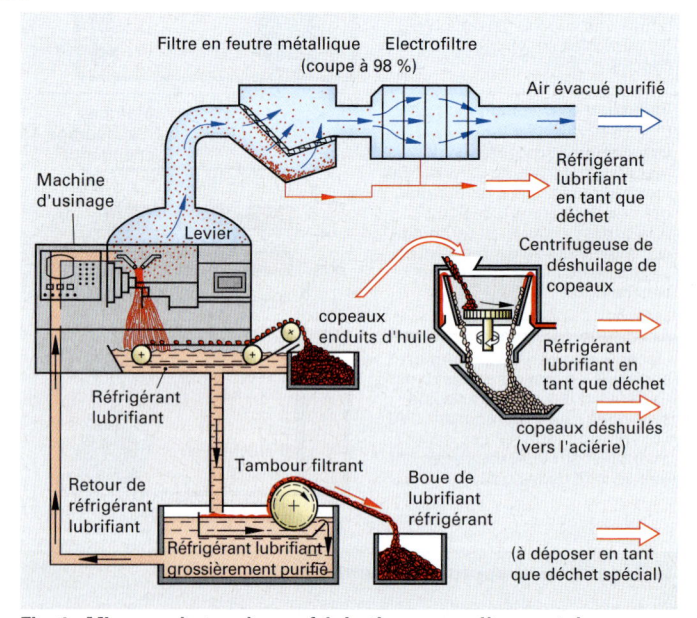

Fig. 1 : Mise au rebut après une fabrication avec enlèvement de copeaux

L'enlèvement des copeaux avec ses lubrifiants réfrigérants fait courir des risques pour la santé. Ce sont des huiles minérales avec une multitude d'additifs chimiques contre la corrosion ou l'attaque de bactéries. Elles peuvent provoquer chez les personnes sensibles des maladies de la peau (eczémas cutanés) et des organes respiratoires (infections). Le blindage des machines, l'aspiration de l'huile et l'utilisation de crèmes pour la peau fournissent des solutions.

# Atelier de fabrication et protection de l'environnement

## ■ Nettoyage de pièces

Une fois que les pièces ont été façonnées (par ex. par tournage) et avant leur traitement ultérieur, par ex. avant la peinture, elles doivent être débarrassées des résidus de lubrifiant réfrigérant et de la saleté qui y adhèrent.

Dans le passé, on nettoyait les pièces par immersion dans des liquides de nettoyant à froid. Ces nettoyants tels que Tetra (tétrachlorméthane) ou Tri (trichloréthylène) sont des hydrocarbures chlorés (CFC) et sont très nocifs pour la santé et l'environnement.

Pour éviter ces produits toxiques, on a mis au point des installations de lavage à vapeur chaude qui nettoient aussi bien que ces produits nettoyants avec de la vapeur chaude et des lessives savonneuses (agents tensio-actifs) des pièces salies d'huile et de graisse (**fig. 1**). La lessive chargée de saletés est nettoyée dans une station d'épuration.

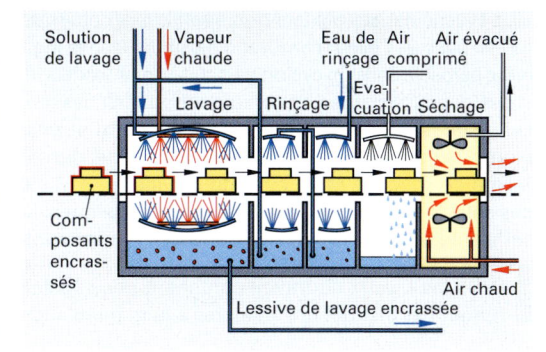

**Fig. 1: Installation de nettoyage des pièces encrassées**

## ■ Peinture de pièces métalliques

En peinture par pulvérisation de pièces métalliques avec des peintures de base aux solvants, l'environnement est pollué après la peinture par les solvants qui se sont évaporés et par les boues de peinture produites. Grâce à l'utilisation de peintures à faible teneur en solvants ou à base d'eau pour la peinture au pistolet, l'environnement est moins pollué, voire pas du tout pollué.

Un revêtement de composants qui ménage également l'environnement est constitué par le **revêtement de poudre (fig. 2)**. Des particules pulvérulentes de peinture y sont chargées électrostatiquement dans des têtes de pulvérisation à plusieurs milliers de volts, et pulvérisées sous pression dans la direction du composant qui est réglé sur le pôle inverse. Les particules de peinture chargées sont attirées par le composant et y adhèrent électrostatiquement. La pièce légèrement enduite traverse ensuite une chambre de cuisson où les particules de peinture fondent à environ 200 °C pour créer en durcissant une couche de peinture. Les particules de peinture qui n'adhèrent pas au composant ('overspray') sont recueillies et pulvérisées à nouveau.

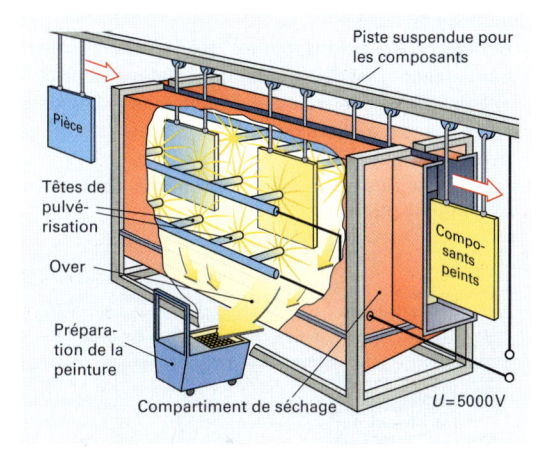

**Fig. 2: Installation de passage pour le vernissage en poudre**

## ■ Épuration de l'air évacué

L'air évacué par des ateliers de transformation de métaux à fabrication très salissante contient une série de substances nocives **(fig. 3)**:

- **Poussières fines et vapeurs contenant des métaux lourds** (plomb, cadmium, étain, etc.) des fonderies, des ateliers de nettoyage, des installations de soudage et de brasage.
- **Oxyde azotique et monoxyde de carbone** des installations de combustion, ateliers de soudage, fours de trempe, sels fondus.
- **Vapeurs et aérosols** (brouillard) d'acides et de sels toxiques, par ex. de trempe et de galvanisation.

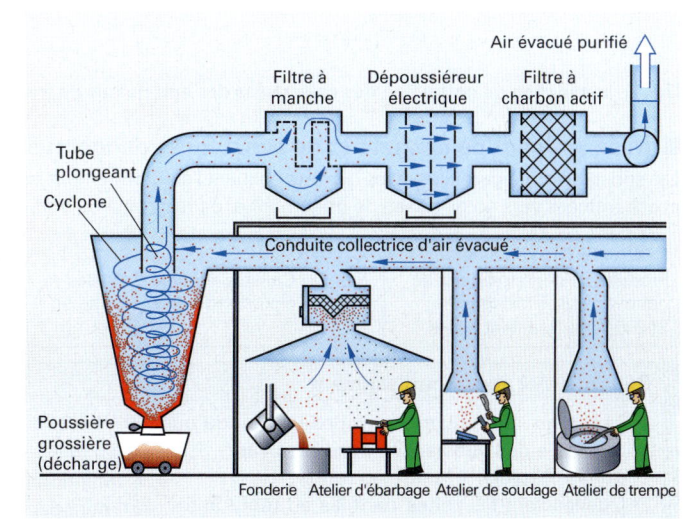

**Fig. 3: Installation de purification de l'air évacué par une installation de fabrication**

L'air évacué par ces ateliers doit être filtré et débarrassé des produits toxiques dans une installation d'épuration de l'air évacué. Celle-ci comprend plusieurs étapes **(fig. 3, p. précédente)**. On extrait d'abord la poussière grossière et les aérosols dans un cyclone. Ensuite on procède à la séparation des poussières fines dans des filtres à manches et des dépoussiéreurs électroniques. Pour finir, les gaz toxiques sont retenus dans un filtre à charbon actif.

Les risques pour la santé sont causés entre autres par les poussières fines de métaux lourds tels que le plomb, cadmium, zinc, manganèse et chrome, qui sont dégagés pendant le brasage, le soudage et le coulage. Même en soudage MAG avec du gaz inerte $CO_2$, il se forme des gaz CO (monoxyde de carbone), ainsi que des sels de temps qui sont extrêmement toxiques. Il faudra veiller dans la zone de travail à une alimentation suffisante en air frais et en air de respiration exempt de poussière, par la ventilation et l'aspiration de l'air.

> Dans les locaux de travail contenant des substances toxiques, il est interdit de manger, de boire ou de fumer. Les instructions relatives à la manipulation de gaz toxiques doivent être respectées.

### ■ Nettoyage des eaux usées des entreprises de transformation des métaux

Dans les entreprises de transformation des métaux, de l'eau usée polluée est produite dans bon nombre de domaines du travail :
- Boues et suspensions, par ex. dans les ateliers de rectification ou dans l'épuration humide de gaz de fumée.
- Eaux usées dans la fabrication à enlèvement de copeaux ou dans les ateliers de décapage, et qui sont encrassées par des résidus d'huile, des restes de peinture ou des nettoyants à froid.
- Eaux usées d'ateliers de trempe et d'ateliers de galvanoplastie chargées d'acides, de lessives alcalines et de sels toxiques.

Le nettoyage des eaux usées qui ont été accumulées dans un atelier s'effectue dans une installation à plusieurs étages **(fig. 1)**.

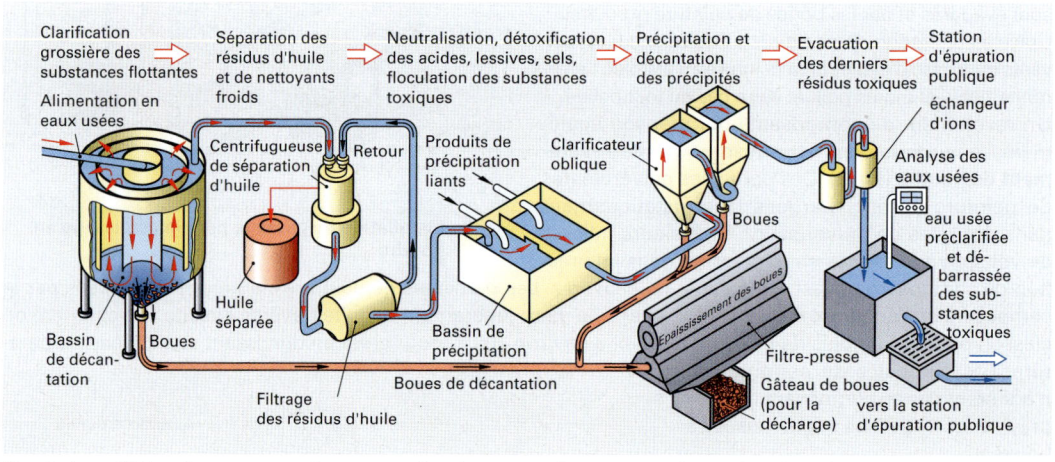

Fig. 1 : Installation de nettoyage des eaux usées des entreprises de transformation de métaux

### ■ Mise au rebut de déchets et de substances dangereuses

Les substances dangereuses et les déchets polluant l'environnement issus de la fabrication doivent être recueillies et acheminées vers un dispositif de traitement et de recyclage ou vers une mise au rebut appropriée. Exemples :

| Huile usée (vieille huile) Produits de dégraissage et de nettoyage usés (tri, tetra) Sels de durcissement usées | ⇨ | Collecte séparée dans des récipients identifiés à cette fin | ⇨ | Préparation et mise au rebut par des entreprises spécialisées |

#### Répétition et approfondissement

1. Expliquez les exigences imposées lorsqu'on manipule des substances nocives : Eviter – Réduire – Recycler – Mettre au rebut.
2. Quelles sont les zones de mise au rebut aménagées dans les installations de fabrication par enlèvement de copeaux ?
3. Pourquoi les gaz d'échappement des ateliers de soudage et de trempe doivent-ils être purifiés ?
4. Mentionnez quelques déchets polluant l'environnement dans les entreprises de transformation métallique qui doivent être recueillis et mis au rebut.

# 3.13 Practise your English

## ■ Overview: Manufacturing technologies

Manufacturing processes can be classified according to the making, changing or maintaining the form of a workpiece. Casting is a process by which a liquid material is poured into a mold and then left to solidify. Forging or bending produces the shape of a workpiece by plastic deformation of a blank.

There are different joining methods to connect two or more components permanently or non-permanently. Depending on the application, methods such as screw or pin joints, compression molding, soldering, gluing or welding can be used.

The shape of the workpiece can also be produced by cutting off excessive material during machining. Common machining processes are drilling, milling and turning **(Figures 1 and 2)**.

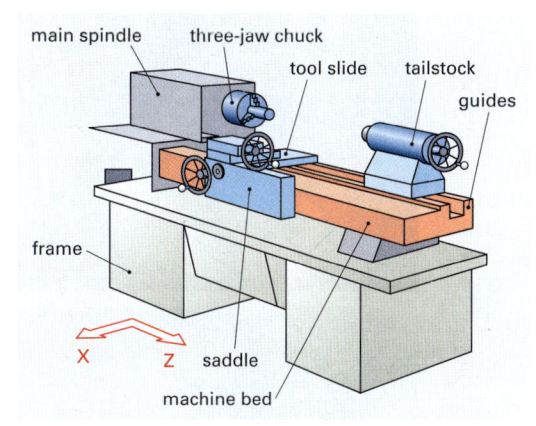

Figure 1: Components of a lathe

Figure 2: Cutting edges and surfaces of a cutting

## ■ Work plan of a piston

The dimensions of the workpiece "piston" **(Figure 3 and Table 1)** are ⌀ 41 mm × 50 mm. The material is non-alloy steel C15.

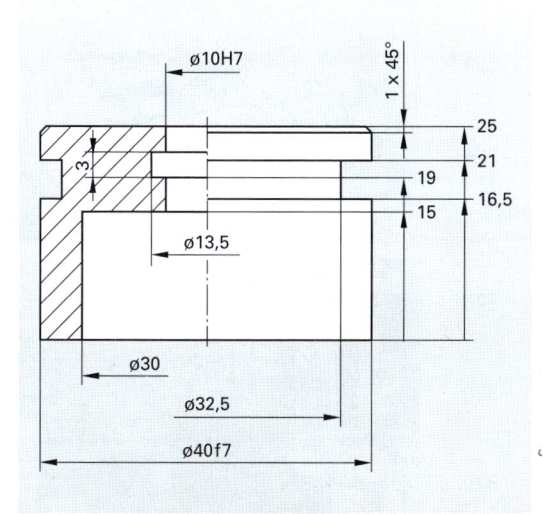

Figure 3: Technical drawing piston

Table 1: Work plan of a piston

| Nr. | Work steps |
|---|---|
| 1 | facing |
| 2 | centering with NC-centre drill |
| 3 | drilling ⌀ 9 mm, 28 mm deep |
| 4 | drilling ⌀ 28 mm, 15 mm deep |
| 5 | drilling ⌀ 9 mm turning to ⌀ 10 mm H7 |
| 6 | drilling ⌀ 28 mm turning to ⌀ 30 mm |
| 7 | turning an internal recess ⌀ 13.5 mm, 3 mm wide |
| 8 | deburring all edges of the bores with an internal turning tool |
| 9 | turning the external diameter of ⌀ 40f7, fit sized, length 26 mm |
| 10 | turning an external recess ⌀ 32.5 mm, 4.5 mm wide |
| 11 | deburring all sharp edges |
| 12 | grooving at 25.1 mm length to ⌀ 20 mm |
| 13 | turning the chamfer of 1 × 45° |
| 14 | cutting off the workpiece at 25 mm length |
| 15 | deburring the bore of ⌀ 10 mm in the second clamping position |

# 4 Automatisation de la fabrication

**4.1 Commandes CNC pour machines-outils** ...... 275
Caractéristiques des machines à commande CNC 275
Coordonnées, points zéro et points de référence 279
Types de commandes, corrections ........... 281
Élaboration de programmes CNC selon DIN ... 284
Cycles et sous-programmes ................ 289
Programmation des tours CNC .............. 290
Programmation de fraiseuses CNC .......... 298
Procédés de programmation ................ 304
Usinage 5 axes selon PAL ................. 306

**4.2 Technique de manutention dans l'automatisation** ..................... 310
Technique de système de manutention ....... 310
Classification des systèmes de manutention ... 311
Cinématique des robots industriels et types de robots .............. 311
Unités fonctionnelles des robots industriels ... 313
Programmation des robots industriels ........ 313
Systèmes de coordonnées .................. 314
Types de mouvements des robots industriels .. 315
Communications des robots industriels et périphéries ................... 316
Sécurité durant la mise en œuvre des systèmes de manutention ............... 317

**4.3 Machines-outils CNC automatisées** ......... 318
Automatisation d'un centre d'usinage CNC .... 318
Automatisation d'un tour CNC .............. 320

**4.4 Systèmes de transport dans des installations de fabrication automatisées** ................ 322

**4.5 Dispositifs de surveillance dans les machines-outils** .................... 323

**4.6 Niveaux d'automatisation des installations de fabrication** .............. 324

**4.7 Exemple d'un système de fabrication automatisé pour arbres de transmission** ................ 325

**4.8 Industrie 4.0** ............................... 326

**4.9 Exigences technico-commerciales et objectifs de la fabrication** ................... 328

**4.10 Flexibilité et productivité d'installations de fabrication** ............... 329

**4.11 Practise your English** ...................... 330

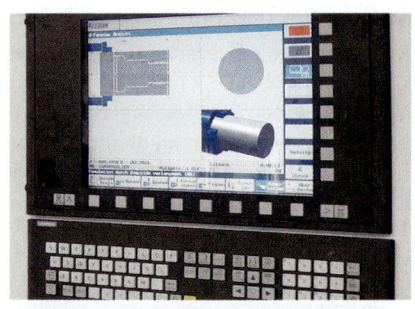

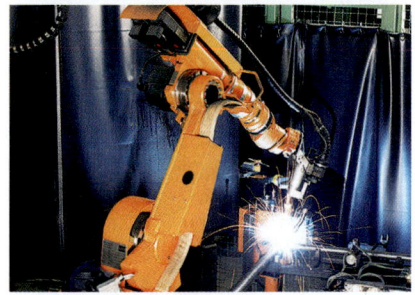

# 4 Automatisation de la fabrication

## 4.1 Commandes CNC pour machines-outils

### 4.1.1 Caractéristiques des machines à commande CNC

Les machines-outils à commande numérique (MOCN) sont en mesure d'exécuter des instructions de programmes qui sont codées par des lettres et des chiffres (**tableau 1**). Sur les commandes CNC actuelles, les instructions de commande peuvent être modifiées à tout moment. Les modifications qui ont été apportées sur la machine en vue d'optimiser le programme peuvent être sauvegardées dans la commande. Sur les commandes DNC, les commandes sont gérées à partir d'un ordinateur central pour plusieurs machines NC.

Les programmes pour la commande CNC peuvent être lus à partir d'un support de données ou par le serveur. L'entrée directe du programme peut se faire via un tableau de commande (**fig. 1**). Cette interface est subdivisée en différentes zones. Des instructions de programme, les valeurs de position des axes, des images ou des textes d'aide sont affichés sur **l'écran**. Le **panneau de commande de la NC**, qui est fréquemment doté d'un clavier alphanumérique, sert à la saisie manuelle du programme. Les instructions de commande pour les fonctions de la machine, comme par exemple « démarrage de la broche » ou « arrêt » et « arrêt d'urgence », sont saisie par le biais du **panneau de commande de la machine**. Pour des raisons de protection de l'environnement, de sécurité au travail et de recours à une utilisation élevée de liquide de refroidissement, les machines sont généralement totalement carénées (**fig. 2**).

Tableau 1 : Types de commandes numériques

| Symbole | Abréviation de | Explication |
|---|---|---|
| NC | numerical control | piloté par des chiffres |
| CNC | computerized numerical control | Commande NC avec ordinateur |
| DNC | direct numerical control | plusieurs machines commandées par un ordinateur central |

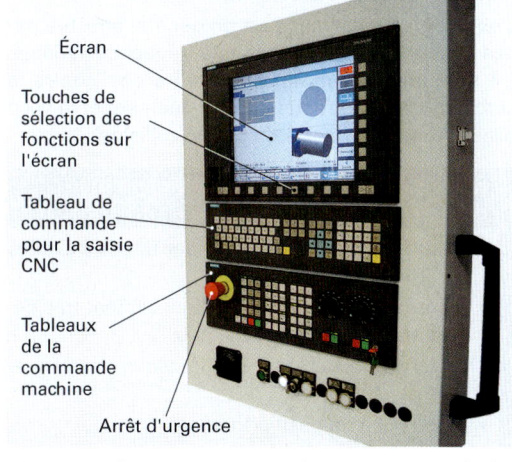

Fig. 1 : Interface de commande d'une commande CNC

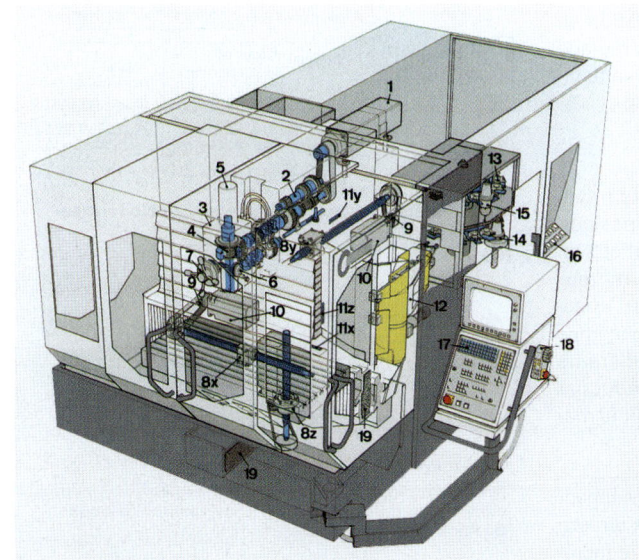

1 Moteur de la broche AC
2 Engrenage à 3 étages
3 Tête de fraise verticale
4 Protection contre la montée verticale
5 Serrage hydraulique de l'outil
6 Réglage fin du fourreau de broche
7 Levier pour le perçage
8 Vis à bille
9 Accouplements de sécurité contre les collisions
10 Moteurs d'avance AC
11 Systèmes de mesure linéaires
12 Changeur d'outils vertical
13 Magasin d'outils, 32 emplacements
14 Outil de perçage
15 Palpeur de mesure, sans fil
16 Pupitre de commande du changeur d'outils
17 Panneau de commande de la NC
18 Levier de commande manuelle
19 Matériaux composites de fonte grise/ fonte minérale pour le bâti et la table de la machine

Fig. 2 : Composants d'une fraiseuse CNC

## ■ Entraînements

La fréquence de rotation de la broche et celle des mouvements de chaque axe peuvent être réglées en continu.

### Entraînement de la broche (fig. 1)

Pour l'entraînement de la broche principale, on utilise normalement des moteurs à courant alternatif à vitesse variable avec un convertisseur de fréquence. La vitesse est mesurée par un générateur tachymétrique. Celui-ci génère une tension de sortie en tant que grandeur de vitesse. Cette vitesse effective est comparée dans la commande CNC avec la valeur théorique programmée, et en cas de divergences, le moteur est ajusté en conséquence.

### Entraînement des axes (fig. 2)

L'entraînement d'avance est en général effectué par des moteurs à courant continu à fréquence variable. Un accouplement muni d'une protection contre la surcharge entre le moteur d'entraînement et la vis à billes atténue les dégâts en cas de collision:

**Exigences imposées aux entraînements d'avance**
- mettre à disposition de grandes forces d'avance sur le chariot
- permettre des vitesses de déplacement très petites et très grandes, ainsi que
- de fortes accélération et un positionnement rapide du chariot
- répétabilité de positionnement
- avoir une grande rigidité pour maintenir la position de l'axe

Pour asservir les axes d'une CNC, une régulation en boucle fermée est également ajoutée pour le réglage de la vitesse **(fig. 3)**. Chaque axe comporte à cette fin un système de mesure du trajet.

## ■ Systèmes de mesure du trajet

Le système de mesure du trajet fait partie intégrante du circuit de régulation en boucle fermée. La position du chariot ou de l'outil est mesurée (valeur effective) et comparée aux valeurs de consigne. Le moteur d'avance est entraîné jusqu'à ce que la valeur effective puis la valeur théorique coïncident. Les systèmes de mesure du trajet fonctionnent selon différents procédés **(fig. 4)**. Ceux-ci se différencient surtout par leur précision, les possibilités de montage sur la machine, et les coûts.

> Les valeurs de mesure les plus précises proviennent des systèmes de mesure de déplacement directs. On utilise surtout des systèmes de mesure incrémentaux du trajet.

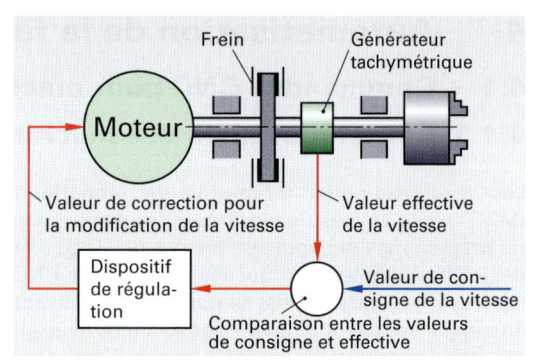

Fig. 1: **Entraînement de la broche avec système de régulation de la vitesse**

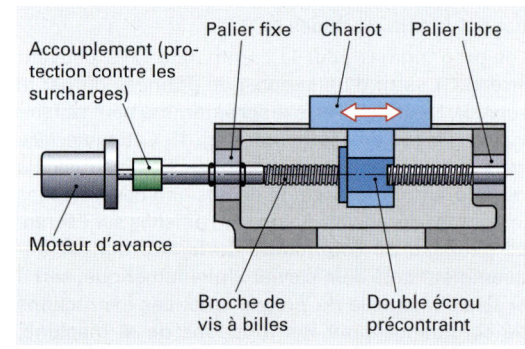

Fig. 2: **Entraînement d'un axe par une vis à billes**

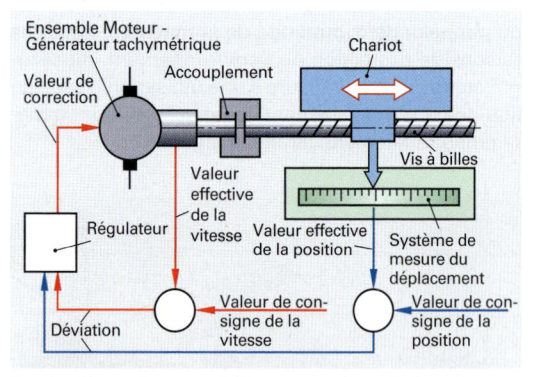

Fig. 3: **Asservissement d'un axe en boucle fermée**

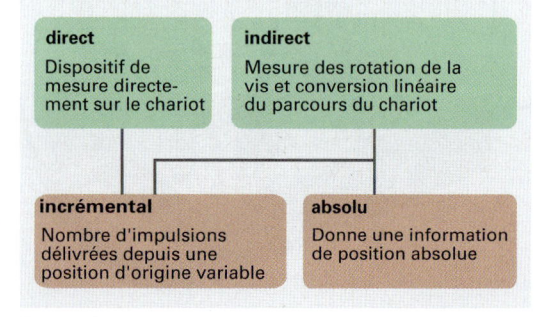

| direct | indirect |
|---|---|
| Dispositif de mesure directement sur le chariot | Mesure des rotation de la vis et conversion linéaire du parcours du chariot |

| incrémental | absolu |
|---|---|
| Nombre d'impulsions délivrées depuis une position d'origine variable | Donne une information de position absolue |

Fig. 4: **Systèmes courants pour la mesure du trajet**

# Commandes CNC pour machines-outils

Les systèmes de mesure du trajet fournissent des signaux de mesure générés de manière inductive ou photo-électrique. Ceux-ci sont traités dans la commande CNC. Les systèmes photo-électriques de mesure du trajet se composent d'une règle graduée ou d'un disque gradué et de photo-éléments qui enregistrent les variations de tension (tête de mesure).

## Mesure directe du trajet (fig. 1)

Lors de la mesure directe du trajet, le dispositif de mesure se trouve sur le chariot pour lequel la position doit être déterminée. La règle en verre est fixée sur le châssis et la tête de mesure directement sur le chariot. Le dispositif de mesure doit être soigneusement recouvert pour être protégé contre l'encrassement et les salissures.

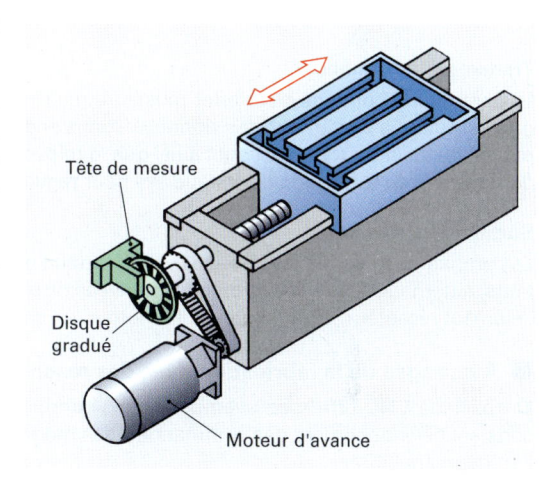

## Mesure indirecte du trajet (fig. 2)

Le disque gradué de l'encodeur est fixé directement sur la vis à billes. Lors du mouvement de rotation du moteur d'avance, tous les traits du disque gradué qui passent devant la tête de mesure, ainsi que les rotations, sont comptés. A partir du nombre de rotations mesurées et du pas de la vis à billes, la commande CNC calcule la position du chariot. Les écarts systématiques, par ex. résultant des défauts du pas de la vis, peuvent être compensés par le logiciel de la commande CNC. Comme ce système est fixe, il peut être entièrement recouvert pour le protéger efficacement des salissures.

## Système de mesure incrémental du trajet (fig. 3)

Sur ces systèmes de mesure, on ajoute ou on soustrait les impulsions de mesure (incréments) égales lors du balayage de la règle en verre. Le total des impulsions correspond au trajet du chariot. Parallèlement à la règle en verre, des marques de référence codées sur toute la longueur dont la position est connue sont appliquées, afin qu'en cas de panne de courant ou de mise en marche de la machine, la position du chariot puisse être déterminée.

> Sur les systèmes de mesure incrémentale du trajet, il faut d'abord accéder à une marque de référence après la mise sous tension de machine.

## Système de mesure absolu du trajet (fig. 3)

Sur les systèmes de mesure absolue du trajet, une valeur numérique précise est attribué à chaque étape de subdivision. Le dispositif de palpage détecte par des marquages transparents et non transparents sur la règle graduée la position du chariot. Après la mise sous tension, la position de l'axe de la machine est déterminée sans qu'on accède à une marque de référence.

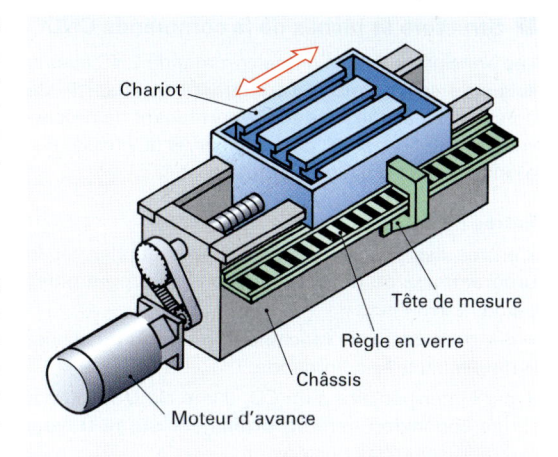

Fig. 1 : Mesure directe du trajet

Fig. 2 : Mesure indirecte du trajet

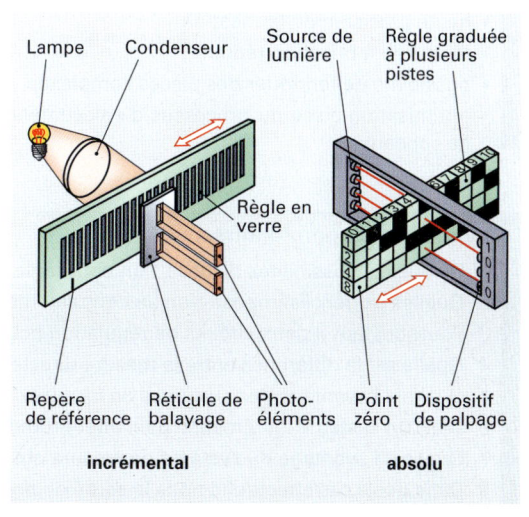

Fig. 3 : Mesure incrémentale et absolue du trajet

## ■ Structure et tâches de la commande CNC

Les principales tâches d'une commande CNC sont la saisie, la sauvegarde, le traitement et la sortie de données, ainsi que le contrôle permanent de processus de réglage, par ex. pour conserver la vitesse programmée et la position du chariot.

### Entrée de données (fig. 1)

L'entrée des programmes de pièces établis par le programmeur ou des modifications de programmes peuvent avoir lieu :
- directement sur la machine par le biais du clavier du panneau de commande
- par l'intermédiaire d'un CD, d'une clé USB ou par une connexion vers un ordinateur ou au travers d'un réseau vers un serveur

La sauvegarde des données s'effectue sur toutes sortes de supports informatiques (CD, Disque dur, Mémoire Flash…).

### Traitement de données

La commande contient à cet effet plusieurs microprocesseurs. Le traitement des données comprend par ex. le calcul du trajet de l'outil ainsi que le relevé des mesures de la position de chaque axe pour réguler les moteurs d'avance.

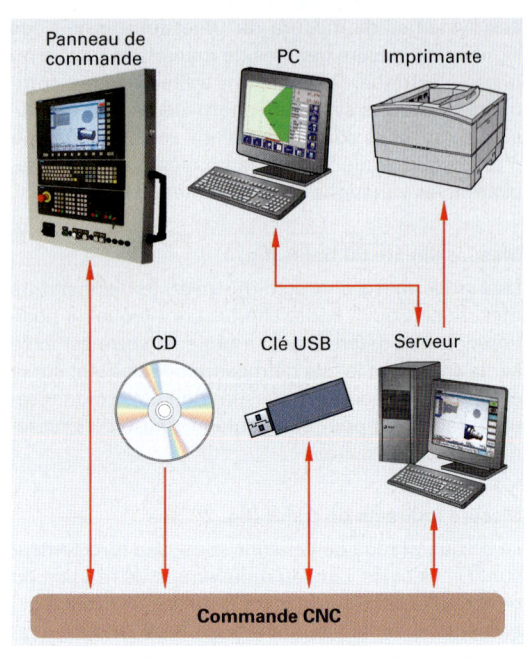

**Fig. 1 : Possibilités d'entrée et de sortie de données**

### Sortie des données

La commande transmet les données vers l'armoire électrique qui se compose de divers éléments : amplificateurs, automates, cartes électroniques, arrivées de puissance, etc. Le signal sera ainsi transformé et adapté à l'élément récepteur, comme par ex. le moteur, un capteur ou tout autre actionneur.

## ■ Avantages de la fabrication avec des machines-outils à commande numérique

La machine CNC offre des avantages considérables par rapport aux machines traditionnelles. Grâce au constant développement des commandes, des machines et des outils de coupe, les performances sont régulièrement améliorées.

### Avantages de la fabrication CNC

- haute précision de fabrication
- temps de fabrication réduits
- possibilité de fabriquer des pièces complexes
- optimisation aisée du processus d'enlèvement de copeaux
- stockage et lecture des programmes mémorisés
- grande flexibilité
- possibilité d'automatisation
- possibilité de piloter plusieurs machines

### Répétition et approfondissement

1. De quelles possibilités dispose-t-on pour régler la vitesse des moteurs d'axes ?
2. Quelles exigences impose-t-on aux entraînements d'avance ?
3. Pourquoi faut-il deux circuits de régulation pour asservir un axe ?
4. Quelle est la différence entre la mesure directe et indirecte d'un trajet ?
5. Quel est l'avantage des systèmes de mesure directs ?
6. Dans un système incrémental quel effet produit la mise hors tension de la machine ?
7. Quel est l'avantage du système de mesure absolu du trajet ?
8. Dans quels cas effectuons-nous la saisie de données directement sur le panneau de commande ?
9. Quelles sont les tâches accomplies par les différents composants de l'armoire électrique ?

## 4.1.2 Coordonnées, points d'origine et points de référence

### ■ Système de coordonnées

Le système de coordonnées à angles droits se réfère à l'outil. Les axes sont décrits avec X, Y et Z (fig. 1). L'axe Z correspond à l'axe de l'outil. C'est la raison pour laquelle le système de coordonnées sur une fraiseuse à broche verticale est défini d'une manière différente de celui d'une fraiseuse horizontale. Si la machine possède des axes rotatifs, on utilise les lettres A, B et C. Le sens de rotation positif est défini dans le sens horaire en regardant l'axe linéaire correspondant dans le sens positif.

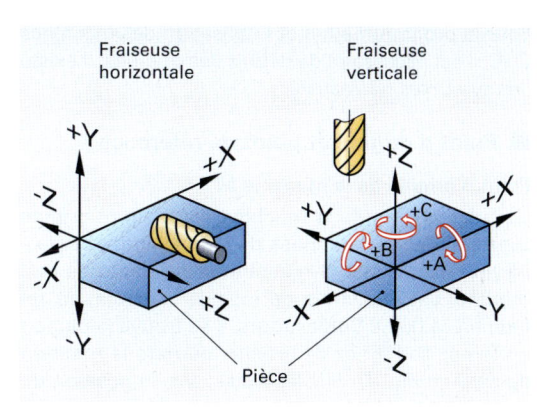

Fig. 1 : Système de coordonnées d'une fraiseuse

### Sens des coordonnées et mouvements de déplacement

Pour la programmation, on considère toujours que l'outil se déplace (fig. 2). On obtient ainsi une programmation uniforme même si c'est la table qui se déplace au lieu de l'outil. Si par exemple la fraise située sur la fraiseuse verticale doit atteindre la dimension de 80 mm en X, la valeur à programmer est : X80. Mais en réalité, c'est la table qui se déplace en –X de 80 mm.

Si le déplacement de la table s'effectue par saisie manuelle il faut veiller à ce que la machine se comporte comme si l'outil bougeait. Si la table doit se déplacer vers la droite, en direction de l'axe +X, le mouvement de déplacement doit être indiqué par un moins.

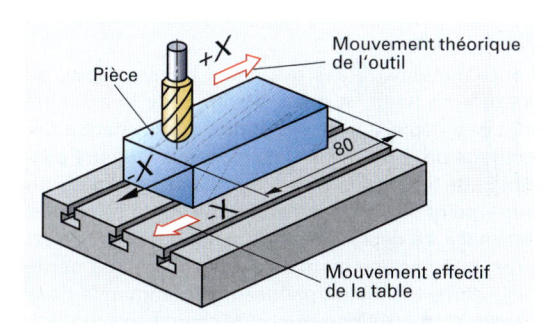

Fig. 2 : Déplacement de l'outil et de la pièce

Sur une fraiseuse verticale, la table se déplace aussi en direction de l'axe Z (fig. 3). Si l'on veut déplacer la pièce vers le bas en direction de l'axe -Z, le mouvement de déplacement de l'axe Z doit être donné par une valeur positive.

> Lors du déplacement de la table et lors de la programmation des coordonnées, on considère toujours que l'outil se déplace.

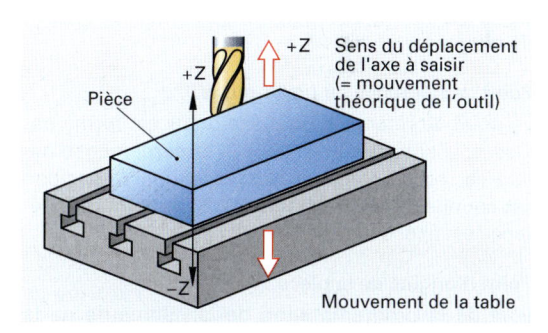

Fig. 3 : Déplacement de la table dans la direction Z

### ■ Coordonnées pour les tours (fig. 4)

Le signe des axes est fixé de telle manière que l'outil s'éloigne de la pièce lorsqu'il se déplace en direction positive. C'est la raison pour laquelle il existe des systèmes de coordonnées différents selon la position de l'outil. L'axe X positif est pointé en direction de l'outil. Le diamètre est indiqué comme coordonnée X. Le signe de l'axe X est nécessaire pour une indication de mesure incrémentale ou pour les corrections d'outils.

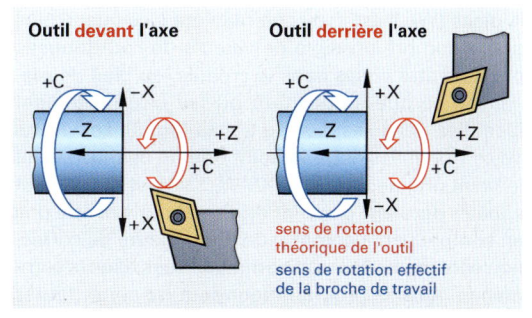

Fig. 4 : Système de coordonnées pour les tours

## Point d'origine et point de référence

### Point d'origine de la machine M

Le point origine de la machine est le point origine commun des coordonnées de la machine. Il est fixé par le fabricant de la machine et ne peut pas être modifié. Les systèmes de mesure du trajet se réfèrent à ce point. Sur les tours, il se trouve la plupart du temps sur le nez de broche, derrière le mandrin de serrage (fig. 1). Sur les fraiseuses, la position du point origine de la machine est très différente selon les constructeurs. En général, il se trouve dans une zone à l'extrémité de l'espace de travail (fig. 2).

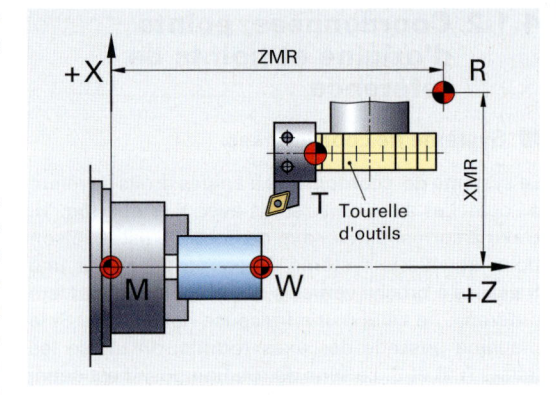

Fig. 1 : Point d'origine et point de référence sur un tour

### Point de référence R

Pour l'étalonnage des systèmes incrémentaux de mesure de trajet, le point d'origine de la machine doit être déplacé avec le chariot, après chaque démarrage de la machine. Cela n'est pas toujours possible sur toutes les machines. C'est pourquoi, un autre point fixé précisément, le point de référence, est choisi. Le déplacement du point de référence est provoqué par une instruction de commande par le biais d'une touche du panneau de commande de la machine. La position actuelle de chaque axe est indiquée sur l'écran. La valeur indiquée correspond à l'écart entre le point origine de la machine et le point de référence, lorsque le chariot se trouve sur le point de référence.

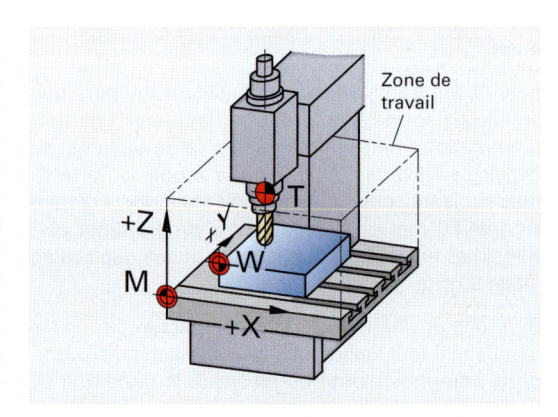

Fig. 2 : Point d'origine et de référence sur une fraiseuse

### Point de référence du porte-outils T

Le point de référence du porte-outils est formé par l'axe et la surface d'arrêt pour le raccordement d'outil. Avec cette donnée de référence, dont la position est connue de la commande CNC, le point de référence est fixé.

### Point d'origine de la pièce W

Lors de la programmation de la géométrie de la pièce, toutes les mesures doivent se rapporter au point origine de la machine. Comme cela est plus compliqué, le programmeur fixe un point origine sur la pièce (W). Il est choisi de manière à ce que le plus grand nombre possible de valeurs de coordonnées puissent être prises dans le croquis, ou bien de manière à ce que sa position puisse être facilement identifiée dans l'espace de travail (fig. 3). Les écarts de coordonnées entre le point origine de machine et le point origine de pièce (XMW, YMW et ZMW) sont appelés **décalage de point origine** et doivent être pris en compte par la commande. Ces valeurs de correction sont mémorisées et comptabilisées dans la commande. Ainsi le programmeur peut rapporter toutes les valeurs au point origine de la pièce.

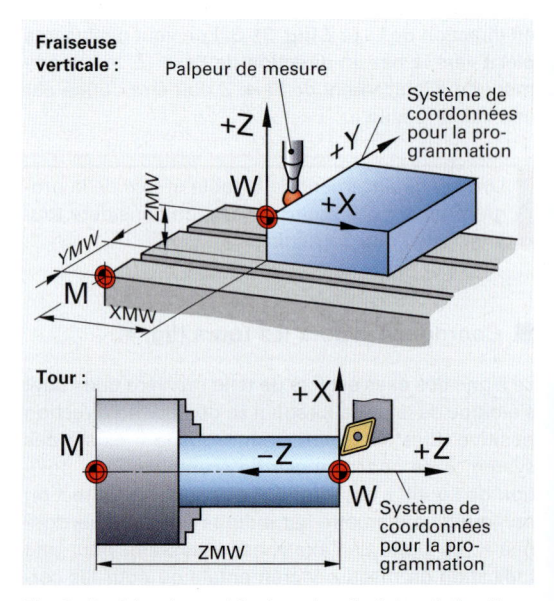

Fig. 3 : Position favorable du point d'origine de la pièce

# 4.1.3 Types de commande, correcteurs d'outils

## ■ Types de commandes

Les machines CNC sont équipées selon les besoins d'une commande point par point, d'une commande paraxiale de mouvement ou d'une commande de contournage.

### Commande point par point (fig. 1)
Cette commande CNC est utilisée sur les machines pour lesquelles l'outil doit être positionné à un endroit précis. La table ou les porte-outils sont déplacés en même temps ou l'un après l'autre jusqu'à leur position respective. Ce mouvement s'effectue à une vitesse rapide sans usinage avec l'outil. Les commandes point par point équipent par ex. les perceuses CN, les poinçonneuses, ou les machines de soudure point par point.

### Commande paraxiale de mouvement (fig. 2)
Avec les commandes paraxiales seuls les mouvements parallèles à l'axe sont possibles. Les commandes paraxiales de mouvement sont utilisées pour la manutention d'outils ou pour la commande de machines-outils simples.

### Commandes de contournage (fig. 3)
Avec les commandes de contournage, les tables ou les porte-outils peuvent être déplacés **en même temps** en 2 ou plusieurs axes avec une avance programmée. Pour cela les vitesses des différents entraînements des axes doivent être synchronisées. C'est l'interpolateur de la commande CNC qui se charge de cette tâche. Il s'agit d'un logiciel servant à calculer les positions intermédiaires et les rapports de vitesse des différents axes, de telle sorte que la table peut suivre la voie programmée **(fig. 4)**. Si l'interpolation a lieu seulement en 2 axes (par. ex. X et Y), une commande de **contournage en 2D** (en deux dimensions) suffit. On a affaire à une commande de **contournage en 2½D** lorsque l'interpolation peut être commutée au choix sur deux des trois différents plans principaux. Le choix des plans s'effectue avec les instructions de programme G17 à G19 **(fig. 5)**. Avec les commandes de **contournage en 3D** (en trois dimensions) l'outil peut suivre un trajet programmé avec les 3 axes simultanés.

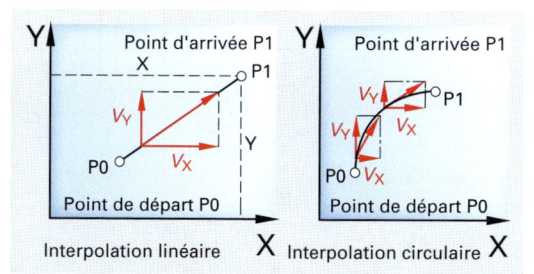

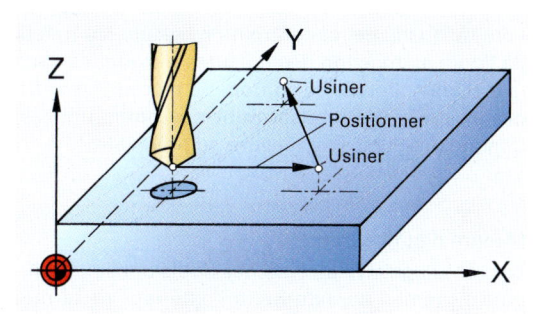

Fig. 1: Positionnement point par point

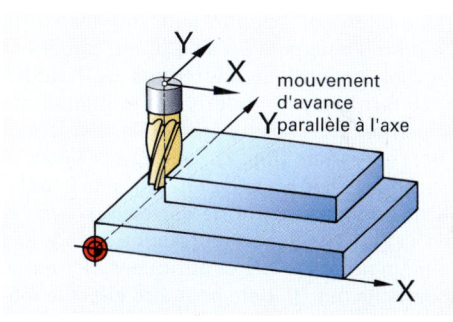

Fig. 2: Commande paraxiale de mouvement

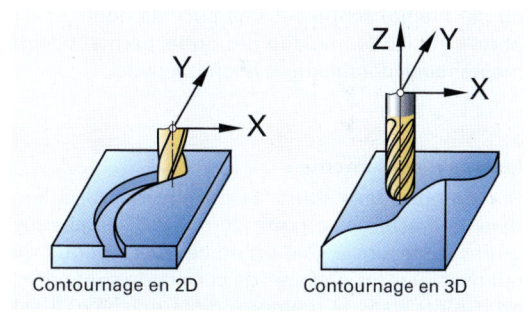

Fig. 3: Commande de contournage

Fig. 4: Interpolation

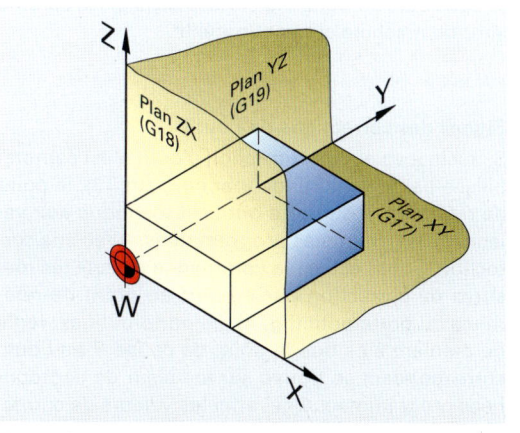

Fig. 5: Choix du plan sur une fraiseuse verticale

## ■ Mesure de l'outil et corrections de l'outil

Lors de l'usinage, la commande calcule les trajets de l'outil en fonction des mesures introduites dans la machine, afin que le contour de pièce puisse être programmé indépendamment des outils utilisés. Chaque outil doit être mesuré au préalable.

### Mesure d'outil externe

Le préréglage et la mesure des outils ont lieu la plupart du temps en externe, à l'extérieur de la machine outil, par ex. à l'aide d'un appareil de préréglage d'outils ou d'une machine de mesure d'outils **(fig. 1)**. L'outil et son support sont montés sur le banc de préréglage, puis à l'aide d'une caméra et d'un logiciel, on obtient une coupe de l'outil à l'écran. La technologie moderne de traitement de l'image permet une mesure très précise indépendante de l'opérateur **(fig. 2)**. Les écarts entre le point de coupe P et le point de référence de l'outil E sont saisis comme valeurs de correction, avec le symbole (+) ou (-). Ses valeurs sont introduites dans la mémoire de la CN et attribuées aux outils correspondants **(fig. 3)**. Cela peut être effectué manuellement au clavier de la commande, en ligne par l'intermédiaire d'une transmission de données, ou par mémorisation sur une puce de données du porte-outil. Le préréglage des outils permet d'augmenter considérablement la productivité.

### Mesure d'outil interne

Sur de nombreux tours, la mesure d'outil a lieu dans la machine. Le point de coupe P de chaque outil est mesuré à l'aide d'un capteur optique ou par contact et les mesures de correction sont prises en compte dans la mémoire de la machine. Il est également possible d'effectuer la mesure de chaque outil en frôlant la surface de la pièce comme sur une machine conventionnelle.

### Signes des corrections de l'outil

Si aucune valeur de correction d'outil n'est comptabilisée par la commande (par ex. pour T0), le point de référence T du porte-outil est identique aux valeurs de coordonnées programmées. Avec une correction d'outil active, la commande calcule les mesures de correction par rapport au point de référence du porte-outil **(fig. 4)**. Le porte-outil est réglé de manière à ce que le point de coupe P de l'outil correspondant se trouve sur la valeur de coordonnées programmée. A cet effet les valeurs de correction doivent être saisies avec les signes corrects.

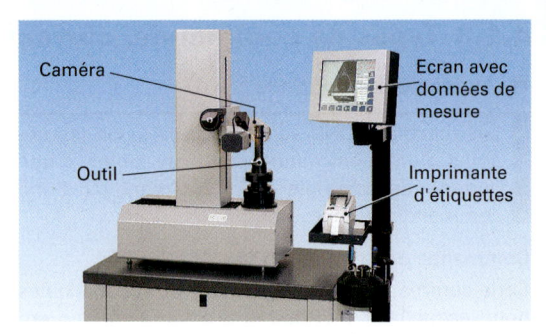

**Fig. 1 : Mesure d'outil externe**

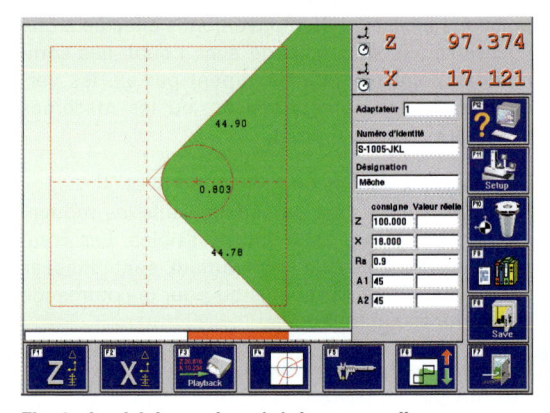

**Fig. 2 : Logiciel pour le préréglage avec diverses options**

E Point de référence de l'outil
P Point de coupe

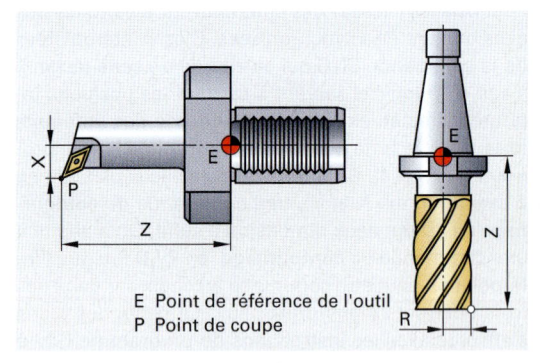

**Fig. 3 : Cotes de correction de l'outil**

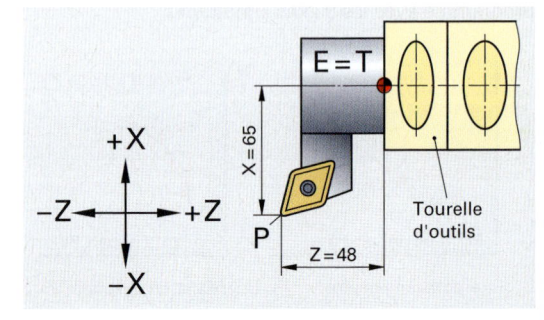

**Fig. 4 : Valeurs de correction d'un outil de tournage**

# Commandes CNC pour machines-outils

Les signes de la correction d'outil et les mesures de correction découlent du fait qu'on décale le point de coupe P sur le point de référence T du porte-outil.

**Répétition et approfondissement**

1. Dans quelle direction se déplace l'outil lorsqu'on programme sur le tour Z-20 (**fig. 1**) ?

2. Le mouvement de rotation de l'axe C peut être piloté.

   Dans quelle direction tourne la broche lorsque l'angle de rotation indiqué est de 30 degrés ?

3. Sur une fraiseuse verticale, la table de la machine effectue les trajets de déplacement en direction X et Z (**fig. 2**).

   a) Dans quelle direction se déplace la table de la machine lorsque X100 est programmé ?

   b) Dans quelle direction se déplace la table de la machine lorsque Z-10 est programmé ?

4. Pour quelle raison les machines CNC ont besoin d'un point de référence ?

5. Sur un tour, le point de référence pièce W est placé à l'endroit indiqué (**fig. 3**).

   a) Quelles valeurs sont affichées si on accède au point de référence R sans correction d'outil active (T0) ?

   b) Quelles valeurs de coordonnées sont affichées lorsqu'on accède au point de référence avec le correcteur actif ? La coordonnée X est indiquée en tant que diamètre.

6. A quel point d'origine se rapportent les cotes de coordonnées saisies dans la commande lorsqu'aucun décalage n'est introduit ?

7. Déterminez le décalage du point origine ZMW lorsque la longueur de la pièce atteint 80 mm (fig. 3). Pour le dressage de la face, 2 mm sont nécessaires.

8. Quel type de commande est nécessaire au minimum lorsqu'il faut tourner un cône ?

9. Expliquez les différences entre la mesure interne et externe d'un outil.

10. Sur l'appareil de préréglage d'outils, deux outils ont été mesurés (**fig. 4**). Déterminez les valeurs de correction d'outil X et Z pour ces outils, ainsi que le signe (+/-) adéquat.

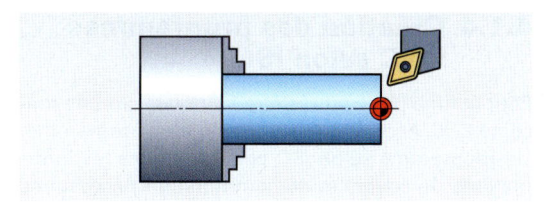

Fig. 1 : Mouvements de déplacement d'un tour

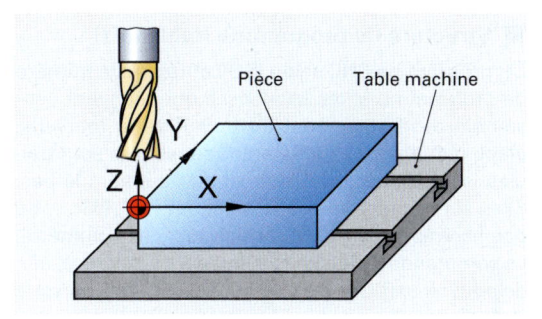

Fig. 2 : Détermination du sens des déplacements

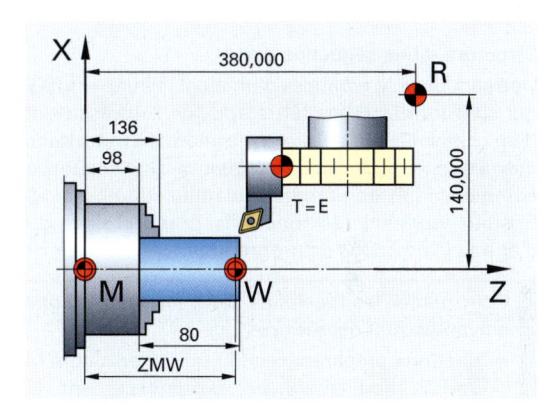

Fig. 3 : Détermination du décalage du point origine

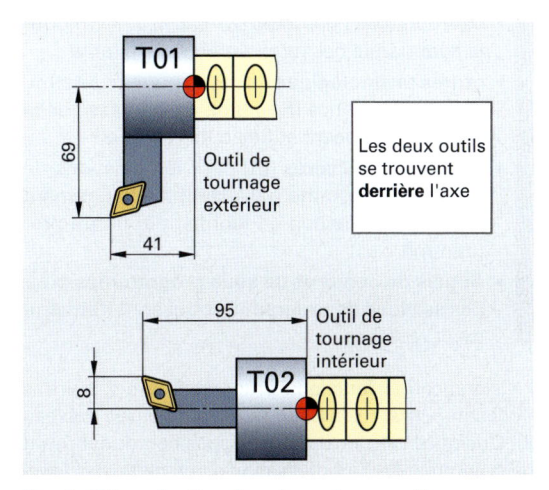

Fig. 4 : Détermination de valeurs de correction

Les deux outils se trouvent **derrière** l'axe

## 4.1.4 Création des programmes CNC selon ISO

Pour qu'une pièce puisse être fabriquée sur une machine CNC, la commande a besoin d'un programme. Un programme selon ISO contient toutes les informations de course et de commutation nécessaires pour l'usinage, ainsi que des ordres accessoires, et il peut être lu par toute machine CNC.

### ■ Structure du programme (tableau 1)

Un programme CNC selon ISO comprend le numéro de programme et les séquences qui décrivent l'ensemble du déroulement du travail de la machine, étape par étape. Les différentes séquences sont traitées les unes après les autres, du haut vers le bas. Elles sont numérotées à la suite, N1, N2, N3 …, ou par incrément, par ex. N5, N10, N15 …, (N = **n**uméro). La commande lit plusieurs séquences à l'avance, afin de pouvoir exécuter les opérations de calcul. Lorsque les séquences sont numérotées par incrément, d'autres séquences peuvent être insérées sans devoir renuméroter les suivantes.

### Structure d'une séquence (fig. 1)

Une séquence se compose d'un ou plusieurs « mots » qui sont formés d'une lettre appelée « Adresse » et d'un chiffre. On appelle l'organisation des mots dans une séquence **un format de séquence**. Une séquence commence par un numéro d'identification du bloc. Ensuite viennent les fonctions préparatoires ou d'autres instructions de programme.

> Pour piloter les machines CNC, les **instructions** suivantes sont nécessaires :
> - **fonctions préparatoires (G)** qui déterminent le type de mouvement, par ex. déplacement rapide, interpolation linéaire ou circulaire, choix du niveau, type de coordonnées, corrections
> - **coordonnées des axes (X, Y, Z, I, J, K …)** pour la commande des mouvements de la table
> - **ordres technologiques (F, S, T)** pour la détermination de l'avance (F = **f**eed), de la vitesse de la broche (S = **s**peed) et de l'outil (T = **t**ool)
> - **fonctions auxiliaires (M)** pour les fonctions de la machine, comme par exemple changement d'outil, alimentation en lubrifiant et fin du programme
> - **Appels de cycles et de sous-programmes** pour des sections de programmes qui sont fréquemment répétées

La signification fonctions préparatoires à 2 chiffres (fonctions G) est selon DIN 66025-2 normalisée **(tableau 2)**. Quelques valeurs sont à la disposition du fabricant de la commande. La signification d'une partie des fonctions auxiliaires est également définie **(tableau 3)**.

**Tableau 1 : Exemple de structure d'un programme**

| Programme de pièces | | Explication |
|---|---|---|
| %1000 (Boulon fileté) | | N° de programme / Description — Début de programme |
| N5 | G90 | |
| N10 | G00 G53 X280 Z380 T0 | 1. bloc |
| N15 | G59 X0 Z180 | 2. bloc |
| N25 | G96 F02 S180 T01 M04 | 3. bloc |
| N30 | G00 X62 Z0.1 | |
| N35 | G01 X-1.6 | |
| N40 | G00 Z2 | |
| ⋮ | | |
| N285 | M30 | dernier bloc (fin du programme) |

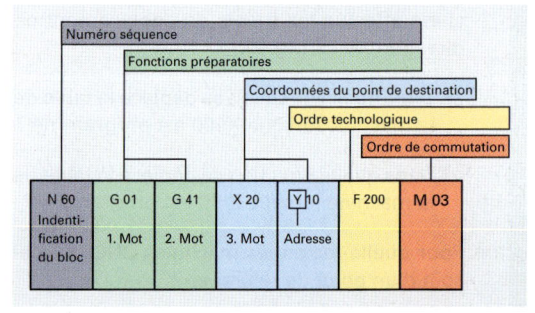

**Fig. 1 : Exemple de la structure d'une séquence**

| N 60 | G 01 | G 41 | X 20 | Y 10 | F 200 | M 03 |
|---|---|---|---|---|---|---|
| Indentification du bloc | 1. Mot | 2. Mot | 3. Mot | Adresse | | |

(Numéro séquence / Fonctions préparatoires / Coordonnées du point de destination / Ordre technologique / Ordre de commutation)

**Tableau 2 : Fonctions préparatoires**

| Code | Signification |
|---|---|
| G00 | Positionnement en mouvement rapide |
| G01 | Interpolation linéaire |
| G02 | Interpolation circulaire dans le sens horaire |
| G03 | Interpolation circulaire dans le sens anti-horaire |
| G40 | Annulation de la correction du trajet de l'outil |
| G41 | Correction d'outil à gauche |
| G42 | Correction d'outil à droite |
| G53 | Utilisation du point d'origine Machine |
| G59 | Décalage d'origine Pièce |
| G90 | Programmation en absolu |
| G91 | Indications de dimension incrémentielles |
| G96 | Vitesse de coupe constante |
| G98 | Retour au plan initial (cycle fixe) |

**Tableau 3 : Fonctions M auxiliaires**

| Code | Signification |
|---|---|
| M03 | Rotation de la broche dans le sens horaire |
| M04 | Rotation de la broche dans le sens anti-horaire |
| M05 | Arrêt de la broche |
| M08 | Arrosage en marche |
| M09 | Arrêt de l'arrosage |
| M30 | Fin du programme avec retour au début |

# Commandes CNC pour machines-outils

## Informations sur le trajet

Les fonctions G (G = **g**eometric function) déterminent **comment** l'outil doit atteindre les coordonnées de destination suivantes. Certaines fonctions G sont déjà actives après la mise sous tension de la machine et ne doivent pas être programmées, par ex. G17, G40 et G90. Ces fonctions varient selon la commande et la machine et elles peuvent être modifiées selon les besoins. Les fonctions G mémorisées (à action modale) sont actives jusqu'à ce qu'elles soient écrasées ou effacées par d'autres fonctions (**tableau 1**).

Le point de destination est donné avec les lettres d'adresse des axes correspondants et les valeurs de coordonnées, par ex. X100 Y20. Sur la plupart des commandes, les valeurs de coordonnées sont mémorisées de manière active. Il n'est donc pas nécessaire de faire une nouvelle saisie d'une valeur non modifiée. Par contre, pour les interpolations circulaires, **toutes** les coordonnées du point de destination sont nécessaires, même si elles ne sont pas modifiées.

Avec l'instruction G94, la vitesse d'avance de la table correspond à la valeur programmée par la fonction F en mm par minute. G95 signifie que la valeur programmée dans F est exécutée en mm par tour. Si G96 est programmé, la commande régule la fréquence de rotation de la broche en continu, de telle sorte que la valeur programmée dans S corresponde à la vitesse de coupe $v_c$. Avec G97 la fréquence de rotation de la broche est constante. Elle correspond à la valeur programmée dans S.

**Exemples :**

| G94 F200 | Avance de 200 mm/min |
| G95 F0.2 | Avance de 0,2 mm/tour |
| G96 S180 | Vitesse de coupe 180 m/min |
| G97 S950 | Fréquence de rotation de 950 tr/min ou min$^{-1}$ |

## Programmation avec des cotes absolues et incrémentales

Lors de la programmation avec des cotes absolues (G90) toutes les mesures se rapportent au point d'origine de la pièce (**fig. 1**). La modification ultérieure d'une position n'a pas d'incidence sur d'autres positions de trajet. En cas de besoin, on peut passer en programmation incrémentale (G91) (**fig. 2**). Dans ce cas les indications de mesures se réfèrent à la position précédente de l'outil. La table se déplace de la valeur programmée en direction positive ou négative (Incrément = addition). La programmation avec des valeurs incrémentales s'effectue indépendamment du point d'origine de la pièce.

**Tableau 1 : Fonctions G mémorisées**

| Extrait d'un programme de pièce | Explication |
|---|---|
| : | |
| N8  G00 X-20 Y-10 | Positionnement en mouvement rapide |
| N9         Z-5 | G00 à action modale |
| N10 G41 | Activation de la correction d'outil |
| N11 G01 X0 Y0 | Interpolation linéaire |
| N12        X10 Y20 | G01 à action modale |
| N13        Y24.5 | G01 à action modale |
| N14 G02 X34.5 Y30 R10 | Interpolation circulaire dans le sens horaire |
| N15 G40 | Annulation de la correction du trajet d'outil |
| : | |

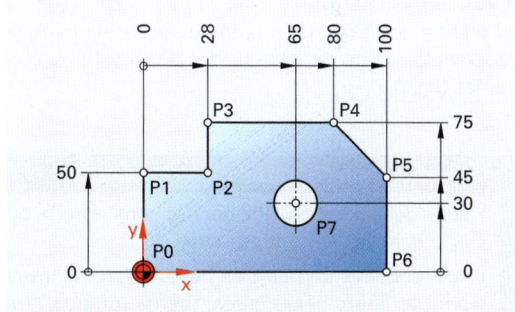

**Tableau de coordonnées (G90)**

| Point | X | Y | Point | X | Y |
|---|---|---|---|---|---|
| P0 | 0 | 0 | P4 | 80 | 75 |
| P1 | 0 | 50 | P5 | 100 | 45 |
| P2 | 28 | 50 | P6 | 100 | 0 |
| P3 | 28 | 75 | P7 | 65 | 30 |

**Fig. 1 : Programmation en absolu d'une plaque**

**Tableau de coordonnées**

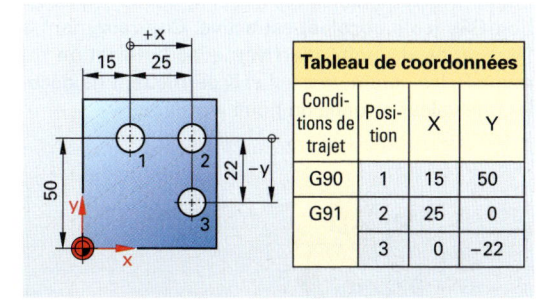

| Conditions de trajet | Position | X | Y |
|---|---|---|---|
| G90 | 1 | 15 | 50 |
| G91 | 2 | 25 | 0 |
| | 3 | 0 | −22 |

**Fig. 2 : Programmation en incrémental d'alésages**

---

Lors de la programmation avec des valeurs absolues (G90), toutes les valeurs se rapportent au point d'origine de la pièce.

Lors de la programmation avec des valeurs incrémentales (G91) le sens du déplacement par rapport au point précédent est donné par le signe (+) ou (−).

## Programmation avec des coordonnées polaires

La saisie de coordonnées polaires facilite la programmation lorsque le croquis contient des cotes angulaires. Pour les points P1 à P4 la commande a besoin de la position du pôle, le rayon R et l'angle polaire $\varphi$ (**fig. 1**). En partant de l'axe X positif, l'indication de l'angle est positive dans le sens inverse des aiguilles d'une montre et négative dans le sens des aiguilles d'une montre. La programmation avec des coordonnées polaires est possible par ex. avec la commande Siemens (page 294) et la commande PAL (**fig. 2**). Ici sont saisis les coordonnées cibles et l'angle polaire $\varphi$.

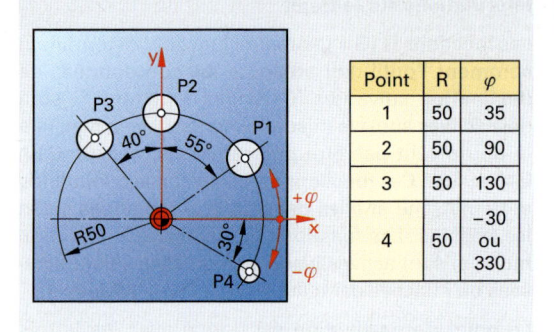

| Point | R | $\varphi$ |
|---|---|---|
| 1 | 50 | 35 |
| 2 | 50 | 90 |
| 3 | 50 | 130 |
| 4 | 50 | −30 ou 330 |

**Fig. 1:** Trous sur cercle avec coordonnées polaires

## Interpolation linéaire

Lorsque la fonction G01 est programmée, le point de destination est atteint avec l'avance (F) programmée.

## Interpolation circulaire

Si la table doit exécuter un mouvement circulaire, la commande a encore besoin, des 3 indications suivantes (**fig. 3**):

Coordonnées du point de destination P1:

| Angle polaire | Coordonnées de destination |
|---|---|
| $\phi = 120$ | y 75 |

N... G1 Y75 AS120

### Indications sur l'interpolation circulaire

- **sens de la rotation** G02 dans le sens horaire ou G03 dans le sens anti-horaire
- **coordonnées du point de destination.** Celles-ci sont toujours nécessaires, même lorsque l'un des points de destination du cercle coïncide avec le point de départ.
- **position du centre du cercle** par l'indication des paramètres de centre ou du rayon

Les paramètres I, J et K pour la position du centre M du cercle sont attribués aux axes X, Y et Z (**fig. 4**).

Pour la plupart des commandes, la distance du point de départ jusqu'au centre du cercle est indiquée de manière incrémentale avec I, J, et K, même si la fonction G90 (cote absolue) est active. Contrairement à l'indication du point d'arrivée avec l'utilisation du rayon R, les paramètres I, J et K permettent de déceler une valeur erronée du point d'arrivée.

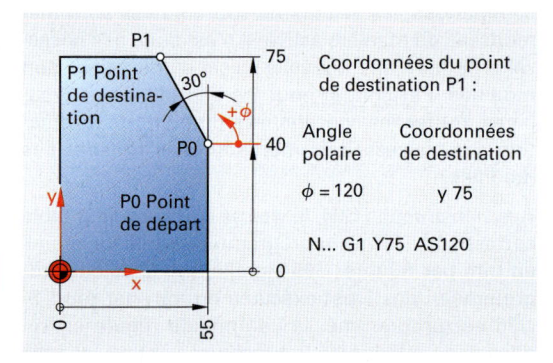

**Fig. 2:** Contour de pièce avec coordonnées polaires

P0 Point de départ
P1 Point de destination
M Centre du cercle
Sens de rotation G02

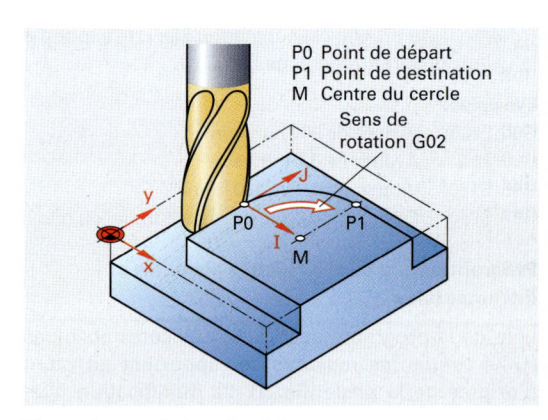

**Fig. 3:** Interpolation circulaire

N30 G02 X36 Z−24 I8 K0

P0 Point de départ
P1 Point de destination
M Centre du cercle

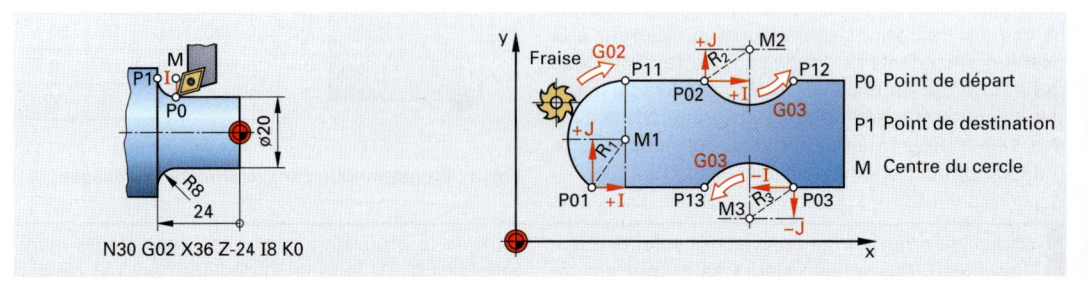

**Fig. 4:** Interpolation circulaire en tournage et en fraisage

## Programmation de contours de pièces

Le programme pour la finition d'une pièce en fraisage **(fig. 1)** ou de tournage **(fig. 2)** contient uniquement les fonctions préparatoires G et les coordonnées du contour. Les séquences qui précèdent (décalage d'origine, appel d'outil, etc) sont expliquées dans des exemples de programmes pour les pièces de fraisage (p. 301) et pour les pièces de tournage (p. 295). En partant du point P0, le point de destination suivant est programmé dans chaque séquence. **Le tableau 1** contient un extrait de programme avec des explications.

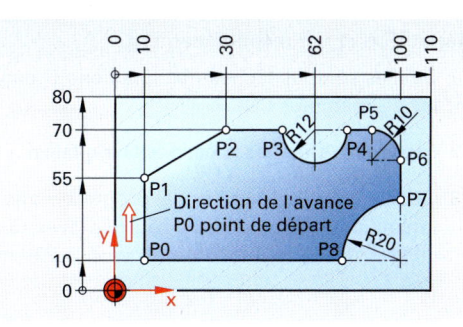

Fig. 1 : Plaque de base

**Tableau 1 : Extrait du programme pour la création du contour de la pièce (fig. 1)**

| Programme de pièces | | | Explication |
|---|---|---|---|
| %1007 | | | Début du programme, numéro du programme |
| : | | | fonctions préparatoires, appel de l'outil et approche |
| N50 | G01 | Y55 | Interpolation linéaire vers le point P1 |
| N55 | | X30 Y70 | Interpolation linéaire vers le point P2 |
| N60 | | X50 | Interpolation linéaire vers le point P3 |
| N65 | G03 | X74 Y70 I12 J0 | Interpolation circulaire dans le sens anti-horaire vers le point P4 |
| N70 | G01 | X90 | Interpolation linéaire vers le point P5 |
| N75 | G02 | X100 Y60 I0 J-10 | Interpolation circulaire dans le sens horaire vers le point P6 |
| N80 | G01 | Y30 | Interpolation linéaire vers le point P7 |
| N85 | G03 | X80 Y10 I0 J-20 | Interpolation circulaire dans le sens anti-horaire vers le point P8 |
| N90 | G01 | X9 | Interpolation linéaire jusqu'à 1 mm du point P0 |

Pour les pièces de tournage, la valeur des coordonnées X est indiquée la plupart du temps au diamètre, afin que les cotes du dessin puissent être reprises lors de la programmation. La commande convertit le diamètre en rayon. Dans la direction Z on indique ensuite, aussi bien pour les droites que pour les cercles, le point cible à atteindre depuis le point d'origine de la pièce. Lors de la programmation d'un cercle on indique en plus, de façon incrémentielle depuis le point de départ, le milieu du cercle avec les coordonnées I et K **(tableau 2)**. Sur l'axe de la **figure 2**, la finition du contour est programmée avec une avance en mm par tour.

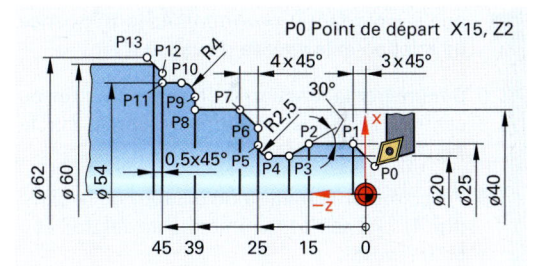

Fig. 2 : Finition d'un axe

**Tableau 2 : Extrait du programme pour la finition d'un axe (fig. 2)**

| Programme de pièces | | | Explication |
|---|---|---|---|
| N70 | G01 | X25 Z-3 | Tournage du chanfrein jusqu'à P1 |
| N75 | | Z-15 | Tournage longitudinal vers le point P2 |
| N80 | | X20 Z-19.33 | Tournage avec trajet descendant vers le point P3 |
| N85 | | Z-22.5 F0.1 | Tournage longitudinal vers le point P4, avance 0,1 mm |
| N90 | G02 | X25 Z-25 I2.5 K0 | Interpolation circulaire dans le sens horaire vers le point P5 |
| N95 | G01 | X32 | Tournage transversal jusqu'à P6 |
| N100 | | X40 Z-29 | Tournage du chanfrein jusqu'à P7 |
| N105 | | Z-39 | Tournage longitudinal jusqu'à P8 |
| N110 | | X46 | Tournage transversal jusqu'à P9 |
| N115 | G03 | X54 Z-43 I0 K-4 | Interpolation circulaire dans le sens anti-horaire vers le point P10 |
| N120 | G01 | Z-45 | Tournage longitudinal vers le point P11 |
| N125 | | X59 | Tournage transversal jusqu'à P12 |
| N130 | | X62 Z-46.5 | Tournage jusqu'au point P13 à l'extérieur du diamètre de la pièce |

### Répétition et approfondissement

1. Quelles sont les tâches des fonctions G dans les programmes CNC ?

2. Expliquez l'effet des fonctions G modales.

3. Quelle est l'instruction de programmation lorsqu'une pièce doit être tournée avec une vitesse de coupe constante de $v_c = 220$ m/min ?

4. Pourquoi les coordonnées sont-elles généralement en incrémental dans les sous-programmes ?

5. Déterminez pour les points 1 à 5 les coordonnées polaires en absolu (**fig. 1**).

6. Le contour du tourillon d'axe (**fig. 2**) doit être programmé avec des coordonnées polaires. Déterminez l'angle polaire $\varphi_1$ à $\varphi_5$.

7. Quelles sont les indications à fournir à la commande pour réaliser un trajet circulaire ?

8. Une plaque d'acier doit être surfacée par fraisage à l'aide d'une fraise de 63 mm de diamètre à 9 dents. La vitesse de coupe atteint 120 m/min, l'avance 0,15 mm par dent. Par quels mots faut-il programmer la fréquence de rotation et la vitesse d'avance ?

9. Déterminez la fonction G et les paramètres de centre I et J pour les arcs de cercle sur la (**fig. 3**).

10. Programmez la finition du contour de la pièce (**fig. 4**). Utiliser les paramètres de centre I et J pour les arcs.

11. Programmez la passe de finition de la pièce (**fig. 5**). Utiliser les paramètres de centre I et J pour les arcs.

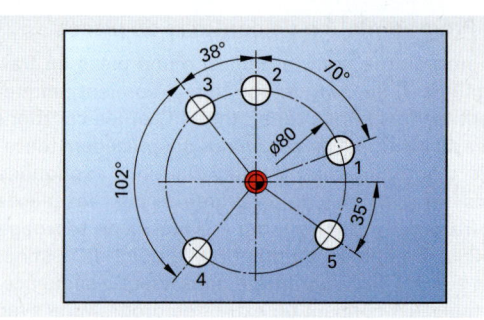

Fig. 1: Trous sur cercle

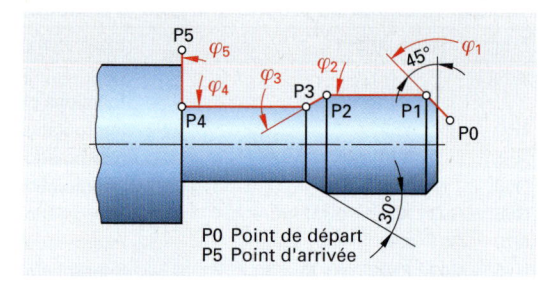

Fig. 2: Tourillon d'axe

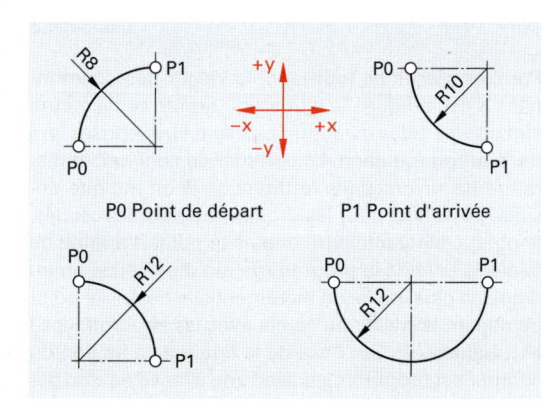

Fig. 3: Programmation des arcs de cercle

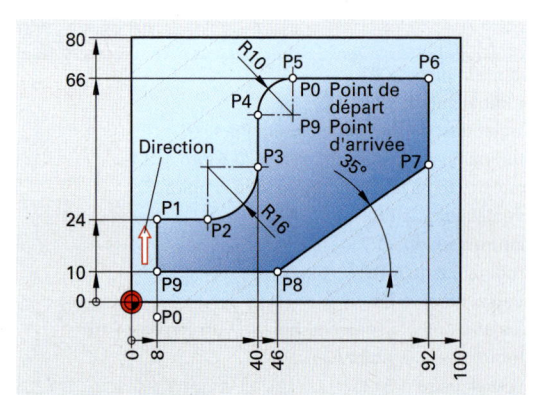

Fig. 4: Plaque de base

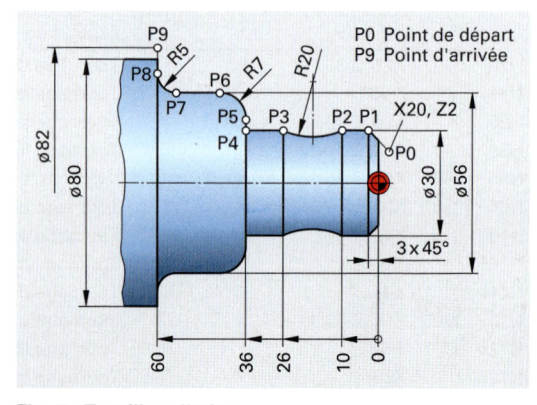

Fig. 5: Tourillon d'arbre

## 4.1.5 Cycles et sous-programmes

Pour simplifier la programmation, on utilise des cycles et des sous-programmes.

### ■ Cycles d'usinage

Des suites d'opérations qui se produisent fréquemment, par ex. l'opération d'alésage, sont préprogrammées par les constructeurs des commandes et sauvegardées dans la commande en tant que **cycle** (**fig. 1**). Aucune valeur n'est encore attribuée aux coordonnées, aux conditions du trajet et aux instructions techniques dans le cycle sauvegardé. La fin du cycle est programmée par le fabricant de la commande avec différentes tailles, qui sont désignées sous forme de paramètres.

Lors de la création du programme, le programmeur définit dans la définition du cycle les instructions à appliquer pour les paramètres. Dans la phrase suivante, le cycle est appelé et traité (**fig. 2**). Une fois le cycle terminé, l'outil se trouve à nouveau à la même place qu'au début.

En fonction de la machine et du constructeur de la commande, on dispose de différents cycles, par ex. pour l'alésage, l'alésage profond, le taraudage, l'alésage, le fraisage rectangulaire et le fraisage de gorges circulaires, le fraisage de trous oblongs, l'enlèvement de copeaux lors du tournage et du taraudage.

### ■ Sous-programmes

Les sous-programmes sont créés pour des éléments de contour ou des séquences d'usinage qu'on rencontre fréquemment, et sont sauvegardés dans la mémoire de la commande. Si par ex. les dimensions des gorges d'une pièce sont égales, le programme doit être établi seulement une fois comme sous-programme (**fig. 3**). Après le positionnement du burin à gorge au point P1 dans le programme de la pièce (programme principal), le sous-programme est appelé. Les valeurs de coordonnées pour l'usinage de la gorge sont saisies en incrémental. L'outil se retrouve au P1 à la fin du sous-programme. Après commutation en cotes absolues par la fonction G90, la commande revient à nouveau avec la fonction M17 dans le programme principal à la suite de l'appel du sous-programe 70. Avec un nouvel appel de sous-programme, d'autres gorges similaires peuvent être réalisées au point P2 ou à d'autres points.

Les sous-programmes peuvent être appelés à partir de n'importe quel programme de pièces. D'autres appels de sous-programmes peuvent être effectués à l'intérieur d'un sous-programme (**fig. 4**). On appelle cette organisation un « emboîtement ».

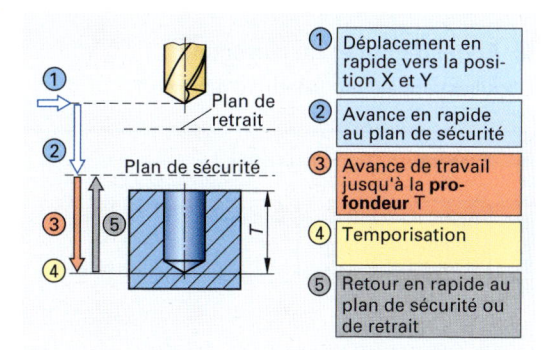

Fig. 1 : Déroulement des mouvements lors de l'alésage

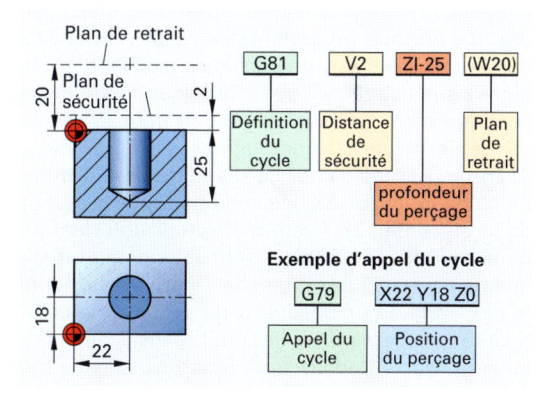

① Déplacement en rapide vers la position X et Y
② Avance en rapide au plan de sécurité
③ Avance de travail jusqu'à la **profondeur** T
④ Temporisation
⑤ Retour en rapide au plan de sécurité ou de retrait

Fig. 2 : Définition du cycle et appel selon PAL

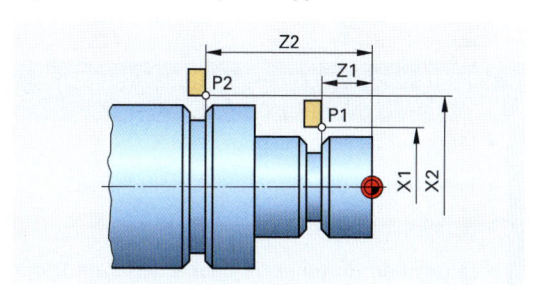

Exemple d'appel du cycle

Fig. 3 : Tourillon d'axe avec gorges

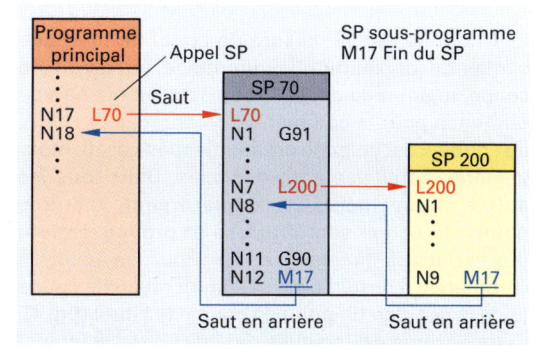

Fig. 4 : Emboîtement de sous-programmes

## 4.1.6 Programmation de tours CNC

### ■ Appel d'outil et du correcteur

L'outil est appelé par la lettre d'adresse T.

Exemple : T 04 04
- Appel de l'outil (rotation de la tourelle)
- Station 4
- Numéro du correcteur

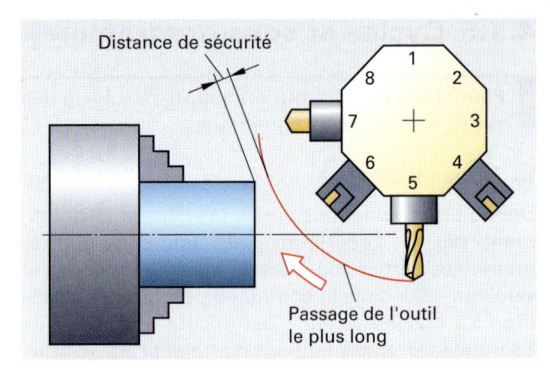

**Fig. 1 : Rotation de la tourelle lors de l'appel de T04**

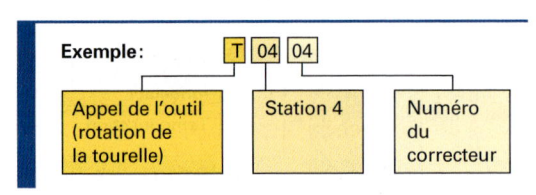

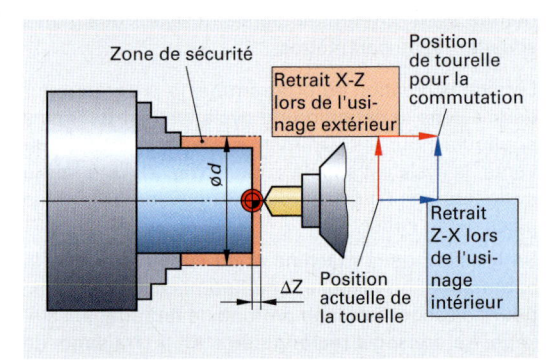

La plupart des machines CNC disposent d'une logique directionnelle. Ainsi, la tourelle se déplace par le chemin le plus court vers la station appelée (**fig. 1**). Lors de la programmation, il faut veiller à ce que la tourelle soit à une distance suffisante de la pièce avant l'appel de l'outil. Certaines commandes sont équipées d'un cycle de retrait pour éviter les collisions lors de la commutation. Le programmeur définit avec l'indication du diamètre $d$ et la différence de longueur $\Delta Z$ une zone de sécurité autour de la pièce (**fig. 2**). Avant d'effectuer une rotation de la tourelle, la machine se positionne automatiquement au-delà de la zone de sécurité pour l'outil le plus long. Pour calculer cette position, la commande prélève les cotes des outils dans la mémoire de la machine. Dedans sont déposées, sous le numéro de correction correspondant, toutes les cotes correctives nécessaires.

**Fig. 2 : Zone de sécurité et cycle de retour**

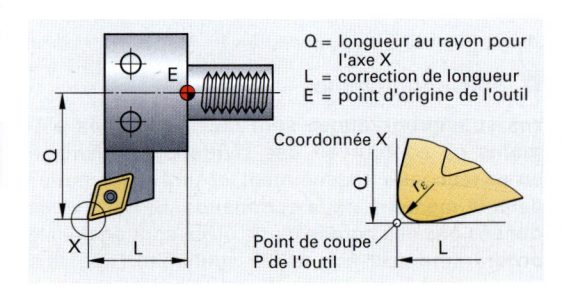

### Valeurs de correction des outils de tournage (fig. 3)

- longueur au rayon Q pour l'axe X
- la correction de la longueur L pour l'axe Z
- le rayon de bec $r_\varepsilon$
- la position du point de coupe de l'outil P par rapport au centre du rayon de coupe M

Etant donné que la mesure de l'outil de tournage s'effectue de manière tangentielle au rayon de coupe, le point de coupe P de l'outil est le point de référence pour la commande. Néanmoins, le point de coupe P est en prise uniquement en cas de mouvements parallèles à un des axes. Dans tous les autres mouvements de déplacement, d'autres points de coupe sont en prise et provoqueraient des variations dimensionnelles. Pour les éviter, la commande a besoin de la valeur du rayon de coupe et de la position du point de coupe de l'outil (**fig. 4**). Cette position est indiquée par un chiffre caractéristique selon la fig. 4.

Q = longueur au rayon pour l'axe X
L = correction de longueur
E = point d'origine de l'outil

**Fig. 3 : Valeurs de correction sur des outils de tournage**

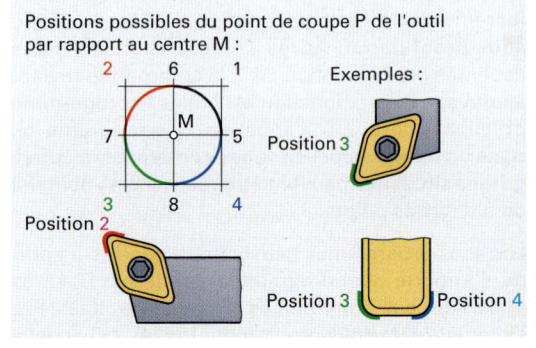

**Fig. 4 : Position du point de coupe de l'outil**

## Compensation du rayon de bec CRB

Lors de la programmation, les points cibles X et Z devant être atteints par l'outil sont indiqués. Le point de coupe P de l'outil est identique aux coordonnées programmées. Les points intermédiaires sont calculés par la commande. Les mouvements de déplacement non parallèles à l'axe entraînent des écarts de contour par le rayon de bec (**fig. 1**). Plus le rayon de coupe est grand, plus l'écart de contour est important.

Cet écart est évité si la compensation de rayon de bec CRB est activée par la fonction G41 ou G42. La commande calcule alors un trajet pour lequel le centre du rayon de bec est conduit sur une ligne équidistante égale au rayon de bec de l'outil utilisé. Les écarts de contour sont ainsi évités.

Si l'outil se trouve en direction d'avancement **à droite** du contour, la compensation du rayon de bec est activée avec **G42 (fig. 2)**. Si l'outil se trouve en direction d'avancement **à gauche** du contour, **G41** est programmé. La compensation de rayon de bec est annulée avec **G40**.

- G41    outil **à gauche** du contour
- G42    outil **à droite** du contour

Après l'activation du G41 ou G42, la compensation du rayon de bec devient active à la fin de la séquence qui contient un mouvement de déplacement. Dans ce processus, l'outil est réglé de manière à ce que le contour suivant soit effectué correctement.

Lors de l'activation de la CRB, il faut donc veiller à ce que les valeurs programmées X et Z soient suffisamment élevées pour qu'il reste encore un écart de sécurité $l_a$ suffisant **(fig. 3)**.

Lors de l'activation de la CRB, la distance du rayon de bec $r_\varepsilon$ et de l'écart de sécurité $l_a$ doit être suffisamment éloignée de la pièce à usiner.

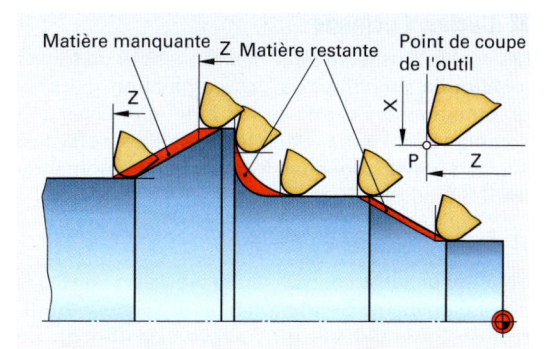

**Fig. 1 : Divergence de contour sans CRB**

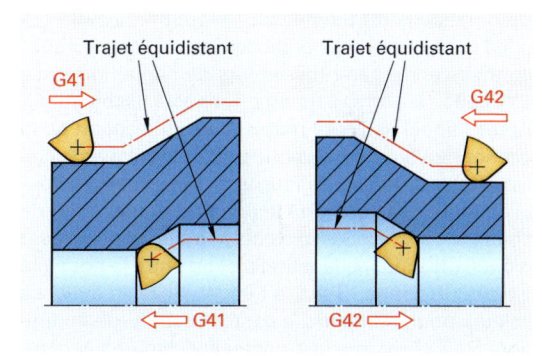

**Fig. 2 : CRB en fonction de la direction d'avance**

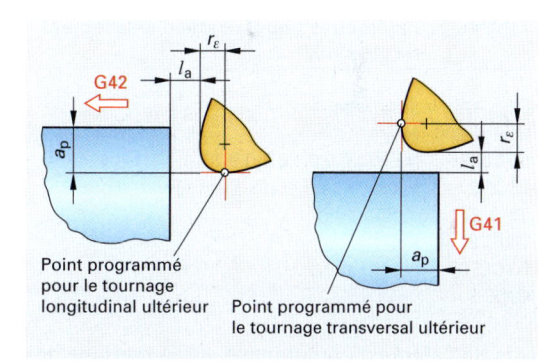

**Fig. 3 : Points d'incidence avec CRB actif**

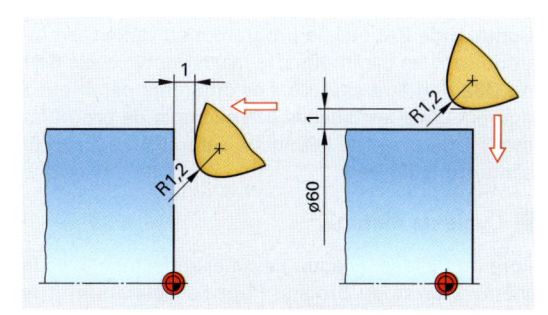

**Fig. 4 : Tournage longitudinal et transversal avec CRB actif**

### Répétition et approfondissement

1. Quelles valeurs doivent être enregistrées dans la machine, pour que la compensation du rayon de bec puisse s'effectuer ?
2. L'approche est effectuée avec la CRB active **(fig. 4)**. Déterminez les valeurs des coordonnées Z à programmer pour le tournage longitudinal et pour le tournage transversal.

## Cycles d'usinage

Les cycles d'usinage pour des séquences de travail identiques simplifient la programmation. La programmation des cycles se fait différemment d'une commande à l'autre. Dans les exemples de cycles suivants, on applique les formats de la commande 840D Siemens et de la commande PAL.

## Cycle d'ébauche

Pour ébaucher le contour d'une pièce, on utilise un cycle d'ébauche. Soit la fonction ébauchera en direction longitudinale ou transversale (**fig. 1**). Le contour fini de la pièce est enregistré dans un sous-programme ou dans le programme pièce.

**Commande 840D Siemens:** L'exécution du cycle dépend dans cette commande des instructions qui sont données entre parenthèses lors de l'appel du cycle **CYCLE95**. L'ordre doit être respecté (**tableau 1**). Après l'appel de l'outil requis et de l'indication de la vitesse moyenne correspondante, le cycle d'ébauche est programmé pour le tournage. Pour changer l'outil de finition, on démarre le point de changement de l'outil, on déplace les axes au point de changement d'outil, on actionne la tourelle et on entre la nouvelle vitesse de coupe. Grâce à l'appel du cycle avec les valeurs pour la finition, le contour est tourné en finition. GXZ73 est une instruction spécifique à la commande.

**Tableau 1 : Paramètres pour le cycle d'enlèvement de copeaux**

| | | |
|---|---|---|
| T7 | D7 | ;tournage |
| G96 | S200 | M4 |
| CYCLE95 | («L10»,4.0,0.1,0.5,0,0.4,0.1,0.1,1,,,) | |
| GXZ73 | ;retour au point de changement d'outil | |
| T8 | D8 | ;finition |
| G96 | S240 | M4 |
| CYCLE95 | («L10»,4.0,0,0,0,0.1,0.1,0.1,5,,,) | |
| GXZ73 | | |

Lors de l'entrée du programme sur la machine, les données d'usinage sont entrées dans un masque (**fig. 2**).

**Commande PAL:** Ici, le programmeur définit, en introduisant les paramètres, la façon dont le cycle **G81** ou **G82** doit être exécuté. Les différents paramètres figurent dans les tabelles. Un exemple de programmation du cycle de l'ébauche selon PAL est représenté sur la **figure 3**.

## Cycle de filetage

Lors du filetage, chaque passe est effectuée avec la même vitesse de broche. Pour l'accélération et le freinage de la tourelle, il faut prévoir une distance d'entrée et de sortie du filet (**fig. 4**).

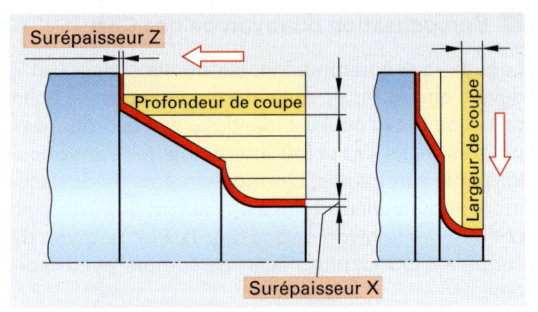

Fig. 1 : Cycle de tournage longitudinal et transversal (cycle d'ébauche)

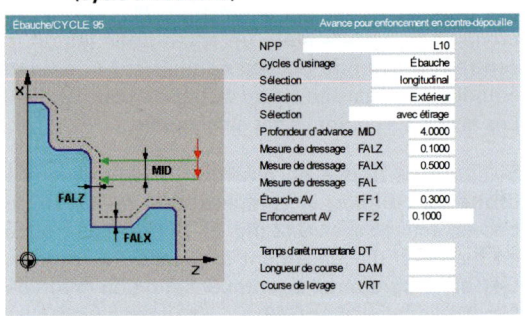

Fig. 2 : Masque de saisie pour le cycle d'enlèvement de copeaux

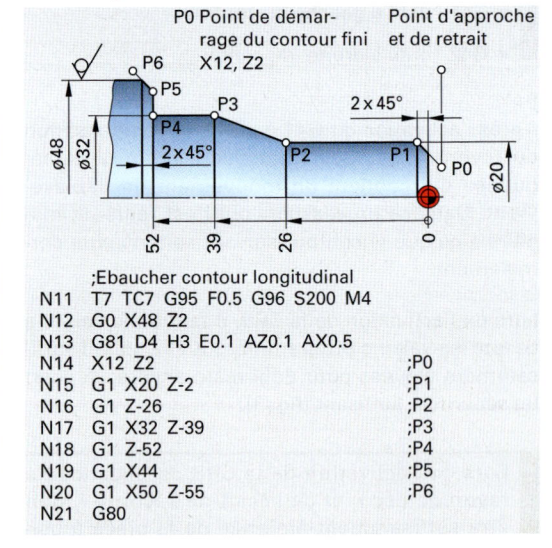

```
                              ;Ebaucher contour longitudinal
N11  T7 TC7 G95 F0.5 G96 S200 M4
N12  G0 X48 Z2
N13  G81 D4 H3 E0.1 AZ0.1 AX0.5
N14  X12 Z2                    ;P0
N15  G1 X20 Z-2                ;P1
N16  G1 Z-26                   ;P2
N17  G1 X32 Z-39               ;P3
N18  G1 Z-52                   ;P4
N19  G1 X44                    ;P5
N20  G1 X50 Z-55               ;P6
N21  G80
```

Fig. 3 : Exemple de programme pour un cycle d'ébauche

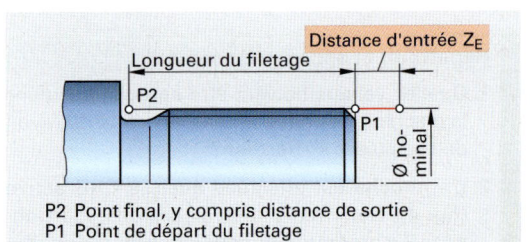

Fig. 4 : Cycle de filetage

P2 Point final, y compris distance de sortie
P1 Point de départ du filetage

# Commandes CNC pour machines-outils

La distance du trajet d'approche et de sortie dépend de la masse de la tourelle à accélérer, exprimée par une valeur caractéristique de machine $K$, et de sa vitesse d'avance.

**Exemple**: Tournage d'un filet M24 x 1,5 avec $v_c$ = 150 m/min. Quelle est la valeur de $n$ et du trajet d'approche $Z_E$ (valeur caractéristique de machine $K$ = 600 tr/min ou min$^{-1}$)?

Solution: $n = \dfrac{v_c}{d \cdot \pi} = \dfrac{150\,000 \text{ mm/min}}{24 \text{ mm} \cdot \pi} = 1990 \text{ tr/min}$

$Z_E = \dfrac{P \cdot n}{K} = \dfrac{1,5 \text{ mm} \cdot 1990 \text{ tr/min}}{600 \text{ tr/min}} = 5 \text{ mm}$

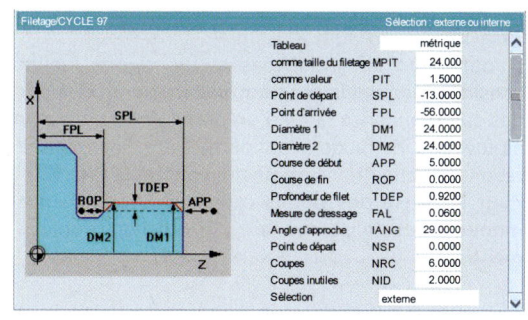

**Fig. 1**: Masque de saisie pour le cycle de filetage

Pour la valeur de sortie, on peut saisir la valeur 0. La commande détermine alors d'elle-même la position à partir de laquelle la tourelle est freinée. Si des petits trajets d'approche et de sortie sont nécessaires, la vitesse de coupe doit être réduite.

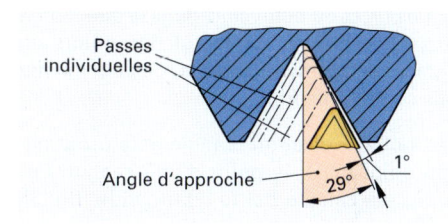

**Fig. 2**: Méthode de plongée lors du filetage

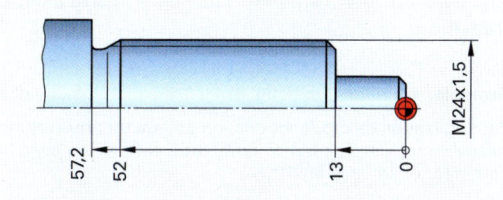

Avec la commande Siemens Sinumerik, les valeurs à programmer pour le filetage sont indiquées entre parenthèse après l'appel du cycle **CYCLE 97**. Comme pour le cycle d'ébauche, l'ordre est également ici obligatoirement imposé.

Lors de la programmation sur la machine, les données sont entrées dans un masque (**fig. 1**). Avec la commande PAL, l'entrée des adresses obligatoires se fait dans l'appel du cycle **G31**.

**Commande Siemens Sinumerik:**

G0 X25 Z5
CYCLE97 (1.5, , -13,-56,24,24,5,0,0.92,0.06,29,0,6,2,1,1)

**Commande PAL:**

G31 X24 Z-56 F1.5 D0.92 ZS-13 XS24 Q6 O2 H14

L'approche en direction du flanc permet une meilleure évacuation des copeaux et le tranchant de l'outil est ménagé (**fig. 2**). L'extrait de programme montre la programmation des cycles de filetage pour les axes (**fig. 3**).

**Fig. 3**: Cycle de filetage du tourillon d'axe

### Répétition et approfondissement

1. Pourquoi des trajets d'entrée et de sortie sont-ils nécessaires lors du filetage?
2. De quelles grandeurs ces trajets dépendent-ils?
3. Par quelle mesure le trajet d'entrée et de sortie peut-il être réduit lors du filetage?
4. Créez un extrait du programme pour l'ébauche et la finition du tourillon d'axe (fig. 3).
5. Le filetage du tourillon d'axe (fig. 3) est tourné à $v_c$ = 150 m/min. La grandeur caractéristique de la machine $K$ est de 600 tr/min (ou min$^{-1}$). Déterminez les paramètres pour le cycle de filetage.

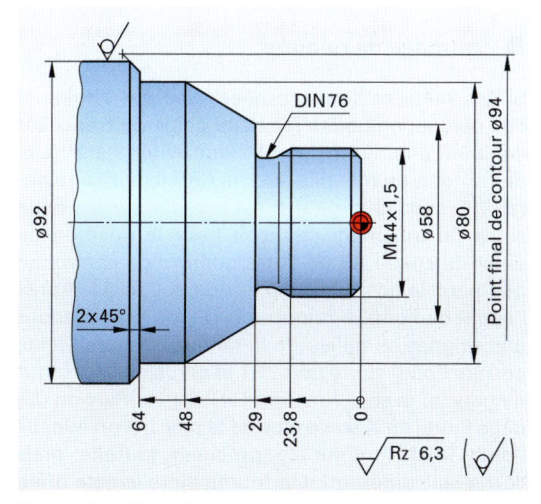

**Fig. 4**: Tourillon d'axe

## ■ Chanfreinage et rayon de contour

L'application de chanfreins et de rayons facilite considérablement la programmation. Dans la plupart des commandes, à la fin d'un déplacement, on peut ajouter des instructions qui permettent l'insertion de rayons, de chanfreins ou de dégagements **(fig. 1)**.
Pour le calcul des points intermédiaires, la commande a besoin de connaître le prochain déplacement.

**Les coordonnées polaires** facilitent aussi la programmation **(fig. 2)**. Avec l'indication d'un angle qui part de l'axe Z positif, et du point cible dans la direction X ou Z, on peut renoncer au calcul des points du contour. Dans ces mêmes éléments, on peut ajouter des rayons ou des chanfreins.

Avec une double indication d'angle et la programmation du point cible, le point d'intersection des deux droites est calculé par la commande **(fig. 3)**. Au point d'intersection, on peut insérer un rayon ou un chanfrein. Si un autre déplacement suit, un rayon ou un chanfrein peut aussi être inséré à cette transition.

**Exemple**: Tourillon d'axe **(fig. 4)**.

Par l'utilisation de ces fonctions, on obtient un programme relativement simple pour la finition de cette pièce avec la commande Siemens 840D:

```
N5    G1 ANG=90
N10   X32 Z-4 ANG=150           ;P1
N15   Z-18                      ;P2
N20   ANG=210 RND=0.8
N25   X26 Z-32 ANG=180 RND=0.8  ;P3
N30   X48 CHR=1
N35   Z-50 RND=5                ;P4
N40   ANG=90 RND=4
N45   X96 Z-68 ANG=140          ;P5
```

## ■ Tournage de rainures

Si des rainures sont tournées avec des angles et des rayons, on utilise les deux coins du tranchant de l'outil à rainurer **(fig. 5)**. Pour éviter les erreurs de contour, on travaille avec la CRB. L'outil à rainurer T09 avec la largeur b est mesuré sur les deux coins du tranchant et reçoit pour la position de point de coupe A3 un autre numéro de correction que pour la position de point de coupe A4. Après l'appel de l'outil à rainurer T9D9, on crée d'abord une saignée au milieu de la rainure. On positionne ensuite l'outil sur le point S1 et on usine le contour de gauche avec la fonction G41 active. Puis on dégage l'outil en X au dessus de la pièce et on appelle l'outil T9D10 (même station sur la tourelle, mais correcteur différent). On tourne alors le côté droit, avec G42, à partir du point S2.

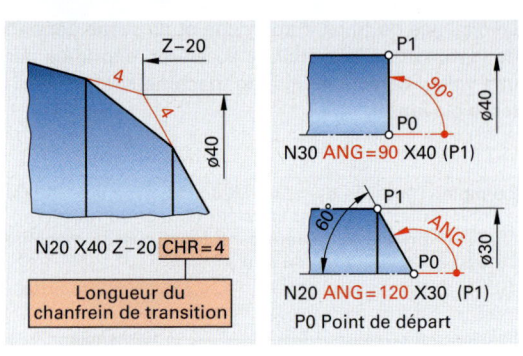

**Fig. 1**: Insertion d'un chanfrein

**Fig. 2**: Coordonnées polaires

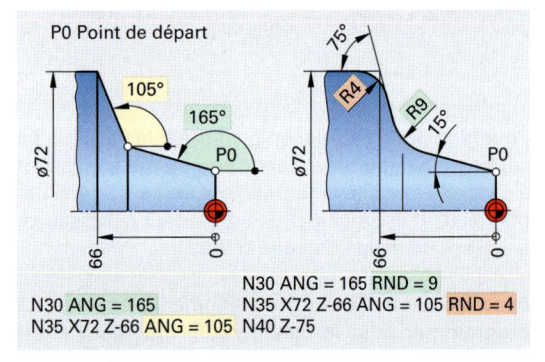

**Fig. 3**: Double indication d'angle et insertion de rayons

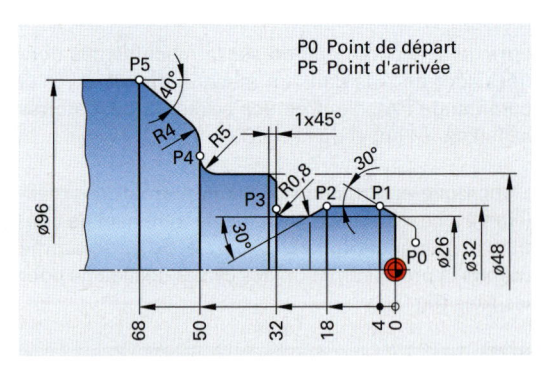

**Fig. 4**: Tourillon d'axe

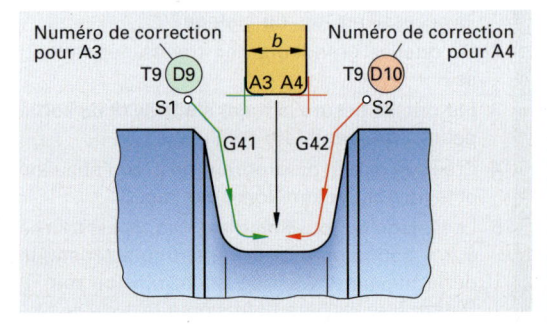

**Fig. 5**: Tournage d'une rainure

# Commandes CNC pour machines-outils

## ■ Exemple de programme d'une pièce de tournage

Avant la création du programme de tournage du raccord fileté **(fig. 1)**, il faut d'abord choisir les outils **(tableau 1)** et créer le plan d'opérations avec les données de coupe **(tableau 2)**. La programmation s'effectue dans cet exemple, à l'exception des instructions spécifiques à la commande, selon DIN. Sont représentés le programme CNC de la commande Siemens Sinumerik 840D **(tableau 3)** et la programmation selon PAL **(tableau 1, page-suivante)**.

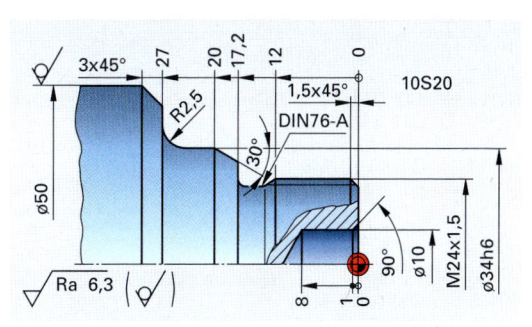

**Fig. 1 : Raccord fileté en acier de décolletage**

### Tableau 1 : Outils utilisés

| N° d'outil (n° PAL) | Désignation d'outil |
|---|---|
| T1 | Foret à pointer NC Ø16 HSS, à droite |
| T6 | Outil de dressage $r_\varepsilon$ 0.8 HC-P20, à gauche |
| T7 | Outil de surfaçage et copiage $r_\varepsilon$ 0.6, HC-P20, à gauche 80° |
| T8 | Outil de surfaçage et copiage $r_\varepsilon$ 0.4, HC-P20, à gauche 55° |
| T11 | Outil de filetage HC-P20, à droite (tendu au-dessus de la tête) |
| T12 | Foret hélicoïdal Ø10 HSS, à droite |

### Tableau 2 : Plan d'opérations (simplifiée)

| INSTRUCTIONS D'USINAGE | | Raccord fileté | | Prog. n° 1000 | |
|---|---|---|---|---|---|
| Décalage du point origine | | X0 Z175 | | | |
| Désignation | | Outil | $r_\varepsilon$ | $v_c$ m/min | $f$ mm/tr |
| 1 Dressage de face | | T6 | 0.8 | 250 | 0.2 |
| 2 Contour extérieur, ébauche | | T7 | 0.8 | 200 | 0.4 |
| 3 Centrage | | T1 | | 31 | 0.13 |
| 4 Perçage Ø10 | | T12 | | 37 | 0.27 |
| 5 Contour extérieur, tournage de finition | | T8 | 0.4 | 300 | 0.1 |
| 6 Filetage | | T11 | | 150 | 1.5 |

### Tableau 3 : Programme CNC principal pour manchon à vis, commande : Siemens Sinumerik

| N° de séquence | Instruction de programme | | Explication |
|---|---|---|---|
| | ;Raccords filetés | | Nom du programme de pièces |
| N5 | G90 G0 G53 X280 Z380 D0 | | Indication de cote absolue, approche du point de départ, suppression du décalage du point origine, désactivation du correcteur d'outil |
| N10 | G59 X0 Z175 | | Décalage de point origine programmé |
| N15 | LIMS = 5000 | | Limitation de la vitesse à 5000 1/min |
| N20 | T6 D6 | ;Dressage | Commutation du revolver à la station 6 (D6 = mesure de correction de l'outil) |
| N25 | G96 S150 M4 | | Vitesse moyenne constante de 150 m/min, rotation de la broche en sens anti-horaire |
| N30 | G0 X52 Z0 M8 | | Approche de l'outil de tournage, lubrifiant réfrigérants en marche |
| N35 | G1 X-1.6 F0.2 | | Dressage de face (– X = 2 · rayon de bec), avance de 0,2 mm |
| N40 | G0 Z1 | | Dégagement en avance rapide |
| N45 | G0 X100 Z50 | | Approche de la position de commutation du revolver avec avance rapide |
| N50 | T7 D7 | ;Tournage extérieur | Commutation du revolver |
| N55 | G96 S250 M4 | | Vitesse moyenne constante de 250 m/min, rotation de la broche en sens anti-horaire |
| N60 | CYCLE95 («L10»,4.0,0.1,0.5,0,0.4,0.1,0.1,1, , ,) | | Exécution du cycle d'ébauche pour le tournage (L'ordre des valeurs d'entrée doit être respecté, lors de l'entrée sur la commande de machine, l'entrée se fait par un masque de sorte que l'inversion accidentelle de valeurs n'est pas possible) |
| N65 | G0 X100 Z50 | | Approche de la position de commutation du revolver |
| N70 | T1 D1 | ;Centrage | Commutation du revolver |
| N75 | G97 S822 M3 | | Vitesse de rotation constante 822 1/min, rotation de la broche en sens horaire |
| N80 | G0 X0 Z1 M8 | | Approche avec une distance de sécurité, lubrifiant réfrigérant en marche |
| N85 | G1 Z-6 F0.13 | | Centrage et chanfreinage avec avance 0,13 mm |
| N90 | G0 Z1 | | Retour en avance rapide |
| N95 | G0 X100 Z50 | | Approche de la position de commutation du revolver |

**Suite du Tableau 3** (page précédente)

| N° de séquence | Instruction de programme | Explication |
|---|---|---|
| N100 | T12 D12    ;Perçage | Commutation du revolver |
| N105 | G97 S1177 M3 | Vitesse de rotation constante 1177 1/min, rotation de la broche à droite |
| N110 | G0 X0 Z1 M8 | Approche, lubrifiant réfrigérant en marche |
| N115 | G1 Z-11 F0.27 | Perçage à la profondeur de 11 mm à la pointe du foret, avance de 0,27 mm |
| N120 | G0 Z1 | Retour en avance rapide |
| N125 | G0 X100 Z50 | Approche de la position de commutation du revolver |
| N130 | T8 D8    ;Finition extérieure | Commutation du revolver |
| N135 | G96 S300 M4 | Vitesse moyenne constante de 300 m/min, marche à gauche |
| N140 | CYCLE95 («L10»,4.0,0,0,0,0,0.4,0.1,0.1,5, , ,) | Exécution du cycle pour la finition |
| N145 | G0 X100 Z50 | Approche de la position de commutation du revolver |
| N150 | T11 D11    ;Filetage | Commutation du revolver |
| N155 | G95 S1989 M3 | Vitesse de rotation constante 1989 1/min, rotation de la broche en sens horaire |
| N160 | CYCLE97 (1.5, ,0,-16,24,24,5,0,0.92,0.06,29,0,6,2,1,1) | Données de filetage et exécution |
| N165 | G0 X100 Z50 | Approche du point de départ |
| N170 | M30 | Fin du programme avec retour au début |

**Sous-programme du contour L10**
;Contour extérieur raccords filetés

| N° | Instruction | Explication |
|---|---|---|
| N5 | G0 X17 Z2 | Point de départ pour le contour |
| N10 | G1 X24 Z-1.5 | Tournage du chanfrein de filet |
| N15 | G1 Z-12 | Tournage longitudinal |
| N20 | G1 X21,7 ANG=210 RND=0.8 | Immersion pour gorge de dégagement |
| N25 | G1 Z-17.2 RND=0.8 | Tournage longitudinal gorge de dégagement |
| N30 | G1 ANG=90 | Dressage (le point d'intersection est calculé par la commande) |
| N35 | G1 X33.992 Z-20 ANG=150 | Tournage du chanfrein 30° |
| N40 | G1 Z-27 RND=2.5 | Tournage longitudinal avec rayon pour le contour ultérieur |
| N45 | G1 X44 | Dressage |
| N50 | G1 X52 ANG=135 | Tournage du chanfrein à 45° |
| N55 | M17 | Fin du sous-programme |

**Tableau 1: Programme CNC pour manchon à vis, commande : PAL**

| N° de séquence | Instruction de programme | Explication |
|---|---|---|
| N1 | G54 | Décalage du point origine de la machine à celui de la pièce |
| N2 | G92 S5000 | Limitation de la vitesse à 5000 min$^{-1}$ |
| N3 | G14 H0 | Approche au point de changement d'outil |
|  | ;Dressage | Commentaire sur la séquence de travail |
| N4 | G96 T6 S250 F0.2 M4 | Appeler l'outil T6, $f = 0,2$ mm, $v_{c\ constante} = 150$ m/min, Rotation en sens anti-horaire de la broche |
| N5 | G0 X52 Z0.1 M8 | Positionnement en marche rapide, surépaisseur de 0,1 mm, lubrifiant réfrigérant en marche |
| N6 | G1 X-1.6 | Dresser la face jusqu'à $2 \cdot r_E$ au-dessous du centre de tournage |
| N7 | G0 Z1 | Dégagement |
| N8 | G14 H0 M9 | Approche au point de changement d'outil, arrêt du lubrifiant réfrigérant |
|  | ;Ebaucher contour extérieur | |
| N9 | G96 T7 S200 F0.4 M4 | T7, $f = 0,4$ mm, $v_c = 200$ m/min, rotation de la broche en sens anti-horaire |
| N10 | G0 X50 Z1 M8 | Positionnement en marche rapide, lubrifiant réfrigérant en marche |
| N11 | G81 D3 AX0.5 AZ0.1 | Cycle d'ébauche longitudinal, approche 3 mm, surépaisseur en X 0,5 mm, en Z 0,1 mm |
|  | ;Description du contour | |
| N12 | G1 X21 Z0 | Point de départ du contour fini |
| N13 | G1 X24 Z-1.5 | Chanfrein de filetage |
| N14 | G85 X24 Z-17.2 I1.15 K5.2 | Cycle pour la gorge de dégagement, points finaux en X et Z, profondeur et largeur de la gorge |
| N15 | G1 X30.759 | Dressage jusqu'au $\varnothing$ X = (33,992 − 2 · 1,6166) mm = 30,759 mm |
| N16 | G1 X33.992 Z-20 | Chanfrein 30° jusqu'à Z-20 mm et $\varnothing$ 34 h6 au centre de la tolérance = 33,992 mm |
| N17 | G1 Z-27 RN2.5 | Tournage longitudinal et rayon de raccord R = 2,5 mm |
| N18 | G1 X44 | Dressage jusqu'à X = 44 mm |

# Commandes CNC pour machines-outils

**Suite du Tableau 1** (page précédente)

| N° de séquence | Instruction de programme | Explication |
|---|---|---|
| N19 | G1 X52 Z-31 | Chanfrein 3 × 45° (dernier point du contour à 1 mm au-dessus du diamètre extérieur) |
| N20 | G80 | Fin de la description du contour |
| N21 | G14 M9 | Approche au point de changement d'outil, arrêt du lubrifiant réfrigérant |
| | ;Centrage et chanfreinage | |
| N22 | G97 T1 S822 F0.13 M3 | T1, $f = 0{,}13$ mm, $n = 822$ min$^{-1}$, rotation de la broche en sens horaire |
| N23 | G0 X0 Z1 M8 | Approche rapide à 1 mm, lubrifiant réfrigérant en marche |
| N24 | G84 ZA-6 U0.1 O1 | Cycle de perçage, $Z = -(0{,}5 \cdot 10 + 1)$ mm $= -6$ mm, temporisation 0,1 s |
| N25 | G14 M9 | Approche au point de changement d'outil, arrêt du lubrifiant réfrigérant |
| | ;Perçage | |
| N26 | G97 T12 S1177 F0.27 M3 | T12, $f = 0{,}27$ mm, $n = 1177$ min$^{-1}$, rotation de la broche en sens horaire |
| N27 | G0 X0 Z1 M8 | Approche rapide à 1 mm, lubrifiant réfrigérant en marche |
| N28 | G84 ZA-11 U0.1 O1 | Cycle de perçage, $Z = -(8 + 0{,}3 \cdot 10)$ mm $= -11$ mm, temporisation 0,1 s |
| N29 | G14 H2 M9 | Approche au point de changement d'outil, arrêt du lubrifiant réfrigérant |
| | ;Finition du contour | |
| N30 | G96 T8 S300 F0.1 M4 | T8, $f = 0{,}1$ mm, $v_c = 300$ m/min, rotation de la broche en sens anti-horaire |
| N31 | G0 X10 Z1 M8 | Approche rapide à 1 mm, lubrifiant réfrigérant en marche |
| N32 | G42 | CRB, outil à droite du contour |
| N33 | G1 Z0 | Point de départ du contour (tranchant de l'outil à l'extérieur de la pièce) |
| N34 | G23 N12 N19 | Renvoi à la ligne N12 jusqu'à N19 |
| N35 | G40 | Annulation du CRB |
| N36 | G14 H0 M9 | Approche au point de changement d'outil, arrêt du lubrifiant réfrigérant |
| | ;Filetage extérieur M24x1,5 | |
| N37 | G97 T11 S1989 M3 | T11, $n = 1790$ min$^{-1}$, rotation de la broche en sens horaire (l'outil est serré devant l'axe) |
| N38 | G0 X24 Z4.5 M8 | Approche rapide, longueur d'entrée Z au minimum $3 \cdot P$, lubrifiant en marche |
| N39 | G31 XA24 ZA-16.7 F1.5 D0.92 Q9 O2 H14 | Cycle de filetage, point d'arrivée XA = 24 mm/ZA = –16,7 mm, $P = 1{,}5$ mm, $t = 0{,}92$ mm, 6 passes d'ébauche, 2 passes à vide, amenée en alternance |
| N40 | G14 H0 M9 | Approche au point de changement d'outil, arrêt du lubrifiant réfrigérant |
| N41 | M30 | Fin du programme avec réinitialisation |

## Répétition et approfondissement

1. Programmez le contour fini (**fig. 1**) avec des coordonnées polaires.
2. Programmez les épaulements (**fig. 2**) avec des coordonnées polaires et le rayon de transition.
3. Créez un sous-programme pour le tournage du contour de l'axe fileté (**fig. 3**).

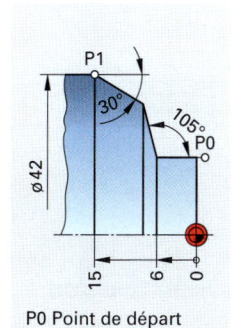

**Fig. 1 :** Coordonnées polaires
P0 Point de départ

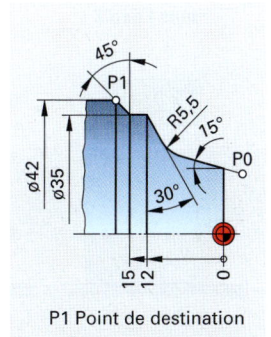

**Fig. 2 :** Epaulements avec rayon de transfert
P1 Point de destination

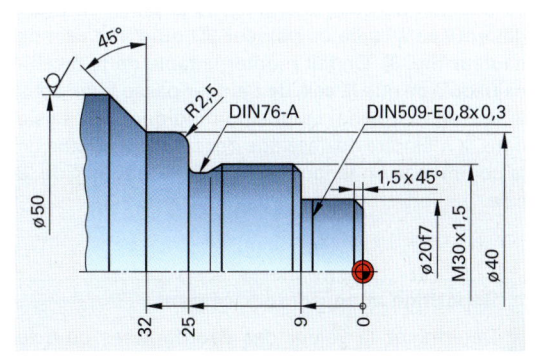

**Fig. 3 :** Axe fileté en acier de décolletage

## 4.1.7 Programmation de fraiseuses CNC

### ■ Changement d'outil et corrections

Le changement d'outil s'effectue soit à la main sur les fraiseuses CNC, soit à l'aide d'un changeur d'outils sur automatique (COA) sur les centres d'usinage. Pour que le tranchant de l'outil atteigne le point de destination programmé en Z, la commande doit exécuter une correction de longueur d'outil **(fig. 1)**. Les cotes de longueur des différents outils nécessaires doivent être sauvegardées dans la mémoire de correction d'outil et seront calculées dès l'appel de l'outil dans le programme. Pour que l'axe de la broche puisse être décalé de la valeur du rayon de l'outil par rapport au contour, il faut également introduire le rayon de chaque outil de fraisage. Celui-ci est également nécessaire pour la simulation du programme. Un changement automatique d'outil est déclenché par une fonction M.

### ■ Détermination du point d'origine de l'outil sur des fraiseuses verticales

La position de la pièce par rapport au point d'origine de la machine doit être connue de la commande. La prise d'origine de la pièce est réalisée par un palpeur 3D ou par un système de palpeur d'arêtes (Centro-Fix). Avec ce dernier, on peut accéder aux surfaces de références en direction X et Y **(fig. 2)**. Le palpeur tournant à faible vitesse, on approche lentement la surface de la pièce en commande manuelle. La partie inférieure présente une excentricité qui va diminuer tout au long de l'approche vers la pièce. Juste avant que l'axe de la broche ne soit sur l'arête à mesurer, les deux parties tournent pratiquement de manière concentrique. En continuant dans la même direction, la partie inférieure « glisse » sur le côté. On relève alors la distance par rapport au point d'origine en tenant compte du rayon du palpeur d'arêtes. Cette valeur est introduite dans la mémoire de décalage des points d'origine de la commande.

La position du point d'origine de la pièce en Z est déterminée à l'aide du palpeur 3D ou d'une cale de hauteur **(fig. 3)**. On fait monter la table de la machine jusqu'à ce que la cale de hauteur passe juste sous le nez de la broche. La position indiquée est saisie dans la mémoire de décalage des points d'origine de la commande en tenant compte de la hauteur de la cale.

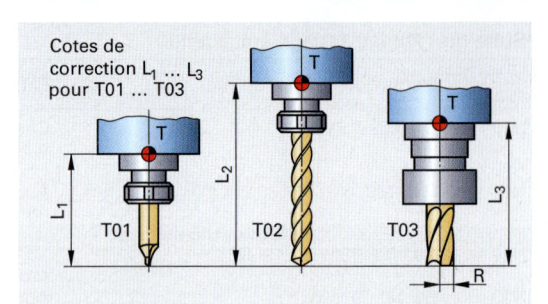

**Fig. 1 : Correction de longueur d'outil et de rayon**

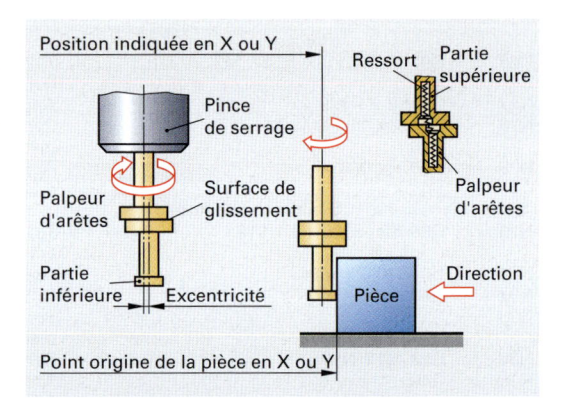

**Fig. 2 : Approche des surfaces de référence avec le palpeur d'arêtes**

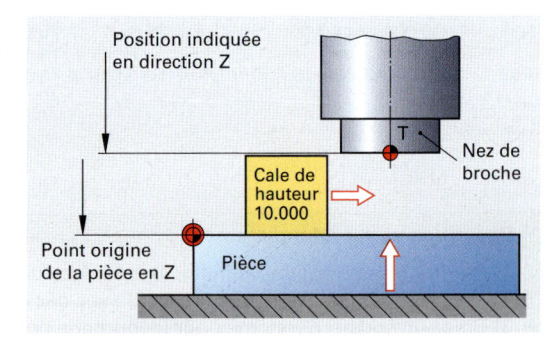

**Fig. 3 : Détermination du point d'origine de la pièce dans l'axe Z**

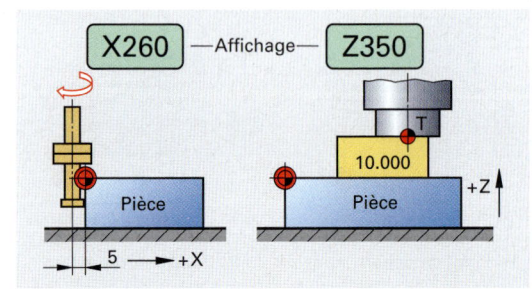

**Fig. 4 : Point d'origine de la pièce dans la direction X et Z**

---

**Répétition et approfondissement**

Déterminez la valeur des coordonnées pour le décalage du point d'origine pour les positions affichées **(fig. 4)**.

# Commandes CNC pour machines-outils

## ■ Correction du trajet de l'outil

Lors de la programmation, on indique le point de destination auquel l'outil doit accéder. Le mouvement de déplacement de l'outil correspond au centre de l'outil. Lors du fraisage de contours, le trajet de l'outil doit être décalé vers la gauche ou la droite du contour **(fig. 1)**.

La correction du trajet de l'outil permet de programmer le contour réel de la pièce, la commande effectuant le calcul du trajet du centre de la fraise. L'activation de la correction du trajet est effectuée par G41 si l'outil se trouve à gauche du contour dans la direction de l'avance. S'il se trouve à droite du contour, il faut utiliser G42. La correction du trajet est annulée par G40.

| G41 | Outil **à gauche** du contour |
|-----|-------------------------------|
| G42 | Outil **à droite** du contour |
| G40 | Annulation de la correction du trajet d'outil |

Le premier mouvement de déplacement après l'activation de G41 ou de G42 est accompli de manière à ce que l'axe de l'outil se retrouve perpendiculaire au prochain point programmé **(fig. 2)**.

La distance du décalage correspond au rayon de l'outil qui est relevé par la commande dans la mémoire d'outils. Pour éviter des erreurs de contour par des mouvements de compensation qui ne sont pas encore achevés, il faut programmer un premier point auxiliaire P1 placé à l'extérieur de la pièce.

## ■ Programmation du fraisage d'ébauche

Pour réaliser une ébauche, il n'est pas nécessaire de programmer d'autres points que ceux du contour fini. Au lieu d'utiliser les valeurs effectives de l'outil, on additionne une surépaisseur aux corrections d'outils, respectivement aux longueurs et aux diamètres.

De par ce fait, lorsque la correction du trajet d'outil est active, le trajet réel au centre de la fraise est décalé, respectivement de sa longueur et de son diamètre avec les surépaisseurs ajoutées **(fig. 3)**.

## ■ Approche tangentielle du contour

Il convient d'approcher le contour fini tangentiellement afin d'éviter des marques indésirables sur la face **(fig. 4)**.

Lors du fraisage de poches, l'outil devrait également être éloigné tangentiellement du contour.

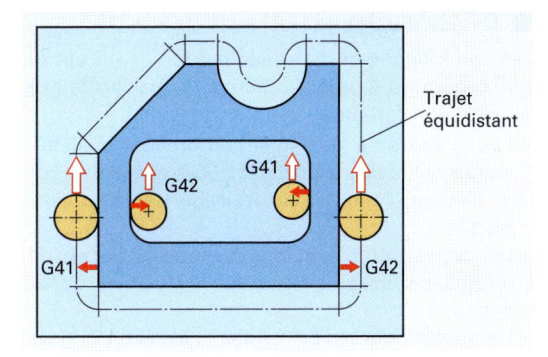

**Fig. 1 : Correction du trajet de l'outil**

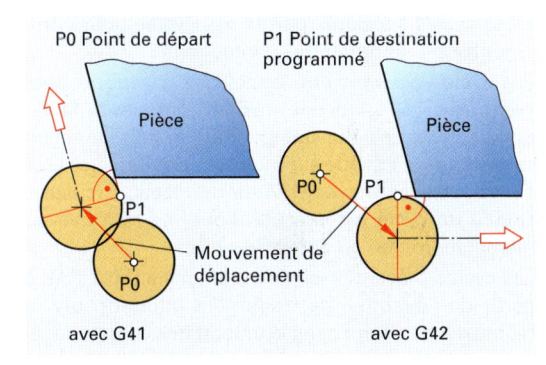

**Fig. 2 : Mouvement de déplacement après l'activation de la correction du trajet de l'outil**

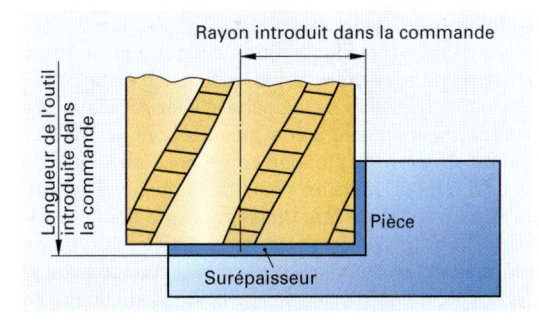

**Fig. 3 : Fraisage d'ébauche par la correction de l'outil**

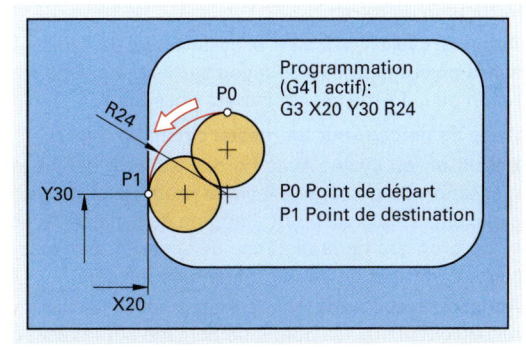

**Fig. 4 : Approche tangentielle d'un contour intérieur avec un quart de cercle**

Programmation (G41 actif):
G3 X20 Y30 R24

P0 Point de départ
P1 Point de destination

## Cycles d'usinage

Les commandes de fraiseuse modernes offrent un grand nombre de cycles destinés à faciliter la programmation comme
- Les cycles pour usinages comprenant plusieurs étapes de travail récurrentes, telles que le perçage, le filetage, l'alésage, le fraisage de rainures et poches
- Les cycles pour définitions de modèles, par ex. différents motifs de points sur les cercles ou les lignes
- Les cycles pour les conversions des coordonnées, par ex. le décalage de point origine, miroir, rotation
- Les cycles spéciaux, par ex. les cycles pour compenser ou fabriquer des contours etc.

Les cycles peuvent être appelés à n'importe quel point: avec G78 sur une position définie de façon polaire, avec G79 sur une position définie de façon cartésienne, ainsi que sur plusieurs points: avec G76 sur une droite ou avec G77 sur un réseau circulaire. Quand un cycle est exécuté, l'outil se retrouve au même endroit qu'au début du cycle.

Les cycles présentés ici selon la norme DIN / PAL à partir de l'exemple de traitement ultérieur, ont le même déroulement dans la plupart des commandes, mais dans la programmation, ils dépendent de la commande.

**Cycle de fraisage d'une poche rectangulaire (fig. 1).**

**Définition du cycle:** Avec LP, BP et ZA, les dimensions de la poche sont définies, avec D la profondeur d'approche maximale. V est la distance de sécurité, RN le rayon de coin de la poche et avec AK et AL, des surépaisseurs peuvent être prévues pour la finition. Le mouvement de plongée commence au centre de la poche (EP0), mais les coins de la poche rectangulaire peuvent aussi être utilisés comme point de départ. En outre, il est possible de définir: le type de plongée et les données de coupe, le type d'usinage (ébauche, finition) et le sens de l'usinage (usinage en avalant, usinage en opposition), la largeur de coupe de la fraise en % du diamètre (recouvrement) et avec W un plan de retrait.

**Appel du cycle:** Avec G79, le cycle actuel est effectué sur la position définie de façon cartésienne. Une rotation de la forme est également possible.

**Cycle de perçage sur un réseau circulaire (fig. 2).**

**Définition du cycle:** Avec l'ordre G81, on définit la réalisation du perçage. ZA est la profondeur de perçage, par rapport au point d'origine de la pièce. Avec V, on programme la distance de sécurité. Si nécessaire, W permet de définir un plan de retrait.

**Appel du cycle:** Avec G77, le traitement se fait sur un réseau circulaire, les points de perçage sur le réseau circulaire étant définis avec des lettres correspondantes appelées « Adresse ».

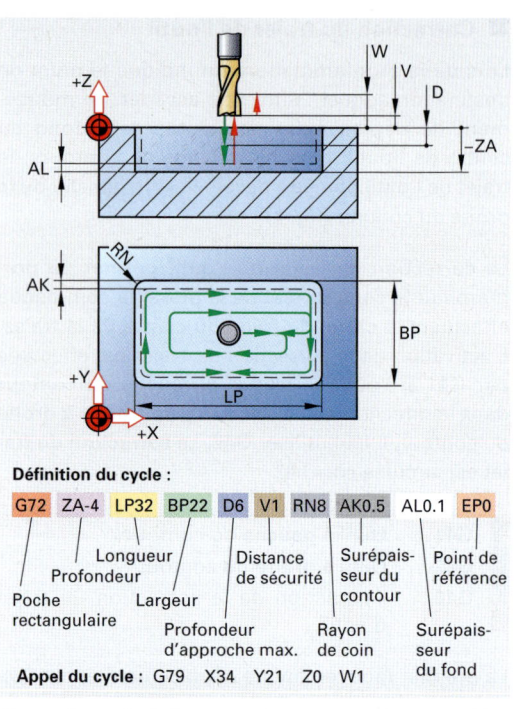

**Fig. 1: Cycle de fraisage poche rectangulaire et appel du cycle sur un point**

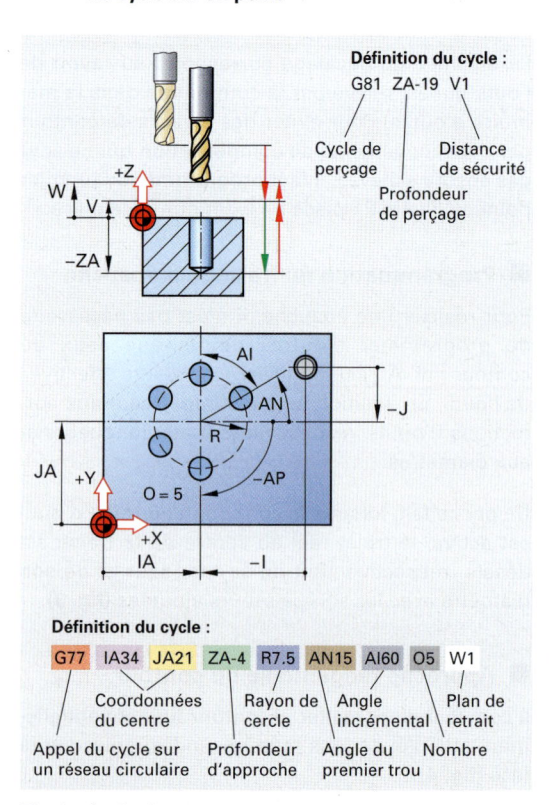

**Fig. 2: Cycle de perçage et appel du cycle sur plusieurs points sur un réseau circulaire**

# Commandes CNC pour machines-outils

## ■ Exemple de programme pour le fraisage

Pour la fabrication de la plaque de base (**fig. 1**) on utilise une fraiseuse CNC avec un magasin d'outils et un changeur d'outils. La feuille de configuration contient les séquences de travail et les coûts de fabrication de la plaque de base (**tableau 1**). Les outils utilisés sont présentés dans le **tableau 2**.

Dans le **tableau 3**, la programmation selon PAL est présentée. Dans un autre exemple de programme, la fabrication est effectuée sur une machine à fraiser avec une commande Heidenhain (**tableau 1, page suivante**).

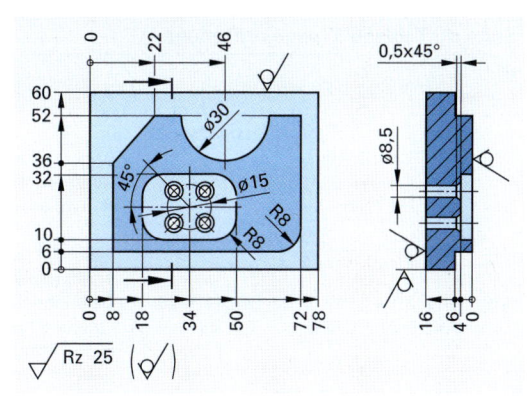

**Fig. 1: Plaque de base en C15E**

### Tableau 1: Plan d'opérations (simplifiée)

| Séquence de travail | Données d'outil et de coupe | Ø mm / z | $v_c$ m/min / n 1/min | $f_z$ mm / $v_f$ mm/min |
|---|---|---|---|---|
| 1 Ébauche du contour | T4 | 25 | 120 | 0,1 |
|  |  | 3 | 1528 | 458 |
| 2 Finition du contour |  | 25 | 150 | 0,06 |
|  |  | 3 | 1910 | 344 |
| 3 Ébauche de la poche | T6 | 12 | 50 | 0,1 |
|  |  | 2 | 1326 | 265 |
| 4 Finition de la poche |  | 12 | 60 | 0,06 |
|  |  | 2 | 1592 | 191 |
| 5 Centrage | T1 | 10 | 20 | $f = 0,14$ |
|  |  |  | 670 |  |
| 6 Perçage | T12 | 8,5 | 17 | $f = 0,12$ |
|  |  |  | 637 |  |

### Tableau 2: Outils utilisés

| N° d'outil | Désignation de l'outil |
|---|---|
| T1 | Foret à pointer NC Ø10 HSS, à droite |
| T4 | Fraise cylindrique deux tailles Ø 25 HC-P20 |
| T6 | Fraise à rainurer Ø 12 HSS |
| T12 | Foret hélicoïdal Ø 8,5 HSS, à droite |

### Tableau 3: Programme CNC pour plaque de base, commande : PAL

| N° de séquence | Instruction de programme | Explication |
|---|---|---|
|  | ;Ebauche du contour | Commentaire sur la séquence de travail |
| N1 | G54 | Décalage du point origine de la machine à celui de la pièce |
| N2 | T4 F458 S1528 M13 TR0.5 TL0.1 | Appeler l'outil T4, vitesse d'avance (en angl. feed) en mm/min, fréquence de rotation en tr/min (min$^{-1}$), rotation de la broche en sens horaire et lubrifiant en marche, correction fine de l'outil pour surépaisseur de finition 0,5 mm (rayon) et 0,1 mm (longueur) |
| N3 | G0 | Marche rapide |
| N4 | G41 G45 D20 X8 Y6 Z-6 W1 | Correction de rayon de fraise, prépositionnement en avance rapide d'abord sur le plan XY, et ensuite en direction Z, approche tangentielle linéaire du contour à la vitesse d'avance, D20 = longueur du trajet d'approche jusqu'au 1er point de contour X8/Y6, W1 = plan d'approche 1 mm au-dessus du brut |
| N5 | G1 Y36 | Fraisage linéaire jusqu'à Y36 |
| N6 | G1 X22 Y52 | Fraisage linéaire jusqu'à X22/Y52 |
| N7 | G1 X31 | Fraisage linéaire jusqu'à X31 |
| N8 | G3 X61 Y52 I15 J0 | Fraiser l'arc-de-cercle dans le sens anti-horaire jusqu'à X61 Y52, coordonnées du centre par rapport au point initial en incrémental |
| N9 | G1 X72 | Fraisage linéaire jusqu'à X72 |
| N10 | G1 Y6 RN8 | Fraisage linéaire jusqu'à Y14, R8 |
| N11 | G1 X8 | Fraisage linéaire jusqu'à X8 |
| N12 | G46 G40 D22 Z1 | Retrait tangentiel rectiligne du contour, annulation de la correction du rayon de fraise, D22 = longueur du trajet de retrait, dégagement à Z1 en avance de travail |

**Suite du Tableau 3** (page précédente)

| N° de séquence | Instruction de programme | Explication |
|---|---|---|
| | ;Finition du contour | |
| N13 | T4 F344 S1910 | Appeler l'outil T4 sans correction fine de l'outil, vitesse d'avance en mm/min, vitesse de la broche en min$^{-1}$ |
| N14 | G23 N3 N12 | Renvoi à la ligne N3 jusqu'à N12 |
| | ;Ebauche de la poche | |
| N15 | T6 F265 S1326 M13 | Appel de l'outil T6, vitesse d'avance en mm/min, fréquence de rotation en tr/min (min$^{-1}$) rotation de la broche en sens horaire et lubrifiant réfrigérant en marche |
| N16 | G72 ZA-4 LP32 BP22 D6 V1 RN8 AK0.5 AL0.1 EP0 | Définition du cycle de poche carrée: profondeur 4 mm, longueur 32 mm, largeur 22 mm, profondeur d'approche max. 6 mm (0,5 · d), distance de sécurité 1 mm, rayon de bec 8 mm; surépaisseur du contour 0,5 mm et surépaisseur du fond 0,1 mm, le point de référence est le centre de la poche |
| N17 | G79 X34 Y21 Z0 W1 | Appel du cycle de poche rectangulaire actuel avec le point de référence centre de la poche X34/Y21 et Z0 en tant que coordonnées de surface du plan d'usinage, W1 = plan de retrait = 1 mm (absolu) |
| | ;Finition de la poche | |
| N18 | F191 S1592 | Vitesse d'avance et fréquence de rotation en tr/min (min$^{-1}$) pour la finition |
| N19 | G72 ZA-4 LP32 BP22 D6 V1 RN8 EP0 | Définition du cycle de poche rectangulaire: profondeur 4 mm, longueur 32 mm, largeur 22 mm, profondeur d'approche max. 6 mm (0,5 · d), distance de sécurité 1 mm, rayon de coin 8 mm; le point de référence est le centre de la poche |
| N20 | G79 X34 Y21 Z0 W1 | Appel du cycle de poche rectangulaire, programmation comme dans la séquence N17 |
| | ;Centrage | |
| N21 | T1 F94 S670 M13 | Appel de l'outil T1, vitesse d'avance en mm/min, vitesse de broche en min$^{-1}$, (∅ 9,5 mm), fréquence de rotation en tr/min (min$^{-1}$) en sens horaire et lubrifiant en marche |
| N22 | G81 ZI-4.75 V1 | Définition du cycle de perçage G81 pour le centrage avec la profondeur de plongée (incrémentale) 4,75 mm (0,5 · d), plan de sécurité 1 mm |
| N23 | G77 IA34 JA21 ZA-4 R7.5 AN45 AI90 O4 W1 | Appel du cycle de perçage actuel sur un cercle primitif avec les coordonnées du centre I et J absolu avec X34 et Y21, plan d'usinage Z-4 absolu, rayon du cercle primitif R7,5, angle de départ pour la première position de perçage 45° absolu, angle de l'incrément 90°, 4 positions de perçage, W1 = plan de retrait avec Z = 1 mm (absolu) |
| | ;Perçage | |
| N24 | T12 F76 S637 M13 | Appel de l'outil T12, vitesse d'avance en mm/min, fréquence de rotation en tr/min (min$^{-1}$), rotation de la broche en sens horaire et lubrifiant réfrigérant en marche |
| N25 | G81 ZA-19 V1 | Définition du cycle de perçage, profondeur de perçage absolue |
| N26 | G77 IA34 JA21 ZA-4 R7.5 AN45 AI90 O4 W1 | Appel du cycle de perçage, programmation comme dans la séquence N23 |
| N27 | T0 M9 | Dépôt de l'outil actuel dans le magasin, arrêt du lubrifiant réfrigérant |
| N28 | M30 | Fin du programme avec réinitialisation |

**Tableau 1: Programme CNC pour plaque de base, commande : Heidenhain iTNC 530**

| N° de séquence | Instruction de programme | Explication |
|---|---|---|
| 0 | BEGIN PGM plaque de base MM | Début du programme; nom, unité de mesure |
| 1 | BLK FORM 0.1 Z X+0 Y+0 Z-16 | Définition de la pièce brute: Axe de la broche, points minimum et maximum |
| 2 | BLK FORM 0.2 X+78 Y+60 Z+0 | Coordonnées du parallélépipède rectangle de pièce brute (nécessaire pour la simulation graphique) |
| 3 | ;Ebauche du contour | Commentaire sur la séquence de travail |
| 4 | TOOL CALL 4 Z S1528 F458 DL+0.1 DR+0.2 | Appeler l'outil 4 dans l'axe Z (tool call = appel de l'outil), fréquence de rotation en tr/min (min$^{-1}$), vitesse d'avance (feed) en mm/min, valeur delta pour la longueur et le rayon de l'outil comme surépaisseur de finition |
| 5 | L X-15 Y-15 R0 FMAX | Prépositionner l'outil sur une ligne droite (L =ligne) dans XY sans correction du rayon (R0) en marche rapide |
| 6 | L Z+2 R0 FMAX M13 | Prépositionnement dans Z en avance rapide (FMAX), broche et lubrifiant réfrigérant en marche |
| 7 | L Z-6 R0 F AUTO | Réglage de la profondeur de fraisage à la vitesse d'avance définie pour l'outil (F AUTO) |

**Suite du tableau 1** (page précédente)

| N° de séquence | Instruction de programme | Explication |
|---|---|---|
| 8 | CALL LBL 1 | Appel du sous-programme 1 (contour) (LBL = label = marque, désignation) |
| 9 | ;Finition du contour | |
| 10 | TOOL CALL 4 Z S1910 F344 | Appeler à nouveau l'outil 4 (ou appeler une autre fraise, par ex. une fraise de finition spéciale) dans l'axe Z, vitesse de broche en min$^{-1}$, vitesse d'avance en mm/min |
| 11 | L  X-15  Y-15 R0 FMAX | Prépositionnement dans XY en avance rapide, broche et lubrifiant réfrigérant en marche |
| 12 | L  Z+2 R0 FMAX M13 | Prépositionnement dans Z en avance rapide, broche et lubrifiant réfrigérant en marche |
| 13 | L  Z-6 R0 F AUTO | Réglage de la profondeur de fraisage à la vitesse d'avance |
| 14 | CALL LBL 1 | Appel du sous-programme 1 (contour) |
| 15 | ;Ebauche et finition de la poche | |
| 16 | TOOL CALL 6 Z S1326 | |
| 17 | CYCL DEF 251 POCHE RECTANGULAIRE | Appeler l'outil 6 dans l'axe Z, fréquence de rotation en tr/min (min$^{-1}$) Définition du cycle de poche rectangulaire (ébauche et finition) (Les paramètres pour la définition d'un cycle sont entrés par assistance graphique dans un masque.) |
| 18 | L  X+34  Y+21 R0 FMAX M13 M99 | Positionnement dans XY sur le centre de la poche, sans correction du rayon, en avance rapide, broche et lubrifiant réfrigérant en marche, appel du dernier cycle défini |
| 19 | ;Centrage et perçage | |
| 20 | PATTERN DEF  CIRC1  (X+34  Y+21 D15 START+45 NUM4  Z+0) | Définition du modèle cercle (pattern = modèle; circle = cercle) Centre du trou sur cercle en X et Y, diamètre du trou sur cercle, angle polaire de la première position d'usinage, nombre de positions sur le cercle, coordonnées Z, sur laquelle l'usinage doit commencer. Un modèle d'usinage reste actif (modal effectif) jusqu'à ce qu'un nouveau soit défini. |
| 21 | ;Centrage | |
| 22 | TOOL CALL 1 Z S670 | Appeler l'outil 1 dans l'axe Z, vitesse de broche en min$^{-1}$ |
| 23 | CYCL DEF 200 PERÇAGE | Centrer la définition du cycle |
| 24 | L  Z+2 R0 FMAX M13 | Prépositionnement dans Z en avance rapide, broche et lubrifiant réfrigérant en marche |
| 25 | CYCL CALL PAT FMAX | Appel du dernier modèle défini cercle Procédé en avance rapide entre les positions d'usinage |
| 26 | ;Perçage | |
| 27 | TOOL CALL 12 Z S637 | Appeler l'outil 12 dans l'axe Z, vitesse de broche en min$^{-1}$ |
| 28 | CYCL DEF 200 PERÇAGE | Définition du cycle perçage |
| 29 | L  Z+2 R0 FMAX M13 | Prépositionnement dans Z en avance rapide, broche et lubrifiant réfrigérant en marche |
| 30 | CYCL CALL PAT FMAX | Appel du dernier modèle défini cercle Procédé en avance rapide entre les positions d'usinage |
| 31 | L  Z+100 R0 FMAX M30 | Déplacement libre à hauteur de sécurité en avance rapide, fin du programme principal |
| 32 | ;Contour | |
| 33 | LBL 1 | Sous-programme 1 Le début d'un sous-programme peut être défini par un numéro de marque ou un nom de marque. |
| 34 | APPR LCT  X+8  Y+6 R10 RL F AUTO | Approcher (approach = approche) d'abord sur une ligne droite, puis sur une trajectoire circulaire avec raccordement tangentiel au contour (LCT = line circle tangential), correction du rayon à gauche (RL) |
| 35 | L  Y+36 | Fraisage linéaire jusqu'à Y36 |
| 36 | L  X+22  Y+52 | Fraisage linéaire jusqu'à X22/Y52 |
| 37 | L  X+31 | Fraisage linéaire jusqu'à X31 |
| 38 | CC  X+46  Y+52 | Coordonnées du centre (CC = circle center = centre du cercle) |
| 39 | C  X+61  Y+52 DR+ | Fraiser l'arc de cercle (C = circle = arc de cercle) jusqu'à X61 Y52 avec sens de rotation positif, c-à-d. dans le sens antihoraire |
| 40 | L  X+72 | Fraisage linéaire jusqu'à X72 |
| 41 | L  Y+6 | Fraisage linéaire jusqu'à Y14 |

**Suite du tableau 1** (page précédente)

| N° de séquence | Instruction de programme | Explication |
|---|---|---|
| 42 | RND R8 | Arrondissement du coin (RND = rounding of corner) avec R8 |
| 43 | L X+8 | Fraisage linéaire jusqu'à X8 |
| 44 | DEP LCT X-15 Y-15 R10 | Sortie tangentielle du contour (departure = départ) sur une trajectoire circulaire avec raccord tangentiel (LCT) |
| 45 | LBL 0 | Fin du sous-programme |
|  |  | La fin d'un sous-programme est toujours définie par un numéro de marque 0. |
| 46 | 55 END PGM Plaque de base MM | Fin du programme, nom, unité de mesure |

■ **Simulation du programme**

Sur des commandes modernes, le Programme CNC réalisé sur le panneau de commande de la machine **(fig. 1)** peut être simulé pour identifier des défauts de programmation. Une sélection de différents graphiques d'écrans permet de faire par ex. des simulations d'usinage graphiques dynamiques, des représentations en perspective ou des représentations de plusieurs vues **(fig. 2)**. On peut identifier plus facilement des écarts de contour grâce à des agrandissements (zoom). Néanmoins, une simulation ne suffit pas à vérifier l'exactitude du programme, car on ne remarque pas certaines subtilités, comme par exemple la correction du rayon de bec (CRB) non activée.

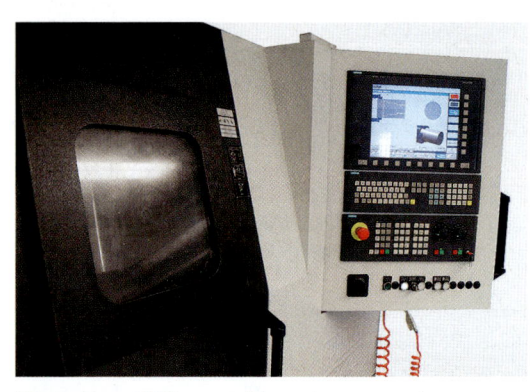

Fig. 1 : Tour CNC avec tableau de commande

## 4.1.8 Processus de programmation

Les programmes CNC sont créés soit manuellement ou à l'aide d'un ordinateur. En cas de fabrication assistée par ordinateur (FAO), le contour est établi progressivement à partir d'éléments de contour individuels (droites, cercle, ...) **(fig. 2)**. Les calculs nécessaires sont effectués par un processeur géométrique via un logiciel de conception et fabrication par ordinateur (CFAO).

Dans la **programmation d'atelier,** le programme CNC est directement créé et saisi sur la machine. Sur la plupart des commandes, cela peut être fait en parallèle, donc pendant qu'un autre programme est exécuté sur la machine. Dans la **programmation AV,** le code ISO est directement créé sur un poste de programmation dédié.

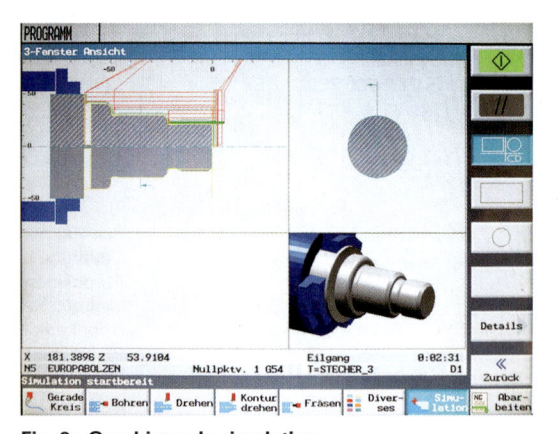

Fig. 2 : Graphique de simulation

On entend par **WOP, W**erkstatt-**O**rientiertes-**P**rogrammieren (programmation orientée atelier) un système de programmation dans lequel des programmes sont créés et modifiés de manière adaptée à l'atelier tant pour la machine que sur le conversationnel. On programme non seulement par des codes ISO et des instructions de programme, mais aussi avec des symboles picturaux et des masques de saisie aisément compréhensibles **(fig. 3)**. Les cotes de pièces et de serrage sont demandées par le biais d'un dialogue par la fenêtre de saisie (= commande par dialogue).

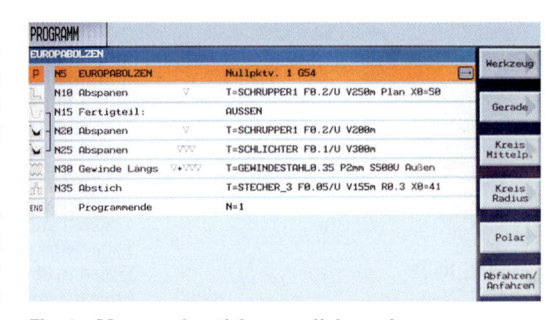

Fig. 3 : Masque de saisie pour élaborer le programme

# Commandes CNC pour machines-outils

Des systèmes de programmes documentés en atelier permettent une programmation rapide avec soutien graphique pour les usinages plus complexes. Dans la programmation par dialogue, le programme CNC est directement créé sur un poste de programmation. Indépendamment de la machine utilisée, l'opérateur décrit le brut et la pièce finie. Un processeur géométrique se charge du calcul de points inconnus du contour. Une importation depuis un système de CAO permet aussi de prendre en charge les données géométriques du dessin et de les appliquer dans le programme CNC.

La définition de processus d'usinage sur des éléments de contour sélectionnés, par ex. le tournage d'une gorge ou la création d'un surfaçage, est fournie par des fenêtres de saisie **(fig. 1)**.

En fonction de la description de la géométrie, des phases d'usinage sont créés automatiquement à partir du menu. L'outil approprié est proposé pour chaque étape, et il peut être accepté ou modifié.

En fonction de la machine, on détermine les données de coupe, la séquence d'usinage et l'occupation sur la tourelle **(fig. 2)**. Pour chaque opération d'usinage, les données de coupe peuvent être acceptées ou modifiées.

Un programme CNC spécifique à la commande est créé par le post-processeur (logiciel de « traduction du programme"). Ce programme peut être affiché à l'écran pour contrôle, et le déroulement de l'usinage peut être simulé **(fig. 3)**.

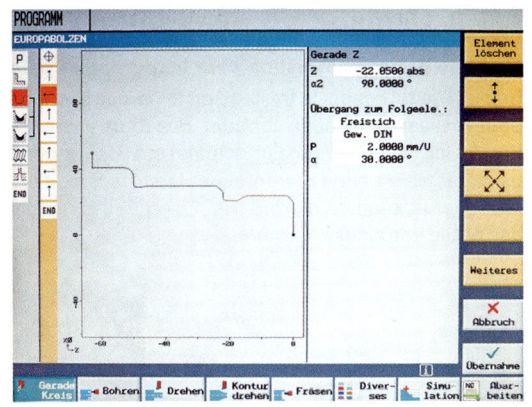

**Fig. 1 : Fenêtre de saisie pour la création d'une gorge**

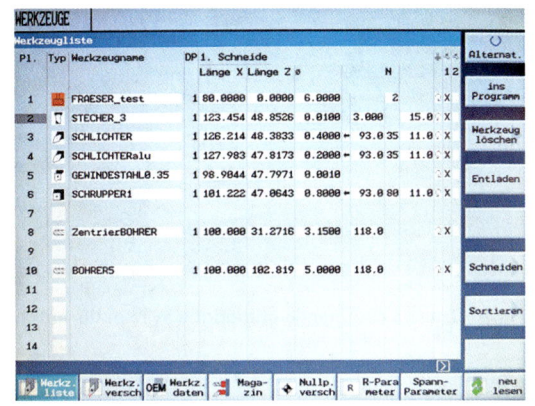

**Fig. 2 : Affectation du porte-outil**

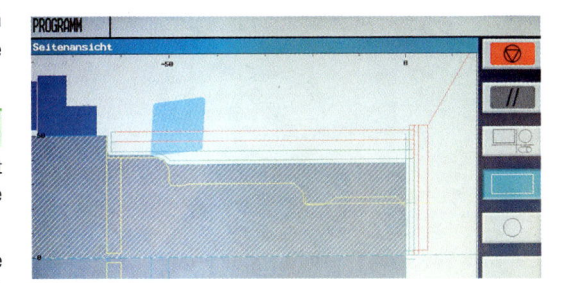

**Fig. 3 : Simulation graphique-dynamique**

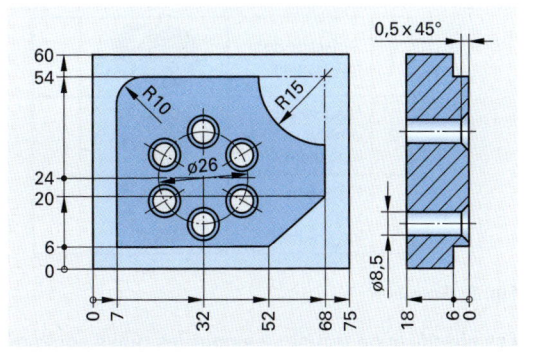

**Fig. 4 : Plaque de recouvrement en C15E**

## Répétition et approfondissement

1. Par quelle fonction G la correction de trajet est-elle activée lorsqu'une fraise avec la coupe à droite doit fraiser en avalant ?
2. Quelle position est approchée par le centre de la fraise après l'activation de la correction de trajet ?
3. Décrivez deux possibilités pour créer une surépaisseur pour un usinage d'ébauche.
4. Comment la fraise doit-elle s'approcher de la pièce pour éviter des marques indésirables sur les faces ?
5. A quoi sert la simulation de programmes CNC ?
6. Quels sont les avantages des systèmes de programmation orientés vers l'atelier ?
7. Créez le programme pour le fraisage du contour et les perçages de la plaque de recouvrement **(fig. 4)** avec les outils de la p. 301.

## 4.1.9 Usinage à 5 axes selon PAL

**Exemple de programmation pour le tournage CNC avec des outils tournants**

Si, outre le tournage, le fraisage ou le perçage à l'extérieur du centre de tournage sont également nécessaires pour réaliser un usinage complet, des tours à commande numérique sont utilisées avec des outils tournants **(fig. 1)**. Ici, l'axe Z (broche principale) est conçue comme un axe rotatif (dit axe C). Cela permet d'effectuer des usinages sur la surface frontale et la surface de l'enveloppe qui ne sont pas à symétrie de révolution. Pour fabriquer le tourillon d'arbre **(fig. 2)**, on utilise un tel tour à commande numérique avec un revolver d'outil et des outils entraînés.

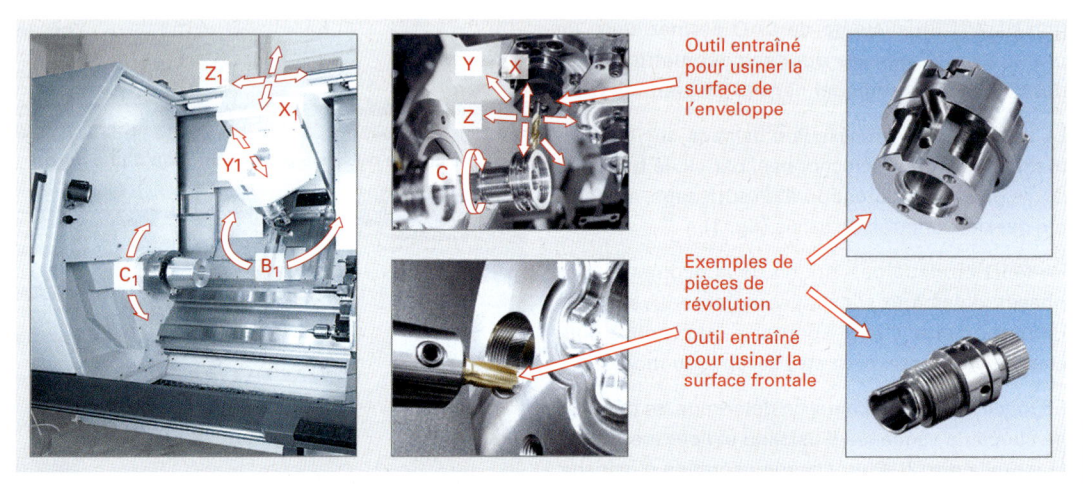

**Fig. 1 : Tours à commande numérique avec outils entraînés**

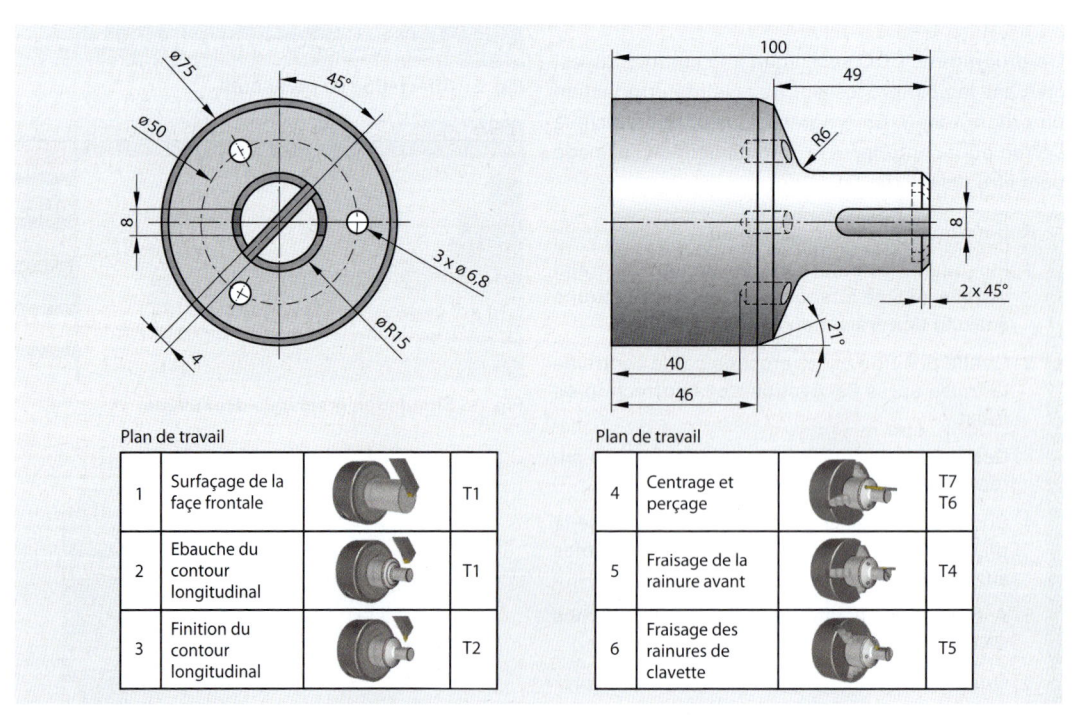

| | Plan de travail | | | | | Plan de travail | | |
|---|---|---|---|---|---|---|---|---|
| 1 | Surfaçage de la face frontale | | T1 | | 4 | Centrage et perçage | | T7 T6 |
| 2 | Ebauche du contour longitudinal | | T1 | | 5 | Fraisage de la rainure avant | | T4 |
| 3 | Finition du contour longitudinal | | T2 | | 6 | Fraisage des rainures de clavette | | T5 |

**Fig. 2 : Tourillon**

Les spécification techniques pour les outils sont spécifiés sur la page suivante dans le **tableau 1,** où figure également la programmation selon PAL dans le **tableau 2**.

# Commandes CNC pour machines-outils

## Tableau 1 : Données technologiques des outils

Dimensions de la pièce brute : ⌀ 75 · 102

| N° d'outil | T1 Burin d'ébauche | T2 Burin de finition |
|---|---|---|
| Diamètre $d$/rayon de bec | 0,8 mm | 0,4 mm |
| Vitesse de coupe $v_c$ | 150 m/min | 200 m/min |
| Vitesse de rotation $n$ | | |
| Profondeur de coupe/approche | 3 mm | 0,5 mm |
| Nombre de coupes $z$ | | |
| Avance | 0,25 mm/tr | 0,15 mm/tr |
| Vitesse d'avance $v_f$ | | |
| Matériau de coupe | P10 | P10 |

| N° d'outil | T4 Fraise cylindrique deux tailles axial | T5 Fraise cylindrique deux tailles radial |
|---|---|---|
| Diamètre $d$/rayon de bec | 4 mm | 6 mm |
| Vitesse de coupe $v_c$ | 120 m/min | 120 m/min |
| Vitesse de rotation $n$ | 9500 1/min | 6300 1/min |
| Profondeur de coupe $a_{p,max}$ | 2 | 2 |
| Nombre de coupes $z$ | | |
| Avance $f$ ou avance par coupe $f_z$ | 0,05 mm | 0,05 mm |
| Vitesse d'avance $v_f$ | 950 mm/min | 630 mm/min |
| Matériau de coupe | Fraise en carbure monobloc revêtue | Fraise en carbure monobloc revêtue |

| N° d'outil | T6 Foret | T7 Foret à pointer ou centreurs NC 90° |
|---|---|---|
| Diamètre $d$ | 6,8 mm | Diamètre de barre 10 mm |
| Vitesse de coupe $v_c$ | 60 m/min | 60 m/min |
| Vitesse de rotation $n$ | 2800 1/min | 1900 1/min |
| Profondeur de coupe $a_{p,max}$ | 25 mm | 3,5 mm |
| Nombre de coupes $z$ | | |
| Avance $f$ ou avance par coupe $f_z$ | 0,14 mm/tr | 0,1 mm/tr |
| Vitesse d'avance $v_f$ | 390 mm/min | 190 mm/min |
| Matériau de coupe | Foret en carbure monobloc revêtu | K20 |

## Tableau 2 : Programmes de pièces pour tourillons

; PROGRAMME PRINCIPAL %3000
N1 G54 G90 G18
N2 G92 S4000
N3 G96 S150 F.25 T1 TC1 M4 M8
; DRESSAGE
N4 G0 X77 Z0
N5 G1 X-1.6
N6 G0 Z2
N7 X75
; EBAUCHE DU CONTOUR
N8 G81 D3 H2 AZ.2 AX.3 O2
N9 G01 Z1 X26
N10 G1 Z-1 X30
N11 G01 Z-40 RN6
N12 G01 X75 Z-50 RN-2
N13 G1 Z-56
N14 G80
N15 G14 H0
; FINITION DU CONTOUR
N16 G96 S200 F.15 T2 TC1 M4 M8
N17 G81 D0 H4 O2
N18 G23 N9 N13 H1
N19 G80
N20 G14 H0
N21 M5
; CENTRAGE AXIAL ; (polaire)
N22 G97 S1900 F190 T7 TC1 M23
N23 P1=-48
N24 G17 C30
N25 G0 X25 Z-40
N26 G1 Z=P1
N27 G0 Z-40

N28 G0 CI120
N29 G23 N26 N28 H2
N30 G0 C0
N31 G14 H0
; PERCAGE AXIAL ; (polaire)
N32 G97 S2800 F390 T6 TC1 M23
N33 P1=-62.3
N34 G23 N24 N29
N35 G0 X25 Z-40
N36 G0 C0
N37 G14 H0
; RAINURE AVANT (axe Y virtuel)
N38 G97 S9500 F950 T4 TC1 M23
N39 G17
N40 G0 X15 Y-15 Z-5
N41 G1 X-15 Y15
N42 G0 Z2
N43 G14 H0
; FRAISAGE DES RAINURES
 DE CLAVETTE (polaire)
N44 G97 S6300 F630 T5 TC1 M3
N45 G17 C90
N46 G0 X12.5 Z5
N47 G1 Z-25
N48 G0 X17
N49 G0 Z5
N50 G0 C180
N51 G0 X12.5 Z5
N52 G1 Z-25
N53 G0 X17
N54 G14 H0
N55 G0 C0
N56 G18 M30

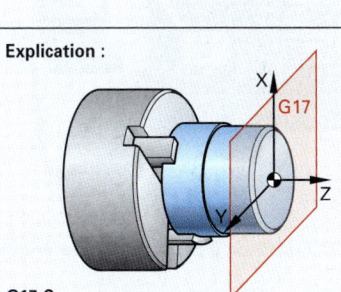

**Explication :**

**G17 C.....**
**Coordonnées polaires X; C; approche en Z**
C est l'angle de rotation absolu de la broche principale (de 0° à 360°)
CI est l'angle de rotation relatif
L'axe X est programmé avec les données du rayon.

**G17**
**Programmation avec l'axe Y virtuel dans le système de coordonnées G17 XYZ**
L'axe Y est produit à partir d'un mouvement commun entre l'axe X et C.

**G18**
**Annulation de l'interpolation de l'axe supplémentaire**

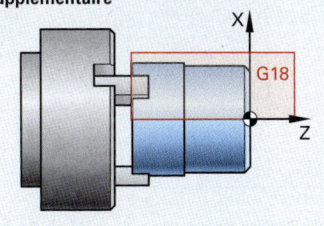

## Fraisage à commande numérique avec usinage multi-côtés

Si l'on doit usiner les pièces sur les cinq faces sans la desserrer ou si l'on doit fabriquer des contours à 5 axes, on a besoin de machines de fabrication à commande numérique à 5 axes. En plus des axes linéaires X-Y-Z, deux axes rotatifs sont disponibles. Un axe pivotant X est appelé axe A et un axe pivotant Z est appelé axe C **(fig. 1)**. De manière analogue, il y a des fraiseuses à 5 axes avec lesquelles on peut pivoter autour des axes Y (dit axe B) et l'axe Z. Précisément pour ces machines ayant des mouvements rotatifs autour de l'axe Y (dit axe B), on différencie deux types. Une fois, l'axe rotatif est produit en tournant l'outil (dit tête de fraisage pivotante) **(fig. 2, à droite)**, L'autre fois, la table porte-pièce peut être tournée autour de l'axe Y **(fig. 2, à gauche)**.

Pour fabriquer le palier de soutien **(fig. 3)**, on utilise une fraiseuse à commande numérique à 5 axes avec magasin d'outils et changeur d'outils. Il s'agit ici d'une fraiseuse avec laquelle l'axe X et l'axe Y sont pivotants.

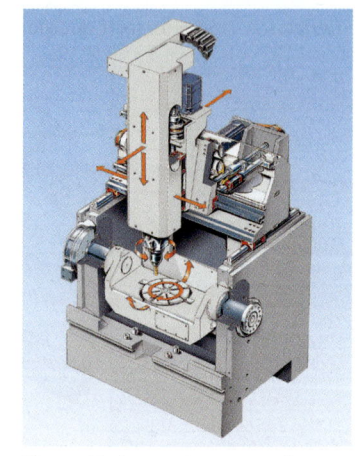

Fig. 1: Fraiseuse à commande numérique à 5 axes avec axe rotatif A et C

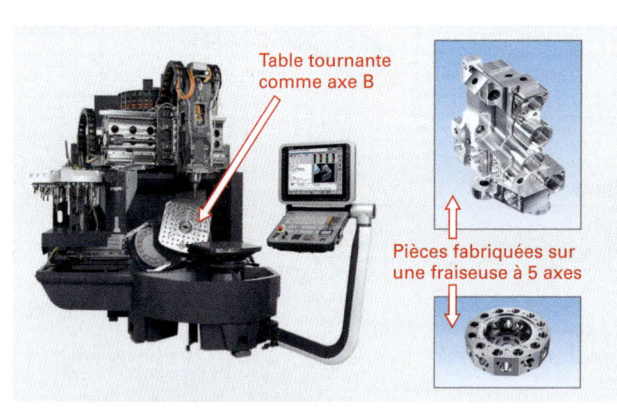

Fig. 2: Fraiseuse à commande numérique à 5 axes avec axe rotatif B et C

| | Plan de travail | | |
|---|---|---|---|
| 1 | Contour intérieur; perçage 12 mm; poche circulaire 24 mm; chanfrein 0,5 x 45° filetage M8 | | T1<br>T2<br>T6<br>T3;T5 |
| 2 | Perçage 8 mm | | T4 |
| 3 | Poche circulaire (à droite) | | T1 |
| 4 | Poche circulaire (à droite) contour (à gauche) | | T1 |

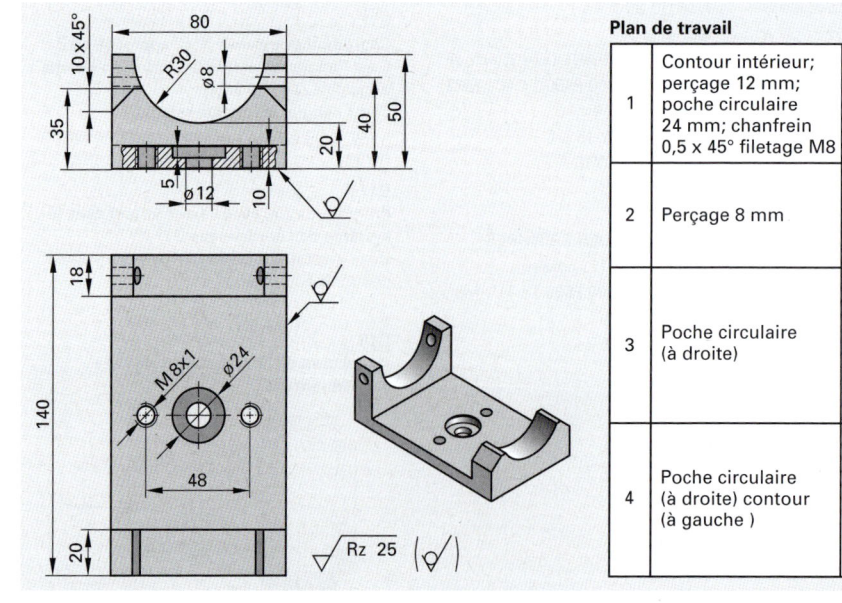

Fig. 3: Palier de soutien avec plan de travail correspondant

# Commandes CNC pour machines-outils

## Tableau 1 : Données technologiques des outils

Dimensions de la pièce brute : 140 · 80 · 50    Matériau : S 235

| | T1 Fraise cylindrique | T2 Fraise cylindrique |
|---|---|---|
| N° d'outil | | |
| Diamètre $d$ | 25 mm | 10 mm |
| Vitesse de coupe $v_c$ | 250 m/min | 250 m/min |
| Vitesse de rotation $n$ | 3180 1/min | 7950 1/min |
| Profondeur de coupe $a_{p,max}$ | 5 mm | 5 mm |
| Nombre de coupes $z$ | 4 | 4 |
| Avance $f$ ou avance par coupe $f_z$ | 0,05 mm | 0,05 mm |
| Vitesse d'avance $v_f$ | 636 mm/min | 1590 mm/min |
| Matériau de coupe | Métal dur | Métal dur |

| | T3 Foret | T4 Foret |
|---|---|---|
| N° d'outil | | |
| Diamètre $d$ | 6,8 mm | 8 mm |
| Vitesse de coupe $v_c$ | 60 m/min | 60 m/min |
| Vitesse de rotation $n$ | 2800 1/min | 2390 1/min |
| Profondeur de coupe $a_{p,max}$ | | |
| Nombre de coupes $z$ | 2 | 2 |
| Avance $f$ ou avance par coupe $f_z$ | 0,14 mm/tr | 0,14 mm/tr |
| Vitesse d'avance $v_f$ | 392 mm/min | 334 mm/min |
| Matériau de coupe | Foret en carbure monobloc revêtu | Foret en carbure monobloc revêtu |

| | T5 Taraud | T6 Fraise à chanfreiner |
|---|---|---|
| N° d'outil | | |
| Diamètre $d$ | 8 mm | 12 mm |
| Vitesse de coupe $v_c$ | 16 m/min | 40 m/min |
| Vitesse de rotation $n$ | 636 1/min | 1061 1/min |
| Profondeur de coupe $a_{p,max}$ | | |
| Nombre de coupes $z$ | | 2 |
| Avance $f$ ou avance par coupe $f_z$ | | |
| Vitesse d'avance $v_f$ | 1 mm/tr = 636 mm/min | 0,15 mm/tr = 159 mm/min |
| Matériau de coupe | HSS | HSS |

## Tableau 2 : Programme de pièces pour palier de soutien (fraiseuse à commande numérique à 5 axes avec axes A-C)

; Contour intérieur
N1 G54
N2 G17 T1 TC1 F636 S3180 M3 M6
N3 G72 ZA-40 LP102 BP130 D5 V2
    W2 RN15 AK0 AL0 EP0 DB80 O1
    Q1 H1 BS0
N4 G79 X2 Y0 Z0
N5 G0 X-200 Y-200 Z250 M9
; Poche circulaire Ø 24
N6 G17 T2 TC1 F1590 S7950 M3 M6
N7 G73 ZA-45 R12 D5 V2 W55 AK0
    AL0 DB80 O1 Q1 H1
N8 G79 X0 Y0 Z-40
; Perçage Ø 12
N9 G73 ZA-52 R6 D5 V2 W55 AK0
    AL0 DB80 O1 Q1 H1
N10 G79 X0 Y0 Z-45
N11 G0 X-200 Y-200 Z250 M9
; Chanfrein
N12 T6 TC1 F159 S1061 M3 M6
N13 G0 X0 Y0 Z0
N14 Z-40
N15 X-10
N16 G1 Z-42.5
N17 G2 X-12 Y0 I12 J0
N18 G0 Z10
N19 X-200 Y-200 Z250
; Perçages Ø 6.8
N20 G17 T3 TC1 F392 S2800 M3 M6
N21 G81 ZA-53 V2 W2
N22 G79 X0 Y24 Z-40
N23 G79 X0 Y-24 Z-40
N24 G0 X-200 Y-200 Z250 M9

; M8 Filetages
N25 G17 T5 S636 F636 M3 M6
N26 G84 ZA-53 F1 V2 W2 S50
N27 G23 N22 N23
; Perçage
N28 T4 TC1 F334 S2390 M3 M6
N29 G17 AM-90 ;Drehung A-Achse
N30 G55
N31 G83 ZA-83 D20 V2 W2 DT1 DM10 U0
N32 G79 X-9 Y-40 Z0
N33 G0 X-200 Y-200 Z250 M9
; 1. Poche circulaire
N34 G17 CM-90 ;Drehung C-Achse
N35 G56
N36 T1 TC1 F636 S3180 M3 M6
N37 G73 ZA-20 R30 D5 V2 W2 AK0
    Al0 DB80 O1 Q1 H1
N38 G79 X40 Y-50 Z0
N39 G0 X-200 Y-200 Z250 M9
; 2. Poche circulaire
N40 G17 CM90 ;Drehung C-Achse
N41 G57
N42 G73 ZA-22 R30 D5 V2 W2 AK0
    AL0 DB80 O1 Q1 H1 M8
N43 G79 X40 Y0 Z0
N44 G0 X-200 Y-200 Z250 M9
; Contour à gauche
N45 G0 X110 Y50 Z2
N46 G1 Z0
N47 G22 L1 H6
N48 G0 Z2
N49 G0 X-200 Y-200 Z250 M9

; Rappel des axes rotatifs
N50 G17 AM0 BM0 CM0
N51 M30

; Sous-programme L1
N1 G91
N2 G1 Z-4
N3 G90
N4 G41
N5 G45 D15 X80 Y25
N6 G1 X80 Y25
N7 G1 X70 Y15
N8 G1 X10 Y15
N9 G1 X0 Y25
N10 G0 X-2 Y52
N11 G0 X82 Y52
N12 G40
N13 G0 X110 Y50
N14 M17

; Explication
G17 AM[] BM[] CM[] H[]
AM, BM et CM sont les
angles de rotation autour
de l'axe de rotation respectif
H0 Rentrée par pivotement
    des axes rotatifs, NPV s'arrête
H1 Rentrée par pivotement des axes rotatifs,
    NPV tourne avec; H1 est prédéfini
H2 comme H1 mais avec un mouvement
    de correction d'outil

## 4.2 Technique de manutention dans l'automatisation

### 4.2.1 Technique des systèmes de manutention

Les systèmes de manutention sont nécessaires dans tous les processus de transport, d'usinage, de montage et d'essai de la fabrication. Des systèmes de manutention appropriés, par ex. un robot industriel sur une chaîne de montage (**fig. 1**), s'en chargent.

Un **flux de matériau** s'effectue vers les lieux de fabrication et de montage, avec un retour au point de départ. La manutention est une sous-fonction du flux de matériau, tout comme **l'acheminement** et **l'entreposage**.

**Les fonctions de manutention** sont subdivisées en 5 sous-catégories. Pour simplifier la description et la documentation de ces fonctions, on utilise des symboles correspondants (**fig. 2**).

**Les installations de manutention** pour le chargement et le déchargement de machines rotatives exécutent principalement des mouvements linéaires (horizontaux, verticaux) ou rotatifs. Ainsi une ébauche est menée vers un dispositif de serrage, et après la fin de l'usinage, elle est déposée comme pièce finie dans un récipient de transport (**fig. 3**).

Les degrés de liberté d'un système de manutention permettent ces mouvements. Le degré de liberté **mécanique** f donne le nombre de mouvements indépendants, par ex. translations ou rotations d'un composant par rapport à son système de référence (**fig. 4**). Il y a trois degrés de liberté **translatifs** (linéaires), donc trois mouvements selon les axes X, Y et Z. Ces translations modifient la position d'un composant.

Trois degrés de liberté **rotatifs** modifient **l'orientation** du corps. Il s'agit respectivement des rotations selon les axes A, B et C.

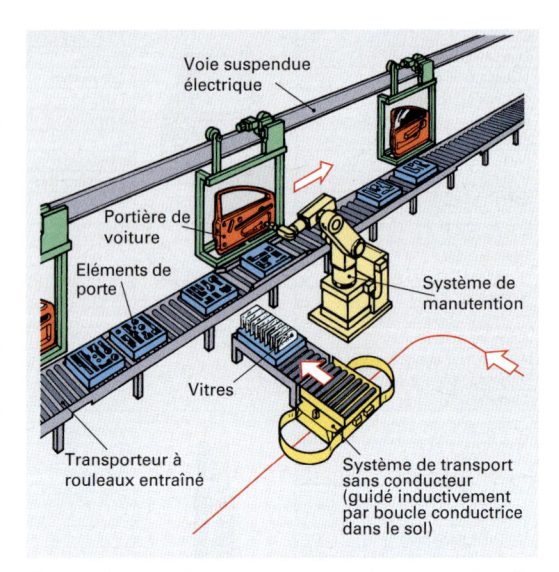

① Prendre
② Distribuer : Charger, Décharger, Insérer
③ Classer, Trier
④ Positionner
⑤ Serrer

Fig. 1 : Montage de composants sur des portes de voiture au moyen d'un dispositif de manutention

| Stocker | Modifier quantités | Déplacer | Verrouiller | Contrôler |
|---|---|---|---|---|
| de manière rangée, | ramifier | positionner | serrer | vérifier |
| par ex. magasin, stock | par ex. aiguillage, distributeur | par ex. butée | par ex. préhenseur, logement | par ex. capteur, dispositif d'essai |

Exemple : Processus de manutention sur un poste de contrôle

Positionner — Serrer — Contrôler — Desserrer — Positionner

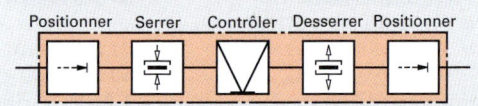

Fig. 2 : Représentations par symboles de fonctions lors de la manipulation

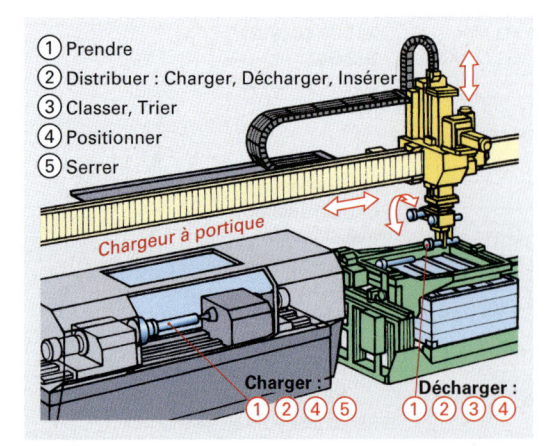

Fig. 3 : Fonctions de manipulation lors du chargement et du déchargement d'un tour

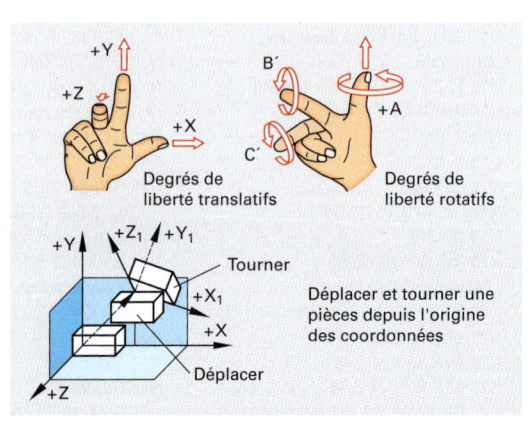

Fig. 4 : Degrés de liberté d'un corps

## 4.2.2 Classification des systèmes de manutention

On différencie les manipulateurs, les appareils d'insertion et les robots industriels. Ils ont différentes commandes et possibilités de programmation pour le déroulement des mouvements **(fig. 1)**.

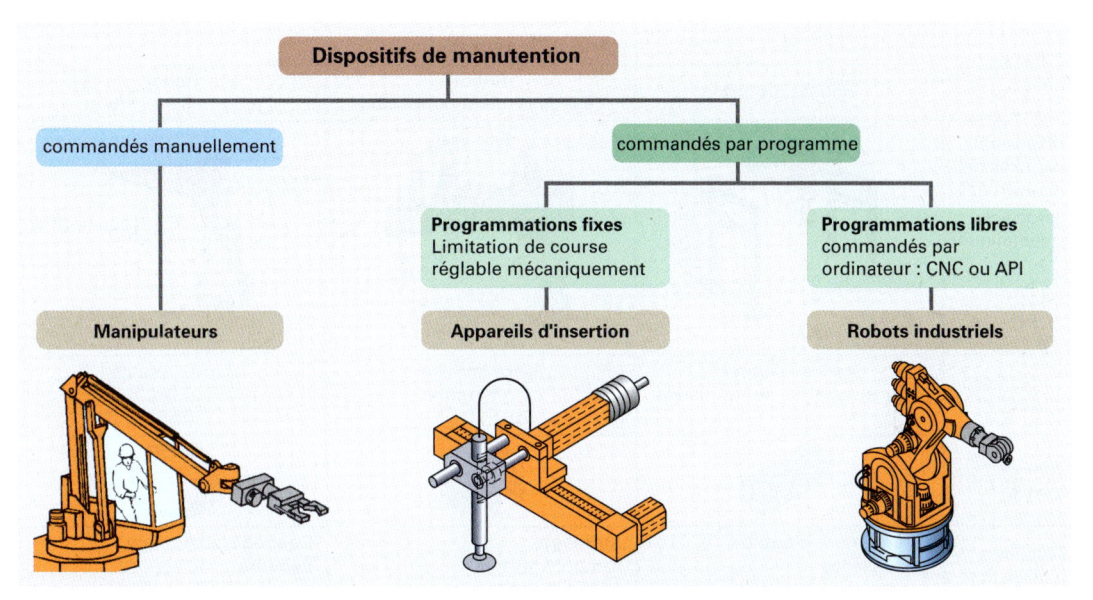

**Fig. 1 : Classification des systèmes de manutention selon le type de commande**

**Les manipulateurs** permettent le mouvement de composants lourds et de charges dangereuses par une commande manuelle. Télécommandés, ils peuvent être utilisés dans des locaux où l'accès de personnes est interdit en raison de la chaleur, du froid, de la pression ou du rayonnement radioactif.

**Les appareils d'insertion** sont des automates de mouvement équipés de préhenseurs. Ils sont utilisés dans la fabrication en grande série, quand un mouvement de point à point doit être exécuté, par ex. pour fournir à une machine une pièce ou un outil prélevé dans un magasin. Les mouvements simples de levage et de pivotement peuvent être réglés par des butées ou des commutateurs de fin de course.

**Les robots industriels** ont des possibilités de mouvement pratiquement illimitées dans une zone de travail. Ces mouvements sont librement programmables et commandés par des capteurs.

## 4.2.3 Cinématique et types de construction de robots industriels

La structure cinématique des robots industriels est déterminée par la disposition, le type et le nombre de ses axes participant à un mouvement. **Les axes** sont les éléments de mouvement du robot guidés et entraînés indépendamment les uns des autres.

On distingue :

**axes rotatifs** : ils permettent d'exécuter des mouvements de rotation rapides A1 à A6 **(fig. 2)**.

**axes translatifs** : ils permettent d'exécuter des mouvements d'axe rectilignes, linéaires, parallèlement aux axes de coordonnées X, Y et Z.

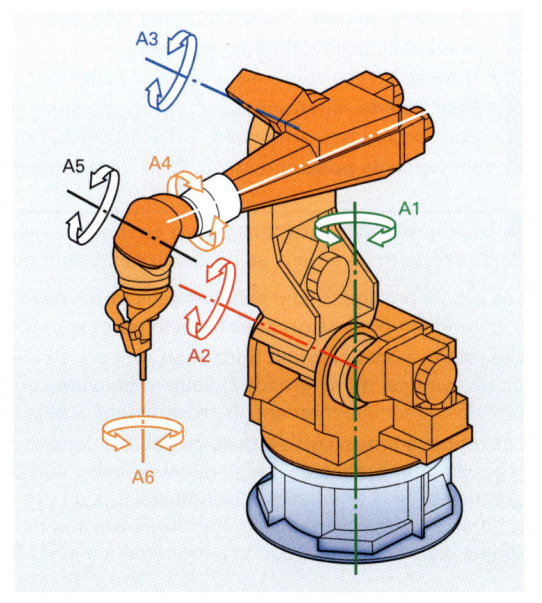

**Fig. 2 : Robot à bras articulés à 6 axes**

La construction et les possibilités de mouvement (= cinématique) des robots, et la présence d'axes principaux rotatifs (R) ou translatifs (T) du robot déterminent **l'espace de travail** possible (**fig. 1**) : cet espace peut être cylindrique, sphérique ou parallélépipédique. Des formes mixtes de ces éléments de base sont qualifiées d'hybrides : par ex. l'espace de travail de type Scara[1]).

| Caractéristiques | Construction | | |
|---|---|---|---|
| | Robot portique | Robot à bras pivotant horizontal | Robot à bras pliant vertical |
| Disposition des axes de mouvement (structure cinématique) | 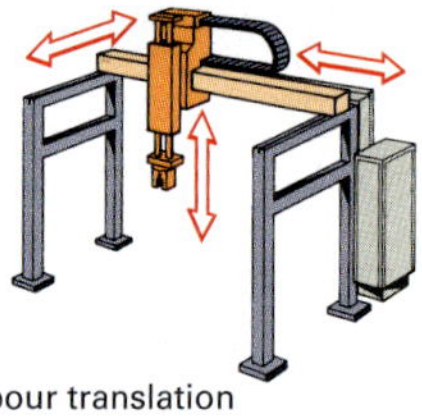 T pour translation | 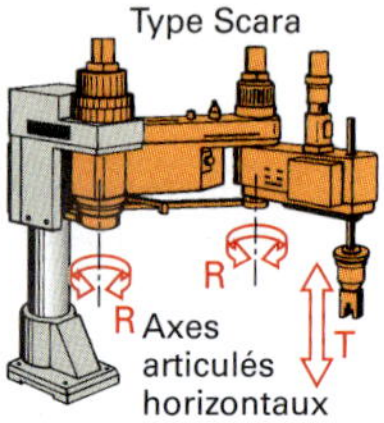 Type Scara — R Axes articulés horizontaux | 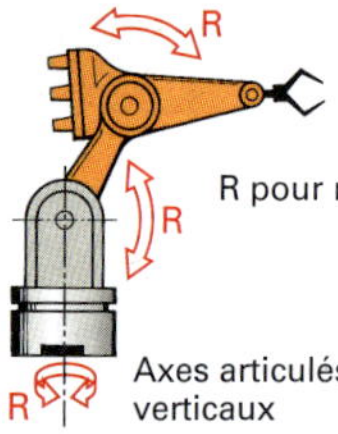 R pour rotation — Axes articulés verticaux |
| Combinaison d'axes | 3 axes linéaires Conception des coordonnées TTT | 1 axe linéaire 2 axes rotatifs RRT (TRR) | 3 axes rotatifs RRR |
| Zone de travail | 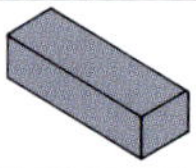 |  | 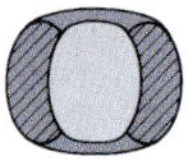 |
| Domaines d'utilisation | Chargement d'outils et de pièces montage, palettisation | Montage, forage, fraisage vérification | Soudage, ébavurage, peinture montage |

**Fig. 1 : Constructions et domaines d'application de robots industriels**

## Les caractéristiques de performances des robots industriels résultent de leur type constructif

- **Nombre d'axes de mouvement.** Plus un robot possède d'axes (articulations), plus il est mobile. Le degré de liberté le plus élevé f = 6 nécessite au moins six axes de mouvement.
- **Espace de travail.** Il décrit l'espace de travail possible. Il est constitué par les capacités de positionnement de tous les axes et représente en même temps la **zone de danger** pour le personnel de service et d'entretien du robot.
- **Charge nominale.** Elle est toujours inférieure à la charge maximale autorisée et peut être déplacée par le robot sans limitation de la vitesse.
- **Vitesse.** Elle se compose proportionnellement des mouvements des axes.
- **Précision de répétition.** C'est l'écart maximal qui apparaît lorsque l'arrivée sur une position se répète dans les mêmes conditions. Cet écart est compris dans une plage de ± 0,01 mm et ± 2 mm.
- **Précision de positionnement.** C'est l'écart maximal lors du positionnement de la charge nominale.

La propriété et la caractéristique d'un robot industriel dépendent de son profil de performances : le nombre d'axes de mouvement, sa précision de positionnement et répétition, et sa vitesse.

**Les robots portiques** sont installés sous forme de pont au-dessus de l'espace de travail. Ils conviennent particulièrement pour de grandes trajectoires et le mouvement rapide de lourdes charges.

**Les robots à bras pivotant horizontal** sont principalement utilisés comme robots de montage. Ils présentent un axe vertical d'une grande rigidité et peuvent exécuter de rapides mouvements horizontaux. De par leur principe de fonctionnement, ils ressemblent le plus au bras humain.

**Les robots à bras pliant vertical**, de par leur construction, ils sont aussi appelés **robots articulés**. Leurs avantages sont un espace de travail relativement grand par rapport à leur taille, des mouvements rapides et une grande liberté d'orientation des préhenseurs ou des outils dans la pièce. Grâce à cette mobilité, ces types de robots peuvent accomplir de nombreux travaux de soudage et de peinture. L'utilisation universelle de ces robots dans la manutention et le traitement a amené à les qualifier de **robots universels**.

[1]) scara, abréviation anglaise de **s**elective **c**omplian**c**e **r**obot **a**rm

## 4.2.4 Unités fonctionnelles de robots industriels

**L'entraînement** de robots industriels comprend généralement des servomoteurs à courant triphasé à réglage de la vitesse, munis de freins électromagnétiques. Les vitesses élevées des moteurs électriques sont fortement démultipliées par des réducteurs Harmonic-Drive (**p. 490, fig. 1**) ou Cyclo-Fine. On obtient des vitesses de l'ordre de 0,2 à 2 tours par seconde.

Les **détecteurs** sont les « organes sensoriels » du robot. Il en existe différents modèles (**fig. 1**). Les éléments de signalisation tactiles (= à contact) palpent la forme et l'assise de la pièce. Les capteurs optiques ou électriques fonctionnant sans contact transmettent des informations sur la zone de travail du robot à la commande, afin de surveiller les forces et les mouvements qui se produisent (p. 582).

Le **système de mesure de la trajectoire** numérique et absolu avec des disques segmentés codés détecte la position effective des axes rotatifs et linéaires.

Les synchro-transmetteurs analogiques ou **résolveurs**[1] pour la détection de l'angle de rotation et les potentiomètres linéaires pour les décalages par translation (rectilignes) sont très répandus (**fig. 2**). **Les résolveurs** sont fixés sur les arbres de rotor. Leur structure correspond à celle d'une génératrice de courant alternatif avec un bobinage de rotor et deux bobinages de stator décalés de 90 degrés l'un par rapport à l'autre. Les deux bobinages de stator sont alimentés en courant. Une tension à décalage de phase est induite dans le rotor lors de la rotation. L'angle de décalage de phase $\alpha_x$ est une grandeur analogique par rapport à l'angle de rotation de l'axe respectif.

| Type de capteur | | Fonction |
|---|---|---|
| | Générateur de pas angulaire (disque segmenté) | Position de fin de course, déterminer l'assiette, la position, la vitesse, l'accélération |
| | Commutateur fin de course | Surveiller la sécurité |
| | Barrière lumineuse | |
| | Détecteur de proximité inductif ou capacitif : 0,1…10 mm | |
| | Détecteur optique de distance : 1 mm…10 mm | Mesurer les distances saisir les composants |
| | Détecteur de commutation : 0,1…10 m | |
| | Bouton-poussoir | |
| | Bouton-poussoir | Détecter le contour de la pièce, guidage selon trajectoire, détecter l'assise et l'état |
| | Traitement d'images par le système de caméras | |
| | Capteur de force | Mesurer la force, la pression, le couple |

Fig. 1 : Les capteurs et leurs fonctions

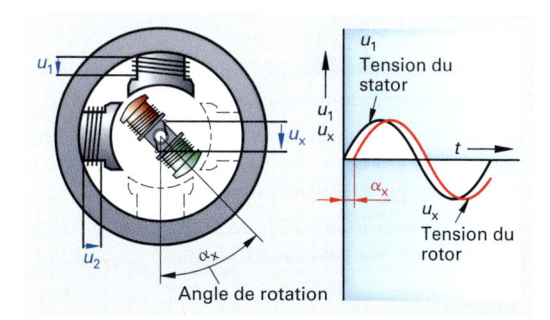

Fig. 2 : Détection de l'angle de rotation par résolveur

## 4.2.5 Programmation des robots industriels

La **programmation** se fait soit EN LIGNE, donc directement sur le panneau de commande du robot dans la cellule de travail, soit HORS LIGNE, sans liaison visuelle directe avec le robot, sur un poste de programmation (**fig. 3**).

Lors de la **programmation par apprentissage**[2], on accède à la main à des points de l'espace par un panneau de commande correspondant et on déclenche des fonctions de la pince. Le programme qui en résulte peut être testé et optimisé. Les vitesses de déplacement manuel et de programmation peuvent être réglées en continu.

| Programmation directe : EN LIGNE | | Programmation indirecte : Hors ligne | |
|---|---|---|---|
| Apprentissage des mouvements (teach-in) | | Procédé textuel | Procédé interactif graphique |
| | Déplacement jusque sur certains points et enregistrement des mouvement | Poste de programmation P2 P1 GOTO P1 GOTO P2 | |

Fig. 3 : Procédé de programmation des robots

[1] de l'anglais to resolve = résoudre  [2] en anglais : teach-in

Dans la **programmation textuelle**, le déroulement du programme est décrit par des instructions (ordres) dans un langage de programmation du robot. Différents langages sont disponibles pour les différents systèmes de robots.

La **programmation graphique interactive** fait appel à des données de CAO de la cellule de robots (système périphérique) et aux données des robots sous la forme de modèles de fils, de surfaces ou de volumes. Ainsi, des fonctions de manutention peuvent être programmées et simulées virtuellement hors ligne sur des interfaces utilisateurs complexes avant d'être testées et utilisées sur des installations concrètes.

Contrairement à la programmation de machines CNC, les points de l'espace auxquels un robot doit accéder sont trouvés par « **apprentissage** » (teaching). A cette fin, on utilise des unités de commande spécifiques aux robots (**fig. 1**). Ces panneaux comportent des dispositifs de sécurité intégrés, par ex. des boutons-poussoir d'assentiment : s'ils ne sont pas activés, le robot ne bouge pas.

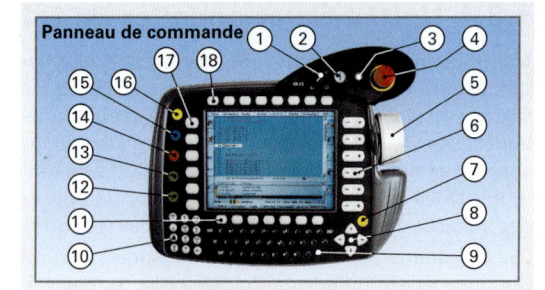

① Sélecteur de modes
② Entraînements MARCHE
③ Entraînements ARRÊT//SSB-GUI
④ Bouton d'ARRÊT D'URGENCE
⑤ Space Mouse
⑥ Touches d'état de droite
⑦ Touche de saisie
⑧ Touches du curseur
⑨ Clavier
⑩ Pavé numérique
⑪ Touches logicielles
⑫ Touche de démarrage/retour
⑬ Touche de démarrage
⑭ Touche STOP
⑮ Touche de choix de fenêtre
⑯ Touche ESC
⑰ Touches d'état de gauche
⑱ Touches de menu

**Fig. 1 : Panneau de commande pour rédiger le programme d'un robot**

## 4.2.6 Systèmes de coordonnées

Pour décrire la position de ces points spatiaux par rapport aux mouvements des axes, il faut différents **systèmes de coordonnées (SC)** :

**WORLD :** le système de coordonnées WORLD est un système de coordonnées cartésiennes défini de manière fixe.

C'est le système de coordonnées initial pour les systèmes de coordonnées ROBROOT et BASE.

Sur le réglage de base, le système de coordonnées WORLD se trouve dans le pied du robot et couvre la même zone que ROBROOT (**fig. 2**).

**ROBROOT :** avec ROBROOT, on peut définir un décalage du robot par rapport au système de coordonnées WORLD.

**BASE :** le système de coordonnées BASE est un système de coordonnées cartésien qui décrit la position de la pièce. Il se réfère au système de coordonnées WORLD et doit être mesuré par l'utilisateur.

**TOOL :** le système de coordonnées TOOL est un système de coordonnées cartésien qui se trouve dans le point de travail (TCP) de l'outil. Il se réfère au système de coordonnées BASE.

En position de base, l'origine du système de coordonnées TOOL se trouve au centre de la bride. Le système de coordonnées TOOL est décalé par l'utilisateur vers le point de travail de l'outil (**fig. 3**).

L'avantage du décalage du TCP par rapport au centre de la bride vers le TCP de l'outil est le déplacement rectiligne en direction de l'impact de l'outil ($X_{Tool}$) lorsqu'il est placé de biais dans l'espace.

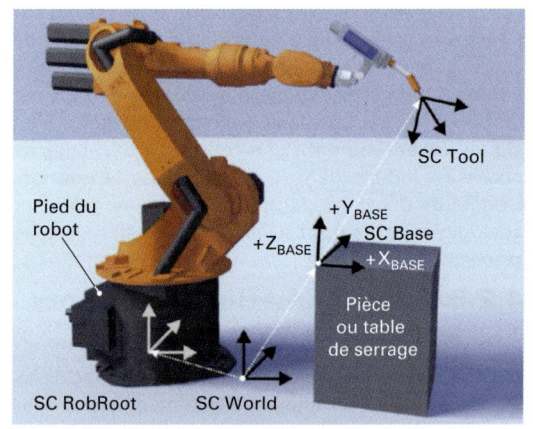

**Fig. 2 : Aperçu des systèmes de coordonnées (SC) sur un robots à bras pliants**

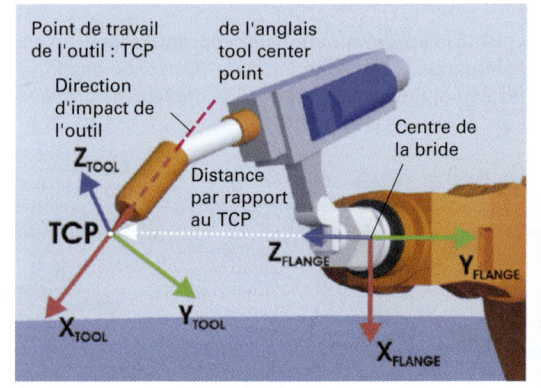

**Fig. 3 : Détermination du TCP référée au système de coordonnées de bride**

# Technique de manutention dans l'automatisation

Lorsque l'outil et éventuellement la pièce sont mesurés, on peut commencer la programmation de mouvements. Le langage de programmation est l'anglais **(fig. 1)**.

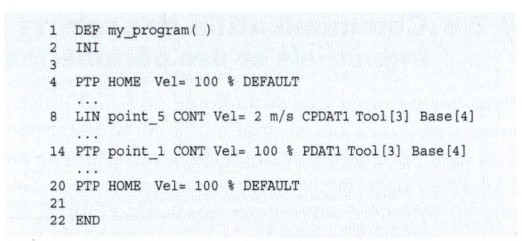

```
1  DEF my_program( )
2  INI
3
4  PTP HOME  Vel= 100 % DEFAULT
   ...
8  LIN point_5 CONT Vel= 2 m/s CPDAT1 Tool[3] Base[4]
   ...
14 PTP point_1 CONT Vel= 100 % PDAT1 Tool[3] Base[4]
   ...
20 PTP HOME  Vel= 100 % DEFAULT
21
22 END
```

**Fig. 1: Programme avec ordres de mouvement**

## 4.2.7 Types de mouvements des robots industriels

- **Mouvement PTP** (anglais: point to point)

Le robot conduit le TCP (point de travail de l'outil) par la trajectoire la plus rapide à sa cible. Les axes du robot se déplacent rotativement. La trajectoire précise du mouvement n'est pas prévisible. Le PTP est choisi sur une ligne du programme **(fig. 2)**.
par ex. PTP  P1  CONT  Vel= 100 %

Cette ligne signifie que depuis un point non critique (par ex. désigné point HOME) accède au point P1 à une vitesse vel (anglais: velocity) de 100% (en déplacement manuel par ex. à 250 mm/s) avec un mouvement PTP.

- **Mouvement LIN** (anglais: linear)

Le robot amène le TCP à une vitesse définie, de 2 m/s, sur une ligne droite vers le point cible P1.
par ex. LIN  P1  CONT  Vel= 2 m/s

- **Mouvement CIRC** (anglais: circular)

Le robot amène le TCP à une vitesse définie, de 2 m/s, selon une trajectoire circulaire vers le point cible. Cette trajectoire circulaire est définie par un point de départ, un point auxiliaire et un point cible.
par ex. CIRC  P1  P2  CONT  Vel= 2 m/s

Le point P1 sur la ligne de programme est le point $P_{AUX}$, un point auxiliaire servant à parvenir du point de départ $P_{START}$ au point d'arrivée P2 **(fig. 3)**.

Dans les mouvements linéaires et circulaires LIN et CIRC, les vitesses sont saisies directement, par ex. vel = 2 m/s, et pas en pourcentage.

Dans tous les trois exemples, on utilise l'ordre «**CONT**»[1]. Il correspond à ce qu'on appelle le **lissage** des positions.

Le lissage signifie: le TCP quitte la trajectoire par laquelle il accéderait exactement au point cible, et effectue une trajectoire plus rapide. La **fig. 4** présente le lissage d'un mouvement **PTP**. Le point programmé P2 n'est **pas** atteint.

En cas de mouvements **LIN**, lors du lissage de P2, il faut indiquer une distance à partir de laquelle on peut diverger du mouvement en ligne droite **(fig. 5)**. Il n'en résulte **aucune** trajectoire circulaire.

En cas de mouvements **CIRC**, on accède toujours exactement à $P_{aux}$. La trajectoire de transition du mouvement circulaire au mouvement linéaire ne correspond pas à un rayon.

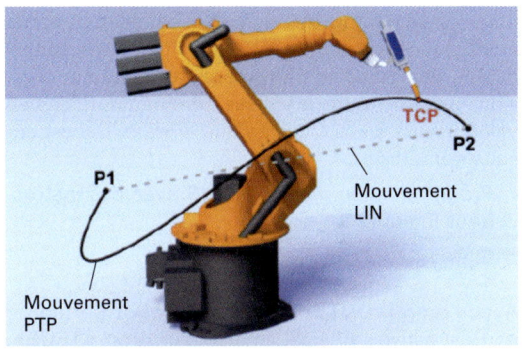

**Fig. 2: Mouvements PTP et LIN**

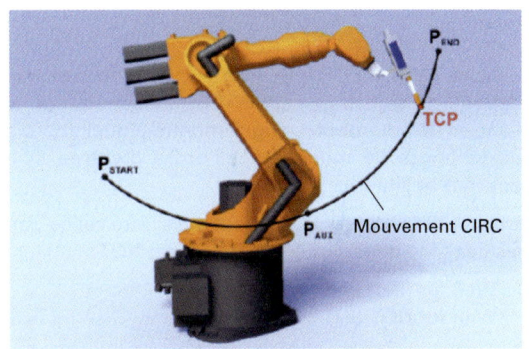

**Fig. 3: Mouvement CIRC**

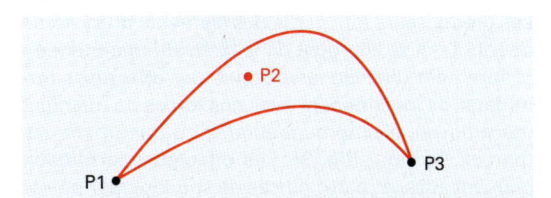

**Fig. 4: Lissage de la trajectoire en cas de mouvement PTP**

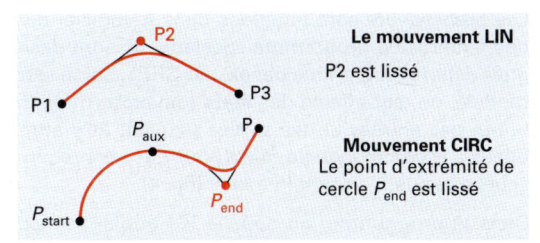

Le mouvement LIN
P2 est lissé

Mouvement CIRC
Le point d'extrémité de cercle $P_{end}$ est lissé

**Fig. 5: Lissage de la trajectoire avec les mouvements LIN et CIRC**

---

[1] cont, en anglais continuous path

## 4.2.8 Communication des robots industriels et des périphéries

Pour programmer une commande de robot, il faut aussi des ordres qui permettent la **communication** avec des périphéries. Il s'agit de la réception et du traitement de signaux d'entrée provenant de la cellule du robot. Le robot émet aussi des signaux de sortie vers la cellule (**fig. 1**).

De nombreuses entrées et sorties numériques sont utilisées. Le nombre des signaux d'entrée et de sortie **analogiques** est nettement plus faible. Dans ces signaux, des grandeurs physiques telles que la pression, la température, la vitesse, sont transformées en valeurs électriques telles qu'une tension, qui est ensuite numérisée.

- Programmation d'ordres **d'E/S** avec des instructions logiques

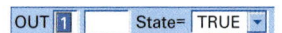

  | OUT | 1 | State= | TRUE |

Avec l'ordre «**OUT**», la **sortie du robot** portant le n° 1 est activée. Elle est amenée sur l'état «TRUE», elle acquiert la valeur logique «1».

| WAIT FOR | [ | IN | 7 | ] |

L'ordre «**WAIT FOR**» fixe un temps d'attente qui dépend du signal. Le signal «TRUE» est attendu à l'entrée IN 1 du robot. La **fig. 2** montre à quel endroit de la phase de mouvement l'ordre d'entrée IN 1 pourrait se situer.

L'instruction «WAIT FOR» peut aussi être reliée par les liens logiques simples AND, OR ou NOT:

Wait for (IN1) **and** (IN2) ou
Wait for **NOT** (IN1 **and** IN2)

- Programmation des préhenseurs

Les préhenseurs font partie des éléments du système de robot qui se chargent de la tâche de manutention proprement dite. On les désigne par **effecteurs terminaux**. Ils fonctionnent avec des forces de maintien mécaniques, électromagnétiques ou pneumatiques (par ex. le vide) (**fig. 3**). Les effecteurs terminaux peuvent aussi être des pinces de soudage par points dans la technique d'assemblage ou des outils d'injection dans l'enduction de peinture.

Les préhenseurs sont intégrées dans le logiciel par des fenêtres de programme spéciaux. Ils sont désignés dans le programme par ex. par GRP1. Selon leur modèle, on leur affecte des **états** (ouvert/fermé); en outre, des entrées et des sorties peuvent être attribuées à la commande du robot pour que les préhenseurs effectuent un certain travail (**fig. 4**).

Dans le programme, on appelle les outils, par ex. **GRP 1** (gripper 1 = préhenseur 1), et on leur attribue un état (STATE) (**fig. 5**).

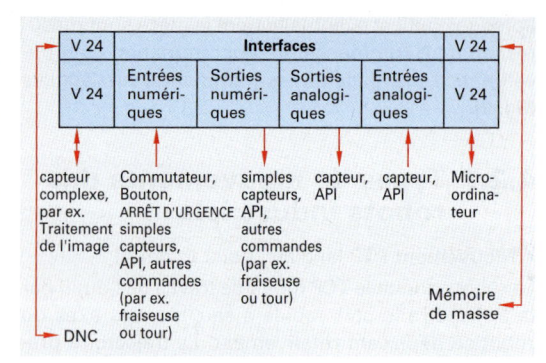

**Fig. 1: Interfaces de robots**

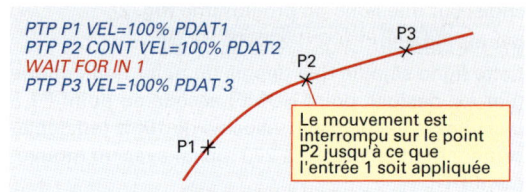

```
PTP P1 VEL=100% PDAT1
PTP P2 CONT VEL=100% PDAT2
WAIT FOR IN 1
PTP P3 VEL=100% PDAT 3
```

Le mouvement est interrompu sur le point P2 jusqu'à ce que l'entrée 1 soit appliquée.

**Fig. 2: Fonction d'attente dépendante de signaux**

**Fig. 3: Préhenseur de retenue par le vide, pour manipuler des tranches de silicium**

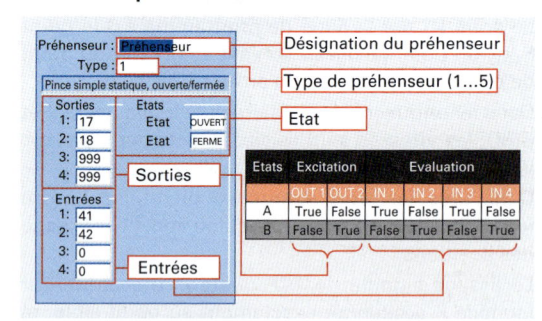

**Fig. 4: Fenêtre de programme pour configurer le préhenseur**

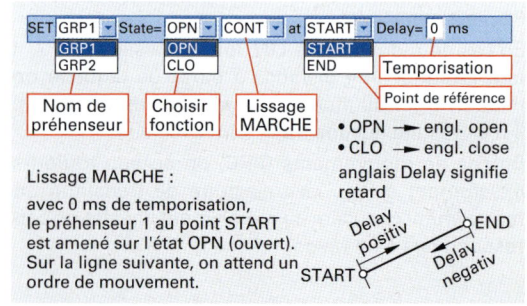

Lissage MARCHE:
avec 0 ms de temporisation, le préhenseur 1 au point START est amené sur l'état OPN (ouvert). Sur la ligne suivante, on attend un ordre de mouvement.

- OPN → engl. open
- CLO → engl. close
- anglais Delay signifie retard

**Fig. 5: Ordres donnés au préhenseur dans un programme**

## 4.2.9 Sécurité dans l'utilisation de systèmes de manutention

Si les consignes de sécurité ne sont pas respectées, le personnel et les installations d'exploitation courent un grave danger pendant l'utilisation de robots industriels.

Les sources de danger potentielles dans la technique de manutention résultent :
- des vitesses de déplacement élevées selon les différents axes,
- de séquences de mouvements imprévisibles, par ex. en cas de mouvements PTP,
- de charges lourdes et de masses en déplacement rapide,
- de composants qui se détachent et qui sont projetés,
- d'une collision avec des appareils périphériques.

Les autres dangers résultent de processus de fabrication spécifiques, par ex. du rayonnement UV pendant le soudage ou par un fort dégagement de chaleur (**fig. 1**).

Parmi les installations de protection qui empêchent ou compliquent l'accès à la cellule du robot, il faut citer entre autres :
- les clôtures, capotages et recouvrements de la cellule de travail,
- un scanner laser de sécurité pour la surveillance des zones de protection et d'avertissement devant et dans la cellule de travail (**fig. 2**),
- des rideaux lumineux ou des barrières lumineuses optoélectroniques (**fig. 3**), nattes de commutation de sécurité,
- un contrôle d'identité des personnes avec des serrures de sécurité ou des cartes à puce.

Avant de programmer et d'ajuster les robots dans leur cellule, ces dispositifs de sécurité sont en partie mis hors service.

Pour garantir malgré tout un certain degré de sécurité, les commandes de robots disposent d'éléments de sécurité supplémentaires :

**Fig. 1 :** Grille de barrage et protection contre le rayonnement dans une cellule de soudage par robot

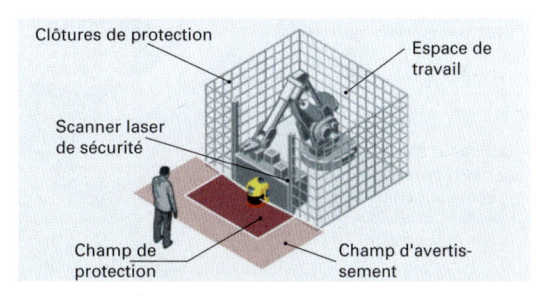

**Fig. 2 :** Protection de l'ouverture d'accès d'une cellule robot par scanner laser

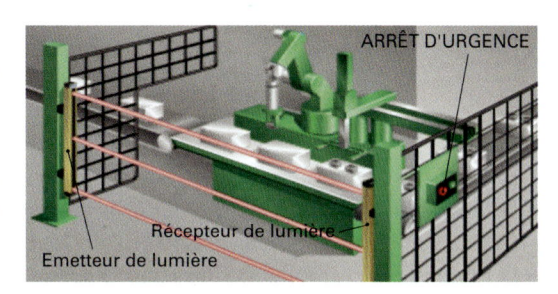

**Fig. 3 :** Possibilités de protection de la zone d'accès

- boutons-poussoir d'assentiment sur le panneau de commande : lorsqu'on le relâche ou qu'on appuie dessus, le robot industriel s'immobilise (**p. 314, fig. 1**).
- dispositif d'arrêt d'urgence et touche d'arrêt.
- via le sélecteur de mode, des vitesses de réplacement réduites sont disponibles en mode Ajustage et en mode Essai. Pour tester les fonctions automatiques, il faut quitter la cellule du robot et la verrouiller.
- des fins de course logicielles limitent l'ampleur des pivotements et des mouvements des différents axes.

---

**Répétition et approfondissement**

1. Combien de degrés de liberté les robots industriels peuvent-ils avoir ?
2. Quels types constructifs de robots obtient-on à partir des axes de mouvements rotatifs et translatifs ?
3. Citez trois types de capteurs et leurs fonctions dans les robots industriels ?
4. Expliquez la notion de point de travail TCP.
5. Quelles formes de transmissions utilise-t-on pour les robots ?
6. En quoi l'ordre de mouvement PTP se distingue-t-il de l'ordre LIN ?

## 4.3 Machines-outils CNC automatisées

Les machines standards affectées à la fabrication flexible sont des tours CNC et des centres d'usinage. Leur automatisation est la clé de la fabrication flexible automatisée.

### 4.3.1 Automatisation d'un centre d'usinage CNC

Les plus importants sous-ensembles dans l'automatisation d'un centre d'usinage (BAZ) sont, outre la commande CNC, le magasin à outils, la navette à outils avec changeur d'outils, le plateau à transfert circulaire et le plateau pivotant pour fraiser et tourner, ainsi que le changeur de palettes **(fig. 1)**.

**Magasin à outils**
par ex. en version à rayonnages avec cassettes d'env. 30 outils

**Navette à outils**
par ex. un robot linéaire avec préhenseur

**Changeur d'outil**
par ex. comme double préhenseur avec deux doigts pour prélever les outils et les mettre en place

**Convoyeur de copeaux**

**Capotage**

**Nez de broche**
à translation verticale et pivotable en position horizontale ou verticale de broche

**Commande CNC**

**Plateau de transfert circulaire et pivotant**
pour l'usinage sur 5 côtés

**Poste de calage pour le changement de palettes**
pour le rééquipement des pièces (parallèlement au temps d'utilisation principal de la pièce devancière)

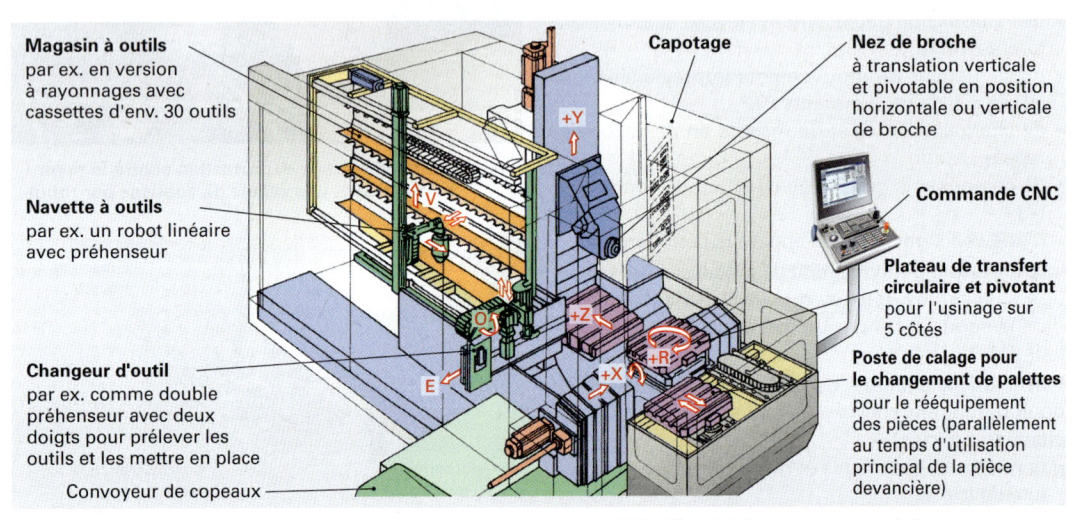

Figure 1 : Sous-ensembles pour automatiser un centre d'usinage CNC affecté à l'usinage sur 5 côtés

La **commande CNC** est la partie capitale de l'installation car elle permet d'automatiser un centre d'usinage **(fig. 2)**.

La commande CNC permet de piloter un grand nombre de sous-ensembles et de paramètres d'usinage :

- La fréquence de rotation de la broche d'entraînement
- Les axes de translation linéaire et les axes de rotation
- Le changement et la mise en œuvre de l'outil approprié
- Le remplacement et l'amenée des palettes sur lesquelles des pièces sont serrées
- Les groupes d'alimentation des circuits hydrauliques, électriques, d'alimentation en lubrifiant réfrigérant, etc.

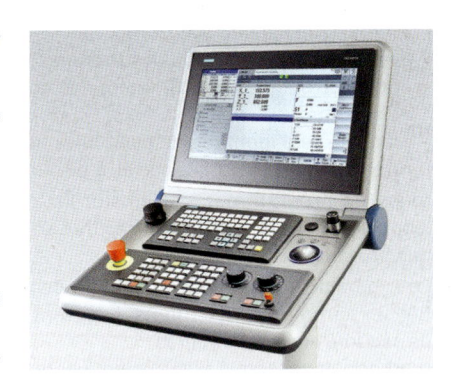

Figure 2 : Commande CNC

Dans le **magasin à outils**, les outils nécessaires à l'usinage sont tenus en réserve sur des porte-outils.

Le magasin à outils peut se composer de rayonnages linéaires **(fig. 1)** ou être configuré en magasin à plateaux circulaires **(fig. 3)**.

Dans le magasin, les outils avec porte-outils (cônes creux) sont alignés dans des évidements équipés de connexions à déclic. Plusieurs magasins à rayonnages et/ou à plateaux circulaires permettent de tenir jusqu'à 200 outils prêts.

Le **changeur d'outil** sert à sortir automatiquement un outil d'un nez de broche et à mettre en place un autre outil. L'outil retiré est soit ramené, soit rebuté s'il est usé.

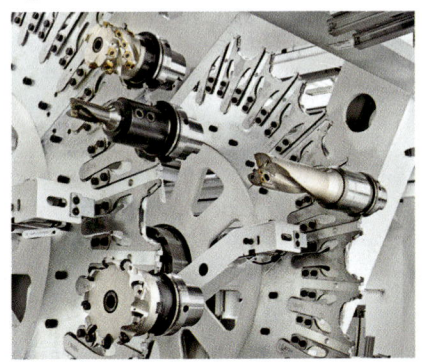

Figure 3 : Magasin à outils à plateaux circulaires

# Machines-outils CNC automatisées

Sur un robot linéaire à double préhenseur, le changement automatique d'outil se déroule en plusieurs étapes :

1. La **navette à outils**, par ex. un robot linéaire à préhenseur, prélève le nouvel outil du **magasin à outils** et se rend avec lui vers le changeur d'outil **(fig. 1, page précédente)**.
2. Un préhenseur du **changeur d'outil à double préhenseur** prend le nouvel outil en charge et se rend vers le nez de broche **(fig. 1)**. Une fois là, le deuxième préhenseur sort l'ancien outil du nez de broche. Le changeur d'outil bascule et met le nouvel outil en place dans le nez de broche.
3. Lors du changement d'outil suivant, l'ancien outil est déposé dans le magasin à outils usagés.

Le changement d'outil à partir d'un magasin à outils à plateaux circulaires a lieu de la même manière.

Un **centre d'usinage CNC** dispose de cinq **axes** :

Trois axes linéaires X, Y et Z ainsi qu'un axe pivotant A' et l'axe de rotation B' **(fig. 2)**.

L'axe de rotation B' peuvent être conférés des mouvements angulaires pour permettre l'usinage multi-côtés. Mais il peut également exécuter des mouvements rotatifs complets à des vitesses différentes. De la sorte, il devient possible de tourner des pièces également sur centres d'usinage.

La **broche de travail** peut être disposée verticalement (fig. 1, page précédente) ou horizontalement (fig. 2, sur cette page). En outre, elle peut être configurée pivotante à 90°.

En cas de disposition horizontale ou d'usinage par le bas, les copeaux chutent du compartiment de travail et le lubrifiant réfrigérant s'écoule sans obstacle vers le bas.

Le **plateau pivotant circulaire** constitue lui aussi un élément important pour augmenter le degré d'automatisation et la productivité (fig. 2). Grâce à lui, les usinages sur cinq côtés d'une pièce sont possibles sans desserrer.

L'usinage cinq côtés illustré par la **figure 3** est rendu possible par le plateau de transfert circulaire et la broche de travail opérant en position horizontale et verticale. De la sorte, les temps perdus à resserrer et à corriger les dérives de position du fait des resserrages sont évités.

La plupart des centres d'usinage sont équipés d'un **poste de calage pour le changement des palettes (fig. 4)**. Là, l'ouvrier qualifié s'occupe de desserrer la pièce usinée et de serrer la pièce brute pendant le temps principal (celui d'usinage) de la pièce devancière.

Un guidage précis des palettes changées, combiné à la synchronisation automatique du système de serrage au point d'origine, garantissent une sécurité élevée du processus.

Un automate de manutention (robot) changeant automatiquement les palettes et à un accumulateur de palettes permettent de hausser une fois de plus le degré d'automatisation.

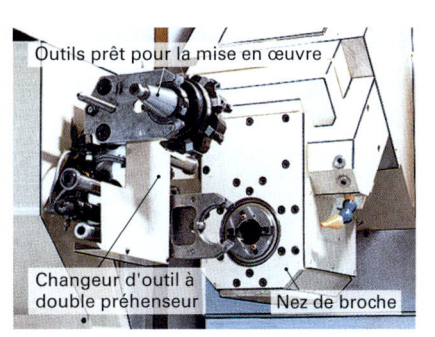

**Figure 1 : Nez de broche avec changeur d'outil**

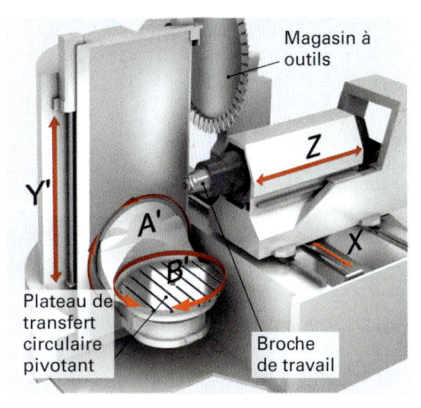

**Figure 2 : Axes d'un centre d'usinage à broche horizontale**

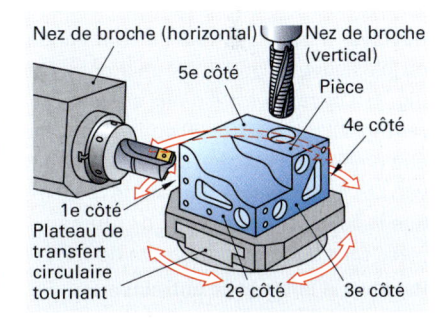

**Figure 3 : Usinage sur cinq côtés sur le plateau de transfert circulaire pivotant**

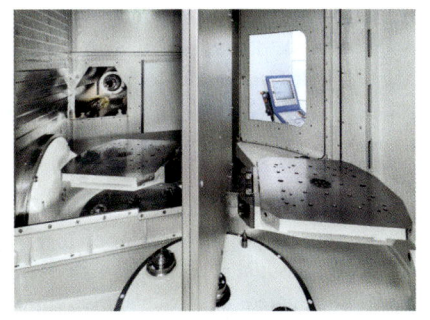

**Figure 4 : Changeur de palettes**

## 4.3.2 Automatisation d'un tour CNC

Les machines à commande numérique automatisées ont des sous-groupes qui permettent le fonctionnement automatique de la machine **(fig. 1)**. Elles possèdent une commande numérique informatisée.

Légende de la fig. 1 :
- **Revolver d'outils 1** (entraîné)
- **Avance** pour l'axe X
- **Mandrin 1**
- **Vérin hydraulique** pour le serrage de la pièce
- **Mandrin 2** (contre-broche)
- **Revolver d'outils 2** (entraîné)
- Enlèvement de copeaux

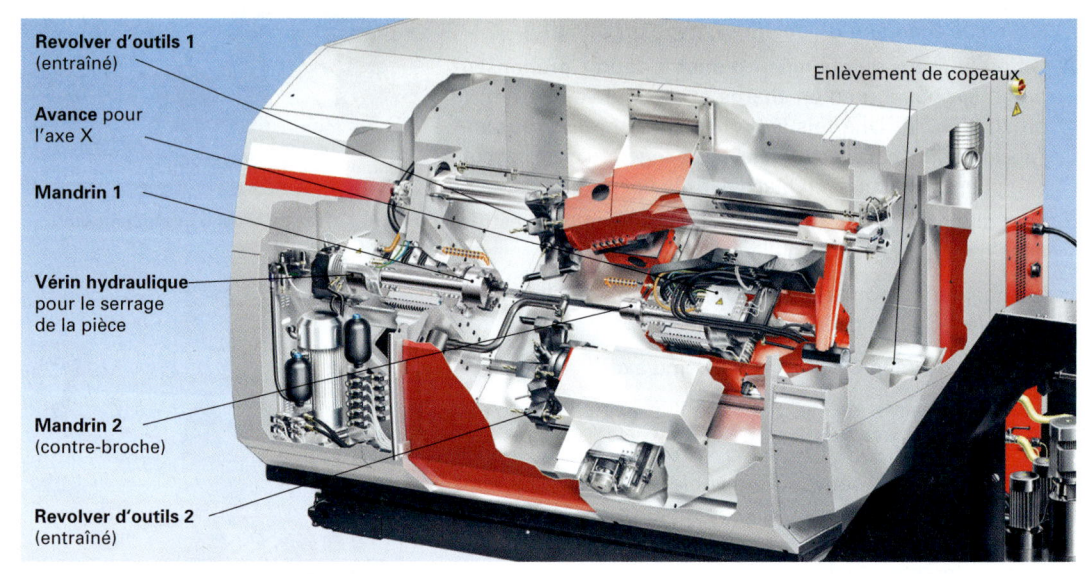

**Fig. 1 : Tour à commande numérique informatisée**

Les sous-groupes de l'automatisation sont :

Une **deuxième broche de travail entraînée** (broche de reprise). Elle rend l'usinage de la pièce possible depuis un deuxième côté (fig. 1). A cet effet, la pièce à tourner est usinée d'un côté, avant d'être retirée automatiquement du mandrin et d'être serrée dans le contre-mandrin pour l'usinage final (de l'autre côté).

**Revolver d'outil.** Les tours à commande numérique possèdent un ou plusieurs revolvers d'outils pour changer rapidement d'outils (fig. 1). Les revolvers d'outils simples ont des outils **fermement serrés (fig. 2)**. Sur lui, 10 à 20 outils de tournage sont serrés. Ils peuvent être amenés en position de travail en tournant et déplaçant le revolver. Les outils de tournage sur le revolver sont choisis de façon à ce que l'ensemble des travaux de tournage puisse être réalisé sur une pièce sans qu'il soit nécessaire de serrer un nouvel outil.

**Revolver d'outils avec entraînement.** Pour faire un **centre de tournage pour l'usinage complet** à partir d'un tour à commande numérique, il doit être équipé d'outils entraînés pour le fraisage et le perçage.

A cet effet, il possède, outre le revolver d'outils avec outils de tournage intégrés, d'autres revolvers d'outils ou stations d'outils avec des **outils de fraisage ou de perçage à entraînement (fig. 3)**.

Ainsi, à l'arrêt de la broche principale, il est possible d'effectuer des travaux de perçage et de fraisage sur les faces frontales et latérales de la pièce.

En sortant la broche de travail sous forme d'axe C contrôlable et réglable avec une grande précision (par incréments de 1/1000°) et en se servant d'outils entraînés, il est possible de fraiser des contours précis et de percer des trous sur les surfaces extérieures de la pièce à tourner (fig. 3).

**Fig. 2 : Revolver d'outil simple (sans entraînement d'outil)**

**Fig. 3 : Revolver d'outil avec outils d'usinage entraînés**

# Machines-outils CNC automatisées

**D'autres systèmes périphériques d'automatisation,** comme par ex. des dispositifs permettant d'amener la matière brute ou des pièces brutes ou de les retirer, complètent l'automatisation des tours CNC.

La commande de ces systèmes de chargement et déchargement est une commande périphérique indépendante mais reliée en réseau avec la programmation de l'usinage CNC par le tour, et elle travaille « la main dans la main » avec elle. Cela permet une fabrication avec intervention humaine réduite ou sans intervention humaine.

### Amenée automatique des barres

Dans le cas du tournage « à partir d'une barre », le tour CNC dispose d'un dispositif automatiquement de chargement de barre directement rapporté contre le tour CNC **(fig. 1)**. Il faut à cette fin que le tour CNC possède une broche d'entraînement à arbre creux.

Le matériau en barre long par ex. de 3 mètres repose sur un plan incliné dans le magasin à barres et il glisse dans le canal d'amenée. Le poussoir d'avance pousse la barre par l'arrière pour lui faire traverser la broche creuse et la faire pénétrer dans le mandrin de tournage. L'opération d'usinage commence ensuite. Ensuite, la pièce est décolletée et elle quitte le compartiment de travail. Ensuite le mandrin de tournage s'ouvre et la barre qui donnera la pièce suivante est poussée dedans.

### Chargement automatique de petites pièces brutes

Les petites pièces brutes préformées comme par ex. les carters de paliers forgés à la presse, sont chargées avec des dispositifs montés rapportés contre le tour CNC **(fig. 2)**. L'amenée des pièces brutes dans le compartiment de travail a lieu par ex. avec un tapis convoyeur cadencé. Un chargeur pivotant à translation, équipé d'un préhenseur de pièces, saisit chaque pièce et l'introduit dans le mandrin où elle est serrée. Après l'usinage, la pièce finie chute sur un plan incliné puis est déposée par un tapis à pièces finies dans des palettes ou dans des récipients grillagés.

### Chargement automatique avec des robots industriels

Si les pièces brutes à tourner se composent de profilés en barre de plus grande taille ou de pièces brutes forgées de plus grande taille, l'amenée a lieu par ex. avec un convoyeur à chaînes et le maniement des pièces est assuré par un chargeur à portique **(fig. 3)**. À cette fin, le tour CNC présente un tapis convoyeur disposé latéralement et déplaçant les pièces en cadence. Le chargeur à portique prélève une pièce brute du tapis convoyeur par son préhenseur, il se rend au-dessus du tour CNC, introduit la pièce brute par le haut dans le compartiment de travail et la place dans le mandrin de tournage. Après l'usinage, il retire la pièce finie et la dépose sur un tapis pour pièces finies.

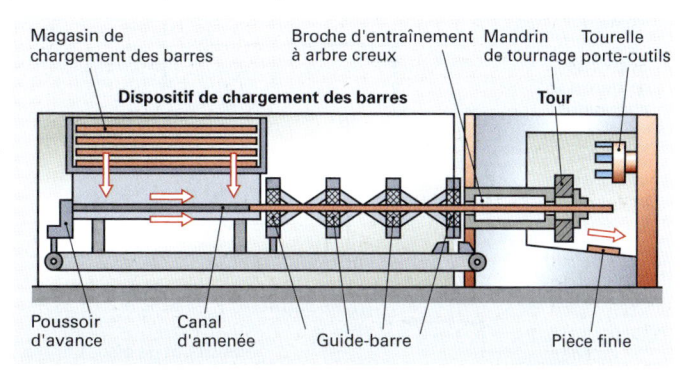

**Figure 1 : Chargement de barres par l'arbre creux de la broche d'entraînement**

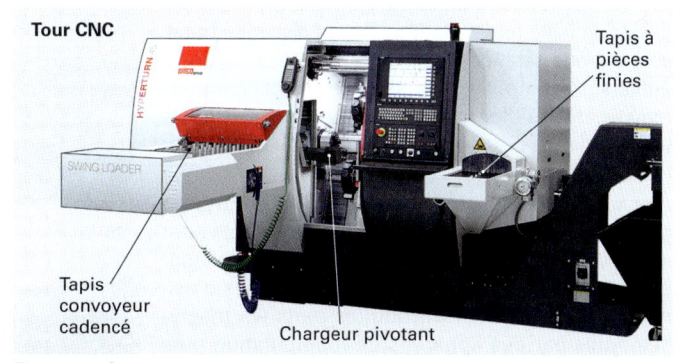

**Figure 2 : Chargement avec tapis convoyeur et chargeur pivotant**

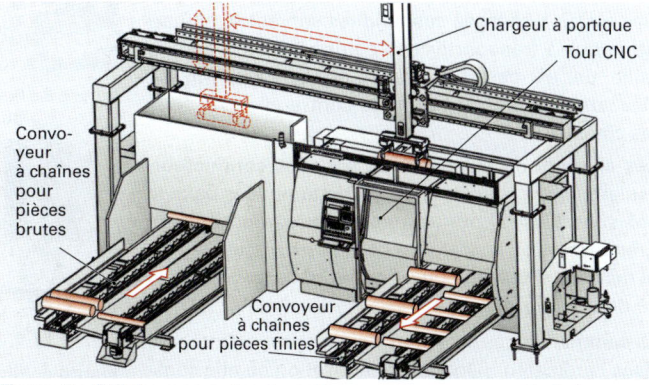

**Figure 3 : (Dé)chargement automatique avec convoyeurs à chaînes**

## 4.4 Systèmes de transport dans des installations de fabrication automatisées

Un système de transport largement automatisé est un autre élément constitutif des installations de fabrication automatisées. Il fait s'enchaîner les différentes stations d'usinage pour former une installation d'usinage (**intralogistique**). La **figure 1** montre par ex. le schéma d'un système de transport équipant une installation de fabrication automatisée composée de deux cellules de fabrication flexible (FFZ1 et FFZ2) et d'un automate de trempe (HA). D'un côté a lieu l'alimentation en outils, de l'autre côté les pièces brutes sur palettes sont amenées aux cellules de fabrication. Après l'usinage, les pièces finies partent à l'entrepôt de pièces finies en vue du stockage et du départ en livraison.

Les tâches de transport peuvent être exécutées par différents systèmes. Voici les plus importants :

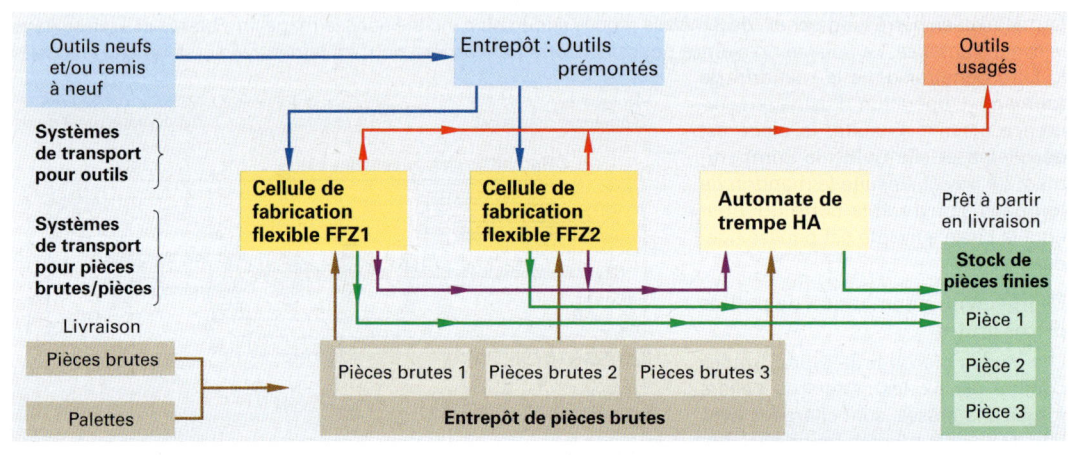

Figure 1 : Schéma des systèmes de transport pour un système de fabrication automatisé

Les **convoyeurs à chaînes** servent à transporter les pièces de taille moyenne (**fig. 2**). Les pistes de transport entre les stations de montage et les machines-outils sont composées de segments rectilignes, de renvois, de sas d'évacuation, etc. Les accessoires de transport et les porte-outils permettent de transporter toutes sortes de pièces et composants.

À la station de montage, le porte-outil est introduit par un sas dans la station. Là, les composants sont montés contre la pièce. Même chose dans les stations de montage suivantes. Sur les machines d'usinage, les pièces sont introduites dans les machines-outils par des appareils de manipulation puis redéposées sur le tapis après l'usinage (**fig. 3, page 321**).

Des **pistes à charges suspendues** servent la plupart du temps à transporter des composants de grande taille, par ex. des carrosseries de véhicules (**fig. 5**). Des composants sont montés contre elles sur tous les côtés.

**Les chariots de transport au sol sans conducteur**, roulant le long de lignes de guidage noyées dans le sol, sont utilisés pour acheminer les composants de grande taille ou les palettes garnies de pièces jusqu'à la machine d'usinage ou à l'entrepôt ou au départ de ce dernier (**fig. 4**).

La **commande** des systèmes de transport est intégrée dans l'ordinateur pilote de la fabrication où elle constitue une commande partielle.

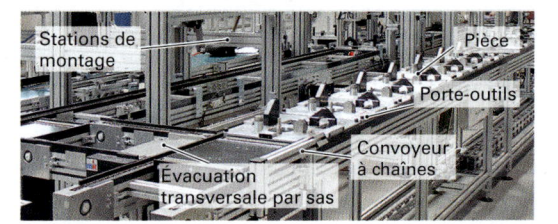

Figure 2 : Convoyeur à chaînes au montage de composants

Figure 3 : Piste à charges suspendues dans la fabrication de pièces automobiles

Figure 4 : Chariots de transport sans conducteur, lors du chargement

## 4.5 Dispositifs de surveillance dans les machines-outils

Les dispositifs de surveillance et de mesure, y compris la transmission filaire ou sans fil des données acquises à la commande machine, sont une condition préalable supplémentaire à la fabrication automatisée sur machines-outils CNC.
Ils assurent la disponibilité permanente de la machine et la qualité des produits fabriqués.

### Surveillance de la durée de vie
La surveillance de la durée de vie consiste pour la commande machine à saisir toutes les temps de mise en œuvre d'un outil et à les comparer avec la durée de vie de consigne saisie. À cette fin, la fixation de l'outil comporte un **système cyber-physique CPS** intégré. Ce système possède un capteur avec mini-émetteur qui saisit les temps de mise en œuvre et les transmet par radio à la commande machine **(fig. 1)**. Lors de la mise en œuvre de l'outil, la durée de vie restante encore disponible doit être supérieure au temps que va nécessiter l'opération de travail suivante.

### Surveillance de l'usure par la mesure de l'intensité électrique
Avec les grands outils et la consommation de courant du réseau électrique plus élevée qu'ils entraînent, l'état de l'outil peut être détecté via la puissance d'entraînement de la broche, c'est-à-dire via l'intensité absorbée par le moteur d'entraînement. L'intensité absorbée en présence d'un nouvel outil $I_0$ est déterminée au cours d'une première étape **(fig. 2)**. Au fur et à mesure que l'outil s'use, l'intensité requise par le moteur qui l'entraîne augmente vu que l'outil requiert une force de coupe plus élevée. Une fois atteinte une intensité marquant la limite d'usure $I_{VG}$, un outil neuf est mis en place.

### Système de métrologie laser pour outils d'alésage et de fraisage
Avec les outils risquant de casser tels que les mèches fines ou les fraises à queue, un contrôle optique de cassure est judicieux **(fig. 3)**. Le faisceau laser infrarouge d'un système émetteur/récepteur est dirigé sur la pointe du foret et le rayonnement infrarouge réfléchi est mesuré. Les valeurs de mesure infrarouge modifiées signalent une cassure de foret et déclenchent un programme de changement automatique de foret.
Le système de mesure peut mesurer, outre une cassure d'outil, également la longueur d'outil, le diamètre, l'usure et l'état des tranchants.

### Systèmes à palpeur métrologique
Un système à palpeur métrologique se compose d'un tel palpeur et de la tête de mesure plus l'électronique pour saisir les données et les transmettre **(fig. 4)**. Pour mesurer, la tête de mesure est pivotée dans le compartiment de travail après l'immobilisation de la broche et l'endroit à mesurer est palpé (page 39 également).
Les systèmes de mesure peuvent maîtriser une série de tâches qui font de la machine CNC une unité de fabrication autonome et automatisée :
- Mesurer des cotes sur des pièces
- Mesurer et aligner des dispositifs de serrage
- Placer des points d'origine et points de référence
- Mesurer la cinématique machine, c'est-à-dire le comportement en vibrations de la broche de travail lors de l'usinage.

La tête du palpeur métrologique transmet par radio les données acquises à la commande machine.

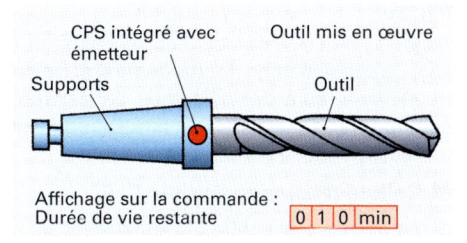

Figure 1 : Surveillance de la durée de vie d'un foret par saisie des temps de mise en œuvre

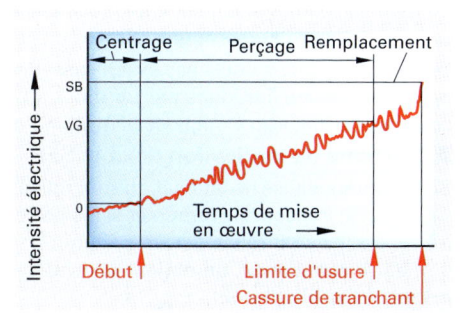

Figure 2 : Surveillance de l'usure d'un foret en mesurant l'intensité électrique consommée par l'entraînement de broche

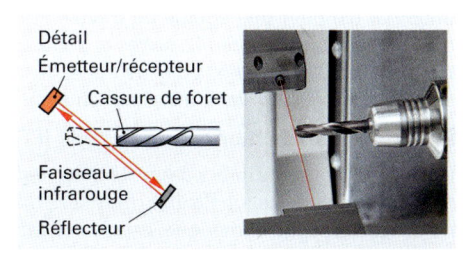

Figure 3 : Surveillance de forets ou de fraises avec un système de métrologie laser

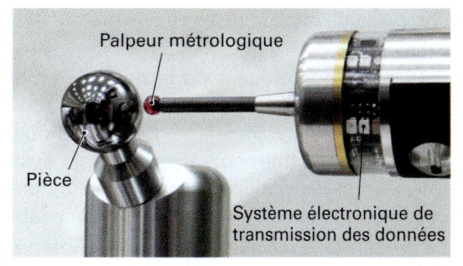

Figure 4 : Mesure d'une pièce avec un palpeur métrologique

## 4.6 Niveaux d'automatisation des installations de fabrication

■ **Machines-outils automatisées**

Les machines de base des installations de fabrication flexibles automatisées sont des tours à commande numérique automatisés et des centres d'usinage (**fig. 1a**).

Associés à des systèmes d'entreposage et de stockage, à des systèmes de chargement et de déchargement, ainsi qu'à des systèmes de transport et de commande, les systèmes de fabrication flexibles automatisés sont de complexité variable.

■ **Cellule d'usinage flexible CUF**

Si par exemple un centre d'usinage avec un magasin à pièces et un robot de chargement de pièce est relié à une unité, il se forme une cellule de fabrication flexible (**fig. 1b**).

Ce magasin alimente la machine-outils, par ex. pour une équipe de 8 heures, et récupère les pièces finies.

Là sont stockés des outils par ex. en cassettes de 10, pour être ensuite introduits par un robot à bras articulé dans le magasin à outils de la machine-outil.

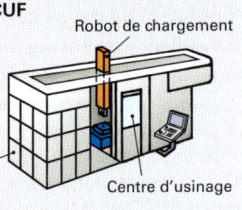

■ **Système de fabrication flexible SFF**

Si plusieurs cellules de fabrication sont reliées par un système de transport commun et si les entrepôts ou les magasins sont reliés par un système d'information et de commande, on obtient un système de fabrication flexible (**fig. 1c**).

L'alimentation en pièce et la gestion des ébauches/pièces finies garantissent que les outils, les moyens de serrage, les ébauches et les pièces finies sont stockés en nombre suffisant dans des magasins et des entrepôts, par ex. pour une équipe de travail, et puissent être automatiquement repris, serrés et déposés à nouveau. En outre, des stations d'ébavurage, de lavage et de montage peuvent être connectées en aval.

■ **Installation de fabrication flexible IFF**

Dans le système de fabrication flexible, également appelé ilot de fabrication flexible, plusieurs machines-outils à commande numérique, cellules de fabrication et d'autres stations de travail, par ex. des postes de montage ou des machines de dureté, avec des robots de manutention, des dispositifs d'entrepôt et de magasin ainsi qu'un système de transport, sont reliés dans une plage de fonctionnement plus grande (**fig. 1d**).

Ainsi, des pièces similaires, dites familles de pièces, peuvent être fabriquées de façon entièrement automatique. Les différentes machines-outils sont contrôlées et surveillées. De même que les stations, les différents robots, entrepôts, magasins, le système de transport et les stations de montage sont contrôlées et surveillées par un ordinateur central de fabrication.

Le personnel spécialisé n'a besoin d'intervenir que pour mettre en place et en cas de pannes. Il a principalement une fonction de surveillance.

**a) Machines-outils de base pour la fabrication flexible**

Tour à commande numérique automatique
Avec des sous-groupes pour le changement d'outil et de pièces

Centre d'usinage à commande numérique automatique
avec station de changement d'outil et changeur de palettes de pièce

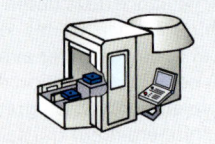

**b) Cellule d'usinage flexible CUF**

avec magasin et robot industriel « du dessus » destiné au transport de pièce automatique du serrage jusqu'au stockage

Robot de chargement
Magasin d'ébauche/de pièce finie
Centre d'usinage

**c) Système de fabrication flexible SFF**

avec entrepôt d'ébauche et de pièces finies, plusieurs machines-outils et un système de transport

Entrepôts pour : Pièces finies, Pièces brutes, Outils
Cellules d'usinage
Système de transport

**d) Installation de fabrication flexible**

comprenant plusieurs stocks de pièces brutes et finies, plusieurs machines-outils, robots, systèmes de transport ainsi qu'une commande centrale de la fabrication

Robot à portique CNC pour pièces et outils
Tours à commande numérique
Centre d'usinage CNC
Robot de montage
Station de montage
Poste de calage
Commande de la fabrication
Système de transport
Entrepôt dépôt

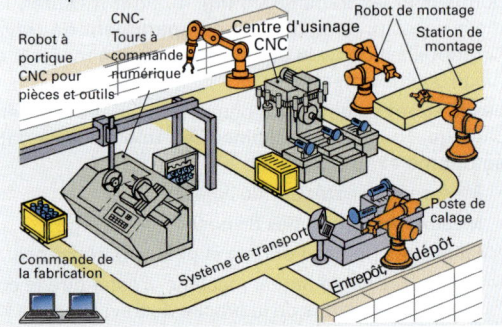

Fig. 1 : Aperçu des niveaux d'automatisation des systèmes de fabrication

## 4.7 Exemple d'un système de fabrication automatisé pour arbres de transmission

La **figure 1** suivante montre un système de fabrication flexible automatisé avec laquelle les arbres de transmission et les composants similaires (une famille de pièces) sont fabriqués de façon entièrement automatisée.

Seul un personnel en faible nombre est nécessaire pour faire fonctionner le système : Un opérateur de l'installation dans le pupitre de commande de fabrication, un technicien de maintenance et un service de réparation inter-entreprise pour les pannes majeurs du système et une équipe d'installateurs de la machine pour mettre en place de nouveaux cycles de fabrication.

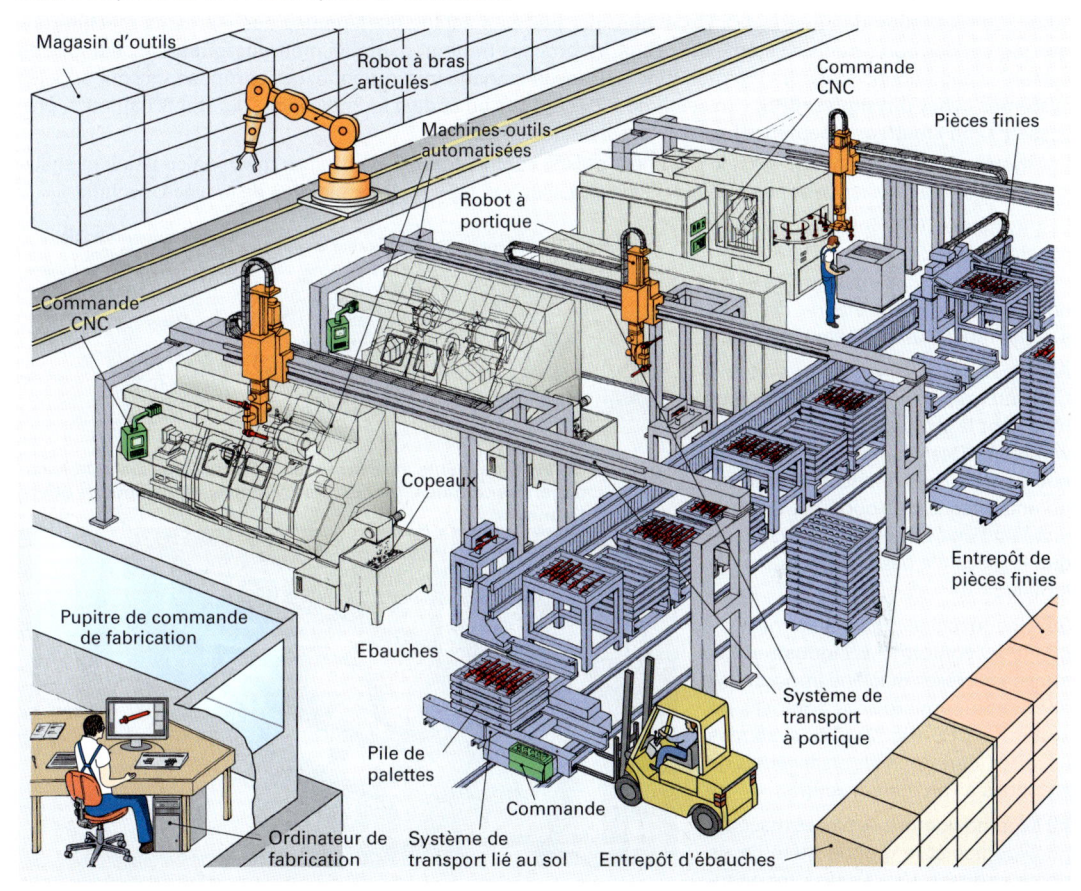

Fig. 1 : Système de fabrication flexible automatisé pour la fabrication en petite et moyenne série des arbres de transmission

### ■ Composants de systèmes de fabrication flexibles automatisés (fig. 1)

- L'**usinage** des pièces est effectué sur des machines-outils automatisées commandées par CNC opérant par étapes de fabrication successives.
- L'**alimentation en pièces** est assuré par un magasin d'outils. Là sont stockés des outils par ex. en cassettes de 10, pour être ensuite introduits par un robot à bras articulé dans le magasin à outils de la machine-outil.
- Le **transport des matériaux** est réalisé par une pluralité de systèmes de transport. Les chariots élévateurs à fourche guident les piles de palettes d'ébauche depuis l'entrepôt d'ébauche et les déposent sur un système de transport de palette lié au sol. Les robots à portique retirent les ébauches des palettes, les introduisent dans la machine-outils, retirent les pièces après l'usinage, les déposent dans les palettes et les gardent prêtes pour la prochaine étape d'usinage.

  Les pièces finies sont empilées sur des palettes selon les exigences du client et mises à la disposition dans l'entrepôt de produits finis pour la livraison au client.

- L'**alimentation avec des matières auxiliaires,** tels que des lubrifiants réfrigérants et des lubrifiants, a lieu, comme l'**élimination des copeaux,** à la demande, avec des véhicules au sol.

## 4.8 Industrie 4.0

L'automatisation des processus de fabrication industriels se poursuit aujourd'hui et porte le nom d'**Industrie 4.0**. « La quatrième révolution industrielle », « la production intelligente » ou « l'Internet des objets » sont d'autres termes véhiculant cette même notion.

> On entend par Industrie 4.0 l'équipement de composants d'un système de fabrication pour en faire des objets intelligents, et la mise en réseau digitale des objets intelligents pour former un **système de fabrication virtuel**.

Les **objets intelligents** ainsi nommés, encore appelés pièces machine intelligentes, sont la condition préalable à la réalisation d'Industrie 4.0. On entend par pièces machine intelligentes des éléments machine tels que par ex. des porte-outils, système de transport, broches moteur, palpeurs métrologiques, etc., équipés de systèmes capteurs/actionneurs intégrés **(fig. 1)**. Dans le langage informatique, ces composants sont appelés **systèmes cyber-physiques (CPS)**. Un système CPS contient un code d'identification, différents capteurs, processeurs, un émetteur-récepteur et parfois aussi des actionneurs.

Les **systèmes CPS** ont environ la taille d'un petit pois et sont intégrés dans la pièce machine ou peuvent également être collés dessus. Ce sont les « yeux », les « oreilles » et les « mains » digitaux de la pièce machine.

Les systèmes CPS intégrés relèvent constamment des données provenant des pièces machine intelligentes et les envoient soit via un bus de données soit par radio à un ordinateur central.

Ainsi par ex. les capteurs du système CPS intégrés dans la broche moteur mesurent la température ainsi que les vibrations. Des vibrations et/ou températures accrues permettent de conclure qu'une vitesse de coupe est erronée pendant l'enlèvement de copeaux, ou que la pièce n'a pas été serrée correctement.

Sur une machine-outil entièrement digitalisée, conforme à l'Industrie 4.0, toutes les pièces machine importantes pour cette dernière sont équipées de systèmes CPS **(fig. 2)**. Ces systèmes envoient leurs données en dixièmes de secondes à l'ordinateur central.

Vu le grand nombre de pièces machine intelligentes et la grande quantité de données de mesure relevées, les quantités de données sont énormes. Elles sont encore appelées **Big Data**. L'ordinateur mis en œuvre doit pouvoir traiter pareilles quantités et/ou externaliser leur traitement sur Internet, dans le Cloud.

Sur l'ordinateur est installé un programme informatique principal qui est l'image virtuelle de l'installation de fabrication composée de pièces machine intelligentes et des données saisies par les systèmes CPS **(fig. 3)**.

Des sous-programmes, par ex. pour l'entretien automatique ou l'amenée des pièces brutes, complètent le programme principal.

Figure 1 : Objets intelligents avec systèmes CPS intégrés incluant le codage, des capteurs, processeurs, émetteurs, récepteurs et actionneurs

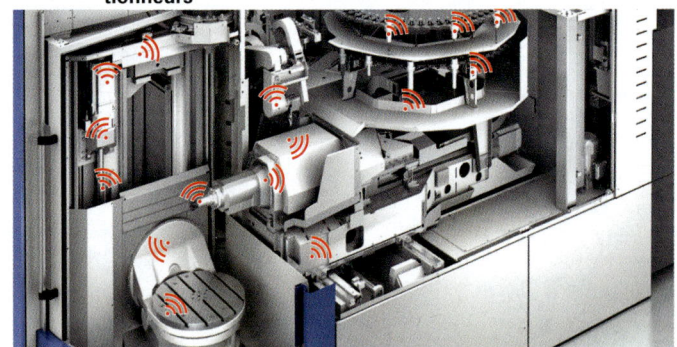

Figure 2 : Équipement des pièces machine d'un centre d'usinage avec des systèmes CPS (capotage machine ouvert)

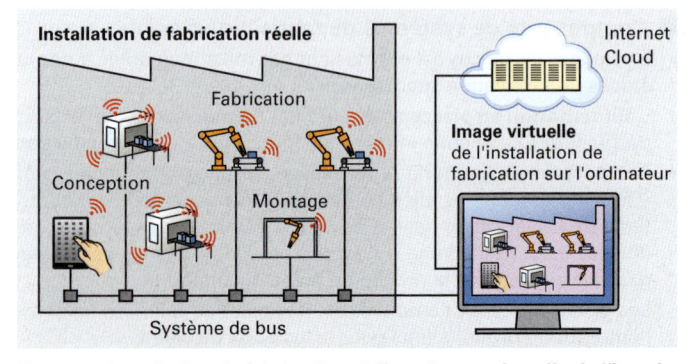

Figure 3 : Installation de fabrication réelle et image virtuelle de l'installation de fabrication sur l'ordinateur

# Industrie 4.0

Sur l'ordinateur, l'**installation de fabrication virtuelle** existe parallèlement à l'installation de fabrication réelle. Vu qu'il s'agit – comme pour l'Internet normal des documents – d'éléments virtuels digitalisés, on l'appelle aussi **Internet de l'installation de fabrication** ou d'une manière générale **Internet des objets**.

L'association avec un logiciel de commande intelligent permet de simuler des processus de fabrication dans l'installation de fabrication virtuelle et de les piloter avec les actionneurs des systèmes CPS dans l'installation de fabrication réelle.

**Exemples :**
- Un sous-programme de l'installation de fabrication virtuelle enregistre par ex. les temps de mise en œuvre d'un outil et saisit les forces de coupe dans l'outil, mesurées par un système CPS intégré, durant l'usinage par enlèvement de copeaux **(fig. 1 et 2, page 323)**. Lorsqu'un temps de mise en œuvre défini ou une force de coupe maximale est dépassé(e), l'outil est usé.
  → Ensuite, le programme déclenche le remplacement automatique de l'outil.
- Le système de palpeurs métrologiques **(fig. 4, page 323)** fournit les données pour une carte de contrôle de la qualité gérée dans l'installation de fabrication virtuelle (page 87). Le programme logiciel reconnaît le dépassement de la limite d'intervention dans la plage tolérantielle des pièces finies.
  → Ensuite, par un rajustement des paramètres de fabrication, le programme déclenche un retour des cotes des pièces finies dans la plage de tolérances.
- Un système CPS saisit la réserve de palettes remplies de pièces brutes à l'entrepôt de pièces brutes **(fig. 1, page 325)** et transmet l'identifiant des pièces brutes ainsi que le nombre de palettes à l'ordinateur central.
  → Le programme prend en charge la gestion des pièces brutes ; cela signifie qu'en cas de dépassement d'une réserve minimum précise, il demande directement au fournisseur de pièces brutes le nombre nécessaire de palettes remplies de pièces brutes.

Grâce à un grand nombre de tels pilotages individuels, il est possible par un clic souris de mettre en route sur l'ordinateur, avec le programme logiciel de l'installation de fabrication virtuelle, la fabrication réelle de composants **(fig. 1)**.

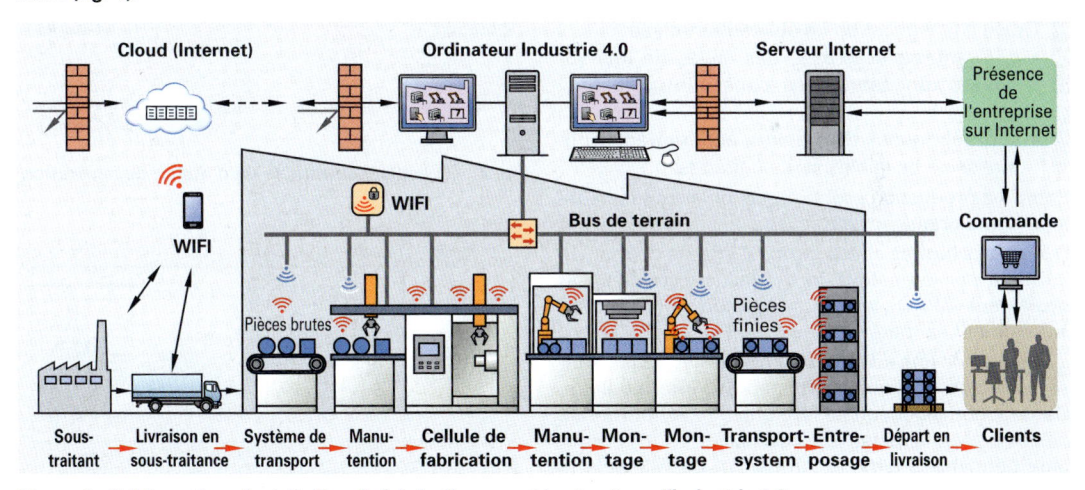

**Figure 1 : Schéma d'une installation de fabrication ayant la structure d'Industrie 4.0**

Le système Industrie 4.0 traite et gère les travaux affectés à l'installation de fabrication (fig. 1) :
- Il administre la commande, le stockage et la livraison des pièces brutes sous-traitées.
- Il apporte les pièces brutes avec des systèmes de transport et de manutention à la cellule de fabrication.
- Il met les outils adaptés en place et veille à un stockage d'outils suffisant.
- Il pilote et surveille la fabrication et le montage des pièces conformément aux programmes CNC enregistrés.
- Il pilote et surveille l'assemblage des pièces détachées qui donneront la pièce finie (le produit).
- Il vérifie les pièces finies, pilote leur stockage et organise leur départ en livraison aux clients.

Simultanément l'installation est surveillée, entretenue, les outils usés sont remplacés, la qualité de fabrication est surveillée et toutes les autres activités permettant un déroulement sans accroc de la fabrication sont exécutées.

Un ouvrier spécialisé veille à la configuration et au fonctionnement des éléments constitutifs de l'installation de fabrication et surveille le déroulement sans incident de la fabrication pilotée en Industrie 4.0. En cas de dérangement, l'ouvrier spécialisé supprime celui-ci et/ou organise un dépannage par un prestataire de services compétent.

## 4.9 Exigences technico-commerciales et objectifs de la fabrication

Pour un atelier de fabrication, les **exigences du marché** changent constamment (**fig. 1**). Cela demande une haute qualité de produit, une grande variété et des délais de livraison courts. En outre, en raison du progrès technique, les produits sont fréquemment évincés du marché après un court laps de temps et remplacés par des nouveaux (durée de vie du produit courte). Ces exigences du marché sont associées à de fortes fluctuations de la demande pour différents produits.

Les établissements doivent offrir des produits de haute qualité à bon marché, et réagir rapidement et avec souplesse à la production (**fig. 2**).

Il y a une grande **flexibilité** dans la fabrication lorsque l'effort de rééquipement pour différentes pièces et différents procédés d'usinage est négligeable. La fabrication flexible optimale de lots composés d'une seule pièce peut être obtenue lorsque différentes pièces peuvent être fabriquées dans n'importe quel ordre, sans coûts supplémentaires importants. La plupart du temps, cependant, la taille du lot est délimitée. Ainsi, il est rare que l'on descende en dessous de la taille de lot 10 pour les pièces fraisées et 40 pour les pièces tournées.

> Grâce à la fabrication flexible automatisée
> - différentes pièces avec des tailles de lots variables sont fabriquées dans n'importe quel ordre
> - sont fabriquées de manière entièrement automatisée à de faibles coûts unitaires.

Pour une production économique, plusieurs facteurs sont d'une grande importance :

Des **stocks limités** et des temps d'attente courts. On l'obtient par la gestion de production assistée par ordinateur (GPAO), la gestion des stocks et l'approvisionnement en matériel.

Des **tailles de lots adaptées au montage**. Vous réduisez les stocks et les coûts du stockage intermédiaire. Dans la fabrication, on ne fabrique que le nombre de pièces qui est directement nécessaire pour le montage pendant ce laps de temps. On appelle cela la fabrication **en juste à temps** ou également la **fabrication en flux tendu**.

**Des temps de passage brefs.** Ils sont possibles en réduisant les temps de préparation et annexes (usinage complet) et en mettant à disposition en temps voulu le matériel, les outils et les programmes NC.

De **faibles coûts unitaires**. Ils doivent être réalisés par un taux élevé d'utilisation des machines et de faibles coûts indirects par pièce fabriquée (**fig. 3**). On parvient à des coûts unitaires réduits, par ex. en laissant travailler les machines durant les pauses, grâce à une amenée automatique des pièces depuis un magasin, grâce à la fabrication entièrement automatique 24h/24 dans des installations de fabrication automatisée ou, méthode encore plus efficace, dans des installations Industrie 4.0.

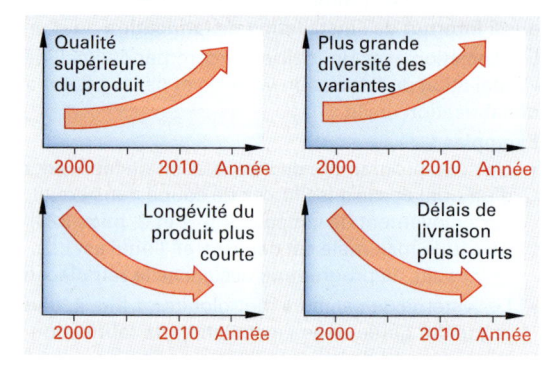

**Fig. 1 :** Exigences du marché en technologie de fabrication

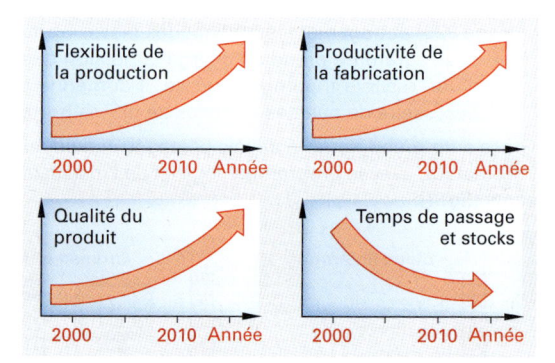

**Fig. 2 :** Objectifs d'entreprise d'un atelier de fabrication

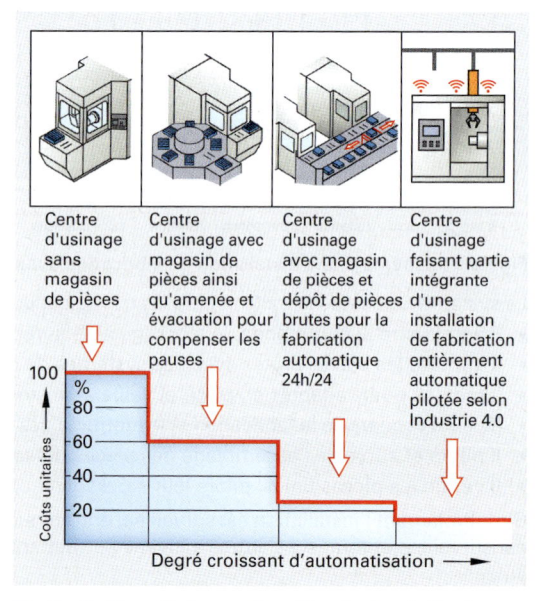

**Fig. 3 :** Coûts unitaires en fonction du degré d'automatisation de la fabrication à l'exemple d'un centre d'usinage

## 4.10 Flexibilité et productivité d'installations de fabrication

Si, pour les différents types d'installations de fabrication, l'on rapporte la taille du lot à la variété de pièces dans un diagramme sous forme de surface, alors on obtient un aperçu des domaines d'utilisation des installations de fabrication **(fig. 1)**. Etant donné que la taille de lot et la variété de pièces s'étendent sur plusieurs zones à dix touches (décades), les axes du graphique ont une échelle logarithmique.

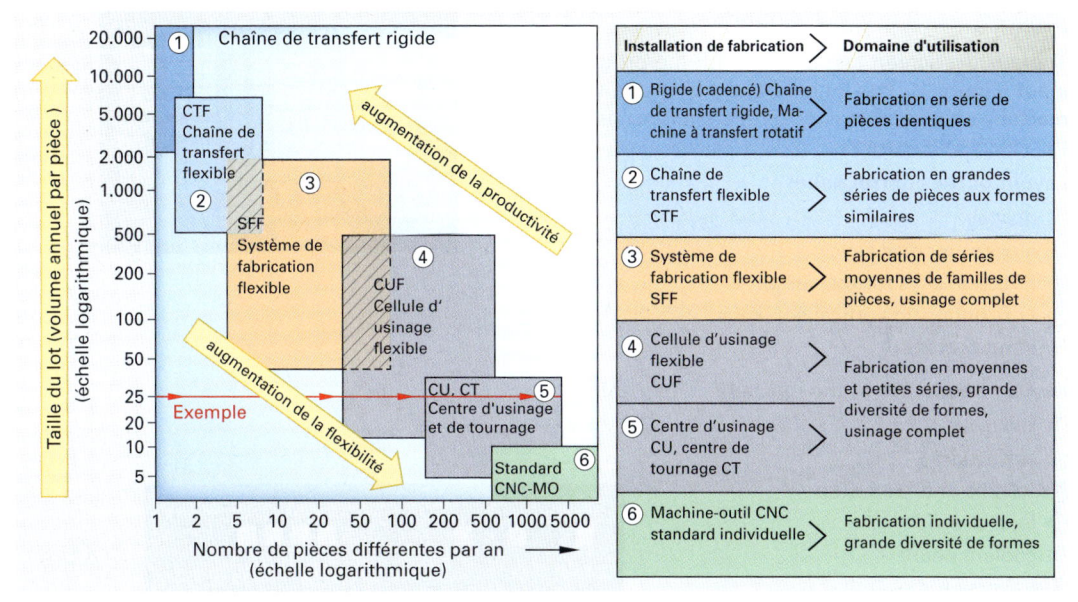

**Fig. 1 :** Domaines d'utilisation des systèmes de fabrication

Des voies de transfert et des machines à transfert rotatif rigidement automatisées ① possèdent une forte productivité, mais une faible flexibilité par rapport à la variété de pièces. Elles ont des temps de rééquipement longs, étant donné que les positions et les déplacements des outils ou des supports de pièces nécessitent beaucoup de temps pour leur réglage mécanique. Les chaînes de transfert flexibles ② ont une flexibilité un peu plus grande et une forte productivité.

En comparaison, les machines-outils CNC standard individuelles ⑥ ont une faible productivité en raison des temps de serrage et de desserrage longs. Elles possèdent cependant une flexibilité élevée.

Les centres d'usinage (CU) et les centres de tournage (CT) ⑤ ont, grâce à la possibilité d'usiner complètement les pièces, une productivité nettement plus élevée en même temps qu'une plus grande flexibilité. Avec eux, le serrage et le desserrage qui prennent beaucoup de temps ne sont pas nécessaires.

Les systèmes de fabrication flexibles ③ et ④ répondent aux besoins situés entre la chaîne de transfert très productive ① pour la production de masse et la fabrication individuelle très flexible sur les centres d'usinage et de tournage ⑤. Actuellement, plus la productivité augmente, plus la flexibilité diminue, et inversément.

Mais il faut s'attendre à ce que les installations de fabrication Industrie 4.0 encore en cours de développement offrent une productivité et une flexibilité élevées, des grandes aux petites tailles de lots.

Pour un travail spécifique, on utilise le système de fabrication le plus efficace d'un point de vue économique, en fonction de la taille du lot et de la diversité des pièces. Le graphique (fig. 1) permet de le déterminer.

**Exemple :** Pour une taille de lot de 25 pièces, une cellule d'usinage flexible CUF ou un centre d'usinage CU est le système de fabrication appropriée (fig. 1) selon la variété des pièces.

### Répétition et approfondissement

1. Quels sont les sous-ensembles permettant d'automatiser un centre d'usinage ?
2. Quels travaux permet un plateau pivotant / circulaire sur un centre d'usinage ?
3. Quels avantages offre, sur un tour, une tourelle porte-outils à outils entraînés ?
4. Comment, sur une machine-outil CNC, surveiller l'usure des outils ?
5. Quelle caractéristique est typique d'une installation de fabrication équipée d'une commande Industrie 4.0 ?
6. Avec quelles installations de fabrication peut-on parvenir à une haute productivité et avec lesquelles peut-on parvenir à une haute flexibilité de la fabrication ?

## 4.11 Practise your English

### Controls and operating modes of a CNC lathe

#### ■ Operating elements of a control panel

The **control panel** of the CNC is divided into two areas.

There is the screen and the keys for the program input **(Figure 1)**. The buttons and switches on the **machine control table** enable different functions of the machine **(Figure 2)**.

**Layout of the control panel**

① display
② alphanumerical keys
③ direction keys for the cursor
④ horizontal and vertical soft keys
⑤ input buttons

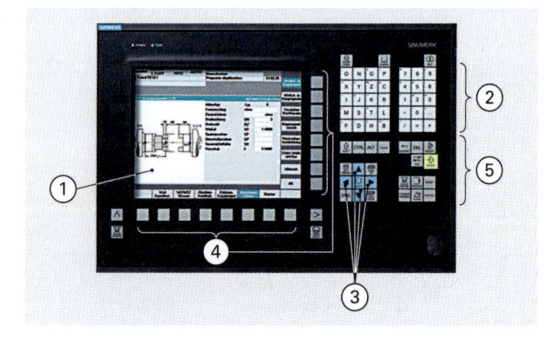

Figure 1: Control panel

**Keys and switches of the machine control table**

① key switch
② cycle start
③ spindle and feed, stop
④ feed-override
⑤ coolant on/off
⑥ traverse for X- and Z-axis
⑦ rapid mode
⑧ allowance for movement with door open
⑨ clamping open/close
⑩ emergency stop

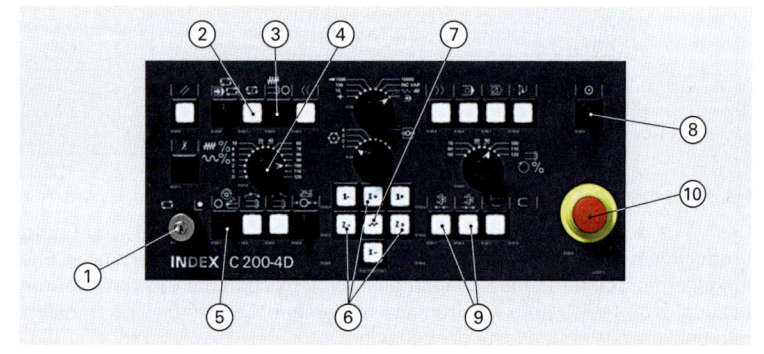

Figure 2: Machine control table

### Instructions for setting up and operating a CNC lathe

#### ■ Setup mode

During setup, alignment, the installation of tools and manual program input are completed in a CNC machine. In order to avoid misuse by unauthorized persons, the key switch ① on the front panel must be rotated to the SETUP position. After completion of the setup, this switch is rotated to the AUTO position and should then be removed.

For safety reasons, the setup is very limited when the sliding door is open. The axes, for example, can only be moved by the simultaneous operation of two controls, the corresponding axis key ⑥ and an enabling switch ⑧.

**Safety note:**
There should be no obstacles in the traverse range.
Do not put your arms in the traverse range.

#### ■ Automatic operation

Before a CNC program can be started, the hydraulics must be turned on, the reference points must be approached and a workpiece program must be created and selected. With the CYCLE START button ② the NC program is started. This is only possible if the sliding door is closed and locked. SPINDLE AND FEED STOP button ③ pauses the program. This means that all feed movements are stopped immediately, the spindles runs briefly for chip breaking.

# 5 Technique des matériaux

| | | |
|---|---|---|
| 5.1 | Aperçu des matériaux et des matières auxiliaires | 332 |
| 5.2 | Choix et propriétés des matériaux | 334 |
| 5.3 | Structure interne des métaux | 340 |
| 5.4 | **Aciers et matériaux en fonte de fer** | 345 |
| | Production de la fonte de première fusion | 346 |
| | Système de désignation des aciers | 349 |
| | Les nuances d'acier et leur utilisation | 353 |
| | Eléments d'alliage et résiduels | 356 |
| | Production des matériaux en fonte de fer | 359 |
| 5.5 | **Métaux non ferreux** | 362 |
| | Métaux légers | 362 |
| | Métaux lourds | 364 |
| 5.6 | **Matériaux frittés** | 367 |
| | Fabrication de pièces frittées | 367 |
| | Matériaux frittés spéciaux | 368 |
| 5.7 | **Matériaux céramiques** | 369 |
| | Propriétés | 369 |
| | Fabrication | 369 |
| | Types de céramique | 370 |
| | Revêtements en céramique | 370 |
| 5.8 | **Traitements thermiques des aciers** | 371 |
| | Types des structures des matériaux ferreux | 371 |
| | Diagramme de phases fer-carbone | 372 |
| | Structure et réseau cristallin en cas d'augmentation de température | 373 |
| | Recuit, trempe et revenu | 374 |
| | Exemple de fabrication pour la trempe | 383 |
| 5.9 | **Matières plastiques** | 384 |
| | Propriétés et utilisation | 384 |
| | Classification technologique et structure interne | 386 |
| | Thermoplastes, duroplastes | 386 |
| | Elastomères, valeurs caractéristiques des matières plastiques | 386 |
| 5.10 | Matériaux composites | 392 |
| 5.11 | **Essais des matériaux** | 397 |
| | Essai des propriétés technologiques | 397 |
| | Contrôle des propriétés mécaniques | 398 |
| | Essai des résilience | 400 |
| | Essais de dureté; essai de résistance à la compression | 401 |
| | Essai de charge en fonctionnement | 406 |
| | Essais non destructifs | 406 |
| | Contrôles métallographiques | 407 |
| | Contrôle des caractéristiques des matières plastiques | 408 |
| 5.12 | Problèmes environnementaux causés par les matériaux et les matières auxiliaires | 409 |
| 5.13 | Practise your English | 411 |

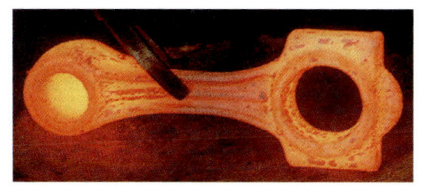

# 5 Technique des matériaux

## 5.1 Aperçu des matériaux et des matières auxiliaires

### 5.1.1 Classification des matériaux

Pour avoir un aperçu de la diversité des matériaux, on les classe d'après leur composition ou d'après leurs propriétés communes en groupes de matériaux (**fig. 1**).

Les trois groupes principaux de matériaux sont les métaux, les non métaux et les matériaux composites. On peut ensuite les classer à nouveau en sous-groupes, comme par ex. les métaux ferreux en acier et en fonte, ou bien les métaux non ferreux en métaux lourds et légers.

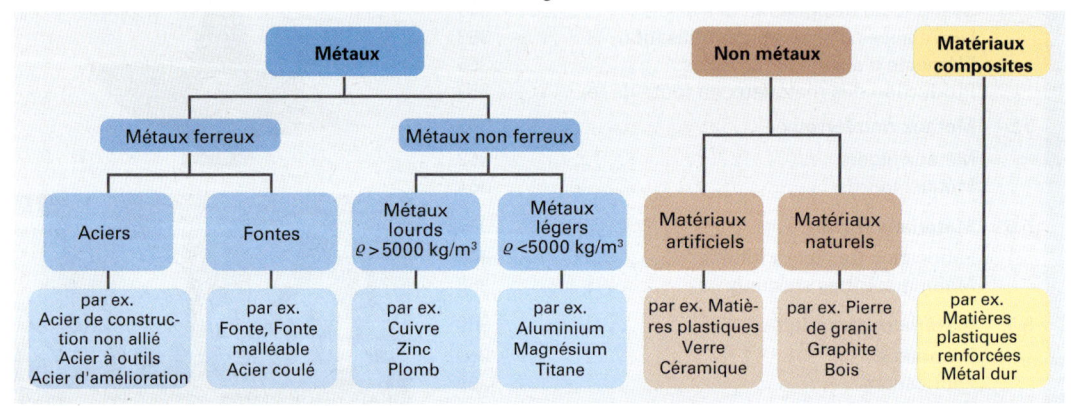

**Fig. 1 : Répartition des matériaux en catégories de matériaux**

### ■ Aciers

Les aciers sont des alliages à base de fer et carbone manifestant une grande résistance. Ils servent surtout à fabriquer des pièces de machines qui doivent supporter et transmettre les forces. Vis, boulons, roues dentées, profilés, arbres (**fig. 2**).

### ■ Matériaux en fonte de fer

Les fontes sont des alliages à base de fer et carbone qui peuvent être aisément coulés. Ils sont fondus pour réaliser des composants dont la forme complexe est façonnée de préférence par coulage, par ex. les carters (fig. 2).

### ■ Les métaux lourds (masse volumique $\varrho$ supérieure à 5000 kg/m³)

Les métaux lourds sont par ex. le cuivre, le zinc, le chrome, le nickel, le plomb. On les utilise généralement en raison de propriétés particulières qui sont typiques du matériau :

**Le cuivre** par ex. en raison de la bonne conductibilité électrique pour les fils des bobinages (**fig. 3**).

**Le chrome** et le **nickel** par ex. comme élément d'alliage dans les aciers, pour obtenir ou améliorer certaines propriétés.

### ■ Les métaux légers (masse volumique $\varrho$ inférieure à 5000 kg/m³)

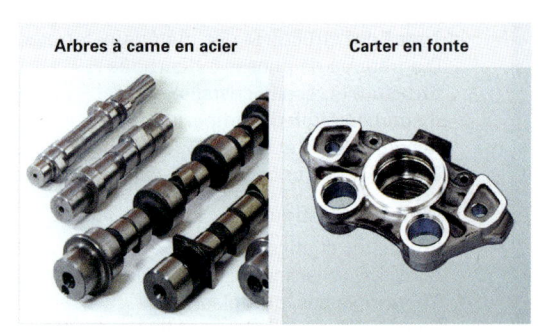

**Fig. 2 : Composants en matériaux à base de fer**

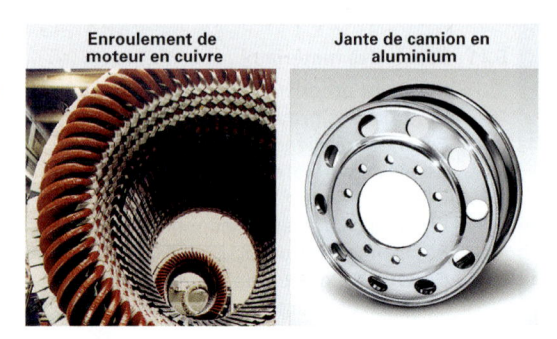

**Fig. 3 : Composants en métaux non ferreux**

Les métaux légers sont l'aluminium, le magnésium et le titane. Ce sont des métaux légers qui ont une bonne résistance. Leur domaine d'utilisation principal est celui des composants légers, par ex. pour les voitures de tourisme et les avions (fig. 3).

# Aperçu des matériaux et des matières auxiliaires

## ■ Matières synthétiques non métalliques

Cela inclut le groupe des **matières plastiques,** ainsi que les verres et les céramiques.

Les matières plastiques sont légères, électriquement isolantes, et disponibles aussi bien sous forme élastique que semi-rigide ou très rigide. Leur utilisation est particulièrement variée et va du matériau des pneus jusqu'aux petits engrenages **(fig. 1)**.

Les matériaux céramiques industriels sont surtout utilisés à cause de leur dureté et leur résistance à la corrosion et à l'usure, par ex. comme plaquettes de coupe, buses et grains de garnitures mécaniques.

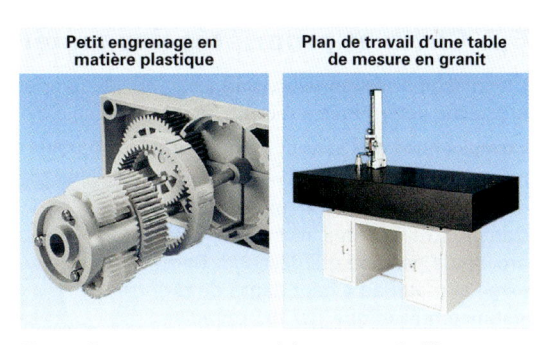

Fig. 1 : Composants en matériaux non métalliques

## ■ Matériaux naturels

Il s'agit de substances présentes dans la nature : des types de pierre ou du bois. Utilisation : par ex. du granit comme plan de travail d'une table de mesure **(fig. 1)**.

## ■ Matériaux composites

Les matériaux composites sont constitués de plusieurs matériaux et combinent les propriétés positives de chacun en un nouveau matériau.
**Les matières plastiques renforcées de fibres de verre** sont très résistantes, tenaces, élastiques et légères **(fig. 2)**.
Un autre matériau composite, **le métal dur,** possède la dureté des grains de carbures et la ténacité du métal liant (fig. 2). Le métal dur est utilisé comme matériaux de coupe.

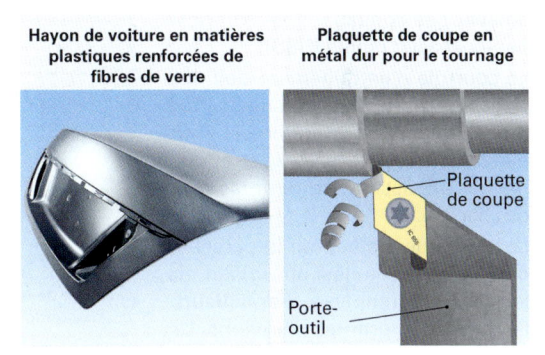

Fig. 2 : Composants en matériaux composites

## 5.1.2 Fabrication des matériaux

Les matériaux sont fabriqués à partir de matières premières **(fig. 3)**. On les tire principalement des gisements présents dans la croûte terrestre, comme par ex. les minerais servant à élaborer les métaux ou les gisements de pétrole nécessaires à la fabrication des matières plastiques. Les matériaux sont obtenus à partir des matières premières par transformation chimique, et ils sont commercialisés sous forme de demi-produits et de produits finis. Des pièces sont réalisées à partir de ceux-ci. Les matériaux naturels sont tirés directement de la nature.

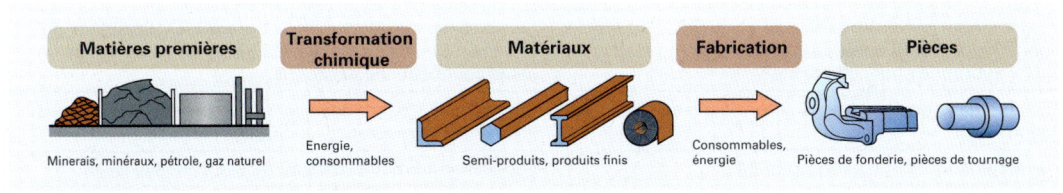

Fig. 3 : De la matière première à la pièce

## 5.1.3 Matières auxiliaires et énergie

Pour fabriquer les matériaux et lors de la réalisation des pièces, ainsi que pour faire fonctionner les machines, on a besoin de matières auxiliaires additionnelles et d'énergies **(fig. 4)**. Par ex. pour tourner une pièce, il faut du réfrigérant-lubrifiant pour réfrigérer et lubrifier la lame de l'outil, des lubrifiants pour graisser les paliers, et de l'énergie électrique pour entraîner la machine-outil. peinture

Fig. 4 : Matières auxiliaires et énergies

## 5.2 Choix et propriétés des matériaux

Une machine comporte un grand nombre de composants réalisés en divers matériaux. Chaque composant a une tâche déterminée à remplir, et il est réalisé à partir d'un matériau approprié pour cette tâche.

**Exemple:** Matériaux servant à fabriquer les composants d'une perceuse (fig. 1)

Les roues dentées du mécanisme d'avance à volant, par ex., doivent transmettre la force manuelle à la broche de perçage qui descend. Cela exige un matériau à haut degré de **résistance mécanique** par ex. un acier d'amélioration.

Le foret doit être réalisé en matériau d'un haut degré de **dureté,** afin de pénétrer dans le matériau à percer et enlever des copeaux. Il se compose par ex. d'acier rapide (HSS).

La courroie d'entraînement doit être **élastique** et pouvoir transmettre des forces de traction importantes. Cette performance peut, par ex. être fournie par un élastomère renforcé avec des fils d'acier.

Le pied et le plateau de la perceuse doivent être coulés en raison de leur forme complexe. Par ailleurs, ils doivent amortir les vibrations. Un matériau en fonte de fer est le plus adapté pour cela.

Roues dentées en acier d'amélioration

Courroie élastomère renforcée avec des fils d'acier

Table de machine en fonte

Foret en acier rapide (HSS)

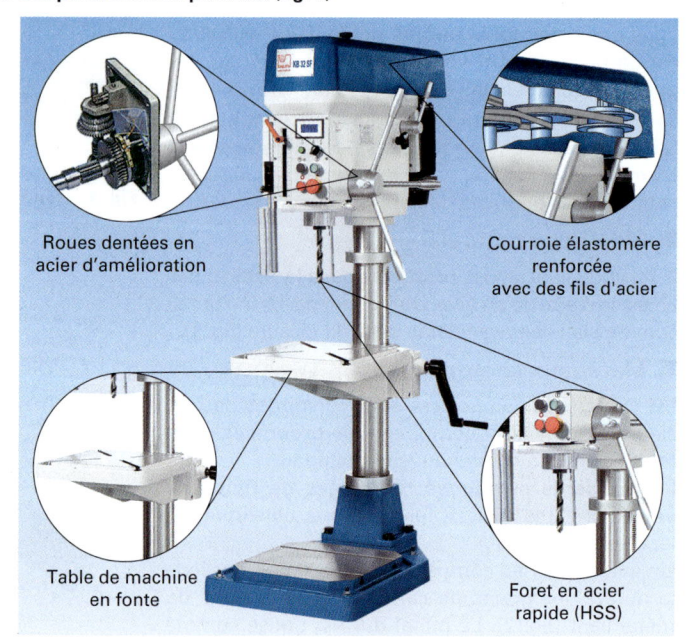

**Fig. 1:** Matériaux des composants d'une perceuse

### 5.2.1 Choix des matériaux

Lorsqu'on choisit le matériau pour la réalisation d'un élément de machine, il convient de décrire clairement les tâches dont le composant doit s'acquitter, puis de formuler les exigences imposées au matériau (**tableau 1**).

**Tableau 1: Tâche technique du matériau et sélection du matériau**

| Exigences imposées au matériau | Propriétés obligatoires |
| --- | --- |
| Le matériau, par ex. en raison de son poids, de sa température de fusion ou de sa capacité électroconductrice, est-il approprié pour cette tâche? | La réponse est donnée par les **propriétés physiques** du matériau, telles que la densité, la température de fusion et la conductibilité électrique. |
| Le matériau peut-il résister aux forces qui agissent sur le composant? | La réponse y est donnée par les **propriétés mécaniques,** telles que la résistance, la dureté, l'élasticité. |
| Le matériau s'use-t-il par frottement? | Les **caractéristiques d'usure** renseignent à ce sujet. |
| Quel procédé de fabrication permet de réaliser économiquement le composant? | Des informations seront données à ce sujet par les **propriétés technologiques,** telles que l'aptitude au coulage et à l'enlèvement de copeaux. |
| Le matériau qui constitue le composant sera-t-il attaqué par les matières avec lesquelles il entre en contact ou en cas d'augmentation des températures lorsqu'il sera utilisé dans le but prévu? | Ce comportement est décrit par les caractéristiques **chimiques,** telles que le comportement en cas de corrosion et la résistance à l'inflammation. |

---

**Règles de travail**

Après l'évaluation de tous les aspects, on choisit **le matériau** du composant,
- qui exerce le mieux la fonction du composant et répond aux exigences techniques,
- dont la fabrication et le prix sont les plus économiques, et
- qui ne pollue pas l'environnement dans la fabrication et l'utilisation.

## 5.2.2 Propriétés physiques des matériaux

Les propriétés physiques décrivent les caractéristiques fondamentales du matériau, indépendamment de sa forme. Elles sont indiquées par des grandeurs physiques.

### ■ Masse volumique

Par masse volumique $\varrho$ d'une matière, on entend les quotients de la masse $m$ et du volume $V$ d'un solide.

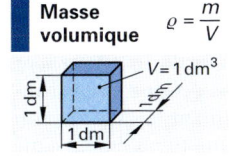

**Masse volumique** $\varrho = \dfrac{m}{V}$ ; $V = 1\,dm^3$

Concrètement on peut s'imaginer la masse volumique comme étant la masse d'un dé de 1 dm de côté.

Les unités de masse volumique sont le kg/dm³, le g/cm³ ou la t/m³ pour les matières solides et les liquides, ainsi que le kg/m³ pour les gaz (**tableau 1**).

**Tableau 1: Masse volumique des matières**

| Matière | Masse volumique kg/dm³ | Matière | Masse volumique kg/dm³ |
|---|---|---|---|
| Eau | 1000 | Cuivre | 8900 |
| Aluminium | 2700 | Plomb | 11300 |
| Acier non allié | 7800 | Tungstène | 19300 |
| Air (0 °C, 1,013 bars): $\varrho$ = 1,29 kg/m³ | | | |

### ■ Point de fusion (température de fusion)

Le point de fusion est la température à laquelle un matériau commence à fondre.

La température de fusion est indiquée la plupart du temps en degrés Celsius (°C) (**tableau 2**).

Les métaux purs ont un point de fusion précis. Les mélanges de métaux (alliages), comme par ex. les aciers et les alliages CuZn, ont une plage de fusion.

**Tableau 2: Températures de fusion**

| Matière | Point de fusion (°C) | Matière | Point de fusion (°C) |
|---|---|---|---|
| Etain | 232 | Cuivre | 1083 |
| Plomb | 327 | Fer | 1536 |
| Aluminium | 658 | Tungstène | 3387 |

### ■ Conductibilité électrique

La conductibilité électrique décrit l'aptitude d'une matière à conduire le courant électrique.

L'argent, le cuivre et l'aluminium sont de bons conducteurs. Ils sont utilisés comme matériaux conducteurs (**tableau 3**).

Les matières qui ne conduisent pas le courant sont désignées du nom de matériaux isolants. Ils comprennent les matières plastiques, la céramique, le verre.

**Tableau 3: Conductibilité électrique en pourcentage de la conductibilité du cuivre**

| Substance | Pour cent | Substance | Pour cent |
|---|---|---|---|
| Cuivre | 100 | Zinc | 29 |
| Argent | 106 | Fer, acier | 17 |
| Aluminium | 62 | Plomb | 8 |

### ■ Dilatation thermique linéaire (fig. 1)

Le coefficient de dilatation thermique linéaire $\alpha$ indique la modification de la longueur $\Delta l$ d'un solide long de 1 m pour une modification de température de 1 °C.

La dilatation thermique $\Delta l$ doit par ex. être prise en compte avec les instruments de mesure et les pièces ajustées/assemblés ou avec les pièces de fonderie. Les pièces de fonderie subissent après la coulée une contraction thermique qui doit être compensée par une surépaisseur.

**Dilatation linéaire thermique**  $\Delta l = l_1 \cdot \alpha \cdot \Delta t$

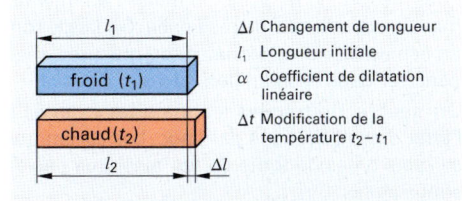

$\Delta l$ Changement de longueur
$l_1$ Longueur initiale
$\alpha$ Coefficient de dilatation linéaire
$\Delta t$ Modification de la température $t_2 - t_1$

Fig. 1: Dilatation linéaire thermique

### ■ Conductibilité thermique

La conductibilité thermique est la mesure de l'aptitude d'une matière à conduire l'énergie calorifique en elle-même (**fig. 2**).

Les métaux ont une conductibilité thermique élevée, en particulier le cuivre, l'aluminium et le fer ou l'acier. Les matières plastiques, le verre et l'air ont de faibles conductibilités thermiques. On les utilise pour le calorifugeage.

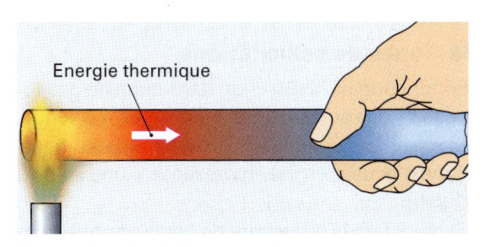

Fig. 2: Conductibilité thermique

## 5.2.3 Propriétés mécaniques

Les propriétés mécaniques identifient le comportement du matériau sous l'action de forces dans le cadre de leur utilisation technique et de la fabrication des composants.

### ■ Déformation élastique et plastique

Sous l'action d'une force, les divers matériaux subissent des déformations totalement différentes.

Une lame de scie en acier à outil trempé, par ex. est flexible et revient élastiquement dans sa forme droite initiale une fois qu'on a cessé d'appliquer la force (**fig. 1**). On appelle ce comportement la déformation élastique ou **l'élasticité** du matériau. Un comportement purement élastique est, par ex. le propre des aciers destinés aux lames de scie ou aux ressorts.

Par contre, une barre en plomb conserve largement la déformation après la flexion (**fig. 2**). Ce matériau se déforme pratiquement de façon purement plastique. On appelle cette propriété la **plasticité** du matériau. Des matériaux par ex. l'acier porté à température de forgeage ou le fer doux ont une déformation principalement plastique.

### ■ Comportement en déformation élastique et plastique

Une barre carrée en acier de construction non alliée révèle à la flexion une déformation tant élastique que plastique.

En cas de forte flexion, le retour élastique de la barre n'est que partiel. Il subsiste une déformation plastique permanente (**fig. 3**). S'il est fortement sollicité, le matériau présente une déformation élastoplastique.

De nombreux matériaux présentent un comportement de déformation élastoplastique, par ex. les aciers non trempés, les alliages d'aluminium et de cuivre.

> Les divers matériaux peuvent comporter une déformation élastique, plastique et élastoplastique.

### ■ Ténacité, fragilité, dureté

Les matériaux **durs** sont par ex. l'acier trempé et les métaux durs. Les matériaux doux sont l'aluminium et le cuivre. On qualifie de tenace un matériau qui se déforme peu sous une lourde charge, mais oppose cependant une grande résistance à cette déformation.

Pour mesurer la ténacité, on utilise **l'énergie de choc** en joules (J). On la mesure dans l'essai de résilience. On laisse tomber le marteau-pilon sur un échantillon de matériau et on mesure l'énergie (travail) utilisée pour pénétrer dans l'échantillon.

On qualifie de **fragiles** les matériaux qui éclatent en fragments sous l'effet de sollicitations par choc. Les céramiques et le verre, mais aussi certains types de fonte de fer, ainsi que l'acier incorrectement trempé, sont fragiles.

Par **dureté** on entend la résistance qu'un matériau oppose à la pénétration d'un pénétrateur (**fig. 4**). Les matériaux durs sont par ex. l'acier trempé et le métal dur. Les matériaux doux sont l'aluminium et le cuivre.

### ■ Types de sollicitations

En fonction de la direction dans laquelle des forces agissent sur un composant, des sollicitations différentes règnent dans le matériau.

Si deux forces agissent en sens opposé depuis le composant sur une ligne d'action, on est en présence d'une sollicitation exercée par traction (**fig. 5**).

Si deux forces provenant de côtés opposés s'exercent sur le composant, c'est une sollicitation par compression qui règne.

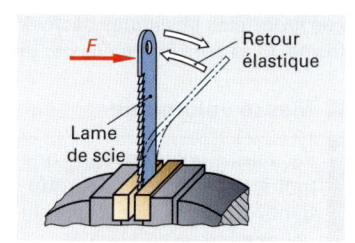

Fig. 1 : Elasticité d'une lame de scie

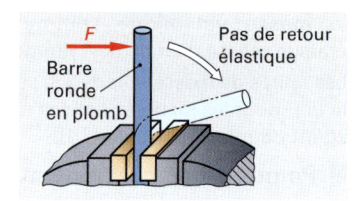

Fig. 2 : Plasticité d'une tige de plomb

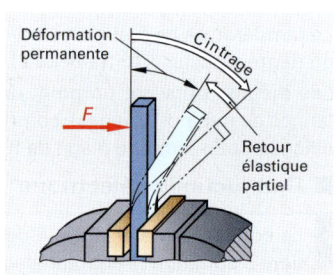

Fig. 3 : Déformation élastoplastique lors du formage de l'acier en barres

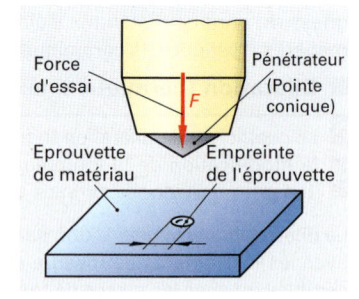

Fig. 4 : Détermination de la dureté

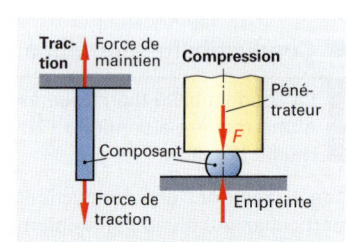

Fig. 5 : Sollicitation en traction et en compression

# Choix et propriétés des matériaux

D'autres types de sollicitations sont la flexion, le cisaillement, la torsion et le flambage (**fig. 1**).

Pour chaque type de sollicitation, un matériau a une limite supérieure de sollicitation qu'on nomme la **résistance**. En fonction du type de sollicitation, ces limites de sollicitation se dénomment résistance à la traction, résistance à la flexion, résistance au cisaillement, etc.

La technique accorde la plus grande importance aux valeurs caractéristiques des matériaux pour la résistance à la traction.

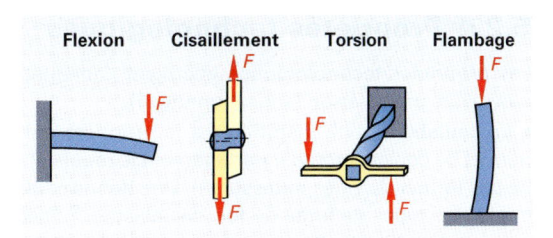

Fig. 1 : Autres formes de sollicitation

## ■ Résistance à la traction, limite élastique

Pour décrire la grandeur de la sollicitation due à la traction dans un composant indépendamment de la taille de celui-ci, on calcule le rapport entre la force de traction $F$ qui s'exerce et la section transversale du composant $S_0$. On nomme cette grandeur la contrainte de traction $\sigma_z$. Elle a pour unité le N/mm².

Comme grandeurs caractéristiques de la capacité de charge d'un matériau, on utilise les efforts de traction qui règnent dans une barre échantillon pour des états de déformation déterminés (**fig. 2**).

Si la barre d'essai est sollicitée par une faible force de traction, sa déformation est d'abord uniquement élastique. Il en est ainsi tant que la force de traction demeure inférieure à la déformation élastique $F_e$. Si on porte la force de traction à plus de $F_e$, la barre commence alors à s'allonger de façon significative. On dit que le matériau « se déforme ». Cette déformation est principalement plastique.

La contrainte de traction qui règne dans le matériau avant qu'il ne subisse une déformation permanente s'appelle **limite apparente d'élasticité $R_e$**. Celle-ci se calcule comme étant le quotient de la force $F_e$ par la section transversale de la barre $S_0$ et elle constitue une grandeur caractéristique (valeur limite) de la capacité de charge d'un matériau sans déformation plastique significative.

Si la sollicitation exercée par la traction sur la barre d'essai passe au-dessus de la limite élastique, la barre commence à se contracter et finit par se déchirer (fig. 2). L'effort de traction qui règne sous la force de traction maximale $F_m$ dans le matériau est la **résistance à la traction $R_m$**. Elle se calcule comme étant le quotient de $F_m$ sur $S_0$ et elle est l'effort de traction maximal qui peut régner dans un matériau.

La limite élastique $R_e$ et la résistance à la traction $R_m$ s'expriment par la même unité N/mm². L'acier S235JR a par ex. une limite élastique $R_e \approx 235$ N/mm² et une résistance à la traction de $R_m \approx 360$ N/mm².

## ■ Allongement, allongement à la rupture

La force qui s'exerce provoque l'allongement de la barre d'essai (fig. 2). L'allongement $\Delta L$ rapporté à la longueur initiale $L_0$ en pourcentage est dénommé **allongement $\varepsilon$**. L'allongement résiduel qui fait suite à la rupture de la barre d'essai se nomme **allongement à la rupture A**. C'est une mesure de la déformation maximale qu'un matériau peut atteindre.

## ■ Résistance à l'usure

Entre des parties de machine qui se déplacent l'une contre l'autre, comme par ex. le banc de machine et le chariot longitudinal d'un tour, les surfaces des composants sont exposées à la friction et à l'usure (**fig. 3**). La résistance à l'usure d'un composant dépend de l'appareillage des matériaux, de la lubrification et des sollicitations qu'il subit : forces, vitesses, température, fréquence, type de déplacement, et atmosphère ambiante.

Effort de traction $\quad \sigma_z = \dfrac{F}{S_0}$

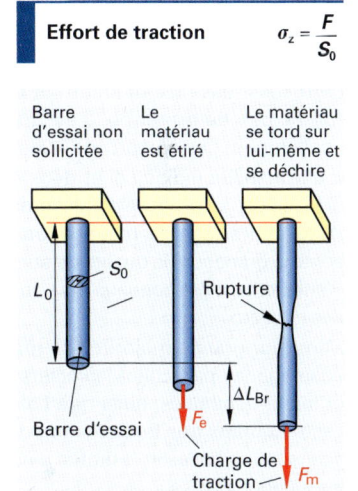

Fig. 2 : Barre d'essai, non sollicitée et sous une contrainte de traction

Limite apparente d'élasticité $\quad R_e = \dfrac{F_e}{S_0}$

Résistance à la traction $\quad R_m = \dfrac{F_m}{S_0}$

Allongement $\quad \varepsilon = \dfrac{\Delta L}{L_0} \cdot 100\,\%$

Allongement à la rupture $\quad A = \dfrac{\Delta L_{Br}}{L_0} \cdot 100\,\%$

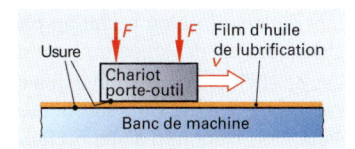

Fig. 3 : Usure sur les surfaces de glissement

## 5.2.4 Propriétés technologiques

Les propriétés technologiques décrivent l'adéquation des matériaux aux divers procédés de fabrication (**fig. 1**).

- **La coulabilité** d'un matériau est la propriété qui à l'état liquide lui permet de couler et remplir parfaitement le moule et, à l'état solidifié, de ne pas former de vides (retassures). Une bonne coulabilité est le propre des divers types de fonte de fer, des alliages à base de fonte d'aluminium et des alliages de cuivre ainsi que de zinc.
- **La déformabilité représente** la capacité d'un matériau de se laisser former par déformation plastique sous l'effet des forces pour obtenir une pièce. Les procédés de façonnage à chaud sont par ex. le laminage à chaud et le forgeage; les procédés de façonnage à froid sont par ex. le laminage à froid, le cintrage et l'emboutissage.

Les aciers à faible teneur en carbone, le fer doux ainsi que les alliages corroyés à base d'aluminium et de cuivre se prêtent bien à la mise en forme par déformation. Les matériaux à base de fonte de fer ne conviennent pas aux procédés de mise en forme par déformation.

- **L'usinabilité** indique si et dans quelles conditions une pièce peut être réalisée par un procédé d'enlèvement de copeaux, comme par ex. le tournage, le fraisage, la rectification. Pour évaluer l'usinabilité, on utilise comme grandeurs la qualité de surface de la surface usinée, les conditions d'enlèvement des copeaux et la durée de vie utile des outils d'enlèvement des copeaux.

Dans leur grande majorité, les matériaux métalliques se prêtent bien à l'usinage, en particulier les aciers et les types de fonte de fer non alliés et faiblement alliés, ainsi que l'aluminium et les alliages d'aluminium. Les matériaux très tenaces sont difficiles à usiner, tels que le nickel, les aciers inoxydables et le titane, ainsi que les matériaux très durs, tels que les aciers trempés.

- **La soudabilité** décrit la capacité ou l'incapacité d'un matériau d'être soudé.

Les aciers non alliés et faiblement alliés à faible teneur en carbone se prêtent bien au soudage. Les procédés de soudage spéciaux permettent également de souder les aciers fortement alliés et les alliages d'aluminium et de cuivre.

- **Grâce au traitement thermique de la trempe,** on obtient une augmentation de dureté et de résistance du matériau.

La plupart des aciers se prêtent à la trempe, de même que quelques matériaux à base de fonte de fer et les alliages d'aluminium aptes au durcissement structural.

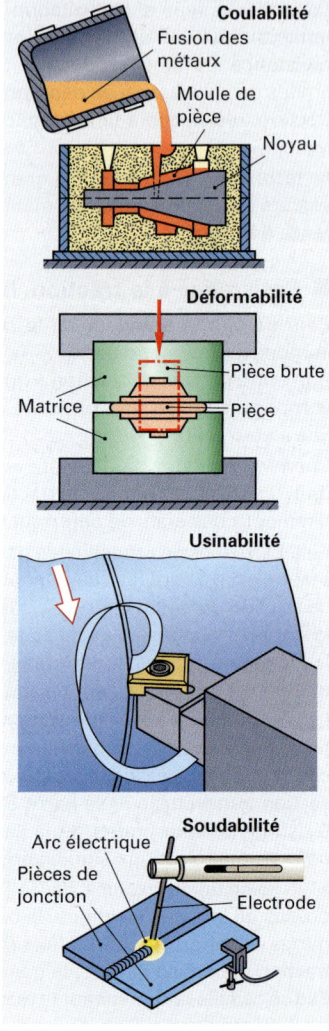

**Fig. 1 : Propriétés liées à la technique de fabrication**

## 5.2.5 Propriétés chimiques et technologiques

Les propriétés chimiques concernent les effets sur les matériaux des influences environnementales et des substances agressives (agents actifs) qui modifient les matériaux, ainsi que des températures élevées.

- **Le comportement de corrosion** décrit le comportement d'un matériau sous l'effet destructeur de l'air humide, de l'atmosphère industrielle, des eaux usées ou d'autres substances agressives. La destruction partant de la surface du matériau par des processus chimiques et électrochimiques est désignée du nom de **corrosion (fig. 2)**.

Les aciers inoxydables ainsi que de nombreux matériaux à base de nickel, titane, cuivre, ou d'aluminium par. ex., sont résistants à la corrosion. Les aciers non alliés ou faiblement alliés ainsi que la fonte de fer ne résistent pas à la corrosion due à l'air humide ou à l'atmosphère industrielle; ils rouillent.

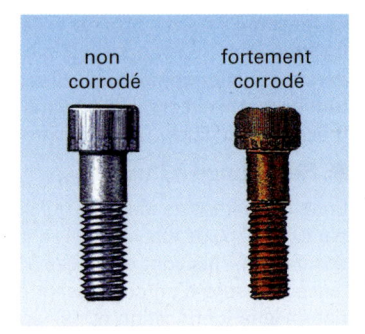

**Fig. 2 : Comportement de corrosion**

Un traitement de surface, une peinture ou un revêtement permettent d'éviter la corrosion pendant une période prolongée.
- Une autre propriété chimique est constituée par la **résistance au calaminage (fig. 1)**. Elle décrit le comportement de réaction des matériaux aux températures élevées.
- Avec quelques matériaux, comme par ex. les matières plastiques, il convient par ailleurs d'être attentif à **l'inflammabilité** lors du choix des matériaux.

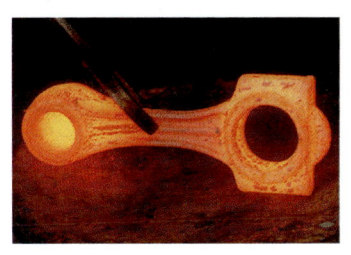

Fig. 1 : Pièce forgée calaminée

## 5.2.6 Compatibilité avec l'environnement, innocuité pour la santé

Les matériaux et les matières auxiliaires ne doivent exercer aucun effet nocif pour la santé lors de leur usinage et lorsqu'on les utilise correctement. Une fois que les appareillages et les machines ont cessé de servir, les matériaux doivent être récupérables (recyclage).
- **Matières compatibles avec l'environnement.** Les matériaux métalliques le plus fréquemment utilisés sont majoritairement compatibles avec l'environnement : aciers et fonte de fer, matériaux à base d'aluminium et de cuivre. Ces matériaux ne donnent lieu à aucune objection du point de vue de la santé. On les collecte bien triés d'après leur type après utilisation **(fig. 2)**, on les fond, et on les transforme pour obtenir de nouveaux matériaux.
- **Substances toxiques.** Le plomb (Pb), le béryllium (Be) et le cadmium (Cd) sont des métaux toxiques lorsqu'on les inhale par ex. sous forme de fines poussières. Leur utilisation doit être réduite au minimum. En les usinant ou en les utilisant, par ex. lors de leur brasage avec de la matière d'apport contenant du Pb et du Cd, l'air vicié doit être aspiré et le local de travail doit être bien ventilé. Il en est de même pour le soudage **(fig. 3)**. Il faut également éviter d'inhaler le brouillard de liquide réfrigérant dégagé lors de l'usinage de ces matériaux.

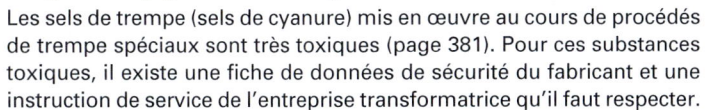

Les sels de trempe (sels de cyanure) mis en œuvre au cours de procédés de trempe spéciaux sont très toxiques (page 381). Pour ces substances toxiques, il existe une fiche de données de sécurité du fabricant et une instruction de service de l'entreprise transformatrice qu'il faut respecter.

> Pendant la manipulation des substances toxiques il faut, conformément à l'ordonnance sur les substances dangereuses, respecter les consignes, les mesures de protection et les règles de comportement énoncées dans l'instruction de service.

Fig. 2 : Matériau de recyclage

Fig. 3 : Aspiration de gaz

### Répétition et approfondissement

1. Classez les métaux cuivre, fer, titane, zinc, magnésium, plomb et aluminium en groupes : métaux légers et métaux lourds.
2. Quelles sont les caractéristiques qui permettent aux matières plastiques d'avoir des applications variées ?
3. En quels matériaux pourrait être la fraise et la pièce de la photo montrée ? 
4. Une pièce a une masse de 6,48 kg et un volume de 2,4 dm$^3$.
   a) Quelle est la masse volumique du matériau de la pièce ?
   b) De quel matériau pourrait-il s'agir ?
5. Décrivez le comportement élastoplastique d'une barre d'acier.
6. Qu'indiquent la limite élastique $R_e$ et la résistance à la traction $R_m$ d'un matériau ?
7. Mentionnez trois propriétés technologiques. Expliquez ces propriétés à chaque fois par un matériau qui convient bien pour ce processus de fabrication.
8. Comment peut-on éviter la corrosion des pièces métalliques ?

## 5.3 Structure interne des métaux

En observant un morceau de métal on ne décèle aucune structure à l'échelle macroscopique (**fig. 1, partie gauche**).

Si l'on considère la surface agrandie environ 10000 fois, par ex. au microscope électronique, on voit que les métaux ont une structure fine très compliquée (**fig. 1, à droite**). On s'aperçoit que ces métaux se composent d'un grand nombre de petits grains de forme régulière, également dénommés **cristaux**.

> On désigne la structure fine des métaux du nom de **structure cristalline**.

Si l'on augmente le grossissement du coin d'un cristal, par ex. de 10 000 000 de fois, on parvient à voir les particules les plus fines des métaux, les atomes[1] (**fig. 1, en bas**). Ces atomes se trouvent, les uns par rapport aux autres à des distances et des angles précis.

Si on relie les points centraux des atomes métalliques, les lignes de liaison produisent dans **l'espace un réseau** qui est désigné du nom de **réseau cristallin**. La plus petite unité typique de ce réseau cristallin est nommée **maille**.

### 5.3.1 Structure interne et propriétés des métaux

■ **Liaison métallique et résistance**

A l'état solide, les métaux sont relativement résistants et ductiles. La raison se situe dans la liaison métallique qui maintient ensemble les diverses particules métalliques. Cette liaison s'établit lorsqu'on obtient le métal par regroupement des atomes métalliques juste après la réduction du minerai (p. 342). Des électrons libres sont relâchés par les atomes métalliques (**fig. 2**). Ces électrons entourent et lient l'ensemble des atomes métalliques dans un nuage électronique. Les électrons peuvent se déplacer librement au sein du nuage d'électrons, sans toutefois pouvoir quitter celui-ci. Ils maintiennent les atomes métalliques[1] comme une sorte de «ciment d'électrons».

> La liaison métallique établit une liaison très forte entre les particules métalliques: la **résistance** du métal.

■ **Conductibilité électrique**

Les électrons libres peuvent être mis en mouvement en leur appliquant une tension électrique (**fig. 3**). Il s'écoule alors un flux d'électrons (courant électrique).

> Les métaux sont de bons **conducteurs électriques**.

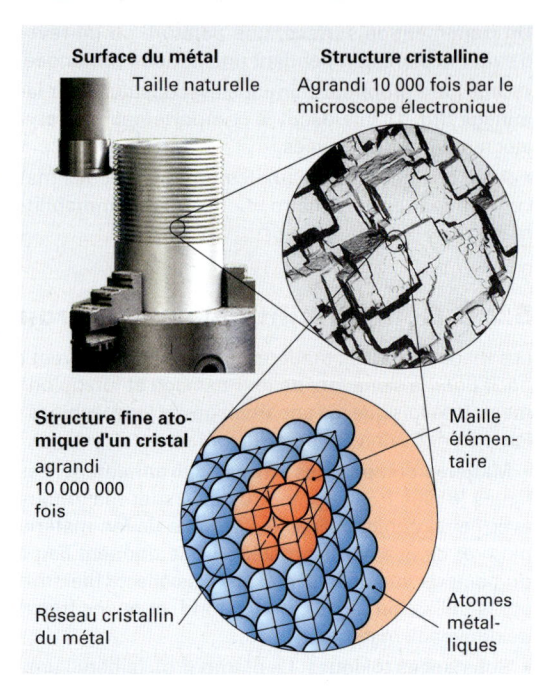

Fig. 1: Surface métallique et structure interne

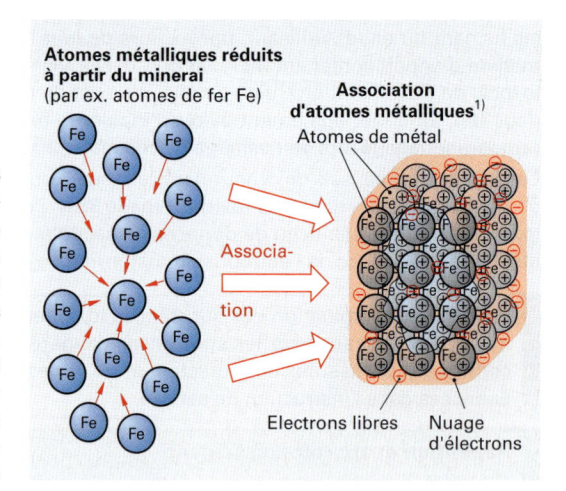

Fig. 2: Création d'une liaison métallique (exemple du fer)

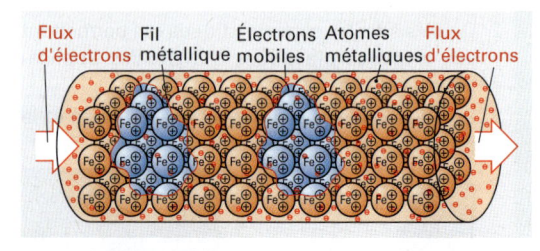

Fig. 3: Conduction de courant dans un fil métallique

[1] Pour simplifier, on parle ici d'atomes métalliques. L'exactitude scientifique obligerait à les appeler «ions métalliques».

# Structure interne des métaux

## ■ Comportement des métaux à la déformation

Les métaux faiblement sollicités subissent une déformation élastique et, si la sollicitation est plus forte, ils subissent également une déformation plastique (p. 336). Ce comportement à la déformation découle de la liaison métallique entre les atomes (**fig. 1**).

Si la force agit faiblement, les atomes de métal ne sont déplacés de leur position dans le réseau que de manière minime, et si la force n'est plus exercée, ils regagnent leur position initiale par élasticité. Le matériau se déforme de manière élastique.

Si l'action de la force est plus importante, le déplacement des atomes augmente, ils s'éloignent de leur position initiale, se rapprochent d'autres atomes et trouvent ainsi une nouvelle position stable. Cette nouvelle position stable subsiste lorsque la force cesse d'être appliquée. Le solide s'est déformé de façon permanente (**déformation plastique**). Les atomes déplacés forment, grâce au nuage électronique, de nouvelles forces de liaison avec les nouveaux atomes adjacents. Le déplacement ne produit donc pas de rupture dans le solide, mais uniquement une déformation permanente. Si l'action de la force augmente, la déformation augmente, les atomes se déplacent de plus en plus. Quand la force appliquée dépasse enfin la force d'attraction des atomes, la matière se casse.

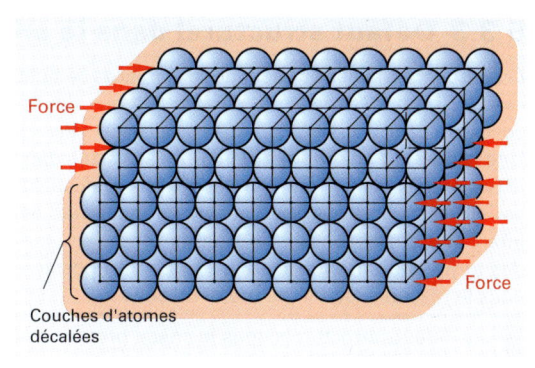

Fig. 1 : Déformation plastique d'un cristal par le décalage d'une couche d'atomes métalliques

## 5.3.2 Types de mailles dans les métaux

Les atomes des divers métaux peuvent s'assembler pour donner des dispositions géométriques diverses. Celles-ci dépendent du type de métal, mais aussi de la température.

> Les métaux courants peuvent avoir des mailles à structure cubique centrée (CC), cubique face centrée (CFC) ou hexagonal compact (HC).

La présentation graphique de la disposition des atomes métalliques s'effectue par cellule élémentaire dénommée maille (**fig. 2**).

### ■ Réseau cristallin cubique centré

Lorsque le réseau cristallin est cubique centré (cc), les atomes métalliques adoptent une disposition telle que les lignes de liaison qui vont du point central d'un atome au point central d'un autre atome forment un dé (cube) (fig. 2, partie supérieure). Par ailleurs, un atome métallique se trouve également au centre du cube. Un réseau cristallin cubique centré est présent dans le fer à des températures inférieures à 911 °C ainsi que le chrome, le tungstène et le vanadium.

### ■ Réseau cristallin cubique à face centrée

Le réseau cristallin cubique à face centrée (cfc) est également un dé comme solide de base, mais il y a un atome au centre de chaque face (fig. 2, partie centrale). C'est la forme de cristal de l'aluminium, du cuivre et du nickel ainsi que le fer au-dessus de 911 °C.

### ■ Réseau cristallin hexagonal

Le magnésium, le zinc et le titane sont des métaux qui ont un réseau cristallin hexagonal compact (hc). Avec ce type de réseau, les atomes métalliques forment un prisme hexagonal comportant un atome au centre de chacune des surfaces de base, ainsi que trois atomes à l'intérieur du prisme (fig. 2, partie inférieure).

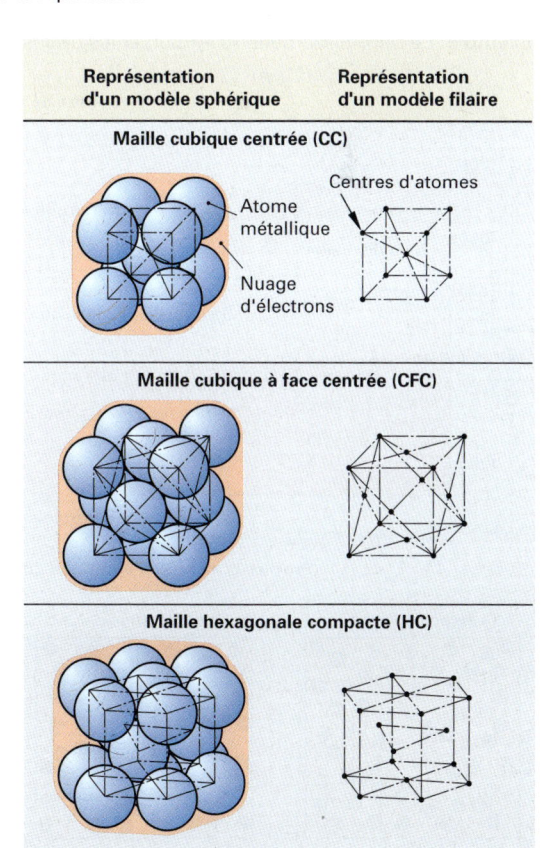

Fig. 2 : Types de mailles

## 5.3.3 Défaut structurel dans le cristal

Les cristaux d'un métal ne sont pas exempts de défauts, mais ils sont entremêlés de défauts tels que des lacunes, des dislocations et des atomes étrangers (**fig. 1**). Une **lacune** est un emplacement du réseau qui, dans le réseau cristallin, n'est pas occupé. En cas de **dislocation** toute une couche d'atomes métalliques est intercalée, ou absente. **Les atomes étrangers** sont des atomes d'un autre élément qui sont encastrés dans le réseau cristallin du métal de base.

> Les défauts structurels dans le cristal provoquent des distorsions au sein du réseau cristallin et accroissent la résistance.

L'accroissement de la résistance se produit par ex. lorsqu'on réalise un alliage. A cette occasion, des atomes étrangers sont introduits dans le réseau cristallin du métal de base.
La déformation par matriçage à froid donne naissance à des lacunes et à des dislocations qui accroissent la résistance.

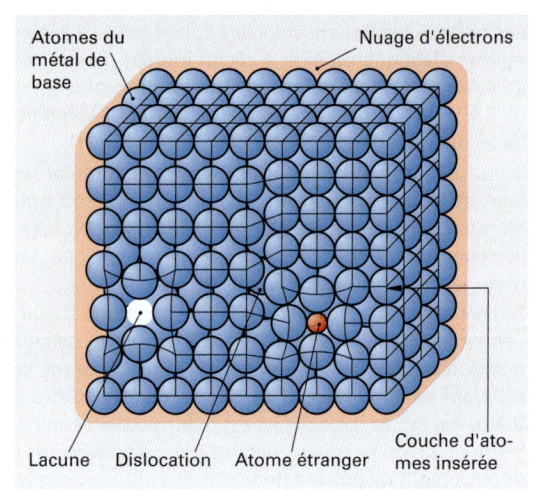

**Fig. 1 : Défaut structurels d'un cristal métallique**

## 5.3.4 Formation de la structure du métal

La structure d'un matériau métallique, c'est-à-dire sa subdivision en cristaux (**fig. 1, p. 340**), se forme après la coulée lors de la solidification qui produit un corps métallique solide.
La solidification d'un bain métallique ne se produit pas d'un coup, mais par étapes.
**Exemple :** Le refroidissement du fer pur, et les cycles qui se déroulent à cette occasion dans la coulée (**fig. 2**).

**Courbe de refroidissement du fer pur**

① Bain de fusion
② Bain de fusion avec une part croissante de cristaux solides
③ 
④ Corps métallique solide

Température de solidification : 1536 °C

**Processus au niveau atomique durant le refroidissement d'un bain de fusion**

① Bain de fusion
② Début de la formation de cristaux — Germe de cristallisation
③ Progression de la formation de cristaux
④ Solidification complète — Grain, Limite de grain

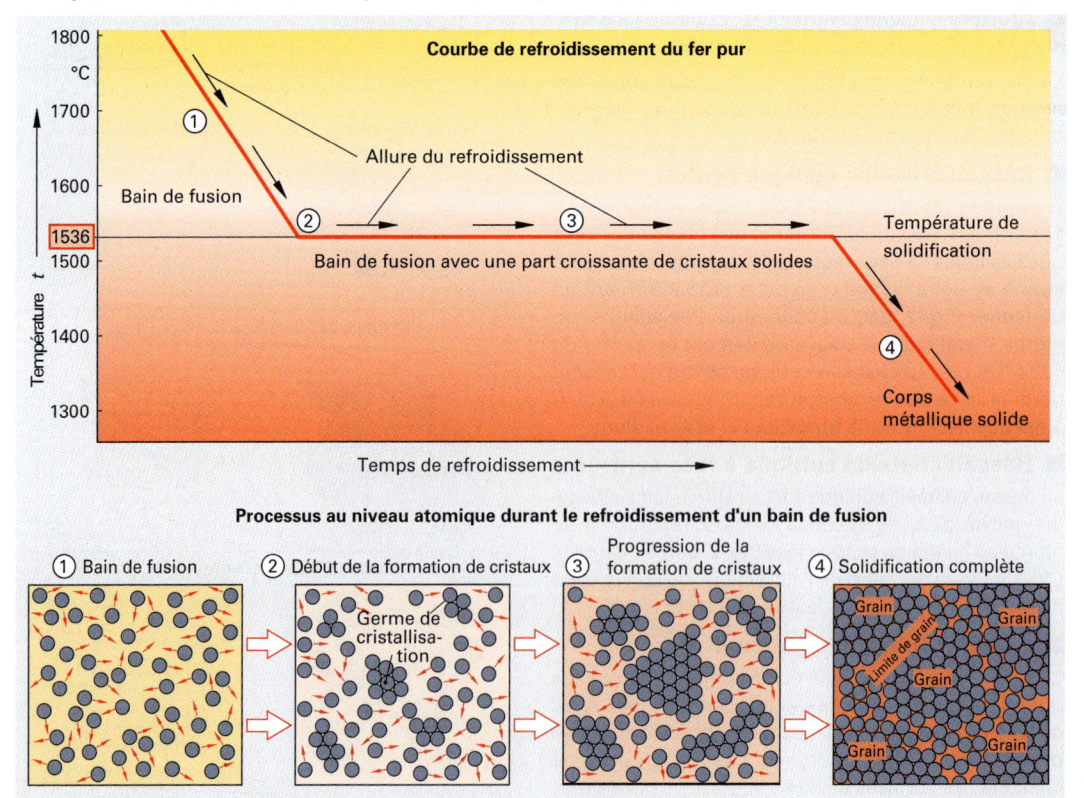

**Fig. 2 : Courbe de refroidissement et processus cristallins dans un bain de fusion**

Dans les étapes de refroidissement ① à ④ représentées dans la **fig. 2, p. précédente** ils se produisent les effets suivants :

① **Fusion des métaux.** Lors de la fusion des métaux, les atomes métalliques se déplacent librement et irrégulièrement. Lors du refroidissement de la coulée, le mouvement des atomes métalliques ralentit.

② **Début de la formation des cristaux.** Lorsque la température de solidification est atteinte (pour le fer : 1536 °C) le regroupement des atomes métalliques commence au sein du liquide selon un type de maille. Les emplacements où commence la croissance des cristaux sont nommés **germes de cristallisation**.

③ **Progression de la formation de cristaux.** En partant des germes de cristallisation, un nombre toujours croissant d'atomes métalliques provenant du liquide résiduel se joint aux cristaux. La température de solidification reste inchangée pendant l'ensemble de la cristallisation car de l'énergie est dégagée pendant la liaison des atomes. L'allure de la courbe de refroidissement est horizontale.

Lorsque la coulée est presque entièrement solidifiée, les cristaux en croissance se heurtent mutuellement à leurs limites. Les cristaux dont les limites sont rendues irrégulières par ce phénomène sont nommés **cristallites** ou **grains**. Les atomes métalliques situés dans la zone limite qui sépare les grain ne trouvent pas toujours place dans le réseau cristallin. Avec les atomes étrangers situés entre les divers grains, ils constituent une couche de délimitation aléatoire, la **limite de grain**.

④ **Solidification complète.** Si tous les atomes métalliques occupent leur place fixe, la coulée est entièrement solidifiée. La structure du matériau s'est formée. La température du corps métallique solide qui s'est formé se remet à descendre du fait de la chaleur extraite, la courbe de refroidissement reprend sa descente.

## 5.3.5 Types de structure et propriétés du matériau

La structure d'un matériau est indiscernable à l'œil nu. Les divers grains de la structure sont trop petits (leur domaine de grandeur va de 1 µm à 100 µm) et les limites entre les grains ne sont pas décelables.

Pour rendre visible la structure d'un matériau, il faut recourir à une technique spéciale, la **métallographie**. On détache un morceau du matériau ayant plus ou moins la taille d'une noix, on le noie dans de la résine synthétique, on le surface sur un côté, et on polit la surface obtenue. On procède ensuite à une attaque chimique de la surface polie et on l'examine au microscope métallographique **(fig. 1)**.

L'image qui se présente au microscope est nommée **micrographie**. Il montre la structure du matériau et les joints de grains.

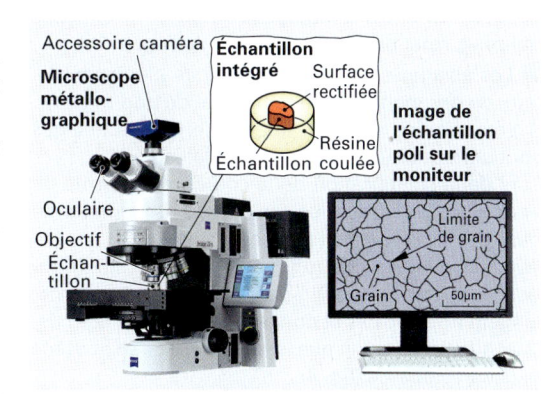

Fig. 1 : Visualisation d'une coupe métallographique avec le microscope métallographique

### ■ Formes de grains

Les divers métaux et types de réseaux cristallins d'un métal créent des formes spécifiques de grains **(fig. 2)**. Le fer pur, par ex. forme des grains arrondis (grains équiaxes isotropiques). Le fer à structure austénitique possède des à grains polygonaux (polyédriques). L'acier trempé (structure martensitique) présente une structure en forme d'aiguilles (aciculaire ou dendritique). La cémentite à stries de la perlite et du graphite en lamelles de la fonte grise forment des couches lamelliformes (structure lamellaire).

La forme d'une structure peut être modifiée, par exemple par un laminage à froid. Dans ce processus, les grains sont étirés dans le sens du laminage, la **structure** acquiert une orientation et devient anisotrope. La résistance du matériau augmente alors dans le sens du laminage, et la ductilité diminue. Le recuit de recristallisation permet de reformer une structure isotropique.

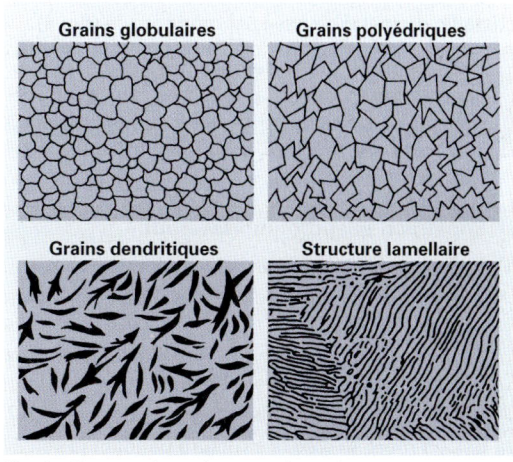

Fig. 2 : Formes de grains pour les métaux

## ■ Dimensions de grain

Les métaux ont des dimensions de grain qui vont de moins de 1 µm à 100 µm (**fig. 1**). Un matériau dont la structure est finement granulée améliore nettement sa résilience et sa résistance à la fatigue et possède une plus grande ductilité.

**Les dimensions de grain peuvent être modifiées**
- par traitement thermique, par ex. le recuit de normalisation.
- par déformation à chaud, par ex. par laminage à chaud
- par addition d'éléments d'alliage, comme par ex. le manganèse avec les aciers à structure finement granulée.

**Fig. 1 :** Texture avec différentes grosseurs de grains

## 5.3.6 Structure des métaux purs et structure des alliages

■ **Les métaux purs** ont une structure uniforme (homogène) (**fig. 2**). Tous les grains se composent des mêmes types d'atome métallique et présentent le même modèle structurel conforme à un type de réseau cristallin. Avec le fer par ex. les mailles fer sont cubiques centrées. Les grains se différencient par l'alignement des cristaux métalliques.

Les métaux purs offrent une solidité réduite.
Dans la technique, la plupart des métaux ne sont pas utilisés à l'état pur, mais en tant qu'alliages.

■ **Les alliages** sont des mélanges de plusieurs métaux ou des mélanges de métaux et de non-métaux. A l'état liquide (fusion), les éléments des alliages sont uniformément répartis dans l'alliage.
Lors de la solidification de la coulée, il se forme divers types de structures, en fonction du métal de base et des éléments d'alliage.

Avec les **alliages hétérogènes,** lors de la solidification, les atomes des éléments d'alliage ne se mélangent presque pas et donnent naissance à des cristaux différents, on dit que le réseau cristallin possède plusieures phases (**fig. 3**).

Avec les **alliages homogènes** les atomes des éléments d'alliage restent uniformément mélangés dans le réseau cristallin lors de la solidification, il n'a y qu'une seule sorte de cristaux, on dit que le réseau cristallin du métal de base est monophasé (**fig. 4**).

> Par rapport au métal de base, les alliages ont en général des propriétés améliorées, par ex. une résistance plus élevée, un meilleur comportement à la corrosion et une plus grande dureté.

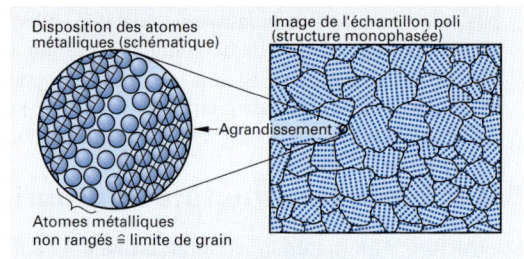

**Fig. 2 :** Structure interne d'un métal pur

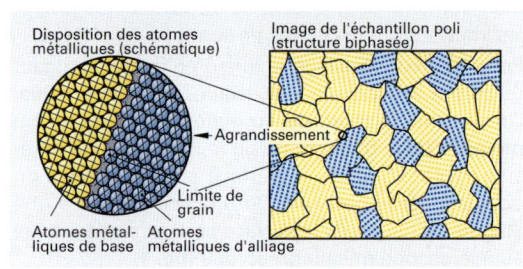

**Fig. 3 :** Structure interne d'un alliage hétérogène

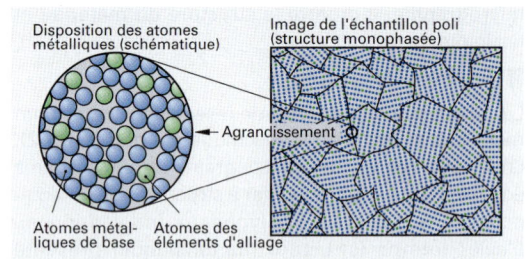

**Fig. 4 :** Structure interne d'un alliage homogène

### Répétition et approfondissement

1. Qu'indique la structure d'un métal ?
2. Quelle est la structure des métaux à l'échelle de taille atomique ?
3. Quels sont les trois types de réseaux cristallins qu'on trouve dans les métaux ?
4. Quels sont les défauts structurels des cristaux ?
5. Comment se crée la structure pendant la solidification du métal ?
6. Sur quoi se fonde la déformabilité élastique et plastique des métaux ?
7. Comment peut-on rendre visible la structure du métal ?
8. Quelle est la différence entre les métaux purs et les alliages sur le plan de leur structure et de leurs caractéristiques ?

## 5.4 Aciers et matériaux en fonte de fer

On désigne du nom **d'aciers** les matériaux qui sont principalement composés de fer, qui comportent généralement moins de 2% de carbone, et qui contiennent encore d'autres éléments additionnels. Les aciers sont transformés ultérieurement en produits semi-finis et finis par laminage ou étirage, parfois par coulée.

**Les matériaux en fonte de fer** sont également des matériaux à base de fer. Cependant, ils contiennent plus de 2% de carbone, peuvent également contenir d'autres éléments, et sont coulés pour produire des pièces.

Les aciers et la fonte de fer peuvent voir leurs propriétés varier fortement selon le mode de production utilisé, l'alliage ou le traitement thermique subi **(fig. 1)**. Par ailleurs, étant donné qu'on peut les fabriquer de manière très rentable, ce sont les matériaux métalliques les plus généralement utilisés.

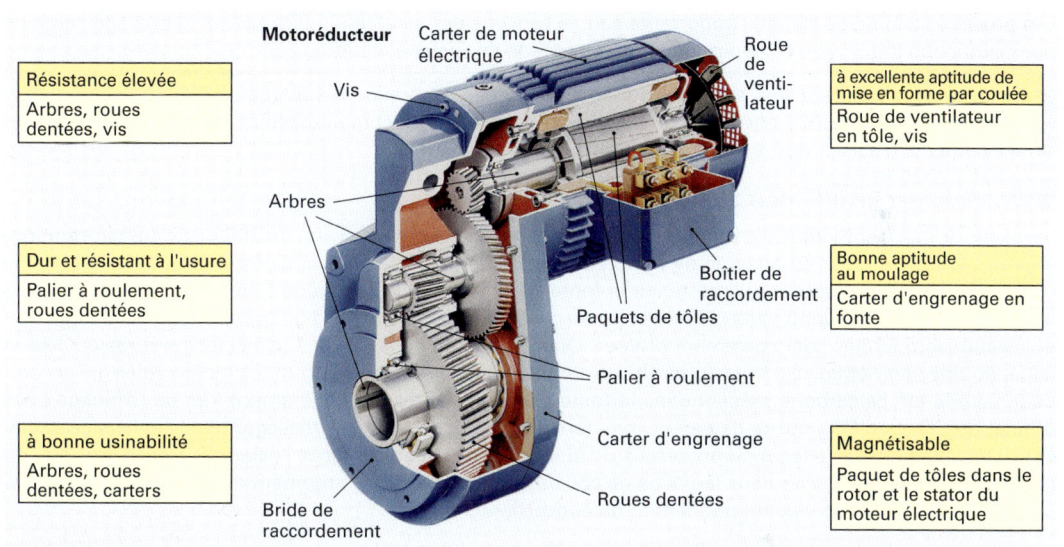

| Résistance élevée | à excellente aptitude de mise en forme par coulée |
|---|---|
| Arbres, roues dentées, vis | Roue de ventilateur en tôle, vis |

| Dur et résistant à l'usure | Bonne aptitude au moulage |
|---|---|
| Palier à roulement, roues dentées | Carter d'engrenage en fonte |

| à bonne usinabilité | Magnétisable |
|---|---|
| Arbres, roues dentées, carters | Paquet de tôles dans le rotor et le stator du moteur électrique |

**Fig. 1 :** Caractéristiques des aciers et des matériaux en fonte selon l'exemple d'un moto-réducteur

**Les autres caractéristiques typiques des aciers et des matériaux en fonte de fer sont :**
- mauvaise résistance à la corrosion à l'état non allié
- résistants à la corrosion grâce aux éléments d'alliage
- grande masse volumique : $\varrho = 7{,}85$ kg/dm$^3$
- recyclables

### 5.4.1 Production de la fonte de première fusion

Les aciers et les matériaux à base de fonte de fer sont produits à partir de la fonte de première fusion. La fonte de première fusion est élaborée dans le haut-fourneau à partir du minerai **(fig. 2)**.

**Processus mis en œuvre dans les hauts-fourneaux.** Le haut-fourneau est rempli par couches d'un mélange de minerai de fer, de granulats de fondant et de coke. Les granulats absorbent la gangue du minerai de fer lors de la fusion. Le coke, dont la combustion partielle est réalisée par injection d'air chaud, fournit la chaleur de fusion aux matières qui composent la charge. Le reste du coke réduit le minerai de fer en fer métallique puis se lie au fer pour donner la fonte. La fonte de première fusion liquide produite se rassemble au fond du haut-fourneau. Elle est évacuée dans des poches de coulée appelées mélangeurs.

> Dans le haut-fourneau, les minerais de fer sont transformés en fonte de première fusion par réduction et carburation.

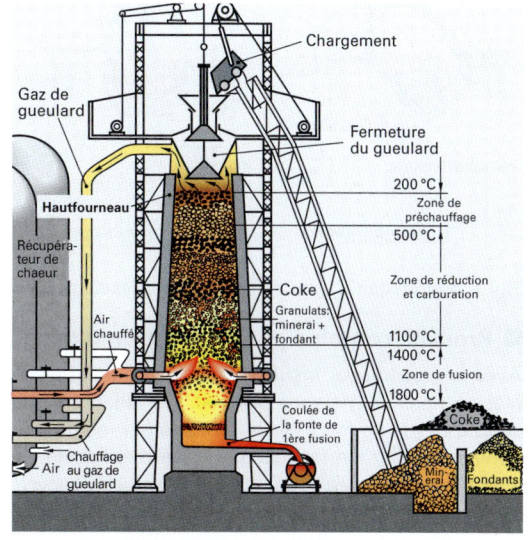

**Fig. 2 :** Production de fonte de première fusion dans le haut-fourneau

## 5.4.2 Production de l'acier

### 5.4.2.1 Affinage

En plus du fer, son élément constitutif principal, la fonte brute contient environ 4% de carbone, et des quantités indésirables ou excessives de certains éléments: silicium, manganèse, soufre et phosphore.

Lors de la transformation de l'acier à partir de fonte de 1$^{ère}$ fusion, il faut réduire la teneur du carbone, du manganèse et du silicium, éliminer au maximum les éléments nuisibles tels que le soufre et le phosphore. On appelle ce processus **l'affinage**.

Après l'affinage, l'acier est retraité (p. suivante).

Les procédés d'affinage les plus importants sont le procédé par insufflation d'oxygène, le procédé combiné par insufflation d'oxygène et de gaz inerte, et le procédé de l'acier électrique.

> La fonte de première fusion est transformée en acier par l'opération d'affinage: on réduit le carbone, le manganèse, le silicium aux valeurs désirées, on réduit le soufre et le phosphore au minium et on ajoute les éléments d'alliage désirées (Cr, Ni, V, Mo …).

#### ■ Procédé par insufflation d'oxygène

Le procédé par insufflation d'oxygène est appliqué dans un convertisseur (récipient de transformation) (**fig. 1**). Le convertisseur en position de remplissage est chargé de ferraille et de fonte de 1$^{ère}$ fusion liquide ①. Ensuite, on le redresse, et on injecte sur la fonte de 1$^{ère}$ fusion de l'oxygène sous une pression de 8 à 12 bars ②. Le carbone contenu dans la fonte brule au contact avec l'oxygène, la température du bain augmente et les autres impuretés sont également brulées. On ajoute alors de la chaux. Celle-ci forme sur la coulée un laitier liquide dans lequel elle lie les produits de combustion solides et les impuretés indésirables qui accompagnaient le fer. Le carbone présent dans la fonte brute brûle presque entièrement lors de l'affinage pour donner du CO et du $CO_2$, qui se dégagent sous forme de gaz. Les éléments d'alliage requis et les agents désoxydants sont ajoutés à la fin du processus d'affinage, avant qu'on n'évacue l'acier par coulée. Ensuite, on commence par verser l'acier dans la poche de coulée par le trou de déchargement du convertisseur ③, puis on évacue le laitier en le versant par le bord du convertisseur ④.

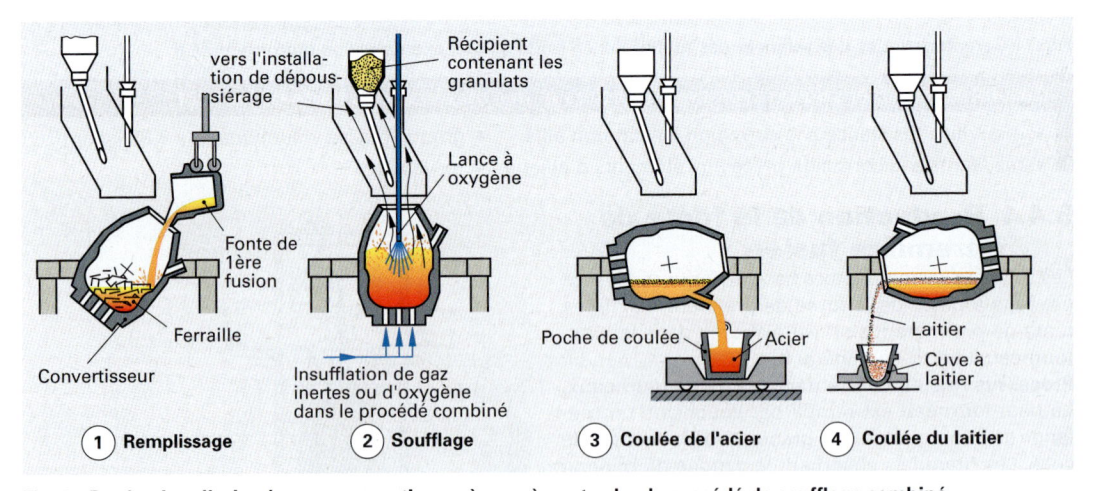

Fig. 1: Production d'acier dans un convertisseur à oxygène et selon le procédé de soufflage combiné

#### ■ Procédé combiné par insufflation d'oxygène et de gaz inerte

Avec le procédé par insufflation d'oxygène, le jet d'oxygène qui pénètre dans le bain de fusion par le haut n'assure pas un mélange optimal. Par ailleurs, l'utilisation de ferraille est limitée et le laitier contient beaucoup d'oxyde de fer. Avec le procédé par insufflation combinée, on insuffle en plus dans la coulée de l'oxygène et des gaz inertes tels que l'argon et l'azote par le fond du convertisseur. Ces gaz se mélangent mieux à la coulée en y pénétrant, ce qui permet de recycler davantage de ferraille. Par ailleurs, l'insufflation dure moins longtemps et la perte de fer et d'éléments d'alliage est plus faible. L'acier affiné contient moins d'inclusions dues à l'oxydation, et on peut l'utiliser pour des nuances douces d'acier, jusqu'à une teneur en carbone inférieure à 0,02%. En raison de ces avantages, on n'utilise pratiquement plus que le procédé combiné.

# Aciers et matériaux en fonte de fer

## ■ Procédé de l'acier électrique

Le procédé de l'acier électrique est exécuté dans un four à arc électrique ou dans un four à induction (**fig. 1**).

Le **four à arc électrique** est principalement chargé de ferraille d'acier, et en partie de fer spongieux et de fonte de première fusion. Par ailleurs, on ajoute encore de la chaux pour former le laitier et servir d'agent réducteur. L'arc électrique formé entre les électrodes en graphite et la coulée produit des températures qui peuvent atteindre 3500 °C. Cela permet donc d'utiliser des éléments d'alliage qui fondent difficilement, tels que le tungstène et le molybdène.

> Avec les fours à arc, on transforme de préférence la ferraille d'acier en acier (recyclage).

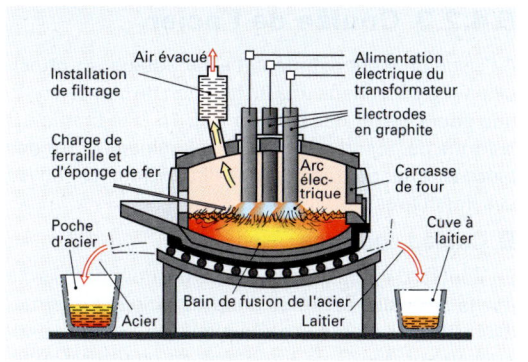

Fig. 1 : Four électrique à arc

## 5.4.2.2 Procédés de retraitement des aciers

### ■ Désoxydation

Lors de la désoxydation, on ajoute du silicium ou de l'aluminium à l'acier en fusion. Ces éléments lient l'oxygène qui se dégage lors de la solidification de la coulée. Aucune soufflure ne survient dans l'acier en fusion, si bien que le bloc d'acier ne comporte pas de poches oxydées dues à des soufflures de gaz (**fig. 2**). L'acier est désoxydé lorsqu'il se solidifie (se repose). Le lingot calmé est plus homogène, c'est pourquoi la plupart des aciers sont désoxydés.

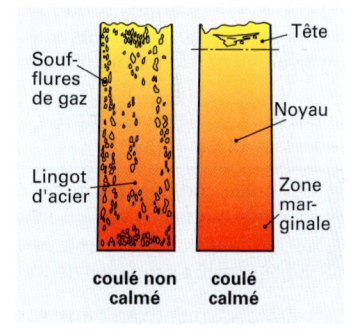

Fig. 2 : Lingots d'acier coulés non calmés et calmés

### ■ Dégazage sous vide

Même après la désoxydation, il subsiste dans l'acier un résidu de gaz dissous, principalement de l'hydrogène. Ils se séparent au fil du temps, provoquent de fortes tensions et de petites criques appelées flocons dans la structure de l'acier, et ils réduisent ainsi l'allongement et la résistance au vieillissement. Le transvasement de l'acier liquide dans un récipient sous vide fait s'échapper les gaz presque complètement de la coulée, ce qui permet de les évacuer par aspiration (**fig. 3**).

### ■ Traitement par gaz de circulation

On injecte depuis le fond un gaz de circulation (argon) qui traverse la coulée. Il se mélange à celle-ci et, ce faisant, emporte les impuretés à la surface. Le traitement par gaz de circulation à l'argon peut remplacer ou compléter le traitement sous vide.

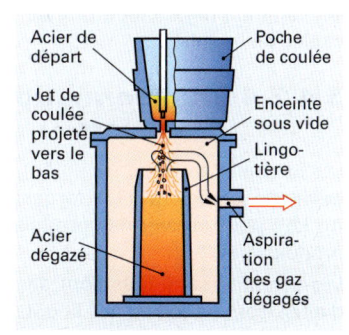

Fig. 3 : Dégazage sous vide

### ■ Procédé de refusion

Le procédé de refusion sert en particulier à fabriquer les aciers surfins purs. Avec **le procédé de l'électrode consommable** le bloc d'acier surfin fabriqué selon le procédé de l'acier électrique trempe en tant qu'électrode fusible dans le laitier liquide d'une lingotière (**fig. 4**). La chaleur de fusion nécessaire se dégage lorsque le courant traverse le bain de laitier, qui fait office de résistance électrique. L'acier fondu goutte à travers le laitier qui le nettoie, et il se solidifie dans la lingotière en cuivre refroidie à l'eau pour former le bloc refondu, dont la composition est d'une pureté et d'une homogénéité extrêmes.

> Les procédés de retraitement permettent d'améliorer la qualité de l'acier par élimination des impuretés.

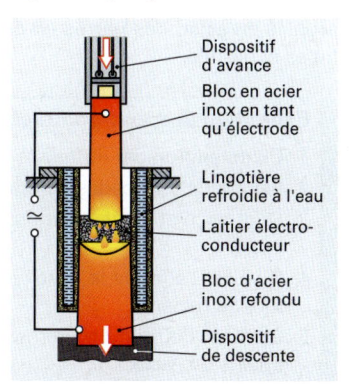

Fig. 4 : Procédé de refusion spar électrode consommable

## 5.4.2.3 Coulée de l'acier

A l'issue de son traitement, l'acier liquide est principalement coulé dans une installation de coulée continue pour obtenir des brames **(fig. 1)**. Une brame est la forme de départ permettant le laminage. Pour des blocs à forger de très grandes dimensions, on utilise des lingotières.

### ■ Coulée continue

En coulée continue, l'acier liquide provenant de la poche de coulée est versé dans un récipient intermédiaire (fig. 1). Depuis ce récipient, il s'écoule continuellement dans une lingotière en cuivre refroidie à l'eau, où il se solidifie. La barre d'acier, encore liquide à l'intérieur, est continuellement extraite par le bas de la lingotière. Dans une chambre de refroidissement qui a la forme d'un arc, et qui est équipée de cylindres déflecteurs, la barre d'acier est aspergée d'eau et amenée à l'horizontale, elle est ensuite redressée et découpée.

> La coulée continue permet d'obtenir des brames de dimensions proches de celles des profilés finis. Le laminage ultérieur ne nécessite donc qu'un faible nombre de cycles de travail.

Le refroidissement rapide permet de doter l'acier coulé en continu d'une structure plus fine qu'avec la coulée en lingots. Ces avantages font que la coulée continue **(fig. 2)** a en grande partie supplanté la coulée en lingots.

## 5.4.2.4 Transformation ultérieure des aciers

L'acier coulé en barre ou en lingot est façonné par laminage, étirage (p. 117), forgeage (p. 119) et filage (p. 120) pour obtenir des produits semi-finis et des produits finis.

**Les produits semi-finis** sont des produits intermédiaires, comme par ex. les lingots et les brames pré-laminés. Ils sont transformés ultérieurement pour obtenir des produits finis. **Les produits finis** sont des profilés en acier, des barres en acier, des tôles, des tubes et des fils.

---

**Répétition et approfondissement**

1. Qu'entend-on par « affinage » de l'acier ?
2. Selon quels procédés fabrique-t-on l'acier ?
3. Quel est l'objectif du traitement ultérieur de l'acier ?
4. Quel est l'effet de la désoxydation sur la structure de l'acier ?
5. Quel est l'effet du traitement sous vide sur la qualité de l'acier ?
6. Quels avantages présente la coulée continue par rapport à la coulée en lingots ?

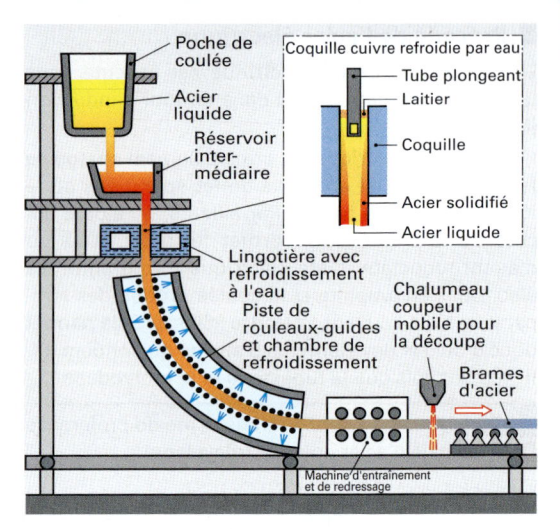

**Fig. 1 : Procédé de coulée continue**

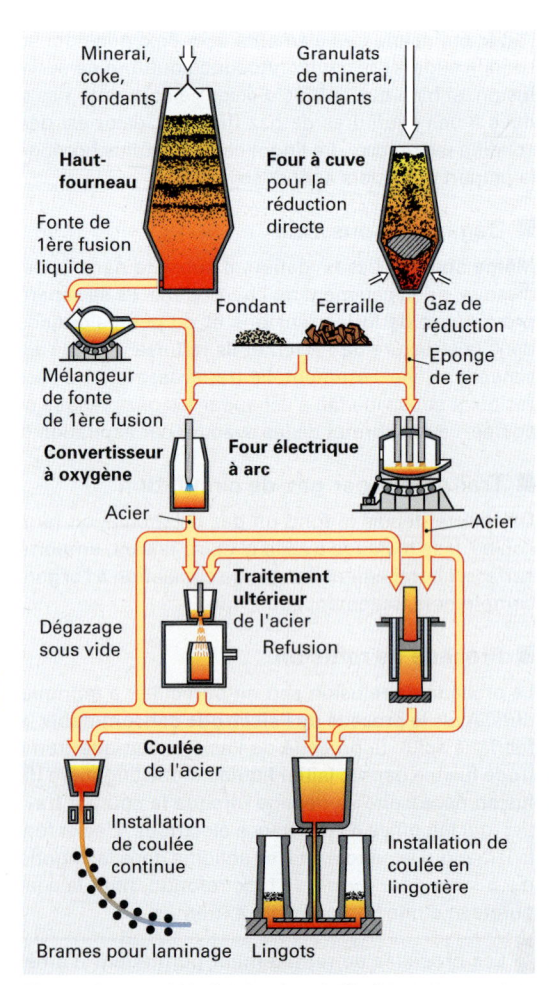

**Fig. 2 : Aperçu de la fabrication de l'acier**

Aciers et matériaux en fonte de fer

## 5.4.3 Système de désignation des aciers

En Europe, la désignation des aciers est fixée par les normes DIN 10027. La première partie de cette norme décrit la désignation symbolique, la deuxième partie décrit la désignation numérique.
Pour les symboles principaux, la désignation est structurée en fonction du but d'utilisation et des propriétés, ou en fonction de la composition chimique des aciers.
Les symboles additionnels dépendent du groupe d'aciers ou du groupe de produits respectifs.

### 5.4.3.1 Désignation des aciers selon le but d'utilisation et les propriétés

Les désignations se composent des symboles principaux et additionnels (**fig. 1**). Les symboles principaux se composent des lettres identificatrices indiquant l'utilisation, et d'un chiffre ou d'une nouvelle lettre, et d'un chiffre indiquant les propriétés mécaniques ou physiques (**tableau 1**). Les symboles additionnels de l'acier en question sont directement ajoutés au symbole principal sans espace (**tableau 2**). D'autres symboles additionnels caractérisant les produits en acier peuvent être munis d'un signe plus (+) (p. 351).

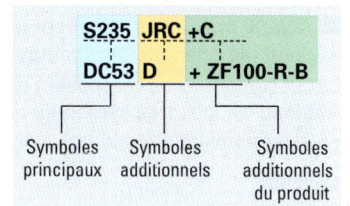

Pour les aciers de construction mécanique ou métalliques les symboles additionnels sont subdivisés en deux groupes (**tableau 2**). Le groupe 1 contient des symboles additionnels pour l'énergie de choc (résilience) et le traitement thermique, et permet de noter d'autres caractéristiques. Le groupe 2 contient des symboles additionnels pour désigner des caractéristiques particulières et l'aptitude, par ex. pour l'aptitude d'un acier au façonnage à froid.

**Fig. 1: Structure des noms abrégés**

**Tableau 1: Principaux symboles pour les désignations des aciers selon leur but d'utilisation et leurs propriétés (sélection)**

| Utilisation | Symboles principaux (exemples) | | Utilisation | Symboles principaux (exemples) | |
|---|---|---|---|---|---|
| Aciers à béton | B | 500[1] | Aciers pour construction de réservoirs sous pression | P | 265[1] |
| Produits plats pour le façonnage à froid | D | X52[2] | Aciers pour rails | R | 260[4] |
| Aciers pour la construction de machines | E | 360[1] | Aciers pour la construction métallique | S | 235[1] |
| Produits plats en aciers à haute résistance | H | C400[3] | Tôle et ruban d'emballage | T | S550[1] |
| Aciers pour tuyaux de canalisations | L | 360[1] | Aciers pour béton précontraint | Y | 1770[3] |
| Caractéristiques mécaniques ou physiques | | | | | |

[1] Limite d'allongement $R_e$ pour la plus petite épaisseur du produit
[2] Etat de laminage C, D, X et deux chiffres ou limite d'allongement minimale $R_e$
[3] Valeur nominale de la résistance minimale à la traction $R_m$
[4] Dureté minimale selon Brinell HBW

**Tableau 2: Symboles supplémentaires des désignations des aciers pour la construction mécanique (sélection)**

| Groupe 1 | | | | | | Groupe 2 | |
|---|---|---|---|---|---|---|---|
| Résilience en J/cm² | | | Temp. d'essai en °C | A | durcissement structural | C | particulièrement apte au façonnage à froid |
| 27 J | 40 J | 60 J | | M | laminé thermomécaniquement | D | pour les revêtements par immersion de fusion |
| JR | KR | LR | +20 | N | recuit ou laminé de façon normalisée | L | pour basses températures |
| J0 | K0 | L0 | 0 | Q | d'amélioration | T | pour tubes |
| ... | ... | ... | ... | | | W | résistant aux intempéries |

**Exemple: Aciers pour constructions métalliques**

Les aciers pour constructions métalliques sont identifiés par la lettre S. Ces aciers sont laminés à chaud pour former des profilés, barres et tôles. On les utilise pour les constructions en acier, comme par ex. pour les charpentes métalliques des halles, les structures de grues et les ponts, mais également pour les constructions mécaniques, par ex. les éléments soudés des machines.

**Exemple d'acier non allié selon DIN EN 10025-2: S235 JRC**

| Symboles principaux | | Symboles additionnels | |
|---|---|---|---|
| | | Groupe 1 | Groupe 2 |
| S | Aciers pour constructions métalliques | JR  Résilience : 27 J à +20 °C | C  aptitude particulière au façonnage à froid |
| 235 | Limite minimale d'allongement $R_e$ = 235 N/mm² | | |

## 5.4.3.2 Désignation des aciers en fonction de la composition chimique

Ces noms abrégés permettent de désigner les aciers non alliés qui ne sont pas désignés en fonction de leur utilisation, les aciers inoxydables et les autres aciers alliés.

Ces désignations se divisent en quatre sous-groupes en fonction de la composition chimique :

■ **Aciers non alliés d'une teneur en manganèse inférieure à 1 %**
(sauf les aciers de décolletage)

Les désignations se composent de symboles principaux et additionnels **(tableau 1)**. D'autres symboles additionnels caractérisant les produits en acier peuvent être ajoutés avec le signe plus (+) (p. suivante).

**Exemple :**

**Le C35E** est un acier non allié (C) d'une teneur en manganèse < 1 %, d'une teneur en C de 35:100 = 0,35 % et d'une teneur maximale prescrite en soufre (E). En raison de sa teneur en C, il est utilisé comme acier d'amélioration.

■ **Les aciers non alliés, les aciers de décolletage ainsi que les aciers alliés, dans la mesure où aucun élément d'alliage ne dépasse 5 %** (en dehors des aciers rapides).

La désignation a la composition suivante :
- le chiffre de la teneur en carbone
  (chiffre = teneur en carbone en % · 100)
- les symboles chimiques des éléments d'alliage, dont l'ordre séquentiel est établi d'après leurs teneurs.
- les teneurs des éléments d'alliage multipliées par des facteurs **(tableau 2)**

**Exemple (fig. 1) :**

**Le 22CrMoS3-3** est un acier allié (acier de cémentation) avec 22:100 = 0,22 % C, 3:4 = 0,75 % Cr et teneur en Mo de 3:10 = 0,3 %. La teneur en S n'est pas indiquée.

■ **Les aciers alliés (en dehors des aciers rapides), dans la mesure où la teneur d'un élément d'alliage est ≥ 5 %**

La désignation a la composition suivante :
- la lettre identificatrice X pour les « aciers fortement alliés ».
- le chiffre de la teneur en carbone
  (chiffre = teneur en carbone en % · 100)
- les symboles chimiques des éléments d'alliage
- les teneurs des éléments d'alliage, directement indiquées en pourcentages.

**Exemple (fig. 2) :**

**Le X37CrMoV5-1** est un acier allié pour outils pour le travail à chaud avec 37:100 = 0,37 % C, 5 % Cr et 1 % de Mo. La teneur en V n'est pas indiquée.

■ **Aciers rapides**

La désignation a la composition suivante :
- la lettre identificatrice HS pour les aciers rapides
- les teneurs des éléments d'alliage (séquence W, Mo, V, Co), directement en pourcentages.

**Exemple :**

**Le HS6-5-2-5** est un acier rapide comportant 6 % de tungstène, 5 % de molybdène, 2 % de vanadium et 5 % de cobalt.

**Tableau 1 :** Symboles principaux et additionnels des aciers non alliés avec désignation d'après la composition chimique.

| Symboles principaux | |
|---|---|
| **C et chiffres** pour la teneur en carbone (teneur en carbone en % · 100) | |
| Symboles additionnels | |
| E | teneur maximale en S |
| R | plage de la teneur en S |
| C | aptitude particulière au façonnage à froid |
| G | autres caractéristiques |
| S | pour les ressorts |
| U | pour les outils |
| W | pour le fil à souder |
| D | pour le tréfilage |

**Tableau 2 :** Facteurs de multiplication

| Elément d'alliage | Facteur |
|---|---|
| Cr, Co, Mn, Ni, Si, W | 4 |
| Al, Cu, Mo, Pb, Ta, Ti, V | 10 |
| C, Ce, N, P, S | 100 |
| B | 1000 |

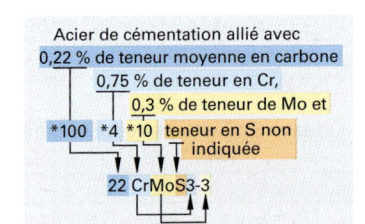

**Fig. 1 :** Formation des désignations des aciers alliés, chaque élément d'alliage < 5 %

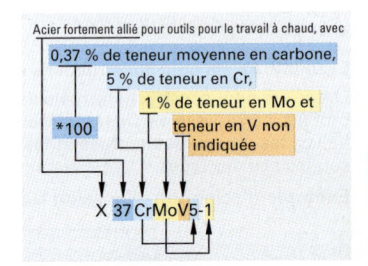

**Fig. 2 :** Formation des noms abrégés des aciers alliés, au moins un élément d'alliage ≥ 5 %

## 5.4.3.3 Symboles additionnels pour produits en acier

Si lors du traitement destiné à les transformer en produits en acier, par ex. des profilés en acier, des aciers sont soumis à un autre traitement, on peut l'indiquer au moyen de symboles additionnels. Ces symboles concernent l'aptitude de l'acier à satisfaire des exigences particulières, le type de revêtement ou l'état de traitement (**tableau 1**). Les symboles additionnels se composent de lettres et de chiffres. Ils sont annexés à la désignation de l'acier proprement dit par un signe +.

**Exemples:**

**Le S235J2+Z** est un acier pour constructions métalliques avec une limite élastique minimale $R_e$ = 235 N/mm$^2$, une résilience de 27 J/cm$^2$ à −20 °C (p. 349), zingué à chaud.

**Le X30Cr13+C** est un acier inoxydable contenant 0,3 % de carbone, 13 % de chrome, et écroui.

**Tableau 1: Symboles additionnels pour produits en acier (sélection)**

| pour des exigences particulières | |
|---|---|
| +CH | avec trempabilité à cœur |
| +H | avec trempabilité |
| +Z15 | striction minimale 15 % |
| +Z25 | striction minimale 25 % |
| +Z35 | striction minimale 35 % |
| **pour le type de revêtement** | |
| +AZ | revêtement AlZn |
| +CU | revêtement en cuivre |
| +Z | zingué à chaud |
| +S | étamé à chaud |
| +SE | étamé par électrolyse |
| **pour l'état de traitement** | |
| +A | recuit doux |
| +C | écroui |
| +N | recuit de normalisation |
| +QT | amélioré |
| +U | non traité |

## 5.4.3.4 Désignation des aciers par des numéros de matière

Tous les matériaux peuvent être désignés soit par des désignations symboliques, soit par des numéros de matière. Les désignations numériques des aciers se composent du chiffre du groupe principal (1 pour l'acier), d'un nombre à deux chiffre pour le groupe d'aciers et d'un numéro de comptage à deux chiffres (00…99) extensible à quatre si nécessaire (9901…9999).

**Exemple:** 1.0143(XX) (S275J0)

| N° de matière groupe principal 1 pour acier | N° de groupe d'aciers 01 pour acier de construction | N° d'ordre 43 (extensible) |
|---|---|---|

Le systèmes des numéros de groupes d'acier distingue les aciers non alliés des aciers alliés, respectivement subdivisés en aciers de qualité et en aciers surfins (**tableau 2**).

On trouvera le code numérique complet dans des livres contenant les tableaux correspondants.

Un changement de nom abrégé laisse inchangés les numéros de matériau, par ex. lorsqu'on passe de St37-2 à S235JR.

**Tableau 2: N° de groupe d'aciers (sélection)**

| Aciers de qualité non alliés | |
|---|---|
| Numéro | Groupe d'aciers |
| 01, 91 | Aciers de construction généraux, $R_m$ < 500 N/mm$^2$ |
| 02, 92 | Autres aciers de construction non destinés à un traitement thermique avec $R_m$ < 500 N/mm$^2$ |
| 03, 93 | Aciers avec C < 0,12 % ou $R_m$ < 400 N/mm$^2$ |
| 04, 94 | Aciers avec 0,12 % ≤ C < 0,25 % ou 400 N/mm$^2$ ≤ $R_m$ < 500 N/mm$^2$ |
| **Aciers surfins non alliés** | |
| 11 | Aciers de construction, acier pour la construction de machines et de réservoirs avec C < 0,5 % |
| 12 | Aciers pour la construction des machines avec C ≥ 0,5 % |
| **Aciers de qualité alliés** | |
| 08, 98 | Aciers ayant des caractéristiques physiques spéciales |
| 09, 99 | Aciers pour différents domaines d'application |
| **Aciers surfins alliés** | |
| 20…28 | Aciers à outils alliés |
| 32 | Aciers de coupe rapide sans cobalt |
| 33 | Aciers de coupe rapide avec cobalt |
| 35 | Aciers de palier de laminoir |
| 40…45 | Aciers inoxydables |
| 47, 48 | Aciers résistants à la chaleur |
| 85 | Aciers pour nitruration |

---

**Répétition et approfondissement**

1. Comment est composée la désignation des aciers qui se base sur leur utilisation ou leurs propriétés?
2. Par quoi se différencient les désignations des aciers dans lesquels la teneur des éléments d'alliage est inférieure à 5 % ou supérieure à 5 %?
3. Classez les désignations de matériaux suivantes dans les catégories d'acier correctes: S355JR, 42CrMo4, X30Cr13.

## 5.4.4 Classification des aciers selon leur composition et leurs classes de qualité

Les caractéristiques des aciers, comme par ex. la résistance à la rupture par traction, la ténacité et la capacité de façonnage, sont déterminées par leur composition (teneur en carbone, éléments d'alliage), leur structure et leur état de traitement. Pour les structures, les éléments constitutifs de la structure, comme par ex. le ferrite et la perlite, et la taille des grains, comme par ex. le grain fin et le grain grossier, jouent un rôle décisif.
Les aciers sont classés en groupes d'aciers en fonction de leur composition et de leurs classes de qualité.

### ■ Classification selon la composition

**Aciers non alliés**
Avec les aciers non alliés, aucun élément d'alliage ne doit atteindre les valeurs mentionnées dans le **tableau 1**.

**Aciers inoxydables**
Les aciers inoxydables ont une teneur minimale en chrome de 10,5 % et une teneur en carbone maximale de 1,2 %. En fonction des propriétés principales, on établit une distinction entre les aciers inoxydables, résistants à la chaleur et réfractaires.

Tableau 1 : Valeurs limites des éléments d'alliage pour les aciers non alliés

| Elément | % | Elément | % | Elément | % |
|---|---|---|---|---|---|
| Al | 0,30 | Mo | 0,08 | Te | 0,10 |
| Bi | 0,10 | Nb | 0,06 | Ti | 0,05 |
| Co | 0,30 | Ni | 0,30 | V | 0,10 |
| Cr | 0,30 | Pb | 0,40 | W | 0,30 |
| Cu | 0,40 | Se | 0,10 | Zr | 0,05 |
| Mn | 1,65 | Si | 0,60 | | |

**Autres aciers alliés**
Cette catégorie inclut tous les aciers alliés qui atteignent ou dépassent au moins une valeur limite mentionnée dans le tableau 1 et ne sont pas des aciers inoxydables.

### ■ Classification selon les classes de qualité principales

Une grande influence sur les propriétés de l'acier est également exercée par les impuretées résiduelles provenant de l'affinage de l'acier à partir de la fonte de 1ère fusion (p. 345). Ces impuretés telles que le carbone, le phosphore, le soufre, l'oxygène, etc., ont été réduites par le processus d'affinage, ainsi que par les processus de retraitement de l'acier (désoxydation, traitement sous vide) (p. 346).
En fonction du degré de réduction des impuretés obtenu et de la précision de la teneur en éléments d'alliage, on subdivise les aciers en **aciers de qualité et en aciers surfins**.
Les aciers surfins se distinguent par une pureté et une précision particulièrement grandes de leur composition. Ils sont les seuls à acquérir par traitement thermique des valeurs de dureté et de résistance garanties.

On distingue entre quatre classes principales de qualité :
- aciers de qualité non alliés
- aciers surfins non alliés
- aciers de qualité alliés
- aciers surfins alliés

**Exemples de groupes d'aciers appartenant aux quatre classes de qualité**

**Aciers de qualité non alliés**

| Groupe d'aciers | Exemple |
|---|---|
| Aciers de construction non alliés | S275J0 |
| Aciers de construction mécanique non alliés | E295 |
| Aciers de décolletage | 35S20 |
| Aciers d'amélioration non alliés | C60 |
| Aciers de construction à grain fin non alliés | S355N |
| Aciers de réservoirs sous pression non alliés | P265GH |

**Aciers de qualité alliés**

| Groupe d'aciers | Exemple |
|---|---|
| Aciers pour rails | R260Mn |
| Tôle et ruban électriques | M390-50E |
| Aciers microalliés avec une limite élastique plus élevée | H400M |
| Aciers alliés au phosphore avec limite élastique plus élevée | H180P |

**Aciers surfins non alliés**

| Groupe d'aciers | Exemple |
|---|---|
| Aciers de cémentation non alliés | C10E |
| Aciers d'amélioration non alliés | C60E |
| Aciers à outils non alliés | C45U |
| Aciers non alliés pour la trempe à la flamme et par induction | C45E |

**Aciers surfins alliés**

| Groupe d'aciers | Exemple |
|---|---|
| Aciers de cémentation alliés | 16MnCr5 |
| Aciers d'amélioration alliés | 50CrMo4 |
| Aciers pour nitruration | 34CrAlMo5 |
| Aciers à outils alliés | 115CrV3 |
| Aciers rapides | HS10-4-3-10 |

## 5.4.5 Les nuances d'acier et leur utilisation

En fonction de leur utilisation, les aciers peuvent être classés en **aciers de construction** ou en **aciers à outils**. Les aciers de construction servent à la fabrication de pièces destinées à la construction mécanique et à la construction des véhicules, ainsi qu'aux constructions métalliques, de réservoirs et navales. On utilise les aciers à outils pour les outils d'enlèvement de copeaux et pour les moules d'injection et de matriçage.

### 5.4.5.1 Aciers de construction
En fonction de leur utilisation, les aciers de construction doivent présenter diverses propriétés :
- une résistance et une ténacité suffisantes
- une bonne aptitude à l'enlèvement des copeaux
- une bonne capacité de façonnage, une aptitude au soudage
- une résistance à la corrosion et à l'usure

Les aciers de construction incluent les groupes d'aciers suivants :

■ **Les aciers de construction non alliés**

Les aciers de construction non alliés destinés aux constructions en acier et aux constructions mécaniques sont des aciers d'un prix avantageux qui ont une résistance à la rupture par traction et une limite élastique moyennes leur permettant de supporter des sollicitations faibles et moyennes. Ils ont leurs caractéristiques d'utilisation dans l'état où ils sont livrés et pour cette raison, ils ne sont pas destinés à subir des traitements thermiques. Ils sont commercialisés sous la forme de barres et de profilés laminés à chaud ou étirés à froid. Les aciers destinés aux constructions métalliques se prêtent bien au soudage.
Exemple : **S235J0** ⇒ Acier de construction non allié avec $R_e$ = 235 N/mm², résilience 27 J/cm² à 0 °C

**Fig. 1 : Bâti de presse soudé en acier de construction à grain fin**

■ **Aciers de construction à grains fins aptes au soudage (fig. 1)**

Ces aciers ont une faible teneur C, ainsi que de faibles proportions de Cr, Ni, Cu et V. Cela leur confère une bonne aptitude au soudage, et les rend sensibles au vieillissement et à la rupture de fragilité. Un traitement thermo-mécanique ultérieur leur confère une ténacité particulière. Ils sont utilisés pour les constructions soudées qui sont soumises à de fortes sollicitations.
Exemple : **S275M** ⇒ Acier de construction à grains fins apte au soudage, $R_e$ = 275 N/mm², laminé par procédé thermomécanique (M)

■ **Aciers de décolletage (fig. 2)**

Les aciers de décolletage ont une teneur en soufre accrue, et pour certains on ajoute également du plomb. Ces éléments d'alliage permettent d'avoir des copeaux courts et un effort de coupe réduit. Les aciers de décolletage sont usinés sur des tours automatiques pour obtenir des pièces tournées.
Exemple : **10SPb20** ⇒ Acier de cémentation non allié pour décolletage, avec 0,10 % C, 0,20 % S et un peu de plomb.

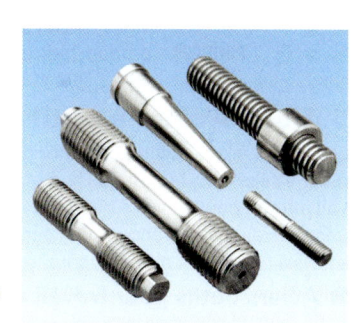

**Fig. 2 : Pièces en acier de décolletage**

■ **Aciers de cémentation (fig. 3)**

Les aciers de cémentation sont des aciers à faible teneur en carbone. La cémentation (p. 381) confère à ces aciers une couche de surface riche en carbone, qui peut être durcie par trempe. On s'en sert pour fabriquer des composants qui ont besoin d'un noyau tenace, ainsi qu'une couche de surface dure et résistante à l'usure, comme par ex. les roues dentées.
Exemple : **20MoCr4** ⇒ Acier de cémentation allié avec 0,20 % C, 0,4 % Mo et un peu de Cr

■ **Aciers de nitruration**

La nitruration confère aux aciers de nitruration une couche superficielle mince mais particulièrement dure (p. 382). Ils conviennent pour les pièces qui ont besoin d'une surface dure et résistante à l'usure, par ex. les soupapes.
Exemple : **31CrMoV9** ⇒ Acier de nitruration avec 0,31 % C, 2,25 % Cr, peu de Mo et de V

■ **Aciers d'amélioration**

Les aciers d'amélioration ont des teneurs en carbone comprises entre 0,2 % et 0,65 % et l'amélioration (p. 379) leur confère une résistance élevée. Ils sont principalement usinés pour obtenir des composants soumis à des sollicitations dynamiques élevées, comme par ex. les arbres de réducteurs.
Exemples : **51CrV4** ⇒ Acier d'amélioration allié avec 0,51 % C, 1 % Cr et un peu de V

**Fig. 3 : Roues dentées en acier de cémentation**

■ **Aciers pour applications particulières**
Ces aciers incluent par ex. les aciers tenaces à froid et les aciers inoxydables.
**Les aciers tenaces à froid** conservent leur ténacité, même à basses températures. Ils sont utilisés par ex. en technique frigorifique et pour les installations à gaz liquéfié.
**On subdivise les aciers inoxydables** en aciers résistants à la corrosion, à la chaleur et réfractaires. On s'en sert lorsqu'une de ces propriétés ou la combinaison de ces propriétés est exigée, par ex. dans l'industrie alimentaire ou pour les rotors de turbines **(fig. 1)**.
Exemple : X10CrAl24 ⇒ Acier réfractaire particulièrement résistant à l'inflammation en présence de gaz contenant du soufre.

Fig. 1 : Rotor de turbine en acier résistant à la chaleur

■ **Aciers pour tôles d'acier et pour réservoirs sous pression**
Les tôles d'acier se classent d'après leur épaisseur en tôles extrafines (moins de 0,5 mm), en tôles fines (0,5 à 3 mm), en tôles moyennes (3 à 4,75 mm) et en tôles fortes (au-dessus de 4,75 mm). Elles sont fabriquées en nuances d'acier spéciales. **Les tôles fines servent** principalement pour la fabrication des carrosseries et des appareils ménagers **(fig. 2)**. **On utilise principalement les tôles moyennes et fortes** pour les constructions porteuses, par ex. pour les constructions mécaniques, de réservoirs, de grues et navales. Les réservoirs sous pression et les chaudières sont réalisés en aciers à l'épreuve de la rupture de fragilité, aptes au soudage par fusion, et souvent résistants à la chaleur (acier de construction pour le travail à chaud).

**Exemples :** DC03   tôle laminée à froid en acier doux, dotée d'une limite élastique $R_e$ = 240 N/mm²
HC420LA   tôle laminée à froid en acier micro-allié, dotée d'une limite élastique élevée $R_e$ = 420 N/mm²
P265GH   produit plat en acier pour réservoirs sous pression, doté d'une limite élastique $R_e$ = 265 N/mm²

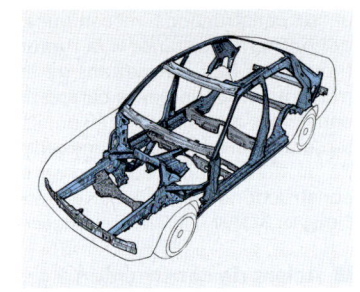

Fig. 2 : Châssis autoporteur de carrosserie en tôle d'acier microallié (1,5 à 2 mm d'épaisseur)

### 5.4.5.2 Aciers à outils
Les aciers à outils servent à fabriquer des outils. Selon les températures rencontrées dans le cadre de leur utilisation, on les classe en aciers pour travail à froid, pour travail à chaud et à coupe rapide. Hormis un petit nombre de nuances d'acier rencontrées dans les aciers pour travail à froid, tous les aciers à outils sont alliés. Ils sont trempés avant d'être utilisés (p. 375).

■ **Aciers outils pour travail à froid**
Les pièces réalisées en aciers outils pour travail à froid devront être exposées au maximum à une température de 200 °C. Ils sont utilisés pour des outils simples, tels que les les poinçons et les matrices d'emboutissage et poinçonnage, lames de cisailles, (p. 124), ainsi que parfois pour certains moules d'injection pour matières plastiques **(fig. 3)**.
Exemple : X42Cr13 ⇒ acier outils pour travail à froid avec 0,42 % de C et 13 % de Cr

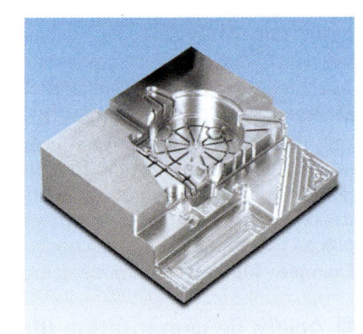

Fig. 3 : Moule d'injection pour transmission d'essuie-glace en acier outils pour travail à froid

■ **Aciers outils pour travail à chaud**
Les aciers outils pour travail à chaud sont utilisés lorsque la température à laquelle on les utilise peut atteindre 400 °C. Ils comprennent les matrices de pressage pour l'extrusion, les moules pour moulage par pression pour métaux légers, lourds et certaines matières plastiques, ainsi que les matrices de forge **(fig. 4)**.
Exemple : X38CrMoV5-3 ⇒ Aciers outils pour travail à chaud avec 0,38 % de C, 5 % de Cr, 3 % de Mo et peu de V

■ **Aciers rapides**
Les aciers rapides sont principalement utilisés pour les outils d'usinage par enlèvement de copeaux (p. 137). En raison de leur composition, ils sont utilisables jusqu'à 600 °C.
Exemple : HS6-5-2 ⇒ Acier rapide avec 6 % de W, 5 % de Mo et 2 % de V

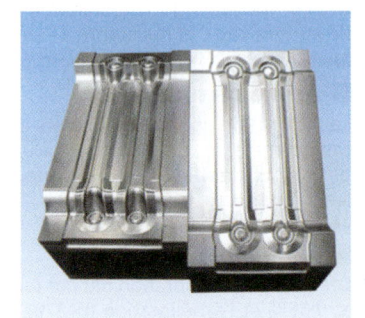

Fig. 4 : Matrice d'estamp. pour une clé à fourche en acier outils pour travail à chaud

Aciers et matériaux en fonte de fer

## 5.4.6 Formes commerciales des aciers

L'acier en fusion est moulé par coulée continue en brames qui sont façonnées par laminage, extrusion et étirage, pour obtenir différents produits en acier destinés au commerce **(tableau 1)**. Les produits en acier les plus répandus sont les profilés en acier, les aciers en barres, les tubes et les profilés creux, les tôles et les rubans, ainsi que les fils. On les désigne par des noms abrégés normalisés.

Tableau 1: Formes commerciales des aciers (exemples)

| Forme | Exemple | Désignation abrégée |
|---|---|---|
| Profilés en acier | Poutre en I large, 220 mm de haut, en acier S235JR, laminé à chaud | Profilé en I DIN 1025 – IPB220 – S235JR |
| | Acier en U de 240 mm de haut, en acier S235JR | Profilé en U DIN 1026 – U240 – S235JR |
| | Cornières d'acier à branches inégales, largeurs de branches 100 mm et 50 mm, épaisseurs de branches 8 mm, en acier S235J0 | Profilé en L EN 10056 – 100×5×8 – S235J0 |
| Acier en barres | Carrés en acier laminés à chaud avec 10 mm de longueur latérale, en acier à outils | Carré EN 10059 – 10 – C80U |
| | Rond en acier étiré, ⌀ 32 mm, classe de tolérance ISO h8 en acier de décolletage 35S20, façonné à froid | Rond EN 10278-32h8 – EN 10277-3 – 35S20+C |
| | Acier plat étiré, de 16 mm de large, 8 mm d'épaisseur, en acier inoxydable | Plat EN 10278 – 16×8 – EN 10088-3 – X5CrNi18-10 |
| Tubes, profils creux | Tube carré en acier, dimensions extérieures 115 mm × 140 mm, épaisseur de paroi 8 mm, en acier S275JR | Profilé creux DIN EN 10210 – 140×115×8 – S275JR |
| | Tube d'acier de précision sans soudure, 60 mm épaisseur extérieure ⌀, 4 mm d'épaisseur de paroi, en acier S355J2+N | Tube EN 10305 – 60×4 – S355J2+N |
| | Profil creux carré, 60 mm de large, épaisseur de paroi 5 mm, galvanisé, en acier S355J0 | Profilé creux EN 10210 – 60×60×5 – S355J0, galvanisé |
| Feuillards, bobines | Tôle d'acier laminée à chaud, de 4,5 mm d'épaisseur, en S235J0, 2000 mm de large, 4500 mm de long | Tôle EN 10029 – 4,5×2000×4500 – S235J0 |
| Tôles (plaques) | Tôle laminée à froid, en aciers doux, 2 mm d'épaisseur, surface optimales, réalisation mate | Tôle EN 10130 – 2 – DC04 – B-m |
| Fils | Fil d'acier galvanisé en acier non allié C4D, ⌀ 5 mm | Fil EN 10016 – 5, galvanisé |
| | Fil rond pour ressorts, laminé à chaud, ⌀ 8 mm, en acier de traitement 50CrV | Fil DIN 2077 – 50CrV-8 |

> **Répétition et approfondissement**
> 1 Selon quels critères les aciers sont-ils classés ?
> 2 Par quoi les aciers surfins se différencient-ils des aciers de qualité ?
> 3 Entre quelles classes de qualité principales distingue-t-on dans les aciers ?
> 4 Mentionnez au moins quatre des groupes d'aciers appartenant aux aciers de construction ?
> 5 Quels éléments comprend la désignation d'un produit en acier ?
> 6 Mentionnez une abréviation d'un acier d'amélioration non allié, d'un acier de cémentation allié, d'un acier de décolletage et d'un acier outils pour le travail à froid.

## 5.4.7 Eléments d'alliage et résiduels des aciers et des matériaux en fonte de fer

Les propriétés des aciers et des matériaux en fonte de fer dépendent largement de leurs éléments d'alliage et des éléments résiduels désirables ou indésirables qui restent dans la fonte après le traitement sidérurgique (**tableau 1**).

Les éléments d'alliage, par ex. le chrome, le tungstène et le vanadium, forment avec le fer, matériau de base, des cristaux biphasés, ou entraînent la formation de fines précipitations de carbures. Cela peut permettre d'améliorer des propriétés telles que la résistance à la traction, la résistance à l'usure et la résistance à la corrosion. Les éléments résiduels, comme le carbone et le silicium, exercent une influence particulière sur la résistance et sur la ténacité.

**Tableau 1: Eléments d'alliage et résiduels des aciers et des fontes de fer**

| Éléments | Cet élément accroît | Cet élément diminue | Exemples d'applications |
|---|---|---|---|
| **Métaux d'alliage** | | | |
| **Aluminium** Al | résistance à la calamine, pénétration de l'azote | – | 34CrAlMo5-10 acier pour nitruration; produit de désoxydation dans la fabrication de l'acier |
| **Chrome** Cr | résistance à la traction, dureté, résistance à la chaleur, résistance à l'usure, résistance à la corrosion | allongement (dans une faible mesure) | X5CrNi18-10 Acier inoxydable |
| **Cobalt** Co | dureté, tenue de coupe, résistance au revenu | croissance des grains à hautes températures | HS10-4-3-10 Acier rapide avec 10% Co, par ex. pour des outils de tournage |
| **Manganèse** Mn | résistance à l'usure, résistance à la traction, trempabilité à cœur, ténacité (avec peu de Mn) | usinabilité, façonnabilité à froid, précipitation du graphite sur la fonte grise | 28Mn6 Acier d'amélioration, par ex. pour des pièces de forgeage |
| **Molybdène** Mo | résistance à la traction, au revenu, tenue de coupe, trempabilité à cœur | fragilité de revenu, forgeabilité (avec une teneur élevée en Mo) | 55NiCrMoV7 Acier outils pour travail à chaud, par ex. pour mandrins d'extrusion |
| **Nickel** Ni | résistance à la fatigue, ténacité, trempabilité à cœur, résistance à la corrosion | dilatation thermique | 45NiCrMo16 Acier outils pour travail à froid pour outils de cintrage |
| **Vanadium** V | limite d'endurance, dureté, résistance au revenu | sensibilité à la surchauffe | HS10-4-3-10 Acier rapide avec 3% V, par ex. pour des outils de tournage |
| **Tungstène** W | résistance à la traction, dureté, résistance au revenu, tenue de coupe | allongement (dans une faible mesure), usinabilité | HS6-5-2-5 Acier rapide avec 6% W, par ex. pour des outils de brochage |
| **Eléments résiduels** | | | |
| **Carbone** C | résistance mécanique et dureté (maximum à C ≈ 0,9%), trempabilité, formation de fissures (flocons) | point de fusion, allongement, soudabilité et forgeabilité | C60E Acier d'amélioration avec $R_m \approx 800$ N/mm² |
| **Hydrogène** $H_2$ | vieillissement par fragilisation, résistance à la traction | valeur de résilience | On essaie de l'éliminer lors de l'affinage de l'acier, par ex. par traitement sous vide |
| **Azote** $N_2$ | fragilisation, formation d'austénite | résistance au vieillissement, aptitude à l'emboutissage profond | X2CrNiMoN17-13-5 Acier inox austénitique |
| **Phosphore** P | résistance à la traction, à la chaleur, à la corrosion | valeur de résilience, soudabilité | Rend visqueux l'acier ou la fonte lors de la coulée |
| **Soufre** S | usinabilité | valeur de résilience, soudabilité | 10SPb20 Acier de décolletage |
| **Silicium** Si | résistance à la traction, à la corrosion, limite élastique | allongement à la rupture, soudabilité, usinabilité | 61SiCr7 Acier à ressorts avec une résistance à la traction $R_m \approx 1600$ N/mm² |

## 5.4.8 Production des matériaux en fonte de fer

Les matières de départ qui servent à fabriquer les matériaux en fonte de fer sont la fonte brute de fonderie, la ferraille d'acier et de fonte, ainsi que les déchets de fonderie comme les descentes de coulée et les masselottes (page 99). A ces matériaux s'ajoutent des éléments d'alliage revêtant la forme de ferro-alliages. Les ferro-alliages sont des alliages composés de fer et d'un métal d'alliage en proportion élevée (par ex. 60%).

Pour fabriquer les matériaux en fonte de fer, les matières métalliques de départ sont fondues au four. En fonction du type de fonte de fer et de l'énergie calorifique utilisée, on utilise des types de fours différents.

**Les cubilots (fig. 1).** Le cubilot, également dénommé four de deuxième fusion, est l'équipement de fonte le plus répandu pour les matériaux en fonte de fer, principalement pour la fonte de fer à graphite lamellaire.

**Les charges du cubilot sont:**
- fonte brute de fonderie, ferraille, matériel de recyclage et ferro-alliages
- coke comme moyen de chauffage et agent carburant
- fondants formant des scories (pierre à chaux)

Le cubilot ressemble à un petit haut fourneau et l'intérieur est revêtu de briques réfractaires. L'air de combustion, le «vent», est insufflé dans la partie inférieure par des tuyères, et il provoque la combustion du coke. Les gaz de combustion chauds qui montent échauffent la charge qui descend. Juste au dessus des tuyères la température est maximale, la fonte fond et s'égoutte dans le creuset. La fonte liquide s'écoule du cubilot dans un avant-creuset qui sert de récipient collecteur. Un déversoir à siphon permet de séparer la fonte de fer du laitier plus léger.

**Les cubilots à vent chaud** utilise la chaleur des gaz évacués pour préchauffer l'air injecté. Ce procédé permet d'obtenir des températures du four plus élevées et des débits plus importants.

**Four à induction (fig. 2).** Ce four est utilisé tant pour la fusion que pour le maintien au chaud des coulées de fonte de fer. Les fours à induction se composent d'un creuset réfractaire autour duquel est disposée une bobine de cuivre refroidie à l'eau. Cette bobine est parcourue par un courant alternatif, et elle induit dans la charge du creuset un champ électromagnétique alternatif qui fait fondre la charge. De plus, ce champ alternatif produit un brassage qui distribue les éléments d'alliage de manière uniforme.

**Fours à arc.** Pour la fusion des matériaux en fonte de fer, on utilise les mêmes fours à arc que ceux qui servent à la fusion de l'acier (p. 347).

L'utilisation des fours à arc et à induction permet d'obtenir des fontes d'une grande pureté et d'une composition exacte.

**Procédé duplex.** Avec le procédé duplex, la fonte de fer fondue dans le cubilot est transvasée dans le four à induction avant la coulée, et elle y est alliée.

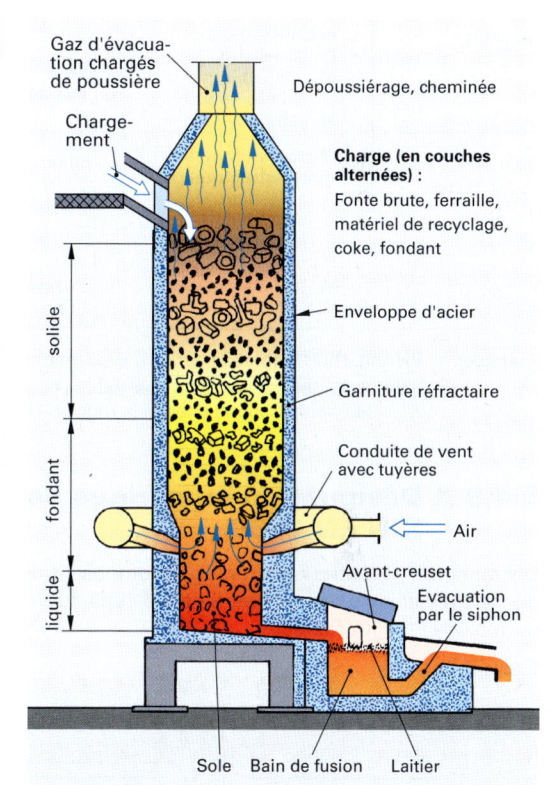

Fig. 1: Cubilot

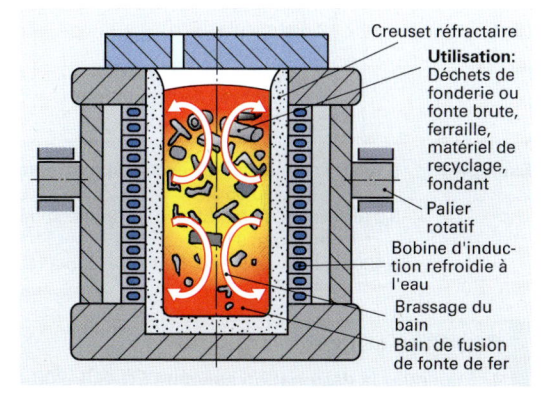

Fig. 2: Four à induction

## 5.4.9 Le système de désignation des matériaux en fonte de fer

### 5.4.9.1 Désignation symbolique des matériaux en fonte de fer selon DIN EN 1560

La désignation symbolique des fontes prévoit six parties qui ne doivent pas forcément être toutes utilisées.

**Exemples :**

EN – GJ L – HB215
EN – GJ MW – 360 – 12C – W

**Norme européenne**

**Matériaux en fonte de fer**
- G Fonte
- J Fer

**Structure de graphite,** par ex.
- L  lamellaire
- M  malléable
- S  sphéroïdale
- N  sans graphite

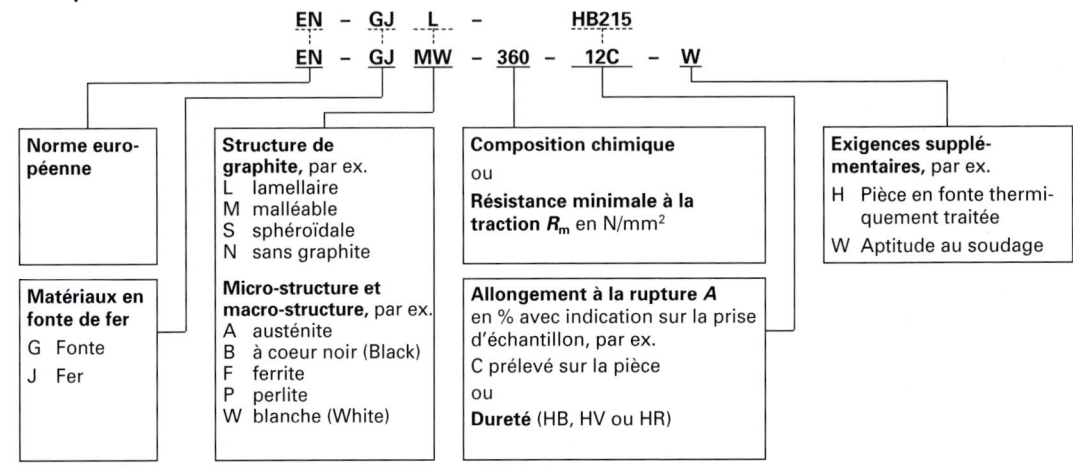

**Micro-structure et macro-structure,** par ex.
- A  austénite
- B  à coeur noir (Black)
- F  ferrite
- P  perlite
- W  blanche (White)

**Composition chimique**
ou
**Résistance minimale à la traction $R_m$** en N/mm$^2$

**Allongement à la rupture $A$**
en % avec indication sur la prise d'échantillon, par ex.
C prélevé sur la pièce
ou
**Dureté** (HB, HV ou HR)

**Exigences supplémentaires,** par ex.
- H  Pièce en fonte thermiquement traitée
- W  Aptitude au soudage

**Exemples :**
**EN-GJL-HB215 :** fonte de fer (GJ) avec graphite lamellaire (L), dureté HB 215

**EN-GJMW-360-12C-W :** fonte malléable blanche (GJMW), résistance à la rupture par traction $R_m$ = 360 N/mm$^2$, allongement à la rupture 12 %, prélevé sur la pièce (C), apte au soudage (W)

### 5.4.9.2 Désignation numérique des matériaux en fonte de fer selon DIN EN 1560

Les numéros de matière des fontes se composent de six positions de désignation (cinq chiffres et un point) qui se suivent sans espaces ou tirets de séparation. La structure de base est comme dans les aciers de la norme DIN EN 10027-2.

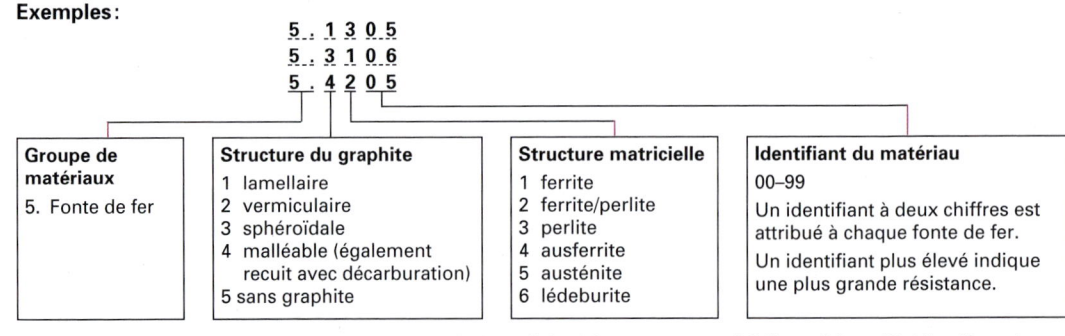

**Exemples :**

5 . 1 3 0 5
5 . 3 1 0 6
5 . 4 2 0 5

**Groupe de matériaux**
5. Fonte de fer

**Structure du graphite**
1. lamellaire
2. vermiculaire
3. sphéroïdale
4. malléable (également recuit avec décarburation)
5. sans graphite

**Structure matricielle**
1. ferrite
2. ferrite/perlite
3. perlite
4. ausferrite
5. austénite
6. lédeburite

**Identifiant du matériau**
00–99
Un identifiant à deux chiffres est attribué à chaque fonte de fer.
Un identifiant plus élevé indique une plus grande résistance.

**Exemples :**
**5.1305 :** Fonte de fer (5), avec graphite lamellaire (1), structure matricielle perlitique (3), identifiant du matériau 05

**5.3106 :** Fonte de fer (5), avec graphite sphéroïdal (3), structure matricielle ferritique (1), identifiant du matériau 06

**5.4205 :** Fonte de fer (5), fonte malléable (4), structure matricielle de ferrite/perlite (2), identifiant du matériau 05

---

**Répétition et approfondissement**

1. Expliquez la désignation suivante EN-GJL-200.
2. Expliquez la désignation suivante 5.3100.

## 5.4.10 Types de matériaux en fonte de fer

### 5.4.10.1 Fonte de fer à graphite lamellaire (EN-GJL)

Dans la fonte à graphite lamellaire (fonte grise), une grande partie du carbone se dépose dans la structure sous forme de graphite lamelliforme d'une finesse microscopique (**fig. 1**).

**Propriétés.** Le graphite noir et doux présent dans la texture de base claire, ferritique-perlitique, colorie de gris la surface de rupture de la fonte lamellaire. Il est à l'origine des excellentes propriétés de glissement, de la facilité d'usinage de copeaux et de la capacité d'amortissement des vibrations. La haute teneur en graphite de 2,6 % à 3,6 % crée une excellente coulabilité. Cela permet de créer par coulée des pièces aux formes complexes (**fig. 2**).

Avec des efforts de traction, les lamelles de graphite agissent comme des amorces de fissures qui abaissent sensiblement la résistance à la traction et l'allongement à la rupture. La taille des lamelles en graphite dépend de la vitesse de refroidissement. Des lamelles d'une grande taille réduisent davantage la résistance que des lamelles plus fines. La résistance dépend aussi de la structure de base. Avec une structure ferritique, elle est relativement faible, et elle augmente lorsque la proportion de perlite augmente (**fig. 3**). Par contre, la résistance à la compression de la fonte grise lamellaire est à peu près égale à trois fois la résistance à la traction.

> En raison de ses propriétés et de la possibilité de la fabriquer économiquement, la fonte grise lamellaire est le matériau de fonderie le plus répandu. Le graphite lamellaire limite la résistance et affaiblit la ténacité.

**Classification.** La fonte grise lamellaire est classée respectivement en six nuances, soit en fonction de la résistance à la traction, soit en fonction de la dureté Brinell :
EN-GJL-100...EN-GJL-350 ou EN-GJL-HB155...EN-GJL-HB255
L'identification selon la dureté Brinell est choisie lorsque la dureté est déterminante, par ex. pour les pièces d'usure ou pour l'usinage.

**Utilisation.** La fonte grise sert à fabriquer par ex. des bâtis ou des chariots pour machines-outils, ainsi que des carters de réducteurs et des vilebrequins.

**La fonte de fer à graphite vermiculaire** a des précipitations de graphite en forme de vers. A conductibilité thermique à peu près égale, la résistance est donc plus élevée qu'avec la fonte de fer à graphite lamellaire. Elle convient particulièrement pour les pièces sollicitées par la chaleur telles que les blocs de culasses, les têtes de cylindres et les pièces composant les freins de véhicules.

**Fonte grise à graphite lamellaire**

| Désignation (par ex.) | EN-GJL-200 |
|---|---|
| Masse volumique | 7,25 kg/dm³ |
| Point de fusion | 1150...1250 °C |
| Résistance à la traction | 100...350 N/mm² |
| Allongement à la rupture | env. 1 % |
| Retrait de coulée | 1 % |

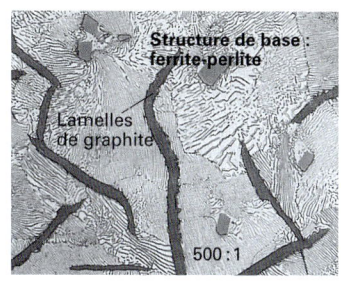

Fig. 1 : Structure de la fonte grise lamellaire

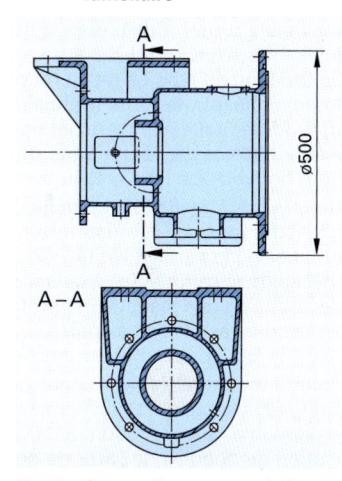

Fig. 2 : Carter d'une presse à filtre en EN-GJL-250

| Caractéristiques | Fonte de fer | | Fonte malléable à coeur noir | Acier coulé non allié |
|---|---|---|---|---|
| | avec graphite lamellaire | avec graphite sphéroïdal | | |
| Images de la structure E 100 : 1  100 µm | | | | |
| Forme du carbone précipité | à grandes lamelles... à lamelles fines | sphérique | nodulaire | (pas de précipitation de graphite) |
| | Graphite + Cémentite en bandes | | | |
| Structure de base | Ferrite ... Perlite | | Ferrite | Perlite et ferrite |
| Résistance à la traction N/mm² | 100...450 | 350...900 | 300...800 | 380...600 |

Fig. 3 : Structure des divers matériaux en fonte de fer

## 5.4.10.2 Fonte de fer à graphite sphéroïdal (EN-GJS)

Dans la fonte à graphite spéroïdal, le grapite précipite sous forme de petites billes dans la structure de base qui est semblable à de l'acier (**fig. 3, p. précédente**).

**Propriétés.** La forme sphérique du graphite fait que l'effet d'entaille est faible. Le fonte à graphite sphéroïdal a donc une résistance et un allongement à la rupture plus élevés que la fonte grise. C'est elle qui, en raison de ses propriétés mécaniques, se rapproche le plus de l'acier coulé parmi tous les types de fonte de fer. Le recuit augmente l'allongement à la rupture, et la trempe accroît la résistance. Les pièces en fonte à graphite sphéroïdal peuvent également subir une trempe superficielle.

**Fonte à graphite sphéroïdal**

| | |
|---|---|
| Désignation (par ex.) | EN-GJS-700-2 |
| Masse volumique | 7,2 kg/dm$^3$ |
| Résistance à la traction | 350…900 N/mm$^2$ |
| Allongement à la rupture | 22…2 % |
| Retrait de coulée | 0,5…1,2 % |

> La fonte à graphite sphéroïdal contient du graphite sous forme sphères. Elle possède une résistance élevée et un bon allongement à la rupture.

**Utilisation.** Pour les pièces coulées qui doivent avoir un degré élevé de résistance et de ténacité, tels que les grandes roues dentées, les arbres de vilebrequin, les carters de pompes et de turbines, les supports de roues (**fig. 1**).

## 5.4.10.3 Fonte malléable (EN-GJMW et EN-GJMB)

Le matériau de départ de la fonte malléable est une fonte blanche comportant environ 3 % de carbone, 1 % de silicium et de 0,5 % de manganèse. Elle est coulée pour créer des pièces en fonte à paroi mince (fonte malléable brute). Ces pièces dures et fragiles, qui ne sont pas encore utilisables, sont soumises à un traitement thermique de longue durée. En fonction du type de recuit on peut obtenir deux différentes sortes de fonte malléable : **la fonte malléable obtenue par recuit avec décarburation** (fonte malléable blanche; nom abrégé EN-GJMW) et la **fonte malléable obtenu par recuit sans décarburation** (fonte malléable à coeur noir; nom abrégé EN-GJMB).

Dans la **fonte malléable blanche,** le carbone est éliminé par un recuit de plusieurs jours en atmosphère oxydante. La structure dans les zones proches de la surface est ferritique (**fig. 2**). Cette fonte a des propriétés mécaniques semblables à celles de l'acier. Les pièces ne sont toutefois décarburées que jusqu'à une profondeur d'environ 5 mm. Dans des sections transversales plus épaisses, le carbure de fer se désagrège à l'intérieur de la pièce pour créer des nodules de carbone de recuit.

Pour **la fonte malléable à coeur noir,** les pièces en métal brut de coulée sont recuites pendant plusieurs jours en atmosphère inerte (azote). Ceci produit une désagrégation de la cémentite (Fe$_3$C) en ferrite (Fe) et la formation de nodules de carbone de recuit. La structure à nodules de graphite (**fig. 3, p. précédente**) est uniforme dans toute la pièce indépendamment de l'épaisseur des parois.

**Caractéristiques.** Les deux variétés de fonte malléable ont une ténacité sensiblement supérieure à la fonte grise lamellaire, et se laissent bien couler. La qualité spéciale de fonte malléable EN-GJMW-360-12 est soudable.

> La fonte malléable blanche contient peu de carbone dans les zones proches des surfaces. Dans la fonte malléable à coeur noir, le carbone se trouve sous forme de nodules.

Dans les désignations normalisées des deux types de fonte malléable EN-GJMW ou EN-GJMB, on indique la résistance à la traction en N/mm$^2$ et l'allongement à la rupture en %.

**Utilisation.** La fonte malléable sert surtout dans la construction des véhicules, par ex. pour les bielles, les colonnes de direction et les fourchettes des boîtes à vitesses. On l'utilise aussi en construction mécanique, par.ex. pour les leviers et en technique d'installation pour les raccords et les sièges des soupapes (**fig. 3**).

Fig. 1 : Support de roue de voiture en fonte de fer à graphite sphéroïdal

**Fonte malléable**

| | |
|---|---|
| Désignation (par ex.) | EN-GJMW-450-7 |
| Densité | 7,4 kg/dm$^3$ |
| Résistance à la traction | 350…550 N/mm$^2$ |
| Allongement à la rupture | 12…4 % |
| Retrait de coulée | 1,6 % |

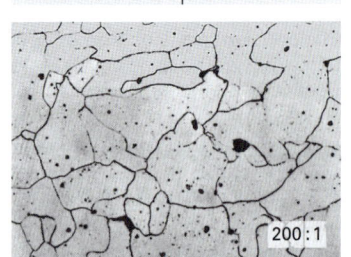

Fig. 2 : Structure de fonte malléable blanche

Fig. 3 : Raccords en fonte malléable blanche zingués

## 5.4.10.4 Acier coulé

Avec l'acier coulé, les avantages de l'acier s'allient aux possibilités offertes au formage des pièces par coulée. On peut par ex. fabriquer des pièces à résistance élevée et tenaces dont la forme ne peut s'obtenir que par coulée (**fig. 1**). Il y a diverses variétés d'acier coulé dont la composition est fonction de leur finalité d'utilisation (**tableau 1**). A la différence des fontes, les aciers ne deviennent pas très fluides lors de la coulée, à cause de celà la forme des pièces doit être massive. Pour la désigantion, on fait précéder la désignation normalisée de l'acier par la lettre G.

■ Seulement certains aciers peuvent être coulés.

**Tableau 1: Types d'acier coulé avec des exemples**

| | |
|---|---|
| Acier coulé pour usages généraux | GE240 |
| Acier coulé d'amélioration | G34CrMo4 |
| Acier coulé inoxydable | GX6CrNi26-7 |
| Acier coulé de construction pour le travail à chaud | G17CrMo5-5 |
| Acier coulé réfractaire | GX40CrNiSi27-4 |
| Acier coulé inox austénitique | GX2CrNi18-11 |

Fig. 1: Rotor pour turbine de Kaplan, aubes et moyeu en GX5CrNi13-4

**Utilisation.** L'acier coulé sert à fabriquer les éléments fortement sollicités dans la construction mécanique lourde, comme les carters des turbines, les bâtis des presses et les crochets des grues, les pièces fortement sollicitées des véhicules, mais aussi les petites pièces qui sont destinées aux machines.

## 5.4.11 Comparaison entre la teneur en carbone des aciers et celle des métaux ferreux de fonderie

La teneur en carbone des aciers et des métaux ferreux de fonderie (**tableau 2**) influe sur la structure au même titre que les autres éléments d'alliage (p. 344). La structure est déterminante pour les caractéristiques mécaniques (p. 336), par ex. pour la résistance à la rupture par traction, et pour les propriétés technologiques (p. 338), par ex. pour la coulabilité, l'usinabilité et la facilité de mise en forme.

**Tableau 2: Teneur en carbone des aciers et des autres métaux ferreux**

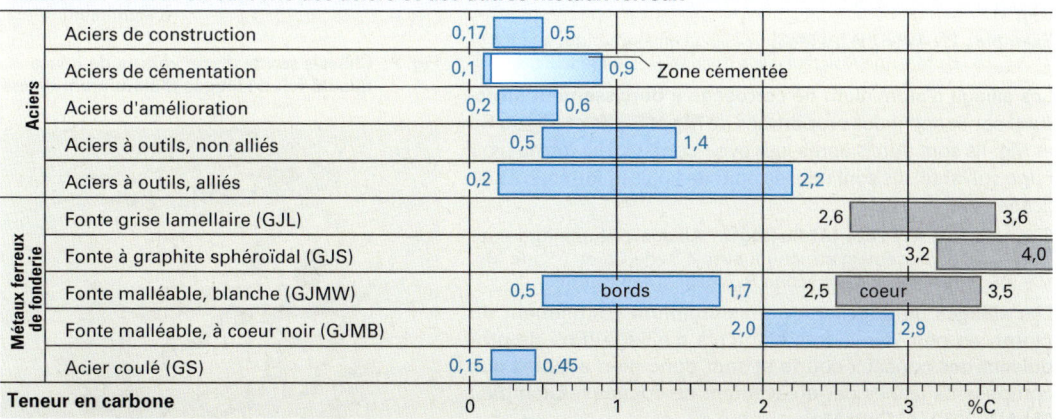

| | | |
|---|---|---|
| **Aciers** | Aciers de construction | 0,17 – 0,5 |
| | Aciers de cémentation | 0,1 – 0,9 (Zone cémentée) |
| | Aciers d'amélioration | 0,2 – 0,6 |
| | Aciers à outils, non alliés | 0,5 – 1,4 |
| | Aciers à outils, alliés | 0,2 – 2,2 |
| **Métaux ferreux de fonderie** | Fonte grise lamellaire (GJL) | 2,6 – 3,6 |
| | Fonte à graphite sphéroïdal (GJS) | 3,2 – 4,0 |
| | Fonte malléable, blanche (GJMW) | 0,5 – 1,7 bords ; 2,5 – 3,5 coeur |
| | Fonte malléable, à coeur noir (GJMB) | 2,0 – 2,9 |
| | Acier coulé (GS) | 0,15 – 0,45 |

Teneur en carbone: 0 – 3 %C

### Répétition et approfondissement

1. Quelles caractéristiques de la fonte grise à graphite lamellaire sont dues aux précipitations de graphite?
2. Quels sont les avantages de la fonte à graphite sphéroïdal par rapport à la fonte de fer à graphite lamellaire?
3. Expliquez les désignations de matériau EN-GJL-300, EN-GJMW-400-5, GE240.
4. Quelle différences y a-t-il entre la fonte malléable blanche et la fonte malléable à coeur noir?

## 5.5 Métaux non ferreux

On désigne du nom de métaux non ferreux tous les autres métaux purs et les alliages de ceux-ci. En fonction de leur masse volumique, on les classe en **métaux légers** et en **métaux lourds** (voir **tableau 1**). Les métaux non ferreux purs sont doux et ne peuvent être utilisés comme matériau de construction. Les éléments d'alliage permettent d'améliorer leur résistance de sorte à les rendre polyvalents. En fonction de leur mode de fabrication, les métaux non ferreux sont classés en **alliages corroyés** et en **alliages de fonderie**.

### 5.5.1 Métaux légers

Les métaux légers les plus importants sont l'aluminium ($\varrho$ = 2,7 kg/dm³), le magnésium ($\varrho$ = 1,7 kg/dm³) et le titane ($\varrho$ = 4,5 kg/dm³). Leur faible poids et leur bonne résistance permettent aux alliages de métaux légers d'acquérir une importance croissante, principalement dans la construction des véhicules

### 5.5.1.1 Matériaux en aluminium

■ **Propriétés de l'aluminium**
- Masse volumique : environ 2,7 kg/dm³ ($\approx$ 1/3 de la densité de l'acier)
- Faible point de fusion : $\approx$ 660°C
- Bonne aptitude au façonnage, au soudage, au coulage
- Résistance aux intempéries et à la corrosion

**Alliages de corroyage en aluminium**
Les alliages de corroyage en aluminium sont alliés avec du Mg, Mn, Si, Zn ou du Cu ainsi qu'avec des combinaisons de ces métaux. Ils ont la légèreté de l'aluminium et approximativement la résistance des aciers de construction non alliés : Résistance à la traction $R_m$ = 200 ... 450 N/mm².

Les alliages d'aluminium contenant du Mg et du Mn ont une résistance moyenne et peuvent être durcis par écrouissage. A partir d'eux, on fabrique des pièces de véhicule pour charge moyenne à élevée, telles que les jantes de voiture (**fig. 1**).

Exemple : **EN AW-5754 [Al Mg3]** : L'alliage en aluminium ayant 3 % de Mg, une résistance à la traction $R_m$ : jusqu'à 300N/mm²

**Les alliage d'aluminium de corroyage à durcissement structural** contiennent des proportions de Mg et Si, Zn et Mg ou Cu et Mg. Ils sont durcis après leur avoir conféré une forme (voir page suivante). Ils sont utilisés pour des pièces fortement sollicitées (**fig. 2**).

Exemple : **EN AW-2024 [Al Cu4Mg1]** : Alliage d'aluminium pour durcissement structural avec 4 % de Cu et 1 % de Mg, résistance à la traction $R_m$ : jusqu'à 425 N/mm²

Les **alliages de décolletage à l'aluminium** contiennent du plomb en plus des autres éléments d'alliage (Pb). Ils produisent des copeaux courts et sont donc bien adaptés aux composants usinés par enlèvement de copeaux. Exemple : **EN AW-2030 [Al CuPbMg]**

**Alliages de fonte d'aluminium**
En construction mécanique, l'alliage de fonte d'aluminium est principalement utilisé avec 12% de silicium : **EN AC-44200 [AlSi12]**. Il se prête bien à la coulée, a une résistance à la traction moyenne ($R_m$ jusqu'à 170 N/mm²) et résiste à la corrosion.

A partir des alliages de fonte d'AlSi12, on fabrique des composants à parois minces de forme complexe, qui doivent avoir un poids faible : boîtier de l'appareil, pièces nodales de carrosserie, blocs moteurs de voiture (**fig. 3**).

**Tableau 1 : Répartition des métaux non ferreux**

| Métaux non ferreux | |
|---|---|
| **Métaux légers** et leurs alliages masse volumique $\varrho$ < 5 kg/m³ par ex. aluminium, titane | **Métaux lourds** et leurs alliages masse volumique $\varrho$ > 5 kg/m³ par ex. cuivre, nickel |

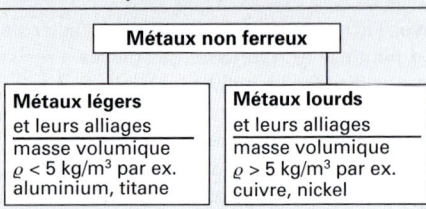

Fig. 1 : Jantes de voiture forgées à partir d'un alliage de corroyage AlMgSi

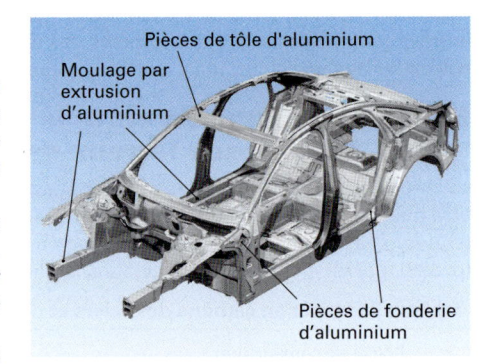

Fig. 2 : Châssis soudé d'une voiture de haute qualité fait d'alliages d'aluminium divers

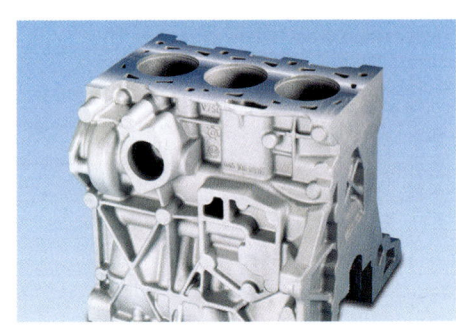

Fig. 3 : Bloc-moteur en fonte d'aluminium AlSi

Métaux non ferreux

**Durcissement structural** des alliages d'aluminium

Le durcissement structural se compose d'un recuit de mise en solution à environ 500°C, d'une maturation par trempe effectuée dans l'eau, et d'un durcissement par précipitation. Le durcissement structural des alliages d'alumunum permet d'aboutir à un net accroissement de la résistance. La résistance définitive s'obtient soit après revenu soit après plusieurs jours de vieillissement à température ambiante. Les alliages d'aluminium à durcissement structural sont utilisés pour la construction de châssis de véhicules, les pièces de structure d'avion et les coques de bateaux (**fig. 1**).

**Désignation des alliages d'aluminium**

Les **matériaux en aluminium** sont désignés selon DIN EN 573 au moyen d'une désignation symbolique ou numérique. La **désignation** se compose, pour les alliages corroyés, des lettres EN AW-Al et, pour les alliages de fonderie, de EN AC-Al (**fig. 2**). Ensuite suivent les symboles des éléments d'alliage et parfois les teneurs en pourcentages. Pour finir, on peut encore indiquer les états de livraison.

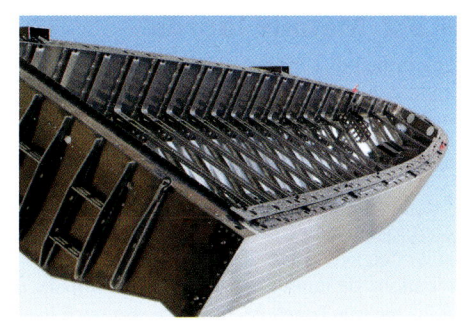

Fig. 1 : Coques de bateau en alliage d'aluminium résistant à l'eau de mer EN AW-5083 [Al Mg4,5Mn0,7]

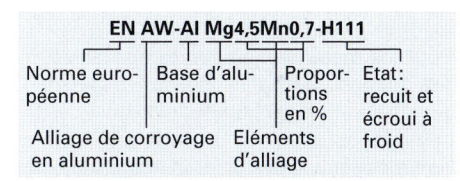

Fig. 2 : Désignation symbolique d'un alliage de corroyage en aluminium

## 5.5.1.2 Matériaux à base de magnésium

Les matériaux à base de magnésium ont une propriété particulière : leur faible masse volumique comprise entre 1,8 et 2,0 kg/dm$^3$. Il s'agit donc du matériau métallique présentant la plus faible masse volumique (environ ¼ de celle de l'acier). Par leur aspect et leur résistance, à la corrosion comprise, les matériaux à base de magnésium sont comparables à ceux à base d'aluminium.

Ce sont principalement les fontes alliées au Mg telles que par exemple EN MC-21110 [MgAl8Zn1] qui sont utilisées. Elles servent à fabriquer des carters pour transmissions, moteurs, machines et des boîtiers d'ordinateurs portables (**fig. 3**). Les fontes alliées au magnésium sont principalement coulées sous pression puis usinées par enlèvement de copeaux.

Lors des travaux par enlèvement de copeaux des composants en matériaux à base de Mg, ces derniers risquent de s'enflammer.

Pour cette raison, il faut prendre des mesures de protection. Les départs de feu ne doivent pas être combattus avec de l'eau mais avec des extincteurs de la classe incendie D.

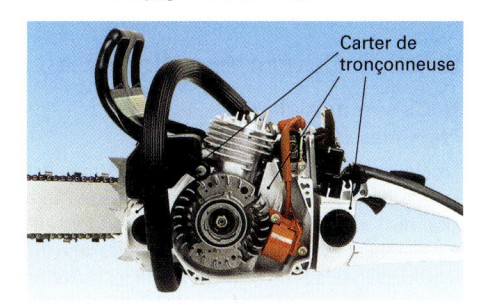

Fig. 3 : Carter d'une tronçonneuse en fonte de magnésium coulé sous pression

## 5.5.1.3 Matériaux à base de titane

Les matériaux à base de titane présentent une masse volumique d'environ 4,5 kg/dm$^3$, ils sont donc 40 % plus légers que l'acier. Ils offrent une résistance, une ténacité et une résistance à la corrosion élevées. Cependant, le titane est un matériau coûteux.

Le titane non allié, le Ti1, est utilisé par ex. dans le domaine médical sous forme de prothèse de hanche, etc.

Les matériaux alliés à base de titane, dont par exemple le TiAl6V4, offrent la même résistance que les aciers de traitement alliés : $R_m$ jusqu'à 1000 N/mm$^2$. Ils servent à fabriquer des composants aviation devant résister à de hautes contraintes (**fig. 4**).

Fig. 4 : Anneau à aubes d'un moteur à réaction en alliage de titane TiAl6V4

---

**Répétition et approfondissement**

1. Quelle masse volumique ont les métaux NF aluminium, magnésium et titane ?
2. Quels types d'alliages d'aluminium sont particulièrement adaptés aux composants de grande capacité de charge ?
3. Que signifie la désignation EN AW-7022 [Al Zn5Mg3Cu] ?
4. Quelles propriétés particulières ont les matériaux en magnésium ou en titane ?

## 5.5.2 Métaux lourds

Les principaux métaux lourds qui sont utilisés en construction mécanique pour fabriquer des composants sont le cuivre, l'étain, le zinc, le nickel et leurs alliages. D'autres métaux lourds comme par ex. le chrome, le nickel et le vanadium, sont utilisée en tant qu'éléments d'alliage dans les aciers.

### 5.5.2.1 Désignation symbolique des métaux lourds

Les désignations symboliques des métaux lourds se composent du symbole chimique du métal de base, suivi des symboles des éléments d'alliage et des indications de teneur en pourcentage (**fig. 1**).

Pour les matériaux de fonderie, on peut indiquer en premier le type de fonte, par ex. G pour la fonte coulée en sable, GD pour la fonte coulée sous pression, etc. On peut faire figurer à la suite des indications de résistance, comme par ex. R420, c'est-à-dire une résistance à la rupture par traction de 420 N/mm².

Pour les matériaux en cuivre non alliés, il y a des désignations spéciales. Exemple : Cu-DHP-R220. La signification est expliquée ci-dessous.

Les alliages de cuivre de corroyage sont aussi dénommés par une désignation numérique (numéro de matière). Ce nom se compose des lettres CW et d'un numéro de matière (**fig. 2**). Une lettre indiquant le groupe d'alliage peut être ajoutée.

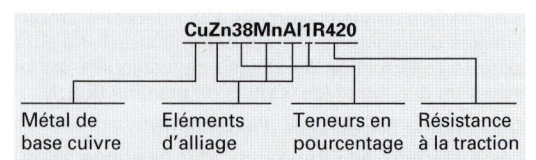

**CuZn38MnAl1R420**

| Métal de base cuivre | Eléments d'alliage | Teneurs en pourcentage | Résistance à la traction |

Alliage à base de cuivre avec 38% de zinc, 1% de manganèse et un peu d'aluminium; résistance à la traction : 420 N/mm²

**Fig. 1 :** Abréviation d'un alliage de métal lourd

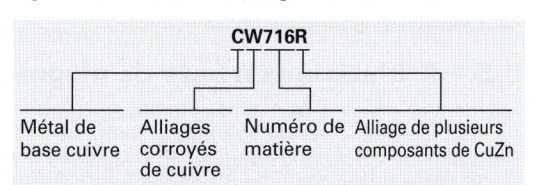

**CW716R**

| Métal de base cuivre | Alliages corroyés de cuivre | Numéro de matière | Alliage de plusieurs composants de CuZn |

**Fig. 2 :** Abréviation numérique d'un alliage au cuivre

### 5.5.2.2 Cuivre et alliages au cuivre

■ **Cuivre non allié**
**Propriétés et utilisation**

Le **cuivre** est un métal de couleur rouge, d'une masse volumique de 8,94 kg/dm3 et présentant une température de fusion de 1083 °C. À l'état laminé à chaud, le cuivre non allié est malléable et facile à allonger. Le martelage ou la compression (écrouissage) le rend dur. Un recuit lui redonne sa malléabilité. Le cuivre offre une haute conductivité thermique et électrique. Il est utilisé dans les lignes électriques (**fig. 3**) et les tubes de radiateurs et d'échangeurs thermiques destinés à la construction d'installations.

En construction d'installations, les variétés de cuivre pouvant être soudées ou recevoir un brasage fort, comme le **Cu-DPH**, sont importantes. La variété de cuivre utilisée dans les lignes électriques est le **Cu-ETP**.

**Fig. 3 :** Conducteurs électriques en Cu-ETP

■ **Alliages cuivre-zinc (laiton)**
**Propriétés et utilisation**

Les alliages CuZn contiennent de 5 à 40% de zinc. Ils résistent à la corrosion et ont une surface apte au glissement. Lorsque la teneur en Zn est faible, ils sont malléables et se prêtent bien à la mise en forme par déformation; lorsque la teneur en Zn est élevée, ils sont plus durs. L'écrouissage permet de porter leur résistance à la rupture par traction de 250 N/mm2 à env. 600 N/mm². Les alliages CuZn se prêtent bien à la mise en forme par déformation, au coulage et à l'usinage par enlèvement de copeaux. On les utilise pour fabriquer des pièces de robinetterie, des vis inoxydables, de petites pièces tournées (**fig. 4**). Vous obtiendrez aussi ici quelques autres éléments d'alliage, en plus du zinc.

**Exemple : CuZn36Pb3** ⇒ Alliage de corroyage cuivre-zinc-plomb avec 36% de Zn et 3% de plomb, laiton de décolletage.

**Fig. 4 :** Pièces tournées en alliages cuivre-zinc

Métaux non ferreux

## ■ Alliages cuivre-étain (bronze ordinaire)

Les alliages CuSn contiennent 2% à 15% d'étain et présentent une couleur marron or.

Ils sont résistants à la corrosion, et ils ont un degré élevé de résistance à la rupture par traction, de résistance à l'usure, de bonnes propriétés de glissement. En augmentant la teneur en étain, on accroît la résistance mécanique et la résistance à l'usure. Par écrouissage (par ex. laminage), on peut les durcir jusqu'à leur conférer une «élasticité de ressort», ce qui les dote d'une résistance à la rupture par traction de 750 N/mm$^2$.

Avec les alliages CuSn, on obtient par usinage des roues hélicoïdales, des écrous de broches, des ressorts de contact, des glissières et des éléments de guidage ainsi que des coquilles de coussinets **(fig. 1)**.

**Exemples d'alliages de cuivre et d'étain:**
CuSn8P   → Alliage de corroyage ayant de très bonnes propriétés de glissement et un degré élevé de résistance à l'usure, par ex. pour les paliers lisses qui supportent des sollicitations élevées dans les moteurs.

G-CuSn12Pb ⇒ Alliage de fonderie avec du plomb, très résistant à l'usure, avec propriétés de fonctionnement exceptionnel en cas problème de lubrification, par ex. pour les coquilles des paliers lisses **(fig. 2)**.

## ■ Alliages cuivre-étain-zinc de fonderie

Ces alliages CuAl, dénommés **laiton rouge**, se prêtent bien au coulage, sont résistants à la corrosion, s'usinent bien par enlèvement de copeaux et ont de bonnes propriétés de glissement. On les transforme par ex. en carters de robinetterie et de pompes **(fig. 3)**.
**Exemple:** G-CuSn6Zn4Pb2

## ■ Alliages de cuivre et d'aluminium (bronze à l'alu)

Ces alliages se distinguent par leur degré élevé de résistance, de ténacité et de résistance à la corrosion, en particulier de l'eau de mer. On les utilise de préférence dans les constructions navales, ainsi que pour les pièces d'installations qui acheminent l'eau de mer, et pour la construction d'installations chimiques.

**Exemples:**
CuAl7Si2   ⇒ Alliage résistant à l'eau de mer pour éléments de navires
CuAl10Fe3Mn2 ⇒ Alliage de corroyage résistant à la corrosion et à l'usure, par ex. pour roues hélicoïdales et sièges de soupapes.

## ■ Alliages cuivre-nickel

Les alliages de cuivre et de nickel (teinte argentée) sont écrouis, leur conductibilité électrique est bonne, et leur surface a un aspect similaire à l'argent. Ils sont usinés, par ex. pour réaliser des contacts électriques à ressorts, des clefs, des compas, de la robinetterie pour l'eau, des revêtements pour appareillages et les pièces de monnaie **(fig. 4)**.

**Exemple:**
**CuNi9Sn2**   ⇒ Contacts électriques à ressort

Une particularité est constituée par l'alliage **CuNi44**, également dénommé constantan. Il a une résistance électrique qui varie très peu en fonction de la température, et on le transforme en résistances électriques.

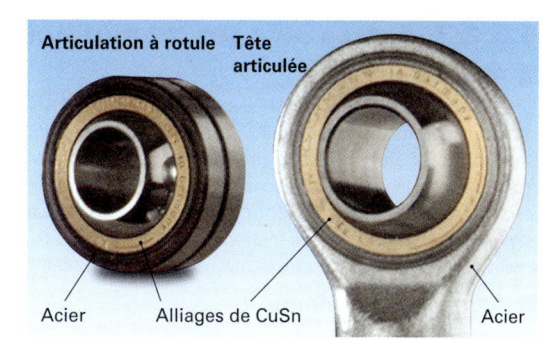

Fig. 1: Coquilles de coussinet pour articulation à rotule et tête articulée en alliage CuSn8P

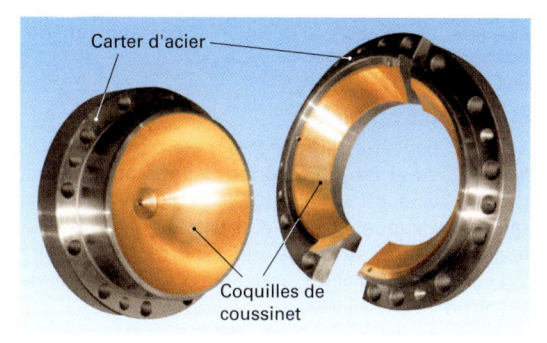

Fig. 2: Coquilles de coussinet de calotte en G-CuSn12Pb en carter acier

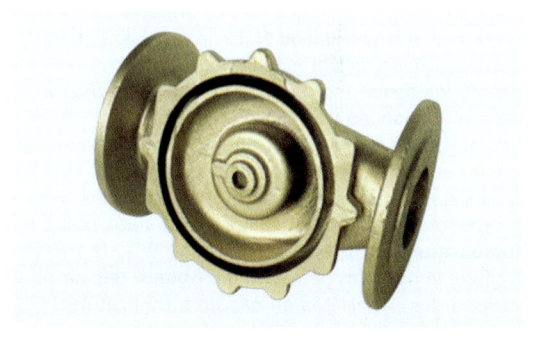

Fig. 3: Carter de pompe en alliage de fonte CuSnZn

Fig. 4: Pièces en alliages de CuNi

## 5.5.2.3 Autres alliages de métaux lourds

### ■ Alliages au zinc

Les alliages à base de zinc (Masse volumique de 7 kg/dm$^3$, température de fusion 420 °C environ) contiennent souvent de l'aluminium et du cuivre. Ils sont particulièrement appropriés pour les pièces moulées sous pression à parois minces, mais aussi pour les moules de soufflage et d'emboutissage pour les matières plastiques.

**Exemple:** G-ZnAl6Cu1 ⇒ pièces moulées à parois minces.

### ■ Alliages étain/plomb

Les alliages étain/plomb sont transformés en alliages d'apport pour le brasage tendre (soudures à l'étain et au plomb). Leur plage de fusion est comprise entre 183 °C et 325 °C (page 245).

**Exemple:** Le **S-Sn60Pb40** ⇒ est un alliage d'apport pour brasage tendre composé de 60 % d'étain et de 40 % de plomb.

### ■ Alliages au nickel

Le nickel peut être allié avec les métaux suivants: Cr, Mn, Mg, Al et Be. En fonction des métaux entrant dans l'alliage, on obtient des métaux à haute résistance mécanique, à haute élasticité ou des super-alliages résistants au fluage ou à la corrosion (**fig. 1**).

**Exemple: NiCr22Mo9Nb** ⇒ par ex. pour des corps de vanne résistants au fluage.

## 5.5.2.4 Métaux d'alliage

De nombreux métaux ne sont guère utilisés comme matériaux de construction, comme par ex. le chrome ou le vanadium. Mais ils sont très importants comme métaux d'alliage (**tableau 1**). Par ex., les aciers inoxydables contiennent principalement du chrome et du nickel, les aciers rapides contiennent du tungstène, du molybdène, du vanadium et du cobalt.

Les **métaux à point de fusion élevé** (chrome, nickel, vanadium, cobalt et manganèse) améliorent surtout la résistance à la corrosion et les propriétés mécaniques des aciers, les **métaux à très haut point de fusion** que sont le tungstène, le tantale, le molybdène et le niobium permettent d'obtenir des améliorations des propriétés en cas de températures élevées.

## 5.5.2.5 Métaux précieux

Les métaux précieux comprennent principalement l'or, l'argent et le platine, mais également l'iridium, le rhodium, l'osmium et le palladium.

En technique, on utilise l'or et l'argent comme conducteurs et matériaux de contact électriques, le platine étant utilisé pour les thermocouples et les appareillages de laboratoire.

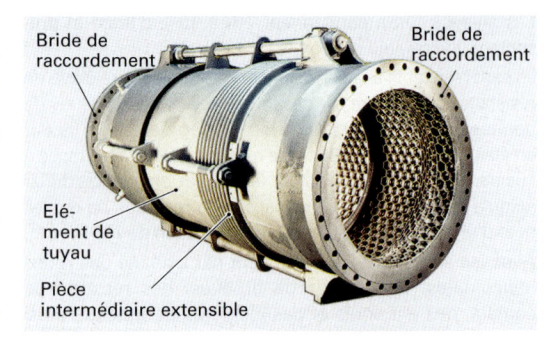

**Fig. 1:** Appareil de chimie en un super-alliage de nickel résistant à la corrosion NiCu30Fe

**Tableau 1: Point de fusion et utilisation des métaux lourds de l'alliage[1])**

| Métal | Point de fusion (°C) | Utilisation |
|---|---|---|
| Métaux d'alliage à haut point de fusion | | |
| Chrome (Cr) | 1903 | Métal d'alliage pour l'acier, revêtements galvaniques, chromage dur, par ex. pour les outils |
| Nickel (Ni) | 1453 | Métaux d'alliage pour l'acier et le cuivre, revêtements décoratifs, thermocouples, batteries |
| Vanadium (V) | 1890 | Métal d'alliage pour l'acier |
| Cobalt (Co) | 1493 | Métal d'alliage pour l'acier, le métal dur, les aimants permanents |
| Manganèse (Mn) | 1244 | Métal d'alliage pour l'acier, le cuivre et l'aluminium |
| Métaux d'alliage à très haut point de fusion | | |
| Tungstène (W) | 3380 | Métal d'alliage pour l'acier, le métal dur, les électrodes pour le soudage TIG, les matériaux pour les contacts électriques |
| Tantale (Ta) | 3000 | Les poids-étalon, composants dans la technique médicale et du vide, métal dur |
| Molybdène (Mo) | 2600 | Métal d'alliage pour l'acier, le métal dur, les électrodes pour le la soudure, les tubes à rayons X |
| Niobium (Nb) | 2410 | Métal d'alliage pour l'acier |

[1]) Exemples pour les aciers p. 349

---

### Répétition et approfondissement

1. Quelles indications contiennent les abréviations des alliages de cuivre?
2. Mentionnez deux types d'alliages de cuivre, avec pour chacun un alliage concret et ses caractéristiques.
3. Quels métaux lourds ou alliages de métaux lourds conviennent pour des paliers lisses?
4. A quels usages destine-t-on les métaux lourds ci-après? Cuivre, étain, chrome, tungstène, platine?

## 5.6 Matériaux frittés

Les matériaux frittés sont fabriqués à partir de poudres métalliques produites dans un processus de fabrication en plusieurs étapes en pressant des ébauches et en les frittant dans un second temps. On appelle cette technique de fabrication **métallurgie des poudres,** à cause des matières de départ, ou **technique de frittage,** en raison du procédé de fabrication.

Contrairement à cela, la production des composants métalliques a habituellement lieu en coulant le bain de métal dans un moule ou en extrudant un boudin qui sera ensuite laminé (page 348).

### 5.6.1 Fabrication de pièces frittées de métaux

La fabrication de pièces frittées se fait en plusieurs étapes **(fig. 1)**.

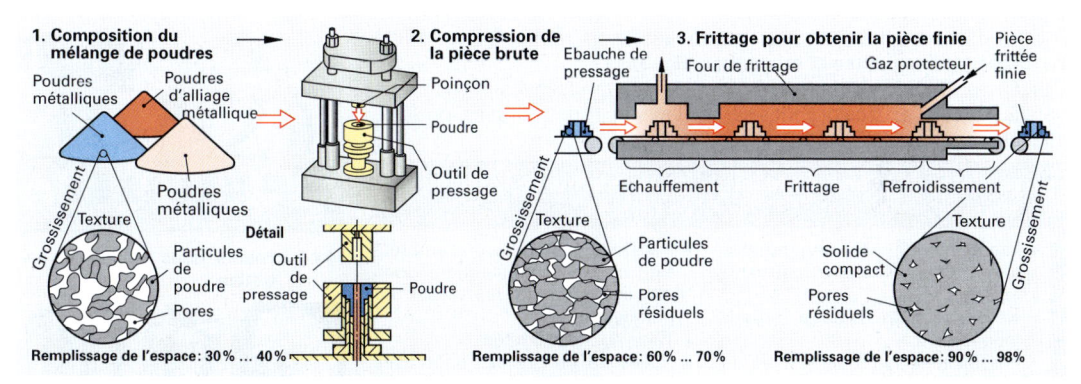

Fig. 1 : Fabrication de pièces frittées à partir de poudres métalliques

**Mélange des poudres :** Soit les poudres ont la composition souhaitée, soit le mélange de poudre souhaité est produit en mélangeant différentes poudres métalliques. Pour faciliter le compactage lors du pressage ultérieur, on ajoute à la poudre des agents lubrifiants.
**Pressage :** Dans l'outil de pressage, une quantité dosée de poudre est soumise à des pressions atteignant 6000 bars pour obtenir des ébauches **(fig. 1, détail)**. Ce processus déforme les poudres, provoque l'agrandissement des surfaces de contact et l'espace poreux est réduit. L'ébauche pressée possède de faibles propriétés mécaniques, les poudres ne tiennent ensemble que par adhésion et frottement.
**Frittage.** La résistance finale est conférée aux ébauches par le frittage, au cours du passage à travers un four de frittage. Dans ce processus, les ébauches sont chauffées à une température inférieure d'environ 25 % à la température de fusion du matériau fritté, par ex. pour l'acier fritté de 1000 °C à 1300 °C.
Lors de la température de frittage, les particules de poudre adjacentes se soudent, les zones de liaison entre les grains deviennent de plus en plus grosses et il se forme la texture de la pièce frittée compacte.

> Le frittage est un procédé de recuit pour les ébauches de poudres métalliques comprimées, au cours duquel une pièce frittée se forme avec une structure de grains soudés par diffusion et recristallisation.

Si nécessaire, divers traitements permettent d'améliorer certaines propriétées des pièces frittées. **(fig. 2)**.
Avec la **calibration** on applique une grande pression à température ambiante, on obtient une grande précision dimensionnelle et une très bonne qualité des surfaces.
Par le **frittage-forgeage** à la température de forgeage, il se forme un autre compactage des pièces frittées. Ce faisant, elles sont plus compactes, ont une forme plus précise et des valeurs de résistance élevées. Les pièces frittées forgées peuvent ensuite être durcies ou **améliorées par trempe et revenu** pour améliorer encore les valeurs de résistance.

Par **imprégnation** sous pression, les pores des paliers lisses frittés poreux sont remplis d'un lubrifiant liquide. Elles sont donc auto-lubrifiantes et sans entretien pendant une longue période.

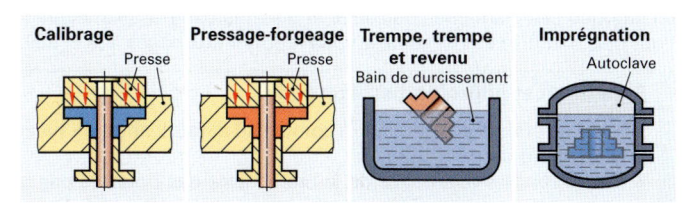

Fig. 2 : Procédés de retraitement des pièces frittées

## 5.6.2 Caractéristiques et utilisation de pièces frittées

Les propriétés des pièces frittées dépendent du matériau en poudre, de la taille des particules de poudre, de la pression de moulage et de la température de frittage. Les pressions de compression basses donnent des pièces frittées poreuses, des pressions de compression élevées, des pièces denses à haute résistance.

Les **pièces frittées à porosité grossière** en bronze, laiton ou acier inoxydable sont frittées à partir de billes de métal et sont utilisées par ex. comme filtre et pare-flammes dans les conduites de gaz de soudage **(fig. 1)**.

Les **paliers lisses autolubrifiants** sont constitués de matériaux aptes au glissement finement poreux dont les pores sont remplis de lubrifiant **(fig. 2)**. En utilisation, les paliers s'échauffent; le lubrifiant sort des pores et assure la lubrification du palier.

A partir **d'aciers frittés** de résistance moyenne, on fabrique une variété de pièces frittées petites et moyennes **(fig. 3)**.

Ces pièces frittées sont installées dans de nombreuses machines et appareils produits en très grandes séries: Leviers, roues dentées, poulies, attaches, cames, bielles, etc.

Fig. 1: Clapets anti-retour de flammes en bronze fritté

| Avantages de la technique de frittage | Inconvénients de la technique de frittage |
|---|---|
| • Fabrication de pièces en grandes séries sans usinage et peu coûteuses.<br>• Nécessité d'un usinage mineur uniquement.<br>• Possibilité de fabriquer des pièces frittées poreuses et denses.<br>• Possibilité de choisir les propriétés du matériau par des mélanges de poudre appropriés. | • Nécessité de moules de compression coûteux, conviennent donc uniquement pour les pièces en grandes séries.<br>• Taille de pièce limitée<br>• Nécessité de presses coûteuses avec une grande force de compression.<br>• Pas de possibilité de fabriquer des composants de grande capacité de charge (capacité de charge limitée). |

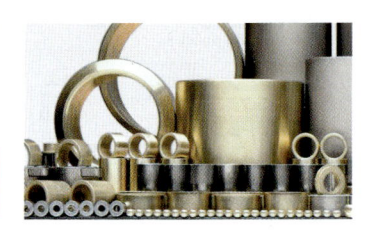

Fig. 2: Paliers lisses frittés sans entretien

## 5.6.3 Matériaux frittés spécifiques

Avec la métallurgie des poudres, on fabrique des matériaux spéciaux qui ne peuvent pas être réalisés avec la technique de fonderie classique. Exemples:

Les **aciers rapides à base de poudre** sont fabriqués à partir de poudre d'acier à outils par pressage à chaud et frittage. Ils possèdent les meilleures propriétés de l'acier rapide. A partir d'eux, on fabrique des tarauds, des fraises, des alésoirs **(fig. 4)**.

Le **métal dur** est un composite constitué de fin grains de carbures métalliques et de métal (par ex. du carbure de tungstène et un liant métallique dur, habituellement du cobalt (fig. 4)). Il est fabriqué par frittage liquide du mélange de poudre. Lors du frittage, le cobalt fond et relie les particules de carbure afin de former une pièce frittée compacte. Le métal dur est transformé en plaquettes de coupe. Pour de plus amples détails sur les propriétés et l'utilisation, veuillez vous remporter à la p. 137.

Les **plaquettes en céramique** et les **matériaux techniques en céramique** sont constitués d'oxyde d'aluminum ($Al_2O_3$), d'oxyde de zirconium ($ZrO_2$), de carbure de titane (TiC) ou de nitrure de silicium ($Si_3N_4$). Elles sont fabriquées à partir de poudre par frittage (cuisson) entre 1500°C et 2500°C. On en fabrique des plaquettes de coupe et d'autres composants techniques. Pour plus d'informations, veuillez vous reporter aux pages 138 et 369.

Fig. 3: Pièces moulées en acier fritté pour machines et appareils

Fig. 4: Matériaux spécialisés fabriqués par frittage

> **Répétition et approfondissement**
> 1. Quelles étapes de fabrication comprend la fabrication de pièces frittées?
> 2. Qu'entend-on par frittage?
> 3. Quels sont les avantages de la métallurgie des poudres par rapport à la technique de fonderie conventionnelle?
> 4. Pourquoi les paliers lisses frittés sont-ils sans entretien?

## 5.7 Matériaux en céramique

> Les matériaux en céramique sont des matériaux inorganiques, non métalliques qu'on fabrique par traitement thermique pour obtenir des ébauches en poudre comprimée.

Les matériaux en céramique modernes, dénommés **céramique technique** ou **céramique à hautes performances,** sont de plus en plus utilisés en construction mécanique, comme pièces de montage, et en technique de fabrication comme outils (**fig. 1**). Ils s'acquittent de tâches spécifiques qu'ils sont les seuls à pouvoir accomplir en raison de leurs caractéristiques particulières.

### ■ Propriétés des matériaux en céramique

En matière de propriétés, les matériaux en céramique ont un profil commun qui les distingue en particulier des aciers.

Fig. 1 : Composants en matériaux céramiques

> Les caractéristiques favorables sont :
> - grande dureté et résistance à la compression
> - surface apte au glissement et avec une grande résistance à l'usure
> - haute résistance à la température jusqu'à env. 1500 °C
> - résistance à la corrosion et aux produits chimiques
> - faible densité d'env. 2 kg/dm$^3$ à 4 kg/dm$^3$
> - généralement isolant électriquement

Les matériaux céramiques ne sont toutefois pas déformables, et ils sont sensibles aux chocs. Ils ne peuvent pas supporter des concentrations de contraintes, par ex. se cassent sous l'effet d'entailles, et ils ne peuvent pas supporter de fortes contraintes de traction.

Ces propriétés permettent aux composants en matériaux céramique de s'acquitter de tâches spéciales (**fig. 2**) ou d'être montés dans un sous-ensemble en qualité de composant spécial (**fig. 3**). Ils peuvent résoudre des problèmes liés à l'usure ou à la température.

Fig. 2 : Disque de frein à hautes performances en céramique pour une voiture de course

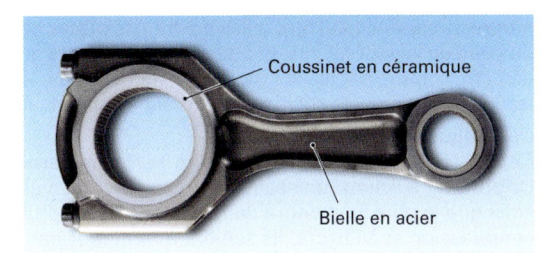

Fig. 3 : Coquille de palier en céramique sur une bielle

### ■ Fabrication

La fabrication des matériaux en céramique se fait par la technologie des poudres et comporte plusieurs étapes de fabrication (**fig. 4**) :
1. **mouture et mélange** de la poudre de départ avec de l'eau à la pâte.
2. **formage** des ébauches (comprimés). Il peut s'effectuer par moulage par compression de la poudre, ou par moulage par injection et extrusion de pâtes à base de poudre.
3. **le traitement thermique** de frittage s'exécute à des températures de 1400-2500 °C et transforme le comprimé en composant en céramique.
4. **traitement final** des composants par rectification, au cas où des surfaces de glissement lisses sont indispensables.

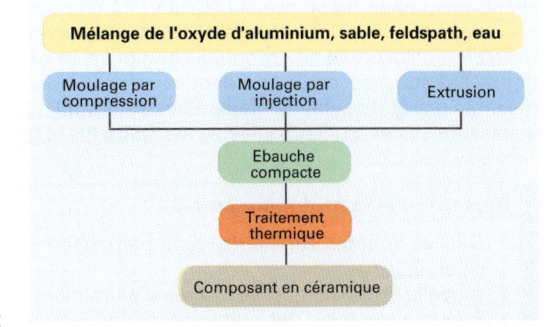

Fig. 4 : Fabrication de pièces en céramique (schéma)

## ■ Types de céramique et leur utilisation

### Céramique en silicate
Ce matériau en céramique, également dénommé porcelaine industrielle ou céramique technique, est réalisé par combustion de 50 % d'alumine ($Al_2O_3$), 25 % de sable de silice ($SiO_2$) et de 25 % de feldspath ($KAlSi_3O_8$).
La porcelaine technique est une pâte blanche et dense. Présente une solidité suffisante mais une sensibilité à la rupture de fragilité, résiste à de nombreux produits chimiques et son pouvoir d'isolation électrique est excellent. Son domaine d'utilisation principal est celui des pièces électriques isolantes des machines, des appareils de chauffage électrique, des interrupteurs et des lampes (**fig. 1**).

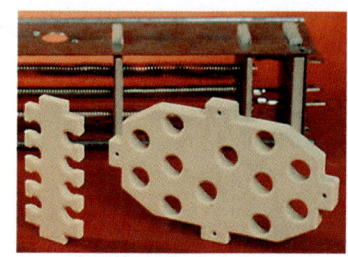

Fig. 1 : Support de corps de chauffe en porcelaine technique

### Céramique oxydée
L'oxyde d'aluminium **fritté et à densité élevée** ($Al_2O_3$) est le principal matériau en céramique oxydée. Il a un degré élevé de résistance à la pression, de dureté et de résistance à l'usure, ainsi que de résistance à la température, et sa conductibilité thermique est vraiment bonne. On l'utilise pour réaliser des filières, des rondelles d'étanchéité, des guide-fils, des rouleaux de cintrage, des anneaux de garnitures mécaniques et des plaquettes de coupe (**fig. 2**). **L'oxyde de zirconium** ($ZrO_2$) fritté sous pression est également utilisé pour des applications similaires.

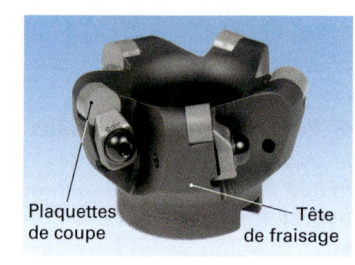

Fig. 2 : Plaquettes de coupe de fraise en céramique d'oxyde d'aluminium

### Céramique non oxydée
Les principaux matériaux en céramique non oxydée sont le carbure de silicium, et le nitrure de silicium.
**La céramique en carbure de silicium** (SiC) a à la fois un haut degré de dureté, de résistance à l'usure et de résistance à la température, une faible dilatation thermique, une conductibilité thermique élevée, et la meilleure résistance à la corrosion due aux acides et aux métaux en fusion. On en fabrique des tubes protecteurs pour thermomètres et des revêtements pour bains de fusions d'aluminium, ainsi que des cartouches chauffantes et des bagues pour garnitures mécaniques (**fig. 3**).
**La céramique en nitrure de silicium** ($Si_3N_4$) est dotée d'une combinaison exceptionnelle de propriétés de dureté, de résistance à l'usure et à la température, de résistance à la corrosion chimique, ainsi que d'une grande résistance à la compression et d'une ténacité suffisante. La céramique en nitrure de silicium peut être utilisée pour des pièces hautement sollicitées du point de vue mécanique et pour des composants qui se déplacent rapidement, comme par ex. les garnitures mécaniques, les billes ou les rouleaux des roulements et les outils servant à usiner la fonte (**fig. 4**).

Fig. 3 : Anneaux de glissement en carbure de silicium SiC

### Céramique au carbone
Ces matériaux composés, réalisés à partir de carbone et, par ex., de carbure de silicium, unissent une résistance élevée à la température ainsi que le plus haut degré de résistance à la rupture par traction, à la compression et à l'usure. Ils servent à fabriquer par ex. des disques de freins à hautes performances (**fig. 2, p. précédente**).

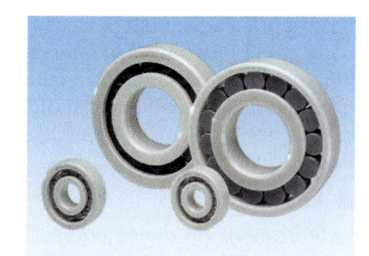

Fig. 4 : Palier à roulement au nitrure de silicium Si3N4

## ■ Revêtements en céramique
Ces revêtements sont utilisés lorsqu'il convient de créer des pièces ayant une grande résistance et ténacité tout en possédant des propriétés différentes en surface : dureté et résistance élevée à la compression, résistance à l'usure et aux produits chimiques, et bonne isolation électrique. Les couches appliquées sont souvent une combinaison d'oxyde d'aluminium et d'oxyde de titane. Elles sont appliquées par projection au plasma, par ex. sur les rouleaux, les guide-fils et les cylindres (**fig. 5**).

Fig. 5 : Composants d'acier revêtus de céramique

---

**Répétition et approfondissement**
1. Quelles sont les caractéristiques particulières des matériaux en céramique ?
2. A quelle fin utilise-t-on de l'oxyde d'aluminium fritté ?
3. Pourquoi revêt-on des composants en acier avec une couche de céramique ?

## 5.8 Traitements thermiques des aciers

Les traitements thermiques permettent de modifier de manière souhaitée les propriétés des aciers et des fontes. La dureté, la résistance mécanique et la ductilité peuvent être améliorées. Les propriétés sont modifiées car les traitements thermiques modifient la structure.

### 5.8.1 Types de structures des matériaux ferreux

Le processus de fabrication des matériaux ferreux leur donne une certaine teneur en carbone. Cette teneur en carbone peut être à l'origine de perturbations, car si elle est très importante, elle fragilise le fer. Par ailleurs, une certaine teneur en carbone est la condition de nombreuses améliorations de propriétés apportées par traitement thermique.

Les propriétes changent car la **structure** change.

Si l'on analyse la structure (p. 343) du fer solidifié avec un refroidissement lent, on constate qu'il a des types de structure différentes en fonction de la teneur en carbone (**fig. 1**).

Le **fer techniquement pur** est constitué par une structure à grains arrondis. On nomme cette structure **ferrite** ou **fer** $\alpha$ (fig. 1a). Ce matériau est relativement mou, aisément usinable et magnétisable.

> Le fer contenant de 0,1 % à environ 2 % de carbone est dénommé **acier**.

Le fer ne contient pas de carbone sous forme pure, mais sous forme de combinaison chimique, **le carbure de fer $Fe_3C$**. Cet élément constitutif de la structure est nommé **cémentite**. Il est dur et fragile.

Avec une faible teneur en carbone dans l'acier (de 0,1 % à 0,8 %) la cémentite se sépare sous forme de stries minces (cémentite lamellaires) qui « innervent » différents grains de ferrite (fig. 1b).

Dans **l'acier à 0,8 % de carbone** (acier eutectoïde), tous les grains de ferrite sont parcourus de **cémentite lamellaire**. En raison de son aspect nacré, cette structure est appelé la **perlite** (fig. 1c).

**Les aciers d'une teneur en carbone inférieure à 0,8 %** (acier hypo-eutectoïde) ont une structure qui contient des grains de ferrite et de perlite. On la désigne par **structure ferrite-perlite** (fig. 1b).

**Les aciers comportant plus de 0,8 % de carbone** (acier hyper-eutectoïde) contiennent du carbone en quantité telle qu'il se dépose encore de la cémentite aux limites des grains, en plus de la cémentite lamellaire présente dans les grains de perlite (**cémentite aux joints des grains**) (fig. 1d). Plus importante est la proportion de cémentite dans la structure, plus dur mais aussi plus fragile est l'acier.

> Le fer contenant 2,5 % à 3,7 % de carbone est de la fonte de fer.

En plus du carbone, la fonte de fer contient une proportion élevée de silicium. Il a pour effet que la grande majorité du carbone ne se lie pas chimiquement au fer pour former la cémentite $Fe_3C$, mais précipite en tant que carbone pur sous forme de lamelles de graphite.

En général, on trouve le type de précipitation suivant dans les pièces en fonte : la part supérieure à 0,8 % du carbone précipite sous forme de lamelles de graphite aux joints de grain, tandis que la proportion restante du carbone se cristallise sous forme de cémentite lamellaire. La structure du matériau en fonte de fer se compose donc d'une **masse primaire perlitique** ou **ferritique-perlitique** et de lamelles de graphite déposées **entre les grains** (fig. 1e).

*Teneur croissante en carbone*

a) **Fer techniquement pur**
Grains de ferrite
Limites de grain
Structure en ferrite

b) **Fer avec 0,5 % de carbone**
Grains de ferrite
Grains de perlite
Structure en ferrite-perlite

c) **Fer avec 0,8 % de carbone**
Grains de perlite (lamelles de ferrite et cémentite)
Structure en perlite

d) **Fer avec 1,6 % de carbone**
Grains de perlite
Cémentite aux joints de grain
Structure en perlite-cémentite

e) **Fer avec 3,5 % de carbone**
Lamelles de graphite
Grains de perlite
Lamelles de graphite dans une structure de base perlitique

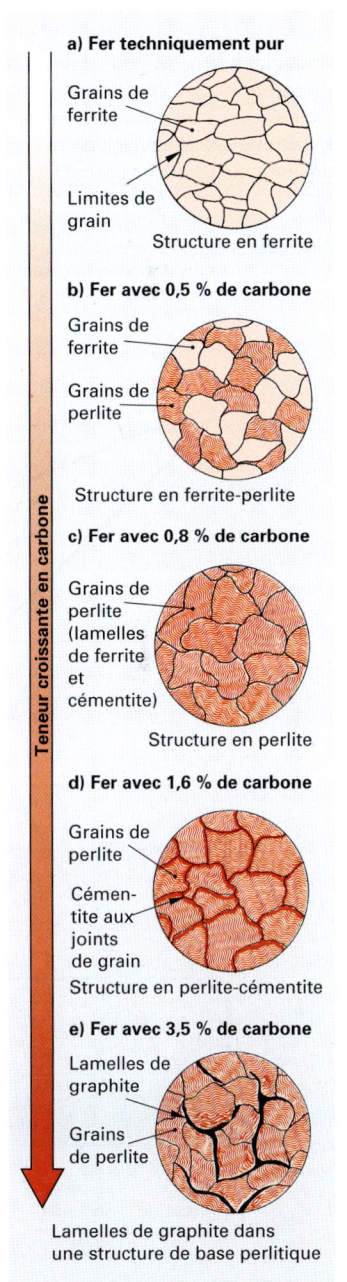

Fig. 1 : Types de structure de matériaux ferreux avec différentes teneurs en carbone

## 5.8.2 Diagramme de phases fer-carbone

A température ambiante et jusqu'à 723 °C les alliages ferreux comportent des structures qui diffèrent en fonction de leur teneur en carbone **(fig. 1, p. précédente)**. Si on les porte à une température supérieure à 723 °C, on obtient encore d'autres types de structure.

Un aperçu du type de texture que présente un alliage ferreux ayant une teneur en carbone déterminée à une température déterminée, est fourni par le **diagramme de phases fer-carbone (fig. 1)**.

Les lignes du graphique délimitent les plages des structures. C'est ainsi par ex. que la ligne P-S sépare la plage de la structure en ferrite-perlite de la plage de la structure en austénite-ferrite, ou que la ligne G-S sépare la plage de la structure en austénite-ferrite de la plage de la structure en austénite.

A température ambiante et jusqu'à 723 °C, les types de structures que l'on retrouve pour différents pourcentages de carbone, sont mentionnées dans le graphique juste au dessus de l'axe représentant la teneur en carbone.
**Exemples :** Le fer à 0,5 % de carbone est constitué d'une structure ferrite-perlite, le fer à 1,2 % de carbone a une structure perlitique avec de la cémentite aux joints des grains. Les deux plages de structure ont leur ligne de délimitation mutuelle pour 0,8 % de carbone. A cet endroit, on est en présence d'une structure en perlite pure.

■ Au-dessus ou en-dessous d'une ligne de limitation de structure, cette structure, se transforme.

**Exemple :** Lors du refroidissement d'une coulée d'acier contenant 0,8 % de carbone, des cristaux d'austénite commencent à se former dans la coulée à partir de 1480 °C. Au-dessous de 1380 °C le matériau est totalement solidifié et il se compose de cristaux d'austénite. Si on poursuit le refroidissement, la structure en austénite se transforme à 723 °C en perlite.

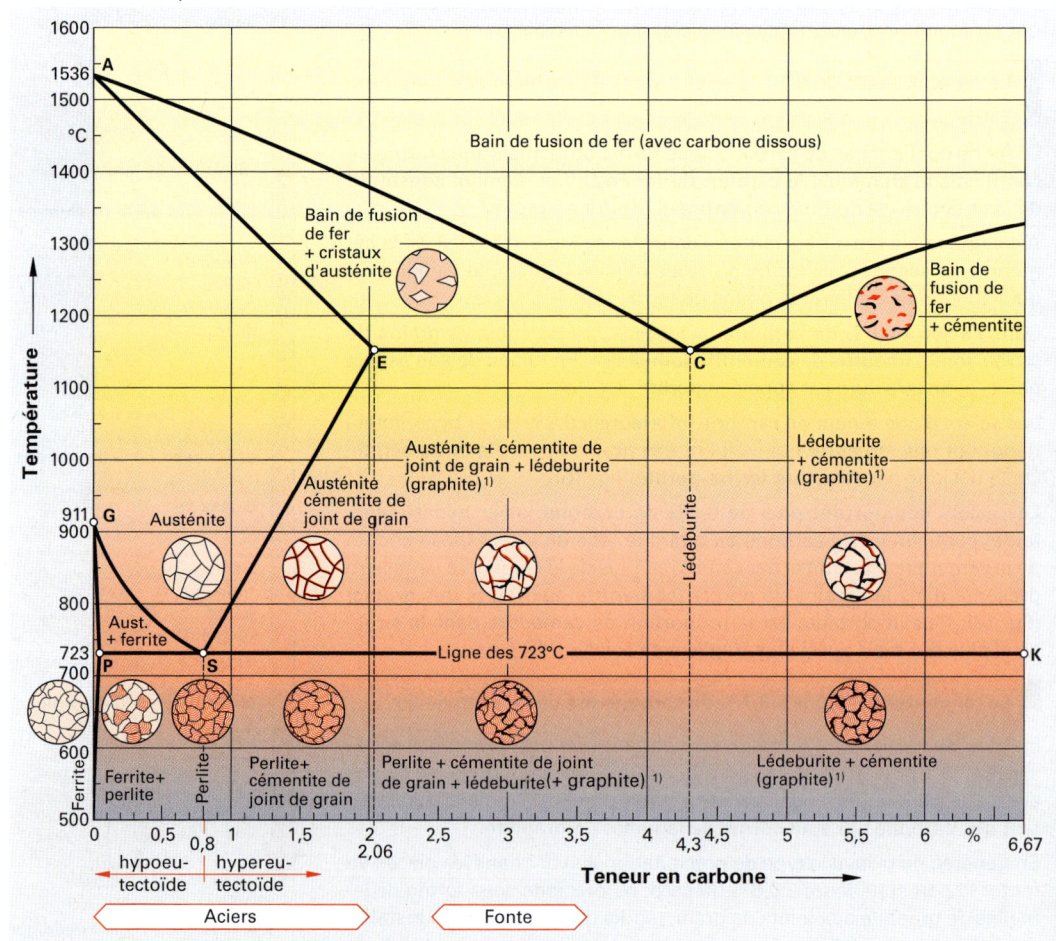

**Fig. 1 : Diagramme de phases fer-carbone simplifié**

[1] Avec des alliages de fer dont la teneur en carbone est supérieure à 2,06 % (fonte de fer) et qui ont une teneur élevée en Si, une partie du carbone précipite sous forme de graphite (fig. 1).

# Traitements thermiques des aciers

## 5.8.3 Structure en cas d'augmentation de la température

Le diagramme de phases fer-carbone revêt une importance particulière pour les aciers (**fig. 1**).

Leur teneur maximale en carbone atteint environ 2 %, les températures maximales de traitement thermique sont d'environ 1200 °C.

On soumet les aciers à un traitement thermique pour améliorer certaines caractéristiques. Des transformations multiples se déroulent alors à l'intérieur du matériau.

Si on porte du fer contenant du carbone (acier) à une température supérieure à 723 °C, la structure de ce matériau se transforme. Ces changements de structure sont causés par des modifications du réseau cristallin (**fig. 2**). L'échauffement à 723 °C agrandit et transforme le réseau de ferrite cubique centré (cc) en un réseau d'austénite cubique à faces centrées (cfc). Dans le centre du cube qui devient libre dans le réseau cfc, il se dépose un atome de carbone provenant de la cémentite lamellaire. Le carbone se met en solution dans la structure cfc qui est de ce fait homogène. On désigne la structure qui se forme du nom d'**austénite** ou de **fer γ**. L'austénite forme des grains anguleux, elle est tenace et facile à façonner et contrairement à la ferrite, elle n'est pas magnétisable.

Avec l'**acier à 0,8 % de carbone** (structure en perlite) cette transformation s'effectue complètement à 723 °C (point S dans la fig. 1).

Avec des **aciers contenant moins de 0,8 % de carbone,** la partie de perlite de la structure ferrite-perlite se transforme à 723 °C en austénite. La partie de ferrite restante se transforme progressivement en austénite dans la plage de température comprise entre la ligne P-S et la ligne G-S. Au-dessus de la ligne G-S, la structure est totalement transformée en austénite.

Avec des **aciers contenant plus de 0,8 % de carbone,** lorsqu'on franchit la ligne S-K, la perlite de la structure perlite-cémentite se transforme en austénite. Au fur et à mesure que la température augmente entre les lignes S-K et S-E, la cémentite aux joints des grains se dissout progressivement dans l'austénite déjà présente. Au-dessus de la ligne S-E, la structure se compose exclusivement d'austénite.

Les procédures déjà décrites qui se déroulent lors de la montée en température de l'acier se déroulent de façon inverse en cas de **refroidissement lent**. A 723 °C, l'austénite se retransforme en perlite, le réseau d'austénite cubique à faces centrées se change à nouveau en réseau de ferrite cubique centré.

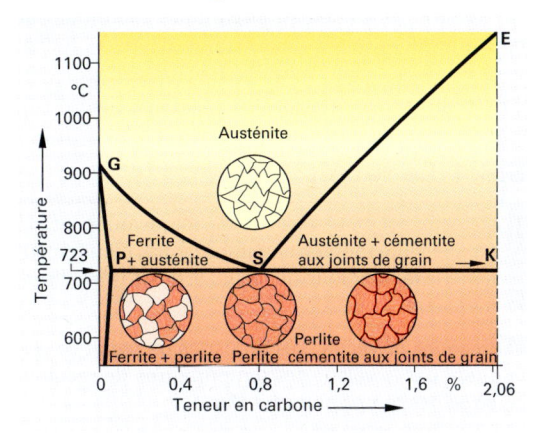

Fig. 1: Zone d'acier du diagramme d'état Fe-C

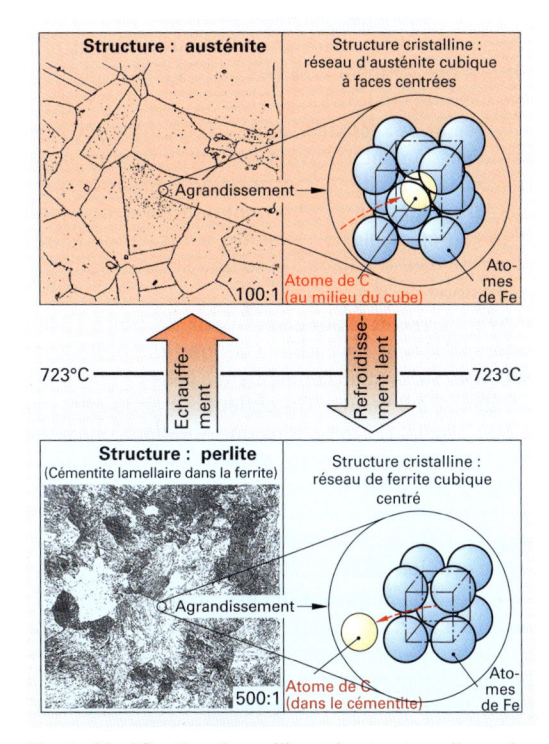

Fig. 2: Modification de maille et de structure d'un acier à 0,8 % de carbone à 723 °C

### Répétition et approfondissement

1. Quelles sont les structures du fer avec 0,8 % de carbone à des températures supérieures ou inférieures à 723 °C ?
2. Quels éléments de structure sont contenus dans le fonte ?
3. Quelles informations peut-on obtenir à partir du diagramme de phases fer-carbone ?
4. Quelles structures peut-on trouver dans un acier avec 0,4 % C ?
5. Comment évolue la structure de l'acier avec 1 % de carbone lorsqu'il est chauffé de 20 °C à 1000 °C ?
6. Quelle est la forme de la réseau cristallin de l'acier respectivement en dessous de 723 °C et au-dessus de 723 °C ?

## Aperçu des types de traitement thermique

On désigne par traitement thermique une modification permanente de la structure et des propriétés mécaniques provoquée par l'action de la chaleur. On distingue les procédés de traitement thermique suivants :

| Recuit | Trempe | Amélioration par trempe et revenu | Trempe superficielle | Trempe après cémentation | Durcissement par nitruration | Carbonitruration |
|---|---|---|---|---|---|---|

### 5.8.4 Le recuit

Le recuit est un traitement thermique qui consiste en une lente montée en température, en un maintien à la température de recuit, et en un refroidissement lent.

■ **Procédés de recuit.** Les procédés de recuit se distinguent par la valeur des températures de recuit et la durée des temps de recuit (**fig. 1**).

• Le **recuit de détente** permet de réduire les tensions au sein de la pièce. Les tensions internes peuvent résulter du laminage, forgeage, soudage, usinage important ou solidification lors de la coulée. On recuit la pièce à des températures de 550 °C à 650 °C pendant 4 à 10 heures (fig. 1).

• Le **recuit de recristallisation** (recuit intermédiaire) est utilisé lorsque l'on veut réduire la fragilité et redonner la capacité de déformation à un acier qui a été écroui lors d'une déformation à froid. Un recuit d'une durée de plusieurs heures à des températures allant de 550° C à 650° C crée une structure entièrement nouvelle (**fig. 2**).

• Avec le **recuit d'adoucissement** on porte l'acier selon sa teneur en carbone à une température de 680 °C à 750 °C, et on le maintient à cette température pendant 2 à 3 heures. On obtient le même effet par recuit oscillant, c'est-à-dire en modifiant plusieurs fois la température autour de la ligne PSK (fig.1). Le recuit d'adoucissement provoque la transformation de la cémentite à stries en cémentite globulaire (**fig. 3**). Cela rend le matériau plus facilement usinable et déformable.

• Le **recuit de normalisation** est utilisé lorsqu'on doit réparer une structure qui manque d'uniformité ou se compose de grains grossiers. Il s'effectue à des températures légèrement supérieures à la ligne GSK (fig.1). Il se produit alors une structure cristalline entièrement nouvelle. Il se forme une structure uniforme et finement granulée (**fig. 4**). On appelle également ce processus **le réaffinage**.

• Par **homogénéisation**, on entend un recuit de longue durée à des températures de 1050 °C à 1250 °C. Il sert à compenser les différences de concentration survenues lors de la coulée dans les pièces de fonderie (ségrégation).

■ **Défauts dus au recuit.** Le non-respect des températures et durées de recuit provoque des transformations de structure indésirables. Une température de recuit prolongée et largement dépassée produit un grossissement du grain, voir une destruction du matériau.

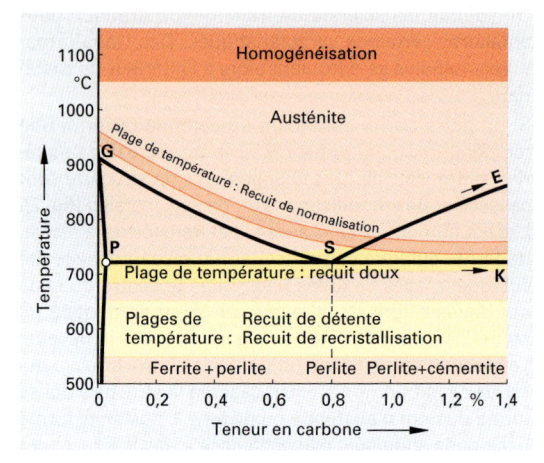

Fig. 1 : Températures de recuit des aciers non alliés, inscrites dans le diagramme d'état Fe-C

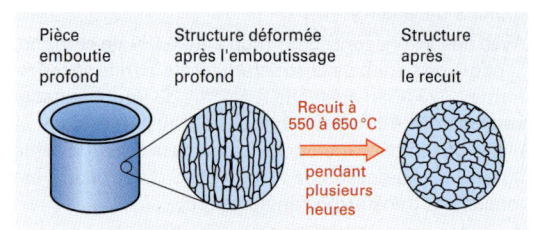

Fig. 2 : Recuit de recristallisation

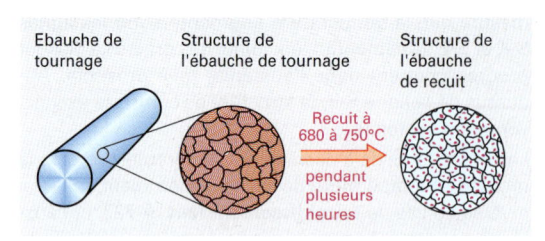

Fig. 3 : Recuit doux ou de globularisation

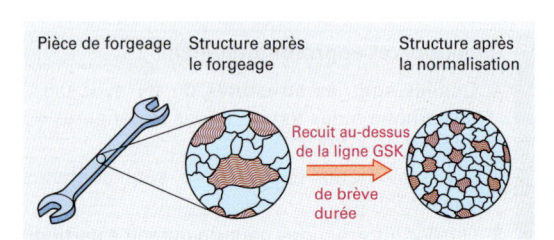

Fig. 4 : Recuit de normalisation (réaffinage)

# Traitements thermiques des aciers

## 5.8.5 Trempe

La trempe se compose de plusieurs cycles de travail (**fig. 1**). Premièrement, on porte le matériau à la température de **trempe**, après quoi on le maintient à la température de trempe (austénitisation). Ensuite, on le **refroidit brusquement**, c'est-à-dire qu'on le plonge dans l'eau ou dans l'huile. Cette opération rend l'acier très dur, mais également fragile et exposé à la rupture. Pour cette raison, on fait ensuite **revenir** le matériau, ce qui veut dire qu'on le chauffe à la température permettant de réduire certaines tensions. On laisse ensuite le matériau refroidir à l'air. L'acier acquiert alors ses caractéristiques d'utilisation.

> La trempe est un traitement thermique qui durcit l'acier et le rend résistant à l'usure.

On trempe principalement les outils et les composants sollicités par l'usure (**fig. 2**).

### ■ Cycles internes de trempe

- Lors de **l'échauffement** de l'acier au-dessus de la ligne GSK du diagramme de phases Fe-C, le réseau de ferrite cubique centré se transforme en réseau d'austénite cubique à faces centrées (**fig. 2, p. 373**). La place qui se libère au centre de la maille est occupée par un atome de carbone, qui provient de la cémentite (= $Fe_3C$) on appelle cette étape austénitisation. La micrographie rend visible cette conversion sous forme de structure en austénite.

- **Refroidissement lent.** Si on refroidit lentement l'acier austénitisé, on annule la transformation. Il se reforme un réseau cristallin cubique centré (fig. 2, p. 373). L'atome de carbone migre hors du centre du cube et se lie avec les atomes de fer pour former la cémentite ($Fe_3C$), qui précipite sous forme de fines lamelles. Il se forme une structure perlitique, telle qu'elle existait avant la montée en température.

- **Refroidissement brusque.** Si toutefois on refroidit l'acier austénitisé très rapidement, le réseau d'austénite cubique à faces centrées, lorsqu'on descend au-dessous de la ligne GSK, se change alors brusquement en réseau de ferrite cubique centré (**fig. 3**, partie droite de la figure). L'atome de carbone présent au centre du cristal n'a pas le temps de sortir du réseau et reformer la cémentite. L'atome de carbone reste emprisonné au centre de la structure CC. Cela provoque une forte distorsion du réseau cristallin. Il se forme une structure finement aciculaire qu'on nomme la **martensite**. Elle est très dure, mais fragile.

La martensite ne se forme que si on fait refroidir la pièce suffisamment vite, et si l'acier comporte une teneur en carbone suffisante.

> Seuls les aciers dont la teneur en carbone est supérieure à 0,2 % conviennent pour trempe.

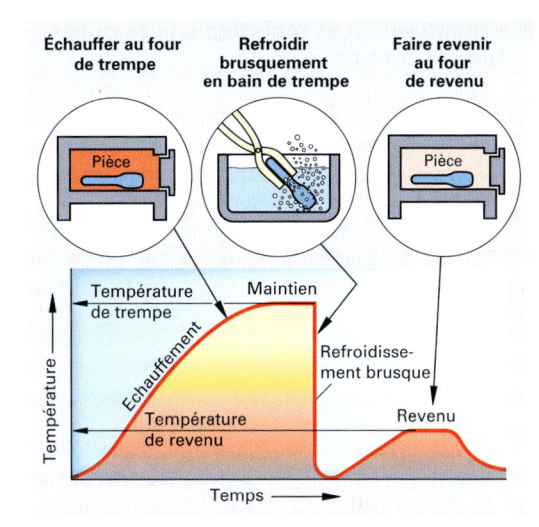

Fig. 1: Courbe de température lors de la trempe

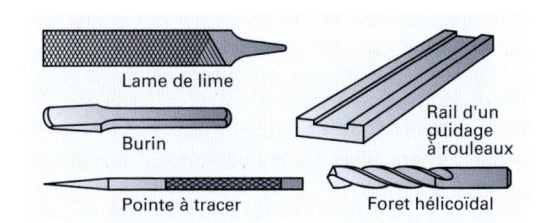

Fig. 2: Pièces trempées

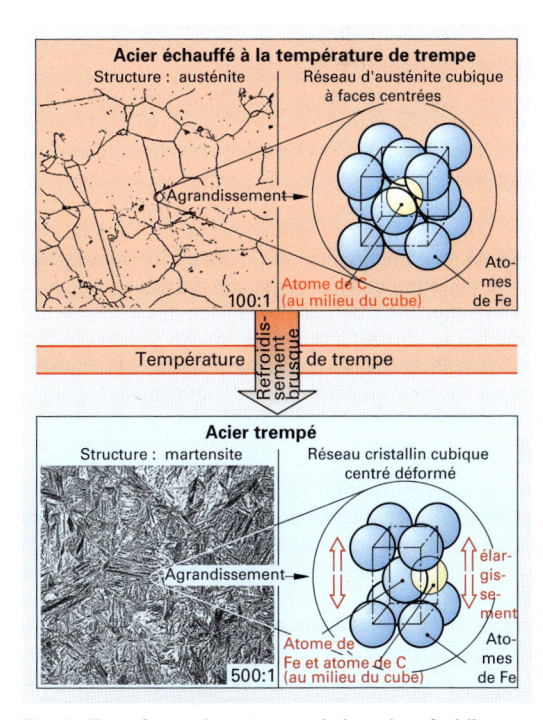

Fig. 3: Transformation structurale lors du refroidissement brusque

## ■ Echauffement et maintien à la température de trempe

Les pièces sont portées à la température de trempe sur toute leur section transversale par introduction dans un four à trempe (**fig. 1**) préchauffé (réchauffage à cœur), et elles sont maintenues à la température de trempe pendant un temps déterminé.

Avec les **aciers non alliés,** la température d'austénitisation dépend de la teneur en carbone, et elle peut être déterminée dans le diagramme de phases fer-carbone (**fig. 2**). Elle doit être supérieure de 40 °C à la ligne GSK. Cela permet de garantir une austénitisation complète tout en réduisant les risques de surchauffe.

Une température d'austénitisation trop faible fait apparaître dans la pièce des zones non trempées (formation de points doux). Une température d'austénitisation trop élevée entraîne une structure martensitique grossière accompagnée d'un haut degré de fragilité.

Les aciers non alliés contenant plus de 0,8 % de carbone sont de préférence soumis à un recuit doux avant la trempe, de manière à se composer d'une structure de fond ferritique à petits globules de cémentite (**fig. 3, p. 374**). Lors de la trempe, on obtient alors une structure de fond martensitique finement aciculée dans laquelle se sont déposés des grains de cémentite.

Avec les **aciers alliés,** les températures d'austénitisation sont généralement plus élevées qu'avec les aciers non alliés, et les durées de maintien sont plus longues. Elles figurent dans les feuilles de normes des matériaux, et on peut aussi les consulter dans les prescriptions de traitement thermique des fabricants d'acier.

## ■ Refroidissement brusque

Le refroidissement rapide de la pièce usinée portée à la température de trempe s'obtient en plongeant la pièce dans l'eau ou l'huile, ou bien en la plongeant dans des émulsions, ou en soufflant de l'air sur la pièce. Lors du refroidissement brusque, le maintien de la pièce pendant son immersion, et son mouvement dans le liquide de trempe sont importants, afin d'obtenir un refroidissement uniforme et éviter ainsi la déformation due à la trempe (**fig. 2**). Le décollement rapide des bulles de vapeur qui se forment à la surface chaude de la pièce doit être garanti. Les bulles de vapeur persistantes ont un effet calorifuge et empêchent le refroidissement uniforme de la pièce.

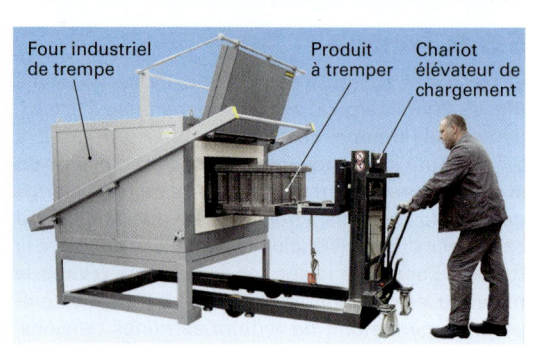

**Fig. 1: Chargement d'un four industriel de trempe**

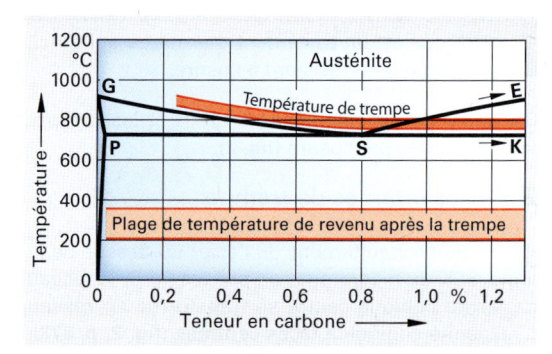

**Fig. 2: Températures de trempe et de revenu des aciers non alliés dans le diagramme de phases Fe-C**

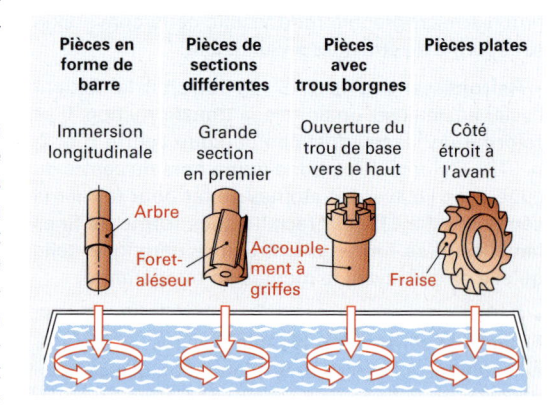

**Fig. 3: Immersion correcte lors de la trempe**

## ■ Revenu

Après avoir été trempé, l'acier est très dur et très fragile. En raison de la dureté et de la fragilité de la martensite, sa structure est affectée de tensions internes qui peuvent provoquer une déformation due à la trempe, des tapures de trempe et, en cas de sollicitation, la rupture de fragilité. Pour réduire cette fragilisation, les pièces sorties de trempe sont portées à la température de revenu, maintenues un certain temps à cette température, puis refroidies lentement. On fait revenir les aciers non alliés et faiblement alliés à des températures de 200 °C à 350 °C (fig. 2), et les aciers fortement alliés à des températures de 500 °C à 700 °C. Le revenu permet de réduire la fragilité de l'acier, et d'obtenir une certaine mesure de ténacité. Le revenu n'occasionne qu'une faible baisse de la dureté.

Lors du revenu, il se forme sur les surfaces nues de la pièce des **colorations dues au revenu.** On peut s'en servir pour estimer la température de revenu. Pour que les colorations du revenu soient bien visibles, les pièces à revenir doivent être libérées de la calamine par meulage à un endroit donné.

# Traitements thermiques des aciers

## ■ Liquides de refroidissement brusque

La vitesse du refroidissement se règle en utilisant divers liquides de trempe (fig. 1).

- **L'eau** a le plus puissant effet de trempe. L'eau permet de tremper les aciers non alliés comme par ex. le C60U, car pour être trempés, ces aciers nécessitent un refroidissement brusque.
- **Les huiles** ont un effet de trempe plus modéré que l'eau. Le danger de déformation et de tapure est sensiblement plus faible. On trempe dans l'huile les aciers alliés, comme par ex. le 50CrMo4.
- **Les émulsions d'eau et d'huile** ou les **émulsions d'eau et de polymère** se situent entre l'eau et l'huile par leur effet de refroidissement brusque.
- **Les bains de trempe pour trempe étagée** se composent de sel fondu à une température de 200°C à 500°C. Les pièces y subissent une trempe étagée, en y étant maintenues pendant 5 à 15 minutes, après quoi elles sont refroidies à l'air.
- **L'air en mouvement** a l'effet de trempe le plus doux. On l'utilise pour le refroidissement des aciers fortement alliés, par ex. le HS6-5-2-5.

## ■ Profondeur de trempe

Lors de la trempe, la chaleur présente dans le couche de surface de la pièce est évacuée plus rapidement qu'à l'intérieur de la pièce. La vitesse de refroidissement est donc maximale sur la couche de surface, et elle diminue quand on va vers l'intérieur de la pièce. Avec l'acier d'amélioration non allié, les différences de vitesse de refroidissement font que la martensite se forme uniquement sur la couche de surface, tandis qu'il se forme de la perlite à l'intérieur de la pièce (fig. 2).

Les aciers non alliés n'ont donc qu'une couche de surface trempée d'une profondeur de 5 mm, l'intérieur de la pièce n'étant pas trempé. Ils ne sont donc pas trempés à cœur. Pour une série d'applications, la profondeur de trempe souhaitée est faible, par ex. dans le cas des roues dentées. Dans d'autres cas, c'est d'une trempe à cœur qu'on a besoin, par ex. pour les paliers à roulement. La grande majorité des aciers alliés trempent à cœur.

## ■ Déformation due à la trempe et tapures de trempe

Les pièces trempées présentent des modifications de cotes et de forme, dites «déformation de trempe» (fig. 3). Si la trempe est particulièrement brusque, il peut également se former des tapures de trempe.

Les déformations de trempe et les tapures de trempe se produisent en deux phases (fig. 4):

lors de la plongée dans le liquide de trempe, l'extérieur refroidit très rapidement, ce qui provoque sa contraction (phase 1). Le noyau, encore chaud, a toujours ses dimensions initiales et empêche la zone des parois de se contracter. Il se produit des gauchissements, une déformation ou des tapures en périphérie. Par la suite, le noyau refroidit lui aussi, et il va se contracter (phase 2). Ce faisant, il est gêné par la zone des parois, qui est rigide. Il se produit des gauchissements, une déformation et des tapures entre le noyau et la zone des parois. Par ailleurs, la formation de martensite peut occasionner d'autres tapures, car le volume de la martensite est supérieur de 1% à celui de la ferrite.

> **Une trempe à faibles déformations et exempte de tapures** s'obtient de la manière suivante:
> - utilisation d'un liquide de trempe doux.
> - trempe différée martensitique: la pièce est brièvement trempée dans l'eau, puis extraite du liquide et refroidie dans un bain d'huile.
> - trempe étagée: la pièce est trempée dans un bain de sel, par ex. à 450°C, puis refroidie à l'air.

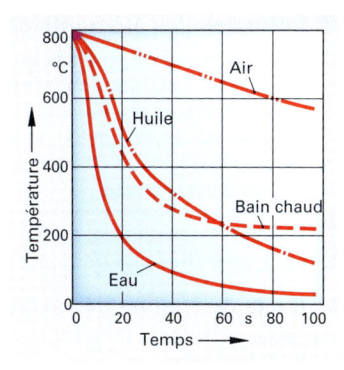

**Fig. 1:** Courbes de refroidissement pour différents liquides de trempe

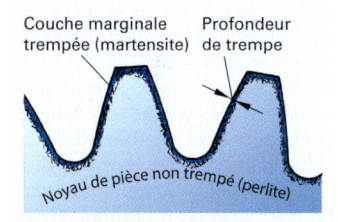

**Fig. 2:** Coupe transversale d'une roue dentée en acier trempé non allié

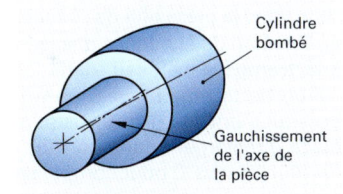

**Fig. 3:** Déformation due à la trempe

**1ère phase:** le noyau chaud de la pièce empêche la contraction du bord

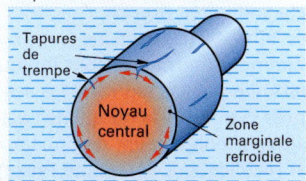

**2ème phase:** le bord marginal rigide empêche la contraction du noyau

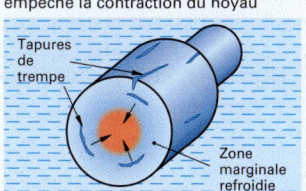

**Fig. 4:** Création d'une déformation de trempe et de tapures de trempe

# Traitements thermiques des aciers

## ■ Influence des éléments d'alliage

De nombreux éléments d'alliage, comme par ex. le chrome, le tungstène, le manganèse et le nickel, font baisser la **vitesse critique de refroidissement** qui sert à former de la martensite, ce qui veut dire qu'il se forme une structure dure même si le refroidissement est lent. Les aciers alliés ne doivent donc pas être trempés dans l'eau, qui est un liquide de trempe à effet brusque, mais uniquement dans l'huile, dans des émulsions, ou dans un bain chaud de trempe étagée. Avec les aciers fortement alliés, le refroidissement à l'air suffit à la formation de martensite.

> Les aciers non alliés et faiblement alliés sont trempés à l'eau ou à l'huile, les aciers fortement alliés sont trempés à l'huile ou trempent à l'air.

## ■ Cycle de trempe des aciers à outils

Les aciers à outils acquièrent leur dureté, leur résistance à l'usure et une ténacité suffisante grâce au caractère approprié de leur traitement thermique.

Le fabricant d'aciers à outils livre généralement ceux-ci à l'état de recuit doux (p. 283).

Le traitement thermique se compose de plusieurs cycles de travail **(fig. 1)**.

A l'issue du préusinage (sciage, forgeage, dégrossissage, etc.), les pièces sont soumises à un recuit léger de détente à des températures de 600°C à 650°C **dans le but d'évacuer les tensions dues au préusinage**. On procède ensuite à la finition, par ex. par rectification. Pour le cycle du **traitement thermique** il faut ensuite respecter scrupuleusement les prescriptions du fabricant de l'acier, la température de trempe doit être atteinte en faisant 1 ou plusieurs paliers, dans le but d'avoir une température aussi homogène que possible dans la pièce afin de réduire les tensions.

En fonction de la nuance d'acier, on procède ensuite à **la trempe** dans l'eau, dans l'huile, dans un bain chaud de trempe étagée, ou à l'air. Si on refroidit brusquement les pièces jusqu'à env. 80°C, on les place directement dans un four à une température de 100°C à 150°C pour compenser la température.

Après la trempe et la compensation, on doit immédiatement procéder au **revenu**, pour éviter les fissures dues à la tension. La température de revenu appropriée figure dans diagramme de revenu de l'acier concerné, et elle est fonction de la dureté finale souhaitée **(fig. 2)**.

Les températures et les temps à respecter lors du traitement thermique sont indiqués sur une **fiche de matériau** par les fabricants d'acier.

Après la trempe, la dureté de l'acier est telle que l'usinage par enlèvement de copeaux n'est possible que par rectification. Pour cette raison, les pièces doivent avoir avant la trempe une surépaisseur pour permettre d'éliminer par rectification les modifications de forme provenant de la déformation due à la trempe.

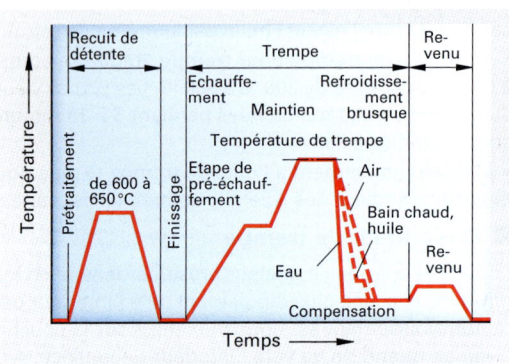

**Fig. 1:** Diagramme séquentiel de température-temps pour le traitement thermique d'aciers à outils

**Tableau 1: Températures de traitement thermique en °C**

| Acier | Recuit doux | Trempe | Milieu de refroidissement brusque |
|---|---|---|---|
| C80 W1 | 680…710 | 780…820 | eau |
| 60WCrV7 | 710…750 | 870…900 | huile |
| X155CrVMo12-1 | 780…820 | 1020…1050 | huile/air |
| HS6-5-2 | 770…840 | 1190…1230 | air/huile |

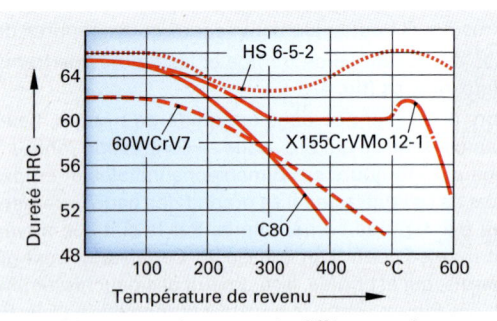

**Fig. 2:** Diagramme du revenu de différents aciers

---

### Répétition et approfondissement

1. Quels sont les procédés de recuit disponibles?
2. Comment supprime-t-on une structure à gros grains?
3. De quelles phases de travail est constituée le cycle de trempe?
4. Quelle structure est créée suite au refroidissement brusque dans le cycle de trempe?
5. Comment détermine-t-on la température de trempe des aciers non alliés?
6. Quels milieux de trempe sont utilisés?
7. Comment se produit la déformation suite à la trempe dans une pièce cylindrique?

# Traitements thermiques des aciers

## 5.8.6 Amélioration

Les composants qui sont soumis à des sollicitations plus importantes et plus brutales doivent posséder une résistance élevée et une grande ténacité. On obtient ces propriétés avec les aciers d'amélioration, ils sont soumis à un traitement thermique consistant en une trempe suivie d'un revenu à des températures comprises entre 500 °C et 700 °C. Ce traitement thermique est dénommé **amélioration**.

L'amélioration s'utilise par ex. pour les arbres des réducteurs et des vilebrequins, les vis, les leviers, les axes, les éléments de tringlerie (**fig. 1**).

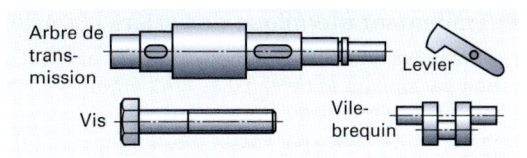

**Fig. 1 : Composant en acier amélioré**

> Le traitement d'amélioration permet d'obtenir des composants dotés d'une résistance plus élevée et d'une plus grande ténacité.

Les températures de revenu utilisées lors de l'amélioration, qui vont de 500 °C à 700 °C, sont nettement plus élevées que pour le revenu qui fait suite à la trempe (**fig. 2**).

L'amélioration peut s'appliquer aux aciers non alliés et alliés. Les aciers d'amélioration non alliés contiennent de 0,2 % à 0,6 % de carbone, les aciers d'amélioration alliés contiennent par ailleurs de faibles proportions de chrome, de molybdène, du nickel ou de manganèse.

Quelques aciers d'amélioration non alliés : C35, C45E, C60E. Quelques aciers d'amélioration alliés : 28Mn6, 42CrMo4.

L'amélioration permet d'atteindre des limites élastiques d'étirage Re de 500 N/mm² pour les aciers non alliés, et de 850 N/mm² pour les aciers alliés.

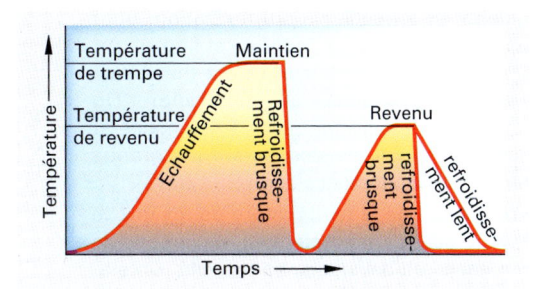

**Fig. 2 : Evolution de la température lors de l'amélioration**

### ■ Représentation graphique de l'amélioration

Après la trempe, l'acier est très dur et extrêmement résistant, mais il est également fragile et sujet à la rupture. Le revenu amène une réduction de la dureté, de la résistance à la rupture par traction, et de la limite élastique. La ténacité, la résilience et l'allongement à la rupture augmentent. Sur le diagramme de revenu (**fig. 3**) nous pouvons lire les valeurs des propriétés mécaniques en fonction de la température de revenu.

**Exemple :** L'acier d'amélioration **C45E** parvient avec un revenu à 550 °C aux propriétés mécaniques suivantes : résistance à la rupture par traction $R_m$ = 730 N/mm², limite élastique $R_e$ = 390 N/mm², allongement à la rupture A = 16 %.

### ■ Modifications de structure dans le cycle de trempe

Après le refroidissement brusque, on se trouve en présence de martensite aciculaire (**fig. 4**), structure dure et fragile ①. Un revenu à 400 °C permet la désagrégation d'une partie de la martensite en fines aiguilles de ferrite et de cémentite, qui précipitent dans la martensite restante ②. Au fur et à mesure que la température de revenu augmente, la désagrégation de la martensite progresse. Avec un revenu à 550 °C, elle se désagrège entièrement pour donner des aiguilles de ferrite et de cémentite ③. Avec un revenu à 700 °C, les aiguilles de cémentite finissent par s'agglomérer pour donner des grains de cémentite ④.

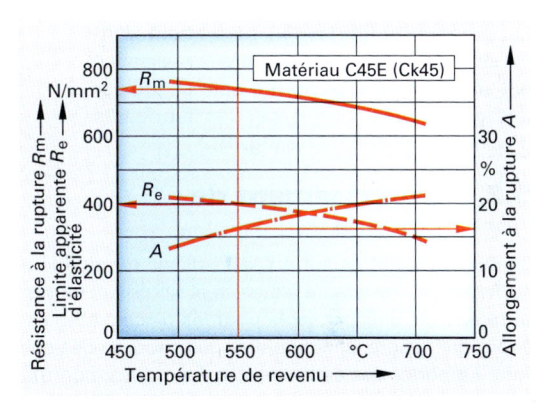

**Fig. 3 : Diagramme de revenu de l'acier C45E**

① Structure de trempe après le refroidissement brusque : martensite à aiguilles grossières, 60 HRC

② Structure de revenu 400 °C 1 h, 41 HRC, martensite, ferrite, aiguilles de cémentite

③ Structure de revenu 550 °C 1 h, 23 HRC, ferrite, aiguilles de cémentite

④ Structure de revenu 700 °C 1 h, 14 HRC, cémentite granuleuse

**Fig. 4 : Structure après la trempe et le revenu**

## ■ Traitement thermique des aciers d'amélioration

Les procédés de traitement thermique des aciers d'amélioration sont **les traitements par recuit et l'amélioration par trempe et revenu**. Les températures auxquelles s'effectuent les divers traitements thermiques figurent dans des tableaux **(tableau 1)**.

Comme **traitements par recuit**, on emploie selon les besoins le recuit doux, pour transformer la cémentite à stries en cémentite globulaire, et le recuit de normalisation, pour obtenir une structure uniforme et fine.

**L'amélioration** est le traitement thermique standard des aciers d'amélioration. On cherche à obtenir une pièce à résistance et limite élastique élevées, ainsi qu'à grande ténacité (allongement à la rupture élevé).

En fonction de la température de revenu, le revenu peut permettre obtenir davantage de résistance ou davantage de ténacité. On établit pour cette raison une distinction entre les aciers **à dureté améliorée et les aciers à ténacité améliorée**.

La température de revenu permettant d'atteindre le rapport souhaité entre la résistance et l'allongement à la rupture peut se lire sur des graphiques fournis par les fabricants d'acier pour chaque acier **(fig. 1)**.

**Tableau 1: Températures de traitement thermique de certains aciers d'amélioration en °C**

| Acier | Recouit doux | Recouit de normalisation | Trempe et revenu | |
|---|---|---|---|---|
| | | | Trempe[1]) | Revenu pour amélioration |
| C35E | 650...700 | 860...900 | 840...880 | 550...660 |
| 34Cr4 | 680...720 | 850...890 | 830...870 | 540...680 |
| 34CrMo4 | 680...720 | 850...890 | 830...870 | 540...680 |

[1]) La valeur inférieure s'applique à la trempe dans l'eau, la valeur supérieure à la trempe dans l'huile.

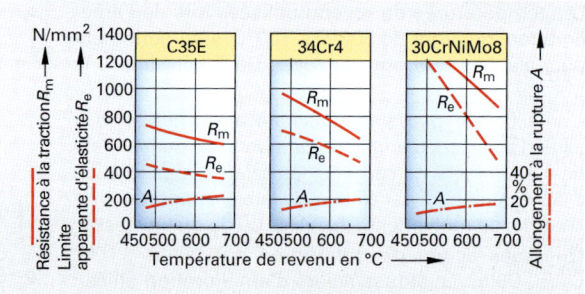

**Fig. 1: Diagramme de revenu de différents aciers**

## 5.8.7 Durcissement de surface

Le durcissement de surface est utilisée lorsque la pièce nécessite une surface dure, résistante à l'usure et un noyau extrêmement résistant et tenace. C'est indispensable pour les pièces dont les surfaces sont sollicitées par l'usure, et auxquelles des chocs et des sollicitations variables font supporter des contraintes mécaniques, comme par ex. les arbres, les axes, les roues dentées et les glissières **(fig. 2)**.
Il existe plusieurs procédés de durcissement de surface.

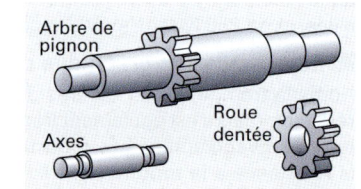

**Fig. 2: Composants ayant une surface trempée et un noyau tenace**

### ■ Trempe superficielle

Avec la trempe superficielle, on chauffe rapidement une couche extérieure mince de la pièce en acier trempable, en y amenant une chaleur puissante, et on la trempe en la soumettant à un fort refroidissement.

Les zones de la pièce situées plus en profondeur ne sont pas portées à la température de trempe pendant le bref temps de chauffe, et elles restent donc non trempées. Des aciers spéciaux non alliés et alliés conviennent à la trempe superficielle, par ex. le C45E (Ck 45) ou le 42CrMo4.

L'échauffement de la surface s'effectue selon divers procédés :

Avec la **trempe par induction,** la chaleur est produite par des courants de Foucault circulant dans la couche de surface de la pièce. Les courants de Foucault sont provoqués par une bobine de self que parcourt le courant alternatif à haute fréquence **(fig. 3)**. On fait passer la pièce par la bobine de self à vitesse constante; la pièce n'est portée à la température d'austénitisation que dans sa couche de surface, et elle est refroidie brusquement par arrosage. La profondeur de trempe peut être réglée par la vitesse de défilement et par la fréquence du courant électrique. Les composants symétriques obtenus par tournage conviennent particulièrement pour la trempe à induction.

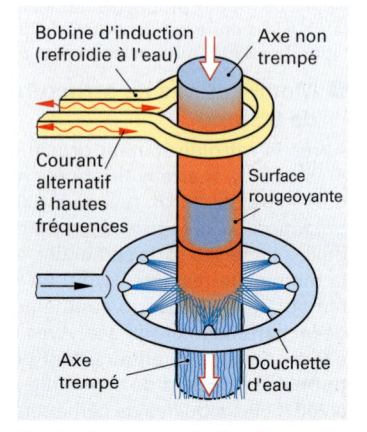

**Fig. 3: Trempe par induction**

# Traitements thermiques des aciers

**La trempe au laser** s'utilise pour tremper les couches de surface de petites zones d'un composant, comme par ex. l'ergot et le tourillon d'un arbre. Un rayon laser porte ces zones à la température de trempe, et leur refroidissement brusque s'effectue immédiatement après par arrosage à l'eau.

Avec la trempe à la flamme, la couche de surface est rapidement portée à la température de trempe par des flammes puissantes dégagées par des brûleurs, et son refroidissement brusque s'effectue par arrosage à l'eau **(fig. 1)**. Pour ce faire, on fait passer lentement les flammes chauffantes et les arrosages d'eau disposés les uns derrière les autres. La profondeur de la couche de surface trempée peut se régler au moyen de la vitesse d'avance du brûleur. La forme du brûleur et du dispositif d'arrosage sont adaptés à la forme de la pièce.

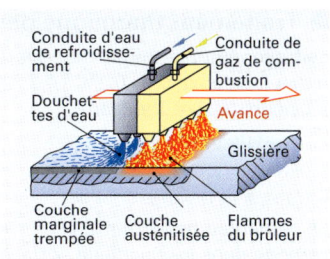

Fig. 1: Trempe à la flamme d'une glissière

## ■ Cémentation

Avec la cémentation, la couche superficielle d'un acier à faible teneur en carbone est enrichie au carbone (cémentée), puis trempée **(fig. 2)**. On obtient ainsi une pièce dotée d'une couche de surface trempée et riche en carbone, et un noyau de pièce à faible teneur en carbone, non trempé, et tenace.

### Cémentation

Pour la cémentation au carbone, on emploie des aciers à 0,1 % à 0,2 % de carbone, comme par ex. le C10E. La faible teneur en carbone rend ces aciers impossibles à tremper intrinsèquement. L'enrichissement au carbone, nommé **cémentation,** s'effectue par l'échauffement des pièces dans des milieux de cémentation qui dégagent du carbone, effectué pendant plusieurs heures à des températures de 880 °C à 980 °C. Le carbone pénètre alors dans la couche superficielle qui peut être trempée. La teneur en carbone dans la couche de surface dépend du milieu de cémentation, de la profondeur de cémentation, de la température et de la durée du traitement. On utilise comme cément des substances solides, liquides et gazeuses.

La **cémentation solide** (cémentation par poudre) s'effectue en empaquetant la pièce dans un coffret rempli d'un granulé à base de coke et de charbon de bois (fig. 2) qu'on glisse dans un four. A la température d'austénitisation il se forme à partir du granulé et de l'air les gaz CO et $CO_2$. Ces gaz pénètrent dans la couche de surface, où ils constituent avec le fer de la pièce du carbure de cémentation $Fe_3C$. L'épaisseur de la couche cémentée peut atteindre 1 mm.

Pour la **cémentation liquide**, on plonge les pièces dans du sel en fusion qui dégage du carbone (sels cyanogènes), et on les y maintient (fig. 2). Les sels de cyanure en fusion sont fortement toxiques. Le travail doit être effectué conformément aux directives de la caisse de prévoyance professionnelle contre les accidents du travail (p.ex. la SUVA en Suisse) et l'ordonnance sur les toxiques. Les résidus de sels cyanogènes et l'eau de lavage contenant du cyanure doivent être éliminés dans les règles.

Avec **la cémentation en milieu gazeux,** les pièces sont introduites dans un four étanche aux gaz (fig. 2), qui est parcouru par le gaz qui dégage du carbone. On utilise comme gaz de cémentation divers mélanges gazeux dont les éléments constitutifs essentiels sont le monoxyde de carbone CO et l'hydrogène $H_2$. Ces gaz étant toxiques et explosifs, des mesures de sécurité rigoureuses doivent être appliquées.

### Trempe et revenu

Les propriétés d'utilisation désirées ne sont conférées aux pièces traitées par cémentation que par la trempe et le revenu effectués ensuite (fig. 2). Seule la couche de surface cémentée est trempée, le cœur de la pièce usinée restant non trempé et tenace.

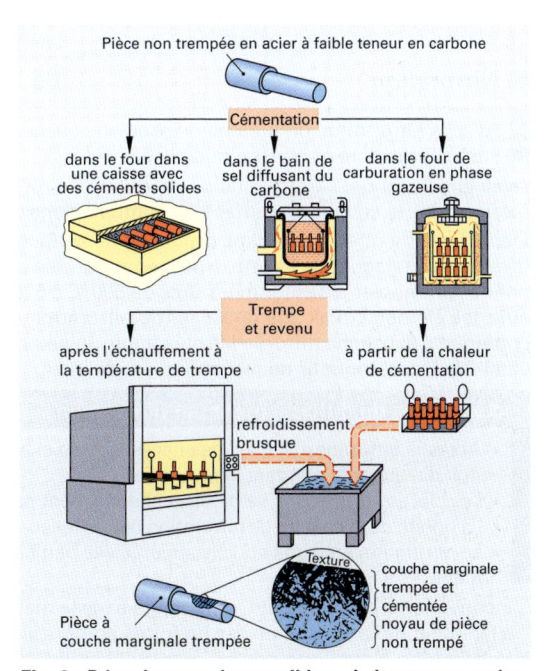

Fig. 2: Déroulement du travail lors de la trempe après cémentation

## ■ Traitement thermique des aciers de cémentation

Le traitement thermique des aciers de cémentation (teneur en C de 0,1% à 0,2%) consiste en plusieurs phases **(tableau 1)** :
- recuit de normalisation
- cémentation
- trempe et revenu.

La cémentation permet d'élever la teneur en carbone dans la couche de surface de la pièce à 0,6% à 0,8%, de telle sorte qu'un durcissement par la martensite est possible. Après la cémentation, la couche de surface a une autre structure que le cœur. Cela peut provoquer des tapures de trempe dans les zones de transition structurelle de la couche limite. Pour éviter cela, on applique des paliers de température lors de la cémentation au carbone **(fig. 1)**.

Avec la **trempe directe** le durcissement s'effectue directement sous l'effet de la chaleur de la cémentation. Avant le refroidissement brusque, on effectue un refroidissement de la température de cémentation à la température de trempe.

Avec la **trempe simple,** on refroidit la pièce à la température ambiante après la cémentation, puis on la chauffe à nouveau pour la trempe.

Avec la **trempe après transformation isotherme,** la pièce est refroidie dans un bain de sel à une température de 500 °C à 550 °C, où elle est maintenue (fig. 1). La trempe qui fait suite aboutit à une plus grande dureté de la couche de surface et à moins de contraintes entre la couche cémentée et le noyau.

Tableau 1 : Températures de traitement thermique de certains aciers de traitement en °C

| Acier | Recuit de normalisation | Cémentation | Trempe et revenu | |
|---|---|---|---|---|
| | | | Refroidissement brusque | Revenu |
| C15E | 880…920 | 880 jusqu'à 980 | 880…920 | 150…200 |
| 17Cr3 | 900…1000 | | 860…900 | 150…200 |
| 17CrNi6-6 | 900…1000 | | 830…870 | 150…200 |

| Trempe avec différents cycles thermiques | Résultats |
|---|---|
| **Trempe directe** (Cémentation, Température de trempe, Trempe, Revenu) | Grande dureté de la couche marginale, noyaux non trempés, grossissement de grain, faible déformation, faibles coûts d'énergie |
| **Trempe simple** (Cémentation, Refroidissement, Trempe, Revenu) | Grande dureté de la couche marginale, de meilleures caractéristiques pour le noyau |
| **Trempe après transformation isothermique dans le bain chaud** (Cémentation, Bain de sel, Trempe, Revenu) | Grande dureté de la couche marginale, noyau tenace très résistant, faible risque de fissures et de déformation |

Fig. 1 : Différents procédés de trempe après cémentation (choix)

## ■ Nitruration

> Avec la nitruration, on enrichit en azote la couche superficielle d'un acier de nitruration ce qui produit une surface très dure et résistante à l'usure.

Avec la nitruration, l'augmentation de dureté ne repose pas sur la formation de martensite, mais sur la formation dans la couche de surface de combinaisons d'azote (nitrures) extrêmement dures.

L'enrichissement en azote dans la couche de surface s'effectue par échauffement de la pièce dans des bains de sels qui dégagent de l'azote, à des températures de 560 °C à 580 °C, ou dans des fours à nitrurer parcourus par de l'ammoniac à des températures de 500 °C à 520 °C. L'azote qui pénètre dans la couche de surface forme avec les éléments d'alliage de l'acier de nitruration (Cr et Al) des nitrures métalliques qui sont très durs. Ils confèrent à la couche nitrurée les plus hauts niveaux de dureté qu'on puisse atteindre avec les aciers (jusqu'à 1200HV). La profondeur de nitruration est de quelques dixièmes de millimètre.

### Avantages du durcissement par nitruration
- Après la nitruration, il n'est pas nécessaire de chauffer, de tremper et de recuire, car le durcissement se produit directement pendant la nitruration.
- Les pièces nitrurées ne se déforment quasiment pas, car elles sont chauffées à seulement 500° C environ.
- La dureté de la couche de nitruration reste préservée jusqu'à un échauffement à 500 °C (résistance au revenu).
- La nitruration crée une couche superficielle particulièrement dure, donc résistante à l'usure et apte au glissement.

L'inconvénient, c'est le faible accrochage avec la matière de fond de la couche nitrurée, ce qui peut entraîner l'éclatement de la couche en cas de fortes compressions en surface.

La nitruration s'applique par ex. aux broches de mesure, aux cames radiales, aux vis d'extrudeuses, aux outils d'extrusion.

# Traitements thermiques des aciers

## 5.8.8 Exemple de fabrication : traitement thermique d'une griffe de serrage

(Suite de l'exemple de fabrication de la p. 231)

Les griffes par enlèvement de copeaux décrites dans l'exemple de fabrication, après leur usinage par enlèvement de copeaux, doivent être améliorées pour atteindre une résistance mécanique de 700 N/mm², et elles sont soumises à une trempe superficielle dans la zone de la rainure (**fig. 1**). Cette opération est destinée à conférer un haut degré de résistance et de ténacité, ainsi qu'une grande dureté dans la zone de la rainure. Les composants sont en acier C45E, qui est approprié pour l'amélioration et pour la trempe à la flamme.

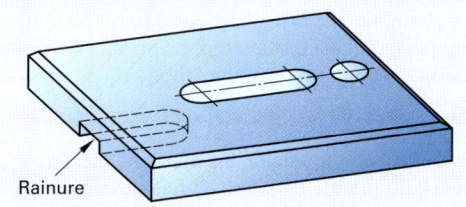

**Fig. 1 : Griffe de serrage**

### ■ Amélioration de la griffe de serrage

Le tableau des normes ou celui du fabricant fournissent les données pour l'amélioration de l'acier C45E (n° de matière 1.1191). Ces données sont les suivantes :

température de trempe : 820 … 860 °C et refroidissement brusque à l'eau ou à l'huile
température de revenu : 550 … 660 °C

La température de trempe sélectionnée est 830 °C, et le refroidissement retenu est par bain d'huile, pour éviter la déformation que l'eau, liquide de trempe brutal, causerait à la trempe.

Le diagramme de revenu de l'acier C45E indique une température de revenu de 630 °C, pour atteindre une résistance mécanique de 700 N/mm² (**fig. 2**). À ces températures, l'amélioration a lieu en portant le métal à la température de trempe en four à cet effet, en le refroidissant ensuite brusquement dans l'huile puis en procédant au revenu.

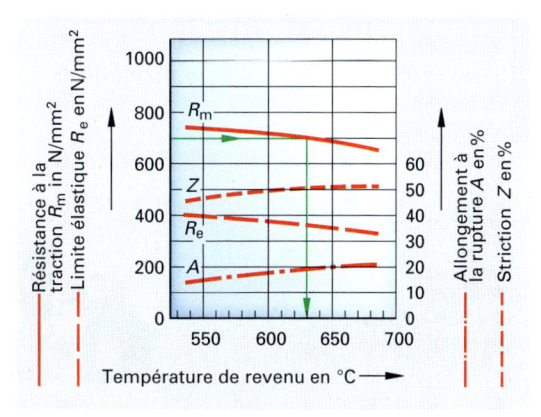

**Fig. 2 : Diagramme de revenu de l'acier C45E**

### ■ Trempe des couches de surface de la rainure

Les griffes de serrage doivent subir une trempe superficielle dans la zone de la rainure, pour permettre de supporter la pression de contact de la vis de serrage (**fig. 1, p. 231**). Le tableau des normes ou celui du fabricant fournira la température pour la trempe superficielle, elle sera de 820 °C à 900 °C. La dureté minimale est alors de 55HRC.

Pour tremper la couche de surface, on chauffe rapidement les pièces dans la zone de la rainure avec un chalumeau et on les refroidit brusquement dans un bain d'eau immédiatement après avoir atteint la température de trempe. Pour déterminer la température de trempe, on peut faire appel à la couleur de la surface de la pièce dans la zone de la rainure. Un tableau des couleurs de trempe permet de la déterminer de manière approximative. On peut recourir à un contrôle de dureté Rockwell (p. 402) pour vérifier si la trempe superficielle au fond de la rainure a été correctement effectuée.

---

### Répétition et approfondissement

1. Quelles propriétés l'amélioration doit-elle conférer à une pièce en acier ?
2. Quelles phases de travail comprend la trempe et le revenu, et qu'est-ce qui le différencie de la simple trempe ?
3. Que peut-on déduire du diagramme de revenu d'un acier ?
4. Quelle est la limite d'allongement d'une pièce en 34Cr4 qui a été revenue à 550 °C après la trempe ?
5. Comment effectue-t-on la trempe superficielle ?
6. Pourquoi la couche d'un acier de cémentation devient trempable après cémentation ?
7. Quels procédés de cémentation sont disponibles ?
8. Quels procédés de trempe après cémentation sont disponibles pour les aciers de cémentation ?
9. Qu'entend-on par nitruration ?
10. Quelles sont les caractéristiques des couches de nitruration ?
11. Déterminez à l'aide d'un tableau des normes ou du fabricant les conditions de trempe d'un marteau en C80U si sa trempe superficielle doit atteindre au moins 60HRC.

## 5.9 Matières plastiques

Les matières plastiques, également dénommées plastique, sont des matériaux organiques produits de manière synthétique. On les fabrique à partir de matières premières telles que le pétrole brut, par transformation chimique (synthèse). Les matières plastiques sont dénommées substances organiques car elles proviennent de composés organiques de carbone ou de silicium.

### 5.9.1 Propriétés et utilisation

Aujourd'hui, en technique, les matières plastiques prennent en tant que matières premières une place significative. Leur grande diversité d'utilisation repose sur leurs propriétés particulières, ainsi que sur la possibilité de fabriquer des matières plastiques ont des propriétés très différentes **(tableau 1)**.

**Caractéristiques typiques des matières plastiques :**

- faible masse volumique
- selon la catégorie, ils sont durs, flexibles ou élastiques
- isolant électrique et calorifuge
- résistants aux intempéries et aux produits chimiques
- surfaces lisses, décoratives
- mise en forme à faible coût

**Tableau 1: Propriétés caractéristiques et utilisations des matières plastiques**

| Propriétés | Utilisations | Exemples |
|---|---|---|
| Faible masse volumique 900 à 1400 kg/dm3 (Exception: PTFE $\varrho$ = 2,2 kg/dm³) | Réservoirs, Pièces de véhicules, Pièces d'avion, Pièces de constructions légères |    Fûts, bidons; Roue de ventilateur; Tableau de bord de voiture |
| En fonction de la variété, dure et rigide ou souple et élastique. Bonne capacité de mise en forme et d'usinage. | Pièces de machines, Composants ayant l'élasticité du caoutchouc, Boîtier |    Pièces pour petits engrenages; Pneus de voitures; Carters de machines |
| Electriquement isolant, calorifuge et insonore. | Manches d'outils, Composants électroniques, Matériaux calorifuges |    Manches d'outils; Prise de courant triphasé; Plaques d'isolation thermique |
| Résistant aux intempéries, à de nombreux produits chimiques et aux influences agressives de l'environnement. | Récipients de produits chimiques, Tuyauteries, Accessoires de tuyauterie, Revêtements |    Carters d'agrégats de voiture; Habillages de tuyaux; Revêtements |

**Les plastiques ont également des propriétés qui limitent leur utilisation :**

- En comparaison avec les métaux, ils ont une moindre résistance à la chaleur.
- Ils sont partiellement inflammables.
- Ils ont une résistance et une rigidité qui sont très inférieures à celles des métaux.
- Ils sont parfois non résistants aux solvants.
- Ils ne sont réutilisables que de manière limitée pour le recyclage.

# 5.9.2 Composition chimique et fabrication

Les matières plastiques se composent en grande majorité d'atomes de carbone, qui se lient pour former des molécules de grande taille (macromolécules). En plus du carbone, elles contiennent l'élément hydrogène ainsi que, parfois, de l'oxygène, de l'azote, du chlore et du fluor.

> La **fabrication** des matières plastiques a pour point de départ les matières premières principales que sont le gaz naturel ou le pétrole brut, et elle se subdivise en deux étapes (**fig. 1**) :
> - la **synthèse de demi-produits capables de réaction**. Ces produits se composent de molécules isolées, et on leur donne le nom de **monomères** (du grec mono = seul).
> - la **combinaison de milliers de molécules isolées pour former des macromolécules** (molécules de grandes dimensions). Les substances qui se forment à cette occasion sont dénommées **polymères** (du grec poly = nombreux).

La réunion des diverses molécules pour former des macromolécules s'appelle polymérisation et peut se dérouler selon deux modes de réaction : par polycondensation et par polyaddition.

Matière première, par ex. gaz naturel $CH_4$

⇩ Synthèse ⇩

Première fraction monomère, par ex. éthylène $C_2H_4$

⇩ Polymérisation ⇩

Macromolécule, par ex. macro-molécule de polyéthylène filiforme

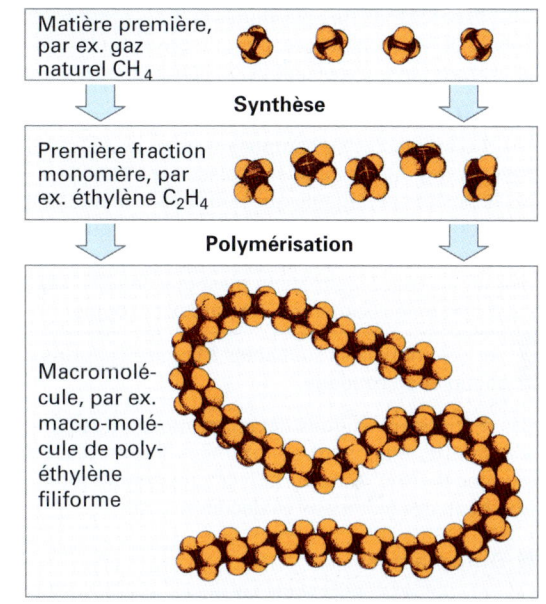

**Fig. 1 :** Processus dans le domaine moléculaire lors de la fabrication de matières plastiques

## ■ Polymérisation

Lors d'une polymérisation, les monomères s'assemblent pour former une macromolécule, dans le cas de l'éthylène on ouvre les doubles liaisons pour pouvoir accrocher les molécules entre-elles.
**Exemple :** La formation de polyéthylène à partir de l'éthylène. Il se forme des macromolécules filiformes.

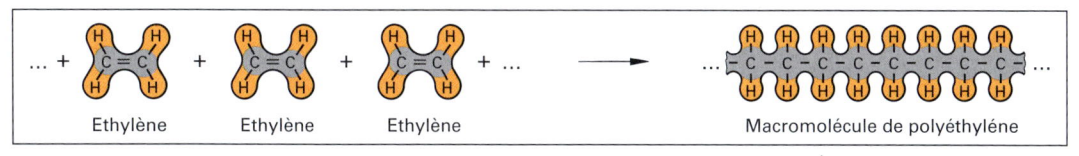

... + Ethylène + Ethylène + Ethylène + ... ⟶ Macromolécule de polyéthyléne

## ■ Polycondensation

Avec la polycondensation, des molécules identiques ou de types différents, pour se lier en un polymère, se séparent d'une fraction qui forme un produit secondaire qui est éliminé, comme par ex. l'eau ($H_2O$) ou l'ammoniac ($NH_3$).
**Exemple :** La formation de résine de polyester*. Il se forme des chaînes de macro-molécules en réseau à mailles étroites.

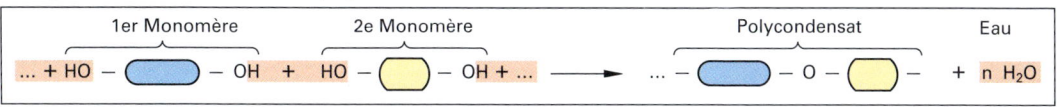

| 1er Monomère | 2e Monomère | Polycondensat | Eau |
|---|---|---|---|
| ... + HO — ⬯ — OH + | HO — ▭ — OH + ... ⟶ | ... — ⬯ — O — ▭ — | + n $H_2O$ |

## ■ Polyaddition

Avec la polyaddition, des monomères identiques ou de types différents se lient pour former des macromolécules sans formation d'un produit secondaire.
**Exemple :** La formation de polyuréthane*. Il se forme des macro-molécules en réseau à mailles étroites ou larges.

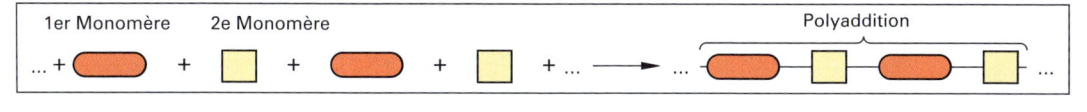

| 1er Monomère | 2e Monomère | | Polyaddition | |
|---|---|---|---|---|
| ... + ⬬ + | ▭ + ⬬ + | ▭ + ... ⟶ | ... ⬬ ▭ ⬬ | ▭ ... |

* les symboles ⬯ ▭ ⬯ ⬬ des formules indiquent la présence de molécules à structure complexe.

## 5.9.3 Classification technologique et structure interne

On classe les matières plastiques en trois groupes d'après leur structure interne : les thermoplastes, les duroplastes et les élastomères. Chaque groupe de matières plastiques a une structure moléculaire typique, d'où un comportement mécanique similaire lors de la montée en température.

### ■ Thermoplastes

Les thermoplastes se composent de macro-molécules filiformes ou ramifiées dépourvues de ponts moléculaires (**fig. 1**). Ces matières plastiques acquièrent leur résistance en raison de l'attraction électrique des poles positifs et négatifs qui se trouvent tout le long des macro-molécules. A la température ambiante, les thermoplastes sont durs à élastiques. Une hausse de température affaiblit les forces d'attraction électrique et les rend plus souples, si la température continue à croître, ils deviennent pâteux et finalement liquides. Si on refroidit la masse de matière plastique chaude, ces plastiques se modifient, en retournant de l'état liquide à l'état dur, en passant par l'état pâteux et souple.

> Les thermoplastes sont aptes à la mise en forme à chaud et au soudage.

Ces matières plastiques devenant molles lorsqu'on les chauffe, elles sont dénommées thermoplastes (du grec thermo = chaleur). Si la température monte trop haut, ces matériaux se décomposent.

### ■ Duroplastes

Les duroplastes se composent de macro-molécules que des liaisons chimiques lient entre elles en de nombreux points (= ponts moléculaires) (**fig. 2**). La montée en température ne provoque que des modifications négligeables de leurs propriétés mécaniques, car les ponts moléculaires n'autorisent aucun déplacement des macro-molécules. A cause du maintien de la dureté et de la résistance même en cas d'échauffement, on donne à ces matières plastiques le nom de duroplastes ou thermodurcissables (du latin durus = dur). Si la montée en température dépasse la température de décomposition, les duroplastes se décomposent sans devenir mous.

> Les duroplastes ne peuvent pas être remis en forme ni être soudés.

### ■ Elastomères

Les élastomères sont composés de macro-molécules qui sont pelotonnées les unes à l'intérieur des autres et qui, par ailleurs, sont réticulées en larges mailles à certains endroits (**fig. 3**). En faisant agir des forces extérieures, on peut provoquer la déformation élastique des élastomères de plusieurs fois 100 % ; dès que la force n'est plus exercée, ils reprennent leur forme initiale. On donne le nom d'élastomères à ces matériaux qui ont l'élasticité du caoutchouc. L'échauffement n'apporte que peu de modifications au comportement des élastomères en matière d'élasticité ; ils deviennent simplement un peu plus mous. Un trop fort échauffement provoque leur décomposition.

> Les élastomères ont l'élasticité du caoutchouc, et ils ne peuvent être remis en forme ni être soudés.

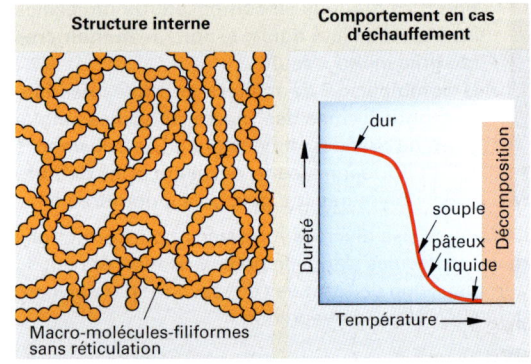

Fig. 1 : Thermoplastes — Macro-molécules-filiformes sans réticulation

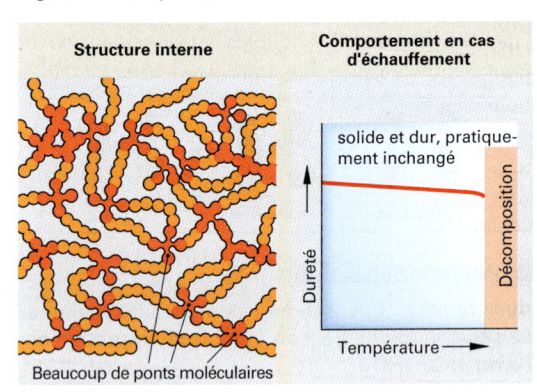

Fig. 2 : Duroplastes — Beaucoup de ponts moléculaires

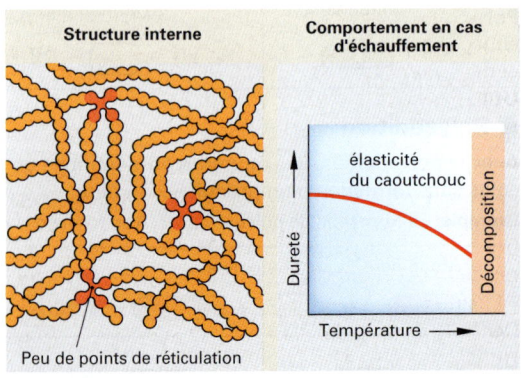

Fig. 3 : Elastomères — Peu de points de réticulation

## 5.9.4 Thermoplastes

Quantitativement, les thermoplastes constituent le groupe de plastiques le plus important. Cela est dû au grand nombres des variétés de matières thermoplastiques dotées de propriétés entièrement différentes et, surtout, à la fabrication économique des pièces réalisées en masse par moulage par injection et par extrusion. Par ailleurs, on peut poursuivre leur transformation par formage à chaud et soudage.

### ■ Polyéthylène (PE)

**Propriétés**: incolore, cireux, surface glissante. La forme conserve sa rigidité jusqu'à 80 °C, résistant aux acides et aux bases. Plastique fabriqué en masse à bas prix.
**Polyéthylène haute densité (PEHD)**: rigide, difficilement flexible.
**Polyéthylène basse densité (PEBD)**: doux, facilement flexible.
**Utilisation**: PEHD (HDPE en anglais) (rigide): récipients, tuyaux, réservoirs, bagues pour paliers **(fig. 1)**. PEBD (LDPE en anglais) (doux): flexibles, films élastiques pour emballages et contraction.

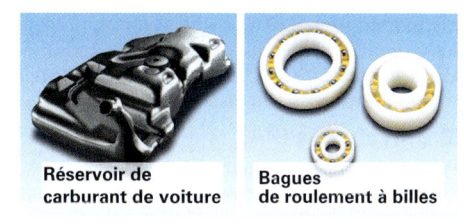

Fig. 1 : Utilisation typique de polyéthylènes (Réservoir de carburant de voiture — Bagues de roulement à billes)

### ■ Polypropylène (PP)

**Propriétés**: très semblable au PEHD (rigide), mais conserve sa forme jusqu'à 130 °C.
**Utilisation**: pièces pour machines à laver, pièces pour véhicules à moteurs, récipients, réservoirs de carburant.

### ■ Chlorure de polyvinyle (PVC)

**Propriétés**: incolore, résistant aux produits chimiques.
**PVC dur**: dur, tenace, difficilement cassable.
**PVC souple**: il a l'élasticité du caoutchouc souple, ou ressemble au cuir. le PVC souple est fabriqué en ajoutant des produits dits « agents plastifiants » au PVC dur.
**Utilisation**: PVC dur : tuyaux d'évacuation des eaux usées, boîtiers, cadres de vitres, vannes. PVC souple : faux-cuir, flexibles, bottes, gants protecteurs, enveloppes pour câbles **(fig. 2)**.

Fig. 2 : Utilisation typique de PVC (Tuyaux d'eaux usées — Gaines de câbles)

### ■ Polystyrène (PS)

**Propriétés**: haute qualité de surface, résistant aux acides et bases dilués. Le polystyrène pur est dur et rigide, fragile et sensible aux chocs.
**Copolymères de polystyrène.** Pour éliminer la fragilité, on mélange la masse initiale de polystyrène à l'acrylnitrile, du butadiène ayant l'élasticité du caoutchouc, ou aux deux (copolymérisats ABS, SAN et ASA). On obtient ainsi des variétés de matière plastique rigides et tenaces face aux chocs.
**Utilisation**: carters de machines et d'appareils, revêtements et pièces moulées en mousse rigides pour automobiles **(fig. 3)**.
**Polystryène mousse.** Des produits moussants permettent de faire mousser le polystyrène. Il se forme une substance mousseuse dure ayant une structure poreuse fermée qui a une faible densité d'environ 0,02 kg/dm$^3$ et de remarquables propriétés calorifuges. Désignations dans le commerce : polystyrène expansé, sagex.
**Utilisation**: panneaux isolants, produits d'emballage.

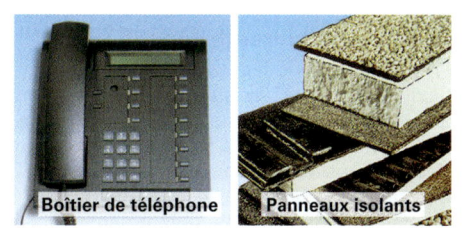

Fig. 3 : Utilisation typique de polystyrène (Boîtier de téléphone — Panneaux isolants)

### ■ Polycarbonate (PC)

**Propriétés**: clair comme le verre, stable à la lumière, transparence exempte de distorsions. Haut degré de résistance, de ténacité aux chocs, incassable. Résistant aux acides et bases dilués. Non déformable par la chaleur, haut degré de respect des cotes, bonne isolation électrique, bonne aptitude à l'usinage grâce au moulage par injection.
Densité $\varrho = 1{,}2$ kg/dm$^3$ (la moitié du poids du verre de fenêtre).
**Utilisation**: vitrages incassables, ventilateurs, interrupteurs et prises électriques, appareils à dessiner **(fig. 4)**.

Fig. 4 : Utilisation typique de polycarbonate (Capot de phare (voiture) — Réglettes à fiches)

## ■ Alliages de polymères (polymer blends)

Les polymer blends ou alliages de polymères sont des mélanges de plusieurs matières plastiques (de l'anglais blend = mélange). Ils permettent de créer des matières plastiques qui combinent les propriétés de chacune des diverses matières plastiques. **Exemple:** le mélange (ASA+PC) est une matière plastique mixte obtenue à partir des copolymères acrylonitrile/styrène/acrylate et du polycarbonate. Sa forme est stable jusqu'à environ 120 °C, il résiste aux intempéries et au jaunissement, et il convient bien pour le moulage par injection.
**Utilisation:** boîtiers, pièces pour l'automobile et les équipements électriques (**fig. 1**).

Fig 1: Utilisation d'alligages de polymères

## ■ Polyamides (PA)

**Propriétés:** blanc laiteux, surface glissante et résistance à l'usure par friction. Résistant aux produits chimiques et aux solvants. Dur et tenace, haut degré de résistance à la rupture par traction de 70 N/mm$^2$.
**Utilisation:** roues dentées, coquilles de coussinets, cages de roulements à billes, glissières, boîte à air des voitures (**fig. 2**).
**Fibres en polyamides.** Les polyamides peuvent être filés pour obtenir des fibres (Perlon, Nylon). Ces fibres servent à fabriquer des tissus, des ficelles et des câbles résistants aux déchirures.

Fig. 2: Utilisation typique de polyamides

## ■ Verre acrylique (PMMA), polyméthacrylate de méthyle

**Propriétés:** incolore, clair comme le verre, stable à la lumière, peut être travaillé pour obtenir des verres optiques. Dur, tenace, difficile à casser. Résistant aux acides dilués, aux bases ainsi qu'aux influences de l'environnement, soluble dans quelques solvants.
Densité $\varrho$ = 1,18 kg/dm$^3$ (la moitié de la densité du verre à vitres).
**Utilisation:** boîtiers, pièces pour l'automobile et les équipements électriques (**fig. 3**).

Fig. 3: Utilisation typique de verre acrylique

## ■ Polytétrafluoroethylène (PTFE)

**Propriétés:** blanc laiteux, cireux, surface glissante, doux, flexible et tenace, résistant à l'usure par friction. Résistant à la plupart des produits chimiques Grande résistance à la température: de –150 °C à +280 °C. Densité $\varrho$ = 2,2 kg/dm$^3$.
Désignations dans le commerce: Hostaflon TF, Téflon.
**Utilisations:** coquilles de coussinets, glissières pour éléments de guidage, joints, revêtements, lubrifiants (**fig. 4**).

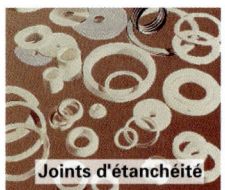

Fig. 4: Utilisation typique de PTFE

## ■ Polyoxyméthylène (POM)

**Propriétés:** blanc laiteux, surface glissante et résistante à l'usure par friction, haut degré de résistance, de dureté et de rigidité, grande ténacité, même aux basses températures, bonnes propriétés élastiques (sert à faire de bons assemblages par encliquetage).
Résistant aux solvants ainsi qu'aux acides et bases dilués; s'usine sans problème.
**Emploi:** roues dentées, maillons de chaînes, crochets (**fig. 5**).

Fig. 5: Composants en POM

## ■ Polytéréphtalate de butylène (PBT)

**Propriétés:** couleur ivoire; surface lisse et résistante à l'usure par friction; rigidité élevée; conserve sa forme jusqu'à environ 140 °C. Résistant aux carburants, aux lubrifiants et aux solvants; s'usine facilement; bonnes propriétés isolantes électriques.
**Utilisation:** pièces pour équipements électriques, boîtiers, platines (**fig. 6**).

Fig. 6: Utilisation typique de PBT

## 5.9.5 Duroplastes

Les matières duroplastiques sont utilisées soit comme pièce finie, par ex. comme carters, profilés, pièces moulées, soit comme demi-produit liquide, par ex. comme résine liquide pour imprégnation, résine pour coulée, colle, laque ou matériau d'étanchéité.

Les demi-produits liquides se composent de macro-molécules non réticulées, sous l'effet de l'addition d'un durcisseur, ou sous l'effet de la compression et de la chaleur, les ponts moléculaires sont crées et les duroplastes acquièrent ainsi leur structure rigide et définitive de solide moulé. On donne à ce processus le nom de **durcissement,** et on appelle également les duroplastes matières **plastiques thermodurcissables.** Les pièces finies en duroplastes durcissent lors de la mise en forme.

Après le durcissement, les matières duroplastiques ne peuvent plus être formées, car le fait de les chauffer ne les ramollit pas. Pour cette raison, il est également impossible de les souder.

En général, les duroplastes conservent mieux leur forme que les thermoplastes lorsqu'on les chauffe, en fonction de la variété de duroplaste, ils résistent jusqu'à 220 °C. Si l'échauffement est trop fort, les duroplastes se désagrègent sans devenir mous. L'aspect des demi-produits en duroplastes ressemblant généralement à celui de la résine, on leur donne également le nom de **résines**.

■ **Résines de polyester non saturées (UP)**

**Propriétés**: incolores, claires comme le verre avec une surface brillante. De dur et fragile à tenace et élastique. A l'état de résine liquide, bonne capacité d'adhérence et bonne aptitude au coulage. Résistantes aux carburants, ainsi qu'aux acides et bases dilués.

**Utilisation**: résine de base pour composants en matière plastique renforcés de fibres de verre **(fig. 1)**, résine adhésive pour métaux, résine de peinture pour laques résistantes aux rayures, résine de coulée pour modèles, résine pour fabrication de composites avec fibres.

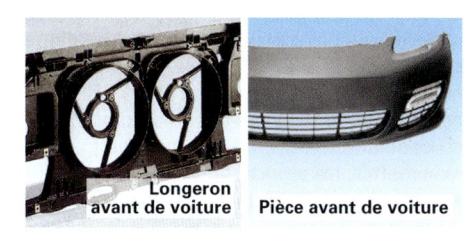

Fig. 1: Utilisation de résines UP renforcées

■ **Résines epoxy (EP)**

**Propriétés:** incolores à jaune miel. Rigides et dures, tenaces aux chocs. Adhèrent aux métaux, bonne aptitude au coulage. Résistantes aux acides faibles, aux bases, aux solutions salines et aux solvants. Résistantes aux températures jusqu'à 180 °C.

**Utilisation**: comme colle, résine de peinture et résine de coulée, ainsi que comme résine d'imprégnation pour composites et liant pour le sable à noyaux en fonderie **(fig. 2)**.

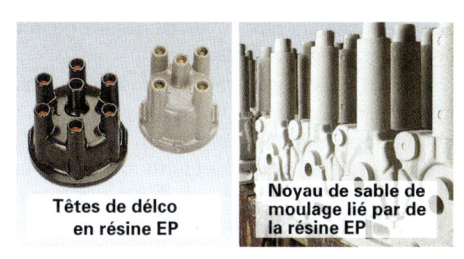

Fig. 2: Utilisation typique de résine époxy

■ **Résines de polyester et résines époxy renforcées de fibre de verre**

Une grande partie des résines de polyester et époxy servent de liant des fibres de verre pour donner des **composants en matières plastiques renforcées de fibres** (de verre, de carbone) (page 393).

■ **Résines au polyuréthane (PUR)**

**Propriétés:** jaune miel, transparentes. En fonction de la variété, de rigides dures et tenaces à élastiques comme le caoutchouc. Bonne capacité d'adhérence. Résistant aux acides faibles, aux bases, aux solutions salines et à de nombreux solvants, utilisable pour obtenir de la mousse.

**Utilisation :** PUR dur : coques de coussinets, roues dentées, rouleaux. PUR semi-rigide : courroies dentées, tampons, pare-chocs **(fig. 3)**. PUR souple : joints, enveloppes de câbles. Par ailleurs, le polyuréthane peut être utilisé comme laque (vernis à bois), comme résine de coulée et colle, ainsi que comme matières en mousse.

En fonction du degré de réticulation, on obtient des matériaux en mousse dure ou des matériaux en mousse souple, qui sont utilisés à des fins de calorifugeage ou de rembourrage, ainsi que pour absorber les chocs. Pour le revêtement intérieur des voitures de tourisme, on utilise pour absorber les chocs de la **mousse à peau intégrale en PUR (fig. 5, p. 109)**. En surface, elle a l'aspect du cuir, tandis que le composant comporte un noyau en mousse, qui se fabrique en un seul cycle, autrement dit, sa fabrication est intégrale. **Utilisation**: revêtements pour supports de robinetterie, volants de voitures, portes.

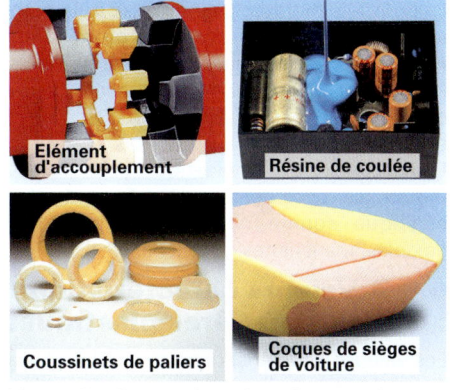

Fig. 3: Application de résines de polyuréthane

## 5.9.6 Elastomères

Les élastomères (en anglais: rubber, abréviation R), se composent généralement de polymères en réseau à mailles larges. En fonction de leur degré de réticulation, ils sont du type caoutchouteux mou ou dur. Ils ont pour propriété remarquable leur haut degré d'élasticité, qui peut aller jusqu'à plusieurs fois 100%.

### ■ Caoutchouc naturel (NR)

Le caoutchouc naturel s'obtient à partir du latex d'un arbre tropical. Le caoutchouc naturel se distingue par une élasticité et une flexibilité à froid supérieures. On l'utilise comme composant entrant dans les mélanges de caoutchouc destinés aux pneumatiques et dans des buts spéciaux, par ex. les aérostats ou les éponges.

De nos jours, la très grande majorité des élastomères d'utilisation courante sont de fabrication synthétique, par ex. le styrène-butadiène, butadiène-nitrile acrylique, chloroprène, silicone, polyuréthane.

### ■ Caoutchouc styrène butadiène (SBR)

**Propriétés:** bonne résistance à l'usure par abrasion, haut degré de résistance à la chaleur et au vieillissement, bonne élasticité.

**Utilisation:** le caoutchouc SBR est le matériau caoutchouteux le plus répandu pour les applications normales **(fig.1)**. Il sert majoritairement à produire des pneumatiques. Une composition typique d'un mélange de caoutchouc destiné aux pneumatiques est la suivante: 42% SBR, 18% NR, 28% noir de carbone, 12% autres additifs. Comme autres applications du caoutchouc SBR, nous avons les joints pour arbres, les manchettes, les amortisseurs de vibrations (Silentbloc).

**Fig. 1:** Utilisation typique de caoutchouc SBR

### ■ Caoutchouc au silicone (SIR)

**Propriétés:** blanc laiteux, repousse l'eau et les matières adhésives. En fonction de la fabrication: élasticité rigide à souple. Résistant aux huiles de graissage, non résistant aux acides, bases et solvants forts.

Résistant aux températures jusqu'à +180 °C, élastique jusqu'à –40 °C.

**Utilisation:** manchettes, fiches de connexion électriques, moules à fondre en caoutchouc, pâte d'étanchéité pour joints, joints **(fig. 2)**.

En solution: vernis isolant, peintures hydrofuges.

**Fig. 2:** Garnitures en caoutchouc de silicone

### ■ Elastomères thermoplastiques au polyuréthane (PUR (T))

La propriété thermoplastique de ces élastomères permet de les mouler selon les procédés de mise en forme économiques du moulage par injection et de l'extrusion.

**Propriétés:** haut degré de résistance à l'usure, de résistance chimique, et possibilité de les réaliser avec des degrés de dureté différents.

**Utilisation:** PUR(T) élastique pour les rouleaux **(fig. 3)**, les roues dentées, les bâtons de ski. PUR(T) élastique souple pour enveloppes de câbles, flexibles, manchettes d'étanchéité.

**Fig. 3:** Composants en élastomères thermoplastiques au polyuréthane

## 5.9.7 Valeurs caractéristiques des matières plastiques

Les valeurs caractéristiques des matières plastiques sont déterminées avec des procédés d'essai spéciaux (p. 408).

### ■ Contrainte de rupture et à la limite d'écoulement

Les différents types de matières plastiques ont différentes courbes caractéristiques de sollicitation mécanique **(fig. 4) p. précédente**. Les matières plastiques

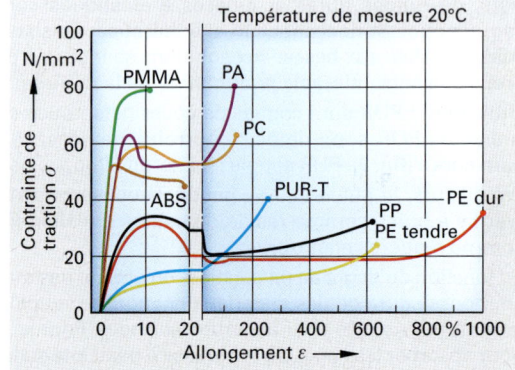

**Fig. 4:** Diagramme de tension/allongement de différentes matières plastiques

# Matières plastiques

rigides comme par ex. le polyamide (PA), le polycarbonate (PC), le verre acrylique (PMMA) et les différents copolymérisats de polystyrène (variétés ABS), ont des contrainte de rupture ou des contraintes à la limite d'écoulement de 50 N/mm² à 80 N/mm². Les matières plastiques moins dures telles que le polyéthylène (PE), le polypropylène (PP) et le polyuréthane (PUR-T) ont des valeurs comprises entre 30 N/mm² et 40 N/mm². Si l'on compare ces valeurs celles des aciers, qui présentent des résistances à la rupture par traction de 300 N/mm² à 1500 N/mm², on remarque que les matières plastiques pures conviennent seulement pour les composants faiblement sollicités. En les renforçant avec des fibres de verres à résistance élevée ou des fibres de carbone, on obtient des matières plastiques renforcées qui ont les mêmes résistances à la rupture par traction que les aciers non alliés (p. 393).

## ■ Rigidité

Le module d'élasticité E qui caractérise la rigidité d'un matériau, pour les différentes variétés de matières plastiques, à température ambiante (20 °C), a des valeurs de 500 N/mm² à 3500 N/mm² (fig. 1). Plus la température augmente, plus ce module décroît, fortement la plupart du temps.

Si l'on compare avec l'acier qui a un module E de 210 000 N/mm², on constate que les matières plastiques sont beaucoup moins rigides. Les matières plastiques non renforcées ne sont donc pas adaptées pour les composants soumis à de fortes sollicitations mécaniques.

Les matières plastiques renforcées avec des fibres, comme par ex. le polyamide renforcé à la fibre de verre (GF-PA), ont un module E nettement plus élevé, et donc une plus grande rigidité. Elles ont aussi une plus grande résistance au fluage. Avec leur faible densité de près de 2 kg/dm³, ces matériaux conviennent pour la construction légère fortement sollicitée (industrie automobile et aéronautique).

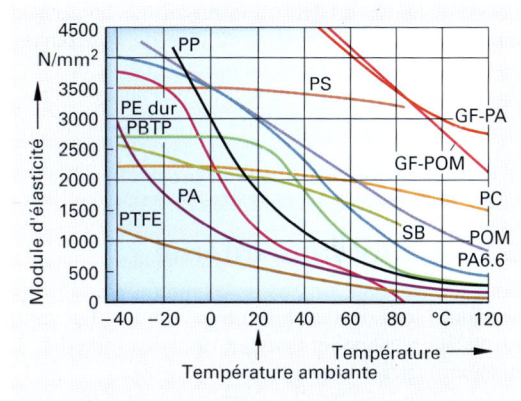

**Fig. 1 : Evolution du module E (rigidité) de différentes matières plastiques en fonction de la température**

## ■ Résistance aux hautes températures

La **température de ramollissement Vicat** déterminante pour une utilisation de brève durée présente une plage très large pour les différentes matières plastiques. Alors que le PVC ne conserve sa stabilité dimensionnelle que jusqu'à environ 70 °C, les polyamides (PA) conservent leur forme jusqu'à environ 200 °C (fig. 2).

La **température d'utilisation continue**, caractéristique pour une utilisation prolongée, limite également l'utilisation de longue durée des matières plastiques comme par ex. des polyamides, à environ 130 °C (fig. 2).

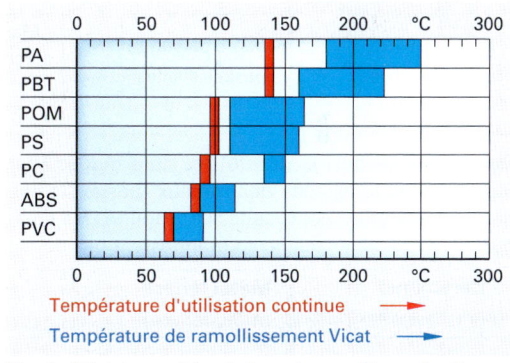

**Fig. 2 : Résistance à la chaleur des matières plastiques**

---

### Répétition et approfondissement

1. Quelles sont les caractéristiques typiques des matières plastiques ?
2. Quelles caractéristiques limitent l'utilisation des matières plastiques dans la technique ?
3. En quels groupes divise-t-on les matières plastiques ?
4. Pourquoi les thermoplastiques peuvent-ils être soudés, et pas les duroplastes ni les élastomères ?
5. Que signifient les abréviations PE, PA, PUR ?
6. Nommez trois thermoplastiques en donnant leur nom, une brève description, et une utilisation typique.
7. Pourquoi appelle-t-on les duroplastes également résines ?
8. Qu'appelle-t-on un alliage de polymères ?
9. A quoi servent les résines de polyuréthane ?
10. Quels avantages ont les élastomères thermoplastiques par rapport aux autres élastomères ?
11. Avec quelles valeurs caractéristiques mesure-t-on la stabilité dimensionnelle d'une matière plastique lors de l'échauffement ?
12. Quelle résistance à la traction et rigidité (module E) ont les matières plastiques en comparaison avec l'acier ?

## 5.10 Matériaux composites

On désigne par matériaux composites des matériaux qui se composent de plusieurs matières différentes non miscibles qui sont combinées pour créer un nouveau matériau.

Les principaux groupes de matériaux composites pour la construction mécanique sont par ex. **les matières plastiques renforcées de fibres de verre,** abrégées en allemand **GFK,** ou le **métal dur** composés d'un métal tenace et de particules de substances dures **(fig. 1)**. Les alliages ne font pas partie des matériaux composites car les éléments d'alliage se mélangent au niveau atomique ou moléculaire. Par contre, dans les matériaux composites, les différents matériaux restent inchangés et grosso modo sous forme de particules plus grandes.

**Fig. 1 : Composants en matériaux composites**

### 5.10.1 Structure interne

Dans un matériau composite, les matériaux constituants sont choisis et combinés les uns avec les autres, afin que les bonnes caractéristiques de chacun fusionnent dans un nouveau matériau. Les caractéristiques défavorables sont neutralisées.

Ainsi, sur les matières plastiques renforcées de fibres de verre, la grande résistance à la traction des fibres de verre est combinée avec la ténacité des matières plastiques. La fragilité des fibres de verre et la faible résistance des matières plastiques sont neutralisées.

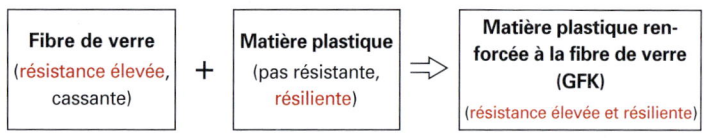

| Fibre de verre (résistance élevée, cassante) | + | Matière plastique (pas résistante, résiliente) | ⇒ | Matière plastique renforcée à la fibre de verre (GFK) (résistance élevée et résiliente) |
|---|---|---|---|---|

Dans le métal dur, la dureté des céramiques (par ex. le carbure de tungstène) et la ténacité des métaux (par ex. le cobalt) sont combinés dans un matériau composite. La fragilité des céramiques et la faible dureté du métal tenace ne se manifestent pas dans le composite.

| Céramique (dure, cassante) | + | Métal tenace (mou, tenace) | ⇒ | Métal dur (dur et tenace) |
|---|---|---|---|---|

Grâce au choix approprié et à la combinaison de matériaux individuels, il est possible de fabriquer des matériaux composites qui sont parfaitement adaptés aux exigences techniques.

La substance qui provoque une amélioration de la résistance dans un composite s'appelle **renfort**. L'autre substance qui garantit la **cohésion** du corps est appelée **matrice**.

Selon la forme des substances incluses dans le composite, on différencie entre différents **types de matériaux composites (fig. 2) :**

- matériaux composites renforcés de fibres longues, par ex. résine polyester renforcée par fibre longues (GFK en allemand) ou résine époxyde renforcée par fibre de carbone (CFK en allemand)
- matériaux composites renforcés par des fibres courtes ou particules, par ex. métal dur, thermoplastiques renforcés par fibre de verre
- matériaux composites de pénétration, par ex. palier fritté saturé de lubrifiant
- matériaux composites en couches, par ex. panneau sandwich, bimétaux
- Structures composites, par ex. pare-chocs de voitures.

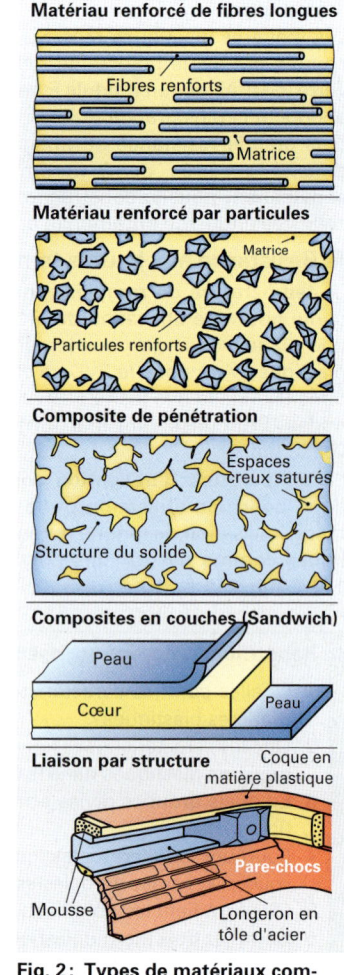

**Fig. 2 : Types de matériaux composites**

## 5.10.2 Matières plastiques renforcées de fibres

Les plastiques renforcés de fibres de verre sont constitués d'une masse de matière plastique de base dans laquelle ont été intégrées des fibres de verre en vue de la renforcer. On utilise comme masse de base des matières duroplastiques thermodurcissables telles que les résines de polyester et époxydes, mais aussi des matières thermoplastiques telles que le polyéthylène. Les fibres intégrées ont une grande résistance à la traction (1500 N/mm²) et une faible densité (1,8 à 2,5 kg/dm³). Les différentes fibres mesurent entre 10 μm et 100 μm d'épaisseur et pour faciliter la manipulation, elles sont rassemblées en brins (Rovings en anglais) de plusieurs centaines à plusieurs milliers de fibres ou tissés en nattes, tissus ou tissus non tissés (feutres). Dans les composants soumis à une sollicitation normale, des fibres de verre sont intégrées dans le plastique pour créer des **composites renforcés de fibres de verre**, abrégé en allemand par **GFK (fig. 1)**.

Des fibres de carbone résistantes et rigides, mais coûteuses, sont utilisées pour des composants particulièrement sollicités et indéformables. Ces **matières plastiques renforcées de fibres de carbone** sont abrégées en allemand **CFK** ou portent le nom de **carbone**.
CFR est l'abréviation anglaise pour Carbonfiber-reinforced, en français matériau composite renforcé de fibre de carbone.

Les fibres transmettent leur haute résistance à la traction dans **la** direction dans laquelle elles sont posées dans le composite **(fig. 2)**. Dans les composants soumis à des efforts dans une seule direction, les fibres peuvent être disposées dans le même sens que la force. Pour les composants sollicités par des efforts dans toutes les directions, les fibres doivent être disposées selon plusieurs directions.

Fig. 1 : Capot moteur de voiture en GFK

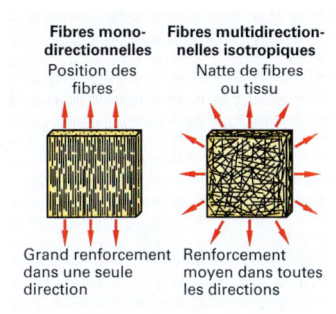

Fig. 2 : Disposition des fibres et sens de renforcement

### ■ Caractéristiques

Les caractéristiques mécaniques de chaque plastique renforcé de fibres de verre dépendent de la matière plastique utilisée, du type de fibres et de la fraction volumique des fibres dans le composite, ainsi que de leur disposition dans le composant. La résistance mécanique augmente à mesure que la teneur en fibres augmente et que les fibres sont alignées dans la même direction. Les GFK comme les CFK ont des résistances à la traction très élevées entre 1000 et 1,5 N/mm² **(tableau 1)**. Leur masse volumique est extrêmement faible, avec 1,5 kg/dm³ à 2,0 kg/dm³. Pour les GFK, la rigidité est suffisante, pour les CFK, elle est élevée (module E plus élevé). Les GFK et CFK atteignent ainsi la résistance à la traction d'aciers d'amélioration, les CFK plus ou moins aussi leur rigidité **(tableau 2)**. Etant donné que leur densité, avec 1,5 kg/dm³ à 2,0 kg/dm³, ne s'élève qu'à 20 à 25 % de celle de l'acier, GFK et CFK sont des matériaux légers.
Même en comparaison avec l'aluminium ($\varrho_{Al}$ = 2,7 kg/dm³), les CFK ont une densité nettement plus faible et également une résistance et une rigidité plus élevée. Cela fait notamment du CFK un **matériau léger hautement performant (fig. 3)**.

Fig. 3 : Pale de rotor d'une éolienne en CFK

### ■ Applications

Les principaux domaines d'application pour GFK et CFK sont la construction automobile (pièces de carrosserie, ressorts à lame, arbres de cardan), la construction navale (coques de bateaux, mâts, réservoirs) et l'aéronautique (pièces structurelles, fuselages, ailes). Les GFK et CFK sont aussi utilisés fréquemment en construction mécanique et d'installations. On les utilise pour fabriquer des roues dentées, des réservoirs et des pales de rotor (fig. 3).

Tableau 1 : Caractéristiques des matières plastiques renforcées de fibre

|  |  | GFK | CFK |
|---|---|---|---|
| Résistance à la traction | en N/mm² | jusqu'à 1000 | jusqu'à 1500 |
| Module E | en N/mm² | jusqu'à 30 000 | jusqu'à 160 000 |
| Masse volumique $\varrho$ | en kg/dm³ | environ 2,0 | environ 1,5 |

Tableau 2 : Caractéristiques des matériaux métalliques

| à titre de comparaison |  | Acier de traitement | Alliages d'aluminium |
|---|---|---|---|
| Résistance à la traction | en N/mm² | jusqu'à 1500 | jusqu'à 500 |
| Module E | en N/mm² | 210 000 | environ 70 000 |
| Masse volumique $\varrho$ | en kg/dm³ | environ 7,8 | environ 2,7 |

## 5.10.3 Procédés de fabrication des matériaux composites renforcés de fibres

L'utilisation des procédés de fabrication pour le GFK et CFK dépend de la forme et de la taille ainsi que du nombre de pièces à réaliser.

Par **moulage par injection** (p. 105) ou par **moulage par compression** (p. 108), des masses de moulage en matières plastiques sont renforcées par des fibres courtes d'env. 1 mm de long, généralement pour créer des petites pièces, par ex. des roues dentées, des leviers ou des couvercles.

Des préstratifiés, Prepregs ou SMC en anglais, sont fabriqués par **laminage continu (fig. 1)**. Pour ce faire, on imbibe de résine des nattes de fibres de verre sur une feuille de séparation, et on les recouvre d'une deuxième feuille de séparation. Le préstratifié est découpé selon la forme de la pièce à réaliser, mis en couches dans un moule de compression chauffé, pressé et durci par moulage par compression à chaud.

Les composants de taille moyenne comme les capots moteur **(fig. 1, p. précédente),** ou les supports de robinetterie qui peuvent être produits en grand nombre, sont fabriqués par **moulage par compression à chaud (fig. 2)**. Dans ce procédé, des nattes de fibres pulvérisées d'une fine couche de résine sont découpées et façonnées sur presse pour former une pièce d'ébauche. L'ébauche est insérée dans le moule de formage inférieur d'une presse. Ensuite, l'outil de pressage est fermé. La résine liquide est injectée et imprègne l'ébauche. En fermant l'outil de pressage chauffé, la pièce moulée obtient ses dimensions finales et durcit en quelques minutes.

**Le moulage par projection** sert à fabriquer des composants de taille moyenne à grande tels que des stratifiés **(fig. 3)**. Dans un appareil de projection à air comprimé, les fibres de verre sont découpées et en même temps soufflées avec un brouillard de résine thermodurcissable dans un moule. Les fibres courtes et les gouttelettes de matière plastique créent un stratifié sur le moule. Le stratifié peut durcir sur le moule ou être posé en tant que préstratifié dans une presse qui le comprime à chaud et le durcit.

Les composants de grandes dimensions, comme les coques de bateaux, les rotors d'éoliennes et les ailes d'avions, sont fabriqués par **laminage (fig. 4)**. Les nattes de fibres sont appliquées couche par couche à la main ou par des robots sur un moule et sont imprégées par pulvérisation avec de la résine. En pressant avec des rouleaux à main, les bulles d'air et la résine en excès sont éliminées. Enfin, on procède au durcissement par moulage par compression à chaud.

Lors de **l'enroulement filamentaire,** on fait passer les brins (rovings) de fibres dans une résine liquide qui durcit à chaud **(fig. 5)**. Les brins enrobés de résine sont ensuite enroulés sur un mandrin. Ce procédé permet de fabriquer des composants à symétrie de rotation tels que des tubes, des récipients et des citernes.

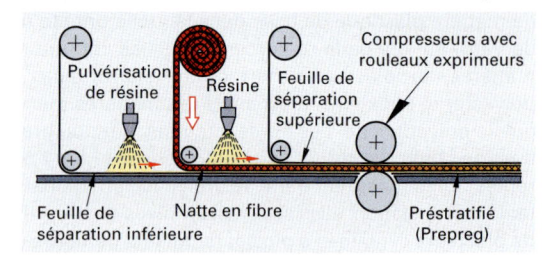

Fig. 1 : Laminage continu du préstratifié

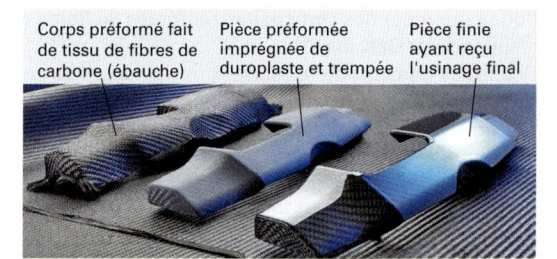

Fig. 2 : Moulage par compression à chaud d'un support de robinetterie

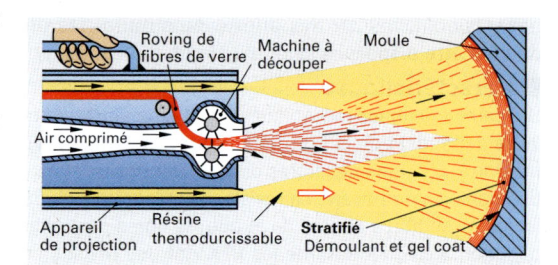

Fig. 3 : Projection de résine de fibre d'un stratifié

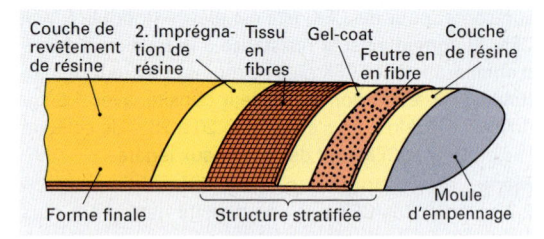

Fig. 4 : Laminage d'une queue d'avion

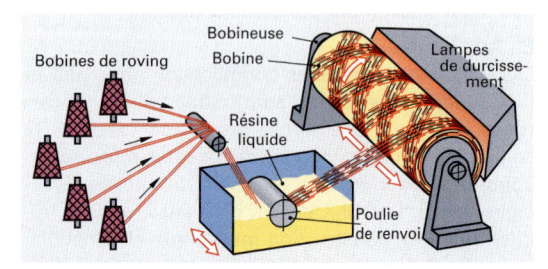

Fig. 5 : Enroulement filamentaire d'un réservoir d'avion

## 5.10.4 Matériaux composites renforcés par fibres courtes et particules

■ **Composites pour le moulage par injection.** Ils comprennent une matrice de matière plastique thermoplastique ou duroplastique (liaison) et des particules de matières de renfort finement réparties. Comme matière plastique, on utilise la résine de polyester, ainsi que les themoplastes polyamide PA, polyoxyméthylène POM et les copolymères de styrène ABS. Les matières de renfort sont la roche pulvérisée, le verre pulvérisé ou la suie. Par rapport à la matière première pure, les composites ont une ténacité et une résistance à la traction plus grandes. Le moulage par injection ou le moulage par compression les transforme en leviers, poignées, composants électroniques, boîtiers, etc. **(fig. 1)**.

Fig. 1 : Bornier électrique arrêt en masse de compression en matière plastique

■ **Le béton polymère,** est un matériau composite renforcé par particules, composé de 80 % de résine époxyde et de 20 % de grains de granit en éclats. La fabrication des composants s'effectue par moulage, pressage et par durcissement. Les châssis de machines-outils sont le principal domaine d'application dans la construction mécanique **(fig. 2)**. Des glissières et des inserts filetés en acier peuvent être incorporés dans le moulage. On utilise aussi des moules de châssis en fonte dans lesquels on verse du béton polymère. Les bâtis de machines en béton polymère ont un comportement d'amortissement nettement meilleur que les corps de machine en fonte grise, et donc une plus grande précision de fabrication.

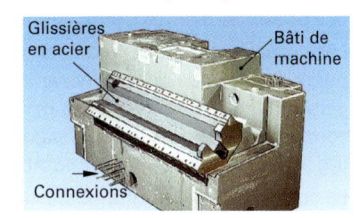

Fig. 2 : Bâti de tour et aléseuse en béton polymère

■ **Meules et pierres abrasives (fig. 3)**. Ils comprennent des agents abrasifs granuleux (grains de corindon dur, de carbure de silicium ou de diamant) et un liant en matière plastique, céramique tendre ou métal. Dans ces matériaux composites, les grains abrasifs à la fois durs et fragiles se chargent de l'enlèvement de copeaux, tandis que le liant confère à la meule une cohésion, une résistance et une ténacité.

■ **Métal dur et matériaux de coupe céramiques**

Le métal dur se compose d'une structure de petits grains de carbure microscopiques durs et fragiles (renfort) et d'un liant métallique (généralement du cobalt) qui remplit les espaces entre les fragments de carbure. Cette combinaison crée un matériau composite qui tire sa dureté et sa résistance à l'usure des grains de carbure, et sa ténacité de la matrice en cobalt. Elle est utilisée comme matériau de coupe **(fig. 4)**.

Les matériaux de coupe en céramique oxydée sont composés de particules de corindon raffiné ($Al_2O_3$) et d'un composé de céramique $ZrO_2$. Les matériaux de coupe en céramique oxydée contiennent aussi des grains de TiC et de TiCN.

Fig. 3 : Corps abrasif en grains de matériaux durs et liaison

Fig. 4 : Plaquettes de coupe réversibles en métal dur (grains WC et liaison cobalt)

## 5.10.5 Composites stratifiés et structurés

■ **Le contreplaqué** se compose de fines couches de bois saturées de résine qui sont comprimés en plaques **(fig. 5)**. Ses caractéristiques mécaniques et son usinabilité sont similaires à celles du bois dur. La construction de maquette est son principal domaine d'utilisation.

■ **Le stratifié au coton Hgw** et **papier bakélisé HP,** également désigné sous le nom de **fibres vulcanisées,** se compose de bandes de tissu ou de papier, qui sont imprégnées de résine, pressées et durcies pour former des panneaux composites.

Ils ont des propriétés viscoplastiques similaires à la corne et sont transformés en joint d'étanchéité et plaquettes de circuits imprimés.

■ **Les tôles plaquées** se composent d'un matériau de base bon marché, généralement de l'acier non allié, sur lequel est appliqué une fine couche de matériau résistant à la rouille et aux acides **(fig. 6)**. Les matériaux plaqués sont surtout utilisés dans la construction d'appareillages chimiques.

Fig. 5 : Entraînement à crémaillère (modèle)

Fig. 6 : Appareillage chimique

■ **Les bimétaux** sont de fines bandes de tôle comprenant deux tôles en métaux différents laminées l'une sur l'autre et ainsi soudées par pression. Si l'on chauffe le bimétal, il se plie vers le côté du matériau qui a la dilatation thermique la plus faible. Les bimétaux sont utilisés dans des thermomètres en tant que spirales bimétalliques qui se dilatent et se rétractent **(fig. 1)**, ainsi que dans des contacts électriques autocommutateurs (Interrupteur thermique).

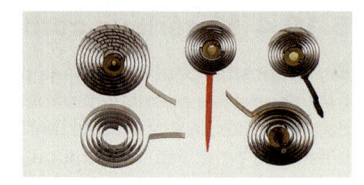

Fig. 1 : Spirales bimétalliques

## 5.10.6 Composants structuraux composites

Les composants structuraux composites sont constitués de plusieurs composants faits de différents matériaux (structurés). En combinant différents matériaux dans un composant, on peut obtenir des propriétés qui ne sont pas possibles avec un seul matériau.

Les composants structuraux composites sont utilisés là où sont nécessaires des composants avec un faible poids, une grande rigidité mécanique et une stabilité dimensionnelle, en même-temps qu'une grande capacité d'absorption de l'énergie. Un **pare-chocs** moderne de voiture est un composant structurel composite. Il se compose d'une coque en plastique, d'un remplissage de produit alvéolaire et d'un noyau en tôle d'acier **(fig. 2)**. Chaque matériau du composant se charge d'une tâche particulière.

La coque extérieure dure et élastique réalisée en polypropylène renforcé avec des fibres de verre garantit la stabilité dimensionnelle et l'élasticité de sorte qu'en cas de petits chocs, il ne se forme pas de bosses permanentes.

Le noyau en produit alvéolaire de polyuréthanne absorbe l'énergie de choc par la déformation permanente en cas de chocs moyens, de sorte que le dégât reste limité au pare-choc.

En cas de chocs graves, le noyau en tôle d'acier transmet les forces au châssis, qui est déformé. Ainsi, l'habitacle reste intacte et les occupants dans le véhicule sont protégés.

Même une **carrosserie de voiture** moderne est un élément de construction composite. Elle se compose de plusieurs sections de différents matériaux **(fig. 3)**.

L'habitacle a un cadre en tôle d'acier à haute résistance, déformées à chaud ou à froid (p. 354). Il conserve également sa forme de base en cas de choc violent et protège les occupants contre les blessures. Grâce à une déformation limitée, il absorbe beaucoup d'énergie cinétique à l'impact.

Les supports du moteur et des suspensions de roue sont fabriqués en matériaux en fonte d'aluminium. Ils absorbent les chocs et les coups des roues ainsi que les forces d'inertie du moteur.

Le capot moteur, les passages de roue et les portes de la carrosserie se composent de minces feuilles laminées en acier doux ou en alliages d'aluminium. En cas d'accidents mineurs, ils se déforment et, ils absorbent une grande partie de l'énergie cinétique et contribuent ainsi à la protection des occupants.

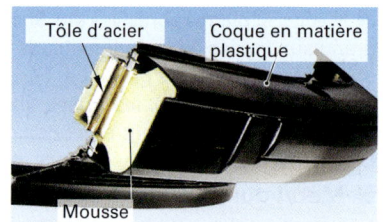

Fig. 2 : Pare-choc de voiture avec structure composite

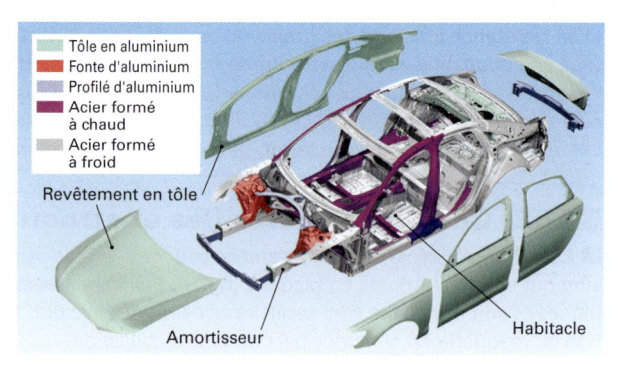

Fig. 3 : Carrosserie d'une voiture moderne faite de plusieurs matériaux (construction composite)

---

### Répétition et approfondissement

1. Quels avantages ont les matériaux composites par rapport aux matériaux simples ?
2. Que signifient les abréviations GFK et CFK ?
3. Quelles sont les propriétés particulières de GFK et CFK ?
4. Décrivez le procédé de fabrication du moulage par compression à chaud pour un composant CFK.
5. Quelle structure ont les meules ?
6. Décrivez les différents matériaux pour une carrosserie de voiture en construction composite.

## 5.11 Essais des matériaux

Les essais des matériaux peuvent être réalisés essentiellement pour trois raisons :
- **La détermination des propriétés mécaniques ou technologiques** du matériau, comme par ex. la résistance, la dureté et la compatibilité avec le mode de mise en forme choisi pour la fabrication des pièces. On obtient ainsi des indications sur les possibilités d'utilisation du matériau.
- **Vérification de pièces usinées finies,** par ex. pour y détecter d'éventuelles fissures ou un éventuel traitement thermique défectueux. On peut ainsi empêcher que des pièces usinées défectueuses ne soient utilisées et ne causent des dommages.
- **Détermination des causes des dommages** pour les éléments de machines qui se sont cassés **(fig. 1).** Cela permet de modifier de façon appropriée les éléments de machine et d'éviter ainsi des dommages à l'avenir.

Les essais des matériaux peuvent répondre à ces questions :
- Le matériau adéquat a-t-il été utilisé ?
- Ce matériau présentait-il les caractéristiques technologiques garanties par le fabricant ?
- Y avait-il des défauts de matériau ?
- Le traitement thermique prescrit a-t-il été appliqué ?
- A quelles conditions de corrosion le composant a-t-il été exposé ?

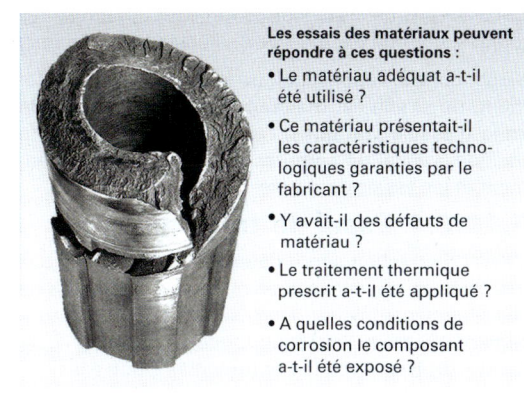

Fig. 1 : **Arbre creux cassé et causes envisageables de la rupture liées au matériau**

## 5.11.1 Essai des propriétés technologiques

Les essais technologiques servent à vérifier si un matériau ou un produit semi-fini est approprié pour une utilisation déterminée ou pour un procédé de fabrication déterminé **(fig. 2).**

**L'essai de flexion** et **essai de pliage** sert à vérifier la capacité de déformation du matériau en acier et des cordons de soudure (2a). On cintre l'éprouvette dans un gabarit de pliage jusqu'à ce qu'une fissure se produise. L'angle de pliage obtenu au moment où survient la fissure est mesuré et sert de nombre de référence. S'il ne se produit pas de fissure, l'échantillon est ensuite plié à 180°.

**L'essai de pliage alterné** vérifie l'aptitude des tôles et rubans d'acier aux flexions répétées (2b). On cintre l'éprouvette dans les deux sens jusqu'à ce qu'une fissure se produise. Le nombre de cycles de flexion sert de chiffre caractéristique.

**L'essai d'emboutissage selon Erichsen** fournit des valeurs de référence sur l'aptitude à l'emboutissage des tôles. La profondeur d'enfoncement IE jusqu'à l'amorce de déchirure sert de valeur caractéristique (2c).

Avec **l'essai d'écrasement** on vérifie l'aptitude à l'écrasement à chaud des matériaux constituant les rivets et les vis. Ces matériaux doivent pouvoir être écrasés jusqu'à $\frac{1}{3}$ de la hauteur initiale (2d).

Avec **l'essai d'aplatissement,** on vérifie l'aptitude au forgeage des aciers (2e). Pour cela, on forge une éprouvette plate chaude rouge avec la panne d'un marteau manuel, jusqu'à ce que l'éprouvette atteigne 1,5 fois sa largeur. Alors il ne doit pas survenir de fissures.

**L'essai du cordon de soudure** sert à évaluer les cordons de soudure (2f). Une éprouvette soudée est cintrée dans un étau, ou à coups de marteau, jusqu'à rupture du cordon de soudure. On évalue la structure de la cassure et la présence éventuelle de défauts de soudure.

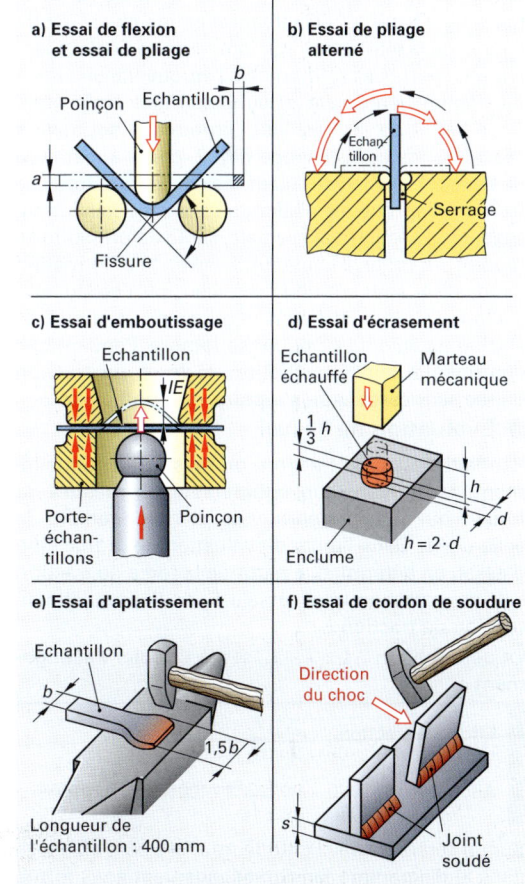

Fig. 2 : **Procédés d'essai technologiques**

## 5.11.2 Contrôle des propriétés mécaniques

Les procédés dans lesquels la force est appliquée rapidement ou de façon variable sont appelés **essais dynamiques**, comme par ex. l'essai de résilience, les tests d'endurance sur les machines.

Si, par contre, l'application de la charge se fait lentement, ou si elle est maintenue constante, on parle alors **d'essais statiques**. Cela comprend l'essai de traction, l'essai de compression, l'essai de cisaillement et les essais de dureté.

### 5.11.2.1 Essai de traction

L'essai de traction sert à déterminer les valeurs des caractéristiques mécaniques d'un matériau en cas de sollicitation par traction. On l'exécute avec une éprouvette pour essais de traction ronde ou plate (**fig. 1, en haut à droite**). Avec les éprouvettes pour essai de traction rondes, la longueur initiale de mesure est $L_0$ égale à cinq fois le diamètre des éprouvettes $d_0$ (dix fois dans le cas de matériaux très ductiles).

■ **Exécution de l'essai**

L'essai de traction est effectué sur une **machine d'essais universelle** (fig. 1).

L'éprouvette à soumettre à l'essai de traction est serrée par ses extrémités à cet effet dans les têtes de serrage inférieure et supérieure de la machine d'essai. La machine d'essai est ensuite mise en marche : Le joug équipé de la tête de serrage inférieure se déplace lentement vers le bas et imprime à l'éprouvette une force de traction lentement et constamment croissante. Sous l'effet de la machine, l'éprouvette soumise à l'essai de traction s'allonge (**fig. 2**, partie supérieure de l'image). Jusqu'à la valeur maximale de la force de traction, l'éprouvette s'allonge sans modification visible de sa section transversale, car la déformation se répartit sur toute la longueur. Ensuite, la déformation se localise, souvent vers le milieu, où l'éprouvette s'allonge de manière non négligeable, diminue de section (striction) et finit par se rompre. Pendant que l'éprouvette subit la striction, la force de traction baisse sans cesse. Après rupture, elle tombe à zéro.

■ **Evaluation de l'essai**

Pendant l'essai de traction, on mesure continuellement, au moyen d'un équipement de mesure, la force $F$ qui agit sur l'éprouvette et l'allongement de celle-ci $\Delta L$. Dans l'unité d'évaluation de la machine d'essai, on détermine, à partir de la force de traction $F$ et de la section transversale $S_0$ de l'éprouvette, la **tension de traction** $\sigma_z$.

La déformation $\Delta L = L - L_0$ sert à calculer l'**allongement** $\varepsilon$.

| | |
|---|---|
| **Effort de traction** | $\sigma_z = \dfrac{F}{S_0}$ |
| **Allongement** | $\varepsilon = \dfrac{L - L_0}{L_0} \cdot 100\% = \dfrac{\Delta L}{L_0} \cdot 100\%$ |

Sur un écran, les deux grandeurs $\sigma_z$ et $\varepsilon$ sont affichées dans le **diagramme tension-allongement** sous forme d'une courbe (**fig. 2**, partie inférieure de l'image).

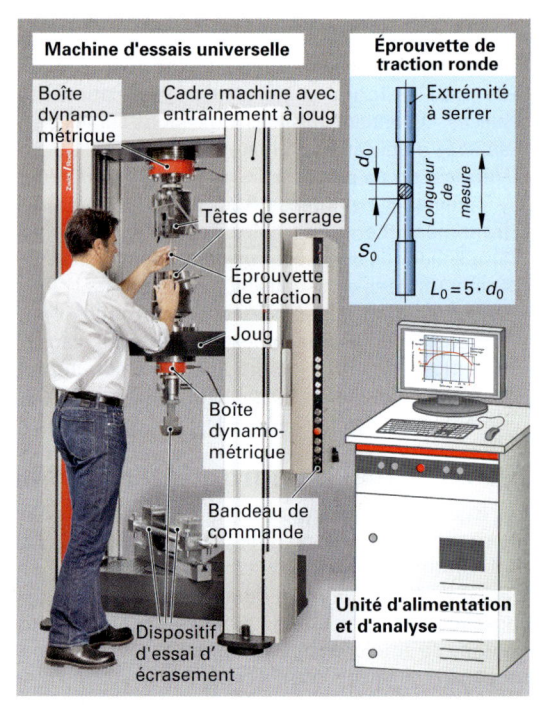

**Fig. 1**: Essai de traction à la machine d'essais universelle

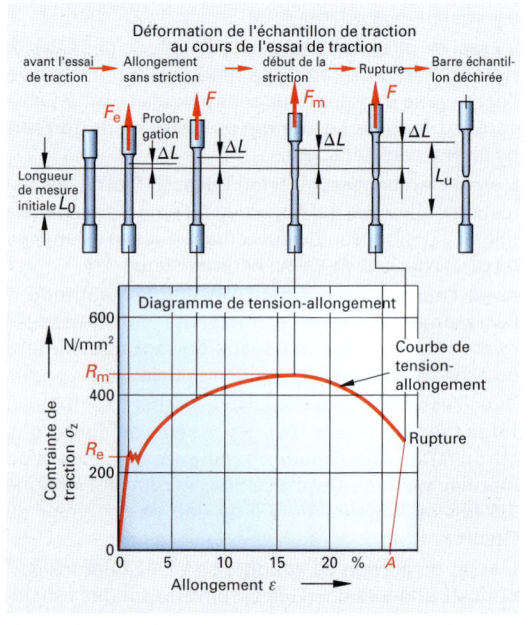

**Fig. 2**: Déformation d'une éprouvette pour essai de traction et diagramme de tension-allongement d'un acier avec une limite apparente d'élasticité prononcée (S235JR)

# Essais des matériaux

## ■ Valeurs caractéristiques pour matériaux avec une limite apparente d'élasticité

L'acier de construction non allié, par ex. le S235JR (St 37-2), a une courbe de tension-allongement qui comporte une **limite apparente d'élasticité (fig. 2, p. précédente)**. La tension $\sigma_z$ y augmente dans la plage initiale proportionnellement (dans le même mesure) à l'allongement $\varepsilon$. Pour cette raison, la courbe est une ligne droite dans la plage initiale.

Cette relation proportionnelle entre la tension $\sigma_z$ et l'allongement $\varepsilon$ est décrite par la **Loi de Hooke** (voir à droite). Le facteur **E** de l'équation se nomme le **module d'élasticité** et il représente la rigidité d'un matériau. Pour l'acier, sa valeur est $E_{Acier}$ = 210 000 N/mm².

Lorsqu'on atteint une tension déterminée, qu'on nomme la **limite d'élasticité $R_e$** (fig. 2, p. précédente), l'éprouvette pour essai de traction s'allonge de manière significative alors que la force de traction reste la même: l'éprouvette est « étirée », ce phénomène se présente seulement dans certains matériaux comme les aciers doux recuits.

Après la zone d'étirage, la tension augmente lentement dans l'éprouvette, jusqu'au point le plus élevé de la courbe. Cette valeur maximale de contrainte est dénommée la **résistance à la traction ou résistance mécanique $R_m$**.

Ensuite, la courbe redescend. L'éprouvette subit une striction, et finit par se rompre. L'allongement après rupture se nomme « $L_u$ » et permet de calculer l'**allongement à la rupture A** (fig. 2, p. précédente).

**Berechnungsformeln**

| Loi de Hooke | $\sigma_z = E \cdot \varepsilon$ |
| Limite élastique | $R_e = \dfrac{F_e}{S_0}$ |
| Résistance à la traction | $R_m = \dfrac{F_m}{S_0}$ |
| Allongement à la rupture | $A = \dfrac{L_u - L_0}{L_0} \cdot 100\%$ |

**Exemple:** Une éprouvette ronde pour essai de traction, d'un diamètre initial $d_0$ = 8 mm et d'une longueur initiale $L_0$ = 40 mm, est testée dans le cadre d'un essai de traction. La force de traction à la limite élastique est $F_e$ = 11810 N, la force de traction maximale est $F_m$ = 18095 N. Après la rupture de l'éprouvette, on mesure une longueur $L_u$ = 50,8 mm. Quelles sont les grandeurs a) de la limite élastique, b) de la résistance mécanique et c) de l'allongement relatif à la rupture?

Solution: $S_0 = \dfrac{\pi}{4} \cdot d^2 = \dfrac{\pi}{4} \cdot (8 \text{ mm})^2 = \mathbf{50{,}265 \text{ mm}^2}$

a) $R_e = \dfrac{F_e}{S_0} = \dfrac{11810 \text{ N}}{50{,}265 \text{ mm}^2} = \mathbf{235 \dfrac{N}{mm^2}}$

b) $R_m = \dfrac{F_m}{S_0} = \dfrac{18095 \text{ N}}{50{,}265 \text{ mm}^2} = \mathbf{360 \dfrac{N}{mm^2}}$

c) $A = \dfrac{L_u - L_0}{L_0} \cdot 100\% = \dfrac{50{,}8 \text{ mm} - 40 \text{ mm}}{40 \text{ mm}} \cdot 100\% = \mathbf{27\%}$

## ■ Paramètres pour matériaux sans limite apparente d'élasticité

Avec des **matériaux sans limite apparente d'élasticité,** comme par ex. les matériaux à base d'aluminium et de cuivre ou pour l'acier amélioré, la courbe de tension et d'allongement ne comporte aucune limite élastique. La courbe croît dès le début en forme de droite, elle s'incurve ensuite et monte jusqu'à la résistance en traction $R_m$. Après avoir atteint la résistance en traction $R_m$, elle chute jusqu'à la cassure **(fig. 1)**.

Au plus haut point de la courbe, la tension est dénommée ici également la **résistance à la traction ou résistance mécanique $R_m$,** l'allongement après la rupture Lu permet aussi ici de calculer l'**allongement relatif à la rupture A** (voir plus haut pour les formules de calcul).

Etant donné qu'on est dépourvu de limite élastique avec les matériaux qui ont cette allure de courbe tension-allongement, mais que cette limite est importante pour le calcul de la résistance, on a instauré la **limite conventionelle d'élasticité $R_{p0,2}$** pour la remplacer. Cette limite est la tension à laquelle l'éprouvette présente après cessation de la charge un allongement permanent de 0,2%.

On détermine la limite conventionelle d'élasticité $R_{p0,2}$ dans la courbe tension-allongement au moyen d'une parallèle à la ligne droite au début de la courbe, par le point $\varepsilon$ = 0,2% (fig. 1).

**Exemple:** Le matériau à base d'aluminium représenté dans la Fig. 1 a une limite conventionelle d'élasticité de 0,2% $R_{p0,2}$ = 123 N/mm².

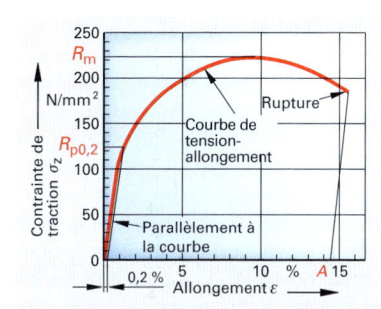

**Fig. 1:** Diagramme de tension-allongement d'un alliage d'aluminium sans limite apparente d'élasticité

## ■ Matériaux comparés

Chaque matériau a une courbe tension-allongement typique. Si l'on reporte les courbes de divers matériaux dans une représentation graphique, on peut comparer différents comportements à la déformation des matériaux **(fig. 2)**.

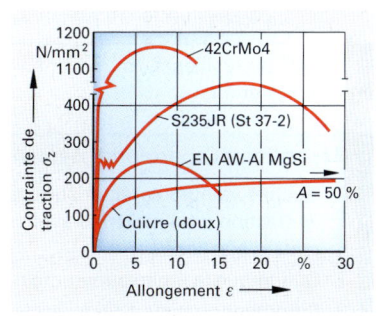

**Fig. 2:** Diagramme comparatif de tension-allongement de différents matériaux

## 5.11.2.2 Essai de compression

Sur une machine d'essai universelle (page 398), une éprouvette est soumise à une force de compression F lentement croissante et comprimée jusqu'à la cassure ou un commencement de fissuration **(fig. 1)**. Les matériaux durs et fragiles, comme par ex. la fonte de fer ou l'acier trempé, éclatent en plusieurs gros morceaux. Les matériaux tenaces, comme par ex. l'acier non trempé, sont déformés pour former une sorte de tonneau, qui présente des fissures dans le sens des forces.

La tension de compression maximale qu'on peut obtenir sur une éprouvette de compression est désignée par **la résistance à la compression** $\sigma_d$.

| Résistance à la compression | $\sigma_d = \dfrac{F_m}{S_0}$ |
|---|---|

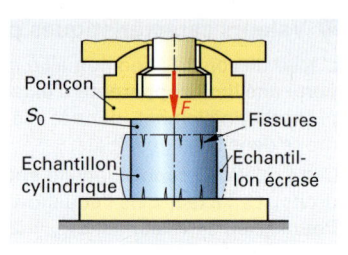

**Fig. 1 : Essai de compression - dispositif**

## 5.11.2.3 Essai de cisaillement

L'essai de cisaillement sert à contrôler la capacité de charge d'un matériau au cisaillement.

Pour cela, on soumet un échantillon en forme de barre de section ronde à une contrainte de cisaillement qui augmente lentement, en machine d'essai universelle (page 398), jusqu'à ce que l'éprouvette se cisaille **(fig. 2)**.

La force maximale qu'exige le cisaillement $F_m$ est mesurée et les deux surfaces de cisaillement $(2 \cdot S_0)$ servent à calculer la résistance au cisaillement $\tau_d$.

| Résistance au cisaillement | $\tau_d = \dfrac{F_m}{2 \cdot S_0}$ |
|---|---|

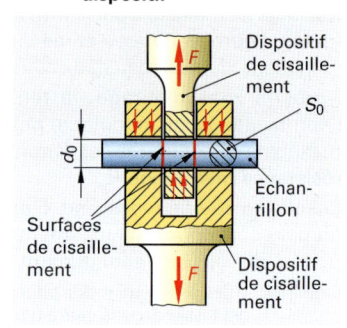

**Fig. 2 : Essai de cisaillement - dispositif**

## 5.11.3 Essai de résilience

Une éprouvette normalisée selon Charpy avec entaille en forme de U ou de V est heurtée par un marteau pendulaire qui tombe **(fig. 3)**. Il casse l'échantillon ou le déforme en le faisant passer à travers les supports.

Ce faisant, une partie de l'énergie potentielle initialement accumulée dans le marteau est consommée. Le marteau pendulaire oscille jusqu'au point où son mouvement s'inverse, le point d'inversion étant indiqué par un mouchard sur l'appareil d'affichage. Le mouvement du pendule est d'autant plus freiné que le matériau de l'éprouvette est plus tenace.

La différence de hauteur entre la position de départ et le point d'inversion constitue la mesure de **l'énergie de choc consommée** $W_v$. Elle peut être lue sur l'appareil d'affichage et elle est indiquée en tant que résultat de l'essai, l'unité étant le Joule (J).

**Exemple :** Indication d'un résultat d'essai : **KU = 68 J**
(L'énergie de choc consommée est de 68 J, mesurée sur un échantillon normalisé à entailles en U.)

L'essai de résilience fournit une indication de la ténacité d'un matériau.

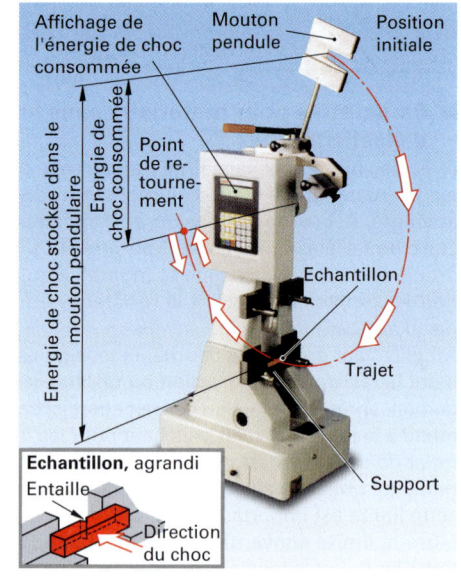

**Fig. 3 : Essai de résilience Charpy**

---

### Répétition et approfondissement

1. Quelles valeurs caractéristiques fournit l'essai de traction d'un matériau avec une limite apparente d'élasticité ?
2. Qu'indique la limite apparente d'élasticité $R_{p0,2}$ ?
3. Comment procède-t-on à l'essai de résilience ?
4. L'essai de traction d'une éprouvette avec $d_0 = 16$ mm et $L_0 = 80$ mm fournit les valeurs mesurées suivantes force de traction à la limite apparente d'élasticité $F_e = 55\,292$ N, force de traction maximale $F_m = 96\,510$ N, longueur de mesure après la rupture $L_u = 96{,}8$ mm. Il faut calculer la limite apparente d'élasticité, la résistance à la traction et l'allongement relatif à la rupture.

## 5.11.4 Essais de dureté

La dureté est la résistance qu'un matériau oppose à la pénétration d'un corps.

### ■ Essai de dureté selon Vickers

Avec l'essai de dureté selon Vickers, on introduit dans l'échantillon la pointe d'une pyramide quadrilatérale en diamant sous une force d'essai F, et on mesure les diagonales de l'empreinte de la pyramide qui s'est formée **(fig. 1)**.

La diagonale $d$ se détermine par mesure des deux diagonales $d_1$ et $d_2$ de l'empreinte (fig. 1) et en calculant la valeur moyenne: $d = (d_1 + d_2)/2$.

La **dureté Vickers** se calcule à partir de la force d'essai $F$ (en N) et des diagonales de l'empreinte de la pyramide $d$ (en mm), selon la formule ci-contre:

$$HV = 0{,}189 \cdot \frac{F}{d^2}$$

**Exemple**: une empreinte de pyramide où $d = 0{,}47$ mm pour une force d'essai $F$ de 490,3 N donne:

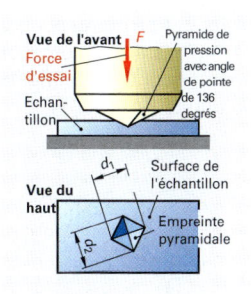

$$HV\ 50 = 0{,}189 \cdot \frac{490{,}3}{0{,}47^2} = 419$$

**Fig. 1: Essai de dureté selon Vickers**

**Réalisation de l'essai.** L'essai de dureté est réalisé la plupart du temps avec une machine universelle à cette fin **(fig. 2)**. La machine comporte une tourelle porte-outils équipée de différents corps pénétrants et objectifs. Le corps pénétrant, par ex. une pyramide diamantée pour l'essai de dureté Vickers, est enfoncé avec la force d'essai dans l'éprouvette. Au bout de 10 à 15 secondes, le corps pénétrant est pivoté de côté. Cela permet à un objectif de se positionner au-dessus de l'empreinte laissée, de la saisir et de la reproduire sur un moniteur. Là, l'empreinte est mesurée à l'aide d'une règle virtuelle. La mesure permet de calculer et d'afficher les valeurs de dureté.

Dans l'**essai de dureté Vickers** pour le **domaine macro**, des forces d'essai comprises entre 49,03 N (HV 5) et 980,7 N (HV 100) sont mises en œuvre.

Avec l'essai de dureté Vickers, il n'existe qu'un seul pénétrateur qui sert à tester les matériaux doux ou durs.

**Abréviations.** La dureté Vickers s'indique au moyen d'une abréviation. Celle-ci se compose de la valeur de la dureté, des lettres d'identification HV, ainsi que des conditions d'essai (exemple à droite).

Si la durée d'action est de 10 à 15 secondes, cette indication est omise dans l'abréviation, par ex. 360 HV 50.

Pour les matériaux doux et mi-durs (jusqu'à 350HV), les essais de dureté Vickers et Brinell donnent des valeurs chiffrées équivalentes. Avec des matériaux plus durs, les valeurs divergent les unes des autres.

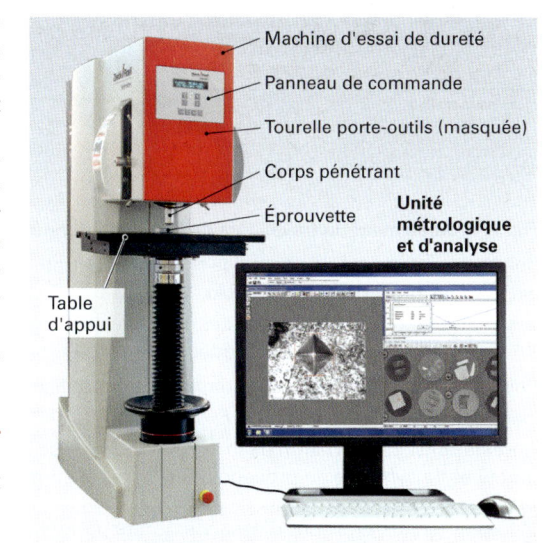

**Fig. 2: Machine universelle d'essais de dureté avec ordinateur d'analyse**

**Exemple d'une indication de dureté selon Vickers**

210 HV 50 / 30

- Valeur de la dureté
- Essai Vickers
- Force d'essai $F = 50 \cdot 9{,}81$ N $= 490{,}3$ N
- durée en secondes

**Méthode de mesure de microdureté et essai de microdureté Vickers.** Si l'empreinte de l'éprouvette doit être la plus petite possible, on utilise alors des appareils d'essai de micro-dureté avec des forces d'essai de 2N à 50N (HV0,2 à HV5), et elles donnent des empreintes qu'on mesure au moyen d'un microscope monté sur l'appareil. L'essai de dureté appliquant la méthode de mesure de microdureté s'applique à la mesure de couches trempées minces et en cas de pièces usinées finies. Pour l'essai de dureté Vickers dans le **domaine micrométrique,** par ex. l'essai de grains de structure isolés, on utilise des forces d'essai de moins de 2N.

**Essai de dureté Knoop.** Cet essai s'exécute de manière semblable à l'essai de dureté Vickers, et il sert à essayer des matériaux fragiles et durs par ex. les céramiques. L'éprouvette est une pyramide en diamant rhomboïdale.

## ■ Essai de dureté Rockwell

Un essai de dureté Rockwell se compose de quatre étapes de travail **(fig. 1)**. La réalisation et l'analyse sont automatiquement effectuées par la machine d'essai de dureté.

On commence appliquer une précharge de 98 N sur le pénétrateur ①, celui-ci s'enfonce dans l'échantillon à tester et à ce moment on profondeur de pénétration sur 0 ②. Ensuite, on applique la charge additonnelle (par ex. 1373 N avec le procédé HRC) ③, et on l'enlève après 10 s. La profondeur rémanente de pénétration $h$ du pénétrateur dans l'échantillon est directement lue sur le comparateur à cadran (ou l'écran) en tant que valeur de dureté Rockwell ④.

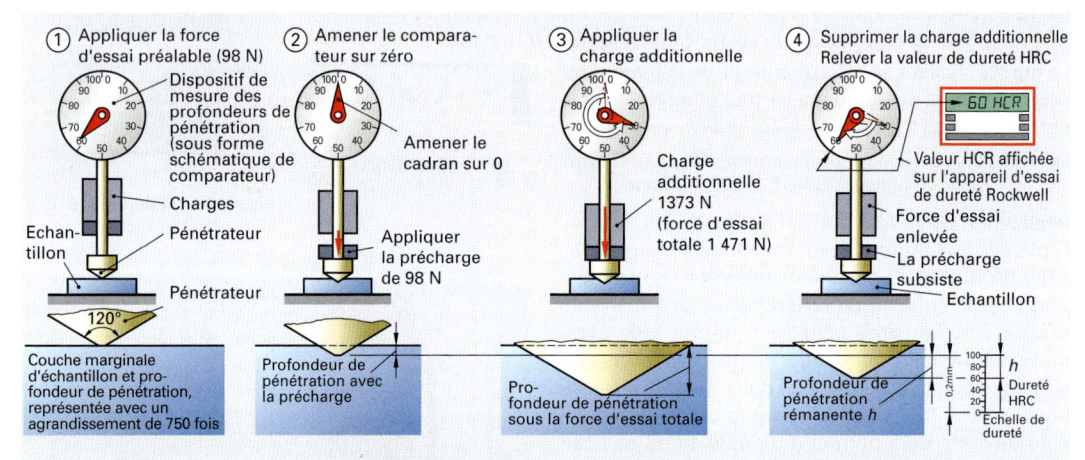

**Fig. 1: Déroulement du travail lors de l'essai de dureté Rockwell (HRC)**

Pour les matériaux durs, on utilise comme pénétrateur un cône en diamant avec angle de pointe de 120° (par ex. avec les procédés HRC et HRA).

Les matériaux tendres sont testés au moyen d'une bille en métal dur d'un diamètre de 1,59 mm ou de 3,175 mm (par ex. avec les procédés HRB et HRF).

Pour pouvoir tester divers matériaux durs, on utilise différentes forces d'essai.
**Exemples:** HRA: $F$ = 490,3 N, HRB: $F$ = 882,6 N, HRC: $F$ = 1373 N.

**Abréviations.** L'abréviation de la dureté Rockwell se compose de la valeur de la dureté et du symbole du procédé utilisé (voir exemple).

**Exemple d'une indication de dureté selon Rockwell**

**56 HRC**

Valeur de dureté — Dureté selon Rockwell C

> Les différents procédés d'essai de dureté permettent de tester les matériaux tendres et durs.

## ■ Essai de dureté Brinell

Avec l'essai de dureté selon Brinell, une bille en métal dur ou en HSS est enfoncée dans l'échantillon avec une certaine force d'essai, et on mesure le diamètre de l'empreinte **(fig. 2)**.

La **dureté Brinell** se calcule à partir de la force d'essai $F$ (en N) et de la surface de l'empreinte laissée par la bille dans l'échantillon. Dans la pratique, la valeur de la dureté Brinell est calculée à l'intérieur de l'appareil à l'aide de la force de contrôle F et du diamètre de pénétration d sur l'image d'écran, puis affichée sur l'écran (fig. 2, page 401).

La force d'essai est réglée sur la machine, le diamètre de l'empreinte de la bille $d$ est calculé en établissant la valeur moyenne à partir de $d_1$ et $d_2$ (fig. 1):

$$d = \frac{d_1 + d_2}{2}$$

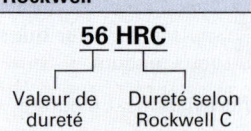

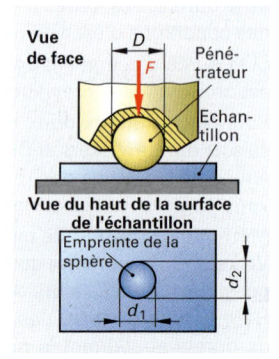

**Fig. 2: Essai de dureté selon Brinell**

**Exemple:** Dans le cadre d'un contrôle de dureté Brinell effectué avec une bille d'essai de $D$ = 2,5 mm et avec une force d'essai de $F$ = 1839 N, un diamètre moyen de $d$ = 1,35 mm est mesuré pour l'empreinte. L'unité d'analyse de la machine d'essai de dureté calcule ainsi une dureté Brinell de 121 HBW.

**Exécution de l'essai.** L'essai de dureté Brinell s'effectue habituellement sur une machine d'essai de dureté universelle **(fig. 2, p. 401)**.

L'essai peut s'effectuer avec des billes d'essai en métal dur ou HSS de différentes dimensions : 1 mm, 2 mm, 2,5 mm, 5 mm et 10 mm. Les forces d'essai doivent être choisies de telle sorte que le **degré de sollicitation** $a = 0{,}102 \cdot F/D^2$ soit le même. Pour cette raison, on a défini des degrés de contrainte respectifs pour les différents groupes de matériaux présentant une dureté approximativement identique. La machine ajuste automatiquement la force d'essai à régler en fonction d'un diamètre de bille d'essai.

■ L'essai Brinell ne permet d'essayer que des matériaux tendres et mi-durs.

**Abréviations.** La valeur de la dureté Brinell s'indique au moyen d'une abréviation. Celle-ci se compose de la valeur de la dureté, des lettres d'identification HBW (dureté selon Brinell avec bille d'acier en métal dur) et des conditions d'essai (voir exemple ci-contre).

Si la durée d'action est de 10 s à 15 s, elle est omise de l'abréviation.

**Dureté et résistance à la traction.** Avec l'acier non allié, la résistance à la traction $R_m$ peut être calculée de manière approximative $R$ à partir de la valeur de la dureté Brinell HBW. La formule de conversion est la suivante : $R_m \approx 3{,}5 \cdot HBW$.

**Exemple d'une indication de dureté Brinell**

229 HBW 2,5 / 187,5 / 30

| Valeur de dureté | Dureté selon Brinell (sphère en métal dur) | Sphère d'essai diamètre en mm | Force d'essai F = 187,5 · 9,81 N = 1839 N | Durée en secondes |

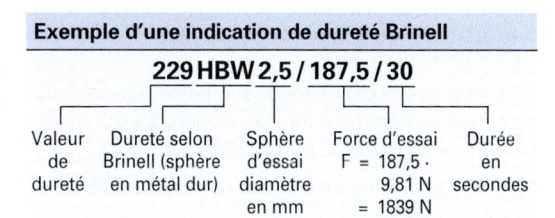

## ■ Essai de dureté Martens

Dans ce cas, un pénétrateur Vickers (pyramidal en diamant) est enfoncé dans l'éprouvette du matériau avec une force croissante. On fait cesser la charge dès que la force maximale a été atteinte **(fig. 1)**. Pour le secteur macrométrique, on utilise des forces d'essai de 2 N à 30 000 N. Un dynamomètre mesure continuellement la force d'essai $F$ et un système de capteur de déplacement mesure la profondeur de pénétration associée $h$. Le diagramme des forces d'essai/profondeurs de pénétration est affiché sur l'écran du dispositif **(fig. 2)**.

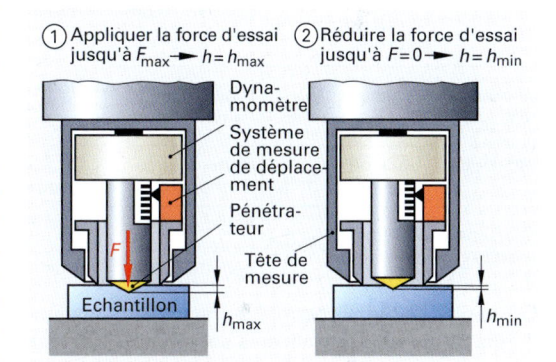

La dureté Martens $HM$ est déterminé par l'équation ci-contre, et affichée sur l'écran du moniteur.

$$HM = \frac{F}{26{,}43 \cdot h^2}$$

La dureté Martens s'indique au moyen d'une abréviation.

**Exemple d'une indication de dureté Martens**

HM 580/20/20 = 2540 N/mm²

| Force d'essai maximale en N | Temps d'application en s | Durée de maintien de la Force d'essai en s | Dureté Martens 2540 N/mm² |

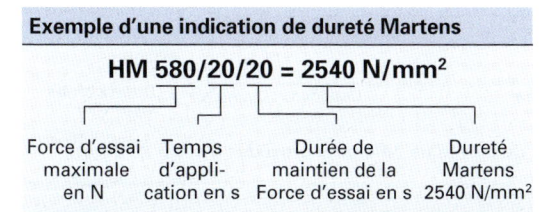

Le temps de chargement en secondes peut disparaître.

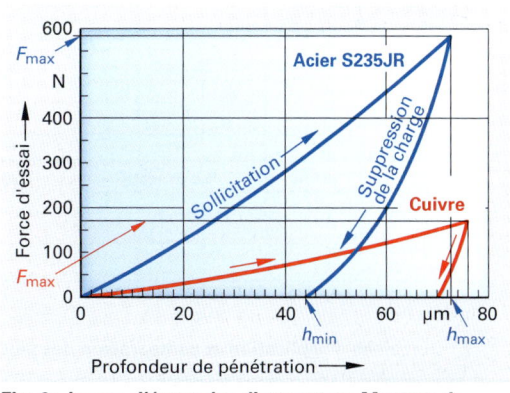

① Appliquer la force d'essai jusqu'à $F_{max}$ → $h = h_{max}$   ② Réduire la force d'essai jusqu'à $F = 0$ → $h = h_{min}$

**Fig. 1 :** Essai de dureté Martens

**Fig. 2 :** Image d'écran des diagrammes Martens de force d'essai/de profondeurs de pénétration de l'acier et du cuivre

### Avantages de l'essai de dureté de Martens :

- Des matériaux de toutes les duretés, de la matière plastique au métal dur, peuvent être testés.
- Possibilité de déterminer le comportement élastique/plastique du matériau par le rapport $h_{max}/h_{min}$.
- Possibilité d'automatiser le processus d'essai.

## ■ Essai de dureté mobile

Sur des pièces de grandes dimensions, l'essai de dureté s'effectue à l'aide de petits appareils manuels **(fig. 1)**.

L'appareil d'essai de dureté est placé sur le composant, et la mesure est déclenchée en appuyant sur un bouton. La valeur de dureté mesurée est affichée sur l'appareil ou sur un appareil manuel portatif.

Le **procédé UCI** repose sur la modification par la dureté du matériau d'une vibration ultrasonique émise par l'appareil d'essai.

Avec le **procédé par rebond,** une petite bille en acier se heurte à la surface du composant. La dureté est déterminée à partir de la vitesse du rebond.

Essai de dureté des flancs de dents d'un arbre de pignon avec l'essai UCI

Essai de la dureté d'une pièce en fonte avec le procédé de rebondissement

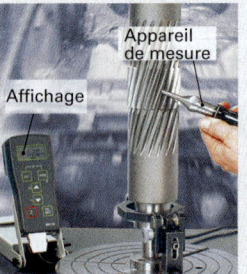

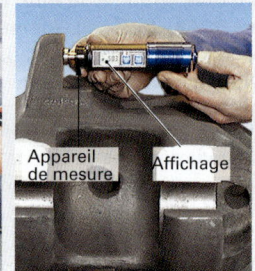

**Fig. 1 : Duromètres portables**

## ■ Comparaison entre essais de dureté

| Procédés | Pénétrateur | Valeur mesurée | Indicatif du procédé, application |
|---|---|---|---|
| **Brinell HB** | Bille en métal dur ou HSS | Diamètre d'empreinte | Valeurs précises et reproductibles. Pour matériaux tendres et mi-durs par ex. acier non allié, alliages Al et Cu. |
| **Vickers HV** | Pyramide en diamant | Diagonale de l'empreinte | Apte à une utilisation universelle, y compris pour l'essai selon méthode de mesure de microdureté. Matériaux doux à très durs, couches de surface, parties de structure. |
| **Rockwell** | Cône ou bille | Profondeur d'empreinte | Affichage direct de la valeur de la dureté. En fonction des diverses éprouvettes et forces d'essai pour matériaux doux et durs. |
| **Martens dureté HM** | Pyramide en diamant | Force d'essai/ Profondeur de pénétration | Apte à une utilisation universelle pour les matériaux tendres à très durs, ainsi que pour couches de surface et minces et parties de structure. |

Ce graphique **(fig. 2)** permet de reconnaître les limites des domaines d'utilisation des procédés d'essai de dureté Brinell et Rockwell, et la possibilité d'application universelle des essais de dureté Vickers et Martens.

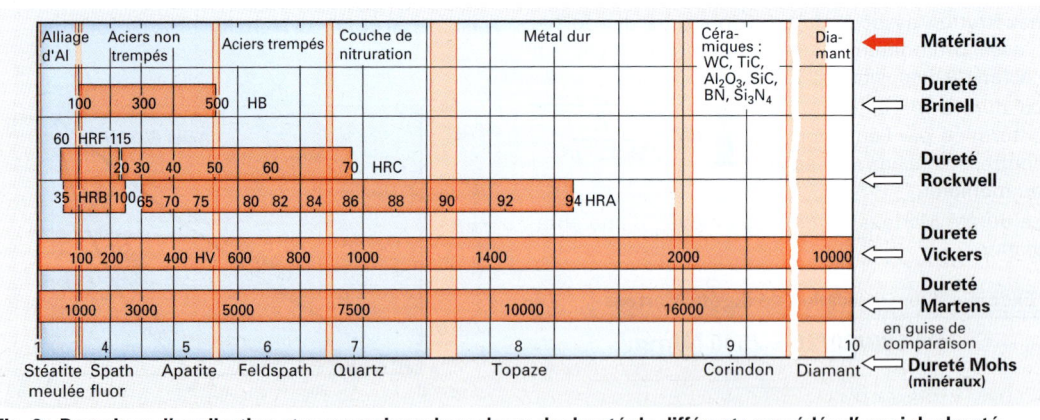

**Fig. 2 : Domaines d'application et comparaison des valeurs de dureté de différents procédés d'essai de dureté**

### Répétition et approfondissement

1. Comment procède-t-on à l'essai de dureté Vickers ?
2. A quoi sert l'essai de micro-dureté ?
3. Pour quels matériaux l'essai de dureté Brinell ou Vickers conviennent-ils ?
4. Quels avantages présente l'essai de dureté Martens par rapport à l'essai de dureté selon Brinell ?
5. L'essai de dureté Vickers HV50 d'une pièce en acier trempé donne une diagonale de pénétration de 0,35 mm et 0,39 mm. Quelle est la dureté Vickers de l'acier ?
6. Dans quels cas teste-t-on la dureté avec des duromètres portables ?
7. Quelle dureté HRC correspond à 800 HV ?

## 5.11.5 Essai de fatigue

Dans les machines, les composants sont fréquemment soumis à des sollicitations variables pendant un temps prolongé. Ce qui est souvent le cas dans des éléments de machines tels que vis, axes et arbres. Ces composants peuvent casser, même si la sollicitation variable est largement inférieure à la résistance à la rupture par traction du matériau. On donne à ce type de rupture le nom de **rupture d'endurance** ou **rupture par fatigue (fig. 1)**.

> Les ruptures par fatigue présentent un aspect caractéristique de la surface de la cassure. Elles comportent une amorce de fissure, une surface de rupture par fatigue et une surface résiduelle de rupture brutale.

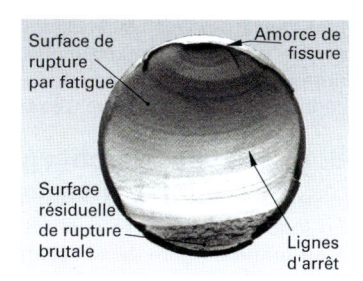

**Fig. 1 : Surface de rupture par fatigue d'un arbre**

La résistance à la fatigue se vérifie au moyen de l'**essai de fatigue**. L'échantillon est soumis à une alternativement à une force de traction et de compression avec une fréquence rapide (fréquence par ex. 50 oscillations par seconde) **(fig. 2)**.

L'essai de fatigue peut porter sur différents domaines de sollicitations **(fig. 3)**. La sollicitation peut varier autour de zéro ($\sigma_m = 0$), ce qu'on désigne du nom de **sollicitation alternative**. Si la valeur moyenne de la contrainte se situe dans la plage de compression ($\sigma < 0$) ou dans la plage de traction ($\sigma > 0$), on parle respectivement de **sollicitation ondulée de compression** ou de **sollicitation ondulée de traction**. La valeur maximale de la contrainte se nomme l'**amplitude de la contrainte $\sigma_A$**.

L'essai de fatigue dure jusqu'à ce que l'échantillon casse, ou jusqu'à ce que l'échantillon ait supporté $10^7 = 10\,000\,000$ variations de charge. Lors de la rupture **on mesure le nombre de cycles d'oscillations N**.

Une série d'essais de fatigue se compose d'à peu près 10 essais différents effectués avec des éprouvettes du même matériau. On fait baisser l'amplitude de la contrainte $\sigma_A$ en partant de la limite élastique $R_e$ d'essai en essai. Les résultats des divers essais sont rassemblés dans un diagramme **(fig. 4)**. En reliant les divers points de mesure, on obtient la **courbe dite de Wöhler** (August Wöhler: chercheur spécialisé dans les matériaux). Cette courbe commence par descendre et, à partir d'à peu près $10^6 = 1\,000\,000$ cycles d'oscillation, son allure est horizontale. La contrainte correspondant à la limite horizontale se nomme **limite d'endurance $\sigma_D$**.

Si le matériau est soumis à une sollicitation alternative inférieure à la limite d'endurance, il ne se fatigue pas, on dit que le matériau est **endurant**. L'acier allié qui apparaît à la fig. 4 par ex. est endurant sous une sollicitation inférieure à 180 N/mm². S'il est sollicité par une contrainte alternative supérieure à la limite d'endurance, il casse après un certain nombre de cycles, et on dit qu'il est **résistant à la fatigue pour une durée de vie déterminée**. Le matériau de la fig.4 soumis à une contrainte varible de 500N/mm² aura une durée de vie d'environ 5000 cycles.

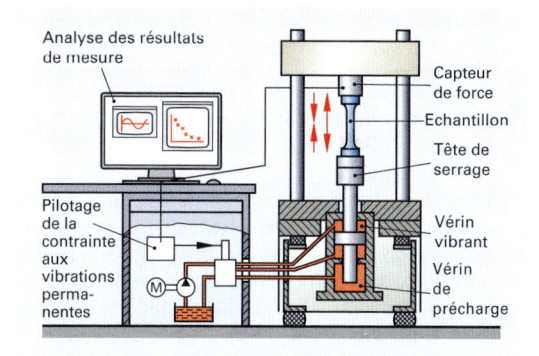

**Fig. 2 : Machine pour essai de fatigue avec unité de commande et d'analyse**

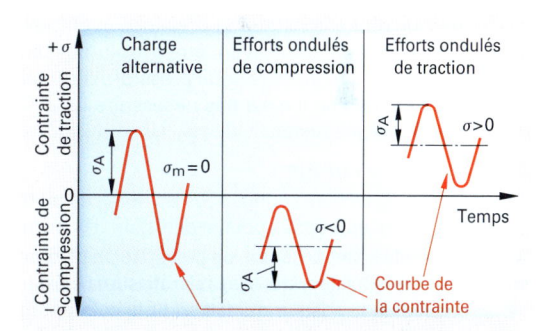

**Fig. 3 : Domaines de sollicitation par oscillations**

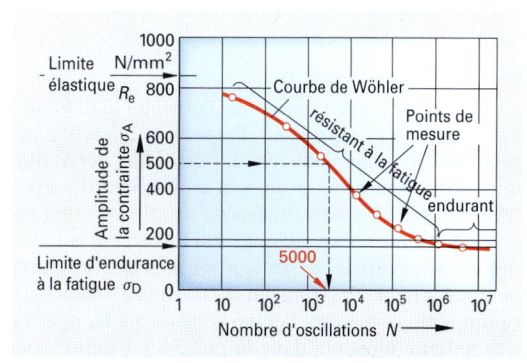

**Fig. 4 : Courbe de Wöhler d'un acier allié**

**Endurance.** Les valeurs déterminées au cours d'essais de fatigue sont valables pour les échantillons en forme de tige lisse. Les composants de machines ont une forme adaptée à leur fonction. Si l'on veut connaître la durée de vie d'un composant, il convient de tester des échantillons dotés de la forme du composant dans la cadre d'un essai de fatigue. La résistance limite à la fatigue est dénommée endurance.

## 5.11.6 Essai de charge de fonctionnement

En fonctionnement, les composants sont exposés à un grand nombre de sollicitations qui s'exercent en même temps. Le bras d'une pelle mécanique, par ex. subit en même temps des sollicitations de traction, de compression, de torsion et de flexion. Les charges qui se superposent, et leurs effets, ne sont pas vérifiables sur un échantillon de matériau, mais uniquement sur un composant fini.

> Dans l'essai de charge de fonctionnement, les pièces de machine finies sont testées sous les charges qu'elles subissent ultérieurement en fonctionnement.

Pour ce faire, le composant est testé sur un banc d'essai qui permet de reproduire les efforts réels lors de l'utilisation de la pièce. Un bras de pelle mécanique, par ex. est soumis à des forces variables appliquées par des vérins hydrauliques dans le sens du bras de la pelleteuse, et transversalement à celui-ci **(fig. 1)**. Les points faibles du composant sont révélés par déformation ou par rupture.

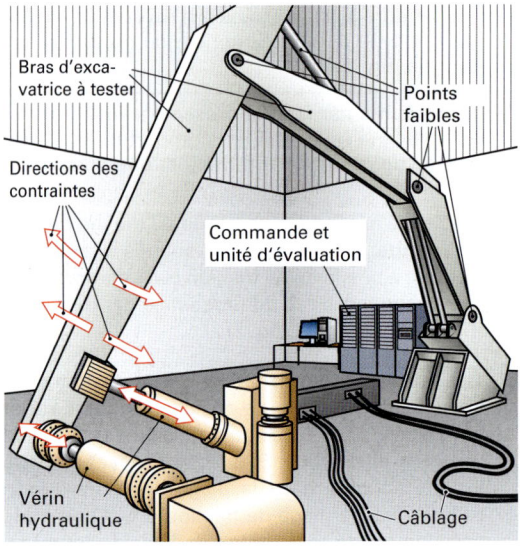

Fig. 1 : Essai de charges de fonctionnement d'un bras d'excavatrice

## 5.11.7 Essais non destructifs

Ces essais servent à constater la présence éventuelle de défauts (fissures, inclusions) dans des composants fortement sollicités et qui doivent être absolument sûrs, comme par ex. les cordons de soudure des conduites sous pression, des réservoirs sous pression, des oléoducs et des réservoirs des réacteurs. Pour effectuer des essais non destructifs, il n'est pas nécessaire de prélever des échantillons de matériau, pas plus qu'on n'endommage la pièce à tester.

### ■ Essai par ressuage

Ces procédés, également connus sous les noms de **méthode par capillarité, méthode par aspiration** ou **méthode par pénétration,** sont appropriés pour la détection des microfissures les plus fines qui atteignent la surface d'une pièce.

Avec le **procédé «Met-L-Chek»,** on pulvérise un colorant rouge sur la pièce qui doit être testée. L'effet de capillarité fait pénétrer le révélateur dans les microfissures existantes. Ensuite, la pièce à tester est nettoyée à fond. On y pulvérise ensuite un révélateur qui fait sortir le colorant rouge qui a pénétré dans les fissures. Ce procédé permet de détecter des fissures qui n'étaient même pas décelables auparavant à la loupe.

Avec **le procédé par fluorescence,** qu'on met en œuvre de manière semblable au procédé «Met-L-Chek», on emploie comme liquide de pénétration des substances fluorescentes. Après nettoyage, la pièce est observée dans un local obscurci avec une lumière ultraviolette, les défauts de la surface apparaissent sous forme de taches brillantes.

### ■ Essai aux ultrasons

L'essai aux ultrasons permet de constater la présence de défauts à l'intérieur des pièces. L'appareil d'essai aux ultrasons se compose d'un palpeur et d'un appareil de mesure doté d'un écran **(fig. 2)**. Pour l'essai, on enduit la surface de la pièce à tester d'un liquide permettant un bon passage des ultrasons (milieu de couplege) et on applique le palpeur. Il émet des ondes ultrasoniques qui traversent le matériau. Ces ondes pénètrent le matériau de part en part, et elles sont renvoyées par les parois avant et arrière, ainsi que par les défauts existants. Les ondes sonores en retour sont visibles sur l'écran sous forme de pics. La position et la taille des défauts présents dans la pièce sont déterminés en fonction de la position et de la taille des pics sur l'écran.

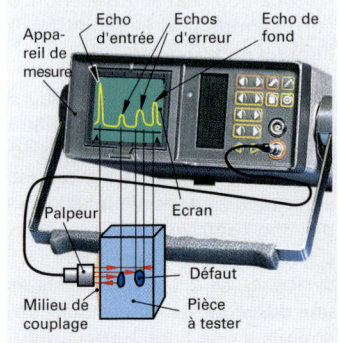

Fig. 2 : Essai aux ultrasons

# Essais des matériaux

## ■ Essai aux rayons X ou aux rayons gamma

Pour **l'essai aux rayons X,** le composant à tester est placé dans la trajectoire des rayons d'un tube à rayons X **(fig. 1)**. L'image produite par l'irradiation de l'éprouvette est enregistrée par une caméra de télévision, et diffusée sur un moniteur. Les emplacements défectueux de l'échantillon apparaissent comme des taches plus claires. Les rayons X pénètrent l'acier jusqu'à 80 mm et l'aluminium jusqu'à 400 mm d'épaisseur.

Avec **l'essai aux rayons gamma,** on utilise comme source de radiation des substances radioactives comme par ex. le cobalt 60. On obtient sur un film une image où les défauts apparaissent comme des taches plus claires. Les rayons gamma pénètrent l'acier jusqu'à 200 mm.

> Seul un personnel spécialisé peut exécuter l'essai aux rayons X et aux rayons gamma. Attention: danger d'irradiation.

## ■ Essai par magnétoscopie

Dans ce cas, l'éprouvette est magnétisée. Les lignes du champ magnétique s'épaississent là où se trouvent des défauts et des fissures. Si l'on verse sur l'éprouvette du pétrole auquel on mélange la limaille de fer, la poudre se rassemble principalement autour des endroits défectueux en raison de la plus forte densité des lignes de champ. Elle indique ainsi les fissures et les défauts **(fig. 2)**.

**Fig. 1: Essai aux rayons X**

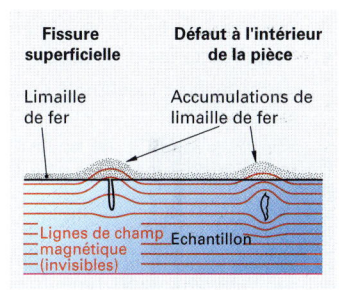

**Fig. 2: Procédé à la poudre magnétique**

## 5.11.8 Contrôles métallographiques

Les analyses métallographiques servent à mettre en évidence la **structure** des matériaux.

### ■ Macrographie

Si l'on applique sur la surface fraîchement rectifiée d'un acier un papier photographique imbibé d'acide sulfurique, cela rend visible sur le papier photographique la distribution dans l'acier du phosphore et du soufre qui accompagnent le fer **(fig. 3, à gauche)**. Cette impression, dite **« impression Baumann »,** sert à vérifier la présence éventuelle de ségrégations.
Pour mettre en évidence l'orientation des grains, **« l'allure des fibres »,** dans un métal ayant subi une déformation, on procède à une attaque chimique d'une surface polie. **(fig. 3, à droite)**. On l'utilise pour le contrôle des pièces forgées et embouties.

### ■ Micrographie

La **micrographie** est l'observation au microscope d'un échantillon de métal qui a subi une attaque chimique après polissage. **(fig. 4, à gauche)**. Les micrographies servent à contrôler la structure par ex. lors du traitement thermique des matériaux.
Avec le **microscope électronique,** on peut observer des surfaces irrégulières, non polies, car on dispose d'une plus grande profondeur de champ, l'agrandissement peut aller jusqu'à 10 000 x (fig. 4). Cela permet par ex. d'analyser les surfaces de rupture.

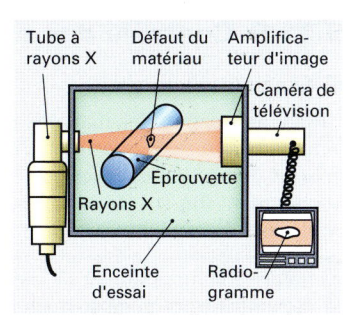

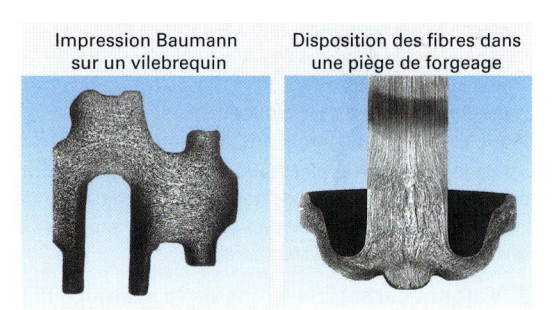

**Fig. 3: Macrographies**

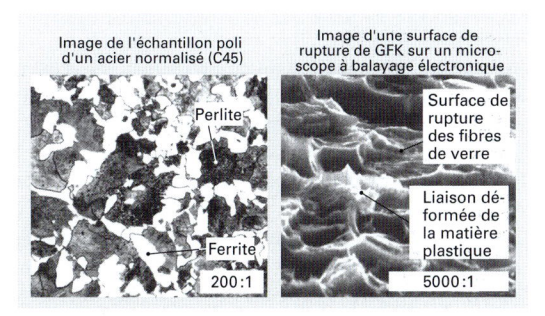

**Fig. 4: Photos de la structure microscopique**

---

### Répétition et approfondissement

1. A quoi ressemble une surface de rupture par fatigue ?
2. A quoi sert l'essai de charge de fonctionnement d'un composant ?
3. Comment procède-t-on à un essai aux ultrasons ?
4. Que peut-on observer lors d'une macrographie et une micrographie ?

## 5.11.9 Contrôle des caractéristiques des matières plastiques

### ■ Essais mécaniques

L'**essai de traction** des matières plastiques s'effectue avec les mêmes machines d'essai et selon le même déroulement que pour les métaux (p. 398). On utilise comme éprouvettes des échantillons plats. On mesure la force de traction et l'allongement des échantillons. Avec ces données, on établit un diagramme tension/allongement (**fig. 1**). On y trouve les valeurs caractéristiques mécaniques : la **contrainte de rupture** $\sigma_R$, la **contrainte du seuil d'écoulement** $\sigma_S$ (le cas échéant) et l'**allongement à la rupture** $\varepsilon_R$.

Selon le comportement de déformation, on peut distinguer trois types de matières plastiques :
- Les matières plastiques rigides, comme par ex. le polystyrène, le PVC dur ou le PMMA avec le type de courbes ①. Leur caractéristique la plus importante est la contrainte de rupture $\sigma_R$.
- Des matières plastiques dures – mais souples – avec une grande contrainte à la limite d'écoulement $\sigma_S$, comme par ex. le polyéthylène dur ou polyamide, type de courbe ②
- Des matières plastiques élastiques avec un grand allongement à la rupture $\varepsilon_R$, comme par ex. le caoutchouc au styrène-butadiène ou le polyéthylène mou, type de courbe ③

Un autre indice caractéristique important des matériaux est le **module d'élasticité $E$** qui caractérise la rigidité d'un matériau. C'est le quotient entre la tension et l'allongement ($E = \sigma/\varepsilon$) et il correspond à la pente du début de la courbe tension/allongement (fig. 1).

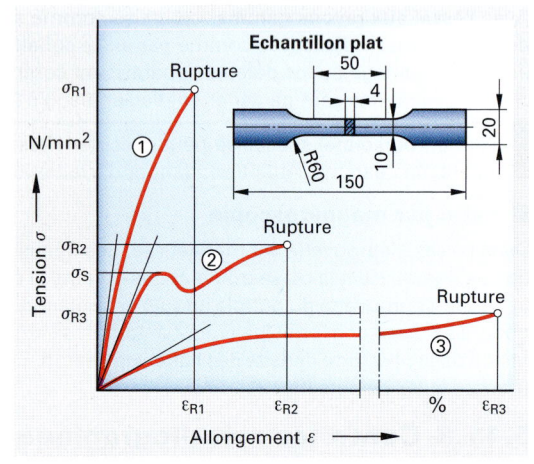

**Fig. 1 :** Comportement de déformation de différentes matières plastiques dans le diagramme de tension/allongement

La **dureté des matières plastiques** est mesurée soit avec une **méthode similaire à l'essai HRB**, page 402, soit par l'**essai Shore**, dans lequel on utilise des pénétrateurs de différentes formes en fonction de la dureté du plastique à tester.

Le **fluage des matières plastiques**, c'est-à-dire leur déformation progressant lentement même à faible sollicitation prolongée, est testé par l'**essai de traction par fluage**. A cet effet, des échantillons de matières plastiques sont soumis à une contrainte de traction constante pendant des semaines et des mois, puis on mesure les allongements constatés en fonction du temps et de la température.

### ■ Valeurs caractéristiques de la stabilité dimensionnelle à hautes températures

La **température de ramollissement Vicat** sert à évaluer la température maximale de brève durée autorisée, durée pendant laquelle la stabilité dimensionnelle est encore garantie sous une certaine sollicitation.

Pour l'essai, une tige en acier d'une section plane de 1 mm² est appliquée sur un échantillon plastique avec une force de 50 N (**fig. 2**). L'échantillon se trouve dans un four, dont la température augmente à raison de 50 °C par heure, à partir de la température ambiante. Lorsque la tige s'enfonce de 1 mm dans l'échantillon plastique, la température de ramollissement Vicat VST B/50 est déterminée.

Elle atteint, par ex. pour le PP : VSt B/50 = 154 °C. **La température de résistance au formage à chaud HDT** est déterminée au moyen d'un essai de flexion en trois points sous contrainte constante et température lentement croissante. Elle atteint, par ex. pour le PP (matière plastique) : HDT = 115 °C.

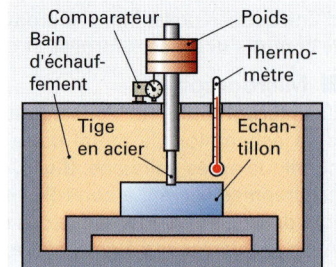

**Fig. 2 :** Vérification de la température de ramollissement Vicat

### ■ Propriétés particulières des matières plastiques

Les propriétés suivantes sont testées par un processus de vérification spécifique :
- inflammabilité et l'indice d'oxygène
- résistance aux intempéries, au vieillissement et aux produits chimiques
- élasticité des élastomères au rebond de bille
- fragilisation à basses températures
- pouvoir isolant électrique
- absorption d'eau lors du stockage dans l'eau

## 5.12 Problèmes environnementaux causés par les matériaux et les matières auxiliaires

Dans les ateliers de fabrication par usinage de métaux, à côté de matériaux généralement sans danger, par ex. les aciers, l'aluminium et la plupart des matières plastiques, on utilise aussi une série de matériaux et consommables nocifs pour la santé et polluant l'environnement. On peut citer comme exemples le plomb et le cadmium, ainsi que les consommables tels que les nettoyants à froid, les lubrifiants réfrigérants et les sels de trempe.

Ces entreprises doivent donc avoir pour objectif écologique d'éviter si possible les substances problématiques. Si ce n'est pas techniquement possible, les quantités de substances nocives doivent être réduites au maximum par des procédés de fabrication améliorés et par une utilisation modérée (p. 270). La régénération et la réutilisation (recyclage) doivent permettre de réintégrer les déchets et les consommables dans la fabrication (**fig. 1**). Le reste non valorisable doit être éliminé en centres d'enfouissement spéciaux.

Fig. 1 : Tri de déchets métalliques par type

■ Les substances nocives pour la santé et polluantes ne doivent pas parvenir dans l'environnement.

### ■ Choix des matériaux et des matières consommables

■ Il convient de produire, de transformer et de mettre au rebut exclusivement des matériaux et des matières consommables non nocifs pour la santé et ne polluant pas l'environnement.

Dans l'évaluation d'un matériau, il faut tenir compte de l'ensemble des facteurs polluants : cela commence par la fabrication du matériau, inclut surtout son utilisation sans danger dans la phase d'utilisation, et inclut aussi son aptitude au recyclage.

### ■ Consommation d'énergie et pollution de l'environnement dans la fabrication de matériaux

**Consommation d'énergie.** Pour fabriquer des matériaux à partir de matières premières naturelles (production primaire), un grand déploiement d'énergie est nécessaire (**tableau 1**).
Cela concerne surtout l'aluminium et le cuivre.
La consommation d'énergie requise pour recycler des métaux, par ex. de ferraille de recyclage, est nettement moindre.
Les déchets métalliques sont bien recyclés. Pour les matières plastiques, on cherche encore les procédés appropriés.

**Pollution de l'environnement.** La fabrication de métaux provoque une forte pollution par les poussières et les gaz évacués. Des installations complexes d'épuration des gaz d'évacuation permettent de les réduire dans une mesure supportable pour l'environnement.

Dans les matières premières, il y a de grandes différences en matière de respect de l'environnement. Tandis que la fabrication de nombreuses matières plastiques telles que le polyéthylène ne pose guère de problèmes, la fabrication de PVC – en raison de la teneur en chlore des produits de départ et la toxicité des produits intermédiaires – oblige à prendre de nombreuses mesures de protection de l'environnement. Il en va de même pour la combustion de déchets de PVC.

Tableau 1 : Consommation d'énergie en kWh pour la production de 1 t de matériaux

| Matériaux | Fabrication primaire | Récupération par recyclage |
|---|---|---|
| Fer/acier | 4300 | 1670 |
| Aluminium | 16000 | 2000 |
| Cuivre | 13500 | 1730 |
| Polyéthylène (PE) | 3500 | – |
| Chlorure de polyvinyle (PVC) | 4000 | – |

## ■ Recyclage des métaux

La plupart des procédés de fabrication génèrent des déchets de matériaux, par ex. des copeaux, des résidus d'estampage, des déchets de forge et des pièces manquées **(fig. 1)**. Egalement les produits usinés, comme par ex. les machines, voitures, appareils ménagers, etc., aboutissent en décharge après leur utilisation et doivent être mis au rebut.

Ces déchets et vieux appareils sont une précieuse source de matières premières et sont réinjectés dans le circuit de matières **(fig. 2)**. Ils doivent être soit collectés par catégories, soit triés par catégories.

Pour les métaux, le recyclage est déjà pratiqué depuis longtemps. Les matériaux en fer et en acier sont pratiquement recyclés à 100%. Pour les matériaux en cuivre et en aluminium, le taux de recyclage atteint environ 75% en raison de la petite taille des pièces.

**Fig. 1 :** Déchets métalliques et ferraille de vieux appareils

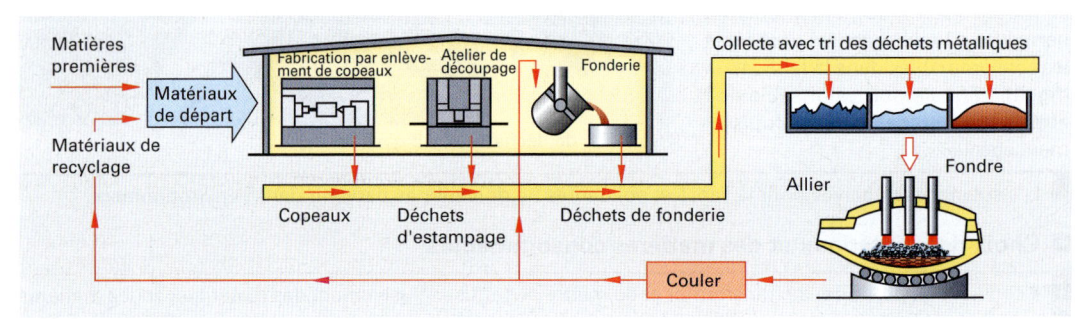

**Fig. 2 :** Flux de matériaux dans une entreprise de transformation des métaux et procédure pour le recyclage des métaux

## ■ Recyclage des matières plastiques

Le recyclage des matières plastiques n'en est qu'à ses débuts. Dans l'industrie automobile, des premiers succès ont été remportés : les composants en matières thermoplastiques des vieilles voitures sont déchiquetés en granulé pour en fabriquer de nouveaux composants **(fig. 3)**. La condition préalable est une collecte et un tri des vieux composants par catégories. Cela est amélioré par la facilité du démontage et une identification par catégorie gravée sur les composants.

Exemple d'une identification : ABS type 207 ; signifie acrylnitrile-butadiène-styrène, type 207.

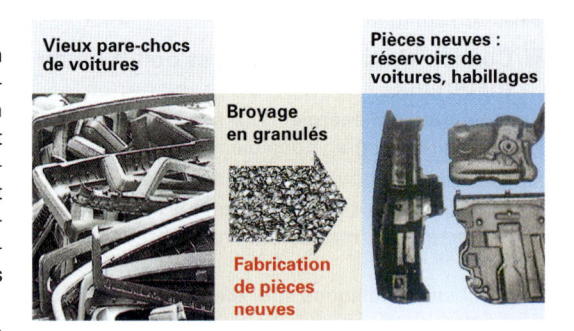

**Fig. 3 :** Recyclage des matières plastiques (exemple)

## ■ Recyclage des matières auxiliaires

Bon nombre de matières auxiliaires peuvent être transformées et réutilisées après leur usage.

- Huiles de lubrification et de coupe usées
- Réfrigérants lubrifiants usés
- Liquides de galvanisation usés

Collecte avec tri par matériau

Certaines matières auxiliaires peuvent être traitées pour les séparer des déchets et des matières qui ont perdu leur efficacité, on y ajoute ensuite des additifs et elles peuvent être réutilisées.

> Les lubrifiants réfrigérants, huiles de graissage et de coupe, ainsi que les produits chimiques usés, ne doivent pas être déversés dans les canalisations, les cours d'eau ou le sol.

# 5.13 Practise your English

## ■ Classification of materials

To provide an overview of the variety of materials, they are classified in material groups according to their composition or common properties **(Figure)**.

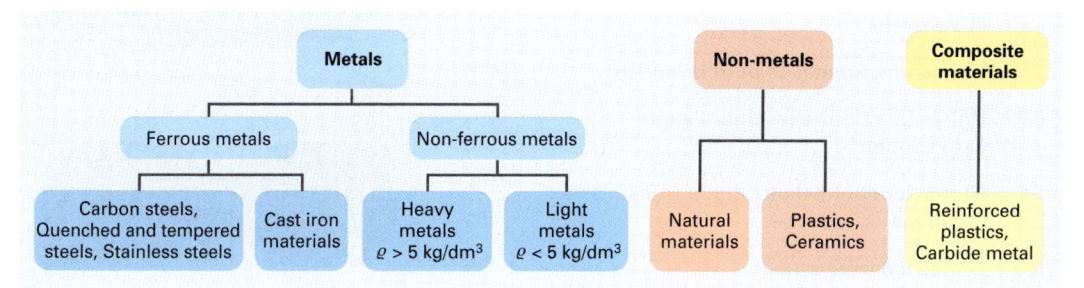

```
                              Metals                                    Non-metals            Composite
                                                                                              materials
                ┌───────────────┴───────────────┐                    ┌───────┴───────┐              │
         Ferrous metals                  Non-ferrous metals      Natural        Plastics,     Reinforced
                                                                 materials      Ceramics      plastics,
   ┌─────────────┬─────────────┐    ┌─────────────┬─────────────┐                             Carbide metal
  Carbon steels,    Cast iron       Heavy              Light
  Quenched and      materials       metals            metals
  tempered steels,                  ϱ > 5 kg/dm³    ϱ < 5 kg/dm³
  Stainless steels
```

**Steels** are iron-based materials with a high strength. They are used mainly for machine parts to withstand and transfer forces: e.g. screws, bolts, gears, profiles, shafts. There are approximately 2000 standardized steels. Most commonly used steel grades are alloy steels, quenched and tempered steels and stainless steels.

**Cast iron materials** are easy to cast. They are poured into a mold to make complex components, for example housings, or cylinder blocks.

**Heavy metals** are for example copper, zinc, chromium, nickel, lead. They are usually used due to special material properties:

Copper, for example, has good electrical conductivity for winding wires.

Chromium and nickel are alloying elements used, for example in order to achieve and improve certain steel properties.

**Light metals** are aluminium, magnesium and titanium. They are lightweight materials with a high strength. Their main area of application are lightweight components in cars and airplanes, etc.

**Natural materials** are naturally occurring substances such as granite, marble or wood.

**Plastics** are lightweight and electrically insulating. The hardness varies from rubbery to extremely rigid. Their use is extremely versatile and ranges from materials for tires to components of small gears.

**Industrial ceramic materials** are used mainly because of their hardness and resistance to wear. Uses include cutting inserts, nozzles and seal rings.

**Composites** contain several materials, such as glass-reinforced plastics or metals from carbide powder and cobalt.

## ■ Important properties of materials

The **hardness** of a material is defined as the resistance of a material to withstand the force of a specimen

The **density** $\varrho$ of a material is calculated from the mass $m$ of a component divided by its volume $V$.

$$\varrho = \frac{m}{V}$$

The **melting point** $\vartheta_m$ is the temperature of a material when it begins to melt or become liquid.

**Corrosion** is the attack and destruction of metallic materials by chemical and electrochemical reactions from other materials or elements in the environment.

The **thermal expansion coefficient** $\alpha$ is the change in length $\Delta l$ of a part with the length of 1 m at temperature change of $\Delta\vartheta = 1\,°C$.

The **tensile strength** $R_m$ is the material's resistance to tension. It is calculated by the highest existing force $F_m$ divided by the cross section of a component $S_0$.

$$R_m = \frac{F_m}{S_0}$$

The **yield strength** $R_e$ is the stress at which a material deforms permanently.

$$R_e = \frac{F_e}{S_0}$$

**Elongation at fracture** means the quotient of the compressed length $\Delta L_{Br}$ and the initial length $L_0$, which a probe has to withstand till it fractures. It is normally written as a percentage.

$$El = \frac{\Delta L_{Br}}{L_0} \cdot 100\,\%$$

# 6 Génie mécanique

| | | |
|---|---|---|
| 6.1 | Classification des machines | 413 |
| 6.2 | Unités fonctionnelles des machines et appareils | 421 |
| 6.3 | Unités fonctionnelles pour la liaison | 428 |
| 6.4 | Unités fonctionnelles pour l'appui et le soutien | 446 |
| 6.5 | Unités fonctionnelles pour la transmission d'énergie | 465 |
| 6.6 | Unités d'entraînement | 479 |
| 6.7 | Practise your English | 494 |

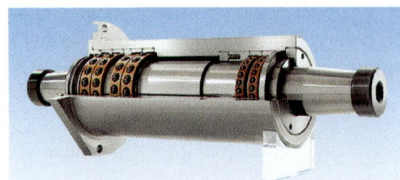

# 7 Électrotechnique

| | | |
|---|---|---|
| 7.1 | Le circuit de courant électrique | 495 |
| 7.2 | Circuit de résistance | 498 |
| 7.3 | Types de courant | 500 |
| 7.4 | Puissance et énergie électrique | 501 |
| 7.5 | Dispositifs de protection contre les surintensités | 502 |
| 7.6 | Défaillances sur les installations électriques | 503 |
| 7.7 | Mesures de protection sur les machines électriques | 504 |
| 7.8 | Consignes relatives au maniement des appareils électriques | 506 |
| 7.9 | Practise your English | 507 |

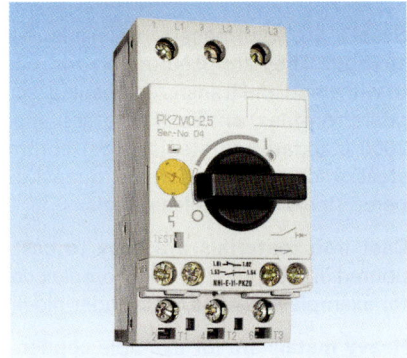

# 8 Montage, mise en service, entretien

| | | |
|---|---|---|
| 8.1 | Technique de montage | 508 |
| 8.2 | Mise en service | 516 |
| 8.3 | Entretien | 521 |
| 8.4 | Corrosion et protection contre la corrosion | 535 |
| 8.5 | Analyse de la sécurité et évitement des dommages | 541 |
| 8.6 | Sollicitation et solidité des éléments de construction | 543 |
| 8.7 | Practise your English | 545 |

# 6 Génie mécanique

Les machines assistent l'homme dans son travail. Elles effectuent des processus de fabrication, soit par les commandes de l'opérateur, soit par commande automatique par des instructions de programmes informatiques. Les machines modernes sont les principaux outils permettant d'accroître la productivité de la fabrication.

## 6.1 Classification des machines

### Machines en tant que systèmes techniques

Pour identifier la fonction et le mode d'action d'une machine, on peut généralement les considérer comme un **système technique** auquel on fournit de l'énergie, des substances ou des informations. Celles-ci y sont transformées avant de quitter à nouveau la machine (**fig. 1**).

**Entrée** → **Transformation** → **Sortie**

Système technique: tour

- Energie: Courant électrique
- Substances: Ebauches
- Informations: Commandes, programmes

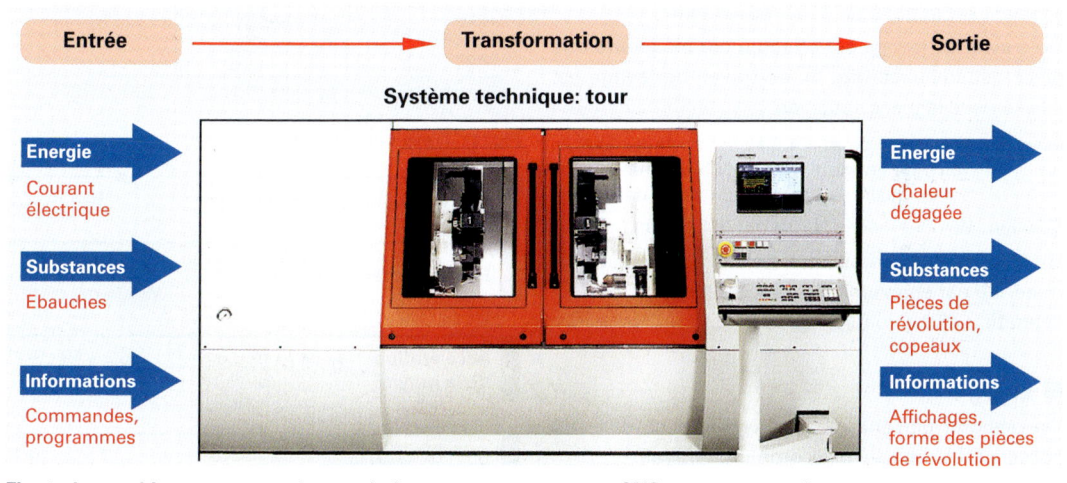

- Energie: Chaleur dégagée
- Substances: Pièces de révolution, copeaux
- Informations: Affichages, forme des pièces de révolution

**Fig. 1**: La machine comme système technique en prenant un tour CNC comme exemple

Selon l'approche adoptée pour la technique du système, on peut classer les machines en trois types de machines suivant leur fonction principale:

- Machines transformant l'énergie: **machines motrices**
- Machines transformant les matières: **machines de travail**
- Machines transformant l'information: **installations informatiques**

### 6.1.1 Machines motrices

Les machines motrices ont pour **fonction principale la transformation d'énergie**. L'énergie qui leur est fournie est transformée en une forme d'énergie nécessaire pour un certain but d'utilisation.

**Exemple**: Le moteur d'une voiture est une machine motrice. L'énergie chimique stockée dans le carburant y est transformée en énergie motrice requise pour l'entraînement de la voiture.

Un **flux d'énergie** permet de l'illustrer clairement (**fig. 2**). L'énergie est fournie à la machine motrice. Après la transformation, elle est disponible comme énergie utilisable.

**Les fonctions annexes** des machines motrices sont:

- le **flux de substances**, par ex. la pénétration de carburant dans le moteur et l'évacuation des gaz d'échappement.
- le **flux d'informations**, c.-à-d. l'entrée et la sortie de signaux.

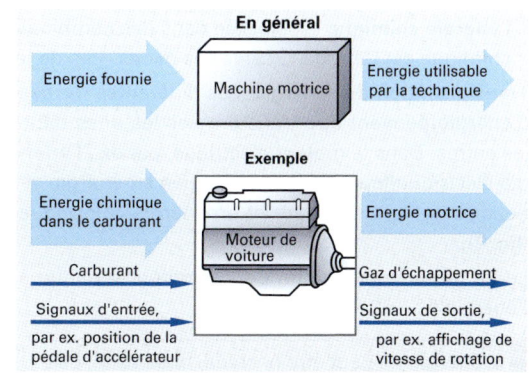

En général: Energie fournie → Machine motrice → Energie utilisable par la technique

Exemple: Energie chimique dans le carburant → Moteur de voiture → Energie motrice; Carburant → Gaz d'échappement; Signaux d'entrée, par ex. position de la pédale d'accélérateur → Signaux de sortie, par ex. affichage de vitesse de rotation

**Fig. 2**: Le système technique de la machine motrice, en prenant un moteur de voiture comme exemple

## 6.1.1.1 Bases physiques des machines motrices

Pour décrire l'effet et la qualité des machines motrices, on a besoin de termes issus de la physique, comme par ex. travail, énergie, puissance, rendement.

### ■ Travail

> On désigne par travail W dans les processus de mouvement le produit de la force F et de la course s: $W = F \cdot s$

L'unité de travail est le **joule** (abréviation **J**).
Le travail d'1 J est accompli lorsqu'une force de 1 N s'exerce sur le trajet de 1 m: **1 J = 1 Nm**.
**Un travail de levage est effectué** par ex. lorsqu'une pièce est soulevée **(fig. 1)**. Le travail de levage est stocké dans la pièce soulevée.

**Exemple :** Une pièce de $m$ = 4,5 kg est soulevée avec la force de levage $F$ = 44,15 N à une hauteur de 2,4 m. Quelle est l'ampleur du travail de levage ?
Solution : $W = F \cdot s$ = 44,15 N · 2,4 m = **105,96 Nm**

Un travail est accompli aussi pendant l'usinage d'un matériau par enlèvement de copeaux ou lors de l'accélération d'une voiture.

### ■ Energie

On désigne par **énergie** le travail stocké dans un corps, ou sa capacité d'accomplir un travail.
L'unité d'énergie est le **joule (J)**. L'énergie existe sous différentes **formes** :

- l'**énergie potentielle** $W_{pot}$ (énergie de la position) est par ex. le travail de levage stocké dans une pièce soulevée. Elle est calculée en multipliant le poids $F_G$ de la pièce à façonner par la hauteur de levage h.
  On calcule le **poids** $F_G$ du corps à partir de la masse m du corps et l'accélération due à la gravité g: $F_G = m \cdot g$. L'accélération de la gravité g atteint g = 9,81 m/s².
- l'**énergie cinétique** $W_{cin}$ (énergie motrice) est l'énergie stockée dans des corps en mouvement. Elle dépend de la masse m du corps et de sa vitesse v.
- l'**énergie thermique** se trouve dans des corps chauffés, par ex. dans un gaz chaud qui entraîne une turbine.
- l'**énergie électrique** peut être prélevée sur le réseau électrique et entraîner un moteur électrique.
- l'**énergie chimique** est stockée dans des combinaisons chimiques. Elle est libérée lorsque la combinaison chimique est rompue. C'est le cas par ex. lors de la combustion d'un carburant.

**Transformation de l'énergie.** Les différentes formes d'énergie peuvent être transformées les unes dans les autres. Dans le moteur électrique, par ex., l'énergie électrique fournie est transformée en énergie cinétique de l'arbre moteur et en énergie calorifique **(fig. 2)**.
La **loi de la conservation de l'énergie** s'applique à l'énergie.

> L'énergie ne peut être ni créée, ni détruite. Elle peut seulement être transformée d'une forme d'énergie en une autre.

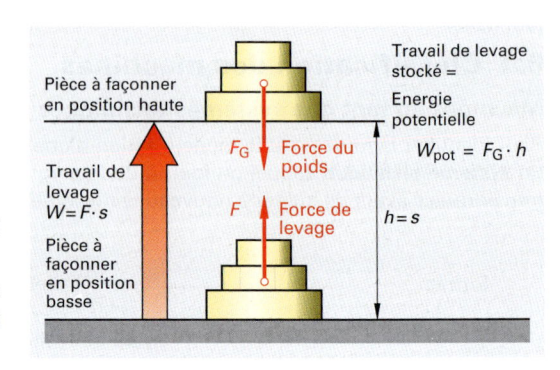

**Fig. 1 : Travail et énergie**

| Travail | $W = F \cdot s$ |
|---|---|
| Energie potentielle | $W_{pot} = F_G \cdot h$ <br> $W_{pot} = m \cdot g \cdot h$ |
| Accélération de la gravité | $g = 9{,}81\dfrac{m}{s^2} = 9{,}81\dfrac{N}{kg}$ ; $1\,N = 1\dfrac{kg \cdot m}{s^2}$ |
| Energie cinétique | $W_{cin} = \dfrac{1}{2} \cdot m \cdot v^2$ |

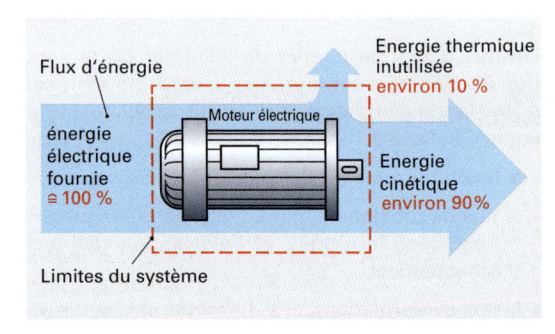

**Fig. 2 : Flux d'énergie sur le moteur électrique**

# Classification des machines

**Bilan énergétique.** En technique, on compare l'énergie fournie à l'énergie dégagée pour évaluer le rendement d'une machine. Pour ce faire, on trace une frontière virtuelle autour d'un système technique et on considère les énergies entrantes et les énergies sortantes du système **(fig. 2, p. précédente)**. Habituellement, on exprime les bilans énergétiques sous forme de pourcentage.

## ■ Puissance

Pour pouvoir comparer des machines entre elles, l'énergie transformée ou le travail mécanique fourni par une machine est comparé au temps requis pour cela.

| Le travail accompli $W$ par unité de temps $t$ est appelé **puissance $P$**. | **Puissance** | $P = \dfrac{W}{t} = \dfrac{F \cdot s}{t} = F \cdot v$ |
|---|---|---|

L'unité de puissance est le **watt**, symbole W, qui porte le nom du physicien anglais James Watt.
Les multiples de l'unité de base watt sont : kilowatt (kW), mégawatt (MW) et gigawatt (GW).
1 kW = 1000 W ; 1 MW = 1000 kW = 1 000 000 W ; 1 GW = 1000 MW = 1 000 000 kW

**Exemple :** Une machine-outil d'un poids $F_G$ = 15400 N est soulevée par un engin de levage électrique de 1,8 m en 12 secondes. Quelle est la puissance déployée par l'engin de levage ?

Solution : $P = \dfrac{F_G \cdot h}{t} = \dfrac{15\,400\ \text{N} \cdot 1,8\ \text{m}}{12\ \text{s}} = 2310\ \dfrac{\text{N} \cdot \text{m}}{\text{s}} = 2310\ \text{W} = \mathbf{2{,}31\ kW}$

## ■ Rendement

Sur les machines et appareils, seule une partie de la puissance fournie peut être transformée en puissance utilisable. L'autre partie de la puissance est transformée en chaleur de friction par ex. sur les machines à pièces mobiles, ou bien disparaît en tant que chaleur perdue sur des moteurs thermiques ou des machines électriques. Elle ne peut généralement pas être utilisée sur le plan technique.

| Le rapport entre la puissance techniquement utilisable $P_2$ et la puissance fournie $P_1$ est appelée rendement $\eta$. | **Rendement** | $\eta = \dfrac{P_2}{P_1}$ |
|---|---|---|

Le rendement est indiqué sous forme de nombre décimal ou de pourcentage, par ex. $\eta$ = 0,85 ou $\eta$ = 85 %. Le rendement est toujours inférieur à 1 ou à 100 %, car la puissance techniquement utilisable $P_2$ est toujours inférieure à la puissance appliquée $P_1$ en raison des pertes.

**Exemple :** Un moteur électrique fournit une puissance d'entrée de 12 kW à un engrenage. A l'arbre de sortie de l'engrenage, 10,8 kW de puissance sont fournis à un engin de levage. Quel est le rendement de l'engrenage ?

Solution : $\eta = \dfrac{P_2}{P_1} = \dfrac{10{,}8\ \text{kW}}{12\ \text{kW}} = \mathbf{0{,}90} = \mathbf{90\ \%}$

## 6.1.1.2 Types de machines motrices

■ **Les moteurs électriques** sont les machines motrices stationnaires les plus fréquemment utilisées dans le secteur industriel **(fig. 1)**. Ils servent par ex. d'unité d'entraînement de machines-outils, d'engins de levage, de systèmes de transport, de pompes, de compresseurs.

Sur les moteurs électriques, l'énergie électrique est transformée en énergie cinétique. Les moteurs électriques se caractérisent par un rendement élevé ($\eta$ = 70 … 95 %).

Ils sont construits dans des tailles allant de quelques watts à plusieurs dizaines de milliers de kilowatts. Ils tournent pratiquement sans bruit et sans oscillations, sont aussitôt prêts à l'emploi et supportent une surcharge de faible durée. En outre, ils sont écologiques, car ils ne génèrent pas de gaz d'échappement.

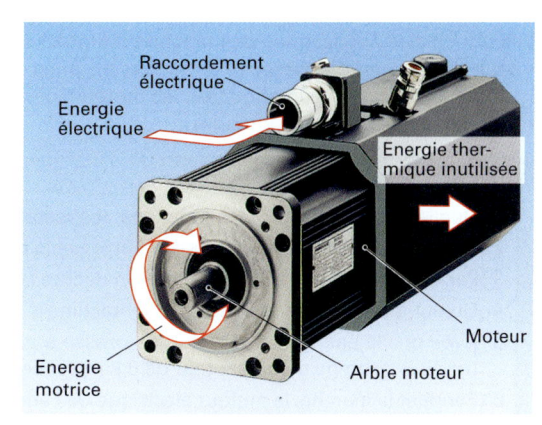

**Fig. 1 : Conversion de l'énergie dans un moteur électrique**

■ **Les machines à combustion interne** sont des machines dans lesquelles une énergie chimique stockée dans un carburant est d'abord transformée par combustion en énergie thermique, et ensuite, par transformation thermodynamique (transformation en chaleur/électricité) en énergie motrice. Les machines à combustion interne sont par ex. la turbine à gaz, le moteur diesel et le moteur à essence (**fig. 1**). Ce sont les unités d'entraînement préférées pour les machines non stationnaires, comme par ex. les véhicules ou les engins de chantier. Elles ont un rendement de 30 à 40 %.

Une application moderne des machines à combustion interne: les mini-centrales électriques **cogénérant de la chaleur et de l'électricité**. Un moteur diesel entraîne une génératrice et produit de l'électricité. La chaleur dégagée par le moteur diesel est utilisée pour le chauffage du bâtiment. Le rendement total d'une telle installation peut atteindre 90 %.

■ **Les machines motrices hydrauliques** sont par ex. des moteurs hydrauliques et des vérins hydrauliques (**fig. 2**). Sur ces machines, l'énergie d'écoulement et de pression de liquides est transformée en énergie mécanique pour des composants mobiles. Les machines hydrauliques entraînent par ex. le rotor de groupes électrogènes. Les moteurs hydrauliques créent un mouvement rotatif, les vérins hydrauliques un mouvement rectiligne. En raison de la forte pression dans les éléments hydrauliques, de très grandes forces peuvent être générées sur un espace réduit. Elles servent à mettre en mouvement des pièces de machines (p. 596).

■ **Les machines motrices pneumatiques** sont par ex. les éoliennes, les vérins pneumatiques de commande ou les moteurs à air comprimé sur les visseuses pneumatiques (**fig. 3**). L'énergie d'écoulement et de pression de l'air déplacé ou sous pression est transformée en énergie mécanique cinétique.

Les principales applications des machines motrices pneumatiques sont la visseuse à percussion pneumatique, les vérins pneumatiques et les moteurs des machines-outils et des commandes.

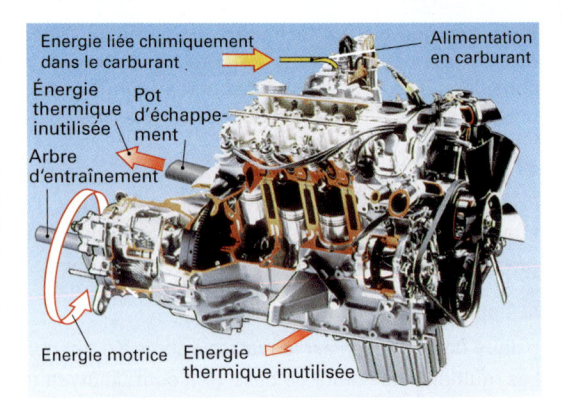

Fig. 1: Transformation de l'énergie dans un moteur à étincelles

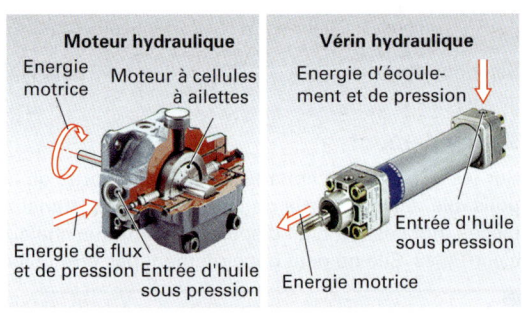

Fig. 2: Transformation de l'énergie dans les machines motrices hydrauliques

Fig. 3: Transformation de l'énergie dans la visseuse pneumatique

---

**Répétition et approfondissement**

1. Quelles sont les principales fonctions des machines motrices ou des machines de travail?
2. Expliquez à l'aide d'un croquis à main levée le flux d'énergie d'un moteur à combustion.
3. Par quelle grandeur physique peut-on décrire la capacité de travail des machines?
4. Qu'entend-on par rendement d'une machine?
5. Avec quelle énergie un marteau de presse à estamper frappe-t-il une pièce forgée lorsque le marteau ($m$ = 1,2 t) tombe d'une hauteur de 0,8 m sur cette pièce?
6. Pendant la marche, le moteur électrique de l'énergie de levage prélève sur le réseau électrique une puissance de 8,4 kW. Le moteur et l'engrenage de l'engin de levage ont un rendement total de 82 %. Quelle charge cet engin peut-il soulever en 20 secondes à une hauteur de 4 m?

## 6.1.2 Machines de travail

Les machines de travail ont pour fonction principale de transformer des matières **(fig. 1)**.
Avec les machines et à l'aide d'énergie, les matières
- sont transportées d'un lieu à l'autre (transport de matières),
- prennent une autre forme (formage de matières),
- sont amenées dans un autre état énergétique (changement d'état de matières).

**Exemple :** On fabrique sur un tour par ex. des pièces de révolution à partir de matériau en barres grâce à l'énergie motrice électrique (transformation de matières).
Des matières sont transportées par des pompes et des engins de levage (transport de matières).
La structure des matériaux est modifiée dans le four de recuit (modification de l'état du matériau).

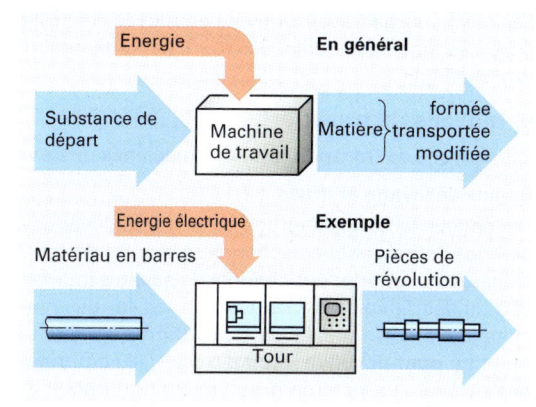

Fig. 1 : La machine de travail en tant que système technique

### 6.1.2.1 Bases physiques des machines de travail

Pour décrire les matières, les paramètres des matières et le transport des matières dans une machine de travail, on a besoin de paramètres.

■ La **masse** *m* d'une matière est indiquée en kilogrammes (kg) ou tonnes (t). 1 t = 1000 kg

La **masse volumique** $\varrho$ indique la masse m d'une matière par unité de volume V. Les unités indicatrices de la masse volumique sont les kg/dm³, g/cm³ ou t/m³ pour les solides et les liquides, ainsi que les kg/m³ pour les gaz.

$$\text{Masse volumique} = \frac{\text{masse}}{\text{volume}} \qquad \varrho = \frac{m}{V}$$

■ **Types de matières.** Suivant le but d'utilisation, il existe différentes possibilités de classer les matières :
- En fonction de leur état d'agrégation, on les subdivise en **matières solides, liquides** et **gaz**.
- A la production et à la fabrication, on les subdivise en **matières informes** : liquides, poudres, granulés, ainsi qu'en **matières d'une forme géométrique précise** : produits semi-finis, pièces, composants.

■ **Transport de matières.** Un transport de matières est caractérisé par la vitesse et le débit de matière.

La **vitesse** *v* est la distance s parcourue par un corps *s* par unité de temps *t*. Les unités indicatrices de la vitesse sont : m/s, m/min, mm/min, km/h.

$$\text{Vitesse} = \frac{\text{distance}}{\text{temps}} \qquad v = \frac{s}{t}$$

La **fréquence de rotation** *n*, décrit le mouvement rotatif d'une pièce machine. Elle indique le nombre de tours *tr* au cours de l'unité de temps *t*. Les unités indicatrices de la vitesse de rotation sont : 1/min ou min⁻¹ et 1/s ou s⁻¹.

$$\text{Fréquence de rotation} = \frac{\text{nombre de tours}}{\text{temps}} \qquad n = \frac{tr}{t}$$

Avec les matières solides, la quantité de matière transportée est décrite par le **débit massique** $q_m$, avec les liquides et les gaz, cette quantité est décrite par le **débit volumique** $q_v$. Il s'agit là de la masse *m* transportée pendant le temps *t*, ou du volume *V* refoulé pendant ce temps. Les unités indicatrices du débit massique et du débit volumique sont kg/s ou t/h ou l/s, l/min ou m³/h.

$$\text{Débit massique} = \frac{\text{masse}}{\text{temps}} \qquad q_m = \frac{m}{t}$$

$$\text{Débit volumique} = \frac{\text{volume}}{\text{temps}} \qquad q_v = \frac{V}{t}$$

Aux matières s'applique, un peu comme pour l'énergie (page 414), le **principe de conservation de la matière** :
La matière ne peut être ni créée ni détruite, elle ne peut être que transformée.

Un **bilan matière** indique qu'une masse entrant dans un système est aussi importante que la masse sortant du système **(fig. 2)**. Ainsi par ex. sur un tour, la masse apportée sous forme de matériau en barres est tout aussi importante que les masses additionnées des pièces fabriquées sur ce tour et des copeaux.

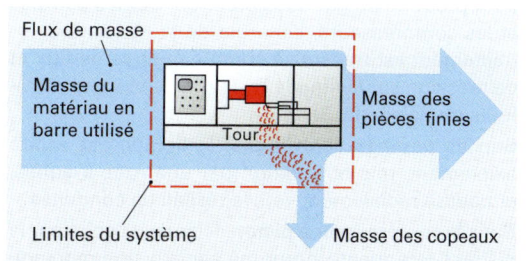

Fig. 2 : Bilan matière d'une machine-outil

## 6.1.2.2 Types de machines de travail

Les machines de travail, souvent employées dans les entreprises métallurgiques, sont des moyens de transport, des machines-outils, des fours de traitement thermique, ainsi que des installations de climatisation et de chauffage.

### ■ Moyens de transport

Les moyens de transport sont des machines de travail chargées de transporter des substances.

**Engins de levage et grues**

Les engins de levage et grues servent à soulever des charges, à charger et à décharger, à monter des machines, à transporter des chariots de palettes lourdes et à guider des pièces d'œuvre lourdes sur des machines-outils. Un atelier de fabrication a généralement un **pont portique** (pont d'œuvre). Il comprend des pylônes, un pont de grue, un chariot roulant et un palan électrique **(fig. 1)**. Avec ses 4 mouvements (levage, abaissement, roulement du chariot et roulement de la grue), il couvre toute la surface d'un atelier de fabrication et permet ainsi de transporter des charges lourdes d'un côté à l'autre.

Les zones de fabrication à chargements et déchargements fréquents dans une zone de travail limitée sont également desservies par une **grue pivotante**.

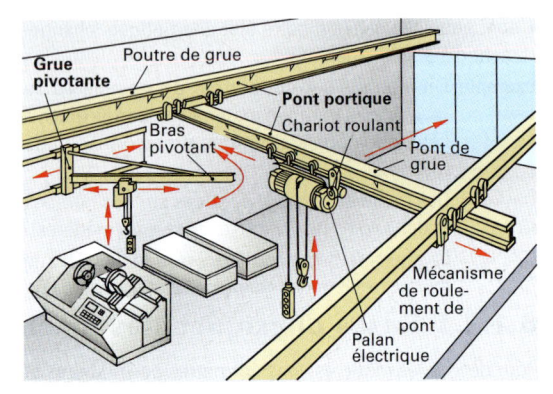

Fig. 1 : Installations de grues dans un hall de fabrication

**Convoyeurs, systèmes de transport**

Le transport des pièces à façonner entre des postes d'usinage d'une installation de fabrication est effectué par des convoyeurs **(fig. 2)**. Dans la fabrication en grandes séries, on utilise des **courroies transporteuses** et des convoyeurs suspendus qui comportent selon la taille et la forme des pièces à façonner une chaîne à maillons ou un transrouleur à rouleaux/galets. Ils garantissent un flux de matériau continu ; les réserves de pièces à façonner servent de tampon. Les petites pièces à façonner sont transportées sur des **palettes**. Elles sont déplacées soit par un chariot de transport sur rails, soit par un chariot élévateur à fourche. Dans la fabrication automatique, le prélèvement des pièces de la courroie transporteuse ou de la palette et le chargement de la machine d'usinage est effectué par des appareils de manutention, par ex. un portique de chargement.

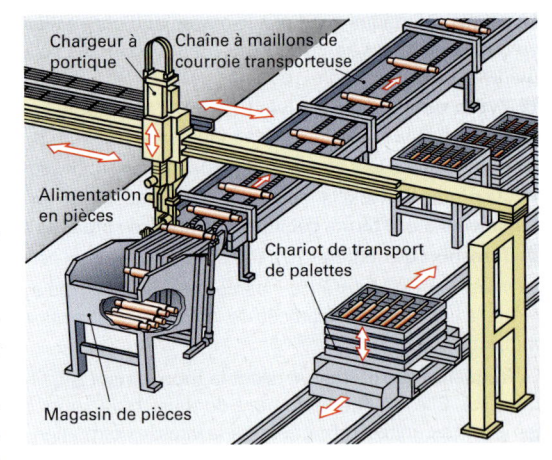

Fig. 2 : Système de transport des pièces à façonner

**Pompes, compresseurs**

Les pompes servent à acheminer des liquides. On utilise les compresseurs pour acheminer des gaz et pour produire du gaz sous pression. Sur les pompes et les compresseurs, l'énergie de la machine d'entraînement est transmise comme énergie de flux et de pression sur le liquide ou le gaz. Il en existe différents modèles **(fig. 3)**.

Sur les **pompes centrifuges**, le liquide est aspiré axialement, mis en rotation par une roue à aubes, et poussé radialement vers le réseau de conduites.

Dans le **compresseur à piston**, le gaz est aspiré par le piston descendant, comprimé par le piston montant, puis évacué.

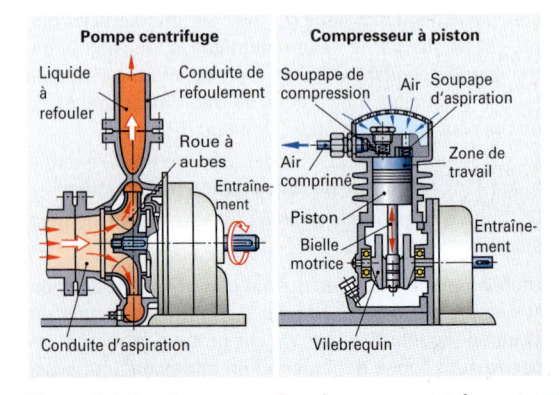

Fig. 3 : Modes de construction des pompes et des compresseurs

# Classification des machines

## ■ Machines-outils

Les machines-outils sont des machines de travail qui fabriquent des pièces à façonner (façonnage de substances).

Selon le procédé de fabrication, on différencie entre :

### Machines-outils de formage initial

Les machines-outils de formage initial sont par ex. des machines de moulage par pression pour les métaux non ferreux à bas point de fusion, par ex. l'aluminium ou le zinc, le moulage par compression de pièces frittées ou l'extrudeuse pour les matières plastiques (**fig. 1** sur cette page et **fig. 1, page 104**).

Le matériau de départ est une substance sans formes, par ex. un bain de fusion, une poudre métallique ou un granulé de matière plastique. La substance sans formes est façonnée dans la machine en produit semi-fini ou produit fini.

### Machines outils de formage

Les machines-outils de formage sont par ex. les machines de cintrage, d'emboutissage profond et de cintrage (**fig. 2**).

### Machines-outils à enlèvement de copeaux

Le matériau de départ est une ébauche préparée, par ex. une section de profilé, de tôle ou de tige. Il est façonné dans une machine de formage.

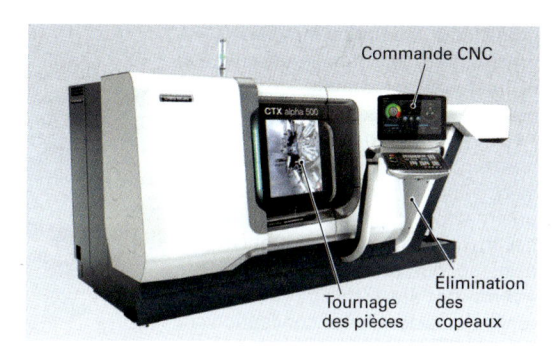

Les machines-outils d'enlèvement de copeaux sont par ex. les scies, les rectifieuses, les perceuses, les fraiseuses, les tours et les centres d'usinage (**fig. 3**). Les matériaux de départ sont des tronçons de tiges ou de profilés ainsi que des pièces d'oeuvre préfabriquées qui sont finies. Dans la machine-outil à enlèvement de copeaux, la pièce est façonnée par enlèvement de copeaux.

L'énergie nécessaire pour l'enlèvement de copeaux de la pièce est fournie par des moteurs électriques montés dans la machine-outil.

## ■ Fours de traitement thermique, installations de chauffage

Les fours et les installations de chauffage sont des installations (machines de travail) fournissant de l'énergie thermique pour accroître la température de matériaux et produire ainsi des changements à l'intérieur de ces matériaux (modifications de structure).

Dans les **fours de traitement thermique à passage continu (fig. 4)** par exemple, les pièces en acier sont échauffées puis subissent un refroidissement brusque. Cela permet de conférer des modifications souhaitées à la structure du matériau. Ce traitement a pour effet d'améliorer radicalement les propriétés mécaniques des aciers, par ex. leur dureté et leur solidité.

Dans la **chaudière** d'une installation de chauffage, un fluide caloporteur (air ou eau) est chauffé et acheminé par des conduites dans les pièces où la chaleur est nécessaire.

**Fig. 1 :** Extrudeuse pour conférer une forme de base aux tubes en plastique et aux profilés

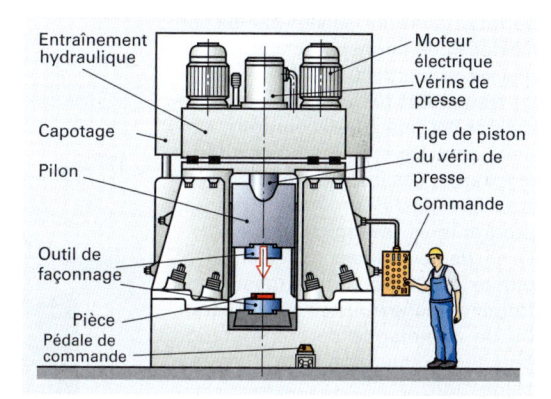

**Fig. 2 :** Presse à forger pour le formage de pièces forgées

**Fig. 3 :** Tour d'enlèvement de copeaux

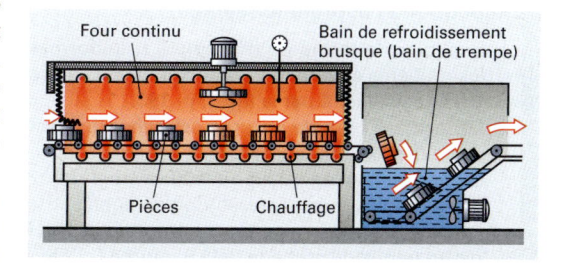

**Fig. 4 :** Fours de traitement thermique pour la trempe

## 6.1.3 Installations de traitement de données

Les installations de traitement de données recueillent des données et des ordres de saisie (informations), les traitent, et émettent des données et des ordres de commande **(fig. 1)**.
On peut globalement les appeler machines de transformation de l'information.

Le mode de fonctionnement des installations de traitement de données est appelé en abrégé **principe STS : saisie de données, Traitement de données, Sortie de données**.

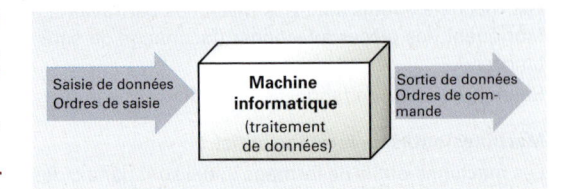

Fig. 1 : L'installation de traitement de données comme système technique

Les installations de traitement de données comprennent des ensembles d'appareils appelés **matériel (fig. 2)**.
La **saisie de données** se fait par des périphériques de saisie, par ex. un clavier ou le panneau de commande d'une commande CNC.
Le **traitement de données** est effectué par l'ordinateur. Il comprend une unité centrale et la mémoire interne et externe. Les instructions de travail sont fournies à l'ordinateur par des programmes, les **logiciels**.
La **sortie de données** peut s'effectuer par ex. sous valeur de mesure ou forme d'image affichée sur un écran, ou de commande de commutation pour les moteurs d'avance d'une machine-outil.

■ **Appareils et installations de traitement de données**

Aujourd'hui, les équipements informatiques sont omniprésents dans la vie privée et professionnelle : calculettes, ordinateurs personnels, ordinateurs portables, tablettes PC, Smartphones. Avec la **commande CNC**, les différentes phases du travail de fabrication sont pilotées automatiquement sur une machine-outil **(fig. 3)**.
**Les installations de CAO** (**C**onception **a**ssistée par **o**rdinateur, en anglais « computer aided design ») servent à réaliser des dessins de conception sur écran. Des calculs de composants peuvent aussi être effectués sur des installations de CAO.

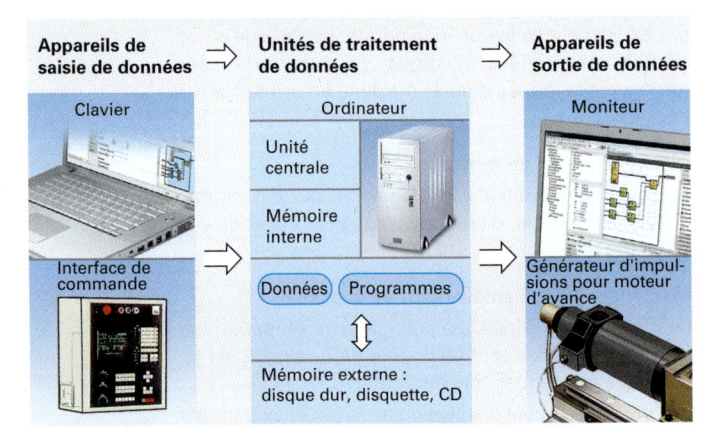

Fig. 2 : Structure d'installations de traitement de données constituées de composants

Fig. 3 : installations de traitement de données en fonctionnement

---

### Répétition et approfondissement

1. Expliquez le terme de machine à transformer les matières en prenant pour exemple le centre d'usinage illustré par la **fig. 3, p. 193**.
2. Un produit humide en vrac est acheminé sur une courroie transporteuse à maillons, pour sécher au passage dans un four tunnel de 12 m de long. A quelle vitesse doit se déplacer la courroie transporteuse pour permettre d'obtenir un temps de séchage de 1,6 minute ?
3. Quelle est la formule pour la densité ?
4. Quelle est la fréquence de rotation d'un moteur électrique, en 1/min, s'il doit exécuter 36 rotations en 3 secondes ?
5. Quelle équation utilise-t-on pour calculer le débit massique sur une courroie transporteuse ?
6. Quelles transformations l'énergie fournie à l'arbre d'entraînement d'une pompe centrifuge subit-elle jusqu'à la conduite de refoulement **(fig. 3, p. 418)** ?
7. Qu'entend-on par « principe de la saisie et du traitement » en informatique ?

## 6.2 Unités fonctionnelles des machines et appareils

On peut subdiviser les machines et les appareils, d'après leur structure constructive, en **sous-ensembles** (également nommés **unités à monter**). Une perceuse sur colonne se compose par ex. des sous-ensembles suivants : moteur électrique, entraînement par courroie, broche de perçage, plateau machine, pied de la machine et dispositif de commande **(fig. 1)**.

Par ailleurs, on peut subdiviser les machines et les appareils, en fonction des tâches (fonctions) imparties à leurs sous-ensembles, en **unités fonctionnelles**. Une perceuse sur colonne comporte par ex. des unités fonctionnelles servant à l'entraînement, à la transmission du couple, au perçage, au soutien de machine et la commande.

Les mêmes fonctions peuvent être remplies par des unités à monter différentes. La transmission du couple du moteur électrique à la broche de perçage peut par ex. s'effectuer par réducteur à pignons, par entraînement à courroie, ou par réducteur à roue de friction.

La subdivision d'une machine en unités fonctionnelles permet de mieux comprendre le mode de fonctionnement de la machine indépendamment du mode de construction des unités à monter.

> La connaissance des tâches des diverses unités fonctionnelles et de leur interaction permet de reconnaître le mode de fonctionnement de la machine ou de l'appareil.

### 6.2.1 Structure interne des machines

Une machine est un système technique qui forme un tout (fig. 1). Ce système se compose d'une série de systèmes partiels, les unités à monter. Ces unités remplissent des fonctions partielles déterminées.

Le système total que constitue la machine a une **fonction d'ensemble** ou **fonction principale**. Avec une perceuse, par ex., la fonction d'ensemble consiste à percer des trous dans des pièces.

La **fonction d'ensemble** d'une machine est réalisée par diverses unités fonctionnelles partielles (fig. 1).

**Système complet : perceuse**
Fonction complète : perçage de trous dans des pièces

**Sous-système 2 : entraînement par courroie**
Sous-fonction : transmission et démultiplication du couple de l'arbre moteur vers la broche de perçage

**Sous-système 1 : moteur électrique**
Sous-fonction : entraînement de la broche de perceuse

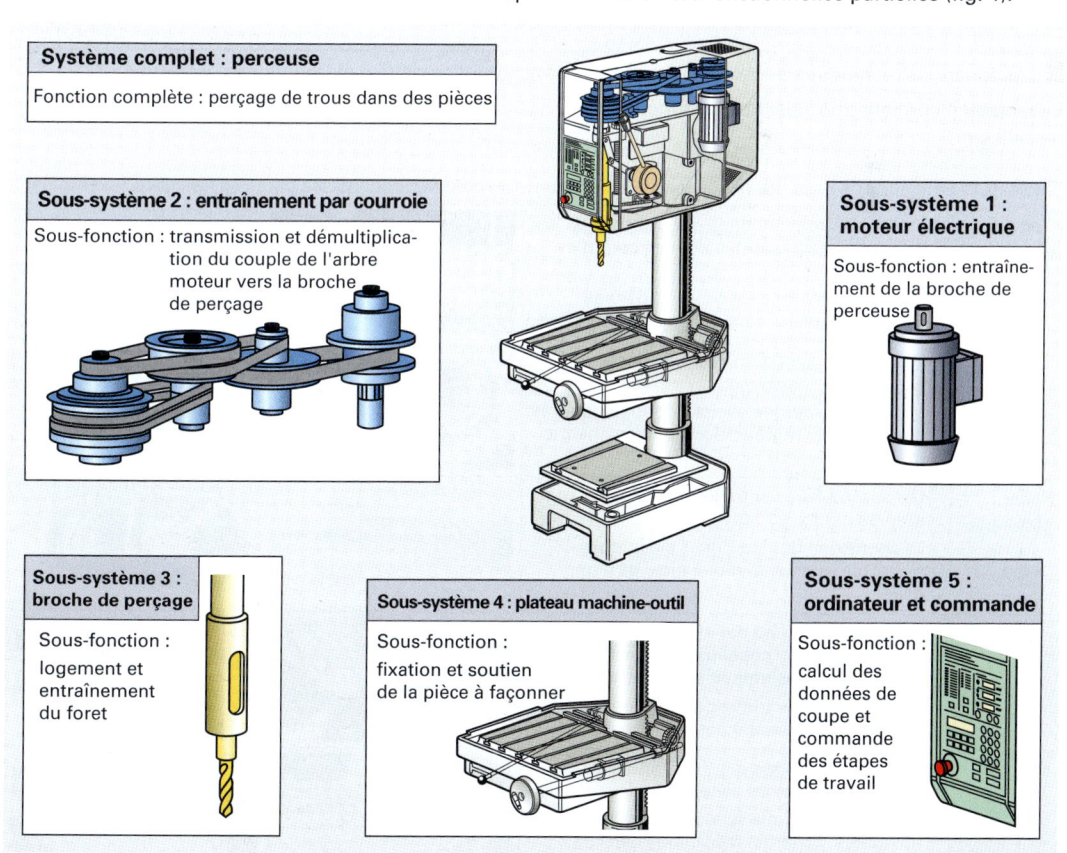

**Sous-système 3 : broche de perçage**
Sous-fonction : logement et entraînement du foret

**Sous-système 4 : plateau machine-outil**
Sous-fonction : fixation et soutien de la pièce à façonner

**Sous-système 5 : ordinateur et commande**
Sous-fonction : calcul des données de coupe et commande des étapes de travail

Fig. 1 : Subdivision d'une perceuse en unités modulaires avec fonctions partielles

Les fonctions partielles d'une **perceuse** sont par ex. l'entraînement de la broche de perçage par le moteur électrique, la transmission du couple de l'arbre du moteur à la broche de perçage, le perçage de trous par le foret, la fixation et le soutien de la pièce par le plateau machine, la commande des déplacements de l'avance de la perceuse, et le capotage de l'entraînement à courroie pour prévenir les blessures.

Avec un **tour** (**fig. 1, p. suivante**) on obtient des unités fonctionnelles semblables. Dans ce cas, les unités fonctionnelles sont, par ex., l'entraînement de la broche principale du tour, la transmission du couple du moteur à la broche principale, l'usinage de la pièce par enlèvement de copeaux, la commande des divers mouvements d'avance, le support et le guidage du chariot porte-outil et le capotage de la machine.

Les machines remplissent leur fonction d'ensemble au moyen d'un nombre limité d'unités fonctionnelles typiques.

> Les sous-ensembles de toutes les machines et de tous les appareils peuvent être subdivisés en quelques unités fonctionnelles :

- unités d'entraînement
- unités d'appui et de soutien
- unités servant à la protection de l'environnement et à la sécurité au travail
- unités de transmission
- unités de liaison
- unités de travail
- unités de mesure, de commande, et de régulation

### ■ Fonctions techniques de base de la machine

Si l'on affine la subdivision des diverses unités fonctionnelles d'une machine, on reconnaît que la machine remplit sa fonction grâce à l'interaction de ce qu'on nomme les fonctions techniques de base de la machine.

**Exemple :** L'unité d'entraînement d'un tour, le moteur électrique, se compose de plusieurs éléments de construction dotés de fonctions techniques de base de la machine. Le câble sert à **conduire** le courant électrique au moteur électrique, le bobinage du moteur **convertit** l'énergie électrique en énergie rotative mécanique, l'arbre du moteur **transmet** le couple né à l'intérieur du moteur au réducteur, les roulements **soutiennent et portent** l'arbre moteur.

> Les fonctions techniques de base des machines sont remplies par les éléments des machines.

**Le tableau 1** contient une sélection de fonctions de base et les éléments de machine utilisés pour s'acquitter de celles-ci.

**Tableau 1 : Fonctions de base des machines et des éléments de construction utilisés pour ces fonctions (exemples)**

| | | |
|---|---|---|
| Conduire, transporter | Les fluides sont conduits par des **tuyaux**, les solides sont transportés par des goulottes vibrantes.<br>L'énergie électrique est conduite par des **câbles**, les couples sont transmis par un **arbre**. | |
| Convertir, transformer, multiplier | Les vitesses sont démultipliées par un **engrenage**.<br>L'énergie électrique est transformée dans les bobinages du **moteur électrique** en énergie mécanique. | |
| Relier, assembler | Les assemblages entre les composants sont assurés par ex. au moyen **de vis**.<br>La connexion des conduites électriques s'effectue au moyen **d'une prise et d'une fiche**. | |
| Partager, séparer | Le partage consiste par ex. à **découper** une tôle, à réduire en **copeaux une** pièce ou à **découper au chalumeau** une poutre.<br>Les courants électriques ou les signaux sont interrompus (coupés) par un **interrupteur**. | |
| Stocker | Les gaz sont stockés dans des **bouteilles de gaz comprimé**, et les pièces dans des **palettes**.<br>L'énergie électrique se stocke dans des **accumulateurs**, l'énergie mécanique dans des ressorts. | |

## 6.2.2 Unités fonctionnelles d'une machine-outil CNC

On peut également subdiviser un tour à commande CNC en sous-ensembles qui correspondent aux unités fonctionnelles typiques des machines et des appareils **(fig. 1)**.

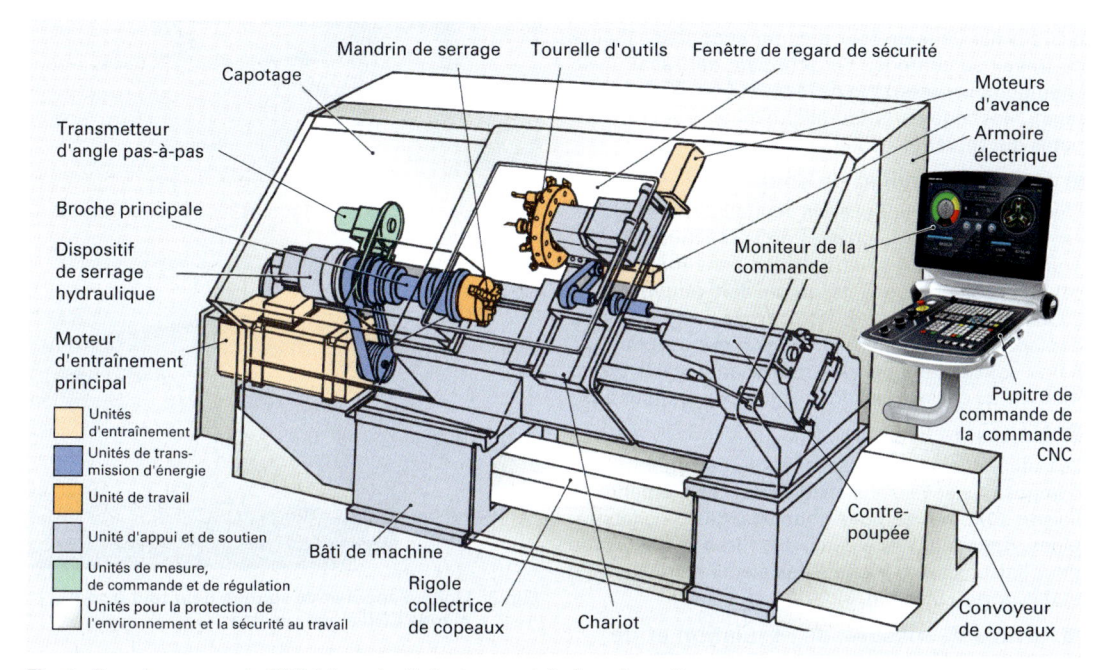

**Fig. 1 : Tour à commande CNC à banc incliné, et ses unités fonctionnelles**

### ■ Unités d'entraînement

Les unités d'entraînement fournissent l'énergie mécanique nécessaire au fonctionnement d'une machine. Avec les machines-outils, ces unités sont **les moteur électriques** de l'entraînement principal, des entraînements des avances, de la pompe hydraulique et des convoyeurs de copeaux. Les unités d'entraînement complètes d'un tour à commande CNC se composent des moteurs électriques et des unités de commande placées dans l'armoire électrique **(fig. 2)**. Elles garantissent l'alimentation en électricité des moteurs, et permettent le réglage continu de la vitesse de rotation.

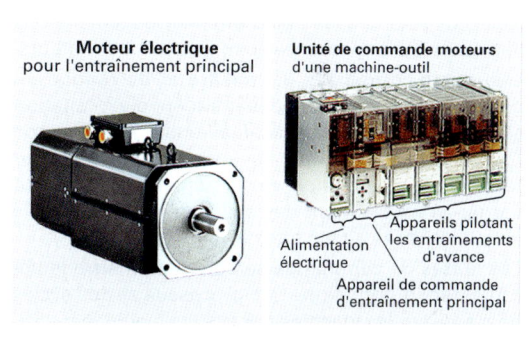

**Fig. 2 : Unité d'entraînement (moteur électrique) pour l'arbre moteur et l'unité de commande des moteurs**

### ■ Unités de transmission de l'énergie

L'énergie motrice fournie par l'unité d'entraînement doit être acheminée vers l'unité de travail et, en ce qui concerne la vitesse de rotation, être convertie de façon conforme aux exigences de l'unité de travail. Les composants servant à transmettre l'énergie sont les courroies, les arbres, les broches, les embrayages, les roues dentées et les boîtes à vitesses **(fig. 3)**.

Avec un tour à commande CNC (fig. 1) la transmission de l'énergie du moteur de l'entraînement principal à la pièce s'effectue via une transmission par courroie, par l'embrayage, la broche principale et le mandrin de serrage.

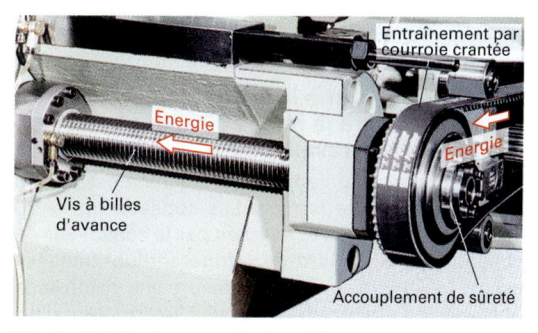

**Fig. 3 : Unités de transmission d'énergie**

## ■ Unités de travail

L'unité de travail est la partie de la machine qui s'acquitte de la fonction principale proprement dite de la machine. La fonction principale d'un tour consiste à usiner par tournage et enlèvement de copeaux des pièces. Dans un tour à commande CNC, l'unité de travail se compose de la broche de travail avec l'équipement de serrage de la pièce (mandrin de serrage), ainsi que de la tourelle revolver qui porte les outils qui servent à usiner la pièce (**fig. 1**).

## ■ Unités d'appui et de soutien

L'unité de base d'appui et de soutien d'une machine est constituée par le châssis de la machine (**fig. 2**). Tous les autres sous-ensembles sont montés sur celui-ci. Les composants qu'on doit pouvoir faire coulisser, comme par ex. les chariots porte-outils, se déplacent sur des glissières. Les composants tournants sont guidés par des roulements, et ils transmettent au châssis les forces qui s'exercent sur eux.

## ■ Unités de liaison

Les unités de liaison établissent la liaison entre les composants et les sous-ensembles. Les éléments de liaison sont, par ex., des goupilles, des crochets rapides, des vis et des écrous, des ressorts d'ajustage pour liaisons arbre-moyeu, des éléments de serrage et des porte-outils (**fig. 3**).

## ■ Unités de mesure, de régulation et de commande

**Les équipements de mesure** mesurent par ex. les vitesses de rotation, les déplacements, les dimensions des outils ou la puissance absorbée par les moteurs.

Les unités combinées de **mesure et de régulation** garantissent le respect d'une grandeur d'exploitation sélectionnée. Pour les machines-outils à commande CNC, on mesure par ex. l'avance. S'il y a écart par rapport à la valeur imposée, l'équipement régulateur corrige le mouvement de l'avance jusqu'à ce que la valeur imposée ait été atteinte.

**Les unités de commande** servent à permettre le déroulement automatique des processus et des cycles de travail sur les machines. Avec une machine à commande CNC, par ex. le cycle de travail (programme) souhaité est saisi et mémorisé dans le système de commande au moyen du pupitre de commande (**fig. 4**). Ensuite, la machine exécute automatiquement, via les ordres émis par le système de commande, les séquences de travail qui ont été mémorisées.

## ■ Unités servant à la protection de l'environnement, à la mise au rebut et à la sécurité au travail

Pour protéger le personnel, la machine est placée dans une enceinte fermée. Les copeaux qui s'envolent sont recueillis et évacués par le convoyeur de copeaux. Le brouillard de réfrigérant-lubrifiant est aspiré. La fenêtre de sécurité procure une vision sans obstacles du processus de travail. L'interrupteur d'arrêt d'urgence permet l'arrêt immédiat de la machine.

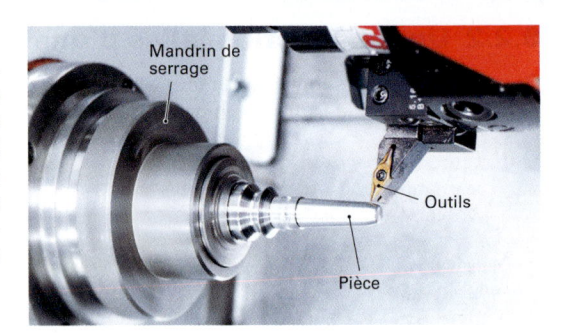

Fig. 1 : Unité de travail d'un tour

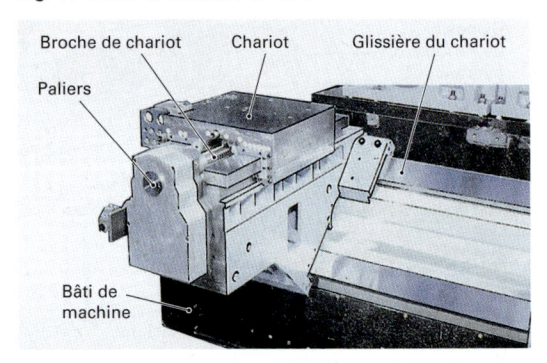

Fig. 2 : Unité d'appui et de soutien d'un tour à commande CNC à banc incliné

Fig. 3 : Unités de liaison d'un tour

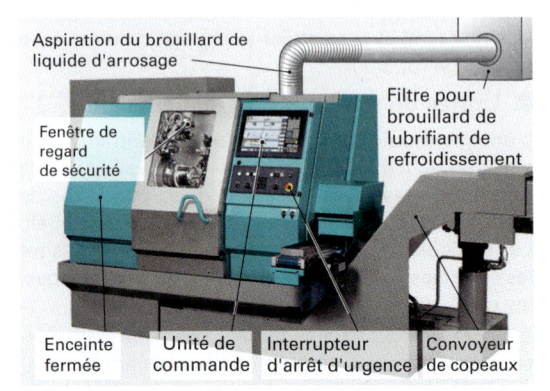

Fig. 4 : Unités fonctionnelles de régulation et de commande, de protection de l'environnement, d'élimination des déchets et de sécurité au travail

## 6.2.3 Unités fonctionnelles d'une climatisation

Une installation de climatisation a pour tâche de créer dans un local un climat ambiant de travail agréable et sain, ainsi que de fournir un air respirable suffisamment propre et oxygéné.

Une installation de climatisation est indispensable lorsque, dans un vaste hall de fabrication de grandes dimensions où se trouve une grande quantité de machines-outils et de fours de traitement, il se dégage en été une quantité de chaleur telle qu'il se produit un échauffement insupportable que la ventilation naturelle est incapable d'éliminer. En hiver, par ex. dans les usines utilisant des bains salins pour traitement thermique ou des postes de brasage, il faut en plus du chauffage un recyclage d'air régulé pour aspirer rapidement les gaz d'échappement nocifs pour la santé.

Une installation de climatisation comprend la **centrale de climatisation** proprement dite, dans laquelle s'effectuent le nettoyage et l'humidification ou le séchage de l'air, ainsi qu'un système de conduits d'air pour l'arrivée et l'évacuation de l'air (**fig. 1**).

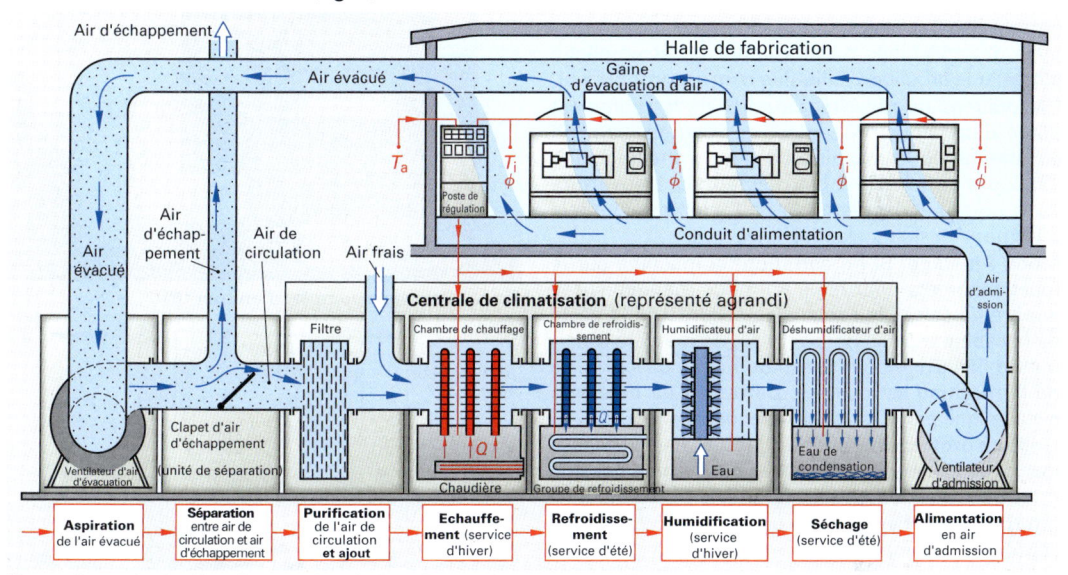

**Fig. 1:** Centrale de climatisation d'un hall de fabrication avec les différentes unités fonctionnelles

La centrale de climatisation se compose de sous-ensembles montés en série de façon modulaire, et contenant les diverses **unités fonctionnelles**. L'air traverse successivement ces sous-ensembles.

Le **ventilateur d'air évacué** aspire l'air **évacué** de la halle de fabrication, et le comprime dans la centrale de climatisation. Au moyen d'un **clapet d'air d'échappement** (unité de séparation), une partie de l'air d'échappement est séparée et chassée à l'extérieur. L'air conduit dans le circuit (air de recirculation) est épuré dans un **filtre** et enrichi à l'air frais.

Ensuite, l'air transite par une **chaudière** qui fonctionne en hiver et qui réchauffe l'air de recirculation froid pour le porter à la température ambiante souhaitée. En été, la chaudière ne fonctionne pas. Par contre, c'est le **groupe réfrigérant** qui fonctionne, et qui refroidit l'air ambiant surchauffé pour faire descendre la température à une température de travail agréable.

En hiver, **l'humidificateur d'air** fonctionne, et il humidifie l'air sec produit par le chauffage. En été, il ne fonctionne pas. On utilise alors **le déshumidificateur** d'air qui retire son humidité excessive à l'air ambiant estival. Pendant la période de transition, en automne et au printemps, si l'on a besoin ni de chauffage ni de réfrigération, l'installation de climatisation fonctionne uniquement comme système de nettoyage de l'air ambiant avec épuration d'air.

La centrale de climatisation est surveillée, régulée et pilotée depuis un poste de régulation qui mesure la température extérieure ($T_a$), la température ambiante ($T_i$) et l'humidité de l'air ($\varphi$) dans le hall de fabrication, et régule les unités fonctionnelles en fonction des valeurs de consigne prescrites.

### Répétition et approfondissement

1. De quelles unités fonctionnelles se compose une perceuse sur colonne (**fig. 1, p. 421**)?
2. Citez trois fonctions de bases de machines et les composants utilisés à cet effet.
3. Quelles tâches remplissent les unités de mesure, de régulation et de commande d'un tour à commande CNC?
4. Quelles unités fonctionnelles ont une centrale de climatisation (fig. 1)?

## 6.2.4 Dispositifs de sécurité sur des machines

Les dispositifs de sécurité sur les machines servent à assurer la protection des hommes et femmes qui travaillent (protection des personnes), la préservation de la machine (protection des machines) et la protection de l'environnement contre les nuisances et les substances nocives pour la santé (protection de l'environnement).

### ■ Protection des personnes

**Configuration technico-sécuritaire.** Les machines doivent être construites et carénées de sorte à empêcher qu'il n'émane tout risque. Les machines-outils modernes possèdent par ex. un carénage complet avec cabine de protection contre les projections, porte coulissante et fenêtre de sécurité **(fig. 1)**. Cela permet d'éviter les blessures dues aux pièces mobiles des machines ou aux copeaux, et empêche d'inhaler le brouillard du liquide d'arrosage lubrifiant.

**Verrouillage de sécurité.** La porte de la cabine est dotée d'un capteur à contact de sécurité. La mise en marche de la machine ne peut s'effectuer que lorsque la porte de la cabine est fermée. L'ouverture de la porte pendant le cycle de travail provoque la mise hors tension de la machine.

**Mode Ajustage.** Si on commute la machine sur le fonctionnement pour réglage (mode manuel) sur le pupitre de saisie, le capteur de sécurité de la porte de la cabine est mis hors service, de manière à permettre l'ajustage de la machine tandis que la porte de la machine est ouverte. Ce travail ne peut être exécuté que par un spécialiste expérimenté.

**Grille de protection.** La zone de travail des presses et des manipulateurs automatiques est isolée par une grille de protection, et il est interdit d'y pénétrer.

**Interrupteurs et voyants de contrôle (fig. 2). L'interrupteur à clef** empêche la mise en service d'une machine par des personnes qui ne sont pas habilitées à le faire. **L'interrupteur d'arrêt d'urgence** sert à provoquer l'arrêt immédiat de la machine en cas d'urgence. Les **voyants de contrôle de fonctionnement** indiquent en s'allumant que les sous-ensembles fonctionnent correctement, tandis que les **voyants de défaillance,** en s'allumant, signalent une panne. Le spécialiste peut rapidement constater **d'un coup d'œil** sur l'écran de commande l'état de la machine.

Des **dispositifs de sécurité** supplémentaires sont présents par ex. sur les presses **(fig. 3). L'interrupteur à deux mains** doit être actionné simultanément avec les deux mains, afin qu'aucune de celles-ci ne se trouve dans la zone dangereuse de la machine. Une **barrière lumineuse** provoque l'arrêt de la machine lorsqu'une main empiète sur la zone dangereuse.

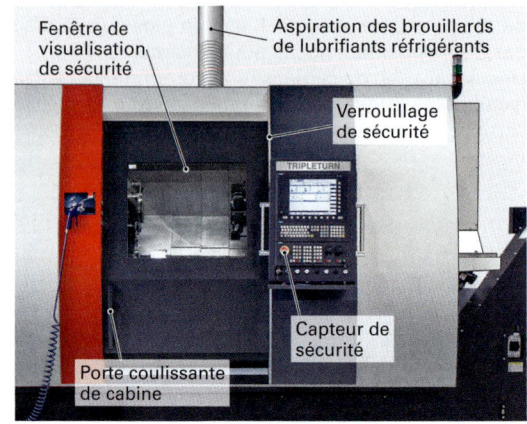

**Fig. 1 : Carénage complet d'un tour CNC**

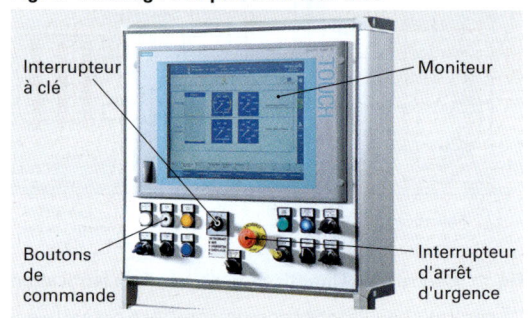

**Fig. 2 : Tableau d'une commande de presse**

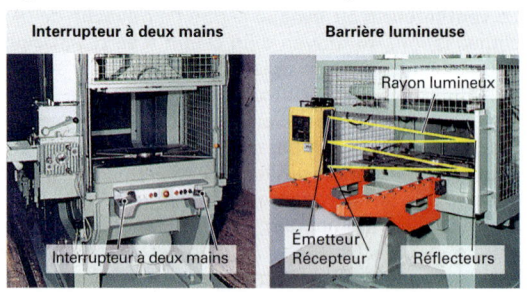

**Fig. 3 : Dispositifs de sécurité sur les presses**

### Prescriptions de sécurité
- Pendant les travaux d'entretien et de réparation effectués dans la zone de travail de la machine, cette dernière doit être mise hors service au moyen de l'interrupteur à clé situé sur le pupitre de commande, et de l'interrupteur principal situé dans l'armoire de distribution.
- Les dispositifs de sécurité ne doivent pas être mis hors service pendant la fabrication.
- Les travaux et les réparations effectués sur l'équipement électrique doivent uniquement être exécutés par un électricien qualifié.
- Les défauts d'étanchéité qui affectent le système hydraulique doivent être immédiatement réparés (risque d'incendie ou de chute).

# Unités fonctionnelles des machines et appareils

## ■ Protection des machines

Une **protection** contre une collision violente d'une pièce machine mobile s'obtient en limitant la course au moyen **d'interrupteur-limiteurs (fig. 1)**. Une came commutatrice placée sur la partie de machine mobile déclenche l'interrupteur-limiteur et désactive l'avance. Les trois axes d'usinage (X, Y, Z) ainsi que les groupes additionnels doivent être protégés.

La **surcharge mécanique** des composants des unités d'entraînement et de transmission (arbres, embrayages, boîte d'engrenages) est évitée en intercalant un **embrayage de sécurité (fig. 2)**. En fonction du type d'embrayage, celui-ci patine lorsqu'on dépasse une charge réglable, ou bien il arrête la machine.

Avec les machines-outils à enlèvement de copeaux, les copeaux présentent un risque particulier pour les glissières, raison pour laquelle elles sont protégées par des **couvercles télescopiques** ou par des **racleurs** de copeaux.

La surveillance des **systèmes de graissage** est réalisée par ex. par des indicateurs électroniques de pannes situés sur le clavier de commande de l'élément de commande, ou par des pressostats de graissage.

> La **sécurité de fonctionnement** d'une machine est principalement garantie par le parfait fonctionnement de son système de graissage.

**Protection anticollision.** Pour éviter que les outils n'entrent en collision avec le mandrin ou la contre-pointe, de nombreux organes de commande de machines sont équipés d'un dispositif électronique de protection anticollision par délimitation de l'espace de travail. A cette fin, on définit dans le programme de commande une zone protectrice où se trouvent le mandrin de serrage et la contrepointe **(fig. 3)**. L'outil ne peut pas être déplacé dans cette zone protectrice, si bien qu'une collision est exclue.

**Protection électrique.** Les composants de la protection électrique sont placés dans une armoire électrique située au dos de la machine **(fig. 4)**. Ils protègent les sous-ensembles qui fonctionnent à l'électricité des dégâts que peut occasionner le courant électrique. Les fusibles de protection contre les surcharges et les disjoncteurs des moteurs coupent l'alimentation électrique si l'intensité du courant est trop élevée.

## ■ Protection de l'environnement

Aucune substance nocive émanant d'une machine ne doit être rejetée dans l'environnement. A cette fin, les machines-outils sont dotées d'un capotage intégral **(fig. 1, page précédente)**.

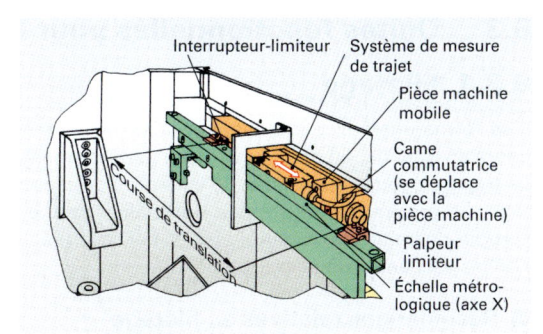

Fig. 1 : Interrupteurs limitant la course de translation selon l'axe X

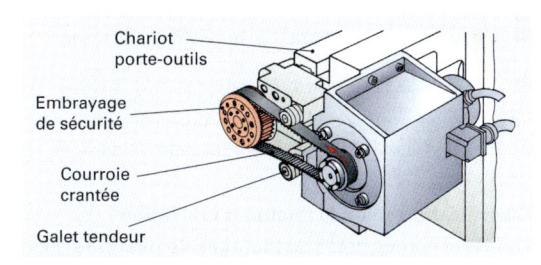

Fig. 2 : Embrayage de sécurité

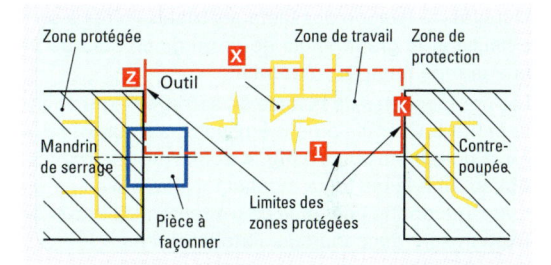

Fig. 3 : Ecran du moniteur au moment de fixer les zones protégées

Fig. 4 : Armoire électrique d'une machine-outil

---

### Répétition et approfondissement

1. Citez trois sortes d'interrupteurs de sécurité, et décrivez leur mode de fonctionnement.
2. Quelle est la tâche des interrupteur-limiteurs ?
3. Comment fonctionne la sécurisation d'une zone de protection sur une machine-outil ?

## 6.3 Unités fonctionnelles pour la liaison

### 6.3.1 Filetage

Il se forme une hélice lorsque, sur la surface de l'enveloppe d'un cylindre en rotation, un point se déplace parallèlement à l'axe du cylindre. Le trajet parcouru en un tour de cylindre correspond au **pas P** du filetage. La projection développée de l'hélice donne une pente **(fig. 1)**. L'angle délimité par la périphérie et par la projection développée de l'hélice est **l'angle d'hélice α** du filetage.

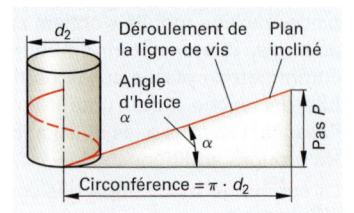

**Fig. 1 : L'hélice**

■ **Désignations relatives au filetage**

Les désignations importantes pour le filetage sont (fig. 2) :
- le diamètre nominal
- le diamètre du noyau
- l'angle de profil
- le diamètre sur flanc
- le profil du filetage
- le pas

■ **Types de filetages**

Les filetages utilisés par la technique peuvent se classer d'après leur finalité d'utilisation, le profil du filetage, le sens de rotation et le nombre de filets.

**Classification selon la finalité d'utilisation**

Les vis et écrous dotés de **filetages de fixation** sont destinés à serrer solidement ensemble les composants **(fig. 3 – à gauche)**. Pour que ces vis et écrous aient du mal à se desserrer d'eux-mêmes, on utilise pour les filetages de fixation des filetages triangulaires à un filet. Le faible angle d'hélice et le grand angle de profil de ce filetage permettent d'obtenir une grande force de frottement.

Les composantes de la force de serrage $F_S$ qui agissent à la verticale de la pente ou parallèlement à celle-ci, se nomment force normale $F_N$ et force du plan incliné $F_H$ **(fig. 4 et 5)**. Avec de faibles angles d'hélice, on obtient une faible force du plan incliné, mais une force normale importante, qui donne une force de frottement $F_R$ importante. Les filetages de fixation sont donc toujours autobloquants.

Avec les **filetages de mouvement,** les mouvements rotatifs sont convertis en mouvements rectilignes **(fig. 3 – à droite)**. Les filetages de mouvement sont autobloquants ou non autobloquants. Les filetages de mouvement autobloquants, comme par ex. les filetages trapézoïdaux pratiqués dans les vis d'étaux et les broches d'avance des machines-outils, subissent en permanence la charge de service.

Des pas élevés et de faibles angles de profil permettent une réduction du frottement et de supprimer l'autoblocage (vis à billes, p. 493). De telles broches filetées ont besoin d'être positionnées en place à l'arrêt (réglage de position pour machines à commande CNC, p. 276). En raison de la différence qui n'est que faible entre la force d'adhérence et le frottement de glissement, il ne se produit aucun glissement en retour (p. 446). Cela permet le positionnement précis du chariot porte-outils entraîné.

**Exemple :** Un filetage trapézoïdal Tr20x4 ($\alpha = 3{,}64°$) est soumis à une force de serrage $F_S = 8$ kN dans le sens de l'axe. Le coefficient de frottement de glissement est $\mu = 0{,}1$, le coefficient de frottement d'adhérence est $\mu = 0{,}12$. Par le calcul, il faut chercher si le filetage est autobloquant.

Solution : $F_H = F \cdot \sin \alpha = 8000$ N $\cdot$ 0,0706 = **565 N**

$F_N = F \cdot \cos \alpha = 8000$ N $\cdot$ 0,9975 = **7980 N**

$F_R = \mu \cdot F_N = 0{,}1 \cdot 7980$ N = **798 N;** $F_R = \mu \cdot F_N = 0{,}12 \cdot 7980$ N = **958 N**

Le filetage est autobloquant, car la force du plan incliné $F_H$ est inférieure aux forces de frottement calculées $F_R$.

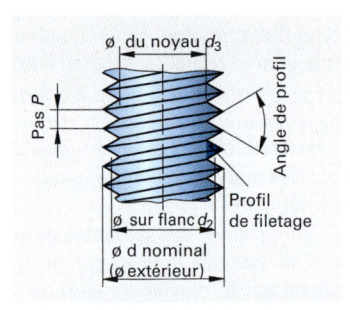

**Fig. 2 : Désignations relatives au filetage**

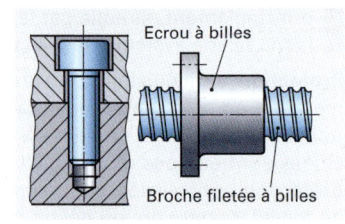

**Fig. 3 : Filetages de fixation et de mouvement**

$F_R$ = force de frottement en cas de frottement dynamique glissant

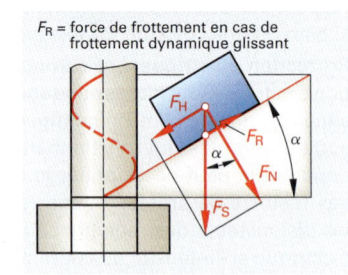

**Fig. 4 : Filetage non autobloquant**

$F_R$ = force de frottement en cas de frottement statique

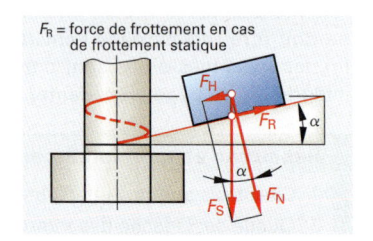

**Fig. 5 : Filetage autobloquant**

## Unités fonctionnelles pour la liaison

### Classification selon le profil du filetage

**Filetages métriques ISO.** Pour les filetages métriques ISO, l'angle de profil est de 60° **(fig. 1)**. Selon la taille du pas, on distingue les filetages à pas normaux et les filetages à pas fins. Pour les **filetages à pas normaux,** seule l'abréviation M avec le diamètre nominal sont mentionnés dans la désignation, par ex. **M16**. Ils sont principalement utilisés comme filetages de fixation. Les **filetages à pas fin** ont à diamètre nominal égal un pas plus faible que les filetages à pas normaux. Outre le diamètre nominal, la désignation du filetage contient également le pas (par ex. **M16 × 1,5**).

**Filetage de tubes.** Les filetages possèdent un angle de profil de 55° **(fig. 2)**. Le filetage extérieur sur le tuyau est désigné d'après le diamètre de l'alésage du tuyau en pouces (1 pouce = 1" = 25,4 mm). Avec un filetage cylindrique extérieur et intérieur, on utilise un **G** (par ex. **G**$^3/_4$). A cette occasion, il n'y a pas de raccordement étanche. Si l'on a besoin d'un filetage métallique étanche, on utilise un filetage extérieur conique (par ex. **R¾**) pour le filetage intérieur cylindrique (par ex. **Rp¾**). Dans la désignation, on utilise alors un **Rp** ou **R**, comme illustré dans l'exemple.

**Filetage trapézoïdal.** Avec les filetage trapézoïdaux, l'angle de profil est de 30° **(fig. 3)**. On les utilise généralement comme filetages de mouvement, par ex. avec des étaux. La désignation du filetage contient l'abréviation **Tr** avec l'indication du diamètre nominal et du pas (par exemple **Tr 24 × 6**).

**Filetage en dents de scie.** Les filetages en dents de scie possèdent un angle de profil de 33° **(fig. 4)**. En raison de l'asymétrie du profil des filetages, ceux-ci peuvent supporter des charges importantes dans un sens donné. On les utilise généralement comme filetages de mouvement, par ex. pour les pinces de serrage montées sur les machines-outils. La désignation du filetage contient le sigle **S**, ainsi que l'indication du diamètre nominal et celle du pas, par ex. **S 24 × 5**.

> En fonction du profil du filetage, on distingue principalement les filetages métriques, cylindriques, trapézoïdaux et en dents de scie.

### Classification selon le sens de rotation

Les **filetages à gauche** se vissent dans le sens antihoraire, et ne s'emploient que si un **filetage à droite** se desserrerait, par ex. pour fixer une meule, ou si un sens de déplacement précis est exigé dans un sens de rotation donné, par ex. pour la broche à avance transversale d'un tour. Les **filetages à gauche** doivent être identifiés en plus par les lettres **« LH »** (Left Hand), par ex. **M 16-LH**.
En fonction du sens de rotation, on distingue les filetages à droite et à gauche.

### Classification selon le nombre de filets

On utilise des filetages à filets multiples lorsque des déplacements axiaux importants sont exigés à chaque rotation, avec les presses à vis par exemple **(fig. 5)**. Pour la désignation des filetages à filets multiples, on indique, après le diamètre nominal et le pas, la division *P*, par ex. **Tr 32 × 18 P6** (18:6 = filetage trapézoïdal à trois filets d'un diamètre nominal de 32 mm, d'un pas de 18 mm et d'une division de 6 mm).

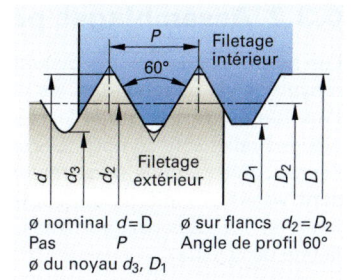

Fig. 1 : Filetage ISO métrique
ø nominal $d = D$
Pas $P$
ø du noyau $d_3$, $D_1$
ø sur flancs $d_2 = D_2$
Angle de profil 60°

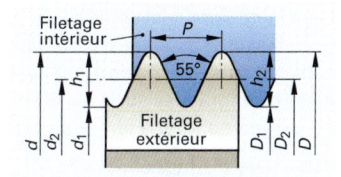

Fig. 2 : Filetage de tubes

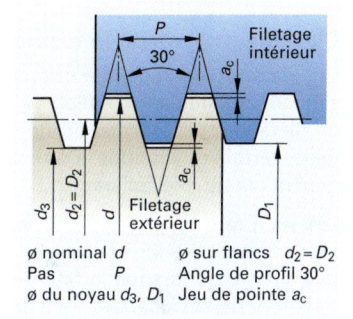

Fig. 3 : Filetage trapézoïdal
ø nominal $d$
Pas $P$
ø du noyau $d_3$, $D_1$
ø sur flancs $d_2 = D_2$
Angle de profil 30°
Jeu de pointe $a_c$

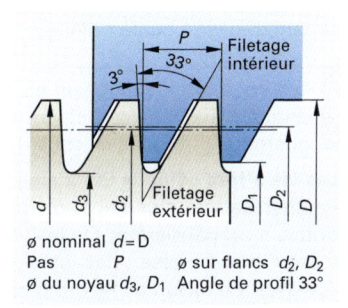

Fig. 4 : Filetage en dents de scie
ø nominal $d = D$
Pas $P$
ø du noyau $d_3$, $D_1$
ø sur flancs $d_2$, $D_2$
Angle de profil 33°

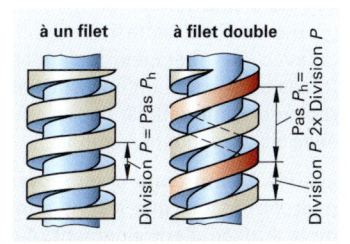

Fig. 5 : Filetage à un filet et à filet double

---

### Répétition et approfondissement

1. Quelles sont les cotes les plus importantes des filetages ?
2. Comment les filetages sont-ils classés en fonction de l'usage prévu ?
3. Quelle fonction ont les filetages de fixation ?

## 6.3.2 Assemblages par vis

Les assemblages par vis peuvent être réalisés au moyen de **vis traversantes, vis pénétrantes et goujons filetés (fig. 1)**. Avec les vis traversantes, les pièces à relier sont comprimées ensemble en serrant l'écrou. Avec les vis pénétrantes, les composants sont vissés aux pièces qui comportent un filetage intérieur. Avec les goujons filetés, un écrou remplace la tête de la vis.

### ■ Vis

Les vis ne sont sollicitées ni par cisaillement (exception : les vis d'ajustage) ni par flexion. Pour éviter les sollicitations par flexion, on réalise par ex. sur les pièces en fonte les surfaces d'appui de la tête de vis au moyen de foret à lamer en bout **(fig. 1, milieu)**.

Les vis se distinguent par la forme de leur tête, par les cotes de la tige, par les cotes du filetage et par d'autres détails **(fig. 2 et 3 et fig. 1, page suivante)**.

### Classification selon la forme de la tête

**Les vis à tête hexagonale** offrent aux outils de vissage un bon guidage. Le filetage, réalisé sous forme de filetage à pas normal ou fin, arrive sous la tête dans certaines versions. Cette dernière comporte généralement une collerette.

**Les vis à tête cylindrique à six pans creux** sont utilisées lorsque les vis sont à faible distance les unes des autres, ou lorsque la tête de la vis ne doit pas déborder de la pièce. Les vis à tête cylindrique à six pans creux sont fabriquées avec une tête haute (h=d), une tête basse et avec ou sans pivot guide-clé en tant que vis à haute rigidité.

> Les vis à tête hexagonale et les vis à tête cylindrique à six pans creux sont les vis les plus fréquemment utilisées en construction mécanique.

**Les vis à tête conique 90° à six pans creux** ont une hauteur de tête plus faible que les vis à tête cylindrique à six pans creux. On les utilise généralement lorsqu'il faut visser des pièces aux parois peu épaisses. En raison de la forme conique de leur tête, ces vis centrent la pièce.

**Les vis à tête fendue** sont serrées au moyen d'un tournevis. Pour cette raison, elles ne sont livrées qu'avec des filetages de faibles dimensions. Les forces de serrage qu'on peut obtenir sont considérablement inférieures, par ex., aux forces obtenues avec les vis à tête hexagonale.

**Les vis à empreinte cruciforme** peuvent se serrer plus fermement que les vis tête fendue, en raison de la surface d'entraînement plus profonde et plus étendue et à cause de l'auto-centrage du tournevis qu'elles offrent.

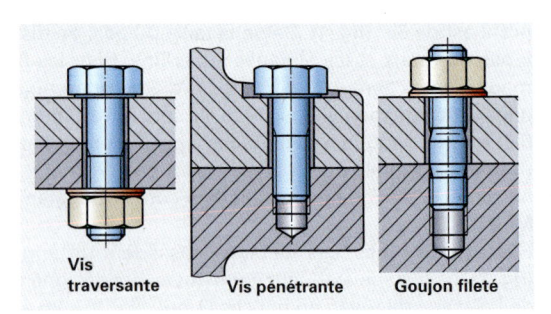

**Fig. 1 :** Assemblage par vis

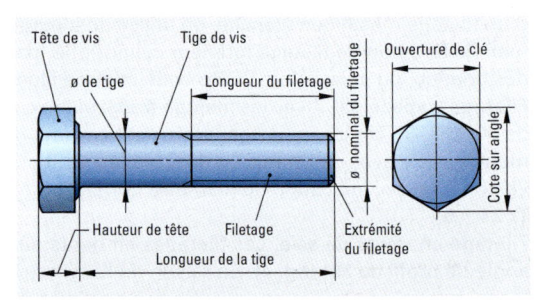

**Fig. 2 :** Termes descriptifs d'une vis à tête hexagonale

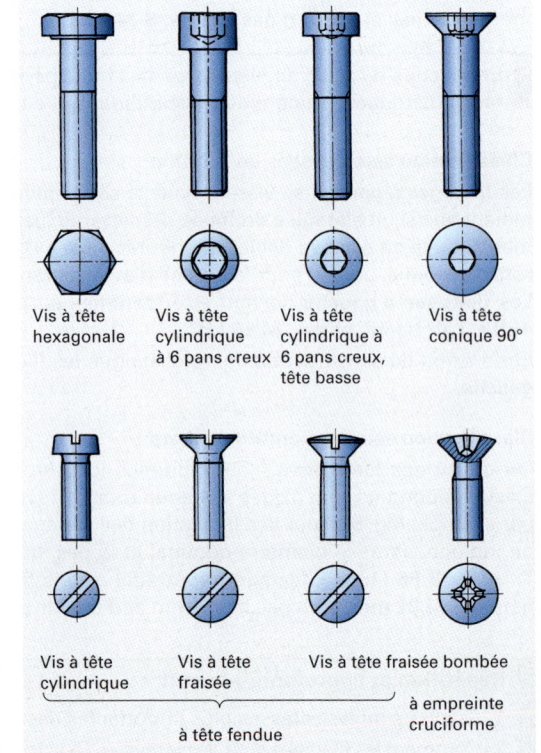

**Fig. 3 :** Formes des têtes de vis

## Classification selon la forme de la tige

**Les goujons filetés** permettent de ménager les filetages intérieurs des composants, par ex. pour les turbines et les carters des paliers **(fig. 1)**. En vissant énergiquement le goujon fileté, ou en le fixant par des colles, on l'empêche d'être entraîné par la rotation due au serrage ou au desserrage de l'écrou. Les goujons filetés sont utilisés au lieu des vis à tête lorsque le raccord doit être fréquemment dévissé.

Avec les **vis à tige élastique,** par ex. pour les bielles et les raccords à bride pour pressions élevées, la tige longue et mince subit une dilatation élastique lors du serrage **(fig. 2)**. Pour cette raison, les vis à tige élastique n'ont pas besoin de frein de vis. Le diamètre de la vis représente à peu près 90% du diamètre du fond de filetage. Le montage des vis à tige élastique doit s'effectuer sous une force de serrage plus élevée si elles doivent remplir correctement leur tâche (p. 437).

> On utilise des vis à tige élastique en cas de sollicitation dynamique et avec de grandes longueurs de tige.

**Les vis d'ajustage** sont utilisées lorsque le raccord à vis doit absorber des forces transversales ou lorsque la position réciproque des pièces doit être sécurisée **(fig. 3)**. Les assemblages par vis d'ajustage sont coûteux, car la tige de la vis est rectifiée et le trou est alésé.

**Les vis sans tête** s'utilisent principalement pour sécuriser la position des pièces qui comportent des moyeux calés sur des arbres et des essieux. Leurs extrémités sont souvent trempées et, en fonction du mode de fixation sur l'arbre, elles présentent différentes formes **(fig. 4)**.

**Les vis à tôle** sont trempées et sont dotées d'un filetage à arêtes vives et d'un pas important **(fig. 5)**. Elle sont utilisées pour assembler des tôles d'une épaisseur allant jusqu'à 2,5 mm. Lorsqu'on les visse, elles forment elles-mêmes le filetage d'écrou.

**Les vis taraudeuses** ressemblent par leur structure aux vis à tôle, mais ont en plus en début de tige une pointe perceuse qui sert à percer le trou borgne (fig. 5). Elles permettent de percer des tôles dont l'épaisseur atteint 10 mm.

**Le serrage des vis perceuses à fluage** impose que les perceuses tournent à vitesse élevée. La pression exercée sur la vis fait naître de la chaleur sous l'effet du frottement qui se produit entre la pointe conique de la vis et la tôle. Le matériau qui constitue la tôle commence à subir un fluage. Dans le trou borgne qui se forme ainsi, la vis taille son filetage d'écrou **(fig. 6)**. Au refroidissement, le filetage intérieur se contracte sur la vis perceuse à fluage qui y a été vissée. Il n'est donc plus nécessaire d'installer en plus un frein de vis.

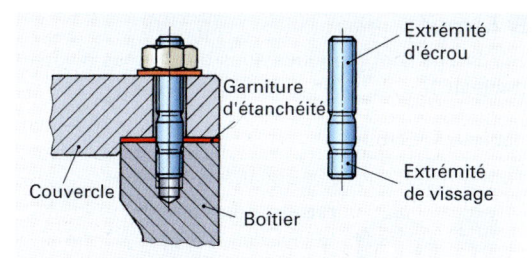

Fig. 1 : Goujon fileté

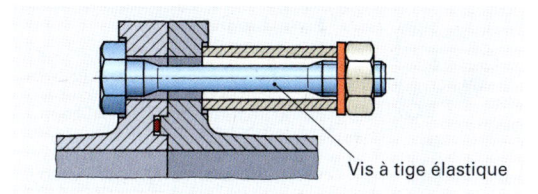

Fig. 2 : Vis à tige élastique

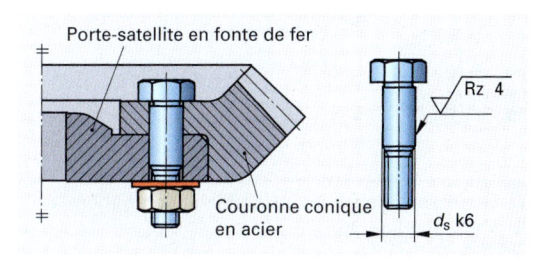

Fig. 3 : Vis d'ajustage

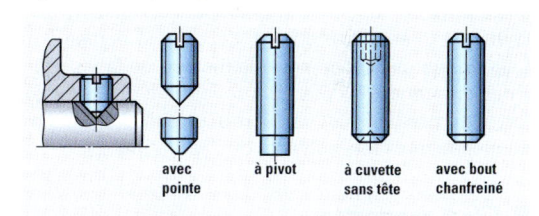

Fig. 4 : Vis sans tête

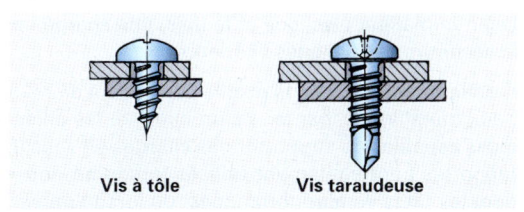

Fig. 5 : Vis à tôle et vis taraudeuse

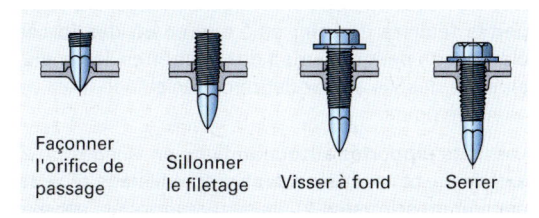

Fig. 6 : Vis perceuse à fluage

## ■ Ecrous

Les écrous sont fabriqués sous des formes diverses en fonction de l'utilisation à laquelle ils sont destinés **(tableau 1)**.

**Tableau 1: Ecrous**

| Forme | Désignation/Utilisation | Forme | Désignation/Utilisation |
|---|---|---|---|
|  | **Ecrou hexagonal** En relation avec des vis à tête hexagonale, des vis à tête fendue et des goujons filetés. |  | **Ecrou crénelé** Lorsque l'assemblage par vis doit être bloqué par des goupilles. |
|  | **Ecrou borgne** Ils préviennent les dommages et la corrosion des extrémités de filetage; ils protègent des blessures dues à des extrémités de vis tranchantes. |  | **Ecrou à oreilles** Lorsque l'assemblage par vis doit souvent être desserré, par ex. sur les dispositifs. |
|  | **Ecrou moleté** Lorsque l'assemblage par vis doit souvent être desserré à la main, par ex. sur les dispositifs. |  | **Ecrou cylindrique à encoches** Pour régler et ajuster le jeu axial, et pour fixer les paliers à roulement sur les arbres. |
|  | **Ecrou à collet** Pour les raccords vissés. |  | **Ecrou à anneau** Officiant d'œillets pour transporter des machines. |

Les écrous hexagonaux s'utilisent en général en relation avec les vis à tête hexagonale.

La force de traction qui agit dans la vis est transmise aux composants en passant par la tête de la vis et par l'écrou. Lors du serrage du raccord, la vis est dilatée; par contre, l'écrou est écrasé dans le sens de l'axe. Cela donne naissance entre le filetage de la vis et le filetage de l'écrou à des différences de pas qui provoquent des sollicitations extrêmement fortes au premier filet de l'écrou. La sollicitation diminue constamment au niveau des filets suivants de l'écrou **(fig. 1)**.

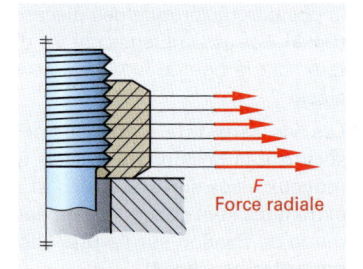

**Fig. 1 : Répartition des forces sur les filets de l'écrou**

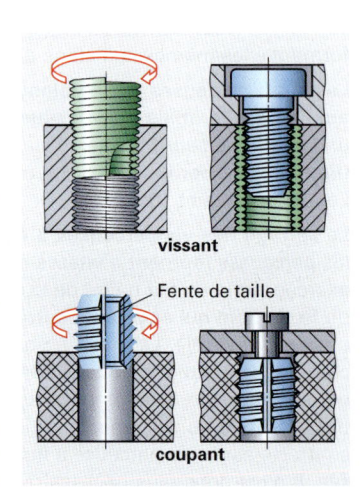

## ■ Filets rapportés

Avec les matériaux faiblement résistants au cisaillement, par ex. le métal léger, la matière plastique et le bois, une charge importante provoque la déchirure des filetages intérieurs.

Les **filets rapportés en fil profilé** permettent de réaliser dans les matériaux métalliques, par ex. l'aluminium et les alliages Al-Mg, des filetages capables de supporter des charges élevées **(fig. 2)**. De tels filets rapportés sont également utilisés lorsqu'on doit réparer des pièces dont les filets sont endommagés, ou lorsqu'on serre souvent des vis dans des filetages, comme par ex. pour plaques de fixation quadrillées des systèmes de montage flexibles. Du fait que les filets rapportés réalisés en acier allié admettent des forces de précontrainte élevées, on peut recourir à des diamètres de vis plus faibles lorsqu'on emploie des vis à haut degré de résistance. Cela permet, par ex., des gains de poids.

Les **filets rapportés autotaraudeurs** en alliages Cu-Zn ont des filetages extérieurs, et ils réalisent leur propre filetage récepteur par découpe ou par compression (fig. 2). Ils sont appropriés, par ex., pour les matières plastiques et pour le bois.

**Fig. 2 : Filets rapportés**

# Unités fonctionnelles pour la liaison

## ■ Classes de résistance pour vis

Pour les vis en aciers **alliés** et **non alliés,** la classe de résistance est indiquée par tête de vis, par ex. 10.9 (dix point neuf) (**tableau 1** et **fig. 1**). On calcule la résistance à la traction $R_m$ en multipliant le 1$^{er}$ nombre par 100. La limite élastique $R_e$ s'obtient en additionnant les deux nombres et le chiffre 10.

**Exemple :** Vis à tête hexagonale ISO 4017 – M12 × 50 – 10.9
- $R_m = 10 \cdot 100$ N/mm$^2$ = 1000 N/mm$^2$
- $R_e = 10 \cdot 9 \cdot 10$ N/mm$^2$ = 900 N/mm$^2$

Les vis en **aciers inoxydables** sont désignés avec la classe de résistance **A2**. Les vis inoxydables et **résistant à l'acide** obtiennent la classe de résistance **A4**. Pour la classe de résistance, un nombre à 2 chiffres est indiqué (tableau 1 et fig. 1). En multipliant ce nombre par 10, on calcule la résistance à la traction $R_m$.

**Exemple :** Vis à tête hexagonale ISO 4017 – M12 × 50 – A2-50
- $R_m = 50 \cdot 10$ N/mm$^2$ = 500 N/mm$^2$

En raison du risque d'allongement permanent, il est interdit de dépasser pour les vis la limite élastique $R_e$ ou la limite apparente d'élasticité $R_{p0,2}$. Pour des raisons de sécurité, la contrainte admissible est plus faible. Ce fait est pris en compte par un coefficient de sécurité $v$. Il est de 1,5 à 3. La section transversale compromise par la contrainte de traction est la **section de résistance $A_s$.** Elle peut être calculée mais elle est généralement tirée de manuels de tableaux.

La contrainte qui se manifeste dans la vis $\sigma_z$ se calcule à partir de la force de traction qui s'exerce sur la tige de vis F divisée par la section de résistance $A_s$ :

**Exemple :** Une bride aveugle doit être étanchéifiée par $n$ = 6 vis appartenant à la classe de résistance 10.9. La force totale à absorber s'élève à $F_{totale}$ = 288 kN, le coefficient de sécurité est $k$ = 1,5. Quelles dimensions de vis faut-il utiliser ?

Solution : $\sigma_{adm} = \dfrac{R_e}{v} = \dfrac{900 \text{ N/mm}^2}{1,5} = 600$ N/mm$^2$

$\sigma_{adm} = \dfrac{F}{A_s}$ ; $F = \dfrac{F_{tot}}{n} = \dfrac{288\,000 \text{ N}}{6} = 48\,000$ N

$A_s = \dfrac{F}{\sigma_{adm}} = \dfrac{48\,000 \text{ N}}{600 \text{ N/mm}^2} = 80$ mm$^2$. **Choisi : M 12**
(avec $A_s$ = 84,3 mm$^2$, à Livre des tableaux)

## ■ Classes de résistance pour écrous

Pour les écrous en aciers alliés et non alliés, la classe de résistance est indiquée par un nombre, par ex. 10. On calcule la résistance minimale à la traction $R_m$ en multipliant le nombre par 100.

**Exemple :** Ecrou hexagonal ISO 4032 – M12 – 10
- $R_m = 10 \cdot 100$ N/mm$^2$ = 1000 N/mm$^2$

Pour les aciers inoxydables, l'écrou a le même nom que la vis (voir l'exemple vis à tête hexagonale).

**Exemple : Ecrou hexagonal ISO 4032 – M12 – A2-50**

Un écrou qui doit être combiné à une vis, doit posséder au minimum la même classe de résistance que celle de la vis **(tableau 2).**

**Tableau 1 : Attribution des classes de résistance des vis au matériau constitutif des pièces de liaison**

| | Vis | | Connexion |
|---|---|---|---|
| Classe de résistance | Résistance à la traction $R_m$ | Limite élastique $R_e$ ou limite apparente d'élasticité $R_{p0,2}$ | Matériau de pièces de liaison |
| | en N/mm$^2$ | | |
| 6.8 | 600 | 480 | Aciers non alliés et aciers alliés $R_e$ < 350 N/mm$^2$ |
| 8.8 | 800 | 640 | |
| 10.9 | 1000 | 900 | Aciers alliés $R_e$ > 350 N/mm$^2$ |
| 12.9 | 1200 | 1080 | Aciers de traitement à haute rigidité |
| A2-50 | 500 | 210 | Aciers inoxydables |
| A2-70 | 700 | 450 | |
| A4-50 | 500 | 210 | Aciers inoxydables et résistant à l'acide |

Tension autorisée $\quad \sigma_{adm} = \dfrac{R_e}{v}$

Force de traction $\quad \sigma_z = \dfrac{F}{A_s}$

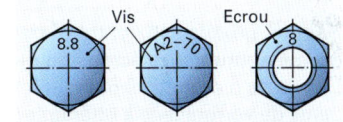

**Fig. 1 : Désignation de la catégorie de résistance des vis et écrous**

**Tableau 2 : Classes de résistance des écrous**

| Classe de résistance | |
|---|---|
| Ecrou | Vis correspondante |
| 6 | 6.8 |
| 8 | 8.8 |
| 10 | 10.9 |
| 12 | 12.9 |
| A2-50 | A2-50 |
| A2-70 | A2-70 |
| A4-50 | A4-50 |

A partir de la classe de résistance 8, les écrous doivent être identifiés par leur classe de résistance (fig. 1).

## Freins de vis

Un serrage contrôlé permet de produire dans la vis une force de précontrainte $F_V$ qui protège l'ensemble vissé, par ex. en cas d'utilisation de vis longues, sans élément additionnel.

**Protections contre le tassement.** La force de précontrainte peut diminuer sous l'effet du fluage du matériau, par ex. par déformation plastique des vis, et par tassement. On désigne par tassement, par ex., l'aplanissement des rugosités de surface dans le filetage et sous la tête de la vis.

> Les protections contre le tassement compensent les fluages et les tassements, et empêchent ainsi une diminution des forces de précontrainte.

Les protections contre le tassement comprennent **les rondelles élastiques cuvettes** et les **rondelles-ressorts (fig. 1)**. Les autres éléments élastiques, comme par ex. **les rondelles élastiques, les rondelles à denture et les rondelles éventail,** sont inefficaces à partir de la classe de résistance 8.8, car elles perdent leur effet élastique en présence de forces de précontrainte élevées.

**Protections contre le desserrage.** Pour les assemblages par vis qui subissent de très fortes sollicitations dynamiques dans le sens de l'axe, des mouvements de glissement peuvent se produire, par ex. entre les flancs des filets de la vis et de l'écrou, ces mouvements étant causés par la déformation des éléments de liaison. Cela peut provoquer le desserrage de l'ensemble vissé.

> Les protections contre le desserrage empêchent l'ensemble vissé de se desserrer.

Comme protections contre le desserrage, on emploie **des vis de blocage à denture, des écrous de blocage à denture et des colles (fig. 2)**. Les vis de blocage à denture et les écrous de blocage à denture ont des dents de verrouillage à orientation radiale qui s'enfoncent dans la pièce lorsqu'on serre l'ensemble et, par adhérence des formes, empêchent l'ensemble de se desserrer. Leurs propriétés protectrices sont bonnes, tant que la dureté de la pièce est plus faible que la dureté des dents.

**La colle** qui, par ex., se trouve sur le filetage de la vis, est renfermée dans de petites capsules, et entourée d'une mince couche d'agent durcisseur. Lorsqu'on fait tourner la vis, les capsules éclatent, la colle et le durcisseur se mélangent, et durcissent en 24 heures. On peut également se servir de colles avec des surfaces trempées.

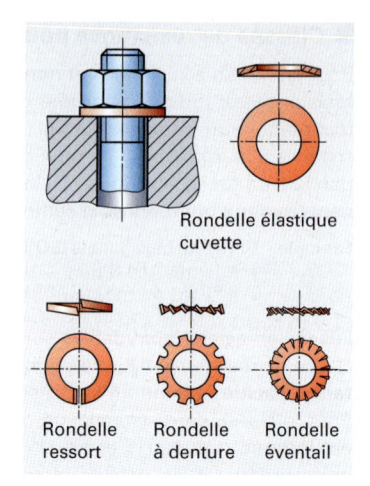

Rondelle élastique cuvette

Rondelle ressort | Rondelle à denture | Rondelle éventail

**Fig. 1 : Protections contre le tassement**

Vis de blocage à denture

Filetage — Colle

Filetage revêtu de colle

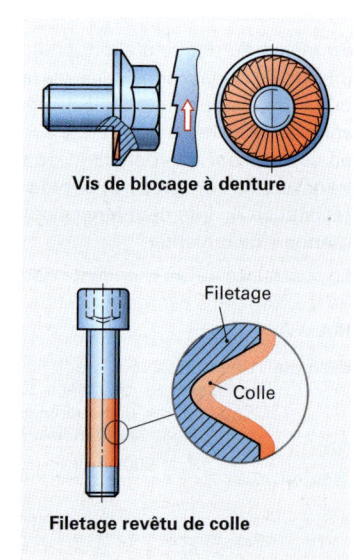

**Fig. 2 : Protections contre le desserrage**

Ecrou crénelé avec goupille fendue | Rondelle d'arrêt | Ecrou à fente | Ecrou autobloquant | Fil de sécurité | Filetage de vis avec couche de polyamide frittée

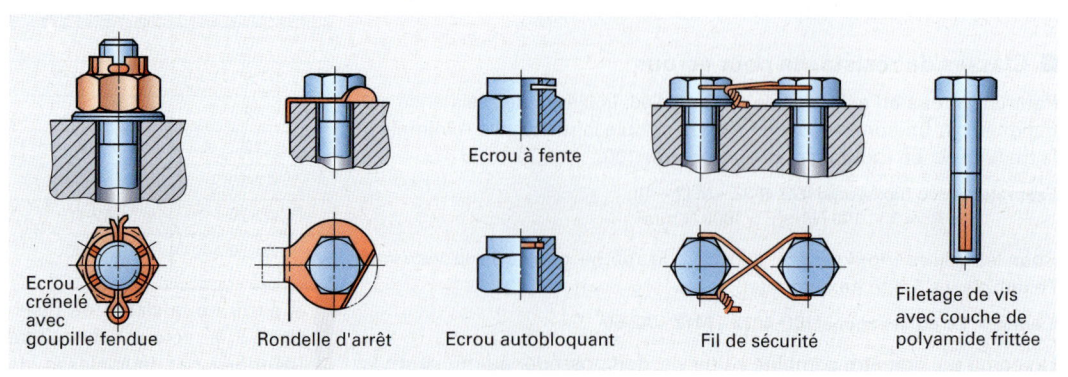

**Fig. 3 : Protections contre la perte**

# Unités fonctionnelles pour la liaison

**Protection contre les pertes.** Après s'être desserrés, les assemblages par vis peuvent se détacher totalement, par ex. sous l'effet de secousses.

> Les protections contre les pertes empêchent les pièces vissées de se détacher.

Comme protections contre les pertes, on utilise par ex. **des écrous crénelés avec goupille fendue, des rondelles d'arrêt, des écrous à fente, des écrous autobloquants, des protections par fils** et **des vis à revêtement en matière plastique (fig. 3, page précédente).**

## ■ Serrage des assemblages par vis

Lors du **serrage manuel**, le serrage des vis à tête hexagonale s'effectue souvent au moyen de clés à fourche, polygonales ou à douille, celui des écrous cylindriques à encoches au moyen de clés à ergot **(fig. 1)**, celui des vis à tête cylindrique à six pans creux au moyen de clés hexagonales mâles. Les vis à fente, fente en croix ou denture interne sont installées avec des tournevis **(fig. 2)**.

Avec le **procédé de serrage dynamométrique**, le boulon est serré, par ex., au moyen de clés dynamométriques à un couple réglable **(fig. 3)**.

Dans la fabrication en série, on utilise des visseuses **à entraînement hydraulique ou pneumatique,** qui transmettent des couples qu'on peut présélectionner, ou des **visseuses à impulsions,** qui transmettent des chocs rotatifs tangentiels (impulsions rotatives) au boulon **(fig. 4)**. Etant donné qu'avec tous les procédés de serrage une grande partie des couples appliqués est forcément destinée à surmonter les fortes différences de frottement qui existent entre la tête de la vis d'une part, et la surface d'appui, d'autre part, ainsi que dans les filets du filetage, la force de précontrainte varie très fortement. Pour atteindre une force de précontrainte d'une importance suffisante, on doit sélectionner des diamètres de vis importants pour des raisons de sécurité.

> La sécurité d'un ensemble vissé dépend de la force de précontrainte $F_V$ atteinte lors du serrage de la vis.

Lors du serrage **piloté en angle de rotation,** les vis sont d'abord serrées sous à un faible couple. La force de précontrainte correcte est atteinte par serrage additionnel selon un angle calculé. Avec ce procédé de serrage, la dispersion de la force de précontrainte est relativement faible.

Avec le **serrage piloté en limite d'élasticité,** le matériau de la vis est sollicité jusqu'à sa limite élastique. Comme avec le serrage commandé avec écart angulaire, la dispersion relativement faible de la force de précontrainte permet d'utiliser des vis plus petites.

C'est la **technique des ultrasons** qui permet d'obtenir la plus faible dispersion de la force de précontrainte. Ce faisant, on utilise des vis sur la tête desquelles on place un capteur d'environ 40 μm d'épaisseur. Le capteur convertit en impulsion ultrasonique une impulsion de tension qui, par ex., est appliquée par une visseuse à la tête de la vis, impulsion réfléchie par l'extrémité de la vis et reçue à nouveau par le capteur **(fig. 5)**. La durée de passage dépend de la sollicitation de la vis : une augmentation de la force de précontrainte entraîne une réduction de la vitesse des ondes ultrasoniques. Par ailleurs, les ondes sonores doivent parcourir une distance accrue du fait de la dilatation de la vis. La modification de la durée de la course est proportionnelle à la force de précontrainte. Lorsque la force de précontrainte correcte est atteinte, la visseuse s'éteint.

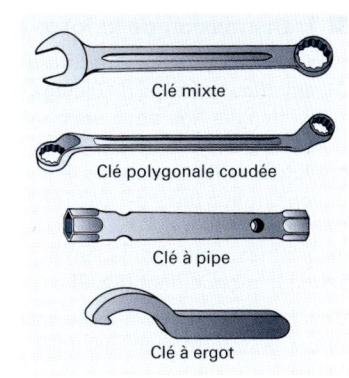

Fig. 1 : **Clés de serrage**

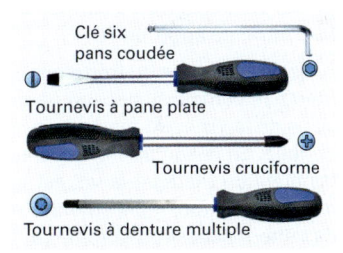

Fig. 2 : **Formes de tournevis ou clé**

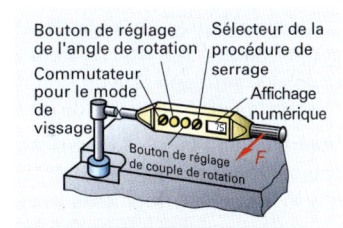

Fig. 3 : **Clé dynamométrique électronique**

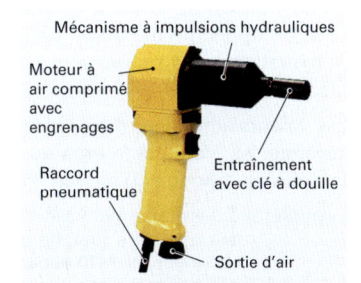

Fig. 4 : **Visseuse à impulsions**

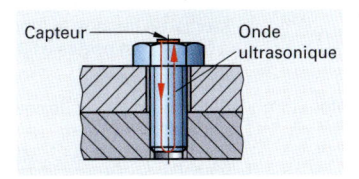

Fig. 5 : **Serrage de vis piloté par ultrasons**

## Transmission de la force et sollicitation

Lors du serrage d'un écrou ou d'une vis, un couple $M_A$ agit (**fig. 1**). Le pas du filetage (pente) donne naissance dans la tige de la vis à une force de traction (force de précontrainte $F_V$). La force de précontrainte provoque l'allongement de la vis (allongement élastique). Comme force de réaction à la force de précontrainte, il naît la force d'écrasement $F_S$, qui comprime (écrase) les composants l'un sur l'autre, et ainsi les serre réciproquement (**fig. 2**).

Une force de précontrainte trop importante provoque la déformation plastique de la vis, qui peut casser.

> Les vis doivent être serrées sous la force de précontrainte appropriée.

Sans tenir compte du frottement, la force de précontrainte maximale $F_V$ dépend uniquement des dimensions de la vis et du matériau dans lequel elle est fabriquée. En raison du frottement qui se produit dans les filets du filetage, la vis est sollicitée non seulement en traction, mais en outre en torsion. Par suite de cette sollicitation combinée, la force de précontrainte maximale $F_V$ diminue avec l'accroissement du frottement (**tableau 1**).

La force de précontrainte $F_V$ est produite par le couple de serrage $M_A$. Avec le serrage manuel, le couple de serrage est le produit de la force manuelle $F_1$ et de la longueur active de la clé à vis $l$ (fig. 1).

Pour atteindre la force de précontrainte prescrite, le couple de serrage doit augmenter au fur et à mesure que le frottement augmente (tableau 1).

### Couple de serrage $\qquad M_A = F_1 \cdot l$

En raison du risque de déformation permanente ou de destruction de la vis si le couple est trop important, on applique au couple de serrage les valeurs maximales fixées qu'on peut trouver dans les tableaux (tableau 1).

Les valeurs autorisées dans les tableaux sont dépassées, par ex., lorsque le bras du levier $l$ d'une clé à fourche est rallongé au moyen d'un tube.

**Exemple:** a) Quelle force manuelle a-t-on le droit d'exercer sur une clé à fourche où $l = 200$ mm, si on serre une vis M10 appartenant à la classe de résistance 8.8 et qu'on est en présence d'un coefficient de frottement $\mu = 0,12$?

b) De quel facteur $x$ le couple de serrage augmente-t-il lorsque la longueur active de la clé à fourche est portée à 500 mm au moyen d'un tube?

**Solution:** a) Selon le tableau 1, le couple de serrage maximum $M_A = 46$ N · m.

$$M_A = F_1 \cdot l; \quad F_1 = \frac{M_A}{l} = \frac{46 \text{ N} \cdot \text{m}}{0,2 \text{ m}} = \textbf{230 N}$$

b) $x = \dfrac{500 \text{ mm}}{200 \text{ mm}} = \textbf{2,5}$

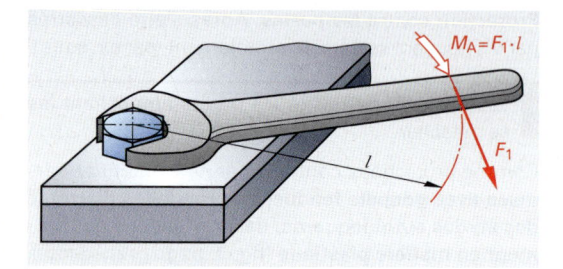

**Fig. 1: Couple de serrage**

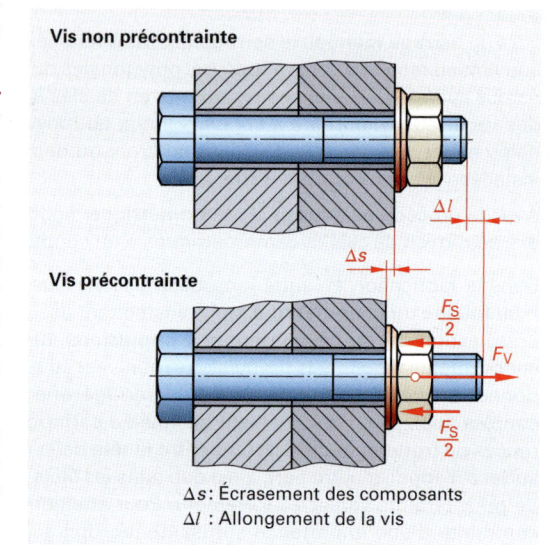

**Fig. 2: Effet de la force de précontrainte**

$\Delta s$: Écrasement des composants
$\Delta l$: Allongement de la vis

### Tableau 1: Forces de précontrainte et couples de serrage pour vis sans tête

| Désignation du filetage | | Force de précontrainte maximale $F_V$ en kN et couple de serrage maximal $M_A$ en N · m | | | | | | | | |
|---|---|---|---|---|---|---|---|---|---|---|
| | | Classe de résistance | | | | | | | | |
| | | 8.8 | | | 10.9 | | | 12.9 | | |
| | | Coefficient de frottement $\mu$ | | | | | | | | |
| | | 0,08 | 0,12 | 0,14 | 0,08 | 0,12 | 0,14 | 0,08 | 0,12 | 0,14 |
| M8 | $F_V$ | 18,6 | 17,2 | 16,5 | 27,1 | 25,2 | 24,2 | 31,9 | 29,5 | 28,3 |
| | $M_A$ | 17,9 | 23,1 | 25,3 | 26,2 | 34 | 37,2 | 30,7 | 39,6 | 43,6 |
| M10 | $F_V$ | 29,5 | 27,3 | 26,2 | 43,3 | 40,2 | 38,5 | 50,7 | 47 | 45 |
| | $M_A$ | 36 | 46 | 51 | 53 | 68 | 75 | 61 | 80 | 88 |
| M12 | $F_V$ | 43 | 39,9 | 38,3 | 63 | 58,5 | 56,2 | 73,9 | 68,5 | 65,8 |
| | $M_A$ | 61 | 80 | 87 | 90 | 117 | 128 | 105 | 137 | 150 |
| M16 | $F_V$ | 81 | 75,3 | 72,4 | 119 | 111 | 106 | 140 | 130 | 124 |
| | $M_A$ | 147 | 194 | 214 | 216 | 285 | 314 | 253 | 333 | 367 |
| M20 | $F_V$ | 131 | 121 | 117 | 186 | 173 | 166 | 218 | 202 | 194 |
| | $M_A$ | 297 | 391 | 430 | 423 | 557 | 615 | 495 | 653 | 720 |
| M24 | $F_V$ | 188 | 175 | 168 | 268 | 250 | 238 | 313 | 291 | 280 |
| | $M_A$ | 512 | 675 | 743 | 730 | 960 | 1060 | 855 | 1125 | 1240 |

Unités fonctionnelles pour la liaison

Le couple de serrage $M_A$ donne naissance à une force circonférentielle $F_U$ qui cause une force de précontrainte élevée $F_V$ (**fig. 1**). Pour une force manuelle donnée $F$, la force de précontrainte $F_V$ dépend du pas P (angle d'hélice) du filetage. De grands angles d'hélice provoquent des forces de précontrainte plus faibles, et de faibles angles d'hélice provoquent des forces de précontrainte plus grandes $F_V$.

| **Force de précontrainte (sans frottement)** | $F_V = \dfrac{M_A \cdot 2 \cdot \pi}{P}$ |
|---|---|

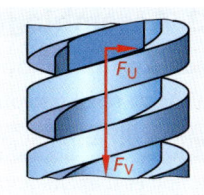

Fig. 1: Forces agissant sur une vis

Lorsque les flancs des filetages, ainsi que l'écrou ou la tête de vis, glissent les uns sur les autres, il se produit des pertes par frottement sur la surface d'appui. Ces pertes réduisent la force de précontrainte $F_V$, car un couple de frottement du filetage et un couple de frottement de la tête s'opposent au couple de serrage $M_A$ (**fig. 2**). Les pertes par frottement, qui peuvent représenter jusqu'à 90%, sont prises en compte par le rendement $\eta$.

| **Force de précontrainte (avec frottement)** | $F_V = \dfrac{M_A \cdot 2 \cdot \pi}{P} \cdot \eta$ |
|---|---|

**Exemple**: Que représente la force de précontrainte $F_V$, lorsqu'une vis M12 ($P = 1{,}75$ mm) est serrée sous un couple $M_A = 55$ N · m ($\eta = 0{,}11$)?

Solution: $F_V = \dfrac{M_A \cdot 2 \cdot \pi}{P} \cdot \eta = \dfrac{55\,000\text{ N} \cdot \text{mm} \cdot 2 \cdot \pi}{1{,}75\text{ mm}} \cdot 0{,}11 = \mathbf{21\,722\text{ N}}$

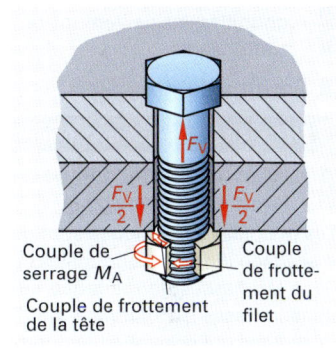

Fig. 2: Couples de serrage agissant sur une jonction par vis

Pour une force de précontrainte exigée de $F_V$, on peut calculer le couple de serrage $M_A$:

| **Couple de serrage** | $M_A = \dfrac{F_V \cdot P}{2 \cdot \pi \cdot \eta}$ |
|---|---|

**Exemple**: Quelle doit être la valeur du couple de serrage $M_A$ sélectionné, lorsqu'il faut soumettre une vis M16 ($P = 2$ mm) à une force de précontrainte $F_V = 100$ kN et que le rendement est de $\eta = 15\%$?

Solution: $M_A = \dfrac{F_V \cdot P}{2 \cdot \pi \cdot \eta} = \dfrac{100\,000\text{ N} \cdot 0{,}002\text{ m}}{2 \cdot \pi \cdot 0{,}15} = \mathbf{212\text{ N} \cdot \text{m}}$

Lorsqu'il faut en outre qu'un boulon absorbe une force en service $F_B$, l'allongement de la tige de la vis est plus important (**fig. 3**). Ce phénomène fait baisser la force de serrage. Celle-ci ne doit jamais devenir nulle, sous peine de décoller les composants l'un de l'autre.

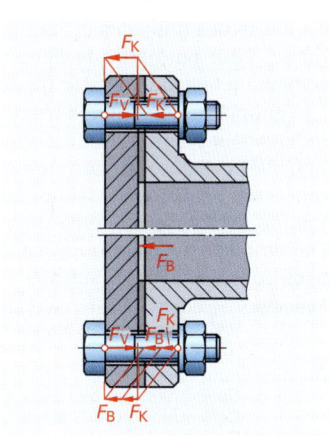

Fig. 3: Jonction par vis sous l'action d'une force motrice

### Répétition et approfondissement

1. Comment les vis peuvent-elles être classées selon la forme de la tête?
2. Comment peut-on parvenir à faire transmettre des forces importantes par des filetages intérieurs dans des alliages d'aluminium?
3. Pourquoi l'effort de traction d'une vis ne doit-il pas être supérieur à $R_e$ ou $R_{p0,2}$?
4. Quelles sont la résistance minimale à la traction et la limite élastique minimale d'une vis de la classe de résistance 8.8?
5. Quelle résistance minimale à la traction doit avoir un écrou qui est utilisé avec une vis de la classe de résistance 10.9?
6. En quoi consiste la différence entre les protections contre le desserrage et les protections contre la perte?
7. Pourquoi des diamètres de vis inférieurs peuvent-ils être utilisés lorsque la force de précontrainte $F_V$ est totalement exploitée?
8. Deux plaques sont reliées avec une vis à tête cylindrique M16 appartenant à la classe de résistance 12.9. Quelle marge de sécurité a-t-on par rapport à $R_e$ lorsque la force de précontrainte est $F_V = 110$ kN?
9. Quel couple de serrage doit-on appliquer si, dans une vis M10, une force de précontrainte de 15 kN doit régner et si le rendement $\eta$ est = 0,12?

## 6.3.3 Assemblages par goupilles

### ■ Finalité d'utilisation
Des liaisons amovibles sont établies avec des goupilles.

**On utilise des goupilles comme**
- goupilles d'ajustage pour bloquer en position **(fig. 1)**,
- goupilles de fixation pour assemblage par adhérence de forces et/ou de formes
- goupilles à cisaillement programmé, pour éviter des dégats des composants.

### ■ Formes de goupilles

**Selon la forme on distingue**
- les goupilles cylindriques
- les goupilles coniques
- les goupilles cannelées

**Les goupilles cylindriques** sont généralement utilisées comme goupilles d'ajustage (fig. 1). Les goupilles cylindriques non trempées sont réalisées dans les classes de tolérance h8 et m6, les goupilles trempées le sont dans la classe de tolérance m6 **(fig. 2)**. Les goupilles cylindriques trempées sont utilisées avec les composants qui sont fortement sollicités. Pour faciliter le montage, les goupilles cylindriques sont chanfreinées.

Pour permettre à l'air de s'échapper des trous borgnes lors du montage, on utilise des goupilles cylindriques cannelées dans le sens de la longueur. Pour permettre le démontage, les goupilles de ce type comportent un filetage intérieur (fig. 2).

Les goupilles cylindriques trempées ont un mode de désignation qui indique leur diamètre, leur longueur et le matériau. La désignation des goupilles cylindriques non trempées contient en plus la classe de tolérance, par ex. **Goupille cylindrique ISO 2338 – 6m6 × 30 – Ac**. En fonction de la dimension réelle du trou et de la goupille, on obtient pour l'assemblage avec le trou alésé (classe de tolérance H7) un ajustement avec du jeu ou avec du serrage.

**Exemple :** 2 plaques percées de trous 6H7 doivent être reliées par une goupille cylindrique 6m6. Quelles sont les valeurs du jeu maximum et du serrage maximum ?

Solution : Pour l'appariement 6 H7/m6, on obtient selon les tabelles :
Cote maximum de l'alésage $G_{oB}$ = 6,012 mm
Cote minimum de l'alésage $G_{uB}$ = 6,000 mm
Cote maximum de l'arbre $G_{oW}$ = 6,012 mm
Cote minimum de l'arbre $G_{uW}$ = 6,004 mm
**Jeu maximum $P_{Jmax}$** = $G_{oB} - G_{uW}$ = 6,012 mm – 6,004 mm =
= **0,008 mm**
**Serrage maximum $P_{Smax}$** = $G_{uB} - G_{oW}$ = 6,000 mm – 6,012 mm =
= **–0,012 mm**

**Les goupilles coniques** sont généralement utilisées comme goupilles de fixation. Elles ont une conicité $C$ = 1:50 **(fig. 3)**. Leur désignation mentionne leur état de surface, le petit diamètre du cône, leur longueur et le matériau, par ex. **goupille conique ISO 2339 – A – 5 × 40 – Ac**. Les goupilles coniques se serrent élastiquement dans les trous alésés destinés à les recevoir lorsqu'on les y fait pénétrer au marteau. Toutefois, la liaison par adhérence de forces et de formes ne résiste pas aux trépidations. Pour les extraire hors des trous borgnes, on utilise des goupilles coniques à filetages externes et internes (fig. 3).

**Les goupilles cannelées** servent à assembler des composants faiblement sollicités qui doivent rarement être détachés **(fig. 4)**. Elles comportent sur leur circonférence trois entailles longitudinales qui se déforment élastiquement lorsqu'on les fait pénétrer dans le trou réalisé au foret hélicoïdal pour les recevoir.

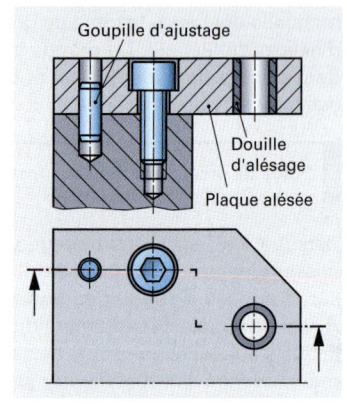

Fig. 1 : Goupilles d'ajustage

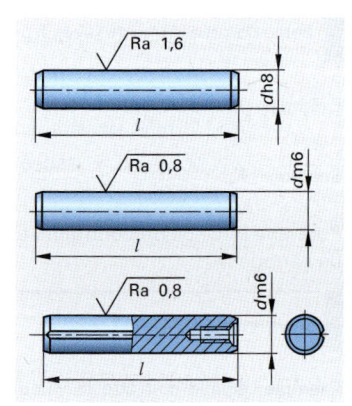

Fig. 2 : Goupilles cylindriques

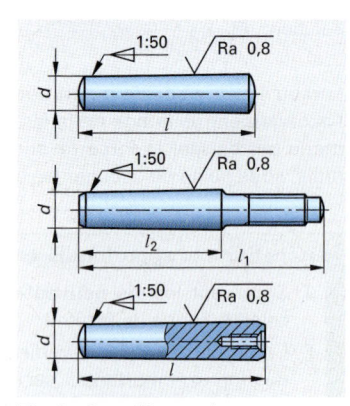

Fig. 3 : Goupilles coniques

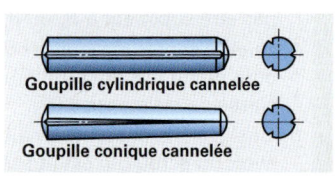

Fig. 4 : Goupilles cannelées

# Unités fonctionnelles pour la liaison

Avec les assemblages par goupilles, il suffit généralement de faire pénétrer les extrémités des goupilles dans les trous de logement des composants sur une longueur à peu près égale à la longueur qui correspond au diamètre de la goupille (**fig. 1**). Avec les pièces épaisses, il faut donc réaliser les avant-trous des goupilles pour ménager les outils d'alésage et faciliter le montage. Pour le démontage des goupilles, on peut en outre percer des trous de part en part (fig. 1).

Pour les goupilles qui absorbent des forces transversales importantes, il faut calculer la section transversale pour connaître son cisaillement (**fig. 2**) et le trou destiné à recevoir la goupille pour connaître la pression de contact autorisée (**tableau 1**). La contrainte de cisaillement s'obtient par calcul à partir de la force qui agit sur la section transversale à risque $F$, divisée par la section transversale de la goupille $S$ :

**Tension de cisaillement** $\quad\quad\quad\quad\quad\quad\quad\quad\quad \tau_a = \dfrac{F}{S}$

Les tensions de cisaillement autorisées $\tau_{a\,adm}$ sont des valeurs que les constructeurs de machines et d'appareillages ont déterminées par l'expérience. Elles dépendent du cas de charge spécifique (p. 544). Recommandations pour les goupilles non trempées :

| | Cas de charge | |
|---|---|---|
| I (statique) | II (ondulée) | III (alternative) |
| $\tau_{a\,adm}$ = 80 N/mm² | $\tau_{a\,adm}$ = 60 N/mm² | $\tau_{a\,adm}$ = 40 N/mm² |

La pression de surface $p$ dans le trou de logement se calcule à partir de la force $F$, divisée par la surface projetée $A$ :

**Pression de surface** $\quad\quad\quad\quad\quad\quad\quad\quad\quad p = \dfrac{F}{A}$

**Exemple :** Une roue dentée doit être fixée sur un arbre où $d_W$ = 40 mm par une goupille cylindrique ISO 2338. Le couple à transmettre est $M$ = 65 N · m. Quelle doit être le diamètre minimum de la goupille si l'on est en présence d'une contrainte variable ? Nombre des sections transversales soumises à sollicitation $n$ = 2.

**Solution :** Avec une contrainte variable, on a $\tau_{a\,adm}$ = 60 N/mm² (voir tableau ci-dessus).

$$M = F \cdot \dfrac{d_W}{2}$$

$$F = \dfrac{2 \cdot M}{d_W} = \dfrac{2 \cdot 65\,000 \text{ N} \cdot \text{mm}}{40 \text{ mm}} = 3250 \text{ N}$$

$$S_i = \dfrac{F}{\tau_{a\,adm} \cdot n} = \dfrac{3250 \text{ N}}{60 \text{ N/mm}^2 \cdot 2} = 27{,}1 \text{ mm}^2$$

$$d = \sqrt{\dfrac{4 \cdot S_i}{\pi}} = \sqrt{\dfrac{4 \cdot 27{,}1 \text{ mm}^2}{\pi}} = 5{,}9 \text{ mm}$$

On choisit : **d = 6 mm**

## Répétition et approfondissement

1. A quoi servent les goupilles d'ajustage ?
2. Dans quelles classes de tolérance sont fabriquées les goupilles cylindriques non trempées (DIN EN ISO 2338) ?
3. Pourquoi utilise-t-on, pour les trous borgnes, des goupilles cylindriques à rainures longitudinales ?
4. Si l'on insère une goupille cylindrique 8h8 dans un orifice 8H7, on obtient un ajustement avec jeu. Quels sont le jeu maximum et le jeu minimum ?
5. Quelle est la conicité des goupilles coniques ?

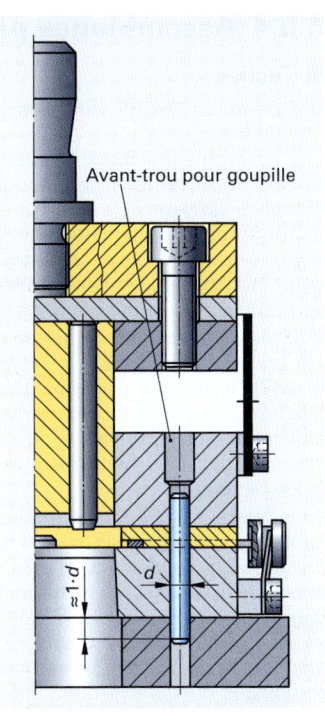

**Fig. 1 : Goupille cylindrique montée**

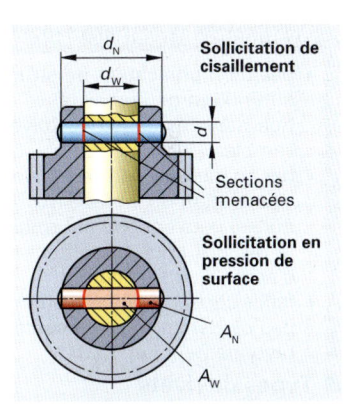

**Fig. 2 : Sections de goupilles menacées**

**Tableau 1 : Pression de surface admissible sous contrainte variable (valeurs empiriques)**

| Matériau | Pression de surface $p_{adm}$ en N/mm² |
|---|---|
| S235 | 70 |
| E295 | 75 |
| EN-GJL-150 | 50 |
| EN AC-AlSi | 30 |
| EN AW-AlCu4Mg1 | 45 |

## 6.3.4 Assemblages par rivets

### ■ Tâches

Le rivetage permet d'obtenir des assemblages indémontables.

Les assemblages **fixes** peuvent transmettre des forces importantes. Les assemblages **fixes et étanches** doivent à la fois transmettre des forces importantes et étanchéifier les pièces qui doivent être assemblées. Les assemblages rivetés **extrêmement étanches** doivent assembler les composants et les étanchéifier les uns vis-à-vis des autres.

En constructions mécaniques, le rivetage classique a été presque entièrement remplacé par le soudage (p. 248). Pour la fabrication des assemblages de tôles, par ex. pour la construction automobile et la fabrication des carrosseries, le rivetage utilisant des assemblages par rivets fixes acquiert une importance croissante.

En industrie aéronautique, le rivetage est incontournable, car ces industries traitent de multiples alliages d'aluminium ou des alliages de titane durcissables dont la résistance serait fortement réduite par le soudage. Ainsi, par exemple, la fabrication d'un Airbus nécessite 3,5 millions de rivets pour des assemblages par rivets fixes et étanches (**fig. 1**). Des assemblages rivetés extrêmement étanches sont utilisés dans la tuyauterie ainsi que dans la technologie de la haute pression et du vide.

**Fig. 1 : Airbus à fuselage riveté**

| Avantages du rivetage par rapport au soudage : |
|---|
| • pas de modification de structure, donc pas de diminution de la résistance et pas de fragilisation dans les tôles qui doivent être reliées ensemble. |
| • des matériaux différents ainsi que des tôles à valorisation de surface (par ex. lustrées ou enduites) peuvent être assemblés |
| • le raccord peut également être réalisé en cas d'accès d'un seul côté. |
| • faible consommation d'énergie |
| • pas de danger pour la santé dû aux gaz ou au rayonnement lumineux |

### ■ Types de rivets

On peut classer les rivets selon la forme de leur tête, selon la version de la tige, et selon le procédé de rivetage (**fig. 2**).

### ■ Procédé de rivetage

**Rivetage au marteau.** Le rivet fini obtenu par formage se compose de la première tête, de la tige et de la tête de rivetage (**fig. 3**). Les parties percées et fraisées sont comprimées ensemble au moyen de l'outil à riveter. Le trou percé est intégralement rempli par l'écrasement. Ensuite, la partie de la tige qui fait saillie hors du trou de rivetage est déformée en tête de rivetage.

**Rivetage par fluage.** Avec le rivetage par fluage, un outil de rivetage qui décrit un mouvement circulaire à nutation autour de l'axe du rivet comprime le matériau à déformer pour obtenir la forme de tête souhaitée (**fig. 4**).

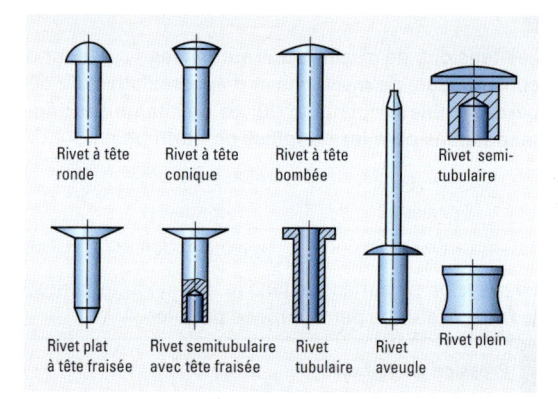

**Fig. 2 : Types de rivets**

Rivet à tête ronde — Rivet à tête conique — Rivet à tête bombée — Rivet semi-tubulaire — Rivet plat à tête fraisée — Rivet semitubulaire avec tête fraisée — Rivet tubulaire — Rivet aveugle — Rivet plein

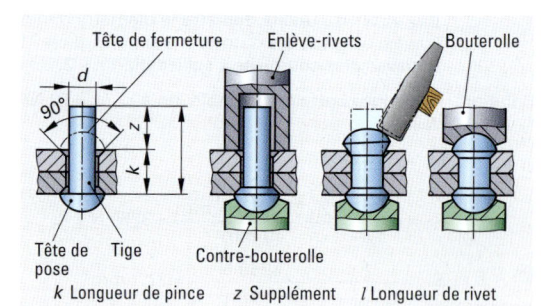

**Fig. 3 : Rivetage au marteau**

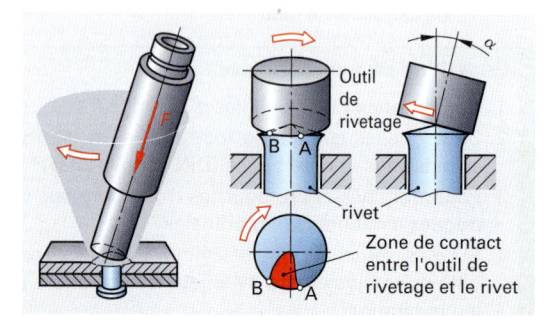

$k$ Longueur de pince   $z$ Supplément   $l$ Longueur de rivet

**Fig. 4 : Rivetage par fluage**

# Unités fonctionnelles pour la liaison

**Rivets aveugles (POP).** Les rivets aveugles sont utilisés lorsque l'emplacement à riveter n'est accessible que d'un seul côté. Ils se composent d'une douille de rivet et d'une pointe de rivet. Celle-ci comporte un point de rupture programmé. Un outil de rivetage permet de tirer la pointe du rivet de l'extrémité de la tête. Ainsi, l'extrémité de la tige est déformée, et elle constitue la tête de rivetage. Lorsqu'on atteint la plus forte pression de compression possible, le pointe de rivet se déchire au point de rupture programmé **(fig. 1)**.

**Rivetage auto-perceur.** Avec le rivetage auto-perceur, le rivet découpe lui-même le trou qui doit le recevoir. On établit une distinction entre le rivetage auto-perceur à rivets semi-tubulaires et à rivets pleins.

Le **rivetage à rivets semi-tubulaires.** commence par découper la tôle du côté du poinçon. Ensuite il s'évase et déforme ainsi la tôle du côté de la matrice. Les matériaux sont refoulés dans l'espace creux de la matrice, et ils forment la tête de rivetage **(fig. 2)**. La pièce découpée dans la tôle côté poinçon remplie la tige creuse et y reste enfermée. Etant donné que la tôle située du côté de la matrice ne sera pas perforée, la liaison est extrêmement solide et étanche.

**Le rivet plein** n'est pas façonné au moment du processus de rivetage. Il découpe les tôles à l'emporte-pièce. Le matériau découpé par matriçage tombe par la matrice. Le poinçon et la matrice comportent des épaulements sur la face avant. Cela permet, lorsque le poinçon arrive en fin de course, de refouler du matériau des pièces à assembler vers la zone contre-dépouillée du rivet **(fig. 3)**.

■ **Procédés analogues au rivetage**

**Clinchage.** Avec le clinchage, les tôles sont assemblées l'une à l'autre par déformation à froid sans rivets. Un poinçon emboutit les pièces à assembler dans la matrice. Dès que le poinçon a atteint le fond de la matrice, il se produit un fluage en largeur des matériaux. Les tôles se retrouvent liées l'une à l'autre par adhérence de formes **(fig. 4)**.

■ **Matériaux de rivetage**

Comme matériaux de rivetage, on utilise l'acier, le cuivre, des alliages de cuivre et de zinc, des alliages d'aluminium et, exceptionnellement, également des matières plastiques et le titane. Pour éviter la corrosion électro-chimique et le relâchement de l'assemblage en cas d'échauffement, les rivets doivent être dans la mesure du possible dans le même matériau que les pièces à assembler.

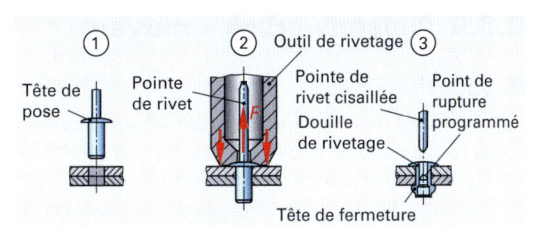

Fig. 1: Rivetage aveugle

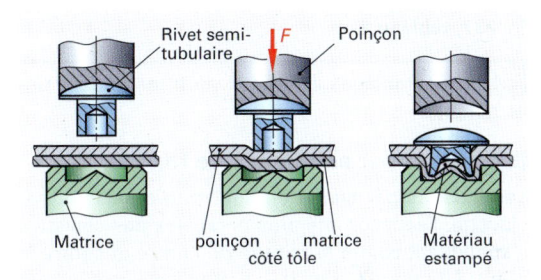

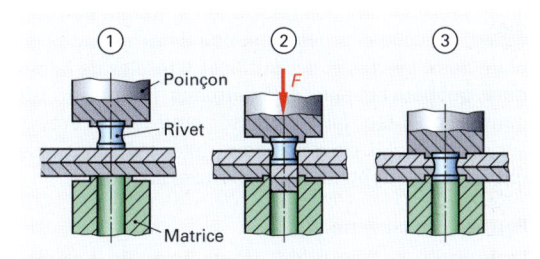

Fig. 2: Rivetage auto-perceur avec rivet semi-tubulaire

Fig. 3: Rivetage auto-perceur avec rivet plein

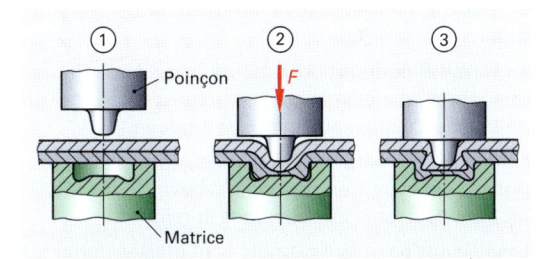

Fig. 4: Clinchage

■ Les rivets doivent présenter une résistance suffisante et bien se prêter à la déformation.

## Répétition et approfondissement

1. Comment les assemblages rivés peuvent-ils être classés d'après les exigences qu'on attend d'eux ?
2. Quels avantages présente le rivetage par rapport au soudage ?
3. Dans quels cas utilise-t-on les rivets aveugles ?
4. Quels avantages offre le rivetage auto-perceur ?
5. En quels matériaux sont fabriqués les rivets ?
6. Pourquoi les composants et les rivets doivent-ils être constitués du même matériau ?

## 6.3.5 Liaisons arbre – moyeu

### ■ Tâche et types

Les éléments de machines tels que les embrayages et les roues dentées doivent être fixés aux arbres de manière à permettre la transmission du couple.

La transmission du couple peut s'effectuer par liaison mécanique, par liaison mécanique avec précontrainte, par adhérence de forces ou de matières (**p. 237, tableau 1**).

> Les assemblages arbre moyeu transmettent des couples.

### ■ Liaisons par adhérence de formes

**Les liaisons par clavettes** sont pures liaisons par clavette. Les faces latérales parallèles des clavettes s'appliquent contre la rainure de l'arbre et contre la rainure du moyeu (**fig. 1**). Il y a du jeu entre le haut de la clavette et le fond de la rainure du moyeu. Cette liaison ne convient pas pour une contrainte par saccades, car celle-ci occasionne une déformation plastique des clavettes et des surfaces latérales de la rainure, qui peuvent ainsi être détruites. Pour les roues dentées qu'il faut faire coulisser pour les embrayer sur un arbre, les clavettes sont dotées d'une assise glissante en adoptant des tolérances adéquates.

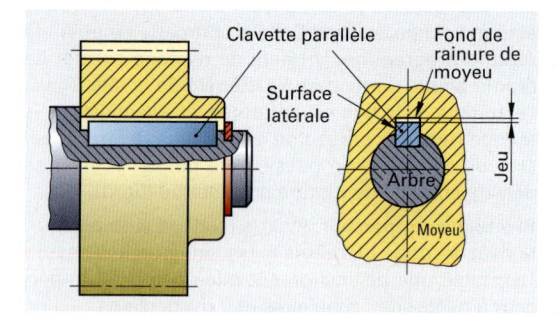

**Fig. 1 : Liaisons par clavette**

**Formes des clavette (fig. 2)**

**La forme A** comporte des bouts arrondis. Les clavettes de ce type sont intégrées aux rainures des arbres, qui sont réalisées au moyen de fraises à rainurer.

**La forme B** comporte des bouts plats. Les rainures des arbres que cela exige sont réalisées au moyen de fraises à disque ou de fraises à queue.

**La forme C** correspond à la forme A, mais elle comporte en plus un trou destiné à recevoir une vis permettant de fixer la clavette dans la rainure.

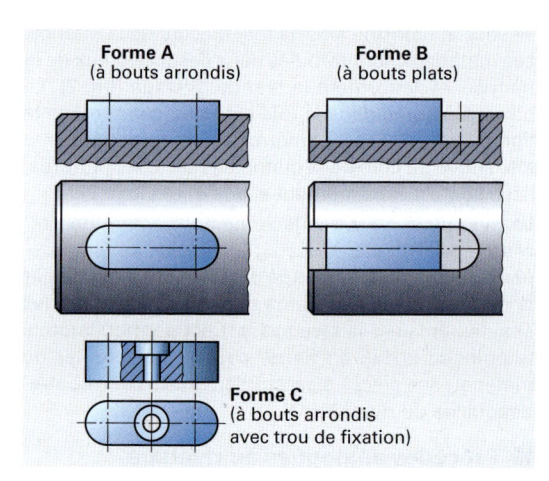

**Fig. 2 : Formes de clavettes**

**Les liaisons par arbre cannelé** sont utilisées pour les liaisons soumises à de fortes sollicitations, par ex. pour les arbres de boîtes de vitesses sur machines-outils. Si le nombre des rainures est pair, on obtient un nombre pair de clavette (et non de « cannelures »), qui transmettent uniformément le couple en le répartissant sur la circonférence (**fig. 3**). L'arbre et le moyeu d'une liaison par arbre cannelé peuvent coulisser dans le sens axial moyennant des ajustages appropriés. Pour cette raison, on les utilise également avec les roues coulissantes (**fig. 4**). Le centrage du moyeu sur l'arbre s'effectue généralement par le centrage intérieur de l'arbre et du moyeu (fig. 3).

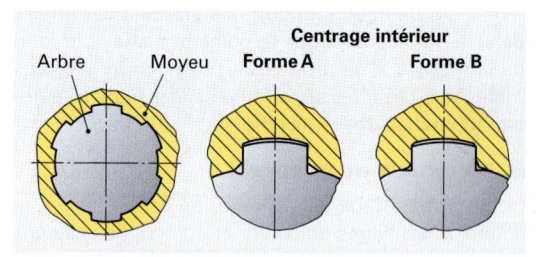

**Fig. 3 : Profils d'arbres cannelés**

> Les composants dotés de liaisons par arbre cannelé peuvent coulisser dans le sens axial et transmettre des couples importants.

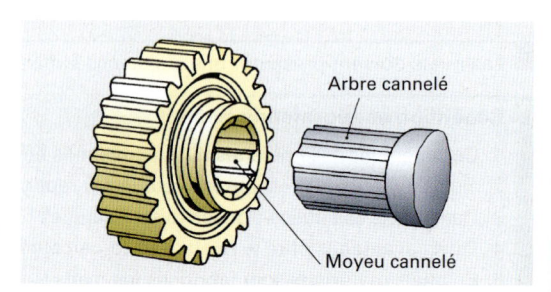

**Fig. 4 : Liaison par arbre cannelé**

# Unités fonctionnelles pour la liaison

Dans les **liaisons par arbre dentelé,** l'engrènement plus précis fait que l'arbre et le moyeu sont moins affaiblis que des profilés à arbre cannelé **(fig. 1)**. Pour cette raison, des couples plus importants peuvent être transmis à diamètre égal. Le grand nombre des dents rend les liaisons par arbre dentelé particulièrement appropriées pour les contraintes saccadées. Par ailleurs, la position relative de l'arbre par rapport au moyeu, par ex. pour les leviers, peut être modifiée pas à pas de dent à dent.
Les liaisons par arbre dentelé sont différentes selon la forme des profils des dents. L'**engrenage à développante** principalement utilisée (« involute spline ») a une forme de dents comme avec les roues dentées. Le nombre des dents est fonction du diamètre de l'arbre et du module.
Dans l'**engrenage parallèle,** les dents ont des flancs en coin (« straight sided spline »). Les deux flancs de la dent forment des plans parallèles.
La **dentelure** avec ses flancs crantés (« serration spline ») a des dents pointues.
La liaison par arbre dentelé nécessite une grande précision de fabrication afin que tous les flancs soient impliqués dans la transmission du couple. L'arbre et le moyeu peuvent être principalement déplacés de façon axiale ce qui est utilisé dans la majeure partie des cas.
**Les liaisons par arbres polygonaux** sont des accouplements d'un moyeu et d'un arbre à grande précision de centrage. Etant pratiquement exemptes d'effet d'entaille, elles permettent de transmettre des couples plus importants que les liaison par clavettes **(fig. 2 et 3)**.

> Les liaisons par arbre polygonal sont autocentreuses et exemptes d'effet d'entaille.

## ■ Liaisons mécaniques à précontrainte

**Les clavetages** inclinés sont réalisés au moyen de clavettes qui présentent une inclinaison de 1 : 100 et un faible jeu latéral dans la rainure de l'arbre et du moyeu. Le serrage de l'arbre et du moyeu l'un contre l'autre est réalisé par enfoncement **(fig. 4)**. Ce serrage décale de façon minime les axes médians de l'arbre et du moyeu. Ce décalage ne doit pas compromettre la fonction des pièces assemblées.
En raison du déséquilibre occasionné par le décalage des axes médians, les assemblages par clavette inclinée ne conviennent pas pour les vitesses de rotation élevées.
**Les assemblages à denture frontale** sont des éléments de liaison autocentreurs où des dents à disposition radiale sur des surfaces planes s'engrènent réciproquement **(fig. 5)**. En raison de la haute précision qu'ils peuvent permettre, les assemblages à denture frontale s'utilisent par ex. pour les tables à transfert circulaire, en raison du peu de place qu'elles occupent dans les boîtes de vitesses.

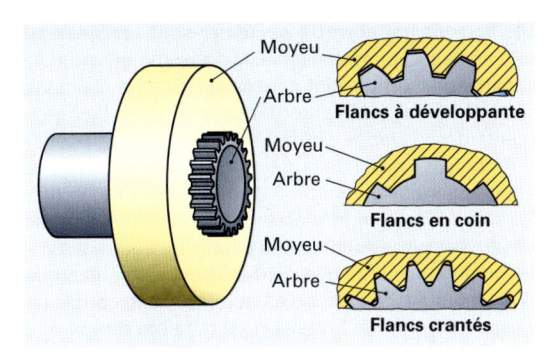

Fig. 1 : Liaison par arbre dentelé

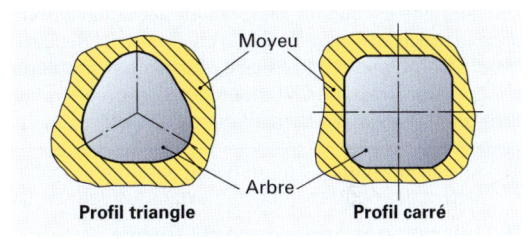

Fig. 2 : Profils polygonaux

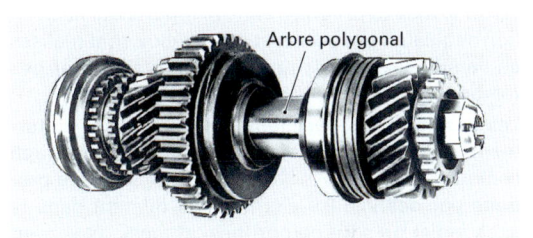

Fig. 3 : Liaison par arbres polygonaux dans une boîte de vitesses.

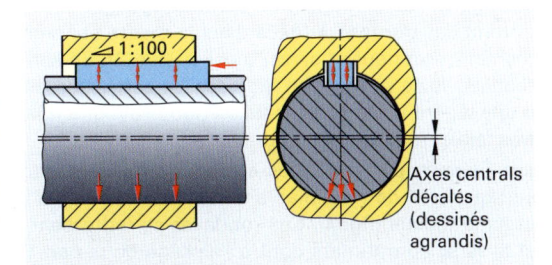

Fig. 4 : Clavetage incliné

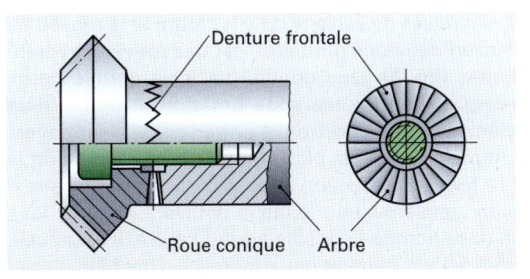

Fig. 5 : Liaison par denture frontale

Les **liaisons par clavette circulaire** sont réalisées au moyen de sections transversales d'assemblage non circulaires qui comportent généralement trois clavettes circulaires sur leur circonférence (**fig. 1**). Les segments des clavettes ont la forme d'une spirale logarithmique. Le profil de la clavette circulaire du moyeu étant supérieur d'environ 0,03 mm à celui de l'arbre, les pièces peuvent être assemblées axialement avec un jeu. Les pièces sont serrées l'une sur l'autre par rotation du moyeu relativement à l'arbre selon un angle préalablement calculé, ou en appliquant un couple de serrage déterminé. En raison de la faible rampe que présentent les segments de clavette, l'assemblage est auto-bloquant dans les deux sens si la précision de la concentricité est élevée. En fonction des sollicitations et de la précision exigée pour la concentricité, les profils d'assemblage sont réalisés, par ex. par moulage par pression, fraisage CNC haute vitesse, ou par rectification haute vitesse et rectification des profils.

> Les assemblages par clavette circulaire transmettent des couples importants dans les deux sens.

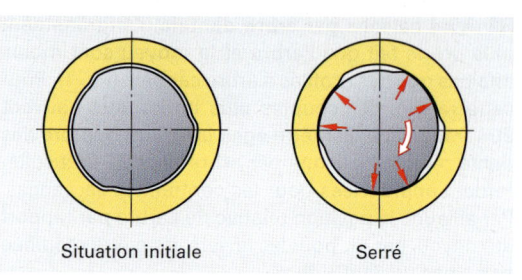

**Fig. 1 : Assemblage par clavette circulaire** (Situation initiale — Serré)

### ■ Liaisons par adhérence de forces

Les liaisons par adhérence de forces permettent de serrer le moyeu et l'arbre dans n'importe quelle position angulaire. Les arbres et les moyeux sont réalisés en version lisse, et ils ne sont pas affaiblis par des rainures ou des orifices percés.

**Les assemblages par éléments de serrage** se forment par serrage réciproque d'éléments de serrage coniques (**fig. 2**). Sous l'effet d'une force axiale produite par des vis, les éléments se dilatent dans le sens radial ou sont comprimés, et ainsi, ils serrent ensemble l'arbre et le moyeu.

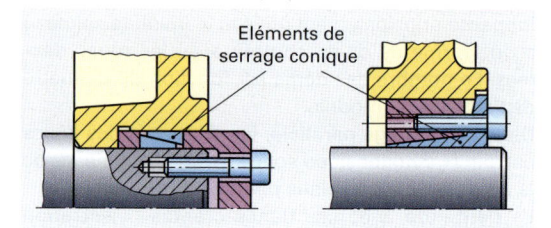

**Fig. 2 : Liaisons par éléments de serrage** (Eléments de serrage conique)

**Les douilles de compression** sont des éléments de serrage en acier traité par écrouissage qui comportent des gorges tournées dans la masse sur leur diamètre extérieur et dans l'alésage (**fig. 3**). En serrant les vis de serrage, on redresse les parois dotées d'une légère inclinaison radiale et on provoque une très faible modification du diamètre.

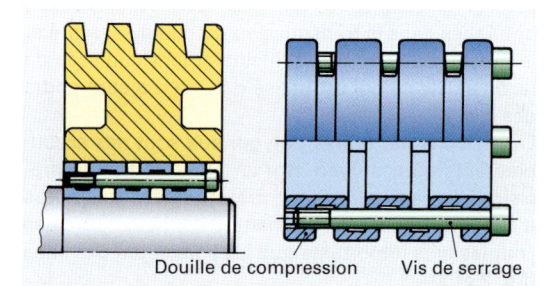

**Fig. 3 : Douille de compression** (Douille de compression — Vis de serrage)

**Les liaisons par rondelles-étoiles** se forment par serrage axial de rondelles annulaires à cône aplati et fente radiale (**fig. 4**). Ces rondelles se redressent, et elles se compriment contre l'alésage de la partie extérieure et contre l'arbre. Le nombre de rondelles dépend du couple à transmettre.

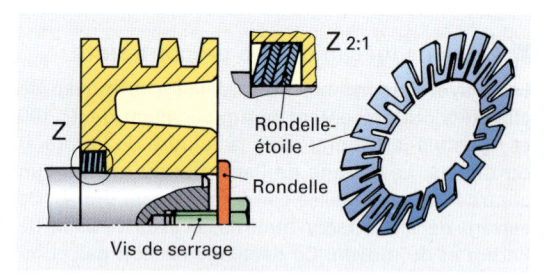

**Fig. 4 : Liaison par rondelle-étoile** (Z 2:1 — Rondelle-étoile — Rondelle — Vis de serrage)

**Les douilles de serrage** relient l'arbre et le moyeu au moyen de forces produites par des moyens hydrauliques (**fig. 5**). Une douille d'acier à double paroi, remplie d'un liquide sous pression et munie d'un élément à bride, se trouve entre l'arbre et le moyeu. Un piston à vis est placé dans la bride ; lorsqu'on le fait tourner, ce piston injecte du liquide sous pression supplémentaire dans la douille. Cela provoque la dilatation de la douille contre l'arbre et le moyeu, et la liaison s'établit par adhérence. Une bille d'acier empêche la pression de se résorber.

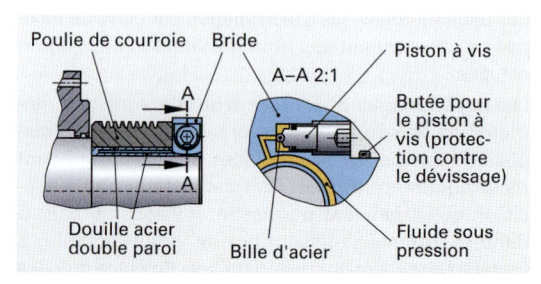

**Fig. 5 : Douille de serrage** (Poulie de courroie — Bride — Piston à vis — A–A 2:1 — Butée pour le piston à vis (protection contre le dévissage) — Douille acier double paroi — Bille d'acier — Fluide sous pression)

*Unités fonctionnelles pour la liaison*

## Unités fonctionnelles pour la liaison

### ■ Verrouillages d'arbres

Les liaisons arbre-moyeu et les composants tels que les paliers à roulement, qu'on peut faire coulisser sur des arbres ou dans des alésages, doivent être dotés d'un verrouillage axial. Ce verrouillage s'effectue par adhérence de formes ou de forces.

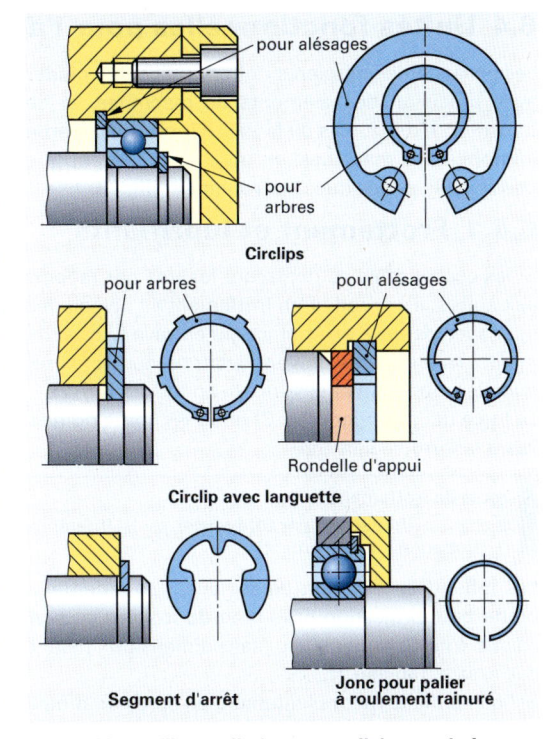

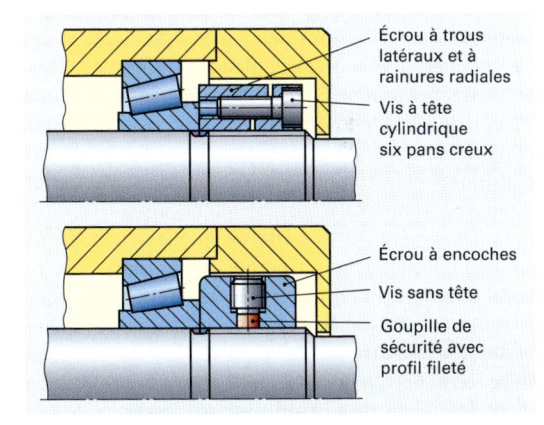

**Verrouillages d'arbres par adhérence de formes.** Les forces axiales absorbables dépendent du mode de construction de l'élément de verrouillage et de la conception des éléments de la machine (**fig. 1**). C'est ainsi, par ex. que la rainure d'un arbre qui reçoit un circlip doit être à distance suffisante de l'extrémité de l'arbre. La surface d'appui de l'élément de machine à verrouiller doit appliquer sur la plus grande surface possible contre le circlip. S'il faut verrouiller des éléments de machine munis de chanfreins ou d'arrondis importants, on utilise en plus des rondelles d'appui ou des circlips comportant des languettes réparties sur la circonférence.

La plupart des éléments de verrouillage par adhérence de formes imposent l'usinage de l'arbre. Cela peut entraîner un affaiblissement de la section transversale de l'arbre, un effet d'entaille supplémentaire ou un balourd.

**Verrouillages d'arbres par adhérence de forces.** Ces inconvénients peuvent être évités en utilisant des éléments de verrouillage par adhérence de forces comme par ex. les écrous cylindriques à encoches ou à trous latéraux. A part le verrouillage en position axiale de composants quelconques, ces dispositifs permettent, par ex., de régler avec précision le jeu des paliers à roulement coniques ou des butées à rouleaux cylindriques en tournant l'écrou sur le filetage fin de l'arbre. Le verrouillage s'effectue soit par déformation d'un écrou cylindrique rainuré à trous latéraux, au moyen d'une vis à tête cylindrique six pans creux (**fig. 2 – en haut**) ou au moyen de vis sans tête au bout desquelles des goupilles de sécurité sont comprimées sur les flancs du filetage de l'arbre (**fig. 2 – en bas**).

| Pour verrouiller les arbres, on utilise des | |
|---|---|
| • circlips | • segment d'arrêt |
| • circlips à languette | • écrous à encoches |
| • joncs | |

Fig. 1 : Verrouillages d'arbres par adhérence de formes

Fig. 2 : Verrouillages d'arbres par adhérence de forces

### Répétition et approfondissement

1. Dans quels groupes peut-on classer les liaisons arbre-moyeu ?
2. Quel type d'assemblage a-t-on dans une liaison par arbre cannelé ?
3. Qu'est-ce qui distingue une liaison par clavette d'une par cannelure ?
4. Comment se produit le transfert de couple dans une liaison par clavette ?
5. Pourquoi les liaisons par clavette ne conviennent-elles pas en présence de sollicitations saccadées ?
6. Dans quels cas utilise-t-on des liaisons par arbres dentelés ?
7. Comment le couple est-il transféré avec une liaison par éléments de serrage ?
8. Pourquoi les liaisons par arbres polygonaux peuvent-elles transférer des couples plus importants que les liaisons par arbres cannelés ?
9. Comment peut-on sécuriser les moyeux pour empêcher leur déplacement axial ?
10. Quelle fonction assument les rondelles d'appui ?

## 6.4 Unités fonctionnelles pour l'appui et le soutien

Les paliers et les glissières ont pour tâche de guider avec précision des éléments de machines, et de transmettre des forces de la partie mobile à la partie immobile des machines, en minimisant autant que possible les pertes dues au frottement **(fig. 1)**.

### 6.4.1 Frottement et lubrifiants

Si les composants se déplacent les uns par rapport aux autres, il se produit un frottement au niveau des interfaces de mise en contact qui entrave le mouvement. Les lubrifiants doivent éviter un contact et réduire le frottement et l'usure qui en résulte **(fig. 2)**.

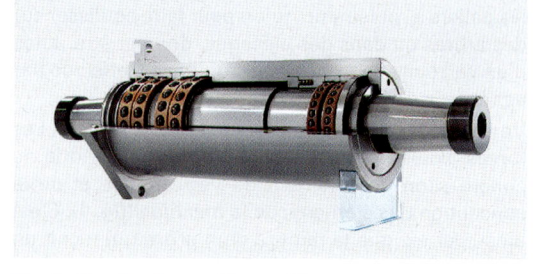

**Fig. 1 : Broche de machine-outil**

La force de frottement **(fig. 3)** entre les corps rigides est calculée en utilisant la formule suivante :

| **Force de frottement** | $F_R = \mu \cdot F_N$ |
|---|---|

avec $\mu = \mu_0$ (frottement par adhérence), $\mu = \mu_G$ (frottement de glissement), $\mu = \mu_R$ (frottement de roulement)

Les influences de l'état de surface, l'appariement des matériaux, le mode de lubrification et le type de frottement sont exprimés par les coefficients de frottement μ (sans dimension). Celui-ci est déterminé par des essais **(tableau 1)**.

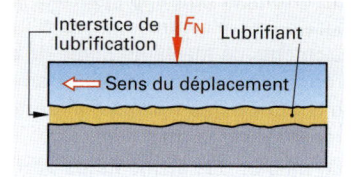

**Fig. 2 : Surfaces lisses séparées par un lubrifiant**

Si l'on souhaite mettre lentement un corps en mouvement à partir d'un état d'inertie, alors on constate que la force nécessaire pour initier ce mouvement est supérieure à la force visant à maintenir le mouvement. Le frottement par adhérence est donc toujours supérieur au frottement de glissement. Au repos, les « pics » des interfaces de contact peuvent s'accrocher, tandis qu'elles glissent les unes sur les autres lorsqu'elles sont en mouvement. Si les interfaces glissent les unes sur les autres, les « pics » des interfaces en contact ne peuvent pas pénétrer aussi profondément les unes dans les autres. Avec l'augmentation de la vitesse de glissement et la lubrification, l'influence de l'appariement des matériaux diminue fortement.

Si le glissement est lent, par ex. le glissement d'un chariot porte-outils sur des glissières, le frottement d'adhérence et le frottement de glissement alternent en permanence. Ce phénomène aboutit à un glissement à reculons (effet « stick-slip » ou « collé-glissé ») qui empêche le positionnement précis du chariot.

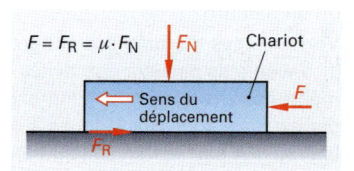

**Fig. 3 : Forces opérantes**

Dans les paliers, la force de frottement $F_R$ provoque un couple de frottement $M_R$ qui entrave le mouvement rotatif.

| **Couple de frottement** | $M_R = F_R \cdot r$ |
|---|---|

L'énergie de frottement qui survient doit être évacuée sous forme d'énergie.

| **Force de frottement** | $W_R = F_R \cdot v \cdot t$ |
|---|---|

**Exemple :** Un tourillon d'arbre où $d = 40$ mm absorbe une force $F_N = 2,5$ kN. Sa fréquence de rotation est $n = 500$/min, le coefficient de frottement $\mu = 0,04$, la durée de fonctionnement $t = 5$ h. Quelles valeurs prennent $F_R$, $M_R$ et $W_R$ ?

Solution : $F_R = \mu \cdot F_N = 0,04 \cdot 2500$ N = **100 N**
$M_R = F_R \cdot r = 100$ N $\cdot 0,02$ m = **2 N · m**
$W_R = F_R \cdot v \cdot t = F_R \cdot \pi \cdot d \cdot n \cdot t$
$= 100$ N $\cdot \pi \cdot 0,04$ m $\cdot 500$/min $\cdot 300$ min = **1,88 MJ**

**Tableau 1 : Coefficient de frottement**

| Coefficient de frottement | Frottement par adhérence $\mu_0$ | |
|---|---|---|
| Matériau | à sec | lubrifié |
| Acier – Acier | 0,15–0,3 | 0,1–0,12 |
| Acier – GG | 0,18–0,2 | 0,1–0,2 |
| Acier – CuSn | 0,18–0,2 | 0,1–0,2 |
| Garniture de friction acier | 0,6 | – |

| Coefficient de frottement | Frottement de glissement $\mu_G$ | |
|---|---|---|
| Matériau | à sec | lubrifié |
| Acier – Acier | 0,1–0,12 | 0,04–0,07 |
| Acier – GG | 0,15–0,2 | 0,05–0,1 |
| Acier – CuSn | 0,15–0,2 | 0,05–0,1 |
| Garniture de friction acier | 0,5 | – |

| Coefficient de roulement | Frottement de roulement $\mu_R$ |
|---|---|
| Matériau | |
| Acier – Acier | 0,005 |
| Caoutchouc-asphalte | 0,015 |

# Unités fonctionnelles pour l'appui et le soutien

## ■ Etats de frottement

Dans le **frottement entre solides,** les surfaces qui glissent se touchent et elles nivellent les inégalités de surface **(fig. 1)**. Si l'appariement des matériaux est défavorable et si la pression réciproque des surfaces est importante, les surfaces se soudent (grippage).

**Frottement mixte** se produit au début du mouvement ou en cas de lubrification insuffisante. Dans ce cas, les surfaces de glissement restent en contact en divers points **(fig. 2)**. La force de frottement engendrée et l'usure sont plus faibles que pour le frottement entre solides. Cependant, cet état n'est pas admis en service permanent.

**Frottement sur liquide.** Dans des conditions idéales, la quantité de lubrifiant présente entre les surfaces de glissement permet de les séparer entièrement **(fig. 3)**. Pour cette raison, la force de frottement est faible; elle résulte du glissement des molécules de lubrifiant les unes sur les autres.

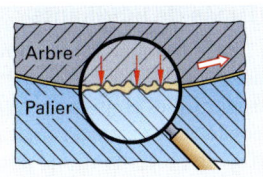

Fig. 1 : Frottement entre solides

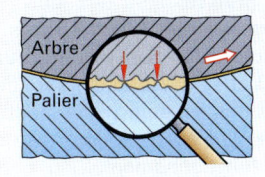

Fig. 2 : Frottement mixte

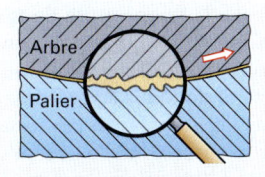

Fig. 3 : Frottement sur liquide

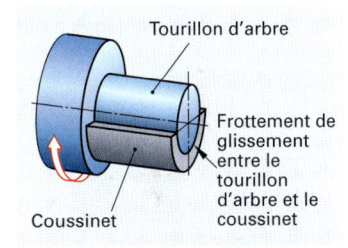

## ■ Types de frottement

Le **frottement de glissement** se produit entre deux pièces qui glissent l'une sur l'autre, comme par ex. avec un palier lisse **(fig. 4)**.

Le **frottement de roulement** est la résistance qu'il faut surmonter lorsque deux pièces roulent l'une sur l'autre. Le contact entre les interfaces de pièces a une forme ponctuelle ou linéaire, c'est le cas par ex. entre des rouleaux cylindriques et la bague intérieure **(fig. 5)**.

Pour le **frottement de roulement avec effet de laminage,** le frottement est engendré simultanément par le roulement et par le glissement. La bille du palier à roulement touche, par ex. la bague extérieure sur une ligne, c'est-à-dire sur différentes circonférences de la gorge **(fig. 6)**. En raison des diverses circonférences de contact, des trajets différents sont parcourus à la périphérie de la gorge pour un trajet de bille déterminé. Au « déroulé » de la bille s'associe donc un glissement. De ce fait, les paliers à roulement doivent être lubrifiés.

## ■ Lubrifiants

**Les principales fonctions des lubrifiants sont :**
- éviter le frottement
- amortir les chocs
- protection contre la corrosion
- évacuer la chaleur
- évacuer les particules usées
- minimisation du bruit

**Les lubrifiants doivent avoir les propriétés suivantes :**
- être résistants à la pression interne
- avoir un faible frottement
- être sans acide et sans eau
- être adhésifs
- être exempts de composants solides
- présenter une faible modification de la viscosité
- avoir un point de flamme élevé
- avoir un point de combustion élevé
- avoir une faible limite d'écoulement
- être résistants au vieillissement

**Propriétés des lubrifiants.** La **viscosité** (état semi-liquide) est une mesure du frottement interne du lubrifiant, frottement qui se produit entre les molécules de lubrifiant. Les liquides à haut degré de viscosité (par ex. le miel) sont semi-liquides, ceux dont la viscosité est faible (par ex. l'eau) sont fluides **(fig. 1, p. suivante)**. On qualifie de **limite d'écoulement** la température à laquelle le lubrifiant coule tout juste encore dans des conditions d'essai. Le **point d'éclair** est la température à laquelle le lubrifiant dégage des gaz combustibles. Au **point d'inflammation,** les gaz dégagés par le lubrifiant continuent à brûler d'eux-mêmes après avoir pris feu. Le **point de combustion (auto inflammtion)** est la température à laquelle un mélange de lubrifiant sous forme gazeuse et d'air s'enflamme de lui-même.

Fig. 4 : Frottement de glissement

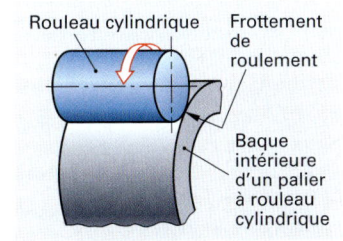

Fig. 5 : Frottement de roulement

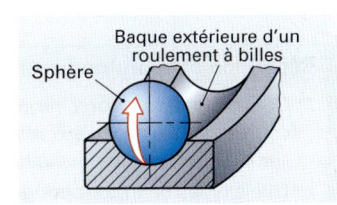

Fig. 6 : Frottement de roulement avec effet de laminage

## ■ Types de lubrifiants

On utilise généralement comme **lubrifiants liquides** des huiles minérales ou des huiles de synthèse. **Les huiles minérales** sont extraites du pétrole brut et contiennent des adjuvants (additifs) qui augmentent la viscosité, la résistance à la pression et au vieillissement. **Les huiles synthétiques** présentent une courbe viscosité/ température radicalement meilleure, et leur résistance au vieillissement est meilleure que celle des huiles minérales. Par contre, elles coûtent plus cher **(fig. 1)**.

**Les graisses** sont des lubrifiants pâteux qui se composent d'huiles minérales et/ou synthétiques ainsi que d'un épaississant (savons au barium, au sodium ou au lithium) **(fig. 3)**. Elles peuvent contenir des additifs et/ou des lubrifiants solides (DIN 51825). En plus de la lubrification, elles doivent étanchéifier contre l'eau et les substances abrasives (lat. : racler), protéger de la corrosion et absorber la saleté, sans empêcher le bon fonctionnement.

**Les lubrifiants solides (tableau 1)** sont utilisés lorsque la trop faible vitesse de glissement ne permet pas la formation d'une pellicule, ou lorsque la température de fonctionnement est très basse ou très élevée. On emploie des poudres de graphite, des bisulfure de molybdène ($MoS_2$) et du PTFE, qui est une matière plastique. Les poudres de graphite et de $MoS_2$ se présentent sous forme de paillettes, compensent donc les irrégularités de surface, séparent ainsi les interfaces de sorte que le glissement n'a lieu qu'à l'intérieur du lubrifiant **(fig. 2)**. Les lubrifiants solides s'appliquent généralement sur les surfaces sous forme de pâtes ou de vernis glissant. Les vernis glissant sont des lubrifiants solides qui sont liés à des résines synthétiques. Ils graissent par ex. les tiges filetées et les guidages à glissement (fig. 3).

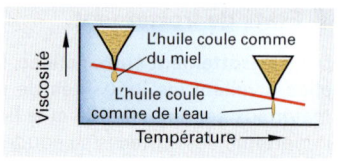

**Fig. 1 : La viscosité dépend de la température**

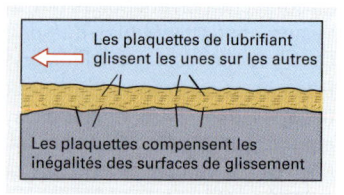

**Fig. 2 : Interstice de lubrification avec lubrifiant solide**

**Tableau 1 : Lubrifiants solides**

| | Couleur | Température de fonctionnement °C | Coefficient de frottement de glissement $\mu$ |
|---|---|---|---|
| Graphite | gris-noir | −120 à +600 | 0,1 à 0,2 |
| Disulfure de molybdène | gris-noir | −100 à +400 | 0,04 à 0,09 |

**CL 100** — Huile de lubrification à base d'huile minérale
**PGLP 220** — Huile de lubrification à base d'huile synthétique

**Huile d'engrenage** pour l'engrenage de la broche et des avances

**CL 100 :** Huile de lubrification du circuit à base d'huile minérale (C); augmentation de la résistance à la corrosion et au vieillissement (L), classe de viscosité VG 220 (220)

**PGLP :** Huile polyglycolique (PG), augmentation de la résistance à la corrosion et au vieillissement (L), augmentation de la protection contre l'usure (P); classe de viscosité VG 220 (220)

**Huile pour glissières** pour les rails de guidages

**CGLP 220**

**CG :** Huile pour glissières
**L :** Additifs visant à augmenter la protection anticorrosion et/ou la résistance au vieillissement
**P :** Additifs visant à réduire le frottement et/ou à augmenter la capacité de charge
**220 :** Classe de viscosité ISO VG 220

K 3N −20 — Huile de lubrification à base d'huile minérale
K SI 3R −10 — Huile de lubrification à base d'huile synthétique

**Graisse** pour le levier d'enclenchement

**K3N-20 :** Graisse pour paliers lisses et à rouleaux (K) à base d'huile minérale; classe NLGI 3 (3), température de service supérieure +140 °C (N); température de service inférieure −20 °C (−20)

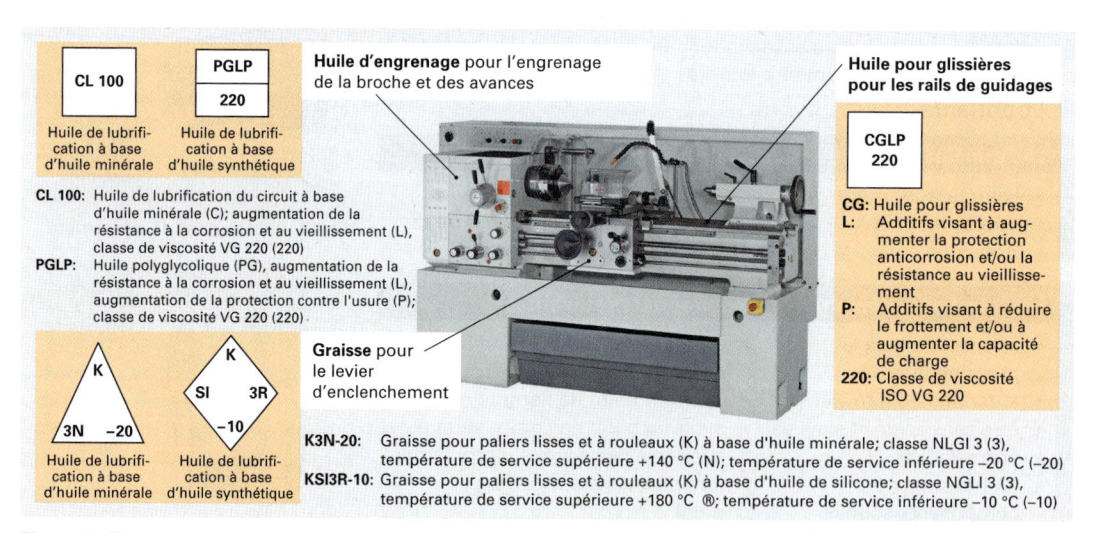

**KSI3R-10 :** Graisse pour paliers lisses et à rouleaux (K) à base d'huile de silicone; classe NGLI 3 (3), température de service supérieure +180 °C (Ⓡ); température de service inférieure −10 °C (−10)

**Fig. 3 : Différents types de lubrifiants sur un tour (explication des autres abréviations voir manuel de tableaux)**

---

### Répétition et approfondissement

1. Quelle doit être la force requise pour pousser la contrepointe si la masse $m$ = 80 kg et le coefficient de frottement $\mu$ = 0,09 ?
2. Quels types de frottement peut-on distinguer ?
3. Quel type de frottement se produit dans un roulement rainuré à billes ?
4. Quelles sont les fonctions des lubrifiants ?
5. Quelles peuvent être les causes du soudage (grippage) lors du processus de glissement ?
6. Qu'entend-on par viscosité des lubrifiants ?
7. Où utilise-t-on des lubrifiants solides ?

## 6.4.2 Paliers

Les paliers guident et soutiennent les arbres et les essieux sollicités par des forces radiales et axiales. En fonction du type de frottement entre des éléments de machine, on fait la distinction entre **les paliers à glissement** et **les paliers à roulement (fig. 1)** et, en fonction de l'orientation des forces qui sont absorbées par le palier, entre **les paliers radiaux et les paliers axiaux (fig. 2)**.

### 6.4.2.1 Paliers lisses

Avec un palier lisse, le tourillon d'arbre tourne dans un coussinet ou dans une douille de palier (fig. 1). La force d'appui F que le palier doit absorber produit lors de la rotation une force de frottement $F_R$ qui agit dans le sens contraire du mouvement (p. 446).

> Pour maintenir à une faible valeur la force de frottement, et ainsi le couple de frottement, une quantité suffisante de lubrifiant doit être présente entre les surfaces de glissement.

On distingue la lubrification hydrodynamique et la lubrification hydrostatique.

■ **Lubrification hydrodynamique**

Avec les paliers glissants à graissage hydrodynamique, la pellicule lubrifiante est produite par le mouvement de rotation du tourillon **(fig. 3)**. Lors du démarrage de l'arbre, le tourillon et le coussinet ne sont pas encore complètement séparés par la pellicule de lubrification (frottement mixte). Au fur et à mesure que la vitesse de rotation augmente, l'huile lubrifiante qui est amenée au côté non chargé du palier est tractée par le tourillon dans l'interstice de lubrification qui se rétrécit. La pression montant dans l'interstice de lubrification provoque le soulèvement de l'arbre, donc une réduction du frottement. Avec une vitesse de glissement suffisante, l'écart entre les pièces est tel que le tourillon flotte sur la pellicule d'huile (frottement sur liquide).

**Les paliers à glissement à surfaces multiples** présentent plusieurs interstices de lubrification **(fig. 4)**. Si le tourillon de l'arbre est en position décentrée, il se forme dans les interstices de lubrification des pressions de l'huile qui recentrent le tourillon. Les paliers à glissement axiaux à segments basculants et lubrification hydrodynamique peuvent absorber des forces axiales très importantes, comme par ex. les crapaudines des turbines hydrauliques à arbre vertical **(fig. 5)**.

■ **Équipements de lubrification**

Le lubrifiant doit être amené au palier lisse par des orifices de lubrification et des cavités de lubrifiant qui devront se trouver sur la face du palier qui ne supporte pas la charge.

Les graisses lubrifiantes peuvent par ex. être amenées par pression aux points d'appui depuis une installation de lubrification centralisée, en passant par des graisseurs ou par des tuyauteries de petit diamètre.

Avec les paliers à glissement **barbotant en bain d'huile**, cette dernière est transportée au point de graissage par des pièces rotatives, comme par ex. des anneaux plongeurs ou des rondelles lubrifiantes.

Avec les arbres à charge importante, **une lubrification par circulation d'huile** veille à ce que le lubrifiant soit fourni en quantité suffisante. Une pompe injecte l'huile à une pression comprise entre 0,5 et 3 bars dans l'interstice de lubrification. De là, l'huile regagne le réservoir d'huile. Avec les paliers qui, en raison de la charge importante qu'ils supportent, sont susceptibles de chauffer, l'huile doit être refroidie dans un radiateur d'huile.

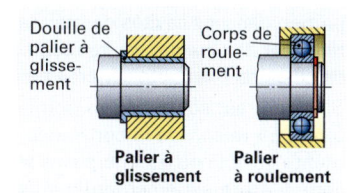

Fig. 1 : Palier à glissement et palier à roulement

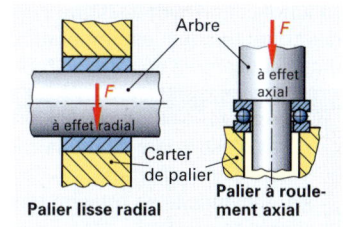

Fig. 2 : Palier radial et palier axial

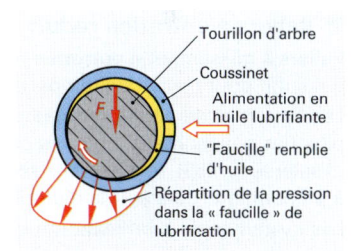

Fig. 3 : Répartition de la pression dans la «faucille» de lubrification

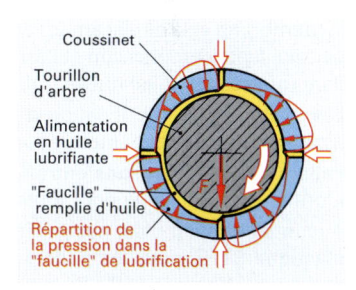

Fig. 4 : Palier à glissement hydrodynamique et surfaces multiples

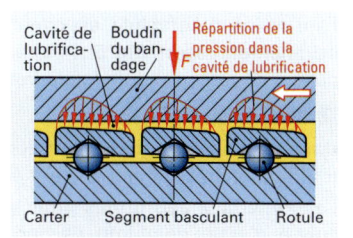

Fig. 5 : Palier à glissement axial et segments basculants

## ■ Lubrification hydrostatique

Avec les paliers à glissement à lubrification hydrostatique, l'huile est comprimée dans les cavités de graissage réparties sur la périphérie du palier **(fig. 1 et 2)**. Chaque cavité reçoit ainsi un débit volumique constant. La pression de l'huile est générée hors du palier par des pompes spéciales.

Si l'arbre est sollicité, son point central se déplace dans le sens de la force. En raison de la constance du débit volumique, la pression augmente du côté où les interstices sont plus étroits, et elle baisse de l'autre côté. L'arbre est ainsi remis au centre du palier. Même à l'arrêt et au démarrage, les arbres et le coussinet ne se touchent pas. Pour cette raison, un glissement saccadé («stick-slip» ou «collé-glissé») est exclu. La lubrification hydrostatique s'applique par ex. aux broches principales des tours lorsqu'il est impératif de disposer d'une portance élevée et d'une concentrité en rotation très précise.

| Avantages | Inconvénients |
|---|---|
| • Pas d'usure lors du démarrage<br>• Faible échauffement<br>• Concentricité en rotation très précise<br>• Pas de glissement à reculons | • Installation de lubrification complexe et coûteuse<br>• Nécessité de surveiller soigneusement le système de lubrification |

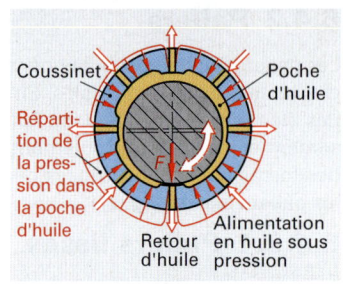

**Fig. 1 : Palier radial hydrostatique**

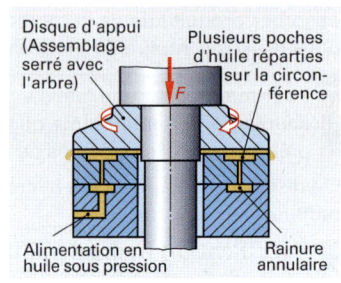

**Fig. 2 : Palier axial hydrostatique**

## ■ Paliers à entretien réduit et sans entretien

**Paliers à glissement à entretien réduit.** Ils ont une réserve de lubrifiant qui suffit pour un certain temps, par ex. pour plusieurs mois.

Les systèmes de lubrification automatiques sont également utilisés, en plus des paliers lisses, pour les paliers à roulement (p. 452) et pour les glissières (p. 458), et construits sous forme de systèmes de lubrification à point unique ou à points multiples.

Les systèmes de lubrification à point unique peuvent être à actionnement électrochimique. Le serrage d'une vis d'activation fait chuter une pastille de ZnMo frittée dans de l'acide citrique et forme avec lui un élément galvanique **(fig. 3)**. La tablette se décompose et il se forme du gaz hydrogène. La pression de gaz qui se forme provoque la dilatation de la membrane et le déplacement du piston de séparation. Cela provoque par une lente compression et l'arrivée au point de lubrification du lubrifiant (graisse ou huile) qui se trouve devant le piston.

Les systèmes de lubrification à points multiples sont généralement actionnés par de petits motoréducteurs.

**Paliers à glissement sans entretien.** Avec de tels paliers, la réserve de lubrifiant est suffisante pour toute la durée de vie du palier **(fig. 4)**.

Aucun n'entretien n'est nécessaire, par ex. pour les paliers en matière plastique PTFE, pour les paliers frittés imprégnés de lubrifiant, ainsi que pour les paliers dotés de couches de roulement qui contiennent les graisses lubrifiantes.

Les paliers à glissement composites sans entretien se composent d'une coquille d'appui en acier à couche de roulement en bronze fritté. Le lubrifiant solide, du graphite, est contenu dans la couche de roulement, où il est finement réparti **(fig. 5)**. A côté de bonnes propriétés mécaniques, les paliers de ce type ont un faible frottement et conviennent jusqu'à 350 °C.

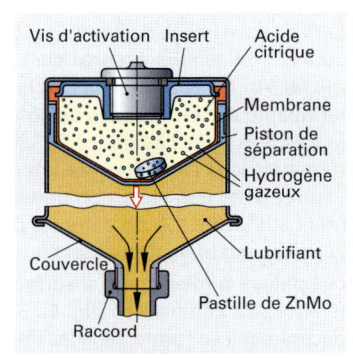

**Fig. 3 : Distributeur automatique de lubrifiant**

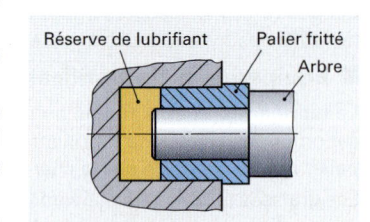

**Fig. 4 : Palier fritté sans entretien**

## ■ Matériaux glissants

Dans les paliers à glissement, les matériaux constitutifs du palier, du tourillon et du lubrifiant doivent être compatibles entre eux.

Les matériaux **appropriés pour les paliers** sont les alliages à base de cuivre, d'étain, de plomb, de zinc et d'aluminium, ainsi que les métaux frittés, les matières plastiques comme par ex. le polyamide, et également, à des fins subalternes, la fonte de fer au graphite lamellaire.

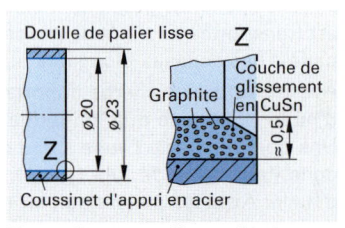

**Fig. 5 : Structure d'un palier à glissement sans entretien**

Les matériaux constitutifs des paliers doivent posséder les propriétés suivantes :

- résistance élevée à l'usure
- bonnes propriétés de glissement en situation d'urgence
- conductibilité thermique élevée
- bonne mouillabilité par le lubrifiant
- aptitude à noyer les particules abrasées

**Les paliers à glissement à couches multiples** sont utilisés pour les arbres fortement sollicités qui tournent rapidement, par ex. les vilebrequins (**fig. 1**). Ils se composent d'une coquille d'appui en acier et de plusieurs couches métalliques minces. Ils ont une forte portance et leur montage prend peu de place.

La pression surfacique autorisée pour ces matériaux est plus ou moins élevée. Des valeurs empiriques fig.urent dans les tableaux (**tableau 1**).

La pression surfacique $p$ est d'autant plus grande que la force $F$ est plus élevée et que la surface portante $A$ est réduite :

**Pression surfacique** $\qquad p = \dfrac{F}{A}$

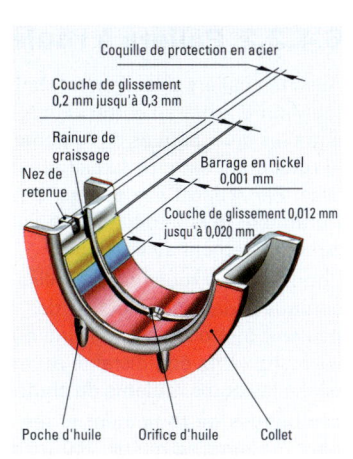

**Fig. 1 : Palier à glissement à couches multiples**

La surface portante $A$ correspond à la surface du tourillon d'arbre projeté (**fig. 2**).

**Exemple :** Un tourillon de palier d'un diamètre $d$ = 50 mm et d'une longueur $l$ = 40 mm doit absorber la force $F$ = 50 kN d'un palier. D'après le tableau 1, quel matériau faut-il utiliser ?

**Solution :** $p = \dfrac{F}{A} = \dfrac{F}{d \cdot l} = \dfrac{50\,000 \text{ N}}{50 \text{ mm} \cdot 40 \text{ mm}} = 25 \text{ N/mm}^2$

Le matériau qui convient comme matériau pour palier lisse est le G-CuSn12 où $p_{adm}$ = 25 N/mm².

Le travail de frottement à appliquer sur les paliers $W_R$ (p. 446) est converti en énergie thermique.

**Exemple :** Un palier lisse en SnSb12Cu6Pb doit absorber une force $F$ = 15 kN provenant d'un palier. Quelles doivent être les cotes d et $l$ du palier si $d ≈ 0{,}8 \cdot l$ ?

**Solution :** $A = \dfrac{F}{p} = \dfrac{15\,000 \text{ N}}{15 \text{ N/mm}^2} = 1000 \text{ mm}^2$

$A = d \cdot l = 0{,}8 \cdot l \cdot l = 0{,}8 \cdot l^2$

$l = \sqrt{\dfrac{A}{0{,}8}} = \sqrt{\dfrac{1000 \text{ mm}^2}{0{,}8}} = $ **35 mm**

$d = 0{,}8 \cdot l = 0{,}8 \cdot 35 \text{ mm} = 28 \text{ mm}$; on choisit $d$ = **30 mm**

**Tableau 1 : Pression surfacique admissible**

| Matériau | $p_{adm}$ en N/mm² |
|---|---|
| SnSb12Cu6Pb | 15 |
| PbSb14Sn9CuAs | 12,5 |
| G-CuSn12 | 25 |
| EN-GJL-250 | 5 |
| PA 66 | 7 |

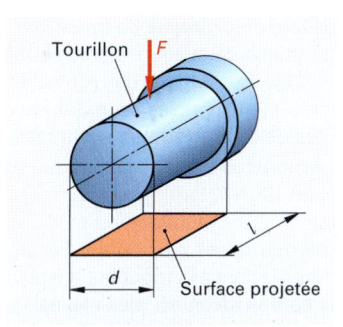

**Fig. 2 : Surface projetée**

### Répétition et approfondissement

1. Quelle est la cause du glissement saccadé (effet « Stick-Slip ») ?
2. Comment se forme la pellicule lubrifiante sur les paliers lisses à lubrification hydrodynamique ?
3. Pourquoi les paliers à lubrification hydrostatique fonctionnent-ils sans s'user ?
4. Quels avantages et inconvénients une lubrification hydrostatique présente-t-elle par rapport à une lubrification hydrodynamique ?
5. Pourquoi faut-il utiliser un radiateur d'huile si l'huile lubrifiante s'échauffe fortement ?
6. Quelles peuvent être les causes d'un fort échauffement de l'huile lubrifiante ?
7. Comment fonctionne un graissage par circulation d'huile ?
8. Quels matériaux sont employés pour les paliers ?
9. Quel matériau de palier à glissement (tableau 1) peut être utilisé si le tourillon d'un arbre présente un diamètre $d$ = 30 mm et une largeur $l$ = 25 mm et si le palier doit absorber une force $F$ = 9 kN ?

## 6.4.2.2 Paliers à roulement

Avec les paliers à roulement, la transmission des forces s'effectue du tourillon d'arbre au carter de palier par des corps roulants qui roulent entre les deux bagues de roulement (**fig. 1**). Le frottement engendré par le roulement est plus faible que le frottement engendré dans un palier lisse. Par rapport aux paliers lisses à lubrification hydrodynamique, le frottement plus faible à faible vitesse de rotation et au démarrage est particulièrement avantageux.

Comme corps roulants, on utilise des billes, des rouleaux cylindriques, coniques, des tonnelets et des aiguilles (**fig. 2**). Les corps roulants peuvent être disposés sur une ou deux rangées. La cage maintient les corps roulants équidistants et, avec les paliers démontables, elle empêche les corps roulants de chuter.

Les bagues de roulement et les corps roulants sont réalisés en acier pour roulements, par ex. 100Cr6 ou 100CrMo6. Les cages de roulement sont en tôle d'acier ou de CuZn, en CuZn massif ou en matière plastique.

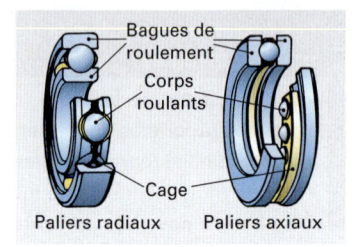

**Fig. 1 : Désignations relatives aux paliers à roulement**

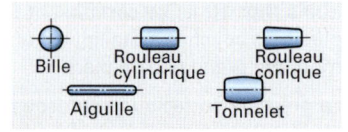

**Fig. 2 : Corps roulants**

| Avantages par rapport aux paliers à glissement | Inconvénients par rapport aux paliers à glissement |
|---|---|
| • Faibles frottement et dégagement de chaleur, faible consommation de lubrifiant<br>• Haute portance à petites vitesses<br>• Interchangeabilité grâce aux tailles normalisées<br>• Compensation de la flexion d'arbre sur les paliers à rotule | • Craignent la saleté, les chocs et les températures élevées<br>• Production de bruit plus élevée<br>• Diamètre de montage plus important<br>• Portance moins élevée à taille égale, et faible atténuation des vibrations |

**Paliers hybrides.** Si un système de paliers est soumis à des exigences extrêmement rigoureuses en matière de précision de roulement, de vitesse de rotation et de rigidité, comme c'est le cas, par ex., des paliers de la broche de travail sur une machine-outil, on utilise des paliers à corps roulants en céramique (p. 370). Les bagues des roulements et les corps roulants étant réalisés en matériaux différents, les paliers de ce type sont dénommés « paliers hybrides ».

Les corps roulants en céramique sont en nitrure de silicium ($Si_3N_4$). Par rapport aux corps roulants en acier, leur masse volumique est plus basse, et leur dilatation thermique est plus faible. Par ailleurs, ils sont plus durs, ils sont électriquement isolants, leur résistance à la compression est plus élevée, et ils sont moins exigeants en matière de lubrification (**tableau 1**).

En raison de leur faible masse volumique, les forces centrifuges des corps roulants qui s'exercent sur les bagues extérieures sont considérablement plus faibles. Pour cette raison, les paliers hybrides chauffent moins et admettent des vitesses de rotation plus élevées (**fig. 3**). La dilatation étant moins forte, le frottement et la température en service sont plus faibles lorsque le montage des paliers s'effectue sous précontrainte. Le haut niveau de dureté et de résistance en compression, ainsi que la faible tendance au gripp. du tandem acier-céramique, confèrent au palier une rigidité accrue et une grande résistance à l'usure.

**Paliers entièrement en céramique.** Sur les paliers intégralement en céramique, les bagues de roulement sont elles aussi en nitrure de silicium. Les paliers de ce type sont par ex. résistants à la corrosion provoquée par de nombreux acides et liquides caustiques, résistent à la chaleur jusqu'à 800 °C et non magnétiques. Montés dans des pompes, ils peuvent être lubrifiés au moyen des fluides que celles-ci refoulent, par l'eau ou les acides.

**Tableau 1 : Comparaison entre propriétés des matériaux**

| Paramètre | Acier de palier à roulement 100Cr6 | Nitrure de silicium $Si_3N_4$ |
|---|---|---|
| Masse volumique $\varrho$ | 7,9 g/cm³ | 3,25 g/cm³ |
| Coeff. de dilatation $\alpha_1$ | $12 \cdot 10^{-6}$/K | $3 \cdot 10^{-6}$/K |
| Dureté HV10 | 700 kg/mm² | 1600 kg/mm² |
| Résistance électrique $\varrho$ | $0{,}4 \cdot 10^{-6}\,\Omega \cdot m$ (conducteur) | $10^{12}\,\Omega \cdot m$ (non conducteur) |
| Résistance à la comp. $\sigma_c$ | 880 N/mm² | 3000 N/mm² |
| Module d'élasticité $E$ | 210 kN/mm² | 310 kN/mm² |

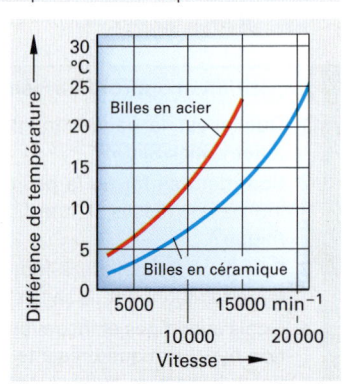

**Fig. 3 : Echauffement des paliers à roulement**

# Unités fonctionnelles pour l'appui et le soutien

## ■ Types de paliers à roulement

Selon la forme de base du corps roulant, on établit une distinction entre les roulements à billes et les roulements à rouleaux (**fig. 1**).

### Roulements à billes

**Les roulements à billes** en version à une ou deux rangées conviennent pour les charges radiales moyennes et les petites charges axiales, ainsi que pour les vitesses de rotation élevées.

**Les roulements à billes à contact oblique** peuvent absorber des forces axiales dans un sens, et des forces radiales. Ils sont généralement construits et précontraints par paires.

**Les butées à billes et les butées à rouleaux cylindriques** n'absorbent que les forces axiales des paliers. On les monte associés à des paliers radiaux.

### Roulement à rouleaux

**Les roulements à rouleaux cylindriques** s'utilisent pour les charges radiales et les arbres de grande dimension.

**Les roulements à rouleaux coniques** peuvent absorber des forces axiales importantes dans un sens et des forces radiales. Ils sont généralement montés par paires.

**Les roulements à rotule sur billes, les roulements à rotule sur rouleaux, les roulements à tonnelets et les butées à rotule** peuvent compenser les défauts d'alignement qu'occasionnent par ex. les erreurs d'usinage et les flexions de l'arbre.

**Les roulements à aiguilles** présentent un faible encombrement. On peut également les monter sans bagues de roulement entre l'arbre et le carter de palier (couronne d'aiguilles).

## ■ Disposition des paliers

**Paliers fixes et paliers libres.** Lorsqu'on fait reposer des arbres sur des paliers, on monte généralement un palier en tant que palier fixe, et l'autre en tant que palier libre (**fig. 2**). Les deux paliers subissent des forces radiales. Immobile, le palier fixe absorbe par ailleurs la totalité de la force axiale, tandis que le palier libre peut coulisser dans le sens de l'axe si l'arbre se dilate. Cela empêche le corps roulant de se déformer dans les bagues de roulement.

> Les roulements à rouleaux cylindriques sans collets de butée et les roulements à aiguilles peuvent compenser eux-mêmes les déplacements axiaux dans les paliers.

**Guidage réciproque.** Avec le guidage réciproque, les deux roulements peuvent absorber des forces axiales, mais dans un seul sens chacun (**fig. 3**). Dans cette configuration, il ne peut pas se produire de déplacement axial en cas de variations de températures. Elle n'est donc utilisable qu'avec des arbres courts.

**Paliers flottants.** Dans les paliers flottants a été prévu au montage un jeu de 0,5 à 1 mm. Cela permet de réduire les coûts du montage. A chaque changement de sens de la force axiale, l'arbre peut se déplacer très légèrement. La configuration à paliers flottants ne convient elle aussi qu'avec les arbres courts (**fig. 4**).

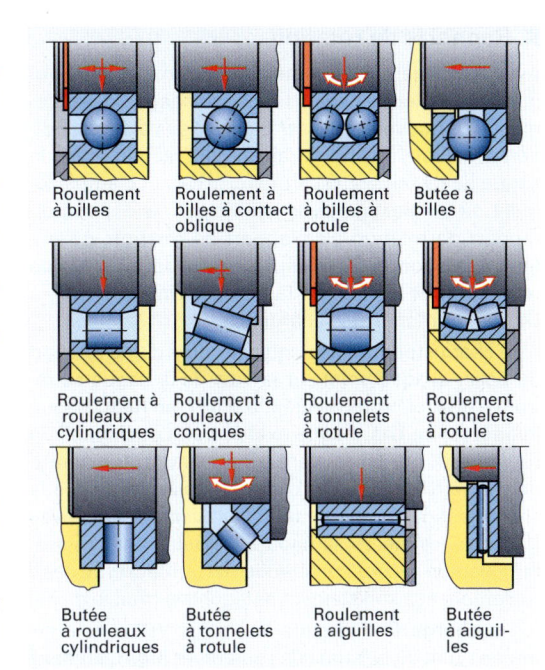

Fig. 1 : Types de palier à roulement

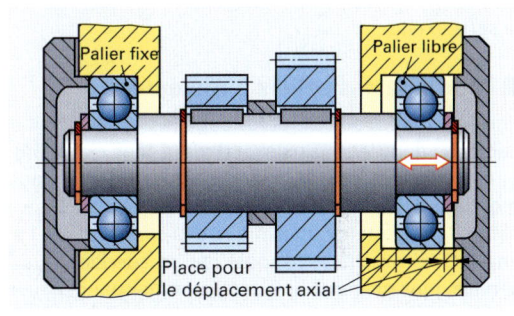

Fig. 2 : Palier fixe et palier libre

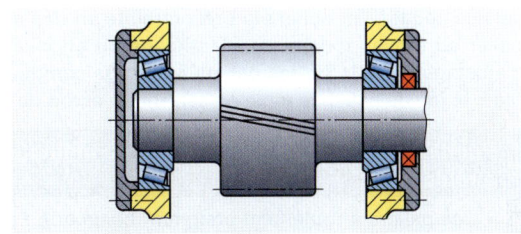

Fig. 3 : Guidage réciproque

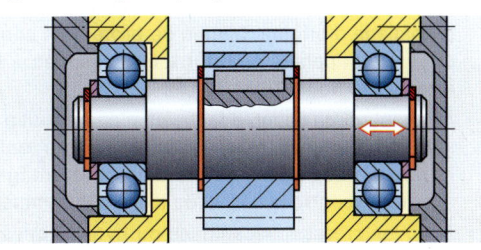

Fig. 4 : Paliers flottants

## ■ Rapports de rotation

Avec les paliers à roulement non démontables qui doivent officier de paliers libres, *une* bague de roulement doit pouvoir coulisser dans le sens axial. Condition préalable à cela: un ajustage avec jeu entre la bague de roulement et l'arbre ou le carter. L'emplacement où un ajustage avec jeu est permis dépend du rapport de rotation. Par rapport de rotation, on entend le rapport entre le déplacement de la bague de roulement et le sens de la charge. On distingue la charge tournante et la charge fixe.

Il y a **charge tournante** lorsque au cours d'une rotation du palier chaque point sur la voie de la bague se retrouve une fois sous contrainte (**fig. 1, en haut:** bague intérieure; **en bas:** bague extérieure). Les bagues de roulement qui absorbent une charge tournante doivent être assemblées d'autant plus serrées que la charge est plus importante. S'il y avait ajustage avec jeu entre les pièces, la bague de roulement « migrerait » dans le sens circonférentiel, ce qui causerait des dégâts à la bague de roulement et à son élément antagoniste (rouille d'ajustage).

Il y a **charge fixe** lorsque la charge est constamment dirigée sur le même point de la bague de roulement (**fig. 1, en haut:** bague extérieure; **en bas:** bague intérieure). Avec la charge fixe, la bague ne migre pas. On peut la monter avec un faible jeu, et elle peut donc se déplacer dans le sens axial.

**Fig. 1: Rapports de rotation**

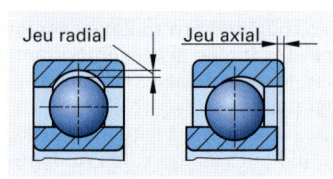

**Fig. 2: Jeu radial et jeu axial**

## ■ Montage des paliers à roulement

Entre les corps roulants et les bagues des paliers, il existe en général un faible jeu dans le sens axial et dans le sens radial (**fig. 2**). Ce jeu est désigné du nom de **jeu de palier**. Le jeu de palier radial diminue lors du montage du palier en raison des surcotes d'ajustage et, en service, sous l'effet de la dilatation thermique des composants. Le jeu encore présent en état de marche est appelé jeu en service. Plus faible est le jeu en service, plus précis est le guidage assuré par le palier. Le guidage précis de la proche de travail d'une machine-outil s'obtient par ex. en réalisant des paliers de ce type avec une précontrainte, c'est-à-dire avec un jeu en service négatif. On obtient la précontrainte en déplaçant une bague de palier au moyen d'un écrou de réglage ou en insérant des rondelles d'ajustage (**fig. 3**). Sur les paliers à alésage conique et douille de serrage, le jeu de palier se règle en serrant un écrou de serrage.

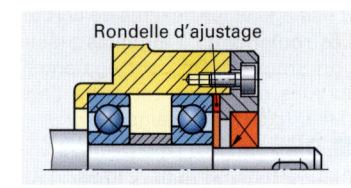

**Fig. 3: Paliers avec précontrainte**

**Fig. 4: Montage avec douilles de pression**

> **Points à surveiller particulièrement au montage de paliers à roulement:**
>
> - Les paliers à roulement craignent beaucoup l'encrassement et la corrosion. Lors de l'installation il faut donc veiller à la plus grande propreté. Les paliers doivent toujours être conservés dans leur emballage d'origine. L'huile de protection contre la corrosion qui adhère aux paliers ne pourra être essuyée – si nécessaire –, que lors du montage.
> - En montant un palier, il faut veiller avant tout à ce que la force d'insertion ne soit pas transmise via le palier à roulement (**fig. 4**). C'est la raison pour laquelle la douille de montage doit toujours être appliquée contre la bague de roulement à ajustage avec serrage.
> - Avec les presses mécaniques ou hydrauliques les paliers à roulement peuvent être incorporés rapidement et en toute sécurité (**fig. 5**).

**Fig. 5: Montage à la presse hydraulique**

Unités fonctionnelles pour l'appui et le soutien

### Autres montages possibles des paliers à roulement

- Sur les grands paliers, les forces d'insertion sont également plus importantes. C'est la raison pour laquelle ces paliers sont chauffés avant le montage dans un bain d'huile ou avec un appareil de chauffage électrique jusqu'à 80 °C ou 100 °C.
- Les paliers dotés d'un alésage conique sont fixés soit sur un tourillon conique de l'arbre, soit par une **douille de serrage fendue**, sur l'arbre cylindrique **(fig. 1)**.
- Les grands paliers à roulement à alésage conique peuvent être montés selon le procédé hydraulique **(fig. 2)**. L'huile sous pression est alors injectée entre les surfaces d'ajustage. La bague intérieure s'élargit ainsi légèrement. Ensuite le palier peut être poussé à la main ou avec une presse à piston annulaire sur le tourillon d'arbre.

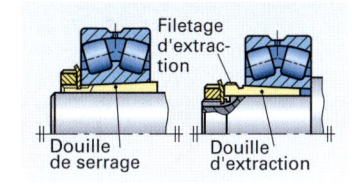

**Fig. 1 :** Douille de serrage et d'extraction

### ■ Dépose des paliers à roulement

Pour déposer les paliers à roulement, il convient d'utiliser **des équipements extracteurs** appropriés. Il faut donc veiller à ce que la force d'extraction ne transite pas par les corps roulants **(fig. 3)**. Les paliers à roulement montés sur **douilles d'extraction** sont faciles à démonter en serrant l'écrou d'extraction (fig. 1). Le **procédé hydraulique** permet également d'extraire les paliers de roulement de grande taille qui ne se délogent pas facilement (fig. 2).

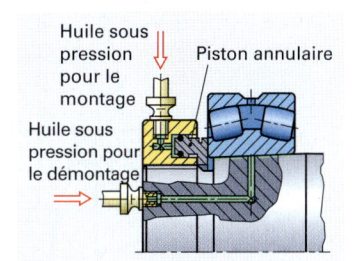

**Fig. 2 :** Procédé hydraulique

### ■ Graissages des paliers à roulement

Avec les paliers à roulement, le lubrifiant forme une couche séparatrice entre les corps roulants et les bagues du palier. Par ailleurs, le lubrifiant protège le palier de la corrosion et, lorsque la lubrification s'effectue à la graisse, il empêche la pénétration d'impuretés.

> Pour lubrifier des paliers à roulement, seuls doivent être utilisés les lubrifiants recommandés par le fabricant des paliers.

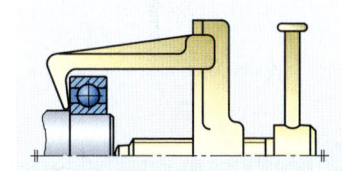

**Fig. 3 :** Arrachage d'un palier à roulement

**Lubrification à la graisse.** Vu la simplicité du graissage de maintenance et de la bonne qualité de l'étanchement, la plupart des paliers de roulement sont lubrifiés à la graisse, sachant que la cavité de graissage se remplit à moitié de graisse. Les paliers à roulement dotés de rondelles d'étanchéité reçoivent déjà du fabricant des paliers un plein de graisse qui suffit pour la durée de vie du palier.

**Lubrification à l'huile.** Avec les paliers à roulement, la lubrification à l'huile n'est utilisée que lorsqu'il faut évacuer la chaleur de frottement due à des vitesses de rotation élevées, ou lorsque des éléments machine voisins, comme par ex. les roues dentées des boîtes d'engrenages, sont également lubrifiées à l'huile.

Selon le mode d'alimentation en huile de lubrification, on distingue la lubrification par barbotage, la lubrification par circulation d'huile et la lubrification air-huile.

Avec la **lubrification par bain d'huile,** les divers corps roulants inférieurs trempent à moitié dans le bain d'huile **(fig. 4)**. Le mouvement rotatif fait que toutes les pièces des paliers sont suffisamment alimentées en huile.

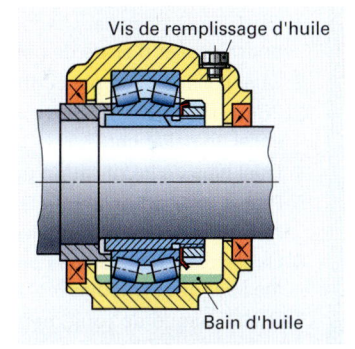

**Fig. 4 :** Lubrification par barbotage

Avec la **lubrification par barbotage,** l'huile lubrifiante est amenée au palier par une pompe à huile **(fig. 5)**. L'huile qui sort du palier regagne le réservoir d'huile via des conduites de retour.

Avec les paliers tournant à haute vitesse, **la lubrification par brouillard d'huile** ou la **lubrification air-huile** est utilisée. Tandis qu'avec la lubrification par brouillard l'huile est constamment transformée en brouillard sous l'effet de l'air comprimé et injectée pneumatiquement au point de lubrification, la lubrification air-huile s'effectue par injection pneumatique intermittente de l'huile dans le palier selon des intervalles déterminés.

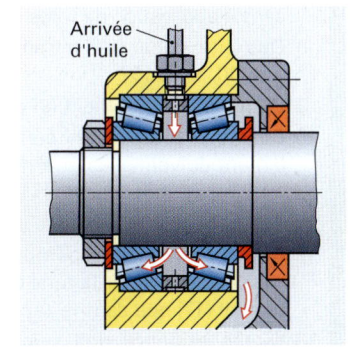

**Fig. 5 :** Lubrification par circulation d'huile

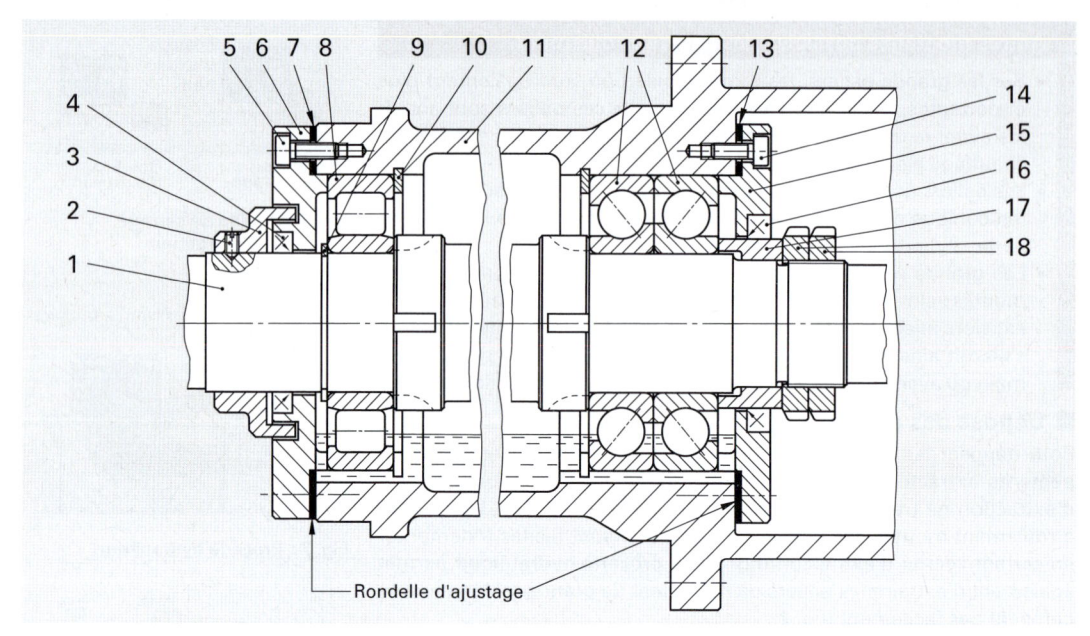

Fig. 1 : Palier d'un arbre de pompe

(Rondelle d'ajustage)

## Répétition et approfondissement

Les questions 1 à 16 se rapportent aux paliers d'arbre de pompe de la **fig. 1**.

1. Quels types de paliers à roulement sont utilisés pour le palier d'arbre de pompe ?
2. Quel palier sert de palier libre ?
3. Pourquoi l'arbre de pompe doit-il comporter aussi un palier libre ?
4. Quel type de lubrification utilise-t-on ?
5. Pour quelle raison la pos. 3 entre-t-elle dans la rainure du chapeau de palier (6) ?
6. Quelles fonctions ont les pos. 4 et 16 représentées par des symboles ?
7. Quelle bague de roulement de la pos. 8 supporte une charge tournante lorsque l'arbre de pompe (1) est toujours chargé dans le même sens d'application de force ?
8. Que fait-on pour qu'il n'y ait aucun jeu entre les pos. 10, 12 et 15 ?
9. Comment le roulement (8) est-il monté ?
10. Dans quel ordre les différentes pièces du roulement doivent-elles être démontées lorsqu'il faut remplacer les paliers (12) ?
11. A quoi sert la vis sans tête (2) ?
12. Pourquoi l'arbre de pompe (1) a-t-il un plus petit diamètre dans la zone de la douille d'écartement (17) que dans la zone de la pos. 12 ?
13. Quelle exigence doit remplir la surface de l'arbre de pompe (1) dans la zone de la pos. 4 ?
14. Pour quelle raison les collets de l'arbre de pompe (1), à proximité des pos. 8 et 12, sont-ils munis de rainures ?
15. Comment peut-on simplifier le montage de la bague de roulement de la pos. 8, bague chargée d'absorber la charge tournante ?
16. Pourquoi y a-t-il une rainure dans la zone inférieure du carter (11) ?
17. Quels avantages et quels inconvénients possèdent les paliers à roulement par rapport aux paliers lisses ?
18. Pourquoi un palier hybride se réchauffe-t-il moins, à contrainte égale, qu'un palier à roulement conventionnel ?
19. Pourquoi la bague d'un palier à roulement devant absorber une charge tournante doit-elle être assemblée avec serrage ?
20. Avec les paliers à roulement, qu'entend-on par jeu en service ?
21. Qu'entend-on par charge fixe ?
22. A quoi faut-il veiller lorsqu'on incorpore un palier à roulement ?
23. Quelles répercussions sur le jeu de palier a le montage d'un palier à roulement si lors de l'insertion apparaît un ajustage avec serrage ?
24. Comment des paliers à roulement peuvent-ils être montés avec une précontrainte ?
25. A quoi faut-il veiller à la dépose d'un palier à roulement ?

Unités fonctionnelles pour l'appui et le soutien     457

## 6.4.2.3 Paliers électromagnétiques

Avec les paliers électromagnétiques, des forces électromagnétiques (p. 479) assurent le centrage de l'arbre à soutenir. Le rotor ferromagnétique qui tourne avec l'arbre ne peut pas toucher l'alésage formé par le stator, car il plane littéralement dans les champs magnétiques des électro-aimants disposés par paire l'un en face de l'autre **(fig. 1)**.

Des capteurs surveillent en permanence le centrage du rotor (fig. 1). Les signaux de mesure émis par les capteurs sont traités dans un dispositif électronique qui les analyse. Si le rotor s'écarte de sa position théorique, des amplificateurs de puissance modifient les courants d'excitation dans les bobinages de champ des électro-aimants, et le rotor revient dans la position souhaitée **(fig. 2)**.

> Les paliers électromagnétiques peuvent être réalisés en version axiale et radiale.

**Palier radial.** Dans un palier radial, le rotor se compose d'un paquet de plaques de fer de forme annulaire. Le stator, lui aussi composé d'un paquet de plaques de fer, contient les bobinages d'excitation (fig. 1).

**Palier axial.** Le rotor en forme de disque se compose d'acier massif. Deux aimants toriques ainsi que les capteurs axiaux se trouvent dans le stator **(fig. 3)**.

Pour empêcher que le rotor et le stator ne se touchent, par ex. en cas de panne de courant, et pour empêcher ainsi que les surfaces des paquets de plaques ne subissent des dégâts, des paliers amortisseurs ayant la forme de paliers à roulement sont montés dans le stator **(fig. 4)**. Le jeu existant entre les paliers amortisseurs et le rotor est inférieur à l'interstice présent dans le palier électromagnétique.

**Avantages des paliers électromagnétiques par rapport aux paliers à roulement et aux paliers à glissement**

|  | Palier magnétique | Palier à roulement | Palier à glissement |
|---|---|---|---|
| Frottement | très faible | faible | moyen |
| Usure | pas d'usure | moyenne | importante |
| Bruit de roulement | sans bruit | moyen | faible |
| Echauffement | très faible | faible | moyen |
| Vitesse circonférentielle | jusqu'à 200 m/s | jusqu'à 100 m/s | jusqu'à 50 m/s |
| Lubrification | aucune | graisse ou huile | huile |

Un système complet d'appui sur paliers électromagnétiques se compose d'au moins deux paliers radiaux et des capteurs radiaux associés, ainsi que d'un palier axial agissant des deux côtés et doté des capteurs axiaux.

**Exemples d'utilisation:** Paliers de rotors rapides dans les centrifugeuses, les pompes, les compresseurs, des turbines et les broches porte-outils (enlèvement de copeaux à grande vitesse – HSC), dans les chambres à vide de l'industrie des semi-conducteurs dans lesquelles l'emploi de lubrifiants est proscrit.

L'entraînement des broches porte-outils reposant sur paliers électromagnétiques s'effectue généralement par moteur asynchrone monté sur la broche (fig. 4).

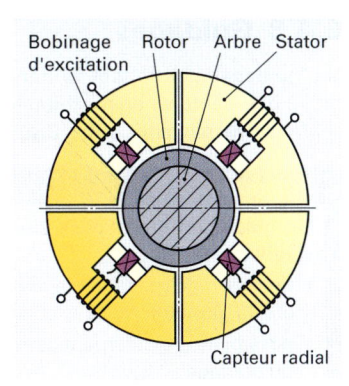

**Fig. 1 :** Palier électromagnétique radial

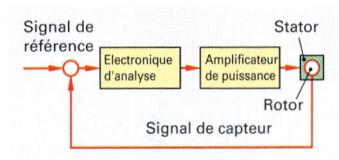

**Fig. 2 :** Circuit régulateur d'un palier électromagnétique

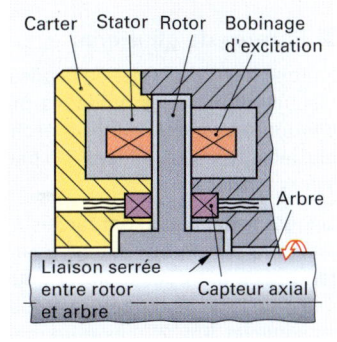

**Fig. 3 :** Palier électromagnétique axial

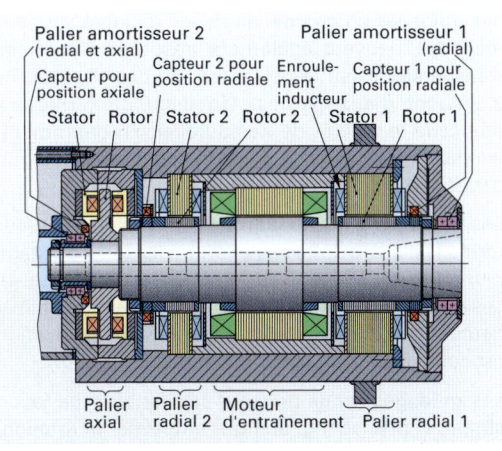

**Fig. 4 :** Broche porte-outil reposant sur palier électromagnétique

### Répétition et approfondissement

1. Comment fonctionnent les paliers électromagnétiques ?
2. Quelles sont les fonctions des paliers amortisseurs ?

## 6.4.3 Guidages

Les guidages permettent le déplacement en ligne droite des éléments de machine tels que, par ex. les chariots des machines-outils **(fig. 1)**.

### Propriétés

Les guidages doivent posséder les **propriétés** suivantes:
- précision de guidage élevée grâce au faible jeu et à la grande rigidité
- possibilité d'ajustement complémentaire du jeu du guidage
- faible frottement et usure peu importante
- caractéristiques d'amortissement optimales
- entretien simple et possibilité de lubrification
- étanchéité vis-à-vis des impuretés et des copeaux

On peut classer les guidages d'après la **forme de la glissière**, d'après le **sens des forces transmissibles** dans des organes de guidage **ouverts** et **fermés** et d'après le **type de frottement** dans les organes de guidage **lisses** et **roulants**.

### ■ Formes de glissières

En fonction de la forme de la glissière, on établit une distinction entre les guidages plats, en V, à queue d'aronde et ronds. Pour tirer profit des avantages de plusieurs types de guidage, on peut en combiner plusieurs formes.

**Les guidages plats** sont faciles à réaliser. Pour certaines applications, ils ont besoin d'un lardon de rattrap. de jeu pour régler le jeu du guidage, ainsi que d'un listel de fermeture empêchant le chariot de se soulever **(fig. 2)**. Les guidages plats ne peuvent absorber de forces que perpendiculairement à la glissière.

**Les guidages en prisme**, en raison de leurs surfaces inclinées, peuvent également absorber des forces transversales peu importantes. En cas d'usure, ils s'ajustent d'eux-mêmes. Un listel de fermeture empêche le chariot de se soulever. Fréquemment, les guidages en prisme sont combinés avec les guidages plats **(fig. 3)**.

**Les guidages à queue d'aronde** empêchent par leur forme le plateau de se soulever. Un lardon d'ajustage permet de régler le jeu ou de compenser l'usure **(fig. 4)**. Les guidages à queue d'aronde possèdent une faible hauteur de construction; par contre, leur fabrication est coûteuse.

**Les guidages ronds** peuvent se fabriquer de façon simple et précise **(fig. 5)**. Pour empêcher la rotation, ils peuvent par ex. être fixés par des rainures ou par combinaison avec d'autres organes de guidage.

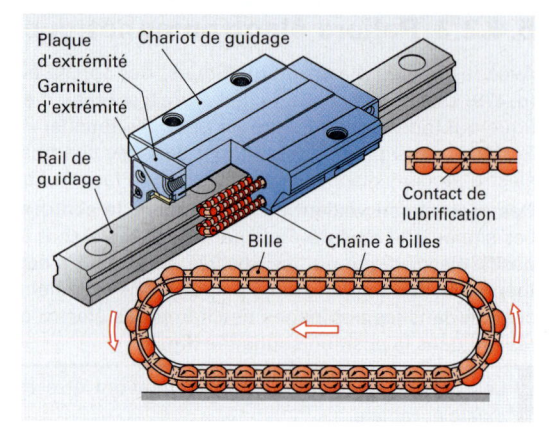

Fig. 1: Guidage par rails

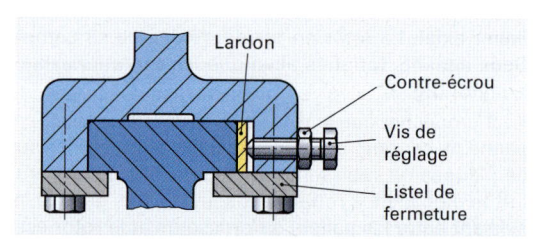

Fig. 2: Guidage plat

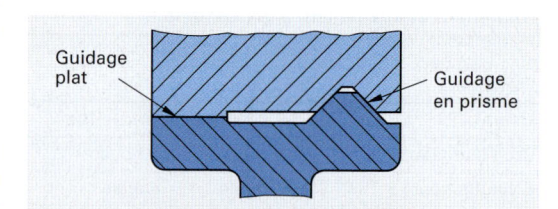

Fig. 3: Guidage combiné: en prisme et plat

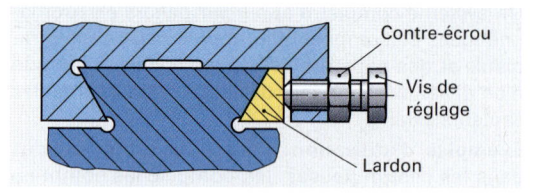

Fig. 4: Guidage à queue d'aronde

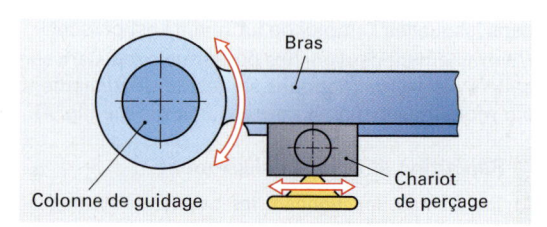

Fig 5: Guidage rond pour perceuse radiale

## Unités fonctionnelles pour l'appui et le soutien

### ■ Guidages ouverts et fermés

Avec des guidages ouverts, le chariot ne peut absorber des forces que dans des directions déterminées. C'est ainsi qu'avec le guidage combiné qui apparaît sur la **fig. 3, page prédédente,** on peut avoir des forces verticales importantes, mais uniquement de faibles forces transversales.

**Les guidages fermés** permettent de transmettre des forces dans toutes les directions transversalement au sens du déplacement **(fig. 1 et 5, page précédente, et fig. 1).**

### ■ Organes de guidage roulants et lisses

**Les guidages à billes** ont les mêmes avantages et les mêmes inconvénients que les paliers à roulement (p. 381). La transmission des forces s'effectue au moyen de billes ou de rouleaux qui roulent, par ex., entre un rail de guidage et un chariot de guidage (fig. 1). En raison de la pression en surface élevée, les rails de guidage et les chariots de guidage qui, par ex., sont vissés au banc et au chariot d'une machine-outil, sont trempés et rectifiés dans la zone du chemin de roulement.

Avec les guidages à billes destinés aux longs trajets de déplacement, les corps roulants, après avoir quitté la zone de charge, retournent au début de la zone de charge en empruntant un canal de retour **(fig. 2).** Pour les guidages à billes à glissières cylindriques, les douilles à billes ont fait leurs preuves. De tels organes de guidage cylindriques permettent non seulement le mouvement en ligne droite, mais également des mouvements de rotation. Les guidages à billes qui résistent à la torsion ont des arbres munies de rainures servant de chemins de roulement **(fig. 3).**

Avec les guidages roulants dotés de galets de roulement, les organes de guidage cylindriques et rectifiés en acier sont fixés dans des rails porteurs en aluminium. Les axes en acier guident le chariot mobile dont les galets de roulement roulent sans jeu sur les axes en acier **(fig. 4).** A côté des organes de guidage servant aux mouvements linéaires, on utilise également des rails porteurs cintrés, semi-circulaires et circulaires, par ex. pour des équipements de montage ou de transport.

**Les guidages à glissement** se lubrifient comme les paliers lisses (p. 449). En raison de la faible vitesse de glissement, un frottement mixte se produit fréquemment avec les guides à lubrification hydrodynamique. Pour cette raison, les machines-outils sont généralement dotées d'organes de guidage qui ont de bonnes propriétés de glissement et d'amortissement, et qui sont économiques **(fig. 1, page suivante).** Par ailleurs, le coefficient de frottement d'adhérence est à peu près aussi faible que le coefficient de frottement dynamique. Cela permet d'éviter largement le glissement à reculons (effet «stick-slip» ou «collé-glissé»). Les revêtements en matière plastique appliqués sur les guidages de ce type sont généralement collés sur les formes des guidages préalablement usinés.

> Les guidages à billes et à glissement s'utilisent généralement en constructions mécaniques et dans les installations de manipulation pour réaliser un guidage précis des chariots.

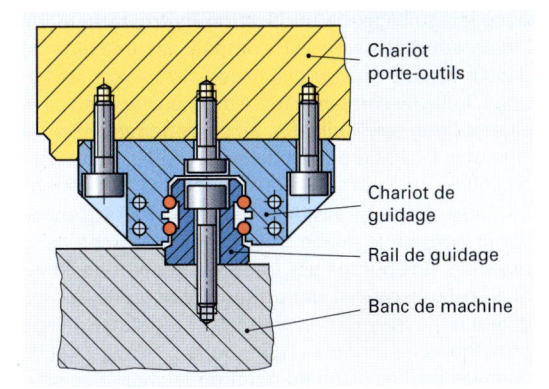

**Fig. 1**: **Guidage à billes**

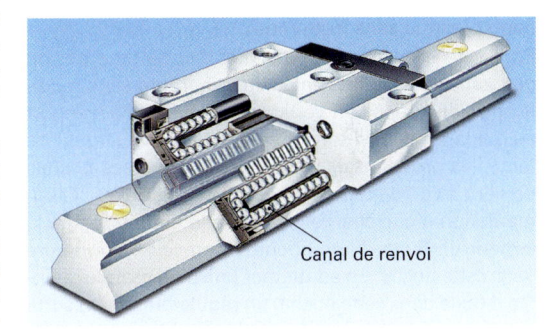

**Fig. 2**: **Retour des corps roulants**

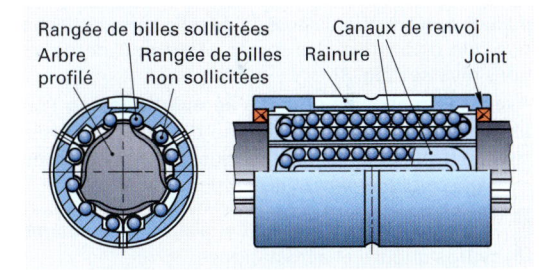

**Fig. 3**: **Glissière à billes résistant à la torsion**

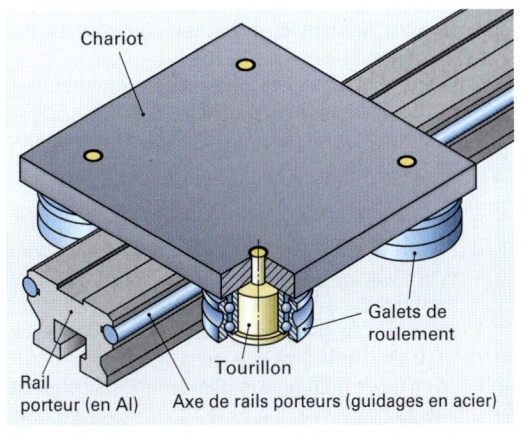

**Fig. 4**: **Guidage roulant avec galets de roulement**

Avec les guidages à lubrification **hydrostatique**, de l'huile sous pression est pompée par une pompe dans plusieurs poches disposées par ex. sur le chariot. L'huile ressort par la fente de la poche dès que le chariot flotte sur l'huile (**fig. 2**). Le frottement entre le chariot et la glissière se limite au très faible frottement du liquide qui se produit dans l'huile de lubrification. En l'absence de pression d'huile, le chariot repose sur le bord de la poche. A la mise en marche de la machine, une pompe assure une alimentation continue en huile qui est uniformément répartie sur les diverses poches par le biais d'un régulateur. Cela provoque une montée rapide de la pression d'huile dans les poches jusqu'au point où le chariot se soulève d'à peu près 0,025 mm du bord de la poche. On peut alors déplacer le chariot sur son organe de guidage presque sans frottement.

Pour permettre au guidage d'absorber des charges ou des forces d'usinage d'intensité différente sans modification de la position verticale du chariot par rapport au guidage, et ainsi sans modification de la largeur de fente, les pressions existant dans les diverses poches doivent être adaptées à la charge. Si, par ex., l'augmentation d'une charge provoque la diminution de la largeur de fente d'une poche, la pression augmente dans cette poche. En admettant une plus grande quantité d'huile dans cette poche, un régulateur fait en sorte que la bonne largeur de fente soit rétablie.

Une poche ne pouvant absorber et transmettre des forces que perpendiculairement à sa surface, les poches doivent être disposées de telle sorte qu'il soit possible d'absorber des forces provenant de directions diverses (**fig. 3**).

Avec les organes de guidage **aérostatiques** où l'on utilise de l'air comprimé au lieu d'huile sous pression, le frottement est encore plus faible qu'avec les guidages à glissement hydrostatiques.

> Le glissement saccadé est évité avec les guidages hydrostatiques et aérostatiques.

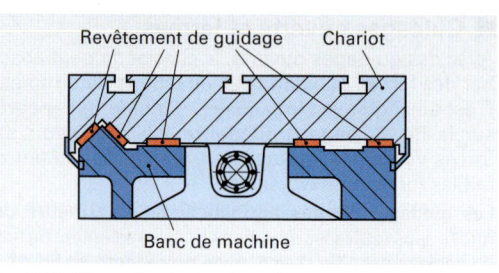

**Fig. 1: Guidage du chariot à revêtement en matière plastique**

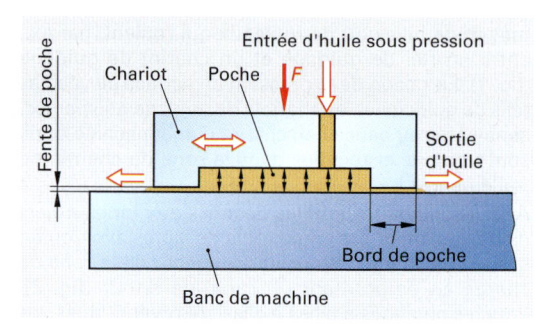

**Fig. 2: Principe du guidage hydrostatique**

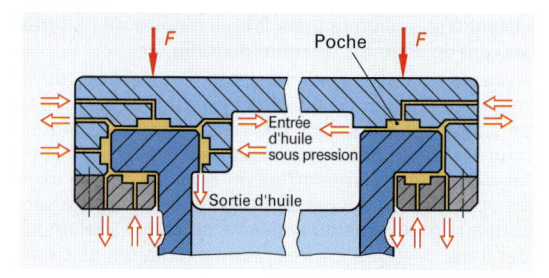

**Fig. 3: Guidage hydrostatique du chariot**

### Répétition et approfondissement

1. Quelles doivent être les caractéristiques des guidages?
2. Quels guidages distingue-t-on en fonction de la forme de la glissière?
3. Quels mouvements sont possibles avec les guidages ronds?
4. Qu'entend-on par guidages fermés?
5. Quel est l'inconvénient des guidages ouverts?
6. Pourquoi un frottement mixte se produit-il souvent avec les guidages à lubrification hydrodynamique?
7. Pourquoi le glissement saccadé (effet Stick-Slip) est-il indésirable avec les guidages?
8. Avec quels guidages le glissement saccadé est-il évité?
9. Comment fonctionnent les guidages à billes dans le cas des voies de déplacements illimitées?
10. Pourquoi le frottement est-il moins important avec les guidages à glissement aérostatiques qu'avec les guidages à glissement hydrostatiques?
11. Quelles poches sont nécessaires dans la fig. 3 pour maintenir le chariot dans la bonne position en hauteur en cas de sollicitation par la force $F$?
12. Pourquoi le chariot de la fig. 3 reste-t-il à la même position en hauteur, même si la force $F$ est plus importante?
13. Quelles poches sont nécessaires dans la fig. 3 pour maintenir le chariot dans sa position en cas de forces d'usinage non verticales?
14. Comment fonctionnent les guidages à glissement aérostatiques?

## 6.4.4 Joints d'étanchéité

### ■ Tâches

Les joints ont pour tâche d'empêcher ou d'atténuer la sortie ou la pénétration de fluides, de gaz ou de solides, comme par ex. la poussière, à des points de séparation de composants **(fig. 1)**.

### ■ Types de joints

On différencie les joints fixes (statiques) et les joints mobiles (dynamiques), **(tableau 1)**.

**Joints statiques**
Les joints statiques établissent l'étanchéité entre deux composants qui ne bougent pas l'un par rapport à l'autre.

> Les joints sont façonnés de manière élastique ou plastique lors de la pose.

**Joints plats.** Les joints plats ont une large surface d'appui **(fig. 2)**. Si de fortes pressions sont nécessaires, les joints plats sont utilisés avec des supports ou des collerettes métalliques.

**Matériaux d'étanchéité liquides.** Les matériaux d'étanchéité liquides remplissent entièrement les profondeurs de rugosité des surfaces d'étanchéité et durcissent après l'application **(fig. 3)**.

**Joints profilés.** Les joints profilés les plus utilisés sont les joints toriques (O-Ring). En liaison avec des bagues d'étanchéité en plastique, ils sont utilisés par ex. comme éléments de précontrainte pour étancher des pistons et des tiges de piston dans des vérins hydrauliques **(fig. 4)**.

**Joints dynamiques**
Les joints dynamiques établissent l'étanchéité entre deux composants qui bougent l'un par rapport à l'autre. L'étanchéité n'étant jamais parfaite, il se produit toujours une légère fuite. On établit une distinction entre les joints avec contact et les joints sans contact.

**Joints à contact.** Les joints avec contact sont comprimés sur un composant mobile. Afin que le frottement demeure faible, il est indispensable d'avoir des surfaces lisses et dures. Les impuretés ainsi qu'une lubrification inexistante ou défectueuse des surfaces lisses entraînent une usure accrue au point de glissement et sur le joint. Il est fréquent que les joints à contact doivent en même temps faire l'objet d'une étanchéité statique.

**Les manchettes** servent par ex. à étancher les tiges de piston montées dans les presses hydrauliques. Des manchettes sont insérés avant une bague à rainure en tant que réducteurs de pression. La bague de frottement montée dans la bague à rainure garantit la facilité de manipulation du système. Dans l'élément d'étanchéité, la précontrainte est produite par la bague d'appui **(fig. 5)**.

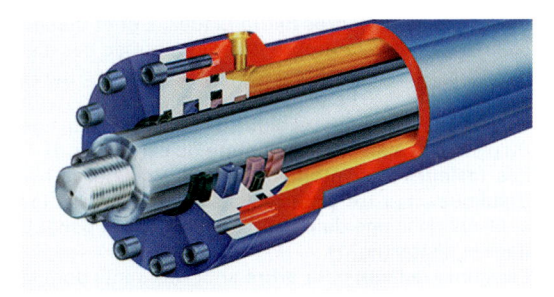

Fig. 1 : Etanchéité de la tige de piston d'un vérin hydraulique

Tableau 1 : Types de joints

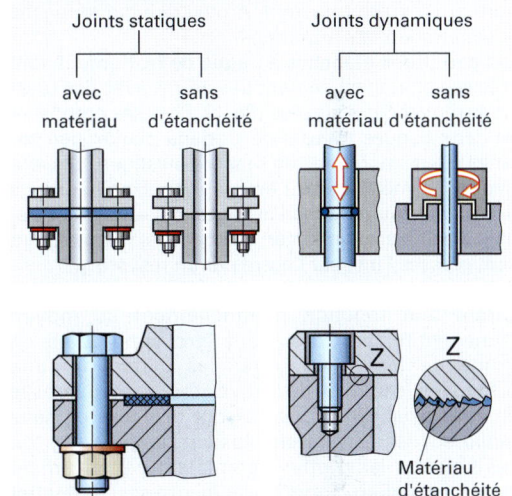

Fig. 2 : Joint plat     Fig. 3 : Joint liquide

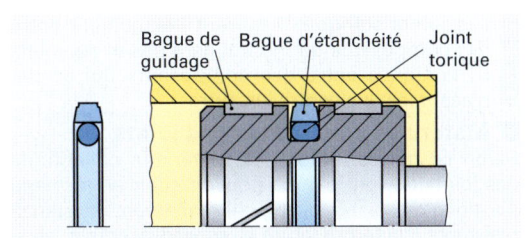

Fig. 4 : Joint de piston

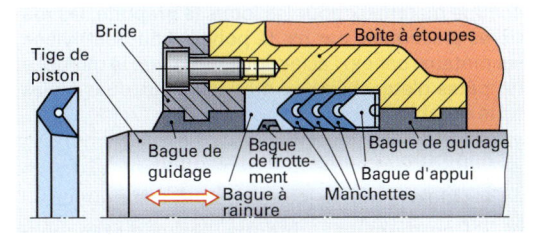

Fig. 5 : Boîte à garnitures avec manchettes

**Les manchettes à lèvres** s'utilisent généralement comme élément d'étanchéité pour les tiges de pistons dans les cylindres hydrauliques. L'effet d'étanchéité résulte de la propre précontrainte de ces éléments, et de la compression des lèvres des joints lors du montage. Le mode d'étanchement des manchettes à lèvres est dynamique à l'encontre de la tige du piston, et statique à l'encontre du carter (**fig. 1**).

**Les racleurs** sont montés dans des cylindres hydrauliques, par ex. pour racler les impuretés et les copeaux de la tige du piston lorsque celle-ci pénètre dans le piston (fig. 1).

**Les joints radiaux pour arbre** sont des joints dont la lèvre a une forme particulière (**fig. 2**). On les utilise pour étancher des arbres lorsque les pressions sont faibles. L'arête d'étanchéité ou la lèvre d'étanchéité empêchent l'huile de lubrification de s'échapper. En cas de besoin, les joints radiaux pour arbre comportent en outre une lèvre protectrice qui empêche la pénétration des impuretés.

**Les garnitures étanches à bague de frottement** sont utilisées pour étanchement des arbres avec des pressions moyennes à élevées (**fig. 3**). Elles se composent de deux bagues traitées par rodage plan et peu sujettes à l'usure, par ex. en matière plastique, en céramique, en métal dur ou en graphite. Une bague de frottement tourne avec l'arbre tandis que la contre-bague est fixe sur le carter. Les bagues de frottement sont pressés l'une sur l'autre par un ressort.

**Joints sans contact.** Les joints sans contact assurent leur fonction d'étanchement au moyen d'une petite fente qui peut être config.urée en forme de labyrinthe. Avec les carters en une pièce, les couloirs du labyrinthe sont disposés en sens axial (**fig. 4**), et ils sont disposés en sens radial sur les carters en plusieurs parties (**fig. 5**). Les boîtes à labyrinthe s'emploient généralement avec des paliers lubrifiés à la graisse. Cet effet d'étanchement est considérablement plus important lorsque la fente est remplie de graisse (fig. 5).

> Les joints statiques assurent l'étanchéité entre des composants qui ne bougent pas et les joints dynamiques entre des composants qui se déplacent les uns contre les autres.

### ■ Matériaux constitutifs des joints

Selon ce qui est exigé, les matériaux constitutifs des joints doivent par ex. pouvoir subir un formage plastique ou élastique, être chimiquement résistants, résistants à la température et au vieillissement, ainsi que résistants à l'usure, et ils doivent présenter un faible degré d'usure. Selon ce qui est exigé, on utilise comme matériaux pour les joints **le graphite, les matières plastiques,** par ex. le polytétrafluoroéthylène, **les métaux,** par ex. l'acier doux, le cuivre, le plomb, et **les pâtes d'étanchéité** en matières plastiques à élasticité durable.

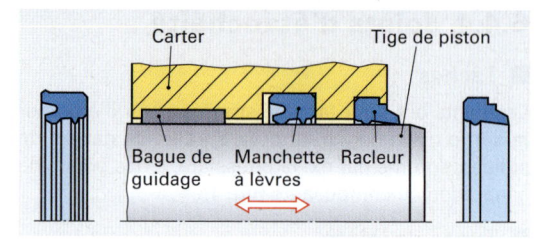

**Fig. 1 : Manchette à lèvres et racleur**

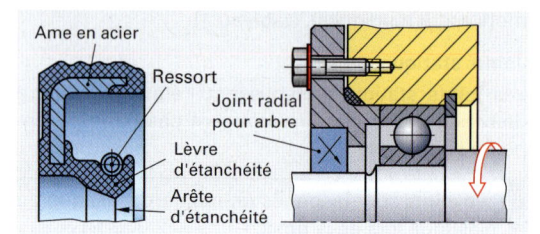

**Fig. 2 : Joint radial pour arbre**

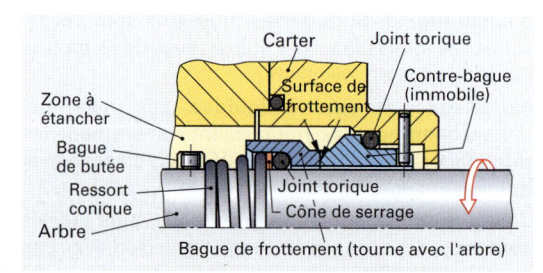

**Fig. 3 : Garniture étanche à bague de frottement**

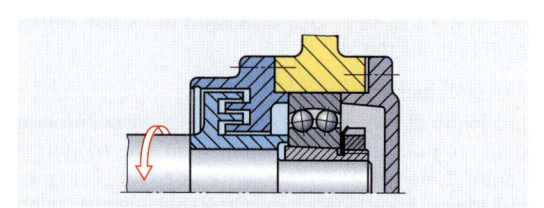

**Fig. 4 : Joint axial à labyrinthe pour étanchéité de roulement à billes à rotule**

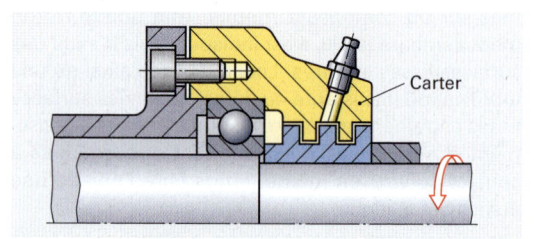

**Fig. 5 : Joint radial à labyrinthe pour étanchéité de roulement rainuré à billes**

---

### Répétition et approfondissement

1 Quels types de joints peut-on distinguer ?

2 Comment est obtenue l'effet d'étanchéité avec los joints statiques ?

3 A qoui servent les joints radiaux pour arbre ?

4 Comment les joints à labyrinthe réalisent-ils l'étanchéité ?

Unités fonctionnelles pour l'appui et le soutien

## 6.4.5 Ressorts

Les ressorts se déforment élastiquement sous charge (**fig. 1**). Le travail appliqué pour la déformation est stocké dans le ressort et à nouveau dissipé lors de la détente.

### ■ Tâches

Les ressorts servent par ex. à amortir les chocs et les oscillations (amortissement de véhicules, ressorts élastiques dans des accouplements), à pousser des pièces de machines l'une contre l'autre (ressorts d'accouplement), à stocker l'énergie de serrage (entraîneurs en bout) et à ramener en arrière des pièces de machines (vérins pneumatiques à simple action).

**Fig. 1 :** Coussin d'air dans une machine d'usinage textile

### ■ Caractéristiques

La force exigée pour déformer un ressort s'accroît au fur et à mesure qu'augmente la course élastique du ressort. La dépendance de la force par rapport à la course élastique est représentée par des courbes caractéristiques. Les courbes caractéristiques des ressorts servent à évaluer les caractéristiques du ressort. Leur allure peut être linéaire, progressive ou dégressive (**fig. 2**).

> Plus l'allure de la courbe caractéristique présente une forte pente, plus les forces nécessaires pour déformer le ressort sont importantes.

Si les courbes caractéristiques sont linéaires, la course élastique double lorsque la force double. Les ressorts pour lesquels la course élastique est importante pour une faible modification de la force, sont qualifiés de « souples », et ceux dont la force se modifie beaucoup pour une faible course élastique sont qualifiés de « durs » (**fig. 3**).

Le rapport entre la force élastique $F$ et la course élastiques est dénommé constante du ressort $c$.

| **Constante ressort** | $c = \dfrac{F}{s}$ |

**Exemple :** Quelle force $F$ est nécessaire pour comprimer un ressort de compression présentant une constante ressort $c$ = 60 N/mm de $s$ = 3 mm ?
**Solution :** $F = c \cdot s$ = 60 N/mm · 3 mm = **180 N**

### ■ Types de ressorts

Les ressorts sont classés selon le **type de contrainte** exercé dans les ressorts de compression, dans les ressorts de traction, les ressorts spiraux et les ressorts de torsion. Selon la **forme extérieure,** on distingue par ex. les ressorts à boudins, les barres de torsion, les rondelles à plateau, les anneaux-ressorts, les ressorts en caoutchouc et les ressorts pneumatiques.

**Les ressorts à boudin** sont généralement réalisés en fil métallique cylindrique enroulé, et ils s'utilisent comme ressorts de traction et de compression (**fig. 4**). Ils possèdent des courbes caractéristiques d'élasticité linéaires, et sont particulièrement appropriés pour les grandes courses élastiques.

**Les ressorts de torsion à boudins** sont des ressorts à boudins cylindriques qui sont chargés dans le sens de l'enroulement élastique (**fig. 1, p. suivante**). On les utilise par ex. comme ressorts de rappel pour les cliquets de blocage.

**Les barres de torsion** comportent généralement des sections transversales rondes. Les forces agissantes provoquent la torsion élastique de la section transversale située entre les pièces de serrage (**fig. 2, p. suivante**). Les barres de torsion s'utilisent par ex. pour amortir les essieux des véhicules, et pour mesurer les couples dans les clés dynamométriques.

**Fig. 2 :** Allure de la courbe caractéristique de ressorts

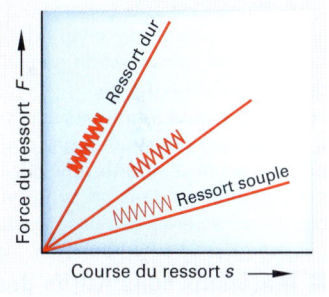

**Fig. 3 :** Dureté des ressorts et courbe caractéristique des ressorts

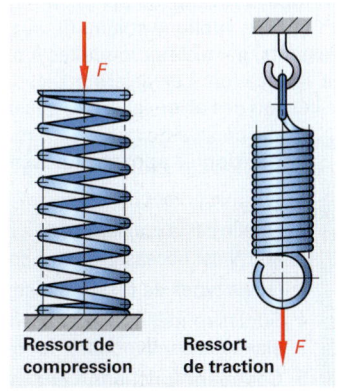

**Fig. 4 :** Ressorts à boudin

**Les rondelles à plateau** sont des ressorts de pression composés de rondelles annulaires à forme conique qui peuvent être soumises à des charges en sens axial **(fig. 3)**.

> Les rondelles à plateau conviennent pour disposer de forces élastiques importantes pour de faibles courses élastiques.

On empile les rondelles à plateau en couches allant dans le même sens ou en sens inverse pour réaliser des blocs-ressorts. Si la disposition en couches est réalisée dans le même sens, la force élastique augmente; si elle est réalisée en sens inverse, c'est la course élastique qui augmente. Les rondelles à plateau s'utilisent par ex. en construction d'outils, de machines et d'accessoires.

**Les rondelles à plateau à boudin** peuvent remplacer les colonnes de rondelles à plateau disposées par couches. Une rondelle à plateau à boudin se compose de deux ressorts de compression identiques qui sont vissés l'un dans l'autre, possèdent une section transversale semblable à celle de rondelles à plateau, et sont fabriqués en acier à ressorts en ruban **(fig. 4)**. Les rondelles à plateau à boudin s'utilisent par ex. pour produire la force de serrage dans les systèmes de serrage des broches porte-fraises.

**Les anneaux-ressorts** se composent d'anneaux fermés en acier dont les surfaces coniques sont en contact **(fig. 5)**. Si une force agit en sens axial sur les anneaux-ressorts, les bagues extérieures sont élargies élastiquement, et les bagues intérieures sont élastiquement comprimées ensemble. Les anneaux-ressorts peuvent être chargés jusqu'au point où les surfaces planes des bagues intérieures, qui sont un peu plus hautes, se touchent et forment un bloc (fig. 5). Le frottement exercé sur les surfaces coniques permet d'atteindre un bon niveau d'amortissement. Les anneaux-ressorts s'utilisent par ex. pour amortir la pièce laminée dans les laminoirs, et pour servir de tampon sur les wagons de chemin de fer.

**Les ressorts en caoutchouc** s'utilisent généralement pour amortir les vibrations et les chocs, par ex. dans les accouplements. L'élément en caoutchouc inséré dans les douilles métalliques ou entre des plaques de métal par vulcanisation ou collage peut être sollicité par cisaillage et par compression **(fig. 6)**.

**Les ressorts pneumatiques** servent par ex. à amortir les véhicules automobiles. L'air ou un autre gaz constitue leur élément élastique. La force qu'il convient d'amortir agit par le biais d'un piston mobile sur le gaz qui est enfermé dans un cylindre. Les ressorts pneumatiques ont une courbe caractéristique progressive, et sont fréquemment combinés à des amortisseurs hydrauliques (amortisseurs de chocs).

■ **Matériaux constitutifs des ressorts**

Pour fabriquer les ressorts, on utilise généralement de l'acier à ressorts, qui acquiert son haut degré d'élasticité par trempe, amélioration par trempe et revenu, ou par façonnage à froid (étirage). Le traitement thermique est appliqué soit au fil, avant la fabrication des ressorts, soit aux ressorts, par ex. aux rondelles à plateau ou aux barres de torsion, après la fabrication. Les aciers à ressort sont généralement des aciers non alliés, ou des aciers alliés au silicium et au chrome.

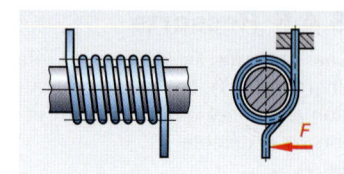

**Fig. 1 : Ressort de torsion à boudin**

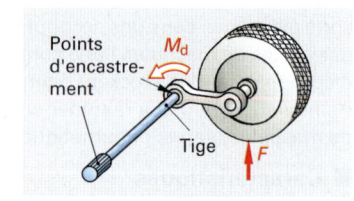

**Fig. 2 : Barre de torsion**

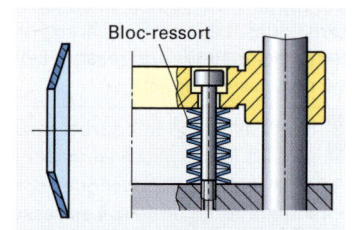

**Fig. 3 : Rondelles à plateau**

**Fig. 4 : Rondelles à plateau à boudin**

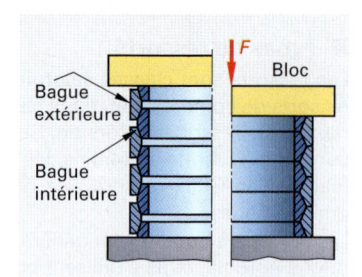

**Fig. 5 : Anneaux-ressorts**

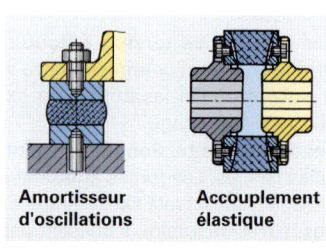

**Fig. 6 : Ressorts en caoutchouc**

---

### Répétition et approfondissement

1. A quoi servent les ressorts ?
2. Quelle est la constante d'un ressort de compression si une force de 400 N est nécessaire pour comprimer le ressort de 5,5 mm ?
3. Quels types de ressorts distingue-t-on ?
4. Sur les rondelles à plateau, comment peut-on augmenter la course élastique sans modifier la force élastique ?
5. Comment fonctionne la suspension élastique pour les anneaux-ressorts ?

## 6.5 Unités fonctionnelles pour la transmission d'énergie

### 6.5.1 Arbres et axes

Les arbres transmettent les mouvements rotatifs et les couples de rotation, donc l'énergie. Les axes servent par contre à soutenir des composants rotatifs. Ils ne transmettent pas d'énergie.

#### ■ Arbres

Les arbres sont directement entraînés par des moteurs et des accouplements, ou par des roues dentées, des chaînes et des courroies.

**Sollicitation, agencement, palier**

**Sollicitation.** Les arbres sont sollicités en flexion par les forces qu'ils subissent, et en torsion par le couple de rotation (**fig. 1**).

**Agencement.** Les **diamètres** de l'arbre doivent être suffisamment grands pour que les tensions admissibles de flexion et de torsion ne soient pas dépassées. **L'échelonnement des diamètres** est fonction des diamètres intérieurs des éléments correspondants (accouplement, joints, paliers, engrenages), et ensuite de la manière dont ces éléments doivent être montés.

A la **transition entre deux diamètres,** l'effet d'entaille est plus intensif. Cela diminue la résistance limite d'endurance de l'arbre. La résistance limite d'endurance peut être atténuée en arrondissant la transition ou par des dégagements par rainure normalisées (**fig. 2**).

**Paliers.** Les arbres sont généralement logés sur deux paliers. Ceux-ci transmettent vers le carter les forces radiales et axiales produites. Des arbres fins et très longs, ainsi que les vilebrequins et les arbres à cames de moteurs à combustion interne doivent être logés sur plus de deux paliers pour éviter la flexion et les oscillations.

**Modes de construction**

Les arbres peuvent être classés selon leur fonction dans les arbres d'entraînement et de transmission, les broches, les arbres articulés, les vilebrequins et les arbres à cames.

**Arbres d'entraînement**

Les arbres d'entraînement transmettent le couple de rotation à d'autres arbres, machines ou outils. Par ex. dans la **fig. 3**, l'arbre de scie entraîné par la poulie transmet le couple de rotation à la lame de scie.

**Les arbres de transmission** ont pour tâche de modifier la vitesse de rotation conjointement avec les roues dentées (p. 465 à 469). L'arbre de transmission (**fig. 4**) est entraîné par le flasque d'entraînement. La prise de force s'effectue soit par la roue dentée gauche, $z_1$ soit par la roue dentée droite $z_2$. Les deux roues dentées sont alternativement commutées par l'accouplement à dents.

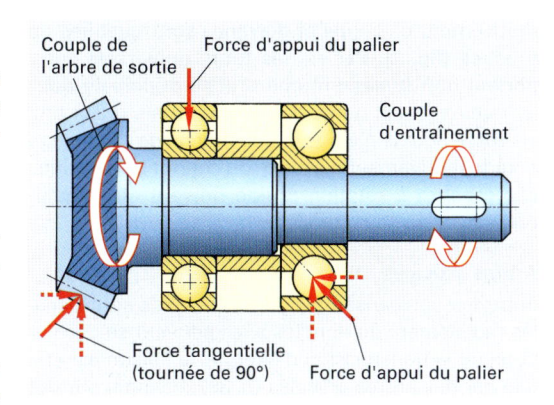

Fig. 1 : Sollicitation d'un arbre

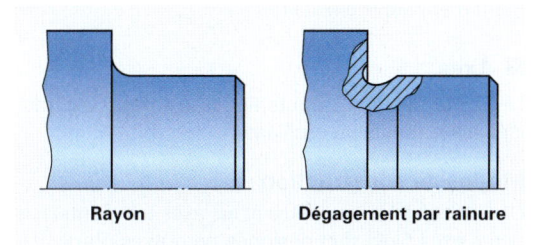

Fig. 2 : Transitions de diamètre sur des arbres

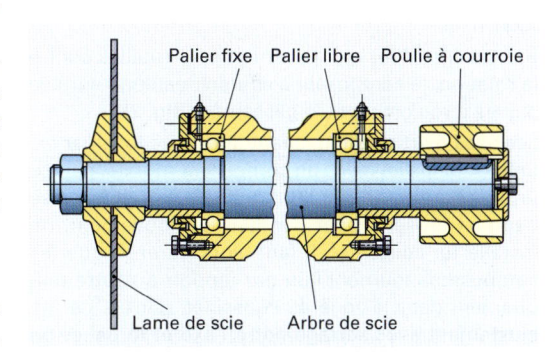

Fig. 3 : Arbre de scie circulaire

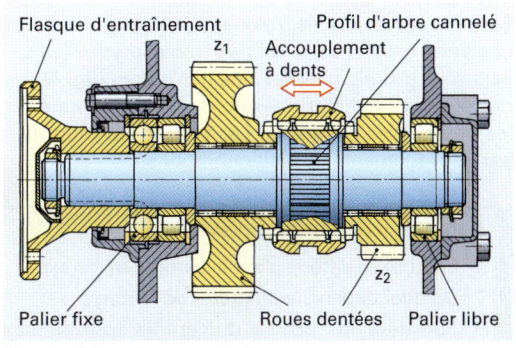

Fig. 4 : Arbre de transmission

## Broches

Les arbres des machines-outils qui produisent le mouvement de coupe et d'avance sont qualifiés de broches **(fig. 1)**. Par ex. les tours universels comportent non seulement une broche principale pour le logement des outils de serrage, mais aussi une vis-mère pour le filetage et une broche de chariotage pour le mouvement d'avance du chariot porte-outils. Les broches à rotation rapide doivent être équilibrées avec un soin particulier.

## Arbres articulés

Entre les sous-ensembles dont les axes sont décalés radialement ou dont les axes peuvent se décaler pendant la transmission d'énergie, la liaison est établie par des arbres articulés (p. 397). Ils sont surtout utilisés sur les véhicules entre le moteur et l'entraînement de l'arbre, et sur les tracteurs pour l'entraînement d'appareils auxiliaires.

## ■ Axes

Les axes servent à soutenir les éléments de machines tournants ou oscillants.

### Modes de construction

On distingue les axes fixes et les axes tournants. Les petits axes fixes sont désignés par « axes d'articulation ».

### Axes fixes

Sur les axes fixes qui doivent être verrouillés contre la rotation, le composant à soutenir est logé sur des paliers à roulement ou à glissement **(fig. 2)**.

**Les axes d'articulation** relient une pièce fixe, par ex. un bloc de palier, avec un composant mobile, par ex. un pièce articulée **(fig. 3)**. Lorsque l'axe et la pièce risquent de se gripper pendant le mouvement, on installe un coussinet. Il faut alors garantir que les composants tournent l'un par rapport à l'autre uniquement dans la zone du coussinet, par ex. par un ajustement avec serrage entre l'axe et le palier ou par le coincement de l'axe.

### Axes tournants

Sur les axes tournants, l'axe et les roues constituent une unité fixe qui est aussi très stable lorsque les paliers sont très éloignés les uns des autres **(fig. 4)**. En outre, on a seulement besoin de deux paliers pour les deux roues ensemble. Les paliers sont lubrifiés par des logements de palier immobiles.

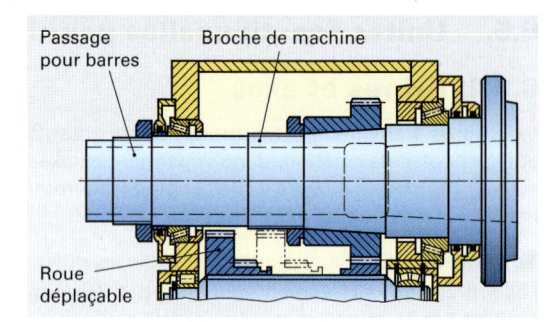

**Fig. 1 :** Arbre moteur d'un tour

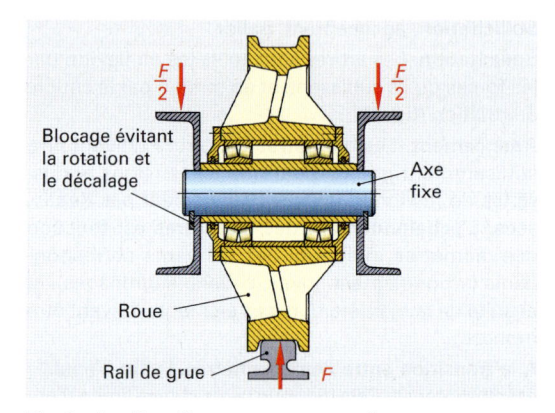

**Fig. 2 :** Axe fixe d'une roue porteuse de grue

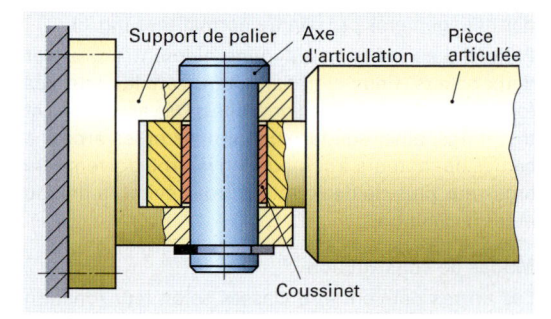

**Fig. 3 :** Articulation avec axe d'articulation

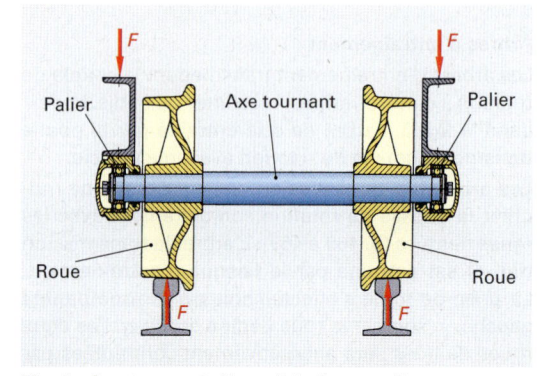

**Fig. 4 :** Axe tournant d'un véhicule sur rails

### Répétition et approfondissement

1. En quoi se différencient les arbres et les axes ?
2. De quoi dépend le diamètre de l'arbre ?
3. Pourquoi les arbres doivent-ils tourner sur au moins deux paliers ?

## 6.5.2 Accouplements

Les accouplements servent à la transmission d'énergie entre les arbres. Ils peuvent s'acquitter de différentes tâches:

- Liaison entre des arbres, par ex. l'arbre-moteur avec arbre de transmission (**fig. 1**)
- Interruption ou transmission de couples de rotation, par ex. accouplement de véhicule
- Commutation entre des étages d'engrenages, par ex. des engrenages de machines-outils
- Protection contre la surcharge, par ex. en cas de collision sur des machines NC
- Amortissement contre les chocs, par ex. accouplements d'installations de transport
- Compensation de défauts d'alignement d'arbres, par ex. d'accouplements articulés (fig. 1)

> Le type d'accouplement dépend surtout de la tâche à accomplir. La taille d'un accouplement dépend du couple de rotation à transmettre.

Les accouplements peuvent être subdivisés en accouplements fixes, débrayables ou à usages spéciaux (**fig. 2**).

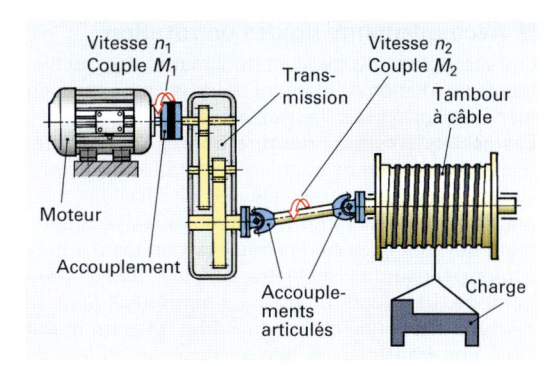

**Fig. 1: Utilisation d'accouplements**

**Fig. 2: Types d'accouplements**

- Accouplements non débrayables
  - Accouplements rigides
  - Accouplements rigides en rotation
  - Accouplements élastiques
- Accouplements débrayables
  - Accouplements crabotés
  - Accouplements par adhérence
- Accouplements à usages spéciaux
  - Accouplements de sûreté
  - Embrayages de démarrage
  - Accouplements à roue libre

### 6.5.2.1 Accouplements fixes

Sur les accouplements fixes, l'arbre d'entraînement ne peut pas être séparé de l'arbre de sortie pendant la marche.

■ **Accouplements rigides**

Les accouplements rigides sont utilisés pour la transmission de forces entre deux arbres alignés qui doivent aussi être raccordés ensemble dans le sens axial. Ils ne peuvent pas compenser des décalages d'arbres.

Les accouplements rigides sont généralement des accouplements économiques et compacts destinés à des entraînements simples. Mais ils sont aussi utilisés pour des couples de rotation et des vitesses très élevés, par ex. avec des flasques forgés.

**Accouplements à plateaux.** Sur les accouplements à plateaux, le centrage mutuel des brides de l'arbre s'effectue par un rebord de centrage ou une bague de centrage (**fig. 3**).

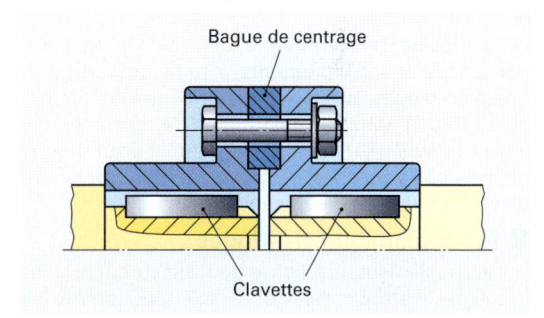

**Fig. 3: Accouplement à plateaux**

**Accouplements à coquilles avec douille conique.** Ce mode de construction relie ensemble deux arbres alignés qui ont le même diamètre (**fig. 4**). Cet accouplement peut être fixé par adhérence aux extrémités de l'arbre, sans clavette, par les surfaces de serrage coniques fendues. Il ne convient cependant pas pour des sollicitations alternées et saccadées.

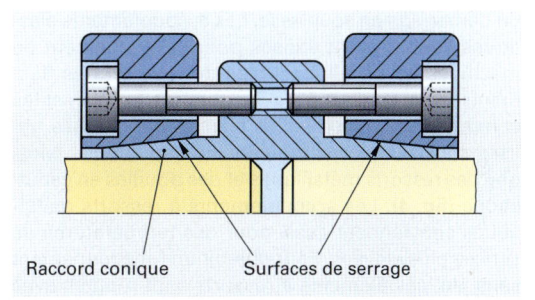

**Fig. 4: Accouplement à coquilles avec douille conique**

## ■ Accouplements rigides en rotation

Ces accouplements peuvent transmettre des mouvements de rotation de manière rigide et compenser en même temps les décalages d'arbres.

**Les accouplements à denture bombée** se caractérisent par de grands couples de rotation transmissibles et par des vitesses élevées admissibles avec une taille compacte (**fig. 1**). Les moyeux d'accouplement qui sont fixés sur les deux extrémités d'arbres comportent sur leur diamètre extérieur une denture bombée. Les dents bombées s'engrènent dans la denture intérieure droite du carter et permettent ainsi une transmission par obstacle du couple de rotation. Un petit décalage axial et angulaire entre les deux arbres est possible.

**Les arbres articulés** peuvent compenser des décalages d'arbres plus grands que les accouplements à denture sphérique. Sur les articulations homocinétiques, des sphères transmettent le mouvement de rotation entre les deux arbres.

**Les têtes de cardan intérieures** sont des articulations homocinétiques qui ont la possibilité de se décaler sur le plan axial (**fig. 2**). Elles sont équipées de billes qu'on fait passer dans une cage et qui se déplacent sur des trajets rectilignes. Elles permettent un décalage angulaire maximal de 20 degrés et des décalages axiaux maximum de 30 mm.

Les articulations homocinétiques servent principalement d'entraînements axiaux dans les véhicules.

> Les articulations homocinétiques transmettent les vitesses de l'arbre d'entraînement, même en cas de grands décalages angulaires, sans différence de vitesse.

**Les arbres de transmission** (à joints de cardan) comportent deux accouplements à joint de cardan et une pièce coulissante pour la compensation en longueur (**fig. 3**). Dans la construction de machines, les arbres articulés servent d'entraînement pour broche de foreuses à broches multiples, et d'entraînement d'avance de tables de fraiseuses.

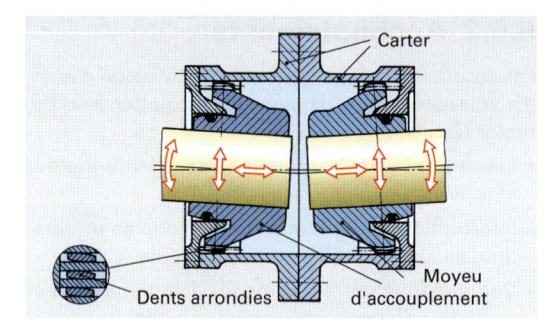

**Fig. 1 :** Accouplement à denture bombée

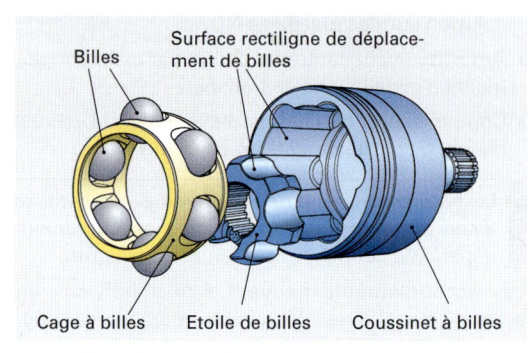

**Fig. 2 :** Tête de cardan intérieure

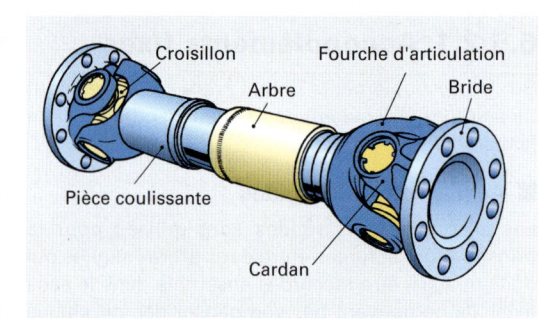

**Fig. 3 :** Joint de cardan sur un arbre de transmission

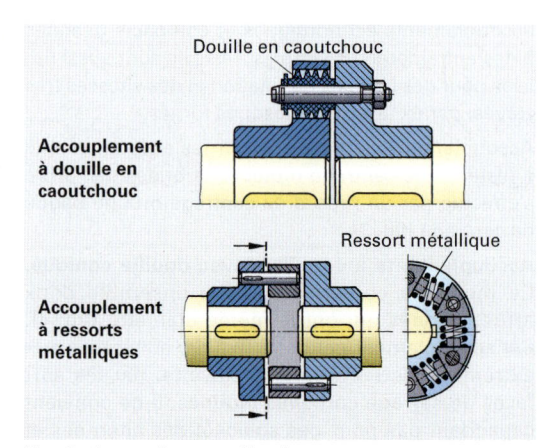

## ■ Accouplements élastiques

Les accouplements élastiques peuvent compenser les décalages d'arbre radiaux et axiaux, tout comme les accouplements rigides en rotation. Grâce à leur élasticité supplémentaire sur le plan circonférentiel, ils amortissent les chocs et les oscillations et permettent un démarrage en souplesse. Les accouplements élastiques sont souvent utilisés pour l'entraînement de machines de travail à couples de rotation très fluctuants, comme par ex. sur les pompes à piston et les compresseurs à piston. Les éléments élastiques utilisés sont des pièces moulées en caoutchouc, ainsi que des ressorts métalliques et des douilles en caoutchouc (**fig. 4**). Les accouplements à ressorts métalliques conviennent aussi pour des températures de service plus élevées. Pour obtenir un fonctionnement sans jeu, ces éléments à ressorts sont montés avec une précontrainte.

**Fig. 4 :** Accouplements élastiques

# Unités fonctionnelles pour la transmission d'énergie

**Les accouplements à soufflet métallique** sont utilisés en construction mécanique générale. Ils relient ainsi par ex. sur les entraînements d'avance le servomoteur avec la broche filetée à billes et garantissent même à faibles vitesses un mouvement régulier et uniforme du chariot porte-outil **(fig. 1)**. Les accouplements à soufflet métallique transmettent des couples de 0,1 N·m à 4 kN·m et des vitesses maximales de 13000 min$^{-1}$.

La forme géométrique particulière du soufflet garantit une grande résistance à la torsion **(fig. 2 et 3)**. Elle permet en même temps une compensation du décalage axial, radial et angulaire de l'arbre. Les soufflets sont généralement en alliages d'acier inox. La liaison de l'accouplement avec les arbres se fait généralement par adhérence, par des douilles coniques, un moyeu de serrage, un cône extensible ou des moyeux annulaires de serrage conique.

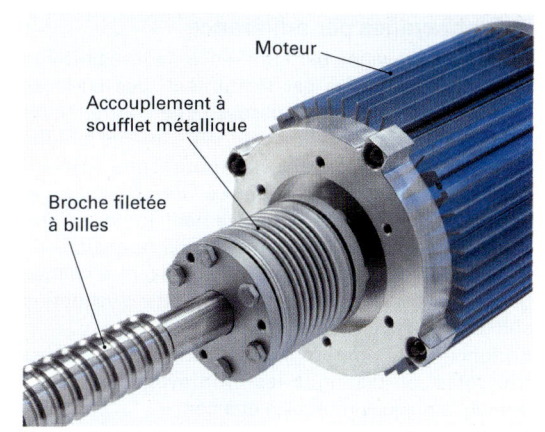

**Fig. 1 : Unité d'entraînement avec accouplement à soufflet en métal**

### Avantages des accouplements à soufflet en métal

- transmission de couple exempte de jeu
- faible moment d'inertie de masse
- résistance élevée à la fatigue par torsion
- utilisation jusqu'à 250 °C
- montage simple et rapide
- sécurité de la transmission du couple, même à vitesses élevées
- compensation du décentrage d'arbre radial, axial et angulaire
- absence d'entretien

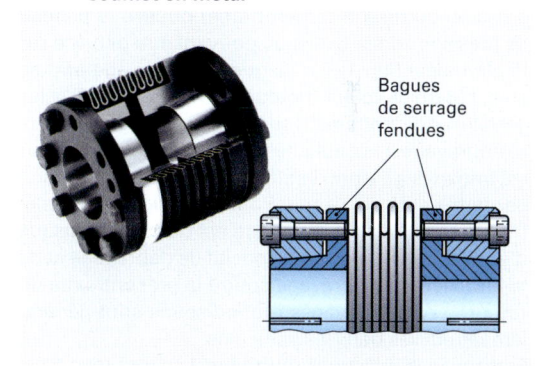

**Fig. 2 : Accouplement à soufflet en métal avec moyeu à collier tendeur**

## 6.5.2.2 Accouplements débrayables

Les transmissions débrayables sont utilisées lorsque la liaison entre les deux arbres doit être interrompue de temps à autre. Selon le type de transmission du couple, on distingue les embrayages **crabotés** et les embrayages **par adhérence,** qui peuvent être actionnés de manière mécanique, hydraulique, pneumatique ou électromagnétique.

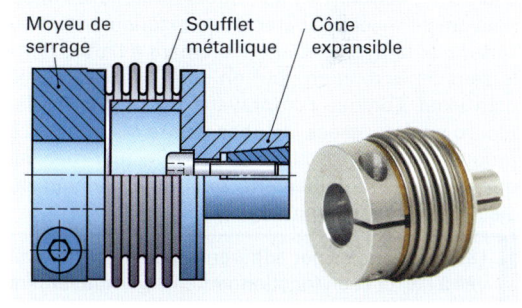

**Fig. 3 : Accouplement à soufflet en métal avec cône expansible et moyeu de serrage**

### ■ Embrayages mécaniques

Sur ces embrayages, le couple est transmis par des éléments d'accouplement qui s'engrènent les uns dans les autres (griffes, dents, etc.) **(fig. 4)**. A l'état activé, aucune force de fermeture extérieure n'est nécessaire pour maintenir la transmission de force. La liaison entre la partie mobile de l'accouplement et l'arbre s'effectue par des liaisons par clavettes ou par des arbres profilés.

Les embrayages mécaniques peuvent uniquement être activés à l'arrêt ou en cas de faible différence de vitesse des deux arbres.

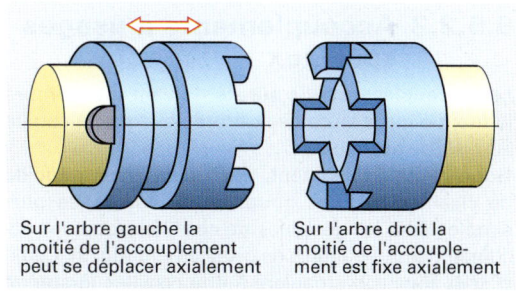

Sur l'arbre gauche la moitié de l'accouplement peut se déplacer axialement

Sur l'arbre droit la moitié de l'accouplement est fixe axialement

**Fig. 4 : Accouplement à griffes**

## ■ Embrayages par adhérence

Sur les embrayages par adhérence, la transmission du couple s'effectue par frottement. Les surfaces frottantes doivent être poussées l'une contre l'autre par une force de fermeture extérieure, même lorsque l'embrayage est activé. Les embrayages peuvent aussi être activés sous charge et à vitesse élevée, car l'arbre est entraîné progressivement lorsque l'embrayage vient en prise. En raison de la chaleur de frottement et de l'usure qui se produisent à chaque phase d'activation, il faut veiller à une évacuation suffisante de la chaleur.

En fonction du nombre et de la forme des surfaces frottantes, on distingue les embrayages à disque unique, à disques multiples et à cône.

**Embrayages monodisques.** Sur les embrayages à disque unique, la force d'un ressort (ressort de compression ou ressort à membrane) pousse le plateau de pression contre le disque pouvant être déplacé sur le plan axial **(fig. 1)**. Le disque d'embrayage appuie ainsi contre le volant moteur du vilebrequin. Par les garnitures de frottement sur les deux côtés du disque d'embrayage, le couple de rotation du volant moteur est transmis à l'arbre d'entraînement de transmission par le biais de ce disque. Pour le débrayage, le plateau de pression d'embrayage est décollé du disque d'embrayage à l'aide du dispositif de débrayage et de la fourchette d'embrayage contre la précontrainte du ressort. Les embrayages monodisques sont généralement utilisés dans les véhicules.

**Embrayages à disques multiples.** Les embrayages à disques multiples, également appelés embrayages à lamelles, comportent un paquet de lamelles alternativement reliées par crabotage extérieurement au carter d'embrayage, et intérieurement à l'arbre dans le sens de la rotation, tout en étant mobiles sur le plan axial. Lorsque l'embrayage est activé, les lamelles sont poussées les unes contre les autres. Le mouvement de manœuvre peut s'effectuer mécaniquement, hydrauliquement, pneumatiquement ou électromagnétiquement **(fig. 2)**.

> Les embrayages par adhérence peuvent être activés à l'arrêt et en fonctionnement. Le mouvement de manœuvre peut s'effectuer mécaniquement, hydrauliquement, pneumatiquement ou électromagnétiquement.

### 6.5.2.3 Accouplements à usages spéciaux

**Les accouplements de sûreté** doivent interrompre le flux de force entre deux arbres lorsque le couple admissible est dépassé.

**Goupille de cisaillement, accouplement à goupille de cisaillement.** Les goupilles de sûreté les plus simples sont les goupilles de cisaillement et les accouplements à goupille de cisaillement **(fig. 3)**. Ceux-ci sont conçus de manière à être cisaillés lorsqu'on dépasse le couple de rotation admissible.

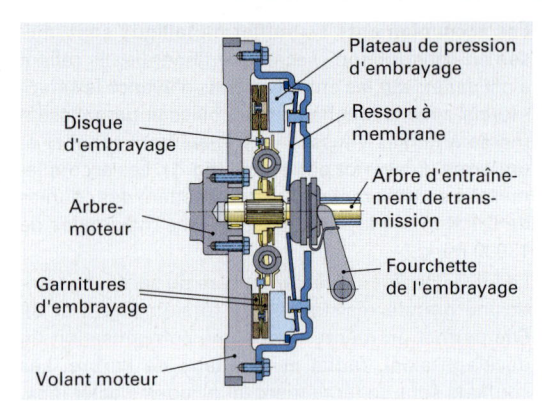

Fig. 1 : Embrayage monodisque

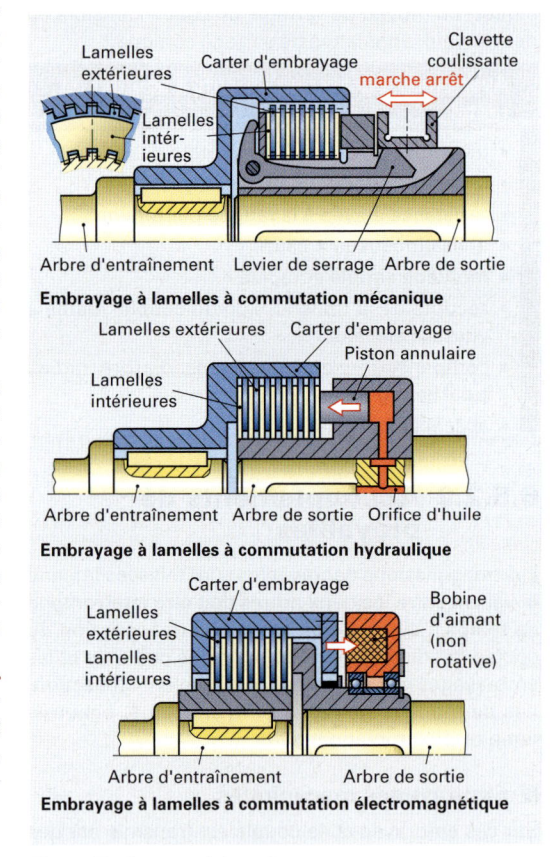

Fig. 2 : Embrayage à lamelles

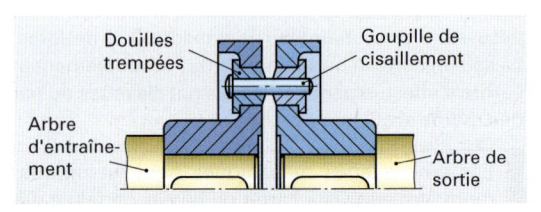

Fig. 3 : Accouplement à goupille de cisaillement

# Unités fonctionnelles pour la transmission d'énergie

**Les accouplements à glissement** ont la même structure que les accouplements à lamelles ou à disque unique et transmettent le couple de rotation de manière adhérente par des garnitures de friction (**fig. 1**). Le couple transmissible est réglé par la tension préalable des ressorts de compression. Lorsque le couple admissible est dépassé, l'accouplement patine.

Sur les **accouplements de sécurité à crans,** l'écrou de réglage permet de régler le couple limite (couple de rotation de surcharge) par la tension préalable des ressorts à disques (**fig. 2**). En cas de sollicitation excessive, les billes sortent de leur logement; la pièce de commutation effectue ainsi une course axiale. Celle-ci est captée mécaniquement ou sans contact par un capteur, et l'entraînement est désactivé en l'espace de 2 à 3 ms (**fig. 3**). L'accouplement revient automatiquement en prise sur l'un des logements de billes suivant. Cela garantit une disposition automatique et immédiate au fonctionnement après la suppression de la sollicitation excessive.

**Accouplements de sûreté.** Les accouplements de sûreté sur les machines NC, par ex. les accouplements d'erreur de poursuite, déterminent par le biais d'un système de mesure les différences de vitesse (erreurs de poursuite) entre l'arbre d'entraînement et l'arbre de sortie. Ces erreurs de poursuite peuvent résulter par ex. d'une surcharge ou d'une collision; dans ce cas, l'entraînement de la machine est immédiatement arrêté par un système d'arrêt d'urgence.

**Embrayages de démarrage**

Les embrayages de démarrage sont généralement montés entre les machines motrices et les machines de travail. Ils permettent de démarrer la machine motrice, par ex. un moteur à combustion interne, sans aucune charge. C'est seulement à partir d'une certaine vitesse que la machine de travail est accouplée de manière autonome.

**Accouplements à roue libre**

Sur les accouplements à roue libre ou les embrayages de rattrapage, la transmission du couple s'effectue par des cliquets d'arrêt, des corps de serrage, des rouleaux ou des billes qui sont posés entre la partie motrice et la partie entraînée de l'accouplement (**fig. 4**). Si l'arbre d'entraînement tourne plus vite que l'arbre de sortie, les rouleaux cylindriques sont poussés vers l'extérieur et se coincent entre l'arbre d'entraînement et l'arbre de sortie. Le carter est entraîné. Si par contre le carter tourne plus vite que l'arbre d'entraînement, les rouleaux se déplacent vers l'intérieur et la transmission de force est interrompue.

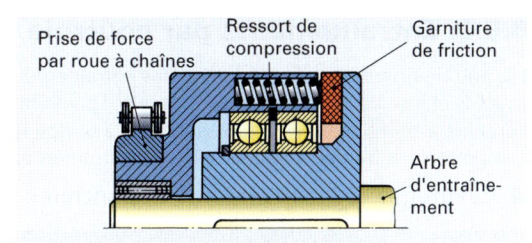

Fig. 1 : Accouplement à glissement

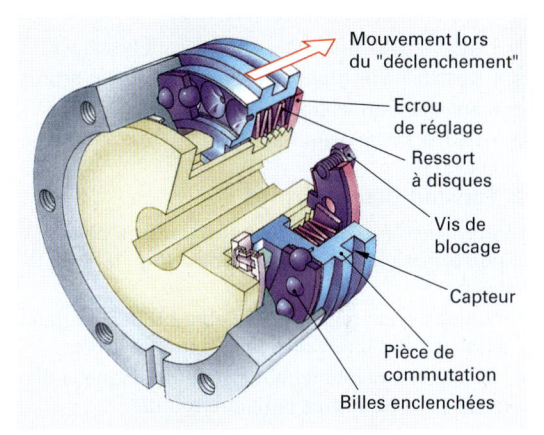

Fig. 2 : Accouplement de sécurité à crans

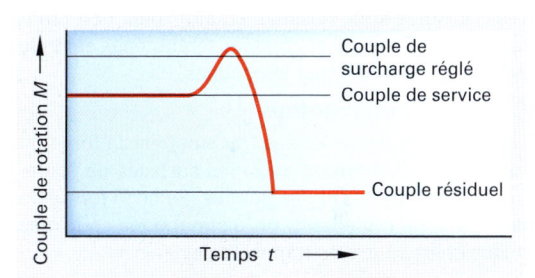

Fig. 3 : Comportement à la commutation d'un accouplement de sécurité à crans

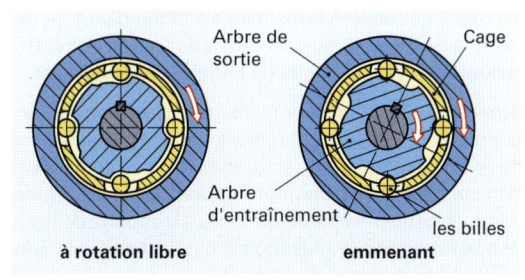

Fig. 4 : Accouplement à roue libre

## Répétition et approfondissement

1. Quelle est la fonction des accouplements ?
2. Comment fonctionne un embrayage monodisque ?
3. Où sont utilisés les accouplements élastiques ?
4. Quels avantages offrent les accouplements à soufflet en métal ?
5. Comment sont commutés les embrayages à disques ?
6. Quels avantages offrent les accouplements de sécurité à crans ?
7. Quelles fonctions remplissent les accouplements à roue libre ?

## 6.5.3 Entraînements par courroie

Les entraînements par courroie sont des entraînements à mécanisme de traction (p. 491). Ils démultiplient les couples et les vitesses entre deux arbres qui peuvent avoir entre eux une distance plus grande que les entraînements à roues dentées. Etant donné que toutes les courroies sont en matière plastique ou en tissu, leur comportement diffère sensiblement des entraînements à roues dentées ou à chaîne.

### ■ Avantages et inconvénients des entraînements par courroie

| Avantages: | Inconvénients: |
|---|---|
| • transmission de force élastique<br>• marche peu bruyante, amortissant les chocs<br>• possibilité de grandes distances entre les arbres<br>• aucune lubrification nécessaire<br>• faibles coûts d'entretien | • patinage par allongement des courroies<br>• de ce fait, pas de rapport de démultiplication précis<br>• température d'utilisation limitée<br>• contrainte supplémentaire infligée au palier par l'effort nécessaire de tension des courroies |

### ■ Tension des courroies

Toutes les courroies doivent être tendues pour que la puissance puisse être transmise (**fig. 1**). Cela se fait par
- montage sous tension préalable ou par un galet tendeur à des intervalles fixes entre les arbres,
- décalage ou pivotement du moteur lorsque la distance entre les arbres peut être accrue.

### ■ Modes de construction

Les courroies sont classées en courroies non crantées (par adhérence) et crantées (crabotées), selon le type d'entraînement par les poulies.

#### Courroies non crantées

Les courroies non crantées transmettent la force de traction par frottement entre les surfaces de roulement des courroies et des poulies. Selon la forme de la surface de roulement, on distingue les courroies plates et les courroies trapézoïdales.

#### Courroies plates

La force longitudinale de la poulie à courroie et donc le couple de rotation transmissible dépend surtout de la force de tension, du coefficient de frottement entre la courroie et la poulie, et de l'angle d'enroulement.

**Structure.** Les courroies plates se composent généralement de deux ou plusieurs couches. La couche de roulement se compose d'un cuir chromé qui a un bon coefficient de frottement par rapport à la surface de roulement en acier ou en fonte. La couche de traction est en matière plastique à haute résistance à la traction et à faible allongement.

**Propriétés particulières.** Grâce à la grande flexibilité de la courroie, on peut obtenir des démultiplications jusqu'à 20:1, de faibles distances entre les arbres, des vitesses de courroie élevées (jusqu'à 100 m/s) et de grandes puissances transmissibles (**fig. 2**).

**Exemples d'applications.** Entraînement de machines-outils, de machines textiles et à papier, entraînements de convoyeurs à rouleau, courroies de transport.

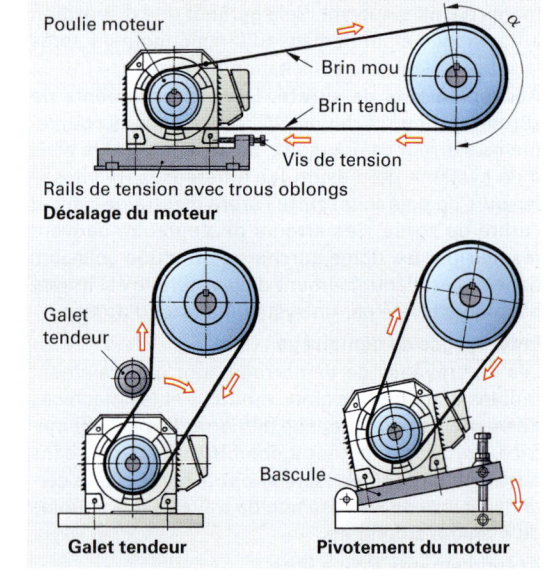

Fig. 1: Possibilités de tension de courroies

Fig. 2: Entraînement par courroie plate

# Unités fonctionnelles pour la transmission d'énergie

## Courroies trapézoïdales

Les courroies trapézoïdales sont tirées dans la gorge de poulie en cas de sollicitation, et s'appuient ainsi sur les flancs de la gorge. Les grandes forces normales qui en résultent permettent de grandes forces d'adhérence et la transmission de grands couples de rotation (**fig. 1**).

**Structure.** Les courroies trapézoïdales sont constituées par des torons de traction en polyester, un noyau en caoutchouc qui est partiellement renforcé par des fibres orientées dans le sens transversal, et un tissu d'enveloppement résistant à l'usure par frottement. Sur les courroies trapézoïdales à flancs nus, cet enveloppement est supprimé.

**Caractéristiques particulières.** En raison de l'excellent entraînement par adhérence qui résulte de l'effet trapézoïdal, les forces de prétension nécessaires sont plus faibles que sur les courroies plates. En raison de la grande section transversale, la résistance à la flexion est néanmoins assez élevée. Elle peut être réduite par une denture sur le côté inférieur de la courroie trapézoïdale.

**Modes de construction.** Pour répondre aux diverses exigences, différents profils de courroies trapézoïdales ont été développés (**tableau 1**).

## Courroies synchrones (courroies crantées)

Sur les entraînements par courroies synchrones, la transmission des forces s'effectue non pas par adhérence, mais par obstacle par les dents de la courroie. Les courroies crantées combinent les avantages des courroies plates et trapézoïdales avec l'absence de glissement des chaînes.

**Modes de construction.** Les courroies synchrones sont fabriquées avec denture simple ou double et avec différentes formes de dents (**fig. 2**).

**Propriétés particulières.** Les entraînements par courroies synchrones se caractérisent par une faible prétension de courroie et donc par de faibles sollicitations des paliers. Ils conviennent pour la transmission sans glissement de puissances moyennes à faibles.

**Exemples d'applications.** Entraînements d'avance sur des machines-outils, des photocopieuses (**fig. 3**), des imprimantes, des distributeurs automatiques de monnaie, des entraînements d'arbres à cames.

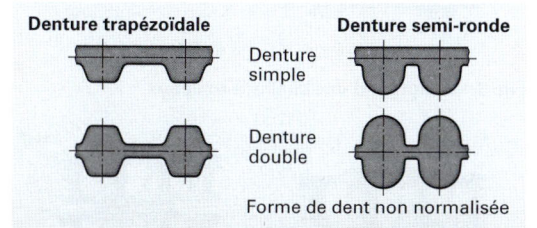

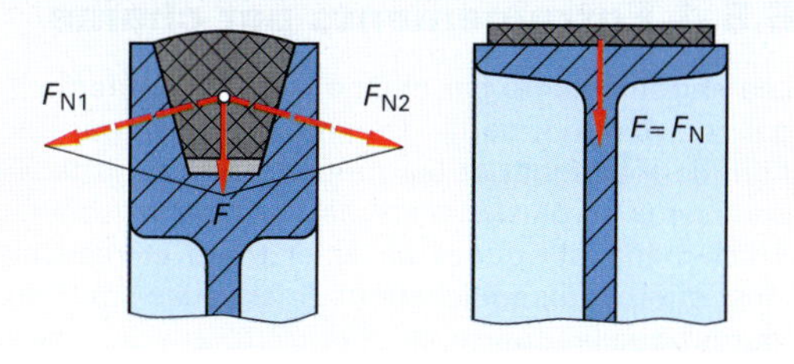

Fig. 1 : Forces exercées avec des courroies trapézoïdales et des courroies plates

Tableau 1 : Types de construction de courroies trapézoïdales

| Profil | Propriétés |
|---|---|
| Courroie trapézoïdale étroite | Pour usage universel; puissance élevée; poulies plus grandes que sur les courroies trapézoïdales normales; c'est le type de courroie le plus utilisé |
| Courroie trapézoïdale à flancs nus | Possibilité de transmettre des puissances particulièrement élevées, diamètre de poulie plus petit, résistance élevée à la température |
| Courroie trapézoïdale jumelée | Insensible aux vibrations et aux chocs, pas de torsion dans les rainures, pour grandes distances entre les arbres et pour poulies de petites dimensions |
| Courroie trapézoïdale à nervures | Flexible; résistante aux flexions alternées; pas d'allongement; répartition régulière de la force sur la poulie |
| Courroie trapézoïdale large | Très bonne résistance au cisaillement et très bonne adaptation du profil; utilisation dans les mécanismes de réglage de vitesse (p. 491) |

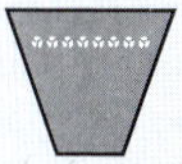

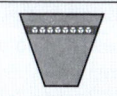

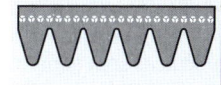

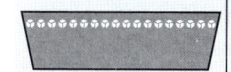

Fig. 2 : Formes du profil de la dent

Fig. 3 : Courroie à double denture dans une photocopieuse

### Répétition et approfondissement

1. Quelles sont les propriétés particulières des entraînements par courroies plates ?
2. Quels profils les courroies trapézoïdales peuvent-elles avoir ?
3. Qu'entend-on par courroies trapézoïdales à flancs nus ?
4. En quoi se distinguent les transmissions à courroies crantées ?

## 6.5.4 Entraînements par chaîne

Les entraînements par chaîne et les entraînements par courroie font partie des entraînements par traction. Ils transmettent les mouvements de rotation entre deux ou plusieurs arbres. Les chaînes sont généralement fabriquées en acier traité et résistent ainsi mieux aux sollicitations, mais elles sont plus lourdes que les courroies.

### ■ Caractéristiques et domaines d'utilisation

Les chaînes sont généralement utilisées sur des entraînements à rapports de démultiplication précis, avec de grandes distances entre les axes et de grandes forces de traction. Elles sont également fiables en cas de conditions d'environnement défavorables et sont par conséquent utilisées par ex. sur des machines-outils travaillant le métal par formage (**fig. 1**), dans la technique de transport, sur les deux roues, les engins de levage, ainsi que les machines de chantier et d'usinage du bois.

Fig. 1 : Entraînement à chaînes d'une installation pour profilés en acier

| Avantages : | Inconvénients : |
|---|---|
| • Transmission élastique des forces sans patinage<br>• Rapport de démultiplication constant<br>• Possibilité de transmettre des forces importantes<br>• Pratiquement insensibles à l'humidité, à la saleté et aux températures élevées | • Vitesse de chaîne limitée<br>• Bruits de roulement élevés<br>• Lubrification indispensable<br>• Tendance à vibrer en cas de charge saccadée |

### ■ Types de chaînes

Parmi les chaînes, on fait la différence entre les **chaînes à maillons** et les **chaînes articulées (fig. 2)**. Les chaînes à maillons sont uniquement utilisées comme chaînes de charge. Les chaînes articulées sont généralement utilisées sur les entraînements à chaîne. On distingue les chaînes à rouleaux, à axes et à douilles.

**Chaînes à rouleaux (fig. 3)** Le roulement des rouleaux trempés et rectifiés sur les profils des dents de la roue dentée permet d'éviter tout frottement et réduit ainsi l'usure. La pellicule de lubrification entre la roue à chaîne, les rouleaux et les douilles amortit par ailleurs le bruit généré.

**Exemples d'application** des chaînes à rouleaux :
• chaîne de distribution des moteurs de voitures
• chaîne d'entraînement des motos
• chaînes de transport des installations d'acheminement

Si des forces très grandes doivent être transmises, par ex. dans les installations de traitement de l'acier (fig. 1), on utilise des **chaînes à rouleaux multiples (fig. 4)**, à deux ou trois chaînes ou davantage.

**Chaînes à axes (fig. 1, p. suivante)**. C'est le type de chaînes articulées le plus simple, car elles sont uniquement constituées de maillons et d'axes. Les chaînes à axes comprennent les **chaînes de Gall** et les **chaînes Fleyer**. Les chaînes de Gall sont utilisées en cas de faibles puissances et à des vitesses de chaîne maxi de 0,5 m/s.

Fig. 2 : Chaîne à maillons et chaîne articulée

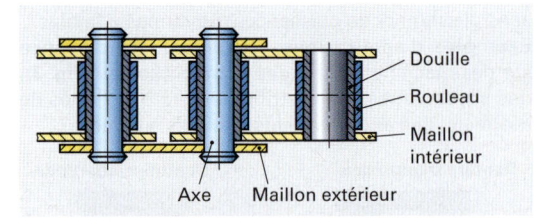

Fig. 3 : Structure d'une chaîne à rouleaux

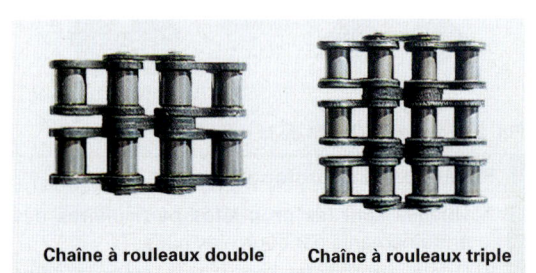

Fig. 4 : Chaînes à rouleaux multiples

Les chaînes Fleyer sont des chaînes de charge pures qui tournent non pas sur des roues dentées, mais sur des poulies de renvoi. Elles sont utilisées par ex. comme chaînes de levage sur des chariots élévateurs à fourche et comme chaînes de serrage et à contrepoids.

Les chaînes dentées sont une forme spéciale de chaînes à axes qui tournent sans bruit et qui sont conçues pour des vitesses maxi de 30 m/s. Elles sont utilisées par ex. comme chaînes de distribution sur des moteurs à combustion interne.

**Chaînes à douilles.** Les maillons intérieurs y sont pressés sur des douilles (**fig. 1**). Les douilles sont logées de manière mobile sur les axes rivetés sur les maillons extérieurs. Les chaînes à douilles ont une usure moindre que les chaînes à axes en raison de la pression superficielle moindre entre l'axe et la douille. Elles sont utilisées par ex. comme chaînes d'acheminement à petits pas.

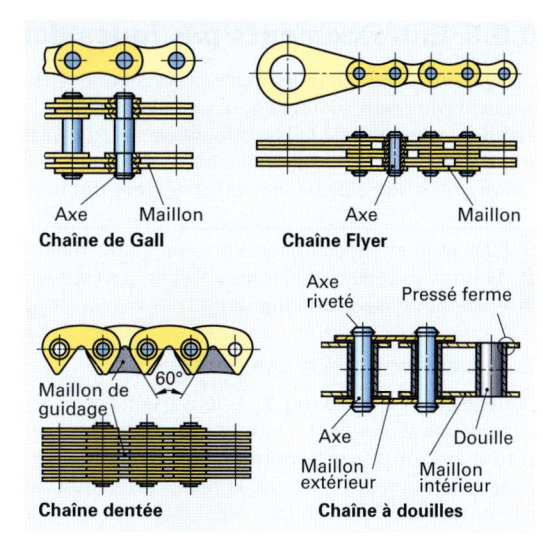

Fig. 1 : Formes de construction des chaînes articulées

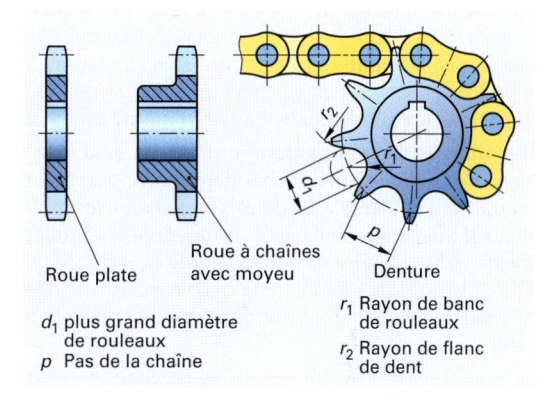

## ■ Roues à chaînes et tension des chaînes

**Roues à chaînes (fig. 2).** La taille et la forme des roues à chaînes sont déterminées par la taille de la chaîne, le nombre de dents et le couple à transmettre. On établit une distinction entre deux modèles de base des corps de roues à chaînes. Les roues à chaînes à moyeu transmettent des couples plus élevés. Les roues à chaînes plates sont utilisées quand les couples à transmettre sont faibles.

**Disposition de l'entraînement.** La longévité et la fiabilité des entraînements par chaînes sont influencées de manière déterminante par la disposition des roues à chaînes (**fig. 3**). Une disposition horizontale des roues à chaînes est propice à un fonctionnement silencieux de la chaîne. Jusqu'à une inclinaison de 60 degrés par rapport à l'horizontale, aucun dispositif de tension et de guidage n'est nécessaire. Pour que la chaîne tourne sans perturbations sur la denture, le brin tendu doit être placé en haut.

Si l'entraînement par chaîne est disposé horizontalement, le brin mou doit avoir une flèche de 1 à 2%.

**Tendeur de chaîne.** Des dispositifs de tension doivent équilibrer l'allongement de la chaîne provoqué par l'usure, une sollicitation inégale ou la dilatation thermique, et amortir les oscillations.

Fig. 2 : Roues à chaînes

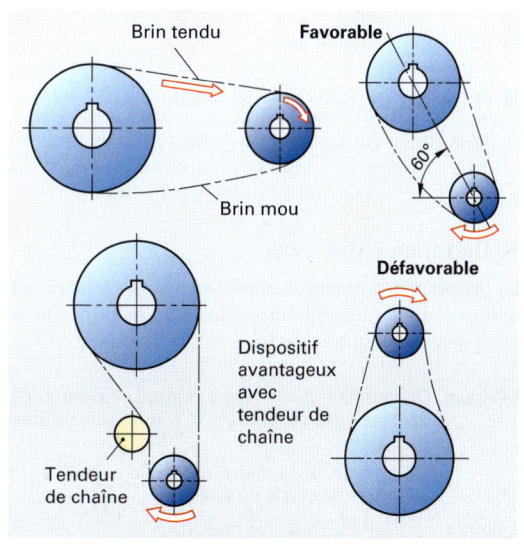

$d_1$ plus grand diamètre de rouleaux
$p$ Pas de la chaîne
$r_1$ Rayon de banc de rouleaux
$r_2$ Rayon de flanc de dent

Fig. 3 : Conditions d'entraînement

### Répétition et approfondissement

1. Quels groupes de types de chaîne peut-on distinguer à la base ?
2. Citez quatre caractéristiques permettant de faire la distinction entre les chaînes et les courroies.
3. Décrivez la structure d'une chaîne à rouleaux et expliquez ses avantages.
4. Qu'est-ce qui caractérise les chaînes dentées ? Citez un domaine d'utilisation.

## 6.5.5 Entraînements par roues dentées

Les entraînements par roues dentées transmettent des mouvements de rotation d'un arbre vers un autre (**fig. 1**). Les dents des deux roues s'engrènent ainsi par obstacle et sans glissement les unes dans les autres. Cela permet de transmettre de faibles forces, par ex. dans la technique de précision, ou des forces très importantes, comme par ex. avec les entraînements de rouleaux de laminoirs, et de respecter des rapports de démultiplication précis. Par ailleurs, les roues dentées ont besoin d'un entraxe plus petit.

> Elles permettent de transmettre des mouvements de rotation et de modifier les vitesses, les couples et les sens de rotation (**fig. 2**).

### ■ Dimensions des roues dentées

**Dimensions des dents** (fig. 3). Le pas p détermine les dimensions d'une dent. On le mesure comme mesure d'arc sur le cercle primitif de la roue dentée. Pour obtenir un chiffre rond, le pas p est subdivisé par le chiffre $\pi$. On obtient ainsi pour le module $m = p/\pi$. Les valeurs du module sont normalisées et adoptent une unité de longueur, par ex. $m = 2$ mm. Les autres cotes de la roue dentée telle que la hauteur de dent $h$ sont liées au module. La hauteur des dents $h$ correspond sur bon nombre de dentures à $h = 13/6 \cdot m$. Les roues dentées qui s'engrènent les unes dans les autres doivent avoir le même module.

**Dimensions de la roue dentée** (fig. 3). Les dimensions de la roue dentée dépendent du module m et du nombre de dents z. Le diamètre du cercle primitif $d$ sur lequel s'appuient deux roues dentées atteint $d = m \cdot z$, le diamètre du cercle de tête $d_a = d + 2 \cdot m$. Entre le cercle de tête de l'une des roues et le cercle de pied de l'autre, il doit y avoir un jeu appelé jeu de fond c.

> Si le module, le nombre de dents et le jeu de fond d'une roue dentée sont connus, toutes les dimensions requises pour la fabrication de la denture peuvent être calculées.

### ■ Rapport de démultiplication

Si deux roues dentées ont un nombre de dents différent, les vitesses et les couples changent lors du transfert du mouvement de rotation (p. 486).

### ■ Distance entre axes

La distance entre axes a entre les roues dentées est déterminée par les diamètres des cercles primitifs $d_1$ et $d_2$ des deux roues: $a = (d_1 + d_2)/2$.

**Exemple:** On connaît de la roue dentée: nombre de dents $z = 20$, module $m = 2$ mm, jeu de tête $c = 0,2 \cdot m$.

Quels sont le diamètre du cercle primitif et le diamètre du cercle de tête?

**Solution:** $d = m \cdot z = 2$ mm $\cdot 20 = 40$ mm

$d_a = d + 2 \cdot m = 40$ mm $+ 2 \cdot 2$ mm $= $ **44 mm**

**Fig. 1 :** Roues dentées dans la boîte à vitesses

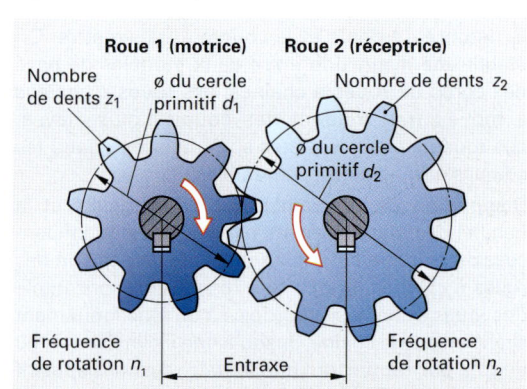

**Fig. 2 :** Fonctions des roues dentées

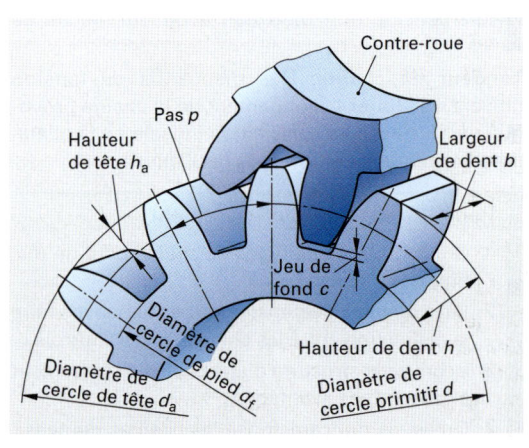

Roue 1 (motrice) — Nombre de dents $z_1$, ø du cercle primitif $d_1$, Fréquence de rotation $n_1$

Roue 2 (réceptrice) — Nombre de dents $z_2$, ø du cercle primitif $d_2$, Fréquence de rotation $n_2$

Entraxe

Tâches :
- Modification de la fréquence de rotation ($n_2 < n_1$)
- Modification du couple de rotation ($M_2 > M_1$)
- Inversion du sens de rotation

**Fig. 3 :** Dimensions de la roue dentée

Contre-roue, Pas p, Hauteur de tête $h_a$, Largeur de dent b, Jeu de fond c, Diamètre de cercle de pied $d_f$, Diamètre de cercle de tête $d_a$, Hauteur de dent h, Diamètre de cercle primitif d

# Unités fonctionnelles pour la transmission d'énergie

## ■ Forme des profils de dents

Lors de l'engrènement de deux roues dentées, les profils des dents roulent les uns sur les autres. Ils doivent alors glisser le moins possible pour limiter au maximum l'usure, l'échauffement et le bruit générés. En outre, la denture doit pouvoir être fabriquée à un coût abordable avec des outils les plus simples possibles. Les défauts de différence d'axe minimes qui se manifestent lors du montage ne doivent pas provoquer de dégâts pendant le service.

**Engrenage à développante.** Les conditions susmentionnées peuvent être respectées lorsque la forme de la courbe des profils de dents correspond à une développante **(fig. 1)**.

La développante résulte du fait qu'un fil est déroulé d'un cylindre. De cette courbe de développante, on utilise uniquement une partie minime du déroulement pour les profils de dents.

> En construction mécanique et en construction automobile, on utilise des roues dentées avec denture à développante.

Lors de la fabrication d'une denture à développante, on utilise une fraise-mère qui a un angle de profil de 40 degrés **(fig. 2)**. Les points de contact de la fraise-mère et de la roue dentée sont sur une ligne droite, la ligne de pression. Cette ligne de pression est inclinée par rapport à la ligne centrale de profil exactement de la moitié de l'angle de profil, et donc **l'angle de pression** est de 20 degrés.

Normalement, la ligne centrale du profil touche le cercle primitif de la roue dentée. Dans ce cas, on parle de roues sans déport.

A moins de 17 dents, une intersection des dents se produit sur les roues sans déport **(fig. 3)**. De ce fait, les dents sont affaiblies et le rapport d'engrènement est dégradé. Si l'on décale vers l'extérieur la ligne centrale de profil par rapport au diamètre de cercle primitif, on évite cette intersection.

A côté de la denture à développante, on utilise de plus en plus la denture à cycloïde dans la fabrication d'instruments de précision, et la denture incurvée sur les engrenages dans la construction de grandes machines.

## ■ Types de roues dentées

En fonction de la position des axes des roues dentées qui s'engrènent les unes dans les autres, on distingue les **engrenages cylindriques, coniques, hélicoïdaux** et **à vis sans fin (tableau 1)**.

## ■ Engrenages cylindriques

Sur les axes parallèles, la transmission du couple s'effectue par des roues cylindriques avec denture extérieure ou intérieure. Selon la position des dents par rapport à l'axe de rotation, on établit une différence entre les dentures droites, hélicoïdales et en chevrons **(tableau 2)**.

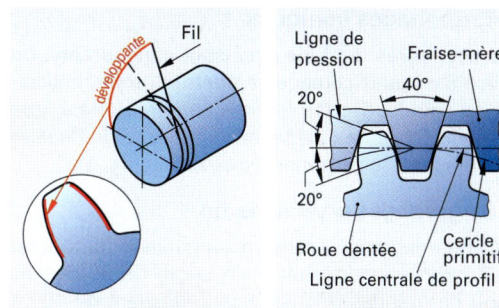

Fig. 1 : Naissance d'une développante

Fig. 2 : Fraise-mère avec engrenage cylindrique sans déport

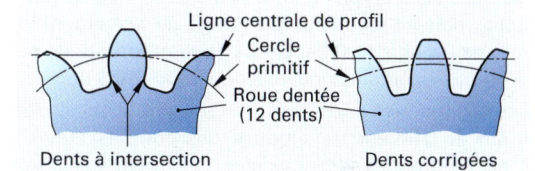

Fig. 3 : Evidement et déport du profil

**Tableau 1 : Formes de base d'une transmission à engrenages**

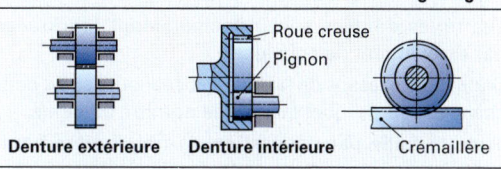

| Denture extérieure | Denture intérieure | Crémaillère |
|---|---|---|
| \multicolumn{3}{c}{Transmissions à pignons cylindriques — Les arbres sont parallèles entre eux} |
| Engrenages à vis sans fin — Les arbres se croisent | Roues hélicoïdales — Les arbres se croisent | Pignons coniques — Les arbres sont concourants |

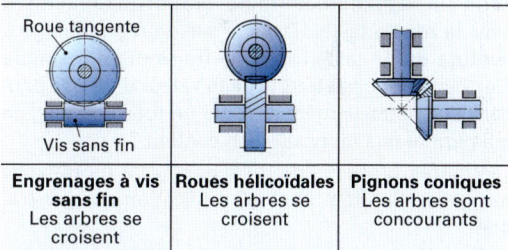

**Tableau 2 : Types de denture des engrenages cylindriques**

| | |
|---|---|
| à denture droite  | • Faible perte par frottement<br>• Production de bruit élevée<br>• Sensible aux défauts de forme du profil de la dent |
| à denture hélicoïdale  | • Plus grand silence de fonctionnement<br>• Mieux adapté aux vitesses élevées<br>• Rendement plus faible |
| à denture en chevrons  | • Faible sensibilité aux erreurs de formes du profil de la dent<br>• Les forces axiales sont compensées par la denture en chevrons |

## ■ Engrenages coniques

Sur des arbres dont les axes sont concourants, on utilise des roues coniques à denture droite, hélicoïdal ou spirale. Sur les roues à denture spirale, une forme spéciale des dents permet même de décaler les axes les uns par rapport aux autres (**fig. 1**).

## ■ Engrenages à vis sans fin

Les engrenages à vis sans fin sont utilisés partout où deux arbres se croisent à un angle de 90 degrés et ou de grandes démultiplications allant de 100:1 sont exigées (**fig. 1, p. 486**). On construit les vis sans fin à filet à droite ou à gauche, à un ou plusieurs filets. Les vis à un filet ont un angle d'inclinaison plus petit, mais en revanche davantage de frottement et une usure plus grande. Un blocage automatique se produit à un angle d'inclinaison inférieur à 5 degrés.

Les engrenages à vis sans fin tournent silencieusement et peuvent transmettre des couples élevés. Mais de grandes forces axiales s'exercent sur la vis et elles doivent être absorbées par les paliers.

## ■ Fabrication des roues dentées

Les roues dentées sont principalement fabriquées par enlèvement de copeaux.

Dans les processus de taillage, un seul outil suffit pour chaque module, quel que soit le nombre de dents.

Dans la **taille par génération**, la fraise-mère comporte des « crémaillères » placées les unes sous les autres et sur une hélice (**fig. 2**). La fraise-mère tourne dans un rapport déterminé proportionnellement avec la roue à tailler. Dans le cas d'un engrenage à denture droite taillé avec une fraise-mère à simple filet, cet engrenage tourne de la valeur d'un pas pendant que la fraise-mère exécute un tour complet, ce qui permet une fabrication en continu.

Les autres procédés de taillage sont le mortaisage par génération (**fig. 3**) et la rectification par génération.

Les procédés de profilage tels que le **profilage à la fraise** et la **rectification de profils** peuvent être réalisés sur des machines-outils plus simples. Ils nécessitent cependant pour chaque module, chaque nombre de dents et chaque déport de profil un outil de profilage spécifique qui doit avoir exactement le même profil que l'entredent à fabriquer.

En fonction de la pièce, soit on usine immédiatement la denture des roues dentées, soit on usine d'abord une denture préalable et, après la trempe, on finit ses flancs et souvent aussi son pied par rectification, honage ou rodage.

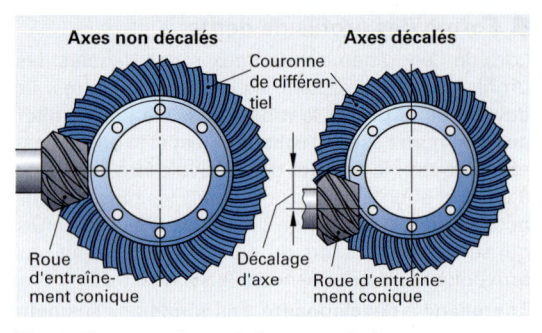

Fig. 1: Roues coniques à denture spirale

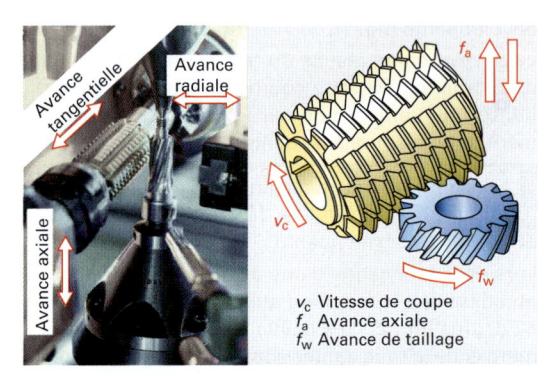

Fig. 2: Taille par génération de roues cylindriques hélicoïdales

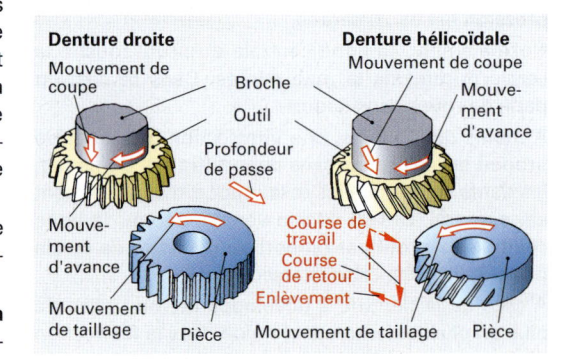

$v_c$ Vitesse de coupe
$f_a$ Avance axiale
$f_w$ Avance de taillage

Fig. 3: Mortaiseuse à tailler les engrenages cylindriques par génération

---

### Répétition et approfondissement

1. Quelle fonction ont les roues dentées?
2. Qu'entend-on par module d'une roue dentée?
3. Une forme fréquente de flancs de dents est la développante. Comment se forme une développante?
4. Quelles formes de base d'entraînements par roues dentées peut-on distinguer?
5. Quels sont les avantages et les inconvénients des engrenages cylindriques à dentures hélicoïdales?
6. Quels procédés d'usinage peut-on distinguer pour la fabrication de roues dentées?

## 6.6 Unités d'entraînement

### 6.6.1 Moteurs électriques

La plupart des machines de travail sont entraînées par des moteurs électriques (**fig. 1**).

> **Caractéristiques importantes des moteurs électriques :**
>
> - connexion simple au réseau électrique
> - puissance disponible immédiatement
> - peu d'entretien et bon rendement
> - pour les puissances très faibles jusqu'aux puissances les plus importantes
> - leur fonctionnement est peu bruyant et ils ne nuisent pas à l'environnement.

### 6.6.1.1 Principe de fonctionnement

Les moteurs électriques sont entraînés par des forces électromagnétiques. Si un conducteur traversé par un courant est amené par ex. dans le champ magnétique d'un aimant permanent, les lignes des champs magnétiques se superposent (**fig. 2**).

Dans le flux électrique de **la figure 2 (a)**, le champ magnétique du conducteur traversé par le courant renforce le champ magnétique à sa droite et l'affaiblit à sa gauche. Il en résulte une force qui déplace le conducteur vers la gauche. Si le courant parcourt le conducteur dans l'autre sens **(b)**, le conducteur subit une force vers la droite. Si un conducteur adopte la forme d'une spire dans un champ magnétique, il s'exerce deux forces qui mettent en rotation la spire. Dans un moteur électrique, beaucoup de spires sont bobinées sur un corps de rotation et constituent le rotor. Autour du rotor, dans la carcasse, sont disposés des enroulements statoriques constitués d'un empilement de tôles et d'un bobinage qui constituent le stator. Lors du raccordement à un réseau triphasé, les champs magnétiques du rotor et du stator se superposent et mettent le rotor en rotation. La vitesse du rotor est alors proportionnelle à la fréquence de la tension.

**Fig. 1 :** Moteur pour l'entraînement d'avances d'une machine-outil

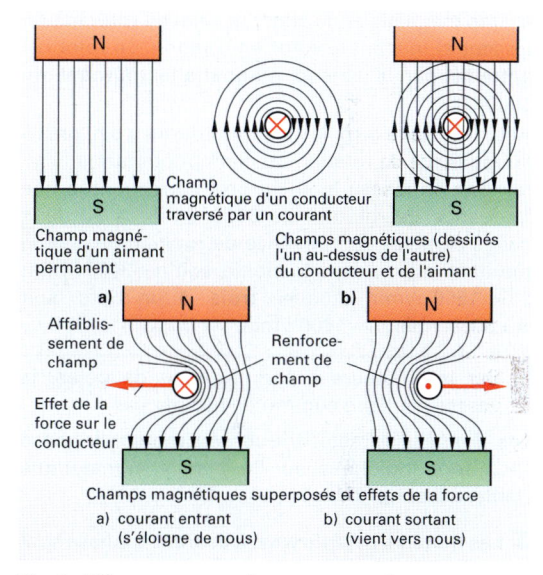

**Fig. 2 :** Effets sur un conducteur traversé par un courant dans le champ d'un aimant permanent

Le principal critère de distinction des moteurs électriques est le type du courant qui les alimente. On distingue ici les moteurs triphasés, à courant continu et universels (**tableau 1**).

**Tableau 1 : Types de construction de moteurs électriques**

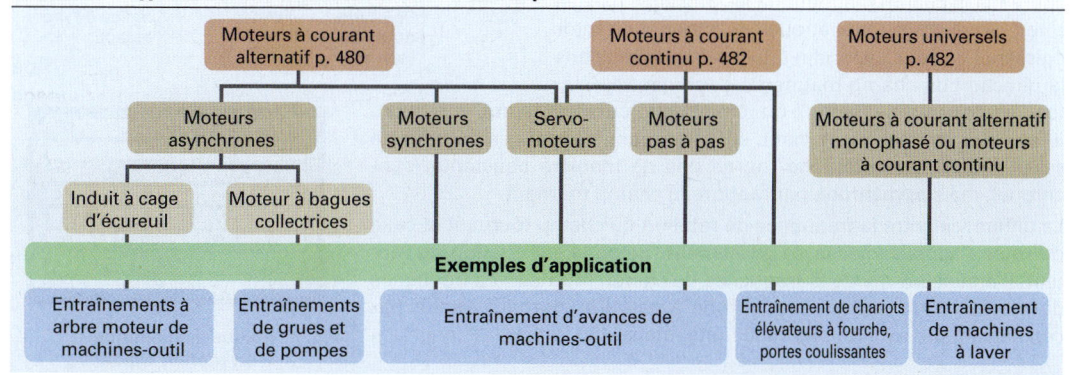

- Moteurs à courant alternatif p. 480
  - Moteurs asynchrones
    - Induit à cage d'écureuil
    - Moteur à bagues collectrices
  - Moteurs synchrones
- Moteurs à courant continu p. 482
  - Servo-moteurs
  - Moteurs pas à pas
- Moteurs universels p. 482
  - Moteurs à courant alternatif monophasé ou moteurs à courant continu

**Exemples d'application**

- Entraînements à arbre moteur de machines-outil
- Entraînements de grues et de pompes
- Entraînement d'avances de machines-outil
- Entraînement de chariots élévateurs à fourche, portes coulissantes
- Entraînement de machines à laver

## 6.6.1.2 Moteurs triphasés (AC)

Le moteur triphasé le plus courant est le moteur triphasé asynchrone. Ses éléments constitutifs principaux sont les empilements de tôles montés à demeure dans la carcasse avec les enroulements (stator) et le rotor (en court-circuit ou à bague) qui est monté sur paliers à l'intérieur de ceux-ci (**fig. 1**). Le stator se compose de trois bobines décalées de 120 degrés, U1, V1 et W1 (**fig. 2**). Lors du raccordement à un réseau triphasé, ils sont successivement traversés par trois courant alternatifs $I_1$, $I_2$ et $I_3$. Il en résulte dans le stator un champ magnétique tournant (**champ tournant**) avec une paire de pôles (N et S). Le champ magnétique du stator induit dans les tiges conductrices en Al du rotor des courants de Foucault qui génèrent un puissant champ magnétique. Le champ magnétique du stator et celui du rotor interagissent et mettent le rotor en rotation. Le rotor est entraîné par le champ magnétique tournant du stator.

Avec une paire de pôles, le rotor tourne à peu près à la fréquence de rotation du champ tournant du stator. Sur un réseau à 50 Hz, cela correspond à une fréquence de rotation de 3000 $^1$/min. Avec deux paires de pôles, la fréquence de rotation du champ tournant est réduite à la moitié, soit $n$ = 3000 $^1$/min : 2 = 1500 $^1$/min et avec trois, à un tiers, soit $n$ = 3000 $^1$/min : 3 = 1000 $^1$/min.

> Sur les moteurs à commutation de pôles, la vitesse peut être commutée pas par pas.

Les données caractéristiques du moteur triphasé (AC) sont indiquées sur la plaque signalétique (**tableau 1 et fig. 3**).

■ **Les moteurs asynchrones à courant triphasé** sont principalement construits avec un rotor à court-circuit (**fig. 1, p. suivante**). Sur ce moteur, les tiges conductrices en aluminium sont court-circuitées par des bagues sur les deux extrémités du rotor. C'est pourquoi on appelle également ces moteurs **moteurs à rotor en court-circuit**. Le champ magnétique tournant du stator induit dans les tiges conductrices un courant. Un champ magnétique se crée ainsi dans le rotor. Les champs magnétiques du stator et du rotor agissent l'un sur l'autre, afin que le rotor tourne dans la direction du champ magnétique tournant du stator. La fréquence de rotation du rotor est toujours légèrement inférieure à la valeur du champ tournant, car autrement, plus aucun courant ne serait induit. Le moteur ne tourne pas de manière constante (synchrone), mais **asynchrone** par rapport au champ tournant.

La différence entre la fréquence de rotation du champ tournant et celle du rotor s'appelle vitesse de **glissement**. Selon la sollicitation du moteur, il atteint 3 à 7 % de la fréquence du champ tournant. La fréquence de rotation d'un moteur asynchrone à courant alternatif atteint par conséquent par ex. non pas 1500 $^1$/min, mais 1460 $^1$/min.

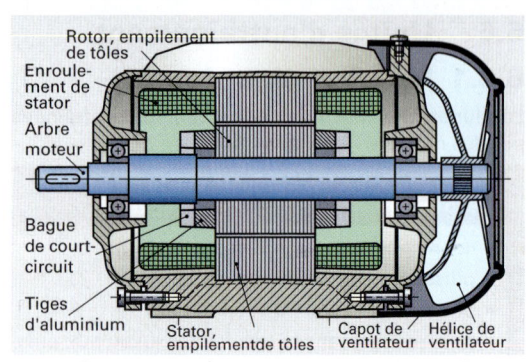

Fig. 1 : Structure d'un moteur à courant alternatif

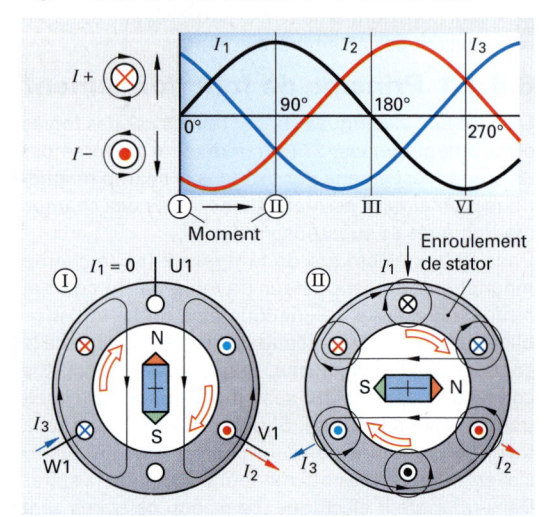

Fig. 2 : Formation d'un champ électromagnétique rotatif bipolaire

Tableau 1 : Données caractéristiques d'un moteur électrique

| Indication sur la plaque | Signification | Indication sur la plaque | Signification |
|---|---|---|---|
| Moteur AC | Moteur à courant alternatif | $\cos\varphi$ 0,89 | Facteur de puissance |
| 400 V | Tension nominale | 1460/min | Vitesse nominale |
| 16,6 A | Courant nominal | Classe d'isol. B | Classe d'isolation |
| 9 kW | Puissance nominale à l'arbre | IP 44 | Indice de protection |

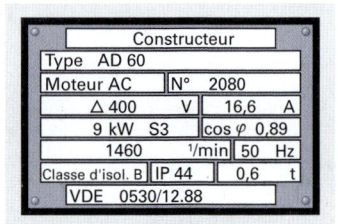

```
        Constructeur
Type   AD 60
Moteur AC        N°   2080
   Δ  400     V       16,6    A
      9 kW   S3       cos φ 0,89
         1460       1/min   50   Hz
Classe d'isol. B  IP 44    0,6    t
      VDE   0530/12.88
```

Fig. 3 : Plaque signalétique d'un moteur triphasé

# Unités d'entraînement

## ■ Comportement du moteur asynchrone triphasé pendant la marche

Lors de la mise en marche du moteur, un couple de démarrage $M_D$ supérieur au couple nominal $M_N$ est présent (**fig. 2**). Le moteur accélère ensuite jusqu'à ce qu'il atteigne son **couple nominal** $M_N$ et sa **vitesse nominale** $n_N$. Si le couple résistant diminue jusqu'à zéro, la vitesse augmente jusqu'à la **vitesse de marche à vide** $n_L$. Si le couple résistant augmente, la vitesse diminue jusqu'à la **vitesse de basculement** $n_K$. A cette vitesse, **le couple de basculement** $M_K$ est le maximum que le moteur puisse développer. Au delà de ce point, si la sollicitation augmente, le moteur entre dans un état instable, ralentit et s'arrête. Le moteur atteint son couple nominal $M_N$ à la vitesse indiquée sur sa plaque signalétique. Le moteur asynchrone est utilisé dans sa plage de fonctionnement entre le couple de marche à vide et le couple nominal.

### Caractéristiques des moteurs à courant alternatif asynchrones :

- structure simple et robuste car aucun courant ne doit être amené au rotor.
- peu d'entretien et peu susceptibles de tomber en panne.
- réglage de vitesse effectué électroniquement par l'intermédiaire du convertisseur de fréquence.
- prévus pour le fonctionnement en service continu et par intermittence.
- la vitesse diminue seulement légèrement en cas d'augmentation de la charge.
- couple initial de démarrage supérieur au couple nominal.

Les moteurs asynchrones triphasés sont utilisés pour des tâches d'entraînement très variées, par ex. comme entraînements principaux sur des machines-outils ou pour l'entraînement de pompes, de compresseurs et d'installations de transport.
Une forme de construction spéciale du moteur asynchrone triphasé est le **moteur asynchrone à bagues collectrices**. Il est utilisé par ex. sur des grues de chantier qui nécessitent des couples de démarrage très élevés.

## ■ Commande de démarrage des moteurs asynchrones triphasés

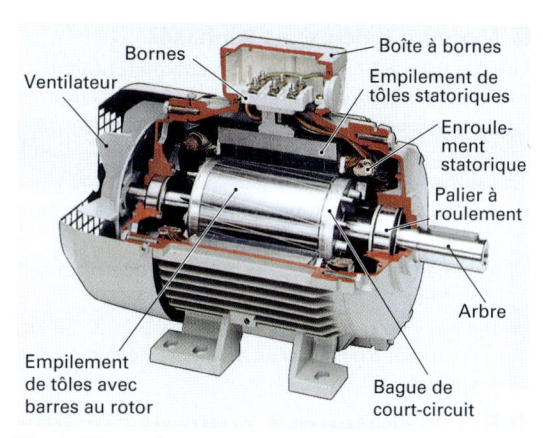

Fig. 1 : Moteur à rotor en court-circuit

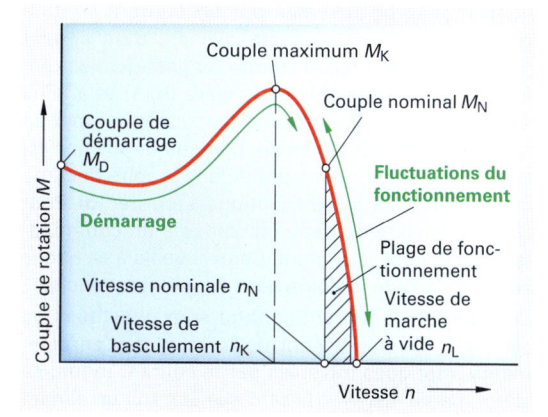

Fig. 2 : Caractéristiques mécaniques des moteurs asynchrones

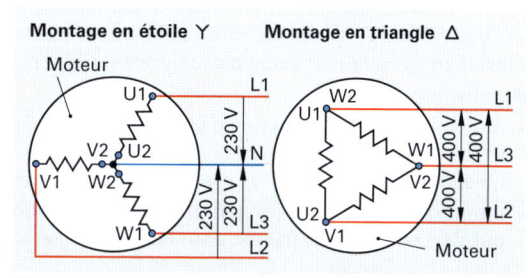

Fig. 3 : Interrupteur étoile-triangle des bobinages moteur

Les grands moteurs électriques prélèvent sur le réseau des courants d'une grande intensité lors de leur démarrage. De ce fait, la tension diminue au point de raccordement. Pour éviter des chutes de tension trop importantes sur le réseau, les moteurs asynchrones avec un courant de démarrage de plus de 60 A ne doivent pas être raccordés en démarrage direct. Ils doivent disposer d'une **commande de démarrage**.

- Dans le cas du **commutateur étoile-triangle**, les bobinages du moteur peuvent d'abord être alimentés en couplage **étoile (Y)** en 230 V, puis en couplage **triangle (Δ)** par la tension du réseau 400 V (**fig. 3**).
- **Les démarreurs progressifs électroniques** effectuent un démarrage et un arrêt progressif en douceur par une réduction électronique de la tension et de l'intensité du moteur, et évitent ainsi des sollicitations mécaniques indésirables et des sauts de couple. Ils peuvent être adaptés de manière optimale à n'importe quelle application.
- Un démarrage piloté par des **convertisseurs de fréquence** permet d'économiser énormément d'énergie, surtout sur les entraînements qui sont très fréquemment mis en marche.

## ■ Moteurs synchrones triphasés

Le rotor tourne à la fréquence du champ tournant et est indépendant de la charge. La vitesse dépend uniquement de la fréquence du réseau et peut être commandée électroniquement.

**Caractéristiques des moteurs à courant alternatif synchrones :**
- la vitesse de rotation reste constante, même avec une variation de la charge.
- en cas de surcharge, le moteur « décroche » et s'arrête.
- en cas de raccordement à un réseau de 50 Hz, le moteur a besoin d'un auxiliaire de démarrage spécial.

### 6.6.1.3 Moteurs à courant continu

Si l'on intègre une spire conductrice logée de manière mobile et traversée par un courant continu dans le champ magnétique, par ex. d'un aimant permanent (**fig. 1, a**), le champ magnétique est renforcé sur l'un des côtés de la spire (**b, 1**) et affaibli sur l'autre (**b, 2**). Il en résulte un couple qui met en rotation la spire conductrice. Lorsque la position (**c**) est atteinte, le sens du courant dans la spire doit être inversé, afin que la spire continue à tourner (**d**). Pour ce faire, la spire doit être raccordée à un commutateur qui inverse le courant. Celui-ci veille à ce que le courant s'écoule toujours dans la direction requise.

Les moteurs à courant continu sont constitués au rotor par un empilement de tôles et des enroulements rotoriques traversés par le courant induit. Le stator, partie fixe avec la carcasse, est soit un aimant permanent (excitation permanente), soit un électro-aimant, appelé inducteur, qui peut être construit de façon massive (excitation séparée). L'alimentation et l'inversion du courant du rotor s'effectuent par le biais d'un collecteur et de balais (charbons) (**fig. 2**).

**Application :**
- moteurs à excitation séparée dans la plage de puissance élevée, par ex. pour les ascenseurs, les installations de transport et les machines d'emballage
- moteurs à excitation permanente dans la plage de puissance inférieure, par ex. pour les essuie-glace.

### 6.6.1.4 Moteurs universels

Les moteurs universels sont une forme spéciale de moteurs à courant continu. Lors du raccordement à une tension alternative, la direction du courant de l'excitatrice et celle du courant du rotor changent en même temps, si bien que le moteur conserve son sens de rotation. Les moteurs universels peuvent donc être également exploités avec une tension alternative monophasée. Ils sont utilisés dans de nombreux petits appareils et appareils ménagers, par ex. les aspirateurs, les perceuses et les ventilateurs (**fig. 3**). Ils ont un grand couple de rotation par rapport à leur poids total. Leur fréquence de rotation est toutefois fortement dépendante de la charge.

a) Spire de conducteur dans le champ magnétique
b) Création du couple de rotation
c) Inversion des pôles du courant
d) Commutation, la spire continue de tourner

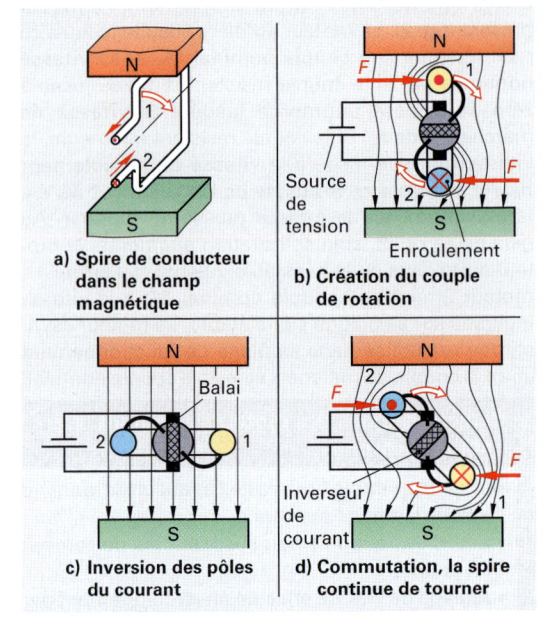

Fig. 1 : Principe du moteur à courant continu

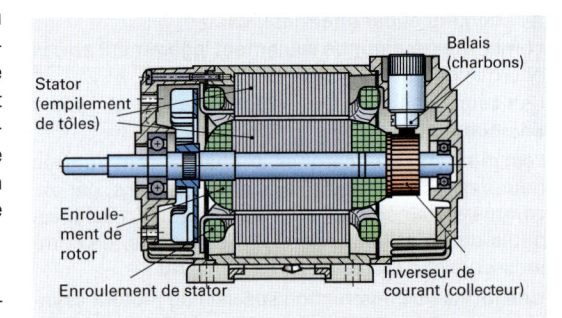

Fig. 2 : Moteur à courant alternatif à excitation séparée

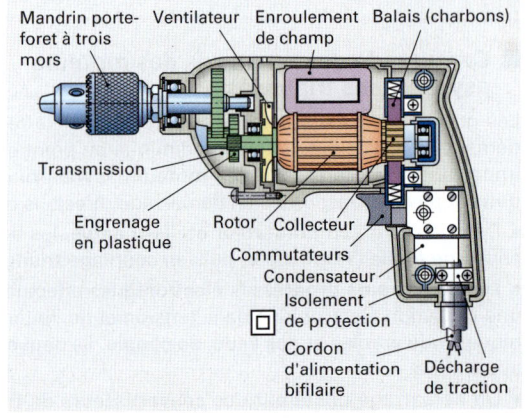

Fig. 3 : Perceuse manuelle à moteur universel

## 6.6.1.5 Entraînements électriques de machines-outils

Par leur comportement au démarrage et au freinage, par leur caractéristique de puissance et de couple, ainsi que leur possibilité de positionnement angulaire et leur commande de vitesse, les entraînements d'une machine-outil influent sur la qualité du processus de fabrication **et,** par là, sur la qualité du produit **(tableau 1, p. suivante).**

On distingue pour l'essentiel les **entraînements de broche** et les **entraînements d'avance (fig. 1).** Les entraînements électriques modernes sont des systèmes constitués d'un moteur et d'un appareil de commande électronique. L'appareil de commande est placé dans l'armoire de commande de la machine-outil. Il régule les paramétres de vitesses et de couple du moteur en service et lors de son démarrage.

### ■ Entraînements de broche

Les entraînements de broche sont principalement des moteurs asynchrones triphasés. Ils entraînent l'arbre moteur par un entraînement à courroie trapézoïdale **(fig. 3, p. 491).** Il existe également des **moteurs avec la broche directement intégrée dans l'arbre moteur** (entraînement direct).

**Entraînement direct.** Pour les entraînements directs, on utilise des moteurs synchrones ou asynchrones à refroidissement liquide avec la broche incorporée à l'arbre moteur **(fig. 2).** Cela permet de se passer de composants tels que tendeurs, transmissions par courroie et vis filetées à billes. Les influences perturbatrices de l'élasticité des éléments d'accouplement peuvent ainsi être en grande partie évitées.

**Particularités de l'entraînement direct :**
- grande rigidité à la torsion grâce à la suppression d'éléments de transmission élastiques
- forte atténuation des vibrations et fonctionnement sans à-coup
- faible production de bruit
- positionnement angulaire C < 0,01°
- battement radial < 0,5 μm
- utilisation typique pour les broches UGV/HSC (usinage à grande vitesse)

**Courbes caractéristiques d'un entraînement principal.** Les entraînements de broche dans les machines-outils nécessitent des vitesses de rotation élevées avec une puissance constante. Ils sont principalement utilisés entre la vitesse nominale $n_{nom}$ et la vitesse maximale $n_{max}$ en fonction du couple de rotation **(fig. 3).** Cette caractéristique de couple est garantie par une commande électronique.

Par contre, les entraînements d'avance nécessitent un couple constant pour une force d'avance constante à des vitesses de rotation différentes. Cette caractéristique peut aussi être réalisée par une commande électronique.

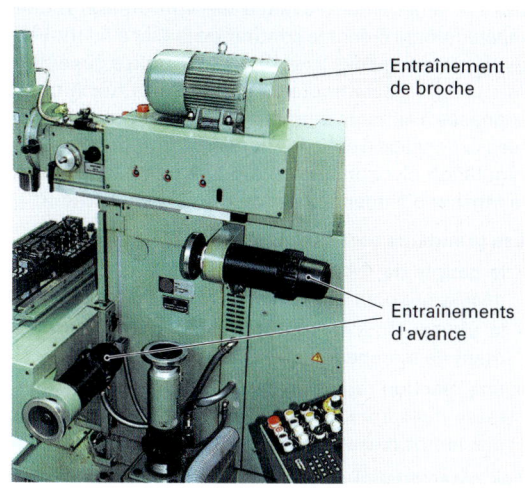

Fig. 1 : **Entraînements de broche et d'avance**

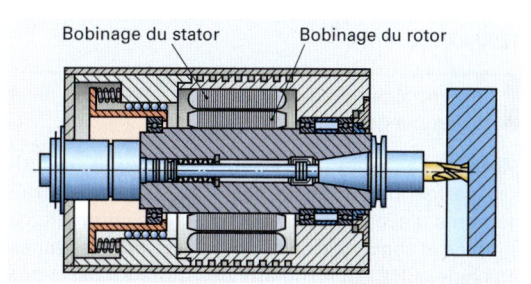

Fig. 2 : **Entraînement direct d'une broche porte-fraise**

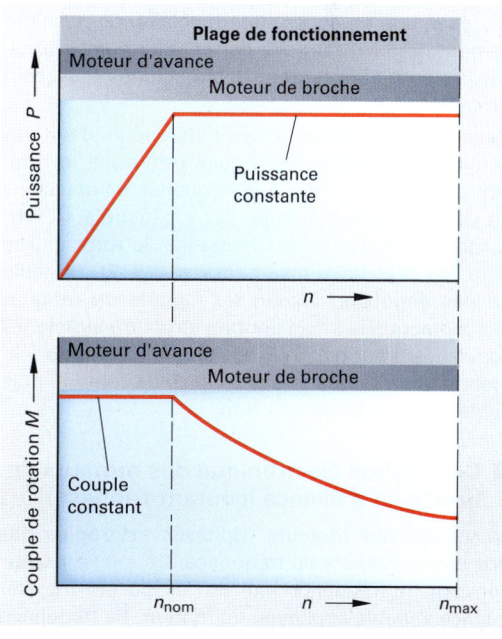

Fig. 3 : **Caractéristiques des entraînements de broche et d'avance**

## ■ Entraînements d'avance

Les entraînements d'avance (servomoteurs) d'une machine-outil créent le contour de la pièce au moyen du déplacement des axes **(fig. 1)**. On utilise généralement comme servomoteurs des moteurs synchrones triphasés à aimants permanents et sans balais (brushless). La vitesse est commandée par un appareil de régulation électronique en modifiant la fréquence et la tension d'alimentation.

**Les grandeurs caractéristiques sont :**
- **le couple de rotation,** car un couple constant est nécessaire pour une force d'avance constante.
- **la vitesse** pour la vitesse d'avance et le mouvement de marche rapide
- **une réaction rapide** en cas de modifications de vitesse dues à un faible couple d'inertie du rotor et des temps d'accélération et de freinage brefs

Les caractéristiques techniques des servomoteurs sont des couples de 0,5 à 500 N · m, des puissances jusqu'à 26 kW et une plage de vitesses nominales de 1200 à 6000 $^1$/min.

> Les entraînements d'avance sont exploités dans la gamme du couple constant.

**Moteurs pas à pas.** Sur les machines-outils, on utilise parfois des moteurs pas à pas comme entraînements d'avance. En liaison avec des commandes simples et conviviales, ils sont utilisés sur les petites machines CNC. La technique des moteurs pas à pas est en mesure de subdiviser une rotation du moteur en 10 000 pas. En liaison avec une vis à billes d'un pas de 5 mm, en obtient une précision de positionnement de 5 à 10 µm. La commande étant simplifiée, ils sont utilisés pour des machines d'un coût très abordable.

L'excitation des enroulements des pôles de stator par des impulsions électriques provoque la rotation pas à pas du rotor à la fréquence d'impulsions du courant de commande, par ex. jusqu'à 40 kHz. A chaque impulsion de commande, le rotor tourne d'un pas d'angle supplémentaire **(fig. 2)**. La taille du pas angulaire dépend du modèle du moteur. Les moteurs pas à pas ont une structure simple. Ils conviennent surtout pour des tâches de positionnement à des vitesses et des couples de rotation plus faibles, par ex. jusqu'à 15 N·m.

## ■ Commande électronique des moteurs de broche et d'avance (courant triphasé)

La vitesse des moteurs triphasés est réglée par des convertisseurs de fréquence. Ce convertisseur convertit la fréquence fixe du réseau en une fréquence variable appliquée du moteur. La fréquence de rotation du moteur est proportionnelle à la fréquence générée par le convertisseur.

**Tableau 1 : Exigences liées à l'entraînement**

| Entraînements de broche |
|---|
| • Puissance constante dans une plage de vitesse élevée et réglage de vitesse en continu |
| • Régularité des rotations même aux plus petites vitesses |
| • Possibilité de positionnement angulaire par ex. en cas de changement d'outil ou d'opérations d'alésage |

| Entraînements d'avance |
|---|
| • Grande rapidité d'accélération et de freinage |
| • Couple d'arrêt élevé en cas d'immobilisation |
| • Déplacement de la position sans oscillation |
| • Avance de petits incréments de distance |

**Fig. 1 : Servomoteurs à courant alternatif**

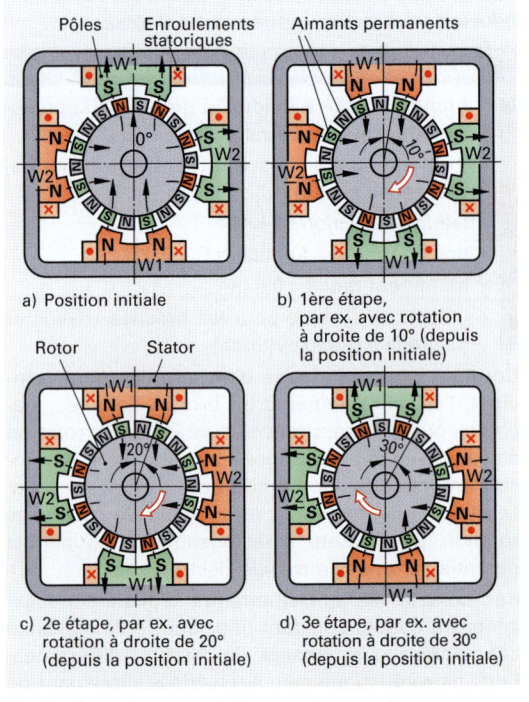

a) Position initiale
b) 1ère étape, par ex. avec rotation à droite de 10° (depuis la position initiale)
c) 2e étape, par ex. avec rotation à droite de 20° (depuis la position initiale)
d) 3e étape, par ex. avec rotation à droite de 30° (depuis la position initiale)

**Fig. 2 : Fonctionnement d'un moteur pas à pas**

Unités d'entraînement

**Structure.** Le convertisseur de fréquence peut être subdivisé en quatre blocs principaux **(fig. 1)**. Le redresseur crée une tension continue pulsée à partir du réseau. Le condensateur dans le circuit intermédiaire filtre la tension continue. Des semi-conducteurs dans l'onduleur transforment le courant continu en courant alternatif de fréquence variable, pilotée par le circuit de commande.

## 6.6.1.6 Entraînement à moteur linéaire

Des moteurs linéaires sont utilisés lorsque des mouvements rectilignes doivent être exécutés de manière précise et rapide. C'est le cas par ex. pour des entraînements d'avance de centres d'usinage. Grâce aux grandes accélérations possible par les entraînements linéaires (jusqu'à 20 m/s$^2$) et aux grandes vitesses d'avance, par ex. 120 m/min, les temps d'avances rapides et les temps de changement d'outils peuvent être sensiblement réduits.

Sur les entraînements d'avance de machines-outils, on utilise généralement des moteurs linéaires synchrones. Ceux-ci correspondent à un moteur synchrone triphasé déroulé sur un plan. La partie primaire comporte les enroulements triphasés, la partie secondaire les aimants permanents **(fig. 2)**. Si les enroulements sont raccordés au réseau triphasé, il se produit un champ magnétique qui se déplace sur un plan et qui entraîne avec lui la partie secondaire. Sur les machines-outils, la partie secondaire est généralement fixée sur le banc de la machine, tandis que la partie primaire avec les enroulements entraîne l'unité d'avance en tant que chariot mobile.

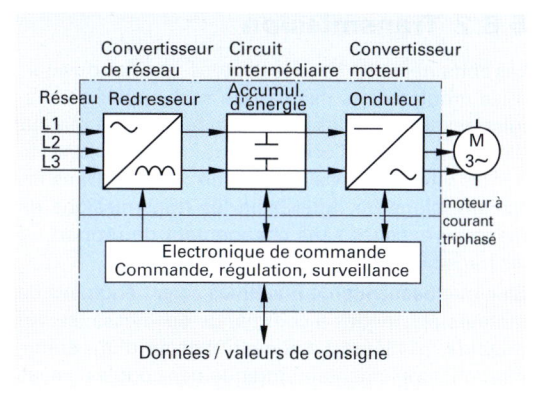

**Fig. 1: Convertisseur de fréquence**

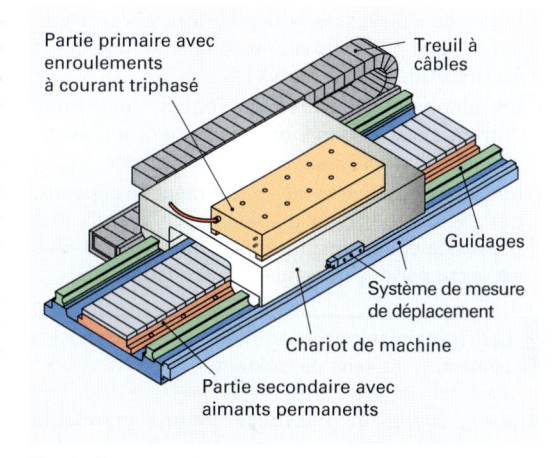

**Fig. 2: Structure d'un entraînement de moteur linéaire**

Le problème sur les moteurs linéaires, c'est le fort dégagement de chaleur dans la machine. Les moteurs linéaires sont par conséquent refroidis par eau et isolés thermiquement.

### Caractéristiques des moteurs linéaires:

- En UGV (usinage à grandes vitesses), vitesses jusqu'à 600 m/min et accélérations jusqu'à 100 m/s$^2$
- positionnement très rapide et très précis par ex. à 0,003 mm près dans les centres d'usinage
- forces d'avance pouvant atteindre jusqu'à 20 000 N
- pas de jeu d'inversion, car absence d'elements intermédiaires
- transfert direct de la force sans parties mobiles, par conséquent grande rigidité statique et dynamique
- reproductibilité élevée, par ex. lors de la rectification jusqu'à 0,1 µm
- pas de pièces d'usure mécanique à l'exception des guidages

### Répétition et approfondissement

1. Quels types de moteurs électriques sont différenciés selon le genre de courant?
2. Quelles sont les caractéristiques spécifiques du moteur asynchrone à courant alternatif?
3. Décrivez la structure et le fonctionnement du moteur asynchrone à courant alternatif.
4. Pourquoi les moteurs asynchrones à courant alternatif ont-ils besoin d'une puissance plus élevée au démarrage?
5. Expliquez les exigences concernant les entraînements de broche et d'avance des machines-outil.
6. Décrivez la structure d'un moteur linéaire.

## 6.6.2 Transmission

Les entraînements à roues dentées, chaînes ou courroies montés dans des carters sont appelés transmissions **(fig. 1)**. Elles sont montées entre le moteur d'entraînement et l'arbre à entraîner. Elles font varier les vitesses et les couples de rotation. Dans les transmissions on différencie les transmissions de manœuvre, celles sans changement de rapport, et les transmissions à réglage continu.

Bien que beaucoup de machines soient équipées de moteurs électriques à commande de vitesse (servomoteurs, p. 484), on a souvent besoin d'une transmission supplémentaire lorsque des couples élevés à faible vitesse sont nécessaires.

**Exemples d'application**
- **Boîtes de vitesses de véhicules:** lors de l'accélération ou lors des montées, le couple du moteur est accru par un « petit » rapport.
- **Entraînements d'arbres de robots:** les arbres doivent aussi être mis en mouvement uniformément à faible sollicitation et à faible vitesse.
- **Machines-outils:** lors de l'enlèvement de copeaux, par ex. du tournage d'ébauche de grands diamètres, le couple insuffisant du moteur électrique est accru par une transmission de manœuvre.

> Les transmissions modifient les vitesses, les couples et les sens de rotation.

**Vitesse, couple et puissance comme grandeurs caractéristiques déterminantes des transmissions**

Sur les transmissions à roues dentées, à courroies et à chaînes, la force tangentielle $F_u$ et la vitesse périphérique $v$ sont identiques sur les deux roues, mais les diamètres $d_1$ et $d_2$ sont différents **(fig. 2)**.

$$v_1 = v_2 \qquad \frac{n_1}{n_2} = \frac{d_2}{d_1}$$
$$n_1 \cdot \pi \cdot d_1 = n_2 \cdot \pi \cdot d_2$$

Sur les roues dentées:
$$n_1 \cdot m \cdot z_1 = n_2 \cdot m \cdot z_2 \qquad \frac{n_1}{n_2} = \frac{z_2}{z_1}$$
$$n_1 \cdot z_1 = n_2 \cdot z_2$$

La relation entre la fréquence de rotation $n_1$ et la fréquence de rotation de sortie $n_2$ est désignée par **rapport de transmission** $i$. Il peut être calculé à partir du rapport des nombres de dents $z_2/z_1$ ou du rapport des diamètres $d_2/d_1$ des roues dentées d'entraînement et de sortie.

En ce qui concerne les couples:
$$\frac{M_2}{M_1} = \frac{F \cdot d_2/2}{F \cdot d_1/2} = \frac{d_2}{d_1} = i$$

Le frottement fait baisser le couple d'entraînement $M_2$, mais pas le rapport de démultiplication $i$. Les pertes sont prises en compte par le rendement $\eta$.

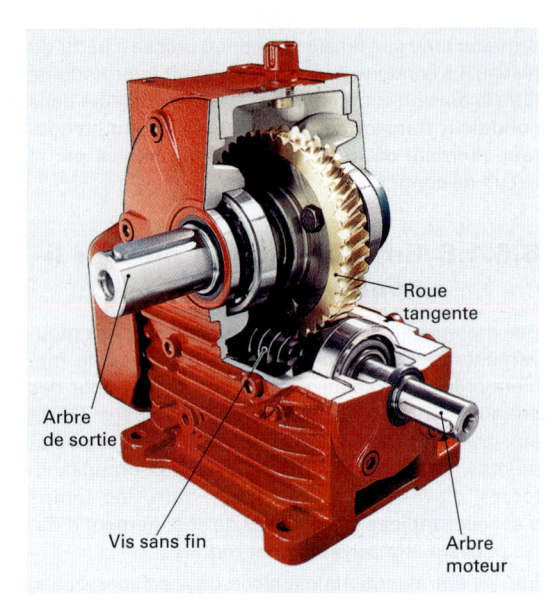

**Fig. 1: Transmission à vis sans fin**

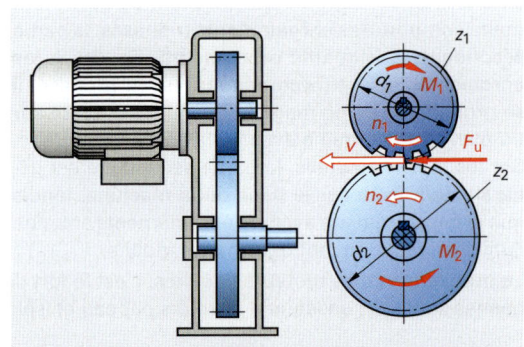

Roue tangente — Arbre de sortie — Vis sans fin — Arbre moteur

**Fig. 2: Transmission par engrenages à rapport simple**

| Grandeurs | Arbre moteur | Arbre récepteur |
|---|---|---|
| Fréquences de rotation | $n_1$ | $n_2$ |
| Nombres de dents, diamètres | $z_1, d_1$ | $z_2, d_2$ |
| Couples, puissances | $M_1, P_1$ | $M_2, P_2$ |

| | |
|---|---|
| Rapport de transmission | $i = \dfrac{n_1}{n_2} \quad i = \dfrac{d_2}{d_1} \quad i = \dfrac{z_2}{z_1}$ |
| Moment théorique de l'arbre récepteur | $M_2 = M_1 \cdot i$ |
| Moment effectif de l'arbre récepteur | $M_2 = M_1 \cdot i \cdot \eta$ |

# Unités d'entraînement

**Exemple**: Transmission simple (**fig. 1**).
Quels sont $i$, $n_2$ et $M_2$ ?

Solution: $i = \dfrac{z_2}{z_1} = \dfrac{65}{21} = 3{,}1$

$n_2 = \dfrac{n_1 \cdot z_1}{z_2} = \dfrac{1400 \dfrac{1}{\min} \cdot 21}{65} = 452\ \dfrac{1}{\min}$

$M_2 = M_1 \cdot i \cdot \eta = 250\ \text{N} \cdot \text{m} \cdot 3{,}1 \cdot 0{,}88 =$
$\quad = \mathbf{682\ N \cdot m}$

La puissance développée $P_2$ est inférieure à la puissance fournie $P_1$. La perte est prise en compte, comme dans le couple, par le rendement $\eta$.

Dans les entraînements rotatifs, la puissance $P$ peut être calculée à chaque endroit à partir du couple $M$ et de la fréquence de rotation $n$ à l'endroit en question.

**Exemple**: Transmission avec $P_1 = 12$ kW; $n_1 = 1400\ \dfrac{1}{\min}$;

$\eta = 0{,}90$; $i = 5{,}62$ (**fig. 2**).
Que représentent $M_1$, $n_2$, $M_2$ und $P_2$ ?

Solution: $M_1 = \dfrac{P_1}{2 \cdot \pi \cdot n_1} = \dfrac{12\,000\ \dfrac{\text{N} \cdot \text{m}}{\text{s}}}{2 \cdot \pi \cdot \dfrac{1400}{60}\dfrac{1}{\text{s}}}$
$\quad = \mathbf{81{,}85\ N \cdot m}$

$n_2 = \dfrac{n_1}{i} = \dfrac{1400 \dfrac{1}{\min}}{5{,}62} = 249\ \dfrac{1}{\min}$

$M_2 = M_1 \cdot i \cdot \eta$
$\quad = 81{,}85\ \text{N} \cdot \text{m} \cdot 5{,}62 \cdot 0{,}90 = \mathbf{414\ N \cdot m}$

$P_2 = P_1 \cdot \eta = 12\ \text{kW} \cdot 0{,}90 = \mathbf{10{,}8\ kW}$

Sur les transmissions à rapports multiples, les relations entre les valeurs d'entraînement et de prise de mouvement sont les mêmes que sur les transmissions à rapport simple. Le rapport de transmission total $i$ est la relation entre la fréquence de rotation initiale $n_1$ et la fréquence de rotation finale $n_f$ et il est donc égal au produit $i_1 \cdot i_2 \cdot i_3 \ldots$ des rapports de démultiplication des étages de roues dentées montés l'un après l'autre.

**Exemple**: Entraînement d'une grue (**fig. 3**).
Quelle sont les valeurs de $i$, $i_1$, $i_2$ et de la vitesse de déplacement $v$ ?

Solution: $i_1 = \dfrac{z_2}{z_1} = \dfrac{70}{17} = \mathbf{4{,}12}$

$i_2 = \dfrac{z_4}{z_3} = \dfrac{60}{16} = \mathbf{3{,}75}$

$i = i_1 \cdot i_2 = 4{,}12 \cdot 3{,}75 = \mathbf{15{,}45}$

$n_f = \dfrac{n_1}{i} = \dfrac{1400 \dfrac{1}{\min}}{15{,}45} = \mathbf{90{,}6\ \dfrac{1}{\min}}$

$v = \pi \cdot d \cdot n = \pi \cdot 0{,}4\ \text{m} \cdot 90{,}6\ \dfrac{1}{\min}$
$\quad = \mathbf{114\ \dfrac{m}{\min}}$

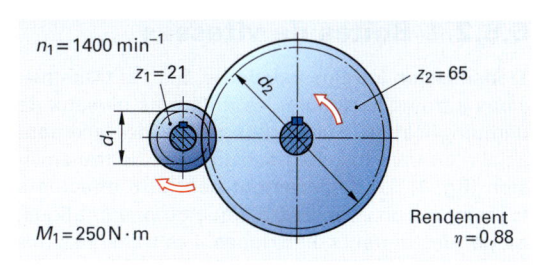

**Fig. 1**: Transmission par engrenages à rapport simple

| Puissance dégagée | $P_2 = P_1 \cdot \eta$ |

| Puissance pour mouvements de rotation | $P = 2 \cdot \pi \cdot n \cdot M$ |

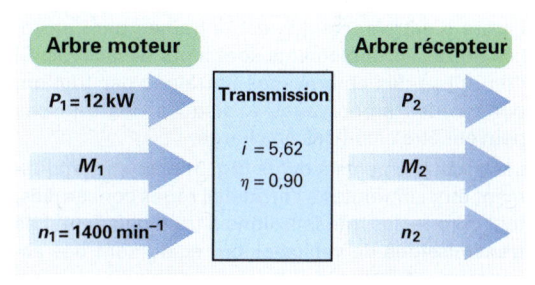

**Fig. 2**: Transmission présentée en diagramme synoptique

| Rapport total de transmission | $i = \dfrac{n_1}{n_f}$ $\quad i = i_1 \cdot i_2 \cdot \ldots$ |

| Rapport individuel de transmission | $i_1 = \dfrac{z_2}{z_1}$ $\quad i_2 = \dfrac{z_4}{z_3} \ldots$ |

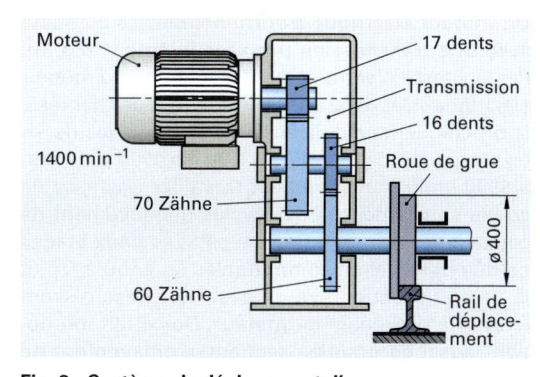

**Fig. 3**: Système de déplacement d'une grue

## 6.6.2.1 Boîtes de vitesses

**Transmission à trains baladeurs.** Sur les transmissions à trains baladeurs, les différents niveaux de démultiplication sont réglés par le déplacement axial d'un train baladeur sur un arbre de transmission **(fig. 1)**. Le déplacement peut être effectué à la main, par un vérin hydraulique ou pneumatique, ou par des moteurs électriques. Les transmissions à trains baladeurs ne peuvent pas être manoeuvrés sous charge, uniquement avec de faibles différences de vitesse entre les deux arbres ou à l'arrêt. Avec la transmission de la fig. 1, on obtient sur l'arbre de sortie trois vitesses différentes.

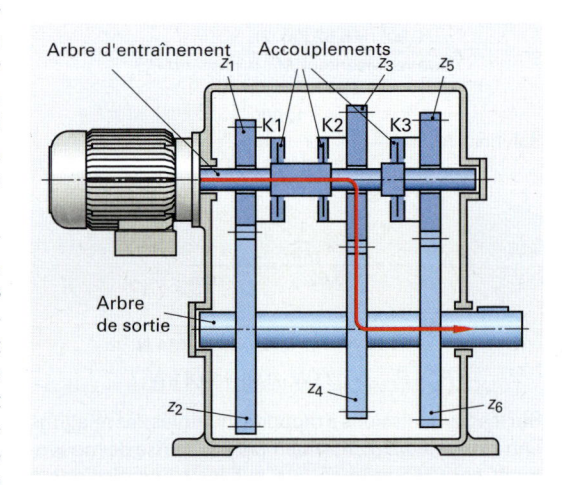

**Transmission par accouplements.** Sur les transmissions par accouplements, différentes paires de roues dentées sont reliées par des accouplements. Toutes les roues dentées restent alors en permanence en prise **(fig. 2)**. La démultiplication $z_4/z_3$ par ex. s'obtient lorsque l'accouplement K2 est mis en prise et qu'ainsi la roue dentée librement menée sur l'arbre d'entraînement $z_3$ est entraînée par l'arbre. Les autres accouplements sont alors désactivés. Si l'on utilise des embrayages entraînés par friction, par ex. des embrayages à disques, les vitesses peuvent être changées en charge.

Les accouplements à dents **(fig. 3)** peuvent uniquement être commutés à l'arrêt des roues concernées, tout comme les transmissions à train baladeur. **Les transmissions de véhicules** ont également des accouplements à dents. Toutefois, puisqu'ils doivent être commutés pendant la marche, la roue dentée à relier et le « manchon de commutation » doivent être mis en rotation à la même vitesse par un dispositif de synchronisme. Tant que ce synchronisme n'est pas atteint, le manchon de commutation ne peut pas être déplacé et ainsi, la vitesse souhaitée ne peut pas être embrayée (synchronisation de blocage).

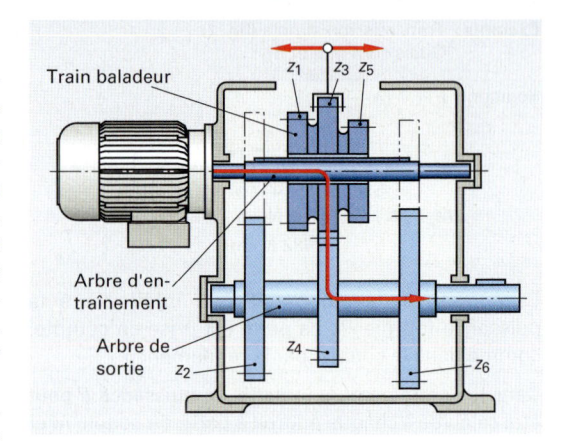

**Fig. 1 : Transmission à train baladeur**

**Fig. 2 : Transmission par accouplements**

> Sur les boîtes de vitesses, on obtient les différentes démultiplications en déplaçant les roues dentées ou en commutant les accouplements.

**Un moteur électrique d'entraînement se combine avec une transmission par accouplement** (fig. 3). Par la vitesse d'entraînement en continu du moteur électrique et les deux transmissions à roues dentées, la broche de travail dispose de deux plages de vitesses, par ex. de 25 $^1$/min à 430 $^1$/min et de 400 $^1$/min à 6000 $^1$/min. Ainsi, on peut travailler à vitesse de coupe constante lors des cycles d'enlèvement de copeaux en tournage transversal. Les deux étages de démultiplication commutables ($z_2/z_1$ ou $z_4/z_3$) et la démultiplication fixe en aval ($z_6/z_5$) accroissent le couple provenant du moteur. De ce fait, on obtient aussi de grandes sections d'enlèvement de copeaux avec des diamètres importants.

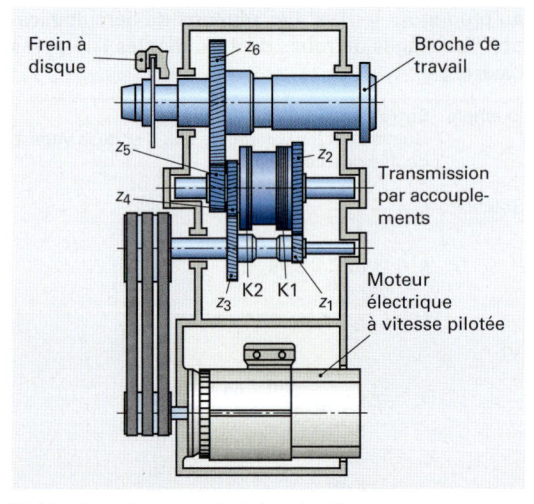

**Fig. 3 : Entraînement de la broche d'un tour**

## 6.6.2.2 Transmissions sans changement de vitesses

Des transmissions sans changement de vitesse sont utilisées lorsqu'on a besoin d'entraînements à grands couples de rotation et à faibles vitesses. Dans ces cas, par ex. pour l'entraînement d'axes de robots, on monte des entraînements sans changement de vitesses mais avec une grande démultiplication vers la vitesse lente entre les moteurs d'entraînement et les arbres. Cela inclut des transmissions à roues cylindriques, à vis sans fin et coniques, des réducteurs planétaires et des réducteurs Harmonic Drive (désignation de l'entreprise).

**Transmissions à roues cylindriques, à vis sans fin et à roues coniques, motoréducteur (fig. 1).** Les deux étages de roues dentées ont respectivement un rapport de démultiplication d'environ $i = 4$. La vitesse de l'arbre de sortie est ainsi $4 \times 4 = 16$ fois plus petite que la vitesse du moteur, le couple transmis est 16 fois plus grand que le couple fourni. Des rapports de démultiplication plus grands que $i = 6$ par étage de roues dentées ne sont pas possible, car le nombre des dents d'entraînement serait trop petit. Il en résulte une forme de dents défavorable. Des rapports de démultiplication plus grands ne peuvent être obtenus que par des étages de roues dentées supplémentaires.

**Avantages**: démultiplication robuste, très précise et uniforme pour les puissances faibles à très fortes.

**Exemples d'application**: pour l'entraînement de courroies de transport, d'hélices de navires, de cages de laminoirs, de machines à imprimer.

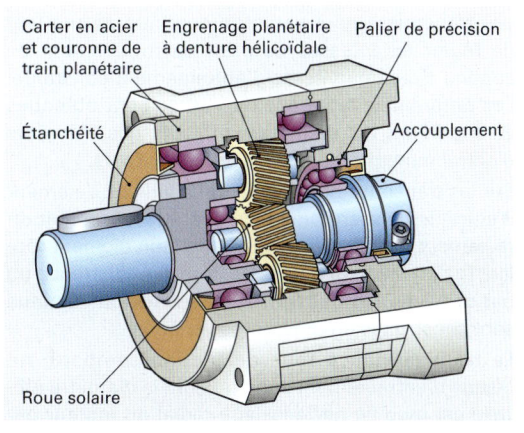

## 6.6.2.3 Train planétaire

Un train planétaire simple est constitué par la roue solaire au milieu, la couronne de train planétaire, les roues planétaires et le porte-pignons satellites (**fig. 2 et 3**). Toutes les roues dentées sont en prise en permanence.

Sur les trains planétaires, fig. 2 et 3, la roue solaire est l'organe moteur ($n_1$). La prise de mouvement s'effectue par le porte-pignons satellites ($n_2$). La couronne de train planétaire est maintenue immobile et ne tourne pas. Cela permet des démultiplications jusqu'à environ $i = n_1/n_2 = 10$.

Puisque les trains planétaires peuvent être entraînés non seulement par la roue solaire, mais aussi par la couronne de train planétaire, des transmissions à différentes démultiplications peuvent être utilisées. Les trains planétaires conviennent donc particulièrement pour les transmissions automatiques des véhicules.

**Avantages**: aptes à des petits et des grands couples, à des vitesses d'entraînement grandes et petites, avec une construction compacte, l'entraînement et la prise de mouvements étant sur la même axe.

**Exemples d'application**: sur les entraînements d'arbres de robots, de tables à transfert circulaire, de magasins de machines-outils, de manoeuvre des volets d'avions.

Moteur d'entraînement
1er étage de démultiplication
2ème étage de démultiplication
Arbre de sortie (arbre creux)

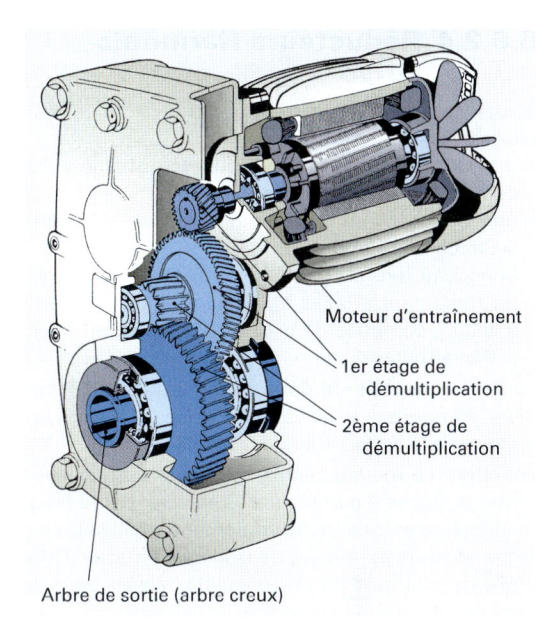

**Fig. 1**: Motoréducteur

Carter
Porte-pignons satellites ($n_2$)
Roue solaire ($n_1$)
Couronne de train planétaire, fixe
Roue planétaire

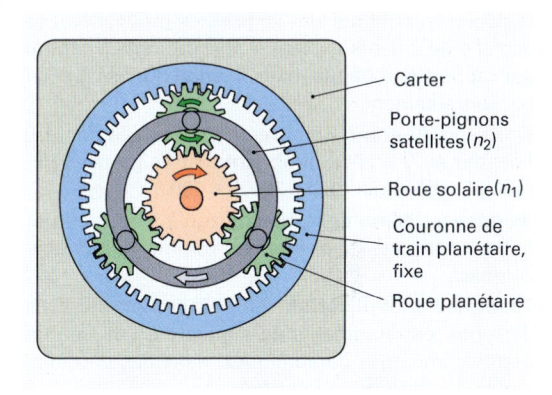

**Fig. 2**: Désignations et mouvements tournants des trains planétaires

Carter en acier et couronne de train planétaire
Engrenage planétaire à denture hélicoïdale
Palier de précision
Étanchéité
Accouplement
Roue solaire

**Fig. 3**: Train planétaire

## 6.6.2.4 Réducteurs Harmonic-Drive

**Structure (fig. 1).** La démultiplication de la vitesse d'entraînement est effectuée par
- une cloche en acier cylindrique déformable avec denture extérieure (**«Flexspline»**),
- une bague cylindrique avec denture intérieure (**«Circular Spline»**) et
- un moyeu central en acier de forme elliptique avec un roulement à billes également elliptique, serti à chaud, composé de bagues de roulement fines (**«Wave Generator»**).

La denture extérieure de la cloche en acier (Flexspline) comporte 2 dents de moins que la denture intérieure de la bague (Circular Spline).

**Fonction.** Le moyeu central elliptique entraîné déforme la cloche à parois minces en acier par le biais de la bague extérieure du roulement à billes. De ce fait, la denture extérieure de la cloche en acier s'engrène dans la zone du grand axe de l'ellipse dans la denture intérieure de la bague.

Lors de la rotation, la zone d'engrènement se déplace **(fig. 2)**. Si l'on maintient la bague immobile, la cloche en acier qui sert de prise de mouvement se déplace de 2 dents à chaque tour du moyeu central par rapport à la bague, dans le sens opposé à celui de l'entraînement.

En raison du grand nombre de dents de la denture fine, par ex. $z = 200$, on obtient de très grandes démultiplications par ex. $i = 200 : 2 = 100$.

**Avantages:** démultiplications jusqu'à 160 : 1, entraînement sans jeu, sans entretien, volume de montage compact.

**Exemples d'application:** entraînement d'arbres de robot, entraînements de simulateurs de vol, de grandes antennes paraboliques, dans des entraînements de machines à imprimer.

## 6.6.2.5 Transmissions à variation continue

Les transmissions à variation continue permettent de régler les vitesses de prise de mouvement en continu avec une vitesse d'entraînement constante. Les différentes variations de vitesse sont obtenues en modifiant les diamètres effectifs des éléments d'entraînement ou des éléments récepteurs.

Sur les transmissions à variation continue, l'élément d'entraînement entraîne l'élément récepteur soit directement, soit par l'intermédiaire d'un élément roulant (galet, bille) ou d'une courroie par adhérence ou par obstacle. Les transmissions à variation continue sont construites en différentes versions.

**La transmission à roue de friction** comporte un disque d'entraînement conique dont le diamètre efficace est modifié par décalage radial du moteur par rapport à l'arbre récepteur **(fig. 3)**.

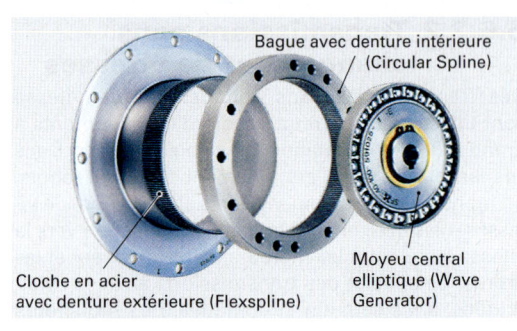

Fig. 1 : Réducteur planétaire «Harmonic-Drive"

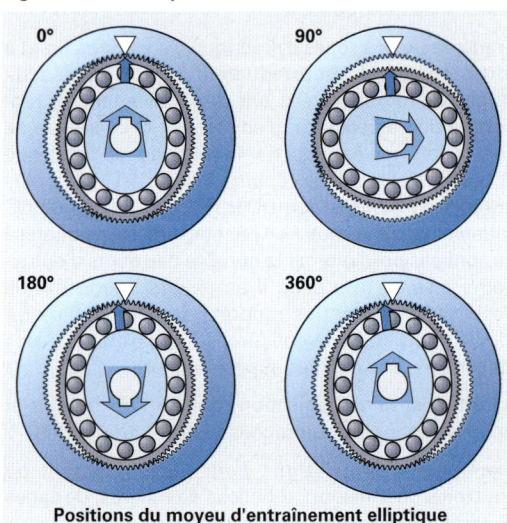

Fig. 2 : Mouvement rotatif sur réducteur planétaire «Harmonic-Drive»

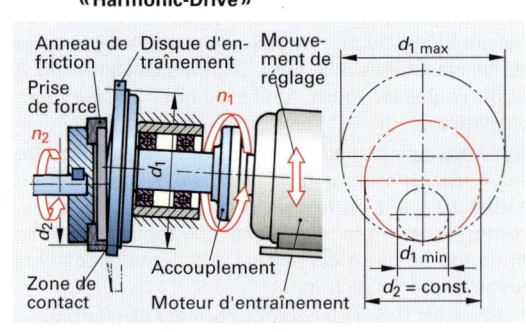

Fig. 3 : Transmission à roue de friction

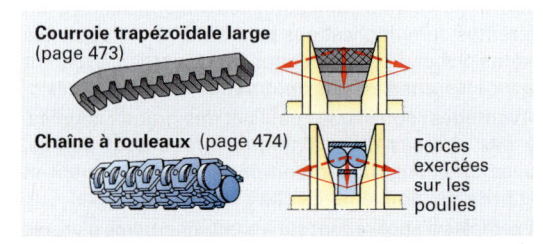

Fig. 4 : Moyens de traction sur transmissions par adhérences de forces

# Unités d'entraînement

**Les transmissions à mécanisme de traction** transmettent le mouvement de l'arbre d'entraînement à l'arbre récepteur au moyen de courroies (**fig. 4, p. précédente**). Ils ont généralement deux paires de disques coniques dont la distance entre elles peut être modifiée (**fig. 1**). Grâce aux réglages différents, leur diamètre de marche change de telle sorte qu'on peut obtenir une démultiplication ou une multiplication.

Sur les transmissions à variation en continue, le diamètre efficace des disques coniques et donc le rapport de transmission doivent être modifiés.

Pour les entraînements fonctionnant à sec, on utilise généralement des courroies variateurs comme moyen de traction. On obtient ainsi une marche régulière, aux oscillations amorties. Cette courroie large permet d'obtenir de grands trajets de réglage de disques, et ainsi une plus grande plage de variation que lorsqu'on utilise des courroies normales.

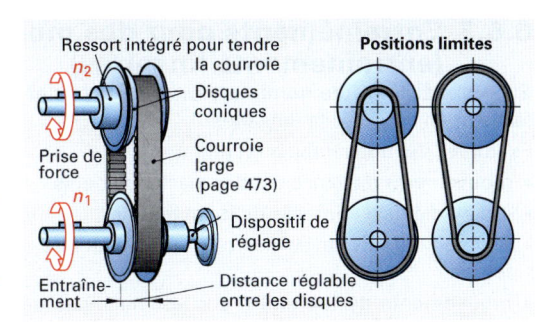

**Fig. 1 : Transmission à courroie trapézoïdale large**

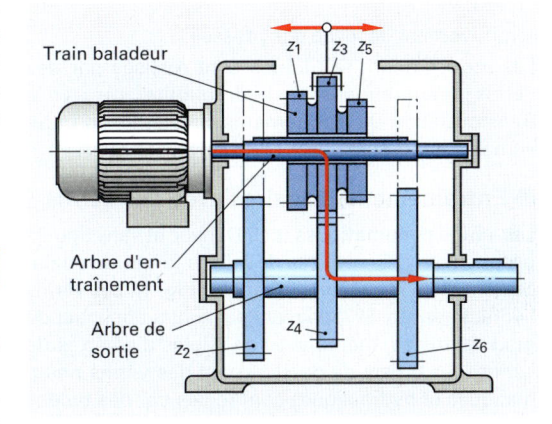

**Fig. 2 : Transmission à train baladeur**

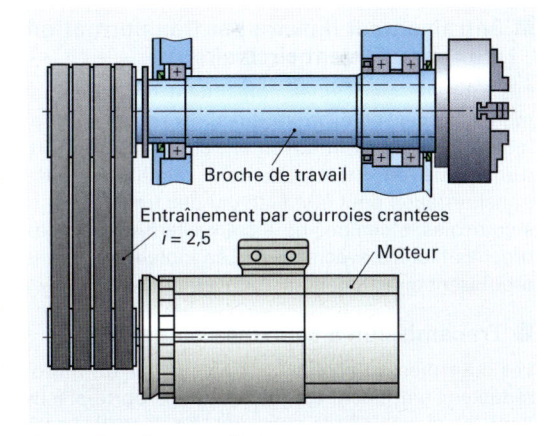

**Fig. 3 : Entraînement d'arbre moteur**

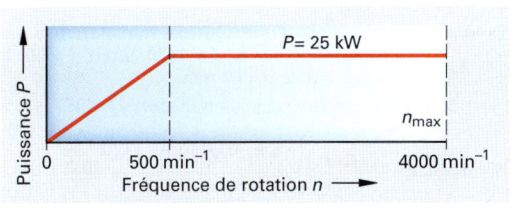

**Fig. 4 : Courbe caractéristique de l'entraînement d'arbre moteur**

### Répétition et approfondissement

1. Quelle est la fonction des transmissions ?
2. Quels types de construction distingue-t-on parmi les transmissions mécaniques ?
3. Comment six vitesses différentes peuvent-elles être réalisées par une boîte de vitesses à train baladeur si le moteur d'entraînement n'a qu'une vitesse ?
4. Quels sont les avantages des transmissions à variation continue ?
5. Quelles transmissions permettent de passer des rapports rapides aux rapports lents ?
6. Le mécanisme à train baladeur **de la fig. 2** est entraîné sous 40 kW à 910/min. Le nombre de dents s'élève à
   $z_1 = 34$; $z_2 = 54$; $z_3 = 44$; $z_4 = 44$; $z_5 = 25$; $z_6 = 63$.
   Quels sont
   a) les rapports de transmission des différents étages de la transmission,
   b) la puissance, le couple et la vitesse pour la plus grande démultiplication si la boîte de vitesses a un rendement de 92 % ?
7. L'entraînement de l'arbre moteur d'un tour (**fig. 3**) fonctionne selon la courbe caractéristique décrite dans la **fig. 4**.
   a) Quels couples dégage le moteur à des fréquences de rotation de 500/min, 2000/min et 4000/min ?
   b) La transmission à courroies crantées entre le moteur et la broche de travail à un rapport de démultiplication $i = 2{,}5$. Quel effet cela a-t-il sur les couples et les fréquences de rotation de la broche de travail ?

## 6.6.3 Entraînements pour des mouvements rectilignes (entraînements linéaires)

Sur les machines, de nombreux mouvements s'effectuent en ligne droite (linéaires).

**Exemples de mouvements rectilignes:**
- mouvements d'avance sur des machines-outils
- mouvements d'appareils de manutention
- mouvements de levée des chariots élévateurs à fourche
- mouvements de fermeture sur les machines de moulage à injection
- mouvements de transport sur les chaînes de montage
- mouvement de levée des presses

Les mouvements rectilignes sont réalisés par des vérins pneumatiques ou hydrauliques, ou par la transformation de mouvements circulaires en mouvements alternatifs.

### ■ Entraînements linéaires avec des vérins

**Les vérins pneumatiques** (p. 561) avec et sans tige de piston sont utilisés en cas de faibles forces de déplacement et de mouvements rapides **(fig. 1)**. **Les vérins hydrauliques** (p. 597) peuvent par contre appliquer de grandes forces, même avec de faibles diamètres de vérins. Les trajets de déplacement des vérins pneumatiques et hydrauliques sont réglés par des butées ou par un système de mesure du trajet en liaison avec une régulation en boucle fermée de position.

### ■ Entraînement linéaire par transformation d'un mouvement circulaire

Les moteurs électriques constituent des entraînements fiables et économiques. Pour les mouvements linéaires, le mouvement circulaire doit être transformé en un mouvement rectiligne. Cette transformation peut être faite par des transmissions à courroies, à chaînes ou à crémaillère, ou par des broches filetées avec écrous. Les moteurs linéaires produisent directement un mouvement rectiligne.

### ■ Transmission à courroies ou à chaînes

Les courroies ou chaînes entraînées par un motoréducteur entraînent les pièces ou les porte-pièces dans les dispositifs de transport **(fig. 2 et 3)**. La vitesse de transport correspond alors à la vitesse périphérique de la poulie de l'arbre moteur.

**Exemple:** Entraînement d'une courroie transporteuse par un motoréducteur $n_{mot}$ = 1420 1/min, $i$ = 60:1 avec une poulie $d$ = 80 mm.
Quelle est la vitesse de transport $v$?

**Solution:** $v = \dfrac{\pi \cdot d \cdot n_{mot}}{i} = \dfrac{\pi \cdot 0{,}08 \text{ mm} \cdot 1420 \dfrac{1}{\text{min}}}{60}$

$= 5{,}95 \dfrac{\text{m}}{\text{min}}$

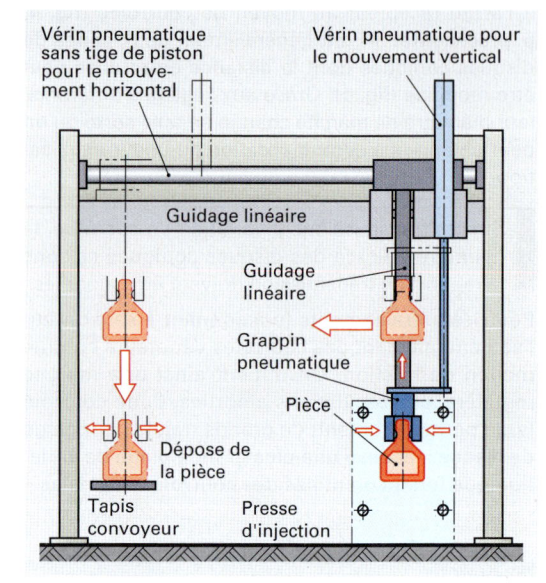

Fig. 1: Matériel de manutention sur presse d'injection

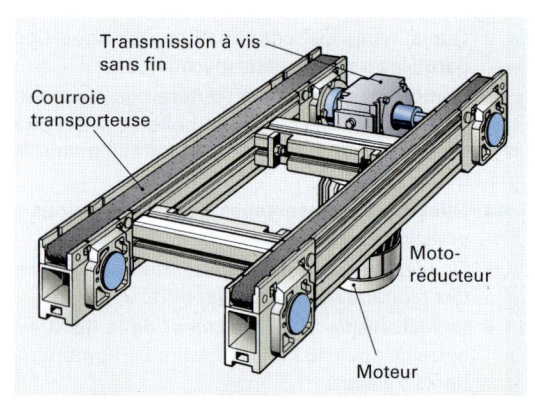

Fig. 2: Structure constructive de la courroie transporteuse

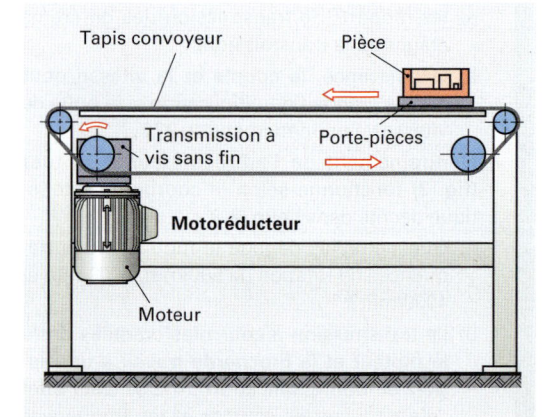

Fig. 3: Tapis convoyeur

# Unités d'entraînement

## ■ Broches filetées avec écrou

Sur les entraînements à broche filetée et écrou, c'est la broche filetée qui est entraînée. Elle déplace alors l'écrou qui est fixé sur le composant à déplacer. A partir de la fréquence de rotation $n$ et du pas $P$ de la broche, on obtient la vitesse d'avance $v = n \cdot P$.

Pour les entraînements rectilignes, on utilise surtout des broches à filet trapézoïdal ou des vis à billes.

**Les broches à filet trapézoïdal** sont utilisées par ex. comme broches de guidage sur un tour conventionnel ou sur des étaux. Elles ont un frottement relativement important et sont donc autobloquantes. Par conséquent, la position de repos n'a pas besoin d'être verrouillée en général.

Par contre, les **vis à billes** tournent très facilement, et elles peuvent être réglées sans jeu, bien que n'étant pas autobloquantes **(fig. 1)**. Sur ces vis à billes, les gorges de roulement dans la broche et l'écrou sont trempées et rectifiées. Puisque les billes bougent axialement pendant la rotation de la broche, elles doivent être ramenées en arrière par un canal de renvoi à l'extrémité de l'écrou. Les vis à billes sont surtout montées dans les entraînements d'avance des machines à commande CNC **(fig. 2)**. Elles permettent aussi de fonctionner à de très faibles vitesses sans glissement saccadé (effet « stick-slip » ou « collé-glissé »). Cela permet d'obtenir une position précise des coulisses. Mais puisque ces vis à billes ne sont pas autobloquantes, les coulisses doivent être maintenues par des dispositifs de serrage, par ex. en position de repos.

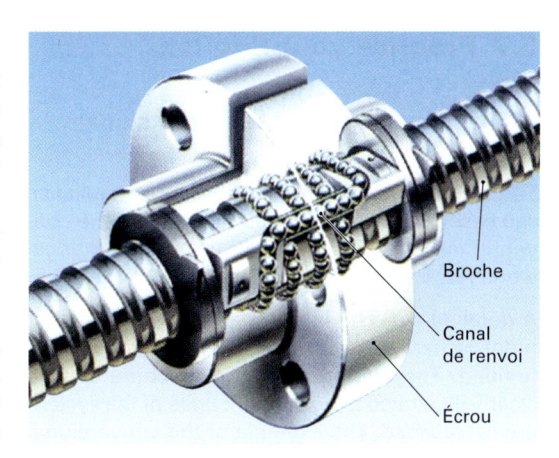

Fig. 1 : Vis à billes

| Avantages des vis à billes : |
|---|
| • facilité de marche grâce au faible frottement |
| • réglable sans jeu |
| • faible élasticité, même avec une sollicitation élevée |

## ■ Roue dentée avec crémaillère

La broche des perceuses est généralement entraînée par les mouvements de rotation d'une roue dentée qui vient en prise avec la crémaillère fixée sur la broche. Le déplacement manuel de l'axe longitudinal de tours conventionnels fait aussi appel à une roue dentée et une crémaillère.

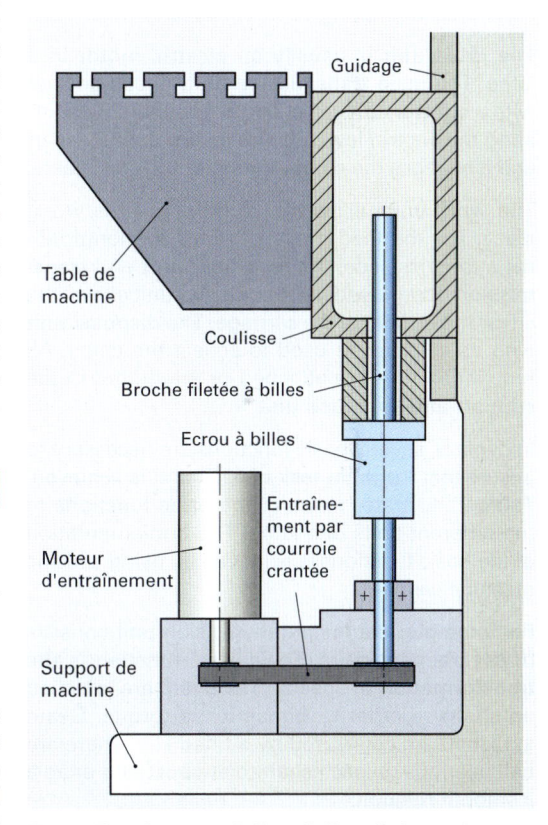

Fig. 2 : Entraînement de l'axe Z d'une fraiseuse à commande CNC

---

### Répétition et approfondissement

1. Quels types d'entraînements existe-t-il pour les mouvements rectilignes ?
2. Comment peut-on régler la vitesse d'avance d'un entraînement hydraulique ?
3. Quels sont les avantages de la vis à billes ?
4. Le chariot d'une machine doit être déplacé à une vitesse $v$ = 4000 mm/min. La vis à billes intégrée a un pas $P$ = 4 mm. Quelle fréquence de rotation de broche est nécessaire ?

## 6.7 Practise your English

### ■ Functional units and basic tasks of a conventional lathe

The overall function of a machine or an appliance can easily be identified. The **main task** of the conventional lathe **(Figure 1)** is turning cylindrical workpieces and removing material.

A detailed analysis of the machine or the equipment is necessary to see how the main task is fulfilled. The **operation of the machine** can be clearly illustrated if the different units of the system are categorized. The example of the conventional lathe shows which units are relevant to perform the **main task** of "turning". Each of the color-coded functional units in Figure 1 fulfill a specific task.

The **drive unit** is usually an electric motor in a lathe. The **main transmission unit,** in conjunction with **a control unit** can change the speed. By operating the control lever, the gears are pushed apart and it changes the configuration of the spur gears.

The **work units** allow the "turning" of the workpiece. For the feed movements of the longitudinal and cross slide, the **feed-gear unit** and **transmission unit** is needed. The guiding unit allows the linear movement of the carriage. The **disposal unit** with its chip tray is used to collect the chips. All functional units are attached or integrated in the **support and structural unit**.

In general, several basic functions are necessary to ensure that the **main task** of each unit is achieved. **Table 1** illustrates some of the basic functions of the different units of a lathe. The implementation of the basic functions is achieved by using specific machine elements.

**For example:** the main transmission unit consists of several gear pairs. Their basic function is **the transformation** of speeds. The gears are attached on shafts in order to **transmit** the torque. Gears and shaft are **connected** by a fitted key. There are ball bearings on each shaft to **support** and enable a smooth rotation.

> By using machine elements, the basic functions of a machine or a unit can be realized. Their concurrence lead to the formation of functional units.

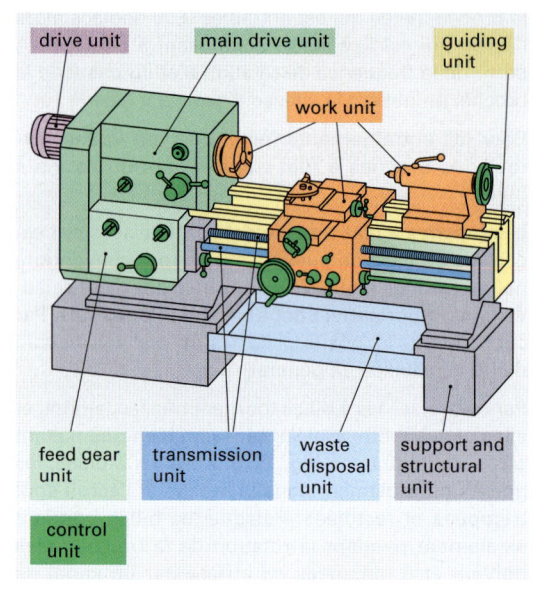

**Figure 1: Individual functional units of a conventional lathe**

**Table 1: Functions of a conventional lathe**

| functional unit | main tasks |
|---|---|
| drive unit | • converting and providing energy<br>• transmitting the torque |
| main drive unit and feed gear unit | • transforming the speeds<br>• transmitting the torque<br>• connecting drive and work unit |
| transmission unit | • converting the rotational movement into a linear feed motion |
| control unit | • moving the gears<br>• setting the slide motion |
| work unit | • performing the main task "turning" |
| guiding unit | • guiding of the slide<br>• guiding tailstock |
| waste disposal unit | • chip collection<br>• collection of cooling lubricant |
| support and structural unit | • supporting the functional units |

# 7 Electrotechnique

De nombreuses machines, appareils et installations dans la fabrication, les transports, l'informatique et les télécommunications contiennent des modules électrotechniques ou électroniques. Ils fonctionnent avec le courant électrique. En raison de la facilité de transport de l'énergie électrique au moyen de lignes, elle est pratiquement partout disponible. Elle est transformée dans les machines et les appareils en d'autres formes d'énergie, ou directement utilisée avec une tension, une fréquence et une intensité appropriées.
Dans le secteur de la technique de fabrication, la transformation de l'énergie électrique en énergie mécanique, par ex. par des moteurs électriques, ainsi qu'en énergie thermique, par ex. dans la trempe par induction, joue un grand rôle.
Dans le secteur de la technique d'automatisation, on utilise l'énergie électrique, par ex. dans l'électropneumatique ou l'hydraulique pour commencer des relais ou des contacteurs ou bien pour entraîner des pompes.

## 7.1 Le circuit de courant électrique

Le courant électrique s'écoule uniquement dans un circuit électrique fermé. Celui-ci comprend au moins un générateur, un consommateur, et un conducteur aller et un conducteur retour (**fig. 1**).

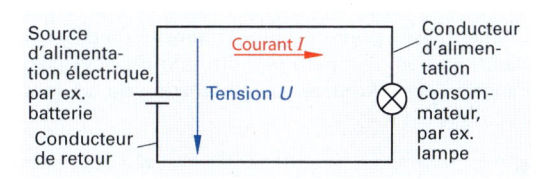

Fig. 1 : Circuit électrique

Dans ce circuit électrique fermé, le courant est acheminé du générateur au consommateur et revient au générateur.

- Le courant électrique s'écoule uniquement dans un circuit électrique fermé.
- Le circuit électrique se compose au moins d'un générateur, d'un consommateur et des conducteurs aller et retour.

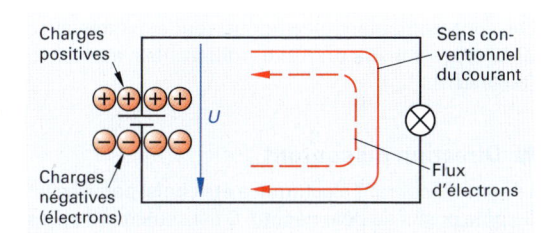

Fig. 2 : Tension et intensité

### 7.1.1 La tension électrique

La tension électrique résulte de la séparation des charges électriques. Les charges positives et négatives s'attirent. Pour séparer ces charges, un travail doit être mis en œuvre. Ce travail est stocké sous forme d'énergie dans les porteurs de charge. L'effort des charges séparées pour s'équilibrer est appelé tension (**fig. 2**).

Le travail mis en œuvre pour séparer les charges est appelée tension.

L'**unité utilisée pour désigner la tension électrique** est le volt, du nom du physicien Alessandro Volta. La désignation de la tension électrique est V.

La tension électrique $U$ est mesurée en volts (V).

Pour l'alimentation en tension électrique, différentes sources de tension sont disponibles (**tableau 1**). On fait varier la tension en une tension continue et une tension alternative (**fig. 3**). Tandis qu'avec la tension continue, la même valeur de tension est appliquée, avec la tension alternative, la valeur de la tension change continuellement.

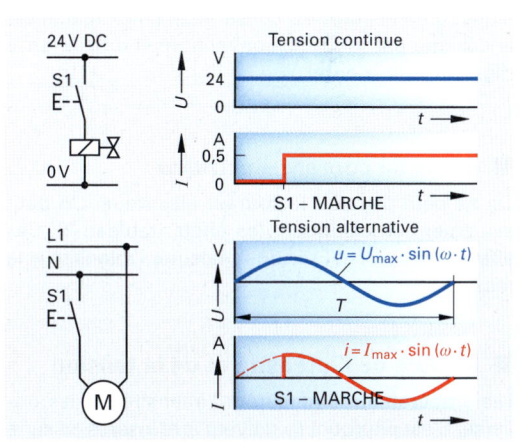

Fig. 3 : Tensions continue et alternative

**Tableau 1 : Sources de tension**

| Source de tension | Tension nominale |
|---|---|
| Monocellule | 1,5 V |
| Batterie automobile | 12 V |
| Réseau de courant alternatif | 230 V |
| Réseau de courant triphasé | 400 V |

## 7.1.2 Circuit électrique

Si un consommateur électrique est raccordé à une source de tension, les différentes charges peuvent s'équilibrer. Les électrons s'écoulent alors du pôle négatif de la source de tension vers le pôle positif en passant par le consommateur. Les électrons en circulation sont désignés par le courant électrique. Celui-ci est d'autant plus grand que davantage d'électrons par seconde traversent la section du conducteur.

> Les électrons qui traversent un consommateur ou un conducteur constituent le courant électrique.

L'unité utilisée pour désigner l'intensité du courant électrique est l'ampère (A), du nom du physicien français André Ampère. La désignation du courant électrique est A.

> L'intensité du courant électrique est mesurée en ampères (A).

Les consommateurs électriques sont exploités avec différentes tensions et avec différentes intensités **(tableau 1)**.

### ■ Direction du courant

Le sens du courant électrique a été choisi par le trajet du pôle positif au pôle négatif. C'est seulement après qu'on s'est rendu compte que les électrons allaient du pôle négatif au pôle positif. Dans la technique, on a néanmoins conservé le choix initial. On le désigne par « le sens conventionnel du courant » **(fig. 2, p. précédente)**.

### ■ Effets du courant électrique

On ne peut pas voir le courant électrique. On peut seulement en distinguer les effets **(tableau 2)**. Ces effets sont aussi utilisés pour mesurer l'intensité et la tension.

### ■ Mesure de l'intensité et de la tension

Les **ampèremètres** mesurent l'intensité qui les traverse. C'est pourquoi ils doivent être insérés en série dans le circuit **(fig. 1)**.

Les **voltmètres** mesurent la différence des charges entre deux points. C'est pourquoi ils doivent être raccordés parallèlement au consommateur ou à la source de tension.

> Les **ampèremètres** sont montés en série par rapport au consommateur, les **voltmètres** en parallèle sur le consommateur ou sur la source de tension.

**Tableau 1 : Intensités électriques de différents consommateurs**

| Consommateur | Intensité du courant |
|---|---|
| Pied à coulisse électronique | 0,1 A |
| Lampe à incandescence | 0,5 A |
| Moteur de 10 kW à 400 V | 18 A |
| Transformateur de soudage | 300 A |
| Four à arc | 150 000 A |

**Tableau 2 : Effets du courant électrique**

| Effet physique | Application |
|---|---|
| *Effet calorifique* | |
| Un conducteur traversé par du courant s'échauffe. | Trempe par induction, fer à souder |
| *Effet magnétique* | |
| Autour d'un conducteur traversé par du courant, il se produit un champ magnétique. | Moteur électrique, relais, plateau de serrage à aimant |
| *Effet lumineux* | |
| Les fils traversés par un courant peuvent être portés à incandescence et ainsi émettre de la lumière. | Lampes à incandescence, lampes halogènes |
| Des gaz peuvent être excités par le courent et s'allumer. | Tubes fluorescents, lampes à économie d'énergie |
| Certains semi-conducteurs émettent de la lumière par suite du passage du courant. | Diodes électroluminescentes (LED) |
| *Effet chimique* | |
| Le courant électrique décompose les liquides conducteurs (électrolytes) | Electrolyse de l'aluminium, galvanoplastie |
| *Effet physiologique* | |
| Le courant électrique agit sur les êtres humains. Il peut être mortel à partir de 50 mA. | Régulateur cardiaque, clôtures électriques, thérapie des blessures nerveuses ou musculaires |

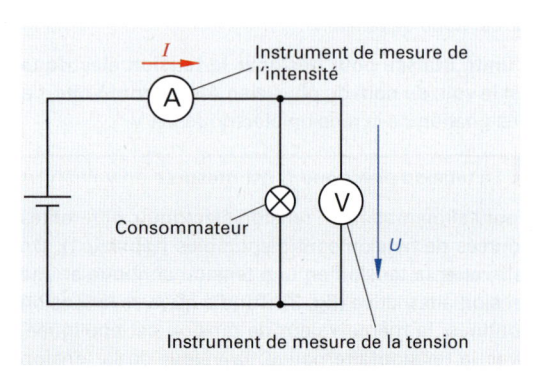

**Fig. 1 : Mesure de la tension et de l'intensité**

## 7.1.3 La résistance électrique

Dans un circuit électrique fermé avec une source de tension et un consommateur (résistance), un courant électrique circule.

La taille de la circulation de courant dépend de la taille de la résistance électrique du consommateur. Pour une même tension $U$, un consommateur avec une faible résistance $R$ est parcouru par un grand courant $I$, un consommateur avec une grande résistance $R$ est parcouru par un courant plus faible $I$ (fig. 1).

La relation entre la tension, le courant et la résistance électrique décrit la **loi d'Ohm (fig. 2)**. Elle signifie : l'intensité de courant $I$ dans un circuit électrique est le quotient de la tension appliquée $U$ et de la résistance $R$ du consommateur.

| Loi d'Ohm | $I = \dfrac{U}{R}$ |
|---|---|

L'unité utilisée pour désigner la valeur de la résistance électrique $R$ d'un consommateur est l'ohm ($\Omega$), du nom du le physicien Georg Simon Ohm.

La résistance électrique est mesurée en ohms ($\Omega$).

### ■ Résistivité électrique

La résistance spécifique $\rho$ d'un matériau indique le niveau de conductibilité du courant électrique atteint par ce matériau. Pour ce faire, on mesure la résistance d'un fil métallique de 1 m de long et de 1 mm² de section **(tableau 1)**.

### ■ Résistance du conducteur

Même les lignes dans le circuit électrique ont une résistance électrique. Elle s'appelle la résistance du conducteur.

La résistance du conducteur dépend de la résistance électrique spécifique $\rho$ du matériau du conducteur, de la longueur $l$ du conducteur et de la section transversale $A$ du conducteur.

### ■ Résistance variable à la température

Presque tous les matériaux conducteurs modifient leur résistance électrique avec la température. Le changement de résistance $\Delta R$ dépend du matériau conducteur de la résistance **(tableau 2)** et de la différence de température $\Delta \vartheta$.

Une distinction est faite entre thermistance et thermistor. Les **thermistances** sont aussi appelées résistances PTC[1]. Leur résistance augmente avec le réchauffement. Les **thermistors** sont aussi appelés résistances NTC[2]. Leur résistance diminue avec le réchauffement. La valeur de la résistance électrique à 20 °C ($R_{20}$) sert de base de calcul.

$U = 6\,V \quad R = 1\,k\Omega \qquad U = 6\,V \quad R = 0{,}5\,\Omega$

$$I = \frac{U}{R}$$

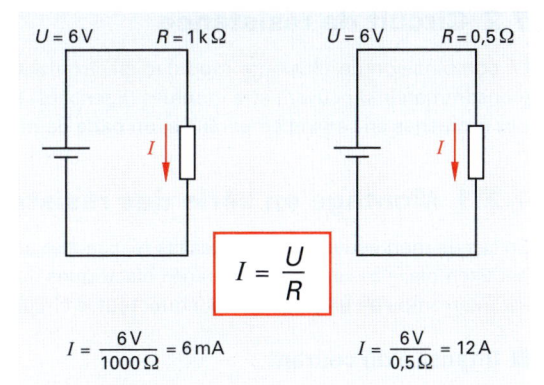

$I = \dfrac{6\,V}{1000\,\Omega} = 6\,mA \qquad I = \dfrac{6\,V}{0{,}5\,\Omega} = 12\,A$

**Fig. 1 :** Circuit électrique à fabile et à grande résistance

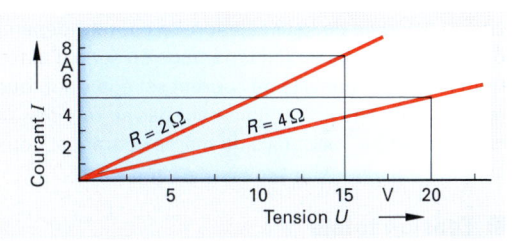

**Fig. 2 :** Loi d'Ohm en tant que diagramme

**Tableau 1 :** Résistivité électrique $\rho$

| Matériau | Résistivité électrique $\rho$ en | $\dfrac{\Omega \cdot mm^2}{m}$ |
|---|---|---|
| Aluminium | | 0,0265 |
| Or | | 0,0220 |
| Cuivre | | 0,0179 |
| Argent | | 0,0149 |
| Tungstène | | 0,0550 |

| Résistance du conducteur | $R_l = \dfrac{\rho \cdot l}{A}$ |
|---|---|
| Changement de résistance variable à la température | $\Delta R = R_{20} \cdot \alpha \cdot \Delta \vartheta$ |
| Résistance variable à la température | $R_\vartheta = R_{20} + \Delta R$ |

**Tableau 2 :** Coefficient de température $\alpha$

| Matériau | $\alpha$ en K⁻¹ |
|---|---|
| Aluminium | 0,0040 |
| Or | 0,0037 |
| Cuivre | 0,0039 |
| Constantan | ±0,00001 |
| Graphite | −0,0013 |

[1] PTC (Positive Temperature Coefficient)
[2] NTC (Negative Temperature Coefficient)

## 7.2 Circuit de résistance

La combinaison de plusieurs modules électroniques est désignée par circuit électrique. Des résistances (consommateurs) peuvent être montées (agencées) en série ou en parallèle dans ces circuits. S'il y a à la fois des montages en série et en parallèle, on parle de montages mixtes.

### 7.2.1 Montage en série des résistances

En cas de montage en série, toutes les résistances sont connectées les unes derrière les autres (**fig. 1**). C'est par exemple le cas dans les éclairages électriques du sapin de Noël. Dans ce montage, si le circuit électrique est interrompu en un point quelconque, tout le circuit électrique est interrompu.

■ **Intensité du courant**

Si des résistances montées en série sont connectées à la tension $U$ dans un circuit électrique, un courant $I$ circule. La taille de la circulation de courant dépend de la résistance totale $R$ du montage en série d'après la loi d'Ohm. L'intensité du courant est égale sur tous les points du circuit, car il ne peut pas se ramifier. Il traverse chaque résistance du même courant et nous avons : $I = I_1 = I_2 = \ldots = I_n$.

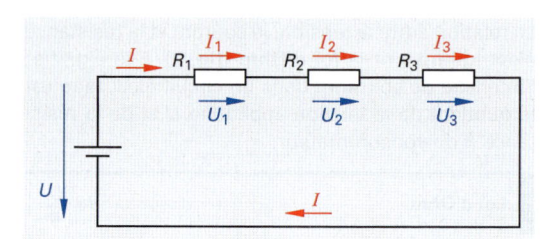

Fig. 1 : Montage en série des résistances électriques

■ **Tension totale**

Dans le circuit en série, une partie de la tension totale s'applique à chaque résistance, par exemple la tension partielle $U_1 = I \cdot R_1$ à la résistance $R_1$. La tension totale est répartie sur les différentes résistances (division de la tension). Cette situation est également appelée chute de tension sur la résistance. Etant donné que le courant est partout pareil, la chute de tension sur une grande résistance est plus grande que sur une petite résistance.

La somme des tensions partielles $U_1 + U_2 + \ldots + U_n$ produisent ensemble la tension totale $U$.

■ **Résistance totale**

Les résistances individuelles $R_1$, $R_2$, …, $R_n$ du montage en série peuvent être regroupées en une résistance totale $R = R_1 + R_2 + \ldots + R_n$, qu'on désigne par la résistance équivalente.

Cette résistance équivalente absorbe avec la même tension $U$ la même intensité $I$ que le montage en série de résistance individuelles.

| ■ Intensité du courant | $I = I_1 = I_2 = \ldots = I_n$ |
|---|---|
| Dans un montage en série, le même courant circule partout. | |
| ■ Tension unique | $U_1 = I \cdot R_1;\ \ldots;\ U_n = I \cdot R_n$ |
| ■ Tension totale | $U = U_1 + U_2 + \ldots + U_n$ |
| Dans ce montage, le total des tensions partielles est égal à la tension totale appliquée. | |
| ■ Résistance totale | $R = R_1 + R_2 + \ldots + R_n$ |
| La résistance totale est égale au total des résistances individuelles. | |

**Exemple :** Deux résistances $R_1 = 30\ \Omega$ et $R_2 = 80\ \Omega$ sont montées en série et sont raccordées à la tension du secteur de 230 V (**fig. 2**).

Quelle est l'intensité de courant I et quelles sont les tensions partielles $U_1$ et $U_2$ ?

Solution : $R = R_1 + R_2 = 30\ \Omega + 80\ \Omega = 110\ \Omega$

$$I = \frac{U}{R} = \frac{230\ V}{110\ \Omega} = 2{,}091\ A$$

$U_1 = I \cdot R_1 = 2{,}091\ A \cdot 30\ \Omega = 62{,}7\ V$

$U_2 = I \cdot R_2 = 2{,}091\ A \cdot 80\ \Omega = 167{,}3\ V$

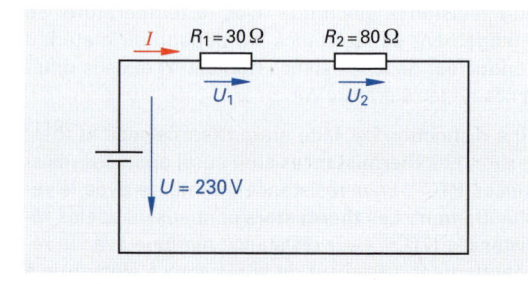

$U = U_1 + U_2 = 62{,}7\ V + 167{,}3\ V = 230\ V$

Fig. 2 : Montage en série de deux résistances

## 7.2.2 Montage en parallèle des résistances

Dans un montage en parallèle, les résistances sont agencées en parallèle. Il est ainsi possible de connecter simultanément une pluralité de consommateurs indépendants à la même source de tension.

### ■ Tension totale

Dans un montage en parallèle, la même tension $U$ est appliquée à chaque résistance, c'est pourquoi la tension totale est égale aux tensions partielles $U = U_1 = U_2 = ... = U_n$.

### ■ Courant total

Si des résistances montées en parallèle sont connectées à la tension $U$ dans un circuit électrique, alors le courant $I$ circule. Celui-ci se divise en courant partiel aux points de dérivation $I_1, I_2, ..., I_n$ et circule à travers les brins de fil disposés en parallèle (**fig. 1**). Une partie du courant total circule à travers chaque résistance.

Le courant total $I$ est la somme des courants partiels $I_1 + I_2 + ... + I_n$.

### ■ Résistance totale

Les courants partiels $I_1, I_2, ..., I_n$ sont déterminés par la taille de la résistance électrique respective. Ils peuvent être calculés avec la loi d'Ohm, par ex. $I_1 = U/R_1$.

Un courant élevé traverse une petite résistance et un courant faible, une grande résistance. La résistance totale (résistance de remplacement) du montage en parallèle est toujours inférieure à la plus petite résistance du montage en parallèle.

**Exemple :** Sur deux résistances montées en parallèle $R_1 = 48\,\Omega$ et $R_2 = 72\,\Omega$ est appliquée un tension de $U = 24\,V$ (fig. 1).

Quelle est la valeur
a) des courants partiels $I_1$ et $I_1$,
b) du courant total $I$,
c) de la résistance totale $R$ ?

Solution : a) $I_1 = \dfrac{U}{R_1} = \dfrac{24\,V}{48\,\Omega} = 0{,}50\,A$ ; $I_1 = \dfrac{U}{R_2} = \dfrac{24\,V}{72\,\Omega} = 0{,}33\,A$

b) $I = I_1 + I_2 = 0{,}50\,A + 0{,}33\,A = 0{,}83\,A$

c) $R = \dfrac{R_1 \cdot R_2}{R_1 + R_2} = \dfrac{48\,\Omega \cdot 72\,\Omega}{48\,\Omega + 72\,\Omega} = 28{,}8\,\Omega$

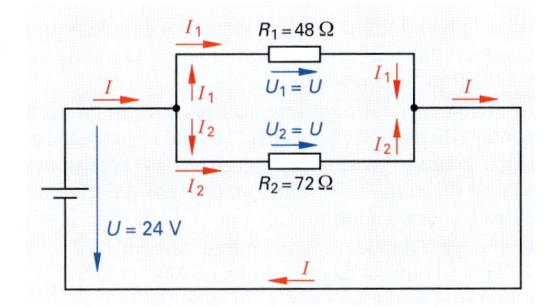

**Fig. 1 : Couplage en parallèle des résistances**

| Tension totale | $U = U_1 = U_2 = ... = U_n$ |
|---|---|

En cas de montage en parallèle de résistances, la même tension s'applique à chaque résistance.

| Courants partiels | $I_1 = \dfrac{U}{R_1}$ ; $I_2 = \dfrac{U}{R_2}$ ; ...; $I_n = \dfrac{U}{R_n}$ |
|---|---|

| Courant total | $I = I_1 + I_2 + ... + I_n$ |
|---|---|

Le courant total est égal au total des courants partiels.

| Résistance totale | $R = \dfrac{1}{\dfrac{1}{R_1} + \dfrac{1}{R_2} + ... + \dfrac{1}{R_n}}$ |
|---|---|
| pour deux résistances | $R = \dfrac{R_1 \cdot R_2}{R_1 + R_2}$ |

En cas de montage en parallèle de résistances, la résistance totale est inférieure à la plus petite des résistances partielles.

### Répétition et approfondissement

1. Quels sont les effets du courant électrique ? Veuillez donner à chaque fois un exemple de ses différents effets.
2. Comment faut-il monter les instruments de mesure
   a) pour la mesure du courant électrique,
   b) pour la mesure de la tension électrique ?
3. Quelles sont les conséquences sur la circulation du courant lorsque la ligne d'alimentation d'un consommateur est coupée
   a) sur un montage en série,
   b) sur un montage en parallèle ?
4. Pourquoi presque tous les appareils sont-ils connectés en parallèle dans les entreprises et les foyers ?

## 7.3 Types de courant

Les courants électriques sont subdivisés - d'après leur variation temporelle et leur intensité - en courant continu et en courant alternatif **(fig. 1)**. Le courant triphasé est une forme particulière du courant alternatif.

### ■ Courant continu (DC[1])

Dans le courant continu, les électrons circulent uniquement dans un sens et toujours avec la même intensité **(fig. 1 à gauche)**.

Les batteries, par exemple, fournissent du courant continu de tension plus basse. Les plus grandes tensions et intensités sont générées par des redresseurs à partir du courant alternatif, ou bien par des génératrices à courant continu.

**Exemples d'application** du courant continu:
- Pieds à coulisse électroniques (p. 28)
- Moteurs à courant continu (p. 482)
- Revêtement par galvanisation (p. 268)
- Soudage à l'arc (p. 250)

### ■ Courant alternatif (AC[2])

Dans le courant alternatif, le sens et l'intensité du courant changent en permanence **(fig. 1, au milieu et à droite)**. Les électrons alternent en l'occurrence avec une oscillation harmonique entre une valeur maximale positive et une valeur maximale négative, la valeur de crête. Le nombre d'oscillations par seconde est désigné par la fréquence $f$. Elle est indiquée en Hertz (Hz), d'après le physicien allemand Heinrich Hertz. Sur le réseau d'alimentation électrique européen, la fréquence est de 50 Hz.

**Exemples d'application** du courant alternatif:
- Réseau des fournisseurs d'énergie **(fig. 2)**
- Moteurs sur des machines-outils (p. 483)
- Technique de soudage (p. 254)

### ■ Courant alternatif triphasé (triphasé)

Le courant alternatif triphasé est produit dans les générateurs avec trois enroulements **(fig. 3)**. Sur chacun de leurs trois enroulements, un courant alternatif avec 50 Hz est appliqué. Il est introduit dans le réseau d'alimentation.

Un réseau à courant alternatif triphasé a cinq lignes: L1, L2, L3, N et PE. L1, L2 et L3 sont des lignes conductrices de courant. Le conducteur de retour commun est appelé conducteur neutre N. Le conducteur PE (de l'anglais protection earth) est un conducteur de protection à la terre et est utilisé pour dériver un courant différentiel résiduel en cas de court-circuit à la masse.

Dans le réseau d'alimentation électrique, la tension entre une phase et un conducteur neutre est de 230 V, la tension entre deux phases, par ex. entre L1 et L2 est de 400 V.

**Exemples d'application** du courant alternatif:
- Puissants moteurs d'entraînement (p. 480)
- Four de fusion de métaux (p. 347).

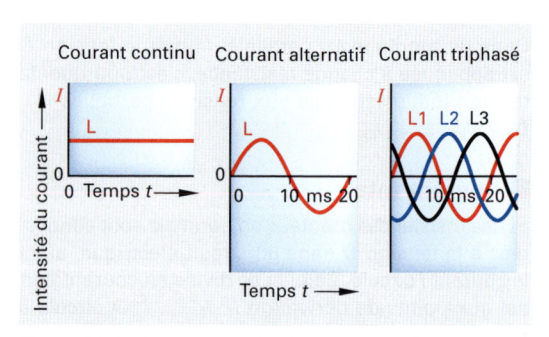

Fig. 1: Variation temporelle de l'intensité du courant

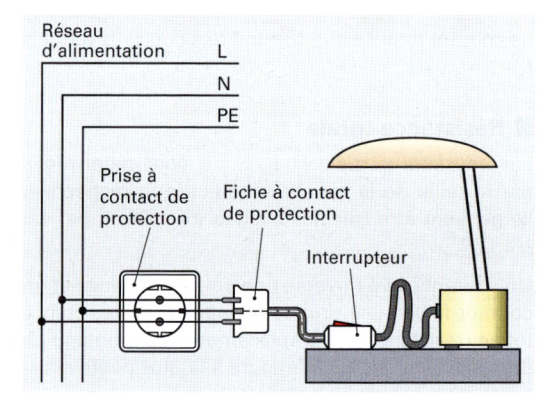

Fig. 2: Raccordement d'une lampe au réseau de courant alternatif par le biais d'une prise à contact de protection

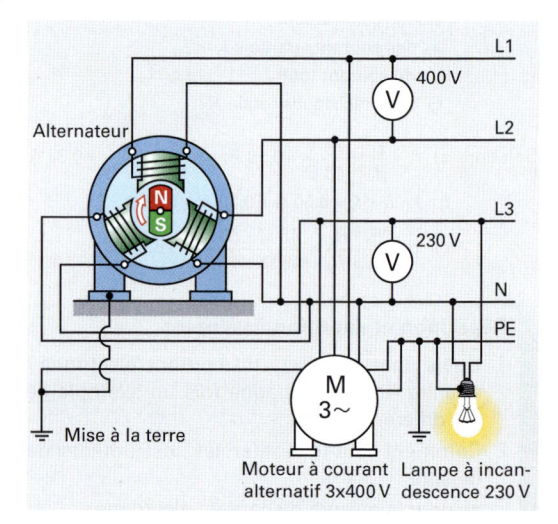

Fig. 3: Alternateur pour courant alternatif triphasé avec réseau à quatre conducteurs

---
[1] DC, direct current (en anglais) = c.c. ou courant continu
[2] AC, alternating current (en anglais) = c.a. ou courant alternatif

## 7.4 Puissance et énergie électrique

Les entreprises de fourniture d'énergie (EFE) mettent de l'énergie électrique à la disposition de tous les utilisateurs de machines et appareils électriques.

> On désigne par puissance électrique, l'énergie prélevée sur le réseau électrique par unité de temps. Elle est mesurée en watts (W), kilowatts (kW) ou mégawatts (MW).

Pour les récepteurs électriques, tels qu'un bain de zinc, on indique sur la plaque signalétique la puissance prélevée sur le réseau, tandis que sur les moteurs électriques, on indique la puissance utile (**fig. 1**).

### ■ Puissance électrique du courant continu et du courant alternatif ou triphasé non inductif

Sur un consommateur alimenté en courant continu, la puissance P est d'autant plus grande que la tension appliquée $U$ et l'intensité $I$ sont plus grandes. Il en va de même pour des consommateurs alimentés en tension alternative s'ils ne comportent à côté de la résistance ohmique aucune pièce inductive (bobine) ou capacitive (condensateur) (**fig. 2**).

> Puissance à courant continu et à courant alternatif monophasé non inductif
> $$P = U \cdot I$$

En triphasé, les courants dans les trois conducteurs sont décalés. On tient compte du décalage en introduisant le facteur $\sqrt{3}$ (**fig 3**).

> Puissance électrique à courant alternatif triphasé non inductif
> $$P = \sqrt{3} \cdot U \cdot I$$

### ■ Puissance électrique de consommateurs à parts inductives et capacitives sous courants alternatif et triphasé

Sur les consommateurs qui comprennent non seulement une résistance ohmique, mais aussi des bobines et des condensateurs, il se produit un décalage chronologique (décalage de phase) entre le courant et la tension. Ce décalage atténue la puissance effectivement fournie au consommateur (puissance active). Cette atténuation est prise en considération par le facteur de puissance cos $\varphi$ (**fig. 4** et **fig. 5**).

> Puissance active sous courant alternatif
> $$P = U \cdot I \cdot \cos\varphi$$

> Puissance active sous courant triphasé
> $$P = \sqrt{3} \cdot U \cdot I \cdot \cos\varphi$$

**Exemple**: Pour un moteur à courant alternatif triphasé, le constructeur fournit les données suivantes: $U$ = 400 V, $I$ = 26,6 A, cos $\varphi$ = 0,87, $\eta$ = 93,5 %. Quelles sont a) la puissance absorbée, et b) la puissance fournie?

Lösung:  a) $P_1 = \sqrt{3} \cdot U \cdot I \cdot \cos\varphi = \sqrt{3} \cdot 400\,V \cdot 26{,}6\,A \cdot 0{,}87 = 16033\,W$
b) $P_2 = P_1 \cdot \eta = 16033\,W \cdot 0{,}935 = 14990\,W$

### ■ Energie électrique

Plus la puissance $P$ et la durée de fonctionnement t d'un consommateur sont élevées, plus l'énergie électrique est élevée.

> Energie électrique
> $$W = P \cdot t$$

Les unités de travail sont: les watt-secondes (Ws) et les kilowattheures (kWh). L'énergie électrique est mesurée en kWh par des compteurs électriques.

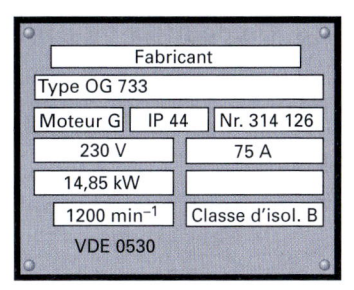

Fig. 1: Plaque signalétique d'un moteur à courant continu

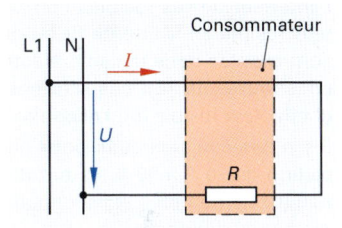

Fig. 2: Puissance sous courant continu dans le circuit électrique avec un consommateur ohmique

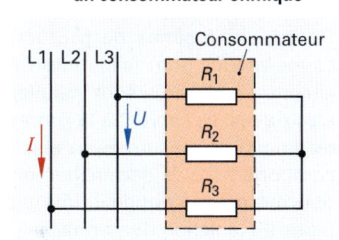

Fig. 3: Puissance sous courant triphasé dans le circuit électrique avec trois consommateurs ohmiques

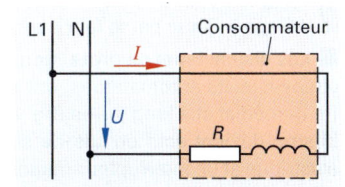

Fig. 4: Puissance sous courant alternatif avec consommateur ohmique et inductif

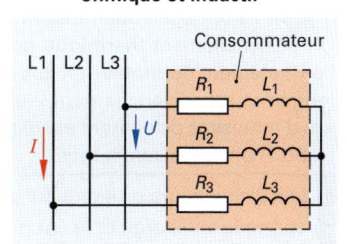

Fig. 5: Puissance sous courant triphasé avec consommateur ohmique et inductif

## 7.5 Dispositifs de protection contre les surintensités

Pour protéger les appareils et les conducteurs contre les surcharges provoquées par des intensités de courant excessives, on utilise des dispositifs de protection contre les surintensités (en bref, des fusibles). Les fusibles sont des composants qui coupent le circuit du courant en cas de dépassement de l'intensité maximale admissible.

> Les fusibles protègent les conducteurs et les appareils contre les surcharges et les court-circuits.

On fait la distinction entre les coupe-circuit à fusibles, les coupe-circuit automatiques et les disjoncteurs de protection du moteur.

### ■ Coupe-circuit à fusibles

L'intérieur de ces fusibles comporte un fin conducteur fusible en forme de fil ou de bande (**fig. 1**). Ils sont montés dans le câble électrique d'entrée d'un consommateur. En cas d'intensité trop élevée, le conducteur fusible fond et coupe le circuit électrique.

Il y a des coupe-circuits pour des courants de protection de 10 A à 50 A. Ils ont des couleurs caractéristiques différentes et les contacts de pieds ont des diamètres différents (fig. 1). Ainsi, les coupe-circuits à fusibles conçus pour des intensités de courant plus élevées ne peuvent pas être vissés dans des porte-fusibles conçus pour des courants plus faibles.

On appelle **fusibles de protection d'appareils** ou coupe-circuits pour faible intensité les petits coupe-circuits à fusible qui sont installés dans les appareils électriques. Ils servent à la protection d'appareils en technique de mesure et en électronique. D'après le comportement de déclenchement, on fait la distinction entre des coupe-circuits ultrarapides (FF), rapides (F), à action demi-retardée (M), à action retardée (T) et à action super-retardée (TT).

> Les fusibles ne doivent jamais être réparés ou shuntés. Lorsqu'on remplace des fusibles, il faut obligatoirement utiliser un fusible supportant l'ampérage indiqué par le fabricant.

### ■ Les disjoncteurs de protection,
également appelés coupe-circuits automatiques, ont un mécanisme d'arrêt immédiat et à long terme (**fig. 2**). Un interrupteur à bilame devient actif en cas de surcharge du réseau électrique et un interrupteur magnétique coupe immédiatement le circuit électrique en cas de court-circuit.

### ■ Les disjoncteurs-moteurs
sont des interrupteurs qui mettent en marche et arrêtent des moteurs (**fig. 3**). Ils ont également deux mécanismes d'arrêt. Un déclenchement thermique pour la protection de l'enroulement du moteur en cas de sollicitation prolongée et un déclenchement électromagnétique en cas d'intensités de courant élevées mais brèves (protection contre les surcharges).

> Les disjoncteurs-moteurs qui protègent le moteur contre la surcharge et le court-circuit doivent être montés au début de la conduite d'alimentation du moteur. Les fusibles ne doivent jamais être réparés ou shuntés.

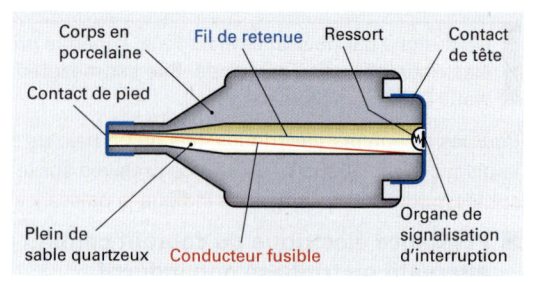

**Fig. 1 : Coupe d'un fusible à visser**

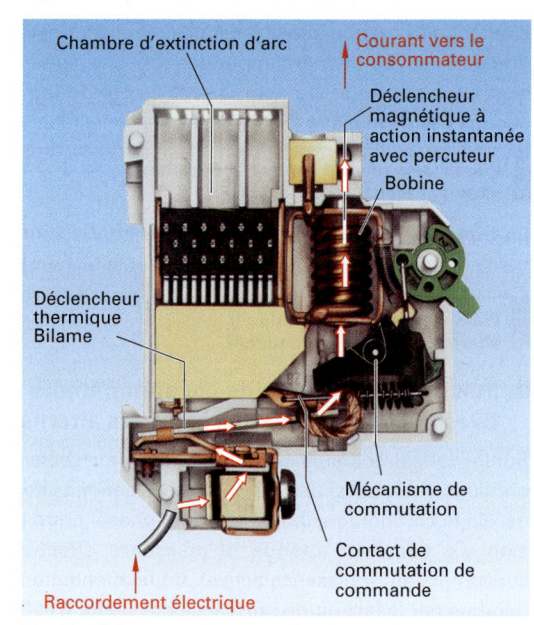

**Fig. 2 : Disjoncteur de protection (ouvert)**

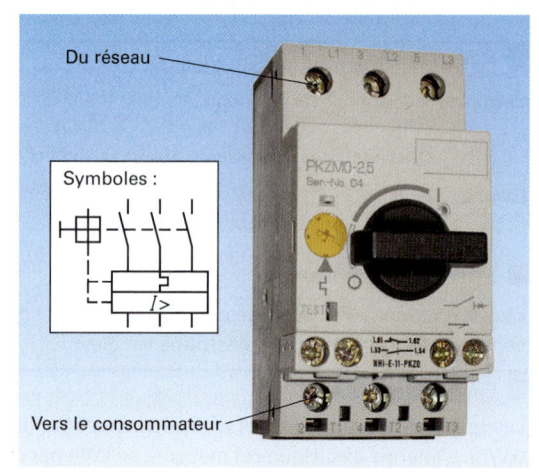

**Fig. 3 : Disjoncteur de protection d'un moteur triphasé**

## 7.6 Défaillances sur les installations électriques

Le courant électrique provoque des accidents par suite de défaillances techniques sur des appareils et des installations, mais surtout en raison d'un défaut d'attention.

### ■ Effets du courant électrique sur le corps humain

Si du courant électrique traverse une personne, par ex. en cas de contact avec un conducteur sous tension, il paralyse les muscles respiratoires à partir d'une certaine intensité de courant. Les conséquences en sont que la personne ne peut pas lâcher le conducteur, elle est prise de crampes, de perturbations de l'équilibre, d'un arrêt cardiaque et respiratoire.

> Des courants avec des intensités de courant supérieures à 50 mA et des tensions alternatives supérieures à 50 V font courir un risque mortel.

Pendant les travaux sur des installations électriques ou après un accident causé par l'électricité, il faut respecter les **cinq consignes essentielles pour la sécurité,** dont il faut obligatoirement respecter l'ordre **(tableau 1).**

Tableau 1 : Règles de sécurité sur les installations ou machines qui sont sous tension

| | | |
|---|---|---|
| 1. | Déclenchement | Désactiver tous les conducteurs non mis à la terre, déconnecter les coupe-circuits automatiques, poser des panneaux d'interdiction |
| 2. | Verrouiller pour empêcher toute remise en marche | Enlever et mettre de côté les fusibles, verrouiller (par un cadenas) les commutateurs, emmener les cartouches fusibles |
| 3. | Déterminer l'absence de tension | Par un électricien spécialisé muni d'instruments de ou détecteur de tension |
| 4. | Mettre à la terre et court-circuiter | Les pièces sur lesquelles on envisage de travailler doivent être préalablement mises à la terre, puis court-circuitées |
| 5. | Pièces voisines sous tension | Il faut éviter que des personnes qui travaillent avec des outils ou d'autres dispositifs sur des pièces conductrices risquent de toucher des pièces sous tension, donc elles doivent porter des tenues de protection, par ex. casque de protection et gants de sécurité |

### ■ Défaillances sur des installations électriques

Des défauts d'isolement peuvent provoquer sur des installations électriques un court-circuit, un contact à la terre, un contact avec un conducteur ou un court-circuit à la masse **(fig. 1).**

Un **court-circuit** se produit entre deux conducteurs électriques sous tension s'ils se touchent sans isolement. Le fusible monté en amont coupe le grand courant de court-circuit qui en résulte.

Un **contact à la terre** se produit suite à une liaison directe entre un conducteur sous tension et la terre, par ex. des pièces mises à la terre. Là aussi, le fusible coupe le courant de contact à la terre.

Un **contact avec un conducteur** se produit par ex. suite à un shuntage défectueux d'un commutateur, si bien que l'installation ne peut pas être mise hors tension.

Lorsqu'une personne **touche un appareil avec un court-circuit à la masse,** le courant la traverse avant de s'écouler vers la masse **(fig. 2).** L'intensité du courant différentiel résiduel dépend de la résistance du corps humain et de la conductivité de la liaison avec la masse. Si la personne en contact avec ce courant est reliée à un conducteur bien relié à la masse (conduite d'eau, de gaz ou de chauffage), un courant d'une intensité dangereuse peut la traverser **(fig. 3).**

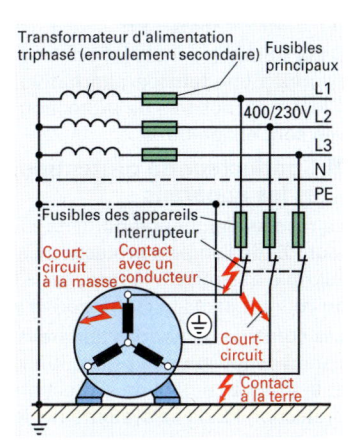

Fig. 1 : Court-circuit, contact à la terre, contact avec un conducteur, court-circuit à la masse

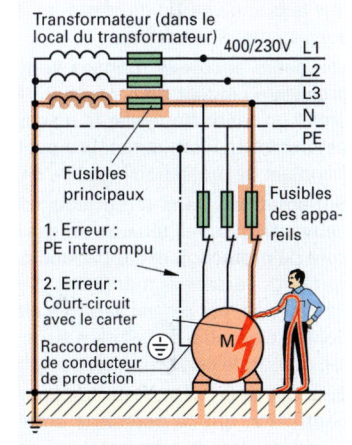

Fig. 2 : Tension de contact

Fig. 3 : Circuit de courant différentiel résiduel

## 7.7 Mesures de protection sur les machines électriques

Dans toutes les installations sous tensions de fonctionnement supérieures à une tension alternative de 50 V ou une tension continue de 120 V, des mesures de protection contre la tension de contact trop élevée sont obligatoires.

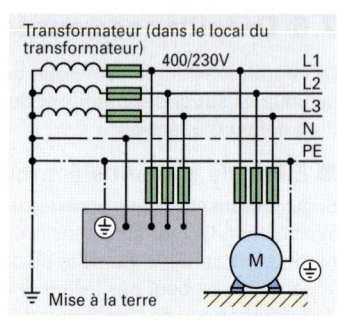

### ■ Conducteur de protection dans le réseau d'alimentation et les appareils

Le réseau d'alimentation dans tous les bâtiments contient un conducteur **PE** (de l'anglais **p**rotection **e**arth = protection par mise à la terre). Il est relié à la mise à la terre dans les fondations du bâtiment et permet au courant parasite d'être dérivé vers la terre (**fig. 1**).

Les corps de boîtier des appareils électriques raccordés sont raccordés par un conducteur de protection vert-jaune dans le câble d'alimentation et la prise à contact de protection est raccordée avec le conducteur de protection PE de ce système de ligne (**fig. 2**).

S'il existe un court-circuit à la masse dans l'appareil, le courant différentiel résiduel peut s'écouler par l'intermédiaire d'un conducteur PE. Si une personne touche le boîtier de l'appareil sous tension, seul un faible courant traverse le corps humain avec sa résistance élevée, pendant que la grande partie du courant s'écoule par le conducteur de protection avec sa petite résistance.

Les petits appareils mobiles sont raccordés par un **connecteur multibroches à contact de protection** (fig. 2). La ligne de raccordement comprend un conducteur aller et un conducteur retour ainsi qu'un conducteur de protection (vert-jaune). Les petits appareils stationnaires ont une fiche à contact de protection installée en permanence sur l'appareil.

**Surisolation.** Dans la surisolation, toutes les pièces métalliques qui peuvent être sous tension en cas de défaillance sont isolées. Cette mesure de protection est appliquée par ex. sur les rasoirs électriques et sur certaines perceuses manuelles. Sur les foreuses à surisolation, la broche de perçage, par ex. est séparée électriquement du moteur par une roue dentée en matière plastique sur son jeu d'engrenages. Le carter et l'interrupteur de cette foreuse doivent également être isolés.

**Très basse tension.** Pour les appareils électriques avec lesquels on ne peut éviter que la personne entre en contact avec des pièces conductrices, seules de très basses tensions doivent être utilisées pour des raisons de sécurité. Les appareils de soudage électriques dans des chaudières et des locaux où la place est restreinte ne doivent pas excéder 50 V au maximum. Sur les sonneries et les jouets pour enfants, la tension ne doit pas dépasser 25 V.

### ■ Identification des mesures de protection

Les mesures de protection électriques sur les appareils sont indiquées par des symboles sur la plaque signalétique de l'appareil (**tableau 1**).

### ■ Protection par séparation

Avec la protection par séparation, un transformateur est connecté entre le réseau et le consommateur (**fig. 3**). Ce transformateur obtient qu'une petite tension de transformateur et non la haute tension du réseau d'alimentation est appliquée au consommateur. Sur le côté de la sortie du transformateur, **seul un consommateur** peut être raccordé. La protection par séparation est appliquée par ex. sur les vibreurs pour béton, les rectifieuses à arrosage, lors des travaux sur les installations de soudage ou les prises de courant des rasoirs dans les salles de bain.

**Fig. 1 : Conducteur de protection PE du réseau d'alimentation**

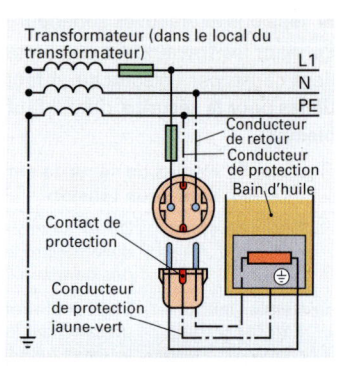

**Fig. 2 : Fiche à contact de protection et conducteur de protection dans l'appareil**

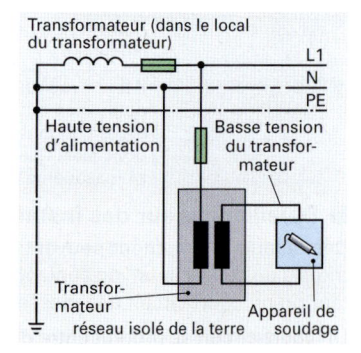

**Fig. 3 : Protection par séparation avec transformateur**

**Tableau 1 : Symboles pour mesures de protection**

| Symbole | Classe de sécurité | Applications |
|---|---|---|
| ⏚ | Classe de sécurité I<br>Mesures de protection avec **conducteur de protection** | Appareils avec boîtiers métalliques, tels que moteurs électriques |
| ▫ | Classe de sécurité II<br>Surisolation<br>Aucune jonction pour conducteur de protection | Appareils avec boîtiers en plastique, tels que les perceuses portatives |
| ⚠ | Classe de sécurité III<br>Très basse tension de protection | Petits appareils avec des tensions nominales jusqu'à 50 V AC ou 120 V DC |

## ■ Disjoncteurs de protection contre le courant différentiel résiduel (disjoncteurs différentiels)

Les disjoncteurs de protection contre le courant différentiel résiduel sécurisent un appareil individuel ou une pièce contre un court-circuit à la masse en installant le disjoncteur dans le boîtier de commande de l'installation (**fig. 1**). Pour de nombreuses zones dans les bâtiments, comme par exemple dans les pièces humides ou les zones extérieures, les disjoncteurs FI sont prescrits.

La fonction du disjoncteur FI repose sur la mesure de l'intensité dans la ligne d'alimentation et le conducteur de retour de courant. En fonctionnement sans défaut, l'intensité de courant dans la ligne d'alimentation est égale à celle du conducteur de retour. En cas de dommage causé par le court-circuit à la masse, une partie du courant de retour s'écoule toutefois par la masse. Le disjoncteur FI réagit à la différence de courant et désactive alors le raccordement de l'appareil en l'espace de 0,2 s. Un courant différentiel résiduel peut être simulé par la touche d'essai T; si on l'active, l'interrupteur de protection doit se déclencher.

**Fig. 1 : Disjoncteur de protection contre le courant différentiel résiduel**

## ■ Protection fournie par l'équipement du boîtier de l'appareil (indices de protection IP)

Les appareils et les installations électriques doivent être protégés par leur type de boîtier contre un contact accidentel, des corps étrangers ou de l'eau, en fonction de leur utilisation et leur lieu d'installation. Les types de protection sont décrits par une abréviation qui est constituée par la lettre d'identification **IP** (**I**nternational **P**rotection = protection internationale) et deux autres chiffres désignant le degré de protection (**tableau 1**). Si le type de protection d'une pièce d'un appareil diverge de celui d'une autre pièce, il faudra indiquer les deux, par ex. moteur IP 21, boîte à bornes IP 54.

### Tableau 1: Types de protection des dispositifs électriques

| 1er chiffre | Protection contre le contact et les corps étrangers | 2ème chiffre | Protection contre l'eau |
|---|---|---|---|
| 0 | pas de protection particulière | 0 | pas de protection particulière |
| 1 | contre la pénétration d'objets solides ($\varnothing$ > 50 mm) | 1 | contre l'égouttement vertical d'eau |
| 2 | contre la pénétration d'objets solides ($\varnothing$ > 12 mm) | 2 | contre l'égouttement vertical d'eau; moyen d'exploitation basculé jusqu'à 15 degrés |
| 3 | contre la pénétration d'objets solides ($\varnothing$ > 2,5 mm) | 3 | contre les éclaboussures d'eau jusqu'à 60 degrés par rapport à la verticale |
| 4 | contre la pénétration d'objets solides ($\varnothing$ > 1 mm) | 4 | contre les projections d'eau provenant de toutes les directions |
| 5 | contre la poussière; protection totale contre le contact | 5 | contre les projections d'eau provenant de toutes les directions |
| 6 | protection totale contre la poussière; protection totale contre le contact | 6 | contre les jets d'eau, la mer agitée |
| | | 7 | contre l'immersion dans des conditions de pression et de temps |
| | | 8 | contre l'immersion permanente |

**Exemple :** Moteur avec type de protection IP44 = protection contre la pénétration de corps solides > 1 mm et protection contre les éclaboussures d'eau provenant de toutes les directions.

Les types de protection IP de luminaires, d'appareils de chauffage, d'appareils à moteur électrique, d'outils électriques et d'appareils électriques médicaux peuvent aussi être indiqués par des symboles (**tableau 2**).

### Tableau 2: Symbole des types de protection IP

| Symbole | Type de protection | Identifiant IP | Symbole | Type de protection | Identifiant IP |
|---|---|---|---|---|---|
| ▼ | Protection contre les gouttes d'eau | IP31 | ▼▼ | imperméable à l'eau | IP67 |
| ▼ (dans cadre) | Protection contre l'eau de pluie | IP33 | ▼▼ …bars | Protection contre l'eau sous pression | IP68 |
| ▼ (triangle) | Protection contre les éclaboussures d'eau | IP54 | ✳ | Protection contre la poussière | IP5X (X = symbole absent) |
| ▼▼ (triangles) | Protection contre les jets d'eau | IP55 | ▦ | imperméable à la poussière | IP6X |

## 7.8 Consignes relatives au maniement des appareils électriques

La plupart des accidents électriques à issue mortelle sont imputables à des connexions mâle-femelle et à des conducteurs défectueux. C'est pourquoi les **consignes** suivantes doivent être respectées :

> **Consignes relatives au maniement des lignes et appareils électriques**
> - Les conducteurs et les connecteurs mâle-femelle défectueux doivent être manipulés sans tension.
> - Les appareils et les machines défectueux doivent immédiatement être mis hors service avec l'interrupteur d'arrêt d'urgence ou l'interrupteur principal de la machine.
> - La mise en service, la modification et la réparation des machines électriques doivent uniquement être effectuées par un électricien qualifié.
> - Les fiches doubles ou triples sont interdites.
> - Les conducteurs ne doivent pas être raccommodés ou prolongés, par ex. par raccordement de force ou par isolation de fortune.
> - Les conducteurs nus ou gainés sous tension, par ex. les lignes aériennes, ne doivent pas être touchés, y compris indirectement par des outils, des barres de fer ou des flèches de grue.

Les appareils électriques, les connecteurs mâle-femelle et les conducteurs doivent être conformes aux **prescriptions VDE** (VDE = **V**erband **D**eutscher **E**lektrotechniker (Fédération allemande de l'électrotechnique)) ou aux directives de l'UE. Seuls les appareils portant la marque d'homologation VDE ou EU doivent être utilisés **(fig. 1)**.

### ■ Connecteurs mâle-femelle

Les appareils électriques mobiles à faible puissance, tels qu'une perceuse à main ou une lampe de travail sont connectés au réseau d'alimentation de 230 V avec une fiche à contact de protection en caoutchouc. Pour les appareils électriques plus puissants, tels qu'un sèche-linge mobile, on emploie des connecteurs mâle-femelle ronds conformes à la norme **CEE** (CEE = Internationale **C**ommission für Regeln zur Begutachtung **E**lektrischer **E**rzeugnisse (Commission internationale pour les règles relatives à l'évaluation des produits électriques)) **(fig. 2)**.
Il existe une variété de connecteurs mâle-femelle CEE pour 3, 4 et 5 pôles ainsi que les différentes tensions et types de courant. L'impossibilité de toute confusion est assurée par une rainure/ un ressort et un diamètre plus grand de la tige de mise à la terre. Les machines et les installations fixes, telles que les moteurs électriques, sont connectées au réseau d'alimentation par un câblage fixe.
Les moteurs électriques ont par exemple une boîte de connexions, dans laquelle les lignes électriques et les différents pôles sont fixés de façon permanente à l'aide de bornes à vis **(fig. 3)**. Le raccordement d'un moteur électrique doit uniquement être effectué par des électriciens qualifiés.

**Fig. 1 :** Marques de contrôle et de protection pour les appareils électriques

**Fig. 2 :** Connecteurs mâle-femelle pour l'industrie

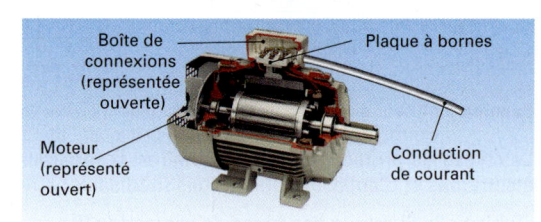

**Fig. 3 :** Raccordement électrique d'un moteur

---

**Répétition et approfondissement**

1. Quels sont les conducteurs d'un réseau à courant alternatif ou à courant triphasé et combien sont-ils ?
2. Avec quelle équation calcule-t-on la puissance d'un courant triphasé ?
3. Comment calcule-t-on l'énergie électrique consommée d'un appareil électrique ?
4. Quels types de fusibles y-a-t-il et où sont-ils installés ?
5. Comment se produisent les courts-circuits, les contacts à la terre, les contacts avec un conducteur et les court-circuits à la masse ?
6. Quelle protection offre un conducteur de protection dans le réseau d'alimentation avec un court-circuit à la masse dans l'appareil ?
7. Quel symbole portent les appareils électriques avec conducteur de protection ?
8. Comment fonctionnun un disjoncteur différentiel ?
9. Quelles dispositifs de protection ont les fiches CEE ?

## 7.9 Practise your English

### ■ Electrical Engineering

Almost all machinery, devices and equipment in advanced manufacturing, transportation, information and communication technology include electrical components. Within these systems the electrical energy is converted into other forms of energy, such as mechanical energy or thermal energy.

### ■ Important technical terms in electrical engineering

#### The closed circuit
Electric current can only flow when the electrical circuit is closed. The circuit consists of a power source (e.g. socket), live and negative conductor (e.g. copper wires) and an electrical device (e.g. motor).

#### The electrical voltage
Electric voltage is produced by the separation of positive and negative charge carriers. Examples of power sources are batteries or the power grid of the energy supplier. $E$ is the voltage in Volts (V).

#### The electric current
Electric current is defined as the flow of electrons through conductors in a closed circuit. Electricity cannot be seen, you can recognize it only on its effects. It heats the conductor. It causes a magnetic field in the area around it. It lights gas and separates conductive liquids. The electric current $I$ has the unit ampere (A).

#### The electrical resistance
Electrical resistance is the measurement of the interference of flowing electrons in electrical conductors. It depends on the material of the electrical conductor (e.g. copper or gold), the length and the cross section of the conductor.
Rule: the longer and the smaller the cross section of the conductor, the larger the electric resistance. The electrical resistance $R$ is measured in ohms ($\Omega$).

#### Ohm's Law
Ohm's law describes the correlation between electric current, electrical voltage and electrical resistance in a closed circuit.

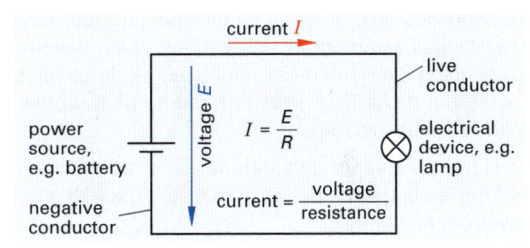

**Figure 1: Electrical Circuit**

$$I = \frac{E}{R}$$

$$current = \frac{voltage}{resistance}$$

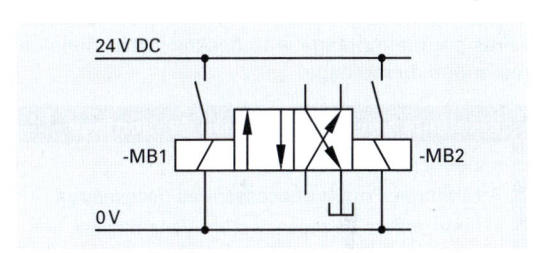

**Figure 2: Circuit of a magnetic valve**

**Sample:** The coil of a solenoid valve -MB1 has a resistance $R = 48\,\Omega$ (Fig 2). Calculate the current $I$ in the closed circuit.

**Solution:** $I = \frac{E}{R} = \frac{24\,V}{48\,\Omega} = 0{,}5\,A = 500\,mA$

### ■ How to handle electrical devices

To avoid accidents with electrical appliances note the following:
- Damaged cables, connectors and devices should be immediately removed from use.
- Changes to and repair of electrical appliances should only be carried out by a qualified electrician.
- Cables must not be patched or extended.
- When replacing fuses on electrical devices or systems the correct fuse rating must be used.
- Electrical appliances, connectors and cables must comply with VDE regulations and should have the VDE test mark (**Figure 3**).

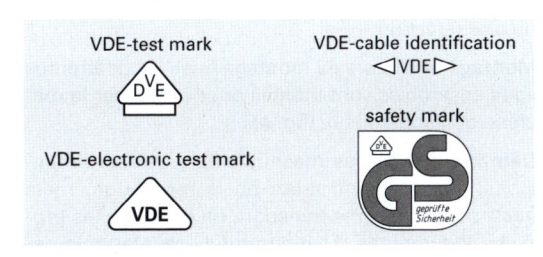

**Figure 3: VDE-test mark**

# 8 Montage, mise en service, entretien

## 8.1 Technique de montage

Le montage en construction mécanique inclut toutes les activités qui sont nécessaires pour fabriquer un produit prêt à l'emploi à partir de pièces usinées en interne ou achetées à des tiers.

### 8.1.1 Planification du montage

**■ Conditions préalables**

La planification du montage commence dès la conception. Le concepteur doit configurer les pièces individuelles de manière à ce qu'elles puissent être assemblées aisément et rapidement, et au besoin, démontées ultérieurement. Ainsi, par ex. le palier à roulement de la **fig. 1** peut être monté plus rapidement si l'arbre est étagé.

L'assurance qualité doit garantir que les pièces à monter s'acquittent de leurs tâches et soient nettoyées et ébavurées.

**■ Plan de montage**

Le plan de montage inclut à la fois les dessins nécessaires pour le montage et toutes les instructions de réalisation du montage.

| Eléments constitutifs du plan de montage |
|---|
| • Séquence d'assemblage |
| • Montages, outils et accessoires nécessaires |
| • Instruments de mesure et moyens d'essai |
| • Temps alloué pour le montage |

La planification du montage englobe aussi la mise à disposition, sur le lieu de montage et au temps prescrit, de tout ce que nécessite le montage (**fig. 2**).

**■ Phases du montage**

**Montage de sous-ensembles.** Dans bien des cas, il est utile de monter d'abord les différentes pièces appartenant à des **sous-ensembles (fig. 3)**. Pour garantir la précision et donc l'utilité d'une machine, on vérifie dès le montage des sous-ensembles la position respective des différentes pièces. Il faut remédier aux divergences constatées par un ajustement ou une réfection.

**Montage final.** Lors du montage final, les différentes sous-ensembles sont montés pour constituer la machine ou l'appareil fini **(fig. 4)**.

**Démontage.** Sur les machines de grandes dimensions, pour la vérification ou la réparation, mais aussi pour faciliter le transport, on démonte les produits déjà montés. Tout comme le montage, le démontage doit être planifié avec précision.

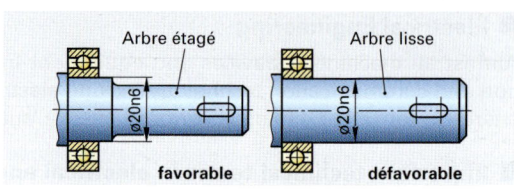

Fig. 1 : Structure adaptée au montage

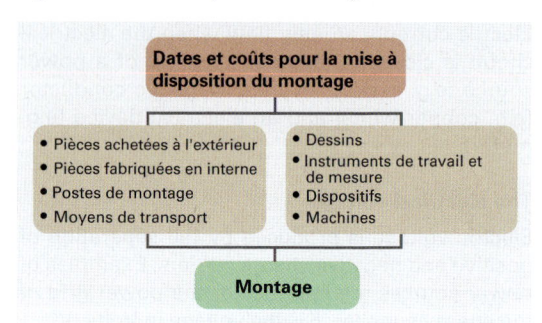

Fig. 2 : Planification du montage

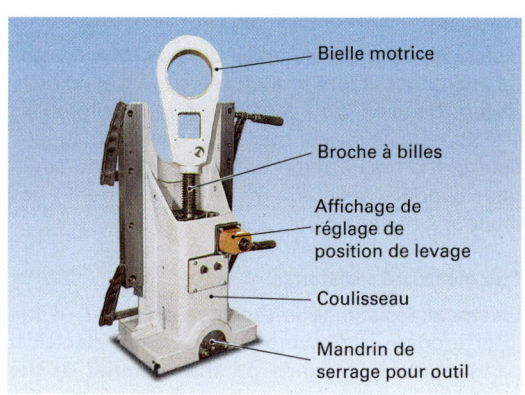

Fig. 3 : Sous-ensemble coulisseau de presse à excentrique

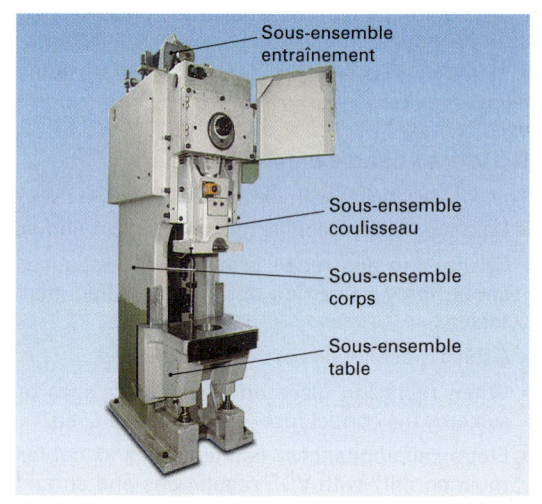

Fig. 4 : Presse à excentrique entièrement assemblée

## 8.1.2 Formes d'organisation du montage

### ■ Déroulement du montage ramifié et non ramifié

Dans le montage non ramifié, les travaux de montage sont accomplis successivement **(fig. 1)**, dans le montage ramifié, certains travaux sont aussi accomplis en parallèle **(fig. 2)**.

### ■ Principe des flux

Avec le **montage en flux**, des courroies transporteuses ou des voies suspendues assurent le déplacement du plan de travail sur lequel sont montées les parties à assembler ex : fabrication de grande série dans l'industrie automobile. Sur une **ligne d'assemblage (fig. 3)**, les produits à monter sont déplacés et passent devant les ouvriers pour être assemblées par opérations successives, ex : montage final de boîte à vitesses.

### ■ Disposition des machines-outils selon les procédés de fabrication

Grâce au **montage périodique de sous-ensembles**, on fabrique en série par exemple des fraiseuses. Les ouvriers se déplacent alors d'un poste de montage stationnaire à l'autre selon des temps de cycle prédéfinis **(fig. 4)**.

Lors du **montage sur chantier**, l'assemblage s'effectue dans un lieu fixe. On monte ainsi par ex. les grandes machines-outils et les presses **(fig. 5)**. L'avantage est que les lourdes pièces des machines n'ont pas besoin d'être déplacées pendant le processus de montage. L'inconvénient est que les pièces individuelles ou les sous-ensembles prémontés et les dispositifs doivent être acheminés sur le lieu de montage.

### Groupes de montage

Les temps de fabrication lors du montage en flux sont plus courts que ceux du montage stationnaire, car les ouvriers accomplissent toujours le même travail avec moins d'opérations. Pour éviter ce travail souvent monotone, plusieurs ouvriers peuvent être regroupés pour constituer une équipe de montage. Un tel groupe monte par ex. un sous-ensemble ou toute une machine.

## 8.1.3 Automatisation du montage

Le montage se fait généralement manuellement, car les processus de montage sont plus difficiles à automatiser. Une automatisation ne se justifie que pour la fabrication en grandes séries. Ainsi, par ex. dans la construction automobile, les pare-brise des voitures sont collés par des robots.

L'automatisation du montage doit :
- améliorer la qualité des produits
- raccourcir les temps de montage
- accroître la productivité du travail

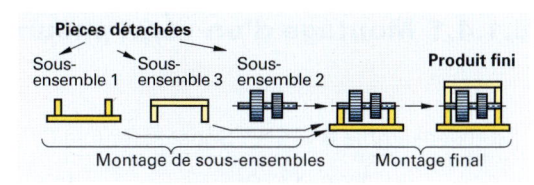

Fig. 1 : Déroulement linéaire du montage

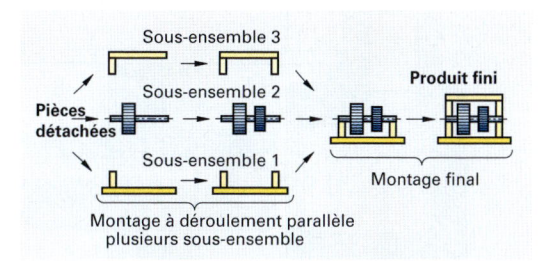

Fig. 2 : Déroulement ramifié du montage

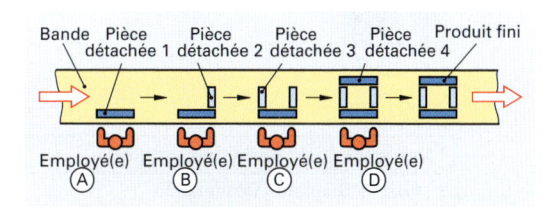

Fig. 3 : Ligne d'assemblage

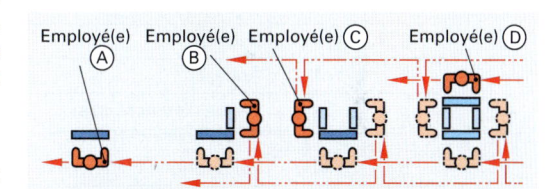

Fig. 4 : Montage périodique

Fig. 5 : Montage stationnaire d'un tour CNC

## 8.1.4 Exemples de montage

### 8.1.4.1 Montage d'un vérin pneumatique

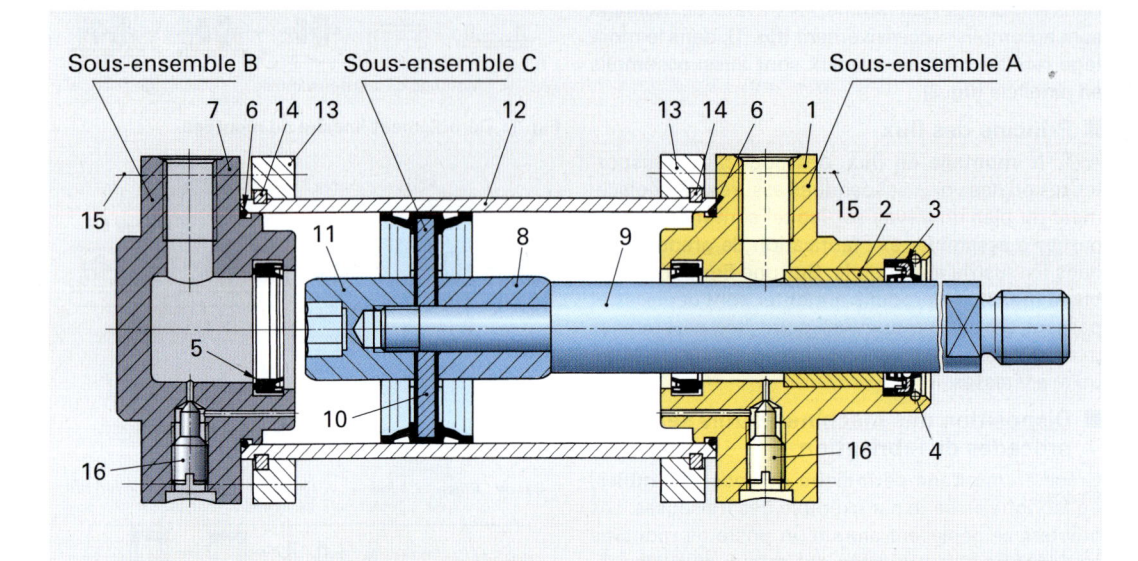

**Fig. 1 : Vérin pneumatique – Dessin d'ensemble et nomenclature**

| Pos. | Quantité | Désignation | Pos. | Quantité | Désignation |
|---|---|---|---|---|---|
| 1 | 1 | Couvercle avant | 9 | 1 | Tige de piston |
| 2 | 1 | Douille de guidage | 10 | 1 | Piston |
| 3 | 1 | Racleur | 11 | 1 | Piston d'amortissement |
| 4 | 1 | Anneau | 12 | 1 | Cylindre |
| 5 | 2 | Bague d'étanchéité et d'amortissement | 13 | 2 | Bride de cylindre |
| 6 | 2 | Joint torique d'étanchéité | 14 | 2 | Circlip |
| 7 | 1 | Couvercle inférieur | 15 | 8 | Vis à tête cylindrique |
| 8 | 1 | Piston d'amortissement | 16 | 2 | Vis d'amortissement |

Le vérin pneumatique **(fig. 1)** se compose des sous-ensembles A (culasse de cylindre), B (fond de cylindre) et C (piston). Chaque sous-ensemble est d'abord monté séparément. Ensuite, les sous-ensembles sont assemblés avec d'autres pièces pour créer le vérin pneumatique.

### ■ Sous-ensemble A

On assemble d'abord la douille de guidage (2) légèrement graissée sur le diamètre extérieur à l'aide d'une presse hydraulique avec le couvercle avant (1) **(fig. 1, p. suivante)**. On utilise comme auxiliaire un axe étagé qui centre la douille sur son diamètre intérieur. Ensuite, le racleur (3) est poussé à l'aide d'une douille jusqu'à ce qu'il repose dans le lamage graissé. Sa position est immobilisée par un anneau (4).

La **bague d'étanchéité d'amortissement** (5), qui est en matière plastique élastique, est comprimée à la main et insérée dans le perçage. Dès qu'on la relâche, elle se centre dans la rainure, dans laquelle elle doit avoir un faible jeu axial. Ensuite, un **joint torique** (6) préalablement graissé est posé dans la rainure du couvercle avant prévue à cet effet. Ce joint ne doit pas être endommagé pendant le montage.

# Technique de montage

## ■ Sous-ensemble B

Le sous-ensemble B se compose du **couvercle de fond** (7) et des **garnitures d'étanchéité** (5) et (6) **(fig. 2)**. Celles-ci sont montées comme les garnitures correspondantes du sous-ensemble A.

## ■ Sous-ensemble C

Le sous-ensemble C comporte toutes les pièces qui sont fixées à demeure sur le piston (10) **(fig. 3)**.

Pour commencer, le **piston d'amortissement** (8) est glissé, légèrement graissé, sur la **tige de piston** (9). Le **piston** (10), qui se compose d'une rondelle métallique enveloppée de caoutchouc et comporte deux lèvres d'étanchéité, est également poussé sur la tige de piston. Pour finir, le **piston d'amortissement** (11) est vissé sur le filetage de la tige de piston, et serré avec la clé à six pans avec le couple prescrit. Pour la contre-poussée, on utilise une clé à fourche qui est appliquée sur la surface de clé de la pièce 9. De ce fait, les pièces sont serrées uniformément, et le piston (10) est rendu étanche sur les faces frontales des pistons d'amortissement (8) et (11).

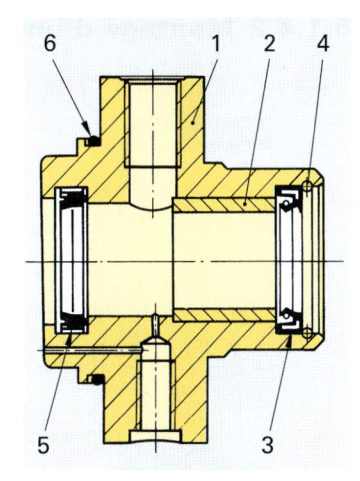

Fig. 1 : Sous-ensemble A

## ■ Montage de finition (montage final)

**Ordre séquentiel.** On commence par faire glisser les **brides de cylindre** (13) sur le **cylindre** (12), et par insérer les **circlips** (14) dans la rainure usinée dans le cylindre **(fig. 1, p. précédente)**.

Avant le montage du sous-ensemble C dans le sous-ensemble A, la tige de piston (9) est graissée, puis enfoncée dans la douille de guidage (2) du couvercle avant. Il faut particulièrement veiller ici à ce que les joints ne soient pas endommagés.

Ensuite, les compartiments de lubrifiant dans le piston (10) sont remplis de graisse. Ces compartiments se trouvent entre les lèvres d'étanchéité et la pièce de guidage, et ils sont subdivisés en de nombreuses poches par des entretoises disposées axialement. Le piston relié par la tige de piston au sous-ensemble A est maintenant enfoncé avec précaution dans le cylindre (12), pour ne pas endommager la lèvre d'étanchéité du piston, et il est poussé avec le couvercle avant dans l'alésage du cylindre jusqu'à ce que la face frontale du cylindre, dont l'alésage chanfreiné est étanché par le joint torique d'étanchéité (6), repose sur le couvercle avant (1).

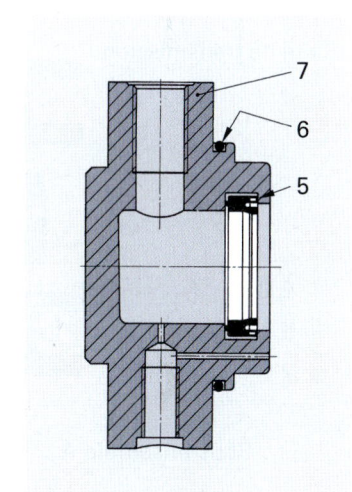

Au moyen de **4 vis cylindriques** (15) qui sont serrées en croix, d'abord légèrement, puis plus vigoureusement, et finalement à fond, au couple prescrit, le couvercle avant est vissé sur la bride cylindrique.

De même, le sous-ensemble B est vissé sur la bride cylindrique.

**Contrôle final.** Le **contrôle final** commence par la **vérification de la souplesse de marche**. Pour ce faire, le piston est amené sur ses fins de course par déplacement axial de la tige de piston.

Après le **serrage des vis d'amortissement** (16), on procède à l'**essai d'étanchéité**. Tous les éléments d'étanchéité sont d'abord testés quant à l'étanchéité à une pression d'environ 1 bar; ensuite, les deux compartiments cylindriques sont testés à une pression de 6 bars.

Lors de l'**essai de fonctionnement qui suit**, l'amortissement en fin de course est réglé par les vis d'amortissement (16). Ces vis sont ensuite verrouillées par déformation mécanique du bord supérieur du lamage, pour éviter qu'elles ne soient perdues.

Après le **collage des plaques signalétiques**, les vérins à air comprimé sont placés dans des feuilles plastiques avant leur expédition.

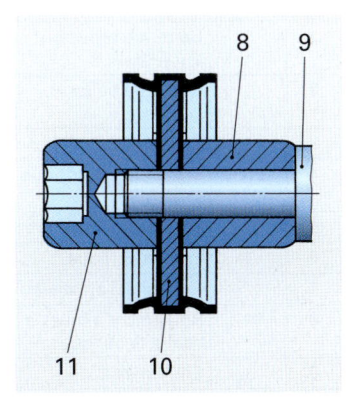

Fig. 2 : Sous-ensemble B

Fig. 3 : Sous-ensemble C

## 8.1.4.2 Montage d'une transmission à pignons coniques

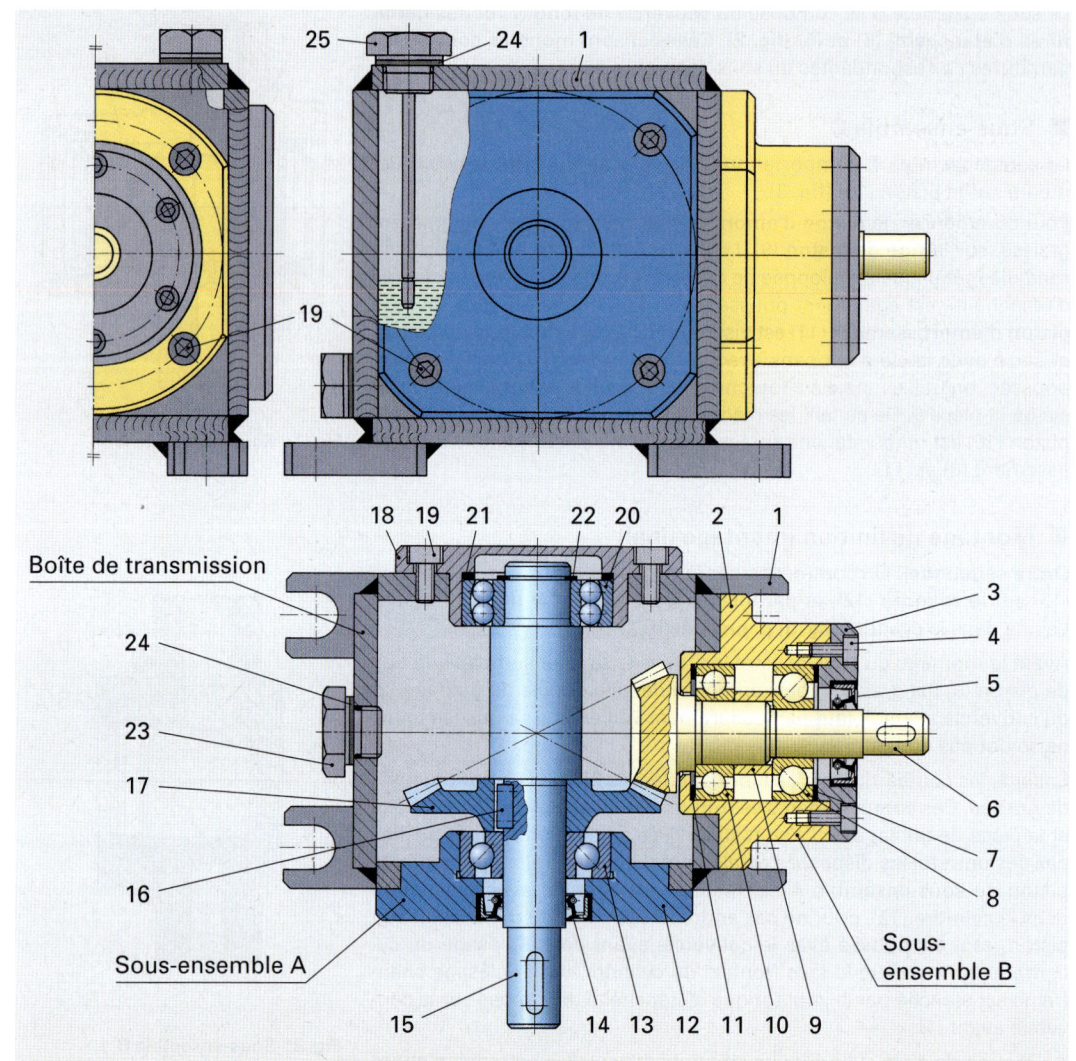

**Boîte de transmission**

**Sous-ensemble A**

**Sous-ensemble B**

| Nomenclature : transmission à pignons coniques ||||||||
|---|---|---|---|---|---|---|---|
| Pos. | Quantité | Désignation | Pos. | Quantité | Désignation | Pos. | Quantité | Benennung |
| 1 | 1 | Carter de réducteur | 10 | 1 | Roulement à billes rigide | 19 | 12 | Vis à tête cylindrique |
| 2 | 1 | Carter de palier | 11 | 1 | Rondelle d'ajustage | 20 | 1 | Roulement à rotule sur billes |
| 3 | 1 | Chapeau de palier | 12 | 1 | Carter de palier | 21 | 1 | Disque d'espacement à ressort |
| 4 | 6 | Vis à tête cylindrique | 13 | 1 | Roulement à billes à contacts obliques | | | |
| 5 | 1 | Joint radial pour arbre | 14 | 1 | Joint radial pour arbre | 22 | 1 | Circlip |
| 6 | 1 | Pignon conique | 15 | 1 | Arbre | 23 | 1 | Bouchon de vidange |
| 7 | 1 | Rondelle d'ajustage | 16 | 1 | Clavette | 24 | 2 | Joint d'étanchéité plat |
| 8 | 1 | Roulement à billes à contacts obliques | 17 | 1 | Roue conique | 25 | 1 | Bouchon de remplissage avec jauge de niveau |
| 9 | 1 | Entretoise | 18 | 1 | Carter de palier | | | |

**Fig. 1 : Transmission à pignons coniques – Dessin d'ensemble et liste de pièces**

# Technique de montage

La transmission à pignons coniques (**fig. 1, p. précédente**) est prémontée en deux sous-ensembles, puis entièrement montée.

## Règles générales pour le montage de transmissions

- Sur les carters de transmissions soudés, les points de soudure et les surfaces internes du carter doivent être nettoyés.
- Les bavures de moulage doivent être enlevées et toutes les arêtes doivent être cassées.
- Après le nettoyage, les surfaces intérieures des carters doivent être revêtues d'une couche de protection.
- Les dimensions des arbres et des carters doivent être vérifiées avant le montage.
- Les tolérances de formes des surfaces d'ajustage et la rugosité des alésages de roulement doivent être contrôlées.
- Le poste de montage doit être exempt de poussières.
- L'huile de protection anticorrosion présente sur les paliers à roulement doit être essuyée avant le montage.

## ■ Sous-ensemble A

Le sous-ensemble A comporte tous les composants qui doivent être assemblées avec l'arbre (15) avant le montage final (**fig. 1**). Le montage s'effectue selon le schéma de montage du sous-ensemble A (**tableau 1**).

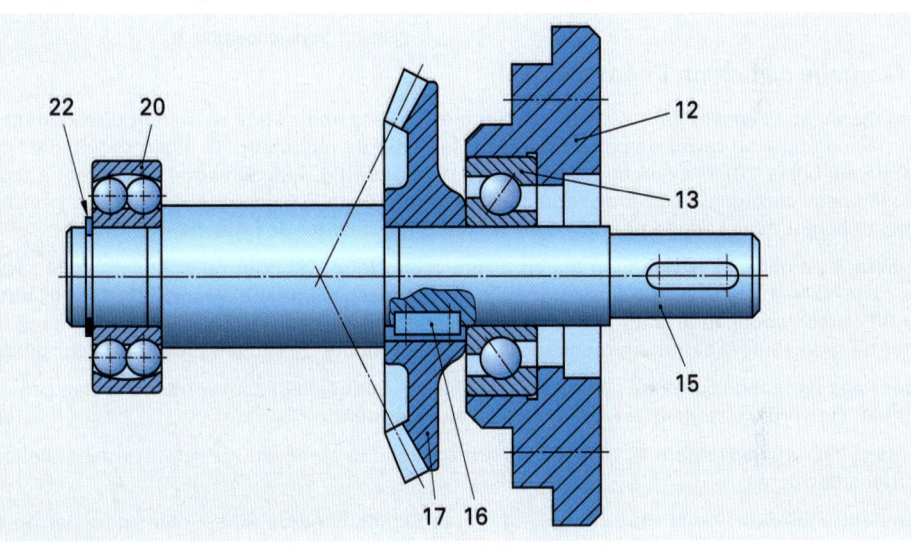

Fig. 1 : Sous-ensemble A

**Tableau 1 : Plan de montage du sous-ensemble A**

| N° | Opération | Moyen de production | Consigne de montage |
|---|---|---|---|
| 1 | Le cas échéant, ébavurer chacune des pièces, les nettoyer et vérifier qu'elles sont complètes. | | |
| 2 | Monter la clavette (16) dans l'arbre (15) | | |
| 3 | Enfoncer la roue conique (17) sur l'arbre (15) | Presse hydraulique, installer la douille de montage | Huiler légèrement l'arbre, la rainure de clavette en face de la clavette |
| 4 | Enfoncer le palier à roulement (13) sur l'arbre (15) | Appareil de préchauffage, Presse hydraulique, Douille de montage | Température maxi. du palier à roulement 100 °C, la force de liaison doit porter sur l'anneau intérieur. Contrôler le jeu du palier à roulement |
| 5 | Enfoncer le palier à roulement (20) sur l'arbre (15) | comme pour le N°4 | comme pour le N°4 |
| 6 | Monter le circlip (22) | Pince extensible | |
| 7 | Pousser le carter du palier (12) sur le palier à roulement (13) | | Huiler légèrement l'alésage |
| 8 | Vérifier la facilité de mouvement de l'arbre (15) | | |

## ■ Sous-ensemble B

Le sous-ensemble B comprend les pièces qui doivent être montées dans le **carter de palier** (2). Il s'agit des pièces 2 – 6 – 8 – 9 – 10 – 11 **(fig. 1)**. Après l'insertion de **la rondelle** (11) qui peut être remplacée, lors du montage final, par une autre rondelle, le **roulement à billes à gorges profondes** (10) est poussé dans l'alésage du carter de palier jusqu'à ce qu'il n'y ait plus de jeu entre les pièces 10 – 11 – 2.

**L'entretoise** (9), qui transmet la force axiale vers la bague intérieure du **roulement à billes à contacts obliques** (8), est insérée sur le **pignon conique** (6) puis on introduit le **roulement à billes à contacts obliques** (8).

**Insertion du pignon conique** (6), la bague intérieure du **roulement à billes** (10) est soutenue par une douille.

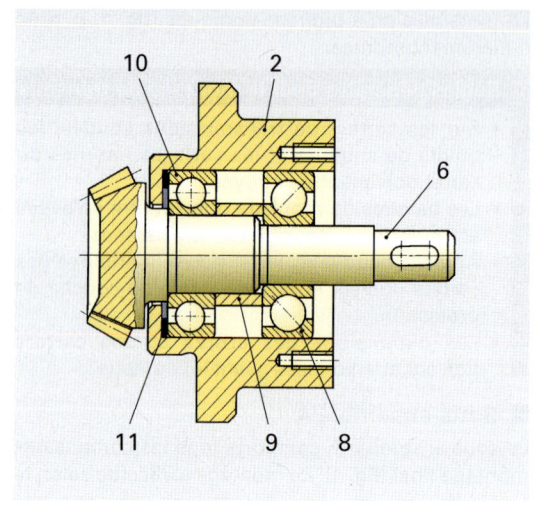

Fig. 1 : Sous-ensemble B

## ■ Montage de finition (montage final)

**Montage du sous-ensemble A.** Le sous-ensemble A, après application d'un joint d'étanchéité liquide sur la surface d'appui du **carter de palier** (12) et sur le **carter de réducteur** (1), est introduit avec le **roulement à rotule sur billes** (20) à l'avant dans le **carter de réducteur (fig. 1, p. suivante)**. Le carter de palier est alors poussé dans l'alésage du carter de réducteur, et tourné de telle façon que les trous de passage du carter de palier soient dans l'alignement avec les taraudages du carter de réducteur.

On visse, puis on serre légèrement les **vis à tête cylindrique** (19) pour relier ensemble le carter de palier et le carter de réducteur. Après l'insertion d'un **disque d'espacement à ressort** (21) dans le **carter de palier** (18), et après l'application d'un joint liquide sur son épaulement, celui-ci est poussé dans l'alésage du carter de réducteur, et simultanément sur la bague extérieure du **roulement à rotule sur billes** (20).

Après l'alignement du carter de palier, les vis à tête cylindrique (19) sont serrées des deux côtés au couple adéquat. On vérifie ensuite que l'arbre (15) tourne librement.

**Montage du sous-ensemble B.** Lors de l'insertion dans le carter de réducteur, il faut tenir compte des positions des dents.

Le jeu entre les dents de la roue conique (17) et le pignon conique (6) est déterminé par un assemblage d'essai. On adapte alors la position axiale du pignon conique (6) au moyen d'une rondelle (11) d'épaisseur adéquate.

On commence par pousser le carter de palier (2) dans l'alésage du carter de réducteur jusqu'à ce qu'il repose sur 3 cales de, par ex., 0,8 mm d'épaisseur, qui sont disposés à intervalles réguliers sur la surface droite du carter de réducteur. On vérifie ensuite le libre fonctionnement ou le jeu restant entre les deux roues coniques en faisant tourner rapidement et dans les deux sens le pignon conique (6). Par des essais avec des cales de plus en plus fines, on détermine la cote de montage correcte. A des épaisseurs de cales de, par ex., 0,4 mm, si la libre rotation est encore tout juste garantie, le sous-ensemble B est extrait du carter d'engrenage et démonté, car la rondelle (11) doit maintenant être remplacée par une rondelle plus épaisse de 0,4 mm.

Après remontage du sous-ensemble B, celui-ci est vissé avec 4 vis à tête cylindrique sur le carter de réducteur en ayant préalablement appliqué un joint liquide sur les deux faces.

La détermination de l'épaisseur correcte de la **rondelle** (7) s'effectue ensuite. A l'aide d'une rondelle insérée qui est encore trop épaisse, on détermine à l'aide de cales la distance entre les faces transversales correspondantes du carter de palier (2) et du chapeau de palier (3). En montant une rondelle (7) dont l'épaisseur est réduite de l'épaisseur des cales, on obtient, après le serrage des six **vis à tête cylindrique** (4), un montage sans jeu entre les faces transversales.

On monte à présent les deux **joints radiaux pour arbre** (5) et (14). Ceux-ci doivent être positionnés dans les logements de manière à ce que les lèvres d'étanchéité soient toujours orientées vers l'intérieur.

# Technique de montage

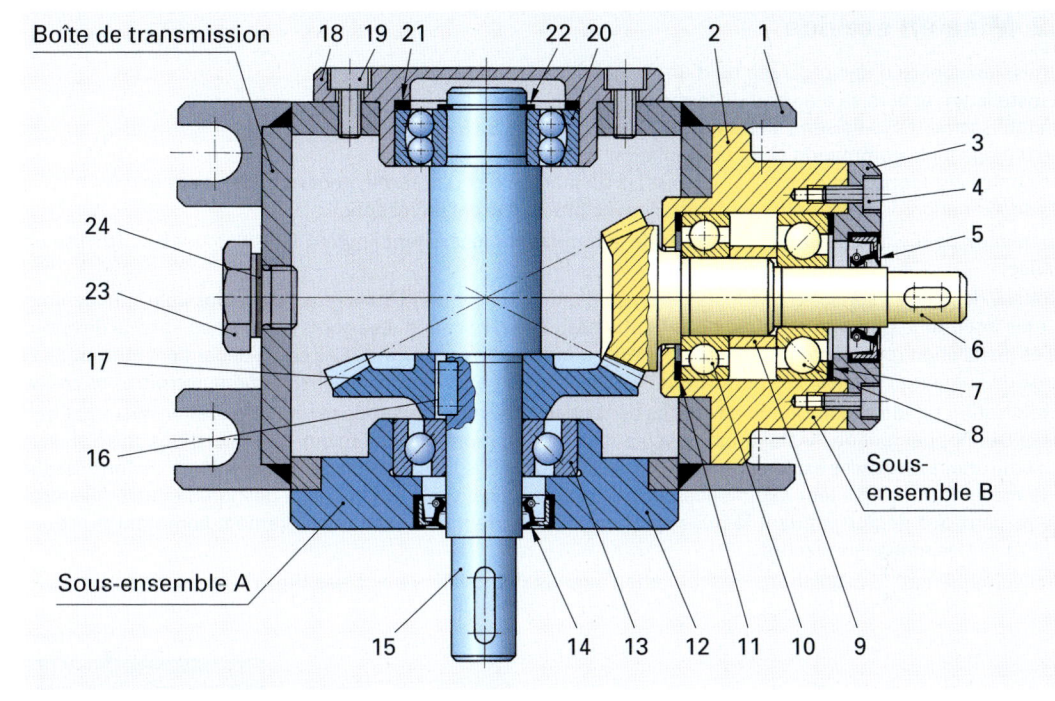

**Fig. 1 : Transmission à pignons coniques (en coupe)**

Pour le montage de ces joints, on utilise des douilles à paroi mince, coniques extérieurement sur les deux extrémités. Les joints sont poussés sur l'arbre à l'aide de ces douilles, ce qui évite que les lèvres d'étanchéité ne soient endommagées par les rainures de clavette lors du montage. Vu la présence d'une surcote entre le diamètre externe de la bague d'étanchéité et l'alésage de palier, les bagues d'étanchéité sont enfoncés jusque sur leurs surfaces d'applique à l'aide de douilles pour empêcher le coincement.

## ■ Remplissage d'huile

Après avoir vissé le **bouchon de vidange** (23) avec le **joint d'étanchéité plat** (24), on remplit d'huile le carter de réducteur par l'orifice de remplissage **(fig. 1, p. 512)**. Sur la **jauge de niveau du bouchon de remplissage** (25), on vérifie que le niveau d'huile est correct. En raison de la grande pression de surface sur les flancs des dents, il faut obligatoirement utiliser l'huile prescrite. Ensuite, on visse solidement le **bouchon de remplissage** (25) avec le **joint d'étanchéité plat** (24) dans le carter de réducteur.

## ■ Marche d'essai

Un essai de marche de plusieurs heures permet de tester la transmission à roues coniques **en charge**. Pendant cet essai, on détermine en particulier si l'augmentation de température causée par le frottement respecte les limites prescrites. Par ailleurs, on vérifie si le carter est effectivement étanche.

Après l'essai de marche, on vidange l'huile qui contient maintenant des particules d'usure. Ensuite, on referme le bouchon de vidange d'huile. Tout le sous-ensemble B est maintenant extrait du carter de réducteur pour vérifier les **flancs de la roue conique**. Après un nouveau montage du sous-ensemble B, le carter de réducteur est rempli d'huile neuve. Il est alors prêt à être utilisé.

### Répétition et approfondissement

1. Quel est l'avantage du montage à chaîne mobile ?
2. Qu'entend-on par montage sur site ?
3. Pourquoi le montage des machines de grande taille s'effectue-t-il de manière stationnaire ?
4. Quelles règles générales doit-on suivre en montant des transmissions ?
5. Pourquoi les joints doivent-ils être installés avec soin ?
6. Sur les paliers à roulement, dans quels cas la bague extérieure doit-elle être montée avant la bague intérieure ?
7. A quoi sert la marche d'essai d'une machine ?

## 8.2 Mise en service

La mise en service d'une machine ou d'une installation inclut en général
- l'installation et la mise à niveau de la machine
- l'établissement des liaisons électriques
- le réglage de la commande et de la régulation
- le contrôle du fonctionnement par des essais de marche des différents processus de travail et
- la confirmation du fonctionnement correct avec procès-verbal de réception

Les travaux de réglage de la commande et de la régulation nécessitent environ 90 % des travaux de mise en service.

La phase de mise en service d'une installation ou d'une machine doit être la plus courte possible, afin de pouvoir les intégrer le plus vite possible dans le processus de fabrication. Les coûts de mise en service des nouvelles installation représentent 5 à 20 % des coûts d'investissement totaux. Ces coûts dépendent surtout de la durée de la mise en service. Les perturbations et les dégâts peuvent encore sensiblement accroître ces coûts.

La réalisation rapide et couronnée de succès de la mise en service présuppose une préparation systématique dès le développement de l'installation et la planification du montage. Le facteur essentiel d'une mise en service couronnée de succès est la connaissance du système et de l'installation par les monteurs du fournisseur de la machine, ainsi que leur expérience des mises en service. Les analyses de la gestion qualité et des procès-verbaux des dégâts pendant la mise en service permettent de savoir concrètement comment procéder pour éviter les nouvelles erreurs.

Le développement d'installations de fabrication a généralement lieu pas à pas (**fig. 1**).

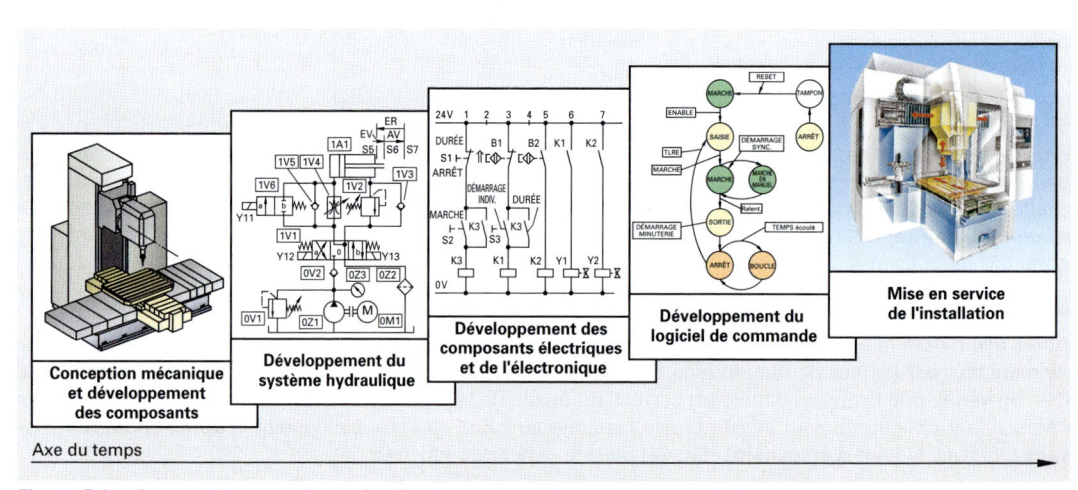

**Fig. 1 : Déroulement étape par étape du développement d'une installation de fabrication**

La conception de la mécanique, la mise au point de l'hydraulique, l'électricité, l'électronique, ainsi que du logiciel de commande, ont lieu successivement. La mise en service, l'essai et l'optimisation du logiciel de commande ont lieu seulement sur la machine réelle. Cela constitue un inconvénient grave, car les erreurs de logiciel ne peuvent être détectées et réparées que tardivement. Dans la plupart des cas, l'élimination des erreurs prend beaucoup de temps et entraîne des frais considérables. Par ailleurs, de nombreuses situations de pannes ne sont pas vérifiées en raison des risques technico-sécuritaires que cela comporte.

La nécessité de consacrer peu de temps aux mesures de développement et de mise en service impose de passer d'un mode de développement par étapes à un mode de développement en parallèle pluridisciplinaire. Une amorce de solution consiste à employer un prototype virtuel tenant compte de toutes les disciplines. De cette façon, on peut tester et optimiser, dès les phases précoces de la conception et du développement, tant le comportement en service que le comportement en situation de panne de la machine, bien que la machine réelle n'existe pas encore. En faisant pratiquement avancer d'un même pas le développement du logiciel et celui des éléments mécaniques, hydrauliques, électriques et électroniques, on peut faire rétroagir les deux autres domaines les résultats fournis par le développement du logiciel. Pendant une simulation de mise en service, il est important que le modèle de simulation puisse représenter dans la mesure du possible tous les états de la machine dans ses conditions de travail.

## 8.2.1 Implantation de machines ou d'installations

L'efficacité et la précision du travail de la machine dépendent de son implantation correcte. Il convient donc de respecter les instructions d'implantation publiées par le fabricant.

■ **Transport.** Avant le transport, toutes les pièces mobiles de la machine doivent être fixées. En cas de transport par grue, il faut utiliser les points de suspension prévus par le constructeur **(fig. 1)**.

> La machine doit uniquement être soulevée, étayée, poussée et fixée aux endroits prévus à cette fin par le constructeur.

■ **Contrôle à réception et nettoyage.** Il faut vérifier que la machine et les accessoires soient complets, et tous dégâts constatés doivent être immédiatement signalés à la société qui a effectué la livraison. Avec un chiffon doux, il faut enlever des glissières et des autres pièces à nu de la machine l'huile qui la protège contre la corrosion. Puis les glissières doivent être huilées avec de l'huile de glissement.

■ **Implantation.** Une machine-outil doit être implantée avec soin et de manière appropriée. Elle est soit vissée sur le sol de l'atelier, soit posée sur des éléments oscillants réglables. Les raccordements aux fondations et l'encombrement de la machine sont indiqués sur le plan de montage **(fig. 2)**.

### Conditions d'installation :

- surface offrant la portance requise et sans trépidations
- température ambiante uniforme sur le lieu d'installation
- accès de tous les côtés à la machine pour permettre l'entretien et les réparations
- distance de sécurité entre un mur et le plateau machine outil en position extrême, afin d'éviter des accidents par coincement.

■ **Mise à niveau.** Lors de la mise à niveau par ex. d'un tour, le chariot de l'outil est amené au milieu de la glissière **(fig. 3)**. Ensuite, on positionne un laser dans la direction longitudinale aux endroits a, b, c et d, et aux endroits e et f dans le sens transversal, puis l'on met à niveau la machine. Lors de la mise à niveau d'une fraiseuse, le plateau machine est amenée exactement à l'horizontale afin que les essais ultérieurs, par ex. l'essai de concentricité du cône intérieur de la broche de fraise, puissent se dérouler plus facilement.

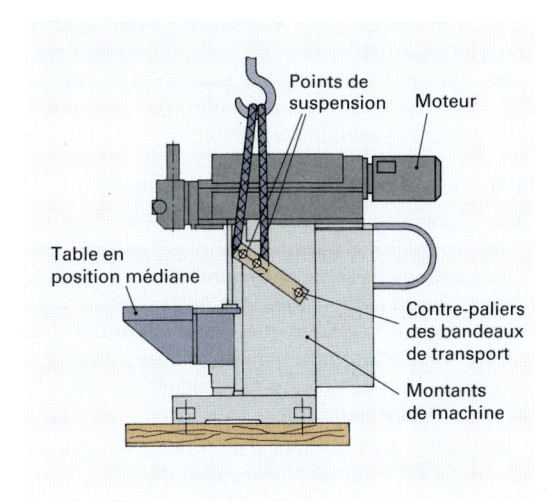

Fig. 1 : Transport d'une fraiseuse

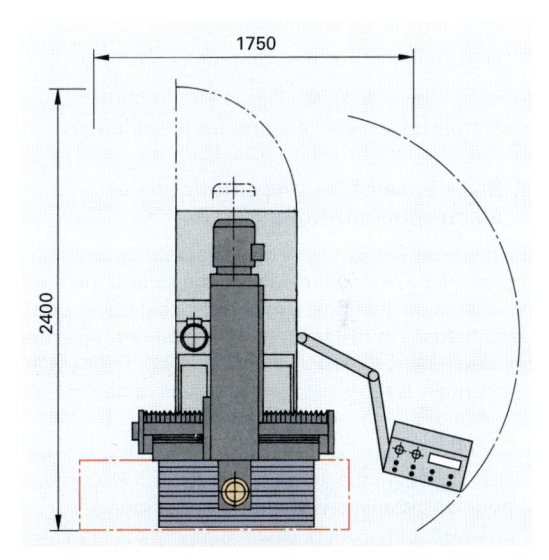

Fig. 2 : Plan d'implantation d'une fraiseuse

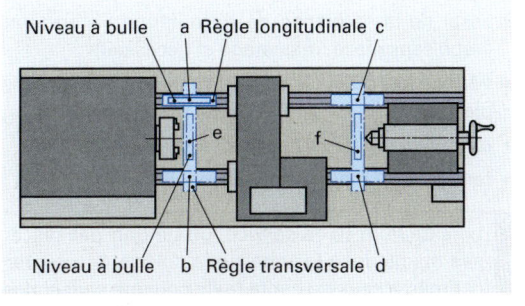

Fig. 3 : Mise à niveau d'un tour

## 8.2.2 Mise en service de machines ou d'installations

La mise en service d'une machine ou d'une installation s'effectue habituellement selon un schéma préétabli qui est le même pour toutes les machines (**fig. 1**). Par ailleurs, il y a des instructions spéciales pour des sous-ensembles spécifiques.

### ■ Sous-ensembles électriques (fig. 2)

Dans le domaine des installations de fabrication, les sous-ensembles électriques sont en général des sous-systèmes. Ils sont donc soumis à un essai par le fabricant avant le montage. Lors de ces essais, vous devez apporter la preuve que toutes les prestations exigées ont été fournies. Lors de la mise en service, les points suivants doivent par ailleurs être vérifiés par un **personnel autorisé** :

- vérification des réseaux des circuits de courant principal et de courant de commande
- vérification de la présence éventuelle de dégâts sur le câblage
- contrôle et mise en place des fusibles
- vérification de la tension appliquée
- vérification des mesures de protection
- vérification des systèmes de refroidissement
- contrôle du respect de toutes les prescriptions

### ■ Sous-ensembles pneumatiques et électropneumatique (fig. 3)

La mise en service de sous-ensembles pneumatiques recèle des risques d'accident pour le personnel chargé du montage, comme par ex. des fonctions défectueuses d'organes d'actionnement (vérins pneumatiques, moteurs pneumatiques). Pour éviter ces risques, les modes opératoires suivants sont recommandés :

- vérification des caractéristiques techniques (pression pneumatique, tension des circuits électriques pour les installations électropneumatiques)
- contrôle d'étanchéité des tuyauteries et de leurs connexions
- contrôle de la position initiale des organes de travail et des vannes
- essai de la séquence de déroulement étape par étape sans pièce, réajustage si nécessaire
- vérification du cycle de commande complet sans pièce
- exécution de la marche d'essai sans pièce
- remise de la machine au client

> Lors de la mise en service, on ne doit pas placer ses mains dans la zone de la course des vérins, car même ceux de petite taille peuvent causer des blessures.

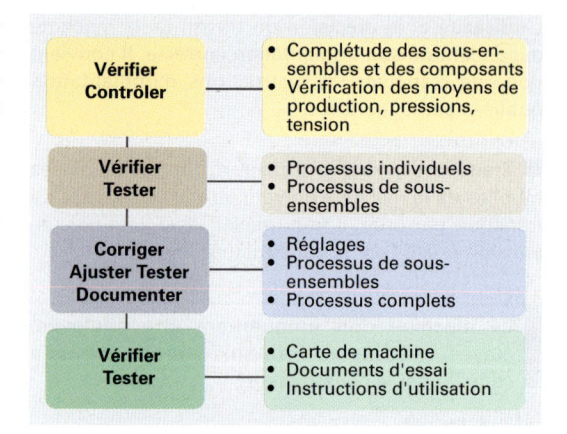

**Fig. 1 :** Plan fonctionnel de la mise en service des machines et installations

|  |  |
|---|---|
| Vérifier Contrôler | • Complétude des sous-ensembles et des composants<br>• Vérification des moyens de production, pressions, tension |
| Vérifier Tester | • Processus individuels<br>• Processus de sous-ensembles |
| Corriger Ajuster Tester Documenter | • Réglages<br>• Processus de sous-ensembles<br>• Processus complets |
| Vérifier Tester | • Carte de machine<br>• Documents d'essai<br>• Instructions d'utilisation |

**Fig. 2 :** Sous-ensemble électrique

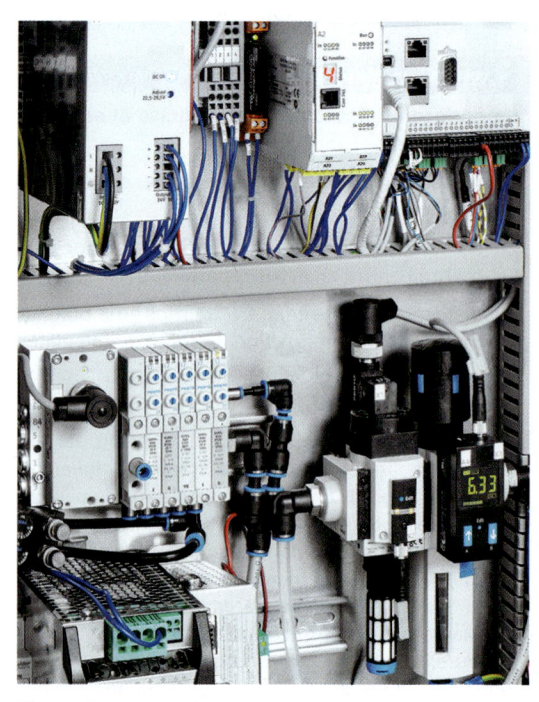

**Fig. 3 :** Sous-ensemble électropneumatique

# Mise en service

## ■ Sous-ensembles hydrauliques (fig. 1)

La forte pression et les forces élevées obligent à procéder de façon particulièrement minutieuse et systématique lors de la mise en service de sous-ensembles hydrauliques. Il convient de respecter les points suivants :
- contrôle de la position des tuyauteries, de l'absence de tension, des fixations et des rayons de courbure des tuyaux
- contrôle des réservoirs de stockage d'huile, des filtres, des conduites d'aspiration, de l'installation de transport d'huile et des réservoirs sous pression.
- remplissage de l'installation au moyen des fluides pour pressions élevées approuvés par le fabricant et dotés de la viscosité prescrite.
- réglage et plombage de la soupape de sécurité servant à limiter la pression, selon les indications du fabricant
- ventilation du système hydraulique après démarrage de la pompe hydraulique, et nouveau dégazage une fois atteinte la température de service
- vérification de la présence éventuelle de points de fuite sur l'ensemble de l'installation.

**Fig. 1 : Sous-ensemble hydraulique d'une installation**

## ■ Sous-ensembles mécaniques (fig. 2)

Les sous-ensembles mécaniques exigent des tolérances très étroites pour fournir un service impeccable. Point à respecter avant la mise en service :
- vérifier que l'embrayage se déplace facilement sur l'arbre
- contrôler le graissage
- contrôler l'alignement des éléments de l'embrayage
- contrôler la force radiale maximale
- vérifier si l'embrayage présente un défaut d'équilibrage en service
- contrôle visuel de la surface et de la forme.

## ■ Diagnostic des défauts lors de la mise en service

> On désigne du nom de défaut tout cas où au moins une exigence n'est pas respectée. Les défauts provoquent des défaillances ou des perturbations d'un système.

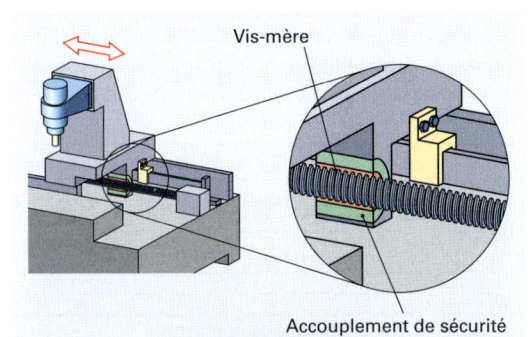

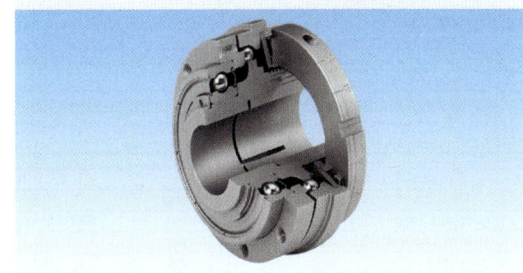

**Fig. 2 : Sous-ensemble mécanique (accouplement de sécurité)**

La plupart des défauts qui affectent les machines ont pour cause des défauts relatifs aux composants, au montage ou à la mise en service. En raison des coûts ou des dangers pour les hommes et la machine qu'entraînent fréquemment les défauts, il est très important de procéder systématiquement à un diagnostic des défauts (localisation des défauts). Les défauts manifestes peuvent être constatés de façon auditive, visuelle ou olfactive. C'est ainsi qu'un palier défectueux peut occasionner des bruits sifflants, et que des emplacements carbonisés dans les câblages peuvent donner naissance à une odeur d'incendie, ou à un dégagement de fumée ou à des points de fuite d'huile. Les erreurs cachées peuvent être constatées par un système de diagnostic d'erreurs, par ex. en mesurant la pression, ou en vérifiant la tension, l'intensité ou la résistance **(fig. 3)**.

**Fig. 3 : Image écran d'un système de diagnostic d'erreurs**

## 8.2.3 Réception de machines ou d'installations

■ **Réception.** La norme DIN 8605 et les suivantes ainsi que diverses directives VDI définissent des contenus éventuels pour la réception et l'implantation de machines-outils.

Les essais de réception des machines-outils comprennent les **essais géométriques** effectués par mesure directe, par ex. la perpendicularité des axes des avances, **les procédés d'essai utilisant des échantillons de pièces** et le **contrôle de capacité** de la machine-outil (p. 83).

**Essai géométrique.** Par essai géométrique, on entend le contrôle des cotes de la forme et de la position, par ex. du plateau de serrage et des axes des broches, ainsi que de leurs mouvements réciproques. On vérifie par ex. la rectitude, le parallélisme, la perpendicularité et la concentricité des axes des avances.

**Essai effectué au moyen d'échantillons de pièces.** On définit pour la machine à tester des pièces et conditions d'usinage typiques, par ex. la vitesse de coupe et l'avance. On peut ainsi évaluer des propriétés comme par ex. la précision de positionnement et la marge dues à l'inversion de sens des entraînements des avances, les écarts de forme circulaire, les écarts de cotes et d'angles, ou le parallélisme et la qualité des surfaces usinées. Les résultats des essais sont consignés dans un procès-verbal d'essai.

■ **Fiche machine.** La fiche machine est livrée avec la machine par son fabricant. Elle contient les données caractéristiques essentielles et sert à planifier les travaux et effectuer les calculs. Le recto de la fiche mentionne la désignation de la machine, le fabricant, le type de machine et le numéro de machine, ainsi que l'année de fabrication et d'acquisition de la machine-outil **(fig. 1)**. Le verso de la fiche contient par ex. les caractéristiques de puissance des moteurs, et les étages du réducteur.

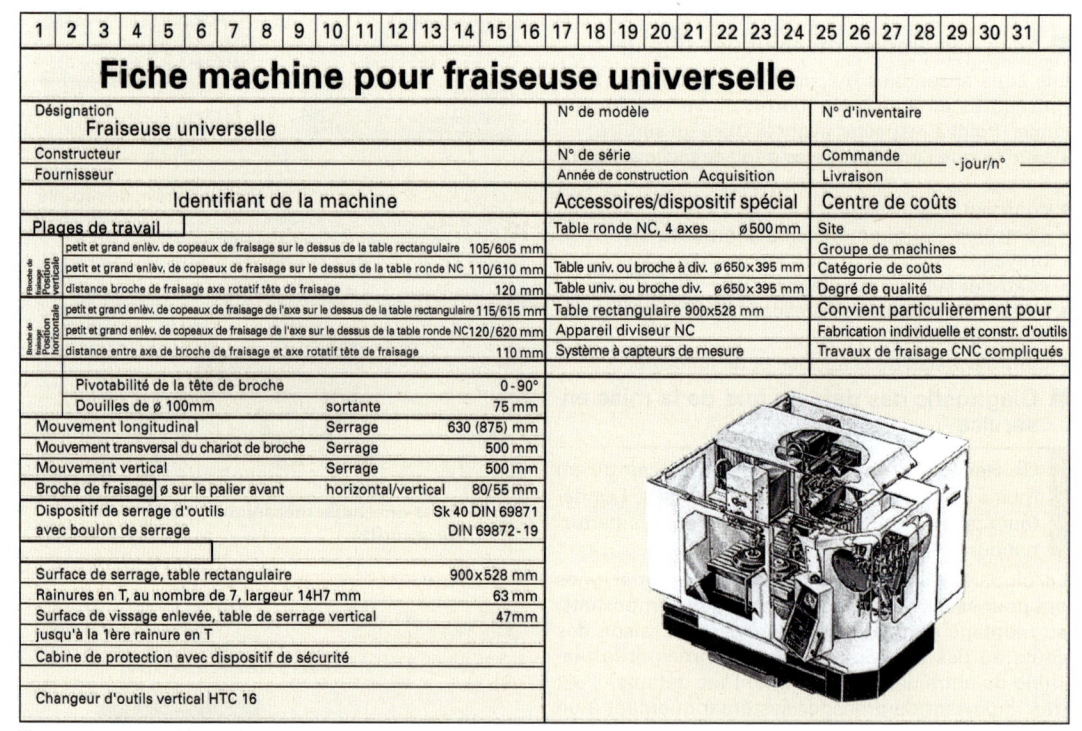

**Fig. 1 : Fiche machine (recto)**

> **Répétition et approfondissement**
>
> 1. Expliquez le déroulement étape par étape du développement d'une installation de fabrication.
> 2. Citez des conditions d'installation importantes pour une machine ou une installation.
> 3. Quels points essentiels doivent être contrôlés lors de la mise en service d'une installation pneumatique ?
> 4. Par quel moyen peut-on constater les erreurs lors de la mise en service ?
> 5. Quels essais de réception sont effectués sur une machine ou une installation ?

## 8.3 Entretien

### 8.3.1 Domaines d'activité et définitions

Le parfait déroulement du processus de fabrication lors de la production ou de la fabrication de composants, de machines ou d'installations complètes, ainsi que l'exploitation au maximum de la durée de vie du composant, de la machine ou de l'installation, exigent une maintenance optimale.

> On entend par maintenance toutes les mesures de préservation, de détermination, de rétablissement et d'amélioration de l'état d'une machine ou d'une installation apte à l'utilisation. La maintenance inclut l'entretien, l'inspection, la remise en état et l'amélioration **(fig. 1)**.

Pour des raisons de coûts, les entreprises n'investissent dans la maintenance que ce qui est absolument nécessaire pour atteindre les objectifs de fabrication.

Le coût d'investissement dépend souvent de la taille de l'entreprise. Il existe dans les **grandes entreprises** un **service de maintenance** qui applique les prescriptions du constructeur de la machine ou de l'installation, mais également les prescriptions de maintenance supplémentaires fixées par l'entreprise pour la machine ou de l'installation.

Dans les **entreprises moyennes**, la maintenance se limite généralement aux **recommandations du constructeur de la machine ou de l'installation**. On effectue alors des travaux tels que le remplacement des filtres et la vidange d'huile, l'opérateur de la machine et de l'installation se conforme aux plans de nettoyage et de graissage prescrits, et les travaux nécessaires pour cela sont effectués.

Dans les **petites entreprises**, la maintenance **planifiée n'est généralement pas organisée**. Elle dépend de l'intérêt et de la responsabilité de l'opérateur de l'installation ou de la machine. Il arrive fréquemment que les premières mesures soient prises suite à des dysfonctionnement, et exécutées par des personnes compétentes.

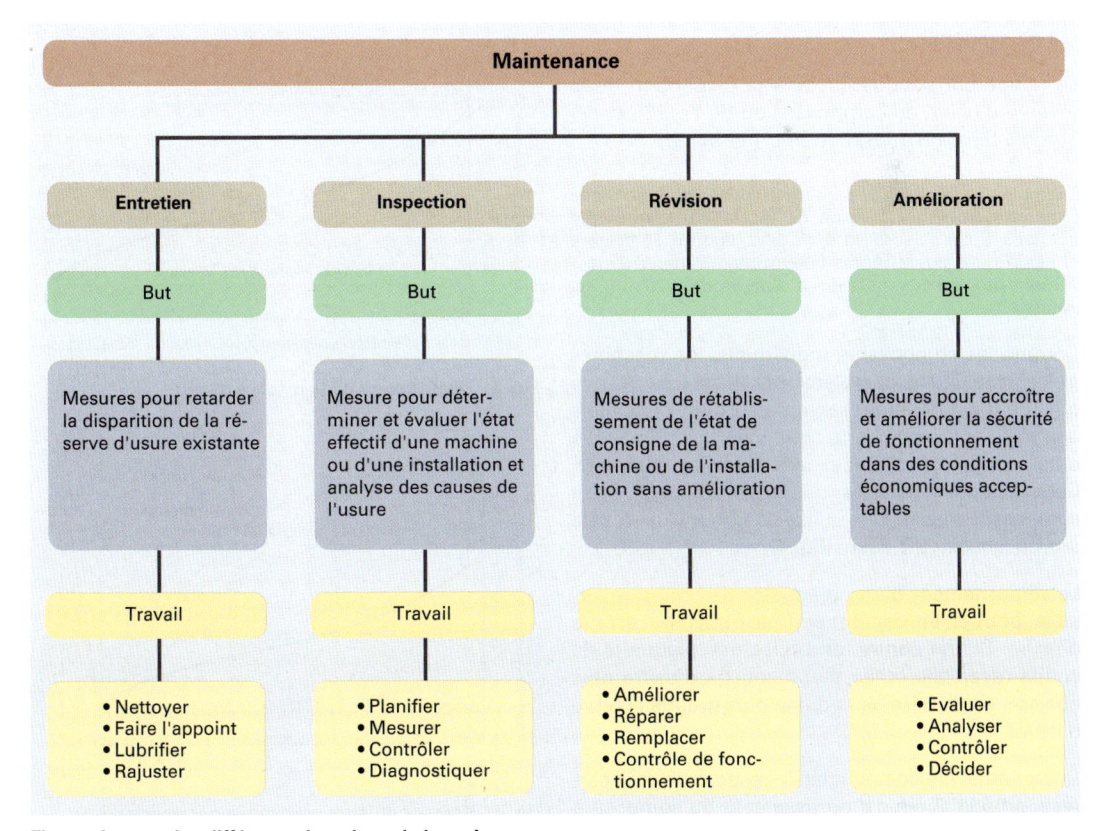

```
                              Maintenance
        ┌──────────────┬──────────────┬──────────────┐
     Entretien     Inspection       Révision     Amélioration
        │              │              │              │
       But            But            But            But
        │              │              │              │
```

| Entretien | Inspection | Révision | Amélioration |
|---|---|---|---|
| Mesures pour retarder la disparition de la réserve d'usure existante | Mesure pour déterminer et évaluer l'état effectif d'une machine ou d'une installation et analyse des causes de l'usure | Mesures de rétablissement de l'état de consigne de la machine ou de l'installation sans amélioration | Mesures pour accroître et améliorer la sécurité de fonctionnement dans des conditions économiques acceptables |
| **Travail** | **Travail** | **Travail** | **Travail** |
| • Nettoyer<br>• Faire l'appoint<br>• Lubrifier<br>• Rajuster | • Planifier<br>• Mesurer<br>• Contrôler<br>• Diagnostiquer | • Améliorer<br>• Réparer<br>• Remplacer<br>• Contrôle de fonctionnement | • Evaluer<br>• Analyser<br>• Contrôler<br>• Décider |

Fig. 1 : Aperçu des différents domaines de la maintenance

## 8.3.2 Termes de la maintenance

**Usure et réserve d'usure**

**L'usure** est la disparition de la réserve d'usure de composants, par ex. d'arbres ou d'outils, par ex. de plaquettes amovibles.

On entend par **réserve d'usure** la valeur dimensionnelle maximale jusqu'à laquelle le composant ou l'outil peut être usé sans avoir à le remplacer. L'usure est causée par ex. par le frottement, le vieillissement ou la corrosion.

L'usure se produit de façon inégale pendant la durée d'utilisation (**fig. 1**). Dans la phase de rodage (phase I), l'usure est grande. Les pièces en rotation provoquent l'atténuation de la rugosité de surface. En phase II, la courbe d'usure a tout d'abord une allure plus plate. L'usure de surface d'un composant « lissée » en phase I est sensiblement plus faible. Vers la fin de la phase II, l'usure augmente à nouveau par unité de temps.

Lorsque toute la réserve d'usure est épuisée, le composant ou l'outil doit être remplacé, car après la phase II, la courbe d'usure augmente de manière disproportionnée. Avec un tel outil, la fonction du composant ou d'un processus d'enlèvement de copeaux ne serait plus garantie.

Le temps qui s'écoule jusqu'à la disparition de la réserve d'usure du composant ou de l'outil est dénommé **temps d'utilisation** (fig. 1 et **fig. 3**).

**Exemple :** La **fig. 2** fait apparaître la courbe d'usure d'une plaquette amovible. L'usure de la plaquette amovible est causée par l'usure en dépouille, l'usure en cratère et l'usure des bords. Après 8000 m de longueur d'enlèvement de copeaux, la réserve d'usure de 0,25 mm est épuisée.

Comme les composants individuels, les machines et les installations complètes ont aussi une réserve d'usure (fig. 3). Cette réserve d'usure est disponible à la mise en service de la machine. Si cette réserve d'usure est consommée, une révision s'impose. Celle-ci permet de recréer une réserve d'usure. Si un composant amélioré est utilisé dans la machine, cela accroît la réserve d'usure (**fig. 4**).

Le retournement d'une plaquette de coupe réversible permet de constituer une nouvelle réserve d'usure. Si, par contre, on utilise une plaquette de coupe réversible dotée d'une couche d'usure plus épaisse, on dispose alors d'une plus grande réserve d'usure.

Du point de vue commercial, la réserve d'usure correspond à la durée d'amortissement du composant ou de la machine.

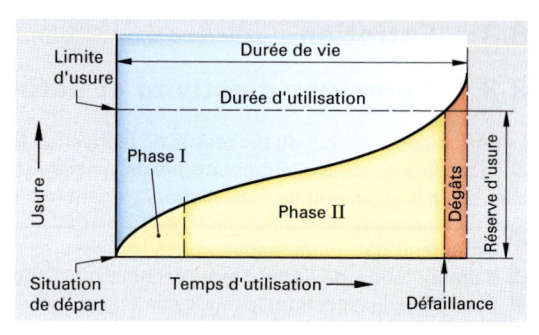

Fig. 1 : Courbe d'usure général

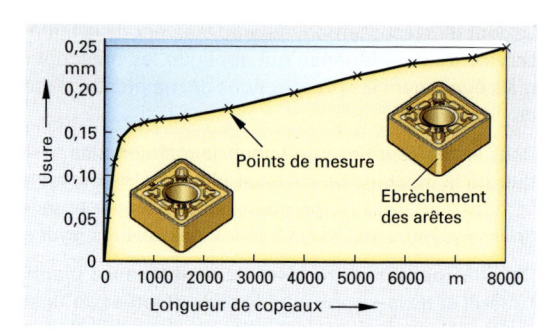

Fig. 2 : Courbe d'usure d'une plaquette de coupe réversible

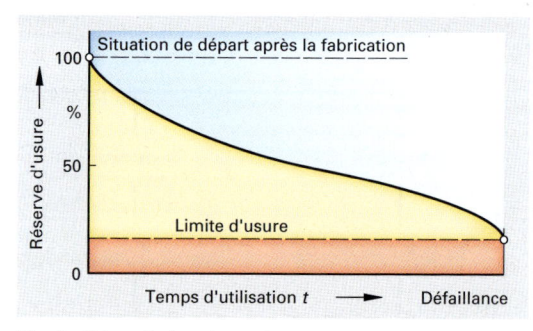

Fig. 3 : Dégradation de la réserve d'usure

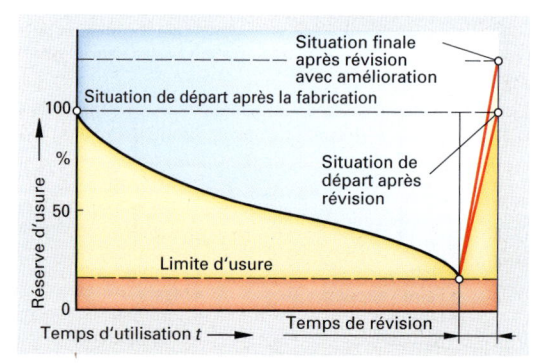

Fig. 4 : Réserve d'usure constituée par révision ou amélioration

Entretien

## 8.3.3 Objectifs de la maintenance

L'accroissement de la rentabilité de l'entreprise constitue un objectif principal de la maintenance. Ce faisant, il convient de veiller à la préservation de la santé du personnel et à la préservation d'un environnement vivable.

### ■ Objectifs économiques

L'objectif économique de la maintenance consiste à garantir la capacité de production des installations techniques et respectivement du système de production à des coûts avantageux.

La maintenance peut être exécutée par le propre personnel de l'entreprise (**maintenance autonome**) ou par une entreprise extérieure.

Si l'on vise une maintenance autonome, le personnel doit recevoir une formation d'opérateur de machines conscient de sa responsabilité, et il doit acquérir une haute sensibilité aux irrégularités et aux perturbations affectant la production et la fabrication.

### ■ Objectifs humanitaires et écologiques

L'orientation humanitaire de la maintenance doit maintenir la santé et l'aptitude au travail des collaborateurs, et ménager l'environnement et les ressources.

C'est ainsi, par ex., que les réfrigérants lubrifiants ou l'huile usagée doivent être maniés correctement, et que leur stockage et leur mise au rebut doivent s'effectuer dans le respect de l'environnement. Ces produits ne doivent en aucun cas être déversés dans les canalisations publiques ou dans l'eau.

## 8.3.4 Concepts de maintenance

On distingue trois concepts de maintenance (**tableau 1**).

### ■ Maintenance préventive en fonction des intervalles

La maintenance en fonction des intervalles s'effectue lors de la maintenance exécutée à intervalles réguliers (p. 562). Il s'agit pour cette raison d'une **maintenance** préventive. La durée de vie escomptée pour les pièces d'usure telles que les joints, les paliers ou les filtres à huile, est indiquée par l'expérience. Ces pièces sont remplacées avant l'expiration de cette durée de vie.

Avec cette maintenance préventive, on applique une mesure de maintenance quelle que soit la réserve d'usure encore disponible. Elle sert à éviter les dégâts provoqués par le sous-dépassement de la limite d'usure, et on y a recours lorsque des machines ou des composants ne doivent en aucun cas tomber en panne, ou lorsque des prescriptions légales exigent une inspection régulière.

### Conditions à satisfaire pour bénéficier des objectifs économiques de la maintenance

- Durée de vie élevée de l'installation
- Haut degré de disponibilité de l'installation
- Haut degré de disponibilité des divers composants
- Eviter les perturbations de la production
- Eviter les pannes de la production
- Détection et élimination des points faibles
- Détection et prévention des dégâts imminents
- Réduction des durées de maintenance

### Objectifs humanitaires et écologiques de la maintenance

- Accroître la sécurité au travail
- Accroître la sécurité de l'installation
- Respecter les prescriptions légales
- Eviter les nuisances pour l'environnement
- Eviter les dommages pour l'environnement
- Eviter le gaspillage des matériaux

**Tableau 1 : Concepts de maintenance**

| | |
|---|---|
| Maintenance en fonction des intervalles | Les travaux de maintenance s'effectuent à intervalles réguliers déterminés. |
| Maintenance en fonction de l'état | Les travaux de maintenance s'effectuent après que la réserve d'usure de l'outil ou de la machine a été consommée. |
| Maintenance pour cause de panne | Les travaux de maintenance ne s'effectuent qu'à la suite d'un sinistre frappant l'outil ou la machine. |

### Avantages de la maintenance en fonction des intervalles :

- bonne possibilité de planifier la mesure
- minimisation des stocks de pièces détachées
- réduction des pannes imprévisibles
- haut degré de fiabilité des machines
- sécurité de planification de l'emploi de personnel

### Inconvénients de la maintenance en fonction des intervalles :

- la réserve d'usure n'est pas utilisée jusqu'à la limite d'usure
- la durée de vie des composants n'est pas intégralement exploitée
- fort besoin en pièces détachées
- coûts de maintenance élevés
- impossibilité de déterminer le comportement des machines en matière de pannes.

## ■ Maintenance préventive en fonction de l'état

La maintenance en fonction de l'état fait, elle aussi, partie de la maintenance préventive, et elle repose sur la surveillance fondée sur des mesures des cotes des pièces d'usure qui s'usent ainsi que des cotes de réglage qui se modifient.

**Exemple:** Le contrôle et l'ajustement de la cote de réglage de la profondeur de pénétration d'un porte-outils dans le tendeur d'outils **(fig. 1)**. La tolérance étroite appliquée à la cote de réglage garantit que la pince de serrage s'encliquette dans une rainure située sur le porte-outils, et tire le porte-outils dans l'embase conique et le fixe. La cote de réglage peut, par ex., être modifiée par l'encrassement ou par l'usure. Si des écarts de cotes sont constatés, il faut soit procéder à un nettoyage, soit remplacer le porte-outils.

Le remplacement de la pièce d'usure s'effectue :

- soit après dépassement d'un écart de cotes **(fig. 2)**

soit

- à l'épuisement de la réserve d'usure.

Ainsi, lors de l'usinage par enlèvement de copeaux servant à déterminer la réserve d'usure, on utilise des «plaquettes de tournage intelligentes» **(fig. 3)**. La plaquette de coupe réversible dotée de capteurs d'usure envoie un signal au système de commande lorsque la limite d'usure est atteinte, pour permettre de remplacer l'outil à temps.

La maintenance en fonction de l'état a pour condition préalable l'acquisition de connaissances additionnelles soit par sondages, soit par surveillance continuelle de la machine.

### Avantages de la maintenance en fonction de l'état :

- utilisation maximale de la durée de vie des composants et des installations
- la détermination de la réserve d'usure permet d'établir des programmes en fonction des délais
- la sécurité de fonctionnement est garantie
- réduction des coûts de stockage de l'unité considérée
- plus grande disponibilité de l'unité en question

### Inconvénients de la maintenance en fonction de l'état :

- plus grande complexité de la métrologie
- moyens d'inspection supplémentaires
- plus grande complexité de la planification
- accroissement des coûts
- personnel supplémentaire

**Exemple d'une panne :** Le porte-outils ne s'encliquète plus sans problème dans la broche de travail.

**Solution:** Réparation de la panne par nettoyage du contact et de l'ouverture d'insertion ou remplacement du porte-outils endommagé.

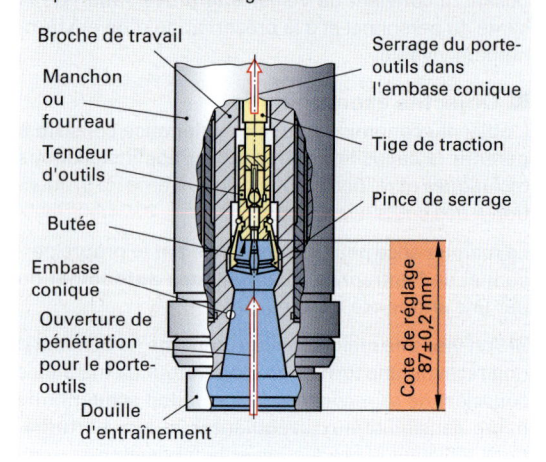

Fig. 1 : Contrôle de la cote de réglage pour un porte-outils

Pendant la fabrication de pièces de tournage, on vérifie le diamètre à certains intervalles et on le surveille par une carte de réglage de qualité.
En cas de divergences au-delà des limites de tolérance autorisées, on change l'outil.

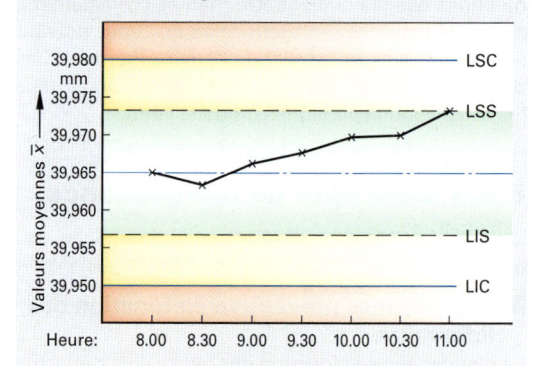

Fig. 2 : Fiche qualité réglementaire

Fig. 3 : Plaquette de coupe réversible équipée de capteurs d'usure et de température

Entretien

## ■ Maintenance curative

La maintenance curative s'effectue lorsqu'une machine est mise hors service par une panne pendant la fabrication, ou que la qualité de fabrication exigée n'est plus garantie. Ce phénomène a souvent pour cause l'épuisement de la réserve d'usure. Si la cause de la panne est déterminée, par ex. un dispositif de serrage d'outil défectueux, le composant endommagé est remplacé **(fig. 1)**. Le démontage du composant défectueux et le montage de la pièce de rechange s'effectuent selon les consignes de démontage et le plan d'agencement du Manuel de l'Utilisateur. Seules doivent être utilisées les pièces de rechange indiquées par le fabricant de la machine.

**Exemple :** La courroie d'un moteur d'entraînement est déchirée **(fig. 2)**. Une nouvelle courroie doit être montée lors de la maintenance. Ce faisant, il faut veiller à l'alignement des poulies de la courroie.

**Exemple :** Le foret ne peut plus être fixé sans jeu par le tendeur d'outils.
**Solution :** Grâce à la désignation de la pièce de rechange de la perceuse, on commande un tendeur d'outils auprès du fabricant de la machine et on le monte sur la machine conformément aux instructions.

Fig. 1 : Perceuse avec dispositif de serrage d'outils

Fig. 2 : Moteur d'entraînement avec courroie déchirée

### Avantages de la maintenance curative :
- utilisation de l'intégralité de la réserve d'usure
- faible complexité de la planification

### Inconvénients de la maintenance curative :
- pannes de machines surprenantes et imprévisibles
- l'entretien doit souvent être effectué sous la pression du temps
- coûts élevés d'approvisionnement et de stockage des pièces détachées
- coûts élevés de pertes de production lorsque les pièces détachées ne sont pas disponibles en stock

## ■ Maintenance optimale

Pour une entreprise de fabrication, la **maintenance optimale** dépend de la taille de l'entreprise et de la stratégie d'entreprise. Fréquemment, le concept qui est économiquement optimal consiste à combiner la maintenance préventive et la maintenance en fonction de l'état. Le remplacement des pièces d'usure se limite au nécessaire, et même à l'indispensable, les coûts de maintenance et les durées d'arrêt des machines sont minimisés.

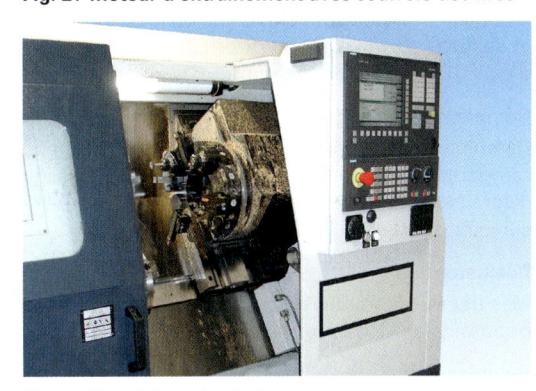

Fig. 3 : Tour à banc incliné

### Répétition et approfondissement

1. Quelles mesures implique le concept de maintenance en technique de fabrication ?
2. Comment se distinguent fréquemment les mesures de maintenance prises par les grandes entreprises et les petites entreprises ?
3. A l'aide de l'exemple d'un pneu de voiture, expliquez les concepts d'usure et de réserve d'usure.
4. Quels sont les objectifs économiques de la maintenance ?
5. Dans la station des compresseurs d'une entreprise, un filtre à huile est remplacé par mesure de précaution. De quelle mesure de maintenance s'agit-il ?
6. Nommez pour chaque concept de maintenance un exemple à l'aide des composants d'un tour à banc incliné **(fig. 3)**.

## 8.3.5 Entretien

L'entretien fait partie des mesures de maintenance préventive. L'entretien permet de retarder la dégradation de la réserve d'usure pendant la durée d'utilisation de la machine ou de l'installation **(fig. 1)**. Cela garantit une fabrication sans perturbations pendant un temps prolongé.

En cours d'exploitation, la machine doit être surveillée du point de vue de sa qualité de fonctionnement, c'est-à-dire qu'on doit contrôler le respect des cotes des pièces finies, les bruits ou vibrations éventuels, ainsi que l'étanchéité des conduites hydrauliques et des conduites d'huile de lubrification.

L'entretien comporte toutes les mesures destinées à préserver le bon état d'une machine ou d'une installation **(tableau 1)**.

**Exemple:** Travaux d'entretien effectués sur un centre d'usinage

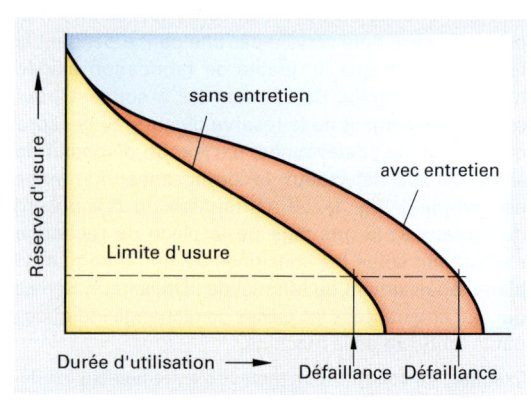

**Fig. 1:** Dégradation de la réserve d'usure, sans entretien et avec entretien

### Nettoyage

Enlèvement hors de la zone d'usinage et de l'espace occupé par les machines, des copeaux et des particules d'impuretés, par crochet à copeaux et à la balayette.

Ne pas utiliser de chiffons dégageant des fibres ou de laine à polir. Ne pas utiliser d'air comprimé, car la haute pression peut chasser les copeaux et les particules d'impuretés sous les éléments d'étanchéité de la machine.

### Lubrification

Huilage, graissage ou pulvérisation des glissières et des rails de guidage, ou des systèmes de serrage d'outils. Utiliser les lubrifiants prescrits par le fabricant.

### Complément

Compléter le plein des installations distributrices de réfrigérants lubrifiants et les groupes de graissage centralisé pour glissières, compléter le plein des réservoirs d'huile des groupes de lubrification.

### Réajustement

Mesurer et calibrer les outils. Retendre les courroies trapézoïdales et les courroies crantées.

### Remplacement

Au besoin, remplacer les dispositifs de protection contre les copeaux et les éclaboussures, les joints tournants, les conduites, câbles, flexibles, racleurs et filtres.

### Conservation

Les outils qui reposent par ex. sur des roulements doivent être protégés par un revêtement contre les influences de l'environnement et contre la corrosion.

**Tableau 1: Travaux d'entretien**

| Nettoyage | Lubrification | Complément |
|---|---|---|
| Elimination des corps étrangers par nettoyage, aspiration, par utilisation de solvants | Préservation de la capacité de glissement en ajoutant des lubrifiants aux points de lubrification | Remplissage des matières auxiliaires par ex. des réfrigérants, de l'huile à engrenages, de l'huile hydraulique, des émulsions |
| **Réajustement** | **Remplacement** | **Conservation** |
| Ajustage de cotes réglables Elimination d'écarts, par ex. jeu de palier, butoir, pression | Remplacement de pièces et de matières auxiliaires Changement d'huile, des filtres, colliers de serrage, joints d'étanchéité | Protection contre les influences extérieures par étanchement, graissage, peinture, application de film de protection |

> L'entretien régulier d'une machine est effectué par l'opérateur à la fin d'une journée de travail ou d'une équipe.

Entretien

Des consignes de travail précises sont indispensables pour permettre un entretien professionnel. Ces consignes sont contenues, par ex., dans un plan d'entretien et d'inspection **(fig. 1)**.
Les travaux d'entretien sont mentionnés dans le détail dans un plan d'entretien joint en annexe **(Tableau 1)**.

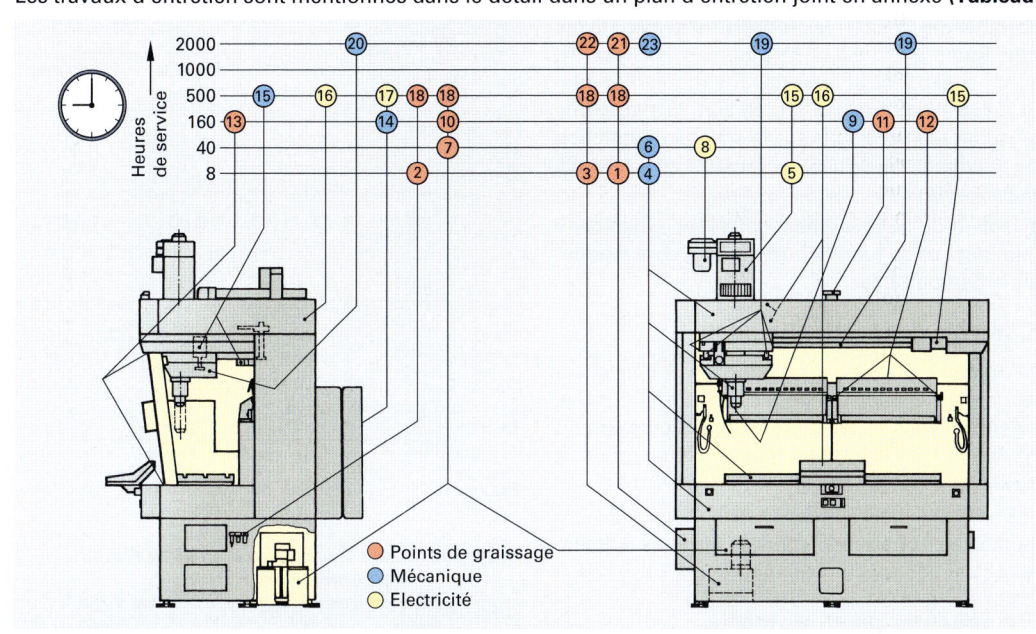

- Points de graissage
- Mécanique
- Electricité

**Fig. 1 : Plan d'entretien et d'inspection d'un centre d'usinage**

Les intervalles d'entretien et d'inspection usuels sont de 8, 40, 160, 500 et 2000 heures de fonctionnement. Cela veut dire qu'il faut respectivement exécuter les travaux d'entretien mentionnés dans le plan d'entretien au bout de 8 heures et en plus, au bout de 40 heures de fonctionnement, les travaux d'entretien exigés alors, au bout de 160 heures de fonctionnement, les travaux d'entretiens mentionnés alors, etc.

**Tableau 1 : Travaux d'entretien sur un centre d'usinage**

| Entretien après | Travaux à effectuer (numéro dans le cercle de la fig. 1) |
|---|---|
| **8 h de marche** (avec une équipe de travail, quotidien) | – Vérifier les niveaux d'huile de la lubrification centrale ①, de l'unité d'entretien pneumatique ② et de l'hydraulique ③ et au besoin, faire l'appoint.<br>– Nettoyage général de la machine, surtout l'espace de travail et les glissières ④. Enlever les copeaux et les résidus de lubrifiants réfrigérants<br>– Vérifier la marche silencieuse et la température des moteurs d'entraînement ⑤. |
| **40 h de marche** (avec une équipe de travail, hebdomadaire) | – Nettoyage approfondi de toute la machine, surtout les commutateurs d'extrémité, les glissières, les couvercles, les fenêtres de regard, les pièces mobiles ⑥.<br>– Vider et nettoyer les compartiments de copeaux, et nettoyer le tamis du groupe de lubrification-réfrigération ⑦.<br>– Vérifier et nettoyer, ou remplacer, le moteur du ventilateur de refroidissement ⑧. |
| **160 h de marche** (avec une équipe de travail, mensuel) | – Vérifier le fonctionnement des pièces mécaniques, par ex. les porte-outils ⑨.<br>– Remplacer le lubrifiant réfrigérant ⑩, vérifier la formation de la pellicule de lubrifiant sur les glissières et la broche filetée à billes.<br>– Huiler les poussoirs de soupapes ⑪, le magasin d'outils ⑫ et le guidage des portes coulissantes ⑬.<br>– Vérifier et nettoyer le moteur de ventilateur ⑭. |
| **500 h de marche** (avec une équipe de travail, trimestriel) | – Vérifier, nettoyer, remplacer les balais de charbon et les collecteurs des moteurs électriques ⑮.<br>– Vérifier le fonctionnement des interrupteurs de fin de course et d'arrêt d'urgence ⑯.<br>– Vérification des contacts de protection quant à la combustion, ainsi que du fusible (dans l'armoire de distribution) ⑰.<br>– Vérifier les raccordements par flexibles des systèmes hydrauliques, de lubrifiant réfrigérant et de graissage ⑱. |
| **2000 h de marche** (avec une équipe de travail, annuel) | – Vérifier l'usure éventuelle des glissières et la formation sur celles-ci d'une pellicule lubrifiante ⑲, réajuster.<br>– Vérifier les courroies crantées des dispositifs d'entraînement, procéder à leur resserrage ⑳.<br>– Procéder au remplacement de l'huile dans le système de lubrification centralisée ㉑ et dans le groupe hydraulique ㉒.<br>– Remplacer les pièces d'usure ㉓. |

Les installations hydrauliques, les guidages et les installations de lubrification-réfrigération en particulier nécessitent un entretien régulier. Le constructeur de la machine prescrit les lubrifiants et les fluides hydrauliques qui doivent être utilisés **(tableau 1)**. Des symboles sont utilisés dans le mode d'emploi pour indiquer les travaux d'entretien. Les numéros de position sont indiqués sur le schéma d'entretien et de maintenance, afin qu'ils puissent être affectés sans hésitation.

L'utilisation du lubrifiant adéquat et la compatibilité du lubrifiant et du lubrifiant-réfrigérant sont particulièrement importants.

### ■ Contrôle de fonctionnement

Une fois que les opérations d'entretien ont été effectuées, la machine doit être remise en état de marche. Les verrouillages et les panneaux d'avertissement doivent être enlevés, l'alimentation en énergie doit être rétablie, et le personnel doit être informé de ce que les travaux d'entretien sont achevés.

L'aptitude au fonctionnement de la machine doit être prouvée par un essai fonctionnel.

### ■ Documentation et protocole

Les entreprises constructrices de machines et d'installations n'assument aucune garantie au titre des dégâts si les consignes impératives n'ont pas été respectées lors des travaux d'entretien, ou si des lubrifiants inappropriés ont été utilisés. Tous les travaux d'entretien qui ont été effectués, et toutes les pannes qui se sont produites, doivent être inscrits dans un journal de bord, ou documentés dans une liste de maintenance **(tableau 2)**.

Les travaux d'entretien exécutés et les matières consommables et pièces de rechange utilisées doivent être inscrits dans cette liste, qui doit ensuite être signée par le personnel responsable de l'entretien.

Pour finir, un procès-verbal de réception doit être dressé. En plus des données relatives à la machine, ce procès-verbal doit également consigner les travaux qui ont été accomplis et les temps requis pour exécuter ces travaux.

> Dans la pratique, les travaux d'entretien, d'inspection et de remise en état sont souvent effectués en même temps que les inspections.

**Tableau 1: Travaux de lubrification et lubrifiants**
(pour le centre d'usinage p. 457)

| Points de lubrification | ① | ② | ③ |
|---|---|---|---|
| Pièce de machine | Lubrification centrale | Brouillard d'huile | Système hydraulique |
| Travaux d'entretien Symbole Signification | Faire l'appoint | Pression d'huile 6 bars | Faire l'appoint |
| Lubrifiant ou huile hydraulique | CG-LP 68 | HLPD 22 | HLPD 22 |
| Point de lubrification | ⑦ | ⑪ | ⑫ |
| Pièce de machine | Réfrigérant-lubrifiant | Tige de poussoir de soupape | Magasin à outils |
| Travaux d'entretien Symbole Signification | Faire l'appoint | Huiles à la main | Huiles à la main |
| Lubrifiant | CG-LP 68 | CG-LP 68 | CG-LP 68 |

**Tableau 2: Liste d'entretien d'une installation hydraulique (extrait)**

| N° d'ordre | Travaux | Résultat |
|---|---|---|
| 1 | Contrôle visuel (état effectif) | |
| 1.1 | Etat extérieur | |
| 1.2 | Bruits | |
| . | | |
| 2 | Travaux d'entretien | |
| 2.1 | Nettoyage de tous les sous-ensembles | |
| 2.2 | Contrôle du niveau d'huile | |
| 2.3 | Faire l'appoint/remplacer l'huile | |
| 2.4 | Nettoyage/remplacement du filtre à huile | |
| 2.5 | Nettoyage/remplacement du filtre à air | |
| 2.6 | Réparation des fuites | |
| 2.7 | Réglage des pressions | |
| 3 | Remise en service | |
| 3.1 | Vérification de la pression avec un manomètre d'essai | |
| 3.2 | Vérification de la présence d'un flux d'huile de fuite | |
| . | | |

N° de machine : ............... Date : ...............
Personnel de maintenance
Nom : ..................... Signature : ..................

---

### Répétition et approfondissement

1. Pourquoi l'entretien fait-il partie des mesures de maintenance préventives ?
2. Quels travaux d'entretien typiques sont effectués sur un tour à la fin d'une journée de travail ?
3. Quelles indications le plan d'entretien et de maintenance d'une machine peut-il fournir ?
4. Pourquoi faut-il utiliser les lubrifiants prescrits par le fabricant d'une machine pour entretenir celle-ci ?

Entretien

## 8.3.6 Inspection

L'inspection comprend toutes les mesures prises pour constater et évaluer **l'état actuel**. Cette enquête est également nécessaire en cas d'entretien et de maintenance. L'état réel où se trouvent les divers composants à cause de l'usure et de la détérioration est documenté.

> L'inspection comprend toutes les mesures prises pour constater et évaluer l'état d'une machine à un moment donné.

A côté des activités qui relèvent purement de l'inspection, la détermination des causes de l'usure et de la détérioration, et la déduction des conséquences inéluctables pour l'utilisation future des équipements, présentent également un intérêt. Ainsi, l'information fournit également des informations qui pourront servir à planifier et piloter les mesures de maintenance.

Des inspections effectuées à des moments donnés déterminés permettent de déterminer les états $Z_0$ à $Z_N$.

- **première inspection ($Z_0$)** : elle a lieu après l'installation et la première mise en service d'une machine. Avec à une prescription d'essai, on établit alors un procès-verbal de réception **(fig. 1)** où sont consignés les objets de l'essai, les moyens d'essai ainsi que les écarts admissibles et mesurés (état théorique $Z_0$ = 100 %).
- **inspections régulières ($Z_1$, $Z_2$, $Z_3$)** : elles sont effectuées à intervalles réguliers dans le cadre d'un plan de maintenance.
- **inspections spéciales ($Z_S$)** : celles-ci peuvent s'imposer lorsque des écarts non-admis ont été constatés pour la précision de la fabrication, ou lorsque l'exploitation a subi une perturbation grave, telle que la collision de la broche de perçage avec le dispositif de serrage.

La durée de vie d'un système technique et les inspections effectuées peuvent se représenter clairement dans un diagramme d'usure **(fig. 2)**.

**Les mesures d'inspection,** surtout celles qu'on exécute dans les installations de fabrication et de production importantes, se subdivisent en **cinq étapes distinctes** :

**1. L'établissement d'un plan d'inspection (fig. 3)** : ce plan se fonde sur les intérêts spécifiques de l'entreprise ou de l'installation d'exploitation en question, et il s'y applique avec valeur obligatoire. Le plan contient des indications relatives au lieu, à la date, à la méthode, aux appareillages et aux mesures.

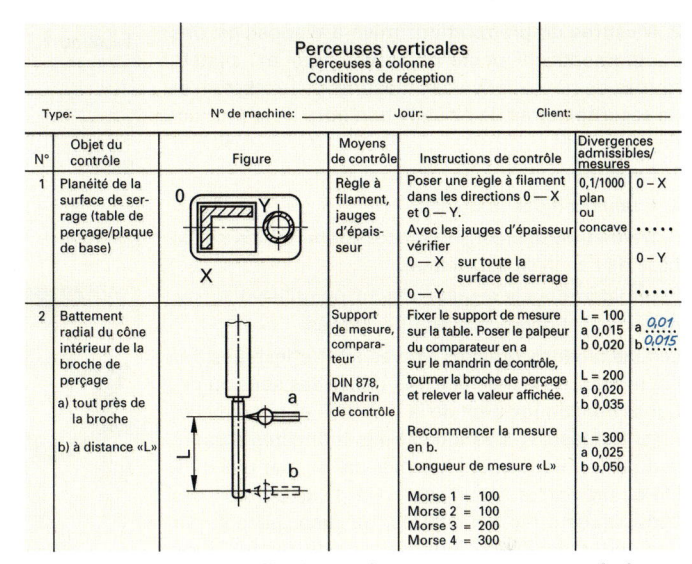

**Fig. 1 : Protocole de première inspection sur une perceuse verticale**

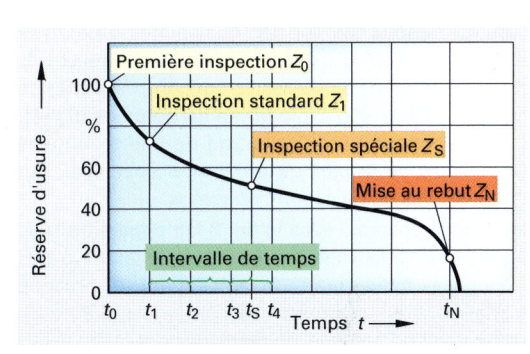

**Fig. 2 : Intervalles d'inspection pendant la durée de vie d'un système technique**

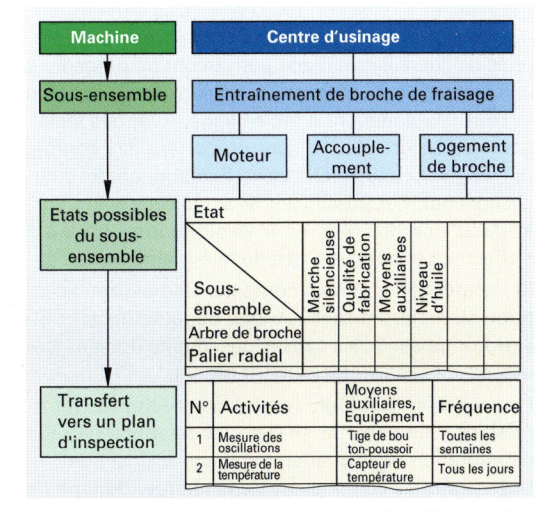

**Fig. 3 : Exemple d'établissement d'un plan d'inspection et de mise en oeuvre de ce plan**

2. **Mesures de préparation**: mise à disposition des équipements du poste de travail (par ex. plates-formes de travail, prise des mesures de protection et de sécurité, retrait de l'installation hors de la production courante.
3. **Exécution** des travaux d'inspection.
4. **Evaluation** des résultats.
5. **Déduction** des conséquences **inéluctables** sur la base de l'analyse des défauts.

Pour déterminer le résultat effectif, on utilise diverses méthodes et divers modes opératoires.

Les **inspections directes brèves** sont effectuées par l'opérateur de la machine, qui utilise ses sens au début du fonctionnement de la machine et pendant celui-ci (**tableau 1**). **Des indications** indirectes d'usure et de détérioration sont fournies par ex. par une qualité de fabrication insuffisante, par l'exploitation des fiches qualité réglementaires, ou bien, par ex. par des pertes de liquide provoquées par des fuites du système hydraulique.

Les observations **subjectives** peuvent être complétées ou remplacées par des possibilités **objectives** d'analyse et de diagnostic. Pour ce faire, on utilise des moyens de mesure et d'essais qui comprennent des logiciels spéciaux d'exploitation de données (**fig. 1**). La détermination et l'évaluation de telles données de mesure de la part du personnel spécialisé demandent des qualifications poussées.

L'exemple présenté dans la **fig. 2** fait apparaître trois signaux à fronts raides qui sont significatifs à des fréquences déterminées. En appliquant un procédé d'analyse et en effectuant une comparaison avec un palier non endommagé, on peut conclure qu'on est ici en présence d'un dégât qui affecte la bague extérieure du palier. Les déviations isolées qui se produisent périodiquement dans le diagramme surviennent lorsque l'emplacement endommagé est forcé en tournant.

Des capteurs intégrés et des équipements appropriés de surveillance d'état permettent de procéder à une inspection sous forme de **télé-inspection** même lorsque l'exploitation se fait en ligne. Avec des installations d'accès difficile, comme par ex. des équipements générateurs d'électricité fonctionnant à l'énergie éolienne, ces possibilités sont utilisées et la transmission des données pour exploitation ultérieure s'effectue par des systèmes de télé-maintenance.

Si l'inspection amène à constater une usure exceptionnellement poussée, ou des dégâts affectant divers composants, les causes des dégâts doivent être déterminées plus précisément (**fig. 3**).

Pour cela, la **tribologie** fournit de précieuses informations. Elle décrit et analyse les relations entre la détérioration par frottement et l'usure, ainsi que l'influence sur les composants de la charge, du type de déplacement, de la température et de l'atmosphère ambiante.

**Tableau 1: Possibilités d'inspection de base**

| Voir : | Niveaux de liquides, fissures des composants |
|---|---|
| Ecouter : | Bruits de marche de moteurs, broches |
| Sentir : | Gaz d'échappement, ajustement grippés |
| Toucher : | surfaces rugueuses, composants échauffés |
| Relever : | Indications de pression et de température |

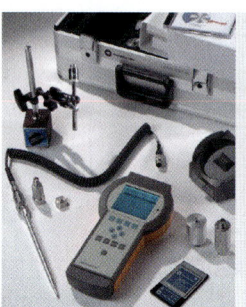

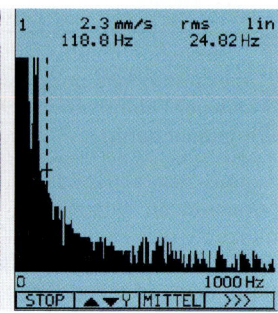

**Fig. 1**: Equipement d'analyse d'oscillations avec logiciel permettant un affichage sur écran

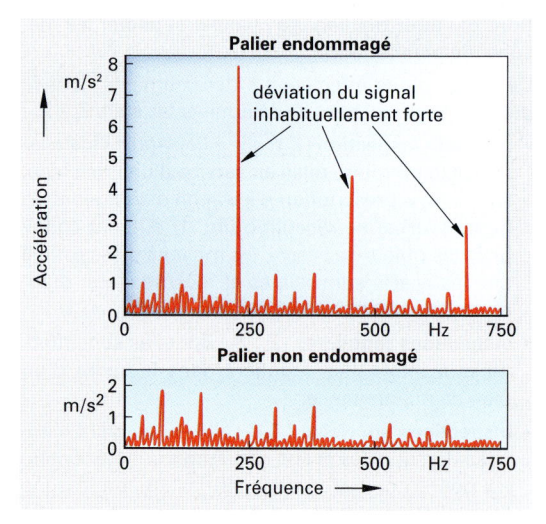

**Fig. 2**: Comparaison des courbes des fréquences de paliers

**Fig. 3**: Dégâts résultant de la fatigue de la surface de roulement de la bague extérieure d'un palier à rouleaux coniques

Entretien

La tribologie[1] décrit le lien entre le frottement, l'usure et la lubrification. On fait la distinction entre quatre mécanismes d'usure (**fig. 1**) :
- **adhérence** : lorsque le solide de base et son pendant glissent l'un par rapport à l'autre, une lubrification insuffisante donne lieu à une usure considérable.
- **abrasion** : des particules dures pénètrent dans l'interstice et créent des rugosités.
- **dislocation** : elle se produit sous l'effet de sollicitations constantes par percussion, par ex. sous l'effet d'un changement de charge produit par le roulement des éléments roulants dans les bagues des paliers.
- **réaction tribo-chimique** : les surfaces disloquées commencent à s'oxyder lorsque des substances agressives y pénètrent en même temps.

L'ensemble des résultats d'inspection est enregistré, collecté et évalué à l'aide de l'informatique (**fig. 2**). L'analyse des éléments de données permet de déduire d'autres étapes d'action. Des mesures d'inspection peu importantes peuvent être mises en œuvre immédiatement après l'inspection.

Si la réserve d'usure de l'installation est épuisée, une remise en état et des réparations poussées sont nécessaires.

## 8.3.7 Remise en état

Le remise en état comprend toutes les mesures qui servent à remettre une machine ou un système en état de fonctionner.

Elle constitue la partie la plus coûteuse de la maintenance, et elle est en principe source de temps d'arrêt des machines extrêmement coûteux. Une remise en état est rendue en principe inévitable par des matériaux atteints par la corrosion, des défauts ou la fatigue, par des ruptures intempestives ou durables, ainsi que par des erreurs de manipulation ou d'utilisation.

En fonction du concept de maintenance, les mesures de maintenance sont mises en œuvre en fonction des intervalles, en fonction de l'état ou pour cause de pannes.

En fonction de la faisabilité technique et de la rentabilité, les composants usagés ou défectueux doivent être soit remplacés, soit réparés ou bien mis à niveau (**fig. 3**).

Le processus d'une remise en état apparaît dans la **fig. 4**. Cette opération a pour condition préalable une comparaison entre l'état théorique et l'état effectif, et une recherche systématique des défauts. Ce faisant, il faut tirer au clair dans quelles zones de l'installation, par ex. la partie mécanique, électrique ou hydraulique, le défaut doit être recherché. La découverte de l'erreur a pour condition préalable un haut degré de compréhension du système.

[1] Tribologie, vient du grec, science du frottement

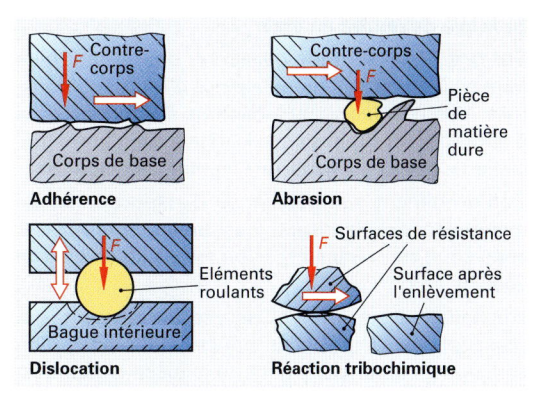

Fig. 1 : Mécanismes d'usure de la tribologie

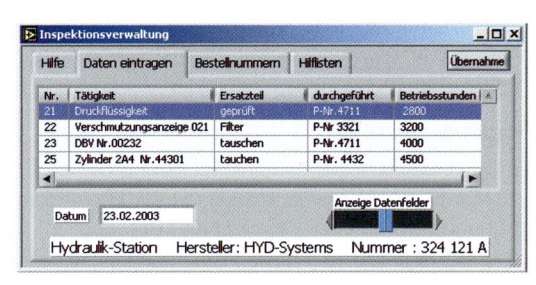

Bild 2 : Gestion informatisée des données d'inspection

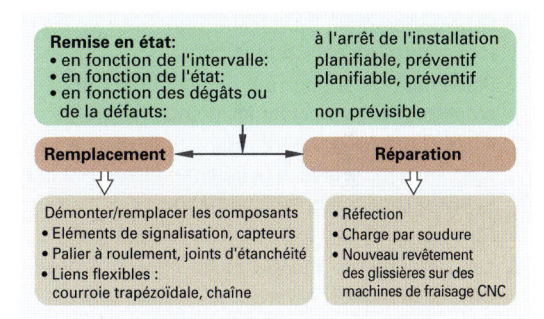

Fig. 3 : Mesures prises lors de la remise en état

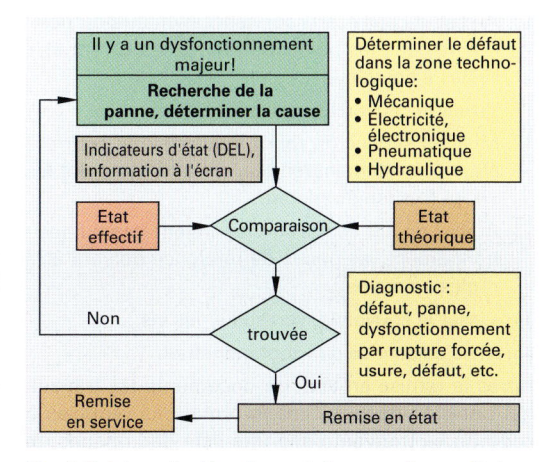

Fig. 4 Schéma du déroulement d'une remise en état

## Exemple de remise en état

Sur une installation de garniture, on ne peut plus faire pivoter correctement la pince d'un robot industriel. A son déplacement incontrôlé s'ajoute un bruit d'abrasion. On suppose que le défaut est d'ordre mécanique, par ex. une courroie crantée défectueuse.

Conformément aux consignes d'inspection et de maintenance du fabricant, il est prévu de remplacer cette courroie crantée après un temps de service de 2000 heures.

L'installation est immobilisée conformément aux prescriptions, l'interrupteur principal de l'installation est coupé. Le remplacement de la pièce d'usure est possible sans travail ni frais importants, les connaissances spécialisées nécessaires sont disponibles en interne. Le démontage du carter est facilité par un schéma d'arrangement extrait des instructions d'utilisation **(fig. 1)**.

### Etapes de travail :

1. Dépose des éléments du carter Pos. 10.
2. Marquage des points d'ajustage sur la courroie dentée et sur les poulies crantées **(fig. 2)**.
3. Déserrage des trois vis de fixation et dépose de la courroie crantée usée.
4. Marquage des points d'ajustage sur la nouvelle courroie crantée. Ce faisant, maintenir la courroie crantée en état de tension.
5. Placement de la courroie neuve sur les poulies crantées. Faire coïncider les points d'ajustage.
6. Faire coulisser le moteur dans le sens a (= tension) ou dans le sens b (= détente) jusqu'à ce que la flexion soit à peu près correcte.
7. Mesurer la flexion avec un fleximètre **(fig. 3)**.
8. Les données de flexion et de charge figurent dans le **tableau 1**.
9. La courroie étant correctement tendue, serrer fermement les vis de fixation du moteur.
10. Au cas où des écarts surviendraient lors du positionnement, les points de référence doivent être réglés à nouveau.
11. Visser le couvercle, verrouiller les vis.
12. Mise en service du robot industriel. La courroie étant correctement tendue, serrer fermement les vis de fixation du moteur.
13. Au cas où des écarts surviendraient lors du positionnement, les points de référence doivent être réglés à nouveau.
14. Visser le couvercle, verrouiller les vis.
15. Mise en service du robot industriel.

Après la remise en état, on documente les travaux qui ont été effectués. Les informations requises à cette fin se trouvent dans une liste des pannes de machines **(fig. 1 p. suivante)**.

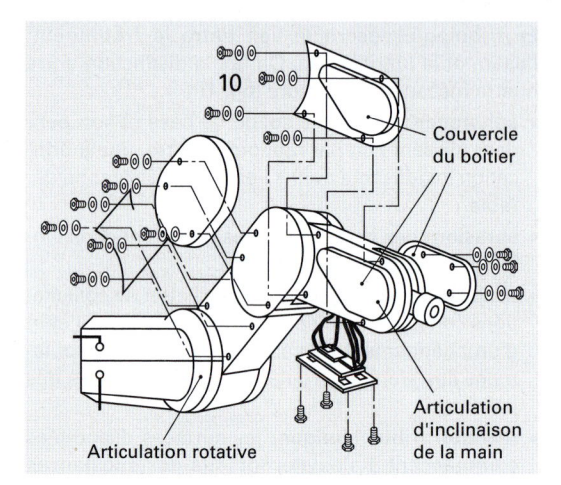

**Fig. 1 : Dessin de disposition pour le démontage du carter**

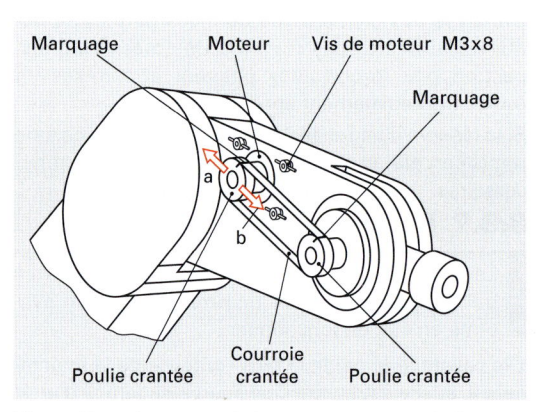

**Fig. 2 : Remplacement de la courroie dentée de l'articulation du type "inclinaison de la main" du robot articulé.**

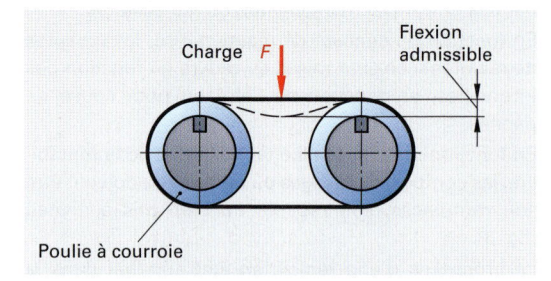

**Fig. 3 : Réglage de la tension de la courroie**

| Tableau 1 : | Flexion | Sollicitation |
|---|---|---|
| Articulation d'inclinaison de la main | 2,0 mm | 0,5–0,9 N |
| Articulation de rotation de la main | 1,2 mm | 0,5–0,9 N |

Entretien

## 8.3.8 Améliorations

L'amélioration de la disponibilité de l'installation repose sur l'exploitation de documentations, par ex. la liste des pannes de machines.

Ces documentations sont tenues à l'occasion de l'entretien, de l'inspection et de la remise en état **(fig. 1)**.

Les sous-ensembles à problèmes peuvent être découverts en recueillant des données portant sur une période prolongée. Dans un état statistique relatif aux sous-ensembles, toutes les données de maintenance qui sont importantes pour un centre d'usinage font l'objet d'un archivage centralisé (**tableau 1**). Lors de l'exploitation des données recueillies, le diagramme en barres montre que le changeur de palettes (Cpl) est à l'origine de périodes d'arrêt accrues **(fig. 2)**. Il en est de même de la poupée porte-fraise (Ppf). En affinant la répartition en fonction des divers éléments de construction, on constate que c'est principalement la chaîne transporteuse du changeur de palette qui a occasionné les temps d'arrêt **(fig. 3)**.

La collecte de données de ce type renseigne sur la stratégie de maintenance choisie ou sur les durées fixées pour les intervalles.

Cependant, les données fournissent également la base de décision permettant de trancher en faveur d'une remise en état ou de la suppression des points faibles du système.

Dans l'optique de la maintenance, l'**amélioration** comporte l'accroissement de la capacité de fonctionnement, par ex. en éliminant les points faibles du système ou de l'installation.

Au titre des **améliorations** les mesures suivantes peuvent être efficaces:

- Montage de composants plus résistants et ayant de meilleures caractéristiques d'usure. On y parvient en sélectionnant des matériaux appropriés, par ex. les aciers hautement alliés ou la céramique, en recourant au traitement thermique, par ex. par trempe des couches marginales par un procédé tel que la nitruration, en utilisant de nouveaux matériaux composites ou de nouveaux revêtements.
- En adoptant une nouvelle construction adaptée à la maintenance: création de possibilités de démontage et de montage simples pour les pièces susceptibles d'usure, en améliorant l'accessibilité par abandon des revêtements et éléments de recouvrement qui y font obstacle, planification de possibilités d'inspection et de diagnostic du système.
- Modifications du système: des éléments de la mécanique, par ex. dans la construction des boîtes d'engrenages, sont remplacés par des servomoteurs électriques, des équipements de commande et de régulation sont remplacés par des composants électroniques, par ex. des vannes proportionnelles.
- Passage à des fabricants certifiés dont les produits peuvent satisfaire des exigences plus rigoureuses.

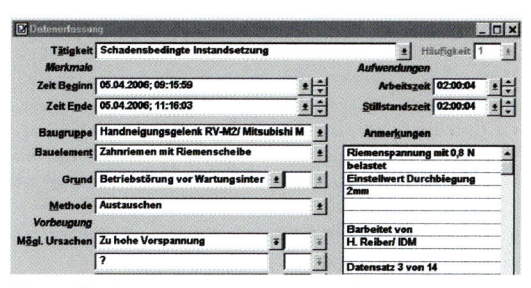

Fig. 1 : Fenêtre de saisie de données dans une liste de dérangements

Tableau 1 : Liste des sous-ensembles d'un centre d'usinage à commande numérique doté d'un dispositif supplémentaire de manipulation des pièces.

| Edt | Espace de travail du centre d'usinage |
|-----|---------------------------------------|
| Tu | Table d'usinage sur le plan X/Y |
| Shyd | Système hydraulique (serrage des outils) |
| Spr | Système de produit réfrigérant |
| Mpl | Magasin à palettes (système périphérique) |
| Cpl | Changeur de palettes (système périphérique) |
| Spn | Système pneumatique (verrouillage de porte) |
| Ppf | Poupée porte-fraise |
| Sco | Système de changement d'outil |

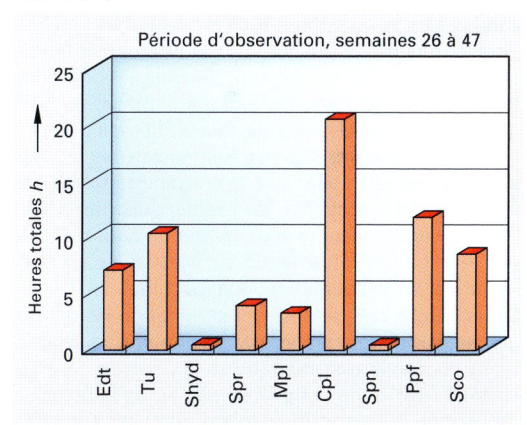

Fig. 2 : Temps d'immobilisation des sous-ensembles du centre d'usinage

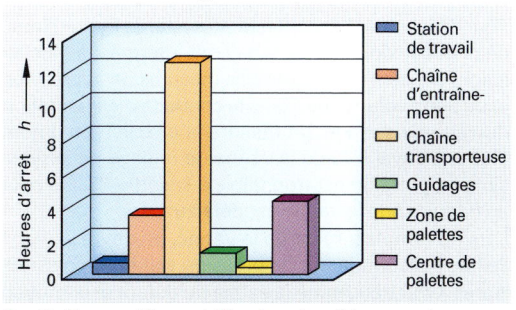

Fig. 3 : Temps d'immobilisation des éléments de construction du changeur de palettes

## 8.3.9 Détection de défauts et de sources d'erreurs

Méthodes simples de découverte des points de dysfonctionnement
- Contrôle visuel de la solidité d'assise, par ex. influence de copeaux coincés, de contacts encrassés.
- Veiller aux bruits de machines inhabituels et en découvrir les causes.
- En tâtant à la main avec précautions, vérifier s'il y a surchauffe, par ex. des carters des paliers.
- Vérifier l'alimentation sous pression dans le système pneumatique.
- Vérifier l'alimentation électrique, principalement pour les contacts et les connexions à fiches.

Ces contrôles simples ont pour but de limiter le plus possible les causes de perturbations, par ex. celles qui se manifestent sous forme d'anomalie affectant le système électrique ou électronique, le système hydraulique ou un sous-ensemble mécanique déterminé de la machine.

Un mode opératoire systématique pour la recherche des points de perturbations ou des défauts apparaît dans la **fig. 1**.

Il est difficile de rechercher un défaut lorsqu'aucune cause de défaut est décelable et que l'installation s'est automatiquement mise hors tension. Dans ce cas, la personne chargée de la remise en état devra faire appel à ses expérience et des connaissances précises sur la machine défectueuse, ainsi qu'à des connaissances englobant tous les systèmes.

Pour connaître la machine, une aide considérable est apportée par les documents complets de l'installation, tels que les instructions d'utilisation indiquant toutes les boucles de recherche des défauts, les plans d'ensemble avec nomenclatures, ou les schémas de connexions et les organigrammes des fonctions de la machine. De même, il est important d'examiner la machine et de mener en conséquence des entretiens d'information sur place avec les opérateurs et les installateurs de la machine.

La recherche des défauts et l'élimination du défaut, par ex. sur un tour à commande numérique, s'effectuent de manière systématique. Si, par ex. le pressostat 2 (-BP10) de la **fig. 2** constate que la pression de serrage du mandrin à trois mors n'est pas suffisante, la machine s'arrête. En même temps, ce défaut apparaît sur le moniteur de la machine.

Pour déterminer l'état effectif du système hydraulique, deux connexions de mesure sont intégrées à l'installation. On peut y effectuer des mesures de la pression et du débit volumique. Dans la conduite d'alimentation du vérin de serrage, on mesure la pression en amont (P1) et en aval (P3) de la vanne de réglage de la pression. La pression est trop faible à la sortie P3. On peut en déduire que la vanne est défectueuse.

Lors du remplacement de la vanne, on devra veiller à ce que l'accumulateur de pression soit hors pression. Après avoir déterminé la cause du défaut et le moyen d'éliminer celui-ci, par ex. en remplaçant la vanne, il faut documenter le défaut.

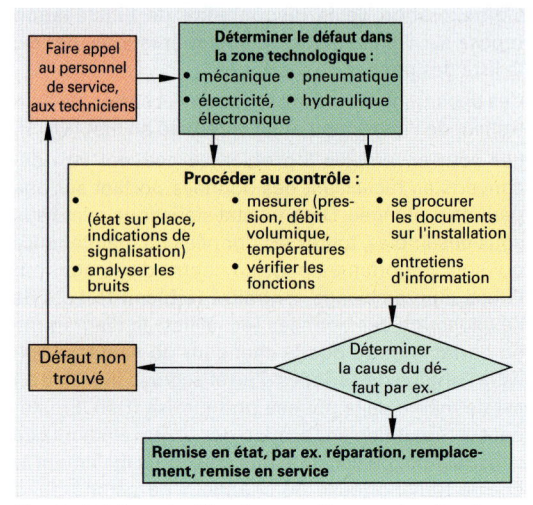

**Fig. 1 : Schéma de déroulement d'une recherche de défaut**

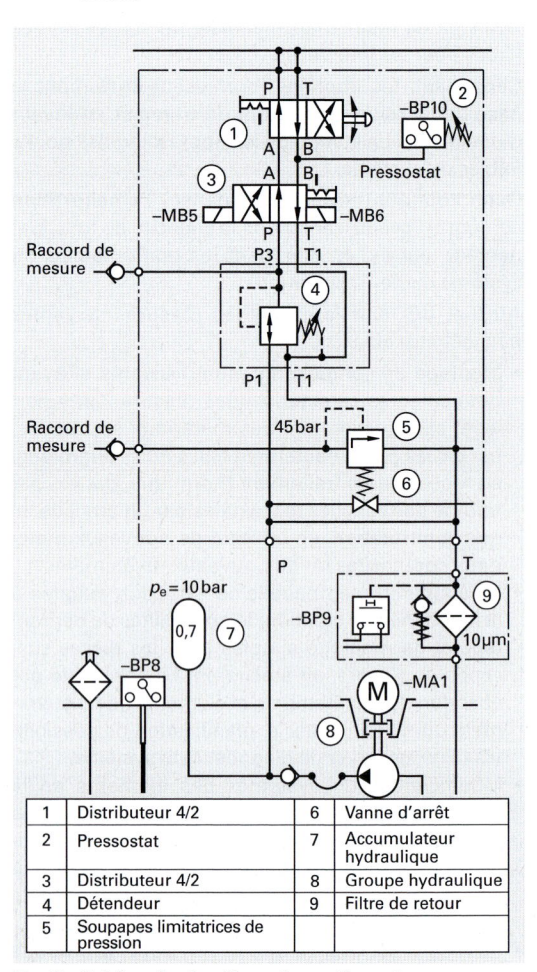

| 1 | Distributeur 4/2 | 6 | Vanne d'arrêt |
| 2 | Pressostat | 7 | Accumulateur hydraulique |
| 3 | Distributeur 4/2 | 8 | Groupe hydraulique |
| 4 | Détendeur | 9 | Filtre de retour |
| 5 | Soupapes limitatrices de pression | | |

**Fig. 2 : Schéma hydraulique du système de serrage**

## 8.4 Corrosion et protection contre la corrosion

Par **corrosion** on entend les attaques et les destructions infligées aux matériaux métalliques par des réactions chimiques ou électrochimiques avec des matériaux présents dans l'environnement.

**Les agents corrosifs** (substances actives) sont les substances qui entourent le composant, agissent sur le matériau, et causent la corrosion, par ex. l'air ambiant, l'atmosphère extérieure avec ou sans pollution industrielle, l'atmosphère marine, l'eau douce et l'eau salée, la terre ou les produits chimiques.

Les dégâts produits par la corrosion sur les automobiles, les machines et les charpentes métalliques sont très importants **(fig. 1)**.

Un tiers de ces dégâts peut être évité en appliquant des mesures protectrices appropriées.

**Fig. 1 : Composant détruit par la corrosion**

### 8.4.1 Causes de corrosion

En fonction de la situation, les phénomènes de corrosion se déroulent selon des modes d'action différents. D'après ceux-ci, on distingue la corrosion électrochimique et la corrosion causée par les températures élevées.

> Les dégâts les plus fréquemment causés aux machines par la corrosion ont trait à la corrosion électrochimique.

#### ■ Cycles de corrosion électrochimique

Avec la corrosion électrochimique, les phénomènes de corrosion se déroulent à la surface des métaux, dans une couche d'eau qui conduit l'électricité, **l'électrolyte**. Comme électrolyte, il suffit d'une pellicule ultra-mince d'humidité ou de restes d'eau dans une fissure, ou encore de taches de transpiration laissées par la main sur des pièces.

**Corrosion électrochimique dûe à l'oxygène à la surface d'acier humide**

Dans les locaux humides et par temps humide, la surface métallique des composants métalliques est revêtue d'une pellicule d'humidité. Dans ces conditions, au bout de quelques jours, les composants non protégés en aciers non alliés et faiblement alliés sont constellés de taches de rouille **(fig. 2)**. Les processus qui sont à la base de ce phénomène de corrosion ont trait à l'action sur le matériau ferreux de l'oxygène de l'air en liaison avec l'eau.

**Fig. 2 : Rouille sur l'acier nu**

Explication de la corrosion du fer sous une goutte d'eau **(fig. 3)** :
Au centre de la goutte, le fer se dissout sous forme d'ions $Fe^{2+}$. Cette z o n e du matériau a l'effet d'une anode **(anode locale)**.

Dans la zone marginale de la goutte, il se produit une réaction d'ions d'OH—qui se sont formés dans l'eau à partir de l'oxygène de l'air en solution avec les ions du fer en solution $Fe^{2+}$ et forment pour commencer de l'hydroxyde de fer $Fe(OH)_3$ et, à partir de celui-ci, de la **rouille FeO(OH)**, qui précipite en forme annulaire au bord de la goutte.

On peut observer la formation de rouille qui commence sous forme de taches sur les surfaces de l'acier (fig. 2). Alors que la corrosion poursuit son cours, l'ensemble de la surface en acier est rongée à partir de ces emplacements.

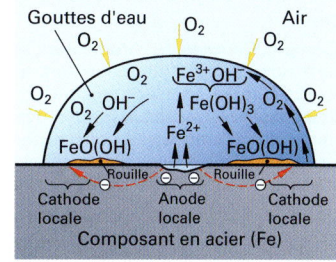

**Fig. 3 : Processus lors de la corrosion électrochimique dûe à l'oxygène**

**Corrosion électrochimique entre deux métaux**

Ce type de corrosion repose sur les mêmes phénomènes qui se déroulent dans un **élément galvanique**. Un élément galvanique se compose de deux métaux différents qui plongent dans un liquide qui conduit l'électricité, l'électrolyte **(fig. 4)**. Dans cette situation, le moins noble des deux métaux se dissout : il se corrode.

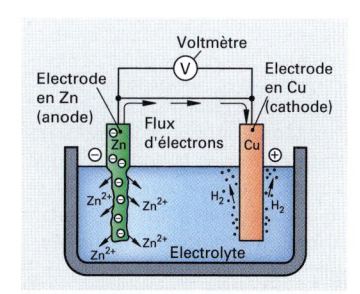

**Fig. 4 : Elément galvanique**

Avec un élément galvanique zinc/cuivre, l'électrode en zinc (anode) se dissout sous forme d'ions en $Zn^{2+}$-, tandis qu'il se forme de l'hydrogène sur l'électrode de cuivre (cathode) par la décomposition de l'eau. Entre les deux électrodes, il règne une faible tension électrique qui dépend du matériau constitutif des électrodes et de l'électrolyte.

Des mesures permettent de déterminer les tensions des divers matériaux constitutifs des électrodes; on les nomme les **potentiels normaux**. Ils sont inscrits dans la **série de tension des métaux (fig. 1)**. Les métaux non nobles se situent à gauche du potentiel zéro de l'hydrogène; les métaux nobles sont à droite. Dans un élément galvanique, le métal situé plus à gauche subit la corrosion, par ex. le zinc avec un élément Zn/Cu **(fig. 4, p. précédente)**.

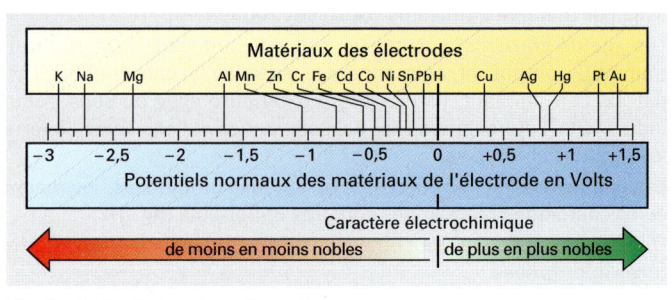

**Fig. 1: Série de tensions des métaux**

La grandeur de la tension présente dans l'élément galvanique peut se calculer à partir de la différence entre les potentiels normaux.

**Exemple:** Elément galvanique Zn/Cu. Le potentiel normal du cuivre est + 0,34 V, celui du zinc –0,76 V. Ainsi, avec ces éléments galvaniques, la tension qui règne est + 0,34 V – (– 0,76 V) = + 0,34 V + 0,76 V = **1,1 V**.

Les conditions de corrosion électrochimique existent à de nombreux endroits dans les machines et les composants. On nomme ces secteurs des **éléments de corrosion**. Pour qu'ils se forment, il faut obligatoirement avoir deux métaux (électrodes) et un peu de liquide (électrolyte).

Des éléments de corrosion typiques sont par ex. des emplacements endommagés sur des revêtements métalliques de composants en acier, ou les points de contact entre deux éléments qui sont composés de matériaux différents, ainsi que les divers éléments constitutifs de la structure des alliages **(fig. 2)**. Le métal moins noble est détruit par dissolution électrolytique.

**Passivation.** Dans la pratique, certains métaux n'ont pas le comportement que l'on pourrait s'attendre d'après la série des tensions des métaux.

**Exemple: Couches de chrome sur l'acier.** En cas de formation d'un élément de corrosion, le métal situé plus loin à gauche, donc le chrome, devrait se dissoudre d'après la série de tension. Le modèle de corrosion de l'acier chromé est cependant caractérisé par la sous-pénétration de corrosion et l'éclatement de la couche de chrome. Cela a pour cause la passivation de la surface de chrome par formation d'une couche d'oxyde de chrome. Par conséquent l'acier est corrodé et pas le chrome électro-chimiquement moins noble.

L'effet passivant du chrome est également la raison de la résistance à la corrosion des aciers qui contiennent du chrome, par ex. avec le X5CrNi18-10.

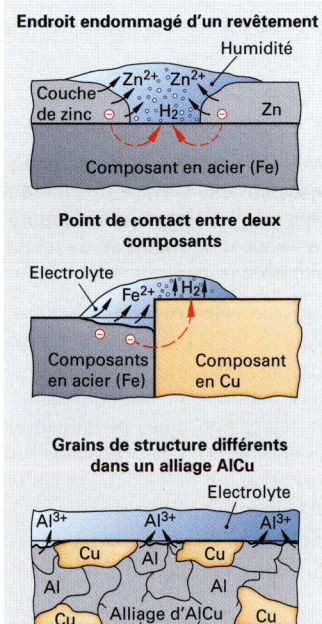

**Fig. 2: Eléments de corrosion**

## ■ Corrosion à température élevée

Avec la **corrosion à température élevée**, l'agent corrosif réagit directement avec le matériau attaqué, sans coopération de l'humidité.

**Exemple:** Calaminage de pièces forgées lors du formage à chaud **(fig. 3)**. Le fer (Fe) réagit avec l'oxygène de l'air ($O_2$) pour former de la calamine ($Fe_2O_3$) selon l'équation de réaction: $4\,Fe + 3\,O_2 \rightarrow 2\,Fe_2O_3$

Aux températures ambiantes normales, les matériaux métalliques ne réagissent avec les gaz secs que dans des cas exceptionnels, comme par ex. le chlore. Avec de l'air sec, les métaux ne réagissent qu'à température élevée. Pour cette raison, on nomme ce type de corrosion la **corrosion à température élevée**, ou simplement **le calaminage**.

■ La corrosion à température élevée se produit au forgeage, au recuit et à la trempe des pièces.

**Fig. 3: Pièces de forgeage calaminées**

## 8.4.2 Types de corrosion et leur aspect

L'aspect de la partie soumise à corrosion varie en fonction du type de corrosion, du matériau et de la substance active.

- Avec la **corrosion superficielle uniforme (fig. 1)** la surface est dégradée lentement par l'attaque corrosive de manière à peu près uniforme. Ce type corrosive se produit à l'air libre sur les pièces non revêtues en acier non allié ou en cas de calaminage de pièces forgées.

- **La corrosion localisée (fig. 2)** est généralement caractérisée par la formation de creux et trous.

- **Piqûre de corrosion**

Dans les aciers inoxydables qui sont en contact avec un agent actif contenant des ions de chlore, par ex. avec l'eau de mer ou l'eau chlorée, il se produit une corrosion isolée avec entailles en forme de piqûres d'aiguilles **(fig. 2)**. Ce type de corrosion est très dangereux dans les conduites et réservoirs sous pression.

- **Il y a corrosion de contact (fig. 3)** lorsque deux métaux différents se touchent en présence d'humidité (servant d'électrolyte). Celui des deux métaux qui est moins noble va subir les effets de la corrosion.

La corrosion de contact se forme par ex. avec les paliers lisses, lorsque les douilles des paliers sont fabriquées avec un autre matériau que le carter ou avec les raccords à vis, lorsque les vis et les pièces de jonction se composent de matériaux différents.

- **La corrosion caverneuse (fig. 4)** se produit lorsque des concentrations différentes d'oxygène règnent dans l'électrolyte du fait que l'air ne peut pénétrer dans une fissure. Tel est le cas par ex. dans la fente entre deux composants (rouille d'ajustage) ou dans la fente qui se trouve entre le trou de passage et la vis ou en présence de tôles placées l'une sur l'autre.

- **La corrosion par aération différentielle (fig. 5)** se produit par ex. avec les réservoirs partiellement remplis d'eau. L'attaque de corrosion se produit en principe juste au-dessous du niveau du liquide. La cause en est la différence de concentration d'oxygène à la surface et dans des couches plus profondes de l'eau.

- Avec la **corrosion sélective (fig. 6)** l'attaque de la corrosion se produit entre les constituants d'un même matériaux, par ex. entre le zinc et le cuivre du laiton.

Selon la zone de la structure détruite, on distingue :

- **la corrosion intercristalline,** lorsque la destruction s'effectue le long des limites des grains,
- **la corrosion transcristalline,** lorsqu'elle traverse les grains.

La corrosion sélective n'est pas décelable à l'œil nu, ce qui la rend particulièrement dangereuse.

- **La corrosion sous contrainte et la corrosion sous fatigue (fig. 7)** naissent lorsqu'il y a action conjointe d'une attaque électrochimique (par ex. dans une atmosphère industrielle) et qu'un composant est fortement sollicité en traction. L'allure de la corrosion est intercristalline ou transcristalline en fonction de l'agent actif et du type de sollicitation.

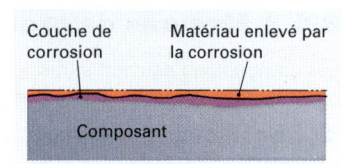

Fig. 1 : Corrosion superficielle uniforme

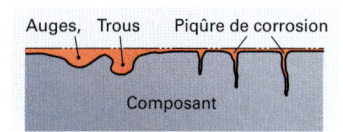

Fig. 2 : Corrosion localisée et par piqûres

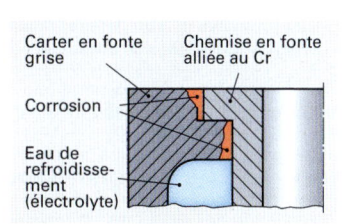

Fig. 3 : Corrosion de contact

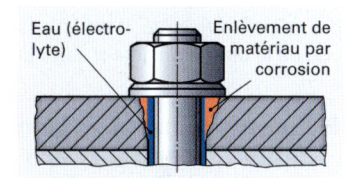

Fig. 4 : Corrosion caverneuse

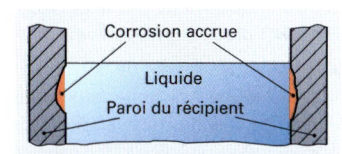

Fig. 5 : Corrosion par aération différentielle

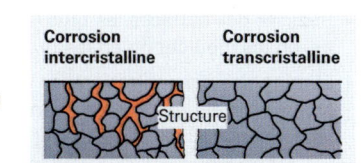

Fig. 6 : Corrosion sélective

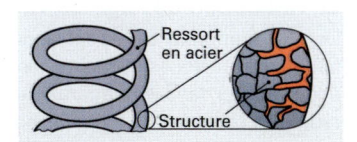

Fig. 7 : Corrosion sous contrainte

## 8.4.3 Mesures de protection anticorrosion

Les composants peuvent subir de la corrosion en cours de fabrication, lors du stockage, ou une fois la pièce montée dans la machine. Des mesures de protection appropriées permettent d'empêcher la corrosion.

### ■ Sélection des matériaux appropriés

La meilleure protection anticorrosion pour un composant, et la plus économique, consiste à sélectionner un matériau approprié qui ne subit pas de corrosion dans les conditions d'utilisation. Il faut alors obligatoirement savoir comment les matériaux se comportent à la corrosion en présence des différents agents actifs (tableau 1).

**Tableau 1 : Tenue à la corrosion des matériaux métalliques**

| Matériaux | Description générale de tenue à la corrosion | Air ambiant sec | Air de campagne | Air d'industrie | Air marin | Eau de mer |
|---|---|---|---|---|---|---|
| Aciers non alliés et peu alliés | Peu résistant à la corrosion. Sans protection résistants uniquement dans des locaux secs | ● | ◐ | ◐ | ○ | ○ |
| Acier inoxydable (X5CrNiMo17-12-2) | En général résistant, corrosion possible par des produits chimiques agressifs | ● | ● | ◐ | ◐ | ◐ |
| Aluminium et alliages d'Al | En général tout à fait résistant. Exception : alliages d'Al contenant du Cu | ● | ◐ | ◐ | ◐ | ●…◐ |
| Cuivre et alliages de Cu | Tout à fait résistant, en particulier les alliages de Cu contenant du Ni | ● | ● | ◐ | ◐ | ●…◐ |

Explication des symboles : ● résistant  ◐ assez résistant  ◐ instable  ○ inutilisable

Fréquemment, pour des raisons techniques, par ex. pour avoir une résistance mécanique suffisante ou pour des raisons de coûts, il est impossible de sélectionner le matériau qui serait le plus avantageux du point de vue de la corrosion. Il faut alors protéger le matériau choisi par des mesures permettant d'empêcher la corrosion.

### ■ Construction tenant compte de la protection anticorrosion

Les composants et les machines doivent être assemblés de telle manière qu'aucun endroit ne risque d'être endommagé par la corrosion.
**Figure 1** illustre quelques exemples :

- Eliminer les points de corrosion par contact en utilisant les mêmes matériaux dans un assemblage ou par des couches intermédiaires isolantes.
- Eviter les interstices en réalisant des raccords soudés plutôt que des raccords vissés. Utilisation de profilés fermés, par ex. des tubes.
- Réaliser des surfaces les plus lisses possibles, par ex. en les meulant ou en les polissant.
- Eliminer les concentrations de contraintes dans le composant en évitant les changements brusques de section.

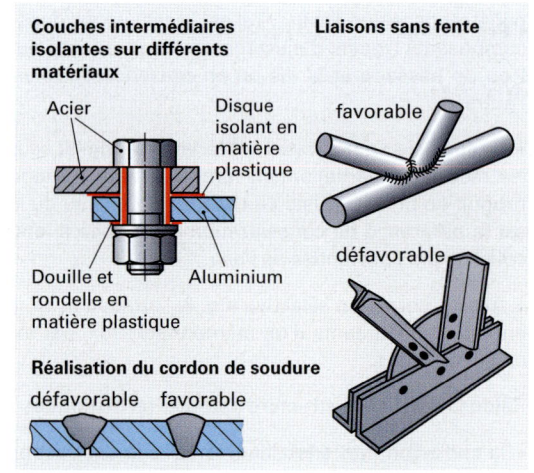

Fig. 1 : Assemblage conforme à la protection contre la corrosion

### ■ Réduction de l'agressivité de la substance environnante

Dans de nombreux cas, la substance environnante n'a pas un effet totalement corrosif, mais l'agressivité n'est le fait que de quelques éléments constitutifs de cette substance, comme par ex. l'humidité de l'air ou la présence d'ions acides dans le réfrigérant lubrifiant. L'élimination des substances corrosives du milieu environnant peut réduire la corrosion de manière significative, ou l'éliminer totalement. C'est en partie réalisable de façon simple.

**Exemple :** On mélange des **inhibiteurs** au réfrigérant lubrifiant et aux substances lubrifiantes. Ils lient les éléments constitutifs agressifs qui se sont introduits, comme par ex. les ions salins ou acides, et les rendent ainsi inoffensifs.

# Corrosion et protection contre la corrosion

## ■ Protection anticorrosion pendant et après la fabrication par enlèvement de copeaux

Pendant la fabrication par enlèvement de copeaux, la corrosion de la pièce est empêchée par des inhibiteurs qu'on mélange au réfrigérant. Les inhibiteurs sont des substances huileuses ou salines à effet passivateur. Ils forment sur la matériau une pellicule protectrice invisible à l'œil nu dont l'épaisseur n'est que de quelques couches moléculaires.

Directement après la fabrication, on doit éliminer l'eau qui adhère avec le réfrigérant à la surface de la pièce, et on doit protéger la pièce jusqu'à la prochaine étape de l'usinage. Cela s'effectue en plongeant la pièce dans **une huile protectrice anticorrosion** comportant un additif inhibiteur qui déplace l'eau.

Les pièces qui doivent être stockées sont enduites après nettoyage et séchage d'une mince couche de **laque claire (fig. 1)** ou enveloppées dans un papier spécial imbibé d'huile protectrice anticorrosion.

## ■ Couches protectrices anticorrosion appliquées sur les métaux ferreux

Fig. 1: Outils et composants protégés par laque claire

Les aciers non alliés et faiblement alliés ainsi que les fontes de fer peuvent être protégés contre la corrosion par des produits protecteurs ou des traitements de surface. En fonction de la durée de protection visée, des propriétés exigées de la surface protégée du matériau et des matières attaquées, on utilise des revêtements différents.

### • Protection anticorrosion des pièces en acier nues

La surface de nombreux composants de machines doit rester nue, afin de pouvoir remplir ses objectifs, par ex. les glissières, les coulisses, les broches, les roues dentées, les bagues de paliers à roulement, les outils de mesure, les pistons hydrauliques **(fig. 2)**. Ces surfaces résistent à la corrosion à condition d'avoir une surface rectifiée ou polie, et de les huiler ou graisser au moyen d'huile protectrice anticorrosion ou de graisse protectrice anticorrosion.

### • Protections anticorrosion par traitements chimiques des surfaces

Avec ces procédés, la pièce est trempée dans un bain de traitement. A sa surface, il se forme par réaction chimique une couche microporeuse quelques µm d'épaisseur. Après avoir enduit ensuite la pièce d'huile protectrice anticorrosion, les pores sont fermés et le composant est pourvu d'une pellicule de protection hydrofuge.

Les traitements de surface usuels sont la **phosphatation**, le **brunissage** et la **chromatation**. Ils offrent une protection anticorrosion suffisante aux pièces qui sont utilisées en atelier et dans l'usine de fabrication **(fig. 3)**.

Ils sont inappropriés pour une protection anticorrosion durable à l'air libre. Par ailleurs, les couches de phosphate conviennent comme couche passivante et de protection contre la sous-pénétration de la corrosion pour les applications de peinture (p. 266).

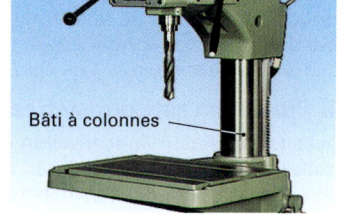

Fig. 2: Colonne de guidage protégée par de l'huile de protection anticorrosion

Fig. 3: Tourelle revolver bondérisée

### • Peintures de protection anticorrosion

Les peintures anticorrosion sont par ex. appliquées sur les bâtis des machines, les revêtements de tôles ou les charpentes métalliques en acier. Elles recouvrent le composant d'une couche de laque isolante qui le protège du contact avec l'environnement. La protection apportée dure généralement quatre ans.

La durée de vie de la peinture de protection anticorrosion dépend principalement de la qualité du traitement préalable de la surface à revêtir. Celle-ci doit être absolument exempte de graisse, d'impuretés et de rouille. Sur les composants rouillés, la rouille est enlevée par ex. par sablage ou meulage. Le dégraissage s'effectue par nettoyage avec un solvant (p. 266). On obtient une bonne adhérence de la couche de peinture et une protection contre la sous-pénétration de la corrosion par la phosphatation des parties en acier, par la chromatation des parties en Al, ou en appliquant une peinture primaire réactive (solutions contenant des chromates et des phosphates).

L'application de la peinture protectrice s'effectue par pulvérisation, par peinture électrostatique au pistolet, ou par tremp. (p. 267).

Les peintures anticorrosion simples, par ex. celles qu'on applique aux revêtements des machines-outils, se composent d'une couche de fond et d'une couche de recouvrement qui sont appliquées sur une tôle phosphatée (**fig. 1**). Les peintures s'obtiennent par mélange d'un liant, par ex. de la résine alkyle ou de la résine de polyuréthane, et de pigments à grain fin. Les peintures protectrices anticorrosion, par ex. les peintures pour les tôles des carrosseries des voitures, comportent jusqu'à 6 couches.

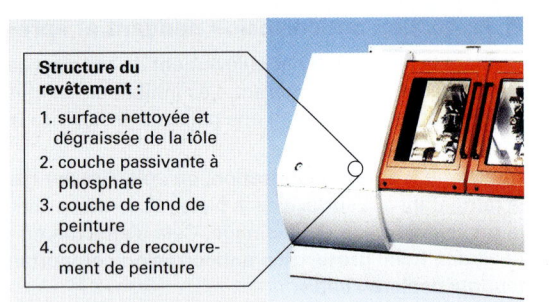

**Structure du revêtement :**
1. surface nettoyée et dégraissée de la tôle
2. couche passivante à phosphate
3. couche de fond de peinture
4. couche de recouvrement de peinture

Fig. 1 : **Revêtement de tôles enduites**

### ■ Revêtements métalliques

**Galvanisation à chaud.** Une couche de zinc permet d'obtenir une bonne protection contre la corrosion à l'air libre pour les composants en acier (**fig. 2**). Cette couche s'applique en plongeant le composant dans un bain de zinc en fusion (p. 268).

**Les revêtements métalliques par dépôt électrolytique** sont utilisés comme couche protectrice anticorrosion et en raison de leur aspect décoratif, par ex. pour les éléments ornementaux des voitures. Pour réaliser les couches de revêtement, les métaux utilisés de préférence sont le nickel et le chrome, ainsi que les couches multiples en Cu-Zn-Cr.

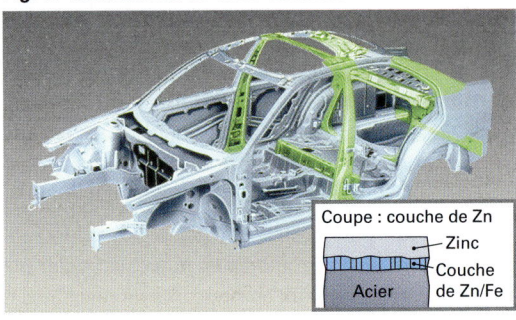

Coupe : couche de Zn
— Zinc
— Couche de Zn/Fe
Acier

Fig. 2 : **Carrosserie acier de voiture entièrement galvanisée**

### ■ Protection anticorrosion cathodique

Avec la **protection anticorrosion par anodes sacrificielles,** le composant à protéger, par ex. une citerne enterrée, est relié par des câbles électriques à des plaques de magnésium enfuies dans le sol. Avec l'humidité du sol, il se produit un élément galvanique, les plaques de magnésium, qui n'est pas un métal noble (et qu'on nome anodes sacrificielles), se dissolvent. La citerne est la cathode, et elle est donc protégée.

**Lors de la protection anticorrosion cathodique par courant imposé,** le composé (cathode) est raccordé au pôle négatif d'une batterie, tandis que des anodes en graphite sont reliées au pôle positif (**fig. 3**). Le composant joue ainsi le rôle de la cathode, ce qui assure sa protection contre la corrosion.

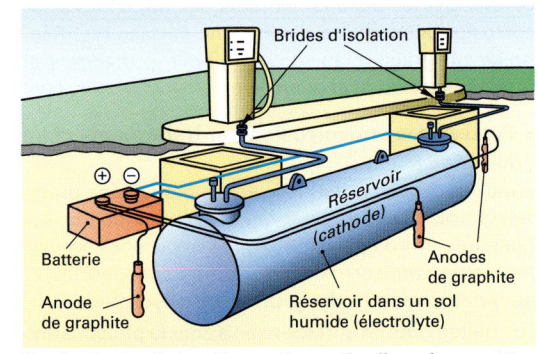

Brides d'isolation
Réservoir (cathode)
Batterie
Anode de graphite
Anodes de graphite
Réservoir dans un sol humide (électrolyte)

Fig. 3 : **Protection anticorrosion cathodique à courant imposé**

### ■ Protection anticorrosion des matériaux en Al

La résistance à la corrosion naturelle de l'aluminium peut être améliorée par le traitement **d'anodisation.** Pour cela, on suspend le composant en tant qu'anode dans une cellule d'électrolyse (p. 269). La surface du composant se transforme en $Al_2O_3$, couche d'oxyde dure, et résistante à la corrosion (**fig. 4**). Cette **couche en aluminium anodisé** est translucide, si bien que le composant en Al conserve son éclat métallique d'origine.

20 μm
Grossissement
Composant en aluminium
Couche d'anodisation ($Al_2O_3$)

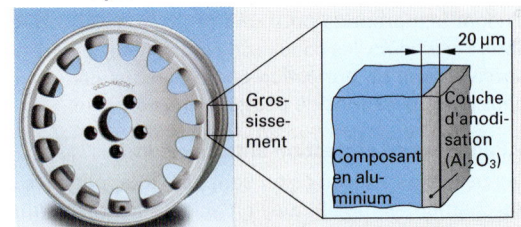

Fig. 4 : **Jante en aluminium anodisée**

---

### Répétition et approfondissement

1. Que se passe-t-il lors de la corrosion par oxygène ?
2. Quels processus électrochimiques se déroulent sur un élément soumis à la corrosion ?
3. Quels types de corrosion peut-on distinguer ?
4. Par quelles mesures peut-on éviter la corrosion pendant la fabrication par enlèvement de copeaux ?
5. Comment est traitée la surface en acier avant l'application d'une couche de protection anticorrosion ?

## 8.5 Analyse de la sécurité et évitement des dommages

Si un dégât survient sur un composant de la machine (**fig. 1**), le composant doit être remplacé au plus vite. Les temps d'immobilisation des machines entraînent d'importantes pertes financières. En outre, la défaillance de pièces peut provoquer des accidents ou causer des blessures aux personnes.

### ■ Examen des dégâts

Pour éviter une répétition du même dommage, on procède à une étude systématique des dommages (**fig. 2**).

> L'examen des dégâts (analyse des dégâts) sert à déterminer la cause et doit éviter le même type de dégât à l'avenir.

Tout d'abord le résultat identifiable et évident du dégât est constaté sans moyen auxiliaire, comme par ex. la photo de la cassure, les déchirures ou les déformations qui se sont produites sur la pièce. Les données relatives aux matériaux (composition, état de traitement), l'environnement du dégât (type et importance de la sollicitation) et les conditions ambiantes (température, milieux corrosifs) sont également enregistrés.

Si la cause du dégât est difficile à évaluer, des moyens importants doivent être mis en œuvre pour l'éclaircir, comme par ex. des examens de la structure au microscope, des examens de surface au microscope électronique à balayage (REM), des mesures d'oscillation ou des examens de charge en fonctionnement effectués sur le composant (p. suivante).

### ■ Cause des dégâts

La cause des dégâts est déterminée à partir des résultats de l'examen des dégâts (**fig. 3**).
Pour découvrir les causes compliquées, une longue expérience est nécessaire, ou bien il faut disposer d'un personnel spécialement formé à cet effet.
Les systèmes d'analyse des dégâts qui sont intégrés dans le logiciel de la machine sont utiles lors de l'enquête. Ou bien ils donnent une information sur le sous-ensemble défaillant (mécanique, hydraulique, électrique ou électronique), ou bien ils désignent directement le composant défectueux.

> Grâce à l'élimination de la cause des dégâts et à la remise en état, la qualité de fabrication de la machine est rétablie.

La recherche et l'élimination de la cause d'un dégât constituent donc un élément essentiel de la gestion de la qualité (p. 72).

Fig. 1 : Arbre de réducteur cassé

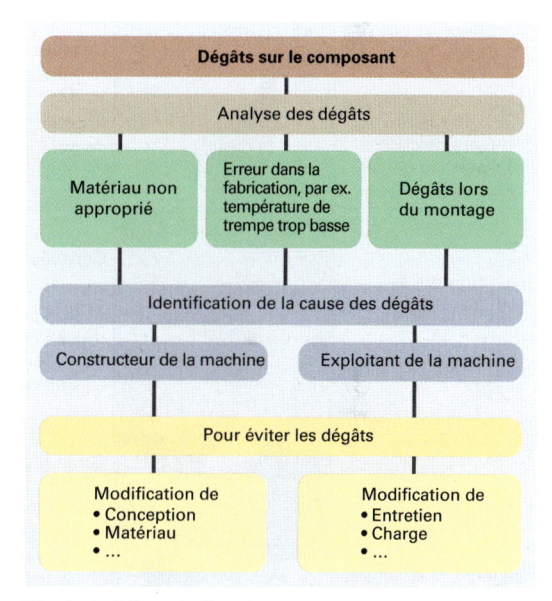

Fig. 2 : Schéma de l'analyse des dégâts

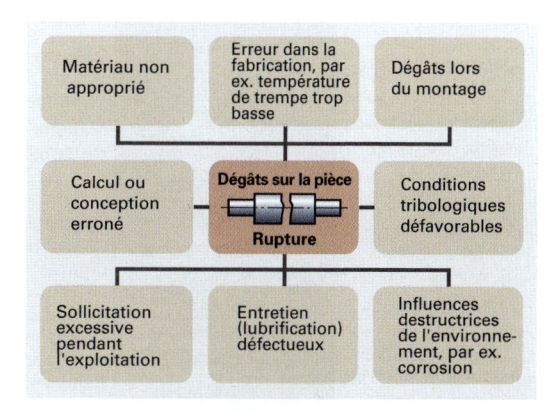

Fig. 3 : Causes possibles des dégâts

## ■ Prévention des dégâts

La cause du dégât déterminée sert de base au fabricant et à l'exploitant de la machine défectueuse pour prévenir des dégâts à l'avenir, et contribue par conséquent à améliorer la sécurité de fonctionnement.

Les mesures de prévention des dégâts prises par le constructeur de la machine peuvent être par ex. l'utilisation d'un autre matériau, la modification de la forme du composant, une protection contre les surcharges (par ex. un accouplement à friction).

L'exploitant de la machine peut par ex. éviter un dégât dû à la surchauffe grâce à un meilleur refroidissement, un dégât dû à un gripp. grâce à une meilleure lubrification et à un meilleur entretien, ou bien un dégât dû à une surcharge en abaissant la charge autorisée à l'avenir.

**Le tableau 1** montre des photos de dégâts courants et les possibilités d'analyse des dégâts qui sont à votre disposition.

**Tableau 1 : Dommages et causes possibles**

| Dégâts ⇓ Méthode d'analyse | Photos des dégâts | Types de dégât ⇒ Cause du dommage | Prévention des dégâts |
|---|---|---|---|
| Rupture de composant ⇓ Evaluation de la surface de rupture au moyen de photos réalisées au microscope électronique | | **Rupture intempestive :** ⇒ surcharge due à des forces trop élevées<br>**Rupture de fatigue :** ⇒ surcharge due à des charges alternatives (oscillations) trop élevées | • amélioration constructive de la forme d'un composant<br>• dimensionnement de composants avec une épaisseur supérieure<br>• utilisation de matériaux aptes à supporter de plus fortes sollicitations |
| Rupture de composant ⇓ Points de corrosion | | **Corrosion perforante :** ⇒ milieu à action corrosive<br>**Corrosion intercristalline par fissure due à la contrainte :** ⇒ milieu agressif en cas de sollicitation importante | • éviter le contact avec un milieu corrosif<br>• utiliser des matériaux résistant à la corrosion<br>• revêtir un composant |
| Rupture de composant ⇓ dégâts à la structure, micrographie | | **Grain grossier :** ⇒ croissance des grains sous l'effet d'une surchauffe locale<br>**Joints de grains élargis :** ⇒ par l'hydrogène et les températures élevées<br>**Déformation, bosses et fonte :** ⇒ déformation à chaud | • éviter la surchauffe<br>• utiliser des matériaux résistant à la chaleur ou résistant à la fragilisation due à l'hydrogène |
| Défaut de soudure ⇓ Explorations ultrasoniques, micrographie | | **Défaut au fond :** ⇒ trop peu de métal d'apport lors du soudage<br>**Manque de liaison :** ⇒ température de soudage trop basse | • vérifier l'équipement de soudure et le métal d'apport<br>• respect des conditions de soudage |
| Bruits de roulement plus élevés ⇓ Vérification tribologique des surfaces lisses (prises par microscope électronique à balayage) | Piqûre | **Rugosités, sillons, cratères :** ⇒ usure par glissement<br>**Piqûres :** ⇒ usure due au roulement ou usure due aux chocs<br>**Corrosion par frottement :** ⇒ usure due aux oscillations<br>**Rainures, ondulations, cavités :** ⇒ usure par abrasion | • raccourcissement des intervalles de lubrification<br>• trempe superficielle des pièces<br>• étanchement des surfaces frottantes |

# 8.6 Sollicitation et solidité des éléments de construction

La sollicitation d'une pièce de machine est causée par des forces et des couples qui agissent sur ce composant.

**Types de sollicitation (Tableau 1)**
- Traction
- Compression
- Cisaillement
- Flexion
- Torsion

Le type de sollicitation constitué par la pression provoque du **flambage** sur les composants minces. En cas de flambage, la pièce sollicitée par la pression cherche à se déformer verticalement par rapport au sens de la force exercée, par ex. les poinçons fins d'outils de coupe.

La sollicitation des surfaces de contact entre deux composants poussés l'un contre l'autre s'appelle la **pression de surface**. Ainsi, la coquille de coussinet d'un palier à glissement est sollicitée par la pression de surface exercée par le tourillon.

En règle générale, plusieurs formes de sollicitation s'exercent en même temps sur une pièce de machine. Par ex. un arbre de transmission est sollicité à la fois en flexion et en torsion sur la roue dentée. Dans de tels cas, on parle de **sollicitation combinée**.

Une **tension** est créée dans la pièce. Celle-ci dépend de l'ampleur de la force et de la section; en cas de flexion, de flambage et de torsion, elle dépend également de la forme de la section. Elle est indiquée en Newton par millimètre carré (N/mm²) ou mégapascal (MPa).

> La tension qui provoque la rupture d'un matériau est désignée par résistance du matériau en question.

Une résistance est attribuée à chaque type de sollicitation, par ex. à la traction correspond la résistance à la traction, à la compression correspond la résistance à la compression.

## ■ Types de sollicitations

Les forces qui s'exercent sur les composants peuvent être plus ou moins grandes à mesure que le temps s'écoule (**fig. 1, p. suivante**).

En cas de **sollicitation statique** (cas de charge I), la force exercée sur une pièce de machine augmente, et ainsi, la tension passe de zéro à une valeur maximale à laquelle elle se stabilise.

Exemple : La contrainte de torsion de l'arbre d'entraînement d'un ventilateur augmente au démarrage, en passant de zéro à une valeur maximale à laquelle elle se stabilise.

En cas de **sollicitation dynamique**, l'ampleur et éventuellement la direction de la contrainte varient en permanence.

En cas de **sollicitation dynamique-croissante** (cas de sollicitation II), la tension fluctue entre zéro et une valeur maximale.

Exemple : Contrainte de flexion agissant sur un culbuteur à l'ouverture d'une soupape de moteur.

En cas de **sollicitation dynamique-alternée** (cas de sollicitation III), la tension fluctue constamment entre une valeur maximale positive et une valeur maximale négative.

Exemple : Sur un arbre tournant, la contrainte de flexion qui contient une contrainte de traction et de compression change de direction à chaque demi-rotation.

**Tableau 1 : Types de sollicitations**

Sollicitation exercée par traction

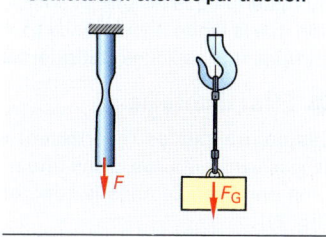

Sollicitation exercée par compression

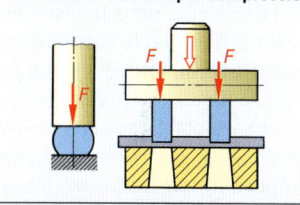

Sollicitation exercée par cisaillement

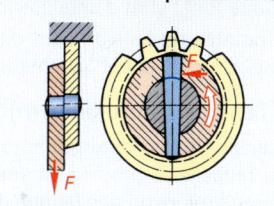

Sollicitation exercée par flexion

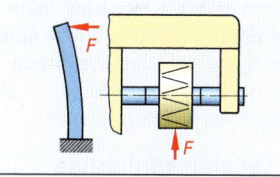

Sollicitation exercée par torsion

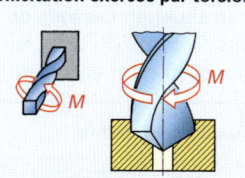

Sollicitation combinée (flexion et torsion)

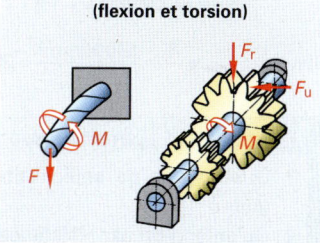

En cas de **sollicitation dynamique générale**, la tension fluctue inégalement entre une valeur maximale et une valeur minimale **(fig. 1)**.
**Exemple:** Contrainte de torsion par suite de fluctuation de la force de coupe sur une broche porte-fraise en fraisage périphérique.

Les pièces sollicitées dynamiquement sont plus menacées par la fatigue du matériau que les pièces sollicitées statiquement. C'est pour cette raison que la limite d'endurance (p. 405) est plus faible que la résistance de composants sollicités statiquement.

### ■ Effet d'entaille

Les contraintes se répartissent uniformément dans les sections des pièces sans entailles. Dans une pièce avec entailles les contraintes sont plus importantes dans la zone entaillée (concentration de contrainte) **(fig. 2)**.

Pour éviter toute rupture de fatigue (p. 405), lors du calcul de la tension admissible $\sigma_{adm}$ dans la pièce entaillée, la tension limite déterminante $\sigma_{lim}$ est divisée par le **coefficient d'effet d'entaille $\beta_K$**.

Le coefficient d'effet d'entaille $\beta_K$ dépend de la forme et de la taille des entailles **(fig. 3)**, du matériau, et du type de sollicitation; il peut adopter des valeurs comprises entre 1,3 et 3.

Les entailles résultent avant tout des modifications de section sur un composant, comme par ex. les épaulements d'arbres, les rainures et les rugosités. Les lamelles de graphite dans la fonte de fer au graphite lamellaire font l'effet d'entailles internes.

Les pointes de tension sont diminuées par les rayons sur les épaulements d'arbres et par les entailles de détente **(fig. 4)**.

### ■ Tension limite déterminante

La tension limite déterminante $\sigma_{lim}$ pour un composant est la tension pour laquelle se produisent des modifications de formes dommageables, une rupture ou une fatigue du matériau. Elle dépend du matériau, du cas de sollicitation et du type de contrainte. Ainsi par ex. pour une sollicitation statique, pour les matériaux durs, on utilise comme tension limite déterminante la **limite élastique $R_e$** ou le **0,2% de limite d'extension $R_{p0,2}$**, pour les matériaux fragiles la **résistance à la traction $R_m$** (p. 398). Pour une sollicitation dynamique, la **limite d'endurance** est la tension limite déterminante.

### ■ Tension admissible

Pour des raisons de sécurité la tension admissible pour un composant doit se situer en dessous de la tension limite déterminante. On obtient la tension admissible $\sigma_{adm}$ en divisant la tension limite déterminante $\sigma_{lim}$ par **un coefficient de sécurité $\nu$**.

| Tension admissible | $\sigma_{adm} = \dfrac{\sigma_{lim}}{k}$ |
|---|---|

**Exemple:** Le matériau d'un câble tracteur pour un contrepoids a une limite élastique $R_e$ = 540 N/mm². Quelle est la tension admissible pour un coefficient de sécurité $\nu$ = 1,8?

Solution: $\sigma_{adm} = \dfrac{R_e}{\nu} = \dfrac{540 \text{ N/mm}^2}{1,8} = 300 \text{ N/mm}^2$

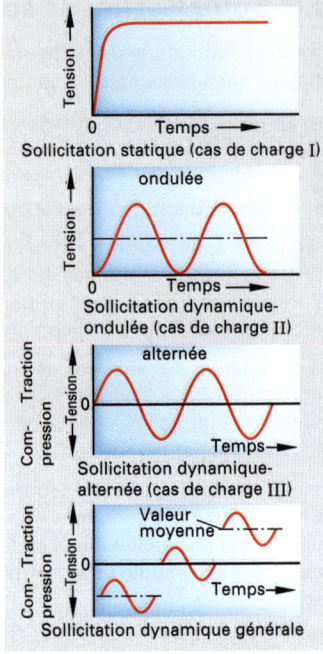

**Fig. 1: Types de sollicitation**

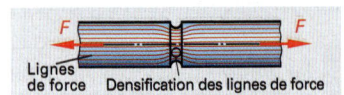

**Fig. 2: Allure des lignes de force dans la barre de traction entaillée**

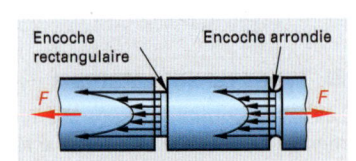

**Fig. 3: Allure des tensions dans la barre de traction avec des formes d'entailles différentes**

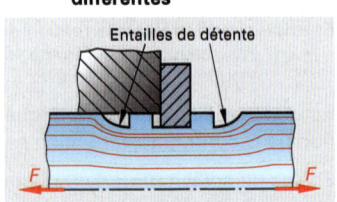

**Fig. 4: Allure des lignes de force avec des entailles de détente**

---

### Répétition et approfondissement

1. Quels types de sollicitations peut-on distinguer?
2. Qu'entend-on par résistance d'un matériau?
3. Quelles mesures servent à réduire l'effet d'entaille?
4. Pourquoi la tension admissible est-elle inférieure à la tension limite déterminante?

## 8.7 Practise your English

### ■ Maintenance: Contamination of lubricants and hydraulic fluids

Maintenance involves inspection, repair and improvements. This entails measures for the preservation, identification, restoration and improvement of the functional state of a machine or system performance.

During the lifetime of a plant, costs occur caused by functional breakdown, downtime and associated maintenance measures. An important criteria is the state of the working medium: 70% of the failures of lubrication and hydraulic systems are caused by the fluid.

Impurities and contamination of the fluid significantly affect the function of hydraulic and lubricating fluids.

**Contamination** is caused by the integrated components such as valves, cylinders, pumps, tanks, hydraulic motors, hoses, tubes or by contamination from outside, e.g. by ventilation or defective seals **(Figure 1)**.

The severity of the component's damage essentially depends on the material of the particles, their shape (round or sharp edge) and their size and number.

Rule: The harder the particles, the greater the damage to components. Another factor is the operating pressure: the higher the pressure, the higher the amount of the particles, which are forced into the lubrication gap.

The majority of these solid particles are smaller than 30 microns (μm) and not visible to the naked eye. Particularly critical are particles that are as large as the fit clearance of the moving parts **(Figure 2)**.

The solid contamination is classified in accordance to ISO 4406/1999 **(Figure 3)**. To determine the level of contamination, the solid particles, present in 100 ml of liquid, are counted, ordered by size/number and divided into areas.

The level of contamination is determined by electronic particle counters and is indicated by a triple combination of numbers, e.g. 21/18/15. If counting of particle numbers is carried out microscopically, it is expressed by a double combination of numbers, e.g. 18/15th

Many manufacturers recommend certain purity levels for system pressures of 100 to 160 bar in different components **(Figure 4)**.

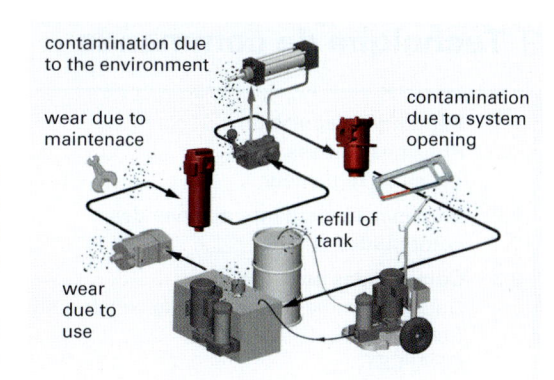

Figure 1: Formation of contamination in hydraulic systems

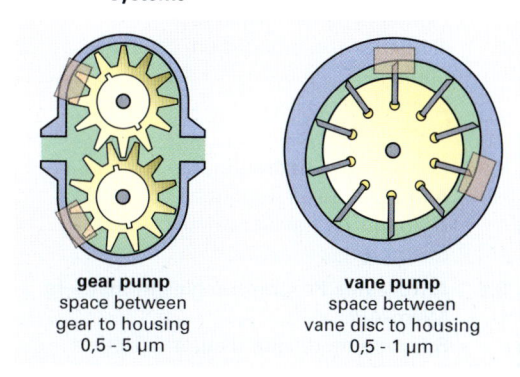

Figure 2: Fit clearance of hydro pumps

gear pump
space between
gear to housing
0,5 - 5 μm

vane pump
space between
vane disc to housing
0,5 - 1 μm

| ISO code* | Amount of particles/100 ml from | to |
|---|---|---|
| 5 | 16 | 32 |
| 6 | 32 | 64 |
| 7 | 64 | 130 |
| 8 | 130 | 250 |
| 9 | 250 | 500 |
| 10 | 500 | 1000 |
| 11 | 1000 | 2000 |
| 12 | 2000 | 4000 |
| 13 | 4000 | 8000 |
| 14 | 8000 | 16000 |
| 15 | 16000 | 32000 |
| 16 | 32000 | 64000 |
| 17 | 64000 | 130000 |
| 18 | 130000 | 260000 |
| 19 | 260000 | 500000 |
| 20 | 500000 | 1000000 |
| 21 | 1000000 | 2000000 |
| 22 | 2000000 | 4000000 |
| 23 | 4000000 | 8000000 |
| 24 | 8000000 | 16000000 |
| 25 | 16000000 | 32000000 |
| 26 | 32000000 | 64000000 |

Determination by...
...electronic particle counters
21 / 18 / 15
$>4\,\mu m_c$   $>6\,\mu m_c$   $14\,\mu m_c$

...microscopic counting
– / 18 / 15
$>5\,\mu m_c$   $15\,\mu m_c$

* according to ISO 4406

Figure 3: Determination of the level of contamination

| System/application/components | Purity level |
|---|---|
| Fresh oil | 21/19/16 |
| Pumps/engines | |
| • Axial piston pumps | 18/16/13 |
| • Radial piston pumps | 19/17/13 |
| • Gear pump | 20/18/15 |

Figure 4: Recommended purity levels

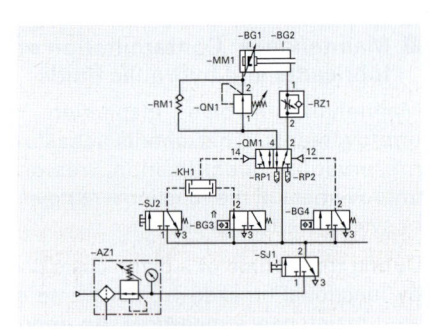

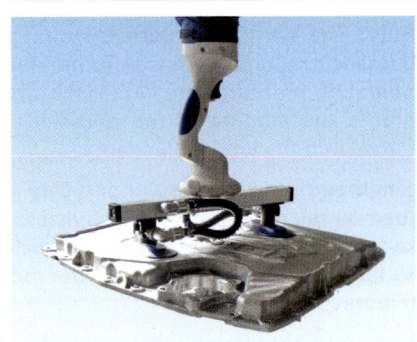

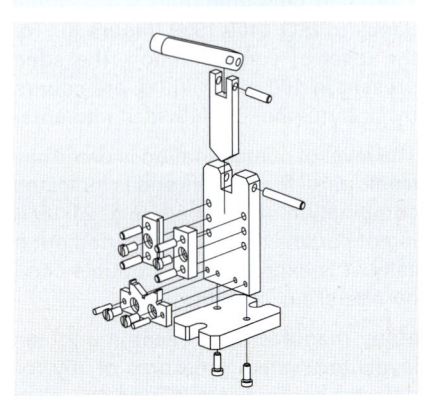

## 9 Technique de commande

| | | |
|---|---|---|
| 9.1 | **Pilotage et régulation** | 547 |
| | Principes de base | 547 |
| | Types de régulateur | 549 |
| 9.2 | **Principes et éléments de base des commandes** | 553 |
| 9.3 | **Commandes pneumatiques** | 559 |
| | Sous-ensembles ; éléments de construction | 559 |
| | Schémas | 569 |
| | GRAFCET | 569 |
| | Exemples | 574 |
| 9.4 | **Commande électropneumatique** | 579 |
| | Éléments de construction ; éléments de signalisation ; capteurs | 579 |
| | Câblage | 587 |
| | Exemples | 588 |
| | Îlots de vannes | 593 |
| 9.5 | **Commandes hydrauliques** | 594 |
| | Alimentation énergétique ; éléments de travail ; vannes | 595 |
| | Exemples | 609 |
| 9.6 | **Automates Programmables Industriels** | 612 |
| | Micro-API | 612 |
| | Système modulaire d'automatisation | 615 |
| 9.7 | **Practise your English** | 624 |

## 10 Projets techniques

| | | |
|---|---|---|
| 10.1 | **Fondements du travail de projet** | 625 |
| | Organisation du travail en ligne et en projet ; notion de projet | 625 |
| | Types de projets techniques | 626 |
| 10.2 | **Travail de projet en tant qu'action complète et résolution planifiée de problème** | 626 |
| 10.3 | **Élaborer des projets par phases, en prenant un dispositif élévateur comme exemple** | 627 |
| | La phase d'initialisation | 627 |
| | La phase de définition | 628 |
| | La phase de planification avec développement du concept | 631 |
| | La phase de mise en œuvre avec réalisation du projet | 636 |
| | La clôture du projet | 638 |
| 10.4 | **Modèles méthodologiques modifiés dans le travail de projet** | 639 |
| 10.5 | **Documentation et documents techniques** | 640 |
| | Élaboration de différents documents techniques | 640 |
| | Instructions | 640 |
| | Communication technique | 641 |
| | Solutions Office dans la documentation | 647 |
| 10.6 | **Practise your English** | 652 |

# 9 Technique de commande

## 9.1 Pilotage et régulation

Les machines et les installations sont automatisées par des techniques de commande et de réglage. Si par ex. le moteur d'entraînement de la broche de travail d'un tour est réglé sur 1000/min, on désigne ce processus par **commande**. En **réglage** par contre, on mesure la valeur effective de la fréquence de rotation, on la compare à la valeur de consigne, et en cas de divergence, on la corrige.

### 9.1.1 Bases de la technique de commande

**Les commandes fonctionnent selon le principe Entrée – Traitement – Sortie:**
- **Entrée** des signaux, par ex. par boutons-poussoirs, interrupteurs à poussoir et capteurs
- **Traitement** des signaux, par ex. par logique câblée avec des relais
- **Sortie** des signaux, par ex. par un moteur d'entraînement, un vérin

Lorsqu'on appuie sur le bouton-poussoir (**fig. 1**), un signal est envoyé à l'appareil de commande, celui-ci donne du courant au moteur qui entraine la vis et la table de la machine avance. La table de la machine sort jusqu'à ce que la came atteigne le capteur de fin de course, qui délivre un signal d'ARRÊT à l'appareil de commande, ce dernier coupe alors l'alimentation du moteur. Aucune divergence par rapport au déplacement désiré n'est mesurée et ne peut donc pas être corrigée. Ce type d'actionnement est appelé commande ou réglage en boucle ouverte.

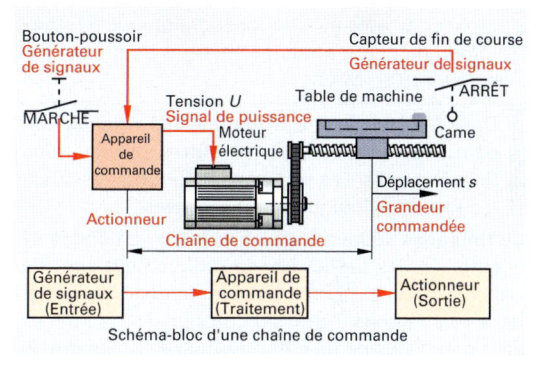

**Fig. 1: Exemple d'une commande**

■ **Termes de base**

Les éléments d'une commande sont désignés par des termes normalisés (fig. 1):
**Les générateurs de signaux** sont le bouton-poussoir MARCHE et le capteur de fin de course. Le moteur électrique est **l'actionneur** et la tension électrique $U$ à laquelle le moteur électrique est entraîné est le **signal de puissance**. Le déplacement $s$ de la table de la machine est la **grandeur commandée**. Les unités de la machine qui sont influencées par les signaux sont désignées par **système commandé**. L'ensemble de l'installation, désignée en bref par commande, peut être représentée de manière simplifiée par un schéma fonctionnel dans lequel les différents éléments de la commande sont représentés par des blocs rectangulaires (fig. 1). Le flux de signaux entre ces blocs est représenté par des **lignes d'action**. Il n'y a aucune rétroaction de la grandeur commandée sur le signal de puissance. C'est pourquoi on parle d'une **chaîne de commande** ou boucle ouverte.

Pendant la commande, toute divergence de la valeur effective par rapport à la valeur théorique n'est pas corrigée.

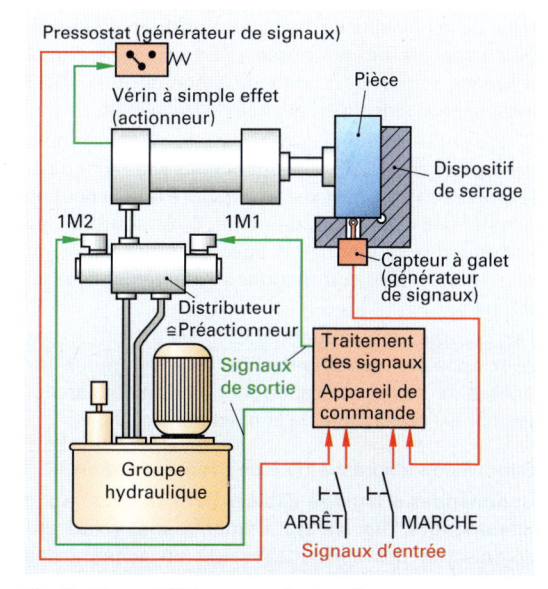

**Fig. 2: Dispositif de serrage hydraulique**

■ **Exemple d'une commande (fig. 2)**

La tige du vérin de serrage doit sortir seulement lorsqu'une pièce est présente dans le dispositif ET que l'on a appuyé sur le bouton-poussoir MARCHE. Dans l'appareil de commande, la combinaison des deux signaux d'entrée produit un signal de sortie sur 1M1 qui fait commuter le distributeur et le vérin avance (p. 486). Lorsque la pression de serrage est atteinte, le pressostat donne le signal pour l'usinage. Le vérin est ramené en arrière par le bouton-poussoir d'ARRÊT et le signal 1M2.

## Types de commandes

On peut distinguer les commandes en fonction de leur traitement des signaux ou de leur programmation.

**Subdivision d'après le type de traitement de signaux**

**Commandes logiques.** Pour mettre en marche le moteur de la table de la machine (–MA1), la grille de protection doit être fermée (–BG1), la table en position de fin de course (–BG2) et le bouton-poussoir (–SJ1) doivent être activés **(fig. 1)**. Les trois signaux d'entrée combinés avec la fonction logique ET, dans l'appareil de commande, permettent de produire le signal de sortie –MA1.

> Dans les commandes logiques, les signaux sont combinés les uns avec les autres par des fonctions logiques. Les sorties sont commutées quand les fonctions logiques sont réalisées.

**Commandes séquentielles.** Sur les commandes séquentielles, les processus de mouvement sont déclenchés pas à pas. Dans les **commandes séquentielles liées au temps,** l'émission du signal se fait par ex. par un mécanisme de commutation à cames **(fig. 2)**, un relais temporisé ou un générateur d'impulsions.

Dans les **commandes séquentielles liées au processus,** une phase de travail ultérieure ne commence que lorsque la phase antérieure est terminée **(fig. 3)**. Après le démarrage par le bouton-poussoir –SJ1, la table de la machine se déplace en position de travail. Le contact de fin de course –BG1 donne le signal d'avance rapide de l'unité de perçage. Puis –BG2 enclenche le signal de l'avance de travail, etc.

Si une phase de travail est erronée ou ne s'accomplit pas lors de commandes séquentielles liées au temps, la phase suivante est exécutée malgré tout. Il peut en résulter des dysfonctionnements. C'est pourquoi les commandes séquentielles liées au processus sont plus sûres que les commandes séquentielles liées au temps.

Les commandes séquentielles liées au processus sont appelées **commandes de trajets** lorsque les phases de travail correspondent aux trajets parcourus par ex. par la table de la machine (fig. 3).

**Subdivision d'après le type de programmation**

**Commandes à logique câblée.** Dans la commande pneumatique **(fig. 4)**, les éléments sont reliés ensemble par des conduites selon un schéma des connexions. En cas de modification du déroulement de la commande, il faut connecter les conduites différemment.

> Sur les commandes à logique câblée, le déroulement du programme est défini par les composants et les liaisons entre eux.

**Commandes programmables (API).** Sur les commandes programmables (fig. 4), le déroulement de la commande est défini par un programme (p. 615).

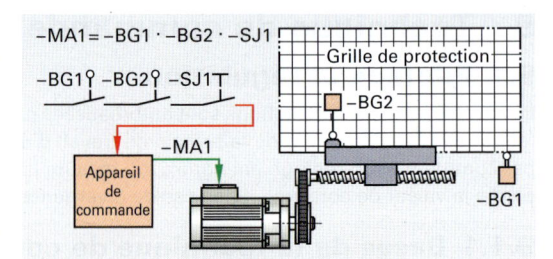

Fig. 1 : Commande logique

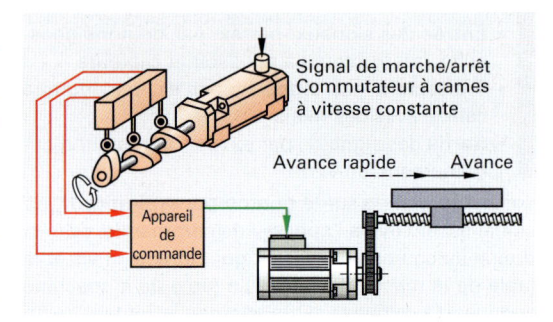

Fig. 2 : Commande séquentielle en fonction du temps

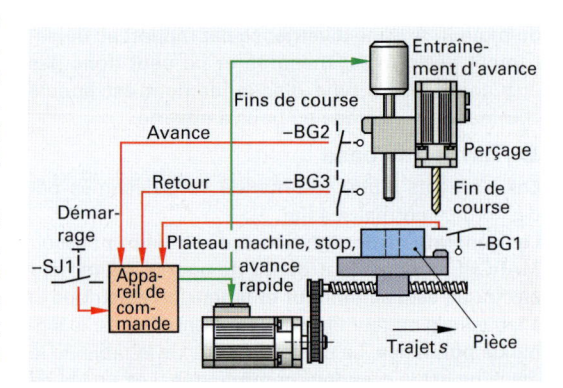

Fig. 3 : Commande séquentielle liée au processus

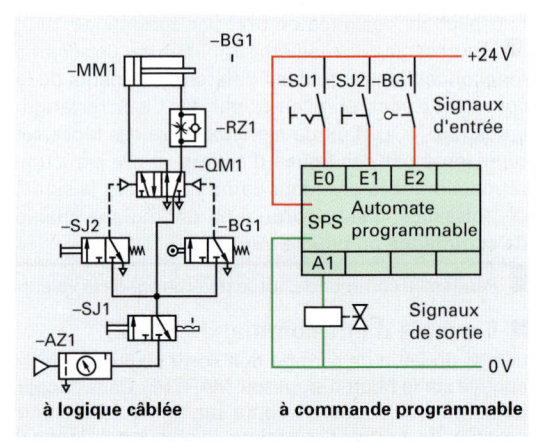

Fig. 4 : Commandes à logique câblée et programmable

## 9.1.2 Bases de la technique de régulation

Les processus sont automatisés en technique par des dispositifs de réglage. Ces dispositifs ont pour tâche d'atteindre ou de régler des valeurs prescrites, par ex. les vitesses, positions, températures, etc.

**Réglage des valeurs fixes**. Si une valeur prescrite doit être maintenue constante, par ex. la vitesse lors du tournage, on l'appelle réglage de valeurs fixes.

**Régulation en cascade**. Si l'outil poursuit une valeur constamment calculée à l'avance, par ex. le diamètre lors du tournage de contours, on parle de régulation en cascade.

■ **Exemple : Réglage de vitesse de coupe sur un tour CNC (fig. 1)**

La fréquence de rotation de la broche de travail (**grandeur réglée**), est mesurée numériquement par ex. par un générateur tachymétrique, et est comparée en permanence dans le comparateur avec la valeur exigée (**consigne**). En cas de divergence (écart), par ex. avec une force de coupe fluctuante (**grandeur perturbatrice**), le régulateur règle la fréquence de rotation qui sera ensuite de nouveau comparée à la valeur de consigne.

Un réglage constitue toujours un circuit fermé par la comparaison permanente de la valeur effective de la grandeur réglée avec la valeur de consigne. C'est pourquoi on parle d'un circuit en boucle fermée (**fig. 2**).

> Chaque réglage se caractérise par trois processus :
> - **mesurer** la grandeur réglée
> - **comparer** avec la consigne
> - **adapter** par réajustement

Le comparateur, le régulateur et l'amplificateur constituent ensemble le **dispositif de réglage**. L'unité influencée par le dispositif de réglage est désignée par **système asservi**.

■ **Exemple d'un réglage de position (fig. 3)**

Chaque machine CNC dispose à la fois d'un asservissement en vitesse et en position pour pouvoir suivre les valeurs de consigne prescrites par le programme (p. 276).

Le système asservi par le circuit de réglage de position (fig. 3) inclut le moteur d'entraînement, la vis à billes, la table de la machine et la règle pour la mesure de déplacement.

La position de la table de la machine est mesurée en continu et est comparée avec les valeurs de consigne du programme. Si la valeur effective diverge de la valeur de consigne, la table de la machine est déplacée jusqu'à ce que la valeur de consigne soit atteinte.

**Exemples de processus de réglage :**
- réglage de la vitesse de coupe en tournage transversal (vitesse de coupe constante pour le dressage d'une face)
- réglage de la vitesse d'un véhicule (régulateur de vitesse)
- réglage de la température dans le four de trempe
- réglage de la pression dans des installations pneumatiques
- réglage de la distance de la buse pour la coupe au laser

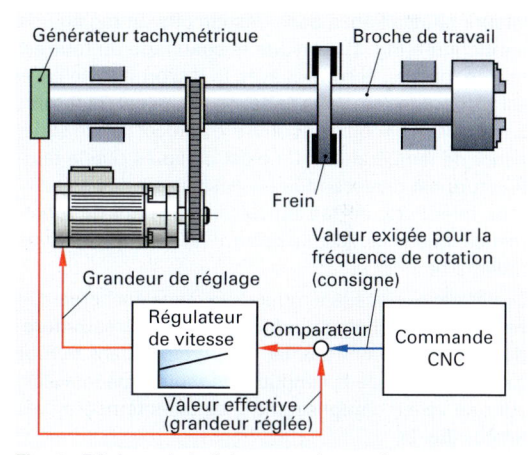

Fig. 1 : Réglage de la fréquence de rotation

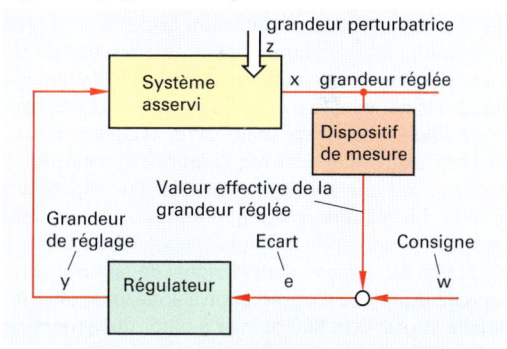

Fig. 2 : Schéma fonctionnel d'un circuit de régulation

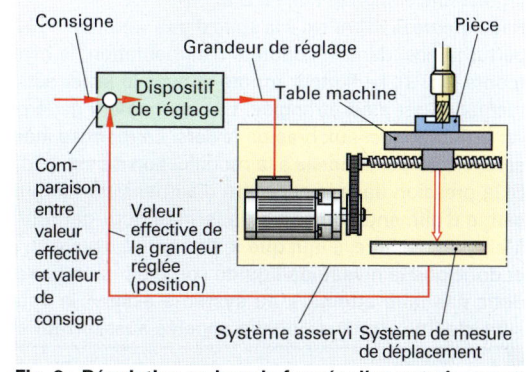

Fig. 3 : Régulation en boucle fermée d'un entraînement d'avance

## ■ Types de régulateurs

On différencie les régulateurs discontinus et continus selon leur mode de fonctionnement.

### Régulateurs discontinus

Un régulateur discontinu a deux ou plusieurs positions de commutation. Il modifie de temps à autre la grandeur de réglage par la commutation de niveau. Si le régulateur n'a que deux positions de commutation marche et arrêt, on le désigne par régulateur TOR (= Tout Ou Rien).

Les régulateurs TOR sont utilisés par ex. comme régulateurs bimétalliques dans des circuits de réglage de température (**fig. 1**). Lorsque le chauffage du four est mis en marche, le contact avec le ressort bimétallique est d'abord fermé. Sous l'effet de la chaleur, le ressort bimétallique se courbe et ouvre le contact (limite supérieure de température). Ce n'est qu'après que la température est redescendue en dessous de la valeur limite inférieure, du fait du refroidissement qui commence, que le contact se referme et que le chauffage redémarre.

La différence entre la température d'enclenchement et celle de déclenchement est la **différence de commutation** du régulateur TOR. La température dans le four s'ajuste, du fait de la conductivité thermique retardée, sur une valeur comprise entre les deux températures limites (**fig. 2**).

### Régulateurs continus

Les régulateurs continus détectent la grandeur réglée x en continu et modifient ensuite la grandeur de réglage y, également en continu, sur la plage de réglage (**fig. 3**). Ils peuvent respecter la grandeur réglée, par ex. le niveau de remplissage d'un récipient d'eau, plus précisément que les régulateurs discontinus.

Pour pouvoir analyser les propriétés d'un régulateur continu, on modifie le signal d'entrée x de manière brusque, et on vérifie comment le signal de sortie y réagit (**fig. 4**). La façon dont le signal de sortie change pendant la période d'observation s'appelle **réponse indicielle** et peut être déterminée à partir de la **fonction de transfert** du régulateur. Il existe plusieurs types de régulateurs continus: P, I, PI, D et PID.

**Régulateurs P.** Si par ex. à la suite d'une variation de la pression (grandeur perturbatrice) dans la conduite d'alimentation, le niveau de remplissage monte (fig. 3). Le flotteur monte et avec le levier actionne la vanne, l'alimentation est ainsi étranglée. Le changement de la position de la vanne est proportionnel aux bras de leviers. La réponse indicielle du régulateur est donc **proportionnelle** à la modification du signal d'entrée (fig. 4).

Si la pression dans la conduite d'alimentation augmente, il faut que la vanne d'alimentation soit plus fermée pour garantir un débit constant. Mais pour ce faire, il faut que le flotteur se trouve en position plus haute et donc que le niveau de liquide soit plus haut. Le **régulateur P** ne peut donc pas faire atteindre au système asservi la valeur de consigne, il subsiste une erreur résiduelle appelée aussi erreur statique.

> Les **régulateurs proportionnels (régulateurs P)** réagissent rapidement aux modifications des signaux, mais présentent une erreur statique.

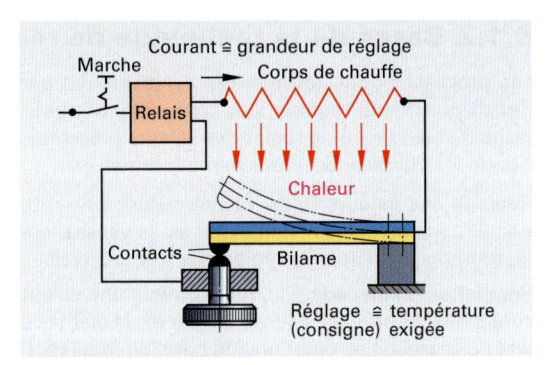

**Fig. 1: Régulation TOR d'un chauffage de four**

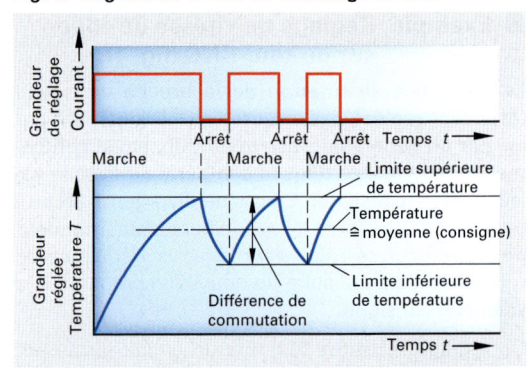

**Fig. 2: Comportement de réglage d'un régulateur TOR**

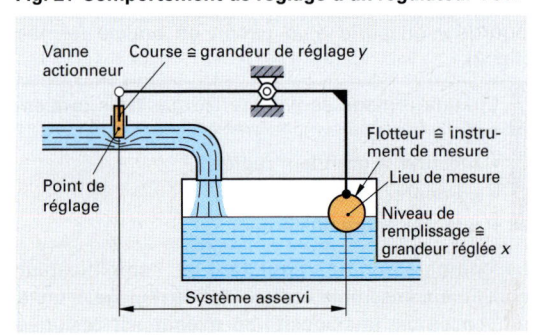

**Fig. 3: Régulateur continu (type P)**

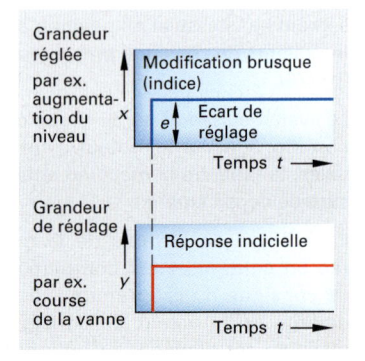

**Fig. 4: Comportement P**

# Pilotage et régulation

**Régulateur I.** Le **régulateur intégral** (régulateur I), agit en fonction de l'accumulation de l'erreur dans le temps, la réponse indicielle du régulateur est une pente **(fig. 1)**. Plus l'écart ($e_2$, $e_1$) est grand à l'entrée du régulateur I, plus l'accumulation de l'erreur grandit vite et donc l'actionneur est modifié plus rapidement (lignes caractéristiques 1 et 2).

Le niveau de remplissage d'un récipient est maintenu constant par un régulateur I **(fig. 2)**. Si le niveau de remplissage a atteint sa valeur de consigne, la prise de tension sur le potentiomètre est égale à zéro. Le moteur est à l'arrêt. Si le niveau baisse, le flotteur plonge et le moteur est alimenté en tension. Plus le niveau baisse plus la tension augmente, le moteur tourne donc plus vite et la vanne s'ouvre plus vite. La vitesse de déplacement de la vanne dépend donc directement de l'écart du flotteur. Si le niveau passe au dessus de la valeur de consigne la tension s'inverse et le sens de rotation du moteur change, la vanne se ferme. La valeur de consigne est atteinte sans erreur statique.

> Les **régulateurs I** sont plus lents que les régulateurs P, mais ils éliminent totalement l'erreur statique.

**Régulateur PI.** Sur le **régulateur PI**, un régulateur P et un régulateur I sont montés en parallèle. Le régulateur PI combine ainsi l'avantage du régulateur P, le réglage rapide, avec l'avantage du régulateur I qui permet d'éliminer l'erreur statique. Il est utilisé par ex. dans la régulation de la position de la table d'une machine NC.

**Régulateur D.** Le régulateur à action **différentielle** (régulateur D), réagit seulement aux variations de l'écart $e$. La modification de la grandeur de réglage est d'autant plus grande que la variation de l'écart est rapide.

La réponse indicielle du régulateur D **(fig. 3)** est très grande au moment du saut de la valeur réglée, mais ensuite devient nulle étant donné que le **régulateur D** ne compense pas un écart qui ne varie pas. Il peut uniquement être utilisé avec un régulateur P, I ou PI.

> La **part différentielle** (D) d'un régulateur accélère la grandeur de réglage et provoque une intervention très rapide.

**Régulateur PID.** Les **régulateurs PID** agissent encore plus vite que les régulateurs PI. La réponse indicielle **(fig. 4)** réagit très rapidement en raison de l'influence D, la grandeur de réglage est brièvement modifiée (P1). Ensuite la part P du régulateur provoque une modification très rapide de la grandeur de réglage qui est proportionnelle à l'écart, celui-ci ne revient pas à sa valeur initiale (P2). On ajoute alors la part I du régulateur à la nouvelle valeur de la grandeur de réglage.

Dans un système régulé par un PID l'erreur statique est nulle. Avec un régulateur PID, on peut régler par ex. la vitesse d'un moteur à courant continu. De ce fait, la vitesse du moteur reste constante même en cas de sollicitation différente.

> Le **régulateur PID** combine les avantages des régulateurs P, I et D. Il réagit vite et supprime totalement l'erreur statique.

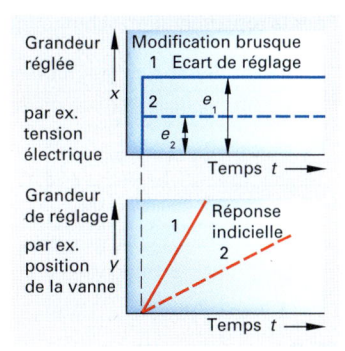

Fig. 1: Comportement I

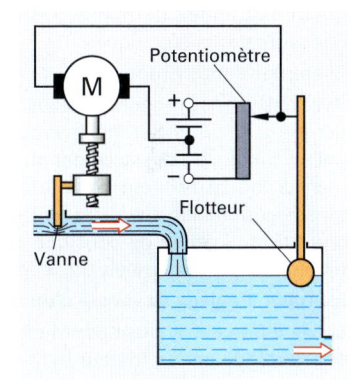

Fig. 2: Régulateur I

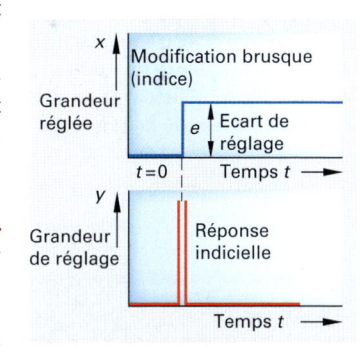

Fig. 3: Comportement D

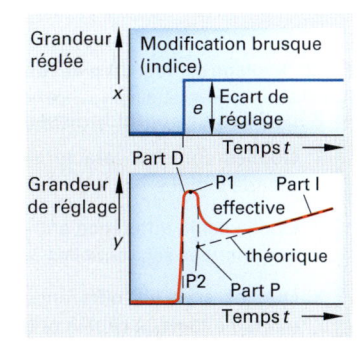

Fig. 4: Comportement PID

Pour la représentation schématique du circuit de régulation, on utilise des symboles normalisés (**Tableau 1**).

**Tableau 1 : Symboles graphiques de la technique de commande et de régulation**

| Symbole | Signification | Symbole | Signification | Exemple : Régulation de pression |
|---|---|---|---|---|
| ○— | Capteur, palpeur | I/P | Transducteur | |
| ▽ | Organe, lieu de réglage | ▷ | Régulateur, en général | |
| ○ | Actionneur : vérin, moteur … | | Etablissement de la consigne | |

## ■ Régulateurs électriques

Dans la technique de réglage, le traitement des signaux fait appel, de manière presque exclusive, à des régulateurs électriques.

**Exemple : Vanne proportionnelle avec régulateur PID**

Avec des vannes proportionnelles, on règle en continu par ex. la vitesse de vérins hydrauliques (**fig. 1**). Elles ont un capteur de déplacement qui mesure électriquement la course de la vanne et qui la transforme en courant de commande. Celui-ci est réajusté par un régulateur PID à la valeur de consigne et fournie aux électroaimants proportionnels (fig. 4, page précédente).

**Exemple : Réglage de vitesse d'un moteur hydraulique**

La vis d'une extrudeuse pour le moulage de profilés est entraînée par un moteur hydraulique. Pour maintenir constante la fréquence de rotation du moteur, on utilise un régulateur PI (**fig. 2**). Le préactionneur est une vanne proportionnelle. Un générateur tachymétrique fournit la fréquence de rotation effective de la vis. Si la fréquence de rotation diminue, le débit de la vanne est modifié par le régulateur PI. Il en résulte une modification de la fréquence de rotation.

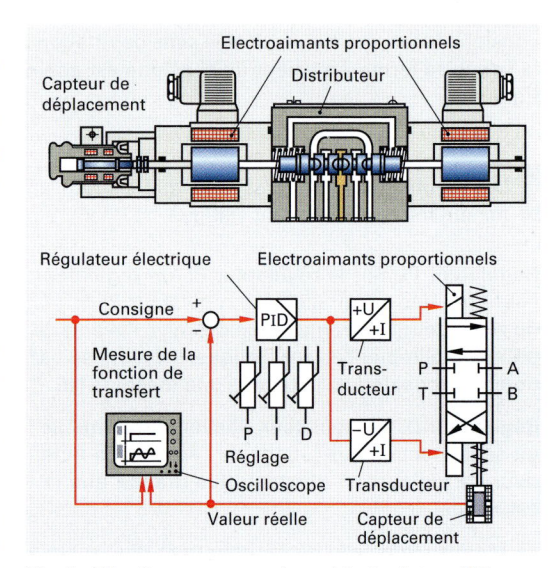

Fig. 1 : Distributeur proportionnel à régulateur PID

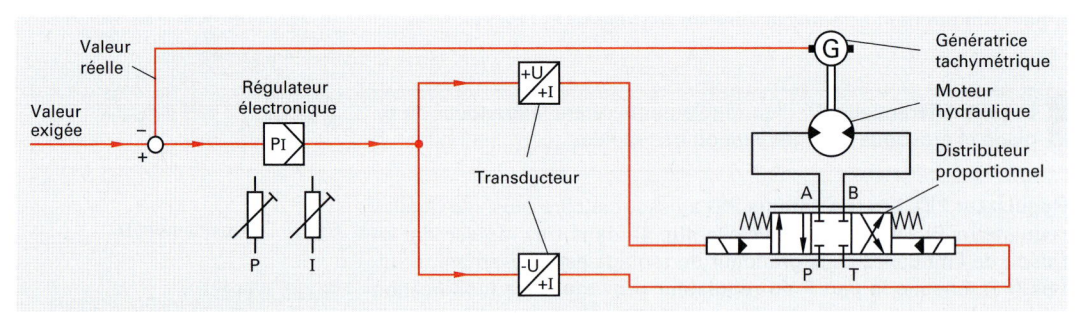

Fig. 2 : Réglage de fréquence de rotation d'un moteur hydraulique

### Répétition et approfondissement

1. Quelles sont les caractéristiques d'une commande logique ?
2. Quelle est la différence entre les deux types de commandes séquentielles ?
3. Quelles sont les différences entre une commande à logique câblée et une commande par automate programmable ?
4. Quelle est la différence entre des régulateurs discontinus et continus ?
5. Quelles sont les caractéristiques d'un régulateur P ou I ?
6. Quelle action exerce la partie D d'un régulateur continu ?
7. Mentionnez deux exemples d'application de régulateurs PID.

Principes et éléments de base des commandes 553

## 9.2 Principes et éléments de base des commandes

Le fonctionnement de machines, d'appareils et d'installations complètes est déterminée par leurs commandes. Les commandes se composent de générateurs de signaux, d'éléments de traitement des signaux, d'amplificateurs et d'éléments d'entraînement (actionneurs). Ces éléments peuvent être à commande électrique, hydraulique, pneumatique ou mécanique. La structure et la fonction des commandes peuvent être représentées graphiquement en GRAFCET. Selon la norme IEC611131, les dénominations des entrées et sorties des API sont, respectivement I et Q. Dans cet ouvrage les dénominations E et A correspondent aux API d'un fournisseur particulier (SIEMENS).

### 9.2.1 Mode de fonctionnement des commandes

Les commandes reçoivent les signaux provenant des générateurs de signaux, les « traitent » dans les éléments de traitement, et transmettent alors des ordres de commutation aux appareils de commutation. Les actionneurs alimentés par des préactionneurs exécutent alors le mouvement des machines.

**Exemple d'une commande:**

**Installation de triage de pièces (fig.1)**

**Tâche:** les pièces longues (W1) et les pièces courtes (W2) sont acheminés par une bande transporteuse vers une installation de calibrage afin d'y être triées.

**Processus de tri.** Sur l'installation de triage les pièces passent devant trois capteurs –BG1, –BG2 et –BG3. Les pièces longues activent les trois capteurs, les pièces courtes seulement le capteur central. Les signaux des capteurs sont combinés entre eux dans le dispositif de traitement (p. 556) et le résultat est transmis au distributeur 5/2 qui commande le vérin pneumatique. Avec des pièces longues, le vérin tire l'aiguillage vers la gauche. Celui-ci reste sur cette position jusqu'à ce qu'une pièce courte soit à nouveau détectée par les capteurs. C'est seulement alors que le vérin pousse l'aiguillage vers la droite. Egalement cette position va être maintenue jusqu'à la prochaine pièce longue.

**Sous-ensembles des commandes**

Les commandes peuvent être séparées en groupe de commande et groupe de puissance **(fig. 2)**. Dans le groupe de commande, le bloc de traitement reçoit et traite les signaux, ces derniers sont ensuite envoyés à travers une interface à l'étage de puissance. Dans le groupe de puissance les préactionneurs amplifient les signaux de commande pour alimenter les actionneurs.

Pour maintenir les dimensions du dispositif de commande au minimum, le bloc de traitement fonctionne souvent à plus basse tension ou à plus faible pression que l'étage de puissance. Il faut donc que les signaux de sortie du bloc de commande soient amplifiés à l'interface ou par les préactionneurs.

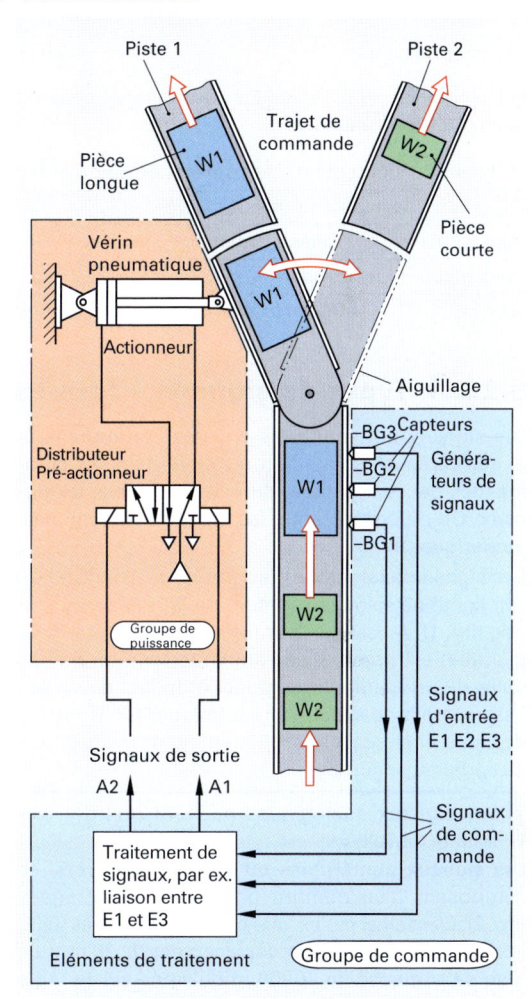

Fig. 1: Commande d'une installation de triage

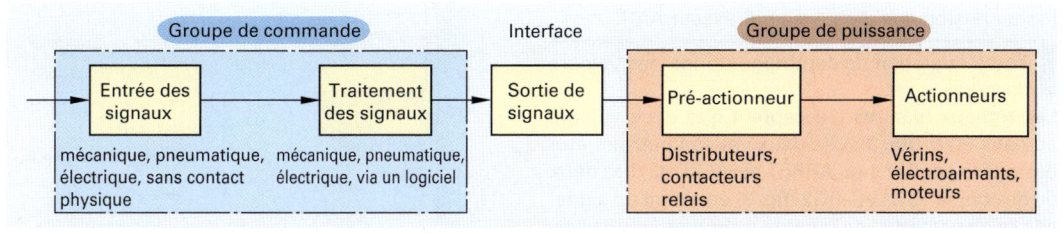

Fig. 2: Sous-ensembles de commandes

## 9.2.2 Eléments des commandes

Les commandes sont constituées par des **générateurs de signaux**, par ex. commutateurs et capteurs, **des éléments de traitement**, par ex. relais et microprocesseurs, **des préactionneurs**, par ex. vannes monostables ou bistables, ainsi que des **actionneurs** par ex. vérins, vannes et moteurs **(tableau 1)**.

**Tableau 1 : Structure d'une commande (principe Entrée-Traitement-Sortie)**

| Eléments de la commande | Composants |
|---|---|
| Générateurs de signaux (entrée des signaux) | Commutateurs, bouton-poussoirs, capteurs |
| Eléments de traitement (traitement des signaux) | Porte ET, porte OU, relais |
| Actionneurs (sortie) | Vérins, grappins, compresseurs, pompes, moteurs, électroaimants |

Les éléments utilisés dans les commandes peuvent être classés en trois catégories d'après les type de signaux utilisés **(tableau 2)**.

**Tableau 2 : Eléments d'une commande selon le type de signal utilisé**

| Types de commande | Composants |
|---|---|
| Analogique | Vanne à commande proportionnelle, variateurs de vitesse continus, capteurs analogiques |
| Numérique | Encodeurs, microprocesseurs, capteurs numériques |
| Binaire | Boutons-poussoirs et commutateurs, distributeurs, détecteurs de proximité binaires |

### 9.2.2.1 Types de signaux – formes de signaux

Les signaux qui sont émis par des commutateurs et des capteurs et que l'on retrouve dans les commandes peuvent générer différentes **formes de signaux**. On différencie entre les signaux **analogiques**, **numériques** et **binaires**.
**Les signaux analogiques (continus)** évoluent de façon continue selon la variation de la grandeur d'entrée **(fig. 1)**. Ainsi, plus le trajet de la table (grandeur d'entrée) est grand, plus l'angle de rotation de l'aiguille du comparateur est grand (grandeur de sortie). Les appareils de mesure pneumatiques (p. 34) ou les capteurs analogiques (p. 583) émettent des signaux de sortie analogiques.

> Les signaux analogiques peuvent prendre une infinité de valeurs.

**Les signaux numériques ou digitaux (discrets)** se composent d'un nombre fini de valeurs étagées **(fig. 2)**. C'est ainsi par ex. que pour les machines CNC, le signal numérique d'un déplacement de 10 mm de long se compose de 10 000 impulsions sur la règle en verre du dispositif de mesure. Si l'on a besoin de signaux numériques, les signaux analogiques sont transformés en signaux numériques dans un convertisseur analogique/digital (convertisseur A/D).

> Toute opération de comptage donne des valeurs discrètes.

**Les signaux binaires** n'acceptent que deux valeurs ou deux états **(fig. 3)**. Ces deux valeurs peuvent être désignées par 0 et 1 ou ARRÊT et MARCHE. Les deux fin de course –BG1 et –BG2 **(fig. 3)** émettent un signal en cas de contact avec la came, ce qui provoque l'arrêt du moteur d'avance.

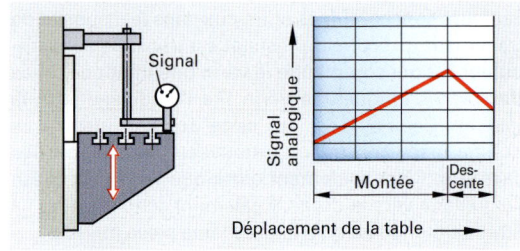

Fig. 1 : Signal analogique

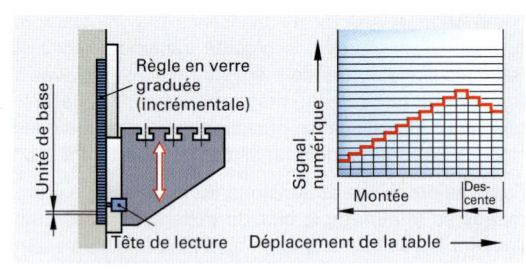

Fig. 2 : Signal numérique ou digital

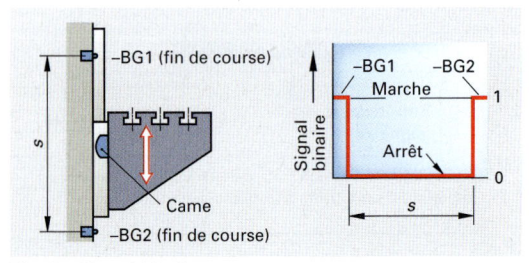

Fig. 3 : Signal binaire

# Principes et éléments de base des commandes

Avec les éléments statiques (interrupteurs), l'état du signal est instauré instantanément lors de l'actionnement. Des problèmes peuvent surgir avec les organes de signalisation dynamiques (les transistors par ex.) car ils ne comportent pas ce basculement. Les courants ou tensions résiduel(le)s ou les fluctuations de tension peuvent générer des signaux erronés. Pour cette raison, le fabricant (d'un API par ex.) définit une plage High et une plage Low **(fig. 1)**. Si le niveau de signal était appliqué dans la plage de sécurité, cela pourrait entraîner des commutations erronées. Pour cette raison, les transmetteurs de signaux sont équipés par ex. d'un mécanisme à déclic (p. 579).

> Dans les signaux binaires, la plus petite unité d'information est le **bit**; par dérivation de **bi**nary digi**t**.

Si l'on imagine les types de signaux comme des formes géométriques, le signal analogique correspond à une sphère, le signal numérique à un dé, et le signal binaire à une pièce de monnaie **(fig. 2)**.

## 9.2.2.2 Types de générateurs de signaux

Pour les générateurs de signaux, on établit une distinction entre les **capteurs de position mécaniques** (fin de course) et les **capteurs (fig. 3)**.

### ■ Capteur de position mécaniques

#### Interrupteurs

Les interrupteurs servent principalement à mettre en marche et à arrêter des déplacements et des cycles de travail de machines. Ces composants ont un mode de fonctionnement binaire. Le mode d'actionnement des interrupteurs est manuel, mécanique, par ex. par cames, électromagnétique, pneumatique ou hydraulique.

**Les boutons poussoirs** n'émettent un signal que pendant qu'on les actionne. Les distributeurs pneumatiques ou hydrauliques peuvent être utilisés comme poussoirs **(fig. 4)**.

**Les commutateurs** s'encliquètent lorsqu'on les actionne, et émettent alors un signal permanent.

**Les interrupteurs d'ARRET D'URGENCE** sont des commutateurs munis d'une tête de commande rouge en forme de champignon. Une fois actionné, l'interrupteur s'encliquette et il ne peut être déverrouillé qu'après la disparition du danger.

> Les boutons-poussoirs n'émettent qu'un signal de brève durée, tandis que les commutateurs émettent un signal permanent.

Les interrupteurs électriques (p. 579) peuvent être équipés de plusieurs paires de contacts, avec par ex. un contact à ouverture et un contact à fermeture, ou un contact inverseur.

Les fins de course sont actionnés par des cames placées dans les positions limites du déplacement. Ils doivent être orientés de manière à pouvoir être actionnés en évitant de buter **(fig. 5)** pour éviter les dégâts.

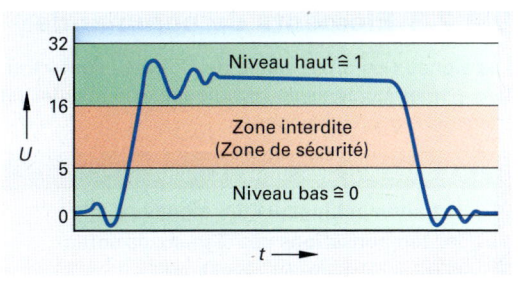

Fig. 1: 0 – 1 Signal à l'entrée d'un (API)

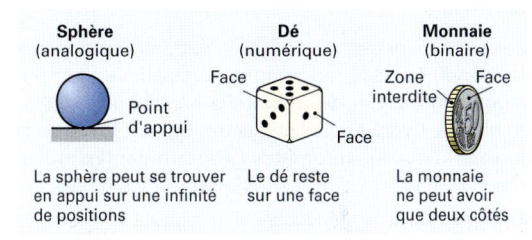

Fig. 2: Représentation des signaux

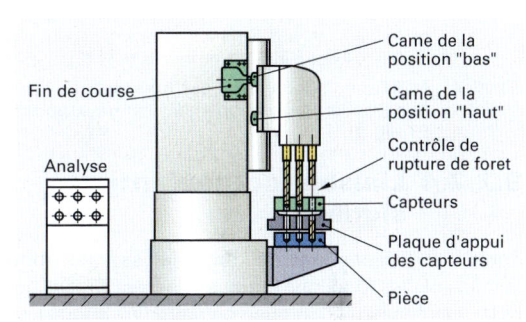

Fig. 3: Générateur de signaux en technique de commande

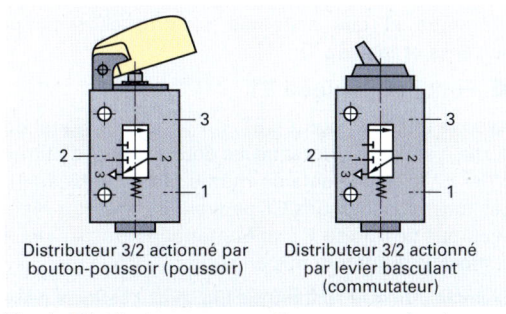

Fig. 4: Distributeurs pneumatiques comme bouton-poussoir et commutateur

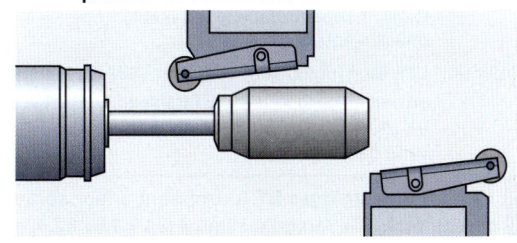

Fig. 5: Activation correcte d'un fin de course

## 9.2.2.3 Eléments de commande

Les signaux en provenance des entrées sont «traités» par les éléments de commande et le résultat est transmis aux préactionneurs.

**Le traitement des signaux inclut**
- le **traitement logique** des signaux d'entrée
- les **temporisations** des signaux de sortie
- la **mise en mémoire** de valeurs
- la **sortie des commandes** pour les préactionneurs

Les signaux peuvent être traités par des composants (matériel) ou des programmes (logiciel). Les composants utilisés sont des appareils mécaniques, pneumatiques, hydrauliques et électroniques. On utilise le logiciel dans les automates programmables industriels (API) et les commandes numériques (CNC).

Exemple : Dans la commande de triage de pièces de la **fig. 1, p. 553,** lorsque les trois signaux d'entrée E1, E2 et E3 sont présents en même temps (=pièces longues) le vérin pneumatique fait pivoter l'aiguillage vers la gauche. Comment peut-on établir la liaison logique entre ces trois signaux ?

Solution : La liaison logique entre ces trois signaux peut être établie pneumatiquement par deux portes ET **(fig. 1)**.

## 9.2.2.4 Liaison logique entre signaux

Toutes les liaisons logiques entre les signaux sont établies par les fonctions logiques de base ET, OU ou NON. Les fonctions logiques peuvent être représentées par des équations logiques (algèbre de Boole), des tables de vérité, des logigrammes, des programmes et des schémas électriques **(voir p. suivante et tableau 1)**.

### ■ Fonction logique ET

Avec la fonction logique ET, on obtient le signal de sortie A seulement lorsque les deux signaux d'entrée E1 et E2 sont présents en même temps (tableau 1). Les fonctions logiques ET peuvent par ex. être réalisées par des porte ET pneumatiques ou par deux contacts à fermeture mis en série.

Exemple : Un étau hydraulique **(fig. 2)** doit serrer la pièce (A = 1) seulement lorsqu'on appuie simultanément sur les boutons (−SJ1 = 1, −SJ2 = 1).. Quelle liaison logique faut-il établir entre les signaux d'entrée ?

Solution : La liaison logique entre −SJ1 et −SJ2 est établie au moyen de la fonction ET (tableau 1). −SJ1 = 1 ET −SJ2 = 1, on obtient le signal de sortie A. Le vérin de serrage sort.

**Les liaisons logiques ET** fournissent à leur sortie un signal (A = 1), lorsqu'un signal (E1 = 1 ET E2 = 1) est appliqué simultanément aux deux entrées.

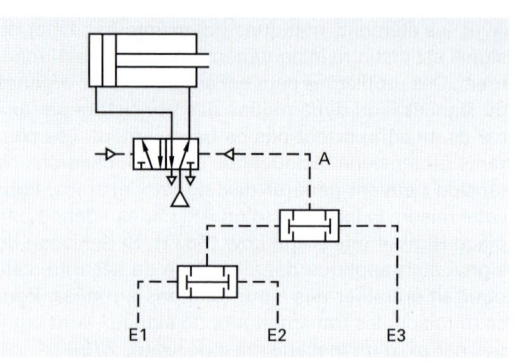

**Fig. 1 :** Fonction ET entre trois signaux d'entrée pneumatiques

**Tableau 1 : Liaison logique ET**

| Algèbre de Boole | Table de vérité | Logigramme |
|---|---|---|
| Equation logique $E1 \cdot E2 = A$ (E1 ET E2 égal A) · Symbole pour liaison logique ET | E2 / E1 / A : 0 0 0 ; 0 1 0 ; 1 0 0 ; 1 1 1 | 2 Signaux d'entrée E1, E2 → & → A |
| Schéma pneumatique | Schéma électrique | Programme API |
| avec distributeurs / avec porte ET | −BG1 (E1) Contact à fermeture NO ; −BG2 (E2) Contact à fermeture NO ; −KF1 (A) Relais Contact à fermeture NO | Variables / Adresses API : E1 / E0.0 ; E2 / E0.1 ; A / A0.0 ; E0.0, E0.1 → & → A0.0 |

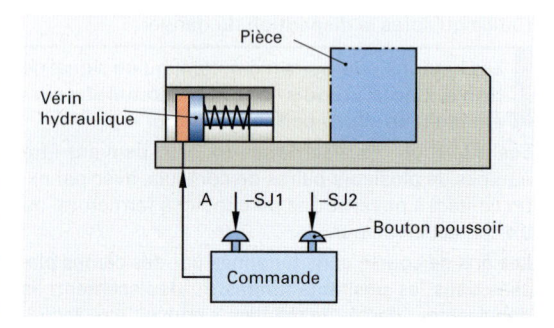

**Fig. 2 :** Commande à deux mains simplifiée

# Principes des commandes et éléments de base

## ■ Représentation des fonctions logiques

L'**algèbre de Boole** peut être utilisée pour décrire de systèmes de commande ou pour les simplifier. Les **équations logiques** décrivent les liaisons logiques.

Les **tables de vérité** montrent l'état des sorties A1, A2, ... pour toutes les combinaisons possibles des signaux d'entrée E1, E2 ... Avec 3 variables d'entrée, on obtient $2^3 = 8$ combinaisons, et pour 4 variables d'entrée, on en obtient $2^4 = 16$. Pour simplifier, on se contente souvent de créer seulement les lignes où les combinaisons donnent la grandeur de sortie A = 1.

Sur le **logigramme**, les fonctions logiques sont représentées par des symboles normalisés. Les liaisons logiques sont créées et lues de gauche à droite.

Les liaisons logiques peuvent également être décrites par des **programmes**, par ex. des listes d'instructions. Ces programmes peuvent être rédigés dans les langages de programmation spécifiques ou généraux. Les signaux de sortie sont transmis aux appareils qui doivent être commandés.

**Exemple:** La commande de la position de gauche de l'aiguillage **(fig. 1, p. 553)** doit être décrite par un logigramme et par une table de vérité.

**Solution:** Les pièces longues activent les trois capteurs en même temps. On obtient alors: E1 = 1 ET E2 = 1 ET E3 = 1. C'est seulement avec cette combinaison qu'on peut obtenir le signal de sortie A = 1 **(fig. 1)**.

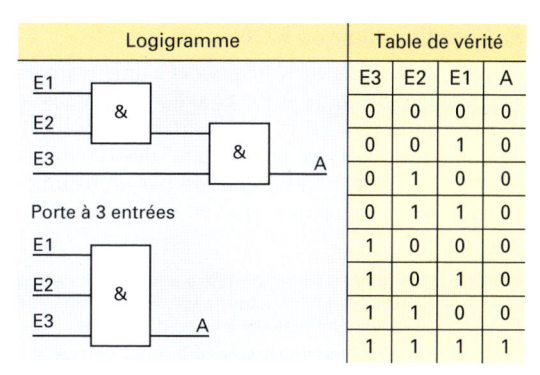

**Fig. 1: Liaison ET entre 3 signaux d'entrée**

| E3 | E2 | E1 | A |
|---|---|---|---|
| 0 | 0 | 0 | 0 |
| 0 | 0 | 1 | 0 |
| 0 | 1 | 0 | 0 |
| 0 | 1 | 1 | 0 |
| 1 | 0 | 0 | 0 |
| 1 | 0 | 1 | 0 |
| 1 | 1 | 0 | 0 |
| 1 | 1 | 1 | 1 |

## ■ Fonction logique OU

Avec la fonction logique OU, le signal de sortie A prend la valeur 1, lorsque le signal d'entrée E1 = 1 ou lorsque le signal d'entrée E2 = 1 ou que les deux signaux d'entrée ont pour valeur 1 **(tableau 1)**. Les fonctions logiques OU peuvent être réalisées par des portes OU pneumatiques ou par des contacts électriques à fermeture NO montés en parallèle.

**Exemple:** Un convoyeur à bande peut être arrêté par deux fins de course placés à chacune des deux extrémités de la bande, ou depuis le poste de commande. La liaison logique doit être représentée par un logigramme ou par une table de vérité.

**Solution:** Lorsqu'au moins un des trois signaux d'entrée E1 OU E2 OU E3 est présent, le signal de sortie A = 1 **(fig. 2)**.

> La **fonction logique OU** fournit à la sortie un signal (A = 1), lorsqu'un signal (E1 = 1 OU E2 = 1) est appliqué à l'une des entrées ou à plusieurs entrées.

**Tableau 1: Fonction logique OU**

| Algèbre de Boole | Table de vérité | | | Logigramme |
|---|---|---|---|---|
| Equation logique | E2 | E1 | A | 2 signaux d'entrée |
| E1 + E2 = A | 0 | 0 | 0 | |
| (E1 OU E2 égal A) | 0 | 1 | 1 | |
| | 1 | 0 | 1 | |
| + Symbole de la fonction OU | 1 | 1 | 1 | |

| Schéma pneumatique | Schéma électrique | Programme API | |
|---|---|---|---|
| avec distributeurs: | 2 contacts à fermeture NO | Généralités | Adresses API |
| | BG1 (E1), BG2 (E2) | E1 | E0.0 |
| | | E2 | E0.1 |
| | | A | A0.0 |
| avec porte OU: | –KF1 (A) Relais, Contact à fermeture NO | E0.0, E0.1 ≥1 A0.0 | |

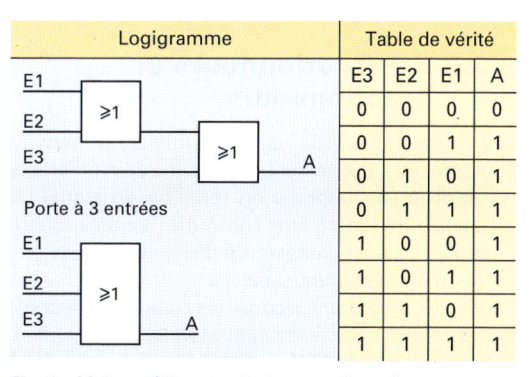

**Fig. 2: Liaison OU entre 3 signaux d'entrée**

| E3 | E2 | E1 | A |
|---|---|---|---|
| 0 | 0 | 0 | 0 |
| 0 | 0 | 1 | 1 |
| 0 | 1 | 0 | 1 |
| 0 | 1 | 1 | 1 |
| 1 | 0 | 0 | 1 |
| 1 | 0 | 1 | 1 |
| 1 | 1 | 0 | 1 |
| 1 | 1 | 1 | 1 |

## ■ Fonction logique NON

La fonction logique NON inverse le signal d'entrée E1. Le signal de sortie A est égal à « 1 » lorsque le signal d'entrée E1 = 0 et inversement **(tableau 1)**. La fonction NON est également désignée par NEGATION. Elle peut être réalisée par un distributeur 3/2 ouvert au repos, ou par un relais à contact à ouverture NC.

**Exemple:** Une lampe-témoin doit être allumée en cas de rupture d'un conducteur électrique. La fonction NON doit être réalisée à l'aide d'un relais.

**Solution: Schéma électrique.** La coupure du conducteur placé sur la ligne 1 provoque le relâchement du relais. Le contact à ouverture placé sur la ligne 2 se ferme et met la lampe-témoin sous tension **(fig. 1)**.

> La **fonction NON** inverse le signal d'entrée. Un signal « 1 » à l'entrée se transforme à la sortie en signal « 0 », et un signal « 0 » à l'entrée se transforme à la sortie en signal « 1 ».

## ■ Liaison logique entre plusieurs fonctions de base

Les unités de traitement exercent souvent plusieurs fonctions de base entre lesquelles une liaison logique est établie. Ces liaisons peuvent aussi être représentées par des logigrammes et des tables de vérité. Les logigrammes peuvent être réalisés sur ordinateur avec des logiciels appropriés et testés par des simulations graphiques.

**Exemple:** Avec l'aiguillage de tri **(fig. 1, p. 553)**, les opérations suivantes doivent être réalisées:
  a) pivoter sur voie 1 lorsqu'une pièce longue passe devant les capteurs (A1 = 1).
  b) pivoter sur voie 2 lorsqu'une pièce courte passe devant les capteurs (A2 = 1).

**Solution:** La fonction logique entre les signaux d'entrée E1, E2 et E3 est établie de la manière suivante **(fig. 2)**:
  a) E1 ET E2 ET E3 = A1
  b) $\overline{E1}$ ET E2 ET $\overline{E3}$ = A2

## 9.2.2.5 Préactionneurs et actionneurs

Les signaux de sortie des éléments de traitement sont transmis aux préactionneurs. Il existe différents types de préactionneurs en fonction du signal de puissance qui devra être commuté: vannes, distributeurs, relais, et contacteurs-disjoncteurs. Les éléments d'entraînement (« actionneurs ») tels que les vérins, les moteurs, les corps de chauffe, les écrans ou les imprimantes exécutent alors les étapes prescrites par le dispositif de commande comme dernier membre de la chaîne de commande.

**Tableau 1: Fonction logique NON**

| Algèbre de Boole | Table de vérité | Logigramme |
|---|---|---|
| Equation logique $\overline{E1} = A$ le contraire de E1 est A ou $E1 = \overline{A}$ E1 est le contraire de A | E1 \| A \\ 0 \| 1 \\ 1 \| 0 | E1 —o⎯1⎯— A ou E1 —⎯1⎯o— A |
| Schéma pneumatique | Schéma électrique | Programme API |
| Distributeur E1 (avec symbole pneumatique) | –BG1 (E1) Contact à fermeture NC ⎯⎯ A Relais Contact à ouverture NC | Général / Adresses API : E1 / E0.0 ; A / A0.0 E0.0 —⎯1⎯— A0.0 ou E0.0 —⎯1⎯o— |

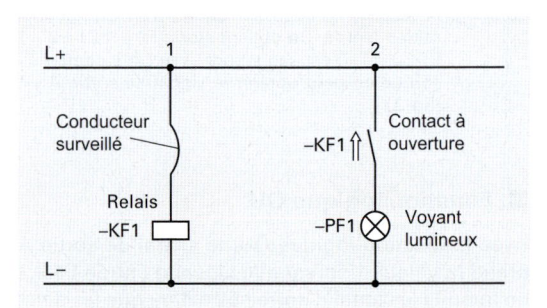

Fig. 1: Fonction logique NON dans la surveillance d'un conducteur électrique

(Schéma: L+ — Conducteur surveillé — Relais –KF1 — L–   ligne 2: –KF1 Contact à ouverture — –PF1 Voyant lumineux)

| Logigramme | Table de vérité ||||| 
|---|---|---|---|---|---|
| E3 E2 E1 → & → A1 ; & → A2 | E3 | E2 | E1 | A1 | A2 |
| | 0 | 0 | 0 | 0 | 0 |
| | 0 | 0 | 1 | 0 | 0 |
| | 0 | 1 | 0 | 0 | 1 |
| | 0 | 1 | 1 | 0 | 0 |
| | 1 | 0 | 0 | 0 | 0 |
| | 1 | 0 | 1 | 0 | 0 |
| | 1 | 1 | 0 | 0 | 0 |
| | 1 | 1 | 1 | 1 | 0 |

Fig. 2: Logigramme et table de vérité pour la commande de l'aiguillage de tri

## 9.3 Commandes pneumatiques

On entend par pneumatique la science du comportement des gaz, et en particulier de l'air. Dans la technique, la pneumatique englobe surtout la génération d'air comprimé et son utilisation pour la commande et l'entraînement de machines. Les commandes pneumatiques sont utilisées par ex. pour la fermeture de portes de véhicules ferroviaires et des véhicules, sur les machines d'emballage, les systèmes de manutention et les outils de montage.

### 9.3.1 Sous-ensembles des installations pneumatiques

Les installations pneumatiques peuvent être divisées en trois ensembles **(fig. 1)**.
- **Production d'air comprimé** avec compresseur, refroidisseur, sécheur et réservoir d'air comprimé
- **Traitement de l'air comprimé,** comprenant le filtre, le manodétendeur, éventuellement le lubrificateur et le distributeur de mise en circuit
- **Commande pneumatique** avec distributeurs, temporisations, portes logiques, clapets et régulateurs de débit, ainsi que vérins pneumatiques et moteurs à air comprimé.

Les installations pneumatiques et leurs éléments sont représentés par des schémas. Sur les schémas pneumatiques, on utilise des symboles normalisés sur le plan international. Ils simplifient considérablement la conception, la compréhension du fonctionnement, le montage et la recherche des pannes sur les commandes pneumatiques, et sont compréhensibles dans le monde entier.

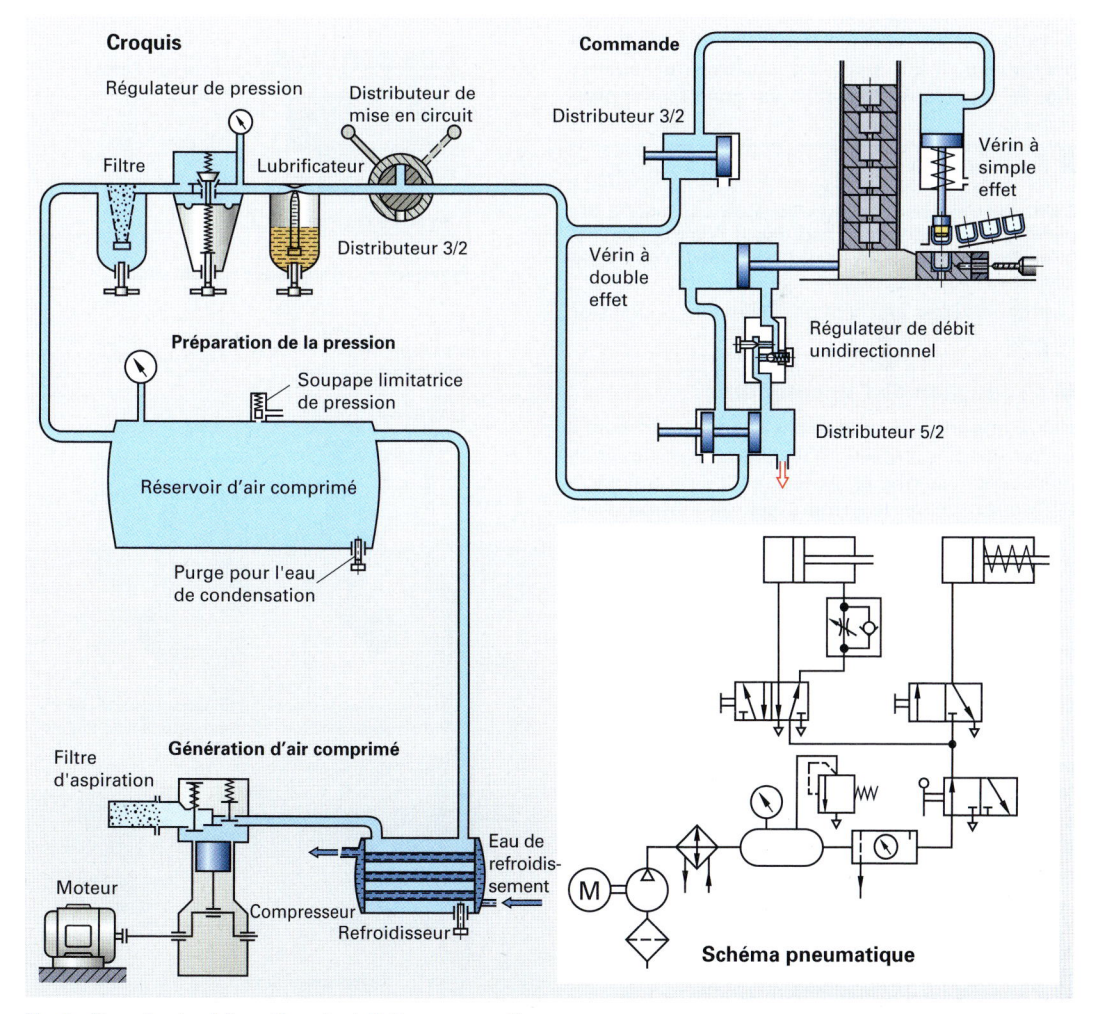

**Fig. 1 : Croquis et schéma d'une installation pneumatique**

## 9.3.2 Composants pneumatiques
### 9.3.2.1 L'air comprimé

■ **Unités de pression et types de pression**

Si un piston d'une section $A$ appuie avec la force $F$ sur un volume d'air enfermé, il s'y produit une pression $p_e$ (**fig. 1**).

| Pression | $p_e = \dfrac{F}{A}$ |
|---|---|

Les unités de pression sont le Pascal (Pa) et le bar (bar):
$1\ Pa = 1\ \dfrac{N}{m^2} = 0{,}00001\ bar;\quad 1\ bar = 10\ \dfrac{N}{cm^2}$

**Exemple:** Vérin (Fig. 1) avec $F = 4$ kN, $A = 78{,}5$ cm². Combien vaut la pression $p_e$ ?

**Solution:** $p_e = \dfrac{F}{A} = \dfrac{4000\ N}{78{,}5\ cm^2} = 51\ \dfrac{N}{cm^2} =$ **5,1 bars**

La pression $p_e$ (pression relative) est la différence entre la pression absolue $p_{abs}$ et la pression atmosphérique $p_{atm}$. Elle peut être positive ou négative (**fig. 2**). La pression négative est appelée «dépression».

| Pression relative | $p_e = p_{abs} - p_{atm}$ |
|---|---|

**Exemple:** Une presse pneumatique est exploitée à une pression absolue de $p_{abs} = 7$ bars (**fig. 3**). A une pression atmosphérique $p_{atm} = 1$ bar, on dispose donc d'une pression utile de $p_e = p_{abs} - p_{atm} = 7$ bars $- 1$ bar $= 6$ bars.

Les manomètres affichent généralement la pression relative.

■ **Production de l'air comprimé**

L'air comprimé est produit par des compresseurs à piston, des compresseurs à diaphragme ou des compresseurs à vis (**fig. 4**). Ils aspirent l'air à travers le filtre d'aspiration, le compressent et l'introduisent par le refroidisseur dans le réservoir d'air comprimé (**fig. 1 p. suivante**).

L'air qui a été chauffé pendant la compression est refroidi dans le refroidisseur. L'eau de condensation qui en résulte est évacuée. On obtient de l'air comprimé avec une très faible humidité résiduelle par refroidissement de l'air comprimé à 4°C (séchage par le froid).

Quand dans le réservoir d'air comprimé on atteint la pression maximale, la compression est arrêté. Pour ce faire, on arrête le moteur d'entraînement du compresseur (réglage TOR), ou bien on garde les soupapes d'aspiration ouvertes pendant que le moteur d'entraînement continue de tourner (réglage de décharge).

| Fonctions du réservoir d'air comprimé |
|---|
| • stockage et refroidissement de l'air comprimé |
| • séparation de l'humidité résiduelle de l'air |
| • compensation des fluctuations de la pression |

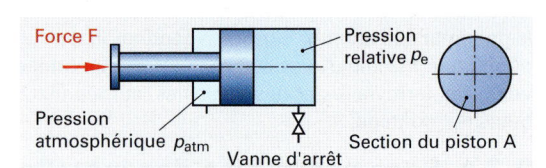

Fig. 1: Création de la pression

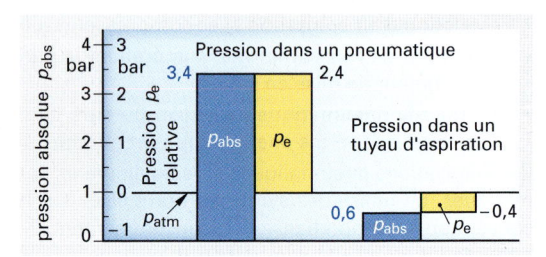

Fig. 2: Pression absolue et relative

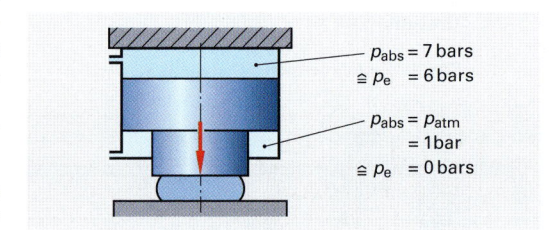

Fig. 3: Pressions sur une presse pneumatique

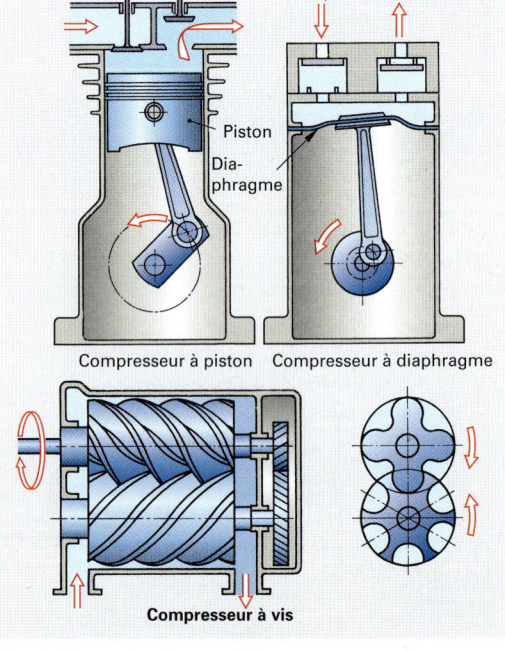

Fig. 4: Exemples de compresseurs

# Commandes pneumatiques

## ■ Distribution et conditionnement de l'air comprimé

Depuis le réservoir on distribue l'air comprimé aux utilisateurs par le biais de tuyauteries (**fig. 1**).

> **Exigences du réseau de distribution**
> - Le réseau d'air comprimé doit être conçu en boucle pour garantir l'alimentation, même en cas de réparations.
> - Les sections des conduites doivent être choisies suffisamment grandes pour que la perte de pression ne soit pas supérieure à 0,2 bar.
> - Les conduites doivent être posées en pente, ce qui permet d'évacuer l'eau de condensation.

Avant chaque installation pneumatique est montée une unité de conditionnement (**fig. 2**). Elle comprend le filtre à air comprimé, le régulateur de pression et le lubrificateur à air comprimé. Le filtre débarrasse l'air comprimé des impuretés restantes. Le régulateur de pression maintient une pression constante dans la commande. Le lubrificateur produit un brouillard d'huile pour graisser les composants mobiles et éviter la corrosion.

Bon nombre de commandes pneumatiques, par ex. dans l'industrie informatique et alimentaire, ont besoin d'air comprimé exempt d'huile et extrêmement pur. De nos jours, même dans d'autres applications, pour protéger le personnel et l'environnement, on n'utilise plus de lubrificateur, mais des composant lubrifiés à vie par de la graisse spéciale.

La plupart des composants standards actuels sont livrés lubrifiés à vie et ne nécessitent pas de lubrification.

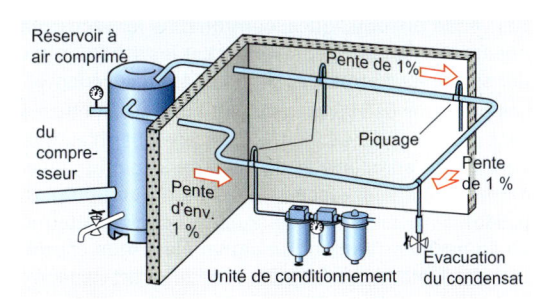

**Fig. 1 : Distribution de l'air comprimé**

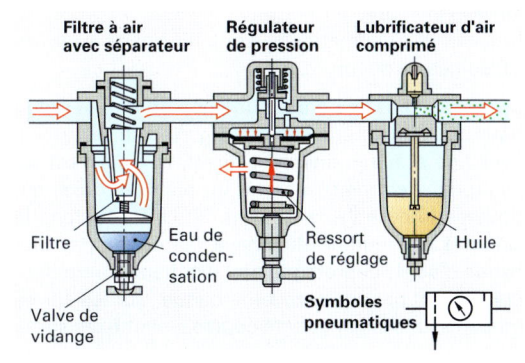

**Fig. 2 : Unité de conditionnement**

## 9.3.2.2 Actionneurs pneumatiques

### ■ Vérins pneumatiques

Les vérins pneumatiques effectuent des mouvements de va-et-vient. On différencie entre les vérins à simple et à double effet.

Sur le **vérin à simple effet**, l'air comprimé ne déplace le piston que dans une seule direction (**fig. 3**). Un ressort intégré ramène le piston sur sa position initiale.

Sur les **vérins à double effet**, le piston est déplacé par l'air comprimé dans les deux directions (**fig. 4**). Des amortisseurs de fin de course intégrés freinent le piston à la fin de la course. L'air refoulé par le piston ne peut plus s'échapper par le grand orifice central, car celui-ci est bloqué par le piston d'amortissement. Cet air doit alors traverser l'étranglement et produit ainsi une coussin d'air. Le piston est freiné de manière élastique et se déplace à vitesse réduite sur sa fin de course. L'amortissement peut être modifié en réglant l'étranglement.

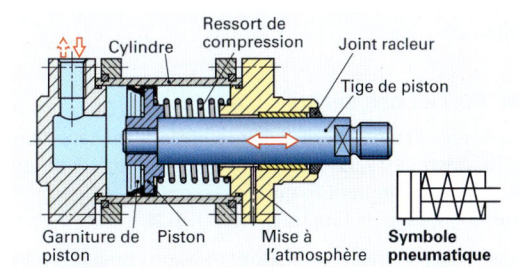

**Fig. 3 : Vérin à simple effet**

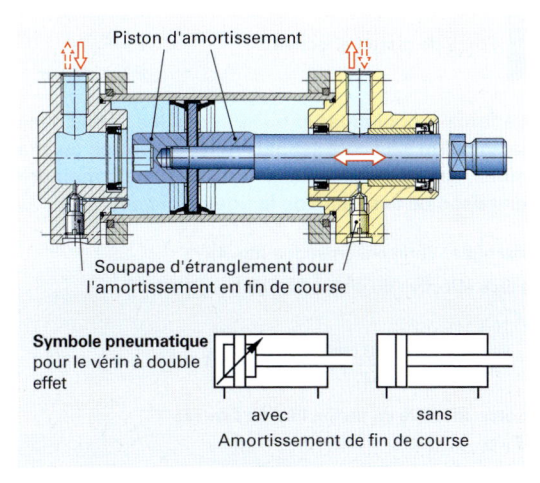

**Fig. 4 : Vérin à double effet avec double amortissement en fin de course réglable**

Les vérins pneumatiques, comme tous les éléments pneumatiques, sont représentés sur les schémas par des symboles normalisés **(fig. 3 et 4, p. précédente)**.
Les positions des vérins peuvent aussi être détectés sans contact. Pour ce faire, les pistons ont un aimant permanent annulaire et des capteurs magnétiques de proximité sont placés sur corps du vérin **(fig. 3, p. 585)**. Si le piston passe sous ces commutateurs, un contact est fermé et un signal électrique est déclenché. L'état de commutation des contacts est indiqué par une LED.

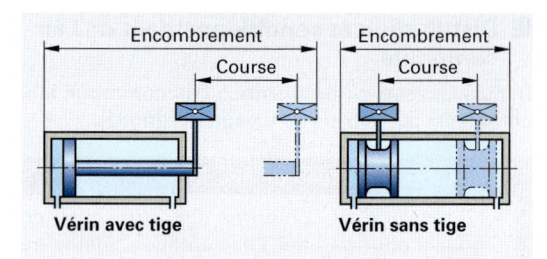

**Fig. 1 : Encombrement des vérins**

### Vérins sans tige

Les vérins pneumatiques sont fabriqués avec ou sans tiges de piston.

Les vérins sans tige offrent un encombrement réduit pour une course équivalente **(fig. 1)**. Sur les vérins sans tige et à entraînement direct, le piston est relié au toc d'entraînement par un pont de forces qui traverse le cylindre fendu **(fig. 2)**. La fente dans le cylindre est rendue étanche à l'intérieur par une bande d'acier, et protégée de l'extérieur contre l'encrassement par une deuxième bande. Sur les autres modèles; une câble ou une courroie sont fixés sur le piston, de chaque côté du vérin il y a une poulie de renvoi (fig. 2). Le toc d'entraînement est le chariot sur lequel on vient fixer la partie de machine ou pièce à déplacer.

### ■ Forces des vérins

La force effective $F$ du vérin s'obtient en tant que différence entre la force théorique $F_{th} = p_e \cdot A$ et les forces de frottement $F_R$ qui s'exercent sur le piston et sur le guidage de tige du piston **(fig. 3)**.

Les forces de frottement sont prises en considération par le rendement $\eta$ du vérin.

**Force de piston effective :**
$$F = F_{th} - F_R$$
$$F = F_{th} \cdot \eta$$
$$F = p_e \cdot A \cdot \eta$$

La force produite par le piston dans les vérins avec la tige d'un seul côté est plus faible à l'entrée qu'à la sortie, car la surface effective du piston est moindre en raison de la section de la tige de piston.

**Exemple :** Vérin pneumatique **(fig. 4)**.

**Force effective du piston lors de la sortie :**

$F = p_e \cdot A \cdot \eta =$
$= 60 \dfrac{N}{cm^2} \cdot \dfrac{\pi \cdot (10\ cm)^2}{4} \cdot 0{,}90 = \textbf{4241 N}$

**Force effective du piston lors de l'entrée :**

$F = p_e \cdot A \cdot \eta =$
$= 60 \dfrac{N}{cm^2} \cdot \dfrac{\pi \cdot (10^2 - 2{,}5^2)\ cm^2}{4} \cdot 0{,}85 = \textbf{3755 N}$

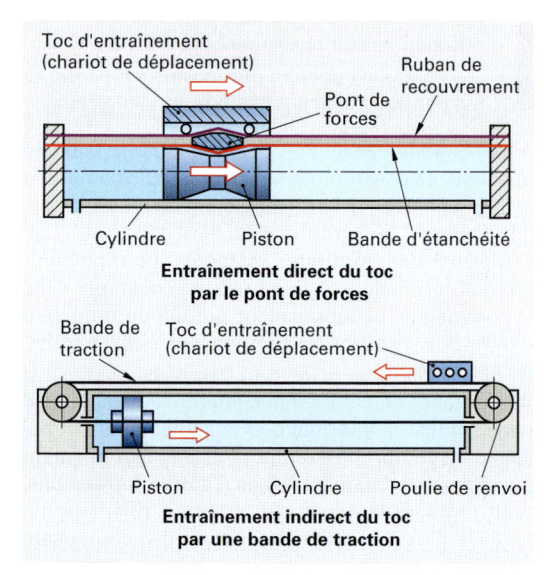

**Fig. 2 : Exemples de vérins sans tige**

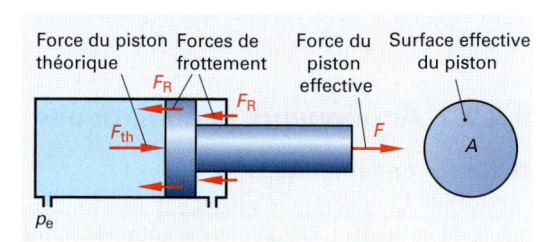

**Fig. 3 : Forces des pistons dans les vérins**

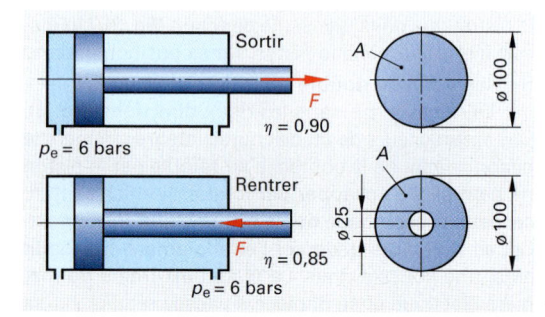

**Fig. 4 : Forces des pistons à la sortie et à l'entrée des vérins**

# Commandes pneumatiques

## ■ Moteurs pneumatiques

Des moteurs pneumatiques entraînent les visseuses, les meuleuses à main, les outils de levage et d'autres machines à mouvement rotatif. La conception peut être **à piston rotatif à palettes, à pistons et à engrenages**.

Les **moteurs à piston rotatif à palettes** sont constitués d'un carter à alésage cylindrique et d'un rotor avec les palettes qui subdivisent en plusieurs chambres de compression le compartiment de travail en forme de croissant (**fig. 1**). L'air comprimé qui afflue par l'alimentation fait tourner le rotor qui a son axe de rotation excentré par rapport à l'axe du carter, les palettes coulissent radialement pour assurer l'étanchéité. Etant donné que les chambres de compression s'agrandissent lors de la rotation, l'air comprimé se détend avant d'être évacué vers l'air libre par l'orifice d'échappement. Le couple généré par le moteur dépend de la pression de l'air et de la surface des palettes soumise à la pression. Les moteurs à air comprimé pour deux sens de rotation disposent de deux raccords d'air comprimé qui sont alimentés alternativement en air comprimé par un distributeur 4/2 selon le sens de rotation souhaité.

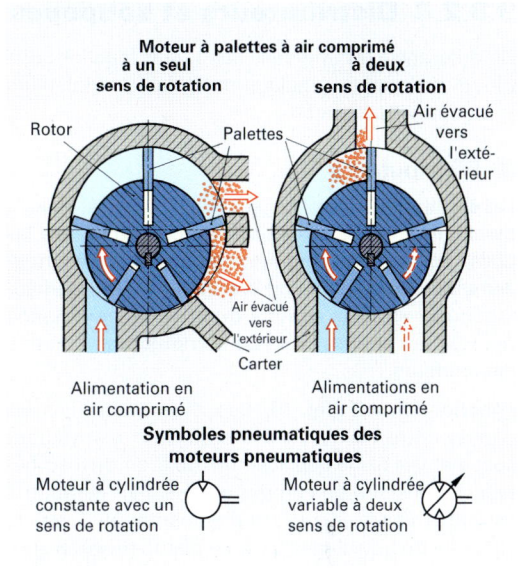

Fig. 1: Moteur à palettes à air comprimé

## ■ Exemple d'application d'actionneurs pneumatiques

Sur une machine automatique d'assemblage et usinage (**fig. 2**), le **vérin** à double effet –**MM1** fait sortir le carter du magasin gravitaire et le serre contre une butée. Ensuite des douilles amenées par un transporteur vibrant sont pressées par le **vérin** à simple effet –**MM2**. Puis une broche de perçage avance et perce le trou latéral. Le mouvement d'avance de la broche est effectué par un **vérin pneumatique** à double effet –**MM3**, l'entraînement en rotation est assuré par un moteur à piston rotatif à palettes. Le **vérin** horizontal –**MM4** placé derrière le point de serrage pousse la pièce finie hors de la machine. Le séquence des mouvements peut être représenté sur un GRAFCET (p. 571).

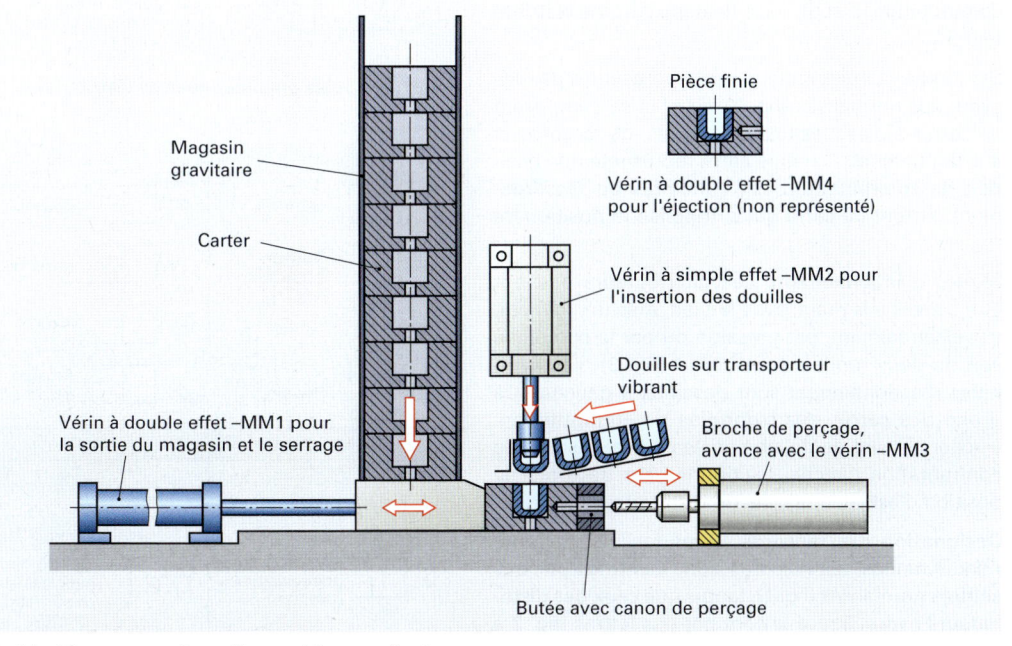

Fig. 2: Machine automatique d'assemblage et d'usinage

## 9.3.2.3 Distributeurs et soupapes

On différencie les appareils selon leur fonction: distributeurs, clapets, régulateurs de débit, régulateurs et limiteurs de pression.

### ■ Distributeurs

Les distributeurs déterminent le passage, l'arrêt et la direction de l'écoulement de l'air comprimé. On les utilise comme préactionneurs pour piloter les mouvements des actionneurs (vérins et moteurs pneumatiques) et aussi comme organes de commande pour piloter les positions de commutation d'autres distributeurs.

**Fonctionnement (fig. 1).** Les différentes liaisons (voies) entre les raccordements d'un distributeur sont établies par le déplacement du tiroir du distributeur. En position de commutation a, l'air comprimé est transmis par le raccord d'alimentation 1 vers la conduite de travail gauche 4. Le piston du vérin sort. L'air expulsé par le déplacement du piston du vérin s'échappe par la conduite de travail 2 du distributeur vers l'échappement 3. La tige du vérin est sortie.

Sur la position de commutation b du distributeur, l'air comprimé s'écoule de 1 vers 2, puis vers la chambre droite du vérin. L'air expulsé par le déplacement du piston du vérin s'échappe de 4 à 5. La tige du vérin est rentrée.

**Désignation.** Les distributeurs sont désignés par rapport au nombre de raccordements et au nombre de positions. Le distributeur représenté sur la fig. 1 possède 5 raccordements (1, 2, 3, 4, 5) et 2 positions de commutation (a et b), on le désigne comme distributeur 5/2.

**Symboles.** Les distributeurs sont représentés par des symboles normalisés **(fig. 2)**. Ceux-ci se composent de carrés ajoutés les uns aux autres, de raccords et d'actionnements. Chaque carré représente une position de commutation. Les conduites de raccordement partent du carré qui symbolise la position de repos.

**Modes d'actionnement.** Les distributeurs peuvent être activés à la main, avec le pied, mécaniquement, par électroaimant, par pression ou par la combinaison de deux modes d'activation **(fig. 3)**. Les symboles d'actionnement sont dessinés à gauche et à droite des carrés des symboles de commutation. L'actionnement de gauche enclenche la position de commutation gauche, l'actionnement de droite la position d'activation droite du distributeur (fig. 2).

**Désignation des raccords.** Dans les distributeurs pneumatiques, les raccords sont identifiés par des chiffres normalisés (fig. 1), tandis que ceux des distributeurs hydrauliques le sont par des lettres **(fig. 2 à 5, p. 601)**.

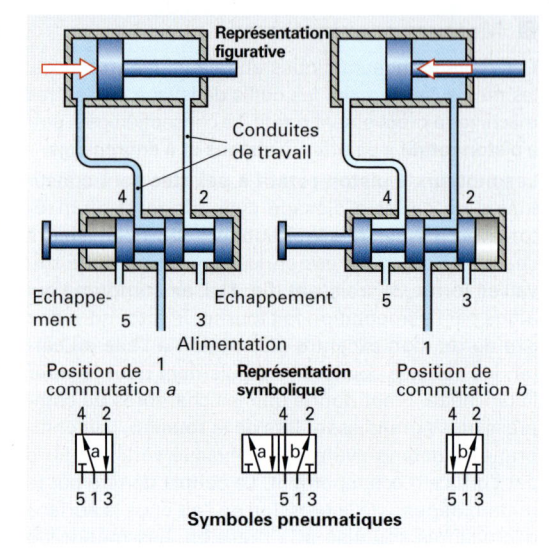

Fig. 1 : Représentation de distributeurs

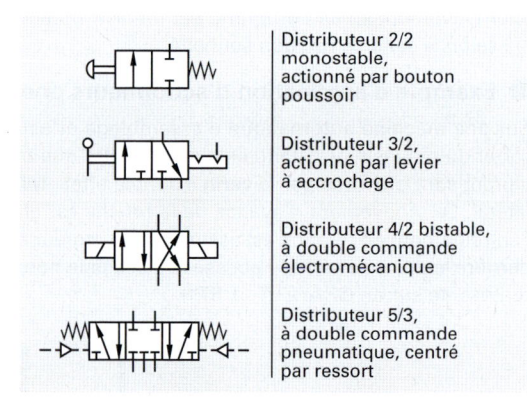

Fig. 2 : Symboles pneumatiques de distributeurs

Fig. 3 : Modes d'actionnement des distributeurs

# Commandes pneumatiques

**Commande directe avec des distributeurs.** Sur les machines non automatisées, le mouvement des vérins pneumatiques et des moteurs est « directement » commandé par des distributeurs (préactionneurs) à commande manuelle ou par pédale. Par exemple, sur une visseuse à air comprimé, le distributeur à 3/2 est logé dans le carter : il est ouvert et fermé par le bouton-poussoir (**fig. 1**). En position de commutation « a », le moteur à air comprimé est alimenté en air. La broche de la visseuse tourne. Si on relâche le bouton du distributeur, le ressort pousse la vanne en position « b ». L'alimentation du moteur est bloquée.

**Commande indirecte avec des distributeurs.** Si les mouvements de vérins doivent être automatisés, les préactionneurs ne sont plus actionnés à la main. La commande se fait par des signaux d'autres distributeurs (distributeurs de commande) ou capteurs. Le vérin qui pousse la broche (**fig. 2**), revient automatiquement à sa position initiale lorsqu'il actionne distributeur 3/2 -SJ1.

## ■ Clapets

Les clapets empêchent le passage de l'air dans une certaine direction.

**Les clapets antiretour** laissent passer l'air de A vers B, mais bloquent son passage dans le sens contraire (**fig. 3**).

**Les portes OU** ont deux connexions alternativement verrouillables P1 et P2 et une sortie A (**fig. 4**). Si l'entrée P1 **ou** l'entrée P2 est alimentée en air comprimé, l'organe de blocage bloque l'entrée non alimentée et l'air comprimé parvient à la connexion A. Cette soupape réalise la **fonction logique OU**.
Si deux pressions différentes sont appliquées aux entrées de la porte OU, la pression plus élevée sera le signal de sortie. Les portes OU permettent de commander par ex. un vérin à double effet depuis deux endroits physiquement séparés (**fig. 5**).

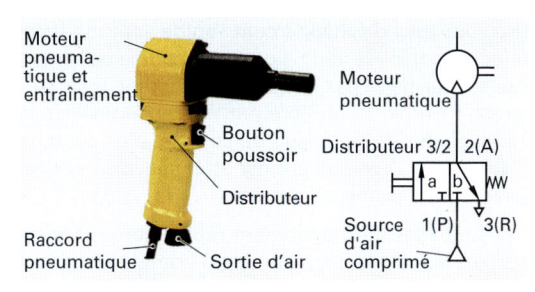

**Fig. 1 : Commande directe d'un moteur pneumatique**

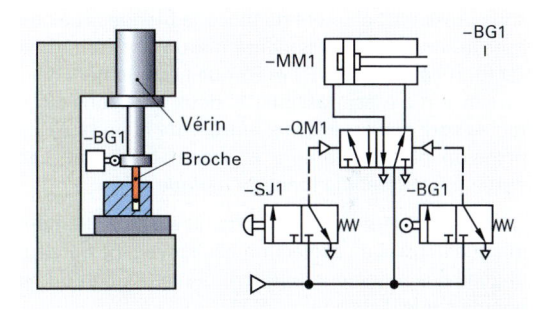

**Fig. 2 : Commande indirecte d'un vérin à air comprimé**

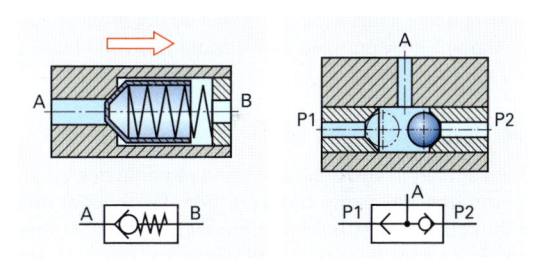

**Fig. 3 : Clapet antiretour**      **Fig. 4 : Porte OU**

Avec des portes OU, il est possible de piloter par ex. un vérin à double effet depuis deux endroits distants l'un de l'autre (**fig. 5**). Le vérin sans tige –MM1 actionne la porte coulissante vers le compartiment de travail d'un tour. Avec les deux distributeurs –SJ1 **ou** –SJ2, le préactionneur –QM1 est amenée en position « a » et la porte coulissante s'ouvre. Avec les distributeurs –SJ3 **ou** -SJ4,, elle est à nouveau fermée.

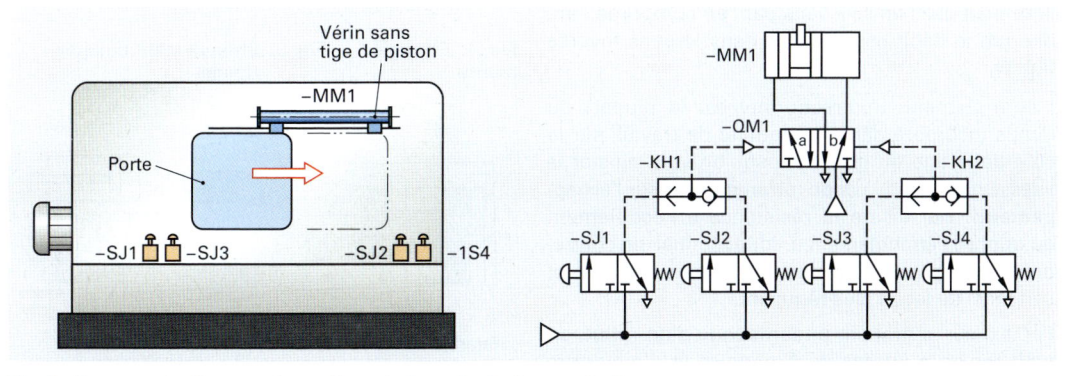

**Fig. 5 : Commande d'une porte coulissante à partir de deux endroits**

**Les soupapes d'échappement rapide** sont montées directement sur le vérin. Lors de la course de retour, l'air évacué ne va pas jusqu'au distributeur, mais sort directement vers l'air libre par l'échappement de la soupape (**fig. 1**). En raison de ce trajet plus court, la résistance à l'écoulement est atténuée et la vitesse de retour du piston est accrue.

Les soupapes d'échappement rapide sont montées par ex. sur des accouplements à commande pneumatique qui doivent commuter très rapidement.

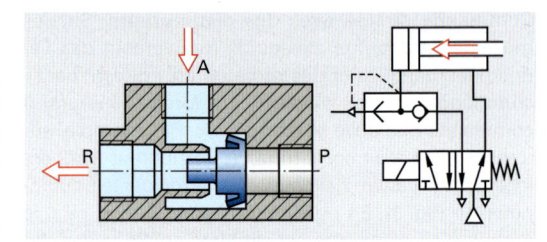

Fig. 1 : Soupape d'échappement rapide

**Les portes ET** ont deux entrées P1 et P2 et une sortie A (**fig. 2**). Si une seule des deux entrées est mise sous pression, l'élément de blocage bloque la liaison avec la sortie A. C'est seulement si de l'air comprimé est fourni aux entrées P1 **et** P2 que l'écoulement d'air vers la sortie A est possible. Si deux pressions différentes sont appliquées aux entrées de la porte ET, la pression plus faible sera le signal de sortie. Les portes ET réalisent la **fonction logique ET**.

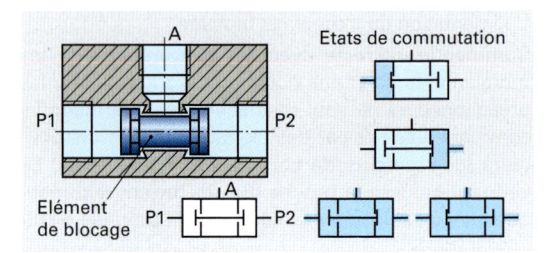

Fig. 2 : Porte ET

Le vérin –MM1 de la presse (**fig. 3**) sort uniquement lorsque la grille de protection est activée, ce qui provoque l'actionnement du distributeur –BG2 **et** qu'on appuie sur le distributeur –SJ1.

Sur les commandes des machines faisant courir un risque d'accident, on demande souvent que deux signaux déclenchés avec les mains soient émis simultanément et supprimés avant toute nouvelle course du vérin.

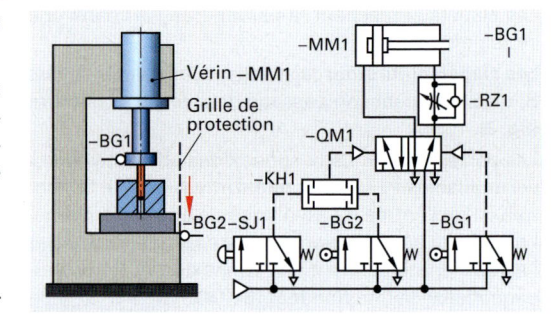

Fig. 3 : Liaison ET

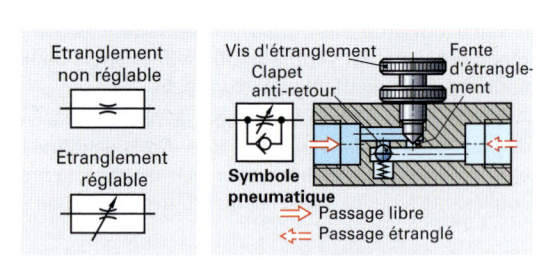

### ■ Régulateurs de débit

Les régulateurs de débit servent à régler le débit d'air comprimé traversant une conduite. Ils peuvent être bidirectionnels et unidirectionnels. Ils peuvent être montées dans la conduite alimentant le vérin (étranglement sur l'alimentation) ou dans la conduite partant du vérin (étranglement sur l'échappement).

**Les régulateurs de débit** peuvent avoir un étranglement constant (diaphragme) ou un étranglement réglable (**fig. 4**).

**Les étranglements unidirectionnels** sont traversés librement dans un seul sens par l'air comprimé, tandis que le débit est étranglé dans le sens inverse (**fig. 5**).

Fig. 4 : Étranglements

Fig. 5 : Étranglement unidirectionnel

L'étranglement unidirectionnel est la plupart du temps incorporé dans la conduite de travail, sur le côté de la tige du piston, lorsqu'on veut ajuster la vitesse de sortie du piston (**étranglement sur l'échappement**). Du fait de la résistance à l'écoulement qu'oppose l'étranglement unidirectionnel, un contre-pression apparaît. Le piston se retrouve « serré » et sort ainsi de façon plus régulière.

Par ex. sur le grappin pneumatique d'un robot, on peut régler la vitesse de fermeture et d'ouverture avec les régulateurs de débit unidirectionnels (**fig. 6**).

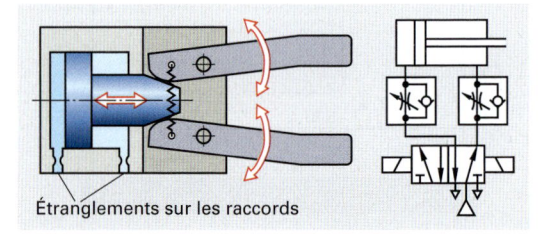

Fig. 6 : Pince pneumatique avec étranglements

## 9.3.2.4 Eléments de temps du système pneumatique

Les vannes qui ne passent à un signal de sortie qu'après un temps déterminé (temporisation) sont appelées temporisateur pneumatique **(fig. 1)**.
Le temporisateur se compose d'un distributeur 3/2 (revers zéro ou débit nul), d'une vanne de régulation de débit et d'un petit stockage d'air, qui sont combinés dans un sous-groupe.

### ■ Élément de temps comme retard à l'enclenchement

Le retard à l'enclenchement retarde le signal d'entrée de sorte que le signal de sortie n'est disponible qu'après un temps déterminé **(fig. 3)**.
La temporisation consiste à mettre sous pression un réservoir d'air en le remplissant au travers d'un régulateur de débit (fig. 1) Si une pression est appliquée à la commande 12 (signal 1), l'air passe par la vanne d'étranglement, remplit et met sous pression le réservoir d'air. Celui-ci est fermé à sa sortie par le piston de commande du distributeur 3/2. Si la force résultant de la pression est plus grande que celle du ressort du piston de commande, le clapet du temporisateur s'ouvre et l'air du circuit s'écoule de 1 à 2. Le temps de temporisation est le temps nécessaire pour faire monter la pression dans le réservoir d'air. Si la pression chute sur la commande 12, le ressort repousse immédiatement le piston de commande dans sa position de repos, l'air de commande s'échappant par la soupape anti-retour. Le clapet revient à sa position initiale et ferme le circuit.

**Exemple :** Un vérin à double effet doit sortir après l'actionnement d'un élément de signal et rentrer à nouveau automatiquement après 20 secondes.
**Solution :** Dans la commande, **(fig. 2)**, le temporisateur –KH1 reçoit son air de commande depuis la conduite de travail 4 du distributeur 5/2, si ce dernier est actionné par –SJ1 et mis en position a. Après expiration de la temporisation t=20 s, –QM1 revient en b par –KH1 et –MM1 recule.

### ■ Elément de temps comme retard au déclenchement

Le retard au déclenchement envoie le signal d'entrée immédiatement, mais ne l'arrête qu'après un temps déterminé **(fig. 4)**. Ce comportement temporisé est obtenu en freinant la sortie de l'air de commande par le réglage de la vanne de régulation de débit. Si de la pression est appliquée à la commande 12, l'air circule sans étranglement par le clapet anti-retour et commute le distributeur 3/2. L'air du circuit circule de 1 vers 2. Si le signal disparaît sur la commande 12, le ressort ne peut pas fermer le clapet tant que l'air du réservoir d'air ne s'est pas entièrement écoulé par l'étranglement de la vanne de régulation. Une fois l'air de commande écoulé, le clapet se ferme et interrompt le circuit principal. Le temps de temporisation est le temps de l'écoulement de l'air de commande par l'étranglement.

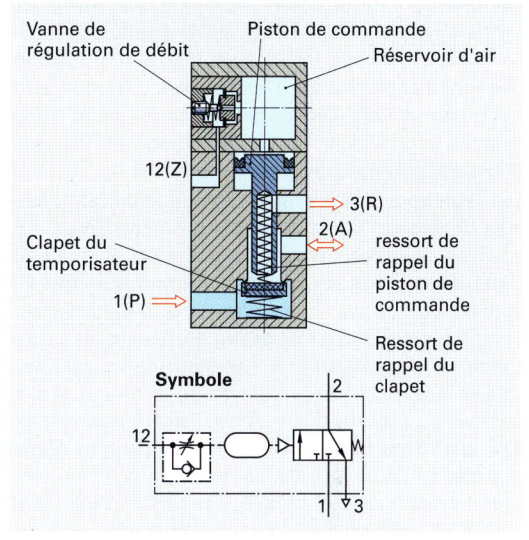

**Fig. 1 :** temporisateur pneumatique

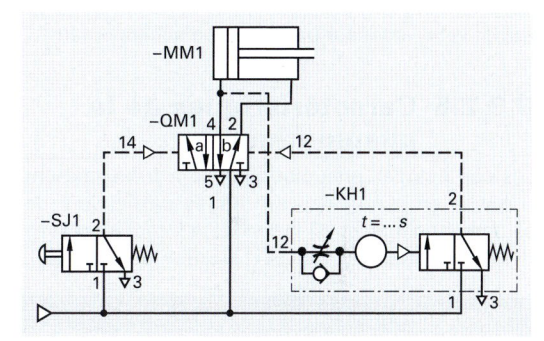

**Fig. 2 :** Commande en fonction du temps

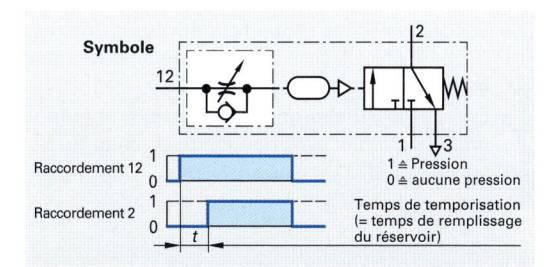

**Fig. 3 :** Diagramme de temps de retard à l'enclenchement

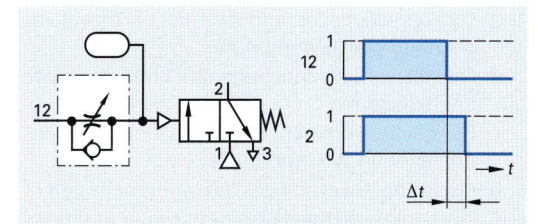

**Fig. 4 :** Diagramme de temps de retard au déclenchement

## ■ Régulateurs et limiteurs de pression

**Les limiteurs de pression** protègent les réservoirs sous pression, les conduites et les autres éléments contre une pression trop élevée **(fig. 1)**. En position de repos, ils sont fermés. L'élément de blocage ouvre l'évacuation vers l'échappement lorsque la force exercée sur cet élément par l'air comprimé dépasse la force que l'on a réglé avec le ressort.

**Les régulateurs de pression** maintiennent une pression constante dans l'installation pneumatique. En position de repos, ils sont fermés. Le réglage de la pression est effectué par une membrane sur laquelle la pression de travail agit d'en haut et la force du ressort de réglage agit d'en bas **(fig. 2)**. Si la pression de travail diminue parce que l'air s'écoule vers les vérins, le ressort pousse la membrane en haut et le clapet d'alimentation s'ouvre. Ainsi, l'air comprimé peut s'écouler dans la conduite de travail jusqu'à ce que la pression de travail croissante ait poussé la membrane sur sa position initiale. Par contre, si la pression augmente dans la conduite de travail, par ex. par l'échauffement, la membrane descend, s'éloigne de la tige et l'air peut s'échapper de la conduite de travail vers l'extérieur par l'orifice d'échappement.

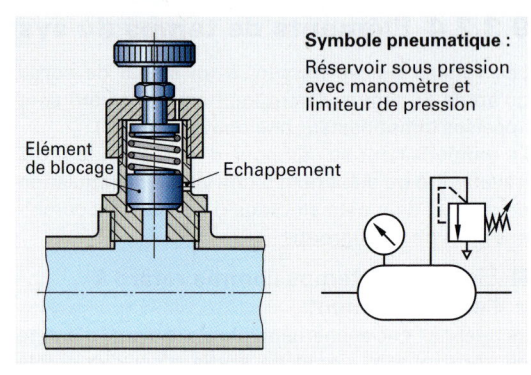

**Fig. 1 : Limiteur de pression**

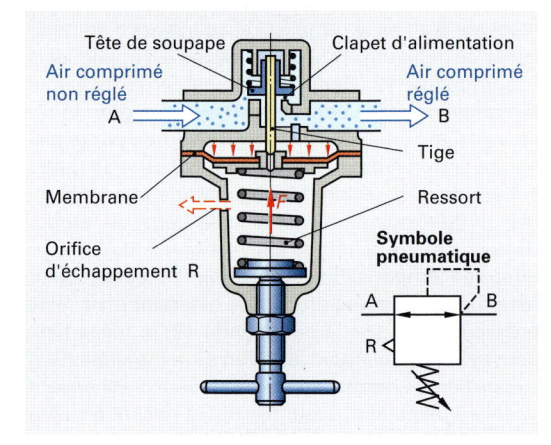

**Fig. 2 : Régulateur de pression**

## 9.3.2.5 Caractéristiques de la pneumatique

Les commandes pneumatiques sont fréquemment utilisées en raison des avantages particuliers de cette technologie et de la facilité d'interaction avec des composants électriques et électroniques (p. 588).

| Avantages de la pneumatique | Inconvénients de la pneumatique |
|---|---|
| • Les forces et les vitesses des vérins peuvent être réglées en continu.<br>• Les vérins et les moteurs à air comprimé atteignent des vitesses et des fréquences de rotation élevées.<br>• En cas de surcharge, les appareils pneumatiques s'arrêtent sans danger de surchauffe.<br>• L'air comprimé peut être stocké dans des réservoirs. | • De grandes forces ne peuvent pas être atteintes, car la pression de service est généralement inférieure à 10 bars.<br>• Des vitesses de piston uniformes ne sont pas possibles (compressibilité de l'air).<br>• Sans butées fixes, on ne peut pas atteindre une position précise avec les vérins.<br>• Les échappements sans silencieux sont bruyants. |

### Répétition et approfondissement

1. Quels sont les avantages de la pneumatique ?
2. Quelles exigences impose-t-on au réseau de distribution d'air comprimé ?
3. Quelles sont les fonctions de l'unité de conditionnement ?
4. Sur quelles commandes pneumatique travaille-t-on avec un air comprimé exempt d'huile ?
5. Quels sont les avantages des vérins sans tige ?
6. Avec quels éléments peut-on régler la vitesse de vérins ?
7. Dessinez le symbole pneumatique d'un distributeur 5/3 dont tous les raccordements sont fermés en position médiane, actionné par un levier.
8. Quelle combinaison logique de signaux est possible avec des portes OU ?
9. Pourquoi appelle-t-on également la fonction de porte ET une liaison logique « ET » ?
10. Quelles sont les fonctions des limiteurs de pression et des régulateurs de pression ?

# Commandes pneumatiques

## 9.3.3 Schémas des commandes pneumatiques

### ▍ Structure des schémas

Les commandes pneumatiques sont disposées de bas en haut, dans le sens de circulation de l'énergie, en partant de l'alimentation énergétique pour aboutir à l'élément ajustable en passant par les éléments de signalisation et de commande. Depuis cette vanne importante et en passant le cas échéant via des limiteurs de débit supplémentaires, les actionneurs (éléments de travail) sont conduits à exécuter un mouvement linéaire ou rotatif.

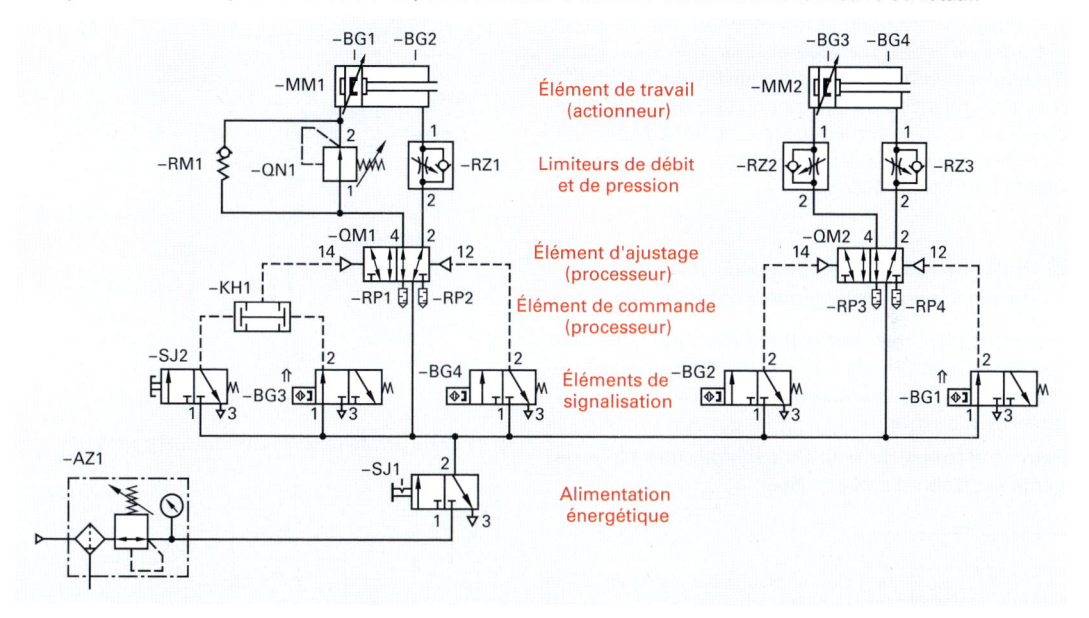

**Figure 1 : Structure et désignation d'un schéma pneumatique en prenant un dispositif de levage comme exemple**

### ▍ Désignation des composants

Pour désigner les composants dans les schémas, les normes ISO 1219-2 (de 2012) ou la norme référentielle DIN EN 81346-2 (de 2010) peuvent être utilisées. Vu que sa portée dépasse la mécanique des fluides pour toucher à l'électrotechnique, l'électronique, etc., ce livre utilise la norme de référence[1].

Le concept basique de cette norme consiste à considérer tous les composants comme des **objets**. Ce qui intéresse n'est pas la structure interne de l'objet mais seulement le but ou la tâche de ce dernier. Ces objets sont, de façon correspondante, classifiés en classes supérieures et sous-classes.

**Exemple** : L'élément de signalisation **–BG1** pour saisir le position finale arrière du piston de **–MM1**.

- **Classe supérieure B** : Convertir une variable d'entrée (propriété physique, état ou événement) en un signal précis destiné à la poursuite de sa transformation.
- **Sous-classe G** : Un paramètre d'entrée est mesuré via l'écart, la position ou la longueur.
- Le **signe moins** « – » désigne le caractère de l'objet, le chiffre « **1** » est uniquement un numéro de comptage.

**Tableau 1 : Exemples de désignations de composants dans le schéma selon DIN EN 81346-2**

| | | | |
|---|---|---|---|
| –AZ1 | Conditionneur d'air | –QN1 | Valves de réglage de pression (modification d'un flux en circuit fermé) |
| –BG1, –BG2 … | Élément de signalisation (capteur) | –RM1 | Clapet anti-retour |
| –KH1 | ET ou porte ET (traitement de signaux) | –RP1, –RP2 … | Silencieux (atténuation du bruit) |
| –MM1, –MM2 | Vérins pneumatiques (fourniture d'énergie mécanique) | –RZ1, –RZ2 … | Étranglement unidirectionnel |
| –QM1, –QM2 | Vannes 5/2 voies (commutation de signaux) | –SJ1, –SJ2 … | Vanne 3/2 voies (à actionnement manuel) |

[1] Norme de référence DIN EN 81346-2, ISO 1219-2 pour la mécanique des fluides

## 9.3.4 Projet de schéma de connexion systématique

Si des schémas de connexion ou des programmes de technique d'automatisation doivent être systématiquement conçus et planifiés, alors plusieurs outils sont disponibles pour différents types de commande. On utilise surtout des tables de vérité pour les commandes logiques (circuits combinatoires) **(tableau 1)**. Ces outils permettent de représenter les relations entre les variables d'entrée et de sortie. Les tâches d'automatisation, où des actions distinctes s'écoulent successivement ou parallèlement dans une séquence cadencée ou axée sur les processus, sont systématiquement décrites avec le langage de conception GRAFCET (DIN EN 60848).

**Tableau 1 : Types de commande**

| Commandes logiques (commandes combinatoires) | Commandes de déroulement (commandes séquentielles) |
|---|---|
| • Table de vérité<br>• Equation logique<br>• Logigramme (schéma logique) | GRAFCET (DIN EN 60848) |

■ **Projet de schéma de connexion pour une commande logique (commande combinatoire)**

Une porte pivotante avec entraînement par vérin doit être ouverte et fermée par un interrupteur placé de chaque côté **(fig. 1)** Chaque interrupteur peut ouvrir ou fermer la porte.

Pour la création du plan de câblage, une table de vérité est d'abord créée (p. 556) :

|   | E2<br>–SJ2 | E1<br>–SJ1 | A<br>14 |
|---|---|---|---|
| 1 | 0 | 0 | 0 |
| 2 | 0 | 1 | 1 |
| 3 | 1 | 0 | 1 |
| 4 | 1 | 1 | 0 |

Cela se traduit par les équations logiques :
$A = (E1 \land \overline{E2}) \lor (\overline{E1} \land E2)$
ou :
$14 = (-SJ1 \land \overline{-SJ2}) \lor (\overline{-SJ1} \land -SL2)$

La mise en œuvre de l'équation logique a lieu dans logigramme ou schéma logique **(fig. 2)**.

Le schéma pneumatique met en œuvre les éléments logiques de base à partir du logigramme (algèbre booléenne) avec des composants pneumatiques **(fig. 3)**.

La solution du circuit est nommée fonction logique OU-exclusif ou XOR. On pourrait procéder de la même façon en électropneumatique ou avec les commandes API.

■ **Projet de schéma de connexion pour une commande par étapes (commande séquentielle)**

Certaines commandes en séries ne peuvent pas être résolues en utilisant des éléments de liaison logique. Chaque fois qu'une action particulière est liée aux étapes précédentes et qu'elle est suivie d'une autre action, on a recours à la conception du déroulement sur GRAFCET (DIN EN 60848).

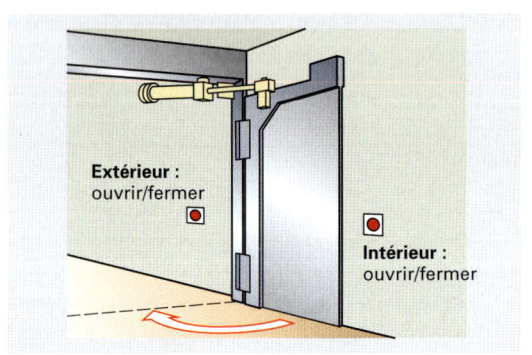

Fig. 1 : Porte pivotante avec entraînement par vérin

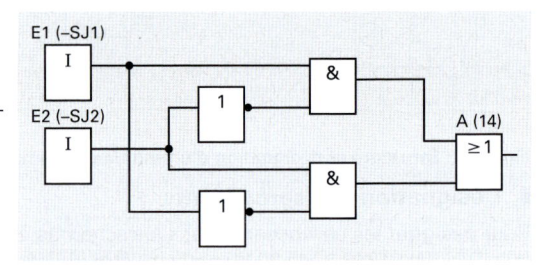

Fig. 2 : Logigramme (schéma logique)

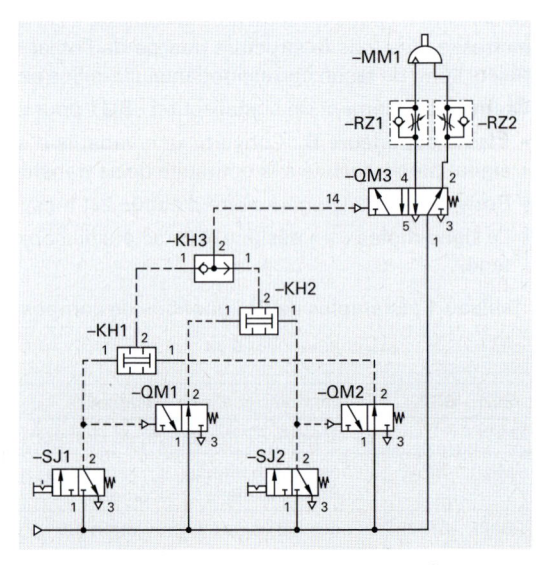

Fig. 3 : Schéma pneumatique – ouverture et fermeture de porte

# Commandes pneumatiques

GRAFCET (GRAphe Fonctionnel de Commande Etape Transition) est la représentation d'une fonction de commande décomposée en étapes, pour passer d'une étape à la suivante il faut réaliser une condition. GRAFCET est particulièrement bien adapté à la réalisation de commandes à logique séquentielle.

En Europe, GRAFCET est régi par la norme EN 60848:2002-12, qui en fait le langage descriptif graphique de référence en remplacement des autres systèmes (DIN 40719-6, VDI 3260). Il remplace ainsi le diagramme course-pas et le diagramme des fonctions.

Des tâches plus complexes sont décrites par plusieurs GRAFCETS interdépendants (sous GRAFCET). GRAFCET permet de décrire un dispositif de commande indépendamment des appareils mais permet également de tenir compte d'un type de commande déterminé, par ex. une version pneumatique ou électropneumatique (fig. 1).

### ■ Structure et principes de base du GRAFCET

Un GRAFCET comporte sur sa **partie structurelle** les éléments «étape» et «transition» et, sur sa **partie active,** les actions (fig. 2). Les étapes et les transitions d'un GRAFCET se déroulent à la suite. Pour les processus linéaires, une seule étape peut être active à la fois. Elle peut déclencher autant d'actions que souhaité. Dans un GRAFCET, on peut insérer des commentaires entre guillemets.

A côté des processus linéaires, on peut aussi créer des bifurcations (divergences ET/OU). Dans ce cas, plusieurs étapes peuvent être actives simultanément ou alternativement. On peut structurer les GRAFCET de manière hiérarchique, par ex. en les divisant en différents sous-GRAFCET pour les fonctions de mode (mode automatique, pas à pas, etc.). Par exemple cela peut former des macro-étapes (en fig. 2 la macro-étape M3).

### ■ Partie structurelle (fig. 3)

• **Etape de démarrage**

L'étape de démarrage ou d'initialisation indique la position initiale d'un dispositif de commande. On lui attribue le n° 0 dans un cadre double. Puis on lance le processus.

• **Etape**

Chaque étape ultérieure est généralement désignée par un chiffre dans un cadre simple. L'état d'une étape peut être interrogé par sa variable d'étape (valeur 1 ou 0).

• **Transition**

On indique comme transition (passage) entre deux étapes la condition de lancement de l'étape suivante, à côté d'une ligne horizontale. A gauche (entre parenthèses), on trouve le nom de la transition, et à droite la condition de passage sous forme de texte ou d'expression logique.

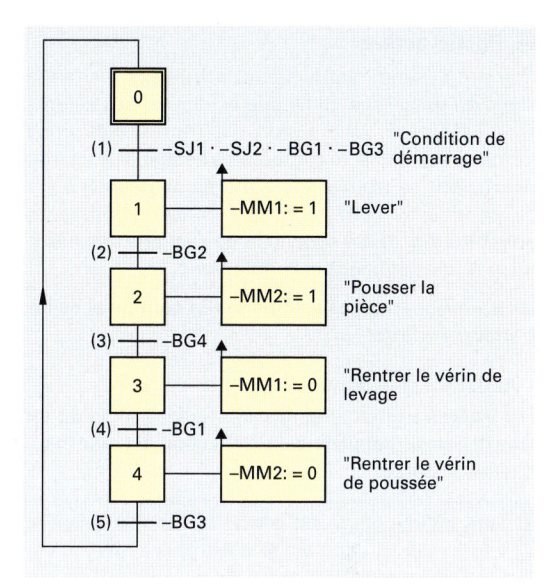

**Fig. 1 : Exemple d'un GRAFCET**

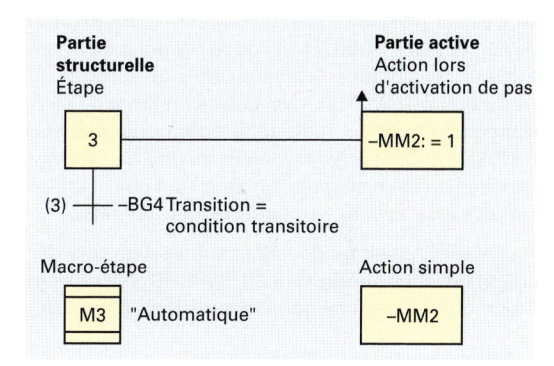

**Fig. 2 : Eléments d'un GRAFCET**

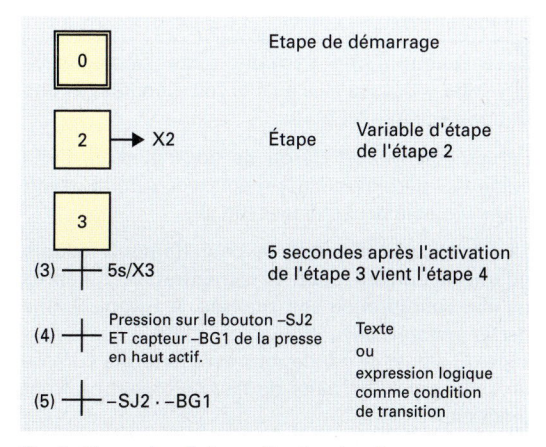

**Fig. 3 : Exemples de la partie structurelle**

## ■ Partie active

Une ou plusieurs actions sont attribuées à chaque étape du processus. Si l'étape est active, ses actions sont exécutées. Une action est représentée sous forme de rectangle, le symbole de l'étape et le champ des actions se trouvent à la même hauteur. S'il y a plusieurs actions, différentes représentations sont possibles (**fig. 1**). La séquence des actions ne constitue pas une séquence chronologique.

On distingue entre les actions à effet **continu** et celles à **effet mémorisé**.

### • Actions à effet continu

Les actions à effet continu sont menées pendant un laps de temps déterminé. Puis, l'action est automatiquement retirée.

> Tant qu'une étape est active, la variable reçoit la valeur 1 et, si cette étape n'est plus active, la valeur 0 est attribuée à la variable.

Le champ des actions peut contenir un texte sous forme d'ordre ou de remarque, ou le nom d'une variable (**fig. 2**). En cas de programmation sans incidences sur la technologie, on indique la désignation de l'actionneur (–MM2) : en cas de commande pneumatique, on indique la désignation du raccord du distributeur (–QM2-14) et en cas de commande électropneumatique, on indique la bobine magnétique (–MB3). Les actions représentées au titre de l'étape 4 décrivent le même comportement. Tant que l'étape 4 est active, un actionneur pneumatique est piloté.

A côté de l'activation des étapes, il se peut que des **conditions d'attribution** (–BG8, 3s/–BG9 etc.) doivent être remplies avant de pouvoir exécuter une action.

### • Actions à effet mémorisé

Les actions à effet mémorisé ont la valeur logique « 1 » dans une certaine étape du processus, et ensuite, dans une autre étape, on rétablit leur valeur logique « 0 ».

> La valeur d'une variable reste sauvegardée (–MB5:=1) jusqu'à ce qu'elle soit modifiée par une autre action (–MB5:=0).

En cas d'activation (↑) ou de désactivation d'une étape (↓ – possible uniquement avec API) la valeur d'une variable peut changer (**fig. 3**).

La flèche orientée vers le côté (fanion) indique qu'une action ne peut être mémorisée qu'après qu'une **condition** se soit réalisée. A l'étape 9, une flèche apparaît devant la variable –BG3. Ici, le passage du signal de « 0 » à « 1 » est interprété comme un événement : on parle de flanc montant ou front montant.

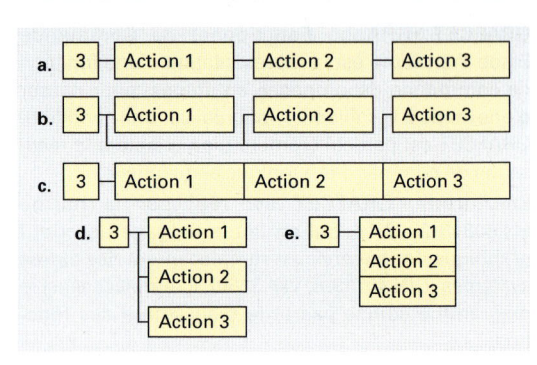

Fig. 1 : Représentations d'actions

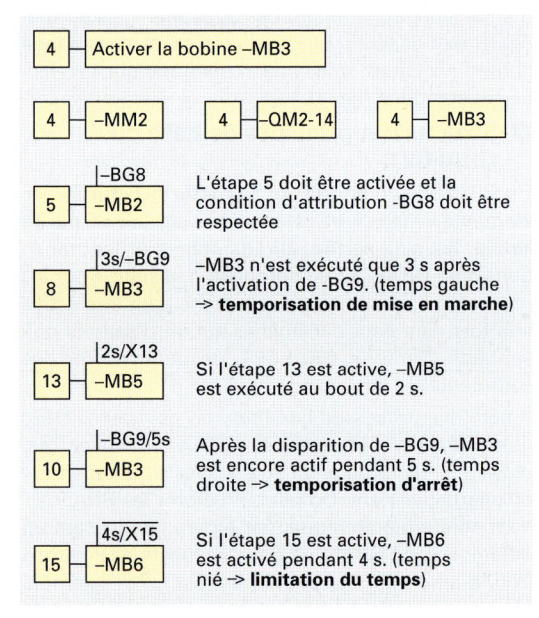

Fig. 2 : Exemples d'actions à effet continu

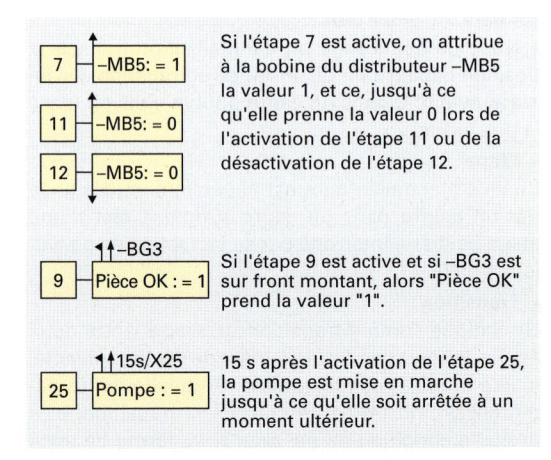

Fig. 3 : Exemples d'actions à effet mémorisé

# Commandes pneumatiques

**Exemple : Dispositif de levage**

Le **croquis de l'installation** (plan de situation) présente clairement la disposition des composants utilisés et permet de reconnaître le processus : les pièces sont soulevées par le vérin de levage –MM1 et poussées sur le convoyeur à rouleau par le vérin pousseur –MM2. Ensuite, les deux vérins regagnent leur position initiale (**fig. 1**).

Le cycle de déplacement peut être indiqué en abrégé de la manière suivante (+ = sortie, – = entrée) :

–MM1+ –MM2+ –MM1– –MM2–

GRAFCET permet des représentations différentes. Tandis que le schéma GRAFCET de la **fig. 1, p. 571**, décrit le processus du mécanisme de levage au niveau de l'actionneur, le GRAFCET de la **fig. 2** est créé pour une commande pneumatique avec des préactionneurs bistables (vannes à impulsion 5/2) à actions à effet continu.

Le processus de commande se compose de 5 étapes. L'étape initiale 0 désigne la position initiale de la commande juste après la mise sous tension. Les conditions à remplir pour poursuivre la commutation de la commande sont énoncées aux points de transition. L'étape « 1 » n'est exécutée que lorsque :

- le bouton-poussoir de démarrage –SJ2 est activé,
- la vanne d'alimentation –SJ1 occupe la position de commutation « a »,
- le capteur de proximité pneumatique –BG1 est actionné par le vérin –MM1,
- et que le capteur de proximité pneumatique –BG3 est actionné par le vérin –MM2.

**Les schémas des connexions** illustrent la fonction d'un dispositif de commande réalisé selon la technique choisie, par ex. pneumatique, et le raccordement des divers éléments de la commande (**fig. 3**). Dans un schéma des connexions les symboles des composants ne sont pas disposés d'après leur position dans l'installation réelle, mais d'après leur fonction dans la commande. En pneumatique par exemple on dessine le schéma de façon à voir l'air qui va de bas en haut : en bas on a les éléments d'alimentation, puis les entrées, ensuite le traitement logique et enfin les préactionneurs avec les actionneurs.

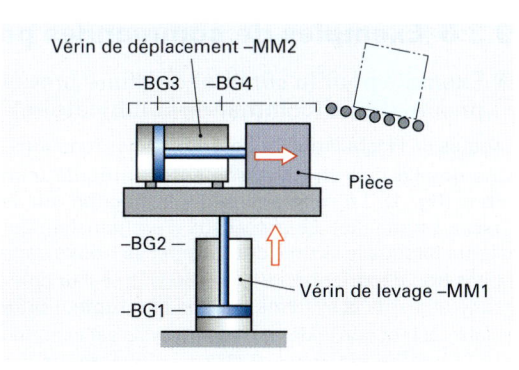

Fig. 1 : Schéma technologique du dispositif de levage

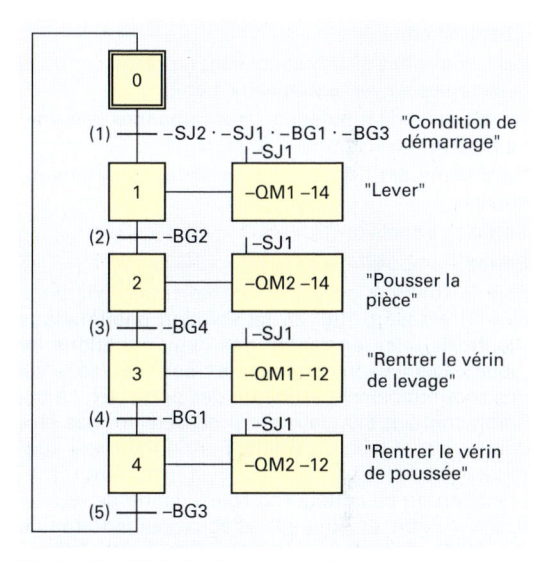

Fig. 2 : GRAFCET du dispositif de levage

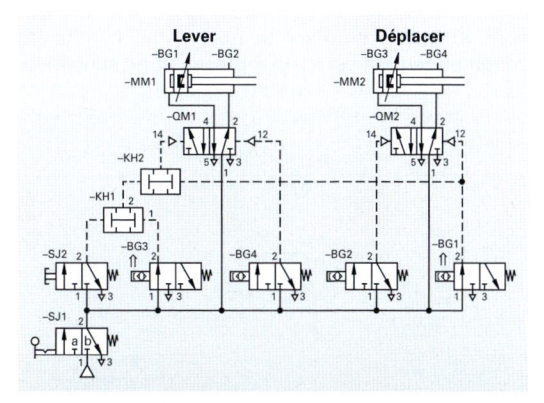

Fig. 3 : Schéma des connexions pneumatique du dispositif de levage

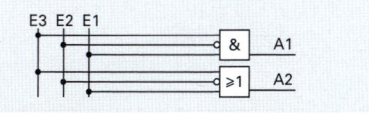

Fig. 4 : Schéma logique

## Répétition et approfondissement

1. Quelle est la différence entre une action continue et une action mémorisée ?
2. Expliquez le terme « variable d'étape X3 ».
3. Comment les temporisations sont-elles représentées dans le GRAFCET ?
4. Élaborez, pour le dispositif de levage (fig. 3), un GRAFCET avec les actionneurs –MM1 et –MM2 dans les actions.
5. Etablissez une table de vérité complète pour le schéma logique (**fig. 4**).

## 9.3.5 Exemples de commandes pneumatiques

### ■ Exemple pour la commande d'une presse pneumatique (commande combinatoire)

**Croquis de l'installation et description des fonctions:**
Une douille doit être chassée sur l'extrémité d'un arbre (**fig. 1**). Le montage et l'introduction sur la presse est manuel. Le processus d'emmanchement débute lorsque le vérin à double effet se trouve dans la position d'extrémité arrière (–BG1), que l'air comprimé alimente le système par son interrupteur principal (–SJ1) et que le démarrage du cycle est actionné par le bouton-poussoir –SJ2. La course de recul a lieu en fonction de la position et de la pression (–SJ1, –BG2, –BP1) lorsqu'une pression d'applique de 5 bars est atteinte.

Les liaisons des distributeurs sont représentées dans deux tables de vérité (**tableaux 1 et 2**).

On utilise un distributeur 5/2 à commandes pneumatiques comme actionneur du vérin.

Voici comment l'on obtient les deux équations logiques :

**Sortie :**   Impulsion 14 = –SJ1 ∧ –BG1 ∧ –SJ2
**Entrée :**  Impulsion 12 = –SJ1 ∧ –BG2 ∧ –BP1

Pour la solution, on utilise un interrupteur de pression (pressostat) (**fig. 2**). La solution pneumatique montre la mise en œuvre des deux équations logiques. Les liaisons logiques ET sont réalisées via des commutations en série ou des portes ET. La solution contient des détails qui ne peuvent pas être dérivés de l'algèbre de Boole, mais qui doivent augmenter la fonctionnalité du système : amortissements en fin de course réglables, vanne de régulation de débit et soupape d'échappement rapide (**fig. 3**) afin de maintenir les temps auxiliaires faibles.

La **figure 4** montre une variante. La course de retour a lieu après un temps de 1s défini avec le temporisateur -KH2 qui remplace le pressostat. L'unité de conditionnement est ici en représentation simplifiée.

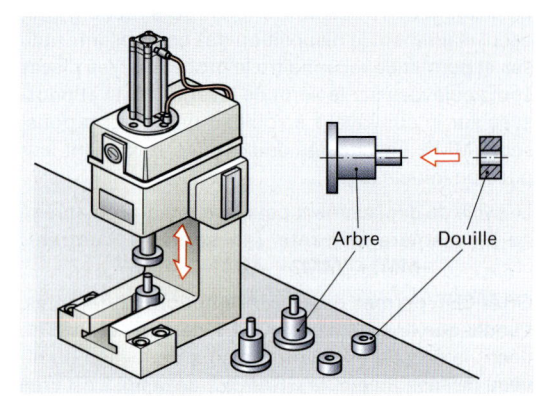

**Fig. 1 : Pressage de douilles**

**Tableau 1 : Sortie**

| –SJ2 | –BG1 | –SJ1 | 14 |
|------|------|------|----|
| 0 | 0 | 0 | 0 |
| 0 | 0 | 1 | 0 |
| 0 | 1 | 0 | 0 |
| 0 | 1 | 1 | 0 |
| 1 | 0 | 0 | 0 |
| 1 | 0 | 1 | 0 |
| 1 | 1 | 0 | 0 |
| 1 | 1 | 1 | 1 |

**Tableau 2 : Entrée**

| –BG1 | –BG2 | –SJ1 | 12 |
|------|------|------|----|
| 0 | 0 | 0 | 0 |
| 0 | 0 | 1 | 0 |
| 0 | 1 | 0 | 0 |
| 0 | 1 | 1 | 0 |
| 1 | 0 | 0 | 0 |
| 1 | 0 | 1 | 0 |
| 1 | 1 | 0 | 0 |
| 1 | 1 | 1 | 1 |

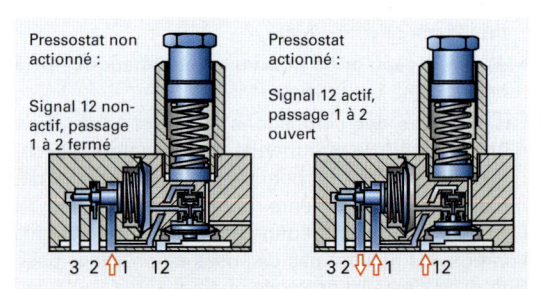

**Fig. 2 : Interrupteur de pression pneumatique (pressostat)**

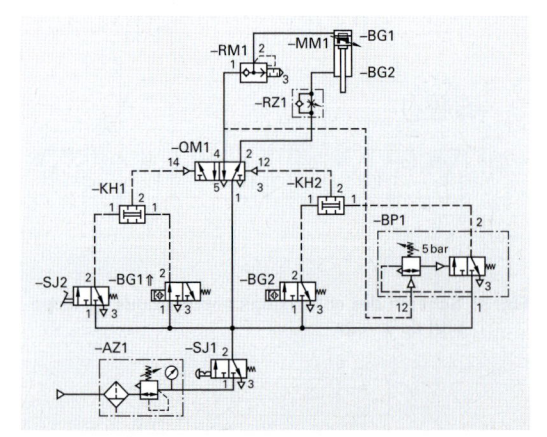

**Fig. 3 : Solution pneumatique avec interrupteur de pression (pressostat)**

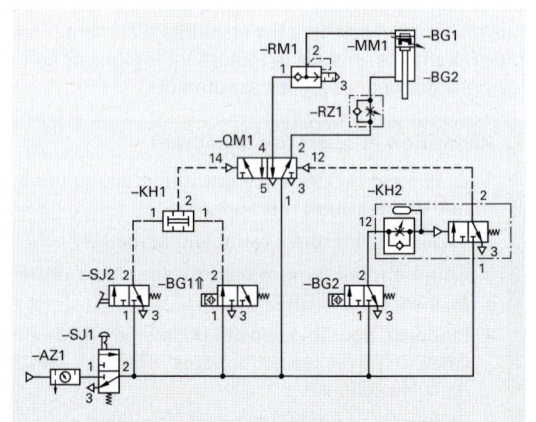

**Fig. 4 : Solution pneumatique avec temporisation**

## ■ Installation de transport de récipients

Les récipients arrivant sur le convoyeur doivent être séparés, soulevés et poussés sur un deuxième convoyeur **(fig. 1)**.

Les récipients arrivant sur le convoyeur inférieur sont arrêtés par le vérin de blocage –MM1. Après le signal de démarrage –SJ1, le vérin de blocage se retire et le récipient passe sur la plateforme de levage et déclenche le –BG1 en butée. Le vérin –MM1 se remet sur la position de blocage et le vérin de levage –MM2 soulève le récipient. En position finale –BG2 est déclenché le vérin de déplacement –MM3 qui pousse le récipient latéralement sur le transrouleur. Ensuite les deux vérins –MM2 et –MM3 reviennent en arrière. Le «cycle» est terminé.

**GRAFCET (fig. 2).** Le déroulement des mouvements des vérins peut être clairement représenté sur le GRAFCET.

Dans la **partie structurelle**, on peut relever les différentes étapes de la commande. Elles changent constamment avec les transitions.

Dans la **partie active**, une ou plusieurs actions sont attribuées à chaque phase du déroulement à l'intérieur du cadre carré.

Le retrait du vérin pousseur –MM3 n'est pas représenté, étant donné que, sitôt la transition (4) réalisée avec –BG3, le vérin –MM3 se rétracte à nouveau tout de suite en raison de l'utilisation d'un distributeur –QM3 5/2 avec ressort de rappel.

**Schéma pneumatique (fig. 3).** Le schéma pneumatique indique les liens entre tous les composants d'une commande. Étant donné que les composants sont représentés par des symboles normalisés, le déroulement du processus peut uniquement être compris après une réflexion systématique.

Il faut apprendre à «lire» des schémas pneumatiques et s'y exercer. C'est la seule façon de comprendre, d'assembler et de réparer correctement des commandes pneumatiques.

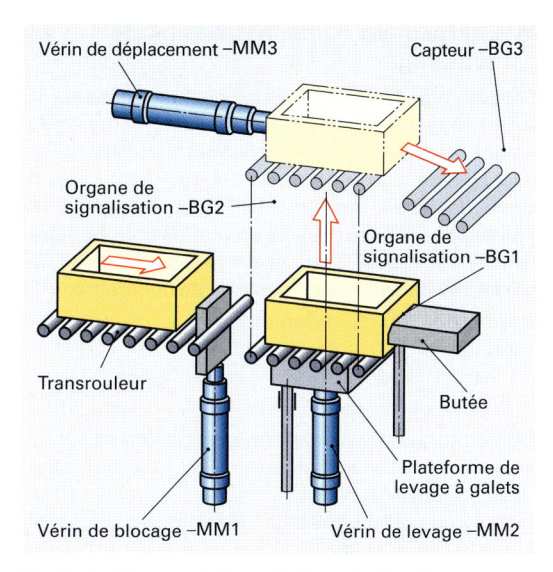

Fig. 1 : Schéma technique de l'installation de transport

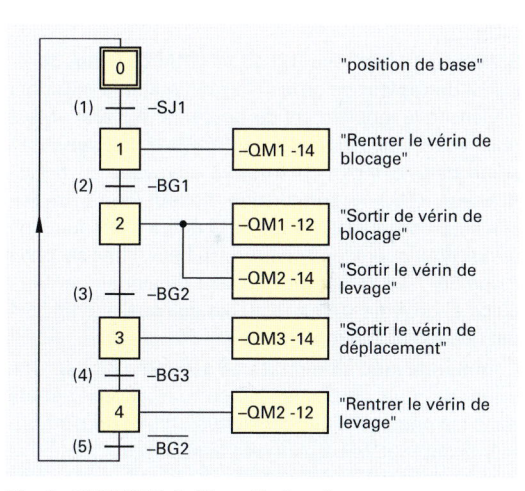

Fig. 2 : GRAFCET de l'installation de transport

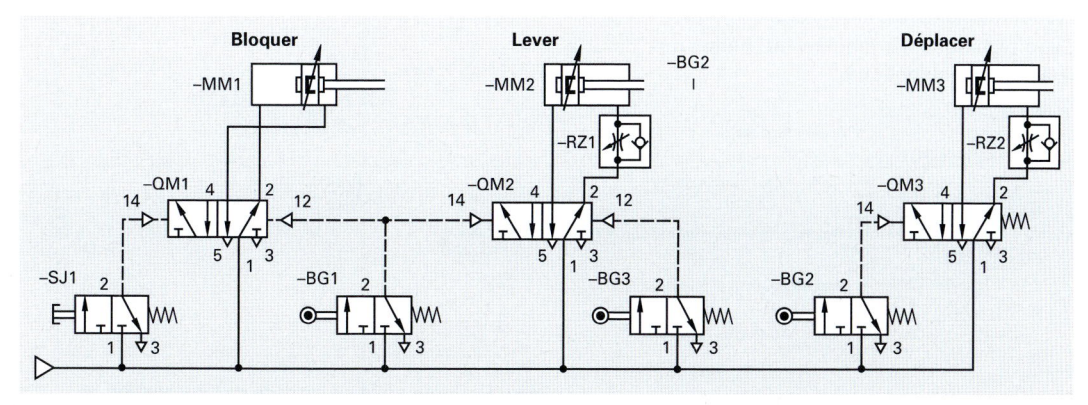

Fig. 3 : Schéma pneumatique de l'installation de transport

## ■ Chargement d'une installation de nettoyage

**Croquis (fig. 1) et description du fonctionnement.**
Avant la galvanisation, les pièces sont déposées dans un panier et immergées dans un bain décapant à l'aide d'un portique de manutention. Après le signal de départ, le vérin –MM1 fait passer le panier au-dessus du bain. Puis le vérin –MM2 le fait descendre dans le bain, avant de le faire ressortir. Le panier revient ensuite en position de chargement.

**Description du déroulement** par les groupes de commandes:

| I –MM1+ –MM2+ I | I –MM2+ –MM1– I |
|---|---|
| groupe de commande I | groupe de commande II |

On voit qu'à la transition entre les groupes I à II est présent le même actionneur –MM2, il y aura donc une contradiction d'effet sur son préactionneur bistable (= chevauchement de signaux de commande sur le raccord 14 et 12). Il en va de même pour le préactionneur bistable du vérin –MM1. Le démarrage n'est pas possible, car en position de départ, le signal de –BG3 est présent en permanence en position de base.

**Schéma pneumatique (fig. 2) et GRAFCET (fig. 3).** Le signal du capteur de proximité pneumatique –BG2 qui déclenche le mouvement de descente du vérin –MM2 doit avoir disparu lorsque le vérin –MM2 doit remonter, sinon deux commande seraient envoyées au préactionneur –QM2 (= contradiction d'effet). Pour cette raison est incorporée la vanne –KH2 dotée d'une fonction temps pour opérer une coupure au bout d'une seconde (page 567). Le 2e chevauchement de signal (dernière étape et nouveau démarrage) est également empêché par une fonction temps –KH1.

**Commande avec alimentations séparées (fig. 4).** Une méthode pour empêcher les contradictions d'effets dans les pneumatiques consiste à utiliser un distributeur bistable –QM3. Il alimente à un certain moment le groupe de commandes I et ensuite le groupe de commandes II, si bien que seuls les capteurs nécessaires pour le déroulement sont alimentés en air comprimé. Les autres éléments ne sont pas alimentés.

Cette technique est aujourd'hui plutôt rare dans la technique pneumatique.

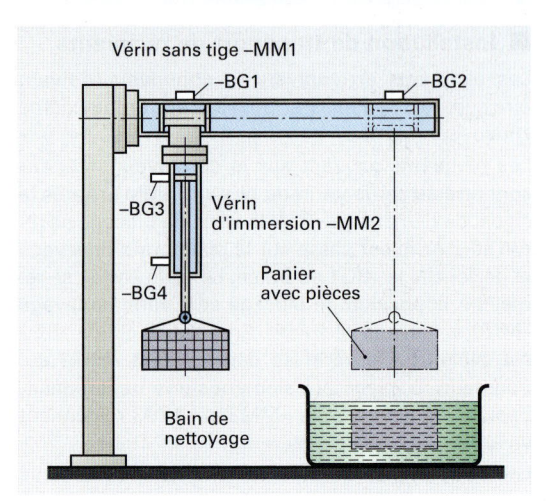

**Fig. 1:** Croquis de la potence de manutention d'une installation de nettoyage

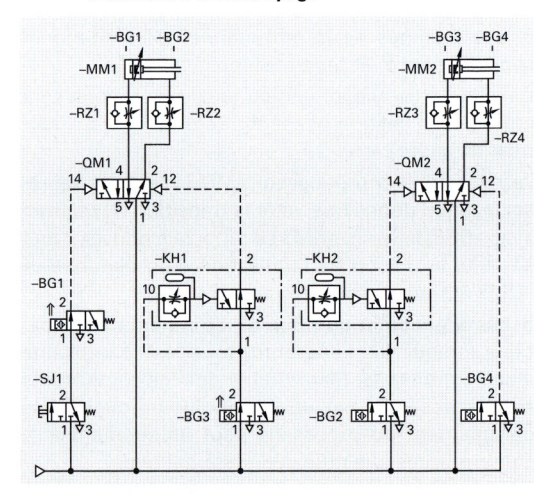

**Fig. 2:** Commande à 2 voies avec levier à galet

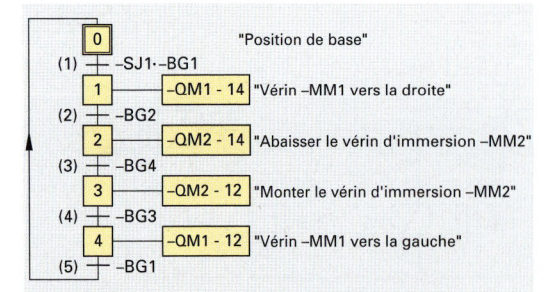

**Fig. 3:** GRAFCET pour le dispositif de nettoyage

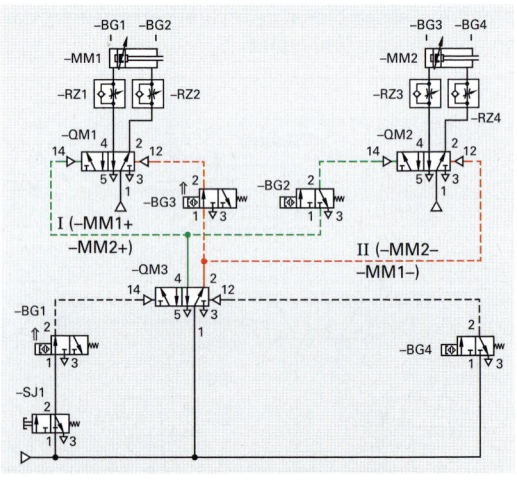

**Fig. 4:** Commande en cascade de l'installation de nettoyage

## 9.3.6 Technologie du vide

Dans la manutention, les techniques du vide représentent une part importante de l'utilisation de la pneumatique (mécanique des fluides). Elles permettent de transporter des composants ayant une surface lisse ou rugueuse, provenant de différents matériaux (par exemple en métal, matière plastique bois, papier) munis de surfaces planes ou courbes. Les éléments de préhension sont composés d'une araignée à ventouses, d'éléments de fixation et de tubulures appropriées, ainsi que du générateur de vide **(fig. 1 et tableau 1)**. Des filtres protègent les installations. L'interrupteur de pression et les composants de mesure pour la dépression assurent un fonctionnement sûr du système sous vide.

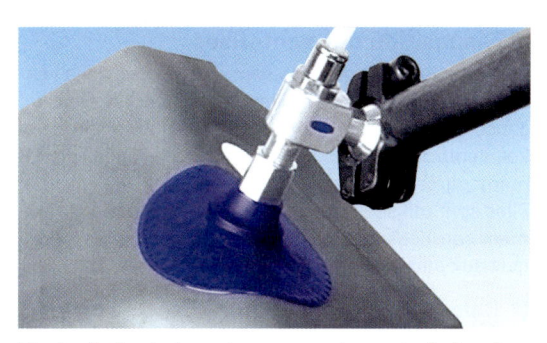

**Fig. 1 : Araignée à ventouses pour la manipulation de pièces en tôle**

### ■ Notion de vide

On parle d'un vide ou mieux d'une dépression lorsque dans un espace fermé, la pression est plus faible que la pression ambiante. Cette pression est de 1013 mbars au niveau de la mer. La pression de l'air diminue d'env. 12,5 mbars chaque fois que l'altitude augmente de 100 m, de sorte que la pression de l'air n'est plus que de 763 mbars à 2000 m d'altitude (pression théorique).

Le vide est indiqué en valeur relative, c'est à dire que la dépression est indiquée par rapport à la pression ambiante. Elle a toujours un signe négatif parce que la pression ambiante est utilisée comme point de référence à 0 mbar **(fig. 2)**.

Habituellement, les domaines de travail sont les suivants :
- Pour les surfaces denses (métal, matières plastiques, etc.) : de −600 mbar à −800 mbar
- Pour les matériaux poreux (aggloméré, cartons, etc.) : de −200 mbar à −400 mbar.

### ■ Générateur de vide

L'éjecteur est un générateur de vide pneumatique **(fig. 3)**. L'air comprimé afflue dans le tube de Venturi[1]. Après être sorti du tube, l'air en expansion afflue dans le silencieux. Une dépression apparaît à l'endroit le plus étroit. C'est cette dépression qui est utilisée pour aspirer de l'air. Si l'on raccorde une ventouse à l'orifice du générateur de vide, l'air situé entre la ventouse et la pièce est aspiré. La pression atmosphérique ambiante plus élevée pousse l'araignée à ventouses fermement sur la pièce **(fig. 4)**.

L'effet Venturi est expliqué par la loi de Bernoulli[2], selon laquelle l'augmentation de la vitesse d'écoulement dans l'étranglement de la buse est liée à la chute de pression à cet endroit.

**Tableau 1 : Symboles de la technologie du vide**

| Symbole | Désignation | Symbole | Désignation |
|---|---|---|---|
| ◇ | Filtre | P→R (1 étage) | Éjecteur, en une seule étape |
| ⌀ | Manomètre | P→R (multi) | Éjecteur, en plusieurs étapes |
| Ventouses plates, lèvre simple | | | Silencieux |
| Ventouse à soufflets | | (M) | Surpresseurs vide |
| Poussoirs à ressorts | | (M) | Pompe à vide |

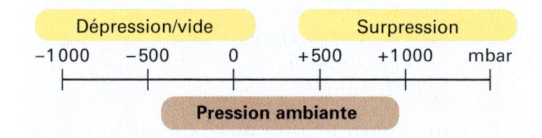

**Fig. 2 : Valeur relative du vide $p_e$**

Dépression/vide : −1000  −500  0
Surpression : +500  +1000 mbar
Pression ambiante

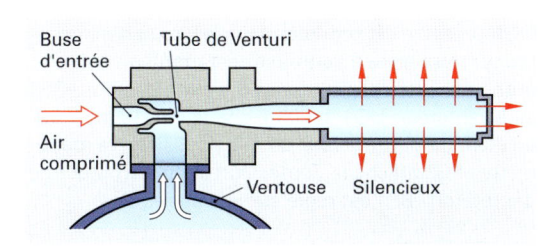

**Fig. 3 : Principe de fonctionnement d'un éjecteur**

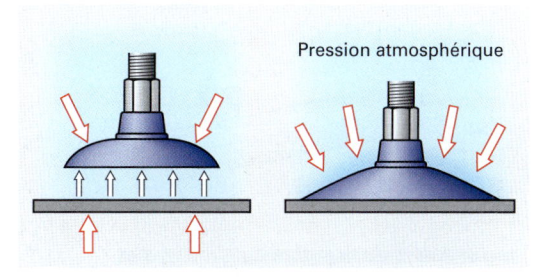

Buse d'entrée — Tube de Venturi — Air comprimé — Ventouse — Silencieux

**Fig. 4 : Pression de contact par pression atmosphérique**

[1] Giovanni Battista Venturi, physicien ital. (1746–1822)
[2] Daniel Bernoulli, physicien suisse (1700–1782)

## Disposition des ventouses

Les araignées à ventouses sont constituées de la ventouse et d'un élément de liaison. Les ventouses sont conçues comme des ventouses plates ou à soufflets. Les ventouses plates peuvent être évacuées rapidement parce qu'elles ont un faible volume interne. Elles sont utilisées sur des surfaces planes ou légèrement courbées. Les ventouses à soufflets sont adaptées aux surfaces inégales (**fig. 1** et **tableau 1**).

## Calcul de la force de maintien

Lors du calcul, il faut veiller à respecter la position de la pièce : Si la position de la pièce est horizontale, il faut calculer la force verticale $F_V$, si la position de la pièce est verticale, la force horizontale $F_H$. (**fig. 2**). Le coefficient de frottement $\mu$ prend en compte la surface de la pièce.

Les valeurs indicatives suivantes donnent le coefficient de frottement de quelques matériaux :

- Verre, pierre, plastique (sec)      $\mu$ env. 0,5
- Papier de verre      $\mu = 1,1$
- Surfaces huileuses, humides      $\mu = 0,1 - 0,4$

**Exemple** : Quelle est la tenue horizontale théorique produit par une araignée à ventouses dont la dépression $p_e = -0,6$ bar est obtenue par un éjecteur ? L'araignée à ventouses a une surface de $A = 32$ cm², la pièce se compose de verre, avec une surface lisse et sèche.

Solution : $F_H = F_V \cdot \mu = A \cdot p_e \cdot \mu = 32 \text{ cm}^2 \cdot (-6 \frac{\text{N}}{\text{cm}^2}) \cdot 0,5 = -96 \text{ N}$

## Circuit pneumatique avec détection de la dépression

La **figure 3** montre un bras de préhension pivotant. La dépression est produite dans le circuit d'air comprimé. L'araignée à ventouses est montée sur le bras oscillant. L'aspiration se fait par l'éjecteur –GS1 et la ventouse –UQ1. Le filtre à vide –HQ1 empêche un élément perturbateur du à la poussière, le manomètre –PG1 affiche la dépression et l'interrupteur de dépression –BP1 est réglé sur le vide requis.

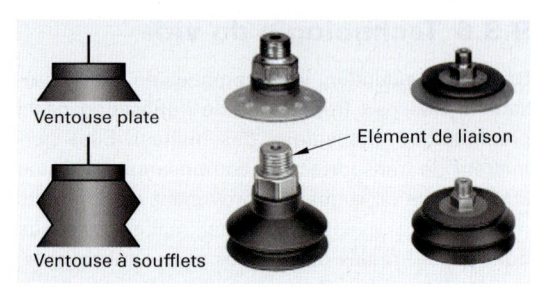

**Fig. 1 : Formes de ventouses**

**Tableau 1 : Formes de ventouse**

| Modèle | Avantages | Utilisation |
|---|---|---|
| Ventouse plate | Forme de construction basse, Temps d'aspiration minimal | Surfaces lisses ou légèrement rugueuses, Processus avec des temps de cycle courts |
| Ventouse à soufflets | Pour les surfaces inégales, Egalisation des différentes hauteurs | Tôles de carrosserie, tubes, cartons, composants électroniques sensibles |

| Forces de maintien des araignées à ventouse | | |
|---|---|---|
| $F_V = A \cdot p_e$ | | |
| $F_H = F_V \cdot \mu$ | | |
| $F_V$ | Force de maintien verticale théorique | N |
| $F_H$ | Force de maintien horizontale théorique | N |
| A | Surface | cm² |
| $p_e$ | Dépression | N/cm² |
| $\mu$ | Coefficient de frottement | – |

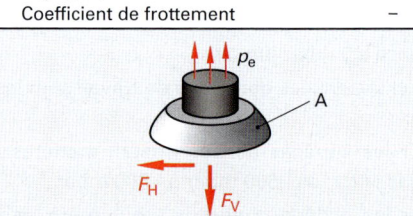

**Fig. 2 : Force de maintien de la ventouse**

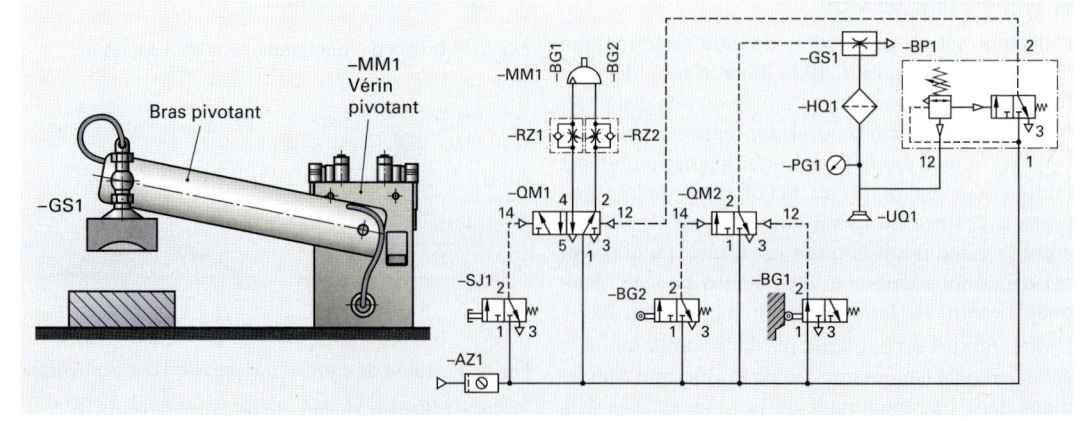

**Fig. 3 : Circuit pneumatique d'un système de préhension par dépression**

## 9.4 Commandes électropneumatiques

Dans les commandes électropneumatiques, les avantages de la pneumatique sont liés aux possibilités de l'appareillage électrique. Un circuit a toujours deux parties (**fig. 1**).

Le circuit pneumatique génère de l'énergie cinétique au niveau des actionneurs (vérins). L'énergie électrique est utilisée pour détecter des signaux au moyen de boutons ou de capteurs et pour traiter ces signaux en parallèle ou en série de manière rapide sans interférence extérieure.

Ainsi, les composants pneumatiques plus volumineux sont supprimés. Les autres avantages sont les faibles dépenses d'entretien et le bon rapport qualité-prix des composants électriques. Les bobines magnétiques –MB1 et –MB2 du distributeur 5/2 sont les interfaces entre les domaines électriques et pneumatiques. Parmi les composants des commandes électriques figurent principalement les boutons, interrupteurs, capteurs, relais et contacteurs. Dans les schémas de connexion, ils sont représentés par leur symbole (**tableau 1**).

### 9.4.1 Composants des commandes à contact électrique

Avec les commandes à contact, la transmission du signal se fait par la commutation des contacts électriques, soit directement par le biais des boutons et des interrupteurs, soit indirectement de façon électromagnétique par le biais de relais. Ils sont soit actionnés à la main ou mécaniquement, par ex. par le biais de la tige du piston du vérin. Les contacts sont disposés de telle sorte qu'ils sont soit ouverts (contact à ouverture – NC), soit fermés (contact à fermeture – NO) lors de l'actionnement (**fig. 2**). Les contacts sont désignés par les chiffres de fonction 1–2 pour les contacts à ouverture et à 3–4 pour les contacts à fermeture. L'inverseur est une combinaison de contacts à ouverture et de contacts à fermeture (1–2, 1–4).

Les boutons sont repoussés en position de départ par un ressort après le relâchement, tandis que les interrupteurs maintiennent leur position de commutation par encliquetage. Ils mémorisent mécaniquement le signal brièvement mis en place jusqu'au déverrouillage.

La fin de course ou l'interrupteur de pression font partie des éléments de signalisation (**fig. 3**). Ils convertissent mécaniquement l'énergie de pression pneumatique de la ligne de commande X en un signal électrique.

**Capteurs (détecteurs de proximité).** Ils connectent lorsqu'on approche une partie de la machine ou une pièce sans contact mécanique. Il s'agit notamment des capteurs magnétiques, inductifs, capacitifs et photoélectriques (p. 584). Ils ont de petites dimensions, sont inusables et ont des vitesses de commutation élevées. Ils sont désignés par «B» dans le schéma de circuit.

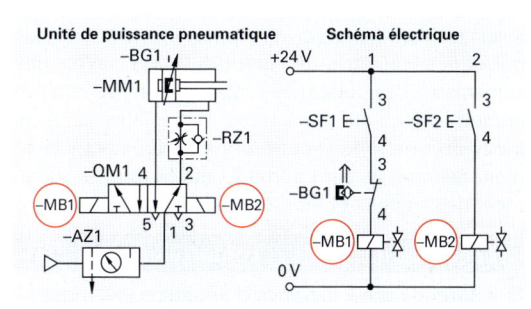

**Fig. 1 : Circuit électropneumatique direct**

**Tableau 1 : Symboles électriques**

| Outillages | Symboles de commutation | Outillages | Symboles de commutation |
|---|---|---|---|
| Bouton manuel symbole général | | «Coup de poing» avec crantage | |
| Bouton-poussoir | | Capteur de proximité | |
| Bouton avec crantage | | Capteur de proximité inductif | |
| Fin de course à galet | | Relais avec contact inverseur | |
| Fin de course à galet actionné en position initiale (contact à fermeture) | | Vanne à deux voies à commande électromagnétique | |

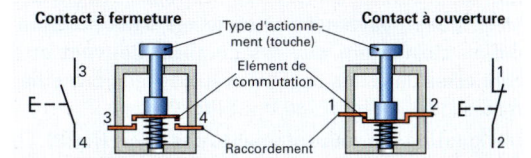

**Fig. 2 : Bouton électrique (contact à ouverture/contact à fermeture)**

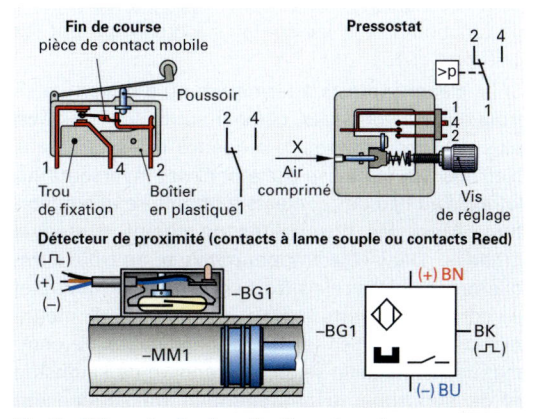

**Fig. 3 : Eléments de signalisation et capteurs**

## Commandes électropneumatiques

**Relais et contacteurs.** On appelle relais et contacteurs des commutateurs de contacts à commande électromécanique. Avec des relais, on commute des puissances électriques jusqu'à 1 kW, avec des contacteurs des puissances supérieures. Les relais et les contacteurs ont généralement plusieurs contacts à ouverture et à fermeture qui sont tous activés simultanément. Ils sont surtout utilisés pour le traitement des signaux et leur multiplication **(fig. 1)**.

### Fonctions des relais et contacteurs

- **Commande à distance** d'appareils électriques
- **amplification** des signaux de commande pour le circuit électrique principal
- **Multiplication** d'un signal par les différents contacts à ouverture et à fermeture
- **inversion** de signaux par les contacts à ouverture et à fermeture
- **liaison logique** entre les signaux
- **mémorisation** de signaux par le circuit d'auto-maintient

### ■ Mode de fonctionnement des relais

Si un courant continu de 24 V passe par la bobine d'excitation (raccordements A1 et A2), l'armature mobile est attirée, et les contacts de commutation de commande sont actionnés par la languette de commutation. Ainsi, le contact à ouverture NC (11–12) est ouvert et les ressorts de contact du contact à fermeture NO (23–24) sont comprimés. Si le passage du courant est interrompu, un ressort repousse l'armature en position initiale. Avec des relais, les circuits électriques peuvent être connectés sans potentiel défini, c'est-à-dire que les contacts peuvent être connectés dans des circuits avec des tensions différentes (12 V, 24 V ou 230 V …) **(fig. 2)**.

**Désignation des raccordements des relais (fig. 3).** Le composant relais est désigné dans le plan de câblage par –KF1, les deux bornes de la bobine par A1 et A2. Tous les contacts à fermeture reçoivent les chiffres de fonction 3 et 4, les contacts à ouverture ont les chiffres 1 et 2.

Si plusieurs contacts à fermeture ou à ouverture se trouvent sur un relais, ceux-ci sont numérotés en plus avec des numéros de séquence 1, 2, 3, etc. Dans bien des cas, on utilise également des inverseurs sur le relais au lieu des contacts à fermeture et à ouverture. Ainsi, les possibilités de circuit sont plus grandes. Dans l'électropneumatique, on trouve fréquemment sur le relais trois contacts à fermeture et un contact à ouverture. Cela permet ainsi de mettre facilement en place les différentes étapes de commande séquentielle selon un standard de l'industrie et de supprimer éventuellement un séquenceur (voir p. 591).

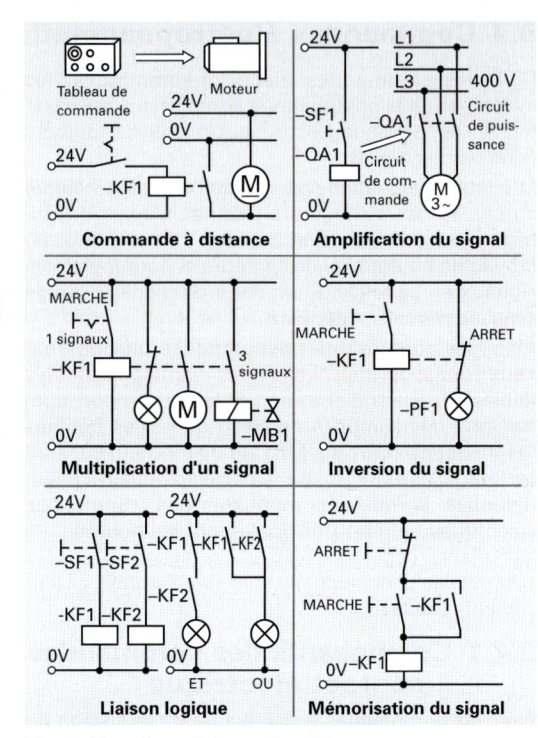

Fig. 1: Fonctions de base du relais

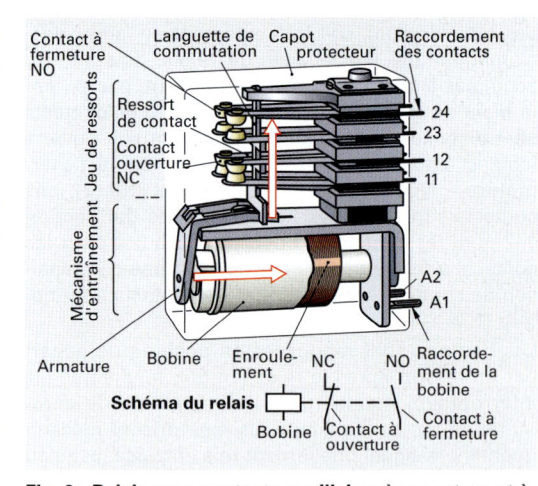

Fig. 2: Relais avec contacts auxiliaires à ouverture et à fermeture

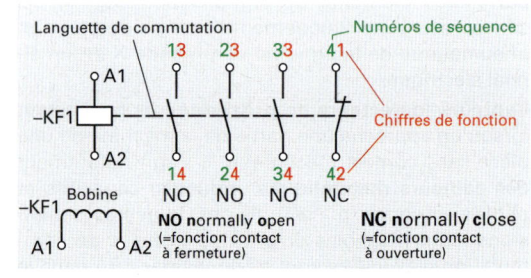

Fig. 3: Désignation des raccordements sur le relais

# Commandes électropneumatiques

## ■ Commandes électromagnétiques temporisées

Les commandes électromagnétiques temporisées sont réalisées par des relais temporisés **(fig. 1)**. Elles ont un raccordement à la tension d'alimentation A1-A2 et des contacts à fermeture, à ouverture, ainsi que des contacts inverseurs qui sont actionnés avec un décalage dans le temps.

En ce qui concerne les relais temporisés en technique de régulation, on fait surtout la distinction entre le relais à retard au déclenchement et celui à l'enclenchement **(fig. 2)**.

Le **relais à retard** à l'enclenchement ne commute le contact à ouverture ou le contact à fermeture qu'au bout d'un certain temps préréglé «**t**». Ces dispositifs reviennent immédiatement sur l'état du signal «0» lorsque le relais temporisé n'est plus alimenté sur A1–A2. Dans les **relais à retard au déclenchement**, les contacts à ouverture et les contacts à fermeture sont immédiatement activés. Lors de la chute de tension sur les raccordements A1–A2, le retard au déclenchement commence. C'est seulement au bout du délai réglé sur le potentiomètre rotatif (résistance variable) que les contacts reviennent à leur état initial.

Dans le schéma de principe on montre que les contacts sont temporisés en dessinant un demi-cercle («parachute») sur l'actionnement du contact. Il faut également noter que la désignation de fonction diffère d'un relais normal : pour la fonction de fermeture, 7–8, et pour la fonction d'ouverture 5–6.

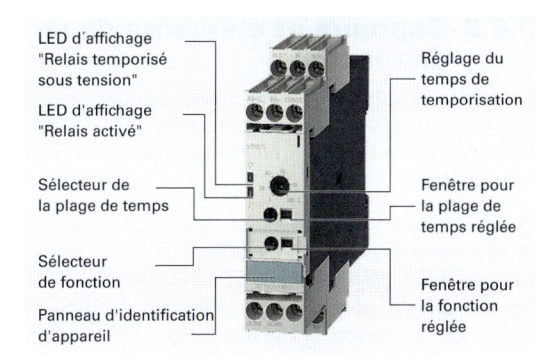

**Fig. 1 : Relais temporisé multifonctions**

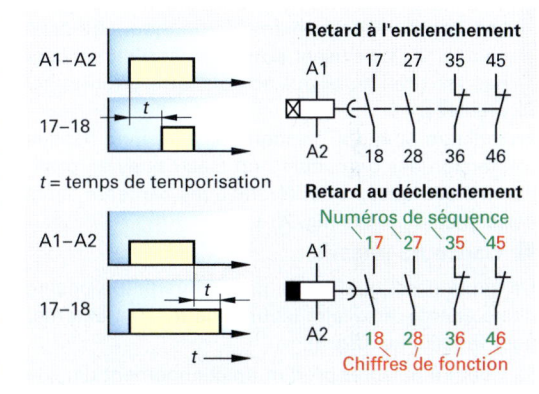

**Fig. 2 : Relais temporisés avec retard au déclenchement et avec retard à l'enclenchement**

## ■ Electrovannes

Les électrovannes sont des convertisseurs électropneumatiques. Elles sont constituées d'une bobine magnétique, de composants opérationnels électriques et d'une vanne pneumatique. Si un courant électrique passe par la bobine magnétique, un champ électromagnétique se crée et déplace un coulisseau au centre de l'armature de la bobine. Ce coulisseau est pourvu à son extrémité d'un obturateur qui permet la commutation **(fig. 3)**. Sa position de repos est maintenue par des ressorts. Au cours du processus de commutation, l'air peut s'écouler du raccord pneumatique 1 vers la conduite de travail 2. Une commande manuelle permet le passage sans énergie électrique pour le mode ajustage.

La vanne à impulsion 5/2 **(fig. 4)** est un préactionneur typique avec fonction de commutation bistable. Après la chute de la tension électrique, la position de commutation a ou b est maintenue jusqu'à l'excitation suivante.

Le pilotage pneumatique permet de réduire la dimension de la bobine magnétique. Ainsi, la consommation d'énergie est réduite. Un signal électrique alimente une bobine qui ouvre le distributeur de pilotage. Le piston de commande est déplacé par l'air comprimé.

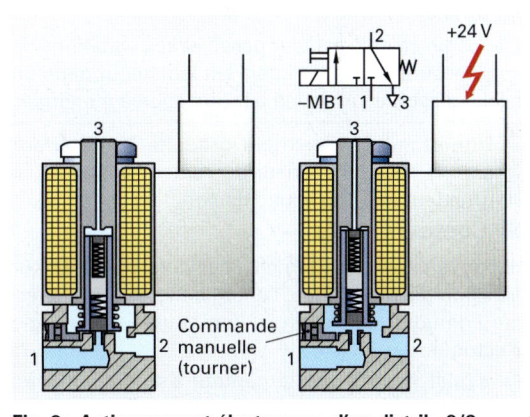

**Fig. 3 : Actionnement électromag. d'un distrib. 3/2**

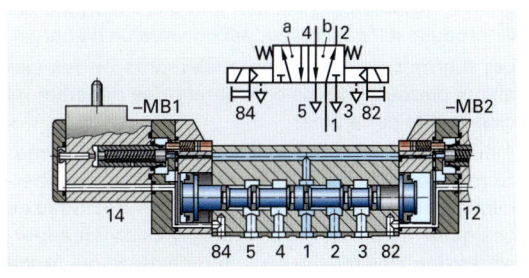

**Fig. 4 : Vanne à impulsion 5/2 avec commande pilote**

## 9.4.2 Capteurs et éléments de signalisation

Un capteur est un composant utilisant un processus technique pour détecter des grandeurs physiques et les convertir en grandeur électrique : tension ou en courant **(fig. 1)**.

> Les capteurs convertissent une grandeur non électrique en grandeur électrique.

Les grandeurs physiques qui peuvent être détectées par les capteurs sont par ex. la pression, la force, la fréquence de rotation, la vitesse, le débit, la température, les grandeurs géométriques ou diverses substances.

> Les capteurs de proximité fonctionnent sans contact. Ils ne s'usent donc pas, et n'influencent pas les grandeurs qui doivent être pilotées ou régulées.

En fonction du mode d'action mis en œuvre dans la conversion des grandeurs non électriques en grandeurs électriques, on différencie les capteurs actifs des capteurs passifs **(fig. 2)**.

### ■ Capteurs passifs

Un capteur est qualifié de passif lorsqu'il a besoin d'une énergie auxiliaire (source de tension externe) pour fonctionner **(fig. 3)**.

La valeur à mesurer produit un changement dans le capteur (souvent l'impédance) et en mesurant le changement on en déduit la valeur que l'on voulait mesurer.

L'impédance d'un capteur passif et ses variations ne sont mesurables qu'en intégrant le capteur dans un circuit électrique alimenté par une source d'énergie.

> Une grandeur électrique produite à l'extérieur est modifiée à l'intérieur du capteur passif par la grandeur que l'on veut détecter.

### ■ Capteurs actifs

Ils convertissent directement la valeur à mesurer (par ex. l'énergie mécanique, l'énergie thermique, l'énergie chimique ou l'énergie lumineuse) en énergie électrique.

Le signal produit par le capteur est souvent très faible et doit être amplifié pour pouvoir être exploité.

> Avec les capteurs actifs, l'énergie électrique est produite dans le capteur par conversion d'énergie.

Les thermocouples, les photoéléments ou les éléments piézoélectriques constituent des générateurs d'électricité de ce type.

Ainsi, par ex. dans un four de trempe, un thermocouple (fer et constantan) convertit l'énergie thermique en énergie électrique. La tension électrique de quelques mV produite par l'énergie calorifique fournit les données relatives à la température qui règne dans le four **(fig. 4)**.

**Grandeurs non électriques (exemples) :**
- pression $p$,
- force $F$,
- fréquence de rotation $n$,
- vitesse $v$,
- débit $q$,
- température $\vartheta$

$p, F, n, v, q, \vartheta$ → $U, I$

**Grandeurs électriques :**
- tension $U$
- intensité $I$

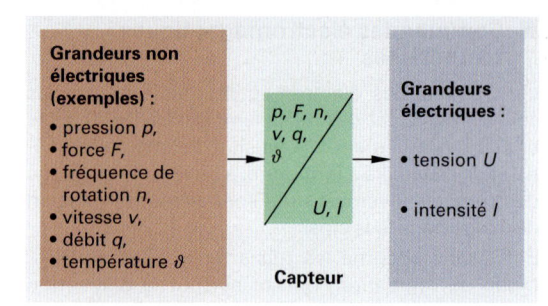

Capteur

**Fig. 1 :** Transformation de grandeurs physiques par un capteur

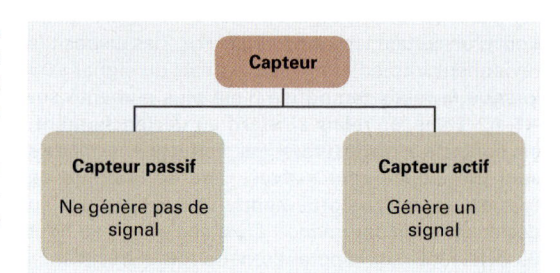

Capteur
- **Capteur passif** : Ne génère pas de signal
- **Capteur actif** : Génère un signal

**Fig. 2 :** Capteurs

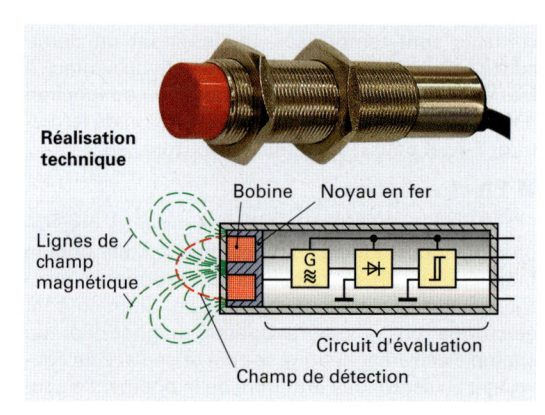

Réalisation technique — Bobine, Noyau en fer, Lignes de champ magnétique, Circuit d'évaluation, Champ de détection

**Fig. 3 :** Capteur passif

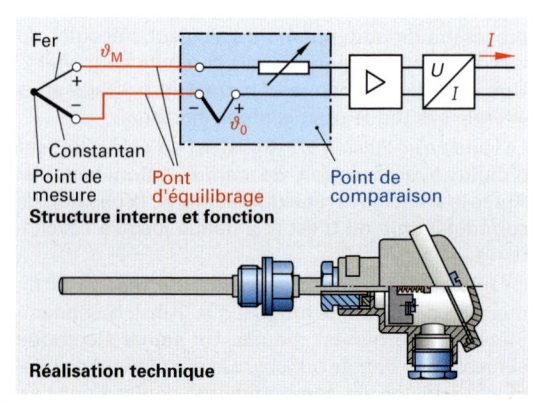

Fer, $\vartheta_M$, Constantan, Point de mesure, Pont d'équilibrage, $\vartheta_0$, Point de comparaison, $U$, $I$
**Structure interne et fonction**

Réalisation technique

**Fig. 4 :** Capteur actif (thermocouple)

# Commandes électropneumatiques

Avec les capteurs, on ne fait pas seulement une distinction entre les capteurs actifs et les capteurs passifs, mais on subdivise également les capteurs d'après le type de signal de sortie, de la manière suivante :

- **capteurs analogiques**
- **capteurs binaires**
- **capteurs numériques**

## ■ Les capteurs analogiques

Les capteurs analogiques fournissent un signal analogique destiné à être retraité.

Les capteurs à **potentiomètre linéaire (fig. 1)** ou **potentiomètre rotatif (fig. 2)** sont des capteurs analogiques passifs, ils servent à mesurer les angles, les déplacements et les distances. Ces capteurs sont alimentés par un courant continu appliqué au potentiomètre monté dans le composant qui est utilisé comme diviseur de tension. L'objet mesuré provoque le déplacement du curseur du potentiomètre, et il modifie ainsi la tension de sortie. Cette tension est alors proportionnelle à la position du curseur, et donc au déplacement ou à l'écart angulaire de l'objet mesuré.

Les potentiomètres linéaires peuvent réaliser des courses de 5 mm à 4 m : ils servent par ex. à mesurer la course des tables des machines-outils.

Les potentiomètres rotatifs peuvent généralement effectuer des rotations complètes, avec une plage de mesure de 0° à 360°, et ils servent par ex. à détecter les déplacements angulaires des bras des robots industriels (p. 311).

**Les capteurs inductifs de déplacement (fig. 3)** contiennent deux bobines alimentées en courant alternatif. Si le noyau de fer se déplace, la modification de l'inductivité des bobines sert de mesure à la modification de la course. Ces capteurs servent par ex. de palpeur pour les mesures de l'épaisseur des pièces, de capteur de déplacement pour les petites machines, ou pour les pinces des robots.

**Les capteurs capacitifs de déplacement (fig. 4)** ont un condensateur comme élément de guidage. Le déplacement du piston provoque une modification de la capacité du condensateur qui est utilisée comme signal de mesure. Les capteurs de course capacitifs s'utilisent par ex. pour mesurer et réguler la distance entre la buse et la pièce lors de la découpe au laser.

> Les capteurs analogiques permettent de représenter les grandeurs physiques, par ex. les déplacements ou les écarts angulaires, par des grandeurs électriques, par ex. tension ou courant.

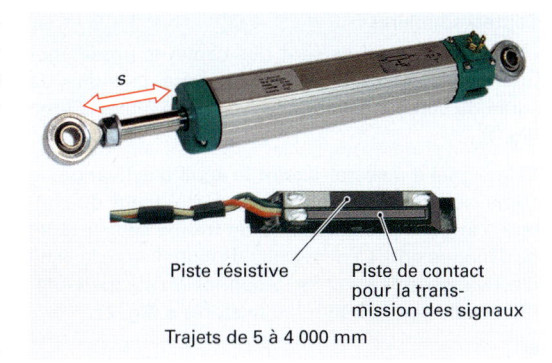

Fig. 1 : **Potentiomètre linéaire** (Trajets de 5 à 4 000 mm)

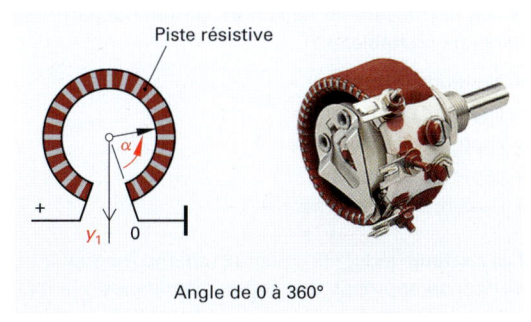

Fig. 2 : **Potentiomètre rotatif** (Angle de 0 à 360°)

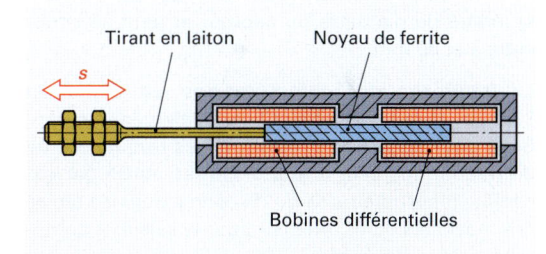

Fig. 3 : **Capteur inductif de déplacement**

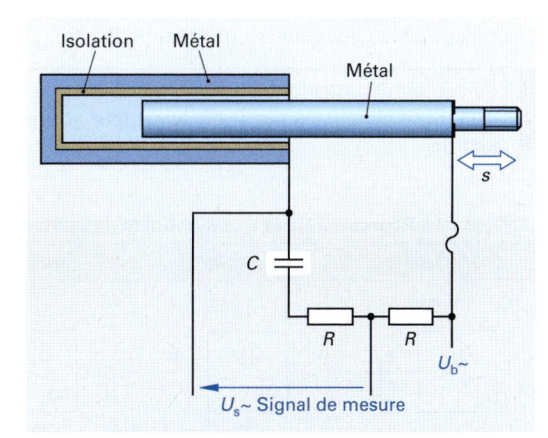

Fig. 4 : **Capteur capacitif de déplacement**

## Capteurs binaires

Les capteurs binaires sont des capteurs passifs qui fournissent en sortie un signal binaire. Le signal de sortie du capteur est connecté en série à une charge (**fig. 1**).

Si le signal à détecter atteint le seuil d'activation, la sortie du capter est activée. En s'éloignant du capteur, l'arrêt se produit lorsqu'on tombe sous le seuil de déconnexion. La différence de signal entre le seuil d'activation et le seuil de déconnexion s'appelle différence de commutation ou hystérésis (**fig. 2**).

> Tous les capteurs binaires ont une différence de commutation (= hystérésis).

Selon le principe de détection, on peut séparer les capteurs en (**tableau 1**) :

- capteurs inductifs
- capteurs capacitifs
- capteurs magnétiques
- capteurs optiques
- capteurs US (à ultrasons)

**Les capteurs inductifs** créent un champ magnétique. Lorsqu'on approche des objets métalliques à la face active du capteur, ce champ est perturbé et le contact de commutation est activé (**fig. 3**).

La distance de commutation maximale correspond à la moitié du diamètre du capteur et peut se situer entre 4 et 80 mm.

La fréquence des commutations est d'environ 3000 Hz, ce qui permet d'utiliser également ces capteurs pour surveiller et mesurer des fréquences de rotation (capteur à fente). On les utilise par ex. comme interrupteurs de fin de course pour les tables des machines outils, ou bien pour la saisie, le comptage ou le tri des pièces.

La position de l'aiguillage dans l'installation de triage peut être détectée par des capteurs inductifs lorsque l'aiguillage est en un matériau métallique (**fig. 4**).

> Les capteurs inductifs créent un champ magnétique. Si ce champ est perturbé, le capteur active la sortie.

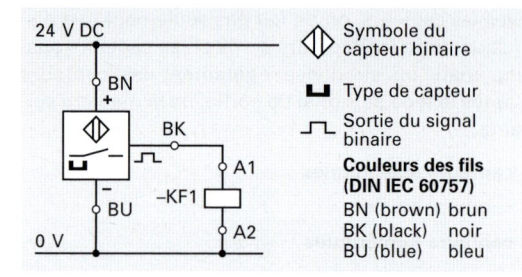

**Fig. 1 Capteur en version à trois fils**

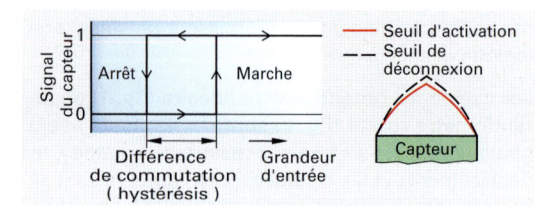

Couleurs des fils (**DIN IEC 60757**)
BN (brown) brun
BK (black) noir
BU (blue) bleu

**Fig. 2 : Différence de commutation**

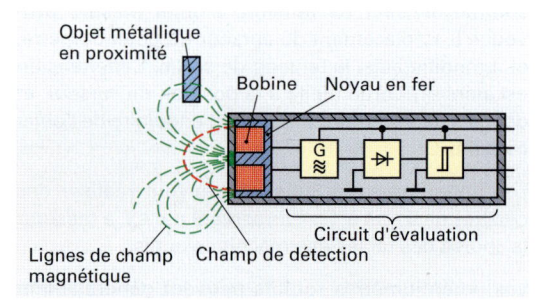

**Fig. 3 : Structure d'un capteur inductif**

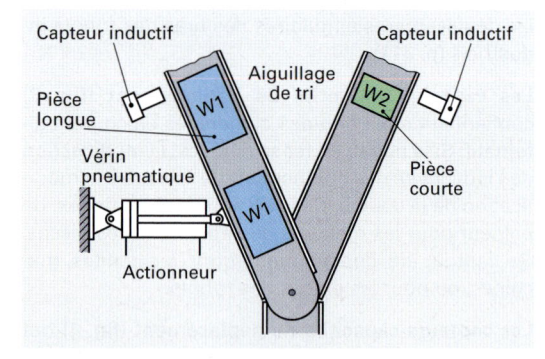

**Fig. 4 : Utilisation de capteur inductifs**

**Tableau 1 : Représentation des symboles des détecteurs de proximité binaires**

| inductif | capacitif | magnétique | optique | ultrasons |
|---|---|---|---|---|
| +BN, BK, −BU | +BN, BK, −BU | +BN, BK, −BU | +BN, BK, −BU | +BN, BK, −BU |

# Commandes électropneumatiques

**Les capteurs capacitifs** créent un champ électrique. Lorsqu'on approche des objets, même non métalliques de la face active du capteur, ce champ est perturbé et le contact de commutation est activé. Le boîtier a la même structure que sur les capteurs inductifs (**fig. 1**).

Le champ de détection se situe entre 2 mm et 40 mm, il dépend de la grandeur du capteur et du matériau de l'objet à détecter.

Les capteurs capacitifs captent les matériaux solides, liquides, granulés et pulvérulents (**fig. 2**). Ils peuvent même détecter la présence de liquide dans une conduite si la paroi du tube n'est pas trop épaisse.

> Les capteurs capacitifs créent un champ électrique. Si ce champ est perturbé, le capteur active la sortie.

**Les capteurs magnétiques** (contacts à lame souple ou contacts Reed) sont des capteurs magnétiques spéciaux et servent, d'interrupteurs de fin de course pour les vérins pneumatiques (**fig. 3**). Ils sont directement montés sur le corps du vérin. Lorsque l'aimant permanent intégré au piston du vérin s'approche, le contact bascule. Par exemple la position limite de l'aiguillage représenté dans la **fig. 4, page précédente,** pourrait aussi être contrôlée en vérifiant la position du piston du vérin pneumatique.

> Les capteurs magnétiques Reed commutent avec un champ magnétique permanent.

**Capteurs optiques**

Les détecteurs de proximité photoélectriques sont classés en trois groupes d'après leur construction et leur mode d'action (**fig. 4**) :
- détecteurs de proximité (ou à spot mobile)
- barrières réflex
- barrières unidirectionnelles

**Les détecteurs de proximité** sont regroupent dans un seul boîtier l'émetteur et le récepteur. Le rayonnement infrarouge pulsé émis par une diode à infrarouge est réfléchi à l'approche d'un objet, reçu par le biais d'un photo-transistor, puis traité. La zone de détection peut atteindre 2 m, et dépend des propriétés optiques de l'objet à détecter.

**Les barrières réflex** regroupent aussi l'émetteur et le récepteur dans un seul boîtier. La lumière infrarouge pulsée émise par l'émetteur est renvoyée par un réflecteur placé en face. La portée est d'environ 5 m.

**Les barrières photoélectriques unidirectionnelles** se composent de deux éléments : l'émetteur et le récepteur séparés l'un de l'autre. En cas d'interruption du rayonnement lumineux entre l'émetteur et le récepteur, un signal est émis. La portée de ces barrières peut atteindre 40 m.

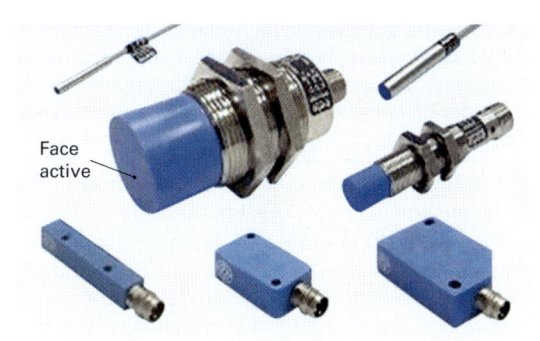

Fig. 1 : Diverses formes de capteurs capacitifs

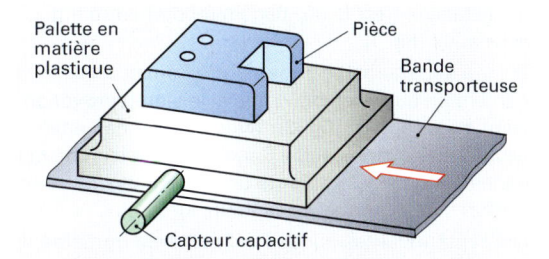

Fig. 2 : Utilisation de capteur capacitifs

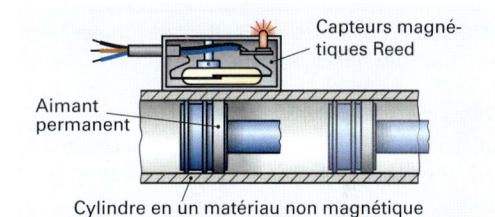

Fig. 3 : Capteur Reed sur un vérin pneumatique

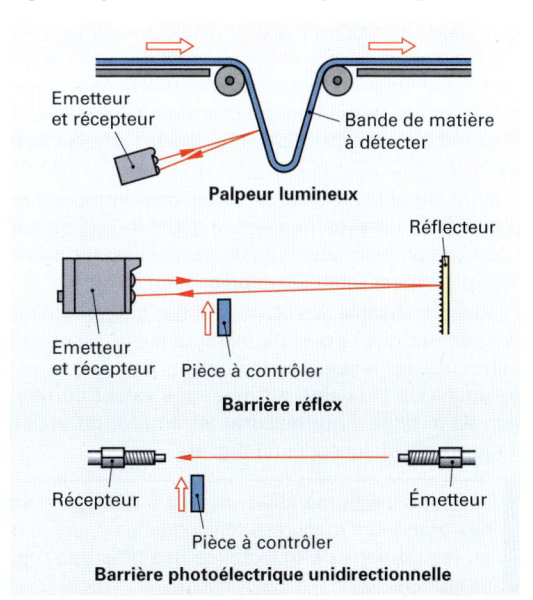

Fig. 4 : Capteurs photoélectriques

Les capteurs optiques on de multiples utilisations, par ex. le comptage sur les convoyeurs, la surveillance des matériaux sur les bandes transporteuses, la surveillance des outils montés sur les machines-outils (contrôle de la rupture des forets) ou la surveillance de la sécurité des machines-outils (surveillance des zones dangereuses).

> Les capteurs optiques diffusent de la lumière infrarouge pulsée. Si le rayonnement lumineux est perturbé, le capteur active la sortie.

**Les capteurs US (à ultrasons)** émettent des ondes ultrasoniques produites par un émetteur piézoélectrique. Si les ondes rencontrent un obstacle, l'écho est transformé en signal électrique par le récepteur. Le décalage de temps entre émission et réception permet de calculer la distance.
Il y a deux modes de fonctionnement des capteurs à ultrasons. Si l'émetteur et le récepteur sont contenus dans un seul boîtier (détection de distance), c'est le décalage temporel entre émission et réception qui est évalué **(fig. 1)**.

S'il y a séparation physique entre l'émetteur et le récepteur (fonctionnement en barrière), on vérifie si le signal provenant de l'émetteur parvient au récepteur **(fig. 2)**. Avec ce type de capteur, on peut atteindre des portées allant jusqu'à 6 mètres. En raison de la relative lenteur des ondes sonores, les capteurs ultrasoniques nécessitent un temps d'évaluation plus long que les capteurs lumineux.

Les capteurs ultrasoniques ont un vaste domaine d'utilisation: ils permettent la détection d'objets solides, transparents, liquides, pulvérulents, des fumées, des poussières et des brouillards.

> Les capteurs à ultrasons émettent des ondes ultrasoniques. Une perturbation des ondes sonores provoque le déclenchement d'un signal.

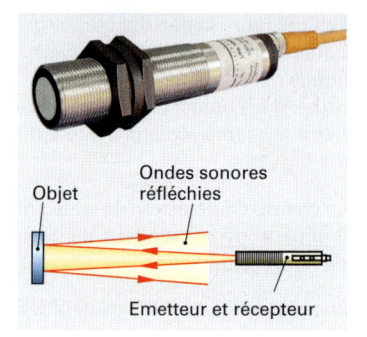

**Fig. 1: Détection de distance**

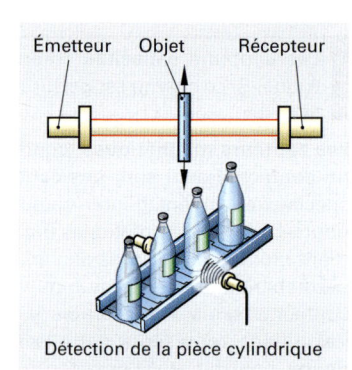

**Fig. 2: Barrière**

### ■ Capteurs numériques

On utilise les capteurs numériques pour saisir sous forme de chiffres les distances ou les déplacements angulaires, et on les classe de la manière suivante:

- **mesure incrémentielle**[1] **des courses et des angles**
- **mesure absolue des courses et des angles**

En mesure **incrémentielle** des déplacements, une règle en verre portant des traits transparents et opaques est fixée à l'objet dont on veut mesurer le mouvement. Ces déplacements amènent la trame de bandes de la règle à couper périodiquement la source lumineuse **(fig. 3)**. Ces signaux lumineux sont captés par des diodes photoélectriques et comptés (p. 277).

Pour mesurer les angles, on utilise des capteurs d'angles incrémentiels **(fig. 4a)**. Le principe de mesure est le même qu'avec la règle linéaire. Ces capteurs permettent aussi de mesurer les courses si l'on convertit le déplacement rotatif en déplacement linéaire.

La mesure **absolue** des courses et des angles a le même mode de fonctionnement que la mesure incrémentielle. Le codage des nombres binaires est représentée sur la règle par des zones transparentes ou opaques. On peut ainsi attribuer une valeur numérique à chaque position de la règle. Pour mesurer les angles, on utilise des disques à codage angulaire (encodeurs) **(fig. 4b)**.

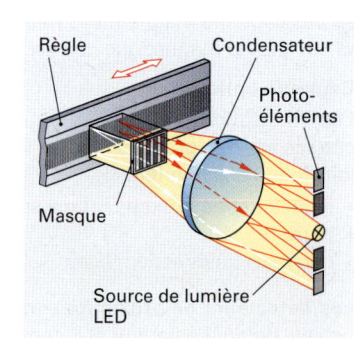

**Fig. 3: Mesure incrémentielle du déplacement**

> Les capteurs numériques servent à détecter sous forme de chiffres des grandeurs mesurées telles que les courses des machines-outils ou les portions de trajectoires des bras des robots, et à traiter ces grandeurs.

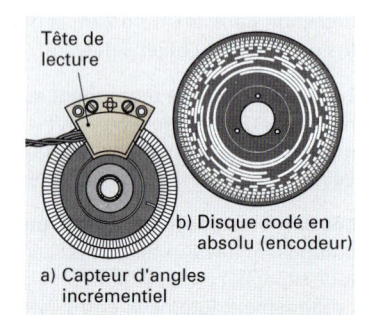

**Fig. 4: Capteurs de mesure angulaire**
a) Capteur d'angles incrémentiel
b) Disque codé en absolu (encodeur)

[1] Incrément (latin) = module dont la valeur s'accroît.

# Commandes électropneumatiques

## 9.4.3 Câblage avec des borniers

Sur les commandes électropneumatiques ou avec API sans bus de terrain, on utilise des borniers qui sont logés soit directement sur l'installation, soit dans une armoire de commande **(fig. 1)**. On relie plusieurs conducteurs protégés par des canaux à câbles à l'armoire de commande.

Les objectifs sont : de faibles coûts de câblage, une détection plus facile des pannes et des réparations plus commodes. On peut ainsi raccorder et remplacer sans problèmes des éléments défectueux sur le bornier.

**Câblage des bornes.** A gauche de la borne on connecte les conducteurs venant de l'extérieur de l'armoire électrique, par ex. le conducteur de l'électrovanne –MB1. Le conducteur est serré sur la borne par une vis. A droite, un 2e conducteur est serré, il est relié à un composant se trouvant dans l'armoire électrique, par ex. le contact 24 du relais –KF1 **(fig. 2)**. La borne est numérotée, par ex. par 12. Les bornes placées côte à côte sont isolées et peuvent être reliées par des ponts, par ex. les bornes n° 7–8 **(fig. 4)**.

**Schéma de raccordement des bornes.** L'affectation des différentes bornes est documentée sur le schéma de principe et le tableau d'affectation des bornes (fig. 4). En commençant par la gauche du schéma de principe, on marque sur le tableau d'affectation des bornes tous les composants qui sont raccordés au potentiel positif des 24 V, et on ponte les numéros 1 à 3. On procède de la même façon avec le potentiel négatif. Puis on raccorde aux bornes tous les composants des différentes lignes de courant de 1 à 5, par ex. –SF1 à la borne n° 7 et –BG1 à la borne n° 8. Là aussi, un pontage doit être effectué. Sur la 2e ligne de courant, on ne relie pas le contact 12 du –KF2 et le A1 du K1 au bornier. La liaison entre ces deux points est réalisée directement, sans passer par le bornier. La ligne de courant 5 clôt le tableau d'affectation des bornes. Puis on marque les numéros de bornes X1 à X12 sur le schéma de principe **(fig. 3)**. Si on utilise plusieurs borniers, ils sont numérotés en continu. Sur les schémas de principe qui sont créés à l'aide de programmes, ces listes d'affectation sont générées automatiquement.

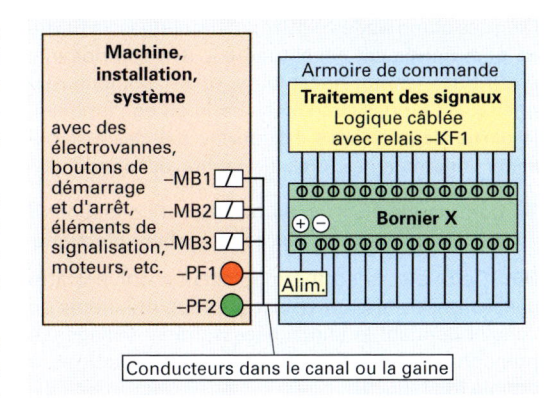

**Fig. 1 :** Structure de principe de l'armoire de commande

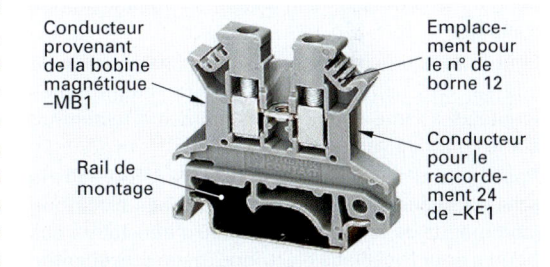

**Fig. 2 :** Borne individuelle n° 12 sur le rail profilé

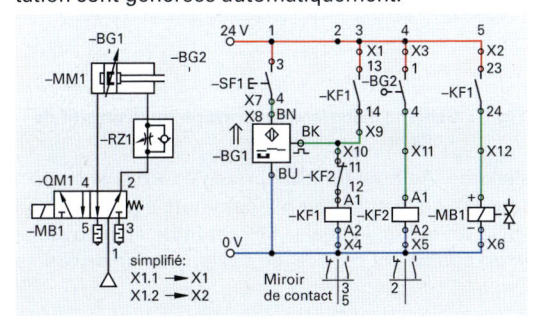

**Fig. 3 :** Exemple de commande pneumatique E

**Fig. 4 :** Tableau d'affectation des bornes

| | Désignation du composant non suivi | Désignation de raccordement | Pont de liaison | N° de borne X ...: | Désignation du composant non suivi | Désignation de raccordement |
|---|---|---|---|---|---|---|
| | | | But | | | But |
| Réseau (+) 24V | + | ○ | 1 | –KF1 | 13 |
| –SF1 | 3 | ○ | 2 | –KF1 | 23 |
| –BG2 | 1 | ○ | 3 | | |
| Réseau (−) 0V | — | ○ | 4 | –KF1 | A2 |
| –BG1 | BU | ○ | 5 | –KF2 | A2 |
| –MB1 | — | ○ | 6 | | |
| Ligne 1 –SF1 | 4 | ○ | 7 | | |
| –BG1 | BN | ○ | 8 | | |
| Ligne 2+3 –BG1 | BK | ○ | 9 | –KF1 | 14 |
| | | ○ | 10 | –KF2 | 11 |
| Ligne 4 –BG2 | 4 | ○ | 11 | –KF2 | A1 |
| Ligne 5 –MB1 | + | ○ | 12 | –KF1 | 24 |
| | | ○ | 13 | | |
| tous les composants de la commande | | ○ | 14 | relais uniquement | |
| | | ○ | 15 | | |
| | | ○ | 16 | | |
| | | ○ | 17 | | |
| | | ○ | 18 | | |
| | | ○ | 19 | | |
| | | ○ | 20 | | |

## 9.4.4 Exemples de commandes électropneumatiques

Dans les commandes électropneumatiques, la **partie de commande** est constituée par des composants électriques (contacts, capteurs, relais, bobines magnétiques) ou des circuits (en série ou en parallèle), la **partie de puissance** est fournie par des composants pneumatiques (préactionneurs, actionneurs).

### ■ Commande électropneumatique d'un dispositif de collage pour des pièces en matière plastique

**But.** Deux pièces en thermoplastique doivent être collées ensemble, un poinçon va les maintenir en contact pendant le temps nécessaire au collage. Le poinçon est poussé par un vérin pneumatique à double effet **(fig. 1)**.

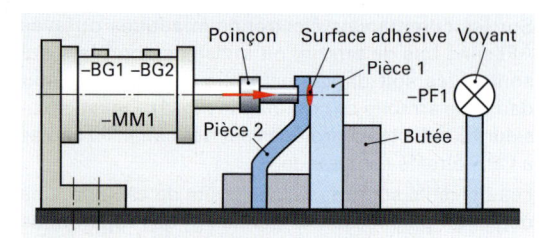

Le temps de collage doit être réglable par un relais temporisé et doit pouvoir être modifié au besoin. Pendant le processus de collage, un voyant orange s'allume.

Pour la détection des deux positions finales de fin de course, des capteurs de proximité magnétiques (contacts à lame souple) sont montés directement sur le corps du vérin **(fig. 3, p. 585)**.

Pour cette tâche, il faut concevoir le GRAFCET, le schéma pneumatique, le plan de câblage électrique (commande de relais) et un tableau d'affectation des bornes pour le câblage électrique (page précédente).

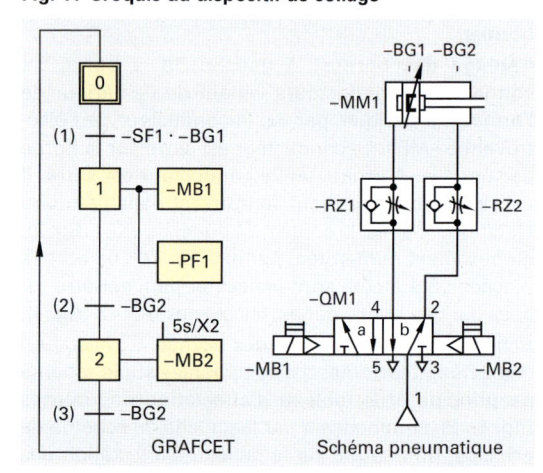

Dans le **GRAFCET (fig. 2)**, aucune action mémorisée n'est utilisée. Dans l'étape 2, l'action –MB2 est active cinq secondes après l'activation des variables de l'étape X2. La représentation correspond à un **retard à l'enclenchement (fig. 2, p. 572)**. La variable X2 est mémorisée par le contact à fermeture de –KF2 sur la ligne 5 après l'enclenchement du relais **(fig. 3)**.

**Description de la commande à logique câblée.** Une pression sur la touche manuelle –SF1 actionne le relais –KF1 lorsque le poinçon se trouve en position de fin de course arrière (–BG1).

La bobine –MB1 est alimentée en tension par le contact de fermeture du relais –KF1 sur la ligne 6. Le préactionneur 5/2 bistable –QM1 sur le schéma pneumatique commute en position « a ». Le piston du vérin –MM1 sort ralenti par l'étranglement. L'atteinte de la position finale avant, après la chute du signal de –SF1, est obtenue par la fonction mémoire de la vanne à impulsions –QM1.

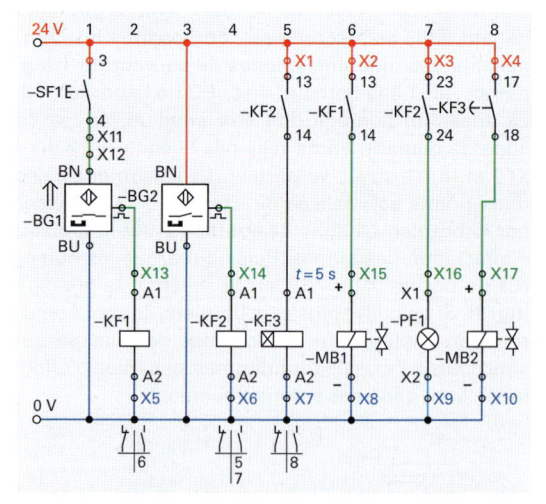

En fin de course, le capteur –BG2 est activé.

Ainsi, la bobine du –KF2 est activée. Ses deux contacts se ferment sur les lignes 5 et 7. Le **relais temporisé**

**Fig. 1 : Croquis du dispositif de collage**

**Fig. 2 : GRAFCET et schéma pneumatique du dispositif de collage**

**Fig. 3 : Schéma électrique de principe du dispositif de collage**

–KF3 commence à compter le temps et le voyant –PF1 s'allume. Au bout du délai préréglé t = 5 s, le contact –KF3 sur la ligne 8 se ferme, la bobine –MB2 est sous tension. Le distributeur 5/2 commute sur la position « b », le piston revient en arrière. Ce faisant, le capteur –BG2 est quitté, le relais –KF2 retombe et le voyant –PF1 s'éteint. L'alimentation électrique du relais temporisé est également coupée. En position de fin de course arrière, le vérin actionne le capteur –BG1.

# Commandes électropneumatiques

Le relais temporisé utilisé dans la tâche de la page précédente a le comportement d'un retard à l'enclenchement. Le **tableau 1** illustre et compare les différentes fonctions temporisées des commandes électropneumatiques. Les contacts à fermeture ou à ouverture reliés au relais temporisé sont actionnés avec un décalage dans le temps. Ainsi par exemple dans la première temporisation, représentée en premier, de retard au déclenchement après la chute du signal d'entrée E, le contact de fermeture portant le nom final 7/8 reste encore 10 s fermé avant de retomber. Le tableau indique aussi les solutions correspondantes pour les commandes pneumatiques et leur représentation sur le schéma logique.

Dans l'exemple, on veut créer un tableau d'affectation des bornes (**fig. 1**) du schéma de principe de la p. 518. Il représente toutes les connexions des bornes de composants qui sont raccordées ainsi que les bornes du bornier. Le câblage ne suit donc pas la logique du schéma des connexions. Les avantages résident dans un câblage plus simple et plus clair et dans la possibilité de rechercher systématiquement les défauts par déconnexion d'un câble et test.

Sur le côté gauche du tableau d'affectation des bornes, on indique tous les composants hors de l'armoire électrique qui doivent être reliés au bornier, par ex. boutons-poussoirs de démarrage –SF1, capteur –BG1 ou le distributeur –MB1. Sur le côté droit se trouvent les composants qui peuvent être éventuellement logés dans l'armoire de commande, par ex. les relais –KF1, –KF2 et –KF3, et leur contacts auxiliaires.

Fondamentalement, on commence par le potentiel plus, les bornes 1 à 4 sont pontées, puis vient le potentiel négatif. Là aussi les numéros de bornes 5 à 10 sont pontés. Pour finir, tous les sous-éléments manquants sont inscrits en regardant le schéma de principe de gauche à droite. La ligne 5 n'apparaît pas sur la liste. Ici, le câblage doit être directement effectué du contact à fermeture –KF2 à la borne A1 du relais temporisé –KF3, sans passer par le tableau électrique.

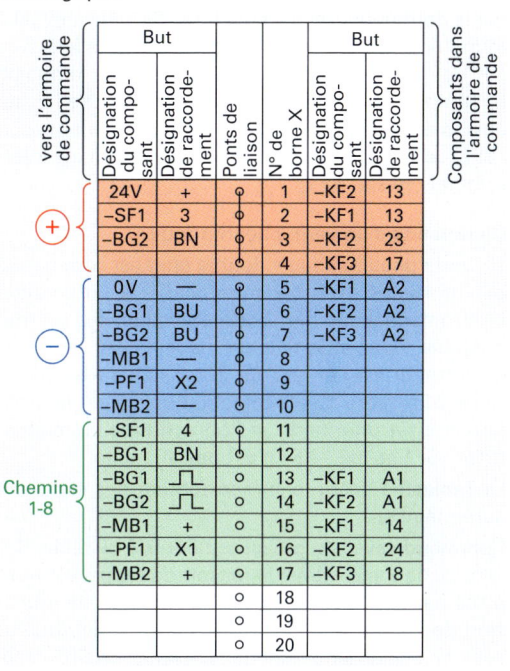

| vers l'armoire de commande | Désignation du composant | Désignation de raccordement | Ponts de liaison | N° de borne X | Désignation du composant | Désignation de raccordement | Composants dans l'armoire de commande |
|---|---|---|---|---|---|---|---|
| (+) | 24V | + | ○ | 1 | –KF2 | 13 | |
| | –SF1 | 3 | ○ | 2 | –KF1 | 13 | |
| | –BG2 | BN | ○ | 3 | –KF2 | 23 | |
| | | | ○ | 4 | –KF3 | 17 | |
| (–) | 0V | — | ○ | 5 | –KF1 | A2 | |
| | –BG1 | BU | ○ | 6 | –KF2 | A2 | |
| | –BG2 | BU | ○ | 7 | –KF3 | A2 | |
| | –MB1 | — | ○ | 8 | | | |
| | –PF1 | X2 | ○ | 9 | | | |
| | –MB2 | — | ○ | 10 | | | |
| | –SF1 | 4 | ○ | 11 | | | |
| | –BG1 | BN | ○ | 12 | | | |
| Chemins 1-8 | –BG1 | ⊓ | ○ | 13 | –KF1 | A1 |
| | –BG2 | ⊓ | ○ | 14 | –KF2 | A1 | |
| | –MB1 | + | ○ | 15 | –KF1 | 14 | |
| | –PF1 | X1 | ○ | 16 | –KF2 | 24 | |
| | –MB2 | + | ○ | 17 | –KF3 | 18 | |
| | | | ○ | 18 | | | |
| | | | ○ | 19 | | | |
| | | | ○ | 20 | | | |

**Fig. 1**: Tableau d'affectation des bornes du dispositif de collage

**Tableau 1: Diagramme de signaux/temps de fonctions de temporisation pneumatiques et électropneumatiques**

| pneumatique | électrique | Comportement temporisé | $t_0$ | $t_1$ | $t_2$ | $t_3$ | Schéma logique |
|---|---|---|---|---|---|---|---|
| E, Fermé au repos | E E– 3/4 | | E 1/0 | | | | 1 |
| Fermé au repos | 7/8 Contact à fermeture | Temporisation à la mise en marche | A 1/0 | Temporisation 10 s → | | | t 0 |
| Ouvert au repos | 5/6 Contact à ouverture | Temporisation à la mise en marche | A 1/0 | Temporisation 10 s → | | | t 0 |
| Fermé au repos | 7/8 Contact à fermeture | Temporisation à l'arrêt | A 1/0 | | | Temporisation 10 s ← → | 0 t |
| Ouvert au repos | 5/6 Contact à ouverture | Temporisation à l'arrêt | A 1/0 | | | Temporisation 10 s ← → | 0 t |

## Commandes électropneumatiques

### ■ Mémorisation de signaux

Dans bien des cas en électropneumatique, il faut mémoriser un signal, par ex. d'un bouton-poussoir. On utilise pour cela le **montage d'auto-maintien** d'un relais **(fig. 1)**.

Le circuit électrique de la bobine du relais est fermé par le bouton-poussoir « marche » –SF1. Un contact à fermeture du relais –KF1 est monté en parallèle avec –SF1 et maintient donc aussi le courant de la bobine lorsqu'on relâche –SF1. Le signal « marche » reste ainsi mémorisé (= Set –KF1). Avec bouton-poussoir –SF2 (contact à ouverture), l'auto-maintien est interrompu (= Reset –KF1).

**Commande d'un vérin pneumatique**

Un vérin pneumatique à double effet est commandé par un distributeur 5/2 monostable à commande électromagnétique **(fig. 2)**. Ce préactionneur est **monostable**, donc si la tension disparaît sur –MB1, le distributeur est ramené sur l'état stable **« b »** par la force du ressort. L'auto-maintien utilisé est le montage à arrêt prioritaire: si l'on actionne simultanément –SF1 et 1B2, –KF1 **n'est pas** alimenté.

Le **Tableau 1** décrit le comportement des circuits à auto-maintien.

**Commande avec un préactionneur 5/2 bistable.** Sur le préactionneur –QM1, le ressort de rappel est remplacé par un 2ème aimant –MB2. Une brève impulsion de courant sur –MB1 commute le distributeur sur « a ». Aucun auto-maintien n'est nécessaire, car le préactionneur est **« bistable »**. Il maintient la position de commutation « a » jusqu'à ce que l'impulsion inverse arrive par –MB2. Puis –QM1 commute sur la position « b » et reste sur cette position.

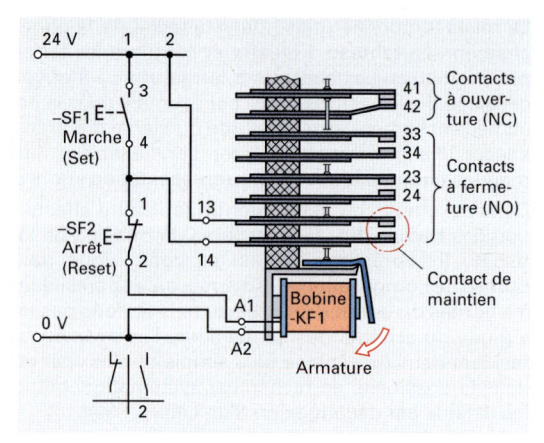

**Fig. 1: Circuit d'auto-maintien du relais K1**

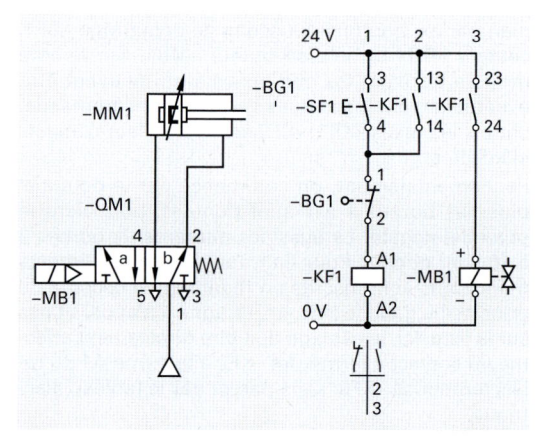

**Fig. 2: Commande avec auto-maintien d'un vérin commandé par préactionneur monostable**

### Tableau 1: Auto-maintien, à arrêt prioritaire

| Equation logique | Table de vérité | | | | Logigramme | Pneumatique | Electrique |
|---|---|---|---|---|---|---|---|
| | $A_n$ | E2 | E1 | $A_{n+1}$ | | | |
| $A_{n+1} =$ $(E1 \vee A_n) \wedge \overline{E2}$ | 0 | 0 | 0 | 0 | | | |
| | 0 | 0 | 1 | 1 | | | |
| | 0 | 1 | 0 | 0 | | | |
| | 0 | 1 | 1 | 0 | | | |
| $A_n$ et $A_{n+1}$ indiquent l'état du signal avant et après une nouvelle entrée de signal. | 1 | 0 | 0 | 1 | | | |
| | 1 | 0 | 1 | 1 | | | |
| | 1 | 1 | 0 | 0 | | | |
| | 1 | 1 | 1 | 0 | | | |

### Auto-maintien, à enclenchement prioritaire

| Equation logique | Table de vérité | | | | Logigramme | Pneumatique | Electrique |
|---|---|---|---|---|---|---|---|
| | $A_n$ | E2 | E1 | $A_{n+1}$ | | | |
| $A_{n+1} =$ $E1 \vee (A_n \wedge \overline{E2})$ | 0 | 0 | 0 | 0 | | | |
| | 0 | 0 | 1 | 1 | | | |
| | 0 | 1 | 0 | 0 | | | |
| | 0 | 1 | 1 | 1 | | | |
| $A_n$ et $A_{n+1}$ indiquent l'état du signal avant et après une nouvelle entrée de signal. | 1 | 0 | 0 | 1 | | | |
| | 1 | 0 | 1 | 1 | | | |
| | 1 | 1 | 0 | 0 | | | |
| | 1 | 1 | 1 | 1 | | | |

# Commandes électropneumatiques

## ■ Exemple de circuit électropneumatique (portique de manutention)

La commande portique de manutention d'une installation de nettoyage décrite en p. 576 doit être de type électropneumatique. Elle doit s'acquitter de sa tâche selon les principes des commandes séquentielles sous la forme d'un séquenceur.

Règles de base pour l'élaboration d'une **étape individuelle d'un séquenceur (fig. 1)**:

1. Chaque position de fin de course est vérifiée par capteur, par ex. –**BG1** et –**BG3** (fig. 2).
2. Chaque étape est activée un auto-maintient à arrêt prioritaire.
3. Chaque étape est enclenchée par un capteur ou un bouton (–**SF_N**).
4. Chaque étape peut uniquement être enclenchée si l'étape précédente (–**KF_N-1**) est enclenchée.
5. L'enclenchement de l'étape suivante arrête l'étape précédente (contacts auxiliaires –**KF_N+1**).

On garantit ainsi qu'une seule étape est active à la fois. Pour assurer que l'activation et l'arrêt des étapes puisse se dérouler sans perturbation, on peut utiliser des contacts auxiliaires à fermeture anticipée et à ouverture retardée (**fig. 3**).

### Schéma électrique portique (fig. 4)

Le schéma électrique de principe a été élaboré en suivant les règles citées ci-dessus.

Le bouton –SF2 dans le chemin 9 est appelé bouton de réinitialisation (Reset). Il est nécessaire avant chaque démarrage du système pour actionner le contact à fermeture –KF4 dans le chemin 1.

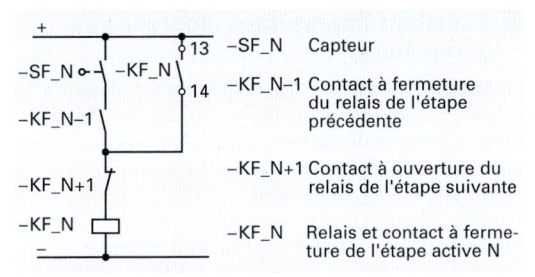

Fig. 1: Etape N dans un séquenceur

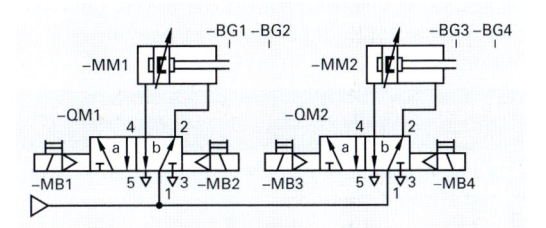

- –SF_N  Capteur
- –KF_N–1  Contact à fermeture du relais de l'étape précédente
- –KF_N+1  Contact à ouverture du relais de l'étape suivante
- –KF_N  Relais et contact à fermeture de l'étape active N

Fig. 2: Schéma pneumatique du portique

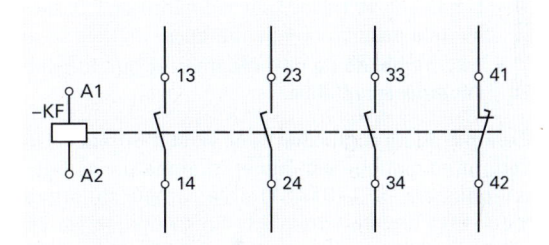

Fig. 3: Contacts à fermeture anticipée et ouverture retardée

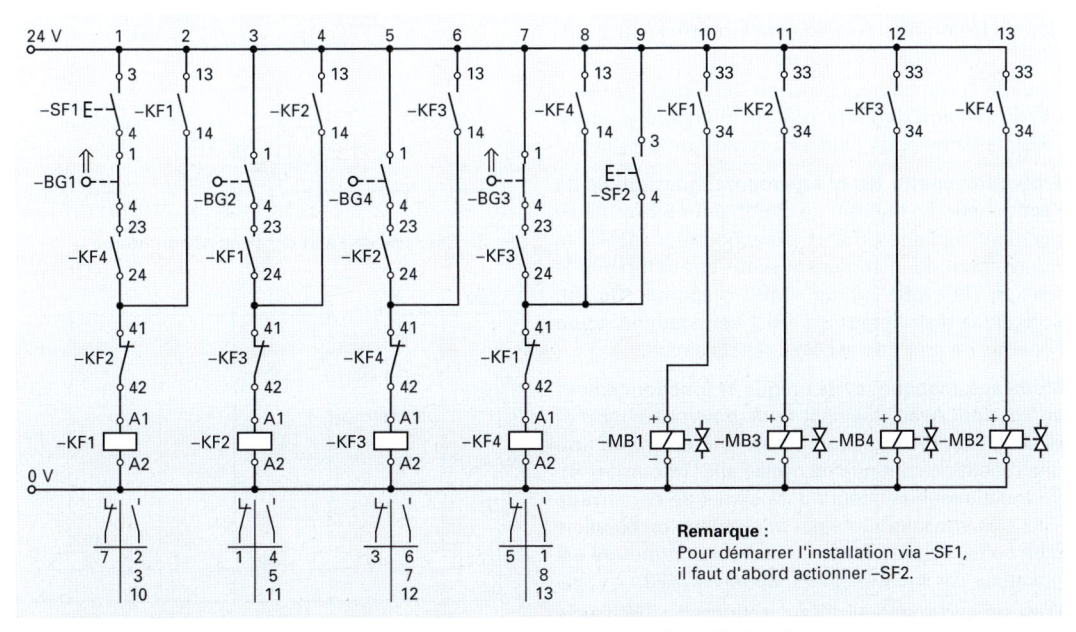

**Remarque:**
Pour démarrer l'installation via –SF1, il faut d'abord actionner –SF2.

Fig. 4: Schéma électrique de principe du portique de manutention de l'installation de nettoyage

## Fonctions importantes ajoutées aux commandes

La commande du portique de manutention de la p. 576 s'acquitte de la fonction souhaitée par le client. Mais d'importants éléments de commande, par ex. un interrupteur principal ou un interrupteur d'arrêt d'urgence (**fig. 1**), manquent.

**Commande par contact avec arrêt d'urgence**
Il faut que la machine ou l'installation puisse immédiatement être arrêtée dans des situations dangereuses par le dispositif d'arrêt d'urgence. Cela permet d'éviter tout danger pour les personnes et la machine.

> **Exigences imposées à une déconnexion par arrêt d'urgence**
> - Le déroulement de la fonction doit être immédiatement interrompu.
> - La commande doit être coupée de l'alimentation électrique.
> - L'élément de travail (par ex. vérin) doit passer sur une position non dangereuse.
> - La commande ne doit redémarrer que lorsque l'énergie est rétablie.

**Exemple d'une connexion avec arrêt d'urgence.** Un vérin pneumatique est mis en marche par le bouton-poussoir –SF1 (START) et le capteur de proximité –BG1 (**fig. 2**). Lorsque la fin de course est atteinte, le détecteur de proximité –BG2 commute et commande le retour en arrière. En cas d'arrêt d'urgence, le vérin doit pouvoir revenir sur sa position initiale depuis n'importe quelle position. L'extinction de la commande a lieu via l'interrupteur d'ARRÊT D'URGENCE –SF2 qui encrante.
Le vérin revient sur sa position de départ. Après le déverrouillage de l'interrupteur d'arrêt d'urgence –SF2, la commande peut être remise en service.

**Protection contre les mouvements indésirables de l'actionneur.** En utilisant un distributeur 5/3 fermé en position médiane pour le préactionneur –QM1, le mouvement du piston est aussitôt arrêté lorsque la tension de –MB1 ou de –MB2 disparaît (**fig. 3**). Lorsque le distributeur 3/2 –SF1 est actionné, toute l'énergie de pression est évacuée du circuit.

**Mode automatique : cycle unique et fonctionnement en continu.** Avec ce circuit nous pouvons choisir si effectuer un cycle unique d'aller-retour du vérin ou une répétition continue de cycles aller-retour (**fig. 4**). En fonctionnement continu, le signal de démarrage -SF3 doit être contourné par le montage en parallèle d'un contact à fermeture. Ce contact à fermeture est maintenu par l'auto-maintien du relais –KF3.
Pour un cycle unique, il faut actionner –SF3 (cycle unique.).

> **L'interrupteur d'arrêt d'urgence est**
> - rouge, encliquetable,
> - sur une base jaune,
> - monté de manière bien visible
> - aisément accessible.

**Fig. 1 : Arrêt d'urgence**

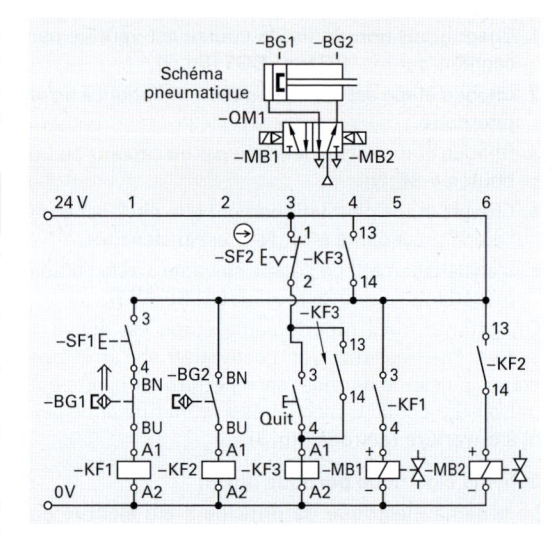

**Fig. 2 : Déconnexion par arrêt d'urgence**

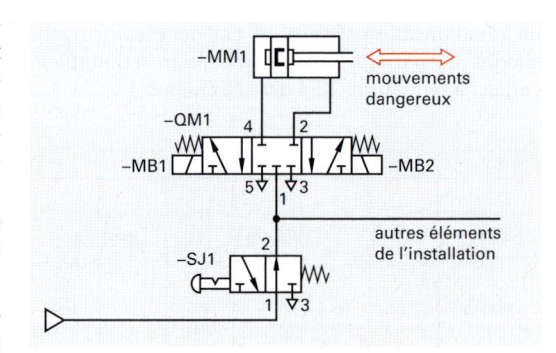

**Fig. 3 : Coupure de l'alimentation pneumatique**

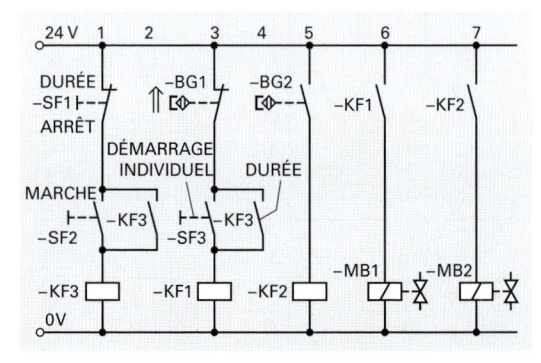

**Fig. 4 : Cycle unique et fonctionnement en continu**

## 9.4.5 Îlots de vannes

En électropneumatique et technique API, on utilise de préférence des îlots de vannes au lieu des vannes électromagnétiques individuelles. Dans un tel système modulaire, des cassettes de vannes sont assemblées de façon compacte dans un ensemble commun: l'îlot de vannes **(fig. 1)**. Ce type d'assemblage permet un grand nombre de combinaisons de vannes, par exemple, quatre distributeurs 5/2 et quatre vannes à impulsion 5/2 peuvent être combinées en un îlot de vannes. La conception entière du système est très peu encombrante et claire. Deux fonctions par cassette (par ex. 2 x distributeurs 3/2) permettent de doubler la capacité de l'élément. Cela est utile pour économiser de l'espace et réduire les coûts. Par ex. la fonction d'un distributeur 5/3 avec « blocage en position médiane » est assurée par 2 distributeurs 3/2 fermé en position de repos. Ce kit de vannes est conçu pour travailler avec une seule pression de travail. Un mode bi-pression (pressions différentes au raccordement 1 et 11) **(fig. 2)** avec lequel on pourrait faire sortir le piston d'un vérin à haute pression et le rentrer à basse pression, n'est pas possible ici.

■ **Alimentation pneumatique en air comprimé**

L'îlot de vannes possède également, outre la fonction de vanne, tous les conduits pneumatiques pour l'alimentation, l'échappement et les conduits de travail. On utilise de l'air comprimé non lubrifié. Toutes les vannes ont un pilotage pneumatique. La fonction réelle de la vanne, l'ouverture et la fermeture des conduits est basé sur le système de clapet à boisseau. La remise à l'état initial des vannes se fait pneumatiquement et pas avec des ressorts mécaniques.

Les raccords de travail sont situés sur le côté des cassettes de vannes **(fig. 3 a)**, par exemple pour les raccords instantanés Quick-Star (QS). Une variante est la plaque à trous **(fig. 3b)**, par laquelle tous les raccords de travail et d'alimentation sont réunis sur un côté. Cela permet différents types de montage, du montage mural au passage direct à travers une paroi du boîtier.

■ **Technique de raccordement électrique**

Les lamelles de contact (pins) sortent vers le haut des cassettes selon la configuration des différents types de raccords électriques **(fig. 4)**. Les électrovannes sont, soit raccordées avec des fiches individuelles, soit par le biais d'un connecteur multibroche (Sub-D) à 9 ou 25 broches, ce qui simplifie le montage et l'installation électrique des îlots de vannes. Une LED indique la fonction. Le connecteur multibroche peut être remplacé par une connexion directe pour un système de bus standard (par exemple Profibu ou ProfiNet).

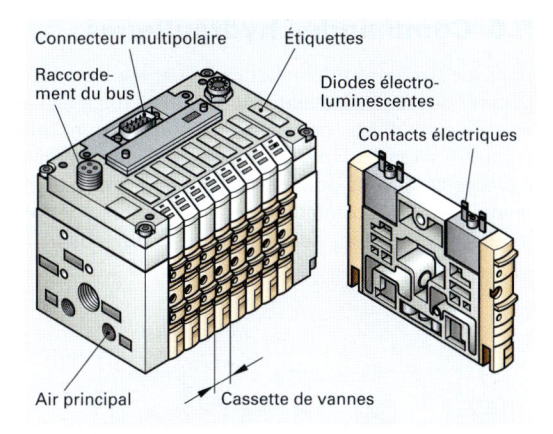

Fig. 1: Îlot de vannes composé de cassettes de vannes

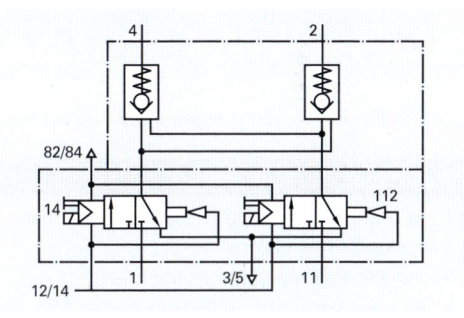

Fig. 2: Cassette de vannes pour un distributeur 5/3 en position centrale fermée

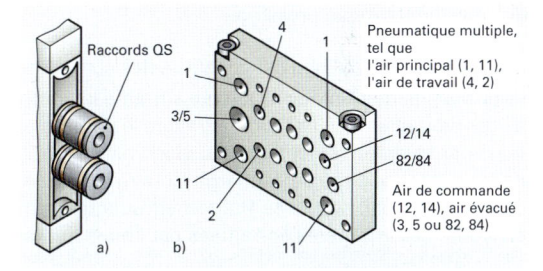

Fig. 3: Raccords pneumatiques sur les îlots de vannes

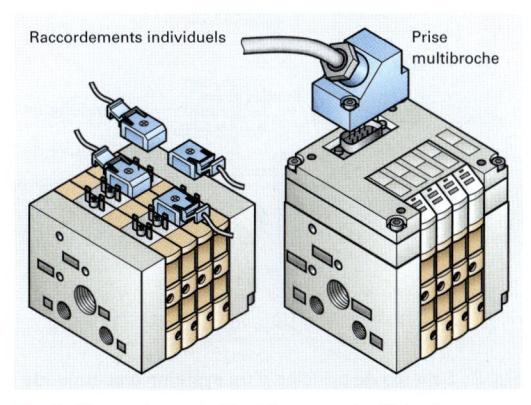

Fig. 4: Raccordements électriques sur les îlots de vannes

## 9.5 Commandes hydrauliques

Dans les systèmes hydrauliques industriels ou mobiles, on utilise comme vecteur de travail des fluides pour générer des forces élevées (mouvements linéaires) ou des grands couples (mouvements de rotation) **(fig. 1)**. Autrefois on utilisait pour cela de l'eau[1], aujourd'hui on utilise des huiles hydrauliques spéciales. En hydrostatique, il s'agit de générer des forces élevées en utilisant des vérins à haute pression (par exemple, des outils à pinces coupantes pour des interventions en cas d'accident). En hydrodynamique, on génère des mouvements linéaires ou rotatifs dans les éléments de travail avec des pressions plus basses (table de machine, moteur hydraulique). Les mouvements obtenus peuvent être extrêmement lent et constant.

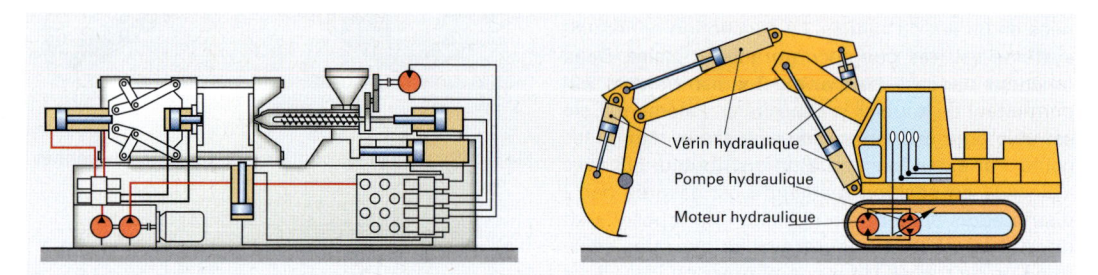

**Fig. 1**: Utilisation de vérins hydrauliques dans l'hydraulique industrielle et dans l'hydraulique mobile

| Avantages de l'hydraulique | Inconvénients de l'hydraulique |
|---|---|
| • de grandes forces peuvent être transmises par des pressions élevées<br>• des vitesses réglables en continu<br>• des mouvements uniformes grâce à la faible compressibilité du fluide hydraulique<br>• protection sûre contre les surcharges grâce à des limiteurs de pression. | • dégagement de chaleur et donc modification de la viscosité du fluide hydraulique<br>• bruit généré par les pompes et les moteurs hydrauliques, et bruits de commutation des soupapes<br>• fuites d'huile<br>• risque accru d'accidents |

Un système hydraulique est constitué des composants tels que la pompe, les vannes et un vérin **(fig. 2)**.

La pompe (le moteur électrique qui entraîne la pompe n'est pas représenté) aspire le fluide hydraulique dans le réservoir et envoie ce fluide à travers le distributeur dans le vérin ou le moteur hydraulique. Le liquide refoulé par le piston revient dans le réservoir en passant aussi par le distributeur. Si la pression maximale est dépassée, la soupape de décharge s'ouvre et le fluide hydraulique sous pression revient directement dans le réservoir. Le bac stocke le fluide hydraulique, remplace les pertes dues aux fuites et refroidit le liquide échauffé. Les impuretés entraînées par l'huile hydraulique peuvent se déposer dans le réservoir.

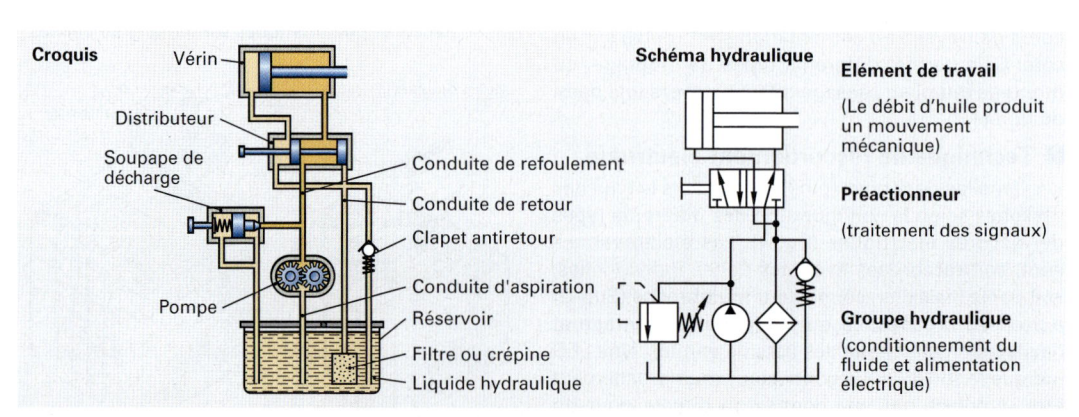

**Fig. 2**: Schéma de principe d'un système à commande hydraulique avec plan de câblage

[1] « hudôr » grec = eau, liquide

## 9.5.1 Alimentation électrique et conditionnement du fluide

### ■ Groupe hydraulique

Pour alimenter un système hydraulique avec suffisamment d'énergie **(fig. 1)**, on utilise un réservoir d'huile de taille appropriée sur lequel sont fixés le moteur électrique, la pompe hydraulique, un filtre de retour d'huile et un filtre à air intégré dans le couvercle.

Le réservoir d'huile stocke le fluide hydraulique. La taille du réservoir devrait correspondre dans des installations stationnaires à cinq fois le débit volumique. Le réservoir sert de bassin de décantation pour les impuretés. L'air non dissous et l'eau condensée se séparent naturellement dans le réservoir.

Une soupape de décharge est préréglée et scellée par le fabricant sur la pression de la pompe maximale admissible.

### ■ Fluides hydrauliques

On utilise comme fluide de travail des huiles minérales, des fluides résistants au feu et les fluides biodégradables **(tableau 1)**. Les fluides hydrauliques doivent lubrifier les pièces en mouvement. Les huiles sont résistantes au vieillissement, non moussantes et elles ne doivent pas attaquer par corrosion les joints et les matériaux des composants.

Dans les installations hydrauliques qui sont exposées à des températures élevées (par ex. les presses ou les machines à mouler sous pression pour l'aluminium), on utilise des fluides hydrauliques. Dans les zones sensibles, par ex. dans le domaine des zones de protection de l'eau, dans l'agriculture ou la sylviculture (hydraulique mobile), les machines hydrauliques fonctionnent avec des fluides biodégradables.

Les fluides hydrauliques sont considérés comme incompressibles. Toutefois à très haute pression les fluides peuvent être comprimés de 1 à 2 pour cent de leur volume.

Les fluides hydrauliques peuvent absorber des éléments gazeux de l'air (azote et oxygène). La quantité dépend de la pression et de la température. Lorsqu'une dépression locale ($p_e < -0,3$ bar) survient dans certaines parties de l'installation, la solubilité maximale est dépassée et des bulles de gaz apparaissent pouvant conduire à la formation d'un bruit et des **dommages de cavitation**.

Une caractéristique des plus importantes d'un fluide hydraulique est sa **viscosité** $v$ la lettre grecque nu donnée en cSt ou mm²/s. Celle-ci est dépend de la température **(fig. 2)**: ISO VG 46 a, à 40°C, une viscosité de $v = 46$ mm²/s. Plus la température s'élève dans le système, plus l'huile hydraulique est fluide, plus la viscosité $v$ diminue.

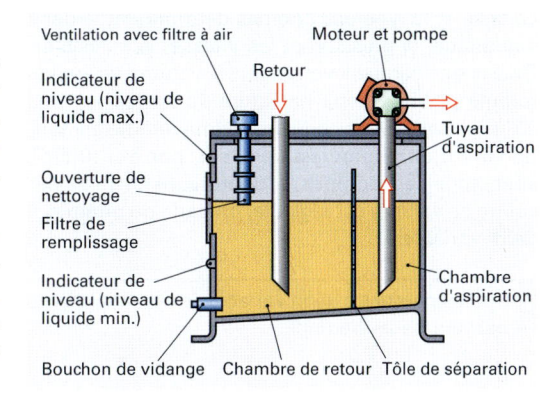

**Fig. 1**: Réservoir d'huile avec groupe hydraulique

**Tableau 1: Fluides hydrauliques**

| Huiles hydrauliques à base d'huile minérale | |
|---|---|
| HLP | Huile hydraulique avec des additifs pour améliorer la résistance au vieillissement, à la corrosion et à l'usure. Bonne séparation de l'air, peu de mousse. |
| HVLP | Huile hydraulique avec des propriétés de type HLP, mais à viscosité plus stable. |
| **Liquides difficilement inflammables** | |
| HFC | Solutions aqueuses, par ex. 35% de polyglycol dans l'eau ; seulement pour de faibles pressions |
| HFD | Liquides synthétiques exempts d'eau, par ex. ester d'acide phosphorique |
| **Liquides biodégradables** | |
| ——— | Les liquides hydrauliques à base d'huiles végétales, par ex. huile de colza, esters synthétiques ou huiles de polyglycol ; en grande partie biodégradables. |

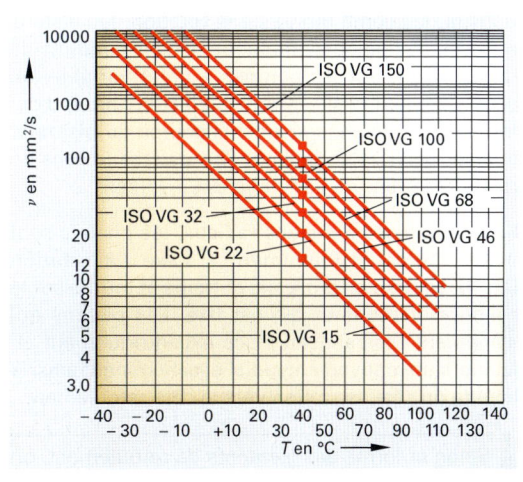

**Fig. 2**: Relation entre le type d'huile, la viscosité réelle et la température

## ■ Pompes hydrauliques

La taille et le type des pompes déterminent le débit volumique, la pression et les vitesses admissibles. On désigne par débit volumique le volume de liquide refoulé par la pompe par unité de temps, par ex. 25 l/min. Les pompes dont le volume refoulé par tour de l'arbre de pompe est constant, par ex. 10 cm$^3$, sont appelées **pompes à débit constant**. Si par contre ce volume est réglable, on parle de **pompes à débit variable**.

> Sur les pompes à débit variable, le volume refoulé par tour peut être réglé.

## ■ Pompes à engrenages

Les pompes à engrenages peuvent avoir un engrenage extérieur ou intérieur (**fig.1**). Elles acheminent le liquide en le transportant dans le volume situé entre les dents de chaque engrenage, depuis la chambre d'aspiration vers la chambre de refoulement. Ce sont toujours des pompes à débit constant.

## ■ Pompes à palettes

Dans les pompes rotatives à palettes, le rotor tourne généralement dans un carter oval, ce qui permet de créer deux chambres en forme de croissant (**fig. 2**). Le liquide hydraulique est pris du côté aspiration et amené au côté compression par les cellules constituées par deux palettes et les parois du carter.

## ■ Pompe à piston

On différencie les pompes à pistons **axiaux** et **radiaux**. Sur les pompes à pistons axiaux de type à axe incliné, les pistons reculent dans le barillet pendant un demi-tour (**fig. 3**). Ils aspirent ainsi le liquide. Dans la deuxième moitié de la rotation, les pistons poussent le liquide hydraulique dans la conduite de refoulement. Sur les pompes à débit variable, on peut modifier l'angle entre le barillet et l'arbre d'entraînement. On change ainsi la course du piston et donc le débit volumique. Si l'on inverse le sens de rotation, le sens de pompage. est inversé.

Sur les **pompes à pistons radiaux**, les pistons sont placés perpendiculairement à l'axe de rotation (**fig. 4**). Le rotor en étoile est entraîné et tourne sur le cylindre distributeur qui est fixe. Les pistons qui s'appuient sur l'anneau placé excentriquement effectuent un mouvement radial et acheminent ainsi le liquide du côté aspiration vers le côté refoulement.

> Selon la forme des éléments de refoulement, on distingue entre les **pompes à engrenages, à palettes** et **à pistons**.

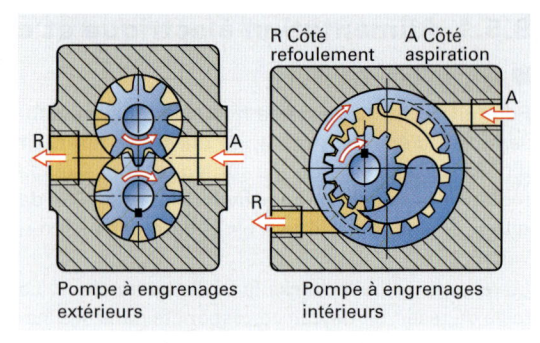

Fig. 1 : Pompes à engrenages

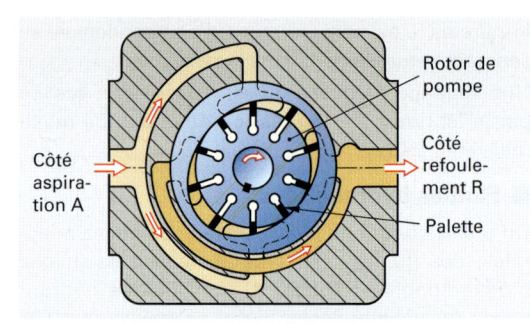

Fig. 2 : Pompe à palettes à débit constant

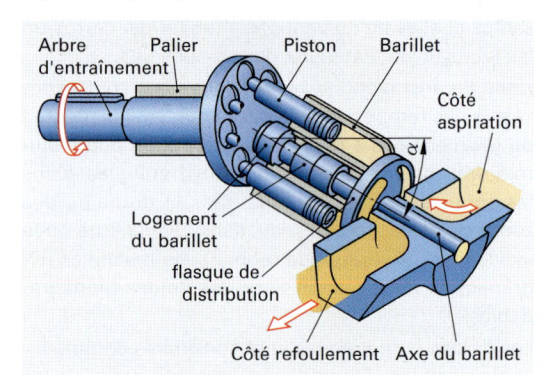

Fig. 3 : Pompe à pistons axiaux à débit variable construction à axe incliné

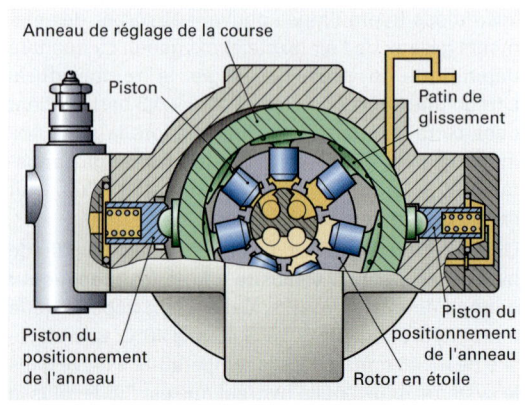

Fig. 4 : Pompe à pistons radiaux à débit variable

## 9.5.2 Eléments de travail et accumulateurs hydrauliques

Les actionneurs hydrauliques comprennent les vérins, les moteurs et les accumulateurs hydrauliques.

### ■ Vérins hydrauliques

Les vérins hydrauliques accomplissent des mouvements rectilignes. En raison des hautes pressions, ils ont une structure plus massive que les vérins pneumatiques (p. 561). Ils peuvent être à simple ou à double effet, avec ou sans amortissement (**fig. 1**).

**Forces du piston.** Les forces du piston sont calculées comme sur les vérins pneumatiques (p. 562).

**Transmission de la force.** Dans les systèmes hydrauliques fermés où les différents volumes sont reliées ensemble, règne un pression $p_e$ uniforme (**fig. 2**). La pression qui s'exerce sur des surfaces de tailles différentes génère des forces différentes.

Forces individuelles :  $F_1 = p_e \cdot A_1$ et $F_2 = p_e A_2$

Transmission de force :  $\dfrac{F_2}{F_1} = \dfrac{p_e A_2}{p_e A_1} = \dfrac{A_2}{A_1}$

**Vitesses des pistons et d'écoulement.** Les vitesses $v$ du piston des vérins hydrauliques dépendent du débit volumique fourni $Q$ et de la surface de piston déterminante $A$ (**fig. 3**). On désigne par débit volumique la quantité de liquide qui s'écoule par unité de temps, par ex. $Q = 16$ l/min. La vitesse d'écoulement $v$ des liquides dans des tuyaux et des flexibles est d'autant plus grande que le débit volumique $Q$ est grand et d'autant plus faible que la section de la conduite $A$ est grande (**fig. 4**).

| Vitesse de piston et d'écoulement | $v = \dfrac{Q}{A}$ |
|---|---|

**Exemple :** Le vérin hydraulique (fig. 3) est alimenté par une conduite $d_i = 16$ mm) avec un débit volumique $Q = 12$ l/min. Quelles sont les vitesses de sortie et de rentrée du piston, ainsi que la vitesse d'écoulement dans la conduite ?

Solution : sortir :

$$v = \dfrac{Q}{A_1} = \dfrac{12\,000\,\dfrac{cm^3}{min}}{38,5\ cm^2} = 312\ \dfrac{cm}{min}$$

rentrer :

$$v = \dfrac{Q}{A_2} = \dfrac{12\,000\,\dfrac{cm^3}{min}}{18,9\ cm^2} = 635\ \dfrac{cm}{min}$$

Vitesse d'écoulement dans la conduite d'alimentation :

$$v = \dfrac{Q}{A} = \dfrac{12\,000\,\dfrac{cm^3}{min}}{2,01\ cm^2} = 59,7\ \dfrac{m}{min} \approx 1\ \dfrac{m}{s}$$

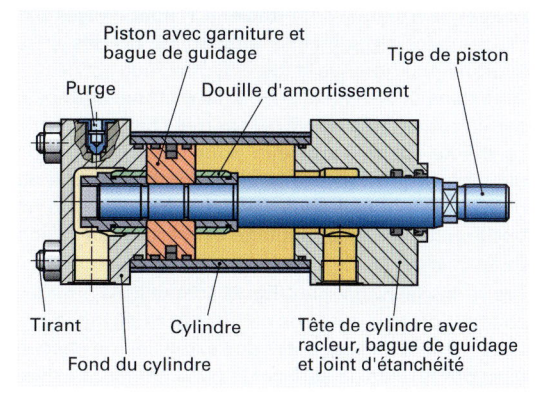

**Fig. 1 :** Vérin hydraulique à double effet

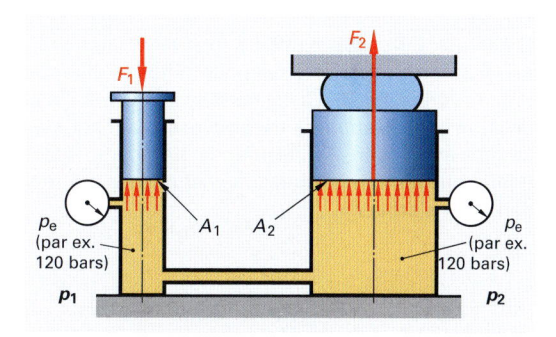

**Fig. 2 :** Transmission de force sur une presse hydraulique

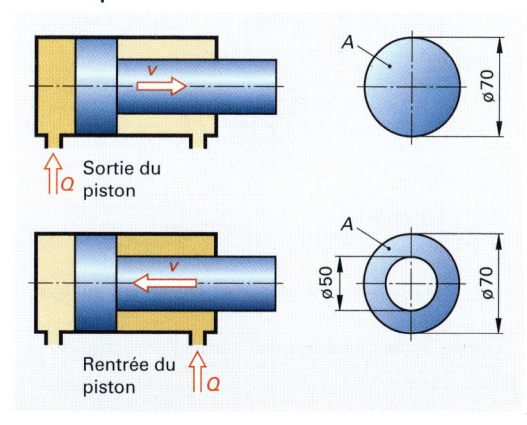

**Fig. 3 :** Vitesse du sortie et de rentrée du piston d'un vérin hydraulique

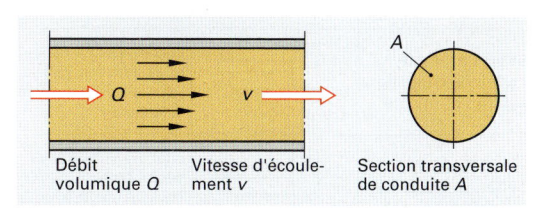

**Fig. 4 :** Vitesse d'écoulement dans des conduites

## Types particuliers de vérins hydrauliques

Les vérins à simple effet (**tableau 1**) sont utilisés par ex. pour les plate-formes élévatrices ou des crics hydrauliques, lorsque la force hydraulique est nécessaire dans une seule direction. Le piston est rappelé par un ressort très stable ou par une charge externe. La même chose s'applique pour le vérin à piston plongeur (**fig. 1**), avec lequel le piston et la tige du piston forment une unité. Il revient de lui-même en position initiale si le montage est vertical en raison de sa charge.

Les vérins télescopiques (**fig. 2**) sont utilisés pour les courses longues avec des petites tailles de montage. L'inconvénient est que lors de l'extension de chacun des composants, la surface de piston efficace est de plus en plus petite et la vitesse plus élevée.

## Types de fixation

Grâce aux différents types de fixation et aux charnières, on a de nombreuses possibilités de fixer de grands vérins (**fig. 3**). La connaissance du type d'installation et de fixation est nécessaire surtout pour les longs vérins, afin de calculer le flambage, étant donné que les composants longs et minces ont tendance à « s'arquer ».

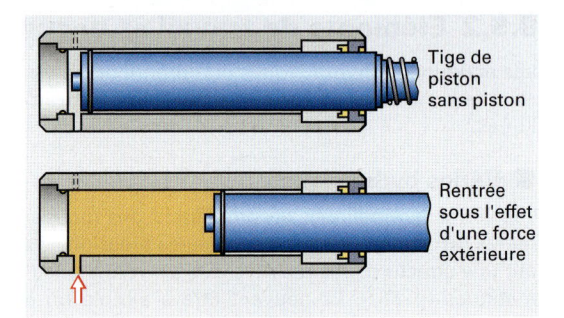

Fig. 1 : Vérin à piston plongeur

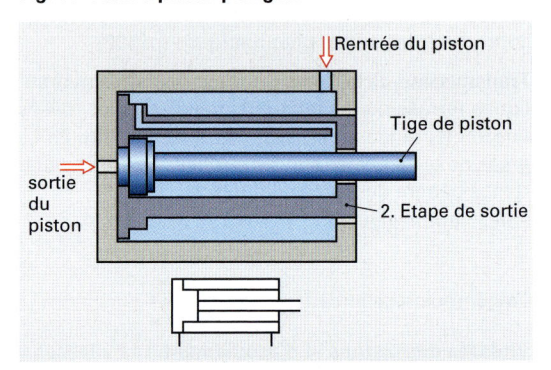

Fig. 2 : Vérin télescopique

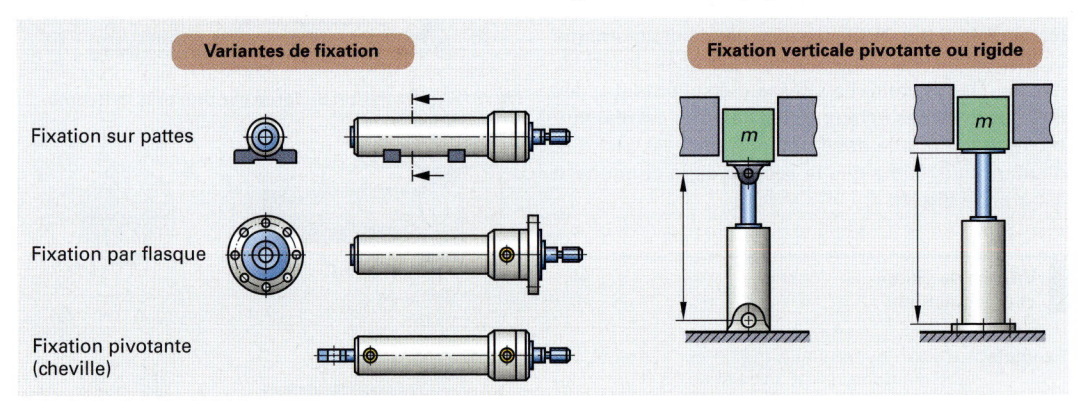

Fig. 3 : Possibilités de fixation des vérins hydrauliques avec exemples d'installation

### Tableau 1 : Désignation des vérins hydrauliques

| Désignation | Symbole | Caractéristiques | Désignation | Symbole | Caractéristiques |
|---|---|---|---|---|---|
| Vérin à piston plongeur | A | Effet dynamique dans une seule direction, le piston et la tige ont le même diamètre, par exemple : Cylindre de frein de roue | Vérin hydraulique avec tige de piston des deux côtés | A  B | Même surface dans les deux directions, par ex. table de machine |
| Vérin à simple effet avec tige de piston d'un côté | A | Effet dynamique dans une seule direction, remise à l'état initial par une force extérieure | Vérin télescopique | A | Conception courte à longue course, par ex. : Benne camion |
| Vérin à double effet avec tige de piston d'un côté | A  B | Effet dynamique dans deux directions, surfaces inégales, conception la plus fréquente | Vérins spéciaux | A  B  C | Plusieurs surfaces efficaces pour avance rapide, par ex. : Presses |

# Commandes hydrauliques

## ■ Moteurs hydrauliques

Les moteurs hydrauliques ont généralement la même conception de structure que des pompes hydrauliques du groupe hydraulique.

Les moteurs hydrauliques transforment en énergie mécanique de rotation l'énergie du fluide hydraulique sous pression, généré par les pompes hydrauliques (**fig. 1**). Le fluide hydraulique entraîne les éléments mobiles (roues dentées, éventuellement palettes, pistons, etc.).

Les moteurs à pistons radiaux sont particulièrement efficaces pour des fonctionnements lents. Les moteurs hydrauliques sont conçus pour des débit constants ou variables et ils fonctionnent dans un seul ou deux sens de rotation. Cela permet de faire tourner des mobiles dans les deux sens à vitesse constante ou variable.

Pour les pompes, le volume de refoulement par tour est un paramètre important, pour les moteurs hydrauliques, on parle d'un volume absorbé par tour $V$ en cm³/tour.

**Exemple:** Un moteur à engrenages a un volume absorbé de $V$ = 11 cm³/tour. Quelle est le débit d'entrée à une vitesse de 1800/min?

Solution: La valeur est mentionnée sur le diagramme de la **figure 2**. Le débit d'entrée Q est de 20 l/min.

**Exemple:** A partir du diagramme, on peut lire en plus une puissance d'entraînement de 5 kW avec une pression de service de 150 bars. Comment puis-je vérifier cette valeur?

Solution: La puissance peut être calculée comme suit:

$$P = \frac{P_e \cdot Q}{600} \text{ [kW]} = \frac{150 \cdot 20}{600} = 5 \text{ kW}$$

**Exemple:** Un moteur à débit constant absorbe un volume $V$ = 10 cm³ par tour et il est alimenté par un débit volumique $Q$ = 2 l/min. Quelle est la fréquence de rotation du moteur?

Solution: $n = \dfrac{Q}{V} = \dfrac{2000 \dfrac{cm^3}{min}}{10 \; cm^2} = 200 \; \dfrac{1}{min}$

## Plan de câblage pour un entraînement hydromécanique:

La table d'une machine est entraînée par un moteur hydraulique par le biais d'une vis à billes (**fig. 3**). Les sens de rotation du moteur hydraulique et donc les sens du déplacement linéaire de la table sont commandés par un distributeur 4/3. La position zéro de la vanne génère un arrêt à la position atteinte.

La pompe à débit variable –GP1 assure le réglage variable de la vitesse de rotation du moteur hydraulique. L'installation de vannes régulateur de débit permet également d'ajuster les vitesses de façon variable. Ce dernier montage permet de remplacer la pompe à débit variable par une pompe à débit constant.

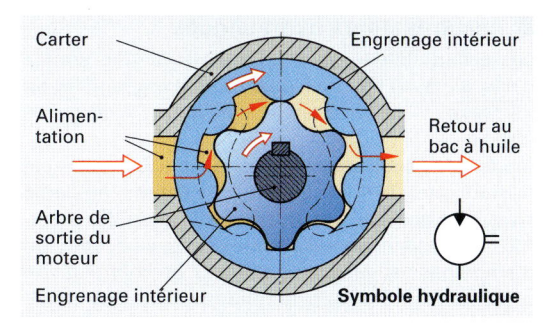

**Fig. 1:** Moteur hydraulique à engrenage à denture interne

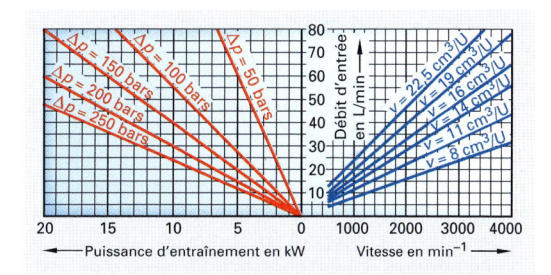

**Fig. 2:** Caractéristiques d'un moteur hydraulique à engrenages

Puissance d'une pompe hydraulique ou d'un moteur hydraulique:

$$P = \frac{p_e \cdot Q}{600} \text{ [kW]}$$

$p_e$ = bar

$Q = \dfrac{l}{min}$

| Liste d'appareils | | | |
|---|---|---|---|
| –CM1 | Bac à huile | –FL1 | Limiteur de pression |
| –HQ1 | Filtre de retour | –RM1 | Clapet anti-retour |
| –MA1 | Moteur électrique | –QM1 | Distributeur 4/3 |
| –GP1 | Pompe à débit variable | –MM1 | Moteur hydraulique |

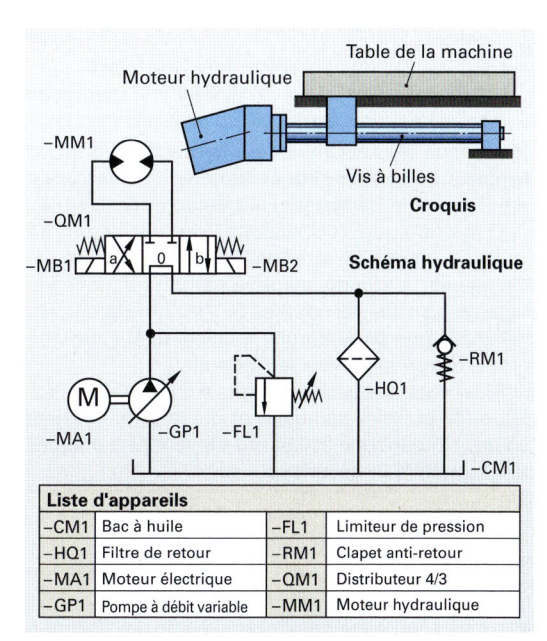

**Fig. 3:** Entraînement de table hydromécanique

## ■ Accumulateurs hydrauliques

Les accumulateurs hydrauliques sont une source d'énergie dans l'hydraulique. Ils sont disponibles en différents modèles et tailles avec divers accessoires (**fig. 1**).

**Mode de fonctionnement.** Dans les accumulateurs hydrauliques, le fluide hydraulique est mis ou gardé sous pression par une quantité d'azote (N2) enfermée hermétiquement dans une poche, ce qui permet d'emmagasiner de l'énergie (**fig. 2**). En chargeant un accumulateur à vessie, le fluide hydraulique pénétrant dans l'accumulateur comprime la vessie jusqu'à ce que la pression du gaz de la vessie soit égale à la pression du fluide. Si la pression baisse dans la conduite hydraulique, la vessie repousse le liquide sous pression jusqu'à ce que l'équilibre soit rétabli dans l'accumulateur entre la pression de l'huile et la pression du gaz (déchargement).

Dans les accumulateurs à membrane ou à piston, la séparation des gaz et de l'huile est effectuée par la membrane ou par le piston.

Les accumulateurs hydrauliques lissent un débit volumique pulsé et fournissent une marche plus silencieuse et avec moins de vibrations lors de l'utilisation de pompes à débit constant. Celles-ci n'ont généralement pas un débit volumique uniforme, en raison de la géométrie de leur denture (**fig. 3**).

### Fonctions des accumulateurs hydrauliques

- stockage de liquide sous pression pendant que les vérins et les moteurs hydrauliques ne fonctionnent pas
- alimentation de liquide sous pression supplémentaire en cas de mouvements accélérés
- amortissement d'oscillations et de coups de bélier
- compensation des pertes dues aux fuites
- remplacement de brève durée d'une pompe en panne pour les activations d'urgence

**Commande avec accumulateur hydraulique** pour un dispositif de serrage (**fig. 4**). Lors de l'avance et du retour du vérin de serrage, la pompe et l'accumulateur hydraulique fournissent conjointement de l'huile sous pression au vérin. De ce fait, l'accumulateur se vide. L'accumulateur se remplit quand le vérin arrive en fin de course. Si l'accumulateur est plein, la vanne de commutation s'ouvre et la pompe refoule directement vers le réservoir.

En Allemagne, les accumulateurs sur lesquels le produit de la pression (en bars) et du volume nominal (en l) est supérieur à 200 bars·l doivent être équipés des **dispositifs de sécurité** suivants:

- manomètres non déconnectables (–PG1)
- propre soupape limitatrice de pression (–FL1)
- clapet antiretour vers le reste de l'installation (–RM2)
- vanne de décharge pour la vidange de l'accumulateur (–RM1)

**Fig. 1:** Accumulateurs avec leurs composants

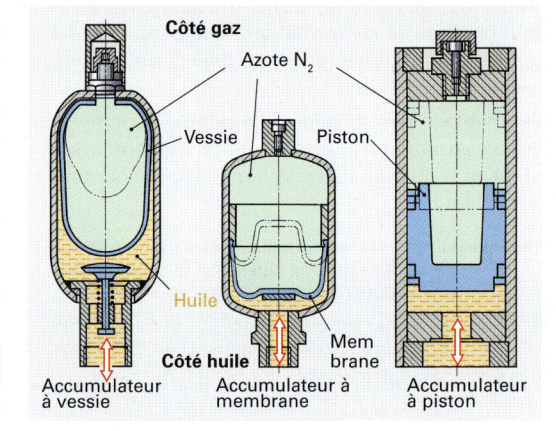

**Fig. 2:** Accumulateurs hydrauliques

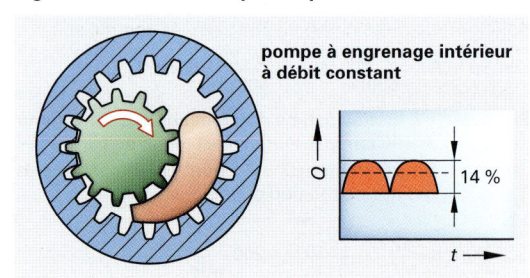

**Fig. 3:** Pulsation du débit volumique de la pompe

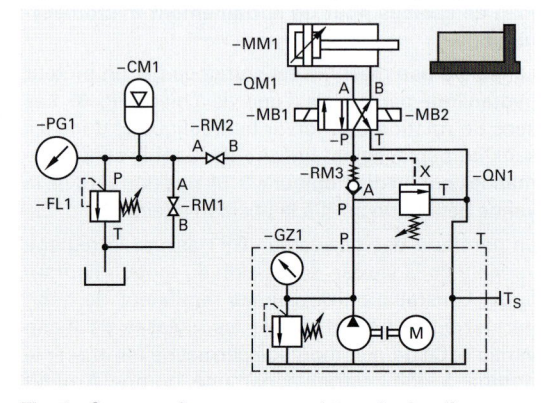

**Fig. 4:** Commande avec accumulateur hydraulique

# Commandes hydrauliques

## 9.5.3 Vannes hydrauliques

Les vannes hydrauliques sont, comme les vannes pneumatiques, divisées en distributeurs, clapets, régulateurs de pression et régulateurs de débit.

### ■ Distributeurs

Les distributeurs sont classés en fonction de leur modèle en vanne d'arrêt ou en distributeurs à tiroir (**fig. 1**). Les éléments d'obturation ou les tiroirs ouvrent ou ferment les connexions P (pression), T (réservoir) ou les conduites de travail A ou B.

Les obturateurs à siège ont en raison de la géométrie des éléments d'étanchéité (bille, cône ou tête de soupape) une grande sécurité contre les fuites et une résistance élevée aux salissures. L'huile qui coule a un effet autonettoyant. Pour les actionner, des forces importantes sont cependant nécessaires, de sorte que les obturateurs à siège ne sont que rarement utilisées.

Pour les vannes à tiroir, le comportement de commutation est déterminé par le recouvrement du piston (**fig. 2**).

Avec un recouvrement de commutation **positif,** tous les raccordements sont brièvement bloqués l'un contre l'autre lors du passage de la position de commutation b vers a. La pression ne s'effondre pas, mais il se forme des pics de pression importants, et les éléments de travail sélectionnés répondent violemment.

Le **recouvrement nul** est important pour la commutation rapide et des temps de commutation courts. Un **pré-orifice de pression** signifie que la pompe et l'entrée du cylindre sont d'abord raccordés avant que le système d'évacuation vers le réservoir ne s'ouvre. Avec le **pré-orifice du système d'évacuation,** c'est en revanche le système d'évacuation de l'élément de travail menant au réservoir qui est d'abord déchargé, avant que l'alimentation et la pompe ne soient raccordés.

Avec un recouvrement de commutation **négatif,** tous les raccords sont brièvement raccordés les uns aux autres (**fig. 3**). La pression tombe momentanément à 0 bar. Une charge serait réduite lors de la commutation. Cela ne produit cependant aucun pic de pression ni chocs de commutation.

Les distributeurs hydrauliques conservent les désignations de raccordement A, B etc. dans le plan de câblage, contrairement au pneumatique (**fig. 4** et p. 564). Pour les distributeurs plus grands, la puissance électrique nécessaire à la commutation serait très grande avec un actionnement électrique direct du tiroir de commande. Par conséquent, un **distributeur de pilotage** électromagnétique est construit en supplément et celui-ci commande le tiroir principal par pression hydraulique (**fig. 5**).

Lorsque l'électroaimant pour la position de commutation « a » est activé, le tiroir du distributeur de pilotage est poussé vers la droite. De ce fait, le liquide sous pression dans le distributeur de pilotage passe de P à A, et donc sur le côté droit de la commande du distributeur principal. Le tiroir principal est commuté vers la gauche et dégage les voies de P à A et de B à T.

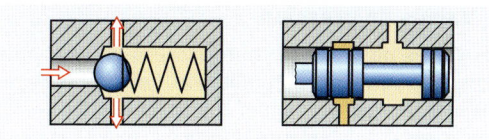

Fig. 1 : Distributeurs à clapet et à tiroir

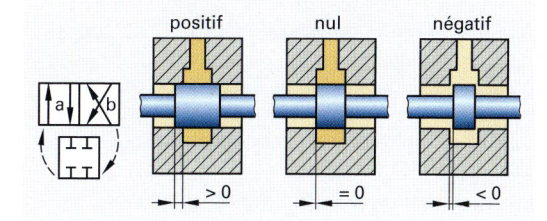

Fig. 2 : Recouvrements de commutation

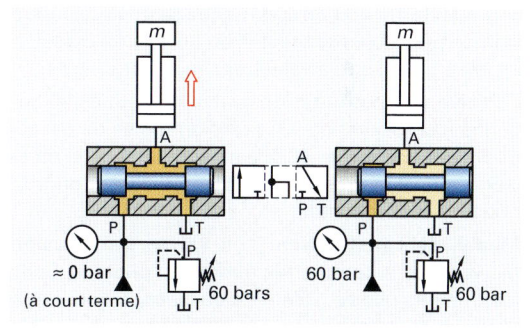

Fig. 3 : Mouvement avec recouvrement négatif du tiroir

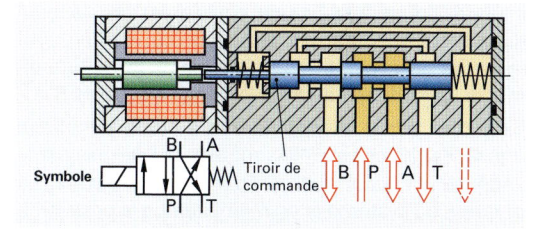

Fig. 4 : Distributeur 4/2 à commande électromagnétique

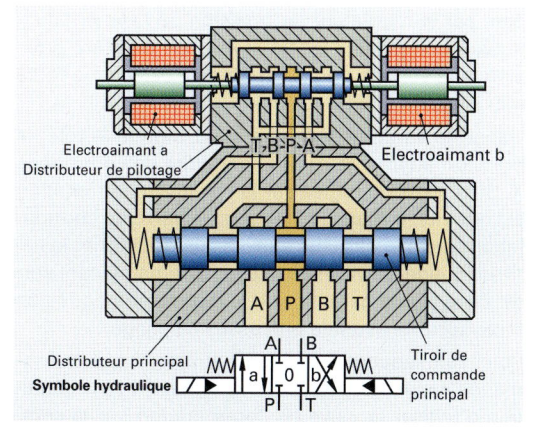

Fig. 5 : Distributeur 4/3 piloté

# Commandes hydrauliques

## ■ Valves de pression

Les valves de pression, sont divisées en valves de réglage et valves de commutation. Les **valves de réglage de pression** comprennent les limiteurs de pression et les régulateurs de pression. Toutes les deux maintiennent la pression constante dans le système hydraulique, indépendamment de la sollicitation.

Avec le **limiteur de pression (fig. 1)**, la pression d'entrée régule la position de la vanne. Il sécurise la pression de l'installation du système ou de la pompe hydraulique. Initialement fermé, le tiroir comprime le ressort et ouvre ouvre la décharge lorsque la pression de service est atteinte.

Le **régulateur de pression (fig. 2)** est d'abord ouvert en position initiale. Si la pression de travail augmente de même que la pression dans la conduite de commande, le tiroir de commande se déplace contre la force préalablement réglée du ressort. La pression initiale s'ajuste sur la valeur désirée et pré-réglée.

La **valve de commutation** (valve de séquence) actionne d'autres vérins à la pression réglée ou désactive des pompes **(fig. 4)**. Elle s'ouvre lorsque la pression a atteint la pression de commutation à l'endroit prévu de la commande.

**Modes de construction.** Les **valves** de pression peuvent être à **commande directe** ou **pilotées.** Dans les limiteurs pilotés, l'élément de blocage se referme sur lui-même sous l'effet de la pression du liquide **(fig. 3)**. Si la pression atteint la valeur réglée par le ressort de la soupape de pilotage, cette dernière s'ouvre. Lorsque le liquide sous pression s'écoule dans l'étranglement, sa pression diminue en aval mais pas en amont et donc la force de fermeture diminue. La soupape ouvre le passage de A vers B.

**Exemple.** Sur le **dispositif hydraulique de pliage** (fig. 4), des pièces en tôle sont d'abord serrées par le vérin –MM1, puis cintrées par le vérin –MM2. La pression du système et en même temps la protection de la pompe sont réglées par ex. sur 250 bars avec le limiteur de pression. Cette pression est réduite à 100 bars par le régulateur de pression de l'alimentation du vérin de pliage –MM2. Avec cette dernière pression et la surface du piston on peut calculer la force maximale de pliage.

Quand le vérin de serrage –MM1 bloque la tôle, la pression augmente dans la conduite de commande X. Si la pression réglée sur la valve de commutation est atteinte, par ex. de 150 bars, la valve de commutation ouvre le passage entre le distributeur et le vérin de pliage. Le vérin de pliage peut maintenant sortir. Ce système garantit que la pièce soit bloquée en toute sécurité avant le processus de pliage.

Ce circuit séquentiel est aussi appelé circuit à commande externe dépendante de la pression à la condition d'utiliser la valve de commutation sur la commande X **(fig. 5)**.

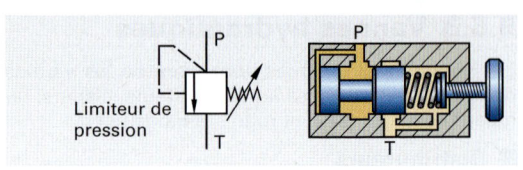

Fig. 1 : Limiteur de pression (de réglage)

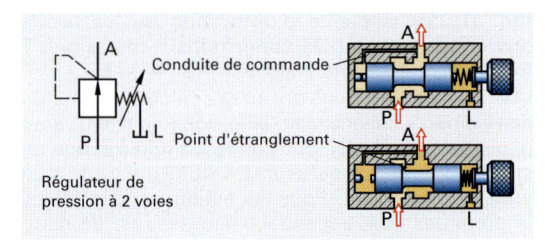

Fig. 2 : Régulateur de pression (de réglage)

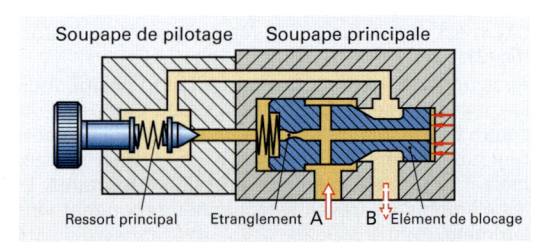

Fig. 3 : Limiteur piloté à 2 voies

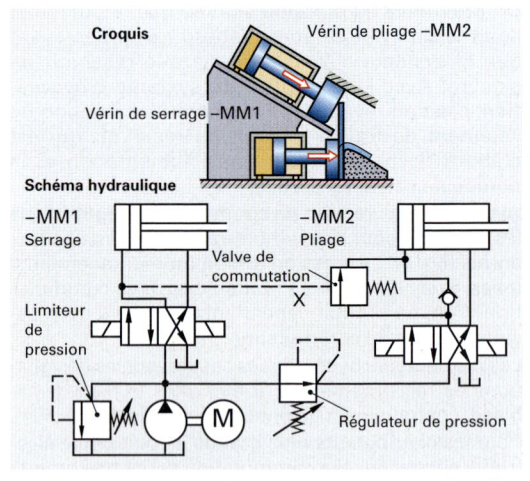

Fig. 4 : Valves de pression dans la commande d'un dispositif hydraulique de pliage

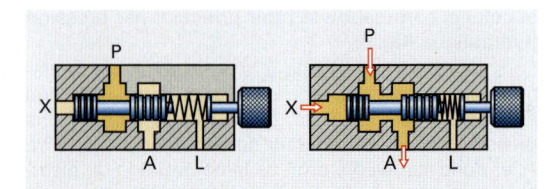

Fig. 5 : Valve de commutation ou valve de séquence

# Commandes hydrauliques

## ■ Clapets

Tous les clapets permettent la circulation du fluide hydraulique dans une seule direction et bloquent le flux dans la direction opposée. Seule exception : les clapets anti-retour pilotés qui permettent le déblocage au moyen d'une contre pression hydraulique avec multiplicateur de pression **(fig. 1)**.

Les valves doivent se fermer sans fuite d'huile. Dans la construction sous forme d'obturateur à siège, elles sont conçues sous forme de cône, de bille, de cartouche ou de plateau.

Les clapets anti-retour peuvent être utilisés de diverses façons dans le circuit **(fig. 2)**. Ils empêchent un reflux accidentel dans les pompes (−RM1). Dans les conduites de dérivation, les filtres bouchés peuvent à court terme être contournés par l'antiretour (−RM3). Des sens d'écoulement indésirables peuvent être bloqués, par exemple avec −RM2.

Les **clapets anti-retour pilotés** sont utilisés lorsqu'on souhaite empêcher que des charges importantes ne baissent lentement, par ex. sur les appareils de levage automobile. L'effet de blocage du piston de commande des préactionneurs n'est pas suffisamment grand, le corps de blocage d'un clapet anti-retour monté en série a une meilleure étanchéité **(fig. 3)**.

L'effet de blocage doit pouvoir être annulé par une **commande sur X**. Le piston de commande ouvre la soupape à siège conique. De ce fait, la pression sur le raccord B diminue. Le piston de commande peut maintenant ouvrir complètement le clapet en poussant le corps de blocage. Du point de vue construction, la surface de piston du piston de commande doit être sensiblement plus grande de sorte que la soupape à siège conique à faible surface puisse être déplacée par rapport à la pression appliquée.

## ■ Régulateurs de débit

Il y a des régulateurs de débit hydrauliques sous forme de vannes pilotes ou vannes de commandes **(fig. 4)**. Ils sont utilisés pour modifier la **vitesse** d'un vérin ou la **vitesse de rotation** d'un moteur hydraulique. Cela passe seulement par le changement de débit $Q$ qui est proportionnel à la vitesse $v$.

Les pompes à débit constant fournissent toujours la même quantité d'huile. Si l'on souhaitait rendre la section transversale plus petite sur un étranglement réglable, seule la pression en amont de l'étranglement du régulateur de débit augmenterait.

L'augmentation de pression doit être telle que l'on tombe dans la plage de commande du limiteur de pression. Ensuite, le débit volumique commence à se diviser : Une partie de l'huile continue de s'écouler vers le vérin hydraulique ou un moteur hydraulique, l'autre partie revient dans le réservoir via le limiteur de pression. De cette manière, cela permet de modifier les vitesses linéaires ou de rotation.

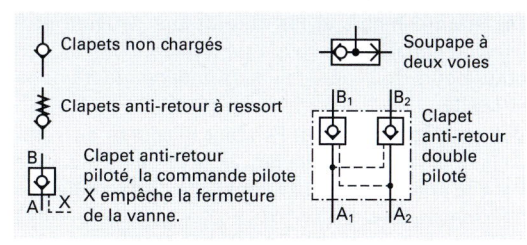

**Fig. 1 : Aperçu des clapets**

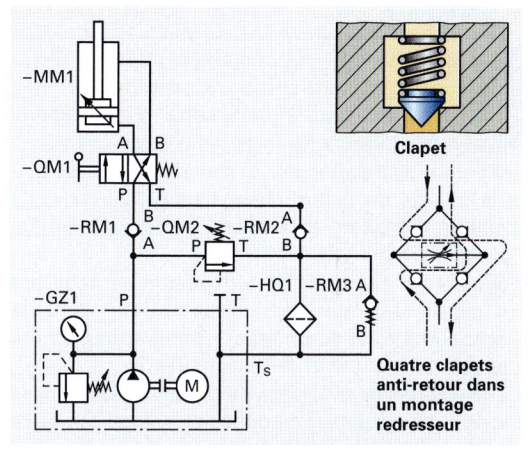

**Fig. 2 : Possibilités d'utilisation des clapets dans des schémas de connexion hydrauliques**

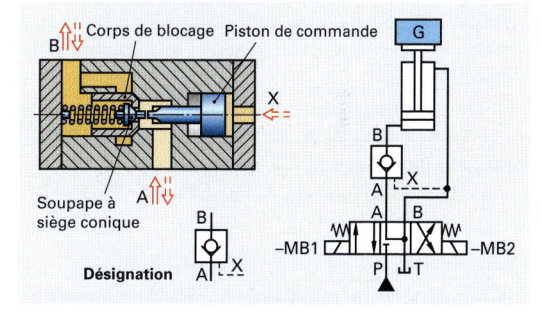

**Fig. 3 : Clapet anti-retour piloté**

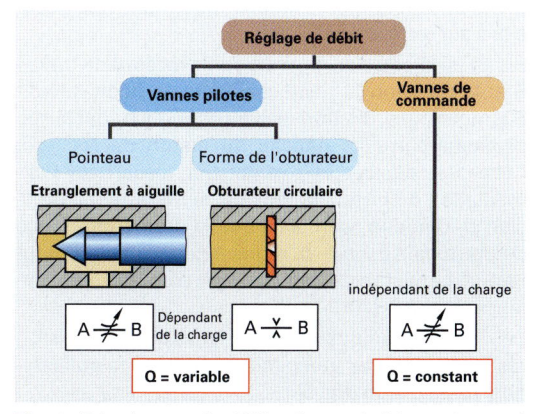

**Fig. 4 : Régulateurs de débit – forme de l'étranglement/ de l'obturateur**

Les étranglements et les obturateurs peuvent être fixes ou variables en coupe transversale **(fig. 1)**. Les obturateurs sont généralement indépendants de la viscosité.

**Valves d'étranglement**. Pendant la course du vérin de la presse hydraulique **(fig. 2)**, la force de découpe F sur le poinçon n'est pas constante. Cela modifie la différence de pression $\Delta p = p_1 - p_2$ sur la valve d'étranglement et donc le débit Q. Malgré la valve d'étranglement, le piston sort avec une vitesse v qui n'est pas constante.

> Dans les valves d'étranglement, le débit volumique dépend de la section de passage que l'on a réglé et de la différence entre les pressions $\Delta p = p_1 - p_2$ entre les raccords A et B.

Les valves d'étranglement ne sont donc utilisées que si la charge du piston change peu. Des conduits ayant un petit diamètre agissent également comme des valves d'étranglement.

**Régulateurs de débit**. Les régulateurs de débit ont un piston régulateur et un obturateur réglable comme « balance de pression » et un étranglement réglable ou obturateur de mesure **(fig. 3)**.

La disposition de la balance de pression détermine le modèle du régulateur de débit : En cas de montage en série avec l'étranglement de mesure, on parle d'un régulateur de débit à 2 voies, s'il est parallèle à l'étranglement de mesure, on obtient un régulateur de débit à 3 voies. La balance de pression peut être connectée en amont ou en aval de l'étranglement de mesure **(fig. 4)**.

Le piston régulateur est pressurisé du côté droit avec $p_2$, au coté gauche de $p_3$ et $F_f$. ($F_f$ = force du ressort) Pour l'équilibre, la condition s'applique :

$p_2 \cdot A = (p_3 \cdot A) + F_f \Rightarrow p_2 \cdot A - p_3 \cdot A = F_f$
$A \cdot (p_2 - p_3) = F_f$
pour $\Delta p = p_2 - p_3$ il découle $\Delta p = \dfrac{F_f}{A} = $ const.

Les régulateurs de débit maintiennent constante la différence de pression $\Delta p$ avant et après l'étranglement de l'obturateur, indépendamment des pressions sur les raccords A et B.

Par ex. si la pression diminue sur le raccord de travail B et la pression $p_1$ reste constante, le débit devrait augmenter. La diminution de pression $p_3$ décharge cependant le côté gauche du piston de réglage. Celle-ci se déplace vers la gauche. L'écart sur l'alimentation du piston de réglage se resserre. La pression $p_2$ diminue jusqu'à ce que la même différence de pression $\Delta p = p_2 - p_3$ règne à nouveau sur l'obturateur. Le piston de réglage agit comme une « balance de pression ».

Le débit volumique et donc la vitesse du piston restent constants, indépendamment de la sollicitation sur le piston **(fig. 5)**.

Le débit volumique peut être réglé en modifiant la section transversale de l'étranglement fixe.

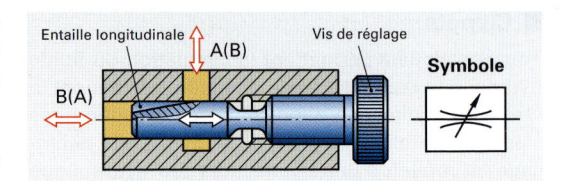

**Fig. 1 : Valve d'étranglement réglable**

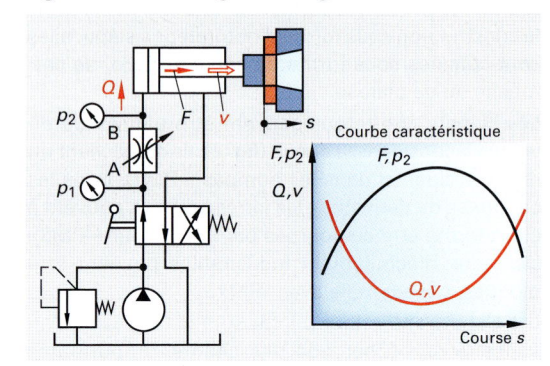

**Fig. 2 : Comportement des valves d'étranglement**

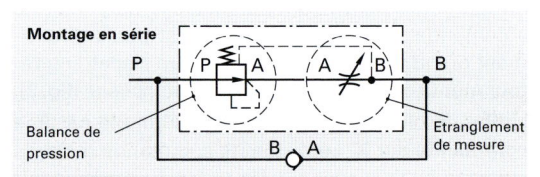

**Fig. 3 : Principe du régulateur de débit à 2 voies**

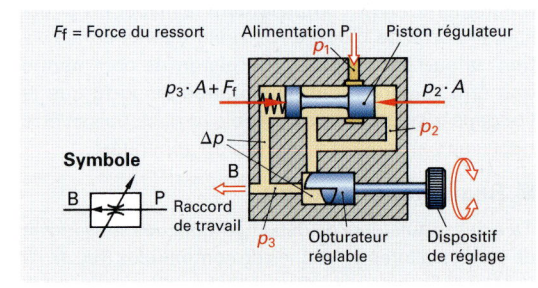

**Fig. 4 : Régulateur de débit à 2 voies avec balance de pression montée en amont**

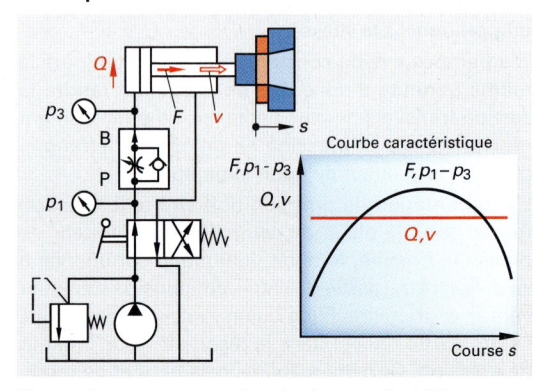

**Fig. 5 : Comportement des régulateurs de débit**

# 9.5.4 Systèmes hydrauliques proportionnels

Avec la **technique proportionnelle** dans l'hydraulique, la tension appliquée par le régulateur à une carte d'amplificateur électronique est transformée en un courant électrique (par ex. 10 mV → 10 mA). Le courant électrique est la grandeur d'entrée des aimants proportionnels **(fig. 1)**. Comme grandeur de sortie, cet aimant associé à une vanne fournit la force ou le déplacement en proportion de l'intensité.

## ■ Carte d'amplificateur électronique

Les vannes proportionnelles sont commandées électroniquement avec un courant d'entrée $I$ qui varie entre −20 mA et +20 mA. Des composants électroniques montés sur une plaquette de circuit dans la carte d'amplificateur fournissent ces courants variables **(fig. 2)**. En outre, un bloc d'alimentation fournissant la tension à la valeur souhaitée pour le potentiomètre réglable se trouve sur la carte d'amplificateur. La sortie de la carte d'amplificateur fournit les données en tension converties proportionnellement en tant que courant d'alimentation de l'électro-aimant proportionnel.

> Des amplificateurs électroniques sont utilisés pour le pilotage des vannes proportionnelles.

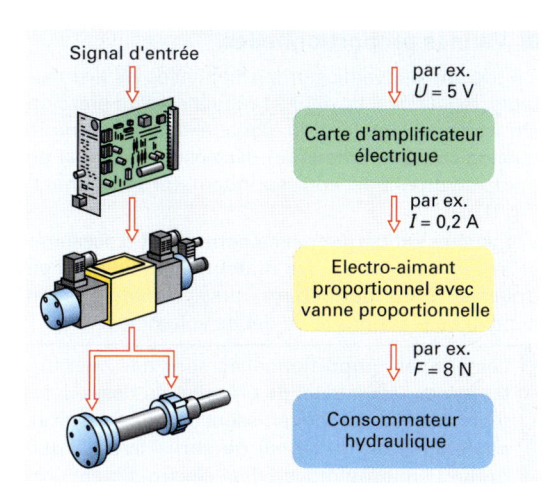

Fig. 1: Forme de cascade de l'hydraulique proportionnelle

Fig. 2: Carte d'amplificateur électronique

## ■ Electro-aimants proportionnels

Les électro-aimants proportionnels sont exploités en courant continu **(fig. 3)**. Ils sont donc aussi appelés électro-aimants à courant continu. Ils définissent le courant d'entrée en une force proportionnelle au poussoir de l'aimant. Dans la zone de travail de l'aimant, la force exercée par celui-ci dans son axe est directement proportionnelle au courant qui circule dans la bobine.

Les aimants proportionnels peuvent être à commande par force ou à commande par déplacement.

Dans la **commande par force**, la force magnétique est directement proportionnelle au courant, avec une course proche de zéro. Dans ce cas, la force électromagnétique s'oppose à la force de pression hydraulique sur la fente d'étranglement **(fig. 4)**.

Dans la **commande par déplacement**, la force magnétique agit par le biais d'un poussoir magnétique contre un ressort et produit une course (2 à 3 mm). La course correspond par ex. à une position d'étranglement et est ainsi proportionnelle au débit $Q$ de l'huile de la valve (fig. 4).

> Les aimants proportionnels sont des aimants à courant continu qui transforment le courant les traversant de manière proportionnelle en force ou en déplacement.

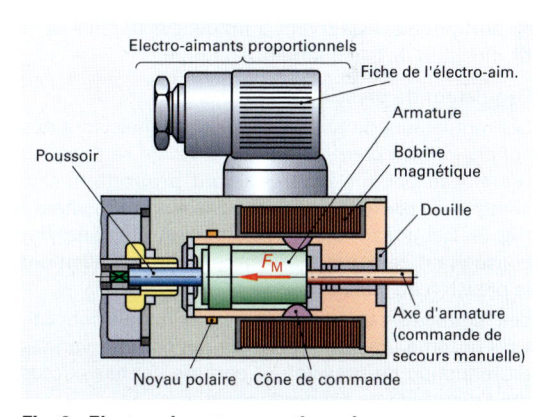

Fig. 3: Electro-aimant proportionnel

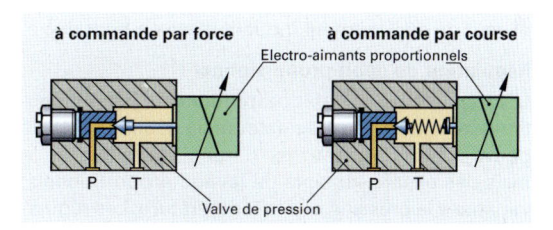

Fig. 4: Mode de fonctionnement des électro-aimants proportionnels

## ■ Vannes proportionnelles

On désigne par vannes proportionnelles les distributeurs, régulateurs de débit et régulateurs de pression sur lesquels l'ampleur du signal électrique d'entrée (analogique ou numérique) déclenche un signal de sortie hydraulique correspondant (proportionnel) (**fig.1**).

Les vannes proportionnelles permettent d'accélérer et freiner les vérins et les moteurs hydrauliques en douceur. Elles permettent aussi un réglage en continu de pressions et de débits volumiques.

> Les vannes proportionnelles sont des distributeurs, des régulateurs de pression ou des régulateurs de débit qui convertissent un signal d'entrée analogique en un signal de sortie hydraulique proportionnel au moyen d'un électro-aimant proportionnel.

### Distributeur proportionnel

Le distributeur proportionnel (**fig. 2**) sert à influencer la direction et l'amplitude d'un écoulement. Ici, l'électro-aimant proportionnel déplace le piston de commande, déclenchant ainsi le débit volumique $Q$, qui est proportionnel à l'intensité $I$. Le retour du signal de la valeur réelle se fait par le capteur de déplacement (position du piston). Dans l'amplificateur de commande, la position occupée du piston est comparée à la valeur de référence et corrigée en cas d'écarts.

> Les distributeurs proportionnels sont activés directement par le biais d'électro-aimants proportionnels. Ils servent à influencer la taille et la direction de l'écoulement du fluide.

### Régulateur de pression proportionnel

Les régulateurs de pression proportionnels sont des vannes-pilotes chez lesquelles la vis de réglage est remplacée par un électro-aimant proportionnel à commande par déplacement ou asservie à la vitesse (**fig. 3**). Cet aimant agit directement sur le cône. Par conséquent, le courant affecte proportionnellement la pression du circuit.

Les régulateurs de pression proportionnels sont utilisés comme limiteurs de pression, comme vannes de réduction de pression et comme vannes-pilotes pour distributeurs proportionnels.

> Les régulateurs de pression proportionnels sont contrôlés dans leur fonctionnement par un capteur de déplacement inductif placé en bout d'axe.

### Régulateur de débit proportionnel

Les régulateurs de débit proportionnels (**fig. 4**) fonctionnent comme des régulateurs de débit (p. 604). Ils peuvent contrôler un flux d'huile prédéfini par le biais des électro-aimants de levage proportionnels, variable à la pression et à la température. Les régulateurs de débit proportionnels sont souvent associés aux distributeurs proportionnels.

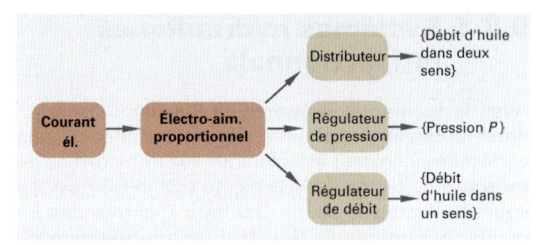

**Fig. 1 : Types de vannes proportionnelles**

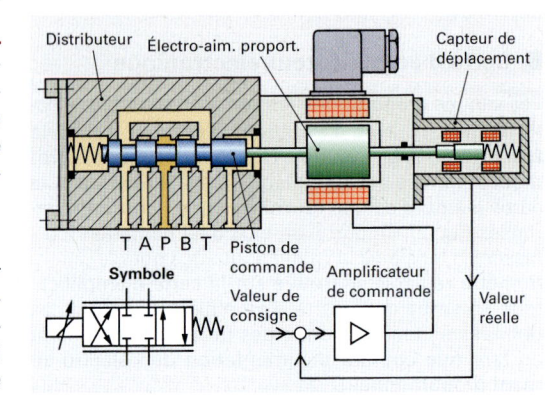

**Fig. 2 : Distributeur proportionnel**

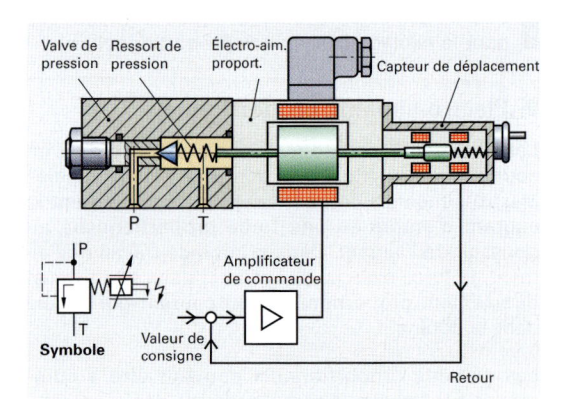

**Fig. 3 : Régulateur de pression proportionnel**

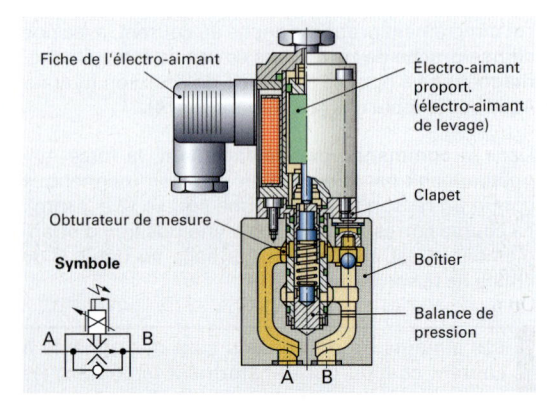

**Fig. 4 : Régulateur de débit proportionnel**

## 9.5.5 Conduites hydrauliques et accessoires

Les tubes, tuyaux et raccords transportent l'huile hydraulique de l'unité hydraulique vers les éléments de travail hydrauliques et inversement. Les liaisons de conducteur agissent toujours dans le circuit hydraulique comme une résistance.

La résistance hydraulique dépend de la vitesse d'écoulement et du type d'écoulement (laminaire ou turbulent) (**fig. 1**). Les éléments de raccordements et les conduites longues augmentent en plus la résistance et donc les pertes. Certaines vitesses d'écoulement ne doivent par conséquent pas être dépassées (**tableau 1**).

**Exemple :** Le débit volumique d'une pompe hydraulique est $Q = 12$ l/min. Le diamètre intérieur du tube $d_i = 8$ mm. Quelle est valeur de la vitesse d'écoulement ?

Solution : $Q = A \cdot v \rightarrow v = \dfrac{Q}{A} = \dfrac{Q \cdot 4}{d^2 \cdot \pi}$

$= \dfrac{12\,000 \text{ cm}^3 \cdot 4}{0{,}8^2 \text{ cm}^2 \cdot \pi \text{ min}}$

$= 23\,873{,}24 \dfrac{\text{cm}}{\text{min}} = 3{,}98 \dfrac{\text{m}}{\text{s}}$

La valeur se trouve dans la zone des valeurs de référence (tableau 1) pour les conduites de pression supérieures à 50 bars.

### ■ Tubes et raccords vissés

**Tubes.** On désigne principalement par tubes des tubes d'acier de précision étirés à froid (NBK). Le raccord à vis vient se fixer sur le diamètre extérieur $d_a$. Le diamètre intérieur $d_i$ est choisi selon le débit volumique $Q$, l'épaisseur de paroi $s$ et la pression admissible $p_{adm}$ de la conduite (**tableau 2**).

La désignation du tube comprend le diamètre extérieur $d_a$ et l'épaisseur de paroi $s$, par ex.
tube HPL E335-NBK12x2.

Les tubes sont cintrés avec des cintreuses. Le rayon de courbure est déterminé par le diamètre du tube. Le coude ne doit pas être fait trop près de l'extrémité du tube afin de laisser une portion rectiligne permettant la fixation du raccord.

**Raccords vissés.** On utilise souvent des dispositifs de serrage à bague coupante (**fig. 2**) et des raccords à collerettes. Dans les raccords à bague coupante, la bague est poussée dans le cône intérieur du raccord par le serrage de l'écrou. La bague coupante pénètre alors dans le tube et le pousse contre la face d'appui en créant ainsi l'étanchéité. L'extrémité du tube doit être coupée bien perpendiculaire à l'axe du tube.

On distingue les raccords à visser droits, les raccords d'angle et les raccords en T (**fig. 3**).

Si, lors de l'assemblage, le tube doit être placé exactement dans une position angulaire spécifique, on utilise des raccords filetés orientables (**fig. 4**).

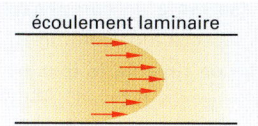

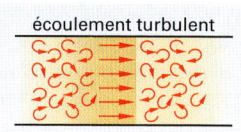

**Fig. 1 : Types d'écoulement**

**Tableau 1 : Valeurs de référence des vitesses d'écoulement**

| Pression de service $p_e$ en bar | Vitesse d'écoulement $v$ en m/s | |
|---|---|---|
| 50 | 4,0 | Conduite d'aspiration |
| 100 | 4,5 | 0,5 jusquà 1,5 m/s |
| 150 | 5,0 | |
| 200 | 5,5 | Conduite de retour |
| 300 | 6,0 | 3 m/s |

**Tableau 2 : Tubes hydrauliques**

| $d_a \cdot s$ mm · mm | $d_i$ mm | $p_{adm}$ bars | $Q^{1)}$ l/min |
|---|---|---|---|
| 8 x 1 | 6 | 300 | 7 |
| 8 x 2 | 4 | 550 | 3 |
| 12 x 1 | 10 | 230 | 19 |
| 12 x 2 | 8 | 400 | 12 |
| 20 x 2 | 16 | 250 | 48 |
| 20 x 3 | 14 | 350 | 37 |
| 25 x 2 | 21 | 220 | 83 |
| 25 x 3 | 19 | 340 | 68 |

[1)] A la vitesse d'écoulement $v = 4$ m/s

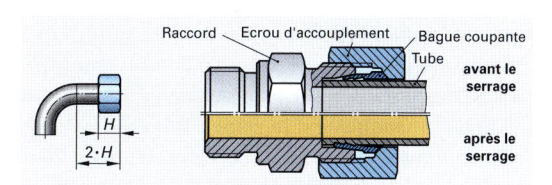

**Fig. 2 : Raccord à bague coupante**

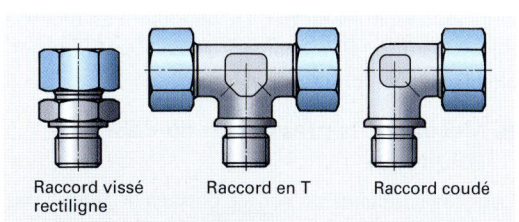

**Fig. 3 : Raccords de tuyaux**

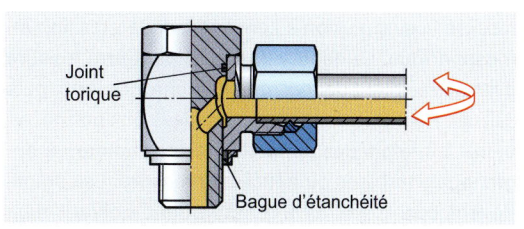

**Fig. 4 : Raccord fileté orientable**

Si un composant fixe est associé à un composant rotatif, il faut passer par un raccord tournant **(fig. 1)**. Les raccords ont un filetage de tuyauterie (par ex. G1/8) ou un filetage métrique fin (M12x1). Pour l'étanchéité il faut les monter avec des joints appropriés (filasse, téflon, colle d'étanchéité).

### ■ Flexibles

Les éléments hydrauliques mobiles doivent être reliés ensemble par des conduites flexibles. Le tube intérieur est constitué d'un matériau en caoutchouc, en Téflon et en néoprène résistant à l'huile, le support de pression est fait d'une tresse de renforcement en acier et la couche supérieure est faite d'un caoutchouc ou d'un polyester résistant à l'abrasion **(fig. 2)**. Les connexions à des appareils sont réalisées par les raccords à l'extrémité du tuyau. Les flexibles sont raccordés par des liaisons fixes ou mobiles (raccords rapides). Lors de la pose des flexibles, il faut veiller à respecter des rayons de flexion suffisamment grands et un espace suffisant pour les mouvements **(fig. 3)**.

### ■ Raccords rapides

Si des flexibles hydrauliques doivent être détachés souvent, par ex. sur des dispositifs d'essai, les flexibles et les raccords des éléments sont équipés de raccords rapides **(fig. 4)**.

Ces raccords sont composés d'un manchon d'accouplement et d'un embout enfichable. Ils sont munis d'un clapet qui bloque les connexions lorsque les flexibles sont détachés. La connexion avec l'embout ouvre automatiquement le clapet. De ce fait, l'huile reste enfermée dans les vérins, les moteurs hydrauliques ou les conduites une fois qu'on a débranché le raccord. L'air ne pénètre pas dans les conduites et ça évite de devoir les purger. Les éléments de blocage du manchon d'accouplement et de l'embout enfichable s'ouvrent mutuellement.

### ■ Mesure de la pression et du débit volumique

Dans les conduites ou sur les entrées et sorties des composants, la pression est déterminée à l'aide d'un manomètre sur les points de mesure spécifiques. On mesure la surpression à l'encontre de la pression atmosphérique. Le débit volumique peut être mesuré avec un récipient de mesure et un chronomètre, puis calculé. Pour une mesure automatisée en continu, on utilise toutefois des appareils et des capteurs à engrenages, turbines ou hélices de mesure. Les points devant être mesurés ultérieurement doivent déjà être prévus lors de la planification de l'installation.

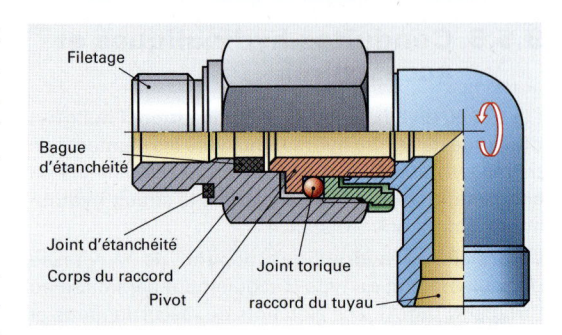

**Fig. 1 : Raccord tournant**

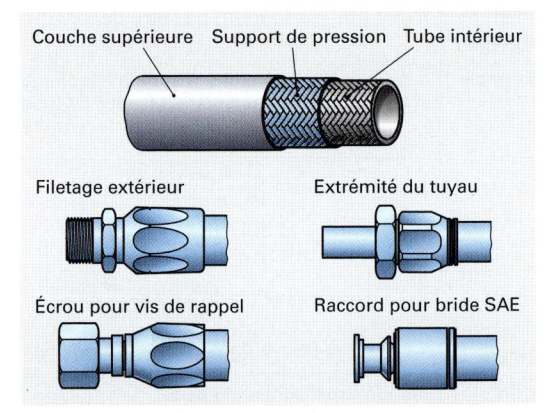

**Fig. 2 : Flexibles hydrauliques et robinetteries**

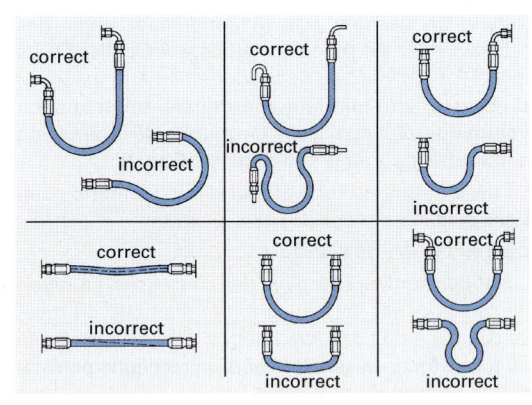

**Fig. 3 : Pose de conduites hydrauliques souples**

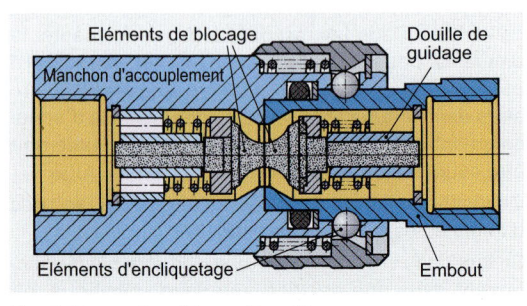

**Fig. 4 : Raccord rapide encliqueté**

## 9.5.6 Exemples de circuits hydrauliques

Les circuits hydrauliques sont créés avec les mêmes règles qu'en pneumatique. Il y a aussi un certain nombre de caractéristiques technologiques à prendre en compte : Des courses de levage longues, des pressions élevées dans l'installation ainsi que le retour et le stockage des fluides hydrauliques dans un réservoir.

### ■ Exemple de circuit hydraulique pour le maniement d'une benne

Les camions sont équipés de deux vérins à double effet pour le chargement et le déchargement des bennes **(fig. 1)**. Ces vérins sont soumis à des variations de charge : Lors du déchargement sur le sol, les vérins travaillent en compression puis en traction. Il est donc nécessaire de maîtriser les pressions de chaque côté du piston.

Pour résoudre le problème, on utilise une unité hydraulique avec laquelle le flux inverse de l'huile est contrôlé **(fig. 2)**. Les deux vérins sont contrôlés hydrauliquement par deux limiteurs de pression –QN2 et –QN3. Lors du réglage des deux limiteurs de pression, le mouvement de déplacement est freiné avec le LP se trouvant dans le circuit de retour utilisé. On peut lire la pression de contre-appui sur sur chacun des manomètres. Les deux LP sont contournés par des clapets anti-retour dans la direction opposée.

### ■ Exemple pour le circuit électro-hydraulique d'une unité de perçage

L'unité de perçage **(fig. 3)** doit être commandée de la manière suivante :
- Maintien sur la position initiale gauche
- Déplacement en avance rapide jusque devant la pièce (EV)
- Forage en avance de travail (AV)
- Retour en recul rapide jusqu'à la position initiale (ER)

Le travail est représenté dans un graphique distance-temps. La commande peut être réalisée avec un régulateur de débit à deux voies ou une vanne proportionnelle.

Le régulateur de débit sert au réglage de la vitesse d'avance. En avance rapide, il est contourné par un distributeur 2/2 (–QM2), en retour rapide par le clapet anti-retour (–RM3) **(fig. 1, page suivante)**.

Sur la commande à vanne proportionnelle 4/3 –QM1, toutes les vitesses sont réglées par cette vanne. En déplacement rapide ou en retour rapide, le tiroir du distributeur proportionnel ouvre complètement le passage. En fin de course le distributeur proportionnel amortit l'arrêt en fermant le passage du fluide hydraulique.

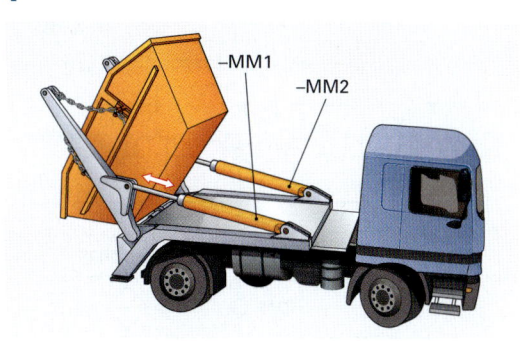

Fig. 1 : Basculement d'une benne amovible sur un camion

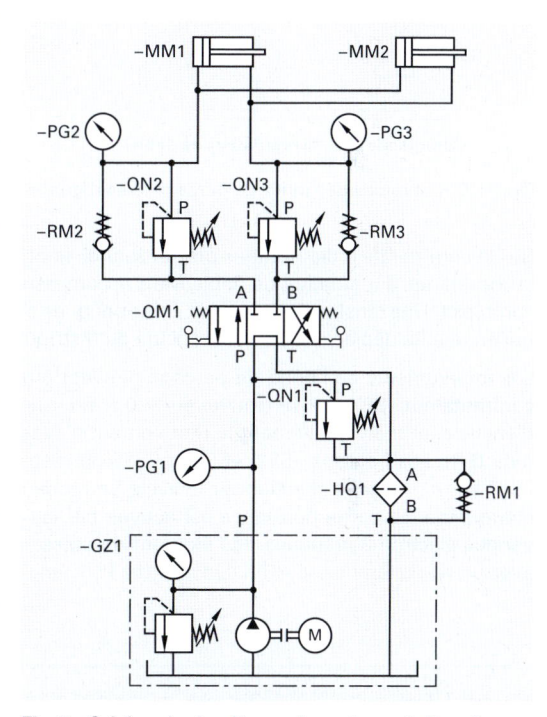

Fig. 2 : Schéma hydraulique – basculement d'une benne

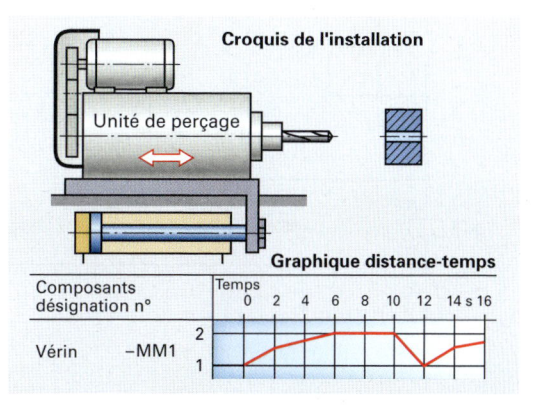

Fig. 3 : Unité de perçage et graphique distance-temps

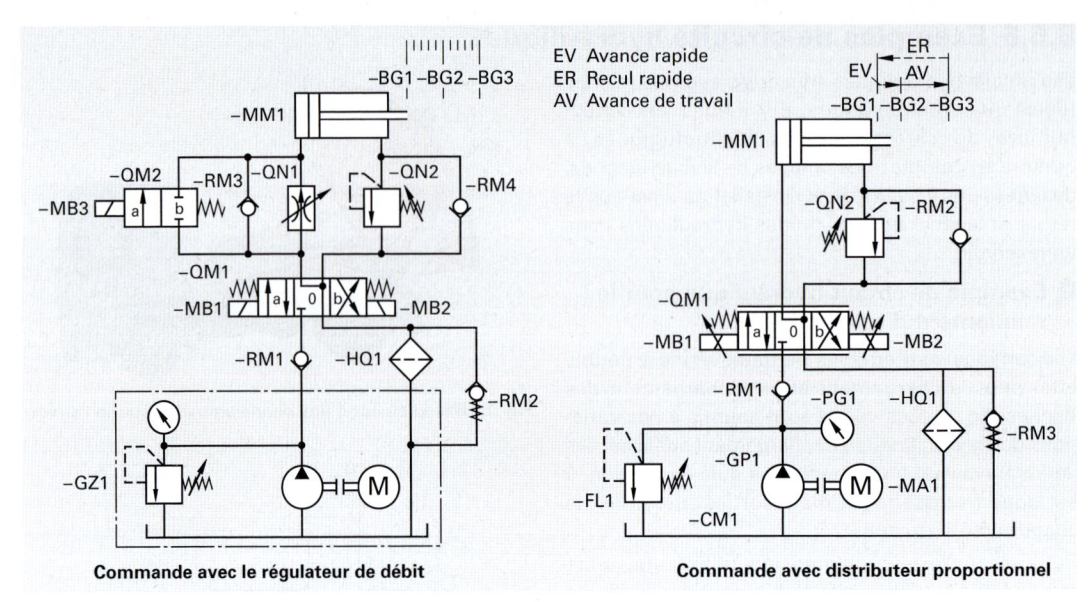

**Fig. 1 :  Commandes de l'unité de perçage avec régulateur de débit et distributeur proportionnel**

Sur la commande à distributeur proportionnel, le nombre d'éléments hydrauliques est moins élevé que sur la commande à régulation de débit. Mais la commande électrique pour le distributeur proportionnel est plus complexe. Une tension variable doit être appliquée sur l'électro-aimant proportionnel. Le champ magnétique qui en résulte déplace le tiroir de réglage du distributeur 4/3 sur différentes positions de commutation.

Les mouvements de l'unité de perçage peuvent être déclenchés individuellement à la main. À cette fin, le commutateur –SF7 doit se trouver sur « 0 ». En monde manuel, les boutons –SF1, –SF3 et –SF5 permettent d'enclencher individuellement le mouvement d'avance rapide (EV), d'avance de travail (AV) et de retour rapide (ER). Les boutons –SF2, –SF4 et –SF6 permettent d'arrêter les mouvements **(fig. 2)**. Le commutateur –SF7 sur «1» permet d'actionner le cycle en mode automatique. Le schéma de principe présente la partie commande. La partie puissance est activée par les contacts des relais –KF11, –KF4, etc., en actionnent les vannes électromagnétiques de l'élément de puissance hydraulique. Le retour se fait en fonction du temps avec un relais temporisé –KF3. Un retard à l'enclenchement de 3 secondes est réglé.

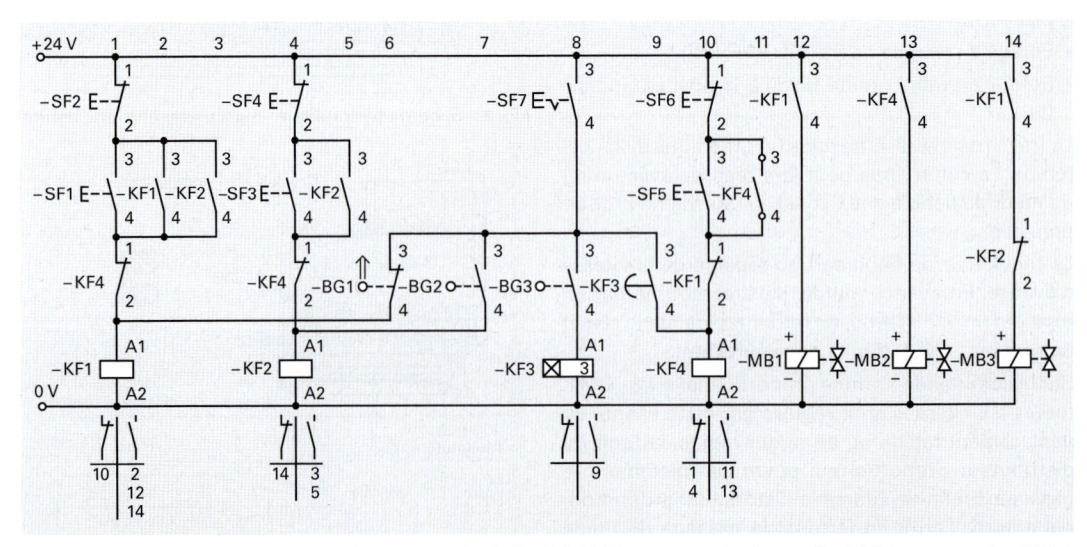

**Fig. 2 :  Schéma des connexions pour la commande de l'unité d'alésage avec régulateur de débit (contacts simplifiés)**

# Commandes hydrauliques

## Répétition et approfondissement

1. Quelles sont les fonctions des fluides hydrauliques ?
2. En quoi réside la différence entre les entraînements avec pompes à débit constant et les entraînements avec pompes à débit variable ?
3. Quelle est la structure des accumulateurs hydrauliques ?
4. Dans quels cas utilise-t-on des distributeurs pilotés ?
5. Quelle utilisation fait-on des clapets anti-retour pilotés ?
6. Quelles sont les différences entre un régulateur de débit et une valve d'étranglement ?
7. Une presse hydraulique doit générer, à une pression $p_e$ = 80 bars et à un débit volumique de $Q$ = 12 l/min, une force sur le piston de $F$ = 100 kN (**fig. 1**).
   a) Quel doit être le diamètre du piston du vérin lorsqu'on adopte comme hypothèse un rendement de $\eta$ = 0,92 ?
   b) Le vérin doit être choisi parmi la gamme de diamètres normalisés suivante : 50, 70, 100, 140, 200, 280, 400 (d en mm).
   c) Quel est le rapport entre la vitesse d'entrée et la vitesse de sortie si le débit d'alimentation est constant et le diamètre de la tige du piston est la moitié du diamètre du piston ?
8. Le multiplicateur de pression pneumatique-hydraulique (**fig. 2**) est alimenté à $p_{e1}$ = 6 bars.
   a) Combien est la pression dans le côté hydraulique lorsque l'on néglige les frottements ?
   b) Quelle valeur atteint cette pression avec un rendement de 85 % ?
   c) Quel volume de liquide fournit le dispositif multiplicateur de pression pour une course du piston $s$ = 50 mm ?
9. Ecrivez la liste avec les noms des éléments de la commande d'avance (**fig. 1, p. précédente**).
10. Sur une table de transfert circulaire, il faut alimenter en huile sous pression un vérin hydraulique (**fig. 3**). De quels types de raccords à vis a-t-on besoin sur les points 1, 2 et 3 ?
11. Quel est le déroulement des mouvements du vérin (**fig. 4**) et quelle est la fonction de chaque soupape ?
12. Quelles soupapes doivent être fermées ou ouvertes avant des travaux d'entretien sur la commande de la fig. 4 ?

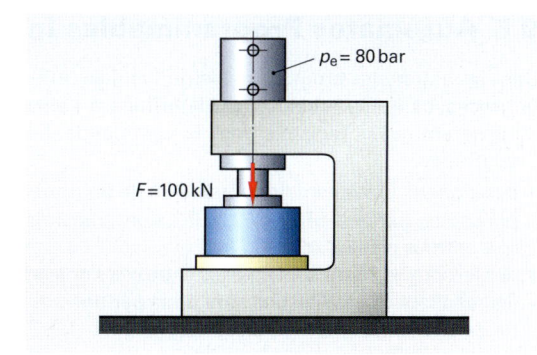

Fig. 1 : **Presse hydraulique**

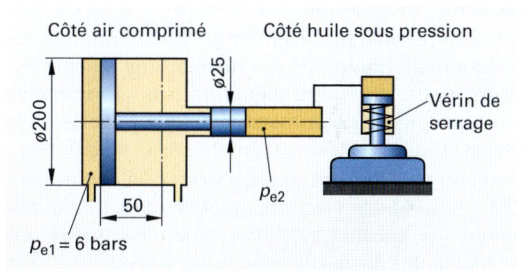

Fig. 2 : **Dispositif multiplicateur de pression**

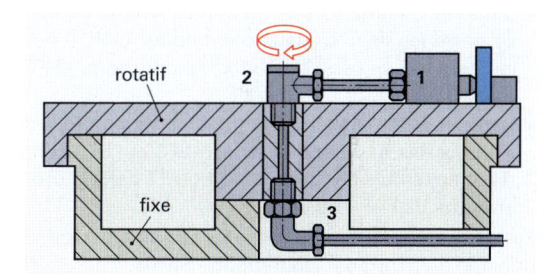

Fig. 3 : **Table de transfert circulaire**

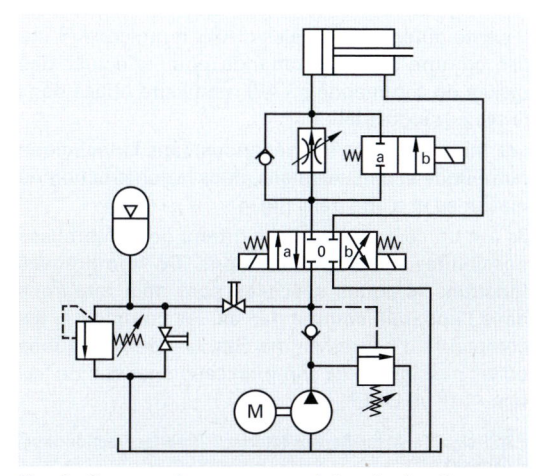

Fig. 4 : **Commande avec accumulateur hydraulique**

## 9.6 Automates Programmables Industriels (API)

Dans les automates programmables industriels (API), le processus de commande est déterminé à l'aide de programmes enregistrés dans la commande. En l'occurrence :
- des signaux provenant de capteurs ou de boutons-poussoirs, par ex. –SF1, –SF2, –SF3, sont transmis aux entrées de l'automate,
- des liaisons logiques sont établies entre ces signaux,
- les résultats de ces liaisons sont émis par une sortie de signaux, par ex. la vanne magnétique –MB1.

> Sur les automates programmables industriels (**API**), le déroulement de la commande est défini par un programme.

Par contre, si le déroulement d'une commande est uniquement déterminé par des liaisons de conducteurs entre différents éléments, ces commandes sont qualifiées de **commandes à logique câblée**. Cela inclut les commandes pneumatiques et électriques.

Le vérin de l'étau est commandé par un distributeur 3/2 à commande électromagnétique (**fig. 1**). La mâchoire de serrage se ferme lorsqu'on appuie en même temps sur les deux boutons-poussoirs –SF2 et –SF3. Elle s'ouvre à nouveau lorsqu'on actionne le bouton-poussoir –SF1.
- Dans les commandes à logique câblée, la liaison ET entre les deux signaux d'entrée est établie par le couplage en série des boutons-poussoirs –SF2 et –SF3 (**fig. 2**).
- Dans les automates programmables par contre, les signaux des boutons-poussoirs –SF2 et –SF3 sont reliés ensemble par une instruction ET dans le programme de l'API (**fig. 3**).

Les deux types de commandes fonctionnent selon le principe de l'**Entrée – Traitement – Sortie**.

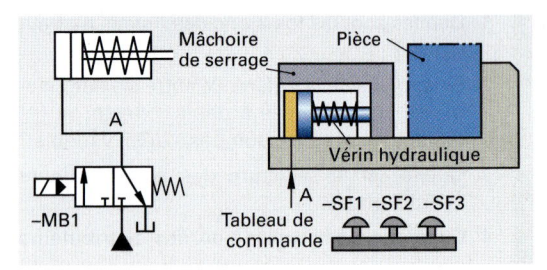

Fig. 1 : Etau hydraulique

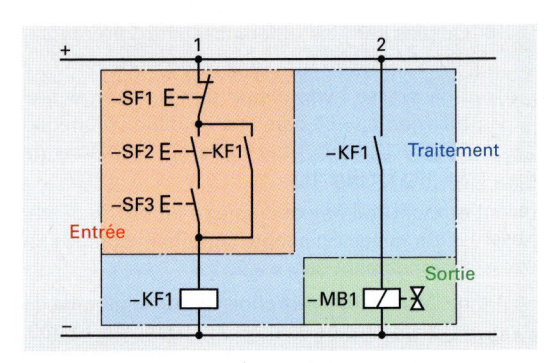

Fig. 2 : Commande à logique câblée

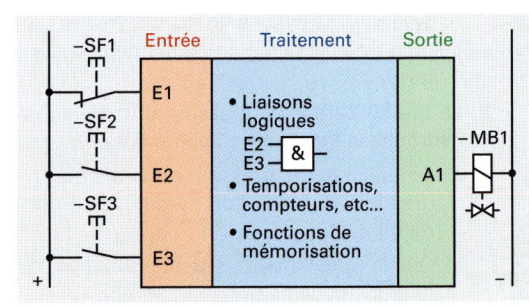

Fig. 3 : Commande par API

### 9.6.1 Micro-API (module logique)

Il existe différents modèles d'API : du micro-API utilisé comme petite commande pour effectuer des tâches de commande à l'API modulaire utilisé dans le secteur industriel.

Les micro-API sont très répandus dans la technique domotique et d'installations, dans la construction de machines et d'appareils (**fig. 4**).

Ils ont un coût abordable et offrent de nombreuses possibilités de programmations. De nombreuses fonctions logiques spéciales sont déjà intégrées dans l'appareil, comme par ex. les compteurs, les compteurs d'heures de marche, les temporisations ou les possibilités de communication par bus de terrain ASI[1] ou EIBE[2].

[1] ASI signifie **A**ktor-**S**ensor-**I**nterface (interface actionneur-palpeur).

[2] EIBE signifie bus d'installation européen

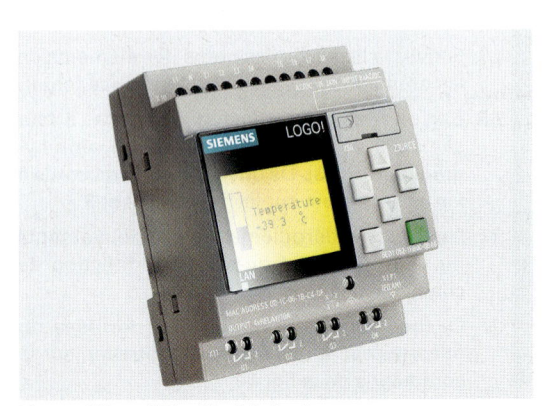

Fig. 4 : Micro-API – Module logique

# Automates Programmables Industriels (API)

Les caractéristiques typiques d'un API sont également présentes sur un micro-API : les boutons-poussoirs, commutateurs ou détecteurs de proximité sont connectés sur les bornes d'entrée **(fig. 1)**. Les micro-API de base disposent de huit entrées numériques et de quatre sorties. Ils fournisseur les états logiques des signaux low = « 0 » (false) ou high = « 1 » (true).

Les appareils alimentés en 230 V peuvent avoir des sorties à relais.

Les appareils à tension continue à 12 V et 24 V disposent de sorties à transistor avec une tension de sortie de 24 V à 0,3 A maxi ou des sorties à relais.

Pour le paramétrage et les petites programmations, on dispose de quatre touches de commande, d'une touche ESC et d'une touche OK. Un écran LCD permet de surveiller les états des signaux. Des logiciels permettent de créer et simuler des programmes sur le PC et on peut ensuite les transférer dans le micro-API à travers les interfaces RS 232 ou USB, ce qui est bien plus pratique **(fig. 2)**. Sur les versions les plus récentes des appareils, il est possible d'effectuer une observation en ligne de l'exécution du programme par le micro-API depuis le PC.

La programmation peut se faire en deux langages :

- **représentation en logigrammes (LOG)** : la fig. 2 présente les éléments ET, un module RS, trois entrées et une sortie. Cette langue s'appelle également ment « logigramme ».
- **représentation en ladder (CONT)** : c'est la désignation anglaise du **schéma électrique,** cette programmation ressemble beaucoup au schéma développé **(fig. 3)**. Cette représentation est préférée surtout dans l'espace anglophone.

**Exemple : Ouverture et fermeture automatiques d'une porte de passage (fig. 4)**

Deux locaux doivent être séparés l'un de l'autre par une porte coulissante.

La porte est déplacée par un vérin pneumatique. Celui-ci est commandé par un distributeur 5/2 bistable.

La porte peut être ouverte des deux côtés par les boutons-poussoirs –SF1 ou –SF2. Les interrupteurs de fin de course –BG1 et –BG2 détectent la position fermée et ouverte. Pour plus de sécurité, on les choisit avec des contacts à ouverture.

Au bout de 15 secondes, la porte se referme automatiquement dans la mesure où la zone de la porte est dégagée. Une barrière photoélectrique –BG3 surveille si des personnes ou des appareils se trouvent dans la zone de passage. Si tel est le cas, la barrière photoélectrique est à l'état de signal « 0 ».

L'installation peut être ramenée en position initiale par l'interrupteur à clé –SF3 (contact à fermeture).

Le message « Ouverture de la porte » est affiché sur l'écran du micro-API.

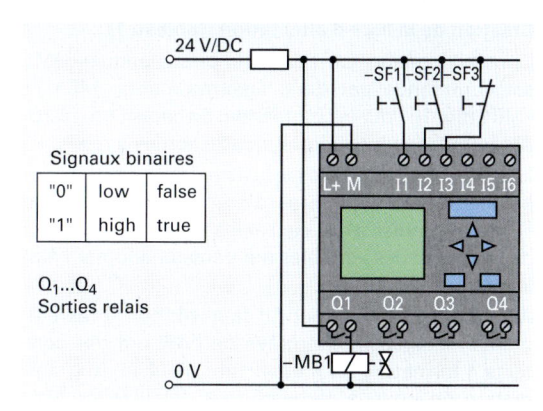

| Signaux binaires | | |
|---|---|---|
| "0" | low | false |
| "1" | high | true |

$Q_1...Q_4$ Sorties relais

**Fig. 1 : Câblage des entrées et des sorties sur un micro-API**

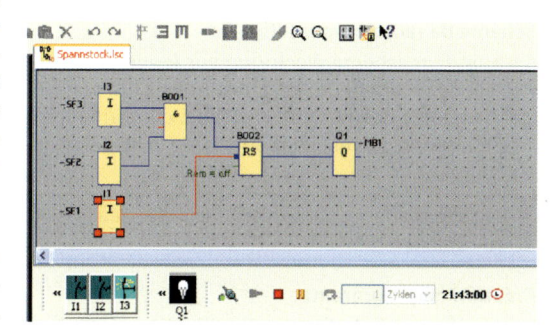

**Fig. 2 : Programme en LOG dans la simulation PC**

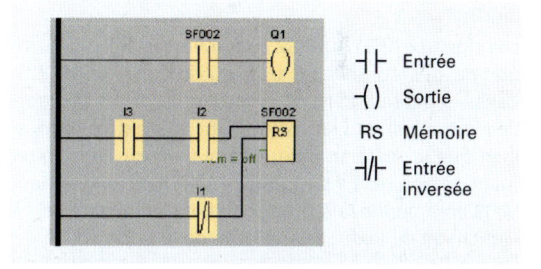

–| |– Entrée
–( ) Sortie
RS Mémoire
–|/|– Entrée inversée

**Fig. 3 : Programme en CONT sur le PC**

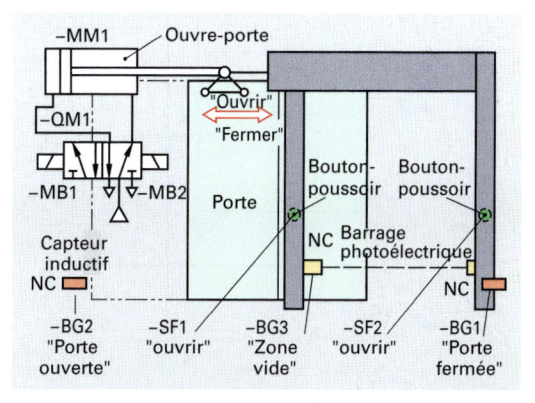

**Fig. 4 : Croquis de l'installation d'une porte de passage**

## Création de la liste d'affectation (tableau 1) :

Le préactionneur –QM1 du vérin pneumatique –MM1 est commandé par deux électroaimants -MB1 et –MB2 **(fig. 1)**. Pour la commande, on choisit un micro-API muni de huit entrées et quatre sorties à relais.

La liste d'affectation dresse la liste des composants et leur attribue les adresses d'entrée et de sortie de l'API. Les entrées (I1, I2 etc.) et les sorties (Q1, Q2 etc.) de l'API sont des variables qui peuvent adopter l'état logique « 1 » ou « 0 ».

Avant la programmation, il faut vérifier si les éléments raccordés aux entrées de l'API ont des **contacts à fermeture** ou **à ouverture**. Pour la programmation ou pour la recherche de défaillances ultérieures, une liste d'affectation est un outil indispensable en tant que document d'accompagnement.

## Schéma de raccordement (fig. 2) :

il s'agit d'un schéma électrique sur lequel des capteurs et des actionneurs sont raccordés à l'API utilisé. Les symboles doivent être dessinés conformément aux normes, et doivent correspondre à la liste d'affectation.

> Le schéma de raccordement facilite la réalisation du câblage.

## Création du programme :

le programme de l'API peut être réalisé sur PC avec un logiciel de programmation, pour le problème de la porte nous choisissons le mode logigramme (LOG) **(fig. 3)**.

Les signaux –BG1 et –BG2 sont inversés. Pour la commande des sorties ont utilise deux mémoires RS. Celles-ci passent sur deux mémentos M1 et M2 (sorties virtuelles), qui se verrouillent alternativement, si bien que le sas peut uniquement s'ouvrir ou uniquement se fermer. La temporisation à l'enclenchement B009 commande la fermeture. Le module B004 sert à l'affichage du texte : « Ouverture de la porte ».

### Tableau 1 : Liste d'affectation

| Composant | Adresse | Commentaire |
|---|---|---|
| –SF3 | I1 | Commutateur à clé « prêt à fonctionner », **contact à fermeture** |
| –SF1 | I2 | Bouton-poussoir « ouvrir le sas », **contact à fermeture** |
| –SF2 | I3 | Bouton-poussoir « ouvrir le sas », **contact à fermeture** |
| –BG1 | I4 | Fin de course « sas fermé », **contact à ouverture** |
| –BG2 | I5 | Fin de course « sas fermé », **contact à ouverture** |
| –BG3 | I6 | Barrière lumineuse « zone vide », **contact à ouverture** |
| –MB1 | Q1 | Vanne magnétique « ouvrir le sas » |
| –MB2 | Q2 | Vanne magnétique « fermer le sas » |

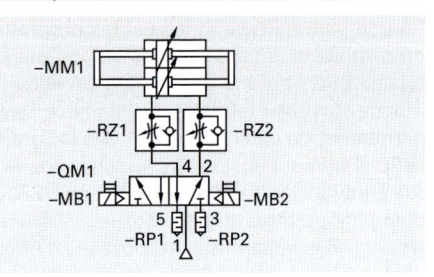

**Fig. 1 : Schéma pneumatique**

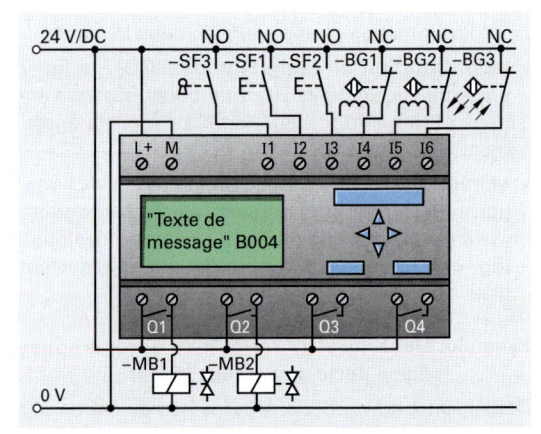

**Fig. 2 : Plan de raccordement (schéma électrique)**

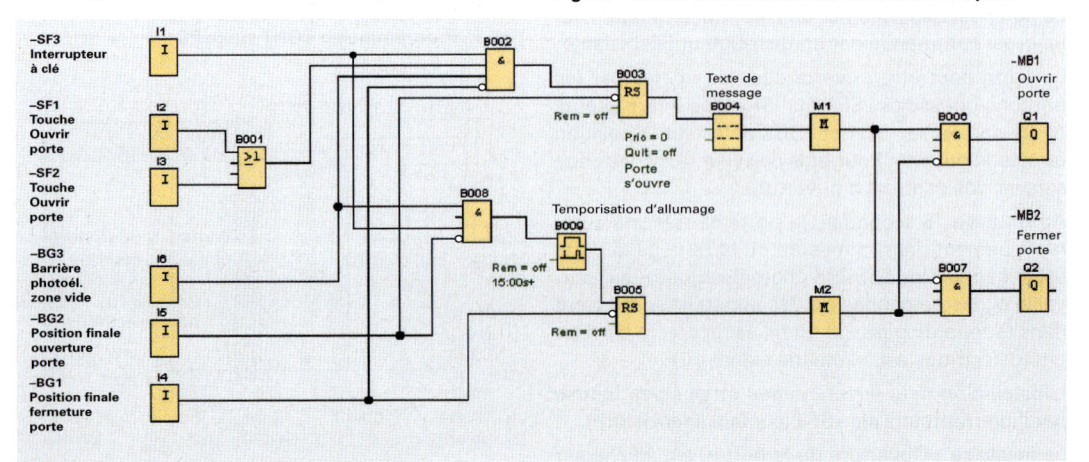

**Fig. 3 : Solution en logigramme, langage LOG**

## 9.6.2 Automates programmables industriels modulaires (API modulaire)

Des systèmes API modulaires sont généralement utilisés pour des taches d'automation moyennes ou complexes (**fig. 1**).

### 9.6.2.1 Structure d'un API modulaire

Ses principaux éléments sont: module d'entrée, unité centrale (CPU) avec mémoire de programme et module de sortie. Ces éléments sont reliés ensemble par un connecteur de bus, qui permet la communication entre les modules et le CPU. Une interface série sert à la programmation de l'unité centrale, par ex. par un PC.

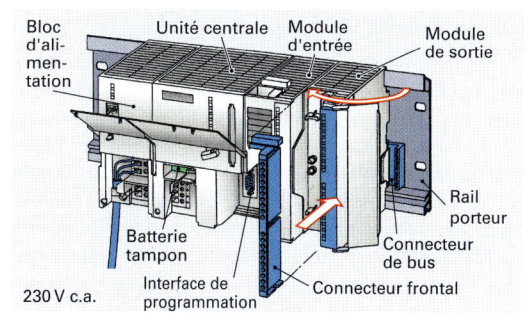

**Fig. 1: Système (API) modulaire**

■ **Module d'entrée : module de signal SM/DE**

Ce sous-ensemble présente des bornes pour générateurs de signaux ou capteurs. Les signaux d'entrée numériques ne sont pas directement transmis électriquement au bus de paroi arrière vers la CPU, mais via un optocoupleur (**fig. 2**). Ces éléments permettent de transmettre des signaux entre deux circuits électriques à séparation galvanique. De la sorte, les circuits sensibles 3 V sont protégés des surtensions.

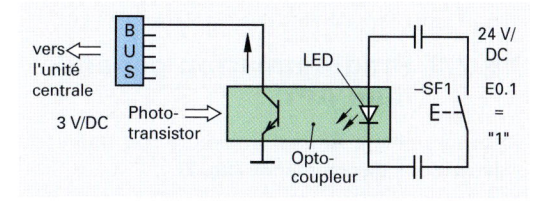

**Fig. 2: Bloc d'entrée avec optocoupleur**

■ **Unité centrale avec mémoire de programmes: CPU**

L'unité centrale est pilotée par un système d'exploitation et comporte différentes zones de mémoire dans lesquelles par ex. le programme d'application est sauvegardé et traité. La capacité de la mémoire et la vitesse de traitement sont les caractéristiques importantes d'un CPU (**fig. 3**).

| Caractéristique de puissance | 312 IFM | 313 | 314 | 314 IFM | 315 | 315-2DP |
|---|---|---|---|---|---|---|
| Mémoire de travail (intégré) | 6 Ko | 12 Ko | 24 Ko | 24 Ko | 48 Ko | |
| Mémoire de chargement<br>• intégrée<br>• extensible par Memory Card | 30 Ko RAM, 30 Ko EEPROM<br>— | 20 Ko RAM<br>jusqu'à 512 Ko | 40 Ko RAM<br>jusqu'à 512 Ko | 40 Ko RAM, 40 Ko d'EEPROM<br>— | 80 Ko RAM<br>jusqu'à 512 Ko (dans l'unité centrale, programmable jusqu'à 256 Ko) | |
| Vitesse ms/1000 instructions binaires | env. 0,7 | | | env. 0,3 | | |

■ **Module de sortie**

Le module de sortie génère, avec des optocoupleurs, les signaux de sortie de l'API pour commander des relais, transistors, vannes électromagnétiques, signalisations, etc. …

### 9.6.2.2 Mode de fonctionnement d'un API modulaire

Après le démarrage du CPU par le système d'exploitation (BESY), les valeurs du fichier images des sorties (PAA) sont appliquées aux modules de sortie et l'état des entrées est enregistré dans le fichier images des entrées (PAE) (**fig. 4**). En cas de redémarrage total, la PAA est effacée.

La création de fichiers d'images (**fig. 5**) a par rapport à l'accès direct aux entrées ou aux sorties l'avantage que pendant la durée du traitement cyclique des programmes, on dispose d'une image clairement définie des signaux du processus. Si pendant l'exécution du programme, l'état d'un signal change sur un module d'entrée, l'état du signal reste invarié dans le fichier image jusqu'au prochain cycle d'actualisation des fichiers d'images.

**Fig. 3: Caractéristiques de performances de différentes unités centrales (CPU)**

BESY Routines du système d'exploitation
PAA Fichier image des sorties
PAE Fichier image des entrées
OB1 Module d'organisation 1

Traitement cyclique du programme (pour les unités centrales à partir de 1998)

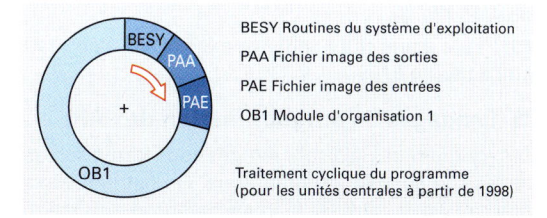

**Fig. 4: Traitement cyclique de programmes sur la CPU**

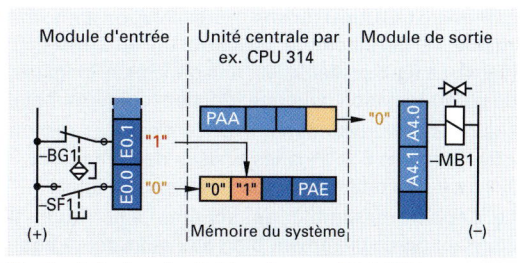

**Fig. 5: Création des fichiers images PAA/PAE**

Si un signal d'entrée doit être interrogé plusieurs fois dans le programme, cela garantit un traitement cohérent pendant le cycle.

Après la création des fichiers image, le programme de l'application qui se trouve dans le module d'organisation OB1 est exécuté séquentiellement, donc ligne par ligne. Un compteur d'adresses commence par l'adresse 0000 la plus basse et se poursuit jusqu'à la dernière adresse 0002 **(fig. 1)**, les nouvelles valeurs des sorties sont inscrites dans le fichier image au fur et à mesure que le programme les détermine.

Puis l'ensemble du cycle API recommence par le début, on attribue aux sorties les nouveaux états selon le fichier image. Un inconvénient de ce mode de traitement cyclique est qu'un API réagit avec retard par rapport aux changements des signaux d'entrée.

### 9.6.2.3 Programmation générale d'un API

Un programme d'API est constitué par une série d'**instructions de commande (fig. 2)**.

Dans la **partie «Opérations»** apparaît toute la liste d'instructions qui sont utilisables dans un certain API et dans un certain langage de programmation API.

Dans la **partie opérande** apparaissent toutes les variables d'un API, par ex. entrées E, sorties A, temporisation T. Les mémentos sont particulièrement intéressants, par ex. M 0.1. Ces mémoires à 1 bit servent à sauvegarder des valeurs logiques intermédiaires. Si la tension de service de l'API est coupée, le contenu de la mémoire risque d'être perdu, certaines valeurs peuvent néanmoins être sauvegardées et reprises lors du prochain démarrage en activant la fonction de rémanence. Le **numéro d'opérande** est en réalité constituée de l'adresse en octets et bit qu'on peut relever dans la configuration du matériel de l'API **(fig. 3)**.

L'adresse d'une entrée pour une CPU314C-2 pourrait être E136.1 à E138.7.

### ■ Langages de programmation de l'API

Les programmes API sont rédigés sous forme soit de textes soit sous forme graphique. On fait la distinction ce faisant entre les langages de programmation suivants : programmation en liste d'instructions (LIST) ; langage contact ou ladder (CONT) ; logigramme (LOG) ainsi qu'une représentation dans une chaîne de déroulement ressemblant au GRAFCET **(fig. 4)**. La **fig. 5** présente les trois principaux langages de programmation pour une fonction logique simple.

Les listes d'instructions commencent par l'instruction «**U**» (fonction ET). Puis les phases de commande à exécuter (opération) sont traitées ligne par ligne.

Le **Ladder** ressemble au schéma électrique. Il convient particulièrement bien aux utilisateurs habitués aux commandes à relais et contacteurs.

Compteur d'adresses — Mémoire de travail

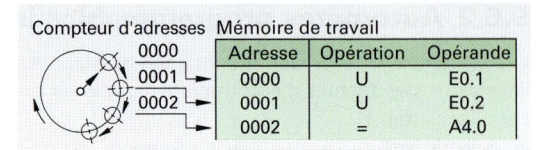

| Adresse | Opération | Opérande |
|---|---|---|
| 0000 | U | E0.1 |
| 0001 | U | E0.2 |
| 0002 | = | A4.0 |

**Fig. 1 :** Traitement des programmes cyclique

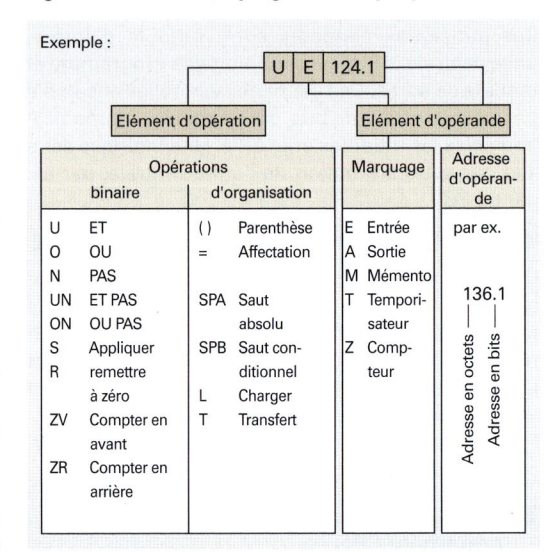

Exemple : U E 124.1

Elément d'opération — Elément d'opérande

| Opérations | | | | Marquage | Adresse d'opérande |
|---|---|---|---|---|---|
| binaire | | d'organisation | | | |
| U | ET | ( ) | Parenthèse | E Entrée | par ex. |
| O | OU | = | Affectation | A Sortie | |
| N | PAS | | | M Mémento | |
| UN | ET PAS | SPA | Saut absolu | T Temporisateur | 136.1 |
| ON | OU PAS | SPB | Saut conditionnel | Z Compteur | Adresse en octets / Adresse en bits |
| S | Appliquer | | | | |
| R | remettre à zéro | L | Charger | | |
| ZV | Compter en avant | T | Transfert | | |
| ZR | Compter en arrière | | | | |

**Fig. 2 :** Structure d'une instruction de commande

| Emplacement | Désignation | Numéro de commande | Firmware | Adresse MPI | Adresse E | Adresse A |
|---|---|---|---|---|---|---|
| 1 | PS 307 2A | 6ES7 307 -1BA00-0AA0 | | | | |
| 2 | CPU 314 C-2 | 6ES7 314-5AE03-0AB0 | V1.2 | 2 | 136...138 | 136...137 |

**Fig. 3 :** Adresses en octets d'une configuration du matériel

| Texte | Liste d'instructions (LIST) | U E0.1<br>U E0.2<br>= A4.0 |
|---|---|---|
| Graphique | Ladder (CONT) | E0.1 E0.2 A4.0 ⊢⊣ ⊢⊣ ( ) |
| | Logigramme (LOG) | E0.1 / E0.2 & A4.0 |
| | Grafcet, par ex. selon CEI 1131 (GRAPH) | 3 / 4 |

**Fig. 4 :** Aperçu des langages de programmation

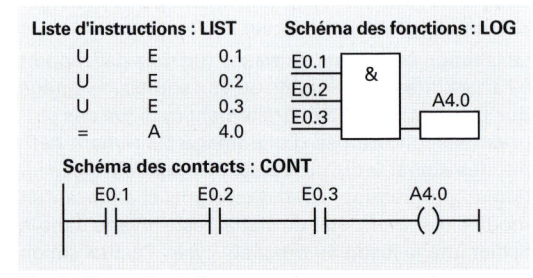

Liste d'instructions : LIST
```
U    E    0.1
U    E    0.2
U    E    0.3
=    A    4.0
```

Schéma des fonctions : LOG
E0.1, E0.2, E0.3 & → A4.0

**Schéma des contacts : CONT**
E0.1  E0.2  E0.3     A4.0
⊢⊣   ⊢⊣   ⊢⊣      ( )

**Fig. 5 :** Exemple de langages de programmation

# Automates Programmables Industriels (API)

Dans le langage avec **logigrammes**[1], le programme d'application est représenté par des symboles graphiques. Ces symboles sont adaptés aux symboles logiques selon DIN EN 60617 (**tableau 1**).

## ■ Câblage d'un API

Les boutons-poussoirs et les capteurs sont câblés sur les entrées de l'API (**fig. 1**). Fondamentalement, les installations et les machines doivent être mises en marche par un contact à fermeture, un signal « 1 » logique et arrêtées par un contact à ouverture, un signal « 0 ». Ensuite on attribue aux sorties de l'API des actionneurs, par ex. des vannes magnétiques, des voyants de signalisation ou des relais.

## ■ Opérations de base de l'API

### Exemple : coulisseau pneumatique

La commande d'un coulisseau pneumatique doit être modifiée pour pouvoir être réalisée par un API (**fig. 2**). Le vérin sort lorsqu'il est placé en position de fin de course arrière et que le bouton START est activé. Une fois que la position de fin de course avant est atteinte, le vérin revient en position initiale.

Dans une API la **table des mnémoniques** est utilisée au lieu de la liste d'affectation (**fig. 3**).

Pour le préactionneur, on va utiliser un distributeur 5/2 bistable à double commande électromagnétique, les générateurs de signaux pneumatiques sont remplacés par des contacts électriques actionnés par boutons-poussoirs et galets. Il en résulte la table des mnémoniques de la fig. 3. La désignation des **symboles** (par ex. –BG1) devient l'adresse, ce qui signifie que dans l'éditeur de programmes, cette désignation pourrait aussi être utilisée à la place de E0.1.

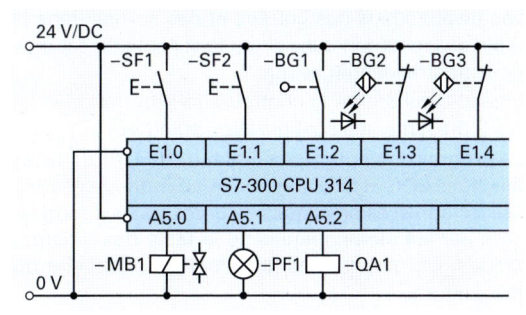

Fig. 1 : Câblage d'un API

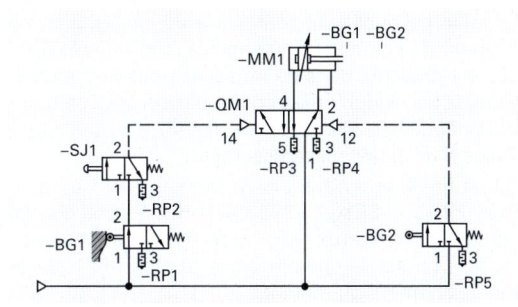

Fig. 2 : Schéma pneumatique d'un coulisseau

| Symbole | Adresse | Commentaire |
|---|---|---|
| –BG1 | E0.1 | Position de fin de course arrière, contact NO |
| –BG2 | E0.2 | Position de fin de course avant, contact NO |
| –SF1 | E0.3 | Touche de démarrage, contact NO |
| –MB1 | A4.0 | Bobine magnétique ; sortie de –MM1 |
| –MB2 | A4.1 | Bobine magnétique ; rentrée de –MM1 |

Fig. 3 : Tableau des mnémoniques

**Tableau 1 : Opérations logiques de base et leur application en langages API**

| Symbole DIN EN 60617 | Table de vérité | Diagramme de synchronisation | LOG | LIST | CONT |
|---|---|---|---|---|---|
| Identité (E 1 A) | E A / 0 0 / 1 1 | Entrée / Sortie | E0.0 = A4.0 | U E 0.0 <br> = A 4.0 | E0.0 —⊣⊢— A4.0 —( )— |
| Négation (E 1 A) | E A / 0 1 / 1 0 | Entrée / Sortie | E0.0 = A4.0 | UN E 0.0 <br> = A 4.0 | E0.0 —⊣/⊢— A4.0 —( )— |
| ET (E1 & E2 → A) | E2 E1 A / 0 0 0 / 0 1 0 / 1 0 0 / 1 1 1 | Entrée 1 / Entrée 2 / Sortie | E0.0 & E0.1 = A4.0 | U E 0.0 <br> U E 0.1 <br> = A 4.0 | E0.0 E0.1 A4.0 —⊣⊢—⊣⊢—( )— |
| OU (E1 ≥1 E2 → A) | E2 E1 A / 0 0 0 / 0 1 1 / 1 0 1 / 1 1 1 | Eing. 1 / Eing. 2 / Ausg. | E0.0 ≥1 E0.1 = A4.0 | O E 0.0 <br> O E 0.1 <br> = A 4.0 | E0.0 —⊣⊢— A4.0 —( )— <br> E0.1 —⊣⊢— |

[1] Au lieu de la représentation selon DIN EN 61131-3 nous allons utiliser les symboles LOG dans ce qui suit.

Les désignations des entrées et des sorties dans la table des mnémoniques et sur le schéma de câblage doivent être identiques **(fig. 1)**.

Elles dépendent de la configuration du matériel. **La fig. 2** présente une configuration standard.

Le **programme** pour le coulisseau est écrit dans les langages LOG et LIST **(fig. 3)**. En LIST on n'a pas utilisé les adresses physiques de l'API, on les a remplacées par les **mnémoniques** de la table des mnémoniques. On obtient ainsi une meilleure lisibilité du programme.

## ■ Inversion des signaux[1]

La mise en œuvre de contacts à ouverture comme élément de commutation dans les commandes à relais est prescrite dans de nombreux cas sur les machines et installations électriques, par ex. pour éteindre un système de manière sûre (Stop) ou pour l'affichage d'un signal d'avertissement.

Sur la **fig. 4**, le voyant d'avertissement –PF1 a un signal « 1 » si –SF1 et –SF2 ne sont pas activés. Le contact de fermeture –KF1 se fermerait en présence de tension sur le chemin 2 ; le témoin –PF1 sur le même chemin s'allumerait.

Avec un API, les deux contacts à ouverture sont câblés sur deux entrées. Le programme API tient compte du fait qu'au moment de l'établissement de la tension aux entrées E0.0 et E0.1 des signaux « 1 » sont déjà présents.

Le programme en LIST est le suivant **(fig. 5)** :

U E0.0   « 1 »  ⎱  Le résultat de la combinaison
U E0.1   « 1 »  ⎰  à la mise en marche.
= A 4.0  « 1 »

Avec l'API, on peut remplacer les deux contacts à ouverture par deux contacts à fermeture. Le voyant –PF1 doit s'allumer lorsque –SF1 et –SF2 **ne sont pas** activés. Lorsque –SF1 et –SF2 ne sont pas activés, ils fournissent aux entrées E0.0 et E0.1 des signaux logiques « 0 », on effectue donc l'inversion du signal dans le programme.

Liste d'instructions LIST :

UN E0.0  « 0 » à l'entrée      interne « 1 »
UN E0.1  « 0 » à l'entrée      interne « 1 »
= A 4.0  « 1 » comme résultat de combinaison

La négation **« N »** signifie : un « 0 » à l'entrée E0.0 devient par l'intermédiaire de la négation (correspondant à une inversion de signal) un « 1 » logique.

## ■ Fonctions de mémorisation

Un besoin fréquent en technique de commande est la sauvegarde de signaux ne se produisant que pendant un court laps de temps. La mémorisation peut avoir lieu de manière mécanique avec un accrochage ou de manière électrique avec un circuit d'automaintient par l'intermédiaire du contact à fermeture d'un relais **(fig. 1 p. suivante)**.

[1] 1 inversion de signal, c'est-à-dire inversion d'un signal de « 0 » en « 1 » ou de « 1 » en « 0 »

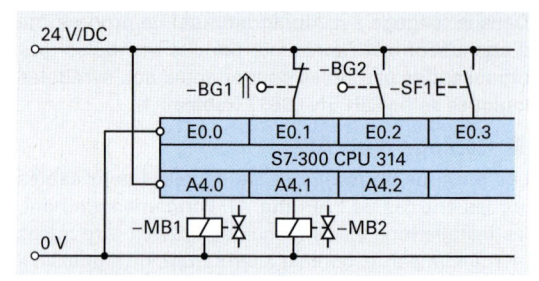

**Fig. 1 : Câblage du coulisseau pneumatique**

| Emplacement | Désignation | Numéro de commande | Firmware | Adresse MPI | Adresse E | Adresse A |
|---|---|---|---|---|---|---|
| 1 | PS 307 2A | 6ES7 307 -1BA00-0AA0 | | | | |
| 2 | CPU 314 | 6ES7 314-1AE04-0AB0 | V1.1 | 2 | | |
| 3 | | | | | | |
| 4 | DI32xDC24V | 6ES7 321-1BL00-0AA0 | | | 0...3 | |
| 5 | DO32xDC24V/0,5A | 6ES7 322-1BL00-0AA0 | | | | 4...7 |

**Fig. 2 : Configuration du matériel**

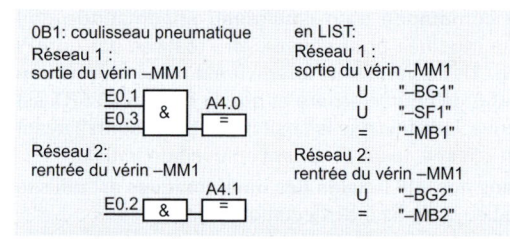

0B1 : coulisseau pneumatique
Réseau 1 :
sortie du vérin –MM1

E0.1
E0.3  & = A4.0

Réseau 2 :
rentrée du vérin –MM1

E0.2  & = A4.1

en LIST :
Réseau 1 :
sortie du vérin –MM1
 U  "–BG1"
 U  "–SF1"
 =  "–MB1"

Réseau 2 :
rentrée du vérin –MM1
 U  "–BG2"
 =  "–MB2"

**Fig. 3 : Programme API du coulisseau**

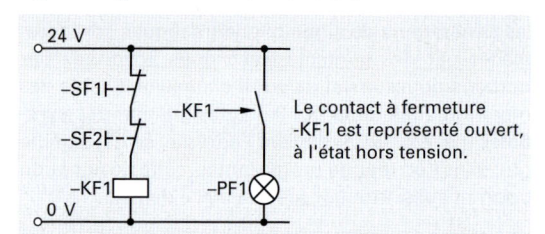

**Fig. 4 : Utilisation de contacts à ouverture dans des circuits**

Le contact à fermeture -KF1 est représenté ouvert, à l'état hors tension.

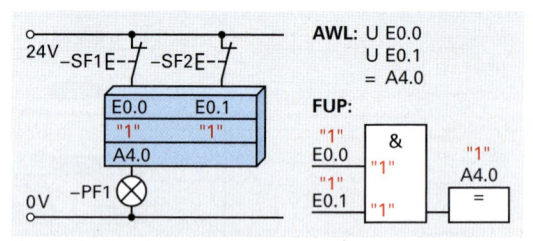

AWL: U E0.0
     U E0.1
     = A4.0

**Fig. 5 : Utilisation de contacts à ouverture dans la technique API**

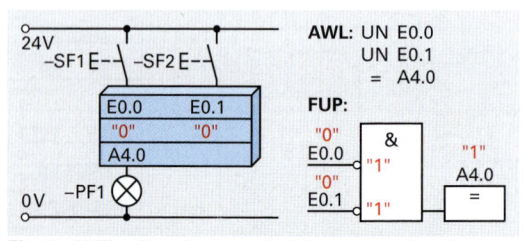

AWL: UN E0.0
     UN E0.1
     = A4.0

**Fig. 6 : Utilisation de contacts à fermeture dans la technique API**

# Automates Programmables Industriels (API)

La **fig. 1** présente la variante d'auto-maintien à déclenchement prioritaire. Le signal d'arrêt a la priorité sur le signal de mise en marche, c'est-à-dire que si les deux boutons –SF1 et –SF2 sont activés, alors l'état du relais –KF1 est « 0 ». Le voyant –PF1 est éteint.
Avec les circuits d'auto-maintien à enclenchement prioritaire le signal de mise en marche –SF1 prédomine sur le signal d'arrêt –SF2, c'est à dire que le voyant –PF1 serait allumé. Dans ce cas, –SF2 devrait se trouver dans la même ligne de courant que le contact à fermeture de –KF1.
Pour réaliser les mêmes fonctions sur un API, nous pouvons câbler un contact à fermeture –SF1 comme signal de mise en marche sur E0.0 et un contact à ouverture –SF2 sur E0.1. Pour des raisons de sécurité, sur le bouton –SF2 on utilise un contact à ouverture, afin d'assurer l'arrêt en cas de rupture des câbles. Dans **le tableau 1** sont indiqués les deux auto-maintiens dans les langages API.
Dans le tableau 1 les auto-maintiens sont réalisés selon la logique de la technique des relais. Etant donné que la fonction de mémorisation est souvent utilisée dans la technique API, par ex. dans les commandes séquentielles, il existe des commandes **S** et **R** propres aux API **(tableau 2)**.
Le tableau 2 montre par ex. dans la liste d'instructions :  U   E0.0
  S   A4.0
Cela signifie que si E0.0 a un « 1 », alors la sortie sera placée sur « 1 », même si E0.0 redevient « 0 ». C'est uniquement sur une commande R que la sortie peut être ramenée à « 0 ».
La **bascule SR** correspond à un auto-maintien **à arrêt prioritaire**. La dernière affectation à la 4e ligne du programme LIST pour la sortie A4.0 est décisive. La dernière affectation est **« R »** (= Reset).
La **bascule RS** correspond à un enclenchement prioritaire, la dernière instruction est **« S »**.
La **fig. 3** montre le mode de fonctionnement d'une mémoire : dans le fichier image des entrées PAE se trouvent deux fois le « 1 », car les boutons-poussoirs E0.0 et E0.1 sont activés. A la 3e ligne, le résultat de combinaison (VKE) devient par l'instruction **« N »** un « 0 » logique, de telle sorte qu'à la ligne 4, la sortie A4.0 dans la table d'images des sorties PAA reste sur « 1 ».

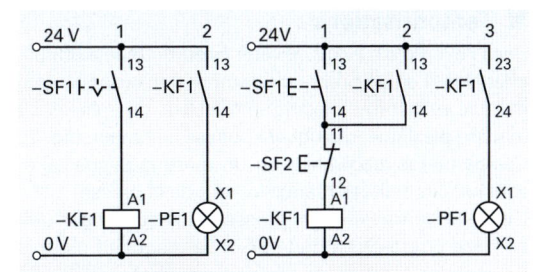

Fig. 1 : Auto-maintien de signaux

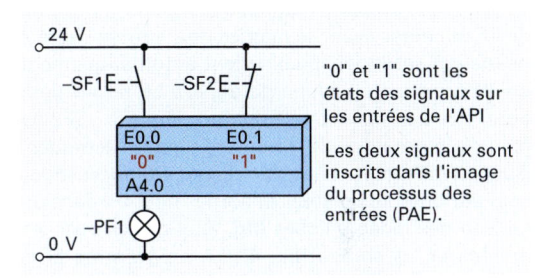

Fig. 2 : Câblage d'un auto-maintien sur API

"0" et "1" sont les états des signaux sur les entrées de l'API
Les deux signaux sont inscrits dans l'image du processus des entrées (PAE).

Tableau 1 : Circuits d'auto-maintien (sur E0.1 est câblé un contact à ouverture)

| | LOG | LIST | CONT |
|---|---|---|---|
| Déclenchement prioritaire | A4.0 ≥1 / E0.0 / E0.1  &  A4.0 = | U( / O  A  4.0 / O  E  0.0 / ) / U  E  0.1 / =  A  4.0 | A4.0  E0.1  A4.0 / E0.0 |
| Enclenchement prioritaire | A4.0 & / E0.1  ≥1  A4.0 / E0.0  = | U  A  4.0 / U  E  0.1 / O  E  0.0 / =  A  4.0 | A4.0  E0.1  A4.0 / E0.0 |

Tableau 2 : Fonctions de maintient

| Opération | LOG | LIST | CONT |
|---|---|---|---|
| Application de sauvegarde (SET) | E0.0  S  A4.0 | U  E  0.0 / S  A  4.0 | E0.0  A4.0 (S) |
| Remise à zéro de la sauvegarde (RESET) | E0.1  R  A4.0 | U  E  0.1 / R  A  4.0 | E0.1  A4.0 (R) |
| Bascule SR | E0.0  SR  A4.0 / E0.1  S / R  Q | U  E  0.0 / S  A  4.0 / U  E  0.1 / R  A  4.0 / NOP  0 | E0.0  A4.0  SR  S  Q / E0.1  R |
| Bascule RS | E0.1  RS  A4.0 / E0.0  R / S  Q | U  E  0.1 / R  A  4.0 / U  E  0.0 / S  A  4.0 / NOP  0 | E0.1  A4.0  RS  R  Q / E0.0  S |

| Ligne de programme | LIST | Etat du signal dans le PAE | Prescription de liaison | VKE | PAA |
|---|---|---|---|---|---|
| 1 | U E0.0 | 1 | | 1 | |
| 2 | S A4.0 | | S | | 1 |
| 3 | UN E0.1 | 1 | | 0 | |
| 4 | R A4.0 | | R | | 1 |

Fig. 3 : Traitement de commandes LIST

## ■ Temporisations

Dans l'exemple suivant, le vérin pneumatique à double effet –MM1 d'une presse à estamper doit enfoncer une matrice réchauffée électriquement sur des pièces en matière plastique, qui ont été posées à la main. **(fig. 1)**. Ces dernières reçoivent ainsi un marquage spécial et sont ensuite retirées manuellement de la presse.
L'espace de travail de la presse est sécurisé par une barrière photo-électrique –BG3. Le dispositif est mis en marche à l'aide du bouton-poussoir –SF1. Les deux positions de fin de course du piston sont vérifiées par des capteurs magnétiques. Dans la position de fin de course avant, la matrice de la presse s'arrête pendant 3 secondes, puis revient automatiquement en arrière sur sa position de départ. Le retour peut aussi être déclenché par le bouton-poussoir –SF2 ou par une interruption de la barrière photo-électrique.
Après avoir choisi l'API, les dispositifs électriques sont attribués aux entrées et sorties de l'API dans un tableau des mnémoniques **(fig. 2)** et câblés avec les entrées et les sorties **(fig. 4)**. Le programme LOG **(fig. 3)** contient une mémoire SR pour la commande du préactionneur monostable –QM1 et une temporisation à l'enclenchement S_EVERZ **(tableau 1)**.

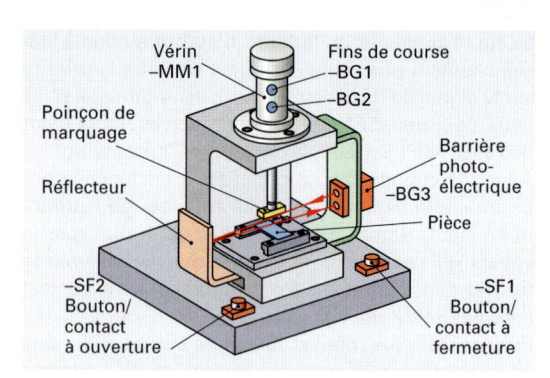

**Fig. 1 : Schéma technologique de la presse à estamper**

| | Symbole | Adresse | Type de données | Commentaire |
|---|---|---|---|---|
| 1 | –BG3 | E 0.0 | BOOL | Barrière lumineuse; activé = "0"; contact à ouverture |
| 2 | –SF1 | E 0.1 | BOOL | Touche de démarrage, contact à fermeture |
| 3 | –SF2 | E 0.2 | BOOL | Touche de retour, contact à ouverture |
| 4 | –BG1 | E 0.3 | BOOL | Capteur magn. pour position de fin de course arrière de –MM1; contact à fermeture |
| 5 | –BG2 | E 0.4 | BOOL | Capteur magn. pour sortie vérin –MM1, monostable; contact à fermeture |
| 6 | –MB1 | A 4.0 | BOOL | Commande électromagnétique monostable pour activer –MM1 |

**Fig. 2 : Tableau des mnémoniques (presse à estamper)**

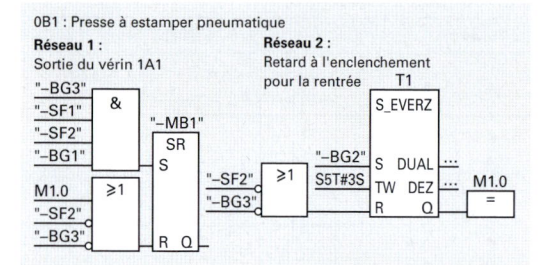

**Fig. 3 : Programme LOG pour la presse à estamper**

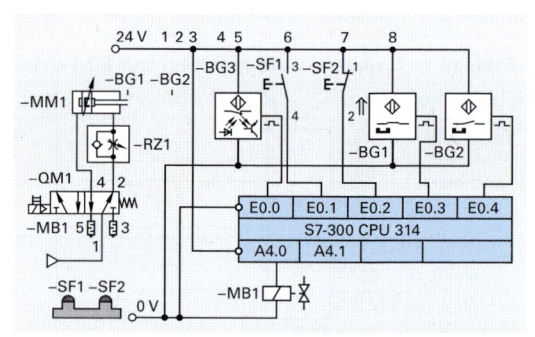

**Fig. 4 : Câblage API de la presse à estamper**

### Tableau 1 : Temporisations dans les systèmes API modulaires

| Fonction | LOG | CONT | LIST | | Diagramme de synchronisation |
|---|---|---|---|---|---|
| Impulsion<br>**Impulsion S** | T1 S_IMPULS<br>E2.0 — S DUAL<br>S5T#5s — TW DEZ<br>E2.1 — R Q — A6.0 | T1 S_IMPULS<br>E2.0 — S Q — A6.0<br>S5T#5s — TW DUAL<br>E2.1 — R DEZ | U E 2.0<br>L S5T#5s<br>SI T 1<br>U E 2.1<br>R T 1<br>U T 1<br>= A 6.0 | | Flanc montant |
| Retard à l'enclenchement<br>**S_EVERZ** | T2 S_EVERZ<br>E2.0 — S DUAL<br>S5T#5s — TW DEZ<br>E2.1 — R Q — A6.0 | T2 S_EVERZ<br>E2.0 — S Q — A6.0<br>S5T#5s — TW DUAL<br>E2.1 — R DEZ | U E 2.0<br>L S5T#5s<br>SE T 2<br>U E 2.1<br>R T 2<br>U T 2<br>= A 6.0 | | |
| Retard au déclenchement<br>**S_AVERZ** | T3 S_AVERZ<br>E2.0 — S DUAL<br>S5T#5s — TW DEZ<br>E2.1 — R Q — A6.0 | T3 S_AVERZ<br>E2.0 — S Q — A6.0<br>S5T#5s — TW DUAL<br>E2.1 — R DEZ | U E 2.0<br>L S5T#5s<br>SA T 3<br>U E 2.1<br>R T 3<br>U T 3<br>= A 6.0 | | Flanc descendant |

## 9.6.2.4 Commandes séquentielles dans l'API

Dans les commandes séquentielles les différentes étapes se suivent dans une séquence fixe. Les commandes séquentielles peuvent dépendre du temps ou dépendre des étapes d'un processus.

**Exemple : Installation de mélange de peinture (fig. 1)**
Deux couleurs de peinture doivent être mélangées dans une cuve. Les composants sont mélangés pendant un certain temps, puis quand la peinture est prête, le mélange est évacué.

Après le signal de départ avec le bouton-poussoir –SF1, les électrovannes –MB1 et –MB2 sont ouvertes. Les composants de peinture s'écoulent jusqu'au niveau de remplissage maximal, qui est vérifié par le capteur –BG2. Ensuite les deux vannes sont à nouveau fermées et le moteur –MA1 de l'agitateur se met en marche pendant deux minutes. La peinture mélangée est pompée par la pompe entraînée par le moteur –MA2 jusqu'à ce que le conteneur soit vide. Cet état est vérifié par le capteur –BG1.

**Conditions supplémentaires :** le commutateur rotatif –SF2 permet de choisir entre le cycle automatique et manuel. Le fonctionnement automatique est arrêté par le bouton-poussoir « Arrêt –SF3 » (contact à ouverture). Avec le bouton-poussoir –SF4, le conteneur peut être vidé en fonctionnement manuel, indépendamment du déroulement. Si l'installation se trouve en en position de base (GS), la lampe témoin verte –PF1 est allumée. Si l'installation fonctionne en mode « Automatique », la lampe témoin –PF2 a un signal « 1 » et s'allume.

Le processus de commande en fonctionnement automatique est représenté dans un **Grafcet** conformément à DIN EN 60848 **(fig. 2)**. Par « Sélection de mode », l'installation est exploitée en mode automatique ou pas à pas.

Le **tableau des mnémoniques** transmet l'affectation des entrées et des sorties aux sous-ensembles de l'API **(fig. 3)**.

La commande séquentielle a une structure différente de celle des commandes logiques. Les éléments suivants sont typiques :
- **partie du mode d'exploitation** (pas à pas ou automatique),
- **chaîne d'étapes** avec fanions d'étape,
- **sortie de commande** avec actions,
- **partie d'annonces** avec affichage de l'état et des pannes.

**Programmation structurée :** pour pouvoir rendre cette structure lisible dans un programme API, on ajoute au module du programme OB1, qui sert d'interface entre un programme d'utilisateur et le système d'exploitation de l'API, d'autres modules de programmes **(fig. 1, page suivante)**.

Ces modules s'appellent **fonctions FC** et peuvent être programmés librement par l'utilisateur.

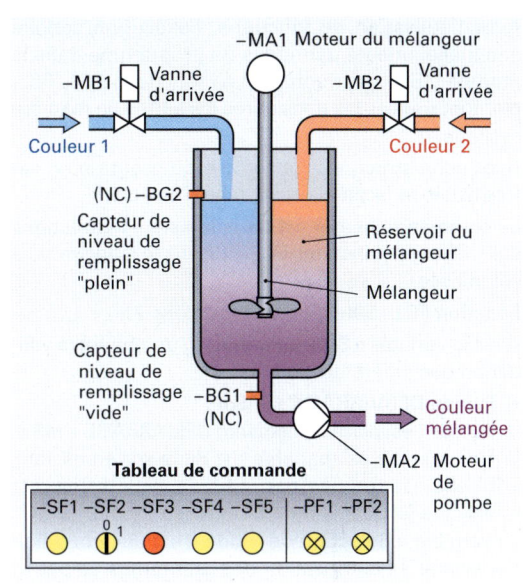

Fig. 1 : Croquis d'une installation de mélange des peintures

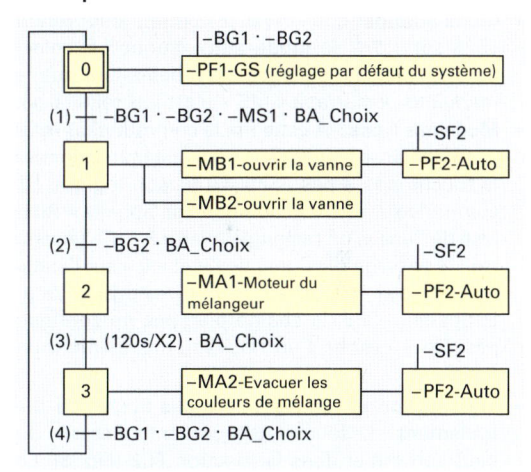

Fig. 2 : GRAFCET pour le fonctionnement automatique de l'installation de mélange de couleurs

| | Symbol | Adresse | Commentaire |
|---|---|---|---|
| 1 | –SF1 | E0.1 | Touche de démarrage, contact de fermeture |
| 2 | –SF2 | E0.2 | Commutateur rotatif, Auto = 1, Pas à pas = 0 |
| 3 | –SF3 | E0.3 | Touche de stop, contact d'ouverture |
| 4 | –SF4 | E0.4 | Bouton-poussoir, purger de la peinture, contact de fermeture, Reset |
| 5 | –SF5 | E0.5 | Touche pas à pas, contact de fermeture |
| 6 | –BG1 | E0.6 | Capteur capac., récipient « vide », contact d'ouverture |
| 7 | –BG2 | E0.7 | Capteur capac., récipient « plein », contact d'ouverture |
| 8 | –MB1 | A4.0 | « Ouvrir » vanne d'afflux –MB1 ; composante 1 de peinture |
| 9 | –MB2 | A4.1 | « Ouvrir » vanne d'afflux –MB2 ; composante 2 de peinture |
| 10 | –MA1 | A4.2 | Moteur de mélangeur –MA1 « MARCHE » |
| 11 | –MA2 | A4.3 | Moteur de pompe –MA2 « MARCHE » |
| 12 | –PF1 | A4.4 | Voyant de signalisation –PF1 ; vert ; installation en position de base GS |
| 13 | –PF2 | A4.5 | Voyant de signalisation –PF2 ; blanc ; installation en mode automatique |
| 14 | Étape 0 | M0.0 | Étape d'initialisation |
| 15 | Étape 1 | M0.1 | Les deux vannes s'ouvrent (–MB1, –MB2) |
| 16 | Étape 2 | M0.2 | Moteur de mélangeur –MA1 marche |
| 17 | Étape 3 | M0.3 | Moteur de pompe –MA2 marche |
| 18 | MS | M50.0 | Mémento démarrage |
| 19 | Sélection de mode | M50.1 | Sélection de mode (pas à pas – automatique) |
| 20 | Pas à pas | M50.2 | Drapeau de flanc pas à pas |
| 21 | Reset | M50.3 | Initialisation et remise à zéro des étapes de déroulement |
| 22 | GS | M50.4 | État de base de l'installation (position de base) |

Fig. 3 : Table des mnémoniques pour le mélangeur

Avec l'utilisation de fonctions, l'exécution sérielle habituelle, orienté par lignes de programme dans le module OB1, est modifiée. Les fonctions FC1, FC2, etc. sont traitées les unes après les autres de manière cyclique.

Avec cette structure, l'ensemble du programme est très lisible et facilite la recherche d'erreurs.

La commande «call» est dans la liste d'instructions LIST. Dans les fonctions FC1, FC2 etc. le langage LOG est utilisée.

**Fonction FC1 : Sélection de mode (fig. 2).**

Avec la variable «**Sélection mode**» on obtient la validation des différentes étapes :

- **Fanion DÉMARRAGE « MS » :**
  Par –SF1 est placé le mémento DÉMARRAGE « MS ». Une marche permanente est de la sorte possible. Si elle est stoppée par –SF3, le cycle actuel est exécuté jusqu'à la fin.

La variable « **Sélection de mode** » est une condition nécessaire à l'autorisation des différentes étapes et permet soit le mode pas à pas soit le mode automatique :

- **Mode automatique :** Avec le commutateur rotatif –SF2 sur « 1 », le mode automatique est sélectionné, la chaîne d'étapes est répétée tant que le mémento Démarrage « MS » n'est pas réinitialisé.
- **Mode pas à pas :** À cette fin, le commutateur rotatif –SF2 doit se trouver sur « 0 » et il faut actionner la touche pas à pas –SF5. La liaison logique ET commute sur une fonction que l'on appelle « **Analyse de flanc** », un rectangle avec « **P** ». Ce faisant, seul le passage du signal de l'état « **0** » sur l'état « **1** » est saisi et analysé. Si l'on reste plus longtemps sur –SF5, la chaîne d'étapes ne continue pas. On a besoin d'un nouveau changement de flanc.
- **Initialisation et remise à zéro des étapes de déroulement :** La touche –SF4 devient « Reset ». On peut voir l'effet dans la fonction **FC2 (Fig. 3)**. Le « Reset » a pour effet de placer avec mémorisation l'étape 0, l'étape d'initialisation. Lors d'un nouveau démarrage du programme, « Reset » est impérativement nécessaire vu que la variable « Étape 3 » de la liaison logique ET conduit, avec « Sélection de mode », à « 0 ». La variable « Étape 3 », la dernière étape sur la chaîne de déroulement, ne se trouve sur « 1 » qu'après un unique passage.

  En outre, « Reset » sert à vider l'installation à la main (voir page suivante sur la figure 2, réseau 3).

- **État de base de l'installation (fig. 2) :** la variable « GS » sert à décrire l'état initial ou la position de base d'une installation, par exemple que le récipient est « vide ». De la sorte, le capteur –BG1 en tant que contact d'ouverture a la valeur « 1 » à l'entrée API E0.6. Il n'est pas actionné. Il en va de même pour le capteur –BG2 sur E0.7.

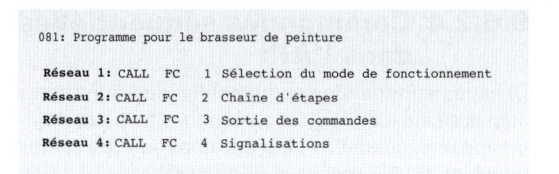

```
081: Programme pour le brasseur de peinture
Réseau 1: CALL  FC   1 Sélection du mode de fonctionnement
Réseau 2: CALL  FC   2 Chaîne d'étapes
Réseau 3: CALL  FC   3 Sortie des commandes
Réseau 4: CALL  FC   4 Signalisations
```

**Fig. 1 : Appel des fonctions dans l'OB1**

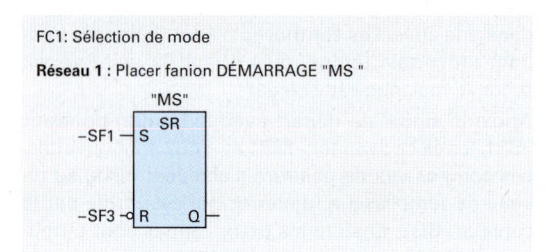

FC1: Sélection de mode

Réseau 1 : Placer fanion DÉMARRAGE "MS"

Réseau 2 : Sélection de mode "BA_Wahl" ("Sélection de mode")

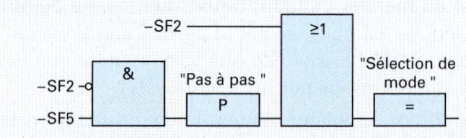

Réseau 3 : Initialisation et remise à zéro des étapes de déroulement

Réseau 4 : État de base de l'installation

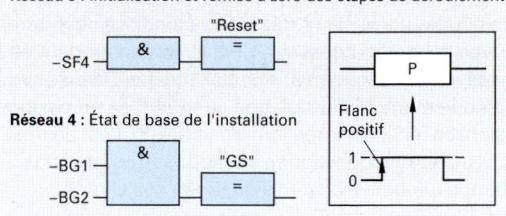

**Fig. 2 : Choix du mode de fonctionnement, réinitialisation et interrogation de la position de base dans la fonction FC1**

FC2 : Chaîne d'étapes installation mélangeuse de peinture

Réseau 1 : Étape d'initialisation

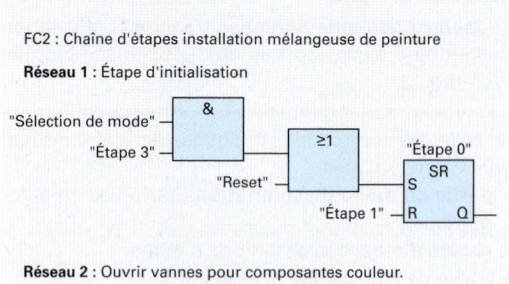

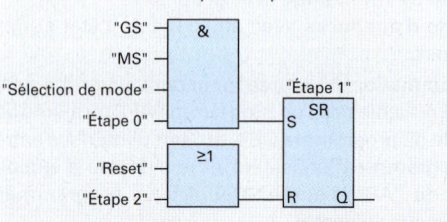

Réseau 2 : Ouvrir vannes pour composantes couleur.

**Fig. 3 : Etape d'initialisation et 1ère étape «ouvrir les vannes» dans la fonction FC2**

# Automates Programmables Industriels (API)

## Fonction FC2 : chaîne d'étapes (fig. 1 et fig. 3, page précédente)

Les différentes étapes du déroulement sont mémorisées dans des mémentos. Toutes les étapes du déroulement sont programmées avec des **mémoires SR**. A l'entrée S, il y a une fonction ET avec le mémento de l'étape précédente et la condition de transition, par ex. le capteur –BG2. « Sélection mode » permet de vérifier que l'on se trouve toujours en mode automatique. Sur l'entrée R de la mémoire se trouve une liaison **OU** : la réinitialisation s'effectue par l'étape suivante ou par « reset ». On garantit ainsi qu'une seule phase de déroulement soit active à la fois.

Le transfert du réseau 3 vers le réseau 4 s'effectue par le biais d'une temporisation à l'enclenchement. Ainsi, la commande est décalée dans le temps. La dernière phase du déroulement, « Etape 4 », est supprimée par l'activation « Etape 0 », autrement dit réinitialisée.

On parle d'une chaîne d'étapes à suppression. C'est uniquement pour ce type de chaîne d'étapes qu'une description du déroulement par Grafcet est permise.

## Fonction FC3 : sortie des commandes (fig. 2)

Les différents mémentos, par ex. « Etape 1 », sont affectés aux sorties API dans le FC3. Ainsi, on garantit qu'une seule activation des sorties est effectuée au sein du programme, et qu'aucun écrasement de données n'est possible au sein d'un cycle API.

Si par exemple « –MB1 » ou « –MB2 » devait rester actif au-delà de l'étape 1, il faudrait travailler avec des mémoires SR ou bien utiliser des préactionneurs bistables, par ex. des distributeurs 5/2 bistables.

## Fonction FC4 : signalisations (fig. 3)

Si l'installation se trouve en position de base « GS », le voyant « –PF1 » est allumé. Si l'installation se trouve en mode automatique, « –PF2 » est allumé.

Le schéma de câblage du mélangeur à peinture est à la **fig. 4**.

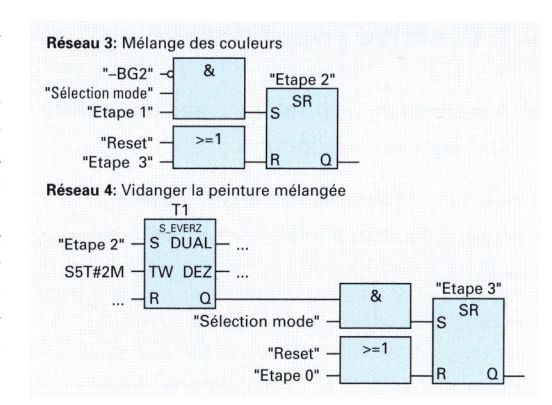

**Fig. 1 :** Etape de déroulement « mélanger les couleurs » et « vidanger la peinture » dans la fonction FC2

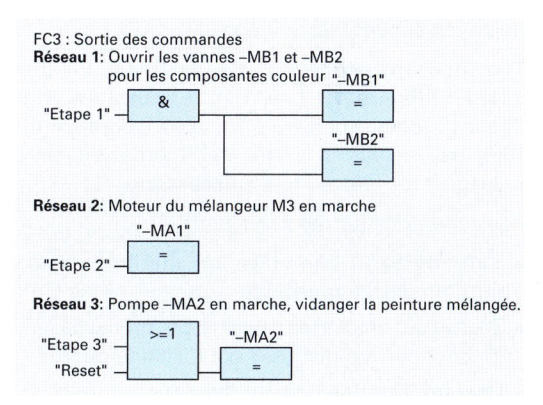

**Fig. 2 :** Sortie des commandes dans la fonction FC3

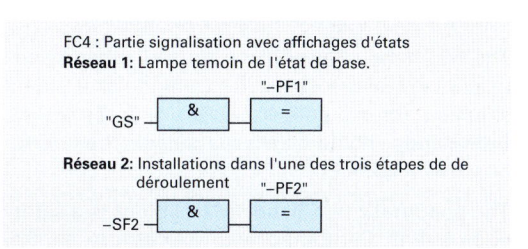

**Fig. 3 :** Signalisations dans la fonction FC4

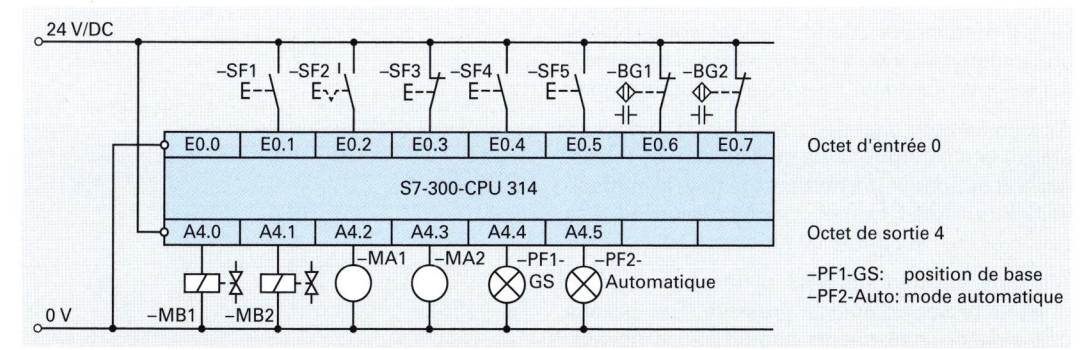

**Fig. 4 :** Câblage des entrées et des sorties d'une installation de mélange de couleurs

## 9.7 Practise your English

### ■ Automation technology: machine safety and security equipment

#### • Functional safety at operating machines

Components of an automation system (actuators, adjustment, signal and control elements) can be dangerous for people, equipment and the environment. While constructing and planning such facilities, possible risks must be analyzed and appropriate measures have to be put into place to protect the operator.

Hazard analysis and risk assessment require an appropriate security level (PL a, b, c ...) of deployed security technology.

The **"performance levels"** are defined in EN ISO 14121-1 **(Figure 1)**: Low risk is indicated with "PL = a" (small measures for risk-depreciation). High risk results in a "PL = e" (comprehensive measures for risk reduction necessary).

Basic methods for risk reduction:

- **Safe design**: eliminate or minimize risks through design measures
- **Technical measures**: provision of necessary precautions against risks eg. machine guards
- **User information** on residual risks

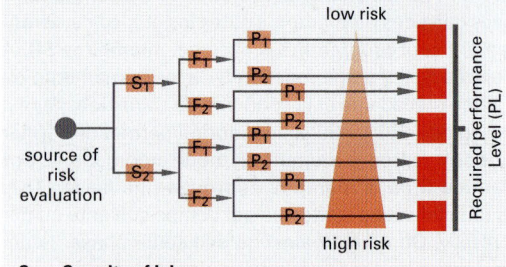

S  – Severity of injury
$S_1$ = Slight injury (normally reversible injury)
$S_2$ = Serious injury, including death (normally irreversible)

F  – Frequency and / or exposure to hazard
$F_1$ = Seldom to quite often and / or short duration
$F_2$ = Frequent to continuous and / or long duration

P  – Possibility of avoiding the hazard
$P_1$ = Possible under certain conditions
$P_2$ = Unlikely

Figure 1: Performance Levels PL

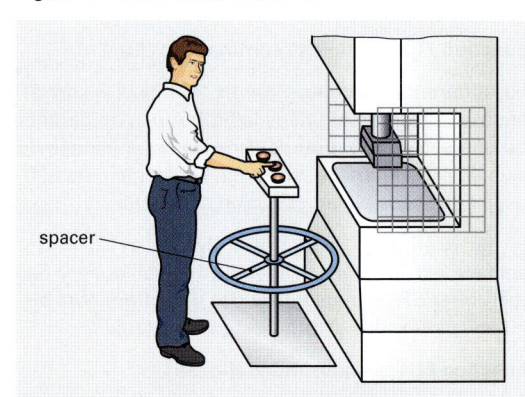

#### Example of the use of a safety component

The two-hand control block is used, when hands of an operator are exposed to a high risk accident situation, for example at presses or press brakes. **Both hands** should be always outside the hazardous area **(Figure 2)**.

Figure 2: Operating punches and presses

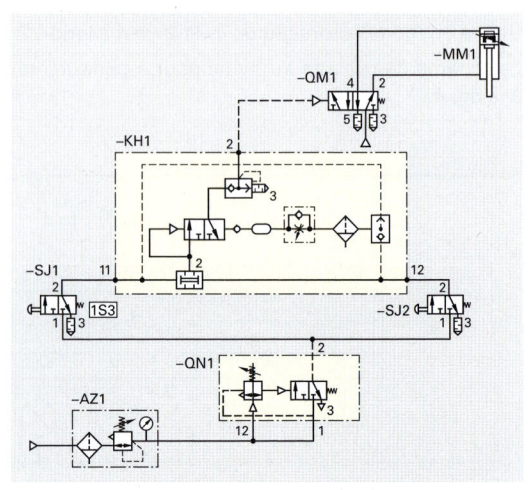

The pneumatic two-hand control block is a safety component. Combined with a pressure control valve it has the security level PL "c" according to EN ISO 13849-1 **(Figure 3)**.

Only if both inputs 11 and 12 of the control block are actuated by two 3/2-way valves within max. 0.5 seconds, terminal 2 receives an output signal.

As long as both operated valves (–SJ1 and –SJ2) are actuated, output "2" is pressurized. By releasing one or both of the buttons the flow is immediately interrupted, output 2 is depressurized. The piston of the cylinder –MM1 moves back.

All parts and components of the fluid system must be protected against pressure. The leakage of inside of components should cause no risk. Silencers provide an acceptable noise level.

Figure 3: Pneumatic plan of a two-hand control block

Fondements du travail de projet

# 10 Projets techniques

## 10.1 Fondements du travail de projet

### 10.1.1 Organisation du travail en ligne et en projet

Depuis l'introduction de la chaîne de montage, la division du travail tout au long du processus de fabrication dans l'industrie s'est transformée au long des nombreuses années en ce qui porte le nom d'**organisation en ligne (fig. 1)**. Les tâches et les activités nécessaires sont ainsi spécialisées dans un domaine, si possible de façon systématique, par domaines précis et départements le long du processus de fabrication, et sont traitées séquentiellement en ligne. L'organisation et la gestion des spécifications de travail se font hiérarchiquement par délégation de haut en bas.

En raison de la globalisation des marchés et de la concurrence des coûts, des délais et de la qualité, les travaux de routine sont en grande partie automatisés. En même temps, les entreprises doivent davantage s'aligner sur le marché et sur les exigences de chaque client. Cela permet de déclencher des tâches et des commandes souvent complexes qui rendent nécessaire une coopération entre les services et les disciplines. Etant donné que l'organisation en ligne classique n'est pas appropriée au guidage et à l'usinage de telles « tâches transversales » nouvelles et la plupart du temps uniques, celles-ci sont aujourd'hui organisées et effectuées sous forme de **projet** (fig. 1).

> La structure organisationnelle du projet est particulièrement adaptée au traitement de commandes multidisciplinaires, uniques et individuelles.

L'organisation du travail dans le projet se caractérise, à l'inverse de l'organisation en ligne, par une communication en réseau, une coopération simultanée et un travail d'équipe.

### 10.1.2 La notion de projet

La norme DIN 69901-5 (2009-01) définit la notion de « projet » comme suit :

> Les projets sont des démarches qui se caractérisent essentiellement dans leur intégralité par le caractère unique des conditions.

Il en résulte des caractéristiques spécifiques pour les projets où toutes les caractéristiques ne doivent pas forcément être valables sur un seul projet **(fig. 2)**.

Les commandes spéciales ponctuelles essentiellement remplies par une seule personne ou les processus continus, tels que les processus d'apprentissage, ne sont pas des projets au sens de la norme DIN.

**Structure organisationnelle de la ligne**

Commande I
- RD — CO — PT
- RD1 — CO1 — PT1
- RD2 — CO2 — PT2

RD : Recherche et Développement
CO : Construction
PT : Planification du travail

Voies hiérarchiques et structures décisionnelles prédéfinies

**Structure organisationnelle du projet**

CP au centre, relié à M1, M2, CO1, M3, RD2, Commande I

CP : Chef de projet
M : Membre du projet

Travail en équipe, communication en réseau, coopération simultanée

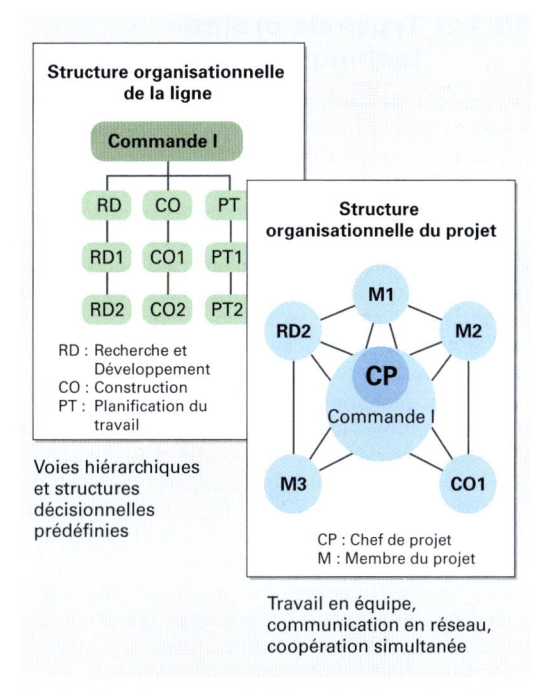

**Fig. 1 : Structures organisationnelles ligne et projet**

**Notion de projet** (DIN 69901)

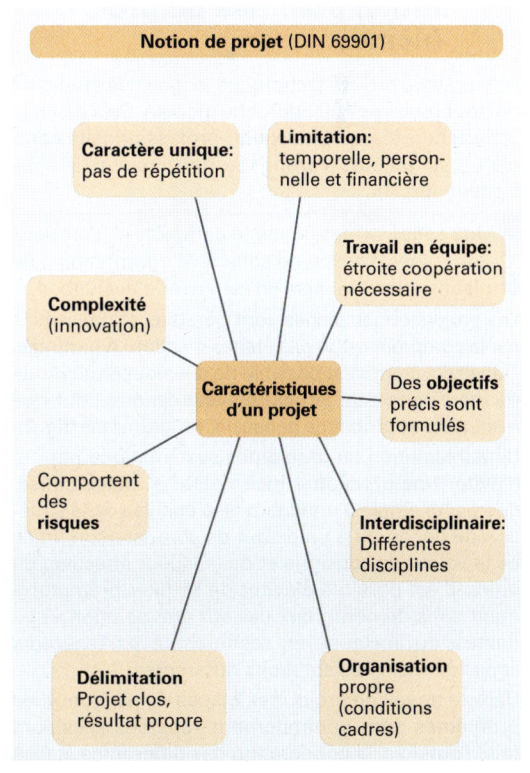

Caractéristiques d'un projet :
- Caractère unique : pas de répétition
- Limitation : temporelle, personnelle et financière
- Travail en équipe : étroite coopération nécessaire
- Des **objectifs** précis sont formulés
- Interdisciplinaire : Différentes disciplines
- **Organisation** propre (conditions cadres)
- **Délimitation** Projet clos, résultat propre
- Comportent des **risques**
- **Complexité** (innovation)

**Fig. 2 : Caractéristiques de la définition du projet**

## 10.1.3 Types de projets techniques

Les projets techniques sont effectués dans une grande variété et dans des domaines très variés **(tableau 1)**. Ils peuvent être classés suivant différents critères.

**Les projets à but non lucratif** sont des projets d'organisations qui ne sont pas des activités commerciales, telles que les organismes gouvernementaux ou les églises. Cela comprend des projets d'aide au développement ainsi que les nombreux projets d'éducation et de formation. L'attribution de compétence de projet et la réalisation indépendante de projets occupe maintenant une importance élevée dans la formation.

Les **projets économiques** sont effectués par des entreprises commerciales et peuvent être différenciés en projets externes ou internes selon le rôle du client. Avec le **projet externe,** une entreprise externe juridiquement indépendante émet le mandat de projet. Avec le **projet interne,** la commande est passée et acceptée au sein de l'entreprise.

En fonction de l'importance du projet, on peut distinguer des **petits projets** et des **grands projets**. Il n'existe toutefois pas de frontière claire et la classification varie selon l'industrie et l'appréciation de l'entreprise.

Tableau 1: Types de projet et exemples de projet

| | Type de projet | Exemple |
|---|---|---|
| Projet à but non lucratif | Projet de développement | Construction d'une station d'eau potable en Afrique par le Service allemand de développement |
| | Projet scolaire | Fabrication et gestion d'une station de collecte d'eau de pluie comme projet pédagogique interdisciplinaire |
| | Projet de formation | Conception et fabrication d'un dispositif de pliage sous forme de projet de champ d'apprentissage au sein de la coopération entre les lieux de formation |
| Projet économique | Projet technique | Développement et construction d'une machine spéciale |
| | Projet scientifique | Analyse de la perte de la force de précontrainte dans les assemblages boulonnés comme examen de l'enseignement supérieur |
| | Projet organisationnel | Modification de l'organisation de l'entreprise en termes d'enregistrement des temps de travail |

## 10.2 Travail de projet en tant qu'action complète et résolution planifiée de problèmes

Le travail de projets techniques exiges des étudiants ou des employés une approche globale. Cela inclut la compréhension qu'une action professionnelle complète est toujours composée de plusieurs étapes d'action **(fig. 1)**.

> Une action professionnelle complète se compose des étapes d'action de collecte d'informations, de planification, de mise en œuvre et d'évaluation.

Les projets ou les tâches sont gérables et prévisibles par la compréhension des étapes d'action. A partir des étapes d'action, il est possible de développer un mode de fonctionnement structuré systématique pour une résolution de problème pensée et programmée **(fig. 2)**.

Cette résolution de problèmes systématique permet d'éviter une procédure incomplète et défectueuse, due par exemple à une mauvaise analyse de la situation de départ ou à un défaut de comparaison finale de la valeur de consigne et de la valeur effective. En outre, il est possible d'éviter de se fixer prématurément dans de nombreux cas sur une solution «évidente» ou ancienne en recherchant par exemple consciemment des solutions différentes.

Dans le travail de projet, ces étapes de résolution de problèmes sont généralement répétées plusieurs fois. Toutefois, la pondération des différentes étapes évolue au cours du projet.

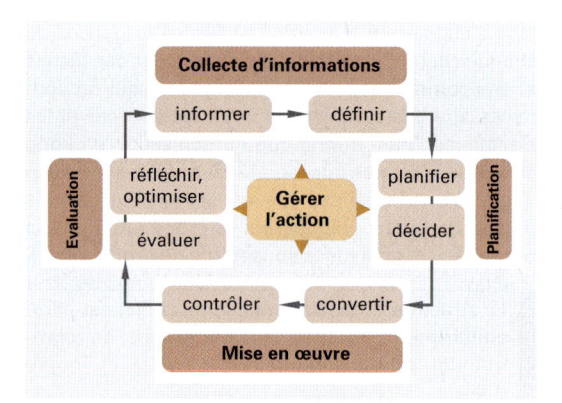

Fig. 1: Etapes d'une action complète

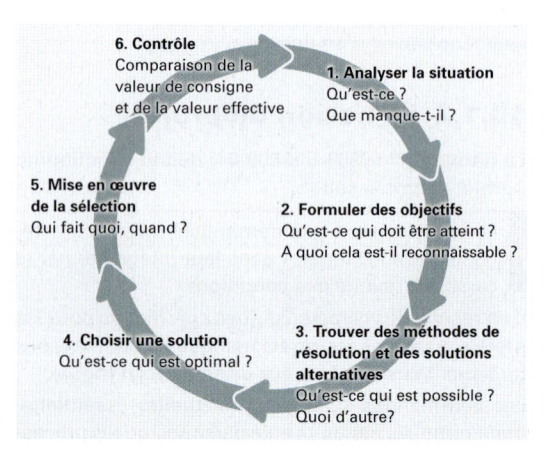

Fig. 2: Etapes d'une résolution de problème pensée et programmée

## 10.3 Elaborer des projets par phases, en prenant un dispositif élévateur comme exemple

Pour élaborer le projet, les projets doivent être judicieusement subdivisés en phases de projet avec des étapes de pièces gérables et des stations intermédiaires prédéfinies. Les phases de projet doivent être des sections logiquement et temporellement contiguës et peuvent varier en fonction du type de projet et de l'entreprise. Les phases de gestion de projet normalisées peuvent aider dans la pratique pour la classification d'un projet en phases de projet spécifiques (**fig. 1**).

> Les phases de projet divisent le traitement du projet (cycle de vie du projet) en sections logiquement et temporellement liées.

### Objectifs intermédiaires

Dans chaque phase, des résultats prédéfinis doivent être élaborés afin de pouvoir prendre des décisions au sujet du déroulement ultérieur du projet. Ces résultats ou décisions sont des évènements importants dans le cadre du projet et sont communément appelés objectifs intermédiaires (**fig. 2**).
Les objectifs intermédiaires sont des points clés pour la planification en cours, le suivi, et pour le déroulement structuré du projet. Outre les objectifs intermédiaires prévus, des écarts importants ou des crises peuvent rendre nécessaire des décisions supplémentaires.

### 10.3.1 La phase d'initialisation

La phase d'initialisation décrit généralement le moyen, depuis l'identification d'un problème ou d'une idée de projet à la décision de prendre ceci comme projet et de faire quelque chose de concret (**fig. 3**).

■ **Exemple de projet : dispositif de levage**

Avec le montage en série de transmissions, les carters d'huile sont assemblés à la main. Cela représente une contrainte physique élevée pour les employés en raison du poids des composants (**fig. 4**). Lors de la pose du carter d'huile sur la transmission et du retrait des mains, il existe un risque supplémentaire de blessure pour les ouvriers et le problème qu'un joint d'échantéité préalablement engagé ne soit déplacé en même temps vers l'extérieur.
En raison de cette situation, l'opération de montage ne peut être réalisée en continu par un employé sur les chaînes de montage, mais seulement à tour de rôle par plusieurs employés.
A partir de cette problématique, le chef de montage a l'idée de projet que le montage manuel des carters d'huile devrait être soutenu par un « dispositif de levage ». Il pose une demande de projet à la direction de l'entreprise du montage du réducteur, étant donné que celle-ci est également chargée de l'attribution des moyens nécessaires et de la délivrance d'un mandat de projet à titre d'accord de projet.

**Phases de gestion de projet (DIN 69901-2)**

| Initialisation | Définition | Planification | Commande | Achèvement |

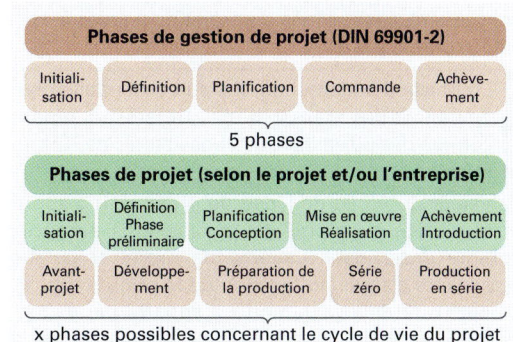

5 phases

**Phases de projet (selon le projet et/ou l'entreprise)**

| Initialisation | Définition Phase préliminaire | Planification Conception | Mise en œuvre Réalisation | Achèvement Introduction |
| Avant-projet | Développement | Préparation de la production | Série zéro | Production en série |

x phases possibles concernant le cycle de vie du projet

**Fig. 1 : Modèles de phases**

- Poursuivre ou annuler le projet
- Déclencher la phase de projet suivante
- Déclencher le module de travail suivant
- Procéder à des modifications importantes d'objectif
- Procéder à des modifications en cours de projet
- Prendre des mesures supplémentaires
- Procéder à des mesures personnelles
- Accorder des investissements supplémentaires

**Fig. 2 : Objectifs intermédiaires (exemples)**

Lancement du projet — Coup d'envoi du projet — Projet
(perception du problème, idée)
- Actif } stratégique, prospectif, offensif, nouvelle technologie, { Interne
- Aléatoire } nouvelle idée, suggestion d'amélioration, résoudre les problèmes émergents,
- Réactif } résoudre le problème du client, satisfaire les besoins du client { Externe

**Fig. 3 : De l'idée de projet au projet**

Transmission sur la chaîne de montage continue
Emplacement de stockage des carters d'huile

**Fig. 4 : Montage des carters d'huile**

Les ressources disponibles en quantité limitée dans l'entreprise doivent être utilisées de façon ciblée, par conséquent, chaque idée de projet ne peut être exécutée comme projet.

> En phase d'initialisation, il s'agit essentiellement de lancer les (rares) bons projets en tenant compte des objectifs et des possibilités de l'entreprise.

La valeur du projet de l'idée de projet doit d'abord être vérifiée avant qu'elle puisse être acceptée comme projet dans l'aperçu de projet et qu'elle puisse être classée en fonction de la priorité **(fig. 1)**. Le dispositif de levage requis n'apporte par ex. aucun gain de temps immédiat dans le montage de la transmission. Il peut cependant augmenter la sécurité au travail et soutient la stratégie de l'entreprise selon que des ouvriers plus âgés doivent travailler plus longtemps dans le montage. Un planificateur de montage se charge de poursuivre l'élaboration de l'accord de projet en tant que mandat de projet.

> Le but de la phase d'initialisation est de définir une personne responsable pour les prochaines étapes et un accord de **mandat de projet (fig. 2)**.

Dans le mandat de projet, non seulement les objectifs du projet doivent être ébauchés, mais aussi le coût du projet doit à peu près être clarifié. Les conditions nécessaires et des conditions aux limites ainsi que les phases du projet doivent être convenues. Les résultats et les résultats intermédiaires sont à peu près fixés et la phase suivante (définition) est planifiée.

Pour le projet Dispositif de levage, une analyse de marché pour les dispositifs de levage de grue est également inclue dans le mandat de projet. La mise en œuvre doit avoir lieu dans les six mois maximum de l'année civile avec des coûts estimés à env. 20 000 euros.

## 10.3.2 La phase de définition

Dans cette phase, le mandat de projet est concrétisé par la définition du cadre formel et thématique. Les principaux domaines de la phase de définition sont la formation de l'équipe de base du projet, la définition des objectifs du projet, une structuration grossière du projet et une estimation approximative des ressources nécessaires ainsi que l'évaluation de la faisabilité **(fig. 3)**.

> La phase de définition comprend toutes les activités, processus et décisions relatives à la définition précise du projet.

En général, la phase de définition pose des exigences élevées relatives à la gestion et à tous les participants au projet, étant donné que les décisions clés doivent être prises à un moment où il n'existe ni une connaissance suffisamment détaillée, ni l'expérience dans la coopération des participants au projet **(fig. 4)**.

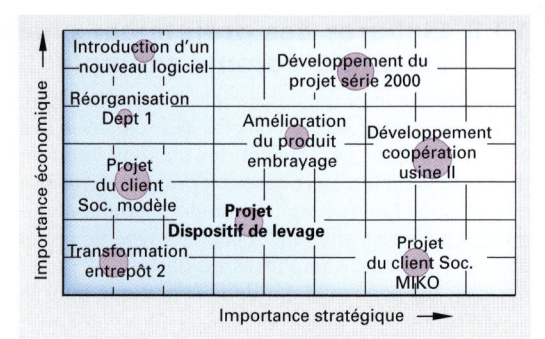

**Fig. 1 : Aperçu du projet (portefeuille de projets)**

- Situation initiale
- Objectifs avec objectifs obligatoires et objectifs souhaités
- Délimitations (limites, portée, étendue du projet)
- Dépendances et influences
- Conditions cadres
- Notions de base
- Résultats
- Coûts du projet
- Utilité du projet
- Risques du projet
- Procédure calendrier
- Priorité
- Organisation du projet
- Information, communication
- Signatures
- Annexe

**Fig. 2 : Contenus d'un mandat de projet**

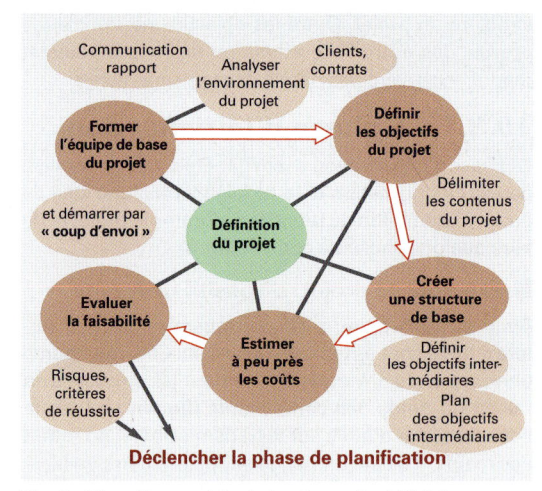

**Fig. 3 : Vue d'ensemble de la phase de définition**

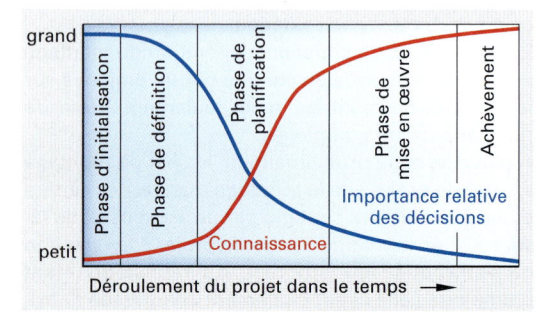

**Fig. 4 : Influence des décisions et connaissances sur le projet**

# Elaborer des projets par phases, en prenant un dispositif élévateur comme exemple

## ■ Former l'équipe de base du projet

La formation de l'équipe de base du projet vient au premier plan et est d'une importance capitale, car elle doit façonner les autres domaines de la phase de définition. La composition de l'équipe devrait s'effectuer si possible de façon interdisciplinaire à partir de tous les domaines du projet sur la base d'une analyse de l'environnement du projet pour représenter adéquatement l'importance globale du projet **(fig. 1)**.

Dans le projet Dispositif de levage, il ressort qu'à partir de l'analyse de marché requise, de l'achat de composants, des approches constructives, de la mise en œuvre réelle et les changements dans la situation de montage, plusieurs services internes sont impliqués dans le projet ou sont du moins intéressés par celui-ci. Mais le dispositif de levage nécessite parfois un autre emplacement du composant ou dispositif de transport lors de la livraison, moyennant quoi les personnes extérieures au projet sont également concernées.

> L'occupation correcte de l'équipe de base du projet, dans tous les domaines concernés par le projet, réduit ultérieurement le risque de conflit.

L'analyse de l'environnement du projet prend également en charge l'organisation de la communication et du rapport dans le projet et dans l'environnement du projet. Elle contribue ainsi à répondre à une question importante : Qui informe qui, quand, comment et à quelle fin ?

Dans un événement de lancement (**« coup d'envoi »**), l'équipe de base est informée du mandat de projet et les autres travaux sont déclenchés.

## ■ Définir les objectifs du projet

Sur la base de l'idée du projet et des objectifs énoncés de la phase d'initialisation, les objectifs du projet doivent être définis comme une fonction ou un état clairement décrits à la fin du projet **(fig. 2)**. Les objectifs du projet décrivent l'objectif tangible sous la forme d'une description du contenu, l'objectif temporel sous la forme d'une date par défaut et l'objectif du coût sous la forme d'une spécifications budgétaire. Pour éviter des malentendus et des coûts supplémentaires à un stade précoce, la clarification exacte des objectifs avec le client est nécessaire.

> Les objectifs du projet doivent si possible être formulés de façon spécifique, mesurable, réaliste et fixée.

Souvent, les objectifs du projet se composent de l' « objectif principal » proprement dit et de plusieurs sous-objectifs détaillant leur contenu. Si nécessaire, une représentation structurée avec une hiérarchie des objectifs et une pondération des objectifs est également utile **(fig. 3)**. Les contenus de projet doivent encore une fois être délimités de manière exacte et contractuelle avec le commettant, à l'aide des définitions d'objectifs et par ex. en plus par la définition de ce que sont des **« objectifs non recherchés »**.

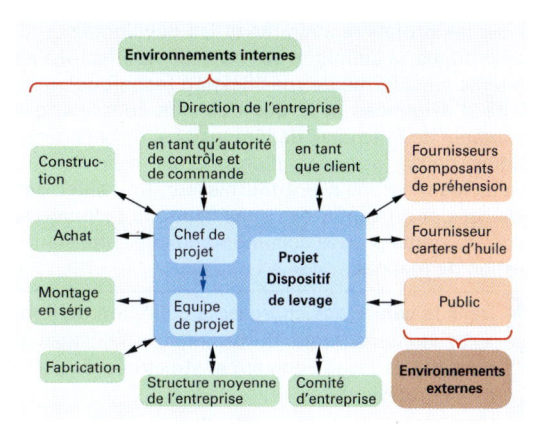

Fig. 1 : Analyse de l'environnement du projet Dispositif de levage

Fig. 2 : Objectifs du projet

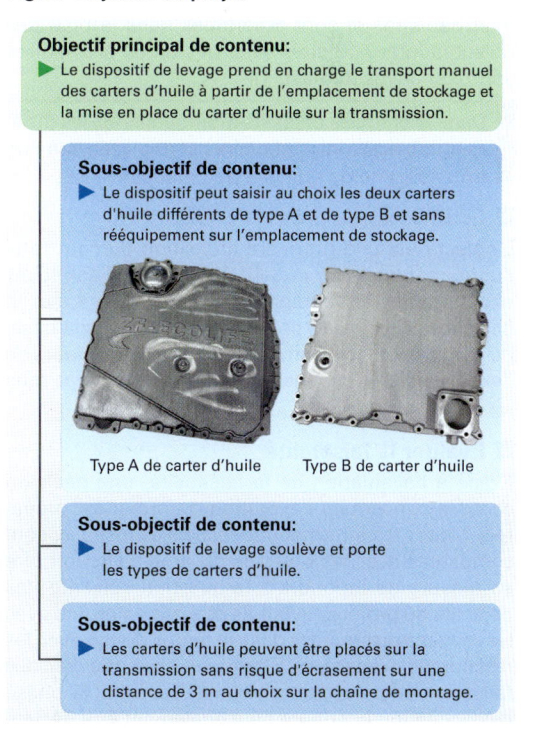

Fig. 3 : Objectifs de projet ; quelques exemples

Pour les projets techniques et les développements de produits, la définition de l'objectif est effectuée en interne sous forme de **spécification technique** ou de **liste d'exigences** avec des objectifs concrets, par exemple de fonctions, de dimensions, de caractéristiques de performance, d'ergonomie et de design. Dans les relations client-fournisseur, un **cahier des charges** et un **cahier des spécifications techniques** sont courants pour la documentation de cette clarification de mandat.

> Dans le **cahier des charges,** la définition de l'objectif et les contenus du projet sont effectués si possible de façon concrète et structurée du point de vue du client.
>
> Dans le **cahier des spécifications techniques,** le client décrit comment il procède pour la réalisation du projet.

### ■ Créer une structure de base sous forme d'étude préliminaire et définir des objectifs intermédiaires

Dans la structure de base, il s'agit de structurer clairement les projets en fonction de leur taille et de leur complexité pour tous les participants, et par conséquent, de les rendre facile à gérer. La structure de base montre toute l'étendue du projet décomposé en composantes principales et leurs contraintes, sous une forme concise. La structuration peut être orientée objet, fonction, déroulement ou mixte **(fig. 1 et 2)**.

Des résultats intermédiaires et des décisions intermédiaires importants sont définis comme objectifs intermédiaires et sont assemblés dans le plan des objectifs intermédiaires avec des dates provisoires approximatives **(tableau 1)**.

> Dans le plan des objectifs intermédiaires, les différents objectifs intermédiaires sont placés dans un ordre chronologique et à peu près terminés.

### ■ Estimer à peu près les coûts

L'objectif est une première indication du coût total du projet (budget du projet). Pour cela, les employés expérimentés et l'équipe de projet estiment, sur la base des objectifs du projet, de la structure de base, du plan des objectifs intermédiaires et des valeurs de l'expérience, la dépense attendue concernant tous les types de coût.

### ■ Evaluer la faisabilité

Grâce à l'évaluation de la faisabilité, une décision centrale concernant l'évolution du projet est préparée. Toutes les informations recueillies jusqu'ici sont comparées avec les objectifs du projet. On doit être en mesure de répondre à la question suivante: les objectifs du projet peuvent-ils être mis en œuvre avec les moyens disponibles dans le temps donné avec les ressources existantes ? S'agissant en particulier des facteurs critiques, dits critères de réussite, la phase de conception ultérieure peut également être déclenchée par exemple pour le dispositif de levage.

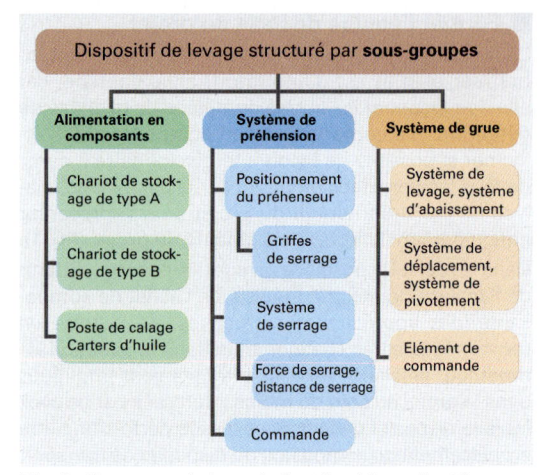

Fig. 1 : **Structure de base (orientée objet, orientée fonction)**

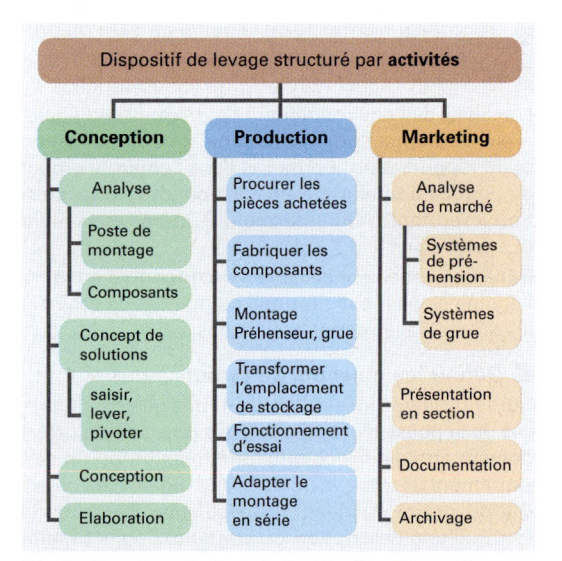

Fig. 2 : **Structure de base (orientée déroulement)**

Tableau 1 : **Plan des objectifs intermédiaires Dispositif de levage**

| N° | Objectifs intermédiaires | Date Plan | Date Réel |
|---|---|---|---|
| 1 | Mandat de projet accordé | 16.04. | 16.04. |
| 2 | Définition du projet et planification de base créées | 19.04. | 18.04. |
| 3 | Analyses de marché terminées | 03.05. | 08.05. |
| 4 | Concepts de concepts de solution établis | 16.05. | … |
| 5 | Préhenseur, système de levage par grue entièrement monté en stock | 28.05. | … |
| 6 | Dispositif de levage monté et montage en série déplacé | 04.06. | … |
| 7 | Documentation du projet et rapport final du projet créé et archivé | 07.06. | … |

## 10.3.3 La phase de planification avec développement du concept

### 10.3.3.1 Planifier l'organisation du projet

L'organisation du projet formée avec le projet composée du client, du chef de projet et de l'équipe de base, doit être coordonnée avec l'organisation de l'entreprise au plus tard au début de la phase de planification. En particulier, le positionnement et la collaboration avec l'organisation normale de la ligne doivent être clarifiés, étant donné que l'on a accès à des ressources communes. Les commissions et les rôles doivent être définis et ainsi clairement délimités (**fig. 1**). Pour soulager le client, un groupe de commande, qui peut également être appelé comité de projet ou comité de pilotage, est généralement mis en place en tant qu'organe de décision supplémentaire. Il assume la commande de l'unique projet ou même la commande de plusieurs projets simultanés. Selon l'ampleur du projet, la formation d'équipes de sous-projet peut être nécessaire afin de promouvoir la planification de contenu et l'élaboration du concept global. Le chef de projet est responsable du bon déroulement du projet.

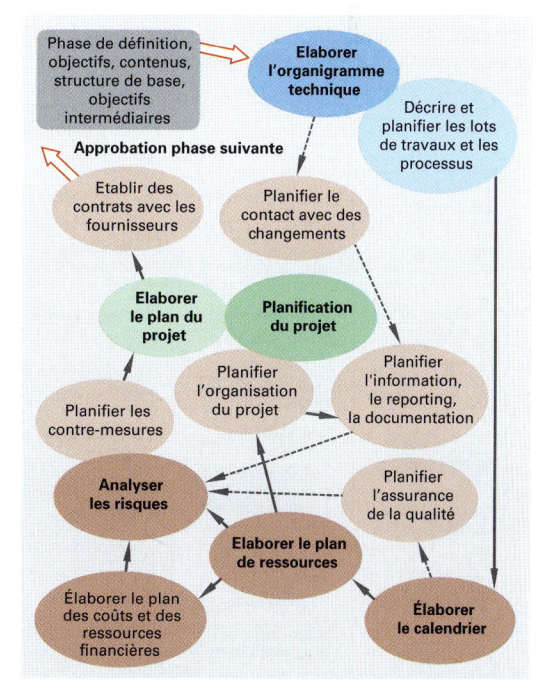

### 10.3.3.2 Vue d'ensemble de la planification du projet

En phase de planification, un concept global est développé et est élaboré en détail jusque dans les plans prêts à être réalisés afin de préparer la mise en œuvre ultérieure du projet. Lors de la phase de planification et en suivant le principe « du grossier au fin », des plans de plus en plus détaillés sont mis au point et réalisés.

> La planification du projet ainsi que la commande et la direction du projet et la mise en œuvre ultérieure comprennent toujours les trois variables : réalisation de l'objectif (qualité, résultat), temps (durée, dates) et coûts (dépense, ressources).

Dans le champ de tension de ces trois grandeurs, également appelé triangle magique des objectifs du projet, chaque modification d'une variable influe immédiatement sur les deux autres (**fig. 2**).

Parallèlement au développement du contenu et à la structuration du concept global, la planification est améliorée et élargie dans tous les domaines pertinents du projet (**fig. 3**). Le plan du projet est la partie essentielle des activités de planification et du développement ultérieur du projet (**fig. 2, p. 633**). Il concentre les principaux secteurs de planification. Il constitue la base de la gestion de projet ultérieure et de planification inter-projets, si plusieurs projets sont menés simultanément.

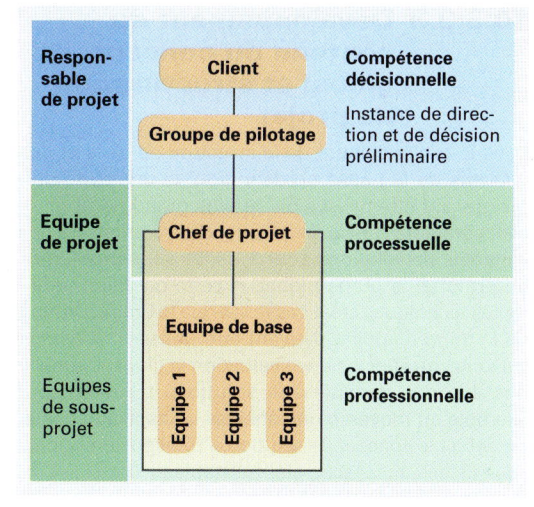

Fig. 1 : Organisation idéale typique du projet

Fig. 2 : « Triangle magique » des objectifs du projet

Fig. 3 : Vue d'ensemble de la planification du projet

### 10.3.3.3 Développement du contenu du concept global et structuration du projet

Dans le prolongement de la structure de base et des objectifs de la phase de définition, la créativité doit maintenant être utilisée par le plus grand nombre de collaborateurs afin de développer des solutions ou des variantes de solutions pour tous les sous-problèmes du projet et le projet global. A cette occasion, différentes techniques créatives telles que le brainstorming ou le mind-mapping peuvent être utilisées. A l'étape suivante, on effectue une évaluation la plus rationnelle possible des variantes de solutions trouvées, par exemple au moyen d'une analyse coûts-avantages et on définit le concept de solution à transposer pour les sous-tâches ou la tâche globale (**tableau 1**).

Parallèlement à l'élaboration du concept global, la structure du projet est constamment améliorée et concrétisée sous la forme d'un organigramme technique (**fig. 1**).

**Tableau 1: Analyse coût-utilité pour engin de levage**

| Critères/Objectifs détaillés | | Variante 1 | | Variante 2 | |
|---|---|---|---|---|---|
| Objectifs visés, exigences sous forme de critères d'élimination | | Info | Remplis | Info | Remplis |
| Coûts d'acquisition < 4000 € | | 1800 € | oui | 2700 € | oui |
| Capacité de levage min. 1000 N | | 3500 N | oui | 3200 N | oui |
| Déplacement min. 3 m x 1,5 m | | $R = 4$ m | oui | 3,2 x 2 | oui |
| Objectifs souhaités, critères d'optimisation | Poids P | Valeur V max. 5 | P x V | Valeur V max. 5 | P x V |
| faible coût | 3 | 3 | 9 | 2 | 6 |
| silencieux | 1 | 4 | 4 | 4 | 4 |
| grande stabilité | 4 | 4 | 16 | 5 | 20 |
| peu de contours perturbateurs | 8 | 4 | 32 | 2 | 16 |
| Procédé facile | 2 | 2 | 4 | 3 | 6 |
| Utilité totale (ΣP x V, max. 90) | | Σ | 65 | Σ | 52 |
| Degré de réalisation des objectifs en % | | | 72 | | 58 |

Variante 1: Potence pivotante murale avec palan électrique à chaîne
Variante 2: Portique avec palan électrique à câble

▎Dans l'organigramme technique, l'ensemble du projet est divisé en modules de travail planifiables et contrôlables et est entièrement représenté hiérarchiquement.

Pour créer l'organigramme technique, deux méthodes différentes sont praticables:

La **méthode de décomposition** reprend la structure de base et décompose le projet divisé jusqu'à ce que toutes les parties du projet soient réparties en lots de travaux.

Avec la **méthode de composition**, des lots de travaux d'un projet sont recueillis à l'aide de méthodes de créativité et après analyse des relations, une structure est créée.

L'organigramme technique est également utilisé pour l'orientation des participants et contribue à réduire le risque d'ajouts ou de changements ultérieurs. Les **lots de travaux** constituent la plus petite unité de l'organigramme technique, mais peuvent de nouveau regrouper plusieurs activités et processus. Une description du lot de travaux et une description du processus à réaliser éventuellement définissent ce qui doit être élaboré, jusqu'à quand et avec quelles ressources.

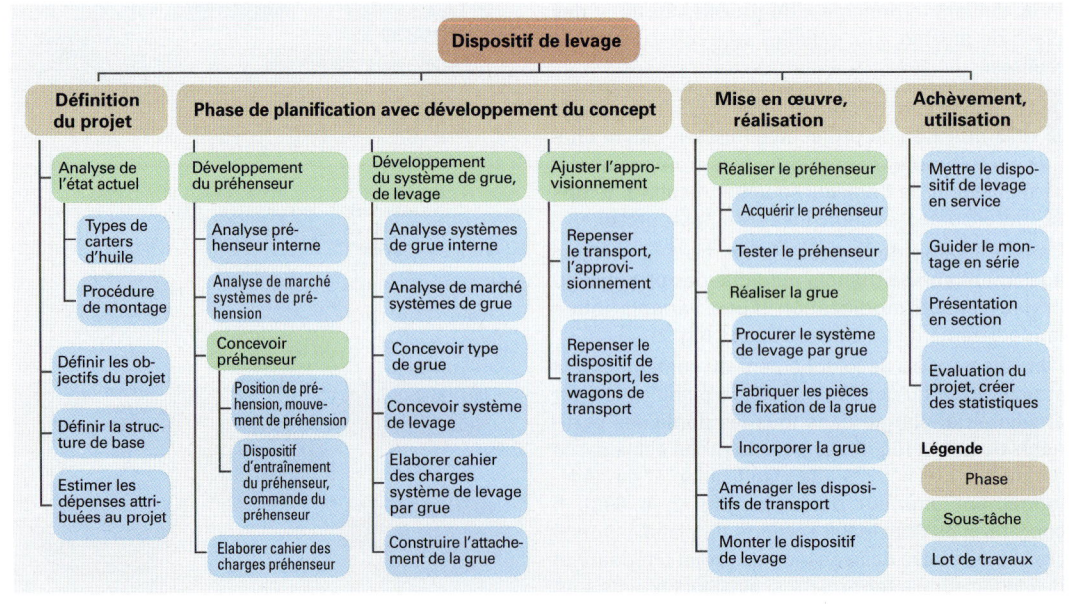

**Fig. 1: Organigramme technique dispositif de levage (méthode de décomposition)**

## 10.3.3.4 Planification des délais et du déroulement

Une fois que la planification du contenu axée sur les objectifs a été activée, la chronologie et le calendrier doivent être élaborés. Tous les lots de travaux de l'organigramme technique sont enregistrés sous forme de processus avec un temps de travail nécessaire planifié et les différentes relations entre les processus sont clarifiées et enregistrées **(tableau 1)**. Les objectifs intermédiaires (OI) prévus sont insérés et la structure de l'organigramme technique est adoptée en raison de la formation de processus récapitulatifs **(fig. 1)**. Afin de poursuivre la concrétisation du calendrier, la situation calendaire (par ex. les heures, les jours de travail, les jours de repos, la planification des vacances) doit être consignée aussi précisément que possible. Un **diagramme à barres (diagramme de Gantt)** permet de visualiser le déroulement temporel du projet. La durée de chaque processus est représentée par une barre de longueur appropriée (fig. 1). Le calendrier du projet qui en résulte ne contient encore aucune considération de ressources, mais permet un premier calcul encore très imparfait des délais **(fig. 2)**.

**Tableau 1 : Types de relations entre les processus**

| Type de relation | Sigle | Description |
|---|---|---|
| Fin – début | F-D | Le premier processus doit être terminé avant que le deuxième puisse commencer, éventuellement avec intervalle. |
| Début – début | D-D | Les deux processus commencent ensemble, éventuellement avec un intervalle. |
| Fin – fin | F-F | Les deux processus se terminent ensemble, éventuellement avec un intervalle. |
| Début – fin | D-F | Le premier processus doit être commencé avant que le deuxième puisse se terminer. |

**Fig. 1 : Cartographie de la structure dans le plan de déroulement du projet**

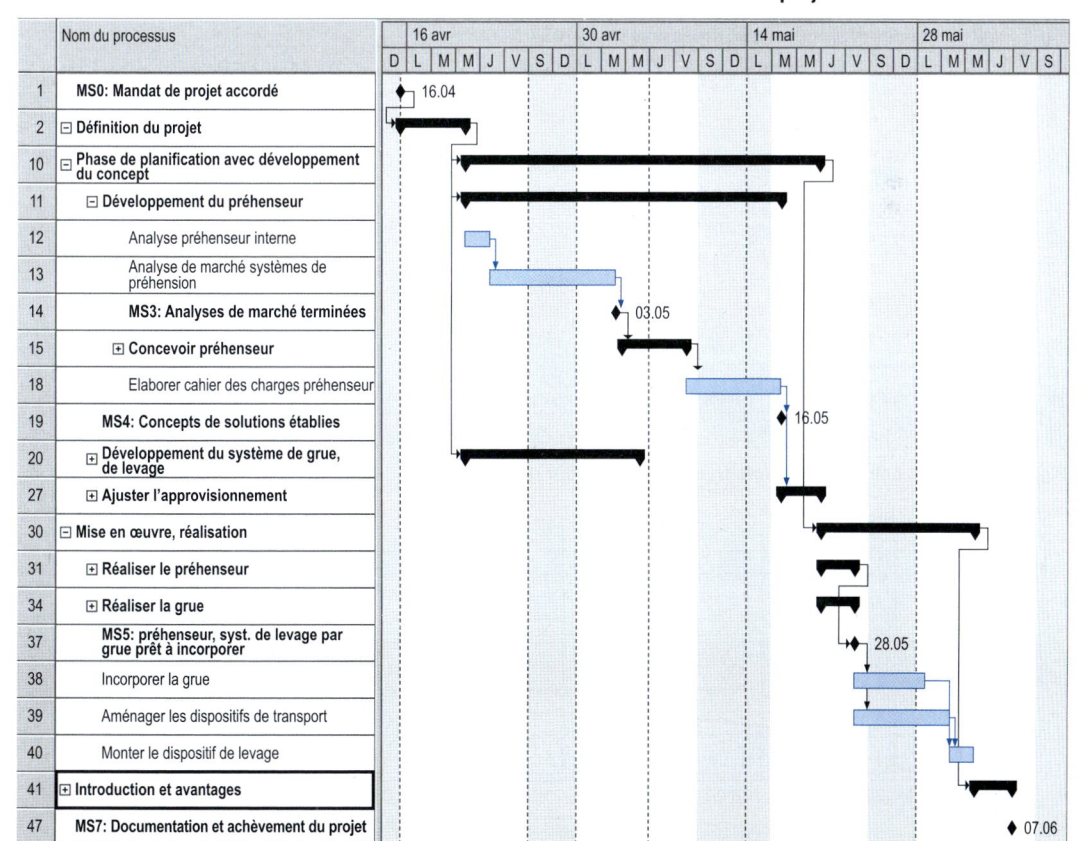

**Fig. 2 : Plan du projet sans considération des ressources (plan de déroulement du projet)**

## 10.3.3.5 Ressources et planification des coûts

La planification des ressources commence avec la collecte des ressources nécessaires ou disponibles comme les employés, la fabrication de pièces, les pièces achetées et les machines (**tableau 1**).

Ensuite, l'affectation estimée des ressources se fait en fonction des différents lots de travaux (processus) du plan du projet (**fig. 1**). Cette affectation peut être représentée, vérifiée et finalement planifiée si possible de manière optimale conjointement avec les coûts et les ressources impliqués tout au long du projet (**fig. 2**). Si les coûts de toutes les ressources sont totalisés (cumulés) au cours du projet, la courbe des coûts se forme (**fig. 3**).

**Tableau 1: Acquisition des ressources et définition du projet «Dispositif de levage» (extrait)**

| N° | Nom de la ressource | Type | Type d'unité max. | Taux €/h | Echule |
|---|---|---|---|---|---|
| 1 | Constructeur | Travail | 500 % | 55,00 | Partiel |
| 2 | Chef de montage | Travail | 100 % | 55,00 | Partiel |
| 3 | Chef de service | Travail | 100 % | 60,00 | Partiel |
| 4 | Acheteur | Travail | 100 % | 50,00 | Partiel |
| ... | ... | | | | |
| | Préhenseur | Matériel | | 8000,00 | Fin |
| | Grue, disp. de levage | Matériel | | 3000,00 | Fin |
| | Attachement de la grue | Matériel | | 300,00 | Partiel |
| | Disp. de transport | Matériel | | 500,00 | Fin |
| ... | ... | | | | |

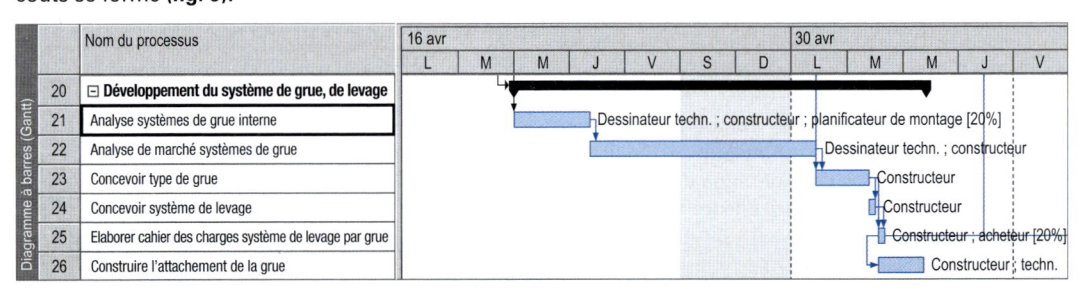

**Fig. 1: Allocation des ressources aux processus (extrait)**

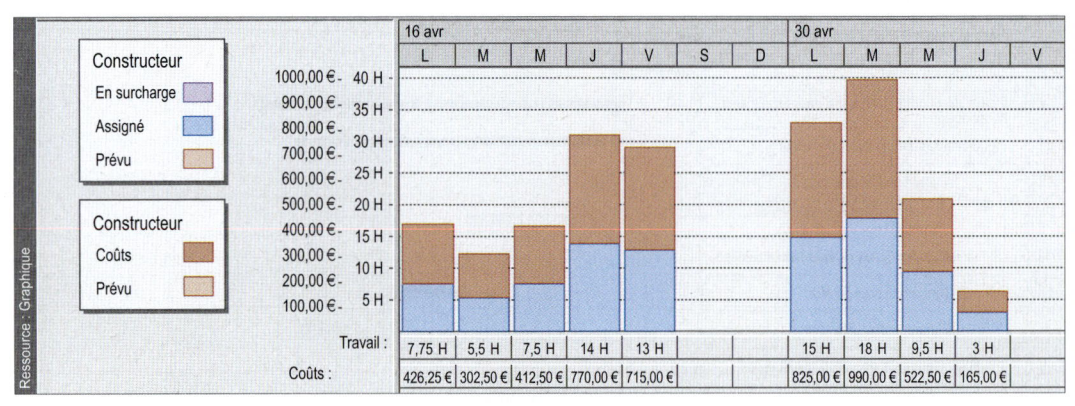

**Fig. 2: Ressource unique constructeur, allocation et coût (extrait)**

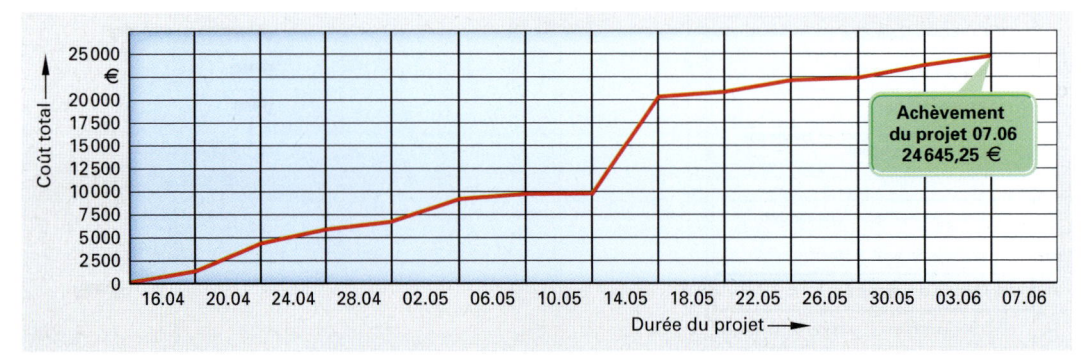

**Fig. 3: Coût total prévu du projet de dispositif de levage, sous forme de courbe des coûts**

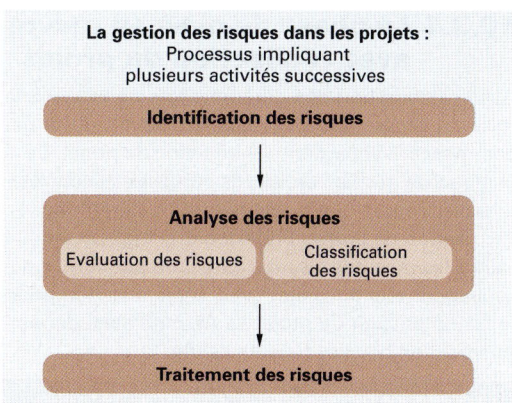

## 10.3.3.6 Analyse et gestion des risques du projet

En raison de leur caractère unique et de leur complexité, les projets ne sont pas dénués de risques et d'incertitudes. Ceux-ci peuvent perturber le cours du projet et mettre sa réussite en péril. Dans le cadre de la planification du projet, ces risques doivent être identifiés et analysés, et les contre-mesures appropriés ou la gestion ultérieure des risques doivent être planifiés **(fig. 1)**.

Le but de **l'identification des risques** est de trouver tous les risques envisageables pour la réussite du projet à travers la créativité et l'expérience. Le plus grand nombre possible de participants au projet doit, sur la base de l'organigramme technique, désigner les risques potentiels. Grâce au questionnement des experts à l'aide de listes de contrôle, il est également possible d'utiliser les expériences des autres projets de façon utile.

| Les risques typiques de projet sont par ex. : |
|---|
| • Une planification du temps et des coûts trop optimiste |
| • L'arrêt d'employés importants pour cause de maladie, licenciement |
| • Le non-respect des délais convenus |
| • Des conflits entre les membres de l'équipe |
| • Un manque de soutien au niveau de la direction |
| • Un manque d'acceptation parmi les utilisateurs potentiels du produit |
| • La faisabilité technologique, par ex. des propriétés matérielles ou une structure limitées |
| • Des risques juridiques tels que la responsabilité du produit |

Dans **l'analyse des risques,** tous les risques sont évalués et classifiés dans une vue d'ensemble des risques (portefeuille de risques) **(fig. 2)**. Un risque est alors toujours un risque « élevé » si deux propriétés sont remplies :
- La probabilité que le risque apparaisse est élevée.
- Les effets lors de la survenance du risque (portée, dommages maximum) sont élevés.

▎ Niveau de risque = Probabilité × Impact

Dans l'analyse des risques du produit, des méthodes de management de la qualité peuvent également être appliquées, comme le diagramme de cause à effet et la méthode ABC (p. 76 et 75). Avec une Analyse des Modes de Défaillances et de leurs Effets (AMDE), la probabilité de détection d'un risque ou d'une erreur, outre la probabilité et l'impact, peut aussi être envisagée.

Des **mesures de gestion des risques** peuvent soit réduire la probabilité de survenance du risque, soit en réduire l'impact. Des mesures de prévention ciblées comme des mesures ciblées d'urgence et de crise poursuivent ainsi toujours les mêmes traitements du risque typiques **(tableau 1)**.

**La gestion des risques dans les projets :**
Processus impliquant plusieurs activités successives

- Identification des risques
- Analyse des risques
  - Evaluation des risques
  - Classification des risques
- Traitement des risques

Fig. 1 : Gestion des risques

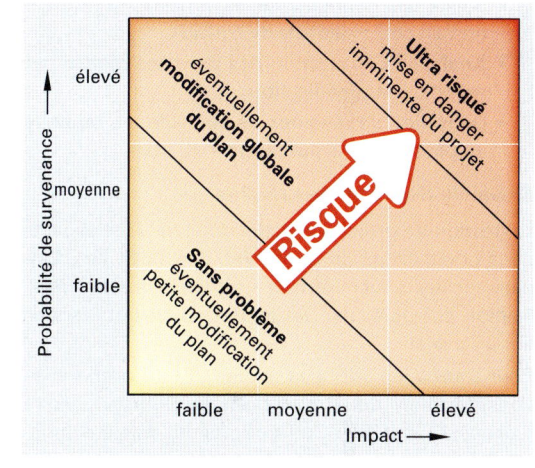

Fig. 2 : Vue d'ensemble des risques (portefeuille de risques)

Tableau 1 : Traitements du risque, questions et gestion

| | |
|---|---|
| Eviter | Comment le risque peut-il être évité ou éliminé ? |
| | Développer des solutions qui ne contiennent pas le risque |
| Réduire | Comment le risque peut-il être réduit ou atténué ? |
| | Utiliser des améliorations, développer des alternatives |
| Répercuter | Comment le risque peut-il être répercuté sur d'autres ? |
| | Adaptations du contrat (par ex. restreindre la garantie), convenir d'une assurance, d'une amende contractuelle |
| Supporter consciemment | Comment le risque peut-il être supporté ? |
| | Constituer des réserves, documenter le risque, communiquer |

## 10.3.4 La phase de mise en œuvre avec réalisation du projet

Avec l'élaboration des différents lots de travaux, la mise en œuvre effective et la réalisation du projet commence. Il appartient à la direction du projet, dans la phase de mise en œuvre, de surveiller et contrôler le projet en tant que tâche de gestion parent **(fig. 1)**. Par **gestion de projet** (Projektcontrolling), on entend toutes les mesures visant à faire correspondre le déroulement réel du projet avec la planification préalable. La gestion de projet se déroule ainsi périodiquement en boucles répétitives **(fig. 2)**.

> **Les étapes de procédure de gestion de projet sont:**
> - **Saisie des données réelles** concernant l'exécution en cours des lots de travaux
> - **Analyse et évaluation des données réelles** par rapport à la planification
> - **Définition de mesures de contrôle, en réponse aux cas d'écarts par rapport au plan**

### ■ Saisie des données réelles

La gestion de projet s'effectue dans tous les aspects de la planification de projet **(fig. 3, p. 631)**. Les données réelles doivent être saisies dans les zones Réalisation des objectifs, Délais, Ressources et Risques liés au projet.

Pour toutes les données réelles, il faut prendre en considération deux questions: «Qu'est-il arrivé jusqu'ici?», par ex. «Quels efforts ont déjà été engagés?» et «Comment seront achevés les travaux restant à faire?», par ex. la date d'achèvement prévue d'un lot de travaux.

> La question de l'évolution ultérieure probable du projet est plus importante pour le contrôle actif d'un projet que la question du passé.

Un indicateur important pour la transmission des données est le degré d'achèvement **(fig. 3)**. Il décrit dans quelle mesure une tâche (ou le projet) est déjà bien avancé.

### ■ Analyse des données réelles

Les données réelles recueillies sont fixées par rapport à la planification. L'objectif est de déterminer si, et dans l'affirmative, dans quelle mesure des modifications dans le cours du projet par rapport au déroulement initial prévu découlent de la situation actuelle.

Dans la **comparaison valeur nominale/réelle,** la planification initiale (= nominale) et la situation momentanée (= réelle) sont comparées et des écarts sont donc rendus transparents. Pour la visualisation, on utilise de préférence les instruments de planification appropriés tels que le diagramme à barres **(fig. 4)** ou la courbe des coûts **(fig. 5)**.

Fig. 1 : Phase de contrôle supérieure à la phase de mise en œuvre concrète

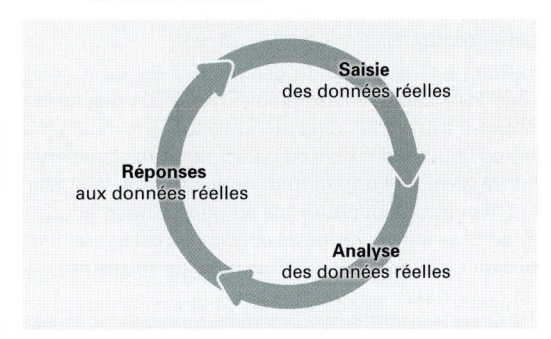

Fig. 2 : Démarche de la gestion de projet

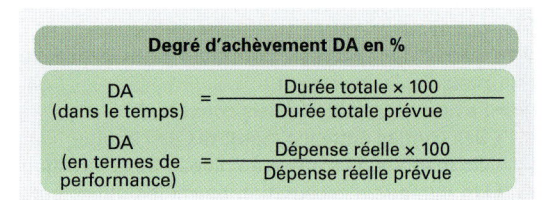

$$DA \text{ (dans le temps)} = \frac{\text{Durée totale} \times 100}{\text{Durée totale prévue}}$$

$$DA \text{ (en termes de performance)} = \frac{\text{Dépense réelle} \times 100}{\text{Dépense réelle prévue}}$$

Fig. 3 : Définition degré d'achèvement

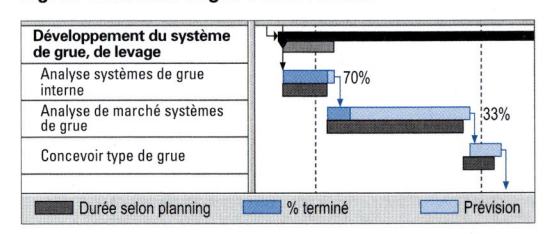

Fig. 4 : Comparaison nominale/réelle du déroulement du projet (extrait du projet de dispositif de levage)

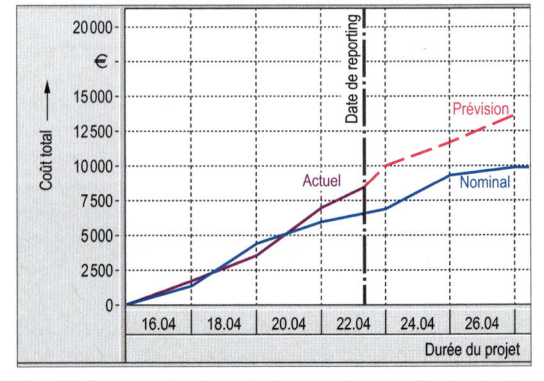

Fig. 5 : Comparaison réelle/nominale du coût du projet (extrait du projet de dispositif de levage)

Une variante particulière de la comparaison réelle/nominale pour les plus grands projets est **l'analyse des tendances d'objectifs intermédiaires (fig. 1)**. Celle-ci présente de façon simple et claire dans un seul graphique quel décalage temporel arrive pour les dates d'objectifs intermédiaires initialement prévues sur le déroulement du projet. Les dates d'objectifs intermédiaires sont consignées sur la verticale. Pour les dates de référence consignées à l'horizontal, les dates d'objectifs intermédiaires éventuellement corrigées sont consignées, moyennant quoi pour chaque objectif intermédiaire une « courbe de tendance » est créée. Si ces modifications sont documentées et fondées, une documentation des principales modifications du plan se forme également automatiquement.

> Une analyse des tendances des objectifs intermédiaires donne une vue d'ensemble des tendances tout au long du projet et est donc particulièrement appropriée pour le rapport et la présentation de l'état du projet.

■ **Définition des mesures de contrôle**

Si, lors de l'analyse des données réelles, des problèmes potentiels sont détectés pour le développement ultérieur du projet en matière de délais, coûts, dépense ou de qualité du produit, il faut trouver des contre-mesures **(tableau 1)**. Lors du choix et de la fixation des contre-mesures, celles-ci doivent aussi être évaluées en fonction de leurs coûts et de leurs effets et doivent être évaluées l'une par rapport à l'autre.

■ **Réalisation du projet**

Le concept de solution qui a été développé comme structure en phase de planification et qui a été conçu et élaboré pendant la mise en œuvre dans les différents lots de travaux, est réalisé et introduit au sens le plus large.

Avec le **dispositif de levage**, on est préalablement parti du principe, dans la définition et la planification, d'un système de préhension mécanique pour les carters d'huile qui est suspendu à un système de grue de levage. Pendant le développement détaillé du concept dans les différents lots de travaux, l'utilisation ergonomique simultanée de ces deux sous-systèmes est toutefois survenue en tant que risque du projet. La conception et le déroulement du projet ont dû être adaptés pendant la mise en œuvre.

La solution prévoit l'utilisation d'une araignée à ventouses qui combine la prise et le soulèvement des carters d'huile et est facile à utiliser à la main **(fig. 2)**. La suspension à un rail de grue supplémentaire dans le système de grue déjà en place pour outils de montage permet le déplacement et le pivotement requis. Le transport des carters d'huile et la mise à disposition sur l'emplacement de stockage doit cependant être réorganisé de sorte que tous les carters d'huile puissent être ramassés à plat.

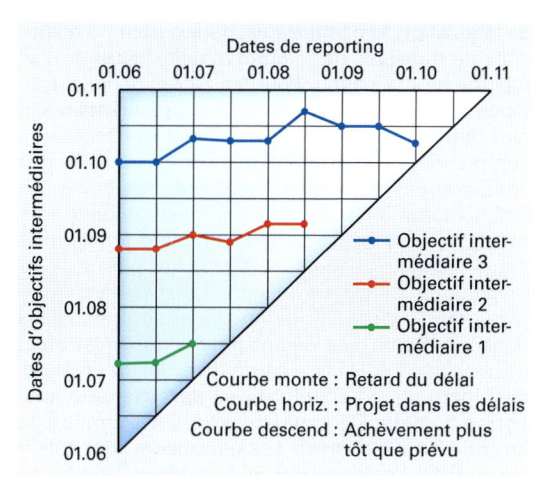

Fig. 1 : Analyse des tendances d'objectifs intermédiaires

Courbe monte : Retard du délai
Courbe horiz. : Projet dans les délais
Courbe descend : Achèvement plus tôt que prévu

**Tableau 1 : Mesures de contrôle**

| Problème | Contre-mesures possibles |
|---|---|
| Retard du délai | **Raccourcissement du temps** des processus déterminant les dates par :<br>• Augmentation de la capacité disponible (heures supplémentaires, sous-traitance …)<br>• Efficacité supérieure (formation, spécialiste …)<br>• Réduction d'étendue de la tâche<br>**Modification de l'ordre** (chevauchement, parallélisation …)<br>**Report de délais** |
| Dépassement des dépenses ou des coûts | **Plus grande efficacité** dans le traitement de la commande (solutions plus économiques…)<br>**Réduction d'étendue de la prestation**, par ex. sous forme de concept de lancement, où la pleine fonctionnalité n'est atteinte qu'à une phase de développement ultérieure. |

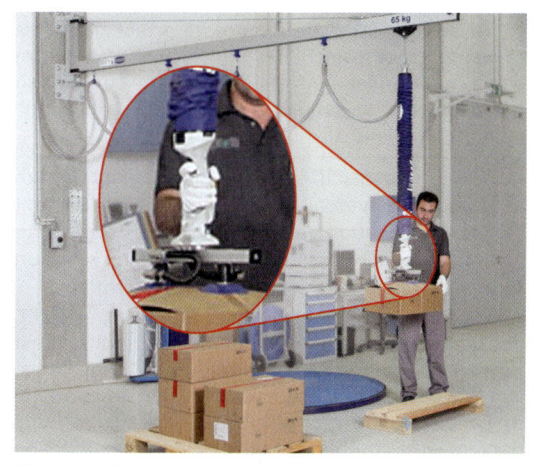

Fig. 2 : Araignée à ventouses pour projet de dispositif de levage

La fabrication de composants, par ex. pour les dispositifs de transport des carters d'huile, est un travail typique de réalisation. Pour les pièces de sous-traitance telles que les rails de grue supplémentaires, il faut obtenir des offres, les comparer et effectuer la commande. Pour le projet, des composants ou des sous-groupes particulièrement importants ou critiques, comme l'araignée à ventouse, doivent être préalablement testés au niveau de leur fonctionnement et de leur adéquation (**fig. 1**). Les pièces de fabrication et les pièces de sous-traitance sont montées pour le dispositif de levage et sont installées dans le système de montage pour la transmission et mise en service. Dans le cadre de la documentation, des instructions d'utilisation, par exemple une norme de montage pour la description du montage en série, sont élaborées. Les utilisateurs sont habilités, grâce au guidage ou à la formation, à traiter de façon productive le dispositif de levage (**fig. 2**). Pour les tâches de commande, le logiciel doit être créé et programmé. Dans le domaine des procédés de fabrication, une série zéro doit éventuellement être fabriquée.

## 10.3.5 L'achèvement du projet

En cas d'acceptation, on vérifie si les objectifs du projet ont été atteints comme convenu. Si l'acceptation est accordée et documentée dans le protocole d'acceptation, il s'agit de l'achèvement du projet. Dans des cas particuliers, cela peut aussi conduire à l'achèvement du projet dû à une interruption du projet. L'achèvement du projet est le point final officiel d'un projet. Afin qu'il n'y ait plus aucune dépense de projet après l'achèvement du projet, par ex. des rappels, tous les contrats conclus dans le cadre du projet doivent être terminés. La gestion ultérieure du produit obtenu doit être réglementée. Le dispositif de levage par ex. est transféré dans la compétence du département de montage. Le succès économique du projet est déterminé dans un calcul rétrospectif. Un rapport détaillé d'achèvement de projet sert de base pour la session de clôture. Dans le cadre de la session de clôture, le projet peut être présenté et les principales conclusions et les mesures appropriées peuvent être discutées et consignées au sein du périmètre de tous les participants au projet (**tableau 1**).

> Calcul rétrospectif, rapport d'achèvement de projet et procès-verbal de session de clôture servent à la consignation de l'expérience. Les projets futurs ne fonctionneront que mieux si l'on retire un enseignement des erreurs du projet terminé.

Après le travail sur un projet, souvent trépidant, stressant et en partie générateur de conflits, il est nécessaire, pour la satisfaction durable dans le travail des participants au projet, de valoriser correctement leurs performances. Les les fossés apparus doivent être comblés avant que l'organisation du projet ne soit dissoute et que les employés ne soient libérés pour de nouveaux projets.

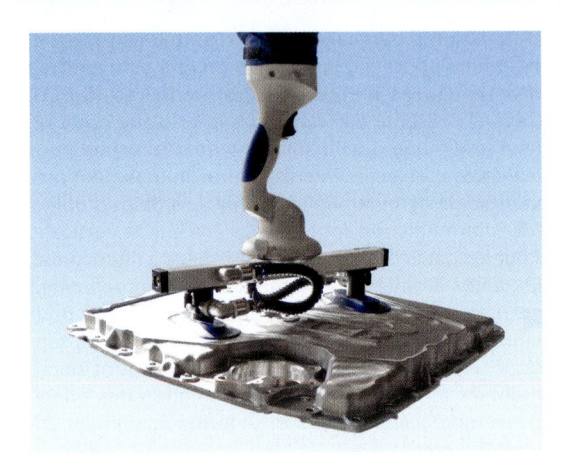

**Fig. 1 : Démonstration de test d'araignée à ventouses**

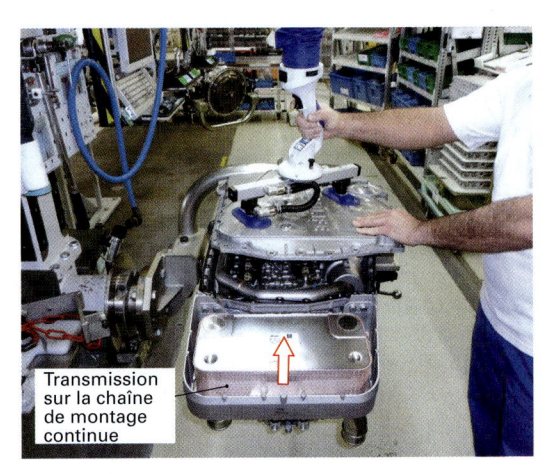

Transmission sur la chaîne de montage continue

**Fig. 2 : Montage du carter d'huile avec dispositif de levage**

| Tableau 1 : Sujet pour une session de clôture du projet |
|---|
| 1. **Transmission des données pour la satisfaction du client,** éventuellement directement par le client |
| 2. **Exposé de synthèse** (réflexion et rétroaction)<br>Qu'est-ce qui était bien ?<br>Qu'est-ce qui était moins bien ?<br>Quels objectifs ont été atteints, n'ont pas été atteints, ont été dépassés ? |
| 3. **Reconnaissance et critique** |
| 4. **Consignation de l'expérience pour les projets futurs**<br>Que peut-on apprendre du déroulement du projet ?<br>Mesures pour ne pas répéter les erreurs ? |
| 5. **Transfert du personnel du projet dans de nouveaux domaines** |
| 6. **Information concernant l'achèvement du projet**<br>Qui reçoit le rapport final ?<br>Qui est informé de l'achèvement du projet ? |
| 7. **Cérémonie de clôture** |

## 10.4 Modèles méthodologiques modifiés dans le travail de projet

Le traitement de projets selon le concept de phase classique avec ses phases de projet disposées séquentiellement n'est pas toujours la démarche idéale dans la pratique. Des développements du modèle de phase et des modèles de démarche alternatifs sont donc de plus en plus utilisés dans le travail du projet.

### ■ Concept de phases en chevauchement (Simultaneous Engineering)

L'exigence d'un développement de plus en plus rapide du projet oblige à la parallélisation partielle des processus (**fig. 1**). Une élaboration partiellement simultanée par chevauchement ciblé des phases, est plus ou moins courant avec de nombreux projets. L'effort d'encadrement par la direction du projet et les risques, par ex. d'une charge de travail inutile dues à des modifications des conditions préalables et des décisions parallèles, augmente cependant.

### ■ Travail avec des pièces modèles (Prototyping)

Avec relativement peu d'efforts, on fabrique un «prototype» du composant ou du sous-groupe. Celui-ci permet une meilleure évaluation du concept prévu et est adapté pour les tests éventuels. Aucune phase du projet n'est superflue. La planification et la mise en œuvre se rapprochent de la solution dans plusieurs répétitions. Le prototypage comporte le risque que les participants au projet fassent prématurément une fixation sur cette solution et que le client s'impatiente à cause du prototype.

### ■ Concept de version (modèle en spirale)

Semblable au prototypage, une première version par ex. avec un faible degré d'automatisation, est mise aussi vite que possible à la disposition de l'utilisateur. Celle-ci est perfectionnée en plusieurs versions en tenant compte également des expériences d'exploitation en cours ou continue par ex. d'être automatisée. En raison du procédé cyclique, l'approche est également appelée modèle en spirale (**fig. 2**).

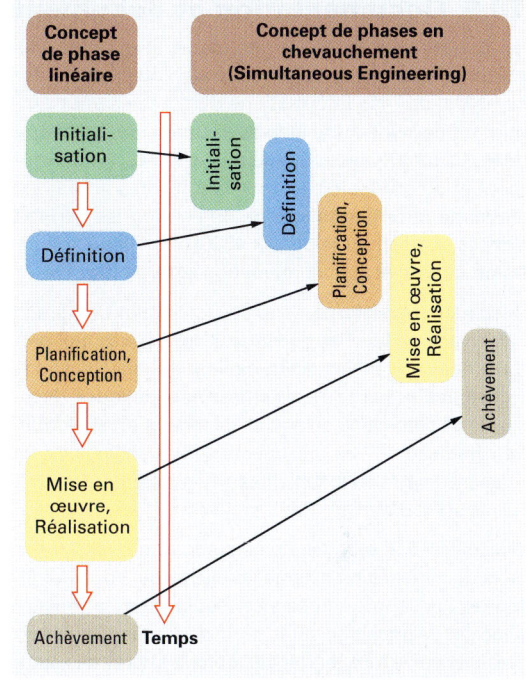

Fig. 1 : Concept de phases en chevauchement

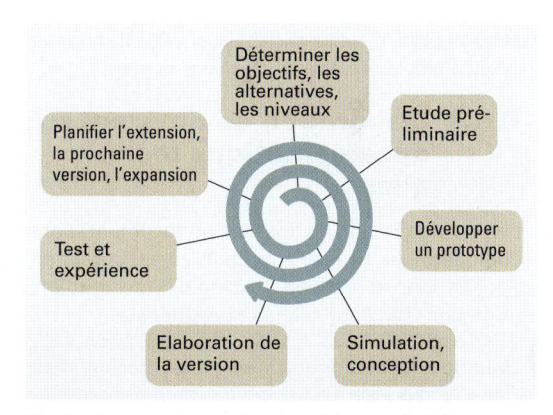

Fig. 2 : Concept de version (modèle en spirale)

---

### Répétition et approfondissement

1. Pourquoi les tâches complexes sont-elles organisées sous forme de projet ?
2. Citer cinq propriétés caractéristiques de projets.
3. Quelles mesures font partie d'une action professionnelle complète ?
4. Pourquoi la phase d'initialisation peut-elle également être appelée avant-projet ?
5. Listez cinq domaines principaux du projet qui doivent être clarifiés dans la phase de définition.
6. A quoi faut-il veiller lors de la formulation des objectifs du projet ?
7. Comment les aspects contenu, temps et coûts sont-ils pris en compte lors de la planification du projet ?
8. Comment un risque « élevé » peut-il être décrit ?
9. Dans quelles étapes a lieu la gestion de projet ?
10. Comment se passe un achèvement de projet structuré et raisonnable ?

## 10.5 Documentation et documents techniques

Les projets techniques, les déroulements et processus en entreprise font en règle générale l'objet d'une documentation : les informations disponibles sont rendues aptes à une autre utilisation ultérieure. La nature de la documentation dépend des motivations du moment et du groupe-cible ; un client n'a besoin par ex. d'aucune information interne de l'entreprise. On fait donc la distinction, selon VDI 4500, entre la documentation interne et la documentation externe **(fig. 1)**.

**Documentation interne.** Cette documentation comprend l'archivage de tous les documents spécifiques aux produits dont par ex. les devis, cahiers des spécifications techniques, rapports d'essais, dessins techniques, documents de fabrication ou guides de réparation et d'entretien **(tableau 1)**. Les documents sont archivés soit de manière centralisée soit dans les différents départements spécialisés (fig. 1).

**Documentation externe.** Constituent les groupes-cibles de la documentation externe les clients qui vont être informés sur la mise en service, l'utilisation, la maintenance et l'élimination sûres du produit. Les justificatifs prescrits par la loi à fournir aux/obtenir auprès des autorités et institutions comparables composent également la documentation externe. Les formes courantes de documentation sont par ex. les instructions d'emploi, consignes de sécurité, instructions de montage, guides rapides et plans d'entretien (tableau 1). Ces documents existent en règle générale en plusieurs langues.

### 10.5.1 Élaboration de dossiers et documentations techniques

Lors de l'élaboration de dossiers et documentations techniques, il faut veiller à ce qu'ils soient complets, objectifs, bien structurés et formulés de manière compréhensible pour suivre le raisonnement.

> Si la documentation technique est entachée d'erreurs, le fabricant risque, en cas de dommage, de voir sa responsabilité engagée.

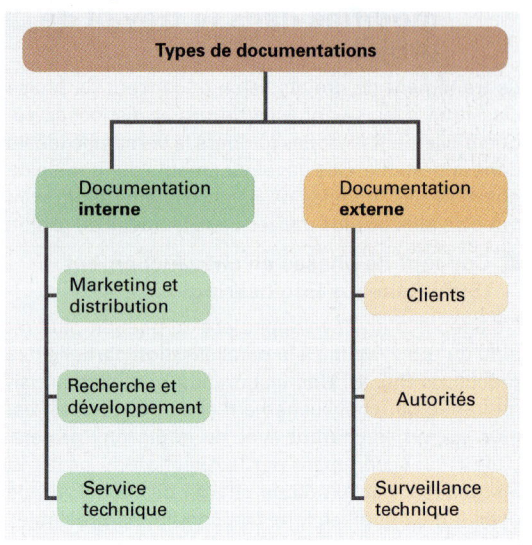

**Figure 1: Documentation interne et externe**

**Tableau 1: Types de documentations (exemples)**

| Type de documentation | Exemples |
|---|---|
| Documentation interne | Documents de devis |
| | Cahier des spécifications techniques |
| | Rapports d'essai |
| | Documents de fabrication |
| | Dessins techniques |
| | Instructions de réparation |
| | Guides d'entretien |
| Documentation externe | Instructions d'emploi |
| | Consignes de sécurité |
| | Instructions de montage |
| | Guides rapides |
| | Plans d'entretien |
| | Notices d'utilisation |

La nature et la configuration des dossiers et documentations technique s'orientent sur le destinataire et le chargé de documentation, sur le motif de la documentation et les besoins d'information. Sur le territoire américain, les exigences visant les documentations s'orientent sur la série de normes ANSI-Z535.1-6.

### 10.5.2 Instructions

Elles sont utilisées aussi bien à l'intérieur qu'à l'extérieur de l'entreprise. Les instructions doivent contenir des informations aussi bien sur la manipulation du produit que sur les propriétés du produit. La formulation des instructions doit être compréhensible et sans équivoque. Leur structuration doit être claire, simple et s'orienter sur les besoins du groupe-cible. Les instructions sont souvent publiées en plusieurs langues et sont souvent élaborées par des rédacteurs techniques. Il existe différents types d'instructions **(tableau 1, page suivante)**.

# Documentation et documents techniques

**Notice d'utilisation.** Il s'agit de la forme d'instructions la plus connue ; un tel document est également appelé mode d'emploi, instructions d'emploi ou instructions d'utilisation. La notice d'utilisation fait partie du produit et appartient à la documentation technique, de sorte qu'un contenu erroné est évalué comme un vice matériel. Le contenu de la notice d'utilisation est défini par des normes (EN 82079 – Élaboration d'instructions d'utilisation), directives et lois et peut différer d'un pays à l'autre.

Les notices d'utilisation sont livrées d'origine lors de l'achat du produit. Différentes présentations sont possibles, par ex. sous forme de cahier ou de livre, de panneau, de film, de fichier sur CD ou de lien permettant une utilisation sur Internet.

**Instructions de montage.** Les instructions de montage font également partie de la documentation technique et elles sont nécessaires lorsque l'assemblage du produit se déroule sur le lieu de mise en œuvre. Souvent elles se présentent sous forme de tableaux et comprennent un en-tête contenant les données cadres et une liste des étapes de travail **(tableau 1)**. La description a lieu en plus à l'aide de dessins techniques appropriés. Outre le support papier, le document peut également se présenter sous la forme d'une vidéo d'instructions.

**Instructions d'entretien.** Elles contiennent les spécifications prescrites par le fabricant concernant la maintenance du produit **(fig. 1)**.

> Le respect de plans d'entretien est nécessaire pour garantir le bon fonctionnement et la sécurité en service du produit et pour préserver les droits à garantie vis-à-vis du fabricant.

## 10.5.3 Communication technique

Outre la documentation de projets techniques par ex. sous la forme de notices, de rapports et d'instructions, les dessins techniques constituent, dans les constructions mécaniques, un autre moyen de communication important. Ils contiennent des informations sur

- La forme
- La taille
- La structure
- La fonction
- Le matériau

de pièces, sous-ensembles et systèmes complets. Lors de l'élaboration de dessins, il faut respecter des normes, directives et aussi des normes usine.

**Tableau 1 : Contenu des notices**

| Notice | Table des matières |
|---|---|
| Notice d'utilisation | Consignes de sécurité<br>Consignes (photos) relatives aux éléments de commande<br>Utilisation conforme<br>Consignes relatives à l'utilisation (économique)<br>Conditions de garantie<br>Consignes relatives au diagnostic des erreurs<br>Marquage CE/Déclaration de conformité |
| Instructions de montage | Numéro de commande/Numéro de sous-ensemble <br>Dénomination du travail de montage <br>Date/temps alloué <br>Numéro de dessin <br>Étapes de travail  ⎫ En-tête <br>Outils et moyens de contrôle <br>Cotes de contrôle et caractéristiques de contrôle <br>Temps alloués  ⎫ Tableau |
| Notice d'entretien/de réparation | Intervalles d'entretien<br>Mesures, étendue des travaux<br>Aide au diagnostic<br>Procédure de démontage/montage<br>Dessins techniques |

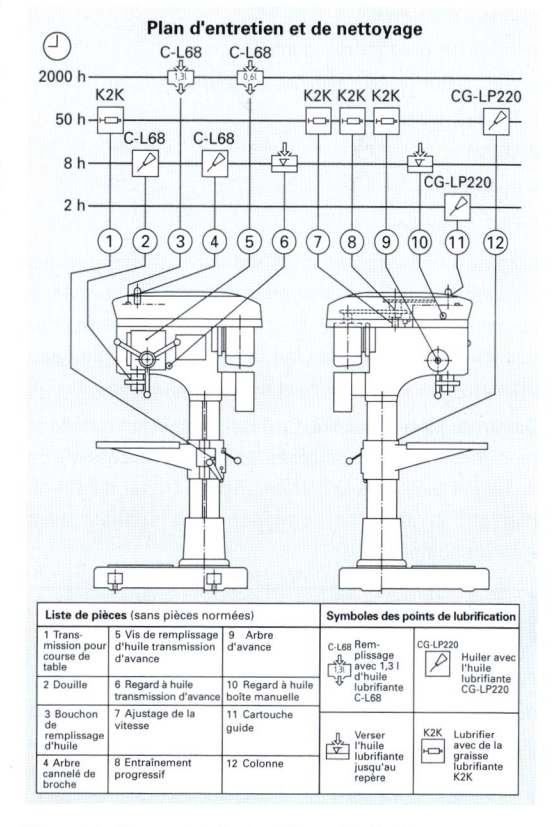

**Figure 1 : Exemple d'instructions d'entretien**

**Normes et directives.** L'élaboration des normes sert à créer des standards applicables par ex. à des applications ou objets récurrents. Les normes reposent sur des résultats scientifiques et techniques assurés, des valeurs empiriques et résultent d'une procédure de normalisation définie. Les normes sont publiées sur des feuillets à cet effet.

> Les normes contiennent une indication, par ex. DIN EN **(tableau 1)**, un numéro d'ordre et une date d'édition.

Cette indication permet de déterminer l'origine de la norme. La désignation DIN EN ISO d'une norme indique que cette norme est à la fois une norme allemande, européenne et internationale.

**Dessin technique.** Ce document contient toutes les informations nécessaires pour décrire une pièce détachée, un sous-ensemble ou un produit complet. Les dessins techniques font partie de la documentation technique du produit. Il existe différents types de dessins techniques et différentes formes de représentation :

- Croquis
- Dessin de pièce détachée (aussi : dessin de pièce)
- Dessin d'ensemble
- Dessin de groupes fonctionnels
- Vue éclatée (aussi : plan/dessin de disposition)
- Totalité des dessins
- Modèle CAO
- Photo
- Liste de pièces

**Croquis.** Les croquis sont utilisés dans les commandes individuelles et de réparation simples, pour compléter les explications verbales, pour trouver des idées et pour documenter des états de fait **(fig. 1)**. Ils sont généralement réalisés à main levée et ne sont pas à l'échelle.

**Dessin de pièce détachée.** Ce dessin respecte l'échelle et représente une pièce détachée qu'il n'est pas possible de démonter plus sans la détruire **(fig. 2)**. Un tel dessin ne met pas la pièce en correspondance spatiale avec d'autres composants.

> Le dessin de pièce détachée contient toutes les indications nécessaires à la fabrication.

Parmi elles figurent entre autres les cotes, tolérances, indications relatives à la surface, indications de matériau et critères de traitement thermique. La représentation de la pièce détachée a lieu dans des vues répondant aux règles de la méthode de fléchage ou de la projection parallèle orthogonale (par ex. méthode de projection 1).

**Tableau 1 : Normes**

| Norme | Explication |
|---|---|
| DIN | Norme allemande (DIN = Institut allemand de normalisation) |
| DIN EN | Norme européenne existant en version allemande. |
| DIN ISO | Norme internationale existant en version allemande. |
| DIN EN ISO | Norme européenne contenant une norme internationale inchangée et existant en version allemande. |

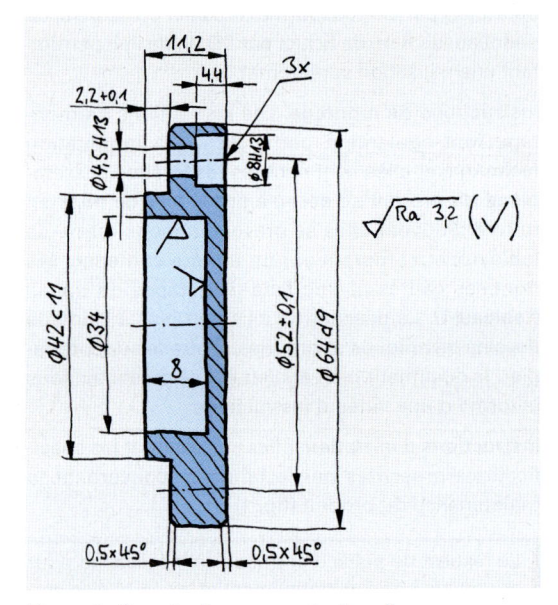

**Figure 1 : Croquis d'un couvercle de palier**

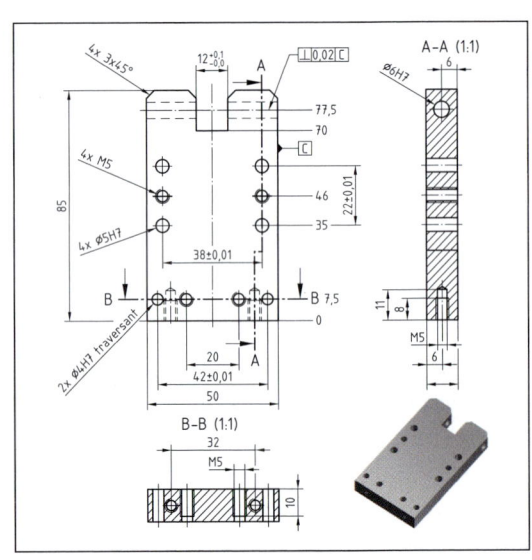

**Figure 2 : Dessin de pièce détachée**

# Documentation et documents techniques

**Dessin de sous-ensemble.** Il représente un sous-ensemble à l'état assemblé **(fig. 1)** et sert de document de fabrication destiné au montage final. Il contient toutes les informations pertinentes pour l'assemblage.

**Dessin de groupes fonctionnels.** L'interaction de pièces et sous-ensembles remplissant la même fonction est représentée dans des dessins de groupes fonctionnels.

**Vue éclatée.** Les pièces d'un sous-ensemble ou d'un produit sont disposées de sorte à montrer quelle est la chronologie de leur montage. Cela permet de représenter en perspective les pièces détachées constitutives de sous-ensembles complexes **(fig. 2)**. Les vues éclatées sont également appelées plans ou dessins de disposition.

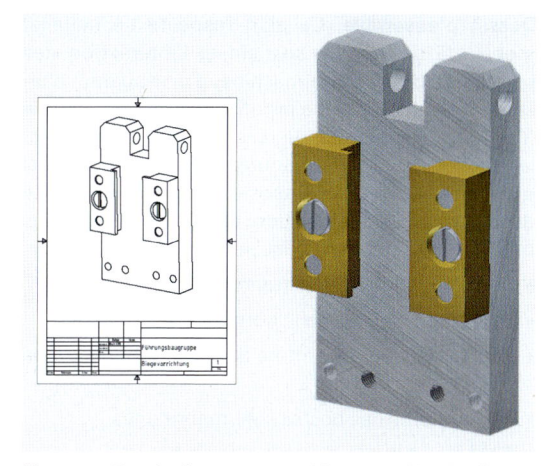

Figure 1 : Dessin de sous-ensemble et modèle 3D afférent

## Caractéristiques des vues éclatées

- Représentation de la position des composants les uns par rapport aux autres, dans leur ordre de montage
- Représentation tridimensionnelle du produit (par ex. projection isométrique)
- Les numéros de position des pièces détachées et le cas échéant aussi des désignations succinctes sont présentes
- Aucune cote n'est portée dans le dessin
- Dessin lisible sans connaissances préalables particulières

| Obj. | Nbre. | N° de composant | Description |
|---|---|---|---|
| 14 | 2 | ISO 2338 - 4 h8 x 18 | Goupille cylindrique |
| 13 | 1 | ISO 2338 - 5 h8 x 24 | Goupille cylindrique |
| 12 | 1 | ISO 2338 - 6 h8 x 45 | Goupille cylindrique |
| 11 | 4 | ISO 2338 - 5 h8 x 20 | Goupille cylindrique |
| 10 | 1 | Contact de batterie courbé | |
| 9 | 1 | 06 Levier | |
| 8 | 4 | Contact de batterie courbé | |
| 7 | 2 | ISO 1207 - M5 x 8 | Vis à tête cylindrique avec fente |
| 6 | 4 | ISO 1207 - M5 x 12 | Vis à tête cylindrique avec fente |
| 5 | 1 | 05 Pièce prismatique | |
| 4 | 1 | 04 Curseur | |
| 3 | 2 | 03 Glissière de guidage | |
| 2 | 1 | 02 Montant | |
| 1 | 1 | 01 Plaque de base | |

Dispositif de pliage

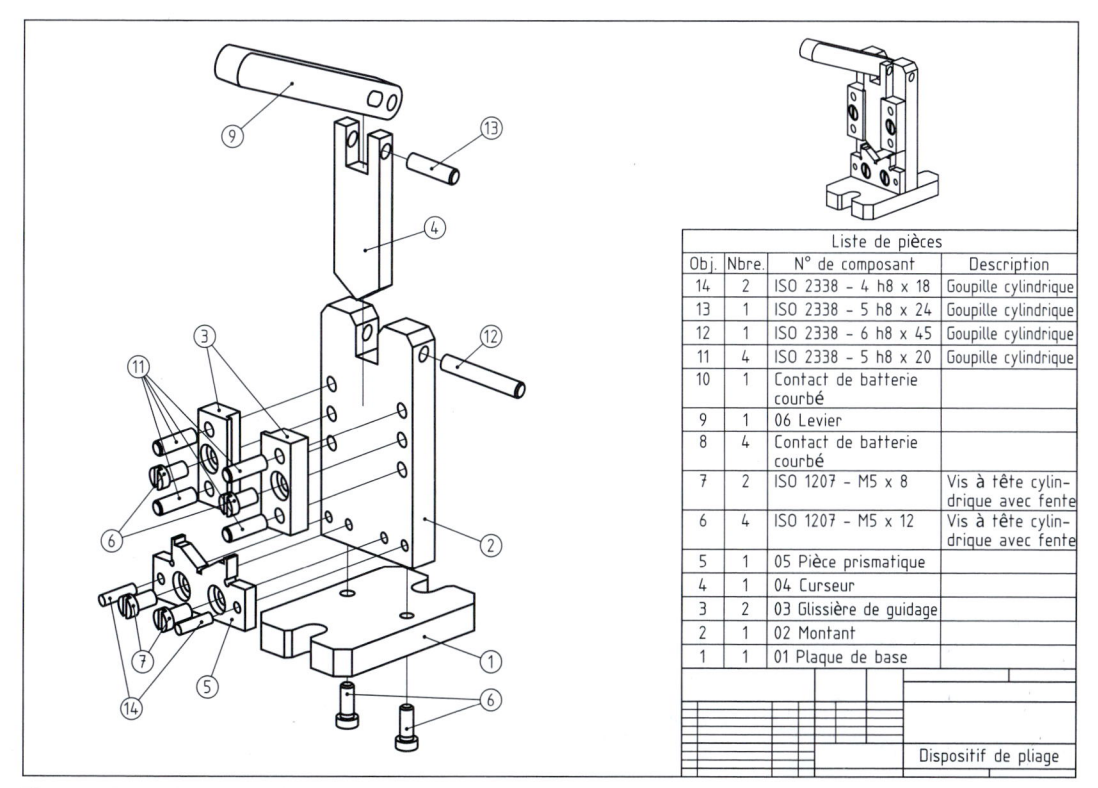

Figure 2 : Vue éclatée avec liste de pièces

**Dessin d'ensemble.** Ce plan respecte l'échelle et montre la disposition spatiale et l'interaction des pièces détachées d'une machine, d'un appareil, d'un sous-ensemble ou d'une installation à l'état assemblé **(fig. 1)**. Ce plan permet de reconnaître la structure et la fonction du produit manufacturé représenté ainsi que l'interaction des composants. Le dessin sert de document pour la fabrication. La totalité des dessins présente les caractéristiques suivantes :

- Représentation à l'état assemblé
- Reproduction à l'échelle normée
- Représentation sous forme de vues (dont dessin de pièces détachées)
- Les numéros des postes sont mentionnés
- En règle générale, aucune cote ne figure

**Modèles en CAO.** De nos jours, les conceptions de pièces nouvelles ont lieu avec un logiciel de CAO (**C**onception **A**ssistée par **O**rdinateur) qui génère des modèles volumiques tridimensionnels **(fig. 2)**. Toutes les autres données nécessaires dont par ex. les dessins de pièces détachées, dessins d'ensemble, listes de pièces et données de fabrication sont dérivées du modèle en CAO.

### Avantages de la CAO :

- Économie de coûts
- Augmentation de la productivité
- Amélioration de la qualité
- Accroissement de la flexibilité
- Corrections plus rapides sur le produit

Aux modèles en CAO peuvent être attribuées des caractéristiques matériau spécifiques par ex. quant à la masse volumique, le coefficient de dilatation thermique et les résistances à la traction. Ils conviennent de la sorte aux analyses avec la méthode des éléments finis (MEF) et aux calculs des poids et des forces **(fig. 4)**. Des procédés de prototypage rapide (par ex. l'impression 3D) permettent, à partir de modèles en CAO, de fabriquer rapidement des prototypes.

**Photos.** Elles sont utilisées dans les catalogues et périodiques. Les photos permettent de représenter, outre la disposition spatiale et l'interaction des pièces, également la situation environnante (le contexte) **(fig. 3)**.

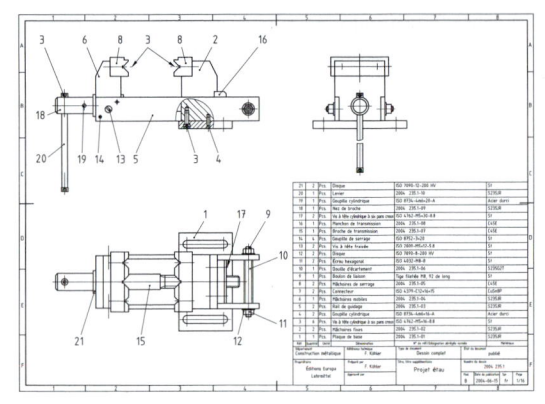

**Figure 1 : Dessin d'ensemble avec liste de pièces**

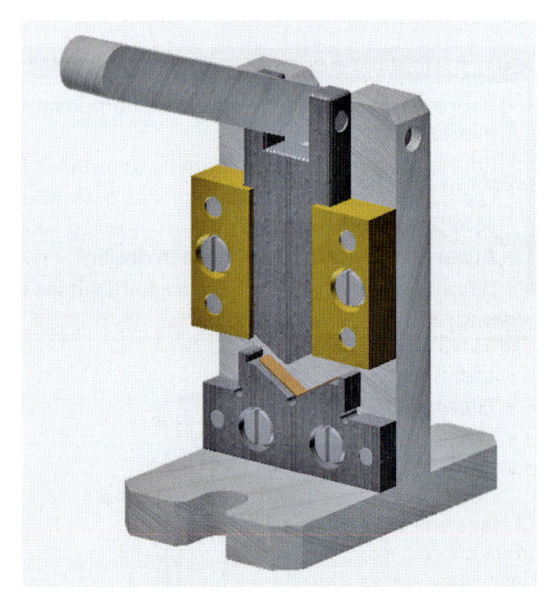

**Figure 2 : Modèle en CAO**

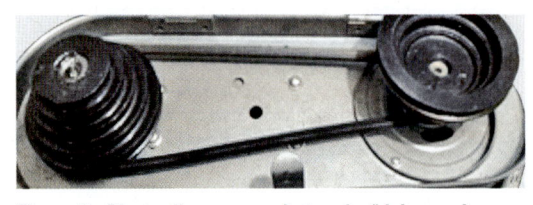

**Figure 3 : Photo d'une courroie trapézoïdale en place**

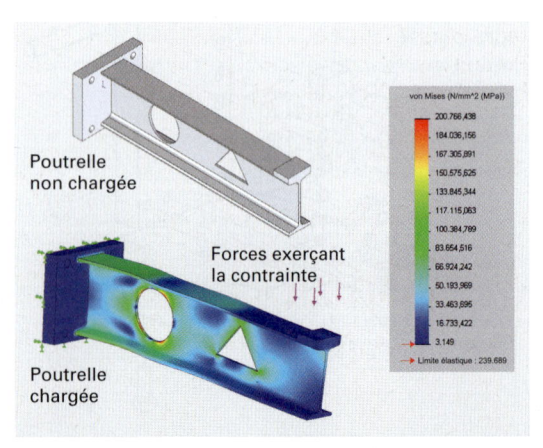

**Figure 4 : Simulation de contrainte à l'aide de la MEF**

# Documentation et documents techniques

**Listes de pièces.** Elles documentent les matériels, pièces et sous-ensembles nécessaires à la fabrication d'un produit « maître ». Les domaines d'utilisation des listes de pièces sont la planification de la fabrication, la détermination des besoins en matériel et la détermination des coûts. Une liste de pièces attribue, au moyen d'une position, différentes informations à chaque pièce détachée **(fig. 1)**.

| Pos. | Quantité | Unité | Dénomination | N° de réf./Désign. succincte normalisée | Remarque |
|------|----------|-------|--------------|------------------------------------------|----------|
| ① | ② | ③ | ④ | ⑤ | ⑥ |
| | | | | | |
| | | | | | |

① **Pos. (Position) :** Numéro de pièce

② **Quantité :** Taille de lot, quantité

③ **Unité :** Unité de mesure, pièce par ex.

④ **Dénomination :** Désignation du composant

⑤ **N° de réf. /Désign. succincte normalisée :** Nom court selon norme

⑥ **Remarque :** par ex. indications du matériau

**Figure 1 : Structure d'une liste de pièces**

Dans la vue éclatée et dans le dessin d'ensemble, la liste de pièces contient les numéros de position des pièces détachées. La liste de pièces peut figurer directement dans les dessins de petite taille **(fig. 1, page précédente)**, ou sous forme de feuille séparée lorsqu'il s'agit de constructions à grande échelle. Il faudrait si possible y faire figurer en premier les pièces à fabriquer, puis les pièces normalisées et enfin les pièces sous-traitées. Les listes de pièces peuvent être différenciées selon leur domaine d'application **(tableau 1)** ou selon leur structure formelle ou structurelle.

**Différenciation selon la structure de la liste de pièces**
- Listes de pièces avec aperçu des quantités
- Listes de pièces structurées
- Listes de pièces modulaires
- Listes de pièces des variantes

Si dans une entreprise sont utilisées et enregistrées différentes listes de pièces pour un produit, des incohérences risquent d'apparaître à l'intérieur du système.

La norme DIN 199 définit différentes notions pour représenter la structure, l'architecture d'un produit, Produit manufacturé/produit, groupe/sous-ensemble, pièce et pièce détachée **(tableau 2)**.

**Tableau 1 : Différenciation de listes de pièces par domaine d'application**

| Désignation de la liste de pièces | Domaine d'application |
|-----------------------------------|------------------------|
| Liste de pièces en développement<br>Liste de pièces de conception | Conception |
| Liste de pièces de fabrication | Fabrication |
| Liste de pièces affectées de délais | Préparation du travail |
| Liste des pièces à fournir | Stockage |
| Liste de pièces à se procurer<br>Liste de pièces à acheter | Achats |
| Liste de pièces à acheter | Service après-vente |

**Tableau 2 : Termes de la structuration des produits manufacturés**

| Produit manufacturé [E]/Produit [P] | Groupe [G]/Sous-ensemble [B] | Pièce [T] | Pièce détachée [E1] |
|--------------------------------------|-------------------------------|-----------|----------------------|
| Un objet prêt à l'emploi issu d'un processus de fabrication est appelé produit manufacturé. D'autres termes tels que produit, marchandise ou bien sont également utilisés. | Un groupe se compose d'au moins deux pièces ou de groupes d'un ordre inférieur. À l'intérieur d'un produit, un groupe remplit une ou plusieurs fonctions non indépendantes et ne doit pas forcément être fermé (monté) sur lui-même. | Une pièce est un objet qui, du point de vue de l'utilisateur, n'a pas besoin d'être subdivisé plus avant. Les caractéristiques marquantes peuvent être dérivées de la désignation, par ex. pièce de rechange, pièce brute. | Une pièce détachée est une pièce qu'il n'est pas possible de « démonter » plus avant sans la détruire. |

**Types de listes de pièces.** Suivant leur architecture formelle et/ou structurelle, on fait la distinction entre différents types de listes de pièces. L'architecture des listes dépend de la structure des produits manufacturés constitutifs du produit (**fig. 1**), structure qui est répartie entre plusieurs niveaux. L'architecture du produit de la figure 1 est répartie entre trois niveaux différents. Cette architecture permet suivant besoin d'élaborer des listes de pièces avec aperçu des quantités, listes de pièces structurées, listes de pièces modulaires ou listes de pièces des variantes.

**Liste de pièces avec aperçu des quantités.** Une telle liste contient, pour chaque produit manufacturé E, une énumération des pièces détachées avec indication de leurs quantités, sans qu'une structure de produit manufacturé ou des sous-ensembles/groupes ne soient reconnaissables (**tableau 1**). Elle convient aux produits simples, d'un faible niveau de complexité.

**Liste de pièces structurée.** Elle contient outre des indications de quantités également la structuration du produit manufacturé E (**tableau 2**). La structuration figure dans une colonne séparée dans laquelle est représentée l'appartenance des éléments de construction à des niveaux.

**Liste de pièces modulaire.** Le produit manufacturé est considéré niveau par niveau, sachant que chaque sous-ensemble du produit manufacturé reçoit une liste de pièces indépendante qui se « fond » dans le sous-ensemble maître. Le produit manufacturé décrit dans la figure 1 possède trois listes de pièces modulaires pour les sous-ensembles et une liste de pièces modulaire pour l'ensemble du produit manufacturé/produit (**fig. 2**). Elle est représentée à titre d'exemple au **tableau 3**. Des listes de pièces modulaires peuvent, grâce à l'informatique, être générées à partir de listes de pièces structurées.

**Liste de pièces des variantes.** Cette liste sert à gérer dans un document différentes variantes d'un produit manufacturé. Voici les formes que peuvent prendre les listes de pièces des variantes (par ex.) :

- Liste de pièces en plus/moins
- Liste de pièces identiques et de pièces des variantes

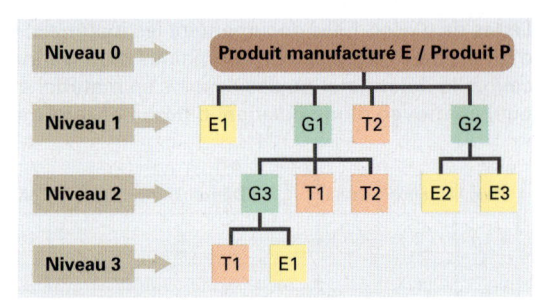

**Figure 1 : Structure du produit manufacturé**

**Tableau 1 : Listes de pièces avec aperçu des quantités**

| Position | Quantité | Unité | Dénomination |
|---|---|---|---|
| 1 | 2 | Pcs. | Pièce détachée E1 |
| 2 | 1 | Pcs. | Pièce détachée E2 |
| 3 | 1 | Pcs. | Pièce détachée E3 |
| 4 | 2 | Pcs. | Pièce T1 |
| 5 | 2 | Pcs. | Pièce T2 |

**Tableau 2 : Liste de pièces structurée**

| Position | Niveau | Quantité | Unité | Dénomination |
|---|---|---|---|---|
| 1 | 1 | 1 | Pcs. | Pièce détachée E1 |
| 2 | 1 | 1 | Pcs. | Groupe G1 |
| 3 | 1 | 1 | Pcs. | Pièce T2 |
| 4 | 1 | 1 | Pcs. | Groupe G2 |
| 5 | 2 | 1 | Pcs. | Groupe G3 |
| 6 | 2 | 1 | Pcs. | Pièce T1 |
| 7 | 2 | 1 | Pcs. | Pièce T2 |
| 8 | 2 | 1 | Pcs. | Pièce détachée E2 |
| 9 | 2 | 1 | Pcs. | Pièce détachée E3 |
| 10 | 3 | 1 | Pcs. | Pièce T1 |
| 11 | 3 | 1 | Pcs. | Pièce détachée E1 |

**Tableau 3 : Liste de pièces modulaire pour produit manufacturé/produit**

| Position | Quantité | Unité | Dénomination |
|---|---|---|---|
| 1 | 1 | Pcs. | Pièce détachée E1 |
| 2 | 1 | Pcs. | Sous-ensemble/groupe G1 |
| 3 | 1 | Pcs. | Pièce T2 |
| 4 | 1 | Pcs. | Sous-ensemble/groupe G2 |

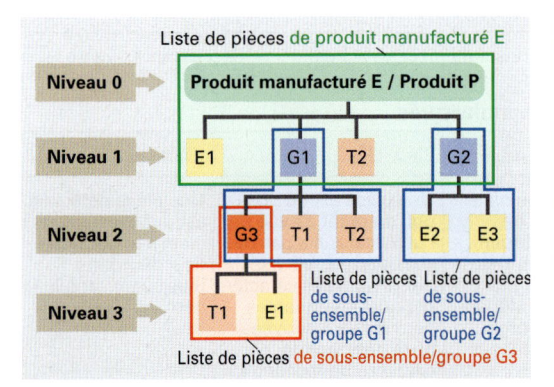

**Figure 2 : Structure de listes de pièces modulaires**

Documentation et documents techniques                    647

## 10.5.4 Solutions Office dans la documentation

Aujourd'hui, la documentation et la présentation de projets techniques se déroulent presque exclusivement par la voie numérique, à l'aide de logiciels. Des solutions de bureau sont mises en œuvre, qui incluent au moins un traitement de texte, un tableur et un logiciel de présentation. L'agencement des programmes à l'intérieur de ce progiciel est similaire **(fig. 1)**, afin de raccourcir le délai de prise en main des différents programmes. Il est avantageux que des données puissent être transférées sans problème d'un endroit à l'autre à l'intérieur du progiciel. Plusieurs possibilités sont disponibles à cette fin :

- Échange de données sans connexions (Copy and Paste – Copier-coller)
- Incorporation d'objets (Object Embedding)
- Échange de données avec connexions (Object Linking)

**Traitement de texte.** Il permet d'élaborer des documents composés d'un texte, de tableaux, de graphiques et d'images. Des tables des matières et index des mots clés peuvent être automatiquement générés. Il est possible, dans le document, de générer des tableaux, d'y intégrer des graphiques externes, de composer le texte en plusieurs colonnes, de numéroter automatiquement des titres de chapitres, légendes de tableaux et d'illustrations.

| Avantage du traitement de texte |
|---|
| • Le texte peut être formaté à la fin |
| • Les illustrations et graphiques peuvent être intégrés après coup |
| • Des automatismes minimisent les erreurs de numérotation |

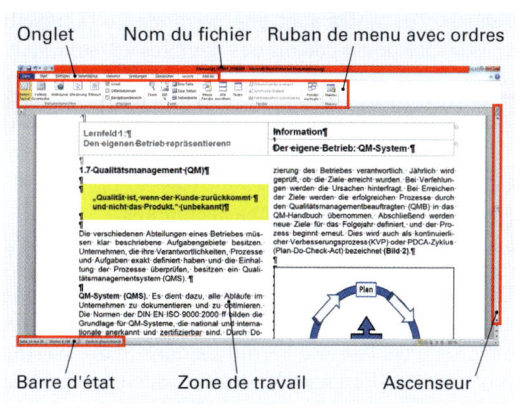

Figure 1 : Agencement de la fenêtre d'application

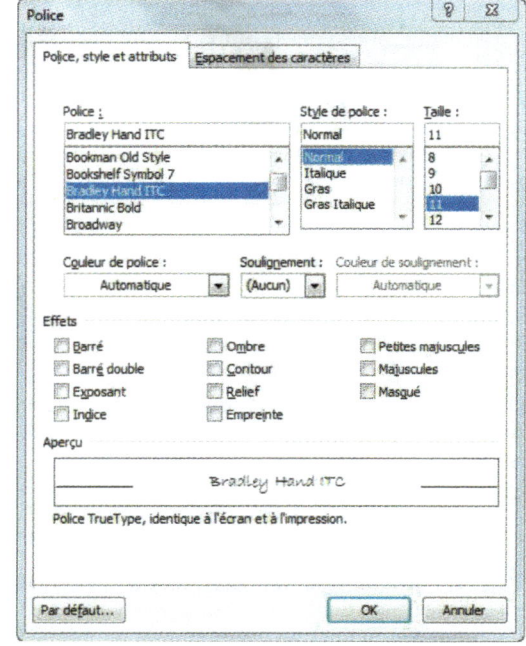

Figure 2 : Formatage des caractères

La maquette du document est définie principalement par la mise en page, le formatage des paragraphes et le formatage des caractères.

**Mise en page.** La configuration de la page, par ex. une page DIN A4 au format portrait ou paysage, la taille des marges, le cadre réservé au texte et la couleur de fond sont fixés via la mise en page.

**Formatage des paragraphes.** L'agencement d'un paragraphe est défini par le formatage des paragraphes, par ex. la taille des espaces et des retraits, les sauts de ligne et de page.

**Formatage des caractères.** Le formatage des caractères permet par ex. d'influencer la police, sa taille, son style, sa couleur et l'espace entre les caractères **(fig. 2)**.

**Modèles de documents.** Des agencements élaborés individuellement peuvent être définis et sauvegardés comme modèles de documents. Le document réalisé d'avance, par ex. une lettre commerciale avec en-tête, peut ensuite être appelée directement.

**Modèles formatés.** Le formatage individuel de chaque paragraphe est laborieux et dévoreur de temps. Pour cette raison, il est possible d'utiliser des modèles formatés dans lesquels des formatages sont préréglés. Ils sont également modifiables de manière individuelle.

**Tableur.** Les tables sont une méthode de représentation des données consistant à porter dedans des nombres en respectant des règles précises.

### Les tableurs aident l'utilisateur (fig. 1)
- à représenter des nombres de manière structurée (sous forme tabellaire),
- à analyser des données chiffrées,
- à calculer avec des données chiffrées,
- à représenter clairement des données chiffrées à l'aide de diagrammes.

Dans les tableurs, un fichier est fréquemment appelé dossier ou classeur. Chaque dossier se compose de différentes feuilles de calcul placées les unes derrière les autres dans le dossier **(fig. 2)**. Les informations sur les différentes feuilles de calcul peuvent être associées entre elles.

Une feuille de calcul se compose de colonnes comportant un marquage alphabétique, et de lignes comportant un marquage numérique clairs. Un champ sur la feuille de calcul est appelé cellule. Elle est adressable de manière claire par son marquage, par ex. B4 **(fig. 2)**. Dans les cellules peuvent être saisis des textes, valeurs, formules mathématiques ou expressions logiques et, comme pour le traitement de texte, il est possible de formater les cellules à volonté.

**Travailler avec des formules.** À l'aide des adresses de cellule et via des formules mathématiques, il est possible de déterminer de nouvelles valeurs ; ainsi par exemple l'instruction SOMME (D10:D13) calcule la somme de toutes les valeurs situées dans le groupe de cellules D10 à D13 **(fig. 3)**. Effectuer ce type de calculs a l'avantage que des nombres peuvent être modifiés et que la formule calcule régulièrement le résultat correspondant sans que l'utilisateur doive saisir lui-même les valeurs dans la formule. Il existe différents types de formules :

- **Formules textuelles** : Elles associent du texte et des entrées en cellule pour donner à nouveau du texte, par ex. = ''Année de naissance'' & *G11* donne comme résultat *l'année de naissance 1960* si la cellule G11 contient le nombre 1960.

- **Formules numériques** : Elles transforment des variables et constantes en un nouveau nombre,
par ex. *=F12*1.16* donne comme résultat 20.32, si dans F12 se trouve le nombre 20.

- **Formules logiques** : Ces formules vérifient des conditions logiques qui sont soit correctes (logiquement 1) soit incorrectes (logiquement 0),
par ex. *=(A6>A4)+1* donne comme résultat 2 si A6 est supérieur à A4, et 1 si A6 est inférieur à A4. Des conditions logiques peuvent être associées via des opérateurs logiques (ET ; OU ; NON).

- **Fonctions** : Il s'agit de formules fournies par l'application et qui permettent de réaliser des calculs complexes. La programmation est spécifiée **(fig. 4)**. Pour chaque fonction, il existe une description de la syntaxe afin que l'utilisateur puisse saisir correctement les paramètres de la fonction.

Pendant la saisie de formules, il faut que la syntaxe de la formule (par ex. le nombre de parenthèses) soit correcte sinon le logiciel émet des messages d'erreur.

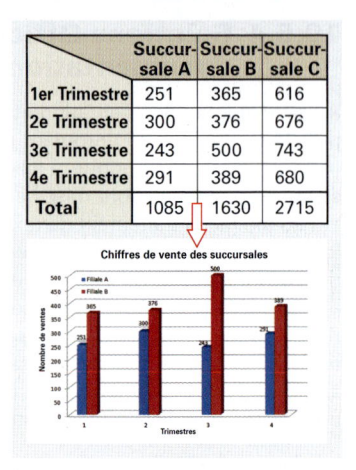

|  | Succursale A | Succursale B | Succursale C |
|---|---|---|---|
| 1er Trimestre | 251 | 365 | 616 |
| 2e Trimestre | 300 | 376 | 676 |
| 3e Trimestre | 243 | 500 | 743 |
| 4e Trimestre | 291 | 389 | 680 |
| Total | 1085 | 1630 | 2715 |

**Figure 1 : Représentation de données chiffrées**

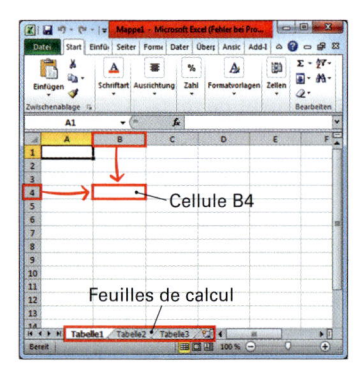

**Figure 2 : Structure d'un classeur**

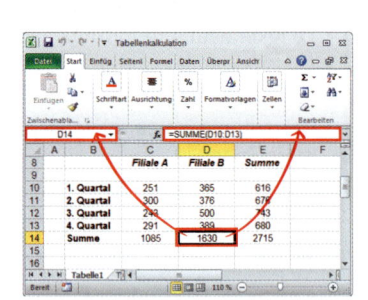

**Figure 3 : Calculs avec des adresses de cellules**

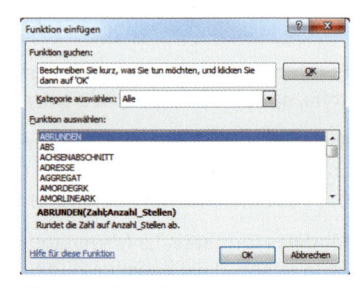

**Figure 4 : Fonctions**

**Diagrammes.** En présence de grandes quantités de nombres, la représentation tabellaire de valeurs permet difficilement de faire ressortir les tendances d'une évolution, les écarts par rapport à la moyenne, etc.

> Des diagrammes visualisent des données ou informations **(fig. 1)**.

Moins un diagramme contient d'informations et plus il est facile pour celui qui l'observe de le comprendre. Une forme simple permet à l'observateur de se concentrer sur le contenu et la signification.

### Règles d'élaboration de diagrammes
- Clarté (grands caractères, lignes larges, représentation cohérente)
- Concentration des informations en une assertion
- Utilisation économe d'encre **(fig. 2)**
- Utiliser peu de texte
- Éditions en noir et blanc au moyen de hachures, de niveaux de gris ou de modèles de lignes différents
- Minimiser les confusions possibles
- Utiliser des tailles de caractère appropriées (par ex. sur un format papier DIN A4 : 22 pt pour les titres, 18 pt pour les textes, police Arial ou Verdana)

Il existe différents types de diagrammes disponibles pour visualiser des données **(tableau 1)** :

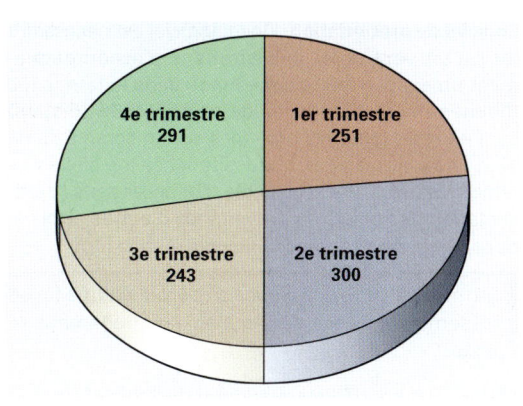

Figure 1 : Graphique circulaire

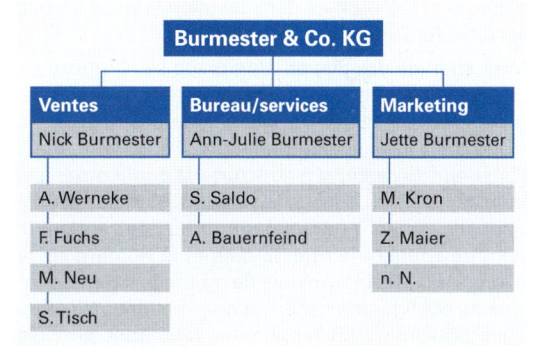

Figure 2 : Utilisation économe d'encre dans l'organigramme

### Tableau 1 : Types de diagramme

| Type | Illustration | Explication |
|---|---|---|
| Diagramme de dispersion | | Deux axes de coordonnées perpendiculaires couvrent une surface sur laquelle les paires de valeurs sont portées sous forme de croix ou de points. |
| Graphique circulaire | | Ce système sert à représenter des pourcentages (secteurs circulaires) d'une quantité totale (= 360°). Sous sa forme tridimensionnelle, ce diagramme est également appelé camembert. |
| Graphique linéaire | | Les paires de valeurs représentées par des points sont reliées par des lignes. On l'utilise pour les courbes dépendantes d'une durée. |
| Graphique en courbes | | Les paires de valeurs représentées par des points sont reliées par des courbes interpolées. On l'utilise comme le diagramme linéaire ; également possible comme graphique en aires. |
| Graphique à colonnes | | L'écart entre l'axe des abscisses et le point de données est représenté par une colonne. Un graphique empilé à colonnes permet aussi de représenter des contenus à l'intérieur des colonnes. |
| Diagramme à barres | | Comme le graphique à colonnes. Différence : Les colonnes sont des barres horizontales (économie de place dans le sens vertical). |
| Diagramme de Pareto | | Le diagramme de Pareto est une forme spéciale du graphique à colonnes, il montre des groupes classés par ordre d'importance (taille). |

**Logiciel de présentation.** Un tel logiciel est nécessaire lorsqu'on veut doter d'illustrations d'accompagnement un exposé thématique limité dans le temps (60 minutes max.). Les pages de présentation (diapos) sont en règle générale projetées sur un écran à l'aide d'un (vidéo)projecteur. Via des touches logicielles interactives **(fig. 1)**, il est possible d'intégrer dans la présentation des objets en provenance d'autres applications, des effets sonores et visuels ou des films.

> La mise en page des diapos se déroule d'une façon ressemblant à celle des feuilles d'un traitement de texte.

Malgré les possibilités étendues du logiciel de présentation, des principes didactiques fondamentaux devraient être respectés **(tableau 1)**. Il faudrait éviter d'intégrer trop d'effets dans les diapos pour ne pas solliciter l'attention de l'auditoire.

**Mise en page des diapos.** Une diapo se compose de différents éléments : cadre, arrière-plan, titre, objets graphiques et texte. Un cadre aide à structurer la diapo dans la zone d'informations proprement dite à l'intérieur du cadre, et à structurer la partie organisationnelle dans le cadre de la diapo. La partie organisationnelle contient par ex. le logo de l'entreprise, le nom de l'auteur, le titre, la date et le numéro de la diapo. La partie informative devrait respecter le principe de configuration selon le nombre d'or : les étendues présentant un rapport de 1:1,6 sont perçues comme particulièrement harmonieuses. Dans la zone des quatre points résultants, les informations sont placées d'une manière particulièrement séduisante **(fig. 2)**. En raison des habitudes de lecture de l'observateur, son regard va balayer la diapo du haut à gauche (titre de la diapo) vers le bas à droite. Des informations peuvent également être positionnées sur cet axe.

> Les informations importantes sont placées en haut à gauche et en bas à droite, près du centre de la diapo.

**Contenus des diapos.** Ces contenus sont intégrés dans la partie informative de la diapo, à l'intérieur du cadre. Les règles suivantes sont applicables :

- Pas plus de 50 % de la surface consacrée à la présentation de l'information
- Représentation d'au maximum cinq informations par diapo
- Mise en évidence (caractères gras/italiques) d'au max. 10 à 20 % de l'information totale
- Représentation uniquement des informations pertinentes
- Utilisation de peu de texte et de plus d'illustrations **(fig. 3)**
- Représentation de séries de nombres par des diagrammes

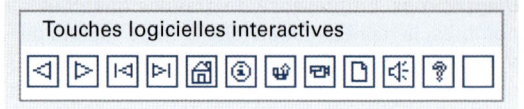

Figure 1 : Touches logicielles interactives

**Tableau 1 : Principes didactiques fondamentaux**

| Principe fondamental |
|---|
| Tenir compte de la composition du groupe-cible (homogène : par ex. uniquement des décideurs/ hétérogène : par ex. des élèves et enseignants) |
| Savoir ce que le groupe-cible connaît déjà |
| Déterminer les attentes du groupe-cible |
| Énoncer des problèmes – Montrer des voies de résolution – Choisir des voies de résolution |
| Passer de contenus connus à des contenus nouveaux pour finir |
| Guider en partant de la vue d'ensemble pour arriver aux détails |
| Passer d'un état de fait concret à un état de fait abstrait |

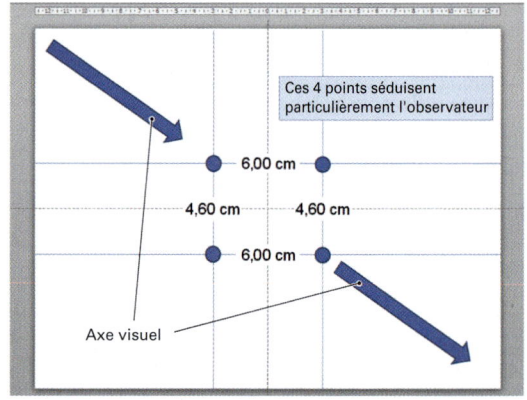

Figure 2 : Mise en page de la diapo (nombre d'or) et axe visuel

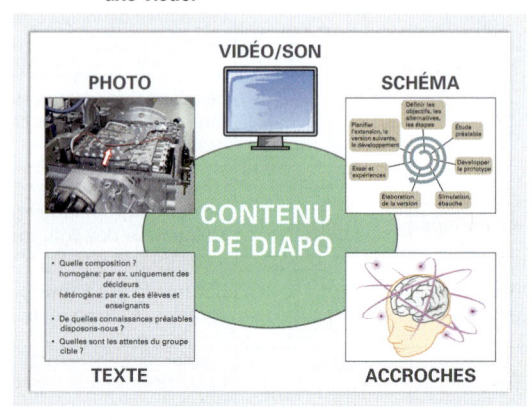

Figure 3 : Contenus des diapos

# Documentation et documents techniques

**Structuration.** Chaque présentation se compose de trois parties **(fig. 1)** :

- Introduction,
- Partie principale
- Conclusion

L'introduction contient des mots de bienvenue, la présentation de l'orateur et du thème ainsi qu'une courte prestation du déroulement. La partie principale de la présentation traite du thème proprement dit et est structurée de manière logique. La conclusion sert à résumer l'essentiel et à faire ressortir le résultat. Il convient ensuite de passer à la discussion en posant des questions à l'auditoire ou en lui demandant des retours.

> Les présentations ne doivent pas être trop chargées en texte.

Ce sont les textes que l'auditoire a le plus de mal à assimiler et qui le fatiguent. Les points suivants sont à respecter :

- Un seul thème par diapo
- Aussi peu de texte que possible
- Seulement quelques mots clés, pas de phrases entières

Malgré le recours à un logiciel de présentation, c'est le présentateur qui figure au centre de l'événement. La présentation numérique ne sert qu'à illustrer son discours. La présentation de l'ensemble des diapos devrait fondamentalement se dérouler selon un schéma précis toujours similaire **(fig. 2)**. Quelques conseils supplémentaires relatifs à la réalisation d'une présentation sont énoncés à la **figure 3**.

Pour résumer, il est possible de constater que dans une présentation trois domaines sont mutuellement associés : l'affichage de texte, l'exposé verbal et l'image. Après la présentation, il convient de réfléchir à ce qui a été bien et moins bien fait (par ex. le partage du temps, les documents, les diapos) et ce qui peut encore être amélioré.

### STRUCTURATION DE LA PRÉSENTATION

1. Introduction
2. Partie principale
3. Conclusion

a) Montrer la problématique générale
b) Arguments pour/contre
c) Conclusion
d) Conséquences, démarche

**Figure 1 : Structuration de la présentation**

### LES 4 PHASES DE LA PRÉSENTATION DES DIAPOS

1. Annoncer la diapo
2. Poser la diapo et laisser le temps de la regarder
3. Expliquer le contenu de la diapo
4. Passer à la diapo suivante

**Figure 2 : Phases de la présentation**

### CONSEILS

- Les caractères doivent avoir une taille suffisante pour qu'on puisse les lire aussi au dernier rang (vérifiez par vous-même !)
- Tenir le jeu de diapos prêt à utiliser sur rétroprojecteur pour le cas où le vidéoprojecteur tomberait en panne
- En phase préparatoire, tester la présentation sans auditoire (vérifier le cadre temporel et la manipulation des appareils)
- Ne pas exagérer le nombre de diapos ; compter au moins 1 minute par diapo

**Figure 3 : Conseils de réalisation**

---

#### Répétition et approfondissement

1. Expliquez la différence entre la documentation interne et la documentation externe.
2. Sous quelle forme les notices d'utilisation accompagnent-elles les produits ?
3. Indiquez trois types de dessins techniques et de formes de représentation.
4. Quels avantages offre la mise en œuvre d'un système de CAO ?
5. Expliquez la différence, dans un tableur, entre une feuille de calcul et un classeur.
6. De quoi faut-il tenir compte pendant l'élaboration de diapos et pendant leur mise en page ?

## 10.6 Practise your English

### ■ Technical projects

A sorting device must be modernized in order to shorten the cycle time. Parts of the plant have to be reconstructed and the operator panel **(Figure 1)** has to be changed completely. Furthermore, a new PLC needs to be installed. As time pressure for change is high and the incurred jobs have different focal points, the tasks should be carried out by a team.

A PLC must be integrated via Ethernet into the existing network. Since there are only hand-drawn plans of the old facility, a pneumatic plan and a circuit diagram have to be drawn. As well as a terminal configuration plan, a technology diagram **(Figure 2)** and an assignment list is needed (task list for employee 1).

Improvements are necessary in the supply of parts in order to reduce cycle times. These changes should be added in the existing CAD documentation (task list for employee 2).

The panel including the case is made of stainless steel and the labeling is applied by laser technology by a foreign company. A CAD documentation for the panel **(Figure 3)** has to be to created (task list of employee 3).

The head of department asks the team members for a preliminary study containing different solutions. Using these variants, the resulting cost and the time frame should be visible. As a first milestone, the departmental leader has set a presentation date on which the team has to show these results.

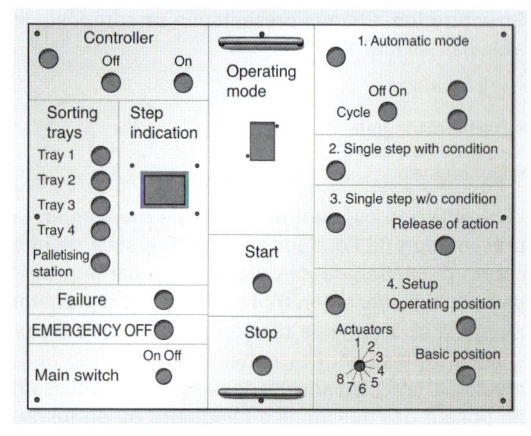

**Figure 1: Control panel**

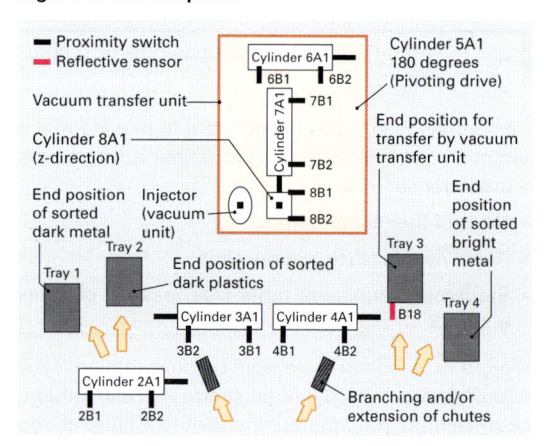

**Figure 2: Technology scheme**

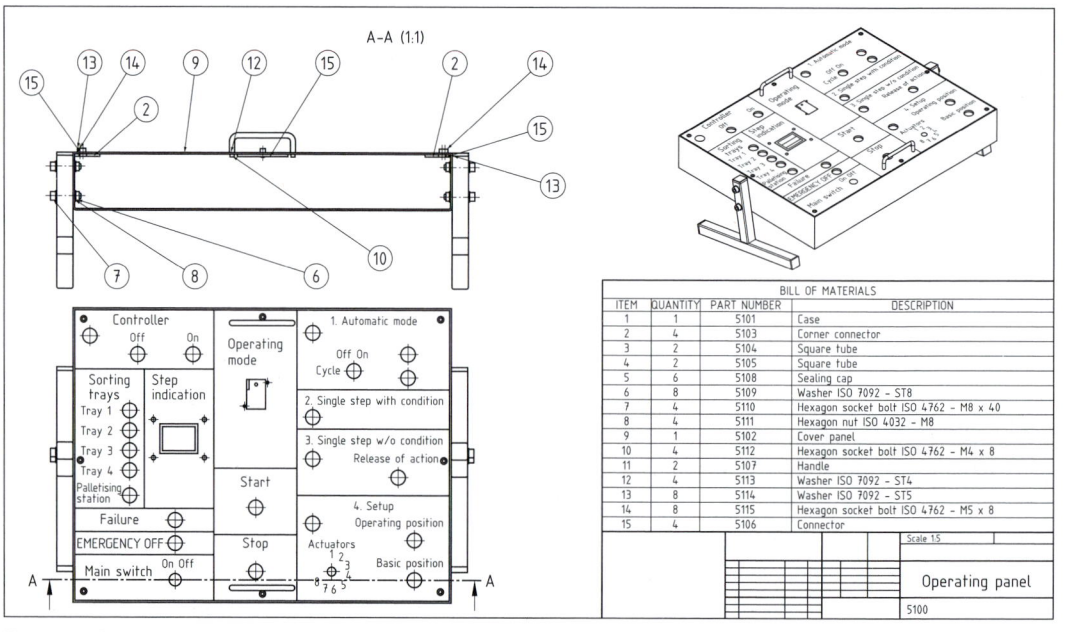

**Figure 3: CAD-Data for the control panel**

## Informations sur l'enseignement orienté sur le domaine d'apprentissage

**Objectifs de l'enseignement orienté sur le domaine d'apprentissage**
- Les connaissances acquises en cours doivent pouvoir être transposées dans la pratique dans l'entreprise.
- La relation théorie/pratique est favorisée par la démarche « De la situation d'apprentissage au champ d'activité » et « De la connaissance à l'action ».
- La capacité à utiliser toutes les sources d'information comme par ex. les livres spécialisés, les manuels de tableaux, les catalogues de fabricants et les sites Web est développée.
- La capacité à analyser et résoudre des problèmes, l'apprentissage coopératif dans un cours orienté sur l'action ainsi que l'apprentissage individuel organisé par soi-même sont promus.

**Caractéristiques de l'apprentissage orienté sur le domaine d'apprentissage**
- Les programmes d'enseignement ne sont pas structurés par matières mais spécifiés par les domaines d'activité professionnels (champs d'action). C'est dans ce cadre que sont inculquées les connaissances techniques et les compétences opérationnelles.
- Les domaines de formation décrivent les objectifs du cours dans les domaines d'action d'un métier, par ex. la fabrication, le montage, la maintenance et l'automatisation dans le métier de polymécanicienne/polymécanicien.
- Les projets directeurs et situations d'apprentissage dépendent de l'environnement industriel régional, des moyens de l'école et de la capacité d'apprendre des élèves.
- La ventilation de l'enseignement entre la salle de classe, le laboratoire et les locaux de travaux pratiques d'une part, et la collaboration des enseignants d'une classe d'autre part, doivent faire l'objet d'une concertation soignée.

**Structure fondamentale d'un domaine d'apprentissage, avec comme exemple la fabrication de sous-ensembles simples**

| | |
|---|---|
| **Désignation**<br>**Année de formation**<br>**Valeur indicative de temps** | Fabriquer des sous-ensembles simples<br>1ère année de formation<br>80 heures |
| **Objectifs pédagogiques** (extrait) | Les élèves garçons et filles préparent la fabrication de sous-ensembles simples. Ils différencient les procédés d'assemblage en fonction de leurs principes d'action et les attribuent en référence à l'application. |
| **Contenus pédagogiques** (extrait) | Dessins de pièces, de groupes et totalité des dessins, liste de pièces, description du montage, fondements de l'assemblage par adhérence de forces, de formes et de matières, pièces normalisées, procédés de fabrication, fondements du management de la qualité. |
| **Remarque** | Le partage du temps total entre les différents contenus ainsi qu'entre les classes et locaux techniques est décidée par l'école. |

**Étapes d'apprentissage** lors de l'élaboration d'un domaine d'apprentissage à l'aide d'un projet directeur

| |
|---|
| **Analyser** le projet choisi. Saisir le contenu des tâches, examiner les sources d'information |
| **Planifier.** Réaliser des calculs, choisir des matériaux, élaborer un plan de travail |
| Inculquer des **connaissances spécialisées** via un cours, des ouvrages techniques, documents de fabrication, films, etc. |
| **Réaliser.** Fabriquer, monter, contrôler, optimiser, entretenir |
| **Évaluer.** Respecter les calendriers et les coûts budgétés, comparer différentes solutions |
| **Documenter.** Photo, totalité des dessins, listes de pièces, protocole de contrôle, description |
| **Présenter.** À titre publicitaire ou informatif, de manière adaptée au groupe-cible |

Les pages 654 à 679 présentent les domaines d'apprentissage à l'aide d'un projet directeur respectivement choisi et elles esquissent leur élaboration à l'aide de mots-clés.

# Champ d'apprentissage : Fabrication de composants avec des outils à main

**Projet pilote sélectionné : Porte-clés**

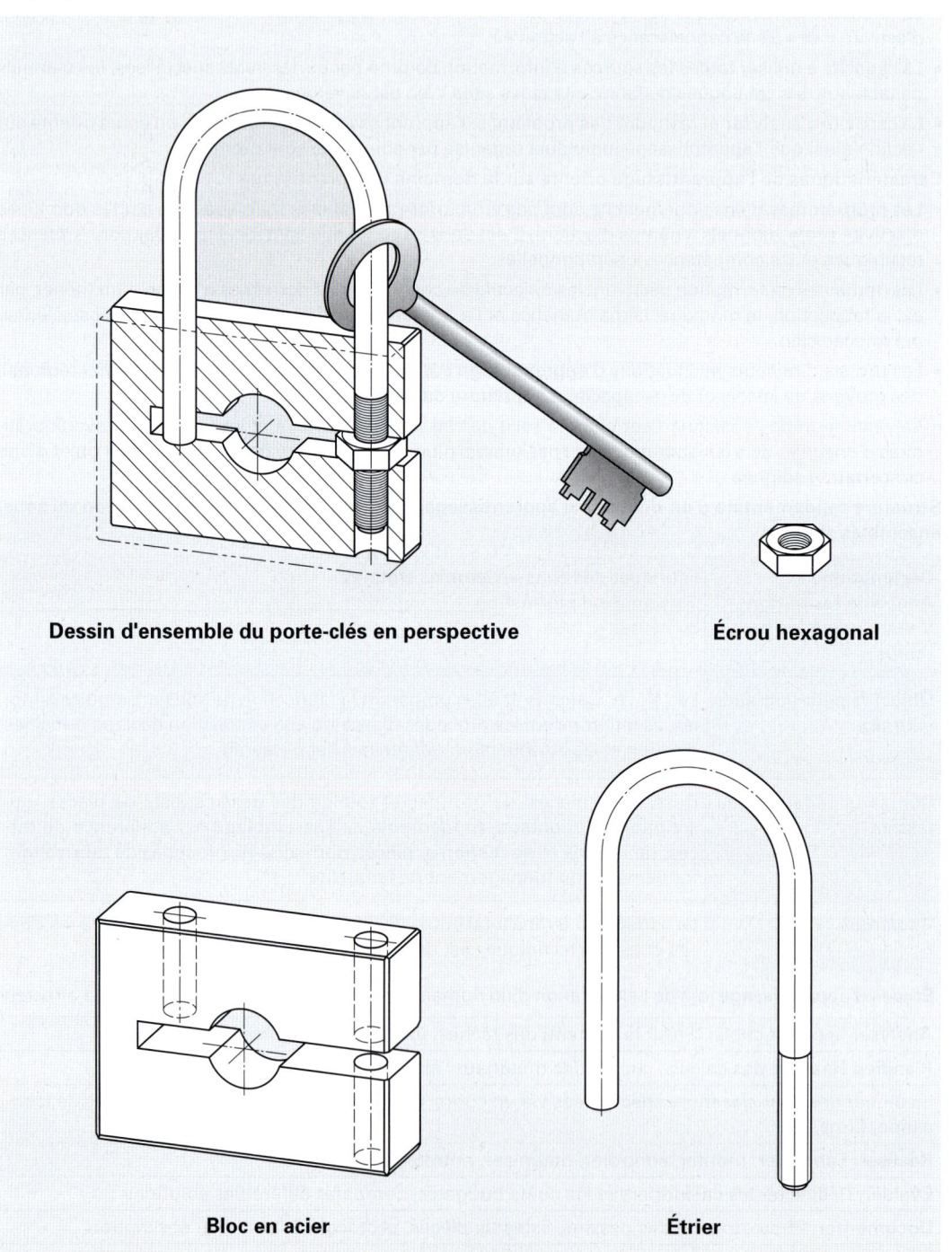

**Dessin d'ensemble du porte-clés en perspective**

**Écrou hexagonal**

**Bloc en acier**

**Étrier**

Champs d'apprentissage pour les métiers de la construction d'appareils industriels et de la mécanique de précision en général en 1ère année de formation

## Champ d'apprentissage : Fabrication de composants avec des outils à main

### Projet pilote sélectionné : Porte-clés

| Objectifs et contenus | Indications, ressources |
|---|---|

**Analyser : Rôle et fonction du porte-clé**

| | |
|---|---|
| • **Description** du rôle et de la fonction sur la base des dessins spécifiés (page précédente)<br>• **Bases de présentation** : Exigences relatives aux dessins techniques ; types de projection<br>• **Création des dessins de pièces**, éventuellement seulement sous forme d'esquisse dessinées à la main ; cotation nécessaire, tolérances simples<br>• **Sélection de pièces standards** qui sont nécessaires pour le porte-clés<br>• Création d'une **liste de pièces** simple | Vérifier si les représentations graphiques proposés suffisent pour comprendre.<br>Discuter les avantages et inconvénients de la projection dimétrique, de même que les habituels dessins de pièces en deux dimensions.<br>Utiliser la possibilité d'un programme de CAO simple.<br>Livre de dessin technique, livre de tableaux, livre de cours professionnel |

**Calculer : les bases**

| | |
|---|---|
| • **Identifier les compétences existantes de l'élève en mathématique et le maniement de la calculatrice** et compléter par des exercices<br>• **Grandeurs et unités :** Conversion et application<br>• **Formules et équations :** Transposer, résoudre<br>• **Calcul :** Longueurs, surfaces, volumes et masse des composants | Le maniement d'outils tels que les calculatrices, les livres de cours professionnel et les livres de tableaux pourrait aussi être mis en avant dans le 1er champ d'apprentissage dans un bloc d'enseignement séparé.<br>Toujours effectuer les calculs avec des valeurs numériques et des unités.<br>Livre de calcul professionnel et de tableaux |

**Matériaux**

| | |
|---|---|
| • **Vue d'ensemble** des matériaux<br>• **Propriétés** des matériaux<br>• **Désignation** des aciers ; numéros des matériaux<br>• **Produits semi-finis :** abréviations<br>• **Découvrir** d'autres matériaux appropriés | Aborder le facteur-coûts.<br><br><br><br>Livre de cours professionnel et de tableaux |

**Fabrication**

| | |
|---|---|
| • Vue d'ensemble du processus de fabrication<br>• Sciage, limage, alésage[1] et taraudage.<br>• Formage par pliage<br>• Étapes de travail, outils, options de serrage<br>• Moyens de mesure et de contrôle appropriés<br>• Protection de travail | Dans la 1ère année de formation, les procédés de fabrication, qui sont repris plus tard, sont traités de façon élémentaire.<br>[1] L'alésage est accepté ici pour la fabrication d'outils à main afin de pouvoir rendre le 1er champ d'apprentissage plus intéressant.<br>Livre de cours professionnel et de tableaux |

**Vérifier, évaluer, documenter, présenter**

| | |
|---|---|
| Vérifier : | Mesure de longueur, état de surface, planéité, équerrage et fonction |
| Évaluer : | Respect du calendrier, travail d'équipe |
| Documenter : | Dessins, calculs, plans de travail |
| Présenter : | Processus de travail, résultats de travail, possibilités d'amélioration |

# Champ d'apprentissage : Fabrication de composants avec des machines

**Projet pilote sélectionné : Dispositif de serrage pour pièces rondes**

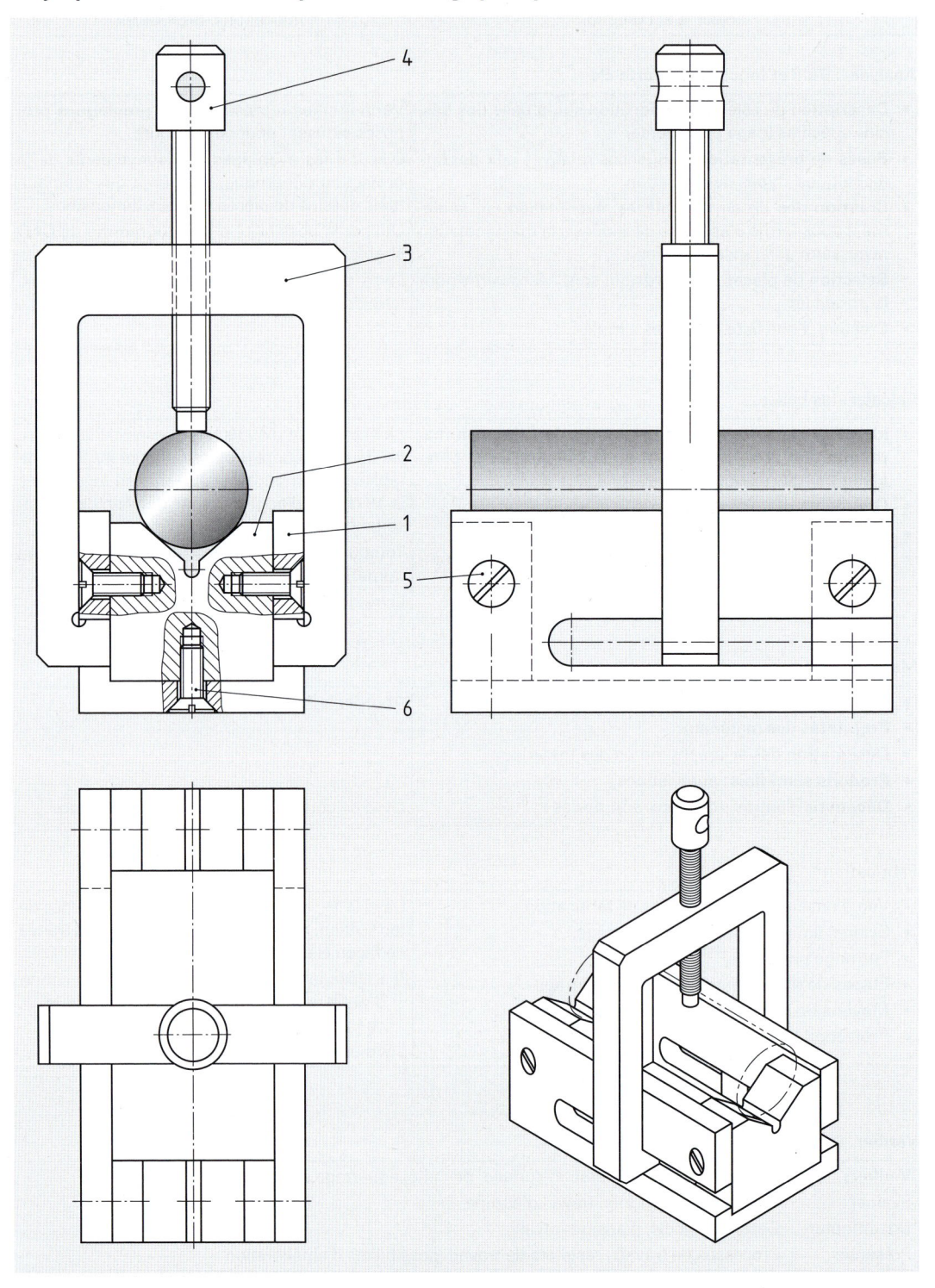

Champs d'apprentissage pour les métiers de la construction d'appareils industriels et de la mécanique de précision en général en 1ère année de formation

# Champ d'apprentissage : Fabrication de composants avec des machines

## Projet pilote sélectionné : Dispositif de serrage pour pièces rondes

| Objectifs et contenus | Indications, ressources |
|---|---|

### Analyser : Rôle et fonction du dispositif de serrage

| | |
|---|---|
| • **Description** du rôle et de la fonction sur la base des dessins spécifiés (p. 640)<br>• **Déterminer** les formes de (page précédente) pièces qui peuvent être serrées avec le dispositif de serrage<br>• **Créer une liste des pièces** sous une forme simplifiée<br>• **Exécuter des dessins de pièces** à fabriquer avec toutes les informations nécessaires à la fabrication<br>• **Modifier l'étrier** (pos. 3) de façon à réduire le travail manuel nécessaire pour la fabrication du contour intérieur. | Vérifiez quels sont les avantages et les inconvénients de la représentation isométrique du dispositif de serrage.<br><br>Position, quantité, nom, désignation normalisée et tolérances de dimension du matériau, indications des états de surface, principes des ajustements |

### Calculer

| | |
|---|---|
| • **Force de serrage** de la vis de serrage et ses grandeurs d'influence<br>• **Relation** entre le diamètre, la fréquence de rotation et la vitesse de coupe lors des travaux de serrage<br>• **Vitesse d'avance** lors de l'alésage et du fraisage<br>• **Calcul approximatif** du poids du dispositif de serrage fini | Discuter les avantages (par ex. blocage automatique) et les inconvénients (par ex. rendement limité) des éléments de serrage mécaniques.<br>Entre les dispositifs d'entraînements électriques à variation continue et les dispositifs d'entraînement échelonnés pour fréquence de rotation et vitesses d'avance, on distingue la perte de matière absolue et en pourcentage due au traitement par enlèvement de copeaux. |

### Déterminer les matériaux appropriés, le traitement thermique

| | |
|---|---|
| • **Déterminer les exigences** relatives aux matériaux<br>• **Examiner le traitement thermique**<br>• **Aperçu** du procédé de traitement thermique<br>• **Dimensions des matériaux** : Utiliser si possible des produits semi-finis et des produits normalisés et en place lors du fonctionnement | Désignations des matériaux conformes aux normes, produits semi-finis, produits sidérurgiques<br>Possibilités d'essai de dureté<br>Vérifier si l'utilisation de profilés étirés permet d'économiser en parti le traitement par enlèvement de copeaux. |

### Fabrication ou planification de la production

| | |
|---|---|
| • Créer un **plan de travail**<br>• **Tournage et fraisage** : les bases<br>• **Matériaux de coupe** : types, propriétés, utilisations<br>• **Données de coupe**, outils, options de serrage<br>• **Lubrification de refroidissement** : objectif, règles de travail<br>• Déterminer les **moyens de mesure et de contrôle**<br>• Respecter la **sécurité au travail et la protection de l'environnement** | Classification des procédures ;<br>construction des machines<br>Processus lors de l'usinage :<br>Seulement les bases, l'approfondissement a lieu lors des champs d'apprentissage ultérieurs<br>Plan de contrôle simple |

**Vérifier, évaluer, documenter, présenter**

**658** — Champs d'apprentissage pour les métiers de la construction d'appareils industriels et de la mécanique de précision en général en 1ère année de formation

## Champ d'apprentissage : Fabrication de sous-groupes simples

**Projet pilote sélectionné : Support de perçage pour perceuse à main**

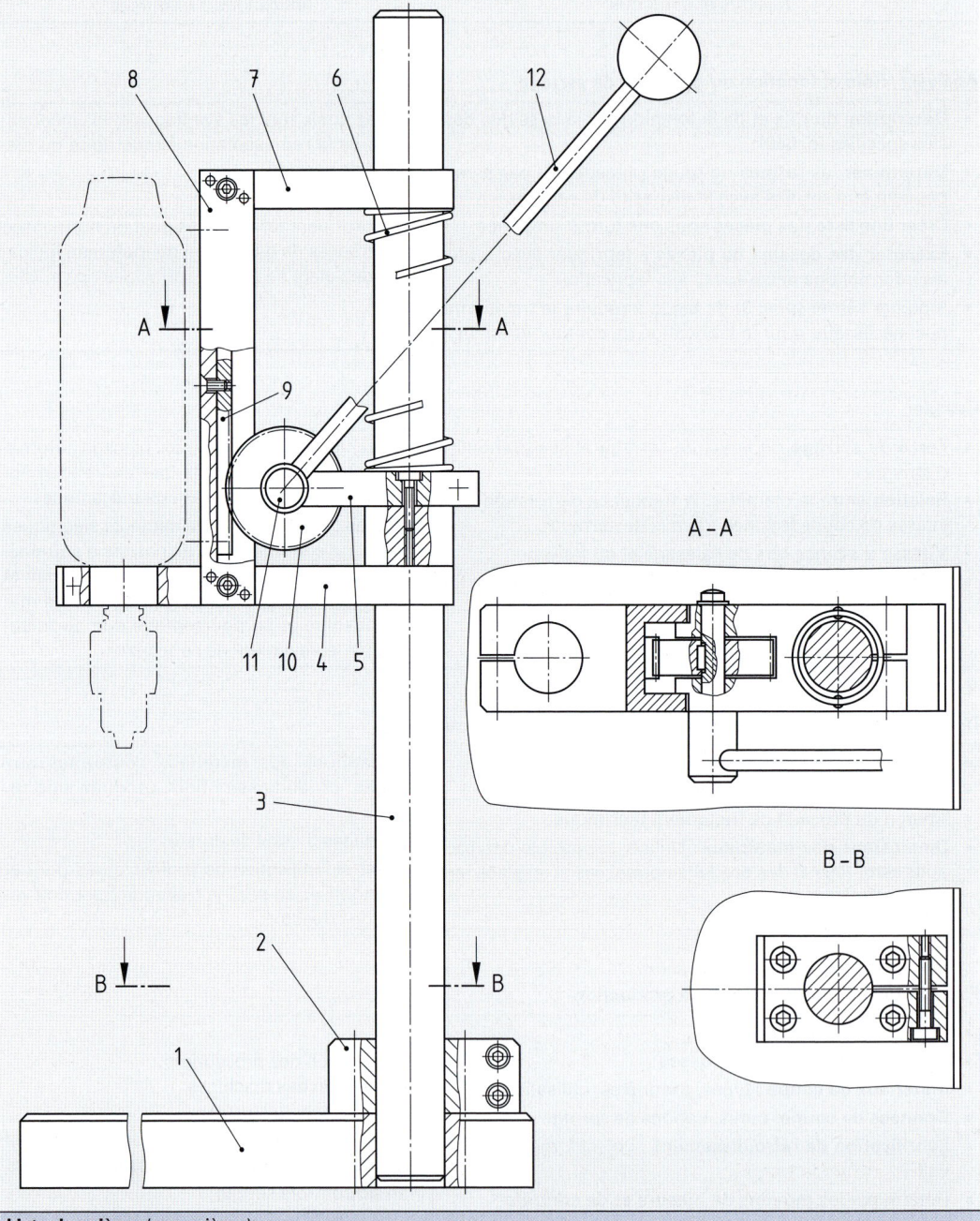

| **Liste des pièces** (sans pièces) | | | | | | | |
|---|---|---|---|---|---|---|---|
| Pos. | Désignation | Pos. | Désignation | Pos. | Désignation | Pos. | Désignation |
| 1 | Plaque de base | 4 | Porte-mèche | 7 | Plaque de guidage | 10 | Arbre |
| 2 | Fixation de colonne | 5 | Support de roue dentée | 8 | Plaque de guidage | 11 | Arbre |
| 3 | Colonne | 6 | Ressort de pression | 9 | Crémaillère | 12 | Levier manuel |

Champs d'apprentissage pour les métiers de la construction d'appareils industriels et de la mécanique de précision en général en 1ère année de formation

## Champ d'apprentissage : Fabrication de sous-groupes simples

### Projet pilote sélectionné : Support de perçage pour perceuse à main

| Objectifs et contenus | Indications, ressources |
|---|---|

**Analyser : Fonction du support de perçage**

| | |
|---|---|
| • **Remarque préliminaire :** Le support de perçage représenté sur la page précédente a été développé par les apprentis de 1ère année de formation.<br>• **Saisie** de la tâche de production et de la fonction du support de perçage sur la base du dessin d'ensemble.<br>• **Définir et discuter les exigences** relatives à un support de perçage si ceux-ci ont été réalisés avec la construction prévue.<br>• **Comparer le support de perçage projeté** avec un acheté existant en termes de prix et de capacité de fonctionnement.<br>• **Créer des dessins de pièces** à fabriquer dans le travail de groupe. | Les supports de perçage doivent être fabriqués en plus grand nombre et vendus aux membres de l'entreprise.<br>Sur une copie du dessin, codage couleur de toutes les pièces qui sont déplacées vers le bas avec le chariot de perçage.<br>Désigner les points faibles de cette construction et proposer des améliorations.<br>Désignation des parties les plus importantes en anglais.<br>Créer manuel d'utilisation. |

**Calculer**

| | |
|---|---|
| • **Mouvements linéaires et rotatifs**<br>• **Angle de rotation** du levier manuel pour une course ou une voie d'acheminement spécifique<br>• **Représenter la relation** entre l'angle de rotation et la course dans un graphique<br>• **Déterminer la force d'avance** au moyen du principe des leviers<br>• **Déterminer la force de serrage nécessaire** du ressort de pression et définir les dimensions du ressort de pression à l'aide d'un tableau<br>• Représenter la **courbe caractéristique du ressort** sous forme de graphique | Représentations graphiques : Introduction, création et lecture<br>Remplacer les calculs difficiles, par ex. d'un ressort de compression, par la lecture de tableaux |

**Détermination des matériaux appropriés**

| | |
|---|---|
| • Définir les matériaux des pièces selon les **exigences** relatives aux pièces<br>• **Comparaison** des matériaux sélectionnés avec les matériaux du support de perçage acheté<br>• **Contrôle** des propriétés des matériaux les plus importantes et des valeurs caractéristiques des matériaux en laboratoire | Aperçu des aciers, des matériaux en fonte de fer et les matières plastiques<br>Discussion du choix des matériaux lors de l'inspection visuelle du support de perçage acheté<br>Procédés simples de contrôle en atelier |

**Planifier, fabriquer, contrôler**

| | |
|---|---|
| • Créer un **plan de travail**<br>• **Fabriquer les pièces :** tournage, fraisage, alésage<br>• **Technique d'assemblage :** Aperçu des liaisons par adhérence de formes et de forces, fixes et amovibles<br>• Définir les **liaisons sur le support de perçage** et déterminer les pièces normalisées associées<br>• **Monter les pièces** et **vérifier le fonctionnement** | Dans le laboratoire : Déterminer la charge de vis ; vérifier la possibilité de souder ; veiller à avoir une profondeur de vissage suffisante mais pas trop grande Vérifier la possibilité de soudage afin de réduire le nombre de pièces et d'augmenter la stabilité du support Plan de montage pour l'assemblage |

## Champ d'apprentissage : Entretien des systèmes techniques

**Projet pilote sélectionné : Entretien d'une perceuse à colonne**

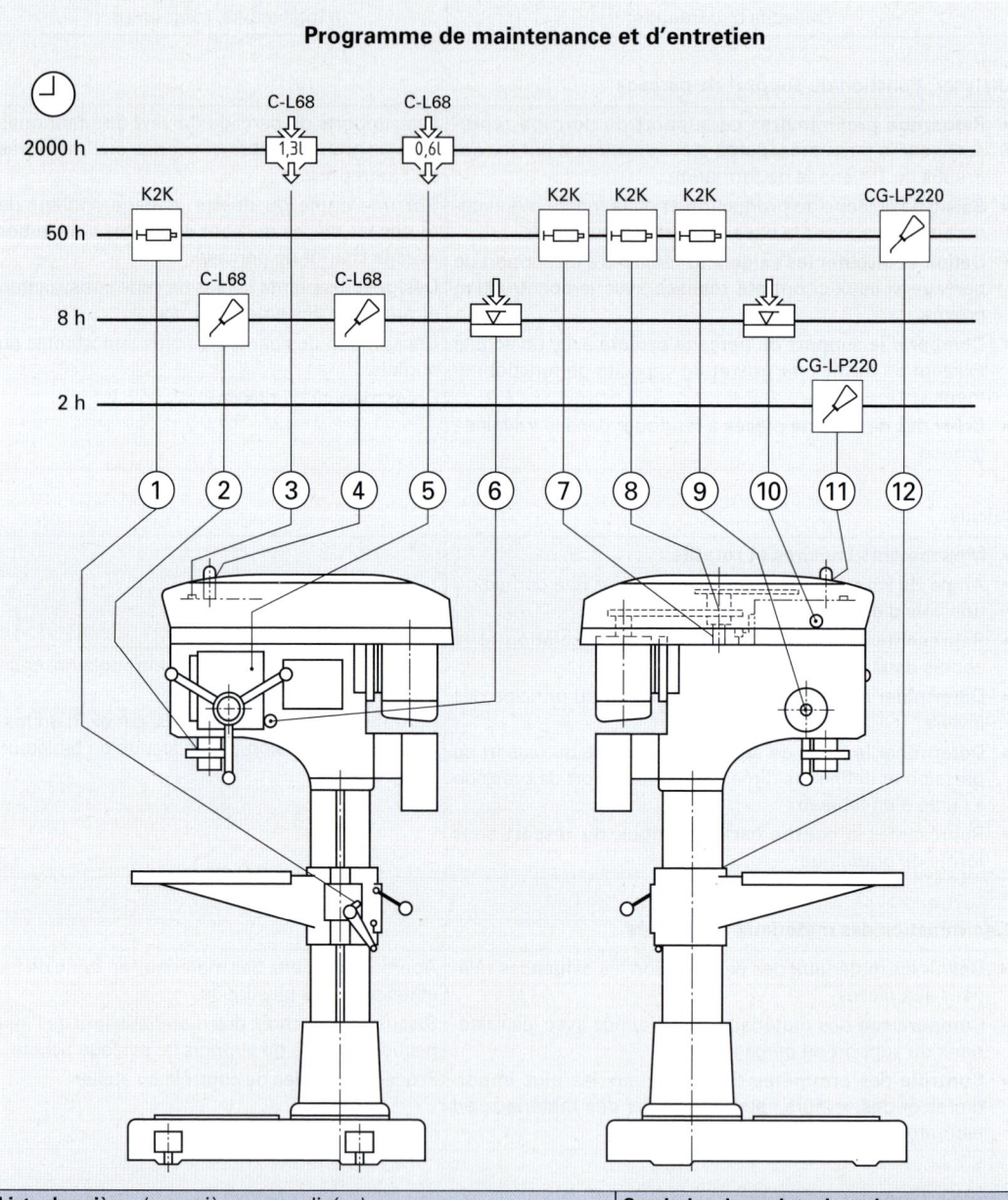

### Programme de maintenance et d'entretien

| Liste des pièces (sans pièces normalisées) | | | | | |
|---|---|---|---|---|---|
| 1 | Entraînement de la commande du chariot ou du bras portebroche | 5 | Vis de remplissage d'huile Mécanisme d'avance | 9 | Arbre d'avance |
| 2 | Douille | 6 | Jauge d'huile CG-LP220 Mécanisme d'avance | 10 | Jauge d'huile Boîte de vitesses |
| 3 | Bouchon de remplissage d'huile | 7 | Réglage de la vitesse de rotation | 11 | Vis patronne |
| 4 | Arbre cannelé de broche | 8 | Entraînement continu | 12 | Colonne |

| Symboles des points de graissage | | | |
|---|---|---|---|
| C-L68 | Remplissage de 1,3 l d'huile de lubrification C-L68 | CG-LP220 | Huiler avec de l'huile de lubrification CG-LP220 |
| | Remplir avec de l'huile de lubrification jusqu'au marquage | K2K | Lubrifier avec de la graisse K2K |

… Champs d'apprentissage pour les métiers de la construction d'appareils industriels et de la mécanique de précision en général en 1ère année de formation

## Champ d'apprentissage : Entretien des systèmes techniques

### Projet pilote sélectionné : Entretien d'une perceuse à colonne

| Objectifs et contenus | Indications, ressources |
|---|---|
| **Analyser la spécification de travail** | |
| Aborder les concepts de base de l'entretien<br>Maintenance, inspections, remise en état.<br>Importance de la remise en état | Aborder les aspects de sécurité, préparation opérationnelle, disponibilité et rentabilité. |
| **Fournir et mettre à disposition les documents de travail** | |
| Programmes de maintenance et d'entretien, plans d'implantation, manuels d'exploitation et d'utilisation<br>Aide à la recherche de l'emplacement de la panne et à la recherche de défauts<br>Recommandations de lubrifiant du fabricant de la machine, catalogue des lubrifiants<br>Liste des pièces d'usure<br>Documentation des circuits | Fournir ou demander les documents de travail et les mettre à disposition<br>Documents du fabricant de la machine<br>Catalogue du fabricant de lubrifiant<br>Documents des fabricants de pièces d'usure, telles que les roulements à billes, les bagues d'étanchéité, courroies trapézoïdales<br>Livre de cours professionnel, livre de tableaux |
| **Élaborer les contenus techniques** | |
| Bases de la technique des machines et des appareils<br>Sous-groupes et unités fonctionnelles des machines<br>Éléments de la machine : paliers, joints d'étanchéité, arbres, axes, accouplements, guidages, entraînements par courroie et roues dentées<br>Usure, causes des pannes, analyse des dégâts<br>Lubrifiant et réfrigérant lubrifiant, mise au rebut<br>Corrosion et protection anticorrosion<br>Composants électriques et câblage : interrupteurs, fusibles, moteurs électriques, risques, sécurité | Découvrir les éléments de la machine associés, notamment ceux soumis à l'usure qui doivent être lubrifiés.<br>Discuter des possibilités d'éviter ou de réduire l'usure.<br>Passer en revue les catalogues et les prospectus des fabricants de machines et de moteurs électriques.<br>Livre de cours professionnel, livre de tableaux |
| **Calculer** | |
| Fréquence de rotation, transmissions, voies d'acheminement et vitesses d'avance<br>Tension et intensité de courant, loi d'ohm, énergie électrique et puissance<br>Caractéristiques des moteurs électriques | Discuter des dangers du courant électrique<br>Livre de cours professionnel, livre d'arithmétique, livre de tableaux |
| **Effectuer la spécification de travail** | |
| Effectuer des travaux de maintenance après l'achèvement d'une période de travail sur une perceuse à colonne | Effectuer dans le laboratoire de la machine ou dans les ateliers de l'école ou en collaboration avec la société de formation |
| **Tenir compte de la sécurité au travail et de la protection de l'environnement** | |
| Consignes de sécurité, mesures de protection électriques, nuisance pour la santé<br>Mise au rebut des lubrifiants et des réfrigérants lubrifiants consommés | Documents sur la sécurité au travail des associations professionnelles<br>Directive relative à la mise au rebut des huiles usagées<br>Livre de cours professionnel |
| **Contrôle de projet, documentation et évaluation** | |
| Contrôle des mesures de maintenance effectuées<br>Analyse approximative des coûts pour le temps de travail et de la consommation de matériau<br>Aborder les possibilités d'amélioration | Discussion des différentes possibilités de maintenance et stratégies d'entretien<br><br>Livre de cours professionnel |

## Champ d'apprentissage : Fabrication de pièces distinctes avec des machines-outils

**Projet pilote sélectionné : Élément de serrage hydraulique**

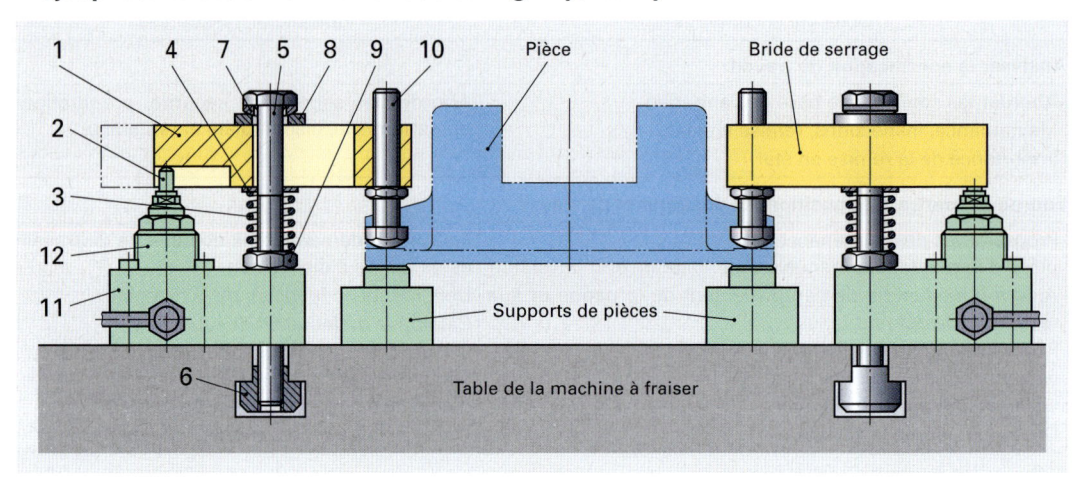

Dessins de pièces d'une bride de serrage (pos. 1) :

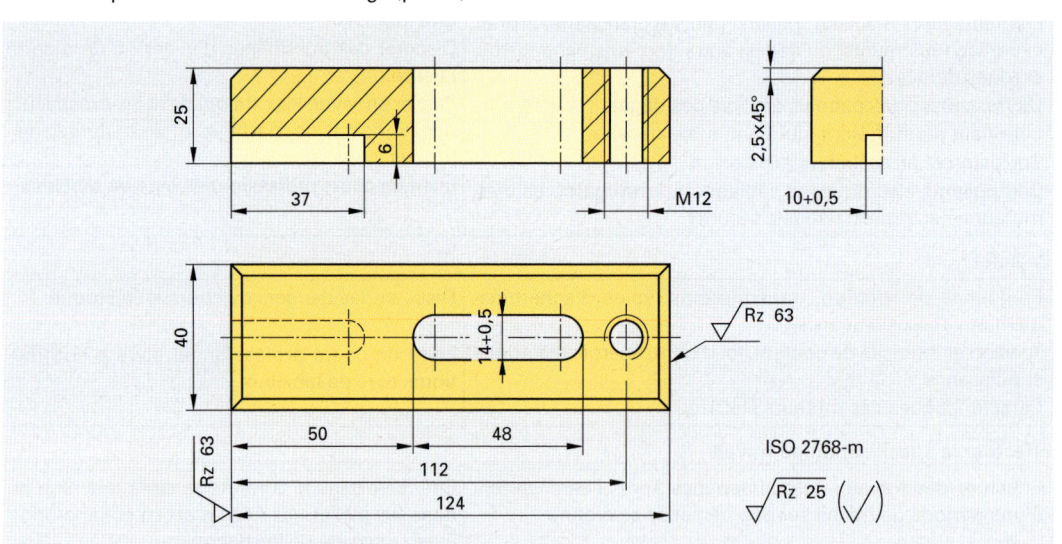

| Liste de pièces d'un élément de serrage hydraulique ||||||||
|---|---|---|---|---|---|---|---|
| Pos. | Quan-tité | Désignation | Abréviation de la norme ou matériau | Pos. | Quan-tité | Désignation | Abréviation de la norme ou matériau |
| 1 | 1 | Bride de serrage | C45E | 7 | 1 | Rondelle sphérique | DIN 6319 – C13 |
| 2 | 1 | Vis de compression | 16MnCr5 | 8 | 1 | Rondelle à rotule concave | DIN 6319 – D13 |
| 3 | 1 | Ressort de pression | DIN 2098 – 1,6x15x70 | 9 | 1 | Écrou hexagonal | ISO 6768 – M12 |
| 4 | 1 | Rondelle | ISO 7090 – 13 – 200HV | 10 | 1 | Vis de serrage | 16MnCr5 |
| 5 | 1 | Vis à tête hexagonale | ISO 4014 – M12x130-8.8 | 11 | 1 | Corps de base | S235JR |
| 6 | 1 | Écrou | DIN 508 – M12 x 25 | 12 | 1 | Vérin hydraulique à vis | ⌀ 16x12 |

Champs d'apprentissage pour les métiers de la métallurgie en général   663

## Champ d'apprentissage : Fabrication de pièces distinctes avec des machines-outils

**Projet pilote sélectionné : Élément de serrage hydraulique**

| Objectifs et contenus | Indications, ressources |
|---|---|

**Analyser : Rôle et fonction du dispositif de serrage hydraulique**

| Objectifs et contenus | Indications, ressources |
|---|---|
| • **Description** du rôle et de la fonction sur la base du dessin spécifié et de la liste de pièces (page précédente)<br>• **Définir** les formes de pièces qui peuvent être serrées avec le dispositif de serrage<br>• **Exécuter des dessins de pièces** à fabriquer avec toutes les informations nécessaires à la fabrication<br>• **Définir** la taille du vérin hydraulique à vis avec des caractéristiques (pos. 12) | Vérifiez quels sont les avantages et les inconvénients du dispositif de serrage, les options alternatives de serrage avec avantages et inconvénients<br>Dimensions, tolérances, indication des états de surface, ajustements, traitement thermique, spécifiation géométrique du produit<br>Force de serrage nécessaire sur la pièce, rapports de levier, forces sur la pièce |

**Calculer**

| Objectifs et contenus | Indications, ressources |
|---|---|
| • **Force de compression** sur le vérin hydraulique<br>• **Force de serrage** de la vis de serrage et ses grandeurs d'influence<br>• **Relation** entre le diamètre, la fréquence de rotation et la vitesse de coupe lors de l'usinage par enlèvement de copeaux<br>• **Vitesse d'avance** lors de l'usinage par enlèvement de copeaux<br>• **Calculs d'un ressort** selon la loi de Hooke<br>• **Calculs du temps machine** pour le procédé de fabrication par enlèvement de copeaux<br>• **Calcul des coûts** | Pression dans des liquides et des gaz<br>Levier, forces d'appui, calculs des vis<br>Utilisation de tableaux et de graphiques, documentation du fabricant<br>Faire la distinction entre les entraînements continus et échelonnés pour la fréquence de rotation et la vitesse d'avance.<br>Comparer des différents procédés de fabrication et vérifier si les coûts peuvent être réduits en utilisant des produits semi-finis appropriés. |

**Déterminer les matériaux appropriés, le traitement thermique**

| Objectifs et contenus | Indications, ressources |
|---|---|
| • Définir les **exigences** relatives aux matériaux<br>• Examiner le **traitement thermique**<br>• **Aperçu** du procédé de traitement thermique<br>• Définir les **pièces normalisées** et les **produits semi-finis**<br>• Sélectionner les **matériaux de coupe**<br>• **Réfrigérants et lubrifiants** et leur mise au rebut | Désignations de matériaux conformes aux normes, produits semi-finis, produits en acier<br><br>Livre de tableaux, manuels spécialisés<br><br>Respecter les spécifications du fabricant |

**Planifier, fabriquer, contrôler**

| Objectifs et contenus | Indications, ressources |
|---|---|
| • Créer des **plans de travail**<br>• **Fabriquer des pièces**<br>• Définir des **moyens de mesure et de contrôle**<br>• **Mesurer** les tolérances de longueur, de forme et de position et les possibilités d'essai de dureté<br>• Mener et interpréter les **procès-verbaux d'essai**<br>• Respecter la **sécurité au travail** et la **protection de l'environnement** | La qualité dépend du processus de fabrication<br>Respecter les prescriptions de prévention des accidents<br>Déterminer les coûts des moyens de mesure et de contrôle, estimer les coûts des essais<br>Inspections visuelles, procédés simples de contrôle en atelier<br>Entrée de spécification des objectifs |

**Évaluer, documenter, présenter**

## Champ d'apprentissage : Installation et mise en service des systèmes de technique de régulation

**Projet pilote sélectionné : séparation des différentes billes en métal**

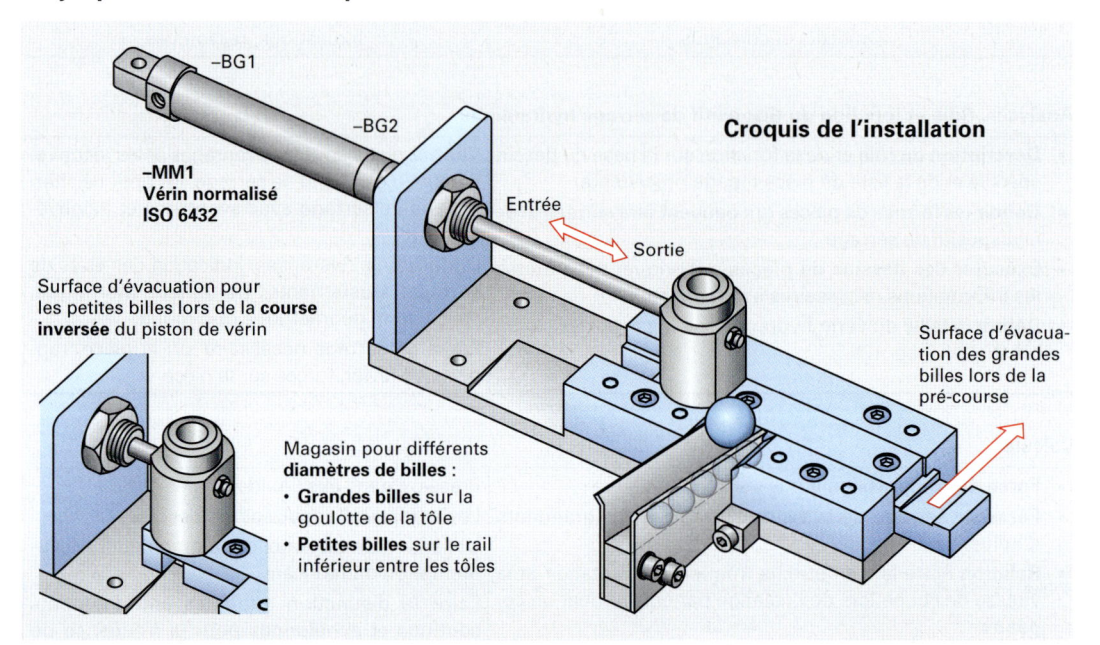

**Croquis de l'installation**

−BG1
−BG2
−MM1
Vérin normalisé ISO 6432
Entrée
Sortie
Surface d'évacuation pour les petites billes lors de la **course inversée** du piston de vérin
Surface d'évacuation des grandes billes lors de la pré-course

Magasin pour différents **diamètres de billes** :
- **Grandes billes** sur la goulotte de la tôle
- **Petites billes** sur le rail inférieur entre les tôles

Présentation du plan de câblage pneumatique :

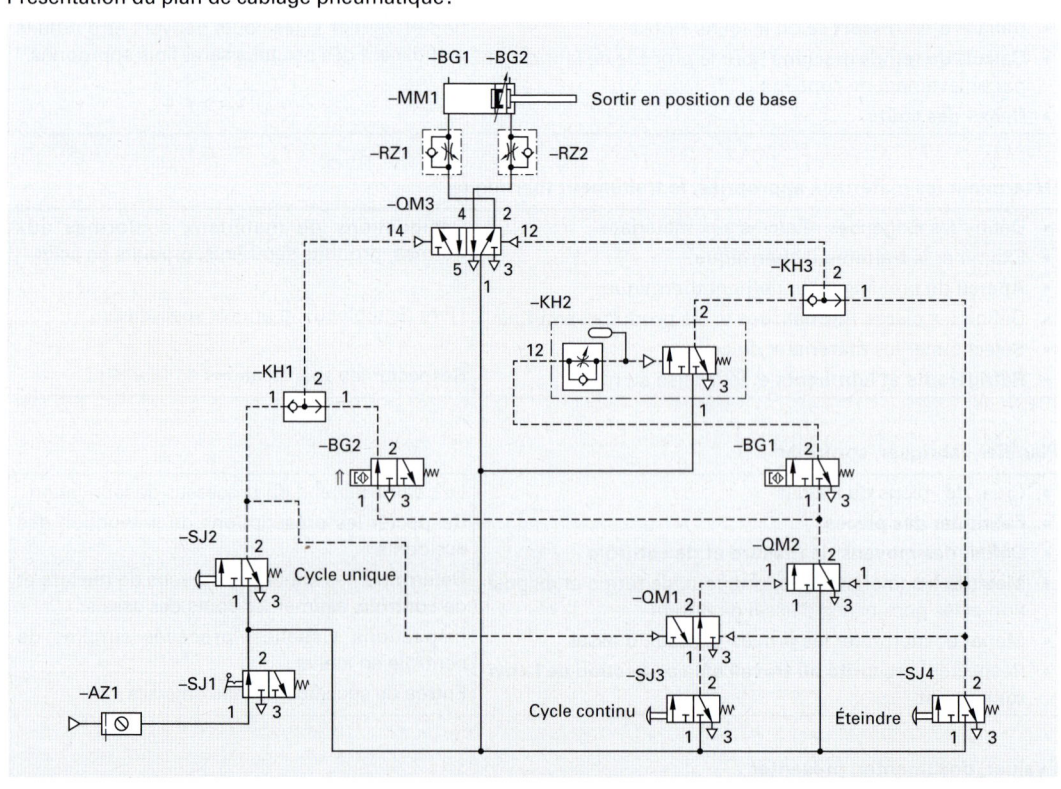

−BG1  −BG2
−MM1   Sortir en position de base
−RZ1   −RZ2
−QM3
−KH3
−KH2
−KH1
−BG2   −BG1
−SJ2   Cycle unique   −QM2
−QM1
−AZ1   −SJ1   −SJ3   −SJ4
Cycle continu   Éteindre

# Champ d'apprentissage : Installation et mise en service des systèmes de technique de régulation

**Projet pilote sélectionné : séparation des différentes billes en métal**

**Description de la fonction :** Sur une installation automatisée, différentes billes métalliques doivent être espacées. Celles-ci doivent être stockées dans un magasin de sorte que les **petites** billes puissent se déplacer de façon inclinée sur une goulotte, les **grandes** sur un rail au-dessus du dispositif. En position normale, la tige du piston du vérin à double effet est sortie. Dans cette position, une petite bille peut rouler à l'intérieur dans l'évidement d'un coulisseau **(petite figure, page précédente)**. Lors de la course inversée, cette bille est entraînée et roulée à l'extérieur latéralement vers la gauche en position de fin de course arrière. En même temps, une grande bille tourne dans l'évidement oblique de la lame. Lors de la pré-course, la grande bille est entraînée et en position de fin de course arrière (= position de base), elle peut revenir latéralement vers la droite. L'installation doit fonctionner en mode simple ou continu. En mode continu, la course est retardée de 2 s en position de base. A partir de la commande, un schéma pneumatique est disponible. Celle-ci doit être convertie en une solution schématique électropneumatique ou API avec une petite commande.

| Planification : | Objectifs, contenus | Mise en œuvre, indications |
|---|---|---|
| La nature et l'étendue des exigences du client est analysé et clarifié | **Phase d'information**<br>Fournir des catalogues de produits, fiches techniques et instructions pour les composants prévus<br>Acquisition d'outils et mise à disposition d'énergie pneumatique et électrique<br>Utilisation de logiciels de fluide mécanique pour la planification et la documentation | Création d'un d'un cahier des charges<br>**Gestion de projet :** Définir les sous-tâches.<br>Planifier le déroulement chronologique : fixer les dates.<br>Structure et fonctions des composants électriques pneumatiques nécessaires et éventuellement des composants API.<br>Effectuer une analyse des risques. |
| **Mise en œuvre :**<br>Des solutions de commande sont créées.<br>L'installation est installée et mise en service. | Objectifs, contenus<br>Description du déroulement de la fonction, par ex. avec des tables de vérité ou par le biais de GRAFCET etc.<br>Création de schémas de connexion électropneumatiques ; éventuellement simulation de montages.<br>Création de schéma de raccordement.<br>Création d'une liste de composants.<br>Liste d'affectation et câblage avec solution API (en LOG ou CONT).<br>Installation : Structure des composants mécaniques, pneumatiques et électriques ; câblage du pneumatique et câblage du système électrique.<br>Mise en service de l'installation | Mise en œuvre, indications<br>Tous les documents de l'installation sont créés et éventuellement testés avec un support informatique.<br>Au moment de l'assemblage des sous-groupes, ceux-ci doivent être fournis et mis à disposition.<br>Les calculs concernant le besoin en air, les forces du piston et la pression doivent être effectués à titre d'exemple.<br>Les sections et les raccordements des tubes pneumatiques sont définis.<br>Les blocs d'alimentation pour l'alimentation en tension sont sélectionnés.<br>Les consignes de sécurité lors du fonctionnement des systèmes à fluide mécanique ainsi que les prescriptions VDE dans le système électrique sont prises en compte.<br>Les dispositions relatives à la protection des travailleurs sont maintenues. |
| **Contrôle :**<br>Les fonctions existent conformément au cahier des clauses techniques particulières et au cahier des charges.<br>L'installation est remise au client. | Objectifs, contenus<br>Les fonctions souhaitées en mécanique, pneumatique et et électrique sont données, par exemple, le mode simple et continu sont possibles ; les temps et les vitesses sont réglés ; il n'y a pas de dysfonctionnements dans le déroulement ; éventuellement élimination d'une défaillance et d'une panne.<br>Les coûts totaux et les temps de travail sont déterminés et dans le contexte de la planification.<br>La sécurité de l'installation est donnée ; des interventions non autorisées sont empêchées par des protections et autres ; l'installation peut être commutée sans pression et sans stress. | Mise en œuvre, indications<br>Les fonctions contrôlées sont documentées, la sécurité est définie dans le protocole de transfert.<br>Remettre les documents de l'installation aux clients.<br>Cela inclut une instruction de fonctionnement si nécessaire. |

## Champ d'apprentissage : Montage des systèmes techniques

**Projet pilote sélectionné : Engrenages coniques**

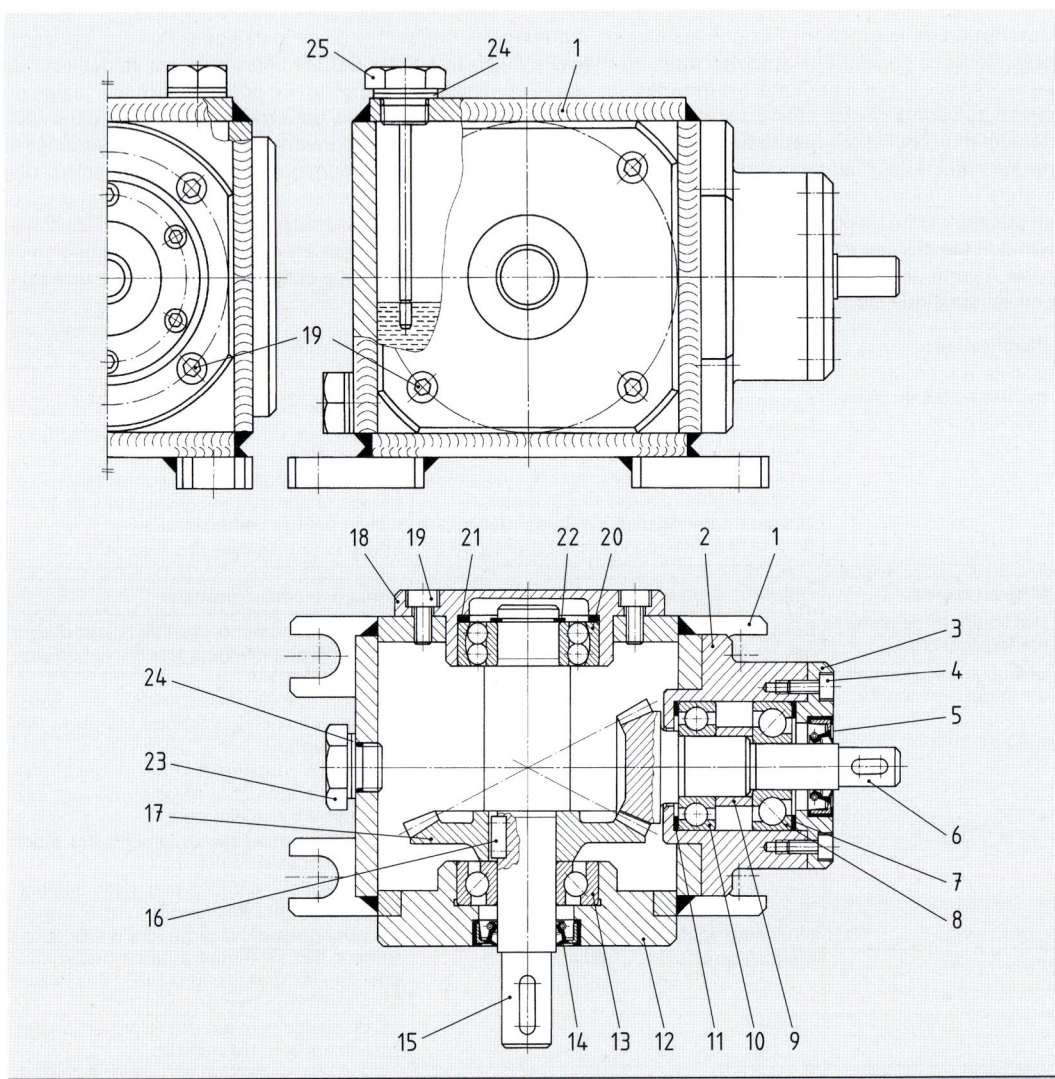

| Liste de pièces : Engrenages ||||||||||
|---|---|---|---|---|---|---|---|---|---|
| Pos. | Quantité | Désignation | Pos. | Quantité | Désignation | Pos. | Quantité | Désignation |
| 1 | 1 | Boîte de vitesse | 10 | 1 | Roulement étanche à rainure à billes | 19 | 12 | Vis à tête cylindrique |
| 2 | 1 | Logement du palier | 11 | 1 | Rondelle d'ajustage | 20 | 1 | Roulement à billes à rotule |
| 3 | 1 | Chapeau de palier | 12 | 1 | Logement du palier | 21 | 1 | Disque d'espacement à ressort |
| 4 | 6 | Vis à tête cylindrique | 13 | 1 | Roulement à billes à contacts obliques | | | |
| 5 | 1 | Joint radial pour arbre | 14 | 1 | Joint radial pour arbre | 22 | 1 | Circlip |
| 6 | 1 | Pignon conique | 15 | 1 | Arbre | 23 | 1 | Bouchon de vidange |
| 7 | 1 | Rondelle d'ajustage | 16 | 1 | Clavette | 24 | 2 | Joint d'étanchéité plat |
| 8 | 1 | Roulement à billes à contacts obliques | 17 | 1 | Roue conique | 25 | 1 | Bouchon de remplissage avec jauge de niveau |
| 9 | 1 | Entretoise | 18 | 1 | Logement du palier | | | |

# Champ d'apprentissage : Montage des systèmes techniques

## Projet pilote sélectionné : Engrenages coniques

| Objectifs et contenus | Indications, ressources |
|---|---|
| **Identifier le rôle de l'engrenage conique, saisir sa fonction** | |
| • Identifier le rôle de l'engrenage conique, saisir sa fonction<br>• Rôles de l'engrenage conique<br>• Fonction<br>• réalisé par des roues coniques avec différents nombres de dents<br>• Transmissions avec d'autres dentures<br>• Comparaison de l'engrenage conique avec des engrenage à vis sans fin et à roues cylindriques | Dessin complet, liste de pièces<br>Manuels spécialisés<br><br>Ouvrir éventuellement la boîte de vitesses d'un engrenage cylindrique en place, saisir la fonction de cet engrenage |
| **Éléments de la machine** | |
| • Roues coniques (fabrication, forme de dents)<br>• Vis (résistance, procédure de serrage)<br>• Palier (types de paliers à roulement, avantages et inconvénients par rapport aux paliers lisses, lubrification)<br>• Joints d'étanchéité (types, direction de l'installation, joint d'étanchéité liquide, joints d'étanchéité alternatifs)<br>• Liaisons arbre-moyeu (clavettes, bagues de serrage)<br>• Liaisons arbre-moyeu alternatifs | Manuels spécialisés<br>Livre de tableaux<br>Catalogues de la société (paliers à roulement, joints d'étanchéité, liaisons arbre-moyeu) |
| **Calculs** | |
| • Transmissions, couples, puissance et rendement, ajustements, frottement | Livre de tableaux |
| **Planification du montage** | |
| • Créer le plan de montage<br>• Réserver le poste de montage et le banc d'essai pour la course d'essai<br>• Vérifier que les composants sont au complet<br>• Mettre à disposition les matériels auxiliaires de montage et l'huile d'engrenage | Dessin complet, liste de pièces<br><br>Presses à vis, manchons pour le montage des bagues d'étanchéité d'arbre |
| **Montage des sous-groupes et montage de finition** | |
| • Montage des sous-groupes et montage de finition<br>• Justifier le déroulement<br>• Réglage du jeu des flancs<br>• Processus de montage alternatif | Jauges de fente<br><br>Rectifieuse de surface plane |
| **Contrôle fonctionnel** | |
| • Vérifier le fonctionnement libre<br>• Course d'essai sous charge<br>• Contrôle de la portée du flanc de la roue conique<br>• Justifier le changement d'huile après la course d'essai<br>• Créer le procès-verbal d'essai | Sonde de température |
| **Démontage** (la bague d'étanchéité d'arbre radiale doit être remplacée) | |
| • Déterminer les causes possibles de l'usure<br>• Discuter des propositions d'amélioration<br>• Effectuer le démontage conformément au plan | Erreurs de montage, les surfaces de composants ne répondent pas aux exigences ; dessin complet |

## Champ d'apprentissage : Programmation et fabrication sur les machines-outils à commande numérique

**Spécification de travail** : Fabrication de l'arbre de transmission (**fig. 1**) sur un tours à commande numérique et du chapeau de palier (**fig. 2**) sur une fraiseuse à commande numérique

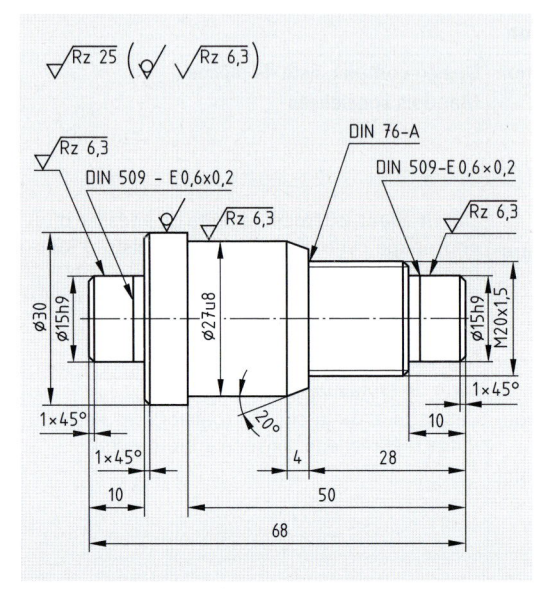

**Fig. 1 :** Arbre de transmission de C45

**Fig. 2 :** Chapeau de palier de EN AC-AlSi9

**Identifier les cahiers des charges et travailler en situation d'apprentissage contrôlable**

| Situation d'apprentissage 1 : Découvrir les sous-groupes et la fonction de la machine à commande numérique | Objectifs, contenus | Mise en œuvre, indications |
|---|---|---|
| | Structure et fonction des machines à commande numérique, des systèmes de coordonnées et des axes, des points de référence | – Rechercher et expliquer la structure et la fonction des tours à commande numérique et des fraiseuses dans le laboratoire<br>– Approcher du point de référence<br>– Déterminer et approcher le point d'origine de la pièce |

| Situation d'apprentissage 2 : Planifier la fabrication de l'arbre sur le tour à commande numérique | Objectifs, contenus | Mise en œuvre, indications |
|---|---|---|
| | Plan de travail, plan d'outil, feuille de configuration, données technologiques pour le tournage, calcul des données géométriques manquantes, croquis du serrage | Tout d'abord, restriction d'un côté de l'arbre : Définition des séquences de travail, sélection des outils, détermination des $v_C$, $f$ et $a_P$, création d'un croquis de serrage |

| Situation d'apprentissage 3 : Planification des travaux d'alésage et de fraisage du chapeau de palier sur la fraiseuse CNC | Objectifs, contenus | Mise en œuvre, indications |
|---|---|---|
| | Cotation des coordonnées, plan d'outil, feuille de configuration, données technologiques pour le fraisage et l'alésage | Créer tableau de coordonnées, déterminer les données technologiques, calculer la fréquence de rotation et la vitesse d'avance, créer la feuille de configuration et le croquis de serrage |

# Champ d'apprentissage : Programmation et fabrication sur les machines-outils à commande numérique

**Identifier les cahiers des charges et travailler en situation d'apprentissage contrôlable**

| Situation d'apprentissage 4 : Création du programme CNC pour le tournage et le fraisage, simulation sur le PC | Objectifs, contenus | Mise en œuvre, indications |
|---|---|---|
| | Structure du programme, création des programmes CNC (également à l'aide de processus de programmation graphiques, par ex. pour le contour de pièces), examen par simulation | Bases de la programmation, programmation selon la norme DIN, application de cycles (cycle de filetage et de fraisage de poche), création des programmes de fraisage et de tours à commande numérique, application du logiciel de programmation existant, simulation et correction d'erreurs de programmation, mémorisation et impression de programmes |

| Situation d'apprentissage 5 : Fabrication des pièces sur les tours à commande numérique et les fraiseuses à commande numérique | Objectifs, contenus | Mise en œuvre, indications |
|---|---|---|
| | Réglage du tour et de la fraiseuse CNC, fabrication de l'arbre de transmission et du chapeau de palier en conformité avec la protection de travail | Mesure de l'outil, entrée des données d'outil dans la mémoire d'outils, immobilisation du tour et de la fraiseuse CNC, entrée du programme CNC (manuel ou en ligne), course d'essai et fabrication des pièces |

| Situation d'apprentissage 6 : Contrôle des pièces et optimisation du processus d'usinage | Objectifs, contenus | Mise en œuvre, indications |
|---|---|---|
| | Sélection du moyen de contrôle, création de plans de contrôle en termes de production en série, correcteurs d'outils, optimisation de la fabrication en termes de dimension, qualité de la surface et productivité **(tableau 1)** | Définition de la spécification du contrôle et du moyen de contrôle, contrôle des pièces finies et mise en œuvre des corrections nécessaires en vue de l'amélioration de la qualité et de la productivité |

### Tableau 1 : Mesures visant à optimiser la production

| Objectif ultime | Mesures possible |
|---|---|
| Correction des dimensions de fabrication (élimination des écarts de mesure ou correction au centre de la tolérance) | Modification des cotes de correction dans le magasin à pièces, modification des valeurs de coordonnées programmées dans le programme CNC, examen du rayon de bec ou du trajectoire |
| Amélioration de la qualité de la surface | Augmentation de la vitesse de coupe, réduction de l'avance, utilisation de lubrifiants de refroidissement, remplacement de l'outil en cas d'usure, utilisation de plaquettes de coupe amovibles avec d'autres géométries ou revêtements, sélection d'un autre matériau de coupe, création de conditions de coupe stables (serrage de pièce et d'outil) |
| Augmentation de la productivité | Avance plus grande lors du tournage ébauche, augmentation de la vitesse d'avance lors du fraisage, augmentation de la vitesse de coupe et utilisation de lubrifiants de refroidissement, réduction du changement d'outil nécessaire en raison de l'utilisation d'autres outils, programmation de trajets en avance rapide plus courts, prévention de trajets d'approche inutilement grands. |

## Champ d'apprentissage : Remise en état des systèmes techniques

**Projet pilote sélectionné : Broche à moteur d'une fraiseuse CNC**

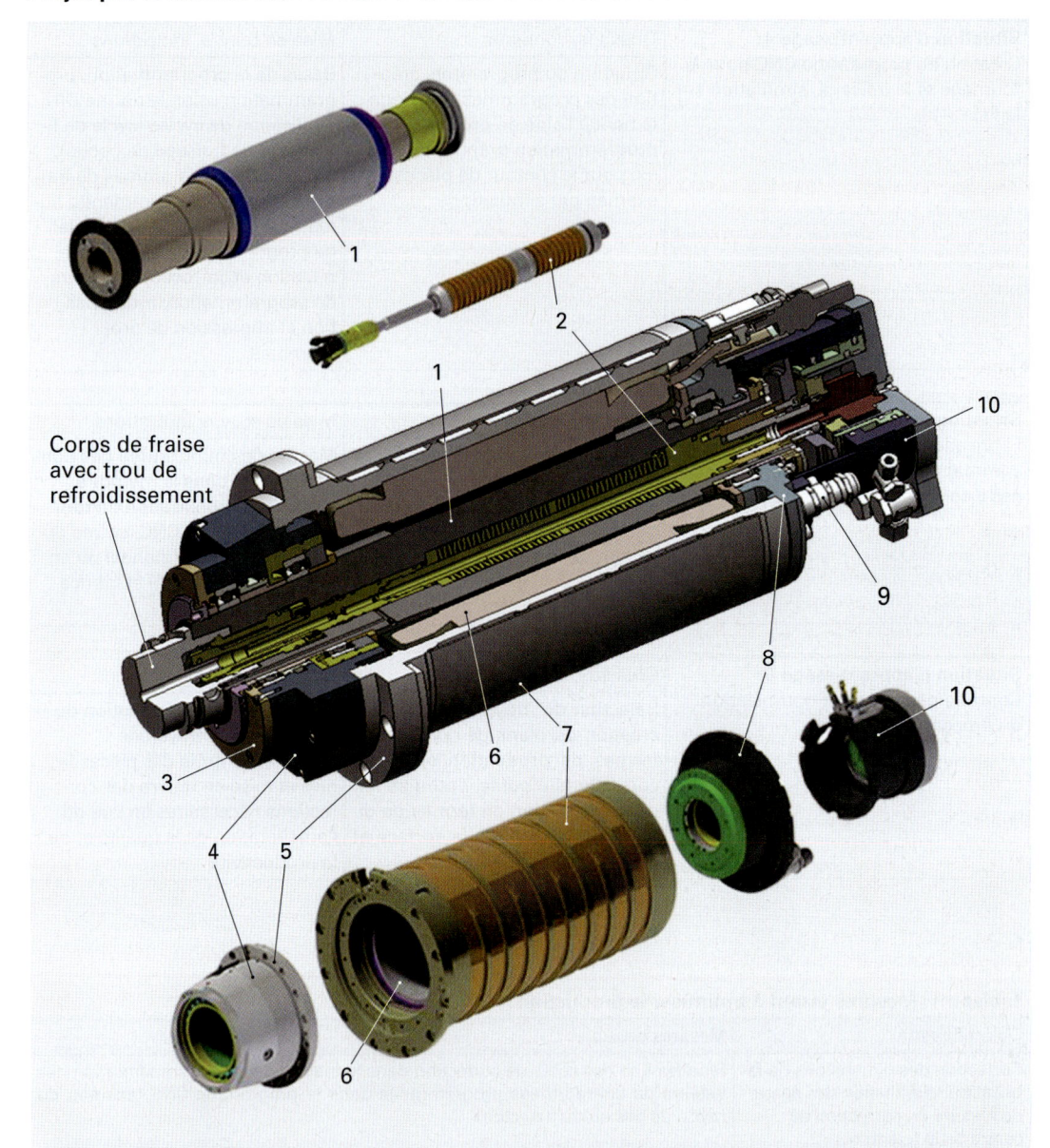

Corps de fraise avec trou de refroidissement

| Liste des pièces (extrait) | | | |
|---|---|---|---|
| Pos. | Désignation | Pos. | Désignation |
| 1 | Broche de travail et rotor | 6 | Stator |
| 2 | Tendeur d'outils | 7 | Carter moteur avec système de refroidissement du stator |
| 3 | Couvercle de fermeture | 8 | Logement de palier côté B |
| 4 | Logement de palier côté A | 9 | Accouplement du fluide de refroidissement |
| 5 | Bride de fixation | 10 | Unité de libération de l'outil |

Champs d'apprentissage pour les métiers de la métallurgie en général 671

# Champ d'apprentissage : Remise en état des systèmes techniques

## Projet pilote sélectionné : Broche à moteur d'une fraiseuse CNC

**Remarques préliminaires :** La broche à moteur contient les principaux composants suivants : Le moteur asynchrone avec la broche de travail intégrée (pos. 1), le tendeur d'outil (pos. 2), le carter du moteur refroidi à l'eau avec le système de refroidissement du stator (pos. 7) et les logements de palier (pos. 3 et 8) et l'unité de libération de l'outil (pos. 10). Toutes les unités sont centralisées dans une infrastructure compacte.

Le moteur asynchrone est principalement composé du stator fixe avec des bobines électriques décalées et du rotor en rotation. La broche de travail et le rotor forment une unité. Le stator est refroidi par l'extérieur avec de l'eau. Ainsi, on peut obtenir des performances de moteur élevées. Dans les logements de palier se trouvent des roulements à billes à contacts obliques disposés en O pour maintenir la broche de travail. Les roulements de broche sont lubrifiés avec de la graisse à longue durée de vie.

Dans la broche de travail se trouve le tendeur d'outil avec la pince de serrage et le bloc-ressort. La pince de serrage peut accueillir un outil avec une interface à cône creux (HSK). A l'aide de l'unité de libération de l'outil, la pince de serrage du tendeur d'outil peut être actionnée de façon hydraulique.

**Spécification de travail :** Remplacement du tendeur d'outil usé pour restaurer la précision de répétition et la précision sur la circonférence de la broche à moteur.

| Objectifs et contenus | Indications, ressources |
|---|---|

**Identifier le rôle de la broche à moteur et saisir sa fonction**

| | |
|---|---|
| • Décrire le rôle de la broche à moteur<br>• Expliciter la structure du moteur asynchrone<br>• Analyser la nécessité du système de refroidissement du stator<br>• Expliquer la fonction du tendeur d'outil et de l'unité de libération de l'outil | Dessin, liste des pièces, manuels spécialisés |
| • Comparer la disposition des paliers de palier à roulement conique | Livre de tableaux, catalogues de palier |

**Panification des travaux à effectuer**

| | |
|---|---|
| • Création d'un plan de démontage et de montage de la broche à moteur en vue du remplacement du tendeur d'outil<br>• Analyser les dommages au niveau du tendeur d'outils<br>• Déterminer les erreurs possibles sur la broche à moteur<br>• Création du rapport de dommages | Compléter entre autres les vis non énumérées<br>Produire le formulaire de plan de montage<br>Dessin, liste des pièces, manuels spécialisés |

**Acquisition de matériel**

| | |
|---|---|
| • Créer les listes de pièces pour pièces normées qui doivent être renouvelées lors du montage<br>• Sélectionner le lubrifiant pour le montage du palier<br>• Déterminer le produit de nettoyage et le produit anticorrosif | Dessin, livre de tableaux, manuels spécialisés |

**Mise en service de la broche à moteur**

| | |
|---|---|
| • Décrire l'essai de fonctionnement de la broche à moteur<br>• Indiquer la structure de la mesure pour déterminer la concentricité et la planéité de la broche de travail<br>• Vérifier la précision de répétition du tendeur d'outil | Dessin, livre de tableaux, manuels spécialisés |

## Champ d'apprentissage : Fabrication et mise en service des systèmes techniques partiels

**Projet pilote sélectionné :** Entraînement d'avance d'une fraiseuse CNC

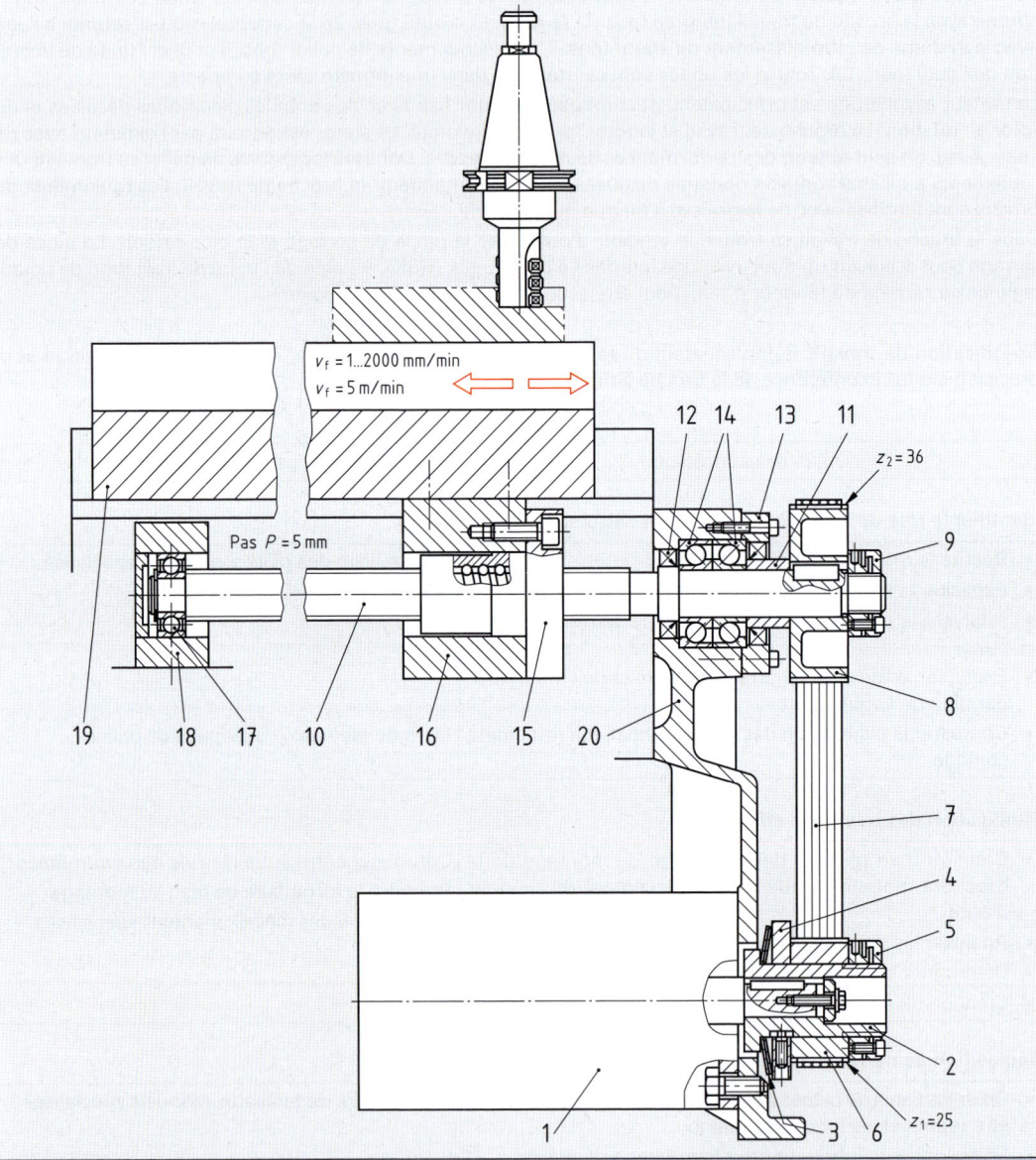

$v_f = 1...2000$ mm/min
$v_f = 5$ m/min
Pas $P = 5$ mm
$z_2 = 36$
$z_1 = 25$

| Liste des pièces (extrait) | | | | | | |
|---|---|---|---|---|---|---|
| Pos. | Désignation | Pos. | Désignation | Pos. | Désignation | |
| 1 | Moteur à courant alternatif | 8 | Poulie de la broche | 15 | Écrou à billes | |
| 2 | Moyeu | 9 | Écrou de réglage supérieur | 16 | Support de palier | |
| 3 | Ressort à disques | 10 | Broche filetée à billes | 17 | Roulement étanche à rainure à billes | |
| 4 | Disque de friction | 11 | Entretoise | 18 | Support de palier libre | |
| 5 | Écrou de réglage inférieur | 12 | Bague à lèvres avec ressort | 19 | Table de la machine | |
| 6 | Poulie de moteur | 13 | Chapeau de palier | 20 | Bride de palier | |
| 7 | Courroie crantée | 14 | Roulement à billes à contacts obliques | | | |

Champs d'apprentissage pour les métiers de la métallurgie en général

## Champ d'apprentissage : Fabrication et mise en service des systèmes techniques partiels

### Projet pilote sélectionné : Entraînement d'avance d'une fraiseuse CNC

| Objectifs et contenus | Indications, ressources |
|---|---|

#### Identifier et formuler les cahiers des charges

| | |
|---|---|
| • **Compréhension de la fonction** lors des mouvements d'avance de marche rapide de la table de la machine et lors du démarrage<br>• **Rôle du système partiel** (entraînement d'avance) dans le système global (fraiseuse CNC)<br>• Analyser grossièrement les **systèmes d'entraînement alternatifs** avec leurs avantages et inconvénients (travail de groupe)<br>• **Décision** pour l'une des possibilités | Dessin complet<br>Manuel d'utilisation, guide technique de la machine<br>Visite d'une fraiseuse CNC, en particulier de ses entraînements<br>Manuels spécialisés, brochures de fabricants de machine<br>Machines dans les sociétés de formation et dans les services de formation |

#### Planification des sous-catégories

| | |
|---|---|
| • Définir les **objectifs d'apprentissage,** par ordre de priorités et de **calendrier**<br>• **Formation de groupes de travail**<br>• **Répartition des rôles et des tâches**<br>• Définir les **pièces d'achat ou normées** et les pièces à fabriquer<br>• Découvrir les **éléments de la machine** : classification, fonction, désignation<br>• Effectuer les **calculs** : transmissions, plages de vitesse de rotation et de vitesse<br>• Définir les **matériaux** en fonction de l'aptitude ou vérifier les l'aptitude des matériaux prévus. Prévoir éventuellement un traitement thermique<br>• Planifier le **montage** : Mise à disposition des pièces, contrôler la possibilité de montage partiel, mettre à disposition des outils nécessaires, prévoir une marche d'essai | Plan d'études cadres, complété par ses propres idées ; la formulation des objectifs et les contenus sont obligatoires.<br><br>Compléter la liste des pièces pour obtenir une liste de pièces complète. Désignations en anglais également.<br><br>Manuels spécialisés et livres de tableaux, catalogues de la société, contact avec les fabricants et les distributeurs, également sur internet<br>Particulièrement important : vis à billes avec son stockage.<br>Ajustements. |

#### Fabrication

| | |
|---|---|
| Compilation des résultats élaborés par les groupes à partir des sections et formulation de la fabrication y compris le montage | |
| Général : De nombreux projets appropriées aux professions du génie mécanique ne peuvent pas être faits dans les écoles. | Remède : Les fabricants cèdent à l'école les systèmes appropriés, par ex. les moto-réducteurs retirés du programme. |

#### Mise en service et contrôle

| | |
|---|---|
| • Contrôler : – La mobilité des toutes les pièces mobiles<br>  – de toutes les connexions<br>  – Tension de la courroie<br>  – Moment de déclenchement de l'accouplement de sûreté<br>• Course d'essai, à court terme et à long terme<br>• Procès-verbal d'essai | Respecter le jeu nécessaire ;<br>jeu à l'inversion avec la vis à billes<br>Aborder les options de test pour la tension de la courroie<br><br>Parcourir encore une fois le cahier des charges |

## Champ d'apprentissage : Suivi de la qualité des produits et processus

**Projet pilote sélectionné : Niveau à bulles d'air**

- Fiole transversale
- Fiole longitudinale
- Surfaces de mesure pour mesure de rabats
- Goupilles de fixation pour l'usinage par fraisage

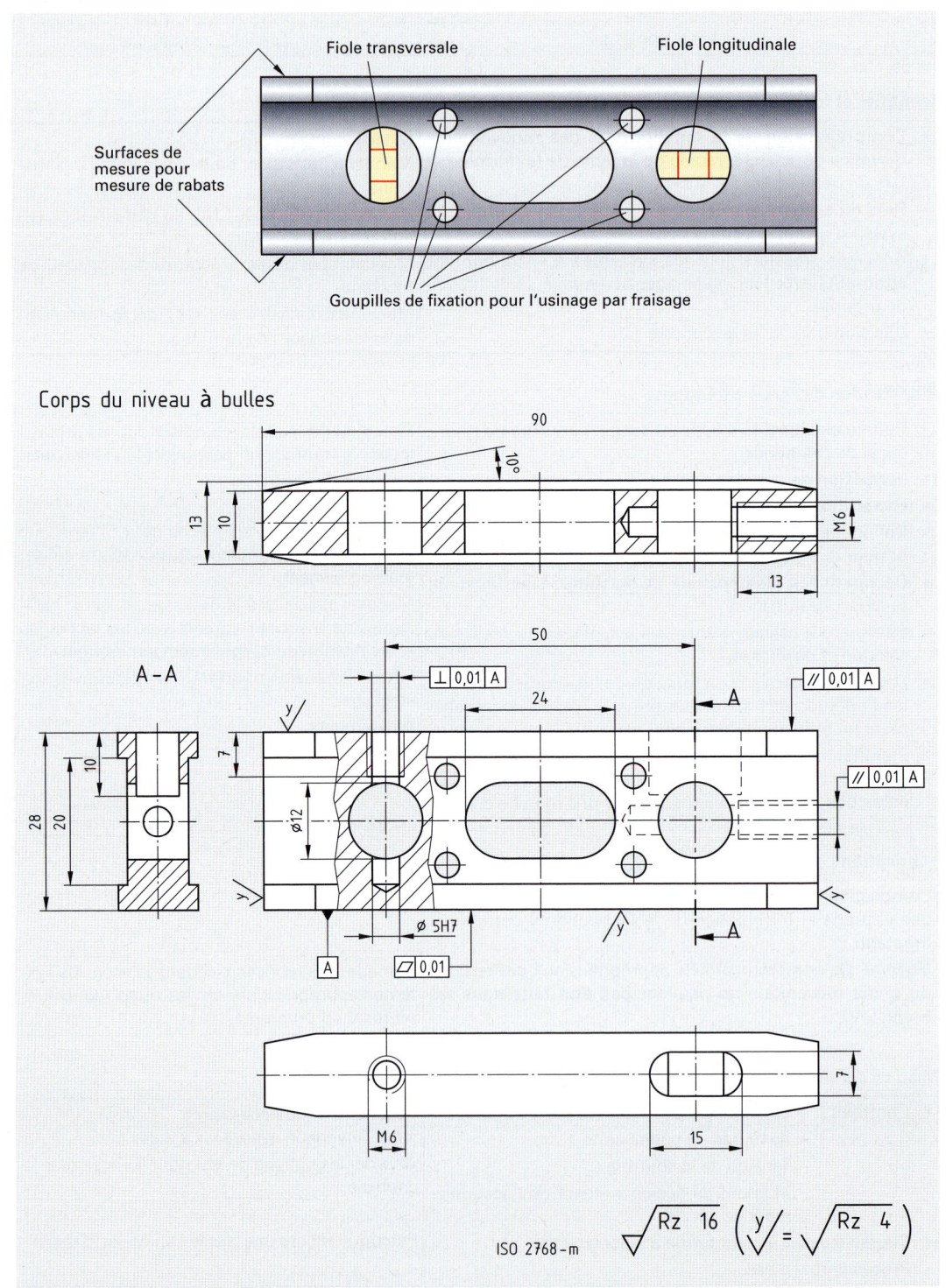

Corps du niveau à bulles

A–A

ISO 2768-m

### Champ d'apprentissage : Suivi de la qualité des produits et processus

#### Projet pilote sélectionné : Niveau à bulles d'air

**Remarque préliminaire :** Le corps du niveau à bulles d'air se compose d'alliage d'aluminium et est fraisé dans la masse. Ensuite, les perçages de réception pour la fiole transversale et la fiole longitudinale sont fabriqués et alésés. La qualité du produit doit être suffisamment élevée pour être en mesure de pouvoir mesurer de petites inclinaisons de manière fiable avec le niveau à bulle.

| Exigences de qualité | Remarques, questions |
|---|---|
| Les surfaces de mesure planes et parallèles du niveau à bulle doivent être coordonnées avec la position de la fiole de telle façon que seules de petits écarts de mesures puissent se produire. Dans la position horizontale du niveau à bulle, l'écart admissible de la position zéro ne doit pas dépasser 0,5 mm/m.<br>En raison de la faible nivelle tubulaire et de la longueur relativement courte du niveau à bulle, il faut envisager un espacement d'échelle graduation > 1,0 mm/m. | S'il n'existe pas d'écart avec la position zéro, la bulle d'air dans la fiole doit être entre les traits zéro.<br>Pourquoi les taraudages dans le boîtier sont alésés sur mesure pour le logement des fioles.<br>Pourquoi les fioles doivent-elles être insérées délicatement dans le logement ?<br>Pourquoi les échelles de fiole avec une graduation de 2 mm sont-elles généralement choisies ? |

| Contrôle de la qualité | Sélection de moyen de contrôle, écarts de mesure |
|---|---|
| Contrôle de toutes les caractéristiques de contrôle pour la fonction du niveau à bulle :<br>• Planéité de la face de référence A<br>• Parallélisme des deux surfaces de mesure<br>• Alignement parallèle de la fiole longitudinale sur la surface de référence A<br>• Orientation parallèle de la fiole transversale sur la surface de référence A<br>• Profondeur de rugosité $Rz = 4$ µm | Quels instruments de mesure sont en mesure de tester les tolérances de planéité, parallélisme et équerrage ?<br>Pour les mesures de rabat, les bulles d'air dans les fioles peuvent varier de la position zéro. Quelles causes cela peut-il avoir ?<br>Pourquoi les surfaces de mesure-elles fraisées avec une profondeur de rugosité $Rz = 4$ µm et non avec la profondeur de rugosité générale $Rz = 16$ µm ? |

| Maîtrise de la qualité | Influences sur la dispersion des valeurs caractéristiques | |
|---|---|---|
| • Évitement préventif d'erreurs<br>• Mesures visant à surveiller le processus de fraisage, comme éviter les erreurs en reconnaissant les tendances pour les dimensions<br>• Maîtrise de la qualité au moyen de dispositifs de mesure et de réglage dans la fraiseuse<br>• Contrôle de la qualité pendant la fabrication ou juste après celle-ci.<br>• Actions sur le produit grâce au triage des pièces défectueuses ou à la retouche | Main d'œuvre :<br>Machine :<br>Matières :<br>Méthode :<br>Milieu : | Qualification, conscience des responsabilités, motivation<br>Rigidité, stabilité à l'usinage, système d'outillage et de serrage<br>Usinabilité du boîtier en aluminium, résistance, dureté<br>Procédés de fraisage, enchaînement du travail, conditions de coupe<br>Température, vibrations du sol |

| Présentation | Remarques concernant la présentation |
|---|---|
| • Sujet et objectif du projet d'apprentissage<br>• Procédure de travail pour le fraisage et le contrôle<br>• Évaluation de la qualité du produit en termes d'objectifs de projet<br>• Importance du projet pour les compétences méthodologiques | – Vérifier l'exactitude des connaissances<br>– Présentation du niveau à bulle et de sa fonction<br>– Précision professionnelle et intelligibilité<br>– Limitation à l'essentiel<br>– Aspect agréable et langue<br>– Contact visuel avec l'auditoire |

## Champ d'apprentissage : Entretien des systèmes techniques

**Projet pilote sélectionné : Installation de remplissage**

L'entretien comprend les sous-catégories maintenance, inspection, remise en état et amélioration. Les installations de remplissage sont des installations techniques complexes dont l'entretien nécessite une expertise appropriée.

Dans les installations de remplissage, une multitude de **paliers à roulement** est installée. Ceux-ci doivent être régulièrement lubrifiés, inspectés et remplacés s'ils sont endommagés. Pour l'entretien de ces paliers à roulement, il est nécessaire pour le personnel qualifié de disposer de connaissances approfondies dans le domaine de la technique des paliers à roulement. Outre la connaissance des différents types de roulements et de leur fonction, il est important de parfaitement maîtriser les différentes procédures d'installation et de retrait et de pouvoir l'effectuer immédiatement pour réduire les temps d'arrêt de l'installation.

En outre, les dommages susceptibles de se produire doivent être documentés et évalués afin d'effectuer les mesures nécessaires pour éliminer les défaillances et améliorer la sécurité de fonctionnement. En outre, une évaluation des risques doit être créée pour la maintenance afin d'être adapté aux objectifs de la protection du travail.

Selon des études réalisées par les fabricants de paliers à roulements, environ 60 % de toutes les défaillances pourraient être évitées grâce à une bonne mise en place des paliers ainsi que par des mesures d'entretien appropriées.

**Causes des défaillances des paliers :**
- Environ 15 % de toutes les défaillances prématurées de palier sont dues à une mauvaise installation.
- En outre, 15 % des paliers tombent en panne à cause des impuretés et de leurs conséquences.
- 34 % de tous les paliers tombent en panne à la suite de la surexploitation ou de la fatigue due à un manque d'entretien.
- Env. 36 % des défaillances prématurées de roulements sont causées par un manque de lubrification ou une mauvaise lubrification. (Environ 90 % des paliers sont lubrifiés avec de la graisse.)

# Champ d'apprentissage : Entretien des systèmes techniques

## Projet pilote sélectionné : Installation de remplissage

| Objectifs et contenus | Indications, ressources |
|---|---|

### Maintenance régulière des paliers à roulement

| | |
|---|---|
| • Lubrification<br>• Nettoyage<br>• Réduire les temps d'arrêt et les coûts | Manuel de maintenance, plan de graissage<br>Utiliser uniquement du lubrifiant adapté au dosage approprié |

### Surveillance de l'état des paliers à roulement

| | |
|---|---|
| • Inspection visuelle régulière<br>• Surveillance du bruit avec un dispositif d'écoute (comme un stéthoscope)<br>• Surveillance de la température à l'aide de thermomètres à infrarouge ou par thermographie<br>• Surveillance du lubrifiant, par exemple en utilisant des capteurs<br>• Diagnostic de vibrations<br>• Créer un modèle de vibration d'une installation et la représenter en trois dimensions (analyse modale) afin de déterminer les fréquences propres ou les fréquences de résonance<br>• Surveillance en ligne de couple, allongements, forces, repoussages, températures | Un fonctionnement sans problème et optimisé des machines et des installations complexes peut uniquement être obtenu par l'intermédiaire d'un entretien relatif à la situation en ayant recours à une surveillance continue (en ligne) ou régulière (hors ligne).<br>Utilisation optimisée des composants et planification de l'entretien par l'identification des surcharges et l'estimation de la durée de fonctionnement restante. |

### Remplacement des paliers à roulement

| | |
|---|---|
| • Remplacement lors de l'atteinte de la durée de fonctionnement<br>• Remplacement lié aux dommages | Manuel de maintenance<br>Instructions de montage et de démontage du fabricant |

### Analyse des dégâts

| | |
|---|---|
| • Évaluer les dégâts<br>• Définir et déterminer les causes d'un dégât<br>• Effectuer des essais sur le matériau<br>• Documenter les dégâts<br>• Prendre en compte la fréquence du dégât | Comparaison avec des modèles de dégâts typiques Diagramme de causes et effets ou diagramme Ishikawa<br>Table de défauts<br>Analyse de Pareto selon la fréquence et le coût |

### Mesures d'amélioration

| | |
|---|---|
| • Utiliser de meilleurs lubrifiants ou des lubrifiants appropriés<br>• Améliorer les conditions environnementales<br>• Utilisation de paliers étanches<br>• Tenir compte de évolutions techniques et des alternatives<br>• Utiliser des paliers de valeur supérieure<br>• Procédure selon l'analyse de Pareto<br>• Améliorer le concepts de maintenance | Tout d'abord, éliminer les dégâts ayant les effets les plus importants<br>Utiliser le portail d'information en ligne des fabricants de palier |

## Champ d'apprentissage : Assurance de la capacité de fonctionnement des systèmes automatisés

**Projet pilote sélectionné :** Automatisation d'un poste de travail manuel

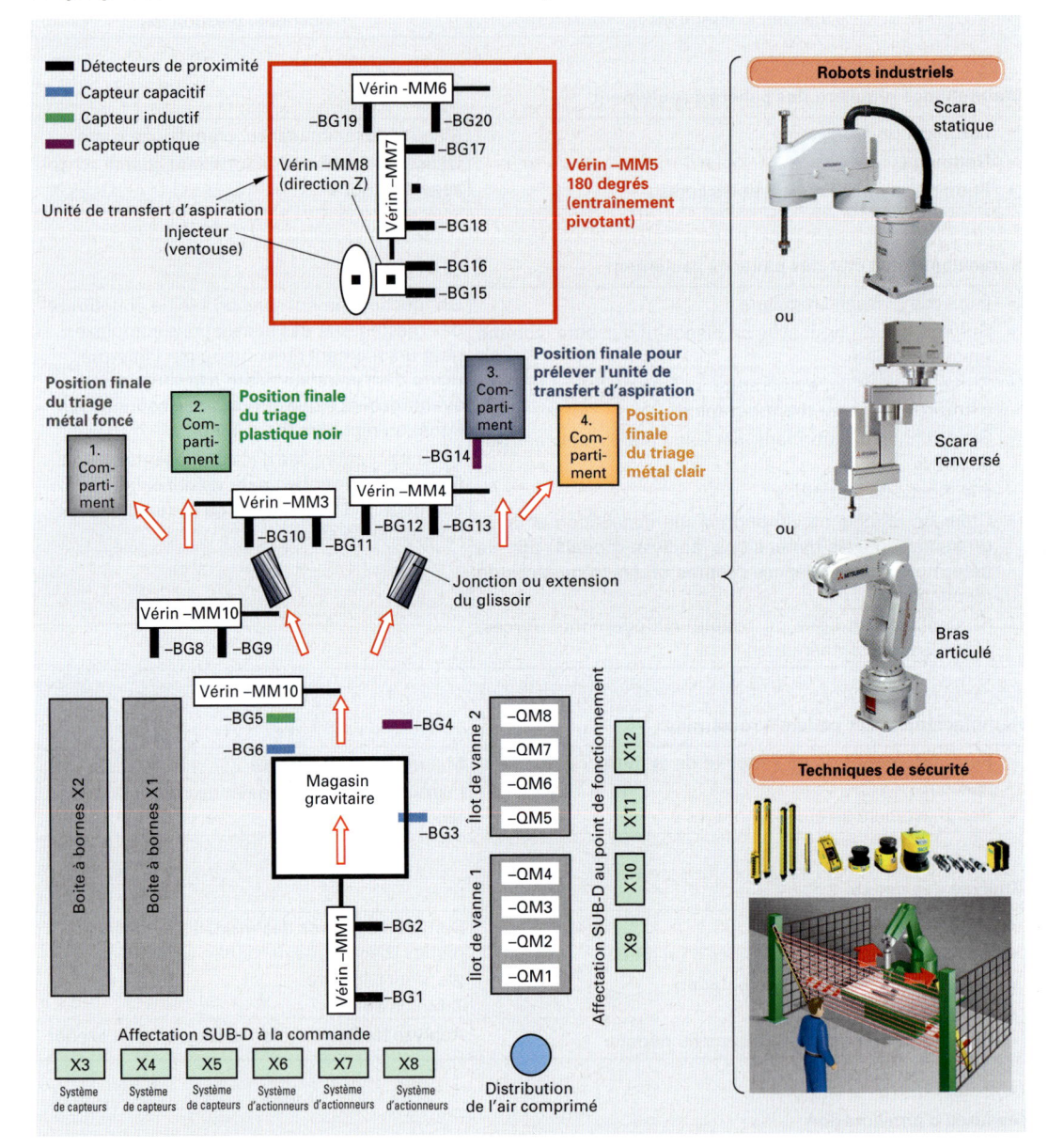

**Fig. 1 : Dispositif de triage**

Quatre pièces différentes sont alimentées de façon non triée par un magasin gravitaire (plastique clair/foncé ; métal clair/foncé) (poussées à l'extérieur par le vérin –MM1). La détection sur le cylindre d'arrêt –MM10 se fait par le biais du système de capteurs correspondant. Selon la pièce, les vérins –MM2 à –MM4 positionnent les glissoirs. Le vérin –MM2 pose un glissoir pour faire la distinction clair/foncé (entrée = foncé ; sorti = clair). Les vérins –MM3 à –MM4 positionnent pour le plastique (entré) et le métal (sorti). Ainsi, quatre trajets différents sont disponibles pour les quatre compartiments de rangement. Une unité d'aspiration XYZ (vérins –MM6 à –MM8) déplace la pièce du compartiment 3 pour la transformation. Les pièces des éléments de colonne 1, 2 et 4 sont enlevées à la main.

## Champ d'apprentissage : Assurance de la capacité de fonctionnement des systèmes automatisés

### Projet pilote sélectionné : Automatisation d'un poste de travail manuel

Un poste de travail manuel partiellement automatisé doit être automatisé à l'aide d'un robot industriel (IR). L'IR ramasse le produit sur les positions finales respectives (compartiment 1, 2 et 4 ; **fig. 1, page précédente**) et le dépose ensuite sur les différentes palettes. A cet effet, les travaux suivants doivent être effectués
- Sélectionner un IR en fonction de sa cinématique (bras articulé, Scara, statique/renversé).
- Intégrer cet IR dans l'installation mécaniquement en montant un châssis en profilé d'aluminium.
- Installer deux barrières photoélectriques pour se protéger contre l'accès à l'IR et fixer des capteurs optiques aux éléments de colonne 1, 2 et 4.
- Reliez l'IR et la barrière photoélectrique avec leur couplage EA en consultation avec le programmeur API sur API existant.
- Incorporer toutes les modifications dans la documentation opérationnelle existante.

| Objectifs et contenus | Indications, ressources |
|---|---|

**Informer**

| | |
|---|---|
| • Décrire les différents types de construction d'IR et expliquer leurs avantages et inconvénients. Recherche sur l'IR déjà existant et leurs commandes en fonctionnement.<br>• Rechercher les API existant en fonction de leur structure et leur programmation afin de pouvoir décider des extensions de sous-groupes éventuellement nécessaires.<br>• Décrire les différents types de barrières photoélectriques | Cinématiques de base de types IR/axe<br>Flexibilité de l'IR en termes d'utilisation ultérieure<br>Différentes langues de programmation pour API (par ex. bloc fonctionnel, graphe de fonctionnement séquentiel)<br>Techniques de sécurité |

**Planification et prise de décision**

| | |
|---|---|
| • Sélection de l'IR et de la technique de sécurité<br>• Construction des nouveaux composants<br>• Description des interfaces concernant l'API<br>• Sélection des barrières photoélectriques | Créer le GRAFCET pour l'IR<br>Technique d'assemblage avec profilés en aluminium<br>Couplages EA : IR – API ; capteurs opt. – API ; barrières photoélectriques – API |

**Exécution et contrôle**

| | |
|---|---|
| • Fabrication des nouveaux composants<br>• Mise en service de l'IR<br>• Programmation de l'IR<br>• Mise en service des techniques de sécurité<br>• Mise en service de l'installation complète avec programmateur API | Définir les points d'apprentissage de l'IR<br>Créer le programme pour l'IR y compris la palettisation<br>Fixer les capteurs optiques<br>Compléter la documentation fonctionnelle |

**Évaluation**

| | |
|---|---|
| • Créer le calcul des coûts<br>• Analyser les effets des aspects sociaux de cette mesure | Rechercher les lieux de travail alternatifs pour l'employé(e) du poste de travail manuel. |

Les auteurs et l'éditeur remercient les entreprises et institutions suivantes qui, pendant le traitement, les ont aidés conseils, images et documents à l'appui.

## A ... D

| | | | |
|---|---|---|---|
| **A**GA | Hambourg | BÖGER GmbH | Bielefeld |
| AGIE CHARMILLES | CH – Lonsone/Fell- | Böhler | A – Kapfenberg |
| bach | | Böllhoff | Bielefeld |
| Alma driving elements | Wertheim | Bosch | Stuttgart |
| Aluminium-Zentrale | Düsseldorf | Bosch Rexroth AG | Lohr am Main |
| Alusingen | Singen | Braun | Kronberg |
| Alzmetall | Altenmarkt | Brown & Sharpe/TESA | Ludwigsburg |
| AMF Andreas Maier | Fellbach | Brüel & Kjaer | |
| ANDRITZ HYDRO | Ravensburg | Vibro GmbH | Darmstadt |
| Arnold und Stolzenberg | Einbeck | Bundesanstalt für | |
| Arntz-Optibelt | Höxter | Materialforschung | Berlin |
| Atlas Copco | Essen | Burgmann | Wolfratshausen |
| Audi AG | Neckarsulm | Busak & Shamban | Stuttgart |
| Aventis | F – Strasbourg | Buser | CH – Wiler |
| | | | |
| **B**alluf | Neuhausen | **C**E Johansson | Weiterstadt |
| BASF | Ludwigshafen | CeramTec | Plochingen |
| Battenberg | Meinerzhagen | CEROBEAR | Herzogenrath |
| Bauer | Esslingen | Chemische Werke Hüls | Marl |
| Bauer&Schaurte Karcher | Neuss | c-mill technologie | CH – Nidau |
| Bayer | Leverkusen | ContiTech | Hanovre |
| Bayside | Ludwigshafen | | |
| Belin | F – Lavancia-Epercy | **D**aimler AG | Stuttgart |
| Benteler-SGL | | Deutsche Castrol | Hambourg |
| Composite-Technology | A – Ried im Innkreis | Deutsche Gesetzliche Unfall- | |
| Blankenhorn | Esslingen | versicherung (DGUV) | Berlin |
| Blum-Novotest GmbH | Grünkraut | Deutsche Star | Schweinfurt |
| BMW | Munich | DMG | Bielefeld/Stuttgart |
| Bodmer | CH – Küsnacht | Dow corning | Wiesbaden |
| | | Dürr Anlagenbau | Stuttgart |

## E ... G

| | | | |
|---|---|---|---|
| **E**AAT | Chemnitz | Fotolia.com | Berlin |
| Ecanto GmbH | Bruchsal | Franke | Aalen |
| EJOT | Bad Laasphe | Fraunhofer-Institut | |
| Elb-Schliff WZM GmbH | Aschaffenburg | für Lasertechnik | ILT – Aix-la-Chapelle |
| EMCO Maier GmbH | A – Hallein | Freudenberg | Weinheim |
| Euchner & Co | Leinfelden-Stuttgart | Fuchs Metallwerke | Meinerzhagen |
| | | Fuchs Mineralölwerke | Mannheim |
| **F**AG Kugelfischer | Schweinfurt | | |
| FANUC Robotics | Neustadt | **G**ehring | Ostfildern |
| Federal-Mogul-Deva | Stadtallendorf | Gesamtverband der | |
| Feldmühle | Plochingen | Aluminiumindustrie | Düsseldorf |
| FerMeTec | Dietzenbach | Getriebebau Nord | Bargteheide |
| FESTO | Esslingen | Gießerei-Verlag | Düsseldorf |
| Fette | Schwarzenbek | Gildemeister | Bielefeld |
| Flender Himmelwerke | Tübingen | GKN Sintermetals | Radevormwald |
| Forkardt | Düsseldorf | Gom | Braunschweig |
| FORD-Werke | Cologne | Gühring | Albsta |

## H ... K

| | | | |
|---|---|---|---|
| Hahn & Kolb | Stuttgart | INKOMA | Schandelah |
| HAINBUCH | Marbach | Institut de métallographie de l'Université de Clausthal | Clausthal |
| Halder | Laupheim | | |
| Harmonic Drive | Limburg/Lahn | | |
| Hauni-Werke Körber | Hambourg | ISCAR Hartmetall | Ettlingen |
| Heller | Nürtingen | Jakob | Kleinwallstadt |
| Hermle | Gosheim | KADIA | Nürtingen |
| Heule | CH – Balgach | Karl Klink GmbH | Niefern-Öschelbronn |
| Hilger & Kern | Mannheim | KASTO | Achern |
| Hilma-Röhmheld | Hilchenbach | Kemper | Vreden |
| Hirschmann | Fluorn-Winzeln | Kennametall Hertel | Friedrichsdorf |
| Hoffmann | Munich | Kerb-Konus | Amberg |
| Hommel CNC-Technik | Cologne | Kesel | Kempten |
| Hommelwerke | Villingen-Schwenningen | Keyence | Neu-Isenburg |
| | | Kipp | Sulz a.N. |
| Honsel | Fröndenberg | Knuth Werkzeug-maschinen GmbH | Wasbek |
| HSK Kunststoff Schweißtechnik GmbH | Bad Honnef | Koenig Verbindungs-technik | Illerrieden |
| Hüller Hille | Ludwigsbourg | Komet | Besigheim |
| Hunger DFE | Wurtzbourg | Kopp Heinrich GmbH | Kahl/Main |
| Hydac International GmbH | Sulzbach | Krautkrämer | Hürth |
| Hyprostatik-Schönfeld | Göppingen | Krones AG | Neutraubling |
| | | Kühl | Schlierbach |
| INA Lineartechnik | Herzogenaurach | KUKA | Augsbourg |
| INDEX Werke | Esslingen | | |

## L ... P

| | | | |
|---|---|---|---|
| Lasco Umformtechnik | Coburg | MTU Aeroengines | Munich |
| LEIPOLD | Wolfach | Müller-Weingarten | Weingarten |
| Lenze | Hameln | Nadella | Stuttgart |
| Lenze Verbindungs-technik | Waiblingen | Nagel | Nürtingen |
| Leuze Elektronik | Owen/Teck | Nordmann | Hürth |
| Liebherr | Kempten | Norsk Hydro Magnesium | Bottrop |
| Linde | Höllriegelskreuth | | |
| LOCTITE Allemagne | Munich | Oel-Held | Stuttgart |
| Lorenz | Ettlingen | OKS | Munich |
| Lufthansa | Cologne | Ophardt Maritim | Duisbourg |
| Mahr | Esslingen/Göttingen | Ott-Jakob | Lengenwang |
| MAPAL | Aalen | | |
| MAPROS | Fellbach | Parker Hannifin-Ermeto | Bielefeld |
| Mayr | Mauerstetten | Pepperl & Fuchs | Mannheim |
| Maxdata | Marl | perma-tec | Euerdorf |
| MBB Drehflügler und Verkehr | Donauwörth | Pilz GmbH | Ostfildern |
| Mentec GmbH | Riemerling | PIV Antrieb Werner Reimers | Bad Homburg |
| Microna | Saarwellingen | Plansee Tizit | A – Reutte |
| Microtec | Renningen | Porsche AG | Weissach |
| Mikron | CH – Lugano/Fellbach | Prototyp | Zell a. H. |
| Mitutoyo | Neuss | PSM-Druckluftechnik | Martinsried |

## Q ... S

Q-DAS Gesellschaft für
  Datenverarbeitung         Weinheim

Renishaw                    Pliezhausen
Repower Systems             Hambourg
Revolve Magnetic
  Bearing                   CND – Calgary
Ringfeder                   Krefeld
Ringspann A. Maurer         Bad Homburg
Röhm                        Sontheim
Röhmheld                    Laubach
Röhrs                       Sonthofen

SANDVIK Coromant            Düsseldorf
Sauter Feinmechanik         Metzingen
Schaeffler Wälzlager        Homburg
SCHAUDT                     Stuttgart
Schenk                      Darmstadt
Schmalz GmbH                Glatten
Schuler                     Göppingen
Schunk                      Lauffen
Schunk Ingenieur-
  keramik                   Willich-Münchheide

Seco-Tools                  CH – Bienne
Sempress-Pneumatik          Langenfeld
Service d'informations
  pièces forgées            Hagen
SHW                         Aalen-Wasseralfingen
Sick AG                     Waldkirch
Siegling                    Hanovre
Siemens                     Karlsruhe
Siemens Antriebstechnik     Erlangen
SKF Kugellager-
  fabriken                  Schweinfurt
SMG                         Waghäusel
Spieth
  Maschinenelemente         Esslingen
SPINNER Werkzeug-
  maschinenfabrik           Sauerlach
Stähli                      CH – Pieterlen/Biehl
Stahl-Informations-
  Zentrum                   Düsseldorf
STAMA                       Schlierbach
Steidle                     Leverkusen
Stöber Antriebstechnik      Pforzheim
Studer                      CH – Thoune
Supfina                     Remscheid

## T ... Z

Tayler Hobson               Wiesbaden
TESA/Brown & Sharpe         CH – Renens
TESA Technology/
  Hexagon Metrology
  GmbH                      Ingersheim
Texas Instruments           Weingarten
THK                         Ratingen
TITEX PLUS                  Frankfurt a. M.
TOX                         Weingarten
Trumpf GmbH & Co. KG        Ditzingen
Tyrolit Schleifmittel       A – Schwaz

Ultracoat                   Eisenach
Unbrako Schrauben           Koblenz

Verband der kera-
  mischen Industrie         Selb
Vogel Germany
  GmbH u. Co. KG            Kevelaer
Voith Antriebstechnik       Heidenheim

Wacker Chemie               Munich
Walter                      Tübingen
Walther Flender             Düsseldorf
Weiler                      Emskirchen
Wemotec                     Eggenstein
Werth                       Gießen
WIDIA Valenite              Essen
Wieland-Werke               Ulm
WIKUS                       Spangenberg
Wohlhaupter                 Frickenhausen
Wolters                     Regensburg

Zeiss                       Oberkochen
Zentrale für
  Gussverwendung            Düsseldorf
ZF Friedrichshafen AG       Friedrichshafen
Zinser                      Albershausen
ZOLLER                      Freiberg/Neckar
Zollern                     Herbertingen
Zwick                       Ulm

Index avec traduction en anglais

$\alpha$-fer . . . . . . . . . . . . . . . . . . . . . . . . . . . . . . . . . . . . . . 371
   a-iron
$\gamma$-fer. . . . . . . . . . . . . . . . . . . . . . . . . . . . . . . . . . . . . . . 373
   g-iron

## A

Accouplements . . . . . . . . . . . . . . . . . . . . . . . . . . . . . . . 467
   Couplings
Accouplements articulés . . . . . . . . . . . . . . . . . . . . . . . . 468
   Joint coupling
Accouplements de sécurité à crans . . . . . . . . . . . . . . . . 471
   Dwell-mechanism clutch
Accouplements de sûreté . . . . . . . . . . . . . . . . . . . 427, 471
   Safety clutches
Accouplement à coquilles . . . . . . . . . . . . . . . . . . . . . . . 467
   Split coupling
Accouplement à denture bombée . . . . . . . . . . . . . . . . . 468
   Curved teeth coupling
Accouplement à glissement . . . . . . . . . . . . . . . . . . . . . . 471
   Slip friction clutch
Accouplement à griffes . . . . . . . . . . . . . . . . . . . . . . . . . 469
   Claw coupling
Accouplement à roue libre . . . . . . . . . . . . . . . . . . . . . . 471
   Overrun clutch
Accouplement à soufflet métallique. . . . . . . . . . . . . . . . 469
   Metal bellows clutch
Accumulateurs hydrauliques . . . . . . . . . . . . . . . . . . . . . 600
   Hydraulic reservoir
Accumulateur à membrane. . . . . . . . . . . . . . . . . . . . . . 600
   Diaphragm accumulator
Accumulateur à piston . . . . . . . . . . . . . . . . . . . . . . . . . 600
   Piston-type accumulators
Accumulateur à vessie . . . . . . . . . . . . . . . . . . . . . . . . . 600
   Bladder accumulator
Achèvement du projet (rapport) . . . . . . . . . . . . . . . . . . 638
   Project completion (report)
Acier, coulée . . . . . . . . . . . . . . . . . . . . . . . . . . . . . . . . 348
   Steel casting
Acier, production. . . . . . . . . . . . . . . . . . . . . . . . . . . . . 346
   Steel production
Acier, retraitement . . . . . . . . . . . . . . . . . . . . . . . . . . . . 347
   Steel, secondary treatment
Acier, traitement des produits semi-finis. . . . . . . . . . . . . 348
   Steel, manufacture of semi-finished products
Acier coulé. . . . . . . . . . . . . . . . . . . . . . . . . . . . . . . . . . 361
   Cast steel
Acier eutectoïde . . . . . . . . . . . . . . . . . . . . . . . . . . . . . . 371
   Eutectoid steel
Aciers, classification. . . . . . . . . . . . . . . . . . . . . . . . . . . 352
   Steels, classification
Aciers, systèmes de désignation . . . . . . . . . . . . . . . . . . 349
   Steels, identification codes
Aciers . . . . . . . . . . . . . . . . . . . . . . . . . . . . . . . . . . . . . 332
   Steels
Aciers alliés . . . . . . . . . . . . . . . . . . . . . . . . . . . . . . . . . 352
   Alloy steels
Aciers de construction . . . . . . . . . . . . . . . . . . . . . . . . . 353
   Structural steels
Aciers de construction à grains fins . . . . . . . . . . . . . . . . 353
   Fine-grain structural steels
Aciers de construction à grains fins aptes au soudage . . . . 353
   Fine-grain steels suitable for welding
Aciers de cémentation . . . . . . . . . . . . . . . . . . . . . . 353, 382
   Case hardening steels
Aciers de décolletage . . . . . . . . . . . . . . . . . . . . . . . . . . 353
   Free-cutting steels
Aciers de nitruration. . . . . . . . . . . . . . . . . . . . . . . . . . . 353
   Nitriding steels
Aciers de qualité . . . . . . . . . . . . . . . . . . . . . . . . . . . . . 352
   High-grade steels
Aciers d'amélioration, traitement thermique . . . . . . . . . . 380
   Quenched and tempered steels, heat treatment
Aciers d'amélioration. . . . . . . . . . . . . . . . . . . . . . . . . . 353
   Quenched and tempered steels

Aciers et matériaux en fonte de fer . . . . . . . . . . . . . . . . 345
   Steel and iron casting alloys
Aciers inoxydables . . . . . . . . . . . . . . . . . . . . . . . . 352, 354
   Stainless steels
Aciers non alliés . . . . . . . . . . . . . . . . . . . . . . . . . . . . . 352
   Plain carbon steels
Aciers outils pour travail à chaud . . . . . . . . . . . . . . . . . 354
   Hot-work steels
Aciers outils pour travail à froid . . . . . . . . . . . . . . . . . . 354
   Cold-work steels
Aciers rapides . . . . . . . . . . . . . . . . . . . . . . . . 137, 350, 354
   High-speed steels
Aciers rapides à base de poudre. . . . . . . . . . . . . . . . . . 368
   Powder-metallurgic tool steels
Aciers résistants à la chaleur . . . . . . . . . . . . . . . . . . . . . 354
   High-temperature steels
Aciers surfins . . . . . . . . . . . . . . . . . . . . . . . . . . . . . . . . 352
   High-grade steels
Aciers tenaces à froid . . . . . . . . . . . . . . . . . . . . . . . . . . 354
   Low-temperature steels
Action complète . . . . . . . . . . . . . . . . . . . . . . . . . . . . . 626
   Self-contained activity
Actionneurs . . . . . . . . . . . . . . . . . . . . . . . . . . . . . . . . . 569
   Final control elements
Affinage de l'acier . . . . . . . . . . . . . . . . . . . . . . . . . . . . 346
   Refining of steel
Agenda . . . . . . . . . . . . . . . . . . . . . . . . . . . . . . . . . . . 633
   Scheduling
Agent diélectrique pour l'enlèvement de matériau . . . . . . 221
   Dielectrics in removal operations
Agents abrasifs . . . . . . . . . . . . . . . . . . . . . . . . . . . . . . 200
   Grinding agents
Air comprimé, distribution. . . . . . . . . . . . . . . . . . . . . . 561
   Compressed air supply
Ajustements avec jeu . . . . . . . . . . . . . . . . . . . . . . . . . . 51
   Clearance fit
Ajustements avec serrage . . . . . . . . . . . . . . . . . . . . . . 51
   Interference fit
Ajustements incertain . . . . . . . . . . . . . . . . . . . . . . . . . 52
   Transition fit
Ajustements. . . . . . . . . . . . . . . . . . . . . . . . . . . . . . 47, 51
   Fits
Alésoirs machine. . . . . . . . . . . . . . . . . . . . . . . . . . . . . 155
   Machine reamer
Alimentation électrique . . . . . . . . . . . . . . . . . . . . . . . . 595
   Power supply
Alimentation pneumatique . . . . . . . . . . . . . . . . . . . . . . 593
   Pneumatic supply
Alliages au cuivre . . . . . . . . . . . . . . . . . . . . . . . . . . . . 364
   Copper alloys
Alliages au nickel . . . . . . . . . . . . . . . . . . . . . . . . . 365, 366
   Nickel alloys
Alliages au zinc . . . . . . . . . . . . . . . . . . . . . . . . . . . . . . 366
   Zinc alloys
Alliages corroyés. . . . . . . . . . . . . . . . . . . . . . . . . . . . . 362
   Wrought alloys
Alliages à base de titane . . . . . . . . . . . . . . . . . . . . . . . 363
   Magnesium alloys
Alliages de métaux lourds . . . . . . . . . . . . . . . . . . . . . . 366
   Heavy metal alloys
Alliages de polymères . . . . . . . . . . . . . . . . . . . . . . . . . 388
   Polymer blends
Alliages d'aluminium . . . . . . . . . . . . . . . . . . . . . . . . . . 362
   Aluminium alloys
Alliages hétérogènes . . . . . . . . . . . . . . . . . . . . . . . . . . 344
   Heterogeneous alloys
Alliages homogènes. . . . . . . . . . . . . . . . . . . . . . . . . . . 344
   Homogeneous alloys
Alliages à l'étain . . . . . . . . . . . . . . . . . . . . . . . . . . . . . 366
   Tin alloys
Allocation des ressources . . . . . . . . . . . . . . . . . . . . . . . 634
   Resource plan
Allongement . . . . . . . . . . . . . . . . . . . . . . . . . . . . . . . . 337
   Elongation, strain

Allongement à la rupture .............................337
 Elongation after fracture
Alésage .........................................144
 Reaming
Alésage conique ..................................144
 Profile reaming
Alésage normal .................................... 52
 Basic hole
Alésoirs .........................................154
 Reamers
Alésoirs cylindriques ..............................144
 Circular reaming
Alésoirs à main ...................................155
 Hand reamer
Amélioration ................................379, 533
 Quenching and tempering
Analyse coût-utilité ................................632
 Efficiency analysis
Analyse d'environnement du projet ...................629
 Analysis of project environment
Analyse de Pareto ................................. 75
 Pareto analysis
Analyse des dégâts ................................541
 Failure analysis
Analyse des risques ...............................635
 Risk analysis
Analyse des tendances d'objectifs intermédiaires ........637
 Milestone-trend analysis
Angle de coupe .............................131, 158
 Angle of inclination
Angle de direction lors du tournage ....................158
 Cutting-edge angle in turning operations
Angle de dépouille ................................131
 Clearance angle
Angle de taillant ..................................131
 Wedge angle
Anneaux-ressorts .................................464
 Annular spring
Anode sacrificielle .................................540
 Sacrificial anode
Anodisation ......................................269
 Anodizing
Anodiser .........................................540
 Anodizing
API .........................................548, 612
 PLC
Appareils de mesure d'état de surface ................. 45
 Profilometers
Appareils de mesure des arbres ...................... 37
 Spindle measuring equipment
Appareils d´insertion ...............................311
 Insertion devices
Appareil à fileter ..................................152
 Screw thread cutting device
Application au pinceau (peinture) .....................267
 Brush application (paint)
Araignée à ventouses ..............................577
 Vacuum cups
Arbre moteur d'un tour .............................466
 Work spindle of a lathe
Arbre normal ..................................... 53
 Basic shaft
Arbres ...........................................465
 Shafts
Arbres articulés ..............................466, 468
 Universal joint shafts
Arbres d'entraînement .............................465
 Drive shafts
Arbres de transmission ............................465
 Gear shafts
Arc électrique lors du soudage .......................250
 Welding arc
Arrêt d'urgence ...................................592
 EMERGENCY OFF

Arête de coupe secondaire ..........................157
 Secondary cutting edge
Arête rapportée ...................................164
 Built-up edge
Arête transversale .................................146
 Cross cutting
Aspiration de gaz .................................339
 Suction of gases
Assemblage par sertissage .........................238
 Press-fit joints
Assemblages par enclenchement ...............109, 239
 Snap connections
Assemblages par goupilles .........................438
 Pin connections
Assemblages par rivets ............................440
 Riveted joints
Assemblages par vis .........................109, 430
 Screwed connections
Assurance de la qualité ............................ 79
 Quality assurance
Audit ............................................ 90
 Audit
Audit de qualité ................................... 90
 Quality audit
Auto-maintien (API) ...............................619
 Self-retaining (PLC)
Automates Programmables Industriels .........540, 548, 612
 Programmable logic control
Avance de coupe ..................................169
 Feed of turning lathes
Axes d'articulation ................................466
 Joint pins
Axes ............................................466
 Bolt
Axes d'un centre d'usinage .........................319
 Axles of a machining centre
Axes fixes ........................................466
 Fixed axles
Axes tournants ...................................466
 Rotating axles
Azote, élément résiduel ............................356
 Nitrogen as accompanying element

## B

Baguettes d'apport, soudage au gaz ..................257
 Welding rods, gas welding
Balance de pression ...............................604
 Pressure compensator
Balayer .......................................... 41
 Sweep
Barrières lumineuses ..............................317
 Light barriers
Bases de la métrologie ............................. 15
 Metrological fundamentals
Big Data .........................................326
 Big Data
Bilan énergétique ..................................415
 Energy balance
Bilan matière .....................................417
 Material balance
Bimétaux ........................................396
 Bimetals
Bouteilles d'oxygène ..............................256
 Oxygen cylinder
Bouteilles de gaz .................................256
 Gas cylinders
Bouteilles de gaz comprimé ........................256
 Compressed-gas cylinders
Brasage .........................................242
 Soldering
Brasage fort .....................................244
 Brazing
Brasage par fer à souder ..........................245
 Copper-bit soldering

Index avec traduction en anglais

Brasage tendre ....................................244
  Soft-soldering
Brasage à haute température .........................244
  High-temperature soldering
Brasage à la flamme................................245
  Flame-soldering
Bride de serrage, exemple de fabrication ..............231
  Clamping jaw, a manufacturing example
Brochage ........................................212
  Reaming
Brochage par poussée ..............................212
  Push broaching
Broche de travail ..................................319
  Work spindle
Broche par traction ................................212
  Feed shaft
Broches..........................................466
  Spindles
Broches filetées...................................493
  Thread play
Bronze ordinaire ..................................365
  Tin bronze
Brunissage.......................................539
  Blackening
Béton polymère...................................395
  Polymer concrete

## C

Câblage d´un API..................................618
  Wiring diagram
Cahier des charges ................................630
  Specifications
Cahier des spécifications techniques ..................630
  Technical specifications
Calaminage ......................................536
  Oxide scaling
Cales étalons ..................................... 25
  Gauge blocks
Calibrage ........................................367
  Calibration
Calibres à limite................................... 24
  Limit gauges
Calibres mâchoires................................ 24
  Jaw gauges
Caméra CCD ..................................... 41
  CCD camera
CAO.....................................420, 644
  Computer aided design (CAD)
Caoutchouc au silicone (SIR).......................390
  Silicon rubber (SIR)
Caoutchouc naturel (NR) ..........................390
  Natural rubber (NR)
Caoutchouc styrène butadiène (SBR)................390
  Styrene-butadiene rubber (SBR)
Capabilité des moyens de mesure ................... 21
  Measuring equipment capability
Capabilité des procédés............................ 83
  Machine capability
Capteur inductif de déplacement ....................583
  Inductive displacement sensor
Capteurs.........................................582
  Sensors
Capteurs analogiques..............................583
  Analogue sensors
Capteurs binaires .................................584
  Binary sensors
Capteurs capacitifs ................................585
  Capacitive sensors
Capteurs numériques..............................586
  Digital sensors
Capteurs US (à ultrasons) .........................586
  Ultrasonic sensor
Caractéristiques de qualité ......................... 74
  Quality features

Carbone, élément résiduel....................... 350, 356
  Carbon as accompanying element
Carte d'amplificateur électronique ....................605
  Electronic amplifier card
Carte de contrôle de la qualité..................... 87, 327
  Quality control cards
Cas de charge ....................................439
  Stress case
Causes des dommages ............................397
  Causes of damage
Causes d'accidents................................ 95
  Accident causes
Cavitation........................................595
  Cavitation
Cellule d´usinage flexible CUF.......................324
  Flexible manufacturing cell FMC
Centre d'usinage CNC ........................318, 319
  CNC machining centre
Cermet ..........................................138
  Cermets
Certification ..................................... 90
  Certification
Champ tournant du moteurs triphasés (AC)............480
  Rotating field of electric motors
Chanfreinage................................144, 198
  Form countersinking
Changeur d'outil ..................................318
  Tool changer
Charge alternative.................................405
  Alternating stress
Chargement automatique ..........................321
  Auto-loading
Chargeur pivotant.................................321
  Swivel loader
Charge électrique .................................128
  Electric charge
Chariot porte-outil.................................178
  Tool slide
Chaîne de commande .............................558
  Open control loop
Chaîne de transfert ................................329
  Transfer line
Chaîne de Gall....................................474
  Gall chain
Chaînes..........................................474
  Chains
Chaînes articulées.................................474
  Articulated chains
Chaînes à axes....................................474
  Bolt chain
Chaînes à douilles.................................475
  Link chain
Chaînes à maillons ................................474
  Link chains
Chaînes à rouleaux ................................474
  Roller chains
Chlorure polyvinyle (PVC) .........................387
  Polyvinyl chloride plastics (PVC)
Choix des ajustements............................. 54
  Selection of fits
Chromatation................................266, 539
  Chromating
Chrome, élément d'alliage.................350, 352, 356
  Chromium as alloying element
Circuit d'auto-maintien.............................619
  Self-retaining circuit
Circuit pneumatique...............................578
  Vacuum circuit
Circuit électro-hydraulique .........................609
  Electrohydraulic controls
Cisaillage ........................................122
  Shear cutting

Cisailles-guillotine. . . . . . . . . . . . . . . . . . . . . . . . . . . . . . . . . 122
  Plate shears
Cisailles mécaniques . . . . . . . . . . . . . . . . . . . . . . . . . . . . . . 122
  Shearing machines
Cisailles à main . . . . . . . . . . . . . . . . . . . . . . . . . . . . . . . . . . 122
  Hand shears
Clapet anti-retour, piloté. . . . . . . . . . . . . . . . . . . . . . . . . . . . 603
  Non-return valve, delockable
Clapets . . . . . . . . . . . . . . . . . . . . . . . . . . . . . . . . . . . 565, 603
  Non-return valves
Classe de tolérance. . . . . . . . . . . . . . . . . . . . . . . . . . . . . . . . 49
  Tolerance class
Classes de résistance . . . . . . . . . . . . . . . . . . . . . . . . . . . . . 433
  Strength categories
Classes de résistance pour vis et écrous . . . . . . . . . . . . . . . 433
  Property classes of bolts and nuts
Classes de sécurité . . . . . . . . . . . . . . . . . . . . . . . . . . . . . . . 504
  Protection classes
Classification technologique des matières plastiques .384, 386
  Plastics, classification
Clavetages inclinés. . . . . . . . . . . . . . . . . . . . . . . . . . . . . . . 443
  Splined connections
Climatisation, unités fonctionnelles . . . . . . . . . . . . . . . . . . 425
  Air-conditioning unit, functional elements
Clinchage . . . . . . . . . . . . . . . . . . . . . . . . . . . . . . . . . . . . . 441
  Joining by penetration
Clés de serrage . . . . . . . . . . . . . . . . . . . . . . . . . . . . . . . . 435
  Standard spanner
Clé à ergot . . . . . . . . . . . . . . . . . . . . . . . . . . . . . . . . . . . . 435
  Hook wrench
Cobalt, élément d'alliage . . . . . . . . . . . . . . . . . . . . . .356, 366
  Cobalt as alloying element
Collage, de matières plastiques . . . . . . . . . . . . . . . . . . . . 109
  Bonding, plastics
Collage . . . . . . . . . . . . . . . . . . . . . . . . . . . . . . . . . . 109, 240
  Bonding
Colles à fusion. . . . . . . . . . . . . . . . . . . . . . . . . . . . . . . . . 240
  Hot-melt adhesives
Colles de réaction . . . . . . . . . . . . . . . . . . . . . . . . . . . . . . 241
  Reaction adhesives
Commande, structure. . . . . . . . . . . . . . . . . . . . . . . . . . . 553
  Control systems, fundamental structure
Commandes, Types de . . . . . . . . . . . . . . . . . . . . . . . . . . 548
  Controls, types of
Commande de contournage . . . . . . . . . . . . . . . . . . . . . . 281
  Path control
Commande de démarrage des moteurs . . . . . . . . . . . . . 481
  Starting control of motors
Condition de l´enveloppe. . . . . . . . . . . . . . . . . . . . . . . . . 57
  Condition of casing
Commandes électromagnétiques. . . . . . . . . . . . . . . . . . 581
  Electromagnetic controls
Commande en cascade . . . . . . . . . . . . . . . . . . . . . . . . . 576
  Cascading control system
Commande paraxiale de mouvement . . . . . . . . . . . . . . . 281
  Line-motion control systems
Commande par étapes. . . . . . . . . . . . . . . . . . . . . . . . . . 571
  Sequence control
Commandes CNC. . . . . . . . . . . . . . . . . . . . .275, 318, 420
  Computerized numerical control
Commandes hydrauliques. . . . . . . . . . . . . . . . . . . . . . . . 594
  Hydraulic controllers
Commandes logiques . . . . . . . . . . . . . . . . . . . . . . . . . . 570
  Logic controllers
Commandes pneumatiques . . . . . . . . . . . . . . . . . . . . . . 559
  Pneumatic controllers
Commandes à contact . . . . . . . . . . . . . . . . . . . . . . . . . . 579
  Contact controls
Commandes à logique câblée. . . . . . . . . . . . . . . . . . . . . 612
  Hard-wired programmed controllers
Commandes électriques . . . . . . . . . . . . . . . . . . . . . . . . 579
  Electrical controllers
Commandes électropneumatiques . . . . . . . . . . . . .579, 580
  Electropneumatic controls
Commandes à logique câblée. . . . . . . . . . . . . . . . . . . . . 612
  Hard-wired programmed control
Commande par API. . . . . . . . . . . . . . . . . . . . . . . . . . . . . 612
  Programmable logical control
Comparaison Consigne/Réel . . . . . . . . . . . . . . . . . . . . . 549
  Target/actual comparison
Comparateurs haute précision . . . . . . . . . . . . . . . . . . . . 33
  Precision dial gauge
Comparateurs à cadran . . . . . . . . . . . . . . . . . . . . . . . . . 31
  Dial gauges
Compas à verge . . . . . . . . . . . . . . . . . . . . . . . . . . . . . . 132
  Beam compass
Compatibilité avec l'environnement. . . . . . . . . . . . . . . . 339
  Environmentally sound materials and processes
Compensation du rayon de bec . . . . . . . . . . . . . . . . . . . 291
  Cutter radius compensation
Comportement en corrosion des métaux . . . . . . . . . . . . 279
  Corrosion stability of metals
Composites stratifiés et structurés. . . . . . . . . . . . . . . . . 395
  Layered composite materials
Compresseurs. . . . . . . . . . . . . . . . . . . . . . . . . . . . . . . . 418
  Compressor
Compresseur à piston . . . . . . . . . . . . . . . . . . . . . . . . . . 560
  Piston compressor
Compresseur à vis . . . . . . . . . . . . . . . . . . . . . . . . . . . . 560
  Screw-type compressor
Concept de phases en chevauchement . . . . . . . . . . . . . 639
  Overlapping phase concept
Concept de version. . . . . . . . . . . . . . . . . . . . . . . . . . . . 639
  Version concept
Concepts de maintenance . . . . . . . . . . . . . . . . . . . . . . . 523
  Service and maintenance concepts
Conductibilité électrique . . . . . . . . . . . . . . . . . . . . . 34, 335
  Electric conductivity
Conductivité thermique . . . . . . . . . . . . . . . . . . . . . . . . . 335
  Thermal conductivity
Conduites flexibles. . . . . . . . . . . . . . . . . . . . . . . . .204, 608
  Hose pipes
Conduites hydrauliques. . . . . . . . . . . . . . . . . . . . . . . . . 607
  Hydraulic circuits
Connecteurs mâle-femelle. . . . . . . . . . . . . . . . . . . . . . . 506
  Male/female connectors
Consignes de sécurité . . . . . . . . . . . . . . . . . . . . . . 317, 640
  Safety requirements
Consommation d´énergie . . . . . . . . . . . . . . . . . . . . . . . 409
  Energy consumption
Construction composite. . . . . . . . . . . . . . . . . . . . . . . . . 396
  Composite construction
Contact avec un conducteur . . . . . . . . . . . . . . . . . . . . . 503
  Conductor-to-conductor short circuit
Contacteur . . . . . . . . . . . . . . . . . . . . . . . . . . . . . . . . . . 580
  Contactors
Contact à la terre. . . . . . . . . . . . . . . . . . . . . . . . . . . . . . 503
  Earth fault
Contre-broche. . . . . . . . . . . . . . . . . . . . . . . . . . . . . . . . 179
  Counter spindle
Contre-poupée . . . . . . . . . . . . . . . . . . . . . . . . . . . . . . . 178
  Tailstock
Contrôle angulaire . . . . . . . . . . . . . . . . . . . . . . . . . . . . . 62
  Checking of angles
Contrôle de la circularité . . . . . . . . . . . . . . . . . . . . . . . . 63
  Checking of concentricity
Contrôle de la conicité . . . . . . . . . . . . . . . . . . . . . . . . . . 70
  Taper verification
Contrôle de fonctionnement . . . . . . . . . . . . . . . . . . . . . 529
  Performance monitoring
Contrôle de la forme. . . . . . . . . . . . . . . . . . . . . . . . . . . . 58
  Form checking
Contrôle de la planéité . . . . . . . . . . . . . . . . . . . . . . . . . . 61
  Checking of surface flatness
Contrôle de la position. . . . . . . . . . . . . . . . . . . . . . . . . . 58
  Checking of positions

# Index avec traduction en anglais

Contrôle de la rectitude .............................. 61
  Checking of straightness
Contrôle de l'inclinaison ............................. 61
  Checking of inclination
Contrôle de rupture de l'outil ...................... 314
  Tool breakage monitoring
Contrôle des filetages................................ 68
  Checking of screw threads
Contrôle des états de surface ...................... 43
  Surface testing
Contrôle du battement circulaire radial ............. 64
  Concentricity test
Contrôle et surveillance des moyens de contrôle........ 21
  Inspection of measuring instruments
Contrôle final...................................... 511
  Final inspection
Contrôle par échantillonnage ........................ 82
  Sampling inspection
Contrôles métallographiques ....................... 407
  Metallographic examinations
Convertisseur...................................... 346
  Converter
Convoyeur à chaînes ............................... 322
  Plate chain conveyor
Coordonnées polaires ........................286, 294
  Polar coordinates
Copeaux continus................................. 162
  Continuous chips
Copeaux par fragmentation........................ 162
  Fragmented chips
Copeaux par cisaillement ......................... 162
  Sheared chips
Corps abrasif...................................... 200
  Abrasive tools
Correction du trajet (CNC)......................... 299
  Path correction (CNC)
Correction du trajet de l'outil...................... 299
  Tool path compensation
Corrections de l'outil.........................282, 298
  Tool compensations
Corrosion de contact .............................. 537
  Contact corrosion
Corrosion sous contrainte ......................... 537
  Stress corrosion cracking
Corrosion caverneuse ............................. 537
  Crevice corrosion
Corrosion par aération différentielle................. 537
  Corrosion by differential aeration
Corrosion sélective................................ 537
  Corrosion, selective
Corrosion à température élevée .................... 536
  High-temperature corrosion
Corrosion électrochimique......................... 535
  Electrochemical corrosion
Cote de retrait .................................... 98
  Shrinkage allowance
Coulabilité ....................................... 338
  Castability
Coulée continue .................................. 348
  Continuously cast material
Coulée en lingots ................................. 348
  Ingotting
Coupe-circuit à fusibles ........................... 502
  Fused circuit breaker
Coupe de râpe.................................... 135
  Rasp cut
Coupe thermique................................. 127
  Thermal cutting
Couple de frottement du filet...................... 437
  Thread friction force
Couple de serrage................................. 436
  Torque
Courant alternatif ................................ 500
  Alternating current

Courant continu .................................. 500
  Direct current
Courant total .................................... 499
  Total current
Courant triphasé ................................. 500
  Three-phase current
Courant électrique ..........................495, 496
  Electric current
Courbe de refroidissement, fer..................... 342
  Cooling curve, iron
Courbe des taux de portance du matériau ........... 44
  Material ratio graph
Courbe de Wöhler ................................ 405
  Stress-number curve (Woehler curve)
Courbe d'Abbott .................................. 44
  Abbott diagram
Courroies plates .................................. 472
  Flat belt
Courroies non crantées ........................... 473
  Toothed belt
Courroies synchrones............................. 473
  Synchronous belts
Courroies trapézoïdales ........................... 473
  V-belt
Courroie trapézoïdale large ....................... 473
  Wide V-belt
Cristaux biphasés ................................ 344
  Solid solution
Crémaillère ...................................... 493
  Toothed rack
Cubilots ......................................... 357
  Cupola furnace
Cycle d'ébauche .................................. 292
  Blank cycle
Cycle de filetage ................................. 292
  Thread cycle
Cycle de fraisage d'une poche rectangulaire............ 300
  Rectangular pocket cycle
Cycle de perçage ................................. 300
  Drilling cycle
Cycles (CNC)..................................... 289
  Cycles (CNC)
Cycles d'usinage............................289, 292
  Machining cycles
Câblage .......................................... 587
  Wiring
Cémentation ..................................... 381
  Carburizing
Cémentite........................................ 371
  Cementite
Cémentite aux joints des grain .................... 371
  Grain boundary cementite
Céramique au carbone............................ 370
  Carbon ceramics
Céramique en carbure de silicium .................. 370
  Silicon carbide ceramics
Céramique en silicate............................. 370
  Silicate ceramics
Céramique non oxydée ........................... 370
  Non-oxide ceramics
Céramique oxydée ..........................138, 370
  Oxide ceramics

## D

Degré de tolérance ................................ 49
  Tolerance grade
Degré d'achèvement.............................. 636
  Degree of completion
Degrés de liberté................................. 310
  Degrees of freedom
Dentelure ........................................ 443
  Serration
Denture spirale .................................. 478
  Bevel gear wheels

Dessins d'ensemble . . . . . . . . . . . . . . . . . . . . . . . . . . . . . 644
   General arrangement drawing
Dessins techniques. . . . . . . . . . . . . . . . . . . . . . . . . . . . . 642
   Technical drawing
Destruction . . . . . . . . . . . . . . . . . . . . . . . . . . . . . . . . . . . 531
   disruption
Diagramme causes/effets. . . . . . . . . . . . . . . . . . . . . . . . . 76
   Cause-and-Effect Diagram
Diagramme de corrélation. . . . . . . . . . . . . . . . . . . . . . . . 76
   Correlation diagram
Diagramme de fréquence de rotation . . . . . . . . . . . . . . . 169
   Revolution diagram
Diagramme de Gantt . . . . . . . . . . . . . . . . . . . . . . . . . . . 633
   Gantt diagram
Diagramme de Henry. . . . . . . . . . . . . . . . . . . . . . 84, 85
   Probability system
Diagramme de phases fer-carbone. . . . . . . . . . . . . . . . . 372
   Iron-carbon phase diagram
Diagramme de revenu . . . . . . . . . . . . . . . . . . . . . . . . . . 379
   Heat treatment diagram
Diagramme des avances . . . . . . . . . . . . . . . . . . . . . . . . 163
   Chip form diagram
Diagramme de tension/allongement . . . . . . . . . . . . . . . . 398
   Stress-strain diagram
Diagramme d'évolution . . . . . . . . . . . . . . . . . . . . . . . . . . 77
   Flow chart
Diagramme en arbre . . . . . . . . . . . . . . . . . . . . . . . . . . . . 76
   Tree chart
Diagrammes . . . . . . . . . . . . . . . . . . . . . . . . . . . . . . . . . 649
   Diagrams
Diagramme à barres. . . . . . . . . . . . . . . . . . . . . . . 77, 633
   Bar chart
Diamant comme matériau de coupe . . . . . . . . . . . . . . . . 139
   Diamond as cutting material
Diamant polycristallin (PCD) . . . . . . . . . . . . . . . . . . . . . . 139
   Polycrystalline diamond (PCD)
Diamètre de cercle de pied . . . . . . . . . . . . . . . . . . . . . . 476
   Pitch diameter
Diamètre du noyau au filetage . . . . . . . . . . . . . . . . . . . . 428
   Core diameter of screw threads
Diamètre sur flanc des filetages . . . . . . . . . . . . . . . . . . . 428
   Pitch diameters of screw threads
Dilatation thermique linéaire. . . . . . . . . . . . . . . . . . . . . . 335
   Linear thermal expansion
Dimensions de longeur . . . . . . . . . . . . . . . . . . . . . . . . . . 56
   Length dimensions
Dimensions des roues dentées. . . . . . . . . . . . . . . . . . . . 476
   Gear wheel dimensions
Dimension limite maximale du matériau (MMS) . . . . . . . . 57
   Maximum material size (MMS)
Dimension maximale. . . . . . . . . . . . . . . . . . . . . . . . . . . . 47
   Maximum dimension
Dimension minimale . . . . . . . . . . . . . . . . . . . . . . . . . . . . 47
   Minimum dimension
Dimension nominale . . . . . . . . . . . . . . . . . . . . . . . . . . . . 47
   Nominal dimension
Dimensions de grain, structure du métal. . . . . . . . . . . . . 344
   Grain sizes in metal structures
Dimensions limite de tolérance . . . . . . . . . . . . . . . . . . . . 47
   Limit dimensions of tolerances
Dimensions pour tolérances . . . . . . . . . . . . . . . . . . . . . . 47
   Tolerance limits
Disjoncteur de protection contre le courant
différentiel résiduel. . . . . . . . . . . . . . . . . . . . . . . . . . . . . 505
   Fault-current circuit breaker
Disjoncteurs-moteurs. . . . . . . . . . . . . . . . . . . . . . . . . . . 502
   Motor protection switch
Dislocation. . . . . . . . . . . . . . . . . . . . . . . . . . . . . . . . . . . 342
   Transfer
Dispositif de serrage à excentrique . . . . . . . . . . . . . . . . 226
   Eccentric clamp
Dispositif de surveillance. . . . . . . . . . . . . . . . . . . . . . . . 323
   Monitoring system
Dispositifs . . . . . . . . . . . . . . . . . . . . . . . . . . . . . . . . . . . 224
   Jigs and fixtures

Dispositifs de serrage. . . . . . . . . . . . . . . . . . . . . . . . . . . 224
   Clamping fixtures
Dispositifs de sécurité sur machines . . . . . . . . . . . . . . . 426
   Safety equipment of machines
Disposition des fibres. . . . . . . . . . . . . . . . . . . . . . . . . . . 407
   Electron-microscopical image
Distance entre deux points . . . . . . . . . . . . . . . . . . . . . . . 56
   Distance between two points
Distributeurs, 4/3 pilotés . . . . . . . . . . . . . . . . . . . . . . . . 601
   Pilot-actuated directional control valves
Distributeurs, hydrauliques. . . . . . . . . . . . . . . . . . . . . . . 601
   Hydraulic directional control valves
Distributeurs, pneumatiques. . . . . . . . . . . . . . . . . . . . . . 564
   Pneumatic directional control valves
Distribution hétérogène. . . . . . . . . . . . . . . . . . . . . . . . . . 80
   Mixed distribution
Distribution normale. . . . . . . . . . . . . . . . . . . . . . . . . . . . . 80
   Normal distribution
Documentation . . . . . . . . . . . . . . . . . . . . . . . . . . .528, 640
   Documentation
Documentation technique . . . . . . . . . . . . . . . . . . . . . . . 640
   Technical documents
Données de coupe . . . . . . . . . . . . . . . . . . . . 168, 180, 190
   Cutting data
Double taille. . . . . . . . . . . . . . . . . . . . . . . . . . . . . . . . . . 135
   Cross cut
Douilles de compression . . . . . . . . . . . . . . . . . . . . . . . . 444
   Clamping sleeves
Douilles de serrage. . . . . . . . . . . . . . . . . . . . . . . . . . . . 444
   Clamping bush
Dressage. . . . . . . . . . . . . . . . . . . . . . . . . . . . . . . .156, 170
   Transverse turning
Durcissement de surface . . . . . . . . . . . . . . . . . . . . . . . . 380
   Case hardening
Durcissement structural des alliages d'aluminium . . . . . . 363
   Age-hardening of aluminium alloys
Dureté. . . . . . . . . . . . . . . . . . . . . . . . . . . . . . . . . . . . . . 336
   Hardness
Dureté Brinell. . . . . . . . . . . . . . . . . . . . . . . . . . . . . . . . . 402
   Brinell hardness
Dureté Martens . . . . . . . . . . . . . . . . . . . . . . . . . . . . . . . 403
   Martens hardness
Dureté Vickers . . . . . . . . . . . . . . . . . . . . . . . . . . . . . . . . 401
   Vickers hardness
Dureté à chaud . . . . . . . . . . . . . . . . . . . . . . . . . . . . . . . 136
   Hot hardness
Duroplastes . . . . . . . . . . . . . . . . . . . . . . . . . .386, 389, 407
   Thermosetting plastics (TSP)
Durée de vie. . . . . . . . . . . . . . . . . . . . . . . . . . . . . . . . . . 164
   Service life
Débit volumique . . . . . . . . . . . . . . . . . . . . . . . . . . 417, 597
   Volume flow
Décalage de point origine . . . . . . . . . . . . . . . . . . . . . . . 280
   Zero shift (WCNC)
Découpage au jet de plasma. . . . . . . . . . . . . . . . . 128, 255
   Plasma cutting
Découpage au jet d'eau . . . . . . . . . . . . . . . . . . . . . 127, 130
   Water-jet cutting
Découpage au laser . . . . . . . . . . . . . . . . . . . . . . . . . . . . 129
   Laser cutting
Découpage oxyacétylénique . . . . . . . . . . . . . . . . . . . . . 127
   Flame cutting
Découpage par électro-érosion. . . . . . . . . . . . . . . . . . . . 220
   Spark-erosive cutting
Découpage sans contact . . . . . . . . . . . . . . . . . . . . . . . . 127
   Beam cutting
Découpe thermique . . . . . . . . . . . . . . . . . . . . . . . . . . . . 127
   Thermal cutting
Défaillances sur les installations électriques. . . . . . . . . . 503
   Faults at electrical equipment
Défauts de coulée . . . . . . . . . . . . . . . . . . . . . . . . . . . . . 103
   Casting defects
Défauts de fabrication . . . . . . . . . . . . . . . . . . . . . . . . . . 116
   Drawing errors

## Index avec traduction en anglais

Défaut structurel dans le cristal. . . . . . . . . . . . . . . . . . . . . . . 342
   Fault in crystal structure
Déformabilité. . . . . . . . . . . . . . . . . . . . . . . . . . . . . . . . . . . . . 338
   Deformability
Déformation due à la trempe . . . . . . . . . . . . . . . . . . . . . . . . 377
   Hardening distortion
Déformation plastique . . . . . . . . . . . . . . . . . . . . . . . . . . . . . 336
   Plastic deformation
Déformation plastique par compression . . . . . . . . . . . . . . . 119
   Compression-forming
Déformation plastique par flexion . . . . . . . . . . . . . . . . . . . 112
   Bend forming
Déformation plastique par traction et compression. . . . . . . 115
   Tension-pressure forming
Déformation élastique . . . . . . . . . . . . . . . . . . . . . . . . . . . . . 336
   Elastic deformation
Dégagement de la lame de coupe . . . . . . . . . . . . . . . . . . . . 133
   Free cutting of the saw blade
Dégazage sous vide . . . . . . . . . . . . . . . . . . . . . . . . . . . . . . . 347
   Vacuum degassing
Dégâts. . . . . . . . . . . . . . . . . . . . . . . . . . . . . . . . . . . . . . . . . 541
   Damage
Dégâts de meulage. . . . . . . . . . . . . . . . . . . . . . . . . . . . . . . 205
   Grinding damages
Déroulement du montage . . . . . . . . . . . . . . . . . . . . . . . . . . 508
   Assembly sequence
Déroulement du procédé. . . . . . . . . . . . . . . . . . . . . . . . . . . . 89
   Process
Désignation numérique, aciers . . . . . . . . . . . . . . . . . . . . . . 351
   Material codes, steels
Désignation numérique, matériaux en fonte. . . . . . . . . . . . 358
   Material codes, cast iron
Désignation numérique, métaux NF . . . . . . . . . . . . . . . . . 363
   Material codes, non-ferrous metals
Désoxydation d'acier . . . . . . . . . . . . . . . . . . . . . . . . . . . . . . 347
   Deoxidation of steel
Détecteurs de proximité. . . . . . . . . . . . . . . . . . . . . . . . . . . 585
   Proximity switches
Détection des défauts. . . . . . . . . . . . . . . . . . . . . . . . . . . . . 534
   Fault detection

## E

Ebavurage des pièces. . . . . . . . . . . . . . . . . . . . . . . . . . . . . 197
   Deburring components
Ebavurage par explosion. . . . . . . . . . . . . . . . . . . . . . . . . . . 197
   Explosive deburring
Ebavurage, thermique . . . . . . . . . . . . . . . . . . . . . . . . . . . . 197
   Deburring, thermal
Ecart fondamental d'une tolérance. . . . . . . . . . . . . . . . 49, 50
   Standard deviations of a tolerance
Ecart type . . . . . . . . . . . . . . . . . . . . . . . . . . . . . . . . . . . . . . . 81
   Standard deviation
Ecrou borgne. . . . . . . . . . . . . . . . . . . . . . . . . . . . . . . . . . . . 432
   Acorn nuts
Ecrou crénelé. . . . . . . . . . . . . . . . . . . . . . . . . . . . . . . . . . . 432
   Castle nuts
Ecrou cylindrique à encoches . . . . . . . . . . . . . . . . . . . . . . . 432
   Lock nuts
Ecrou moleté . . . . . . . . . . . . . . . . . . . . . . . . . . . . . . . . . . . 432
   Knurled nuts
Ecrou à anneau . . . . . . . . . . . . . . . . . . . . . . . . . . . . . . . . . 432
   Eye nuts
Ecrou à collet . . . . . . . . . . . . . . . . . . . . . . . . . . . . . . . . . . . 432
   Union nuts
Ecrou à oreilles . . . . . . . . . . . . . . . . . . . . . . . . . . . . . . . . . 432
   Butterfly nuts
Ecrous. . . . . . . . . . . . . . . . . . . . . . . . . . . . . . . . . . . . . . . . . 432
   Nuts
Ecrous, classes de résistance . . . . . . . . . . . . . . . . . . . . . . . 433
   Nuts, property classes
Effecteurs terminaux . . . . . . . . . . . . . . . . . . . . . . . . . . . . . 316
   Effectors
Effet capillaire . . . . . . . . . . . . . . . . . . . . . . . . . . . . . . . . . . 242
   Capillary action

Effet d'entaille . . . . . . . . . . . . . . . . . . . . . . . . . . . . . . . . . . 544
   Notch effect
Ejecteur . . . . . . . . . . . . . . . . . . . . . . . . . . . . . . . . . . . . . . . 577
   Ejector
Elasticité. . . . . . . . . . . . . . . . . . . . . . . . . . . . . . . . . . . . . . . 334
   Elasticity
Elastomères . . . . . . . . . . . . . . . . . . . . . . . . . . . . 107, 386, 390
   Elastomers
Elastomères au polyuréthane (PUR(T)) . . . . . . . . . . . . . . . 390
   Polyurethane elastomers
Electro-aimants proportionnels. . . . . . . . . . . . . . . . . . . . . . 605
   Proportional electromagnets
Electro-érosion . . . . . . . . . . . . . . . . . . . . . . . . . . . . . . . . . . 220
   Electrical discharge machining (EDM)
Electrodes . . . . . . . . . . . . . . . . . . . . . . . . . . . . . . . . . . . . . 222
   Electrodes
Electrodes enrobées. . . . . . . . . . . . . . . . . . . . . . . . . . . . . . 251
   Stick electrodes
Electrovannes . . . . . . . . . . . . . . . . . . . . . . . . . . . . . . . . . . 581
   Solenoid valves
Elément de serrage, hydraulique . . . . . . . . . . . . . . . . . . . . 231
   Hydraulic clamping fixture
Elément de temps. . . . . . . . . . . . . . . . . . . . . . . . . . . . . . . . 567
   Time elements
Elément d'opération (API) . . . . . . . . . . . . . . . . . . . . . . . . . 616
   Operation part (PLC)
Elément galvanique . . . . . . . . . . . . . . . . . . . . . . . . . . . . . . 535
   Galvanic cell
Eléments de commande . . . . . . . . . . . . . . . . . . . . 554, 556, 569
   Control elements
Eléments de construction optoélectroniques . . . . . . . . . . . . 37
   Optoelectronic elements
Eléments de corrosion . . . . . . . . . . . . . . . . . . . . . . . . . . . . 536
   Corroding elements
Eléments de serrage mécaniques. . . . . . . . . . . . . . . . . . . . 225
   Mechanical clamping elements
Eléments de signalisation . . . . . . . . . . . . . . . . . . . . . . . . . 582
   Signal elements
Eléments d'alliage. . . . . . . . . . . . . . . . . . . . . . . . 350, 352, 356
   Alloying elements
Eléments résiduels d'acier. . . . . . . . . . . . . . . . . . . . . . . . . 356
   Accompanying elements of steel
Emaillage . . . . . . . . . . . . . . . . . . . . . . . . . . . . . . . . . . . . . . 269
   Enamelling
Emboutissage profond. . . . . . . . . . . . . . . . . . . . . . . . . . . . 115
   Deep drawing
Emboutissage profond hydromécanique . . . . . . . . . . . . . . 116
   Hydro-mechanical deep-drawing
Emboîtement des programmes CNC. . . . . . . . . . . . . . . . . 578
   Nesting of CNC programs
Embrayage de démarrage. . . . . . . . . . . . . . . . . . . . . . . . . 471
   Start-up coupling
Embrayages monodisques . . . . . . . . . . . . . . . . . . . . . . . . 470
   Single-disk clutch
Embrayages par adhérence. . . . . . . . . . . . . . . . . . . . . . . . 470
   Friction clutches
Embrayages à disques multiples . . . . . . . . . . . . . . . . . . . . 470
   Multiple-disk clutch
Emulsions . . . . . . . . . . . . . . . . . . . . . . . . . . . . . . . . . . . . . 140
   Emulsions
Enduction CVD . . . . . . . . . . . . . . . . . . . . . . . . . . . . . . . . . 269
   Chemical vapor deposition (CVD) coating
Endurance géométrique . . . . . . . . . . . . . . . . . . . . . . . . . . 406
   Fatigue strength depending on shape
Energie thermique . . . . . . . . . . . . . . . . . . . . . . . . . . . . . . . 414
   Thermal energy
Energie électrique. . . . . . . . . . . . . . . . . . . . . . . . . . . 414, 501
   Electric energy
Energie, potentielle . . . . . . . . . . . . . . . . . . . . . . . . . . . . . . 414
   Potential energy
Enfonçage par électro-érosion . . . . . . . . . . . . . . . . . . . . . . 220
   Removal operations by spark erosion
Enfonçage par électroérosion. . . . . . . . . . . . . . . . . . . . . . . 220
   Spark-erosive countersinking

Engins de levage.....................................418
   Hoists
Engrenage parallèle................................443
   Parallel gear teeth
Engrenage à développante...................443, 468
   Involute gear teeth
Engrenage à développante.......................477
   Involute gear teeth
Engrenages coniques..............................477
   Bevel gears
Engrenages cylindriques..........................477
   Cylindrical gears
Engrenages à vis sans fin.............477, 478, 486
   Worm drive
Enroulement au mouillé............................394
   Wet winding
Entraînement de la broche........................276
   Spindle drive
Entraînements de broche..........................483
   Work spindle driving elements
Entraînements d'avance....................276, 484
   Feed drives
Entraînements linéaires............................492
   Linear drives
Entraînements par courroie.......................472
   Belt drives
Entraînements électriques.........................501
   Electric motors
Entretien..............................................521
   Maintenance
Entretien d'une perceuse (environnement
d'apprentissage)....................................660
   Maintenance of a drilling machine (learning area)
Epuration de l'air évacué..........................271
   Waste air decontamination
Equipe de projet..............................629, 631
   Project team
Equipements de mesure............................15
   Measuring instruments
Erosion planétaire..................................222
   Planetary eroding
Erreurs de mesure...................................18
   Errors of measurement
Essai au rayons x/gamma.........................407
   X-ray/gamma test
Essai aux ultrasons.................................406
   Ultrasonic testing
Essai de charge de fonctionnement.............406
   Component working load test
Essai de cisaillement...............................400
   Shear test
Essai de compression..............................400
   Compression test
Essai de dureté Martens...........................403
   Martens hardness test
Essai de dureté mobile.............................404
   Scleroscope
Essai de fatigue.....................................405
   Endurance fatigue test
Essai de flexion......................................397
   Bending test
Essai de pliage.......................................397
   Folding test
Essai de résilience..................................400
   Notched-bar impact bending test
Essai de résistance à la compression...........405
   Fatigue limit test
Essai de traction par fluage......................408
   Tensile creep test
Essai de traction, matières plastiques..........408
   Tensile test with plastics
Essai de traction, métaux.........................398
   Tensile test with metals
Essai des matières plastiques...................408
   Plastics testing

Essai du cordon de soudure................260, 397
   Testing of weld seam
Essai d'aplatissement..............................397
   Flattening test
Essai d'emboutissage..............................397
   Cupping test
Essai d'écrasement..........................397, 400
   Compression test
Essai non destructif de matériau................406
   Non-destructive material testing
Essai par magnétoscopie.........................407
   Magnetoscopic test
Essai par ressuage................................406
   Penetrant test
Essais de dureté....................................401
   Hardness tests
Essais de dureté Brinell...........................402
   Brinell hardness tests
Essais de dureté Knoop...........................401
   Knoop hardness tests
Essais de dureté Rockwell.......................402
   Rockwell hardness tests
Essais de dureté Vickers..........................401
   Vickers hardness tests
Essais des matériaux..............................397
   Material testing
Essais mécaniques.................................408
   Mechanical tests
Etage de guidage des copeaux..................163
   Chip groove
Etampe automatique...............................125
   Compound cutting tool
Etampe de découpage fin........................126
   Fine-blanking tool
Etampes à suivre............................125, 126
   Progressive cutting tool
Etampes à un seul passage.....................125
   Single-operation tool
Etapes de l'emboutissage........................115
   Drawing steps
Etau de machine....................................227
   Machine vice
Etincelage par fil.............................220, 223
   Wire spark eroding
Etirage..........................................111, 117
   Die-drawing
Etranglement sur l'échappement...............566
   Waste air throttling
Etranglement unidirectionnel....................566
   One-way flow control valves
Examen de la capabilité des procédés.........83
   Machine capability test
Exigences de qualité................................73
   Quality requirements
Exigences technico-commerciales..............328
   Manufacturing requirements, business
Extrusion.............................................104
   Extrusion
Extrusion de film...................................104
   Film extrusion
Extrusion à la presse..............................120
   Extruding
Extrusion-gonflage.................................104
   Blow moulding
Extrusion-soufflage................................105
   Extrusion blow moulding

# F

Fabrication flexible...........................324, 325
   Flexible manufacturing
Fabrication par enlèvement de copeaux.......131
   Chip removal processing
Fabrication rapide..................................265
   Rapid manufacturing

Facteur de puissance . . . . . . . . . . . . . . . . . . . . . . . . . . . . . . . 501
  Power factor
Fer brut. . . . . . . . . . . . . . . . . . . . . . . . . . . . . . . . . . . . . . . . . . 345
  Pig iron
Fer brut de fonderie . . . . . . . . . . . . . . . . . . . . . . . . . . . . . . . 357
  Foundry, pig iron
Ferrite . . . . . . . . . . . . . . . . . . . . . . . . . . . . . . . . . . . . . . . . . . 371
  Ferrite
Bride de serrage . . . . . . . . . . . . . . . . . . . . . . . . . . . . . . . . . 225
  Clamp
Fibre neutre . . . . . . . . . . . . . . . . . . . . . . . . . . . . . . . . . . . . 112
  Neutral axis
Fibres vulcanisées. . . . . . . . . . . . . . . . . . . . . . . . . . . . . . . 395
  Vulcanized fibre
Fiche machine . . . . . . . . . . . . . . . . . . . . . . . . . . . . . . . . . . 520
  Machine rating card
Filage à la presse. . . . . . . . . . . . . . . . . . . . . . . . . . . . . . . . 120
  Extrusion
Filetage. . . . . . . . . . . . . . . . . . . . . . . . . . . . . . . . . . . . . . . . 428
  Screw threads
Filetage à droite. . . . . . . . . . . . . . . . . . . . . . . . . . . . . . . . . 429
  Right-hand thread
Filetage à gauche . . . . . . . . . . . . . . . . . . . . . . . . . . . . . . . 429
  Left-handed screw threads
Filetage au tour . . . . . . . . . . . . . . . . . . . . . . . . . . . . . 156, 171
  Screw thread cutting
Filetage de fixation . . . . . . . . . . . . . . . . . . . . . . . . . . . . . . 428
  Fastening screw threads
Filetage de mouvement . . . . . . . . . . . . . . . . . . . . . . . . . . 428
  Motion-transmitting screw threads
Filetage de tubes. . . . . . . . . . . . . . . . . . . . . . . . . . . . . . . . 429
  Tube screw threads
Filetage de précision. . . . . . . . . . . . . . . . . . . . . . . . . . . . . 429
  Fine thread
Filetage en dents de scie . . . . . . . . . . . . . . . . . . . . . . . . . 429
  Buttress screw thread
Filetage femelle. . . . . . . . . . . . . . . . . . . . . . . . . . . . . . . . . 429
  Internal thread
Filetages métriques ISO. . . . . . . . . . . . . . . . . . . . . . . . . . 429
  Metric ISO thread
Filetage par refoulement . . . . . . . . . . . . . . . . . . . . . . . . . 152
  Discharge threading
Filetage/Taraudage . . . . . . . . . . . . . . . . . . . . . . . . . . . . . . 171
  Threading/tapping
Filetage trapézoïdal. . . . . . . . . . . . . . . . . . . . . . . . . . . . . . 429
  Trapezoidal screw threads
Filets rapportés . . . . . . . . . . . . . . . . . . . . . . . . . . . . . . . . . 432
  Threaded inserts
Filet triangulaire . . . . . . . . . . . . . . . . . . . . . . . . . . . . . . . . 428
  V-shaped screw threads
Filtre à air comprimé . . . . . . . . . . . . . . . . . . . . . . . . . . . . 559
  Compressed air filter
Flexibles . . . . . . . . . . . . . . . . . . . . . . . . . . . . . . . . . . . . . . 608
  Hoses
Flux . . . . . . . . . . . . . . . . . . . . . . . . . . . . . . . . . . . . . . . . . . 246
  Fluxing agents
Fonction de base . . . . . . . . . . . . . . . . . . . . . . . . . . . 351, 423
  Basic function
Fonction de base des machines . . . . . . . . . . . . . . . . . . . 422
  Basic machine function
Fonction de transfert des régulateurs . . . . . . . . . . . . . . . 549
  Step response of controllers
Fonctions de mémorisation. . . . . . . . . . . . . . . . . . . . . . . 618
  Storage functions
Fonctions de temps . . . . . . . . . . . . . . . . . . . . 567, 574, 589
  Timer
Fonctions G (CNC) . . . . . . . . . . . . . . . . . . . . . . . . . . . . . . 284
  G-functions (CNC)
Fonction logique ET . . . . . . . . . . . . . . . . . . . . . . . . . . . . . 556
  AND operation
Fonction logique NON . . . . . . . . . . . . . . . . . . . . . . . . . . . 558
  NOT operation
Fonction logique OU. . . . . . . . . . . . . . . . . . . . . . . . . . . . . 557
  OR operationFondant . . . . . . . . . . . . . . . . . . . . . . . . . . 246
  Fluxing agents
Fonte de fer, désignation . . . . . . . . . . . . . . . . . . . . . . . . . 358
  Cast iron, identification codes
Fonte de fer à graphite lamellaire . . . . . . . . . . . . . . . . . . 359
  Flake graphite cast iron
Fonte de fer à graphite sphéroïdal . . . . . . . . . . . . . . . . . 360
  Spheroidal graphite cast iron
Fonte de fer à graphite vermiculaire . . . . . . . . . . . . . . . . 359
  Vermicular graphite cast iron
Fonte malléable. . . . . . . . . . . . . . . . . . . . . . . . . . . . . . . . . 360
  Malleable cast iron
Forage profond . . . . . . . . . . . . . . . . . . . . . . . . . . . . . . . . . 150
  Two-pipe system deep drilling
Force, électromagnétique . . . . . . . . . . . . . . . . . . . . . . . . 478
  Force, electromagnetic
Force d'adhérence . . . . . . . . . . . . . . . . . . . . . . . . . . 240, 531
  Adhesion force
Force de cohésion. . . . . . . . . . . . . . . . . . . . . . . . . . . . . . . 240
  Cohesion force
Force de coupe . . . . . . . . . . . . . . . . . . . . . . . . . . . . . . . . . 174
  Cutting force, specific
Force de frottement . . . . . . . . . . . . . . . . . . . . . . . . . . . . . 446
  Frictional forces
Force de précontrainte . . . . . . . . . . . . . . . . . . . . . . . . . . . 437
  Pretensioning force
Force de serrage lors du tournage . . . . . . . . . . . . . . . . . 175
  Clamping force in turning
Foret 3/4 . . . . . . . . . . . . . . . . . . . . . . . . . . . . . . . . . . . . . . 150
  Deep drilling
Foret hélicoïdal . . . . . . . . . . . . . . . . . . . . . . . . . . . . . . . . . 145
  Twist drills
Foret hélicoïdal d'outils de forage . . . . . . . . . . . . . . . . . 145
  Helix angle of drilling tools
Forets aléseurs à trois lèvres. . . . . . . . . . . . . . . . . . . . . . 149
  Spiral countersink
Forets en carbure . . . . . . . . . . . . . . . . . . . . . . . . . . . . . . . 147
  Sintered carbide drills
Forets à centrer . . . . . . . . . . . . . . . . . . . . . . . . . . . . . . . . 149
  Center drill
Foret à mouvement inverse . . . . . . . . . . . . . . . . . . . . . . 153
  Backward countersink tool
Foret à pointer ou centreur NC . . . . . . . . . . . . . . . . . . . . 149
  NC spot drills
Foret étagé à plaquettes. . . . . . . . . . . . . . . . . . . . . . . . . . 149
  Multistep drilling machine
Forgeage . . . . . . . . . . . . . . . . . . . . . . . . . . . . . . . . . . . . . . 119
  Forging
Forgeage à la presse. . . . . . . . . . . . . . . . . . . . . . . . . . . . . 367
  Pressure forging
Formage . . . . . . . . . . . . . . . . . . . . . . . . . . . . . . . . . . . . . . 111
  Forming
Formage intérieur à haute pression . . . . . . . . . . . . . . . . 118
  Internal high-pressure forming
Formage libre . . . . . . . . . . . . . . . . . . . . . . . . . . . . . . . . . . 119
  Free forming
Formage par refoulement . . . . . . . . . . . . . . . . . . . . . . . . 120
  Indent-forming
Formage à froid. . . . . . . . . . . . . . . . . . . . . . . . . . . . . . . . . 111
  Cold forming
Format de séquence des programmes CNC . . . . . . . . . . 284
  Line format of CNC programs
Formation de réseau cristallin . . . . . . . . . . . . . . . . . . . . . 341
  Crystal lattice formation
Formes commerciales des aciers . . . . . . . . . . . . . . . . . . 355
  Trade types of steels
Formes de grain, structure du métal . . . . . . . . . . . . . . . 343
  Grain shapes in metal structures
Fours de traitement thermique . . . . . . . . . . . . . . . . . . . . 419
  Heat treatment furnace
Four à creuset . . . . . . . . . . . . . . . . . . . . . . . . . . . . . . . . . . 357
  Crucible furnace

Four à induction ..... 357
  Crucible induction furnace
Fragilité. ..... 336
  Brittleness
Fraisage ..... 144
  Countersinking
Fraisage ..... 180
  Milling
Fraisage de noyures cylindriques ..... 144
  Face countersinking
Fraises coniques ..... 153
  Conic countersink
Fraises à pivot amovible ..... 153
  Piloted countersink
Fraises à pivot cylindriques ..... 153
  Conic countersink
Fraiseuses ..... 193
  Milling machines
Fraiseuses universelles ..... 194
  Universal milling machines
Fraiseuse verticale ..... 298
  Vertical milling machine
Freins de vis ..... 434
  Screw lockings
Frittage en phase solide ..... 367
  Sintering
Frottement de glissement ..... 447
  Sliding friction
Frottement de roulement ..... 447
  Rollin friction
Frottement de roulement avec effet de laminage ..... 447
  Combined sliding and rolling friction
Frottement entre solides ..... 447
  Dry friction
Frottement mixte ..... 447
  Mixed friction
Frottement sur liquide ..... 447
  Liquid friction
Fréquence ..... 14
  Frequency
Fréquence de rotation ..... 14, 168, 169
  Rotational frequency
Fusible filaire ..... 434
  Locking wire
Fusibles électriques ..... 502
  Fuses
Fusion sélective ..... 264
  Selective fusion

## G

Galvanisation ..... 268
  Electroplating
Galvanisation à chaud ..... 268, 540
  Hot-dip galvanizing
Gaz d'acétylène ..... 256
  Acetylene gas
Génie mécanique ..... 413
  Mechanical engineering
Glissières, Formes de ..... 458
  Slides, types of
Goujons filetés ..... 430
  Studs
Goupilles ..... 438
  Pins
Goupilles cannelées ..... 438
  Grooved pins
Goupilles coniques ..... 438
  Tapered pins
Goupilles cylindriques ..... 438
  Dowel pins
Goupilles de fixation ..... 438
  Fastening pins
Goupilles d'ajustage ..... 438
  Dowel pins
Goupilles à cisaillement programmé ..... 438, 470
  Shearing pins

GPS ..... 55
  GPS
GRAFCET ..... 569, 571
  GRAFCET
Graissages de paliers à roulement ..... 455
  Lubrication of roller bearings
Grandeur commandée ..... 569
  Control quantity
Grandeurs d'enlèvement de copeaux lors du tournage ..... 157
  Machining variables for turning
Grandeurs et unités ..... 13
  Quantities and units
Granulation ..... 201
  Granulation
Grignoteuses ..... 122
  Nibblers
Grille de protection ..... 426
  Protective grating
Groupe de pompage électrohydraulique ..... 228
  Pumping set, electrohydraulic
Groupe hydraulique ..... 595
  Hydraulic unit
Groupes de montage ..... 509
  Parts assembly
Grues ..... 418
  Cranes
Guidages ..... 446, 458
  Guiding mechanisms
Guidages à glissement ..... 459
  Slideway guides
Générateur de vide ..... 577
  Vacuum generator
Géométrie de coupe ..... 157
  Cutting geometry

## H

Haut-fourneau ..... 345
  Blast furnace
Histogramme ..... 77
  Histogram
Homogénéisation ..... 374
  Homogenizing anneal
Honing ..... 215
  Honing
Huile de coupe ..... 141
  Cutting oil
Hélice de filetage ..... 428
  Helical line of screw threads

## I

Îlots de vannes ..... 593
  Valve terminal
Image de l'échantillon poli ..... 407
  Micrograph
Imprégnation ..... 367
  Watering
Immersion en bain de fusion ..... 268
  Hot dipping
Implantation de machines ..... 517
  Setting up machines
Impression 3D ..... 263
  3D-Printing
Impression Baumann ..... 407
  Sulphur print
Indicateurs à levier ..... 32
  Feeler gauges
Industrie 4.0 ..... 326
  Industry 4.0
Influences du meulage ..... 204
  Effects on grinding results
Inhibiteurs (corrosion) ..... 538
  Inhibitors (to corrosion)
Insertion longitudinale ..... 238
  Longitudinal press-fit joints

## Index avec traduction en anglais

Inspection. . . . . . . . . . . . . . . . . . . . . . . . . . . . . . . . . . . . . . . .529
   Inspection
Installations de CAO . . . . . . . . . . . . . . . . . . . . . . . . . . . . . . .420
   CAD system
Installation de fabrication virtuelle . . . . . . . . . . . . . . . . . .327
   Virtual manufacturing facility
Installations de traitement de données . . . . . . . . . . . . . . .420
   Data processing units
Instruments de mesure . . . . . . . . . . . . . . . . . . . . . . . . . . . . . 26
   Measuring devices
Instruments de mesure de forme . . . . . . . . . . . . . . . . . . . . . 65
   Form-measuring instruments
Instruments de mesure des coordonnées . . . . . . . . . . . . . . 39
   Coordinate gauging device
Instruments de mesure laser . . . . . . . . . . . . . . . . . . 37, 38, 42
   Laser measuring devices
Instruments de mesure pneumatiques . . . . . . . . . . . . . . . . 34
   Pneumatic measuring devices
Instruments de mesure électroniques . . . . . . 28, 29, 31, 33, 36
   Electronic measuring devices
Instruments pour mesures intérieures . . . . . . . . . . . . . . . . . 30
   Internal measuring gauges
Intensité de courant . . . . . . . . . . . . . . . . . . . . . . . . . . .498, 499
   Amperage
Internet des objets . . . . . . . . . . . . . . . . . . . . . . . . . . . . . . . .327
   Internet of Things
Interpolation circulaire (CNC) . . . . . . . . . . . . . . . . . . . . . . .286
   Circular interpolation (CNC)
Interpolation linéaire (CNC) . . . . . . . . . . . . . . . . . . . . . . . . .286
   Linear interpolation (CNC)
Interrupteur d'ARRÊT D'URGENCE . . . . . . . . . . . . . . . . . . .426
   EMERGENCY-OFF switch
Interrupteur à deux mains . . . . . . . . . . . . . . . . . . . . . . . . . .426
   Two-hand control switches
Interstice de brasage . . . . . . . . . . . . . . . . . . . . . . . . . . . . . .242
   Soldering joint
Inverseur . . . . . . . . . . . . . . . . . . . . . . . . . . . . . . . . . . . . . . . .250
   Invertor
Inversion des signaux (API) . . . . . . . . . . . . . . . . . . . . . . . . .618
   Signal inversion (PLC)
Jauges . . . . . . . . . . . . . . . . . . . . . . . . . . . . . . . . . . . . . . . . . . 23
   Gauges
Jeu de coupe . . . . . . . . . . . . . . . . . . . . . . . . . . . . . . . . . . . .123
   Die clearance
Jeu maximal . . . . . . . . . . . . . . . . . . . . . . . . . . . . . . . . . . . . . . 51
   Maximum clearance
Jeu minimal . . . . . . . . . . . . . . . . . . . . . . . . . . . . . . . . . . . . . . 51
   Minimum clearance
Joint de soudobrasage . . . . . . . . . . . . . . . . . . . . . . . . . . . . .242
   Soldering gap
Joints d'étanchéité . . . . . . . . . . . . . . . . . . . . . . . . . . . . . . . .461
   Sealings
Joints soudés . . . . . . . . . . . . . . . . . . . . . . . . . . . . . . . . . . . .249
   Weld joint

### K

Kaizen . . . . . . . . . . . . . . . . . . . . . . . . . . . . . . . . . . . . . . . . . . 91
   Kaizen

### L

Lamage . . . . . . . . . . . . . . . . . . . . . . . . . . . . . . . . . . . . . . . . .144
   Spot facing
Lamelles de graphite . . . . . . . . . . . . . . . . . . . . . . . . . . . . . .371
   Flake graphite
Lames de scie . . . . . . . . . . . . . . . . . . . . . . . . . . . . . . . . . . .133
   Saw blades
Laminage . . . . . . . . . . . . . . . . . . . . . . . . . . . . . . . . . . . . . . .111
   Calendering
Langages de programmation de l'API . . . . . . . . . . . . . . . . .616
   Programming languages PLC
Liaison . . . . . . . . . . . . . . . . . . . . . . . . . . . . . . . . . . . . . 97, 235
   Joining
Liaison métallique . . . . . . . . . . . . . . . . . . . . . . . . . . . . . . . .340
   Metallic bond

Liaison par éléments de serrage . . . . . . . . . . . . . . . . . . . . .444
   Annular spring lockings
Liaisons arbre – moyeu . . . . . . . . . . . . . . . . . . . . . . . . . . . .442
   Shaft-hub connections
Liaisons par adhérence de forces . . . . . . . . . . . . . . . . . . . .444
   Non-positive connections
Liaisons par adhérence de formes . . . . . . . . . . . . . . . . . . .442
   Positive joints
Liaisons par arbre cannelé . . . . . . . . . . . . . . . . . . . . . . . . . .442
   Splined joints
Liaisons par arbre denteté . . . . . . . . . . . . . . . . . . . . . . . . . .443
   Toothed-shaft connections
Liaisons par arbres polygonaux . . . . . . . . . . . . . . . . . . . . .443
   Polygon shaft connections
Liaisons par clavette circulaire . . . . . . . . . . . . . . . . . . . . . .444
   Circular key joints
Liaisons par clavettes . . . . . . . . . . . . . . . . . . . . . . . . . . . . .442
   Fitting key joints
Liaisons par rondelles-étoiles . . . . . . . . . . . . . . . . . . . . . . .444
   Star washer connections
Liaisons par denture frontale . . . . . . . . . . . . . . . . . . . . . . .443
   Radial tooth coupling
Ligne zéro des tolérances . . . . . . . . . . . . . . . . . . . . . . . . . . 47
   Zero line of tolerances
Lime de précision . . . . . . . . . . . . . . . . . . . . . . . . . . . . . . . .135
   Precision file
Lime quadrangulaire . . . . . . . . . . . . . . . . . . . . . . . . . . . . . .135
   Square file
Limes . . . . . . . . . . . . . . . . . . . . . . . . . . . . . . . . . . . . . . . . . .135
   Files
Limes d'atelier à deux tailles . . . . . . . . . . . . . . . . . . . . . . . .135
   Machinist's files
Limes mi-rondes . . . . . . . . . . . . . . . . . . . . . . . . . . . . . . . . .135
   Half-round file
Limes taillées . . . . . . . . . . . . . . . . . . . . . . . . . . . . . . . . . . . .135
   Hewn file
Limite apparente d'élasticité . . . . . . . . . . . . . . . . . . . . . . . .399
   Offset yield strength
Limite conventionnelle d'élasticité . . . . . . . . . . . . . . . . . . .399
   Permanent elongation limit
Limite d'écoulement des lubrifiants . . . . . . . . . . . . . . . . . .447
   Yield point of lubricants
Limite d'endurance . . . . . . . . . . . . . . . . . . . . . . . . . . . . . . .405
   Fatigue strength
Limiteurs de pression . . . . . . . . . . . . . . . . . . . . . . . . .568, 602
   Pressure valves
Limite élastique . . . . . . . . . . . . . . . . . . . . . . . . . . . . . 337, 399
   Yield point
Liquides de trempe . . . . . . . . . . . . . . . . . . . . . . . . . . . . . . .377
   Quenching agent
Fluides hydrauliques . . . . . . . . . . . . . . . . . . . . . . . . . . . . . .595
   Hydraulic liquids
Liste d'instructions LIST . . . . . . . . . . . . . . . . . . . . . . . . . . .616
   Statement list AWL
Liste d'exigence . . . . . . . . . . . . . . . . . . . . . . . . . . . . . . . . . .630
   List of requirements
Listes de pièces . . . . . . . . . . . . . . . . . . . . . . . . . . . . . . . . . .645
   Part list
Logiciel de présentation . . . . . . . . . . . . . . . . . . . . . . . . . . .650
   Presentation software
Logigrammes . . . . . . . . . . . . . . . . . . . . . . . . . . . . . . . . . . . .570
   Function charts
Loi de Hooke . . . . . . . . . . . . . . . . . . . . . . . . . . . . . . . . . . . .399
   Hooke's law
Loi de la conversation de l'énergie . . . . . . . . . . . . . . . . . . .414
   Energy conversion law
Loi d'Ohm . . . . . . . . . . . . . . . . . . . . . . . . . . . . . . . . . . . . . .497
   Ohm's law
Longueur développé lors du cintrage . . . . . . . . . . . . . . . . 112
   Effective length in bend-forming
Lubrifiants . . . . . . . . . . . . . . . . . . . . . . . . . . . . . . . . . . . . . .447
   Lubricants
Lubrifiants liquides . . . . . . . . . . . . . . . . . . . . . . . . . . . . . . .448
   Liquid lubricants

Lubrifiants réfrigérants. . . . . . . . . . . . . . . . . . . . . . . . . . . . 140
  Cooling lubricants
Lubrifiants solides. . . . . . . . . . . . . . . . . . . . . . . . . . . . . . . . 448
  Solid lubricants
Lubrificateur à air comprimé. . . . . . . . . . . . . . . . . . . . . . 559
  Compressed air lubricator
Lubrification hydrodynamique . . . . . . . . . . . . . . . . . . . . 449
  Hydrodynamic lubrication
Lubrification hydrostatique . . . . . . . . . . . . . . . . . . . . . . . 450
  Hydrostatic lubrication
Lubrification par pulvérisation . . . . . . . . . . . . . . . . . . . . 142
  Minimal quantity lubrication

# M

Machine de mesure tridimensionnelle (MMT) . . . . . . . . . 40
  3D-Measuring machine
Machine d'essais universelle. . . . . . . . . . . . . . . . . . . . . . 398
  Universal testing machine
Machines-outils. . . . . . . . . . . . . . . . . . . . . . . . . . . . . . . . 419
  Machine tools
Machine-outils automatisées. . . . . . . . . . . . . . . . . . . . . 324
  Materials handling
Machines de rectification . . . . . . . . . . . . . . . . . . . . . . . . 207
  Grinding machines
Machines de rectification de profils . . . . . . . . . . . . . . . . 207
  Profile grinding machine
Machines de travail. . . . . . . . . . . . . . . . . . . . . . . . . . . . . 417
  Work machines
Machines motrices . . . . . . . . . . . . . . . . . . . . . . . . . . . . . 415
  Power engines
Machine à commande CNC. . . . . . . . . . . . . . . . . . . . . . 275
  CNC machine
Machine à couper la tôle . . . . . . . . . . . . . . . . . . . . . . . . 130
  Sheet metal cutting machine
Machines à découper au chalumeau . . . . . . . . . . . . . . . 130
  Flame cutting machines
Machines à rectifier cylindriques . . . . . . . . . . . . . . . . . . 210
  Circular grinding machine
Macrographies . . . . . . . . . . . . . . . . . . . . . . . . . . . . . . . . 407
  Micrographs
Magasin à outils . . . . . . . . . . . . . . . . . . . . . . . . . . . . . . . 318
  Tool magazine
Magnésium . . . . . . . . . . . . . . . . . . . . . . . . . . . . . . . . . . 363
  Magnesium
Mailles dans les métaux. . . . . . . . . . . . . . . . . . . . . . . . . 341
  Elementary cell
Maintenance . . . . . . . . . . . . . . . . . . . . . . . . . . . . . 521, 526
  Maintenance
Management de la qualité. . . . . . . . . . . . . . . . . . . . . . . . 72
  Quality management
Mandat de projet. . . . . . . . . . . . . . . . . . . . . . . . . . . . . . 628
  Project order
Mandrin . . . . . . . . . . . . . . . . . . . . . . . . . . . . . . . . . . . . . 167
  Lathe arbor
Mandrins porte-fraises. . . . . . . . . . . . . . . . . . . . . . . . . . 185
  Milling cutter holders
Mandrin à trois mors . . . . . . . . . . . . . . . . . . . . . . 175 , 178
  Three-jaw chuck
Manganèse, élément d'alliage . . . . . . . . . . . . . . . 350, 352, 356
  Manganese as alloying element
Manipulateurs . . . . . . . . . . . . . . . . . . . . . . . . . . . . . . . . 311
  Manipulators
Manutention . . . . . . . . . . . . . . . . . . . . . . . . . . . . . . . . . 311
  Materials handling
Marquer au pointeau . . . . . . . . . . . . . . . . . . . . . . . . . . . 132
  Piloting
Martensite . . . . . . . . . . . . . . . . . . . . . . . . . . . . . . . . . . . 375
  Martensite
Masse volumique . . . . . . . . . . . . . . . . . . . . . . . . . 335, 417
  Density
Matières auxiliaires. . . . . . . . . . . . . . . . . . . . . . . . . . . . 333
  Process materials

Matières de coupe nitrures . . . . . . . . . . . . . . . . . . . . . . 138
  Polycrystalline cutting materials
Matières en mousse (moulage) . . . . . . . . . . . . . . . . . . . 108
  Foam (original forms)
Matières plastiques, valeurs caractéristiques . . . . . . . . . . 408
  Plastics, characteristic values
Matières plastiques. . . . . . . . . . . . . . . . . . . . . . . . . . . . 384
  Plastics
Matières plastiques renforcées de fibres de verre . . . . 333, 392
  Fibreglass reinforced plastics (FRP)
Matrice . . . . . . . . . . . . . . . . . . . . . . . . . . . . . . . . . . . . . 392
  Matrix
Matrice d'impact . . . . . . . . . . . . . . . . . . . . . . . . . . . . . . . 76
  Matrix diagram
Matriçage à chaud. . . . . . . . . . . . . . . . . . . . . . . . . . . . . 119
  Die forging
Matériaux, choix. . . . . . . . . . . . . . . . . . . . . . . . . . . . . . 334
  Selection of materials
Matériaux, classification . . . . . . . . . . . . . . . . . . . . . . . . 332
  Classification of materials
Matériaux, valeurs caractéristiques . . . . . . . . . . . . . . . . 399
  Characteristic values of materials
Matériaux au titane. . . . . . . . . . . . . . . . . . . . . . . . . . . . 363
  Titanium materials
Matériaux composites . . . . . . . . . . . . . . . . . . . . . . 332, 392
  Composite materials
Matériaux composites stratifiés . . . . . . . . . . . . . . . . . . . 395
  Layered composite materials
Matériaux céramiques . . . . . . . . . . . . . . . . . . . . . . . . . . 369
  Ceramic materials
Matériaux de coupe, choix. . . . . . . . . . . . . . . . . . . . . . . 136
  Cutting materials, selection
Matériaux de frittage . . . . . . . . . . . . . . . . . . . . . . . . . . . 367
  Sintered materials
Matériaux de moulage. . . . . . . . . . . . . . . . . . . . . . . . . . 103
  Casting alloys
Matériaux de rivetage . . . . . . . . . . . . . . . . . . . . . . . . . . 441
  Rivet material
Matériaux en aluminium . . . . . . . . . . . . . . . . . . . . . . . . 362
  Aluminium materials
Matériaux en fonte de fer, fusion . . . . . . . . . . . . . . . . . . 357
  Iron casting alloys, melting
Matériaux en fonte de fer, normalisation. . . . . . . . . . . . . 358
  Iron casting alloys, standardization
Matériaux en fonte de fer, teneur en C. . . . . . . . . . . . . . 361
  Iron casting alloys, carbon content
Matériaux naturels . . . . . . . . . . . . . . . . . . . . . . . . . . . . 333
  Natural material
Matières synthetiques . . . . . . . . . . . . . . . . . . . . . . . . . . 333
  Synthetic materials
Maîtrise de la qualité . . . . . . . . . . . . . . . . . . . . . . . . . . . 78
  Quality control
Maîtrise statistique des procédés . . . . . . . . . . . . . . . . . . 87
  Statistical process control
Mesurage différentiel . . . . . . . . . . . . . . . . . . . . . . . . . . . 36
  Differential measuring
Mesure de cylindricité . . . . . . . . . . . . . . . . . . . . . . . . . . 67
  Checking of cylindricity
Mesure de l'excentricité . . . . . . . . . . . . . . . . . . . . . . . . . 66
  Runout measurement
Mesure de la circularité . . . . . . . . . . . . . . . . . . . . . . . . . 65
  Roundness measurement
Mesure de la coaxialité . . . . . . . . . . . . . . . . . . . . . . 64, 66
  Checking of coaxiality
Mesure de l'outil . . . . . . . . . . . . . . . . . . . . . . . . . . . . . . 282
  Tool gauging
Mesure du battement axial . . . . . . . . . . . . . . . . . . . . . . . 66
  Measuring of axial run-out
Mesure du battement radial . . . . . . . . . . . . . . . . . . . 64, 66
  Running tests
Mesure du parallélisme . . . . . . . . . . . . . . . . . . . . . . . . . 61
  Checking of parallelism
Mesure de la coaxialité . . . . . . . . . . . . . . . . . . . . . . . . . 64
  Coaxiality measurement
Mesure de la pression . . . . . . . . . . . . . . . . . . . . . . . . . 608
  Pressure measurement

# Index avec traduction en anglais

Mesures de protection anticorrosion . . . . . . . . . . . . . . . . . . . . 538
   Corrosion-preventive measures
Mesures de protection pour les installations électriques . . 506
   Protective measures for electrical systems
Mesures de sécurité . . . . . . . . . . . . . . . . . . . . . . . . . . . . . . . . . 95
   Safety precautions
Meulage . . . . . . . . . . . . . . . . . . . . . . . . . . . . . . . . . . . . . . . . . . 200
   Grinding
Meules . . . . . . . . . . . . . . . . . . . . . . . . . . . . . . . . . . . . . 146, 203
   Grinding wheels
Micro-API . . . . . . . . . . . . . . . . . . . . . . . . . . . . . . . . . . . . . . . . 612
   Compact controller
Micrographie . . . . . . . . . . . . . . . . . . . . . . . . . . . . . . . . . . . . 407
   Micrograph
Micromètres . . . . . . . . . . . . . . . . . . . . . . . . . . . . . . . . . . . . . . 29
   Micrometers
Middle Third . . . . . . . . . . . . . . . . . . . . . . . . . . . . . . . . . . . . . . 89
   Middle Third
Mise au rebut des déchets . . . . . . . . . . . . . . . . . . . . . . . . . . 272
   Waste disposal
Mise en forme des matières plastiques . . . . . . . . . . . . . . . . 104
   Forming of plastics
Mise en forme à chaud (matières plastiques) . . . . . . . . . . . 109
   Hot forming (plastics)
Mise en forme à chaud . . . . . . . . . . . . . . . . . . . . . . 109, 111
   Hot forming
Mise en service . . . . . . . . . . . . . . . . . . . . . . . . . . . . . . . . . . . 516
   Bringing into service
Mode Ajustage . . . . . . . . . . . . . . . . . . . . . . . . . . . . . . . . . . . 426
   Setup mode
Mode automatique (CNC) . . . . . . . . . . . . . . . . . . . . . . . . . . 622
   Automatic operation (CNC)
Module d'organisation . . . . . . . . . . . . . . . . . . . . . . . . . . . . . 615
   Organisation block OB
Module de roues dentées . . . . . . . . . . . . . . . . . . . . . . . . . . 476
   Module of toothed wheels
Module d'élasticité . . . . . . . . . . . . . . . . . . . . . . . . . . . 399, 408
   Young's modulus of elasticity
Module S/R . . . . . . . . . . . . . . . . . . . . . . . . . . . . . . . . . . . . . . 619
   Set-reset memory (SRM)
Modèles lors de la coulée . . . . . . . . . . . . . . . . . . . . . . . . . . . 98
   Patterns for casting
Modèles méthologiques dans le travail de projet . . . . . . . . 639
   Procedure models in project work
Molybdène, élément d'alliage . . . . . . . . . . . . . . . . . 350, 352, 356
   Molybdenum as alloying element
Monomères . . . . . . . . . . . . . . . . . . . . . . . . . . . . . . . . . . . . . 385
   Monomers
Montage, exemples . . . . . . . . . . . . . . . . . . . . . . . . . . . . . . . 510
   Assembly examples
Montage de sous-ensembles . . . . . . . . . . . . . . . . . . . . . . . . 508
   Module assembly
Montage final . . . . . . . . . . . . . . . . . . . . . . . . . . . . . . . . . . . . 508
   Final assembly
Mors . . . . . . . . . . . . . . . . . . . . . . . . . . . . . . . . . . . . . . . . . . . 175
   Clamping jaw
Moteur hydraulique à engrenage à denture interne . . . . . . 599
   Toothed-ring hydraulic motor
Moteurs, électriques . . . . . . . . . . . . . . . . . . . . . . . . . . . . . . 408
   Electric motors
Moteurs asynchrones . . . . . . . . . . . . . . . . . . . . . . . . . 480, 481
   Asynchronous motors
Moteurs asynchrones à courant triphasé . . . . . . . . . . . . . . 480
   Three-phase asynchronous motors
Moteurs hydrauliques . . . . . . . . . . . . . . . . . . . . . . . . . . . . . 599
   Hydraulic motors
Moteurs pas à pas . . . . . . . . . . . . . . . . . . . . . . . . . . . . . . . . 484
   Stepper motor
Moteurs pneumatiques . . . . . . . . . . . . . . . . . . . . . . . . . . . . 563
   Compressed air motors
Moteurs synchrones triphasés . . . . . . . . . . . . . . . . . . . . . . 482
   Three-phase synchronous motors
Moteurs universels . . . . . . . . . . . . . . . . . . . . . . . . . . . . . . . 482
   Universal motors
Moteurs à courant continu . . . . . . . . . . . . . . . . . . . . . . . . . 482
   DC motors
Moteurs à rotor en court-circuit . . . . . . . . . . . . . . . . . . . . . 480
   Squirrel-cage asynchronous motors
Moteurs électriques . . . . . . . . . . . . . . . . . . . . . . . . . . . 415, 479
   Electric motors
Moto-réducteur . . . . . . . . . . . . . . . . . . . . . . . . . . . . . . . . . . 489
   Geared motor
Moulage, définition . . . . . . . . . . . . . . . . . . . . . . . . . . . . . . . . 96
   Primary forming, definitions
Moulage . . . . . . . . . . . . . . . . . . . . . . . . . . . . . . . . . . . . 96, 98
   Casting
Moulage de filets . . . . . . . . . . . . . . . . . . . . . . . . . . . . . . . . . 152
   Screw threading
Moulage de précision . . . . . . . . . . . . . . . . . . . . . . . . . . . . . 101
   Investment casting
Moulage des duroplastes . . . . . . . . . . . . . . . . . . . . . . . . . . 108
   Primary forming of thermosetting plastics
Moulage des matières en mousse . . . . . . . . . . . . . . . . . . . 108
   Primary forming of foam materials
Moulage des élastomères . . . . . . . . . . . . . . . . . . . . . . . . . . 108
   Primary forming of elastomers
Moulage en carapace . . . . . . . . . . . . . . . . . . . . . . . . . . . . . 100
   Shell-moulding process
Moulages en moules perdus . . . . . . . . . . . . . . . . . . . . . . . . . 99
   Lost casting process
Moulage par compression . . . . . . . . . . . . . . . . . . . . . 108, 394
   Compression moulding
Moulage par injection . . . . . . . . . . . . . . . . . . . . . . . . . . . . . 105
   Injection moulding
Moulage sous pression . . . . . . . . . . . . . . . . . . . . . . . . . . . . 102
   Die casting
Moulage sous vide . . . . . . . . . . . . . . . . . . . . . . . . . . . . . . . 100
   Vacuum moulding process
Moulage à mousse perdue . . . . . . . . . . . . . . . . . . . . . . . . . 101
   Lost foam casting process
Moussage . . . . . . . . . . . . . . . . . . . . . . . . . . . . . . . . . . . . . . 108
   Foaming
Mousse de polyuréthane . . . . . . . . . . . . . . . . . . . . . . . . . . . 108
   Polyurethane foam
Mousse à peau intégrée . . . . . . . . . . . . . . . . . . . . . . . . . . . 108
   Integral skin foam
Mouvement CIRC . . . . . . . . . . . . . . . . . . . . . . . . . . . . . . . . 315
   CIRC movement
Mouvement PTP . . . . . . . . . . . . . . . . . . . . . . . . . . . . . . . . . 314
   PTP movement
Mouvement UN . . . . . . . . . . . . . . . . . . . . . . . . . . . . . . . . . . 315
   UN movement
Moyenne . . . . . . . . . . . . . . . . . . . . . . . . . . . . . . . . . . . . . . . . 81
   Arithmetic mean
Moyens de contrôle des longueurs . . . . . . . . . . . . . . . . . . . . 23
   Length-measuring devices
Moyens de transport . . . . . . . . . . . . . . . . . . . . . . . . . . . . . . 418
   Means of conveyance
Médiane . . . . . . . . . . . . . . . . . . . . . . . . . . . . . . . . . . . . . . . . 81
   Median value
Métal dur . . . . . . . . . . . . . . . . . . . . . . . . . . . . . . . 137, 167, 395
   Hard metals
Métallisation . . . . . . . . . . . . . . . . . . . . . . . . . . . . . . . . . . . . 268
   Metallization
Métallographie . . . . . . . . . . . . . . . . . . . . . . . . . . . . . . . . . . 343
   Metallography
Métalloïdes . . . . . . . . . . . . . . . . . . . . . . . . . . . . . . . . . . . . . 332
   Non-metals
Métaux d'alliage . . . . . . . . . . . . . . . . . . . . . . . . . . . . . . . . . 356
   Alloying metals
Métaux durs à grain fin . . . . . . . . . . . . . . . . . . . . . . . . . . . . 137
   Fine-grained hard metals
Métaux lourds . . . . . . . . . . . . . . . . . . . . . . . . . . . . . . . 332, 364
   Heavy metals

Métaux légers ............................... 332, 362
   Light metals
Métaux non ferreux ............................ 362
   Non-ferrous metals
Métaux précieux ............................... 366
   Precious metals
Métaux purs. .................................. 344
   Pure metals
Métaux tendres ................................ 245
   Soft solders
Métaux à point de fusion élevé ................ 366
   Refractory metals
Méthode des éléments finis .................... 644
   Finite element method
Méthode par pénétration ....................... 406
   Penetrating process
Métrologie tridimensionnelle ................... 39
   Coordinate measuring technology

## N

Navette à outil .............................. 318, 319
   Tool shuttle
Nettoyage de pièces ........................... 271
   Cleaning of workpieces
Nettoyage des eaux usées ...................... 272
   Waste water decontamination
Nickel, élément d'alliage ..................... 366
   Nickel as alloying element
Nitruration ................................... 382
   Nitriding
Nitrure de bore ........................... 138, 200
   Boron nitride
Nitrure de bore cubique (CBN) ................. 138
   Polycrystalline boron nitride (PCB, PCBN)
Niveau de performance ......................... 624
   Performance level
Nombre de filets des filetages ................ 429
   Number of starts of screw threads
Notion de projet .............................. 625
   Project terms
Notion de vide ................................ 577
   Maintained-contact switch
Notions techniques de mesure ................... 15
   Metrological definitions
Noyaux lors du coulage ......................... 98
   Cores for casting

## O

Objectif de projet ......................... 629, 631
   Project goal
Objectif intermédiaire ........................ 627
   Milestone
Objet intelligent ............................. 326
   Smart object
Odométrie directe ............................. 277
   Path measurement, direct
Optocoupleur .................................. 615
   Optocoupler
Opérande (API) ................................ 616
   Operand (PLC)
Ordinogramme ................................... 75
   Flow-chart
Organes de mesure .............................. 39
   Measuring components
Organisation de projet .................... 625, 631
   Project organisation
OU-exclusif ................................... 570
   Exclusive OR
Outil (CNC), appel ............................ 290
   Tool function (CNC)
Outillage rapide .............................. 264
   Rapid tooling
Outils de forage .............................. 149
   Drills

Outils de fraisage ............................ 182
   Milling tools
Outils de lamage .............................. 153
   Counterbore tools
Outils de poinçonnage ......................... 122
   Shearing tools
Outils de tournage, serrage ................... 160
   Turning tools, clamping
Outils de tournage ............................ 159
   Turning tools
Outils de traçage ............................. 132
   Scribing tools
Outil à tourner les intérieurs ................ 172
   Internal turning chisel
Outils à aléser ............................... 154
   Boring tools
Ouverture ..................................... 580
   Normally closed contact
Oxycoupage ................................ 128, 129
   Flame cutting with oxyacetylene

## P

Paliers/Entrepôts ............................. 445
   Bearings
Paliers hybrides .............................. 452
   Hybrid bearings
Paliers lisses, autolubrifiants ............... 368
   Plain bearing, self- lubricating
Paliers lisses ................................ 449
   Plain bearing
Paliers à glissement à surfaces multiples ..... 449
   Radial clearance plain bearings
Paliers électromagnétiques .................... 457
   Magnetic bearing
Palier à roulement ............................ 452
   Roller bearings
Palpeur de rugosité de surface ................. 43
   Stylus instrument
Palpeur limiteur .............................. 427
   Limit switches
Panneau de commande ........................... 275
   Control panel (CNC)
Panneaux de secours ............................ 94
   Escape and rescue signs
Panneaux d'interdiction ........................ 94
   Prohibitive signs
Panneaux d'obligation .......................... 94
   Mandatory signs
Paramètres des surfaces ........................ 44
   Surface characteristics
Pas de dents .................................. 133
   Tooth pitch
Pas du filetage ............................... 428
   Thread pitch
Passivation ................................... 536
   Passivation
Peinture ...................................... 266
   Painting
Peinture au pistolet .......................... 267
   Spray painting
Peinture électrostatique ...................... 267
   Electrophoretic dip-coating
Performance des procédés ....................... 86
   Process capability
Perlite ....................................... 371
   Perlite
Perçage ....................................... 144
   Drilling
Perçage avec foret 3/4 ........................ 150
   Single-lip drilling
Perçage profond ............................... 150
   Deep-hole drilling
Perceuse ...................................... 421
   Drilling machine

# Index avec traduction en anglais

Phase de définition .................................. 628
   Definition phase
Phase de mise en œuvre ............................ 636
   Implementation phase
Phase de planification .............................. 631
   Planning phase
Phase d'initialisation ........................ 622, 627
   Initialization phase
Phases de projet ..................................... 627
   Project phases
Phosphatation ............................... 266, 539
   Phosphatizing
Phosphore, élément résiduel ............... 350, 356
   Phosphorus as accompanying element
Pied à coulisse .......................................... 26
   Vernier calliper
Pilotage ................................................. 547
   Controlling
Pilotage de projet .................................... 636
   Project management
Piqûre de corrosion ................................. 537
   Pitting
Plan de montage ..................................... 508
   Assembly plan
Planification des coûts ............................. 634
   Budget plan
Plan des objectifs intermédiaires ............... 630
   Milestone plan
Plan d'entretien ...................................... 527
   Maintenance plan
Planification du projet .............................. 631
   Project planning
Planification de la fabrication ................... 166
   Manufacturing planning
Planification des contrôles ......................... 79
   Inspection planning
Planification du déroulement .................... 633
   Sequence plan
Plan structurel du projet ........................... 632
   Project structure plan
Plaques de serrage permanent .................. 227
   Permanent magnetic table
Plaque signalétique de moteurs électrique ........ 501
   Rating plate of electric motors
Plaquette de coupe .................................. 159
   Cutting insert
Plaquette en céramique .................. 138, 368, 395
   Ceramic cutting material
Plaquettes amovibles ......................... 159, 161
   Indexable inserts
Plateau circulaire pivotant ......................... 319
   Swivel/rotary table
Pliage par pivotement .............................. 114
   Folding
Pliage à la presse ..................................... 114
   Bending (creasing)
Point de combustion ................................ 447
   Combustion point
Point de flamme d'éclair ........................... 447
   Flash point of lubricants
Point de fusion ....................................... 335
   Melting point
Point de référence ................................... 280
   Reference point
Point de référence du porte-outil ............... 280
   Tool carrier reference point
Point de travail TCP ................................. 314
   TCP working point
Point d'inflammation ............................... 447
   Flash point
Point d'origine de la machine ................... 280
   Machine origin
Point d'origine de la pièce ................. 280, 298
   Workpiece zero
Pointe à tracer ........................................ 132
   Scribing tool
Points de référence (CNC) ........................ 280
   Reference points (CNC)
Pollution de l'environnement .................... 409
   Environmental pollution
Polyaddition ........................................... 385
   Polyaddition
Polyamides (PA) ..................................... 388
   Polyamide plastics (PA)
Polycarbonate (PC) .................................. 387
   Polycarbonate plastics (PC)
Polycondensation ................................... 385
   Polycondensation
Polymérisation ....................................... 385
   Polymerization
Polyméthacrylate de méthyle .................... 388
   Polymethylmethacrylate plastics (PMMA)
Polyoxyméthylène (POM) ......................... 388
   Polyoxidemethylene (polyacetal) resin (POM)
Polypropylène (PP) .................................. 387
   Polypropylene plastics (PP)
Polystyrène (PS) ..................................... 387
   Polystyrene plastics (PS)
Polystyrène expansé ................................ 108
   Polystyrene
Polytéréphtalate de butylène (PBT) ............ 388
   Polybuteneterephthalate plastics (PBTP)
Polytétrafluoroéthylène (PTFE) .................. 388
   Polytetrafluoroethylene plastics (PTFE)
Polyéthylène (PE) .................................... 387
   Polyethylene plastics (PE)
Pompes ......................................... 418, 596
   Pumps
Pompes hydrauliques ............................... 596
   Hydraulic pumps
Pompes à débit constant .......................... 596
   Fixed-displacement pumps
Pompes à débit variable ........................... 599
   Variable-displacement pumps
Pompes à engrenages .............................. 596
   Gear pumps
Pompes à pistons .................................... 596
   Piston pumps
Pompe à palettes .................................... 596
   Vane-cell pump
Pompe à pistons axiaux ........................... 596
   Axial piston pump
Pompe à pistons radiaux .......................... 526
   Radial piston pump
Portes ET ............................................... 566
   Dual-pressure valves
Portes OU .............................................. 565
   Shuttle valves
Portée/étendue ........................................ 81
   Range
Positionnement point par point ................. 281
   Point-to-point positioning
Positions de soudage .............................. 249
   Welding positions
Potentiomètre linéaire ............................. 583
   Linear potentiometer
Potentiomètre rotatif ............................... 583
   Rotary potentiometer
Poupée fixe ........................................... 178
   Headstock
Prescriptions pour la prévention des accidents .......... 94
   Accident prevention regulation
Presse hydraulique ........................... 121, 597
   Hydraulic press
Presses .................................................. 121
   Presses
Presses à injecter .................................... 105
   Injection moulding machine

Pression de surfaces. . . . . . . . . . . . . . . . . . . . . . . . . . . . . .439
  Surface pressure
Principe de Taylor . . . . . . . . . . . . . . . . . . . . . . . . . . . . . . . . 24
  Taylor principle
Principe STS . . . . . . . . . . . . . . . . . . . . . . . . . . . . . . . . . . .420
  IPO-principle (Input-Processing-Output)
Principes de tolérancement. . . . . . . . . . . . . . . . . . . . . . . . . 57
  Tolerance principles
Probabilité d'occurrence . . . . . . . . . . . . . . . . . . . . . . . . . . . 79
  Probability
Problèmes d'alésage . . . . . . . . . . . . . . . . . . . . . . . . . . . . .148
  Drilling problems
Problèmes de fraisage . . . . . . . . . . . . . . . . . . . . . . . . . . . .191
  Milling problems
Problèmes environnementaux . . . . . . . . . . . . . . . . . . . . . .409
  Environmental problems of materials and
  process materials
Procédés de formage . . . . . . . . . . . . . . . . . . . . . . . . . . . . .111
  Forming methods
Procédé de liaison. . . . . . . . . . . . . . . . . . . . . . . . . .235/ 237
  Bonding methods
Procédés de meulage. . . . . . . . . . . . . . . . . . . . . . . . . . . .206
  Grinding methods
Procédés de peinture et de revêtement plastique . . . . . . .267
  Painting and plastic coating methods
Procédés de soudage. . . . . . . . . . . . . . . . . . . . . . . . . . . .248
  Welding methods
Procédés d' extrusion. . . . . . . . . . . . . . . . . . . . . . . . . . . . .263
  Extrusion methods
Procédé d´usinage . . . . . . . . . . . . . . . . . . . . . . . . . . . . . .154
  Machining method
Processeur. . . . . . . . . . . . . . . . . . . . . . . . . . . . . . . . .86, 569
  Processor
Processus de mouillage. . . . . . . . . . . . . . . . . . . . . . . . . .242
  Coating process
Processus de programmation (CNC) . . . . . . . . . . . . . . . .304
  Programming methods (CNC)
Processus de tri. . . . . . . . . . . . . . . . . . . . . . . . . . . . . . . .553
  Sorting process
Processus d'amélioration continu . . . . . . . . . . . . . . . . . . . 91
  Continuous improvement process
Procédé de l'acier électrique . . . . . . . . . . . . . . . . . . . . . .347
  Electric steel melting
Procédé de l'électrode consommable . . . . . . . . . . . . . . . .347
  Electroslag refining
Procédé de mesure de dureté UCI . . . . . . . . . . . . . . . . . .404
  UCI hardness testing method
Procédé de pliage . . . . . . . . . . . . . . . . . . . . . . . . . . . . . .114
  Bend-forming methods
Procédé de refusion . . . . . . . . . . . . . . . . . . . . . . . . . . . .347
  Refining process
Procédé de soudage, applications . . . . . . . . . . . . . . . . . .260
  Welding techniques, applications
Procédé duplex . . . . . . . . . . . . . . . . . . . . . . . . . . . . . . . .357
  Duplex process
Procédé par fluorescence. . . . . . . . . . . . . . . . . . . . . . . . .406
  Fluorescent penetrant testing method
Procédé par insufflation d'oxygène . . . . . . . . . . . . . . . . .346
  Basic oxygen process
Procédés de brasage . . . . . . . . . . . . . . . . . . . . . . . . . . .244
  Soldering techniques
Procédés de contrôle des états de surface . . . . . . . . . . . . 45
  Surface testing procedure
Procédés de fabrication, structuration . . . . . . . . . . . . . . . . 96
  Manufacturing techniques, classification
Procédés de fabrication additifs . . . . . . . . . . . . . . . . . . . .261
  Generative manufacturing processes
Procédés de fraisage . . . . . . . . . . . . . . . . . . . . . . . . . . .186
  Milling techniques
Procédés de soudage, aperçu des . . . . . . . . . . . . . . . . . .248
  Welding techniques, general survey
Procédés de tournage . . . . . . . . . . . . . . . . . . . . . . . . . . .156
  Turning techniques
Procédé « Met-L-Chek » . . . . . . . . . . . . . . . . . . . . . . . . .406
  Met-L-Chek process

Produits en acier, symboles additionnels . . . . . . . . . . . . .351
  Steel products, additional symbols
Profilage à la fraise . . . . . . . . . . . . . . . . . . . . . . . . . . . . .478
  Profile milling
Profils de filetage . . . . . . . . . . . . . . . . . . . . . . . . . . . . . .429
  Screw thread profiles
Profils des surfaces. . . . . . . . . . . . . . . . . . . . . . . . . . . . . 43
  Surface profiles
Profondeur de coupe . . . . . . . . . . . . . . . . . . . . . . . . . . .169
  Cutting depth
Profondeur de trempe . . . . . . . . . . . . . . . . . . . . . . . . . . .377
  Hardness penetration depth
Programmation avec des cotes absolues . . . . . . . . . . . . . . .
  Programming with absolute dimensions
Programmation avec des coordonnées polaires . . . . . . . .286
  Programming with polar coordinates
Programmation AV (CNC) . . . . . . . . . . . . . . . . . . . . . . . .304
  Programming in production planning (CNC)
Programmation de contours de pièces . . . . . . . . . . . . . . .287
  Programming contours of parts
Programmation d'atelier . . . . . . . . . . . . . . . . . . . . . . . . .304
  Shop-floor programming
Programmation incrémentale CNC . . . . . . . . . . . . . . . . . .285
  Incremental dimensioning (CNC)
Programmation par apprentissage. . . . . . . . . . . . . . . . . .313
  Teach-in programming
Projet, travail de projet. . . . . . . . . . . . . . . . . . . . . . . . . . .625
  Project, project work
Projets techniques. . . . . . . . . . . . . . . . . . . . . . . . .609, 625
  Projects, technical
Propriétés des matériaux. . . . . . . . . . . . . . . . . . . . . . . . .334
  Properties of materials
Propriétés de transformation (matériaux) . . . . . . . . . . . . .397
  Processing properties (materials)
Protection anticorrosion. . . . . . . . . . . . . . . . . . . . . . . . . .538
  Anti-corrosion protection
Protection anticorrosion cathodique . . . . . . . . . . . . . . . . .540
  Cathodic corrosion prevention
Protection contre le serrage. . . . . . . . . . . . . . . . . . . . . . .434
  Clamping protection
Protection de l'environnement dans la fabrication. . . . . . .270
  Environmental protection in manufacture
Protection des machines . . . . . . . . . . . . . . . . . . . . . . . . .427
  Machine protection
Protection personnelle . . . . . . . . . . . . . . . . . . . . . . . . . .426
  Personal protection
Protections contre la perte. . . . . . . . . . . . . . . . . . . . . . . .435
  Captive screw lockings
Protections contre le tassement . . . . . . . . . . . . . . . . . . . .434
  Screw-setting locks
Protection électrique. . . . . . . . . . . . . . . . . . . . . . . . . . . .427
  Electrical protection
Prototypage rapide. . . . . . . . . . . . . . . . . . . . . . . . . . . . .262
  Rapid prototyping
Préactionneurs . . . . . . . . . . . . . . . . . . . . . . . . . . . . . . . .558
  Pre-actuators
Précontrainte maximale des vis . . . . . . . . . . . . . . . . . . . .436
  Pretensioning force of screws
Prévention des dégâts . . . . . . . . . . . . . . . . . . . . . . . . . .542
  Damage prevention
Puissance. . . . . . . . . . . . . . . . . . . . . . . . . . . . . . . . . . . .415
  Power
Puissance électrique. . . . . . . . . . . . . . . . . . . . . . . . . . . .501
  Electrical power
Pulvérisation thermique. . . . . . . . . . . . . . . . . . . . . . . . . .268
  Thermal spraying
Pulvérisation à haute pression . . . . . . . . . . . . . . . . . . . . .267
  High-pressure spray coating

## R

Raccords rapides. . . . . . . . . . . . . . . . . . . . . . . . . . . . . .608
  Quick connect coupling
Raccords vissés. . . . . . . . . . . . . . . . . . . . . . . . . . . . . . .429
  Screwed pipe joints

# Index avec traduction en anglais

Raccord à bague coupante .................... 607
   Cutting-ring pipe joint
Rapid Technology ................................ 261
   Rapid technology
Rapport de rotation ............................... 454
   Rotation ratio
Rapport d'emboutissage ........................ 115
   Drawing ratio
Rayon de contour ................................. 294
   Contour radius
Rayon de courbure ................................ 113
   Bending radius
Rayon de pointe ................................... 160
   Corner radius
Rectification ........................................ 200
   Grinding
Rectification cylindrique ......................... 209
   Circular grinding
Rectification cylindrique intérieure/extérieure .......... 209
   Internal cylindrical grinding
Rectification de surfaces planes .............. 206
   Surface grinding
Rectification en plongée ......................... 209
   Plunge-cut grinding
Rectification longitudinale cylindrique ....... 209
   Longitudinal cylindrical grinding
Rectification pendulaire .................. 196, 207
   Swing grinding
Rectification profonde ........................... 207
   Deep grinding
Recuit ................................................ 374
   Annealing
Recuit de détente ................................. 374
   Stress relief annealing
Recuit de normalisation ......................... 374
   Normalizing anneal
Recuit doux ........................................ 374
   Spheroidizing anneal
Recuit intermédiaire .............................. 374
   Intermediate annealing
Recyclage ........................................... 410
   Recycling
Refroidissement brusque ........................ 375
   Quenching in hardening
Régulateur de débit ....................... 566, 603
   Volume-control valves
Relais ................................................ 580
   Relays
Relais temporisé .................................. 581
   Time relay
Remise en état .................................... 531
   Repair service
Rendement ......................................... 415
   Efficiency
Repoussage ........................................ 117
   Metal-spinning
Représentation en ladder (CONT) ............ 613
   Ladder plan (PLC)
Ressorts ............................................. 463
   Springs
Ressorts de torsion à boudins ................. 463
   Helical torque springs
Ressorts en caoutchouc ......................... 464
   Rubber springs
Ressorts pneumatiques .......................... 464
   Pneumatic springs
Ressorts à boudins ............................... 463
   Helical springs
Ressuage ............................................ 406
   Penetration methods of testing
Retard au déclenchement ................ 567, 581
   OFF delay
Retard à l'enclenchement ................ 567, 588
   Start-up delay
Retassure ........................................... 103
   Shrinkage cavities

Retour élastique lors du cintrage .............. 113
   Bending resilience
Revenu lors de la trempe ....................... 376
   Tempering in hardening
Revêtements en céramique ..................... 370
   Ceramic coatings
Revêtements métalliques ....................... 540
   Metallic coating
Revêtir ............................... 97, 266, 268
   Coating of hard metals
Rigidité des matières plastiques ............... 391
   Rigidity of plastics
Risque lié au projet .............................. 635
   Project risks
Rivet ................................................. 440
   Rivet
Rivet plein ......................................... 441
   Solid rivet
Rivetage au marteau ............................ 440
   Hammer rivet
Rivetage auto-perceur ........................... 441
   Self-piercing riveting
Rivetage par fluage .............................. 440
   Wobble riveting
Rivetage à rivets semi-tubulaires .............. 441
   Tubular rivet
Rivets aveugles ................................... 441
   Blind rivet
Rivets semi-tubulaires ........................... 440
   Self-piercing riveting
Rivet à tête bombée ............................. 440
   Flat round head rivet
Rivet à tête conique ............................. 440
   Countersunk rivet
Rivet à tête ronde ............................... 440
   Semi-round rivet
Robot portique .................................... 312
   Gantry robot
Robots ............................................... 311
   Robots
Robots industriels ......................... 311, 321
   Industrial robots
Robots à bras pliant vertical ................... 312
   Vertical articulated arm robot
Robots à bras pivotant horizontal ............. 312
   Robot with horizontal swivel arm
Rodage par poudre abrasive .................... 217
   Lapping
Rondelle ressort .................................. 434
   Spring washer
Rondelles-ressorts ............................... 434
   Disc springs
Rondelles aux barres de torsion ............... 463
   Torsion-bar springs
Rondelle éventail ................................. 434
   Serrated lock washer
Roues cylindriques ............................... 489
   Spur wheels
Roues dentées .................................... 476
   Gear wheels
Roues à chaînes .................................. 475
   Chain wheels
Rouille ............................................... 535
   Rust
Roulage (filetage) ................................ 171
   Screw thread cutting
Rugosité *Ra*, *Rz* ............. 44, 45, 46, 169, 208, 233
   Roughness
Rupture d'endurance ............................. 405
   Fatigue fracture
Rupture par fatigue .............................. 405
   Fatigue fracture
Règles de mesure (lineale) ....................... 23
   Scales

Réaffinage . . . . . . . . . . . . . . . . . . . . . . . . . . . . . . . . . . . . . 374
   Heat refining
Réalisation de projet. . . . . . . . . . . . . . . . . . . . . . . . . . . . . 637
   Project implementation
Réalésage. . . . . . . . . . . . . . . . . . . . . . . . . . . . . . . . . . . . . 144
   Boring
Réception de machines . . . . . . . . . . . . . . . . . . . . . . . . . 520
   Receiving machines
Réducteurs de pression . . . . . . . . . . . . . . . . . . . . 561, 602
   Pressure reducer
Réducteurs Harmonic-Drive . . . . . . . . . . . . . . . . . . . . . 489
   Harmonic drive gear
Réducteurs planétaires. . . . . . . . . . . . . . . . . . . . . . . . . 489
   Planetary gear
Réducteur à engrenages cylindriques . . . . . . . . . . . . . . 477
   Spur gear
Régulateur de pression . . . . . . . . . . . . . . . . . . . . . . . . 602
   Pressure controller
Régulateurs électriques . . . . . . . . . . . . . . . . . . . . . . . . 552
   Electric controllers
Régulateurs . . . . . . . . . . . . . . . . . . . . . . . . . . . . . . . . . 550
   Controllers
Régulateur D . . . . . . . . . . . . . . . . . . . . . . . . . . . . . . . . 551
   Digital controller
Régulateur I . . . . . . . . . . . . . . . . . . . . . . . . . . . . . . . . . 551
   Integral controller
Régulateur PID. . . . . . . . . . . . . . . . . . . . . . . . . . . . . . . 551
   Proportional integral-differential automatic controller
Régulateurs de débit. . . . . . . . . . . . . . . . . . . . . . 566, 604
   Throttle valves
Régulateurs P . . . . . . . . . . . . . . . . . . . . . . . . . . . . . . . 550
   Proportional controllers
Régulation TOR . . . . . . . . . . . . . . . . . . . . . . . . . . . . . . 550
   Two-position control
Réponse indicielle. . . . . . . . . . . . . . . . . . . . . . . . . . . . 550
   Transient function
Réseau cristallin . . . . . . . . . . . . . . . . . . . . . . . . . 340, 373
   Crystal lattice
Réserve d'usure. . . . . . . . . . . . . . . . . . . . . . . . . . . . . . 522
   Reservoir of abrasion
Réservoir d'air comprimé . . . . . . . . . . . . . . . . . . . . . . 559
   Compressed air reservoir
Résines au polyuréthane (PUR). . . . . . . . . . . . . . . . . . 389
   Polyurethane plastics (PUR)
Résines de polyester non saturées (UP) . . . . . . . . . . . . 389
   Unsaturated polyester resin (UP)
Résines epoxy (EP). . . . . . . . . . . . . . . . . . . . . . . . . . . 389
   Epoxy resins (EP)
Résistance au cisaillement. . . . . . . . . . . . . . . . . . . . . . 400
   Shear strength
Résistance du conducteur. . . . . . . . . . . . . . . . . . . . . . 497
   Electrical resistance (of conductors)
Résistance totale . . . . . . . . . . . . . . . . . . . . . . . . . . . . . 499
   Total resistance
Résistance variable à la température . . . . . . . . . . . . . . 497
   Temperature-dependent resistance
Résistance à la compression . . . . . . . . . . . . . . . . . . . . 400
   Compression strength
Résistance à la traction. . . . . . . . . . . . . . . . . . 337, 390, 399
   Tensile strength
Résistance à l'usure . . . . . . . . . . . . . . . . . . . . . . . . . . 337
   Wear resistance
Résistance électrique . . . . . . . . . . . . . . . . . . . . . . . . . 497
   Electrical resistance
Résolveurs . . . . . . . . . . . . . . . . . . . . . . . . . . . . . . . . . 313
   Resolver
Résultat de mesure. . . . . . . . . . . . . . . . . . . . . . . . . . . . 16
   Measuring result

## S

Schéma de connexion systématique . . . . . . . . . . . . . . 570
   Systematic connection diagram
Schéma de raccordement . . . . . . . . . . . . . . . . . . . . . . 614
   Connecting diagram
Schémas des commandes pneumatiques. . . . . . . . . . . 569
   Pneumatic circuit diagrams
Schéma technologique. . . . . . . . . . . . . . . . . . . . . . . . 573
   Technology scheme
Schéma électrique . . . . . . . . . . . . . . . . . . . . . . . 579, 613
   Circuit diagram
Schema hydraulique . . . . . . . . . . . . . . . . . . . . . . . . . . 609
   Proportional hydraulics
Sciage. . . . . . . . . . . . . . . . . . . . . . . . . . . . . . . . . . . . . 143
   Saws
Sciage manuel. . . . . . . . . . . . . . . . . . . . . . . . . . . . . . 133
   Free hand sawing
Scie fendante. . . . . . . . . . . . . . . . . . . . . . . . . . . . . . . 134
   Slitting saw
Scie sauteuse. . . . . . . . . . . . . . . . . . . . . . . . . . . . . . . 134
   Sabre saw
Scies circulaires. . . . . . . . . . . . . . . . . . . . . . . . . . 134, 143
   Circular saws
Scies mécaniques . . . . . . . . . . . . . . . . . . . . . . . . . . . 143
   Sawing machines
Scies à machines. . . . . . . . . . . . . . . . . . . . . . . . . . . . 143
   Sawing with machine tools
Scies à mouvements alternatifs . . . . . . . . . . . . . . . . . . 143
   Hack sawing machines
Scies à ruban . . . . . . . . . . . . . . . . . . . . . . . . . . . 134, 143
   Band saws
Scie à métaux . . . . . . . . . . . . . . . . . . . . . . . . . . . . . . 134
   Hacksaw
Section de résistance . . . . . . . . . . . . . . . . . . . . . . 174, 433
   Chip thickness
Serrage des assemblages par vis . . . . . . . . . . . . . . . . 435
   Screw connection clamping
Serrage, pneumatique . . . . . . . . . . . . . . . . . . . . . . . . 228
   Pneumatic clamping
Serrage hydraulique . . . . . . . . . . . . . . . . . . . . . . . . . . 228
   Hydraulic clamping
Serrage magnétique . . . . . . . . . . . . . . . . . . . . . . . . . . 227
   Magnetic clamping
Serrage minimal . . . . . . . . . . . . . . . . . . . . . . . . . . . . . 51
   Minimum interference
Serrage mécanique. . . . . . . . . . . . . . . . . . . . . . . . . . . 225
   Mechanical clamping
Serrages rapides . . . . . . . . . . . . . . . . . . . . . . . . . . . . 226
   Quick release lever
Servomoteurs asynchrones. . . . . . . . . . . . . . . . . . . . . 483
   Asynchronous servomotors
Servomoteurs synchrones. . . . . . . . . . . . . . . . . . . . . . 483
   Synchronous servomotors
Shore (essai d'écrasement) . . . . . . . . . . . . . . . . . . . . . 408
   Shore (indentation test)
Signal analogique. . . . . . . . . . . . . . . . . . . . . . . . . . . . 554
   Analogue signal
Signal de puissance . . . . . . . . . . . . . . . . . . . . . . . . . . 569
   Manipulated quantity
Signal à l'entrée . . . . . . . . . . . . . . . . . . . . . . . . . . . . . 556
   Input signal
Signal numérique ou digital . . . . . . . . . . . . . . . . . . . . 554
   Digital signal
Signaux binaires . . . . . . . . . . . . . . . . . . . . . . . . . . . . . 554
   Binary signals
Silicium, élément résiduel . . . . . . . . . . . . . . . . . . 350, 356
   Silicon as accompanying element
Six pans creux. . . . . . . . . . . . . . . . . . . . . . . . . . . . . . 430
   Hexagon socket
Sollicitation statique . . . . . . . . . . . . . . . . . . . . . . . . . . 543
   Static stress
Solidification du métal . . . . . . . . . . . . . . . . . . . . . . . . 341
   Ductility of metals
Sollicitation dynamique . . . . . . . . . . . . . . . . . . . . . . . 543
   Dynamic stress
Sollicitation exercée par cisaillement . . . . . . . . . . . . . . 543
   Shearing stress

Solutions office .................................... 647
  Office solutions
Sortie de signaux .................................. 612
  Signal output
Soudabilité......................................... 338
  Weldability
Soudage............................................ 248
  Welding
Soudage au jet de plasma .......................... 255
  Plasma welding
Soudage au rayon laser............................. 258
  Laser-beam welding
Soudage de rechargement .......................... 268
  Build-up welding
Soudage des matières plastiques..................... 110
  Welding of plastics
Soudage à l'arc manuel ............................. 250
  Manual arc welding
Soudage MIG....................................... 253
  Metal-inert-gas welding
Soudage oxyacétylénique ........................... 256
  Oxyacetylene welding
Soudage par bombardement électronique............. 258
  Electron-beam welding
Soudage par bossages.............................. 259
  Projection welding
Soudage par compression........................... 259
  Pressure welding
Soudage par friction......................... 110, 259
  Friction welding
Soudage par points ................................ 259
  Spot welding
Soudage par rayonnement .......................... 258
  Beam welding
Soudage par ultrasons (matières plastiques) .......... 110
  Ultrasonic welding (plastics)
Soudages MAG..................................... 253
  Metal active gas welding
Soudage TIG ....................................... 254
  TIG welding
Soudage vers la droite.............................. 257
  Backhand welding
Soudage vers la gauche............................. 257
  Forehand welding
Soudage à la molette ............................... 259
  Roll seam welding
Soudage à la trempe ............................... 244
  Dip soldering
Soudage à l'arc sous protection gazeuse.............. 253
  Inert gas arc welding
Soudage électrique par résistance et compression ....... 259
  Resistance pressure welding
Souffle magnétique ................................ 252
  Blowing effect in electric welding
Soufre, élément résiduel ...................... 350, 356
  Sulphur as accompanying element
Soupape d'échappement rapide..................... 566
  Quick-action ventilating valve
Sources de courant de soudage ..................... 250
  Welding power sources
Sous-programme (CNC) ............................ 289
  Subprogram (CNC)
Stabilité au thermoformage (matières plastiques)....... 408
  Heat deflection temperature (plastics)
Stabilité dimensionnelle à la température............. 408
  Heat resistance and dimensional stability
Stratifié au coton Hgw .............................. 495
  Fabric-base laminates
Stratifiés........................................... 394
  Laminates
Structuration de projet........................ 630, 632
  Project structuring

Structuraux composites............................. 396
  Structural composites
Structure du métal, genèse ......................... 342
  Metal structure formation
Structure interne des machines ...................... 421
  Internal machine structure
Structure interne, métaux .......................... 340
  Inner structure of metals
Structures des matériaux ferreux ............... 371, 373
  Microstructure of ferrous materials
Stéréolithographie ................................. 262
  Stereolithography
Substances toxiques................................ 339
  Toxic substances
Superfinition ...................................... 214
  Fine machining
Support de serrage................................. 161
  Clamping supports
Surisolation ....................................... 504
  Protective insulation
Surpression ....................................... 560
  Pressure above atmospheric
Surveillance de l'usure............................. 323
  Wear monitoring
Surveillance de la durée de vie...................... 323
  Tool life monitoring
Symboles de commutation, distributeurs.............. 564
  Graphical symbols for directional control valves
Symboles de sécurité ............................... 94
  Safety signs and symbols
Synthèse (matières plastiques)...................... 385
  Synthesis (plastics)
Système commandé................................ 569
  Controlled system
Système de bus.................................... 593
  Bus system
Système de coordonnées ...................... 279, 314
  Coordinate system
Système normatif GPS............................... 55
  GPS normative system
Système à doigt de serrage.......................... 160
  Clamping finger system
Système à palpeur ............................ 45, 323
  Touch probe
Systèmes cyberphysiques CPS...................... 326
  Cyber physical systems
Systèmes de coordonnées des robots................. 314
  Robot coordinate system
Système de fabrication flexible SFF.................. 324
  Flexible manufacturing system FMS
Systèmes de mesure du trajet....................... 276
  Position measuring systems (CNC)
Systèmes de palpeurs à déclenchement ............... 41
  Trigger probe systems
Systèmes de serrage .......................... 160/175
  Clamping supports
Systèmes de transport........................ 322, 418
  Transfer systems
Systèmes d'ajustements ............................ 52
  Systems of fits
Systèmes à palpeurs dynamiques .................... 41
  Dynamic probe systems
Sécurité au travail .................................. 94
  Safety at work
Sécurité d'arbre.................................... 445
  Shaft retainer
Ségrégations ...................................... 103
  Segregations
Séquenceur ....................................... 591
  Sequential control
Série de normes ISO 9000........................... 73
  Series of standard ISO 9000
Série de tensions des métaux....................... 536
  Electromotive series of metals

Séries préférentielles pour les ajustements . . . . . . . . . . . . 54
   Preferred series of fits
Spécification géométrique du produit . . . . . . . . . . . . . . . . . 55
   Geometric product specifications (GPS)

# T

Tableau d'affectation des bornes . . . . . . . . . . . . . . . . . . . . . 587
   Terminal assignment diagram
Table de défauts . . . . . . . . . . . . . . . . . . . . . . . . . . . . . . . . . . . . . 75
   Inspection chart
Table des mnémoniques . . . . . . . . . . . . . . . . . . . . . . . . . . . . 617
   Symbol table
Table de vérité . . . . . . . . . . . . . . . . . . . . . . . . . . . . . . . . . . . . . . 570
   Function table
Tableur . . . . . . . . . . . . . . . . . . . . . . . . . . . . . . . . . . . . . . . . . . . . . 648
   Spreadsheets
Table à transfert circulaire . . . . . . . . . . . . . . . . . . . . . . . . . . 319
   Rotary indexing table
Tablier-chariot . . . . . . . . . . . . . . . . . . . . . . . . . . . . . . . . . . . . . . 177
   Saddle
Taillant . . . . . . . . . . . . . . . . . . . . . . . . . . . . . . . . . . . . . . . . . . . . . 131
   Cutting tool wedge
Taille en développante des roues dentées. . . . . . . . . . . . . 478
   Hobbing of toothed wheels
Tapures de trempe . . . . . . . . . . . . . . . . . . . . . . . . . . . . . . . . . 377
   Hardening cracks
Taquet entraîneur côté frontal. . . . . . . . . . . . . . . . . . . . . . . 176
   Face driver
Taraudage . . . . . . . . . . . . . . . . . . . . . . . . . . . . . . . . . . . . . . . . . 151
   Screw thread tapping
Taraudage manuel . . . . . . . . . . . . . . . . . . . . . . . . . . . . . . . . . 151
   Hand taps set
Taraudage mécanique . . . . . . . . . . . . . . . . . . . . . . . . . . . . . . 151
   Machine tapping
Technique de commande. . . . . . . . . . . . . . . . . . . . . . . . . . . 547
   Automation technology
Technique de contrôle . . . . . . . . . . . . . . . . . . . . . . . . . . . . . . . 13
   Testing technology
Technique de régulation. . . . . . . . . . . . . . . . . . . . . . . 549, 569
   Control engineering
Technique des matériaux. . . . . . . . . . . . . . . . . . . . . 332 ... 411
   Materials science
Techniques de contrôle des longueurs . . . . . . . . . . . . . . . . 23
   Length-measuring technique
Technique de raccordement électrique . . . . . . . . . . . . . . 593
   Electrical connection technology
Technologie du vide . . . . . . . . . . . . . . . . . . . . . . . . . . . . . . . . 577
   Vacuum technology
Temporisations . . . . . . . . . . . . . . . . . . . . . . . . . . . . . . . . . . . . 620
   Timeouts
Température de ramollissement Vicat . . . . . . . . . . . . 391, 408
   Vicat softening temperature
Température d'utilisation. . . . . . . . . . . . . . . . . . . . . . . . . . . 391
   Permanent operating temperature
Températures de brasage . . . . . . . . . . . . . . . . . . . . . . . . . . 244
   Soldering temperatures
Tendeur de chaîne. . . . . . . . . . . . . . . . . . . . . . . . . . . . . . . . . 475
   Chain adjuster
Tendeur plat. . . . . . . . . . . . . . . . . . . . . . . . . . . . . . . . . . . . . . . 225
   Flat workpiece fixtures
Tendeur à genouillère. . . . . . . . . . . . . . . . . . . . . . . . . . . . . . 226
   Toggle lever clamp
Tension, électrique . . . . . . . . . . . . . . . . . . . . . . . . . . . . . . . . 495
   Voltage, electrical
Tension d'étirage (matières plastiques) . . . . . . . . . . . . . . . 390
   Yield stress (plastics)
Tension de traction, admissible. . . . . . . . . . . . . . . . . . . . . . 544
   Tensile stress, allowable
Tension de traction . . . . . . . . . . . . . . . . . . . . . . . . . . . . . . . . 398
   Tensile stress
Tension limite . . . . . . . . . . . . . . . . . . . . . . . . . . . . . . . . . . . . . 544
   Limits of stress
Tension totale . . . . . . . . . . . . . . . . . . . . . . . . . . . . . . . . . . . . . 499
   Total voltage

Tension unique . . . . . . . . . . . . . . . . . . . . . . . . . . . . . . . . . . . . 499
   Single voltage
Tension électrique. . . . . . . . . . . . . . . . . . . . . . . . . . . . . . . . . 495
   Electric voltage
Tenue à la température (matières plastiques) . . . . . . . . . 391
   Temperature resistance (plastics)
Thermoformage sous vide . . . . . . . . . . . . . . . . . . . . . . . . . . 109
   Vacuum deep drawing
Thermoplastes (extrusion). . . . . . . . . . . . . . . . . . . . . . . . . . 104
   Extruded thermoplastics
Thermoplastes . . . . . . . . . . . . . . . . . . . . . . . . . . . . . . . . 386, 387
   Thermoplastics
Titane . . . . . . . . . . . . . . . . . . . . . . . . . . . . . . . . . . . . . . . . . . . . 139
   Titanium
Tolérances . . . . . . . . . . . . . . . . . . . . . . . . . . . . . . . . . . . . . . . . . 47
   Tolerances
Tolérances de forme. . . . . . . . . . . . . . . . . . . . . . . . . . 57, 58, 59
   Tolerances of form
Tolérances de position . . . . . . . . . . . . . . . . . . . . . . . . 57, 58, 59
   Tolerances of position
Tolérances dimensionnelles . . . . . . . . . . . . . . . . . . . . . . 47, 57
   Dimensional tolerances
Tolérances générales . . . . . . . . . . . . . . . . . . . . . . . . . . . . . . . 48
   General tolerances
Tolerancement géometrique . . . . . . . . . . . . . . . . . . . . . . . . . 55
   Geometric tolerancing
Tour à commande numérique. . . . . . . . . . . . . . . . . . . . . . . 179
   CNC lathe
Tour conventionnel. . . . . . . . . . . . . . . . . . . . . . . . . . . . . . . . 178
   Universal turning lathe
Tourelle porte-outils . . . . . . . . . . . . . . . . . . . . . . . . . . . 179, 320
   Tool turret
Tournage de métaux durs . . . . . . . . . . . . . . . . . . . . . . . . . . 173
   Hard metal turning
Tournage de rainures . . . . . . . . . . . . . . . . . . . . . . . . . . . . . . 294
   Groove turning
Tournage de saignées . . . . . . . . . . . . . . . . . . . . . . . . . . . . . 172
   Kerf turning
Tournage, avance . . . . . . . . . . . . . . . . . . . . . . . . . . . . . . . . . 157
   Turning, feed
Tournage, force de coupe . . . . . . . . . . . . . . . . . . . . . . . . . . 174
   Turning, cutting forces
Tournage, forces . . . . . . . . . . . . . . . . . . . . . . . . . . . . . . . . . . 174
   Turning, forces
Tournage, grandeurs d'enlèvement de copeaux . . . . . . . 172
   Turning, cutting parameters
Tournage, puissance. . . . . . . . . . . . . . . . . . . . . . . . . . . . . . . 174
   Turning, capacity
Tournage, types de copeaux . . . . . . . . . . . . . . . . . . . . . . . . 162
   Turning, chip types
Tournage . . . . . . . . . . . . . . . . . . . . . . . . . . . . . . . . . . . . . . . . . 156
   Turning
Tournage cylindrique . . . . . . . . . . . . . . . . . . . . . . . . . . . . . . 156
   Cylindrical turning
Tournage de profils. . . . . . . . . . . . . . . . . . . . . . . . . . . . . . . . 156
   Form turning
Tournage de tronçonnage . . . . . . . . . . . . . . . . . . . . . . 156,172
   Parting-off
Tournage en plongée . . . . . . . . . . . . . . . . . . . . . . . . . . 156,172
   Recessing
Tournage intérieur . . . . . . . . . . . . . . . . . . . . . . . . . . . . 156, 172
   Internal turning
Tournage longitudinal . . . . . . . . . . . . . . . . . . . . . . . . . . . . . 156
   Cylindrical turning
Tournevis . . . . . . . . . . . . . . . . . . . . . . . . . . . . . . . . . . . . . . . . . 435
   Screw drivers
Tour à commande numérique . . . . . . . . . . . . . . . . . . 179, 320
   CNC lathes
Toxicité . . . . . . . . . . . . . . . . . . . . . . . . . . . . . . . . . . . . . . . . . . . 339
   Toxicity
Traceur de hauteur . . . . . . . . . . . . . . . . . . . . . . . . . . . . . . . . 132
   Marking gauge
Traitement de l'air comprimé . . . . . . . . . . . . . . . . . . . . . . . 559
   Compressed air conditioning

Traitement des signaux .............................612
  Signal processing
Traitement de texte................................647
  Word processing
Traitement d'anodisation ..........................540
  Anodic oxidation
Traitement sous vide de l'acier ....................347
  Vacuum treatment of steel
Traitement thermique des aciers ...................371
  Heat treatment of steels
Traitement thermique des aciers de cémentation ........382
  Heat treatment of case-hardening steels
Traitement thermique des aciers d'amélioration ........380
  Heat treatment of quenched and tempered steels
Traitement à la flamme ...........................381
  Flame hardening
Traitement thermique à la trempe ..................338
  Hardenability
Transfomation de l'énergie ........................414
  Energy transformation
Transition ........................................571
  Transition
Transmission de la force et sollicitation ................436
  Transmission of force and stress
Transmission ......................................486
  Gear
Transmission par accouplements ....................488
  Clutch gears
Transmissions à engrenages .......................477
  Gear wheel drive
Transmissions à mécanisme de traction ..............491
  Belt or chain gear
Transmission à courroie trapézoïdale large ............491
  Wide V-belt drive
Transmission à roue de friction .....................490
  Friction gear
Transmission à trains baladeurs ....................488
  Sliding gear
Transport de matières ............................417
  Material transport
Transrouleur ......................................322
  Roller conveyer
Travail, électrique ................................501
  Work, electric
Travail avec des pièces modèles....................639
  Working with prototypes
Travail de brasage, exemple .......................247
  Soldering work, example
Travail de percussion .............................400
  Impact energy
Travaux d'entretien...............................526
  Maintenance work
Traçage...........................................132
  Scribing
Trempe ...........................................375
  Hardening
Trempe au laser..................................381
  Laser hardening
Trempe des aciers à outils ........................378
  Hardening of tool steels
Trempe directe ...................................382
  Direct hardening
Trempe par induction .............................380
  Induction hardening
Trempe simple....................................382
  Single hardening
Trempe superficielle ..............................380
  Skin hardening
Tribologie.........................................531
  Tribology

Trusquin .........................................132
  Marking gauge
Très basse tension ...............................504
  Low voltage
Très basse tension de protection ..................504
  Safety extra-low voltage
Tube de Venturi ..................................577
  Venturi nozzle
Tungstène, élément d'alliage ..............350, 352, 356
  Tungsten as alloying element
Tuyaux hydrauliques .............................537
  Hydraulic pipes
Types d'arc électrique.............................254
  Kinds of arcs
Types de commandes (CNC).......................281
  Controller types (CNC)
Types de copeaux ................................162
  Chip types
Types de cordons de soudure .....................249
  Types of weld seam
Types de corrosion ...............................537
  Kinds of corrosion
Types de grains ..................................201
Types de matières................................417
  Types of material
Types de projet ..................................626
  Project types
Types de protection IP ...........................504
  IP (international protection system)
Types de signaux ................................554
  Signal types
Types de sollicitations ...........................336
  Load types
Types de structure..........................343, 344
  Structure types
Types de tarauds.................................152
  Types of tap
Types de traitement thermique....................374
  Heat treatment
Télé-inspection ..................................530
  Remote inspection
Ténacité .........................................336
  Toughness
Tête de cardan intérieure .........................468
  Pot joint
Tête de forage STS ...............................150
  BTA deep drilling
Têtes de mesure .................................. 41
  Measuring heads
Tête de serrage ..................................176
  Clamping chuck
Tête d'alésage de finition.........................149
  Fine-boring head
Tôle plaquée .....................................395
  Plated metal sheets
Tôles ........................................354, 355
  Sheet metals
Tôles d'acier.....................................354
  Steel sheets
Tôles fines ......................................354
  Thin sheet metal
Tôles fortes......................................354
  Heavy plates

# U

Unité de conditionnement.........................561
  Conditioning unit
Unités d'entraînement ............................423
  Drive units
Unités de commande (machines)..................424
  Control units (machines)
Unités de liaison .................................424
  Joints and fastening units

Unités de mesure ................................... 424
  Unit of measurement
Unités de régulation (machines) ...................... 424
  Control units (machines)
Unités de transmission d'énergie ..................... 423
  Power transmission units
Unités de transmission d'énergie à combustion ........ 416
  Combustion engine
Unités de travail .............................. 94, 424
  Work units
Unités d'appui et de soutien ........................ 424
  Supporting and holding components
Unités fonctionnelles des machines ................... 421
  Functional units of machines
Unité fonctionelles pour la liaison .................. 428
  Functional unit for bonding
Unités fonctionnelles pour l'appui et le soutien ......... 446
  Functional units of bearing and support
Usinabilité ....................................... 338
  Machinability
Usinage, définition ................................. 97
  Cutting operations, definitions
Usinage au laser .................................. 196
  Laser machining
Usinage des matières plastiques par enlèvement de
copeaux ......................................... 109
  Machining (plastics)
Usinage multi-côtés ............................... 308
  Multi-face machining
Usinage à 5 axes .................................. 306
  5-axes-manufacturing
Usinage à sec .................................... 142
  Dry machining
Usure de l'outil pendant le fraisage ................. 184
  Tool wear during milling
Usure des arêtes .................................. 165
  Edge wear
Usure en cratère .................................. 165
  Crater wear
Utilisation des matières plastiques .................. 384
  Application of plastics
Utilisation des presses ............................ 121
  Reforming machines

# V

Valeur de consigne des réglages ..................... 549
  Set value of closed-loop controls
Valeur de dureté Rockwell .......................... 402
  Rockwell hardness
Valeurs de correction lors de l'usinage à commande .... 290
  Correction dimensions in CNC machining
Valve de commutation .............................. 602
  Pressure sequence valves
Valve d'étranglement ......................... 602, 604
  Sequence valve
Valves de pression ................................ 602
  Pressure valves
Valves de réglage de pression ...................... 602
  Pressure control valves
Vanadium, élément d'alliage ............... 350, 352, 356
  Vanadium as alloying element
Vannes proportionnelles ....................... 606, 610
  Proportional valves
Vannes hydrauliques ............................... 531
  Hydraulic valves
Vannes pneumatiques ............................... 564
  Pneumatic valves
Vannes régulatrices de débit ....................... 604
  Flow control valves
Vannes à siège .................................... 601
  Poppet valve
Ventouses ........................................ 578
  Suction cups
Verre acrylique (PMMA) ............................ 388
  PMMA (polymethylmethacrylate) acrylic glass
Verrouillage de sécurité .......................... 426
  Safety interlock
Vis, classes de résistance ......................... 433
  Screws, property classes
Vis .............................................. 430
  Screws and bolts
Viscosité .................................... 447, 595
  Viscosity
Vis d'ajustage .................................... 431
  Dowel screws
Vis pénétrantes ................................... 430
  Blind rivet stud
Vis sans tête ..................................... 431
  Set screws
Visseuses à impulsions ............................ 435
  Impulse wrench
Visseuse pneumatique .............................. 416
  Compressed air screw driver
Vis taraudeuses ................................... 431
  Self-drilling screws
Vis à billes ...................................... 493
  Ball screw
Vis à empreinte cruciforme ........................ 430
  Screws with cross recess
Vis à tige élastique .............................. 431
  Expansion bolts
Vis à tête cylindrique ............................ 430
  Cap screws
Vis à tête fendue ................................. 430
  Slotted screws
Vis à tête conique ................................ 430
  Countersunk head screws
Vis à tête hexagonale ............................. 430
  Hexagonal screws and bolts
Vis à tôle ........................................ 431
  Tapping screws
Vitesse de coupe lors du tournage ............. 157, 168
  Cutting velocity, turning
Volume absorbé ................................... 599
  Displacement
Vues éclatées .................................... 643
  Explosion drawing
Vérin à double effet .............................. 561
  Double-acting cylinder
Vérins, hydrauliques ..................... 416, 429, 597
  Hydraulic cylinders
Vérins, pneumatiques ......................... 429, 561
  Pneumatic cylinders
Vérins, sans tige de piston ....................... 562
  Rodless cylinders
Vérins, à double effet ............................ 561
  Double-acting cylinders
Vérins, à simple effet ............................ 561
  Single-acting cylinders
Vérin télescopique ................................ 598
  Telescopic cylinder
Vérin à piston plongeur ........................... 598
  Plunger cylinder

# Z

Zones de tolérance ............................ 48, 50
  Tolerance field